mit Gewindeflansch und Vorschweißflansch“ (→ Seite 65)

3 Gewindeschneiden mit der Schneidkluppe

4 Geschnittenes Gewinde

7 Biegevorgang

8 Gebogenes Rohr

11 Flanschmontage mit Schrauben und Muttern

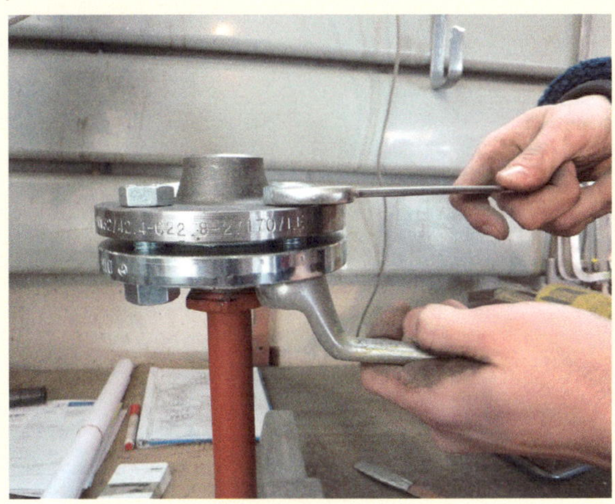

12 Anziehen der Schraubenverbindungen

westermann

Dr. Otmar Patzel, Hans Joachim Bäck, Helmut Wagner, Wolfgang Miller,
Robert Wirtz, Christian Borgen

Anlagenmechanik

Sanitär-, Heizungs- und Klimatechnik
Gesamtband

5. Auflage

Bestellnummer 221300

Zusatzmaterialien zu Anlagenmechanik Sanitär-, Heizungs- und Klimatechnik Gesamtband

Für Lehrerinnen und Lehrer

Lösungen zum Schulbuch: 978-3-14-221304-0
Lösungen zum Schulbuch Download: 978-3-14-104947-3

BiBox Einzellizenz für Lehrer/-innen (Dauerlizenz)
BiBox Klassenlizenz Premium für Lehrer/-innen und bis zu 35 Schüler/-innen (1 Schuljahr)
BiBox Kollegiumslizenz für Lehrer/-innen (Dauerlizenz)
BiBox Kollegiumslizenz für Lehrer/-innen (1 Schuljahr)

Für Schülerinnen und Schüler

BiBox Einzellizenz für Schüler/-innen (1 Schuljahr)
BiBox Einzellizenz für Schüler/-innen (4 Schuljahre)
BiBox Klassensatz PrintPlus (1 Schuljahr)

Druck und Bindung: Westermann Druck GmbH, Georg-Westermann-Allee 66, 38104 Braunschweig

ISBN 978-3-14-221300-2

Vorwort

Dieses Buch ist auf den neuen Rahmenlehrplan 2016 für die Berufsausbildung zum Anlagenmechaniker bzw. zur Anlagenmechanikerin für Sanitär-, Heizungs- und Klimatechnik abgestimmt. Es beinhaltet alle Themen, die vom 1. bis 4. Ausbildungsjahr zu vermitteln sind. Die fachsystematischen Inhalte sind nach den Lernfeldern 1 bis 15 gegliedert.

Ein wesentliches Ausbildungsziel nach den neuen Lehrplanrichtlinien ist die Entwicklung von ausreichender Beratungs-, Handlungs- und Entscheidungskompetenz der zukünftigen Anlagenmechaniker/-innen. Um dieses Ziel zu erreichen, soll sich der Unterricht an konkreten betrieblichen Arbeits- und Geschäftsprozessen orientieren, wobei die Aktivitäten der Auszubildenden im Vordergrund stehen sollen. Für dieses Lehrwerk wurden deshalb Lernsituationen entwickelt, deren Umsetzung durch die Abwicklung von konkreten Kundenaufträgen vollzogen werden kann. Jedes Lernfeldkapitel beinhaltet einen passenden Kundenauftrag. Das zur Lösung der Aufträge erforderliche Fachwissen kann aus den anschließenden fachsystematisch gegliederten Inhalten erworben werden.

Alle wichtigen Themen werden mit den zugehörigen mathematischen Sachverhalten einschließlich Beispielaufgaben ergänzt.

Für die Bearbeitung der Kundenaufträge mit z. B. Installationsplänen, Stücklisten und Leistungsverzeichnissen sind unter anderem das Tabellenbuch Anlagenmechanik (ISBN 978-3-14-235053-0), weiterführende Fachliteratur, Firmenunterlagen und elektronische Medien zusätzlich zu verwenden. Verweise auf das Tabellenbuch sind mit dem Symbol (→ TB) gekennzeichnet.

Am Ende der Lernfeldkapitel befinden sich die Basisunterlagen zu den Lernfeldern 5 bis 15. Dazu gehören die Vorstellung eines Hauses (Basisunterlagen) mit Fotos und Zeichnungen sowie alle anderen übergreifenden Informationen, die zur Lösung der Kundenaufträge benötigt werden. Die Ausrichtung des Unterrichts an konkreten versorgungstechnischen Kundenaufträgen soll die Auszubildenden motivieren und die Kreativität erhöhen. Sie sollen sich umfassend selbstständig informieren, Pläne ausarbeiten oder Lösungsvorschläge dokumentieren und begründen.

Zur leichteren Bearbeitung sind die Kundenaufträge in die vier Phasen „Information und Orientierung", Planung und Durchführung", „Bewertung" sowie „Präsentation" gegliedert, durch die eine berufliche Handlung gekennzeichnet sein kann.

Autoren und Verlag sind für Hinweise, Kritik und Anregungen zur Weiterentwicklung des Lehrwerkes dankbar.

Autoren und Verlag, Braunschweig, August 2022

Didaktisch-methodische Hinweise

Ein Vorgehen nach Kundenaufträgen ersetzt keine didaktische Analyse. Diese ist erforderlich, um das bezüglich einer Sache relevante Wissen und die notwendigen Fähigkeiten im Umgang mit ihr zu klären, damit man nach der Lehrzeit alles Wesentliche, wofür man ausgebildet ist, weiß und kann.

In Metaanalysen wird weder nach Schulstufen noch nach Fächern unterschieden. Folglich liefern die daraus gewonnenen Effektstärken nur sehr grobe Näherungen.

Mit einer Auswahl nach der Devise „Unterrichtsmethoden mit niedrigen Effektstärken vermeiden und stattdessen solche mit hohen Effektstärken anwenden", hat sich der Prüfungserfolg im Bildungsgang für SHK nicht merklich verbessert. Bei den Unterrichtsmethoden kommt es wie in der Medizin auf die richtige Auswahl und Dosierung an. Eine ungünstige Anwendungshäufigkeit ist riskant oder zumindest ineffektiv.

Eigene bildungsgangspezifische Untersuchungen erlauben nun empirisch fundierte Handlungsempfehlungen für eine effektive Anwendungshäufigkeit einzelner Unterrichtsverfahren. Die Empfehlungen sind nachfolgend kurz beschrieben.

Methoden wie das Mind-Mapping, die Kartenabfrage und das Rollenspiel werden für die sehr seltene Anwendung empfohlen. Das Gruppenpuzzle eignet sich für die häufige, nicht jedoch für die seltene Anwendung. Ferner sollte das Unterrichtsprinzip eher schülerzentriert sein, wobei jeweils die Methode bevorzugt werden sollte, die für das Lernen zielführend und effektiv ist.

Die Aktivitäten der Auszubildenden können mit geeigneten Lernsituationen in den Vordergrund gestellt werden. Die Auszubildenden sollten Aufträge erhalten, die für sie – in Einzel- oder Gruppenarbeit – lösbar sind. Das vorliegende Buch liefert hierfür eine Grundlage.

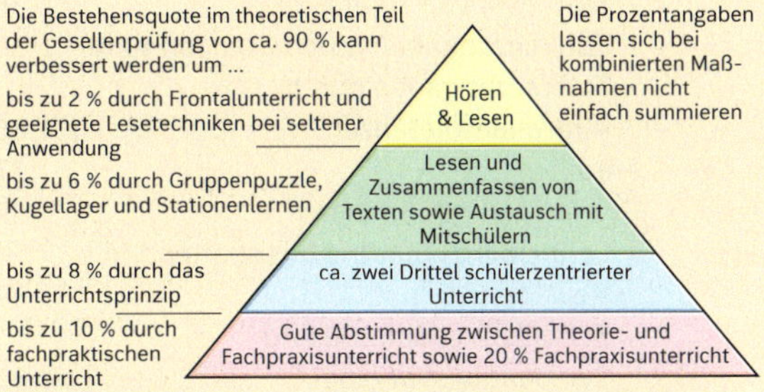

Patzel, O.: Nutzen von Unterrichtsprinzipien und -methoden. Theoretische Aspekte und empirische Analyse am Beispiel Anlagenmechaniker für SHK. Logos Verlag, Berlin: 2017.

Inhaltsverzeichnis / contents

Lernfeld 1
Bauelemente mit handgeführten Werkzeugen fertigen

Lernfeld 2
Bauelemente mit Maschinen fertigen

Kundenaufträge in SHK-Betrieben bearbeiten

Lernfeld 3
Baugruppen herstellen und montieren

Lernfeld 6
Entwässerungsanlagen installieren

Lernfeld 7 Wärmeverteilanlagen installieren

Lernfeld 8 Sanitärräume ausstatten

Lernfeld 9 Trinkwassererwärmungsanlagen installieren

Lernfeld 10 Wärmeerzeugungsanlagen für gasförmige Brennstoffe installieren

Lernfeld 11
Wärmeversorgungsanlagen für flüssige oder feste Brennstoffe installieren

Lernfeld 12
Ressourcenschonende Wärmeerzeugungsanlagen installieren

Lernfeld 13 Raumlufttechnische Anlagen installieren

Lernfeld 14 Versorgungstechnische Anlagen einstellen und energetisch optimieren

Lernfeld 15 Versorgungstechnische Anlagen instand halten

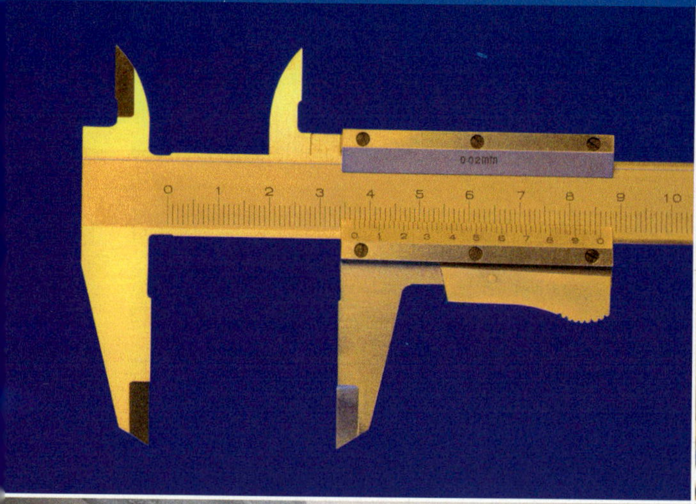

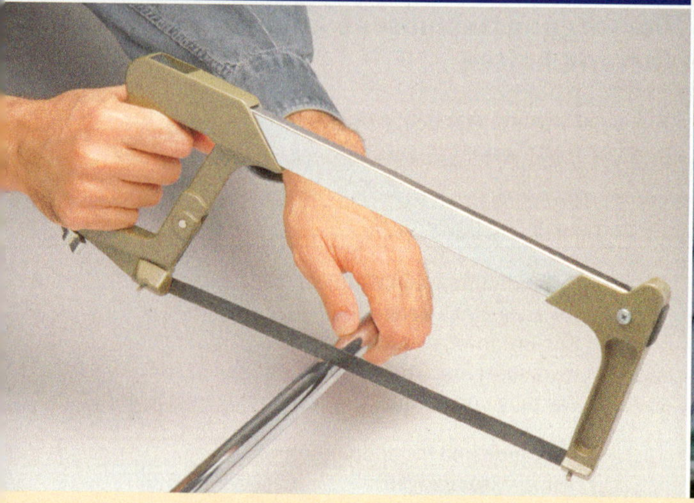

Lernfeld 1

Bauelemente mit handgeführten Werkzeugen fertigen

Herstellen eines Trichters

Kundenauftrag

Der Trichter (Abb. 1, S. 16 ff.), für den Gebrauch im Betrieb bestimmt, soll als Einzelteil in der Werkstatt manuell gefertigt werden.

Information und Orientierung

Der Trichter soll zum Umfüllen von z. B. Pellets verwendet werden. In den oberen zylindrischen Behälter wird das Schüttgut eingefüllt und gelangt durch das kegelige Reduzierstück und den unteren zylindrischen Stutzen in ein Transportbehältnis. Der Trichter ist durch eine Halterung an der Abfüllanlage befestigt.

Zur Vorbereitung der Fertigung des Trichters stehen folgende technische Unterlagen zur Verfügung:

- *Explosionsdarstellung* (S. 17), die den Trichter in räumlicher Darstellung zeigt
- *Gesamtzeichnung* (S. 18), die das Bauteil im zusammengebauten Zustand darstellt
- *Stückliste* (S. 18), in der alle zum Erzeugnis gehörenden Einzelteile mit Angabe der Bezeichnung, der Menge und der Einheit aufgezählt sind
- *Einzelteilzeichnungen* (siehe entsprechende Kapitel), welche die einzelnen Bauteile fertigungsgerecht darstellen.

Diese Unterlagen sind zuerst auszuwerten. Sind die angegebenen Informationen nicht ausreichend, sind weitere Unterlagen heranzuziehen, z. B. das Tabellenbuch.
Aus der Gesamtzeichnung und der zugehörigen Stückliste kann man den Aufbau des Trichters erkennen. Der Aufbau ergibt sich aus

- der Art und der Anzahl der Einzelteile sowie
- der räumlichen Anordnung der Teile zueinander.

Aufbau des Trichters
Der Trichter besteht aus drei Höhlkörpern. Der Behälter (Pos. 1, Abb. 2, S. 17) und der Stutzen (Pos. 3, Abb. 2, S. 17) sind aus Stahlblech zylindrisch geformt. Das Reduzierstück (Pos. 2, Abb. 2, S. 17) ist ebenfalls aus Stahlblech gefertigt und hat die Form eines Kegelstumpfes. An den Stoßstellen sind die Bleche durch Löten oder Schweißen gefügt.
Des Weiteren besitzt der Trichter eine Halterung (Pos. 4, Abb. 2, S. 17), die an dem Behälter und dem Stutzen angelötet wird. Die Halterung ist mit zwei Sechskantschrauben (Pos. 5, Abb. 2, S. 17) an der Abfüllanlage befestigt. Beidseitig der Halterung sind Scheiben (Pos. 6, Abb. 2, S. 17) untergelegt, die Sechskantmuttern (Pos. 8, Abb. 2, S. 17) sind jeweils durch einen Federring (Pos. 7, Abb. 2, S. 17) gesichert.

Planung und Durchführung

Die Einzelteile Pos. 1 bis Pos. 4 (Abb. 3, S. 18) des Trichters sollen manuell in Gruppenarbeit gefertigt werden. Für die Fertigung sind die Halbzeuge und Werkstoffe nach der Stückliste auszuwählen.

- *Fertigung der Hohlkörper*

Von den drei Hohlkörpern sind die Abwicklungen zu erstellen und auf eine Blechtafel zu übertragen.
Durch Scherschneiden werden die Rohteile für den Behälter, das Reduzierstück und den Stutzen aus Stahlblech ausgeschnitten und durch Biegen zu je einem Hohlkörper umgeformt. Die drei Einzelteile werden dann an den Verbindungsstellen miteinander verlötet oder verschweißt.

- *Fertigung der Halterung*

Die Halterung wird aus Flachstab hergestellt. Dieser wird durch Sägen auf die erforderliche Länge zugeschnitten. Auf das entsprechende Halbzeug ist die Form der Halterung gemäß den Maßangaben der Einzelteilzeichnung anzureißen. Um den Halter mit Behälter und Stutzen verbinden zu können, werden an den Enden des Flachstabs durch Feilen Radien gefertigt, die dem Radius des Behälters bzw. des Stutzens entsprechen. Für die Verschraubung sind zwei Durchgangslöcher zu bohren. Die Halterung ist durch Biegen in in die vorgegebene Form zu bringen.

Bewertung

Maßgebend für die Bewertung sollten die folgenden Kriterien sein:

- exakte Auswertung der technischen Unterlagen
- Verwendung der entsprechenden Werkstoffe und Halbzeuge
- fachgerechter Werkzeugeinsatz
- Zweckmäßigkeit der gewählten Arbeitsschrittfolge
- Auswahl geeigneter Prüfmittel und deren sichere Anwendung
- Maßhaltigkeit des hergestellten Trichters entsprechend der technischen Darstellungen
- Einhaltung der Bestimmungen des Arbeits- und Umweltschutzes

Präsentation

Im Rahmen einer Präsentation soll der Entstehungsprozess des Trichters dargestellt werden. Hierbei sind

- die notwendigen Arbeitsschritte einschließlich der eingesetzten Werkzeuge anzugeben und die Handhabung der Werkzeuge bzw. Maschinen zu erläutern,
- die gewählte Fertigungsabfolge vorzustellen und getroffene Entscheidungen zu begründen,
- die verwendeten Mess- und Prüfmittel zu benennen,
- zu beachtende Arbeitsschutzregeln anzuführen.

Die Ergebnisse sind in übersichtlicher Form zu präsentieren, z. B. mithilfe von Folien oder durch Computerunterstützung.

Abb. 1: Foto des Trichters

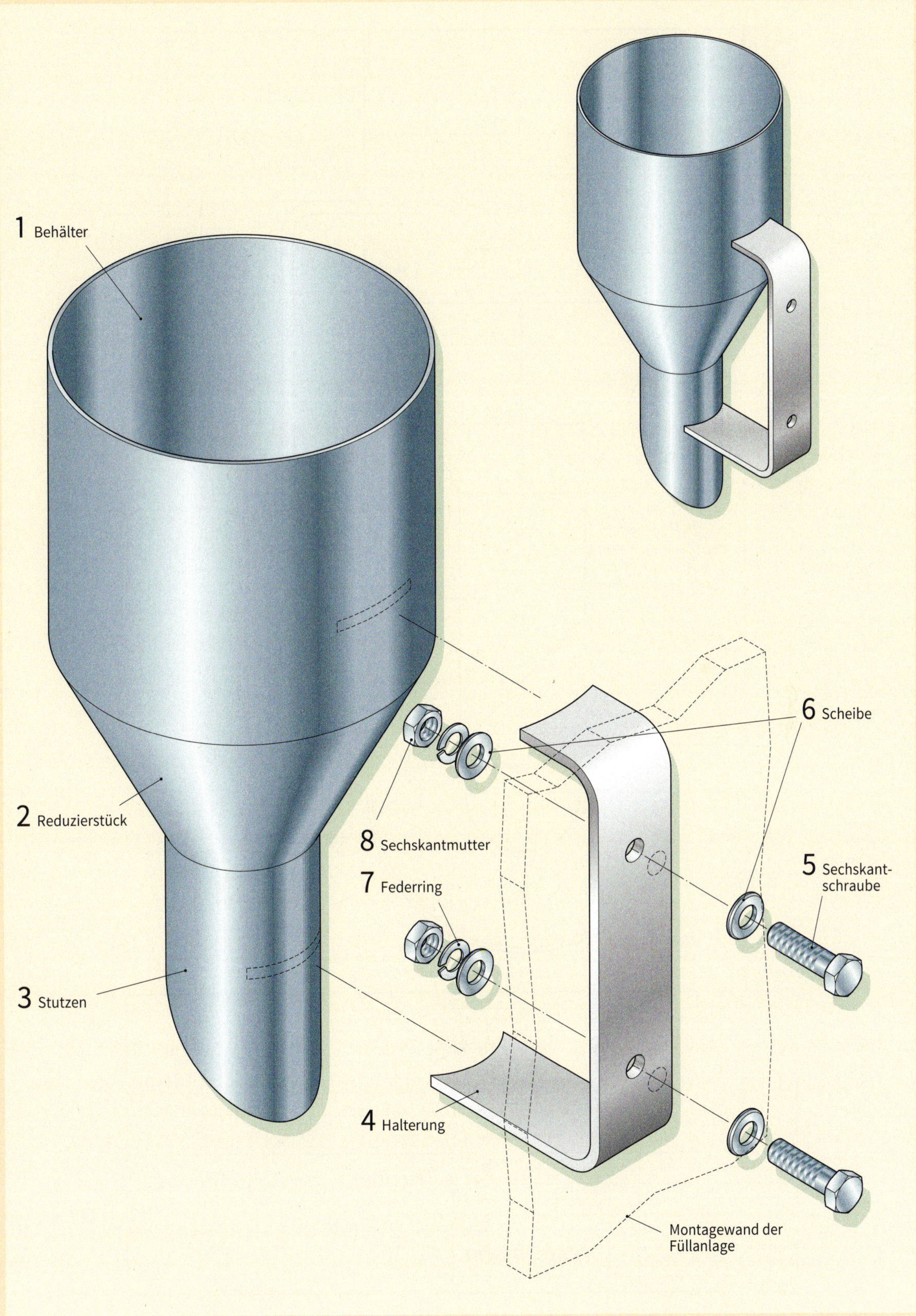

Abb. 2: Trichter – Explosionszeichnung

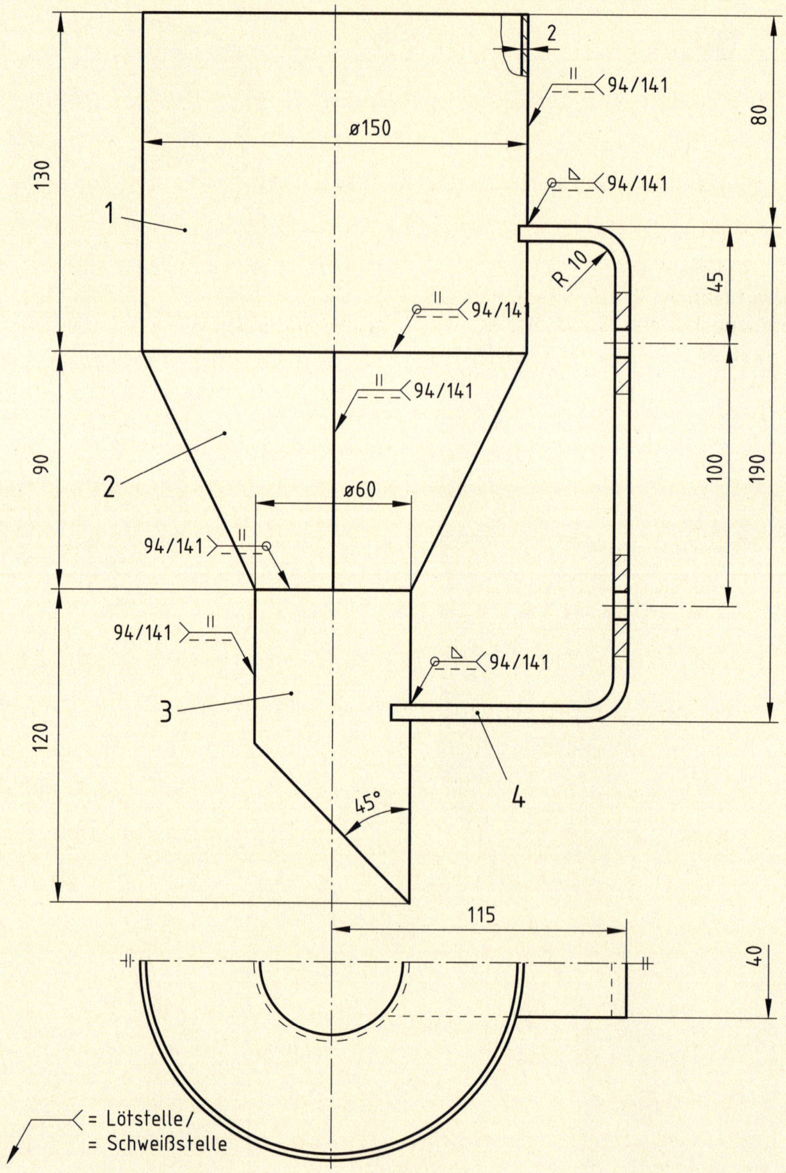

1	2	3	4	5	6
Pos.	Menge	Einheit	Benennung	Sachnummer</<Norm-Kurzbezeichnung	Bemerkung
4	1	Stck.	Halterung	Flach EN 10058-40x6x304	EN 10027-1-S235 JRC+CR
3	1	Stck.	Stutzen	Blech EN 10130-2x120x190	Stahl EN 10130-DC04Am
2	1	Stck.	Reduzierstück	Blech EN 10130-2x170x336	Stahl EN 10130-DC04Am
1	1	Stck.	Behälter	Blech EN 10130-2x132x473	Stahl EN 10130-DC04Am

	Datum	Name	
Bearb.	15.02.16	W. Rund	Trichter
Gepr.			
Norm			
Abt.			
westermann			Blatt
			Bl.
Zust. Änderung Datum Name	Ursprung		Ersetzt durch:

Abb. 3: Trichter – Gesamtzeichnung

1 Bauelemente mit handgeführten Werkzeugen fertigen

1.1 Halbzeuge und Werkstoffe

Für die Fertigung des Trichters einschließlich der Halterung sind die geeigneten Halbzeuge zu verwenden.

Aus der Stückliste kann man die Bezeichnungen für die Halbzeuge und die dazugehörigen Werkstoffe entnehmen. Das Material ist zu beschaffen. Dazu sind Kenntnisse über die Bezeichnung der Halbzeuge und der Werkstoffe notwendig.

1.1.1 Halbzeuge

! *Halbzeuge* sind im Allgemeinen Flacherzeugnisse und Profile, z. B. Stahlblech oder Stahlprofile.

Halbzeugbezeichnung

Für die Halterung (Pos. 4) findet man in der Stückliste in der Spalte „Norm-Kurzbezeichnung" die Angabe für die Bezeichnung des Halbzeuges und in der Spalte „Bemerkung" den dazugehörigen Werkstoff.

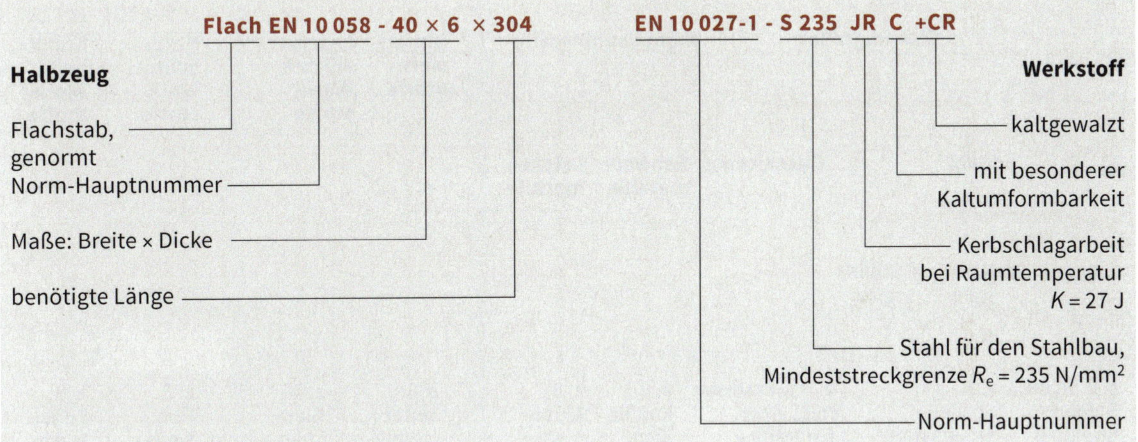

Vielfach werden die Benennungen für Halbzeuge auch abgekürzt oder die Halbzeuge werden mithilfe eines Bildzeichens benannt.

Beispiel: Flach oder FL oder ▭

Weitere Angaben findet man im Tabellenbuch.

Halbzeuge gibt es in unterschiedlichen Erzeugnisformen (Tab. 1)

Tab. 1: Erzeugnisformen (Auswahl)

Halbzeuge	
Bleche und Bänder 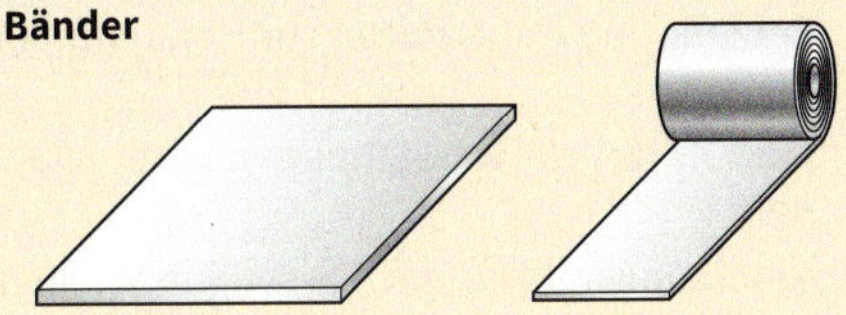 Blech, Band	**Vollprofile** 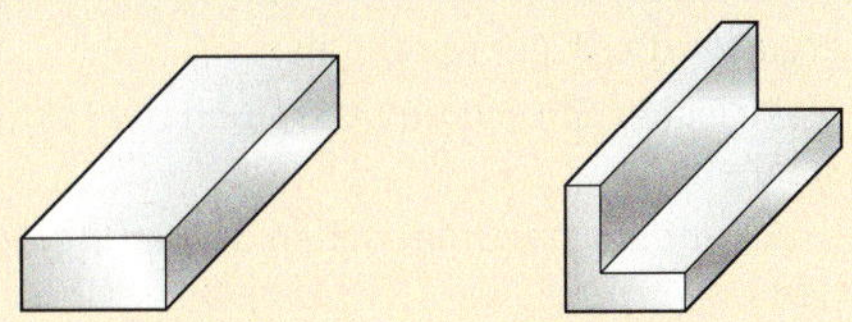 Rechteckprofil, Winkelprofil
nahtlose Rohre 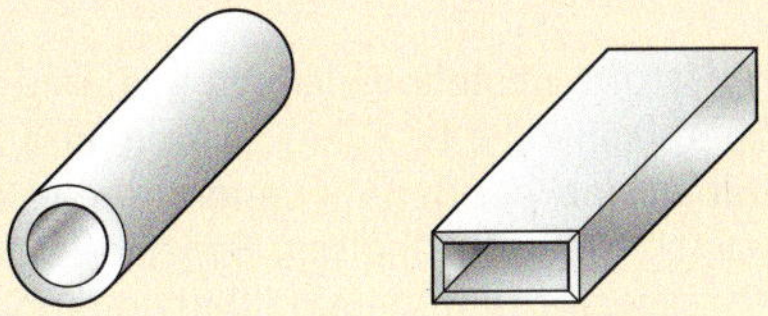 kreisförmiges Rohr, Rechteckrohr	**geschweißte Rohre** 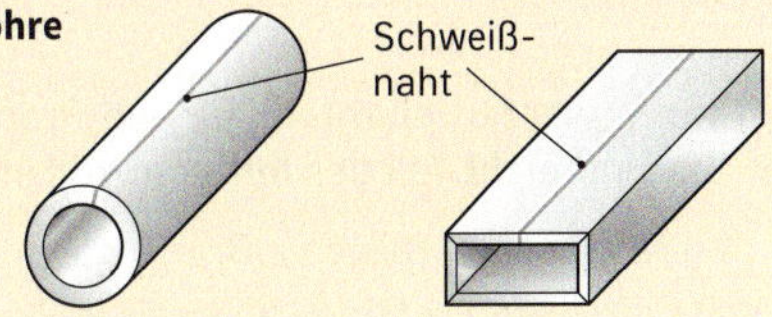 kreisförmiges Rohr, Rechteckrohr

1.1.2 Werkstoffe

- **Einteilung der Werkstoffe**

Die Einzelteile des Trichters werden aus unterschiedlichen Stählen hergestellt.

Neben den Stählen gibt es noch viele verschiedenartige Werkstoffe, aus denen je nach Verwendung Bauteile hergestellt werden.

Um die verschiedenen Werkstoffe, deren Eigenschaften und Verwendung gegeneinander abzugrenzen, werden sie in Gruppen eingeteilt. Man unterscheidet zwischen Metallen, Verbundstoffen und Nichtmetallen.

Diese Gruppen kann man weiter unterteilen (Abb. 1).

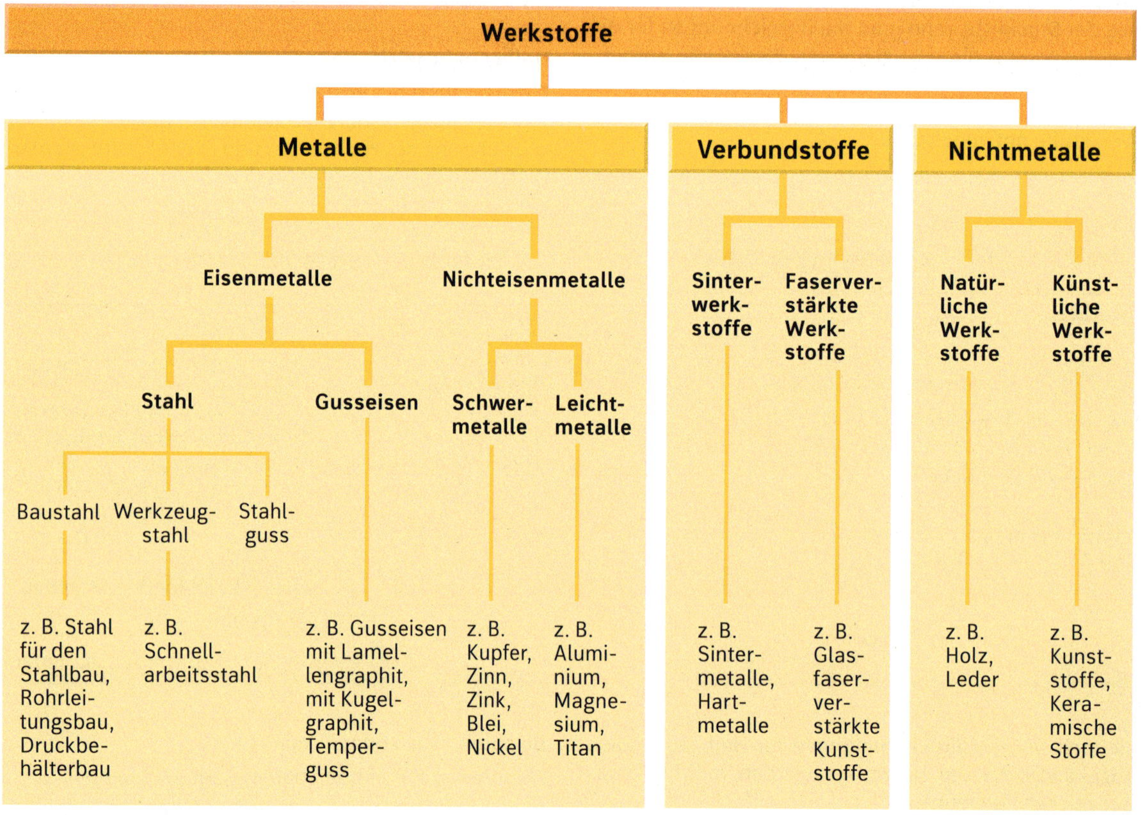

Abb. 1: Einteilung der Werkstoffe

Für die Herstellung der Werkstücke benötigt man zusätzlich Energie und Hilfsstoffe.

Energie wird z. B. gebraucht als:

- elektrischer Strom zum Antreiben der Fertigungsmaschinen
- Druckluft zur pneumatischen Steuerung der Maschinen
- Wärme zur Behandlung der Werkstoffe

Hilfsstoffe werden ebenfalls für die Produktion benötigt. Sie sind nicht Teil des fertigen Werkstückes.

Zu den *Hilfsstoffen* zählen z. B.:

- Schmierstoffe zur Minderung der Reibung an beweglichen Teilen einer Werkzeugmaschine
- Kühlschmierstoffe zur Herabsetzung der Reibung und Abfuhr der Wärme, z. B. an den Bohrerschneiden
- Schleif- und Poliermittel zur Herstellung feiner Oberflächen
- Flussmittel zur Herstellung einer einwandfreien Lötnaht
- Reinigungsmittel zur Erzeugung einer sauberen Werkstückoberfläche, z. B. vor dem Beschichten

Hilfsstoffe bestehen vielfach aus umweltschädigenden Chemikalien, z. B. Ölen, Säuren und Lösungsmitteln. Daher sind bei der Verwendung die Unfallverhütungsvorschriften einzuhalten. Bei der Entsorgung sind das Abfallgesetz und die Abfallbestimmungsverordnung zu beachten.

- **Bezeichnung der Eisenwerkstoffe**

In der Stückliste für den Trichter ist für die Halterung neben der Halbzeugbezeichnung auch die Bezeichnung des Werkstoffes mit S 235 JR C + CR angegeben.

Die Benennung der Eisenwerkstoffe ist in den Normen festgelegt.

Bezeichnung von Stahl und Stahlguss

Die Stähle werden bezeichnet nach

- der Verwendung und den Eigenschaften oder
- der chemischen Zusammensetzung.

Die Bezeichnung besteht nach DIN EN 10 027 aus dem Hauptsymbol und dem Zusatzsymbol.

- **Stähle, die nach der Verwendung und den Eigenschaften bezeichnet werden**

Das Hauptsymbol setzt sich zusammen aus:

- einem Buchstaben für die Stahlgruppe, der Hinweise auf die Verwendung gibt (Tab. 1)
- einer Zahl für die Eigenschaften. In Einzelfällen werden für die Eigenschaften zusätzlich ein Buchstabe und Zahlen angeben.

Dem Hauptsymbol können *Zusatzsymbole* aus Buchstaben und Zahlen folgen.

Tab. 1: Buchstaben für die Stahlgruppe (Auszug)

B	Betonstähle
C	Kohlenstoffstähle
D	Flacherzeugnisse aus weichen Stählen zum Kaltumformen
E	Maschinenbaustähle
H	Flacherzeugnisse aus höherfesten Stählen zum Kaltumformen
HS	Schnellarbeitsstahl
L	Stähle für Leitungsrohre
P	Stähle für Druckbehälter
S	Stähle für den Stahlbau
G..	Stahlguss (wenn als Stahlguss)

Die als Zusatzsymbole in der Werkstoffbezeichnung S 235 JR C + CR angefügten Buchstaben bedeuten:

- C : Stahl mit besonderer Kaltumformbarkeit
- +CR : kaltgewalzt

Bezeichnung eines Stahls für den Stahlbau:

Zusatzsymbol

Hauptsymbol

S 235 JR

Angabe der Stahlgruppe
Stähle für den Stahlbau

Angabe der Eigenschaft
Streckgrenze $R_e = 235$ N/mm²

Angabe der Kerbschlagarbeit
$K = 27$ J bei 20 °C

Bezeichnung eines Stahls für den Rohrleitungsbau:

L 210 GA

Angabe der Stahlgruppe
Stähle für den Rohrleitungsbau

Angabe der Eigenschaft
Streckgrenze
$R_e = 210$ N/mm²

Zusatzsymbole
G: andere Gütegruppe
A: Anforderungsklasse (Grundqualität, ohne besondere Eigenschaften)

Bezeichnung eines Stahls für Flacherzeugnisse zum Kaltumformen:

D C 04 - A - m

Angabe der Stahlgruppe
Stähle für Flacherzeugnisse zum Kaltumformen

Walzzustand
C: kaltgewalzt

Stahlsorte
04: $R_e = 140\text{–}210 \frac{N}{mm^2}$

Oberflächenart A:
mit Fehlern, die aber die Umformbarkeit nicht beeinflussen

Oberflächengestalt m: matt

Stahlguss wird durch den Buchstaben G gekennzeichnet, z. B. GE-240 (Stahlguss für den Maschinenbau) oder GP 280 GH (Stahlguss für den Druckbehälterbau). Der Buchstabe G wird dem Kennbuchstaben für die Stahlgruppe nach der Verwendung vorangestellt.

- **Stähle, die nach der chemischen Zusammensetzung bezeichnet werden**

Das Hauptsymbol besteht aus:

- der Angabe des Kohlenstoffgehaltes
- Angabe der Legierungselemente

Dem Hauptsymbol können Zusatzsymbole aus Buchstaben und Zahlen folgen.

Unlegierte Stähle

Unlegierte Stähle sind Kohlenstoffstähle mit nur geringen Legierungsbestandteilen. Stähle, deren Mangan-Gehalt unter 1 % liegt, werden mit dem chemischen Symbol für Kohlenstoff und dessen Gehalt gekennzeichnet.

C 45 E

- C: Chemisches Symbol für Kohlenstoff
- 45: Kennzahl für den Kohlenstoffgehalt 45 : **100**
  Kohlenstoffgehalt = 0,45 %
- E: Angabe für den max. Schwefelgehalt

Der tatsächliche Kohlenstoffgehalt ist 1/100 der Kennzahl. Dem Hauptsymbol können Zusatzsymbole folgen, z. B. E oder R für bestimmte Schwefelgehalte. Diese Stähle sind Edelstähle.

Niedriglegierte Stähle

Zu dieser Gruppe zählen:

- legierte Stähle, bei denen die Gehalte der einzelnen Legierungsbestandteile unter 5 % liegen
- unlegierte Stähle mit einem Mangangehalt > 1 %
- Automatenstähle

Diese Stähle werden mit der Kennzahl für den 100-fachen Kohlenstoffgehalt, den chemischen Symbolen der Legierungselemente und den Kennzahlen für deren Gehalte bezeichnet.

Aus der Bezeichnung kann man den tatsächlichen Anteil des einzelnen Legierungselementes ermitteln, indem man die entsprechende Kennzahl in der Bezeichnung durch den Faktor dividiert (Tab. 1).

Tab. 1: Umrechnungsfaktoren

Legierungselement	Faktor
Cr, Co, Mn, Ni, Si, W	4
Al, Cu, Mo, Nb, Pb, Ta, Ti, V	10
C, N, P, S	100

Dem Hauptsymbol können Zusatzsymbole folgen.

Wird der Stahl als Stahlguss hergestellt, wird der Bezeichnung ein G vorangestellt, z. B. G 17 CrMo 5-5.

15 CrMoV 5-9

- 15: Kennzahl für den Kohlenstoffgehalt 15 : **100**
  Kohlenstoffgehalt = 0,15 %
- CrMoV: Angabe der Legierungselemente in fallender Reihenfolge
- 5-9: Kennzahl für den Gehalt der Legierungselemente
  5 : **4** = 1,25 % Cr
  9 : **10** = 0,9 % Mo
  geringer Anteil V

Hochlegierte Stähle

Stähle sind hochlegiert, wenn mindestens für ein Legierungsbestandteil der Gehalt ≥ 5 % Masseanteile beträgt. Der Gehalt an Legierungselementen wird ohne Umrechnung angegeben.

X 6 CrNiMoNb 17-12-2

- X: Buchstabe für die Stahlgruppe hochlegierte Stähle
- 6: Kennzahl für den Kohlenstoffgehalt 6 : **100**
  Kohlenstoffgehalt: 0,06 %
- CrNiMoNb: Angabe der Legierungsbestandteile in fallender Reihenfolge
- 17-12-2: Gehalt der Legierungselemente
  17 % Cr, 12 % Ni, 2 % Mo, geringer Anteil Nb

Dem Hauptsymbol können Zusatzsymbole folgen.

Wird der Stahl als Stahlguss hergestellt, wird der Bezeichnung ein G vorangestellt, z. B. GX 6 CrNi 18-9.

Gusseisenwerkstoffe

Die Bezeichnung der Gusseisenwerkstoffe besteht aus dem Vorsatz EN (Euro-Norm) und dem Hauptsymbol, welchem Zusatzsymbole folgen können. Das Hauptsymbol besteht aus:

- Kurzzeichen für den Gusswerkstoff, gefolgt von einem Bindestrich
- Angabe der Gebrauchseigenschaft

EN-GJL - 250

- EN-GJL: Kurzzeichen für den Gusswerkstoff Gusseisen mit Lamellengraphit
- 250: Angabe der Gebrauchseigenschaft Mindestzugfestigkeit $R_m = 250\ N/mm^2$

! Stähle und Gusseisenwerkstoffe werden entweder nach der Verwendung und den Eigenschaften oder nach der chemischen Zusammensetzung bezeichnet.

Bezeichnung der Werkstoffe durch Werkstoffnummern

Werkstoffe werden neben der Bezeichnung durch Buchstaben und Zahlen auch durch Werkstoffnummern gekennzeichnet. Dies ist vorteilhaft, wenn im Betrieb der Einsatz der Werkstoffe mithilfe von EDV verwaltet wird. Es sind je nach Werkstoff unterschiedliche Nummernsysteme im Gebrauch.

Aufgaben

1. Erläutern Sie die Benennung der Halbzeuge:
   a) Blech EN 10 130-2 × 130 × 465
   Stahl EN 10 130-DC 04-A-m
   b) Flach EN 10 058 – 16 × 5 × 380
   EN 10 027-1 S 235 JR C + CR
2. Erläutern Sie den Aufbau der Stahlbezeichnung nach DIN EN 10 027-1.
3. Erläutern Sie folgende Kurznamen:
   S 275 JR, 16 MnCr 5, C 35E, 34 CrAlNi 7, X 155 CrVMo 12-1, GS-17 CrMo 5-5, EN-GJS-500, EN-GJMW-400.
4. Welche Umrechnungsfaktoren haben die Legierungselemente C, S, Mn, W, Mo, V, Cr?

• Einteilung und Verwendung der Stähle

! Stahl ist ein Eisenwerkstoff mit weniger als 2,06 % Kohlenstoff.

In der DIN EN 10 020 unterscheidet man:

- unlegierte Stähle
- legierte Stähle

Ein Stahl gilt als *unlegiert*, wenn die tatsächlichen Massegehalte der Begleit- und Legierungselemente unter den in Tab. 2 angegebenen Grenzgehalten liegen.

Ein Stahl heißt *legiert*, wenn die genannten Grenzgehalte zumindest in einem Fall erreicht oder überschritten werden.

Hat ein Stahl mindestens ein Legierungselement mit einem Gehalt von ≥ 5 %, so nennt man den Stahl hochlegiert.

Tab. 2: Grenzgehalte (Auswahl)

Elemente		Grenzgehalt Masseanteil in %
Kobalt	Co	0,30
Chrom	Cr	0,30
Mangan	Mn	1,65
Molybdän	Mo	0,08
Nickel	Ni	0,30
Blei	Pb	0,40
Silizium	Si	0,50
Vanadium	V	0,10
Wolfram	W	0,30

• Einteilung der Hauptgüteklassen

Die Stähle werden aufgrund ihrer Eigenschaften und Anwendungsmerkmale in Hauptgüteklassen eingeteilt (Tab. 3).

Tab. 3: Einteilung der Stähle in Hauptgüteklassen

	Qualitätsstähle	Edelstähle
Unlegierte Stähle	Unlegierte Qualitätsstähle (UQ) sind Stahlsorten, an die normale Anforderungen gestellt werden. Die Stähle sind teilweise für die Wärmebehandlung geeignet.	Unlegierte Edelstähle (UE) haben einen höheren Reinheitsgrad gegenüber den Qualitätsstählen. Sie sind für die Wärmebehandlung geeignet.
Legierte Stähle	Legierte Qualitätsstähle (LQ) werden für ähnliche Zwecke wie die unlegierten Qualitätsstähle verwendet. Es werden jedoch höhere Anforderungen an sie gestellt, die durch die Legierungselemente erreicht werden. Die legierten Qualitätsstähle sind für die Wärmebehandlung geeignet.	Legierte Edelstähle (LE) haben eine genau festgelegte chemische Zusammensetzung. Sie sind dadurch für besondere Verwendungszwecke bestimmt. Die legierten Edelstähle sind für die Wärmebehandlung geeignet.
Nichtrostende Stähle	Nichtrostende Stähle haben mindestens 10,5 % Cr und höchstens 1,2 % C. Sie sind korrosionsbeständig, hitzebeständig und warmfest.	

Einteilung nach der Verwendung

Neben der Einteilung nach der chemischen Zusammensetzung und in Hauptgüteklassen ist die Einteilung der Stähle nach der Verwendung üblich (Abb. 1).

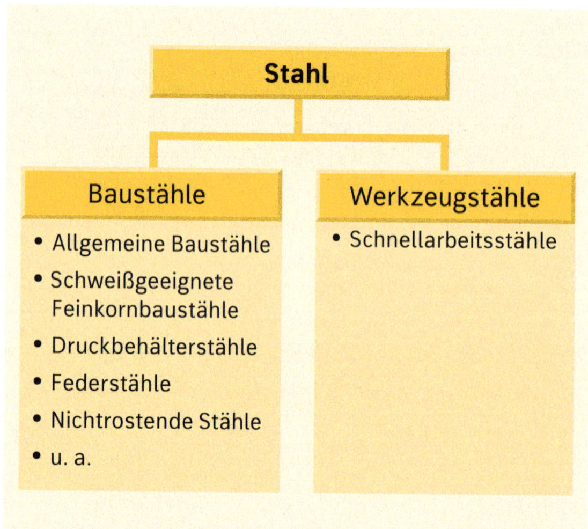

Abb. 1: Einteilung nach der Verwendung

Baustähle

Allgemeine Baustähle (DIN EN 10 025-2) sind *unlegierte Qualitätsstähle*, z. B. **S 235 JR C**.

Für die Auswahl ist die Festigkeit entscheidend. Sie wird im Kurznamen in Form der Streckgrenze angegeben. Das Zusatzsymbol JR steht für die Zähigkeiten, angegeben wird die Kerbschlagarbeit.

Die unlegierten Baustähle sind im normalgeglühten Zustand warmumformbar und werden auf besondere Bestellung auch kaltumformbar geliefert (Zusatzsymbol C). Die Stähle S 235 … S 355 sind für das Gasschmelz- und Lichtbogenschweißen geeignet.

Warmgewalzte und kaltgezogene Stahlprofile sind aus unlegiertem Baustahl.

Schweißgeeignete Feinkornbaustähle (DIN EN 10 025-3/4) und *Druckbehälterstähle* (DIN EN 10 028-2) sind:

- unlegierte Qualitätsstähle, z. B. **S 255 N**
- unlegierte oder legierte Edelstähle, z. B. **P 460 S**

Die Stähle haben ein feines Korn. Die Legierungsbestandteile, z. B. Al und Cr, bilden außerdem harte Carbide und Nitride. Daher sind die Stähle besonders fest und zäh. Die Festigkeit wird im Kurznamen in Form der Streckgrenze angegeben. Das Zusatzsymbol N steht für normalgeglüht und S für die Eignung zum Bau einfacher Druckbehälter. Die Stähle sind warm- und kaltumformbar.

Schweißgeeignete Feinkornbaustähle werden vorwiegend im Behälter- und Druckbehälterbau eingesetzt.

Federstähle (DIN EN 10 089) sind legierte Edelstähle, z. B. **61 SiCr 7**.

Kennzeichnend für die Federstähle ist ein hoher Anteil an Kohlenstoff und Silizium. Durch die Legierungsbestandteile und die Wärmebehandlung bekommen die Stähle ihre elastische Verformbarkeit.

Aus Federstählen werden u. a. Federringe, Tellerfedern, Blattfedern und Drehstabfedern hergestellt.

Nichtrostende Stähle (DIN EN 10 088-2) sind hochlegierte Edelstähle, z. B. **X 5 CrNi 18-10**.

Sie sind beständig gegen chemisch angreifende Stoffe, z. B. Säuren und Laugen. Diese Korrosionsbeständigkeit wird durch den hohen Chromanteil erreicht, der über 10,5 % liegen muss. Die Stähle sind wegen des niedrigen Kohlenstoffgehaltes für das Härten und Vergüten nicht geeignet.

Aus nichtrostenden Stählen werden z. B. Rohre, Apparate und Behälter für die chemische Industrie, Haushaltsgeräte, Schneidwaren und Geräte für die Lebensmittelindustrie hergestellt.

Nichtrostende Stähle werden zunehmend auch für Rohrleitungen der Trinkwasserinstallation verwendet. Gründe dafür sind ihre Korrosionsbeständigkeit, ihre hygienischen Eigenschaften und ihre Langlebigkeit. In sichtbaren Bereichen sehen diese Rohrleitungen ästhetisch ansprechend aus. Ferner ist das Material widerstandsfähig gegen hohe Temperaturen und kann recycelt werden.

Werkzeugstähle

Alle Werkzeugstähle (DIN EN ISO 4957) sind Edelstähle. Sie können unlegiert oder legiert sein.

Die Stähle müssen

- hart und verschleißfest sein,
- für die spanende Fertigung auch bei höheren Temperaturen schneidhaltig sein,
- für die umformende und schneidende Fertigung zäh und schlagunempfindlich sein.

Die Stähle haben einen Kohlenstoffgehalt von 0,2 … 2,06 %, sie sind für die Wärmebehandlung geeignet.

Ein typischer Werkzeugstahl ist der Schnellarbeitsstahl. Aus ihm werden z. B. Spiralbohrer hergestellt.

- **Einteilung und Verwendung der Gusseisensorten**

! Gusseisen ist ein Eisenwerkstoff mit mehr als 2,06 % Kohlenstoff.

Häufig eingesetzte Gusseisensorten sind:

- Gusseisen mit Lamellengraphit
- Gusseisen mit Kugelgraphit
- Temperguss

Gusseisen mit Lamellengraphit

Bei dieser Gussart ist der Großteil des Kohlenstoffs als lamellenförmiger Graphit im Gefüge eingelagert (Abb. 2a). An Bruchflächen weist das Gefüge eine graue Färbung auf, weshalb Gusseisen mit Lamellengraphit auch als Grauguss bezeichnet wird. Die lamellenförmigen Graphiteinlagerungen besitzen die Fähigkeit Schwingungen zu dämpfen und die Reibung auf Gleitflächen zu verringern. Bei Biege- und Zugbeanspruchung des Werkstoffs wirken sie jedoch wie innere Kerben. Die Kennwerte für die Zugfestigkeit und Bruchdehnung sind deshalb geringer als bei anderen Gussarten.

Relativ unempfindlich ist Gusseisen mit Lamellengraphit gegenüber Druckbelastungen.

Aus Grauguss (z. B. EN-GJL-200) werden z. B. Abflussrohre, Kesselglieder sowie Pumpen- und Armaturengehäuse hergestellt (Abb. 3).

Gusseisen mit Kugelgraphit

Der Kohlenstoff ist bei diesem Gusseisen als Graphit kugelförmig im Gefüge verteilt (Abb. 2b). Durch die Kugelform ruft der Graphit nur eine geringe Kerbwirkung hervor. Zugfestigkeit und Bruchdehnung sind deshalb höher als bei Gusseisen mit Lamellengraphit. Die Werkstoffeigenschaften des Gusseisens mit Kugelgraphit sind denen des unlegierten Stahls sehr ähnlich. Aus dieser Gussart (z. B. EN-GJS-400) werden u. a. Druckrohre, Pumpen- und Turbinengehäuse hergestellt.

Temperguss

Tempergusswerkstücke werden nach dem Gießen einer längeren Glühbehandlung unterzogen. Wird beim mehrtägigem Glühen den Rohgussstücken Kohlenstoff entzogen, so entsteht weißer Temperguss. Wird dagegen durch den Glühprozess der Kohlenstoff im Gefüge gleichmäßig verteilt, erhält man schwarzen Temperguss. Beide Sorten haben eine höhere Festigkeit und Zähigkeit als Gusseisen mit Lamellengraphit.

In der Installationstechnik werden vor allem Fittings und Armaturengehäuse aus Temperguss hergestellt (z. B. EN-GJMW-350; Abb. 4).

Die Bezeichnung der Gusswerkstoffe ist dem 📖➔ Tabellenbuch zu entnehmen.

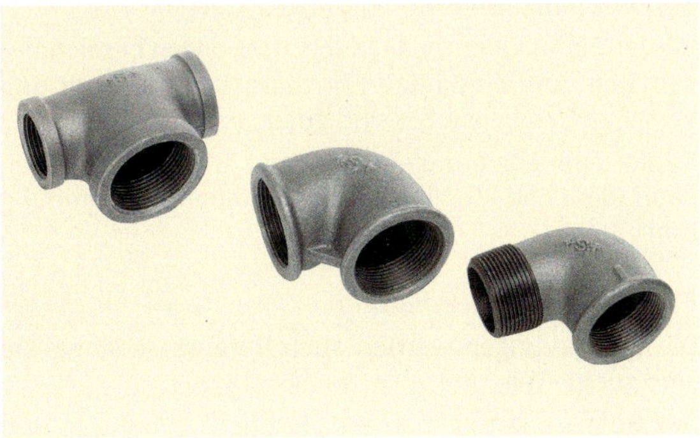

Abb. 4: Fittings aus Temperguss

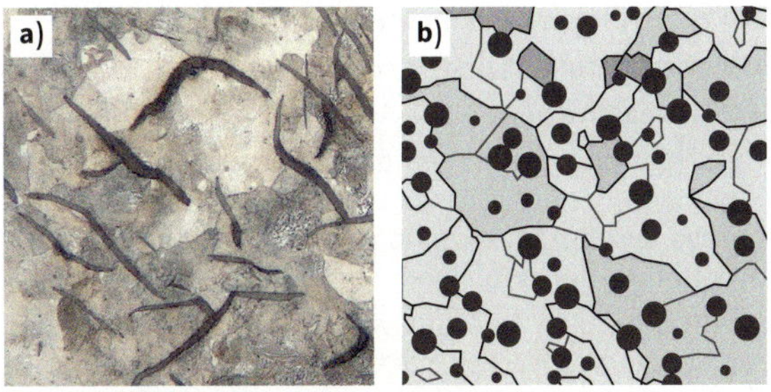

Abb. 2: Gefügearten beim Gusseisen:
a) Lamellengraphit, b) Kugelgraphit (grafische Darstellung)

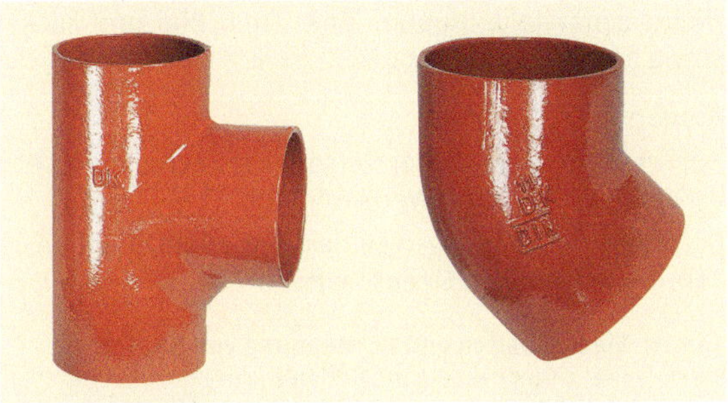

Abb. 3: Gussrohrformstücke

• Einteilung und Verwendung der Nichteisenmetalle

Als Nichteisenmetalle (NE-Metalle) bezeichnet man:

- alle reinen Metalle mit Ausnahme von Eisen
- alle Legierungen, bei denen Eisen nicht den Hauptbestandteil bildet

NE-Metalle lassen sich nach ihrer jeweiligen Dichte in Schwermetalle und Leichtmetalle einteilen (Tab. 1).

Tab. 1: Einteilung der NE-Metalle

Nichteisenmetalle (NE-Metalle)	
Schwermetalle Dichte $\rho > 5$ kg/dm³	Leichtmetalle Dichte $\rho < 5$ kg/dm³
z. B. Kupfer, Zink, Zinn, Blei	z. B. Aluminium, Magnesium, Titan

In der Praxis werden reine NE-Metalle und deren Legierungen verwendet. Reine NE-Metalle haben im Vergleich zu deren Legierungen

- einen höheren Schmelzpunkt,
- eine geringere Festigkeit,
- eine bessere elektrische Leitfähigkeit.

Die Legierungen besitzen eine höhere Festigkeit und Härte, sind dagegen aber oft spröder. Durch geeignete Nachbehandlungen (z. B. Glühen) können die Eigenschaften der Legierungen verändert werden.

Die Legierungen kann man einteilen in

- Gusslegierungen und
- Knetlegierungen.

Gusslegierungen verfügen über eine gute Gießbarkeit. Aus ihnen werden Gussteile hergestellt, die entweder bereits Fertigprodukte sind oder zu solchen weiterverarbeitet werden, z. B. durch Spanen.

Knetlegierungen sind gut warm- und kaltumformbar. Aus ihnen werden vor allem Halbzeuge gefertigt, z. B. Profile, Rohre und Bleche.

Schwermetalle

Zu den Schwermetallen zählen in der Technik z. B. die Nichteisenmetalle, Kupfer, Zink, Zinn, Blei und Nickel sowie deren Legierungen.

Kupfer

Kupfer ist im Bereich der Versorgungstechnik ein sehr vielseitig einsetzbarer Werkstoff (Abb. 1).

Die breite Anwendung resultiert vor allem aus den in Tab. 1 angegebenen Eigenschaften.

Tab. 1: Eigenschaften und Verwendung von Kupfer

Eigenschaften	Verwendung
gute Wärmeleitfähigkeit gute Korrosionsbeständigkeit gute Verformbarkeit gute Lötbarkeit	Wärmetauscher Behälter Dachrinnen Rohre, Fittings

Darüber hinaus wird Kupfer wegen seiner guten elektrischen Leitfähigkeit in großem Umfang in der Elektrotechnik eingesetzt. Die gute Korrosionsbeständigkeit der Kupferwerkstoffe ist darauf zurückzuführen, dass sie an der Luft eine dichte Schutzschicht bilden. Diese braun-grüne Schicht aus Kupferkarbonat wird auch als Patina bezeichnet. Kommt Kupfer hingegen mit Essigsäure in Berührung, so entsteht giftiger Grünspan.

Kupferlegierungen

Bereits durch geringe Legierungszusätze lassen sich die Festigkeit, Härte und Zerspanbarkeit von Kupfer steigern. Die am meisten verwendeten Kupferlegierungen sind Kupfer-Zink-, Kupfer-Zinn- und Kupfer-Zinn-Zink-Legierungen, benannt nach den Hauptlegierungsbestandteilen.

Kupfer-Zink-Legierung

Kupfer-Zink-Legierungen (auch als Messing bezeichnet) sind gut spanbar, korrosionsbeständig und als Knetlegierung gut warm- und kaltumformbar. Aufgrund der gelblichen Farbe und der guten Polierbarkeit eignen sie sich auch für dekorative Zwecke.

Aus Kupfer-Zink-Legierungen werden z. B. Gas- und Wasserarmaturen, Ventile, Gehäuse sowie Heizkreisverteiler hergestellt (Abb. 2).

Abb. 1: Wärmetauscher aus Kupfer

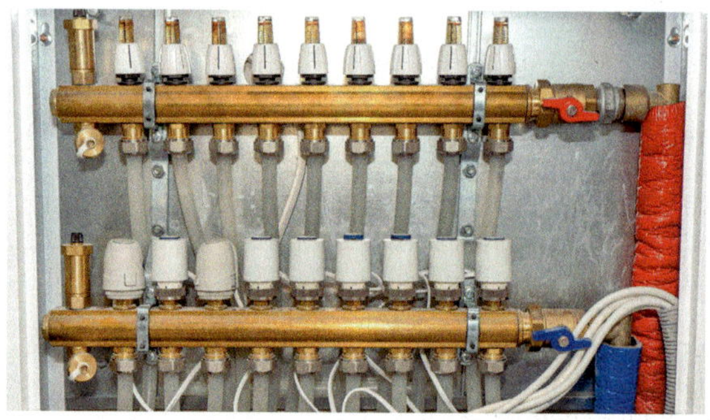

Abb. 2: Heizkreisverteiler aus Kupfer-Zink-Legierung

Abb. 3: Gleitlager aus Bronze

Abb. 4: Absperrarmatur aus Rotguss

Kupfer-Zinn-Legierung

Kupfer-Zinn-Legierungen (auch als Bronzen bezeichnet) verfügen über eine hohe Korrosionsbeständigkeit und Verschleißfestigkeit. Sie sind gut span- und gießbar.

Kupfer-Zinn-Legierungen finden z. B. für Gleitlager, Laufräder und Gehäuse von Pumpen Verwendung (Abb. 3).

Kupfer-Zinn-Zink-Legierung

Diese Legierungen werden auch Rotguss genannt. Sie sind gut gießbar und korrosionsbeständig.

Aus Rotguss fertigt man z. B. Fittings, Armaturen und Lagerschalen (Abb. 4).

Zink

Reines Zink ist schlecht kaltumformbar und spröde. Durch Zugabe von geringen Mengen Titan und Kupfer können die Festigkeit und Umformbarkeit erheblich verbessert werden. Zink lässt sich gut weichlöten. Beim Schweißen entstehen gesundheitsschädliche Dämpfe („Zinkfieber"). Durch Bildung einer fest haftenden Schutzschicht ist es gegenüber normalen Umweltbelastungen der Atmosphäre korrosionsbeständig. Deshalb wird Zink als Schutzüberzug von Stahlteilen eingesetzt, z. B. Gewinderohre sowie für Bedachungen und für Bauteile der Dachentwässerung (Abb. 5).

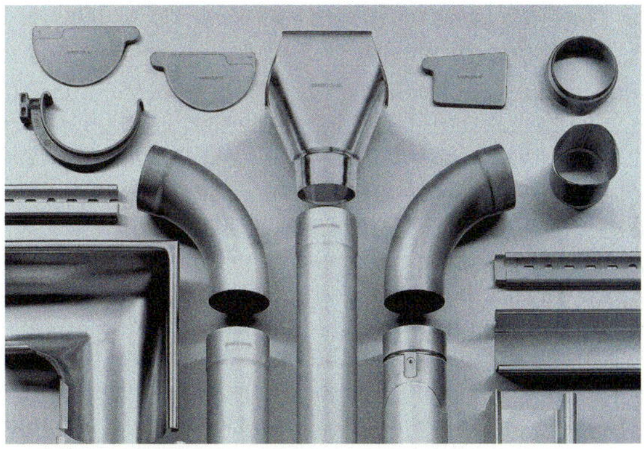

Abb. 5: Dachentwässerungsteile aus Zink

Leichtmetalle

Aluminium

Aluminium ist sehr gut umformbar, besitzt eine gute Wärmeleitung und eine gute elektrische Leitfähigkeit. Die Oberfläche der Aluminiumwerkstücke überzieht sich an der Luft mit einer dünnen Oxidschicht, die den Werkstoff vor Korrosion schützt. Die Schutzschicht ist jedoch nicht gegen Säuren und Laugen beständig. Feste korrosionsbeständige Oxidschichten lassen sich durch elektrochemische Vorgänge (Eloxieren) erzeugen. Diese künstlich hergestellten Schichten sind einfärbbar, eine Eigenschaft, die z. B. für die Gestaltung von Fassadenelementen genutzt wird.

Reinaluminium besitzt eine geringe Zugfestigkeit, die durch Legieren erhöht werden kann. Aluminium lässt sich mittels Schutzgasschweißverfahren (MIG- und WIG-Verfahren) gut schweißen.

Aluminiumschrott ist gut recycelbar, da auch nach mehreren Kreisläufen die Werkstoffeigenschaften erhalten bleiben.

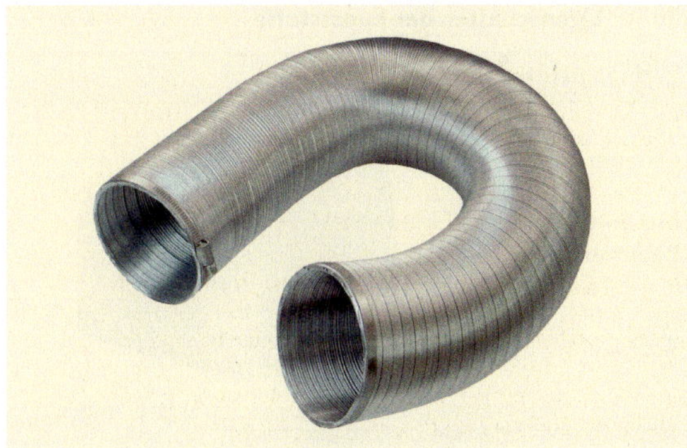

Abb. 6: Flexibles Lüftungsrohr aus Aluminium

Aluminiumwerkstoffe werden in der Versorgungstechnik u. a. für Wärmetauscher, Heizkörper und Lüftungsrohre genutzt (Abb. 6).

Bezeichnung der Nichteisenmetalle

Die Bezeichnung der NE-Metalle ist genormt. Die Bezeichnung kann erfolgen durch:

- Angabe des Grundwerkstoffes und der Legierungsbestandteile
- Werkstoffnummern (→ TB).

Je nach Werkstoff können noch weitere Angaben gemacht werden.

Beispiel für die Bezeichnung einer Kupfer-Gusslegierung durch Werkstoffkurzzeichen

Cu Zn 39 Pb 1 Al – C

- Cu Zn 39 Pb 1 Al: Angabe des Grundwerkstoffes und der Legierungselemente mit der Kennzahl für die Massenanteile in % in fallender Reihenfolge (Kupfer-Gusslegierung mit ca. 39 % Zink, ca. 1 % Blei und geringem Masseanteil Aluminium)
- C: Erzeugnisform (C = Gussstück)

Beispiel für die Bezeichnung einer Aluminium-Knetlegierung nach der chemischen Zusammensetzung

EN A W-2024 [Al Cu 4 Mg 1]

- EN: Europäische Norm
- A: Aluminium
- W: Knetwerkstoff (wrought material)
- 2024: Legierungsgruppe (Nummer für chemische Zusammensetzung)
- [Al Cu 4 Mg 1]: chemische Zusammensetzung: Angabe des Grundwerkstoffes und der Legierungselemente mit der Kennzahl für die Massenanteile in % in fallender Reihenfolge (Aluminium-Knetlegierung mit ca. 4 % Kupfer und ca. 1 % Magnesium)

• Einteilung und Verwendung von Kunststoffen

Kunststoffe können mit unterschiedlichen Eigenschaften hergestellt werden (Tab. 1). Sie sind deshalb natürlichen Werkstoffen vielfach überlegen. Metalle werden durch Kunststoffe ersetzt, wenn ein geringes Gewicht und Korrosionsbeständigkeit bedeutend sind.

Kunststoffe haben eine geringe Wärmebeständigkeit, sind teilweise brennbar und zersetzen sich beim Überschreiten einer Grenztemperatur. Kunststoffe sind teilweise unbeständig gegen Lösungsmittel. Die Festigkeit ist gegenüber Metallen geringer. Die Einsatzmöglichkeiten der Kunststoffe im Bereich der Versorgungstechnik sind sehr vielseitig.

Tab. 1: Eigenschaften der Kunststoffe

geringe Dichte ϱ = 0,9 ... 2,2 g/cm³	
Lagerbehälter Dusch- und Badewannen	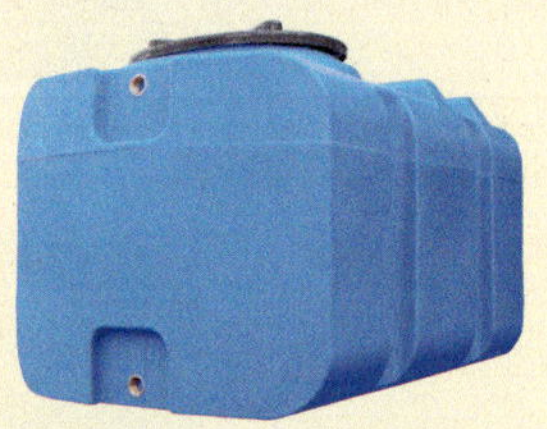
fest und hart oder weich und elastisch, gut gießbar, gut umformbar, je nach Kunststoff	
Gehäuseteile Dichtungen Rohre für Fußbodenheizungen	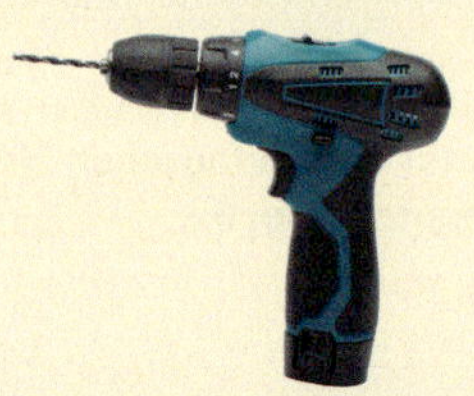
elektrisch nicht leitend, schlecht wärmeleitend	
Kabelummantelungen Wärmedämmungen	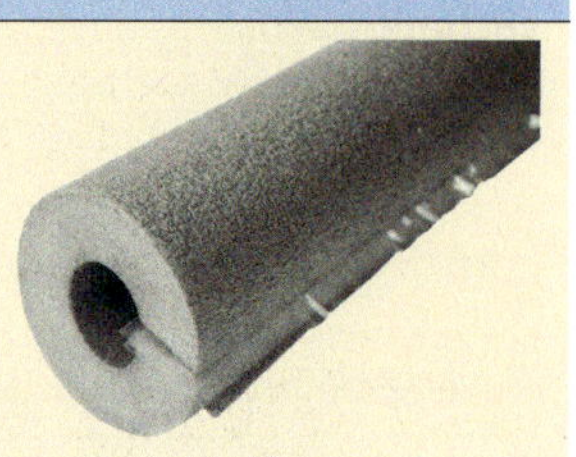
gute Korrosionsbeständigkeit	
Behälter Rohrleitungen Dachentwässerung Lacke	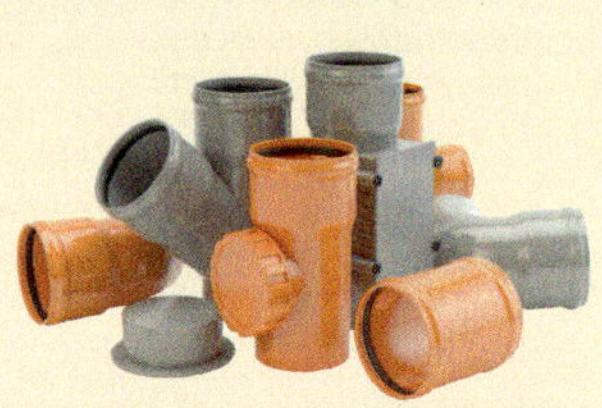

Kunststoffe werden aus Kohle, Erdöl oder Erdgas künstlich hergestellt.

Einteilung der Kunststoffe

Kunststoffe werden nach ihrem inneren Aufbau und ihren Eigenschaften eingeteilt in

- Thermoplaste,
- Duroplaste und
- Elastomere.

Thermoplaste sind bei Raumtemperatur fest und hart. Bei Erwärmung nimmt die Festigkeit ab. Sie sind dann weicher und leicht umformbar. Bei weiterer Erwärmung werden die Thermoplaste teigig und sind dann schweißbar. Bei Abkühlung erlangen sie wieder die ursprüngliche Festigkeit und Härte.

! Thermoplaste sind warm umformbar und schweißbar.

Duroplaste sind bei Raumtemperatur fest, hart und spröde. Bei Erwärmung ändern sich die Eigenschaften nicht.

! Duroplaste sind nicht warm umformbar und nicht schweißbar.

Füllstoffe verbessern die Eigenschaften der Duroplaste, sie erhöhen z. B. die Dichte und Härte. Füllstoffe sind z. B. Holzmehl, Korund (Al_2O_3), Graphit.

Verstärkungsstoffe erhöhen die Zugfestigkeit und die Scherfestigkeit. Verstärkungsstoffe sind z. B. Holzfasern, Cellulosefasern, Glasfasern, Kohlefasern und Metallfasern. Die so verstärkten Kunststoffe nennt man faserverstärkte Kunststoffe oder Verbundstoffe.

Schichtpressstoffe besitzen eine erhöhte Zähigkeit, Festigkeit und gute Zerspanbarkeit. Zur Herstellung von Schichtpressstoffen werden Textil-, Papier- und dünne Holzbahnen mit Phenol- oder Melaminharz getränkt und aufeinander geschichtet. In einer Presse schmilzt unter Druck und Wärme das Harz und härtet aus. Es entstehen formstabile Platten. Aus den Platten werden z. B. Zahnräder hergestellt.

Elastomere sind bei Raumtemperatur gummielastisch. Durch äußere Krafteinwirkung lassen sie sich erheblich verformen, nach Wegnahme der Kraft nehmen sie ihre ursprüngliche Form wieder an. Bei Erwärmung ändern sich die Eigenschaften nur wenig, sie werden etwas weicher.

! Elastomere sind gummielastisch, nicht warm umformbar und nicht schweißbar.

Die Verwendung von Kunststoffen ist im TB ersichtlich.

Die *Bezeichnung der Kunststoffe* ist nicht so systematisch aufgebaut wie die der Metalle. Neben einem Kurzzeichen, das von dem chemischen Namen abgeleitet ist, gibt es für die Kunststoffe Handelsnamen. Diese werden von den Herstellern festgelegt.

Daher gibt es für denselben Kunststoff unterschiedliche Handelsnamen.

Beispiel:

Benennung: PTFE – **P**oly**t**etra**f**luor**e**thylen

Handelsnamen: Hostaflon TF, Teflon

- **Werkstoffe und Umwelt**

Es sollen möglichst nur solche Werk- und Hilfsstoffe verwendet werden, die weder gesundheitsgefährdend noch umweltbelastend sind.

Belastungen für Umwelt und Mensch lassen sich durch Anlagenmechaniker/-innen vor allem durch eine fachgerechte Verwendung und Beseitigung der Werk- und Hilfsstoffe reduzieren.

Die *Verwendung* von metallischen Werkstoffen ist in der Regel unbedenklich; wenn dies jedoch nicht der Fall ist, ist ihre Verarbeitung und Installation nicht erlaubt. In der Trinkwasserinstallation sind z.B. Materialien nicht zulässig, die Schwermetalle wie Blei oder Cadmium enthalten oder gesundheitsschädliche Substanzen in das Trinkwasser abgeben können.

Zur Fertigung von Werkstücken müssen vielfach Kühlschmiermittel und Schmierstoffe eingesetzt werden. Diese Hilfsstoffe können die Gesundheit gefährden, z.B. Hautkrankheiten hervorrufen. Daher sind die Unfallverhütungsvorschriften genau einzuhalten. Hilfsstoffe müssen im Betrieb ordnungsgemäß aufbewahrt und nach Gebrauch vorschriftsmäßig gelagert werden.

Die *Entsorgung* der Werk- und Hilfsstoffe ist durch das Abfallgesetz und entsprechende Vorschriften geregelt. Verbrauchte Hilfsstoffe und Chemikalien dürfen weder in die Kanalisation geschüttet werden noch in Gewässer oder den Erdboden gelangen.

Metallischer Schrott, z.B. Späne und Abfall aus dem Fertigungsprozess, werden gesammelt und anschließend dem Stoffkreislauf wieder zugeführt. Ebenso werden die Werkstoffe nicht mehr brauchbarer Maschinen und Geräte sortenrein getrennt und wiederverwendet. Nahezu 50 % des Stahls wird aus Schrott erschmolzen. Damit spart man Rohstoffe und Energie.

Ein sinnvolles Recycling ist nur möglich, wenn Sortenreinheit gewährleistet werden kann. Bei den Eisenwerkstoffen ist diese wegen der magnetischen Eigenschaften leicht zu erreichen, bei Kunststoffen ist dies erheblich schwieriger. Deshalb werden Kunststoffverpackungen mit dem Umweltzeichen und Zusätzen gekennzeichnet.

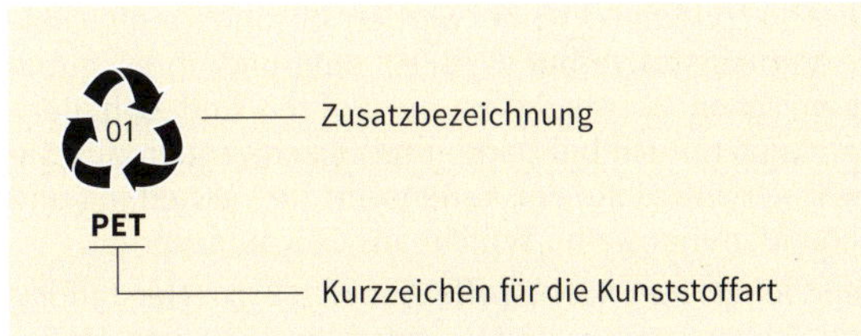

Abb. 1: Kennzeichnung für Kunststoffe

Doch Recycling allein reicht nicht. Im Gegensatz zu Naturprodukten werden Kunststoffe nicht auf natürliche Weise abgebaut. Kunststoffe zerfallen zwar nach sehr langer Zeit in kleinste Teilchen, doch manche davon sind so stabil, dass sie „Ewigkeitschemikalien“ genannt werden. Dazu gehört die Gruppe der PFAS (per- und polyfluorierte Alkylsubstanzen), von denen einzelne z.B. in PTFE (Teflon) oder PVDF enthalten sind. Mehrere Chemikalien aus der Gruppe der PFAS sind dafür bekannt, dass sie Krebs verursachen, unfruchtbar machen und das Immunsystem schwächen. Kunststoffpartikel verteilen sich im globalen Wasserkreislauf und reichern sich in den Meeren und im Grundwasser an.

! Der verantwortungsvolle Umgang mit Kunststoffen beginnt mit der Frage, ob ihr Einsatz notwendig ist.

Verbundwerkstoffe

Die Eigenschaften von Werkstoffen lassen sich durch Einlagerung anderer Werkstoffe verbessern.

Für derartige Werkstoffe, welche die günstigen Eigenschaften verschiedener Werkstoffe vereinen, wurde der Begriff „Verbundstoffe“ geprägt. Sie können Kombinationen aus metallischen, keramischen und polymeren Bestandteilen sein.

Wie Abb. 2 zeigt, lassen sich Verbundstoffe aufgrund der räumlichen Anordnung ihrer Bestandteile ordnen in

- Faserverbund-,
- Teilchenverbund-,
- Durchdringungsverbund- und
- Schichtverbundwerkstoffe.

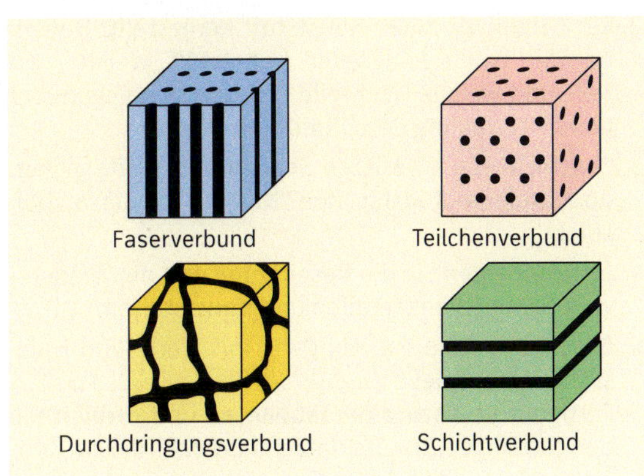

Abb. 2: Mögliche Verbundwerkstofftypen

Faserverbundwerkstoffe werden besonders als Glasfaser-Kunststoffverbund (GFK) aufgrund ihrer guten chemischen Beständigkeit bei Rohren und Behältern verwendet. Auch bei Bade- und Duschwannen aus Sanitär-Acryl wird auf der Außenseite zur Versteifung und Schalldämmung eine Schicht aus GFK aufgespritzt.

Teilchenverbundwerkstoffe dienen z. B. zur Herstellung von Schleifscheiben und Hartmetallwerkzeugen. Im Sanitärbereich werden aus Teilchenverbundwerkstoffen u. a. Waschtischplatten und Waschbecken gefertigt. Diese können z. B. aus ⅔ Aluminiumhydroxid und ⅓ Acrylbestandteilen bestehen.

Durchdringungsverbundwerkstoffe findet man z. B. bei gesinterten Lagern mit infiltrierten Festschmierstoffen.

Schichtverbundwerkstoffe werden z. B. bei sauerstoffdiffusionsdichten Mehrschicht-Verbundrohren aus Kunststoff und Aluminium verwendet.

Aufgaben

1. Was ist Stahl?
2. Nach welchen Unterscheidungsmerkmalen kann man Stähle einteilen?
3. Wodurch unterscheiden sich legierte Stähle von unlegierten Stählen?
4. Wodurch unterscheiden sich Edelstähle von Qualitätsstählen?
5. Wodurch unterscheiden sich weißer Temperguss und schwarzer Temperguss?
6. Welche Eigenschaften von Kupfer sind in der Versorgungstechnik von besonderer Bedeutung?
7. Geben Sie drei Arten von Kupferlegierungen und deren Verwendung an.
8. Beschreiben Sie den Unterschied zwischen Patina und Grünspan.
9. Erläutern Sie die Bezeichnung EN AW-6082 (AlSi1MgMn).
10. Wodurch unterscheiden sich Thermoplaste und Duroplaste?
11. Wie werden Kunststoffe bezeichnet? Informieren Sie sich auch im ⟶ Tabellenbuch.
12. Ein Öltank wird aus Kunststoff hergestellt. Benennen Sie einen geeigneten Kunststoff. Welche Vorteile und welche Nachteile ergeben sich gegenüber einer Herstellung des Öltanks aus Stahl?
13. Welche Vorteile besitzen Schichtpressstoffe gegenüber anderen Kunststoffen? Nennen Sie Einsatzbeispiele.
14. Unterscheiden Sie die Beseitigung und die Wiederverwendung von Metallen und Kunststoffen.
15. Beschreiben Sie den Umgang mit Werk- und Hilfsstoffen im Betrieb.
    Fertigen Sie dazu eine Tabelle an und ordnen Sie den jeweiligen Arbeitsplätzen Maßnahmen zur Umweltentlastung und zum Gesundheitsschutz zu.
    Erkunden Sie dazu Ihren Betrieb.

- **Werkstoffeigenschaften**

Für die Fertigung der Blechkörper und der Halterung des Trichters müssen die Werkstoffe gut schneidbar und leicht biegbar sein und eine ausreichende Festigkeit besitzen. Für die Halterung wurde der Stahl S 235 JR C+CR gewählt.

! Maßgebend für die Auswahl der Werkstoffe sind deren Eigenschaften für Fertigung und Funktion.

Die Eigenschaften der Werkstoffe kann man einteilen in:

- physikalische Eigenschaften
- technologische Eigenschaften
- chemische Eigenschaften
- ökologische Eigenschaften

- **Physikalische Eigenschaften**

Die physikalischen Eigenschaften beschreiben das Verhalten der Werkstoffe unter Einwirkung von Kraft, Wärme oder elektrischem Strom.

Dichte

Soll ein Bauteil ein möglichst geringes Eigengewicht haben, werden überall dort, wo es möglich ist, leichte Werkstoffe verwendet. Dies sind Werkstoffe mit einer geringen *Dichte* ρ.

Im Fahrzeugbau, im Flugzeugbau, bei der Konstruktion von vorgehängten Fassaden u. Ä. werden Werkstoffe mit geringer Dichte verwendet. Mittels der Dichte kann die Masse eines Bauteils berechnet werden (⟶ TB).

! Die *Dichte* ist bei der Auswahl der Werkstoffe immer dann von Bedeutung, wenn es um Gewichtsersparnis geht.

Elastizität – Plastizität

Ein Bauteil, z. B. eine Feder, wird durch Einwirken einer Kraft gebogen. Nimmt das Werkstück nach Entlastung seine ursprüngliche Form wieder an, so verhält sich der Werkstoff elastisch.

! *Elastizität* ist die Eigenschaft eines Werkstoffes, nach Entlastung seine ursprüngliche Form wieder anzunehmen.

Stahl zeigt ein besseres elastisches Verhalten als Kupfer oder Aluminium.

Nimmt ein Werkstück nach der Entlastung seine ursprüngliche Form nicht wieder an, so verhält sich der Werkstoff plastisch.

! *Plastizität* ist die Eigenschaft eines Werkstoffes, nach Entlastung eine bleibende Formänderung beizubehalten.

Plastizität ist aber die Voraussetzung für alle Umformvorgänge, z. B. Biegen. Werden Werkstücke plastisch verformt, so ist in der Regel auch ein elastisches Verhalten des Werkstoffes zu beobachten. Beim Kaltbiegen eines Flachstabs wird dies als Rückfederung deutlich (Abb. 1).

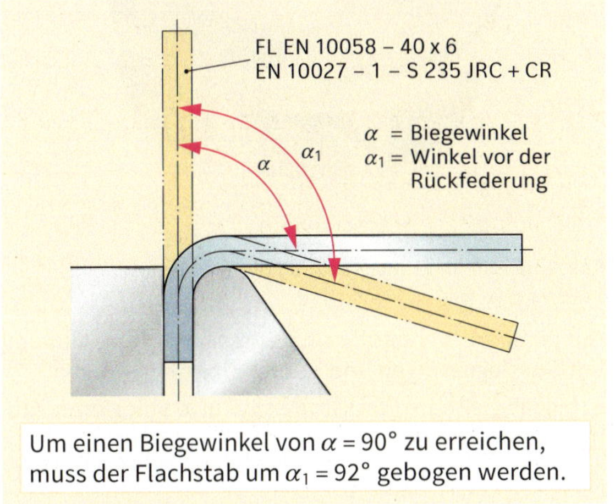

Abb. 1: Rückfederung

Zähigkeit – Sprödigkeit

Wird ein Bauteil schlagartigen Beanspruchungen ausgesetzt, muss der Werkstoff zäh sein. Bei einer Überbelastung soll sich der Werkstoff erst spürbar verformen, ehe er bricht.

! Werkstoffe sind *zäh*, wenn sie erst nach einer starken Verformung brechen.

Vergütungsstähle, nichtrostende Stähle oder Kupfer sind zähe Werkstoffe.

! Ein Werkstoff ist *spröde*, wenn er bei Belastung plötzlich ohne nennenswerte Verformung bricht.

Spröde Werkstoffe sind u. a. gehärteter Stahl, Gusseisen, Glas und Diamant. Zähigkeit und Sprödigkeit sind einander ausschließende Eigenschaften.

Festigkeit

Wirken auf einen Körper von außen Kräfte, wird diesen ein innerer Widerstand entgegengesetzt. Ursache dafür sind die Bindungskräfte zwischen den Atomen und Molekülen.

Diese Bindungskräfte werden als *Kohäsionskraft* bezeichnet. Übersteigt die äußere Beanspruchung die Kohäsionskraft, werden die Werkstoffteilchen voneinander getrennt. Beim Zerspanen oder Zerteilen ist dies notwendig.

! Die *Festigkeit* eines Werkstoffes ist der größtmögliche innere Widerstand gegen äußere Kräfte.

Eine Kenngröße für die Festigkeit eines Werkstoffes ist die Zugfestigkeit. Sie ist die Kraft F, die zur Überwindung der Kohäsionskraft in einem Werkstück notwendig ist, bezogen auf einen Querschnitt $A = 1\ mm^2$ (Abb. 2).

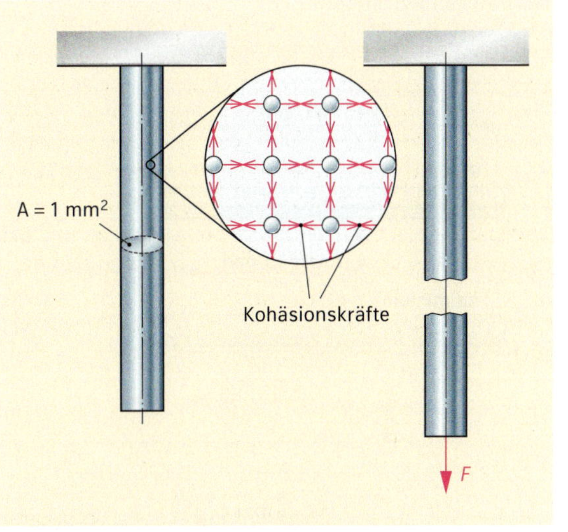

Abb. 2: Kohäsionskraft – Mindestzugfestigkeit

Härte

Werkstoffe sind unterschiedlich hart. Diese Eigenschaft spielt neben der Festigkeit besonders bei Werkzeugen eine große Rolle. Beim Bohren eines Loches setzt der Werkstoff des Werkstückes dem Bohrer einen Widerstand entgegen. Damit der Bohrer in das Werkstück eindringen und Späne abtragen kann, muss der Werkstoff eines Bohrers härter sein als der zu bearbeitende Werkstoff.

! *Härte* ist der Widerstand eines Werkstoffes gegen das Eindringen eines anderen Körpers.

Werkzeuge und alle Bauteile, die auf Verschleiß beansprucht werden, z. B. Bohrer oder Feilen, müssen aus harten Werkstoffen bestehen. Man verwendet dazu u. a. gehärteten Stahl.

Elektrische Leitfähigkeit

Elektrische Leiter sind aus Kupferdrähten gefertigt. Dieser Werkstoff leitet den elektrischen Strom besonders gut.

! Die elektrische Leitfähigkeit ist die Eigenschaft eines Werkstoffes, den elektrischen Strom leiten zu können.

In der Elektrotechnik werden Silber, Kupfer und Aluminium als Leiterwerkstoffe eingesetzt. Stähle sind keine guten elektrischen Leiter.

Andere Werkstoffe, z. B. Kunststoffe, Glas und Keramik, leiten den elektrischen Strom nicht. Sie werden Isolierstoffe genannt. Deshalb ist auch die elektrische Leitung etwa einer Bohrmaschine mit Kunststoff ummantelt.

Wärmedehnung

Jeder Körper dehnt sich bei Erwärmung aus und zieht sich beim Abkühlen wieder zusammen. Diesen Vorgang nennt man Wärmedehnung. Sie ist bei allen Werkstoffen unterschiedlich (Abb. 1).

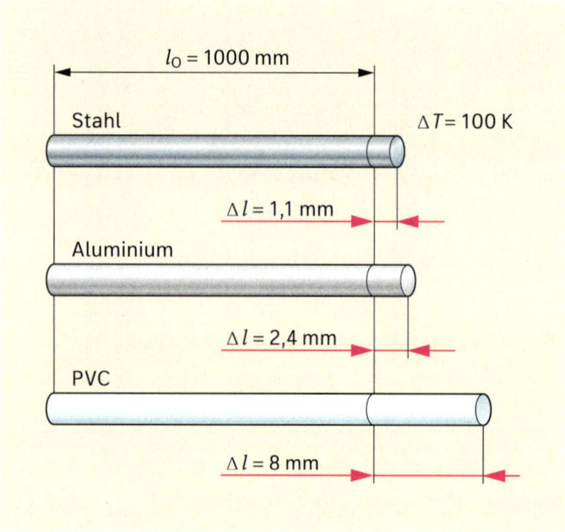

Abb. 1: Wärmedehnung

! Die *Wärmedehnung* ist die Eigenschaft eines Werkstoffes, sein Volumen bei Temperaturänderung zu verändern.

Ein Maß für die Ausdehnung ist der *Längenausdehnungskoeffizient* α.

Beim Sägen erwärmen sich durch die Reibung das Sägeblatt und das zu trennende Werkstück. Sägeblatt und Werkstück dehnen sich aus. Der Sägeschlitz muss daher breiter sein als das Sägeblatt, da dieses sonst eingeklemmt würde. Man erreicht dieses durch eine besondere Form des Sägeblattes.

- **Technologische Eigenschaften**

Die technologischen Eigenschaften beschreiben das Verhalten der Werkstoffe bei der Herstellung von Werkstücken.

Gießbarkeit

Werkstücke mit komplizierten Formen werden durch Gießen hergestellt (Abb. 2). Bedingung dafür ist eine ausreichende Gießbarkeit des Werkstoffes.

Der flüssige Werkstoff muss die Gussform völlig ausfüllen, das Gefüge soll gleichmäßig erkalten. Bei der Abkühlung sollen nur geringe Spannungen durch die Schrumpfung entstehen.

! *Gießbarkeit* ist die Eigenschaft eines Werkstoffes, sich in Formen zu fertigen Werkstücken gießen zu lassen.

Abb. 2: Gussteil – Francis-Laufrad (für Wasserturbinen)

Gut gießbare Werkstoffe sind Gusseisensorten, Aluminium-Gusslegierungen und Kupfer-Zink-Legierungen.

Schlecht gießbare Werkstoffe sind u. a. unlegiertes Aluminium und Kupfer.

Umformbarkeit

Werkstücke lassen sich durch Umformen, z. B. Biegen, in eine andere Form bringen. Die Umformbarkeit der Werkstoffe ist unterschiedlich und hängt von der Plastizität ab. Durch Umformen wird das Werkstoffgefüge nicht zerstört.

! *Umformbarkeit* ist die Eigenschaft eines Werkstoffes, sich durch Belastung bleibend in eine andere Form bringen zu lassen.

Gut umformbar sind u. a. kohlenstoffarmer Stahl, Aluminium, Kupfer-Knetlegierungen und Blei (Abb. 3).

Schlecht umformbar ist reines Zink. Nicht umformbar ist Gusseisen mit Lamellengraphit.

Die Umformbarkeit hängt wesentlich von der Temperatur ab. Man unterscheidet Kaltumformen bei Raumtemperatur und Warmumformen bei erhöhter Temperatur.

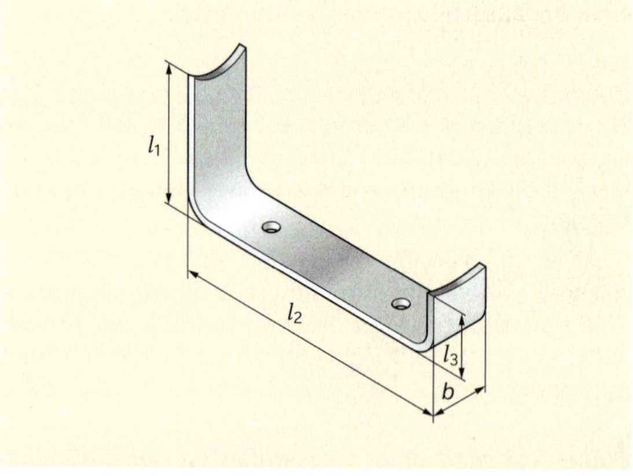

Abb. 3: Gebogene Halterung

Zerspanbarkeit

In die Halterung müssen zwei Löcher gebohrt werden (Abb. 3). Bohren, Drehen, Fräsen und Schleifen sind spanende Fertigungsverfahren.

! *Zerspanbarkeit* ist die Eigenschaft eines Werkstoffes, sich durch spanende Bearbeitung in eine gewünschte Form bringen zu lassen.

Werkstoffe lassen sich unterschiedlich gut zerspanen.

Gut spanend zu bearbeiten sind u. a. unlegierte und niedriglegierte Stähle, Gusseisenwerkstoffe und Aluminiumlegierungen. Schwierig zu spanen sind zähe Werkstoffe, z. B. nichtrostende Stähle und Kupfer, sowie sehr harte Werkstoffe, z. B. gehärteter Stahl.

- **Chemische Eigenschaften**

Werkstoffe können sich in der Luft, im Wasser oder bei Erwärmung verändern. Allgemeiner Baustahl rostet, Kunststoffe zerfallen oder verbrennen. Diese chemischen Eigenschaften spielen bei der Auswahl der Werkstoffe eine wesentliche Rolle.

Korrosionsbeständigkeit

Unter Korrosion versteht man die Zerstörung von metallischen Werkstoffen durch chemische oder elektrochemische Vorgänge (Abb. 4).

! *Korrosionsbeständigkeit* ist der Widerstand gegen die zerstörende Wirkung der feuchten Luft, der schadstoffhaltigen Luft, des Wassers und chemisch aggressiver Stoffe.

Korrosionsbeständige Metalle sind nichtrostende Stähle, Kupfer- und Aluminiumwerkstoffe, Zinn und Zink. Nicht korrosionsbeständig sind unlegierte und niedriglegierte Stähle und Eisen-Gusswerkstoffe.

! Da die volkswirtschaftlichen Schäden durch Korrosion sehr hoch sind, ist bei der Konstruktion und Fertigung von Bauteilen besonders auf den Korrosionsschutz zu achten.

Abb. 4: Korrosion

Giftigkeit

Metalle können durch chemische Reaktionen schädliche Produkte bilden. Daher sind u. a. beim Umgang mit Blei und Cadmium besondere Unfallverhütungsvorschriften (UVV) zu beachten.

Auch Nichtmetalle, wie Öle, Schmierstoffe, Kühlschmierstoffe und Reinigungsmittel, sind vielfach giftig. Sie können bei unsachgemäßem Umgang gesundheitliche Schäden hervorrufen.

Brennbarkeit

Metalle brennen im Allgemeinen nicht. Magnesium jedoch oxidiert sehr leicht und ist deshalb brennbar. Bei der Verarbeitung und dem Einsatz von Nichtmetallen muss die Anwendungstemperatur genau eingehalten werden.

Dies gilt auch besonders für Kunststoffe, weil sie z. T. leicht brennbar sind. Sicherheitsvorschriften sind zu beachten.

- **Ökologische Eigenschaften**

Bei der Auswahl der Werkstoffe sind Umweltaspekte zu berücksichtigen. Die Belastung von Mensch und Umwelt ist bei der Herstellung, der Verarbeitung und der Verwendung der Werkstoffe möglichst gering zu halten. Bei der Herstellung der Werkstoffe werden umfangreiche Schutzmaßnahmen ergriffen, z. B. werden staubhaltige Gase gefiltert oder schädliche Gase verbrannt.

Bei der Verarbeitung der Werkstoffe werden Hilfsstoffe benötigt. Diese sind vielfach gesundheits- und umweltschädlich. Unfallverhütungsvorschriften und Entsorgungsvorschriften sind zu beachten. Die Verwendung der meisten metallischen Werkstoffe, z. B. Stahl, Eisen-Gusswerkstoffe, Aluminium- und Kupferwerkstoffe, ist umweltverträglich.

Nach Gebrauch lassen sich Metalle mithilfe geeigneter Recyclingverfahren aufbereiten und dann wiederverwenden. Unter Umweltgesichtspunkten ist die Verwendung von Kunststoffen, z. B. PVC, PTFE und Epoxidharz, problematischer.

Sowohl bei der Herstellung vieler Kunststoffe als auch bei der Verbrennung von Kunststoffabfällen können gesundheitsschädliche Stoffe entstehen. Ein Recycling ist oft aufwendig. Da die Kunststoffe nicht verrotten, benötigen sie ein großes Deponievolumen. Die Verwendung stark gesundheitsschädlicher Stoffe, z. B. Asbest, ist verboten. Bei der Entsorgung der Werkstoffe sind das Abfallgesetz und die Abfallbestimmungsverordnung zu beachten.

! Wiederverwendung (Recycling) und Umweltverträglichkeit sind bedeutend für einen umweltschonenden Einsatz von Werkstoffen.

1.2 Herstellen durch Spanen

Die Halterung soll aus Flachstahl hergestellt werden.

Die Länge des benötigten Rohteiles ist in der Einzelteilzeichnung der Halterung festgelegt. Daneben enthält die Zeichnung alle für die Fertigung notwendigen Angaben.

Die für die Fertigung erforderlichen Maße sind in der Zeichnung angegeben und werden durch Anreißen auf das Rohteil übertragen.

Nach dem Zuschneiden auf die angegebene Länge werden die Radien an den Stirnflächen gefeilt und die Bohrungen gefertigt.

1.2.1 Zeichnungsanalyse

Flache Werkstücke, z. B. Platten oder Biegeteile, werden aus Blechen oder Flachprofilen gefertigt.

- **Darstellung flacher Werkstücke**

Die Halterung ist in der Perspektive gezeichnet (S. 17, Abb. 2). Die Form des Bauteiles ist in dieser Darstellung gut zu erkennen.

Bauteile werden in technischen Zeichnungen in der Regel in mehreren Ansichten gezeichnet, flache Werkstücke nur in einer Ansicht. Hier ist die Halterung in einer Ansicht als Zuschnittzeichnung dargestellt. Diese Zeichnung zeigt Form und Abmessung der Halterung vor dem Biegen.

Linienarten

Die zeichnerische Darstellung von Werkstücken erfolgt nach DIN EN ISO 128 in unterschiedlichen Linienarten und Linienbreiten (Tab. 1). Dadurch wird gewährleistet, dass Darstellungen einheitlich und eindeutig sind, Lese- und Interpretationsfehler werden vermieden.

Verschiedene Linienbreiten sind in Liniengruppen zusammengefasst. Die am häufigsten verwendete Gruppe ist die Liniengruppe 0,5.

Tab. 1: Linienarten nach DIN EN ISO 128 (Auswahl)

Linienarten (Auswahl)	Liniengruppe 0,5	Anwendungsbeispiele
Volllinie, breit	**0,50**	sichtbare Kanten, Umrisse
Volllinie, schmal	0,25	Maßlinien, Maßhilfslinien, Biegelinien
Freihandlinie, schmal	0,25	Begrenzung von unterbrochen dargestellten Konturen
Strichlinie, schmal	0,25	verdeckte Kanten und Umrisse
Strichpunktlinie, schmal	0,25	Mittellinien, Symmetrielinien
Strichpunktlinie, breit	0,50	Kennzeichnung von Schnittebenen

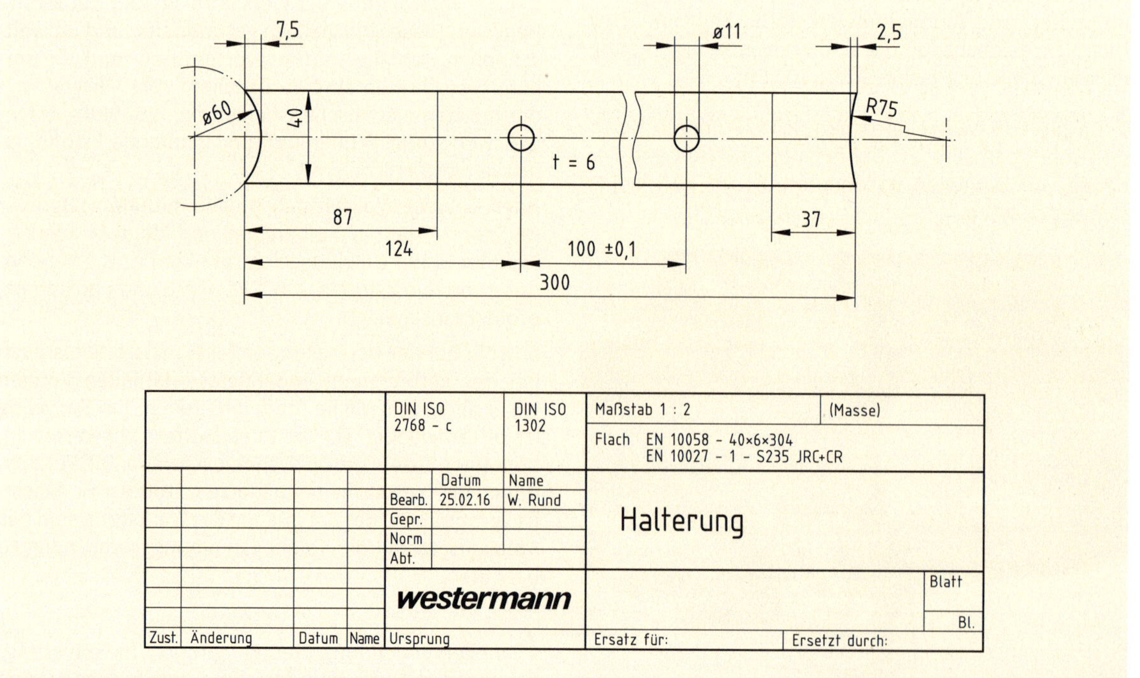

Abb. 1: Zeichnung der Halterung

- **Maßeintragung**

Zusätzlich zur Darstellung sind Informationen über die Größe des Werkstückes und seine Formen notwendig. Hierzu werden in Fertigungszeichnungen alle Maße eingetragen, die zur Herstellung notwendig sind. Die Regeln der Maßeintragung sind in DIN EN ISO 129-1 festgelegt.

Eine Maßangabe besteht zumeist aus diesen Elementen:

- Maßlinie
- Maßhilfslinien
- Maßlinienbegrenzung
- Nennmaßwert (Abb. 2)

① Die *Maßlinie* verläuft parallel zur Werkstückkante im Abstand von ca. 10 mm, sie schließt an die Maßhilfslinien an.

② Mehrere parallele Maßlinien haben zueinander einen Abstand von jeweils 10 mm.

③ Die *Maßhilfslinien* stehen ca. 2 mm über die Maßlinie hinaus und stehen senkrecht zur Maßlinie. Sie schließen an das zu bemaßende Element an. Maßlinien und Maßhilfslinien von unterschiedlichen Maßen sollen sich möglichst nicht kreuzen.

④ Als *Maßlinienbegrenzung* werden im Maschinenbau gefüllte und nicht gefüllte Maßpfeile verwendet. Bei der Liniengruppe 0,5 sind sie ca. 2,5 mm lang und haben einen Öffnungswinkel von 30°.

⑤ *Maßpfeile* werden in der Regel zwischen die Maßhilfslinien gezeichnet. Bei Platzmangel werden sie von außen an die Maßhilfslinie geführt.

⑥ Der *Nennmaßwert* steht über der Maßlinie und zwischen den Maßhilfslinien. Maßwerte haben die Einheit mm, diese wird jedoch nicht angegeben. Die Maße sind so einzutragen, dass sie von unten und von rechts lesbar sind. Die Schriftgröße beträgt 3,5 mm, die Linienbreite 0,35 mm.

⑦ Bei Platzmangel wird der Maßwert außerhalb über eine verlängerte Maßlinie geschrieben.

⑧ *Rundungen* werden durch Angabe des Radius (R) oder des Durchmessers (Ø) bemaßt. Der Mittelpunkt der Rundung wird nur dann gekennzeichnet, wenn seine Lage aus Funktions- oder Fertigungsgründen festgelegt sein muss.

⑨ Durchmessermaßen von *Bohrungen* wird immer das Symbol Ø vorangestellt.

- **Toleranzangaben**

Die in technischen Zeichnungen angegebenen Maße können bei der Fertigung des Werkstückes nicht genau eingehalten werden. Daher werden zulässige Maßabweichungen angegeben.

Die Größe der Maßabweichungen richtet sich nach der Funktion des Werkstückes. Aus wirtschaftlichen Gründen gilt folgender Grundsatz:

! Die Fertigung soll so genau wie nötig und so grob wie möglich erfolgen.

In der Zuschnittzeichnung (Abb. 2) ist das Maß 100 mit einer Toleranzangabe versehen.

Das Maß 100 heißt nach DIN ISO 2768 *Nennmaß*. Die zulässigen Abweichungen vom Nennmaß werden durch die *Grenzabmaße* angegeben.

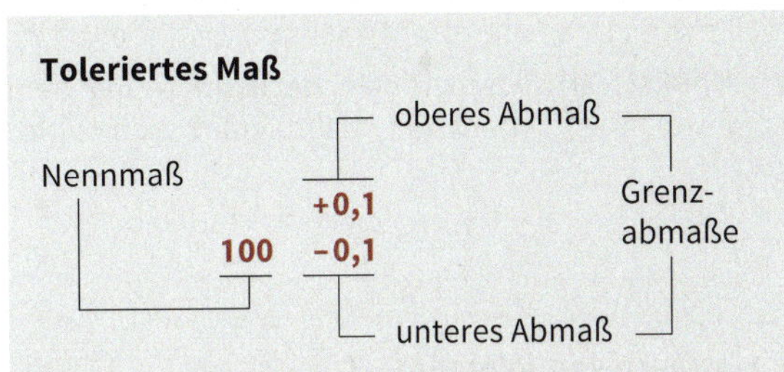

Die Grenzmaße geben die maßlichen Grenzen an, zwischen denen das Istmaß des Werkstückes liegen muss. Das Istmaß ist das am Werkstück gemessene Maß.

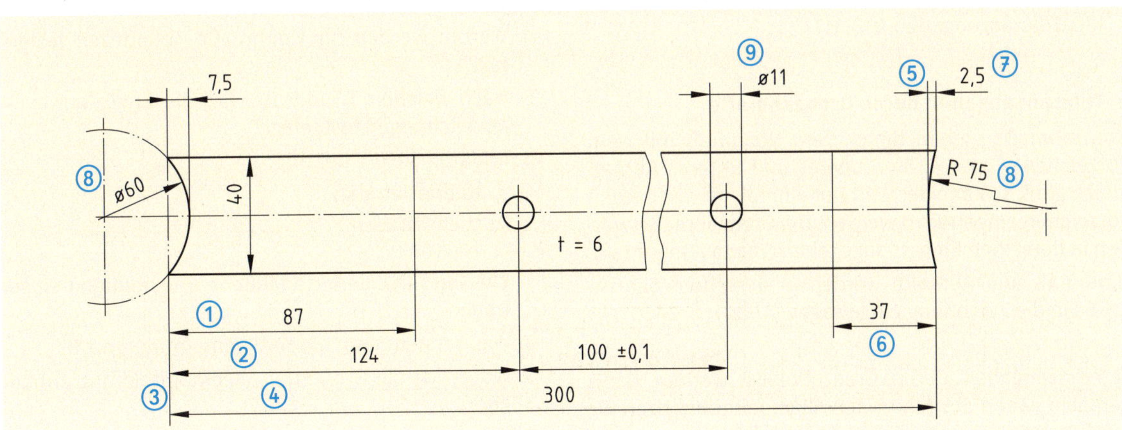

Abb. 2: Maßeintragung

Bei den Grenzabmaßen unterscheidet man zwischen dem oberen und dem unteren Abmaß. Das obere *Abmaß ES* (+0,1) begrenzt die zulässige Abweichung vom Nennmaß nach oben. Das *untere Abmaß EI* (−0,1) begrenzt die zulässige Abweichung vom Nennmaß *N* nach unten. Eine aus Nennmaß und Abmaßen gebildete Maßangabe nennt man toleriertes Maß. Aus dem Nennmaß und den Abmaßen ergeben sich die *Grenzmaße*. Das Grenzmaß für das größte zulässige Maß heißt *Höchstmaß* G_o, das kleinste zulässige Maß heißt *Mindestmaß* G_u.

$$G_o = N + ES \qquad G_u = N + EI$$

Tab. 1: Toleranzangaben, Begriffe

Toleriertes Maß	**$100^{+0,1}_{-0,1}$**
Nennmaß	100
oberes Abmaß *ES*	+0,1
unteres Abmaß *EI*	−0,1
Höchstmaß G_o	100,1
Mindestmaß G_u	99,9
Toleranz *T*	0,2

Der Unterschied zwischen dem Höchstmaß und dem Mindestmaß entspricht der Maßtoleranz oder *Toleranz T*.

$$T = G_o - G_u$$

- **Eintragen von Toleranzen**

In technischen Zeichnungen werden tolerierte Maße angegeben durch:

- Grenzabmaße
- Allgemeintoleranzen mit Toleranzklasse
- ISO-Toleranzangaben, z. B. H7

- **Toleranzangaben durch Grenzabmaße**

Grenzabmaße stehen hinter dem Nennmaß mit dem Vorzeichen + oder −. Sind oberes und unteres Abmaß gleich groß, so kann der Wert nur einmal mit den beiden Vorzeichen eingetragen werden. Die Grenzabmaße werden in derselben Einheit angegeben wie das Nennmaß.

Nennmaß und Abmaße werden in derselben Schriftgröße in die Zeichnung eingetragen (Abb. 1, S. 34).

Toleranzangaben durch Grenzabmaße werden dann gemacht, wenn die genormten Allgemeintoleranzen für die Funktion des Bauteiles nicht ausreichen oder zu genau sind.

- **Toleranzangaben durch Allgemeintoleranzen**

In DIN ISO 2768-1 sind Allgemeintoleranzen genormt für:

- Längenmaße
- Rundungshalbmesser und Fasen
- Winkelmaße

Diese Norm dient der Vereinfachung von Toleranzangaben. An die Nennmaße werden in der technischen Zeichnung keine Grenzabmaße angetragen.

Die Abmaße sind Tabellen für Allgemeintoleranzen zu entnehmen. Oberes und unteres Abmaß sind dabei gleich groß. Die Größe der Toleranz hängt von der Größe des Nennmaßes und von der Toleranzklasse ab (→ TB). In abgestuften Nennmaßbereichen sind vier Toleranzklassen genormt:

- f (fein)
- m (mittel)
- c (grob)
- v (sehr grob)

Je größer das Nennmaß, desto größer ist die Toleranz innerhalb einer Toleranzklasse.

Die Norm und Toleranzklasse für die Maße in der Zeichnung sind im Schriftfeld anzugeben (Abb. 1 und Abb. 1, S. 34).

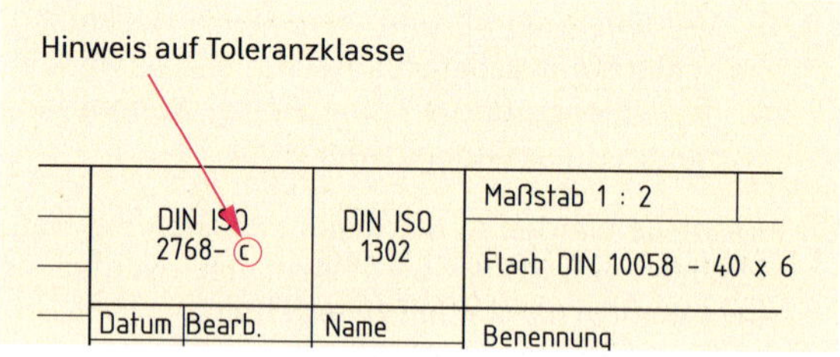

Abb. 1: Angaben im Schriftfeld

Aufgaben

1. Aus welchen Elementen besteht die Maßangabe in einer Zeichnung?
2. Welche Grundsätze sind beim Eintragen von Maßwerten zu beachten?
3. Wie werden Rundungen und Bohrungen bemaßt?
4. Warum werden für Nennmaße Toleranzen festgelegt?
5. Nach welchem Grundsatz wird die Größe der Maßabweichungen festgelegt?
6. Erklären Sie die Begriffe:
   a) toleriertes Maß
   b) Höchstmaß G_o
   c) Toleranz *T*
7. Wie werden tolerierte Maße in Zeichnungen eingetragen?
8. Was versteht man unter Allgemeintoleranzen?
9. Wovon ist die Größe der Allgemeintoleranz abhängig?
10. Welche Toleranzklassen werden bei der Angabe von Allgemeintoleranzen unterschieden?

11. Ergänzen Sie die nachfolgende Tabelle.

Toleriertes Maß	$75^{+0,2}_{-0,1}$	$115 \pm 0,05$	$8^{0}_{-0,1}$
Nennmaß			
oberes Abmaß *ES*			
unteres Abmaß *EI*			
Höchstmaß G_o			
Mindestmaß G_u			
Toleranz *T*			

12. Eine Schablone zum Fertigen von zwei Bohrungen ist entsprechend der angegebenen Zeichnung herzustellen.
    a) Bestimmen Sie für die tolerierten Maße die einzuhaltenden Grenzmaße.
    b) Zur nachfolgenden Prüfung des Bohrungsabstandes dient das Kontrollmaß *x*. Bestimmen Sie dessen Höchst- und Mindestmaß.

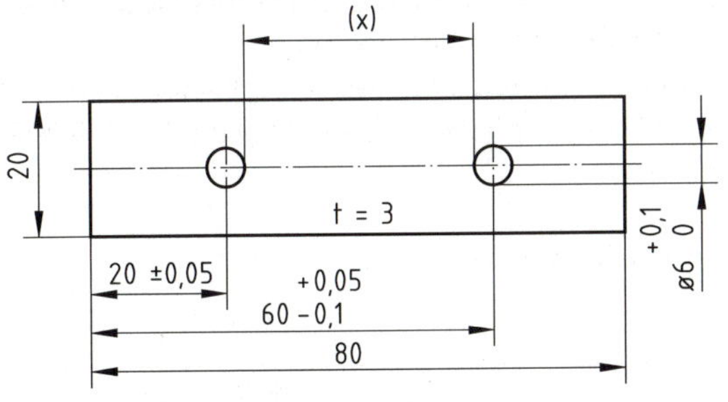

13. Ein Flachstab Flach EN 10 058 – 45 × 8 × 255 darf folgende Grenzmaße besitzen:
    a) $G_o = 255,15$ mm und $G_u = 254,85$ mm
    b) $G_o = 255,05$ mm und $G_u = 254,9$ mm
    c) $G_o = 255,25$ mm und $G_u = 255,00$ mm

    Bestimmen Sie das tolerierte Maß, welches jeweils in die Zeichnung einzutragen ist.
14. Ermitteln Sie für folgende Nennmaße mithilfe des Tabellenbuches die Grenzmaße nach den Abmaßen für Allgemeintoleranzen.

Nennmaß	39	185	4	400	1200
Toleranzklasse	m	m	f	c	v

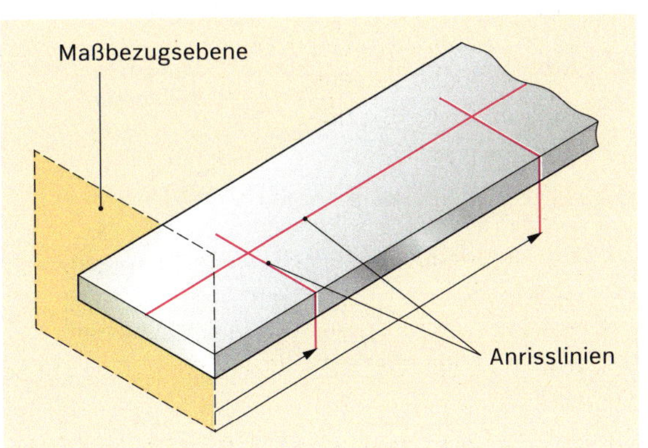

Abb. 2: Maßbezugsebene

1.2.2 Anreißen

! Anreißen ist das Übertragen von Maßen und Formen aus der Fertigungszeichnung auf das zu bearbeitende Rohteil oder Halbfertigteil.

Die Anrisslinien sollen gut sichtbar sein. Deshalb wird das Rohteil vor dem Anreißen häufig mit einem Anstrich versehen. Die Reißnadel ritzt die aufgetragene Schicht. Dadurch hebt sich die Anrisslinie deutlich von der Oberfläche ab. Als Anstrichmittel verwendet man z. B. Schlämmkreide oder Anreißlack. Wird kein Anstrichmittel verwendet, ritzt beim Anreißen die Reißnadel die Oberfläche des Rohteiles ein. Dies führt zur Beschädigung der Oberfläche. Beim Biegen im Bereich des Anrisses können dünne Werkstücke brechen. Deshalb dürfen Biegeteile nur auf der Seite des Innenradius angerissen werden.

Beim Anreißen weicher oder beschichteter Werkstoffe, z. B. Aluminium, wird ein Bleistift verwendet, um die Oberfläche nicht zu beschädigen.

Die Profilflächen des Flachstabs sind im Stahlwerk in ausreichender Genauigkeit und Oberflächengüte vorgefertigt. Zur Herstellung der Halterung werden die Flächen evtl. mit einer Bürste entrostet. Vor dem Anreißen wird eine Stirnfläche so bearbeitet, dass sie eben und rechtwinklig zu den Seitenflächen ist. Auf diese Fläche werden die Längenmaße bezogen, man nennt sie Maßbezugsebene (Abb. 2).

Als Anreißwerkzeuge werden Reißnadeln verwendet. Der Werkstoff der Reißnadeln richtet sich nach dem Werkstoff und der Oberflächenbeschaffenheit der anzureißenden Werkstücke (Tab. 1, S. 34).

Abb. 3 zeigt das Anreißen gerader Linien mit unterschiedlichen Anreißwerkzeugen.

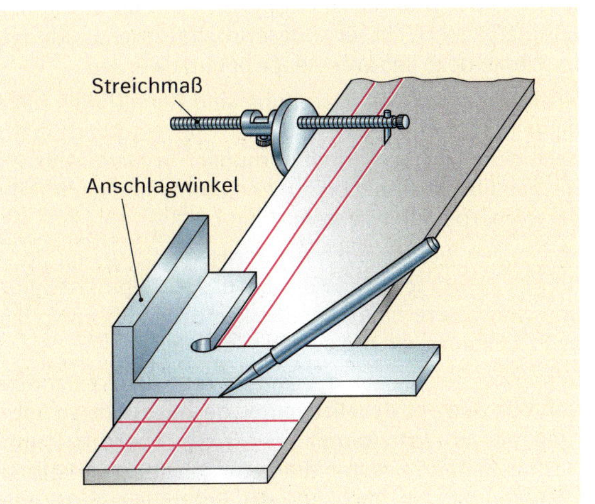

Abb. 3: Anreißen gerader Linien

Tab. 1: Anreißwerkzeuge

Anreißwerkzeug	Verwendung	Eigenschaften
Stahlreißnadel mit gehärteter Spitze	angestrichene Rohteile und Halbteile aus Stahl	Spitze härter als Werkstück, geringe Abnutzung der Reißnadel, Werkstückoberfläche wird geritzt, Kerbwirkung
Stahlreißnadel mit Hartmetallspitze	Werkstücke mit Rost- und Zunderschichten	Spitze härter als Werkstück, sehr geringe Abnutzung der Reißnadel, Werkstückoberfläche wird geritzt, Kerbwirkung
Messingreißnadel	beschichtete Oberfläche, harte Werkstücke, Anreißen von Biegelinien	Spitze weicher als Werkstück, hohe Abnutzung der Reißnadel, Werkstückoberfläche wird nicht geritzt, geringe Kerbwirkung, messingfarbene Anreißspur auf der Oberfläche des Werkstückes

Zum Anreißen von Kreisen verwendet man Anreißzirkel mit zwei geschliffenen und gehärteten Metallspitzen (Abb. 1).

Der Kreismittelpunkt muss angekörnt werden, damit sich die Zirkelspitze beim Zeichnen des Kreises nicht verschiebt. Man benutzt dazu einen Körner, dessen Spitze einen Winkel von ca. 60° hat. Die Spitze des Körners ist gehärtet.

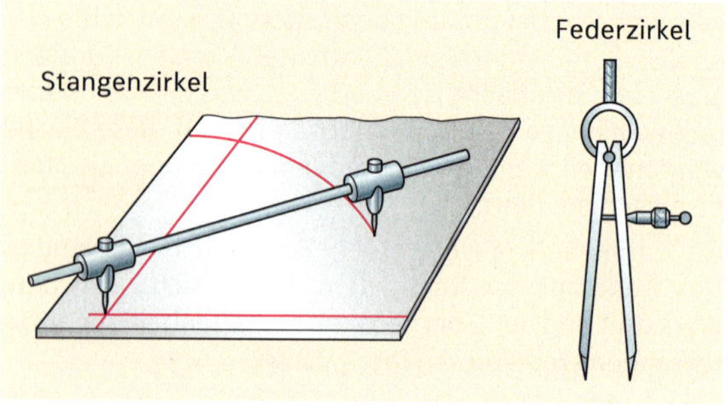

Abb. 1: Anreißen von Kreisen

Einfache Anreißarbeiten werden meistens auf der Werkbank ausgeführt. Für genauere oder umfangreiche Anreißarbeiten wird die Anreißplatte verwendet. Die Anreißplatte darf nicht für andere Arbeiten oder als Ablage für Werkstücke und Werkzeuge benutzt werden.

Mit fortschreitender Beareitung sind Anreißlinien häufig nicht mehr genau zu erkennen. Sie werden deshalb nach dem Anreißen durch Körnungen ergänzt (Abb. 2). Nach der Bearbeitung bis zur Anreißlinie sind noch Teile der Körnerpunkte zu erkennen.

Körnungen werden auch bei der Herstellung von Bohrungen angebracht. Die Körnung des Mittelpunktes gibt der Zirkelspitze beim Anreißen und der Bohrerspitze beim Anbohren die notwendige Führung.

Der Kontrollkreis mit der Größe der herzustellenden Bohrung zeigt, ob der Mittelpunkt der angebohrten Bohrung mit dem Mittelpunkt des Anrisses übereinstimmt. Nach dem Bohren zeigen die stehengebliebenen halben Körnerpunkte, ob die Lage der Bohrung einwandfrei ist.

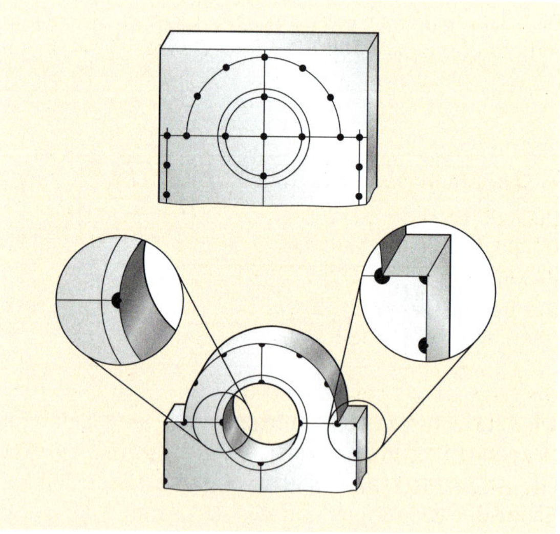

Abb. 2: Ankörnen von Anreißlinien

Anreißen wird vorwiegend in der Einzelfertigung angewendet. Es ist eine rein manuelle Tätigkeit. Dadurch entstehen hohe Kosten. Bei schwierigen Werkstückumrissen oder höheren Stückzahlen ist es meistens kostengünstiger, mit Anreißschablonen zu arbeiten (Abb. 3).

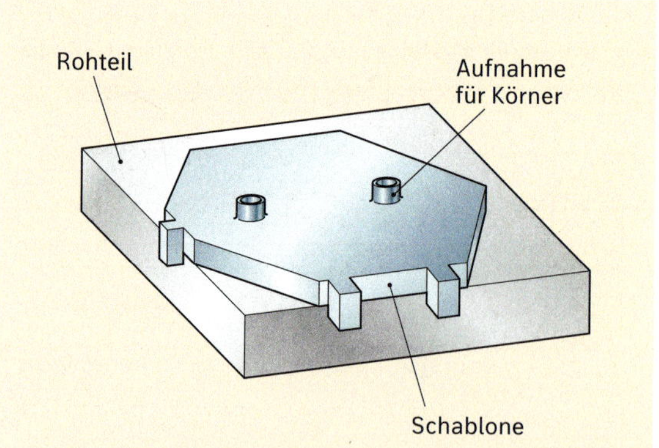

Abb. 3: Anreißschablone

1.2.3 Grundlagen des Spanens

Beim manuellen Spanen werden die Trennkräfte durch Muskelkraft aufgebracht und die Bewegungen des Werkzeuges von Hand ausgeführt.

Manuelles Spanen ist kraft- und zeitaufwendig. Deshalb wird es immer mehr durch maschinelle Verfahren ersetzt.

Dennoch wird z. B. bei Reparaturarbeiten und in der Einzelfertigung manuelles Spanen mit Handwerkzeugen angewandt. Dazu zählen u. a. Sägen und Feilen.

Beim Spanen werden durch keilförmige Schneiden Werkstoffteile schichtweise vom Werkstück abgetrennt. Die mit dem Werkzeug aufgebrachten Trennkräfte heben den Werkstoffzusammenhalt auf. Es wird ein Span abgehoben.

Der Schneidkeil des Werkzeuges bewegt sich dabei entlang der zu bearbeitenden Fläche des Werkstückes (Abb. 4). Diese Bewegung heißt *Schnittbewegung*.

- **Schneidengeometrie des spanenden Keils**

Die Keilfläche, vor der die Späne entstehen, heißt *Spanfläche*. Die Keilfläche, die zur erzeugten Werkstückoberfläche hin zeigt, heißt *Freifläche*.

Die beim Spanen am Werkstück erzeugte Werkstückoberfläche heißt *Schnittfläche*.

Die Lage der Flächen zueinander und zum Werkstück wird durch Winkel beschrieben:

Der Winkel zwischen der Freifläche und der Spanfläche ist der *Keilwinkel* β. Er beschreibt die Größe des Schneidkeils.

Der Winkel zwischen der Schnittfläche und der Freifläche ist der *Freiwinkel* α.

Der Winkel zwischen der Spanfläche und der Senkrechten auf die Schnittfläche ist der *Spanwinkel* γ.

Die Größenänderung eines Winkels hat immer mindestens eine weitere Winkeländerung zur Folge.

! Die *Summe* von Freiwinkel α, Keilwinkel β und Spanwinkel γ *am spanenden Keil* beträgt immer 90°.

- **Schneidengeometrie und Zerspanungsvorgang**

Die Größe des Freiwinkels α, des Keilwinkels β und des Spanwinkels γ beeinflussen den Zerspanungsvorgang.

Davon abhängig sind:

- die Spanbildung und der dabei entstehende Span
- die Oberflächengüte des Werkstückes
- die Haltbarkeit der Schneide und damit die Standzeit des Werkzeuges (Abb. 5)

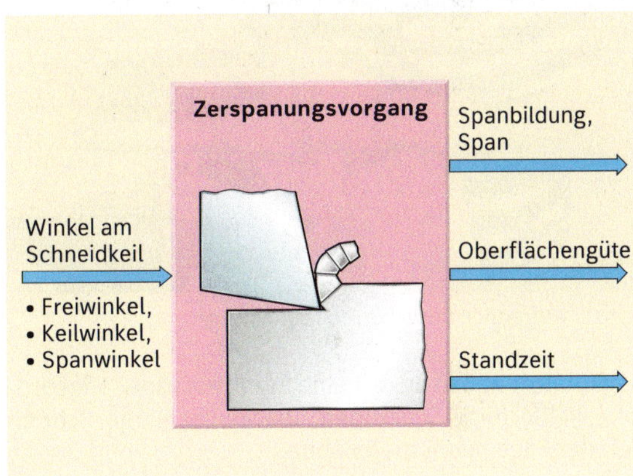

Abb. 5: Eingangs- und Ausgangsgrößen beim Zerspanungsvorgang

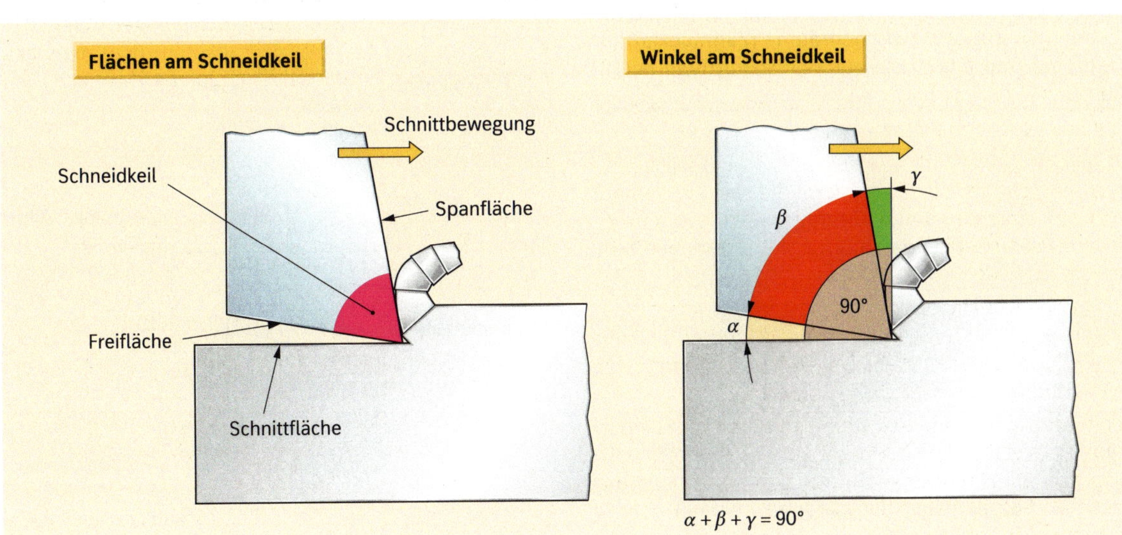

Abb. 4: Flächen und Winkel am Schneidkeil

1.2.4 Sägen

Sägen ist ein spanendes Trennverfahren zum Ablängen von Halbzeugen (Abtrennen), Ausarbeiten von unterschiedlichen Formen (Formsägen) und zum Einarbeiten von schmalen Nuten in Werkstücke (Schlitzen).

Sägeblätter schneiden nur in einer Richtung. Beim Sägen wechseln ein Arbeitshub mit Druck und ein Rückhub ohne Druck einander ab (Abb. 1).

Abb. 1: Abtrennen mit einer Handbügelsäge

Sägeblätter haben viele kleine hintereinander angeordnete keilförmige Schneiden. Die keilförmigen Schneiden der Säge nennt man Zähne.

! Sägen ist ein Spanen mit einem vielzahnigen Werkzeug von geringer Schnittbreite.

Beim Sägen wird der Werkstoff in der Schnittfuge durch die Zähne in mehreren Schichten zerspant (Abb. 2). Dabei nehmen die Zahnzwischenräume (Zahnlücken) die Späne auf und führen sie aus der Schnittfuge heraus (Abb. 2).

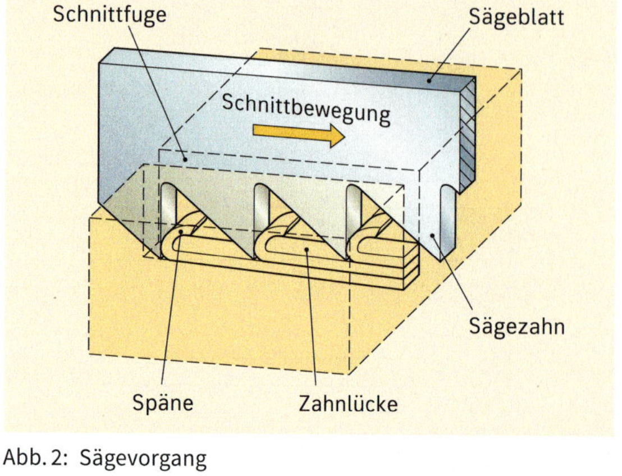

Abb. 2: Sägevorgang

Längere Profile, z. B. Flachstäbe oder Rohre, werden auf der Maschinensäge auf Länge geschnitten (Abb. 3). Die notwendige Hubkraft wird durch einen Elektromotor erzeugt. Eine Spannvorrichtung und eine Auflage für lange Werkstücke befinden sich an der Säge.

Abb. 3: Maschinensäge

- **Zahnformen**

Handsägeblätter haben in der Regel Winkelzähne (Abb. 4a). Der Freiwinkel α beträgt im Allgemeinen etwa 40°. Der Freiwinkel α wird so groß gewählt, damit die Zahnlücken entsprechend groß sind. Nur große Zahnlücken können die Späne problemlos aus der Schnittfuge transportieren. Der Keilwinkel β beträgt etwa 50°. Damit ergibt sich ein ausreichend stabiler Schneidkeil. Freiwinkel und Keilwinkel betragen zusammen etwa 90°. Der Spanwinkel γ beträgt dann etwa 0°.

Maschinensägeblätter haben meist Bogenzähne (Abb. 4b). Bei ihnen können die Winkel am Schneidkeil den Schnittbedingungen besser angepasst werden. Bogenzähne sind stabiler als Winkelzähne und haben trotzdem große Zahnlücken.

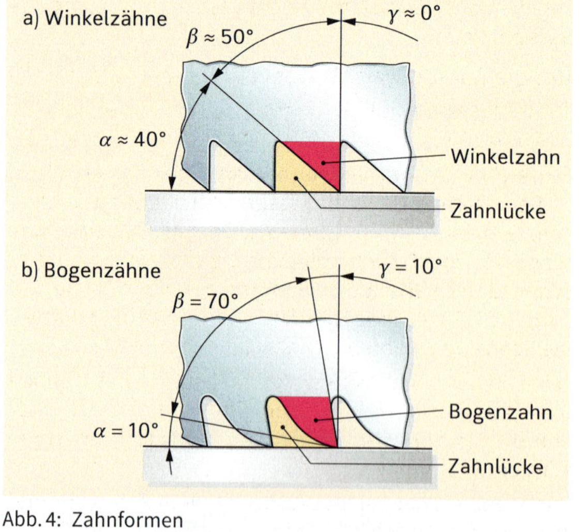

Abb. 4: Zahnformen

- **Zahnteilung**

Den Abstand von Zahn zu Zahn bezeichnet man als Zahnteilung *t*. Es gibt Sägeblätter mit grober, mittlerer und feiner Zahnteilung. Zur Kennzeichnung der Zahnteilung bei Sägeblättern wird die Zähnezahl auf 25,4 mm = 1 inch angegeben (Tab. 1).

Tab. 1: Zahnteilung bei Handsägeblättern

Zahnteilung	Anwendung
grob 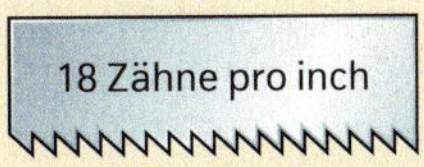	weiche Werkstoffe: Aluminium, Kupfer
mittel 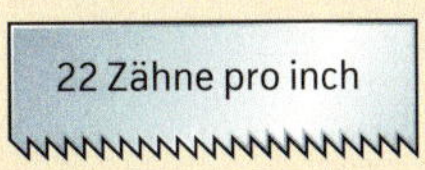	Werkstoffe mit mittlerer Festigkeit: CuZn-Legierungen, Baustahl, z. B. S 235
fein 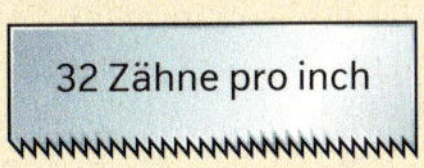	harte Werkstoffe: Vergütungsstahl, z. B. C 60, legierte Stähle, dünnwandige Profile, Bleche

Die Auswahl der Sägeblätter für eine Sägearbeit richtet sich nach:

- Festigkeit des zu sägenden Werkstoffes
- Dicke des Werkstückes

Grobe Zahnteilung verwendet man bei weichen Werkstoffen. Diese lassen sich leichter zerspanen. Es fallen mehr Späne an. Die größeren Zahnlücken können die anfallende Spanmenge besser aus der Schnittfuge transportieren.

Mittlere Zahnteilung verwendet man bei Werkstoffen mittlerer Festigkeit und bei Werkstücken mittlerer Breite (bis 40 mm).

Feine Zahnteilung verwendet man bei harten Werkstoffen. Harte Werkstoffe lassen sich schwerer zerspanen. Es fallen weniger Späne an. Bei feiner Zahnteilung schneiden mehr Zähne gleichzeitig den Werkstoff. Der Schnittdruck verteilt sich dadurch auf mehr Zähne. Die einzelnen Sägezähne werden weniger stark belastet. Die Schneiden werden nicht so schnell stumpf.

Feine Zahnteilung verwendet man auch bei dünnen Werkstücken und dünnwandigen Hohlprofilen (z. B. Rohre). Das gilt unabhängig vom Werkstoff des Werkstückes.

Das Sägeblatt hakt nicht und bricht nicht aus, da immer mehrere Zähne gleichzeitig im Eingriff sind (Abb. 5).

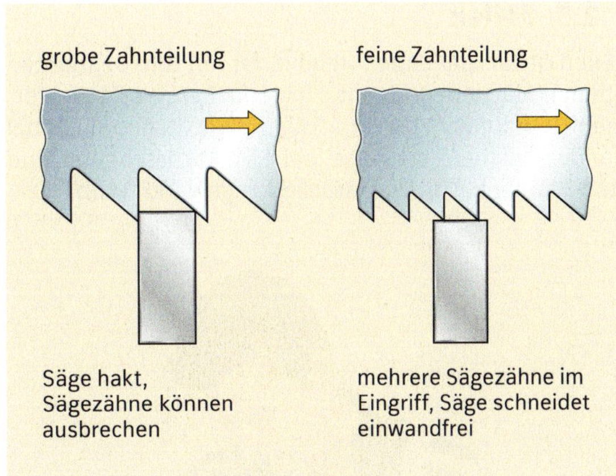

Abb. 5: Sägen dünner Werkstücke

! Feine Zahnteilung wird für harte Werkstoffe und dünne Werkstücke eingesetzt, grobe Zahnteilung für weiche Werkstoffe und breite Werkstücke.

- **Freischneiden**

Beim Sägen muss die Schnittfuge breiter sein als der Sägeblattkörper. Das Sägeblatt würde sonst in der Schnittfuge reiben und sich stark erwärmen. Es könnte in der Schnittfuge verklemmen.

Um die unerwünschte Reibung zu verringern, müssen die Sägeblätter eine breitere Schnittfuge schneiden als die Blätter selbst breit sind.

Das Freischneiden eines Sägeblattes erreicht man z. B. durch Schränken, Wellen oder Stauchen der Sägezähne (Abb. 6).

Das Freischneiden des Sägeblattes vermindert die Reibung in der Schnittfuge.

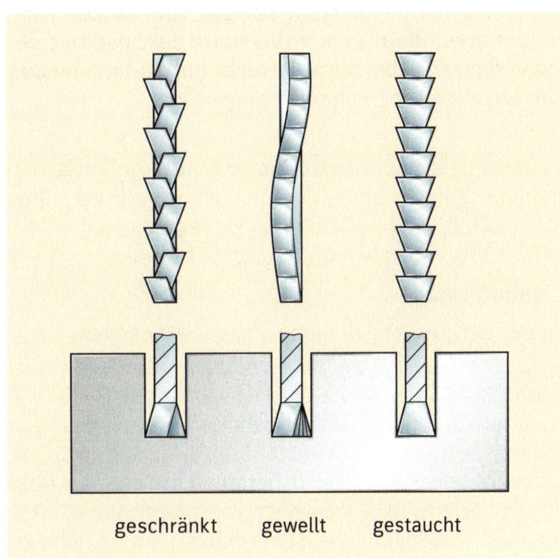

Abb. 6: Freischneiden

1.2.5 Feilen

Feilen ist ein spanendes Trennverfahren zum Bearbeiten ebener Flächen und unterschiedlicher Werkstückformen (Rundungen, Nuten). Feilen wird vornehmlich bei handwerklicher Fertigung, bei Reparaturarbeiten und zum Entgraten von Werkstücken angewandt (Abb. 1).

Abb. 1: Feilen einer Fläche

Die Spanabnahme erfolgt bei der Vorwärtsbewegung in Schnittrichtung unter Druck der Feile gegen das Werkstück. Die Schneidenzähne der Feile dringen in das Werkstück ein und heben kleine Späne ab. Die Späne sammeln sich in den Zahnlücken und werden über die Werkstückkanten abgeführt. Die Rückbewegung erfolgt ohne Druck, um ein vorzeitiges Stumpfwerden der Feilenzähne zu vermeiden.

Feilen sind vielschneidige Werkzeuge zum Abtragen geringer Werkstoffmengen. Im Vergleich zur Säge sind die Schneidenzähne bei der Feile nicht nur hintereinander, sondern auch nebeneinander angeordnet.

! *Feilen* ist ein Spanen mit vielen hinter- und nebeneinander liegenden Schneidenzähnen von geringer Höhe.

- **Zahnformen**

Man unterscheidet gehauene und gefräste Feilen.

Gehauene Feilenzähne haben einen großen Keilwinkel β von fast 70°. Der Schneidkeil ist sehr stabil. Gehauene Feilen werden daher zum Bearbeiten von Werkstoffen höherer Festigkeit eingesetzt (Stahl, Gusseisen). Freiwinkel α und Keilwinkel β betragen zusammen über 90°. Der Spanwinkel γ ist negativ. Er kann bis zu -15° betragen. Die Spanfläche ist in Schnittrichtung geneigt. Gehauene Feilenzähne haben dadurch eine *schabende Wirkung* (Abb. 2a).

Gefräste Feilenzähne haben einen positiven Spanwinkel γ bis 5°. Der Keilwinkel β ist kleiner und beträgt etwa 50°. Der Schneidkeil ist dadurch weniger stabil. Gefräste Feilen werden zur Grobbearbeitung weicher Werkstoffe verwendet (Aluminium, Kupfer).

Gefräste Feilenzähne dringen leichter in den Werkstoff ein. Es können so größere Spanmengen abgenommen werden (Abb. 2b).

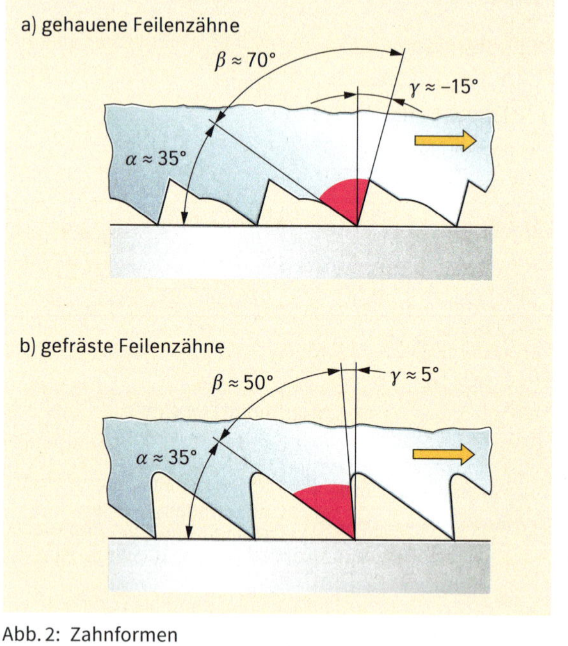

Abb. 2: Zahnformen

- **Hiebarten**

Die einzelnen Schneidenzähne einer Feile liegen in Reihen hintereinander. Sie werden als Hieb bezeichnet.

Gefräste Feilen haben meist *Einhieb*. Die Hiebe sind dabei zur besseren Spanabfuhr schräg zum Feilenblatt (Abb. 3) oder bogenförmig angeordnet. Bei einhiebigen Feilen sieht man zur besseren Spanabnahme sogenannte Spanbrechernuten vor.

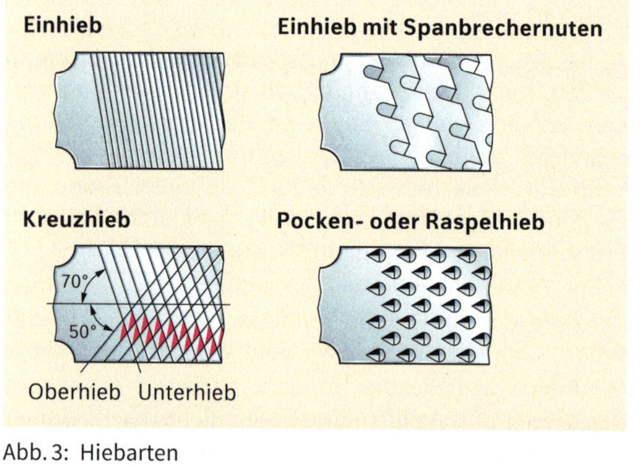

Abb. 3: Hiebarten

Gehauene Feilen haben *Kreuzhieb*. Bei kreuzhiebigen Feilen wird ein zweiter Hieb schräg zum ersten eingeschlagen. Sie werden als Unterhieb und Oberhieb bezeichnet. Unterhieb und Oberhieb sind in unterschiedlichen Winkeln zueinander angeordnet. Dadurch entstehen einzelne rautenförmige Zähne, die seitlich versetzt hintereinander liegen. Die Riefenbildung wird dadurch vermindert.

Beim *Raspelhieb* sind die einzeln gehauenen Zähne verhältnismäßig weit auseinander auf dem Feilenblatt angeordnet. Man verwendet sie zum Bearbeiten von Kunststoff oder Holz.

- **Hiebzahl und Hiebnummer**

Die Anzahl der Feilenzähne (Hiebe) je cm Feilenlänge ergibt die Hiebzahl. Die Hiebzahl wird mit Hiebnummern gekennzeichnet (Tab. 1). Bei kleinen Hiebnummern ist die Anzahl der Hiebe je cm Feilenlänge gering. Die Hiebzahl ist klein. Die Anzahl der Hiebe ist auch abhängig von der Feilengröße.

Bei gleicher Hiebnummer (z. B. 1) haben große Feilen eine kleinere Hiebzahl (5,3) und kleine Feilen eine größere Hiebzahl (16).

Bei Feilen mit kleiner Hiebnummer ist der Hiebabstand groß. Solche Feilen erzeugen große Späne und damit raue Oberflächen. Sie werden zum Vorfeilen (Schruppen) eingesetzt.

Bei Feilen mit großer Hiebnummer ist der Hiebabstand klein. Solche Feilen nehmen kleine Späne ab. Sie erzeugen glatte Oberflächen. Sie werden zum Fertigfeilen (Schlichten) eingesetzt.

Tab. 1: Hiebnummern und Oberflächengüte

Hieb-Nr.	Hiebzahl/cm	Feilenbezeichnung	Erreichbare Oberflächengüte
0	4,5–10	Grobfeile	R_z = 25–160 µm
1	5,3–16	Bastardfeile	
2	10–25	Halbschlichtfeile	R_z = 10–40 µm
3	14–35	Schlichtfeile	
4	25–50	Doppelschlichtfeile	R_z = 2,5–16 µm
5	40–71	Feinschlichtfeile	

- **Auswahl von Feilen**

Feilen unterscheiden sich neben dem Hieb vor allem in Form und Größe (Abb. 4). Die Auswahl einer Feile richtet sich nach:

- Größe und Form der Bearbeitungsfläche am Werkstück
- Art des Werkstoffes
- abzutragender Werkstoffmenge
- geforderter Oberflächengüte

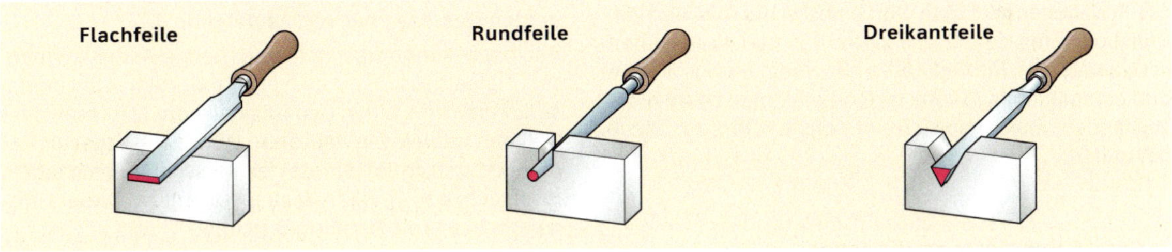

Abb. 4: Feilenformen (Auswahl)

Aufgaben

1. Skizzieren Sie die Zahnform eines Handsägeblattes und tragen Sie die Winkel und deren Größe ein.
2. Welche Abhängigkeit besteht zwischen Zahnteilung und zu sägendem Werkstoff?
3. Welche Zahnteilung ist zum Sägen dünnwandiger Stahlrohre sinnvoll?
4. Begründen Sie, weshalb man für das Sägen
   a) weicher Werkstoffe eine grobe Zahnteilung verwendet und
   b) harter Werkstoffe eine feine Zahnteilung verwendet.
5. Begründen Sie die Notwendigkeit des Freischneidens von Sägeblättern. Geben Sie einige Möglichkeiten dazu an.
6. Weshalb sind bei gehauenen Feilen Unterhieb und Oberhieb in unterschiedlichen Winkeln auf dem Feilenblatt angeordnet?
7. Was geben die Hiebnummern bei Feilen an?
8. Beschreiben Sie den Einfluss der Hiebteilung auf eine Feilarbeit.
9. Wählen Sie für folgende Feilarbeiten das entsprechende Werkzeug aus:
   a) Vorfeilen der abgesägten Fläche eines Flachstabs Flach EN 10 058 – 30 × 10 EN 10 027-1 – S 235 JR
   b) Fertigfeilen der vorgefertigten Fläche eines Flachstabs mit einer Oberflächengüte von R_z = 16 µm
   c) Vorfeilen einer ebenen Fläche 20 × 30 aus AlMg1

1.2.6 Prüfen von Längen, Winkeln und Formen

Nach Fertigen der geforderten Länge und der Rundungen der Halterung sind Maße und Form zu prüfen. Dieses geschieht durch Messen und Lehren.

! *Messen* ist das Vergleichen (z. B. einer Länge oder eines Winkels) mit einem Messgerät. Man erhält einen Messwert.

Lehren ist das Vergleichen eines Gegenstandes mit einer Lehre. Man stellt dabei fest, ob der Prüfgegenstand „Gut“ oder „Ausschuss“ ist.

• Auswahl von Prüfgeräten

Der Zeichnung der Halterung (Abb. 1, S. 34) kann man folgende Informationen entnehmen:

- größte Länge: 300 mm, Toleranz ± 1,2 mm
- kleinste Länge: 2,5 mm, Toleranz ± 0,2 mm

Für das Messen der Gesamtlänge ist ein Messgerät mit einem Messbereich 300 mm und einer Messgenauigkeit von 1 mm erforderlich. Dafür eignet sich ein *Stahlmaßstab*.

Das Messen der Breite des Flachstabs von 40 mm und der Dicke von 6 mm erfolgt mit einem *Messschieber* mit einer Messgenauigkeit von 0,1 mm.

Zum Prüfen der Bogenformen benötigt man Prüfgeräte, welche die jeweiligen Bögen darstellen. Gefordert ist ein Kreisbogen mit dem Durchmesser 60 mm und ein Kreisbogen mit dem Durchmesser 150 mm. Zum Prüfen verwendet man *Radienlehren* mit einem Radius 30 mm und einem Radius 75 mm. Ist eine geeignete Lehre nicht vorhanden, muss man sich eine solche selbst aus Blech herstellen.

• Geräte zum Messen von Längen

Stahlmaßstäbe aus Federbandstahl gibt es mit Messbereichen von 300 mm und 500 mm. Sie werden ohne optische Vergrößerung abgelesen. Deshalb haben sie meistens nur eine Messgenauigkeit von 1 mm. Beim Messen muss darauf geachtet werden, dass die Nullmarke genau mit der Kante des zu messenden Werkstücks abschließt (Abb. 1).

Deshalb wird beim Messen häufig ein Anschlagstück verwendet.

Um Ablesefehler zu vermeiden, muss unter einem Blickwinkel senkrecht zur Skale abgelesen werden (Abb. 1).

Stahlmaßstäbe werden für Messungen mit großen Toleranzen und für Anreißarbeiten verwendet.

Neben dem Stahlmaßstab verwendet man weitere Strichmaße. Diese sind der *Gliedermaßstab* mit einem Messbereich von 2 m und der *Bandmaßstab* mit einem Messbereich von bis zu 50 m. Sie haben beide eine Ablesegenauigkeit von 1 mm (Abb. 2).

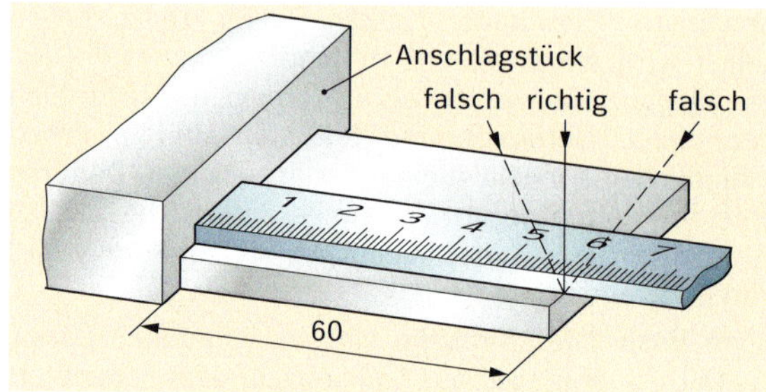

Abb. 1: Ablesen des Stahlmaßstabes

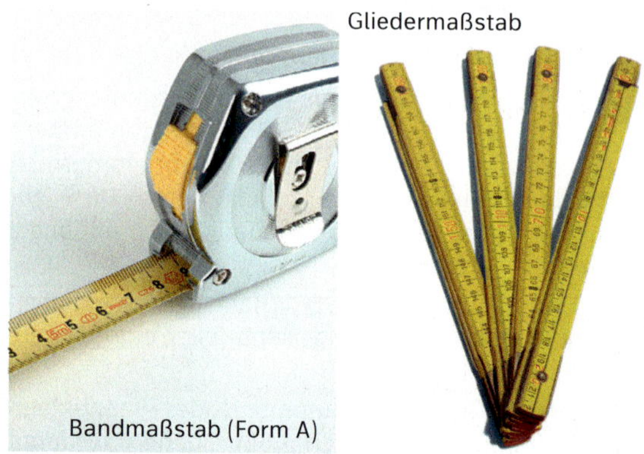

Abb. 2: Strichmaße

• Messschieber

Bei höheren Anforderungen an die Messgenauigkeit werden *Messschieber* verwendet (Abb. 5).

Mit ihnen können schnell und sicher Außen-, Innen- und Tiefenmessungen ausgeführt werden. Längenmaße können mit einer Genauigkeit von 1/10 mm oder 1/20 mm abgelesen werden. Diese Messgenauigkeit wird dadurch erreicht, dass der Messschieber mit einem zusätzlichen Hilfsmaßstab ausgestattet ist. Dieser Hilfsmaßstab wird als Nonius bezeichnet.

Beim einfachen 1/10-Nonius (Abb. 3) sind 9 mm in 10 gleiche Teile unterteilt. Der Abstand von einem Teilstrich zum nächsten beträgt daher auf dem Nonius 9/10 mm = 0,9 mm. Auf der Millimeterskale der Schiene beträgt der Teilstrichabstand 1 mm. Der Unterschied zwischen einem Teilstück der Millimeterskale und einem Teilstück des Nonius beträgt 1 mm – 0,9 mm = 0,1 mm.

! Die *Messgenauigkeit* des *Messschiebers mit 1/10-Nonius* beträgt Now = 1/10 mm = 0,1 mm. Dieser Wert heißt Noniuswert.

Wird der Messschieber so weit geöffnet, dass sich z. B. Teilstrich 2 des Nonius mit Teilstrich 2 der Millimeterskale deckt (Abb. 4), so ist der bewegliche Messschenkel gegenüber dem festen Messschenkel um 0,2 mm verschoben worden. Der Messwert beträgt Mw = 0,2 mm.

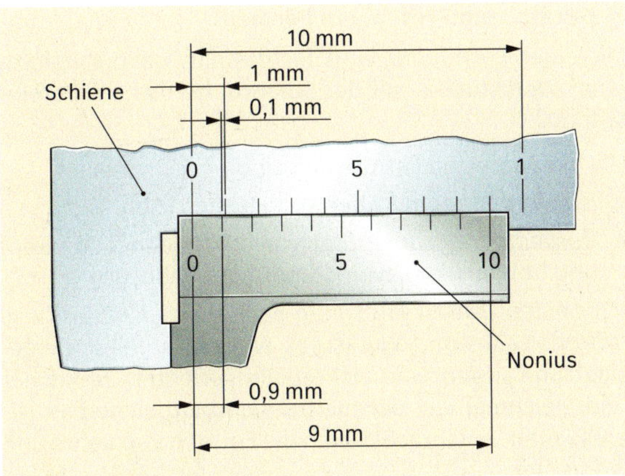

Abb. 3: Einfacher 1/10-Nonius

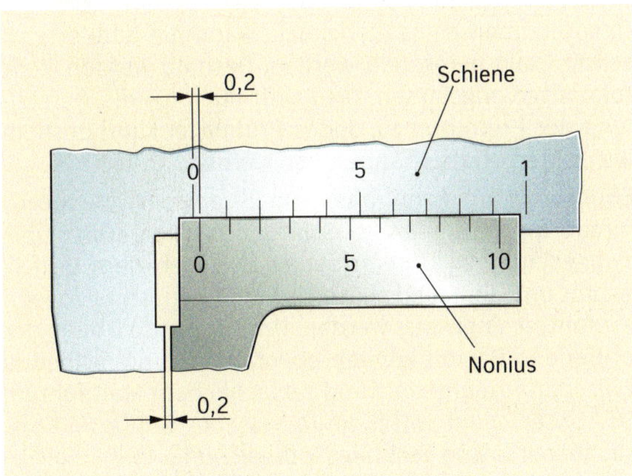

Abb. 4: Ablesen des einfachen 1/10-Nonius

- **Geräte zum Prüfen von Winkeln**

Winkel werden häufig mit Lehren geprüft. Hierfür verwendet man *feste Winkel* (Abb. 1, S. 46), die jeweils nur für die Prüfung eines bestimmten Winkels geeignet sind. Die gebräuchlichsten 90°-Winkel sind:

- Flachwinkel
- Haarwinkel
- Anschlagwinkel

Mit Flach- und Haarwinkeln prüft man die Lage von Kanten und Flächen zueinander. Anschlagwinkel verwendet man zum Ausrichten und Anreißen.

120°-Winkel werden zum Anreißen und Prüfen von Sechskanten, 135°-Winkel für Achtkante und Gehrungen verwendet.

Schmiegen sind verstellbare Lehren, die für das Prüfen und Übertragen von Winkeln verwendet werden.

Mithilfe des beweglichen Schenkels sind sie auf jedes beliebige Winkelmaß einstellbar (Abb. 6).

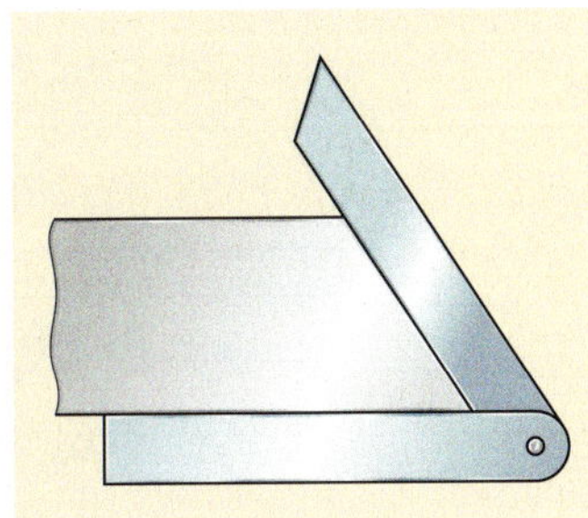

Abb. 6: Schmiege

Einfache Winkelmesser werden für Messungen mit Messgenauigkeiten von 1° eingesetzt. Der Skalenteilungswert beträgt 1°. Der Messbereich reicht von 0° bis 180° (Abb. 2, S. 46).

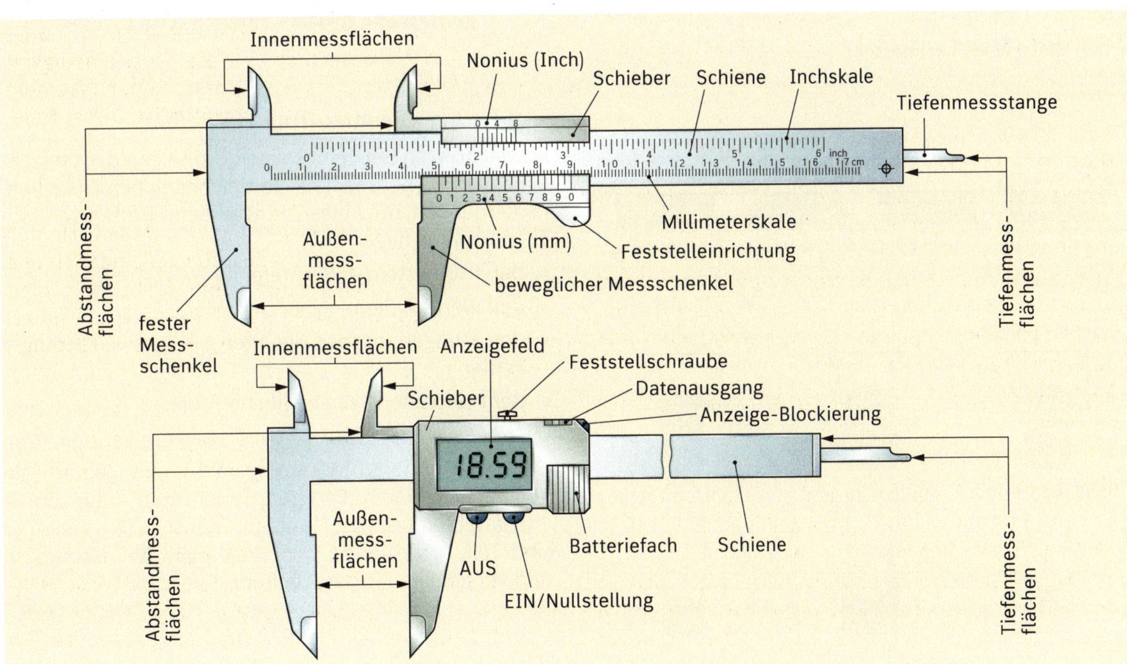

Abb. 5: Messschieber, Form A

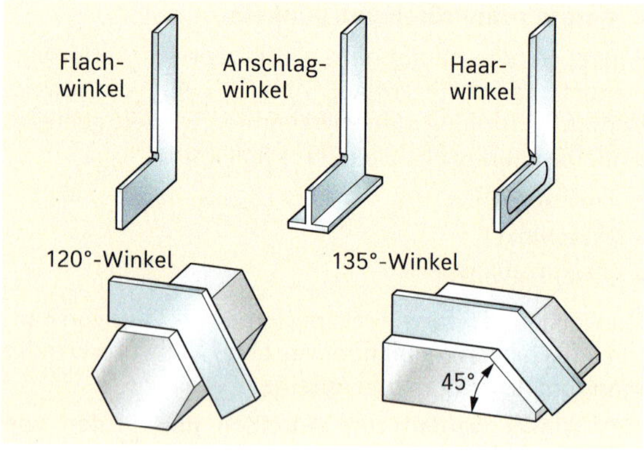

Abb. 1: Feste Winkel

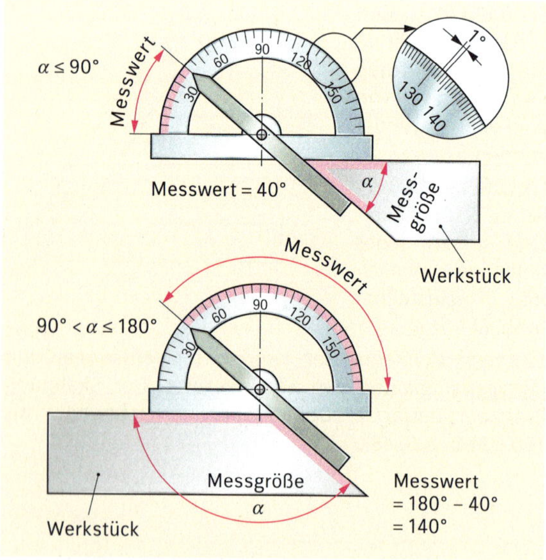

Abb. 2: Einfacher Winkelmesser

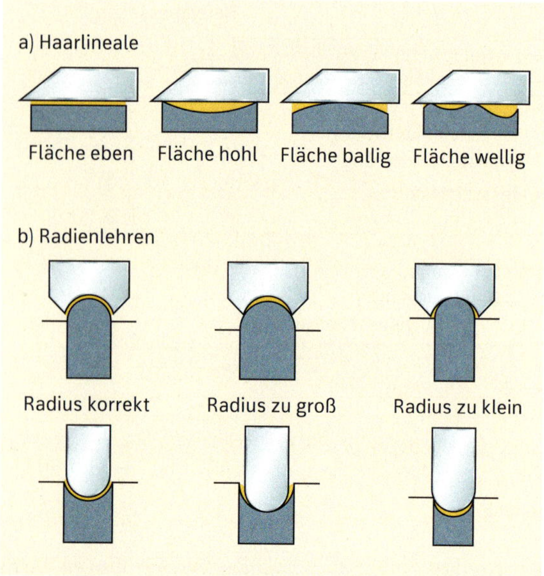

Abb. 3: Prüfen mit Formlehren

- **Geräte zum Prüfen von Formen**

Mit einer *Formlehre* wird festgestellt, ob die Istform eines Werkstückes mit der Sollform der Lehre übereinstimmt.

Die bekanntesten Formlehren sind:

- *Haarlineale* zum Prüfen von Flächen (Abb. 3a)
- *Radienlehren* zum Prüfen von erhabenen (konvexen) und hohlen (konkaven) Rundungen (Abb. 3b)

Mit beiden Lehren prüft man nach dem *Lichtspaltverfahren*. Lehre und Werkstück werden aufeinandergesetzt und gegen eine Lichtquelle gerichtet. Je kleiner und gleichmäßiger der hierbei sichtbare Lichtspalt ist, umso mehr entsprechen sich die Formen von Lehre und Werkstück.

- **Prüfabweichungen**

Das Nennmaß eines Werkstücks kann nie hundertprozentig exakt hergestellt werden. Deshalb werden Maßtoleranzen zugelassen. Dies trifft auch für die Herstellung der Prüfmittel zu. Jedes Prüfmittel kann deshalb als „fehlerbehaftet" angesehen werden.

Ebenso wenig kann das Istmaß eines Werkstückes hundertprozentig exakt ermittelt werden. Das führt zwangsläufig zu Unterschieden zwischen dem Prüfergebnis und dem tatsächlich vorhandenen Istmaß, wenn Prüfmittel eingesetzt werden. Ungenügende Übung der prüfenden Person können ebenfalls zu Unterschieden zwischen Prüfergebnis und tatsächlichem Maß führen. Der Unterschied zwischen gemessener Größe und tatsächlicher Größe heißt *Messabweichung*.

Messabweichung =
gemessene Größe – tatsächliche Größe

- **Ursachen von Abweichungen**

Abweichungen der gemessenen Größe von der tatsächlichen Größe beruhen auf unterschiedlichen Ursachen. Fehlerquellen, die Abweichungen beim Prüfen verursachen können, liegen bei:

- den Prüfmitteln → Gerätefehler
- den Werkstücken → Prüflingfehler
- den Umgebungsbedingungen → umweltbedingte Fehler
- der Prüfperson → persönliche Fehler

Gerätefehler (z. B. bei Messgeräten und Lehren) ergeben sich durch Fertigungstoleranzen oder durch Justierfehler bei der Montage. Typische Gerätefehler sind Teilungsfehler an den Skalen von Messschiebern und Verschleiß der Messflächen.

Prüflingfehler ergeben sich z. B. durch Grate oder Zunder, durch Reste von Kühlschmierstoffen oder Anreißlack, durch Verschmutzungen mit Öl, Fett oder Staub. Zu große Messkraft kann zu Verformungen des Werkstücks und damit zu Prüfabweichungen führen.

Umweltbedingte Fehler ergeben sich z. B. durch Schwankungen der Temperatur, unzureichende Beleuchtung, hohe Staubbelastung und Erschütterungen. Ein besonders wichtiger Umwelteinfluss ist die Temperatur. Metallische Werkstoffe dehnen sich bei Erwärmung aus und ziehen sich bei Abkühlung zusammen.

! Zur Vermeidung von Temperatureinflüssen sollten Prüfgeräte und Werkstücke während des Prüfvorganges die vorgeschriebene Bezugstemperatur von 20 °C haben.

Persönliche Fehler ergeben sich z. B. durch unsachgemäßes oder falsches Anwenden von Prüfgeräten, durch ungenügende Übung beim Ablesen des Messwertes, durch schräge Blickrichtung beim Ablesen (Parallaxe) oder unzureichende Sichtverhältnisse.

- **Arten von Abweichungen**

Prüfabweichungen werden unterteilt in:

- systematische Abweichungen
- zufällige Abweichungen

Systematische Abweichungen entstehen z. B. durch fertigungsbedingte Teilungsabweichungen bei Skalen, durch Abnutzung der Prüfmittel und durch gleichbleibende Abweichungen von der genormten Bezugstemperatur von 20 °C.

Systematische Abweichungen haben unter gleichen Prüfbedingungen immer die gleiche Größe und das gleiche Vorzeichen. Gleiche Prüfbedingungen bedeutet: gleiches Prüfgerät, gleiche Prüfstelle, gleiche Prüfperson. Systematische Abweichungen ergeben einen falschen Prüfwert. Sie können jedoch als Korrekturwert erfasst werden. Der Korrekturwert kann bei jeder Prüfung berücksichtigt werden.

Zufällige Abweichungen entstehen z. B. durch Verformungen von Werkstück oder Prüfgerät während des Prüfens. Je nach aufgebrachter Messkraft wird die Anzeige am Messschieber größer oder kleiner. Grat und anhaftender Schmutz am Werkstück beeinflussen ebenfalls das Messergebnis.

Zufällige Abweichungen treten unregelmäßig auf. Sie schwanken selbst unter gleichen Messbedingungen. Sie können beim Prüfen nicht durch einen Korrekturwert berücksichtigt werden. Man kann jedoch versuchen, sie durch ein statistisches Verfahren zu erfassen. Hierbei werden für eine Messgröße mehrere Messungen unter gleichen Bedingungen durchgeführt. Aus der so ermittelten Messreihe wird ein Mittelwert gebildet. Dieser Mittelwert stimmt annähernd mit dem tatsächlichen Wert überein.

Berechnung

Ein Werkstück wurde fünf Mal an der gleichen Stelle gemessen. Aus den aufgenommenen Messwerten ist der Mittelwert zu bilden.

Messwert-Nr.	Messwert Mw in mm
1	30,04
2	29,99
3	30,09
4	30,06
5	30,07

$$\text{Mittelwert} = \frac{\text{Summe der Messwerte}}{\text{Anzahl der Messwerte}}$$

$$\text{Mittelwert} = \frac{150{,}25\ \text{mm}}{5}$$

$$\text{Mittelwert} = \mathbf{30{,}05\ mm}$$

Aufgaben

1. Ordnen Sie die folgenden Prüfgeräte den Verfahren Messen oder Lehren zu:
   Stahlmaßstab, Messschieber, Radienlehre, einfacher Winkelmesser, Haarlineal, Flachwinkel.
2. Nennen Sie Beispiele für die Anwendung einfacher Formlehren in Ihrem Ausbildungsbetrieb.
3. Nennen Sie Geräte zum Prüfen und Messen von Winkeln. Für welche speziellen Anwendungen werden diese Geräte eingesetzt?
4. Lesen Sie die Messwerte an den Messschiebern ab.

a)

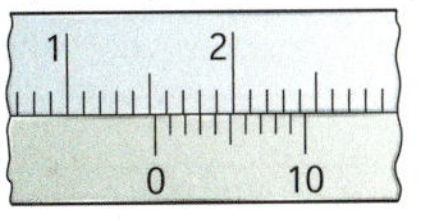

b)

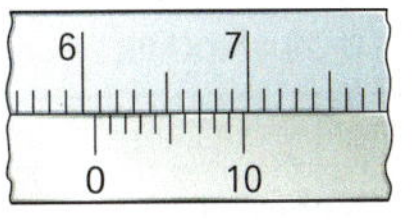

c)

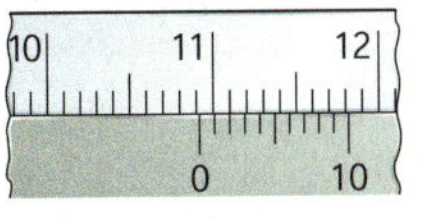

d)

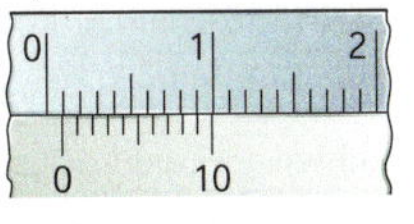

5. Warum sollten Prüfgeräte und Werkstücke während des Prüfvorganges eine Temperatur von 20 °C haben?
6. Wodurch entstehen zufällige Abweichungen beim Prüfen?

1.2.7 Arbeitsplanung

Ein Arbeitsplan beschreibt, wie eine Arbeit durchgeführt werden soll. Je genauer er ist, umso eher können beim Durchführen der Arbeit Fehler vermieden werden.

! Ein Arbeitsplan legt die Vorgehensweise für das Durchführen von Arbeitsaufgaben fest. Er gibt Informationen und Anweisungen zugleich.

Im Rahmen der Planung müssen Entscheidungen getroffen werden über:

- die Fertigungsverfahren
- die Arbeitsmittel wie Werkzeuge und Spannmittel
- die Arbeitsfolge

Diese Daten werden im Arbeitsplan tabellarisch zusammengefasst (Abb. 2).

Während und nach der Fertigung erfolgt die Kontrolle des Arbeitsergebnisses. Es wird überprüft, ob das Ergebnis mit den Vorgaben der Zeichnung übereinstimmt.

! Bei der Planung und der Durchführung von Arbeitshandlungen sind grundsätzlich die Vorschriften zur Arbeitssicherheit und zum Umweltschutz einzuhalten.

Die wichtigste Grundlage für das Erstellen eines Arbeitsplanes ist die Einzelteilzeichnung (Abb. 1). Aus ihr können die Bearbeitungsformen mit ihren Abmessungen und der geforderten Genauigkeit entnommen werden. An der Halterung sind zunächst Rundungen zu fertigen. Die Halterung wird später vor dem Fügen an Behälter und Stutzen angepasst.

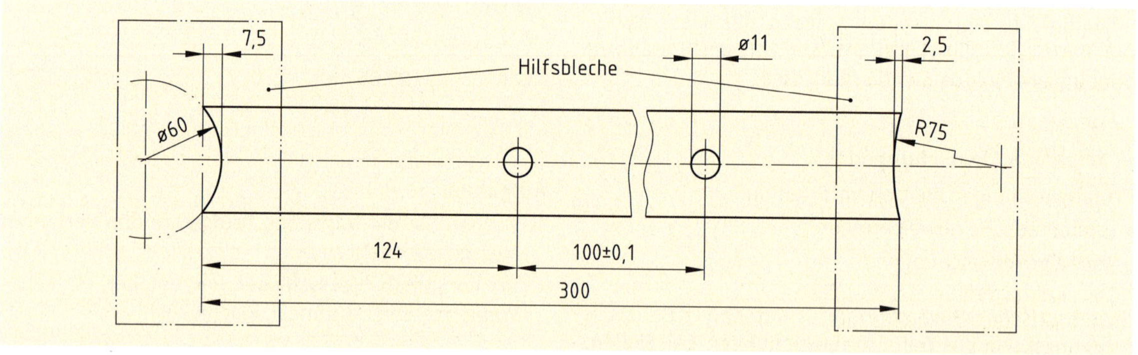

Abb. 1: Halterung

westermann	Arbeitsplan		Blatt-Nr. 1	Anzahl 1
Benennung: Halterung	**Zeichn.Nr.** **Sach.-Nr.**	**Auftragsnr.:**		**Name:**
Halbzeug: Flach DIN 10058 – 40x6x304 – S 235 JRC + CR		**Stückzahl:**		**Klasse/Gr.:**
[x] **Einzelteil**	[ ] **Montage/Demontage**	**Termin:**		**Kontr.-Nr.:**

Lfd. Nr.	Arbeitsvorgang	Arbeitsmittel	Arbeitswerte/ Bemerkungen
1	Rohteil auf Länge prüfen	Stahlmaßstab	
2	Stirnflächen entgraten	Flachfeile	Hieb-Nr. 1
3	Stirnfläche rechtwinklig zur Seitenfläche feilen	Flachfeile, Schraubstock	Hieb-Nr. 1
4	Rechtwinkligkeit prüfen	fester 90°-Winkel	
5	Länge 300 mm anreißen	Stahlmaßstab, Reißnadel	
6	Rohteil auf Länge 300 mm feilen	Flachfeile, Schraubstock	Hieb-Nr. 1
7	Rechtwinkligkeit prüfen	fester 90°-Winkel	
8	Rundungen anreißen	Stahlmaßstab, Zirkel	Hilfsbleche verwenden
9	Rundungen vorfeilen	Halbrundfeile,	Hieb-Nr. 1, Fertigfeilen
		Schraubstock	vor dem Fügen
10	Bohrungen anreißen und körnen	Reißnadel, Körner	

Abb. 2: Arbeitsplan

1.3 Herstellen durch Scheren

Die Hohlkörper des Trichters (Abb. 3, S. 18) werden auf einer Blechtafel angerissen. Das Ausschneiden erfolgt durch Scheren.

1.3.1 Zeichnungsanalyse

Aus der Gesamtzeichnung erkennt man:

- den Behälter als Hohlzylinder
- das Reduzierstück als geraden, hohlen Kegelstumpf
- den Stutzen als schräg geschnittenen Hohlzylinder

Um die Hohlkörper auf einer ebenen Blechtafel abbilden zu können, muss man sie abwickeln. Die wahre Größe der Mantelfläche wird (mit Bezug auf die neutrale Faser) aufgezeichnet.

1.3.2 Anreißen von Abwicklungen

Abwickeln zylinderförmiger Hohlkörper

Von dem Behälter soll eine Abwicklung gezeichnet werden. Der Behälter ist ein *gerader Zylinder*, die Abwicklung eines geraden Zylinders ist immer ein Rechteck. Die Maße der Abwicklung entsprechen dem Zylinderumfang (gestreckte Länge des Zylinders) und der Zylinderhöhe (Abb. 3).

Der Stutzen ist ein *schräg geschnittener Zylinder*, der an der kürzesten Mantellinie aufgeschnitten ist. Hier ist später die Fügenaht.

Um die Abwicklung des schräg geschnittenen Zylinders zu zeichnen, sind die folgenden Konstruktionsschritte zu vollziehen (Abb. 4).

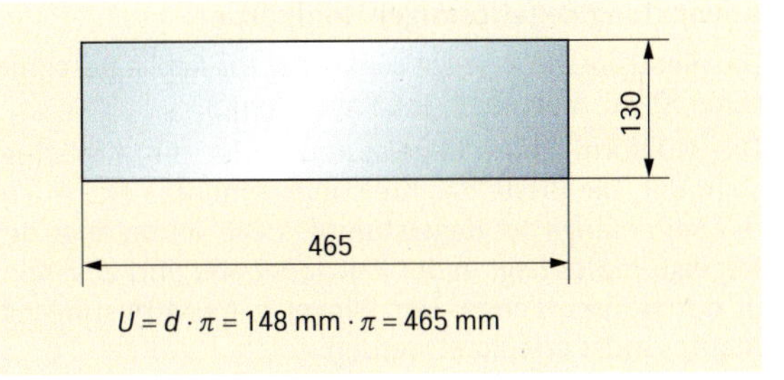

Abb. 3: Abwicklung eines Zylinders

① Zylinder in der Ansicht zeichnen, in der der Schrägschnitt erkennbar ist

② Gestreckte Länge des Zylinders berechnen und unter Berücksichtigung der Höhe die Hüllform (Rechteck) der Abwicklung zeichnen

③ Zeichnen eines Halbkreises über die Zylinderansicht als Ersatz für die Draufsicht

④ Halbkreis in sechs gleich große Teile teilen und durch die Teilungspunkte Mantellinien bis zum Schrägschnitt zeichnen

⑤ Gestreckte Länge des Zylinders in 12 gleich große Teile teilen und Mantellinien zeichnen

⑥ Hilfslinien von den Schnittpunkten des Schrägschnittes in beide symmetrische Hälften der Abwicklung zeichnen

⑦ Zuschnittkurve mithilfe eines Kurvenlineals zeichnen

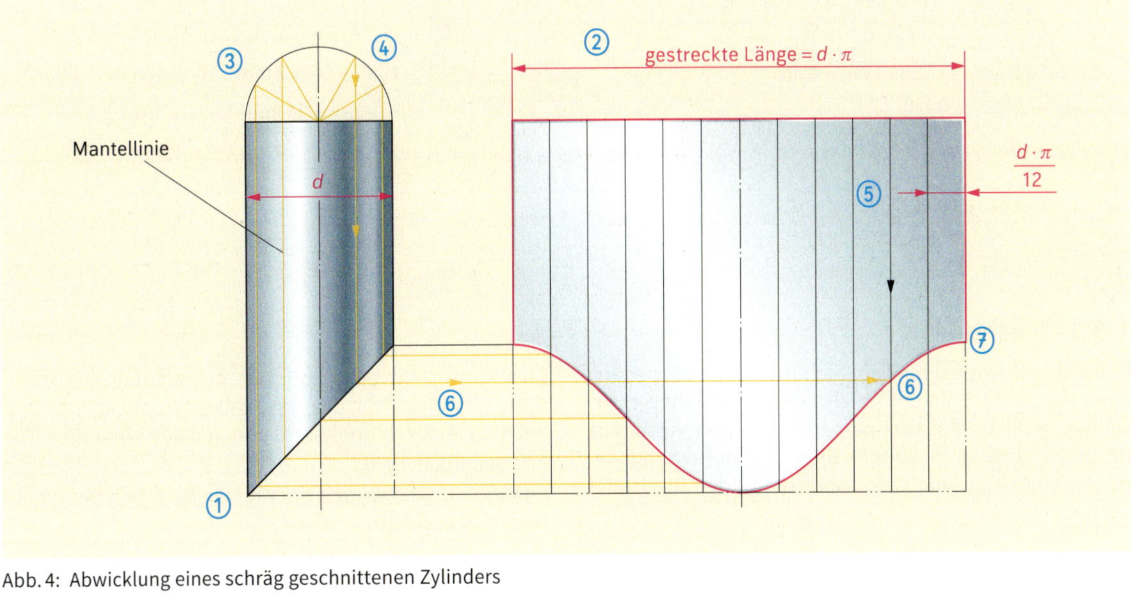

Abb. 4: Abwicklung eines schräg geschnittenen Zylinders

Abwicklung kegelförmiger Hohlkörper

Das Reduzierstück ist ein senkrecht zur Achse geschnittener Kegel, man nennt ihn Kegelstumpf.

Die Hüllform eines Kegelstumpfes ist ein Kreisringsegment. Die Breite des Kreisringsegmentes entspricht der Seitenlänge des Kegelstumpfes. Die Seitenlänge des Kegelstumpfes liegt in der Zeichenebene und erscheint in der wahren Länge. Der Winkel α des Kreisringsegmentes muss errechnet werden.

Zur leichteren Erstellung der Abwicklung kann man diese an die Kegelansicht anschließen. Die zeichnerische Lösung erfolgt in mehreren Schritten (Abb. 1).

① Zeichnen des Kegelstumpfes in einer Ansicht
② Ergänzen des Kegelstumpfes zum Kegel
③ Errechnen der Längen L und L_2
④ Hüllform der Abwicklung mit den Radien L und L_2 zeichnen. Der Abwicklungswinkel wird nach folgender Formel berechnet:

$$\alpha = \frac{D \cdot 180°}{L}$$

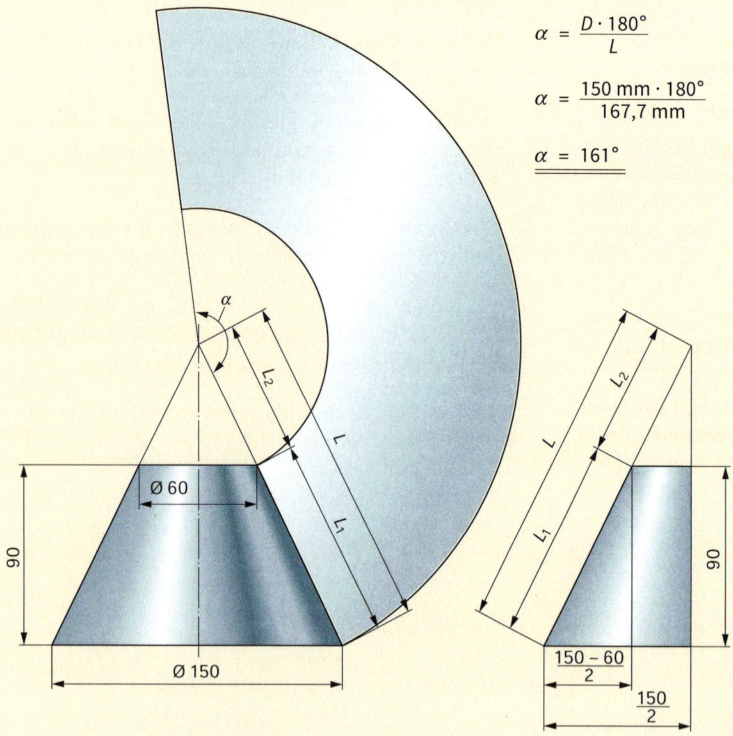

$$\alpha = \frac{D \cdot 180°}{L}$$

$$\alpha = \frac{150\text{ mm} \cdot 180°}{167{,}7\text{ mm}}$$

$$\underline{\underline{\alpha = 161°}}$$

Nach dem Lehrsatz des Pythagoras:

$$L_1 = \sqrt{(90\text{ mm})^2 + \left(\frac{150\text{ mm} - 60\text{ mm}}{2}\right)^2}$$

$$L_1 = \sqrt{8100\text{ mm}^2 + 2025\text{ mm}^2}$$

$$\underline{\underline{L_1 = 100{,}6\text{ mm}}}$$

Nach dem Strahlensatz:

$$L : \frac{150\text{ mm}}{2} = L_1 : \frac{150\text{ mm} - 60\text{ mm}}{2}$$

$$L = \frac{\frac{150\text{ mm}}{2} \cdot 100{,}6\text{ mm}}{\frac{150\text{ mm} - 60\text{ mm}}{2}}$$

$$L = \frac{75\text{ mm} \cdot 100{,}6\text{ mm}}{45\text{ mm}}$$

$$\underline{\underline{L = 167{,}7\text{ mm}}}$$

$$L_2 = L - L_1$$

$$L_2 = 167{,}7\text{ mm} - 100{,}6\text{ mm}$$

$$\underline{\underline{L_2 = 67{,}1\text{ mm}}}$$

Abb. 1: Abwicklung eines Kegelstumpfes

1.3.3 Blechbedarf

Beim Ausschneiden der Rohteile für die Hohlkörper aus einer Blechtafel entsteht Abfall. Dieser Abfall heißt Verschnitt. Aufgabe der Fachperson ist es, den Verschnitt möglichst gering zu halten. Dies geschieht durch eine günstige Anordnung der Anrisse auf der Blechtafel (Abb. 2).

Dies ermöglicht eine optimale Ausnutzung des Materials, was nicht nur die Materialkosten senkt, sondern auch zu einer schnelleren und umweltfreundlicheren Herstellung beiträgt.

Anhand der Anordnung der Anrisse lässt sich der Blechbedarf berechnen.

Blechbedarf:

$A_B = l_1 \cdot l_2$

$l_1 = \pi \cdot D_1$ $l_2 = h_1 + \pi \cdot D_2$

$l_1 = \pi \cdot 148\ \text{mm}$ $l_2 = 130\ \text{mm} + \pi \cdot 58\ \text{mm}$

$l_1 = 465\ \text{mm}$ $l_2 = 312{,}2\ \text{mm}$

Das benötigte Blech muss mindestens die Abmessungen 465 mm × 312 mm haben.

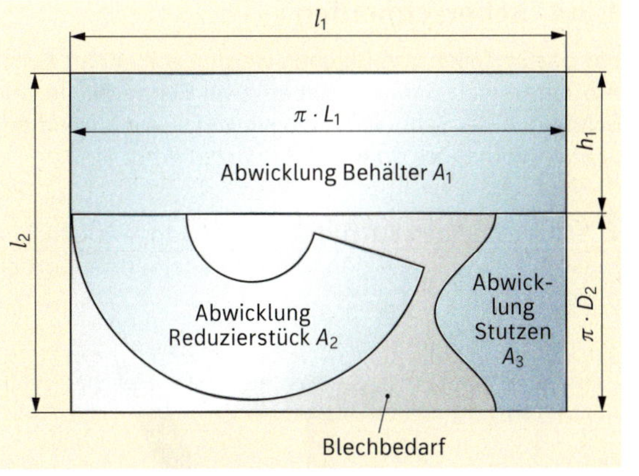

Abb. 2: Anordnung der Anrisse

Verschnitt

Bei der Fertigung von Werkstücken aus Blech entsteht beim Ausschneiden aus einer Blechtafel Abfall. Diesen Abfall nennt man Verschnitt A_V.

Der Verschnitt errechnet sich aus der Fläche des ausgeschnittenen Werkstückes A_W und der Fläche des dazu benötigten Rohteiles. Die Fläche des benötigten Rohteiles ist der Blechbedarf A_B.

Verschnitt =
Fläche Blechbedarf – Fläche Werkstück

$$A_V = A_B - A_W$$

Vielfach wird der *Verschnitt in Prozent* angegeben. Dabei wird der Blechbedarf mit 100 % angenommen.

$$A_{V\%} = \frac{A_V \cdot 100\ \%}{A_B}$$

Werden mehrere Werkstücke aus einer Blechtafel herausgeschnitten, addiert man die einzelnen Flächen der Werkstücke.

Aus der Gesamtfläche der Werkstücke und dem Blechbedarf kann man den Werkstoffausnutzungsgrad η berechnen.

$$\eta = \frac{A_W}{A_B}$$

Beispiel: Aus dem Blech sollen die Werkstücke ausgeschnitten werden. Der Verschnitt in Prozent und der Werkstoffausnutzungsgrad sind zu ermitteln.

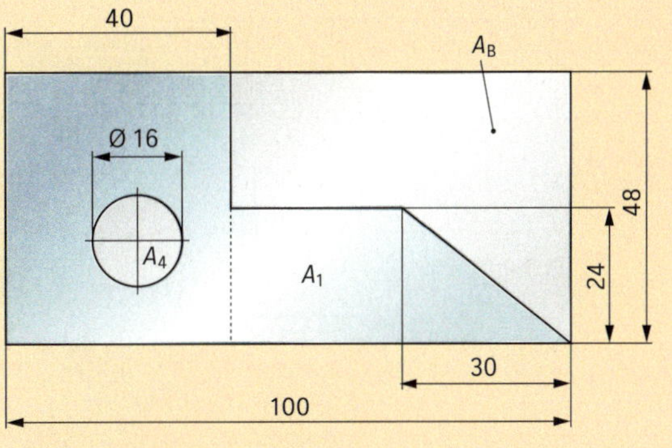

$A_V = A_B - A_W$

$A_W = A_1 - A_4$

$A_1 = 40\ \text{mm} \cdot 48\ \text{mm} + 30\ \text{mm} \cdot 24\ \text{mm} + \frac{1}{2} \cdot 30\ \text{mm} \cdot 24\ \text{mm}$

$A_1 = 1920\ \text{mm}^2 + 720\ \text{mm}^2 + 360\ \text{mm}^2$

$\underline{A_1 = 3000\ \text{mm}^2}$

$A_4 = \frac{\pi}{4} \cdot d^2 = \frac{\pi}{4} \cdot 256\ \text{mm}^2$

$\underline{A_4 = 200{,}96\ \text{mm}^2}$

$A_W = 3000\ \text{mm}^2 - 201{,}1\ \text{mm}^2$

$\underline{\underline{A_W = 2798{,}9\ \text{mm}^2}}$

$A_B = 100\ \text{mm} \cdot 48\ \text{mm}$

$\underline{A_B = 4800\ \text{mm}^2}$

$A_V = 4800\ \text{mm}^2 - 2798{,}9\ \text{mm}^2$

$\underline{\underline{A_V = 2001{,}1\ \text{mm}^2}}$

$A_{V\%} = \frac{A_V \cdot 100\ \%}{A_B}$

$A_{V\%} = \frac{2001{,}1\ \text{mm}^2 \cdot 100\ \%}{4800\ \text{mm}^2}$ $\underline{\underline{A_{V\%} = 41{,}7\ \%}}$

$\eta = \frac{A_W}{A_B} = \frac{2798{,}9\ \text{mm}^2}{4800\ \text{mm}^2}$ $\underline{\underline{\eta = 0{,}583}}$

1.3.4 Scherschneiden

Für das Zerteilen von Blechen werden vorteilhaft Scheren eingesetzt. Scheren haben zwei Schneidkeile. Die Schneiden der Schneidkeile bewegen sich während des Schneidvorganges *aneinander vorbei* (Abb. 1).

! Scherschneiden ist das Zerteilen von Werkstücken zwischen zwei Schneiden, die sich aneinander vorbeibewegen.

Abb. 1: Scherschneiden mit einer Handhebelschere

- **Scherschneidvorgang**

Beim Scherschneiden drückt eine Fläche der Schneidkeile auf das Werkstück. Sie wird Druckfläche genannt. Über die Druckfläche wird die Scherkraft zum Zerteilen auf das Werkstück aufgebracht (Abb. 2a).

Die zweite Fläche der Schneidkeile gleitet beim Scherschneiden an der Schnittfläche vorbei. Sie wird *Freifläche* genannt. Die Freifläche soll die Schnittfläche möglichst nicht berühren.

Dazu ist die Freifläche hinterschliffen. Durch den Hinterschliff weist die Freifläche eine Neigung zur Senkrechten auf die Werkstückoberfläche auf. Es entsteht der *Freiwinkel* α (Abb. 2b). Der Freiwinkel beträgt α = 2 ... 3°. Durch den Freiwinkel wird die Reibung zwischen Freifläche und Schnittfläche verringert und damit der Werkzeugverschleiß.

Der *Keilwinkel* β beträgt 75 ... 85°. Dadurch ist der Schneidkeil ausreichend stabil.

Das Zerteilen des Werkstoffes erfolgt beim Scherschneiden in folgenden Phasen (Abb. 3):

- Durch die Scherkräfte F_S dringen die Schneidkeile in den Werkstoff ein. Der Werkstoff verformt sich. Das Werkstück wird auf beiden Seiten eingekerbt.
- Die Schneidkeile dringen weiter in den Werkstoff ein. Dabei wird der Werkstoff geschnitten.
- Die Schneidkeile dringen noch weiter in den Werkstoff ein. Dabei werden die Werkstoffteilchen durch die Druckfläche gegeneinander verschoben. Der Werkstoff gleitet an den Freiflächen der Schneidkeile vorbei. Diesen Vorgang nennt man Scheren.

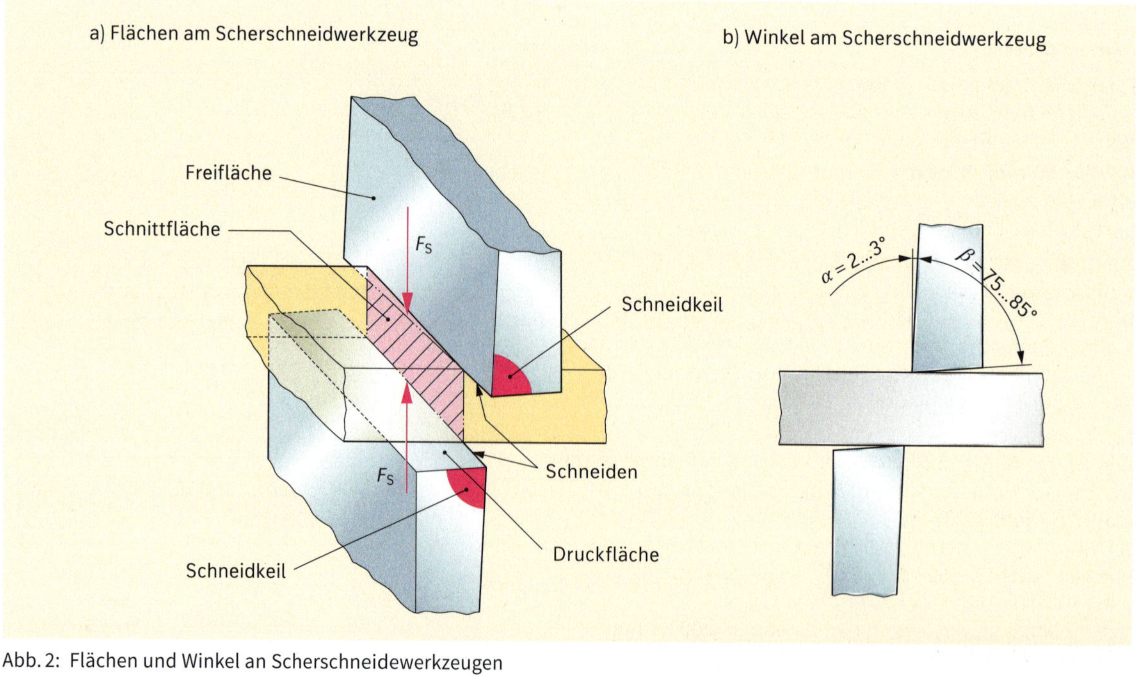

Abb. 2: Flächen und Winkel an Scherschneidewerkzeugen

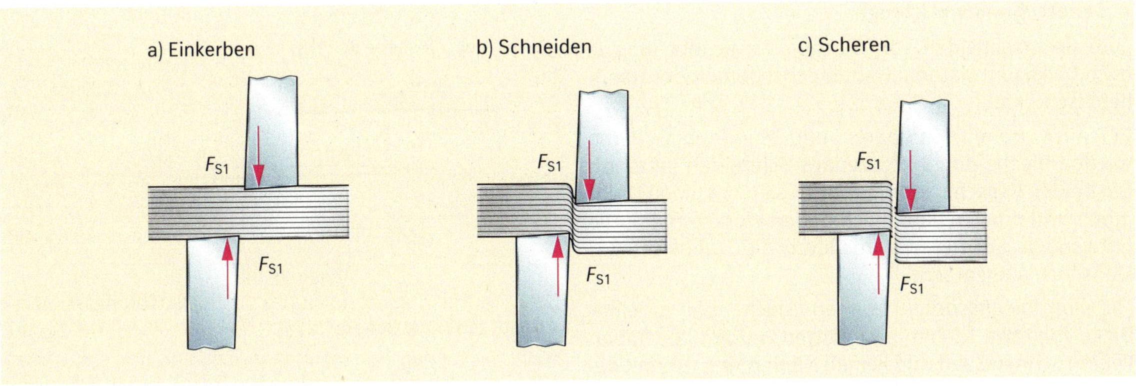

Abb. 3: Phasen des Schneidvorganges

Werkstoffe lassen sich unterschiedlich gut scherschneiden. Die Scherbarkeit eines Werkstoffes wirkt sich auf die Beschaffenheit der Schnittfläche aus:

- Harte und spröde Werkstoffe lassen sich schlecht scherschneiden. Der Anteil von Einkerben und Schneiden ist klein. Im Verlauf des Scherens wird der Werkstoff an der Schnittstelle brechen. Die Schnittfläche ist rau. Man benötigt große Scherkräfte.
- Weiche Werkstoffe lassen sich gut scherschneiden. Der Anteil von Einkerben und Schneiden ist groß. Die Schnittfläche ist glatt. Man benötigt geringere Scherkräfte.

Die Schnittflächen müssen meistens vor der weiteren Verwendung des Werkstückes nachbearbeitet werden, z. B. durch Feilen.

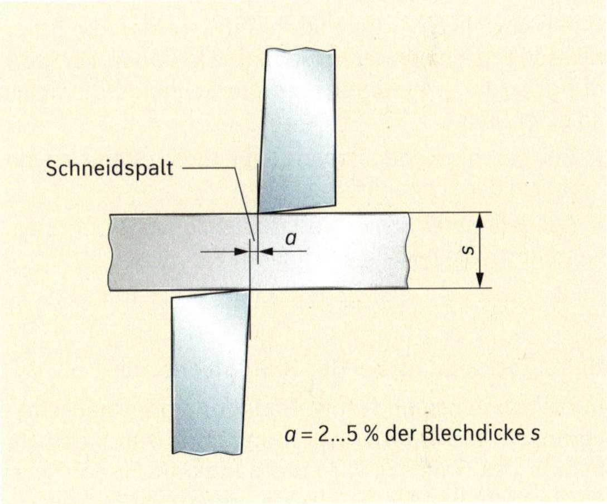

Abb. 4: Schneidspalt

Schneidspalt

Damit die Schneiden sich nicht gegenseitig beschädigen, sieht man einen geringen Abstand zwischen den beiden Schneidkeilen vor (Abb. 4). Diesen Abstand nennt man Schneidspalt.

Mit zunehmender Werkstückdicke und Festigkeit des Werkstoffes ist ein größerer Schneidspalt einzustellen.

Die Größe des Schneidspaltes beeinflusst auch die Genauigkeit des Werkstücks. Ein zu großer Schneidspalt führt zu starker Gratbildung und zu unebenen und rissigen Schnittflächen. Dünne Bleche können in den Schneidspalt gezogen werden. Dadurch ist ein einwandfreies Scherschneiden nicht mehr möglich.

Durch den Schneidspalt erzeugen die Scherkräfte F_S eine Drehwirkung, die das Werkstück zu kippen droht. Die *Drehwirkung* ist umso größer, je größer der Schneidspalt ist. Diese störende und gefährliche Wirkung wird bei Handhebelscheren und maschinell angetriebenen Scheren durch *Niederhalter* unterbunden (Abb. 5).

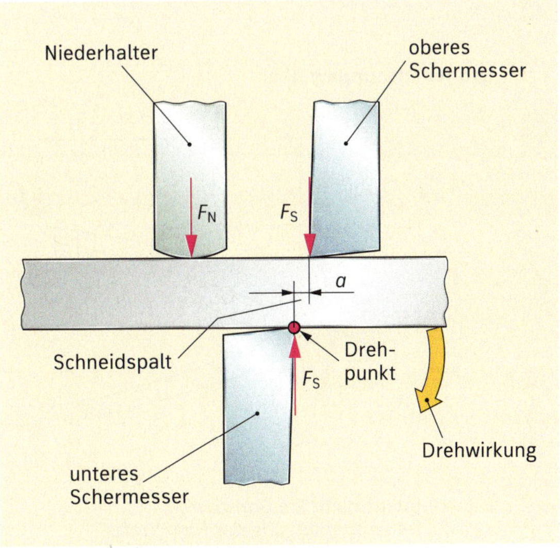

Abb. 5: Aufgaben eines Niederhalters

- **Scherschneidwerkzeuge**

Zum Scherschneiden von Blechen verwendet man je nach Dicke und Material Handblechscheren oder Handhebelscheren.

Bei allen Handblechscheren und Handhebelscheren werden Bleche durch kreuzendes Schneiden getrennt. Die beiden Keilschneiden bewegen sich um einen Drehpunkt und dringen allmählich in den Werkstoff ein. Die notwendige Scherkraft wird durch die Handkraft des Menschen aufgebracht.

Mit *Handblechscheren* können Bleche bis zu einer Dicke von etwa 1,5 mm geschnitten werden. Sie haben keinen Schneidspalt und keinen Niederhalter. Damit die Schneiden sich nicht auf der gesamten Länge berühren und aneinander reiben, sind sie hohlgeschliffen. Durch den Hohlschliff sind die Schneiden leicht gegeneinander gekrümmt (Abb. 1).

Durch Anziehen der Gelenkschraube werden die Schermesser gegeneinander verspannt. Sie haben *Vorspannung*. Dadurch berühren sich die Schneiden lediglich an einer Stelle:

- Bei geschlossener Schere liegt diese Stelle an der Spitze der Schneiden.
- Bei geöffneter Schere verlagert sich die Berührungsstelle an die jeweilige Schnittstelle.

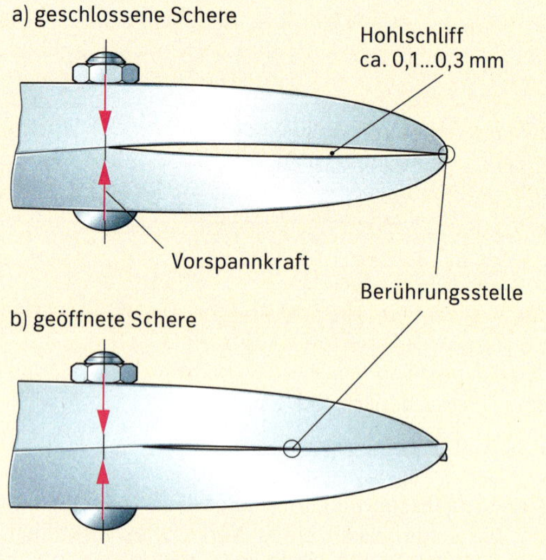

Abb. 1: Hohlschliff und Vorspannung bei Handblechscheren

Bei *weit geöffneter Schere* (großer Öffnungswinkel) liegt die Schnittstelle dicht am Drehpunkt (Abb. 2). Für das Schneiden wird eine geringe Handkraft F_H benötigt.

Beim Anschneiden greifen die Schneiden aber nicht, sondern drücken das Werkstück aus der Schere. Bei großen Öffnungswinkeln lässt sich die Schere außerdem schlecht in der Hand halten.

Bei *wenig geöffneter Schere* (kleiner Öffnungswinkel) liegt die Schnittstelle weit vom Drehpunkt. Für das Schneiden wird eine große Handkraft F_H benötigt. Das Werkstück wird nicht mehr aus der Schere gedrückt. Günstig ist ein Öffnungswinkel von 10° ... 15°.

Hebelübersetzung bei der Handblechschere

Kurze Schneiden und lange Handgriffe der Handschere verringern die erforderliche Handkraft. Durch den Hebelarm des Griffes l_H wird die Handkraft F_H übersetzt. An der Schnittstelle wirkt eine größere Scherkraft F_S. Die Lage der Schnittstelle beeinflusst die zum Scherschneiden notwendigen Handkräfte.

großer Öffnungswinkel: / **kleiner Öffnungswinkel:**

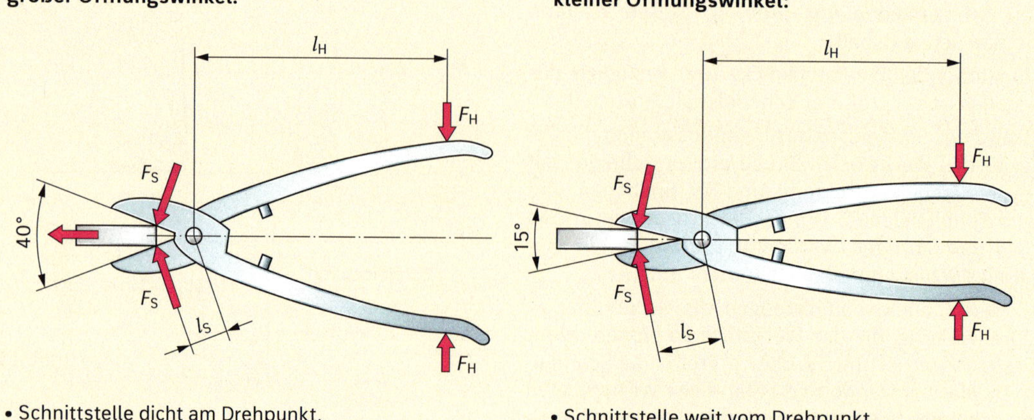

- Schnittstelle dicht am Drehpunkt,
- große Hebelübersetzung der Handkraft F_H,
- Werkstück wird aus der Schere gedrängt.

- Schnittstelle weit vom Drehpunkt,
- kleine Hebelübersetzung der Handkraft F_H,
- große Handkraft F_H erforderlich.

Abb. 2: Hebelübersetzung und Öffnungswinkel

Hebelgesetz

Die beim Scheren erforderlichen Scherkräfte F_S werden bei Handblechscheren durch Hebelübersetzung erreicht.

Griff und Schneide der Handschere drehen sich um die Gelenkschraube. Die Gelenkschraube bildet den Drehpunkt, Griff und Schneide bilden einen Hebel.

Ein *Hebel* ist ein drehbar gelagerter starrer Körper.

Am Griff der Handschere wirkt auf der einen Seite die Handkraft F_H. An den Schneiden muss auf der anderen Seite die Widerstandskraft des Werkstoffes gegen das Scherschneiden F_S überwunden werden. Handscheren bilden einen zweiseitigen Hebel.

Beim *zweiseitigen Hebel* wirken Kräfte auf beiden Seiten vom Drehpunkt (Abb. 3).

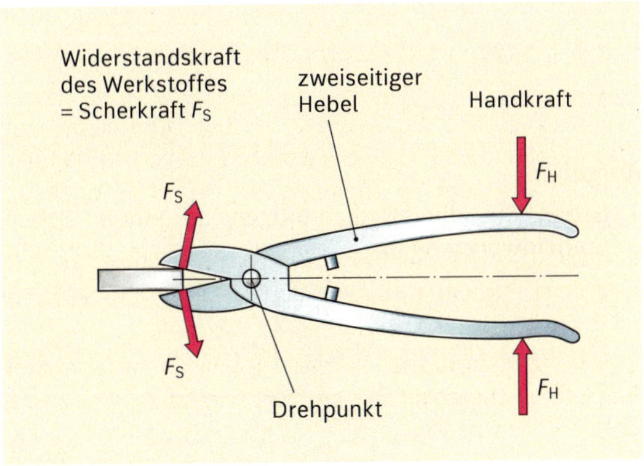

Abb. 3: Zweiseitiger Hebel

Handkraft F_H und Scherkraft F_S haben einen unterschiedlich großen Abstand vom Drehpunkt. Die Handkraft F_H hat den Abstand l_H vom Drehpunkt. Die Scherkraft F_S hat den Abstand l_S vom Drehpunkt.

Der *senkrechte Abstand* der Kraft vom Drehpunkt wird *Hebelarm* genannt.

Kräfte an einem Hebelarm erzeugen eine *Drehwirkung*. Die Drehwirkung hängt von der Größe der Kraft und von der Länge des Hebelarmes ab. Ein Maß für die Größe der Drehwirkung ist das Kraftmoment.

Das *Kraftmoment M* ist das Produkt aus der angreifenden Kraft *F* und dem Hebelarm l:

$$M = F \cdot l$$

Die Einheit des Kraftmomentes ist Nm.

Bei der Richtung der Drehwirkung muss man rechtsdrehende Momente und linksdrehende Momente unterscheiden.

Die Handkraft F_H am Hebelarm l_H dreht den zweiseitigen Hebel nach rechts. Die Scherkraft F_S am Hebelarm l_S dreht den zweiseitigen Hebel nach links (Abb. 4).

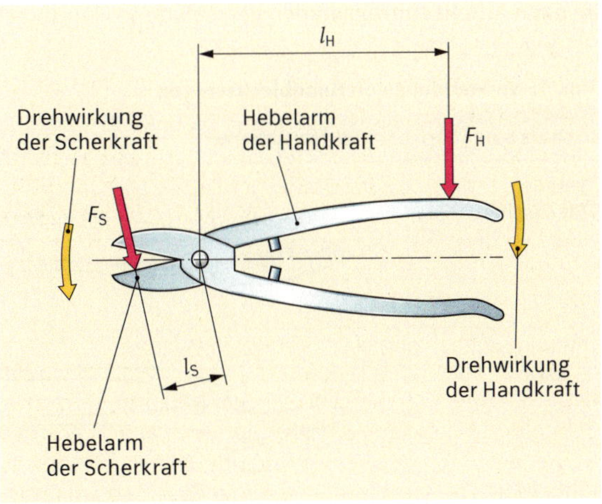

Abb. 4: Handkraft/Scherkraft

Das linksdrehende Moment der Scherkraft F_S am Hebelarm l_S ist gleich groß dem rechtsdrehenden Moment der Handkraft F_H am Hebelarm l_H.

$$F_S \cdot l_S = F_H \cdot l_H$$

Eine Kraft kann umso kleiner sein, je weiter sie vom Drehpunkt entfernt ist. Ein Hebel ermöglicht somit eine Kraftübersetzung.

Dieser Zusammenhang wird als Hebelgesetz bezeichnet:

$$\text{Hebelgesetz: } M_l = M_r$$

An einem Hebel herrscht Gleichgewicht, wenn das linksdrehende Moment gleich dem rechtsdrehenden Moment ist (Abb. 5).

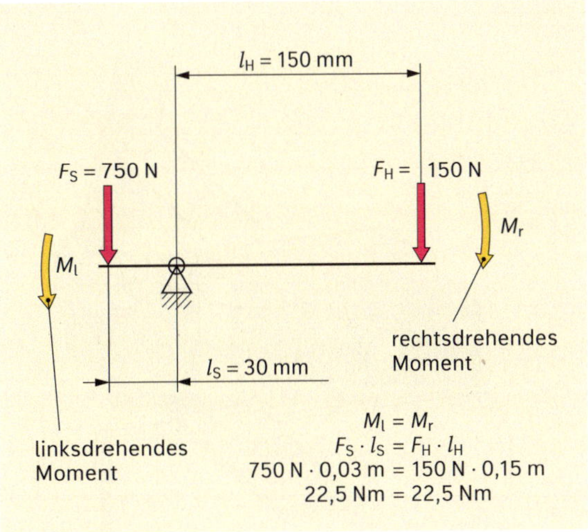

Abb. 5: Hebelgesetz

Je nach Arbeitsauftrag werden verschiedene Handblechscheren verwendet (Tab. 1).

Tab. 1: Verwendung von Handblechscheren

Scherenart	Handblechscheren		Verwendung
gerade Blechschere	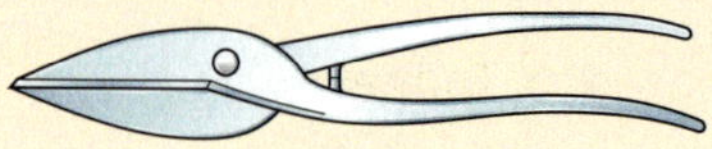	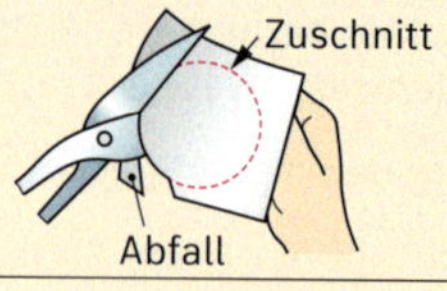	kurze Schnitte, Außenkreisformen
Durchlauf-schere	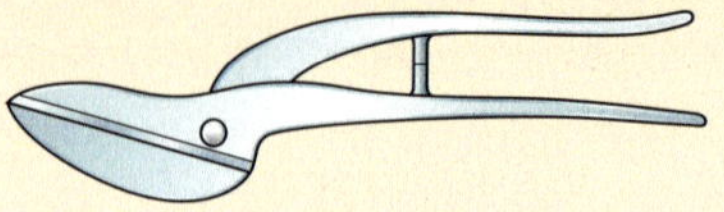	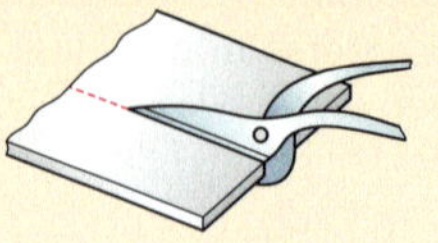	lange gerade Schnitte
Lochschere	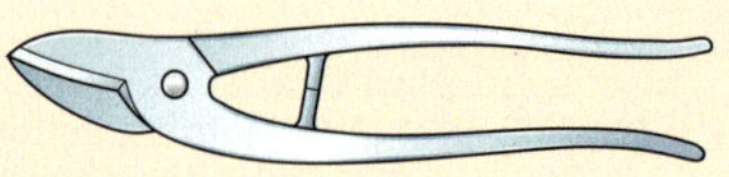	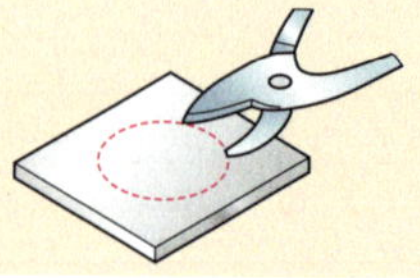	Innenkreisformen

Hebelübersetzung bei der Handhebelschere

Mit *Handhebelscheren* können Bleche je nach Material bis etwa 15 mm Dicke geschnitten werden. Handhebelscheren haben einen Schneidspalt und sind mit einem Niederhalter ausgestattet.

Um dickere Bleche und festere Werkstoffe scheren zu können, benötigt man größere Scherkräfte. Diese werden bei der Handhebelschere durch einen längeren Handhebel und eine zusätzliche Kraftübersetzung erzeugt (Abb. 1). Man kann mit Handhebelscheren Grobbleche aus Stahl bis etwa 10 mm schneiden.

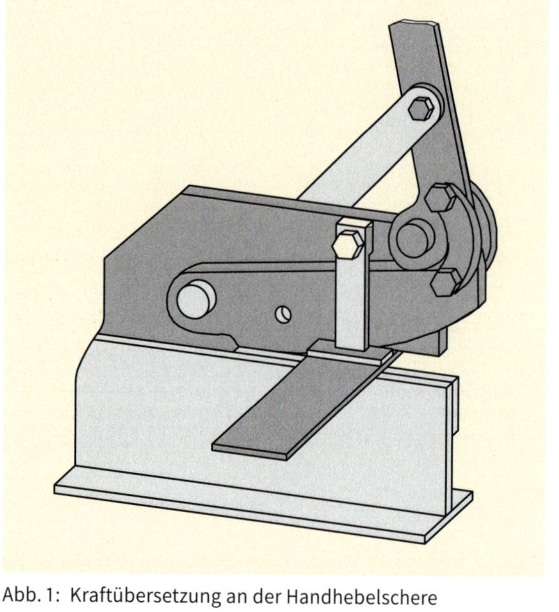

Abb. 1: Kraftübersetzung an der Handhebelschere

Aufgaben

1. Geben Sie die Bezeichnungen an einem Scherschneidwerkzeug an.

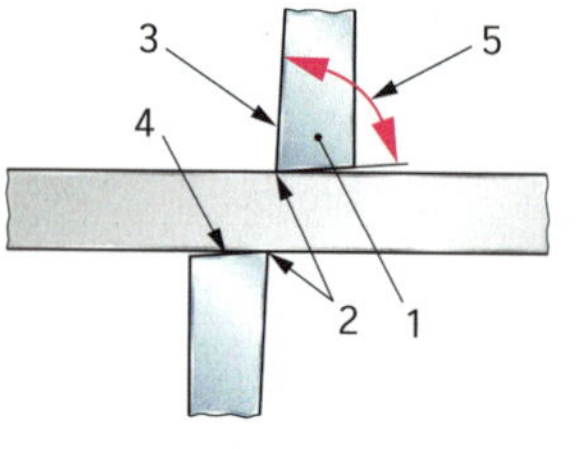

2. Beim Scherschneiden von 0,75 mm dickem Stahlblech wird das Blech in den Schneidspalt hineingezogen.
   a) Geben Sie mögliche Ursachen dafür an.
   b) Beschreiben Sie die Folgen.
   c) Beschreiben Sie Maßnahmen, um den Fehler zu beheben.
3. Bestimmen Sie für folgende Scherarbeiten die notwendige Handkraft F_H.

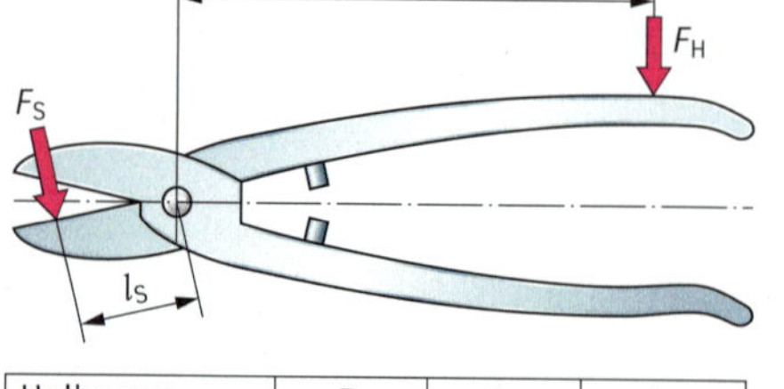

Halbzeug	F_S	l_S	l_H
Bl EN 10131–0,70–DC 01	450 N	30 mm	150 mm
Bl EN 485–1,2–Al Mg3	330 N	40 mm	160 mm

1.4 Umformen durch Biegen

Die vorbereitete Halterung und die zugeschnittenen Bleche werden durch Biegen in ihre endgültige Form gebracht. Die Halterung wird vor dem Fügen an die Form des Trichters angepasst.

1.4.1 Zeichnungsanalyse

- **Halterung**

In der Zuschnittzeichnung (Abb. 2a) ist die Halterung im gestreckten Zustand als Abwicklung dargestellt. Die Biegelinien sind als schmale Volllinien eingezeichnet und bemaßt. Die Biegelinien kennzeichnen die Mitte der Biegerundungen.

Ist eine Zuschnittzeichnung nicht vorhanden, wird in der Einzelteilzeichnung die Abwicklung durch eine Strich-Zweipunktlinie dargestellt und durch ein Hilfsmaß bemaßt (Abb. 2b). Die Maße für die Lage der Biegelinien müssen dann errechnet werden.

- **Blechkörper**

Die Bleche zur Herstellung des Trichters sind als Abwicklung dargestellt (Abb. 3 u. 4, S. 49 und Abb. 1, S. 50). Sie werden durch Runden zu zylindrischen und kegeligen Hohlkörpern gebogen.

1.4.2 Biegevorgang

Der Flachstab für die Halterung soll über einen Biegeklotz mit dem Radius R 10 zu einem 90°-Bogen gebogen werden (Abb. 1, S. 58). Das Umformen erfolgt durch Aufbringen der Biegekraft *F*. Durch das Biegen wird der Werkstoff

- im äußeren Bereich auf Zug beansprucht und dadurch gestreckt (Zugzone),
- im inneren Bereich auf Druck beansprucht und dadurch gestaucht (Druckzone).

Zwischen der Zug- und der Druckzone liegt eine Werkstoffschicht, die weder gestreckt noch gestaucht wird. Sie wird als *neutrale Faser* bezeichnet.

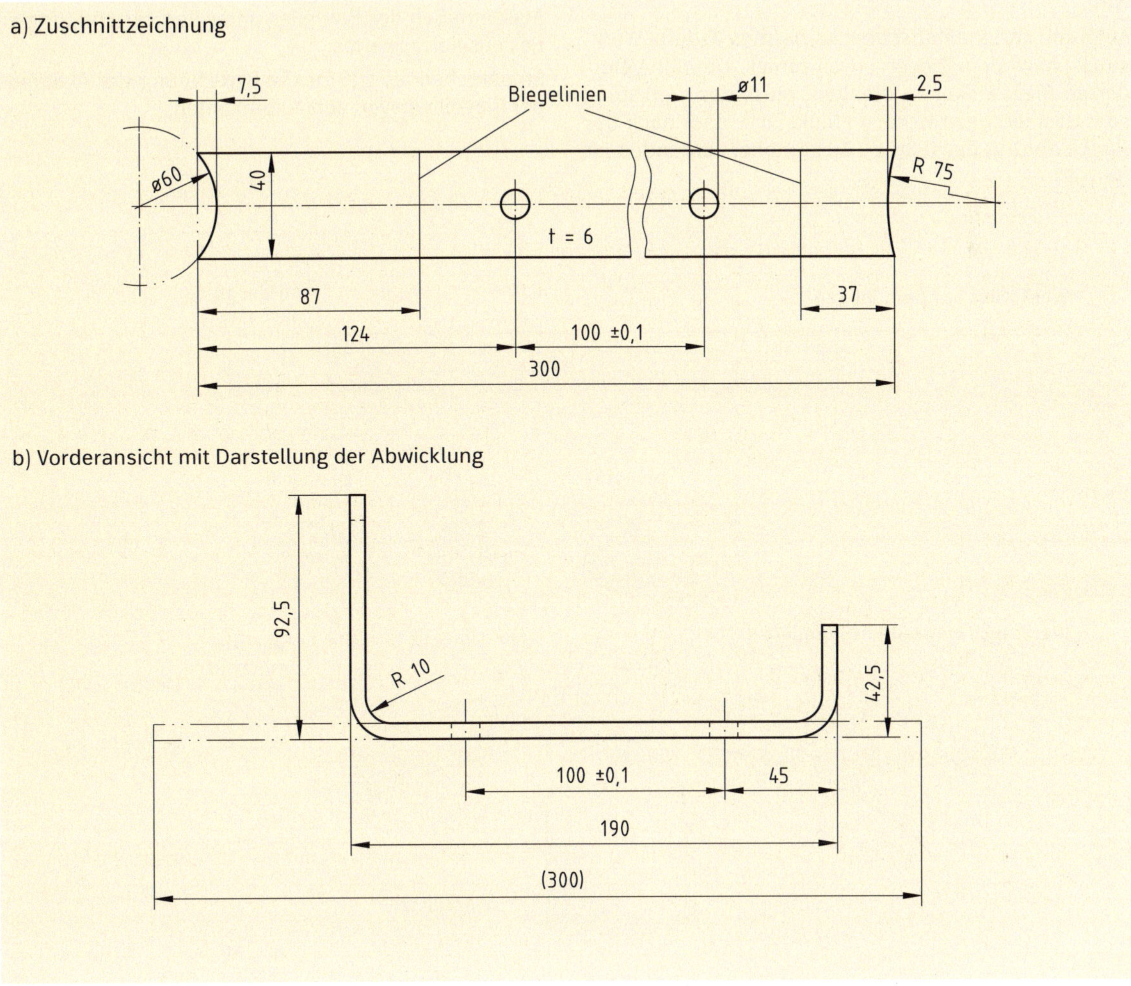

Abb. 2: Darstellung der Halterung

Durch das Biegen ändert sich die Querschnittsform des Werkstückes. In der Zugzone entsteht durch die Werkstoffstreckung eine Einschnürung, in der Druckzone durch die Stauchung eine Verbreiterung.

! Beim Biegen werden die äußeren Werkstofffasern gestreckt und die inneren gestaucht. Dazwischen liegt die neutrale Faser, deren Ausgangslänge durch das Biegen nicht verändert wird.

Die Querschnittsveränderungen sind umso größer,

- je kleiner der Biegeradius,
- je größer der Biegewinkel,
- je größer die Dicke des Werkstücks ist.

Durch die Einschnürung können Risse, durch die Verbreiterung können Quetschfalten entstehen. Die Rissbildung muss auf jeden Fall vermieden werden, weil dadurch das Werkstück zerstört werden kann. Größere Querschnittsveränderungen müssen insbesondere beim Biegen von Rohren vermieden werden, weil hierdurch z. B. der Durchfluss von Flüssigkeiten behindert wird.

Aufgrund ihres *elastischen Verhaltens* federn Werkstücke nach dem Biegen etwas zurück. Um den geforderten Biegewinkel zu erhalten, muss das Werkstück so weit überbogen werden (Winkel α_1), dass nach der *Rückfederung* der richtige Biegewinkel vorhanden ist (Abb. 2).

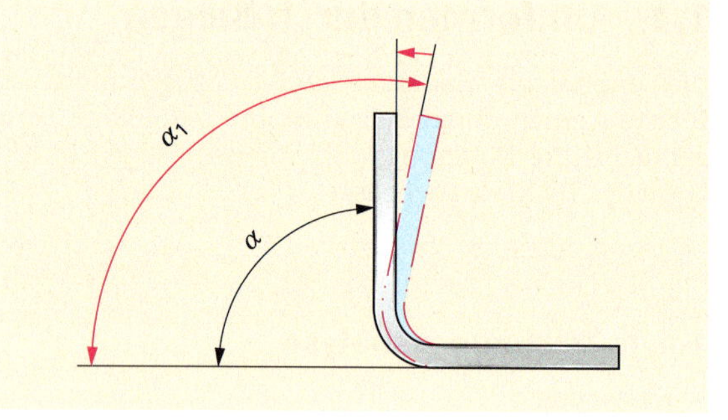

Abb. 2: Rückfederung

1.4.3 Gestreckte Länge

Die Berechnung der Gesamtlänge der Halterung und der Lage der Biegelinien wird über die Ermittlung der *gestreckten Länge* vorgenommen.

Die gestreckte Länge des abgewickelten Bauteiles entspricht der Länge der neutralen Faser, die sich während des Biegens nicht verändert.

Man berechnet die gestreckte Länge aus den jeweiligen Außenmaßen des Bauteiles unter Berücksichtigung eines Ausgleichswertes.

Entsprechendes gilt für die Berechnung der Abstände der Biegelinien von den Außenkanten.

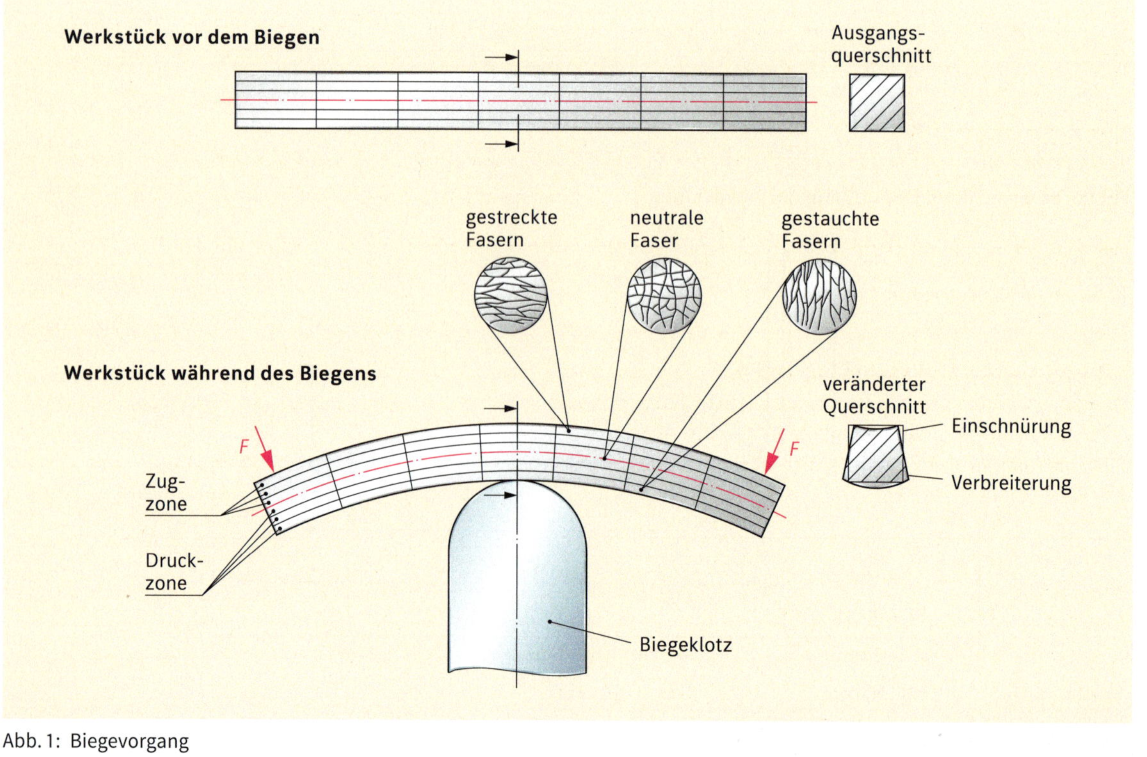

Abb. 1: Biegevorgang

Berechnung der gestreckten Länge

Die gestreckte Länge des Biegeteiles entspricht der Länge der neutralen Faser.

Die neutrale Faser verläuft durch den Schwerpunkt der Querschnittfläche. Die gestreckte Länge entspricht daher auch der Länge der Schwerpunktlinie. Bei rechteckigen, quadratischen und kreisförmigen Querschnitten liegt der Schwerpunkt in der Mitte der Querschnittfläche.

• Biegeteile mit kleinem Biegeradius

Die gestreckte Länge l kann ermittelt werden, indem man von der Summe aller Außenmaße des Bauteiles für jede Biegestelle einen entsprechenden Ausgleichswert v abzieht (Abb. 3).

Der Ausgleichswert v berücksichtigt, dass sich die neutrale Faser beim Umformen zur Innenseite der Biegestelle verschiebt.

Der Ausgleichswert v ist abhängig von:

- Blechdicke t
- Biegeradius r
- Biegewinkel α

Für den Biegewinkel α = 90° können die Ausgleichswerte direkt aus dem Tabellenbuch entnommen werden.

Die gestreckte Länge wird stets auf volle Millimeter aufgerundet.

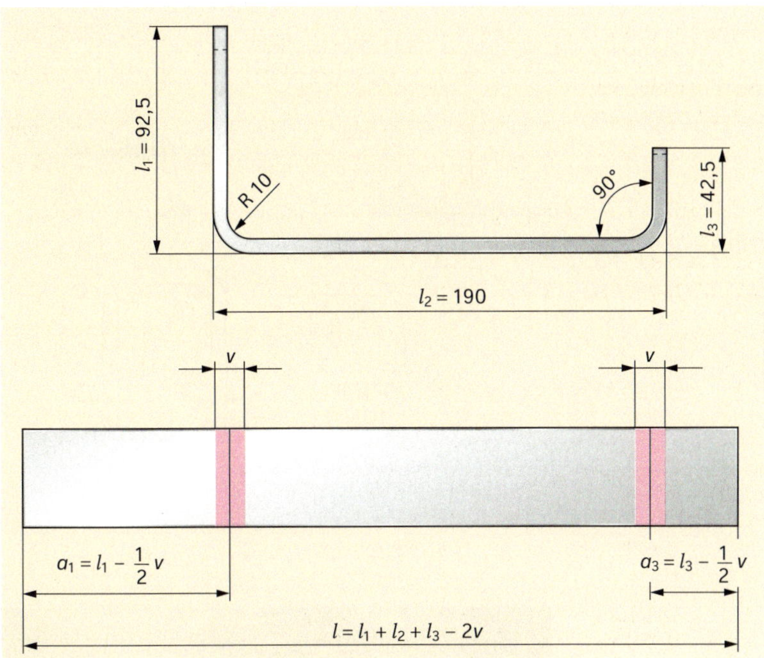

Abb. 3: Biegeteil mit kleinem Biegeradius

Blechdicke	t = 6 mm
Biegeradius	r = 10 mm
Biegewinkel	α = 90°
Ausgleichswert	v = 12,7 mm

Gesamtlänge:

$l = l_1 + l_2 + l_3 - 2v$

$l = 92{,}5\ \text{mm} + 190\ \text{mm} + 42{,}5\ \text{mm} - 2 \cdot 12{,}7\ \text{mm}$

$l = 299{,}6\ \text{mm} \approx 300\ \text{mm}$

Lage der Biegelinien:

$a_1 = 92{,}5\ \text{mm} - ½ \cdot 12{,}7\ \text{mm}$

$a_1 = 86{,}15\ \text{mm} \approx 87\ \text{mm}$

$a_3 = 42{,}5\ \text{mm} - ½ \cdot 12{,}7\ \text{mm}$

$a_3 = 36{,}15\ \text{mm} \approx 37\ \text{mm}$

• Biegeteile mit größerem Biegeradius

Für größere Biegeradien gibt es keinen Ausgleichswert. Daher muss die gestreckte Länge aus der Summe der Teillängen der neutralen Faser berechnet werden (Abb. 4).

$l = l_1 + l_2 + l_3$

$l = l_1 + ¼ \cdot d_S \cdot \pi + l_3$

$l = l_1 + ¼ \cdot (2 \cdot 60\ \text{mm} + 6\ \text{mm}) \cdot \pi + l_3$

$l = l_1 + ¼ \cdot 126\ \text{mm} \cdot \pi + (270\ \text{mm} - 60\ \text{mm} - 6\ \text{mm})$

$l = 75\ \text{mm} + 98{,}96\ \text{mm} + 204\ \text{mm}$

$l = 377{,}96\ \text{mm} \approx 378\ \text{mm}$

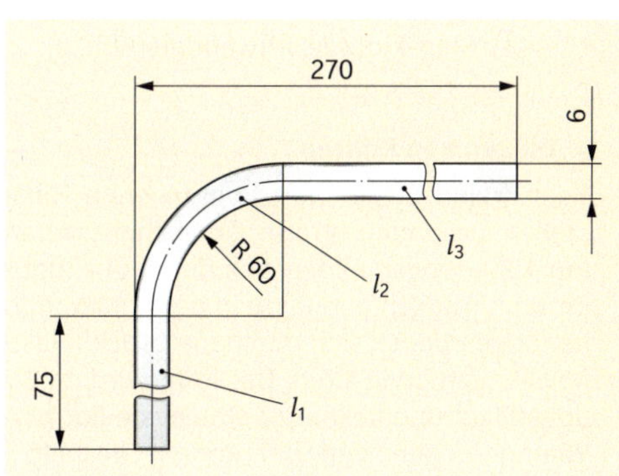

Abb. 4: Biegeteil mit großem Biegeradius

1.4.4 Mindestbiegeradius

Der an der Innenseite eines Biegeteiles liegende Radius heißt Biegeradius (Abb. 1). Um Risse in der Biegezone zu verhindern, sind Mindestbiegeradien vorgeschrieben. Die Größe des Biegeradius hängt ab von:

- Dehnbarkeit des Werkstoffes
- Dicke des Werkstückes
- Biegewinkel

Mit *steigender Festigkeit* nimmt die Dehnbarkeit von Werkstoffen ab. Deshalb muss der Biegeradius für Werkstoffe mit hoher Festigkeit größer sein als für solche mit niedriger Festigkeit.

Mit steigender Werkstückdicke werden die äußeren Werkstofffasern in der Zugzone immer mehr gestreckt. Bei zu kleinem Biegeradius kann der Werkstoff über die Zugfestigkeit hinaus belastet werden und dadurch einreißen. Deshalb muss der Biegeradius für Werkstücke mit großer Dicke größer sein als für solche mit kleiner Dicke.

Mit steigendem Biegewinkel werden die äußeren Werkstofffasern in der Zugzone immer mehr gestreckt. Bei zu großem Biegewinkel kann der Werkstoff über die Zugfestigkeit hinaus belastet werden und dadurch einreißen. Deshalb muss der Biegeradius für Werkstücke mit großem Biegewinkel größer sein als für solche mit kleinem Biegewinkel.

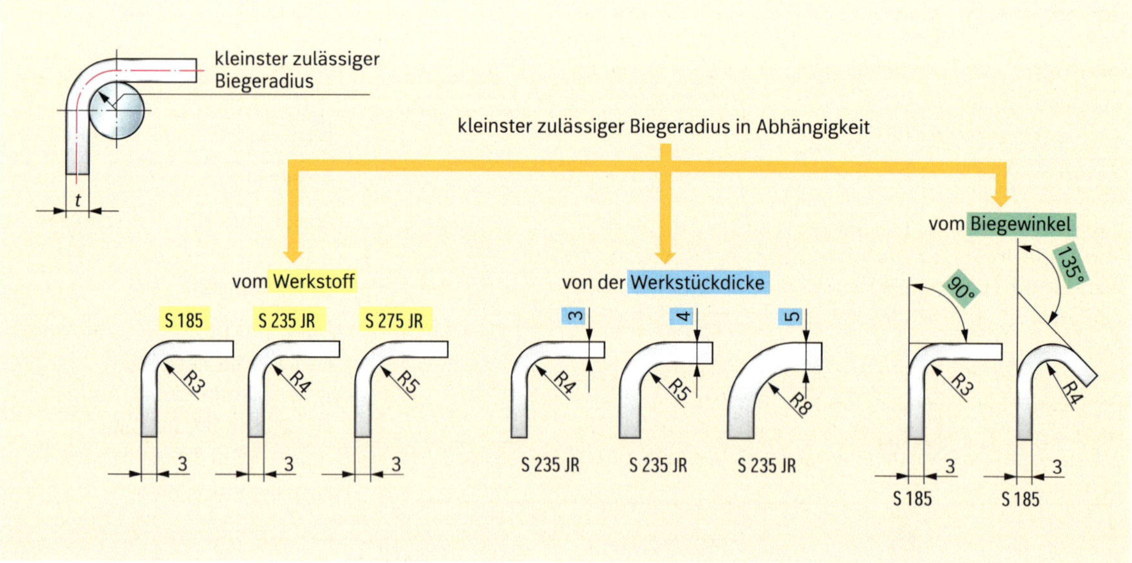

Abb. 1: Mindestbiegeradien

1.4.5 Biegen von Profilen

- **Biegen von Flachprofilen**

Der Flachstahl für die Halterung wird in einer Biegevorrichtung gebogen. Damit der vorgegebene Radius R 10 an der Biegestelle erreicht werden kann, ist ein entsprechender Biegeklotz zu verwenden (Abb. 2).

- **Biegen von Rohren**

Beim freien Biegen von Rohren ohne Hilfsmittel entstehen besonders große Querschnittsveränderungen. Am Außenbogen bilden sich durch die Zugbelastungen Einschnürungen und Risse in der Rohrwandung. Am Innenbogen bilden sich durch die Druckbelastungen Einknickungen und Falten. Das Rohr wird im Biegebereich abgeflacht und bekommt eine ovale Form (Abb. 3). Die Veränderungen sind bei Rohren deshalb besonders groß, weil sich die äußeren Fasern nicht an innenliegenden Fasern abstützen können.

Abb. 2: Biegevorrichtung

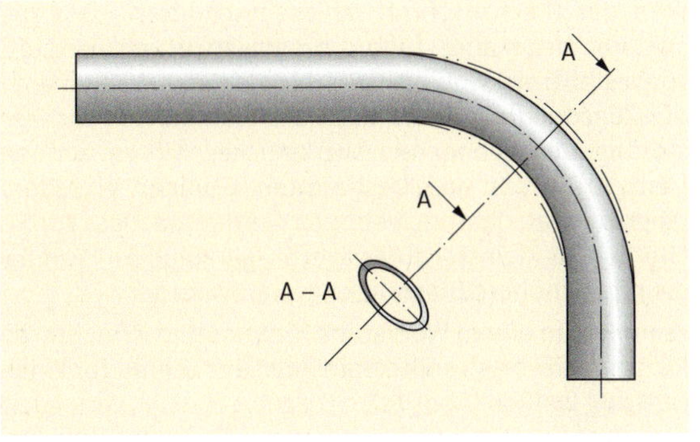

Abb. 3: Verformung des Rohrquerschnittes beim Biegen

Abb. 4: Hydraulische Rohrbiegemaschine

Um unzulässige Querschnittsänderungen zu vermeiden, wird der Hohlraum eines Rohres vor dem Biegen ausgefüllt. Hierfür verwendet man z. B.

- trockenen Sand
- eine eng gewickelte Zugfeder

Nach dem Biegen müssen die Füllungen wieder entfernt werden.

Beim Warmbiegen mit Sandfüllung besteht die Gefahr, dass Sandkörner an der Rohrwandung festbrennen. Wenn diese sich später von der Wandung lösen, kann die Funktion angeschlossener Aggregate gestört werden.

Die Zugfeder wird mit einer Dreh-Zug-Bewegung aus dem Rohr herausgezogen. Der Vorgang wird erleichtert, wenn die Feder gut eingefettet ist. Freies Biegen ist sehr zeitaufwendig und wird daher nach Möglichkeit vermieden.

! *Freies Biegen von Rohren* erfolgt mit Füllungen, die unzulässige Querschnittsveränderungen verhindern.

Einwandfreie Arbeitsergebnisse erzielt man bei der Verwendung von *Biegegeräten*, z. B. einer hydraulischen Rohrbiegemaschine (Abb. 4). Diese hat auswechselbare Biegesegmente und Rollen, die dem Durchmesser des zu biegenden Rohres angepasst werden. Das Biegesegment drückt durch die hydraulisch aufgebrachte Biegekraft das Rohr gegen die Rollen. Unzulässige Querschnittsveränderungen werden mit diesen Maschinen vermieden.

Beim Warmbiegen kann es zu einer bleibenden *Gefügeänderung* und dadurch zu bedingten Änderungen der Werkstoffeigenschaften kommen.

! Bei nichtrostendem Stahl besteht nach dem Erwärmen auf Biegetemperatur (dunkelrot glühend) akute *Korrosionsgefahr*. Deshalb ist das Warmbiegen von nichtrostenden Stahlrohren in der Trinkwassertechnik nicht zugelassen. Auch Kupferrohre für Trinkwasserleitungen dürfen bis 28 × 1,5 mm nur kalt verformt werden.

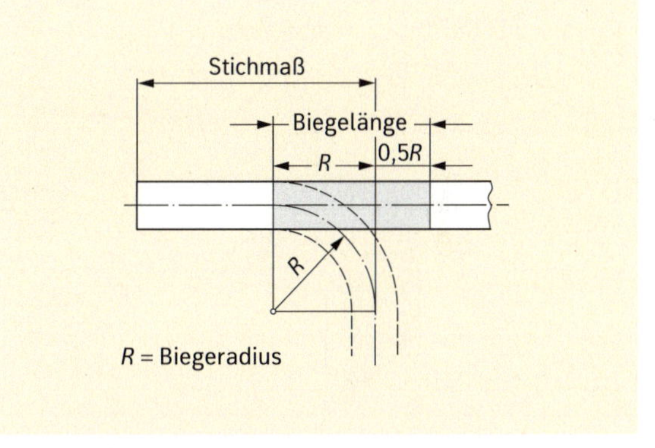

Abb. 5: Maßgenaues Biegen eines 90°-Bogens mit gegebenem Radius

Um einen Bogen möglichst genau zum Anschluss positionieren zu können, ist es notwendig, die *Biegelänge* auf dem Rohr zu markieren. Zunächst wird das *Stichmaß* angezeichnet (Abb. 5). Danach ist auf beiden Seiten dieser Markierung eine weitere anzubringen, deren Abstand vom vorgegebenen Biegeradius abhängig ist. Der Abstand in Anschlussrichtung entspricht dem Biegeradius und in entgegengesetzter Richtung der Hälfte des Biegeradius. Die *minimalen Biegeradien* sind abhängig von:

- Rohrart
- Werkstoffzustand (z. B. weich)
- Rohrabmessungen
- Biegeverfahren

1.4.6 Biegen von Blechen

Bleche werden durch das Umformverfahren Walzen hergestellt. Hierbei erhalten sie ein faserartiges Werkstoffgefüge, das nach der Walzrichtung ausgerichtet ist. Man spricht vom Faserverlauf des Blechs. Der Faserverlauf ist erkennbar an den parallel verlaufenden Riefen in der Blechoberfläche, die beim Walzen entstehen. Wenn ein Blechzuschnitt aus einer größeren Blechtafel herauszuschneiden ist, so soll seine Lage so gewählt werden, dass die spätere Biegekante senkrecht zur Walzrichtung verläuft (Abb. 1a).

Wird der Blechzuschnitt so ausgeschnitten, dass die spätere Biegekante *längs* zur Walzrichtung verläuft, so besteht die Gefahr, dass sich an der Außenkante der Zugzone feine Risse bilden, die allmählich zur Zerstörung des gebogenen Werkstückes führen können (Abb. 1b). Muss aus bestimmten Gründen trotzdem längs zur Walzrichtung gebogen werden, so muss zur Sicherheit als kleinster zulässiger Biegeradius der Wert für die nächsthöhere Blechdicke gewählt werden.

Kommen an einem Werkstück Biegekanten in mehreren Richtungen vor, so sollte man ihre Lage schräg zur Walzrichtung wählen (Abb. 1c).

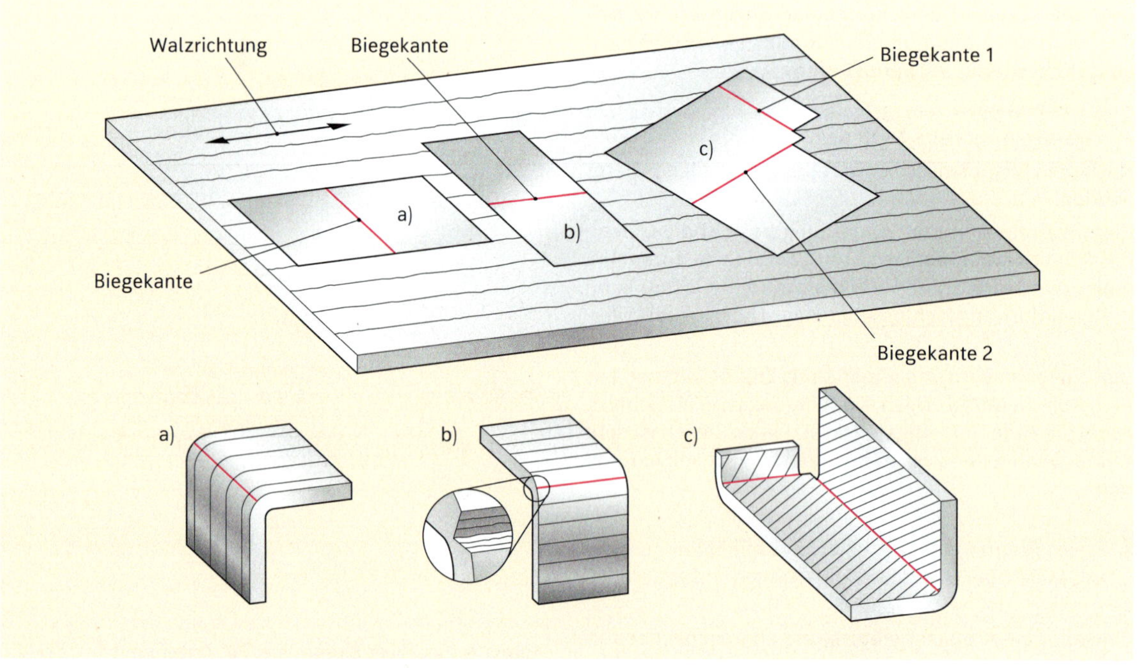

Abb. 1: Walzrichtung und Lage der Biegekante

Aufgaben

1. Erklären Sie den Begriff und die Bedeutung der neutralen Faser beim Biegen.
2. Bestimmen Sie den kleinsten zulässigen Biegeradius für das Kaltbiegen eines Bleches EN 10130 – 2 × 150 Stahl EN 10 025 – S 275 JR ; Biegewinkel > 120°.
3. Erklären Sie, in welcher Weise der kleinste zulässige Biegeradius beeinflusst wird durch:
   a) den Werkstoff
   b) die Werkstückdicke
   c) den Biegewinkel
4. Wie muss die Rückfederung beim Biegen eines 90°-Bogens berücksichtigt werden?
5. Wie werden beim freien Biegen von Rohren unzulässige Querschnittsveränderungen und Einknickungen verhindert?
6. Wie kann man verhindern, dass beim Biegen geschweißter Rohre die Schweißnaht durch Zug- oder Druckspannungen unzulässig belastet wird?
7. Ermitteln Sie für das Biegeteil aus S 235 JR die Zuschnittlänge. Wurde die Vorgabe für den Mindestbiegeradius eingehalten?

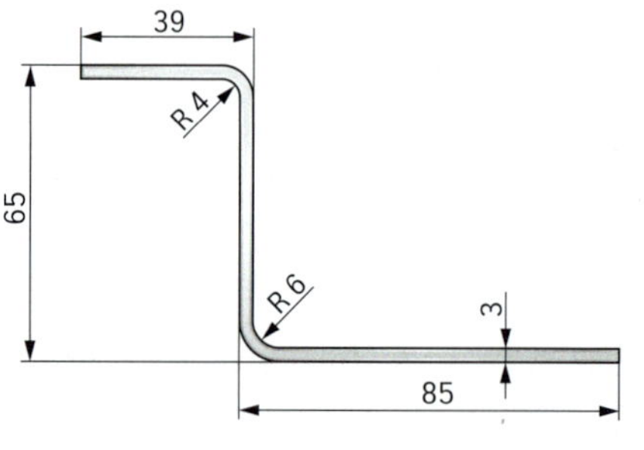

▶ Arbeitsauftrag

Die Konsole ist als Ständer für ein Funktionsmodell vorgesehen (Abb. 2). Das Modell wird an dem Winkel mit Sechskantschrauben befestigt.

Die Grundplatte wird aus Blech ausgeschnitten und im Rohzustand geliefert. Sie ist bereits mit einem Durchbruch versehen.

Alle Bauteile der Konsole bestehen aus Stahl.

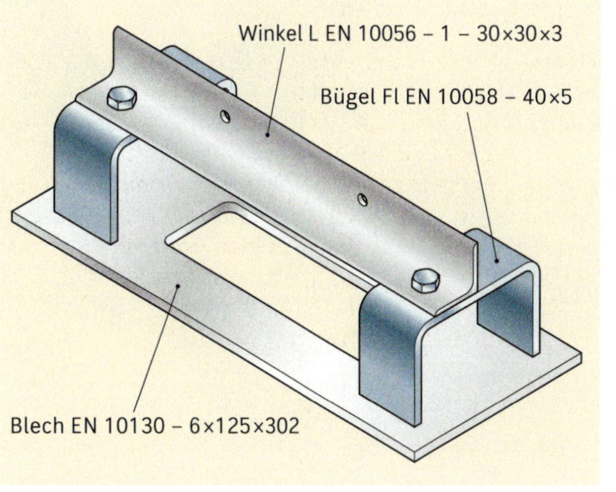

Abb. 2: Konsole

Fertigen der Einzelteile

1. Die Grundplatte mit Durchbruch ist im Rohzustand angeliefert und muss an den Kanten nachbearbeitet werden. Wählen Sie ein Verfahren und ein geeignetes Werkzeug aus.

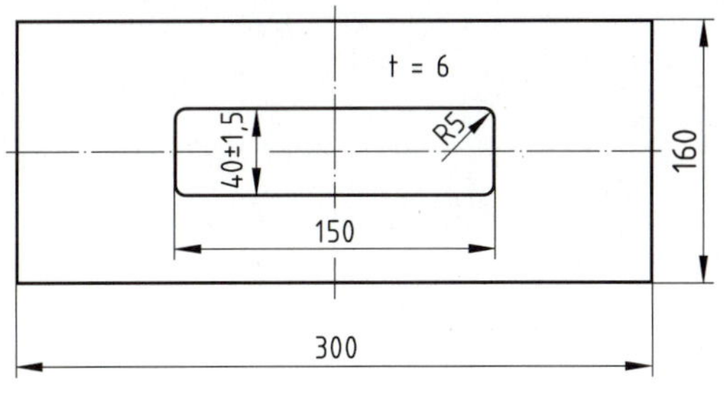

1 Grundplatte DIN ISO 2768-c

2. Die Bügel sind aus Flachstahl zu biegen. Ermitteln Sie mithilfe des Tabellenbuches den Mindestbiegeradius.

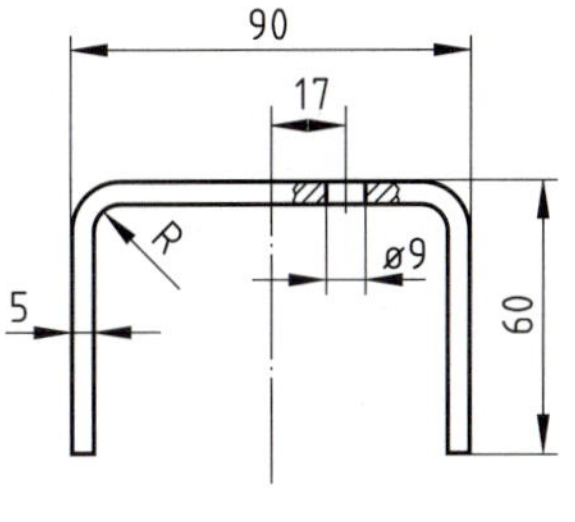

2 Bügel

3. Berechnen Sie die notwendige Zuschnittlänge eines Bügels vor dem Biegen bei R = 10 mm.
4. Skizzieren Sie den Zuschnitt eines Bügels und bemaßen Sie die Gesamtlänge und die Lage der Biegelinien.
5. Beschreiben Sie das Anreißen der Gesamtlänge und das Anreißen der Biegelinien.
6. Mit welchen Messgeräten werden die Maße des Bügels geprüft, wenn die Allgemeintoleranz mit DIN ISO 2768-c vorgegeben ist?
7. Beschreiben Sie den Biegevorgang für die Bügel.
8. Beim Biegen ergeben sich Querschnittsveränderungen. Worauf sind diese zurückzuführen?
9. Erstellen Sie einen Arbeitsplan für das vollständige Herstellen eines Bügels. Die Bohrung soll nur angerissen werden.
10. Berechnen Sie mithilfe des Tabellenbuchs die Maße
    a) der Grundplatte (der Einfluss der Rundungen R5 ist zu vernachlässigen),
    b) der Bügel.

Konstruktive Veränderungen

11. Die Bügel sollen nicht mehr auf die Grundplatte geschweißt, sondern auf der Platte mit Schrauben M8 befestigt werden. Skizzieren Sie die Grundplatte und einen Bügel in der veränderten Form und bemaßen Sie die Einzelteile.

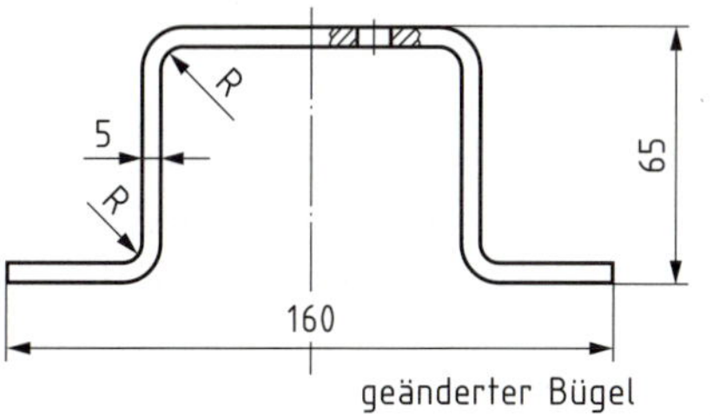

geänderter Bügel

12. Berechnen Sie für den geänderten Bügel die Zuschnittlänge.
13. Die Ecken der Grundplatte sind abzurunden. Wählen Sie die jeweiligen Radien, beschreiben Sie die Fertigung und die anschließende Prüfung.

Lernfeld 2

Bauelemente mit Maschinen fertigen

Fertigung eines Rohrstücks mit Gewindeflansch und Vorschweißflansch

Kundenauftrag

In einer Heizzentrale soll für eine bestehende Heizungsleitung aus nahtlosem S-Rohr ein Rohrstück mit zwei Flanschen gefertigt werden. Hierzu werden ein im 90°-Winkel gebogenes Rohr, ein Gewindeflansch und ein anzuschraubender Vorschweißflansch benötigt (Abb. 1).

Rohr und Flansche weisen folgende technische Daten auf:

- S-Rohr - 42,4 x 3,2 - DIN EN 10 255
- Gewindeflansch mit Ansatz DIN EN 1092-1/13 - B1/DN 32 x 42,4/PN 6 (Abb. 2, S. 66)
- Vorschweißflansch DIN EN 1092-1/11 - B1/DN 32 x 42,4/PN 6 (→ TB)

Information und Orientierung

- Der Meister stellt für die Ausführung eine Zeichnung (Abb. 1) und ein technisches Datenblatt des Gewindeflansches zur Verfügung (Abb. 2, S. 66).
- Das Rohr wird mit einer Säbelsäge getrennt sowie außen und innen entgratet.
- Der 90°-Bogen ist zu biegen.
- Die erforderlichen Gewinde werden mit der elektrischen Schneidkluppe hergestellt.

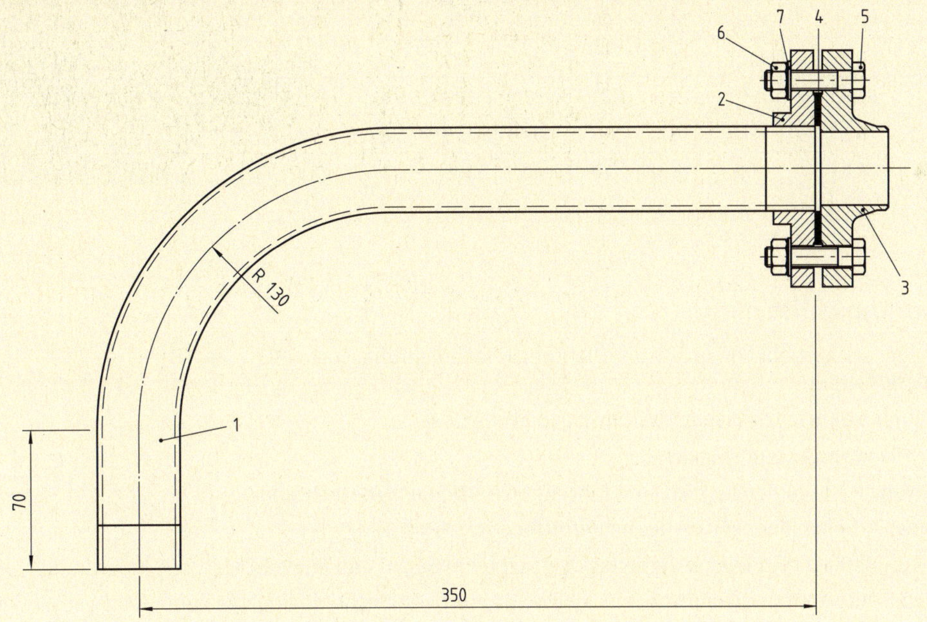

1	2	3	4	5	6
Pos.	Menge	Einheit	Benennung	Sachnummer / Norm-Kurzbezeichnung	Bemerkung
7		Stck.	Scheibe		
6		Stck.	Sechskantmutter		
5		Stck.	Sechskantschraube		
4		Stck.	Dichtung		
3		Stck.	Vorschweißflansch		
2		Stck.	Gewindeflansch		
1		Stck.	Stahlrohr		

Abb. 1: Zeichnung und Stückliste

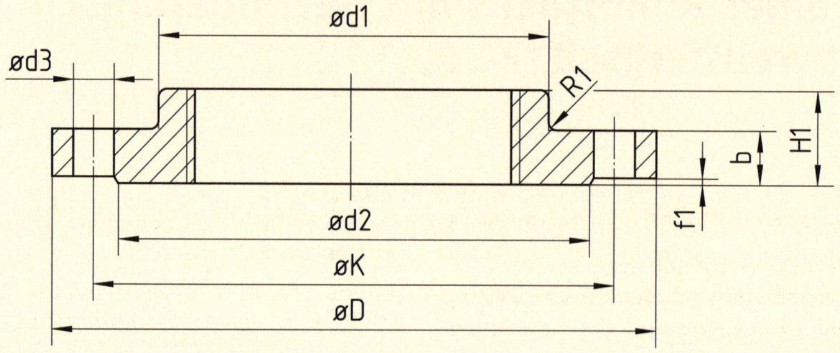

Rohr-Anschluss		Rohraußen-Gewinde	Flansch				Ansatz		Dichtleiste		Schrauben		
DN	A	DIN EN 10226	D	b	K	H1	d1	R1	d2	f1	Anzahl	Gewinde	d3
10	17,2	R ⅜	75	12	50	20	25	4	35	2	4	M10	11
15	21,3	R ½	80	12	55	20	30	4	40	2	4	M10	11
20	26,9	R ¾	90	14	65	24	40	4	50	2	4	M10	11
25	33,7	R 1	100	14	75	24	50	4	60	2	4	M10	11
32	42,4	R 1 ¼	120	14	90	26	60	6	70	2	4	M12	14
40	48,3	R 1 ½	130	14	100	26	70	6	80	2	4	M12	14
50	60,3	R 2	140	14	110	28	80	6	90	2	4	M12	14
65	76,1	R 2 ½	160	14	130	32	100	6	110	2	4	M12	14
80	88,9	R 3	190	16	150	34	110	8	128	2	4	M16	18
100	114,3	R 4	210	16	170	40	130	8	148	2	4	M16	18

Abb. 2: Technische Daten des Gewindeflansches (Maße nach DIN EN 1092-1 – PN6)

Planung und Durchführung

- Bestimmung der Lochanzahl und Größe der Dichtung (Flachdichtung, Form IBC, → TB), Schrauben und Muttern
- Der Einsatz einer elektrischen Biegemaschine ist zu prüfen.
- Ergänzen Sie die vorgegebene Stückliste.
- Festlegung, welche Maschinen für die Durchführung der Arbeit erforderlich sind
- Erstellung eines Arbeitsplanes zur Fertigung des Rohrstücks (Pos. 1)
- Entwerfen eines Plakats zum Thema „Arbeitssicherheit beim Sägen und Trennen“
- Wenn möglich, sollte der Kundenauftrag im Fachpraxisunterricht (Technologiepraktikum) durchgeführt werden.

Bewertung

Maßgebend für die Bewertung sollen folgende Kriterien sein:

- fehlerfreie Ergänzung der Stückliste
- fachgerechter Arbeitsplan und ggf. qualifizierte Durchführung

Präsentation

Die Ergebnisse der einzelnen Planungsaufgaben sind gemäß der Aufgabenstellung übersichtlich zu dokumentieren. Hierbei sind die Lösungen für eine Präsentation zu visualisieren, z. B. auf Folien.

→ **Hinweis:** Beachten Sie auch die Fotoserie auf der vorderen Umschlagseite.

2 Bauelemente mit Maschinen fertigen

2.1 Zeichnungsanalyse

Damit der Flansch (Drehteil) mit den anderen Normteilen zu einer funktionsfähigen und dichten Verbindung zusammengebaut werden kann, sind die Bohrungen mit entsprechender Genauigkeit anzufertigen.

Die Form, Größe und Beschaffenheit der Bohrungen wird durch die Teilzeichnung des Flansches festgelegt und beschrieben.

Durch Lesen der Zeichnung erhält man ein Bild von dem Arbeitsauftrag.

Der Flansch ist ein zylindrisches Werkstück. Er ist in zwei Ansichten dargestellt. Eine Ansicht ist im Schnitt gezeichnet, um die Bohrungen und Konturen eindeutig darstellen und bemaßen zu können.

Die Teilzeichnung enthält außerdem alle zur Herstellung notwendigen Maße.

Um die in einer Zeichnung enthaltenen Informationen richtig deuten zu können, ist ein genaues Verständnis der zugrunde liegenden Zeichenregeln und Normen notwendig.

2.1.1 Darstellung von Werkstücken

Runde Werkstücke

Runde Werkstücke werden aus Rundprofilen hergestellt, die in genormten Abmessungen vorliegen.

Durch spanende Bearbeitung entstehen die notwendigen Bearbeitungsformen.

Für die Fertigung müssen Werkstücke mit allen Formen eindeutig dargestellt werden. Darum werden die Werkstücke oftmals in mehreren Ansichten gezeichnet (Abb. 1).

- **Ansichten**

Die unterschiedlichen Ansichten entstehen, indem man aus unterschiedlichen Richtungen jeweils rechtwinklig auf die Fläche eines Werkstückes blickt. Jede Ansicht zeigt dabei einen anderen Umriss (Abb. 1, S. 68). Es sind maximal sechs Ansichten möglich.

! Grundsätzlich werden nur so viele Ansichten eines Werkstückes gezeichnet, wie für eine eindeutige Darstellung und Bemaßung erforderlich sind.

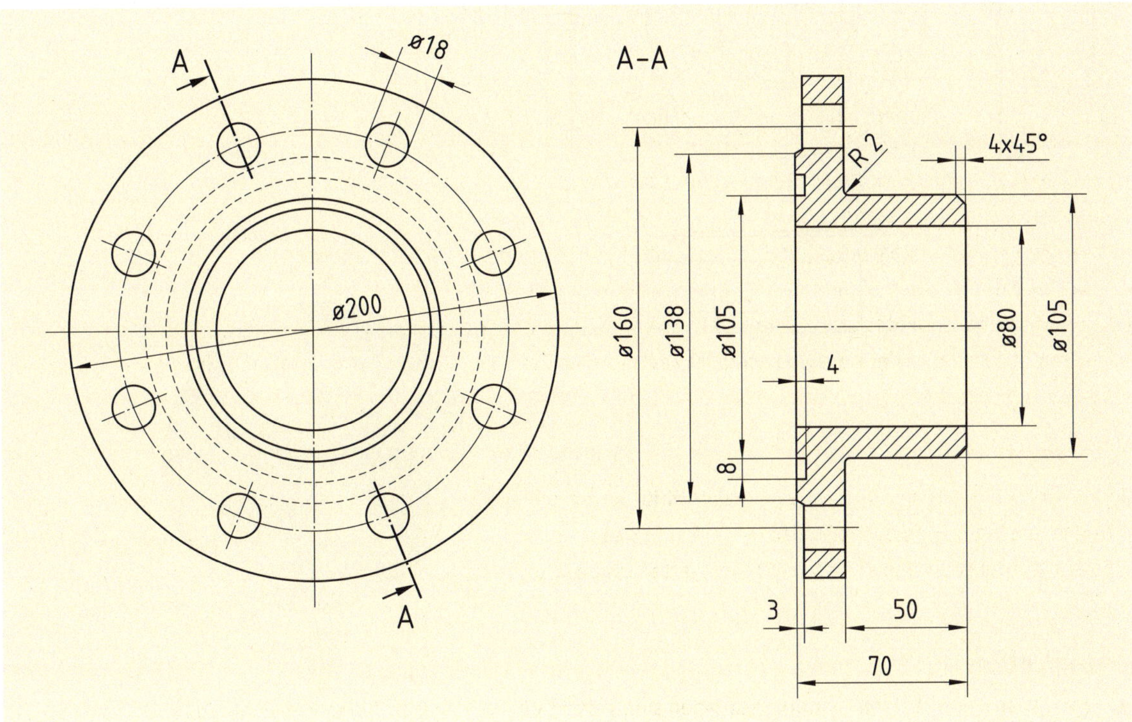

Abb. 1: Teilzeichnung eines Flansches

Die am meisten verwendeten Ansichten sind Vorderansicht, Seitenansicht von links und Draufsicht. Damit lassen sich Werkstücke in der Regel eindeutig darstellen. Als Vorderansicht wird dabei die Ansicht gewählt, die die wesentlichen Formen des Werkstückes zeigt.

Auf einer Zeichnung sind die Ansichten eines Werkstückes nach einer bestimmten Systematik zueinander angeordnet.

- Von der *Vorderansicht* werden alle anderen Ansichten abgeleitet.
- Die *Seitenansicht von links* liegt rechts neben der Vorderansicht. Die Ansichten liegen auf gleicher Höhe.
- Die *Seitenansicht von rechts* liegt links neben der Vorderansicht.
- Die Draufsicht liegt senkrecht unter der Vorderansicht.
- Die Untersicht liegt oberhalb der Vorderansicht.
- Die Rückansicht liegt links oder rechts neben der Seitenansicht.

Die beschriebene Anordnung der Ansichten wird auch als *ISO-Projektionsmethode 1* bezeichnet. Die Projektionsmethode wird durch das Symbol eines Kegelstumpfes gekennzeichnet. Es steht entweder im Schriftfeld oder in dessen Nähe.

Die Vorderansicht des Flansches ist dabei in Gebrauchslage gezeichnet. Die Gebrauchslage zeigt ein Werkstück so, wie es in der Anlage, Vorrichtung oder Maschine eingebaut ist.

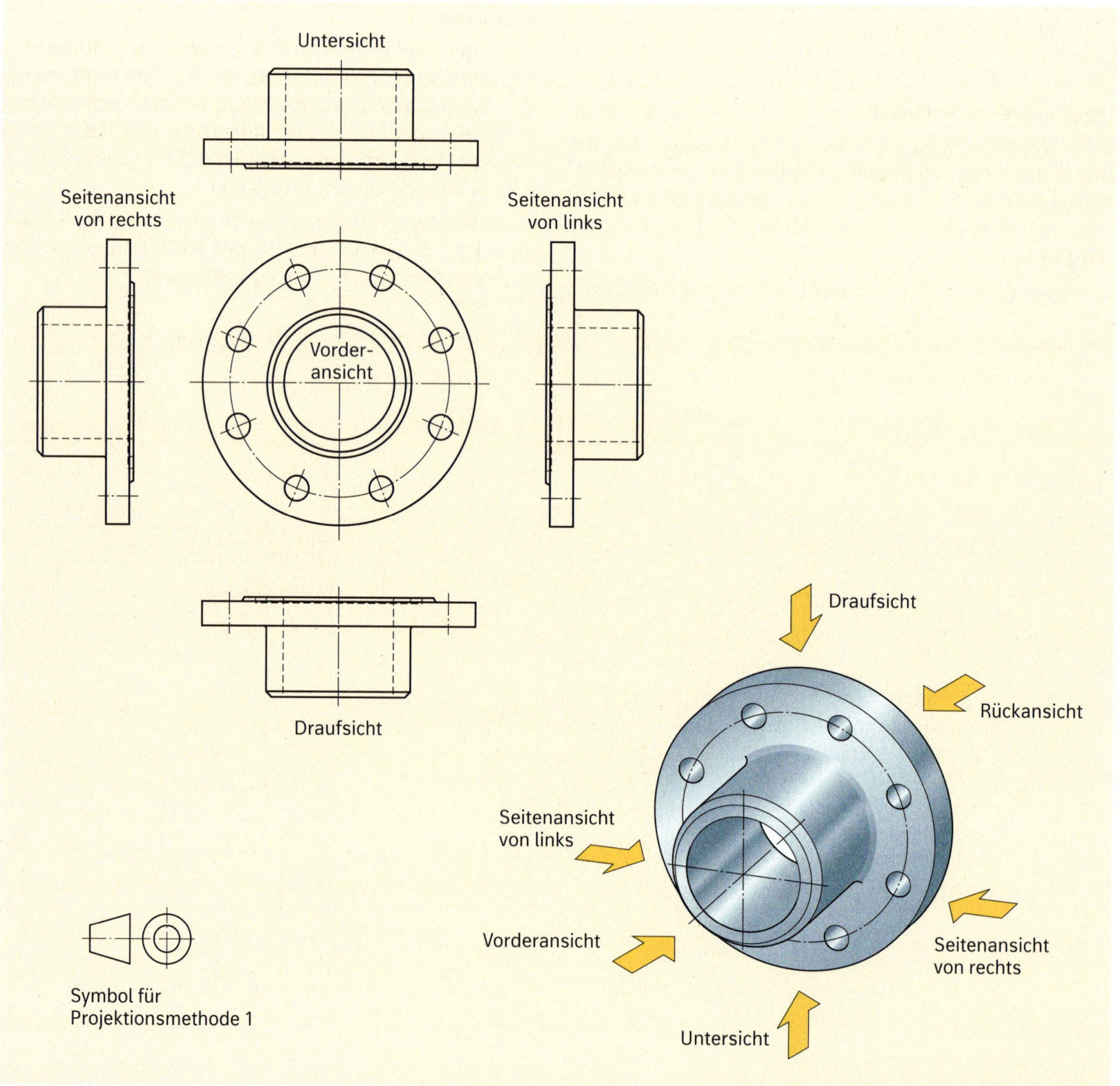

Abb. 1: Anordnung von Ansichten

- **Bearbeitungsformen – Darstellung**

Beim Fertigen des Flansches entstehen folgende Bearbeitungsformen (Abb. 2):

- Absätze
- Abschrägungen (Fasen)
- Nuten
- Bohrungen

Werden mehrere Ansichten des Werkstückes gezeichnet, sind die zusätzlichen Kanten – je nach Blickrichtung – entweder sichtbar oder verdeckt. Die Kanten liegen in den entsprechenden Ansichten auf gleicher Höhe oder Breite wie die der Bearbeitungsformen (Abb. 3).

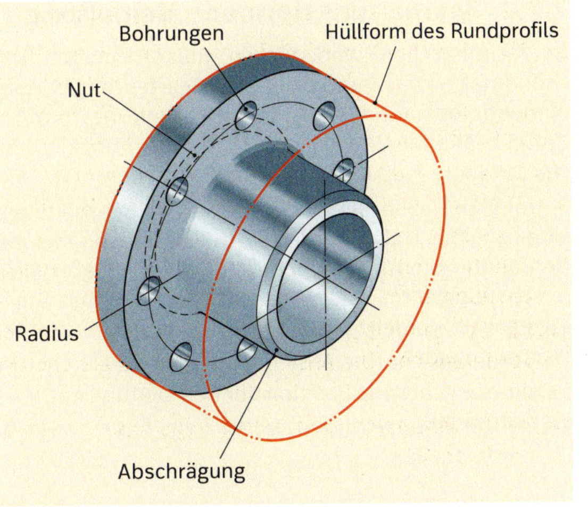

Abb. 2: Bearbeitungsformen an einem Drehflansch

Absätze

① Ein Absatz in der Seitenansicht des Drehflansches erzeugt in der Vorderansicht eine durchgezogene bzw. umlaufende Kante.

Abschrägungen (Fasen)

② Die Abschrägungen erzeugen in den anderen Ansichten neue sichtbare Kanten.

Nuten

③ Die Nut in der Seitenansicht ist mit zwei Kanten dargestellt. Sie erzeugt in der Vorderansicht verdeckte Kanten, in denen die Durchmesser und auch die Nutbreite zu erkennen sind.

Bohrungen

④ Bohrungen erhalten in allen Ansichten Mittellinien. Eine Bohrung erhält dort, wo die Kreisform erkennbar ist, ein Mittellinienkreuz. Bei einer Flanschlochbohrung wird dieses Mittellinienkreuz durch den Lochkreis und eine kurze Mittellinie gebildet, die in Richtung Flanschmittelpunkt zeigt.

⑤ In der Ansicht, in der nicht die Kreisform der Bohrung erkennbar ist, wird eine Mittellinie gezeichnet. Sie kennzeichnet die Lage und den Verlauf der Bohrung im Werkstück.

⑥ Die Mittellinien gehen ca. 2 mm über die Kontur hinaus.

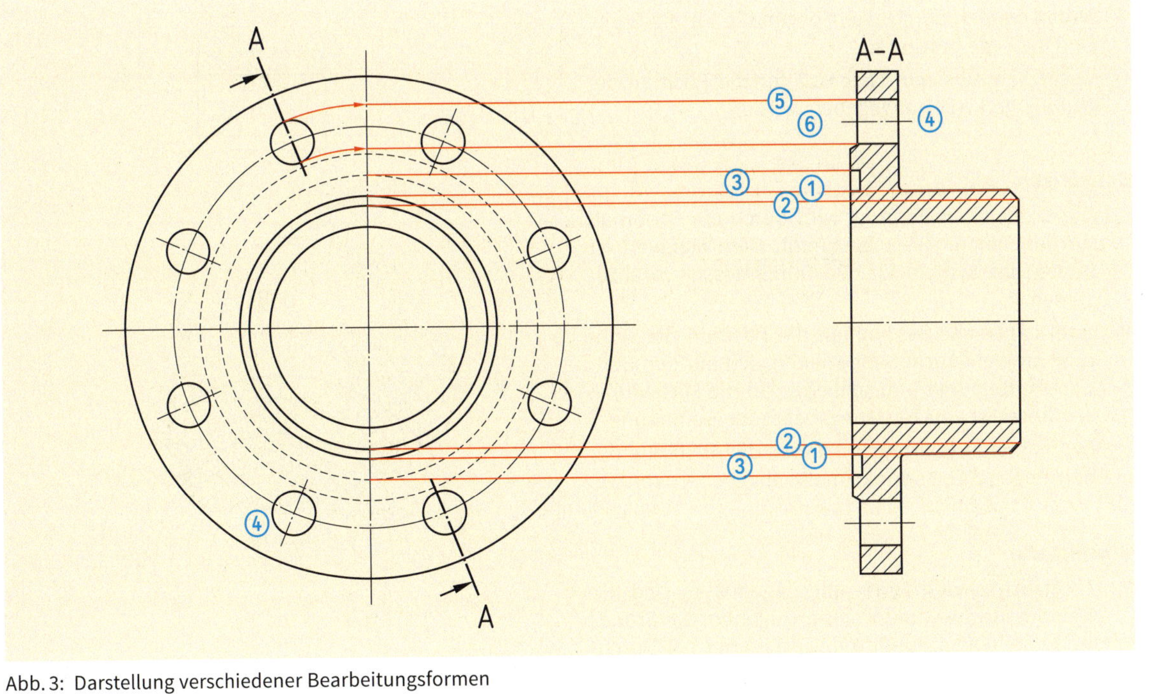

Abb. 3: Darstellung verschiedener Bearbeitungsformen

2.1.2 Bearbeitungsformen – Bemaßung

Bei zylindrischen Werkstücken müssen neben den Grundmaßen des Rundprofils die Bearbeitungsformen eindeutig bemaßt werden. Jede Bearbeitungsform benötigt bestimmte Maße für die Fertigung (Abb. 1). Dabei werden Form- und Lagemaße unterschieden.

Formmaße geben direkt die Größe der Bearbeitungsform an. Die Maße werden dort eingetragen, wo die Bearbeitungsform zu sehen ist. Mehrere Maße einer Bearbeitungsform sollten in einer Ansicht zusammen angegeben werden. Die Bemaßung verdeckter Kanten ist zu vermeiden.

Lagemaße geben die Position der Bearbeitungsform am Werkstück an.

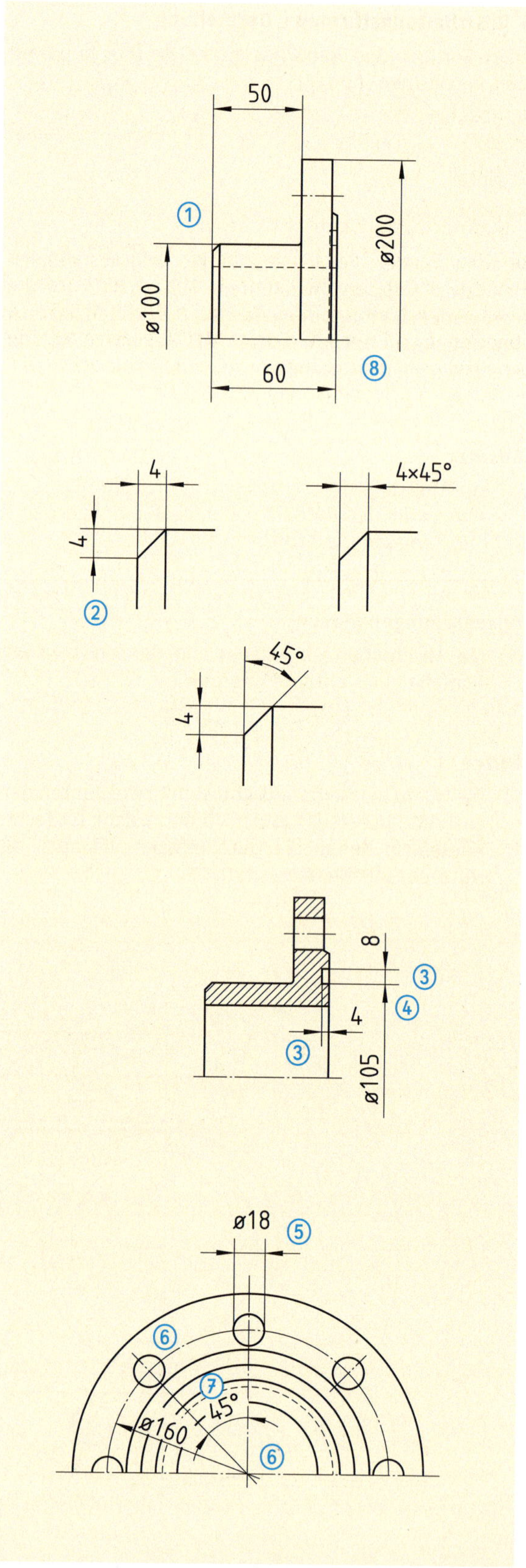

Abb. 1: Maße an Bearbeitungsformen

Absätze

① Absätze werden durch zwei Formmaße für die Breite und die Tiefe bestimmt. Dabei können die Breite und die Tiefe des Absatzes selbst oder die am Werkstück verbleibende Breite und Dicke bemaßt sein.

Abschrägungen (Fasen)

② Die Abschrägungen (Fasen) werden durch zwei Formmaße bestimmt. Das können entweder zwei Längenmaße oder ein Längenmaß zusammen mit einem Winkelmaß sein. Beträgt der Winkel 45°, kann die Winkelangabe mit auf der Maßlinie des Längenmaßes stehen.

Nuten

③ Nuten werden durch zwei Formmaße für die Breite und die Tiefe bestimmt.

④ Zusätzlich muss ein Lagemaß für die Position der Nut im Werkstück angegeben werden.

Bohrungen

⑤ Die Größe einer Bohrung wird durch ein Formmaß für den Durchmesser bestimmt. Dem Maßwert ist immer das Symbol für den Durchmesser voranzustellen.

⑥ Zwei Lagemaße bestimmen die Position der Bohrung im Werkstück. Sie beziehen sich auf den Bohrungsmittelpunkt und schließen an die Mittellinien an. Dieses ist eine fertigungsbezogene Bemaßung.

⑦ Bei mehreren Bohrungen können die Abstände der Bohrungen z. B. als Winkelmaße angegeben werden.

Grundmaße

⑧ Zusätzlich zu den Form- und Lagemaßen sind die Grundmaße des Rundprofils anzugeben. Die Grundmaße bei einem Rundprofil sind immer der Durchmesser und die Länge des Werkstückes.

2.1.3 Schnittdarstellung

Die Vorderansicht des Flansches (Drehteils) ist im Schnitt dargestellt (Abb. 2). Schnittdarstellungen werden bei Werkstücken mit Hohlräumen (z. B. Bohrungen) angewendet, um die inneren Formen eindeutig darstellen und bemaßen zu können.

- **Schnittebene, Schnittfläche**

Bei einer Schnittdarstellung wird ein Werkstück in der Schnittebene gedanklich zerlegt (Abb. 2). Es wird die vor der Schnittebene liegende Hälfte des Werkstückes abgetrennt und nur die hintere Hälfte gezeichnet. Die Schnittebene wird vorzugsweise in die Längsachse des Werkstückes oder senkrecht zu ihr gelegt.

! Durch einen Schnitt werden innere Formen sichtbar und in breiter Volllinie dargestellt.

Durch den Schnitt entsteht die Schnittfläche. Sie wird mit einer Schraffur in schmalen Volllinien gekennzeichnet.

- Die Schraffurlinien werden unter einem Winkel von 45° zur Außenkontur des Werkstückes gezeichnet. Der Abstand der Schraffurlinien wird der Größe der zu schraffierenden Fläche angepasst und muss gleich groß sein.
- Wird ein Werkstück in mehreren Ansichten geschnitten dargestellt, sind die Schnittflächen in allen Ansichten mit gleichem Winkel und Schraffurlinienabstand zu zeichnen.
- Für Maßwerte und Beschriftungen werden Schraffurlinien unterbrochen. Für Maßlinien erfolgt keine Unterbrechung.

Verdeckte Kanten werden im Allgemeinen in geschnittene Flächen nicht eingezeichnet.

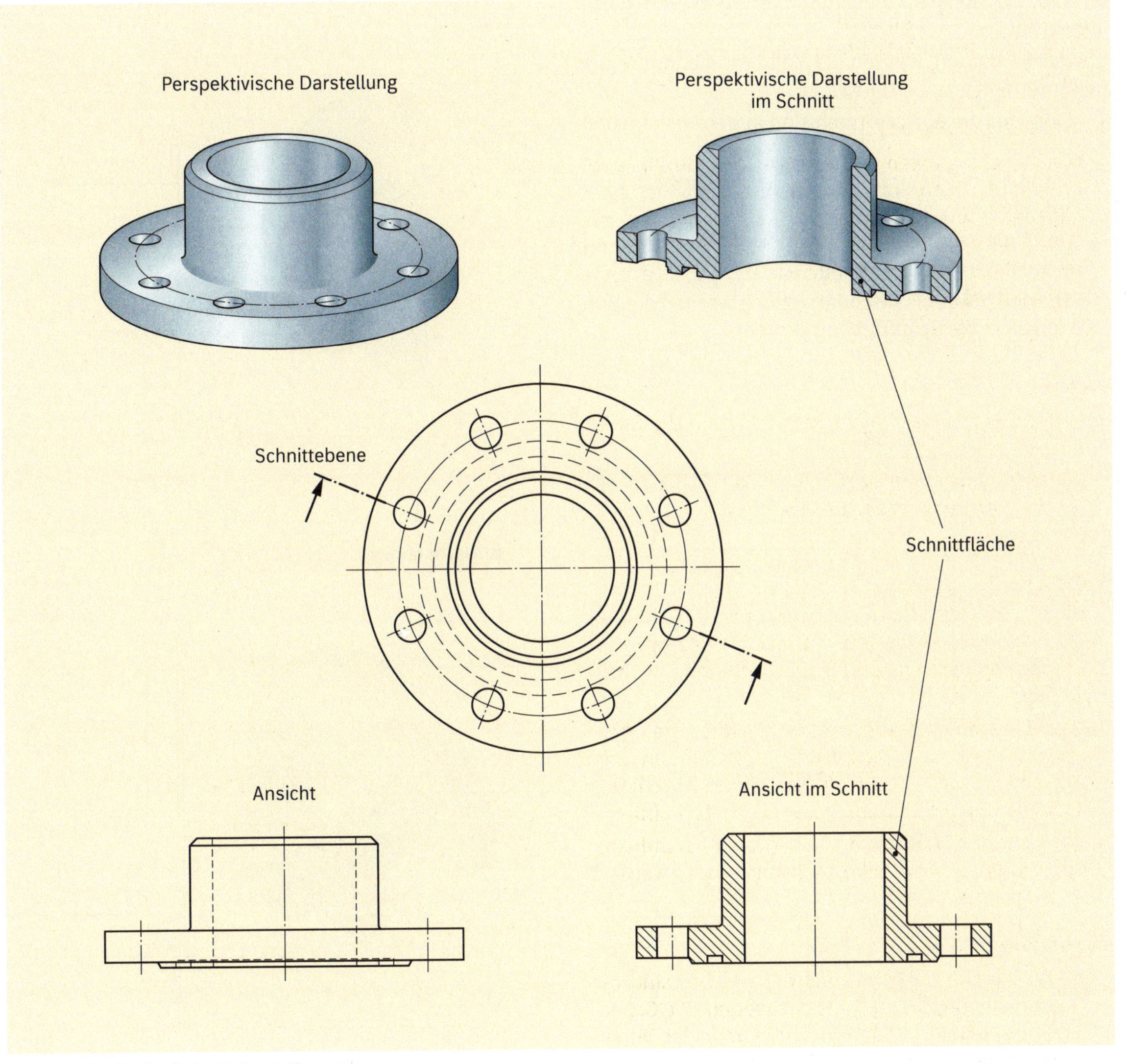

Abb. 2: Prinzip der Schnittdarstellung

- **Schnittarten**

Nach Umfang und Lage des Schnittes unterscheidet man:
- Vollschnitt
- Halbschnitt

Vollschnitt

Beim Vollschnitt ist die vordere Hälfte des Werkstückes gedanklich abgetrennt und nur die hintere Hälfte gezeichnet (Abb. 2a).

Halbschnitt

Der Halbschnitt wird vorzugsweise bei symmetrischen Hohlkörpern angewendet. Beim Halbschnitt ist ein Viertel des Werkstückes gedanklich abgetrennt (Abb. 2b). In der Ansichtshälfte bleibt die äußere Form sichtbar. In der Schnitthälfte wird die innere Form dargestellt.

Halbschnitte werden bei waagerechter Mittellinie unterhalb, bei senkrechter Mittellinie rechts von dieser angeordnet.

Bei der Bemaßung werden die Maße für die Innen- und Außenformen gruppiert (Abb. 1):

① Maße für die Außenformen sind in der Ansichtshälfte und

② Maße für die Innenformen in der Schnitthälfte einzutragen.

③ Durchmessermaße für Innenformen erhalten nur eine Maßlinienbegrenzung.

④ Speziell bei der Flanschdarstellung werden die Bohrungen in die Schnittebene gedreht.

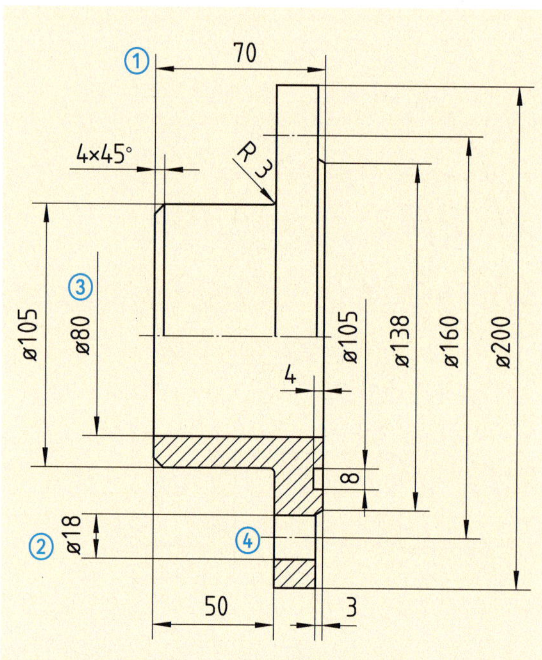

Abb. 1: Maßeintragung beim Halbschnitt

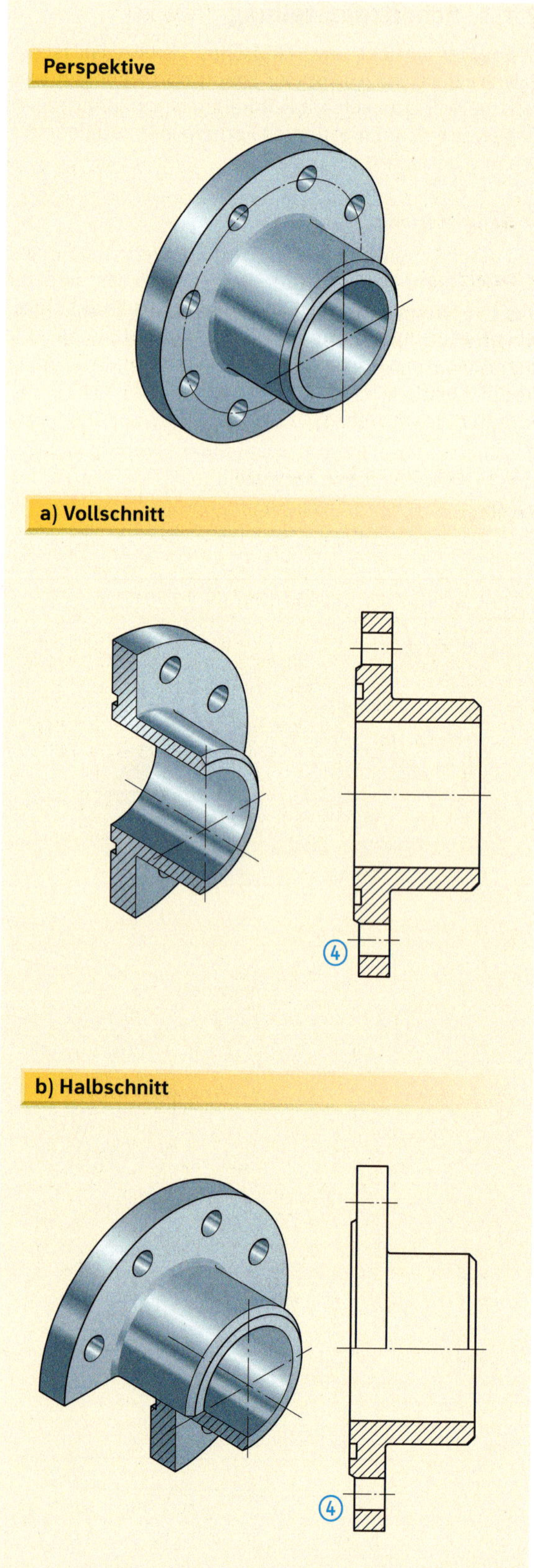

Abb. 2: Perspektive, Vollschnitt und Halbschnitt

2.1.4 Oberflächenbeschaffenheit

Die Oberflächenbeschaffenheit wird nach der Funktion des Werkstückes und nach wirtschaftlichen Gesichtspunkten gewählt. Je glatter eine Oberfläche, desto größer wird der Aufwand bei der Fertigung.

In technischen Zeichnungen wird die Oberflächenbeschaffenheit durch Symbole nach DIN EN ISO 1302 angegeben.

- **Oberflächensymbole**

Das Grundsymbol für die Angabe der Oberflächenbeschaffenheit besteht aus einem 60°-Winkel mit ungleicher Schenkellänge. Erst durch Zusatzangaben wird die Oberflächenbeschaffenheit des Werkstückes eindeutig vorgeschrieben (Tab. 1).

Tab. 1: Symbole mit Zusatzangaben

Symbol	Bedeutung
	materialabtrennende Bearbeitung nicht zugelassen oder Oberfläche bleibt im Anlieferzustand
R_z16	materialabtrennende Bearbeitung mit vorgeschriebener Rauigkeitskenngröße $R_z \leq 16\ \mu m$
gedreht $R_z3{,}2$	materialabtrennende Bearbeitung mit vorgeschriebener Rauigkeitskenngröße $R_z \leq 3{,}2\ \mu m$ und vorgeschriebenem Bearbeitungsverfahren

- **Eintragen der Symbole**

Die Symbole zur Angabe der Oberflächenbeschaffenheit werden grundsätzlich so angeordnet, dass sie von unten oder rechts lesbar sind (Abb. 3).

① Die Symbole zeigen von außen auf die Körperkanten, die die Werkstückoberfläche darstellen.

② Die Symbole können durch Bezugslinien den Oberflächen zugeordnet werden. Die Bezugslinien enden mit einem Pfeil, der von außen auf die Fläche oder deren Verlängerung durch Hilfslinien oder Maßhilfslinien zeigt.

③ Das Symbol für die Oberflächenbeschaffenheit trägt man für jede Oberfläche nur einmal in die Teilzeichnung ein. Eingetragen wird es in der Ansicht, in der die Bemaßung der Grund- bzw. Bearbeitungsformen vorgenommen wurde.

④ Das Symbol, welches für die Mehrzahl der Oberflächen gilt, wird nicht in die Ansichten der Teilzeichnung eingetragen. Es wird unter den Ansichten in der Nähe des Schriftfeldes gesetzt. Hinter dem Symbol werden in einer runden Klammer alle davon abweichenden Oberflächenbeschaffenheiten angegeben.

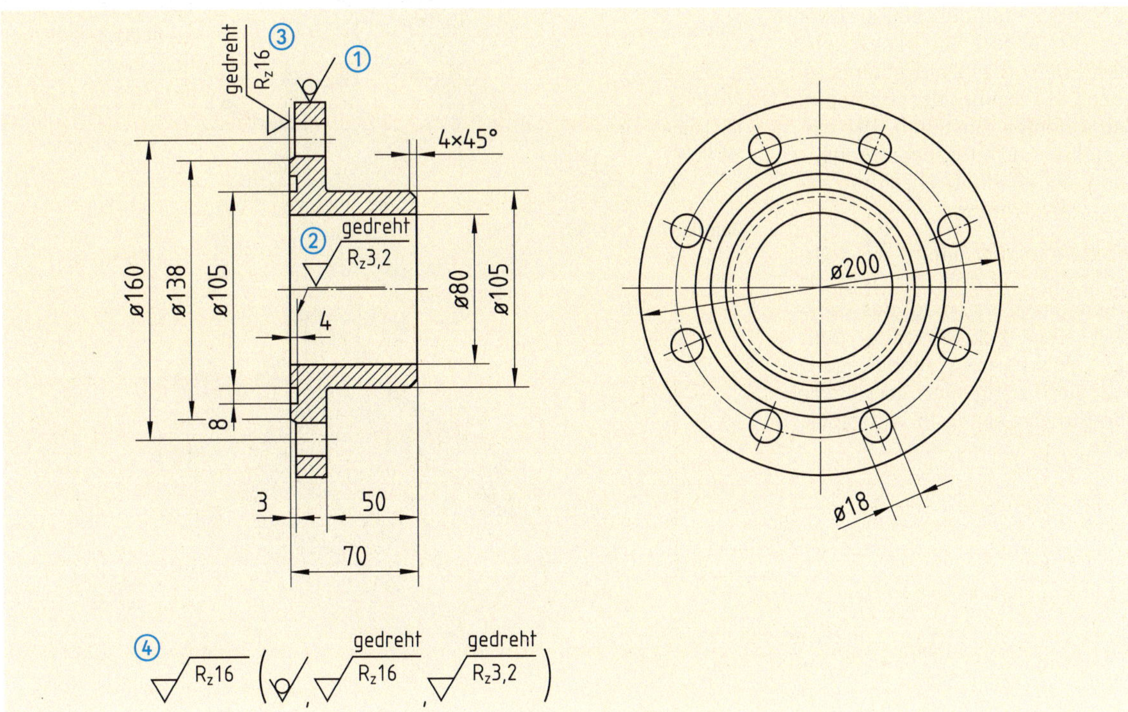

Abb. 3: Teilzeichnung mit Oberflächenangaben

2.2 Bohren

2.2.1 Säulenbohrmaschinen

Zum Bohren von Werkstücken in der Werkstatt werden häufig Säulenbohrmaschinen verwendet (Abb. 1). Um Bohrmaschinen richtig handhaben und bedienen zu können, muss man deren Aufbau und Funktionsweise kennen.

Baueinheiten von Bohrmaschinen

Der *Bohrtisch* dient zur Aufnahme der Werkstücke. Kleinere Werkstücke werden in einem Maschinenschraubstock, größere Werkstücke direkt auf dem Tisch gespannt. Mit dem Bohrtisch wird das Werkstück über das Zahnstangengetriebe in der Höhe eingestellt. Vor dem Bohren muss der Tisch mit dem Werkstück festgeklemmt werden. Dazu dient der Feststellhebel.

Die Vorschubbewegung kann von Hand über einen Hebel aufgebracht werden oder automatisch über das Zahnradgetriebe erfolgen. Über einen Tiefenanschlag kann die Bohrtiefe eingestellt werden, z. B. für Grundlochbohrungen.

Zur *elektrischen Einrichtung* gehört neben dem Ein- und Ausschalter ein gut erreichbarer Not-Aus-Schalter, der die gesamte Maschine stillsetzt.

Zum Kühlen der Bohrwerkzeuge haben Bohrmaschinen im Allgemeinen eine *Einrichtung für Kühlschmierstoff*. Die Kühlmittelpumpe fördert den Kühlschmierstoff über den Kühlmittelschlauch zur Bohrstelle.

Die *Säule* trägt die einzelnen Baueinheiten. Sie führt und hält auch den Bohrtisch. Die Fußplatte nimmt die Säule auf. Die Fußplatte kann außerdem als Aufspannung für große, hohe Werkstücke dienen.

Der *Elektromotor* liefert die Antriebsenergie für die Bohrmaschine.

Die Antriebsenergie wird über *Riemen- und Zahnradgetriebe* auf die Bohrspindel geleitet. Über das verstellbare Riemengetriebe lässt sich die Umdrehungsfrequenz (Drehzahl) der Bohrspindel stufenlos einstellen. Die eingestellte Umdrehungsfrequenz kann an einem Drehzahlmesser abgelesen werden.

Die *Bohrspindel* nimmt die Bohrwerkzeuge auf und überträgt die Arbeitsbewegungen auf das Werkzeug. Das Bohrwerkzeug führt beim Bohren eine Drehbewegung und gleichzeitig eine geradlinige Vorschubbewegung in Werkstückrichtung aus.

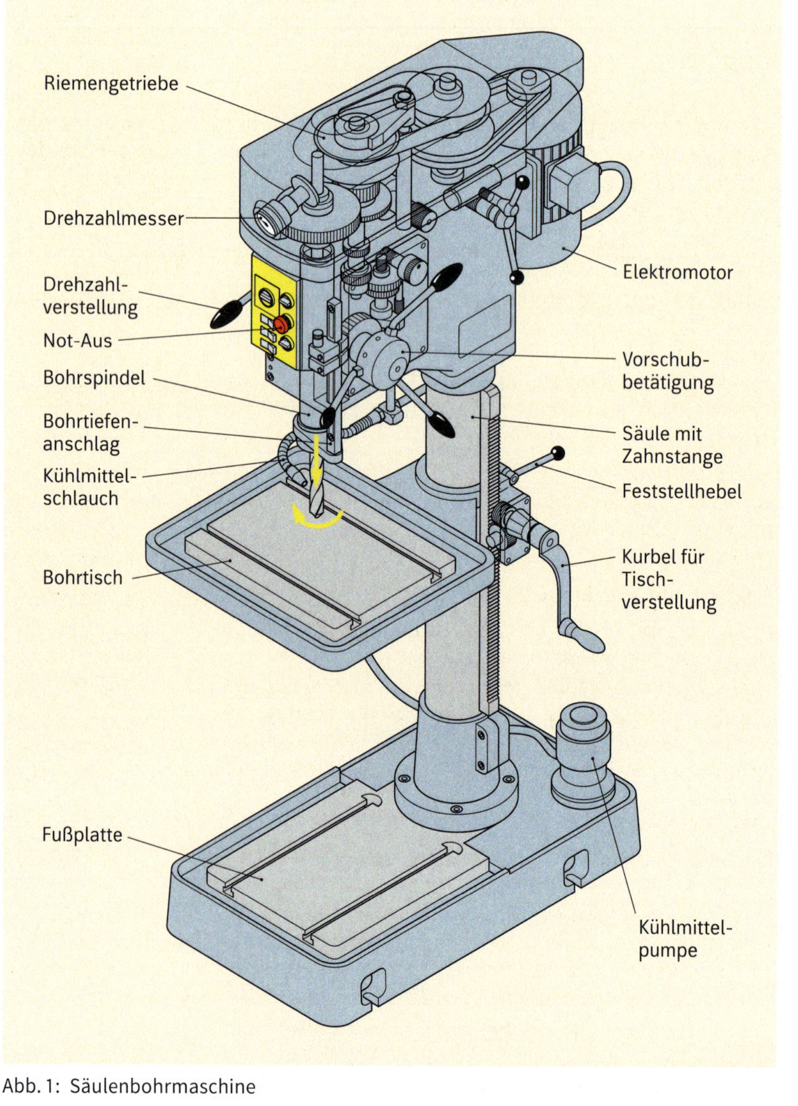

Abb. 1: Säulenbohrmaschine

Spannen der Bohrwerkzeuge

Bohrwerkzeuge bis zu einem Durchmesser von 13 mm haben meist einen Zylinderschaft, mit dem sie in einem Dreibacken-Bohrfutter gespannt werden (Abb. 2a). Das Bohrfutter ist mit einem kegeligen Schaft versehen, der in die Bohrspindel eingesetzt wird. Zum Befestigen wird der Schaft in den Kegel der Bohrspindel gestoßen.

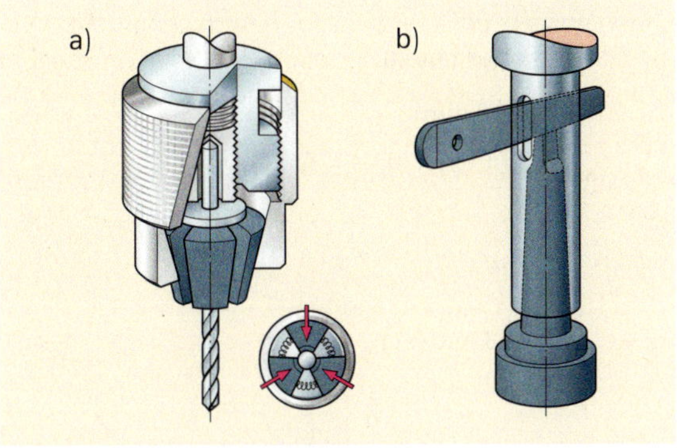

Abb. 2: Spannen von Bohrwerkzeugen

Die Kraftübertragung zwischen dem Innenkegel der Bohrspindel und dem Kegelschaft erfolgt durch Haftreibung. Der Kegelschaft darf nicht verschmutzt oder beschädigt sein, da sonst nicht die notwendige Haftreibung im Kegel der Bohrspindel erreicht wird.

Werkzeuge mit größerem Durchmesser haben einen Schaft mit einem genormten Werkzeugkegel, mit dem sie direkt in den Innenkegel der Bohrspindel gespannt werden. Hat das Bohrwerkzeug einen kleinen Werkzeugkegel, steckt man entsprechende Kegelhülsen (Reduzierhülsen) auf, um sie dem Innenkegel der Bohrspindel anzupassen.

Am Ende des Kegelschaftes sitzt der Austreiblappen zum Lösen des Bohrwerkzeuges aus der Bohrspindel mit einem keilförmigen Austreiber (Abb. 2b).

Spannen der Werkstücke

Die rotierenden Bohrwerkzeuge drohen das Werkstück in Drehung zu versetzen. Werkstücke müssen daher sicher gespannt werden. Ein aus der Aufspannung herausgerissenes Werkstück kann das Werkzeug und die Maschine beschädigen und verursacht häufig schwere Unfälle. Das Spannen hängt von der Größe und der Form des Werkstückes sowie vom Durchmesser der Bohrung ab.

Kleinere prismatische oder zylindrische Werkstücke werden im Maschinenschraubstock gespannt. Prismatische Werkstücke werden dabei mit Parallelstücken unterlegt, um den Schraubstock vor Beschädigung beim Durchbohren zu schützen. Größere Werkstücke mit ebener Auflage werden direkt auf den Tisch gespannt.

Beim Fertigen größerer Bohrungen (ab 8 mm) sind Schraubstock oder Werkstück durch Spanneisen auf den Bohrtisch fest zu spannen (Abb. 3).

Damit die Bohrungen senkrecht in das Werkstück eingebracht werden, ist darauf zu achten, dass beim Spannen

- gleich dicke Parallelstücke verwendet werden und
- die Auflageflächen von Spannmittel und Werkstück frei von Spänen sind.

Das Ausrichten eines Werkstückes zum Bohrwerkzeug auf einer Säulenbohrmaschine erfolgt in drei Arbeitsschritten:

1. Ausrichten des Werkstückes im Maschinenschraubstock und Festspannen des Werkstückes
2. Einrichten des Bohrtisches in der Höhe
3. seitliches Ausrichten des Maschinenschraubstockes auf dem Bohrtisch und, falls notwendig, Festspannen des Schraubstockes

Abb. 3: Spannen im Maschinenschraubstock

Um Unfälle beim Bohren zu vermeiden sind folgende Sicherheitsregeln zu beachten:

! Unfallverhütung

- Vor dem Bohren Maschine, Leitungen und Stecker auf einwandfreien Zustand prüfen
- Eng anliegende Arbeitskleidung tragen
- Grundsätzlich Schutzbrille tragen und bei lauten Maschinen auch Gehörschutz benutzen
- Keine Handschuhe tragen
- Werkstücke sicher sowie fest spannen und gegen Herumreißen sichern
- Arbeitsbereich sauber und gut beleuchtet halten
- Bei Bedarf Kühlschmiermittel einsetzen
- Bohrspäne mit Besen oder Pinsel entfernen
- Werkzeugwechsel nur bei stillstehender Bohrspindel ausführen
- Nach dem Bohren Maschine ausschalten und erst nach Stillstand berühren

2.2.2 Arbeitsbewegungen

Damit ein Bohrwerkzeug vom Werkstück einen Span abnimmt, müssen bestimmte Arbeitsbewegungen ausführt werden. Beim Bohren, Senken und Reiben erfolgt die Spanabnahme durch das Zusammenwirken

- der kreisförmigen Schnittbewegung und
- der geradlinigen Vorschubbewegung (Abb. 1).

Ein Maß für die Größe der Schnittbewegung ist die *Schnittgeschwindigkeit* v_c in m/min.

Die Schnittgeschwindigkeit kann an der Bohrmaschine nicht direkt eingestellt werden. Eingestellt wird die *Umdrehungsfrequenz n*.

Ein Maß für die Größe der Vorschubbewegung ist der *Vorschub f* in mm.

Soll die Zeit, die für eine Bohrarbeit benötigt wird, errechnet werden, ist die *Vorschubgeschwindigkeit* v_f in mm/min zu ermitteln.

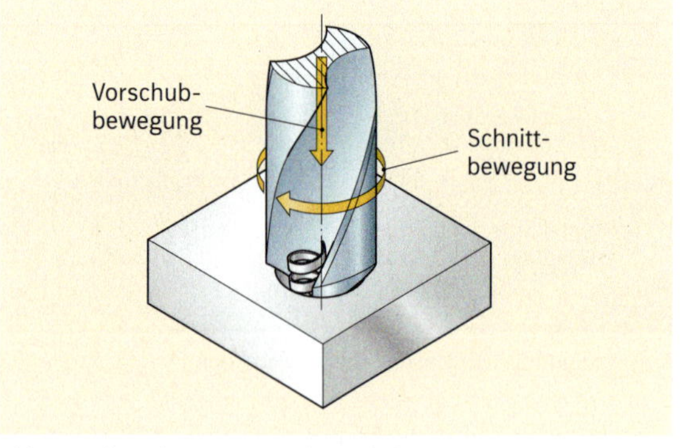

Abb. 1: Arbeitsbewegungen beim Bohren

Berechnungen: Kreisförmige Bewegung

Beim Bohren der Bohrungen Ø 6,6 mm in Platte mit einem Spiralbohrer aus HSS wurde eine Umdrehungsfrequenz von 1400 1/min eingestellt.

Ist die Maschine richtig eingestellt, wenn der Richtwert für die Schnittgeschwindigkeit 25 ... 30 m/min beträgt?

Geg.: d = 6,6 mm

n = 1400 1/min

v_c = 25 ... 30 m/min (Richtwert)

Ges.: v_c in m/min

Lös.: $v_c = d \cdot \pi \cdot n$

$$v_c = \frac{6{,}6 \text{ mm} \cdot \pi \cdot 1400 \cdot 1 \text{ m}}{\text{min } 1000 \text{ mm}}$$

$$\underline{\underline{v_c = 29 \text{ m/min}}}$$

Die Umdrehungsfrequenz ist richtig eingestellt.

Berechnungen: Geradlinige Bewegung

In einer Platte sind 12 Durchgangsbohrungen von 6,6 mm Durchmesser herzustellen. Der gesamte Bohrweg für eine Bohrung beträgt 32 mm.

Wie lange dauert der reine Bohrvorgang, wenn an der Maschine ein Vorschub von 0,12 mm und eine Umdrehungsfrequenz von 1400 1/min eingestellt wurden?

Geg.: d = 6,6 mm

n = 1400 1/min

f = 0,12 mm

12 Bohrungen mit s = 32 mm

Ges.: t

Lös.: $v_f = f \cdot n$

v_f = 0,12 mm · 1400 1/min
= 168 mm/min

$$v = \frac{s}{t} \qquad t = \frac{s}{v_f}$$

$$\underline{\underline{t}} = \frac{12 \cdot 32 \text{ mm} \cdot \text{min}}{168 \text{ mm}} = \underline{\underline{2{,}29 \text{ min}}}$$

Das Umspannen und Ausrichten des Werkstückes ist dabei nicht zu berechnen.

Aufgaben

1. Zählen Sie die wesentlichen Baueinheiten einer Säulenbohrmaschine auf und geben Sie deren Aufgabe an.
2. Vor dem Bohren wurde die Auflagefläche des Bohrtisches nicht von Spänen gesäubert. Wie wird das Bohrergebnis beeinflusst?
3. Ein Bohrer erwärmt sich zu stark beim Bohren und glüht aus. Beschreiben Sie mögliche Ursachen.
4. Nennen und begründen Sie Unfallverhütungsvorschriften beim Bohren.
5. Durch welche Arbeitsbewegungen erfolgt die Spanabnahme beim Bohren?
6. Ein Spiralbohrer Ø 12 mm aus HSS soll beim Bohren von Baustahl S 235 JR mit einer Schnittgeschwindigkeit von 30 … 40 m/min arbeiten. Bestimmen Sie die einzustellende Umdrehungsfrequenz.
7. Berechnen Sie die Bohrzeit für sechs Bohrungen, wenn der gesamte Bohrweg für eine Bohrung 25 mm beträgt und ein automatischer Vorschub von 0,10 mm sowie eine Umdrehungsfrequenz von 1200 1/min eingestellt wurden.
8. Mit welcher Schnittgeschwindigkeit arbeitet ein Spiralbohrer in der Bohrermitte?

2.2.3 Bohrvorgang und Bohrwerkzeuge

Bohren ist Spanen zum Herstellen kreisrunder Löcher (Bohrungen). Beim Bohren unterscheidet man Bohren ins Volle und Aufbohren.

Beim *Bohren ins Volle* erzeugt der Bohrer die Bohrung neu. Hierzu werden meist Spiralbohrer aus **H**ochleistungs-**S**chnellarbeits**s**tahl (HSS; engl.: high-speed steel) verwendet (Abb. 2a). Die zu bohrende Stelle ist vorher anzureißen und zu körnen.

Beim *Aufbohren* werden vorgefertigte Bohrungen zu einer größeren Bohrung erweitert. Zum Aufbohren verwendet man Spiralbohrer oder Aufbohrer. Aufbohrer haben drei oder vier Schneiden. Sie sind stabiler als Spiralbohrer und werden besser in der Bohrung geführt.

Für Mauerwerk und Beton verwendet man je nach Vorhaben Handbohrmaschinen mit Durchbruchsbohrer, Hammerbohrer oder einen Bohrer mit Hammerbohrkrone (Kap. 2.2.5). Zum Durchbohren einer Holzschalung benutzt man einen Schalungsbohrer (Tab. 1).

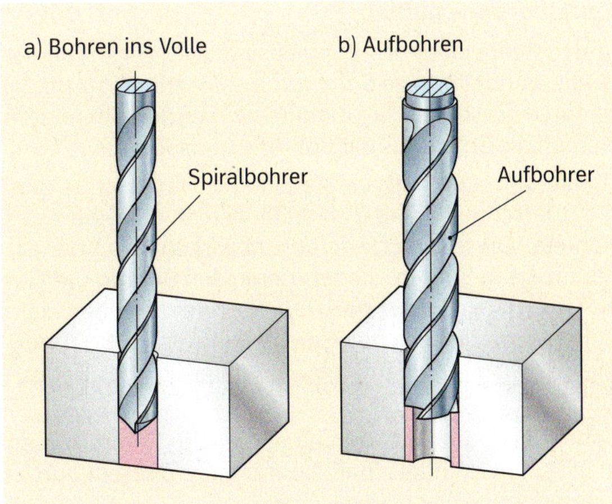

Abb. 2: Bohren ins Volle und Aufbohren

Bohrvorgang

Die *kreisförmige Schnittbewegung* und die *geradlinige Vorschubbewegung des Bohrers* ergeben eine *wendelförmige Wirkbewegung* (Abb. 3). Dies bewirkt eine fortlaufende Spanabnahme durch die Bohrerschneiden. Der Bohrerdurchmesser bestimmt den Durchmesser der Bohrung.

Beim Bohren entsteht Wärme, die abgeführt werden muss. Dies geschieht durch:

- den Bohrer
- das Werkstück
- die Späne
- den Kühlschmierstoff

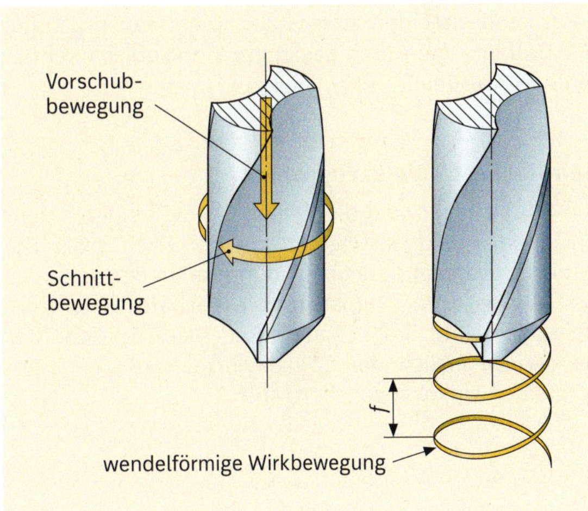

Abb. 3: Arbeitsbewegungen beim Bohren

Tab. 1: Bohrwerkzeuge (Auswahl)

Bohrerarten	
Schälaufbohrer  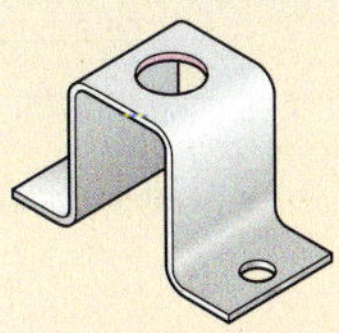	Anwendungsbeispiel: Zum grat- und rattermarkenfreien Aufbohren größerer Löcher in dünnem Material, z. B. in Stahlblech 0,1–2 mm
Hammerbohrer 	Durchbruchbohrer 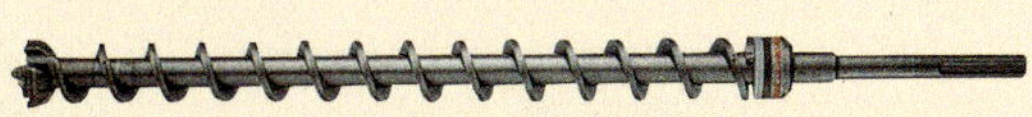
Schalungsbohrer 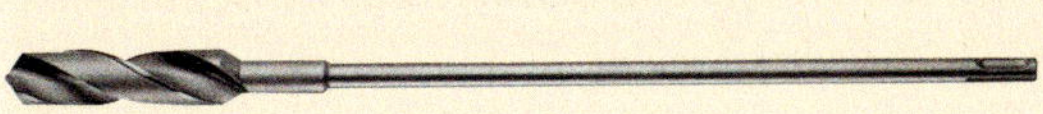	Hammerbohrkrone 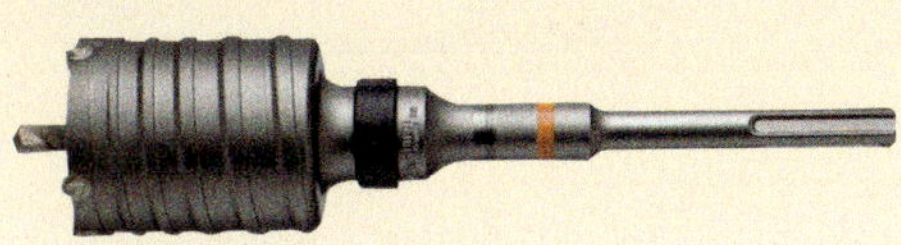

Spiralbohrer – Aufbau

In den Schneidteil des Bohrers sind zwei gegenüberliegende wendelförmige *Spannuten* eingearbeitet (Abb. 1). Dadurch entstehen die *Spanflächen*. In den Spannuten werden die Späne aus der Bohrung transportiert.

Durch den Anschliff entstehen die Hauptschneiden, die Querschneide und die Freiflächen an der Spitze des Bohrers. Die *Hauptschneiden* bewirken die Spanabnahme beim Bohren. Sie zentrieren den Bohrer. Die beiden schmalen *Fasen der Nebenschneide* geben dem Bohrer eine zusätzliche seitliche Führung im Bohrloch. Die *Querschneide* befindet sich im Bereich des Bohrerkerns.

Bohrer bis zu einem Durchmesser von 13 mm haben meist einen Zylinderschaft, Bohrer mit größerem Durchmesser haben einen Kegelschaft.

Bohrer werden vorzugsweise aus Hochleistungs-Schnellarbeitsstahl (HSS), aus Hartmetall oder mit Hartmetallschneiden hergestellt. Die Beanspruchung der Bohrer kann durch geeignete Werkzeugwinkel beeinflusst werden.

Spiralbohrer – Werkzeugwinkel

Am Spiralbohrer sind die Winkel am Schneidkeil nicht an jedem Punkt der Hauptschneide gleich groß. Die Winkel werden auf die Schneidenecke an der Seite des Bohrers bezogen. Man nennt sie deshalb Seitenfrei-, Seitenkeil- und Seitenspanwinkel. Beim Spiralbohrer werden zusätzlich der Spitzenwinkel und der Querschneidenwinkel angegeben (Abb. 2).

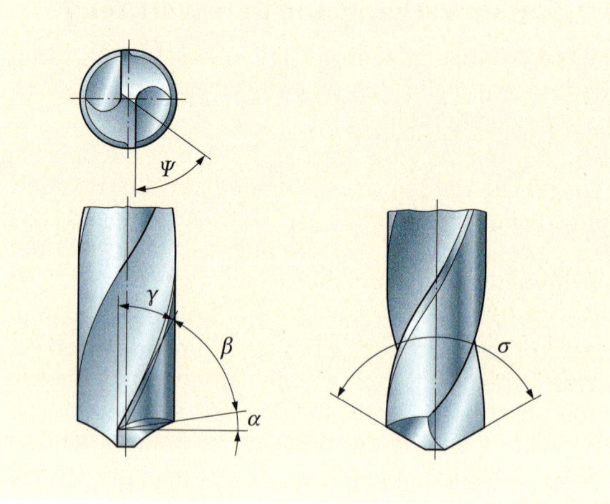

Abb. 2: Werkzeugwinkel am Spiralbohrer

Der *Seitenspanwinkel* γ ergibt sich aus der Steigung der Spannut.

Der *Seitenkeilwinkel* β ergibt sich aus der Steigung der Spannut und der Lage der Freifläche. Er entspricht der Größe des Schneidkeils.

Der *Seitenfreiwinkel* α entsteht durch Anschleifen der Freifläche. Er beträgt im Allgemeinen α = 6°–8°. Dadurch kann der Bohrer in das Werkstück eindringen.

Der *Spitzenwinkel* σ (Sigma) ergibt sich aus der Lage der beiden Hauptschneiden zueinander. Die Größe des Spitzenwinkels hängt von dem zu bearbeitenden Werkstoff ab. Er beträgt für Stahl σ = 118°.

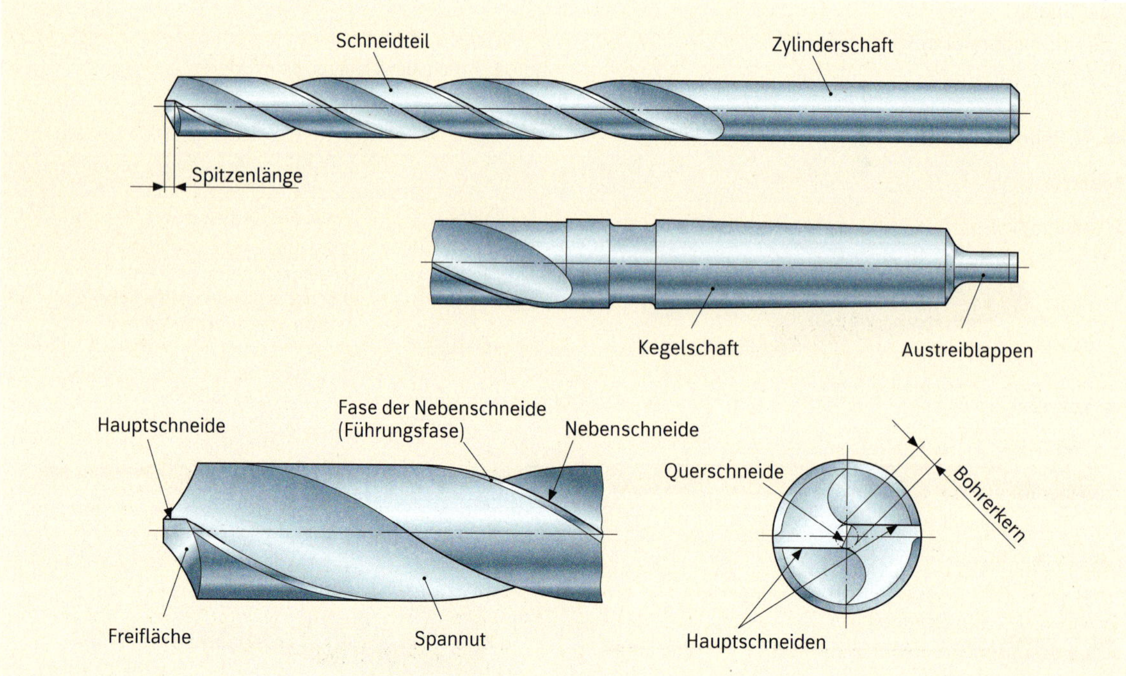

Abb. 1: Aufbau der Spiralbohrer

Der *Querschneidenwinkel* Ψ (Psi) ist der Winkel zwischen Querschneide und Hauptschneide (Abb. 2). Er entsteht durch den Anschliff der Freiflächen. Bei einem Anschliff für den Freiwinkel von α = 6°–8° beträgt der Querschneidenwinkel Ψ = 55°.

Die Querschneide drückt und quetscht den Werkstoff. Dadurch dringt der Bohrer schlecht in den Werkstoff ein. Der Bohrer verläuft leicht. Es wird eine große Vorschubkraft benötigt.

Zur Verringerung der Vorschubkraft wird deshalb

- bei größeren Bohrungen ab etwa 8 mm vorgebohrt (Abb. 3a) oder
- die Querschneide ausgespitzt (Abb. 3b).

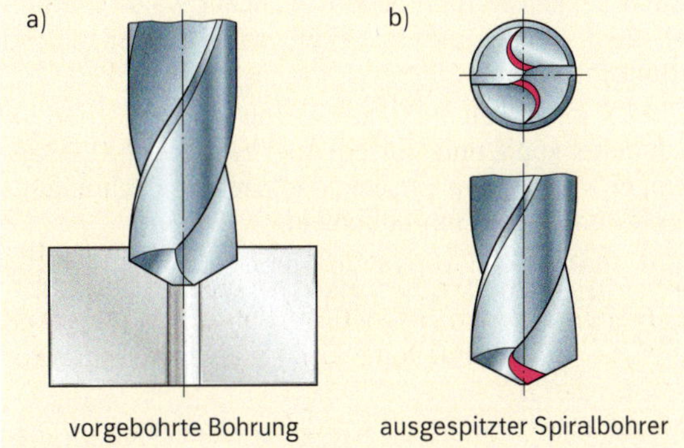

Abb. 3: Vorbohren und Ausspitzen der Querschneide

Spiralbohrertypen

Zum Bohren unterschiedlich harter und fester Werkstoffe werden verschiedene Bohrertypen verwendet (Tab. 1). Die verschiedenen Bohrertypen unterscheiden sich in der Steigung der Spannut. Dadurch ergeben sich unterschiedlich große Keilwinkel.

Spiralbohrer *Typ N* haben mittlere Keilwinkel. Sie werden zum Bohren von Werkstoffen mittlerer Festigkeit verwendet.

Spiralbohrer *Typ H* haben große Keilwinkel. Sie haben einen stabilen Schneidkeil und werden zum Bohren harter und kurzspanender Werkstoffe eingesetzt.

Spiralbohrer *Typ W* haben kleine Keilwinkel. Sie haben einen schlanken Schneidkeil und werden zum Bohren weicher, zäher Werkstoffe eingesetzt.

Die Größe des Spitzenwinkels beeinflusst die Länge der Hauptschneiden und die Stabilität der Bohrerspitze.

Kleine Spitzenwinkel (σ = 80°) ergeben lange Hauptschneiden, die die Zerspanungswärme besser ableiten. Lange Hauptschneiden eignen sich für Werkstoffe mit schlechter Wärmeleitfähigkeit (z. B. Kunststoffe).

Große Spitzenwinkel (σ = 130°) ergeben kurze Hauptschneiden und eine stabile Bohrerspitze. Große Spitzenwinkel eignen sich für harte, feste Werkstoffe (z. B. Hartguss).

Tab. 1: Bohrertypen

Bohrertyp	**Typ N**		**Typ H**			**Typ W**
	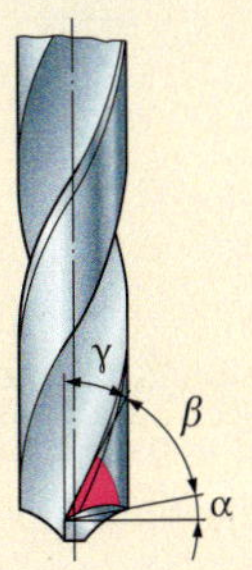		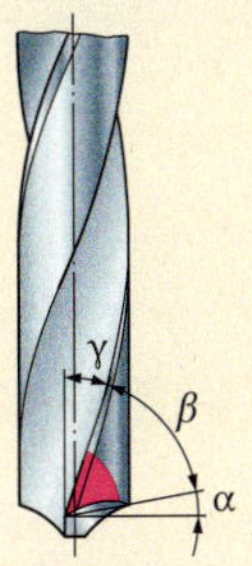			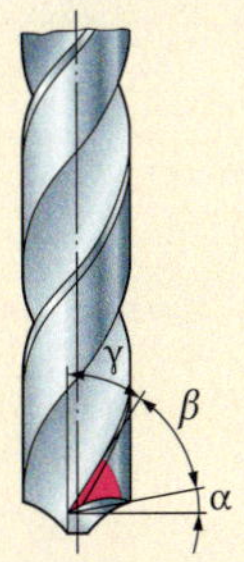
Spanwinkel	γ = 19°–40°		γ = 10°–19°			γ = 27°–45°
Schneidkeil	mittlerer Schneidkeil		stabiler Schneidkeil			schlanker Schneidkeil
Verwendung	Werkstoffe mit mittlerer Härte und Festigkeit		harte und zähharter oder kurzspanende Werkstoffe			weiche und zähe oder langspanende Werkstoffe
Spitzenwinkel	118°	130°	80°	118°	130°	130°
Werkstoffbeispiele	unlegierter und niedriglegierter Stahl, Gusseisen	Kupferlegierungen hoher Festigkeit	Thermoplaste	hochlegierter Werkzeugstahl	Hartguss	Kupfer, Kupferlegierungen geringer Festigkeit, Blei, Zinn, Aluminium, Aluminiumlegierungen

2.2.4 Senken

Durch Senken werden gebohrte Löcher weiterbearbeitet. Beim Senken unterscheidet man Plansenken und Profilsenken.

Durch *Plansenken* entstehen ebene Auflageflächen für Schraubenköpfe und Muttern oder zylindrische Einsenkungen (Abb. 1). Die Einsenkungen nehmen Schraubenköpfe von Zylinderschrauben auf.

Zum Plansenken verwendet man Flachsenker. Die Flachsenker haben feste oder auswechselbare Zapfen, die das Werkzeug in der Bohrung führen.

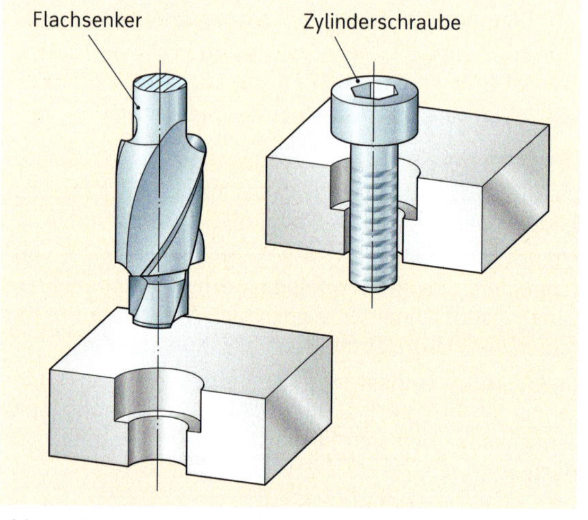

Abb. 1: Plansenken mit einem Flachsenker

Durch *Profilsenken* entstehen an Bohrungen kegelige Einsenkungen. Die Einsenkungen nehmen Schraubenköpfe von Senkschrauben oder Senkniete auf (Abb. 2).

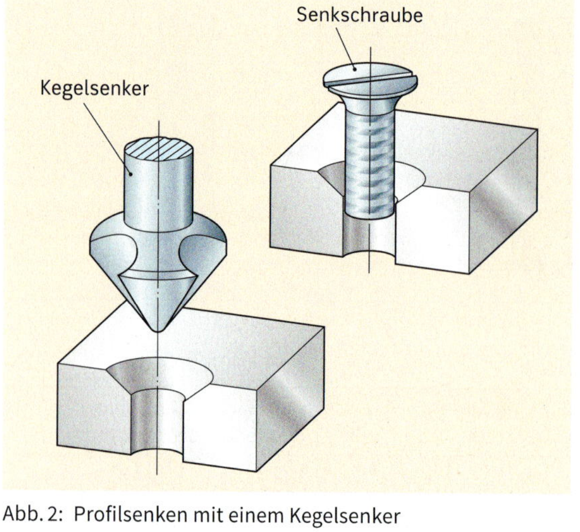

Abb. 2: Profilsenken mit einem Kegelsenker

Auch das Entgraten von Bohrungen oder Ansenken von Kernlochbohrungen für Innengewinde ist Profilsenken.

Zum Profilsenken werden Kegelsenker oder Entgratungssenker eingesetzt. Die *Kegelsenker* haben drei Schneiden. Für die verschiedenen Senkaufgaben haben sie unterschiedliche Senkwinkel (Tab. 1).

Die *Entgratungssenker* haben nur eine Schneide und einen Senkwinkel von 90°. Sie werden zum Entgraten von Bohrungen und zum Ansenken von Kernlochbohrungen verwendet.

Senkvorgang

Die Werkzeugbewegungen beim Senken sind die gleichen wie beim Bohren. Damit beim Senken glatte Oberflächen entstehen, soll die Schnittgeschwindigkeit halb so groß wie beim Bohren sein.

Senker haben im Vergleich zum Spiralbohrer mehr Schneiden. Der Entgratungssenker hat eine größere Freifläche. Dadurch wird das Werkzeug besser geführt und es entstehen glattere Flächen. Senker sind meist aus Schnellarbeitsstahl (HS) hergestellt.

Tab. 1: Senkwinkel von Kegelsenkern

Senkwinkel	Verwendungszweck
Kegelsenker 60°	Entgraten von Bohrungen, Senkungen für Senkschrauben bei Stahlkonstruktionen
Kegelsenker 75°	Senkungen für Senkniete, Senkungen für Senkschrauben bei Stahlkonstruktionen
Kegelsenker 90°	Entgraten von Bohrungen, Ansenken von Kernlochbohrungen, Senkungen für Senkschrauben

Aufgaben

1. Beschreiben Sie, wie die Wärme beim Bohren abgeführt wird.
2. Für welchen Zweck verwendet man Aufbohrer? Nennen Sie Anwendungsbeispiele.
3. Beschreiben Sie den Aufbau eines Spiralbohrers.
4. Benennen Sie die Winkel eines Spiralbohrers.
5. Listen Sie Spiralbohrertypen auf.
6. Für welche Werkstoffe eignen sich große Spitzenwinkel beim Spiralbohrer?
7. Nach der Herstellung einer Bohrung ist unbedingt ein weiterer Arbeitsschritt erforderlich.
   a) Benennen Sie diesen Arbeitsschritt.
   b) Geben Sie das dazu geeignete Werkzeug an.
   c) Begründen Sie diesen Arbeitsschritt.
8. Beschreiben Sie, was man unter Plansenken versteht.
9. Wofür verwendet man einen Kegelsenker mit 75°?

2.2.5 Handgeführte Bohrmaschinen

Für Bohrarbeiten auf der Baustelle werden handgeführte Bohrmaschinen eingesetzt. Dabei kann bei baustellentauglichen Maschinen die Drehzahl der Bohrmaschine der Anwendung angepasst werden.

Akku-Geräte sind unabhängig vom Netzstrom. Häufig kommen Li-Ionen-Akkus zum Einsatz. Sie zeichnen sich durch eine hohe Energiedichte aus. NiCd-Akkus enthalten das giftige Schwermetall Cadmium. Sie müssen über Rücknahmesysteme entsorgt werden.

Stein- und Betonwände werden durch die Bohrverfahren Drehbohren, Schlagbohren oder Hammerbohren bearbeitet (→ TB).

Drehbohren

Weiche Steine, Platten und Porenbeton lassen sich im Drehgang bohren. Die Drehbewegung der Schneide des Bohrers reicht aus, um das Material abzutragen.

Schlagbohren

Mit Schlag sind Baustoffe mit dichtem Gefüge zu bohren. Der Bohrer wird hierbei durch viele leichte Schläge einer Schlagbohrmaschine vorwärts getrieben (Abb. 3a).

Hammerbohren

Mit Bohrhammer sind Baustoffe mit hartem und dichtem Gefüge wie Stahlbeton oder Granit zu bohren. Der Bohrhammer arbeitet mit weniger, dafür aber mit kräftigeren Schlägen (Abb. 3b).

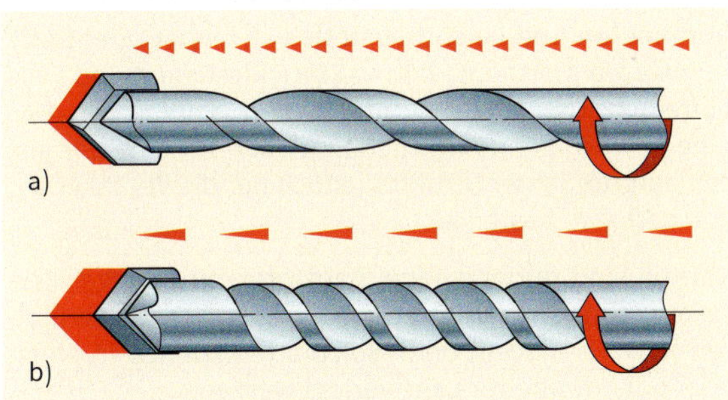

Abb. 3: Bewegungen beim Schlag- und Hammerbohren

Unterschiede zwischen Bohrhammer und Schlagbohrmaschine

Beim Bohrhammer ist die Einzelschlagstärke sehr hoch, die Schlagzahl ist dagegen gering. Je härter das zu bohrende Gestein ist, desto effektiver arbeiten Bohrhämmer. Ein Bohrhammer hat im Gegensatz zur Schlagbohrmaschine ein getrenntes Hammerwerk, das bei manchen Geräten abschaltbar ist, sodass man sie auch als Drehbohrmaschine verwenden kann. Verfügt der Bohrhammer noch über eine Drehstopp-Funktion, kann er auch für Meißelarbeiten wie ein Schlaghammer eingesetzt werden, z. B. zum Abmeißeln von Fliesen. Die üblichen Bohrer für die Schlagbohrmaschine lassen sich für das Hammerbohren nicht verwenden. Hierfür sind spezielle Bohrer (SDS) mit einer etwa 1 bis 2 cm langen Nut im Schaft notwendig (Abb. 5). Dies liegt daran, dass sich beim Bohrhammer nur der Bohrer in Stoßrichtung bewegt, während bei der Schlagbohrmaschine der Bohrer zusammen mit dem Spannfutter die Schlagbewegung ausführt.

Wie die Schlagenergie definiert wird, zeigt Abb. 4.

Schlagenergie

- Je höher die Schlagenergie eines Bohr- oder Meißelhammers ist, desto härter ist der Schlag und desto besser sind Bohrgeschwindigkeit und Meißelleistung.
- Die Energie von 1 Joule entspricht in etwa der einer 200 Gramm schweren Stahlkugel, die aus 50 cm Höhe aufprallt.

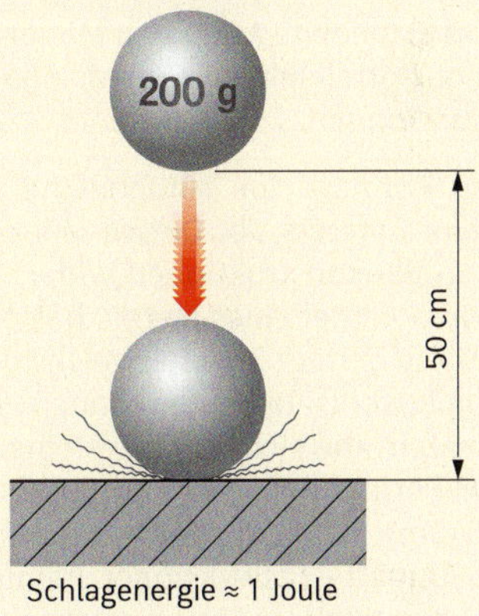

10 Joule pro Schlag entsprechen einer Fallhöhe der Stahlkugel von etwa 5 m, 30 Joule entsprechen etwa 15 m Fallhöhe. Bei beispielsweise 3000 Schlägen in der Minute hämmert die Maschine 50-mal pro Sekunde auf den eingesetzten Bohrer oder Meißel. Daraus resultieren enorme Schlagkräfte. Sie sind die Voraussetzung für gute Bohr- und Meißelleistungen bei harten Baustoffen – nicht die Wattzahl.

Abb. 4: Definition der Schlagenergie

Für einen schnellen und werkzeuglosen Wechsel von Bohrern und Meißeln hat sich das **SDS-plus-Einstecksystem** in vielen Fällen durchgesetzt, welches einen einheitlichen Schaftdurchmesser von 10 mm hat (Abb. 5).

Abb. 5: SDS-plus-Bohrer, Einsteckende

2.3 Bohren von Baustoffen

2.3.1 Baustoffe

Für die Auswahl von geeigneten Maschinen zur Erstellung eines Bohrlochs sind Kenntnisse über den verwendeten Baustoff erforderlich.

Beton

Beton ist ein künstliches Produkt, das aus einem Gemisch aus Zement, Zuschlagstoffen (Sand, Kies etc.) und Wasser besteht. Er weist eine hohe Druckfestigkeit, aber nur eine geringe Zugfestigkeit (≈ 10 % der Druckfestigkeit) auf. Durch Einlegen von Bewehrungseisen (Einzelstäbe oder Matten) wird die Zugfestigkeit des Betons erhöht (Stahl und Beton = Stahlbeton).

Mauerwerk

Es gibt viele verschiedene Arten von Mauersteinen, die mit Mörtel oder Mörtelkleber zu einem Mauerwerk verbunden werden können.

Die typischen Formate für Mauersteine leiten sich vom Achtel eines Meters ab. Dieses Mauerwerksmaß spiegelt sich in Baukonstruktionen wider. Leichte Abweichungen vom Achtel eines Meters basieren auf der Fugendicke. Diese beträgt üblicherweise 10 mm. Großformatige Mauerwerkselemente können von diesen Standardformaten abweichen. Das kleinste Steinformat ist das DF-Format (Dünnformat) und hat die Maße 240 mm × 115 mm × 52 mm (L × B × H). Das normale Steinformat (NF-Format) ist etwas höher, nämlich 240 mm × 115 mm × 71 mm. Weitere Steinformate zeigt Abb. 1.

Zur Senkung der Baukosten ist die Fugenfläche der meisten Ziegel so gestaltet, dass sie nicht mehr vermörtelt werden muss. Je nach Art des verwendeten Mörtels müssen die Maßtoleranzen der Ziegel entsprechend angepasst werden. Ziegel für die Vermörtelung im Dünnbett werden als Planziegel bezeichnet. Bei diesen beträgt die geforderte Maßtoleranz der Steinhöhe 1,0 mm.

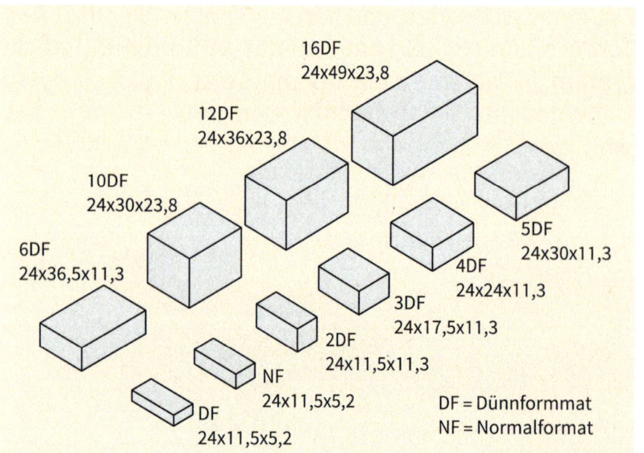

Abb. 1: Übliche Formate von Mauersteinen

Anhand der Güte und Klasse eines Mauerwerks lässt sich schnell beurteilen, ob ein zugelassener Dübel dafür verwendet und bemessen werden kann.

Vor Befestigungen in Mauerwerk muss klar sein, welcher Stein (Bezeichnung, Abmaße, Lochung, Material, Druckfestigkeit) und welcher Mörtel (Mörtelgruppe) vorliegen.

Bei sicherheitsrelevanten Verankerungen in unbekanntem oder altem Mauerwerk können, in Absprache mit den Bauverantwortlichen, Belastungsversuche vor Ort durchgeführt werden.

In Loch- oder Hohlkammersteinen wird immer ohne Schlag gebohrt.

Die Verankerung in Mauerwerksfugen ist aufgrund der Inhomogenität der Fugen möglichst zu vermeiden. Kann die Verankerung in einer Fuge nicht ausgeschlossen werden (z. B. Putz auf dem Mauerwerk), so wird empfohlen, die zulässige Last nur zur Hälfte anzusetzen. Bei bauaufsichtlich zugelassenen Systemen ist die Verankerung in Fugen in den Zulassungsbescheiden geregelt.

Das Tiefersetzen von Dübeln in Mauerwerk ist immer dann sinnvoll, wenn hohe Lasten zu verankern sind.

Spreizdübel, die punktförmig eine hohe Last in den Untergrund einleiten, sind für Verankerungen in Mauerwerk meist ungeeignet.

Verschiedene Untergründe (Porenbeton, Gipsplatten, Holz, Fliesen)

Porenbeton und Leichtbaustoffe wie Liapor oder Blähton weisen meist eine geringe Druckfestigkeit und viele Lufteinschlüsse (Poren) auf. Sie sind leicht und haben eine hervorragende wärmedämmende Wirkung. Sie lassen aufgrund ihrer Struktur jedoch nur die Verankerung von geringen Lasten zu.

Platten sind dünnwandige Baustoffe mit geringer Festigkeit. Gipskartonplatten (z. B. Rigips), Gipsfaserplatten (z. B. Fermacell) oder Holzplatten können in einfacher oder doppelter Lage verlegt werden.

Diese Platten werden in erster Linie bei Renovierungen oder für Fertighäuser im Innenausbau und in der Beplankung der Außenwände verwendet (z. B. dünne Trennwände, Verkleidungen, Vorwandinstallationen).

In Porenbeton, Leichtbaustoffen und Platten dürfen nur Dübel verwendet werden, die für diese Untergründe zugelassen oder geeignet sind.

Für die Befestigung in Holzbalken werden spezielle Schrauben verwendet, die meist ohne Dübel direkt in das Holz geschraubt werden können.

Bohren von Fliesen

Wenn möglich, sollten die Bohrlöcher bei Fliesen in die Fugen zwischen den Kacheln gebohrt werden. Vorzugsweise sollten Fliesenbohrer verwendet werden.

Lässt sich das Bohren in eine Fliese nicht vermeiden, ist mit Steinbohrern wie folgt vorzugehen (Abb. 2–6):

- Einen Streifen Tesafilm auf die Stelle kleben, an die das Loch gebohrt werden soll.
- Die betreffende Stelle markieren.
- Den kleinsten verfügbaren Stein- oder Fließenbohrer in die Bohrmaschine einspannen.
- Die Bohrmaschine auf Drehbohren und auf eine langsame Drehzahl einstellen.
- Die Bohrerspitze möglichst exakt und mit wenig Kraft auf die Markierung drücken.
- So lange Bohren, bis die Glasur entfernt und eine Zentrierung für den größeren Bohrer geschaffen ist. Dieser Bohrer kann nun nicht mehr verrutschen.
- Den zum Dübel passenden Steinbohrer einspannen. Bohren ohne Schlageinstellung, mit relativ wenig Druck, aber höherer Drehfrequenz bis ca. $n = 300\ \text{min}^{-1}$. Dadurch kann eine Beschädigung der Fliese oder Glasur vermieden werden.

Aufgaben

1. Nennen Sie die Bohrverfahren, mit deren Hilfe in Wände, Decken und Böden gebohrt wird.
2. Erklären Sie den Unterschied zwischen einer Schlagbohrmaschine und einem Bohrhammer.
3. Beschreiben Sie, wie die Schlagenergie definiert wird.
4. Was versteht man unter einem SDS-Bohrer?
5. Beschreiben Sie die Vorgehensweise beim Bohren in Fliesen mit einem Steinbohrer.

2.4 Gewindeherstellung

Der Gewindeflansch (Abb. 1, S. 84, Pos. 2) hat Innengewinde und wird mit dem Rohr (Pos. 1) verschraubt. Der Vorschweißflansch (Pos. 3) wird wiederum mit dem Gewindeflansch (Pos. 2) verschraubt. Als Befestigungselemente dienen Sechskantschrauben (Pos. 5) und Sechskantmuttern (Pos. 6).

Die Gewindeabmessungen können aus Zeichnungen, Stückliste und DIN-Tabellen (→ TB) entnommen werden.

2.4.1 Gewindeabmessungen

Zum Verbinden von Bauteilen durch Gewinde werden Teile mit Außengewinde in Teile mit Innengewinde gedreht. Außen- und Innengewinde bilden eine Funktionseinheit. Die Gewindeprofile und die Gewindemaße müssen zueinander passen.

Zum Befestigen von Bauteilen werden Spitzgewinde mit dreieckigem Gewindeprofil verwendet. Dabei werden sowohl metrische ISO-Gewinde als auch Whitworth-Rohrgewinde eingesetzt.

An Gewinden (Abb. 2, S. 84) sind unter anderem folgende Maße genormt:

- der *Nenndurchmesser*, mit dem die Größe des Gewindes bezeichnet wird. Er entspricht bei einem Außengewinde dem Außendurchmesser.
- der *Kerndurchmesser*, nach dem sich bei der Herstellung von Innengewinden der Bohrerdurchmesser richtet
- der *Flankenwinkel*, der die Neigung der Gewindeflanken angibt. Er bestimmt die Form des Gewindeprofils.
- die *Steigung* als Abstand von einem Gewindegang zum nächsten

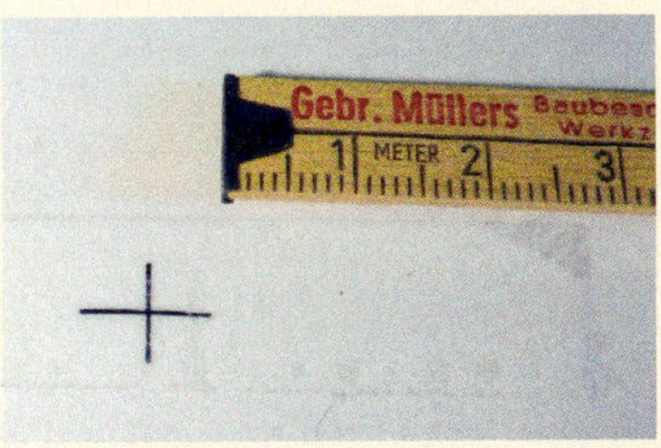

Abb. 2: Markierte Bohrstelle

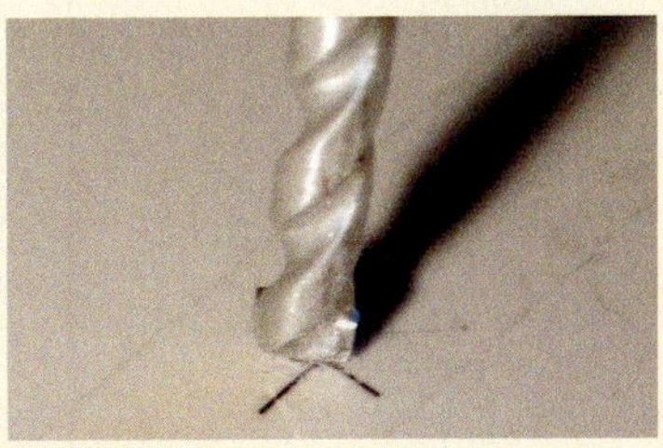
Abb. 3: Ansetzen des Bohrers

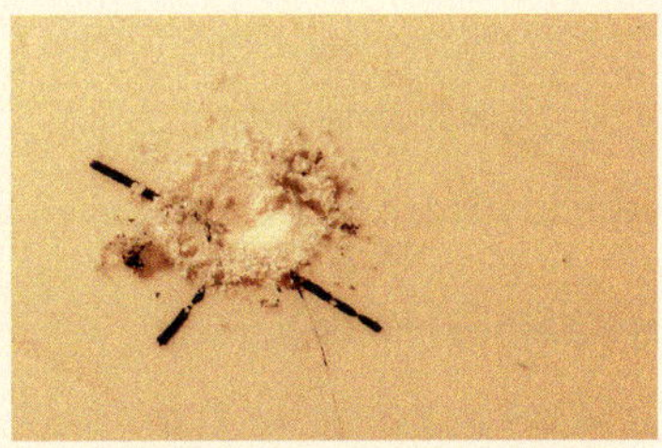
Abb. 4: Entfernte Glasur

Abb. 5: Fertigen des Bohrlochs

Abb. 6: Bohrloch in der Fliese

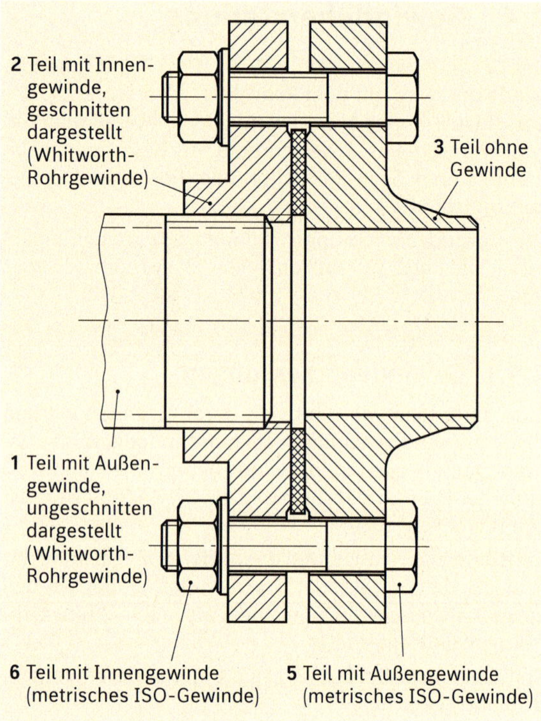

Abb. 1: Flanschverschraubung

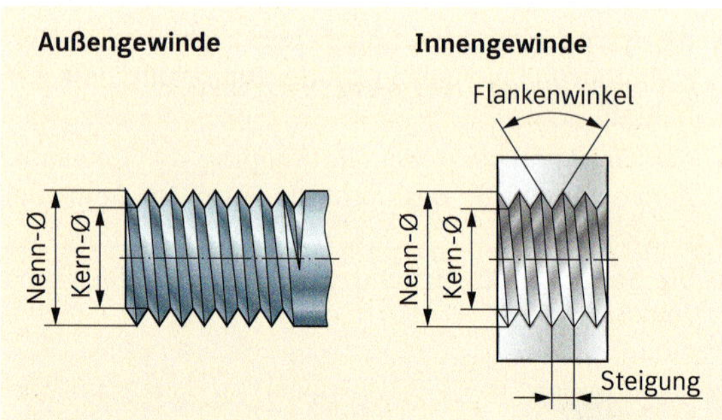

Abb. 2: Gewindeabmessungen

Gewinde werden durch Kurzzeichen gekennzeichnet.

Metrisches ISO-Gewinde

M 10 LH

Metrisches Gewinde — M
Nenndurchmesser 10 mm — 10
Linksgewinde (engl.: **l**eft **h**and) — LH

Metrisches ISO-Feingewinde

M 12 x 0,5

Metrisches Gewinde — M
Nenndurchmesser 12 mm — 12
Steigung 0,5 mm — 0,5

2.4.2 Zeichnungsanalyse – Gewindedarstellung

Die bildliche Darstellung von Gewinden wäre sehr aufwendig. Deshalb werden Außen- und Innengewinde in technischen Zeichnungen vereinfacht sinnbildlich dargestellt.

Außengewinde – Gewindedarstellung

Außengewinde werden mit unterschiedlichen Volllinien gezeichnet (Abb. 3):

- Nenn- oder Außendurchmesser mit breiter Volllinie
- Kerndurchmesser mit schmaler Volllinie
- nutzbare Gewindelänge durch eine Gewindebegrenzungslinie als breite Volllinie
- Gewindeanfang in der Regel mit einer 45°-Fase bis zum Kerndurchmesser als breite Volllinie

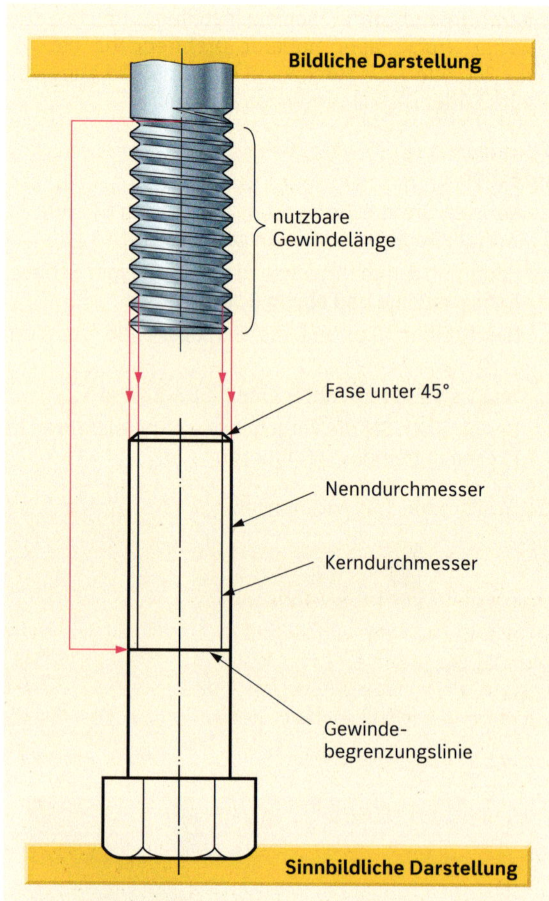

Abb. 3: Bildliche und sinnbildliche Darstellung von Außengewinden

Bei kleinen Gewinden wird der Kerndurchmesser mit einem Mindestabstand von 1 mm zum Nenndurchmesser gezeichnet.

Wird ein Außengewinde mit Blickrichtung auf die Kreisform dargestellt, so zeichnet man (Abb. 4):

① Nenn- oder Außendurchmesser als Kreis in breiter Volllinie

② Kerndurchmesser als 3/4-Kreis in schmaler Volllinie. Der 3/4-Kreis kann dabei jede beliebige Lage im Achsenkreuz haben.

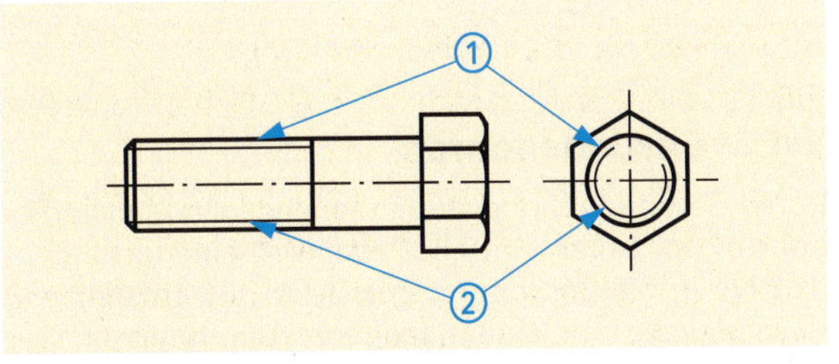

Abb. 4: Außengewindedarstellung

Gewindebemaßung

Bei einem Außengewinde (Abb. 5) bemaßt man:

③ Nenndurchmesser mit dem Gewindekurzzeichen nach DIN 202

④ nutzbare Gewindelänge

Die Fasen werden nur dann bemaßt, wenn ihr Durchmesser nicht dem Kerndurchmesser entspricht.

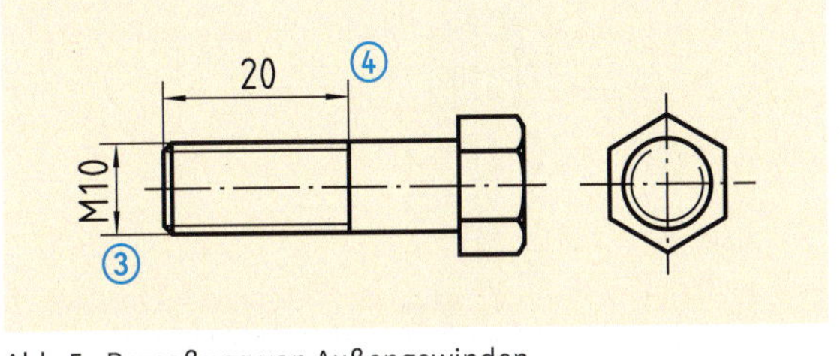

Abb. 5: Bemaßung von Außengewinden

Innengewinde – Gewindedarstellung

Innengewinde können in Durchgangsbohrungen oder in Grundlochbohrungen eingeschnitten sein. Bei Grundlochbohrungen ist die Bohrung tiefer zu zeichnen als die nutzbare Gewindetiefe (Abb. 6).

Innengewinde im Schnitt werden mit unterschiedlichen Volllinien gezeichnet:

⑤ Nenndurchmesser mit schmaler Volllinie

⑥ Kerndurchmesser bzw. Grundlochbohrung mit breiter Volllinie

⑦ nutzbare Gewindetiefe bei einer Grundlochgewindebohrung durch eine Gewindebegrenzungslinie als breite Volllinie

⑧ Schraffurlinien mit schmalen Volllinien bis zum Kerndurchmesser

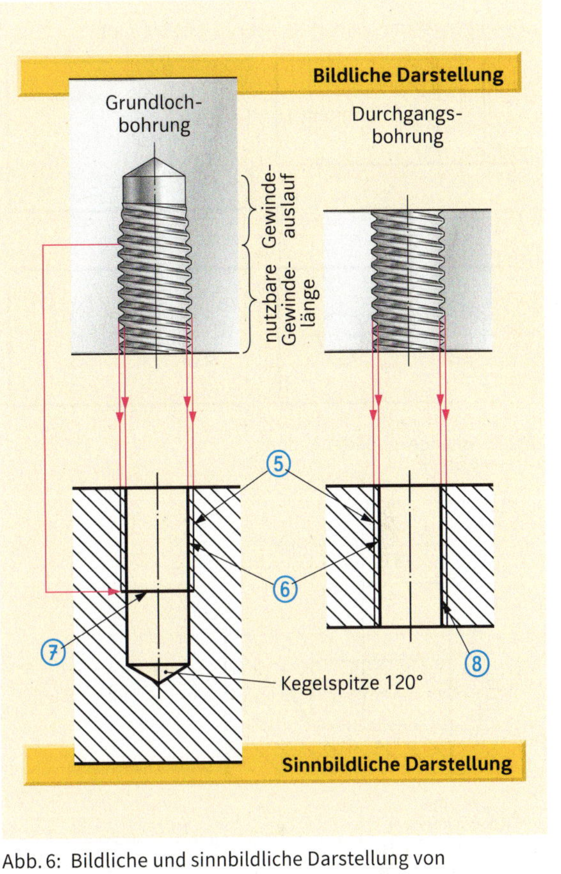

Abb. 6: Bildliche und sinnbildliche Darstellung von Innengewinden

Wird ein Innengewinde mit Blick auf die Kreisform dargestellt, so zeichnet man (Abb. 1, S. 86):

⑨ Nenndurchmesser als 3/4-Kreis in schmaler Volllinie

⑩ Kerndurchmesser als Kreis in breiter Volllinie

Wird das Innengewinde verdeckt dargestellt, so zeichnet man:

⑪ alle Gewindegrößen mit schmaler Strichlinie

Gewindebemaßung

Bei einem Innengewinde mit Grundlochbohrung (Abb. 2a, S. 86) bemaßt man:

⑫ Nenndurchmesser mit dem Gewindekurzzeichen nach DIN 202

⑬ nutzbare Gewindetiefe

⑭ Tiefe der Kernlochbohrung (ohne Kegelspitze)

Bei einer Durchgangsgewindebohrung (Abb. 2b, S. 86) bemaßt man:

⑮ Nenndurchmesser mit dem Gewindekurzzeichen nach DIN 202

Bei Innengewinden werden übliche Fasen von 45° bis zum Kerndurchmesser weder dargestellt noch bemaßt.

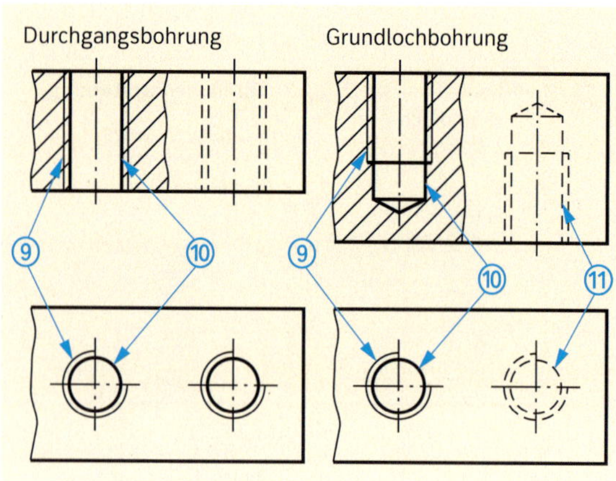

Abb. 1: Innengewindedarstellung

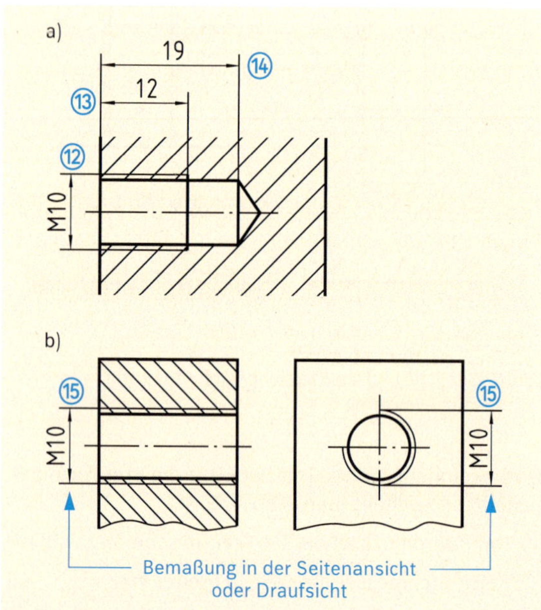

Abb. 2: Bemaßung von Innengewinden

Die Tiefe der Kernlochbohrung bei einem Gewindegrundloch ergibt sich aus der Gewindetiefe zuzüglich des Gewindeauslaufes. Das Maß für den Gewindeauslauf ist nach DIN 76 genormt.

Aufgaben

1. Erklären Sie folgende Gewindeabmessungen:
   a) Nenndurchmesser
   b) Kerndurchmesser
   c) Steigung
2. Geben Sie für ein Innengewinde M8 die Größen folgender Gewindeabmessungen an:
   a) Nenndurchmesser
   b) Kerndurchmesser
   c) Steigung
3. Zeichnen und bemaßen Sie das vereinfacht dargestellte Innengewinde im Maßstab 2:1 in drei Ansichten. Die Vorderansicht ist im Schnitt zu zeichnen.

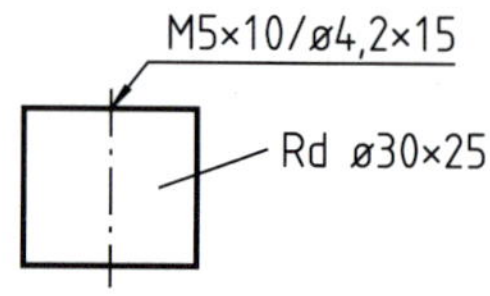

2.4.3 Gewindebohren

Durch Gewindebohren werden Innengewinde in vorgebohrte Löcher geschnitten. Dabei wird eine fortlaufende Rille in die Bohrung eingearbeitet. Es entsteht ein Gewindegang mit einem größeren Durchmesser. Der Gewindegang verläuft entlang einer wendelförmigen Linie, der Schraubenlinie.

Gewindebohrvorgang

Innengewinde mit kleineren Durchmessern werden kostengünstig mit Gewindebohrer gefertigt. Der Gewindebohrer führt eine kreisförmige Schnittbewegung aus und schraubt sich dabei in die Bohrung hinein (Abb. 3). Er sorgt selbst für die axiale Vorschubbewegung. Der Vorschub bei einer Umdrehung entspricht der Gewindesteigung.

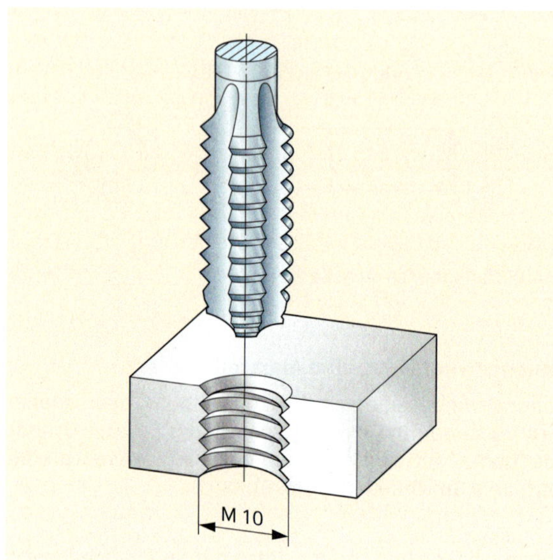

Abb. 3: Gewindebohren

Der kegelige Anschnitt des Gewindebohrers zerspant den größten Teil des Werkstoffes, wobei die Spanabnahme auf mehrere Schneiden verteilt wird. Die Schneiden im zylindrischen Teil führen das Werkzeug in der Gewindebohrung.

Beim Spanen wird der Werkstoff auch geringfügig umgeformt. Der Werkstoff staucht auf und wird zur Bohrungsmitte gedrückt.

! Der *Durchmesser der Kernlochbohrung* ist etwas größer als der Kerndurchmesser des Gewindebolzens zu bohren.

Arbeitsschritte beim Gewindebohren

Das Herstellen eines Gewindes erfolgt in den Schritten Kernlochbohren, Senken und Gewindebohren:

1. Kernlochbohren

Zuerst ist mit einem Spiralbohrer die Kernlochbohrung zu bohren. Der Kernlochbohrerdurchmesser ist Gewindetabellen zu entnehmen (→ TB).

2. Ansenken

Anschließend ist die Kernlochbohrung mit einem 90°-Kegelsenker bis auf den Nenndurchmesser des Gewindes anzusenken. Durch das Ansenken schneidet der Gewindebohrer besser an und die äußeren Gewindegänge werden nicht herausgedrückt.

3. Gewindebohren

In die angesenkte Kernlochbohrung wird mit einem Gewindebohrer das Innengewinde geschnitten. Ein geeigneter Kühlschmierstoff erleichtert das Gewindebohren und verbessert die Oberflächengüte des Gewindes.

Beim Gewindebohren von Hand ist das Anschneiden der Gewindebohrer mit einem Flachwinkel zu überprüfen, damit die Gewindegänge rechtwinklig eingeschnitten werden. Durch kurzes Zurückdrehen des Handgewindebohrers mit dem Schneideisenhalter um eine halbe Umdrehung wird der Span beim Gewindebohren gebrochen.

Beim Gewindebohren auf der Bohrmaschine ist ein Gewindeschneidapparat zu verwenden. Gewindeschneidapparate haben eine Sicherheitskupplung, die eine Überlastung der Gewindebohrer verhindert, und ein Wendegetriebe, das für einen automatischen Rücklauf des Gewindebohrers sorgt.

2.4.4 Gewindeschneiden

Durch Gewindeschneiden werden Außengewinde hergestellt. Dabei wird eine fortlaufende Rille in einen zylindrischen Bolzen eingeschnitten. Es entsteht ein Gewindegang mit einem kleineren Durchmesser, dem Kerndurchmesser. Gewinde können von Hand und auf der Maschine geschnitten werden.

Gewindeschneidvorgang

Außengewinde werden häufig mit Schneideisen gefertigt. Das Schneideisen wird mit Schrauben im Schneideisenhalter befestigt. Mit dem Schneideisenhalter wird die erforderliche Schnittkraft auf das Werkstück übertragen (Abb. 4). Schneideisen schneiden das vollständige Gewinde in einem Arbeitsgang fertig, wobei die Spanabnahme auf mehrere Schneiden verteilt wird.

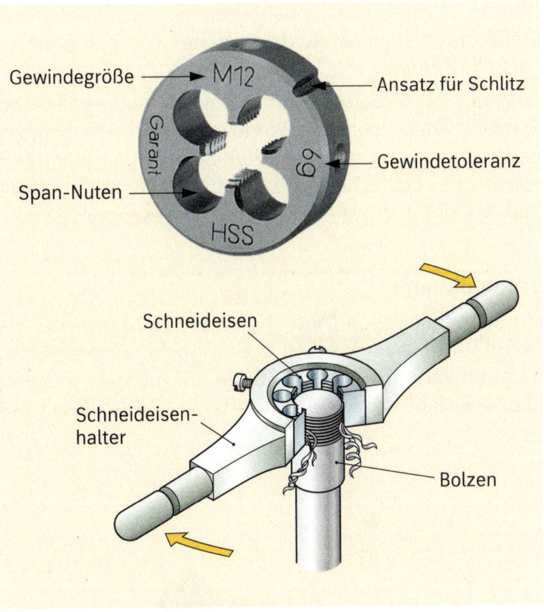

Abb. 4: Gewindeschneiden (Prinzip)

Der kegelige Anschnitt des Schneideisens zerspant dabei den größten Teil des Werkstoffes. Die Schneiden im zylindrischen Teil führen das Werkzeug.

Beim Gewindeschneiden wird der Werkstoff auch geringfügig umgeformt. Der Werkstoff staucht auf und wird nach außen gedrückt.

! Der Bolzen muss einen etwas kleineren Durchmesser (0,1 … 0,3 mm) haben als der zu schneidende Nenndurchmesser des Gewindes.

Das Schneideisen muss rechtwinklig angesetzt werden, damit das Gewinde nicht schief auf den Bolzen geschnitten wird. Eine 45°-Fase erleichtert dabei das Anschneiden. Die Oberflächengüte des Gewindes wird durch den Einsatz von Schneidölen oder Kühlschmierstoffen verbessert.

Beim Gewindeschneiden von Hand wird durch kurzes Zurückdrehen des Schneideisens um eine halbe Umdrehung der Span gebrochen. Aufgrund der großen Zerspanarbeit können mit Schneideisen nur Gewindedurchmesser bis etwa 16 mm von Hand geschnitten werden.

Schneideisen können auch zum Gewindeschneiden auf Drehmaschinen verwendet werden. Dabei stützt man das Schneideisen zum rechtwinkligen Anschneiden mit der Reitstockpinole ab. Da mit Schneideisen die gesamte Spanmenge in einem Arbeitsgang abgetragen wird, können größere Außengewinde mit Schneideisen selbst auf Drehmaschinen nicht mehr hergestellt werden.

Schneideisen werden mit genormten Toleranzen geliefert. Sollen abweichende Gewindetoleranzen geschnitten werden, können die Schneideisen an der vorgeschlitzten Stelle mit einer schmalen Schleifscheibe aufgetrennt werden. Geschlitzte Schneideisen können dann über Stellschrauben im Schneideisenhalter in engen Grenzen verstellt werden.

Auf dem Schneideisen sind immer Gewindegröße und Toleranz angegeben. Der Werkstoff wird dann angegeben, wenn das Schneideisen zum Schneiden besonderer Werkstoffe wie hochlegierte und hochfeste Stähle (CrNi-Stahl) oder CuZn-Legierungen (Ms) vorgesehen ist.

Schneidkluppe

Mit Schneidkluppen (Abb. 1) werden Rohrgewinde gefertigt. Die Schneidbacken der Kluppe sind verstellbar, dadurch kann die Spanabnahme auf mehrere Arbeitsgänge verteilt werden. Der Kraftaufwand ist damit geringer.

Abb. 1: Schneidkluppe

Aufgaben

1. Geben Sie die Arbeitsschritte zur Herstellung einer Gewindebohrung M6 sowie die jeweils benötigten Werkzeuge mit den Abmessungen an.
2. Warum müssen Gewindekernlochbohrungen angesenkt werden?
3. Es soll ein Innengewinde M10 × 0,75 hergestellt werden. Bestimmen Sie den Durchmesser für die Kernlochbohrung.
4. Beschreiben Sie die Folgen für die Herstellung und Haltbarkeit einer Gewindebohrung M10, wenn die Kernlochbohrung mit einem Spiralbohrer gebohrt wird von:
   a) 8 mm Durchmesser
   b) 9 mm Durchmesser
5. Warum ist der Durchmesser der Kernlochbohrung etwas größer als der Kerndurchmesser des Gewindes zu bohren?
6. Warum muss bei einer Grundlochbohrung das Kernloch immer tiefer als die nutzbare Gewindetiefe gebohrt werden?
7. In einer Teilzeichnung sind die Gewindebohrungen vereinfacht dargestellt und bemaßt. Die Grundmaße des Werkstückes betragen Fl 25 × 30 × 120.

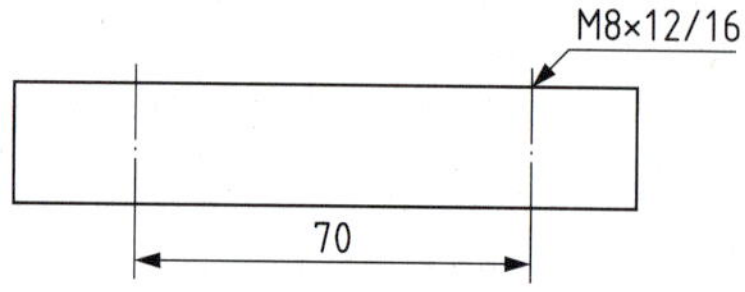

   Skizzieren Sie das Werkstück mit Vorderansicht im Vollschnitt und in der Draufsicht. Bemaßen Sie das Werkstück vollständig.
8. Ermitteln Sie für ein Grundlochgewinde M8 die Bohrtiefe, wenn die nutzbare Gewindetiefe 12 mm betragen soll.
9. Warum ist der Außendurchmesser eines Bolzens vor dem Gewindeschneiden anzufasen?
10. Weshalb können größere Gewinde nicht mehr von Hand mit einem Schneideisen hergestellt werden?
11. Stellen Sie einen Arbeitsplan für das Schneiden eines Außengewindes M10 auf einen Bolzen mit einem Schneideisen auf.

2.4.5 Gewindeherstellung mit ortsfester Gewindeschneidmaschine

Zur Herstellung von Rohrgewinden auf Rohren oder Nippeln in der Werkstatt oder auf Baustellen werden ortsfeste Gewindeschneidmaschinen verwendet t (Abb. 2). Je nach Ausführung können Rohrgewinde bis R 4 geschnitten werden. Die Maschinen bestehen aus einem selbstständig öffnenden Universal-Automatik-Schneid-

Abb. 2: Gewindeschneidmaschine für den ortsfesten Einsatz

kopf für sämtliche Gewinde, mit Schmierkühlung, Spannfutter sowie Öl- und Spänewanne. Dabei ist der Schneidkopf feststehend. Das Rohr wird in den Schneidkopf hineingedreht. Die Schneidbacken sind austauschbar. Mit einem Schneidrad kann das Rohr anschließend direkt abgeschnitten werden. Beim Schneiden des Gewindes wird das Rohr mit einem Gewindeschneidstoff geschmiert und gekühlt. Dieser Gewindeschneidstoff muss bei Rohren für den Einsatz im Trinkwasserbereich vollständig wasserlöslich sein und den Vorschriften des DVGW entsprechen.

Für die Herstellung von Gewinden von R 2½ bis R 4 kann die Gewindeschneidmaschine mit einem Automatikschneidkopf (Abb. 3) ausgerüstet werden, der von der Maschine angetrieben wird. Dabei dreht sich der Schneidkopf um das feststehende Rohr.

Abb. 3: Gewindeschneidmaschine mit aufgesetztem Schneidkopf

2.4.6 Gewindeherstellung mit Elektrogewindeschneidkluppe

Mit einer Elektrogewindeschneidkluppe (Abb. 4) werden Rohrgewinde R 1/8–R 2 geschnitten. Das Grundprinzip ist ähnlich dem der ortsfesten Gewindeschneidmaschinen. Die Schneidkluppe kann jedoch auch handgeführt werden und so an schwer zugänglichen Stellen zum Einsatz kommen.

Abb. 4: Elektrogewindeschneidkluppe

Jede Kluppe arbeitet mit Schnellwechsel-Schneidköpfen für Rechts- oder Linksgewinde, die für eine entsprechende Gewindegröße ausgelegt sind (Abb. 5). In die Schneidköpfe sind auswechselbare Schneidbacken eingesetzt.

Abb. 5: Schnellwechselschneidköpfe

2.5 Trennen mit Werkzeugmaschinen

2.5.1 Sägen mit elektrischen Maschinensägen

Flachstahl oder Rohre können auf einer Maschinensäge (Abb. 6) auf Länge geschnitten werden. Die notwendige Hubkraft wird durch einen Elektromotor erzeugt. Eine Spannvorrichtung und eine Auflage für lange Werkstücke befinden sich an der Säge oder können als Ständer zusätzlich danebengestellt werden. Diese Maschinen werden für ortsfesten Betrieb in der Werkstatt oder auch auf größeren Baustellen verwendet.

Abb. 6: Maschinensäge auf der Baustelle

2.5.2 Sägen mit Elektrohandsägen

Elektrohandsägen, auch Säbelsägen genannt (Abb. 1), dienen zum schnellen Trennen von Stahl- und Kunststoffrohren sowie Profilen aller Art. Sie sind universell einsetzbar auch bei Arbeiten frei Hand, über Kopf, in engen Winkeln oder wandbündig. Bei diesen Sägen wird das Sägeblatt durch einen Elektromotor vor- und zurückbewegt. Dies ermöglicht ein Sägen ohne großen Kraftaufwand. Beim zurückgehenden Sägehub wird bei vielen elektrischen Handsägen das Sägeblatt leicht angehoben. Dies fördert einen gleichmäßigen Sägevorschub, einen guten Spanauswurf sowie eine hohe Standzeit des Sägeblattes. Hohe Standzeiten sind zu erreichen, wenn das Sägeblatt den zu sägenden Materialien angepasst wird. Mit Führungshalter sind sie auch ortsfest einsetzbar.

Abb. 1: Elektrohandsäge (Foto: Bosch)

Arbeitssicherheit

Hinweise zum sicheren Arbeiten beim Sägen:

- Sägeblätter mit geeigneter Zahnteilung verwenden
- Sägeblatt und Werkstück müssen fest eingespannt sein.
- Schnittstelle zur Verhinderung eines Abrutschens einkerben
- Schutzbrille, Gehörschutz und Handschuhe tragen
- Schnittdruck am Ende des Vorgangs vermindern
- Grat an der Trennstelle entfernen (z. B. mit einer Feile)
- Sägespäne nur mit Hilfsmitteln entfernen

2.5.3 Trennen mit Rohrkreissägemaschinen

Nichtrostende Stahlrohre und Kupferrohre können mit einer Rohrkreissäge getrennt werden. Mit dieser Maschine wird das Rohr rechtwinklig, gratarm und schnell abgesägt. Diese Maschinen haben kleine Abmessungen, sind handlich und daher baustellentauglich. Für das Trennen von nichtrostenden Stahlrohren werden spezielle, sehr feingezahnte Sägeblätter mit hoher Standzeit verwendet.

2.5.4 Trennen mit dem Winkelschleifer

Mit diesem Fertigungsverfahren lassen sich vor allem dickwandige Guss- und Stahlrohre, aber auch Steinzeug und Glasrohre trennen (Abb. 2).

Abb. 2: Winkelschleifmaschine mit gerader Trennschleifscheibe

Die Spanabnahme erfolgt durch die Schleifscheibe. Diese besteht aus den Schleifkörnern und dem Bindemittel. Die Schleifscheibe wird mit hoher Geschwindigkeit über das Werkstück bewegt. Dabei werden kleine Späne aus dem Werkstoff herausgerissen (Abb. 3).

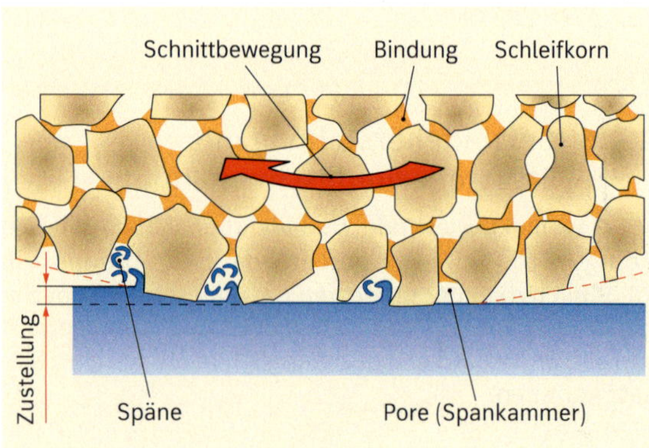

Abb. 3: Spanabnahme beim Schleifen

Der Widerstand, den die Bindung dem Ausbrechen der Schleifkörner entgegensetzt, wird als Härtegrad der Schleifscheibe bezeichnet.

Harte Scheiben haben eine feste Bindung, weiche Scheiben eine weniger feste. Wegen der ungleichmäßigen Schnittbelastung brechen beim Schleifen stumpf gewordene Körner aus der Bindung heraus. Dadurch kommen die dahinter befindlichen, noch scharfen Körner zum Einsatz. Dadurch schärft sich die Schleifscheibe selbst. Da die Körner während der Bearbeitung harter Werkstoffe schneller stumpf werden, sind für harte Werkstoffe weiche Bindungen erforderlich. Die Schleifscheiben müssen folglich auf den zu bearbeitenden Werkstoff abgestimmt sein.

! Harte Werkstoffe werden mit weicher Schleifscheibe und weiche Werkstoffe werden mit harter Schleifscheibe bearbeitet.

Kennzeichnungen für Schleifscheiben

Schleifscheiben tragen unterschiedliche Kennzeichnungen in Form von Ziffern, Buchstaben und Farben.

Eine Trennschleifscheibe für Stahl kann z. B. nach DIN ISO 525 die folgende Bezeichnung tragen:

Gerade Trennschleifscheibe
ISO 603-16
41 - 125 x 2,5 x 22,23 A 24 K 4 BF-80 m/s

Die Bedeutung der Kurzzeichen können Tab. 1 entnommen werden. Die weiteren Kennzeichnungen und deren Bedeutung gehen aus Abb. 4 hervor.

Tab. 1: Bedeutung der Kurzzeichen

Kurzzeichen	Bedeutung
41	Form der Scheibe (gerade Trennschleifscheibe für Winkelschleifer)
125 × 2,5 × 22,23	Abmessungen der Scheibe in mm
A	Schleifkornbezeichnung A: Aluminiumoxid C: Siliziumcarbid Z: Zirkonkorund BN: Bohrnitrid D: Diamant
24	Körnungsnummer (grobe Korngröße)
K	Härtegrad der Schleifscheibe A – K – Z äußerst weich – normale Härte – äußerst hart
4	Struktur oder Porosität 1 2 3 4 5 6 7 8 9 10 11 12 – 99 geschlossen (dicht) – offen (porös)
BF	Bindung der Körner in der Schleifscheibe (Kunstharzbindung, faserverstärkt)
80	Maximal zulässige Arbeitshöchstgeschwindigkeit in m/s (rote Farbkennzeichnung)

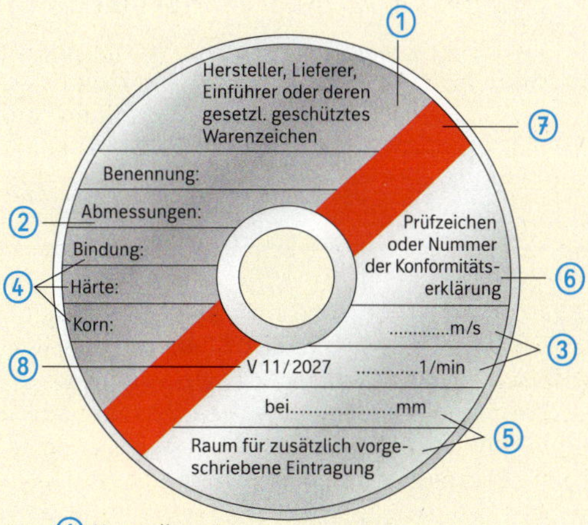

① Hersteller
② Abmessungen der Scheibe
③ max. zul. Drehzahl Arbeitsgeschwindigkeit
④ Schleifmittel und Bindung
⑤ Anwendungseinschränkung/Einsatzgebiet (Metall/Stein)
⑥ Prüfvermerk oder Prüfzeichen
⑦ Farbstreifen für Arbeitsgeschwindigkeit
⑧ Verfallsdatum, z. B. Nov./2027

blau = max. 50 m/s
gelb = max. 63 m/s
rot = max. 80 m/s
grün = max. 100 m/s
blau/gelb = max. 125 m/s

Abb. 4: Kennzeichnungen auf Trennschleifscheiben

Unfallverhütung beim Schleifen

Die hohen Drehfrequenzen bzw. Arbeitsgeschwindigkeiten der Schleifscheiben bringen auch große Gefahren mit sich. Daher sind die folgenden Sicherheitsvorschriften streng einzuhalten:

- Gehörschutz und Schutzbrille tragen, bei Bedarf Haarschutz verwenden
- Nur einwandfreie Schleifmaschinen verwenden und prüfen, ob Schutzhaube korrekt montiert ist
- Schleifscheibe richtig einsetzen und einspannen
- Werkstücke sicher und fest einspannen
- Wegen des großen Anlaufdrehmomentes Maschine mit beiden Händen festhalten
- Schleifscheibe nur mit der zulässigen Drehfrequenz betreiben
- Schleifscheibe keiner stoßartigen Berührung mit dem Werkstück aussetzen und nicht verkanten
- Personen und Gegenstände nicht dem Funkenflug (Abb. 1, S. 92) aussetzen

Abb. 1: Funkenflug durch Winkelschleifer

- Scheiben mit Unwucht sofort auswechseln
- Beim Abschalten der Maschine Schleifscheibe nur durch sanftes Andrücken abbremsen
- Maschine erst ablegen, wenn Schleifscheibe steht
- Maschine sicher ablegen, sie darf nicht herunterfallen

Kunstharzgebundene Schleifkörper sind einem Alterungsprozess ausgesetzt. Deshalb ist auf jeder Schleifscheibe ein Verfallsdatum angegeben, bis zu dem die Scheibe verwendet werden darf (Abb. 4, S. 91).

2.6 Befestigungstechnik

Rohr- und Kanalinstallationen müssen an vielen Stellen am Baukörper befestigt werden. Sie werden dadurch selbst ein Teil des Bauwerkes. Die Befestigungstechnik ist daher sorgfältig auszuwählen und auszuführen.

Wesentliche technische Grundanforderungen an eine Leitungsbefestigung sind:

- Aufnahme der mechanischen Belastung durch das Gewicht der Rohre, deren Inhalt und ggf. der Dämmung sowie die Auswirkung wechselnder Fließgeschwindigkeiten und Drücke
- Aufnahme von Kräften durch Längenausdehnung
- Befestigungen müssen dem Rohraußendurchmesser angepasst sein.
- Der Werkstoff des Befestigungselements darf nicht zu Bimetallkorrosion führen.
- Keine Schall- und Wärmeübertragung auf benachbarte Bauteile und Rohrsysteme
- Einfache und schnelle Montage

2.6.1 Dübeltechnik

Die Wirkungsweise von Dübeln lässt sich in drei Wirkprinzipien einteilen.

- **Kraft- bzw. Reibschluss**

Durch Aufspreizen wird ein Teil des Dübels gegen die Bohrlochwandung gepresst. Zugkräfte werden durch Reibung aufgenommen (Abb. 2).

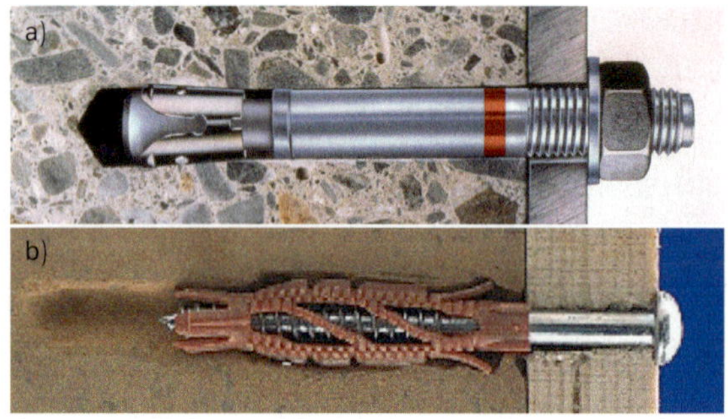

Abb. 2: Reibschlussprinzip
a) Durchsteckanker, b) Kunststoffdübel

- **Formschluss**

Der Dübel verankert durch Hintergreifen im Untergrund (z. B. Aushöhlung am Bohrlochgrund durch automatischen Hinterschnitt, Abb. 3).

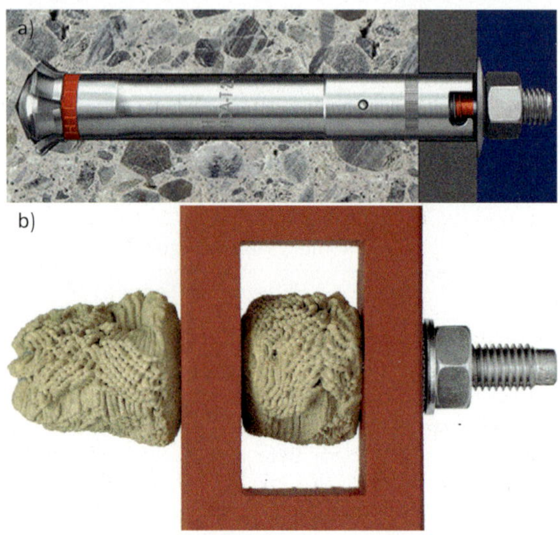

Abb. 3: Formschlussprinzip
a) Hinterschnittanker, b) Injektionsdübel

- **Stoffschluss**

Ein Zweikomponenten-Mörtel verzahnt sich sowohl an der rauen Bohrlochwandung als auch an der Oberfläche (z. B. Gewinde) des Dübels (Abb. 8).

2.6.2 Arten von Dübeln

- **Universaldübel**

Universaldübel (Abb. 4) sind meist aus Kunststoff (z. B. Polyamid) gefertigt und für den unteren und mittleren Lastbereich geeignet. Sie können vorzugsweise in Mauerwerk und Beton verwendet werden. Universaldübel sind preiswert, jedoch für sicherheitsrelevante Abhängungen auf Zug (Deckenbereiche) nicht zulässig, da bei Brand die Gefahr des Herausfallens besteht.

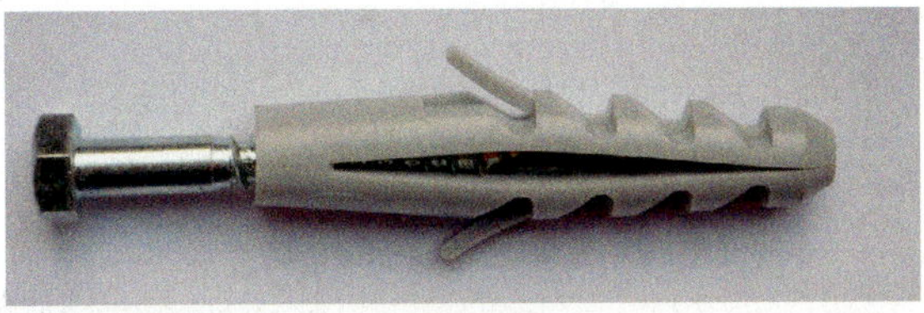

Abb. 4: Universaldübel mit Schraube

- **Kippdübel**

Für Montagebefestigungen in Hohlräumen (Wand oder Decke) ist der Einsatz von Kippdübeln möglich (Abb. 5). Beim Durchstecken kippen die beweglichen Schenkel des Dübels auf und legen sich quer. Der Dübel wird von unten mit einer Gewindestange und einer Mutter festgezogen. Die Gewindestange dient zur weiteren Befestigung von Bauteilen, z. B. einer Rohrschelle.

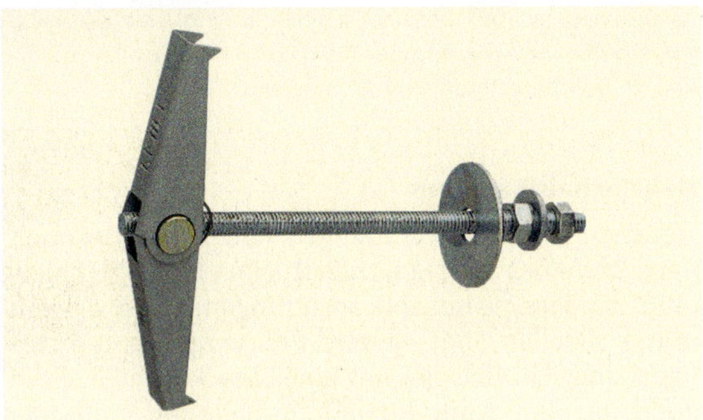

Abb. 5: Kippdübel

- **Schraubanker**

Schraubanker werden für mittlere Lasten in der Haustechnik verwendet und können direkt nach Bohren des Befestigungsloches in den Untergrund eingeschraubt werden. Sie dienen zur Befestigung von leichten Montageschienen und Stahlwinkeln. Sie werden direkt mit einem Schlagschrauber eingedreht.

- **Kompaktdübel**

Kompaktdübel sind Dübel aus Metall mit einem Innengewinde und einem Kragen (Abb. 6). Nach Einstecken des Dübels in das Bohrloch (der Kragen verhindert das zu tiefe Eintauchen in das Loch) wird mit einem Setzwerkzeug ein konischer Bolzen, der im Dübel schon eingesetzt ist, eingeschlagen. Der Dübel spreizt sich auf und wird fest im Untergrund verankert. Anschließend können eine Gewindestange oder eine Schraube zur Befestigung von Rohrschellen oder Montageschienen eingedreht werden. Kompaktdübel können im mittleren Lastbereich eingesetzt werden.

Abb. 6: Kompaktdübel mit Setzwerkzeug

- **Segmentanker (Durchsteckanker)**

Segmentanker oder Durchsteckanker (Abb. 7) sind für mittlere und hohe Lasten geeignet. Sie bestehen aus einem Metallstab mit Gewinde und werden nach Einschieben in das Bohrloch mit einem Hammerschlag im unteren Bereich gespreizt.

Abb. 7: Segmentanker

- **Injektionsmörtel mit Siebhülse**

Für Befestigungen in porösen oder löchrigen Untergründen im mittleren Lastbereich werden Siebhülsen in den Untergrund eingesetzt, die anschließend mit Injektionsmörtel verfüllt werden. Vor dem Befüllen wird eine Ankerstange (mit Außengewinde) eingesetzt, die später zum Befestigen des Bauteils dient (Abb. 8).

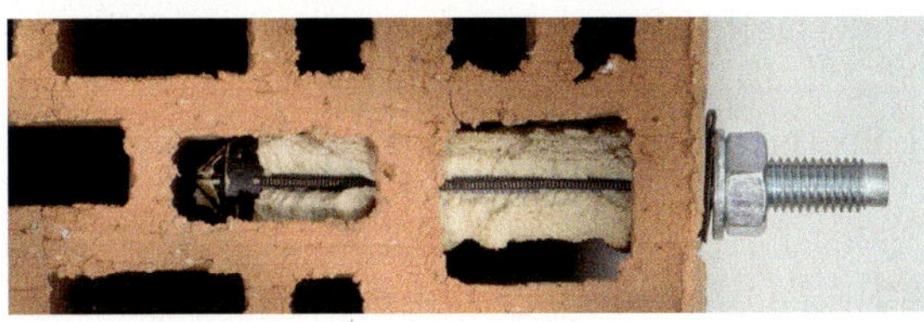

Abb. 8: Injektionsdübel (Stoffschlussprinzip)

- **Hinterschnittanker**

Beim Erstellen des Bohrlochs für einen Hinterschnittanker wird ein spezieller Bohrer verwendet, der das Bohrloch an seinem Grund aufweitet. Durch eine Keilkonstruktion füllt der Dübel diese Aufweitung vollständig aus und verankert sich im Bohrloch. Diese Dübel sind besonders für Schwerlastkonstruktionen geeignet. Eine Setzanleitung für einen Hinterschnittanker zeigt Abb. 1.

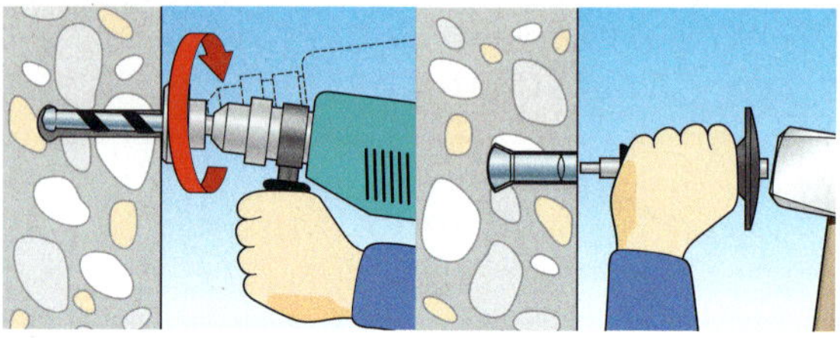

Abb. 1: Setzanleitung für Hinterschnittanker

Dübelregeln nach Herstellerangaben

Beim Herstellen von Befestigungen mit Dübeln sind unbedingt folgende Regeln zu beachten:

1. Klären Sie, ob die Befestigung bauaufsichtlich relevant ist. Prüfen Sie dabei folgende Fragen:
   - Kann bei Versagen der Dübel eine Person verletzt oder gar getötet werden?
   - Kann hoher Sachschaden entstehen? Wenn ja: Verwenden Sie nur bauaufsichtlich zugelassene Produkte.
2. Verwenden Sie nur den für den vorhandenen Untergrund geeigneten oder empfohlenen Dübel.
3. Klären Sie bei unbekannten Untergründen mit dem Planungs-/Bauleitungsteam welche Dübel außerhalb der Zulassung eingesetzt werden dürfen (technische Hilfe durch Fachberater/-in) und lassen Sie es sich schriftlich bestätigen.
4. Klären Sie im Zweifelsfall, ob die vorliegenden Lasten vorwiegend ruhend oder nichtruhend sind.
5. Jeder Dübel kann maximal nur die Last abtragen, die der Untergrund zu Tragen in der Lage ist.
6. Verwenden Sie im Freien und in Feuchträumen immer nichtrostende Dübel.
7. Beachten Sie die Montageanweisung und die Zulassung.
8. Lassen Sie sich im Zweifelsfall von Fachpersonen technisch beraten.

2.6.3 Aufhängungen für Rohre und Kanäle

Standardaufhängungen für Rohre

Die Auswahl einer Rohrschelle ist abhängig vom Rohrwerkstoff und dem Rohrdurchmesser, der Art und Temperatur des Durchflussstoffes sowie der Aufnahme von Kräften durch Schubbewegungen bzw. der Funktion als Gleitschelle.

Einzelaufhängung

Eine einzelne Rohrleitung wird meistens mit einer Rohrschelle mit schalldämmender Einlage und einer Gewindestange aufgehängt, die mit einem Dübel in der Decke oder an der Wand befestigt wird (Abb. 2).

Abb. 2: Rohrbefestigung mit Rohrschelle

Mehrfachaufhängung

Werden mehrere Rohrleitungen nebeneinander montiert, bietet es sich an, zuerst eine Montageschiene (Abb. 3) oder eine Konsole anzubringen, an der die Rohre mit Schellen ohne weitere Bohrvorgänge zu befestigen sind. Ein Beispiel mit einer Steck-Schnellverbindung, die ohne Werkzeug montiert werden kann, zeigt Abb. 5.

Standardaufhängungen für Luftkanäle

Bei der Befestigung von Lüftungskanälen sind Querschnittsform und Abmessungen wichtige Auswahlkriterien für die Halterung. Ebenso ist es erforderlich, dass Körperschallübertragungen von Lüftungskanälen auf den Baukörper verhindert werden.

Rechteckige Lüftungskanäle können mit Luftkanalwinkel (Abb. 4a) gehalten werden.

Luftkanalwinkel besitzen in der Regel ein eingearbeitetes Schalldämmelement aus Gummi, das direkt an der Decke befestigt werden kann und so eine schnelle Montage ermöglicht. Der Winkel kann dann direkt an den Luftkanal geschraubt werden. Eine andere Möglichkeit ist ein Luftkanaldoppelwinkel (Abb. 4b), der unter den Kanal geschraubt wird. Die eigentliche Abhängung erfolgt mit einer Gewindestange.

Abb. 3: Mehrfachbefestigung von Rohren an einer Montageschiene

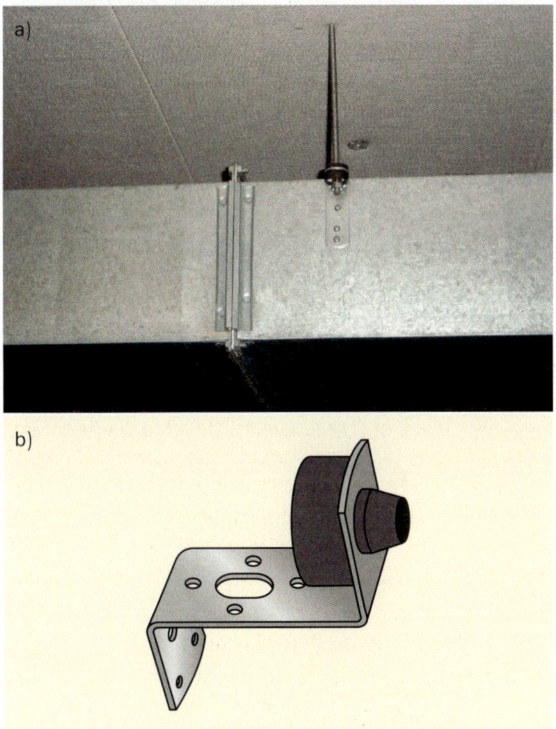

Abb. 4: a) Luftkanalwinkel, b) Luftkanaldoppelwinkel

Größere Kanäle werden mit einer Montageschiene mit eingelegten Dämmgummis montiert (Abb. 6). Der Luftkanal liegt auf dem Dämmgummi auf. Eine Schallübertragung wird deutlich verringert. Die Abhängung der Montageschiene zur Decke erfolgt mit Gewindestangen.

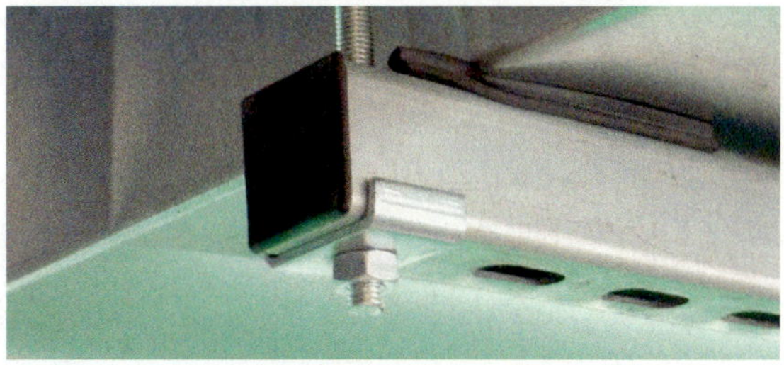

Abb. 6: Luftkanal auf Montageschiene

Eine Wandmontage von eckigen oder runden Luftkanälen kann auf einer vorgefertigten Montagekonsole erfolgen. Hierbei kann der Kanal oder das Rohr entweder abgehängt oder auf der Konsole aufgeständert werden. Auch hier ist auf eine Schallentkopplung zu achten.

Für die Befestigung von Rundrohren gibt es verschiedene Möglichkeiten. Für kleinere Dimensionen können Lüftungsrohrhänger direkt auf das Rohr aufgeschraubt oder genietet werden.

Lüftungsrohrschellen sind zweiteilig, dem jeweiligen Rohrdurchmesser angepasst und können mit einem Klickverschluss oder durch Gewindeschrauben an dem Rohr befestigt werden. Eine schalldämmende Einlage ist meist innen auf die Schelle aufgebracht. Die Abhängung erfolgt mit einer Gewindestange. Diese wird in eine an der Rohrschelle vorhandene Anschlussmutter eingeschraubt.

Aufgaben

1. Nennen Sie die technischen Grundanforderungen, die für eine Leitungsbefestigung erforderlich sind.
2. Unterscheiden Sie zwischen Kraft- bzw. Reibschluss und Stoffschluss.
3. Beschreiben Sie, wie nach einer Fehlbohrung vorzugehen ist.
4. Erklären Sie, wie ein Hinterschnittanker einzubauen ist.
5. Nennen Sie mindestens drei Standardaufhängungen für Luftkanäle.

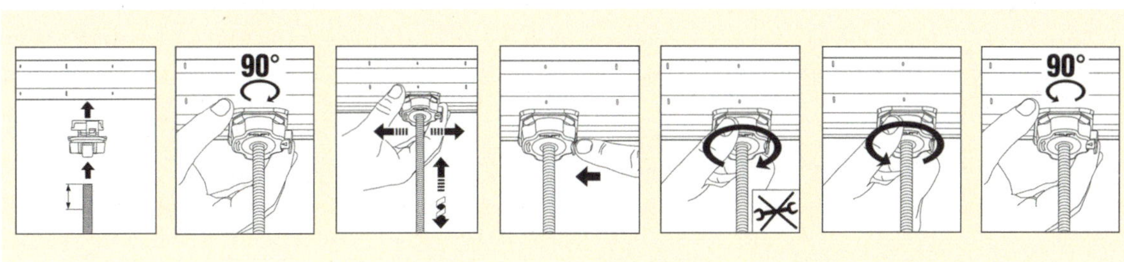

Abb. 5: Steck-Schnellverbindung an einer Montageschiene

Der König Kunde ...

Kundenaufträge in SHK-Betrieben bearbeiten

2.7 Kundenorientierung

2.7.1 Der Kunde als König

Viele denken bei diesem Thema spontan an ihr letztes Reparaturerlebnis, als die Waschmaschine oder der Ölbrenner defekt waren. Ganz egal um welches Gerät es sich auch handelte, da war der Fachhandel nicht zuständig, die Service-Zentrale nicht besetzt, der Mitarbeiter unfreundlich, das Reparatur-Unternehmen outgesourced, die Telefonnummer falsch. Dann sollte der Schaden genau beschrieben werden und ein Reparaturauftrag in schriftlicher Form erteilt werden. Ein Reparaturtermin wurde genannt, aber nicht eingehalten und auf die nächste Woche verschoben... Auch bei Aufträgen zur Modernisierung oder Neuanschaffung vermissen viele Kundinnen und Kunden oft die Kundenfreundlichkeit oder eine nach ihren Bedürfnissen und Wünschen ausgerichtete Kundenorientierung des Unternehmens. Nach Umfragen nennen Kundinnen und Kunden folgende Gründe für ihre Unzufriedenheit (Abb. 1).

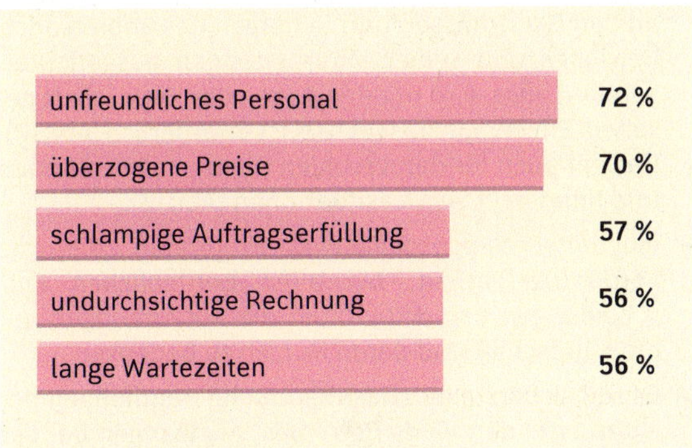

Abb. 1: Was Kunden besonders stört

Der viel zitierte „König Kunde" scheint nur in der Werbung zu existieren.

2.7.2 Ursachen der mangelnden Kundenorientierung

Mögliche Ursachen für die mangelnde Kundenorientierung sind Verhalten oder Einstellungen bei den Mitarbeitenden, Unternehmern und in der Politik.

Mitarbeiter/-innen:

- Kundenfreundlichkeit und Kundenservice setzen die Bereitschaft zum Dienen voraus. Dienen ist in Deutschland sozial nicht hoch angesehen.
- Häufig sehen Mitarbeiter/-innen in der Kundschaft eher einen Störfaktor, der Arbeit und Probleme verursacht. Kundenwünschen stehen sie dann mit Gleichgültigkeit, Desinteresse oder Arroganz gegenüber.

Schließlich möchte die Kundschaft etwas vom Unternehmen, in dem man zwar arbeitet, mit dem man sich aber wenig identifiziert.

Unternehmer/-innen:

- Kundinnen und Kunden werden oft als Objekt betrachtet, das durch Werbung so bearbeitet werden muss, dass es ein Produkt als seinen Bedarf erkennt. Ist dieses Ziel erreicht, so soll das Geld bereitwillig gegen das Produkt oder die Dienstleistung eingetauscht werden.
- Kundinnen und Kunden werden als Zufallsgröße angesehen. Mit ihrer Nachfrage kann in bestimmtem Umfang gerechnet werden. Die Initiative liegt bei der Kundschaft. Das Unternehmen wird selbst nicht weiter aktiv, es ist lediglich bereit, die Kundschaft zu bedienen. Kundenfreundlichkeit ist nicht erforderlich, das Geschäftfloriert auch so.
- Die Kosten für die Betreuung und den Kundenservice werden bei Rationalisierungsmaßnahmen meist zuerst eingespart.

Politik:

- Sobald sich die Auftrags- bzw. Wirtschaftslage verschlechtert, kann der Staat eingreifen, indem er z. B. mithilfe von Konjunkturprogrammen die Nachfrage ankurbelt. So können beispielsweise Subventionen für Neubauten oder gezielte Förderungen für die Installation von Wärmepumpen gewährt werden. Für diese Staatsausgaben werden in der Regel Schulden aufgenommen. Diese Schulden werden in der Hoffnung auf steigende Steuereinnahmen gemacht, sobald sich die Wirtschaft wieder erholt. Subventionen, wie die für Wärmepumpen, erhöhen die Nachfrage. Dies führt zu höheren Preisen für Wärmepumpen. Erst wenn die Förderung in Anspruch genommen wird, sinken in der Regel die Kosten für die Verbraucher/-innen, da die Subventionen einen Teil der Investitionskosten abdecken.

2.7.3 Besinnung auf die Kundinnen und Kunden

Der Markt unterliegt ständigen Schwankungen. In den letzten Jahren hat er sich stark verändert, u. a. durch:

- begrenzte Ressourcen und Lieferengpässe
- immer deutlicher werdenden Klimawandel
- Wunsch nach Unabhängigkeit von den Energieversorgern
- zunehmende Digitalisierung
- Mangel an Fachkräften

Je nachdem, welche Produkte ein Unternehmen verkaufen will, sollte es produkt- oder kundenorientiert handeln. Kundenorientierung ist besonders im Bereich der Anlagenmechanik zu empfehlen, da es hier meist um individuelle Problemlösungen geht (Abb. 1, S. 98).

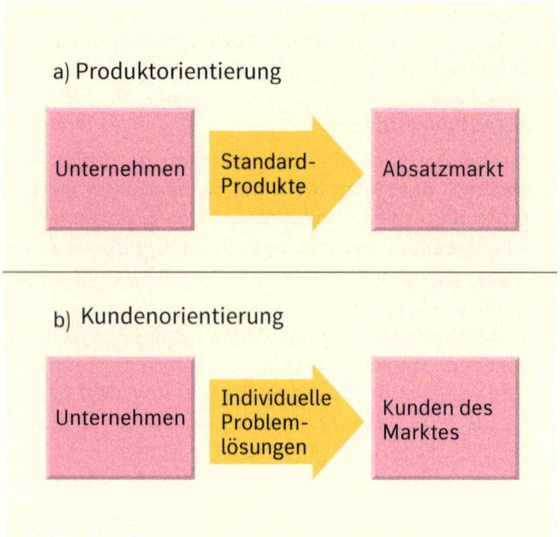

Abb. 1: Handlungsmöglichkeiten auf Märkten

Zukünftig wird sich der Wettbewerb voraussichtlich verschärfen. In den kommenden Jahren dürfte es für viele Kundinnen und Kunden wichtiger werden, nachhaltig zu bauen. Aber die Rahmenbedingungen für den Mittelstand könnten schwieriger werden. Die Bautätigkeiten sind bereits rückläufig und es ist auch mit nachlassenden Subventionen und einer sinkenden Kaufkraft zu rechnen.

Vor diesem Hintergrund rückt die Kundschaft, die zum bloßen Mittel degradiert wurde, wieder in den Mittelpunkt.

Kundinnen und Kunden haben Wünsche und Ansprüche und erwarten von einem Produkt zumeist auch einen Nutzen.

! Kundinnen und Kunden kaufen in erster Linie den *Nutzen*, den sie durch ein Produkt oder eine Dienstleistung erhalten.

Für Kundinnen und Kunden ist z. B. zum Beheizen der Räume Wärme (= Nutzen) wichtig, nicht das Produkt Wärmepumpe, das die Wärme liefert.

Ein Betrieb, der sich besser als bisher mit seinen Produkten und Dienstleistungen auf die Bedürfnisse der Kundschaft einstellt, ist den Kundinnen und Kunden wichtig. Hilft der Betrieb, die Bedürfnisse der Kundschaft zu befriedigen, so wird er zum attraktiven Partner.

! Unabhängig von der Unternehmensgröße ist die *Orientierung an der Kundschaft* eine unverzichtbare, überlebenswichtige und beschäftigungssichernde Notwendigkeit für alle industriellen und handwerklichen Unternehmen.

2.7.4 Zum Begriff der Kundenorientierung

Auch das QM-System nach DIN EN ISO 9000 ff. (siehe Kap. 2.9) beinhaltet kundenorientierte und unternehmensorientierte Produktionsziele. Diese sind jedoch ausschließlich auf den Begriff Produktqualität und auf die Qualitätssicherung bezogen. Kundenorientierung muss jedoch umfassender gesehen werden.

Um das eigentliche Ziel – ein Höchstmaß an Kundennutzen zu erreichen – ist neben der

- perfekten *Qualität des Produktes* oder der Dienstleistung
- eine exzellente *Servicequalität* über alle Phasen des Kundenkontaktes und
- eine erstklassige *Mitarbeiterqualität* erforderlich, z. B. Freundlichkeit.

Kundenorientierung (Clienting) ist

- ein *Grundprinzip* für das gesamte Denken und Handeln sämtlicher Mitarbeitender in einem Betrieb.
- eine besondere *Betrachtungsweise*. Sämtliche betrieblichen Aktivitäten werden nicht mehr wie bisher an den Bedürfnissen und Belangen des anbietenden Betriebes und seiner Mitarbeitenden ausgerichtet, sondern alles wird mit den Augen der Kundschaft gesehen. Ein Perspektivwechsel ist erforderlich (Abb. 2). Das gilt auch für den verbalen Dialog mit Kundinnen und Kunden in Servicesituationen (Abb. 3).
- ein *unternehmenspolitisches Programm*, das die Forderung enthält, bei allen betrieblichen Entscheidungen und Aktivitäten die Auswirkungen auf die Kundschaft und deren Nutzen zu bedenken.
- Es soll sicherstellen, dass sämtliche Handlungen der Mitarbeitenden eines Betriebes, angefangen bei der Produktauswahl über die Lieferung und die Montage bis hin zum Service und der Nachbetreuung der Kundschaft, strikt an den Bedürfnissen der Kundschaft ausgerichtet werden.

Kundenorientierung bedeutet ferner, dass jede/-r Mitarbeitende so geschult sein muss, dass er oder sie genaue, detaillierte und aktuelle Fachkenntnisse besitzt.

Abb. 2: Notwendiger Perspektivwechsel

10 Kunden-Killer	und 10 Gegenmaßnahmen
»Weiß nicht, da bin ich überfragt!«	»Ich werde mich sofort informieren.«
»Nein, geht nicht!«	»Ich kann jetzt das... für Sie tun.«
»Dafür bin ich nicht zuständig!«	»Es wird Ihnen sofort Herr/Frau X weiterhelfen.«
»Das ist nicht meine Schuld!«	»Ich überlege, was wir für Sie tun können.«
»Da müssen Sie sich an meinen Chef wenden!«	»Ich werde Ihnen gern weiterhelfen.«
»Regen Sie sich doch nicht so auf!«	»Entschuldigen Sie bitte...«
»Warten Sie, ich bin gerade beschäftigt!«	»Ich bin gleich bei Ihnen...«
»Rufen Sie später noch mal an!«	»Wann kann ich Sie zurückrufen?«
»Das kann ich besser beurteilen!«	»Ich tue mein Bestes, um sofort alles zu klären.«
»Stimmt – ein unmöglicher Laden hier!«	»Ich kann Ihre Enttäuschung gut verstehen.«

Abb. 3: Wie sich der verbale Dialog mit der Kundschaft verändern muss

Kundenorientierung bedeutet auch, dass nicht nur der Meister oder die Meisterin für die Kundschaft verantwortlich ist, sondern auch jeder und jede Mitarbeitende unabhängig von Tätigkeit, Stellung und Aufgabe. Da eine Kundenbeziehung nur unter Mitwirkung aller Beteiligten aufgebaut werden kann, sollten alle Mitarbeitenden über das Produkt, den Service, den Betrieb, den Ablauf der Montage und die jeweilige Aufgabenstellung informiert sein. Dazu gehören auch Kenntnisse der Verordnungen, ihrer gesetzlichen Anwendungsbereiche und Auswirkungen sowie der Fördermöglichkeiten, z. B. für regenerative Energien.

! *Kundenorientierung* ist die Ausrichtung des Denkens und Handelns auf

- die Kundschaft und ihre Bedürfnisse sowie auf
- spezifische Bedingungen und Anforderungen des Marktes,

in dem ein Unternehmen tätig ist.

Kundenorientierung gilt für alle im Unternehmen, von der Unternehmensleitung bis zum/zur Auszubildenden.

Kundenorientierung stellt eine Verpflichtung für alle Mitarbeitenden dar.

2.7.5 Maßnahmen zur Verbesserung der Kundenorientierung

Ein Unternehmer kann die Kundenorientierung seiner Mitarbeitenden z. B. durch ein 3-Punkte-Programm verbessern. Es beinhaltet eine *Bestandsaufnahme*, prüft *Handlungsmöglichkeiten* und sieht die *Einführung von Maßnahmen* vor.

Bestandsaufnahme:

Dabei sollte u. a. untersucht werden, wie stark die Kundenorientierung bei den Mitarbeitenden ausgeprägt ist und welche Leistungen den Betrieb für ddie Kundschaft attraktiv machen.

Handlungsmöglichkeiten:

Aufgrund der Bestandsaufnahme sollte überlegt werden, wie die Mitarbeitenden die Attraktivität des Betriebes steigern und die innerbetriebliche Zusammenarbeit kundenorientiert gestalten können.

Maßnahmen:

Aufgrund der Handlungsmöglichkeiten sollten Maßnahmen festgelegt werden, die kundenorientiertes Mitarbeiterverhalten fördern.

Zur Unterstützung des 3-Punkte-Programmes eignen sich Schulungen und Fortbildungskurse. Dabei können z. B. folgende *Themen* im Mittelpunkt stehen:

- Wie macht man Mitarbeitende zu Mitunternehmer/-innen?
- Wie schafft man zufriedene Mitarbeitende?
- Wie erfahre ich Kundenwünsche?
- Wie pflege ich Kundenverbindungen?
- Wie gehe ich mit schwierigen Kundinnen und Kunden um?

Aber auch das Thema „Alle Arbeiten aus einer Hand" vermittelt zukunftsweisende Kundenorientierung, wie das folgende Beispiel zeigen soll.

2.7.6 Die Hand-in-Hand-Werker GmbH

Außergewöhnlich beliebt sind bei Kundinnen und Kunden Problemlösungen und Dienstleistungen aus einer Hand (Abb. 1, S. 100). Einzelne Handwerksbetriebe können diesem Wunsch kaum noch entsprechen, da die fortschreitende Technik sie zur Spezialisierung zwingt. Eine Lösung des Problems bietet die Hand-in-

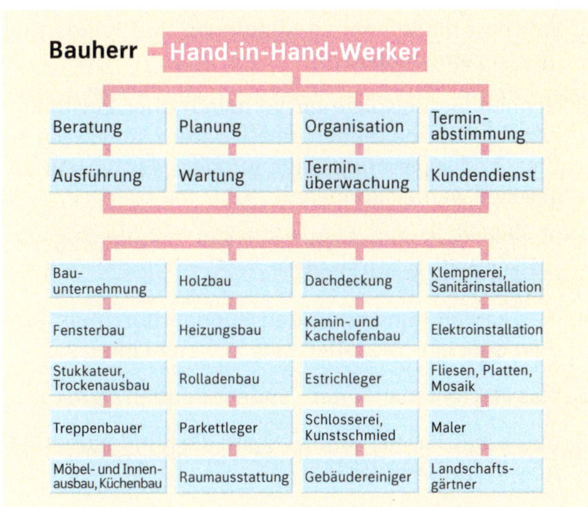

Abb. 4: Mögliche Struktur einer Hand-in-Hand-Werker GmbH

Abb. 1: Hand-in-Hand-Werker-GmbH: Ein Ansprechpartner für alle Arbeiten

Hand-Werker GmbH. Sie ist eine selbstständige Firma mit den beteiligten Handwerksbetrieben (Abb. 4) als Gesellschafter. Jeder Handwerksbetrieb behält aber seine rechtliche und unternehmerische Freiheit. Die Geschäftsführung der GmbH übernimmt im Rahmen der Bauleitung die Planungs- und Koordinationsaufgaben. Bei Kundenanfragen nimmt sie vor Ort technische Details auf und klärt ab, welche Gewerke benötigt werden. Die Rechnungstellung erfolgt nach Abschluss der Arbeiten in Form einer Gesamtrechnung.

Aufgaben

1. Welche Gründe nennen Kundinnen und Kunden für ihre Unzufriedenheit?
2. Nennen Sie Beispiele für Verhalten oder Einstellungen von Mitarbeitenden und in Unternehmen, die als Ursache für die mangelnde Kundenorientierung angesehen werden können.
3. Welche Veränderungen bewirken eine Rückbesinnung auf die Kundschaft?
4. Was kaufen Kundinnen und Kunden durch ein Produkt oder eine Dienstleistung in erster Linie?
5. Was versteht man unter Kundenorientierung?
6. Durch welche Maßnahmen kann die Kundenorientierung verbessert werden?

2.8 Bearbeiten von Kundenaufträgen

Um einen Kundenauftrag vom Angebot bis zur Auftragsabwicklung und Übergabe bearbeiten zu können, sind neben branchenspezifischem und kaufmännischem Wissen auch betriebsspezifische und kundenpsychologische Kenntnisse erforderlich.

2.8.1 Leistungsangebot eines SHK-Fachbetriebes

Kaum eine andere Branche bietet ein so breites und vielfältiges Leistungsspektrum wie die SHK-Branche.

So bieten SHK-Fachbetriebe Leistungen u. a. im Bereich der Trinkwasser-, Abwasser-, Regenwasser-, Grauwasser-, Gas-, Flüssiggas- und Abgasanlagen-, Öllager-, Heizungs-, Lüftungs-, Klima-, Kälte-, Brandschutz-, Schallschutz-, Feuerlöschanlagen-, Fotovoltaik-, Solarthermie-, Wärmepumpen-, BHKW-, Nah- und Fernwärme-, Dampf-, Sicherheits- und Zentralstaubsauger- sowie Bad- und Schwimmbad-Technik an. Die von den Mitarbeitenden eines SHK-Betriebes auszuführenden Arbeiten umfassen z. B.:

- Planung und künstlerischen Gestaltung (z. B. Badplanung) und Beratung
- Neuinstallation
- Wartung, Reparatur von Anlagenteilen
- Sanierung ganzer Anlagen
- kaufmännische Abwicklung des Kundenauftrages

Abb. 2: Auftragsarten

Darüber hinaus erlaubt die Handwerksordnung im Sinne ganzheitlicher Arbeit im bestimmten Umfang die Ausführung von Arbeiten in anderen Gewerken, z. B. bei Klempner- und Elektroinstallationsarbeiten.

Damit bei einer Kundenanfrage oder einem Kundenauftrag die richtige Auskunft gegeben werden kann, muss jeder und jede Mitarbeitende wissen, welche Leistungen der SHK-Fachbetrieb anbietet und ausführen kann.

Auftragsarten in SHK-Fachbetrieben

Kundinnen und Kunden können einem SHK-Fachbetrieb folgende Arten von Aufträgen zur Ausführung erteilen (Abb. 2):

- **Auftrag zur Planung**

  Ein solcher Auftrag umfasst z. B. die Planung eines barrierefreien Bades mit der Anordnung der sanitären Einrichtungsgegenstände. Solche Leistungen können – je nach Aufwand – Teil eines Angebotes sein und mit einem Pauschalbetrag berechnet werden. Dieser Betrag wird meist wieder verrechnet, wenn es zum Ausführungsauftrag kommt.

- **Auftrag zur Modernisierung und Sanierung**

  Ein solcher Auftrag ist in der Regel sehr umfangreich. Meist werden in Altbauten ganze Anlagen entfernt und durch modernere, energie- und wassersparende Einrichtungen ersetzt.

  Zunehmend werden auch ressourcenschonende Anlagen in vorhandene Anlagen integriert, z. B. Solaranlagen mit Schichtenspeicher, Holzheizkessel, Wärmepumpen oder BHKW zur Heizungsunterstützung oder Trinkwassererwärmung.

  Besondere Sorgfalt ist erforderlich, wenn z. B. ein Bad modernisiert und saniert wird. Dann sind neben den Leistungen des SHK-Fachbetriebes weitere Gewerke wie Schreinern, Malern, Fliesenlegen und Elektroinstallation erforderlich. Liegt die gesamte Auftragsabwicklung in der Verantwortung des SHK-Betriebes, so wird dieser zum Auftraggeber für andere Gewerke. Besonders wichtig ist die terminliche Abstimmung zwischen den einzelnen Gewerken, damit die Arbeiten in zweckmäßiger Abfolge im Sinne einer zügigen Auftragsabwicklung ausgeführt werden können (siehe auch Kap. 2.8.6).

- **Auftrag zur Neuinstallation**

  Diese Auftragsart (Abb. 3) umfasst umfangreiche Arbeiten in Neubauten. Im Wesentlichen gelten hier dieselben Aussagen wie für die Modernisierung und Sanierung. Im Gegensatz dazu können jedoch bei einer Neuinstallation Rohrleitungen und Anlagenteile ohne Rücksicht auf schon bestehende Gegebenheiten verlegt und platziert werden.

Abb. 3: Auftrag zur Neuinstallation

- **Auftrag für Wartungs- und Servicearbeiten**

  Bei einem solchen Auftrag (Abb. 4) sind regelmäßig wiederkehrende Arbeiten durchzuführen, um einen einwandfreien Betrieb von Anlagenteilen sicherzustellen, z. B. Austauschen eines Filtereinsatzes im Hauswasserfilter.

Abb. 4: Wartungs- und Serviceauftrag

- **Auftrag für Reparatur- und Austauscharbeiten**

  Hierbei handelt es sich um Arbeiten an Anlagenteilen, die defekt sind oder fehlerhaft arbeiten, z. B. Austausch einer Heizungsumwälzpumpe oder Reparatur einer beschädigten Acryl-Badewanne.

Die Auftragsarten unterscheiden sich in vielfältiger Hinsicht, sodass in einem SHK-Fachbetrieb in der Regel spezielle Mitarbeitende die verschiedenen Aufträge ausführen.

2.8.2 Kundenkontakt

Wie die Verhaltenspsychologie herausgefunden hat, fällt die Entscheidung über Sympathie oder Antipathie zwischen zwei Menschen, die sich das erste Mal begegnen, in weniger als einer Sekunde. Die sogenannte *nonverbale Kommunikation* bestimmt den ersten Eindruck und legt Bewertungen fest.

Diese Form der mitmenschlichen Bewertung ist in der stammesgeschichtlichen Entwicklung des Menschen begründet. In der Vorzeit war es überlebenswichtig, sich möglichst schnell ein Bild seines Gegenübers zu verschaffen. Um die friedlichen Absichten zu dokumentieren, streckte man beide Arme aus, um zu signalisieren: Sieh her, ich komme ohne Waffen. Daraus hat sich die Begrüßung durch Händeschütteln entwickelt und bis heute erhalten.

Neben dem ersten Eindruck entscheiden weitere gute und schlechte Signale, die wir ständig über unsere nonverbale Körpersprache senden, über unsere Außenwirkung (Abb. 1 und 2).

Diese Signale werden durch Kleidung, Körpergeruch, Mimik und Gestik noch unterstützt und verstärkt.

Piercings und Tätowierungen können bei einigen Personen negative Assoziationen wecken.

Besondere Beachtung sollte man auch der Körperpflege schenken. Sie stärkt das Image der Firma als sauberer und ordentlicher Betrieb. Deshalb:

- Tragen Sie immer ein Päckchen Pfefferminze oder Zahnputzkaugummi bei sich.
- Benutzen Sie, wenn nötig, vor dem Eintreffen ein Deodorant.
- Führen Sie Seife und Handtuch bei sich. Wenn Sie sich nach der Arbeit beim Kunden die Hände waschen, haben Sie wieder saubere Hände.

Sie sollten immer bedenken, dass letztlich das Verhalten der Service-Mitarbeitenden vor Ort über den Erfolg einer Kundenbeziehung entscheidet.

Positiv-Signal: „Guten Tag!“
Wichtige Vertrauenssignale bei der Begrüßung: Die rechte Hand ist frei zum Händeschütteln, wobei die Initiative hierfür vom Kunden bzw. von der Kundin ausgehen sollte. Die Körperhaltung ist offen, der Gesichtsausdruck freundlich. Vertrauensbildende Hilfsmittel sind die Packdecke und das Unterlegvlies.

Positiv-Signal: „Frau Müller, darf ich Ihnen Ihr neues Bad zeigen?“
Diese einladende, offene Haltung mit sichtbaren Handflächen wirkt sympathisch und unterstreicht die Wertigkeit der geleisteten Arbeit.

Nutzen Sie:

- offene, einladende Körpersprache, die Vertrauen und Kommunikationsbereitschaft signalisiert
- saubere, funktionelle Kleidung
- unaufdringliches Eau de Toilette
- offene, gerade Haltung, freundlicher Blick
- natürliches Lächeln, enger Blickkontakt
- positive Signale durch:
  - Kleidung
  - Gang
  - Gestik, Mimik
  - Blickkontakt
  - Distanz
  - Duft
  - Haltung

Quelle: Umberta Andrea Simonis, „Mehr Erfolg im Umgang mit Kunden – der erste Knigge für Handwerker“, 7. Aufl., Holzmann Buchverlag, Bad Wörishofen 2006.

Abb. 1: Positiv-Signale

Negativ-Signal:
„Das geht mich doch nichts an!“
Verschränkte Arme wirken nach innen und außen wie eine Barriere und signalisieren Abwehr und fehlende Aufnahmebereitschaft.

Negativ-Signal: „So nicht!“
Der erhobene Zeigefinger und die aufgestützte Hand signalisieren Dominanz und Kampfbereitschaft – gerade in schwierigen Kommunikationssituationen belasten diese Gesten die Verbindung zum Gegenüber.

Vermeiden Sie:

- dominante Gesten, die Aggressionen beim Gegenüber auslösen können
- unbewusste Körpersprache, die nicht zur Qualität und dem Erscheinungsbild der handwerklichen Leistung passt:
  - starker Körpergeruch, Schweiß, Knoblauchgeruch
  - fettige, ungepflegte Haare
  - Drei-Tage-Bart
  - schlechte Haltung
  - unpassende, schmutzige, kaputte Kleidung und Schuhe
  - schlurfender oder polternder Gang
  - grimmige und verkniffene Gesichtszüge
  - aufgesetztes Lächeln
  - kein Blickkontakt
  - zu kleiner (< 50 cm) oder zu weiter (> 100 cm) Abstand während der Kommunikation
- Kaugummi kauen (auch während eines Gesprächs)

Abb. 2: Negativ-Signale

2.8.3 Kundenberatung und Kundentypen

Um erfolgreich beraten und verkaufen zu können, müssen SHK-Mitarbeiter/-innen auf Kundinnen und Kunden eingehen. Hilfreich ist hier die Zuordnung des Gegenübers zu einem „Kundentyp".

Aus den zahlreichen Möglichkeiten, Kundentypen zu klassifizieren, gilt das einfache und relativ neue Modell des *werteorientierten Nachfrageverhaltens* als besonders erfolgreich und zukunftsweisend. Es basiert auf der Erkenntnis, dass unsere Werthaltung unser Verhalten bestimmt.

! Wir kaufen und bevorzugen die Produkte, deren Imagewert *unseren eigenen Werten* entspricht.

Die Werte, die unsere Handlungen steuern, sind aus unserer Sprache zu erkennen. Erfolgreiche SHK-Mitarbeiter/-innen identifizieren die klassischen Wörter und weisen sie einem der sechs Kundentypen („Nachfragetypen") zu.

Man unterscheidet:

- Abenteurer/-innen
- Performer/-innen
- Disziplinierte
- Bewahrer/-innen
- Tolerante
- Hedonist/-innen

Kundentypen und Produkteigenschaften

Auch bei Produkteigenschaften lässt sich die Klassifizierung nach dem werteorientierten Nachfrageverhalten anwenden. Am Beispiel „schmutzabweisende Keramikoberfläche" soll die Reaktion der verschiedenen Kundentypen aufgezeigt werden.

Je nach Typ, bedeutet eine schmutzabweisende Keramikoberfläche etwas anderes.

Typ Abenteurer/-in:

Innovatives Hightech, das man haben sollte.

Typ Performer/-in:

„State of the Art" (ein Muss bzw. der Trend), unter dem es also nicht mehr geht.

Typ Disziplinierte/-r:

Sieht in dieser Produkteigenschaft eine faire Veränderung des Preis-/Leistungsverhältnisses.

Typ Bewahrer/-in:

Es istimmer noch Keramik.

Typ Tolerante/-r:

Es ist egal. Wenn es nicht schadet, wird es genommen.

Typ Hedonist/-in:

Ist zufrieden, weil es weniger Arbeit beim Reinigen macht.

Ein Nichtbeachten des Kundentyps und damit eine falsche Beratung durch den oder die SHK-Mitarbeiter/-in kann fatale Folgen haben. Erklärt man z. B. dem Kundentyp „Tolerante/-r", er oder sie müsse den „State of the Art" nehmen, unter dem es nicht mehr geht, so wird dies auf Unverständnis stoßen, da sich der oder die Tolerante bevormundet fühlt.

Interessant ist eine Untersuchung, die die prozentuale Verteilung der sechs Nachfragetypen im Handwerk vergleicht mit der Verteilung im gesellschaftlichen Durchschnitt (Abb. 3).

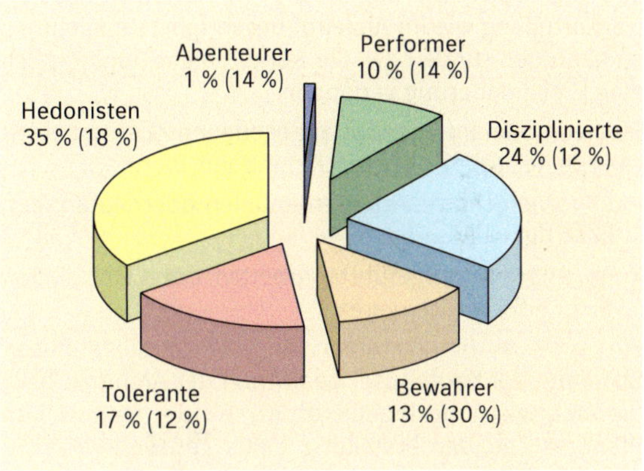

Abb. 3: Verteilung der Nachfragetypen im Handwerk und in der Gesellschaft (Klammerwerte)

Die Disziplinierten sind Preiskäufer und in der SHK-Branche mit einem Anteil von 24 % deutlich überrepräsentiert (gegenüber 12 % in der Gesamtgesellschaft).

Oft enden deshalb Gespräche zwischen Handwerker/-in und Kunde/Kundin beim Preis, weil davon ausgegangen wird, dass die Kundschaft – wie man selbst – ebenfalls vorwiegend auf den Preis achtet.

! SHK-Mitarbeiter/-innen sind zu oft auf das Preisgespräch fixiert.

2.8.4 Angebotserstellung

Nach dem ersten Kontakt mit der Kundin oder dem Kunden wird oft als nächster Schritt ein *Ortstermin* vereinbart. Bei dieser Besichtigung sollen die baulichen und technischen Gegebenheiten festgestellt und aufgenommen werden, z. B. bei einer Baderneuerung die Raummaße sowie Lage und Nennweite der Trink- und Abwasseranschlüsse.

Bei dieser Ortsbesichtigung sind auch die technischen Voraussetzungen hinsichtlich der Kundenerwartungen und Kundenvorgaben zu prüfen, z. B. ob der Einbau einer Dampfdusche möglich ist.

Nachdem der Kostenrahmen geklärt wurde, kann für das *Angebot* eine Produkt- oder Systemauswahl festgelegt werden.

! Ein *Angebot* ist eine rechtsverbindliche Aussage eines Handwerksbetriebes über die zu erwartenden Kosten für eine bestimmte Leistung einschließlich der dafür erforderlichen Materialien, Bauteile, Werkzeuge und der Montage.

Das Angebot ermöglicht dem Kunden bzw. der Kundin Preisvergleiche anzustellen. Weiterhin bietet es Sicherheit, dass sich der Preis in dem angegebenen Zeitrahmen nicht ändert, wenn die Arbeiten wie im Angebot angegeben ausgeführt werden.

Auch für den SHK-Handwerksbetrieb stellt das Angebot eine Sicherheit dar. Wurden die Arbeiten nach der Auftragserteilung wie im Angebot beschrieben ausgeführt, so kann der Kunde bzw. die Kundin nicht nachträglich eine Preisminderung verlangen.

Eine von dem im Angebot angegebenen Kosten abweichende Rechnung ergibt sich nur dann, wenn

- unvorhersehbare Arbeiten anfallen oder Materialien benötigt werden oder
- im Angebot aufgeführte Arbeiten oder Materialien nicht erforderlich waren.

Für *größere Bauvorhaben* wie Mehrfamilienhäuser, Schulen oder Kaufhäuser beauftragt der Architekt bzw, die Architektin ein Ingenieurbüro mit der technischen Planung und der Erstellung eines *Leistungsverzeichnisses (LV)*. Entsprechend der technischen Planung beschreibt das LV für jedes Gewerk die auszuführenden Leistungen, sowie den Liefer- und Montageumfang.

In den *Vorbemerkungen* des LV werden die technischen Regeln wie DIN-EN-Normen oder VDI-Richtlinien genannt, die bei der Auftragsausführung beachtet werden müssen. Weiterhin beinhalten die Vorbemerkungen Regelungen über die Zusammenarbeit und Absprache zwischen den Gewerken, Abfallbeseitigung, Sicherheits- und Umweltauflagen. Darüber hinaus werden auch kaufmännische Details geregelt wie Zahlungsbedingungen, Gewährleistung und Verzugsstrafen.

Im *Hauptteil des LV* sind die für das Projekt erforderlichen Materialien in ihren Eigenschaften genau beschrieben und in einzelnen Positionen zur Preisauszeichnung aufgeführt.

Das Leistungsverzeichnis bildet zusammen mit Planungszeichnungen, Funktionsbeschreibungen etc. die *Ausschreibungsunterlagen*. Diese können interessierte SHK-Handwerksbetriebe in der Regel gegen eine Gebühr z. B. bei einer Architektin oder einem Architekten oder beim Bauamt erwerben.

Durch Prüfung der Ausschreibungsunterlagen auf regelgerechte Planung, Eintragen der Preise, Unterschrift und fristgerechte Abgabe bei der ausschreibenden Stelle hat der SHK-Handwerksbetrieb ein rechtsverbindliches Angebot abgegeben.

Ob das Angebot zum Auftrag wird, entscheidet sich erst nach dem *Submissionstermin* (Eröffnungstermin einer öffentlichen Ausschreibung).

An diesem Termin werden die bis dahin verschlossenen Angebote geöffnet und verlesen.

2.8.5 Preiskalkulation

Um ein Angebot kalkulieren zu können, müssen Lohnkosten, Materialkosten und der Stundenverrechnungssatz ermittelt werden.

Lohnkosten

Der vereinbarte Bruttostundenlohn für eine/-n Mitarbeiter/-in eines SHK-Fachbetriebes wird auch gezahlt:

- an Urlaubs- und Feiertagen
- im Krankheitsfall
- bei beruflicher Fortbildung
- im Bildungsurlaub

Durch diese Fehltage reduziert sich die Zahl der möglichen Arbeitstage im Jahr von 260 auf 214 (z. B. 30 Tage Urlaub, 14 Tage krank, 2 Tage Fortbildung).

Da die Mitarbeiter/-innen in SHK-Fachbetrieben nicht den gesamten Arbeitstag beim Kunden bzw. der Kundin arbeiten, sondern noch andere Tätigkeiten ausführen, z. B. Be- und Entladen des Servicefahrzeuges, bleiben etwa 7 Stunden für die Arbeit vor Ort übrig.

Bei einem Bruttostundenlohn von 14,84 €/h und einer 37,5-Stundenwoche ergibt sich dann für eine/-n SHK-Mitarbeiter/-in ein

$$\text{Jahresbruttolohn} = 14{,}84\ €/\text{h} \cdot 7{,}5\ \text{h/d} \cdot 260\ \text{d/a} = 28.938\ €/\text{a}$$

Weitere Kosten müssen hinzugerechnet werden, wie

• Vermögenswirksame Leistungen, z. B.	78 €/a
• Weihnachtsgeld, z. B. 1/2 Monatsgehalt	1.206 €/a
• Urlaubsgeld, z. B. 1/2 Monatsgehalt	1.206 €/a
	2.490 €/a

Es ergibt sich damit ein Jahresbruttolohn von 31.428 €/a. Wird dieser verteilt auf 214 Arbeitstage je 7 Arbeitsstunden, so ergibt sich ein

$$\text{Mittellohn} = \frac{31.428\ €/\text{a}}{214\ \text{d/a} \cdot 7\ \text{h/d}} = 20{,}98\ €/\text{h}$$

Zusätzlich zu den 20,98 €/h muss der SHK-Fachbetrieb die Hälfte der Beiträge zur Kranken-, Pflege-, Arbeitslosen- und Rentenversicherung bezahlen (paritätische Aufteilung).

Tab. 1: Sozialkosten (Stand: 2022)

Sozialversicherungsart	Beitrag in %	Bemerkung
Krankenversicherung	14,60	paritätisch; zusätzlich 1,3 % durch Arbeitnehmer/-innen
Pflegeversicherung	3,05	paritätisch
Arbeitslosenversicherung	2,40	paritätisch
Rentenversicherung	18,60	paritätisch
Gesamt	**38,65**	

Nach Tab. 1 zahlt der Arbeitgeber die Hälfte von 38,65 % zusätzlich zum Mittellohn. Das entspricht weiteren 4,05 €/h.

Ferner muss der Arbeitgeber die Berufsunfallversicherung voll übernehmen.

Dem SHK-Betrieb entstehen weiterhin *Gemeinkosten*, die berücksichtigt werden müssen. Dazu zählen z. B.:

- Unterhaltskosten oder Mieten für Gebäude und Anlagen
- Energiekosten
- Abschreibungen für die Abnutzung von Maschinen, Werkzeugen, Fahrzeugen usw.
- Verwaltungskosten (z. B. für Personal, das in der Verwaltung tätig ist)
- Prämien für die betriebliche Haftpflichtversicherung
- Prämien für die Gebäudeversicherung

Die Gemeinkosten können insgesamt leicht 100 % Zuschlag auf den Mittellohn überschreiten, wie das Beispiel auf Seite 107 zeigt.

Material- und Materialgemeinkosten

! Die *Materialkosten* beinhalten die Kosten für das Material, das im Fertigungsprozess für ein Produkt oder im Rahmen einer Dienstleistung verarbeitet wird.

Das Material für einen Auftrag wird vom SHK-Fachbetrieb im Rahmen des 3-stufigen Vertriebsweges (Herstellerfirma – Großhändler – SHK-Betrieb) beim Großhändler geordert. Der Großhändler ist mit seiner großen Vorratslagerhaltung ein wichtiges Bindeglied zwischen Herstellerfirma und SHK-Fachbetrieb. Oft wird jedoch auch direkt bei der Herstellerfirma über den Außendienst bestellt.

Sowohl Großhändler als auch Lieferfirma haben Preislisten mit *Listenpreisen*, die einen *Nettopreis* (ohne Mehrwertsteuer) ausweisen.

Je nach Abnahmemenge gewähren Großhändler und Lieferfirma gewisse Rabatte.

Wird vom Listenpreis der Rabatt abgezogen, so ergibt sich der *Einkaufspreis*. SHK-Fachbetriebe verkaufen jedoch das Material nicht zum Einkaufspreis, sondern berechnen einen Aufschlag, um die zusätzlichen Kosten zu decken, wie Lager-, Transport- und Verwaltungskosten.

! *Materialgemeinkosten* sind alle Kosten, die durch die Beschaffung und die Lagerung des Materials entstehen.

Am Ende wird der *Bruttopreis* aus Nettopreis plus Mehrwertsteuer berechnet.

Stundenlohn und Stundenverrechnungssatz

Viele Kundinnen und Kunden versuchen, die auf den Stundenzetteln aufgeschriebenen Arbeitsstunden nicht oder erst nach Reklamationen zu bezahlen.

Die meisten wissen nicht, dass der Stundenverrechnungssatz, wie er auf der Rechnung steht, nicht gleich dem Stundenverdienst der Handwerker/-innen ist.

Der Stundenverrechnungssatz setzt sich vielmehr aus

- den Lohnzusatzkosten,
- den Gemeinkosten und
- dem Stundenlohn

zusammen. Was dann noch übrig bleibt, ist der Gewinn des Unternehmens.

Berechnet ein Handwerker eine Arbeitsstunde mit z. B. 53,61 €, so entfallen davon:

auf Lohnzusatzkosten	9,30 €
auf Gemeinkosten	21,00 €
auf den Stundenlohn	14,84 €

bezahlte Zeit	1805	h	14,84	€	26.786,20	€
Urlaubsgeld	222,0	h	7,42	€	1.647,24	€
Teile eines 13. Monatsgehalts	81,3	h	14,84	€	1.205,75	€
Vermögensbildung	pro Monat		6,50	€	78,00	€
Zwischensumme					29.717,19	€
Krankenversicherung	7,30	%			2.169,35	€
Rentenversicherung	9,30	%			2.763,70	€
Arbeitslosenversicherung	1,20	%			356,61	€
Pflegeversicherung	1,53	%			453,19	€
Umlage 1 (Krankengeld)	2,50	%			742,93	€
Umlage 2 (Schwangerschaft)	0,10	%			29,72	€
Berufsgenossenschaft	3,00	%			891,52	€
Erstattung Lohnfortzahlung[1]	70,00	%	105	h	1.090,74	€
Jahreskosten des Monteurs					38.214,94	€
Produktivstunden[2]	1583	h	14,84	€	23.491,72	€
Lohnzusatzkosten					14.723,22	€
Stundenlohn					14,84	€
Lohnzusatzkosten	84,00	%			9,30	€
Lohnselbstkosten					24,14	€
unproduktive Löhne und Gehälter[3]			15	%	3,62	€
allgemeine Geschäftskosten[3]			72	%	17,38	€
Lohngesamtkosten					45,14	€
Wagnis und Gewinn	z. B.		5	%	2,26	€
Stundenverrechnungssatz (ohne Entlastung durch Material)					47,40	€
Minutenverrechnungssatz für die Zuschlagskalkulation (o. W+G)					0,79	€

1) Erstattung bei Betrieben mit 20 bis 30 Mitarbeitenden (je nach Satzung der Krankenkasse)
2) produktive Arbeitszeit (Beispiel)
3) muss im eigenen Betrieb ermittelt werden

Abb. 1: Beispiel für die Ermittlung eines Stundenverrechnungssatzes

Dem Betrieb bleibt nur ein Gewinn von 2,26 €. Das Berechnungsbeispiel für einen Stundenverrechnungssatz (Abb. 1, S. 105) soll zeigen, warum den Kundinnen und Kunden ein solch hoher „Stundenlohn" in Rechnung gestellt werden muss.

In der Praxis ist es wichtig, den Kundinnen und Kunden Kunden die Hintergründe des hohen Stundenverrechnungssatzes erklären zu können.

Im Beispiel (Abb. 1) beziehen sich die angegebenen Preise auf einen Kundendienstmonteur. Arbeitet ein Auszubildender mit, so kostet er je nach Lehrjahr 40 bis 60 % des Verrechnungssatzes. Das führt immer häufiger zu Streitigkeiten mit den Kundinnen und Kunden. Nach letzten Gerichtsurteilen ist die Abrechnung von Auszubildenden auf der Kundenrechnung nur noch erlaubt, wenn sie auch aktiv mitgearbeitet haben.

Aber auch die Mitarbeitenden eines SHK-Betriebes müssen sich über die hohen Stundenverrechnungssätze im Klaren sein. Sie sollten bedenken, dass z. B. eine Zigarette oder eine Tasse Kaffee, die der Kunde oder die Kundin ausgibt, etwa 8,00 € kosten, da ca. 10 Minuten nicht gearbeitet wird.

Auch Mitarbeitende müssen verstehen, welche Kosten hinter dem Stundenverrechnungssatz stehen. Es wäre geradezu frustrierend, wenn sie der Meinung wären, dass die Differenz zwischen ihrem Stundenlohn (im Beispiel: 14,84 €) und dem auf der Rechnung stehenden Stundenverrechnungssatz (im Beispiel: 47,40 €) der Gewinn der Firma wäre. Im Beispiel (Abb. 1) beträgt der zu erwartende Gewinn ca. 5 % und damit ca. 2,26 €/Stunde. Zum Teil wird dieser Betrag dazu benötigt, das Eigenkapital der Firma zu erhöhen (→ TB).

Eine ausführliche und umfassende Ermittlung des Stundenverrechnungssatzes ist mithilfe von vier Formularen möglich, die die Handwerkskammer Sachsen ins Netz gestellt hat.

Damit die Zusammensetzung des Stundenlohnes für die Kundschaft kein ungelöstes Rätsel bleibt, hat die Handwerkskammer Region Stuttgart einen besonderen Service eingerichtet: Unter dem Titel „Was kostet die Handwerkerstunde?" verdeutlicht ein Informationsblatt, wie sich der Stundenverrechnungssatz zusammensetzt und was genau in den Lohnzusatzkosten und Gemeinkosten enthalten ist. Die PDF-Datei kann heruntergeladen und beliebig oft ausgedruckt werden. Der Rechnung beigefügt, dient das Blatt als Argumentationshilfe und schafft Verständnis bei den Kundinnen und Kunden.

Angebotskalkulation und Preisbildung

Wie viel eine Dienstleistung oder ein Produkt kosten darf, ist eine der schwierigsten und wichtigsten unternehmerischen Fragen überhaupt. Die Antwort darauf ist oft entscheidend dafür, wie gut oder wie schlecht sich Dienstleistungen und Produkte verkaufen lassen. Ferner hängt davon ab, wie rentabel ein SHK-Fachbetrieb arbeitet. Darum ist es nur zu verständlich, dass Auszubildende oder Gesellinnen und Gesellen kaum Einfluss auf die Kalkulation der Preise des SHK-Fachbetriebes nehmen können. Es ist jedoch von Vorteil, wenn sie nachfragenden Kundinnen oder Kunden erläutern können, wie sich die Angebotskalkulation und damit der Preis für den Auftrag zusammensetzt.

! Die *Angebotskalkulation* (Vorkalkulation) erfolgt vor Beginn der Leistungserstellung auf der Basis von betrieblichen Solldaten der Kostenrechnung wie Stundenverrechnungssatz und diversen Zuschlagssätzen. Ein Beispiel zeigt Abb. 1.

Eine genaue Angebotskalkulation orientiert sich dabei an drei Erkenntnissen bzw. Faktoren:

1. Angebot und Nachfrage sind preisbestimmend.
2. Der Preis soll so hoch sein, dass ein Umsatz erzielt wird, der die Kosten deckt und Gewinn erwirtschaftet (Kostenpreis).
3. Der Preis muss konkurrenzfähig sein (Marktpreis).

Ein SHK-Fachbetrieb, der den Kostenpreis auf dem Markt durchsetzen kann, steht gut da. Alle Ausgaben werden wieder eingespielt. Kostenpreise lassen sich in der Praxis aber nicht immer realisieren. Der SHK-Fachbetrieb muss dazu gut im Markt positioniert sein. Bei einem zu hohen Kostenpreis für Produkte und Dienstleistungen besteht die Gefahr, dass der Preis nicht durchgesetzt werden kann, weil die Mitbewerber günstiger sind.

Senkt man den Preis mit Blick auf die Mitbewerber, so kann vielleicht ein höherer Umsatz erzielt werden, allerdings ohne Kostendeckung. In diesem Fall sind zwei Auswege möglich:

1. Anpassung der Zielgruppe (Welche Kundengruppe würde den Kostenpreis bezahlen?)
2. Reduzierung der Kosten (Wo und wie können Kosten eingespart werden?)

Berechnung der Arbeitstage im Jahr	
Tage im Jahr	364
– Samstage und Sonntage	104
– Feiertage	7
– Urlaubstage	30
– Krankheitstage	7
= Arbeitstage (anwesend)	**214**
Berechnung der produktiven Arbeitsstunden	
Arbeitstage	214
× Stunden pro Tag	7,4
× Produktivbeschäftigte Mitarbeiter	5,5
× Korrekturfaktor (in Prozent)	85
(= Zeitverlust, z. B. für Fahrten, Vor- und Nacharbeiten, Leerlaufzeiten bei schlechter Auftragslage)	
Stunden	**7.403,33**

Berechnung des Stundenverrechnungssatz (Beispiel)
Kosten des Betriebes = z. B. 361.000,00 € geteilt durch
Fakturierbare Stunden = 7.403,33
= 48,76 € (plus 5 % Gewinn) ergibt 51,20 € Stundensatz

Beispiel: Angebotskalkulation

Angebotskalkulation (Vollkostenrechnung)	
Anzahl der Stunden (70) ×	
Stundenverrechnungssatz (48,76 €)	
= Lohnumsatz	3.413,33 €
+ Materialeinkaufspreis	1.600,00 €
+ Aufschlag auf Material (10 %)	160,00 €
+ Sondereinzelkosten (Fertigung, Vertrieb)	125,00 €
= Selbstkosten	5.298,33 €
+ Wagnis und Gewinn (10 %)	529,83 €
= Angebotspreis netto	5.828,16 €
+ Mehrwertsteuer (19 %)	1.107,35 €
= Angebotspreis brutto	6.935,51 €

Abb. 1: Konzept einer Angebotskalkulation mithilfe des Stundenverrechnungssatzes und verschiedener Zuschlagssätze

2.8.6 Auftragsabwicklung

Nimmt der Kunde bzw. die Kundin das Angebot an, so wird er oder sie den Auftrag dem SHK-Handwerksbetrieb in schriftlicher oder mündlicher Form übermitteln.

Bei mündlicher *Auftragserteilung* oder bei Neukundinnen bzw. -kunden wird der SHK-Handwerksbetrieb den Auftrag zur Sicherheit schriftlich bestätigen. Der Kunde oder die Kundin erhält eine *Auftragsbestätigung*.

Auftragsanalyse

Zunächst wird der neue Auftrag im SHK-Handwerksbetrieb mithilfe der vorliegenden Angebots- und Projektunterlagen analysiert. So muss u. a. ermittelt werden:

- der genaue *Materialbedarf* an Rohr, Form- und Verbindungsstücken, Armaturen, Apparaten, Heizkesseln, Heizkörpern, Wannen, Sanitärkeramik usw.
- der genaue Umfang der *Montagearbeiten* und die daraus resultierende Gesamt-Montagedauer
- Terminvorgaben für den *Montagebeginn* und die *Montagedauer* (Abb. 2).

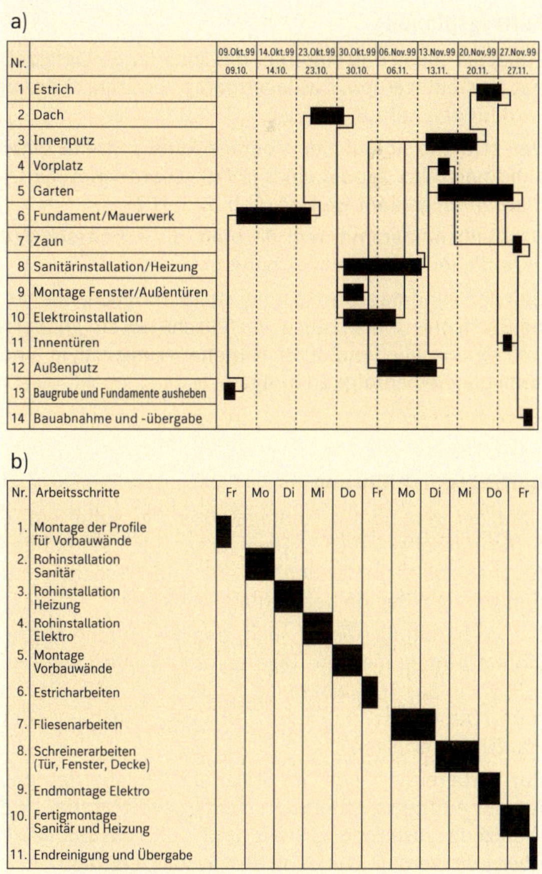

Abb. 2: Beispiel für eine Terminplanung. Balkendiagramm für
a) Neubau eines Wohnhauses
b) Sanitärinstallation und Heizung

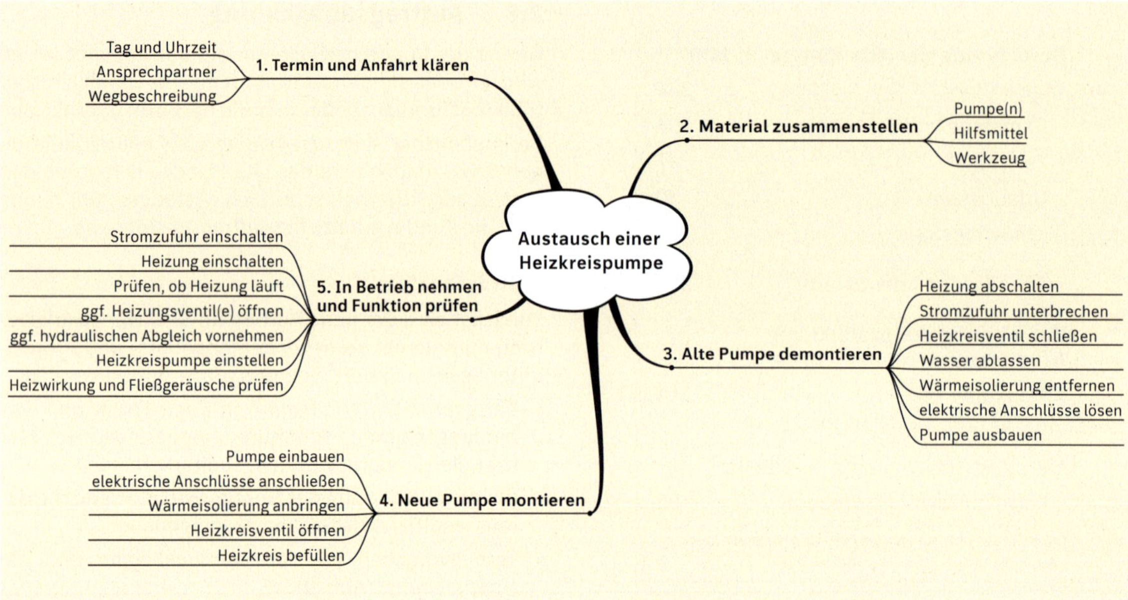

Abb. 1: Mindmap als Planungshilfsmittel

Auftragsplanung

Zunächst muss das Material, das eine lange Lieferzeit hat, bestellt werden. Das lagermäßig vorrätige Material wird für den Auftrag reserviert.

Der zeitliche Ablauf der Montage kann mithilfe einer Mindmap (Abb. 1) oder eines *Balkendiagrammes (Flussdiagramm)* geplant werden (Abb. 2, S. 107).

Das Balkendiagramm regt dazu an, die Arbeitsschritte in zeitlicher Abfolge zu erarbeiten.

Bei der Mindmap-Darstellung ist es möglich, die Arbeitsschritte übersichtlich in Teilschritte zu gliedern und sie anschließend durch Nummerierung z. B. in eine sinnvolle Reihenfolge zu bringen.

Auftragsdurchführung

Naht der vereinbarte Montagetermin, so sollte ein/-e SHK-Mitarbeiter/-in ca. 2 Tage vorher noch einmal das Gespräch mit dem Kunden bzw. der Kundin suchen und den genauen Beginn der Montage mitteilen.

Zur Vorbereitung gehört auch, dass betroffene Mitbewohner/-innen mehrere Tage zuvor informiert werden, z. B. wenn das Trinkwasser zeitweise abgestellt werden muss. Diese Mitteilung kann durch einen Aushang oder Handzettel erfolgen.

Zur Vorbereitung muss im SHK-Handwerksbetrieb das für die Auftragsausführung erforderliche Material und Werkzeug zusammengestellt und auf *Vollständigkeit überprüft* werden. Wie es nicht sein soll, zeigt Abb. 2.

Zum vereinbarten Montagebeginn sollte man *pünktlich* bei der Kundin bzw. dem Kunden eintreffen und nach der Begrüßung zügig mit der Montage beginnen.

Auf größeren Baustellen meldet man sich bei der Bauleitung mit Namen des SHK-Handwerksbetriebes und Anzahl der Mitarbeitenden.

Die Arbeiten werden gemäß der Arbeitsplanung durchgeführt. Dokumentiert wird jedoch der tatsächliche Ablauf. Nur so lässt sich die Planung mit der Ausführung vergleichen und Schlüsse für folgende Aufträge ziehen. In überschaubaren Zeiträumen sind der Bauleitung bzw. dem Kunden/der Kundin die *Stundenzettel* zur Unterschrift vorzulegen.

Dichtung & Wahrheit

Eine Sache aber wird ewiglich ein Mysterium bleiben: Der Handwerker! Doch wenn das Wasserrohr geplatzt ist, braucht man ihn halt. Der Handwerker kündigt sich dann für 9 Uhr an. Um 11.30 Uhr ist er auch da. Dann schaut er sich die Bescherung an, legt die Stirn in Denkerfalten und murmelt: „Da brauch' isch ne Sechser-Flunsch. Muss ich aus dem Lager holen." Und lässt einen allein. Allein mit der Frage, was eine Sechser-Flunsch (oder so ähnlich) eigentlich ist und warum er sie nicht gleich mitgebracht hat.

Um 14 Uhr ist er dann wieder da, und siehe: Er hat die Sechser-Flunsch dabei! Leider fehlt die dazu passende Gummidichtung. „Ne Sechser-Flunsch ohne Gummidichtung is' nix wert", knurrt der Handwerker und enteilt Richtung Lager.

Gegen 16.30 Uhr gibt's ein Wiedersehen. Mit Flunsch und Gummidichtung. Rohr gerettet, Handwerker glücklich, Tag vorbei.

Am nächsten Morgen sprudelt dann – der Flunsch und der Gummidichtung zum Hohn – das kühle Nass erneut aus dem Rohr. Anruf beim Handwerker. Er komme gleich, so gegen Neun. Schnell auf der Arbeit angerufen und einen freien Tag beantragt – der Handwerker hat gewiss wieder einiges auf Lager. Aber warum ist das so? Muss das so sein? Wird das immer so bleiben? Ist das denn ein gottverdammtes Naturgesetz?

Abb. 2: Aus einer überregionalen Tageszeitung

Vor dem Verlassen der Baustelle zum Feierabend oder nach Fertigstellung der Arbeiten sollte man sich von der Kundin bzw. vom Kunden verabschieden und nicht stillschweigend die Baustelle verlassen.

! Um die Kundinnen und Kunden zufriedenzustellen und somit die Wahrscheinlichkeit zu erhöhen, dass sie sich wieder an denselben SHK-Handwerksbetrieb wenden, ist es wichtig, die Arbeiten *pünktlich wie vereinbart*, *reibungslos* und *qualitativ angemessen* auszuführen.

Übergabe

Sind die Arbeiten beendet und die Funktionsprüfung durchgeführt, so erfolgt die Übergabe.

Einen möglichen Ablauf eines Übergabegespräches zeigt Abb. 3.

Mit der Übergabe geht auch die Verantwortung an den Kunden bzw. die Kundin über. Der Vertrag ist mit der Abnahme durch ihn/sie erfüllt und er/sie ist bei Mangelfreiheit zur vollständigen Bezahlung verpflichtet.

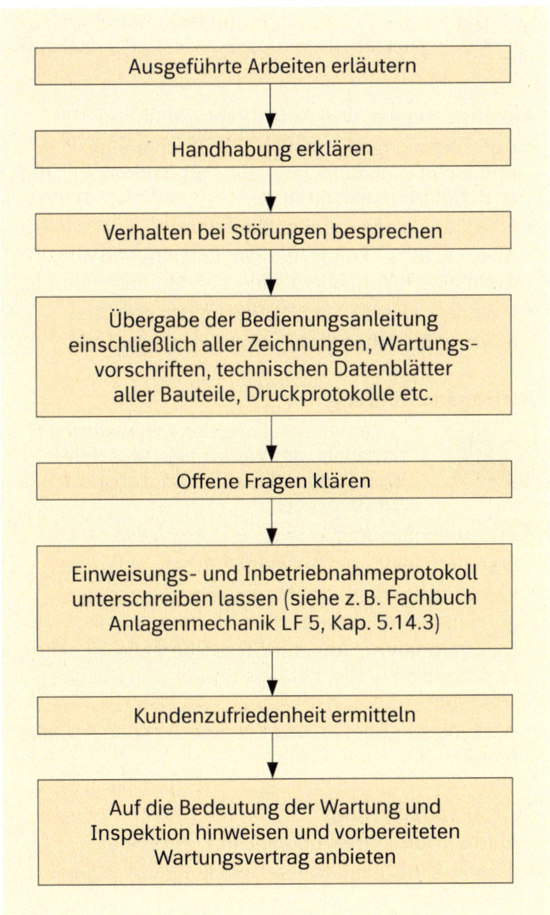

Abb. 3: Ablauf eines Übergabegespräches (Beispiel)

2.8.7 Software für Handwerksbetriebe

Häufig verzichten Handwerker/-innen darauf, erhaltene Leistungsverzeichnisse und sonstige verlangte Angebote auszufüllen und abzugeben.

Eine der Ursachen ist der große Aufwand für die Angebotsbearbeitung, der oft umsonst ist, weil

- Mitbewerber zu Dumping-Preisen anbieten oder
- Ausschreibungen immer wieder an dieselben Bietenden gereicht werden.

Wird dennoch ein Angebot abgegeben, so besteht oft ein ungutes Gefühl, weil ohne die kalkulatorische Grundlage und Kenntnis der betrieblichen Kostenstruktur kalkuliert wurde.

SHK-Fachbetriebe können sich aber verschiedener Handwerker-Software bedienen, die eine schnelle, übersichtliche und praxisgerechte Angebotskalkulation und Angebotserstellung ermöglicht.

Von hundert abgegebenen Angeboten kommen nicht einmal 10 % als Auftrag zurück. Dann sollten wenigstens die 90 % der dafür ausgearbeiteten Angebote keinen allzu großen Aufwand verursachen. Das aber ist nur mit Einsatz von Handwerker-Software möglich.

Weitere Vorzüge einer solchen Software sind:

- Die Abläufe zur Erstellung von Angeboten, Auftragsbestätigungen, Rechnungen, Zahlungserinnerungen und Mahnungen können automatisiert werden.
- Ausgearbeitete Angebote können unverzüglich per E-Mail zum Kunden bzw. zur Kundin geschickt werden.
- Es ist eine Übersicht über neue, laufende und abgeschlossene Aufträge möglich.
- Der Zugriff auf Kundendaten wird verbessert; z. B. ist ersichtlich, zu welchen Konditionen bezahlt wurde.
- Die Pflege der Bestandskundschaft gestaltet sich einfacher. Einzelne Kundinnen und Kunden sind leicht zu finden und zu aktualisieren (Kundenkartei).
- Ungenutzte Verkaufspotenziale können ausgeschöpft werden (z. B. Erinnerungen an fällige Wartungsarbeiten bei den Kundinnen und Kunden).
- Die Kundenzufriedenheit nimmt zu, wenn ein SHK-Fachbetrieb z. B. bei Anfragen nachvollziehen kann, ob und welche Arbeiten er bei den einzelnen Kunden bereits ausgeführt hat.
- Eine gezielte Kundenansprache mit attraktiven Angeboten ist möglich.
- Der Leistungsumfang kann nach Art, Umfang und Qualität ausführlich beschrieben werden, wodurch das Vertragsrisiko verringert wird.

Aufgaben

1. Welche Leistungen bieten SHK-Fachbetriebe an?

2. Nennen Sie vier Auftragsarten, die in einem SHK-Fachbetrieb anfallen können.
3. Wie viel Kundenkontakt hat ein SHK-Mitarbeiter bzw. eine Mitarbeiterin bei der Ausführung der verschiedenen Auftragsarten?
4. Was versteht man unter „nonverbaler Kommunikation“?
5. Warum ist der „erste Eindruck“, den ein/-e SHK-Mitarbeiter/-in bei Kundinnen und Kunden hinterlässt, so wichtig?
6. Nennen Sie Negativ-Signale und was man beim Kundenkontakt vermeiden sollte.
7. Beschreiben Sie fünf Positiv-Signale und wie man bei Kundinnen und Kunden gut ankommt.
8. Warum ordnet man Kundinnen und Kunden einem Kundentyp zu?
9. Was versteht man unter dem „werteorientierten Nachfrageverhalten“?
10. Nennen Sie die sechs „Nachfragetypen“. Charakterisieren Sie kurz die einzelnen Kundentypen.
11. Wie verhalten sich die einzelnen Kundentypen gegenüber Produkteigenschaften?
12. Warum sind SHK-Mitarbeiter/-innen oft nur auf das Preisgespräch fixiert?
13. Führen Sie, um Ihren Kundentyp zu bestimmen, eine Selbsteinschätzung durch
    a) mithilfe des werteorientierten Kundentypen-Klassifizierungsansatzes und
    b) nach der Klassifizierung nach Kundenmilieu in Abhängigkeit von Bildung und Alter.
14. Aus welchen wesentlichen Kostenarten setzt sich der Stundenverrechnungssatz zusammen?
15. Wie setzen sich die Lohnnebenkosten zusammen?
16. Was beinhalten die Lohngemeinkosten?
17. Auf welchen Basisdaten erfolgt die Angebotskalkulation?
18. An welchen drei Faktoren orientiert sich eine genaue Angebotskalkulation?
19. Wann erhält der Kunde bzw. die Kundin in der Regel eine Auftragsbestätigung?
20. Mit welchen Hilfsmitteln kann bei der Auftragsplanung der zeitliche Ablauf der Montage geplant werden?
21. Nennen Sie wesentliche Punkte beim Ablauf eines Übergabegespräches.
22. Welche Vorteile bringt die Verwendung einer SHK-Handwerker-Software?
23. Wozu kann eine SHK-Handwerker-Software im Einzelnen genutzt werden?
24. Vergleichen Sie den Ablauf eines Kundenauftrages nach Abb. 1 mit den Strukturen in Ihrem SHK-Betrieb.
    a) Wo gibt es Unterschiede?
    b) An welchen Strukturen haben Sie schon mitgearbeitet?

Werbung durch
- Zeitungsanzeige, Handzettel, Hausmesse, Gelbe Seiten, Public Relations usw.

Erster Kontakt zwischen Kunde/Kundin und Betrieb (Vorgespräch/Beratung)

Anfrageanalyse
- Ortstermin (Besichtigung), um bauliche und technische Gegebenheiten festzustellen
- Kundenerwartungen und -vorgaben klären
- Technische Voraussetzungen hinsichtlich der Kundenerwartungen prüfen
- Kostenrahmen klären
- Festlegung der Produkt- und Systemauswahl, ggf. Alternativen anbieten
- Angebot erstellen; bei größeren Aufträgen: Leistungsverzeichnis (LV) vom Planungsbüro prüfen
- Angebot kalkulieren; bei größeren Aufträgen: in LV kalkulierte Preise einsetzen
- Arbeitskapazitäten feststellen und möglichen Montagetermin ermitteln.

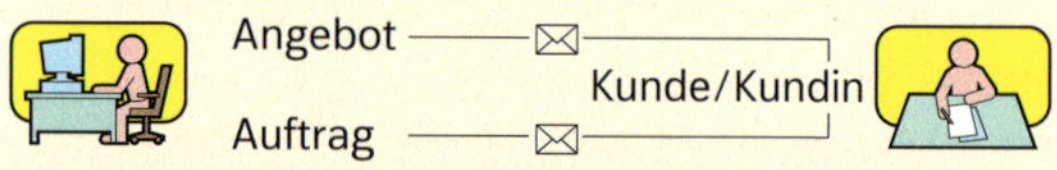

Auftragsanalyse und Auftragsplanung
- Ggf. Zeichnungen erstellen (z. B. Badplanung) und technische Berechnungen durchführen (z. B. Rohrdimensionierung)
- Erstellung eines Arbeitsablaufplanes
- Absprache mit Kunde/Kundin, Bauleiter/-in oder Architekt/-in z. B. über Liefer- und Montagetermine
- Material-, Geräte- und Werkzeugliste erstellen
- Material bestellen und Personaleinsatz planen

Auftragsausführung

- Zusammenstellung des angelieferten Materials, der Werkzeuge, Maschinen, Werk- und Hilfsstoffe und Transport zur Baustelle
- Baustellenbesprechung
- Erstellen des Auftrages gemäß Arbeitsablaufplan
- Kontrolle der fach-, sach-, umwelt- und kundengerechten Ausführung
- Inbetriebnahme, Abnahme und Übergabe an den Kunden/die Kundin, ggf. Ausführung von Nachbesserungen
- Wartungsangebot an den Kunden/die Kundin unterbreiten.

Auftragsauswertung
- Aufmaß vornehmen und Rechnung erstellen
- Kundenkartei aktualisieren und Kundenzufriedenheit erheben

Abb. 1: Mögliche Struktur eines Kundenauftrages

2.9 Qualitätsmanagement

2.9.1 Entwicklung von Qualitätssicherung und betrieblichem Umweltschutz

Schon immer waren Produkte begehrt, die die Käuferschaft zufriedenstellten. Solche „*Qualitätsprodukte*" herzustellen versprach einen guten Absatz. Dies erforderte jedoch neben einer bestimmten Beschaffenheit der Rohstoffe ein besonderes Maß an Wissen (Know-How) und Können (Fertigkeit, Fähigkeit) der Handwerker/-innen. Einziger Befähigungsnachweis zur Herstellung von Qualitätsprodukten war lange Zeit der durch die Zünfte verliehene *Meisterbrief*.

Qualitätsprodukte zu erzeugen war jedoch nie selbstverständlich. Bereits im frühen Mittelalter ließen Zünfte Handwerksprodukte durch vereidigte Sachverständige auf ihre Qualität hin prüfen.

Auch die Fa. Krupp führte bereits 1860 in einer englischen „Probieranstalt" Qualitätskontrollen (Werkstoffprüfungen) durch, bevor man aus dem Stahl Maschinen baute. Qualitätsprodukte wurden über weite Entfernungen gehandelt. Zufriedene Kundschaft begründete den „Ruf" der Erzeugnisse, z. B. Schweizer Uhren, Porzellan aus Meissen, Messer aus Solingen.

Die englische Forderung, Produkte nach dem Herstellerland zu kennzeichnen, erwies sich für Deutschland aufgrund der sehr hohen Qualität und dem guten Ruf der Produkte „made in Germany" als besonders verkaufsfördernd.

Auch heute genießen deutsche Produkte in Europa ein hohes Maß an Qualitätsvertrauen. Nach einer Studie für die Europäische Kommission für Rechtsvorschriften und Normen halten Europäer/-innen Produkte aus folgenden Ländern für qualitativ hochwertig.

Deutschland	82 %	Italien	47 %
Japan	68 %	Spanien	25 %
USA	56 %		

In dieser Studie bezeichneten etwa 50 % der Europäer/-innen Qualität als wichtigstes Kaufargument. Nur 30 % nannten den Preis als Hauptgrund für eine Kaufentscheidung.

! *Qualität* ist ein unverzichtbarer Bestandteil der Wettbewerbsfähigkeit.

Den Begriff „Qualität" definiert die DIN 55350 wie folgt:

! *Qualität* ist die Beschaffenheit einer Einheit bezüglich ihrer Eignung, festgelegte und vorausgesetzte Erfordernisse zu erfüllen.

Die Folgen mangelnder Qualität zeigt Abb. 2.

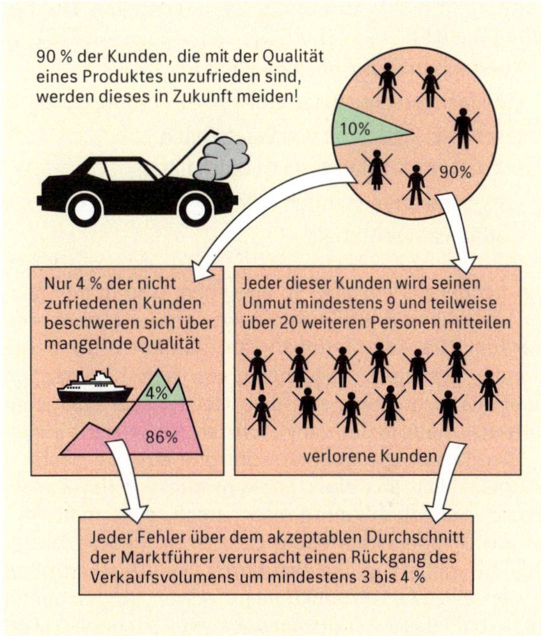

Abb. 2: Folgen von Qualitätsmängeln

Qualitätsmängel können nicht nur zum Verlust von Kundschaft und zum Umsatzrückgang führen. Liegt die Ursache für den Qualitätsmangel in einem Produktfehler, so drohen rechtliche Folgen (Abb. 3).

Vertragsrecht BGB § 459–493	**Produkthaftpflicht ProdHaftG**
Einhaltung zugesicherter oder allgemein zu erwartender Eigenschaften. Garantie, Gewährleistung, Wandlung, Minderung, Schadensersatz	Anwendung bei - Personenschäden - Sachschäden an „anderen Sachen", wenn diese für den privaten Verbrauch bestimmt waren
Strafrecht StGB	**Deliktsrecht BGB § 823**
Jede/-r, der/die an der Herstellung des Schadensproduktes beteiligt war, kann bestraft werden.	Haftung bei Verschulden - Schmerzensgeld - Personen- und Sachschäden

Abb. 3: Rechtliche Folgen eines Produktfehlers

Man könnte auch sagen, das Ziel eines Unternehmens müssen Produkte oder Dienstleistungen sein, die die Kundschaft hundertprozentig zufriedenstellen. Das beinhaltet auch:

- Kundenbetreuung nach dem Kauf
- eine fachgerechte Reparatur
- rasche Verfügbarkeit von Ersatzteilen
- schnelle Abwicklung von Garantiefällen
- Entgegenkommen durch Kulanz
- Notdienstbereitschaft

Um *Kundenzufriedenheit* zu erreichen, sind in den letzten Jahrzehnten große Anstrengungen unternommen worden. Die Anforderungen an Qualität sind dabei ständig gestiegen. Ausgehend von den historischen Qualitätsnachweisen, z. B. dem Meisterbrief oder dem Hinweis „made in Germany", führten die Betriebe in den 1950er-Jahren die Qualitätskontrolle ein. Sie bestand hauptsächlich aus einer Endkontrolle vor der Auslieferung. Schnell erkannte man jedoch, dass man Fehler am Ort ihres Entstehens beseitigen musste. Dieser Qualitätssicherung, die sich durch Qualitätskontrollen in den einzelnen Produktionsprozessen auszeichnete, folgte bald das *Qualitätsmanagement (QM) nach DIN EN ISO 9000*. Ein weiterer Trend zum „Total Quality Management" (TQM), zu einer noch umfassenderen Durchdringung des Unternehmens, zeichnet sich ab.

Etwa parallel zu dieser Entwicklung versuchte man den *betrieblichen Umweltschutz* zu verbessern. Während der Ära der Ver- und Gebote wurden zahlreiche Gesetze und Verordnungen erlassen und Grenzwerte festgelegt. In dieser Zeit versuchte man häufig, Umweltprobleme am Ende der Wirkungskette zu lösen. Mit „End-of-pipe"-Techniken wollte man schnell sichtbare Erfolge vorweisen, z. B. durch den Einbau von Abgasfiltern oder Abwasserkläranlagen.

Ab 1985 entwickelte sich ein *Trend zu marktwirtschaftlichen Instrumenten und Mitverantwortung*. Kennzeichnend dafür waren das Verursacher-, Kooperations- und Vorsorgeprinzip. Dieser Trend mündete 1995 durch EU-Verordnung in das *Umweltmanagement- und Öko-Audit-System*. Darin wird u. a. festgelegt, dass der gesamte Produkt-Lebenszyklus betrachtet werden muss. 1996 trat die weltweit gültige ISO 14 000 in Kraft.

Als nächstes Ziel gilt es, das Qualitätsmanagement und das Umweltmanagement zu einem übergreifenden Managementsystem zu vereinigen.

2.9.2 Qualitätsmanagement (QM) und Qualitätsmanagement-System (QMS)

Im Zeichen fallender Zoll- und Währungsschranken, in einem Europa mit offenen Märkten muss die Fertigung von Produkten von vertrauensbildenden Maßnahmen begleitet werden. Die Kundschaft soll gleichermaßen Vertrauen in Produkte aller europäischen Hersteller haben. Qualität muss daher für Kundinnen und Kunden erkennbar und nachvollziehbar sein. Nur Betriebe, die dokumentieren können, dass sie nach bekannten Qualitätskriterien organisiert und überwacht werden, können in Zukunft als Zulieferer und bei der Vergabe öffentlicher Aufträge bestehen.

Aus diesem Grunde wurde zur Sicherung der geforderten Qualität und zur Erleichterung des freien Warenverkehrs für die Industrie ein Qualitätsmanagement-Konzept geschaffen, das auf den Normen der EN ISO 9000 ff. basiert. Auch das Handwerk wird zunehmend mit dieser Norm konfrontiert.

! Das *Qualitätsmanagement* (QM) umfasst:
- Qualitätsplanung
- Qualitätslenkung
- Qualitätssicherung
- Qualitätsverbesserung

Man erkennt an diesen Teilgebieten, dass sich das QM auf den gesamten Lebenslauf eines Produktes bezieht. Es umfasst die Planung, die Realisierung, die Nutzung einschließlich der Entsorgung des Produktes (Abb. 1).

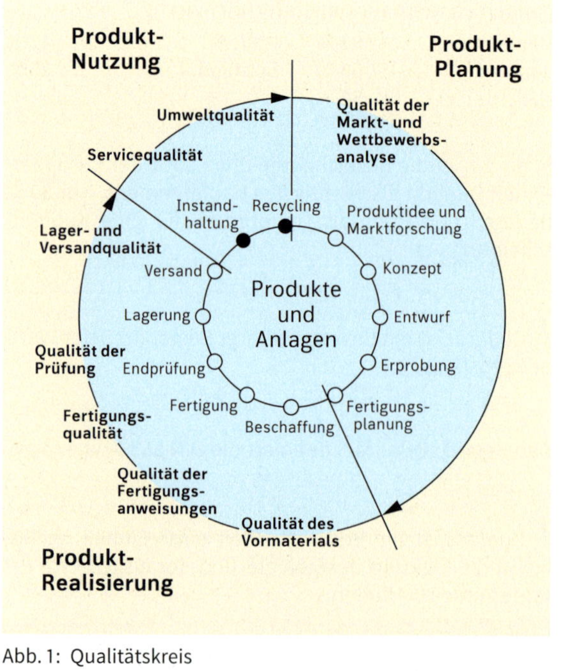

Abb. 1: Qualitätskreis

Nur die Zusammenarbeit aller Beteiligten im Qualitätskreis führt zur vollständigen Erfüllung der Qualitätsforderungen.

Will man ein QM in einem Betrieb einrichten, so bedarf es eines *Qualitätsmanagement-Systems (QMS)*.

! Ein *QMS* umfasst
- die Organisationsstruktur,
- die Verantwortlichkeit,
- die Verfahren,
- die Prozesse und
- die erforderlichen Mittel

zur Verwirklichung des QM.

Die Absicht eines Betriebes, ein QM-System einzuführen, ist begründet in:

a) der Kundenforderung, dem Wettbewerb und den Gesetzen

b) der Wirtschaftlichkeit

c) der Risikobegrenzung bei Garantie und Produkthaftungspflicht sowie der steigenden Produkt-Komplexität

d) den unternehmensspezifischen Qualitätszielen

Zu a) *Kundenforderung, Wettbewerb und Gesetze*

Kundenzufriedenheit kann nur durch Produkte hoher Qualität erreicht werden. Unzufriedene Kundinnen und Kunden geben den nächsten Auftrag einem anderen Anbieter. Zudem beeinflussen sie ihr Umfeld negativ (Abb. 2, S. 111).

Den allgemeinen *Kundenwünschen* nach Qualität kann durch ein QM-System entsprochen werden. Es sichert *Wettbewerbsvorteile*, da öffentliche oder europaweit ausgeschriebene Aufträge den Nachweis eines QM-Systems erfordern. Darüber hinaus sind alle Unternehmen per Gesetz zu einem QM-System verpflichtet, wenn sie Produkte herstellen, für die es eine EU-Richtlinie gibt.

Zu b) *Wirtschaftlichkeit*

Unternehmen müssen bei der Produktion die Kosten möglichst niedrig halten. Auch fehlerhafte Produkte verursachen Kosten.

! Je später ein *Fehler* entdeckt wird, desto höher sind die Kosten der Fehlerbeseitigung (Abb. 2).

Genügt in der Planung noch eine Zeichnungsänderung, so sind nach der Auslieferung eines Produktes kostenintensive Rückrufaktionen notwendig. Wie Abb. 2 zeigt, erhöhen sich die Kosten für die gleiche Fehlerbeseitigung von einem zum anderen Herstellungsschritt jeweils um das Zehnfache.

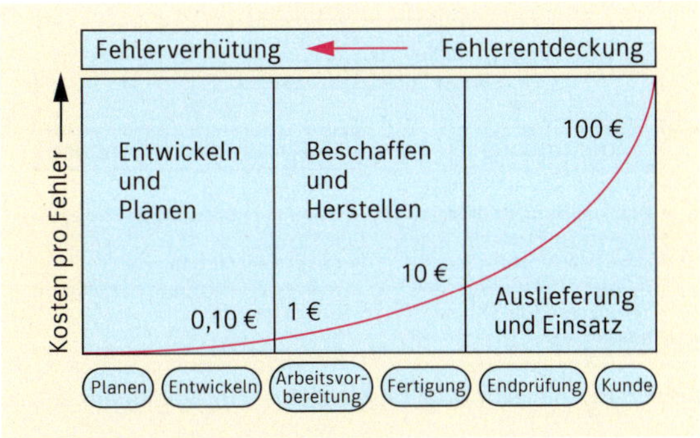

Abb. 2: Zehnerregel an einem Beispiel

Besitzt ein Unternehmen ein QM-System, so können Fehler frühzeitig bei der Entwicklung/Planung entdeckt und verhütet werden.

Zu c) *Risikobegrenzung bei Garantie, Gewährleistung und Produkthaftpflicht*

Die Einführung eines QM-Systems beinhaltet auch eine *Qualitäts-Dokumentation*. In ihr müssen alle zur Qualitäts-Sicherung eines Produktes geplanten und durchgeführten Maßnahmen lückenlos festgehalten und offengelegt werden. Das können Nachweise über durchgeführte Prüfvorgänge, z. B. Dichtigkeitsprüfungen sein. Auch Nachweise über die Einhaltung von Normen oder behördlichen Vorschriften zählen dazu. Durch diese Maßnahmen wird das betriebliche *Haftungsrisiko* erheblich verringert.

Auch die zum Erwerb des DVGW-Zeichens beschriebenen Qualitätsmerkmale müssen nachgewiesen werden.

Damit eine dokumentierte Information erfolgen kann, ist neben einer entsprechenden Betriebsorganisation auch ein darauf abgestimmtes Formularwesen erforderlich. Die Menge an Dokumentation ist z. B. von der Betriebsgröße und von der Produkt-Komplexität abhängig. Daher ist die Organisation selbst dafür verantwortlich, welche Dokumente (wie und wie lange) aufzubewahren sind.

Zu d) *Unternehmensspezifische Qualitätsziele*

Die Grundlage eines jeden QM-Systems bilden die *Qualitätsziele* (Abb. 1, S. 114).

Daher sind Qualitätsziele zu entwickeln, die zur Organisation passen. Die Erreichung dieser Ziele ist zu planen. Deshalb müssen Qualitätsziele genau definiert werden, messbar sein und mit der Qualitätspolitik der Firma übereinstimmen. Die Qualitätsziele müssen überwacht, vermittelt und von Zeit zu Zeit zweckgerichtet aktualisiert werden. Diesbezügliche Maßnahmen und deren Wirksamkeit sind zu überprüfen.

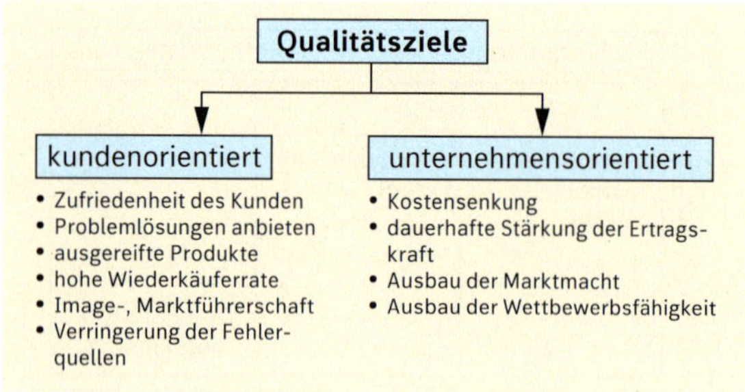

Abb. 1: Beispiele für Qualitätsziele eines Unternehmens

! Für das Unternehmen und für die Kundschaft kann die *Einführung eines QM-Systems* folgende Vorteile bringen:

- besserer Informationsfluss
- Erhöhung der Transparenz im Unternehmen
- Steigerung der Produktivität und des Ertrags
- Qualitätsmanagement ist wirtschaftlich (es spart mehr ein, als es kostet).
- QM trägt zur Zukunftssicherung bei.
- weniger Nachbesserungen während der Bauzeit
- Fehleranalyse statt Schuldzuweisung
- Aus Fehlern wird gelernt.
- Entschärfen von Schnittstellenproblemen mit Auftraggebenden und Lieferanten
- höhere Kundenzufriedenheit
- Vertrauensbildung bei Auftraggebenden
- erleichtert den Nachweis der unternehmerischen Sorgfaltspflicht in Haftungsfragen
- weniger Gewährleistungsmängel
- Wettbewerbsvorteile durch Qualität
- besseres Image
- effizientere Einarbeitung von Mitarbeitenden
- verbesserte Zusammenarbeit durch klare Zuständigkeit

Die Normenreihe DIN EN ISO 9000 und 9001

Die Normenreihe DIN EN ISO 9000 ff. besteht aus drei Normen. Zu den wichtigsten Bestandteilen zählen:

- DIN EN ISO 9000: Grundlagen und Begriffe
- DIN EN ISO 9001: Anforderungen
- DIN EN ISO 9004: Anleitung zum Erreichen nachhaltigen Erfolgs

Die Bezeichnung DIN EN ISO macht deutlich, dass diese Normenreihe auf nationaler (DIN), europäischer (EN) und weltweiter (ISO) Ebene gültig ist. Die Zertifizierung nach dieser Norm ist freiwillig. Sie soll eine einheitliche Behandlung des Qualitätsmanagements in Unternehmen sichern.

Das Grundprinzip des Qualitätsmanagements geht aus Abb. 3 hervor. Jedes zielgerichtete Handeln erfordert zunächst die Klärung der Ziele. Die Anforderungen der Kundinnen und Kunden und die Qualitätspolitik der Leitung sollten den Rahmen für die Bestimmung nachvollziehbarer und messbarer Qualitätsziele bilden.

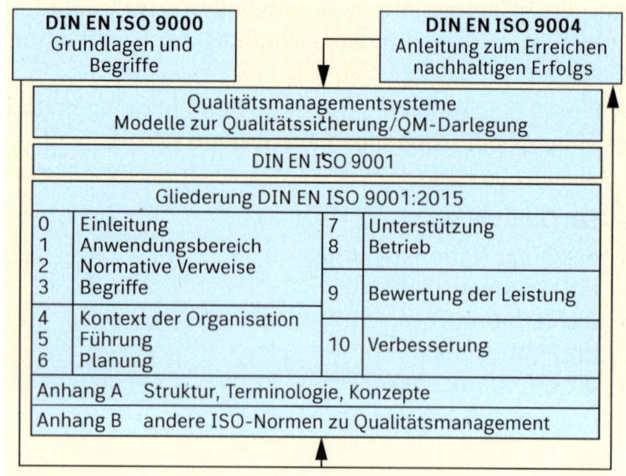

Abb. 2: Beziehung der Normen DIN EN ISO 9000 ff.

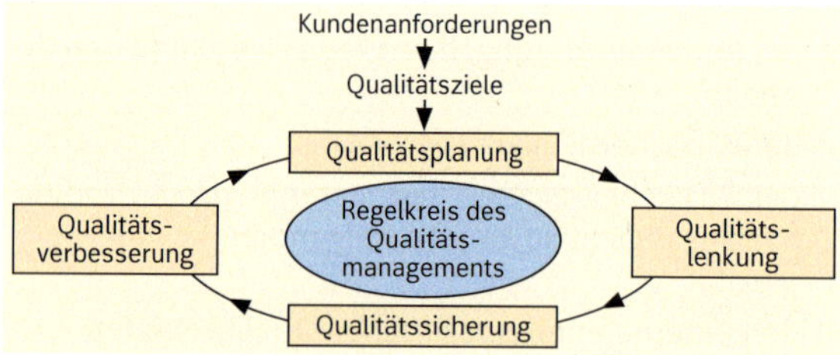

Abb. 3: Grundprinzip des QM

Ein wesentlicher Schritt der Planungsphase (*plan*) ist die detaillierte Ermittlung der Qualitätsanforderungen aus Kundensicht.

Die Qualitätslenkung (*do*) beinhaltet alle vorbeugenden, überwachenden und korrigierenden Maßnahmen, die zur Erreichung der Qualitätsanforderungen dienen.

Unter dem Begriff Qualitätssicherung sind alle Tätigkeiten zu verstehen, die Vertrauen schaffen, dass die Qualitätsanforderungen erfüllt werden. Dazu gehören z. B. die schriftlichen Unterlagen von der Planung bis zu den Abnahmeprotokollen. Damit kann ein strukturiertes und begründetes Handeln gegenüber den Kundinnen und Kunden dokumentiert werden. In diesem Zusammenhang ist auch ein Vergleich des Soll- und Ist-Zustandes vorzunehmen bzw. ein Vergleich der tatsächlichen Ergebnisse mit den Vorgaben aus der Planung (*check*).

Die Qualität kann nur verbessert werden, wenn von Zeit zu Zeit gute Ideen bezüglich der Prozesse und der Produkte einfließen und auch umgesetzt werden (*act*).

Instrumente zur Umsetzung eines QM-Systems

Zur Umsetzung eines QM-Systems sind Personalmaßnahmen, Dokumentationen und Audits durchzuführen.

- *Personalmaßnahmen*

Die Unternehmensleitung sollte hinter dem QM-System stehen, die Qualitätspolitik bekanntmachen und den Qualitätsgedanken vorleben.

Die Mitarbeitenden sollten über das QM-System informiert in den Prozess integriert und bei der QM-System-Entwicklung beteiligt werden.

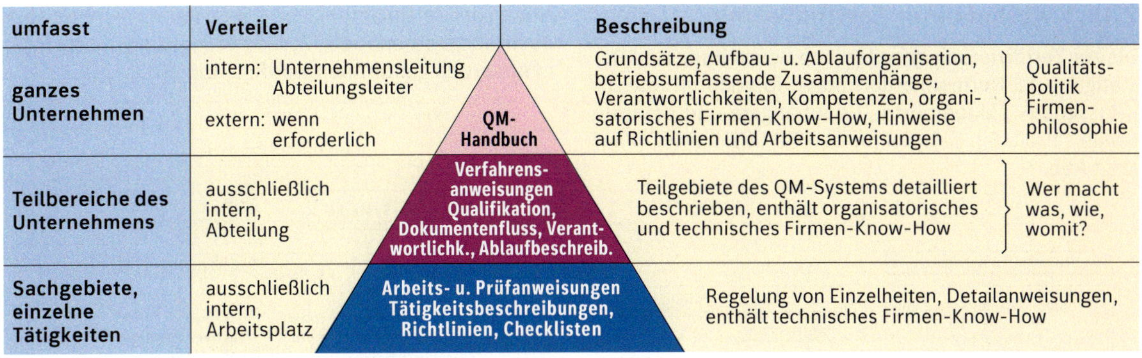

Abb. 4: Dokumentationsmittel im QM-System

! Nur mit *motivierten* und *zufriedenen* Mitarbeitenden ist ein QM-System möglich.

- *Dokumentation*

Mithilfe von Dokumentationen soll die Qualitätsfähigkeit eines Unternehmens nach innen und außen dargestellt werden. Das geschieht durch ein *QM-Handbuch*, mit *Verfahrensanweisungen* und mit *Arbeitsanweisungen* (Abb. 4).

- *Audits*

Durch *System-, Prozess- und Produktaudits* (Qualitäts-Audits) kann das QM-System überprüft und verbessert werden.

! Ein *Audit* ist eine systematische und unparteiische Untersuchung qualitätsbezogener Tätigkeiten. Es soll dabei festgestellt werden, ob die Ergebnisse den geplanten Anforderungen entsprechen.

Man unterscheidet drei Arten von Audits.

Das *System-Audit* soll die Wirksamkeit eines QM-Systems überprüfen.

Das *Prozess-Audit* dient der Überprüfung der Wirksamkeit von QM-Elementen, z. B. der Zweckmäßigkeit von Arbeitsabläufen.

Beim *Produkt-Audit* werden Endprodukte untersucht und mit den Ergebnissen die Wirksamkeit des QM beurteilt.

2.10 Zertifizierung

Wurde in einem Betrieb ein QM-System eingeführt, so kann eine Bestätigung der Qualitätsfähigkeit durch eine Zertifizierung (= Beglaubigung, Bescheinigung) erfolgen.

! Unter einer *Zertifizierung* versteht man einen Vertrauensbeweis durch eine/-n unparteiischen Dritte/-n. Sie soll zeigen, dass ordnungsgemäß bezeichnete Erzeugnisse, Verfahren oder Dienstleistungen mit einer bestimmten Norm übereinstimmen.

Gründe, die ein Unternehmen zur Zertifizierung bewegen, sind in Abb. 5 genannt.

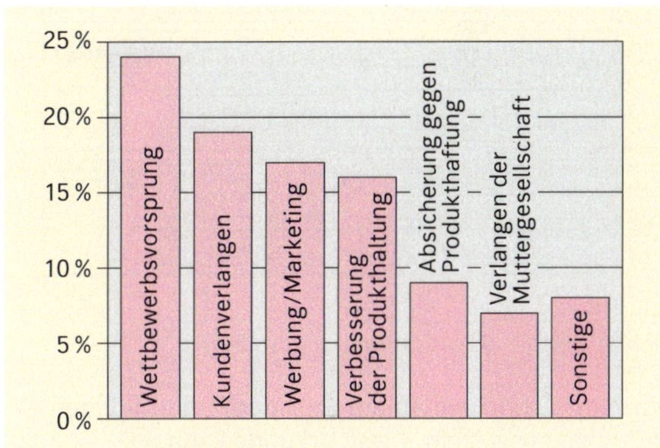

Abb. 5: Zertifizierungsgründe

Darüber hinaus bieten Produkte von zertifizierten Herstellern dem verarbeitenden SHK-Handwerk mehr Sicherheit und Service-Vorteile bei der Erfüllung ihrer werkvertraglichen Verpflichtung gegenüber den Kundinnen und Kunden (Tab. 1).

Tab. 1: Vorteile von Produkten aus zertifizierten Herstellerbetrieben

Produktbezogene Vorteile
Hohe Lebensdauer
Wartungsfreundlichkeit
Gute Bedienbarkeit
Hohe Betriebssicherheit
Montage- und Demontagefreundlichkeit
Sonstige Vorteile
Sicherung der Ersatzteile für mindestens 10 Jahre
24 Stunden Ersatzteil-Lieferservice
Hoher Informationsgrad durch Kundeninformationssystem
Rückgabe überschüssiger Teile
Übersichtliche, eindeutige Beschreibung/Darstellung in allen Druckschriften
Verschleißteildefinition
Gewährleistungsvereinbarung
Entsorgung/Verwertung

2.10.1 Ablauf einer Zertifizierung

Die zur Zertifizierung erforderliche Beurteilung und Bestätigung der Normenkonformität erfolgt durch eine zugelassene (= akkreditierte), unabhängige und neutrale Organisation. Ein Beispiel für den Zertifizierungsablauf zeigt Abb. 1.

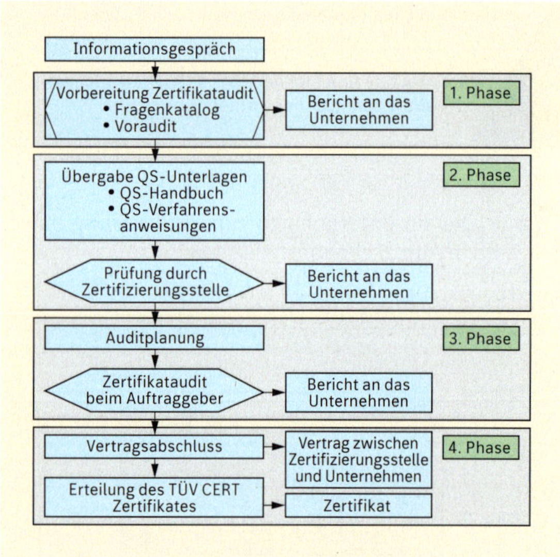

Abb. 1: Beispiel eines Zertifizierungsablaufs

Nach erfolgreichem Ablauf wird dem Unternehmen ein Zertifikat ausgestellt. Diese Urkunde kann z. B.

- in der Werbung und bei Angeboten oder
- als Nachweis der Sorgfaltspflicht in Produkthaftungsfällen

verwendet werden.

Das Zertifikat ist drei Jahre gültig. Jedes Jahr wird eine Routineuntersuchung (Überwachungsaudit) durchgeführt. Soll das Zertifikat verlängert werden, so ist nach drei Jahren ein erneuter Zertifikatserwerb (Re-Audit) erforderlich (Abb. 2).

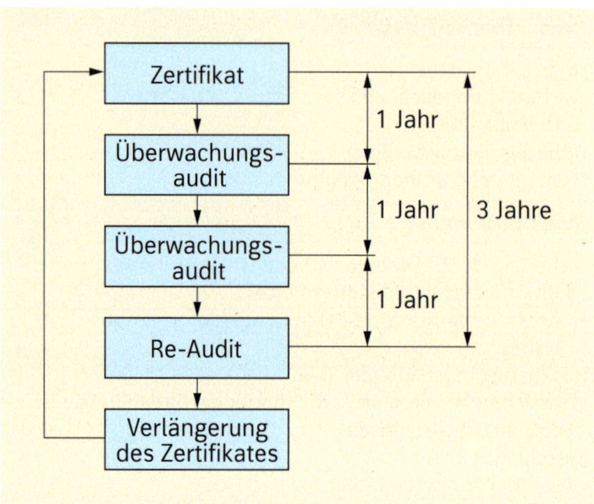

Abb. 2: Überwachungs- und Re-Audit

Neben der Zertifizierung von QM-Systemen können aber auch andere benötigte Zertifizierungsdienstleistungen in Anspruch genommen werden (Abb. 3).

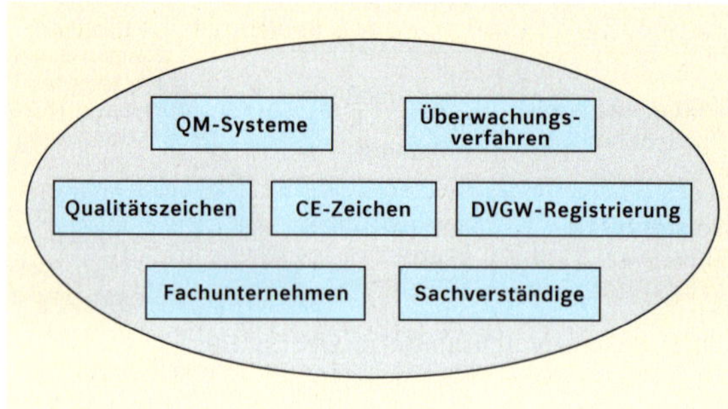

Abb. 3: Zertifizierungsdienstleistungen

Bezogen auf die Versorgungstechnik ergeben sich daraus unterschiedliche Zertifizierungsverfahren (Abb. 4).

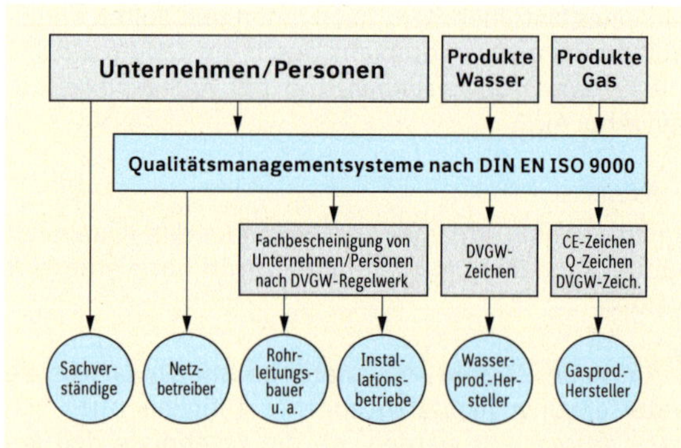

Abb. 4: Zertifizierungsverfahren in der Versorgungstechnik

Je nach Zielgruppe ist der Zweck der Zertifizierungsverfahren verschieden (Abb. 5).

Verfahren	Hersteller	Dienstleister	Netzbetreiber	Sachverständige
CE-Zeichen →	Marktzugang			
DVGW-Qualitätszeichen →	neutrale Gütekennzeichnung			
Unternehmenszertifizierung →		Fachqualifikationsnachweis		
QM-Zertifizierung →	Produktüberwachung Qualitätssicherung →	Marktzugang Qualifikationsnachweis →	Effizienzsteigerung	
Personenzertifizierung →				Marktzugang Fachqualifik.-nachweis

Abb. 5: Nutzen von Zertifizierungsverfahren für verschiedene Zielgruppen

! Für Handwerksbetriebe sollte ein QM-System nach DIN EN ISO 9000 ff. und die damit verbundene Qualitätssicherung sowie Effizienzsteigerung selbstverständlich sein.

2.11 Betriebliches Umweltmanagement

Die Produktverantwortung des Herstellers kann sich heute nicht nur auf eine Qualitätssicherung beschränken.

Eine Produktverantwortung hinsichtlich der Umweltbelastung – die ggf. den ganzen Lebenszyklus des Produktes umfasst – ist ebenso wichtig. Besonders wenn man bedenkt, dass der größte Teil der Umweltbelastung eines Produktes nicht durch seinen Herstellungsprozess, sondern durch seinen Verbleib nach der Nutzung entsteht. Immer häufiger wird daher auch ein *Umweltmanagement-System (UM-System)* von den Unternehmen gefordert.

Mithilfe eines UM-Systems kann eine

- produktions- und produktbezogene Verringerung der Umweltbelastung erreicht

und die Öffentlichkeit über

- ökologische Auswirkungen der Produktion und Produkte sowie über
- die betrieblichen Aktivitäten zum Umweltschutz informiert werden.

Ein UM-System kann sich dazu verschiedener Umwelt-Informationssysteme bedienen, die das Unternehmen in seiner Gesamtheit betreffen, z. B. *Ökobilanzen (Öko-Controlling), Öko-Audits* oder *Risikoanalysen*.

2.11.1 Öko-Controlling

Das Öko-Controlling ist eine auf das gesamte Unternehmen bezogene Ökobilanz. Es dient als Instrument zur Analyse, Planung, Steuerung, Kontrolle, aber auch zur Durchsetzung aller umweltrelevanten Aktivitäten eines Unternehmens.

2.11.2 Öko-Audit

Das Öko-Audit wird auch als *Umweltbetriebsprüfung* eines Unternehmens bezeichnet. Mit ihm lässt sich ein Unternehmen daraufhin überprüfen, ob die

- rechtlichen Umweltforderungen angewendet und
- Umweltziele des Unternehmens festgelegt und umgesetzt werden.

Die Durchführung des Öko-Audits erfolgt durch interne oder externe Berater/-innen. Nach Bestätigung durch neutrale Gutachten und Übereinstimmung mit den Anforderungen der EU-Verordnung kann ein Zertifikat erteilt werden.

! Das Öko-Audit kann man auch als Teil eines Regelkreises verstehen, der das Ziel hat, die Umweltleistungen eines Unternehmens kontinuierlich zu verbessern.

2.11.3 Produktbezogene Ökobilanz und Produktlinienanalyse

Im Gegensatz zu Ökobilanzen, die ein Unternehmen in seiner Gesamtheit erfassen, beschränken sich *produktbezogene Ökobilanzen* auf die Bewertung einzelner Produkte. Dabei sollen alle Auswirkungen eines Produktes auf Mensch und Umwelt über seinen gesamten Lebenszyklus erfasst und bewertet werden.

Bei der Erstellung von Ökobilanzen sind zu berücksichtigen:

- alle wichtigen Auswirkungen auf Boden, Luft und Wasser
- alle Stoffströme, die sich auf diese auswirken könnten

Die Ergebnisse von Ökobilanzen dienen auch als Entscheidungshilfe für die Vergabe des Umweltzeichens *Blauer Engel*. Dieses Umweltzeichen dient z. B. als Orientierung beim umweltbewussten Einkauf.

Aufgaben

1. Wie ist der Begriff „Qualität" definiert?
2. Warum ist Qualität auch heute ein unverzichtbarer Bestandteil der Wettbewerbsfähigkeit?
3. Nennen Sie fünf Beispiele dafür, wie Kundenzufriedenheit erreicht werden kann.
4. Beschreiben Sie den historischen Weg zum Qualitätsmanagement (QM).
5. Warum wurde ein QM-Konzept geschaffen?
6. Erläutern Sie den Qualitätskreis.
7. Welche Elemente umfasst ein Qualitätsmanagement-System (QMS)?
8. Wie kann man die Einführung eines QMS in Betrieben begründen? Nennen Sie vier Beispiele.
9. Was versteht man unter der „Zehnerregel"?
10. Welche Vorteile für Kundschaft und Unternehmen bringt die Einführung eines QMS?
11. Wie unterscheiden sich die Normen DIN EN ISO 9000 ff.?
12. Beschreiben Sie den Regelkreis des Qualitätsmanagements.
13. Mit welchen Instrumenten wird das QMS umgesetzt? Nennen Sie drei Beispiele.
14. Erläutern Sie die Begriffe „Audit" und „Zertifizierung".
15. Beschreiben Sie den Ablauf einer Zertifizierung.
16. Welche Aufgabe hat ein QM-System?
17. Was versteht man unter einem „Öko-Controlling" und was unter einem „Öko-Audit"?
18. Erläutern Sie den Begriff „produktbezogene Ökobilanz".

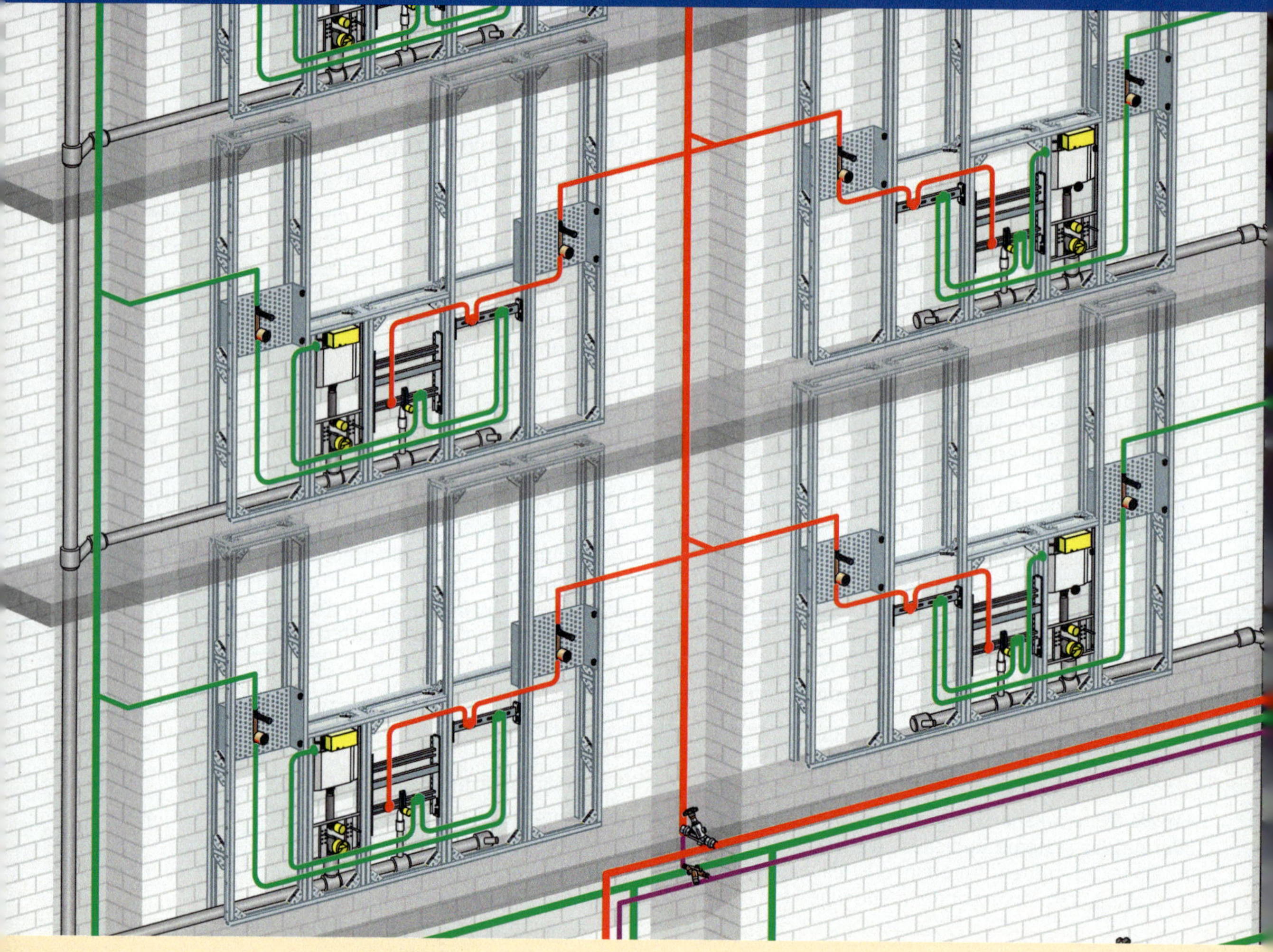

Lernfeld 3

Baugruppen herstellen und montieren

Trinkwasserverteiler für ein Wohnhaus planen

Kundenauftrag

Für ein Wohnhaus soll im Hausanschlussraum ein Trinkwasserverteiler mit drei Abgängen montiert werden. Die Trinkwasserzufuhr erfolgt aus dem Stadtwassernetz durch die Hauseinführung bis zum Trinkwasserverteiler. Die durchfließende Wassermenge wird im geeichten Wasserzähler gemessen und im Filter von verunreinigenden Bestandteilen gesäubert.

Information und Orientierung

Die Dimensionen der Rohrleitungen sind bereits festgelegt. Die hinter dem letzen Absperrorgan liegende Leitung hat eine Dimension von 28 mm. In der Zuleitung sind bereits ein Wasserzähler mit Absperrarmatur und ein rückspülbarer Filter vorhanden.

- Die Rohrleitungen des Verteilers sollen aus nichtrostendem Stahl sein.
- Die einzelnen abgehenden Stränge sind mit 18 mm anzunehmen.
- Jeder Abgang soll mit einem Schrägsitzventil aus Rotguss (mit Entleerung) absperrbar sein.
- Der Hausanschlussraum hat betonierte Wände.
- Der Verteiler soll mit Rohrschellen auf eine Wandkonsole montiert werden, die an die Wand geschraubt werden soll.

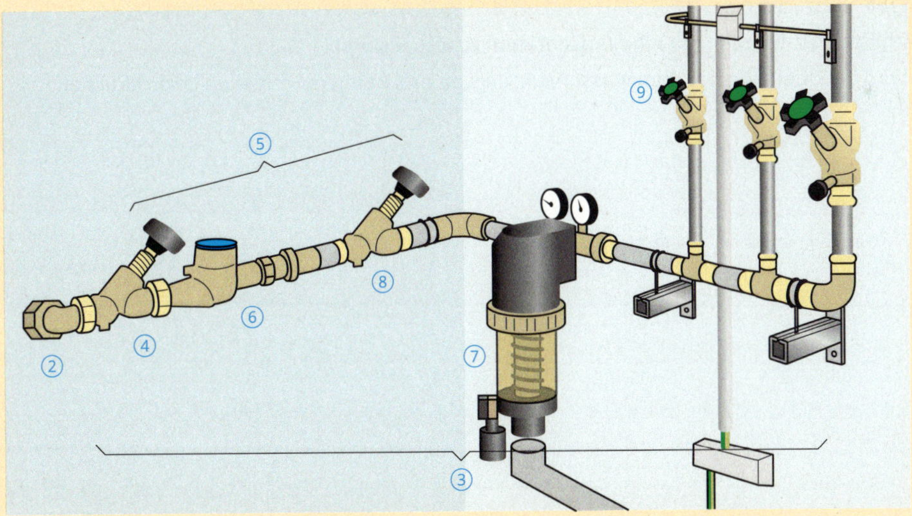

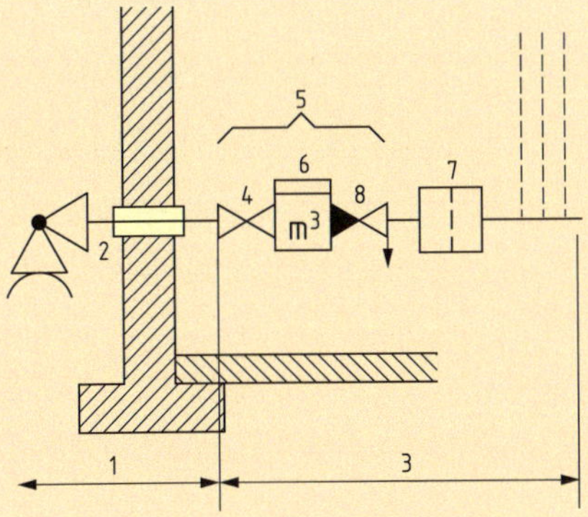

① Anschlussleitung
② Eintrittsstelle (Hauseinführung)
③ Verbrauchsleitung
④ Hauptabsperreinrichtung
⑤ Wasserzähleranlage
⑥ Wasserzähler
⑦ Wasserfilter
⑧ KFR-Ventil
⑨ Absperrventil

Abb. 1: Trinkwasserverteiler mit Wasserzähler, Filter und Absperrarmaturen (Übersicht und Schema)

Planung und Durchführung

Die Planung des Trinkwasserverteilers umfasst folgende Aufgabenstellung:

- Erstellung einer Montageskizze per Hand, in der in symbolhafter Darstellung alle Bauteile erkennbar sind
- Erstellung einer isometrischen Zeichnung, in der alle Maße und Abstände des Verteilers eingetragen werden
- Anfertigen einer Stückliste mit allen benötigten Bauteilen

Für die Vorbereitung der Montage werden die technischen Unterlagen der einzelnen Bauteile zusammengestellt. Dazu gehören die Zeichnungen der Bauteile und die Funktionsbeschreibungen. Es wird festgelegt, welche Werkzeuge und Hilfsmittel für die Montage benötigt werden. Nach erfolgter Montage werden Maßnahmen zur Inbetriebsetzung des Trinkwasserverteilers festgelegt.

Bewertung

Maßgebend für die Bewertung sollen folgende Kriterien sein:

- Fehlerfreier Aufbau und Funktion des Trinkwasserverteilers
- Bauliche Realisierbarkeit des Lösungsvorschlags

Präsentation

Die Ergebnisse der einzelnen Planungsaufgaben sind gemäß der Aufgabenstellung übersichtlich zu dokumentieren.

Dazu sind folgende Vorgaben umzusetzen:

- Die Lösungen sind mithilfe von z. B. Folien für eine Präsentation zu visualisieren.
- In einem Rollenspiel wird die Übergabe des Trinkwasserverteilers an den Bauherrn mit allen erforderlichen Erklärungen simuliert.

3 Baugruppen herstellen und montieren

3.1 Technische Informationsquellen

Um im technischen Bereich erfolgreich miteinander kommunizieren zu können, ist es erforderlich, dass unterschiedliche Informationen wie Skizzen, Zeichnungen, Pläne, Stücklisten, Diagramme oder EDV-Programme ineinander greifen. Weitere wichtige Informationsquellen sind Funktionsbeschreibungen, Wartungsanweisungen und Schaltpläne. Um die komplexe Funktion einer haustechnischen Anlage in ihrer Gesamtheit zu verstehen, ist meist die Nutzung der unterschiedlichen Informationsquellen erforderlich. Eine Übersicht über die Bedeutung der technischen Kommunikation gibt Abb. 1.

3.1.1 Technische Zeichnungen

Der Zweck der technischen Zeichnung ist die Verständigung zwischen Entwicklung, Konstruktion, Fertigung, Instandhaltung, Montage, Anlagenmechaniker/-in und Kunden/Kundin. Die Aussage einer technischen Zeichnung muss eindeutig, vollständig und für alle fehlerfrei verständlich sein. In DIN-Normen sind die Zeichenregeln als gemeinsame Sprache festgelegt. Technische Zeichnungen werden in der Regel in bestimmten Maßstäben je nach Erfordernis erstellt und in einem Papier-Endformat wiedergegeben. Die Papierzeichnung wird zur besseren Handhabung in der Werkstatt, auf der Baustelle oder zur Ablage gefaltet.

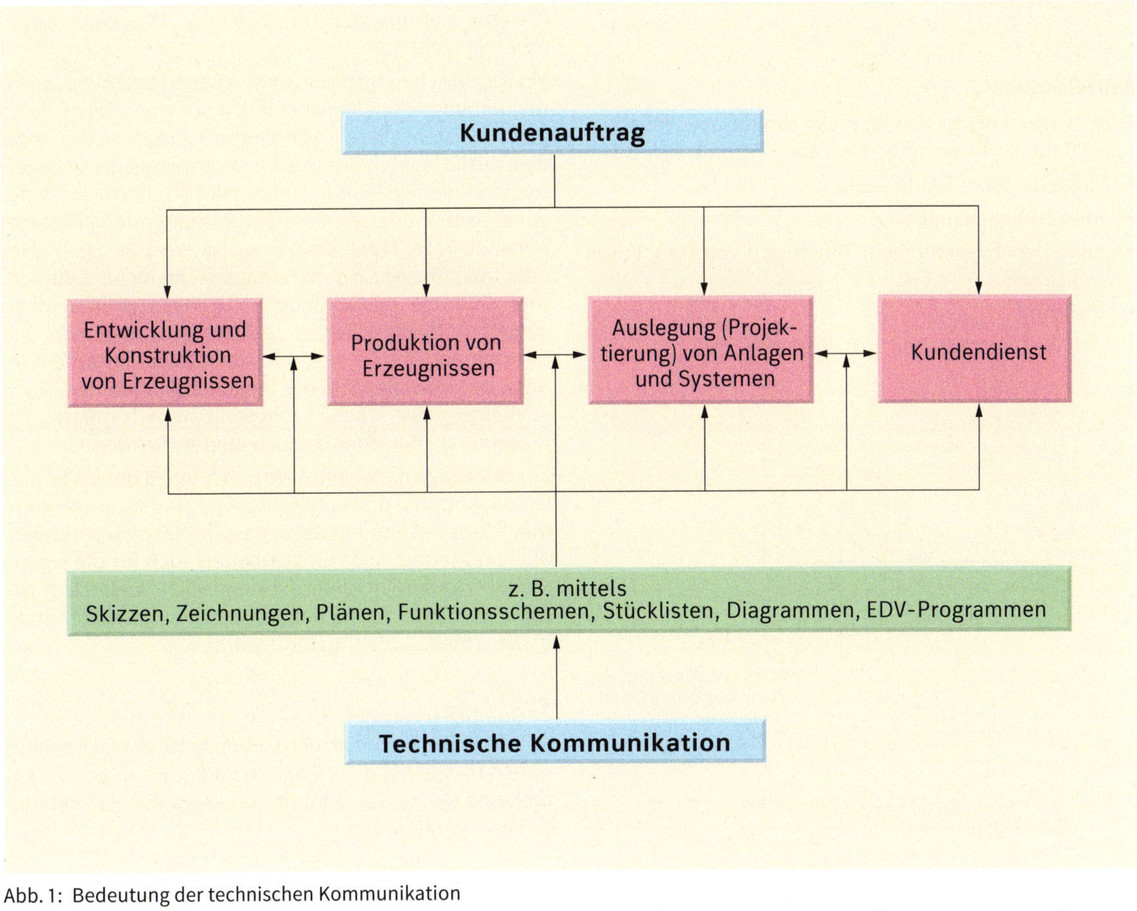

Abb. 1: Bedeutung der technischen Kommunikation

Handskizze

Eine Handskizze (Abb. 1) ist eine freihändige, unmaßstäbliche Zeichnung. Die Skizze wird ohne Lineal und nicht in einem bestimmten Maßstab erstellt. Trotzdem sollte darauf geachtet werden, dass das dargestellte Werkstück oder Schema in etwa den tatsächlichen Proportionen entspricht, um Missverständnisse zu vermeiden.

Die Skizze wird häufig in Besprechungen als Diskussionsgrundlage oder als Hilfsmittel bei der Erstellung von Montagezeichnungen mit einem CAD-System (computergestütztes Zeichnen und Konstruieren) eingesetzt. Teilweise werden Handskizzen sogar direkt für die Fertigung oder Montage verwendet, z. B. bei kleineren Änderungsarbeiten an einer bereits bestehenden haustechnischen Anlage. Die Skizze sollte daher alle notwendigen Maße und Angaben enthalten.

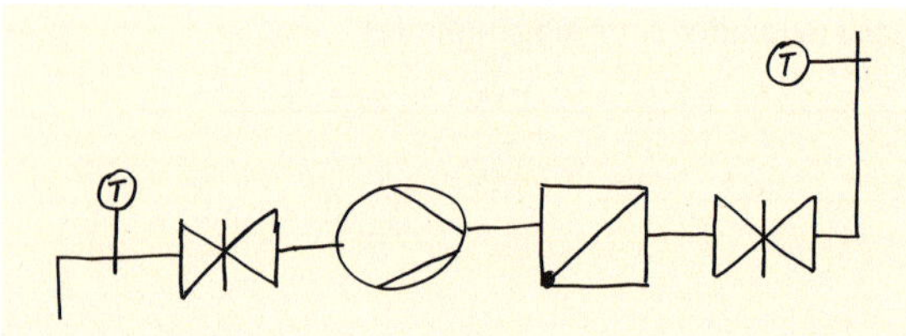

Abb. 1: Handskizze eines Anlagenschemas (Ausschnitt)

Teilzeichnung

Eine Teilzeichnung (Abb. 2) muss alle für die Fertigung eines Bauteils notwendigen Angaben enthalten, z. B.:

- Darstellung der Bauteilform
- vollständige Bemaßung
- zulässige Abweichungen (Toleranzen von Maß, Form und Lage)
- Werkstoff
- evtl. weitere Vorgaben (z. B. Prüfverfahren)

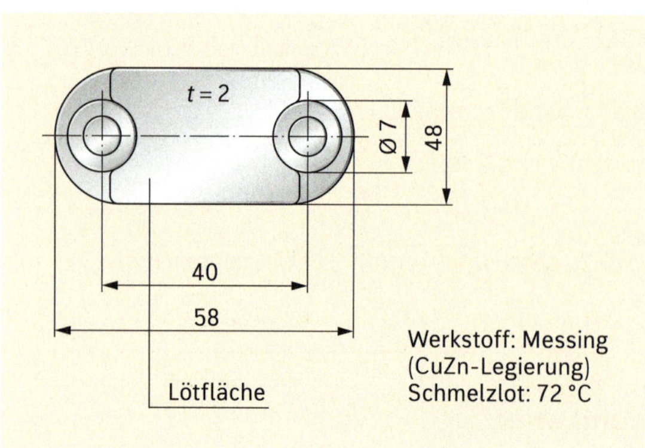

Abb. 2: Teilzeichnung eines Schmelzlots einer Brandschutzklappe

Baugruppenzeichnung

Die Baugruppenzeichnung stellt zusammengehörige Bauteile (aus Teilzeichnungen) in ihrer räumlichen Lage und Form dar. Sie gibt Aufschluss über Gestalt, Abmessungen, Werkstoff und Fertigungstoleranzen der gesamten Baugruppe.

Gesamtzeichnung

Die Gesamtzeichnung enthält eine Anlage, eine Maschine oder ein Gerät im zusammengebauten Zustand und gibt Aufschluss über die räumliche Lage und die Form der zusammengefassten Baugruppen. Die Gesamtzeichnung ist die Summe der Teil- und Baugruppenzeichnungen.

Montagezeichnung

Eine Montagezeichnung (Abb. 3) gibt besondere Anweisungen für den Zusammenbau von Anlagenkomponenten zu einer Gesamtanlage. Anlagenmechaniker/-innen können aus einer Montagzeichnung alle Informationen entnehmen, die nötig sind, um z. B. eine Heizungsanlage zu montieren. Es können die Fabrikate und Größen der verwendeten Bauteile (Heizkessel, Armaturen, Thermometer, Rohrleitungen, Dämmungen usw.) in der Montagezeichnung enthalten sein. Ebenso ist die Lage der Bauteile zum Baukörper und zu weiteren Gewerken (Sanitär, Lüftung, Elektro, Regelung, Druckluft, Kälte, usw.) festgelegt.

Montagezeichnungen sind unbedingt erforderlich, um einen reibungslosen Montageablauf auf einer Baustelle zu gewährleisten. Diese Zeichnungen werden in der Regel dem ausführenden Unternehmen von einem damit beauftragten Planungsbüro im Auftrag des Bauherrn zur Verfügung gestellt oder im Büro der ausführenden Firma gezeichnet. In der Praxis kann es auch passieren, dass Fehler oder Unklarheiten in den Montagezeichnungen auftreten. Hier sind die ausführende Anlagenmechaniker/-innen aufgefordert, diese Fehler rechtzeitig zu erkennen und mit den anderen Firmen und der Bauleitung abzustimmen. Der Hinweis, dass der Bauleitung Unklarheiten vor Ausführung der Arbeiten mitgeteilt werden müssen, ist meistens auf der Montagezeichnung enthalten.

Eine Montage nach dem Motto „Ich bin ja der Erste, sollen die anderen Gewerke sehen, wie sie später klarkommen“ führt fast immer dazu, dass im Nachgang aufwendige und teuere Änderungsarbeiten auch für die eigene Firma erforderlich sind, die dann nicht zusätzlich bezahlt werden. So mancher Auftrag ist aus diesem Grund in die „roten Zahlen“ geführt worden.

! Qualifiziert ausgeführte Aufträge sichern den eigenen Arbeitsplatz. Grundsätzlich sollten Anlagenmechaniker/-innen für aufwendige Arbeiten und größere Anlage immer eine Montagezeichnung verlangen. Sie ist Grundlage einer guten Arbeit.

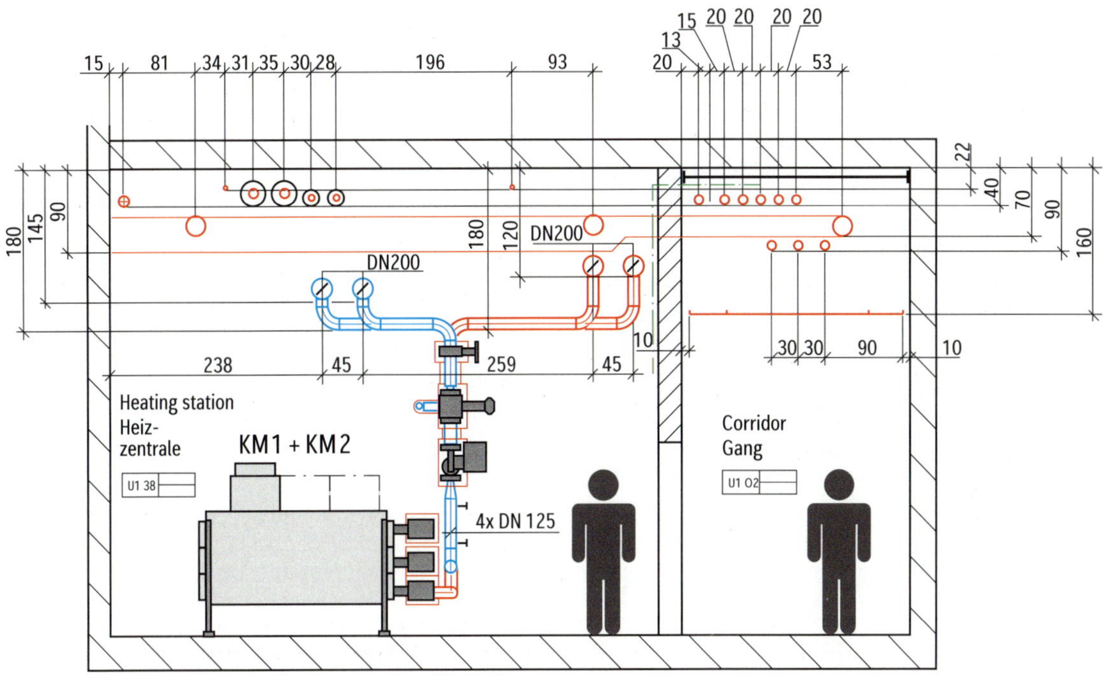

Abb. 3: Teilansicht einer Montagezeichnung einer Heizzentrale (Schnittdarstellung)

Schaltschema

In einer Schemazeichnung (Abb. 4) wird die Funktion einer Anlage mit allen dafür erforderlichen Bauteilen dargestellt. Dazu gehören in der Haustechnik neben Pumpen, Ventilatoren und Armaturen auch die für die Funktion notwendigen Regelkomponenten.

Eine Schemazeichnung wird immer ohne Maßstab dargestellt. Rückschlüsse auf Rohrleitungslängen oder Größen von Anlagenteilen lassen sich daher aus dem Schema nicht ableiten. Oft sind auf der Schemazeichnung auch Hinweise auf die Betriebsweise der Anlage enthalten, die für die Einregulierung der Anlage wichtig sind (z. B. Temperatur-Sollwerte, Einschaltzeiten).

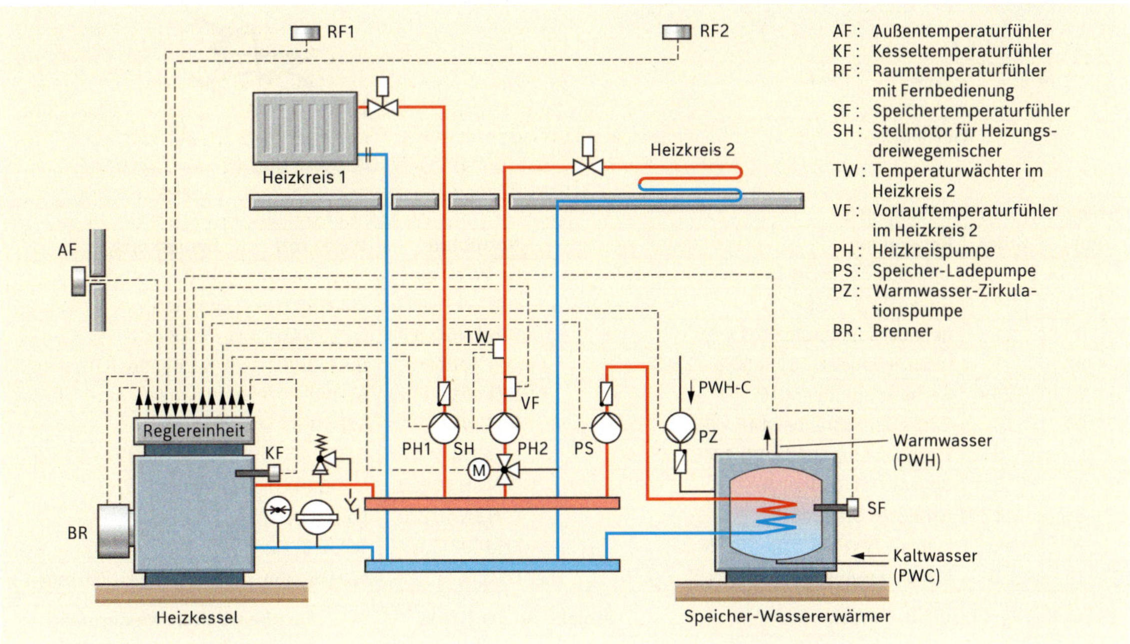

Abb. 4: Regelschema einer Heizungsanlage mit Mischerkreis und zentraler Warmwasserbereitung

Isometrische Darstellung

Eine Isometriezeichnung ermöglicht die Darstellung einer dreidimensionalen Rohr- oder Kanalführung. Gezeichnet wird sie auf einem zweidimensionalen Isometrierasterblatt. Die Vorgabe, in welche Richtung eine Rohrführung erfolgt, wird durch eine „Rose“ festgelegt (Abb. 1, rechte Seite). Je nach Strichführung auf dem Isometrieblatt nach DIN 2428 wird durch die Rose die Richtung festgelegt (oben, unten, rechts, links, vorn und hinten). Nach erfolgreicher Skizzierung der Leitungsführung werden die einzelnen Rohrstücke und Einbauteile mit einer Positionsnummer versehen, die auf einem Materialauszug aufgeführt wird. Mithilfe der z-Maß-Methode (S. 142) lassen sich die Rohrlängen je nach verwendetem Material exakt festlegen. Ein genauer Materialauszug einschließlich Vorfertigung der einzelnen Rohrstücke ist dann möglich. Bei kleineren Anlagen und Anlagenteilen ist eine rationelle Arbeitsweise mit einer Isometriezeichnung möglich.

Stückliste

Die Stückliste ist ein Verzeichnis für ein Erzeugnis, das alle Komponenten des Erzeugnisses unter Angabe von Bezeichnung, Menge und Mengeneinheit enthält. Oft ist auch noch eine Bestellnummer für die einzelnen Komponenten enthalten, um eine spätere Ersatzteilbeschaffung zu erleichtern.

Ein Beispiel für eine Isometrie mit Rohrleitungsplan und Stückliste zeigt Abb. 1.

Die dargestellte Baugruppe besteht aus genormten Bauteilen (z. B. Ventile, Schrauben) und nicht genormten Teilen (Umwälzpumpe). Teilweise müssen diese Teile vor der Montage noch bearbeitet werden. Das betrifft z. B. das Ablängen von Stahlrohren auf die gewünschte Länge. Gleichartige Bauteile, wie Schrauben, werden dabei immer einer Positionsnummer zugeordnet.

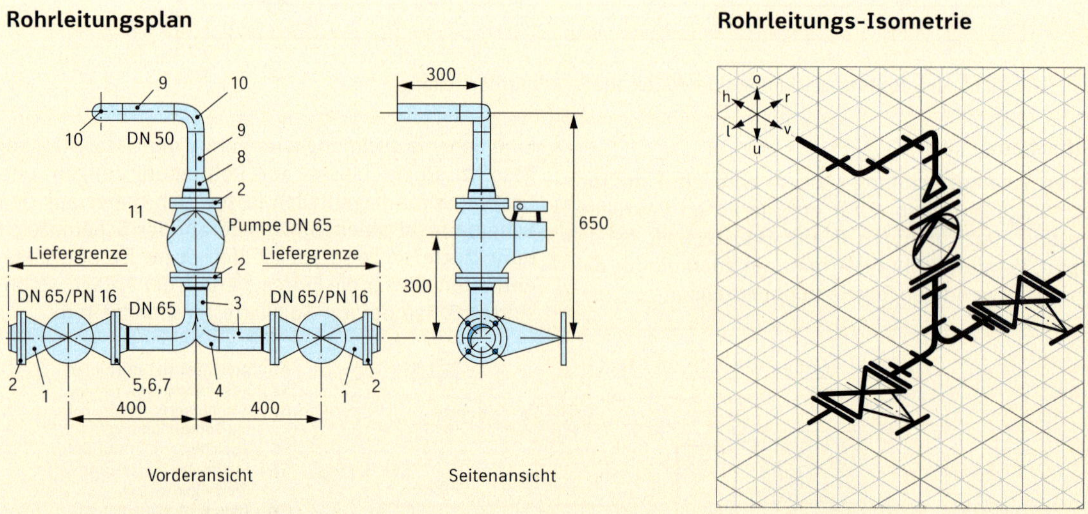

Stückliste (Bereitstellungsliste)					
Pos.	**Stück**	**Benennung**	**Normblatt**	**Werkstoff**	**Bemerkung**
11	1	Umwälzpumpe DN 65	Fa. WILO	–	TOP E 65/1-10
10	2	Bogen 90-3 60,3 × 2,9	DIN EN 10253	S 235 JR G 1	nahtlos
9	1	nahtloses Stahlrohr 60,3 × 2,9	DIN EN 10220	L 210 GA	l = 0,8 m
8	1	Reduzierstück K 76,1 × 60,3 × 2,9 S	DIN 2616-1	S 235 JR G1	(S = nahtlos)
7	24	Sechskantmutter M 16	ISO 4032	5	
6	24	Sechskantschraube M 16 × 60	ISO 4014	5.6	
5	6	Flachdichtung DN 65, PN 16	EN 1514	AFP	Form IBC 127 × 77 × 2
4	2	Bogen 90-3 76,1 × 2,9	DIN EN 10253	S 235 JR G1	nahtlos
3	1	nahtloses Stahlrohr 76,1 × 2,9	DIN EN 10220	L 210 GA	l = 0,5 m
2	6	Flansch Typ11-B1/DN 65/PN 16	EN 1092-1	S 235 JR G2	
1	2	Flanschen-Absperrventil DN 65, PN 16	EN 558	EN-GJL-250	Baulänge l = 290 mm

Bezeichnung: Umschalt-T-Stück **Projekt: An der Heide** **Sachbearbeiter: Westermann**

Abb. 1: Isometrische Leitungsführung mit Rohrleitungsplan und Stückliste

Bauzeichnungen

Technische Anlagen werden im Regelfall in ein Gebäude eingebaut. Dieses Gebäude ist in einer Bauzeichnung dargestellt. Anlagenmechaniker/-innen müssen in der Lage sein, diese Zeichnung zu lesen, um zu erkennen, an welchen Stellen Türen, Fenster, Treppenhäuser oder Wanddurchbrüche eingetragen sind. Schließlich werden in diese Zeichnungen auch die haustechnischen Anlagen eingezeichnet. Aus einer Grundrisszeichnung sind nicht alle notwendigen Informationen abzuleiten. Deshalb werden zusätzlich Schnittzeichnungen des Gebäudes erstellt. In Abb. 2 ist die Darstellung eines Gebäudes als Bauzeichnung mithilfe von Grundriss und Schnitt zu sehen.

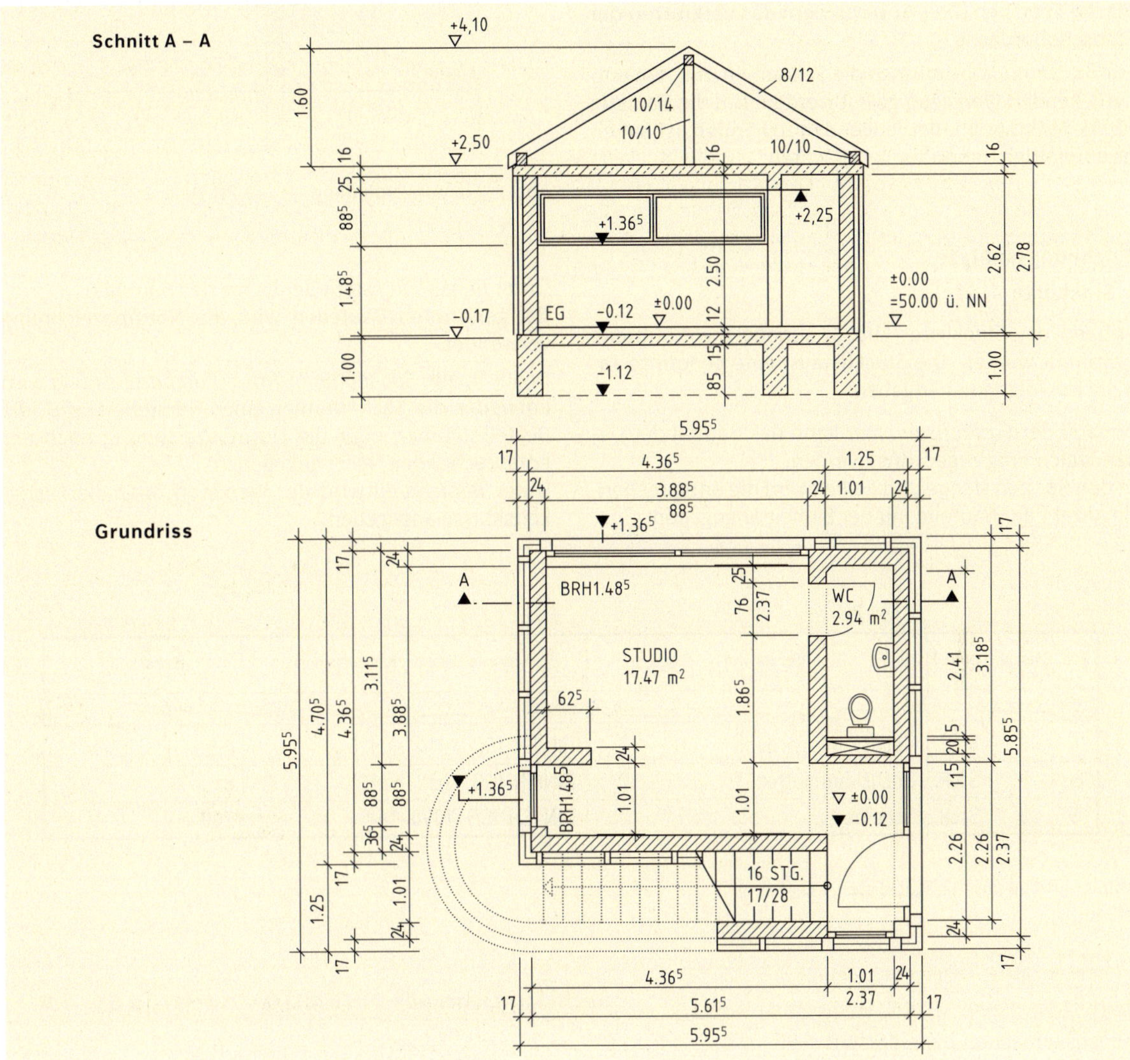

Abb. 2: Bauzeichnung (Grundriss und Schnitt)

Aufgaben

1. Welche technischen Informationsquellen benutzen Anlagenmechaniker/-innen üblicherweise?
2. Was ist eine Handskizze?
3. Was bedeuten die verschiedenen Symbole in der Handskizze auf S. 122 (Abb. 1)?
4. Bennenen Sie den Zusammenhang zwischen Teilzeichnung, Baugruppenzeichnung und Gesamtzeichnung.
5. Welche Anweisungen gibt eine Montagezeichnung?
6. In welchem Maßstab wird eine Schemazeichnung erstellt?
7. Welche Informationen können Anlagenmechaniker/-innen einer Stückliste entnehmen?
8. Warum sichert ein gut ausgeführter Auftrag auch Ihren Arbeitsplatz?

3.2 Verbindungen mit Schrauben und Muttern

3.2.1 Schraubenverbindungen

Die beiden Flansche Pos. 1 und 2 (Abb. 1) sind mit Sechskantschrauben und Muttern (Pos. 4 und 5) verschraubt.

Flache Scheiben (Pos. 6) verhindern das Verkratzen der Flanschoberfläche.

Für die Demontage müssen die Schrauben mit dem entsprechenden Werkzeug gelöst werden. Um die Bauteile für die Montage wiederverwenden zu können, ist auf eine sorgfältige Handhabung zu achten.

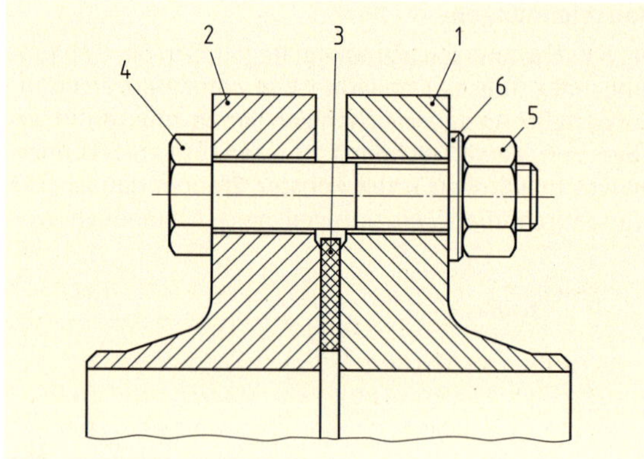

Abb. 1: Flanschverbindung DN 100/PN 16

Zeichnungsanalyse

- **Stückliste**

Anhand der Stückliste (Abb. 2) können die Normteile bestimmt werden. Die Stückliste ist eine genormte Tabelle mit folgenden Angaben:

Anhand der *Positionsnummer* kann das Bauteil der Gesamtzeichnung zugeordnet werden.
In den Spalten *Menge* und *Einheit* wird die entsprechende Anzahl der Bauteile mit der Einheit angegeben.

Unter *Benennung* steht der Name des Bauteils.
Bei genormten Bauteilen wird die Normbezeichnung verwendet.

In der Spalte *Sachnummer/Norm-Kurzbezeichnung* wird entweder die Sachnummer eines Herstellers, z. B. die Bestellnummer, oder die Normbezeichnung nach der entsprechenden Norm angegeben.
Unter *Bemerkung* wird der Werkstoff oder die Festigkeitsklasse angegeben.

Pos.	Menge	Einheit	Benennung	Sachnummer/Norm-/Kurzbezeichnung	Bemerkung
4	8	Stck.	Sechskantschraube	DIN EN ISO 4014 - M16 x 65	8.8
5	8	Stck.	Sechskantmutter	DIN EN ISO 4032 - M16	8
6	8	Stck.	Scheibe	DIN EN ISO 7090-16	200 HV

Abb. 2: Auszug aus der Stückliste

Sechskantschraube DIN EN ISO 4014 M16 x 65 - 8.8

Sechskantschraube mit Schaft

Metrisches Gewinde mit Nenndurchmesser 16 mm

Nennlänge 65 mm

Festigkeitsklasse

Sechskantmutter DIN EN ISO 4032 M16 - 8

Sechskantmutter Typ 1

Metrisches Gewinde mit Nenndurchmesser 16 mm

Festigkeitsklasse

- **Zeichnerische Darstellung**

Bei der Schraubenverbindung nach Abb. 3 wird die Verbindung durch eine Schraube, eine Mutter und eine Scheibe hergestellt. Die zu verbindenden Bauteile haben eine Durchgangsbohrung. Diese Verbindungsart nennt man eine *Durchsteckverbindung*.

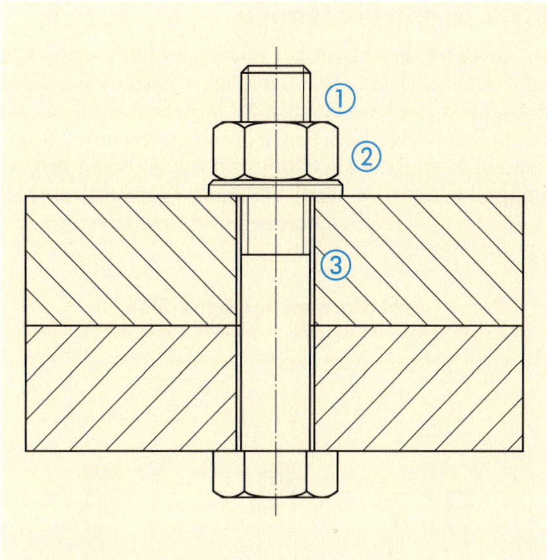

Abb. 3: Durchsteckverbindung

Es gelten folgende Zeichenregeln:

① Das Außengewinde der Schraube ist sichtbar dargestellt. Der Außendurchmesser wird mit einer breiten Volllinie gezeichnet, der Kerndurchmesser mit einer schmalen Volllinie.

② Die Mutter und die Scheibe verdecken das Schraubengewinde. Sie werden nicht geschnitten dargestellt.

③ Das Schraubengewinde, die Gewindebegrenzung und die Durchgangsbohrung der beiden Platten sind sichtbar. Die Schraffur endet an der Durchgangsbohrung.

Bei der Schraubenverbindung in Abb. 4 hat eines der beiden Bauteile eine Durchgangsbohrung nach DIN EN 20 273. Das andere Bauteil hat ein durchgehendes Gewinde. Diese Verbindungsart nennt man *Einziehverbindung*.

Da Schrauben auch in Schnittdarstellungen nicht im Schnitt dargestellt werden, verdeckt das Außengewinde der Schraube das Innengewinde.

Das Innengewinde wird nur in dem Bereich gezeichnet, der nicht durch die Schraube verdeckt wird.

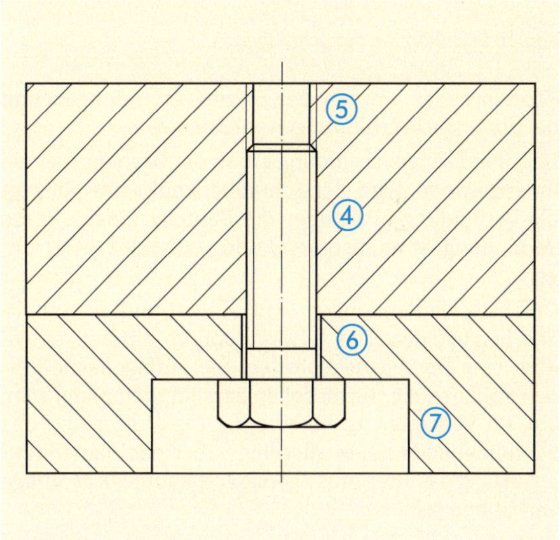

Abb. 4: Einziehverbindung

Es gelten folgende Zeichenregeln:

④ Das Außengewinde der Schraube verdeckt das Innengewinde. Der Nenndurchmesser des Außengewindes wird mit einer breiten Volllinie gezeichnet, der Kerndurchmesser mit einer schmalen Volllinie. Die Schraffur geht bis zum Außendurchmesser der Schraube und wird mit schmalen Volllinien unter 45° gezeichnet.

⑤ Das Innengewinde ist in diesem Bereich sichtbar, da es vom Außengewinde der Schraube nicht verdeckt wird.

Der Kerndurchmesser wird mit einer breiten Volllinie gezeichnet, der Außendurchmesser mit einer schmalen Volllinie.

Die Schraffur geht bis zum Kerndurchmesser des Gewindes.

⑥ In der Grundplatte befindet sich eine Durchgangsbohrung. Sie ist größer als der Nenndurchmesser der Schraube. Die Bohrung und die Schraube mit Gewinde und Gewindebegrenzung sind sichtbar. Die Schraffur wird bis zur Durchgangsbohrung gezeichnet.

⑦ Der Schraubenkopf ist in der Grundplatte nach DIN 974-2 versenkt, um eine Unfallgefahr durch überstehende Bauteile zu vermeiden.

3.2.2 Schraubenformen

Die beiden Flansche (Pos. 1 und 2) in Abb. 1 auf S. 126 sind mit Sechskantschrauben (Pos. 4) verbunden. Diese Schrauben besitzen einen Kopf in Sechskantform, die Schraubenart wird als Kopfschraube bezeichnet. Kopfschrauben sind die am häufigsten verwendeten Verbindungselemente. Je nach Verwendungszweck werden außerdem noch Stiftschrauben und Gewindestifte eingesetzt (Abb. 1).

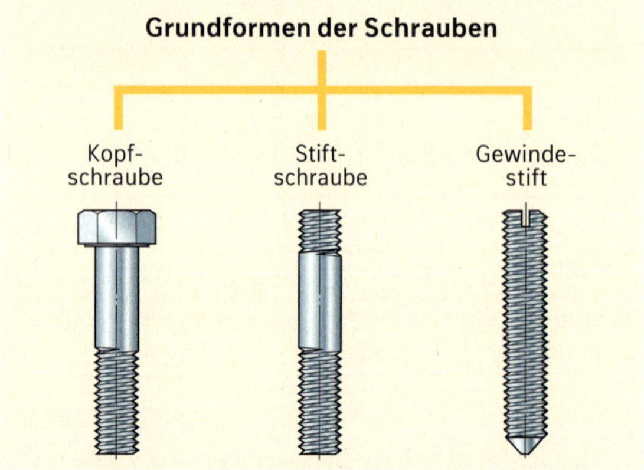

Abb. 1: Grundformen der Schrauben

Kopfschrauben werden bei Einziehverbindungen und bei Durchsteckverbindungen verwendet.

Bei einer Einziehverbindung erhält der Grundkörper ein Innengewinde. Wird der Schraubenkopf versenkt, ragt die Verbindung nicht über die Bauteile hinaus. Diese Verbindung ist raumsparend und vermeidet Verletzungen.

Durchsteckverbindungen sind schnell und wirtschaftlich herzustellen. Das Gewindebohren entfällt, es genügt eine Durchgangsbohrung. Die Auflageflächen für den Kopf und die Mutter sollen parallel zueinander sein, um ein Verkanten zu verhindern. Die Mutter und das Schraubenende ragen allerdings über das Bauteil hinaus. Für die Mutter muss genügend Raum zur Montage vorhanden sein.

Stiftschrauben sind Schrauben ohne Kopf mit Gewinde an beiden Enden. Sie werden verwendet, wenn die Verbindung häufig gelöst werden muss. Um den Blindflansch zu demontieren, muss nur die Mutter gelöst werden (Abb. 2). Das Einschraubende der Stiftschraube verbleibt im Gehäuse, dadurch wird das Innengewinde im Gehäuse bei Demontage- und Montagevorgängen nicht belastet.

Das Festziehen und Lösen der Stiftschrauben im Gehäuse kann durch die Verwendung von Muttern erfolgen (Kontermutter).

Um ein Verspannen des Blindflansches gegen das Gehäuse zu verhindern, müssen alle Schrauben zuerst so weit eingeschraubt werden, bis der Blindflansch mit der ganzen Fläche aufliegt. Anschließend werden jeweils die gegenüberliegenden Schrauben mit dem erforderlichen Drehmoment angezogen.

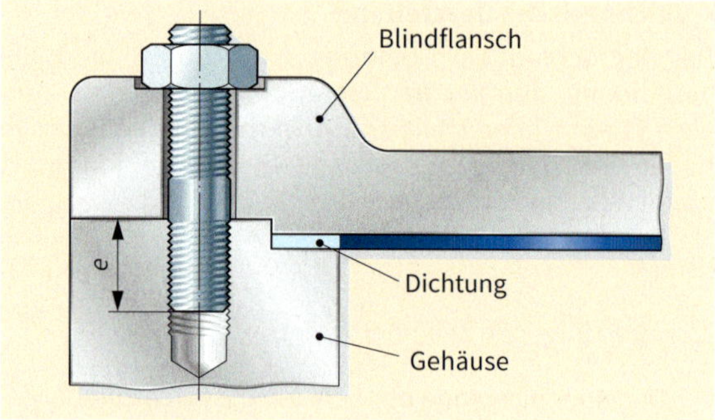

Abb. 2: Verbindung mit Stiftschraube

Gewindestifte (auch Madenschrauben genannt) haben auf ihrer gesamten Länge ein Gewinde. Sie haben keinen Kopf. Deshalb sind sie zum Einschrauben auf einer Seite z. B. mit einem Schlitz oder Innensechskant versehen. Gewindestifte werden hauptsächlich als Feststell- oder Justierschrauben verwendet. Durch ihre spitze Seite wird häufig die Lage zweier Teile zueinander fixiert, z. B. bei Welle-Nabe-Verbindungen.

3.2.3 Kopfschrauben

Eine typische Ausführung von Kopfschrauben sind Sechskantschrauben. Weitere wichtige Ausführungen sind Vierkantschrauben, Zylinderschrauben mit Innensechskant sowie Senkschrauben (Abb. 3).

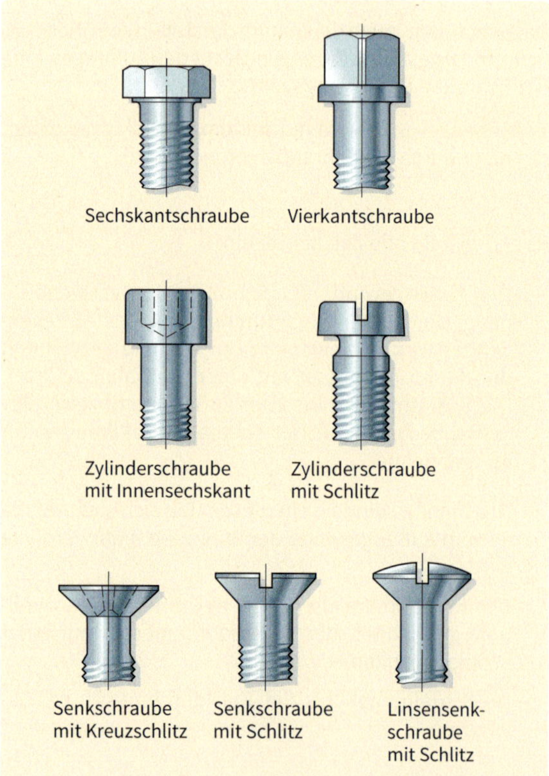

Abb. 3: Kopfschrauben

Sechskant- und Vierkantschrauben werden wegen ihrer äußeren Form mit einem Gabelschlüssel oder Ringschlüssel angezogen. Zylinder- und Senkschrauben haben eine innere Form, z. B. einen Innensechskant- oder einen Kreuzschlitzkopf. Das Eindrehen dieser Schrauben erfolgt mit Innensechskant- oder mit Kreuzschlitzschraubendrehern.

Bei Senkschrauben ist der Kopf konisch ausgeführt. Sie werden so weit eingedreht, bis ihr Kopf an der Fügestelle nicht mehr hervorsteht.

Bohrschrauben (→ TB) sind eine spezielle Ausführung von Kopfschrauben, die zum Verbinden von dünnwandigen Metallblechen verwendet werden. Durch die spezielle Form der Schraubenspitze und des Gewindes schneidet sich die Schraube beim Eindrehen selbst ein Gewinde in das Blech.

Die Blechdicken der zu verschraubenden Teile müssen zusammen größer sein als die Steigung des Gewindes der gewählten Schraube, weil sonst wegen des Gewindeauslaufes unter dem Schraubenkopf kein hinreichend großes Anziehdrehmoment aufgebracht werden kann.

Je nach Dicke des Bleches oder Größe der Schraube werden unterschiedliche Montageverfahren angewendet.

- **Mit Vorbohrung**
  Mit einem Körner wird eine Vertiefung an der Bohrstelle in das Blech eingeschlagen. Anschließend bohrt ein Metallbohrer ein Loch in die zu verbindenden Teile. Die Blechschraube wird dann in das vorgebohrte Loch eingedreht.

- **Ohne Vorbohrung**
  Selbstbohrschrauben können in die zu verbindenden Bleche direkt eingeschraubt werden (Abb. 4). Diese Schrauben sind sehr spitz („Suchspitze"). Auf das Ankörnen und das Vorbohren kann dabei verzichtet werden. Die Verringerung der Montagezeit ist, im Vergleich zur herkömmlichen Blechschraubenverbindung, erheblich.

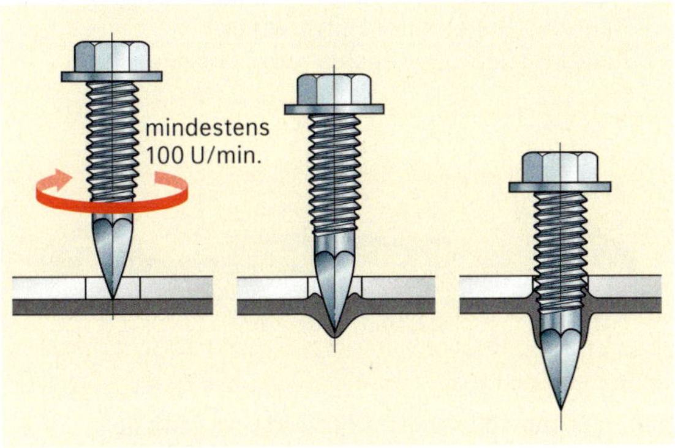

Abb. 4: Verbindung von zwei Blechen mit einer Selbstbohrschraube

Zur Verankerung von Rohrtrassen in Betondecken werden die Befestigungsschrauben in Dübel eingedreht oder spezielle *Betonschrauben* verwendet (Abb. 5). Diese Betonschrauben können ohne Dübel direkt in ein vorgebohrtes zylindrisches Bohrloch eingeschraubt werden. Das Spezialgewinde schneidet beim Einschrauben ein Innengewinde in den Beton und stellt so eine formschlüssige Verbindung her (Abb. 6).

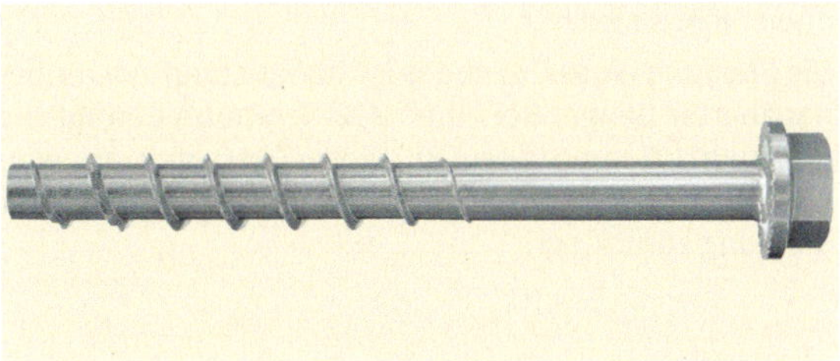

Abb. 5: Betonschraube mit Sechskant

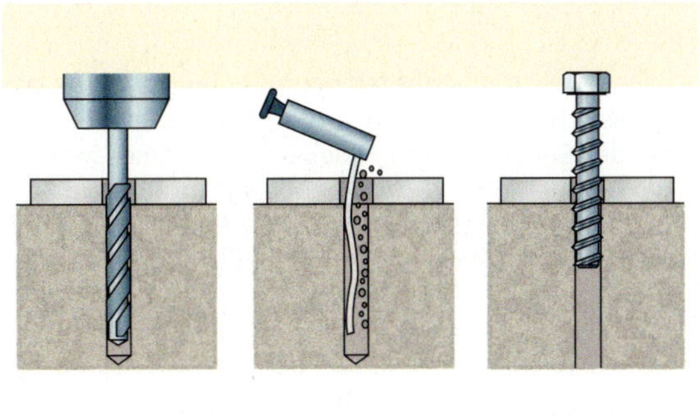

Abb. 6: Herstellen einer Verbindung mit Betonschraube

Die Montage wird durch Betonschrauben vereinfacht. Es sind keine Dübel erforderlich und keine Aushärtezeiten einzuhalten. Ferner ist keine Drehmomentkontrolle erforderlich. Durch den Formschluss wird (im Gegensatz zu kraftschlüssigen Dübellösungen) kein Spreizdruck auf den Beton ausgeübt. Dies ermöglicht kleine Randabstände. Die Schrauben lassen sich komplett lösen und wieder befestigen, z. B. für kurzzeitige Befestigungen oder zum Ausrichten.

Typische Anwendungen von Betonschrauben sind die Verankerungen von Rohrtrassen, Einzelrohren und Lüftungsleitungen sowie die Befestigung abgehängter Decken.

3.2.4 Gewindearten

Es gibt verschiedene Gewindearten. Das M bei der Schraubenbezeichnung M16 gibt z. B. an, dass es sich um ein *metrisches Regelgewinde* handelt (M = metrisch). Solche Gewinde dienen zum Befestigen von Bauteilen, müssen sich fest anziehen lassen und dürfen sich nicht von selbst lösen. Diese Befestigungsschrauben haben eine kleine Steigung mit einer hohen Reibungskraft. Die Schraubenverbindung löst sich deshalb z. B. bei Vibrationen nicht so leicht.

Die *Steigung* eines Gewindes ist der Abstand zweier benachbarter Gänge. Bei einer M10-Schraube beträgt die Steigung 1,5 mm (→ TB). Dieser Wert gibt an, welchen Weg eine Schraube bei einer Umdrehung in axialer Richtung zurücklegt.

Beispiel:

Die Schraube M10 soll 30 mm tief eingedreht werden.

Hierzu sind 20 Umdrehungen erforderlich.

(Anzahl Umdrehungen $= \frac{\text{Weg}}{\text{Steigung}} = \frac{30\text{ mm}}{1{,}5\text{ mm}} = 20$)

Ist in der Schraubenbezeichnung keine Steigung angegeben, handelt es sich um ein Regelgewinde. Der Wert der Steigung kann Tabellen entnommen werden (→ TB). Ist in der Schraubenbezeichnung eine Steigung angegeben, z. B. M10 × 0,75, handelt es sich zumeist um ein Feingewinde mit einer kleineren Steigung.

Beispiele:

Regelgewinde:

Schraube M16 Steigung = 2 mm

Feingewinde:

Schraube M16 x 1 Steigung = 1 mm

Schraube M16 x 1,5 Steigung = 1,5 mm

Metrische Gewinde werden als Rechts- oder Linksgewinde hergestellt. *Rechtsgewinde* werden durch Drehen im Uhrzeigersinn eingeschraubt. In besonderen Fällen werden *Linksgewinde* verwendet, z. B. wenn sich ein Rechtsgewinde funktionsbedingt lösen würde, etwa bei einer Schleifscheibenbefestigung. Aus Sicherheitsgründen ist auch bei einigen Gasen (z. B. Propan) für Ventilanschlüsse und sonstiges Zubehör ein Linksgewinde vorgeschrieben. Beim Anschließen können sie dadurch nicht mit anderen Flaschen mit nicht brennbarem Inhalt (z. B. Sauerstoff oder CO_2) verwechselt werden. Ein typischer Fall, bei dem sowohl ein Rechts- als auch ein Linksgewinde zur Anwendung kommt, ist das Spannschloss (Abb. 1). Durch Drehung in die eine oder andere Richtung lassen sich damit z. B. Seile spannen oder lockern.

In der Schraubenbezeichnung werden Linksgewinde mit LH (= Left Hand) gekennzeichnet (z. B. M16 LH).

Ein weiteres Befestigungsgewinde neben dem metrischen Gewinde ist das *Rohrgewinde* mit den Kennzeichen

- G (zylindrisches Außengewinde G/zylindrisches Innengewinde G) oder
- R (konisches Außengewinde R/zylindrisches Innengewinde Rp).

Wird das zylindrische G-Außengewinde in das zylindrische G-Innengewinde eingeschraubt, so dichtet das Gewinde nicht ab. Die Dichtheit wird z. B. durch einen O-Ring, Rundschnurring oder Flachdichtring erreicht. In das zylindrische G-Innengewinde kann aber ein konisches R-Außengewinde „metallisch dichtend“ verschraubt werden, da dieses die gleichen Nennmaße hat. Bei der Verschraubung eines konischen R-Außengewindes mit einem zylindrischen Rp-Innengewinde entsteht ebenfalls eine metallisch dichtende Verbindung.

Das Rohrgewinde besitzt aufgrund seiner runden Profilform generell eine bessere Dichtfunktion als das metrische Gewinde. Es wird deshalb hauptsächlich bei Druckluft- und Wasserinstallationen eingesetzt. Die Größenangabe erfolgt nicht in mm, sondern in Zoll-Maßen, z. B.:

- G 3/4 (zylindrisches Rohrgewinde mit Durchmesser von ¾ Zoll)
- R 2 (kegeliges Rohrgewinde mit Durchmesser von 2 Zoll)

Bewegungsgewinde werden eingesetzt, wenn aus einer Drehbewegung Längsbewegungen erzeugt werden sollen, z. B. am Schraubstock.

! Wichtige Unterscheidungskriterien für Gewinde sind:
- Profilform (metrisches Gewinde oder Rohrgewinde)
- Steigung (Regel- oder Feingewinde)
- Steigungsrichtung (Rechts- oder Linksgewinde)

Abb. 1: Spannschloss mit Rechts- und Linksgewinde

Tab. 1: Gewindearten

Befestigungsgewinde		
Befestigungsgewinde haben eine kleine Steigung *P* und einen großen Flankenwinkel. Die Gewindeprofile haben eine dreieckige Grundform, man nennt sie Spitzgewinde.		
Metrisches Regelgewinde z. B. M 24	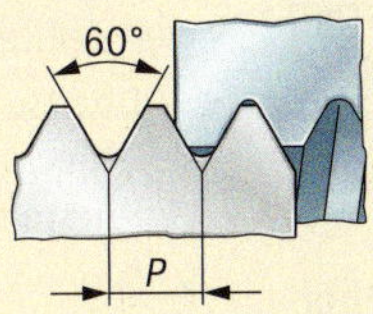	Gewinde für Schrauben und Muttern
Rohrgewinde z. B. G ¾, *Rp* ¾, *R* ¾	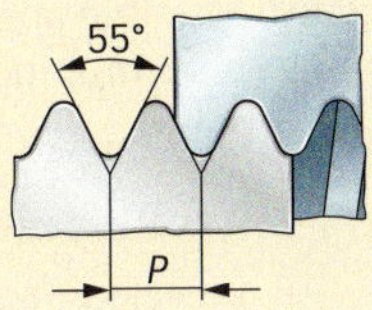	Gewinde für Rohre, Fittings und Armaturen im Heizungsbau
Bewegungsgewinde		
Bewegungsgewinde haben eine große Steigung *P* und einen kleinen Flankenwinkel.		
Metrisches Trapezgewinde z. B. Tr 40 × 7	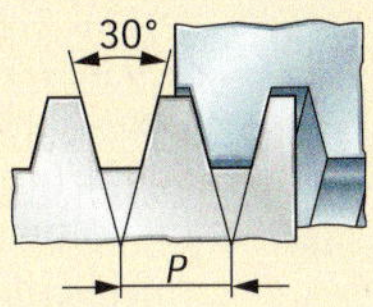	Schraubstockspindel, Kraftübertragung in zwei Richtungen

3.2.5 Muttern

Nach dem Verwendungszweck unterscheidet man unterschiedliche Muttern (Tab. 2).

Tab. 2: Muttern

Form	Beschreibung	Form	Beschreibung
	**Sechskantmutter** Man verwendet sie in Durchsteckverbindungen und Stiftschraubenverbindungen. Sie werden meist in Verbindung mit Sechskantschrauben verwendet.		**Rändelmutter** Wenn die Verbindung häufig von Hand gelöst werden soll
	**Hutmutter** Schließt das Gewinde nach außen ab. Dadurch schützt sie das Gewinde vor Beschädigungen und Korrosion. Verletzungen werden vermieden.	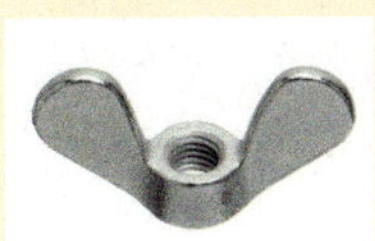	**Flügelmutter** Wenn die Verbindung häufig von Hand gelöst werden soll

3.2.6 Festigkeitsklassen

Schrauben und Muttern werden aus Werkstoffen mit unterschiedlichen Eigenschaften hergestellt.

Die Festigkeitsklasse einer Schraube (Abb. 1a) gibt an, wie hoch sie belastet werden darf. Grundsätzlich dürfen Schrauben nur im elastischen Bereich verformt werden. Dieser Kennwert wird durch die Streckgrenze angegeben. Bei Schrauben wird neben der Streckgrenze noch die Zugfestigkeit angegeben. Die Zugfestigkeit gibt an, bei welcher Belastung die Schraube reißt.

Die Festigkeitsklasse einer Mutter (Abb. 1b) gibt ebenfalls an, wie hoch sie belastet werden darf. Dabei ist entscheidend, dass die Festigkeitsklasse der Schraube und der zugehörigen Mutter aufeinander abgestimmt werden.

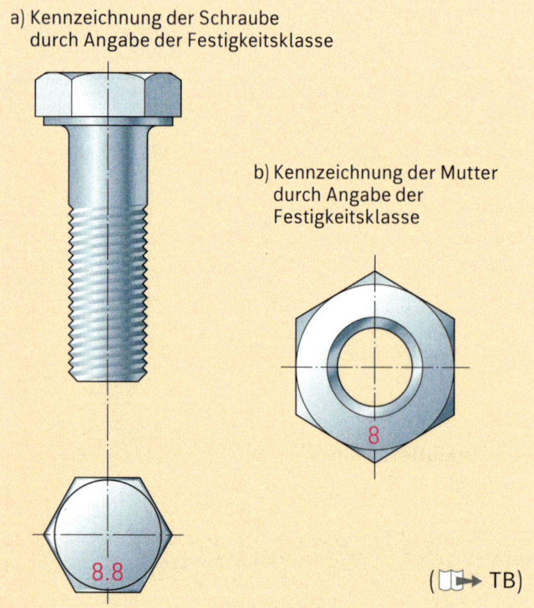

Abb. 1: Kennzeichnung von Schrauben und Muttern

Die Festigkeit von Schrauben wird durch zwei Zahlen gekennzeichnet:

Die erste Zahl mit 100 multipliziert ergibt die Zugfestigkeit R_m in N/mm².

Zusammen mit der zweiten Zahl ergibt sich die Streckgrenze R_e: Beide Zahlen miteinander multipliziert und dann mit 10 multipliziert ergibt die Streckgrenze in N/mm².

Beispiel:

Schraube mit Festigkeitsklasse 8.8

Zugfestigkeit = erste Zahl · 100 = 8 · 100 = 800 N/mm²
Streckgrenze = erste Zahl · zweite Zahl · 10
= 8 · 8 · 10 = 640 N/mm²

Bei Schrauben mit einem stetigen Übergang vom elastischen in den plastischen Bereich wird alternativ zur Streckgrenze die 0,2 %-Dehngrenze $R_{p0,2}$ angegeben.

Schrauben aus nichtrostenden Stählen werden zusätzlich zur Festigkeit noch mit der Stahlsorte gekennzeichnet, und zwar durch eine vier- bis fünfstellige Buchstaben Zahlen-Kombination wie z. B. A2-50 (TB):

- Der Buchstabe gibt die Stahlgruppe an (A = austenitisch, C = martensitisch, F = ferritisch, D = Duplex (austenitisch-ferritisch)).
- Die erste Zahl (von 1 bis 8) bestimmt die genaue Stahlsorte, d. h. die chemische Zusammensetzung.
- Die anschließende Zahl (von 50 bis 100) ergibt mit 10 multipliziert die Zugfestigkeit.

Beispiel:

Schraube mit Festigkeitsklasse A4-70

Schraube aus nichtrostendem Stahl
A austenitisches Stahlgefüge
4 legiert mit Cr, Ni, Mo
70 Zugfestigkeit = 70 · 10 = 700 N/mm²

Die Zugfestigkeit nichtrostender Stähle reicht von 500 N/mm² für weiche Stahlsorten bis zu 1 000 N/mm² für kaltverfestigte Stahlsorten mit hoher Festigkeit.

Die Festigkeitsklasse einer Mutter gibt ebenfalls an, wie hoch sie belastet werden darf. Die Belastbarkeit von Muttern wird nur mit einer Zahl für die Zugfestigkeitsklasse gekennzeichnet. Durch Multiplikation dieser Zahl mit 100 ergibt sich die Zugfestigkeit.

Beispiel:

Mutter mit Festigkeitsklasse 8

Zugfestigkeit = Zahl · 100 = 8 · 100 = 800 N/mm²

Die Kennzeichnung von Muttern aus nichtrostendem Stahl erfolgt wie bei den Schrauben durch eine Buchstaben-Zahlen-Kombination.

Bei der Verbindung von Schrauben und Muttern ist die Festigkeitsklasse der Schraube und der zugehörigen Mutter aufeinander abzustimmen: Die Festigkeit der Mutter muss mindestens genauso hoch sein wie die Festigkeit der Schraube.

Beispiele:

- Eine Schraube 8.8 muss mit einer Mutter gepaart werden, die mindestens die Festigkeitsklasse 8 hat. Diese Verbindung darf bis zu einer Streckgrenze von 640 N/mm² belastet werden.
- Eine Schraube aus nichtrostendem Stahl A4-70 muss mit einer Mutter A4-70 gepaart werden, alternativ mit einer Mutter A4-80.

3.2.7 Schraubensicherungen

Schraubenverbindungen können sich durch äußere Belastungen, z. B. Schwingungen und Temperaturänderungen, selbsttätig lösen. Mithilfe von Schraubensicherungen kann man ein Lösen verhindern. Dabei kommen unterschiedliche Arten zum Einsatz. Je nach Konstruktionsprinzip verhindern sie

- das Nachlassen der Vorspannkraft,
- das Losdrehen oder
- das Auseinanderfallen

der Schraubenverbindung.

Das Lockern der Schraubenverbindung kann durch einen Federring verhindert werden. Der Federring erhält zwischen dem Schraubengewinde und dem Muttergewinde die Vorspannkraft und somit die Reibungskraft. Dadurch verhindert er das Nachlassen der Spannung und somit ein Lockern der Verschraubung.

Eine Scheibe, deren Lappen umgebogen wurde (Abb. 2a), verhindert das Losdrehen und Auseinanderfallen der Schraubenverbindung. Das Lockern der Verbindung kann damit jedoch nicht verhindert werden. Man nennt diese Art von Sicherung auch Verliersicherung.

Klebstoff verhindert das Losdrehen der Verbindung (Abb. 2b). Diese Sicherung beruht auf dem Verkleben der Gewinde miteinander.

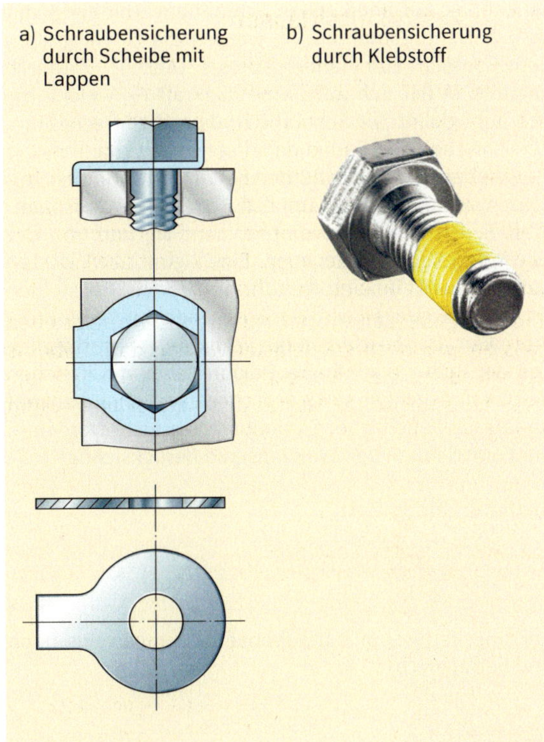

Abb. 2: Schraubensicherungen

3.2.8 Wirkprinzip am Gewinde

Wird eine Schraube mit einem Schraubenschlüssel angezogen, entsteht ein Drehmoment (Abb. 3). Die Größe des Anziehdrehmomentes M_A ist von der Handkraft F_H und von der Hebellänge l abhängig. Das Anziehdrehmoment M_A wirkt nach dem Hebelgesetz auch an der Schraube. Dort erzeugt es am Flankendurchmesser d_2 (→ TB) die Umfangskraft F_U.

$$M_A = F_H \cdot l \qquad M_A = F_U \cdot \frac{d_2}{2}$$

$$F_H \cdot l = F_U \cdot \frac{d_2}{2}$$

$$F_U = \frac{2 \cdot F_H \cdot l}{d_2}$$

F_H :	Handkraft	in N
l :	Hebellänge	in m
F_U :	Umfangskraft	in N
d_2 :	Gewinde-Flankendurchmesser	in m

Wickelt man am Flankendurchmesser d_2 der Schraube einen Gang ab, ergibt sich ein Dreieck in Form eines schlanken Keiles. Die Grundlinie des Dreiecks entspricht dem Umfang eines Kreises mit dem Durchmesser d_2. Die Höhe des Dreiecks ist die Steigung P des Gewindes.

Je kleiner der Winkel an der Keilspitze, desto größer wird die Vorspannkraft F_V bei gegebener Umfangskraft F_U.

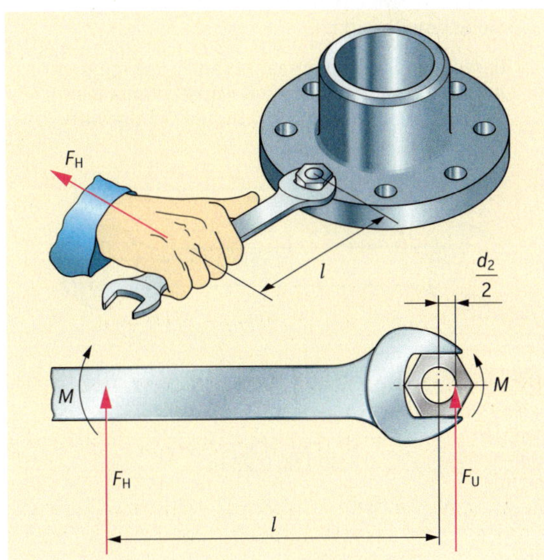

Abb. 3: Drehmoment am Schraubenschlüssel

! Die Größe der Vorspannkraft F_V ist von der Umfangskraft F_U und der Steigung P abhängig. Je kleiner die Steigung ist, desto größer wird die Vorspannkraft F_V bei gleich großer Umfangskraft F_U.

Durch das Anziehen einer Schraubenverbindung mit dem Anziehdrehmoment M_A werden die zu verbindenden Bauteile aufeinandergepresst (Abb. 1). Dadurch entsteht in der Schraube eine Zugkraft F_Z, welche die Schraube dehnt. Die Schraube wird um die Strecke l länger. Zwischen den Bauteilen entsteht die Vorspannkraft F_V, welche die Bauteile aufeinanderpresst. Dadurch verkürzen sich die Bauteile um den Betrag s. Die Vorspannkraft F_V ist vom Anziehdrehmoment M_A und von der Gewindesteigung P abhängig. Eine kleine Gewindesteigung P bewirkt eine große Vorspannkraft F_V. Bei kleinen Gewindesteigungen wird das Losdrehen der Verbindung erschwert. Das Losdrehen der Verbindung ist zusätzlich von der Reibung abhängig. Reibung entsteht zwischen den Gewindegängen sowie zwischen dem Schraubenkopf und der Auflagefläche. Die Reibungsverluste werden in der Formel durch den Wirkungsgrad berücksichtigt.

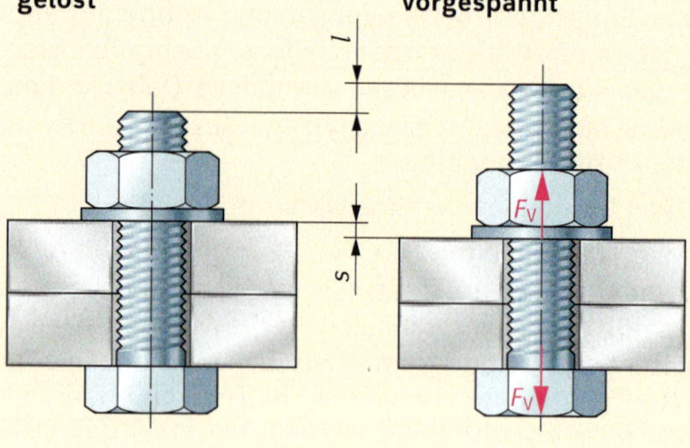

Abb. 1: Verschraubung gelöst und vorgespannt

Anziehdrehmoment:

$$M_A = \frac{F_V \cdot P}{2 \cdot \pi \cdot \eta}$$

Reibungsverluste in Schraubenverbindungen sind hoch und betragen ca. 90 %.

! Werden Schrauben zu fest angezogen, so werden sie überdehnt.

Werden Schrauben zu leicht angezogen, so kann sich die Verbindung lösen.

Beispiel 1

Zum Fügen zweier Bauteile wird eine Schraube M 16 (5.6) verwendet. An dem Schraubenschlüssel mit der wirksamen Hebellänge $l = 250$ mm greift die Handkraft $F_H = 300$ N an.

a) Berechnen Sie das Anziehdrehmoment M_A, das auf die Schraube wirkt.

b) Berechnen Sie die Vorspannkraft F_V, die mit dem Anziehdrehmoment erzeugt werden kann, wenn ein Wirkungsgrad von 11 % berücksichtigt wird.

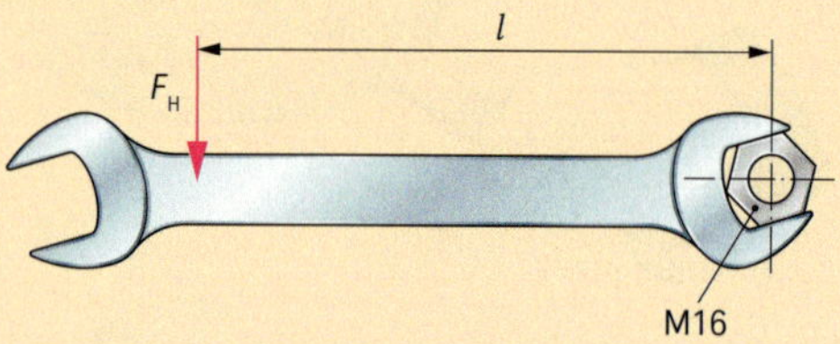

Geg.: $F_H = 300$ N, $l = 250$ mm, $P = 2$ mm, $\eta = 0{,}11$

Ges.: a) M_A, b) F_V

Lös.: a) $M_A = F_H \cdot l = 300\ \text{N} \cdot 0{,}25\ \text{m}$

$\underline{\underline{M_A = 75\ \text{Nm}}}$

b) $F_V = \frac{2 \cdot \pi \cdot \eta \cdot M_A}{P}$

$F_V = \frac{2 \cdot \pi \cdot 0{,}11 \cdot 75\ \text{Nm}}{0{,}002\ \text{m}}$

$\underline{\underline{F_V = 25\,905\ \text{N}}}$

Beispiel 2

Bei der Schraubenverbindung M12 soll die Vorspannkraft $F_V = 30\,000$ N betragen. Der Schraubenschlüssel ist $l = 210$ mm lang, wobei der Wirkungsgrad mit 10 % festgelegt ist (Sechskantschraube ISO 4014 M12 x 50 – 8.8).

Geg.: $F_V = 30\,000$ N, $l = 210$ mm, $\eta = 10$ %, $P = 1{,}75$ mm

Ges.: F_H in N

Lös.: $M_A = \frac{F_V \cdot P}{2 \cdot \pi \cdot \eta} = \frac{30\,000\ \text{N} \cdot 0{,}00175\ \text{m}}{2 \cdot \pi \cdot 0{,}10} = 83{,}56\ \text{Nm}$

$M_A = F_H \cdot l \rightarrow F_H = \frac{M_A}{l} = \frac{83{,}56\ \text{Nm}}{0{,}21\ \text{m}} = \underline{\underline{398\ \text{N}}}$

Spannungsquerschnitt M12 laut Tab.-Buch $S = 84{,}3\ \text{mm}^2$

$\sigma = \frac{F_V}{S} = \frac{30\,000\ \text{N}}{84{,}3\ \text{mm}^2} = 356\ \frac{\text{N}}{\text{mm}^2}$ $\quad \sigma_{zulässig} = 640\ \text{N/mm}^2$

Beispiel 3

Eine Schraubverbindung besteht aus vier Schrauben M10. Bei einer Handkraft von $F_H = 150$ N, einem Wirkungsgrad von 15 %, einer Länge von $l = 18$ cm soll das Anziehdrehmoment M_A auf eine Schraube sowie die Vorspannkraft F_V auf die Schraubverbindung berechnet werden.

Geg.: 4 Schrauben M10, $l = 18$ cm, $F_H = 150$ N, $\eta = 15$ %

Ges.: a) M_A auf eine Schraube
b) F_V auf die Schraubverbindung

Lös.: a) $M_A = F_H \cdot l = 150\ \text{N} \cdot 0{,}18\ \text{m} = 27\ \text{Nm}$

b) $M_A = \frac{F_V \cdot P}{2 \cdot \pi \cdot \eta}$

$\rightarrow F_V = \frac{M_A \cdot 2 \cdot \pi \cdot \eta}{P} = \frac{27\ \text{Nm} \cdot 2 \cdot \pi \cdot 0{,}15}{0{,}0015\ \text{m}}$

$F_V = 16\,965\ \text{N}$; $F_{Vges} = 16\,965\ \text{N} \cdot 4 = \underline{\underline{67\,860\ \text{N}}}$

3.2.9 Anwendung für kraftschlüssige Verbindungen

Die meisten Schraubenverbindungen (Abb. 2) sind kraftschlüssige Verbindungen. Durch das Anziehen entsteht in der Schraube eine Längskraft F, welche die zu verbindenden Teile aufeinanderpresst. Wird die Verbindung belastet, entsteht zwischen den Bauteilen eine Reibungskraft, die das Verschieben verhindert.

Bei der Klemmverbindung (Abb. 3) wird die Schraube angezogen. Die Längskraft F in der Schraube zieht die geschlitzte Nabe zusammen. Wird die Welle belastet, so entsteht eine Reibungskraft zwischen der Nabe und der Welle. Dadurch wird das Verschieben und Verdrehen der Welle verhindert.

Bei der Kegelverbindung (Abb. 4) entsteht durch das Anziehen der Mutter eine Längskraft F in Achsrichtung. Der Kegel wird in die Bohrung hineingezogen. Dadurch entsteht zwischen den kegeligen Berührungsflächen eine Reibungskraft, die die Verbindung herstellt.

! Kraftschlüssige Verbindungen entstehen, wenn Werkstücke aufeinandergepresst werden. Sie übertragen Kräfte oder Drehmomente durch Reibungskräfte.

Wird eine kraftschlüssige Verbindung durch zu große Kräfte überlastet, geht der Kraftschluss verloren. Die gefügten Bauteile verschieben sich gegeneinander.

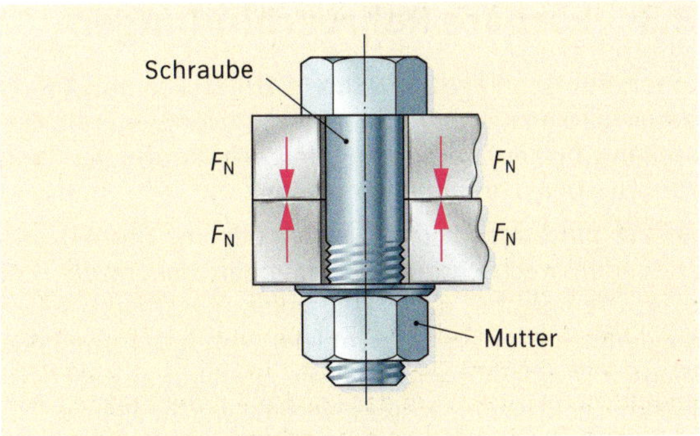

Abb. 2: Schraubenverbindung

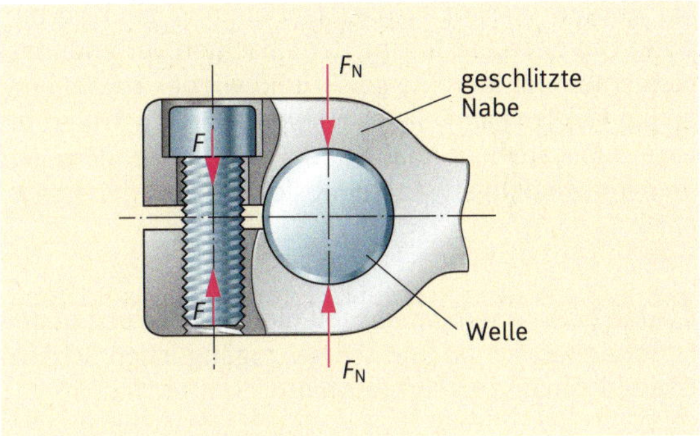

Abb. 3: Klemmverbindung

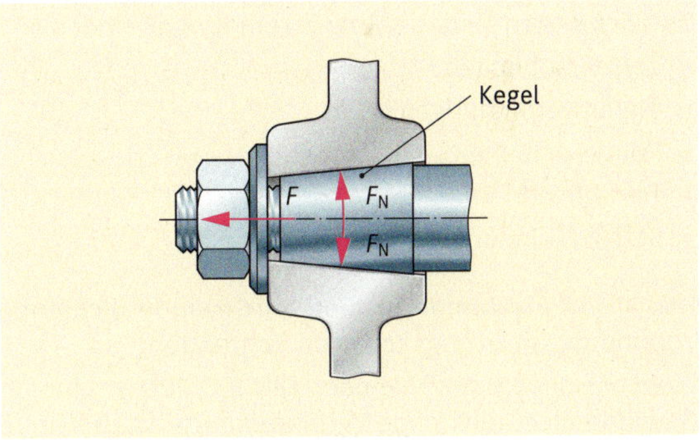

Abb. 4: Kegelverbindung

Aufgaben

1. Welche Zeichenregeln gelten für die Darstellung von Schraubverbindungen?
2. Nennen Sie die Grundformen der Schrauben.
3. Nennen Sie vier Arten von Kopfschrauben.
4. Nennen Sie fünf Formen von Muttern.
5. Was bedeutet die Bezeichnung 5.6 auf einem Schraubenkopf?
6. Wie werden Schrauben aus nichtrostenden Stählen gekennzeichnet?
7. Welche Funktion hat eine Schraubensicherung?
8. Beschreiben Sie eine Verliersicherung.
9. Nennen Sie vier Gewindearten.
10. Wovon ist die Größe des Anziehdrehmomentes abhängig?
11. Was bewirkt die Keilwirkung eines Gewindes?
12. Nenne Sie drei kraftschlüssige Verbindungen.
13. Erklären Sie den wesentlichen Unterschied zwischen Schraub- und Klemmverbindungen.
14. Beschreiben Sie eine Kegelverbindung.
15. Eine Bauteilverbindung wird mit vier Schrauben M10 hergestellt. An dem Schraubenschlüssel mit einer wirksamen Hebellänge von l = 180 mm greift eine Handkraft von F_H von 150 N an.
    a) Berechnen Sie das Anziehdrehmoment M_A, das an der Schraube wirkt.
    b) Wie groß ist die Vorspannkraft F_V auf die Schraubverbindung, wenn η = 15 % beträgt?
16. In der Stückliste finden Sie folgende Schraubenbezeichnung: Sechskantschraube DIN EN ISO 4017 – M12 × 1 × 80 – 10.9.
    a) Erläutern Sie die Bezeichnung.
    b) Geben Sie die vollständige Normbezeichnung einer zu dieser Schraube passenden Sechskantmutter an.

3.3 Lösbare Rohrverbindungen

Eine Leitungsanlage aus Rohren, Armaturen und Aggregaten wird erst mithilfe einer Vielzahl von Verbindungsstellen zu einer funktionierenden Installation der Sanitär-, Heizungs- oder Klimatechnik.

Rohrverbindungen müssen unter den im Betrieb auftretenden wechselnden Bedingungen *dauerhaft dicht* sein. Die Aufgabe, die eine Verbindungsstelle erfüllen soll, entscheidet über die Wahl der Verbindungstechnik. Wenn z. B. eine Armatur oder ein Aggregat auswechselbar sein soll, ist eine lösbare Verbindung zu wählen.

Ist dies nicht erforderlich, kann eine unlösbare Verbindung verwendet werden.

Als *lösbare Verbindung* bezeichnet man eine Verbindung, die ohne Zerstörung der einzelnen Verbindungselemente oder Bauteile gelöst und wieder zusammengefügt werden kann. Sie ist aufwendiger konstruiert als eine unlösbare Verbindung und wiederverwendbar. Aus dem Verwendungszweck leitet sich die *Verlegungsregel* ab:

! Eine *lösbare Verbindung* soll nicht unter Putz, in den Fußbodenestrich oder in schwer zugänglichen Schächten und Kanälen verlegt werden!

Die lösbare Verbindung wird in einer Zeichnung z. B. durch folgendes Symbol dargestellt: ⊣⊢

Die wichtigsten lösbaren Rohrverbindungen sind:

- Verschraubungen
- Klemmverbindungen
- Rohrkupplungen
- Flanschverbindungen
- Steckverbindungen (teilweise)

Das *Anschlussgewinde* ist eine im Gewinde dichtende Verbindung an Fittings sowie an Rohrenden.

Das *Befestigungsgewinde* nach DIN ISO 228 ist eine im Gewinde nicht dichtende Verbindung. In das Gewinde darf kein Dichtmittel eingebracht werden. Die Dichtheit der Verbindung wird hergestellt, indem in die Aussparung der Gegenmutter z. B. Hanf mit Dichtpaste eingelegt und die Mutter gegen die Muffe fest verschraubt wird.

Der *Einsatz* erfolgt bei Gewinderohrleitungen für Trinkwasser und Gas. Bei Gasleitungen ist besonders wichtig, dass nicht aushärtende Dichtmittel nach DIN 30 660 verwendet werden. In neuen Gasinstallationen sind Langgewinde nicht mehr zulässig.

3.3.1 Verschraubungen

Zum Ein- und Ausbauen von Geräten und Armaturen, z. B. Wasser- oder Gaszähler, dienen Verschraubungen. Sie lassen sich nach der *Dichtungstechnik* unterscheiden (Abb. 1–2).

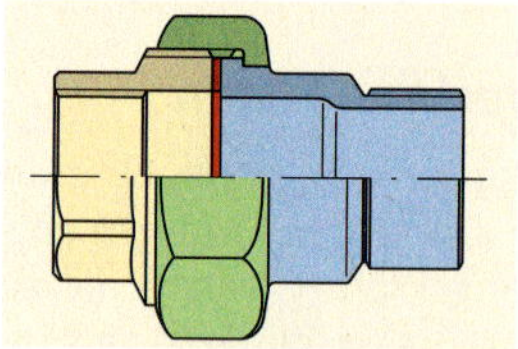

Abb. 1: Flach dichtende Verschraubung mit Dichtring

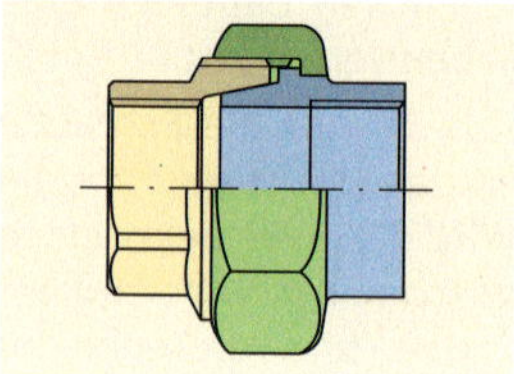

Abb. 2: Konisch dichtende Verschraubung ohne Dichtring (metallisch)

Der *Einsatz* dieser Verbindungstechnik ist in Installationen von Trinkwasser und Heizung unter Verwendung DVGW-geprüfter Dichtmittel ohne Einschränkungen zugelassen. Bei der Gasinstallation sind Gewindeverbindungen nur (noch) bis DN 50 zulässig.

3.3.2 Klemmverbindungen

Eine Klemmverbindung ist eine Verbindung, bei der durch unterschiedliche Techniken eine Presskraft auf das Rohr erzeugt wird. Sie verhindert das Ausgleiten des Rohres aus der Verbindung. Klemmverbindungen werden dauerhaft dicht durch metallische oder weiche Dichtungen (Elastomer-Dichtungen, z. B. O-Ringe). Der konstruktive Aufbau einer Klemmverbindung hängt von den *Verbindungsaufgaben* ab, wie:

- werkstoffgleiche Rohre verbinden
- Übergangsverbindungen zwischen Metall- und Kunststoffrohr (Anschlussverschraubung) herstellen
- Verbinden des Rohres mit einem Fitting für Armaturenanschluss

Die Bauelemente einer Klemmverbindung können vollständig aus Kunststoff, z. B. PP, oder aus Metall, z. B. Pressmessing, gefertigt sein. Sie müssen den betrieblichen Anforderungen, die durch das durchfließende Medium (Wasser, kalt und warm, Gas, Öl) bestimmt werden, genügen (DIN 8076) und eine DVGW-Zulassung haben.

Die *technischen Angaben der Hersteller* über den Einsatz einer Klemmverbindung sowie die Montagerichtlinien, die oftmals spezielles Montagewerkzeug erfordern, sind genauestens zu beachten. Die folgenden Darstellungen (Abb. 3–5) zeigen eine Auswahl von Klemmverbindungen.

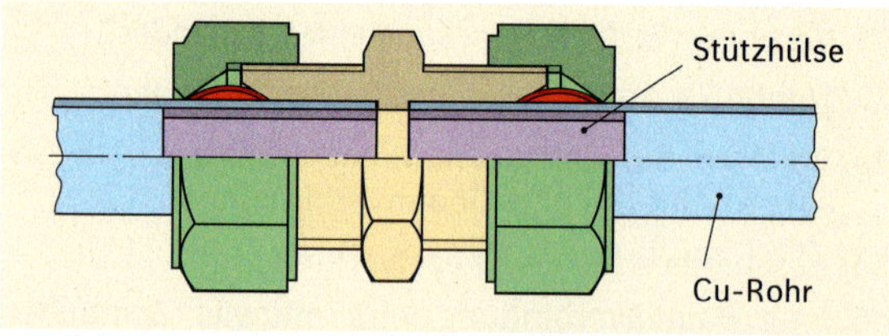

Abb. 3: Klemmringverbindung – metallisch dichtend

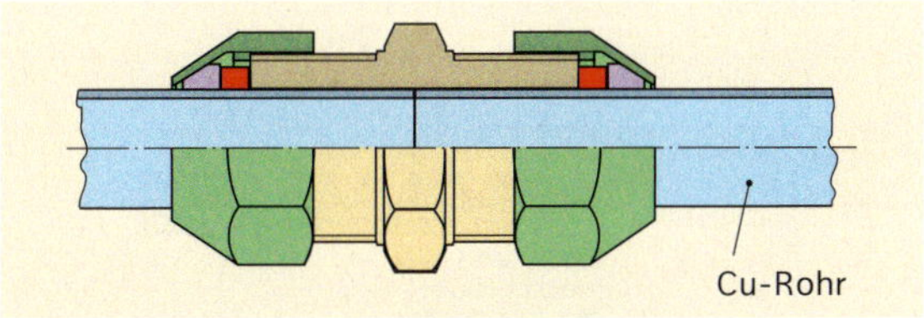

Abb. 4: Klemmverbindung – weich dichtend

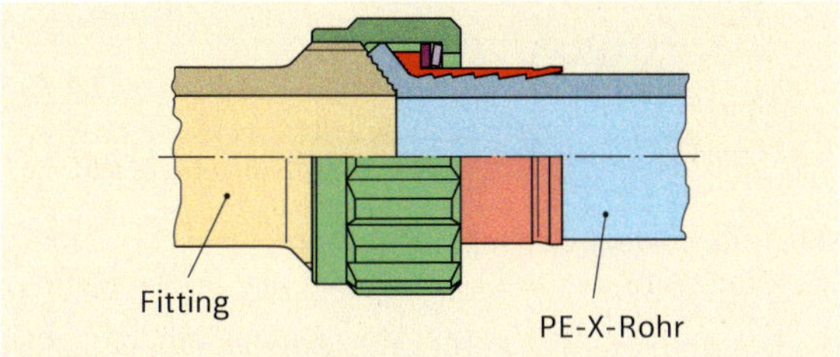

Abb. 5: Klemmverbindung für PE-X-Rohre

3.3.3 Rohrkupplungen

Rohrkupplungen ab etwa DN 65 werden für Rohrverbindungen bei Trinkwasser-, Heizungs- und Gasleitungen eingesetzt (Abb. 6). Voraussetzung ist eine entsprechende DVGW-Zulassung. Eine Kupplung ist einfach zu montieren. Sie verbindet die Rohre spannungsfrei und ist unempfindlich bei Vibrationen und Druckstößen. Eine eventuelle geringfügige Auslenkung der verbundenen Rohre im Betrieb kann die Kupplung schadlos ausgleichen. Zugfeste Kupplungsausführungen verhindern ein Auseinanderziehen der Rohre bei axialer Belastung.

Abb. 6: Rohrkupplung

3.3.4 Flanschverbindungen

Aggregate wie Umwälzpumpen werden schon ab DN 32 anstelle von Rohrverschraubungen häufig mit Flanschen in den Druckstufen PN 6 und PN 10 lösbar in die Hausinstallation eingebunden. Die Flanschverbindung lässt sich einfach und sicher abdichten, z. B. mit zugelassenen Flachdichtungen. Sie kann bei Reparaturarbeiten problemlos ausgewechselt werden. Höhere Druckstufen wie PN 16, PN 25 u. a. werden bei entsprechenden Betriebsbedingungen erforderlich. Bei Nennweiten ab DN 15 sind Flanschverbindungen möglich, z. B. bei Armaturenanschlüssen oder beim Übergang auf einen anderen Werkstoff. Flansche sind der *Form* nach überwiegend rund. Daneben gibt es andere Formen wie ovale Flansche. Der *Werkstoff* ist überwiegend Stahl, aber auch Gusseisen, Rotguss, PVC, PP und PE. Die *Verbindung zum Rohr* wird hergestellt durch Gewinde (Gewindeflansch), Schweißen (Vorschweißflansch), Löten (Lötflansch) oder als loser Flansch gegen einen Bördel oder Bund am Rohr. Eine Besonderheit stellt der Blindflansch dar, mit dem ein Rohrende verschlossen wird. Bei Kupferrohren sind handwerklich umgebördelte Rohrenden als Flanschbord unzulässig. Alle Flanscharten sind genormt. Der *Einsatz* von Flanschverbindungen ist in Installationen von Trinkwasser, Erdgas, Heizung und Öl zugelassen. Eine Auswahl zeigt Abb. 7.

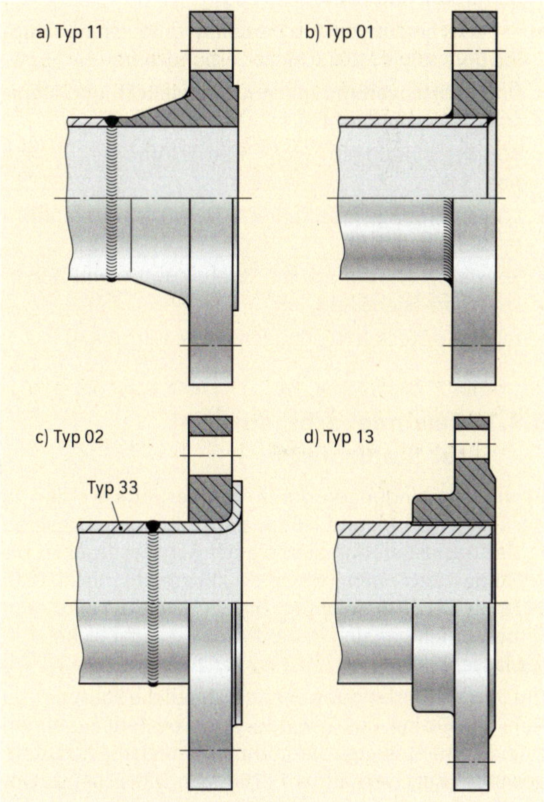

Abb. 7: Flanscharten nach DIN EN 1092-1
a) Vorschweißflansch
b) Glatter Flansch zum Löten oder Schweißen
c) Loser Flansch (Stahl) mit Vorschweißbördel (CrNi-Stahl)
d) Gewindeflansch mit Ansatz

Aufgaben

1. Wann verwendet man lösbare Verbindungen in der Hausinstallation?
2. Beschreiben Sie Fälle aus Ihrer Berufspraxis, in denen die verschiedenen lösbaren Verbindungen eingesetzt werden.
3. Beschreiben Sie den Aufbau und die Funktion der in Abb. 4 dargestellten Klemmverbindung mit weicher Dichtung.
4. Ordnen Sie den verschiedenen Flanscharten einen Anwendungsfall aus Ihrer Berufspraxis zu.

3.4 Unlösbare Rohrverbindungen

Das Rohrsystem einer Hausinstallation ist auf dem längsten Teil seines Verteilernetzes eine ununterbrochene Rohrstrecke mit Verzweigungen zu den Entnahmestellen.

Die Verbindung von Rohren, Umlenkungen und Abzweigen erfolgt oft durch unlösbare Verbindungstechniken. Sie können nur durch Zerstörung getrennt werden.

Den unlösbaren Rohrverbindungen werden zugeordnet:

- Gewindeverbindungen nach DIN EN 10 226, Teil 1 für Stahlrohre nach DIN EN 10 255
- Pressverbindungen für Präzisions-, Edelstahl-, Kupferrohre sowie Mehrschicht-Verbundrohre
- Druckhülsenverbindungen für Kunststoff- und Mehrschicht-Verbundrohre
- Klebeverbindungen für Kunststoffrohre (siehe Kap. 3.6)
- Lötverbindungen für Kupfer- und Präzisionsstahlrohre (siehe Kap. 3.7)
- Schweißverbindungen für Stahl-, Kupfer- und Kunststoffrohre (siehe Kap. 3.8)
- teilweise Steckverbindungen (siehe Kap. 3.4.4)

3.4.1 Gewindeverbindungen für Stahlrohre

Gewindeverbindungen durch Rohrgewinde werden in der Gas-, Wasser- und Heizungsinstallation eingesetzt. In der Gasinstallation sind sie bei Betriebsdrücken bis 100 mbar bzw. hPa (Niederdruckbereich) nach TRGI 2018 bis DN 50 zugelassen. Die Dichtheit der größeren Dimensionen hat sich in der Praxis oft nicht sicherstellen lassen.

Die Gewindeverbindung entsteht durch die Paarung von Rohr und Fitting. Das Gewindesystem besteht aus einem zylindrischen Innengewinde und einem kegeligen Außengewinde (Kegelverhältnis 1 : 16) nach DIN EN 10 226-1. Nach seinem Erfinder heißt es auch Whitworth-Rohrgewinde und wird in Zoll gemessen, z. B. R ¾ ≙ DN 20 (Abb. 1). Kegeliges Außengewinde und zylindrisches Innengewinde sind so aufeinander abgestimmt, dass sie sich beim Aufdrehen bis ca. ⅔ der Gewindelänge nur berühren und dann bei weiterem Anzug mit einem Werkzeug zur Pressung kommen. Man bezeichnet dies als metallische Pressdichtung. Es kommt dabei zu einer auf Dauer zuverlässigen Dichtung. Der Gewindeauslauf, dessen Kern-Ø nicht voll ausgeschnitten ist, bleibt mit ½–1 ½ Gewindegängen frei liegen. Andernfalls bestünde die Gefahr der Undichtheit oder Rissbildung am Fitting oder an der Armatur, wodurch die Entstehung von Korrosionsvorgängen begünstigt würde (Abb. 1).

In der Praxis stellen sich beim Gewindeschneiden unvermeidliche Abweichungen vom theoretischen Gewindeprofil sowie Unregelmäßigkeiten der Gewindeoberflächen ein. *Dichtmittel* (z. B. Paste) zusammen mit Dichtmittelträgern (z. B. Hanf) sorgen dann für vollkommene Dichtheit der Verbindung.

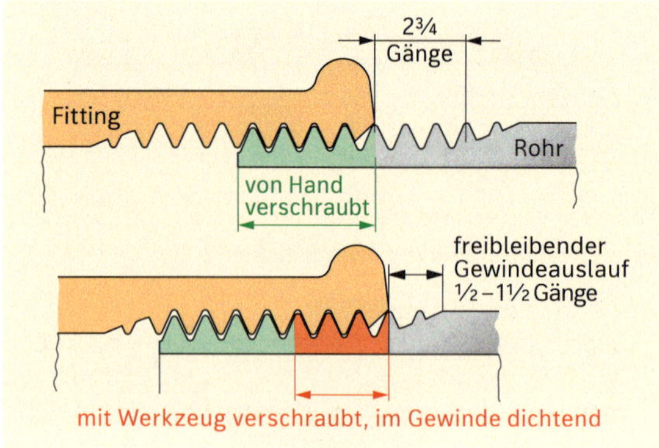

Abb. 1: Gewindeverbindung Fitting-Rohr

Als Gewindedichtmittel werden eingesetzt:

- Hanf mit Dichtpaste
- Gewebedichtbänder mit imprägniertem Dichtmittel
- PTFE-Dichtbänder (Teflon)
- elastischer Flüssigkunststoff

Jedes Dichtmittel ist nach den Anforderungen der DIN 30 660 bzw. DIN EN 751 geprüft, insbesondere auf Gebrauchstauglichkeit für Gas- und Warm- bzw. Kaltwasserinstallationen. Es dürfen nur nicht aushärtende Dichtmittel (mit DIN-DVGW-Prüfzeichen) verwendet werden.

Schraubfittings werden hergestellt aus den Werkstoffen:

- *Temperguss* nach DIN EN 10242 für die Medien Wasser, Gas, Öl und Luft; Oberfläche schwarz oder feuerverzinkt; Abmessungen ab 1/8" bis 6" – je nach Form
- *Rotguss* nach DIN EN 1254-1 für die Medien Wasser, Gas, Öl und Luft; beständig gegen Entzinkungskorrosion, hervorgerufen durch saure oder chloridhaltige Wässer, und gegen Spannungsrisskorrosion; besonders geeignet für den Übergang auf einen anderen Werkstoff wie Kupfer, Stahl mit Löt-Übergangsfittings; Abmessungen von 6 mm × 1/8" bis 108 mm × 4" (Abb. 2)

Abb. 2: Rotguss-Schraubfittings (Auswahl)

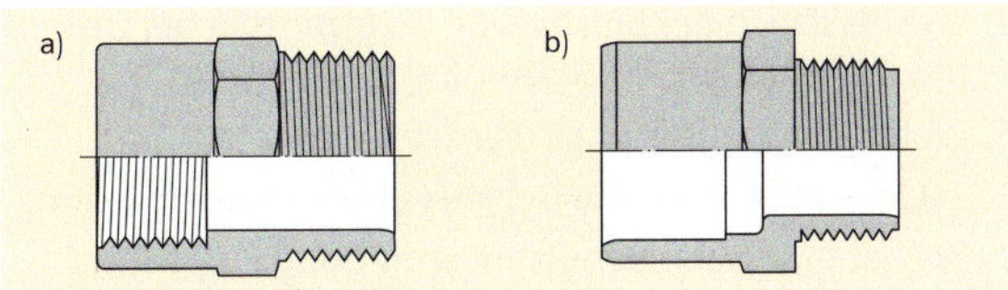

Abb. 3: a) Gewindefitting – Reduktion
b) Übergangs-Muffennippel

- *PVC-hart* für Kaltwasserinstallationen und Schwimmbadtechnik; Gewindefittings mit Innen- und Außengewinde nach DIN EN 10 226; Übergangsfittings mit Klebeanschluss und Gewindeanschluss; Abmessungen ab DN 10 bzw. 3/8" (Abb. 3)

3.4.2 Pressverbindungen

Pressverbindungen werden häufig in der Haustechnik eingesetzt, da sie einige Vorteile bieten. Leitungskomponenten werden ohne Benutzung einer Wärmequelle miteinander verbunden. Dabei werden sogenannte Pressfittings benutzt. Diese Verbindungstechnik wird verwendet bei:

- *Präzisionsstahlrohren* (DIN EN 10 305) für die Heizungsinstallation, da bei dünnwandigen Rohrwandungen das Verbinden durch Schweißen nicht praktikabel ist
- *dickwandigen Stahlrohren* (Gewinderohre DIN EN 10255, nahtlose Siederohre DIN EN 10220/10216-1 und geschweißte Siederohre DIN EN 10200/10217-1) in den Dimensionen von 3/8" bis 4". Für diese Anwendungen ist die Pressverbindung eine einfacher herzustellende und zeitsparende Alternative zum Schweißen, z. B. bei der Sanierung in älteren Wohnhäusern.
- *nichtrostenden Stahlrohren* (DIN EN ISO 1127), da das Warmbiegen, Schweißen und Löten wegen nachteiliger Eigenschaftsänderungen des Werkstoffes nicht zugelassen ist
- *Mehrschicht-Verbundrohren*, die wegen Ihres Werkstoffaufbaus nur mit mechanischer Verbindungstechnik installiert werden können
- *Kupferrohren* (DIN EN 1057) in der Trinkwasser- und Heizungsinstallation, in den Dimensionen DN 10 bis DN 100; eventuelle Risiken durch Wärmebehandlung beim Löten oder Warmbiegen können vermieden werden, keine Brandgefahr.
- *PE-X-Rohren* in Trinkwasserinstallationen und PE-X-Rohren mit Sauerstoffsperrschicht in Heizungsanlagen

Der Verbindungsaufbau gleicht sich bei allen Verfahren:

Ein Dichtring wird zwischen Fitting und Rohr verpresst, wobei durch die Presskräfte eine tolerierbare Verformung des Rohrquerschnittes entsteht und zugleich die Verbindung verdrehsicher und zugfest wird (Abb. 4). Bei PE-X-Rohren erfolgt die Verbindung ohne Dichtring mit einem Stützkörper.

Die Verbindung kann mit Handpresswerkzeugen (Presszangen) oder maschinell mit elektrohydraulischen Pressmaschinen hergestellt werden. Für jede Rohrdimension gibt es eine entsprechende Pressbacke, für größere Rohrdimensionen werden Pressringe oder

Abb. 4: Kupferrohr-Pressverbindung für Trinkwasserinstallation

Abb. 5: Bestimmungsgemäße Undichtigkeit beim nicht verpressten Fitting

Pressketten als Aufsatz eingesetzt. Auch Armaturen werden zunehmend mit ein- oder zweiseitigem Pressverbinderanschluss hergestellt.

Wird eine Verbindung nicht verpresst, tritt durch eine bestimmungsgemäße Undichtigkeit beim Füllen der Anlage und der Druckprobe Flüssigkeit aus, damit die Leckstelle sofort festgestellt werden kann („unverpresst undicht"; Abb. 5).

Verarbeitungshinweise (Beispiel nichtrostende Stahlrohre)

1. Nach dem Ausmessen des Rohres können die Rohre mit einem Rohrschneider oder einer feinzahnigen Säge abgelängt werden. Keinesfalls dürfen Trennscheiben oder Brennschneider benutzt werden, da dies zu einer Veränderung des Werkstoffes führt.
2. Die Rohrenden sind nach dem Ablängen innen und außen sorgfältig zu entgraten, um eine Beschädigung des Dichtringes beim Einbringen des Rohres in das Pressfitting zu verhindern. Vor der Montage ist das Pressfitting auf das Vorhandensein eines funktionstüchtigen Dichtrings zu prüfen. Rohr und Pressfitting sind auf Fremdkörper zu untersuchen. Diese müssen entfernt werden.
3. Um eine sichere und fachgerechte Verpressung zu gewährleisten, muss vor der Montage die Einstecktiefe auf dem Rohr markiert werden. Dazu eignet sich z. B. ein Musterfitting ohne Dichtung. Nach dem Verpressen muss die Markierung noch sichtbar sein.
4. Das Pressfitting bis zur markierten Einstecktiefe auf das Rohr schieben.
5. Die zum Pressfitting passende Pressbacke wird nun auf die Pressmaschine gesteckt. Dabei wird der Haltebolzen bis zum Einrasten eingeschoben. Die Pressbacke wird geöffnet und rechtwinklig auf den Verbinder gesetzt. Die Nut der Pressbacke muss die Pressfittingsicke umfassen. Die Einstecktiefe wird kontrolliert.

6. Der Pressvorgang wird gestartet und so lange fortgesetzt, bis der Endschalter abschaltet.
7. Nach abgeschlossenem Pressvorgang wird die Pressbacke geöffnet. Durch das Aufbringen einer Markierung kann die Verbindung als verpresst gekennzeichnet werden. Herstellerabhängig werden dazu auch Kontrollringe oder -laschen eingesetzt.

Platzbedarf beim Pressen

Um eine bequeme und schnelle Installation zu erreichen, ist ein Mindestplatzbedarf für einen Pressvorgang nötig. Netz- und Akkumaschinen haben einen unterschiedlichen Platzbedarf. Die Hersteller der Pressmaschinen geben in Tabellen den Platzbedarf vor.

Dichtringe

Für die verschiedenen Anwendungsbereiche sind Dichtringe aus unterschiedlichen Materialien notwendig. Die gummielastischen Ringe bestehen aus synthetischem Kautschuk, z. B. NBR oder EPDM. Sie unterscheiden sich hauptsächlich bezüglich der zulässigen Betriebstemperatur und der chemischen Beständigkeit. In der Regel sind sie farblich gekennzeichnet. Allein aufgrund der Farbe kann jedoch nicht auf das Material geschlossen werden.

3.4.3 Schiebehülsenverbindungen

Für PE-X- sowie Mehrschicht-Verbundrohre wird eine Verbindungstechnik mit Schiebehülse angewandt. Eine Veränderung des Rohrquerschnitts tritt bei dieser axialen Presstechnik nicht ein (Abb. 1).

Umfassende Fittingprogramme der Hersteller ermöglichen alle Installationen im Bereich Kalt- und Warmwasser, Heizung sowie Gas.

Bei der Montage wird das Rohr mit einer Aufweitzange geweitet, nachdem vorher die Schiebehülse auf das Rohr geschoben wurde. Das mit Handkraft auf das Fitting gesteckte Rohrende wird über die Schiebehülse mit einem Spezialwerkzeug bis zum Anschlag aufgeschoben und dabei verpresst. Eine Dichtung oder ein O-Ring werden zur Abdichtung nicht benötigt.

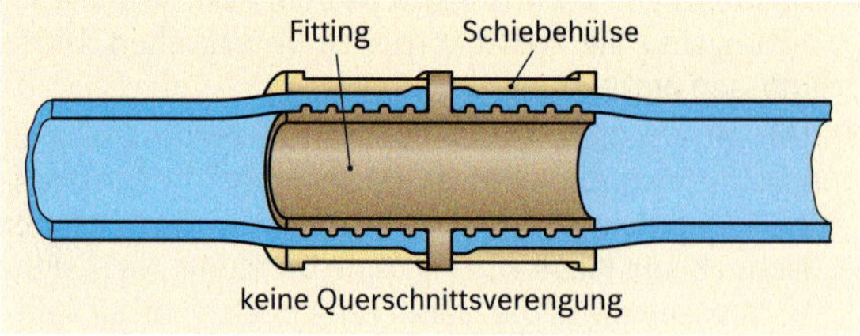

Abb. 1: Prinzip der Schiebehülsenverbindung

Aufgaben

1. Für welche Rohrarten wird das Pressverfahren verwendet?
2. Wie ist der Verbindungsaufbau beim Pressverfahren?
3. Wann wird eine Rohrverbindung als unlösbar bezeichnet?
4. Wie lässt sich der Einsatz von Dichtmitteln bei Gewindeverbindungen für Stahlrohre begründen?
5. Welche Schraubfittings werden eingesetzt?
6. Erklären Sie an einem Beispiel eine Pressverbindung.
7. Wie ist eine Schiebehülsenverbindung aufgebaut?
8. Nennen Sie je drei Vor- und Nachteile von Pressverbindungen im Vergleich zu Lötverbindungen.

3.4.4 Steckverbindungen

Das Verbinden von Rohrleitungen mittels Steckfittings erfordert keinerlei Werkzeug und ist zeitsparender als mit Press- oder Lötfittings. Doch hat die bereits 1995 auf dem deutschen Markt eingeführte Verbindungstechnik noch nicht den großen Durchbruch erzielt.

Aufbau und Funktion

Eine Steckverbindung besteht in der Regel aus einem Halteelement (Gripring, Haltekralle) aus nichtrostendem Stahl und einer Kunststoffhülse (Abb. 2).

Beim Einschieben soll das Halteelement das Rohr leicht passieren lassen. Bei Zug oder Druck dagegen soll sich das Halteelement in das Rohrmaterial eingraben. Steckfitting und Rohr müssen daher aufeinander abgestimmt sein. Um die Kräfte, die dann von der Haltekralle ausgehen, sicher zu kompensieren, ist die Kunststoffhülse auf Höhe des Halteelements verstärkt. Die Aufgabe der Abdichtung kann z. B. von zwei O-Ringen übernommen werden.

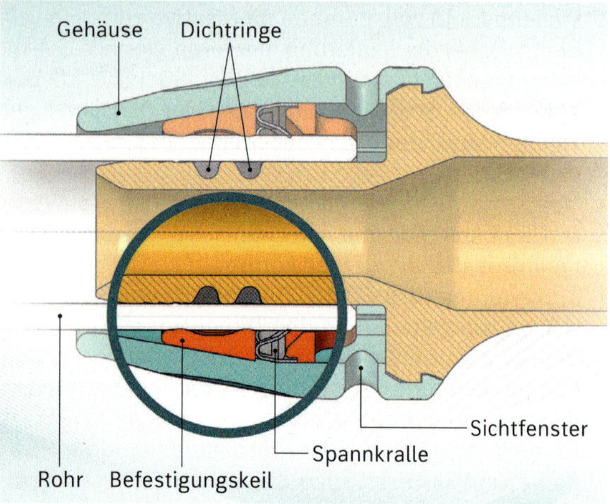

Abb. 2: Aufbau eines Steckfittingsystems

Abmessungen und Werkstoffe

Die Hersteller liefern Steckverbindungen für die Heizungs- und Trinkwasserinstallation in den Abmessungen $d = 10$ mm bis $d = 63$ mm. Als Rohrwerkstoffe werden z. B. PE-X, Kupfer weich, halbhart und hart, nichtrostender Stahl, C-Stahl, PE und PB verwendet. Der Steckfitting kann z. B. aus entzinkungsbeständiger Kupfer-Zink-Legierung bzw. aus PPSU, Hülse und Halteelement aus rostfreiem Stahl gefertigt sein.

! Steckverbindungen vereinfachen die Verbindungstechnik, reduzieren die Fehlerquellen und sind dauerhaft dicht.

Vorteile:

Für eine schnelle und sichere Steckverbindung bedarf es nur dreier Arbeitsschritte (Abb. 3):

1. Ablängen des Rohres
2. Anfasen, Kalibrieren und Entgraten des Rohres
3. Herstellen der Steckverbindung durch Einstecken des Rohres bis zum Anschlag in das Fitting und Prüfung der Verbindung, z. B. durch Sichtkontrolle

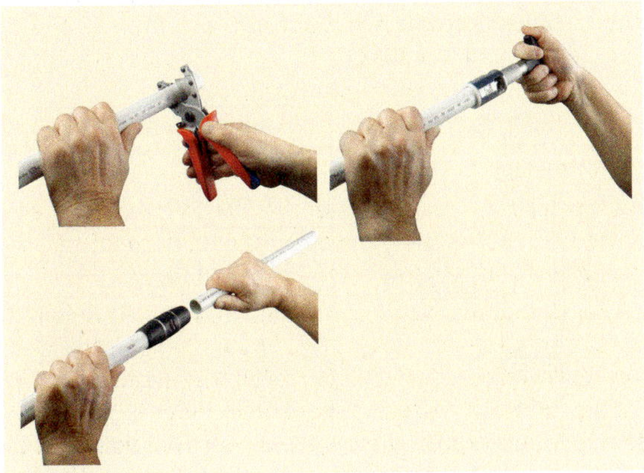

Abb. 3: Arbeitsschritte bei der Herstellung einer Steckverbindung

Weitere Vorteile:

- Die schnelle Montage und die daraus resultierende Zeitersparnis von bis zu 40 % gegenüber der Pressverbindung sind eindeutige Wettbewerbsvorteile.
- Steckverbindungen sind besonders geeignet in Zwangslagen und an unzugänglichen Stellen, wo Pressen oft gar nicht möglich ist, z. B. in engen Schacht- und Vorwandinstallationen.
- Um eine fachgerechte Montage durchführen zu können, verfügen alle Steckfittings über optische, akustische oder andere Kontrollmöglichkeiten.
- Ein Werkzeug wird nur für die Vorbereitung des Rohres zum Ablängen, Anfasen, Kalibrieren, Entgraten und wenn möglich zum Lösen (Demontagezange, Demontageclip oder auch Lösezange) der Steckverbindung benötigt.
  Es entstehen daher keine nennenswerten Investitionskosten für Werkzeuge und deren Wartung.
- Viele Steckverbindungssysteme sind lösbar und wiederverwendbar.

Nachteile:

- Je nach Hersteller führt die Verstärkung der Kunststoffhülse zu einem dicken Aufbau des Steckfittings. Das Überziehen einer Dämmung wird dadurch erschwert.
- Durch die Querschnittsverengung in den Stützkörpern um bis zu 50 % ergeben sich bis zu 20-fach höhere Druckverluste in den Verbindungsstücken.
- Im Vergleich zu Pressfittings sind Steckfittings im Durchschnitt etwa 3 bis 5 Mal teurer (Stand: 2022).

Aufgaben

1. Beschreiben Sie den Aufbau und erklären Sie die Funktion einer Steckverbindung.
2. Nennen Sie die Arbeitsschritte beim Herstellen einer Steckverbindung.
3. Nennen Sie je drei Vor- und Nachteile einer Steckverbindung.
4. Nennen und bewerten Sie je ein Pro- und Kontra-Argument zur Steckverbindungstechnik.
5. Bei den Steckfittings werden oft Kappen zum Aufstecken auf das Rohrende verwendet. Begründen Sie dies.

3.4.5 Steckverbindungen für Luftkanäle

Eckige Luftkanäle mit kleinerem Querschnitt (z. B. 300 × 80 mm), die bevorzugt in der Wohnungslüftung verwendet werden und dabei im Fussbodenestrich oder in der Betondecke eingelegt sind, können mit Steckverbindungen ausgestattet werden. Dabei ist ein Kanal oder Formstück etwas größer als das andere und kann in das Gegenstück geschoben werden (Abb. 4a). Die beiden Kanäle können mit Nieten oder Blechtreibschrauben verbunden werden. Anschließend wird ein selbstklebendes Kanaldichtband über die Verbindung geklebt.

Rundrohre werden in ähnlicher Weise miteinander verbunden. Eine lose Steckverbindung wird zur Hälfte in das Rohr eingeschoben und mit Nieten oder Blechschrauben verbunden. Über die andere Hälfte der Steckverbindung wird das zweite Rohr geschoben und ebenfalls vernietet oder verschraubt. Die Verbindung wird mit einem geeigneten selbstklebenden Band abgedichtet (Abb. 4a).

Alternativ kann auch eine Steckmuffe mit Lippendichtung verwendet werden. Eine zusätzliche Abdichtung ist dann nicht mehr erforderlich. Bleiben die Rohre sichtbar, ist der optische Eindruck besser, da kein Dichtband zu sehen ist. Es ist aber bei einer Sichtmontage darauf zu achten, dass die Rohrenden rechtwinklig abgeschnitten und entgratet werden.

Kunststoffrohre können ebenfalls mit Steckmuffen verbunden werden. Sie sind je nach Material zu verkleben (z. B. PVC) oder mit einem Extruder-Heißluft-Schweißgerät zu verschweißen (z. B. PPs, Abb. 4b).

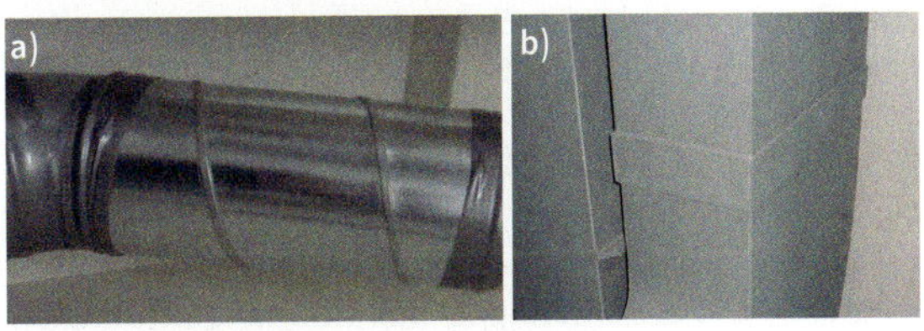

Abb. 4: a) Abdichtung eines Rundrohrs
b) Kanalsteckverbindung

3.5 Vorfertigung mit Rohrlängenberechnung

Installateur/-innen müssen bei der Erstellung von Installationssystemen auf den wirtschaftlichen und umweltverträglichen Einsatz von Werkstoffen, Maschinen und Arbeitskräften achten. Durch Werkstattfertigung und kurze Montagezeiten können sich Qualitäts- und Kostenvorteile für den Betrieb und die Kundschaft einstellen.

! Da im Vergleich zur Fertigung auf der Baustelle in der Werkstatt bessere Fertigungsbedingungen gegeben sind (z. B. geeignetere Maschinen, bessere Arbeits- und Sicherheitsbedingungen, Lagervorrat und Ersatzteile, geeignete Abfallentsorgung), wird durch die *Vormontage in der Werkstatt* ein Beitrag zum Umweltschutz geleistet.

Diese Grundüberlegungen können mit einer Montagemethode verwirklicht werden, bei der komplette Leitungsabschnitte der Installation statt auf der Baustelle in der Werkstatt hergestellt werden. Die vorgefertigten Leitungskombinationen müssen problemlos transportiert und am Einbauort eingebracht werden können. Die Fertigmontage und der Anschluss der Sanitärgegenstände erfolgt dann auf der Baustelle.

Eine solche *Vormontage in der Werkstatt* setzt vor allem voraus, dass

- die Leitungsführung der Installationen bekannt ist bzw. am Einbauort exakt vermessen werden kann,
- die Anbringungsorte der Sanitärobjekte/Apparate festliegen und
- die Montagearbeit mit den am Bau beteiligten Planenden und ausführenden Unternehmen koordiniert ist.

Die handwerkliche Vorfertigung von Rohrinstallationen lässt sich mit Systemen verwirklichen, die durch Kombination von Rohr und Fitting entstehen. Geeignet sind Stahl- und Kupferrohre mit Schraub- bzw. Lötfittings sowie Kunststoffrohre mit Klemm-, Press-, Schweiß-, Steck- oder Klebefittings. Technische Grundlage dieser Montagemethode ist ein einheitliches Messverfahren und das z-Maß. Für das *einheitliche Messen* gilt:

! *Leitungsabschnitte* werden vermessen von Mitte Rohr bis Mitte Rohr bzw. von Mitte Fitting bis Mitte Fitting (Abb. 2).

Zum Bestimmen der maßgenauen Rohrlänge zwischen den Rohren bzw. Fittings ist das z-Maß die entscheidende Maßgröße. Dieses z-Maß legt die Eindringtiefe des Rohres in das Fitting fest (Abb. 2, aber auch Abb. 1).

Mithilfe der z-Maße der Fittings, die aus den Maßkatalogen der Fitting-Hersteller entnommen werden können, ist die Berechnung der Rohrlängen möglich (Abb. 3). Zur Ermittlung schräger Rohrleitungslängen können hilfreiche Berechnungsbeispiele und Tabellen-

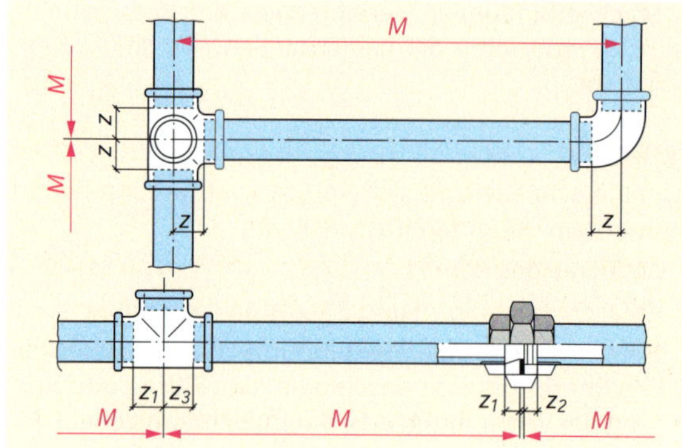

Abb. 1: Einheitliches Messen zwischen a) Rohren, b) Fittings

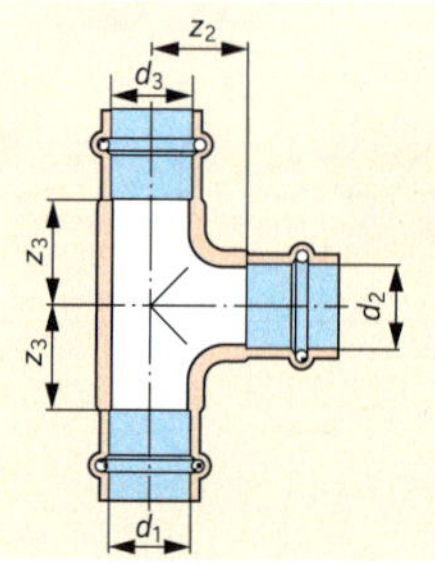

T- Stücke aus Rotguss (Maßauswahl)			
$d_1 \times d_2 \times d_3$	z_1	z_2	z_3
22 x 15 x 15	26	22	18
28 x 15 x 22	26	22	26
28 x 22 x 22	26	29	26
28 x 22 x 28	26	29	26
35 x 22 x 35	24	33	24
35 x 28 x 28	28,5	32,5	28,5
35 x 28 x 35	27	33	27
42 x 35 x 42	24	36	24

Abb. 2: T-Stück aus Rotguss als Pressfitting mit z-Maßen

unterlagen von den Herstellern benutzt werden. Auch Computerprogramme können die Arbeit nach der z-Maß-Methode erleichtern. Bei Planung und Ausführung ist darauf zu achten, dass nur genormte Fittings verwendet werden. Insbesondere müssen bei Schraubfittings normgerechte Rohrgewindeverbindungen hergestellt werden.

! Bei der Vormontage wird von Installateurinnen und Installateuren exaktes und fachgerechtes Arbeiten gefordert.

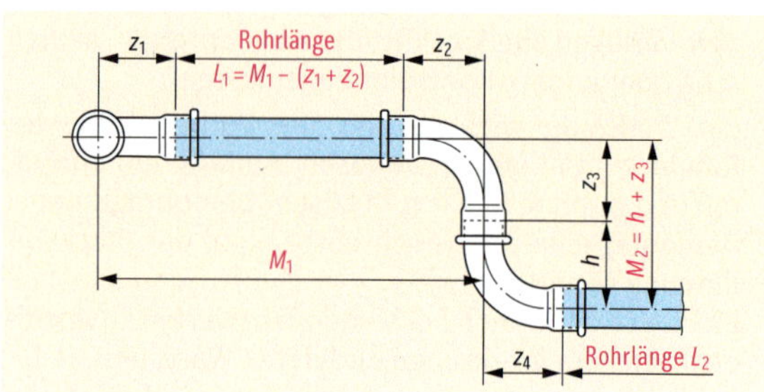

Abb. 3: Beispiel für Rohrlängen nach z-Maßen

Aufgaben

1. Bestimmen Sie für die Installation aus Abb. 3 die Rohrlänge L_1 für folgende Bedingungen: Länge M_1: 170 mm, Rohr: Kupferrohr 18 × 1, Bogen rechts und links: Pressfittings aus Kupfer.
2. Für welche Verbindungsarten kann die z-Maß-Methode zur Bestimmung der genauen Rohrlänge verwendet werden?

3.6 Klebeverbindungen

! Durch *Kleben* können Fügeteile unter Verwendung eines Klebstoffes stoffschlüssig und unlösbar miteinander verbunden werden.

Als *Kleber* dient ein nichtmetallischer Werkstoff. Er verändert weder die Oberfläche noch das Gefüge der zu verbindenden Teile.

Kleben zeichnet sich u. a. durch die nachfolgenden *Merkmale* aus:

- Verbindungen unterschiedlicher Metalle, auch mit Nichtmetallen wie Kunststoff oder Keramik, sind möglich,
- gut geeignet zum Verbinden dünner Werkstücke
- Klebestellen sind dicht
- gewicht- und platzsparend
- gute Schall- und Schwingungsdämpfung
- elektrisch isolierend (keine Bimetallkorrosion)
- geringe Temperaturbeständigkeit
- stoß- und schlagempfindlich
- geringes Formänderungsvermögen

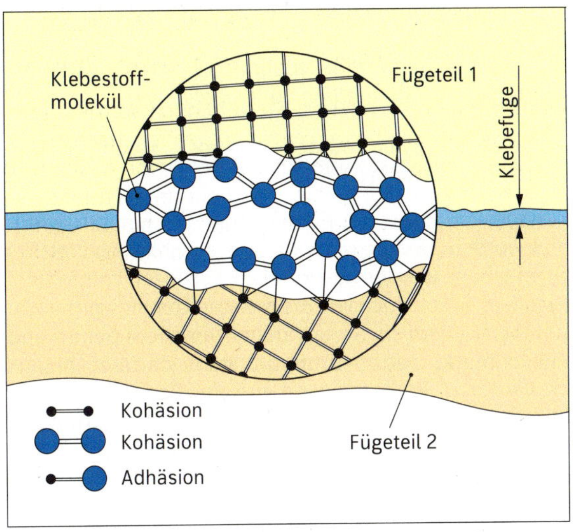

Abb. 4: Bindungskräfte beim Kleben

Die *Festigkeit* einer Klebeverbindung hängt von der Eigenfestigkeit des Klebstoffes und von der Haftung an den Grenzflächen ab. Zusammenhangskraft (Kohäsion) und Anhangskraft (Adhäsion) sind molekulare *Bindungskräfte* (Abb. 4). Sie beruhen auf der Anziehung der kleinsten Teilchen. Die Kräfte sind wie bei Magneten umso größer, je näher sich die Teilchen kommen. Ein Maximum an molekularen Adhäsionsbindungen ergibt sich, wenn sich der Klebstoff optimal an die Grenzflächen anpasst. Dies ist bei Flüssigkeiten bzw. flüssigen Klebstoffen meist der Fall.

Für die richtige *Auswahl der Klebstoffe* sind Kenntnisse über die verschiedenen Klebstoffarten erforderlich. Einen Überblick über die Klebstoffarten gibt Abb. 5. Das

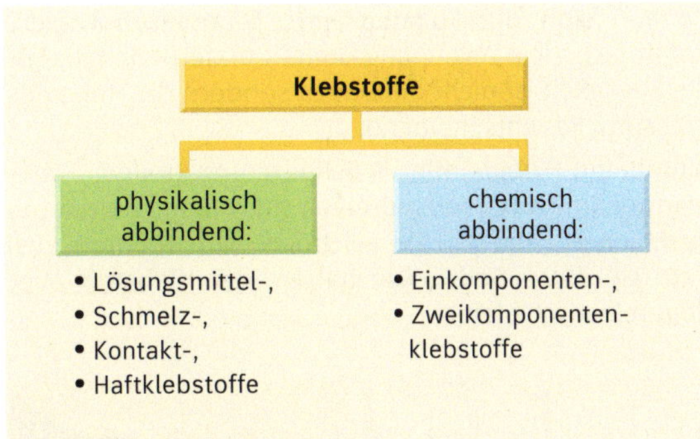

Abb. 5: Einteilung der Klebstoffe

Abbinden des Klebstoffes kann physikalisch (Verdunsten, Abkühlen und Erstarren) oder chemisch (Reaktion der Stoffteilchen) erfolgen. *Physikalisch abbindende Klebstoffe* sind Lösungsmittel-, Schmelz-, Kontakt- und Haftkleber. Eine Dämmschicht um Rohrleitungen kann z. B. mit *Lösungsmittelklebstoffen* befestigt werden. In flüssigen Lösungsmitteln (z. B. Wasser oder Tangit) sind lange Fasern oder Schwebestoffe fein verteilt, die beim Verdunsten des Lösungsmittels verfilzen und aushärten. Styropor kann mit den meisten Lösungsmittelklebstoffen nicht geklebt werden, weil es von Lösungsmitteln zersetzt wird. Mit *Schmelzklebstoffen* kann fast jeder Werkstoff geklebt werden, auch Styropor. Der heiße Kleber darf jedoch nicht direkt auf das Styropor aufgebracht werden, sondern auf den Untergrund. Schmelzklebstoffe werden bei einer Temperatur von ca. 250 °C mit einer Klebepistole aufgetragen (Abb. 6).

Abb. 6: Verarbeitung von Schmelzklebstoffen

Als Klebstoff dient Wachs oder Kunstharz. Diese Stoffe sind aus langen Molekülketten aufgebaut. Bei den hohen Temperaturen sind die Molekülketten gut beweglich und passen sich der Oberfläche an.

Bei Abkühlung auf Raumtemperatur erstarren die Molekülketten. Es entstehen feste Klebeverbindungen. Schmelzklebstoffe enthalten keine Lösungsmittel.

Kontaktkleber zeichnen sich dadurch aus, dass sie eine hohe Festigkeit erreichen. Sie enthalten zwar meist auch Lösungsmittel, doch müssen diese nach dem Auftragen des Klebstoffes auf beide Fügeflächen erst ablüften, bis sich die Klebestellen trocken anfühlen.

Danach sind die Fügeflächen zusammenzupressen, damit sich viele Anziehungsstellen bilden können. Für die Festigkeit ist nicht die Dauer, sondern die Höhe des Pressdruckes entscheidend.

Aluminium-Klebebänder, Schallschutzstreifen oder Wärmedämmstreifen sind meist mit einem Haftkleber beschichtet (Abb. 1). Sie zeichnen sich dadurch aus, dass sie durch Andrücken haften, der Klebstoff aber dauerelastisch bleibt.

Abb. 1: Aluminium-Klebeband als Dampfsperre bei der Isolierung eines Luftkanals

Zu den *chemisch abbindenden Klebestoffen* gehören die Ein- und Zweikomponentenkleber.

Einkomponentenkleber sind ohne das Zumischen weiterer Komponenten verarbeitbar. Die chemischen Reaktionen für die Aushärtung können je nach Klebstoff durch Wärmeeinwirkung, Luftfeuchtigkeit oder Luftabschluss erfolgen. Unter Luftabschluss härten z. B. die Klebstoffe zum Sichern und Abdichten von Verschraubungen aus (S. 133, Abb. 2b). Zu den *Zweikomponentenklebern* gehören alle Reaktionsklebstoffe, die erst kurz vor Gebrauch aus zwei oder mehreren Komponenten zusammengemischt werden. Die chemische Reaktion des Aushärtens wird ausgelöst, indem zum Kunstharz ein Härter und ggf. auch ein Beschleuniger gemischt wird. Damit der Klebstoff nicht unbrauchbar wird, muss er nach dem Anrühren innerhalb einer vorgeschriebenen *Topfzeit* verarbeitet werden. Welcher Klebstoff geeignet ist, richtet sich nach dem jeweiligen Anwendungsfall. Tab. 1 kann daher nur einen groben Überblick geben.

Tab. 1: Anwendungsbereiche von Klebstoffen

Art des Abbindens	Klebstoffart	Mögliche Verwendung
physikalisch	Lösungsmittelkleber	Kunststoffe Papier und Filz
	Schmelzkleber	nahezu alle Stoffe
	Kontaktkleber	Metall, Holz, Filz, Kork, Leder und Gummi
	Haftkleber	Klebebänder für Metall, Glas und viele Kunststoffe
chemisch	Ein- und Zweikomponentenkleber	für nahezu alle Stoffe, je nach Art des Klebers

! Unabhängig von der Art des Klebstoffes ergibt sich bei *dünnen Klebefugen* die höchste Festigkeit.

Bei Klebeverbindungen sind zum Übertragen von Kräften große Fügeflächen erforderlich. Die *Gestaltung einer Klebeverbindung* hängt ansonsten davon ab, ob sie *dauerhaft fest* oder *wieder entfernbar* sein soll. Klebeband z. B. soll oft nach einiger Zeit wieder entfernt werden können. Die Klebung wird hierzu an ihrer schwächsten Stelle, der Einzelbindung, getrennt (Abschälen, Abb. 2). Dabei wird eine Adhäsionsbindung nach der anderen aufgerissen. Klebeverbindungen, die dauerhaft fest sein sollen, müssen so gestaltet werden, dass die Gefahr der Abschälung nicht besteht.

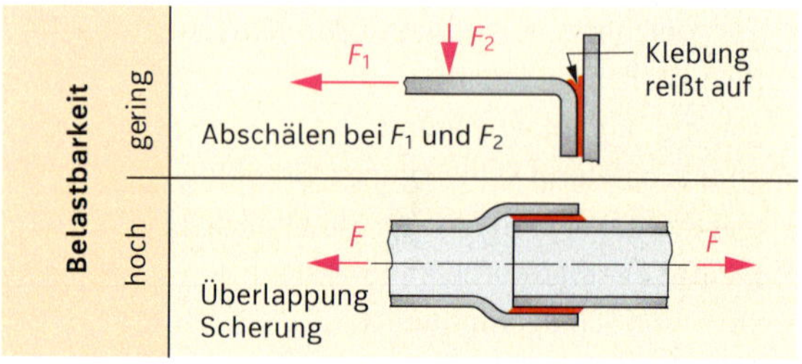

Abb. 2: Beanspruchung und Gestaltung von Klebeverbindungen

Voraussetzung für eine zuverlässige Klebung ist die sorgfältige *Vorbehandlung der Klebeflächen*.

! Die *Klebeflächen* müssen stets rost-, staub-, öl- und fettfrei sowie trocken sein.

Zunächst müssen die Fügeflächen mechanisch gereinigt werden. Um die Klebeflächen anschließend fettfrei zu machen, werden gewöhnlich Fettlöser empfohlen. Fettlöser sind jedoch wie die meisten Lösungsmittel *gesundheitsschädlich*. Sie schädigen vor allem Gehirn und Rückenmark. Tetrahydrofuran steht darüber hinaus im Verdacht, krebserregend zu sein. Das Reinigen der Klebeflächen, die Verarbeitung und das Aushärten der Klebstoffe sollten im Freien oder in gut durchlüfteten Räumen erfolgen. Ferner sind Handschuhe und Schutzbrille zu tragen. Wegen Explosionsgefahr sind Funkenbildung oder offene Flammen zu vermeiden.

! Zum Kleben sollten möglichst *lösungsmittelfreie Klebstoffe* verwendet werden. Um Reste von wasserunlöslichen Klebstoffen von der Haut zu entfernen, sind einige Handcremes gut geeignet.

Aufgaben

1. Welche Eigenschaften muss ein guter Klebstoff haben?
2. Geben Sie eine Übersicht über die Klebstoffe.
3. Bei welcher Beanspruchungsart ist die Belastbarkeit einer Klebeverbindung am geringsten?
4. Wie werden Kontaktkleber verarbeitet?
5. Welche Gefahren für die Gesundheit gehen von Fettlösern und Lösungsmittelklebern aus?

3.7 Lötverbindungen

! *Löten* ist ein thermisches Verfahren zum stoffschlüssigen Fügen und Beschichten von Werkstoffen, wobei eine flüssige Phase durch Schmelzen eines Lotes oder durch Diffusion an den Grenzflächen entsteht.

Mit diesem Fügeverfahren können gleiche und verschiedenartige metallische Werkstoffe wie Rohre (Abb. 3), Bleche und elektrische Leitungen unlösbar miteinander verbunden werden.

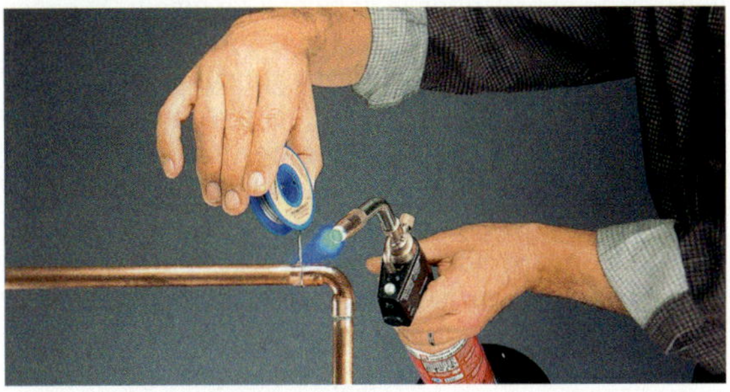

Abb. 3: Lötverbindung bei Kupferrohren

! Durch *Löten* können Verbindungen hergestellt werden, die fest, *dicht* und *leitfähig* für Wärme sowie für elektrischen Strom sind.

Löten zeichnet sich durch folgende *Merkmale* aus:

- dichte und glatte Fügestelle
- gewicht- und platzsparend
- hohe Festigkeit
- gleichmäßige Belastungsverteilung

An den Fügeflächen sind beim Löten wärmebedingte Veränderungen möglich, z. B. Verzundern.

3.7.1 Kapillarlöttechnik

Beim Löten von Kupferrohren werden die einzelnen Rohrabschnitte durch Formstücke oder über angeformte Muffen verbunden. Hierbei spricht man von Kapillarlöttechnik, weil die *Kapillarwirkung* genutzt wird, um den Lötspalt mit Lot zu füllen. Wird eine Kapillarlötung fachgerecht ausgeführt, so ergibt sich eine innige Verbindung mit hoher Festigkeit. Diese ist im Wesentlichen auf die *Vorgänge im Lötspalt* (Abb. 4) zurückzuführen. Sobald das Lot in den Lötspalt eingedrungen ist, kommt es zu einem Austausch der Atome zwischen Lot und Grundwerkstoff. Die Atome verhalten sich wie Wanderer, die, von beiden Seiten kommend, eine offene Grenze passieren.

Wie weit die Atome vordringen, ist material- und temperaturabhängig. Dieser Vorgang wird *Diffusion* genannt.

In dem Bereich, in welchem sich die Atome vermischen, bildet sich eine *Legierung*. Nach dem Abkühlen erreicht die Legierungsschicht eine Festigkeit, die höher ist als die des Lotes.

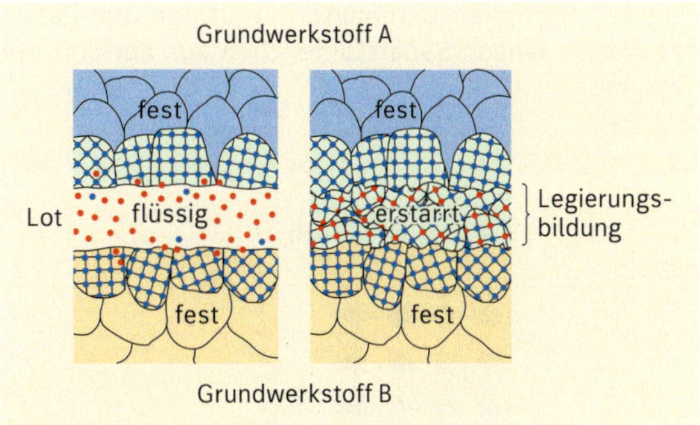

Abb. 4: Legierungsbildung im Lötspalt

! Nur bei einem *engen Lötspalt* kann das Lot vollständig durchlegiert und eine optimale Festigkeit erreicht werden.

Lötnahtvorbereitung

Die Vorbereitung der Lötnaht beginnt mit dem *Ablängen der Rohre*. Für das Spaltlöten sollen die Rohrenden rechtwinklig zur Rohrachse getrennt, entgratet und zylindrisch sein (Abb. 5).

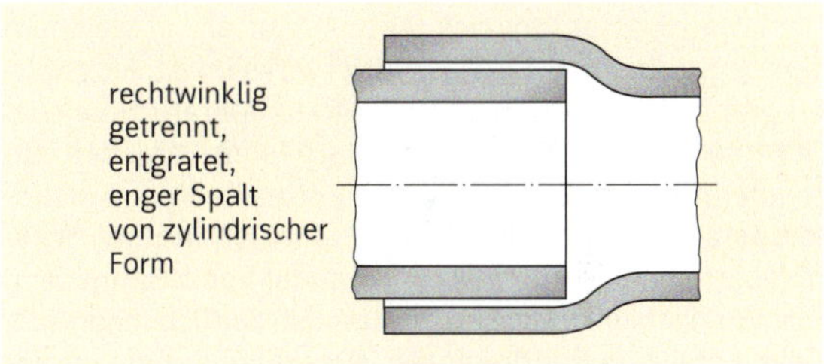

Abb. 5: Formgebung der zu lötenden Teile

! Werden *Rohreinschnürung* und *Grat* nicht entfernt, so verursachen sie Wirbel, Strömungsgeräusche, Druckverluste, Erosion (Auswaschung, Abtragung) und Korrosion.

Die Lötflächen am Rohrende und am Fitting müssen sorgfältig *gereinigt* werden, sonst perlt das flüssige Lot beim Aufbringen an der Verbindungsstelle ab oder es haftet nicht richtig. Ein Grund hierfür können Schmutz-, Staub-, Öl- oder Fettrückstände sein. Die Fügeflächen sind daher z. B. mit Reinigungsvlies, Bürste oder Schmirgelleinen metallisch blank zu machen.

Eine metallisch blanke Oberfläche allein genügt jedoch nicht, um ein inniges *Benetzen* des Lotes auf dem Grundwerkstoff zu erreichen. Das Lot bildet auf der zu lötenden Fläche perlenförmige Tropfen. Bereits durch leichte Schläge auf das Lot löst sich dieses von der Oberfläche wieder ab.

Ursache hierfür ist eine dünne Oxidschicht (Abb. 1, Seite 146), die eine feste und innige Verbindung von Lot und Grundwerkstoff verhindert. Beim Reinigen des Metalls wird die Oxidschicht zwar gelöst, doch innerhalb kurzer Zeit wird sie durch den Luftsauerstoff wieder neu gebildet. Die freien Bindungsarme an der Oberfläche des Metalls fangen Sauerstoffteilchen aus der Luft ein und binden sie.

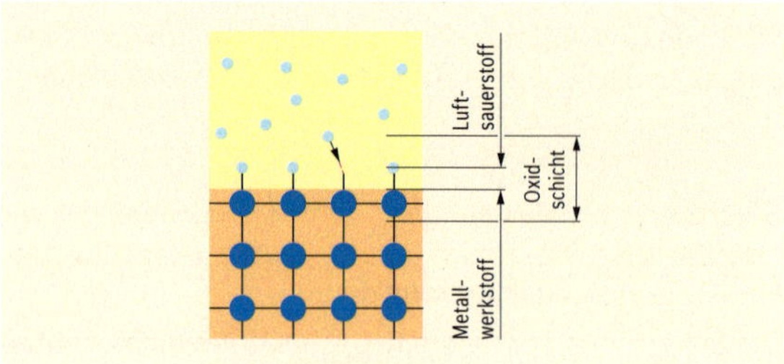

Abb. 1: Bildung der Oxidschicht an der Metalloberfläche

Um ein gutes Benetzen des Lotes (Abb. 2) zu erreichen, werden *Flussmittel* verwendet.

! *Flussmittel* sind meist Säuren oder Salze. Sie haben die Aufgabe

- vorhandene Oxide zu entfernen,
- die Neubildung von Oxiden zu verhindern und
- das Benetzen des Lotes zu begünstigen.

Der *Wirktemperaturbereich* (Abb. 2) gibt an, in welchem Temperaturbereich das Flussmittel wirksam ist. Flussmittel gibt es für unterschiedliche Wirktemperaturbereiche. Die *Arbeitstemperatur* ist die unterste Temperatur des Löttemperaturbereiches. Damit beim Erreichen der Arbeitstemperatur das Flussmittel auch aktiv ist, müssen Wirk- und Löttemperaturbereich aufeinander abgestimmt sein. Die Wirksamkeit des Flussmittels ist zeitlich begrenzt. Beim Löten von Rohrleitungen ist es dünn auf die vorher gereinigte Außenlötfläche aufzutragen. Das überschüssige Flussmittel wird dann beim anschließenden Zusammenstrecken der Fügeteile nach außen geschoben. Auf diese Weise kann verhindert werden, dass größere Flussmittelmengen ins Innere des Rohres gelangen.

! Die für Trinkwasserinstallationen verwendbaren *Flussmittel* müssen hygienisch unbedenklich, kaltwasserlöslich und ausspülbar sein.

Lötvorgang

! *Lötverbindungen entstehen in drei Stufen:* Benetzen – Fließen – Binden (Legieren).

Zunächst muss die Lötstelle mit einer geeigneten Wärmequelle vorgewärmt werden. Beginnt das Flussmittel zu verdampfen oder ändert es seine Farbe, so ist die *Arbeitstemperatur* erreicht (Abb. 2). Wird bei dieser Temperatur das Lot angesetzt, so kommt es zur *Benetzung*. Sobald die Temperatur nur geringfügig höher ist, beginnt das Lot zu *fließen*. Die Moleküle des flüssigen Lotes ziehen sich an den Wänden in den Lötspalt hinein. Je enger der Lötspalt, umso besser kann das Lot aufgesaugt werden. Damit der Lötspalt möglichst gut durch den kapillaren Fülldruck mit Lot gefüllt wird, sollten die Fügeflächen nicht weiter als 0,5 mm auseinander liegen. Durch die Kapillarwirkung kann das Lot bis in die Lücken zwischen den Körnern des Grundwerkstoffes vordringen. Ist die *Löttemperatur* zu hoch, kann das Flussmittel verbrennen und unwirksam werden. Damit eine einwandfreie Lötnaht entstehen kann, darf die Löttemperatur nicht außerhalb des *Löttemperaturbereiches* liegen. Durch *Diffusion* werden einzelne Atome zwischen dem festen Grundwerkstoff und dem flüssigen Lot ausgetauscht. So kann sich eine *Legierung* bilden, obwohl der Grundwerkstoff im festen Zustand bleibt. Wird die Lötstelle während des Abkühlens bewegt oder *Erschütterungen* ausgesetzt, so mindert dies die Festigkeit der Lötverbindung erheblich.

Nachbearbeitung der Lötstelle

Nachdem der Lötvorgang abgeschlossen ist, sind die *Flussmittelrückstände* mit einem nassen Lappen abzuwischen. Dadurch wird Korrosion vermieden und die Lötnaht erhält ein sauberes Erscheinungsbild. Flussmittelrückstände, die sich im Inneren von Trinkwasserleitungen befinden, sind hygienisch sehr bedenklich. Sie können Erkrankungen verursachen.

! *Trinkwasserleitungen* müssen nach dem Löten aus hygienischen Gründen gespült werden.

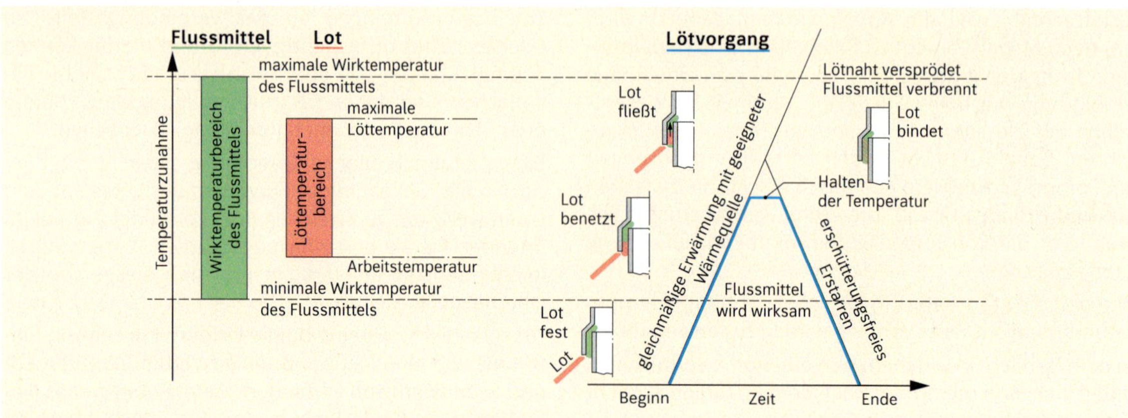

Abb. 2: Lötvorgang: Benetzen – Fließen – Binden

3.7.2 Lötverfahren

! *Weichlöten* wird für Trinkwasserleitungen bis DN28 und für Heizungen bis 110 °C Betriebstemperatur angewendet. Die Arbeitstemperatur liegt unter 450 °C.

! *Hartlöten* kann für Installation bei Erdgas, Heizung, Flüssiggas, Heizöl, medizinische Gase und Trinkwasserleitungen ab DN32 angewendet werden. Die Arbeitstemperatur liegt über 450 °C.

Weichlöten

Weichlöten eignet sich besonders für Werkstücke aus Kupfer und seinen Legierungen, z. B. Bronze. Darüber hinaus wird es aber auch für empfindliche Bauteile angewendet, z. B. Regelarmaturen, die nur einer geringen oder kurzzeitigen Wärmeeinwirkung ausgesetzt werden dürfen. *Gefüge* und *Werkstoffeigenschaften* wie Korrosionsbeständigkeit (z. B. gegen Mulden- oder Lochkorrosion) oder Festigkeit werden im Gegensatz zum Hartlöten nicht oder nur geringfügig verändert. Aus diesem Grunde dürfen in der Trinkwasserinstallation alle *Lötverbindungen* im Abmessungsbereich bis 28 × 1,5 nur noch weichgelötet werden. Dabei sind Lötfittings zu verwenden. Eine große Überlappung an der Lötstelle verbessert die Kraftübertragung.

Elektrisches Widerstandslöten

Beim elektrischen Widerstandslöten (Abb. 3) fließt Strom durch die Fügeteile, die durch den elektrischen Übergangswiderstand erwärmt werden. Das Widerstandslöten eignet sich besonders zum Weichlöten von Kupferrohren im Durchmesserbereich bis 28 mm. Hervorzuheben ist dabei, dass ohne offene Flamme gelötet wird.

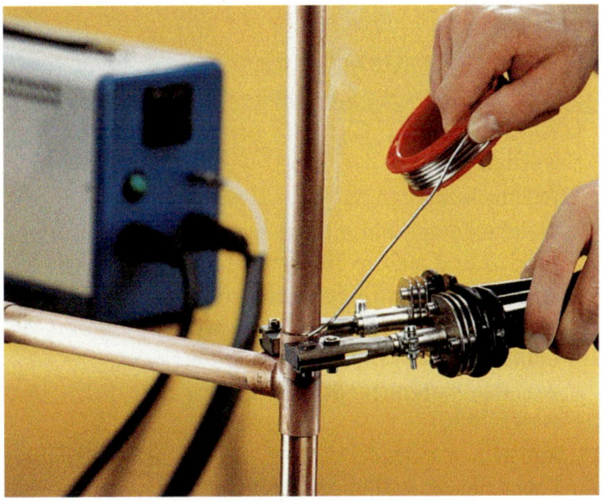

Abb. 3: Elektrisches Widerstandslöten

Hartlöten

Hartlöten muss angewendet werden, wenn hinsichtlich Festigkeit oder Hitzebeständigkeit besondere Anforderungen bestehen. Bei Rohrleitungen für brennbare Flüssigkeiten und Gase wird durch Hartlöten das Risiko gemindert, dass bei Brandhitze Lötstellen undicht werden.

Bei der *Art der Erwärmung* ist darauf zu achten, dass die erforderliche Arbeitstemperatur gut erreicht werden kann unterschiedlich erfolgen:

Die Erwärmung der Lötstelle bei handwerklichen Lötarbeiten kann

- direkt mit der Flamme: *Flammlöten*
- über einen festen Körper: *Kolbenlöten*
- durch elektrischen Strom: *Widerstandslöten*

Kolbenlöten

Bei Blecharbeiten empfehlen die Blechhersteller eine Lötnahtüberlappung von 10 bis 15 mm und eine Lötspaltbreite von maximal 0,5 mm (Abb. 4). Eine große Spaltbreite vermindert die Festigkeit, denn wenn die Fügeflächen weiter auseinander liegen, kann der Lötspalt mittels Kapillardruck nicht vollständig mit Lot gefüllt werden.

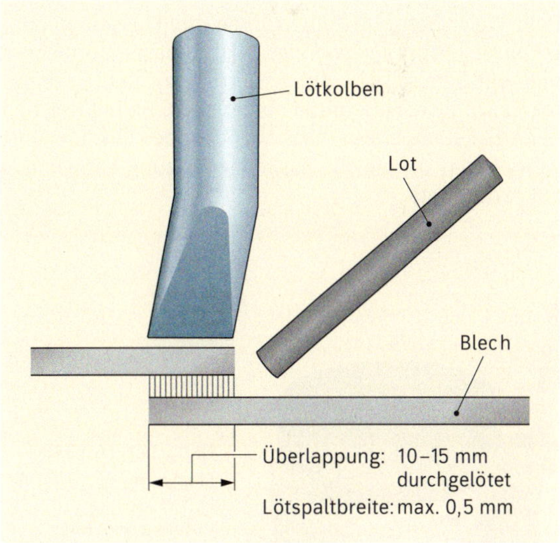

Abb. 4: Überlappung und Lötspaltbreite

Flussmittel

Welche Flussmittel zu verwenden sind, richtet sich nach Lötverfahren, Grundwerkstoffen und Verwendungszweck. In der Installationstechnik müssen Flussmittel für den entsprechenden Verwendungszweck ausdrücklich zugelassen sein. Zum Löten von Kupferrohren sind Flussmittel nach DIN ISO 9454-1 (zum Weichlöten) und DIN EN ISO 18496 (zum Hartlöten) zugelassen (→ TB).

Lote

Lote können reine Metalle oder Metalllegierungen sein. Sie sind eingeteilt in Weichlote (DIN EN ISO 9453) und Hartlote (DIN EN ISO 17672).

Der Schmelzpunkt des Lotes muss unterhalb dessen der Grundwerkstoffe liegen.

Einen definierten Schmelzpunkt haben jedoch nur reine Metalle und besondere Legierungen. Die meisten Lote haben einen Schmelzbereich, in dem sie weder fest noch flüssig sind. In diesem Schmelzbereich befindet sich das Lot in einem teigförmigen Übergangszustand.

Für die *Bezeichnung der Lote* können Kurzzeichen oder Werkstoffnummern verwendet werden. Das Kurzzeichen beginnt bei einem Weichlot stets mit S (solder (engl.) = Lot). Daran anschließend folgt die chemische Zusammensetzung.

Beispiel: S – Sn 97 Ag 3

- Ag 3 — 3 Gew.-% Silber
- Sn 97 — 97 Gew.-% Zinn
- S — solder (engl.) = Lot

Nach den technischen Regeln für die Gas- und Wasserinstallation dürfen für Trinkwasserleitungen nur zwei ganz bestimmte Weichlote verwendet werden (→ TB). Diese eignen sich auch für Warmwasser- und Heizungsinstallationen (bis 110 °C Betriebstemperatur).

Beim Weichlöten von Kupferrohren wird Flussmittel oder Lötpaste (Abb. 1) verwendet. Als Lötpaste bezeichnet man ein Gemisch aus pulverisiertem Lot und Flussmittel. Es wird wie Flussmittel aufgetragen. Beim Erreichen der Arbeitstemperatur muss aber dennoch Lot zugeführt werden, das die gleiche Zusammensetzung hat wie das Lot in der Paste.

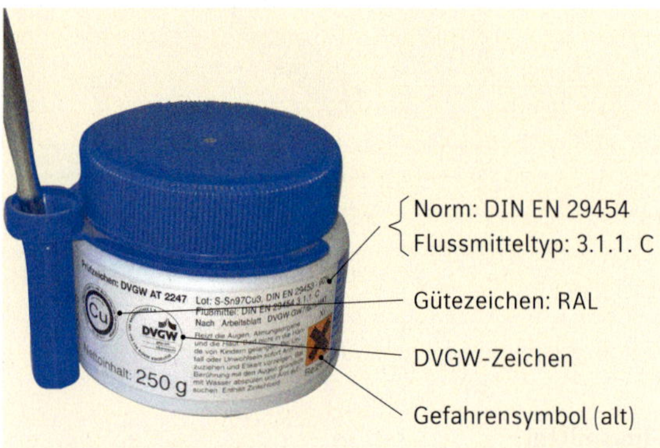

Abb. 1: Beispiel für die Kennzeichnung einer Lötpaste

Zum Hartlöten von Kupferrohrleitungen für die Gas- und Wasserinstallation sind nach DVGW-Arbeitsblatt GW 2 die in Tab. 1 genannten *Hartlote* zugelassen.

Tab. 1: Hartlote für Kupferrohrinstallation

Lote nach DIN EN ISO 17672	Anwendungsbereich	Arbeitstemperatur in °C	Zusammensetzung in Gew.-%
CuP 279 (L-Ag2P)	Cu-, Cu-Zn- und Cu-Sn-Legierungen	740	2Ag, 6P, 92Cu
CuP 179 (L-CuP6)		760	6P, 94Cu
Ag 134 (L-Ag34Sn)	Stahl, Temperguss, Cu- und Cu-Leg.	730	34Ag, etwas Sn, Rest CuZn-Leg.
Ag 244 (L-Ag44)		735	44Ag, Rest CuZn-Leg.
Ag 145 (L-Ag45Sn)		680	45Ag, etwas Sn, Rest CuZn-Leg.

3.7.3 Unfallverhütungsvorschriften

Um beim Umgang mit Loten und Flussmitteln Gefahren für Mensch und Umwelt möglichst gering zu halten, sind nachfolgende Anweisungen einzuhalten:

- Arbeit nur bei Frischluftzufuhr
- verunreinigte Kleidung wechseln
- nach Arbeitsende und vor jeder Pause Hände und Gesicht gründlich reinigen
- nach der Arbeit Hautpflegemittel verwenden
- im Arbeitsbereich keine Lebensmittel aufbewahren, nicht essen und trinken
- Das Lot darf nicht überhitzt werden
- Lötkolben bzw. Brenner immer im Halter ablegen
- Lötdämpfe nicht einatmen
- Schutzbrille und Handschuhe tragen
- Hautkontakt mit Flussmittel vermeiden; Flussmittel nicht mit der Hand auftragen
- Flussmittelbehälter nach Gebrauch sofort verschließen

Aufgaben

1. Was versteht man unter Löten?
2. Weshalb sollte die Spaltbreite nicht zu groß sein?
3. Wie müssen die Fügeteile beim Löten vorbereitet werden?
4. Welche Aufgaben hat das Flussmittel?
5. Welche Folgen hat eine zu hohe Löttemperatur auf das Lot und auf das Flussmittel?
6. Welche Anforderungen müssen Flussmittel, die in der Trinkwasserinstallation verwendet werden, erfüllen?
7. Welcher Unterschied besteht zwischen Hart- und Weichlöten?
8. Auf welche Arten können beim handwerklichen Löten die Lötstellen erwärmt werden?
9. Bei welchen Installationen müssen Kupferrohre hartgelötet werden?

3.8 Schweißen von Metallen

! Durch *Schweißen* werden gleichartige Werkstoffe stoffschlüssig und unlösbar miteinander verbunden.

Bei *Schmelzschweißverfahren* werden die Werkstoffe an den Fügestellen erwärmt, bis sie schmelzen und sich mit oder ohne Zusatzwerkstoff verbinden.

In der Installationstechnik werden meist die in Abb. 2 genannten Schmelzschweißverfahren angewandt.

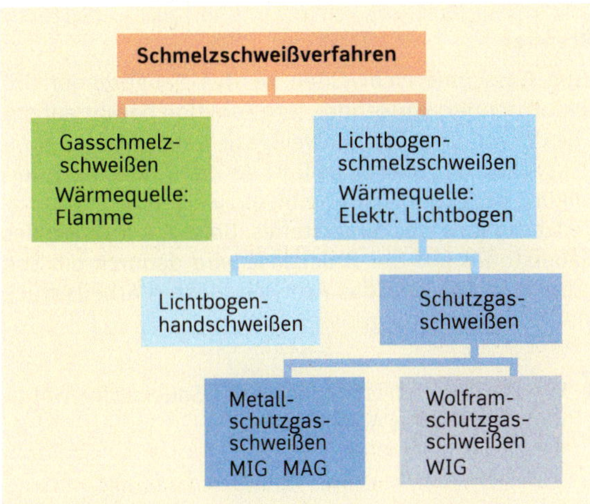

Abb. 2: Übersicht über die Schmelzschweißverfahren (gekürzt)

3.8.1 Gasschmelzschweißen (Autogenschweißen)

Das Gasschmelzschweißen eignet sich z. B. gut für unlegierte Baustähle mit geringem Kohlenstoffgehalt. Als *Wärmequelle* dient eine Acetylen-Sauerstoff-Flamme. *Acetylen* (C_2H_2) hat einen hohen Wärmewert. Bei seiner Verbrennung mit reinem Sauerstoff (O_2) können sehr hohe Temperaturen (bis 3 200 °C) erreicht werden. Beide Gase werden unter Druck in Stahlflaschen gespeichert (Abb. 3). In Schläuchen werden die Gase dem Schweißbrenner zugeführt. Auf dem Weg von den Gasflaschen zum Brenner durchströmen die Schweißgase der Reihe nach jeweils das Flaschenventil, den Druckminderer und eine Sicherheitseinrichtung, die vor Gasrücktritt und Flammendurchschlag schützt. Das Schweißgasgemisch wird am Sauerstoff- und am Brenngasventil eingestellt. Vor dem Mundstück des Schweißbrenners wird das ausströmende Acetylen-Sauerstoff-Gemisch gezündet und verbrannt.

Schweißgasflaschen und Schläuche

Damit die Anschlüsse der Gasflaschen und der Schläuche nicht verwechselt werden können, sind sie verschieden ausgeführt. Die wichtigsten Unterschiede zeigen Abb. 3 und Tab. 2.

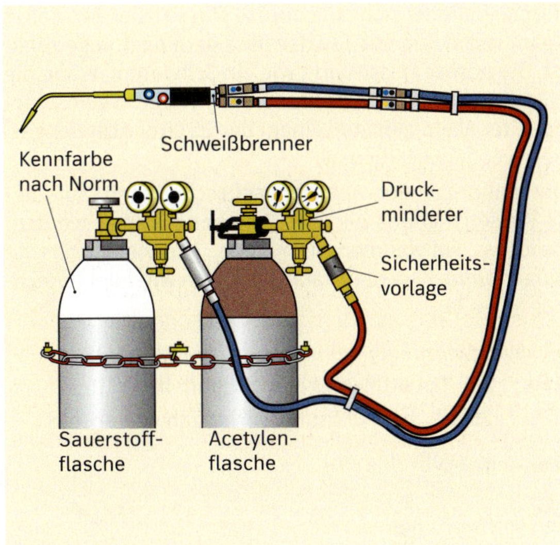

Abb. 3: Gasschweißanlage

Tab. 2: Erkennungsmerkmale für Gasflaschen und Schläuche

Gasart	Kennfarbe		Ventilanschluss	
	Flaschen-schulter	Schlauch	Flasche	Schlauch
Sauerstoff O_2	weiß	blau	G 3/4	R 1/4 (Rechtsgewinde)
Acetylen C_2H_2	kastanienbraun	rot	Spannbügel	R 3/8 (Linksgewinde)

Der *Sauerstoff* wird unter Druck in Stahlflaschen abgefüllt und gespeichert. Meist werden Sauerstoffflaschen mit einem Volumen von 40 oder 50 Litern verwendet. Wird beim Füllen der Flaschendruck verdoppelt, so verdoppelt sich auch der Sauerstoffinhalt.

Wie viel Sauerstoff einer Sauerstoffflasche entnommen werden kann, lässt sich wie folgt berechnen (→ TB).

Geg.: $p_e = 200$ bar; $p_{amb} = 1$ bar (Luftdruck)
$V_{Fl} = 50\ l = 50\ dm^3$

Ges.: V (nutzbares Sauerstoffvolumen)

Lös.: $V = p_e \cdot \frac{V_{Fl}}{p_{amb}} = 200\ \text{bar} \cdot \frac{50\ dm^3}{1\ \text{bar}} = \underline{\underline{10\ 000\ dm^3}}$

Acetylen kann im Gegensatz zu Sauerstoff nicht einfach komprimiert und in Gasflaschen gefüllt werden, denn beim Verdichten von Acetylen über 2 bar besteht Explosionsgefahr. Deshalb muss Acetylen anders als Sauerstoff gespeichert werden. Im Innern der Acetylengasflasche befindet sich eine poröse Masse (Kieselgur oder Agamassan), die mit 13 Liter flüssigem Aceton getränkt ist. Die poröse Masse wirkt wie ein Schwamm. Wenn die Flasche gefüllt ist, ist das Acetylen im Aceton gelöst. Jeder Liter Aceton löst bei einem bar 25 Liter Acetylengas, bei zwei bar 50 Liter usw.

Der Fülldruck der Acetylengasflasche kann auf diese Weise gefahrlos bis auf 18 bar angehoben werden. Welches Füllvolumen in einer Acetylengasflasche aufgenommen werden kann, lässt sich wie folgt berechnen (→ TB).

Geg.: $p_F = 18$ bar; $V_A = 13$ l (Acetoninhalt)
25 l/(l · bar) = Lösungsvermögen von Aceton

Ges.: V_F (Füllvolumen)

Lös.: $V_F = 25 \frac{1}{\text{bar}} \cdot V_A \cdot p_F = 25 \frac{1}{\cancel{\text{bar}}} \cdot 13\ \text{l} \cdot 18\ \cancel{\text{bar}}$

$V_F = 5\,850\ \text{l} = \underline{\underline{5\,850\ \text{dm}^3}} = 5{,}85\ \text{m}^3$

Wird das Flaschenventil geöffnet, so strömt Acetylen aus, ähnlich wie bei einer Mineralwasserflasche die Kohlensäure.

Damit bei der Gasentnahme kein Aceton entweichen kann, dürfen Acetylenflaschen nie flach liegen. Das Flaschenventil muss immer mindestens 40 cm höher liegen als der Flaschenfuß.

Flaschendruckminderer

Diese Druckminderer (Abb. 1) senken den vom Inhalt abhängigen Druck der Gasflaschen auf einen konstanten Arbeitsdruck.

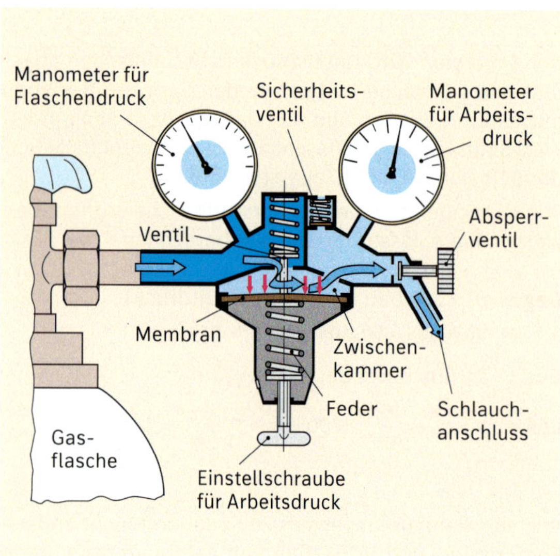

Abb. 1: Funktion eines Flaschendruckminderers

Bei unsachgemäßer Behandlung der empfindlichen Druckminderer kann es leicht zu einer Beschädigung kommen. In diesem Fall dürfen sie nicht mehr weiter benutzt werden. Die Reparatur eines defekten Flaschendruckminderers darf nur von Fachleuten ausgeführt werden.

! Der am *Druckminderer* einzustellende Arbeitsdruck soll für Sauerstoff ungefähr 2,5 bar und für Acetylen etwa 0,25 bis 0,5 bar betragen.

Brenner

Zum Gasschmelzschweißen werden Saugbrenner (Injektorbrenner) verwendet. Ihre Funktion beruht auf der Injektorwirkung. Die Schweißgase werden bis zum *Injektor* (Abb. 2) getrennt geführt. An der Querschnittsverengung der Druckdüse kommt es zu einer Geschwindigkeitserhöhung des Sauerstoffes. Beim Ausströmen des Sauerstoffes aus der Druckdüse wird dadurch ein Sog erzeugt, durch den das Acetylen, dessen Arbeitsdruck viel geringer ist, mitgerissen wird.

! Vor dem Zünden ist zunächst das Sauerstoffventil zu öffnen, danach das Acetylenventil.

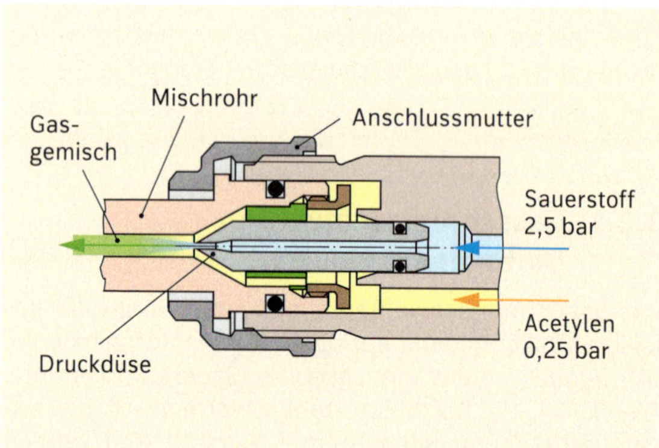

Abb. 2: Wege der Schweißgase im Saugbrenner

Brennereinstellung

Der zu schweißende Werkstoff soll durch die einwirkende Flamme in seinem Gefüge möglichst wenig verändert werden. Wird der Brenner falsch eingestellt, so besteht die Gefahr, dass das flüssige Metall mit den vorhandenen Gasen reagiert.

Ein Überschuss an *Acetylen* bewirkt eine Aufkohlung des Grundwerkstoffes. Bei *Sauerstoffüberschuss* hingegen bilden sich Metalloxide, die den Werkstoff verspröden.

! Die Voraussetzung für eine gute Gasschmelzschweißverbindung bei Stahl ist das richtige Mischungsverhältnis von Acetylen und Sauerstoff, erkennbar an einer *neutralen Flamme*.

Man erkennt eine neutrale Flamme an einem scharf umrissenen, weiß leuchtenden Flammkegel direkt vor der Schweißdüse (Abb. 3).

Acetylenüberschuss verwischt die klare Umrisslinie. Bei Sauerstoffüberschuss werden der Flammkegel und die äußere Streuflamme verkürzt.

Bei der Einstellung der neutralen Flamme am Brenner entsteht im Mischrohr ein Acetylen-Sauerstoff-Gemisch, dessen Mischungsverhältnis etwa 1 : 1 beträgt. Zur vollständigen Verbrennung von einem Teil Acetylen sind jedoch 2,5 Teile Sauerstoff erforderlich. Den fehlenden Sauerstoff holt sich die Flamme aus der Luft. Daher ist eine Reaktion des Luftsauerstoffes mit dem flüssigen Metall nicht möglich, weil dieser bereits verbraucht wird, bevor er an das Schmelzbad herankommt. Die Flamme schützt dadurch die Schweißnaht. Einatmen von Acetylen kann Übelkeit, Krämpfe und schwere Lungenschäden hervorrufen.

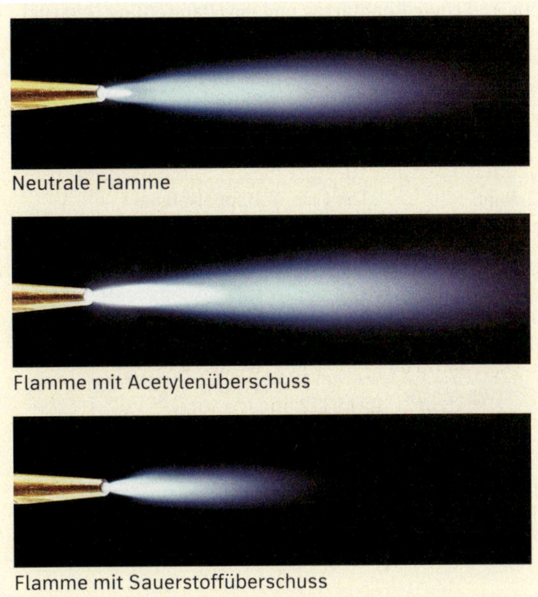

Abb. 3: Unterschiedlich eingestellte Schweißflammen

Flammentemperatur und Arbeitsbereich

Ihre höchste Temperatur hat die neutrale Flamme etwa 2 bis 6 mm vor der weißen Kegelspitze (Abb. 4). In diesem Bereich sollte beim Schweißen gearbeitet werden.

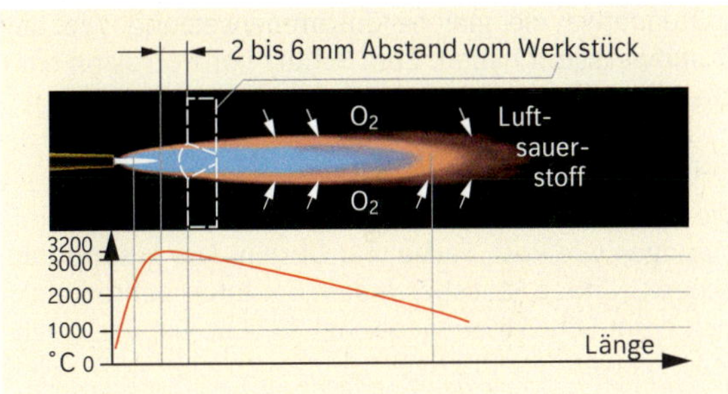

Abb. 4: Flammentemperatur und Abstand des Schmelzbades

Schweißbrennereinsätze

Je nach der zu schweißenden Werkstoffdicke werden unterschiedliche *Brennereinsätze* verwendet. Die eingeprägten Zahlen, z. B. 2–4, geben den Dickenbereich für Stahl in mm an, der mit diesen Brennereinsätzen geschweißt werden kann.

Schweißrichtungen

Beim Gasschmelzschweißen unterscheidet man zwischen zwei Schweißrichtungen (Abb. 5):

- *Nachlinksschweißen*
- *Nachrechtsschweißen*

! Die *Schweißrichtung* ist von der Dicke der zu schweißenden Werkstücke abhängig.

Dünne Teile mit einer Wandstärke von bis zu 3 mm werden durch Nachlinksschweißen verbunden; bei Stärken über 3 mm wird nach rechts geschweißt.

Neben der Schweißrichtung sind für die Qualität der Verbindung auch Schweißnahtart, Zusatzwerkstoff und Vorbereitung der Schweißstelle entscheidend.

Die *Nahtart* wird wesentlich beeinflusst durch:

- Werkstoffdicke
- Lage der zu verbindenden Teile
- Schweißverfahren

Eine Zusammenstellung der wichtigsten Schweißnahtarten in der Installationstechnik zeigt Tab. 1, Seite 152. Bei dicken Teilen werden die Stoßkanten angeschrägt, um ein gutes Durchschweißen zu ermöglichen.

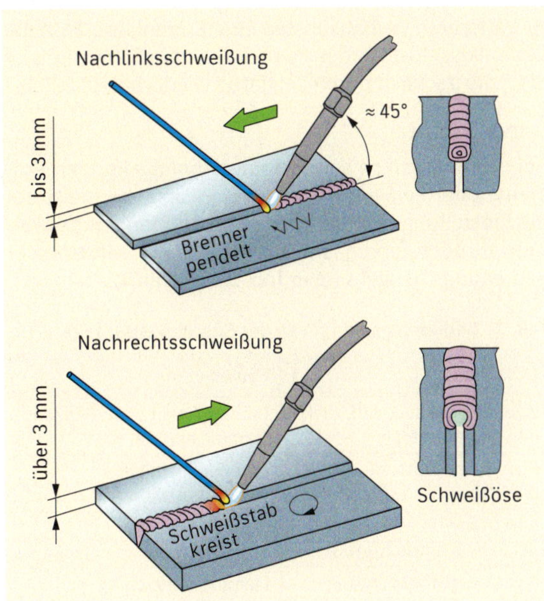

Abb. 5: Schweißrichtungen

Tab. 1: Schweißnahtarten und ihre Darstellung (Auszug)

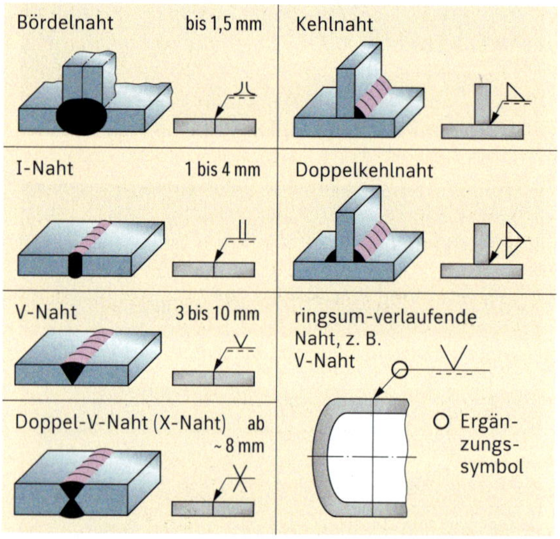

Zusatzwerkstoff

Schweißstäbe dienen zum Füllen der Schweißfuge. Sie sollten etwa die gleiche Zusammensetzung wie der Grundwerkstoff haben. Zum Schutz vor Korrosion sind die Schweißstäbe verkupfert.

Vorbereitung der Schweißstelle

Die Schweißstellen müssen möglichst frei von Verunreinigungen wie Rost, Farbe und Öl sein. Aus gesundheitlichen Gründen ist insbesondere darauf zu achten, dass sich beim Schweißen weder metallische Schutzschichten, schwermetallhaltige Schutzanstriche (z. B. Bleimennige) noch Beschichtungen mit Kunststoff in der Wärmeeinflusszone befinden. Bei verzinkten Rohren ist z. B. die Verzinkung um den zu schweißenden Bereich zu entfernen, weil ansonsten eine Erkrankung an Zinkfieber ausgelöst werden kann. Nach dem Schweißen ist die Schutzschicht durch Zinkfarbe wiederherzustellen.

Schweißfehler

Bei den *Arbeiten an der Gasschweißanlage* können Probleme oder Fehler auftreten, deren Ursache meist auf die Einstellung des Brenners oder auf mangelnde Wartung zurückzuführen ist. Ursachen häufig auftretender Bedienungsmängel sind in Tab. 2 aufgeführt.

Tab. 2: Bedienungsmängel an der Gasschweißanlage

Ursache	Fehler
zu niedriger Sauerstoffdruck, evtl. Düse verstopft	Brenner knallt beim Zünden; Flamme erlischt
Flamme zu dicht am Werkstück	Brenner knallt beim Schweißen
Ausströmgeschwindigkeit der Schweißgase zu groß	Flamme hebt ab
Ausströmgeschwindigkeit der Schweißgase zu klein; Brenner zu heiß	Flammenrückschlag

Schweißnähte an Rohrleitungen sind nicht unbedingt fehlerfrei, wenn sie dicht sind. Auch bei mechanischen Beanspruchungen und bei Korrosionsabtrag im langjährigen Betrieb muss die Betriebssicherheit gewährleistet sein. Die Qualität einer Schweißnaht kann erst nach eingehender Untersuchung beurteilt werden. In Tab. 3 sind einige Fehler dargestellt. Darüber hinaus werden denkbare Ursachen dieser Schweißfehler angegeben.

Tab. 3: Fehler in Schmelzschweißungen und deren mögliche Ursachen

Ursache	Fehler
falsche Wärmebehandlung, zu schnelle Abkühlung	**Risse** 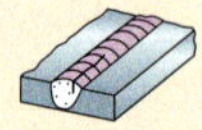
Werkstück verschmutzt, Rost Öl, Fett, Farbe, Feuchtigkeit	**Hohlräume**, Poren 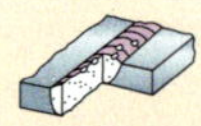
zu geringe Schweißgeschwindigkeit, Verunreinigung auf dem Werkstück, Schlackeneinschluss	feste **Einschlüsse** 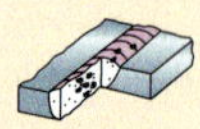
falsche Brennerhaltung, ungleicher Zusatzwerkstoff, zu schnelles Schmelzen des Schweißstabes	**Bindefehler**, Kaltschweißstellen, ungenügende Durchschweißung 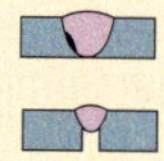
	Formfehler 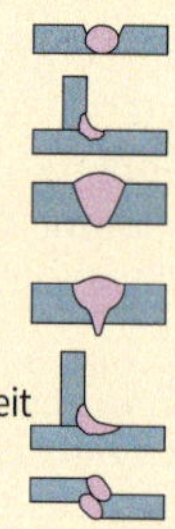
zu geringe Pendelbewegung	– Randkerbe
zu viel Wärme	– Einbrandkerbe
zu langsame Brennerführung	– Nahtüberhöhung
zu langsam geschweißt bei viel Wärme	– Wurzelüberhöhung
falsche Brennerführung	– Ungleichschenkligkeit
falsch geheftet	– Kantenversatz

Während im allgemeinen Rohrleitungsbau eine äußere Sichtprüfung meist genügt, werden hochbeanspruchte Schweißnähte, z. B. an Ferngasleitungen, einer Röntgenprüfung unterzogen.

! Schweißfehler verringern die Nahtfestigkeit und somit die Belastbarkeit der Schweißnaht.

3.8.2 Lichtbogenhandschweißen

Beim Lichtbogenhandschweißen wird die Wirkung eines elektrischen *Lichtbogens* als Wärmequelle genutzt. Der Lichtbogen, der zwischen der Stabelektrode und dem Werkstück brennt, kann auf dem Werkstück Temperaturen bis 4 200 °C erzeugen (Abb. 2).

Durch den Lichtbogen bildet sich im Grundwerkstoff ein Schmelzbad, dem der abschmelzende Werkstoff der Stabelektrode zufließt. Dadurch entsteht die Schweißnaht. Beim Lichtbogenschweißen ist die Wärme stärker konzentriert als beim Gasschmelzschweißen. Aus die-

Abb. 2: Lichtbogen zwischen Stabelektrode und Werkstück

sem Grund wird sehr schnell eine hohe Schmelzleistung erreicht. Es entsteht ein relativ kleines Schmelzbad, sodass auch dicke Materialien bei nur geringem Verzug geschweißt werden können. Darüber hinaus ist beim Lichtbogenschweißen eine hohe Schweißgeschwindigkeit möglich.

Es kann mit Wechsel- oder Gleichstrom geschweißt werden. Schweißstromquelle, Schweißstromkabel, Stabelektrode und Werkstück müssen zu einem *geschlossenen Stromkreis* verbunden werden, damit der elektrische Strom fließen kann (Abb. 3).

Der Schweißstromkreis wird durch den Lichtbogen zwischen Elektrode und Werkstück geschlossen.

Lichtbogen

Der Lichtbogen wird erzeugt, indem man nach einer kurzen Berührung der Elektrode mit dem Werkstück den Abstand wieder auf wenige Millimeter vergrößert. Die Moleküle der zuvor isolierend wirkenden Luft zwischen Elektrode und Werkstück werden im Lichtbogen so sehr erwärmt, dass sie sich in positiv geladene Ionen und Elektronen aufspalten. Dieser Vorgang wird auch als Plasmabildung bezeichnet.

! Die *Bildung eines Plasmas* ist kennzeichnend für alle Lichtbogenschmelzschweißverfahren.

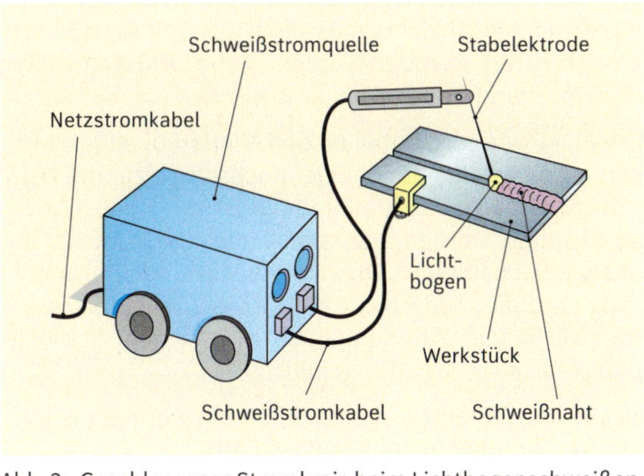

Abb. 3: Geschlossener Stromkreis beim Lichtbogenschweißen

Blaswirkung

Beim *Schweißen mit Gleichstrom* kann es vorkommen, dass der Lichtbogen seitlich abgelenkt wird. Dieser Vorgang wird als Blaswirkung bezeichnet. Zu beobachten ist die Blaswirkung vor allem an Werkstückkanten und bei Materialanhäufungen. Ursache für die Blaswirkung sind magnetische Feldlinien, die sich um stromdurchflossene Leiter bilden. Beim Übergang von der Stabelektrode zum Werkstück verdichten sich die magnetischen Feldlinien meist auf der Seite, wo sich die Polklemme befindet. Der Lichtbogen wird, wie Abb. 4 zeigt, in Richtung des weniger dichten magnetischen Feldes abgelenkt.

Mögliche *Gegenmaßnahmen* sind:

- Neigen der Elektrode gegen die Blasrichtung
- Verwenden von Wechselstrom
- Versetzen der Polklemme am Werkstück

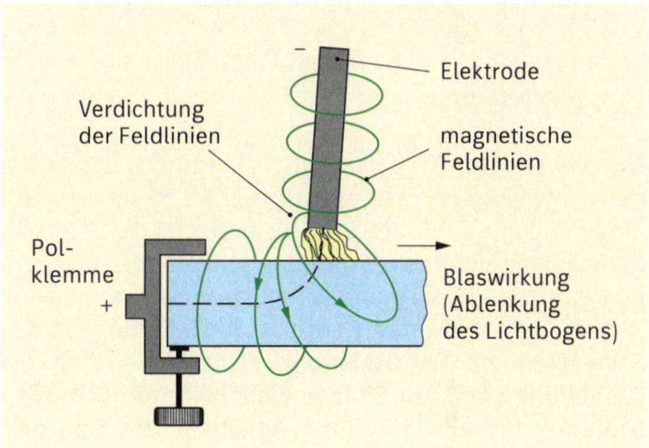

Abb. 4: Blaswirkung

Schweißstromquellen

Der elektrische Strom aus dem öffentlichen Versorgungsnetz mit einer Spannung von 230 Volt (Wechselstrom) oder 400 Volt (Drehstrom) kann nicht direkt zum Schweißen verwendet werden. Die hohe Netzspannung ist lebensgefährlich für den Schweißer oder die Schweißerin.

Beim Lichtbogenhandschweißen werden je nach auszuführender Schweißung Spannungen von 15 bis 50 Volt und Stromstärken von 40 bis 500 Ampere benötigt. Da Gleichstrom zum Lichtbogenschweißen meist besser geeignet ist als Wechselstrom, werden mit Schweißstromquellen Spannung, Stromstärke und oft auch die Stromart umgeformt. Für die unterschiedlichen Einsatzbereiche wurden verschiedene Schweißstromquellen entwickelt.

Zum Schweißen mit Wechselstrom werden *Schweißtransformatoren* eingesetzt. Sie bestehen im Prinzip aus zwei unterschiedlichen Spulen, die über einen gemeinsamen Eisenkern verbunden sind. Wird der von einem Schweißtransformator veränderte Wechselstrom zusätzlich von einem Gleichrichter in Gleichstrom umgewandelt, so handelt es sich um einen *Schweißgleichrichter*.

Stabelektroden

Der Werkstoff der von Hand geführten Stabelektrode wird im Lichtbogen tröpfchenweise auf die Schweißfuge übertragen (Abb. 1).

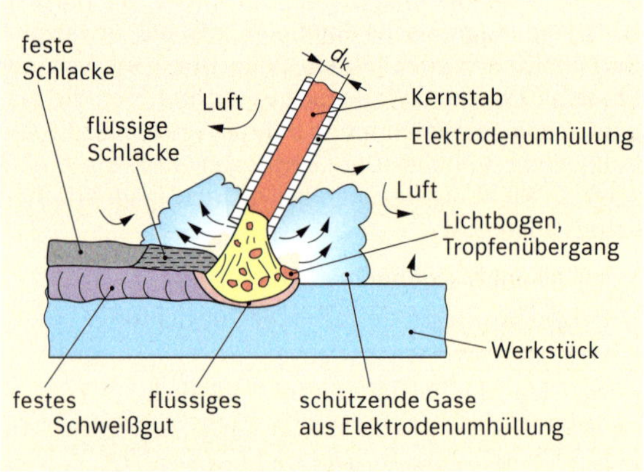

Abb. 1: Vorgänge beim Abschmelzen einer umhüllten Stabelektrode

Die verwendeten Stabelektroden sind zur Verbesserung der Schweißergebnisse meist umhüllt. In der Umhüllung befinden sich Hilfs- und Zusatzstoffe, die verschiedene Aufgaben haben. Sie bilden schützende Gase, um den Zutritt von Luft in die Schmelzzone zu verhindern. Dieses Gas stabilisiert gleichzeitig den Lichtbogen beim Schweißen mit Wechselstrom. Weiterhin enthält die Umhüllung Stoffe zur Bildung einer wärmeisolierenden Schlacke, die ein langsames Abkühlen des Schweißguts sicherstellen soll. Die Schlacke nimmt aus dem flüssigen Schweißgut Verunreinigungen auf. Nach dem Schweißen ist die Schlacke zu entfernen. Bei der Auswahl der Stabelektroden ist nicht nur der Werkstoff des Kernstabes dem Werkstück entsprechend zuzuordnen, auch die Umhüllung muss für die Schweißaufgabe geeignet sein (→ TB).

Der *Stabelektrodendurchmesser* richtet sich nach der Materialdicke der zu schweißenden Teile (→ TB).

Die Einstellung des *Schweißstromes* kann überschlägig wie folgt ermittelt werden:

$$I_s = d_k \cdot \frac{40\ \mathrm{A}}{\mathrm{mm}}$$

I_s: Schweißstromstärke in A
d_k: Kernstabdurchmesser der Elektrode in mm

3.8.3 Schutzgasschweißen

Zum Schweißen von nichtrostenden Stählen und NE-Metallen eignet sich vor allem das Schutzgasschweißen. Das Aufschmelzen erfolgt durch einen elektrischen Lichtbogen. Die Schweißstelle wird dabei durch Schutzgase vor Luftzutritt geschützt. Weitere Vorteile dieses Verfahrens sind der geringe Verzug der Werkstücke und die hohe Schweißgeschwindigkeit. Es entsteht keine Schlacke, da die Elektrode nicht umhüllt ist.

Schutzgase

Die Schutzgase strömen beim Schweißen mit geringem Überdruck aus der Brennerdüse. Sie übernehmen ähnliche Aufgaben wie die Umhüllung einer Stabelektrode. Je nach Anforderungsstufe können verschiedene Gase verwendet werden. Bei hohen Qualitätsansprüchen an die Schweißnaht wird mit *inerten Gasen* (inert: untätig, passiv, träge) geschweißt.

Inerte Gase sind Edelgase wie Argon oder Helium. Selbst bei sehr hohen Schweißtemperaturen reagieren sie nicht mit dem flüssigen Metall.

Bei unlegierten, niedriglegierten und hochlegierten Stählen ergeben sich auch mit billigeren Schutzgasen wie Kohlenstoffdioxid oder Mischgasen aus Kohlenstoffdioxid und Argon brauchbare Schweißergebnisse. Kohlenstoffdioxid gehört zu den *aktiven Gasen*. Aktive Gase reagieren mit dem flüssigen Schweißgut und beeinträchtigen somit die Lichtbogenstabilität und die Schweißnahtbildung.

! *Schutzgase* schützen die Schweißstelle vor schädlichen Einflüssen der Luft wie Oxidation und Gasaufnahme. Es darf jedoch kein Luftzug herrschen.

Bei den *Schutzgasschweißverfahren* unterscheidet man Wolfram- und Metallschutzgasschweißen.

Wolframschutzgasschweißen

Das *Wolfram-Inert-Gas-(WIG-)Schweißen* (Abb. 2) ist für alle schweißbaren Metalle geeignet. Der Lichtbogen wird zwischen einer nicht abschmelzenden Wolframelektrode und dem Werkstück gezündet. Der Zündvorgang erfolgt normalerweise berührungslos.

Wie beim Lichtbogenhandschweißen kann der Lichtbogen auch beim Schutzgasschweißen mit Gleich- oder Wechselstrom erzeugt werden. Beim WIG-Schweißen wird meist mit *Gleichstrom* geschweißt.

Die Elektrode wird dabei an den Minus-Pol angeschlossen. Bei Metallen, die eine hochschmelzende Oxidschicht bilden, wie Aluminium, muss mit *Wechselstrom* geschweißt werden, da sonst die Oxidschicht das Schweißen behindert. Durch die wechselnde Stromrichtung wird die Oxidschicht aufgerissen. Ist ein *Schweißzusatzwerkstoff* erforderlich, so wird er dem Schmelzbad seitlich von Hand zugeführt.

Bei Schweißströmen über 200 Ampere werden die WIG-Schweißbrenner in der Regel gekühlt.

Metallschutzgasschweißen

Bei diesem Verfahren wird ein dünner verkupferter Draht durch den Brenner geführt. Der Draht durchläuft eine Führungs- bzw. Kontaktdüse. Dabei wird der Schweißdraht zur stromführenden Elektrode. Im Gleichstromlichtbogen schmilzt die Drahtelektrode ab.

Beim Metallschutzgasschweißen wird abhängig von der Art des Schutzgases zwischen MIG- und MAG-Schweißen unterschieden. Eine Drahtfördereinrichtung spult den Schweißdraht gleichmäßig von einer Drahtspule ab, die sich im Innern des Schweißgerätes befindet.

Die *MIG/MAG-Schweißanlage* (Abb. 3) besteht im Wesentlichen aus einer Stromquelle, einer Drahtspule, einer Drahtfördereinrichtung, einer Schutzgasflasche und einem Schlauchpaket.

Das Schlauchpaket verbindet das MIG/MAG-Schweißgerät mit dem MIG/MAG-Schweißbrenner. Im Schlauchpaket werden die Steuerschaltung, der Schweißstrom, das Schutzgas und die Drahtelektrode geführt (Abb. 2).

Schutzgasschweißverfahren	Wolframschutzgasschweißen	Metallschutzgasschweißen	
	Wolfram-Inert-Gas-(WIG-) Schweißen	Metall-Inert-Gas-(MIG-) Schweißen	Metall-Aktiv-Gas-(MAG-) Schweißen
Darstellung	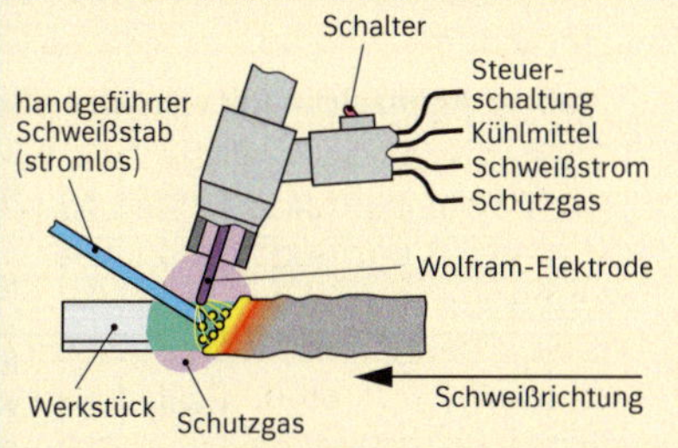	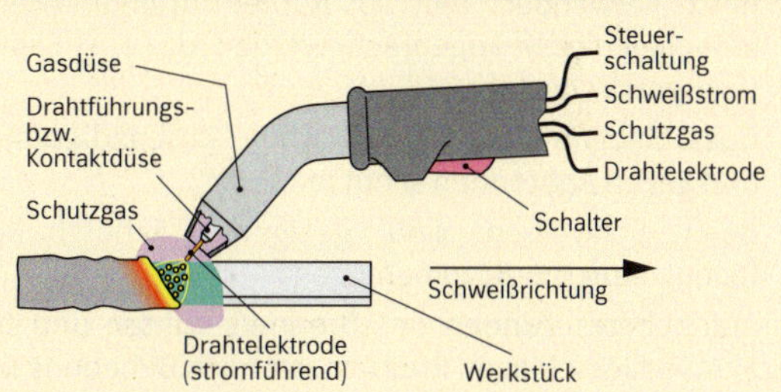	
Elektrodenart	Wolfram-Elektrode (nicht abschmelzend)	Schweißdraht-Elektrode (abschmelzend)	
Zusatzwerkstoff	stromfreier Schweißstab	stromführende Drahtelektrode	
Zuführung des Zusatzwerkstoffes	wird dem Lichtbogen seitlich und meist von Hand zugeführt	automatische Zuführung des Zusatzwerkstoffes durch den Brenner	
Schutz des Schmelzbades	Schutzgas		
Schutzgasarten	inerte Gase		aktive Gase

Abb. 2: Schutzgasschweißverfahren (Übersicht)

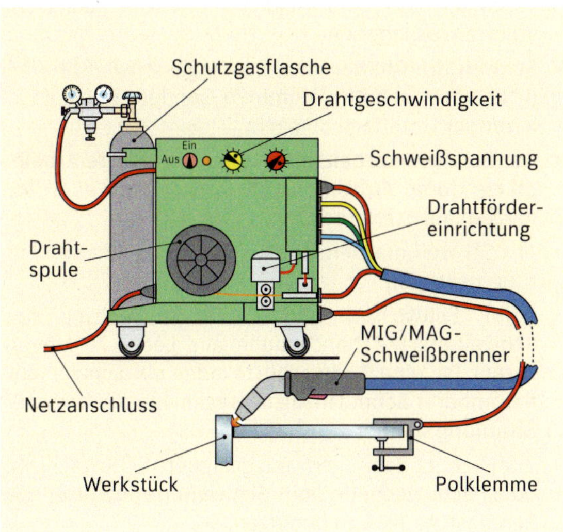

Abb. 3: MIG/MAG-Schweißanlage

Aufgaben

1. Weshalb soll aus liegenden Acetylengasflaschen kein Gas entnommen werden?
2. Erklären Sie den Aufbau und die Funktion eines Flaschendruckminderers.
3. Erklären Sie das Injektorprinzip.
4. Woran erkennt man eine neutrale Schweißflamme?
5. Weshalb werden dicke Werkstücke vor dem Schweißen angeschrägt?
6. Nennen Sie fünf mögliche Fehler an Schweißverbindungen und deren Ursachen.
7. Welchen Einfluss hat die Stromart auf den Lichtbogen? Recherchieren Sie hierzu auch im Internet.
8. Welche Schweißstromquellen werden unterschieden?
9. Weshalb sind Stabelektroden meist umhüllt?
10. Wodurch unterscheiden sich WIG-, MIG- und MAG-Schweißen?

3.8.4 Arbeitssicherheit beim Hartlöten und Gasschmelzschweißen

Da es bei diesen Arbeiten zu Bränden und Explosione, Verbrennungen der Haut, Verletzung der Augen und zu Vergiftung durch Gefahrstoffe kommen kann, sind nachfolgende Anweisungen einzuhalten:

- Gasflaschen gegen Umstürzen sichern und nicht in Durchfahrten, Hausfluren, Treppenhäusern und in der Nähe von Wärmequellen lagern oder aufstellen.
- Auf Bau- und Montagestellen möglichst Flaschengestelle oder -karren für den Transport verwenden.
- Nur geprüfte und zugelassene Druckminderer verwenden.
- Sauerstoffarmaturen öl- und fettfrei halten.
- Nur zugelassene und sichere Schlauchverbindungsmittel verwenden. Teile aus Kupfer dürfen an Acetylenanlagen nicht angebracht werden, da sonst Explosionsgefahr besteht.
- Gasschläuche vor mechanischen Beschädigungen und gegen Anbrennen schützen.
- Beim Schweißen sind geeignete Schutzbrillen (Schutzstufen 2–8) zu benutzen.
- Auf sicheres Zünden des Brenners achten und bei Flammrückschlägen Brenner erst nach Behebung der Störung erneut zünden.
- Bei Schweiß- und Lötarbeiten in Bereichen mit Brand- oder Explosionsgefahr muss eine Schweißerlaubnis vorliegen.
- Alle brennbaren Teile aus der gefährdeten Umgebung entfernen.
- Sicherheitsmaßnahmen zur Verhinderung einer Brandentstehung in der schriftlichen Schweißerlaubnis festlegen, insbesondere nicht entfernbare brennbare Teile abdecken und Öffnungen abdichten

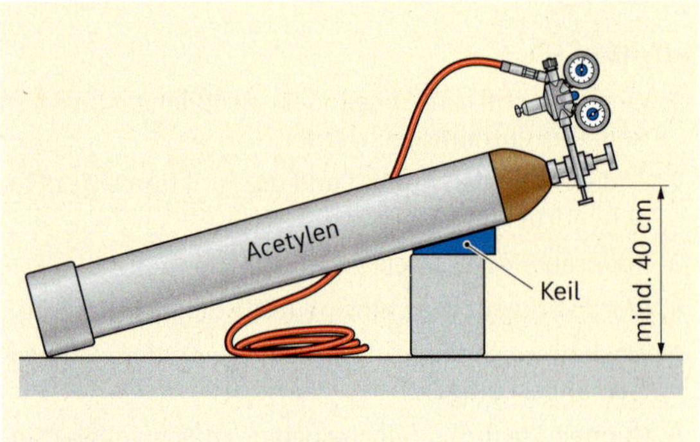

Abb. 1: Bei Gasentnahme aus liegenden Flaschen muss das Ventil der Acetylengasflasche mindestens 40 cm höher liegen als der Flaschenfuß

3.8.5 Arbeitssicherheit beim Elektro- und Schutzgasschweißen

Bei diesen Schweißverfahren kann es insbesondere zu Bränden und Explosionen, Stromschlag, Verbrennungen der Haut, Verletzung der Augen und zu Vergiftung durch Gefahrstoffe kommen.

Bei der Auswahl der Schweißstromquelle ist die Bauart zu wählen, die für den Betrieb

- in trockenen Räumen oder
- ungeschützt im Freien und/oder
- unter erhöhter elektrischer Gefährdung

geeignet ist.

Für Arbeiten unter erhöhter elektrischer Gefährdung sind nur Stromquellen mit den Kennzeichnungen nach Tab. 1 zu benutzen.

Tab. 1: Kennzeichnung von Schweißstromquellen

(42V)	oder S	für Schweißtransformator
K	oder S	für Schweißgleichrichter
K (42V)	oder S	für Schweißstromquellen, wechselweise für Gleich- oder Wechselstrom
Leerlaufspannung … V Scheitelwert (zulässig max. 113 Volt)	oder S	für Gleichstrom-Schweißgeneratoren und Schweißumformer

- Die Netz- und Schweißstromleitungen sowie das Schlauchpaket sind gegen mechanische Beschädigungen zu schützen.
- Es dürfen nur einwandfrei isolierte Schweißleitungsverbinder benutzt werden.
- Die Schweißstromrückleitungen nicht provisorisch verlängern. Sie sind möglichst direkt an das Werkstück anzuschließen.
- Schweißdrahthalter und Schutzgasschweißbrenner nicht unter den Arm klemmen, sondern nur auf isolierender Unterlage ablegen.
- Der Schweißerarbeitsplatz ist gegen andere Arbeitsplätze durch Aufstellen von Stellwänden oder Vorhängen abzuschirmen.
- Am Schweißerarbeitsplatz ist für ausreichende Lüftung zu sorgen.
- Beim Schweißen und Elektrodenwechsel sind Schweißerschutzhandschuhe aus Leder zu tragen. Ferner ist eine Lederschürze oder ein schwer entflammbarer Schutzanzug zu tragen, der auch vor UV-Strahlung schützt.
- Zum Schutz der Augen sind geeignete Schutzschirme oder Schutzschilde mit Schweißerschutzfilter der Schutzstufe 9–15 zu benutzen.

3.9 Schweißen von Kunststoffen

Kunststoffrohre werden häufig durch Schweißen verbunden. Es können jedoch nur Kunststoffe geschweißt werden, die auch schmelzbar sind. Diese Voraussetzung erfüllen die meisten Thermoplaste (siehe S. 28). Thermoplastische Kunststoffe unterschiedlicher Zusammensetzung lassen sich jedoch nicht immer miteinander verschweißen. Daher sollten die Werkstoffe der zu verbindenden Teile und der eventuell erforderliche Zusatzwerkstoff gleich sein.

! Die fadenförmigen Moleküle der erhitzten Thermoplaste verflechten sich beim Schweißen miteinander.

Die Schweißtemperaturen hängen vom jeweiligen Werkstoff ab und sind ziemlich unterschiedlich (Tab. 2). Eine zu hohe Temperatur führt zur Schädigung des Kunststoffes.

Tab. 2: Schweißtemperaturen

Werkstoff	Schweißtemperatur
ABS	270–310 °C
PE	220–280 °C
PMMA	120–180 °C
PP	250–270 °C
PVC	250–280 °C

Im Rohrleitungs- und Behälterbau finden hauptsächlich die folgenden Verfahren des Kunststoffschweißens Anwendung:

- Heizelementschweißen
- Heizwendelschweißen
- Warmgasschweißen

Heizelementschweißen

Beim Heizelementschweißen wird je nach Wärmekontaktfläche zwischen Muffenschweißen und Stumpfschweißen (Spiegelschweißen) unterschieden.

Heizelement-Muffenschweißen

Bei diesem Schweißverfahren sind die Verbindungsstellen die Außenfläche des Rohrs und die Innenfläche der Muffe. Rohre und Formstücke bis DN 50 müssen an den Verbindungsflächen nur gereinigt werden (z. B. mit Tangit-Reiniger), damit sie frei von Verunreinigungen sind. Bei größeren Nennweiten sollte zunächst mit einem Schälwerkzeug ein feiner Span von der Verbindungsfläche des Rohres abgehoben werden. Anschließend ist das Rohr rechtwinklig abzuschneiden und die Einstecktiefe gemäß Tab. 3 anzuzeichnen.

! Das Rohr darf nicht zu tief in das Formteil gesteckt werden, da es sonst zu einer Verengung oder gar Verstopfung des Rohres kommen kann.

Das Schweißgerät ist an der Ein/Aus-Taste einzuschalten und die Schweißtemperatur am Sollwerteinsteller festzulegen. Bei den meisten Geräten zeigt ein grünes Lämpchen nach der Aufheizzeit an, dass die eingestellte Temperatur erreicht ist (Abb. 1).

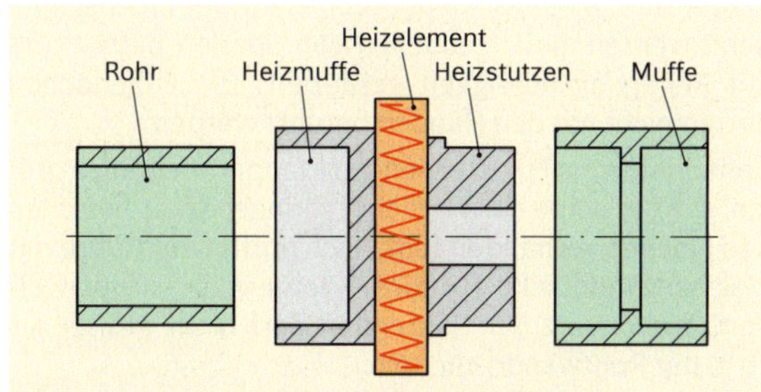

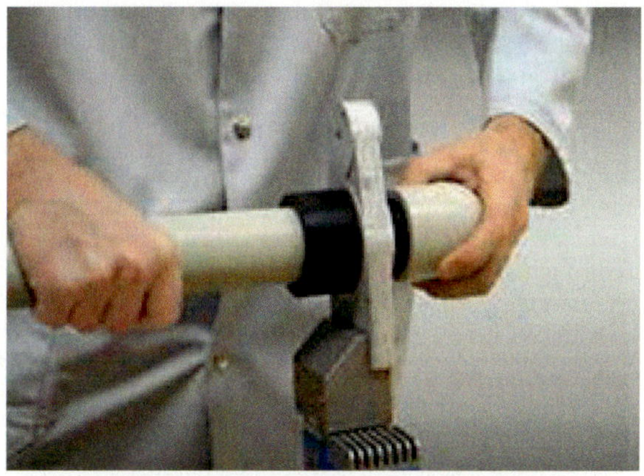

Abb. 1: Anwärmen der Fügeteile beim Heizelement-Muffenschweißen (oben schematisch, unten Foto)

Zum Erwärmen ist zuerst das Fitting bis zum Anschlag und dann das Rohr bis zur Markierung zu schieben. Beide Teile müssen bei normalen Umgebungstemperaturen entsprechend der vorgegebenen Zeit erwärmt werden (Tab. 3).

Nach Ablauf der Anwärmzeit sind Fitting und Rohr vom Heizelement abzuziehen und ohne Verdrehen bis zur Markierung zusammenzuschieben. Dabei müssen auch die Halte- und Abkühlzeiten eingehalten werden, um eine gute Schweißung zu gewährleisten (Tab. 3).

Tab. 3: Vorgegebene Werte nach DVS-Richtlinie

Rohr-außen-Ø in mm	Einschweiß-tiefe in mm	Anwärm-zeit in s	Halte-zeit in s	Abkühl-zeit in min
20	14,5	5	4	2
25	16,0	7	4	2
32	18,0	8	6	4
40	20,5	12	6	4
50	23,5	18	6	4
63	27,5	24	8	6

Heizelement-Stumpfschweißen

Bei diesem Schweißverfahren sind die Verbindungsstellen die Stirnflächen der zu verbindenden Rohre oder Formstücke. Beide Stirnseiten müssen so vorbereitet werden, dass sie sauber, glatt und zueinander ausgerichtet sind. Dies geschieht durch Planhobeln. Anschließend werden die Fügeflächen von Spänen befreit und mit Reinigungsflüssigkeit gesäubert. Die Fügeflächen dürfen nicht mit den Händen berührt werden.

Danach sind die Fügeflächen auf Planparallelität zu prüfen, d. h., es sollte ein möglichst geringer Spalt zwischen den Flächen vorhanden sein. Auch dürfen nur Rohre mit gleicher Wanddicke auf diese Weise verschweißt werden, der Versatz der Rohrenden darf nicht größer als 10 % der Rohrwanddicke sein.

Bis DN 70 kann die Schweißung von Hand erfolgen (Abb. 1). Dabei werden die Rohrenden leicht gegen das Heizelement (Schweißspiegel) gedrückt, bis die Stirnflächen gleichmäßig anliegen. Sobald eine geschlossene Wulst vorhanden ist, sind die zu verbindenden Teile nur noch zu halten, damit die Wärme gleichmäßig aufgenommen werden kann. Die Wulst sollte bei Erreichen der Schweißtemperatur (Tab. 2, S. 157) etwa halb so dick wie die Rohrwandung sein. Danach werden die Teile vom Heizelement abgenommen und sofort axial aneinandergedrückt. Die Druckkraft ist dabei langsam zu steigern, bis die Schweißfläche abgekühlt ist.

Abb. 1: Anwärmen der Fügeteile beim Heizelement-Stumpfschweißen

Damit bei größeren Teilen schnell und präzise gearbeitet werden kann, sollten die Teile mit einer Schweißmaschine vorbereitet und gefügt werden. So können je nach Nennweite der Rohre die passenden Drücke für die Angleich-, Anwärm-, Füge- und Abkühlzeit erzeugt werden.

Heizwendelschweißen

Kunststoffrohre können auch an schwer zugänglichen Stellen geschweißt werden. Die zum Verschweißen der Rohre benötigte Wärme wird elektrisch über eine in die Muffe eingebettete Heizwendel eingebracht. Zuvor müssen die Rohre jedoch auf der Länge des Einsteckbereiches in die Muffe von Verunreinigungen wie Staub und Öl befreit werden. Anschließend wird die Einstecktiefe markiert und die Oxidschicht auf der Länge der Einstecktiefe über den gesamten Umfang mit einem Schälwerkzeug entfernt (ca. 0,2 mm dicker Span). Der geschälte Bereich ist danach mit einem geeigneten Kunststoffreiniger zu säubern und trocknen zu lassen. Im Anschluss ist auf dem geschälten Bereich das Ende der Einstecktiefe nochmals anzuzeichnen. Danach ist auch die Muffe zu reinigen und ablüften zu lassen. Nach dem Trocknen der Teile wird die Elektroschweißmuffe auf das erste Rohr bis zur markierten Einstecktiefe aufgeschoben. Dann wird das zweite Rohr, das auf die gleiche Weise vorbereitet wurde, in die Muffe eingeschoben. Beide Rohre müssen dann fixiert oder befestigt werden. Dabei ist darauf zu achten, dass die Muffe spannungsfrei sitzt. Anschließend sind die beiden Anschlusskabel auf die Elektroschweißmuffe aufzustecken.

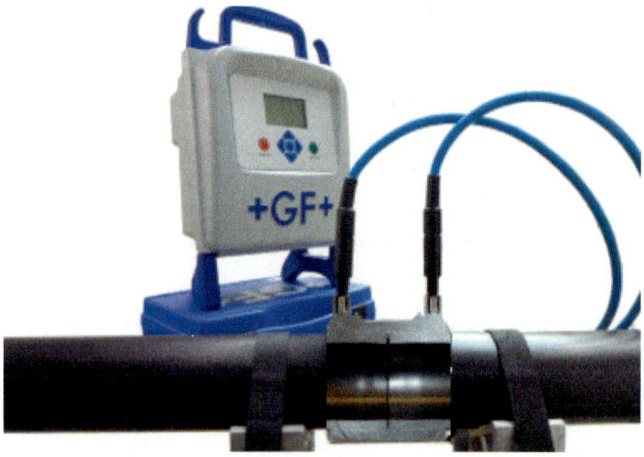

Abb. 2: Heizwendelschweißen

Bei vielen Schweißgeräten können die Schweißdaten mittels eines Scanners und eines Barcodes an der Muffe in das Schweißgerät eingelesen werden (Abb. 2). Diese sollten vor dem Schweißvorgang am Schweißgerät nochmals überprüft werden. Jede Elektroschweißmuffe hat in der Regel zwei Öffnungen am Umfang der Muffe, aus denen beim Verschweißen etwas teigiger Kunststoff austritt. Dadurch kann die erfolgreiche Verschweißung kontrolliert werden. Nach dem Schweißvorgang ist die Abkühlzeit einzuhalten und die Verbindung optisch zu prüfen. Nach Abschluss der Schweißung sind die beiden Anschlusskabel von der Elektroschweißmuffe abzuziehen.

Aufgaben

1. Welche Kunststoffe können geschweißt werden?
2. Nennen Sie drei Verfahren, mit denen Kunststoffleitungen verschweißt werden können.
3. Beschreiben Sie ein Verfahren des Kunststoffschweißens ausführlich.
4. Welche Folgen hat eine zu starke Erwärmung der Schweißstelle?

▶ Arbeitssicherheit am Bau

3.10 Unfallvermeidung und Gesundheitsschutz

Installation und Heizungsbau, Kälteanlagenbau sowie Klempnern gehören zu den gefahrengeneigten Berufen, für welche besondere Anforderungen an die Kenntnisse, Fertigkeiten und Handlungsfähigkeiten der Ausführenden zu stellen sind. Die Verantwortung beginnt mit der vorausschauenden Beurteilung der Arbeitsbedingungen auf der Baustelle nach der Rangfolge: Technik - Organisation - persönliche Schutzausrüstung. Das heißt, wenn es eine gefahrlose Technik gibt, dann ist diese zu bevorzugen. Gefahren sind demnach an ihrer Quelle zu vermeiden. Als nächstes ist die Arbeit so zu organisieren, dass die Gefährdung möglichst gering gehalten werden kann. Lässt sich eine Gefährdung weder auf technische noch organisatorische Weise ausschließen, sind persönliche Schutzausrüstungen notwendig.

3.10.1 Persönliche Schutzausrüstung

Sie sind immer dann vom Unternehmer zur Verfügung zu stellen und von den Beschäftigten zu tragen, wenn durch betriebliche Maßnahmen Unfall- oder Gesundheitsgefahren nicht ausgeschlossen werden können (Abb. 3).

! Wer ohne *persönliche Schutzausrüstung* arbeitet, läuft Gefahr, sich schwere Verletzungen oder Gesundheitsschäden zuzufügen.

Abb. 3: Persönliche Schutzausrüstungen

Persönliche Schutzausrüstungen gelten als geeignet, wenn sie dem Stand der Technik entsprechen, die Gefährdung auf ein möglichst geringes Restrisiko begrenzen und hinsichtlich Größe, Gewicht und Handhabung zu den Menschen bzw. den Arbeitsbedingungen passen.

3.10.2 Arbeitssicherheit bei Leitern und Arbeitsbühnen

Für Installationsarbeiten werden auf Baustellen im Wesentlichen *Leitern* und *Arbeitsbühnen* (Steh- und Fahrgerüste) benutzt. Diese müssen standsicher, tragfähig, ausreichend dimensioniert und gegen Abstürzen und Ausgleiten gesichert sein.

Arbeitsplatz: Leiter

Bei Leitern wird die *Standsicherheit* durch ausreichend breite und tragfähige Aufstandsflächen (Abb. 4) und sachgemäße Benutzung erreicht.

Abb. 4: Unterschiedliche Standsicherheit bei unterschiedlich festem Untergrund

Neben der Standsicherheit ist die *Tragfähigkeit* von Leitern zu beachten. Als tragfähig gilt eine Leiter dann, wenn sie mit einer Person und zusätzlich 10 kg Material belastet werden kann.

Leitern sind nur für begrenzte Höhen sicher benutzbar. Durch langes Stehen auf der Leitersprosse kommt es häufig zu gesundheitlichen Beschwerden und Arbeitsunfällen. Leitern sind bei Installationsarbeiten an zwei Dritteln aller Absturzunfälle beteiligt.

Wesentlich bequemer und sicherer lassen sich Installationsarbeiten von einer ordnungsgemäß erstellten und benutzten Arbeitsbühne aus erledigen.

Arbeitsplatz: Standgerüst

Bei Standgerüsten wird die *Standsicherheit* durch die Verankerung am Gebäude und den fachgerechten Gerüstaufbau auf ausreichender Gründung erreicht.

Die *Tragfähigkeit* ist gegeben, wenn das Gerüst entsprechend der für Installationsarbeiten vorgesehenen Gerüstgruppe II mit einer Tragfähigkeit von 2 kN/m^2 ausgewählt wurde.

Als Belagbreite des Gerüstes gilt eine Mindestbreite von 0,60 m. Durch den Einbau eines Seitenschutzes gegen Absturz sind Gerüste sicher benutzbar.

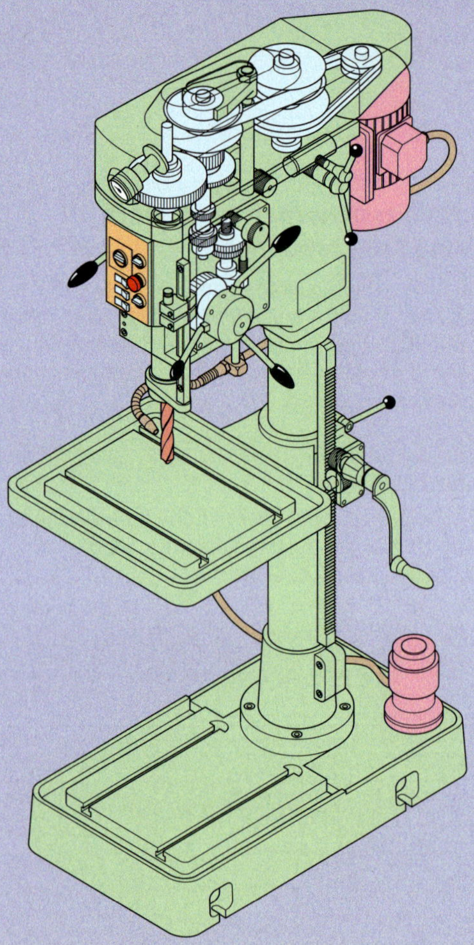

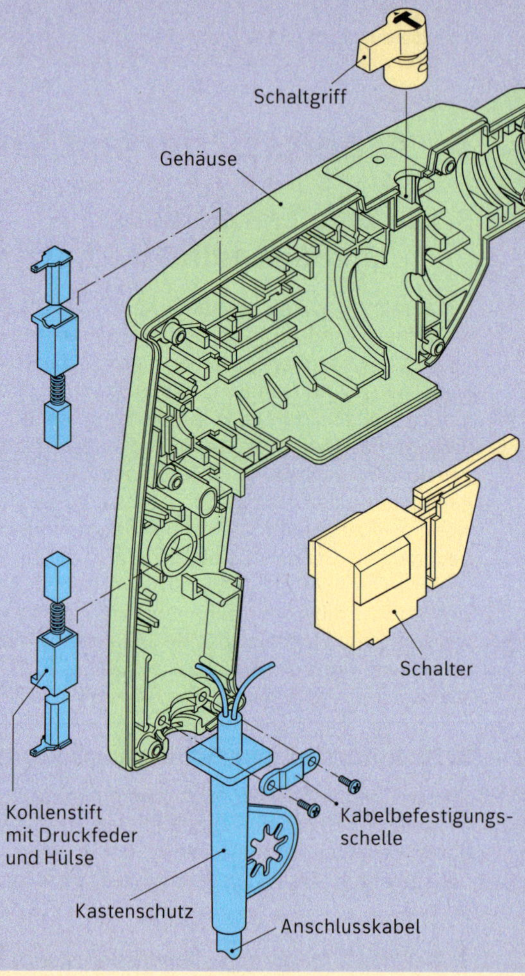

Lernfeld 4

Technische Systeme instand halten

Warten von technischen Betriebsmitteln

Kundenauftrag

Es sind die folgenden betriebsinternen Aufträge auszuführen:

- Warten des technischen Betriebsmittels „Säulenbohrmaschine“ anhand der Wartungsanleitung und des Schmierplans
- Erneuern des Anschlusskabels einer Handbohrmaschine

Information und Orientierung

Die termingerechte Abwicklung eines Auftrages ist unter anderem ein wichtiges Kriterium für die Konkurrenzfähigkeit eines Betriebes. Dies setzt den störungsfreien und sicheren Betrieb der technischen Betriebsmittel voraus. Hier haben Wartung und Instandsetzung eine große Bedeutung.

Dabei ist nicht von Bedeutung, ob sie von den einzelnen Monteurinnen und Monteuren bzw. Anlagenbedienern durchgeführt wird oder von einer eigenen Person eines Betriebes.

Durch planmäßige Wartungsarbeiten an versorgungstechnischen Anlagen oder an Betriebsmitteln, die zur Installation der Anlagen verwendet werden, werden die Betriebssicherheit, die Leistungsfähigkeit und die Lebensdauer dieser technischen Systeme erheblich beeinflusst.

Aufbau einer Säulenbohrmaschine

Die Durchführung der Wartung setzt eine entsprechende Kenntnis vom Aufbau (siehe Abb. S. 160) und der Wirkungsweise der Bohrmaschine voraus. Die Hauptfunktion der Bohrmaschine ist das Herstellen von Bohrungen. Zum besseren Verständnis wird das komplexe System der Bohrmaschine in verschiedene Teilsysteme zerlegt, die als Funktionseinheiten bestimmte Aufgaben erfüllen.

Funktionseinheiten	Erläuterungen	Baugruppen und Bauelemente
Antriebseinheit	Bereitstellung von ausreichend Antriebsenergie	Elektroantriebsmotor
Energieübertragungseinheit	Weiterleitung der Energie zwischen den Funktionseinheiten	Keilriementrieb, Vorschubgetriebe, elektrische Leiter
Stütz- und Trägereinheiten	Zusammenhalt der Funktionseinheiten	Säule, Maschinentisch, Lager
Arbeitseinheiten	Realisierung der eigentlichen Aufgaben des technischen Betriebsmittels	Bohrfutter, Bohrer, Maschinenschraubstock
Steuerungs- und Regelungseinheiten	Informations- und Signalumsetzung	Schalter, Drehzahlregler, Bohrtiefeneinstellung
Ver- und Entsorgungseinheiten	Versorgung der Funktionseinheiten mit Energie und Zusatzstoffen	Elektrische Leitungen, Pumpen und Schläuche für Kühlschmierstoff

Besondere Bedeutung für die Wartung besitzen die Funktionseinheiten zur Energieübertragung sowie zum Stützen und Tragen.

Vorbereitung der Wartungsarbeiten

Zur Vorbereitung der Arbeiten an den Betriebsmitteln stehen für die Säulenbohrmaschine folgende technische Unterlagen zur Verfügung:

- Wartungsanleitung
- Schmierplan

- Wartungsanleitung

Sie ist Bestandteil der Betriebsanleitung und ist einzuhalten. Die Wartungsanleitung (siehe Folgeseite) enthält Angaben zur Durchführung der Wartung der Säulenbohrmaschine. Die Nichteinhaltung kann zu Störungen an der Bohrmaschine, fehlerhaften Produkten und unter Umständen zum Verlust der Gewährleistung führen.

Tab. 1: Wartungsanleitung

	Hersteller	**Wartungsanleitung**						Maschine: **Säulenbohrmaschine**
Lfd. Nr.	**Auszuführende Arbeiten**	**Mess- und Prüfgrößen; Betriebs- und Hilfsstoffe**	**h**	**d**	**w**	**m**	**a**	**Bemerkungen**
1	Riementrieb							
1.1	Riemenspannung überprüfen	Mit der Hand 2–3 cm zusammendrücken				X		
1.2	Riemenspannung nachstellen							Falls erforderlich
1.3	Drehzahlbegrenzung nachstellen	Scheibenabstand 0,2–0,3 mm				X		Höchste angegebene Drehzahl einstellen

[1)] h = stündlich; d = täglich; w = wöchentlich; m = monatlich; a = jährlich

- Schmierplan

Der Schmierplan (Abb. 1) enthält Informationen über die Schmierung eines technischen Systems. Die Versorgung der Schmierstellen einer Anlage erfolgt nach dem Schmierplan. Der Schmierplan enthält Angaben über:
- Schmierstellen
- Schmiermittel und -verfahren
- Schmiermenge und -häufigkeit

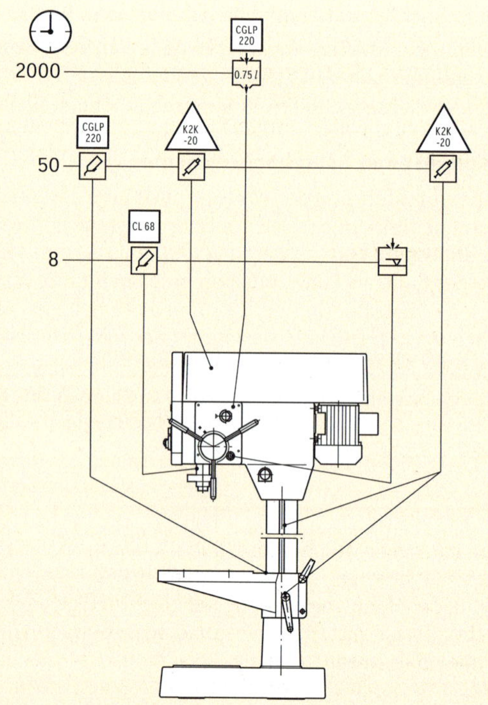

Abb. 1: Schmierplan der Säulenbohrmaschine

Planung und Durchführung

Für die Planung und Durchführung der Wartungsarbeiten sind folgende Aufgaben zu erfüllen:

- Sämtliche Wartungsarbeiten an der Säulenbohrmaschine sind an einer vorhandenen Maschine durchzuführen und zu beschreiben.
- Die Verschleißteile an der Säulenbohrmaschine sind nach den Herstellerunterlagen zu prüfen und bei Bedarf auszuwechseln.
- Die elektrischen Anschlussleitungen und die Verdrahtung innerhalb der Maschine sind auf elektrische Sicherheit zu überprüfen.
- Die Schmiertätigkeiten sollen nach dem Schmierplan der Säulenbohrmaschine sachgemäß mit den geeigneten Schmierstoffen durchgeführt und beschrieben werden.
- Beim Umgang mit den erforderlichen Schmierstoffen sind die notwendigen Betriebsanweisungen einzuhalten, die beim Umgang mit gefährlichen Stoffen zu berücksichtigen sind.
- Der Austausch und die Pflege der Kühlschmierstoffe ist durchzuführen.
- An der Säulenbohrmaschine sind verschiedene Korrosionsschutzmaßnahmen zur Erhaltung der Maschine durchzuführen.
- Die Wartungsarbeiten sind zu protokollieren.

Bewertung

Die sach- und normgerechte Planung und die praktische Ausführung der anstehenden Wartungsarbeiten sind zu bewerten.

Präsentation

Die Ergebnisse der Planung bzw. der Arbeiten sind in Form von Bildern, Protokollen und Darstellungen der notwendigen Arbeiten als Konzept aufzuzeigen. Die Wichtigkeit der Wartungsarbeiten ist umfassend darzustellen. Dabei soll auf die Betriebssicherheit, die Funktionsfähigkeit und auf Erhaltung der Gewährleistung eingegangen werden.

4 Technische Systeme instand halten

4.1 Grundlagen der Instandhaltung

Die Instandhaltung technischer Dinge bzw. Objekte soll für einen störungsfreien Betrieb sorgen. Hierzu zählt deren Inspektion, Wartung und, wenn notwendig, die Instandsetzung oder Verbesserung (Abb. 1). Ein technisches Objekt kann z. B. ein Bauelement, Gerät, Betriebsmittel oder System sein. Die Kosten für solche Gegenstände sind zumeist hoch. Daher wird ihnen grundsätzlich eine lange Lebenszeit und ein störungs- und ausfallfreier Betrieb für die gesamte Nutzungsdauer gefordert. Störungen und Ausfälle lassen sich aber nicht vermeiden, sondern nur verringern. Dazu bedarf es eines planvollen Vorgehens. Dabei sind die Instandhaltungsmaßnahmen unter folgenden Gesichtspunkten zu bewerten:

- **Verfügbarkeit**

Die Verfügbarkeit eines Betriebsmittels ist z. B. von entscheidender Bedeutung für einen reibungslosen Ablauf einer Arbeit. Defekte Maschinen oder Werkzeuge können den Arbeitsablauf entscheidend behindern. Die daraus entstehenden Verzögerungen sind nicht nur unangenehm, sie beeinträchtigen auch die vorkalkulierten Arbeitszeiten erheblich.

- **Sicherheit**

Ein ganz wesentlicher Instandhaltungsaspekt ist die Sicherheit des verwendeten Betriebsmittels. Eine Gefährdung des Benutzers oder der Benutzerin muss durch regelmäßige Kontrollen nahezu ausgeschlossen werden. Dabei darf weder von den mechanischen Teilen der Maschine noch von den elektrischen Bauteilen eine Gefährdung ausgehen. Schon im Zweifelsfall ist auf einen Einsatz des Betriebsmittels zu verzichten.

- **Wirtschaftlichkeit (Ökonomie)**

Die Instandhaltungsmaßnahmen müssen einer wirtschaftlichen Betrachtung unterzogen werden. Im Schadensfall sind die Reparaturkosten dem Wert des technischen Objekts gegenüberzustellen. Für eine Entscheidung zwischen Reparatur und Neuanschaffung sind solche Abwägungen wichtig.

- **Nachhaltigkeit (Ökologie)**

Die Instandhaltung sollte sich vom Erhalt technischer Objekte zur Erneuerung oder Modernisierung einzelner Teile verändern.

4.1.1 Inspektion

Ziel der Inspektion ist die Früherkennung von Abnutzungserscheinungen, um rechtzeitig geeignete Maßnahmen zur Erhaltung der Betriebsfähigkeit treffen zu können (Abb. 2).

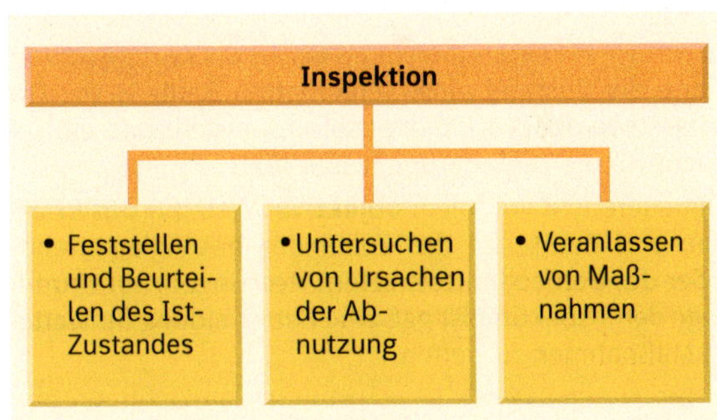

Abb. 2: Maßnahmen der Inspektion

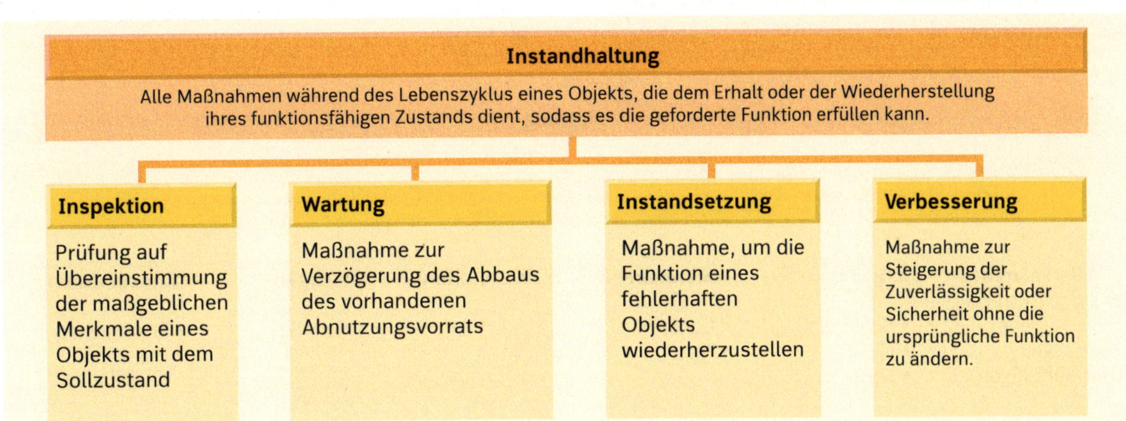

Abb. 1: Instandhaltung nach DIN 31 051

Feststellen und Beurteilen des Ist-Zustandes

Die Durchführung der Inspektion beginnt mit einem Blick auf das Betriebsmittel oder den Anlagenteil. Abnutzungen werden zuerst durch die betrachtende Person gesehen, d. h. **subjektiv** durch die Sinnesorgane erfasst und lokalisiert:

- **Sichtbar** sind z. B. Risse, Formveränderungen, Flüssigkeitsaustritt, Beschädigungen der Oberfläche und Bewegungsänderungen.

  Ursachen können Werkstofffehler, Undichtigkeiten, Verunreinigungen, äußere Einwirkungen oder fehlerhafte Einstellungen sein.

- **Hörbar** sind z. B. Knack-, Knirsch-, Ratter- und Kratzgeräusche.

  Ursachen können Verschmutzungen, Unwuchten, Trockenlauf, Abrieb oder Schmutz sein.

- **Fühlbar** sind z. B. Temperatur, Vibration, Feuchtigkeit.

  Ursachen können Verschleiß, ungenügende Schmierung, Überlastung oder ungenügende Flüssigkeitsabfuhr sein.

- **Riechbar** sind, z. B. das Schmoren eines Kabels oder einer Wicklung, das Austreten von Gasen.

  Ursachen können Überlastungen, Lockerungen von Dichtungsteilen und Durchrutschen von Kupplungen sein.

Kann der Zustand eines fehlerhaften Bauteils vor Ort erfasst werden, wird dieses sofort beurteilt und die Ursache für die Veränderung festgestellt.

Genauere und vor allem **objektive** Werte für das Erfassen und Beurteilen des Zustandes des Anlagenteiles oder des Betriebsmittels liefern Messungen. Auf Grundlage der Inspektion ist ggf. eine Entscheidung für weitere Maßnahmen zu treffen.

Beurteilung des Ist-Zustandes

Subjektive Wahrnehmungen und objektive Messwerte dienen als Grundlage für eine eingehende Beurteilung des Ist-Zustandes.

Für eine abschließende Bewertung gilt:

- Werte und Größen gegeneinander abgleichen
- Soll- und Grenzwerte vergleichen
- Gesetzmäßigkeiten berücksichtigen
- Betriebsbedingungen bedenken
- Verfügbarkeit, Sicherheit, Wirtschaftlichkeit und Nachhaltigkeit berücksichtigen
- mögliche Maßnahmen suchen, bewerten, auswählen und veranlassen

Veranlassen von Maßnahmen

In Abhängigkeit von der Beurteilung des Ist-Zustandes beziehen sich die Maßnahmen auf:

- Anpassen bzw. Erstellen der Wartungs- und Inspektionspläne
- Einleitung und Planung der Instandsetzungsmaßnahmen
- Anregung von technischen Verbesserungen oder evtl. Erneuerungen

Bei haustechnischen Anlagen sind nicht nur der einwandfreie technische Zustand oder die optimale Einstellung eines Gerätes zu beurteilen, sondern auch die wärmetechnische Energiebilanz zu berücksichtigen. Sollten z. B. der Wirkungsgrad oder die Wärmedämmung eines Wärmeerzeugers nicht mehr dem Stand der Technik entsprechen, sind dem Kunden bzw. der Kundin entsprechende Maßnahmen der Nachrüstung oder Erneuerung vorzuschlagen.

4.1.2 Wartung

Die bei der Wartung durchzuführenden Maßnahmen können sehr unterschiedlich sein. Sie hängen von dem zu wartenden technischen Objekt ab. Deshalb gibt es vom Hersteller zur Instandhaltung zumeist spezielle Wartungspläne, die auf das jeweilige Objekt abgestimmt sind und hierfür verbindlich gelten. Diese Pläne enthalten Angaben über Ort, Termin, Maßnahmen, Wartungsstellen, Wartungszeiten und zu beachtende Merkmalswerte.

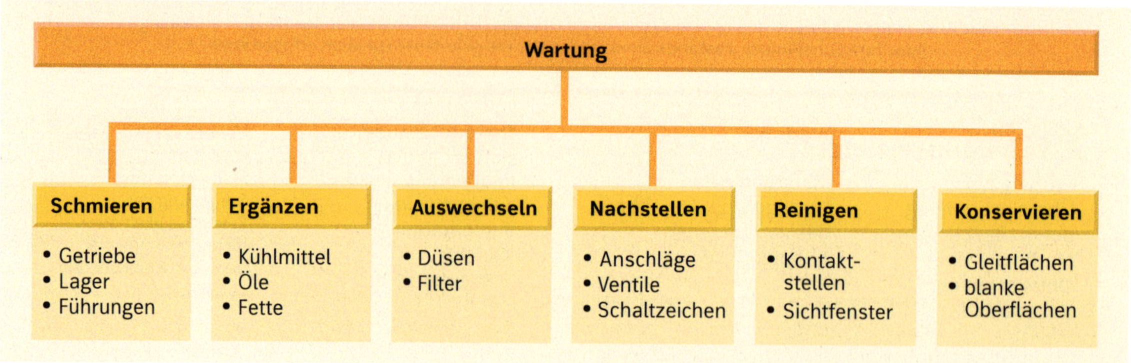

Abb. 1: Mögliche Teilmaßnahmen einen Wartung

Die Wartungsmaßnahmen sind vorzubereiten und mit geeigneten Schutz- und Sicherheitseinrichtungen durchzuführen. Ferner sollte die Wartung eine Funktionsprüfung beinhalten und protokolliert werden.

Zu den Wartungsmaßnahmen zur Bewahrung des Soll-Zustandes könnten z. B. gehören (Abb. 1, S. 164):

- **Schmieren**: Zuführen von Schmierstoff zur Schmierstelle, um die Gleitfähigkeit eines Lagers zu erhalten
- **Ergänzen**: Nach- und Auffüllen von Hilfsstoffen, Nachfüllen von Frostschutzmitteln
- **Auswechseln**: Ersetzen von Kleinteilen und Hilfsstoffen, z. B. Öldüse oder Filter
- **Nachstellen**: Beseitigung einer Abweichung mithilfe dafür vorgesehener Einrichtungen
- **Reinigen**: Entfernen von Fremd- und Hilfsstoffen durch Saugen, Kehren oder mithilfe von Reinigungsmittel
- **Konservieren**: Einölen, Einfetten oder Beschichten von Anlagenteilen zum Schutz vor Korrosion

Das Wartungsintervall sollte so gewählt werden, dass die Abnutzungsgrenzen nicht unterschritten werden. Dadurch lässt sich der Ausfall vermeiden und der Lebenszyklus des technischen Objekts erheblich verlängern (Abb. 2).

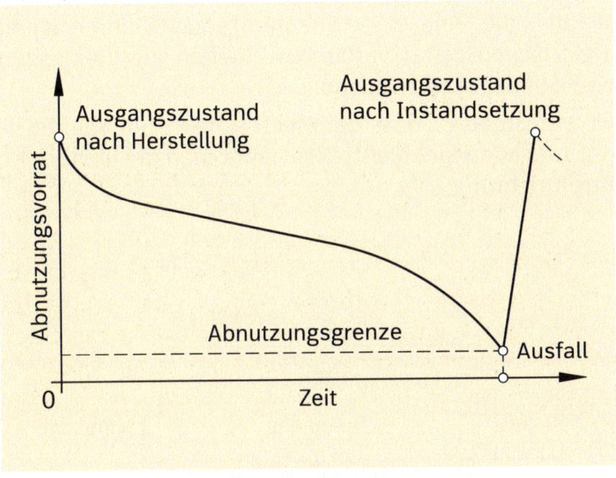

Abb. 2: Verlängerung der Nutzungszeit durch Wartung

4.1.3 Instandsetzung

Sollte es trotz Inspektion und Wartung zu einem Störfall bzw. Ausfall eines Betriebsmittels oder einer Anlage kommen, sollte schnell reagiert werden, um die Unannehmlichkeiten und Kosten in Grenzen zu halten. Sofern es sich um eine haustechnische Anlage handelt, ist die Maßnahme zur Instandsetzung mit dem Kunden bzw. der Kundin terminlich abzustimmen. Die fehlerhaften Teile werden dann zu einem geeigneten Zeitpunkt repariert oder ausgetauscht. Bei manchen Anlagen besteht die Möglichkeit, mittels Notbetrieb eine gewisse Zeit die Störung zu überbrücken. Ein Notbetrieb für dient jedoch lediglich zur Überbrückung und liegt in der Verantwortung des Anlagenbesitzers bzw. der Besitzerin. Ist die Sicherheit nicht mehr gegeben, so ist die Anlage bis zur Wiederherstellung des Soll-Zustandes außer Betrieb zu nehmen.

4.1.4 Verbesserung

Führen die Protokolle aus Inspektionen oder Wartungen zu der Erkenntnis, dass häufig das gleiche Teil ausfällt, handelt es sich um eine Schwachstelle. Die anschließende Fehlerdiagnose zeigt, ob eine technische Verbesserung möglich, sinnvoll und wirtschaftlich ist.

Z. B. kann der Einsatz eines feineren Filtereinsatzes in der Ölzulaufleitung Betriebsstörungen vermindern. Die Abnutzung eines Bauteils kann verbessert und somit die Nutzungsdauer verlängert werden. Des Weiteren kann grundsätzlich der Einsatz von besseren Materialien zu einer höheren Betriebssicherheit führen.

Außer den Maßnahmen am System zur Erreichung einer längeren Laufzeit kann eine Verbesserung z. B. auch darauf abzielen, gegenüber dem anfänglichen Zustand

- Energie einzusparen,
- den Schadstoffausstoß zu verringern,
- den Komfort zu steigern,
- die Betriebssicherheit zu erhöhen oder
- die Hygiene und Sauberkeit zu verbessern.

4.1.5 Strategien der Instandhaltung

Instandhaltung kann z. B. schadensabhängig, zustandsorientiert, vorausschauend, periodisch oder nachhaltig erfolgen. Viele Herstellerfirmen haben bisher keinen großen Wert auf Langlebigkeit oder Nachhaltigkeit ihrer Produkte gelegt. Sie waren weniger an der Instandhaltung als an einem baldigen Kauf ihrer neuer Modelle interessiert. In Anbetracht der Müllberge und der zunehmenden Verschmutzung der Umwelt ist diese Haltung kritisch zu hinterfragen. Auch wenn es gesetzliche Verpflichtungen zur Instandhaltung gibt (z. B. §§ 535, 555a BGB, § 60 GEG), dürfte es ratsam sein, stärker auf Qualität, den nachvollziehbarem Nutzen und auf Nachhaltigkeit zu achten.

Für viele Probleme, die uns heute beschäftigen, lassen sich in der Natur geniale Lösungen finden. Das gilt auch für die Instandhaltung. Forschende aus dem Bereich der Bionik (Kunstwort aus Biologie und Technik) entdeckten z. B. intelligente Materialien, die sich Belastungen anpassen und bei Schädigung auch selbst reparieren. Ob in der Technik eine Instandsetzung nachhaltiger bzw. umweltfreundlicher ist als die Investition in ein neues technisches Objekt, sollte auf Basis objektiver Kriterien entschieden werden.

Aufgaben

1. Nennen Sie fünf Beispiele für technische Objekte.
2. Beschreiben Sie, was unter Instandhaltung zu verstehen ist und in welche Einzelmaßnahmen sie aufgegliedert werden kann.
3. Unter welchen Gesichtspunkten können Maßnahmen zur Instandhaltung an technischen Objekten bewertet werden?
4. Wozu dient eine Inspektion?
5. Welche Wartungsmaßnahmen könnten zur Bewahrung des Soll-Zustandes eines technischen Objektes gehören?

4.2 Grundlagen elektrischer Schaltungen

Die elektrischen Bauteile der Säulenbohrmaschine müssen mit elektrischer Energie versorgt werden. Der Antriebsmotor benötigt eine Wechselspannung von 400 Volt, die er über ein Drehstromanschluss aus dem Stromnetz erhält.

Der Motor für die Kühlmittelpumpe ist für eine Gleichspannung von 24 Volt ausgelegt.

Diese Spannung wird aus Sicherheitsgründen bevorzugt in der Steuerungstechnik eingesetzt. Steckdosen liefern eine Wechselspannung von 230 Volt. Daher muss für die Versorgung des Motors ein Netzgerät eingesetzt werden, welches die benötigte Gleichspannung von 24 Volt bereitstellt.

4.2.1 Elektrischer Stromkreis

Ein elektrischer Stromkreis besteht aus einer Spannungsquelle, den elektrischen Leitungen und einem Verbraucher (Tab. 1).

Tab. 1: Teile eines Stromkreises

Teile eines Stromkreises	Beispiele
Spannungsquelle	Netzgerät, Generator, Batterie, Akkumulator
Leiter	elektrische Leitungen
Verbraucher	Magnetventil, Glühlampe, Motor

Für die grafische Darstellung des Stromkreises mit den Bauelementen verwendet man die Schaltzeichen nach DIN EN 60 617 (→ TB).

Der Schaltplan (Abb. 1) zeigt einen geschlossenen Stromkreis, bestehend aus einem Netzgerät, den elektrischen Leitungen, dem Schalter S1 und dem Elektromotor M.

Das Netzgerät wandelt die 230-Volt-Wechselspannung der Steckdose in die benötigte Gleichspannung von 24 Volt um. Sobald das Netzgerät die elektrische Spannung liefert, kann der elektrische Strom fließen. Ist der Schalter S1 geschlossen, fließt der Strom vom Pluspol des Netzgerätes über die elektrischen Leitungen zum Elektromotor und von dort zurück zum Minuspol. Der Motor wird dabei mit der benötigten Energie versorgt und kann die Kühlmittelpumpe antreiben.

Elektrische Spannung entsteht durch Trennen von elektrischen Ladungen. Am Minuspol einer Spannungsquelle überwiegen negativ geladene Teilchen, die Elektronen. Am Pluspol überwiegen die positiv geladenen Teilchen, dort herrscht Elektronenmangel (Abb. 2).

Werden die Pole einer Spannungsquelle durch einen elektrischen Leiter verbunden, fließen die Elektronen vom Minuspol zum Pluspol.

Es ist festgelegt, dass der elektrische Strom vom Pluspol zum Minuspol fließt. Dies nennt man die technische Stromrichtung.

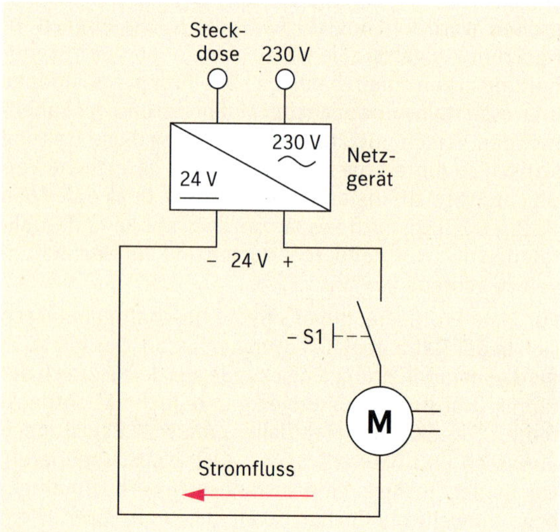

Abb. 1: Elektrischer Stromkreis

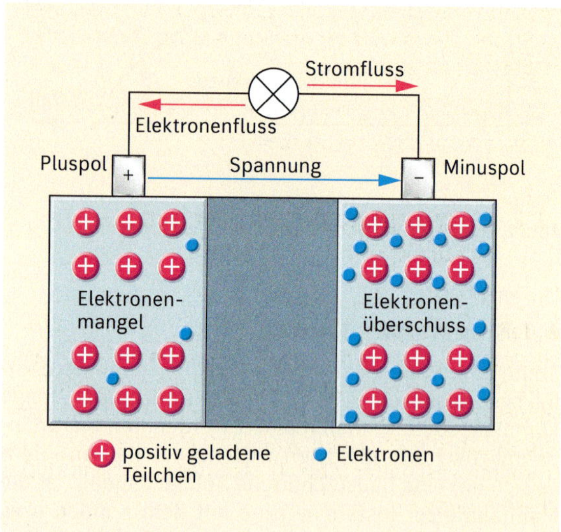

Abb. 2: Entstehen der Spannung

! Die technische Stromrichtung geht vom Pluspol zum Minuspol.

Bewegen sich die Elektronen stets in die gleiche Richtung, so spricht man von Gleichstrom (Direct Current, DC). Batterien und Akkumulatoren liefern Gleichstrom. In einem Diagramm, in dem der Strom in Abhängigkeit von der Zeit dargestellt wird, ergibt sich eine Parallele zur Zeitachse (Abb. 3a). In grafischen Darstellungen verwendet man für den Gleichstrom das Symbol —.

Ändert der Strom in regelmäßigen Zeitabständen seine Größe und Richtung, spricht man von Wechselstrom (Alternating Current, AC). In einem Diagramm, in welchem der Strom in Abhängigkeit von der Zeit dargestellt wird, ergibt sich eine Sinuskurve (Abb. 3b). In grafischen Darstellungen verwendet man für den Wechselstrom das Symbol ~.

! Gleichstrom fließt stets in die gleiche Richtung. Wechselstrom ändert seine Größe und Richtung.

Wechselstrom verwendet man im Haushalt und in der Industrie. Der Strom wechselt 50-mal in der Sekunde seine Richtung. Er hat eine Frequenz von $f = 50$ Hertz.

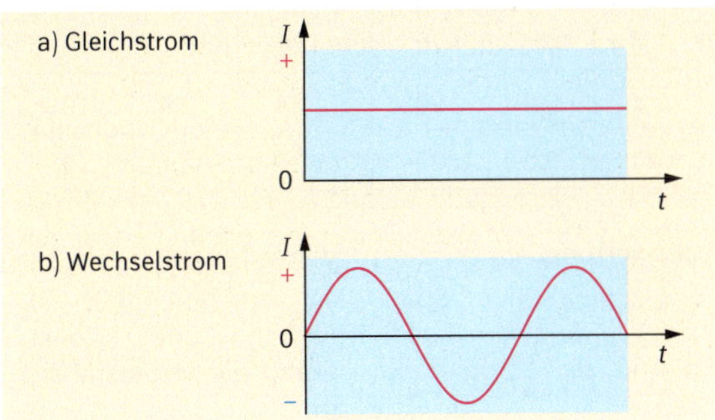

Abb. 3: Stromarten

In einem Stromkreis hemmen Leiter und Verbraucher den Stromfluss. Diese Eigenschaft wird als *elektrischer Widerstand* bezeichnet. In der grafischen Darstellung eines Stromkreises wird an die Stelle eines Verbrauchers ein Widerstand gezeichnet.

! Die Grundgrößen der Elektrotechnik sind Spannung, Stromstärke und Widerstand.

4.2.2 Messungen im elektrischen Stromkreis

Strommessung

Bei der Strommessung wird die Bewegung der Elektronen erfasst. Bei Verwendung eines Universalmessgeräts muss das Messgerät vom elektrischen Strom durchflossen werden. Der Stromkreis muss dabei unterbrochen werden. An dieser Stelle wird das Messgerät in den Stromkreis geschaltet (Abb. 4). Man nennt dies eine Reihenschaltung.

! Universalmessgeräte werden zur Strommessung mit einem Verbraucher in Reihe geschaltet.

Strommessgeräte messen den Strom I in Ampere (A). Die Messgeräte sind so aufgebaut, dass sie den Stromkreis so gut wie nicht beeinflussen. Sie haben deshalb einen sehr kleinen Innenwiderstand.

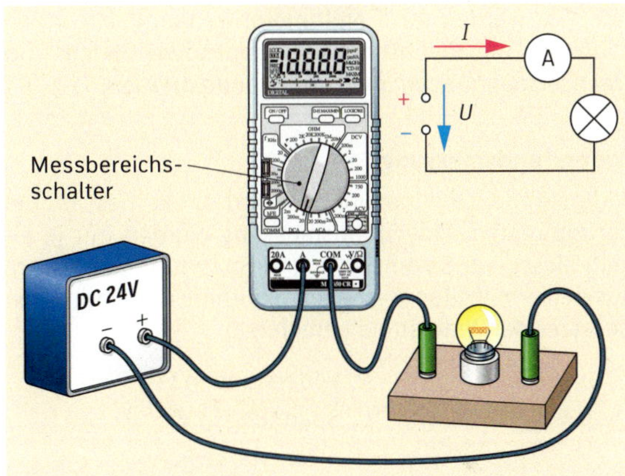

Abb. 4: Strommessung

Vor der Messung muss der Messbereich ausgewählt werden. Ist der zu messende Strom nicht bekannt, muss man zunächst den größten Messbereich einstellen. So vermeidet man eine Beschädigung des Messgerätes. Zur Strommessung können auch Stromzangen verwendet werden. Mit Stromzangen muss der Stromkreis nicht unterbrochen werden. Bei der Messung der Stromstärke darf immer nur ein Leiter L (zentral und im rechten Winkel) durch die Stromzange führen.

Spannungsmessung

Eine elektrische Spannung besteht dort, wo zwischen zwei Punkten unterschiedliche Ladungen vorhanden sind. Mit dem Spannungsmessgerät kann man diesen Unterschied messen. Man misst die Spannung z. B. zwischen den Polen einer Spannungsquelle oder zwischen dem Stromeingang und dem Stromausgang eines Verbrauchers. Der Stromkreis wird dabei nicht unterbrochen. Das Messgerät wird parallel zum Verbraucher angeschlossen (Abb. 5).

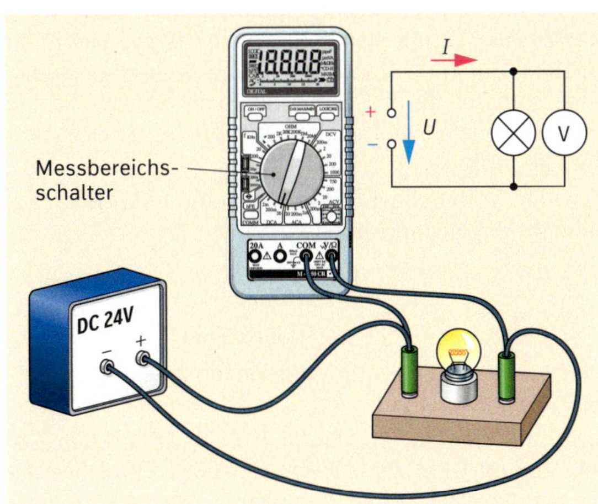

Abb. 5: Spannungsmessung

! Spannungsmessgeräte werden parallel zu einem Verbraucher angeschlossen.

Spannungsmessgeräte messen die Spannung U in Volt (V). In der Praxis verwendet man Vielfachmessgeräte. Sie werden auch Multimeter genannt. Mit ihnen kann man Gleich- und Wechselstrom sowie Gleich- und Wechselspannungen und Widerstände messen.

Widerstandsmessung

Widerstände kann man indirekt und direkt messen. Bei der indirekten Widerstandsmessung werden mit je einem Messgerät Stromstärke und Spannung gemessen. Aus den ermittelten Werten wird mithilfe des Ohmschen Gesetzes der Widerstand berechnet.

$$R = \frac{U}{I}$$

R: Widerstand in Ω
U: Spannung in V
I: Stromstärke in A

Die direkte Widerstandsmessung erfolgt z. B. mit einem Vielfachmessgerät. In das Messgerät eingebaute Batterien liefern den für die Messung benötigten Strom.

Am Messgerät wird der Widerstandswert direkt abgelesen (Abb. 1). Der elektrische Widerstand R wird in Ohm (Ω) angegeben.

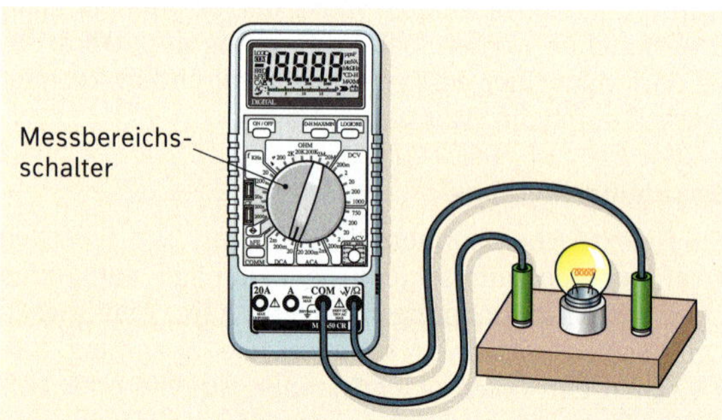

Abb. 1: Widerstandsmessung

In einem geschlossenen Stromkreis gibt es einen Zusammenhang zwischen der Spannung und der Stromstärke. Zur Klärung dieses Zusammenhanges dient ein Versuch. Ein Widerstand ist an eine Spannungsquelle angeschlossen. Es fließt ein elektrischer Strom. Mithilfe von Messgeräten werden die Spannung und der Stromfluss gemessen.

Hat der Verbraucher einen konstanten Widerstand, kann die Stromstärke mit der Formel

$$I = \frac{U}{R}$$

I : Stromstärke in A
U : Spannung in V
R : Widerstand in Ω

bestimmt werden. Begründung: Beim Ohmschen Gesetz kommt Ohm als Maßeinheit heraus, da Ohm die Einheit des elektrischen Widerstands ist. Die Formel ist weiter oben bereits angegeben.

Versuch 1:

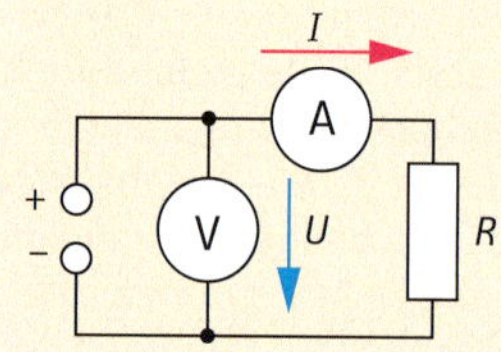

- Spannung verstellbar
- Widerstand konstant
- Spannung wird eingestellt und Stromstärke gemessen

Messergebnisse:

U in V	I in A	R in Ω
0	0	20
2	0,1	20
4	0,2	20
6	0,3	20
8	0,4	20
10	0,5	20

Auswertung:
Mit zunehmender Spannung U und R = konst. nimmt die Stromstärke I zu.

Versuch 2:

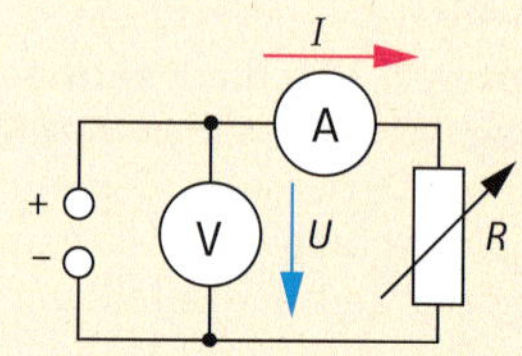

- Widerstand verstellbar
- Spannung konstant
- Widerstand wird eingestellt und Stromstärke gemessen

Messergebnisse:

U in V	I in A	R in Ω
24	12	2
24	6	4
24	4	6
24	3	8
24	2,4	10
24	2	12

Auswertung:
Mit zunehmendem Widerstand R und U = konst. nimmt die Stromstärke I ab.

Berechnungen:

Ein Magnetventil ist an eine Spannung von 24 Volt angeschlossen. Der Widerstand des Magnetventils beträgt 123 Ω. Der Widerstand der Leitungen wird vernachlässigt. Welcher Strom I fließt durch das Magnetventil Y1, wenn S1 geschlossen ist?

Geg.: $U = 24\ \text{V}$
$R = 123\ \Omega$

Ges.: I

Lösung: $I = \frac{U}{R} = \frac{24\ \text{V}}{123\ \Omega}$

$I = 0{,}195\ \text{A}$

$\underline{I = 195\ \text{mA}}$

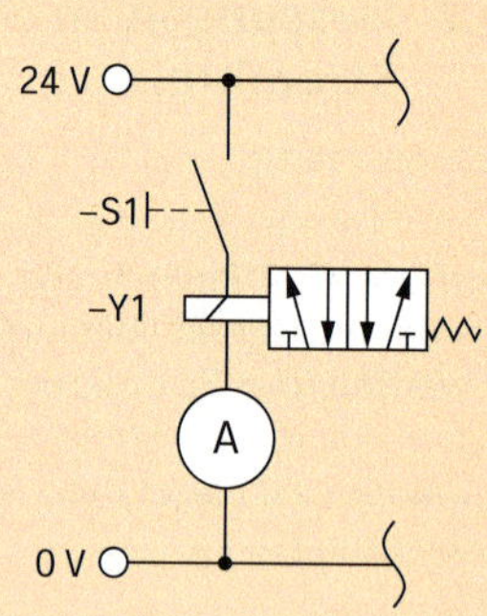

Durch das Magnetventil fließt ein Strom von I = 195 mA.

4.2.3 Schaltung von Widerständen

An eine Spannungsquelle können mehrere Verbraucher angeschlossen werden. Die Verbraucher können in Reihe oder parallel geschaltet sein.

Parallelschaltung

In einer Schaltung werden zwei Widerstände an eine Spannungsquelle parallel angeschlossen (Abb. 2). Es wird untersucht, wie sich die Spannungen und die Ströme an den einzelnen Widerständen und im gesamten Stromkreis verhalten.

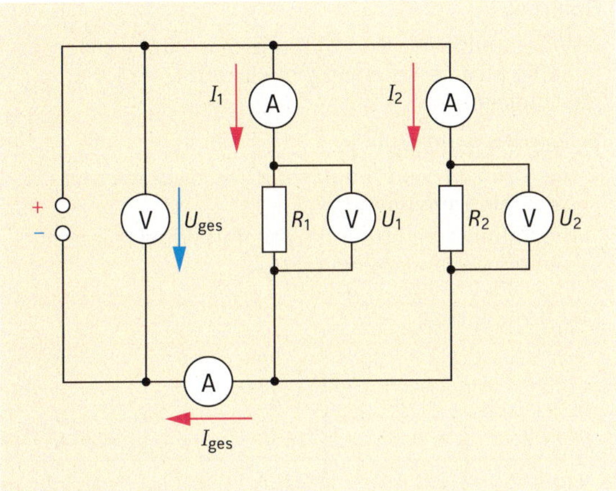

Abb. 2: Parallelschaltung

Die Auswertung der Messungen ergibt, dass an allen Widerständen die gleiche Spannung anliegt.

! Werden Widerstände parallel geschaltet und an eine Spannungsquelle angeschlossen, liegt an allen Widerständen die gleiche Spannung an:

$$U_{ges} = U_1 = U_2$$

Vergleicht man die Stromstärken in den einzelnen Widerständen mit der Gesamtstromstärke, erkennt man, dass alle Teilströme kleiner als die Gesamtstromstärke sind. Addiert man die Teilstromstärken, erhält man die Gesamtstromstärke.

! In der Parallelschaltung ist die Gesamtstromstärke die Summe der Teilstromstärken:

$$I_{ges} = I_1 + I_2$$

Aus der Spannung und der Gesamtstromstärke lässt sich nach dem Ohmschen Gesetz der Gesamtwiderstand berechnen.

! Der Kehrwert des Gesamtwiderstandes ist die Summe der Kehrwerte der Teilwiderstände:

$$\frac{1}{R_{ges}} = \frac{1}{R_1} + \frac{1}{R_2}$$

! In der Parallelschaltung ist der Gesamtwiderstand kleiner als der kleinste Teilwiderstand.

In der Praxis werden die Verbraucher so an die Spannungsquelle angeschlossen, dass sie unabhängig voneinander betrieben werden können. Die Verbraucher werden alle mit derselben Spannung versorgt.

Berechnungen: Parallelschaltung

Beispiel 1

2 Widerstände mit $R_1 = 10\ \Omega$ und $R_2 = 20\ \Omega$ werden parallel an eine Spannungsquelle mit $U = 24$ V angeschlossen.

Es werden gemessen:

- die Ströme I_1 und I_2 durch die Widerstände und die Gesamtstromstärke I_{ges}
- die Spannungen U_1 und U_2 an den Widerständen und die Gesamtspannung U_{ges}

Messergebnisse:

	R_1 10 Ω	R_2 20 Ω	
U in V	24 V	24 V	$U_{ges} = 24$ V
I in A	2,4 A	1,2 A	$I_{ges} = 3{,}6$ A

Lösung:

$U_{ges} = U_1 = U_2$

$\underline{U_{ges} = 24\text{ V}}$

$I_{ges} = I_1 + I_2$

$I_{ges} = 2{,}4\text{ A} + 1{,}2\text{ A}$

$\underline{I_{ges} = 3{,}6\text{ A}}$

$\frac{1}{R_{ges}} = \frac{1}{R_1} + \frac{1}{R_2}$ $\qquad \frac{1}{R_{ges}} = \frac{1}{10\ \Omega} + \frac{1}{20\ \Omega} = \frac{3}{20\ \Omega}$

$\underline{R_{ges} = 6{,}66\ \Omega}$

Kontrolle:

$U_{ges} = R_{ges} \cdot I_{ges}$

$U_{ges} = 6{,}66\ \Omega \cdot 3{,}6\text{ A}$

$\underline{U_{ges} = 24\text{ V}}$

Beispiel 2

In einem Stromkreis sind die Widerstände $R_1 = 15\ \Omega$ und $R_2 = 25\ \Omega$ parallel geschaltet. Die Gesamtspannung beträgt 230 V. Wie groß sind

a) die Teilströme, b) die gesamte Stromstärke, c) der Ersatzwiderstand?

Lösung: a) $I_1 = \frac{U_{ges}}{R_1} = \frac{230\text{ V}}{15\ \Omega} = 15{,}3\text{ A}$

$I_2 = \frac{U_{ges}}{R_2} = \frac{230\text{ V}}{25\ \Omega} = 9{,}2\text{ A}$

b) $I_{ges} = I_1 + I_2 = 15{,}3\text{ A} + 9{,}2\text{ A} = 24{,}5\text{ A}$

c) $\frac{1}{R_{ges}} = \frac{1}{R_1} + \frac{1}{R_2} = \frac{1}{15\ \Omega} + \frac{1}{25\ \Omega} = 0{,}1066\ \frac{1}{\Omega}$

$R_{ges} = \frac{1}{0{,}1066\ \frac{1}{\Omega}} = 9{,}38\ \Omega$

Kontrolle: $U_{ges} = R_{ges} \cdot I_{ges} = 9{,}38\ \Omega \cdot 24{,}5\text{ A} = 230\text{ V}$

Reihenschaltung

In einer Schaltung werden zwei Widerstände an eine Spannungsquelle in Reihe angeschlossen (Abb. 1). Es wird untersucht, wie sich die Spannungen und die Ströme an den einzelnen Widerständen und im gesamten Stromkreis verhalten.

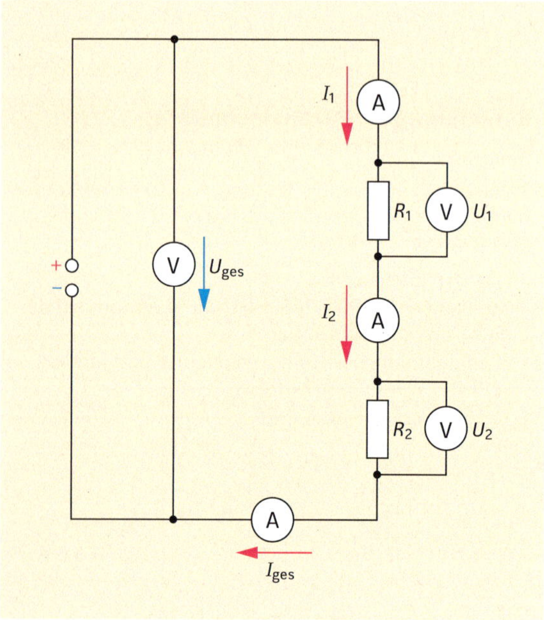

Abb. 1: Reihenschaltung

Die Auswertung der Messergebnisse ergibt, dass durch alle Widerstände der gleiche Strom fließt.

! Werden *Widerstände* in Reihe geschaltet und an eine Spannungsquelle angeschlossen, fließt durch alle Widerstände der gleiche Strom:

$$I_{ges} = I_1 = I_2$$

Vergleicht man die Spannungen an den einzelnen Widerständen mit der Gesamtspannung, erkennt man, dass alle Teilspannungen kleiner als die Gesamtspannung sind.

! In der *Reihenschaltung* ist die Gesamtspannung die Summe der Teilspannungen:

$$U_{ges} = U_1 + U_2$$

Aus dem Strom und der Gesamtspannung lässt sich nach dem Ohmschen Gesetz der Gesamtwiderstand berechnen. Man erkennt, dass der Gesamtwiderstand die Summe der Teilwiderstände ist.

! In der *Reihenschaltung* ist der Gesamtwiderstand so groß wie die Summe der Teilwiderstände:

$$R_{ges} = R_1 + R_2$$

Die Reihenschaltung kommt in der Praxis seltener vor, da sie entscheidende Nachteile gegenüber der Parallelschaltung hat.

Beispiel: Die Lampen einer Beleuchtungskette für einen Weihnachtsbaum sind in Reihe geschaltet. Die einzelnen Lampen werden vom Strom der Reihe nach durchflossen. Ist eine Lampe defekt, wird der Stromkreis unterbrochen und alle Lampen erlöschen. Einzelne Lampen lassen sich nicht allein betreiben.

Berechnungen: Reihenschaltung

Beispiel 1

2 Widerstände mit $R_1 = 10\ \Omega$ und $R_2 = 20\ \Omega$ werden in Reihe an eine Spannungsquelle mit $U = 24$ V angeschlossen.

Es werden gemessen:
- die Ströme I_1 und I_2 durch die Widerstände und die Gesamtstromstärke I_{ges}
- die Spannungen U_1 und U_2 an den Widerständen und die Gesamtspannung U_{ges}

Messergebnisse:

	R_1 10 Ω	R_2 20 Ω	
U in V	8 V	16 V	U_{ges} = 24 V
I in A	0,8 A	0,8 A	I_{ges} = 0,8 A

Lösung:

$I_{ges} = I_1 = I_2$
$I_{ges} = 0{,}8$ A

$U_{ges} = U_1 + U_2$
$U_{ges} = 8\text{ V} + 16\text{ V}$
$U_{ges} = 24$ V

$R_{ges} = R_1 + R_2$
$R_{ges} = 10\ \Omega + 20\ \Omega$
$R_{ges} = 30\ \Omega$

Kontrolle:
$U_{ges} = R_{ges} \cdot I_{ges}$
$U_{ges} = 30\ \Omega \cdot 0{,}8\text{ A}$
$U_{ges} = 24$ V

Beispiel 2

In einem Stromkreis sind die Widerstände $R_1 = 15\ \Omega$ und $R_2 = 25\ \Omega$ in Reihe geschaltet.
Die Gesamtspannung beträgt 230 V.
Wie groß sind
a) der Ersatzwiderstand (gesamt),
b) die Stromstärke,
c) die Teilspannungen?

Lösung: a) $R_{ges} = R_1 + R_2 = 15\ \Omega + 25\ \Omega = 40\ \Omega$

b) $I_{ges} = \frac{U_{ges}}{R_{ges}} = \frac{230\text{ V}}{40\ \Omega} = 5{,}75$ A

c) $U_1 = I_{ges} \cdot R_1 = 5{,}75\text{ A} \cdot 15\ \Omega = 86{,}25$ V
$U_2 = I_{ges} \cdot R_2 = 5{,}75\text{ A} \cdot 25\ \Omega = 143{,}75$ V

Kontrolle: $U_{ges} = U_1 + U_2 = 86{,}25\text{ V} + 143{,}75\text{ V} = 230$ V

4.2.4 Elektrische Leistung und elektrische Arbeit

Elektrische Leistung

Die elektrische Leistung ist abhängig von der Stromstärke und der Spannung. Sie ist eine physikalische Größe mit dem Formelzeichen P und der Einheit Watt (W). Bei Gleichstrom und Wechselstrom mit ohmscher Belastung gilt die Formel:

$$P = U \cdot I$$

P: Leistung in W
U: Spannung in V
I: Stromstärke in A

! Die elektrische Leistung ist das Produkt aus Spannung und Stromstärke.

1 kW (Kilowatt) = 1 000 W (Watt)

Berechnungen:

1. Geg.: Eine Glühlampe ist auf dem Glaskolben gekennzeichnet durch die Angabe der Betriebsspannung U = 230 V und der Leistung P = 60 W.

   Ges.: I in A

   Lös.: $P = U \cdot I$

   $$I = \frac{P}{U} = \frac{60\ \text{W}}{230\ \text{V}} = \underline{\underline{0{,}26\ \text{A}}}$$

   Durch die Glühlampe fließt ein Strom I = 0,26 A.

2. Geg.: Eine Wasserpumpe ist an die Betriebsspannung von U = 400 V angeschlossen. Die Stromaufnahme beträgt 7,2 A.

   Ges.: Welche Leistung in kW nimmt der Motor auf, wenn der Stromverbrauch nur durch ohmschen Widerstand zustande kommt?

   Lös.: $P = U \cdot I = 400\ \text{V} \cdot 7{,}2\ \text{A} = \underline{\underline{2\ 880\ \text{W}}}$

   Der Motor nimmt eine Leistung von 2,88 kW auf.

Elektrische Arbeit

Sie ist das Produkt aus der elektrischen Leistung und der Zeit. Sie ist eine physikalische Größe mit dem Formelzeichen W und der Einheit Wattsekunde (Ws).

Bei Gleich- und Wechselstrom mit ohmscher Belastung gilt die Formel:

$$W = P \cdot t$$

W: Arbeit in Ws
P: Leistung in W
t: Zeit in s

! Die elektrische Arbeit ist das Produkt aus Leistung und Zeit.

Die dem Leitungsnetz entnommene elektrische Arbeit wird von einem Haushalts-Elektrizitätszähler in Kilowattstunden (kWh) gemessen. Die Kosten berechnen sich durch Multiplikation dieser elektrischen Arbeit (in kWh) mit dem Strompreis (in €/kWh).

1 kWh = 1 000 Wh = 3 600 000 Ws

Berechnungen:

1. Geg.: Eine Pumpe mit einer Leistung P = 2 880 W ist täglich t = 10 h in Betrieb.

   Ges.: Wie groß ist die elektrische Arbeit W und somit die aufgenommene Energie in kWh?

   Lös .: $W = P \cdot t = 2.880\ \text{W} \cdot 10\ \text{h}$

   W = 28 800 Wh

   $W = \underline{\underline{28{,}8\ \text{kWh}}}$

   Die Pumpe nimmt täglich eine elektrische Arbeit (Energie) von 28,8 kWh auf.

2. Geg.: An einer Glühlampe wird eine Stromaufnahme I = 0,3 A bei einer Spannung U = 230 V gemessen.

   Ges.: Wie viel elektrische Arbeit entnimmt die Lampe jährlich dem Stromnetz, wenn sie täglich t = 4 h eingeschaltet ist?

   Lös.: $W = U \cdot I \cdot t = 230\ \text{V} \cdot 0{,}3\ \text{A} \cdot 4\ \text{h} \cdot 365$

   $W = 100\ 740\ \text{Wh} = \underline{\underline{100{,}74\ \text{kWh}}}$

   Die Lampe verbraucht jährlich 100,74 kWh.

3. Geg.: Die Umwälzpumpe einer Heizungsanlage hat eine Leistung von 70 W und ist pro Jahr 3 000 h in Betrieb.

   Ges.: Welche Kosten entstehen pro Jahr, wenn für 1 kWh 0,4 € zu bezahlen sind?

   Lös.: Elektrische Arbeit $W = P \cdot t = 70\ \text{W} \cdot 3\ 000\ \text{h}$ = 210 000 Wh = 210 kWh
   Kosten = 210 kWh · 0,4 €/kWh = $\underline{\underline{84\ €}}$

   Für den Betrieb der Pumpe entstehen jährliche Kosten von 84 €.

Aufgaben

1. An einem elektrischen Trinkwassererwärmer wird bei einer Spannung von 230 V eine Stromstärke von 15,2 A gemessen. Wie groß ist die aufgenommene Leistung in kW?
2. Prüfen Sie, ob an einem Stromkreis von 230 V, der mit 16 A abgesichert ist, ein Heizgerät mit 2,4 kW Leistung angeschlossen werden kann.
3. Der Motor einer Heizungspumpe nimmt eine Leistung von 45 Watt auf. Die Pumpe ist während einer Heizperiode an 240 Tagen in Betrieb. Wie groß ist in dieser Zeit der Energiebedarf der Pumpe in kWh?
4. Die Pumpe aus Aufgabe 3 (P = 45 W) soll durch eine Hocheffizienzpumpe mit einer Leistung von 15 W ersetzt werden. Welche Kosten können dadurch pro Jahr eingespart werden?

4.3 Gefahren des elektrischen Stromes

4.3.1 Wirkungen des elektrischen Stromes

Der elektrische Strom ist nicht direkt wahrnehmbar, sondern nur an seinen Wirkungen erkennbar (Abb. 1).

Wirkungen des elektrischen Stromes

- **Magnetische Wirkung**
  - Motor, Relais, Magnetventil, Messgerät
- **Thermische Wirkung**
  - Heizofen, Lötkolben, Schmelzsicherung
- **Optische Wirkung**
  - Glühlampe, Leuchtstoffröhre, Leuchtdiode
- **Chemische Wirkung**
  - Galvanisieren, Metallgewinnung, Batterie
- **Physiologische Wirkung**
  - Verbrennungen, Schock, Störung der Herztätigkeit

Abb. 1: Wirkungen des elektrischen Stromes

Wirkungen des elektrischen Stromes auf den Menschen bei Stromunfällen

Die physiologischen Wirkungen des elektrischen Stromes auf eine Person sind hauptsächlich von der Stromstärke abhängig, die durch den menschlichen Körper fließt. Der Strom kann durch den Körper nur fließen, wenn gleichzeitig zwei Punkte mit unterschiedlicher Spannung berührt werden (Abb. 2). Das Berühren kann direkt oder indirekt erfolgen. Fasst man z. B. einen blanken Außenleiter an, liegt direktes, einpoliges Berühren vor. Hier wird es gefährlich, wenn eine Spannung von 230 V anliegt und der Mensch den Stromkreis schließt. Gefahr liegt auch im indirekten Berühren, wenn das Metallgehäuse eines Betriebsmittels durch einen Kurz- oder Körperschluss unter Spannung steht. Indirektes Berühren ist ein Sonderfall des einpoligen Berührens. Durch seine Erdung bildet der Mensch den zweiten Pol und schließt damit den Stromkreis (Abb. 2).

Bei Unfällen durch elektrischen Strom unterscheidet man im wesentlichen zwei Gruppen:

- Bei Spannungen unter 1 000 V sucht sich der Strom seinen Weg über das Herz. Die Gefährlichkeit wird in erster Linie durch die physiologische Wirkung des Stromes auf das menschliche Nervensystem bedingt.
- Spannungen über 1 000 V erzeugen zusätzlich einen Lichtbogen oder eine enorme Stromwärme, die besonders gefährlich sind.

Nach dem Ohmschen Gesetz hängt die durch den Körper fließende Stromstärke von der Berührungsspannung und dem Körperwiderstand ab. Dieser setzt sich

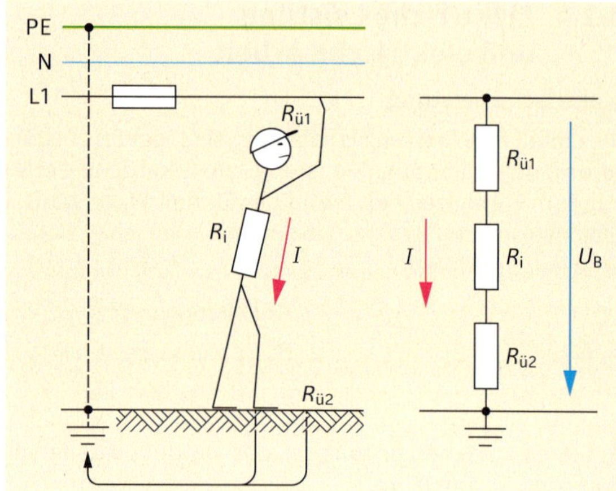

Abb. 2: Berührungsspannung und Stromstärke bei Elektrounfällen

aus dem inneren Körperwiderstand und den beiden Übergangswiderständen an der Stromeintritts- und der Stromaustrittsstelle zusammen.

$$I = \frac{U_B}{R_i + R_{ü1} + R_{ü2}}$$

I : Stromstärke in A
U_B : Berührungsspannung in V
R_i : innerer Körperwiderstand in Ω
$R_ü$: Übergangswiderstand in Ω

Je nach Größe der Stromstärke und Einwirkzeit verändert sich die Gefährdung eines Stromschlages. Bereits ein kleiner Strom kann bei längerer Einwirkzeit zu Herzkammerflimmern bzw. zum Herztod führen (→ TB).

4.3.2 Schutzmaßnahmen

Der elektrische Strom ist für den Menschen gefährlich. Fast alle menschlichen Organe, z. B. das Herz oder das Gehirn, funktionieren aufgrund elektrischer Impulse. Durch die Berührung von spannungsführenden Teilen fließt Strom durch den menschlichen Körper. Ist der Strom größer als der körpereigene Strom, beeinträchtigt er die Funktion der Organe. Es kann zu Verletzungen oder tödlichen Unfällen kommen.

! Ströme über 50 mA und Spannungen über 50 V sind lebensgefährlich.

Schutzzeichen

Elektrische Gräte müssen so ausgeführt sein, dass von ihnen keine Gefahr für den Menschen ausgeht. Daher unterliegen Elektrogeräte, Steckverbindungen und Leitungen den VDE Bestimmungen (VDE = Verband der Elektrotechnik Elektronik Informationstechnik e. V.). Sie werden mit einem VDE- und/oder einem GS-Zeichen gekennzeichnet (Abb. 3).

Abb. 3: Schutzzeichen elektrischer Geräte

Schutzmaßnahmen gegen gefährliche Körperstöme

Viele Elektrounfälle werden durch schadhafte Steckverbindungen und nicht isolierte Leitungen verursacht. Um gefährliche Körperströme zu vermeiden, muss jedes elektrische Gerät so ausgestattet sein, dass auch bei einem auftretenden Fehler der Personenschutz gewährleistet ist.

Alle elektrischen Geräte sind in drei Schutzklassen eingeteilt (Tab. 1). Die Schutzklassen sind durch entsprechende Symbole gekennzeichnet.

- **Schutzklasse I**

Geräte mit Metallgehäuse sind durch den gelb-grünen Schutzleiter geerdet. Im Falle eines Leiterdefektes, der zu einer Berührung mit stromführenden Teilen führen könnte, wird der Strom sicher über den Schutzleiter abgeleitet. Dabei wird die Sicherung ausgelöst und der Stromfluss unterbrochen. Der Anschluss ans Stromnetz erfolgt über dreiadrige Leitungen mit Schutzkontaktstecker („Schukostecker").

- **Schutzklasse II**

Elektrische Geräte der Schutzklasse II, wie etwa eine Handbohrmaschine, sind so aufgebaut, dass sie über eine Isolierung verfügen. Alle stromführenden Teile sind durch eine nicht leitende Schicht (z. B. Kunststoff) isoliert. Die Netzanschlussleitung ist nur zweiadrig mit Stecker ohne Schutzleiter („Eurostecker").

- **Schutzklasse III**

Bei Arbeiten in Metallbehältern, z. B. im Kesselbau, sind niedrigere Spannungen vorgeschrieben. Diese Schutzkleinspannung beträgt höchstens 50 V Wechselspannung oder 120 V Gleichspannung. Die Spannung wird durch einen Sicherheits-Transformator erzeugt.

Schutz von Leitungen und Geräten

In Leitungen und Geräten darf der höchstzulässige Strom nicht überschritten werden. Dies verhindert eine zu große Erwärmung, die zur Zerstörung z. B. der Isolierungen der Leitungen führen kann.

Der Stromkreis wird bei zu hohem Stromfluss durch eine Sicherung unterbrochen. Die Schmelzsicherung (Abb. 4 a) muss nach Beseitigung des Fehlers erneuert werden. Leitungsschutzschalter (Abb. 4 b) können nach Beseitigung des Fehlers wieder eingeschaltet werden.

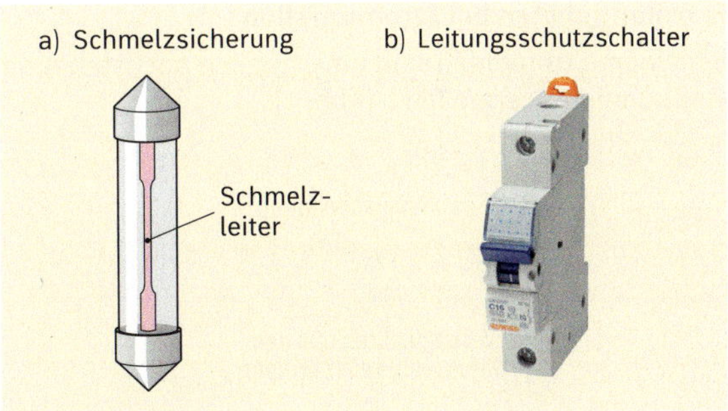

Abb. 4: Sicherungen

RCD-Schutzschalter (FI-Schutzschalter)

Der zusätzliche Personenschutz durch einen Fehlerstromschutzschalter (RCD) bietet die größte Sicherheit. Bereits bei einem Fehlerstrom von z. B. 30 mA schaltet der RCD innerhalb von 0,2 s ab.

4.3.3 Allgemeine Sicherheitshinweise

Bei der Wartung der Säulenbohrmaschine ist auf die Gefahr durch elektrischen Strom zu achten. Die Wartung darf nur an einer stromfreien Maschine erfolgen. Gegebenenfalls muss die Maschine durch befugtes Fachpersonal stromfrei geschaltet werden. Beim Umgang mit Strom sind die Sicherheitshinweise zu beachten.

Sicherheitshinweise

Um die Sicherheit für das Wartungspersonal zu gewährleisten, müssen Sicherheitsmaßnahmen und eine entsprechende Umsicht eingehalten werden. Warn- und Hinweisschilder weisen auf mögliche Gefahren hin (Abb. 5).

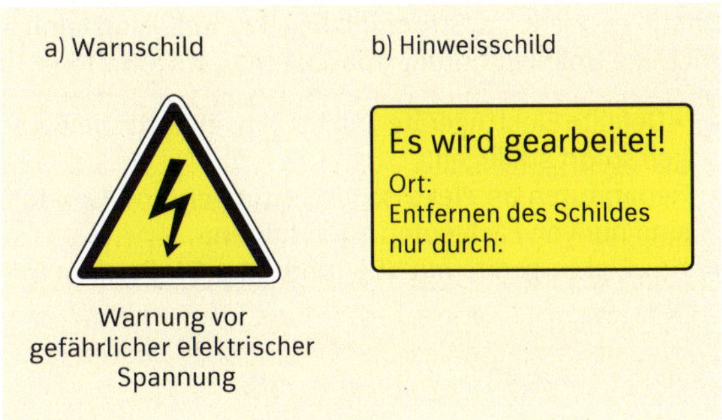

Abb. 5: Warn- und Hinweisschild

Tab. 1: Schutzklassen elektrischer Betriebsmittel nach VDE 0 100 – 410

Schutzklasse I	Schutzklasse II	Schutzklasse III
Schutzleiter Kennzeichen:	Schutzisolierung Kennzeichen:	Schutzkleinspannung Kennzeichen:
Betriebsmittel mit Metallgehäuse	Betriebsmittel mit Kunststoffgehäuse	Betriebsmittel mit Nennspannungen bis 25 V ~ bzw. bis 50 V ~ und bis 60 V – bzw. 120 V –
z. B. Elektromotor	z. B. elektrische Haushaltsgeräte	z. B. mobile Geräte

Erstmaßnahmen bei Stromunfällen

Bei einem Stromunfall sind unverzüglich nachstehende Maßnahmen zu ergreifen n (Abb. 1).

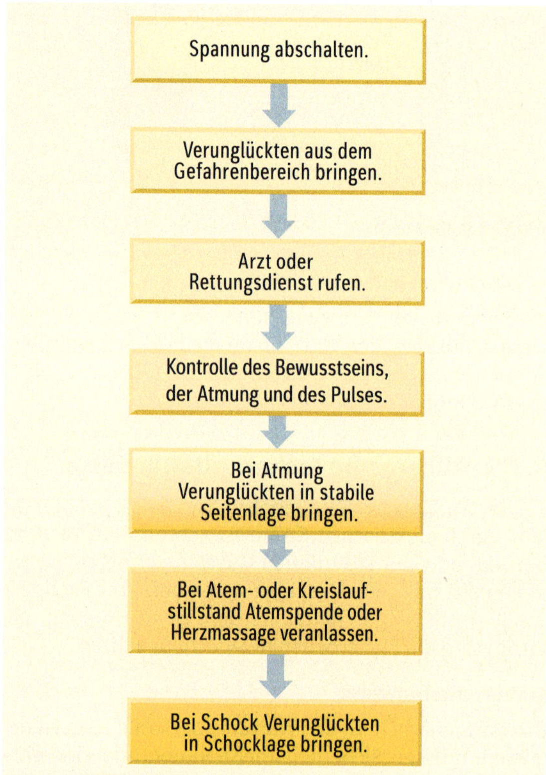

Abb. 1: Erstmaßnahmen bei Stromunfällen

Unfallverhütungsmaßnahmen

Damit es nicht zu Stromunfällen kommt, sind einige wichtige Unfallverhütungsmaßnahmen einzuhalten.

!
- Defekte Elektrogeräte und defekte elektrische Anlagen sofort stilllegen.
- Reparaturen an elektrischen Leitungen und Geräten sind nur von Fachleuten auszuführen.
- Nur Elektrogeräte mit VDE- und/oder GS-Zeichen benutzen.

Berechnungen:

1. Geg.: Bei einer Arbeit an einem Hausstromnetz mit 230 V Spannung kommt es zu einem Körperkontakt mit einem stromführenden Leiter. Die innere Körperwiderstand eines Menschen R_i kann mit 1 000 Ω angesetzt werden.

   Ges.: a) Berechnen Sie den durch den Körper fließenden Strom, wenn der Übergangswiderstand $R_ü$ mit jeweils 1 200 Ω angesetzt wird (sehr gute Isolierung).

   b) Berechnen Sie den Körperstrom, wenn der Übergangswiderstand $R_ü = 0\ \Omega$ beträgt, weil eine geerdete Metallrohrleitung angefasst wird.

Lös.:

a) $I = \frac{U_B}{R_i + R_{ü1} + R_{ü2}} = \frac{230\ \text{V}}{1\,000\ \Omega + 1\,200\ \Omega + 1\,200\ \Omega}$

$I = 0{,}068\ \text{A} = \underline{\underline{68\ \text{mA}}}$

Bei einem Körperstrom $I = 68$ mA besteht unter ungünstigen Bedingungen, z. B. längerer Einwirkzeit, bereits Lebensgefahr.

b) $I = \frac{U_B}{R_i + R_{ü1} + R_{ü2}} = \frac{230\ \text{V}}{1\,000\ \Omega + 0\ \Omega + 0\ \Omega} = 0{,}23\ \text{A}$

$I = 0{,}230\ \text{A} = \underline{\underline{230\ \text{mA}}}$

Bei einem Körperstrom $I = 230$ mA besteht akute Lebensgefahr.

Aufgaben

1. Zählen Sie die Wirkungen des elektrischen Stromes auf und geben Sie jeweils ein Beispiel dazu an.
2. Erläutern Sie die drei Schutzklassen und ordnen Sie die entsprechenden Kennzeichen zu.
3. Ab welchen Strömen bzw. welcher Spannung besteht für den Menschen Lebensgefahr (→ TB)?
4. Welche sicherheitstechnische Einrichtung sorgt dafür, dass bei elektrischen Leitungen und Geräten der zulässige Strom nicht überschritten wird?

4.3.4 Arbeiten an elektrischen Anlagen

Für das Arbeiten an elektrischen Anlagen müssen bestimmte Regeln beachtet werden. Dazu gehören:

- Unfallverhütungsvorschriften
- Vorschriften des VDE
- Vorschriften der DIN- bzw. der DIN-EN-Normen

Die Unfallverhütungsvorschrift „Elektrische Anlagen und Betriebsmittel (BGV A2)" wird u. a. von der Berufsgenossenschaft für Feinmechanik und Elektrotechnik herausgegeben. Sie ist für alle im Betrieb tätigen Personen verbindlich.

Verantwortlichkeit

Die Einhaltung der Vorschriften und Regeln ist lebenswichtig, auch mit Rücksicht auf weitere Personen, die in der Anlage arbeiten. Man unterscheidet folgende Beschäftigte:

• Elektrofachkräfte

Sie müssen folgende Anforderungen erfüllen:

- fachliche Ausbildung
- Erfahrung aufgrund mehrjähriger Tätigkeit
- Kenntnis entsprechender Normen
- Fähigkeit, angeordnete Arbeiten zu beurteilen
- Fähigkeit, Gefahren zu erkennen

• Elektrotechnisch unterwiesene Personen

Sie können tätig werden, wenn nachstehende Voraussetzungen erfüllt sind:

- Unterricht durch eine Elektrofachkraft
- Einführung in übertragene Aufgaben
- Hinweis auf Gefahren bei falschem Verhalten
- Informationen über erforderliche Schutzeinrichtungen und Schutzmaßnahmen

• Elektrofachkraft für festgelegte Tätigkeiten

Anlagenmechaniker/-innen für Sanitär-, Heizungs- und Klimatechnik sollten neben ihrem Berufsabschluss auch elektrotechnische Fähigkeiten und Kenntnisse erwerben, die ihnen die Qualifikation zur Elektrofachkraft für festgelegte Tätigkeiten verleihen. Nach VDE 0105 darf diese Elektrofachkraft festgelegte Tätigkeiten eigenverantwortlich und selbstständig durchführen. Dies könnte z. B. der Einbau, der elektrische Anschluss und die Inbetriebnahme einer Feuerungsanlage sein. Dies setzt voraus, dass die Fachkräfte über die Gefahren des elektrischen Stromes informiert sind, mögliche Risiken erkennen und die Sicherheitsvorschriften richtig anwenden.

Sicherheit

Für Montage- und Instandsetzungsarbeiten sind Beschäftigte verpflichtet, die vorgegebenen Sicherheitsmaßnahmen einzuhalten und an der Anlage für ihre eigene Sicherheit und Gesundheit zu sorgen.

- Dazu gehören Bereiche des Arbeitsschutzes, z. B. die persönliche Schutzausrüstung. Je nach Arbeitsgefährdung müssen zusätzlich zur Schutzkleidung weitere Schutzausrüstungen getragen werden. Schutzhelm, Schutzbrille, Gehörschutz, Sicherheitshandschuhe, Sicherheitsschuhe oder Halte- bzw. Auffanggurte könnten erforderlich sein.
- Für die Arbeiten an elektrischen Anlagen müssen isolierte Werkzeuge verwendet werden. Die Teile am Werkzeug, die mit der Hand berührt werden, haben isolierende Beschichtungen, z. B. aus Kunststoff, und tragen ein Prüfzeichen.
- Vor den Arbeiten an einem elektrischen Verbraucher ist stets der Netzstecker zu ziehen oder die Stromversorgung am Sicherungskasten allpolig zu unterbrechen und gegen Wiedereinschalten zu sichern.
- Durch eine Messung mit einem zweipoligen Spannungsprüfer ist zu untersuchen, ob der Stromkreis spannungsfrei ist (Abb. 2). Benachbarte unter Spannung stehende Teile sollen abdeckt oder isoliert werden, sodass kein spannungsführendes Teil berührt werden kann.

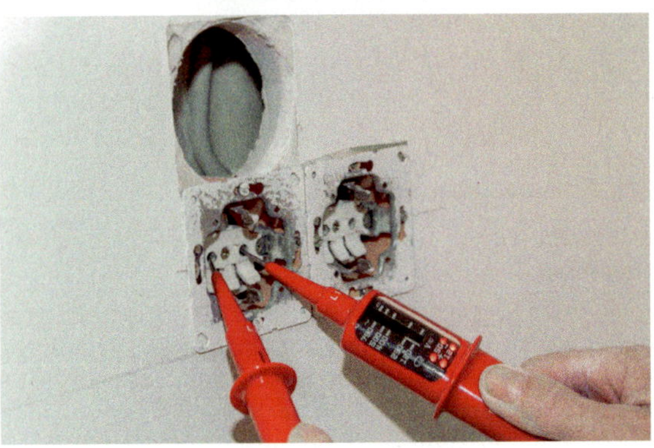

Abb. 2: Messen mit dem zweipoligen Spannungsprüfer

Erneuerung eines Handbohrmaschinen-Anschlusskabels

Beim Umgang mit Betriebsmitteln, vor allem im Baustellenbetrieb, sind weitere Sicherheitsregeln zur Verbesserung der eigenen Sicherheit unbedingt zu beachten:

- Elektrogeräte mit erkennbaren Defekten sollten umgehend ausgeschaltet und vom Netz getrennt werden.
- Behebbare Mängel müssen möglichst bald beseitigt werden.
- Schadhafte Kabel, Stecker, Steckdosen, Schalter oder Abzweigdosen sind immer komplett zu erneuern. Sie dürfen nicht geflickt oder mit Klebeband isoliert werden.
- Bei der Wahl der Arbeitsmaterialien wie Elektrogeräte, Stecker, Leitungen usw. sollte darauf geachtet werden, dass sie das VDE-Zeichen und/oder das GS-Zeichen tragen.

Ausführung der Instandsetzungsarbeiten

Das defekte Anschlusskabel gehört zu einer Handbohrmaschine mit dem nachstehend abgebildeten Typenschild (Abb. 3).

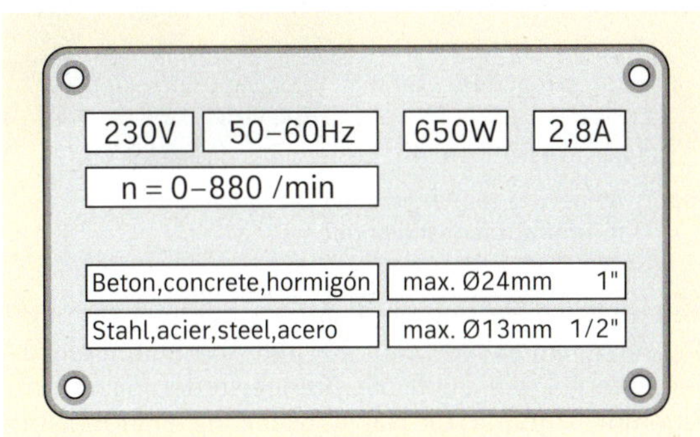

Abb. 3: Typenschild der Handbohrmaschine

Die Planungsschritte, die vor der Arbeitsausführung stehen sollten, sind:

- Planung der erforderlichen Werkzeuge
- Planung des erforderlichen Materials
- Planung der Arbeitsschritte
- Gedanken zu den Unfallverhütungsvorschriften

Die sorgfältige Planung der auszuführenden Reparaturmaßnahmen erleichtert die Arbeit, vermeidet unnötige Verzögerungen und spart Kosten, weil die Arbeitszeit besser genutzt wird.

4.4 Grundlagen der Automatisierung

Die Automatisierungstechnik ist für den automatischen Ablauf von Prozessen, für die Energieeinsparung und Ressourcenschonung sowie den Komfort und die Sicherheit der Anlagen notwendig.

Zur Automatisierung werden Prozesse gesteuert und/oder geregelt.

Steuerung

Eine Steuerung ist ein Prozess, der in ganz bestimmter Weise durch Denken und Handeln geprägt ist.

Einfache Steuerungen werden eingesetzt, um z. B. mittels Steuereinrichtung Ventile zu öffnen und zu schließen (Abb. 1).

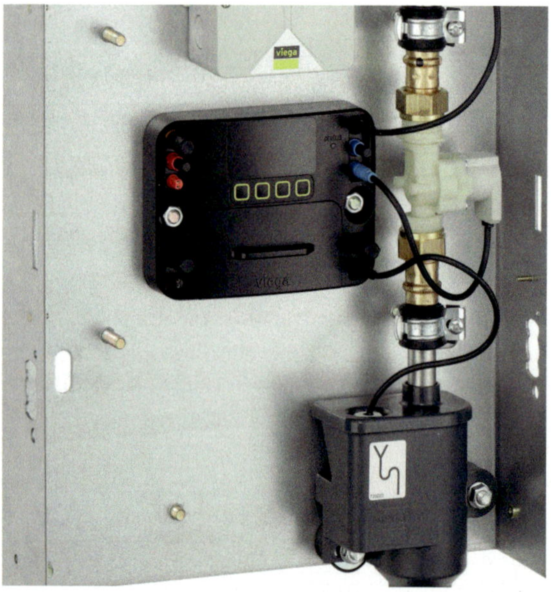

Abb. 1: Steuerung zur Vermeidung von Stagnation in Trinkwasserinstallationen

Weitere Beispiele sind die Pumpensteuerung zum Ein- und Ausschalten oder zum Zu- und Abschalten einzelner Pumpen wie auch die Brennersteuerung mittels Feuerungsautomat, die Nachtabsenkung einer Heizung mittels Zeitschaltuhr oder die Frostschutzschaltung eines Lufterwärmers in der Klimatechnik mittels Temperaturschalter.

Abb. 2 zeigt die Struktur einer einfachen Steuerung. Die einzelnen Blöcke symbolisieren die darin enthaltenen Elemente der Steuerstrecke. Eine Steuerung besteht zumindest aus einer Steuereinrichtung (z. B. Fühler mit Ausschalter) und dem zu beeinflussenden Teil (z. B. Wassererwärmer), der als Strecke bezeichnet wird. Der zu beeinflussende Teil hat ein bestimmtes Streckenverhalten. Bei einem Wassererwärmer entspricht dieses z. B. dem Temperatur-Zeit-Verhalten beim Aufheizen des Wassers. Durch Vorgabe der Eingangsgröße w soll die gewünschte Ausgangsgröße x bewirkt werden. Hierzu wird in der Steuereinrichtung die Stellgröße y in ganz bestimmter Weise erzeugt, die dann auf die Strecke einwirkt. Mögliche Störgrößen z, welche auf den zu beeinflussenden Teil einwirken, können bei einer Steuerung nicht ausgeglichen werden.

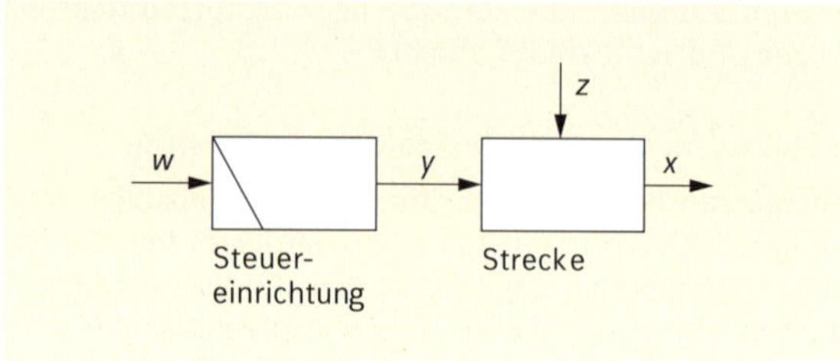

Abb. 2: Darstellung einer einfachen Steuerung

! Steuern ist ein Vorgang, bei dem eine oder mehrere Eingangsgrößen die Ausgangsgröße beeinflussen. Kennzeichen einer Steuerung ist zumeist der offene Wirkungsweg (Steuerkette).

Zur Steuerung könnte auch die Ausgangsgröße eines Weckers genutzt werden, um Prozesse zu aktivieren. Zum Beispiel könnte eine Lampe, ein Ventilator oder eine Pumpe eingeschaltet werden, welche dann z. B. mittels Zeitsteuerung nach einer einstellbaren Zeit an einem elektromagnetischen Schalter (Relais) wieder ausgeschaltet werden könnte. Auch für die Steuerung eines Brenners in einer Heizungsanlage werden prozessabhängige Steuerungen verwendet, die sich je nach Art des zu steuernden Brenners unterscheiden (Abb. 3).

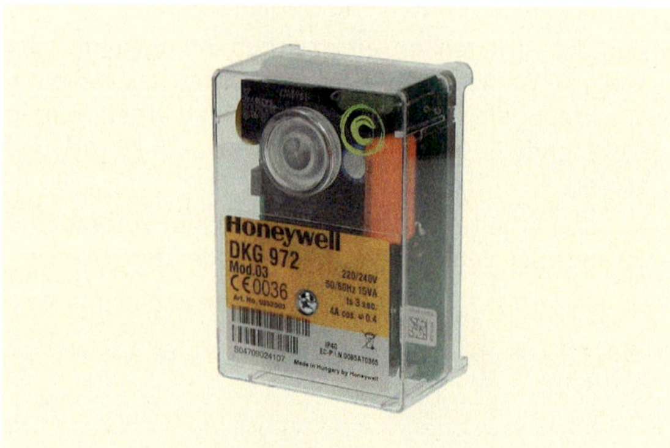

Abb. 3: Feuerungsautomat

Regelung

Auch beim Regeln werden Prozesse in ganz bestimmter Weise durch Denken und Handeln gelenkt. Allerdings geht es beim Regeln im Gegensatz zum Steuern nicht einfach nur um das Schalten nach dem Erreichen eines bestimmten Zustandes, sondern um das Halten eines Sollwertes. Dazu muss der Istwert, z. B. die Lufttemperatur, erfasst und mit dem Sollwert verglichen werden. Für solche Zwecke eignet sich z. B. ein Bimetall-Thermostat (Abb. 4).

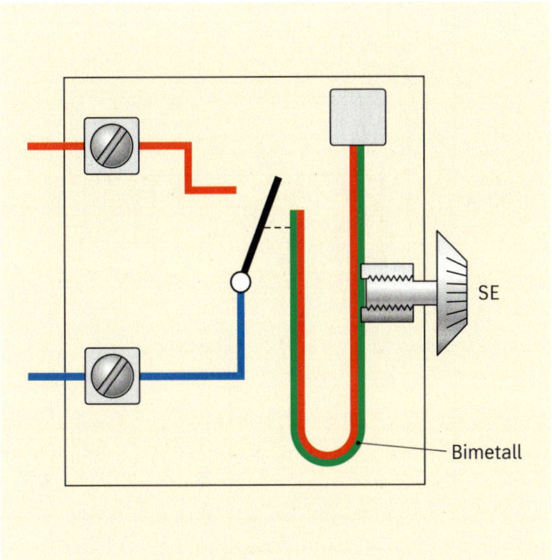

Abb. 4: Bimetall-Thermostat als Temperaturregler

Ein Bimetall besteht aus zwei aufeinandergewalzten Metallen unterschiedlicher Wärmeausdehnung. Bei steigender Temperatur ergibt sich dadurch eine Durchbiegung in eine ganz bestimmte Richtung, die bei abnehmender Temperatur wieder zurückgeht. Durch die sich ändernde Biegestellung wird ein elektrischer Kontakt in Abhängigkeit von der Temperatur geöffnet oder geschlossen. Damit kann z. B. über einen Motor oder ein Heizelement Einfluss auf die Strecke genommen und so die Temperatur relativ konstant gehalten werden. Mit dem Sollwerteinsteller (SE) können die Schaltpunkte für „ein" und „aus" verändert werden. Auf diese Weise wird die Eingangsgröße w vorgegeben (Abb. 5).

Das Ziel einer Regelung besteht darin, den Istwert x fortwährend an den Sollwert anzugleichen. Hierzu muss z. B. bei einer Raumtemperaturregelung wie folgt gehandelt werden:

- Ist die Temperatur zu niedrig, muss die Beheizung eingeschaltet werden.
- Entspricht der Istwert dem Sollwert, so erfolgt kein Eingriff.
- Ist die Temperatur zu hoch, muss die Beheizung ausgeschaltet werden.

Damit die Regelgröße x mit dem Sollwert verglichen werden kann, muss ihr Istwert zunächst mit einer Messeinrichtung (Bimetall) erfasst und an den Regler zurückgeführt und überprüft werden (Abb. 5). Je nach Prüfergebnis wird dann bei einer automatischen Regelung vom Regler entschieden, mit welcher Stellgröße y die Strecke zu beeinflussen ist, um die Temperatur nahe dem Sollwert zu halten. Dabei können auch mögliche Störgrößen z ausgeglichen werden. Eine Regelung verfügt durch die Messung der Regel- bzw. Ausgangsgröße x und deren Rückführung auf den Regler über einen geschlossenen Wirkungsablauf. Die Rückführgröße r ist die Voraussetzung für die Konstanthaltung bestimmter Zustände und das Ausgleichen möglicher Störgrößen z. Der geschlossene Wirkungsablauf (Regelkreis) unterscheidet eine Regelung grundsätzlich von einer Steuerung.

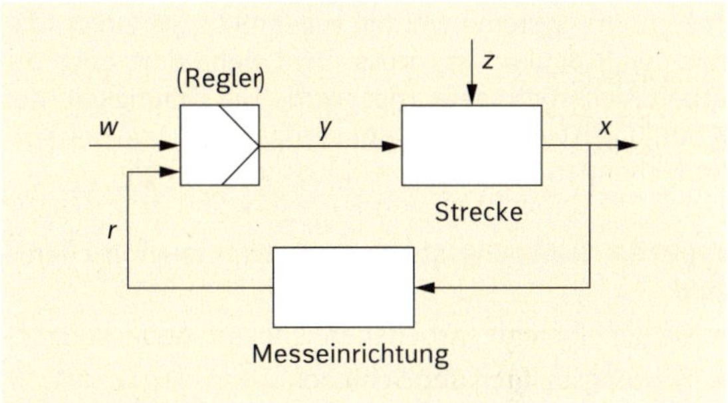

Abb. 5: Darstellung einer einfachen Regelung

! Regeln ist ein Vorgang, bei dem die zu regelnde Größe fortlaufend erfasst, mit der Führungsgröße (Sollwert) verglichen und im Sinne einer Angleichung an die Führungsgröße beeinflusst wird. Kennzeichen für das Regeln ist der geschlossene Wirkungsablauf (Regelkreis).

Aufgaben

1. Weshalb werden in der Sanitär-, Heizungs- und Klimatechnik Prozesse automatisiert?
2. Beschreiben Sie ein sinnvolles Handlungsschema, das beim Einschlagen eines Nagels in ein Holzbrett zu befolgen ist.
3. Welche Zustände sind
   a) bei einfachen elektrischen Schaltern sowie
   b) bei einfachen Ventilen
   möglich?
4. Nennen Sie Beispiele für einfache Steuerungen.
5. Stellen Sie den allgemeinen Wirkungsplan einer einfachen Steuerung dar.
6. Welche Aufgabe hat ein Regler?
7. Skizzieren Sie den allgemeinen Wirkungsplan einer einfachen Regelung.
8. Wodurch unterscheiden sich Steuerungen von Regelungen?
9. Überlegen und konzipieren Sie eine rein mechanische Steuerung, um mit Windenergie
   a) ein Hammerwerk bzw.
   b) eine Säge
   betreiben zu können.

4.5 Wartungsmaßnahmen an der Säulenbohrmaschine

Folgende Tätigkeiten werden bei der Wartung der Säulenbohrmaschine durchgeführt.

4.5.1 Reinigen

Technische Systeme werden regelmäßig gereinigt, damit der Produktionsprozess nicht behindert oder die Arbeitssicherheit gefährdet wird. Die Häufigkeit der Reinigung ist vom Produktionsprozess und von den vorherrschenden Umgebungseinflüssen abhängig.

Typische Reinigungsstellen an Werkzeugmaschinen sind:

- Bedienelemente, Arbeitsbereiche und Abdeckungen
- Führungsbahnen und Schienen
- Spindel und Werkzeugaufnahme
- Abstreifer und Dichtungen
- Werkzeuge und Vorrichtungen
- Auffangbehälter für Späne
- Siebe und Düsen
- elektronische und pneumatische Komponenten

Leichte Verunreinigungen werden mit einem nicht fasernden Putztuch und einem Putzöl entfernt, grober Schmutz wird mit einem Pinsel oder einem Handfeger beseitigt.

! Späne nicht mit Druckluft entfernen, da Verletzungsgefahr besteht.

Ungeschützte Metalloberflächen wie Gleitbahnen sind nach dem Reinigen einzuölen, um sie vor Korrosion zu schützen.

Reinigung der Säulenbohrmaschine

Die Betriebsanleitung der Säulenbohrmaschine fordert regelmäßige Reinigungsarbeiten an der Säule, am Tisch mit Hubgetriebe und Zahnstange, ebenso an der Pinole mit Spindellager.

4.5.2 Schmieren und Ergänzen

Schmierstoffe erzeugen zwischen den Gleitflächen der sich gegeneinander bewegenden Maschinenteile einen zusammenhängenden Schmierfilm. Dadurch wird die Berührung und somit die Reibung und Abnutzung der Gleitflächen vermindert und der Wirkungsgrad einer Maschine erhöht.

Die erforderlichen Schmiertätigkeiten werden im Schmierplan durch Sinnbilder auf der entsprechenden Zeitleiste angegeben (Abb. 1).

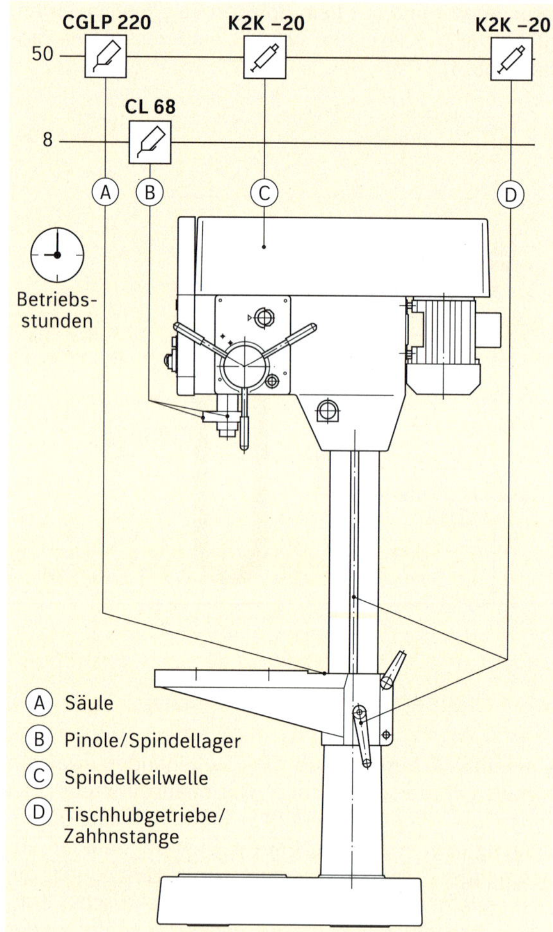

Abb. 1: Schmieranleitung

Die Zeitintervalle, in denen die Tätigkeiten zu wiederholen sind, sind in Betriebsstunden angegeben. Eine Bezugslinie weist auf die Schmierstelle hin. Mengenangaben (z. B. 0,75 l) werden im Sinnbild eingetragen (Tab. 1).

Tab. 1: Sinnbilder für Schmierangaben

Sinnbilder für Wartungsarbeiten			0,75 *l*	
Bedeutung	Ölen	Fetten	Kontrollieren und Auffüllen	

Die Schmierstoffe haben folgende *Aufgaben*:

- einen zusammenhängenden Schmierfilm erzeugen
- die Abnutzung an Gleitflächen verzögern
- Wärme abführen
- Korrosion verhindern
- Laufgeräusche dämpfen

Die Angaben über die erforderlichen Schmierstoffe erfolgen ebenfalls durch Sinnbilder und Kennbuchzahlen (→ TB).

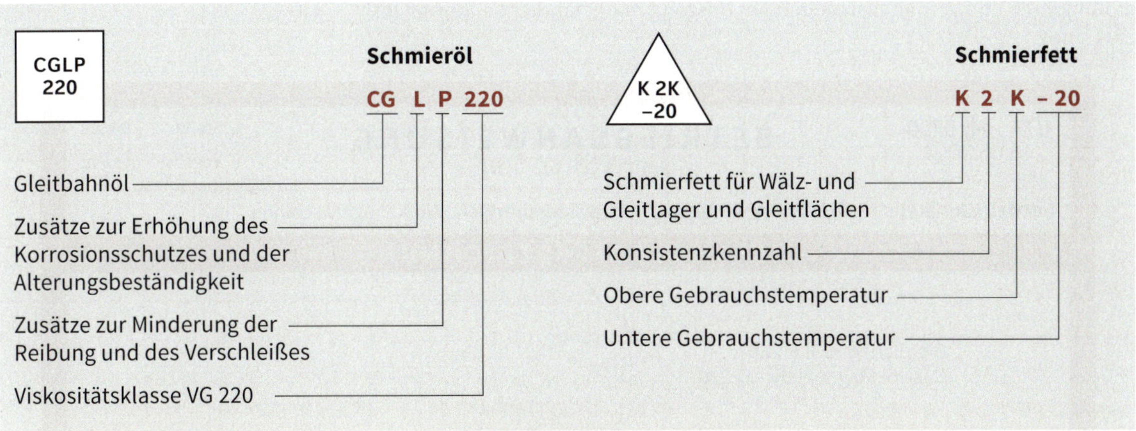

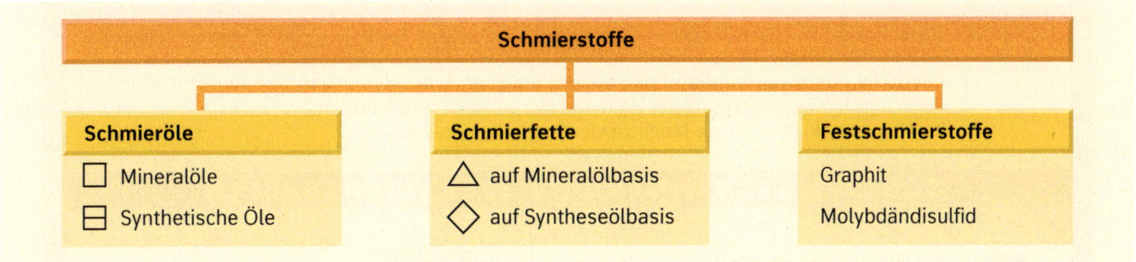

Abb. 2: Einteilung der Schmierstoffe und zugehörige Symbole

- *Schmieröle* werden je nach Herstellungsverfahren in Mineralöle auf Erdölbasis und synthetische Öle aus Kohlenwasserstoff- und Silizium-Verbindungen unterteilt.

  Schmieröle werden wegen der hohen Geschwindigkeiten und Temperaturen meist in Getrieben eingesetzt.
- *Schmierfette* sind verseifte Schmieröle mit pastenartiger Konsistenz auf Mineralöl- oder Syntheseölbasis. Nach ihrer Verformbarkeit (Walkpenetration) werden die Schmierfette in Konsistenzklassen eingeteilt. Schmierfette verwendet man bei geringen Gleitgeschwindigkeiten, niedrigen Temperaturen und hohen Lagerkräften. Vorwiegend kommen Fette zum Schmieren von Wälzlagern und Führungen zum Einsatz.
- *Festschmierstoffe* (z. B. Graphit und Molybdändisulfid) sind plättchenförmige Pulverteilchen, die Unebenheiten der Gleitflächen ausgleichen. Festschmierstoffe kommen bei sehr niedrigen Gleitgeschwindigkeiten sowie bei extrem niedrigen oder hohen Temperaturen zum Einsatz.

Versorgung der Schmierstellen

Das Ölen erfolgt mit der Ölkanne, einem Pinsel oder mit einem nicht fasernden Lappen. Das Fett wird mit einem Pinsel aufgetragen oder mit einer Fettpresse, die auf einen Schmiernippel aufgesetzt wird, zur Schmierstelle gepresst.

Schmierarbeiten an der Säulenbohrmaschine

Der Schmierplan der Säulenbohrmaschine schreibt Schmierarbeiten an folgenden Bauteilen vor:

- **Säule:** Schmieröl CGLP 220, alle 50 Betriebsstunden mit der Ölkanne auftragen
- **Pinole:** Schmieröl CL 68, alle 8 Betriebsstunden mit der Ölkanne auftragen
- **Spindelkeilwelle:** Schmierfett K2K -20, alle 50 Betriebsstunden mit der Fettpresse auftragen
- **Tischhubgetriebe/Zahnstange:** Schmierfett K2K -20, alle 50 Betriebsstunden mit der Fettpresse auftragen

Mit einem Abschmierprotokoll werden die Schmiertätigkeiten dokumentiert.

4.5.3 Auswechseln

Typische Wartungsarbeiten sind bei Bedarf das Auswechseln von Verschleißteilen wie Dichtungen, Filter und Keilriemen. Der Austausch der Verschleißteile ist nach den Montage- und Demontageplänen der Betriebsanleitung durchzuführen. Die in der Betriebsanleitung angegebenen Ersatzteile und Schmierstoffe sind zu verwenden.

Umgang mit Schmierstoffen

Beim Umgang mit Schmierstoffen ist die Betriebsanweisung einzuhalten (Abb. 1). Sie legt die erforderlichen Schutzmaßnahmen und Verhaltensregeln beim Umgang mit gefährlichen Stoffen fest.

BTA - Nr 0200 16.05.2004	**BETRIEBSANWEISUNG** gemäß §20 GEFSTOFFV	Stand: 04/08 abgezeichnet am:

Betrieb/Gebäude: Halle 5/Sonderfertigung | **Geltungsbereich:** Werkzeugmaschinen

GEFAHRSTOFFBEZEICHNUNG

Gleitbahnöl CGLP 220
Castrol Magnaglide - D 220

GEFAHREN FÜR MENSCH UND UMWELT

Intensiver Hautkontakt zerstört den Säureschutzmantel der Haut; kann zu Hautreizungen, mechanischer Beschädigung der Haut und zu Hautinfektionen führen.
Bei Hautkontakt besteht die Möglichkeit allergischer Reaktionen.

SCHUTZMASSNAHMEN UND VERHALTENSREGELN

Behälter an einem kühlen und gut belüfteten Ort aufbewahren.
Nicht in die Kanalisation oder in Gewässer gelangen lassen.
Handschutz: Schutzhandschuhe
Hautschutz: Schutzcreme verwenden

VERHALTEN IM GEFAHRFALL

Löschmittel: CO_2, Sand, Löschpulver, Schaum
ungeeignete Löschmittel: Wasser
Bei Brand kann Kohlenmonoxid (CO) und Kohlendioxid (CO_2) entstehen.

ERSTE HILFE

Hautkontakt: Sofort mit Wasser und Seife abwaschen und gut nachspülen. Mechanisch entfernen, gründlich waschen und spülen.
Augenkontakt: Bei geöffnetem Lidspalt mehrere Minuten unter fließendem Wasser abspülen und Arzt konsultieren.
Verschlucken: Bei anhaltenden Beschwerden Arzt konsultieren.

SACHGERECHTE ENTSORGUNG

Mit Schmierstoff getränkte Tücher und Lappen in besonders gekennzeichneten Behältern sammeln.
Der betrieblichen Abfallentsorgung zuführen; zuständig: Hr. Meyer, K.-St. 2743

Abb. 1: Betriebsanweisung für den Umgang mit Schmierstoffen

4.6 Korrosion und Korrosionsschutzmaßnahmen

4.6.1 Korrosion

Wer hat sich nicht schon über den Rost am Auto, an Werkzeugen oder an Rohrleitungen im Keller geärgert? *Rost* entsteht häufig unter Einwirkung von feuchter Luft oder Wasser. Da Rost auf Stahlteilen porös ist, bleibt er nicht nur an der Oberfläche, sondern dringt tief in das Bauteil ein. Rost zerstört nach geraumer Zeit selbst dickste Stahlteile (Abb. 2).

Das Rosten ist eine Form der Korrosion (lat. corrodere = zernagen). Um Rosten auszulösen, genügt bereits eine relative Luftfeuchtigkeit von 60 %.

Abb. 2: Außen- und Innenkorrosion

Die *Werkstoffzerstörung durch Korrosion* lässt sich als natürlicher Vorgang erklären. Viele Metallwerkstoffe kommen in der Natur nur als stabile chemische Verbindungen vor (Eisenoxid, Bauxit.) Für ihre Gewinnung sind große Energiemengen erforderlich. Durch Korrosion kehren Metalle wieder in den stabileren Zustand zurück. Dabei wird Energie abgegeben. Der Korrosionsvorgang ist also dem Vorgang der Metallgewinnung entgegengerichtet (Abb. 3).

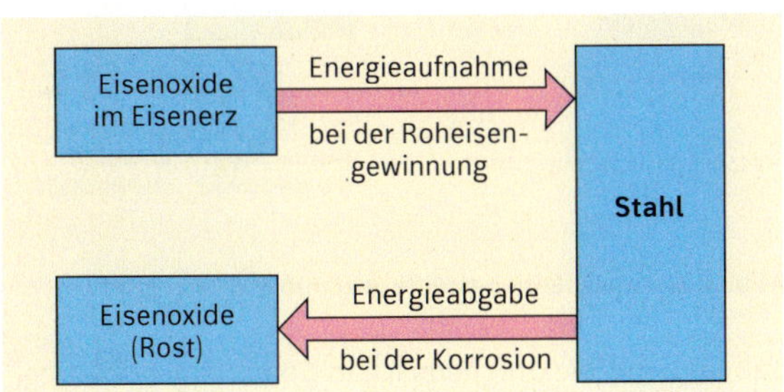

Abb. 3: Energiebetrachtung zur Korrosion

Schätzungen zufolge beträgt der jährliche Stahlverlust durch Korrosion etwa ein Drittel des jährlich in der Welt produzierten Stahls.

Korrosionsschäden verursachen in der Regel erhebliche *direkte* und *indirekte Verluste*. Während die direkten Verluste, z. B. der Ersatz unbrauchbar gewordener Bauteile, messbar sind, lassen sich indirekte Verluste wie

- der Nutzungsausfall,
- die vergeudete Energie,
- die Gefährdung von Sicherheit und Umwelt

kaum abschätzen.

Nach DIN EN ISO 8044 ist Korrosion folgendermaßen definiert:

! Unter *Korrosion* versteht man die physikochemische Wechselwirkung zwischen einem Metall und seiner Umgebung, die zu einer Veränderung der Eigenschaften des Metalls führt und die zu erheblichen Beeinträchtigungen der Funktion des Metalls, der Umgebung oder des technischen Systems, von dem diese einen Teil bilden, führen kann.

Heute ist es durchaus üblich, auch bei Beton, Holz, keramischen Werkstoffen und sogar bei Kunststoffen von „Korrosion" zu sprechen.

In den meisten Fällen ist die Korrosion elektrochemischer Natur. In einigen Fällen kann sie jedoch auch chemischer Natur sein.

4.6.2 Chemische Korrosion

Bei der chemischen Korrosion verbinden sich Gase (Sauerstoff, Schwefeldioxid oder Chlorwasserstoff) mit Metallen und greifen dabei die Oberflächen an.

! Die *chemische Korrosion* verläuft bei Metallen ohne Anwesenheit von Wasser oder wässrigen Lösungen.

Stahl wird von der Oberfläche her völlig zerstört. Die Geschwindigkeit, mit der diese Reaktionen ablaufen, steigt mit der Temperatur sowie der Luftfeuchte.

Außerdem sind Luftverschmutzung und Salzgehalt wesentliche Faktoren bei der Korrosion.

In Gebieten mit hoher Luftschadstoffbelastung, in Küstennähe, aber auch in Solethermalbädern können daher bei raumlufttechnischen Anlagen und anderen Installationen besondere Korrosionsschutzmaßnahmen erforderlich werden.

! *Nichteisenmetalle* bilden mit Sauerstoff Oxide, die sehr gut auf der Oberfläche haften und luft- und wasserundurchlässig sind. Das Metall wird dadurch vor weiterem Angriff geschützt (passiviert). So bildet sich z. B. auf Kupferflächen Patina.

Auch Kunststoffe können durch aggressive Medien angegriffen werden. Aggressive Stoffe können in Kunststoffen chemische und/oder physikalische Veränderungen bewirken. Zur Versprödung und Spannungsrissbildung (Abb. 1, S. 182) neigen insbesondere thermoplastische Kunststoffe, z. B. Polycarbonat (PC), Polystyrol (PS) oder Polymethylmethacrylat (PMMA). Treten in Bauteilen aus diesen Werkstoffen innere oder äußere Spannungen auf, dann kann unter Wirkung eines für den Werkstoff aggressiven Mediums Rissbildung auftreten, auch wenn die Belastung relativ gering ist.

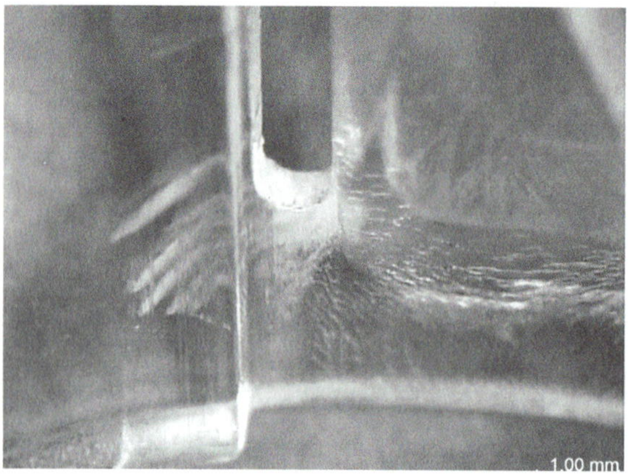

Abb. 1: Spannungsrisskorrosion an einem mechanisch beanspruchten Bauteil aus Polycarbonat (PC) infolge der Wirkung von Methoxypropanol (Lösungsmittel)

4.6.3 Elektrochemische Korrosion

Taucht man zwei unterschiedliche Metalle in einen *Elektrolyten* ein, so entsteht eine Potenzialdifferenz, die als elektrische Spannung bezeichnet wird.

! Bei der *elektrochemischen Korrosion* wirken als Elektrolyte immer Wasser oder wässrige Lösungen, z. B. Salzlösungen und Säuren. Die Wirksamkeit eines Elektrolyten steigt mit seiner Temperatur und Konzentration.

Verbindet man beide Metalle durch einen metallischen Leiter, so findet ein Elektronenübergang statt. Dadurch entsteht ein *galvanisches Element* (Abb. 2; benannt nach dem italienischen Naturwissenschaftler Luigi Galvani, 1737–1798).

Die kleine Stromquelle wandelt chemische Energie in elektrische Energie um. Dabei wird das unedlere Metall mit dem niedrigeren „Potenzial“, die Anode, zerstört. Technisch genutzt wird dieser Vorgang bei Batterien, beim Galvanisieren und beim kathodischen Korrosionsschutz.

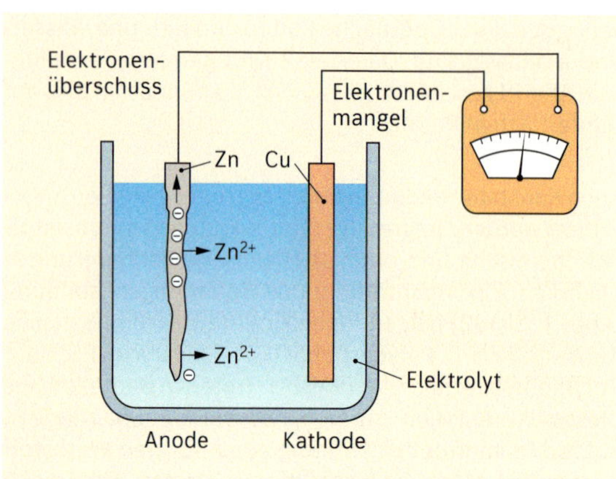

Abb. 2: Galvanisches Element aus Kupfer und Zink

In der Normalspannungsreihe sind die Metalle nach ihrem Potenzial gegenüber einer Wasserstoffelektrode, deren Potenzial gleich Null gesetzt wurde, geordnet (Abb. 3).

Je nach ihrem Platz innerhalb der Spannungsreihe werden Metalle in *edle* und *unedle* Metalle eingeteilt.

Nach der Normalspannungsreihe ist z. B.der Werkstoff Kupfer (+0,34 V) edler als nicht rostende Stahl X10 Cr Ni 18-9 (+0,05 V).

Aluminium wiederum ist unedler (−1,67 V) als Stahl (−0,44 V).

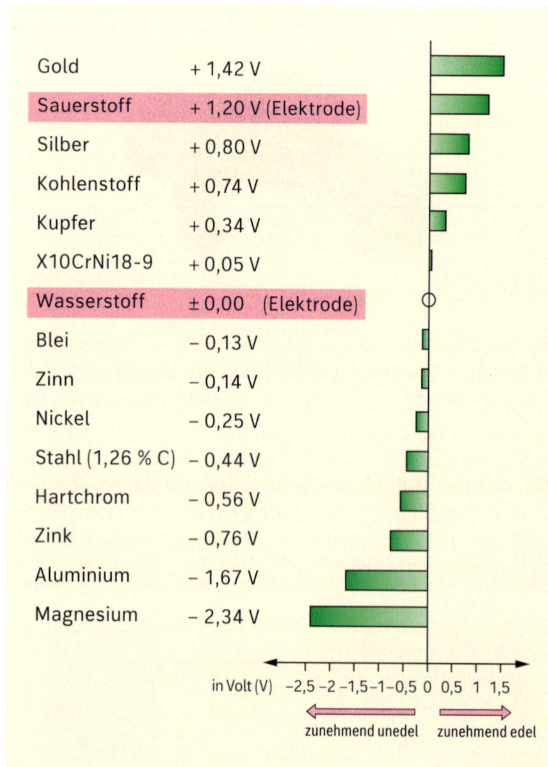

Abb. 3: Normalspannungsreihe gegenüber Wasserstoff

Tabellen mit elektrochemischen Spannungsreihen gelten jeweils nur in Bezug auf den angegebenen Elektrolyten (in Tab. 1 ist dies Wasserstoff). Wird als Elektrolyt z. B. Wasser mit pH 6 verwendet, so ergibt sich eine andere elektrochemische Spannungsreihe.

In Wirklichkeit verhalten sich die Metalle unter dem Einfluss des jeweils vorhandenen Elektrolyten, der Temperatur und der Metalloberflächenstruktur sehr unterschiedlich. Daher kann die Spannungsreihe nur einen groben Anhaltswert für die zu erwartende Korrosionsintensität und Korrosionsgeschwindigkeit geben.

Beispiel: Fällt ein Kupferniet in eine Zinkdachrinne (Abb. 4) und tritt Luftfeuchtigkeit oder Dachablaufwasser hinzu, so ist ein galvanisches Element Kupfer-Zink entstanden. Anhand der Normalspannungsreihe nach Tab. 1 kann eine Potenzialdifferenz von 1,1 Volt ermittelt werden. Durch den fließenden Korrosionsstrom wird die Dachrinne aus Zink zerstört, da Zink das unedlere Metall ist (Abb. 5). Es entsteht im Laufe der Zeit ein Loch.

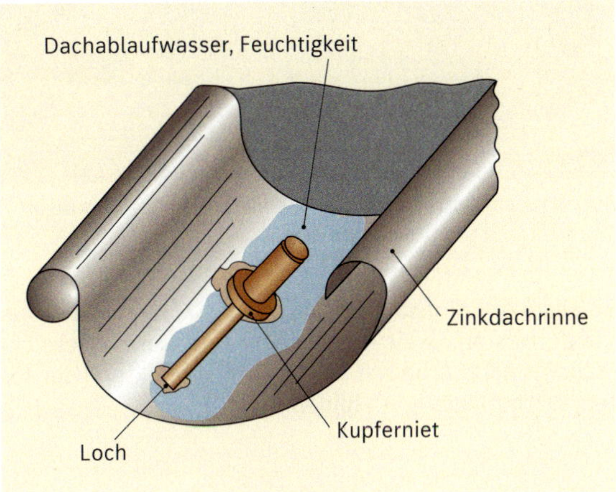

Abb. 4: Zinkdachrinne mit Kupferniet

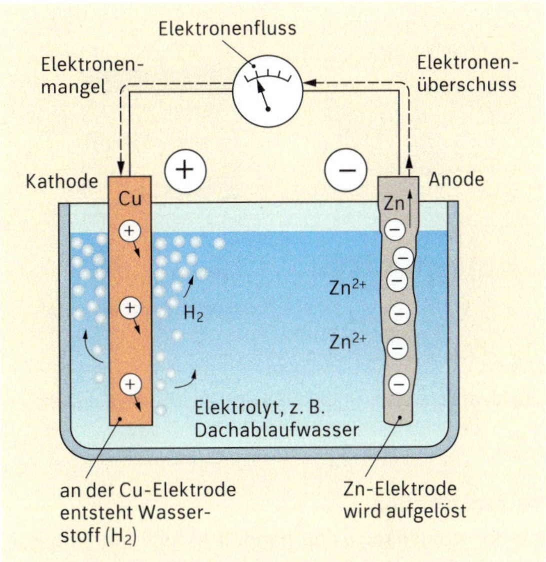

Abb. 5: Galvanisches Element Zinkdachrinne-Kupferniet

! Nur *gründliche Kenntnisse* über mögliche *Korrosionsursachen* und *Korrosionsvorgänge* können helfen, *Korrosionsschäden* in Installationssystemen zu verhindern.

4.6.4 Korrosionsarten

Die Zerstörung der Metalle durch Korrosion führt zu zahlreichen Erscheinungsformen. Diese *Korrosionserscheinungen* werden durch DIN EN ISO 8044 in unterschiedliche Korrosionsarten eingeteilt (Tab. 1).

Tab. 1: Gegenüberstellung von Korrosionsart und Korrosionserscheinung (in Anlehnung an DIN EN ISO 8044)

	Korrosionsart	Korrosionserscheinung
mit – ohne mech. Belastung	Flächenkorrosion Muldenkorrosion Lochkorrosion Spaltkorrosion Bimetallkorrosion Anlaufen und Abblättern Selektive Korrosion interkristalline Korrosion transkristalline Korrosion	gleichmäßiger Flächenabtrag Muldenabtrag Lochfraß ungleichmäßiger Abtrag ungleichmäßiger Abtrag Anlauffarben, Zunder als Korrosionsprodukt interkristalliner Angriff bzw. Kornzerfall transkristalline Risse
	Spannungsriss- und Schwingungskorrosion Erosionskorrosion Kavitationskorrosion	Risse, Brüche narbenförmiger Abtrag kraterfömiger Abtrag

Im Folgenden werden einzelne Korrosionsarten kurz dargestellt.

Flächenkorrosion

Bei der Flächenkorrosion kommt es zu einem *gleichmäßigen* Angriff auf eine Metalloberfläche durch trockene Gase (chemische Korrosion) oder durch wässrige Lösungen, z. B. Wasser (elektrochemische Korrosion). Je nach Metallart können dabei entstehen:

- sehr dichte Oxidschichten bei NE-Metallen (Abb. 1a, S. 184). Sie bilden hierbei eine vor weiterer Korrosion schützende Schicht wie die Kupfer- (CuO) oder Aluminium-Schutzschicht (Al_2O_3).
- poröse Schichten bei Eisenwerkstoffen, z. B. Rost auf Stahl (Abb. 1b; 1c, S. 184). Unter dieser porösen Schicht geht der zerstörende Korrosionsvorgang ungehindert weiter.

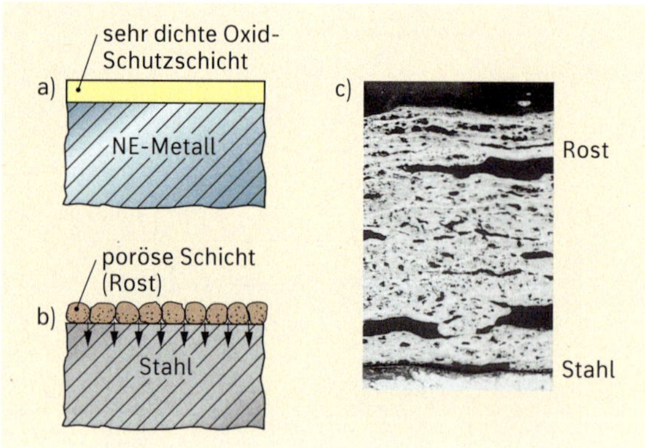

Abb. 1: a) Schutzschicht bei NE-Metallen; b) Rost auf Stahl (Schema); c) Schnittaufnahme

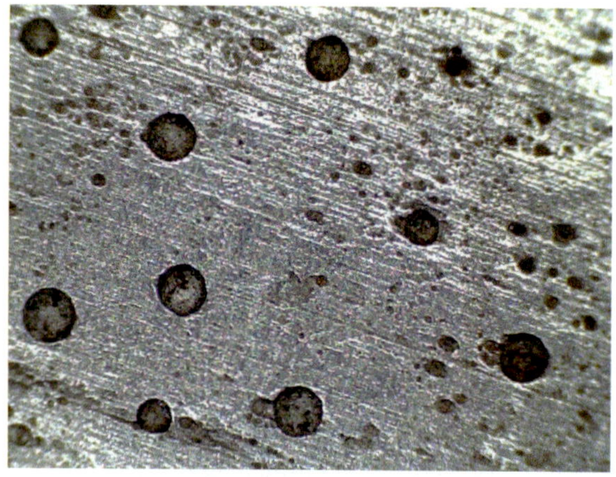

Abb. 3: Lochkorrosion, verursacht durch Chlorverbindungen

Muldenkorrosion

Bei der Muldenkorrosion handelt es sich um eine Korrosionsart mit örtlich unterschiedlichem Flächenabtrag unter Bildung von Mulden.

Man spricht von einer Mulde, wenn der Durchmesser größer ist als die Muldentiefe. Muldenkorrosion kann zu Muldenfraß und damit auch zum Wanddurchbruch bei Rohren führen. Ursache kann z. B. ein eingeschwemmter metallischer Fremdkörper sein, der edler ist als das Rohrmaterial (Abb. 2).

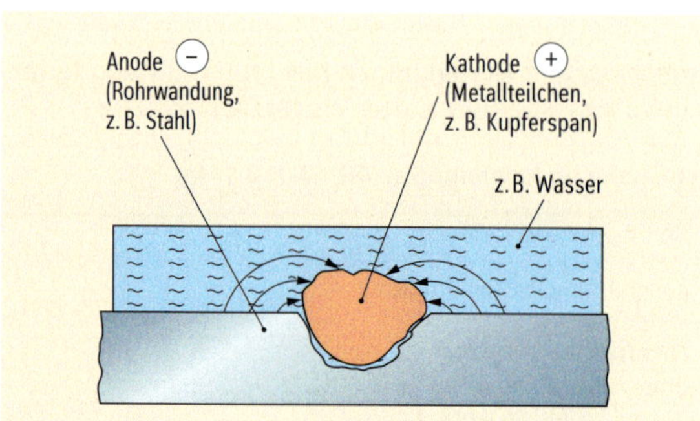

Abb. 2: Entstehung von Muldenkorrosion

Lochkorrosion

Bei der Lochkorrosion treten kraterförmige, die Oberfläche unterhöhlende oder nadelstichartige Vertiefungen auf (Abb. 3). Im Gegensatz zur Muldenkorrosion ist die Tiefe der Lochfraßstelle in der Regel gleich oder größer als ihr Durchmesser. Eine Abgrenzung zwischen Mulden- und Lochkorrosion ist in Grenzfällen nicht möglich.

Auslöser der Lochkorrosion, wie sie in Abb. 3 zu sehen ist, können Salze oder Chlorverbindungen sein. Diese befinden sich z. B. in Fliesenreinigern, starken Desinfektionsmitteln oder Schwimmbadwasser.

Eine Voraussetzung zur Lochkorrosion ist die Anwesenheit elektrisch leitender, filmartiger Beläge auf der Rohrwand.

Solche korrosionsaktiven Oxidfilme können sich aus Ziehfettresten, weit öfter aber aus Flussmittelrückständen nach Arbeiten mit Weichglüheffekten (Hartlöten, Warmbiegen u. Ä.) bilden.

Spaltkorrosion

Nach DIN EN ISO 8044 versteht man unter Spaltkorrosion eine örtliche Korrosion in Zusammenhang mit Spalten. Die Spalten sind in dem korrodierten Metall entweder selbst vorhanden oder haben sich durch Fügen mit anderen Körpern gebildet. In solchen Spalten treten zwischen dem Innern des Spaltes und der übrigen Flüssigkeit Konzentrationsunterschiede im Sauerstoffgehalt auf. Solche Bereiche kleinster Sauerstoff-Konzentrationsunterschiede bilden ein Korrosionselement, das man auch *Belüftungselement* nennt. Durch den Sauerstoffmangel im Spalt wird das Metall dort zur Anode und Metallionen gehen in Lösung. Auch an Dichtungen sowie unter Ablagerungen in Rohren (z. B. Sand) kann durch eine niedrigere Sauerstoffzufuhr Spaltkorrosion an der Metalloberfläche verursacht werden (Abb. 4).

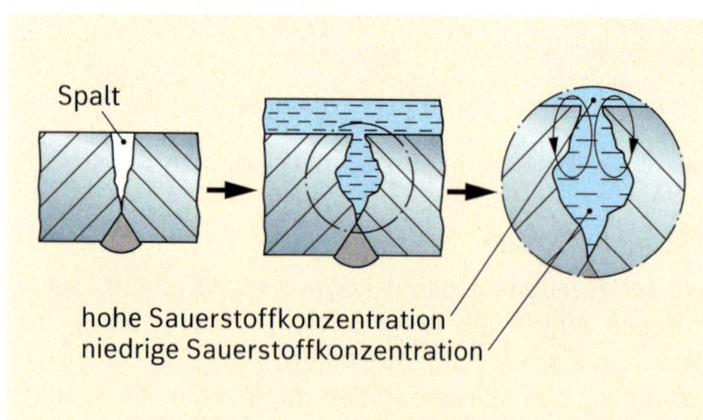

Abb. 4: Spaltkorrosion an der nicht durchgeschweißten Wurzel der Rundnaht eines Rohres

Bimetallkorrosion (Kontaktkorrosion)

Die Bimetallkorrosion wird auch als galvanische Korrosion bezeichnet. Sie tritt beim Zusammenbau verschiedenartiger Metalle bei Anwesenheit eines Elektrolyten auf. Werden z. B. Rotguss- oder Messing-Armaturen mit verzinkten Stahlrohren oder -fittings verbunden und kommt als Elektrolyt Trinkwasser hinzu, so entsteht eine Gefährdung durch Bimetallkorrosion (Abb. 5).

Besondere Bedeutung kommt dabei dem Flächenverhältnis vom unedleren Werkstoff (Anode) zum edleren Werkstoff (Kathode) zu.

! *Kleine Anodenflächen* und *große Kathodenflächen* stellen besonders kritische *Elemente* für die Bimetallkorrosion dar.

Für metallbeschichtete Stahlbleche kann die Bimetallkorrosion problematisch werden. Ist die Oberfläche eines verzinkten Stahlbleches beschädigt, so bildet sich unter Zutritt eines Elektrolyten ein Korrosionselement, ein *Lokalelement*. Dabei löst sich das unedlere Zink an der defekten Stelle auf. Ist die Oberfläche eines verzinnten Stahlbleches beschädigt, so löst sich an dieser Stelle der unedlere Stahl auf (Abb. 6).

Die Bildung eines Lokalelements ist nicht unbedingt an die Anwesenheit verschiedener Metalle gebunden. Sie bilden sich auch durch Potenzialunterschiede infolge eines heterogenen Gefüges bei Legierungen, durch Einschlüsse von Fremdstoffen, Oberflächenverunreinigungen oder durch unterschiedliche Oxidbildung.

! Nur *unedle Überzüge* bieten aktiven Korrosionsschutz. Sie gewähren auch dann einen Schutz, wenn sie durch Kratzer beschädigt sind.

Abb. 5: Bimetallkorrosion durch Einbau eines verzinkten Reduziernippels zwischen Rotguss-Armatur und Messing

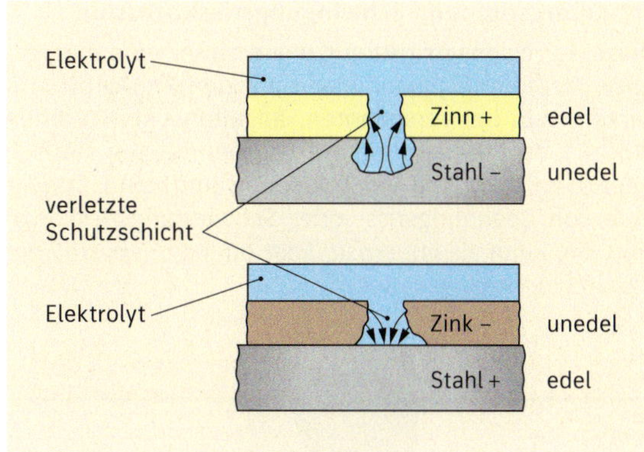

Abb. 6: Bimetallkorrosion bei Metallüberzügen mit verletzter Schutzschicht (Lokalelemente)

Anlaufen und Abblättern

Als *Anlaufen* bezeichnet man bei Metallen die Bildung einer ca. 0,001 mm dünnen, fest haftenden farbigen oder farblos matten Oxidschicht auf einer Metalloberfläche. Ursache ist die Reaktion der Metalloberfläche mit Gasen der Umgebung.

Unter *Abblättern* versteht man nach DIN EN ISO 8044 das Aufsplittern und Abheben von Teilen der Oberflächenschicht. Zunder ist eine dünne Oxidschicht, die sich beim Abkühlen von zum Glühen erhitzten Metalle (z. B. Stahl und Kupfer) an Luft bildet.

Die Zunderschicht blättert leicht ab und legt dadurch immer weitere Schichten zur Korrosion frei. Zunder ist nicht mit Rost gleichzusetzen, da Zunder oxidierend wirkt.

Ältere Bezeichnungen für Zunder sind Abbrand, Walzhaut oder Eisenhammerschlag.

Selektive Korrosion

Bei der selektiven Korrosion (lat. selegere = auswählen) werden einzelne Gefügebestandteile bevorzugt zerstört.

Klassisches Beispiel für diese Korrosion ist die *Entzinkung*. Entzinkung tritt bei einem Zinkgehalt über 30 % bei Kupfer-Zink-Legierungen (Messing) auf. Dabei kommt es zur Auflösung des unedleren Zink, wodurch sich Kupfer in schwammiger Form bildet.

Eine weitere Art der selektiven Korrosion ist die *interkristalline Korrosion*. Die Korrosion verläuft dabei entlang der Korngrenzen. Ursache sind geringfügig unterschiedliche Potenziale an den Korngrenzen durch:

Auch die *transkristalline Korrosion*, bei der die Korrosion durch das Innere der Körner des Metallgefüges verläuft, ist eine spezielle Art der selektiven Korrosion.

Spannungsriss- und Schwingungsrisskorrosion

Diese Korrosionsart tritt auf, wenn außer einem agressiven Medium *Zugspannungen* auf den Werkstoff einwirken, z.B. bei verspannten, angeflanschten Rohren (Abb. 1). Je nachdem, ob die Zugspannungen statisch oder dynamisch (mit der Zeit wechselnd) sind, spricht man von Spannungsriss- oder Schwingungsrisskorrosion. Sie kann als *interkristalliner* oder *transkristalliner* Riss in Erscheinung treten.

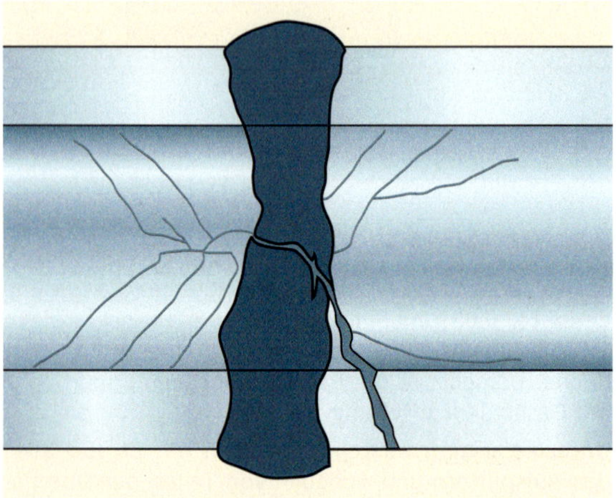

Abb. 1: Spannungsrisskorrosion an einer Rohrschweißnaht

Erosionskorrosion

In der Geologie bezeichnet man den Bodenabtrag durch Regen, Wind und Eis als Erosion. Nach DIN EN ISO 8044 ist Erosionskorrosion ein Vorgang, bei dem Erosion und Korrosion gemeinsam beteiligt sind. Die Erosionskorrosion kann z.B. in Rohrleitungen oder Pumpen auftreten, die Flüssigkeiten mit harten Teilchen transportieren. Besonders betroffen von Erosionskorrosion sind Richtungsänderungen in Rohrleitungen, weil z.B. Sandpartikel an den Außenradius eines Bogens gedrängt werden (Abb. 2). In Kupferrohrleitungen trägt z.B. die Begrenzung der Fließgeschwindigkeit auf 0,5 m/s zur Vermeidung von Erosion bei.

Abb. 2: Erosionskorrosion

Kavitationskorrosion

Bei der Kavitation (Hohlraumbildung) erfolgt der mechanische *Angriff durch implodierende* (in sich zusammenstürzende) *Gasblasen*, die sich in schnell strömenden Medien nach plötzlicher Druckverringerung bilden. Das führt zu einer Schlagwirkung auf die Metalloberfläche, sodass die passivierenden Oxidfilme zerstört und das darunter liegende Metall geschädigt wird. Es bilden sich kraterförmige lokale Korrosionsstellen aus (Abb. 3).

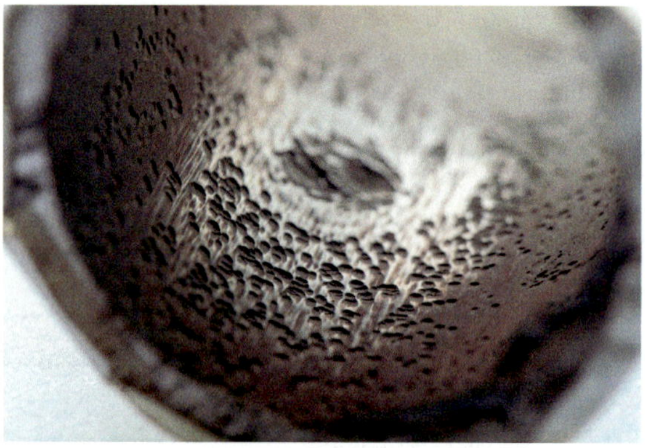

Abb. 3: Kavitation in einem Rohrstück

Aufgaben

1. Was versteht man unter Korrosion?
2. Welche direkten und indirekten Verluste werden durch Korrosionsschäden verursacht?
3. Wie unterscheiden sich chemische und elektrochemische Korrosion?
4. Wie beeinflussen Luftverschmutzung und der Salzgehalt die Korrosion von Stahl?
5. Welche Eigenschaft haben Oxide von NE-Metallen?
6. Zu welchen Beeinträchtigungen können Korrosionsschäden im Durchflussmedium führen?
7. Nennen Sie die wichtigsten Korrosionsarten und deren Korrosionserscheinungen.
8. Welche Ursachen können der Lochkorrosion zugrunde liegen?
9. Wann kann Bimetallkorrosion auftreten?
10. Wie reagieren Metallüberzüge bei verletzter Schutzschicht?
11. Warum müssen Kupferrohre bis 28 x 1 im Trinkwasserbereich weichgelötet werden?
12. Was versteht man unter Entzinkung?
13. Unterscheiden Sie interkristalline und transkristalline Korrosion.

4.6.5 Korrosionsschutzmaßnahmen

Korrosionsschutzmaßnahmen an der Säulenbohrmaschine

Die Metalloberflächen der Säulenbohrmaschine sind der Korrosion ausgesetzt. Korrosionsschutzmaßnahmen, die im Rahmen der Wartung einer Maschine durchgeführt werden, beschränken sich auf das Aufbringen einer Schutzschicht auf die Metalloberflächen (passiver Korrosionsschutz).

Hieraus lassen sich folgende Schutzmaßnahmen ableiten:

- blanke Metalloberflächen einölen
- beschädigte Lackschicht ausbessern
- Material in Ölpapier einwickeln

Korrosionsschutz

Korrosionsschäden können bei Metallen fast immer auf elektrochemische Korrosion zurückgeführt werden.

Will man korrosionsgefährdete Bauteile schützen, so muss der bei der elektrochemischen Korrosion auftretende Stromfluss verhindert werden. Der Strom kann nicht fließen, wenn keine Spannung vorhanden ist.

Der Spannungsaufbau lässt sich verhindern, wenn

- kein Elektrolyt an das Korrosionselement gelangen kann und
- zwei Leiter aus gleichen Werkstoffen vorhanden sind.

Ein Korrosionsstrom fließt auch dann nicht, wenn bei verschiedenen Leitermaterialien der Stromkreis z. B. durch eine Isolierschicht unterbrochen ist.

Aufgrund dieser Überlegungen ergeben sich die in Abb. 4 gezeigten Korrosionsschutzmaßnahmen.

Geeignete Werkstoffauswahl

Die Werkstoffauswahl bei Leitungsanlagen in der Heizungs-, Lüftungs- und Klimatechnik ist hinsichtlich Korrosion wenig problematisch.

Dagegen gibt es für die *Werkstoffauswahl bei Trinkwasser* umfangreiche Hinweise in der DIN 1988-200.

Dazu zählen:

1. Die *Erfahrungen mit Werkstoffen* am Einsatzort sind bevorzugt zu beachten.
2. Wenn verzinkte Stahlrohre verwendet werden, ist eine *Mischinstallation* praktisch unvermeidbar, da der Armaturenwerkstoff in der Regel aus einer Kupferlegierung besteht.

! Fließregel: In Rohrleitungen, die sauerstoffreiches Wasser wie Trinkwasser führen, muss, in Fließrichtung gesehen, erst der unedle (z. B. verzinkter Stahl) und dann der edle Werkstoff (z. B. Kupfer) eingesetzt werden.

Der korrosionsschutzgerechte Abschluss der Installationsarbeiten erfolgt mit der Spülung der Rohrleitung.

Passiver Korrosionsschutz

Als passiven Korrosionsschutz bezeichnet man eine Barriereschicht, die die Metalloberfläche und das korrosiv wirkende Medium voneinander trennt.

Korrosionsschutz durch Pulverbeschichtungen

In der Versorgungstechnik werden hauptsächlich Rohre, Formstücke, Armaturen, Heizkörper und Trinkwassererwärmer mit Kunststoffpulvern beschichtet.

Verwendet werden thermoplastische Pulver, wie Polyamid (PA) und Ethylen-Vinylalkohol-Copolymerisate (EVAL), ferner *thermohärtende Pulver* wie Epoxidharz (EP), Polyacrylatharz (PAC) und Polyurethan (PUR).

Die bekanntesten Pulverbeschichtungsverfahren sind das Pulversintern, Wirbelsintern und Flammspritzen.

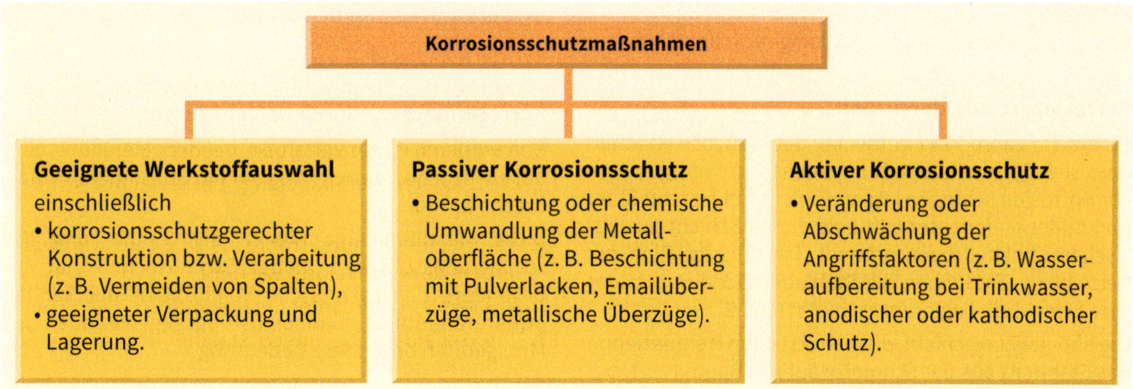

Abb. 4: Korrosionsschutzmaßnahmen

Korrosionsschutz durch Email

Eine wirkungsvolle Maßnahme zum Schutz gegen Korrosion und Verschleiß ist z. B. das Beschichten von Dusch- und Badewannen, Warmwasserspeichern, Rohrleitungsteilen und Formstücken durch Emaillieren (Abb. 1). Dabei entsteht ein Verbundstoff aus Metall und Glas.

Die wesentlichsten *Eigenschaften* dieses *Verbundwerkstoffes* sind:

- lange Lebensdauer, chemisch widerstandsfähig
- hohe Oberflächenhärte und abriebfest
- hygienisch einwandfrei und toxisch unbedenklich
- Oberfläche glatt, glänzend oder matt
- farbbeständig, nahezu unbegrenzte Farbauswahl
- leicht zu reinigen und zu pflegen
- temperaturwechselbeständig

Die geforderten Eigenschaften können teilweise in einer Schicht (Direktemail) mit ca. 0,3 mm Schichtdicke oder in mehreren Schichten (Grundemail und Deckemail) erzielt werden (Abb. 1).

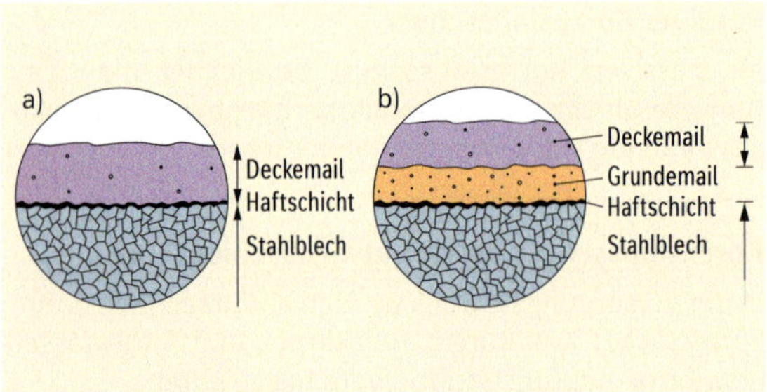

Abb. 1: Querschnitt einer
a) Einschichtemaillierung, b) Zweischichtemaillierung

Bedingt durch den niedrigeren Ausdehnungskoeffizienten (α = 8 bis 10,8 · 10^{-6} K^{-1}) gegenüber Stahl (α = 12 · 10^{-6} K^{-1}) steht die Emailschicht stets unter Druckspannung. Bei Schlag- oder Stoßbeanspruchungen kommt es daher leicht zu Beschädigungen – das Email platzt ab.

Emaillierte Bauteile sind vollständig recyclingfähig.

Korrosionsschutz durch Zink

Bereits im Jahre 1742 entdeckte der Franzose Malouin, dass sich Stahlteile durch Eintauchen in flüssiges Zink vor Korrosion schützen lassen. Zink haftet fest auf Stahl und bildet an feuchter Luft eine dichte Schicht aus basischem Zinkhydrogencarbonat. Das flüssige Zink benetzt beim Eintauchen die Stahloberfläche und bildet eine Eisen-Zink-Legierungsschicht (Abb. 2).

Die oberste Zinkschicht, die sich erst beim Herausziehen des Stahlteils aus der Schmelze auf das Bauteil legt, besteht aus metallischem Zink. Sie ist glänzend und zeigt meist das typische „Zinkblumenmuster". Ist die Reinzinkschicht nach Jahren abgetragen, übernimmt die Eisen-Zink-Legierungsschicht den weiteren Schutz. Dabei kann es zur Braunfärbung kommen, die jedoch die Wirksamkeit des Korrosionsschutzes nicht beeinträchtigt. Es gibt verschiedene *Verzinkungsverfahren*:

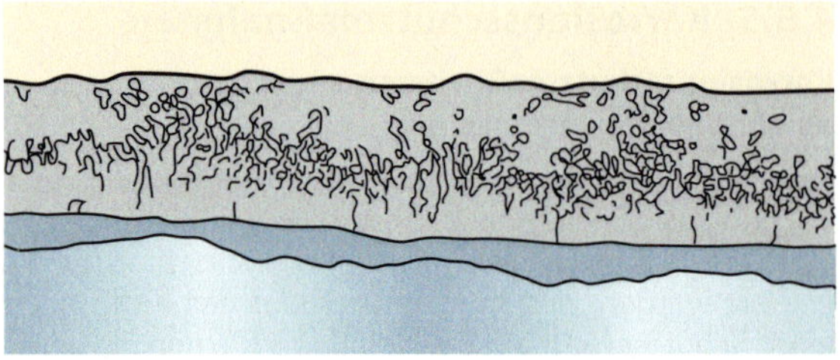

Abb. 2: Schliffbild eines feuerverzinkten Stahles

1. *Feuerverzinken*
   Meist durch Eintauchen in flüssiges Zink,
   Schichtdicke 50–150 µm

2. *Spritzverzinken*
   Aufspritzen von geschmolzenem Zink,
   Schichtdicke 80–150 µm

3. *Galvanisches Verzinken*
   Zinkabscheidung durch elektrischen Strom
   in wässrigen Elektrolyten
   Schichtdicke 5–25 µm

4. *Zinkstaubbeschichtung*
   Zinkstaubpigment in Bindemittel
   Auftragen durch Streichen, Rollen usw.
   Schichtdicke 20–120 µm

Recycling von stahlverzinkten Teilen

Durch die relativ niedrige Verdampfungstemperatur des Zinks bei ca. 910 °C verdampft Zink beim Einschmelzen von Stahl. Es lässt sich in den Filteranlagen der Stahlwerke auffangen. Aus den Filterstäuben kann das Zink wieder zurückgewonnen werden.

Korrosionsschutz durch Galvanisieren

Galvanisieren ist ein Verfahren, bei dem Metallüberzüge auf elektrochemischem Weg auf ein Grundmetall aufgebracht werden.

Diese Metallüberzüge dienen als *Schutz- und Verschönerungsschichten*. In der Sanitärtechnik hat insbesondere das galvanische Verchromen bei Sanitärarmaturen (Abb. 3), Badausrüstungsgegenständen und Messgeräten besondere Bedeutung.

Abb. 3: Waschtischarmatur verchromt

Durch Zusatz bestimmter Stoffe zum Elektrolyt wird der Chromniederschlag besonders feinkörnig, sodass auf einem polierten Grundmetall ein spiegelglänzender Überzug (*Glanzchromüberzug*) von ca. 20 µm entsteht. Da diese Schicht allein noch keinen vollkommenen Korrosionsschutz bietet, werden zuvor Zwischenschichten aus Kupfer und Nickel galvanisch aufgebracht.

Recycling von verchromten Teilen

Mithilfe eines einfachen Verfahrens, bei dem die verchromten Teile in ein Natriumbisulfit-Bad getaucht werden, lässt sich das Chrom trennen und einer Wiederverwertung zuführen.

! Beim *Galvanisieren* mit Chrom entstehen besonders schädliche Chromverbindungen, die wie alle Schwermetallschlämme als Sonderabfall entsorgt werden müssen.

Aktiver Korrosionsschutz

Der aktive Korrosionsschutz umfasst Maßnahmen zur Abschwächung der Angriffsfaktoren, bspw. durch die Auswahl geeigneter Werkstoffe.

Kathodischer Korrosionsschutz

In der Versorgungstechnik ist der kathodische Korrosionsschutz bei Trinkwassererwärmern, Behältern und Rohrleitungen von besonderer Bedeutung. Der kathodische Korrosionsschutz wird erreicht, indem das zu schützende Metall bei Anwesenheit eines Elektrolyten (z. B. Trinkwasser) mit einer Anode leitend verbunden wird. Das verwendete Anodenmetall muss in der Spannungsreihe negativer sein als die zu schützende Metalloberfläche. Durch den nun fließenden Strom gibt die Anode Ionen an den Elektrolyten ab. Mögliche Fehlstellen, z. B. in einer beschichteten Stahloberfläche, werden zur Kathode. Statt des Stahls geht der Anodenwerkstoff in Lösung und verhindert so einen Korrosionsschaden. Durch ihre Funktion verbraucht sich die Anode allmählich. Daher nennt man sie auch „*Opferanode*" (Abb. 4).

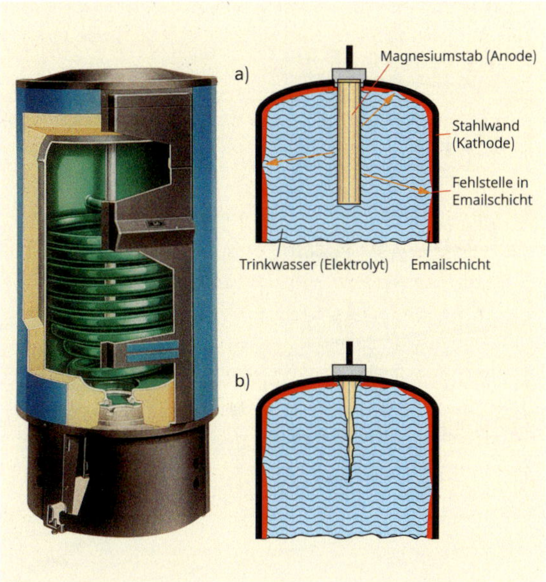

Abb. 4: Trinkwassererwärmer mit emailliertem Speicher- und kathodischem Korrosionsschutz; a) Opferanode in unverbrauchtem, b) in verbrauchtem Zustand

Als geeignete Anodenwerkstoffe haben sich besonders Magnesium und Zink erwiesen.

Zum kathodischen Schutz können sowohl Anoden verwendet werden, die einen Eigenstrom erzeugen, als auch solche, bei denen ein Fremdstrom eingespeist wird (Kompensation). Man spricht dann vom *elektrischen Korrosionsschutz* durch Fremdstromanoden. Der Strombedarf beträgt etwa 20–30 kWh pro Jahr, dafür entfällt die Wartung.

! Beim *kathodischen Schutz* erfolgt die Kompensation des Korrosionsstromes, der die Metallauflösung bewirkt, durch Anoden mit Eigen- oder Fremdstrom.

Aufgaben

1. Erläutern Sie die Fließregel.
2. Was ist bei der korrosionsschutzgerechten Installationsausführung zu beachten?
3. Wodurch unterscheiden sich passiver und aktiver Korrosionsschutz?
4. Welche wesentlichen Eigenschaften besitzt eine Email-Beschichtung?
5. Vergleichen Sie eine Email- und eine Zinkbeschichtung miteinander.
6. Welche Aussagen können Sie zum Recycling von emaillierten und stahlverzinkten Bauteilen treffen?
7. Was versteht man unter „Galvanisieren"?
8. Was versteht man unter dem kathodischen Korrosionsschutz?

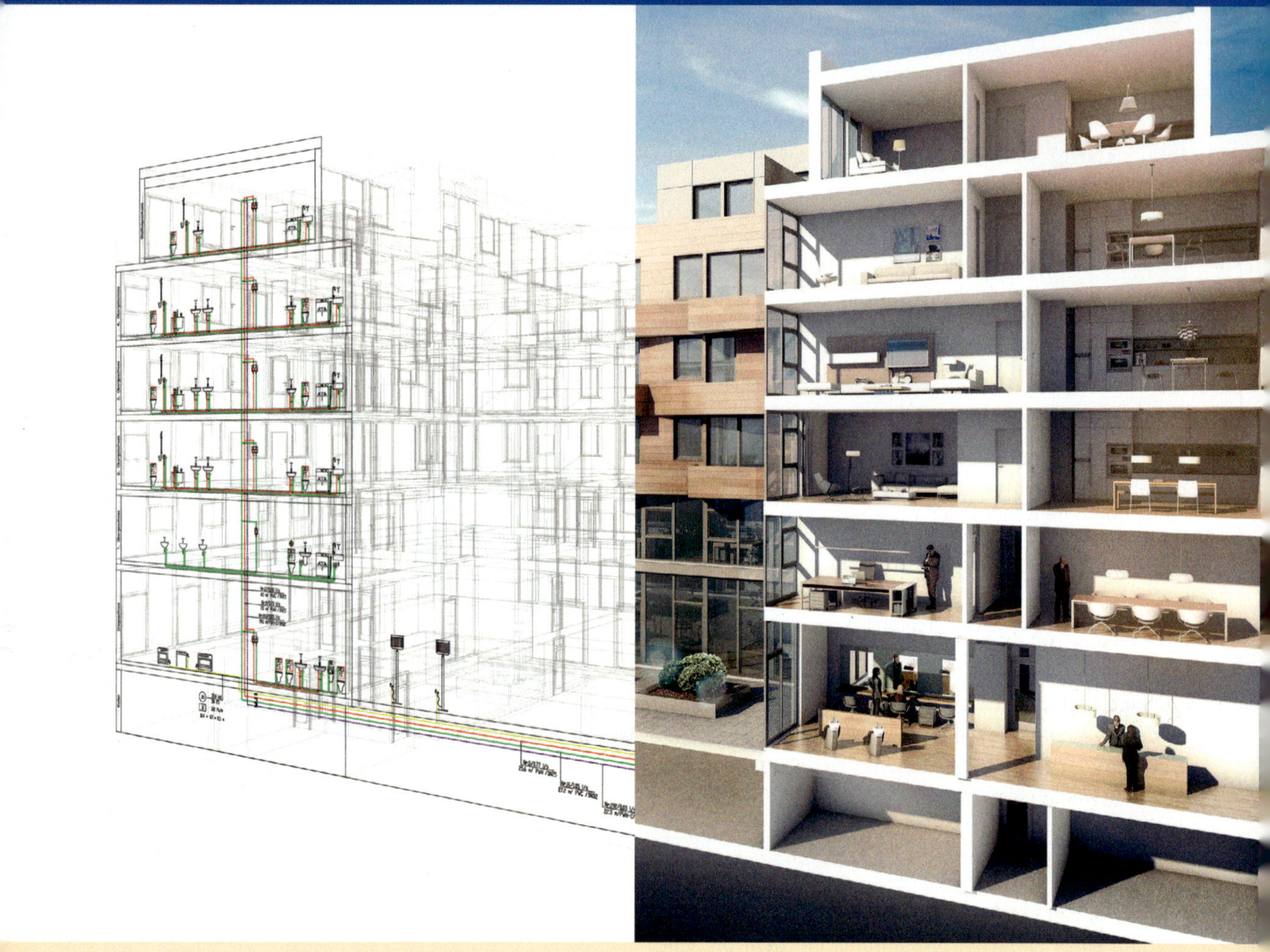

Lernfeld 5

Trinkwasseranlagen installieren

Trinkwasserinstallation für ein Badezimmer

Kundenauftrag

In einem Einfamilien-Reihenhaus gemäß den Basisunterlagen (siehe S. 696 ff.) soll im Rahmen einer Erweiterung die Trinkwasserinstallation für ein Badezimmer im 2. OG geplant und durchgeführt werden.
Die Bearbeitung des Auftrages ist unter Berücksichtigung der Kundenwünsche auszuführen.

Information und Orientierung

Sie sind Auszubildende/-r in einem modernen zukunftsorientierten Installationsbetrieb. Ein **Leitbild** in Ihrem Betrieb lautet: „Wir machen Ihr Anliegen zu unserem!" Bei der Ausführung einer Trinkwasserinstallation kann Ihr Kunde oder Ihre Kundin von Ihnen erwarten, dass

- eine Verschlechterung der Trinkwasserqualität innerhalb der Installation vermieden wird,
- eine Verunreinigung des Wassers der öffentlichen Trinkwasserversorgung nicht erfolgt,
- das entnehmbare Trinkwasser die Normen für die Wasserbeschaffenheit erfüllt,
- die Installation die Gesundheit nicht gefährdet und keinen Sachschaden verursacht,
- der erforderliche Durchfluss und Druck an den Entnahme- und Anschlussstellen vorhanden ist,
- die Installation den funktionalen Anforderungen während der gesamten Lebensdauer entspricht,
- von der Installation keine Geräuschbelästigung ausgeht,
- Verschwendung, Verluste und Missbrauch von Trinkwasser vermieden werden,
- die Installation unter wirtschaftlichen und ökologischen Gesichtspunkten erfolgt und termingerecht ausgeführt wird.

Gemäß **Kundenwunsch** sind die Einrichtungsgegenstände Dusche, Waschtisch, Bidet, Urinal und WC mit Spülkasten vorzusehen. Für die Installation sollen Vorwandelemente verwendet werden. Die bereits installierten Trinkwasserleitungen sind in Kupferrohr nach DIN EN 1057 ausgeführt.

Planung und Durchführung

- Vor der Erstellung von Lösungsvorschlägen werten Sie die baulichen Gegebenheiten anhand der Baubeschreibung und Bauzeichnungen aus. Zeichnen Sie anschließend die Leitungsführung in den Grundriss des 2. OG ein.
- Zeichnen Sie das Strangschema (S. 192) im Maßstab 1:50 auf ein DIN-A3-Blatt und ergänzen Sie es um die neu zu installierenden Sanitärobjekte. Verwenden Sie die Sinnbilder nach DIN 1986-100 (→ TB).
- Besonders zu berücksichtigen sind Maßnahmen zum Erhalt der Trinkwassergüte. Informieren Sie sich darüber, welche Sicherungseinrichtungen zum Schutz des Trinkwassers vor Veränderungen in Rohrleitungen vorzusehen sind (DIN EN 1717). Kennzeichnen Sie die von Ihnen vorgesehenen Sicherungseinrichtungen im Strangschema und beschreiben Sie in einer Liste deren Funktion. Überprüfen Sie, ob an der bestehenden Anlage ggf. Änderungen vorgenommen werden sollten.
- Auch die Wahl des Rohrleitungswerkstoffes kann das Trinkwasser beeinflussen. Die Werkstoffauswahl sollte nicht ohne Beachtung der Wasseranalyse vorgenommen werden. Daher fragen Sie diese beim Wasserversorgungsunternehmen (WVU) nach. Aus der Wasseranalyse ergibt sich u. a. ein pH-Wert von 8,3. Können Sie bei Kupfer als Rohrleitungswerkstoff bleiben? Begründen Sie Ihre Entscheidung.
- Überlegen Sie, welche Faktoren einen Einfluss auf die Versorgung der Entnahmearmaturen im 2. OG haben und erstellen Sie dazu eine Mindmap. Legen Sie anschließend die Nennweiten der neuen Rohrleitung im Strangschema überschlägig fest. Geben Sie an, wie eine ausreichende Versorgung der Entnahmearmaturen in diesem Haus problemlos gewährleistet werden kann.
- Erstellen Sie einen Ablaufplan für die Installation der Trinkwasserleitungen.
- Fertigen Sie aus den Grundrisszeichnungen in Verbindung mit dem Strangschema einen Materialauszug an.
- Erstellen Sie eine geordnete Projektmappe mit Ihren Arbeitsergebnissen.

Bewertung

Überlegen Sie sich Bewertungskriterien, nach denen Sie die Arbeitsergebnisse der Mitschüler/-innen beurteilen und vergleichen können.

Präsentation

Die Trinkwasser- und Trinkwarmwasserinstallation sowie die bei der Planung getroffenen Entscheidungen sind mithilfe von Folien oder Computerunterstützung bildlich darzustellen und mit eigenen Worten zu präsentieren.

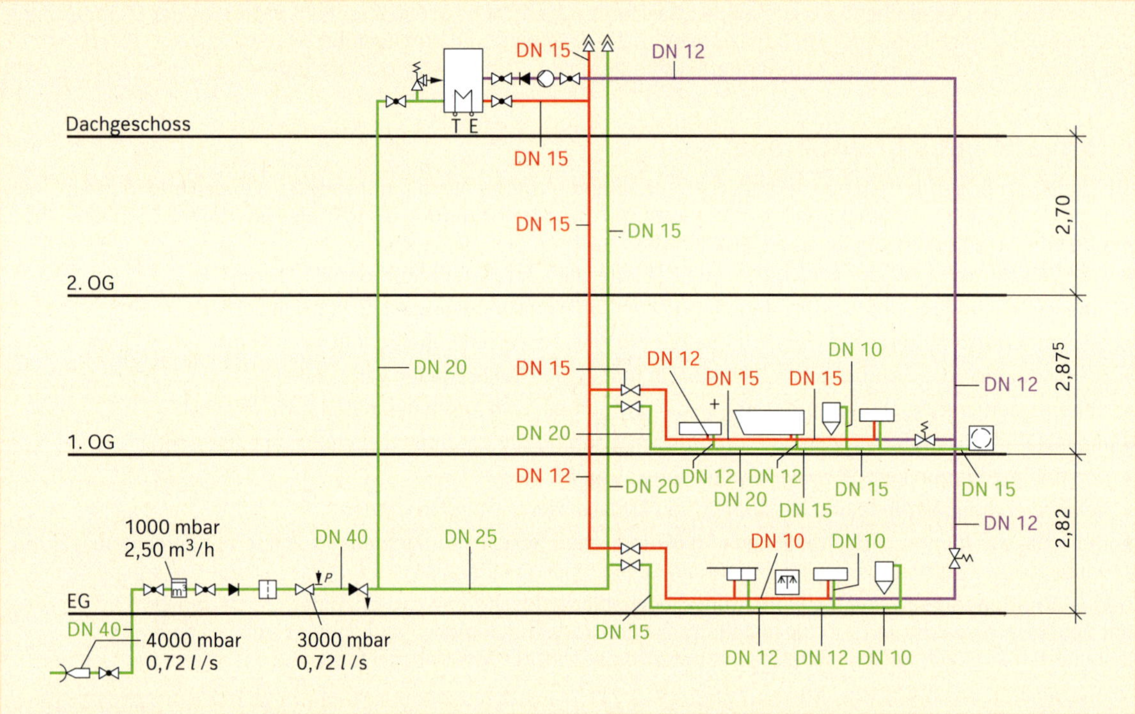

Abb. 1: Strangschema der Trinkwasserinstallation

5 Trinkwasseranlagen installieren

5.1 Wasservorkommen

Eigentlich müsste unser Planet „Wasser“ heißen, denn fast ¾ der Oberfläche sind mit 1,32 Mrd. km³ Meerwasser der Ozeane bedeckt. Die Gesamtheit aller Wasservorräte auf der Erde wird als Hydrosphäre bezeichnet und beträgt konstant 1,36 Mrd. km³. Nur 296.000 km³ aus Grund- und Quellwasser naher Bodenschichten sowie Oberflächenwasser aus Flüssen und Seen kommen weltweit für eine Trinkwassernutzung infrage (Abb. 1).

Will man für die Trinkwassergewinnung nicht in den Bestand nutzbarer Süßwasservorräte eingreifen, so darf nur mit der jährlich erneuerbaren Wassermenge gerechnet werden. Diese Rechnung basiert auf den Angaben nach Abb. 2. Danach gelangen über die Atmosphäre 40.000 km³/Jahr auf die Kontinente und erneuern dort durch Regen die Süßwasservorräte. Über Flüsse und Grundwasser fließen sie wieder in die Ozeane zurück. Selbst in niederschlagsarmen Jahren muss mit einem Mindestabfluss von 14.000 km³ (Basisabfluss) gerechnet werden. Der gesamten Menschheit stehen demnach theoretisch 26.000 km³/Jahr an erneuerbarem Wasser zur Verfügung.

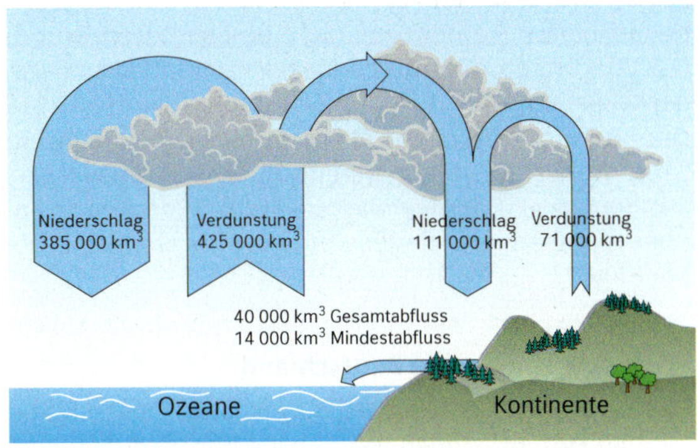

Abb. 2: Weltwasserbilanz

Zwischen 1900 und 1990 hat sich die weltweite Wasserentnahme versechsfacht. Diese Entwicklung setzt sich fort. Im Jahre 1990 wurden weltweit 4.130 km³ und im Jahre 2000 bereits 5.200 km³ Wasser entnommen. Trinkwasser ist weltweit gesehen bereits heute eine Mangelware und die Lage wird sich in den nächsten Jahrzehnten weiter verschärfen.

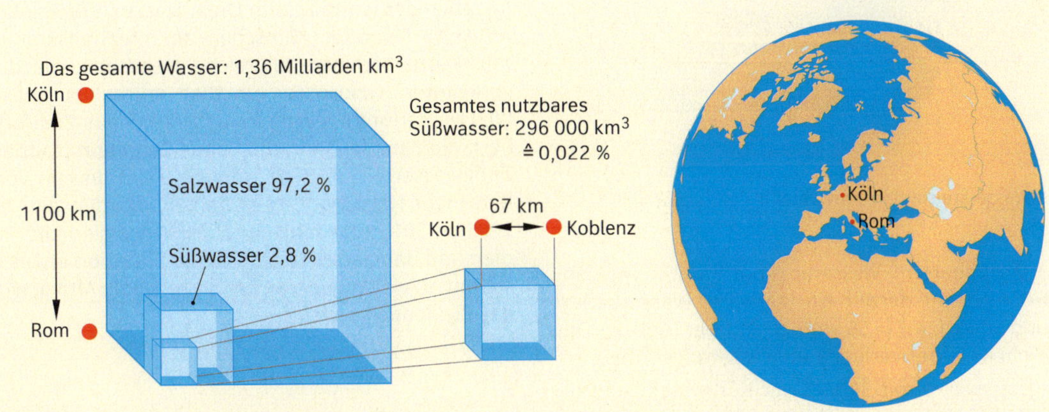

Zustand	Vorkommen	Anteil			
versalzen	in den Meeren	1 322 000 000 km³	97,2 %		
gebunden	im Polareis im Gletschereis	25 390 000 km³ 3 800 000 km³	1,87 % 0,28 %	2,15 %	Süßwasser 2,8 %
unerreichbar	im Boden in Grundwasserzonen tiefer als 800 m	8 500 000 km³		0,627 %	
nicht nutzbar	in der Luft (Atmosphäre) in lebenden Organismen (Biosphäre)	13 400 km³ 600 km³	0,00096 % 0,00004 %	0,001 %	
nutzbar	als Grund- und Quellwasser als Flüsse und Seen	66 000 km³ 230 000 km³	0,005 % 0,017 %	0,022 %	
	Hydrosphäre insgesamt	1 360 000 000 km³	100 %		

Abb. 1: Wasservorräte der Erde

Es gäbe auf der Erde nirgendwo Wassermangel, wenn Niederschläge, Süßwasservorräte und Bevölkerung gleichmäßig über die Kontinente verteilt wären. Meist herrscht in dünn besiedelten Regionen Wasserüberschuss, in Ballungsgebieten fehlt dagegen Trinkwasser.

Übersteigt der Wasserbedarf die erneuerbaren Vorräte eines Landes, so kann er nur aus Flüssen und Stauseen benachbarter Staaten, aus nicht erneuerbaren Grundwasservorräten oder durch Meerwasserentsalzung gedeckt werden. Allein in den Golfstaaten wurden 2018 ca. 7,5 km³ Trinkwasser aus dem Meer gewonnen. In Saudi-Arabien stammen bereits 70 % des Trinkwassers aus dem Meer. Das Meerwasser wird zur Entsalzung auf über 100 °C erhitzt. Hierfür werden große Mengen Erdöl benötigt.

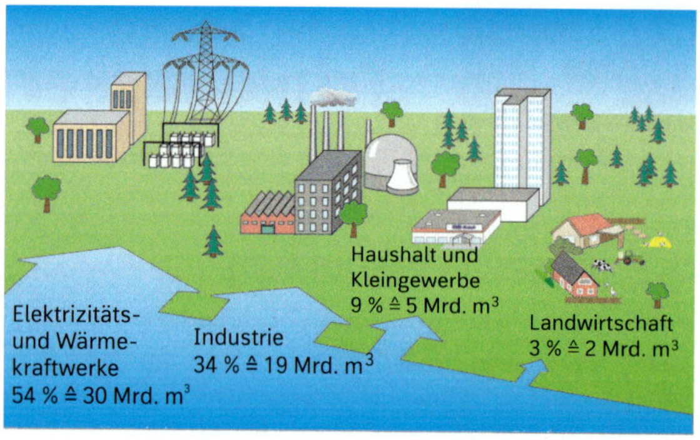

Abb. 2: Gesamtwasserbedarf in Deutschland: 56 Mrd. m³

Wasservorkommen in Deutschland

Von den jährlichen Niederschlägen über Deutschland mit 250 Mrd. m³ stehen nach Abzug der Verdunstungsverluste ca. 115 Mrd. m³ Oberflächen- und Grundwasser zur Nutzung zur Verfügung (Abb. 1).

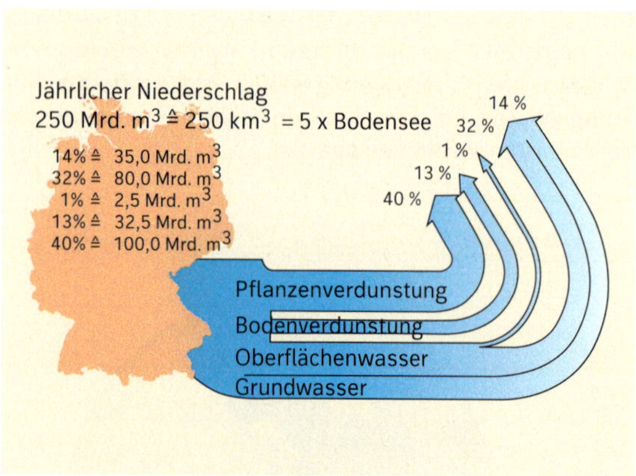

Abb. 1: Wasserkreislauf in Deutschland

Dem verfügbaren Wasserangebot mit ungefähr 115 Mrd. m³ steht derzeit ein jährlicher Wasserbedarf von rund 56 Mrd. m³ (= 56 km³) gegenüber (Abb. 2). Das entspricht 49 % des verfügbaren Wasserangebotes.

Elektrizitätswerke mit 30 Mrd. m³ Kühlwasser und Industrie mit 19 Mrd. m³ haben den größten Wasserbedarf, meist Nichttrinkwasser, das Flüssen entnommen wird. Mit 5 Mrd. m³ benötigen die Haushalte und das Kleingewerbe sowie die Landwirtschaft mit etwa 2 Mrd. m³ deutlich weniger Wasser.

Durch die *öffentliche Trinkwasserversorgung* wird nur ca. 1/10 des jährlichen Gesamtwasserbedarfs, etwa 5,7Mrd. m³, geliefert. Dieses Wasser stammt im Bundesdurchschnitt zu 6,6 % aus Quellwasser, zu 64,1 % aus Grundwasser und zu 29,3 % aus aufbereitetem Oberflächenwasser (→ TB).
Bezogen auf die Bundesländer ist die Wasserherkunft jedoch unterschiedlich (→ TB).

Deutschland gehörte 2020 und 2021 zu den Regionen mit den höchsten Wasserverlusten weltweit. Jährlich gingen hier etwa 2,5 km³ Wasser verloren. Besonders betroffen waren Gebiete in Niedersachsen, Baden-Württemberg und Bayern. Der Grundwasserspiegel sank um ca. 1 cm pro Jahr.

Deutschland importiert viele Produkte wie Kaffee, Baumwolle usw. auch aus wasserarmen Ländern, zu deren Herstellung sehr viel Wasser benötigt wird. Dadurch sind wir für die dortigen Wasserprobleme mit verantwortlich und hinterlassen dort unseren Fußabdruck. Während z. B. für die Herstellung einer Tasse Kaffee 140 Liter Wasser verbraucht werden, sterben aufgrund von Wassermangel und unsauberem Trinkwasser nach Angaben der World Health Organization (WHO) jährlich rund 2,2 Millionen Menschen an Infektionskrankheiten. Hinzu kommen zahlreiche Menschen, die durch verkeimtes Trinkwasser ernsthaft erkranken. Auf dem Weltwasserforum wurde im Jahr 2000 das Ziel formuliert, die Zahl der Menschen ohne Zugang zu sauberem Trinkwasser bis 2015 zu halbieren. Um diesem Vorhaben mehr Nachdruck zu verleihen, wurden die Jahre 2005 bis 2015 zum Jahrzehnt des Wassers erklärt. In Indien und Bangladesch hat sich die Situation etwas entspannt. In vielen anderen Ländern, z. B. in Afrika, wurde das Ziel jedoch verfehlt.

Aufgaben

1. Beschreiben Sie den Kreislauf des Wassers in der Natur.
2. Welche Möglichkeiten ergeben sich für ein Land, dessen Wasserbedarf die erneuerbaren Vorräte übersteigt?
3. Weshalb ist von den großen Wasservorräten der Erde so wenig als Trinkwasser nutzbar?
4. Überlegen Sie sich Maßnahmen, die zur weltweiten Wasserversorgung beitragen könnten.
5. Was versteht man unter dem „Wasserfußabdruck“?

5.2 Eigenschaften des Wassers

Die Entstehung von Leben auf der Erde war ohne Wasser nicht möglich. Als das Leben begonnen hatte, sicherte das Wasser die Existenz. Ebenso wird die weitere Entwicklung und Erhaltung von Leben entscheidend vom Wasser abhängig sein.

Betrachtet man Wasser näher, so stellt man fest, dass Wasser ein ganz besonderer „Stoff" ist, der außergewöhnliche physikalische und chemische Eigenschaften aufweist.

5.2.1 Physikalische Eigenschaften

Zustandsformen

Je nach Druck und Temperatur kann Wasser in flüssigem Zustand, in festem Zustand (Eis, Hagel, Schnee) und in dampfförmigem Zustand (Nebel, Wasserdampf) auftreten.

Dichte ϱ und spezifisches Volumen v

Wasser hat bei +4 °C seine größte Dichte, d. h., bei dieser Temperatur sind die Moleküle auf engstem Raum konzentriert. So hat 1 dm³ Wasser bei 4 °C die Masse von 1 kg. Die Dichte beträgt also 1 kg /dm³.

$$\text{Dichte} = \frac{\text{Masse}}{\text{Volumen}} \qquad \varrho = \frac{m}{V}$$

SI-Einheiten: kg/dm³, kg/l, kg/m³, t/m³

Bezieht man das Volumen V auf die Masse m, so spricht man vom spezifischen Volumen v. So hat z. B. 1 dm³ Wasser bei +4 °C die Masse 1 kg. Das spezifische Volumen des Wassers beträgt somit 1 dm³/kg.

$$\text{spez. Volumen} = \frac{\text{Volumen}}{\text{Masse}} \qquad v = \frac{V}{m}$$

SI-Einheiten: dm³/kg, m³/kg, m³/t

! Wird Wasser erwärmt oder abgekühlt, so dehnt es sich bei verschiedenen Temperaturen ungleichmäßig aus. Dieses Verhalten unterscheidet es von nahezu allen anderen Stoffen. Man spricht daher von einer *Anomalie* (anomal = regelwidrig) des Wassers.

Die jeweilige Volumendehnung muss deshalb aus Tabellen entnommen werden (→ TB).

Tab. 1: Auswirkungen der Ausdehnung

	Volumen-zunahme	Folgen
Gefrieren	9,06 %	Eis schwimmt (87 % unter Wasser); Rohre platzen auf
Erwärmen	4,35 %	warmes Wasser steigt nach oben; in geschlossenen Behältern steigt der Druck
Verdampfen	167 300 %	gewaltiger Druckanstieg in geschlossenen Behältern

Berechnungen

Ein Tank wird mit 2 500 Litern Wasser von 10 °C gefüllt. Anschließend wird das Wasser auf 60 °C erwärmt.

a) Welche Masse kommt hierbei in den Tank?

b) Wie groß sind das Wasservolumen und die Volumenänderung nach der Aufheizung?

c) Tragen Sie in das Diagramm ein, wie sich bei der Erwärmung von 10 °C auf 60 °C das spezifische Volumen des Wassers verändert hat.

d) Wie würde sich das spezifische Volumen des Wassers verändern, wenn das Wasser im Tank im Winter einfrieren würde?

Geg.: $V_1 = 2\,500\ \text{dm}^3$, $\vartheta_1 = 10\ °\text{C}$, $\vartheta_2 = 60\ °\text{C}$

a) Ges.: m

Lös.: $m = \varrho_1 \cdot V_1$ mit: $\varrho_1 = 0{,}9997\ \frac{\text{kg}}{\text{dm}^3}$ (→ TB)

$$m = 0{,}9997\ \frac{\text{kg}}{\text{dm}^3} \cdot 2\,500\ \text{dm}^3 = \mathbf{2\,499{,}25\ kg}$$

b) Ges.: V_2, ΔV

Lös.: $V_2 = \frac{m}{\varrho_2}$ mit: $\varrho_2 = 0{,}9832\ \frac{\text{kg}}{\text{dm}^3}$ (→ TB)

$$V_2 = \frac{2\,499{,}25\ \text{kg}}{0{,}9832\ \text{kg/dm}^3} = \mathbf{2\,541{,}95\ dm^3}$$

$$\Delta V = V_2 - V_1 = 2\,541{,}95\ \text{dm}^3 - 2\,500\ \text{dm}^3$$

$$\mathbf{\Delta V = 41{,}95\ dm^3}$$

c)

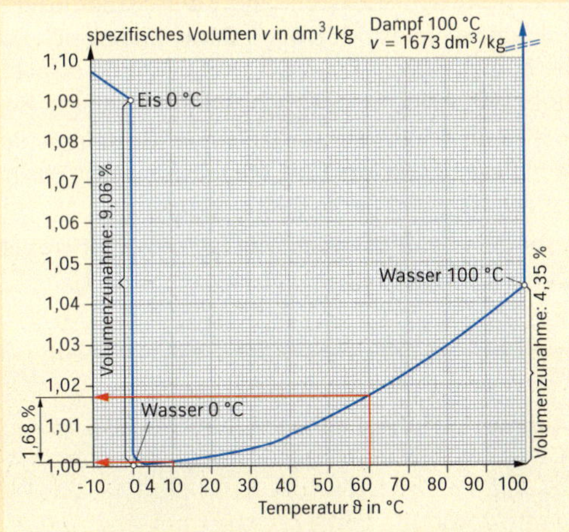

Das spezifische Volumen nimmt bei der Erwärmung von 10 °C auf 60 °C von 1,0003 dm³/kg auf 1,0171 dm³/kg zu. Das entspricht einer Volumenänderung von 1,68 %.

d) Das Volumen würde um 9,06 % zunehmen, was zur Zerstörung des Tanks und der Leitungen führen könnte.

5.2.2 Chemische Eigenschaften

Hinsichtlich der chemischen Eigenschaften des Wassers benötigen Anlagenmechaniker/-innen für SHK insbesondere Informationen hinsichtlich der Zusammensetzung des Wassers, des pH-Wertes und der Wasserhärte.

- **Zusammensetzung des Wassers**

Chemisch reines Wasser besteht aus Wasserstoff- und Sauerstoffatomen:

$2\,H_2 + O_2 \rightarrow 2\,H_2O$

Nur destilliertes Wasser ist chemisch rein. Es kommt in der Natur nicht vor, schmeckt fade, ist farb- und geruchlos und für Trinkwasserzwecke nicht geeignet. Mithilfe von elektrischem Strom kann Wasser in seine Bestandteile zerlegt werden.

Dabei entstehen die farb- und geruchlosen Gase *Sauerstoff* (nicht brennbar, aber zu jeder Verbrennung erforderlich) und *Wasserstoff* (brennbar).

! Verbrennt man Wasserstoff und Sauerstoff, so entsteht wieder Wasser. Bei diesem Vorgang wird viel Energie freigesetzt. Der Kreislauf schließt sich in idealer Weise ohne schädliche Auswirkungen auf das *ökologische Gleichgewicht*. Diese Gesetzmäßigkeit wird zunehmend in der Wasserstofftechnologie angewandt.

Natürliches Wasser aus der öffentlichen oder privaten Wasserversorgung ist nicht chemisch rein. Es enthält in unterschiedlichen Mengen Stoffe wie Gase, Salze und Mineralien, die es aus der Luft bzw. dem Erdreich aufgenommen hat.

In der Luft reichert sich Regenwasser hauptsächlich mit Sauerstoff (O_2), Stickstoff (N_2), Kohlenstoffdioxid (CO_2) und Schwefeldioxid (SO_2) an. Dabei bilden sich schwache Kohlensäure ($CO_2 + H_2O \rightarrow H_2CO_3$) und schwefelige Säure ($SO_2 + H_2O \rightarrow H_2SO_3$), bekannt als „saurer Regen".

Im Erdreich löst Wasser aus den Gesteinsschichten überwiegend Calcium (Ca), Magnesium (Mg), Eisen (Fe), Mangan (Mn) und deren Verbindungen.

Besonders deutlich zeigen Ablagerungen in Tropfsteinhöhlen die Lösefähigkeit von Wasser (Abb. 1).

Abb. 1: Ablagerungen in Tropfsteinhöhlen

- **pH-Wert**

Eine wichtige Größe zur Beurteilung von Trinkwasser ist der pH-Wert (lat.: pondus hydrogenii = Wirkungsvermögen des Wasserstoffs). Durch Zerfall von Wassermolekülen entstehen Wasserstoff- und Hydroxid-Ionen (Ionen = elektrisch positiv oder negativ geladene Teilchen) nach der Gleichung:

H_2O Wasser	$\Leftrightarrow$	H^+ Wasserstoff-Ion	+	OH^- Hydroxid-Ion
neutral		Säuremerkmal		Laugenmerkmal

Ausgeglichen (neutral) ist chemisch reines Wasser, wenn in 1 l Wasser die geringe Konzentration von

$$\frac{1}{10\,000\,000} = 10^{-7} \text{ Gramm Wasserstoff-Ionen } (H^+)$$

vorhanden ist. Zur Vereinfachung wird nur der negative Exponent zur Basis 10, die Zahl 7, als Kenngröße herangezogen und als pH-Wert bezeichnet: pH 7.

Überwiegen die Wasserstoff-Ionen (H^+) gegenüber den Hydroxid-Ionen (OH^-), so reagiert das Wasser sauer. Sind mehr Hydroxid-Ionen (OH^-) als Wasserstoff-Ionen (H^+) vorhanden, so reagiert es alkalisch.

! Der *pH-Wert* gibt die Menge der wirksamen Wasserstoff-Ionen (H^+) an. Er ist eine Maßzahl für den sauren, neutralen oder alkalischen (laugenhaltigen) Charakter einer Flüssigkeit.

Auf einer Skala von pH 0 bis pH 14 lassen sich so die pH-Werte von Flüssigkeiten darstellen. Eine pH-Wert-Veränderung von Wasser kann z. B. durch Zugabe von Salzsäure oder Natronlauge erfolgen.

Will man den pH-Wert senken, so kann Salzsäure zugegeben werden; sie zerfällt dabei wie folgt:

HCl Salzsäure	$\rightarrow$	H^+ Wasserstoff-Ion	+	Cl^- Chlorid-Ion

Die entstandenen positiv geladenen Wasserstoff-Ionen H^+ haben saure Wirkung und verringern daher den pH-Wert. Umgekehrt ist es auch möglich, den pH-Wert von Wasser zu erhöhen. In diesem Fall ist eine Zugabe von Natronlauge erforderlich. Dabei zerfällt die Natronlauge nach folgender Gleichung:

$NaOH$ Natronlauge	$\rightarrow$	Na^+ Natrium-Ion	+	OH^- Hydroxid-Ion

Die entstandenen negativ geladenen Hydroxid-Ionen OH^- haben alkalische (basische) Wirkung und heben daher den pH-Wert an.

Die *Messung des pH-Wertes* erfolgt mit elektronischen Messgeräten oder mit sogenannten Indikatoren (Anzeigern). Die mit Farbstoffen getränkten Papier- oder Kunststoffstreifen ändern je nach pH-Wert ihre Farbe.

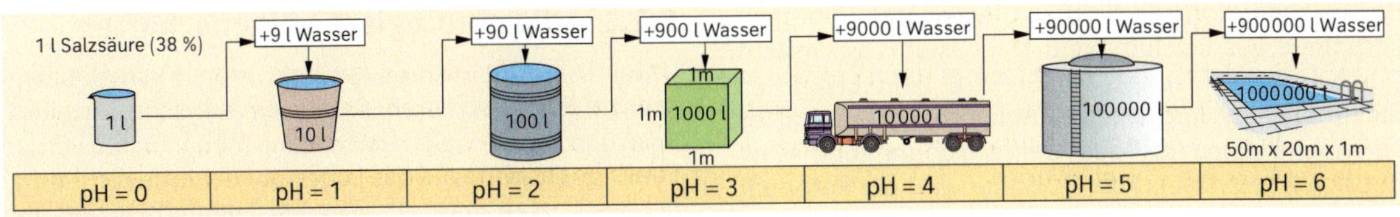

Abb. 2: Verdünnungsreihe

Ein Farbvergleich ermöglicht die Bestimmung des jeweiligen pH-Wertes (TB).

Um 1 Liter Salzsäure von pH = 0 auf pH = 6 zu verdünnen, sind ca. 1 000 000 Liter = 1 000 m³ Wasser notwendig (Abb. 2). Das entspricht dem Trinkwasserverbrauch von ca. sieben Familien pro Jahr. Abb. 2 verdeutlicht auch, wie gewaltig die Unterschiede zwischen den einzelnen pH-Wert-Stufen sind. Saure Abwässer sollte man daher besser vor dem Einleiten in das Abwassersystem *neutralisieren*.

! Wegen der zum Teil stark ätzenden Wirkung von Säuren und Laugen sind beim Umgang mit diesen Stoffen Augen- oder Gesichtsschutz sowie Schutzhandschuhe zu tragen.

Aufgaben

1. Bei welcher Temperatur hat Wasser seine größte Dichte?
2. Welches spezifische Volumen hat Wasser bei 100 °C?
3. Um wie viel Prozent dehnt sich Wasser aus, wenn es von 4 °C auf 90 °C erwärmt wird?
4. Berechnen Sie die Masse von 1 200 Litern Wasser mit einer Temperatur von 65 °C.
5. Wie groß ist die Volumenänderung, wenn 250 Liter Wasser von 10 °C auf 60 °C erwärmt werden?
6. Wie verhält sich das spezifische Volumen zur Dichte?
7. Was versteht man unter der Anomalie des Wassers?
8. Welche Volumenzunahme in Prozent erfährt Wasser beim Gefriervorgang, welche beim Erwärmen von 0 °C bis 100 °C?
9. Auf welcher Gesetzmäßigkeit basiert die Wasserstofftechnologie?
10. Nennen Sie fünf Stoffe, die Wasser aus der Luft oder aus dem Erdreich aufnehmen können.
11. Wie kommt es zu „saurem Regen"?
12. Was versteht man unter dem pH-Wert?
13. Bei welchem pH-Wert ist chemisch reines Wasser neutral?
14. Auf welche Weise kann der pH-Wert gemessen werden?
15. Wie kann der pH-Wert angehoben bzw. gesenkt werden?
16. Warum sollte man saure Abwässer vor dem Einleiten in das Abwassersystem neutralisieren?

- **Wasserhärte**

Wenn der frisch zubereitete Tee fade schmeckt, der Kaffee ohne Aroma bleibt, dann ist häufig ein zu hoher Kalkgehalt im Trinkwasser die Ursache. Kalkablagerungen in Trinkwasserleitungen, an Armaturen und Brauseköpfen bestätigen oft die Vermutung.

Der Kalkgehalt im Trinkwasser trägt in starkem Maße zur *Wasserhärte* bei.

Ursache der Wasserhärte sind die im Wasser gelösten *Calcium- und Magnesiumsalze*, die man auch *Härtebildner* nennt. Man bezeichnet ein Wasser mit einem hohen Gehalt an Calcium- und Magnesiumsalzen als „hart", mit einem geringen Gehalt als „weich". Die Calcium- und Magnesiumsalze liegen hauptsächlich als Hydrogenkarbonat, aber auch als Sulfate, Chloride, Nitrate und Silicate in unterschiedlichen Mengenverhältnissen im Wasser vor.

Je nach Herkunft des Wassers und seinem Weg durch Erd- und Gesteinsschichten *kann* es unterschiedliche Mengen dieser Salze aufnehmen.

So sind z. B. Wässer aus Kalkgebieten hart. Die Wässer aus Gebieten vulkanischer Gesteine (z. B. Basalt) und Buntsandstein haben dagegen nur geringe Härtegrade.

Grundwässer sind im Allgemeinen härter als Oberflächenwässer. Regen-, Schnee- und Kondenswasser haben überhaupt keine Härte, während Meerwasser die Wasserart mit der höchsten Härte ist.

Folgende Härteangaben sind üblich:

- die *Stoffmengenangabe*
- der *Härtegrad*
- der *Härtebereich*

Nach internationaler Normung ist die Maßeinheit für die Härte eines Wassers die *Stoffmenge* an Calcium- und Magnesiumsalzen (Summe der Erdalkalien) in mmol/l (Millimol pro Liter). Damit wird in allen Ländern der gleiche Härtebegriff verwendet. In der Praxis aber ist die bisherige Härteangabe in Grad deutscher Härte (°dH) gut eingeführt. Für die Umrechnung gelten die Beziehungen im TB.

Die Summe der Erdalkalien, d. h. die Summe aller im Wasser gelösten Calcium- und Magnesiumsalze, bezeichnete man früher als *Gesamthärte* (GH). Sie setzt sich aus der *Karbonat-Härte* (KH) und der *Nichtkarbonat-Härte* (NKH) zusammen.

Die *Karbonat-Härte* wird durch die gelösten Hydrogenkarbonate des Calciums und Magnesiums verursacht. Durch Ausgasen der Kohlensäure, z. B. beim Erwärmen, fallen Calcium- und Magnesiumhydrogenkarbonat bis auf einen kleinen Rest aus (weiße Trübung) und es bildet sich *Wasserstein* (Abb. 1). Daher wird die Karbonat-Härte auch als vorübergehende Härte bezeichnet.

Abb. 1: Wassersteinbildung

Hat ein Wasser eine hohe Karbonat-Härte, so kann es relativ viel Säure oder saure Lösung abpuffern bzw. neutralisieren, bevor der pH-Wert sinkt. Es hat somit eine relativ hohe *Säurekapazität*. Sie wurde als neue Bezeichnung für die Karbonat-Härte gewählt. Für die Umrechnung gelten die Beziehungen im ➜ TB.

Bei Erwärmen des Wassers über den Siedepunkt fällt das verbliebene Calcium- und Magnesiumhydrogenkarbonat als *Kesselstein* aus, während Chloride, Sulfate etc. gelöst bleiben. Sie bilden die *Nichtkarbonat-Härte* (NKH), die auch bleibende Härte genannt wird.

Die *Bestimmung der Wasserhärte* kann z. B. mit einer Indikatorlösung erfolgen. Hierbei wird einer bestimmten Menge Wasser tropfenweise die Indikatorlösung zugegeben, bis es zum Farbumschlag kommt. Die Tropfenzahl wird anschließend in die gewünschte Härteangabe umgerechnet.

Um die Härteangaben verbraucherfreundlicher zu gestalten, wird von den Wasserversorgungsunternehmen die Härte des Wassers gemäß dem Waschmittelgesetz mit einem *Härtebereich* bezeichnet. Danach unterscheidet man die Härtebereiche weich, mittel und hart (➜ TB).

Hartes Wasser hat erwünschte und weniger erwünschte Eigenschaften. Calcium und Magnesium im Trinkwasser sind wichtig für die menschliche Gesundheit. Auch für metallische Versorgungsleitungen ist eine gewisse Wasserhärte von Vorteil, damit sich im Rohrnetz eine Korrosionsschutzschicht aus Kalk bilden kann. Die Waschwirkung von Seifen und Waschmitteln wird durch hartes Wasser jedoch erheblich vermindert. So ist z. B. für sehr hartes Wasser die doppelte Waschmittelmenge im Vergleich zu weichem Wasser erforderlich.

5.2.3 Mikrobiologische Eigenschaften

Unter Mikroorganismen versteht man Kleinstlebewesen wie *Bakterien*, *Viren*, *Protozoen* (tierische Einzeller), *Pilze* und *Algen*. Viele Mikroorganismen haben wichtige Funktionen, ohne die das Leben auf der Erde nicht möglich wäre. Man unterscheidet zwischen nützlichen und schädlichen sowie in ihrer Auswirkung auf Menschen neutralen Mikroorganismen.

Der Mensch selbst trägt eine große Zahl von Bakterien und Viren. Sie halten sich auf der Haut, den Schleimhäuten und im Verdauungstrakt auf und greifen in unsere Lebensvorgänge ein. Als Krankheitserreger kommt nur eine relativ geringe Anzahl von Mikroorganismen in Betracht.

Im *Sanitärbereich* können beim Menschen durch *Viren* bzw. durch *Bakterien* Krankheiten infolge infizierten Trink- oder Schwimmbadwassers, aber auch durch (Dusch)-Warmwasser hervorgerufen werden.

Pilze und *Protozoen* können durch verschmutzte Badeinrichtungen und das Badewasser übertragen werden.

Algen bilden sich hauptsächlich in lichtdurchlässigen Rohren, Hauswasserfiltertassen und Bädern.

Für das menschliche Auge sind Bakterien erst durch das Mikroskop sichtbar. Bei der Nadelspitze in Abb. 2 erkennt man erst bei erheblicher Vergrößerung (ca. 2 000-fach), dass sie mit Bakterien verseucht ist.

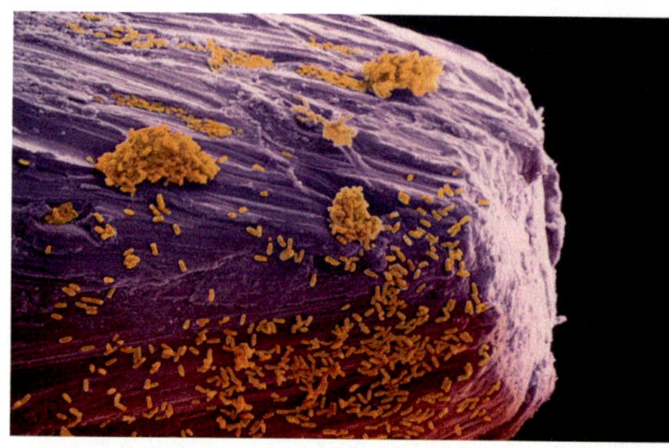

Abb. 2: Nadelspitze mit Bakterien

Stellt man einen Größenvergleich zwischen einem roten Blutkörperchen, einer Bakterie und verschiedenen Viren her, so werden die gewaltigen Größenunterschiede deutlich.

Dadurch wird auch die Bekämpfung, insbesondere von Viren, sehr erschwert (Abb. 3).

Bakterien sind sehr kleine Organismen, die sich durch Teilung vermehren. Viele Bakterien bilden Giftstoffe (Toxine), die als Stoffwechselprodukte oder beim Zerfall der Bakterie frei werden und für den Menschen gefährlich sind.

Die Vermehrung der Bakterien ist stark temperaturabhängig. Die stärkste Vermehrung erfolgt zwischen 10 °C und 40 °C.

Bei **E.coli-Bakterien** (Indikatorkeim für fäkale Verunreinigungen in Wasser) besteht in Abhängigkeit von der

Temperatur und der Zeit für eine Teilung der Bakterienzelle folgender Zusammenhang:

10 °C: 14 Std.	30 °C: 29,0 min
20 °C: 9 Std.	40 °C: 17,5 min.

Bei **Legionellen** (benannt nach der Krankheit, an der 1976 in Philadelphia bei einem Treffen 221 Legionäre erkrankten und 34 davon starben) kann bei günstigen Temperaturbedingungen (ca. 35 °C) alle 4 Stunden eine Bakterienteilung erfolgen, sodass nach 20 Stunden ca. 1.000 Bakterien, nach 40 Stunden ca. 1.000.000 Bakterien entstanden sind.

Legionellen kommen in allen natürlichen Süßwassern vor. Die Bakterien werden in geringer ungefährlicher Konzentration über die Wasserversorgung in die Hausinstallation eingeschwemmt. In den nachfolgenden Rohrnetzen sowie in Trinkwassererwärmern finden die Legionellen oft ideale Lebensbedingungen vor, sodass sie sich entsprechend vermehren können. Die Infektion erfolgt durch Einatmen von kontaminierten Aerosolen (mit Legionellen behaftete, feinste lungengängige Wassertröpfchen < 5 µm), wie sie beim Duschen, in Whirlpools, bei Inhalationsgeräten, Mundduschen, Raumluftbefeuchtern u. a. entstehen.

Legionellen können sowohl eine schwere Form der Lungenentzündung als auch eine milder verlaufende, grippeähnliche Erkrankung verursachen.

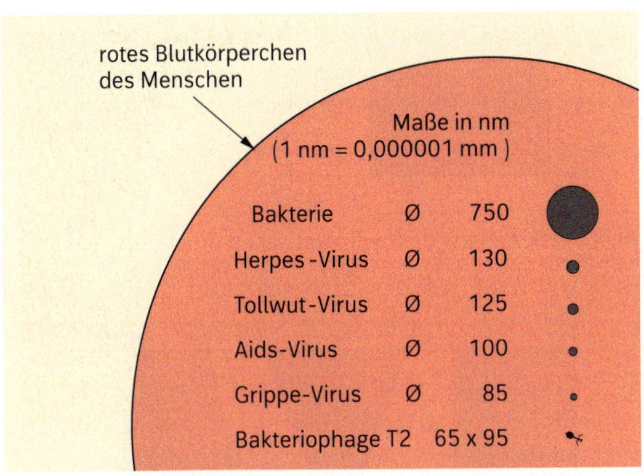

Abb. 3: Größenvergleich von roten Blutkörperchen, Bakterien und verschiedenen Viren

Viren sind erheblich kleiner als Bakterien. Ein Virus besteht aus einer Proteinhülle und der eingelagerten Erbsubstanz. Da Viren sich nicht selbstständig vermehren können, dringen sie in lebende Zellen von Menschen, Tieren, Pflanzen oder Bakterien ein. Sie veranlassen die befallenen Zellen, ihre eigentliche Tätigkeit einzustellen und nur noch neue Viren zu produzieren. Durch die Virenproduktion erschöpft sich die Zelle und geht zugrunde. Dabei werden die neu entstandenen Viren frei, die wiederum andere Zellen befallen. Viren können auch in Bakterien, z. B. E.coli, eindringen und diese für ihre Vermehrung benutzen.

Viren können sich im Trinkwasser und Badewasser aufhalten. Um ihre Vermehrung zu verhindern, wird u. a. Ozon verwendet. Ozon zerstört die Struktur der Viren.

Pilze sind Lebewesen, die sich von organischen Substanzen ernähren. Von den bekannten etwa 200.000 Pilzarten sind etwa 100 Pilzarten für den Menschen Krankheitserreger. Eine der häufigsten Pilzerkrankungen ist der Fußpilz. Infektionsquellen sind meist Fußböden in feuchtwarmen Sanitärräumen. Fußpilz kann aber auch durch direkten Hautkontakt auf andere Körperregionen übertragen werden. Der Soorpilz dagegen befällt nicht nur die äußere Haut, sondern auch die Schleimhäute und innere Organe.

Algen sind einfache Pflanzen, die nur an Standorten mit ausreichendem Lichteinfall leben können. Algen selbst führen nicht zu Infektionen. Sie bieten jedoch anderen Mikroorganismen Ansiedlungsmöglichkeiten, da abgestorbene Algen ein Nährboden für Bakterien sind, z. B. Algen auf Sanitärfugen. Sie können wegen ihrer Schleimabsonderung und der von ihnen verursachten Wasserverfärbung zu einem Sicherheitsproblem werden, z. B. in Schwimmbecken.

Biofilme bilden sich mit der Zeit an vielen wasserberührten Oberflächen. Sie entstehen dadurch, dass Mikroorganismen die Oberfläche besiedeln, deren Stoffwechselprodukte eine Schleimbildung bewirken. Der Biofilm bietet ideale Bedingungen, nämlich Nahrung und Schutz, für die Krankheit erregenden Mikroorganismen. Die Desinfektion befallener Leitungssysteme kann z. B. durch Stoßchlorierung vorgenommen werden. Nur die Einhaltung der hohen hygienischen Anforderungen, z. B. an Trinkwasser oder an Sanitärräume, gewährleistet einen optimalen Schutz vor Mikroorganismen und den Krankheiten, die sie verursachen.

5.2.4 Umweltbelastende Stoffe im Wasser

Durch die Lebensweise des Menschen, durch Industrie und Landwirtschaft gelangt eine Vielzahl umweltbelastender und gesundheitsgefährdender Stoffe ins Grundwasser. Diese gefährden unser Trinkwasser. Solche Stoffe sind:

- Phosphate
- Nitrate
- organische Chlorverbindungen
- chemische Stoffe zur Schädlingsbekämpfung
- polyzyklische aromatische Kohlenwasserstoffe (PAK)
- Abwässer aus Industriebetrieben und Deponien

Um das Trinkwasser nicht zu gefährden, besteht die grundsätzliche Forderung, das Abwasser und damit den gesamten Wasserkreislauf möglichst umfassend von schädlichen Stoffen freizuhalten.

Aufgaben

1. Erstellen Sie eine Mindmap zu den Eigenschaften des Wassers mit allen für die Trinkwasserinstallation wichtigen Aspekten.
2. Worauf deuten E.coli-Bakterien im Wasser hin?
3. Was sind Legionellen und wie kann eine Infektion mit Legionellen erfolgen?
4. Was sollte jede/-r Einzelne zum Schutz des Trinkwassers tun?

5.3 Druck und Druckbereiche

Damit Wasser in Bewegung gesetzt werden kann, bedarf es einer treibenden Größe. In Rohrleitungen sind Drücke bzw. Druckunterschiede für die Strömung bestimmend.

Die *physikalische Größe Druck* entsteht, wenn eine Kraft ihre Wirkung auf eine Körperfläche verteilt. Daraus lässt sich die allgemeine Definition für den Druck ableiten:

$$\text{Druck} = \frac{\text{Kraft}}{\text{Fläche}} \qquad p = \frac{F}{A}$$

Die SI-Einheit für den Druck ist:

$$1\,\frac{\text{N}}{\text{m}^2} = 1\text{ Pa}$$

1 Pa heißt 1 Pascal, benannt nach dem französischen Mathematiker BLAISE PASCAL (1623–1662). Da sich in dieser Einheitenwahl eine kleine Kraft (1 N) auf eine große Fläche (1 m²) verteilt, ergibt sich daraus ein sehr kleiner Druckwert (1 Pa). Für *technische Drücke* erweist sich die Angabe in Pa als wenig brauchbar. Für technische Druckangaben ist das 100.000-Fache von 1 Pa gebräuchlich. Diese Druckeinheit nennt man 1 bar (→ TB).

Als *Basisgröße für den Luftdruck* wird der mittlere Wert des Luftdrucks auf Meereshöhe definiert:

Normdruck $p_n = 1\,013{,}25\text{ hPa} \approx 1\,013\text{ mbar}$

In der Installationstechnik genügt es den Genauigkeitsansprüchen in den meisten Fällen, wenn festgelegt wird:

Luftdruck $p_{amb} = 1\text{ bar}$

(amb = lat. ambiens = umgebend)

Wird in einem Installationsbauteil ein Druck gemessen, der größer ist als der Luftdruck, so spricht man von *Überdruck*.

Wird die Wassersäule mithilfe einer Kraftwirkung, z. B. einer Pumpe, angehoben, entsteht *positiver Überdruck* p_e. Wird die Kraftwirkung einer Pumpe aber so eingesetzt, dass sie Luft aus einem Gefäß absaugt, entsteht ein *negativer Überdruck* p_e. In der Umgangssprache heißt er häufig Unterdruck. Ist ein Raum vollkommen leer, auch die gesamte Luft entfernt, spricht man vom *absoluten Vakuum* $p_{amb} = 0$; deshalb ist $p_e = -1$ bar der höchste negative Überdruck. Das absolute Vakuum kann auch zur Bezugsebene für Druckangaben gemacht werden. Druck, der also von $p_{amb} = 0$ aus benannt wird, heißt *absoluter Druck* p_{abs} (lat. absolutus = unabhängig; → TB).

Der Fachbegriff *Druckdifferenz* Δp (sprich: delta p) bezeichnet den Unterschied zwischen zwei Druckmessstellen. Kommt z. B. Trinkwasser mit einem Versorgungsdruck von 6 bar ins Haus und fließt nach dem Druckminderer des Hausanschlusses mit 4 bar in der Hausverteilung weiter, herrscht eine Druckdifferenz von 2 bar.

Druck in Flüssigkeiten

Wird auf eine Flüssigkeit ein Druck ausgeübt, so pflanzt er sich nach allen Richtungen gleichmäßig fort (→ TB).

Wasser überträgt in Installationssystemen Druck. Es lässt sich im Gegensatz zu Gasen (z. B. in der Luftpumpe) nicht zusammendrücken. Wasser ist nahezu inkompressibel.

Den Druck, der durch die Gewichtskraft einer Flüssigkeit bedingt ist, bezeichnet man als statischen oder *hydrostatischen Druck* (Ruhedruck; Abb. 1). Dieser zum Boden eines Behälters gerichtete Flüssigkeitsdruck wird auch *Bodendruck* genannt.

$$p = \frac{F}{A} = \frac{\cancel{A} \cdot h \cdot \varrho \cdot g}{\cancel{A}} = \varrho \cdot g \cdot h$$

Er ist abhängig von der Höhe der Flüssigkeitssäule, von der Dichte der Flüssigkeit und der Fallbeschleunigung. Die Fläche, auf die er wirkt, hat keinen Einfluss auf die Größe des Bodendrucks, ebenso wenig wie die Form des Behälters (Abb. 2).

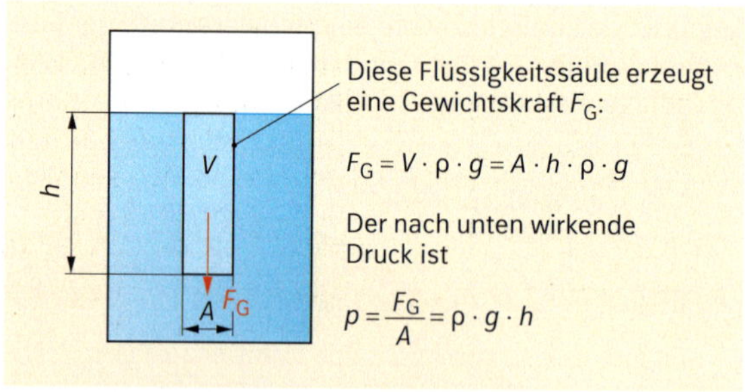

Abb. 1: Entstehung des hydrostatischen Drucks

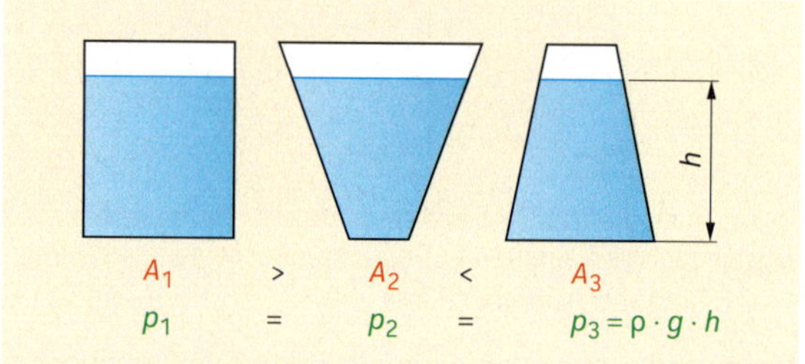

Abb. 2: Entstehung des Bodendrucks

Der Bodendruck, der in einem mit Wasser gefüllten Rohrsystem herrscht, ist somit unabhängig vom Rohrdurchmesser.

Unterschiedliche Druckkräfte sind die Erklärung dafür, dass ein Körper in Flüssigkeiten und Gasen einen *Auftrieb* erhält. Die Auftriebskraft ist immer so groß, wie die von ihm verdrängte Flüssigkeit bzw. Gasmenge an Gewichtskraft erzeugt. Bei Schwimmkörpern ist die Auftriebskraft größer als die Gewichtskraft (→ TB).

Aus der Größe des statischen Drucks einer 10 m hohen Wassersäule wird eine gebräuchliche, aber nicht mehr zulässige Einheit für den Druck abgeleitet.

$$p_{H_2O} = \varrho \cdot g \cdot h = 1\,000 \frac{kg}{m^3} \cdot 9{,}81 \frac{m}{s^2} \cdot 10\ m$$

$$= 98\,100 \frac{kgm}{s^2} \cdot \frac{1}{m^2} = 98\,100 \frac{N}{m^2} = 98\,100\ Pa$$

100 000 Pa = 1 bar ≈ 10 mWS

Unterschiedlich hohe Flüssigkeitssäulen erzeugen unterschiedliche Seitendrücke (Abb. 3). Diese Erscheinung ist für die Versorgungstechnik da wichtig, wo Behälter oder Rohrleitungen miteinander verbunden sind (kommunizieren). Die Flüssigkeitsspiegel liegen immer auf gleicher Höhe. Unabhängig vom Durchmesser und Volumen der offenen Gefäße (Rohre, Behälter) gleichen sich die Druckkräfte über die Verbindungsstellen aus (Abb. 4). Dieses Verhalten von Flüssigkeiten ist günstig für die Versorgungstechnik, da deshalb beim Füllen eines Rohrleitungssystems das Wasser in allen Leitungsteilen gleichmäßig ansteigt. Angewendet wird dies auch in der Messtechnik, z. B. bei einem Wasserstandsmesser (Hydrometer) und bei der Schlauchwaage (Abb. 5).

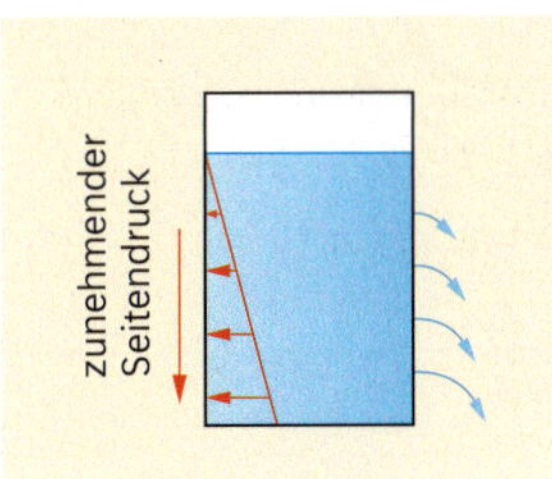

Abb. 3: Entstehung des Seitendrucks

Eine in einem Behälter eingeschlossene Flüssigkeit wirkt mit ihrem Druck nicht nur auf den Behälterboden, sondern auch auf die Seitenflächen des Behälters. Man spricht von *Seitendruck*.

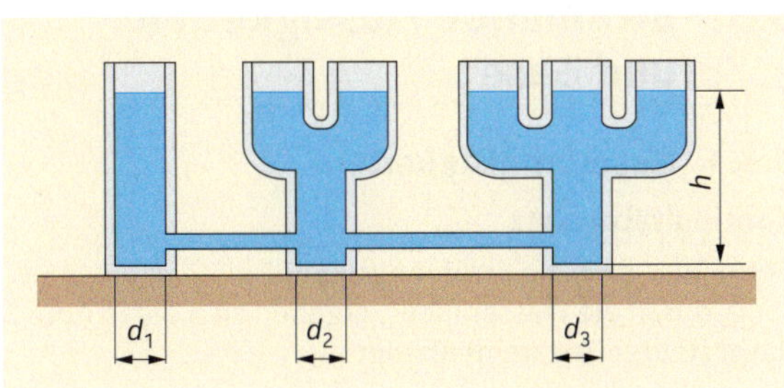

Abb. 4: Verbundene (kommunizierende) Behälter

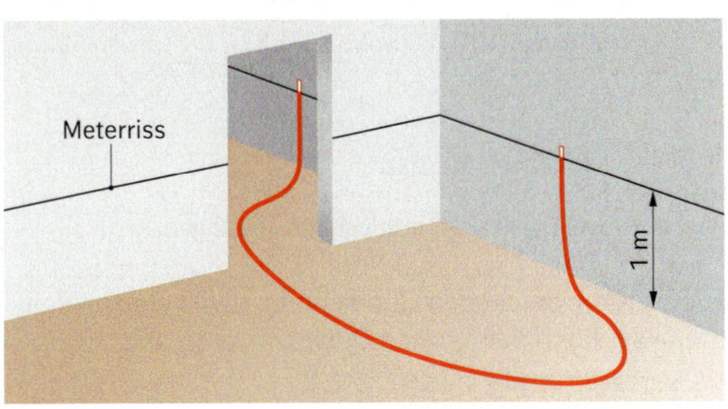

Abb. 5: Einsatz einer Schlauchwasserwaage

Berechnungen

1. Bei der Dichtheitsprüfung einer Trinkwasseranlage wird der Kolben der Prüfpumpe, dessen Stirnfläche 4 cm² beträgt, mit einer Kraft von 600 N auf das Wasser gedrückt.

   Welcher Prüfdruck stellt sich dabei ein?

   Geg.: $A = 4\ cm^2$, $F = 600\ N$

   Ges.: p

   Lös.: $p = \frac{F}{A} = 600 \frac{N}{4\ cm^2} = 150 \frac{N}{cm^2} = 15\ bar$

   $\mathbf{p = 15\ bar}$

2. Wie groß ist der Druck, den eine 10 m hohe Wassersäule auf die Bodenfläche ausübt?

   Geg.: $h = 10\ m$, $\varrho = 1\,000 \frac{kg}{m^3}$, $g = 9{,}81 \frac{m}{s^2}$

   Ges.: p

   Lös.: $p = \varrho \cdot g \cdot h = 1\,000 \frac{kg}{m^3} \cdot 9{,}81 \frac{m}{s^2} \cdot 10\ m$

   $p = 98\,100\ Pa$ (→ TB)

   $\mathbf{p = 0{,}981\ bar \approx 1\ bar}$

3. Ein zylinderförmiger Schwimmer in einem Rohrbelüfter, dessen Volumen 16 cm³ und dessen Gewichtskraft 0,04 N beträgt, wird beim Schließen völlig vom Wasser umgeben.

   a) Welche Auftriebskraft wirkt dabei auf den Schwimmer?

   b) Mit welcher Kraft wird der Schwimmer auf den Ventilsitz gedrückt?

   Geg.: $V = 16\ cm^3$, $F_G = 0{,}04\ N$, ($m \approx 4\ g$)
   Wasser: $\varrho = 1\ kg/dm^3$

a) Ges.: F_A

   Lös.: $F_A = V \cdot \varrho \cdot g = 0{,}016\ \cancel{dm^3} \cdot 1 \frac{kg}{\cancel{dm^3}} \cdot 9{,}81 \frac{m}{s^2}$

   $\mathbf{F_A = 0{,}157\ N}$

b) Ges.: F

   Lös.: $F = F_A - F_G = 0{,}157\ N - 0{,}040\ N$

   $\mathbf{F = 0{,}117\ N}$

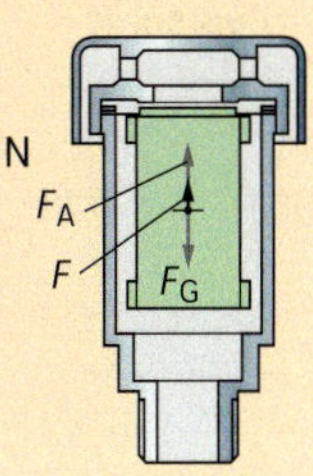

Aufgaben

1. Geben Sie die Definition für den Druck und seine SI-Einheiten an.
2. Erläutern Sie:
   a) positiven und negativen Überdruck
   b) absoluten Druck
   c) Druckdifferenz
3. Nennen Sie je ein Beispiel für die unter Aufgabe 2 genannten Druckbereiche.
4. Rechnen Sie die Drücke um.

	a)	b)	c)	d)
p_e	1,5 bar	□ bar	−0,3 bar	□ Pa
p_{abs}	□ bar	10 bar	□ bar	10 000 Pa

5. Wie entsteht hydrostatischer Druck?
6. Welche physikalische Besonderheit lässt sich aus der Gesetzmäßigkeit für den statischen Druck ableiten?
7. Welche gebräuchliche Druckeinheit ergibt sich aus der Bodendruckberechnung eines Wasserbehälters? Nennen Sie Beispiele für deren Umrechnung.
8. Welche Anwendung kennen Sie für den Seitendruck?
9. Rechnen Sie in die fehlenden Einheiten um.

	a)	b)	c)	d)	e)
Pa	50	□	5000	□	□
bar	□	0,5	□	□	4
N/cm^2	□	□	□	0,03	□

10. Berechnen Sie die fehlenden Werte.

	a)	b)	c)	d)
F	150 N	□ kN	0,4 N	□ N
A	3 cm^2	1,2 cm^2	□ cm^2	0,5 m^2
p	□ bar	8 bar	3 000 Pa	0,2 N/cm^2

11. Berechnen Sie die fehlenden Werte.

	a)	b)	c)	d)
ϱ	1 kg/dm^3	860 kg/m^3	□ kg/dm^3	1,84 kg/dm^3
g	9,81 m/s^2	9,81 m/s^2	9,81 m/s^2	9,81 m/s^2
h	5,2 m	□ m	3 m	□ cm
p	□ bar	0,3 bar	29,4 Pa	2 N/cm^2

12. Bei der Dichtheitsprüfung wird der Kolben der Pumpe, dessen Durchmesser 20 mm beträgt, mit einer Kraft von 300 N beaufschlagt.
    Welcher Prüfdruck wird dadurch erzeugt?
13. Über einen Wasserturm werden Wohnhäuser, die auf unterschiedlicher Höhe liegen, mit Trinkwasser versorgt. Welche statischen Drücke herrschen an den Hausanschlüssen?

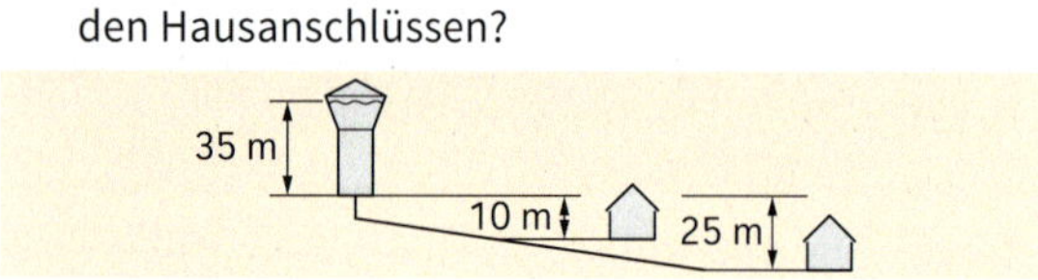

14. Ein leerer Kanister mit 20 Liter Fassungsvermögen wird zum Füllen vollständig unter Wasser gedrückt. Welche Auftriebskraft wirkt auf ihn?

5.4 Druckmessung

Der Überdruck kann mit einem Manometer gemessen werden.

Zur Messung des positiven Überdrucks in einem geschlossenen Installationssystem werden Rohrfeder-Manometer verwendet. Diese Druckmessgeräte arbeiten in der Weise, dass das Medium in eine Rohrfeder oder gegen eine Plattenfeder drückt. Über ein kleines, geeichtes Übersetzungsgetriebe wird die Bewegung der Messteile in eine Zeigerbewegung für den Druck umgewandelt (Abb. 1). Eine hohle Rohrfeder biegt sich auf, wenn die durch den Messdruck erzeugte Kraft auf der außen liegenden Seite der Rohrfeder größer als auf der innen liegenden Seite wird. Diese Bewegung wird auf einen Zeiger übertragen, der auf einer geeichten Skala den Überdruck anzeigt.

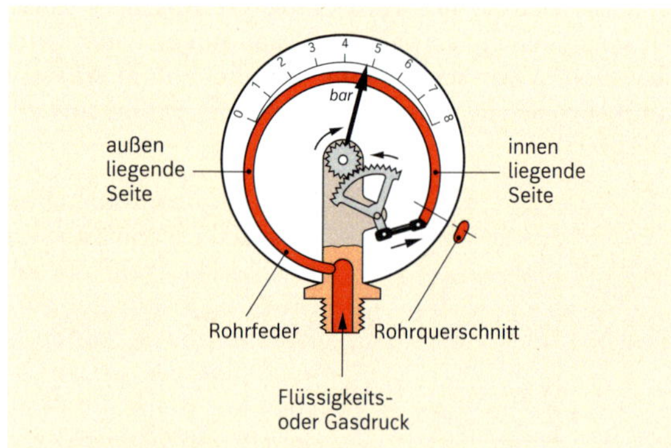

Abb. 1: Rohrfeder-Manometer

5.5 Strömende Flüssigkeiten und Gase

5.5.1 Gesetzmäßigkeiten

Kontinuitätsgesetz

Betrachtet man die Strömungsverhältnisse in einer Leitung, durch die Wasser fließt, ergeben sich die in Abb. 2 dargestellten Zusammenhänge.

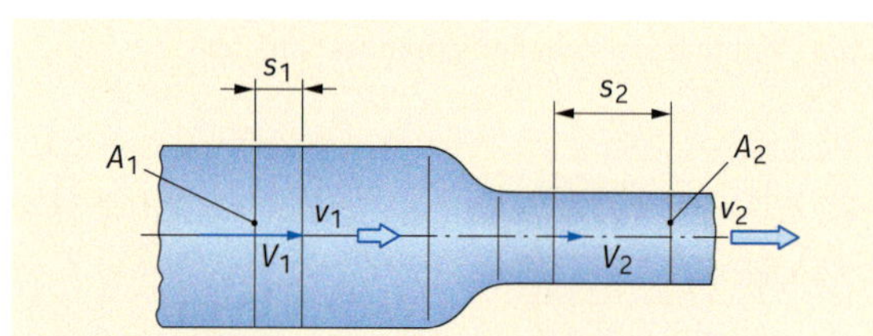

Abb. 2: Strömung in sich verengenden Leitungen

Fließt durch den engen Querschnitt A_2 das gleiche Volumen wie durch den großen Querschnitt A_1, gilt:

$$V_1 = V_2$$

Das Volumen wird ermittelt aus dem Produkt von Weg s und Querschnittsfläche A. Daraus folgen die Beziehungen:

$$V_1 = V_2 \rightarrow A_1 \cdot s_1 = A_2 \cdot s_2$$

Die Fließ- oder Strömungsgeschwindigkeit eines Mediums ist definiert durch das Verhältnis von zurückgelegtem Weg zur benötigten Zeit:

$$\text{Geschwindigkeit} = \frac{\text{Weg}}{\text{Zeit}}$$

$$v = \frac{s}{t} \quad \text{in } \frac{\text{m}}{\text{s}}$$

(→ TB)

Da dem Medium Wasser für das Durchströmen der beiden Leitungsabschnitte nach Abb. 2 genau die gleiche Zeitdauer zur Verfügung steht, entsteht die Beziehung:

Aus $A_1 \cdot s_1 = A_2 \cdot s_2$ wird mit $s = v \cdot t$

$A_1 \cdot v_1 \cdot t_1 = A_2 \cdot v_2 \cdot t_2$

Da $t_1 = t_2$ ist, ergibt sich

$$A_1 \cdot v_1 = A_2 \cdot v_2$$

(→ TB)

Dieses Kontinuitätsgesetz (Kontinuität = Stetigkeit) erklärt:

! Bei *Verringerung der Querschnittsfläche* einer Leitung von A_1 nach A_2 erhöht sich die Strömungsgeschwindigkeit von v_1 auf v_2.

Diese Gesetzmäßigkeiten gelten bei geringem Druckunterschied näherungsweise auch für Gase.

Volumenstrom

In der Versorgungstechnik ist es wichtig zu wissen, wie viel Wasser oder Gas in einer bestimmten Zeit durch eine Leitung fließt. Diese Größe wird als Volumenstrom $\dot{V}$ bezeichnet (→ TB).

$$\dot{V} = \frac{V}{t}$$

Da das Volumen durch Querschnittsfläche und Weg bestimmt ist, gilt:

$$\dot{V} = \frac{A \cdot s}{t} = A \cdot v \quad \text{in m}^3/\text{s}$$

Aus dieser Gesetzmäßigkeit leitet sich die folgende wesentliche Erkenntnis ab:

! Je größer der Querschnitt ist, umso geringer wird die Fließgeschwindigkeit und umgekehrt.

Strömungsgleichung

In einer Rohrleitung spielen neben Volumenstrom und Fließgeschwindigkeit auch verschiedene Druckarten eine große Rolle. Diese Drücke stehen untereinander in einer Wechselbeziehung. Es sind:

- statischer Druck (Ruhe- und Fließdruck)
- dynamischer Druck
- Gesamtdruck

Der *statische Druck* p_{stat} wird von dem strömenden Medium auf die Leitungswandung ausgeübt (Abb. 3). Er ist am größten, wenn das Durchflussmedium ruht. Man spricht von *Ruhedruck* oder *Gesamtdruck*.

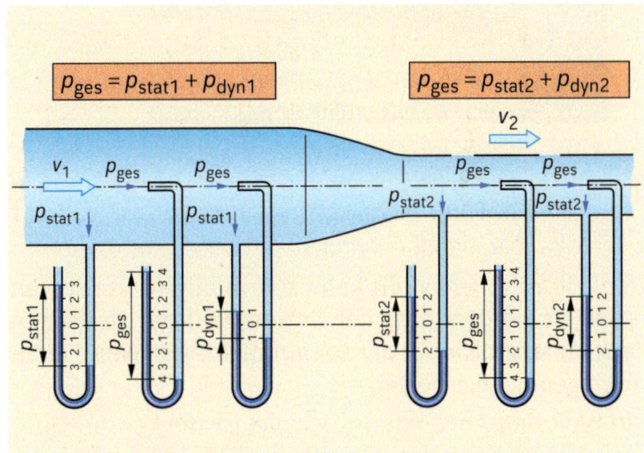

Abb. 3: Darstellung der Gleichung von Bernoulli

Soll in einem Leitungssystem das Medium fließen, so wird ein Teil des statischen Druckes benötigt, um das Medium zu bewegen. Dieser Druck heißt *dynamischer Druck* p_{dyn}. Um diesen Druckanteil verringert sich der anfangs vorhandene statische Druck.

Den im strömenden Medium noch verbleibenden statischen Druck nennt man *Fließdruck*. Er wird z. B. vom Wasserversorgungsunternehmen für die Versorgungsleitung angegeben. Dieser Fließdruck sorgt dafür, dass ein Medium mit einer bestimmten Geschwindigkeit aus der Entnahmestelle fließt.

! Die Summe aus statischem Druck (Fließdruck) und dynamischem Druck ergibt den *Gesamtdruck* (Abb. 3).

$$p_{ges} = p_{stat} + p_{dyn}$$

Der Gesamtdruck ist in einem horizontalen, reibungsfreien System an allen Messstellen gleich groß.

Die Darstellung in Abb. 3 zeigt, dass man die Fließgeschwindigkeit und somit den dynamischen Druck durch Querschnittsverminderung erhöhen kann.

! Der *dynamische Druck* wird umso größer, je schneller das Medium fließt.

Der *statische Druck* (Fließdruck) nimmt um den Wert ab, um den der dynamische Druck zunimmt.

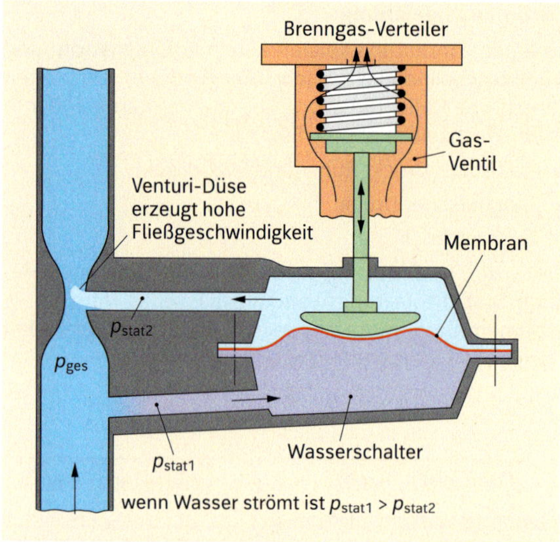

Abb. 1: Wirkungsweise einer Venturi-Düse als Energielieferant für einen Schaltvorgang

Der Leitungsquerschnitt kann z. B. in einer Düse soweit reduziert werden, dass der Unterschied des statischen Druckes so groß wird, dass er auf zahlreiche Weise technisch genutzt werden kann.

Ein typisches Anwendungsbeispiel ist die Venturi-Düse (VENTURI, italienischer Ingenieur, 1746–1822) an einem Gas-Wasserheizer (Abb. 1).

Bei Unterdruck liegt der Siedepunkt von Wasser unter 100 °C. An Engstellen in Rohrleitungen und Auslaufarmaturen, an denen Unterdruck entstehen kann, ist demnach Dampfbildung möglich. Diese Dampfbildung tritt insbesondere in warmwasserführenden Leitungen auf. Durch hohe Fließgeschwindigkeiten können sich Dampfblasen bilden, die nach den Engstellen schlagartig implodieren und zur Oberflächenschädigung (Kavitation) führen.

5.5.2 Druckverluste

Der Transport von Flüssigkeiten oder Gasen in Leitungsnetzen erfordert nicht nur Druck, um Strecken und Höhenunterschiede zu bewältigen. Ein erheblicher Teil des einzusetzenden Druckes wird gebraucht, um Widerstände gegen das Durchfließen des Mediums durch das Leitungssystem zu überwinden. Diese Widerstände führen zu Druckverlusten, die für gerade Rohrstrecken sowie Formstücke, Armaturen, Apparate u. a. getrennt ermittelt werden.

Druckverluste in geraden Rohrstrecken

Dieser Druckverlust hängt von verschiedenen Einflussgrößen ab:

1. *Rauigkeit der Rohrwandung:* Je glatter die Oberfläche des Rohres, desto geringer ist der Druckverlust.
2. *Turbulenz der Strömung:* Je turbulenter die Strömung, umso höher ist der Druckverlust.
3. *Temperatur des Mediums:* Eine höhere Temperatur des Mediums verringert seine Viskosität. Insbesondere bei Wasser führt eine Erhöhung der Temperatur zu einer Verringerung des Druckverlustes.
4. *Durchmesser des Rohres:* Je kleiner der Durchmesser, desto größer der Druckverlust.
5. *Länge der Rohrstrecke:* Mit zunehmender Länge erhöht sich der Druckverlust.
6. *Dynamischer Druck:* Da er von der Stoffdichte und dem Quadrat der Fließgeschwindigkeit abhängt, hat er großen Einfluss auf die Höhe des Druckverlustes. Wenn sich die Fließgeschwindigkeit verdoppelt, vervierfacht sich der Druckverlust.

Mit Ausnahme der Rohrlänge werden alle Einflussgrößen, die zum Druckverlust einer Rohrstrecke beitragen, aus Vereinfachungsgründen in einem einzigen Bestimmungswert zusammengefasst: dem *Rohrreibungswiderstand R*.

! Der *R-Wert* gibt den Druckverlust durch Reibung je Meter Rohrlänge in Pa/m oder mbar/m an.

Der R-Wert ist aus Tabellen bzw. Diagrammen für verschiedene Rohrwerkstoffe wie Gewinderohre, Kupferrohre sowie unterschiedliche Medien wie Kalt-, Warmwasser und Gase zu ermitteln. Der Druckverlust einer beliebig langen, geraden Rohrstrecke ergibt sich aus der Formel:

$$\Delta p_R = R \cdot l \quad \text{in Pa bzw. mbar}$$

Druckverlust durch Einzelwiderstände

Die geraden Rohrstrecken werden mithilfe von Form- und Verbindungsstücken (Bögen, Abzweigen), Armaturen und Apparaten (Wasserzähler, Filter, Speicher) zu einem Leitungsnetz verbunden. Die Bauteile einer Versorgungsanlage können erhebliche Durchflusswiderstände erzeugen, die als *Widerstandsbeiwerte* ζ (sprich: zeta) von Einzelwiderständen in Tabellen erfasst werden (→ TB).

Wenn z. B. ein Durchgangsventil DN 32 mit Geradsitz einen Wert $\zeta = 6{,}0$ hat und ein Schrägsitzventil DN 32 $\zeta = 2{,}0$ hat, dann bedeutet dies, dass der Durchflusswiderstand im Geradsitzventil dreimal so groß ist.

Der Druckverlust der Einzelwiderstände hängt außer von ihrer konstruktiven Auslegung im Wesentlichen vom dynamischen Druck p_{dyn} ab. ζ und p_{dyn} dienen zur Ermittlung des Druckverlustes durch Einzelwiderstände, der als *Z-Wert* bezeichnet wird:

$$Z = \Sigma\zeta \cdot p_{dyn} = \Sigma\zeta \cdot \frac{\varrho \cdot v^2}{2} \quad \text{in Pa bzw. mbar}$$

$\Sigma\zeta$ = Summe der Widerstandsbeiwerte
v = Strömungsgeschwindigkeit in m/s
ϱ = Dichte des Mediums in kg/m³

Die Formel lässt erkennen, dass der Z-Wert genau wie der R-Wert mit der Strömungsgeschwindigkeit im Quadrat anwächst.

Gesamtdruckverlust

Der Gesamtdruckverlust einer Leitung errechnet sich aus den Druckverlusten der geraden Rohrstrecken und der Einzelwiderstände (Abb. 2).

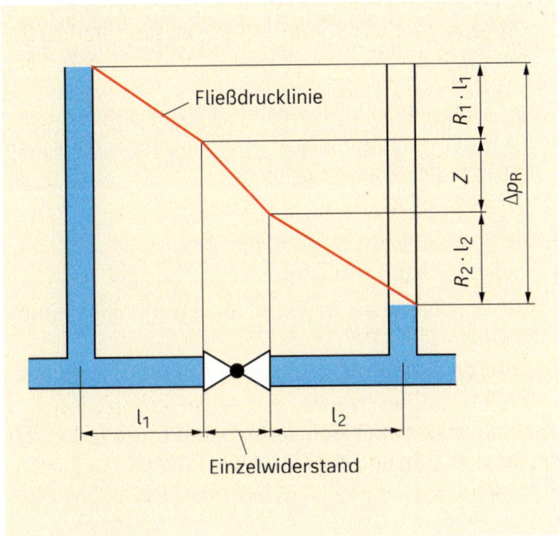

Abb. 2: Darstellung des Gesamtdruckverlustes in einem Leitungsabschnitt

Aufgaben

1. Erklären Sie den Zusammenhang, der sich aus dem Kontinuitätsgesetz ergibt.
2. Was versteht man unter Volumenstrom?
3. Welche Abhängigkeit besteht zwischen Rohrleitungsquerschnitt und Fließgeschwindigkeit?
4. Unterscheiden Sie statischen und dynamischen Druck.
5. Wie verhalten sich statischer und dynamischer Druck bei zunehmender Fließgeschwindigkeit?
6. Nennen Sie Anwendungsmöglichkeiten des Venturi-Prinzips.
7. Wie ist der R-Wert definiert?
8. Ermitteln Sie den Druckverlust in einem geraden nichtrostenden Stahlrohr DN 20 von 3 m Länge bei einem Volumenstrom von 0,3 l/s.
9. Berechnen Sie gemäß Aufgabe 8 den Druckverlust durch ein Schrägsitzventil DN 20.
10. Wie groß ist der Gesamtdruckverlust aus den Berechnungen nach Aufgabe 8 und 9?
11. Ermitteln Sie mithilfe des Tabellenbuches die Mindestfließdrücke für Auslaufventile mit Strahlformer, Waschmaschinen und WC-Spülkästen.

Berechnungen

1. Durch ein 10 m langes nichtrostendes Stahlrohr 18 × 1,0 fließen 0,3 l/s Trinkwasser.
   a) Welcher Druckverlust ist dabei zu überwinden?
   b) Wie ändert sich der Druckverlust, wenn das nichtrostende Stahlrohr 22 × 1,2 verwendet wird?

Geg.: $l = 10\ \text{m}$, $\dot{V} = 0{,}3\ \text{l/s}$

Ges.: Δp_R

a) Nichtrostendes Stahlrohr 18 × 1,0

Lös.: Nach Tabellenbuch beträgt der R-Wert $R = 18{,}6\ \text{mbar/m}$.

$$\Delta p_R = R \cdot l = 18{,}6\ \frac{\text{mbar}}{\cancel{\text{m}}} \cdot 10\ \cancel{\text{m}} = \mathbf{186\ mbar}$$

b) Nichtrostendes Stahlrohr 22 × 1,2

Lös.: Nach Tabellenbuch beträgt der R-Wert $R = 7{,}1\ \text{mbar/m}$.

$$\Delta p_R = R \cdot l = 7{,}1\ \frac{\text{mbar}}{\cancel{\text{m}}} \cdot 10\ \cancel{\text{m}} = \mathbf{71\ mbar}$$

Der Druckverlust ist nur noch etwa 38 % vom ursprünglichen Wert.

2. Für eine Teilstrecke eines Trinkwasserversorgungssystems ist $\zeta = 10$.
   Welcher Druckverlust stellt sich bei einer Strömungsgeschwindigkeit von
   a) $v = 2\ \text{m/s}$ und
   b) $v = 4\ \text{m/s}$ ein?

Geg.: $\zeta = 10$

Ges.: Z

a) Lös.: $$Z = \zeta \cdot \frac{\varrho \cdot v^2}{2} = \frac{10 \cdot 1\,000\ \text{kg/m}^3 \cdot (2\ \text{m/s})^2}{2}$$

$$\mathbf{Z = 20\,000\ Pa = 200\ mbar}$$

b) Lös.: $$Z = 10 \cdot \frac{1\,000\ \text{kg/m}^3 \cdot (4\ \text{m/s})^2}{2} = \mathbf{800\ mbar}$$

Eine Verdoppelung der Wassergeschwindigkeit ergibt also eine Vervierfachung der Druckverluste.

5.6 Bemessung der Leitungsanlage für die Trinkwasserinstallation

Die Bemessung einer Leitungsanlage beruht grundsätzlich auf der Berechnung des *Druckverlustes* in der Anlage.

Dies dient dem Zweck, an allen Entnahmestellen den *Volumenstrom* und den *Druck* bereitzustellen, der zur ordnungsgemäßen Benutzung der Armatur erforderlich ist. Die Zusammenhänge zwischen bedarfsgerechtem Durchfluss und den Druckverlusten sind in der DIN 1988-300 beschrieben. Danach muss der Durchmesser von Trinkwasserinstallationen entsprechend den Erfordernissen *berechnet* werden.

Schätzungen nach Erfahrungswerten oder aus Sicherheitsgründen 1 bis 2 Nennweitenstufen größer gewählte Leitungen sind nicht zulässig. Eine genaue Ermittlung des Rohrdurchmessers ist erforderlich, da sowohl zu groß als auch zu klein bemessene Rohrleitungen Nachteile aufweisen (Tab. 1).

Tab. 1: Nachteile falsch dimensionierter Trinkwasserleitungen

Rohrweite zu klein ausgeführt *Versorgungsdruck niedrig* • zu geringer Trinkwasseraustritt an der Entnahmearmatur • lange Entnahmezeiten • ungenügende oder keine Funktion bei druckabhängigen Armaturen und Geräten *Versorgungsdruck hoch* • hohe Fließgeschwindigkeit, dadurch a) Geräuschentwicklung und b) Erosionskorrosion in Formstücken und Armaturen möglich
Rohrweite zu groß ausgeführt • höhere Anschaffungskosten für das gesamte Leitungssystem • größere Rohroberfläche, dadurch a) höhere Energieverluste bei Warmwasserleitungen oder b) größere Wärmeaufnahme von Kaltwasserleitungen • Stagnation durch zu geringen Trinkwasserdurchfluss, dadurch sind a) bei Metallleitungen Anreicherungen mit Metallionen, b) Ablagerungen, c) Korrosion mangels Schutzschichtbildung oder d) verstärkte Keimbildung möglich.

Für die Auswahl eines geeigneten Rohrdurchmessers muss neben dem Druckverlust auch die *Durchflussmenge* bekannt sein.

Um diese zu berechnen, werden

- die Berechnungsvolumenströme $\dot{V}_R$ der einzelnen Entnahmearmaturen ermittelt (TB),
- die Berechnungsvolumenströme $\dot{V}_R$ Teilstrecke für Teilstrecke zu Summenvolumenströmen $\Sigma \dot{V}_R$ zusammengefasst, beginnend an der vom Hausanschluss am weitesten entfernten Entnahmestelle
- je nach der Nutzungsart des Gebäudes und der Größe der Summenvolumenströme $\Sigma \dot{V}_R$ die Spitzenvolumenströme $\dot{V}_s$ aus einem Diagramm abgelesen (TB), die den Durchflussmengen der jeweiligen Teilstrecken entsprechen.

Die Flüssigkeitsströmung des Spitzenvolumenstromes erfordert in der Rohrleitung einen ausreichenden Förderdruck. Dieser soll beim Anschluss an eine öffentliche Versorgungsleitung durch den Mindestversorgungsdruck nach dem Wasserzähler p_{minWZ} aufgebracht werden. Der Mindestversorgungsdruck muss zur Überwindung aller Druckverluste ausreichen und an den Auslaufarmaturen noch den Mindestfließdruck p_{minFl} sicherstellen.

Daher zieht man vom Mindestversorgungsdruck

- die Druckverluste zur Überwindung der geodätischen Förderhöhe (Wassersäule)
  $\Delta p_{geo} = \varrho \cdot g \cdot h$,
- die Druckverluste in Apparaten Δp_{Ap}
- sowie den Mindestfließdruck p_{minFl} und ggf. noch
- die Druckverluste in einer Stockwerks-Ringleitung Δp_{Ring},
- außerdem die Druckverluste der Rückflussverhinderer Δp_{RV}

ab und erhält damit den verfügbaren Druckverlust für die Rohrreibung und die Einzelwiderstände.

$$\Delta p_{ges,v} = p_{minWZ} - \Sigma \Delta p$$

wobei: $\Sigma \Delta p = \Delta p_{geo} + \Delta p_{Ap} \, (+ \Delta p_{Ring}) + \Delta p_{RV} + p_{minFl}$

$\Delta p_{ges,v}$ steht für Δp_R zur Verfügung.

Somit wird:

$\Delta p_{ges,v} = \Sigma \, (R \cdot l + Z)$

Bei dem Berechnungsverfahren werden die Druckverluste durch Einzelwiderstände Z mit 40 bis 60 % von $\Delta p_{ges,v}$ geschätzt. Nach Abzug der Druckverluste durch Einzelwiderstände bleibt der Druck, der im geraden Rohr noch abgebaut werden darf, übrig.

Teilt man diesen Druckverlust durch die zu durchströmende Leitungsstrecke, so erhält man das verfügbare Rohrreibungsdruckgefälle R_v.

$$R_v = \frac{\Delta p_{ges,v} - a \, \Delta p_{ges,v}}{l} \quad \text{mit } a = 40 \text{ bis } 60\ \%$$

Bei einem geringen verfügbaren Rohrreibungsdruckgefälle im ungünstigsten Strang sind große Rohrdurchmesser erforderlich.

Die Auswahl eines geeigneten Rohrdurchmessers erfolgt für jede Teilstrecke mithilfe des Spitzenvolumenstromes und des verfügbaren Rohrreibungsdruckgefälles aus Diagrammen oder Tabellen (TB).

Das verfügbare Rohrreibungsdruckgefälle dient dabei als Orientierungswert. Es sollte bei der Auswahl der

Rohrdurchmesser eher unter- als überschritten werden. Dadurch bleibt man auf der sicheren Seite.

Im Vergleich zu dem Berechnungsverfahren, das vor 2012 galt, ist für die Druckverluste der Rückflussverhinderer eine eigene Berechnungsgröße Δp_{RV} vorgesehen. Sie können jedoch auch nach wie vor über den Zeta-Wert der Absperrarmturen, in denen diese zumeist eingebaut sind, in der Berechnung berücksichtigt werden.

Sind die Nutzungseinheiten (z. B. Bad, Küche, WC) und deren Sanitärobjekte bekannt, werden je Nutzungseinheit nur die zwei Entnahmearmaturen mit den größten Berechnungsvolumenströmen berücksichtigt. Alle übrigen werden nicht angerechnet. Führt dies jedoch zu einem Spitzenvolumenstrom, der kleiner ist als der größte Berechnungsvolumenstrom, dann muss mit dem größeren Wert weitergerechnet werden.

Bei der Dimensionierung der Rohrleitung dürfen die maximal zulässigen Fließgeschwindigkeiten (Tab. 2) nicht überschritten werden.

Tab. 2: Maximal zulässige Fließgeschwindigkeit

Leitungsabschnitt	**maximale rechnerische Fließgeschwindigkeit bei Fließdauer**	
	< 15 min in m/s	**≥ 15 min in m/s**
Hausanschlussleitungen	2	2
Verbrauchsleitungen, Teilstrecken mit druckverlustarmen Einzelwiderständen ($\zeta < 2{,}5$) *)	5	2
Teilstrecken mit Einzelwiderständen mit höherem Verlustbeiwert **)	2,5	2

*) z. B. Kolbenschieber, Kugelhahn, Schrägsitzventile
**) z. B. Geradsitzventil

Aufgaben

1. Begründen Sie, warum der Durchmesser einer Trinkwasserleitung genau ermittelt werden muss.
2. Zu welchen Nachteilen führen falsch dimensionierte Leitungen?
3. Erläutern Sie, wie der Spitzenvolumenstrom und das verfügbare Rohrreibungsdruckgefälle bestimmt werden.
4. Ermitteln Sie mithilfe des TB den Spitzenvolumenstrom für ein Wohngebäude, wenn der Summenvolumenstrom 5 l/s beträgt.
5. Wie groß ist das verfügbare Rohrreibungsdruckgefälle R_v, wenn die verfügbare Druckdifferenz $\Delta p_{ges,v} = 300$ mbar ist und die Rohrleitungslänge 10 m beträgt?
6. Was versteht man unter einer Nutzungseinheit?
7. Welche Entnahmearmaturen einer Nutzungseinheit werden berücksichtigt?
8. Dimensionieren Sie die 2,5 m lange Teilstrecke 2 zwischen den Abzweigen der Steigleitung aus Aufgabe 2 (S. 208).
   a) Welche Nennweite (DN) eignet sich?
   b) Welcher Druck steht am Abzweig der Steigleitung im OG noch zur Verfügung?
9. In einem Gäste-WC sind an einer Trinkwasserleitung ein WC mit Spülkasten DN 15, eine Mischbatterie DN 15 für eine Brausewanne und eine Mischbatterie DN 15 für einen Waschtisch angeschlossen.
   a) Berechnen Sie den Summenvolumenstrom $\Sigma \dot{V}_R$ für die Kalt- und Warmwasserleitung.
   b) Ermitteln Sie den jeweiligen Spitzenvolumenstrom $\dot{V}_s$.
   c) Bestimmen Sie den Rohrdurchmesser für die Zuleitungen, wenn die maximale Fließgeschwindigkeit 1,5 m/s nicht überschritten werden soll. Wählen Sie zwischen den Rohrleitungswerkstoffen PE 100, nichtrostendem Stahl und PE-X aus.
10. In einem MFH mit KG, EG, 1. OG und 2. OG soll die Trinkwasseranlage aus PE-X Rohrleitungen berechnet werden. Der Ruhedruck nach dem Hauswasserzähler beträgt 4 bar. Der Summenvolumenstrom $\Sigma \dot{V}_R$ beträgt im EG sowie im 1. OG jeweils 1,2 l/s und im 2. OG 0,8 l/s. Der Abzweig von der Steigleitung im 2. OG befindet sich 9,0 m über dem Hausanschluss. Als Einzelwiderstände sind ein Filter mit 200 mbar Druckverlust und ein Wohnungswasserzähler mit 500 mbar Druckverlust zu berücksichtigen. Der Fließweg zur ungünstigsten Auslaufarmatur beträgt 20 m. Der Mindestfließdruck an den Entnahmestellen beträgt 1 000 mbar. Die Druckverluste durch Einzelwiderstände sind mit 40 % vom verfügbaren Druck anzunehmen.
    a) Fertigen Sie zu der Aufgabe eine Skizze an.
    b) Wie groß ist der verfügbare Druckverlust $\Delta p_{ges,v}$?
    c) Wie groß ist das verfügbare Rohrreibungsdruckgefälle R_v?
    d) Bemessen Sie die Verteilungsleitung mit 9 m Länge (Teilstrecke 1), die Teilstrecke 2 zwischen den Abzweigen der Steigleitung im EG und 1. OG mit 3 m Länge sowie die Teilstrecke 3 zwischen den Abzweigen der Steigleitung im 1. OG und 2. OG mit ebenfalls 3 m Länge.

TS	l m	$\Sigma \dot{V}_R$ l/s	$\dot{V}_s$ l/s	DN	v m/s	R mbar/m	$R \cdot l$ mbar

Berechnungen

1. In einem Stockwerk sind an einer Trinkwasserleitung folgende Entnahmestellen angeschlossen:
   - Waschmaschine DN 15
   - WC mit Spülkasten DN 15
   - Druckspüler für Urinalbecken DN 15
   - Mischbatterie DN 15 für eine Badewanne
   - Mischbatterie DN 15 für einen Waschtisch

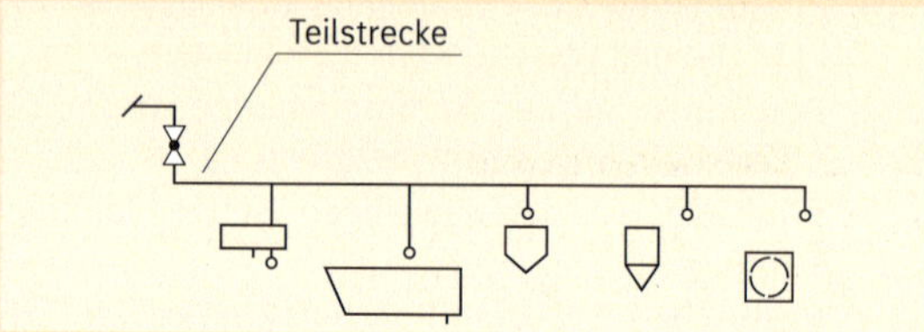

a) Wie groß ist der Summenvolumenstrom $\Sigma \dot{V}_R$ für die Kaltwasserleitung am Abzweig der Steigleitung?

b) Wie groß ist der Spitzenvolumenstrom $\dot{V}_s$?

c) Wie groß ist die maximal zulässige Fließgeschwindigkeit in der Stockwerksleitung bei Verwendung eines Geradsitzventils als Absperrung?

d) Welche Mindestrohrweite (z. B. PE-X Rohr) ist am Abzweig der Steigleitung zu wählen, wenn als Auslegungskriterium die maximal zulässige Fließgeschwindigkeit dient?

Lös.:

a) Ohne Unterscheidung nach Nutzungseinheiten:

Art der Trinkwasser-entnahmestelle	DN	p_{minFl} in mbar	$\dot{V}_{R,\,kalt}$ in l/s
Haushaltswaschmaschine	15	500	0,15
WC-Spülkasten nach DIN EN 14055	15	500	0,13
Druckspüler für Urinalbecken	15	1 000	0,30
Mischbatterie für Badewanne	15	1 000	0,15
Mischbatterie für Waschtisch	15	1 000	0,07
Summenvolumenstrom $\Sigma \dot{V}_R$			**0,80**

b) Nach TB (Diagramm oder Berechnungsgleichung):
Spitzenvolumenstrom: $\dot{V}_s = 0{,}48$ **l/s**

c) Nach Tab. 2, S. 207:
Geradsitzventil
Fließdauer < 15 min $v_{max} = 2{,}5$ m/s
Fließdauer ≥ 15 min $v_{max} = 2{,}0$ **m/s**

Je nach Größe der Badewanne; günstiger wäre es, wegen der Geräuschbelästigung v_{max} auf 2 m/s zu begrenzen.

d) Nach TB: → **DN 20** $R = 26{,}8$ mbar/m
PE-X $v = 2{,}0$ m/s

2. In einem EFH mit KG, EG und OG soll die Trinkwasseranlage aus nichtrostenden Stahlrohren berechnet werden. Der Ruhedruck am Ausgang des Druckminderer beträgt 4 bar. Der Summenvolumenstrom $\Sigma \dot{V}_R$ beträgt im EG sowie im OG jeweils 1,4 l/s. Der Abzweig von der Steigleitung im OG befindet sich 6,0 m über dem Hausanschluss. Als Einzelwiderstände sind ein Filter mit 200 mbar Druckverlust und ein Wohnungswasserzähler mit 1 000 mbar Druckverlust zu berücksichtigen. Der Fließweg zur ungünstigsten Auslaufarmatur beträgt 25 m. Der Mindestfließdruck an den Entnahmestellen beträgt 1 000 mbar. Die Druckverluste durch Einzelwiderstände sind mit 40 % vom verfügbaren Druck anzunehmen.

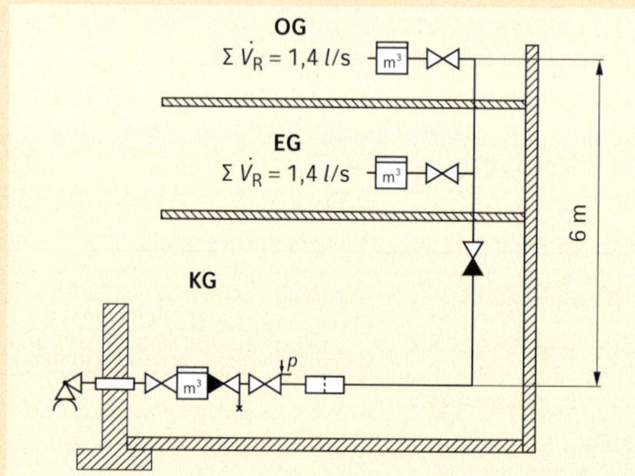

a) Wie groß ist der verfügbare Druckverlust $\Delta p_{ges,v}$?

b) Wie groß ist das verfügbare Rohrreibungsdruckgefälle R_v?

c) Bemessen Sie die Verteilungsleitung bis zum Abzweig im EG mit 9 m Länge (Teilstrecke 1).

Lös.:

a) Mindestversorgungsdruck $p_{minWZ} = 4\,000$ mbar
Druckverlust durch Höhenunterschied $\Delta p_{geo} = 600$ mbar
Druckverlust in Apparaten (Filter) $\Delta p_{Ap} = 200$ mbar
(Wohnungswasserzähler) $= 1\,000$ mbar
Mindestfließdruck $p_{minFl} = 1\,000$ mbar

$$\Delta p_{ges,v} = p_{minWZ} - (\Delta p_{geo} + \Delta p_{Ap} + p_{minFl})$$

$$\Delta p_{ges,v} = (4\,000 - 2\,800)\text{ mbar} = \mathbf{1\,200\text{ mbar}}$$

b) $$R_v = \frac{\Delta p_{ges,v} - 40\,\%\,\Delta p_{ges,v}}{l} = \frac{720\text{ mbar}}{25\text{ m}}$$

$$R_v = 28{,}8\text{ mbar/m}$$

c)

TS	l m	$\Sigma \dot{V}_R$ l/s	$\dot{V}_s$ l/s	DN	v m/s	R mbar/m	$R \cdot l$ mbar
1	9	2,8	0,86	25	1,8	14,8	133

5.7 Trinkwasser

Nach der DIN EN 806-1 ist *Trinkwasser* Wasser für den menschlichen Gebrauch, dessen Beschaffenheit mit den einschlägigen Richtlinien übereinstimmt. Es kann zum Trinken, Waschen, Kochen, Geschirrspülen und für sanitäre Zwecke verwendet werden.

! Trinkwasser ist das Lebensmittel Nr. 1. Es ist lebensnotwendig und durch nichts zu ersetzen.

Alle Wasserarten, die nicht den Richtlinien entsprechen, werden als *Nichttrinkwasser* bezeichnet.

5.7.1 Anforderungen an Trinkwasser

Trinkwasser unterliegt als Lebensmittel:

- der Richtlinie (EU) 2020/2184 über die Qualität von Wasser für den menschlichen Gebrauch,
- dem Infektionsschutzgesetz (IfSG),
- der Trinkwasserverordnung (TrinkwV) und
- dem Lebensmittel- und Futtermittelgesetzbuch (LFGB).

Die Änderung der TrinkwV trat am 23.06.2023 in Kraft. Sie fordert, dass im Umgang mit Trinkwasser in allen Bereichen mindestens die „allgemein anerkannten Regeln der Technik" einzuhalten sind. Diese Vorgabe wird in der Regel durch die Anwendung von Normen und Richtlinien, in Form von DIN-Normen, DIN-EN-Normen, Arbeitsblättern usw. eingehalten.

In der DIN 2000 werden Grundanforderungen an die Trinkwassergüte benannt. Danach muss Trinkwasser

- *farblos, klar, kühl, geruchlos und geschmacklich einwandfrei* sein und es sollte zum Genuss anregen,
- *keimarm* sein und mindestens den gesetzlichen Anforderungen entsprechen.

Alle Anforderungen der Verordnung sind an jeder Entnahmestelle der Hausinstallation einzuhalten.

Das bedeutet, dass neben den Wasserversorgungsunternehmen auch die Ersteller bzw. Betreiber der häuslichen Trinkwasserinstallationen für die Einhaltung der Wasserbeschaffenheit verantwortlich sind. Die Verordnung geht auch darauf ein, wie vorgegangen werden muss, wenn Grenzwerte nicht eingehalten werden. Es besteht Anzeige- und Untersuchungspflicht.

Äußert z. B. ein Mieter oder eine Mieterin den begründeten Verdacht, dass die Grenzwerte im Trinkwasser überschritten sein könnten, müssen Untersuchungen durchgeführt werden.

Vorgefunden Bleileitungen sind durch den Installateur bzw. die Installateurin unverzüglich an das zuständige Gesundheitsamt zu melden. Zudem besteht die Pflicht zur Entfernung der Bleileitungen bis zum 12.01.2026.

Erkrankt eine Person an Krankheitserregern wie Legionellen, so ist der behandelnde Arzt bzw. die Ärztin aufgrund des Bundesseuchengesetzes dazu verpflichtet, dies dem Gesundheitsamt zu melden. Die Entscheidung, ob in einem schwerwiegenden Fall Versorgungsleitungen gegebenenfalls gesperrt werden, trifft die Gesundheitsbehörde.

! Werden Anlagenmechaniker/-innen, Wasserversorgungsunternehmen, Planer/-innen oder Hauseigentümer/-innen fehlerhafte Arbeit nachgewiesen, können diese zur Verantwortung gezogen werden.

Die *Grenzwerte für gesundheitsschädliche Stoffe im Trinkwasser* (→ TB) sind in den Richtlinien so festgelegt, dass die Gesundheit des Menschen mit hoher Wahrscheinlichkeit auch bei lebenslangem Gebrauch nicht beeinträchtigt wird.

5.7.2 Wasseranalyse

Welche Inhaltsstoffe ein Wasser enthält, kann aus der *Wasseranalyse* entnommen werden.

Wasseranalyse zur Einschätzung der Korrosionswahrscheinlichkeit

Das Wasserversorgungsunternehmen (WVU) und die Anlagenmechaniker/-innen benötigen eine Wasseranalyse, um Aussagen über die *Korrosionswahrscheinlichkeit* metallischer Rohrwerkstoffe und über die Steinbildung treffen zu können. Die Werkstoffe für Trinkwasserleitungen und Apparate sind so auszuwählen, dass sie mit dem Wasser verträglich sind und keine gesundheitlichen Schäden bewirken.

Als *Ersteller/-innen einer Trinkwasseranlage* sind Anlagenmechaniker/-innen nach DIN 1988 verpflichtet, die für die Planung und Ausführung erforderlichen Angaben, zu denen auch die Wasseranalyse nach DIN EN 12502 gehört (→ TB), vor Beginn der Arbeiten beim WVU einzuholen.

Die für die Wasseranalyse notwendige Wasserprobe sollte von einem Analyseinstitut an Ort und Stelle entnommen werden, um flüchtige Inhaltsstoffe sofort beurteilen zu können. Ist dies nicht möglich, so muss die Wasserprobe selbst entnommen werden. Dabei ist Folgendes zu beachten:

Eine sterile, farblose, gut verschließbare Flasche ist mit frischem, nicht abgestandenem Wasser randvoll zu füllen. Die Befüllung sollte möglichst an einem Probenahmeventil vorgenommen werden (Abb. 2, S. 211). Die Flasche ist zu kennzeichnen und möglichst schnell zur Untersuchung einzuschicken. Im Labor wird in der Regel ein Untersuchungsbefund mit der Analysenbewertung angefertigt.

Allgemeine Wasseranalyse

Eine weitere, wesentlich umfangreichere Wasseranalyse dient der Beurteilung der Trinkwasserbeschaffenheit mittels Grenzwerten und Anforderungen nach → TB. Wasser enthält demnach zahlreiche Inhaltsstoffe und ist auch nicht steril. Nach der Trinkwasserverordnung dürfen Krankheitserreger, die durch Wasser übertragen werden können, im Trinkwasser nicht in Konzentrationen enthalten sein, die zu einer Schädigung der menschlichen Gesundheit führen können. Hierzu muss das Wasser mikrobiologisch, chemisch und physikalisch sowie auf Radioaktivität untersucht werden.

Erläuterungen zu den Grenzwerten der Wasseranalyse

- Coliforme Keime, E.coli und Enterokokken dürfen in 100 ml Trinkwasser nicht vorhanden sein.
- Alle anderen Mikroorganismen werden zusammengefasst und als Koloniezahl bzw. Anzahl der koloniebildenden Einheiten (KBE) angegeben. Da ein Zusammenhang zwischen der Koloniezahl und dem Auftreten von Krankheitserregern besteht, gilt die Koloniezahl als Indikator für die Reinheit des Wassers, für die biologische Stabilität sowie als Maßstab für die Wirksamkeit der Wasseraufbereitung.

  Nach Trinkwasserverordnung gelten 100 KBE/100 ml als technischer Maßnahmenwert für Legionellen. Wird dieser Wert erreicht, ist dies unverzüglich dem Gesundheitsamt anzuzeigen.

  Ein Keim, der zunehmend Beachtung findet, ist die Pseudomonas aeruginosa. Dieser Keim zählt zu den wichtigsten Erregern krankenhausbedingter Infektionen. Er dringt bei bereits bestehenden Haut- oder Schleimhautschäden in den Körper ein und führt zu Wundinfektionen.
- Die Wassertemperatur beeinflusst u. a. den Gehalt an gelösten Gasen. Je niedriger sie ist, umso höher ist normalerweise der Sauerstoffgehalt.
- Der pH-Wert (siehe Kap. 5.2.2) gibt Auskunft über Korrosions- und Ablagerungswahrscheinlichkeiten.
- Die elektrische Leitfähigkeit ist ein Maß für den Gesamtsalzgehalt. Werte > 2000 µS/cm zeigen einen hohen Gehalt an Ionen und damit ein hartes, salzhaltiges Wasser an. Werte < 2000 µS/cm weisen das Wasser als weich und salzarm aus.
- Die Säurekapazität ($K_{S4,3}$) weist auf die Karbonat-Härte (KH) hin (Umrechnung → TB).
- Die Basekapazität bis pH 8,2 ($K_{B8,2}$) ist ein Maß für den Gehalt an freier Kohlensäure. Ein hoher Wert lässt auf aggressives Wasser schließen.
- Die Summe der Erdalkalien (Gesamthärte GH) sagt aus, ob es zu Ablagerungen in Rohrleitungen kommen kann.

  Bereits in mittelharten Wässern mit deutlichem Karbonathärteanteil ist dies der Fall.

  Da sich die elektrische Leitfähigkeit des Wassers proportional zur Gesamthärte verhält, lässt sich die Gesamthärte aus der elektrischen Leitfähigkeit des Wassers ermitteln. Für die Umrechnung gilt ca. 1 °dH = 35 µS/cm bzw. 1 mmol/l = 200 µS/cm.
- Die einzelnen Ionen-Konzentrationen werden zur Berechnung von Kennzahlen benötigt, mit denen sich die Korrosionswahrscheinlichkeit einiger metallischer Rohrleitungswerkstoffe beurteilen lässt (→ TB).
- Kalium-, Magnesium- und Natriumionen spielen im Mineralstoffhaushalt des Körpers eine Rolle. Kalium- und Magnesiumionen sind z. B. für die Reizübertragung an Muskeln und Nervenzellen wichtig (z. B. am Herzmuskel). Natriumhaltiges Wasser sollte hingegen von Personen mit Bluthochdruck gemieden werden (Natriumchlorid = Kochsalz).
- Aluminium wird z. B. in Form von Aluminiumhydroxid bei der Trinkwasseraufbereitung als Flockungsmittel verwendet. Dieses Metall, das auch als Lebensmittelverpackung dient, wird von der Alzheimer-Forschung für den geistigen Verfall bei Demenz verantwortlich gemacht, da sich hohe Aluminiumkonzentrationen in den Gehirnen von Betroffenen nachweisen ließen.
- Ammonium deutet in Verbindung mit einem höheren Wert für die Oxidierbarkeit und einem ungünstigen mikrobiologischen Befund auf eine fäkale Verunreinigung hin.
- Bei Chloridgehalten über 150 mg/l können Metalle – auch nichtrostender Stahl – angegriffen werden.
- Eisen oder Mangan kann die Wasserverwendung für Haushaltszwecke erheblich einschränken (Fleckenbildung in der Wäsche etc.).
- Färbung und Geruch charakterisieren die wahrnehmbare Beschaffenheit des Wassers.

  Durch Messgeräte wird versucht, diese Eigenschaften zahlenmäßig zu beschreiben.
- Der Wert für organischen Kohlenstoff (TOC = total organic carbon) gibt die Summe der organischen Stoffe im Wasser an. Bei geringer Belastung liegt der Wert zwischen 1 und 2 g/m^3.
- Die Oxidierbarkeit ($KMnO_4$-Verbrauch) weist auf den Gehalt an gelösten organischen Substanzen hin.
- Sulfat ist ein wichtiger Mineralstoff für den menschlichen Körper. Sulfat hat eine abführende Wirkung. Bei hohem Sulfatgehalt besteht jedoch Korrosionsgefahr.
- Nitrat kann nach der Umwandlung im Körper zu Nitrit bei Säuglingen zu Blausucht (Ersticken) führen. Bei höheren Nitratkonzentrationen entstehen krebserregende Nitrosamine. Ferner besteht die Gefahr der Bildung eines Kropfes (Struma).
- Blei kann insbesondere bei Kindern zu geringeren Reaktionszeiten und zu einer schlechteren geistigen Entwicklung führen.
- Cadmium gehört zu den langsam wirkenden Kumulationsgiften. Es reichert sich in den Nieren an. Bei erhöhter Konzentration kann es zu Knochenmarksschädigungen und Osteoporose kommen.
- Zu den polyzyklischen aromatischen Kohlenwasserstoffen (PAK) gehört z. B. Benzpyren. Es entsteht bei vielen Verbrennungsprozessen und ist z. B. in Zigarettenrauch und in Auspuffgasen enthalten. Es gilt als besonders krebserregend. Diese Stoffe werden bei Regen aus der Luft ausgewaschen und in Flüsse und Grundwasser gespült. Von dort gelangen sie in das Trinkwasser.
- Gemäß TrinkwV sind große WVU verpflichtet, Untersuchungen der Konzentration von Radionukliden im Trinkwasser vorzunehmen. Die Strahlenbelastung kann aufgrund der Bodenbeschaffenheit in weiten Grenzen variieren.

Hinweise zu weiteren Gefährdungen

Schon lange ist bekannt, dass über den Wasserkreislauf und die Trinkwasseraufbereitung auch Arzneimittel, Kosmetika, Nanopartikel und deren Umwandlungsprodukte in den menschlichen Körper gelangen. Auch wenn diese Stoffe stark verdünnt sind, geht von ihnen eine nicht unerhebliche Gefahr aus. Durch diese Stoffe ist eine Schädigung des Erbgutes möglich und das Risiko von Krebserkrankungen erhöht sich. Aufgrund der Vielzahl der Stoffe und Wirkmechanismen ist es wissenschaftlich jedoch kaum möglich, die Gefahren einzelnen Stoffen klar zuzuordnen.

Die Risiken werden jedoch häufig nicht ernst genommen. In den Privathaushalten, bei der Düngung landwirtschaftlicher Nutzflächen, bei der Schädlingsbekämpfung, bei der Umweltbelastung durch industrielle Produktion, bei der unzureichenden Klärung industrieller und kommunaler Abwässer sowie bei riskanten Techniken zur Förderung von Gas (Fracking) wird häufig wider besseres Wissen gehandelt (Abb. 1).

Abb. 1: Unterschiedliche Interessen

Beprobung auf Legionellen

Hierfür sind in Trinkwasserinstallationen, aus denen Wasser an die Öffentlichkeit abgegeben wird, Einrichtungen zur Probenahme nach DIN EN ISO 19458 vorzusehen. Nach DIN 1988-200 sind hierfür geeignete Entnahmearmaturen am Austritt des Trinkwassererwärmers, am Eintritt der Zirkulationsleitung in den Trinkwassererwärmer sowie an repräsentativen Entnahmestellen in Bereichen mit Vernebelung (z. B. Duschen) anzuordnen. Für die Probenahme sind desinfizierbare, d. h. abfammbare Entnahmearmaturen notwendig (Abb. 2), die auch nach dem Abflammen dauerhaft dicht bleiben. Die Lage der Probenahmestellen ist mit dem Gesundheitsamt abzustimmen und zu dokumentieren. Die Probenahme soll durch ein zertifiziertes Unternehmen erfolgen.

Abb. 2: Abflammbares Probenahmeventil

Aufgaben

1. Welche Grundanforderungen an die Trinkwassergüte werden in der DIN 2000 benannt?
2. Welche Aussage zum erweiterten Verantwortungsbereich der Anlagenmechaniker/-innen macht die TrinkwV?
3. Wer ist für die Einhaltung der Wasserbeschaffenheit an der Entnahmestelle verantwortlich?
4. Wozu benötigen Anlagenmechaniker/-innen eine Wasseranalyse?
5. Was ist bei der Entnahme einer Wasserprobe für eine Wasseranalyse zu beachten?
6. Nennen Sie zehn umwelt- und gesundheitsbelastende Stoffe, die im Trinkwasser enthalten sein können.

   Beschreiben Sie jeweils die gefährdende Wirkung, die von ihnen ausgeht.
7. Welche weiteren Stoffe, die nicht bei der Analyse des Trinkwassers erfasst werden, könnten für Mensch und Umwelt gefährlich werden?
8. Informieren Sie sich im Internet darüber, was Fracking ist und warum dieses Verfahren besorgniserregend ist.
9. Welche Ventile sind für die Beprobung auf Legionellen notwendig und wo sind diese anzubringen?

5.8 Öffentliche Trinkwasserversorgung

Rund 95 % der Haushalte in Deutschland sind an die öffentliche Trinkwasserversorgung angeschlossen. Nur 5 % beziehen das Trinkwasser aus Einzel-Trinkwasserversorgungsanlagen. Für die Lieferung von Trinkwasser, das der öffentlichen Trinkwasserversorgung dient, sind Wasserversorgungsunternehmen (WVU) zuständig. Träger der WVU sind meist Städte und Gemeinden, die sich oft aus finanziellen Gründen zu einem Zweckverband zusammengeschlossen haben.

Zu den Aufgaben der WVU gehören die Gewinnung, die Aufbereitung, die Förderung, die Speicherung, der Transport und die Verteilung von Trinkwasser.

5.8.1 Trinkwassergewinnung

Die Gewinnung von Grundwasser erfolgt aus Brunnen oder Quellen. Bei Brunnen wird das Wasser meist aus verschiedenen Grundwasserstockwerken entnommen.

Immer häufiger muss infolge des steigenden Wasserbedarfes auch Oberflächenwasser aus Flüssen und Seen zu Trinkwasser aufbereitet werden.

5.8.2 Trinkwasseraufbereitung

In vielen Fällen hat das gewonnene Wasser (Rohwasser) nicht die Qualität, die in der TrinkwV gefordert wird. Je nach Zustand des Rohwassers muss eine mechanische/ physikalische, chemische und mikrobiologische Wasserbehandlung erfolgen:

- physikalisch, z. B. durch Siebung, Filtration (Sand- oder Mehrschichtfilter) und Sedimentation (Ablagerung) oder UV-Desinfektion
- chemisch, z. B. durch Sauerstoff- oder Ozonzufuhr, Entsäuerungsmaterial, Flockmittelzugabe, Filterung durch Aktivkohle
- mikrobiologisch, z. B. durch Zugabe von Mikroorganismen, um organische Verunreinigungen abzubauen

Wegen der zunehmenden Belastung der Umwelt müssen immer häufiger schädliche Stoffe wie Nitrat aus dem Wasser entfernt werden.

5.8.3 Trinkwasserförderung und Trinkwassertransport

Zweck der Förderung ist es, dem Wasser Energie zuzuführen, um damit die Widerstände innerhalb der Gewinnungsanlage, der Aufbereitung und des Rohrnetzes zu überwinden. Auch höhergelegene Anschlüsse im Versorgungsnetz müssen erreicht werden. Nach DIN 2000 muss Trinkwasser jederzeit in ausreichender Menge sowie mit genügendem Druck an jeder Übergabestelle zur Verfügung stehen. Diese Aufgabe wird von Pumpstationen ausgeführt.

5.8.4 Trinkwasserspeicherung

Der Trinkwasserbedarf unterliegt in 24 Stunden großen Schwankungen. Diese müssen durch Speicheranlagen ausgeglichen werden. In flachen Gegenden und in Gebieten mit natürlichen Höhenunterschieden eignen sich Hochbehälter zur Druckerzeugung. Kommen Tiefbehälter in flachen Gegenden zum Einsatz, kommen sie nicht ohne Druckerhöhungsanlage aus.

5.8.5 Trinkwasserverteilung

Die Verteilung des Wassers in Städten und Gemeinden erfordert ausgedehnte Rohrnetze. Die Versorgungsleitungen verlaufen in den Straßenzügen. Sie befinden sich zum Zwecke des Frostschutzes mindestens in 1,2 m Tiefe. Die Rohrnetze können als Verästelungs- oder Ringnetze ausgebildet sein.

Beim *Verästelungsnetz* geht der jeweilige Versorgungsweg wie bei einem Baum von der Wurzel, welche dem Wasserwerk entspricht, über den Ast zum Blatt bzw. Haus. Bei *Ringnetzen* gibt es mehrere Versorgungswege, weil wichtige Leitungsstränge zu einem Ring verbunden sind. Ringnetze haben den Vorteil, dass es nicht zu längeren Stagnationszeiten kommt. Darüber hinaus können bei Ringnetzen mit entsprechender Anordnung der Absperrschieber auch kleine Teilbereiche des Versorgungsnetzes von der Trinkwasserversorgung abgeklemmt werden. Bei Arbeiten am Ringnetz werden dann nur wenige Häuser nicht mit Trinkwasser versorgt.

Als *Absperreinrichtungen* in den Versorgungsleitungen werden Schieber und Absperrventile eingebaut. Beide haben ein langsames Schließverhalten. *Hinweisschilder* auf den Straßen weisen darauf hin, wo sich die Armaturen befinden (→ TB).

Größere Gemeinden und Städte mit Hanglage werden je nach Höhenlage in separate *Versorgungszonen (Druckzonen)* mit eigenen Behältern (z. B. Hochbehälter oder Wassertürme) unterteilt, um einen Versorgungsdruck zwischen ca. 3 und 6 bar zu gewährleisten.

Aufgaben

1. Weshalb muss Rohwasser im Wasserwerk zu Trinkwasser aufbereitet werden?
2. In welchen Stufen erfolgt üblicherweise die Wasserbehandlung?
3. Welche Forderungen stellt die DIN 2000 an das WVU hinsichtlich der Übergabe von Trinkwasser?
4. Wozu dienen Hochbehälter und wo werden sie errichtet?
5. Wie unterscheiden sich bei der Trinkwasserverteilung Verästelungs- und Ringnetze?
6. Worin bestehen die Vorteile von Ringnetzen?

5.9 Trinkwasserinstallationen

Trinkwasserinstallationen haben die Aufgabe, den Verbraucherinnen und Verbrauchern Trinkwasser in der geforderten Güte, Menge und mit ausreichendem Druck an alle Entnahmestellen zu liefern.

Die Bereitstellung des Trinkwassers erfolgt in der Regel durch die öffentliche Wasserversorgung.

Die Trinkwasserinstallation beginnt bei einer zentralen Trinkwasserversorgung an der Anschlussvorrichtung (z. B. Anbohrschelle) der Versorgungsleitung (→ TB).

Die Trinkwasserinstallation endet am freien Auslauf der Entnahmestellen. Durchströmt das Trinkwasser Apparate, in denen die Lebensmitteleigenschaft des Trinkwassers bestimmungsgemäß verloren geht, so endet die Trinkwasserinstallation an der zugeordneten Sicherungseinrichtung (siehe Kap. 5.12).

! Zur Trinkwasserinstallation gehören alle Rohrleitungen, Armaturen und Apparate, die sich zwischen der Übergabestelle an die Nutzer/-innen und dem Punkt der Entnahme von Trinkwasser befinden.

Die Technischen Regeln für die Trinkwasserinstallation (TRWI) werden in drei Normen beschrieben. Während sich die DIN EN 1717 und die DIN EN 806 auf den europäischen Mindeststandard beschränkt, werden die anspruchsvolleren nationalen Vorgaben in der DIN 1988-200, -300 usw. aufgeführt.

5.9.1 Leitungsabschnitte (Verbrauchsleitungen)

Das Leitungsnetz von Trinkwasserinstallationen in Gebäuden und auf Grundstücken wird nach DIN EN 806 und DIN 1988-200 in Leitungsabschnitte eingeteilt.

Die Abgrenzung der Leitungsabschnitte kann im ➔ TB nachgeschlagen werden. Im dort abgebildeten Leitungsplan werden die genormten Sinnbilder und Kurzzeichen nach DIN EN 806-1 verwendet. Auch die Sinnbilder für Leitungspläne nach DIN EN 806-1 sind im ➔ TB auszugsweise dargestellt.

5.9.2 Werkstoffe für Trinkwasserinstallationen

Für Trinkwasserinstallationen werden Kunststoffe, metallische Werkstoffe und Verbundstoffe eingesetzt.

Allgemeine Anforderungen:

- Zum Schutze des Trinkwassers dürfen für Trinkwasserinstallationen nur Materialien und Geräte verwendet werden, die mit dem *Prüfzeichen* einer anerkannten Zertifizierungsstelle versehen sind, z. B. das DIN/DVGW- oder das DVGW-Zeichen.
- Bauteile und Apparate müssen vom Hersteller mit dem Herstellerzeichen oder -namen gut lesbar und dauerhaft versehen sein, sodass eine Identifizierung des Produktes möglich ist.
- Kunststoffe und metallische Werkstoffe müssen den Empfehlungen des Umweltbundesamtes entsprechen.

Alle mit dem Trinkwasser in Berührung kommenden Anlagenteile sind Bedarfsgegenstände im Sinne des Lebensmittel- und Futtermittelgesetzbuches (LFGB). Bei den Kunststoffen dürfen nur einige Materialien, wie z. B. Polyethylen (PE), Polybuten (PB) und Polyvinylchlorid (PVC-U), im Kaltwasserbereich eingesetzt werden. Über die Zulässigkeit metallischer Werkstoffe für Trinkwasserinstallationen gibt Tab. 1 Auskunft.

Zwischen Werkstoffen und dem damit in Kontakt stehenden Wasser können Wechselwirkungen auftreten.

Als Folge kann

- sich die Beschaffenheit des Trinkwassers verändern,
- eine Schädigung an Bauteilen durch Korrosion oder Steinbildung auftreten.

Tab. 1: Zulässigkeit metallischer Werkstoffe

Werkstoff	Einsatzbereich		
	unbeschränkt	beschränkt	unzulässig
Blei			x
Kupfer		Je nach Wasserbeschaffenheit	
Kupfer, innenverzinnt	x		
Rotguss/ Messing		Muss den Anforderungen der DIN 50930-6 entsprechen	
Stahl, feuerverzinkt		Je nach Wasserbeschaffenheit	
Stahl, nichtrostend	x		

Veränderung der Beschaffenheit des Trinkwassers

Das Trinkwasser, das vom Wasserversorgungsunternehmen (WVU) mit ca. 10 °C geliefert wird, befindet sich zumeist im Kalk-Kohlensäure-Gleichgewicht. Bei Erwärmung entweicht jedoch Kohlensäure, sodass das Gleichgewicht gestört wird.

Um wieder in den Gleichgewichtszustand zu kommen, gibt das Trinkwasser Kalk ab (Abb. 1). Dieses kann sich z. B. an den Rohrleitungen ablagern. Die Ablagerungen entstehen völlig unabhängig vom verwendeten Rohrleitungswerkstoff.

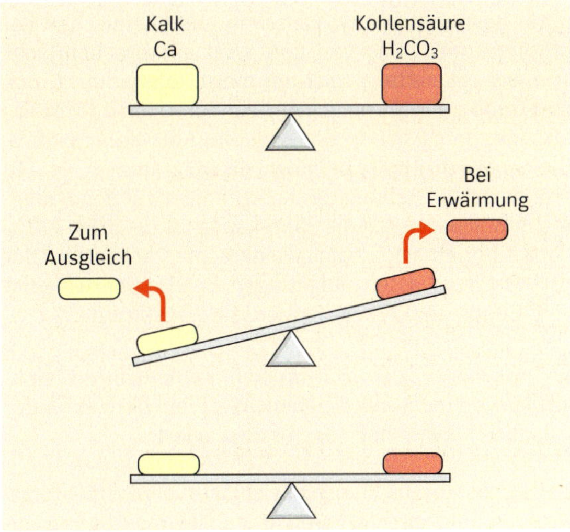

Abb. 1: Kalk-Kohlensäure-Gleichgewicht

Im Wasser kann umso mehr Kalk gelöst bzw. gehalten werden, je niedriger der pH-Wert ist. Damit bei einem niedrigen pH-Wert nicht der Rohrwerkstoff angegriffen wird, bedarf es einer hohen Wasserhärte. Dieser Zusammenhang ist auch von der Temperatur abhängig. Überschreitet das Wasser eine Temperatur von 60 °C, kommt es verstärkt zu Kalkablagerungen. Im Gleichgewichtszustand werden weder Ablagerungen gebildet noch werden Werkstoffe angegriffen.

Es gibt eine Reihe von chemischen Parametern im Trinkwasser, deren Konzentration im Verteilungsnetz, insbesondere in der Hausinstallation, ansteigen kann (TB: Wasseranalyse – Grenzwerte und Anforderungen zur Beurteilung der Beschaffenheit des Trinkwassers). Je nach Rohrleitungswerkstoff erhöht sich dabei z. B. die Konzentration an Blei, Cadmium, Kupfer, Nickel oder Vinylchlorid.

Einflussgrößen auf die Wassergüte sind:

- die Werkstoffeigenschaften
- das Kalk-Kohlensäure-Gleichgewicht
- Mikroorganismen
- die Wassertemperaturen (< 25 °C oder > 55 °C)
- die Stagnationszeit (Verweildauer des Wassers in der Installation sollte < 72 Stunden sein)
- die Durchströmung (Fließgeschwindigkeit und Rohrdurchmesser)

! Wasser, das sich längere Zeit in der Trinkwasserinstallation befand, sollte grundsätzlich nicht zum Trinken und erst recht nicht zur Zubereitung von Säuglingsnahrung verwendet werden.

Korrosion und Steinbildung in Trinkwasseranlagen

Jedes Trinkwasser ist durch die in ihm gelösten Stoffe individuell verschieden. Diese bestimmen sowohl das Korrosionsverhalten von metallischen Werkstoffen als auch die Neigung zur Steinbildung. Dies geschieht unter bestimmten physikalischen und chemischen Voraussetzungen. Das von den WVU entsprechend der TrinkwV gelieferte Wasser hat meist konstanten Druck und Temperatur. Es neigt kaum zur Korrosion oder Steinbildung, da es sich in der Regel im Kalk-Kohlensäure-Gleichgewicht (KKG) befindet. Im Diagramm (TB) erfolgt die Darstellung des Kalkgehaltes auf der waagerechten Achse durch die Säurekapazität bis pH 4,3 (früher Karbonathärte). Auf der senkrechten Achse wird der pH-Wert des Wassers aufgetragen. Er wird überwiegend vom Gehalt an CO_2 bzw. Kohlensäure bestimmt.

! Trinkwasser, das sich im Kalk-Kohlensäure-Gleichgewicht befindet, hat einen pH-Wert, bei dem es weder kalkabscheidend noch aggressiv reagiert.

Der Punkt auf der Gleichgewichtskurve wird pH-Wert-Neutralpunkt oder pH-Wert der Calciumsättigung genannt.

Nachdem das Trinkwasser durch die Hauseinführung in das Gebäude gelangt ist, verringert sich der Druck durch Höhenunterschiede und Druckverluste.

Die Temperatur steigt durch die Umgebungswärme infolge Stagnation oder durch die Warmwasserbereitung. Das KKG wird gestört und der pH-Wert-Neutralpunkt entweder unter- oder überschritten. Korrosionsschäden bei metallischen Werkstoffen oder Steinablagerungen können die Folge sein. Um dies zu verhindern, muss Trinkwasser hinsichtlich seines Korrosionsverhaltens und seiner Neigung zur Steinbildung beurteilt werden. Dazu müssen verschiedene Stoffe aus der Wasseranalyse nach DIN 50930 (TB) in ihrer Konzentration (c) vorliegen.

Auch die Säurekapazität $K_{S\,4,3}$ und die Basekapazität $K_{B\,8,2}$ müssen aus der Wasseranalyse bekannt sein. Diese Angaben erklären sich wie folgt: Durch Zugabe von Säuren oder Basen kann Wasser jeden beliebigen pH-Wert annehmen. Die dazu erforderlichen Mengen an Säure werden mit K_S, die an Base mit K_B bezeichnet und in mol/m^3 angegeben. Der Bezugs-pH-Wert wird als Index geschrieben.

Bei der $K_{S\,4,3}$-Bestimmung (Abb. 1a) wird einer Wasserprobe so viel Salzsäure zugegeben, bis der pH-Wert von 4,3 erreicht ist. Die Zugabemenge an Säure ist ein Maß für die Konzentration an Hydrogencarbonat c(HCO_3^-). Ähnlich verhält es sich bei der $K_{B\,8,2}$-Bestimmung, bei der Natronlauge zugegeben wird, bis der pH-Wert 8,2 erreicht ist (Abb. 1b). Die Menge an Natronlauge ist ein Maß für die Konzentration an freier Kohlensäure c (CO_2).

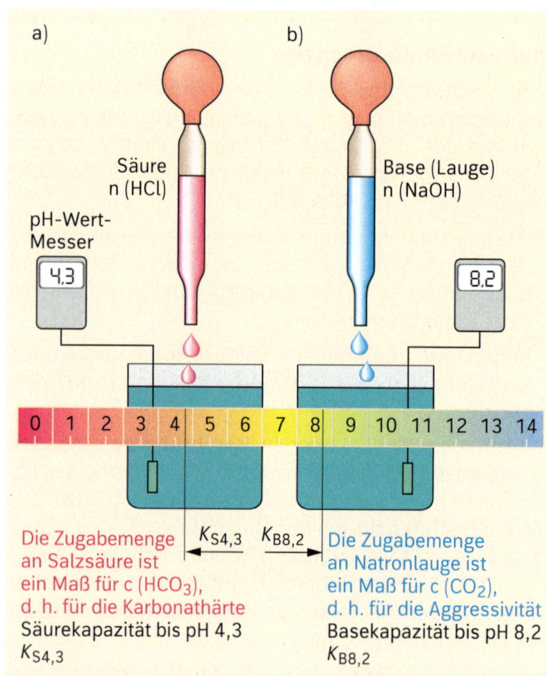

Abb. 1: Bestimmung der Säure- bzw. Basekapazität

Mithilfe der Säure- und Basekapazität kann z. B. der Einsatzbereich für verzinkte Stahlrohre und Kupferrohre bestimmt werden (DIN 50 930 ➜ TB).

Einsatzbereiche für Kupferrohr

Der pH-Wert weist darauf hin, ob Kupferrohre nach DIN EN 1057 für Trinkwasserleitungen vertretbar sind. Einsetzbar sind diese gemäß DIN 50 930-6, wenn pH ≥ 7,4 oder 7,0 ≤ pH ≤ 7,4 und TOC ≤ 1,5 g/m³ (TOC: siehe Kap. 5.7.2).

5.9.3 Rohre für Trinkwasserleitungen

Rohrleitungen sowie Form- und Verbindungsstücke müssen dicht sein.

Von den Rohren, Form- und Verbindungsstücken wird erwartet, dass sie mindestens einem schwankenden Betriebsüberdruck von bis zu 10 bar standhalten. Diese Druckangabe wird als Nenndruck *PN* (franz.: pression nominale) bezeichnet. Es können, falls erforderlich, auch Leitungsanlagen mit höheren Betriebsdrücken als 10 bar erstellt werden.

Diesen Beanspruchungen müssen *Kaltwasserleitungen* bei Temperaturen ≤ 25 °C und *Warmwasserleitungen* bei Temperaturen ≤ 60 °C standhalten, kurzzeitig sogar bis 85 °C.

Mit der Nennweite *DN* (franz.: diametre nominale) wird die ungefähre lichte Rohrweite in mm angegeben. Ausgewählt werden Rohre und Bauteile immer unter Angabe der gewünschten Nennweite DN oder unter Nennung von Außendurchmesser × Wanddicke sowie DIN-Nummer.

Als mögliche Rohrleitungswerkstoffe eignen sich unter Beachtung der Einsatzbereiche:

- verzinkte Stahlrohre nach DIN EN 10255
- Rohre aus nichtrostendem Stahl nach DIN EN ISO 1127
- Kupferrohre nach DIN EN 1057
- innen verzinnte Kupferrohre
- Kunststoffrohre (PE, PE-X, PVC, PB und PP)
- Mehrschichtverbundrohre

Aufgaben

1. An welcher Stelle beginnt bei zentraler Trinkwasserversorgung die Trinkwasserinstallation?
2. Beschreiben Sie die Leitungsabschnitte einer Trinkwasserinstallation.
3. Welche allgemeinen Anforderungen werden an alle Materialien und Geräte gestellt, die in der Trinkwasserinstallation eingesetzt werden können?
4. Welche metallischen Werkstoffe dürfen
   a) uneingeschränkt,
   b) nicht in Trinkwasserinstallationen eingesetzt werden?
5. Welche Folgen können die Wechselwirkungen zwischen Werkstoffen und Wasser haben?
6. Wovon kann es abhängen, wenn sich die Schadstoffkonzentration im Trinkwasser erhöht?
7. Wozu darf Wasser, das sich längere Zeit in der Trinkwasserinstallation befand, grundsätzlich nicht verwendet werden?
8. Was versteht man unter dem Kalk-Kohlensäure-Gleichgewicht?
9. Wie wird die Säurekapazität bis pH 4,3 $K_{S\,4,3}$ bestimmt?
10. Welche Forderungen werden hinsichtlich des Einsatzbereiches für Kupferrohr gestellt?
11. Stellen Sie anhand der Wasseranalyse zur Einschätzung der Korrosionswahrscheinlichkeit (➜ TB) fest, ob bei Verwendung von verzinktem Stahlrohr eine ausreichend geringe Veränderung der Trinkwasserqualität sichergestellt werden kann.
12. Wie verhält sich der im Trinkwasser gelöste Kalk bei Erwärmung?
13. Überprüfen Sie mithilfe des ➜ Tabellenbuches, ob sich Trinkwasser mit einem pH-Wert von 7,8 und einer Karbonathärte von 2°dH bei 20 °C im Kalk-Kohlensäure-Gleichgewicht befindet. Wenn nicht, wie beurteilen Sie es dann hinsichtlich der Wahrscheinlichkeit von Korrosion und der Bildung von Kalkablagerungen?
14. Was bedeuten die Begriffe „Nennweite" und „Nenndruck"? Welche Kurzzeichen verwendet man dafür?
15. Welche Rohrarten können in der Trinkwasserinstallation eingesetzt werden?
16. Nennen Sie Vor- und Nachteile von Kunststoffrohren gegenüber Metallrohren in der Trinkwasserinstallation.

5.9.4 Anschlussleitungen (erdverlegte Leitungen)

Die Anschlussleitung ist die Wasserleitung zwischen Versorgungsleitung und Trinkwasserinstallation. Neben der Leitung gehören zur Anschlussleitung:

- die Anschlussvorrichtung
- die Mauer- oder Wanddurchführung
- ggf. ein Isolierstück

Von der Versorgungsleitung aus wird über eine *Anschlussvorrichtung* der Abzweig zur (Haus-)Anschlussleitung hergestellt. Sie umfasst eine *Anbohrschelle* mit integrierter oder zusätzlicher Absperrarmatur oder einen Abzweig mit Absperrarmatur. Die Anbohrschelle dient in Verbindung mit einem Anbohrapparat dazu, die unter Druck stehende Versorgungsleitung anzubohren (Abb. 1).

Bei der Installation der Hausanschlussleitung sind die folgenden Verlegeregeln zu beachten:

- Die Anschlussleitung muss absperrbar sein.
- Anschlussleitungen sind möglichst geradlinig, auf dem kürzesten Wege und rechtwinklig zur Grundstücksgrenze zu verlegen.
- Die Trinkwasserleitung darf nicht tiefer als die Abwasserleitung liegen, wenn der Abstand ≤ 1 m ist. Der Mindestabstand zu anderen Rohrleitungen und Kabeln muss 0,2 m betragen. Bei einem Abstand < 0,2 m sind Schutzmaßnahmen erforderlich, z. B. Trinkwasserleitung im Schutzrohr.
- Anschlussleitungen sind mind. in DN 25 auszuführen und frostfrei nach den örtlichen Erfordernissen (0,8–1,2 m tief) zu verlegen.
- Anschlussleitungen müssen in einen frostfreien zugänglichen Raum oder einen Wasserzählerschacht münden.
- Die vorsorgliche Verlegung von Anschlussleitungen zu unbebauten Grundstücken ist zu vermeiden.

Die Anschlussleitung wird vom Wasserversorgungsunternehmen (WVU) oder von einem beauftragten Installationsunternehmen ausgeführt. Sie endet unmittelbar vor der Hauptabsperrarmatur (HAE), die auch Bestandteil der Wasserzähleranlage sein kann.

Die *Mauer- oder Wanddurchführung* (Abb. 2) muss bei erdverlegten Leitungen dicht in die Außenwand eingebaut werden.

Nach DIN 1988-200 ist bei erdverlegten metallischen Leitungen ein Isolierstück (Abb. 3a) nahe der Hauptabsperrarmatur im Gebäude einzubauen. Es ist dafür Sorge zu tragen, dass dieses Isolierstück nicht unabsichtlich überbrückt werden kann. Dadurch soll verhindert werden, dass durch die Verbindung aller elektrisch leitenden Anlagenteile mit dem Potenzialausgleich elektrischer Strom in die Anschlussleitung abfließen kann.

Isolierstücke müssen mit DIN-DVGW Prüfzeichen, der Registriernummer sowie der Kennfarbe Grün für Wasser gekennzeichnet sein. Die Innenleitungen sind an die Haupterdungsschiene anzuschließen.

5.9.5 Verlegeregeln für Innenleitungen (Auswahl)

Die DIN EN 806-4 gibt Empfehlungen für die Trinkwasserinstallation in Gebäuden. Hierzu wird z. B. gefordert, dass:

- Fittings, Rohre und andere Bauteile sorgfältig zu behandeln und geschützt zu lagern sind, um Beschädigungen und Verschmutzungen zu vermeiden,

Abb. 1: Anbohrschelle mit integrierter Absperrarmatur

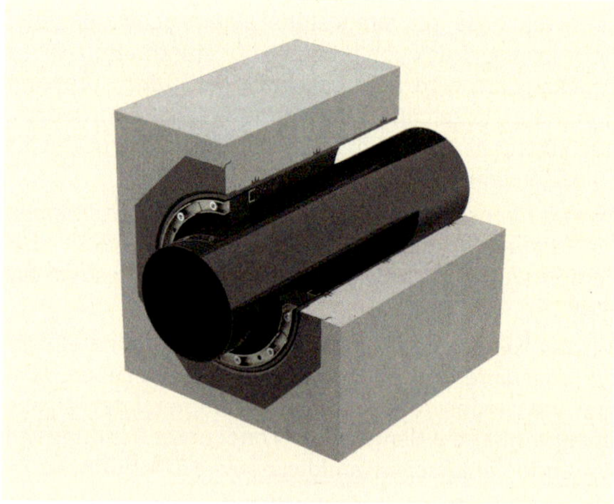

Abb. 2: Mauer- und Wanddurchführung

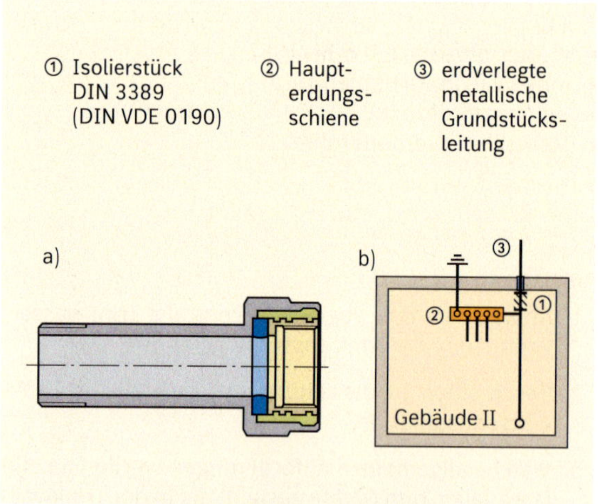

Abb. 3: a) Isolierstück nach DIN 3389
b) Anordnung von Isolierstücken bei erdverlegten metallischen Grundstücksleitungen zwischen mehreren Gebäuden

- zum Verbinden der Rohre nur Hilfsstoffe verwendet werden dürfen, welche die Qualität des Trinkwassers nicht beeinträchtigen,
- die verwendeten Rohre und Fittings innen frei von Verunreinigungen sind,
- unmittelbar nach der Installation die Austrittsöffnungen der Rohre verschlossen werden, damit die Rohre frei von Verunreinigungen bleiben,
- die Rohrverbindungen erst nach der Druckprüfung überdeckt werden dürfen und
- nach Abschluss der Installation die Trinkwasserleitungen zu spülen sind.

Es werden auch Einschränkungen zur Verarbeitung einzelner Rohrwerkstoffe und deren Verbindungsarten gemacht.

Nichtrostender Stahl:
Schneidbrenner und ölgekühlte Sägen dürfen nicht zum Ablängen nichtrostender Stahlrohre verwendet werden. Die Rohre aus nichtrostendem Stahl dürfen nur bis DN 32 mit handelsüblichen Biegewerkzeugen kalt gebogen werden.

Kupfer:
Hartlöten, Ausglühen der Verbindungsmuffen und Warmbiegen sind für Kupferrohre kleiner DN 32 nicht zulässig.

Kombinationen verschiedener Metalle:
Bei der Kombination verschiedener Rohre und Formstücke sollten zur Beurteilung der Korrosionsgefährdung der beteiligten Werkstoffe die elektrochemische Spannungsreihe berücksichtigt werden.

Dabei sind möglichst geringe Potenzialunterschiede anzustreben. Die Kombination von gleichartigen Metallen ist sehr günstig, die von Kupferlegierungen mit Kupfer sowie nichtrostendem Stahl ist möglich. Die Kombination von schmelztauchverzinktem Stahl mit Kupfer oder nichtrostendem Stahl ist hingegen nicht zulässig. Grundsätzlich ist jedoch in Fließrichtung des Wassers immer das edlere nach dem unedlen Metall zu installieren (Fließregel). In Fließrichtung dürfen z. B. nach einem verzinkten Stahlrohr ein Rotguss-Fitting und anschließend ein nichtrostendes Stahlrohr installiert werden. Bei umgekehrter Fließrichtung ist das nicht erlaubt.

Des Weiteren sollten

- Sanitärobjekte, die selten genutzt werden, als Ringleitung ausgeführt werden, z. B. durch Einsatz eines Strömungsteilers nach dem Venturi-Prinzip (Abb. 4b),
- Leitungen, die der Frostgefahr ausgesetzt sind, mit Absperr- und Entleerungsvorrichtungen vorsehen werden,
- Stockwerksleitungen eines jeden Geschosses und von abgeschlossenen Wohnungen für sich absperrbar und entleerbar sein,
- freiliegende Leitungen mit ausreichendem Abstand von Wänden, Decken und anderen Leitungen verlegt werden,
- Leitungen übersichtlich angeordnet und gekennzeichnet werden.

Man unterscheidet zwischen dem Hauptverteiler (Abb. 4a) und den Stockwerksverteilern.

Der Hauptverteiler für Kaltwasser ist in der Regel nach der Wasserzähleranlage im Keller angeordnet. Von dort zweigen die Steigleitungen und ggf. Leitungen zu Außenzapfstellen und zur Trinkwassererwärmungsanlage ab.

Je nach Leitungsführung im Stockwerk können nach der Stockwerksabsperrarmatur Stockwerksverteiler verwendet werden, die die direkte Versorgung sanitärer Einrichtungen erlauben.

Aufgaben

1. Nennen Sie fünf Verlegeregeln für Außenleitungen.
2. Welche Aufgaben hat ein Isolierstück?
3. Nennen Sie zehn Verlegeregeln für Innenleitungen.

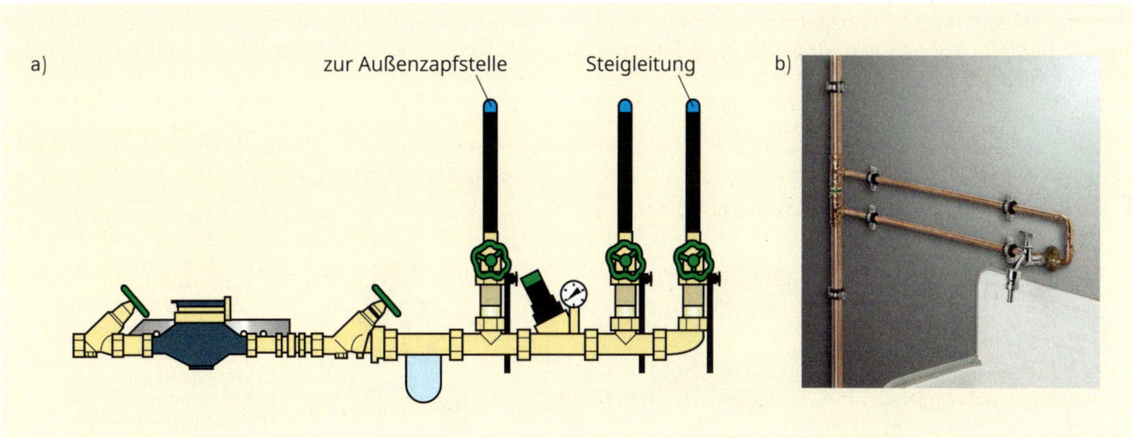

Abb. 4: a) Hauptverteiler für Kaltwasser
b) Ringleitung, die z. B. über Strömungsteiler nach dem Venturi-Prinzip angeschlossen ist

5.10 Wasserzähleranlage

Wasserzähler dienen als Messgeräte zur Erfassung des durchgeflossenen Wasservolumens.

Die Wasserzähleranlage umfasst

- vor dem Wasserzähler eine Absperrarmatur ohne Entleerung und
- nach dem Wasserzähler eine Absperrarmatur mit Entleerung und ggf. mit Rückflussverhinderer.

Weitere Bestandteile siehe Abb. 3.

Kaltwasserzähler sind Volumenmessgeräte für Wasser mit einer Temperatur bis 30 °C.

Warmwasserzähler können bis zu einer Wassertemperatur von 90 °C eingesetzt werden.

Die Bauarten der Kalt-, Warm- und Heißwasserzähler bedürfen der Zulassung. Wasserzähler müssen geeicht sein, wenn sie im geschäftlichen Verkehr verwendet werden. Die Eichdauer beträgt gemäß Mess- und Eichverordnung von 2021 für alle

- Kaltwasserzähler 6 Jahre und für
- Warmwasserzähler ebenfalls 6 Jahre

Die Eichung (Beglaubigung) ist erkennbar an dem Hauptstempel, bestehend aus dem Beglaubigungszeichen und dem Jahreszeichen (Abb. 1). Der Hauptstempel kann als Blei- oder Klebeplombe angebracht sein.

Von Hauswasserzählern spricht man, wenn der Wasserverbrauch für ein Haus oder Gebäude gezählt wird.

Wohnungswasserzähler dagegen ermitteln nur den Wasserverbrauch einer Wohneinheit. Zur individuellen Verbrauchsabrechnung sind Wohnungswasserzähler (Abb. 4) in Mehrfamilienhäusern vorgeschrieben.

Hauswasserzähler sind in der Regel innen im Gebäude, an der zur Straße gelegenen Hauswand oder in einer Hausanschlussnische frostsicher zu installieren.

Der Wasserzähler soll gut zugänglich sein, damit er leicht abgelesen, ausgewechselt und überprüft werden kann. Bei größeren Gebäuden mit mehr als 5 Nutzungseinheiten ist der Hauswasserzähler in einem *Hausanschlussraum* nach DIN 18012 zu installieren.

Ein Hauswasserzähler ist immer Bestandteil einer *Wasserzähleranlage* (Abb. 3). Absperrarmatur und Rückflussverhinderer können getrennt oder kombiniert als KFR-Ventil eingebaut werden.

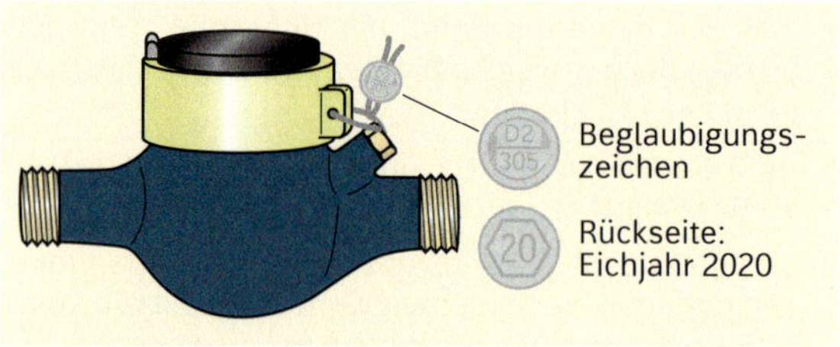

Abb. 1: Wasserzähler mit Hauptstempel

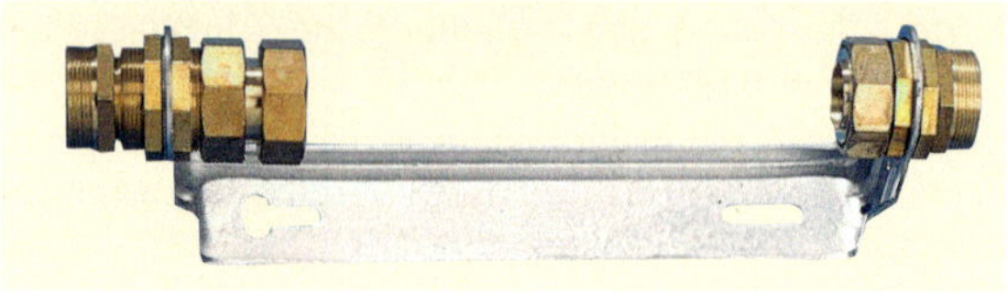

Abb. 2: Wasserzählerbügel mit längenveränderlichem Ein- und Ausbaustück

Werden Trinkwasserleitungen als Schutz-, Potenzialausgleichs- oder Erdungsleiter verwendet, muss der Wasserzähler nach VDE 0190 überbrückt werden. Diese Überbrückung kann durch eine leitfähige Haltekonstruktion erfolgen, z. B. einen Wasserzählerbügel (Abb. 2) oder ein Überbrückungskabel (Abb. 3).

Ausreichende Querschnitte für die Überbrückung sind nach DIN VDE 100:

- verzinntes Cu-Seil 16 mm² oder Fe-Seil 25 mm²
- verzinkter Bandstahl 60 mm², $d \geq 3$ mm

Die Überbrückung muss auch bestehen bleiben, wenn der Wasserzähler ausgebaut wird.

Trinkwasserleitungen bestehen immer häufiger aus elektrisch nicht leitenden Werkstoffen. Bei neu errichteten Wasserrohrnetzen werden Wasserrohre an den Potenzialausgleich angeschlossen (siehe Kap. 14.3). Das Wasserrohrnetz darf jedoch nicht als Schutz- oder Erdungsleiter benutzt werden.

Die Zuständigkeiten an der Wasserzähleranlage regelt die Verordnung über Allgemeine Bedingungen für die Versorgung mit Wasser (AVBWasserV). Durch individuelle Anschlussbedingungen der Versorger können in verschiedenen Versorgungsgebieten andere Zuständigkeiten bestehen.

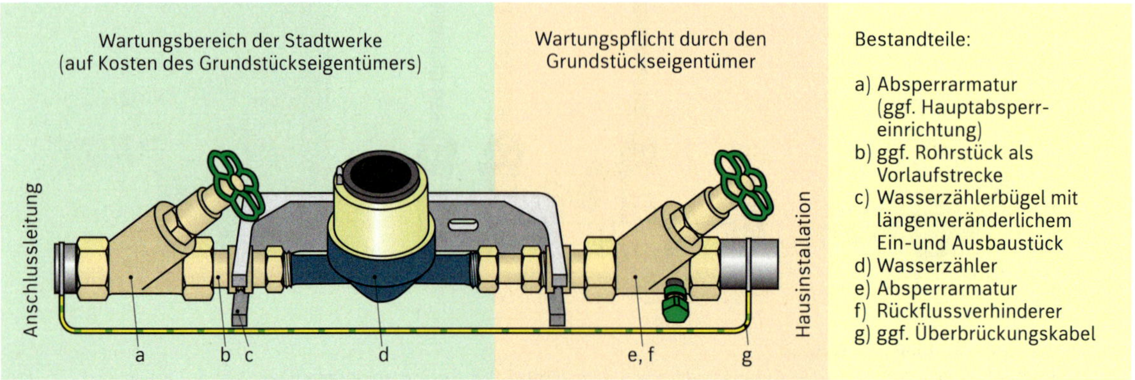

Abb. 3: Wasserzähleranlage und Zuständigkeiten nach AVBWasserV

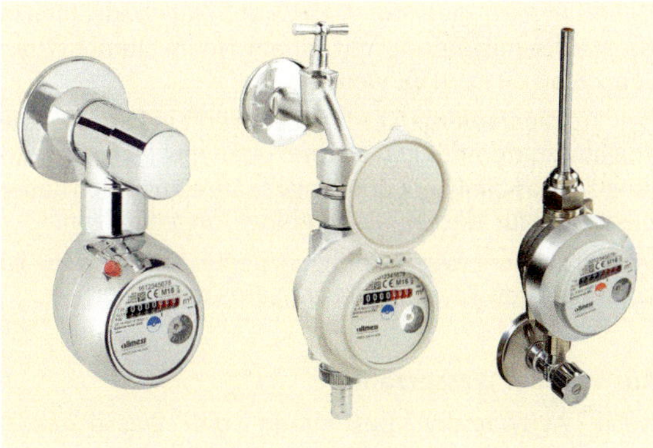

Abb. 4: Auswahl von Kaltwasser-Wohnungszählern

! Wohnungswasserzähler erlauben eine verbrauchsabhängige Verteilung der Wasserkosten. Verbraucherinnen und Verbraucher können dadurch zur Trinkwassereinsparung angehalten werden.

Beispiele für die mögliche Anordnung der Kaltwasser-Wohnungszähler zeigen die Abb. 5a und 5b.

Zwischen der Anzeige des Hauswasserzählers und der Verbrauchssumme aller Wohnungszähler ergeben sich häufig unvermeidliche Messdifferenzen. Sie haben ihre Ursache in den Zählerkonstruktionen und sind meist in den unterschiedlichen Anlaufwerten des großen Hauswasserzählers und der kleinen Wohnungswasserzähler zu begründen.

Hauseigentümer/-innen sind gezwungen, entweder die Kosten selbst zu tragen oder aber diese auf die Verbraucher/-innen aufzuteilen, was oft zu Konflikten führt.

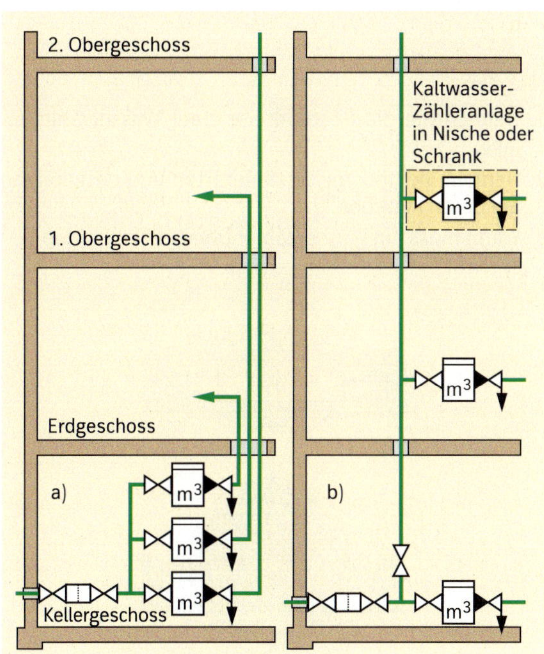

Abb. 5: a) zentrale Anordnung im Keller
b) Anordnung im Treppenhaus

Es ist daher zu empfehlen, die Abrechnung nach der Anzeige der Wohnungswasserzähler vorzunehmen.

Diese müssen dann allerdings regelmässig geeicht und beglaubigt werden.

Werden Wohnungswasserzähler nachträglich eingebaut, so ist der zusätzliche Druckverlust zu beachten, der bis zu 0,5 bar betragen kann. Bei geringem Versorgungsdruck können bestimmte Geräte, z. B. Durchlauferhitzer, in ihrer Funktion beeinträchtigt werden.

Fernauslesbare Zählwerke

Um die Abrechnung ohne großen Mehraufwand nach der Anzeige der Wohnungswasserzähler durchführen zu können, nutzen Messdienstleister zunehmend sogenannte „Smart-Meter". Dabei werden die Verbrauchsdaten von einem mechanischen Zählwerk mittels elektronischer Abtastung der Modulatorscheibe auf einen Datenspeicher übertragen. Die aufgezeichneten Daten können anschließend über Funk, M-Bus oder Internet weitergeleitet werden, sodass hierzu niemand mehr in die Wohnung muss (Abb. 6). Die übertragenen Verbrauchsdaten sind viel umfangreicher, als die bisher abgelesenen Werte, sodass sich zukünftig, mit einer geeigneten Software, auch feststellen lässt, wie viel Wasser zu welcher Zeit gezapft wurde. Weil alle Daten, die mit einem Smart-Meter erhoben werden, personenbezogen sind, ist noch zu klären, ob deren Erhebung verfassungswidrig ist (OVG-Urteil von 2021, NRW).

Wasserzählerarten und Funktion

Zum Zählen der durchgeflossenen Trinkwassermenge werden Wasserzähler unterschiedlicher Konstruktionen verwendet. Hierzu gehören z. B.:

- ein- oder mehrstrahlige Flügelradzähler
- Ringkolbenzähler
- Verbundwasserzähler
- Ultraschall- und magnetisch-induktive Wasserzähler

Bei den herkömmlichen Wasserzählern wird zum Zählen ein Teil der Energie des strömenden Wassers in mechanische Energie an der Antriebswelle umgewandelt. Ultraschall-Wasserzähler haben zwei Sender und zwei Empfänger. Diese senden in Richtung der Strömung und in Gegenrichtung. Aus den Unterschieden der

Abb. 6: Wasserzähler mit fernauslesbarem Zählwerk

Empfangszeit der Signale wird die Geschwindigkeit der Strömung berechnet. Dadurch lassen sich Druckverluste im Wasserzähler von bis zu 1 bar vermeiden.

Bei Flügelradzählern wird durch den Wasserdurchfluss ein Flügelrad tangential angeströmt und die Umdrehungszahl von einem Zählwerk erfasst und angezeigt. Man unterscheidet bei Flügelradzählern zwischen einstrahliger und mehrstrahliger Ausführung .

Mehrstrahlige Flügelradzähler (Abb. 1)

- Durch die mehrstrahlige Beaufschlagung des Flügelrades wird eine gleichmäßige Lagerbelastung erreicht.
- Bei Wässern, die zu Ablagerungen neigen, können sich die Einlasskanäle zusetzen.
- Durch die Umlenkung des Wasserstrahles entsteht ein höherer Druckverlust.

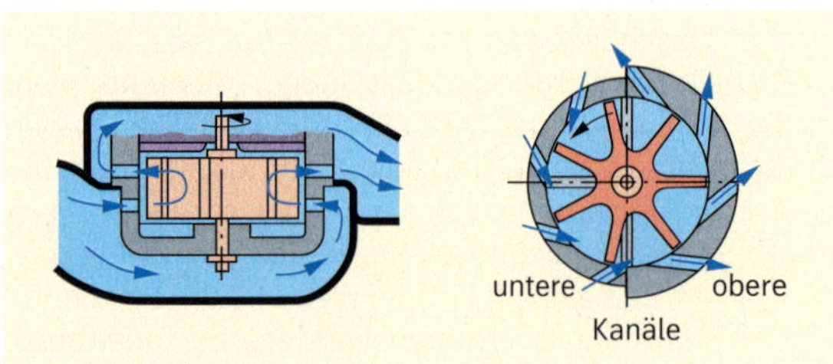

Abb. 1: Mehrstrahliger Flügelradzähler

Einstrahlige Flügelradzähler (Abb. 2)

- Sie sind geeignet zum Messen kleiner und kleinster Durchflussmengen.
- Sie gewährleisten eine größere Sicherheit gegen schmutzbedingte Störungen.

Bei Wasserzählern unterscheidet man *Nassläufer* und *Trockenläufer*.

Bei Nassläufern ist das Zählwerk vollständig vom Trinkwasser umspült. Wegen der höheren Messempfindlichkeit und Betriebssicherheit infolge der direkten Übertragung auf das Messwerk werden Nassläufer vielfach den Trockenläufern vorgezogen. Als Hauswasserzähler werden meistens Mehrstrahl-Flügelradzähler in Nassläufer-Ausführung mit einem Nennvolumenstrom von 2,5 bis 10 m^3/h verwendet.

Bei Trockenläufern ist das Zählwerk gekapselt. Die Flügelradumdrehungen werden über eine Magnetkupplung auf das Zählwerk übertragen. Sie eignen sich daher besonders für Wässer, die zu Ablagerungen neigen.

Sollen größere Wassermengen gemessen werden, so kommen Großwasserzähler zum Einsatz.

Auswahl der Wasserzähler

Nach AVBWasserV bestimmen die Wasserversorgungsunternehmen die Art und Größe der Messeinrichtungen. Die Auswahl der Wasserzähler erfolgt dabei nach den Empfehlungen des DVGW „Bemessungsvorschlag für Wasserzähler“.

Für Zweitzähler in Wohnungen kann die Auswahl der Zähler nach ⇒ TB erfolgen. Dabei soll der Spitzenvolumenstrom $\dot{V}_s$ (⇒ TB) zwischen dem Nennvolumenstrom $\dot{V}_n$ und dem max. zulässigen Volumenstrom $\dot{V}_{max}$ des gewählten Wasserzählers liegen. Um Schaden am Zähler zu verhindern, darf der max. zulässige Volumenstrom $\dot{V}_{max}$ des Zählers nur kurzzeitig auftreten.

Da der Spitzenvolumenstrom $\dot{V}_s$ unter dem max. zulässigen Volumenstrom $\dot{V}_{max}$ des Zählers liegt, verringert sich entsprechend der Druckverlust Δp_{max} auf den Wert Δp_{WZ} nach der Formel:

$$\Delta p_{WZ} = \Delta p_{max} \left(\frac{\dot{V}_s}{\dot{V}_{max}}\right)$$ in mbar

Aufgaben

1. Nennen Sie die Bestandteile einer Wasserzähleranlage.
2. Nennen Sie drei Wasserzählerarten und beschreiben Sie deren Funktion.
3. Wann muss ein Wasserzähler überbrückt werden?

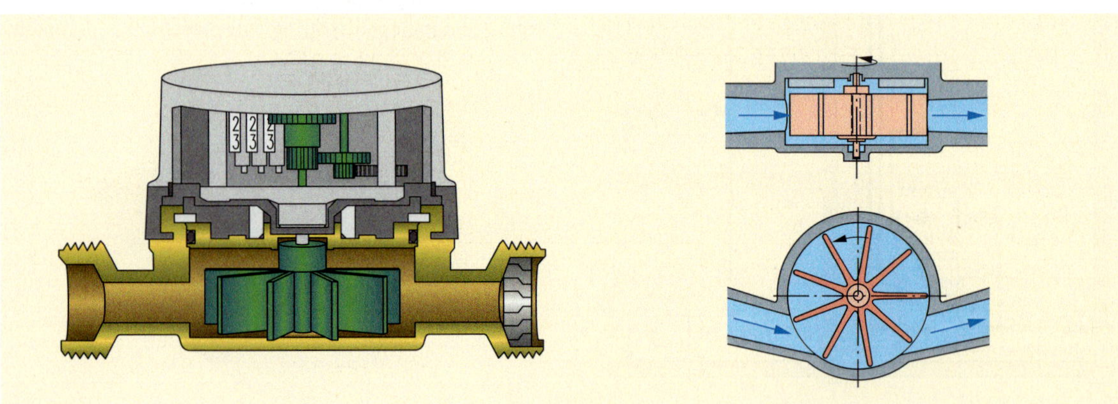

Abb. 2: Einstrahliger Flügelradzähler (Trockenläufer)

5.11 Armaturen in Trinkwasserleitungen

! Als *Armatur* wird ein Rohrleitungsteil bezeichnet, mit dem die Funktion des Schaltens oder Stellens ausgeübt werden kann.

Zu den *Schaltarmaturen* zählen:

- Leitungsarmaturen (Absperr- und Drosselarmaturen)
- Entnahmearmaturen (Auslaufarmaturen)
- Sicherheitsarmaturen (siehe Kap. 5.11.3)

Zu den *Stellarmaturen* gehören:

- Regelarmaturen, z. B. Druckminderer

Armaturen müssen aus korrosionsbeständigem Material gefertigt sein. Als Armaturenwerkstoffe werden überwiegend verwendet:

- Kupfer-Zink-Legierungen (Guss-, Pressmessing)
- Kupfer-Zinn-Zink-Legierungen (Rotguss)
- nichtrostender Stahl, Kunststoff und Grauguss

5.11.1 Rohrleitungsarmaturen

Die Armaturen innerhalb einer Leitungsanlage werden auch als Rohrleitungs- oder Leitungsarmaturen bezeichnet. Sie lassen sich im Wesentlichen in die 4 Grundbauarten Schieber, Ventil, Hahn und Klappe einteilen, wie aus dem ➡ TB hervorgeht.

Es dürfen nur Armaturen verwendet werden, die das DVGW-Prüfzeichen besitzen und den Werkstoffempfehlungen des Umweltbundesamtes entsprechen.

Bei der Auswahl von Armaturen sind solche zu bevorzugen, die wartungsfrei, strömungsgünstig (geringer Verlustbeiwert) und geräuscharm sind. Als geräuscharm gilt die Armaturengruppe I (Tab. 1).

Die Armaturengruppe ist aus dem Prüfzeichen (P-IX-Kennzeichen) abzulesen (siehe Kap. 5.17.2).

Tab. 1: Armaturengruppen nach DIN 4109-1

Armaturenart	Armaturen-geräuschpegel	Armaturen-gruppe
Auslaufarmaturen, Geräteanschlussarmaturen, Druckspüler, Spülkästen, Durchfluss-Wassererwärmer, Durchgangsarmaturen, Drosselarmaturen, Druckminderer, Brausen	≤ 20 dB(A)	I
	≤ 30 dB(A)	II
Auslaufvorrichtungen, die direkt an die Auslaufarmatur angeschlossen werden, z. B. Strahlformer	≤ 15 dB(A)	I
	≤ 25 dB(A)	II

Nach ihrer Aufgabe können Leitungsarmaturen in *Absperrarmaturen* und *Drosselarmaturen* eingeteilt werden.

! *Absperrarmaturen:* Einrichtungen zum Sperren des Volumenstromes innerhalb einer Leitungsanlage, z. B. Schrägsitzventile (Abb. 3)

Drosselarmaturen: Einrichtungen in einer Leitungsanlage zum ständigen Vermindern des Volumenstromes durch Querschnittsverengung

In der DIN EN 806-2 sind notwendige Absperrbereiche genannt. Hierzu gehören:

- Verbrauchs- und Verteilungsleitungen; diese müssen auch entleerbar sein
- jedes Gebäude oder jeder Gebäudeteil, für den eine eigene Wasserzuführung vorgesehen ist
- alle Wohnungen, gleich ob sie eine eigene Wasserzuführung haben oder nicht
- Stockwerksleitungen; diese müssen für jedes Stockwerk und jede abgeschlossene Wohnung separat absperrbar und entleerbar sein
- jeder Apparateanschluss; z. B. Spülkästen, Wasserbehälter, Trinkwasser-Erwärmer, Waschmaschinen müssen separat absperrbar sein
- Leitungen, die der Frostgefahr ausgesetzt sind, müssen separat absperrbar sein und mit Entleerungsvorrichtungen versehen werden.

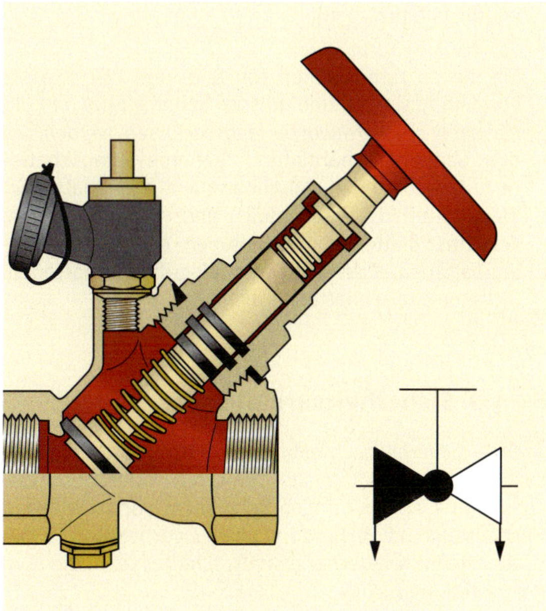

Abb. 3: Absperrarmatur als Schrägsitzventil (Freistromventil) mit Rückflussverhinderer (KFR-Ventil)

Absperrarmaturen mit einem Öffnungs-/Schließvorgang auf/zu von 90° (Abb. 2 und 3) dürfen als Wartungsarmaturen in allen Einbausituationen in der Trinkwasserinstallation eingebaut werden. Sie sind demnach als Hauptabsperreinrichtungen in der Wasserzähleranlage, in Steigleitungen und auch als Stockwerksarmatur zulässig. Um unzulässig hohe Druckstöße zu vermeiden, sind diese Armaturen grundsätzlich langsam zu öffnen und zu schließen.

Drosselarmaturen dienen entsprechend ihrer Konstruktion der Einstellung eines bestimmten Volumenstromes, z. B. als Strangregulierventil in der Zirkulationsleitung (Abb. 1b). Drosselarmaturen müssen daher so eingerichtet sein, dass eine ungewollte Veränderung der Voreinstellung nicht möglich ist.

Leitungsarmaturen sind wie Rohrleitungen gegen Kondenswasserbildung und Wärmeverlust zu dämmen. Das kann durch geeignete Dämmschalen erfolgen.

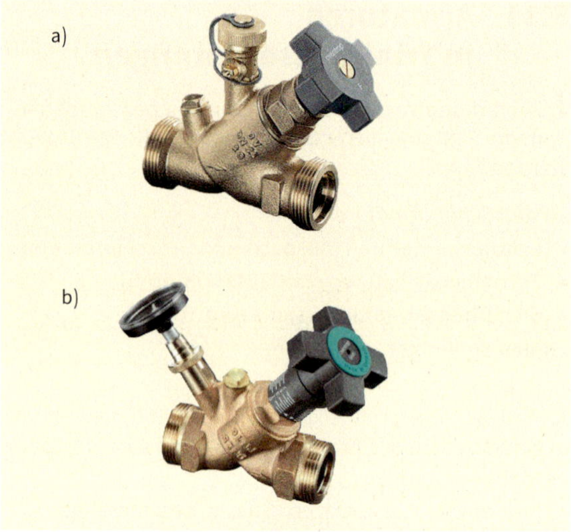

Abb. 1: a) Schrägsitzventil (Freistromventil) mit Entleerungsventil; b) Drosselventil

5.11.2 Entnahmearmaturen (Auslaufarmaturen)

Eine Entnahmearmatur ist eine Auslaufarmatur, deren Abschlusskörper im Allgemeinen in der Geschlossenstellung ist. Zur Trinkwasserentnahme kann sie geöffnet werden.

Zu den Entnahmearmaturen zählen:

- *Sanitärarmaturen, die jeweils nur an Kaltwasser oder Warmwasser angeschlossen werden*
  Hierzu zählen Auslaufventile, Füllventile, Eckventile, Geräteanschlussventile, Selbstschlussventile, Standventile (siehe Kap. 8).
- *Sanitär-Mischarmaturen*
  Sie dienen zum Mischen von Kalt- und Warmwasser vor dem Auslaufen und müssen daher *sowohl an Kalt- als auch an Warmwasser angeschlossen werden.* Zu den Sanitär-Mischarmaturen gehören: Brausebatterien, Bidetbatterien, Mischbatterien, Standbatterien, Wandbatterien, Wannenfüll- und Brausebatterien, Waschtischbatterien, UP-Batterien ebenso Thermostatbatterien, Einhebel- oder Eingriffmischbatterien, Sicherheitsmischbatterien (siehe Kap. 8).

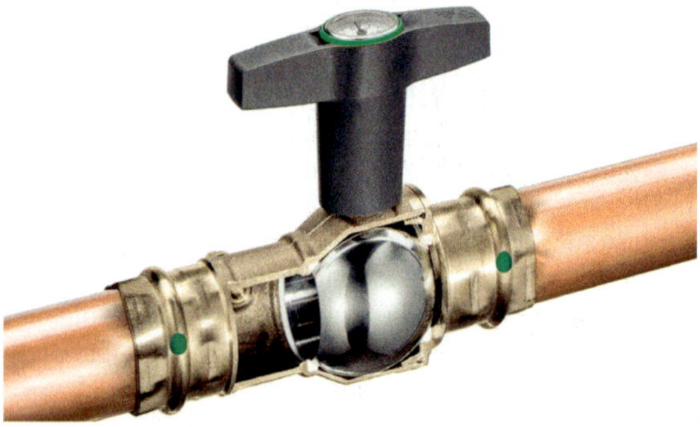

Abb. 2: Kugelhahn

5.11.3 Sicherheitsarmaturen

! Eine *Sicherheitsarmatur* ist eine Armatur, die durch *selbsttätiges* Schalten aus der Offen- oder Geschlossenstellung Abweichungen von einem vorbestimmten Betriebszustand verhindert. Ist der vorbestimmte Betriebszustand wiederhergestellt, schaltet sie in die Ausgangsstellung zurück.

Die wichtigsten Sicherheitsarmaturen in der Trinkwassertechnik sind.

- Sicherheitsventile (Kap. 9.5.7)
- thermische Ablaufsicherungen (Kap. 9.5.7)

Abb. 3: Wandeinbauhahn mit Drehkolben (Öffnungs-/Schließvorgang von 90°)

Sicherheitsventile werden verwendet, um unzulässige Betriebsüberdrücke (z. B. durch Erwärmung oder Pumpendruck) durch Druckabbau zu verhindern.

Thermische Ablaufsicherungen dienen zum Schutz von Festbrennstoffkesseln vor Überhitzung.

Sicherheitsarmaturen werden fast ausnahmslos in die Kaltwasserleitung eingebaut. Sie befinden sich somit in Strömungsrichtung vor dem Trinkwassererwärmer.

Aufgaben

1. Welche Funktionen können mit Armaturen ausgeübt werden?
2. Welche wesentlichen Grundbauarten von Leitungsarmaturen können unterschieden werden?
3. Unterscheiden Sie Schieber, Ventil, Hahn und Klappe nach Abschlusskörper, Arbeitsbewegung, Verlustbeiwert und Baulänge unter Bezugnahme auf das TB.
4. Welche Armaturen sind in der Trinkwassertechnik nur bedingt einsetzbar? Begründen Sie Ihre Entscheidung.

5.11.4 Regelarmaturen

Druckminderer

Ein zu hoher Druck in Rohrleitungen oder Behältern kann erhebliche Wasserschäden verursachen.

Druckminderer haben die Aufgabe, den Eingangsdruck auf einen zulässigen Druck auf der Ausgangsseite herabzusetzen. Dieser einstellbare Ausgangsdruck ist unabhängig vom Volumenstrom auf Dauer in zulässigen Grenzen zu halten. Ungleichmäßige oder schwankende Eingangsdrücke beeinflussen den ausgangsseitigen Druck und die Größe des Volumenstromes nicht wesentlich, solange der Eingangsdruck mindestens 1 bar über dem eingestellten Ausgangsdruck liegt.

Der Eingangsdruck darf bei Druckminderern bis 25 bar betragen. Der Ausgangsdruck ist normalerweise zwischen 1,5 und 6 bar einstellbar.

Druckminderer sind erforderlich

- wenn der Ruhedruck an den Entnahmestellen auch nur zeitweise 5 bar überschreitet (Schallschutz).
- wenn der Betriebsüberdruck in den Verbrauchsleitungen oder Apparaten begrenzt werden muss (Abb. 4).
- wenn der Ruhedruck vor einem Sicherheitsventil 75 % seines Ansprechdruckes überschreiten kann (DIN EN 806-2). Beträgt dann der Ansprechdruck des Sicherheitsventils zur Absicherung eines Trinkwassererwärmers z. B. 6 bar, so muss der Druckminderer auf 80 % des Ansprechdruckes des Sicherheitsventils eingestellt werden. Das heißt in diesem Falle auf maximal 4,8 bar (Abb. 5).

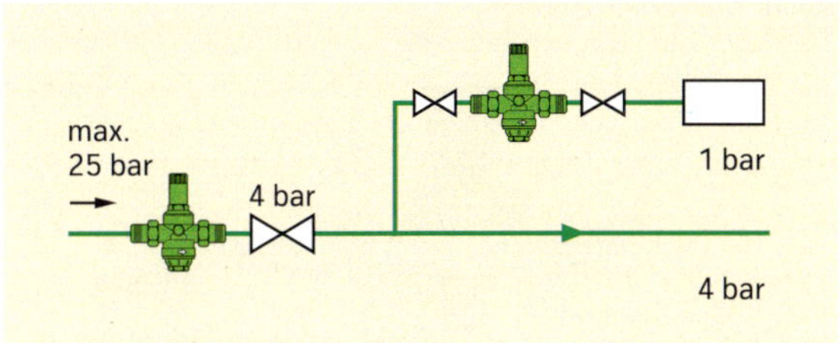

Abb. 4: Druckbegrenzung in Verbrauchsleitungen und vor empfindlichen Apparaten

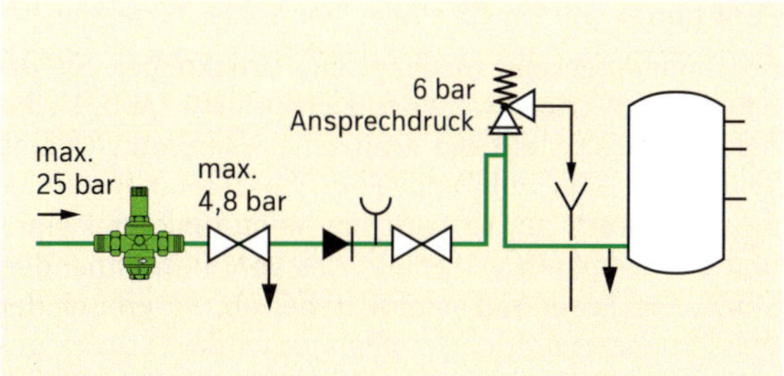

Abb. 5: Druckminderung vor Sicherheitsventilen

- wenn bei der Versorgung von Hochhäusern über eine einzige Druckerhöhungsanlage mehrere Druckzonen erforderlich sind.

Trinkwasserinstallationen sollten so ausgeführt werden, dass eine sparsame Wasserverwendung möglich ist. Durch Druckminderung lassen sich über den richtigen Einstelldruck erhebliche Trinkwassermengen einsparen, wie Abb. 6 zeigt.

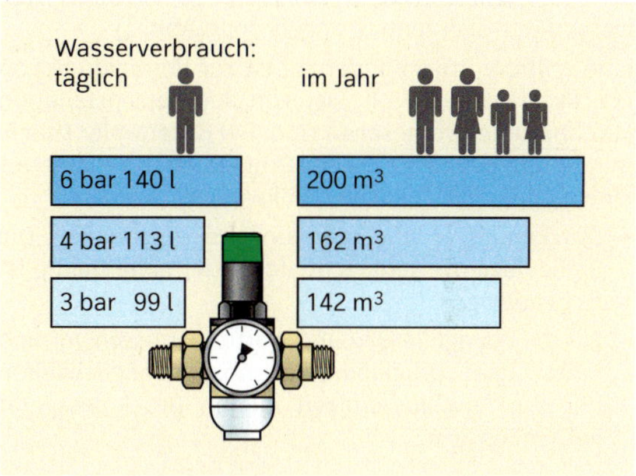

Abb. 6: Trinkwassereinsparung durch Druckminderung

Bestimmung der Nennweite

Nach DIN 1988-200 richtet sich die Nennweite des Druckminderers nach dem erforderlichen Spitzenvolumenstrom $\dot{V}_s$ (TB).

Neben der richtigen Nennweitenbestimmung des Druckminderers ist der Einstelldruck für seine Funktion von Bedeutung.

Ermittlung des Einstelldrucks

Mithilfe der Nennweite und dem Spitzenvolumenstrom $\dot{V}_s$ kann aus den technischen Herstellerunterlagen der Druckverlust des Druckminderers bestimmt werden.

Um den Einstelldruck am Druckminderer (Ruhedruck) zu bestimmen, ist eine Rohrnetzberechnung durchzuführen. Alternativ kann der Einstelldruck überschlägig nach dem erforderlichen Mindestfließdruck der ungünstigsten Entnahmestelle und dem Druckverlust aus dem Höhenunterschied geschätzt werden.

Funktion

Druckminderer sind mechanische Druckregler. Sie arbeiten nach dem Kräftevergleichsprinzip (Abb. 1). Einer Federkraft steht die Kraft eines Membransystems gegenüber. Fällt aufgrund einer Wasserentnahme der Ausgangsdruck ab, so wird die Membrankraft kleiner und die Federkraft verschiebt das Ventil im öffnenden Sinne. Die Federkraft nimmt dabei ab. Je größer der Wasserbedarf wird, desto *niedriger* wird der Druck unter der Membran und umso mehr Wasser kann durch den Druckminderer fließen. Steigt der Ausgangsdruck durch eine reduzierte Wasserentnahme wieder an, so wird die Membrankraft größer und drückt die Feder weiter zusammen. Die Ventilöffnung verringert sich und *drosselt* so den Volumenstrom. Dadurch bleibt der Versorgungsdruck nahezu konstant auf dem eingestellten Wert.

Einbauvorschriften

Druckminderer können dezentral oder zentral eingebaut sein. In der Regel werden Druckminderer in die Kaltwasserleitung nach der Wasserzähleranlage und dem Hauswasserfilter, also zentral, angeordnet (Abb. 2).

Eine *zentrale* Druckminderung ist zur Vermeidung von Druckschlägen sinnvoll, wenn in der Hausinstallation Mischbatterien vorgesehen sind. Bei dezentraler Druckminderung befindet sich der Druckminderer direkt vor einem Apparat, z. B. einem Trinkwassererwärmer.

- Druckminderer sind spannungsfrei einzubauen. Die Einbaulage mit senkrecht stehender Federhaube ist zu bevorzugen.
- Für die Einregulierung und Wartung müssen vor und hinter dem Druckminderer Absperrmöglichkeiten und ein Anschlussstutzen für ein Druckmessgerät vorhanden sein.

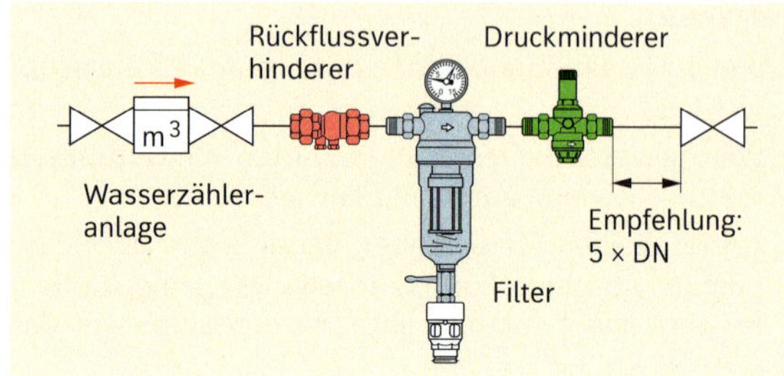

Abb. 2: Zentrale Druckminderung

- Um Rückwirkungen auf den Druckminderer zu verhindern, soll an seiner Ausgangsseite eine Nachlaufstrecke von mind. 5 × DN vorgesehen werden (Abb. 2). Das Weglassen von Beruhigungsstrecken kann zu extremer Geräuschentwicklung führen.
- Befinden sich auf der Ausgangsseite Anlagenteile, die bei nicht vollständigem Abschluss des Druckminderers durch einen unzulässig hohen Druck überlastet werden, so ist ein Sicherheitsventil einzubauen.

5.11.5 Filter in Trinkwasserleitungen

Mit dem Trinkwasser aus der Versorgungsleitung können Feststoffteilchen wie Rost, Sand oder Hanfreste in die Hausinstallation eingespült werden. Eingeschwemmte Feststoffteilchen können im Laufe der Zeit Korrosionsschäden verursachen sowie Brauseköpfe oder Luftsprudler verstopfen und die Funktion von Armaturen beeinträchtigen. Mechanisch wirkende Filter (Filterfeinheit: 80 bis 150 µm) verhindern solche Erscheinungen weitgehend.

! Ein mechanischer Filter ist nach DIN 1988-200 unmittelbar hinter der Wasserzähleranlage einzubauen.

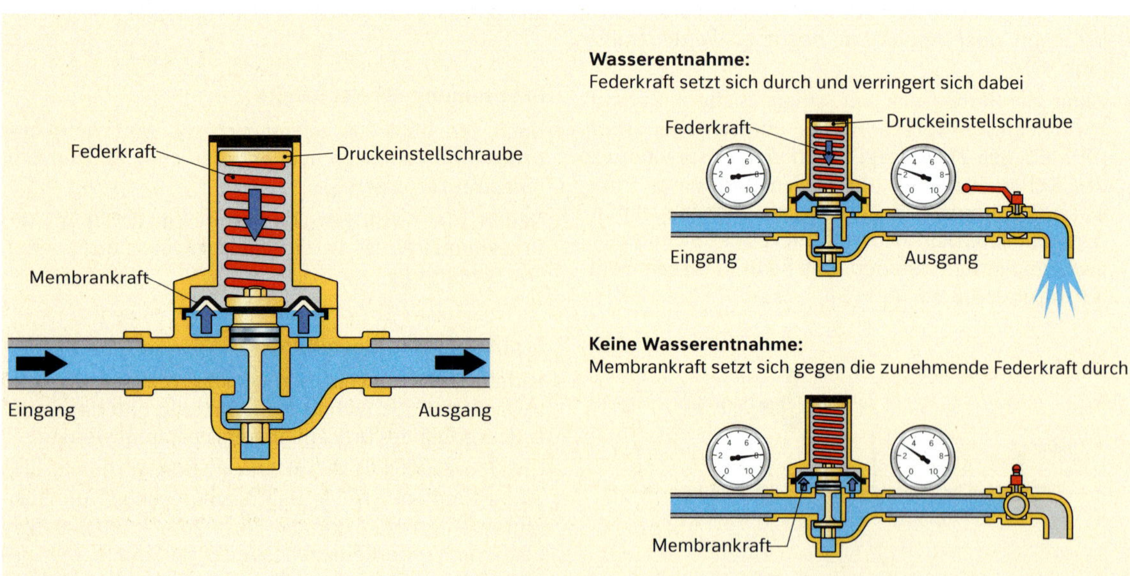

Abb. 1: Funktion des Druckminderers

Abb. 3: Einbauanordnung

Beim *Einbau* eines *Trinkwasserfilters* ist Folgendes zu beachten:

- Der Einbau muss vor der erstmaligen Füllung der Anlage bei allen Rohrarten erfolgen.
- Der Filter ist in Fließrichtung unmittelbar hinter der Wasserzähleranlage einzubauen (Abb. 3). Bei Einbau eines Druckminderers ist dieser nach dem Filter anzuordnen (Filter schützt Druckminderer mit). Ist jedoch der maximale Betriebsdruck in der Versorgungsleitung höher als der Nenndruck des Filters, so muss der Druckminderer vor dem Filter angeordnet werden.
- Um nachteilige Auswirkungen, z. B. Druckverlust, Wassermangel oder Verkeimung, zu vermeiden, dürfen nur mechanische Filter eingebaut werden.
- Installateurinnen und Installateure sind daher verpflichtet, die Auftraggebenden auf eine regelmäßige Wartung des Filters hinzuweisen.
- Um bei Wartungsarbeiten die Wasserversorgung nicht unterbrechen zu müssen, empfiehlt sich der Einbau eines rückspülbaren Filters. Eine Umgehungsleitung ist nicht zulässig.

Bestimmung der Filtergröße

Bei der Bestimmung der Filtergröße muss darauf geachtet werden, dass der Spitzenvolumenstrom $\dot{V}_s$ kleiner als der angegebene Nennvolumenstrom des Filters ist (Differenzdruckberechnung → TB).

Filterbauarten

Grundsätzlich können folgende Filterbauarten unterschieden werden:

- rückspülbare Filter (halb- oder vollautomatisch)
- nicht rückspülbare Filter
- Armaturenkombinationen mit Filter (Hauswasserstationen)

Rückspülbare Filter (Abb. 4b und c)

Durch einen Umschaltvorgang wird beim Rückspülen der Filtereinsatz vom Trinkwasser in umgekehrter Richtung durchströmt. Dabei werden die im Filter zurückgehaltenen Partikel mit dem Rückspülwasser ausgespült.

Bei automatischer Rückspülung muss ein Abwasseranschluss mit einem freien Auslauf verlegt werden. Dieser ist so groß zu bemessen, dass das gesamte anfallende Spülwasser unter dem Betriebsüberdruck der Trinkwasseranlage sicher abgeleitet werden kann.

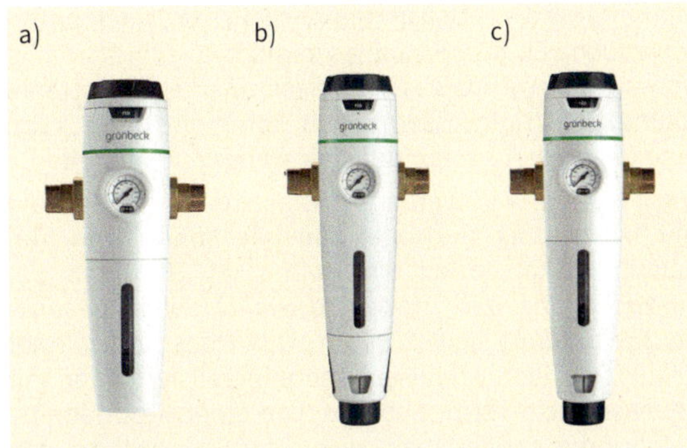

Abb. 4: Filterbauarten:
a) nicht rückspülbarer Filter mit Druckminderer
b) rückspülbarer Filter manuell mit Druckminderer
c) rückspülbarer Filter automatisch mit Druckminderer

! Bei *rückspülbaren Filtern* gemäß DIN EN 806-5 ist spätestens alle 6 Monate eine Rückspülung bzw. Inspektion durchzuführen.

Nicht rückspülbare Filter (Abb. 4a)

Die Reinigung des Filters erfolgt durch den Austausch des Filtereinsatzes. Die Wiederverwendung manuell gereinigter Filtereinsätze ist aus hygienischen Gründen nicht zulässig.

! Bei *nicht rückspülbaren Filtern* ist der Filtereinsatz spätestens nach 6 Monaten auszuwechseln.

Armaturenkombination mit Filter (Hauswasserstation)

Die Armaturenkombination enthält mehrere Komponenten in einem Gerät: Druckminderer, rückspülbare Filter, Rückflussverhinderer und Rückspülautomatik. Wegen der geringen Einbaulänge und der kürzeren Montagezeit sind Hauswasserstationen besonders vorteilhaft.

Aufgaben

1. Aus welchen Gründen werden Druckminderer installiert?
2. Worauf ist beim Einbau von Druckminderern zu achten?
3. Welche Aufgaben haben Filter?

5.12 Sicherungsmaßnahmen in der Trinkwasserinstallation

5.12.1 Schutz des Trinkwassers

Mit dem Schutz des Trinkwassers und der Erhaltung der Trinkwassergüte befasst sich die DIN EN 1717. Danach sind nur Installationen zulässig, die eine Verunreinigung des Trinkwassers zuverlässig verhindern. Es obliegt Planenden und Installateurinnen bzw. Installateuren in besonderem Maße, durch fachgerechte Installation von Sicherungseinrichtungen das Trinkwasser als wertvollstes Lebensmittel zu schützen. Durch unterschiedliche Einflüsse kann es in nicht vorschriftsmäßig abgesicherten Trinkwasseranlagen zu einer Beeinträchtigung der Trinkwasserqualität kommen. Diese kann eine Gesundheitsgefährdung für Menschen darstellen.

Nach DIN EN 1717 werden Flüssigkeiten, die in Kontakt mit Trinkwasser sind oder kommen könnten, in fünf Flüssigkeitskategorien eingeteilt (TB). Eine *Beeinträchtigung der Trinkwasserqualität ohne Gesundheitsgefährdung* liegt z. B. vor, wenn das Trinkwasser gekühlt, erhitzt, sterilisiert, entmineralisiert oder mit Lebensmitteln vermischt wird. Von einer Gesundheitsgefährdung spricht man, wenn das Trinkwasser den gesetzlichen Anforderungen nicht mehr genügt. Eine Schädigung der Gesundheit ist ab Flüssigkeitskategorie 3 zu befürchten und nimmt mit steigender Flüssigkeitskategorie zu.

5.12.2 Ursachen für eine Gefährdung durch verändertes Trinkwasser

Eine Gefährdung kann eintreten durch:

a) Rückfließen von verunreinigtem Wasser
b) Verbinden von Trinkwasseranlagen mit anderen Anlagen
c) äußere Einflüsse
d) Werk-, Betriebs- und Hilfsstoffe
e) Stagnation (Stillstand)
f) Schäden durch mangelnde und unsachgemäße Wartung
g) nicht bestimmungsgemäßen Betrieb

Rückfließen von verunreinigtem Wasser

Eine Beeinträchtigung oder Gefährdung kann auftreten, wenn z. B. verunreinigtes Wasser zurückfließt und an einer anderen Verbrauchsstelle als Trinkwasser verwendet wird. *Rückfließen* kann auftreten:

- wenn in einem Apparat ein höherer Druck entsteht als der Betriebsdruck in der Trinkwasserinstallation.
- durch geodätischen Höhenunterschied, wenn der Druck in der Anlage absinkt (Abb. 1).
- wenn in der Hausanschlussleitung oder in der Trinkwasserinstallation ein Unterdruck entsteht. Abb. 2 zeigt, wie es durch Absperren der Steigleitungsarmatur wegen fehlender Sicherung zum Rückfließen durch Unterdruck kommt.

! *Rückfließen* kann durch Rückdrücken (Überdruck, geodätischer Höhenunterschied) oder Rücksaugen (Unterdruck) verursacht werden.

Das physikalische Grundprinzip, das dem Rücksaugen durch Unterdruck zugrunde liegt, nennt man Saugheberprinzip (Abb. 3). Der Absaugvorgang wird gestartet, indem ein luftverdünnter Raum im Heberrohr erzeugt wird, sodass sich im Rohr eine geschlossene Wassersäule bildet. Der so entstandene Differenzdruck bleibt so lange erhalten, wie h_2 ungleich h_1 oder der Behälter

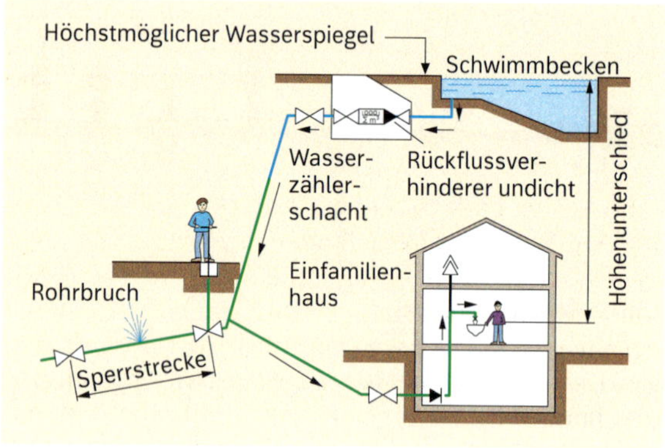

Abb. 1: Rückdrücken durch geodätischen Höhenunterschied

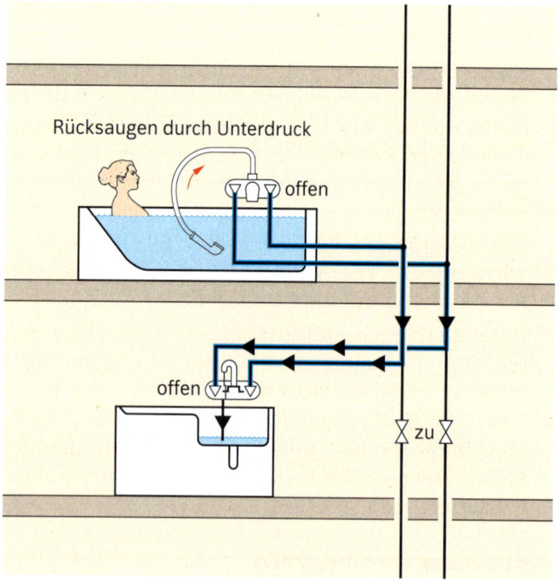

Abb. 2: Rücksaugen durch Unterdruck

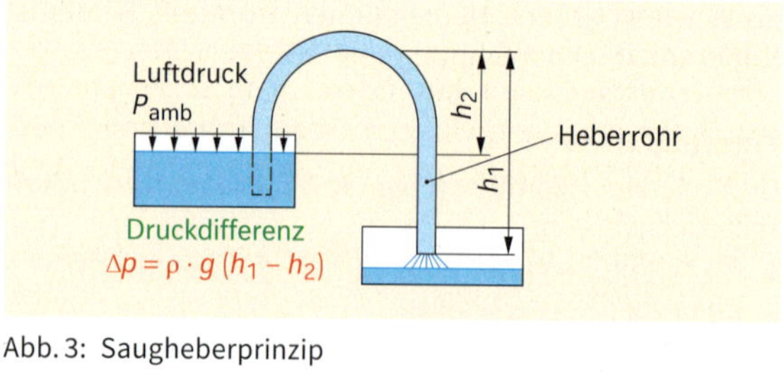

Abb. 3: Saugheberprinzip

noch nicht leergesaugt ist. Die Saugheberwirkung kann sofort unterbrochen werden, wenn Luft oberhalb des oberen Wasserspiegels in das Heberrohr gelangt und den negativen Überdruck aufhebt.

In einigen Bereichen ist diese Saugheberwirkung auch erwünscht, z. B. wenn ein Behälter entleert werden soll.

Verbindung der Trinkwasseranlage mit anderen Anlagen

Von Nichttrinkwasseranlagen geht für das Trinkwasser eine große Gefahr aus.

! Die *unmittelbare (direkte) Verbindung* von Trinkwasserversorgungsanlagen mit Nichttrinkwasser-, Eigentrinkwasser- oder einer zweiten zentralen Trinkwasserversorgungsanlage ist grundsätzlich nicht zulässig.

Auf Dauer ist daher nur eine mittelbare (indirekte) Verbindung über einen *freien Auslauf* zulässig.

Auch in einer Regenwasseranlage darf Trinkwasser nur über einen freien Auslauf nachgespeist werden. Selbst von einer Trinkwasseranlage zu einer zweiten zentralen Trinkwasseranlage ist eine unmittelbare Verbindung über eine Verbrauchsleitung aufgrund des besonderen Risikos nicht zulässig. Das gilt auch für den Anschluss einer Eigentrinkwasserversorgung. Eine Ausnahme kann das zuständige WVU nach eingehender Prüfung erlauben.

Innerhalb von Grundstücken sind Trinkwasser- und Nichttrinkwasserleitungen zu kennzeichnen. Trinkwasserführende Leitungen sind nach DIN 2403 mit der Farbe Grün oder mit der Aufschrift PW zu kennzeichnen.

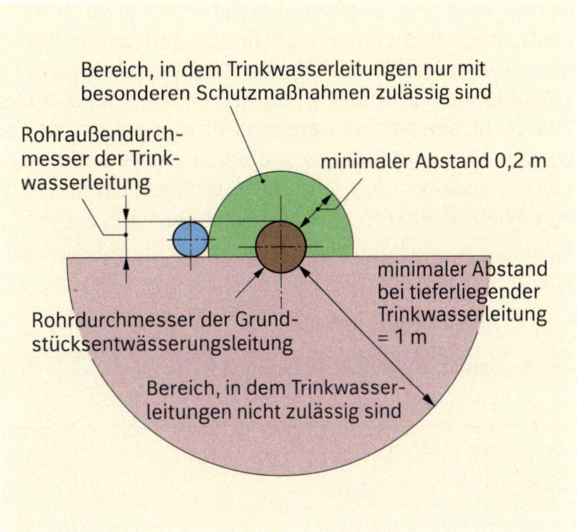

Abb. 4: Sicherheitsabstände von erdverlegten Trink- und Abwasserleitungen

Äußere Einflüsse

Trinkwasserbehälter, Leitungen und Apparate müssen vor äußeren Verunreinigungen geschützt werden.

Außer Trinkwasser dürfen keine anderen Flüssigkeiten oder Gase in einer Trinkwasserinstallation befördert werden.

Um eine Beeinträchtigung oder Gefährdung von Trinkwasser in erdverlegten Leitungen durch Abwasser weitgehend auszuschließen, sind *nach DIN 1988-100* folgende Hinweise zu beachten:

- Trinkwasserleitungen dürfen nicht durch Fäkalien- und Sickergruben, Schächte der Grundstücksentwässerung, Abflusskanäle und dergleichen geführt werden.
- Trinkwasserleitungen müssen von Grundstücksentwässerungsanlagen in einem Sicherheitsabstand von mindestens 0,2 m verlegt werden. Bei geringerem Abstand sind besondere Schutzmaßnahmen, z. B. Betonummantelungen, Schutzrohre oder muffenlose Verbindungen, in Absprache mit dem WVU erforderlich.
- Bei Annäherung von Trinkwasserleitungen (Abstand ≤ 1 m) dürfen diese nicht tiefer als Abwasserleitungen liegen (Abb. 4).

Bei Trinkwasseranlagen im gewerblichen und industriellen Bereich können Einwirkungen auf das Trinkwasser auftreten, z. B. als Folge von

- **Verstrahlung durch radioaktive Stoffe**
  Geeignete Schutzmassnahmen sind in Abstimmung mit dem WVU und Fachleuten (z. B. Strahlenschutzbeauftragten) zu treffen.
- **Diffusion**
  Gase oder Dämpfe können über Sicherungseinrichtungen dringen, wie freier Auslauf, Belüfter, aber auch durch Kunststoff-Rohrwandungen. Das kann zur Beeinträchtigung der Trinkwassergüte führen. Entsprechende Schutzmaßnahmen sind vorzusehen.
- **Korrosion**
  Durch Dämpfe oder Kontakt mit chemischen Stoffen kann Korrosion auftreten. Abhilfe kann hier z. B. die Beschichtung der Rohre mit einem geeigneten Korrosionsschutz schaffen.

Werk-, Betriebs- und Hilfsstoffe

Von den verwendeten Werk-, Betriebs- und Hilfsstoffen dürfen nach *NA zur DIN EN 1717* keine nachteiligen Einflüsse auf die Trinkwassergüte ausgehen.

! Es sind *nur* solche Stoffe zu verwenden, die gesundheitlich, geruchlich und geschmacklich unbedenklich und technisch unvermeidbar sind.

Als Hilfsstoffe, z. B. Gewindeschneid- und Flussmittel, sind geprüfte Produkte mit DVGW-Prüfzeichen zu verwenden. Ihre Reste müssen durch Spülen ausreichend entfernt werden.

Stagnation (Stillstand)

Von Stagnation spricht man, wenn Trinkwasser längere Zeit in der Leitung steht. Dabei wird die Wasserqualität beeinträchtigt durch:

- ansteigende Konzentration von gelösten oder feinst verteilten (suspendierten) Stoffen
- Vermehrung von Mikroorganismen

Die Stärke der Beeinträchtigung hängt von den verwendeten Materialien, der Trinkwasserqualität, der Wassertemperatur und der Dauer der Stillstandszeit ab.

Damit die Wassertemperatur kleiner als 25 °C bleibt, sind Trinkwasserleitungen gegen äußere Wärmeeinwirkung zu dämmen (→ TB).

Nach VDI 6023 ist aus Gründen der Hygiene spätestens nach Stagnationszeiten von drei Tagen ein vollständiger Wasseraustausch der betreffenden Anlagenteile vorzunehmen. Leitungen, die nur selten oder längere Zeit nicht benutzt werden, sind abzusperren und vor Wiederinbetriebnahme zu spülen. Leitungen, die nicht mehr benutzt werden, sind spätestens nach einem Jahr von der Trinkwasserinstallation abzutrennen.

Tab. 1 zeigt, wie hoch die Belastung bei Bleirohren nach kurzer Zeit sein kann.

Tab. 1: Anreicherung von Blei

Wasser nach reichlichem Auslaufen	
rasches Strömen	0,085 mg/l
langsames Strömen	1,040 mg/l
24 Std. im Rohr gestanden	1,224 mg/l
7 Tage im Rohr gestanden	3,250 mg/l

(Grenzwert nach TrinkwV: 0,01 mg/l)

Schäden durch mangelnde und unsachgemäße Wartung

Durch mangelnde und unsachgemäße Wartung der Trinkwasserinstallation, der Sicherungseinrichtungen und Apparaten werden Schäden nicht festgestellt und behoben.

Der beabsichtigte Schutz durch Sicherungseinrichtungen kann ganz oder teilweise verloren gehen. Bei Apparaten können unerwünschte Stoffe ins Trinkwasser gelangen, z. B. von Trinkwasserbehandlungsanlagen. Um *Schäden zu vermeiden* oder frühzeitig zu erkennen, sind daher regelmäßige Wartungen notwendig und sachgemäß durchzuführen.

5.12.3 Sicherungsmaßnahmen gegen Rückfließen

Um Rückfließen zuverlässig zu verhindern, wird bei Trinkwasseranlagen jeder Fließweg durch zwei voneinander unabhängige Sicherungen geschützt (Abb. 1).

! Die erste Sicherungseinrichtung gegen Rückfließen muss nach DIN EN 1717 am Beginn der Trinkwasserinstallation eingebaut sein. Wenn kein höheres Risiko abzusichern ist, genügt ein kontrollierbarer Rückflussverhinderer. Meist wird er unmittelbar hinter dem Wasserzähler eingebaut.

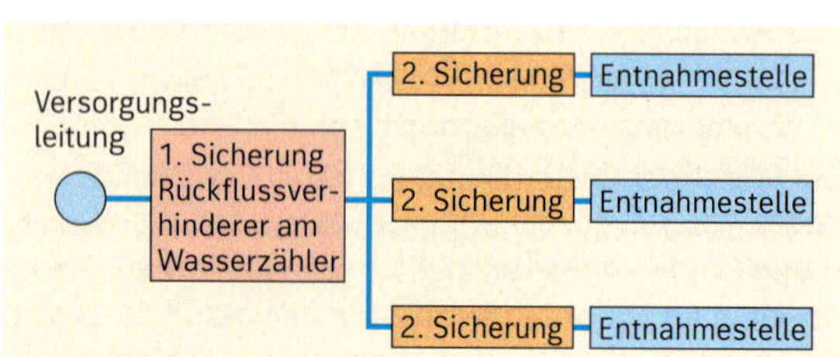

Abb. 1: Anordnung von 1. und 2. Sicherung

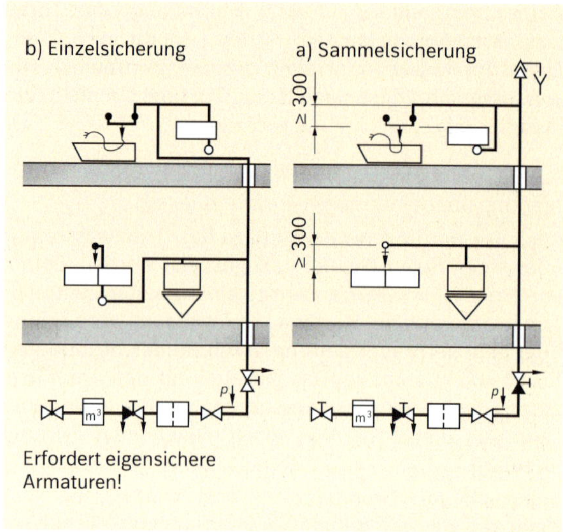

Abb. 2: Beispiel für a) Sammelsicherung, b) Einzelsicherung

Ein Rückfließen aus der Trinkwasseranlage in die öffentliche Trinkwasserversorgung ist damit nahezu ausgeschlossen.

Entnahmestellen und Apparate, von denen eine Beeinträchtigung oder Gefährdung des Trinkwassers ausgehen kann, müssen mit der *zweiten Sicherung* abgesichert sein. Die zweite Sicherung soll ein Rückfließen innerhalb des Gebäudes verhindern. Diese konnte bis 2011 durch eine Sammel- oder Einzelsicherung erfolgen (Abb. 2).

Nach DIN 1988-100, die 2011 zusammen mit der neu veröffentlichten DIN EN 1717 erschienen ist, sind Sammelsicherungen jedoch nicht mehr als Sicherungseinrichtungen vorgesehen. Im Bestand kommen Sammelsicherungen, die bei richtiger Installation durchaus auch Vorteile haben, jedoch noch häufig vor.

Sammelsicherung

Wenn eine gemeinsame Sicherung für mehrere Entnahmestellen und Apparate in einer Trinkwasserinstallation geplant ist, so sind nach DIN EN 1717 die Sicherungsmaßnahmen gegen das höchste vorkommende Risiko in der ungünstigsten Flüssigkeitskategorie für alle angeschlossenen Installationsteile anzusetzen.

Eine herkömmliche Sammelsicherung zur Absicherung der Steigleitung, bestehend aus

- einem Rückflussverhinderer an der Basis der Steigleitung,
- einem Rohrbelüfter der Bauform E mit Spülautomatik am oberen Ende der Steigleitung und
- einer Einbindung der Stockwerksleitung 300 mm oberhalb des höchstmöglichen Wasserspiegels der Installation,

wird heute noch im häuslichen Bereich zur Absicherung von Schlauchbrausen an Bade- und Duschwanne oder Waschtisch als ausreichend erachtet. Zum Befüllen der

Heizungsanlage oder zum Anschluss eines Gartenventils reicht die Absicherung jedoch nicht mehr aus. Daher sind herkömmliche Sammelsicherungen bei sachgerechter Installation zumindest im Bedarfsfall durch weitere Einzelsicherungen zu ergänzen.

Vorteil:
Mit der Sammelsicherung können mehrere Entnahmestellen oder Apparate kostengünstig mit einer Sicherungseinrichtung abgesichert werden.

Nachteil:
Bei Einbaufehlern oder bei Ausfall der Sicherungseinrichtung wird gleich für mehrere Entnahmestellen oder Apparate die Absicherung wirkungslos. Daher sollten vorhandene Rohrbelüfter der Bauform E (➡ TB) nicht entfernt, sondern gegen Rohrbelüfter mit Spülautomatik ausgetauscht werden.

Einzelsicherung

! Bei der Einzelsicherung wird jede Entnahmestelle oder jeder Apparat einzeln gesichert.

Vorteile:
- Ein Rückfließen wird direkt an der Entnahmestelle oder an dem Apparat verhindert.
- Jede Trinkwasserinstallation kann nachträglich noch normgerecht gesichert werden.
- Eine Überprüfung, Wartung oder Auswechslung von Einzelsicherungen ist einfacher.

Nachteile:
- Höhere Investitionskosten, dadurch größere Verluste bei Diebstahl oder Vandalismus
- Der Einbau oder das Auswechseln von Auslaufarmaturen durch Nichtfachleute führt sehr häufig dazu, dass die 2. Sicherung vergessen wird, denn sie ist nicht in allen Auslaufarmaturen eingebaut. Es kann dann z. B. über einen Schlauchanschluss ein für die Gesundheit gefährlicher Stoff in die Trinkwasserinstallation zurückgesaugt werden.

5.12.4 Sicherungseinrichtungen

Sicherungseinrichtungen müssen Rückfließen verhindern.

Die Sicherungseinrichtungen sind in der DIN EN 1717 klassifiziert. Im ➡ TB sind alle *Sicherungseinrichtungen gemäß DIN EN 1717* aufgeführt.

Auswahl der Schutzmaßnahmen

Hierfür ist eine Analyse der Installation sowie der Flüssigkeitskategorie durchzuführen, vor der diese geschützt werden muss. Zunächst sind dabei die Apparate zusammenzustellen, bei denen ein Rückfließen auftreten kann.

Anschließend ist die Flüssigkeitskategorie zu ermitteln. Im Zweifelsfall ist das höchste Risiko anzunehmen. Um Aussagen über den Druck machen zu können, sind die abzusichernden Anschlussstellen eines Apparates an die Trinkwasserinstallation sowie der *maximale Betriebswasserspiegel* zu bestimmen.

- p = atm (atmosphärischer Druck = p_{amb}) gilt, wenn sich der Einbauort (Sicherungspunkt) der Sicherungseinrichtung oberhalb des maximalen Betriebswasserspiegels befindet.
- p > atm gilt, wenn sich der Einbauort der Sicherungseinrichtung unterhalb des maximalen Betriebswasserspiegels befindet.

Ferner ist zu berücksichtigen, dass alle Apparate, die mit der Trinkwasserinstallation verbunden sind und einen Anschluss an eine Entwässerungsleitung haben, über einen freien Auslauf an die Trinkwasserinstallation angeschlossen werden müssen. Andernfalls muss die Flüssigkeit in dem Apparat als Flüssigkeit der Kategorie 5 angesehen werden.

Sicherungseinrichtungen, die sich innerhalb eines Apparates oder einer Installation befinden, sind bei dieser Analyse nicht zu berücksichtigen. Das Ergebnis wird durch ein Kreuz im entsprechenden Feld der Tab. 2 festgehalten. Durch dieses Vorgehen ist es möglich, das Risiko der Verunreinigung des Trinkwassers zu ermitteln.

Die Installationsmatrix wird anschließend für die Auswahl der Sicherungseinrichtungen nach ➡ TB verwendet.

Tab. 2: Installationsmatrix

	Flüssigkeitskategorie				
Druck	1	2	3	4	5
p = atm					
p > atm					

Den Sicherungseinrichtungen liegen folgende Wirkprinzipien zugrunde:

- *mechanisches Absperren* des Trinkwasserstromes, z. B. mittels Rückflussverhinderer
- *Einbringen von Luft* zwischen Trink- und Nichttrinkwasser, z. B. durch Belüfter, Rohrunterbrecher, Rohrtrenner oder freien Auslauf
- *Trennen* von Trinkwasser und Nichttrinkwasser *durch Einzel- oder Doppelwände*, z. B. bei solar beheiztem Trinkwasserspeicher

Die Auswahl der Sicherungseinrichtung für Entnahmestellen oder Apparate richtet sich nach dem Gefährdungsgrad im Schadensfall (➡ TB).

Im Folgenden werden einige Sicherungseinrichtungen näher beschrieben.

Ungehinderter freier Auslauf

Beim ungehinderten freien Auslauf (Abb. 1) wird das Trinkwasser über eine *freie Fallstrecke* geführt. Werden die Anforderungen an den Einbau beachtet, so ist ein Rückfließen bei Unterdruckbildung nicht möglich.

! Unter allen Sicherungseinrichtungen hat der *ungehinderte freie Auslauf* den höchsten Sicherungsgrad. In Räumen, die überflutet werden können, darf er jedoch nicht eingesetzt werden.

Bei allen Armaturen mit ungehindertem freien Auslauf (Auslaufarmaturen) und für den freien Auslauf in Apparaten ist der höchstmögliche Wasserspiegel zu beachten. Als *sicherer Mindestabstand H* vom höchstmöglichen Wasserspiegel gelten 20 mm oder der 3-fache Rohrinnendurchmesser d_i des Zulaufes.

In einem Wasserbehälter liegt im Normalfall der Wasserstand unterhalb des Überlaufes. Im Ausnahmefall kann durch weiteren Zulauf und mangelnde Wasserentnahme der Überlauf erreicht werden.

Auch wenn die Entwässerungsleitung normalerweise den maximalen Überlauf aufnehmen kann, könnte durch deren Verschmutzung oder Verkalkung der Wasserspiegel weiter ansteigen. Die Behälteroberkante bildet dann den höchstmöglichen Wasserspiegel. In Behältern, in denen eine Zumischung erfolgt, kann der höchstmögliche Wasserspiegel aber auch über der Behälteroberkante liegen, z. B. durch Schaumbildung.

! Jede *Sicherungseinrichtung* besteht aus der *Sicherungsarmatur* und den *Zubehörteilen*, die für deren ordnungsgemäße Funktion sowie für die Inspektion und Wartung erforderlich sind. Dies können Ventile, Filter sowie Anschlüsse für die Überprüfung oder zur Probenahme sein.

Zur Sicherheitseinrichtung für den ungehinderten freien Auslauf gehört demnach mindestens ein Ventil in der Zulaufleitung, über welches der Wasserstrom geregelt werden kann. Nachteilig wirkt sich beim freien Auslauf aus, dass das ausströmende Wasser, nachdem es abwärts durch die Luft geströmt ist, drucklos wird.

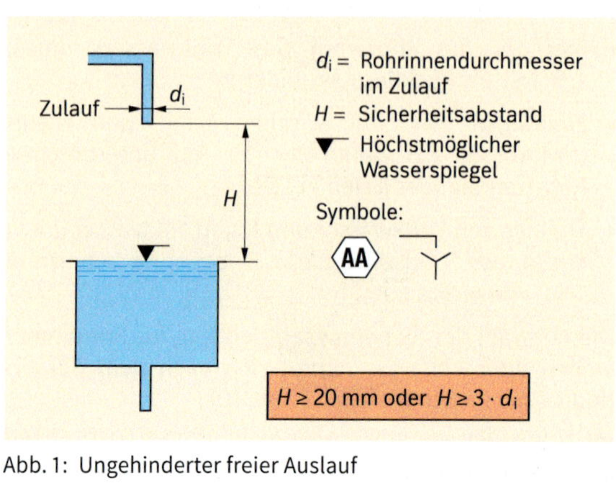

Abb. 1: Ungehinderter freier Auslauf

Rohrunterbrecher

Rohrunterbrecher werden nur beim Öffnen einer Entnahmearmatur vom Trinkwasser durchflossen. Bei Unterdruck strömt durch Öffnungen Luft in die Trinkwasserleitung ein. Ein Rücksaugen von Nichttrinkwasser ist ausgeschlossen, wenn man folgende *Einbauvorschriften* beachtet:

- Rohrunterbrecher sind mehr als 150 mm über dem nachfolgenden höchstmöglichen Wasserspiegel einzubauen.
- In Fließrichtung gesehen, darf hinter dem Rohrunterbrecher *keine Absperrarmatur* eingebaut werden.
- Die Nennweite der nachfolgenden Installation muss der des Rohrunterbrechers entsprechen.
- Die Armatur muss vollkommen zugänglich sein und in belüfteter Umgebung eingebaut werden.
- In Räumen, die überflutet werden können, darf die Armatur nicht eingesetzt werden.
- Die Armatur muss vor Frost und hohen Temperaturen geschützt werden.

Man unterscheidet die Bauformen A1 und A2 (Abb. 2).

Bauform A1

Bei der Bauform A1 sind die Belüftungsöffnungen immer geöffnet. Der Rohrunterbrecher A1 kommt daher ohne bewegliche Teile aus.

Diese Bauform kommt zur Einzelsicherung in Druckspülern und Waschmaschinen sowie zur Absicherung von Schankanlagen oder Fischbecken zum Einsatz.

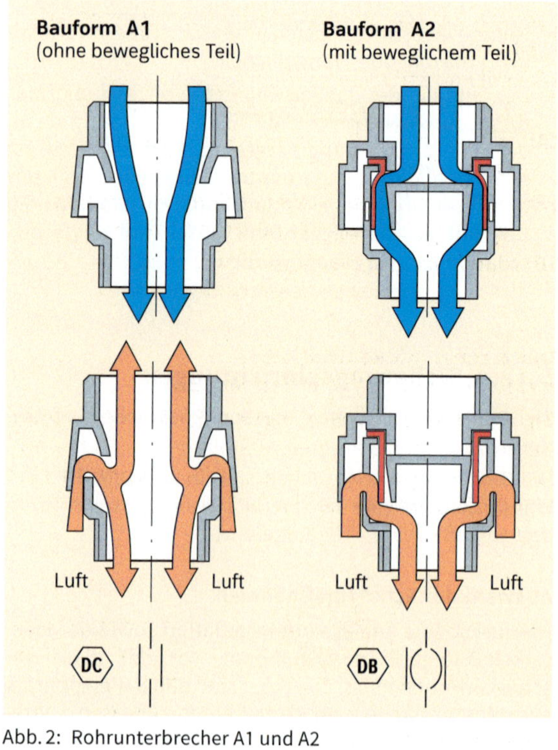

Abb. 2: Rohrunterbrecher A1 und A2

Bauform A2

Bei dieser Bauform sind die Belüftungsöffnungen nur offen, wenn kein Überdruck in der Trinkwasserleitung vorhanden ist. Durch den Überdruck bei Wasserdurchfluss legt sich eine Membran über die Lufteintrittsöffnungen und verschließt diese gegen Wasseraustritt. Bei Atmosphärendruck oder Unterdruck im Leitungsnetz gibt die Membran die Belüftungsöffnungen frei.

Diese Bauform kommt im häuslichen Bereich zur Sicherung eines Wannenzulaufes unterhalb des Wannenrandes zum Einsatz.

Rohrtrenner

Rohrtrenner sind Sicherungsarmaturen, die *druckabhängig* sichern. Sinkt der Druck des Trinkwassers auf der Eingangsseite unter einen bestimmten Wert, so wird die Leitung in der Armatur sichtbar getrennt (Abb. 3).

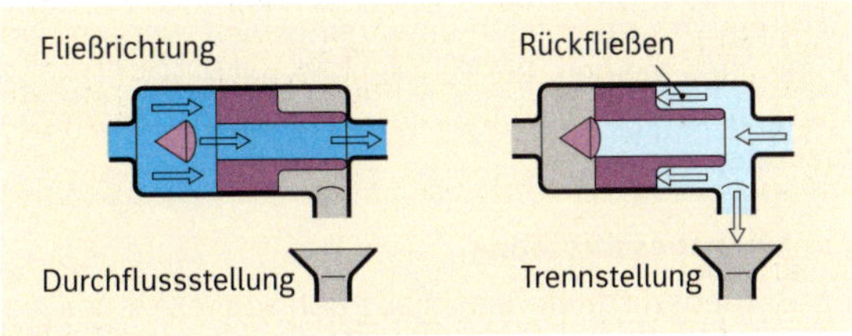

Abb. 3: Grundprinzip des Rohrtrenners

Der Rückfluss von Nichttrinkwasser oder anderen Stoffen, z. B. aus einem defekten Apparat, in das Trinkwasserversorgungssystem kann dadurch mit einem Rohrtrenner wirkungsvoll verhindert werden.

Nach DIN EN 1717 werden folgende Rohrtrenner unterschieden:

BA: mit kontrollierbarer Mitteldruckzone (Rohrnetztrenner bzw. Systemtrenner)

CA: mit unterschiedlichen nicht kontrollierbaren Druckzonen

GA: nicht durchflussgesteuert; ständig in Durchflussstellung, Trennung nur bei Druckabfall

GB: durchflussgesteuert; ständig getrennt, Durchflussstellung nur bei Wasserentnahme

Rohrtrenner mit kontrollierbarer Mitteldruckzone (Systemtrenner), BA

Der Rohrtrenner (Abb. 4) sichert Trinkwasser gegen Nichttrinkwasser oder andere Stoffe aus defekten Apparaten bis einschließlich Flüssigkeitskategorie 4 ab. Er wird auch Rohrnetz- oder Systemtrenner genannt.

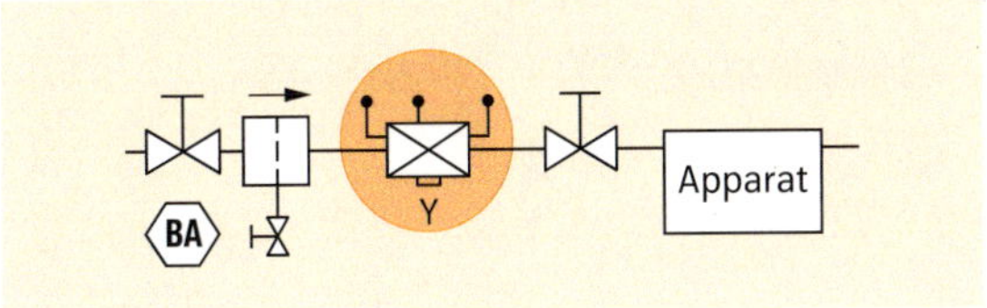

Abb. 4: Einbauschema Rohrnetztrenner BA

Funktionsbeschreibung

Der Rohrnetztrenner besteht aus drei Kammern, der Vor-, Mittel- und Ausgangskammer, die durch Rückflussverhinderer (RV) gegeneinander abgetrennt sind (Abb. 5).

Normale Wasserentnahme (Abb. 5a)
Bei normaler Wasserentnahme sind beide RV offen, während der Druck in der Mittelkammer durch den über den eingangsseitigen RV erzeugten Druckabfall mindestens 140 mbar niedriger ist als der Druck in der Vorkammer. Der Druck in der Steuerkammer ist aber gleich dem in der Vorkammer. Durch den Differenzdruck bleibt das Ablassventil geschlossen.

Ruhestellung unter Betriebsdruck
Wenn an der Ausgangsseite die Wasserentnahme beendet wird, schließt zunächst der aus- und danach der eingangsseitige RV. Das Ablassventil bleibt in geschlossener Stellung, solange der Druckabfall zwischen Vor- und Mittelkammer > 0,14 bar ist.

Rücksaugen (Abb. 5b)
Bei sinkendem Eingangsdruck schließen beide Rückflussverhinderer. Das Ablassventil öffnet kurzzeitig, sobald die Druckdifferenz zwischen Vor- und Mittelkammer auf 140 mbar absinkt. Dabei lässt es so viel Wasser ablaufen, dass der Differenzdruck von 140 mbar gewahrt bleibt. Fällt der Versorgungsdruck ganz ab, ist die Mittelkammer drucklos und gegen Atmosphäre geöffnet.

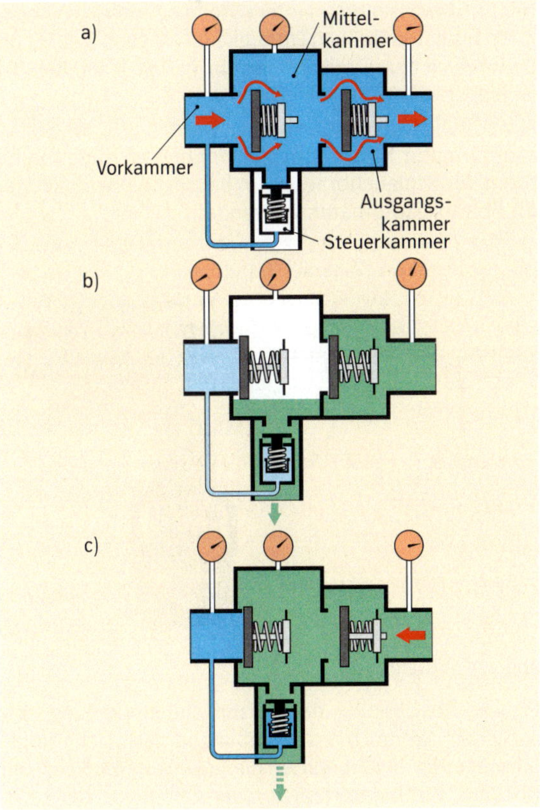

Abb. 5: Funktionsschema des Rohrnetztrenners (Systemtrenners)

Rückdrücken (Abb. 5c, S. 231)
Erhöht sich z. B. hinter dem Rohrnetztrenner der Druck und wird gleichzeitig der auslaufseitige RV undicht, so drückt Wasser in die Mittelkammer. Auch in diesem Falle öffnet sich das Ablassventil vorübergehend und lässt dabei so viel Wasser ablaufen, dass der Differenzdruck von 140 mbar zwischen Vor- und Mittelkammer erhalten bleibt.

! Der Rohrnetztrenner gilt als besonders sicher. Er darf nicht in Räumen eingebaut werden, wo eine Überflutung möglich ist.

Zur regelmäßigen Nachprüfung der Funktion sind an der Oberseite der Armatur 3 Kugelhähne für den Anschluss eines Differenzdruckmanometers vorgesehen.

Anwendung: Zur Absicherung bis einschließlich Flüssigkeitskategorie 4 (→ TB). Rohrnetztrenner können als Einzel- oder Sammelsicherung verwendet werden.

Anordnung: Vor alle Rohrtrenner sind in Fließrichtung gesehen eine Absperrarmatur und ein Filter einzubauen, wenn diese nicht bereits in die Armatur integriert wurden.

Bei Rohrnetztrennern ist auch eine Absperreinrichtung hinter der Ausgangskammer einzubauen.

Rohrtrenner mit nicht kontrollierbaren Druckzonen, CA

Der Rohrtrenner CA (Abb. 1) sichert Trinkwasser gegen Nichttrinkwasser oder andere Stoffe aus defekten Apparaten bis einschließlich Flüssigkeitskategorie 3 ab. Er arbeitet nach dem Dreikammerprinzip. Die Trennstellung ist jedoch nicht kontrollierbar.

Anwendung: Diese Rohrtrenner werden z. B. als Sicherungsarmatur für Heizungsfülleinrichtung ohne Inhibitoren, für Schlauchbrausen im häuslichen Bereich oder für Getränkeautomaten verwendet.

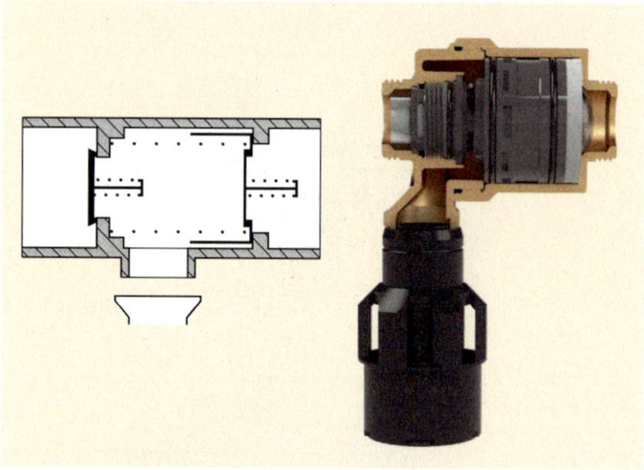

Abb. 1: Rohrtrenner CA

Für die Absicherung der Heizungsfülleinrichtung entsprechen Schlauchverschraubungen mit Sicherungskombination (Rohrbelüfter für Schlauchanschluss mit Rückflussverhinderer) nicht mehr dem Stand der Technik.

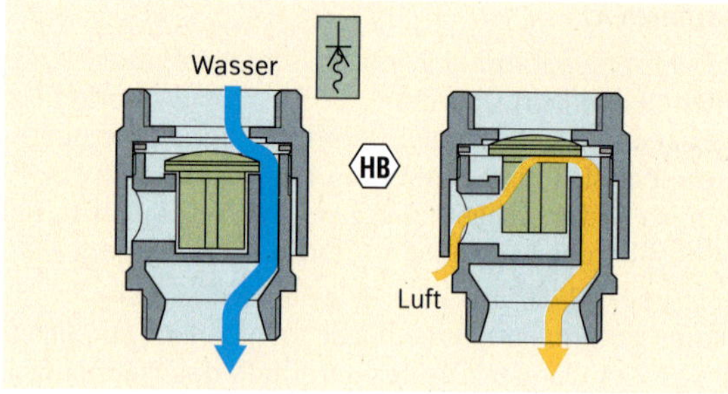

Abb. 2: Rohrbelüfter für Schlauchanschlüsse

Rohrbelüfter

Rohrbelüfter sollen bei Unterdruck durch selbsttätiges Belüften der Anlage das Rückfließen von Wasser verhindern. Von den verschiedenen Arten werden Rohrbelüfter für Schlauchanschlüsse HB am häufigsten verwendet. Diese Armatur (Abb. 2) muss mit Durchflussrichtung von oben nach unten eingebaut werden und zugänglich bleiben. Die Einbauhöhe nach DIN EN 1717 muss mindestens 250 mm über dem höchstmöglichen Wasserspiegel liegen.

Funktionsbeschreibung

Im Betriebszustand verschließt der Schließkörper die Belüftungsöffnungen gegen Wasseraustritt. Bei Unterdruck wird der Schließkörper angehoben (Abb. 2) und belüftet durch Freigabe der Belüftungsöffnungen die Auslaufseite. Dadurch kann über einen angeschlossenen Schlauch kein Wasser zurückgesaugt werden.

Anwendung: Einzelsicherung, z. B. für Außenzapfstellen.

Automatischer Umsteller

Auch automatische Umsteller HC wirken wie Rohrbelüfter. Sie werden in Armaturen im häuslichen Bereich eingesetzt, um z. B. zwischen dem Badewannenzulauf und der Benutzung der Schlauchbrause umzuschalten (Abb. 3). Wird der Duschvorgang durch das Schließen der Ventile beendet, so sinkt der Fließdruck unter dem angehobenen Umsteller unter 0,5 bar. Dadurch schaltet der Umsteller den Wasseraustritt an der Brause automatisch auf Wannenzulauf zurück. Diese Rückstellung

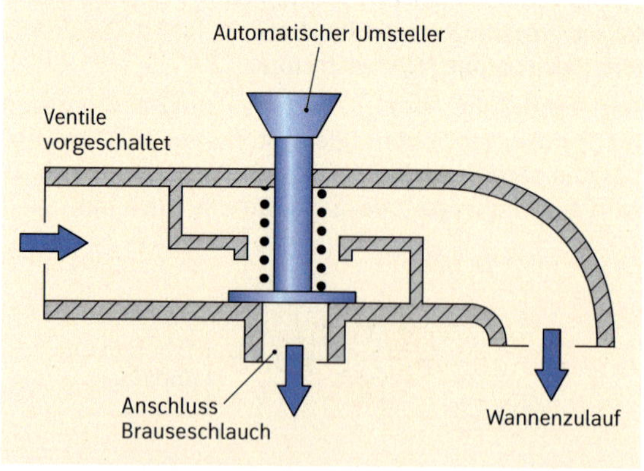

Abb. 3: Automatischer Umsteller

ist möglich, weil nun über den Wannenzulauf Luft in die Armatur gelangt.

Rückflussverhinderer

Ein Rückflussverhinderer ist eine mechanische Sicherungsarmatur, die den Durchfluss in nur eine Richtung erlaubt. Das Rückfließen wird mit dem durch Federkraft beaufschlagten Schließkörper verhindert (Abb. 5).

Rückflussverhinderer werden als Armatur mit eigenem Gehäuse, in Kombination mit einer anderen Armatur oder als Einsteck-Rückflussverhinderer im Wasserzähler verwendet.

Da der Schließkörper nur mit einer geringen Federkraft beaufschlagt wird und empfindlich gegenüber Schmutzpartikeln ist, hat der Rückflussverhinderer keinen hohen Sicherungsgrad.

Nach DIN EN 1717 ist zwischen

- nicht kontrollierbaren RV (Abb. 5) und
- kontrollierbaren RV (Abb. 4)

zu unterscheiden.

! Bis zur Nennweite DN 50 können Rückflussverhinderer in jeder Lage eingebaut werden. Bei größeren Nennweiten ist darauf zu achten, dass sie waagerecht eingebaut oder von unten nach oben durchströmt werden.

Ferner ist beim Einbau darauf zu achten, dass Rückflussverhinderer vollkommen zugänglich sind. Auch müssen sie vor Frost und hohen Temperaturen geschützt werden.

Anwendung: Beispielsweise in der Wasserzähleranlage oder unmittelbar dahinter, im Kaltwasseranschluss von geschlossenen Trinkwassererwärmern mit einem Volumen von mehr als 10 Litern, in oder vor Auslaufarmaturen mit Schlauchanschluss.

Sanitärarmaturen mit Schlauchanschluss, in die zwei Rückflussverhinderer integriert sind, gelten als eigensicher. Bei nicht eigensicheren Armaturen muss eine geeignete Sicherungseinrichtung eingebaut werden.

Rückflussverhinderer vom Typ EA haben eine Kontrollöffnung. Durch Schließen der in Fließrichtung davor befindlichen Absperrarmatur und Öffnen der Kontrollöffnung kann die Funktion des Rückflussverhinderers überprüft werden (Abb. 4).

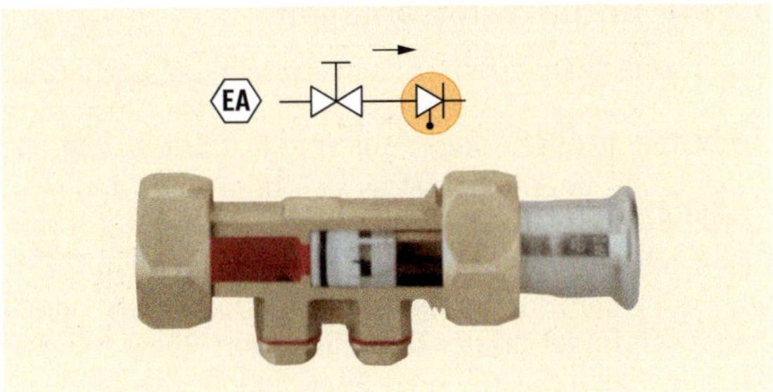

Abb. 4: Kontrollierbarer Rückflussverhinderer

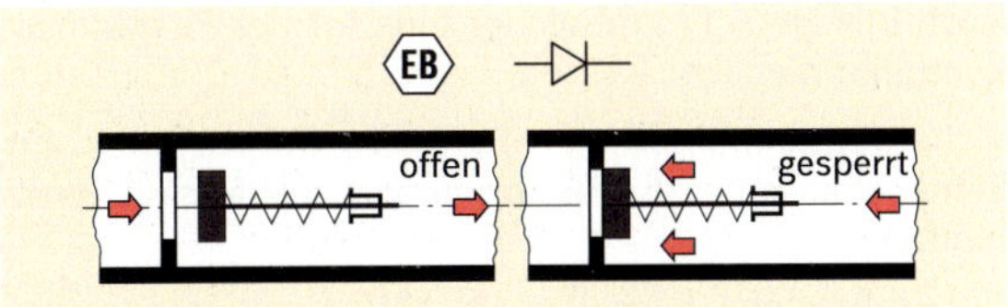

Abb. 5: Schema Rückflussverhinderer (nicht kontrollierbar)

Sicherungskombination

Eine Sicherungskombination (Abb. 6) besteht aus einem *Rückflussverhinderer* und einem *Rohrbelüfter HB*. Beide Sicherungsarmaturen stellen in Kombination die 2. Sicherung gegen Rückfließen dar.

! Der *Rückflussverhinderer* in der Wasserzähleranlage (1. Sicherung) darf für die Sicherungskombination nicht verwendet werden.

Bei der Sicherungskombination werden die Schwachstellen des Rückflussverhinderers (oft nicht dicht schließend) und des Rohrbelüfters (Einströmen einer zu geringen Luftmenge bei Unterdruck) sinnvoll kompensiert.

Verhindert ein Rückflussverhinderer ein Rückfließen nicht vollständig, so verlangsamt er das Rückfließen zumindest. Dadurch hat der Rohrbelüfter Zeit, eine ausreichend große Luftmenge in die Rohrleitung einzusaugen. Ein Rückfließen durch Unterdruck wird dadurch verhindert.

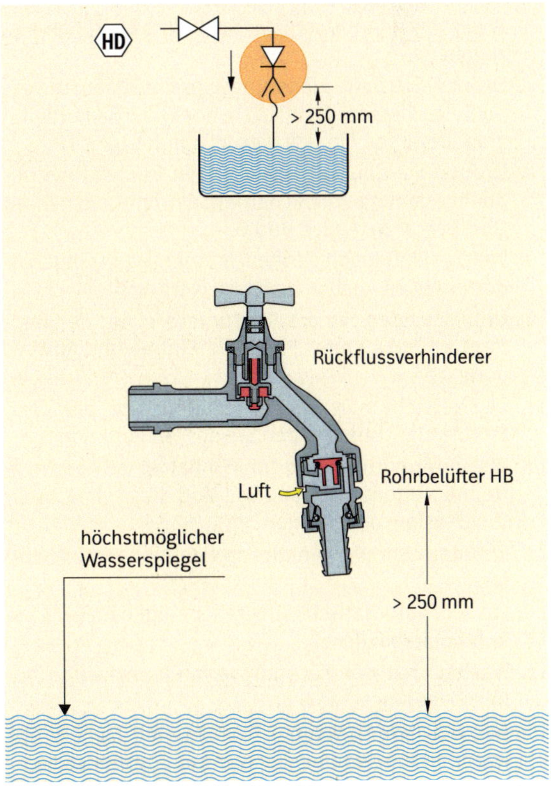

Abb. 6: Sicherungskombination HD

Nach DIN EN 1717 gibt es nur eine Art der Sicherungskombination:

Sicherungskombination HD, d.h. Rohrbelüfter für Schlauchanschlüsse HB, kombiniert mit Rückflussverhinderer.

Die Einbauhöhe nach DIN EN 1717 muss mindestens 250 mm über dem höchstmöglichen Wasserspiegel liegen. Für den Einbau gelten auch alle übrigen Anforderungen, die bereits für Rohrbelüfter und Rückflussverhinderer genannt wurden.

Anwendung: Einzelsicherung, z. B. zur Absicherung von Auslaufarmaturen mit Schlauchanschluss.

Aufgaben

1. Von nicht vorschriftsgemäß abgesicherten Trinkwasserinstallationen kann eine Gesundheitsgefährdung für den Menschen ausgehen. Erläutern Sie dies an drei Beispielen.
2. Verändertes Trinkwasser wird nach seiner Gefährdung in fünf Flüssigkeitskategorien eingeteilt. Nennen Sie je ein Beispiel.
3. Welche Sicherheitsabstände gelten zwischen erdverlegten Trink- und Abwasserleitungen?
4. Warum muss bei Trinkwasseranlagen jeder Fließweg durch zwei voneinander unabhängige Sicherungen geschützt werden?
5. Welche Vor- und Nachteile haben Einzel- und Sammelsicherungen?
6. Wie ist bei der Auswahl der Schutzmaßnahmen vorzugehen?
7. Ordnen Sie acht Sicherungseinrichtungen in Reihenfolge, beginnend mit dem höchsten Sicherheitsgrad. Beziehen Sie sich hierbei auf das TB.
8. Ordnen Sie den folgenden ersten Buchstaben der Kennzeichnung von Sicherheitseinrichtungen ihren Oberbegriff zu: A, B, E und G.
9. Welche Einbauvorschriften müssen beim ungehinderten freien Auslauf beachtet werden?
10. Unterscheiden Sie die Rohrunterbrecher der Bauform A1 und A2 nach Funktion, Einbau und Anwendung.
11. Was versteht man unter einem Rohrnetz- bzw. Systemtrenner? Beschreiben Sie dessen Funktion.
12. Welche Armaturen sind zum Einbau eines Rohrnetztrenners erforderlich und wie sind diese im Rohrleitungssystem anzuordnen?
13. Erläutern Sie die Funktionsweise eines Rohrbelüfters.
14. Wo sind automatische Umsteller eingebaut und wie funktionieren diese?
15. Weshalb hat der Rückflussverhinderer keinen hohen Sicherungsgrad?
16. Aus welchen Armaturen besteht eine Sicherungskombination? Nennen Sie Anwendungsbeispiele.

5.13 Anlagen zur Trinkwasserbehandlung

Die WVU sind entsprechend den Vorschriften (TrinkwV u. a.) zur Lieferung von Trinkwasser mit einwandfreier Qualität verpflichtet. Daher bedarf dieses Wasser als *Lebensmittel für Trinkwasser- oder Kochzwecke* grundsätzlich keiner weiteren Behandlung. Trinkwasser wird im Haushalt jedoch nur in geringen Mengen (ca. 2 %) als Lebensmittel verwendet. Wird es für andere Zwecke genutzt, z. B. zum Duschen oder zum Wäschewaschen, so ist das Trinkwasser je nach Herkunft und Zusammensetzung oft nicht optimal geeignet, weil es beispielsweise zu hart ist. Hier kann Abhilfe geschaffen werden, indem eine Wasserbehandlung erfolgt.

Mit Anlagen zur Behandlung von Trinkwasser können die Schwebstoffe entfernt, der Korrosionsschutz verbessert, Steinbildung verhindert und die bakterielle Qualität des Trinkwassers in der Trinkwasserinstallation, z. B. hinter einem Speicherbehälter, verbessert werden.

In der DIN 806-2 werden Angaben zu Verfahren gemacht, die dazu eingesetzt werden können.

- Schwebstoffe können durch mechanische Filter nach DIN EN 13 443-1 (siehe Kap. 5.11.5) entfernt werden.
- Im Hinblick auf eine Minderung der Korrosionswahrscheinlichkeit eignen sich z. B. mechanische Filter, eine Dosierung mit Chemikalien, die Entfernung von Nitrat oder eine Neutralisierung des Wassers.
- Sollte eine Steinbildung zu erwarten sein, käme z. B. eine Wasserenthärtung durch Ionenaustausch oder eine Dosierung von Chemikalien in Betracht.
- Zum Schutz vor bakterieller Verkeimung des Trinkwassers kann das Wasser einer intensiven ultravioletten Bestrahlung im Wellenlängenbereich von 250 nm bis 260 nm ausgesetzt werden. Um hierbei eine ausreichende Desinfektion des Trinkwassers zu erreichen, wird in der DIN EN 806-2 eine Mindeststrahlendosis von 16 mJ/cm^2 empfohlen.

Wird Trinkwasser behandelt, so ändert sich meist seine Güte und Qualität. Auch kann von mangelhaft gewarteten Anlagen durch Mikroorganismen eine Gefahr ausgehen. Aus diesen Gründen sollen nur unbedingt notwendige Anlagen eingebaut werden.

5.13.1 Enthärtungsanlagen

Ein bewährtes Verfahren, um Wasser zu enthärten, ist der Ionenaustausch. Gegenüber der Dosierung von Mineralstoffen oder der physikalischen Wasserbehandlung unterscheidet es sich besonders dadurch, dass die Härtebildner aus dem Wasser entfernt werden. Dabei erfolgt ein Austausch der steinbildenden Calcium- und Magnesiumionen gegen Natriumionen. Dieser Austausch findet an der Oberfläche von kleinen Kunstharzkügelchen (Styrol- oder Phenolharz) statt (Abb. 1). Mit ihnen ist der Ionenaustauscher gefüllt (Abb. 2).

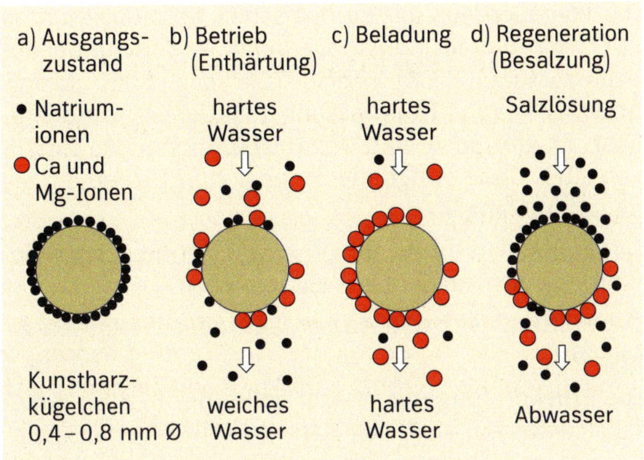

Abb. 1: Wasserenthärtung durch Ionenaustausch

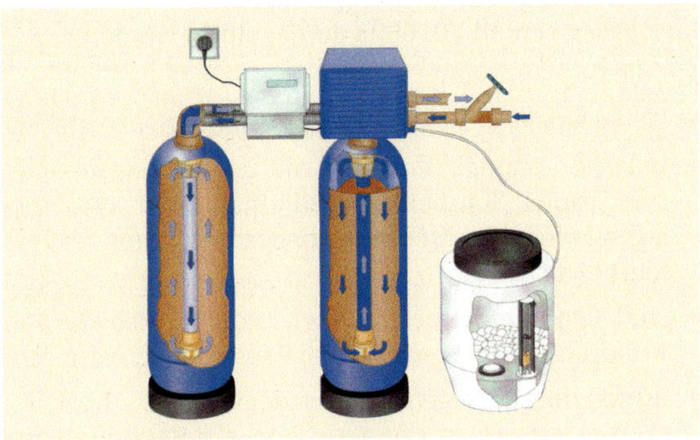

Abb. 2: Doppelanlage im Pendelbetrieb

Im Ausgangszustand (Abb. 1a) sind überall an der Oberfläche Natriumionen angelagert. Während des Betriebes (Abb. 1b) strömt hartes Wasser mit vielen Ca- und Mg-Ionen vorbei. Sie werden gegen Natriumionen ausgetauscht. Das ablaufende Trinkwasser wird dadurch natriumreicher, hat dafür jedoch keine Wasserhärte mehr (0 °dH). Nachdem eine gewisse Wassermenge enthärtet wurde, ist das Kunstharzkügelchen mit Ca- und Mg-Ionen belegt und die Aufnahmekapazität erschöpft (Abb. 1c). Die Regeneration (Abb. 1d) erfolgt durch Spülung mit einer 5–10 %igen Kochsalzlösung (Natriumchlorid). Durch die hohe Konzentration von Natriumionen werden die Ca- und Mg-Ionen verdrängt und gelangen zusammen mit Salzresten ins Abwasser. Danach ist der Ionenaustauscher wieder betriebsbereit.

Enthärtungsanlagen müssen aus hygienischen Gründen mindestens alle vier Tage regeneriert werden. Wasser von 0 °dH ist aggressiv und geschmacklich ungeeignet.

Es wird daher mit hartem Wasser über einen Bypass gemischt, bis nach TrinkwV die Mindesthärte von 8,4 °dH (≙ 1,5 mol/m³ Ca) erreicht ist. Das enthärtete Wasser darf max. 200 mg/l Natrium enthalten. Bei einer Härtereduzierung um 1 °dH wird 8,2 mg/l Natrium im Wasser gelöst. Daher kann ein Wasser

$$\text{max. um } \frac{200 \text{ mg/l}}{8{,}2 \text{ mg/l} \cdot 1 \text{ °dH}} = 24{,}4 \text{ °dH enthärtet werden,}$$

z. B. von 29 °dH auf 4,6 °dH.

5.13.2 Chemikaliendosierung

Dosiergeräte in Dosieranlagen (Abb. 3) haben die Aufgabe, bestimmte, nach der TrinkwV zugelassene Minerallösungen wie *alkalisierende* Stoffe, *Silikate*, *Phosphate* oder entsprechende Mischungen mengenproportional dem Trinkwasser zuzugeben. Dadurch können in der Hausinstallation die Schutzschichtbildung gefördert oder Kalkablagerungen und Korrosion verhindert werden.

Ob der Einbau eines Dosiergerätes zweckmäßig ist, muss von Fall zu Fall aufgrund der örtlichen Gegebenheiten (z. B. Wasserqualität, Werkstoffauswahl) von den Planenden in Zusammenarbeit mit dem Dosiergerätehersteller entschieden werden. Die Wirksamkeit des Gerätes und des zugehörigen Dosiermittels ist vom Hersteller zu gewährleisten. Angaben über Anwendungsbereich, Bedingungen für die Auswahl, Größe und Einbau von Dosiergeräten enthält die DIN EN 806-2.

5.13.3 Physikalische Wasserbehandlung

Darunter versteht man in der Regel ein Verfahren, bei dem das Wasser einem *Energiefeld* ausgesetzt wird. Das kann ein permanent- oder elektromagnetisches, ein elektrostatisches, elektrodynamisches oder ein Wechselstromfeld sein. Auch die Ionenaktivierung oder das elektrolytische Verfahren zählen dazu.

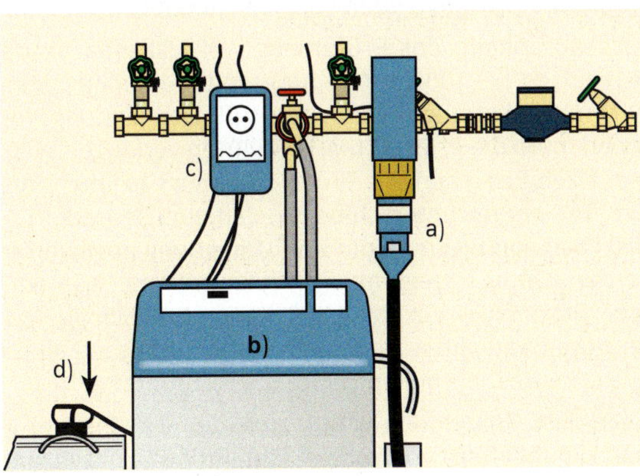

Dosiermittel

- *Alkalisierende Stoffe*, z. B. Natriumsilikat, bewirken eine Verringerung der freien Kohlensäure und eine Anhebung des pH-Wertes. Bei Stahl und Kupfer wird der Korrosion entgegengewirkt.
- *Silikate* sollen den Aufbau einer Schutzschicht fördern und unterstützen.
- *Orthophosphate* begünstigen die Deckschichtbildung auf verzinktem Stahlrohr.
- *Polyphosphate* verhindern die Steinbildung schwerpunktmäßig im Warmwasserbereich, indem die Härtebildner bis 15 °dH im gelösten Zustand bleiben. Über 60 °C oder bei Verweilzeiten über 1h verringert sich diese Eigenschaft stark.

Abb. 3: a) Filter, b) Enthärtungsanlage, c) Dosieranlage, d) Dosiermittel

Ziel der physikalischen Wasserbehandlung ist die *Kalkstabilisierung* im Wasser und die *Förderung der Schutzschichtbildung*. Dem zu behandelnden Wasser werden dabei weder Inhaltsstoffe zugeführt noch entnommen. Es erfolgt keine Enthärtung, sondern lediglich eine zeitlich (ca. 3 Tage) begrenzte Stabilisierung der Wasserhärte. Dadurch setzt sich Kalk nicht mehr als harte Kalkablagerung fest. Kalkflecken lassen sich leicht abwischen.

Funktion:

Bei einigen Geräten wird zunächst in der Aktivierungskammer, z. B. durch Injektorwirkung, der Wasserdruck verringert. Dadurch gast ein Teil der gelösten Kohlensäure aus, wodurch die Neigung zur Kalkkristallbildung steigt (Abb. 1a).

Das Wasser wird nun z. B. durch zwei Wechselstromelektroden hindurchgeleitet. An der jeweils negativen Elektrode kommt es zur Bildung feinster Kalkkristalle. Durch die Umpolung der Elektroden, die mit einer Frequenz von 50 Hz erfolgt, werden die gebildeten Kristalle abgesprengt und vom Wasser mitgerissen. Etwa 30 000 Mikrokristalle werden so pro Sekunde gebildet. An diesen polarisierten Impfkristallen lagert sich nun besonders bei Erwärmung weiterer Kalk an (Konglomeratbildung, Abb. 1b).

Die vielen Kalkkristalle wachsen, bleiben aber aufgrund ihrer großen Zahl sehr klein, sodass sie sich nicht absetzen können. Die ausgegaste Kohlensäure geht teilweise wieder in Lösung. Das führt zu einer geringen pH-Wert-Absenkung, wodurch alte Kalkablagerungen in den Rohren aufgelöst werden. Die große Oberfläche der vielen aneinander angelagerten Kalkkristalle gewährleistet, dass die Schutzschicht erhalten bleibt. Diese Vorgänge sind sehr komplex und z. T. noch nicht ausreichend untersucht.

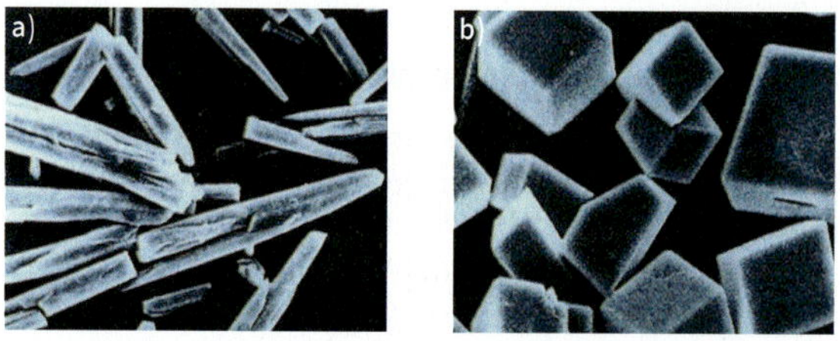

Abb. 1: Kalkstabilisierung: a) unbehandelt, b) behandelt

5.14 Druckprüfung, Füllen, Spülen, Inbetriebnahme, Übergabe und Instandhaltung der Trinkwasseranlage

5.14.1 Druckprüfung

In der DIN EN 806-4 wird aufgrund der Trinkwasserhygiene, des Korrosionsschutzes und des Frostschutzes gefordert, dass Trinkwasserinstallationen erst vor der Inbetriebnahme zu befüllen und zu spülen sind.

Die Vorgaben aus der europäischen Normung wurden 2012 vom Bundesindustrieverband Technische Gebäudeausrüstung (BTGA) in der BTGA-Regel 5.001 „Druckprüfungen von Trinkwasserinstallationen" veröffentlicht. Es gibt auch eine Dichtheitsprüfung vom ZVSHK von 2011. Diese bringt aber keine höhere Sicherheit. Sie dauert nur länger.

Das Prüfverfahren ist abhängig von der möglichen Gefährdung des Trinkwassers auszuwählen.

Die Prüfung kann mit Wasser, Luft oder Inertgasen erfolgen.

Die Druckprüfung mit Wasser sollte nur in Ausnahmefällen erfolgen, weil sich danach, selbst bei anschließender gründlicher Entleerung des Leitungssystems, Keime in den Rohren vermehren und Korrosion entstehen kann. Die Druckprüfung sollte daher mit Luft oder Inertgasen gemäß VDI 6023 durchgeführt werden.

Für die Druckprüfung

- ist die Anlage in kleinere Prüfabschnitte zu unterteilen;
- müssen Leitungsöffnungen mit geeigneten metallenen Stopfen, Kappen oder Blindflanschen verschlossen werden; geschlossene Absperrarmaturen reichen hierbei nicht aus;
- sind Apparate, Druckbehälter, etc., die sich für den Prüfdruck nicht eignen, durch Passstücke zu ersetzen;
- dürfen die Leitungen nicht verdeckt sein.

Druckprüfung mit Luft oder Inertgasen

Für die Druckprüfung mit Luft (nach BTGA 5.001) ist sowohl eine Dichtheits- als auch eine Belastungsprüfung notwendig. Aufgrund sicherheitstechnischer Anforderungen muss die Prüfung grundsätzlich von zwei Prüfenden durchgeführt werden. Bevor die Prüfabschnitte unter Gasdruck gesetzt werden, sind diese aus Sicherheitsgründen für die Prüfdauer zu räumen (Bestimmung der Berufsgenossenschaft).

Für die *Dichtheitsprüfung* von Trinkwasserleitungen können zumeist dieselben Prüfgeräte wie für die Dichtheitsprüfung von Gasleitungen verwendet werden.

Ist der Temperaturunterschied zwischen Umgebungs- und Medientemperatur größer als 10 K, ist zunächst eine Temperatur-Ausgleichszeit von 30 Minuten einzuhalten.

Nach Aufbringen des Prüfdrucks von 150 mbar muss die Prüfzeit bis 100 Liter Leitungsvolumen mindestens 30 Minuten betragen. Je weitere 100 Liter Leitungsvolumen muss die Prüfzeit um 10 Minuten verlängert werden. Nach Erreichen des Prüfdrucks muss bei mehr als 10 K Temperaturunterschied die Zeit zum Temperaturausgleich von Prüfmedium und Umgebung abgewartet werden. Danach beginnt die Prüfzeit. Wenn während der Prüfzeit ein Druckabfall auftritt, liegt ein Mangel vor, der durch Abdichten zu beheben ist. Für diesen Fall ist eine erneute Dichtheitsprüfung durchzuführen.

Die *Belastungsprüfung* wird nach der Dichtheitsprüfung durchgeführt. Hierbei ist der Prüfdruck langsam aufzubringen. Er darf aus Sicherheitsgründen 3 bar bis

Nennweite DN 50 nicht überschreiten. Bei Nennweiten von DN 50 bis DN 100 ist der Prüfdruck auf 1 bar zu begrenzen. Auch hierbei sollten ggf. 30 Minuten für einen Abgleich der Temperaturen zwischen Umgebung und Prüfmedium abgewartet werden.

Für die Belastungsprüfung beträgt die Prüfzeit 10 Minuten. Der Druck muss während dieser Zeit konstant bleiben.

Die Belastungsprüfung ist mit einer Sichtprüfung aller Rohrverbindungen zu kombinieren, wobei zu prüfen ist, ob diese ordnungsgemäß ausgeführt wurden. Für die Prüfung der Verbindungen sollte Lecksuchspray verwendet werden.

Druckprüfung mit Wasser

Die *Druckprüfung mit* Wasser ist nur zulässig, wenn

- sichergestellt ist, dass der Hauswasseranschluss gespült wurde und für den bestimmungsgemäßen Anschluss und Betrieb freigegeben wurde,
- die Bauteile, die zur Befüllung verwendet werden, keine Verschlechterung der Trinkwasserqualität herbeiführen und
- innerhalb von 72 Stunden nach der Druckprüfung der bestimmungsgemäße Betrieb aufgenommen wird.

Hierzu ist die Anlage über einen Feinfilter (Filterfeinheit 80 bis 150 µm) mit Trinkwasser zu füllen. Es ist darauf zu achten, dass die Anlage beim Befüllen vollständig entlüftet wird und an der tiefsten Stelle (meistens an der Wasserzähleranlage) ein *Druckmessgerät* mit einer Ablesegenauigkeit von 0,1 bar eingebaut wird.

Auch hierbei sollte ggf. die Zeit von 30 Minuten für einen Abgleich der Temperaturen zwischen Umgebung und Prüfmedium abgewartet werden.

Bei dem Prüfverfahren nach BTGA-Regel 5.001 beträgt der Prüfdruck 11 bar. Er ist 30 Minuten aufrechtzuerhalten. Danach ist eine Inspektion durchzuführen, um Undichtheiten feststellen zu können.

Bei Kunststoffen können Druckschwankungen auftreten, welche durch Nachfüllen auszugleichen sind. Anschließend ist der Prüfdruck auf 5,5 bar abzusenken und für weitere 30 Minuten zu prüfen, ob der konstant bleibt. Fällt der Druck ab, liegt im System eine Undichtigkeit vor. Nachdem der Mangel behoben ist, muss eine erneute Dichtheitsprüfung durchgeführt werden. Über die Druckprüfung ist ein *Protokoll* zu erstellen, welches vom Auftragnehmer und vom Auftraggeber oder deren Vertreter zu unterzeichnen ist.

5.14.2 Füllen und Spülen der Leitungsanlage

Das **Füllen** der Trinkwasseranlage hat über einen mechanisch wirkenden Filter nach DIN 13 443-1 zu erfolgen. Hierbei sind die Absperrarmaturen der Reihe nach zu öffnen, wobei an der Hauptabsperrarmatur zu beginnen ist. Anschließend sind die Leitungen zu entlüften. Beim Schließen der Absperrarmaturen sollte langsam vorgegangen werden, um Druckschläge zu vermeiden.

Wurden Rohrleitungen usw. ordentlich gelagert und ist die Installation hygienisch einwandfrei durchgeführt worden, ist ein Spülen mit Trinkwasser unter Anschlussdruck ausreichend. Das ZVSHK-Merkblatt „Inbetriebnahme" gibt an, dass das **Spülen** mit Luft-Wasser-Gemisch angewendet werden soll, wenn das Spülen mit Trinkwasser keine ausreichende Spülwirkung erreicht.

Durch das Spülen soll

- die Rohrinnenoberfläche gereinigt,
- Korrosions- und Funktionsschäden an Rohrleitungen, Armaturen und Apparaten vermieden,
- die Trinkwassergüte gesichert und
- die Hygieneanforderungen erfüllt werden.

Um dies zu erreichen, lässt die DIN EN 806-4 Spülungen mit Wasser und Wasser-Luft-Gemisch zu, die zu protokollieren sind. Aus hygienischen Gründen sollte erst kurz vor der Inbetriebnahme die Anlage mit Trinkwasser gefüllt und gespült werden. Kalt- und Warmwasserleitungen sind dabei grundsätzlich getrennt zu spülen.

Vorbereitend für den Spülvorgang sind

- Etagenabsperrungen und andere Wartungsarmaturen voll zu öffnen,
- Luftsprudler, Perlatoren und Durchflussbegrenzer auszubauen.
- empfindliche Armaturen und Apparate auszubauen und durch Passstücke zu ersetzen bzw. durch flexible Leitungen zu überbrücken.

Zum Schutz empfindlicher Armaturen, die während des Spülens nicht ausgebaut werden können, sind die Hinweise in den Montageanleitungen der Hersteller zu beachten.

Spülen mit Wasser

Damit die Spülung mit dem örtlichen Versorgungsdruck erfolgen kann, dürfen Druckminderer diesen nicht reduzieren.

- Die Spülung erfolgt strangweise vom nächstgelegenen zum entferntesten Strang.
- Die Spülung erfolgt stockwerksweise von unten nach oben, beginnend mit der Hauptabsperrarmatur in der Spülfolge abschnittsweise zur entferntesten Entnahmestelle (→ TB).
- Innerhalb eines Geschosses werden die Entnahmestellen, mit der vom Steigstrang entferntesten Entnahmestelle beginnend, voll geöffnet. Um eine entsprechende Mindestfließgeschwindigkeit zu erreichen, muss eine bestimmte Mindestzahl von Entnahmestellen geöffnet werden (→ TB).
- Nach der Spüldauer von 5 Minuten an der zuletzt geöffneten Spülstelle werden die Entnahmestellen nacheinander geschlosssen.
- Eingebaute Schmutzfangsiebe und Schmutzfänger von Armaturen werden nach der Wasserspülung gereinigt.

Spülen mit einem Trinkwasser-Luft-Gemisch

Bei diesem Spülverfahren wird, nach den vorbereitenden Maßnahmen, mit einem *Wasser-Luft-Gemisch* in genau festgelegter zeitlicher Abfolge und unter pulsierender Strömung (intermittierend) gespült. Spülgeräte (Abb. 1) erleichtern die Durchführung dieses Spülverfahrens. Für dieses *Spülverfahren* gilt:

- Die zu spülende Leitung darf max. 100 m lang sein.
- Das verwendete Wasser muss gefiltert und die Druckluft ölfrei sein. Der Spülluftdruck muss mindestens dem Wasserdruck entsprechen.
- Im größten Rohr soll die Fließgeschwindigkeit mindestens 0,5 m/s betragen. Dazu muss eine bestimmte Anzahl von Entnahmestellen geöffnet werden (TB).
- Die Spülung erfolgt strangweise vom nächstgelegenen zum entferntesten Strang.
- Die Spülung erfolgt stockwerksweise von unten nach oben, beginnend mit der Hauptabsperrarmatur in der Spülfolge abschnittsweise zur entferntesten Entnahmestelle (TB).
- Die *Spüldauer* soll mind. 15 s pro Meter Leitung betragen.
- Je Entnahmestelle muss die Spüldauer mindestens 2 Minuten betragen. Danach sind diese in umgekehrter Reihenfolge zu schließen.

Abb. 1: Spülgerät

5.14.3 Inbetriebnahme, Übergabe und Instandhaltung

Nach dem Spülen der Rohrleitungen ist die Trinkwasseranlage fertiggestellt. Sie sollte möglichst unmittelbar danach durch *Inbetriebnahme* und *Übergabe* in die Verantwortung der Betreibenden übergeben werden. Dazu muss die Installationsfirma ein *Inbetriebnahme- und Einweisungsprotokoll* vorbereiten (TB).

Nach Inbetriebnahme der Anlage sind die Betreibenden durch die Anlagenherstellenden in die Bedienung der Anlage einzuweisen und mit der Betriebsweise vertraut zu machen.

Inbetriebnahme, Einweisung, Übergabe und Abnahme sind in dem vorbereiteten Protokoll festzuhalten und durch Unterschrift von Auftraggeber/-in (Betreibende) und Auftragnehmer/-in (Anlagenherstellende) zu bestätigen.

5.15 Inspektion und Wartung von Trinkwasseranlagen

Nach der Inbetriebnahme und Übergabe der Trinkwasseranlage an den Auftraggeber bzw. die Auftraggeberin sind regelmäßige Inspektionen und Wartungen durchzuführen. Dies betrifft insbesondere Sicherheitseinrichtungen sowie angeschlossene Armaturen und Apparate. Andernfalls kann es zur Minderung der Trinkwasserqualität oder gar zu einer Gesundheitsgefährdung kommen. Damit diese Einbauten nicht in ihrer Funktion beeinträchtigt werden oder diese möglicherweise total verlieren, sind Inspektions- und Wartungsintervalle vorgegeben, die eingehalten werden müssen. Solche Vorgaben sind in der DIN EN 806-5, aber auch in verschiedenen Herstellerunterlagen nachzulesen. Die betroffenen Bauteile können dem Inspektions- und Wartungsplan im TB entnommen werden. Dort sind die wichtigsten Maßnahmen in Stichworten beschrieben.

Aufgaben

1. Welche Aufgaben erfüllen Anlagen zur Trinkwasserbehandlung?
2. Warum sollen nur notwendige Geräte eingebaut werden?
3. Beschreiben Sie die Wasserenthärtung durch Ionenaustausch.
4. Welche Minerallösungen werden dem Trinkwasser zudosiert? Was wird damit beabsichtigt?
5. Was kann durch eine physikalische Wasserbehandlung erreicht werden?
6. In welchen zeitlichen Abständen sind die nachfolgenden Anlagenteile bzw. Apparate nach DIN EN 806-5 zu warten und was ist von wem dabei zu tun? (TB)
   a) Rohr- bzw. Systemtrenner BA
   b) Druckminderer
   c) Filter
   d) Kaltwasserzähler
   e) Enthärter bzw. Enthärtungsanlagen
7. Beschreiben Sie die Durchführung der Druckprüfung mit Druckluft.
8. Warum sind alle Leitungsanlagen vor der Inbetriebnahme zu spülen?
9. Was versteht man unter einem Spülgerät?
10. Dürfen Kalt- und Warmwasserleitung zusammen gespült werden? Begründen Sie Ihre Antwort.

11. Beschreiben Sie der Reihe nach die Durchführung einer Spülung mit Wasser.
12. In welcher Reihenfolge werden die Stränge gespült?
13. Welche Unterlagen sind den Betreibenden bei der Übergabe der Anlage auszuhändigen (📖 TB)?

5.16 Pumpen in Trinkwasseranlagen

Zum Heben und Fördern von Trinkwasser werden hauptsächlich Kolben- und Kreiselpumpen verwendet.

5.16.1 Kolbenpumpen

Für kleine Hauswasserversorgungsanlagen werden oft liegende, doppelt wirkende Kolbenpumpen eingesetzt, die durch einen Motor angetrieben werden (Abb. 2). Die Wasserförderung erfolgt durch einen Kolben, der den Kolbenraum über dicht schließende Ventile ständig füllt und entleert. Kolbenpumpen sind selbstansaugend. In der Praxis werden Saughöhen bis 8,5 m erreicht.

Vorteile: Hohe Lebenserwartung, gute Selbstansaugung, deutlich besserer Wirkungsgrad als bei Kreiselpumpen.

Nachteile: Aufwendige Bauweise.

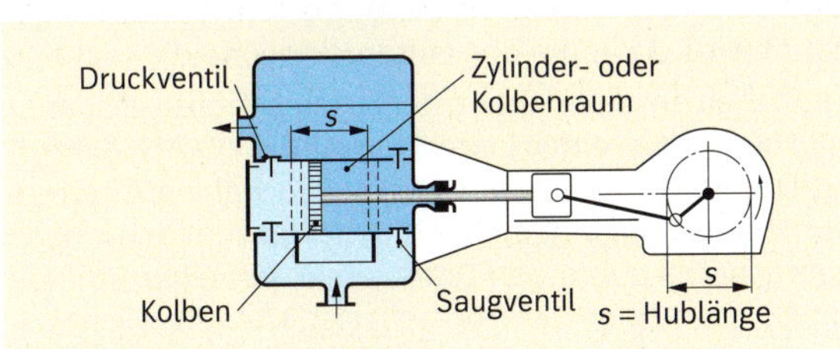

Abb. 2: Schematischer Aufbau einer doppelt wirkenden Kolbenpumpe

5.16.2 Kreiselpumpen

Von weit größerer Bedeutung für die Trinkwasserförderung sind Kreiselpumpen (Zentrifugalpumpen). Bei ihnen wird über einen Motor die Pumpenwelle angetrieben, auf der ein Laufrad sitzt. Das axial in das Laufrad eintretende Wasser wird von den Laufradschaufeln radial umgelenkt (Abb. 3).

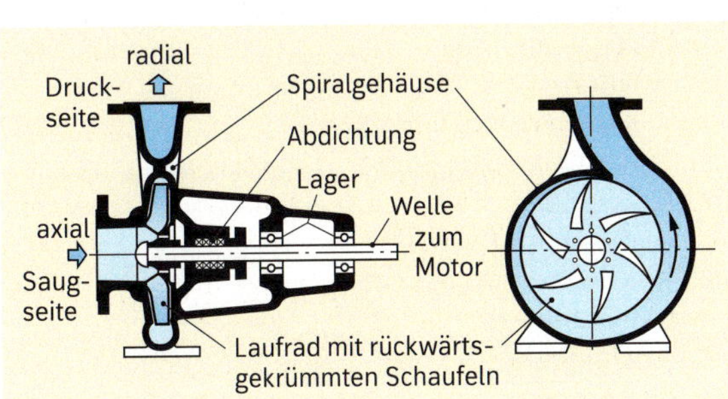

Abb. 3: Schematischer Aufbau einer Kreiselpumpe

Dabei bewirkt die Fliehkraft eine Drucksteigerung, die man auch als Förderhöhe *H* bezeichnet. Der durch die Pumpe geförderte Volumenstrom $\dot{V}$ und die Förderhöhe *H* sind voneinander abhängig. Diese Abhängigkeit wird in einem Diagramm durch die *Pumpenkennlinie* dargestellt (Abb. 4).

Das von der Pumpe geförderte Wasser erfährt im Rohrnetz einen Druckverlust, der ebenfalls vom Volumenstrom abhängig ist. Diese Abhängigkeit zeigt die *Anlagenkennlinie* (Netzkennlinie). Im Schnittpunkt beider Kennlinien liegt der *Betriebspunkt* (Abb. 4).

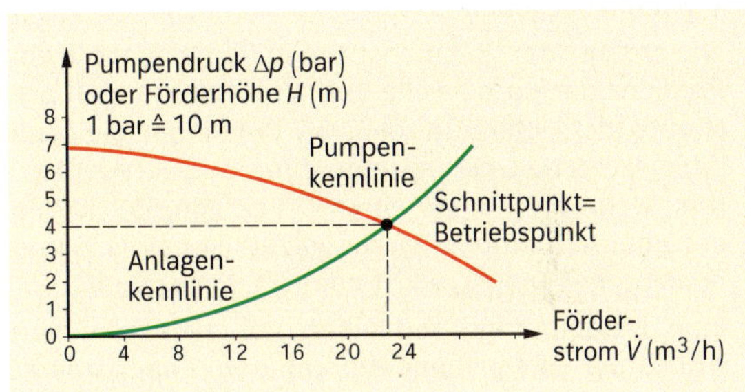

Abb. 4: Betriebspunkt

Im *Betriebspunkt* herrscht für eine bestimmte Fördermenge Gleichgewicht zwischen der von der Pumpe aufgebrachten Förderhöhe und dem Druckverlust im Rohrnetz.

Für die Auswahl einer Pumpe muss anhand der max. Anforderung (Spitzendurchfluss und Förderhöhe) ein Auslegungs-Betriebspunkt festgelegt werden.

Kreiselpumpen gehören zu den normalsaugenden Pumpen. Sie können Wasser aus einer Tiefe bis max. 8 m fördern, wenn zuvor die *Ansaugleitung* bis einschließlich Laufrad mit Wasser gefüllt wurde. Wenn die Pumpe steht, darf die Wasserfüllung nicht auslaufen. Dazu muss in der Ansaugleitung ein Rückflussverhinderer vorhanden sein.

Aufgaben

1. Welche Pumpenarten werden in der Trinkwassertechnik verwendet?
2. Welche Vor- und Nachteile haben Kolbenpumpen gegenüber Kreiselpumpen?
3. Beschreiben Sie den schematischen Aufbau einer Kreiselpumpe.
4. Welche Informationen müssen für die Auswahl einer Kreiselpumpe bekannt sein?
5. Berechnen Sie die fehlenden Werte nach der Gleichung für den Förderdruck der Pumpe (📖 TB).

(bar)	Δp_P	Δp_{geo}	$\Delta p_R + Z$	Δp_{Ap}	p_{minFl}
a)	5	☐	1,5	1	1,3
b)	☐	0,5	2,1	1,5	1
c)	5,5	1,5	☐	1,5	1

6. Berechnen Sie die fehlenden Werte nach der Gleichung für die Pumpenleistung (TB).

	P_{zu}	$\dot{V}$	Δp_P	η_{ges}
a)	2000 W	12 m³/h	4 bar	□
b)	40 W	1,2 m³/h	□ Pa	65 %
c)	□ W	8 m³/h	5000 Pa	0,9

7. Für eine Hauswasserversorgungsanlage wird eine doppelt wirkende Kolbenpumpe eingesetzt. Der Kolbendurchmesser ist mit 60 mm, der Kolbenstangendurchmesser mit 10 mm und der Kolbenhub mit 180 mm angegeben.

   Wie groß ist der Volumenstrom in l/s bei einer Drehfrequenz der Kurbelwelle von 40 Umdrehungen pro Minute (der Liefergrad sei 0,97)? Berechnen Sie auch die elektrische Leistungsaufnahme des Pumpenmotors, wenn die Pumpe einen Druck von 550 000 Pa erzeugt. Der Pumpen-Wirkungsgrad ist mit 92 % und der Motorwirkungsgrad ist mit 97 % angegeben.

8. Eine Kreiselpumpe soll einen Volumenstrom von 4 m³/h bei einem Pumpendruck von 3 bar fördern. Zur Auswahl stehen sechs Pumpen einer bestimmten Baureihe. Wählen Sie eine geeignete Pumpe aus.

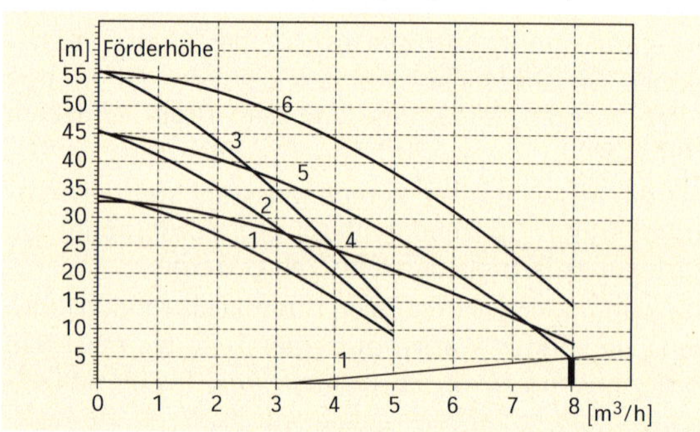

Pumpenkennlinien der Baureihe

5.17 Schall und Schallschutz

In vielen Bereichen haustechnischer Installationen können Geräusche entstehen, die für die Nutzenden sehr störend sein können. Und Lärm wirkt nicht nur störend, er macht auch krank.

Schlafstörungen, Herz- und Kreislauferkrankungen sowie Lärmschwerhörigkeit sind meist Folgen dauerhafter Geräuschbelästigung. Nicht heilbare Lärmschwerhörigkeit ist mittlerweile eine der häufigsten Berufskrankheiten.

Gesundheit und *Wohlbefinden* der Menschen dürfen nicht gefährdet werden. Daher müssen am Arbeitsplatz, in der Wohnung und auch in der Freizeit die Bestimmungen zum Schallschutz eingehalten werden. In Gebäuden gelten die Bestimmungen zum Schallschutz nach DIN 4109. Um die Maßnahmen zum Schallschutz wirksam umsetzen zu können, müssen die Grundlagen hierzu bekannt sein.

5.17.1 Physikalische Grundlagen

Wird ein Stahldraht, der sich im Prinzip wie ein Stahlrohr verhält, zwischen zwei Schraubstöcke gespannt und anschließend daran gezupft, so ist ein leiser Ton zu hören. Dem vorhandenen Atmosphärendruck überlagert sich der Schalldruck, der auch Wechseldruck genannt wird, da er um den Luftdruck wechselt.

Zupft man an einem Draht, der auf eine Gitarre gespannt ist, so hört man einen lauten Ton (Abb. 1). Durch die große Oberfläche des mitschwingenden hohlen Gitarrenkörpers werden viel mehr Luftteilchen zum Schwingen gebracht als durch den Draht allein. Bei einer Rohrleitung, die an einer Wand befestigt ist, können, wie bei einer Gitarre, viele Luftteilchen zum Schwingen angeregt werden.

Berechnungen (Formeln TB)

1. Welchen Förderdruck hat eine Pumpe aufzubringen, wenn sie Wasser 3 m ansaugen und 15 m hochdrücken muss? Die Druckverluste durch Rohrreibung, Einzelwiderstände und Apparate können mit 1,3 bar angenommen werden. Der erforderliche Fließdruck an der Entnahmestelle sei 1 bar. Ein zusätzlicher Sicherheitsfaktor ist nicht notwendig.

   Geg.: $h_s = 3$ m, $h_d = 15$ m, $H = h_s + h_d = 18$ m
   $\Delta p_R + Z + \Delta p_{Ap} = 1{,}3$ bar, $p_{minFl} = 1$ bar

   Ges.: Δp_P

   Lös.: $\Delta p_P = \Delta p_{geo} + \Delta p_R + Z + \Delta p_{Ap} + p_{minFl}$
   $\Delta p_P = 1{,}8 \text{ bar} + 1{,}3 \text{ bar} + 1 \text{ bar}$
   $\mathbf{\Delta p_P = 4{,}1\ bar}$

2. Für eine kleine Hauswasserversorgungsanlage wird eine einfach wirkende Kolbenpumpe eingesetzt. Der Kolbendurchmesser ist mit 70 mm und der Kolbenhub mit 200 mm angegeben.

a) Wie groß ist der Volumenstrom bei einer Drehfrequenz der Kurbelwelle von 30 Umdrehungen pro Minute (der Liefergrad sei 0,98)?

b) Wie groß ist die elektrische Leistungsaufnahme des Pumpenmotors, wenn diese einen Druck von 4 bar erzeugt, bei einem Gesamtwirkungsgrad von 94 %?

   Geg.: $D = 70$ mm; $s = 200$ mm; $n = 30\ \text{min}^{-1}$
   $\Delta p = 4$ bar ; $\eta_{ges} = 0{,}94$

   Ges.: a) $\dot{V}$ b) P_{zu}

a) Lös.: $\dot{V} = D^2 \cdot \frac{\pi}{4} \cdot s \cdot n \cdot \lambda_L =$

$$\dot{V} = \frac{(0{,}07\ \text{m})^2 \cdot \pi \cdot 0{,}2\ \text{m} \cdot 30 \cdot 0{,}98}{4\ \text{min}}$$

$\mathbf{\dot{V} = 0{,}02263\ m^3/min} = 0{,}36$ l/s $= 1{,}358$ m³/h

b) Lös.: $P_{zu} = \frac{\dot{V} \cdot \Delta p}{3\,600\ \text{s/h} \cdot \eta_{ges}}$

$$P_{zu} = \frac{1{,}358\ \text{m}^3 \cdot 400\,000\ \text{N}}{3\,600\ \text{s/h} \cdot \text{h} \cdot 0{,}94 \cdot \text{m}^2}$$

$\mathbf{P_{zu} = 160{,}6\ W}$

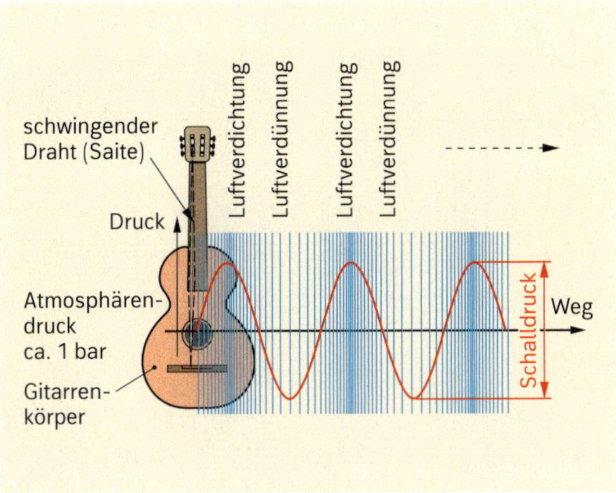

Abb. 1: Entstehung und Ausbreitung von Schall

! Ist die *Luftschwingung* stark, so wird ein Ton als laut empfunden (hoher Schalldruck).

Der Draht schwingt umso häufiger hin und her, je kürzer das schwingende Ende ist.

! Die Anzahl der Schwingungen pro Zeit bezeichnet man als *Frequenz*. Sie ist ein Maß für die Tonhöhe.

Die SI-Einheit der Frequenz ist Hertz (Hz).
(1 Hz = 1 Schwingung pro Sekunde = 1/s; → TB)

Schallarten

Schall kann von einer Geräuschquelle, z. B. einer Ablaufarmatur, einer Rohrwandung oder einer Mauerwand, nur weitergeleitet werden, wenn ein Medium vorhanden ist, in dem sich mechanische Schwingungen fortpflanzen können. Als Medium kommen Feststoffe, Flüssigkeiten und Gase in Betracht. Für die Installationstechnik sind neben dem Körperschall insbesondere der Wasserschall und der Luftschall von Bedeutung.

Alle Stoffe sind aus kleinsten Teilchen, z. B. Molekülen, aufgebaut. Die Luftmoleküle bewegen sich frei im Raum und stoßen dabei häufig aneinander. Wenn Luft zusammengedrückt wird, verringert sich der Abstand der Moleküle. Zwischen den Molekülen wirken demnach Kräfte, die man sich auch als elastische Federn vorstellen kann. Durch dieses Verhalten der Luftmoleküle kann die Schallenergie in der Luft weitergeleitet werden.

Der Luftschall pflanzt sich mit einer Ausbreitungsgeschwindigkeit von ca. 340 m/s fort. Mit zunehmender Entfernung von der Schallquelle nimmt der Schalldruck ab.

Die Schallausbreitung in Flüssigkeiten und in festen Stoffen erfolgt ähnlich wie in der Luft, jedoch meist sehr viel schneller, wie Tab. 1 zeigt.

Je härter ein Körper ist, desto schneller wird er im Allgemeinen vom Schall durchlaufen (→ TB).

Tab. 1: Schallgeschwindigkeit

Schallart	Schallgeschwindigkeit in m/s			
Körperschall	Stahl 5.000	Beton 4.000	Hart-PVC 1.600	Gummi 50
Wasserschall	1.450			
Luftschall	340			

! Körperschall und Wasserschall versetzen die Luft in Schwingung (Luftschall). Nur den *Luftschall* hören wir.

5.17.2 Schallmessung

Um bei der Messung der *Lautstärke* nicht die wenig geläufigen Zahlen und Einheiten für den Schalldruck verwenden zu müssen, wurde die Dezibel (dB)-Skala eingeführt.

Dezibel ist die Einheit des *Schallpegels*. Bei diesem Messwert wird die Hörschwelle als Bezugsgröße verwendet. Die Achse des Schallpegels beginnt deshalb bei 0 dB.

Beim Vergleich der Werte für Schalldruck und Schalldruckpegel kann man Folgendes feststellen: Jedes Mal, wenn der Schalldruck mit 10 multipliziert wird, steigt der Schallpegel nur um 20 dB an. Dadurch ändert sich der Wert für den Schallpegel im Vergleich zum Schalldruck nur geringfügig.

! Eine Erhöhung des *Schallpegels* um 10 dB wird wie eine Verdoppelung der Lautstärke empfunden.

Das menschliche Ohr ist jedoch nicht bei allen Frequenzen gleichermaßen empfindlich. Pfeiftöne auf einer Hundepfeife können z. B. vom menschlichen Ohr kaum wahrgenommen werden. Trotzdem zeigt ein Messgerät, welches alle Signale gleichmäßig bewertet, eine Erhöhung des Schallpegels an. Um die Lautstärke so messen zu können, wie sie die meisten Menschen empfinden, wurde in den Messgeräten ein *Bewertungsfilter A* eingebaut. Die Einheit des mit diesem Filter gemessenen Schallpegels wird in dB(A) angegeben.

Installationsgeräusche werden im angrenzenden fremden Wohn-, Schlaf- oder Arbeitsraum etwa in Raummitte gemessen. Der zulässige Schalldruckpegel nach DIN 4109 beträgt in Wohn- und Schlafräumen 30 dB(A), wobei einzelne kurzzeitige Spitzen, die beim Betätigen von Armaturen oder Geräten entstehen, nicht zu berücksichtigen sind. Die Geräuschmessung sollte in eingerichteten Räumen durchgeführt werden, wobei Fremdgeräusche möglichst 10 dB(A) unter dem zu messenden Schallpegel liegen sollten. In der eigenen Wohnung sind um 5 dB(A) höhere Werte zulässig.

Von staatlich anerkannten Prüfinstituten werden Schalluntersuchungen an Armaturen und Geräten durchgeführt. Sie werden nach dem gemessenen Geräuschpegel in die *Armaturengruppe I* oder *II* eingeteilt und mit einem *Prüfzeichen* (Abb. 1) versehen. Als geräuscharm gelten Armaturen und Geräte der Armaturengruppe I.

- Armaturengruppe I ≤ 15 dB (A) bei 3 bar
  ≤ 20 dB (A) bei 5 bar
- Armaturengruppe II ≤ 25 dB (A) bei 3 bar
  ≤ 30 dB (A) bei 5 bar

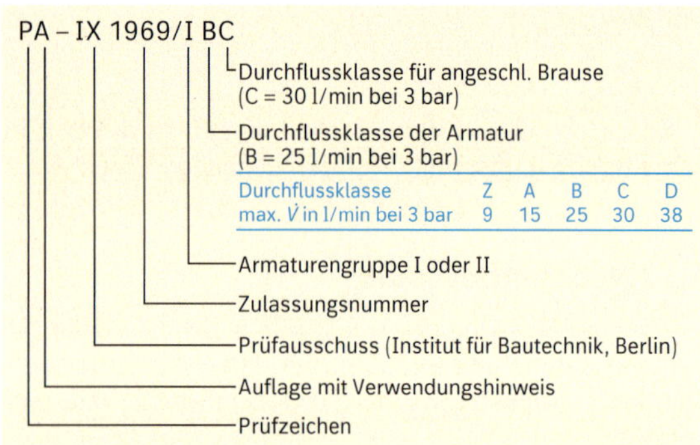

Abb. 1: Beispiel für das Prüfzeichen einer Badewannenfüll- und Brausebatterie

5.17.3 Schalldämpfung und Schalldämmung

Um den zulässigen Grenzwert des Schallpegels bei der Wasserinstallation einhalten zu können, müssen Installationsgeräusche gezielt bekämpft werden.

! Guter *Lärmschutz* beginnt an der Geräuschquelle, denn Lärm, der nicht entsteht, braucht nicht bekämpft zu werden.

Installationsgeräusche können u. a. durch folgende Maßnahmen vermieden bzw. gemindert werden:

- ausreichende Bemessung der Rohrleitungen
- geräuscharme Armaturen und Geräte
- völliges Öffnen der Durchflussventile
- hohe Fließgeschwindigkeiten vermeiden
- integrierter Wanneneinlauf
- ausreichende Be- und Entlüftung der Abwasserleitungen

Da diese Maßnahmen allein meist nicht ausreichen, muss verhindert werden, dass die entstehenden Geräusche in fremde Wohn-, Schlaf- oder Arbeitsräume gelangen. Die Schallübertragung kann durch mehrere Methoden reduziert werden.

Bauakustisch günstige Grundrisse:

Schutzbedürftige Räume sollten nicht an Wände von Bädern, Toiletten, Küchen und ähnlichen Räumen angrenzen, da von ihnen starke Geräusche ausgehen. Insbesondere sollen an Wohnungstrennwänden keine Trink- und Abwasserleitungen befestigt werden, es sei denn, Bäder, WCs oder Küchen der benachbarten Wohnungen liegen sich gegenüber.

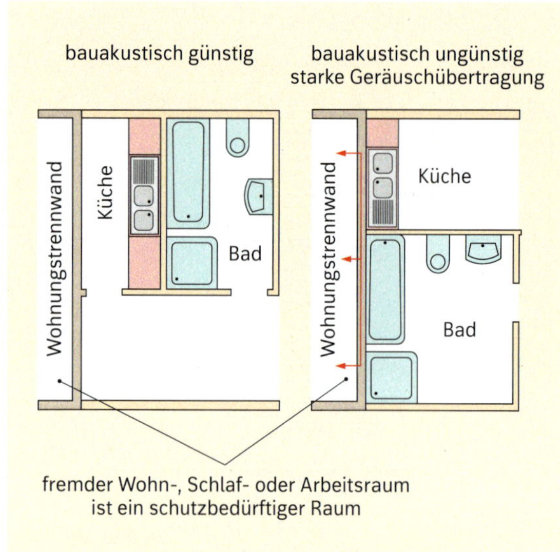

Abb. 2: Bauakustisch günstiger und ungünstiger Wohnungsgrundriss

In Abb. 2 ist ein bauakustisch günstiger Grundriss einem ungünstigen gegenübergestellt.

Schalldämpfung

Schallabsorbierende Stoffe (Schluckstoffe) werden durch Schallenergie in Schwingung versetzt (absorbere, lat.: verschlucken). Die schwingenden Stoffteilchen reiben aneinander und wandeln dabei die Schwingungsenergie in Wärmeenergie um. Eine Temperaturerhöhung in schallabsorbierenden Stoffen ist jedoch kaum messbar, da die Schallenergie sehr gering ist.

Schalldämmung

Durch ein schallreflektierendes Hindernis (= Damm) wird die Schallausbreitung behindert (reflexio, lat.: zurückwerfen).

Trifft Luftschall auf ein Hindernis, wie in Abb. 3 dargestellt, so wird die Schallenergie sowohl reflektiert als auch absorbiert, durchgelassen und weitergeleitet.

An harten, schweren Wänden mit glatter Oberfläche, z. B. an Mauerwerk (Abb. 3 unten), ist die *Luftschalldämmung* bzw. *-reflexion* besonders hoch.

Offenporige Schaumstoffe, Mineralfaserstoffe, Filz u. a. schlucken besonders viel Schall (Abb. 3 oben). Man bezeichnet diesen Vorgang als *Luftschalldämpfung*.

Ein weiterer Anteil der Schallenergie wird vom Hindernis als Luftschall durchgelassen. Je massiver das Hindernis ist, desto geringer ist der Durchlass. Die restliche Schallenergie wird vom Hindernis als Körperschall weitergeleitet.

In der Installationstechnik treten überwiegend Geräuschbelästigungen auf, die auf *Körperschall* zurückzuführen sind.

Vibrationen von Armaturen oder Rohrleitungen werden bei starren Verbindungen fast ungeschwächt auf Wand

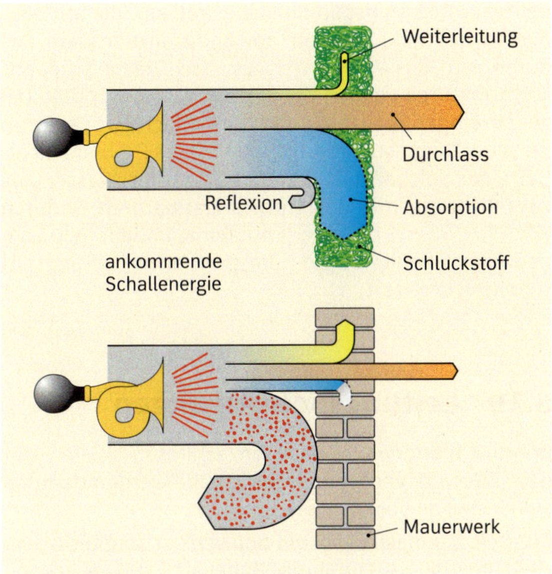

Abb. 3: Verhalten von Luftschall beim Auftreffen auf Hindernisse

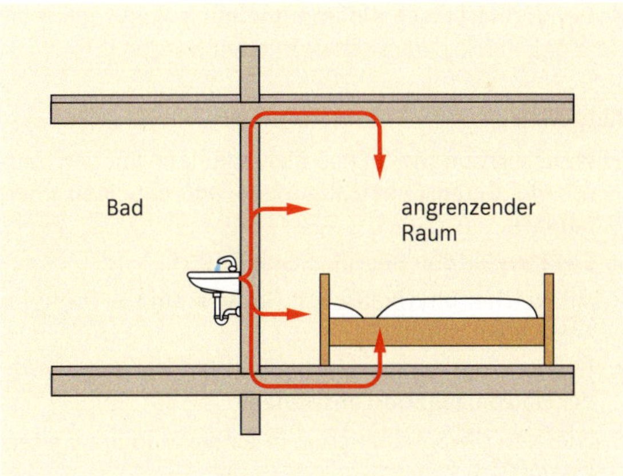

Abb. 4: Übertragungswege bei Körperschall in den angrenzenden Raum

und Decke weitergeleitet und von dort, wie Abb. 4 zeigt, als Luftschall wieder abgestrahlt.

Für die Körperschalldämpfung eignen sich wie bei der Luftschalldämpfung Werkstoffe mit einer Struktur, welche die Schwingungsenergie durch innere Reibung in Wärme umwandeln. Wird ein Baustoff mit geringer Körperschalldämpfung angeschlagen, z. B. Stahl, so ist ein langes Nachtönen zu hören (Abb. 5).

Grauguss tönt nicht so lange nach. Folglich hat er eine bessere Körperschalldämpfung als Stahl. Es gibt aber auch Baustoffe, die kaum oder überhaupt nicht nachtönen, wie geschäumte Kunststoffe, Naturkork und Mineralfaserstoffe. Diese Stoffe sind zu verwenden, wenn ein Höchstmaß an Körperschalldämpfung angestrebt wird.

Wenn Körperschall gedämmt werden soll, muss Folgendes beachtet werden: Der Schall reflektiert an der Berührungsfläche zweier Stoffe umso stärker, je verschiedenartiger diese sind (Abb. 6). Das gilt sowohl für Luftschall als auch für Körperschall.

Man spricht bei der Körperschalldämmung auch von Körperschallisolierung.

Die Körperschalldämmung wird u. a. in folgenden Fällen angewendet:

- Ummantelung von Rohrleitungen mit weichfederndem Dämmstoff
- Zwischenschalten von Kompensatoren aus Gummi bei Wasser führenden Rohrleitungen
- Aufstellen von Anlagen auf einer schwimmend gelagerten Betonplatte
- Vorsatzschale vor dünnen, massiven Wänden im schutzbedürftigen Raum

Da die Körperschallanregung im Gegensatz zur Luftschallanregung punktförmig erfolgt, sind lückenhaft ausgeführte Körperschalldämmungen ohne jeden Nutzen.

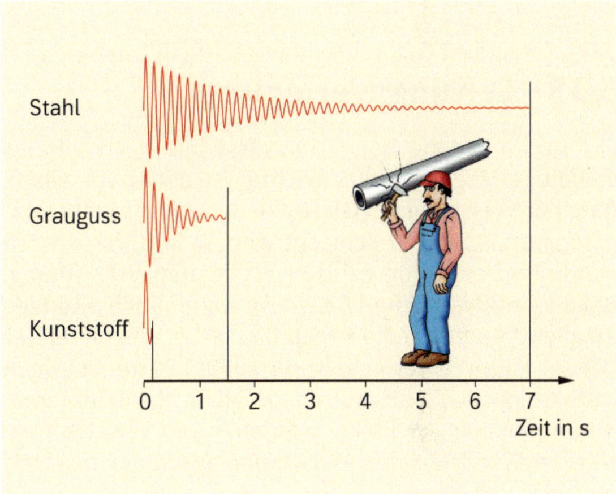

Abb. 5: Nachklingen stoßartig angeregter Werkstoffe

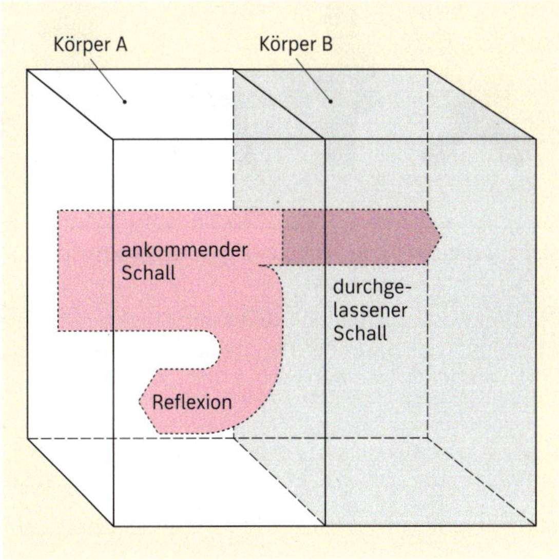

Abb. 6: Reflektierter Schall an der Berührungsfläche zweier verschiedener Körper

! Bei der Körperschalldämmung muss konsequent jede mögliche *Schallbrücke* vermieden werden.

Aufgaben

1. Welche gesundheitlichen Auswirkungen können dauerhafte Geräuschbelästigungen auf den Menschen haben?
2. Erklären Sie den Begriff „Schalldruck“.
3. Mit welcher physikalischen Größe kann die Tonhöhe angegeben werden?
4. Welche drei Schallarten können bei der Benutzung der Hausinstallation entstehen?
5. Wie wird die Schallenergie in einem Medium weitergeleitet?
6. Welche Einheit hat der Schall(druck)pegel?
7. Wie wird eine Erhöhung des Schallpegels um 10 dB empfunden?

5.18 Leitungsverlegung

Für die Verlegung von Trinkwasserleitungen gibt es vielfältige Möglichkeiten. Wichtig ist dabei vor allem, dass das Wasser nicht zu lange in der Leitung steht (stagniert) und dadurch schlecht wird, z. B. durch ansteigende Konzentration gelöster Stoffe oder Verkeimung. Bei der herkömmlichen Bauweise waren Stichleitungen an allen Armaturen die Regel. Da hierbei stagnierendes Wasser kaum zu vermeiden ist, sollten in der heutigen Installation aus Gründen der Hygiene die Entnahmearmaturen eingeschleift werden. Zur Verschleifung werden Wandscheiben mit Doppelanschluss benötigt (Abb. 1).

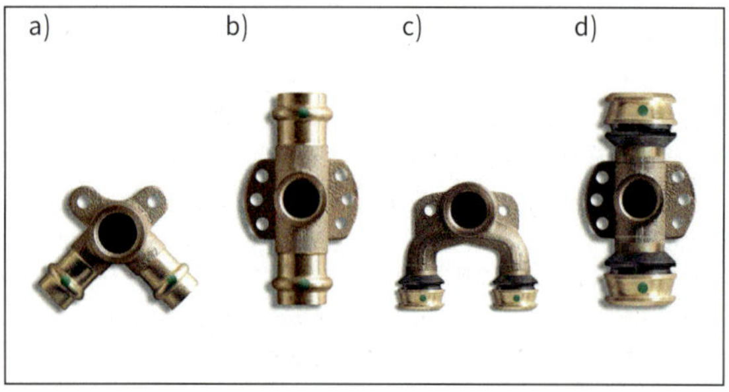

Abb. 1: Wandscheibe mit Doppel- und Einfachanschluss

Die Trinkwasserinstallation sollte somit nicht als Einzelzuleitungssystem, sondern als Reihen- oder Ringinstallation ausgeführt werden (Abb. 2 und TB).

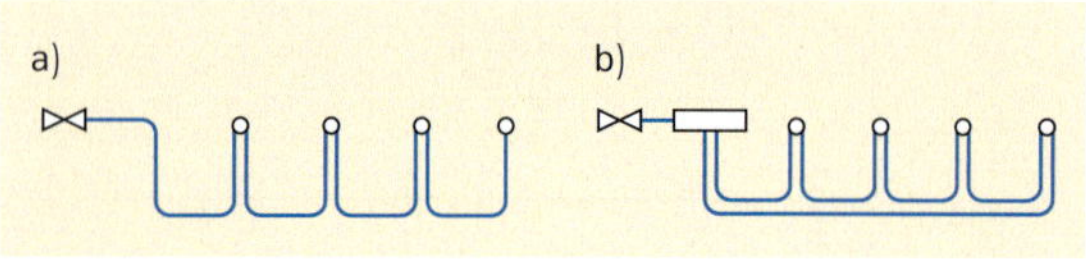

Abb. 2: a) Reiheninstallation
b) Ringinstallation

Bei einer Reiheninstallation ist es ratsam, die am häufigsten benutzte Armatur am Ende anzuordnen. Dadurch wird das Wasser der gesamten Reihe erneuert. Die Armaturen werden dabei jedoch, insbesondere bei gleichzeitiger Entnahme, unterschiedlich gut versorgt. Bei einer Ringinstallation besteht dieses Problem nicht. Bei einer solchen Installation strömt das Wasser aus zwei Richtungen zu den Entnahmearmaturen. Dadurch wird das Wasser bei einer Entnahme, unabhängig vom benutzten Sanitärobjekt, stets in allen Leitungsabschnitten erneuert.

5.19 Leitungsbefestigungen

Rohrinstallationen müssen an zahllosen Stellen mit dem Bauwerk verbunden werden. Sie werden dadurch selbst ein Teil des Bauwerkes.

Die *Befestigungstechnik am Bauwerk* ist sorgfältig auszuwählen und auszuführen. Dabei sind sowohl technische Anforderungen, wie mechanische oder thermische Belastungen, Schall- oder Korrosionsschutz, als auch rechtliche Anforderungen zu erfüllen, wenn bei Versagen die öffentliche Sicherheit oder Ordnung oder gar Leben gefährdet werden.

Nach der Nennweite des Rohres und dessen Werkstoff ist in der Trinkwasser-, Heizungs- und Gastechnik die zu wählende Länge zwischen zwei Befestigungsstellen zu bemessen. Es gilt:

! Je kleiner die Nennweite einer Rohrleitung und je geringer die Festigkeit des Rohrwerkstoffes sind, umso kürzer müssen die *Abstände* zwischen den *Befestigungselementen* sein.

Eine Übersicht von Richtwerten für *Befestigungsabstände* bei kalt- und warmgehenden Leitungen geht aus dem TB hervor.

Kunststoffrohre aus PE, PB, PP sind als warmgehende Leitungen von besonders großer Längenausdehnung betroffen. Damit sich bei höherer Temperaturbeanspruchung nicht das Bild einer wellenartigen Aufhängung der Rohrleitung ergibt, sind die Befestigungsabstände von Kunststoffrohren kleiner als bei metallischen Rohren (TB).

Alternativ können die Leitungen in Tragschalen (verzinkte Halbschalen aus Stahl) oder in einem Trägerrohr aus verzinktem Stahl verlegt werden. Die Befestigungsabstände können dann z. B. wie bei Kupferrohren ausgeführt werden (Abb. 3).

Bei Warmwasser- und Heizungsleitungen muss beachtet werden, dass sie nach den geltenden gesetzlichen Vorschriften mit einer Mindestwärmedämmung zu versehen sind. Deshalb sind die Abstände zu Wänden bzw. nebeneinanderliegenden Rohren so zu bemessen, dass eine einwandfreie Anbringung der Wärmedämmung auf dem Rohr möglich ist.

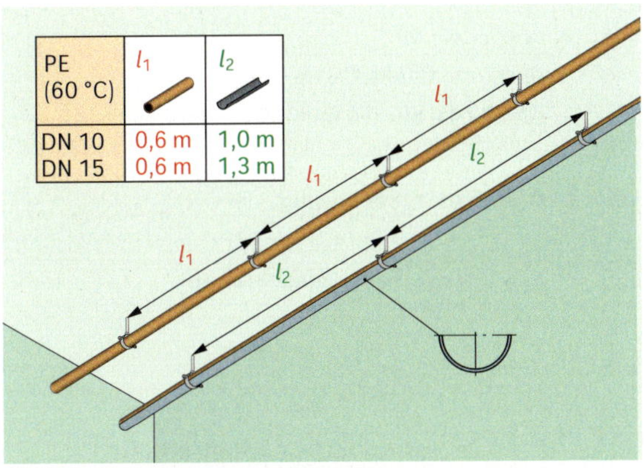

Abb. 3: Befestigen von warmgehenden Rohren aus PE ohne und mit Tragschalen

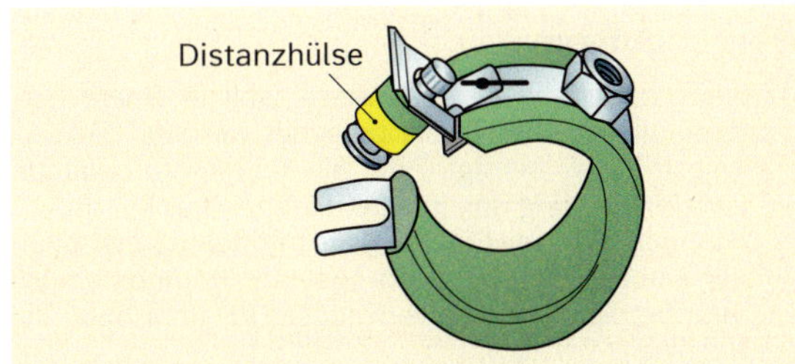

Abb. 4: Gleitschelle für Kunststoffrohre

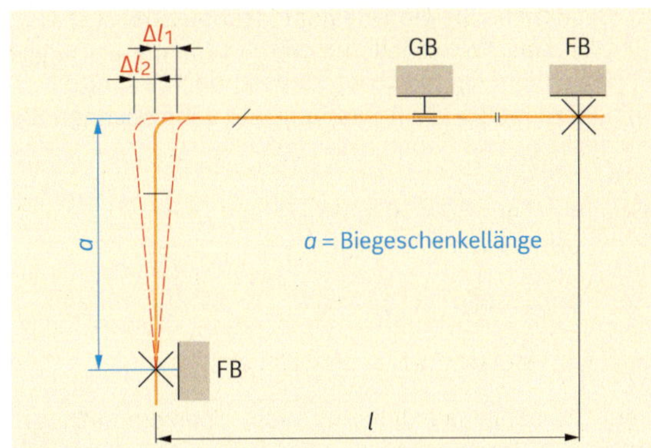

Abb. 5: Dehnungsausgleich durch Biegeschenkel

Längenausdehnung

Durch Erwärmen und Abkühlen entstehen Längenänderungen an den Rohren, die bei der Leitungsmontage ausreichend berücksichtigt werden müssen, weil durch verhinderte *Längenausdehnung* sehr große Kräfte entstehen können (→ TB).

Die Längenausdehnung der Rohre wird montagetechnisch festgelegt durch die Bestimmung von *Festpunktbefestigungen* (FB). Festpunkte werden z. B. durch fest angezogene Rohrschellen gebildet, von denen die Rohrausdehnung gezielt in eine gewünschte Richtung gelenkt wird. Die weiteren Rohrbefestigungen müssen dann als *Gleitbefestigungen* (GB) ausgeführt werden, um die temperaturbedingte Längsbewegung des Rohres leicht und ungehindert zu gewährleisten.

Die zu berücksichtigende Längenänderung eines Rohres Δl ist von der Ausgangslänge l_0, der Temperaturdifferenz ΔT und vom Rohrwerkstoff bzw. dessen Längenausdehnungszahl a abhängig. diese Längenänderung wird nach der Formel $\Delta l = l_0 \cdot a \cdot \Delta T$ berechnet (→ TB).

! Jeder Leitungsstrecke ist die *freie, ungehinderte Ausdehnung* zu ermöglichen. Sonst führen die Ausdehnungskräfte der Rohre zu Beschädigungen am Leitungsnetz. Auch Wand- und Deckendurchführungen dürfen auftretende Längenänderungen der Rohre nicht behindern.

Der Dehnungsausgleich infolge Erwärmung und Abkühlung der Rohrleitungen kann u. a. erfolgen durch:

- Biegeschenkel
- U-Dehnungsausgleicher (U-Rohrbogen)
- Kompensatoren

Durch die Festlegung von Festpunktbefestigungen (FB) kann eine längere Rohrleitung in Ausdehnungsabschnitte unterteilt werden. In der Installation ergeben sich Festpunkte regelmäßig durch Wandscheiben, Unterputzventile, Montageeinheiten, Armaturen u. a. In einer Gleitbefestigung (GB) darf das Gleiten des Rohres nicht durch Formteile, Armaturen oder zu fest angezogene Rohrschellen behindert werden (Abb. 5).

Sicher ist die Verwendung von Distanzhülsen an den Schellenverschlüssen (Abb. 4).

In den meisten Fällen können Richtungsänderungen im Rohrleitungsverlauf zur Aufnahme der Längenausdehnung ausgenutzt werden. Dabei entstehen *Biegeschenkel.*

Die notwendige *Biegeschenkellänge a* zur Aufnahme der Längenänderungen Δl kann durch Berechnungen ermittelt oder aus Grafiken bestimmt werden (→ TB).

Die *Anordnung des Biegeschenkels a* kann in Schächten konstruktiv auf dreierlei Weise gelöst werden:

- Die Abzweigleitung wird in der Schachtwand fixiert (Abb. 6a; Biegeschenkel a beachten).
- Die Abzweigleitung wird durch ein Futterrohr geführt, in dem das Abzweigrohr ohne Behinderung ausfedern kann (Abb. 6b).
- Die Abzweigleitung wird mithilfe des Biegeschenkels a an die Steigleitung angebunden (Abb. 6c).

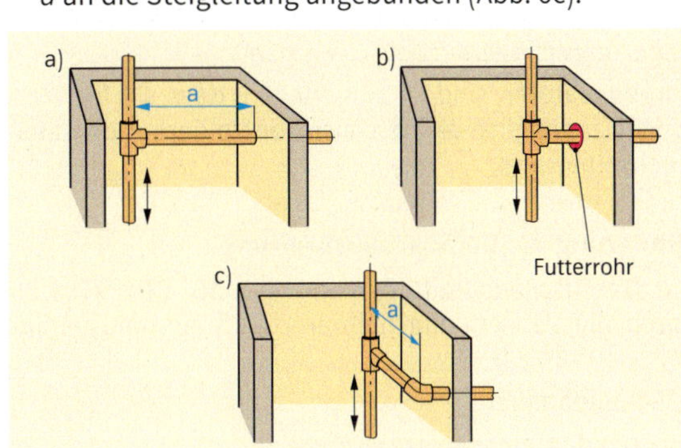

Abb. 6: Beachtung des Biegeschenkels bei Verlegung in Schächten

Berechnungen

1. Eine Rohrleitung für Trinkwasser soll in einem Kellerraum unter der Decke befestigt werden. Die Leitungslänge L beträgt 7 m. Die temperaturbedingte Längenänderung soll in einem Biegeschenkel aufgenommen werden. Die Temperaturdifferenz zwischen der Einbautemperatur und späteren Betriebstemperatur beträgt 10 K. Das verwendete PE-Rohr habe die Nennweite DN 25.

a) Wie groß ist die temperaturbedingte Längenänderung?
b) Welche Länge ist für den Biegeschenkel erforderlich?
c) Bestimmen Sie die Befestigungsabstände.
d) Wie viele Rohrschellen n werden für die Leitungslänge benötigt (wenn Randabstände = Teilung)?
e) Skizzieren Sie die Anordnung und kennzeichnen Sie die Fest- und Gleitpunktschellen.

Geg.: $L = 7$ m, $\Delta\vartheta = 10$ K, DN 20
PE-Rohr → $\alpha = 0{,}00020$ 1/K (TB)

Ges.: a) Δl b) a c) L_B d) n e) Skizze

Lös.: a) $\Delta l = l_0 \cdot \alpha \cdot \Delta\vartheta$

$\Delta l = 7 \text{ m} \cdot 0{,}00020 \text{ 1/K} \cdot 10 \text{ K}$

$\mathbf{\Delta l = 0{,}014 \text{ m}} = 14 \text{ mm}$

Lös.: b) $\mathbf{a = 0{,}5 \text{ m}}$ (nach Diagr. TB)

Lös.: c) $\mathbf{L_B \leq 0{,}8 \text{ m}}$ (nach Diagr. TB)

Lös.: d) $n = \frac{L}{L_B} - 1 = \frac{7 \text{ m}}{0{,}8 \text{ m}} - 1$

$\mathbf{n = 7{,}75}$ gewählt: **n′ = 8 Rohrschellen**

→ $\mathbf{L'_B = 7 \text{ m}/(8 + 1) = 0{,}78 \text{ m}}$

Lös.: e)

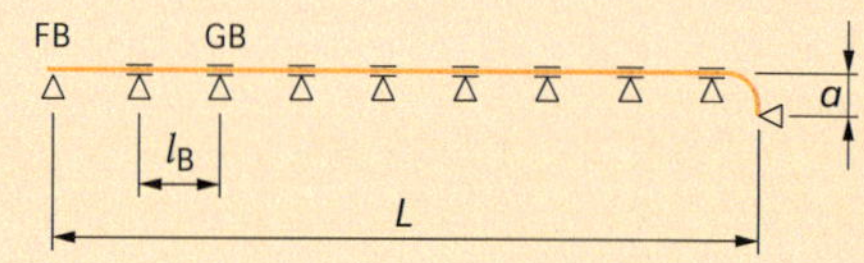

Wenn die Längenausdehnung nicht über einen Biegeschenkel aufgenommen werden kann, ist bei ausreichendem Montageraum ein *U-Dehnungsausgleicher* (U-Rohrbogen) zu verwenden (TB). Herrscht in einer Leitungsstrecke Platzmangel für deren Einbau, können *Kompensatoren* eingesetzt werden. Sie werden in verschiedenen Ausführungen hergestellt. Kompensatoren sind meist nur in axialer Richtung beanspruchbar und bedürfen eines Führungsrohres (Abb. 1).

Abb. 1: Axialkompensator mit Wellrohr als Dehnungsausgleich

Kompensatoren zeichnen sich durch große Dehnungsaufnahme aus. Die Einbauhinweise der Hersteller sind zu berücksichtigen.

Kompensatoren sind so zu verlegen, dass sie für Wartungen zugänglich bleiben, also kontrollierbar und auswechselbar sind.

Minderung der Geräuschausbreitung

Die Geräuschausbreitung kann gemäß DIN 4109-36 durch die Verwendung mehrerer Maßnahmen gemindert werden, z. B.:

- Schalldämpfer
- schalldämmende Kapselungen
- körperschalldämmende Lagerungen

Unter anderem empfiehlt diese Norm die Verwendung schwerer Installationswände mit einer flächenbezogenen Masse von mindestens 220 kg/m². Solche Wände sind z. B. Kalksandvollstein 11,5 cm, Hochlochziegelwand 17,5 cm oder Gasbeton 24 cm.

Da Schlitze und Durchbrüche die Tragfähigkeit von Wänden und Decken verringern, wurde deren Herstellung stark eingeschränkt.

! Nach DIN EN 1996-1 ist das *Stemmen von Schlitzen und Durchbrüchen stark eingeschränkt.* Sie müssen gemauert sein oder können unter bestimmten Bedingungen gefräst werden.

Ohne statische Berechnung dürfen *Aussparungen* nur hergestellt werden, wenn die im TB angegebenen Bedingungen gegeben sind. Ansonsten muss vor dem Schlitzen von einem Statiker bzw. einer Statikerin ein rechnerischer Nachweis erbracht werden.

5.20 Dämmung von Trinkwasserleitungen kalt

Nach DIN 1988-200 sind Trinkwasserleitungen kalt (PWC) in Abhängigkeit von der Temperatur und der Luftfeuchtigkeit der Umgebung zu dämmen (Abb. 2). Dabei ist die Dämmschichtdicke so auszuführen, dass eine Erwärmung des Trinkwassers auf Temperaturen größer als 25 °C vermieden wird. Trinkwasserleitungen sollen aus hygienischen Gründen vor Erwärmung geschützt werden. Dies dient zur Vorbeugung einer Verkeimung des Trinkwassers und möglicher Erkrankungen, die dadurch hervorgerufen werden können. Die Dämmung von Trinkwasserleitungen dient darüber hinaus auch der akustischen Entkopplung, der Vermeidung von

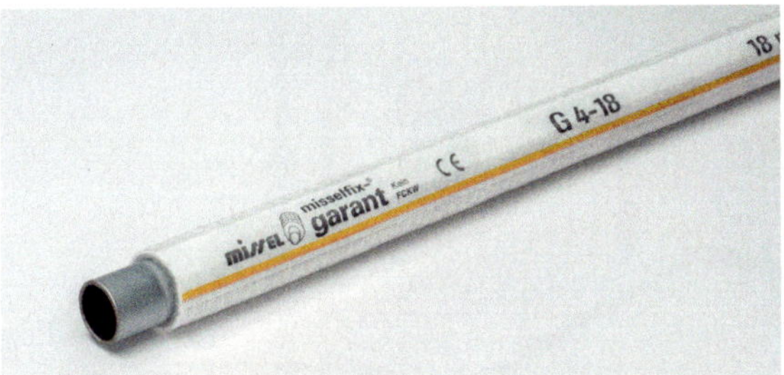

Abb. 2: Gedämmte Trinkwasserleitung
(Foto: Kolektor Insulation GmbH, Fellbach/Stuttgart)

Tauwasserbildung, dem Korrosionsschutz, dem Brandschutz und der Aufnahme von Längenänderungen. Zu Tauwasserbildung kann es kommen, weil die Wasseraufnahmefähigkeit der Luft umso geringer ist, je kälter die Luft ist. Kann die abkühlende Luft das Wasser nicht mehr als Dampf tragen, führt dies zum Ausscheiden des Wassers in flüssiger Form. Spezielle Hinweise für die Dämmung von Trinkwasserleitungen (kalt) sind zu beachten. Die Mindestdämmschichtdicken können dem TB entnommen werden.

Aufgaben

1. Was ist der Vorteil von eingeschleiften Entnahmearmaturen in der Trinkwasserinstallation?
2. Warum empfiehlt es sich, bei einer Reiheninstallation die am häufigsten benutzte Armatur am Ende anzuordnen?
3. Welchen Vorteil bietet eine Ringinstallation gegenüber einer Reiheninstallation?
4. Welche technischen Grundforderungen müssen in der Befestigungstechnik beachtet werden?
5. Welche Belastungen wirken auf Befestigungen?
6. Aus welchen Gründen werden Befestigungselemente mit Einlagestoffen ausgestattet?
7. Welche Regel gilt für die Befestigungsabstände?
8. Nennen Sie Besonderheiten bei der Befestigung von Kunststoffrohren.
9. Welche Grundregel ist bei Leitungen mit Temperaturveränderungen hinsichtlich der Längendehnung zu beachten?
10. Was versteht man unter Festpunkt- und Gleitbefestigungen?
11. Erklären Sie beispielhaft die Funktion eines Biegeschenkels.
12. Welche technischen Möglichkeiten zur Kompensation von Längenausdehnungen können bei Rohrleitungen großer Länge angewendet werden?
13. Beschreiben Sie den Aufbau und die Funktion von Kompensatoren und deren Einsatz.
14. Eine Leitung für Trinkwasser, kalt, aus nichtrostendem Stahl mit der Nennweite DN 32 soll an der Wand befestigt werden. Bestimmen Sie mithilfe des TB die Befestigungsabstände.
15. Wann sind Aussparungen und Schlitze in Wänden zulässig?
16. Geben Sie mithilfe des TB an, wie tief ein horizontaler Schlitz in einer Wand aus Kalksandstein von 24 cm Dicke ausgeführt werden darf (mit allen Bedingungen).
17. Warum müssen auch Trinkwasserleitungen (kalt) gedämmt werden?
18. Wie müssen Trinkwasserleitungen (kalt) in einem Schacht neben warmgehenden Leitungen gedämmt werden (TB)?
19. Eine 60 m lange Trinkwasserleitung aus Verbundrohr (PE-Al-PE) wird von 5 °C auf 25 °C erwärmt. Um wie viel mm dehnt sie sich dabei aus?
20. Eine Rohrleitung für Trinkwasser kalt und warm soll waagerecht an der Wand des Heizraumes befestigt werden. Die Leitungslänge beträgt 4 m. Die temperaturbedingte Längenänderung soll in einem Biegeschenkel aufgenommen werden. Die Temperaturdifferenz zwischen der Einbautemperatur und späteren Betriebstemperatur soll einheitlich mit 50 K angenommen werden. Die verwendete Rohrleitung aus nichtrostendem Stahl habe eine Nennweite von DN 25.
    a) Wie groß ist die temperaturbedingte Längenänderung?
    b) Welche Länge benötigt der Biegeschenkel?
    c) Ermitteln Sie die Befestigungsabstände.
    d) Wie viele Rohrschellen sind zur Befestigung beider Leitungen notwendig?
    e) Skizzieren Sie die Anordnung und kennzeichnen Sie die Fest- und Gleitpunktschellen.
21. Eine Trinkwasserleitung aus nichtrostendem Stahl 28 × 1,2 wird im Keller unter der Decke verlegt. Zum Zeitpunkt des Einbaues herrschen Temperaturen von –5 °C. Nach der Inbetriebnahme muss mit Wassertemperaturen von bis zu 25 °C gerechnet werden.
    a) Ermitteln Sie den maximal zulässigen Abstand für die Rohrschellen.
    b) Welche Längenausdehnung erfährt das Rohr auf einer geraden Einbaulänge von 8,5 m?
    c) Welche Biegeschenkellänge muss bei dieser Rohrleitung nach einem anschließenden 90°-Bogen eingehalten werden?
    d) Wie viele Rohrschellen sind zur Befestigung der geraden Leitung notwendig?
    e) Skizzieren Sie die Anordnung und kennzeichnen Sie die Fest- und Gleitpunktschellen.

Lernfeld 6

Entwässerungsanlagen installieren

Installieren einer Entwässerungsanlage

Kundenauftrag

Für ein Reihenhaus (siehe Basisunterlagen, S. 696 ff.) sind die Entwässerungsleitungen für das Bad im 1. Stockwerk zu planen. Die in Abb. 1 eingezeichneten Einrichtungsgegenstände sind abwasserseitig an die Fallleitung anzuschließen.

Information und Orientierung

Bei der Planung sind die baulichen Gegebenheiten aus den Basisunterlagen zu entnehmen und die DIN EN 12056 sowie Teile der DIN 1986 zu berücksichtigen. Es ist ganz besonders auf die normgerechte Ausführung der Anschlussleitungen und auf die sachgerechte Anbindung an die Fallleitung zu achten. Dabei sollen unterschiedliche Rohrmaterialien in Betracht gezogen werden, die schallschutztechnisch verschiedene Eigenschaften aufweisen. Über die produktbezogene Ökobilanz der verwendeten Materialien sind bei den Lieferfirmen Informationen einzuholen.

Planung und Durchführung

Für die Planung der Anschluss- und der Sammelanschlussleitungen sind folgende Unterlagen zusammenzustellen:

- In das Strangschema gemäß Abb. 1 sind die Anschlusswerte für die angeführten Entwässerungsgegenstände einzutragen. Damit sind die Einzel- und Sammelanschlussleitungen zu dimensionieren.
- Eine Grundrisszeichnung im Maßstab 1 : 20 ist entsprechend Abb. 2 zu erstellen. In diesen Plan sind die Abwasserleitungen einzuzeichnen und die Anschlussnennweiten einzutragen.

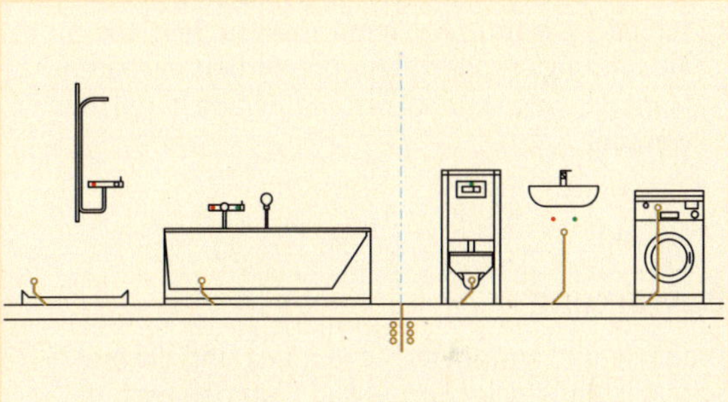

Abb. 1: Strangschema des Badanschlusses

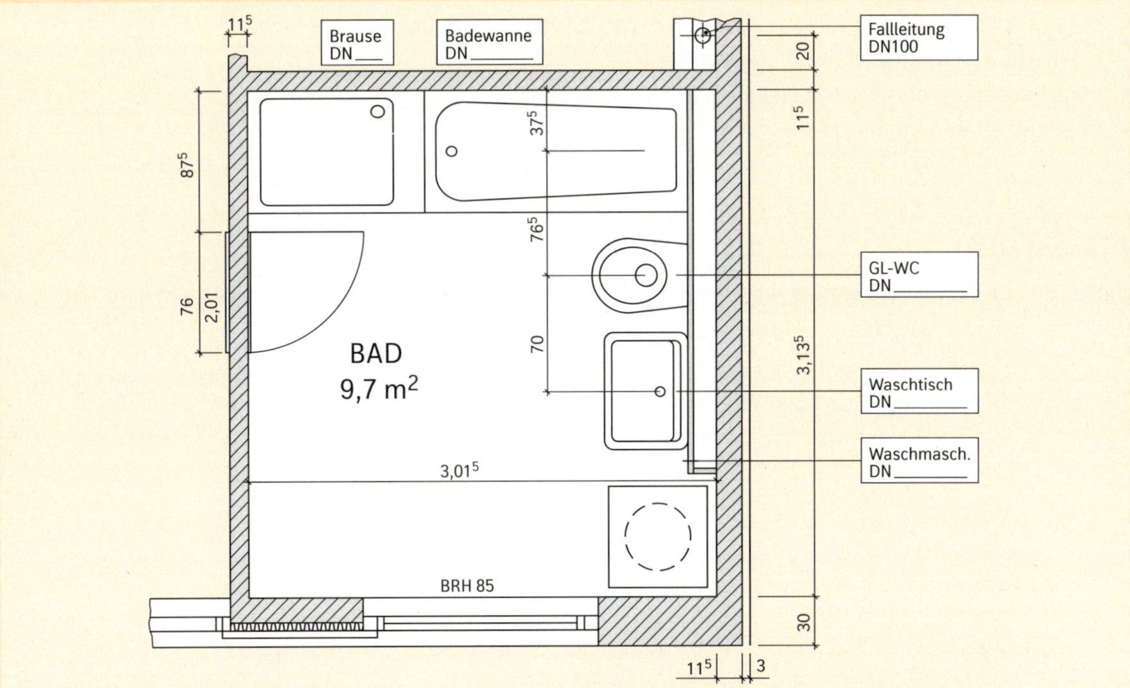

Abb. 2: Grundriss des Badezimmers

- Zeichnen Sie die Wandansicht der Toilettenseite des Bades (Abb. 3) im Maßstab 1 : 20. Tragen Sie die Anschlusshöhen der Sanitärgegenstände ein und legen Sie Höhe der Sohle der Sammelanschlussleitung an die Fallleitung fest. Berücksichtigen Sie das normgerechte Mindestgefälle.
- In dieser Planungsphase ist eine Materialliste zu erstellen, in der die Formstücke und die Rohrleitungsteile mit Längenangaben erfasst werden. Anhand der Liste (Abb. 4) sind die Materialkosten zu ermitteln. Die Liste dient auch als Planungsgrundlage für die praktische Übungsarbeit.
- Die Rohrleitungsmontage an der Außenwandseite ist bis zur Fallleitung praxisgerecht an einer Übungswand umzusetzen. Bei den Montagearbeiten ist auf korrekte Ausführung der Rohrverbindungen und der Rohrbefestigungen zu achten. Der Anschluss für die Bade- und Brausewanne ist anzudeuten.
- Für die Planung der Vorwandinstallation an der WC-Wandseite sind nach Firmenkatalogen verschiedene Montagesysteme auszusuchen. Die Ausführungen sollen in Gruppenarbeit nach dem Montage- und Materialkostenaufwand verglichen werden.

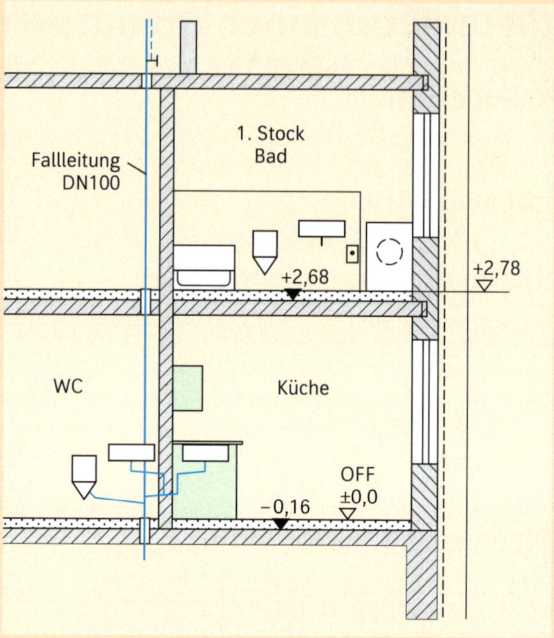

Abb. 3: Wandansicht der WC-Seite

Stück	Benennung	Normblatt	Werkstoff	Pos.-Nr.	Bemerkung
Materialliste (Stückliste)			Projekt: Abwasserltg.-Bad		

Abb. 4: Materialliste (Beispiel)

Bewertung

Die sach- und normgerechte Planung und die praktische Ausführung der Einzel- und Sammelanschlussleitungen ist zu bewerten:

- genaue Erfassung der benötigten Materialien
- Ausarbeitung der Arbeitspläne (Grundriss und Wandansicht) und Nennweitenberechnung
- praktische Ausführung der Installationswand
- Berücksichtigung der schallschutztechnischen Maßnahmen
- ökologische Produktbetrachtung

Präsentation

Die Ergebnisse der Planung sind in Form von Strangschema, Grundrisszeichnung, Materialliste und Berechnungsunterlagen als Konzept darzustellen. Die Planungsergebnisse mit verschiedenen Werkstoffen sind zu präsentieren und ein Materialkostenvergleich ist anzustellen. Die Verkaufsargumente für die einzelnen Varianten sind anzugeben. Die wichtigsten Verlegungsgrundsätze für die Einzel- und Sammelanschlussleitungen sowie für deren Anschluss an die Fallleitung sind den Mitschülerinnen und Mitschülern möglichst anschaulich zu vermitteln.

6 Entwässerungsanlagen installieren

6.1 Öffentliche Abwasserentsorgung

6.1.1 Kanalnetz

Die Menge des häuslichen Schmutzwassers ist im Wesentlichen mit dem Trinkwasserverbrauch gleichzusetzen. Pro Einwohner/-in und Tag entstehen durchschnittlich 122 Liter Schmutzwasser.

! Geordnete Abwasserbeseitigung ist nötig, weil häusliches und gewerbliches Abwasser schädliche Verunreinigungen und „giftige" Stoffe enthalten. Abwässer können

- die Trinkwassergewinnung gefährden,
- Tier- und Pflanzensterben auslösen,
- die Freizeitnutzung von Gewässern behindern oder unmöglich machen.

Grundstücke müssen für die Ableitung von Schmutzwasser an das öffentliche Abwassernetz angeschlossen werden (Abb. 1). Zum Schutz des Grundwasserbestandes sollte nur Regenwasser auf dem Grundstück versickern können. Dazu ist die Bewilligung durch die zuständige Behörde mithilfe eines abwasserrechtlichen Gesuchs erforderlich.

In der öffentlichen Kanalisation unterscheidet man zwei Entwässerungsverfahren:

- Trennverfahren
- Mischverfahren

Beim **Trennverfahren** werden die Leitungen für Regen- und Schmutzwasser in Gebäuden und auf Grundstücken getrennt verlegt und dem unter der Straße verlaufenden Regenwasser- bzw. Schmutzwasserkanal zugeführt. Das Regenwasser fließt direkt in den Vorfluter (Bach, Fluss, See, Meer oder Grundwasser). Voraussetzung ist hierbei, dass das Regenwasser durch die Kontaktflächen nicht zu stark verunreinigt wird. Andernfalls könnten Schadstoffe von Dächern, Straßen und Plätzen ungeklärt mit dem Regen in den Vorfluter gelangen. Verstärkt wird dies durch gehäuft auftretende Starkregenereignisse.

Das Trennverfahren entlastet die Kläranlage von großen Abwassermengen. Somit können Kläranlagen kostengünstig nach den Schmutzwassermengen dimensioniert werden.

Beim **Mischverfahren** werden Regen- und Schmutzwasser außerhalb des Gebäudes in einem Schacht zusammengeführt und in den Mischwasserkanal geleitet.

Das öffentliche Kanalnetz in Deutschland von etwa 350 000 km Länge (etwa 8-mal der Erdumfang) muss hohen technischen Anforderungen genügen.

6.1.2 Kläranlagen

Nach dem Gebrauch in Haushalten, Gewerbe, Industrie und Landwirtschaft ist Trinkwasser zu schadstoffhaltigem Abwasser geworden. Die Reinigung des Abwassers von den Schadstoffen aus größeren Siedlungs- und Gewerbegebieten erfolgt in technisch aufwendigen und teuren Verfahren in verschiedenen Prozessstufen. Zunehmend bemüht man sich auch um die Rückgewinnung von Nähr- und Mineralstoffen sowie Energie aus dem Abwasser. Das in den Vorfluter geleitete Wasser muss den allgemein anerkannten Regeln der Technik entsprechen. Daher bedarf die Einleitung einer wasserrechtlichen Erlaubnis.

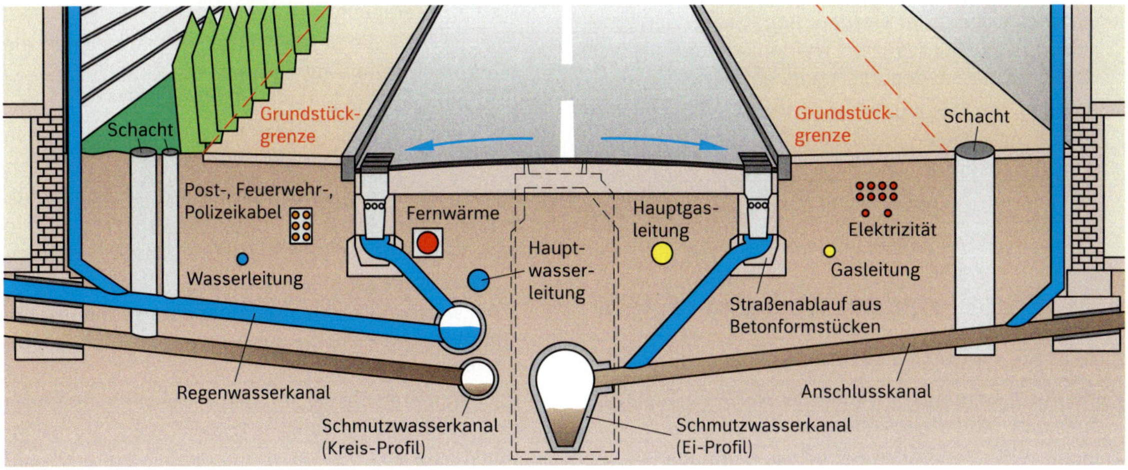

Abb. 1: Querschnitt durch eine Stadtstraße (links Trennsystem, rechts Mischsystem)

Eine öffentliche Kläranlage besteht aus mehreren nacheinander angeordneten Prozessstufen.

Stufe 1 – Mechanische Reinigung

- Rechen: Entfernung von groben Abfallstoffen im Abwasserzulauf
- Sandfang: Im langsam fließenden Abwasser sinken Sandpartikel und Sinkstoffe zu Boden.
- Vorklärbecken: Weitere Feststoffe sinken ab und werden als Schlamm abgeführt.

Stufe 2 – Biologische Reinigung

- Belebungsbecken: Spezielle Mikroorganismen werden mit dem Abwasser vermischt und wandeln die Schmutzstoffe im Abwasser durch Zugabe von Sauerstoff in ungiftige Kohlenstoffverbindungen und CO_2 um.
- Nachklärbecken: Absetzung des Belebtschlamms, Überführung in Schlammbehandlung (siehe unten)

Stufe 3 – Chemische Reinigung

- Flockungsbecken: Durch den chemischen Prozess der Oxidation und Fällung werden durch Hinzugabe bestimmter Chemikalien insbesondere Phosphorverbindungen entfernt.

Stufe 4 – Entfernung von Spurenstoffen

- Ozonierung bzw. Ozonung: Entfernung von schädlichen Spurenstoffen (Arzneimittel, Hormone, Pestizide, Düngemittel) durch Ozon
- Filtration mit Aktivkohle

Die 4. Reinigungsstufe wird aufgrund hoher Kosten selten angewendet. Erhöhte Umweltbelastungen werden in Zukunft die Notwendigkeit der 4. Reinigungsstufe weiter verstärken.

Schlammbehandlung:

- Schlammeindickung: Entwässerung des Faulschlamms
- Faulbehälter: In einem Faulprozess unter Luftabschluss (anaerob) entstehen Wasser, Kohlenstoffdioxid, stabilisierter Schlamm und Methan (Biogas). Hält der Schlamm die Anforderungen der Klärschlammverordnung ein, kann er in der Landwirtschaft verwertet werden. Somit kann der Mineraldüngereinsatz reduziert werden. Andernfalls wird der Klärschlamm deponiert oder verbrannt.
- Gasbehälter: Das entstehende Methan (Biogas) wird zwischengespeichert und kann z. B. zur Wärmeerzeugung genutzt werden.

6.2 Einteilung der Abwasserarten

! Nach DIN EN 12 056-1 ist Abwasser:

- ein durch Gebrauch verändertes Wasser, z. B. häusliches und industrielles Abwasser
- jedes in die Entwässerungsanlage fließende Wasser, z. B. Kondensat und Regenwasser

Schädliche Stoffe, die nicht in öffentliche Abwasseranlagen eingeleitet werden dürfen, sind in DIN 1986-3 aufgeführt. Für Haushalte kann für die Bestimmung schädlicher Stoffe, die nicht eingeleitet werden dürfen, folgende Zuordnung gelten:

- gefährliche Stoffe, z. B. Schwermetalle, Cyanide, halogenierte Kohlenwasserstoffe, polycyklische Aromate und Pflanzenschutzmittel,
- feuergefährliche oder explosive Stoffe, z. B. Benzin, Öl, lösemittelhaltige Lacke,
- feste Stoffe, Fette sowie Flüssigkeiten, die erhärten und die Rohrleitungen verstopfen können,
- aggressive Stoffe wie Säuren, Laugen und Salze,
- Stoffe, die infolge ihrer Zusammensetzung schädliche Gase verbreiten können, z. B. Chlor, Schwefelwasserstoff,
- Reinigungs-, Desinfektions-, Spül- und Waschmittel in überdosierten Mengen,
- Rohrreinigungsmittel, die Bestandteile der Entwässerungsanlage beschädigen können,
- radioaktive Stoffe.

Das Abwasser wird nach seiner Herkunft eingeteilt, wie es in Tab. 1 dargestellt ist.

Tab. 1: Abwasserarten

Abwasser	Wasser, welches durch Gebrauch verändert ist, z. B. häusliches Abwasser, einschließlich Kondensat und Regenwasser
häusliches Abwasser	Wasser aus Küche, Waschküche, Badezimmer und Toiletten
Grauwasser	fäkalienfreies Abwasser aus Badezimmer
Schwarzwasser	fäkalienhaltiges Abwasser
Regenwasser	Wasser aus natürlichem Niederschlag, das nicht durch Gebrauch verunreinigt wurde

Aufgaben

1. Begründen Sie die Notwendigkeit der geregelten Abwasserbeseitigung.
2. Erläutern Sie die beiden Verfahren, nach denen die öffentliche Kanalisation Abwasser ableitet.
3. Was versteht man unter „Vorfluter"?
4. Welche vier grundlegenden Prozessstufen können in einer zentralen Kläranlage vorkommen?
5. Wie lautet nach DIN EN 12 056-1 die Definition für Abwasser?
6. Welche Einteilung kann nach der Herkunft des Abwassers vorgenommen werden?
7. Nach welchen Kriterien sind schädliche Stoffe zu bestimmen, die nicht in Abwasseranlagen eingeleitet werden dürfen?
8. Recherchieren Sie im Internet naturnahe Verfahren der Abwasserreinigung und benennen Sie stichpunktartig drei der Verfahren, die Sie gefunden haben.

6.3 Einteilung von Entwässerungsanlagen

Die Einteilung der Entwässerungsanlage erfolgt derzeit in Deutschland nach drei Normen (Abb. 1)

- **DIN EN 12 056** ist ein Regelwerk für Schwerkraftentwässerungsanlagen innerhalb von Gebäuden.

  Da die Entwässerungssysteme in Europa sehr unterschiedlich sind, wurden diese in die Systemtypen I bis IV eingeteilt.

! In Deutschland sind Entwässerungsanlagen nach System I zu planen (Einzelfallleitungsanlage mit teilbelüfteten Anschlussleitungen mit Füllungsgrad 50 %).

- **DIN 1986-100** Entwässerungsanlagen für Gebäude und Grundstücke

  Diese Norm bildet die Nationale Restnorm zur Berücksichtigung der Anforderungen, die in die europäische Norm nicht übernommen wurden. Sie bezieht sich auf Entwässerungsanlagen für Gebäude und Grundstücke.
  - DIN 1986-3 nennt Regeln für den Betrieb.
  - DIN 1986-4 beschreibt Verwendungsbereiche von Abwasserrohren und -formstücken verschiedener Werkstoffe.
  - DIN 1986-30 regelt die Instandhaltung von Entwässerungssystemen.
- **DIN EN 752** behandelt Entwässerungssysteme außerhalb von Gebäuden.

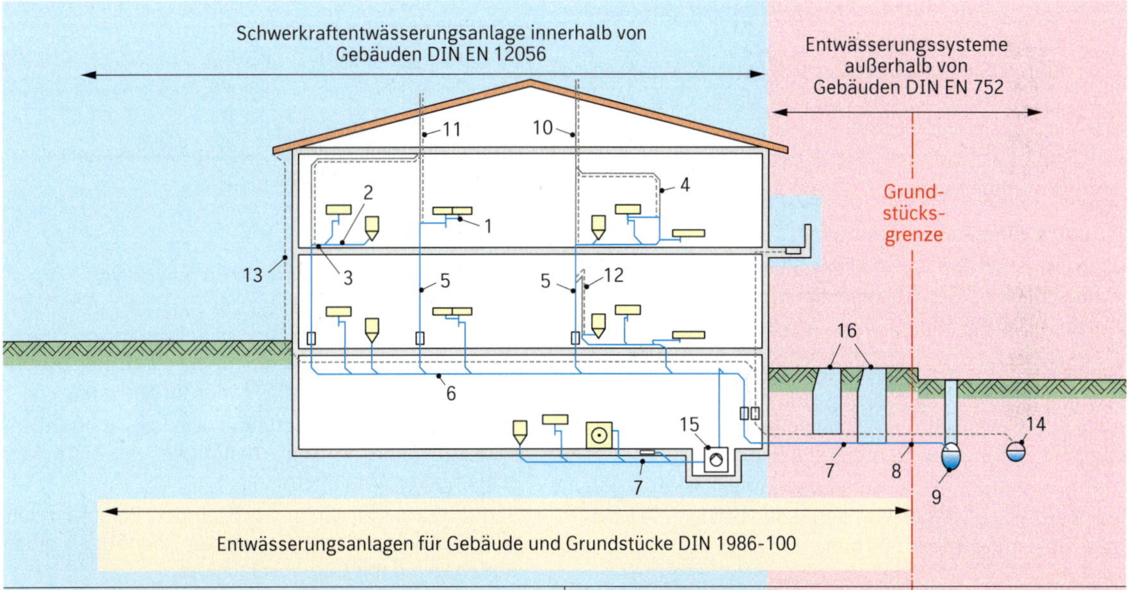

1 **Verbindungsleitung:** Leitung zwischen Ablaufstelle (z. B. Dusch- oder Badewanne) und Geruchverschluss (z. B. Bodenablauf)

2 **Einzelanschlussleitung:** Leitung vom Geruchsverschluss eines Entwässerungsgegenstandes bis zur weiterführenden Leitung

3 **Sammelanschlussleitung:** Leitung zur Aufnahme des Abwassers mehrerer Einzelanschlussleitungen bis zur weiterführenden Leitung

4 **Umlüftung:** Lüftungsleitung zur Be- und Entlüftung von Einzel- und Sammelanschlussleitungen

5 **Schmutzwasserfallleitung:** Fallleitung (im Allgemeinen senkrecht), die Schmutzwasser aus den sanitären Entwässerungsgegenständen ableitet

6 **Sammelleitung:** liegende Leitung zur Aufnahme des Abwassers von Fall- und Anschlussleitungen, die nicht im Erdreich oder in der Grundplatte verlegt ist

7 **Grundleitung:** Entwässerungsleitung, die innerhalb eines Gebäudes oder in der Erde unter den Fundamenten verlegt ist, an die Schmutzwasserfallleitungen oder Entwässerungsgegenstände direkt im Kellerbereich angeschlossen sind

8 **Anschlusskanal:** Kanal zwischen dem öffentlichen Abwasserkanal und der Grundstücksgrenze bzw. der ersten Reinigungsöffnung (z. B. Übergabeschacht) auf dem Grundstück

9 **Schmutzwasserkanal:** kommunale Leitung zur Aufnahme des Wassers aus dem Anschlusskanal

10 **Hauptlüftung:** Verlängerung einer Schmutzwasserfallleitung, deren Ende zur Atmosphäre hin offen ist, oberhalb des höchsten Anschlusses

11 **Sammelhauptlüftung:** Zusammenfassung mehrerer Hauptlüftungen zur Reduzierung der Dachdurchführungen

12 **Umgehungsleitung:** Leitung zur Aufnahme von Anschlussleitungen im Staubereich einer Fallleitung

13 **Regenwasserfallleitung:** innen oder außen liegende lotrechte Leitung, ggf. mit Verziehung, zum Ableiten von Regenwasser von Dachflächen, Balkonen und Loggien

14 **Regenwasserkanal:** kommunale Leitung zur Aufnahme des Regenwassers

15 **Hebeanlage**

16 **Schacht:** je für Schmutz- und Regenwasser

Abb. 1: Definition der Leitungsabschnitte einer Entwässerungsanlage (Auswahl)

6.4 Leitungsführung von Entwässerungsleitungen

6.4.1 Grundlagen der Leitungsführung

Alle über der Rückstauebene liegenden Entwässerungsgegenstände sind mit natürlichem Gefälle (Schwerkraftprinzip) zu entwässern. Dabei gilt die Rückstauebene als die Höhe der Straßenoberkante an der Anschlussstelle, sofern sie nicht von der zuständigen Behörde anders festgelegt ist. Unterhalb der Rückstauebene liegende Leitungen und Anschlüsse sind durch Rückstausysteme zu schützen (Kap. 6.12).

Grundsätzlich müssen Abflussleitungen leerlaufen können. Da sich vor dem abfließenden Abwasser Luft in den Leitungen befindet, ist es für einen störungsfreien Betrieb erforderlich, dass

- genügend Luft durch Lüftungsleitungen aus- und wieder zurückströmen kann,
- ein hinreichender Druckausgleich in den Leitungsabschnitten ermöglicht wird, damit weder Über- noch Unterdruck entsteht, und
- in Fließrichtung keine Verringerung der Nennweite vorgenommen wird.

Die Folge könnte ansonsten sein:

- Absaugung der Geruchverschlüsse mit Gurgelgeräuschen und Geruchsbelästigung oder
- Überdruck mit Hinauspressen des Wassers

Zur Vermeidung derartiger Störungen ist sowohl eine sachgemäße Leitungsführung mit ausreichender Leitungsbe- und Entlüftung als auch eine richtige Bemessung der Leitungsquerschnitte durchzuführen.

Darüber hinaus müssen Abwasserleitungen *frostfrei* verlegt werden. Außerhalb von Gebäuden beträgt die frostfreie Tiefe mindestens 800 mm.

6.4.2 Misch- und Trennsystem

Ein Mischsystem ist erst außerhalb von Gebäuden erlaubt, und zwar

- möglichst nah am Anschlusskanal
- nach einem besteigbaren Schacht (Abb. 1).

Nur bei Grenzbebauung ist ein Mischsystem innerhalb des Gebäudes unmittelbar an der Gebäudegrenze zulässig (Abb. 2).

! Innerhalb von Gebäuden müssen Regen- und Schmutzwasser getrennt abgeleitet werden.

6.4.3 Ablaufstellen

Jeder Wasserentnahmestelle im Gebäude ist ein Ablauf zuzuordnen, außer denen für Feuerlöschzwecke sowie von Wasch- und Geschirrspülmaschinen. Dabei sind die folgenden Regeln zu beachten:

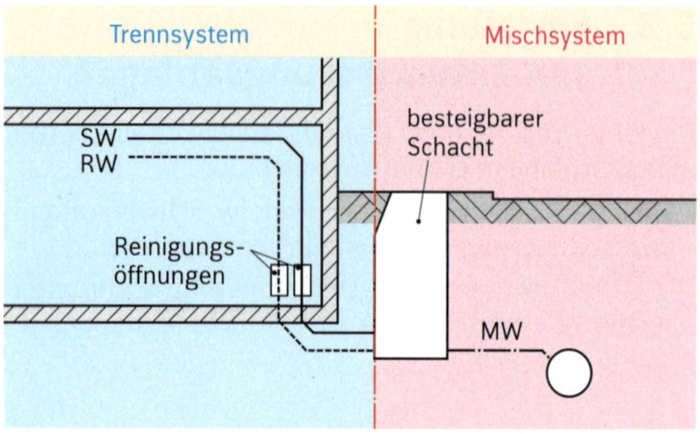

Abb. 1: Mischsystem: Ableitung über einen Schacht

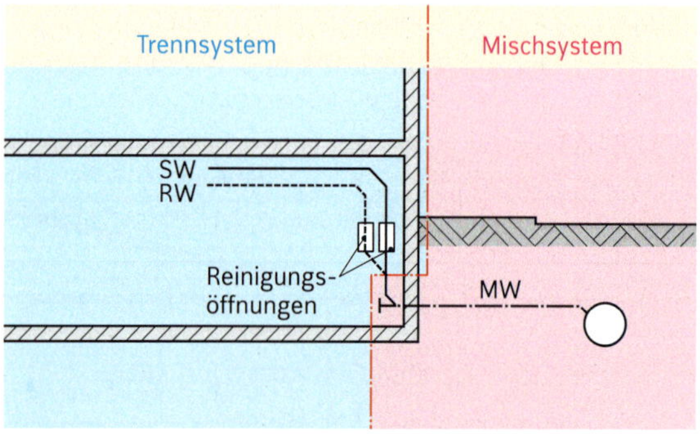

Abb. 2: Mischsystem: Ausnahme bei Grenzbebauung

- Verschließbare Ablaufstellen (z. B. Waschtisch, Spüle, Badewanne) benötigen einen Überlauf; bei Duschwannen ist dafür auch ein Standrohr geeignet.
- Waschtische ohne Überläufe, wie sie in Krankenhäusern gefordert sind, benötigen ein nicht verschließbares Ablaufventil.
- Sanitärräume für einen wechselnden Personenkreis (z. B. Schulen, Hotels, Gaststätten) benötigen einen Bodenablauf mit Geruchverschluss.

An Ablaufstellen dürfen aus hygienischen Gründen grundsätzlich die folgenden Einrichtungen *nicht direkt*, sondern nur über einen freien Auslauf angeschlossen werden:

- Sicherheitseinrichtungen einer Trinkwasserinstallation, z. B. Tropfwasser- bzw. Abblaseleitungen von Rohrbelüftern, Rohrtrenner, Sicherheitsventile und thermische Ablaufsicherungen
- Behälter für Nahrungsmittel, Kühlschränke und -anlagen, Fischkästen, Speiseschränke

6.4.4 Geruchverschlüsse

In den Schmutzwasserleitungen und -kanälen zersetzen sich organische Abfallprodukte und erzeugen zum Teil explosive, übelriechende Gase wie Methan oder Schwefelwasserstoff. Um Geruchsbelästigung zu vermeiden, werden Geruchverschlüsse eingebaut.

! Jede Ablaufstelle ist mit einem Geruchverschluss zu versehen (Abb. 3).

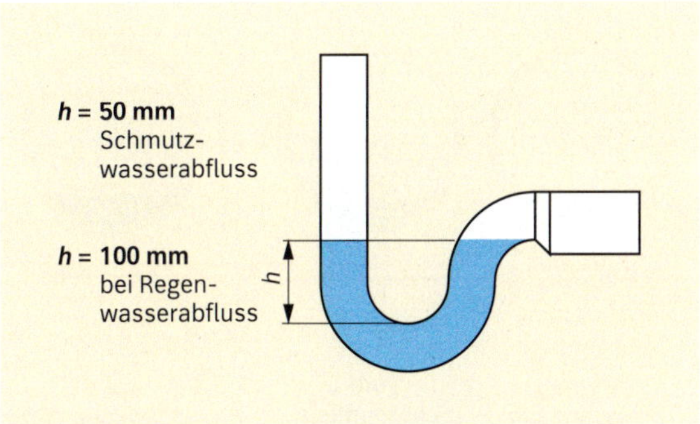

Abb. 3: Mindest-Sperrwasserhöhen im Geruchverschluss

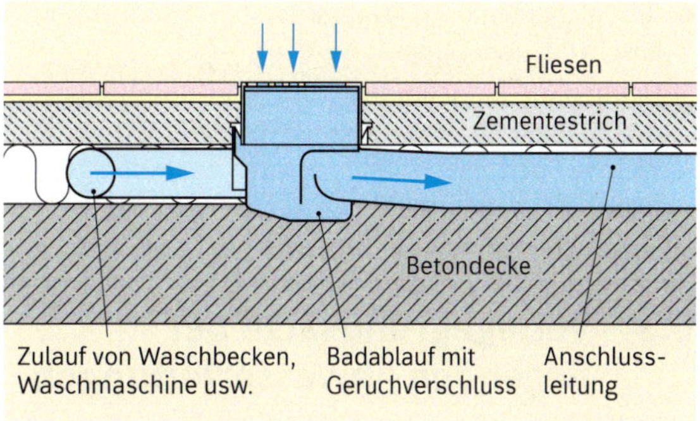

Abb. 4: Indirekter Anschluss

Hierbei verhindert eine Wassersperre das Austreten der Kanalgase aus dem Ablauf. Die Sperrwirkung des Geruchverschlusses muss gewährleistet sein, trotz

- der täglichen Verdunstung von etwa 1 mm und
- der Verringerung des Sperrwasserstandes um bis zu 25 mm durch Druckschwankungen beim Abflussvorgang.

Deshalb beträgt die Sperrwasserhöhe (Abb. 3) mindestens

- für Schmutzwasserabläufe h = 50 mm und
- für Regenwasserabläufe h = 100 mm.

Dabei sind zusätzlich Über- und Unterdrücke zu beachten, z. B. in klimatisierten Räumen. Diese können eventuell zu anderen Geruchverschlusshöhen führen, die in der Anlagenplanung vorgeben werden.

Auf den Einbau eines Geruchverschlusses kann in folgenden Fällen verzichtet werden:

- bei Regenwasserablaufstellen im Trennverfahren, weil die Entstehung von Gasen nicht zu erwarten ist
- bei Regenwasserabläufen im Mischsystem, wenn die Ablaufstelle mindestens 2 m von Fenster und Türen zu Aufenthaltsräumen entfernt ist; kann der Abstand nicht eingehalten werden, muss ein Geruchverschluss an frostfreier Stelle eingebaut werden.
- bei Bodenabläufen in Garagen, die an Mischwasserleitungen angeschlossen sind, wenn die weiterführende Leitung einen Geruchverschluss an frostfreier Stelle enthält
- an Ablaufstellen mit Leichtflüssigkeitsabscheidern (Benzin-, Heizölabscheidern), damit sich vor dem Abscheider keine Leichtflüssigkeit ansammeln kann
- bei Überläufen in andere Ablaufstellen (indirekter Anschluss), weil der Austritt von Kanalgasen durch den Geruchverschluss in der anderen Ablaufsperre verhindert wird (Abb. 4)

Mehrere Ablaufstellen gleicher Art, z. B. Reihenwaschanlagen, können auch einen gemeinsamen Geruchverschluss erhalten, wenn die Schmutzwasserleitung ≤ 4 m lang und eine Reinigungsöffnung an der höchsten Stelle eingebaut ist.

Geruchverschlüsse werden in verschiedenen Formen und anwendungsbezogenen Ausführungen hergestellt.

Die verwendeten Werkstoffe für Geruchverschlüsse können sowohl metallische, wie Stahl, Grauguss, Kupfer-Zink-Legierung, als auch Kunststoffe, wie PP, PVC, ABS, sein.

Die Funktion eines Geruchverschlusses kann beeinträchtigt werden, wenn die in der Tabelle 1 aufgeführten Betriebsverhältnisse auftreten.

Aufgaben

1. Nennen Sie die Folgen von Über- und Unterdruck im Leitungssystem.
2. Durch welche grundsätzliche Maßnahmen lassen sich Über- und Unterdruck verhindern?
3. In welcher Tiefe muss ein Rohr mindestens verlegt sein, um Frostfreiheit zu gewährleisten?

Tab. 1: Betriebsstörungen bei Geruchverschlüssen

Absaugung des Sperrwassers durch	Herausdrücken des Sperrwassers durch	Verdunstung des Sperrwassers durch	Verstopfung des Durchflusses durch
• Eigenabsaugung: entsteht infolge Vollfüllung durch zu geringes Gefälle (Abb. 3) • Fremdabsaugung: kann durch Anschluss im Sogbereich der Fallleitungsverziehung (siehe Kap. 6.8.2, Abb. 5) oder Luftmangel im Leitungssystem entstehen	• Verlegen der Anschlussleitung im Staubereich der Fallleitung (siehe Kap. 6.8.2, Abb. 5) • Überspülungen am Fallleitungsanschluss (siehe Kap. 6.7.1) • Doppelabzweige in liegenden Leitungen (siehe Kap. 6.5.4)	längere Zeiten der Nichtbenutzung einer Ablaufstelle	• Überfrachtung des Schmutzwassers mit Feststoffen • zu geringe Abflussmengen • zu geringe Strömungsgeschwindigkeit • störungsanfällige Konstruktionen wie Flaschengeruchverschlüsse

4. An welcher Stelle im Abwassersystem darf frühestens Mischwasser hergestellt werden?
5. Nennen Sie Einrichtungen, die nicht unmittelbar an das Abwassersystem angeschlossen werden.
6. Welche Sperrwasserhöhen werden nach den geltenden Normen gefordert?

6.5 Verlegegrundsätze bei liegenden Abwasserleitungen

Zu den liegenden Leitungen zählen Verbindungs-, Anschluss-, Sammel- und Grundleitungen.

6.5.1 Füllungsgrad

Das einwandfreie Ablaufen des Abwassers ist vom Füllungsgrad des Rohres abhängig (Abb. 1).

- Ist der Füllungsgrad zu gering, reicht die Schwimmtiefe nicht aus. Es kommt zu Ablagerungen, denn das Wasser fließt schneller als die durch die Bodenreibung gebremsten Fäkalien. Diese verbleiben dann in der Leitung (Abb. 1a).
- Erwünscht ist ein mittlerer Füllungsgrad (Abb. 1b). Deshalb müssen die Rohrdurchmesser der Abwassermenge angepasst sein.
- Bei zu hohem Füllungsgrad in einer Abwasserleitung kann die Belüftung behindert werden. Dies führt zu Unterdruck, der eine Absaugung des Sperrwassers im Geruchverschluss bewirkt (Abb. 1c).

! Nur die richtige Leitungsbemessung, Leitungsverlegung und Belüftung gewährleisten den störungsfreien Betrieb des Abwassersystems.

6.5.2 Gefälle von liegenden Leitungen

Neben der Rohrweite beeinflusst die Fließgeschwindigkeit die Schwimmtiefe. Die Fließgeschwindigkeit soll mindestens 0,7 m/s und höchstens 2,5 m/s betragen.

Die Fließgeschwindigkeit wird maßgebend durch das **Gefälle** bestimmt.

- Folge zu kleinen Gefälles ist eine zu geringe Strömungsgeschwindigkeit. Dadurch kann einerseits Vollfüllung (Abb. 1c) entstehen, was wiederum die Leersaugung des Geruchverschlusses bewirkt (Abb. 2); andererseits kann infolge zu geringer Schwemmwirkung die Leitung zuwachsen.
- Folge zu großen Gefälles ist eine zu hohe Strömungsgeschwindigkeit. Dadurch wird einerseits zu viel Luft mitgerissen, was das Leersaugen des Geruchverschlusses bewirken kann. Andererseits ist durch zu geringe Schwimmtiefe der Schmutztransport behindert, was ebenfalls zum Zuwachsen der Leitung führen kann.

Deshalb sind liegende Leitungen mit gleichmäßigem Gefälle zu verlegen, das nicht größer sein soll als 1 : 20 (das sind 5 % = 5 cm/m ≙ 3°).

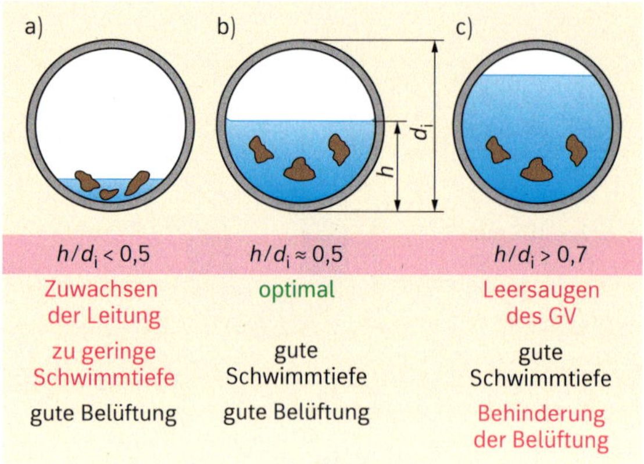

Abb. 1: Schwemmwirkung und Füllungsgrad

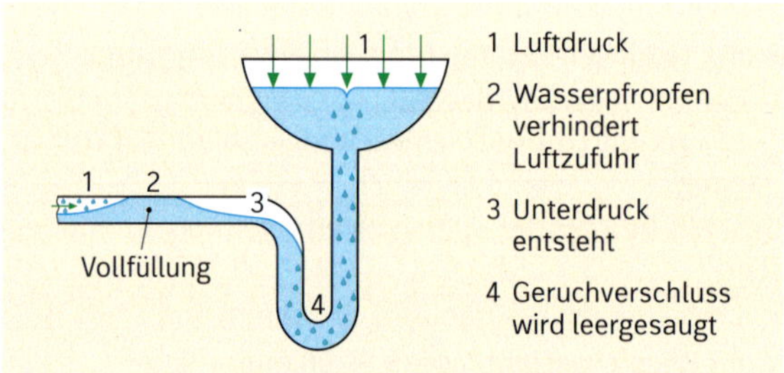

Abb. 2: Absaugung bei Vollfüllung einer Leitung

Das **Mindestgefälle** beträgt:

- bei unbelüfteten Leitungen 1 % (= 1 cm/m = 1:100 ≙ 0,6°)
- bei belüfteten Leitungen 0,5 % (= 0,5 cm/m = 1:200 ≙ 0,3°)

Für größere Höhenunterschiede sind Sturzstrecken einzubauen (Abb. 3a). Diese müssen im Grund- und Sammelleitungsbereich mit einer Reinigungsöffnung versehen werden (Abb. 3b).

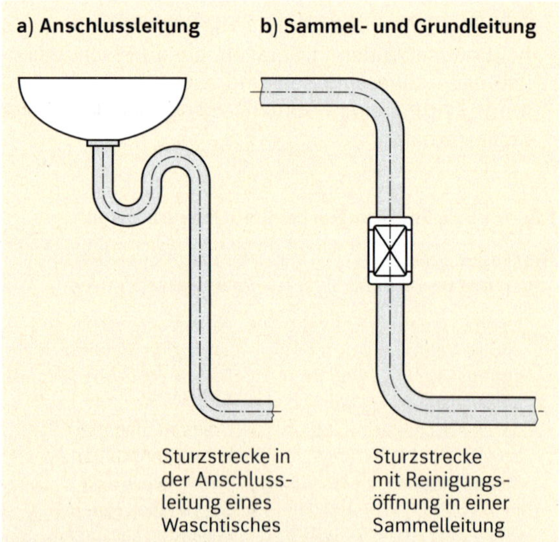

Abb. 3: Höhenunterschied mit Sturzstrecke

Aufgaben

1. Beschreiben Sie die Abhängigkeit von Strömungsgeschwindigkeit und Gefälle.
2. Wie groß ist das Mindestgefälle in % und als Verhältniszahl
   a) bei unbelüfteten Leitungen?
   b) bei belüfteten Leitungen?
3. Berechnen Sie das Gefälle in % einer Anschlussleitung mit der Länge 3,5 m und einem Höhenunterschied von 6 cm.
4. Ermitteln Sie die Abzweighöhe in Abb. 4
   a) für ein Gefälle $I_{\%} = 2$ %,
   b) für ein Neigungsverhältnis $I_N = 1:100$.

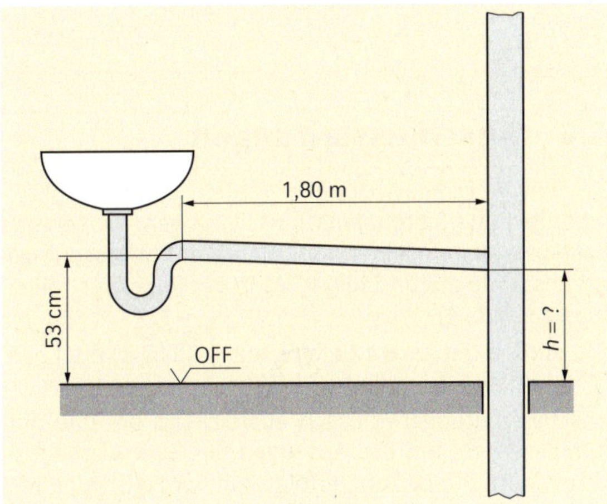

Abb. 4: Berechnung der Abzweighöhe (Aufgabe 4)

6.5.3 Gefälleberechnung

Es gibt verschiedene Arten das Gefälle festzulegen (Tab. 1).

6.5.4 Anschlüsse an liegende Leitungen

Bei Anschlüssen an liegende Leitungen besteht bei falscher Verlegung die Gefahr der Fremdeinspülung aus der Hauptleitung. Wasser strömt gegen das Gefälle, die Schmutzfracht setzt sich ab und führt zu Ablagerungen. Wenn diese Leitung dann nicht regelmäßig durchspült wird, besteht die Möglichkeit des Zuwachsens.

- Bei vertikalen Anschlüssen lässt sich Rückspülung durch einen Anschlusswinkel von 45° verringern (Abb. 5).

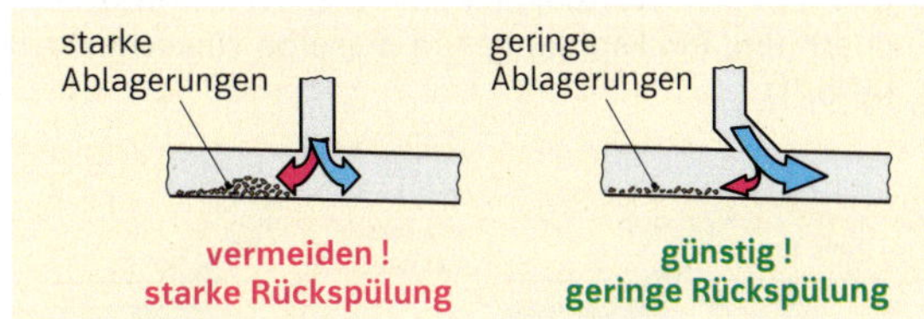

Abb. 5: Vertikaler Anschluss an die liegende Leitung unter 45°

- Seitliche Anschlüsse sollten unter einer Neigung von mindestens 15° erfolgen, um Rückspülungen von der Hauptleitung zu vermeiden (Abb. 6).

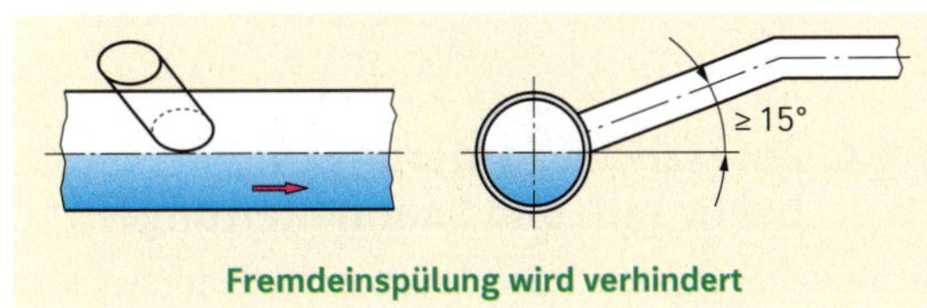

Abb. 6: Seitlicher Anschluss an die liegende Leitung

- Doppelabzweige sind in liegenden Leitungen nicht zugelassen, da Überspülungen möglich wären und die Neigung von 15° zur Horizontalen nicht eingehalten werden kann.

Tab. 1: Verschiedene Arten der Gefällefestlegung

Prozentuales Gefälle $I_{\%}$	**Gefälle I_N als Neigungsverhältnis 1 : *n***
Gebräuchlich ist die Gefälleangabe in Prozent. 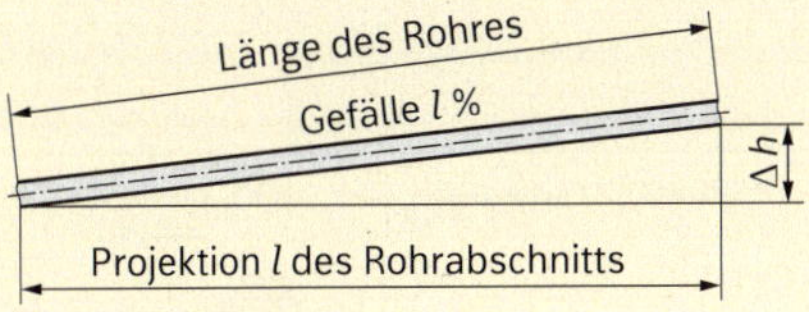 	Eine weitere gebräuchliche Angabe ist das Gefälle als Neigungsverhältnis. 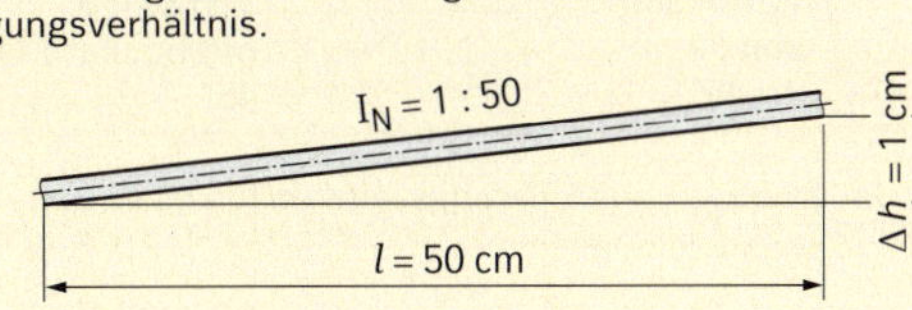
$I_{\%}$ = Prozentuales Gefälle in % l = Grundlänge (Projektion des Rohrabschnittes) in mm, cm, m Δh = Höhenunterschied des Rohrabschnittes in mm, cm, m	I_N = Neigungsverhältnis l = Grundlänge (Projektion des Rohrabschnittes) in mm, cm, m Δh = Höhenunterschied des Rohrabschnittes in mm, cm, m
$I_{\%} = \frac{\Delta h}{l} \cdot 100\ \%$	$I_N = 1 : \frac{l}{\Delta h}$ $I_N = 1 : n$ mit $n = \frac{l}{\Delta h}$
Beispiel: Geg.: Grundlänge $l = 4\ \text{m} = 400\ \text{cm}$ Höhenunterschied $\Delta h = 8\ \text{cm}$ Ges.: Prozentuales Gefälle $I_{\%}$ Lös.: $I_{\%} = \frac{\Delta h}{l} \cdot 100\ \% = \frac{8\ \text{cm}}{400\ \text{cm}} \cdot 100\ \% = \mathbf{2\ \%}$	**Beispiel:** Geg.: Grundlänge $l = 4\ \text{m} = 400\ \text{cm}$ Höhenunterschied $\Delta h = 8\ \text{cm}$ Ges.: Neigungsverhältnis I_N Lös.: $n = \frac{l}{\Delta h} = \frac{400\ \text{cm}}{8\ \text{cm}} = \mathbf{50}$ $\mathbf{I_N = 1:50}$
Die Angabe $I_{\%} = 2$ % beschreibt einen Höhenunterschied von 2 cm auf einer Länge von 100 cm.	Die Angabe $I_N = 1:50$ beschreibt einen Höhenunterschied von 1 cm je 50 cm Grundlänge.

6.5.5 Aufweitungen in liegenden Leitungen

In der Entwässerungstechnik dürfen in Strömungsrichtung nur Aufweitungen vorgenommen werden. Der Übergang auf eine geringere Nennweite ist unzulässig.

- Übergänge auf größere Nennweiten müssen mit Übergangsformstücken oder anderen geeigneten Verbindungen (z. B. Übergangsdichtungen) hergestellt werden.
- Aufweitungen sind in liegenden Leitungen mit exzentrischen Formstücken scheitelgleich einzubauen, um dadurch die Belüftung der kleineren Nennweite zu sichern und Rückspülungen in dieselbe zu verhindern (Abb. 1).

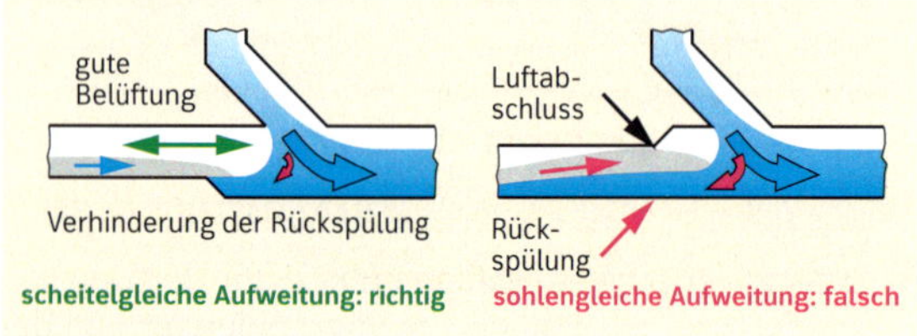

Abb. 1: Exzentrische Aufweitung

6.5.6 Zusätzliche Forderungen bei Grund- und Sammelleitungen

An die Verlegung von Grund- und Sammelleitungen sind besondere Anforderungen gestellt. Ziel ist es, einerseits strömungsgünstige Verhältnisse zu schaffen und die Verstopfungsgefahr gering zu halten, andererseits gute Bedingungen für Reinigung (z. B. mit der Spirale) und Inspizierbarkeit zu gewährleisten.

- In Grund- und Sammelleitungen dürfen Richtungsänderungen und Abzweige nur mit 15°-, 30°- und 45°-Formstücken ausgeführt werden (Abb. 2).

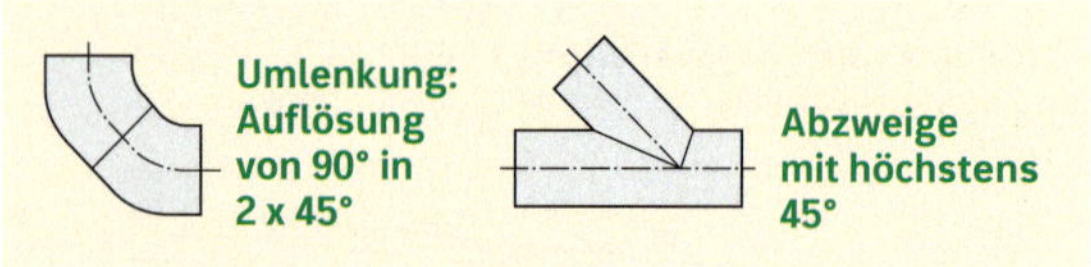

Abb. 2: Umlenkungen und Richtungsänderungen bei Grund- und Sammelleitungen

- In Grundleitungen darf die Aufweitung im Gegensatz zu den Anschlussleitungen sohlengleich erfolgen. Dadurch sind Inspizierbarkeit und Reinigung vereinfacht, insbesondere wenn sie gegen den Strömungsverlauf erfolgen (Abb. 3).

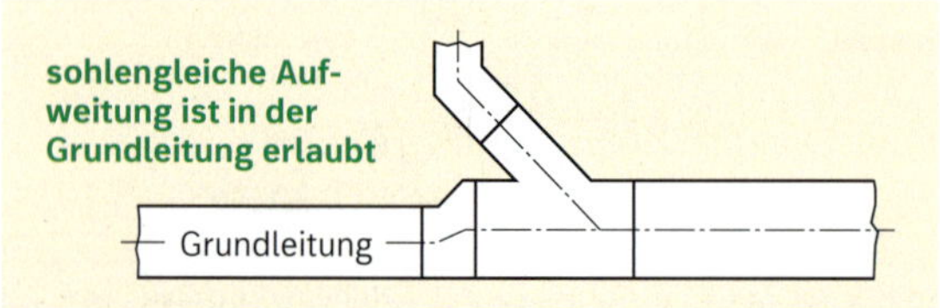

Abb. 3: Empfohlene Aufweitung bei Grundleitungen

Aufgaben

1. Skizzieren Sie die Formstücke und Strömungsverhältnisse bei der Einführung einer Sturzstrecke in eine liegende Leitung.
2. Beschreiben Sie, wie der seitliche Anschluss an eine liegende Leitung auszuführen ist.
3. Warum sind Doppelabzweige in liegenden Leitungen nicht zugelassen?
4. Skizzieren Sie die Aufweitung in einer liegenden Leitung und begründen Sie diese Ausführung.
5. Warum sind in Grund- und Sammelleitungen keine 90°-Umlenkungen und -Abzweige zugelassen?
6. Weshalb ist in Grundleitungen die sohlengleiche Aufweitung empfehlenswert?

6.6 Anschlussleitungen

Zu den Anschlussleitungen zählen Einzelanschlussleitungen und Sammelanschlussleitungen. Sie nehmen das Abwasser einzelner oder mehrerer Entwässerungsgegenstände auf und führen es in der Regel der Fallleitung zu (Abb. 4).

Sie werden mit einem Gefälle von 1 : 20 (5 %) bis 1 : 100 (1 %) verlegt.

Anschlussleitungen müssen ausreichend be- und entlüftet werden, um das Absaugen des Sperrwassers zu vermeiden. Die Lüftung erfolgt von der Fallleitung her. Durch eine gesonderte Belüftung kann u. U. eine Überschreitung der Verlegekriterien zugelassen werden.

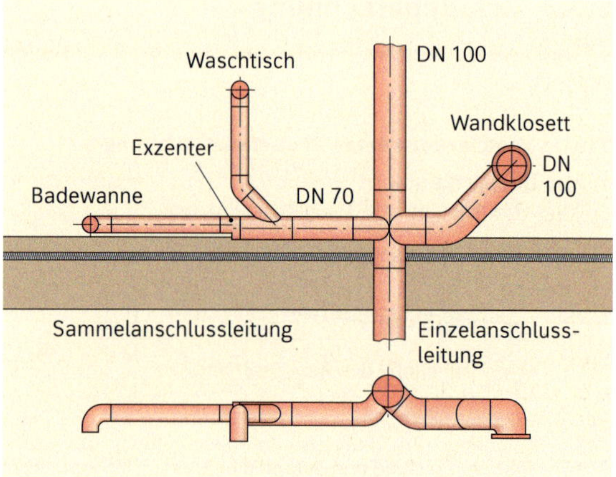

Abb. 4: Darstellung von Einzel- und Sammelanschlussleitungen

6.6.1 Anschlusswert DU

Der Anschlusswert DU (design unit) von Entwässerungsgegenständen ist Grundlage zur Dimensionierung von Abwasserleitungen. 1 DU (dimensionslos) entspricht einem Abfluss von 1 l/s (TB).

6.6.2 Einzelanschlussleitungen

Einzelanschlussleitungen nehmen das Abwasser einzelner Entwässerungsgegenstände auf. Für die Verlegung müssen die Regeln gemäß Abb. 5 beachtet werden.

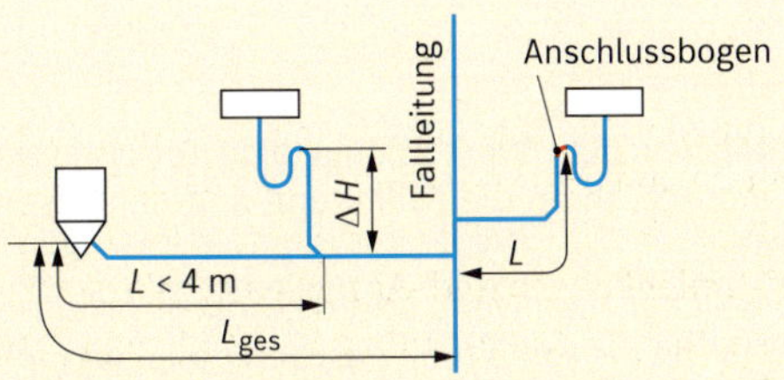

Die *Länge L* ist die abgewickelte Länge vom entferntesten GV-Auslauf bis zum Anschluss an die Fall-, Sammel- oder Grundleitung (bei Einzelanschlussleitungen bis zum Anschluss an die weiterführende Leitung).

Der *Höhenunterschied ΔH* ist der senkrechte Höhenunterschied zwischen dem höchsten GV-Auslauf und dem Anschluss an die Fall-, Sammel- oder Grundleitung (bei Einzelanschlussleitungen bis zum Anschluss an die weiterführende Leitung).

Abb. 5: Verlegeregeln für Einzel- und Sammelanschlussleitungen

Die Nennweite von Einzelanschlussleitungen ist nach TB auszuwählen.

- Die *Länge L* ist auf 4 m begrenzt. Bei Überschreitungen bis 10 m ist die Leitung zu lüften.
- Der *Höhenunterschied ΔH* ist auf 1 m begrenzt. Bei Überschreitungen bis 3 m ist die Leitung zu lüften.
- Sind mehr als drei 90°-Bögen (Anschlussbogen nicht eingeschlossen) in der Leitung, muss diese belüftet werden.
- Das Gefälle beträgt mindestens 1 %, bei 0,5 % ... 1 % muss die Leitung belüftet werden.
- Zur Belüftung (siehe Kap. 6.9.3) ist eine Umlüftung oder der Einsatz von Belüftungsventilen geeignet.

6.6.3 Sammelanschlussleitungen

Sammelanschlussleitungen nehmen das Abwasser mehrerer Einzelanschlussleitungen auf. Folgende Verlegeregeln sind zu beachten:

- Die maximal zulässige *Länge L* in Abhängigkeit von der Nennweite ist dem TB zu entnehmen.
- Innerhalb der unbelüfteten Sammelanschlussleitung darf die Einzelanschlussleitung nicht länger werden als 4 m.
- Der *Höhenunterschied ΔH* (Abb. 5) ist auf 1 m begrenzt.
- Es sind höchstens drei 90°-Bögen (Anschlussbogen nicht eingeschlossen) in einem Fließweg zugelassen.

Die Nennweite ist unter Berücksichtigung der Summe der Anschlusswerte nach TB zu wählen. Dabei ist die Nutzungscharakteristik durch die typische Abflusskennzahl K (TB) zu beachten.

Kann eines der Kriterien nicht eingehalten werden, ist die zu lüftende Leitung wie eine belüftete Sammelleitung zu dimensionieren (siehe Kap. 6.10.2).

Aufgaben

1. Mit welchem Mindestgefälle müssen belüftete bzw. unbelüftete Anschlussleitungen verlegt werden?
2. Welchen Anschlusswert haben 6-l-WC, Duschwanne ohne Stöpsel, Waschtisch, Spüle und Waschmaschine?
3. Mit welcher Mindestnennweite sind die Einzelanschlussleitungen von 6-l-WC, Duschwanne ohne Stöpsel, Waschtisch, Spüle und Waschmaschine anzuschließen?
4. Welche Nennweite benötigt eine Sammelanschlussleitung einer Wohnung mit 8 DU, wenn
   a) kein WC,
   b) ein 6-l-WC,
   c) ein 9-l-WC angeschlossen ist?

6.7 Anschluss an die Fallleitung

Der falsche Anschluss an die Fallleitung kann folgende Störungen verursachen:

- Absaugung im Geruchverschluss der angeschlossenen Leitung
- hydraulische Behinderung in der Fallleitung
- Überspülung von gegenüberliegenden Anschlussleitungen.

6.7.1 Anschlusswinkel

Die Auswirkung des Anschlusswinkels auf die Belüftung von Fall- und Anschlussleitung kann dem TB entnommen werden.

! Anschlüsse an die Fallleitung erfolgen grundsätzlich unter 87° bis 88,5°. Lediglich Anschlussleitungen der Nennweite DN ≥ 80 dürfen unter einem Winkel von 45° angeschlossen werden.

6.7.2 Mindesthöhenunterschied

In der Fallleitung von oben kommendes Wasser tritt auch in die Anschlussleitung ein. Um Einspülung in das Sperrwasser zu vermeiden, muss der Wasserspiegel des Geruchverschlusses um eine Nennweite höher liegen als die Sohle der Anschlussleitung am Fallleitungsabzweig (Abb. 6).

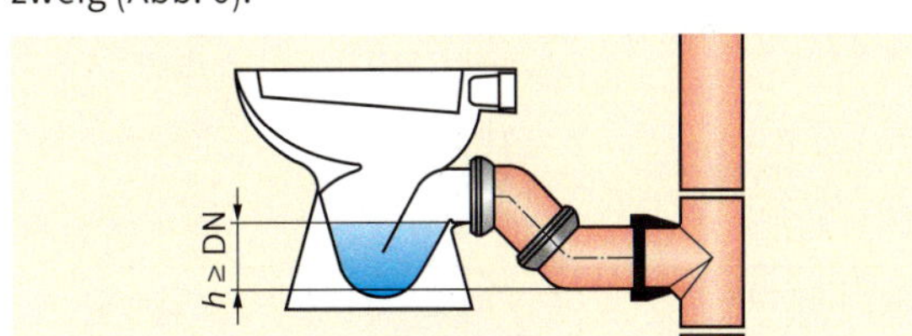

Abb. 6: Mindesthöhenunterschied beim Anschluss an die Fallleitung

6.7.3 Mehrfachanschluss an die Fallleitung

Bei benachbarten Einmündungen sind Überspülungen zu befürchten. Insbesondere wenn gegenüber dem WC-Anschluss andere Entwässerungsgegenstände liegen, kann durch den starken Spülstrom der Toilette deren Abwasser bis in den gegenüberliegenden Geruchverschluss drücken.

Diese Fremdeinspülung lässt sich durch folgende konstruktive Maßnahmen vermeiden:

- Bei Anschlüssen mit einem Spreizwinkel größer als 90° muss der Höhenabstand *a* zwischen der Sohle des WC-Anschlusses und Sohle der tiefer liegenden Einmündung mindestens 200 mm betragen (Abb. 1).
- Liegt der Spreizwinkel zwischen 0° und maximal 90°, dürfen die Anschlussleitungen ohne Höhenversatz an die Fallleitung angeschlossen werden (Abb. 2).
- Eine Ausnahme besteht beim Anschluss zweier WC-Einzelanschlussleitungen. Diese dürfen ohne den Höhenversatz unter beliebigem Spreizwinkel angeschlossen werden.

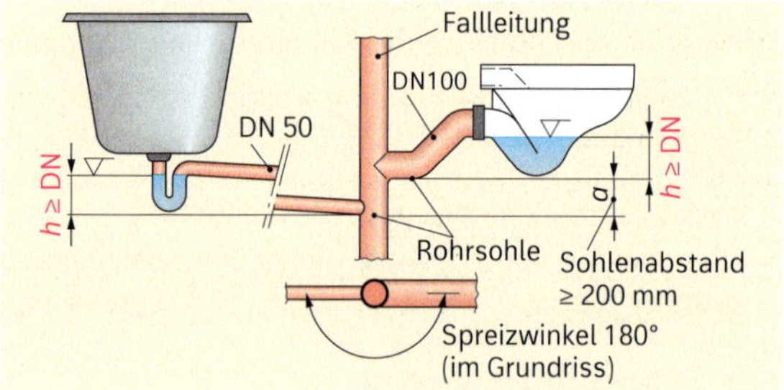

Abb. 1: Beispiel für Anschluss von WC und Badewanne unter Spreizwinkel 180°, mit Mindestsohlenabstand 200 mm

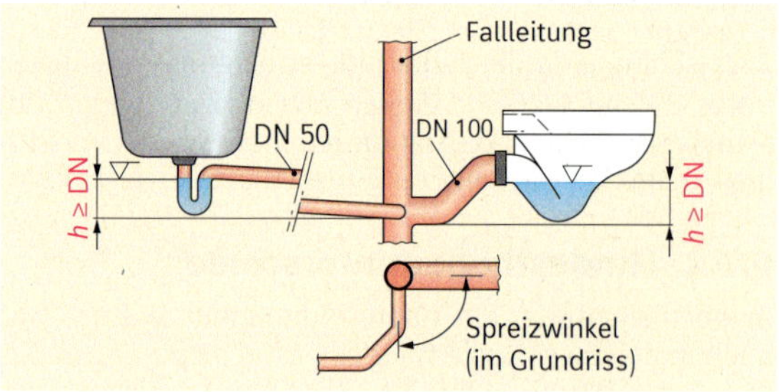

Abb. 2: Beispiel für Anschluss von WC und Badewanne unter Spreizwinkel 90°, ohne Sohlenabstand

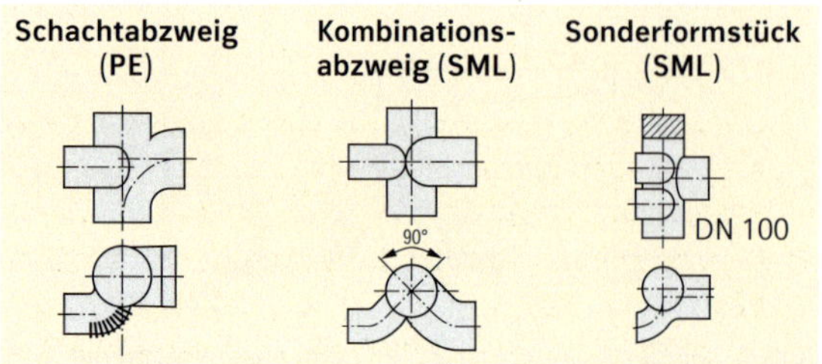

Abb. 3: Sonderformstücke zum Mehrfachanschluss

Diese Lösungen erfordern, je nach Bausituation, eine große Tiefe der Vorwand oder zwingen dazu, in oder unter der Rohdecke anzuschließen. Aus diesem Grund werden Sonderformstücke angeboten, die den gleichzeitigen Anschluss mehrerer Sanitärobjekte ohne diese Nachteile ermöglichen, z. B. einen WC-Abgang und zwei weitere Anschlüsse (Abb. 3).

Aufgaben

1. Unter welchem Winkel kann eine Anschlussleitung grundsätzlich an die Fallleitung angeschlossen werden?
2. Ab welcher Nennweite darf die Anschlussleitung unter 45° an die Fallleitung angeschlossen werden?
3. Durch welche Maßnahme lässt sich das Eindringen von Schmutzwasser aus der Fallleitung in den Geruchverschluss verhindern?
4. Beschreiben Sie zwei Möglichkeiten, wie Mehrfachanschlüsse mit Normabzweigen ausgeführt werden müssen, um Überspülung zu vermeiden.
5. Welche installationstechnischen Vorteile bieten Sonderformstücke zum Anschluss an die Fallleitung?

6.8 Schmutzwasserfallleitungen

Eine Fallleitung ist eine lotrechte Leitung, gegebenenfalls mit Verziehung, die

- durch ein oder mehrere Geschosse führt,
- über Dach gelüftet wird,
- in eine Grund- oder Sammelleitung mündet.

Das Wasser erreicht nach etwa 10 ... 15 m Fallhöhe eine Geschwindigkeit von ca. 10 ... 15 m/s und fließt größtenteils an der Rohrwand ohne Drall ab. Infolge der hohen Wassergeschwindigkeit wird durch die Reibung zwischen Luft und Wasser bis zum 35-Fachen des Wasservolumenstroms an Luft mitgerissen. Beispielsweise beträgt beim Abfluss von 50 l/min Wasser (z. B. Badewanne) der Luftbedarf etwa 1 750 l/min. Deshalb setzt der einwandfreie Abfluss des Schmutzwassers unbedingt eine gute Belüftung der Fallleitung voraus, andernfalls kommt es in der Fallleitung und den Anschlussleitungen zu Unter- und Überdruck mit Leersaugung oder Leerdrücken der Geruchverschlüsse.

6.8.1 Verlegung von Fallleitungen

Folgende Regeln sind bei der Verlegung von Fallleitungen zu beachten:

- Der Anschluss nebeneinanderliegender Wohnungen an eine gemeinsame Fallleitung ist nur zulässig, wenn Schall- und Brandschutz berücksichtigt sind.
- Fallleitungen sind ohne Nennweitenänderung möglichst geradlinig durch die Geschosse zu führen.
- Fallleitungen sind grundsätzlich über Dach zu lüften; Belüftungsventile sind nur bei Ein- und Zweifamilienhäusern zugelassen, wenn mindestens eine Fallleitung über Dach gelüftet ist.

- Druckleitungen der Hebeanlage dürfen grundsätzlich nicht an die Fallleitung angeschlossen werden.
- Die Mindestnennweite von Fallleitungen beträgt DN 70, wenn keine Toilette angeschlossen ist.
- Verziehungen siehe Kap. 6.8.2

Eine DN-70-Fallleitung ist z. B. in der Praxis die „Küchen-Fallleitung", an die maximal vier Küchen angeschlossen werden dürfen. Darüber hinaus bzw. bei WC-Anschlüssen muss mindestens DN 80 oder größer verwendet werden.

Empfehlenswert ist die Auflösung der 90°-Umlenkung von der Fallleitung in die Sammelleitung mit 2 × 45°, möglichst mit 250-mm-Zwischenstück (Abb. 4).

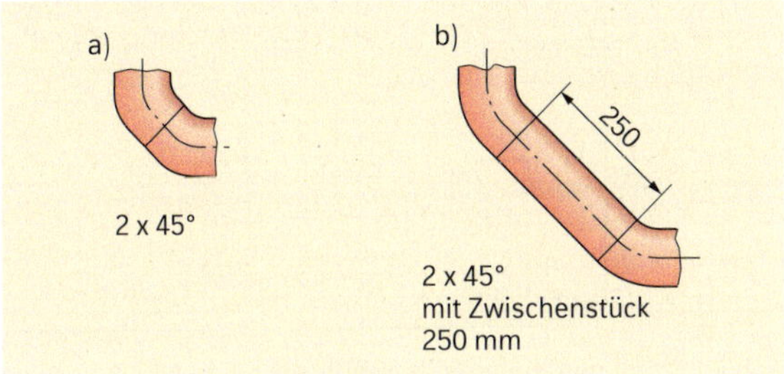

Abb. 4: Aufgelöste Umlenkung
a) ohne, b) mit Zwischenstück 250 mm

6.8.2 Verziehung von Fallleitungen

Verziehungen werden durch unterschiedliche Raumaufteilung in den Geschossen oder bei Terrassenhäusern erforderlich.

Je nach Geschosszahl entstehen durch mitgerissene Luft und Schaumbildung im Verziehungsbereich und im Übergang der Fall- auf die Sammel- oder Grundleitung Über- und Unterdrücke. Sind Entwässerungsgegenstände in diesen kritischen Bereichen (Abb. 5) angeschlossen, kann Wasser aus dem Geruchverschluss abgesaugt oder herausgedrückt werden.

Verlegerichtlinien für verzogene Schmutzwasser-Fallleitungen siehe TB.

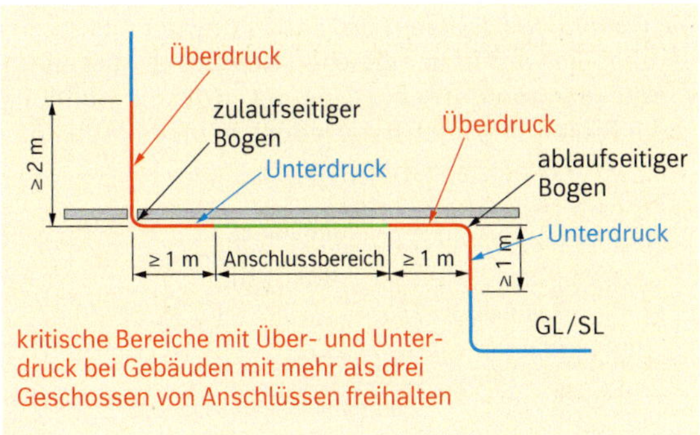

Abb. 5: Druckverhältnisse im Verziehungsbereich

Aufgaben

1. Nennen Sie den typischen Einsatzfall für Fallleitungen der Nennweite DN 70.
2. Erklären Sie, wie die Lüftung von Fallleitungen auszuführen ist.
3. Wie sollte ein druck- und strömungsgünstiger Übergang der Fallleitung in die liegende Leitung ausgeführt werden?
4. Benennen Sie die Bereiche mit Über- und Unterdruck im Verziehungsbereich von Fallleitungen.
5. Welche Auswirkung kann der Anschluss im kritischen Bereich der Fallleitungsverziehung auf die Entwässerungsgegenstände haben?

6.8.3 Dimensionierung von Fallleitungen

Die Bemessung erfolgt auf der Grundlage des Schmutzwasserabflusses $\dot{V}_{WW}$ am unteren Ende der Fallleitung.

$$\dot{V}_{WW} = K \cdot \sqrt{\sum DU}$$

$\dot{V}_{WW}$ = Schmutzwasserabfluss in l/s
K = typische Abflusskennzahl (TB)
$\sum DU$ = Summe der Anschlusswerte

Dabei wird durch die typische Abflusskennzahl K die Gleichzeitigkeit berücksichtigt.

Ist $\dot{V}_{WW}$ kleiner als der größte Einzelanschlusswert, so sind dessen DU in l/s anzusetzen.

Anhand des berechneten Schmutzwasserabflusses $\dot{V}_{WW}$ erfolgt mithilfe des TB die Bemessung der Fallleitung.

Beispiel

An die Fallleitung eines Zweifamilienhauses sind je Wohnung je 1 6-l-WC, 1 Badewanne, 1 Sitzwaschbecken, 1 Waschtisch, 1 Küchenspüle & Geschirrspüler mit gemeinsamem Geruchverschluss und eine Waschmaschine sowie eine Gästetoilette mit 9-l-WC und Waschtisch angeschlossen. Ermitteln Sie $\sum DU$, $\dot{V}_{WW}$, DN für die Fallleitung (Hauptlüftung, Abzweige ohne Innenradius).

Geg.: 2 · (6-l-WC, 1 BW, 1 SW, 1 WT, 1 Sp & SpM, 1 WM, 1 9-l-WC, 1 WT)

Ges.: $\sum DU$, $\dot{V}_{WW}$, DN

Lös.: $\sum DU = 2 \cdot (2 + 0{,}8 + 0{,}5 + 0{,}5 + 0{,}8 + 0{,}8 + 2{,}5 + 0{,}5)\ DU = 2 \cdot 8{,}4\ DU = 16{,}8\ DU$
$\dot{V}_{WW} = 0{,}5 \cdot \sqrt{16{,}8} = 2{,}05\ l/s \rightarrow$ DN 80
wegen 9-l-WC → DN 100

Aufgaben

1. Wie groß ist die Nennweite der Fallleitung eines Wohngebäudes, an die elf Küchenablaufstellen ($\sum DU = 8{,}8$) angeschlossen sind?
2. Dimensionieren Sie die Fallleitung eines Wohngebäudes mit $\dot{V}_{WW}$ = 3 l/s bei folgenden Abzweigen: a) Abzweige ohne Innenradius, b) Abzweige mit Innenradius.

6.9 Lüftung von Abwasserleitungen

Grundvoraussetzung für eine einwandfreie Funktion der Hausentwässerung ist eine fachgerechte Installation von Lüftungsleitungen. Die Lüftung leitet Kanalgase ab und soll Über- sowie Unterdruck und daraus entstehendes Leersaugen der Geruchverschlüsse vermeiden, sodass das Sperrwasser in den angeschlossenen Geruchverschlüssen um nicht mehr als 25 mm sinkt.

6.9.1 Verlegung von Lüftungsleitungen

Die wichtigsten Grundregeln zur Verlegung von Lüftungsleitungen sind:

- Die Belüftung des Abwassersystems führt durchgängig vom Abwasserkanal bis über Dach.
- Grund- und Sammelleitungen ohne Fallleitung, z. B. in Flachbauten, sind über Dach zu lüften.
- Fallleitungen müssen über Dach gelüftet werden. Dabei ist ihre Mündung lotrecht mindestens 150 mm über das Dach zu führen (Abb. 1).

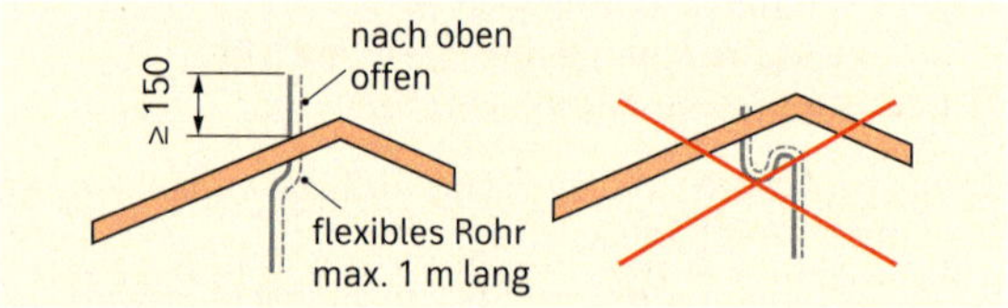

Abb. 1: Flexibles Zwischenstück

- Um Wassersäcke zu vermeiden, dürfen flexible Zwischenteile höchstens 1 m lang sein (Abb. 1).
- Um Geruchsbelästigung in Wohnungen zu vermeiden, ist zu Fenstern ein Abstand von 1 m senkrecht oberhalb bzw. 2 m seitlich einzuhalten (Abb. 2).

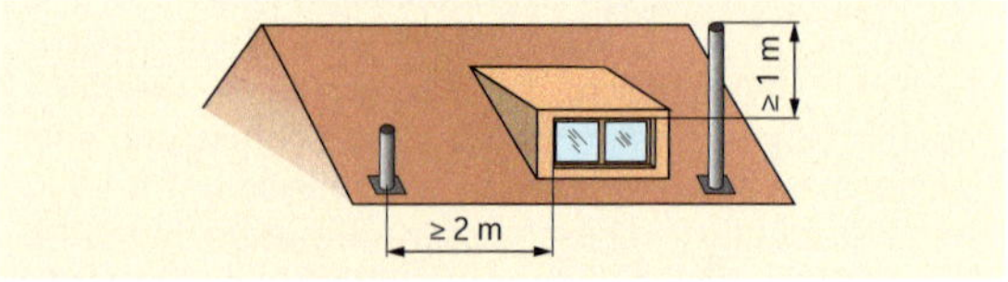

Abb. 2: Lüftung über Dach

- Die Verlegung sollte geradlinig und lotrecht erfolgen, Verziehungen sind zur Schwitzwasserableitung mit Gefälle auszuführen.
- Bei Gebäuden von mehr als 5 Geschossen werden die Umlenkungen mit 45°-Bögen ausgeführt.
- Lüftungsleitungen sollen möglichst an lotrechte Teile der Abwasserleitung angeschlossen werden (Abb. 3).

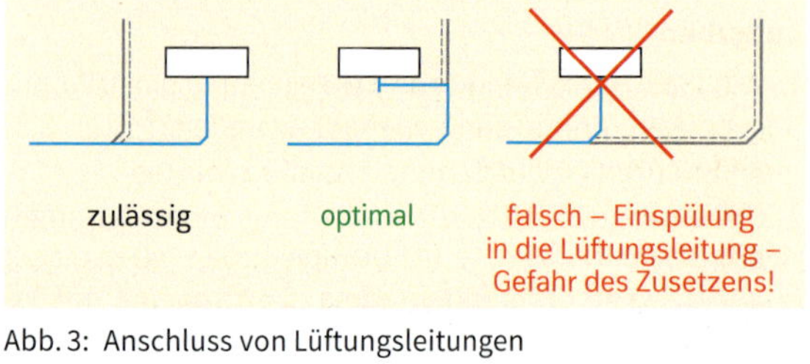

Abb. 3: Anschluss von Lüftungsleitungen

6.9.2 Bemessung der Lüftung von Abwasserleitungen

Unter der *Einzel-Hauptlüftung* (EHL) versteht man die Lüftung von Fall-, Sammel- oder Grundleitung über Dach. Diese Lüftungsleitung wird in der gleichen Nennweite ausgeführt wie die zu lüftende Leitung (Abb. 4).

Mehrere Einzel-Hauptlüftungen können zu einer *Sammel-Hauptlüftung* (SHL) zusammengefasst werden (Abb. 4). Dadurch verringert sich die Anzahl der Dachdurchdringungen, was insbesondere bei Flachdächern gerne genutzt wird (Abb. 4).

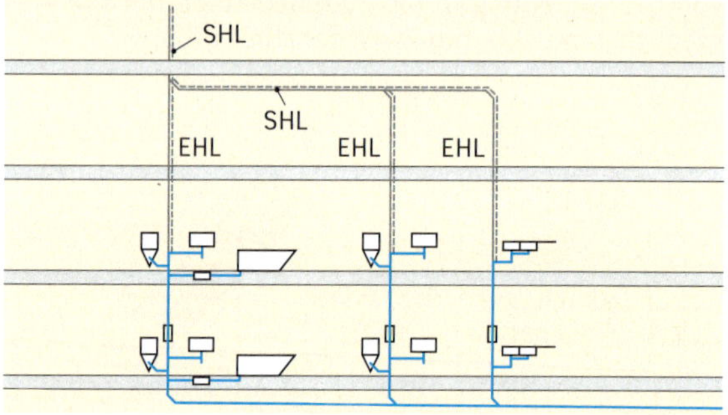

Abb. 4: Einzel- und Sammelhauptlüftung

Die Querschnittsfläche der Sammel-Hauptlüftung muss mindestens so groß sein wie die Hälfte der Summe der Einzelquerschnitte der Einzel-Hauptlüftungen, mindestens jedoch eine DN größer als die größte DN der zugehörigen Einzel-Hauptlüftung (Abb. 5). Diese Aufweitung ist bei Einfamilienhäusern nicht erforderlich.

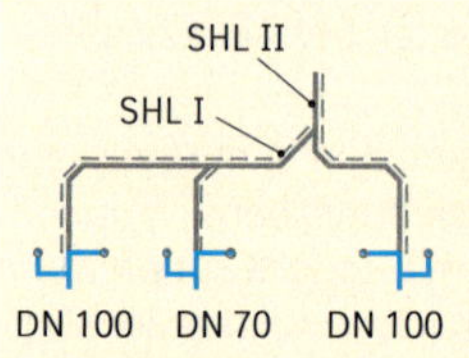

DN 70 → 38 cm²
DN 100 → 79 cm²
DN 125 → 123 cm²
DN 150 → 177 cm²

$$A_I = \frac{AI + AII + AIII + ...}{2}$$

$$A_I = \frac{79\ cm^2 + 38\ cm^2}{2} = 59\ cm^2 \rightarrow DN\ 100$$

mindestens jedoch eine DN größer als der größte Einzelquerschnitt → **DN 125**

$$A_{II} = \frac{38\ cm^2 + 79\ cm^2 + 79\ cm^2}{2} = 98\ cm^2$$ → **DN 125**

Abb. 5: Dimensionierung einer SHL

Die *Umlüftung* (UL) dient der Entlastung der Anschlussleitung. Sie wird in der gleichen Nennweite ausgeführt wie die (Sammel-)Anschlussleitung an der Einmündung in die Fallleitung, höchstens jedoch in DN 70 (Abb. 6).

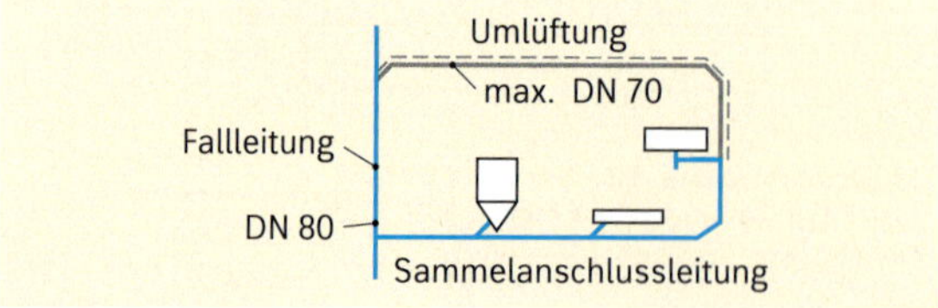

Abb. 6: Umlüftung

Die *Umgehungsleitung* (UGL) dient der Entlastung der Fallleitung im Verziehungsbereich.

Umgehungsleitung und ihr Lüftungsteil werden in der gleichen Nennweite ausgeführt wie die Fallleitung, höchstens jedoch in DN 100 (Abb. 7).

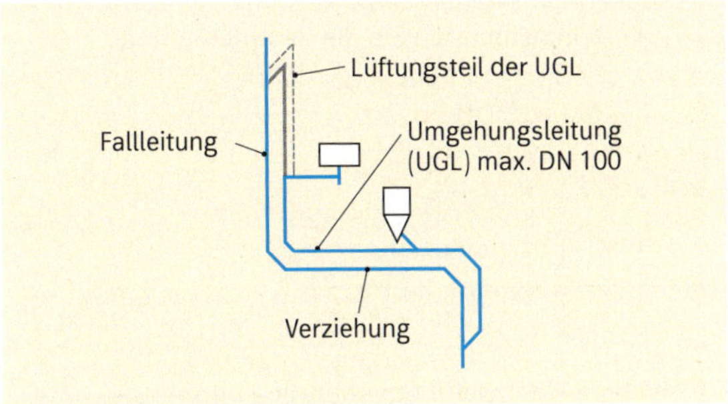

Abb. 7: Umgehungsleitung (UGL)

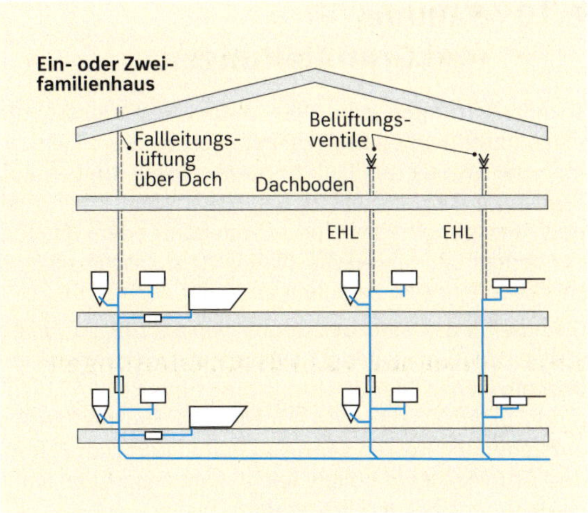

Abb. 10: Belüftungsventile als Ersatz für die Fallleitungslüftung über Dach bei EFH und ZFH

6.9.3 Belüftungsventile

Belüftungsventile können eine Vereinfachung der Belüftung des Entwässerungssystems bewirken.

Das Funktionsprinzip von Belüftungsventilen ist in Abb. 8 zu sehen.

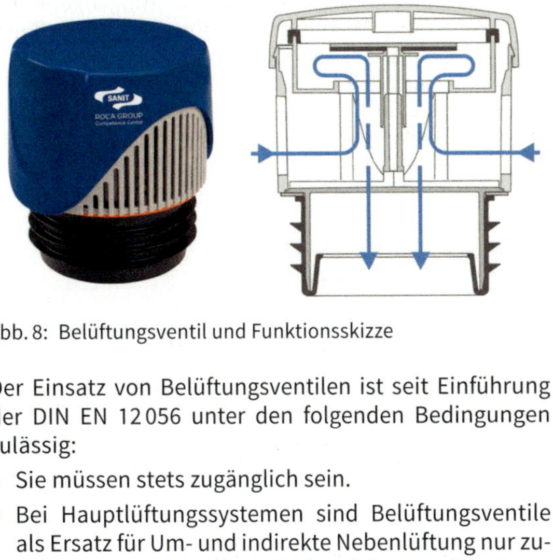

Abb. 8: Belüftungsventil und Funktionsskizze

Der Einsatz von Belüftungsventilen ist seit Einführung der DIN EN 12056 unter den folgenden Bedingungen zulässig:

- Sie müssen stets zugänglich sein.
- Bei Hauptlüftungssystemen sind Belüftungsventile als Ersatz für Um- und indirekte Nebenlüftung nur zugelassen, wenn sie oberhalb des rückstaugefährdeten Bereichs eingebaut werden, d. h., der Einbau muss höher als der höchstmögliche Schmutzwasserspiegel erfolgen (Abb. 9).

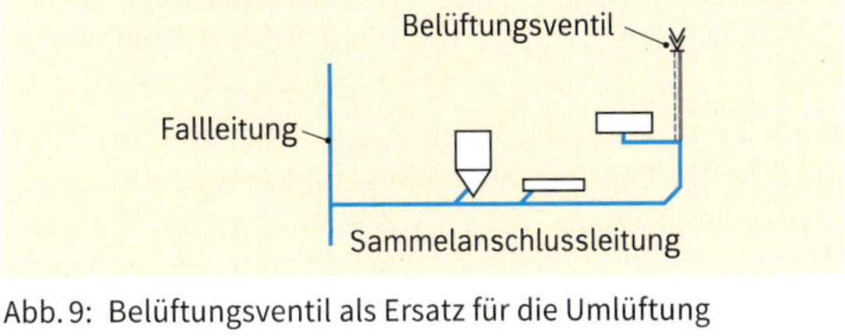

Abb. 9: Belüftungsventil als Ersatz für die Umlüftung

- Für Fallleitungslüftung sind sie ausschließlich bei Ein- und Zweifamilienhäusern einzusetzen, wenn mindestens eine Fallleitung über Dach gelüftet ist (Abb. 10).
- Für Behälterlüftung (z. B. Hebeanlage) sind Belüftungsventile ungeeignet, da sie nur be-, aber nicht entlüften.

Je nach Einsatzbereich benötigen Belüftungsventile unterschiedliche Luftdurchlässigkeit:

- Für *Anschlussleitungen* muss der Mindestluftvolumenstrom mindestens so groß sein wie der Gesamtschmutzwasserabfluss $\dot{V}_{tot}$ in der Leitung.
- Bei **Fallleitungen** in Ein- und Zweifamilienhäusern muss der Mindestluftvolumenstrom mindestens dem 8-Fachen des Schmutzwasserabflusses $\dot{V}_{WW}$ der jeweiligen Fallleitung entsprechen.

Aufgaben

1. Beschreiben Sie die Aufgaben von Lüftungsleitungen.
2. Wozu dient eine Umlüftung?
3. Nennen Sie die typischen Einsatzbereiche einer Umlüftung.
4. Welche Vorteile bietet eine Sammelhauptlüftung und bei welcher Gebäudeart wird sie bevorzugt eingesetzt?
5. Ermitteln Sie die Nennweite der
   a) Einzelhauptlüftung einer Fallleitung DN 100,
   b) Umlüftung einer Sammelanschlussleitung DN 100.
6. Welche Aufgabe erfüllt eine Umgehungsleitung?
7. Unter welchen Bedingungen sind Belüftungsventile zulässig?

6.10 Sammel- und Grundleitungen

Sammelleitungen sind frei verlegte Leitungen, die meist unter der Kellerdecke installiert werden. Sie nehmen das Wasser aus Fall- und Anschlussleitungen auf. *Grundleitungen* erfüllen den gleichen Zweck, sind jedoch unzugänglich im Erdreich oder unter dem Baukörper verlegt und führen das Wasser dem Anschlusskanal zu.

Grundleitungen sind der Gefahr von Setzungsbrüchen ausgesetzt. Dann gelangt Abwasser in das Grundwasser. Deshalb ist nach der Verlegung eine zumeist wiederkehrende *Dichtheitskontrolle* erforderlich. Um die daraus entstehenden Kosten gering zu halten und zum Schutz des Grundwassers sollen leicht kontrollierbare Sammelleitungen bevorzugt werden.

6.10.1 Verlegung von Sammel- und Grundleitungen

Die Verlegegrundsätze von Sammel- und Grundleitungen sind in Kap. 6.5.6 beschrieben.

Die Belastung von Abwasserleitungen durch Bauwerkssetzung kann durch gelenkige Muffenverbindungen abgefangen werden.

6.10.2 Bemessung von Sammel- und Grundleitungen

Der in der Sammel- oder Grundleitung abfließende Gesamtschmutzwasserfluss $\dot{V}_{tot}$ errechnet sich aus den folgenden Einzelvolumenströmen:

- dem Schmutzwasserabfluss $\dot{V}_{WW}$, der stets mithilfe der Summe aller Anschlusswerte unter Berücksichtigung der Gleichzeitigkeit berechnet wird
- dem kontinuierlichen Schmutzwasserzufluss $\dot{V}_C$ (Dauerabfluss), z. B. aus Schwimmbadentleerung
- dem Pumpenvolumenstrom $\dot{V}_P$ aus Hebeanlagen

$$\dot{V}_{tot} = \dot{V}_{WW} + \dot{V}_C + \dot{V}_P$$

$\dot{V}_{tot}$	Gesamtschmutzwasserabfluss	in l/s
$\dot{V}_{WW}$	Schmutzwasserabfluss	in l/s
$\dot{V}_C$	Dauerabfluss	in l/s
$\dot{V}_P$	Pumpenförderstrom	in l/s

Die Nennweite von Sammel- und Grundleitungen kann, in Abhängigkeit vom Gesamtschmutzwasserabfluss $\dot{V}_{tot}$ für einen Füllungsgrad h/d_i = 0,5 aus Tabellen entnommen werden (→ TB).

Hier wird berücksichtigt, dass bei zunehmendem Gefälle ein größerer Volumenstrom durch die Leitung fließen kann. Die *Mindestnennweite* von Sammelleitungen beträgt DN 70. Grundleitungen dürfen bis zum ersten Schacht in DN 80 verlegt werden, sollten aber, wenn möglich, in DN 100 ausgeführt werden. Dann bestehen bessere Möglichkeiten zu Inspektion und Reinigung.

Beispiel

Aus 3 Fallleitungen eines Zweifamilienhauses strömen der Sammelleitung 25 DU zu. Weiterhin ist als Dauerabfluss eine Schwimmbadentleerung mit 1,2 l/s vorgesehen. Das Gefälle beträgt 2 %.

a) Berechnen Sie den Gesamtschmutzwasserabfluss und dimensionieren Sie die Sammelleitung.

Geg.: K = 0,5 (Wohngebäude → TB)
$\Sigma DU = 25$ DU
$\dot{V}_C = 1{,}2$ l/s

Ges.: $\dot{V}_{tot}$

Lös.: $\dot{V}_{WW} = K \cdot \sqrt{\Sigma DU} = 0{,}5 \sqrt{25}$ = 2,5 l/s
$\dot{V}_{tot} = \dot{V}_{WW} + \dot{V}_C + \dot{V}_P$
$\dot{V}_{tot} = 2{,}5$ l/s + 1,2 l/s **= 3,7 l/s**
DN bei 2 % u. $h/d_i = 0{,}5$ (→ TB) **DN 125**

b) Welche Nennweite benötigt die Leitung, wenn zusätzlich eine Hebeanlage mit 4,0 l/s angeschlossen wird und der Füllungsgrad 0,5 beibehalten werden soll?

Geg.: $\Sigma DU = 25$ DU → $\dot{V}_{WW} = 2{,}5$ l/s
$\dot{V}_C = 1{,}2$ l/s
$\dot{V}_P = 4{,}0$ l/s

Ges.: $\dot{V}_{tot}$

Lös.: $\dot{V}_{tot} = \dot{V}_{WW} + \dot{V}_C + \dot{V}_P$
$\dot{V}_{tot} = 2{,}5$ l/s + 1,2 l/s + 4,0 l/s **= 7,7 l/s**
DN bei 2 % u. $h/d_i = 0{,}5$ (s. TB) **DN 150**

Weiterhin darf in Sammel- und Grundleitungen in Fließrichtung hinter dem Anschluss einer Hebeanlage der *Füllungsgrad* bis auf 0,7, hinter einem belüfteten Schacht bis auf 1,0 (Vollfüllung) erhöht werden (Tabellen zur Dimensionierung von Sammel- und Grundleitungen mit h/d_i = 0,7 und 1,0 → TB).

6.10.3 Dichtheitsprüfung von Grundleitungen

Nach dem Verfüllen des Rohrgrabens ist die Grundleitung mit Luftdruck oder Wasser auf Dichtheit zu prüfen (DIN EN 1610). Dadurch lassen sich Undichtigkeiten infolge mangelhafter Verlegung, frühzeitige Setzungen und Brüche feststellen. Bei weitverzweigten Leitungen ist eine unverbindliche Vorprüfung vor dem Verfüllen des Rohrgrabens zu empfehlen.

Die maßgebliche Prüfung mit Wasser läuft folgendermaßen ab: Sämtliche Öffnungen, Abzweige und Einmündungen werden wasserdicht und drucksicher verschlossen. Um Luftfreiheit zu erreichen, wird die Leitung möglichst vom Tiefpunkt aus mit Wasser befüllt. Danach lässt sich mithilfe eines Standrohres der erforderliche Prüfdruck aufbauen. Dieser muss mindestens 1 m und darf höchstens 5 m Wassersäule (0,1 bis 0,5 bar) betragen.

Nach einer Vorbereitungszeit von einer Stunde, während der die Leitung vollgefüllt gehalten wird, erfolgt die Dichtheitsprüfung. Diese dauert 30 Minuten. Während dieser Zeit ist ein Wasserverlust erlaubt, der abhängig von der Mantelfläche des Rohres ist. Um die Leitung oder den Leitungsabschnitt noch als dicht zu bezeichnen, darf höchstens folgender Wasserverlust eintreten:

- 0,15 l/m² bei Rohrleitungen
- 0,20 l/m² bei Rohrleitungen einschließlich Schächten
- 0,40 l/m² bei Schächten

Über die Dichtheitsprüfung ist ein Protokoll anzufertigen.

Protokoll und Berechnungsbeispiel sind im → TB aufgeführt.

Aufgaben

1. Wie sind Richtungsänderungen von Grund- und Sammelleitungen auszuführen?
2. Warum sind Sammelleitungen gegenüber Grundleitungen zu bevorzugen?
3. Aus welchen Volumenströmen berechnet sich der Gesamtschmutzwasserabfluss?
4. Welche Mindestnennweiten gelten für Sammel- bzw. Grundleitungen?
5. Beurteilen Sie die Grundleitung DN 80 bezüglich ihrer universellen Einsetzbarkeit.

6.11 Reinigungsöffnungen

Verstopfungen im Entwässerungssystem können durch unsachgerechte Nutzung bzw. nicht fachgerechte Installation erfolgen. Ziel des Einbaus von Reinigungsöffnungen ist eine möglichst rasche und effektive Wiederherstellung der Funktion der Entwässerungsanlage.

Nach DIN 1986-100 sind die im → TB dargestellten Reinigungsöffnungen einzubauen:

- Sie sind unmittelbar am Übergang einer lotrechten Leitung in eine liegende Leitung erforderlich.
- In Sammel- und Grundleitungen muss mindestens alle 20 m eine Reinigungsmöglichkeit vorgesehen werden. Wenn keine Richtungsänderung vorhanden ist, darf der Abstand auf 40 m vergrößert werden.
- Nahe der Grundstücksgrenze, jedoch nicht weiter als 15 m vom öffentlichen Straßenkanal entfernt, soll sich ein Schacht mit Reinigungsöffnung befinden.
- Bei Höhenunterschieden durch Abstürze (Sturzstrecke) ist wegen der Verstopfungsgefahr eine Reinigungsöffnung einzubauen.

Innerhalb von Gebäuden sind Grundleitungen geschlossen mit Reinigungsrohr durch Schächte zu führen; dabei muss der Schacht gegen Einlauf von Wasser von oben geschützt werden.

Grundleitungen, die außerhalb des Gebäudes liegen, benötigen einen begehbaren *Schacht*. In diesem ist der Durchfluss in einer offenen Rinne empfehlenswert. Liegt der Schachtdeckel unter der Rückstauebene, so ist eine geschlossene Rohrdurchführung erforderlich, oder der Schacht ist gegen Wasseraustritt zu sichern. Ist der Schacht weniger als 5 m von Fenstern oder Türen entfernt, muss er geruchsdicht hergestellt werden. Um Setzungsbrüche im Bereich der Anschlüsse zu vermeiden, sind diese gelenkig auszuführen.

Neben den vorgeschriebenen Reinigungsöffnungen können weitere Öffnungen genutzt werden, z. B.:

- Abnehmen des WC- oder Urinalbeckens
- Abnehmen von Geruchverschlüssen an Waschbecken oder Küchenspülen
- Entfernen des steckbaren Geruchverschlusses bei Bodenabläufen
- Zugang zur Fallleitung über die Lüftungsleitung

6.12 Schutz vor Rückstau

Der Abwasserkanal ist in der Regel so tief verlegt, dass auch das Wasser im Keller befindlicher Entwässerungsgegenstände frei zum Kanal abfließen kann (Abb. 1a). Bei Überschreitung der üblichen Regenspende, Störungen im Abwasserkanal oder in Pumpwerken kann jedoch Rückstau eintreten. Wenn keine Rückstausicherung eingebaut ist, besteht dann die Gefahr, dass Schmutzwasser aus dem Kanal durch die Entwässerungsgegenstände in den Keller eindringen kann (Abb. 1b).

Bei Erreichen der Rückstauebene drückt das Abwasser aus dem Schacht und verteilt sich auf der Straße.

! Wenn die örtliche Behörde keine andere Festlegung vornimmt, gilt die Höhe der Straßenoberkante an der Anschlussstelle als Rückstauebene (Abb. 1).

Alle unter der Rückstauebene liegenden Entwässerungsgegenstände müssen gegen Rückstau gesichert werden.

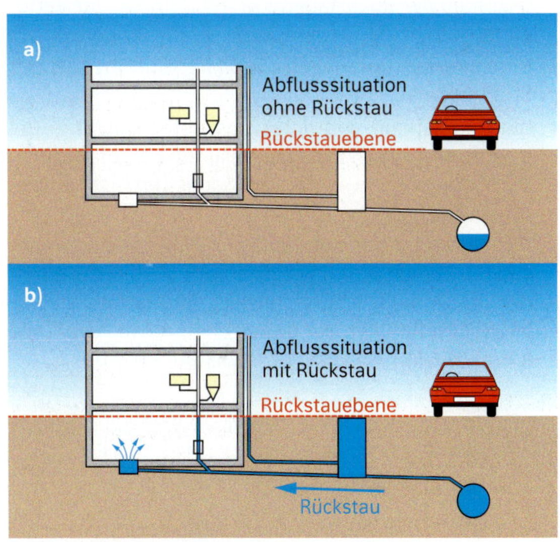

Abb. 1: Abflusssituation einer ungesicherten Grundstücksentwässerung

Die Missachtung dieser Regel kann eine Überflutung des Kellers zur Folge haben, für die eine Versicherung die Haftung ablehnen kann.

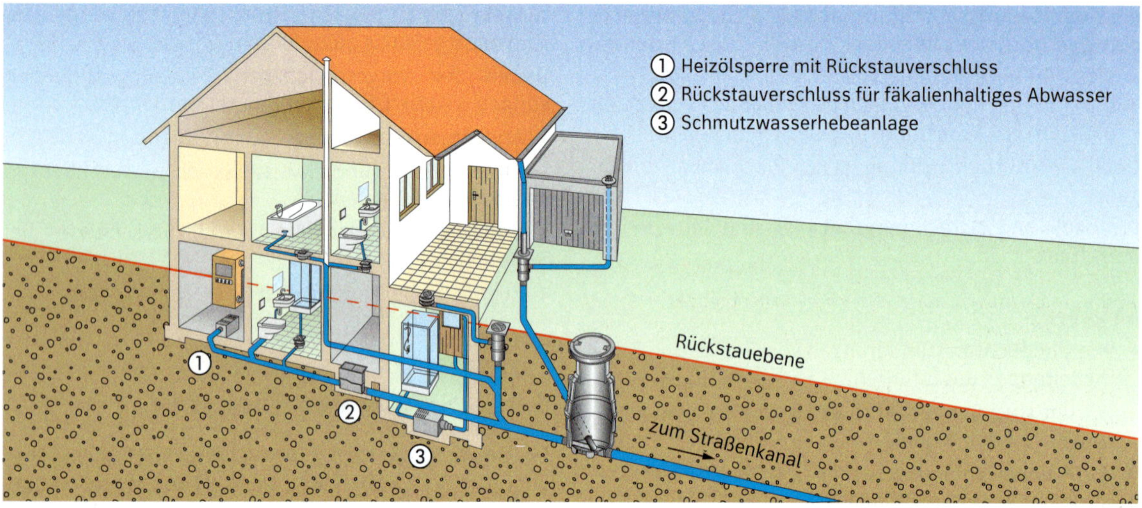

Abb. 1: Ablaufstellen unter- und oberhalb der Rückstauebene

Die Art der Absicherung gegen Rückstau hängt von der Notwendigkeit ab, mit der das unter der Rückstauebene anfallende Schmutzwasser abgeführt werden muss (siehe Kap. 6.12.3).

6.12.1 Rückstauverschlüsse

Rückstauverschlüsse dürfen nur unter folgenden Bedingungen eingebaut werden:

- Die Entwässerungsgegenstände dienen nur einem kleinen Kreis von Benutzenden.
- Bei Rückstau kann auf die Benutzung der Entwässerungsgegenstände verzichtet werden.
- Oberhalb der Rückstauebene steht ein WC zur Verfügung.
- Die Entwässerungsgegenstände liegen höher als der Straßenkanal.
- Die Räume sind von untergeordneter Nutzung. Bei Überflutung entsteht keine Gesundheitsgefährdung. Die Lagerung wesentlicher Sachgüter ist ausgeschlossen.
- Das Abwasser der oberhalb der Rückstauebene liegenden Entwässerungsgegenstände wird nicht durch den Rückstauverschluss geleitet. Andernfalls strömt bei Rückstau Abwasser der eigenen Abwasseranlage aus diesen Entwässerungsgegenständen (Abb. 2).

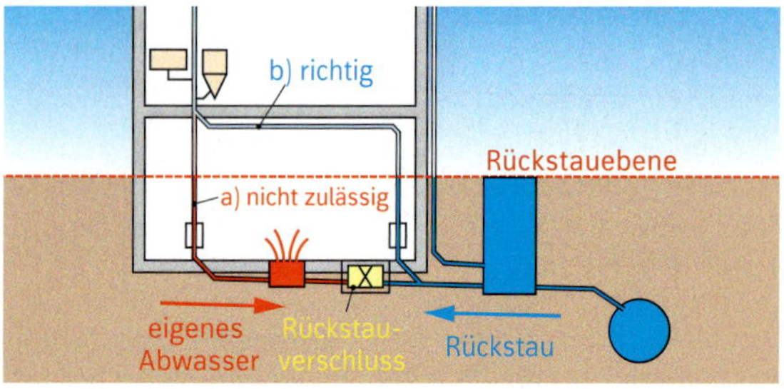

Abb. 2: Ablaufsituationen

Zur Sicherung gegen Rückstau sind in Deutschland die Rückstauverschlüsse der Typen 2, 3 und 5 zugelassen. Beim Einbau ist auf eine gute Zugänglichkeit zu achten.

Rückstauverschlüsse Typ 2 für fäkalienfreies Abwasser

Diese Rückstauverschlüsse (Abb. 3) sind horizontal durchströmt und müssen mindestens die folgenden Verschlussvorrichtungen aufweisen:

- einen *handbedienten* Notverschluss durch Klappe oder Schieber
- einen *selbsttätigen* Betriebsverschluss durch Klappe oder Kugel

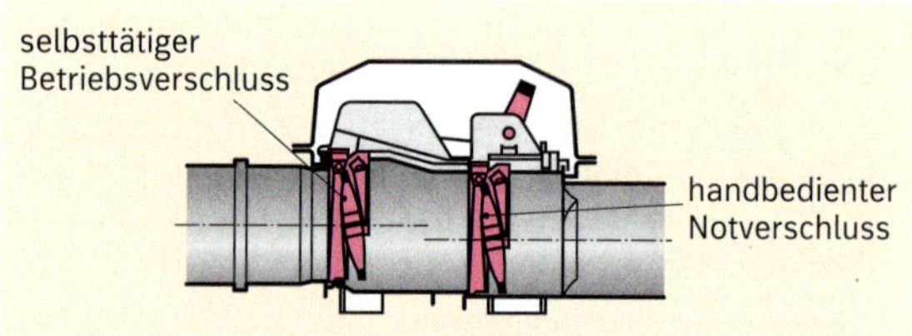

Abb. 3: Rückstauverschluss Typ 2 für fäkalienfreies Abwasser

Das ablaufende Schmutzwasser öffnet die Klappen. Bei Rückstau wird der Betriebsverschluss durch rückstauendes Wasser gegen die Dichtfläche gedrückt.

Rückstauverschlüsse Typ 3 für fäkalienhaltiges Abwasser

Der Rückstauverschluss Typ 3 (Abb. 4) ist ebenfalls horizontal durchströmt und muss mindestens die folgenden Verschlussvorrichtungen aufweisen:

- einen *handbedienten* Notverschluss (Klappe oder Schieber)
- einen *motorisch angetriebenen* Betriebsverschluss durch Gummibalg, Schieber, Kolben oder Klappe, dessen Verschlussvorgang durch einen Sensor ausgelöst wird

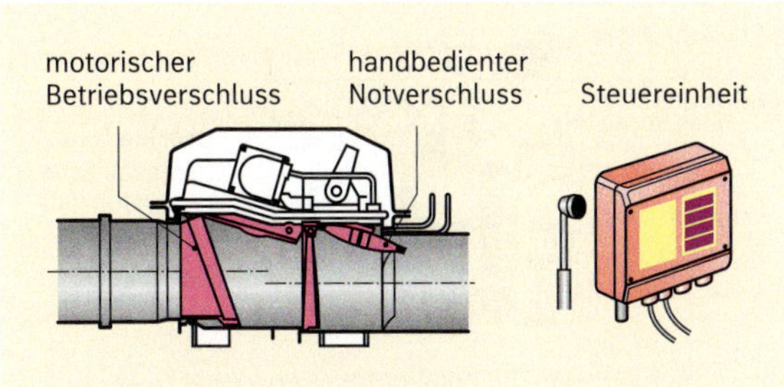

Abb. 4: Rückstauverschluss Typ 3 für fäkalienhaltiges Abwasser

Im Betriebszustand sind beide Verschlüsse geöffnet. Bei Rückstau meldet die Sonde den ansteigenden Schmutzwasserspiegel. Dadurch wird ein Motor angesteuert, der den Betriebsverschluss mindestens innerhalb von 45 Sekunden verschließen muss.

Rückstauverschlüsse Typ 5 in Bodenablauf oder Ablaufgarnitur

Der Rückstauverschluss Typ 5 (Abb. 5) weist einen vertikalen Zufluss und einen horizontal Abfluss auf.

Er muss mindestens die folgenden Verschlussvorrichtungen aufweisen:

- zwei selbsttätig wirkende Betriebsverschlüsse (Klappe oder Schieber) und/oder
- einen handbedienten Notverschluss, der mit einem der Betriebsverschlüsse kombiniert sein darf

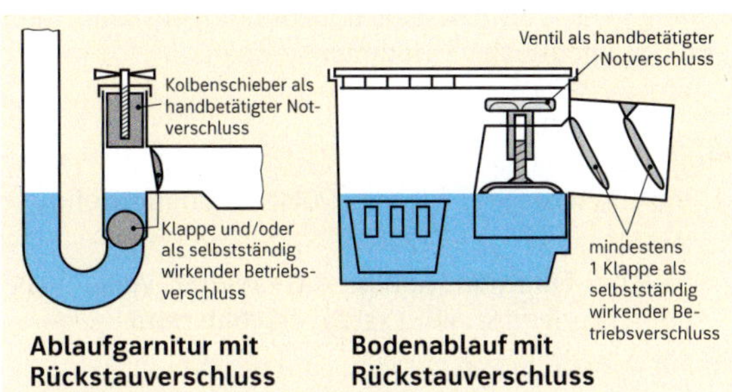

Abb. 5: Rückstauverschluss Typ 5

6.12.2 Abwasserhebeanlagen

Hebeanlagen werden grundsätzlich eingebaut, wo Abwasser unterhalb der Rückstauebene anfällt und die Entsorgung auch bei Rückstau gewährleistet sein muss.

Nach DIN EN 12050 stehen die folgenden drei unterschiedlichen Arten von Hebeanlagen zur Verfügung:

- Fäkalienhebeanlage
- Fäkalienhebeanlage zur begrenzten Verwendung
- Hebeanlage für fäkalienfreies Schmutzwasser

Je nach Erfordernis werden Hebeanlagen mit Fäkalienzerkleinerer angeboten. Zwar verursachen diese Anlagen durch ihre hohe Drehzahl eine größere Geräuschbelästigung, doch lassen sie eine wesentlich kleinere Nennweite der Druckleitung zu. Nach DIN 12050 sind die Anlagen mit Fäkalienzerkleinerer nicht die zu bevorzugende Lösung.

Folgende Installationsregeln sind grundsätzlich bei allen Hebeanlagen zu berücksichtigen:

- Da die Fallleitung nur der Entwässerung der Anschlussleitungen dient, darf der Anschluss der Druckleitung von Hebeanlagen nur an die belüftete Grund- oder Sammelleitung, nicht an die Fallleitung erfolgen. Andernfalls ist die Be- und Entlüftung der Fallleitung nicht mehr gewährleistet. Außerdem besteht die Gefahr, dass Druckwasser der Hebeanlage am untersten Anschluss der Fallleitung herausdrückt, wenn eine Verstopfung an deren unterem Ende vorkommt.
- Um ein Rückströmen von Schmutzwasser aus dem Kanal in jedem Fall zu verhindern, muss die Sohle der Rückstauschleife mindestens über die Rückstauebene führen, wenn genügend Platz vorhanden ist, möglichst sogar 300 mm darüber.

Fäkalienhebeanlagen

Fäkalienhebeanlagen (Abb. 6) werden grundsätzlich eingebaut für WC und Urinale, wenn bei Rückstau Entsorgungssicherheit gefordert ist, bzw. wo wertvolle Güter unter der Rückstauebene gelagert sind. Ihr geruchsdichter Sammelbehälter hat ein Nutzvolumen, das größer ist als das Volumen zwischen Rückflussverhinderer und Rückstauschleife. Das Volumen beträgt mindestens 20 Liter.

Eine über Dach führende Lüftung, die auch in der Haupt- bzw. Nebenlüftung angeschlossen werden darf, vermeidet Überdruck beim Zulauf in den Behälter und Unterdruck, wenn die Pumpe läuft.

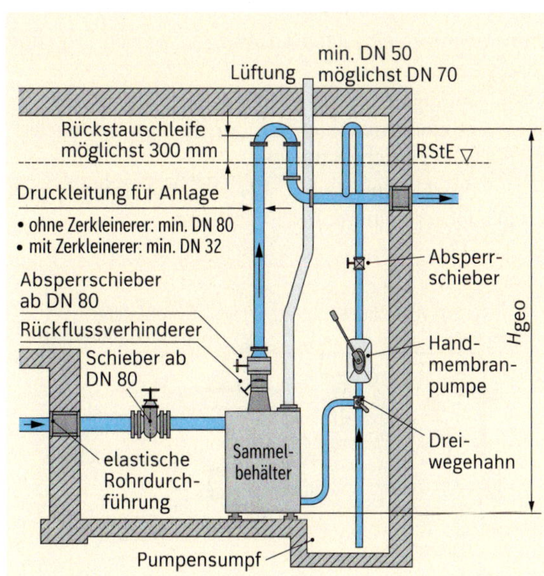

Abb. 6: Fäkalienhebeanlage

Die folgenden Mindestnennweiten sind einzuhalten:

- Lüftungsleitung mindestens DN 50, möglichst DN 70
- Druckleitung DN 80, mit Fäkalienzerkleinerer DN 32

Wenn der Zufluss während des normalen Betriebes, z. B. durch Störung, nicht unterbrochen werden darf, ist eine zweite, automatisch wirksame Fördereinrichtung mit gleicher Leistungsfähigkeit einzubauen.

Zusätzlich zu den in Abb. 6 (S. 267) dargestellten Installationsregeln sind folgende Vorgaben zu beachten:

- Die Befestigung der Anlage muss verdreh- und auftriebssicher erfolgen.
- Der Arbeitsraum muss ausreichend beleuchtet sowie gut be- und entlüftet sein. An den Bedien- und Wartungsseiten ist ein freier Raum von 60 cm vorzusehen.
- Um Schallübertragung auf das Gebäude zu minimieren, sind die Leitungen schalldämmend und flexibel zu verlegen, z. B. durch Kompensatoren.

Eine Pumpe ist im Pumpensumpf für Hebeanlagen nicht zwingend, sie lässt sich durch eine mobile Einrichtung ersetzen.

Fäkalienhebeanlagen zur begrenzten Verwendung

Die Fäkalienhebeanlagen zur begrenzten Verwendung (Abb. 1) ist nur für einen kleinen Kreis von Benutzenden zugelassen, wenn ein WC oberhalb der Rückstauebene zur Verfügung steht. Sie wird eingesetzt, wenn Entwässerung auch bei Rückstau erforderlich ist, unterliegt aber folgenden Einschränkungen:

- Es dürfen höchstens 1 WC, 1 Waschtisch, 1 Duschwanne und ein Sitzwaschbecken unmittelbar angeschlossen werden.
- Alle Entwässerungsgegenstände müssen sich im selben Raum befinden.

Diese begrenzt einsetzbaren Anlagen weisen folgende Vorzüge auf:

- Sie benötigen keine Lüftungsleitung über Dach. Es genügt ein Aktivkohlefilter, der die Luft in den Aufstellraum geruchlos ableitet.
- Die Druckleitung kann DN 25, bei integriertem Fäkalienzerkleinerer DN 20 betragen.

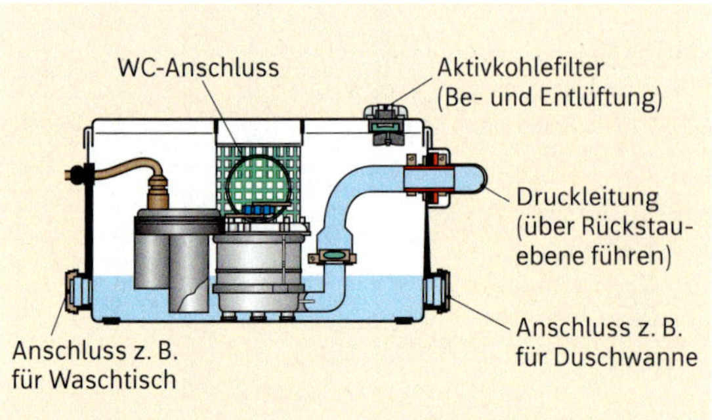

Abb. 1: Fäkalienhebeanlagen zur begrenzten Verwendung

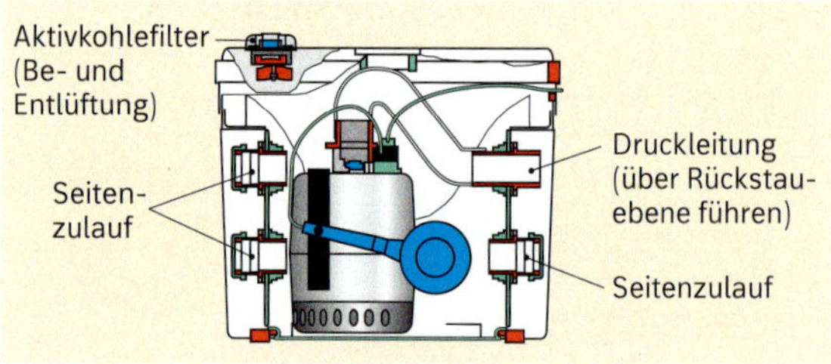

Abb. 2: Hebeanlagen für fäkalienfreies Abwasser

Hebeanlage für fäkalienfreies Schmutzwasser

Eine Hebeanlage für fäkalienfreies Schmutzwasser (Abb. 2) findet Einsatz z. B. als Kellerentwässerungspumpe in einem Sammelbehälter oder in einem Reinigungsschacht, wenn eine Entwässerung im Rückstaufall gewünscht ist. Als Sammelbehälter genügt ein abgedeckter und wasserdichter Schacht, dessen ausreichende Lüftung gewährleistet sein muss. Der Mindestquerschnitt der Druckleitung beträgt DN 32.

Inbetriebnahme, Inspektion und Wartung von Rückstauverschlüssen siehe Kap. 15.4

6.12.3 Einsatzbereiche der unterschiedlichen Absicherungen gegen Rückstau

Der Einsatz der unterschiedlichen Rückstausysteme in Abhängigkeit von den Einsatzbedingungen kann dem Tabellenbuch entnommen werden.

Aufgaben

1. Beschreiben Sie, wie die Rückstauebene definiert ist.
2. Welche Funktion haben die beiden Verschlusseinrichtungen von Rückstauverschlüssen?
3. Für welche Einsatzgebiete sind die drei in Deutschland zugelassen Typen von Rückstauverschlüssen geeignet?
4. Unter welchen Bedingungen dürfen Rückstauverschlüsse nicht eingebaut werden?
5. Beschreiben Sie die Einsatzbereiche der drei unterschiedlichen Arten von Hebeanlagen.
6. Erklären Sie, weshalb eine Hebeanlage zur begrenzten Verwendung nicht für den Einsatz in einer Wohnung unter Rückstauebene geeignet ist.
7. In welchen Intervallen müssen Rückstauverschlüsse und Hebeanlagen gewartet werden?
8. Beschreiben Sie den Ablauf der Wartung von Rückstauverschlüssen.
9. Beschreiben Sie, wie eine Schmutzwasserhebeanlage aufgebaut ist.
10. Erklären Sie die Bedeutung der Rückstauschleife in der Druckleitung.

6.13 Abscheideeinrichtungen

! Abscheidersysteme verhindern das Eindringen von Stoffen in das Kanalsystem, die schädliche oder belästigende Ausdünstungen oder Gerüche verbreiten, Baustoffe oder Einrichtungen angreifen oder im Betrieb stören.

Deren Einleitung ist nur in sehr kleinen Mengen und stark verdünnter Form gestattet.

Nach DIN 1986-3 sind folgende Stoffe als schädlich zu bezeichnen (Auszug):

- Abfallstoffe, auch in zerkleinertem Zustand, z. B. Küchenabfälle, Damenbinden, Kinderwindeln
- erhärtende Stoffe, z. B. Kalk, Kartoffelstärke
- feuergefährliche, explosionsfähige Gemische bildende Stoffe, z. B. Benzin, Heizöl
- Öle, Fette pflanzlichen oder tierischen Ursprungs
- Reinigungs-, Desinfektions-, Spül- und Waschmittel in überdosierten Mengen
- Rohrreinigungsmittel, die Entwässerungsgegenstände und Rohrwerkstoffe beschädigen

Kondensate aus Brennwertgeräten

Diese sind aggressiv und greifen insbesondere zementhaltige Werkstoffe (Faserzement- und Betonrohre) und ungeschützte metallische Werkstoffe (Stahl- und Gussrohre) an.

Um diese vor Beschädigung zu schützen, muss das kondensathaltige Abwasser entweder neutralisiert werden oder eine Mindestverdünnung aufweisen. Diese hängt von der Menge des anfallenden Kondensates (Leistung der Feuerungsanlage) und der Anzahl der Wohnungen des Gebäudes ab. Das ATV-Arbeitsblatt A 251 regelt die Mindestanforderungen bezüglich der Neutralisation und dem Grad der Verdünnung (→ TB).

6.13.1 Einrichtungen zum Abscheiden von Leichtflüssigkeiten

Leichtflüssigkeiten sind Flüssigkeiten mineralischen Ursprungs mit einer Dichte $\varrho \leq 0{,}95\ \text{kg/dm}^3$, z. B. Benzin, Heizöl, Schmierfett. Abscheider für Leichtflüssigkeiten sollen vermeiden, dass

- sich in den Abwasserleitungen und -kanälen explosive Dämpfe bilden und
- Leichtflüssigkeiten die Sauerstoffzufuhr in Kläranlagen behindern.

Überall, wo gewaschen, gewartet oder getankt wird, müssen Leichtflüssigkeitsabscheider eingebaut werden. Typische Einsatzstellen sind Tankstellen, Kfz-Werkstätten, Fahrzeugwaschanlagen und Tanklager.

Abscheider für Leichtflüssigkeiten sind *nicht* geeignet für Fette und Öle pflanzlichen oder tierischen Ursprungs und häusliche Entwässerungssysteme. Sie dürfen nur an die Schmutzwasser- oder Mischwasserkanalisation angeschlossen werden, nicht an den Regenwasserkanal.

Liegt der Abscheider unter der Rückstauebene, so ist eine Hebeanlage in Strömungsrichtung *hinter* diesem einzubauen, um die Abscheidung der Leichtflüssigkeit nicht zu beeinträchtigen.

Abscheidersysteme (Abb. 4) bestehen grundsätzlich aus den Komponenten Schlammfang – Leichtflüssigkeitsabscheider – Probenahmeschacht. Der **Zulauf** zum Abscheidersystem muss grundsätzlich leer laufen können. Um Leichtflüssigkeitsansammlungen an der Ablaufstelle zu vermeiden, muss der Bodenablauf ohne Geruchverschluss ausgeführt werden.

Der **Schlammfang** hält Sand, Schmutz und andere Sinkstoffe zurück, um den Abscheider zu entlasten und funktionsfähig zu halten.

Im **Leichtflüssigkeitsabscheider** (Abb. 3) wird das zuströmende Abwasser durch eine Prallplatte in den unteren Bereich der Beruhigungszone gelenkt, wo die enthaltene Leichtflüssigkeit durch eine ausreichend lange Aufenthaltsdauer nach oben aufschwimmt und sich sammelt. Das so gereinigte Wasser strömt durch ein schwimmergesteuertes Ventil zum Probenahmeschacht.

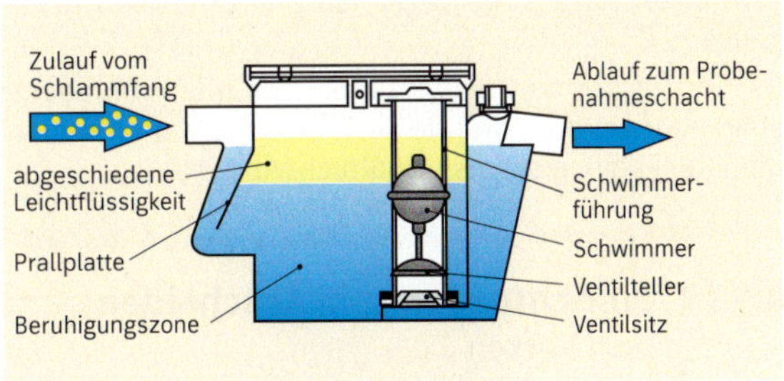

Abb. 3: Abscheider für Leichtflüssigkeiten

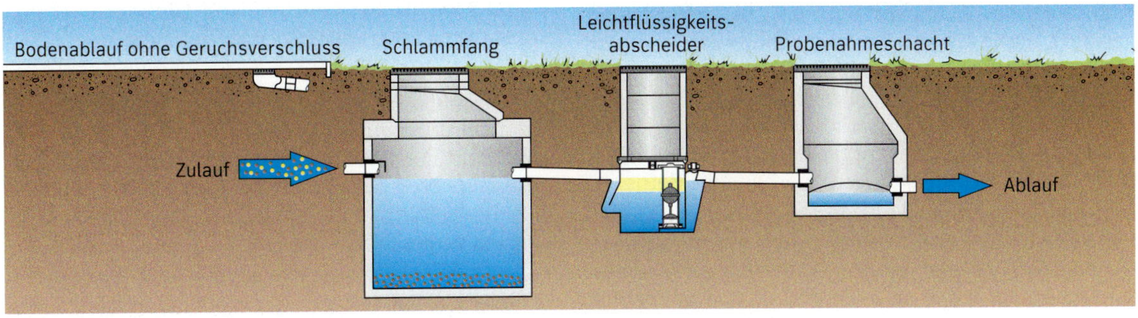

Abb. 4: Abscheidersystem

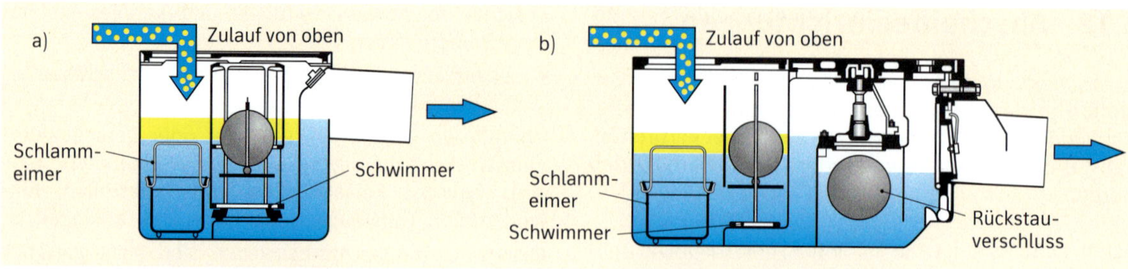

Abb. 1: Einbaudarstellung für eine Heizölsperre:
a) mit integriertem Geruchverschluss und Schlammeimer, b) zusätzlich mit Rückstauverschluss

Die Schwimmer-Ventil-Einheit weist eine Dichte auf,

- die kleiner ist als die Dichte des Wassers, sodass bei geringer Menge aufgestauter Leichtflüssigkeit das Ventil nicht auf dem Ventilteller aufsitzt, und
- die größer ist als die Dichte der Leichtflüssigkeit, sodass bei Erreichen der zulässigen Speichermenge das Öl die Kugel nicht mehr trägt und das Ventil schließt.

Der **Probenahmeschacht** bietet die Möglichkeit, bei laufendem Betrieb eine Probe zu nehmen, um Funktionsfähigkeit und Wirkungsgrad des Abscheiders zu kontrollieren.

Heizölsperren (Abb. 1a) nach DIN 4043 werden üblicherweise bei Ölheizungsanlagen als Bodenablauf eingebaut. Sie schützen im Störungsfall das Abwassersystem vor austretendem Heizöl. Sie sind nur für Leichtflüssigkeiten mit $\varrho \leq 0{,}85$ kg/dm³ mit Zulauf von oben zugelassen. Heizölsperren schließen nach dem Verdrängen von mindestens 3 Litern Wasser selbstständig. Sie sind nur selten in Betrieb, weshalb das Sperrwasser verdunstet. Dies ist bei regelmäßigen Kontrollen zu ergänzen.

Da Heizölsperren häufig unter der Rückstauebene eingebaut werden, sind sie auch in Kombination mit einem Rückstauverschluss erhältlich (Abb. 1b).

6.13.2 Einrichtungen zum Abscheiden von Fetten

Sie sind nur für die Entfernung organischer (pflanzlicher und tierischer) Fette und Öle, z. B. Talg, Butter, Schmalz, Tran, mit einer Dichte von etwa 0,93 bis 0,96 kg/dm³ geeignet, *nicht* jedoch für fäkalienhaltiges Schmutzwasser, Regenwasser, Öle und Fette mineralischen Ursprungs. Typische Einsatzstellen sind gewerbliche oder industrielle Betriebe, z. B. Küchenbetriebe, Hotels, Gaststätten, Kantinen, Essenausgabestellen, Metzgereien, Schlachthöfe, Fleisch und Fisch verarbeitende Betriebe.

In Hotelküchen können z. B. bis 15 g Fette und Öle je Portion warmes Essen anfallen. Durch Verschmutzung, höhere Temperaturen und den Zutritt von Luft kann es zur Bildung von aggressiven Fettsäuren und zu übelriechenden Ausdünstungen kommen. Bei Temperaturen unter 30–35 °C setzen sie sich an den Rohrwandungen ab und können so zu einer Querschnittsverengung und Verstopfung führen.

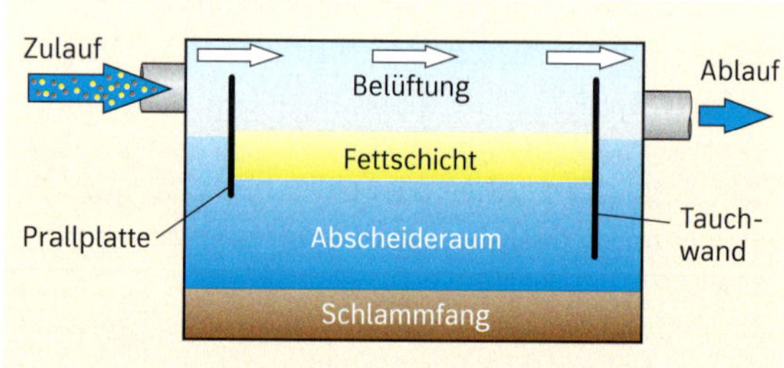

Abb. 2: Fettabscheider

Fettabscheidersysteme bestehen aus den drei Komponenten Schlammfang – Abscheider – Probenahmeschacht.

Im **Fettabscheider** (Abb. 2) wird das zuströmende Abwasser durch eine Prallplatte in den unteren Bereich der Beruhigungszone gelenkt.

Das Fett schwimmt auf und wird im Sammelraum zurückgehalten. Das so gereinigte Wasser strömt unter der Tauchwand hindurch zum Ablauf.

Alle Teile eines Fettabscheidersystems, einschließlich Zu- und Ablaufbereich, müssen so eingebaut werden, dass sie stets zugänglich sind. Auf der Oberseite des Abscheiders gibt ein Typenschild Auskunft über Prüfzeichen, Nenngröße und Volumen von Schlammfang und Abscheider, Baujahr und Hersteller.

Der Einbau soll

- möglichst nahe an der Ablaufstelle,
- möglichst im Freien,
- und entfernt von Fenstern und Lüftungsschächten zur Vermeidung von Geruchsbelästigung

erfolgen.

Der **Anschluss** ist nur an die Schmutz- oder Mischwasserkanalisation zulässig. Liegt der Wasserspiegel des Abscheiders unter der Rückstauebene, so ist die Hebeanlage *nachzuschalten*. Um das Stocken des Fettes in längeren Leitungen zu vermeiden, sind folgende Maßnahmen vorgeschrieben:

- Zu- und Ablaufleitungen werden, um die Verweildauer des Wassers gering zu halten, mit einem Mindestgefälle 1 : 50 (2 %) verlegt.

- Die Zulaufleitung muss vor dem Abscheider eine Beruhigungsstrecke ohne Umlenkungen von mindestens dem 10-Fachen der Nennweite des Zulaufrohres aufweisen.
- In langen Rohren mit starker Abkühlung kann es erforderlich sein, die zuführenden Rohrleitungen mit einer Wärmedämmung oder Begleitheizung auszuführen.

Wenn im Abscheider keine ausreichende **Lüftung** stattfindet, kann dies zu anaerober Zersetzung (Zersetzung ohne Sauerstoff) führen, wodurch die Bildung aggressiver Säuren begünstigt wird. Deshalb ist die Lüftung direkt, unbehindert und durchgehend über Zulauf – Schlammfang – Fettabscheider – Ablauf zu führen. Dabei sind folgende Verlegerichtlinien zu berücksichtigen:

- Die Zulaufleitung ist als Lüftungsleitung bis über Dach zu führen und darf nicht in andere Lüftungsleitungen eingeführt werden.
- Anschlussleitungen mit einer Länge $L > 5$ m müssen gesondert belüftet werden.

Für **Betrieb und Reinigung** von Fettabscheideranlagen ist die örtliche Entwässerungssatzung maßgeblich. Unabhängig davon sind Abscheider und Schlammfang möglichst 14-tägig, *mindestens jedoch monatlich* vollständig zu leeren, zu säubern und mit Wasser zu füllen. Durch die Entsorgung von Schlamm und Fett können erhebliche Kosten anfallen.

Aufgaben

1. Erklären Sie, weshalb folgende Stoffe nicht in größeren Mengen in das Abwassersystem geleitet werden dürfen: a) Kondensate, b) Fette und Öle mineralischen Ursprungs, c) tierische und pflanzliche Fette und Öle.
2. Beschreiben Sie, wo Heizölsperren einzusetzen sind.
3. Nennen Sie die Gründe, weshalb Fettabscheider besonders gut zu belüften sind.

6.14 Dachentwässerung

Witterungsfaktoren

Das Dach übt eine wichtige Schutzfunktion für ein Gebäude aus. Die vorschriftsmäßige Sammlung und Ableitung von Niederschlagswasser ist eine Hauptaufgabe.

Das Dach ist vielfältigen Witterungseinflüssen ausgesetzt, die je nach geografischem Standort des Gebäudes in unterschiedlicher Ausprägung und Stärke auftreten (Abb. 3). Bei Planung, Werkstoffauswahl und Größenbestimmung der Dachentwässerung sind diese Witterungsfaktoren zu berücksichtigen.

Dachformen

Unter landschaftlichen, kulturellen und technischen Einflüssen haben sich verschiedene Dachformen entwickelt. Grundsätzlich sind Flach- und Schrägdächer zu unterscheiden. Die bekanntesten Dachformen sind schematisch im TB dargestellt.

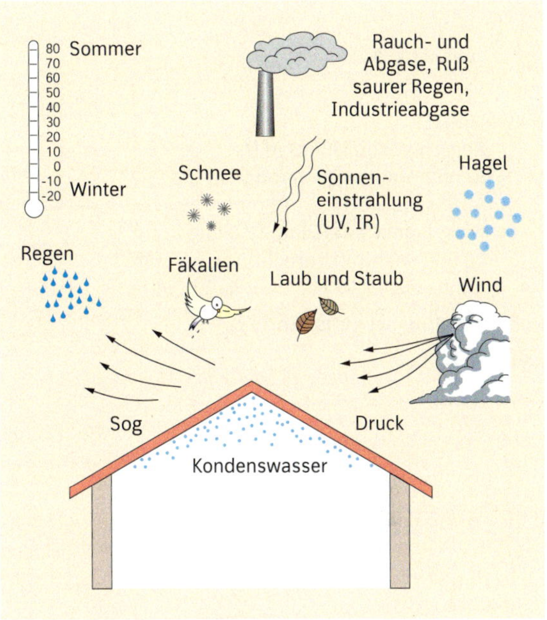

Abb. 3: Einflüsse auf ein Dach

Bezeichnungen am Dach

Ein Dach kann aus mehreren einzelen Flächen bestehen. Diese Flächen und deren Kanten haben besondere Bezeichnungen. Sie sind im TB dargestellt.

6.14.1 Bemessung des Regenwasserabflusses

Eine Dachentwässerungsanlage soll funktionssicher sein und schnell die anfallenden Niederschlagsmengen ableiten. Das Fassungsvermögen von Ablauf, Dachrinne und Fallrohr muss so bestimmt werden, dass das Niederschlagswasser sicher aufgefangen und abgeführt wird. Die Bemessung erfolgt nach DIN EN 12056-3 in Verbindung mit DIN 1986-100. Die entscheidende Berechnungsgröße ist das Regenwasser, das in einer bestimmten Zeit vom Dach abgeleitet werden muss. Diese Regenmenge bezeichnet man als Regenwasserabfluss $\dot{V}_R$.

! Der **Regenwasserabfluss** $\dot{V}_R$ ist die Regenwassermenge in Liter, die je Sekunde auf der Dachfläche anfällt und sicher abgeleitet werden muss.

Der **Regenwasserabfluss** ist von den folgenden drei Größen abhängig:

- der Berechnungsregenspende $r_{D,T}$
- der wirksamen Niederschlagsfläche A
- dem Abflussbeiwert C

Aus diesen drei Größen errechnet sich der Regenwasserabfluss $\dot{V}_R$:

$$\dot{V}_R = \frac{A \cdot r_{D,T} \cdot C}{10\,000\ m^2/ha}$$

Erklärung:

$\dot{V}_R$ = Regenwasserabfluss in l/s
$r_{D,T}$ = Berechnungsregenspende in l/(s · ha)
C = Abflussbeiwert
A = wirksame Niederschlagsfläche in m^2
10 000 m^2/ha = Umrechnung ha in m^2

- **Berechnungsregenspende $r_{D,T}$**

Erklärung:

$r_{D,T}$
- T: Jährlichkeit (1 Mal in T Jahren)
- D: Regendauer in Minuten
- r: Berechnungsregenspende in l/(s · ha)

Die für die Berechnung des Regenwasserabflusses bei der Dachentwässerung maßgeblichen Berechnungsregenspenden sind $r_{5,5}$ (der 5-Minutenregen, mit dem ein Mal in 5 Jahren zu rechnen ist) und $r_{5,100}$ (5-Minutenregen, mit dem ein Mal in 100 Jahren zu rechnen ist).

! Grundsätzlich muss das Entwässerungssystem in der Lage sein, den Volumenstrom des 5-Jahres-Regens $r_{5,5}$ abzuführen. Beim Eintritt des Jahrhundertregens $r_{5,100}$ dürfen jedoch keine Schäden entstehen.

Die Werte unterscheiden sich regional sehr stark. Einige sehr unterschiedliche Regionen sind in Tab. 1 gegenübergestellt.

Tab. 1: Berechnungsregenspenden (Beispiel)

	$r_{5,5}$ in l/(s · ha)	$r_{5,100}$ in l/(s · ha)
Bad Tölz	444	767
Braunschweig	330	633
Lindau	356	642
Rosenheim	440	775
Rostock	252	435

Weitere Werte verschiedenster Städte Deutschlands können dem (TB) entnommen werden.

- **Wirksame Niederschlagsfläche *A***

Da in den nationalen Regeln (DIN 1986-100) die Berücksichtigung des Windeinflusses nicht gefordert ist, wird für die Bemessung nicht die gedeckte Fläche, sondern die wirksame Niederschlagsfläche (Dachgrundfläche) zugrunde gelegt (Abb. 1).

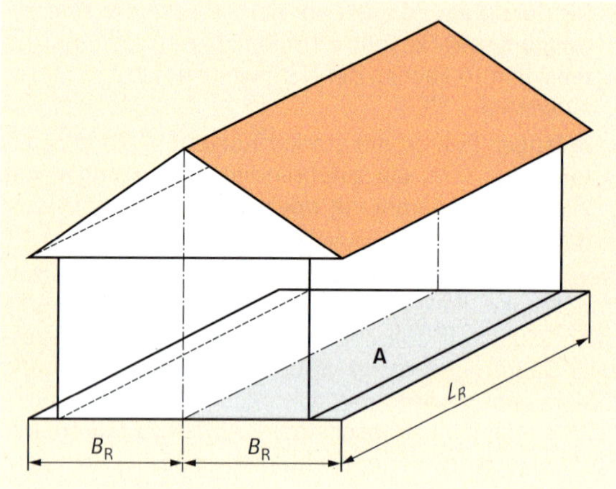

Abb. 1: Wirksame Niederschlagsfläche *A*

! Unabhängig von der Dachform erhalten Gebäude mit gleicher wirksamer Niederschlagsfläche die gleiche Menge an Regenwasser.

$$A = B_R \cdot L_R$$

A = wirksame Niederschlagsfläche in m^2
B_R = Dachtiefe in m
L_R = Trauflänge in m

- **Abflussbeiwert *C***

Je nach Oberflächenbeschaffenheit der beregneten Fläche kann der Abfluss zeitlich verzögert werden, oder ein Teil des Regens versickert bzw. verdunstet. Dieser Einfluss wird durch den Abflussbeiwert *C* berücksichtigt (→ TB).

! Für alle nicht-wasserspeichernden Flächen ist, unabhängig von der Neigung des Daches, $C = 1,0$ anzusetzen.

Berechnung: Zu ermitteln ist der Regenwasserabfluss eines ziegelgedeckten Satteldaches in Bad Tölz für den 5-Minutenregen, mit dem ein Mal in 5 Jahren zu rechnen ist. Das Dach weist eine Trauflänge von 12 m und eine Dachtiefe von 5 m auf.

Geg.: B_R = 5 m
L_R = 12 m
$r_{5,5}$ = 444 l/(s · ha)
C = 1,0

Ges.: $\dot{V}_R$

Lös.: $$\dot{V}_R = \frac{A \cdot r_{D,T} \cdot C}{10\,000\ m^2/ha}$$

$$\dot{V}_R = \frac{60\ m^2 \cdot 444\ l \cdot 1,0}{(s \cdot ha) \cdot 10\,000\ \frac{m^2}{ha}} = \mathbf{2,66\ l/s}$$

Aufgaben

1. Erklären Sie den Begriff $r_{5,5}$.
2. Ermitteln Sie den Abflussbeiwert für ein Ziegeldach und für ein Kiesdach.
3. Ermitteln Sie die wirksame Niederschlagsfläche eines Pultdaches mit der Trauflänge L = 8 m und einer Dachhöhe von 3 m bei einer Dachtiefe von 4 m.
4. Berechnen Sie den Regenwasserabfluss einer 250 m^2 großen Hoffläche mit Betonpflastersteinen in Rostock für den $r_{5,5}$.

6.14.2 Flachdachentwässerung

Die Entwässerung von Flachdächern erfolgt in der Regel durch innen liegende Regenfallrohre. In die Dachfläche sind Dachabläufe eingelassen, die das Niederschlagswasser den Regenfallrohren zuführen.

Das Niederschlagswasser wird in den innen-liegenden **Fallleitungen** nach DIN EN 12056-3 abgeführt.

Man unterscheidet zwei Arten der Flachdachentwässerung:

- Freispiegelentwässerung über Regenwasser-Fallleitungen mit einem Füllungsgrad von höchstens 33 %
- Dachentwässerung mit Druckströmung, die insbesondere bei großflächigen Dächern von Industriebauten zum Einsatz kommt

Freispiegelentwässerung

Die Freispiegelentwässerung ist eine Entwässerung mit teilgefüllten Leitungen, deren Füllungsgrad von der Art ihrer Verwendung abhängt. Die liegenden Regenwasserleitungen können mit einem Füllungsgrad ≤ 0,7 betrieben werden, Regenwasserfallleitungen mit einem Füllungsgrad ≤ 0,33.

Ein typischer Flachdachablauf ist in den Abb. 2 und 3 ersichtlich.

Bei winterlichen Außentemperaturen bildet der Dachablauf eine Kältebrücke. Dadurch kann an den unteren Dachschichten und den innen liegenden Regenfallrohren Schwitzwasser entstehen. Deshalb sind die Dachabläufe in der Dachdurchführung und die dann folgenden Fallleitungen wärmegedämmt. Um aufwendige handwerkliche Dämmarbeiten zu vermeiden, bieten sich dazu Verbundrohre an.

Als zusätzlicher Frostschutz ist eine Beheizung der Dachabläufe möglich. Dies ist insbesondere bei Gebäuden in extremer Klimalage bzw. bei ganz oder zeitweise unbeheizten Gebäuden sinnvoll.

Abläufe in Dachterrassen sind immer frostgefährdet. Um das Einfrieren zu vermeiden, kann um den Ablauf eine Heizmanschette gelegt werden, die über einen Außenthermostat automatisch gesteuert wird (Abb. 3b).

Die Mindestzahl der erforderlichen **Dachabläufe** lässt sich nach DIN 1986-100 mithilfe der folgenden Gleichung ermitteln:

$$n_{DA} = \dot{V}_R / \dot{V}_{DA}$$

n_{DA} = Mindestzahl der Dachabläufe, auf volle Stückzahl aufgerundet
$\dot{V}_R$ = Regenwasserabfluss von der Dachfläche
$\dot{V}_{DA}$ = Abflussvermögen des Dachablaufs

Dabei können die Mindestwerte für das Abflussvermögen der Dachabläufe aus dem TB entnommen werden. Je nach Gestaltung können die gelieferten Abläufe eine wesentlich höhere Leistungsfähigkeit aufweisen. Diese Werte sind den Herstellerangaben zu entnehmen.

Wegen der Gefahr der Verstopfung von Ablauf und Rohren, z. B. durch Laub, sind mindestens zwei Abläufe oder ein Ablauf und ein Sicherheitsüberlauf erforderlich.

Die innen liegenden **Regenfallleitungen der Freispiegelentwässerung** durchlaufen den Dachaufbau von oben nach unten. Dabei ist die wasserdichte Einbindung des Dachablaufes besonders wichtig. Durch das kalte Regenwasser kann sich an der Außenseite von Ab-

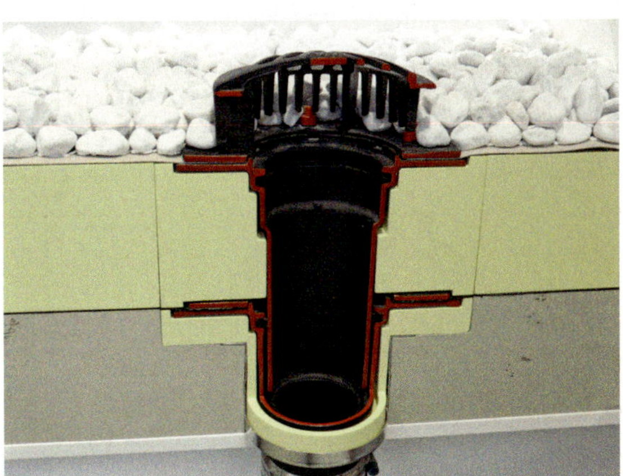

Abb. 2: Flachdachablauf aus Gusseisen

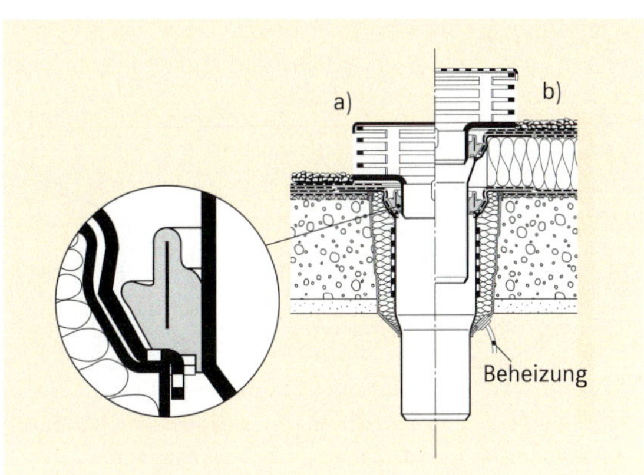

Abb. 3: Beispiel eines Dachablaufs:
a) ohne Dachdämmung, b) mit Dachdämmung

lauf und Regenfallleitung Kondensat bilden. Dies führt bei mangelnder Wärmedämmung zu Durchfeuchtung der Wärmedämm- und Dampfsperrschicht des Daches.

Für die Freispiegelentwässerung kann, in Abhängigkeit von der Leistungsfähigkeit des Dachablaufs, die senkrechte **Regenfallleitung** nach DIN 1986-100 entsprechend TB bemessen werden:

Berechnung: Der Regenwasserabfluss einer Dachfläche beträgt 12 l/s und soll durch Dachabläufe DN 100 mit Mindestwerten nach DIN 1986-100 abgeleitet werden. Wie groß ist die Anzahl der Dachabläufe und die Nennweite der Regenfallleitungen?

Geg.: $\dot{V}_R = 12$ l/s; $\dot{V}_{DA} = 4{,}5$ l/s (für DN 100)
Ges.: n_{DA}, DN_{RFL}

Lös.: $n_{DA} = \frac{\dot{V}_R}{\dot{V}_{DA}} = \frac{12 \text{ l/s}}{4{,}5 \text{ l/s}} = 2{,}7$

auf volle Stückzahl aufgerundet: $\boldsymbol{n_{DA} = 3}$
DN_{RFL} = DN 100[1)]

[1)] Für einen Dachablauf DN 100 ist mindestens eine Regenfallleitung in gleicher DN erforderlich, da in Fließrichtung nicht reduziert werden darf.

Aufgaben

1. Warum werden Dachabläufe und Fallleitungen wärmegedämmt?
2. Welche Maßnahme kann als zusätzlicher Frostschutz angewendet werden?

6.14.3 Dachentwässerung mit Rinnen

Dachrinnen sammeln das von geneigten Dachflächen abfließende Niederschlagswasser und führen es den Regenfallrohren zu. Dadurch wird der Baukörper vor Feuchteschäden geschützt.

Überwiegend werden für Dachrinnen und Fallrohre vorgefertigte Produkte verarbeitet. Lediglich Sonderformen, Zubehör und Bauteile im Bereich der Denkmalpflege und historischer Bauten werden noch handwerklich hergestellt.

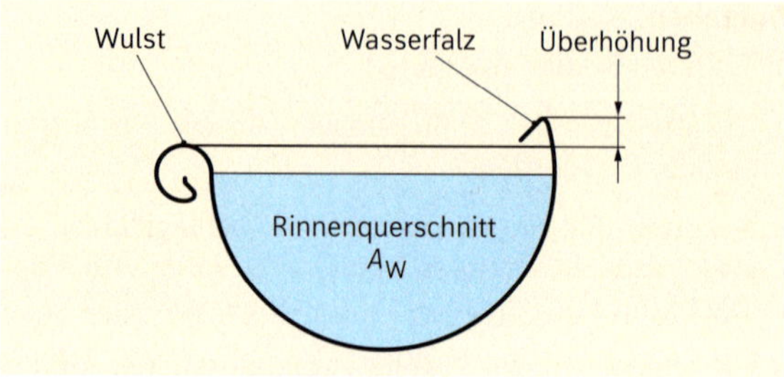

Abb. 1: Aufbau einer Rinne

Die meistverwendeten Werkstoffe sind Titanzink, verzinktes Stahlblech, Kupfer, nichtrostender Stahl und Aluminium. Als Kunststoff wird z. B. PVC verwendet. Die Werkstoffauswahl wird von verschiedenen Faktoren bestimmt:

- Wünsche der Auftraggebenden
- landschaftstypische Gepflogenheiten
- Dachart
- Aussehen, Farbgebung und zu erwartende Nutzungsdauer

Aufbau einer Rinne

Bezeichnungen, Aufbau, Maße und Einteilung der Dachrinnen werden durch DIN EN 612 geregelt (Abb. 1).

Der **Wulst** steift die Rinne aus und dient als Befestigungspunkt für die Rinnenhalter.

Der **Wasserfalz** dient ebenfalls zur Versteifung der Rinne und ermöglicht das Einhängen des Traufbleches.

Die **Überhöhung** schützt das Gebäude gegen überlaufendes Wasser und beträgt mindestens 6 mm (wenn ein Wasserfalz vorhanden ist). Bei Ausführungen ohne Wasserfalz sind mindestens 15 mm erforderlich.

Dachrinnen (Abb. 2) unterscheiden sich

- nach der Anordnung zum Bauwerk: außen und innen liegende Dachrinnen;
- nach der Befestigung am Baukörper: hängende, stehende und liegende Dachrinnen;
- nach der Form: halbrunde, kastenförmige und Sonderrinnen, z. B. für Sheddächer.

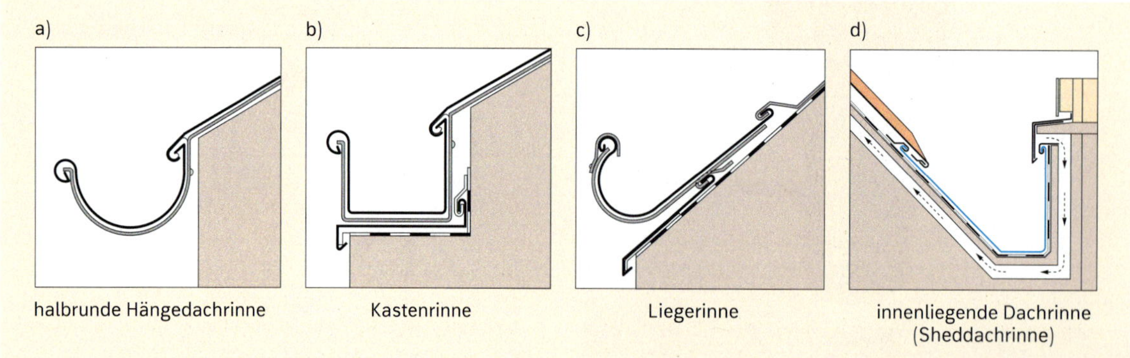

Abb. 2: Ausführungsarten von Dachrinnen

Dachrinnenformen

Die wichtigsten Dachrinnenformen sind die halbrunde Dachrinne und die Kastenrinne. In besonderen Fällen, z. B. bei Sheddächern, werden Trapezrinnen verwendet.

Die **halbrunde Dachrinne** (Abb. 2a) gewährleistet eine optimale Materialausnutzung, da das Verhältnis Querschnittsfläche zu Umfang am günstigsten ist. Die Fähigkeit zur Selbstreinigung ist sehr hoch, weil sich auch bei geringen Regenwassermengen eine gute Fließgeschwindigkeit einstellt.

Die **Kastenrinne** (Abb. 2b) kann einen rechteckigen oder quadratischen Querschnitt haben. Der breite Rinnenboden lässt geringe Regenmengen nicht gut ablaufen, sodass größere Verschmutzungsgefahr besteht. Herstellung und Montage sind arbeitsintensiver und somit teurer.

Seltener wird die **halbrunde Liegedachrinne** (Abb. 2c) verwendet. Sie wird dann verwendet, wenn ein Bauwerk genau auf der Grundstücksgrenze steht und somit eine vorgehängte Rinne nicht infrage kommt. Sie kann gleichzeitig als Schneefang dienen. Ihre Montage erfordert ein zusätzliches Abdeckblech unterhalb der Rinne bis zur Traufe.

Innen liegende Dachrinnen (Abb. 2d) sind grundsätzlich „risikoreich", da überlaufendes Regenwasser nicht gefahrlos über die Rinnenvorderkante überlaufen kann. Sie müssen den Berechnungsregen $r_{(5,5)}$ ableiten und zusätzlich die bis zum $r_{(5,100)}$ anfallende Regenmenge einem Notablauf zuleiten. Ist ein außergewöhnlicher Schutz für ein Gebäude notwendig (z. B. Krankenhäuser), sollte die Notentwässerungseinrichtung allein den $r_{(5,100)}$ entwässern können.

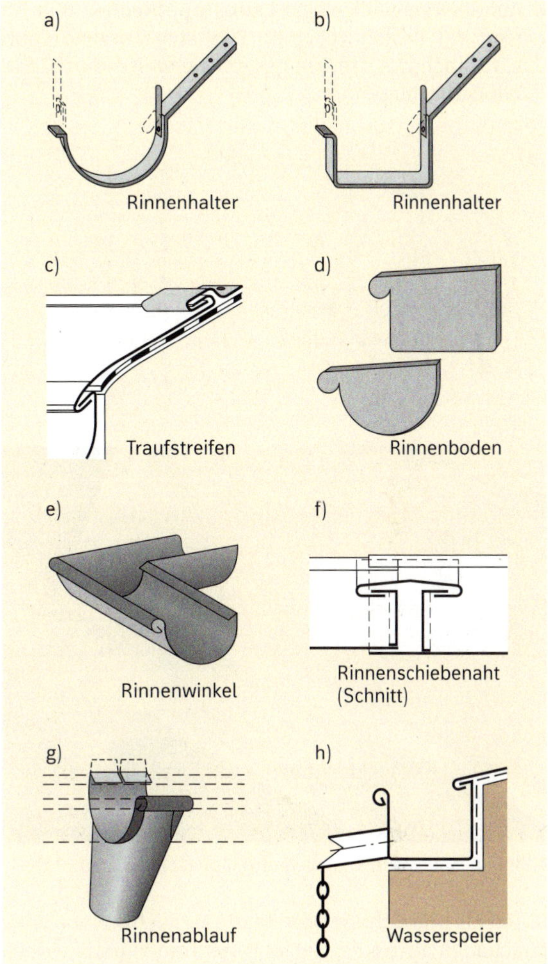

Abb. 3: Zubehörteile für Dachrinnen (Auswahl)

Zubehörteile

Eine funktionssichere Dachentwässerung benötigt eine Anzahl spezieller Zubehörteile, die zum Werkstoff der Dachrinne passen müssen.

Rinnenhalter (Abb. 3a und b) müssen auf den Werkstoff der Rinne abgestimmt sein. Dadurch werden Korrosionserscheinungen verhindert. Es gibt zwei Grundausführungen: Form FFH mit zwei Federn und Form NFH mit Nase und Feder.

Traufstreifen (Abb. 3c) stellen den Anschluss zwischen Dachdeckung und Dachrinne her. Die Zuschnittbreite ist abhängig von der Deckungsart des Daches, der Dachneigung und den klimatischen Bedingungen. In der Regel sollten mindestens 150 mm auf der Dachfläche aufliegen.

Rinnenböden (Abb. 3d) sind die Endstücke am Dachrinnenabschluss.

Rinnenwinkel (Abb. 3e) erlauben eine Richtungsänderung im Rinnenverlauf, z. B. um Gebäudeecken. Es gibt Innen- und Außenwinkel.

Rinnenschiebenähte (Abb. 3f) ermöglichen den Dehnungsausgleich bei temperaturbedingter Längenänderung der Rinne.

Rinnenabläufe (Abb. 3g) sind Übergangsstücke zum Regenfallrohr. Neben den industriell gefertigten Abläufen gibt es interessante Sonderformen.

Als **Notüberlauf** mit Signalfunktion können Wasserspeier eingesetzt werden (Abb. 3h). Zur kontrollierten Wasserabführung kann an den Wasserspeier eine Ablaufkette gehängt werden.

Um die Abflussleistung des Dachentwässerungssystems auch bei **Laubanfall und Schnee** zu gewährleisten, sind verschiedene Zubehörteile erforderlich.

Rinnen und Fallleitungen unterhalb oder in der Nähe von Laubbäumen neigen durch herabfallendes **Laub** zu Verstopfungen. Es bestehen die folgenden Möglichkeiten zur Verhinderung:

- **Laubsiebe** (Abb. 1a, S. 276), die in den Ablaufstutzen eingesetzt werden: Sie haben sich nicht bewährt, weil die Reinigung, insbesondere bei hoch liegenden Rinnen, sehr aufwendig ist, und weil sie das Abflussvermögen der Rinnenabläufe um 50 % verringern.
- **Regenrohrklappen** mit Laubfang (Abb. 1b, S. 276) am Übergang zum Standrohr: Sie müssen regelmäßig entleert werden.

- Auf die Rinne aufgelegte **Laubstoppbleche** (Abb. 1c) sind am besten geeignet. Das aufgefangene Laub wird nach der Trocknung üblicherweise durch den Wind abgeblasen.

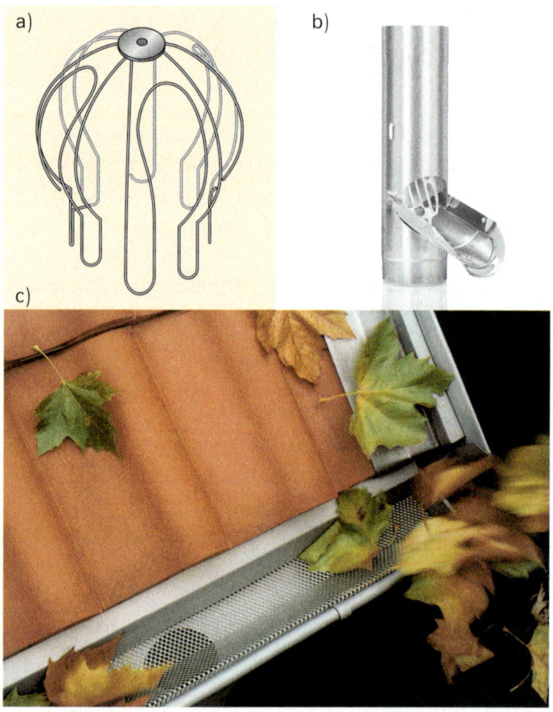

Abb. 1: a) Laubsiebe, b) Regenrohrklappe, c) Laubstoppblech

Durch **Eis und Schnee** besteht die Möglichkeit von Winterschäden an Traufe, Kehle, Regenrinnen und Fallrohren. Darüber hinaus besteht die Gefahr durch herabstürzende Eiszapfen und Dachlawinen.

Die Landesbauordnungen verlangen oft an allgemein zugänglichen Wegen und Eingängen Schutzvorrichtungen gegen herabfallenden Schnee. Zum Einsatz kommen

- **Schneefanggitter**, die auf dem Dach montiert werden (Abb. 2a),
- **Sicherheitsdachhaken** (Abb. 2b),
- **Rohrschneesicherungen** in verschiedenen Ausführungen auf dem Falzdach (Abb. 2c).

Dachrinnen können ohne Gefälle verlegt werden. Sie dürfen auch mit geringem Gefälle von 1 mm bis 3 mm pro Meter Rinnenlänge verlegt werden.

Das **Verbinden** einzelner Rinnenteile an Stößen, Böden, Winkeln und Abläufen erfordert je nach Rinnenwerkstoff unterschiedliche Fügetechniken (→ TB).

Temperaturbedingte Längenänderungen werden durch den Einbau geeigneter Dehnungsvorrichtungen berücksichtigt. Dabei sind Temperaturdifferenzen von 100 K (-20 °C bis 80 °C) einzuplanen.

Die Dehnung wird

- an den Hochpunkten der Rinne durch Schiebenähte aufgenommen (Abb. 3a),

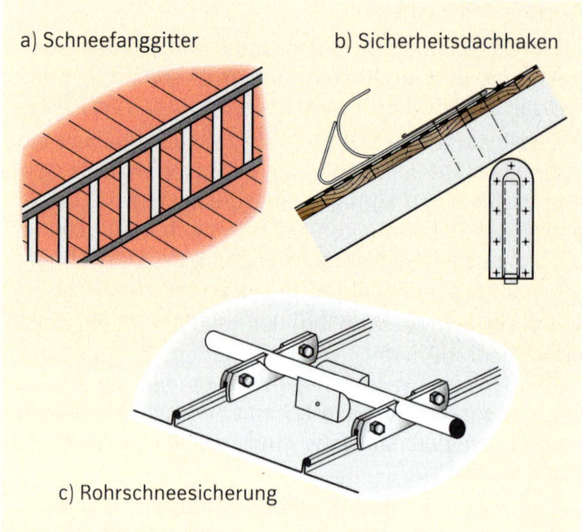

Abb. 2: Schutzvorrichtungen gegen Schnee

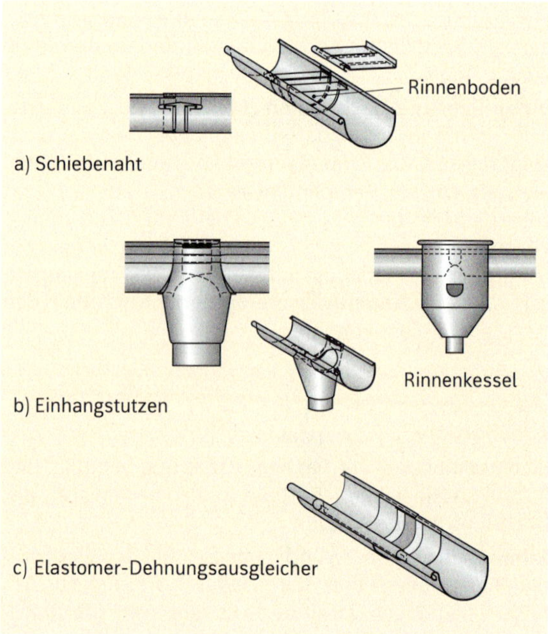

Abb. 3: Möglichkeiten des Dehnungsausgleichs

- an den Tiefpunkten durch Rinnenkessel oder Einhangstutzen (Abb. 3b) ausgeglichen und
- an beliebiger Stelle der Rinne durch Elastomer-Dehnungsausgleicher aufgefangen (Abb. 3c).

Bemessung von Rinnen

Im Normalfall muss eine Rinne den Regenwasserabfluss $\dot{V}_R$ auffangen, der durch die Berechnungsregenspende $r_{5,5}$ (→ TB) verursacht wird. Der höhere Regenwasservolumenstrom, der im Fall eines stärkeren Regenereignisses anfallen kann,

- muss bei innen liegenden Rinnen über Wasserspeier abgeleitet werden (Abb. 4a),

- darf bei vorgehängten Rinnen über die Rinnenlängsseite abgeleitet werden, wenn das überlaufende Wasser keine unangenehmen Folgen hat (Abb. 4b).

Besteht jedoch durch den überfließenden Regenwasservolumenstrom die Gefahr von unangenehmen Folgen (z. B. Durchfeuchtung des Mauerwerkes, Eindringen des Wassers in darunterliegende Lichtschächte, Belästigung an Eingängen von öffentlichen Gebäuden), muss der Regenwasserabfluss aus der Regenspende $r_{5,100}$ über die Regenfallleitung abgeleitet werden.

Das Abflussvermögen von Rinnen hängt von folgenden Faktoren ab (Abb. 5):

- dem Druck, der durch die Wasserspiegeldifferenz zwischen Rinnenhochpunkt W und Wasserstand am Rinnenablauf h verursacht wird,
- dem verfügbaren Rinnenquerschnitt A_W,
- der Rinnenlänge L.

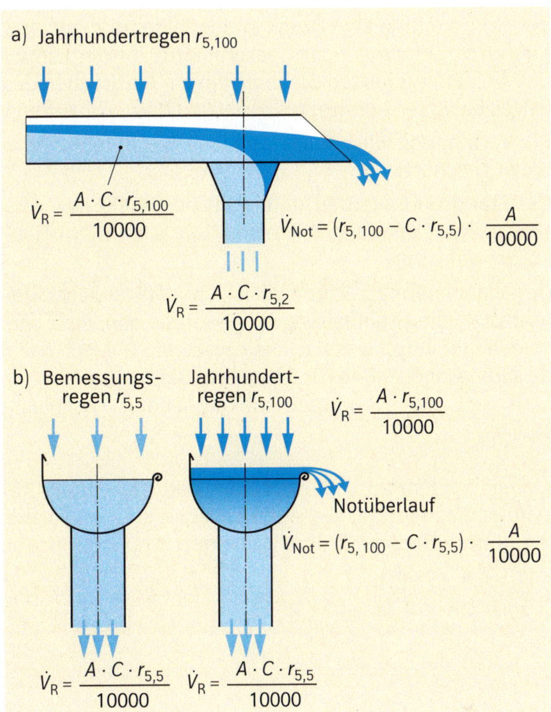

Abb. 4: Überfließendes Wasser beim Jahrhundertregen

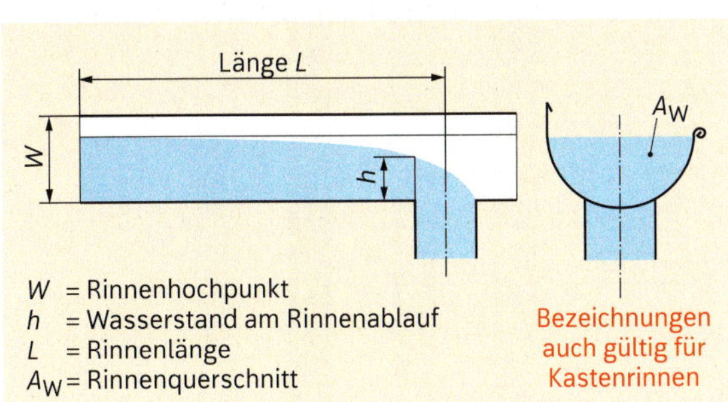

Abb. 5: Bezeichnungen an der vorgehängten Rinne

Bei der Bemessung der vorgehängten Rinne wird kein Freibord berücksichtigt, da bei Überlastung der Rinne ein Überlaufen des Wassers über ihre Längsseite erwünscht ist.

Die Leistungsfähigkeit der Rinnen wird unter der Annahme ermittelt, dass sie ohne Gefälle verlegt ist. Ihr Abflussvermögen kann aus dem TB entnommen werden.

Aufgaben

1. Erläutern Sie die verschiedenen Dachrinnenformen.
2. Nennen Sie mindestens sechs Zubehörteile für Dachrinnen und erläutern Sie deren Aufgabe.
3. Beschreiben Sie die Möglichkeiten des Notüberlaufs und ab welchem Regenereignis er in Funktion treten muss.
4. Erklären Sie, wie das Abflussvermögen von Dachrinnen ermittelt wird.

6.14.4 Regenfallrohre

Regenfallrohre leiten das Niederschlagswasser von der Dachrinne in die Grundleitung bzw. bei Trennsystemen direkt in den Regenwasserkanal. Besteht eine Möglichkeit der Bodenversickerung, sollte sie grundsätzlich angestrebt werden. Diese spart Einleitergebühr für versiegelte Flächen und führt das Regenwasser in den Grundwasserleiter zurück.

Regenfallrohre bestehen meistens aus dem gleichen Werkstoff wie die Dachrinne. Meist werden metallische Werkstoffe verwendet.

Nach der Querschnittsform sind kreisförmige und quadratische Fallrohre zu unterscheiden. Die Fallrohrlängsnähte werden – je nach Werkstoff – gelötet, gefalzt oder geschweißt.

Innen liegende Regenfallrohre sind längskraftschlüssig zu verlegen und müssen gegen Schwitzwasser gesichert werden. Dazu sind sie mit einer Dämmung zu versehen (Abb. 1, S. 278). Diese schützt vor Tauwasserbildung und Körperschallübertragung von Fließ- und Knackgeräuschen. Häufig werden teuere Verbundrohre verwendet, die den Aufwand für die Dämmung verringern.

Die vorgefertigten Regenfallrohre haben Längen von 2 bis 6 m. Sie werden mit einem engen und einem weiten Ende ausgeführt, damit sie ineinandergesteckt werden können. Die Mindesteinstecktiefe beträgt 50 mm.

Regenfallrohre sind – soweit möglich – senkrecht ohne Richtungsänderung herunterzuführen. Als Übergang der Dachrinne zum Regenfallrohr dienen genormte Fertigteile, z. B. Rohrbögen oder Schrägrohre.

Regenfallrohre werden bevorzugt mit Rohrschellen an der Wand befestigt. Der Abstand zur fertigen Wand muss mindestens 20 mm betragen. Beim Einschlagen von gekröpften Rohrschellen ist die Winkelspitze nach oben anzuordnen (Abb. 2, S. 278), sodass sie eine „Tropfkante" bildet. Dadurch kann kein Wasser am Dorn entlangrinnen und in die Fassade eindringen.

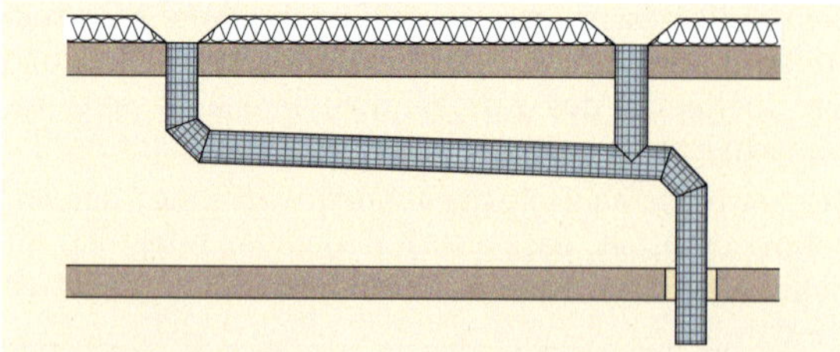

SML-Rohr DN	HT-Rohr DN	Rohr-Außen-Ø mm	Dämm-schichtdicke mm
	40	42	9
	50	57	9
50		60	9
70	70	78	9
100	100	110	9
125	125	135	13

Abb. 1: Regenfallrohre mit Dämmung

Das Fallrohr muss in der Rohrschelle noch gleiten können, um die thermische Längenänderung nicht zu beeinträchtigen. Wird ein Durchrutschen der Rohre befürchtet, kann oberhalb der Rohrschelle ein Halbwulst oder eine Nase (Abb. 2) angebracht werden.

Die Rohrschellen sind in ihrem Werkstoff den verwendeten Fallrohren anzupassen, um Korrosionsschäden zu vermeiden. Bis zur Nennweite DN 100 darf der Abstand der Schellen bis 3 m betragen, darüber hinaus nicht mehr als 2 m. Die Rohrschellen sind dauerhaft zu befestigen.

Soll ein Teil des Regenwassers auf dem Grundstück genutzt werden, kann das Fallrohr in einen Auslaufwinkel münden, bzw. kann eine Auslaufklappe eingebaut werden, um das Regenwasser in einen Sammelbehälter zu leiten.

Die Nutzung von Regenwasser auf dem Grundstück ist ökologisch sinnvoll (siehe Kap. 6.15). Mit der Auslaufklappe kann bei Bedarf ein Sieb kombiniert sein, mit dem Laub und anderer Schmutz aufgefangen wird.

Über die Auslaufklappe lässt sich auch eine eventuell erforderliche Reinigung der Grundleitungen bis zum Kanal durchführen.

Nach der DIN 1986 sind für Regenfallrohre in Bereichen, in denen mit mechanischen Beschädigungen zu rechnen ist (z. B. an Verkehrsflächen), 1,5 m lange **Standrohre** aus geeignetem Werkstoff zu verwenden.

Folgende metallischen Standrohre sind erlaubt:

- verzinkte Stahlrohre nach DIN 19530
- Gussrohre nach DIN 19522
- massive Kupferrohre als Spezialanfertigung
- nichtrostende Stahlrohre mit Prüfbescheid

Es ist sinnvoll, Standrohre mit integrierter Reinigungsöffnung einzusetzen, um eine einfache Beseitigung von Verstopfungen in den Erdleitungen zu ermöglichen (Abb. 3). Wegen mangelnder Stabilität sind Blech- und PVC-Rohre nicht als Standrohre geeignet.

Die außen liegenden Regenfallrohre werden ohne Dichtelement in das Standrohr eingefügt. Dadurch können Stand- und Fallrohr leicht voneinander getrennt werden. Außerdem baut sich im Fall einer Verstopfung in der Grundleitung kein Druck in der Fallleitung auf, was an den Verbindungen zu Wasseraustritt führen könnte und bei längsgefalzten Blechrohren ein Aufbrechen des Falzes bewirken könnte.

Die Verbindung wird durch eine lose Blechblende oder Wulst geschützt.

Die Standrohre werden unterhalb der Muffe bzw. der Übergangsverbindung mit einer Rohrschelle am Baukörper befestigt.

Um einen normgerechten Anschluss des Regenstandrohres an die Grundleitung zu gewährleisten, sind entsprechende Anschlussstücke einzusetzen. Die Hersteller der Standrohre liefern für jeden Grundleitungsrohrwerkstoff und jede Nennweite die passenden Anschlussstücke.

! Falls Regenrohre als leitende Teile in eine Blitzschutzanlage für das Gebäude einbezogen werden sollen, dürfen die Metallrohre nicht durch Kunststoffteile unterbrochen sein.

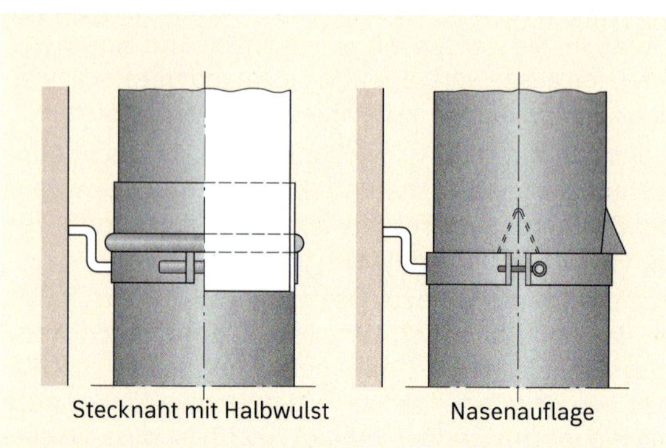

Abb. 2: Befestigung der Regenfallrohre

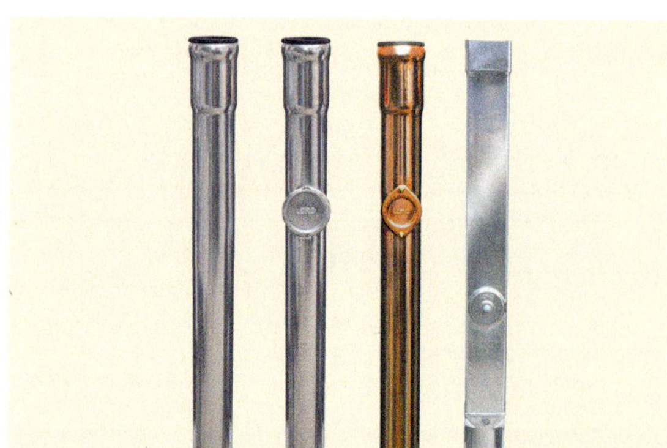

Abb. 3: Beispiele von Regenstandrohren

Bemessung von Regenfallrohren

Die Form des Ablaufstutzens und die Druckhöhe am Ablauf bestimmen das Abflussvermögen der Regenfallrohre (Abb. 4). Mindestabflussleistungen für runde Regenfallleitungen ohne Einlauftrichter und solche mit Rinneneinhangstutzen sind dem TB zu entnehmen.

Von verschiedenen Firmen werden unterschiedliche Formen des Einlaufes angeboten. Ihre Abflussleistung kann aus Firmenunterlagen entnommen werden und ist in der Regel größer als die in der Norm aufgeführten Mindestwerte.

Beim Einsatz von **Laubfangkörben** verringert sich das Abflussvermögen der Abläufe um 50 %.

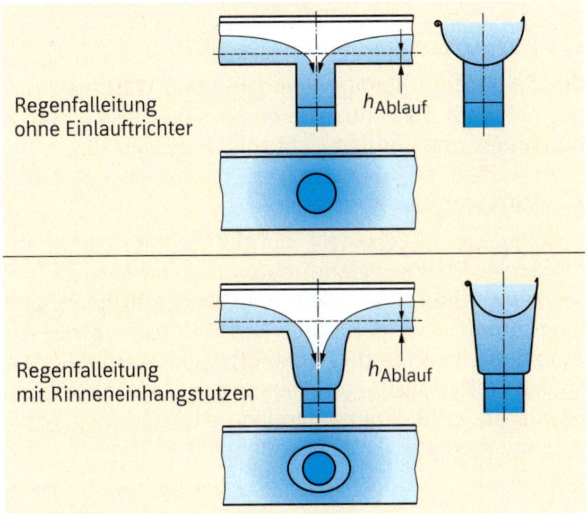

Abb. 4: Ablaufstutzen und Druckhöhe

Aufgaben

1. Worauf ist bei der Verbindung innen liegender Regenfallleitungen zu achten?
2. Wie groß ist die Mindesteinstecktiefe von außen liegenden Regenfallleitungen?
3. Warum ist die Winkelspitze der gekröpften Rohrschelle nach oben anzuordnen?
4. Warum werden Regenfallrohre ohne Dichtelement in das Standrohr eingefügt?

6.15 Regenwassernutzung

Der Pro-Kopf-Verbrauch an hochwertigem Trinkwasser betrug im Jahr 2016 ca. 123 l pro Tag. Das führt in Trinkwassermangelgebieten u. U. zu erheblichen Engpässen. Die Bereitstellung von ausreichenden Mengen an Trinkwasser kann dadurch ökologische Beeinträchtigungen in den Wassergewinnungsgebieten mit sich bringen. Außerdem behindert die wachsende Flächenversiegelung in Deutschland von bis zu 1 km² pro Tag die Grundwasserneubildung.

Die Verringerung des Wasserverbrauchs lässt sich durch sorgfältigen Umgang mit Wasser sowie die Nutzung von Regen- und Grauwasser erzielen.

Nach Trinkwasserverordnung muss Trinkwasser verwendet werden für:

- Speisen/Getränke und deren Zubereitung
- Körperpflege (z. B. Duschen)
- Reinigung von Gegenständen, die mit Lebensmitteln in Kontakt kommen (z. B. Geschirr)
- Reinigung von Gegenständen, die nicht nur vorübergehend mit dem menschlichen Körper in Kontakt kommen (z. B. Wäsche)

Für die Gartenbewässerung und Toilettenspülung kann i. d. R. Regenwasser verwendet werden.

Ökonomische, ökologische und hygienische Sichtweise ergeben Vor- und Nachteile bei der Nutzung von Regenwasser:

! Vorteile:
- Verminderung des Trinkwasserverbrauches und Entlastung von Grundwassermangelgebieten
- Entlastung von Kanalisation und Kläranlage
- Versickerung kann Einleitergebühr ersparen

Nachteile:
- zweites Leitungssystem im Gebäude
- Verwechslungsgefahr der Zapfstellen
- Investitions- und Wartungskosten
- verringerte Durchspülung des Kanals bei Regen

6.15.1 Beurteilung von Dachablaufwasser

Regenwasser, das auf dem Dach gesammelt wird, ist durch verschiedene Einflüsse belastet:

- Krankheitserreger und Bakterien aus Vogelkot, Säure (saurer Regen)
- Pflanzenreste (Blütenstaub, Laub, Moos)
- Feststoffe (Dachabrieb, Staub)
- Industriebelastung, u. U. Asbestbelastung

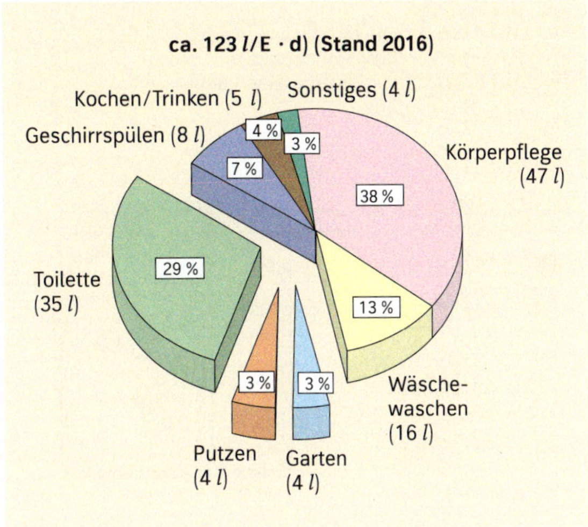

Abb. 5: Privater Wasserverbrauch in Deutschland

Folgende Anforderungen an Wasser aus Regenwassernutzungsanlagen sollten berücksichtigt werden:

- hygienisch unbedenklich bezüglich des Einsatzbereiches
- farb- und geruchlos, klar und ohne Trübstoffe
- möglichst sauerstoffreich

Untersuchungen haben gezeigt, dass bei fachgerecht installierten Regenwassernutzungsanlagen die Keimbelastung noch im Bereich der zugelassenen Werte der Richtlinie des Rates über die Qualität der Badegewässer (EU-Badegewässer-Richtlinie) liegt.

6.15.2 Aufbau einer Regenwassernutzungsanlage

Eine Regenwasserrnutzungsanlage (Abb. 1) besteht im Wesentlichen aus Auffangfläche - Filter - Speicher (Zisterne) - Pumpstation. Dabei sind solche Anlagen zu bevorzugen, die mit einer Versickerungseinrichtung kombiniert werden. Dadurch verringert sich die Einleitergebühr und das Regenwasser wird in den Grundwasserleiter zurückgeführt.

A Auffangfläche

Verunreinigtes Wasser von Terrassen, Hof- und Garageneinfahrten ist zu vermeiden. Für Dachflächen gilt:

- möglichst ohne Bewuchs
- geringe Verwitterungserscheinungen
- geringe Verschmutzungsneigung (kein Taubenschlag o. Ä.)
- geeignete Materialien berücksichtigen
- Flachdächer in Nassausführung sind wegen Licht- und Temperatureinfluss ungeeignet.

B Filter

In der Zuleitung zum Speicher ist ein Filter erforderlich, um Blätter, Dachabrieb, Staub und andere Grobstoffe zurückzuhalten. Da der Restwasserablauf des Filters an das Abwassersystem angeschlossen wird, ist insbesondere auf einen rückstausicheren Einbau zu achten.

- **Filtermatten, Sand- bzw. Kiesfilter**

Diese erfordern häufige Reinigung und Wartung (u. U. alle 2 Monate, bei Laubanfall noch öfter). Dies kann dem Kundinnen und Kunden nicht zugemutet werden.

- **Filtersammler** (Abb. 2)

Wirkungsweise: Vorrangig an der Leitungswand abfließendes Wasser gelangt durch das rohrförmige Maschendrahtfilter nach dem Adhäsionsprinzip in den Ringsammelraum außerhalb des Rohres. Restwasser, Grobstoffe, Laub und Verschmutzungen werden innerhalb des Filters weitergeleitet und dem Kanal zugeführt.
Einbau: in vertikal verlaufenden Leitungen (Regenfallleitung) oberhalb der Rückstauebene

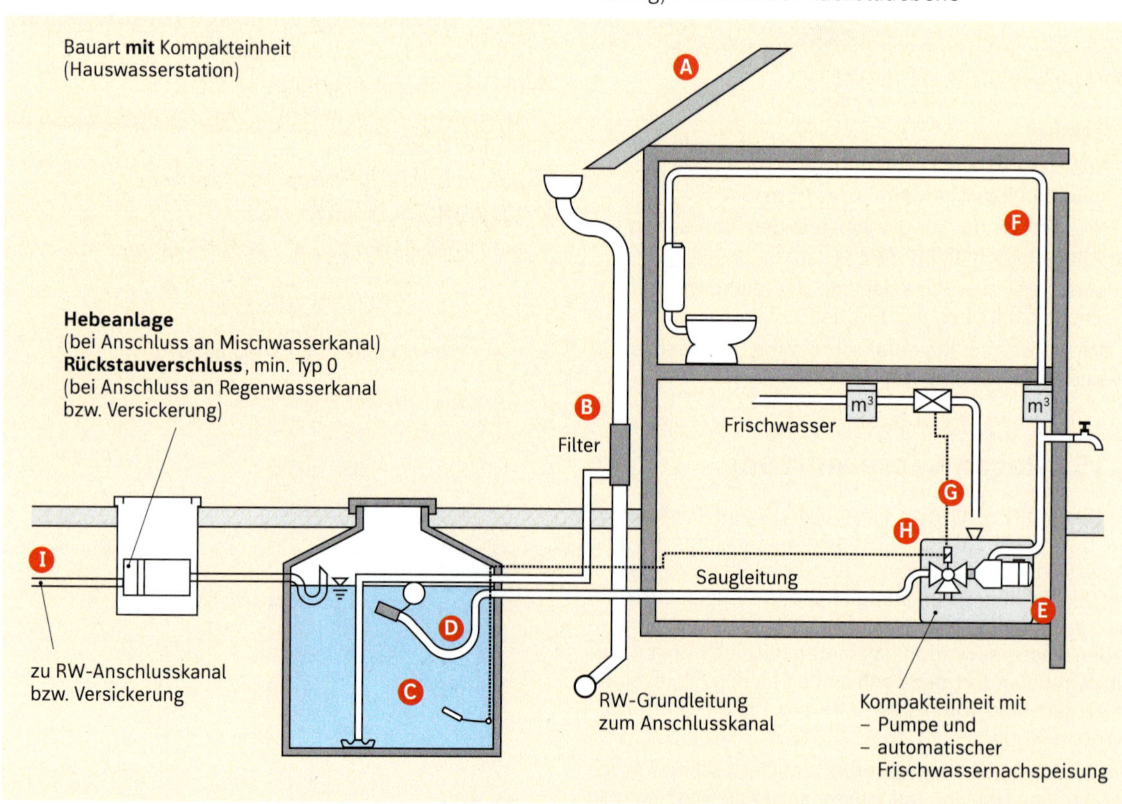

Abb. 1: Regenwassernutzungsanlage mit Kompakteinheit (Hauswasserstation)

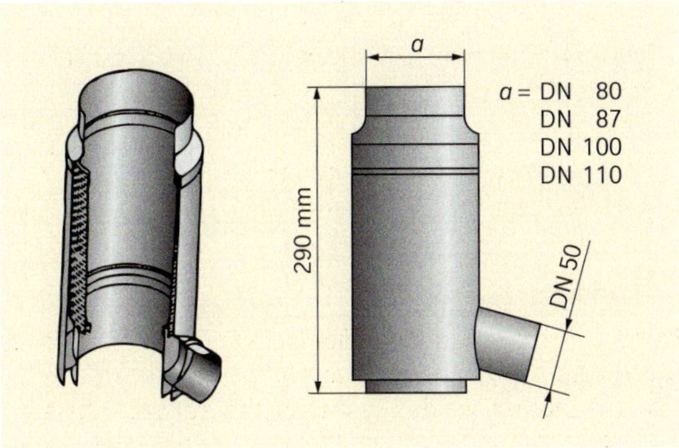

Abb. 2: Filtersammler

Wirkungsgrad: verschlechtert sich mit zunehmendem Volumenstrom (Abb. 5)

- **Zyklonfilter (Wirbelfilter)** (Abb. 3)

Wirkungsweise: Zentrifugalwirkung zum Separieren von Verunreinigungen

Einbau: im Erdreich, vorrangig unterhalb der Rückstauebene, z. B. in der Regensammelleitung

Wirkungsgrad: über 90 % (Abb. 5).

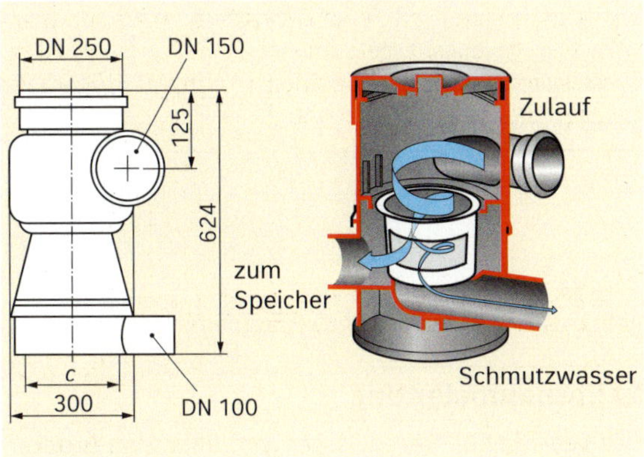

Abb. 3: Zyklonfilter

- **Maschenfilter** (Abb. 4)

Einbau: im Erdreich, vorrangig unterhalb der Rückstauebene, z. B. in der Regensammelleitung

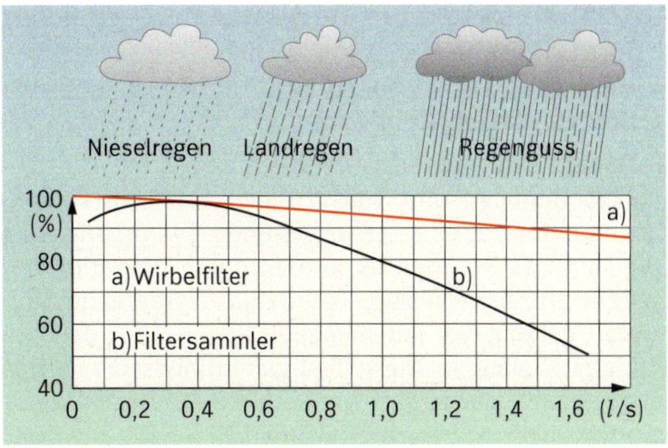

Abb. 5: Wirkungsgrad verschiedener Filter

Typische Einsatzgebiete: Filtration in horizontalen Leitungen (z. B. Regensammelleitung)

C Speicher (Abb. 6)

Speicher sollen das Regenwasser sowohl bevorraten als auch reinigen, dazu sollten folgende Kriterien berücksichtigt werden:

- kühl (unter ca. 16 °C kaum Keimwachstum) und frostsicher
- Schutz vor Licht- und UV-Einfall (Algenwachstum)
- Schutz vor Rückstau, Faulgasen, Eindringen von Tieren, Druckaufbau

Abb. 6: Speicher

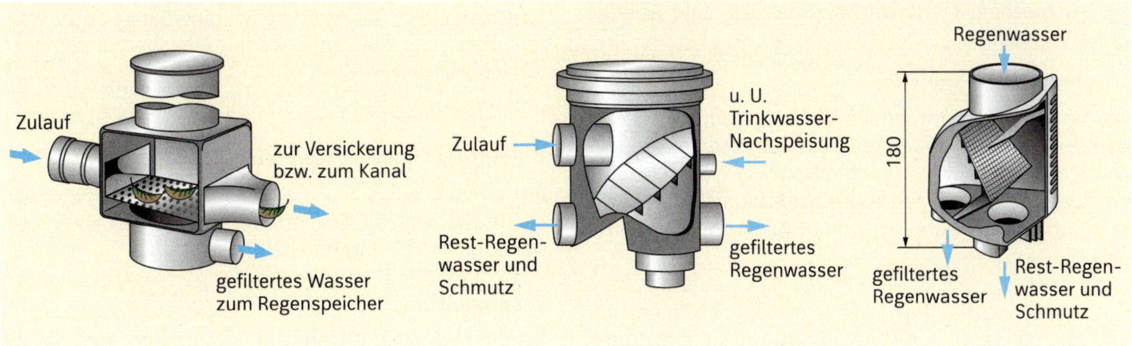

Abb. 4: Maschenfilter: a) Horizontal-, b) Schrägsieb-, c) Zickzack-Filter

- zur Reinigung, Wartung, Reparatur: Einstiegsöffnung nach DIN EN 476

- **Sedimentation/Reinigung**

Fest- und Schwebstoffe, die durch den Filter nicht zurückgehalten werden, müssen sich absetzen können (Sedimentation) oder aufschwimmen. Die organischen Teilchen des Sedimentes werden durch Bakterien abgebaut und neutralisiert. Der dafür erforderliche Sauerstoff gelangt bei jedem neuen Regen über den beruhigten Zulauf in diese Sedimentationsschicht. Das abgesetzte Material darf weder durch Zu- noch Ablaufeinrichtungen aufgewirbelt werden.

! Sedimentation und biologische Abbauprozesse bewirken die Hauptreinigung des Wassers.

- **Aufstellort des Speichers**

Erdspeicher lagern das Wasser kühl und ohne Lichteinfall. Sie erfordern eine ausreichende Gründung, um Setzungen nach der Befüllung zu vermeiden. Für die Frostfreiheit sind 80 cm Erdüberdeckung einzuhalten. Die Tragfähigkeit eventueller Verkehrslast ist zu berücksichtigen. Kleinere Erdspeicher werden aus Kunststoff gebaut, größere aus Ortbeton oder in Segmentbauweise.

Im Gebäude aufgestellte Behälter findet man möglichst in einem frostfreien Keller mit niedriger Raumtemperatur. Kunststofftanks sind gegen Lichteinfall zu schützen. Wegen ihrer Ausdehnung bei der Befüllung muss ein Abstand zu umfassenden Wänden eingehalten werden. Bei Batterieaufstellung ist eine kommunizierende Verbindung ca. 15 cm oberhalb des Speicherbodens erforderlich.

Die **Umnutzung vorhandener Behälter**, z. B. stillgelegte Heizöltanks oder gemauerte Faulgruben, darf erst nach gründlicher Reinigung erfolgen. Metallische Heizölbehälter sind durch eine Fachfirma zu reinigen und gegen Korrosion zu schützen. Kunststoff-Heizölbehälter sind für die Umnutzung erst nach vorschriftsmäßiger Reinigung und Einbringung einer Hülle für die Regenwassernutzung zugelassen.

- **Be- und Entlüftung des Behälters**

Eine Be- und Entlüftung des Behälters ist zur Vermeidung von Über- und Unterdruck beim Befüllen/Entleeren vorzusehen. Meist wird sie über Zu- und Abläufe gewährleistet.

- **Zulauf in den Speicher**

Das im Speicher vorhandene Wasser soll möglichst vor dem zulaufenden, sauerstoffreichen Wasser verbraucht werden. Deshalb wird zulaufendes Wasser an der Sohle eingeleitet. Um sedimentiertes Material nicht aufzuwirbeln, erfolgt der Zulauf beruhigt, nach oben gerichtet (Abb. 1).

! Das sauerstoffhaltige Wasser ermöglicht einen biologischen Prozess zur Mineralisierung der am Boden befindlichen organischen Substanzen.

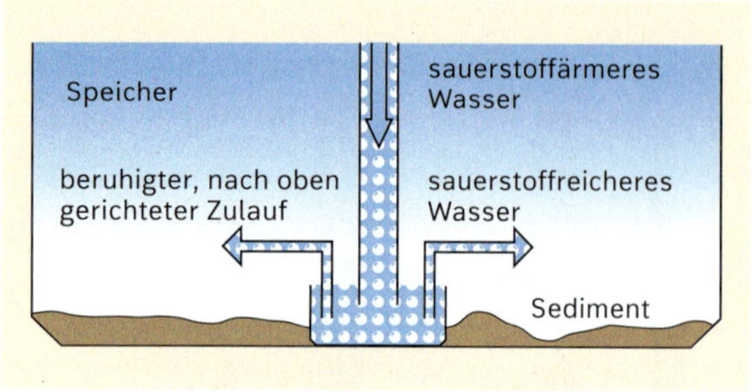

Abb. 1: Beruhigter Zulauf

- **Speicherüberlauf**

Gelegentlicher Überlauf des Speichers ist erforderlich, um das Ausschwemmen des sich auf dem Wasser aufbauenden Schmutzfilmes zu gewährleisten. Andernfalls kann eine Schwimmdecke die Aufnahme von Sauerstoff an der Oberfläche verhindern und dadurch die Wasserqualität im Speicher stark beeinträchtigen.

Ein Geruchverschluss verhindert das Eindringen von Faulgasen und Kleinlebewesen (z. B. Spinnen oder Käfer). Eine zusätzliche Kleintiersperre vermeidet das Eindringen von z. B. Ratten (Abb. 2).

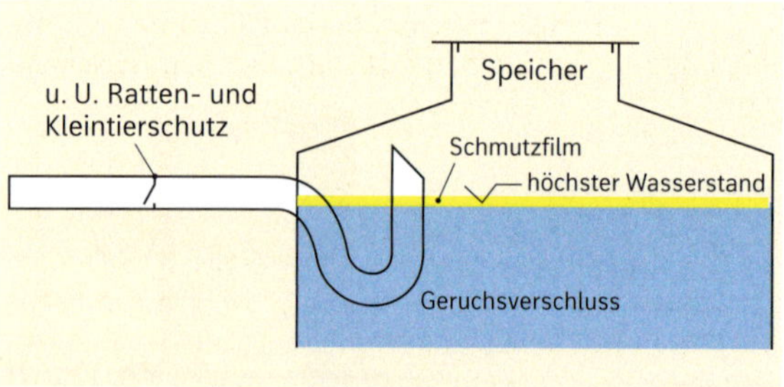

Abb. 2: Speicherüberlauf mit Kleintiersperre

D Entnahmeleitung

Das gesammelte Regenwasser wird über eine Druckerhöhungsanlage zu den Entnahmestellen gefördert.

- **Wasserentnahme aus dem Speicher**

Die Entnahme (Abb. 3) darf weder Schwimm- noch Sedimentschicht ansaugen. Deshalb ist das Wasser ca. 10 bis 15 cm unter der Wasseroberkante schwimmend zu entnehmen. Dabei ist die Schlauchlänge so zu wählen, dass das Fußventil weder Speicherwände noch Speicherboden berührt.

- **Feinfilter im Ansaugbereich**

Auf einen zusätzlichen Feinfilter soll in der Regel verzichtet werden, da das entnommene Wasser weitestgehend frei von Feststoffen ist.

- **Saugleitung**

Da die Leitung mit Unterdruck betrieben wird, ist sie möglichst kurz, gerade, mit leichter Steigung zur Pumpe

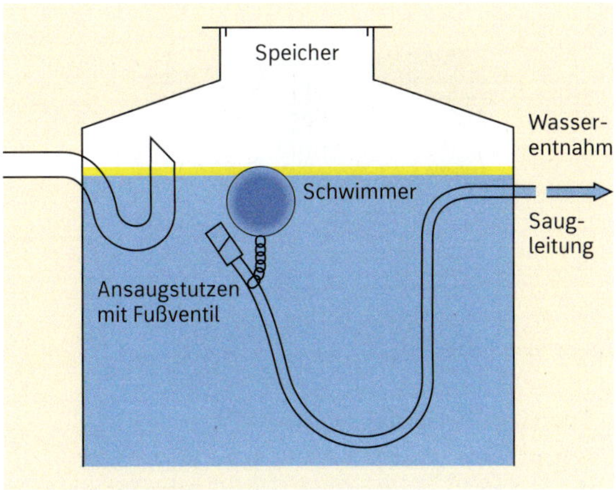

Abb. 3: Schwimmende Entnahme

und wenigen Armaturen zu verlegen. Um im Störungsfall ein Rückströmen zu vermeiden, empfiehlt sich der Einbau eines Rückflussverhinderers.

- **Leerrohre**

Leerrohre ermöglichen die nachträgliche Ergänzung oder Änderung von Steuer- und Betriebsleitungen. Sie sind höher als der Speicherüberlauf anzuordnen, mit Steigung zum Gebäude, um zu vermeiden, dass Wasser in des Gebäude fließen kann.

E Pumpe

Für Ein- und Zweifamilienhäuser genügt üblicherweise eine mehrstufige Kreiselpumpe. Bei größeren Einheiten und gewerblicher Nutzung empfehlen sich Doppel- bzw. Kaskadenpumpanlagen. Wegen des sauren Regenwassers sind korrosionsfeste Pumpen aus nichtrostendem Stahl bzw. Rotguss zu bevorzugen, die zur Reduzierung von Geräuschübertragung flexibel angeschlossen werden sollen und für den Störungsfall gegen Trockenlaufen gesichert sind.

- **Pumpen- und Anlagensteuerung**

Die Steuerung der Pumpe erfolgt durch einen Druckautomaten (bzw. Durchflusswächter), der verbrauchsbezogen schaltet. Druckschläge lassen sich durch eine wartungsfreie Metallmembran vermeiden. Empfehlenswert ist eine automatische Steuerung mit Pumpensteuerung, Trockenlaufkontrolle, Trinkwassernachspeisung, Störmeldung und Füllstandsmessung, wie sie in den meisten Kompaktanlagen zu finden sind.

F Druckleitung hinter der Pumpe

Die Druckleitung hinter der Pumpe ist vor Druckschlägen zu schützen und darf keinesfalls mit dem Trinkwassernetz verbunden werden.

- **Druckausgleichsgefäß**

Zur Reduzierung der Pumpen-Schalthäufigkeit und des Energieverbrauchs wurde in früheren Anlagen ein Druckausgleichsgefäß eingebaut, mit dem Nachteil, dass die Membran alterte und in Totwassernischen Verkeimung stattfand. Heute bieten sich druckgeregelte Pumpen an, die verbrauchsabhängig schalten.

- **Betriebswasser-Leitungsnetz**

Die Verbindung von Trink- und Betriebswasser ist nicht zulässig. Um Querverbindungen zwischen Trink- und Betriebswassernetz zu vermeiden, besteht eine Kennzeichnungspflicht: Nichttrinkwasserleitungen sind nach DIN 2403 mit einer grün-blau-grünen Farbmarkierung zu kennzeichnen (Abb. 4).

Abb. 4: Betriebswasser (NPW – Non Potable Water)

Die Kennzeichnung darf durch Anstrich und Beschriftung, Bänder (z. B. selbstklebende Folienbänder) oder Schilder (z. B. Folienschilder, Kunststoffschilder, Metallschilder) ausgeführt werden.

Weiterhin empfiehlt sich die Verwendung unterschiedlicher Werkstoffe bei den Systemen (z. B. Trinkwassernetz aus Kupfer, Betriebswassernetz aus nichtrostendem Stahl).

Zur Sicherheit des Betreibers und Information des Installateurs bzw. der Installateurin ist ein Schild in der Nähe des Wasserzählers anzubringen (Abb. 5).

Achtung – In diesem Gebäude ist eine Betriebswasseranlage installiert. Querverbindungen ausschließen

Abb. 5: Hinweis nahe des Wasserzählers

! Das parallele Anschließen einer Regenwasser- und einer Trinkwasserzuleitung mit jeweils einem Schwimmersystem an handelsübliche WC-Spülkästen ist wegen der nicht ausreichenden Abflussleistung des Standrohres nicht erlaubt!

Zapfventile sollten möglichst nur für Erwachsene zugänglich gemacht bzw. mit einem abnehmbaren Steckschlüssel ausgestattet werden.

Durch Beschilderung an jeder Zapfstellen muss ein Hinweis auf nicht trinkbares Wasser erfolgen (Abb. 1).

Abb. 1: Verbotszeichen „Kein Trinkwasser"

G Trinkwassernachspeisung

Während lang anhaltender Trockenperioden genügt das Volumen des gespeicherten Wassers u. U. nicht, dann muss Trinkwasser nachgespeist werden. Ein Sensor gibt dazu bei Unterschreiten des Mindestwasserstandes im Speicher ein Signal an das (stromlos geschlossene) Magnetventil. Die Nachspeisung erfolgt mit freiem Auslauf, z. B. Typ AA (freier Auslauf: $h \geq 20$ mm bzw. $3 \cdot d_i$; Abb. 2).

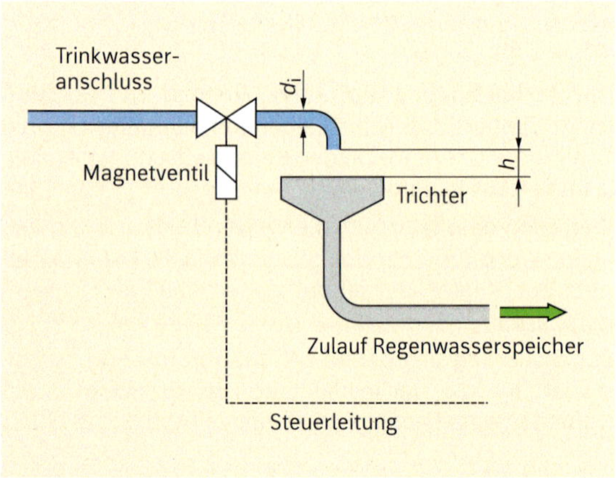

Abb. 2: Freier Auslauf

H Nachspeisung über Zwischenbehälter

Eine Kompakteinheit beinhaltet Trinkwassernachspeisung über ein Magnetventil und freien Auslauf, Zwischenbehälter, Pumpe, Regelung und Anlagensteuerung, auch Hauswasserstation genannt (Abb. 3). Sie erleichtert die Montage, ist für eine schallentkoppelte Montage vorbereitet und berücksichtigt alle geltenden Vorschriften.

Vorteile:

- geringere, bedarfsgerechte Frischwassernachspeisung
- einfache Installation, Regenwassereignung
- u. U. 14-tägige Zwangserneuerung des Wassers im Zwischenbehälter (vermeidet stagnierendes Wasser in der Trinkwasser-Nachspeiseleitung, verringert Verkeimung im Zwischenbehälter)

Abb. 3: Kompakteinheit mit Zwischenbehälter

I Rückstauschutz

Der Restwasserablauf ist zumeist an das Abwassersystem anzuschließen, der Speicherüberlauf nur dann, wenn das überfließende Wasser nicht versickern kann (Abb. 4).

Im Falle des Anschlusses an das Abwassersystem ist die Überlaufhöhe meist unter der Rückstauebene.

- **Anschluss an die Mischwasserkanalisation**

Um im Rückstaufall ein Rückströmen des stark verschmutzten Kanalwassers in die Speicher mit Sicherheit auszuschließen, darf das Speichernwasser nur über eine Hebeanlage für fäkalienfreies Abwasser mit Rückstauschleife (DIN EN 12050-2) an den Kanal angeschlossen werden.

- **Anschluss an die Regenwasserkanalisation**

Für die Absicherung gegen Rückströmen des Wassers aus der Regenwasserkanalisation genügt ein Rückstauverschluss Typ 0 bzw. Typ 1 (ein Verschluss) oder Typ 2 (zwei Verschlüsse).

6.15.3 Versickerung

Für die Versickerung von Niederschlagswasser ist nach § 7 Wasserhaushaltsgesetz (WHG) grundsätzlich die Erlaubnis der zuständigen Wasserbehörde zu beantragen.

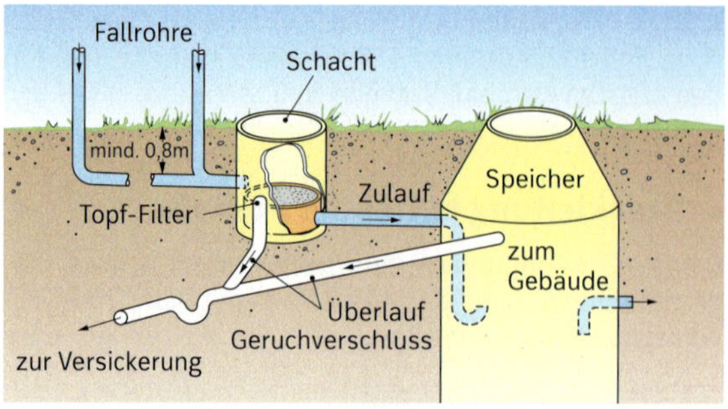

Abb. 4: Anschluss an die Versickerung

Die Regenwassernutzung dürfte in Zukunft, bedingt durch den Klimawandel, insbesondere in Großstädten an Bedeutung gewinnen.

6.16 Rohre und Rohrverbindungen

6.16.1 Allgemeine Anforderungen

Folgende Anforderungen sind bei der Erstellung von Entwässerungsanlagen zu beachten:

- Entwässerungsanlagen müssen unter Verwendung von Bauteilen und Werkstoffen geplant und installiert werden, die mit den europäischen Normen oder Zulassungen übereinstimmen. Falls diese nicht bestehen, müssen sie nationalen Normen (Deutschland: DIN 1986-4) oder Zulassungen entsprechen.
- Die Werkstoffe müssen beständig gegen Abwasser und daraus entstehende Gase und Dämpfe sein.
- Kondensate aus Feuerstätten dürfen nur in die Teile der Entwässerungsanlage eingeleitet werden, die gegen Abwasser mit pH-Wert unter 6,5 beständig sind.
- Die Mindesttemperaturbeständigkeit muss im Gebäude 95 °C, bei Grundleitungen 45 °C (kurzzeitig auch höher), an der Grundstücksgrenze 35 °C betragen.
- Schall- und Brandschutz müssen nach den anerkannten technischen Regeln erfolgen.
- Bei Ableitung von anderem als häuslichem Abwasser oder Verlegung in aggressivem Boden muss nachgewiesen werden, dass die Abwasserrohre und -formstücke anwendbar sind, z. B. durch geeignete Schutzmaßnahmen.
- Druckleitungen, innen liegende Regenwasserleitungen und Leitungen unter Rückstauebene sind durch längskraftschlüssige Verbindungen gegen Auseinandergleiten zu sichern.
- Für Druckleitungen von Abwasserhebeanlagen dürfen auch Werkstoffe aus dem Druckrohrbereich verwendet werden.

Die DIN 1986-4 nennt die Verwendungsbereiche der Abwasserrohre und -formstücke bei Ableitung von häuslichem Schmutz- und Niederschlagswasser (→ TB).

6.16.2 Stahlrohre

Stahlrohre sind zum Schutz gegen Korrosion innen und außen feuerverzinkt, zusätzlich ist innen eine rotbraune Harzbeschichtung (Duromer) aufgebracht, um die Widerstandsfähigkeit gegen chemische und mechanische Einflüsse des Abwassers zu erhöhen. Wesentliche Eigenschaften:

- Sie sind formstabil, stoßfest, nicht brennbar und korrosionssicher gegen häusliches Abwasser.
- Sie sind unempfindlich gegenüber Temperaturen und weisen einen niedrigen Wärmeausdehnungskoeffizienten von ca. 0,012 mm/(m · K) auf.

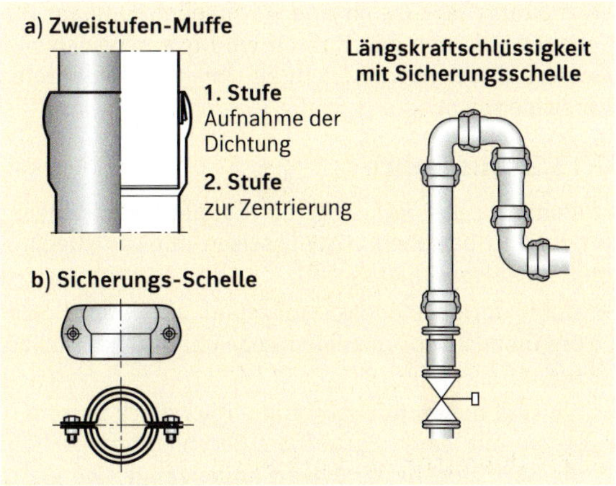

Abb. 5: Zweistufen-Muffe und Sicherungsschelle

- Durch das geringe Flächengewicht lässt sich nur eine geringe Luftschalldämmung erreichen.

Rohre und Formstücke werden für die Gebäude- und Grundstücksentwässerung von DN 40 bis 300 in unterschiedlichen Längen geliefert.

Sie dürfen im Erdreich nur mit zusätzlichem Korrosionsschutz (z. B. PE-Umhüllungen nach DIN 30670) eingesetzt werden.

Die **Verbindung** der Rohre und Formstücke erfolgt mit einer Zweistufen-Muffe (Abb. 5a). Die äußere Muffenstufe übernimmt die Lippendichtung, die innere Stufe zentriert die Verbindung.

Bei Drücken über 0,5 bar kann die Muffenverbindung gegen Auseinandergleiten durch eine **Sicherungsschelle** (Abb. 5b) gesichert werden.

Zum Ablängen der Rohre eignen sich Rohrschneider, Winkelschleifer mit Trennscheibe oder Sägen.

Die Muffenverbindung lässt sich durch Erwärmen mit weicher Lötflamme leichter lösen.

Edelstahlabflussrohre weisen eine erhöhte Korrosionssicherheit auf. Sie werden in DN 50 bis 200 geliefert und insbesondere für Rohrleitungen mit Problemabwässern bei höheren chemischen und thermischen Beanspruchungen in Industrie, Gewerbe und Großküchen eingesetzt.

Stahl-Verbundrohre (Abb. 6) werden in DN 50 bis DN 100 geliefert. Innen- und Außenrohr bestehen aus feuer-

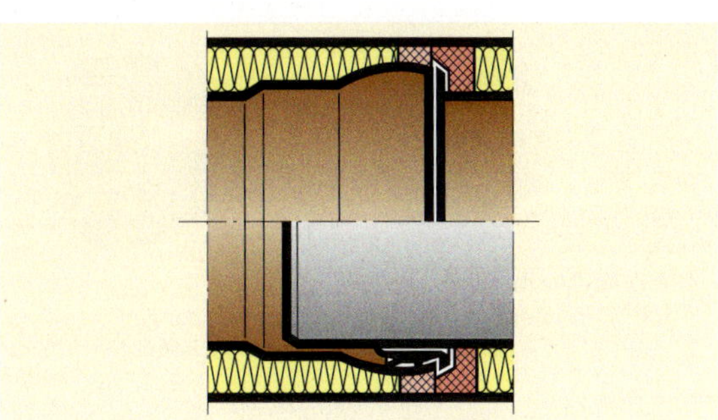

Abb. 6: Steckmuffenverbindung eines Stahl-Verbundrohres

verzinktem Stahl. Durch eine Wärmedämmung aus PU-Schaum zwischen den Rohren wird u. a. eine schwitzwassersichere Abwasserleitung im frostgefährdeten Bereich erreicht.

6.16.3 Gussrohre

Muffenlose SML-Rohrsysteme (**S**uper-**M**etallit-**L**ieferprogramm) bestehen aus Gusseisen mit Lamellengraphit. Ihre Eigenschaften sind:

- stabil, formbeständig, stoß- und abriebfest, nicht brennbar, korrosionssicher gegen häusliches Abwasser
- Sie sind außen mit rotbraunem Acryllack versehen, innen mit einer Epoxidharz-Beschichtung (erhöht die Korrosionsbeständigkeit und erzeugt eine glatte Oberfläche)
- Unempfindlichkeit gegenüber hohen Temperaturen und Kälte; der niedrige Wärmeausdehnungskoeffizient von 0,01 mm/(m · K) lässt kaum Spannungen entstehen.
- gute Luftschalldämmung durch hohes Flächengewicht; Distanzringe bei den Verbindungselementen sowie Profil-Gummieinlagen in den Befestigungs-Rohrschellen verhindern weitgehend Körperschallübertragung.
- recyclingfähig, da sie fast vollständig aus Altmetall hergestellt werden

SML-Rohre werden für die Gebäude- und Grundstücksentwässerung von DN 50 bis 300 in 3-m-Längen geliefert. Die Anfertigung maßgenauer Rohrlängen mit glatten, rechtwinkligen Schnitten erfordert die Verwendung geeigneter Trenngeräte, z. B. Trennvorrichtungen mit Winkelschleifer. Wichtige Verbindungen sind in Abb. 1 dargestellt.

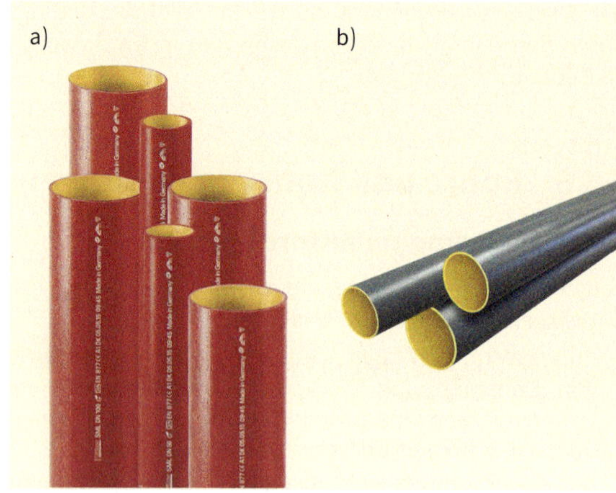

Abb. 2: Rohre aus Gusseisen a) SML, b) MLK-protec

Für fetthaltige und aggressive Abwässer eignet sich das MLK mit Schutzbeschichtung (Abb. 2). Hierfür ist SML nicht geeignet. Das MLK-Rohr verfügt auf seiner Innenseite über eine doppelt so dicke Schutzschicht wie das SML-Rohr. Die Epoxidschicht wird flüssig aufgebracht und eingebrannt.
Bei Drücken über 0,5 bar (z. B. Druckleitung einer Hebeanlage bzw. unter der Rückstauebene) sind zur Herstellung der Längskraftschlüssigkeit Krallen zu verwenden (Abb. 1).

6.16.4 Kunststoffrohre

Kunststoffrohre können nach ihrer Temperaturbeständigkeit entsprechend Abb. 3 eingeteilt werden.

HT-Rohre sind einsetzbar in einem Temperaturbereich bis 95 °C.

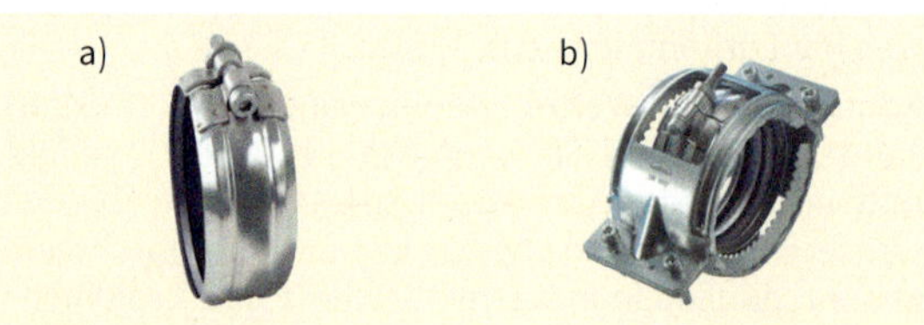

Rapid-Verbinder
a) Profilschelle aus Chromstahl mit Dichtmanschette
b) Längskraftschlüssige Sicherungsschelle mit Krallen DN 50–125 bis 10bar; DN150–200 bis 5 bar

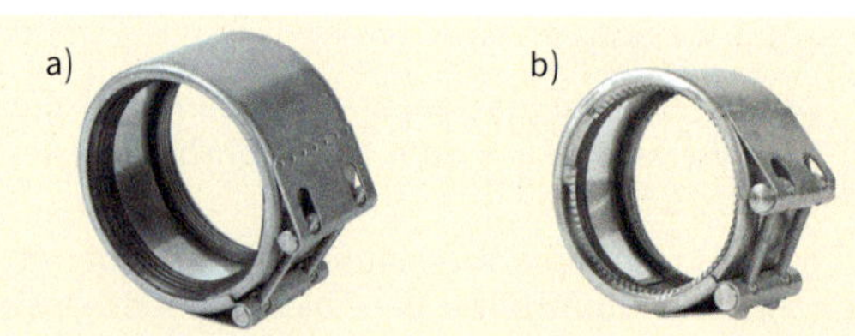

Connect-Verbinder
a) Spannhülse aus Chromstahl mit Dichtmanschette
b) Längskraftschlüssiger Verbinder DN 50-400: bis 10 bar; DN 500: bis 6 bar

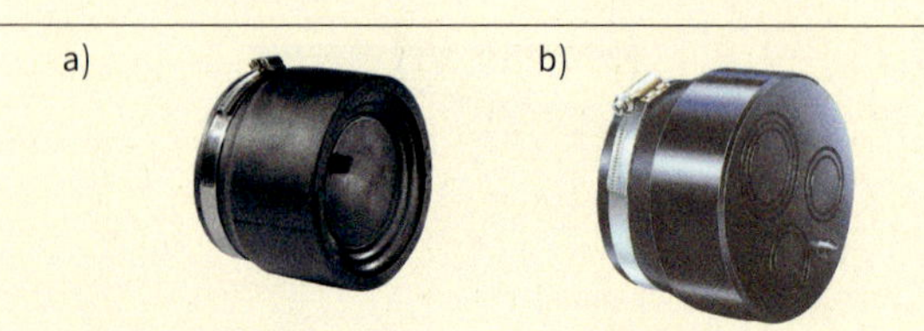

Übergangsverbinder
a) Fix-Verbinder für PE-HD-PP-Anschlussleitungen
b) Multi-Verbinder für bis zu drei Anschlussleitungen

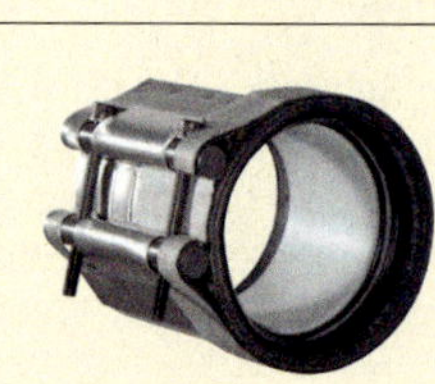

Brandschutzverbinder BSV 90
für die Installation in Deckendurchführungen mit Brandschutzauflagen bei Mischinstallationen

Abb. 1: Beispiele für SML-Verbinder

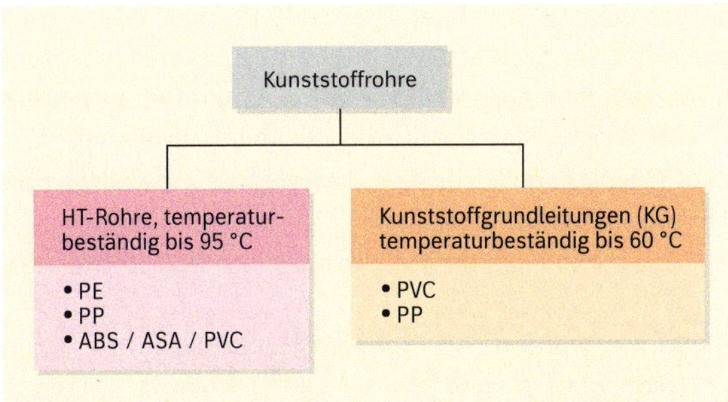

Abb. 3: Einteilung der Kunststoffrohre nach der Temperatur

Sie zeichnen sich aus durch:

- hohe chemische Beständigkeit gegen aggressive Abwässer
- große Wärmeausdehnung (10- bis 20-mal so stark wie Guss oder Stahlrohre)
- normale bzw. schwere Entflammbarkeit

PE-HD-Rohre für Abwasserleitungen

Polyethylen (PE) ist ein schwarz eingefärbter, normal entflammbarer Kunststoff mit folgenden Eigenschaften:

- Bei Frost gibt PE der Ausdehnung des gefrierenden Wassers elastisch nach. Die Rohre sind schlagfest und zugleich so flexibel, dass Boden- und Mauersetzungen geringeren Ausmaßes keine Schäden am Rohr verursachen.
- Die Wärmeausdehnung von PE ist ca. 20-mal größer als bei Guss und wird durch Biegeschenkel und/oder Langmuffen aufgenommen (siehe Kap. 6.17).
- Infolge seiner Elastizität leitet PE Körperschall schlechter als Metalle, d. h. verbesserte Körperschalldämmung.

Rohre und Formstücke aus PE werden in den Dimensionen DN 25 bis DN 300 in 3-m-Längen geliefert. Zur Verbindung von Rohren und Formstücken dienen je nach Vertegetechnik die in Abb. 4 dargestellten Möglichkeiten.

PE-Abwasserleitungen mineralverstärkt

Auch diese Rohre erhalten durch die Beimischung von Gesteinsmehl (Barium-Sulfat) eine höhere Dichte. Dadurch wird die Luftschalldämmung verbessert.

PP-Rohre für Abwasserleitungen

Polypropylen (PP) ist ein mittelgrau eingefärbter, schwer entflammbarer Kunststoff mit folgenden Eigenschaften:

- Die Wärmeausdehnung von PP ist ca. 15-mal größer als bei Guss und wird bei fachgerechter Montage durch die Muffe aufgenommen.
- Durch UV-Unempfindlichkeit lässt sich PP auch für die Dachentwässerung einsetzen.

Rohre und Formstücke werden in den Dimensionen DN 40 bis DN 150 geliefert; Passstücke mit Muffe in 0,15-m-Längen, Rohre ohne Muffe in 3-m-Längen. Die Verbindung von Rohren erfolgt mit Doppelmuffen oder durch Formstücke mit Muffe.

Dickwandiges, mineralverstärktes PP-Rohrsystem (DN 50 bis 150) verbessert durch die erhöhte Dichte die Luftschalldämmung. Es ist normal entflammbar.

ABS-Rohr

Die dunkelgrauen, normal entflammbaren Rohre und Formstücke aus ABS sind Mischpolymerisate aus **A**crylnitril, **B**utadien und **S**tyrol. Durch unterschiedliche Kombination dieser Monomere (reaktionsfähige Moleküle) lässt sich ein breites Sortiment an ABS-Typen herstellen, die in ihren Eigenschaften unterschiedlich sein können. ABS-Rohre verfügen über eine relativ hohe mechanische Festigkeit, sie sind form-, chemikalien- und alterungsbeständig und haben eine glänzende Oberfläche.

Rohre und Formstücke werden in den Dimensionen DN 32 bis DN 200 geliefert, Rohre ohne Muffe dimensionsabhängig in 2-m- bis 5-m-Längen.
die Verbindung von Rohren erfolgt mit Doppelmuffe, von Formstücken mit Muffe; Rohre und Formstücke werden zumeist durch Kleben verbunden.

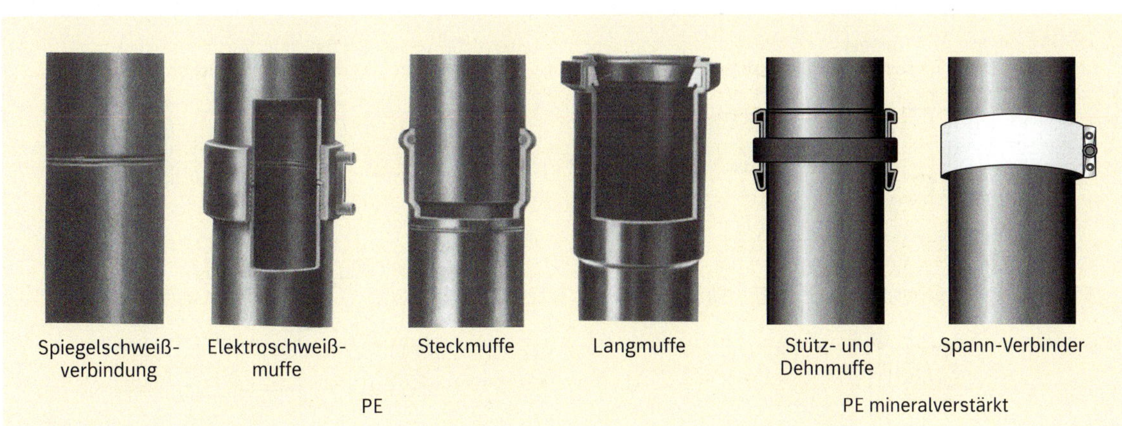

Abb. 4: Verbindungstechniken für PE-Rohre (Auszug)

PVC-U-Abwasserleitungen (KG-Leitungen)

PVC-Kanalrohre (KG = Kunststoff-Grundleitung) und -Formteile sind orangebraun eingefärbt. Da ihre Gebrauchstemperatur auf 60 °C begrenzt ist, werden sie in der Regel nur als Grundleitung eingesetzt. Wesentliche Merkmale sind:

- Rohre und Formstücke werden in den Dimensionen DN 100 bis 500 geliefert.
- Die Verbindung von Rohren und Formstücken erfolgt mit Steckmuffen mit eingelegten Lippendichtringen. Mit umweltbelastenden Weichmachern wird versucht, die Kaltsprödigkeit von PVC zu mindern. PVC ist selbstverlöschend, entwickelt jedoch im Brandfall giftige Gase.

PP-KG-Leitungen sind grün eingefärbt und aus umweltverträglicherem Material als PVC-Rohre. Ihre Muffe gilt als wurzelsicher.

6.16.5 Übergang auf andere Werkstoffe

Für den Übergang unterschiedlicher Werkstoffe sind entsprechende zugelassene Übergangsstücke erforderlich (Abb. 1).

Die Hersteller der Rohre bieten zugelassene Übergangs-Formteile an. Diese berücksichtigen

- die Unterschiede bezüglich des jeweiligen Durchmessers,
- die unterschiedlichen Materialeigenschaften, um Spannungen und Beschädigungen der Rohre an den Verbindungsstellen zu vermeiden.

Aufgaben

1. Nennen Sie fünf Abwasserrohre unterschiedlicher Werkstoffe und geben Sie deren Einsatzbereiche an.
2. Welche vorteilhaften Eigenschaften hat das muffenlose SML-Rohrsystem aus Gusseisen?
3. Nennen Sie grundlegende Verbindungselemente für SML-Rohre.
4. Auf welche Art kann bei SML-Rohren eine längskraftschlüssige Verbindung hergestellt werden?
5. Auf welchen besonderen Eigenschaften beruht der Einsatz von Kunststoffrohren in der Abwassertechnik?
6. Mit welchen Techniken können PE-Abwasserrohre verbunden werden?
7. Für welche Einsatzbereiche kommen PVC-Rohre infrage?
8. Warum werden PVC-Rohre nicht im Gebäude eingesetzt?

6.17 Befestigen der Abwasserleitungen

Bei der Rohrbefestigung von häuslichen Entwässerungsleitungen sind wichtige technische Aspekte zu berücksichtigen:

- Aufnahme der mechanischen Belastungen durch das Gewicht der Rohre und die Fließbelastungen des Abwassers
- Berücksichtigung der Rohrausdehnung als Folge höherer Abwassertemperaturen
- richtige Wahl der Befestigungselemente, z. B. in Bezug auf den Rohrdurchmesser, den Rohrwerkstoff, die Art des umgebenden Raumes und die Befestigungswand,
- Begrenzung der Schallübertragung als Maßnahme des Schallschutzes
- Gewährleistung der Bausicherheit, insbesondere bei UP- und Schachtinstallationen sowie Deckendurchbrüchen

Im Folgenden wird für die einzelnen Rohrarten beispielhaft das Wesentliche ihrer Befestigungstechnik dargestellt.

Bei **Gussrohren (SML-Rohren)** gilt grundsätzlich, die Befestigungsabstände möglichst gleichmäßig zu halten und höchstens bis 2 m Abstand zu montieren (Abb. 2).

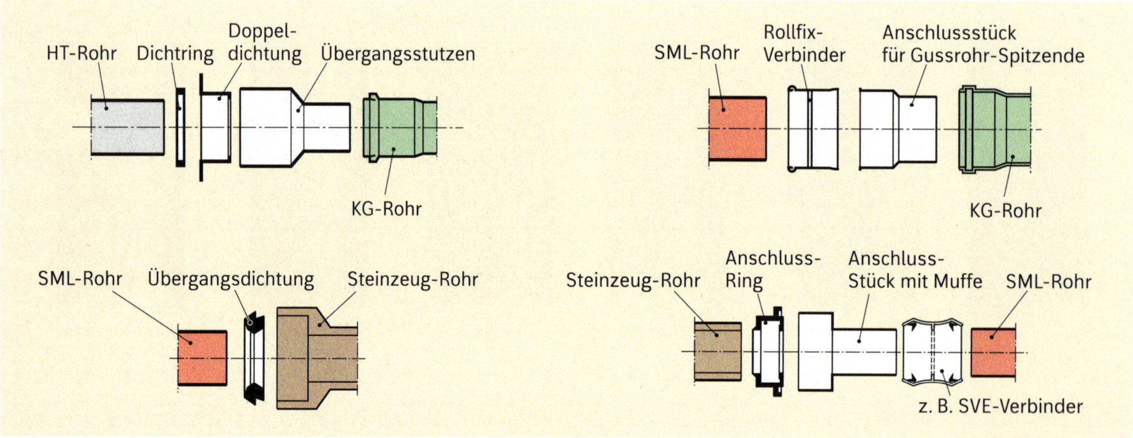

Abb. 1: Übergangsstücke auf Rohre aus verschiedenen Rohrwerkstoffen

2 bis 3 m lange Rohre sind zweimal, kürzere Rohre je nach Nennweite bzw. Gewicht ein- oder zweimal zu befestigen. Die Befestigung ist in gleichmäßigen Abständen zwischen den Verbindungen auszuführen, wobei der Abstand vor und hinter jeder Verbindung nicht größer als 0,75 m sein sollte.

Waagerechte Leitungen müssen an allen Richtungsänderungen und Abzweigen ausreichend befestigt werden. An Pendeln befestigte Leitungen sind im Abstand von 10 bis 15 m durch besondere Festpunkthalterungen gegen Verschiebung zu sichern.

Der Aufhängebügel erleichtert insbesondere das Einstellen des Gefälles.

Fallleitungen sind ebenfalls mit einem Höchstabstand von 2 m zu befestigen, bei einer Geschosshöhe von 2,50 m also zweimal je Geschoss, darunter einmal in unmittelbarer Nähe eventuell eingebauter Abzweige.

In Gebäuden bis zu 5 Geschossen ist die Fallleitung durch eine Fallrohrstütze, die oberhalb der Kellerdecke befestigt wird, gegen eine Absenkung zu sichern. Außerdem muss bei höheren Gebäuden in jedem weiteren Geschoss ab dem 5. eine Fallrohrstütze eingebaut werden.

Kunststoffrohre werden je nach Kunststoffart befestigt. Besondere Maßnahmen erfordern die Längenänderungen der Rohre durch Temperaturveränderung. Deshalb muss bei der Montage von Kunststoff-Muffenrohren das Spitzende zunächst mit einem sauberen Tuch gereinigt werden. Anschließend ist das Einsteckende dünn mit Gleitmittel zu bestreichen und bis zum Anschlag in die Muffe zu schieben. Danach wird die Anschlagtiefe angezeichnet und das Spitzende wieder um etwa 1 cm aus der Muffe gezogen. Dadurch besteht bei Erwärmung im Betrieb die Möglichkeit der spannungsfreien thermischen Ausdehnung.

Bei **PE-Rohren** muss die thermisch bedingte Längenänderung (über Festpunkt und Gleitschelle) von Langmuffen oder Biegeschenkel aufgenommen werden.

Eine Langmuffe ist mindestens alle 6 m einzubauen. Dabei ist die Montagetemperatur zu berücksichtigen (Abb. 1, S. 290).

Bei **liegenden Leitungen** ist der Einbau nach Abb. 2, S. 290 auszuführen.

Zur Herstellung eines Festpunktes sind die in Abb. 3, S. 290 dargestellten Möglichkeiten gegeben.

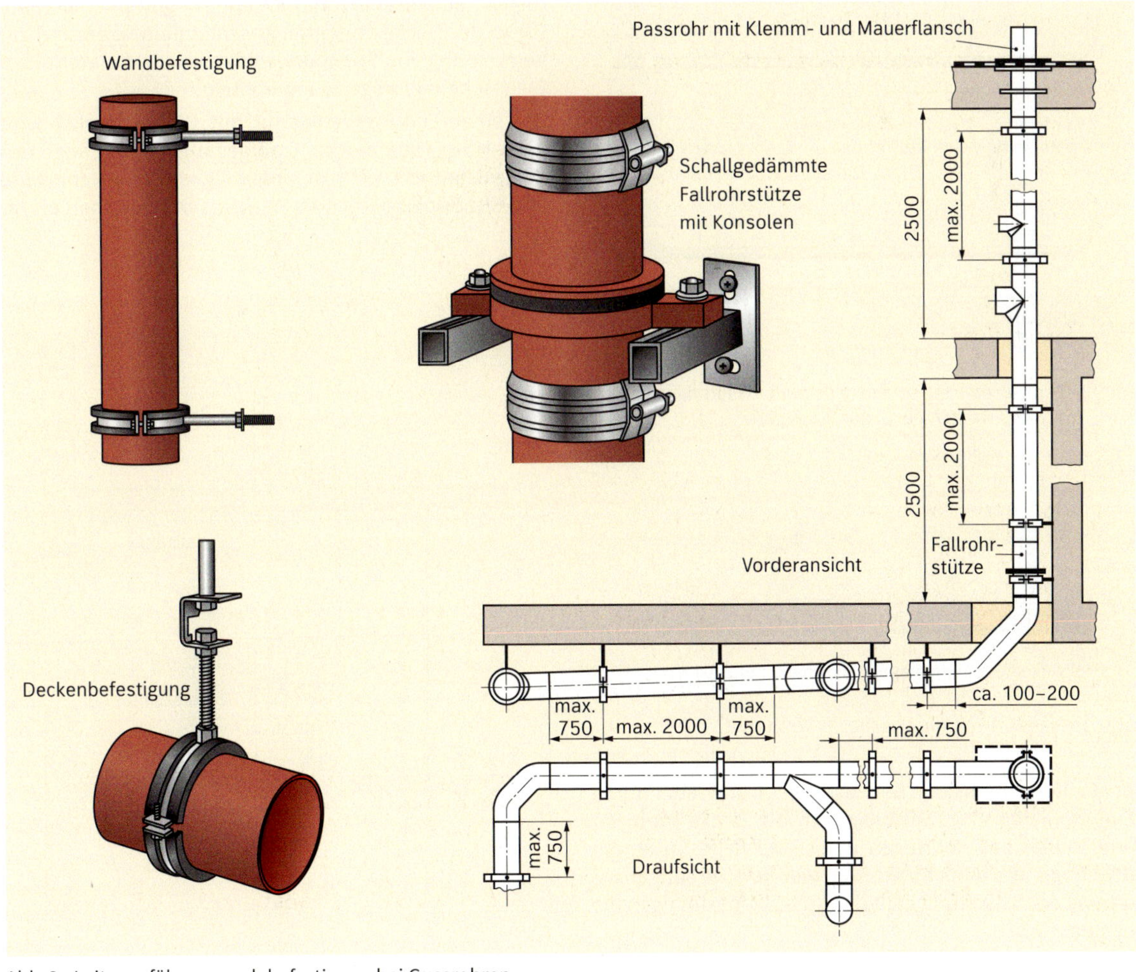

Abb. 2: Leitungsführung und -befestigung bei Gussrohren

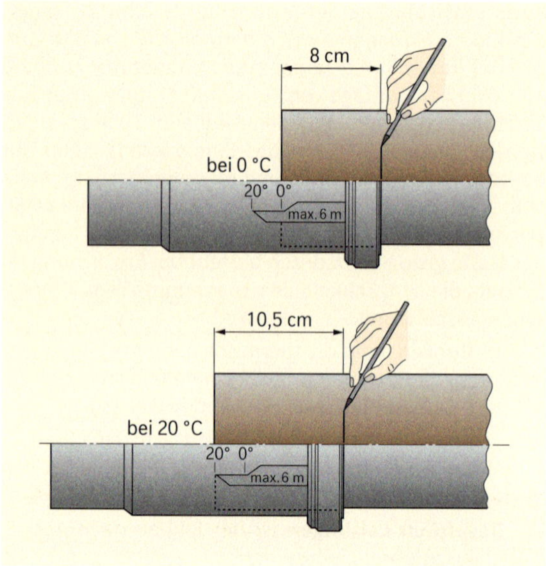

Abb. 1: Einstecktiefe und Montagetemperatur bei PE-Rohren

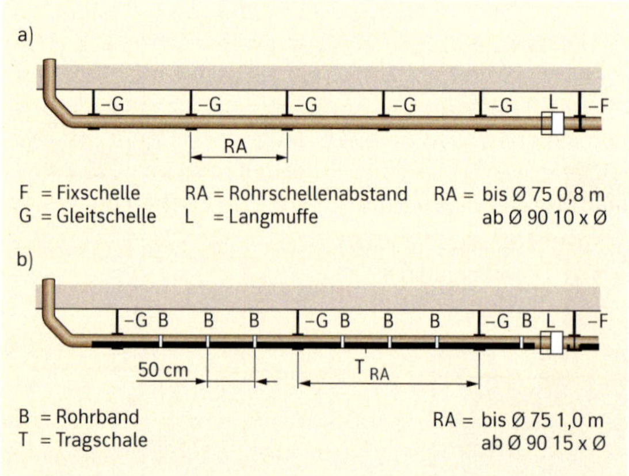

Abb. 2: Einbau von Langmuffen in liegenden Leitungen
a) ohne Tragschale, b) mit Tragschale

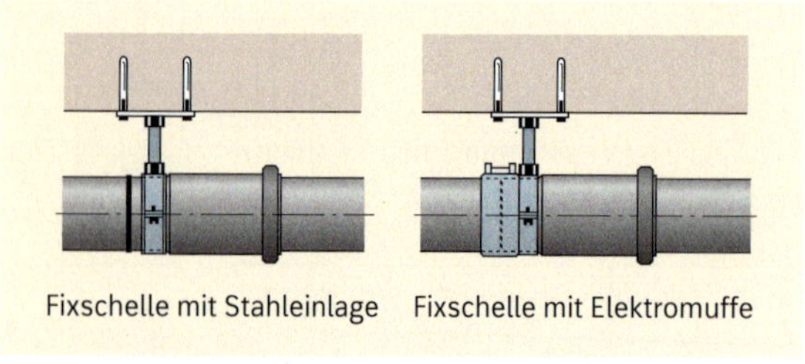

Abb. 3: Festpunkthalterungen bei PE-Rohren

Bei **Fallleitungen** kann der Festpunkt F entweder durch Einbetonieren eines Abzweiges in die Decke (Abb. 4a) oder durch das Anbringen einer Fixschelle unterhalb der Langmuffe (Abb. 4b) erzeugt werden. Die Längenänderung der Fallleitung geht dadurch zwangsläufig in die Langmuffe.

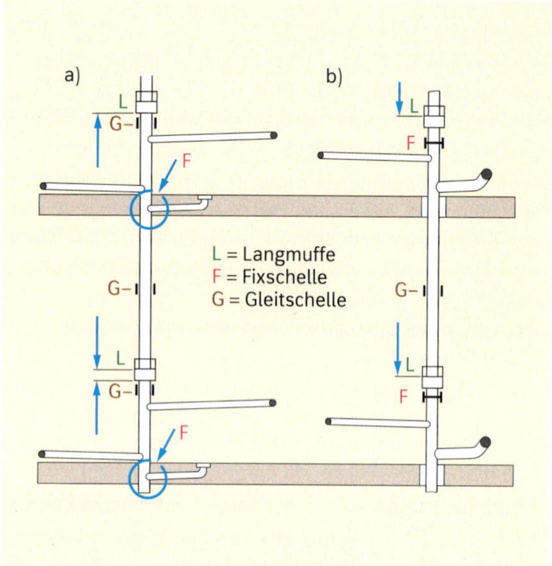

Abb. 4: Befestigung der Fallleitungen

Das Einbetonieren kann in Anwendungsfällen mit geringen Schallschutzanforderungen gewählt werden. Die in der Decke verlegten Anschlussleitungen sind zur Vermeidung von Spannungen mit weichem Material auf Biegeschenkellänge zu ummanteln.

Bei einer Leitungsverlegung mit Biegeschenkel wird nach Maßgabe der Abb. 6 vorgegangen. Die Länge des Biegeschenkels wird in Abhängigkeit von Nennweite und Rohrlänge berechnet oder aus Diagrammen ermittelt.

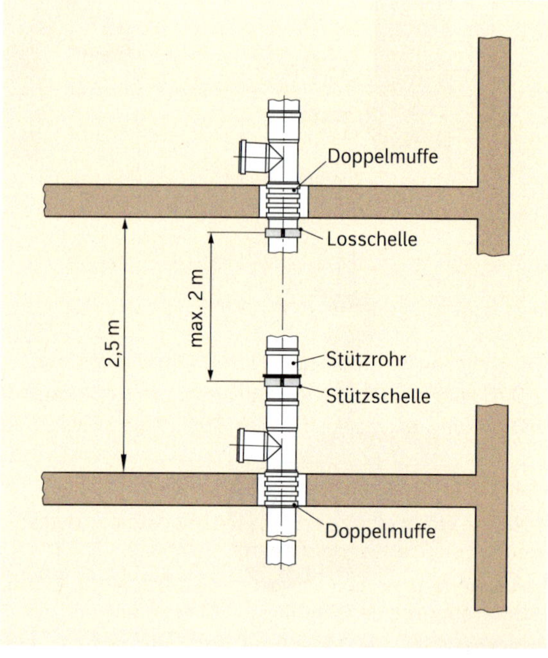

Abb. 5: Montagebeispiel einer Fallleitung aus PP

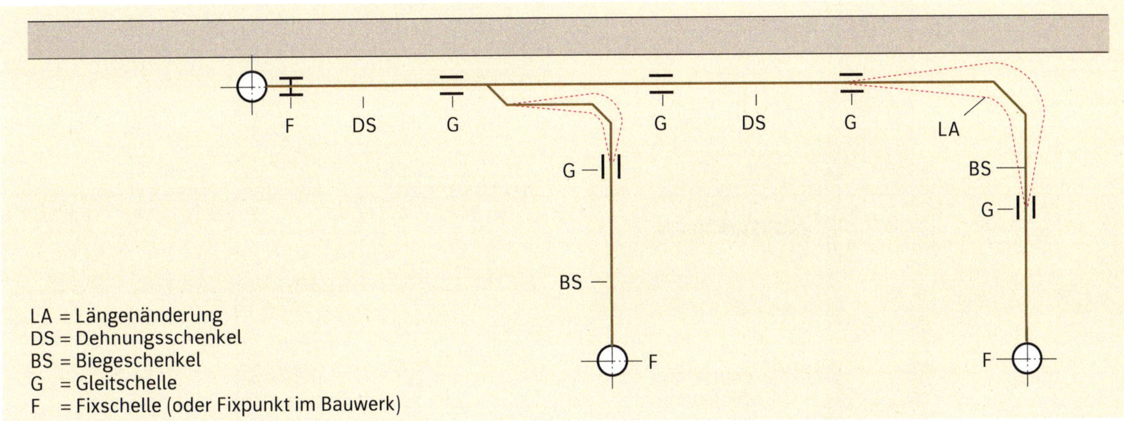

Abb. 6: Liegende Leitungen mit Biegeschenkel

Bei **PP-Abflussrohren** und Rohren aus **ABS** beträgt der Rohrschellenabstand

- $\leq 10 \times d$ bei liegenden Leitungen,
- 1 m bis max. 2 m bei Fallleitungen.

Die Rohrschellen sind möglichst nahe an Boden und Decke anzubringen.

Die Längenänderung der Rohre wird in den Steckmuffen bzw. Doppelmuffen aufgenommen durch

- einen vorgegebenen Dehnungsspielraum in der Muffe bzw.
- Berücksichtigung bei der Montage durch Markieren und Zurückziehen.

Deshalb ist bei Fallleitungen eine Stützschelle unmittelbar unter der Rohrmuffe zu befestigen (Abb. 5).

Steinzeugrohre werden fast ausschließlich für Grundleitungen verwendet. Um Beschädigungen durch mechanische Spannungen zu vermeiden, ist vor allem auf die richtige Bettung im Untergrund zu achten. Das Rohr muss am Schaft gleichmäßig aufliegen. Für die Muffen sind Muffenlöcher auszuheben. Nach dem Zusammenschieben wird das Steinzeugrohr in seine Endlage ausgerichtet. Das Auflager wird mit einem leichten Verdichtungsgerät von Hand gleichmäßig neben dem Rohr verdichtet.

Beispiel: Befestigung einer PE-Fallleitung DN 90

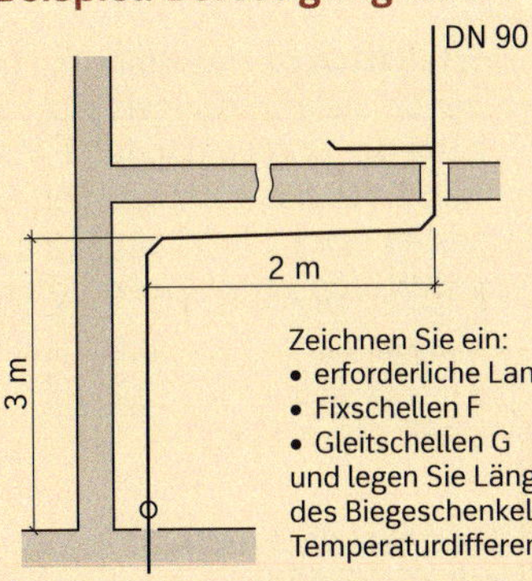

Zeichnen Sie ein:
- erforderliche Langmuffen L
- Fixschellen F
- Gleitschellen G

und legen Sie Länge und Position des Biegeschenkels BS für eine Temperaturdifferenz von 50 °C fest

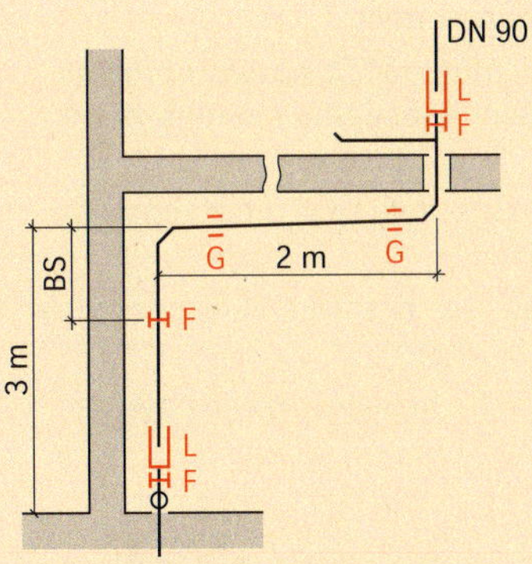

- Fixschellen F werden oberhalb von Abzweigen an Langmuffen oder definierten Punkten angeordnet.
- Die Längenänderung der liegenden Leitung beträgt: $\Delta l = l_0 \cdot \alpha \cdot \Delta\vartheta = 2\ \text{m} \cdot 0{,}2\ \frac{\text{mm}}{\text{m} \cdot \text{K}} \cdot 50\ \text{K} = 0{,}02\ \text{m} = 2\ \text{cm}$
- Die Länge des Biegeschenkels BS für Nennweite DN 90 beträgt (→ TB) ca. 1,15 m.

Aufgaben

1. Nennen Sie wichtige technische Aspekte der Befestigung von Abwasserleitungen.
2. Welche Grundregeln sind bei der Befestigung von Gussrohren zu beachten?
3. Erklären Sie die Bedeutung der Fallrohrstütze bei Fallleitungen aus SML.
4. Welche Materialeigenschaft ist insbesondere bei der Befestigung von Kunststoffrohren zu berücksichtigen?
5. Erläutern Sie an zwei Beispielen, wie eine fachgerechte Leitungsverlegung von Kunststoffrohren durchzuführen ist.

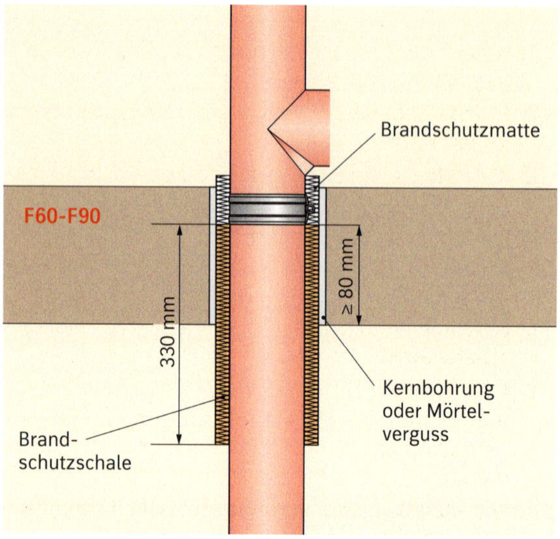

Abb. 1: Brandsichere Deckendurchführung bei nicht brennbaren Rohren

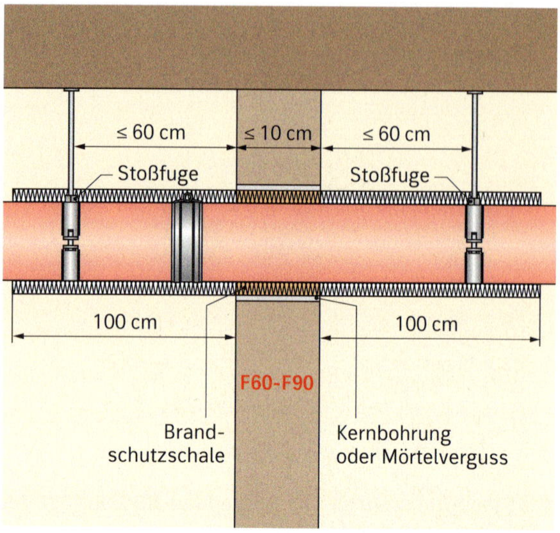

Abb. 2: Brandsichere Wanddurchführung (nicht brennbare Rohre)

6.18 Brandschutz

Nach DIN EN 12056-1 ist der Brandschutz zu beachten. Die Brandschutzvorschriften unterliegen der jeweiligen Landesbauordnung. Ziel ist es, den Brand auf möglichst kleinen Raum zu beschränken. In Gebäuden mit erhöhten Brandschutzanforderungen, z. B. Mehrfamilienhäuser, Hotels, Krankenhäuser, Bürogebäude, Schulen, müssen deshalb bei Rohrdurchführungen durch Wände und Decken Vorkehrungen gegen eine Übertragung von Feuer und Rauch getroffen werden.

Dies ist insbesondere wichtig, weil Abwasserrohre meist einen großen Durchmesser haben und nicht immer mit Wasser gefüllt sind.

Bezogen auf den Personenschutz sind die Hauptgefahren bei Bränden:

- Sichtbeeinträchtigung durch starke Rauchentwicklung, z. B. in den Fluchtwegen
- Rauchvergiftung mit Schädigungen der Atemwege
- Verletzung durch heiße, herabfallende oder brennend abtropfende Kunststoffteile

6.18.1 Nicht brennbare Rohre

Bei nicht brennbaren Rohren aus Gusseisen und Stahl gilt gemäß DIN 4102:

- Verbleibende Wandöffnungen sind mit nicht brennbaren, formbeständigen Baustoffen unter Berücksichtigung des Schallschutzes vollständig zu verschließen, z. B. mit Mörtel oder Beton.
- Bei Verwendung von Mineralfasern als Schall- und Wärmeschutz müssen diese Umhüllungen im Bereich von Wand- und Deckendurchbrüchen eine Schmelztemperatur von mehr als 1 000 °C und ein Stopfgewicht von mindestens 120 kg/m^3 aufweisen, z. B. Steinwolle (Abb. 1 und 2). Glaswolle kommt mit einem Schmelzpunkt unter 900 °C als Brandschutz nicht infrage.

6.18.2 Brennbare Rohre

Bei brennbaren Rohren aus Kunststoff, aber auch bei Faserzementrohren, gilt:

Bei senkrechter Rohrinstallation ist eine Brandschutzmanschette unterhalb der Decke anzubringen (Abb. 3). Die Brandschutzmanschette der Feuerwiderstandsklasse F90 bewirkt im Brandfall durch das Aufschäumen des innen liegenden Materials ab etwa 200 °C einen feuerbeständigen und rauchgasdichten Verschluss des Rohrquerschnitts.

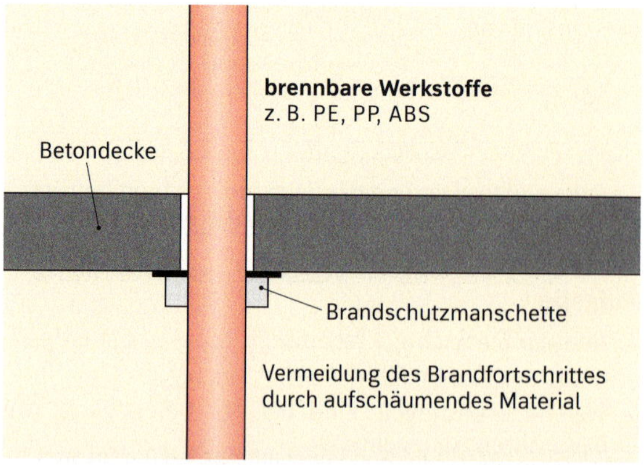

Abb. 3: Brandsichere Deckendurchführung bei brennbaren Rohren

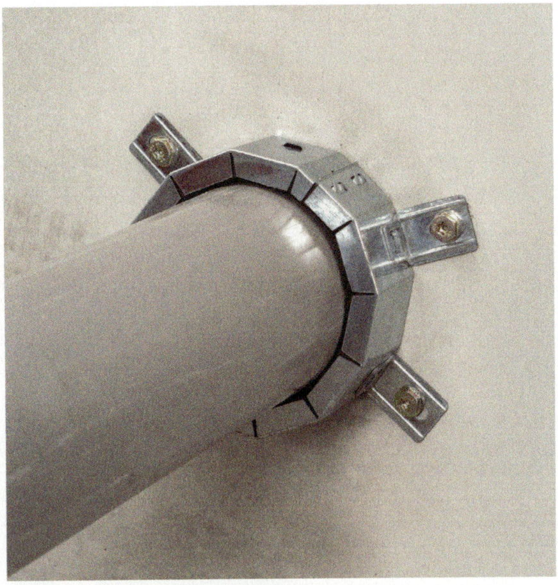

Abb. 4: Brandschutzmanschette

Bei horizontaler Wanddurchführung durch eine Brandschutzwand gilt:

- Beidseitig der Wand ist eine Brandschutzmanschette F90 anzubringen (Abb. 5a).
- Die Rohre sind auf einer Gesamtlänge von 4 m, jedoch auf keiner Seite weniger als 1 m; mit mineralischem Putz > 15 mm dick auf nicht brennbaren Putzträgern wie Streckmetall zu versehen bzw. mit Gipskarton > 12,5 mm zu ummanteln (Abb. 5b).

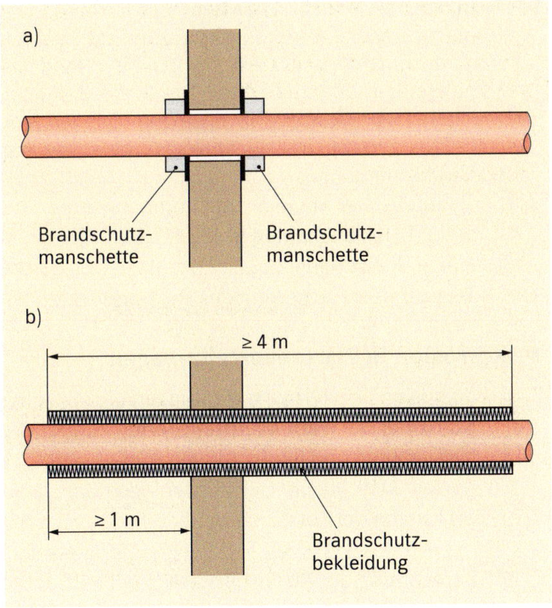

Abb. 5: Brandsichere Wanddurchführung bei brennbaren Rohren mit a) Brandschutzverkleidung und b) Brandschutzmanschette

Aufgaben

1. Was ist das Ziel der Brandschutzmaßnahmen in Bezug auf Räume?
2. Welche Gebäude erfordern erhöhte Brandschutzanforderungen?
3. Worin bestehen die Hauptgefahren bei Bränden in Bezug auf den Personenschutz?
4. Welche Brandschutzmaßnahmen sind bei a) nicht brennbaren Rohren, b) brennbaren Rohren bei vertikaler Rohrführung zu ergreifen?
5. Beschreiben Sie die Funktion einer Brandschutzmanschette für Kunststoffrohre.
6. Auf welche Art lässt sich bei metallischen Rohren der Brandschutz in vertikalen Leitungen unter Berücksichtigung des Schall- und Rauchschutzes ausführen?
7. Wie wird bei nicht brennbaren Rohren eine brandsichere Wanddurchführung ausgeführt?

Lernfeld 7

Wärmeverteilanlagen installieren

Wärmeverteilanlage für ein Einfamilienhaus planen

Kundenauftrag

Für das Einfamilienreihenhaus gemäß den Basisunterlagen (S. 696 ff.) ist die Wärmeverteilanlage zur Beheizung der Räume unter Berücksichtigung der Kundenwünsche zu planen.

Information und Orientierung

Die Planung erfolgt anhand der vorgegebenen Gebäudegrundrisse (Bauzeichnungen) unter Berücksichtigung der konkreten baulichen Gegebenheiten sowie unter Einhaltung gültiger Normen und Vorschriften. Besondere Beachtung bei der Auswahl und Installation der Systembestandteile soll der effizienten Energienutzung bei gleichzeitiger hoher thermischer Behaglichkeit geschenkt werden.

Der Baukörper entspricht den Anforderungen des GEG 2023. Die Raumaufteilung sowie die Raumgrößen und Raumhöhen sind den Gebäudegrundrissen (siehe S. 698 ff.) zu entnehmen.

Folgende Kundenwünsche sind für die Planung der Wärmeverteilanlage zugrunde zu legen:

- Die Räume 1, 7 und 8 sind mit einer Fußbodenheizung (Nassverlegung) auszustatten.
  Das Bad soll zusätzlich einen Badheizkörper als Handtuchtrockner erhalten.
- Die weiteren Räume des Erd- und 1. Obergeschosses sind mit Plattenheizkörpern oder Stahlröhrenradiatoren zu versehen.
- Die Rohrleitungen und Verteiler sind verdeckt anzuordnen.

Die Wärmeverteilungsanlage soll als Pumpenwarmwasserheizungsanlage mit einer Vor- und Rücklauftemperatur (Systemtemperatur) von 55 °C/45 °C errichtet und im Zweirohrsystem ausgeführt werden.

Planung und Durchführung

Die Planung der Wärmeverteilanlage umfasst folgende Aufgabenstellungen:

- *Festlegung der Aufstellorte der Heizkörper*

  Für alle Räume des Erdgeschosses und des 1. Obergeschosses, die mittels Raumheizkörper beheizt werden, ist unter Beachtung des Aspekts der thermischen Behaglichkeit der geeignetste Aufstellort für die Heizkörper festzulegen. Die Aufstellorte der Heizkörper sind in die entsprechenden Grundrisse einzutragen und zu kennzeichnen.

  Die Anzahl der Heizkörper und deren Bezeichnung sind aus Tab. 1, S. 297 zu entnehmen.

- *Auslegung der Fußbodenheizung*

  Für die Räume 1, 7 und 8 ist die für die Fußbodenheizung nutzbare Fußbodenfläche zu bestimmen. Es ist zu überprüfen, ob mittels der beheizbaren Fußbodenflächen unter Einhaltung der max. Grenzwärmestromdichte nach DIN EN 1264-2 die Heizlast ausschließlich über die Fußbodenheizung abgedeckt werden kann.

  Unter Einbeziehung von Herstellerunterlagen ist ein geeignetes System zur Nassverlegung auszuwählen und zu beschreiben. Mithilfe des Herstellers ist unter Berücksichtigung der aufzubringenden Heizlasten der Verlegeabstand der Rohre zu bestimmen.

  Zusätzlich ist für die betreffenden Räume ein Vorschlag für einen Rohrverlegeplan mit entsprechender Heizkreisaufteilung gemäß dem Beispiel in Abb. 1, S. 297 zu unterbreiten.

  Anschließend ist der Rohrbedarf für die Fußbodenheizung zu berechnen.

- *Auslegung und Auswahl von Heizkörpern*

  Anhand der Heizlast, der Raumtemperatur und der vorgegebenen Systemtemperatur ist für den Raum 10 des 2. Obergeschosses (Ausbauvariante) die erforderliche Normwärmeleistung eines Plattenheizkörpers nach DIN EN 442 zu berechnen. Mithilfe des Tabellenbuch oder von Herstellerunterlagen ist die Heizkörpergröße unter Berücksichtigung der baulichen Gegebenheiten auszuwählen. Für die Bestellung ist die exakte Heizkörperbezeichnung anzugeben.

  Für die Räume 9 und 11 des 2. Obergeschosses soll ein Vorschlag für die Installation eines geeigneten Raumheizkörpers oder einer Flächenheizung unterbreitet werden.

- *Erstellung des Anlagenschemas*

  Für die Wärmeverteilanlage ist ein geeignetes Heizungsrohr und eine für den Rohrwerkstoff zulässige Verbindungstechnik auszuwählen.

  Anschließend ist der Verlauf der Rohrleitungen im Zweirohrsystem zu planen und in die Grundrisse gemäß dem Beispiel in Abb. 2, S. 298 einzuzeichnen.

  Abschließend soll die hydraulische Verknüpfung der Anlagenteile ausgehend von der Dachheizzentrale bis hin zu den Wärmeverbrauchern als Strangschema dargestellt werden. Ein Beispiel für die Darstellung eines Strangschemas ist in Abb. 3, S. 298 ersichtlich.

- *Inbetriebnahme der Anlage/Dokumentation*

  Erstellen Sie einen Arbeitsplan, der alle die Tätigkeiten benennt, die bei einer fachgerechten Inbetriebnahme der Anlage einschließlich Einstellarbeiten auszuführen sind. Dokumentieren Sie notwendige Ergebnisse und fertigen Sie ein Übergabeprotokoll an.

  Für die Einweisung des Kunden bzw. der Kundin in die Bedienung der Wärmeverteilanlage ist eine Bedienungsanleitung anzufertigen.

Bewertung

Maßgebend für die Bewertung sollen die folgenden Kriterien sein:

- fehlerfreier Aufbau und Funktion der Wärmeverteilanlage
- Effizienz der Energieausnutzung
- Komfort und thermische Behaglichkeit, z. B. durch die Wahl geeigneter Heizkörperaufstellorte
- bauliche Realisierbarkeit, z. B. der gewählten Rohrführung

Präsentation

Die Ergebnisse der einzelnen Planungsaufgaben sind übersichtlich zu dokumentieren.
Hierbei sind

- die Aufstellorte der Heizkörper, das Rohrverlegeschema der Fußbodenheizung und die Rohrführung der Wärmeverteilanlage in die Grundrisse ggf. in Teilzeichnungen von maßstabsgerechter Vergrößerung einzutragen (evtl. mithilfe von Zeichenprogrammen),
- selbstständig ausgeführte Berechnungen unter Angabe eines nachvollziehbaren Rechenweges darzulegen,
- die Lösungen mithilfe von Folien oder durch Computerunterstützung für die Präsentation zu visualisieren.

In einer verbalen Präsentation sind die geplante Wärmeverteilanlage vorzustellen und die getroffenen Entscheidungen zu begründen.

Tab. 1: Heizlasten der Räume und zu installierende Heizkörper

Nr.	Raum	Normtemperatur	Heizlast	Nennwärmeleistung	Heizkörper
1	Wohnzimmer	20 °C	950 W		Fußbodenheizung
2	Flur (EG)	15 °C	230 W	425 W	Typ 10 – 600 × 800
3	Küche	20 °C	320 W	720 W	Typ 10 – 500 × 1.500
4	WC	20 °C	60 W	135 W	Typ 10 – 350 × 500
5	Kinderzimmer	20 °C	380 W	860 W	Radiator 27 – 260 × 145
6	Flur (1. OG)	15 °C	200 W	370 W	Typ 10 – 600 × 800
7	Bad	24 °C	420 W		Fußbodenheizung, Badheizkörper
8	Kinderzimmer	20 °C	660 W		Fußbodenheizung
9	Zimmer 13,3 m²	20 °C	470 W		
10	Zimmer 10,0 m²	20 °C	350 W		Plattenheizkörper
11	Zimmer 15,9 m²	20 °C	560 W		

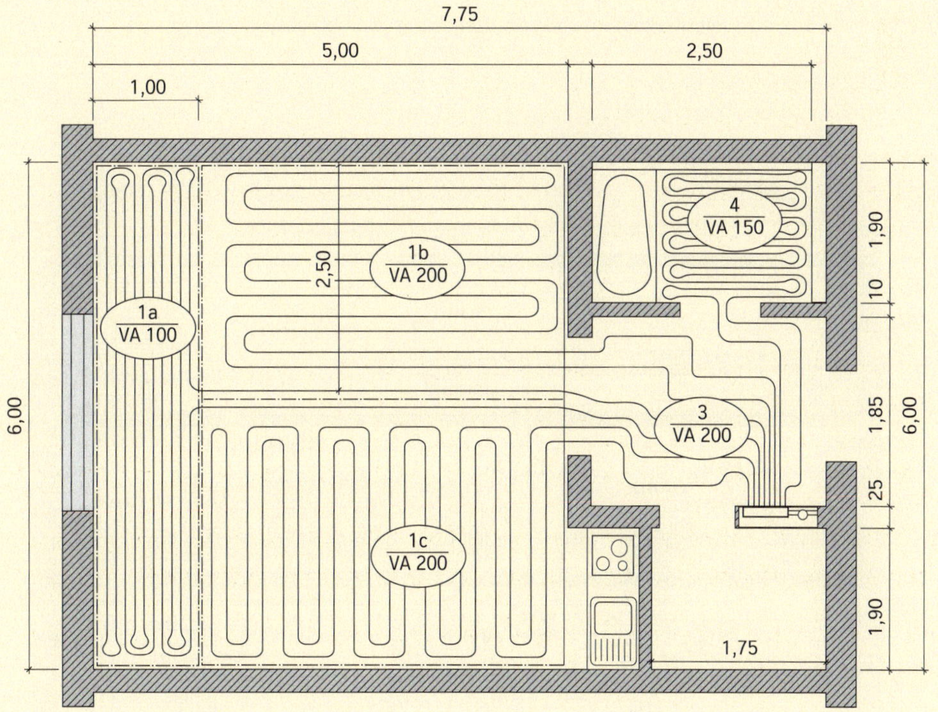

Abb. 1: Beispiel für einen Grundriss mit Rohrverlegeplan für die Fußbodenheizung

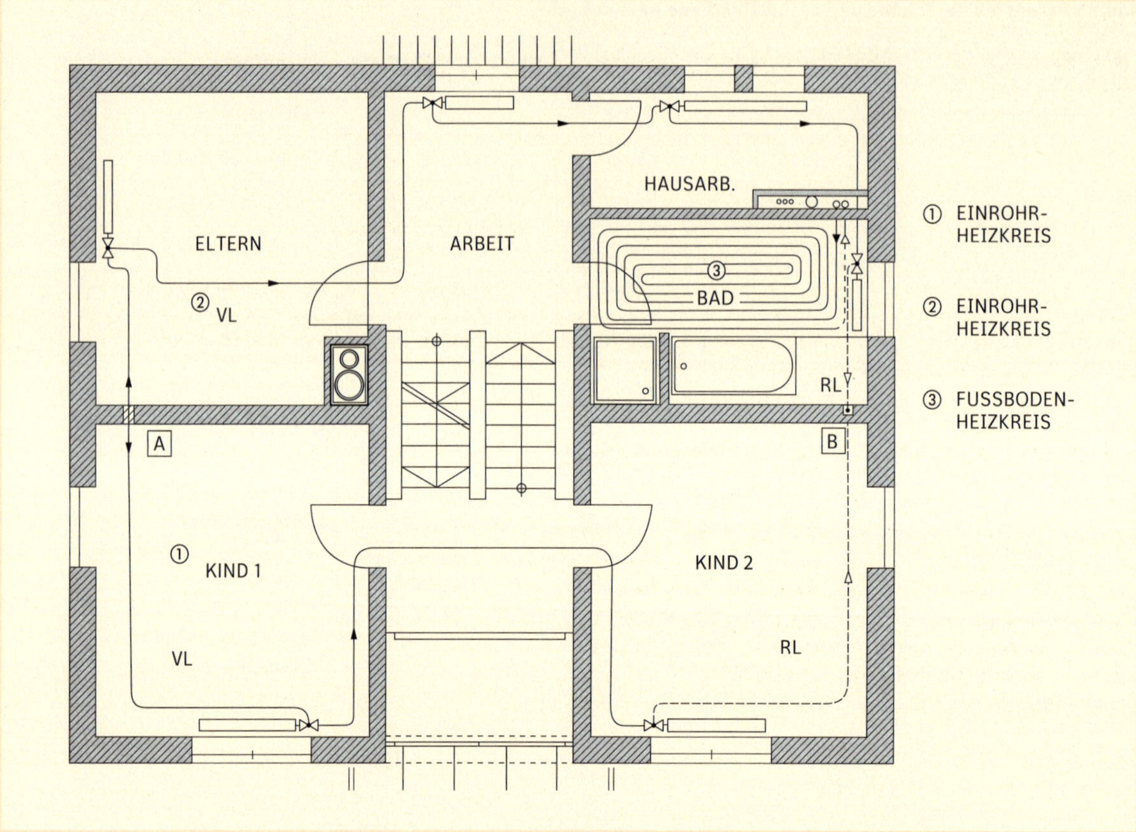

Abb. 2: Beispiel für einen Grundriss mit Heizkörpern und Leitungsführung (Einrohrheizung)

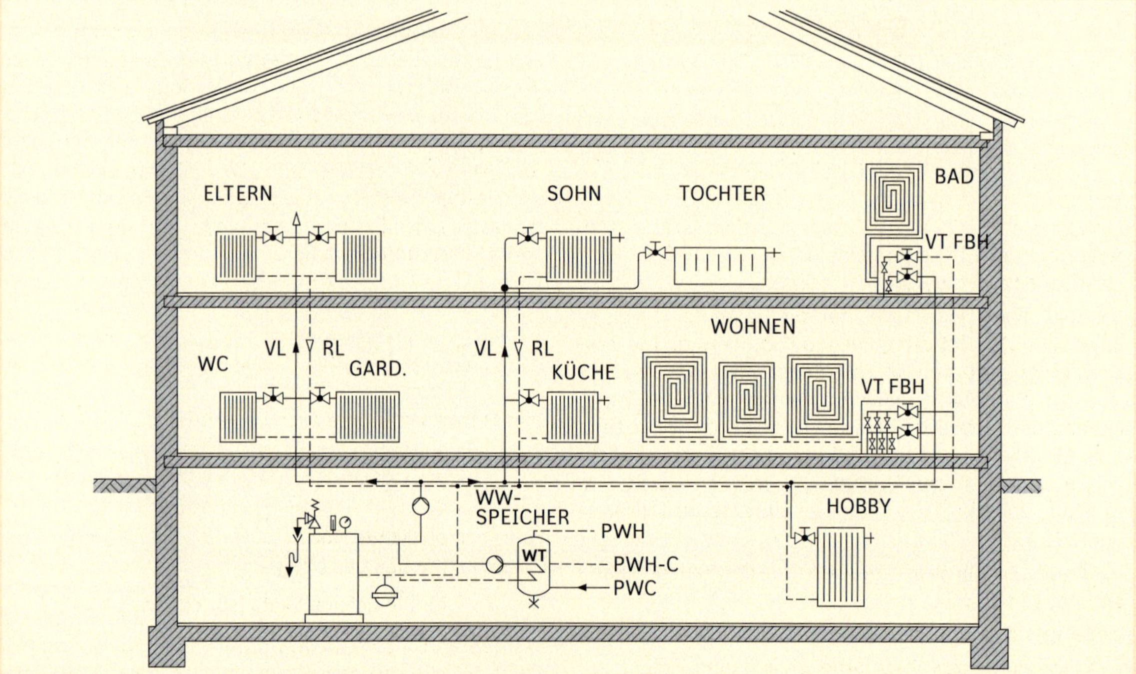

Abb. 3: Beispiel eines Strangschemas für ein Einfamilienhaus

7 Wärmeverteilanlagen installieren

7.1 Temperatur und Wärme

Das Wort Wärme hat im allgemeinen Sprachgebrauch eine doppelte Bedeutung. Zum einen wird es für den Zustand des Warmseins (heiß oder kalt) und zum anderen für die Menge an Wärmeenergie verwendet, die ein Stoff aufnimmt oder abgibt. Wer sich beruflich mit Wärme befasst, sollte die Temperatur für den Zustand des Warmseins verwenden. Um zu verstehen, warum dies sinnvoll ist, empfiehlt es sich, auf die Beziehung zwischen Mechanik und Wärmelehre einzugehen.

7.1.1 Temperatur

Alle Stoffe, ob fest, flüssig oder gasförmig, bestehen aus winzigen Teilchen (aus Atomen oder Molekülen). Um die Kluft zwischen Mechanik und Wärmelehre zu überbrücken, wird auf das Schwingungsverhalten dieser Teilchen eingegangen (Abb. 1).

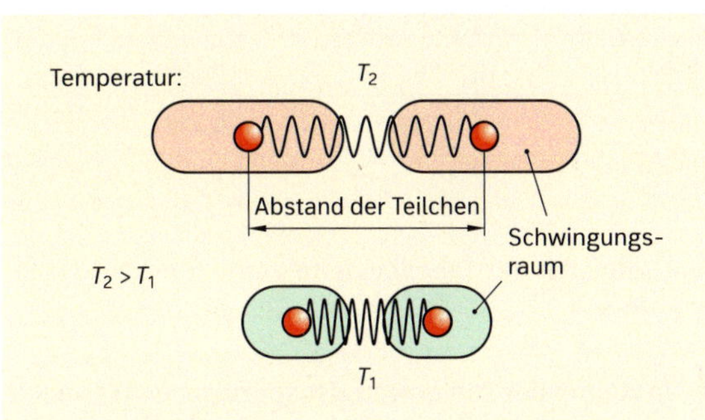

Abb. 1: Modellvorstellung zum Schwingungsverhalten von Teilchen bei unterschiedlichen Temperaturen

Zwischen den kleinsten Teilchen wirken Kräfte. Diese können als Kräfte dargestellt werden, wie sie durch elastische Federn verursacht werden.

Die Temperatur ist ein Maß für die Stärke der Teilchenbewegung. Nimmt die Bewegung zu, nehmen die Teilchen einen größeren Schwingungsraum ein. Verringert sich die Bewegung, wird der eingenommene Raum kleiner. Bei extremer Abkühlung kommt die Bewegung zum Stillstand. Eine tiefere Temperatur kann es nicht geben, sodass dieser Temperaturwert auch als absoluter Nullpunkt der Temperatur bezeichnet wird. Er liegt bei –273,15 °C.

Die Änderung der Bewegungsenergie von Teilchen kann bedingt sein durch:

- Temperaturveränderung
- Ausdehnung bzw. Zusammenziehen der Stoffe
- Druckveränderung

Jeder Mensch besitzt ein Gefühl dafür, ob ein beliebiger Stoff warm oder kalt ist. Eine Lufttemperatur von 25 °C wird von einem Bewohner kalter Regionen als warm empfunden, von einem Bewohner tropischer Regionen jedoch als kalt. Die Empfindungen von Temperaturen sind je nach Person und Situation unterschiedlich. Um vergleichbare Aussagen über die Temperatur machen zu können, muss sie gemessen werden.

Temperaturen werden mit Thermometern gemessen. Das Kelvin (1 K) ist im internationalen Einheitensystem (SI-Einheit) die *Basiseinheit der Temperatur*.

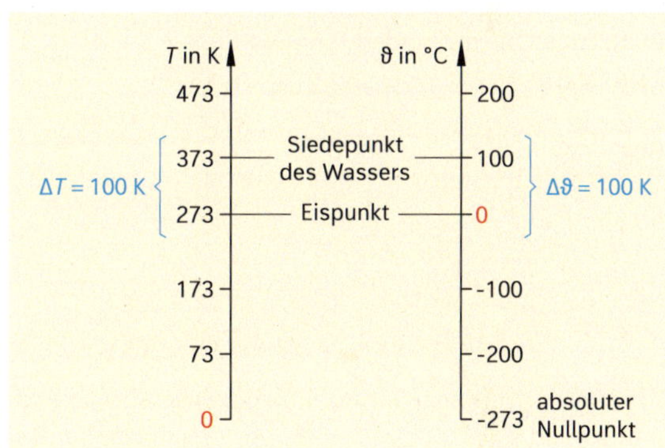

Abb. 2: Temperaturskalen nach Kelvin und Celsius

Um eine Temperaturskala zu erhalten, kann grundsätzlich von beliebigen Temperaturbezugspunkten ausgegangen werden. Die bekannteste Temperaturskala ist die Celsius-Skala. Diese bezieht sich auf den Eispunkt des Wasser mit 0 °C und dessen Siedepunkt mit 100 °C bei Normaldruck der Luft (Abb. 3). Die Skalen nach Kelvin und Celsius unterscheiden sich nur in der Festlegung des Nullpunktes, nicht jedoch in der Größe des Temperaturunterschiedes.

Daraus ergibt sich:

0 K = –273,15 °C

Für Differenztemperaturen bedeutet dies:

1 Kelvin entspricht 1 Grad Celsius: 1 K ≙ 1 °C

Die Formelzeichen sind:

T : für die Kelvin-Skala

ϑ : für die Celsius-Skala (sprich: Theta)

Temperaturunterschiede (-differenzen) werden mit ΔT bzw. $\Delta\vartheta$ in K angegeben, um Verwechslungen mit Celsius-Temperaturen zu vermeiden.

Die Temperaturskalen sind nach oben offen. Es wird wohl nicht gelingen, die Temperatur 0 K zu erreichen. Aber schon kleine Temperaturwerte oberhalb von 0 K bedeuten, dass Wärme vorhanden ist. Der umgangssprachliche Begriff Kälte ist demnach nur ein Ausdruck für ein geringes Maß an Wärme.

Für die Umrechnung der Temperatur in die jeweils andere Einheit gelten folgende Formeln:

$$T = \vartheta + 273{,}15\ \text{K} \qquad \vartheta = T - 273{,}15\ \text{K}$$

T	absolute Temperatur	in K
ϑ	Celsius-Temperatur	in °C

Berechnungen

In einer Fußbodenheizung wird Wasser von 35 °C auf 28 °C abgekühlt.

a) Rechnen Sie die beiden Temperaturen in Kelvin um.

b) Wie groß ist der Temperaturunterschied?

Geg.: $\vartheta_1 = 35\ °\text{C}$, $\vartheta_2 = 28\ °\text{C}$

Ges.: T_1, T_2, $\Delta\vartheta$

Lös.: a) $T_1 = \vartheta_1 + 273\ \text{K} = 35\ °\text{C} + 273\ \text{K} = \mathbf{308\ K}$

$T_2 = \vartheta_2 + 273\ \text{K} = 28\ °\text{C} + 273\ \text{K} = \mathbf{301\ K}$

b) $\Delta\vartheta = \vartheta_2 - \vartheta_1 = 28\ °\text{C} - 35\ °\text{C}$

$\Delta\vartheta = \Delta T = \mathbf{-7\ K}$

Das Minuszeichen ergibt sich, weil die Temperatur sinkt.

7.1.2 Wärme

! Wärme ist eine Energieform

Die Wärme bzw. thermische Energie eines Stoffes ist nichts anderes als die Gesamtheit der Bewegungsenergie seiner Teilchen. Wärme kann aus verschiedenen Energiequellen zur Verfügung gestellt werden. Die Energieformen können umgewandelt werden. Unser Körper wandelt z. B. die in der Nahrung gespeicherte chemische Energie in Bewegungsenergie um. Mit Energie kann Arbeit verrichtet werde. Wer z. B. viel Energie aufgenommen hat, kann länger arbeiten. Dabei gibt der Körper wiederum Wärme ab. Die Form der Energie wird bei vielen Vorgängen verändert. Es geht aber in einem abgeschlossenen System keine Energie verloren.

In Heizungsanlagen oder Maschinen kann die zugeführte Energie jedoch nie vollständig genutzt werden. Ein Teil der zugeführten Energie wird immer in eine ungünstige Form von Energie umgewandelt. Oft handelt es sich dabei um Wärme, die in offenen Systemen verloren geht. Diese wird als *Verlustenergie* bezeichnet.

7.1.3 Spezifische Wärmekapazität

Wer z. B. im Sommer baden geht, wird feststellen, dass verschiedene Stoffe (Gras, Betonplatten, Sand, Wasser) trotz gleicher Wärmezufuhr durch die Sonne eine unterschiedliche Temperaturzunahme $\Delta\vartheta$ erfahren. Ursache ist die unterschiedliche spezifische Wärmekapazität der Stoffe.

! Die *spezifische Wärmekapazität c* eines Stoffes ist die Wärmemenge, die notwendig ist, um 1 kg dieses Stoffes um 1 K zu erwärmen.

Wasser hat die größte spezifische Wärmekapazität. Es ist daher zum Transport von Wärme am besten geeignet (siehe Tab. 1 und TB).

Tab. 1: Spezifische Wärmekapazität *c* ausgewählter Stoffe (3,6 kJ = 1 Wh)

Stoff (Material)	Spezifische Wärmekapazität *c*	
	kJ/(kg · K)	Wh/(kg · K)
Wasser (dest.)	4,18	1,161
Ethanol	2,428	0,674
Stahl	0,46	0,128
Sand	0,835	0,232
Beton	0,88	0,244

Der Vergleich der Tabellenwerte von c führt zu der Erkenntnis:

! Je kleiner der Zahlenwert der spezifischen Wärmekapazität ist, desto leichter lässt sich der Stoff erwärmen oder abkühlen.

7.1.4 Wärmemenge

Wenn die spezifische Wärmekapazität eines Stoffes und seine Temperaturänderung bekannt sind, kann die Wärmemenge bestimmt werden, die einem Stoff zugeführt oder entzogen wird. Diese *Wärmemenge Q* wird anhand der folgenden Formel berechnet:

Wärmemenge = Masse · spez. Wärmekap. · Temp.-Diff.

$$Q = m \cdot c \cdot \Delta\vartheta$$

Die Einheit der Wärmeenergie ist 1 Joule (J; sprich: Dschul) und 1 J = 1 Ws.

Die in einem Stoff enthaltene Wärmemenge kann auch als gespeicherte Wärme, kurz *Speicherwärme*, bezeichnet werden.

Die Speicherwärme hängt von der Masse und der spezifischen Wärmekapazität ab. Diese Überlegungen sind an vielen Stellen wichtig, z. B.:

- Fußbodenheizungen haben eine große Masse und brauchen daher länger zum Aufheizen und Abkühlen als Konvektoren.
- Dünne Wasserleitungen speichern weniger Wärme als dicke und frieren daher schneller ein.
- Leichtbauwände speichern weniger Wärme als Massivwände und erfordern eine andere Auslegung des Heizsystems und der Regelung.

Berechnungen

1. Wie groß ist die Wärmemenge in kWh, die 1 200 kg Beton (Zementestrich einer Fußbodenheizung) aufnimmt, wenn er um 12 Kelvin aufgeheizt wird?

Geg.: $m = 1\,200\ \text{kg},\ \Delta\vartheta = 12\ \text{K},\ c = 0{,}244\ \frac{\text{Wh}}{\text{kg}\cdot\text{K}}$

Ges.: Q

Lös.: $Q = m \cdot c \cdot \Delta\vartheta = 1\,200\ \text{kg} \cdot 0{,}244\ \frac{\text{Wh}}{\text{kg}\cdot\text{K}} \cdot 12\ \text{K}$

$Q = 3\,514\ \text{Wh} = \mathbf{3{,}514\ kWh}$

2. Um 50 kg eines Stoffes um 20 K zu erwärmen, wird eine Wärmemenge von 1 160 Wh benötigt.
   a) Berechnen Sie die spezifische Wärmekapazität des Stoffes.
   b) Um welchen Stoff handelt es sich?

Geg.: $m = 50\ \text{kg},\ \Delta\vartheta = 20\ \text{K},\ Q = 1\,160\ \text{Wh}$

Ges.: c, Stoff

Lös.: a) $Q = m \cdot c \cdot \Delta\vartheta$

$$c = \frac{Q}{m \cdot \Delta\vartheta} = \frac{1\,160\ \text{Wh}}{50\ \text{kg} \cdot 20\ \text{K}}$$

$$\mathbf{c = 1{,}16\ \frac{Wh}{kg \cdot K}}$$

b) Gemäß Tab. 2 handelt es sich um Wasser.

7.1.5 Wärmeleistung

Der Begriff Wärmeleistung wird für zwei verschiedene Dinge verwendet. Zum einen bezeichnet er die Wärmemenge, die pro Zeiteinheit auf einen Stoff übertragen wird, wenn dieser z. B. erhitzt wird. Diese in einer Zeiteinheit zugeführte Wärmemenge wird auch als Wärmestrom bezeichnet.

$$\text{Wärmeleistung} = \frac{\text{Wärmemenge}}{\text{Zeit}}$$

$$\dot{Q} = \frac{Q}{t} \qquad \text{in W bzw. kW}$$

Ferner wird in der Heiztechnik der Anteil der Leistung, der bei der Verbrennung genutzt werden kann, als Wärmeleistung bezeichnet. Die Wärmeleistung eines Wärmeerzeugers ist umso größer, je geringer die Zeit ist, um eine gewünschte Wärmemenge zu erzeugen. In beiden Fällen gilt die obige Gleichung.

Die SI-Einheit für die Leistung ist das Watt (W). Das gilt auch für die Wärmeleistung.

$$\text{W} = \frac{\text{W}\cdot\text{s}}{\text{s}} = \frac{\text{J}}{\text{s}} = \frac{\text{N}\cdot\text{m}}{\text{s}} = \frac{\text{kg}\cdot\text{m}^2}{\text{s}^3}$$

In der Installationstechnik haben sich die Wärme-Leistungseinheiten W und kW durchgesetzt.

Berechnungen

3. Welche Wärmeleistung in kW ist mindestens notwendig, um die Betonplatte aus Aufgabe 1 mittels Fußbodenheizung in 3 Stunden um 12 K zu erwärmen? Die Betonplatte soll bei der Berechnung als geschlossenes System betrachtet werden (keine Energieverluste).

Geg.: $Q = 3{,}514\ \text{kWh},\ t = 3\ \text{h}$

Ges.: $\dot{Q}$

Lös.: $\dot{Q} = \frac{Q}{t} = \frac{3{,}514\ \text{kWh}}{3\ \text{h}} = \mathbf{1{,}171\ kW}$

Aufgaben

1. Welcher Zusammenhang besteht zwischen der Bewegung der kleinsten Teilchen eines Stoffes und seiner Temperatur?
2. Welche Beziehung herrscht zwischen der Celsius-Temperatur und der Kelvin-Temperatur?
3. Was ist der Unterschied zwischen Temperatur und Wärme?
4. Begründen Sie, warum Wasser ein guter Wärmeträger ist.
5. Die Solarkollektoren auf einem Gebäude liefern eine Wärmemenge von 15 kWh. Damit wird ein Pufferspeicher mit 400 l Wasser erwärmt. Um wie viele Kelvin erhöht sich die Wassertemperatur?
6. In einem Pufferspeicher werden 200 Liter Wasser von 15 °C auf 55 °C erwärmt. Berechnen Sie die dafür erforderliche Wärmemenge in kWh.
7. Berechnen Sie die zur Erwärmung der 200 Liter Wasser von 15 °C auf 55 °C erforderliche Wärmeleistung in kW, wenn diese Erwärmung innerhalb von 40 Minuten erfolgen soll.

▶ Heizungsanlagen

7.2 Anforderungen an Heizungsanlagen

Da Wärmeverteilungsanlagen ein Teil eines Heizungssystems sind, ist es sinnvoll, zunächst das System als Ganzes zu betrachten. Die Grundaufgabe der Heizungsanlage ist es, die in einem Gebäude auftretenden Wärmeverluste durch eine entsprechende Wärmezufuhr auszugleichen. Dieser Aufgabe kann eine Heizungsanlage umso besser entsprechen, je mehr sie den in Abb. 1 dargestellten Anforderungen genügt.

Eine Heizungsanlage wird nicht alle Anforderungen in optimaler Weise erfüllen. Welche Heizungsart für den einzelnen Anwendungsfall am geeignetsten ist, hängt von vielen Faktoren ab. Hierzu zählen z.B. die Gebäudeart und -größe, Dauer und Art der Nutzung, Verfügbarkeit von Energieträgern, Anlagen- und Betriebskosten, aber auch gesetzliche Vorschriften.

7.3 Arten von Heizungsanlagen

Heizungsanlagen können nach mehreren Gesichtspunkten unterteilt werden. Hierzu zählen:

- Aufstellort des Wärmeerzeugers (Einzel-, Zentralheizungen, Fern- und Nahwärmeversorgungen)
- Energie- und Brennstoffart (erneuerbare Energie, Erdgas, Fernwärme, Heizöl, Kohle)
- Art der Wärmeabgabe

7.4 Zentralheizungen

! *Zentralheizungen* bestehen aus dem Wärmeerzeuger, dem Rohrleitungssystem und den Wärmeverbrauchern.

Zentralheizungen lassen sich nach verschiedenen Gesichtspunkten unterscheiden (Tab. 1).

Tab. 1: Einteilung der Zentralheizungen

Kriterium	Arten der Zentralheizungen	
Brennstoff/ Energie	- Holz/Kohle - Elektroenergie	- Heizöl - Gas - Umweltwärme
Wärmeträger	- Warmwasser - Heißwasser	- Dampf - Luft
Umtriebskraft	- Schwerkraft - zwangsweise Zirkulation (Pumpen)	
Systemdruck	- offene Anlagen - geschlossene Anlagen	
Rohrsystem	- Zweirohrsystem	- Einrohrsystem
Lage der Hauptverteilung	- untere, - waagerechte, - obere Verteilung	- waagerechte, - senkrechte Verteilung

Entsprechend der angegebenen Kriterien lassen sich Zentralheizungen z. B. folgendermaßen kennzeichnen:

Pumpenwarmwasserheizung, geschlossenes System als Einrohrheizung mit waagerechter Verteilung.

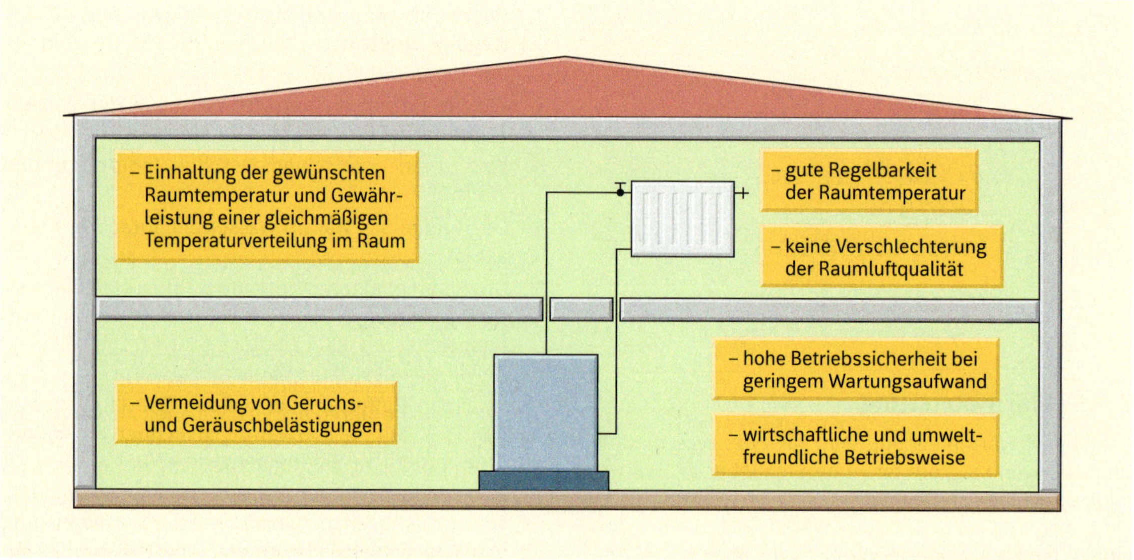

Abb. 1: Anforderungen an eine Heizungsanlage

7.4.1 Warmwasserheizungen

Die Warmwasserheizung ist die in Deutschland am häufigsten verbreitete Art der Zentralheizung. Das im Wärmeerzeuger erwärmte Wasser wird durch Rohrleitungen den Heizflächen zugeführt, gibt seine Wärme ab und gelangt wieder zum Wärmeerzeuger zurück.

Neue Warmwasserheizungen sollten im Hinblick auf die Nutzung regenerativer Energiequellen auf möglichst niedrige Vorlauftemperaturen ausgelegt werden. Für Brennwertanlagen sollte die Obergrenze bei 55°C liegen. Dies führt zu geringen Rohrleitungs- und Bereitschaftsverlusten. Durch den Einsatz von witterungsgeführten Vorlauftemperaturregelungen ergeben sich dann für den Großteil der Heizperiode wesentlich niedrigere Vorlauftemperaturen als 55 °C.

Im Folgenden werden unabhängig von der Art des Wärmeerzeugers verschiedene prinzipielle Ausführungen von Warmwasserheizungen beschrieben.

a) Pumpenwarmwasserheizung

Bei der Pumpenwarmwasserheizung wird die Umtriebskraft durch eine Heizungsumwälzpumpe erzeugt. Das Heizwasser zirkuliert zwangsweise durch die Heizungsanlage (Abb. 2). Die Umwälzpumpe kann im Vor- oder Rücklauf eingebaut werden.

Es lassen sich größere Umtriebskräfte als bei der Schwerkraftheizung realisieren. Dadurch ist es möglich, größere Widerstände im Rohrnetz zu überwinden, wie sie z.MB. bei Fußbodenheizungen und bei Anlagen mit langen Rohrstrecken auftreten.

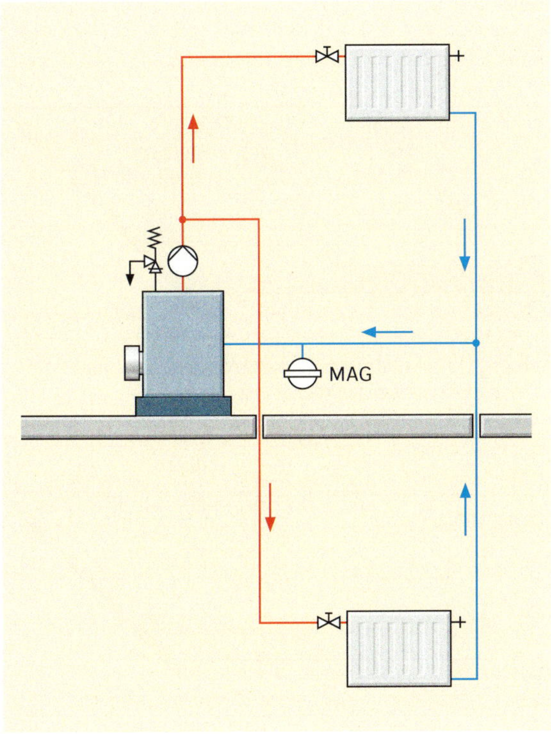

Abb. 2: Prinzip der Pumpenwarmwasserheizung als geschlossene Warmwasserheizung

Die Nennweiten der Rohrleitungen können kleiner gewählt werden. Dies führt zu geringeren Leitungsverlusten und senkt die Materialkosten. Infolge der kleineren Rohrquerschnitte verringert sich der Wasserinhalt der Heizungsanlage. Die Regelbarkeit wird verbessert und die Aufheizzeit verkürzt.

Der Zwangsumlauf des Heizwassers ermöglicht weiterhin eine größere Unabhängigkeit bei der Rohrführung. Der Heizkessel einer geschlossenen Pumpenwarmwasserheizung kann an beliebiger Stelle angeordnet werden, z. B. auch im Dachgeschoss.

Nachteilig sind der Stromverbrauch und die Anfälligkeit bezüglich auftretender Wassergeräusche. Um eine Geräuschentstehung weitestgehend zu vermeiden, sollte die Fließgeschwindigkeit des Heizwassers in der Regel 1 m/s nicht übersteigen. Dies erfordert eine sorgfältige Auslegung des Rohrnetzes und der Pumpe.

b) Geschlossene Warmwasserheizung

Bei der geschlossenen Warmwasserheizung gibt es keine ständig offene Verbindung zwischen dem Heizwasser und der Atmosphäre. Eine Erwärmung des Heizwassers bewirkt somit einen Druckanstieg in der Anlage. Um die Druckerhöhung gering zu halten, wird die auftretende Volumenzunahme des Wassers von einem Membran-Druckausdehnungsgefäß (MAG) aufgenommen. Es wird in der Regel im Rücklauf in der Nähe des Heizkessels angeordnet. Im Gegensatz zu offenen Anlagen müssen geschlossene Warmwasserheizungen gegen unzulässigen Überdruck mit einem Sicherheitsventil geschützt werden (Abb. 2).

Der große Vorteil dieser Anlagen ist der sehr geringe Wasserverlust. Es tritt keine Korrosions- und Verkalkungsgefahr in Folge ständiger Wassererneuerung auf. Aus diesem Grund werden heute nur geschlossene Anlagen gebaut.

c) Zweirohrheizung

! Die *Zweirohrheizung* besteht aus getrennten Vorlauf- und Rücklaufleitungen. Die Heizkörper eines Heizkreises erhalten annähernd gleiche Vorlauftemperaturen. Nach der Lage der Hauptverteilung unterscheidet man in untere, waagerechte und obere Verteilung.

Sie ist das am weitesten verbreitete Leitungssystem.

Untere Verteilung

Bei dieser Verteilungsart werden die Vorlauf- und Rücklaufleitungen nebeneinanderliegend an der Kellerdecke angeordnet. Sie führen zu den nach oben abzweigenden Steigsträngen, an welchen die Heizkörper angeschlossen sind (Abb. 1, S. 304). Um kurze Anschlussleitungen zu erhalten, werden die Steigleitungen in der Regel an den Außenwänden des Gebäudes verlegt. Bei Verlegung in den Außenwänden ist eine entsprechende Wärmedämmung erforderlich.

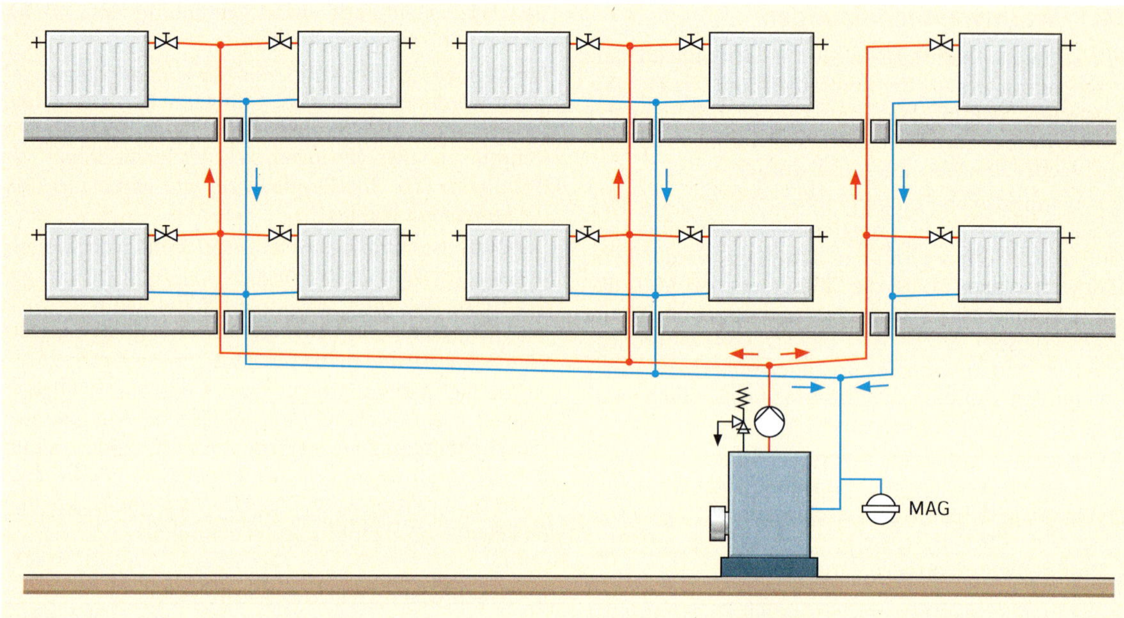

Abb. 1: Zweirohrheizung mit unterer Verteilung

Die Entlüftung der Anlage erfolgt meist örtlich an den einzelnen Heizkörpern.

Die untere Verteilung eignet sich besonders für mehrgeschossige Gebäude, bei denen die Anordnung der Heizkörper in den Räumen gleich ist. In diesem Fall erfordert sie geringe Rohrlängen und führt zu einem kostengünstigen Rohrnetz.

Waagerechte Verteilung

Die Wärmeverbraucher eines Geschosses werden von einer zentralen Steigleitung mit Heizwasser versorgt. Die waagerechten Verbindungsleitungen können entweder ring- oder sternförmig verlaufen. Bei der sternförmigen Anordnung werden die Heizkörper an einen zentralen Verteiler angeschlossen (Abb. 2).

Die waagerechten Rohrleitungen können z. B. im Estrich des Fußbodens oder verdeckt hinter einer Sockelleiste verlegt werden. Die Steigleitungen lassen sich in einem zentralen Steigschacht unterbringen, der sich auch in der Gebäudemitte befinden kann. Die unvermeidbaren Wärmeverluste der Rohre kommen dann stärker dem Gebäude zugute. Aufgrund der Rohrführungen werden weniger Deckendurchbrüche und Wandschlitze benötigt, was die geschossweise waagerechte Verteilung sehr montagefreundlich macht.

Eine besondere Form der Zweirohrheizung ist die Rohrverlegung nach Tichelmann (dt. Heizungsingenieur, 1861–1926). Sie wird auch als das System der gleichen Weglängen bezeichnet.

! Die Vorlauf- und Rücklaufleitungen sind bei der Rohrverlegung nach Tichelmann so angeordnet, dass die *Summe der Rohrlängen von Vor- und Rücklauf* für jeden Heizkörper gleich groß ist (Abb. 3).

Dies führt zu annähernd gleichen Druckverlusten, da jedes Wasserteilchen die gleiche Weglänge zurücklegt. Ein Abgleich der auftretenden Druckverluste ist in diesem Fall nicht erforderlich. Geeignet ist das System, wenn sich die Vorlauf- und Rücklaufleitungen ringförmig verlegen lassen. Ansonsten ergibt sich ein größerer Rohrbedarf.

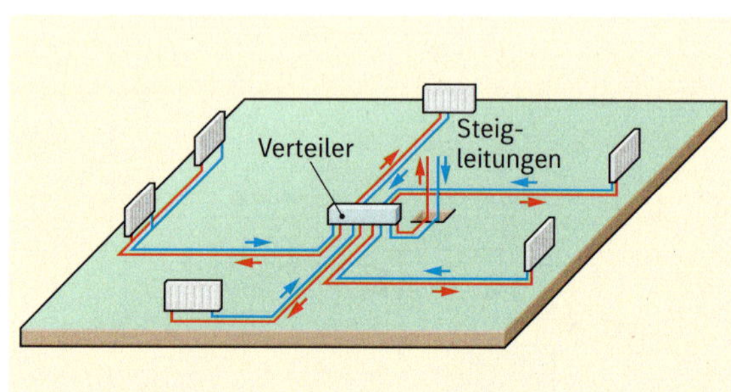

Abb. 2: Zweirohrheizung mit waagerechter Verteilung in sternförmiger Anordnung

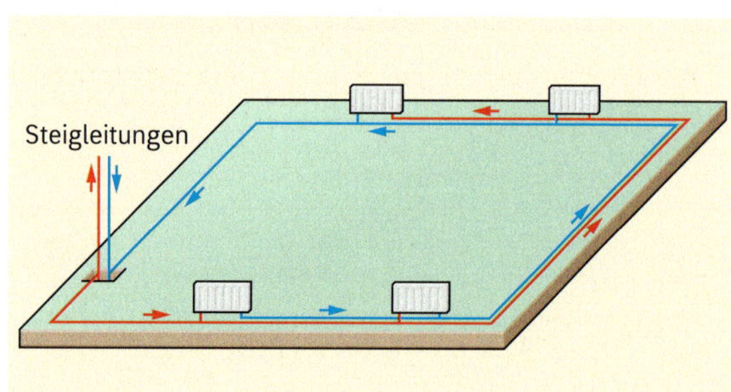

Abb. 3: Rohrverlegung nach Tichelmann bei waagerechter Verteilung

Obere Verteilung

Bei der Zweirohrheizung mit oberer Verteilung wird der Vorlauf vom Heizkessel zum Dachgeschoss geführt. Dort erfolgt die Verteilung des Heizwassers zu den verschiedenen Fallsträngen. Über die im Kellergeschoss angeordnete Rücklaufleitung kehrt das Heizwasser zum Heizkessel zurück. Bei Verlegung der Rohrleitungen mit entsprechendem Gefälle kann die Entlüftung zentral an höhster Stelle erfolgen. Die obere Verteilung wurde häufig bei Schwerkraftheizungen angewandt. Vorteile bietet das System bei Dachheizzentralen aufgrund der kurzen Verbindungen zu den Fallsträngen (Abb. 4).

d) Einrohrheizung

! Bei der *Einrohrheizung* werden die Vor- und Rückläufe an eine Leitung angeschlossen. Das sich im Heizkörper abkühlende Heizwasser gelangt in die gemeinsame Leitung zurück. Die Vorlauftemperatur nimmt mit jedem durchströmten Heizkörper ab.

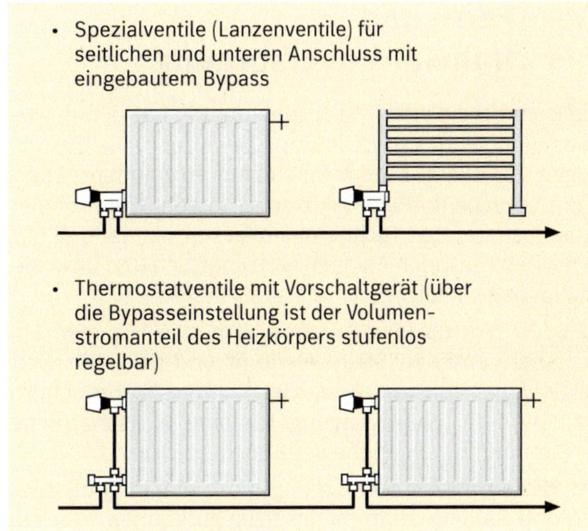

Abb. 5: Anschlussmöglichkeiten von Heizkörpern im Nebenschlusssystem

Dies hat zur Folge, dass zum Strangende hin die Heizflächen vergrößert werden müssen, um eine gleichbleibende Wärmeleistung zu erreichen. Der Raum mit der größten Heizlast ist zweckmäßigerweise am Stranganfang anzubinden. Wird andererseits ein Heizkörper abgestellt, erhöht sich zwangsweise die Wärmeabgabe der nachfolgenden Heizkörper. Diese gegenseitige Beeinflussung kann vermindert werden, indem man an den Heizkörpern die Temperaturdifferenz zwischen Vorlauf- und Rücklaufleitungen geringer wählt. Dies sind in der Regel 10 K.

Die Einrohrheizung wird heute meist als waagerechte Verteilung ausgeführt.

Die Heizkörper werden an eine waagerecht verlaufende Ringleitung angeschlossen (Abb. 6). Diese wird meist im Fußbodenaufbau oder hinter einer Sockelleiste verlegt.

Der Anschluss der einzelnen Heizkörper erfolgt im Nebenschlusssystem (Abb. 5). Hierbei fließt nur ein Teil des Volumenstromes der Verteilleitung über den Heizkörper. Die Restmenge fließt durch eine Kurzschlussstrecke. Das Nebenschlusssystem gewährleistet, dass auch bei abgestellten Heizkörpern die nachfolgenden mit Wärme versorgt werden.

Die horizontale Einrohrheizung ist besonders für Heizkreise mit kleinerer Gesamtwärmeleistung geeignet.

Kleine Gesamtwärmeleistungen treten z. B. in Einfamilienhäusern und Etagenwohnungen auf. Die notwendige Heizkörpervergrößerung ist hierbei gering.

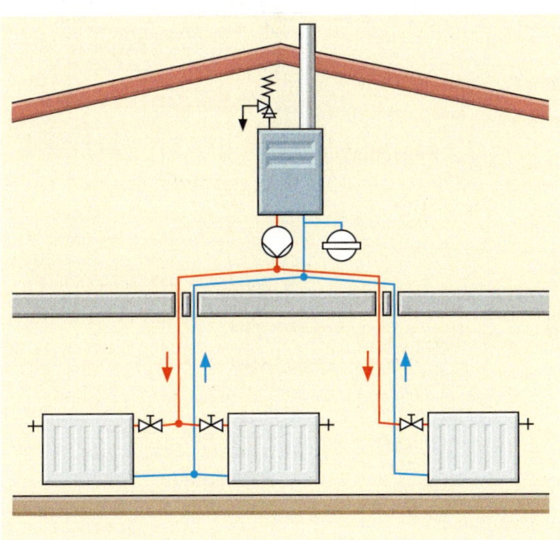
Abb. 4: Zweirohrheizung mit oberer Verteilung am Beispiel einer Dachheizzentrale

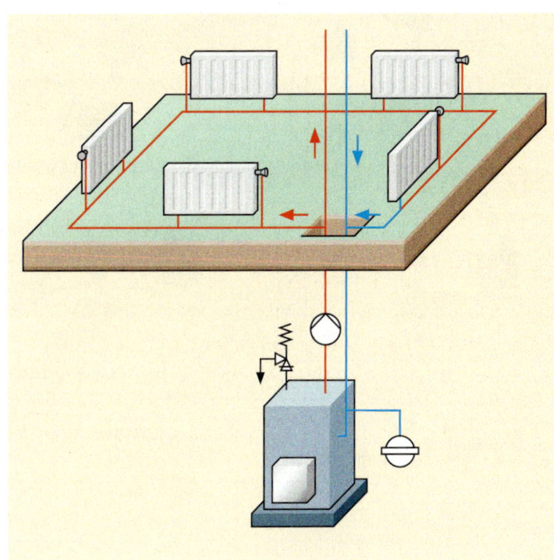
Abb. 6: Einrohrheizung mit waagerechter Verteilung

7.5 Fern- und Nahwärmeversorgung

Insbesondere die Nahwärmeversorgung hat in den vergangenen Jahren an Bedeutung gewonnen. Die Gründe liegen vor allem in dem Bestreben, vorhandene Energieressourcen immer effektiver zu nutzen. Viele solcher energiesparenden Technologien lassen sich jedoch nur in großen zentralen Anlagen wirtschaftlich und umweltverträglich einsetzen.

Bei der Fernwärmeversorgung wird das Heizmedium an einer zentralen Stelle erwärmt und über ein weit verzweigtes Rohrverteilungsnetz zu den Verbrauchern transportiert. Voraussetzung für eine wirtschaftliche Anwendung ist eine hohe Verbraucherdichte.

Um die Fernwärmeversorgung nicht nur in Großstädten und Ballungszentren einsetzen zu können, werden heute auch kleinere Anlagen zur Fernwärmegewinnung gebaut, z. B. Block-Heizkraftwerke. Diese werden meist in unmittelbarer Nähe des zu beheizenden Gebietes errichtet. Man verwendet deshalb auch den Begriff Nahwärmeversorgung. Eine strenge Abgrenzung von Fern- und Nahwärmeversorgungssystemen ist schwierig, da sie den gleichen Grundaufbau aufweisen. Die Wärmeerzeugung erfolgt zum überwiegenden Teil in *Heizwerken* und *Heizkraftwerken*. In Deutschland stammen ca. 80 % der Fernwärme aus Heizkraftwerken und ca. 15 % aus Müllverbrennungsanlagen. Heizkraftwerke arbeiten nach dem Prinzip der Kraft-Wärme-Kopplung.

Die bei der Stromgewinnung anfallende Wärme wird an ein Heizmedium übertragen und so für die Heizung und Trinkwassererwärmung nutzbar gemacht. Der Gesamtwirkungsgrad eines Heizkraftwerkes ist höher als der eines Heizwerkes, das ausschließlich der Wärmeerzeugung dient. Neben der Kraft-Wärme-Kopplung gibt es weitere Möglichkeiten, fossile Energieträger zu schonen. Hierzu gehören die Erzeugung von Fern- und Nahwärme durch Verbrennung von Biomasse und Müll. Ferner wird industrielle Abwärme genutzt. Große Solarenergieanlagen und Großwärmepumpen kommen ebenfalls zum Einsatz. Die Großwärmepumpen nutzen Wärme aus Flüssen, Seen, Meeren oder aus dem Erdreich. Die wesentlichen Komponenten der Fern- und Nahwärmeversorgung sind (Abb. 1):

- der Wärmeerzeuger
- das Verteilungsnetz mit dem Wärmeträger
- die Hausstation mit Übergabestation und Hauszentrale
- die Hausanlage

Die Vorteile für Verbraucher bei Fern- oder Nahwärmeversorgung sind neben den niedrigen Betriebs- und Wartungskosten der geringe Platzbedarf. Nachteilig sind die Energieverluste im Leitungssystem, die Anschlusskosten an das Fernwärmenetz und die Monopolsituation des Wärmelieferanten.

Das GEG 2023 verpflichtet die Städte und Gemeinden bis Ende 2026 bzw. 2028 eine kommunale Wärmeplanung zu erstellen. Dies soll zeigen, ob und in welchem Umfang sowie Zeitrahmen Gebäude an Fern- oder Nahwärmenetze angeschlossen werden können. Die Wärmeerzeugung soll dabei möglichst mit erneuerbaren Energien sowie in verlustarmen Verteilnetzen erfolgen.

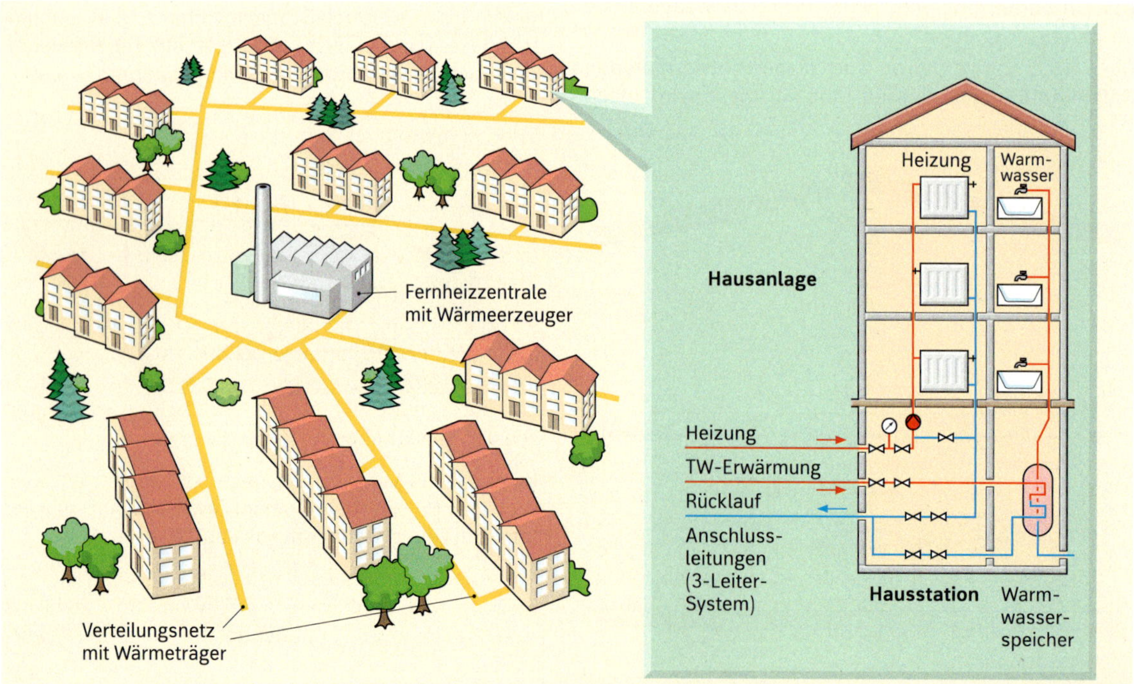

Abb. 1: Beispiel für den Aufbau eines Fernwärmeversorgungssystems

7.5.1 Wärmeträger und Verteilungsnetz

Als Wärmeträger in Fernwärmeversorgungssystemen dienen:

- Heißwasser, in der Regel von 110–135 °C
- Warmwasser bis 100 °C

Heißwasser hat gegenüber Warmwasser den Vorteil, dass zum Übertragen der gleichen Wärmeleistung ein geringerer Volumenstrom erforderlich ist. Dies führt zu kleineren Rohrdimensionen der Fernwärmeleitungen und einer geringeren Antriebsenergie für die Umwälzpumpen des Fernwärmenetzes. Außerdem kann durch die hohe Temperatur des Heißwassers auch Wärme für Produktionszwecke bereitgestellt werden.

Beim Einsatz von Warmwasser treten dagegen geringere Wärmeverluste auf. Es eignet sich z. B. für Nahwärmesysteme, die zur Gebäudeheizung und Trinkwassererwärmung dienen.

Die Vorlauftemperatur des Wärmeträgers kann vom Wärmelieferanten an die Außentemperatur angepasst werden. Warmwassersysteme werden meist gleitend-konstant geregelt, mit einer maximalen Vorlauftemperatur bei Außentemperaturen unterhalb der Auslegungs-Außentemperatur und einer Mindesttemperatur, die für die Trinkwassererwärmung ausreicht (Abb. 2).

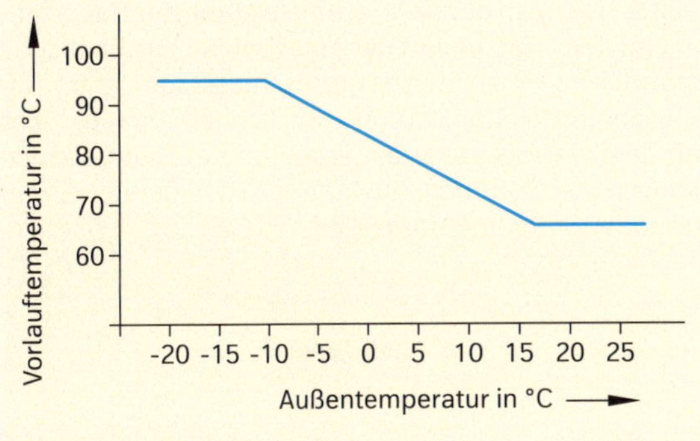

Abb. 2: Gleitend-konstant geregelte Vorlauftemperatur eines Warmwassernetzes

Rohrverlegung

Die Rohrleitungen bestehen meist aus Stahlrohr, das mit einem wärmegedämmten Schutzrohr versehen ist (Abb. 3a). Für kleinere Rohrdimensionen werden zunehmend vorgedämmte flexible Metall- oder Kunststoffrohre (Abb. 3b) verwendet. Sie ermöglichen eine einfache, kostengünstige Verlegung, da bei Richtungsänderungen keine separaten Bögen erforderlich sind und der Einbau von Kompensatoren in der Regel nicht notwendig ist.

a)

b)

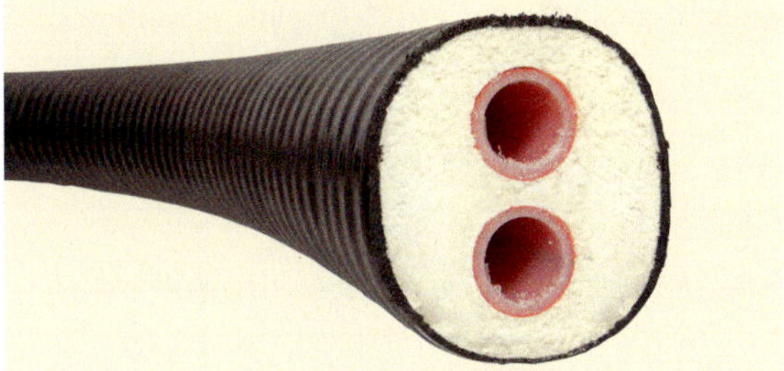

Abb. 3: Fern- und Nahwärmerohrleitungen
a) Stahlrohr mit kraftschlüssig verbundenem Kunststoffmantel, b) flexibles Kunststoffmantelrohr

Verteilungsnetz

Die Hauptverteilleitungen des Fernwärmenetzes können als *Ring- oder Strahlennetz* angeordnet werden (Abb. 4, S. 308). Ringnetze sind aufwendiger zu verlegen und erfordern höhere Investitionskosten, gewähren aber eine größere Versorgungssicherheit.

Eine Erweiterung des Ringnetzes ist das *Maschennetz* mit mehreren Ringleitungen und meist auch mehreren Heizkraftwerken. Die Versorgungssicherheit wird dadurch nochmals verbessert. Die hohen Kosten begrenzen den Einsatz aber auf große Wärmeverteilnetze.

Innerhalb der Netze können begrenzte Gebiete auch von zentralen *Unterstationen* versorgt werden, mit reduziertem Druck- und Temperaturniveau. (Abb. 2a, S.308).

Bei *Zwei-Leiter-Systemen* versorgt eine Vorlaufleitung Heizung und Trinkwassererwärmung. *Drei-Leiter-Systeme* haben zwei Vorlaufleitungen: Eine Heizungslei-

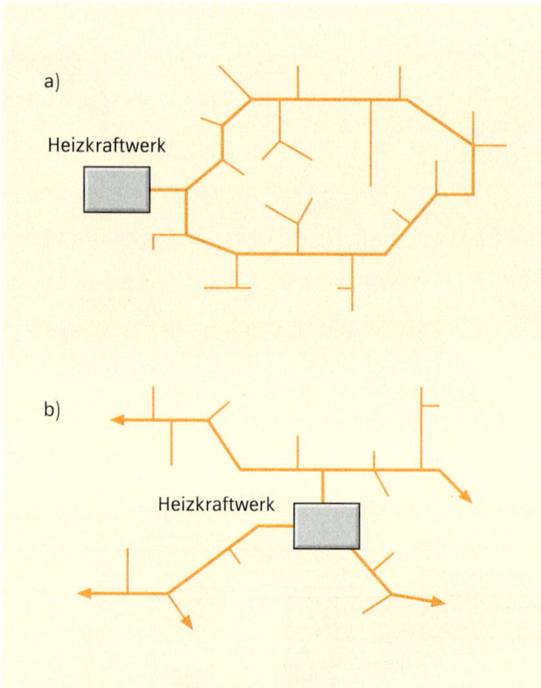

Abb. 1: Verteilungsnetze: a) Ringnetz, b) Strahlennetz

tung (mit witterungsgeführter Vorlauftemperatur) und eine Trinkwasser-Erwärmungsleitung (mit konstanter Vorlauftemperatur; Abb. 2b). Dies verbessert die verbrauchsabhängige Regelung und die Energieeffizienz. Die unregelmäßige Entnahme kann aber zu unerwünschten Mengenschwankungen und in der Übergangszeit zu höheren Temperaturen im Rücklauf führen.

7.5.2 Hausstation

Die Hausstation verbindet das Fern- oder Nahwärmenetz mit der Hausanlage (→ TB). Die Hausstation unterteilt sich in:

- *Übergabestation*, die in der Regel Eigentum des Wärmelieferanten, z. B. des Fernwärmeversorgungsunternehmens (FVU), ist und von diesem errichtet und gewartet wird
- *Hauszentrale*, die Eigentum des Abnehmers bzw. der Abnehmerin ist

Die Übergabestation hat die Aufgabe, die Fern- bzw. Nahwärme entsprechend den zwischen dem Wärmelieferanten und dem Abnehmer vertraglich vereinbarten Bedingungen an die Hausstation zu übergeben. Diese Festlegungen beziehen sich vor allem auf Temperatur, Druck und Volumenstrom des Heizmediums.

In der Hauszentrale wird das Heizmedium weiter an die Betriebsbedingungen der Hausanlage angepasst und dieser zugeführt.

Der Aufbau der Hausstation wird maßgeblich von den Betriebsbedingungen des Verteilungsnetzes bestimmt, z. B. Art, Temperatur und Druck des Wärmeträgers sowie Art der Wärmeübergabe. Die Wärmeübergabe kann in der Hausstation direkt oder indirekt erfolgen. Die Hausstation ist in einem Hausanschlussraum unterzubringen, der für das Bedienungs- und Wartungspersonal des Wärmelieferanten zugänglich ist. Die Größe des Raumes richtet sich nach der Nennwärmeleistung der Hausstation und dem Platzbedarf der Anlagenteile. Die baulichen Anforderungen an den Hausanschlussraum, z. B. Lüftungsmöglichkeiten, Wärme- und Schalldämmung, sind mit dem Wärmelieferanten abzustimmen. Für Gebäude mit weniger als fünf Wohneinheiten ist in der Regel kein gesonderter Raum erforderlich.

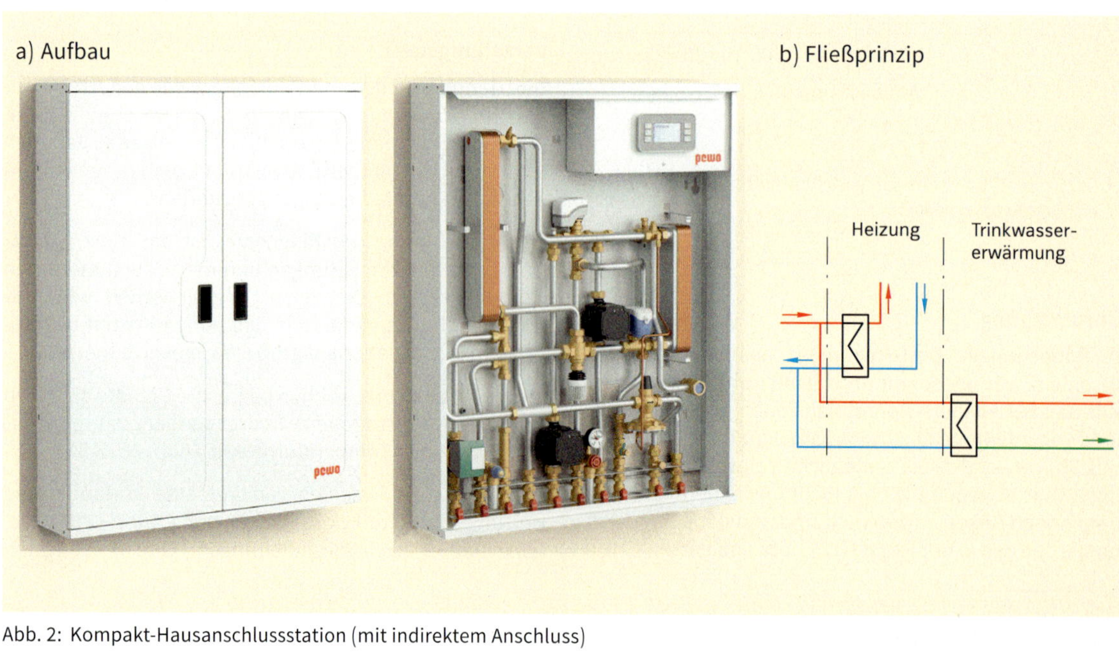

Abb. 2: Kompakt-Hausanschlussstation (mit indirektem Anschluss)

Kompakt-Hausstationen

Um die Kosten für den Fern- bzw. Nahwärmeanschluss eines Gebäudes zu reduzieren, werden industriell vorgefertigte Kompakt-Hausstationen für direkten oder indirekten Anschluss eingesetzt. Sie sind mit allen erforderlichen Bauteilen einschließlich der zugehörigen Steuerungen ausgerüstet und brauchen nur noch an die Hausanschlussleitung sowie Hausanlage angeschlossen zu werden (Abb. 1).

Direkter Anschluss

! Beim *direkten Anschluss* wird das vom Versorgungsunternehmen gelieferte Heizmedium unmittelbar in die Hausanlage eingeleitet. Es durchströmt die Heizungsanlage und den Warmwasserspeicher und gibt die Wärme direkt an die angeschlossenen Verbraucher ab (Abb. 3).

Hierbei müssen die Betriebsparameter des Heizmediums und die der Hausanlage (z. B. zulässiger Betriebsdruck, Auslegungstemperatur) aufeinander abgestimmt werden, um Schäden zu vermeiden.

Anlagentechnisch besteht die Übergabestation im Wesentlichen aus

- Absperrarmaturen sowie Druck- und Temperaturmessgeräten,
- Differenzdruck-/Volumenstromregler und
- Wärmemengenzähler.

Der Wärmemengenzähler berechnet die Energiemenge aus dem Volumenstrom des Wassers und der Temperaturdifferenz zwischen Vor- und Rücklauf. Anlagen für die Druckhaltung und Wasseraufbereitung sind nicht erforderlich. Diese Aufgaben werden vom Wärmelieferanten übernommen.

Vorteile:

- sehr wirtschaftliche Anschlussart aufgrund geringer Wärmeübertragungsverluste und Installationskosten
- gute Auskühlung des Fern- bzw. Nahwärmemediums, wodurch eine große Wärmemenge übertragen werden kann
- keine Umwälzpumpe erforderlich.

Nachteile:

- Bauteile der Hausanlage müssen in ihrer Druckfestigkeit und Temperaturbeständigkeit dem durchströmenden Heizwasser angepasst werden. Dies kann zur Folge haben, dass z. B. bestimmte Heizkörperbauarten nicht eingesetzt werden können.
- Der Wärmelieferant kann Anforderungen an die Ausführung der Heizungsanlage stellen, um negative Auswirkungen auf das von ihm aufbereitete Heizmedium zu verhindern.
- Die gesamte Hausanlage muss so ausgelegt werden, dass die vom Wärmelieferanten vorgeschriebene Rücklauftemperatur nicht überschritten wird.

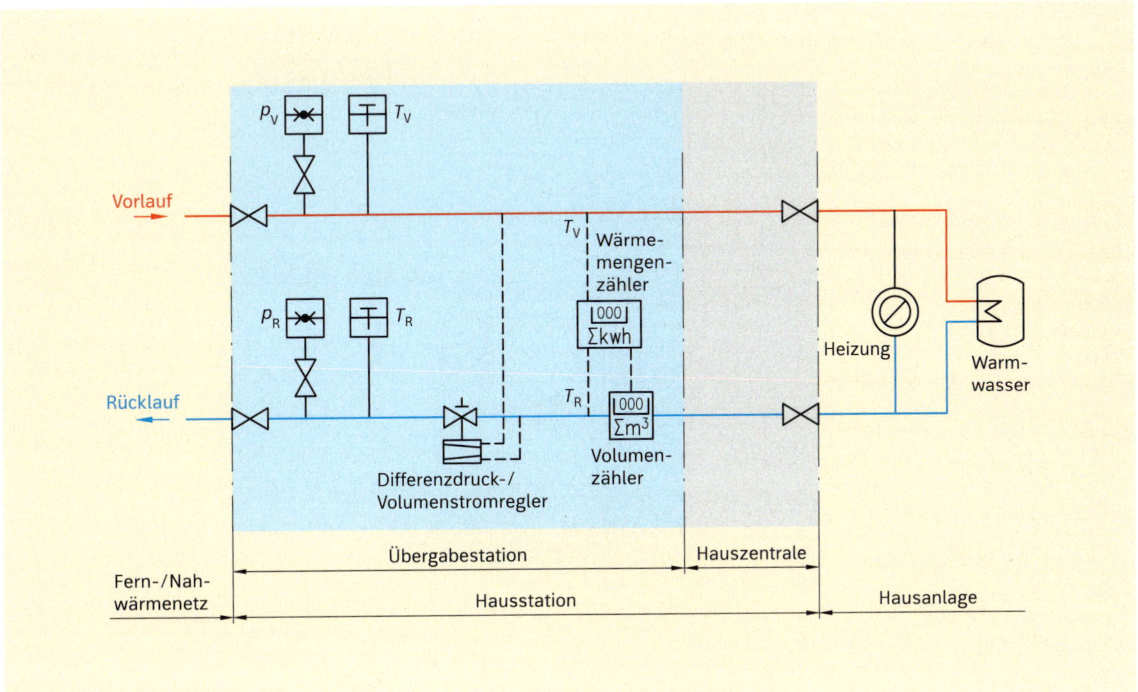

Abb. 3: Hausstation mit direktem Anschluss

- Eine zeitabhängige Heizungsregelung (z. B. Nachtabsenkung) ist nur mit zusätzlichen Regeleinheiten wie elektronischen Heizkörperthermostaten möglich.

Der direkte Anschluss eignet sich besonders für Nah- und Fernwärmenetze mit geringeren Betriebsdrücken und niedrigen Vorlauftemperaturen.

Indirekter Anschluss

! Bei einem *indirekten Anschluss* werden die Heizmedien des Fern- bzw. Nahwärmeversorgungssystems und der Hausanlage durch einen Wärmetauscher hydraulisch voneinander getrennt. Die Fern- und Nahwärme wird über den Sekundärkreis in die Hausanlage übertragen (Abb. 1).

Die Hausanlage arbeitet unabhängig von den Druckverhältnissen des Fern- bzw. Nahwärmeversorgungssystems. Der Wärmetauscher ist nach der Wärmeleistung der Hausanlage zu bemessen. Er muss fern- und nahwärmeseitig die hohen Temperaturen und Drücke des Versorgungsnetzes aufnehmen und hausseitig die benötigte Heizwassertemperatur erbringen. Es werden vorzugsweise Plattenwärmetauscher (Abb. 2) eingesetzt. Sie ermöglichen eine sehr gute Wärmeübertragung und sind verhältnismäßig klein. Um unzulässig hohe Rücklauftemperaturen in das Fern- oder Nahwärmenetz zu vermeiden, ist der Volumenstroms über ein Ventil und/oder eine Umwälzpumpe zu regeln.

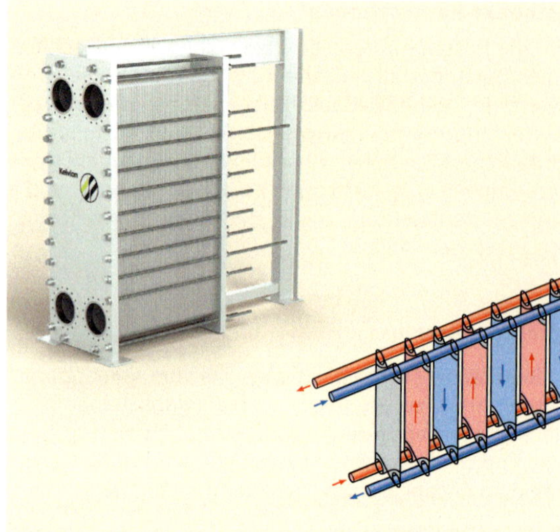

Abb. 2: Plattenwärmetauscher

Vorteile:

- Durch die Systemtrennung kann die Hausanlage mit geringerem Betriebsdruck betrieben werden. Es lassen sich Bauteile, insbesondere Heizkörper, mit niedrigerem Nenndruck einsetzen.
- Kein Verlust des Heizmediums der Wärmelieferanten durch Undichtigkeiten in der Hausanlage
- Bei Einbau vom parallel geschalteten Wärmetauschern können Verbraucher mit unterschiedlichen Temperaturen versorgt werden.

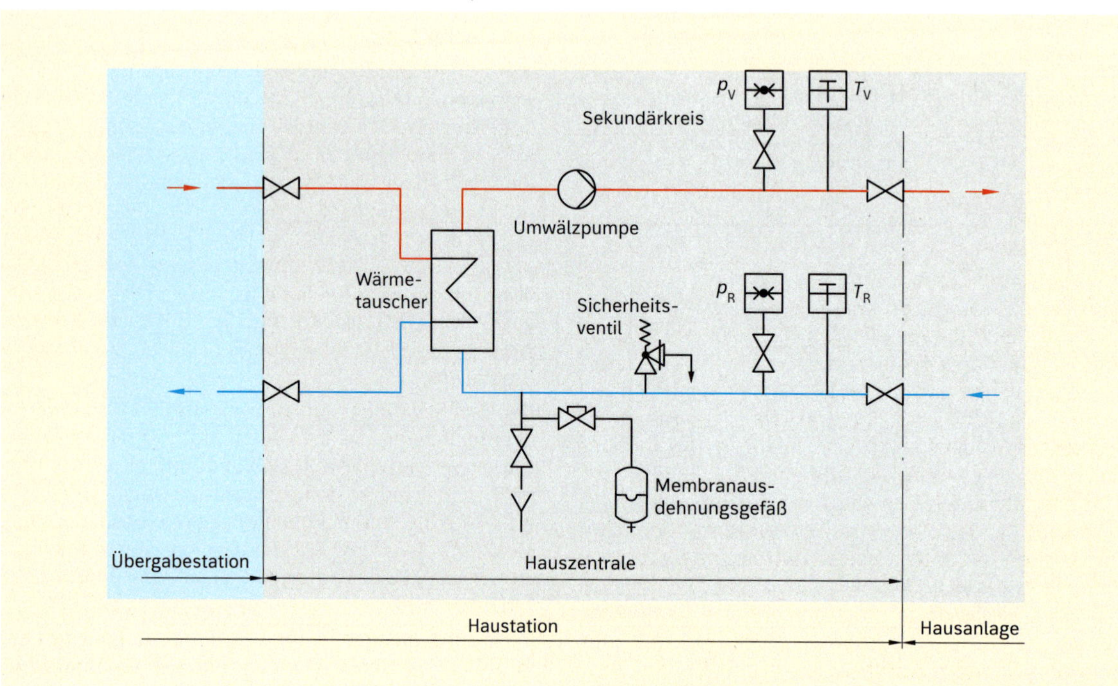

Abb. 1: Schematischer Aufbau der Hauszentrale bei indirektem Anschluss (→ TB)

Nachteile:

- Die Auskühlung des Fern- bzw. Nahwärmeträgers ist geringer als beim direkten Anschluss, bedingt durch das Temperaturgefälle im Wärmetauscher.
- Aufwendigere und kostenintensivere Installation als beim Direktanschluss

Der indirekte Anschluss wird bei großen Fernwärmenetzen mit großen Drücken und hohen Temperaturen eingesetzt.

Aufgaben

1. Wie lassen sich Heizungsanlagen nach dem Aufstellort des Wärmeerzeugers unterscheiden?
2. Welche Verteilungssysteme werden bei der Zweirohrheizung unterschieden? Welche Vor- und Nachteile besitzen die jeweiligen Systeme?
3. Begründen Sie, warum bei der Einrohrheizung eine Vergrößerung der Heizflächen erforderlich wird.
4. Erläutern Sie die Begriffe Fern- und Nahwärmeversorgung.
5. Mit welchen Wärmeträgern können Fern- und Nahwärmeversorgungssysteme betrieben werden?
6. Nach welchen Kriterien kann die Temperatur des Wärmeträgers gewählt werden?
7. Nennen Sie die Bestandteile einer Hausstation.
8. Erläutern Sie den Unterschied zwischen einem direkten und einem indirekten Anschluss.
9. Welche Vor- und Nachteile zeichnen den direkten und den indirekten Hausanschluss aus?

7.6 Heizungsumwälzpumpen

In Heizungsanlagen werden zum Transport des Heizwassers nur *Kreiselpumpen* (Zentrifugalpumpen) eingesetzt. Obwohl es verschiedene Bauformen von Kreiselpumpen gibt, arbeiten alle nach folgendem Grundprinzip (Abb. 3):

In einem spiralförmigen Pumpengehäuse rotiert ein Laufrad, das über die Pumpenwelle von einem Elektromotor angetrieben wird. Das axial in das Laufrad eintretende Wasser erhält durch die Laufradschaufeln eine Umlenkung und wird radial in das Spindelgehäuse geschleudert. Dabei bewirkt die Fliehkraft einen Anstieg des statischen Drucks sowie eine Erhöhung der Strömungsgeschwindigkeit im Bereich der Laufradschaufeln. Beim Durchströmen des Spiralgehäuses verringert sich die Strömungsgeschwindigkeit des Wassers wieder. Die Bewegungsenergie wird in Druckenergie umgewandelt, wodurch der statische Druck weiter zunimmt. Die gesamte Drucksteigerung wird als Pumpendruck Δp oder Förderhöhe H bezeichnet und kann als Druckdifferenz zwischen Saug- und Druckstutzen gemessen werden.

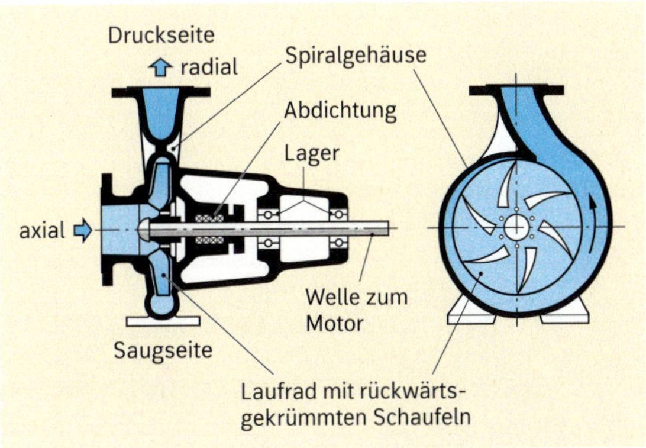

Abb. 3: Schematischer Aufbau einer Kreiselpumpe

7.6.1 Bauarten

Nach den Konstruktionsmerkmalen von Motor und Pumpe unterteilt man Kreiselpumpen in *Nassläuferpumpen* und *Trockenläuferpumpen*. Desweiteren lassen sich Umwälzpumpen noch nach anderen Kriterien einteilen, z. B. nach der Art der Regelung oder Bauform (Block-, Norm- und Inlinepumpen).

In der Heizungstechnik haben sich Nass- und Trockenläuferpumpen in *Inlinebauform* durchgesetzt. Bei dieser Ausführung liegen Saug- und Druckstutzen in einer Achse und haben die gleiche Nennweite. Ihr Vorteil besteht darin, dass sie unmittelbar in die gerade Rohrleitung installiert werden. Verschraubungs- oder Flanschanschlüsse ermöglichen eine schnelle Montage.

Nassläuferpumpe

Nassläuferpumpen werden durch einen Spaltrohrmotor angetrieben (Abb. 1, S. 312). Bei diesen Motoren befindet sich zwischen dem Rotor und dem spannungsführenden Stator ein ca. 0,1 bis 0,3 mm dickes Spaltrohr aus nicht magnetisierbarem hochlegiertem Stahl. Alle sich innerhalb des Spaltrohres befindlichen Bauteile wie die Pumpenwelle und die Wellenlagerung werden direkt vom Wasser umströmt. Eine besondere Abdichtung der Motorwelle, z. B. mittels Stopfbuchse, ist dadurch nicht erforderlich. Das Fördermedium dient gleichzeitig zur Motorkühlung und zur Schmierung der Gleitlager.

Nassläuferpumpen sind wartungsfrei und preiswert in der Herstellung. Da sie keinen Motorlüfter benötigen, sind sie geräuscharm. Nassläuferpumpen verursachen geringe Betriebskosten, obwohl sie einen vergleichsweise geringen Gesamtwirkungsgrad besitzen. Ursache hierfür ist, dass die Kraft des vom Stator erzeugten elektrischen Feldes durch das metallische Spaltrohr geschwächt wird.

In Heizungsanlagen werden zur Förderung kleiner und mittlerer Volumenströme aufgrund der genannten Vorteile hauptsächlich Nassläuferpumpen eingesetzt.

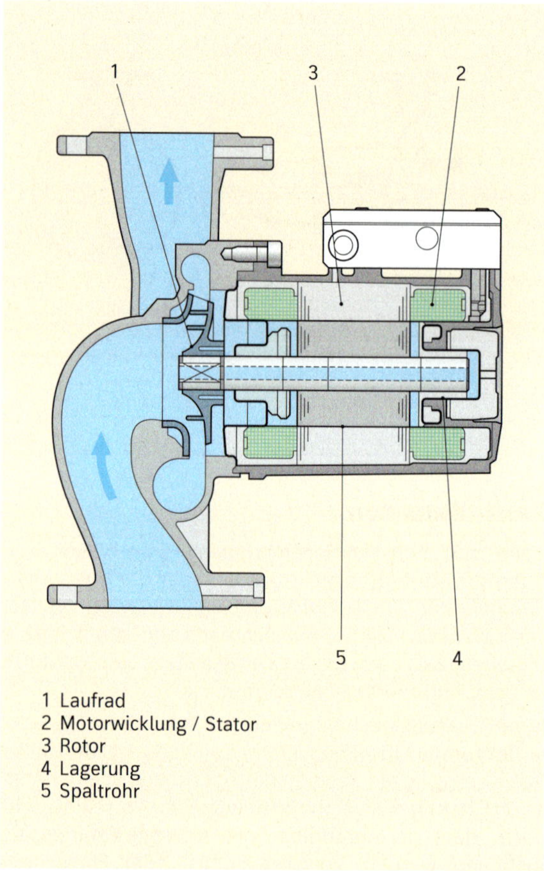

Abb. 1: Nassläuferpumpe (Inlinebauform)

Beim Einbau der Pumpen in das Rohrnetz können die Anschlüsse waagerecht, senkrecht oder schräg angeordnet werden. In jeder dieser Einbaulagen muss die Pumpenwelle waagerecht verlaufen. Eine senkrecht stehende oder hängende Anordnung der Welle führt zu einem höheren Verschleiß der Lagerung.

Trockenläuferpumpen

Bei dieser Pumpenbauart wird das Wasser führende Pumpengehäuse an der Pumpenwelle gegenüber dem Antriebsmotor abgedichtet. Der Elektromotor kommt nicht mit dem Fördermedium in Berührung (Abb. 2a).

Zur Abdichtung werden vorwiegend wartungsarme Gleitringdichtungen eingesetzt (Abb. 2b).

Sie bestehen aus zwei Ringen mit sehr fein polierten Dichtflächen, die durch Federkraft gegeneinander gedrückt werden. Zwischen den Gleitflächen bildet sich ein dünner Wasserfilm. Er dichtet die Pumpe an den aneinander gleitenden Flächen ab. Die Standzeit beträgt je nach Wasserzustand (z. B. Verschmutzungsgrad) bis 4 Jahre. Stopfbuchsen werden zur Wellenabdichtung bedingt durch den hohen Wartungsaufwand nur noch in geringem Umfang eingesetzt.

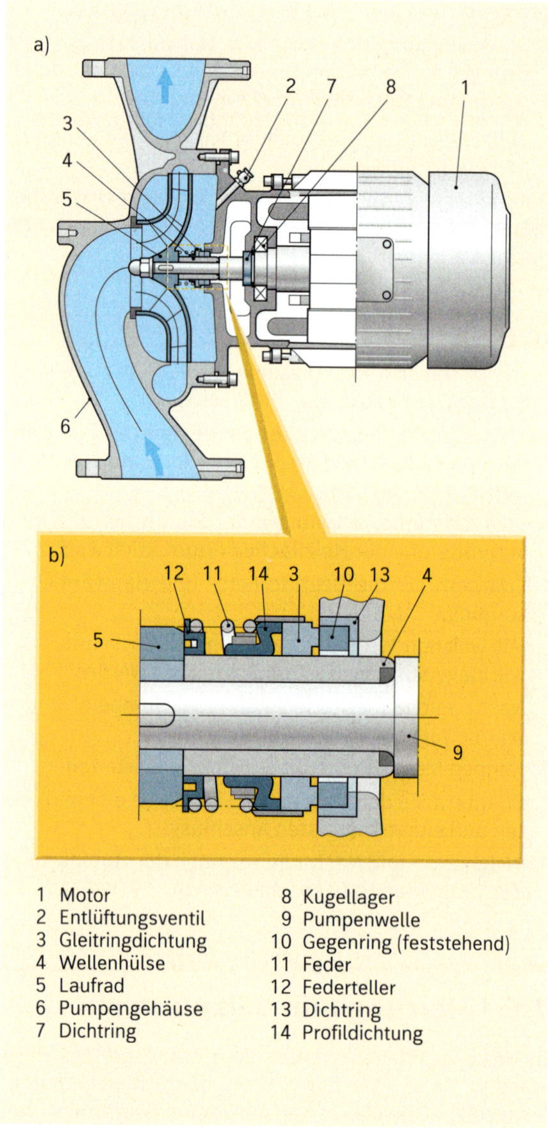

Abb. 2: Trockenläuferpumpe (Inlinebauform)
a) Aufbau, b) Aufbau der Gleitringdichtung

Neben der direkten Verbindung von Motor und Pumpenlaufrad mit einer gemeinsamen Welle lassen sich beide Bauteile auch durch eine Kupplung verbinden.

Der Wirkungsgrad von Trocken- gegenüber Nassläuferpumpen ist höher. Vor allem bei größeren Pumpenleistungen werden deshalb Trockenläufer bevorzugt. Sie sind auch bei korrosivem Wasser besser geeignet.

7.6.2 Pumpen- und Rohrnetzkennlinie

Pumpenkennlinie

Der durch die Pumpe geförderte Volumenstrom $\dot{V}$ und der Pumpendruck Δp sind voneinander abhängig. Diese Abhängigkeit wird in einem Diagramm durch die Pumpenkennlinie dargestellt (Abb. 3). Es ist ersichtlich, dass mit steigendem Volumenstrom der Pumpendruck abnimmt. Aus dem Kennlinienverlauf lässt sich für jeden Volumenstrom, den die Pumpe fördern kann, der zugehörige Pumpendruck bestimmen.

Rohrnetzkennlinie

Das von der Pumpe geförderte Wasser erfährt im Rohrnetz einen Druckverlust, der ebenfalls vom Volumenstrom abhängig ist. Diese Abhängigkeit zeigt die Rohrnetzkennlinie oder Anlagenkennlinie (Abb. 4).

Grundsätzlich gilt: Erhöht sich der Volumenstrom, so steigt auch der Druckverlust im Rohrnetz. Die Änderung erfolgt quadratisch. So bewirkt z. B. eine Verdopplung des Volumenstromes einen vierfach höheren Druckverlust. Der Anstieg der parabelförmigen Rohrnetzkennlinie wird bei einem entsprechenden Volumenstrom von der Größe der auftretenden Rohrreibungswiderstände und den Widerständen der Formstücke und Einbauten bestimmt. Rohrnetze mit kleinen Nennweiten und vielen Richtungsänderungen führen zu steilen Kennlinien.

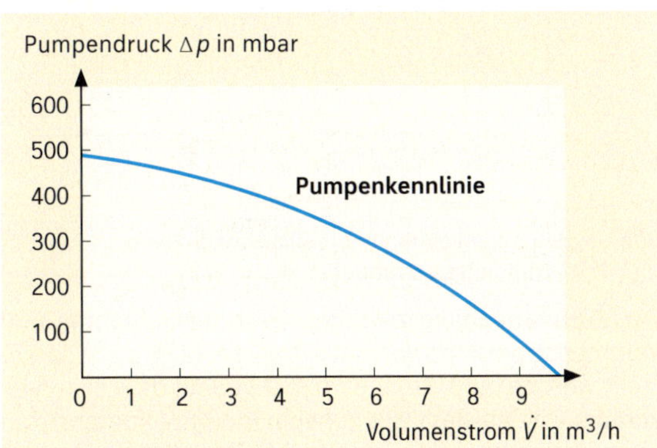

Abb. 3: Pumpenkennlinie

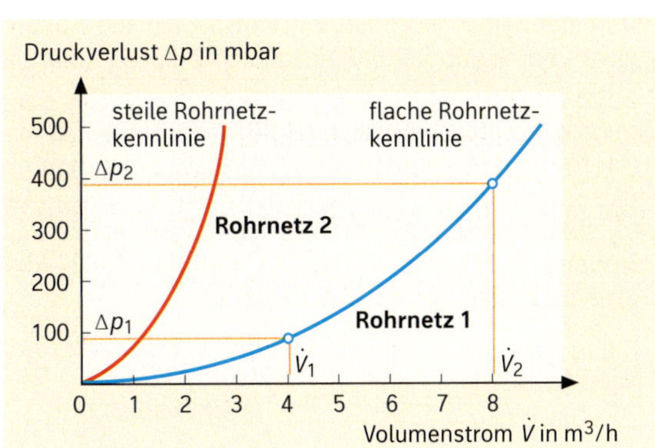

Abb. 4: Rohrnetzkennlinie

Flache Kennlinien ergeben sich für größere Nennweiten. Auch die Kennlinie ein und desselben Rohrnetzes wird sich bei Veränderung der inneren Widerstände verschieben z. B. durch Drosselung von Ventilen.

Betriebspunkt

Der Betriebspunkt einer Pumpe liegt im Schnittpunkt von Rohrnetz- und Pumpenkennlinie (Abb. 5). In diesem Punkt besteht ein Gleichgewicht zwischen dem Leistungsangebot der Pumpe und der Leistungsaufnahme des Rohrnetzes. Der von der Pumpe aufgebrachte Druck ist genau so groß wie der Druckverlust im Rohrnetz. Damit ist auch der Volumenstrom bestimmt, den die Pumpe fördern kann.

Ändert sich die Rohrnetzkennlinie während des Betriebes der Heizungsanlage, so verschiebt sich der

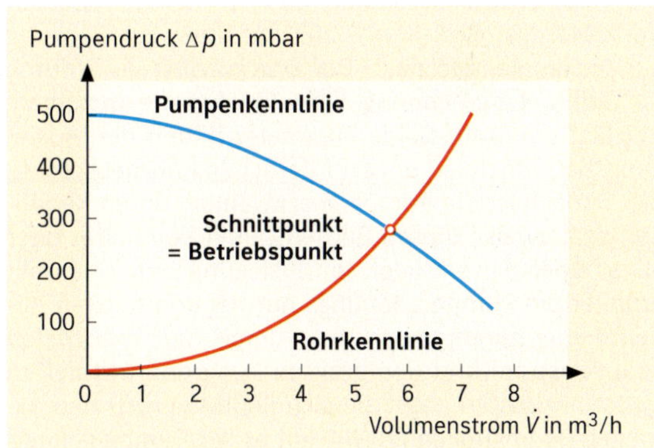

Abb. 5: Betriebspunkt

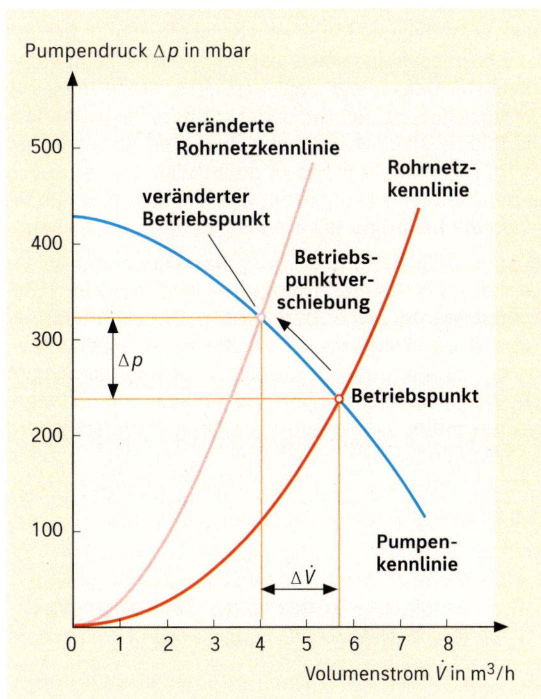

Abb. 6: Betriebspunktverschiebung

Betriebspunkt (Abb. 6, S. 313). Eine Verschiebung in den Randbereich der Pumpenkennlinie führt zu einem schlechteren Wirkungsgrad der Umwälzpumpe.

Auswahl der Umwälzpumpe

Die Auswahl der Umwälzpumpe für eine Heizungsanlage hängt von mehreren Faktoren ab. Dabei geht es um:

- die Größe und Beschaffenheit des zu beheizenden Gebäudes,
- die Energieeffizienz und Kosten der Pumpe und um
- die spezifischen Anforderungen der Heizungsanlage.

Die Bestimmung der Pumpengröße erfolgt nach:

- dem größten benötigten Volumenstrom und
- dem zu überwindenden Druckverlust.

Der *Volumenstrom* resultiert aus der Berechnung der Norm-Heizlast (vgl. Kap. 7.20) und dient zur Deckung der maximalen Heizlast. Der *Druckverlust* wird durch die Rohrnetzberechnung (→ TB) für die maximale Heizlast ermittelt. Beide Parameter bilden den Auslegungsbetriebspunkt der erforderlichen Rohrnetzkennlinie. Danach ist die Pumpe auszuwählen, deren Kennlinie idealerweise diesen Betriebspunkt beinhaltet oder etwas über diesem liegt. Im Auslegungsbetriebspunkt arbeitet die Pumpe allerdings nur bei den tiefsten Außentemperaturen, wenn die Pumpe den maximalen Volumenstrom und den größten Pumpendruck liefern muss. Ansonsten passt sie sich kontinuierlich den aktuellen Bedingungen an. Wie gut es der Pumpe gelingt, dabei die Energieeffizienz zu optimieren, hängt zumeist von der Pumpe, ihrer Bauart und von der möglichen sowie gewählten Leistungsregelung (vgl. Kap. 7.6.4) ab. Eine Voraussetzung für einen energieeffizienten Betrieb der Heizungsanlage sowie der Pumpe ist eine abgeglichene Heizungsanlage (vgl. Kap. 7.13). Dazu muss die Wärmeverteilung im Gebäude optimiert sein, sodass alle Räume gleichmäßig beheizt werden. Dies wird erreicht, indem die Heizkörper oder Fußbodenheizungen an den Ventilen so eingestellt werden, dass jeder Raum genau die benötigte Wärmemenge erhält, die er benötigt.

Die Wärmeverteilung gelingt mit den üblichen Berechnungen bei Zweirohrheizungen, die etwa 90% der Warmwasserheizungen in Deutschland ausmachen, zumeist relativ gut. Spezifische Anforderungen liegen z. B. bei Einrohrheizungen, bei Anlagen mit 3-Wege-Bypassventilen oder beim Laden von Pufferspeichern für Festbrennstoffkessel vor. Bei diesen Anwendungen kann die Regelung mit fester Drehzahl die effizienteste Möglichkeit sein.

7.6.3 Leistungsbedarf und Wirkungsgrad der Pumpe

Der zum Antrieb der Pumpe erforderliche Leistungsbedarf ist abhängig von Volumenstrom (Förderstrom), Pumpendruck und Wirkungsgrad.

$$P_{zu} = \frac{\dot{V} \cdot \Delta p}{\eta_{Ges}}$$

P_{zu} = zugeführte Leistung in W
$\dot{V}$ = Volumenstrom in m^3/s
Δp = Pumpendruck in Pa
η_{Ges} = Gesamtwirkungsgrad

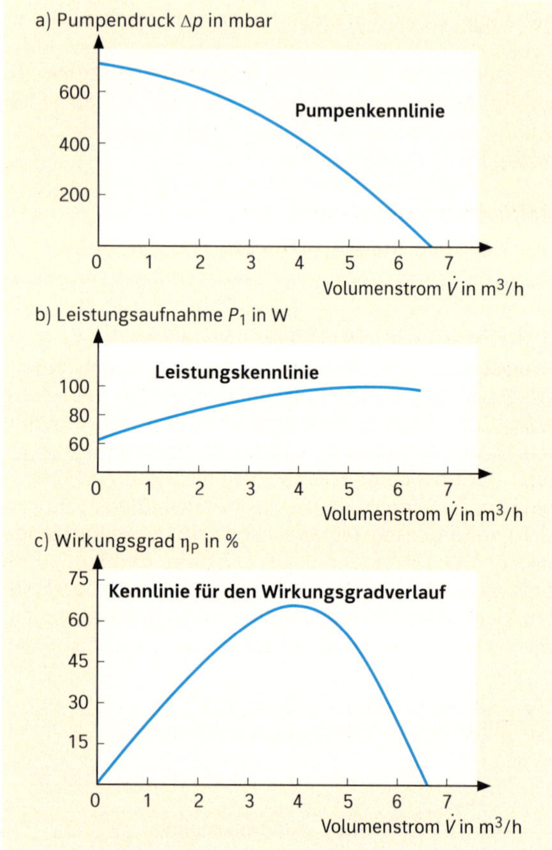

Abb. 2: a) Pumpenkennlinie, b) Leistungskennlinie, c) Wirkungsgradverlauf

Der Zusammenhang zwischen Leistungsaufnahme und Volumenstrom kann ebenfalls in einem Diagramm dargestellt werden (Abb. 2b, S. 314). Der Verlauf der Leistungskennlinie zeigt, dass mit zunehmendem Volumenstrom die Leistungsaufnahme der Pumpe steigt. Dabei ist das Verhältnis von Volumenstrom- und Leistungszunahme nicht konstant. Werden Pumpen- und Leistungskennlinie untereinander angeordnet, wird zusätzlich die Abhängigkeit vom Pumpendruck ersichtlich (Abb. 2a und 2b, S. 314).

Der Wirkungsgrad kennzeichnet die in der Umwälzpumpe auftretenden Verluste. Diese Verluste entstehen im Elektromotor und im hydraulischen Teil der Pumpe. Die Verluste werden durch den Motorwirkungsgrad und den Pumpenwirkungsgrad erfasst. Die Multiplikation beider Werte ergibt den Gesamtwirkungsgrad.

$$\eta_{Ges} = \eta_M \cdot \eta_P$$

η_{Ges} = Gesamtwirkungsgrad
η_M = Motorwirkungsgrad
η_P = Pumpenwirkungsgrad

Die Wirkungsgrade der verschiedenen Pumpenbauarten und -größen sind sehr unterschiedlich. Bei Nassläufern beträgt der Wert zwischen 30 und 50 %, bei Trockenläufern zwischen 70 und 80 %.

Auch ist der Wirkungsgrad ein und derselben Pumpe nicht konstant. Stellt man der Pumpenkennlinie den Verlauf der Wirkungsgradlinie gegenüber (Abb. 2c, S. 314), so wird Folgendes ersichtlich:

! Die höchsten Wirkungsgrade der Umwälzpumpe liegen im *mittleren Bereich der Pumpenkennlinie.*

7.6.4 Leistungsregelung der Umwälzpumpen

Umwälzpumpen werden in ihrer Förderleistung so ausgelegt, dass sie den auftretenden Maximalbedarf der Heizungsanlage abdecken. Bedingt durch die Witterungsverhältnisse werden die Anlagen jedoch größtenteils im Teil- und Schwachlastbereich betrieben. In diesen Betriebszuständen lassen sich durch eine Reduzierung der Pumpenleistung der Stromverbrauch und somit auch die Betriebskosten erheblich senken, da die Umwälzpumpe mit jährlich ca. 6.000 Betriebsstunden in den meisten Haushalten einer der größten Stromverbraucher ist.

! Das GEG schreibt für Zentralheizungsanlagen mit einer Nennleistung ≥ 25 kW Umwälzpumpen mit einer selbsttätigen, mindestens 3-stufigen Leistungsregelung vor. Auch Zirkulationspumpen bedürfen der Ausstattung mit energiesparender Regelungstechnik.

Aus den genannten Gründen sollten Heizungsanlagen mit regelbaren Pumpen ausgerüstet werden. Ein weiterer Grund für ihren Einsatz besteht in der Vermeidung von Geräuschbildungen. Geräusche treten vor allem dann auf, wenn der Volumenstromdrosselung durch Armaturen der Pumpendruck ansteigt.

Drehzahlregelung

Zur Leistungsanpassung der Umwälzpumpen hat sich das Prinzip der Drehzahlregelung durchgesetzt. Diese Art der Regelung ist effizient, da Volumenstrom, Förderdruck und Pumpenleistung unmittelbar von der Drehzahl abhängig sind.

Die Veränderung der Drehzahl einer Pumpe führt zu einer neuen Pumpenkennlinie und somit zur Verschiebung des Betriebspunktes der Pumpe (Abb. 1, S. 316). Die heute eingesetzten Verfahren zur elektronischen Drehzahlregelung sind in Abb. 3 ersichtlich. Sie haben das gemeinsame Merkmal, dass die Drehzahl des Antriebsmotors durch Änderung der Motorspannung, der Motorfrequenz oder auch beider Größen geregelt wird.

Pumpen mit stufenweiser Regelung verfügen über eine 2- bis 4-fache Drehzahlumschaltung, die automatisch oder von Hand erfolgen kann. Eine jederzeit optimale Anpassung des Volumenstromes und Pumpendruckes an den tatsächlichen Bedarf der Anlage ist nicht möglich.

Bei der stufenlosen Drehzahlregelung kann die Pumpe in einem begrenzten Bereich jede beliebige Drehzahl annehmen. Die resultierenden Pumpenkennlinien ergeben ein Kennlinienfeld, das alle möglichen Betriebspunkte einschließt. Dadurch kann eine bessere Anpassung der Pumpe an den tatsächlichen Bedarf erreicht werden.

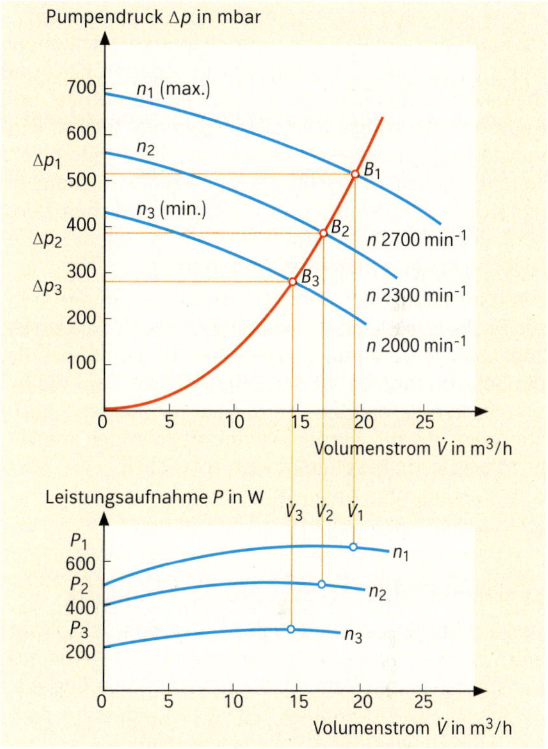

Abb. 3: Abhängigkeit des Betriebspunktes von der Pumpendrehzahl

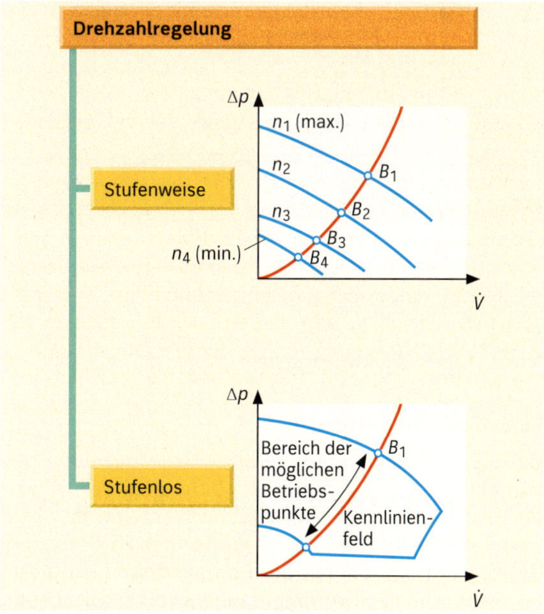

Abb. 1: Verfahren zur Drehzahlregelung

Differenzdruckabhängige Drehzahlregelung

Als Führungsgröße wird der Differenzdruck bevorzugt, weil dieser ohne Zeitverzögerung auf eine sich verändernde hydraulische Belastung der Anlage reagiert, z. B. beim Schließen von Thermostatventilen.

Eine differenzdruckabhängige Drehzahlregelung arbeitet nach folgendem Grundprinzip: Erfolgt in der Anlage eine heizlastbedingte Drosselung des Volumenstromes, so führt dies infolge der Betriebspunktverschiebung zunächst zu einer Erhöhung des Pumpendruckes und damit des Differenzdruckes zwischen der Druck- und Saugseite der Pumpe. Der sich ergebende Istwert wird von der Regelung erfasst und mit dem eingestellten Sollwert verglichen. Überschreitet die Regelabweichung einen bestimmten Wert (je nach Fabrikat zwischen 2 und 10 % des Sollwertes), erfolgt eine Anpassung des Differenzdruckes durch Drehzahlveränderung.

Um die Leistung der Pumpe noch besser an die in ihrer Betriebsweise und Ausrüstung verschiedenen Heizungsanlagen anpassen zu können, ist es notwendig, die Sollwertvorgabe für den Differenzdruck auf die hydraulischen Verhältnisse in der Heizungsanlage abzustimmen. Hierfür wurden Pumpenregelungen mit unterschiedlichen Regelfunktionen entwickelt:

- konstanter Differenzdruck
- variabler Differenzdruck

Konstanter Differenz- bzw. Proportionaldruck

Der am Regelgerät eingestellte Differenzdrucksollwert wird von der Pumpe über den gesamten Regelbereich konstant gehalten (Abb. 1). Die Regelfunktion findet eine sehr breite Anwendung. Sie ist besonders für Zweirohranlagen mit Fußbodenheizung geeignet.

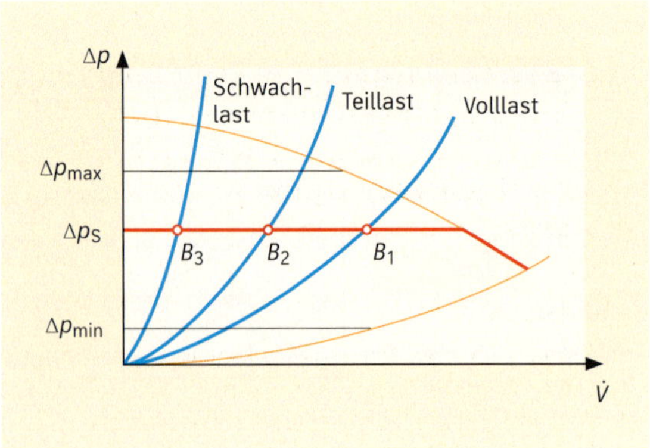

Abb. 2: Regelung nach konstantem Differenzdruck

Variabler Differenzdruck

Bei dieser Regelfunktion verändert die Regelung den von der Pumpe einzuhaltenden Differenzdrucksollwert linear zwischen dem eingestellten Wert und der Hälfte dieses Wertes (Abb. 3). Je größer der Förderbedarf, desto größer wird somit der Pumpendruck. Mit dieser automatischen Sollwertanpassung wird berücksichtigt, dass sich bei abnehmendem Volumenstrom der Druckverlust verringert und somit auch der Pumpendruck verkleinert werden kann.

Die variable Differenzdruckregelung hat den Vorteil, dass sie zu einer weiteren Einsparung von Antriebsenergie führt. Sie erfordert jedoch ein ordnungsgemäß abgeglichenes Rohrnetz, da sonst die Gefahr der Unterversorgung von Heizkörpern besteht.

Die Regelungsart wird für Zweirohranlagen eingesetzt, vor allem wenn der Rohrleitungswiderstand annähernd gleich dem Widerstand der Thermostatventile der Heizkörper ist. Ungeeignet ist die konstante und variable Differenzdruckregelung für mengenkonstante Systeme (z. B. Einrohrheizungen).

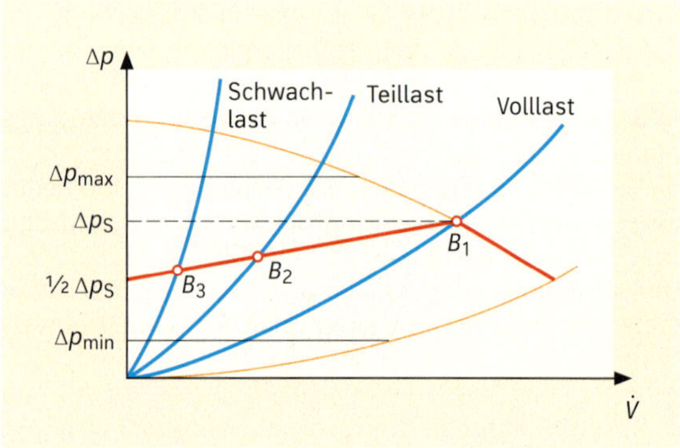

Abb. 3: Regelung nach variablem Differenzdruck

Diese effizienten Pumpen verfügen über eine integrierte Regelung, welche die Istwerterfassung sowie Mikroprozessor und Controller umfasst (Abb. 3). Der Differenzdruck wird bei dieser Regelung nicht direkt erfasst, sondern aus anderen gemessenen Kenngrößen (vorhandene Pumpendrehzahl und aufgenommene Motorspannung) im Prozessor berechnet.

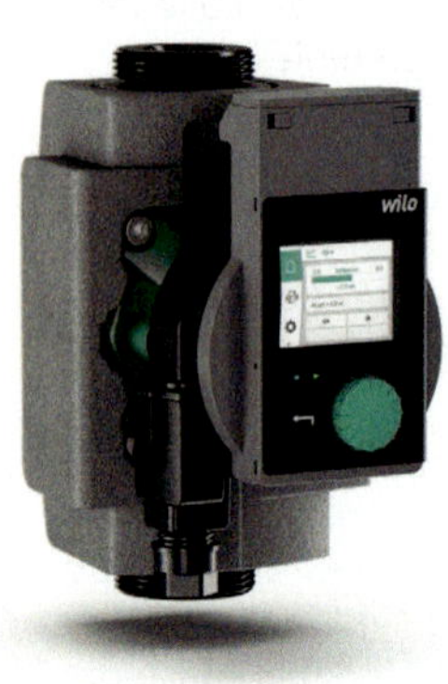

Abb. 4: Pumpe mit integrierter Regelung

Diese Hocheffizienzpumpen verfügen zumeist über einen Motor mit Permanentmagneten. Dadurch kann die Pumpe bei gleicher hydraulischer Leistung etwa mit einem Viertel der sonst erforderlichen Leistungsaufnahme des Motors betrieben werden. Allerdings setzt sich

Rostschlamm gerne an magnetischen Bauteilen ab. Dies kann wiederum zu Leistungsverlusten oder zum Blockieren der Pumpe führen. Um das zu vermeiden, ist ein *Magnet(it)-Abscheider* im Heizungsrücklauf einzubauen (→ TB).

Selbstadaptierende Differenzdruckregelung

Bei einer selbstadaptierenden Pumpe (Abb. 4) beginnt die Regelung bei einem werksseitig voreingestellten Betriebspunkt auf einer Differenzdruckkennlinie, die in der Mitte des regelbaren Bereiches liegt.

Abb. 4: Selbstadaptierende Pumpe

Um diese Pumpen energieoptimiert zu betreiben, erfasst und analysiert das Regelsystem kontinuierlich verschiedene Parameter. Zu den erfassten Werten gehören der Volumenstrom, der Differenzdruck zwischen Druck- und Saugstutzen, die Temperatur des Heizmediums und die elektrische Leistungsaufnahme der Pumpe. Wenn es einen effizienteren Weg gibt, die Räume zu beheizen, passt die Pumpe ihren Betrieb automatisch an die wechselnde Heizlast an. Sie findet innerhalb kurzer Zeit den optimalen Betriebspunkt und die zugehörige Differenzdruckkennlinie (Abb. 5).

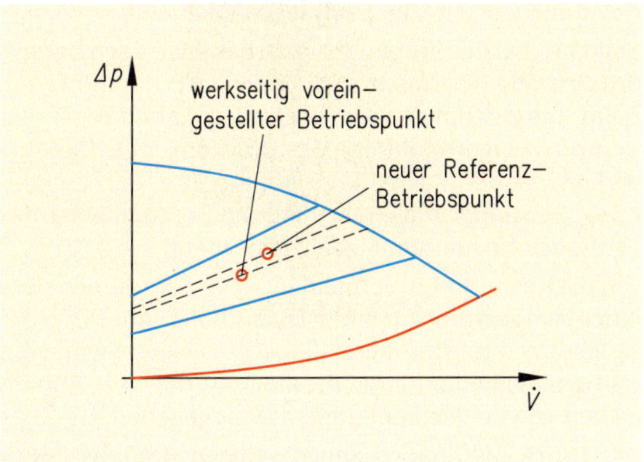

Abb. 5: Regelung mit automatischer Kennlinienanpassung

Die Pumpendrehzahl wird so möglichst genau an den Volumenstrombedarf angepasst und auch automatisch wieder optimiert, wenn sich die Heizlast oder die Bedingungen, z. B. durch Dämmmaßnahmen, ändern. Diese Regelungsart wurde speziell für Zweirohrheizungen mit Heizkörpern entwickelt.

Aufgaben

1. Erläutern Sie die Funktionsweise einer Kreiselpumpe.
2. Worin unterscheidet sich der Aufbau einer Nassläuferpumpe von dem einer Trockenläuferpumpe?
3. Welche Pumpen werden in Heizungsanlagen überwiegend eingesetzt?
4. Worauf ist beim Einbau einer Kreiselpumpe zu achten?
5. Welchen Zusammenhang beschreibt
   a) die Pumpenkennlinie,
   b) die Rohrnetzkennlinie?
6. Nennen Sie die zwei Verfahren zur elektronischen Drehzahlregelung. Worin unterscheiden sich diese?
7. Nennen Sie Bedingungen, die zu flachen bzw. steilen Rohrnetzkennlinien führen.
8. Was versteht man unter dem Betriebspunkt einer Heizungsanlage?
9. Beschreiben Sie die Vorgehensweise bei der Auswahl der Umwälzpumpe.
10. Erläutern Sie das Prinzip der variablen Differenzdruckregelung.
11. Bei welchen Heizungen eignet sich ein konstanter Differenz- bzw. Proportionaldruck besonders?
12. Wie erreichen selbstadaptierende Pumpen einen energieeffizienten Betriebspunkt?

7.6.6 Druckverhältnisse in geschlossenen Pumpenwarmwasserheizungen

Die Druckverhältnisse in der Heizungsanlage haben einen entscheidenden Einfluss auf eine optimale Betriebsweise der Umwälzpumpe.

Ruhedruck

Befindet sich das Heizwasser einer Heizungsanlage in Ruhe, so wird der Druck, der in der Anlage herrscht, als Ruhedruck oder statischer Druck bezeichnet. Er setzt sich aus dem hydrostatischen Druck (geodätischer Druck) und dem über die Druckhaltung aufgebrachten zusätzlichen Druck zusammen. Bei geschlossenen Heizungsanlagen erfolgt die Druckhaltung über ein Membran-Druckausdehnungsgefäß (MAG) oder eine Druckhalteanlage. Der Ruhedruck der Heizungsanlage (Abb. 1a, S. 318) ist im Wesentlichen abhängig von:

- der Höhe der senkrechten Flüssigkeitssäule in der Anlage. Demzufolge nimmt der Ruhedruck vom höchsten zum tiefsten Punkt der Heizungsanlage ständig zu.

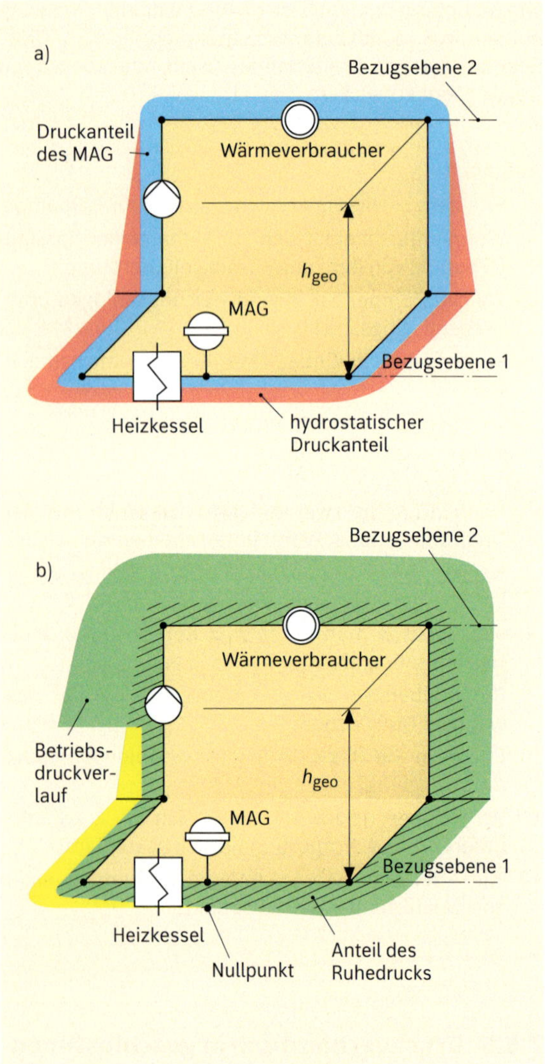

Abb. 1: Druckverläufe in einer geschlossenen Heizungsanlage
a) Ruhedruckverlauf (Pumpe aus)
b) Betriebsdruckverlauf (Pumpe ein)

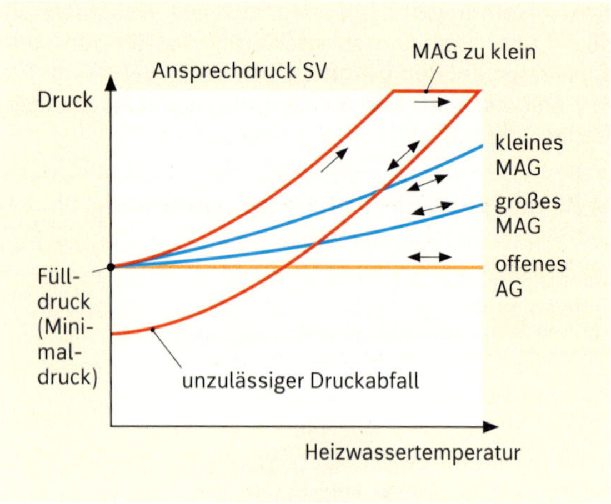

Abb. 2: Druck im Ausdehnungsgefäß (AG) in Abhängigkeit von der Heizwassertemperatur

- der Betriebstemperatur. Bei Membran-Druckausdehnungsgefäßen steigt der Druck mit zunehmender Betriebstemperatur infolge der Volumenzunahme des Heizwassers an (Abb. 2). Vor allem ein zu klein ausgelegtes MAG bewirkt einen großen Druckanstieg und kann zum Ansprechen des Sicherheitsventils führen.

Betriebsdruck

In der Umwälzpumpe wird der für die Umwälzung einer bestimmten Heizwassermenge benötigte Differenzdruck erzeugt. Hierdurch ändert sich der Druck in der Heizungsanlage gegenüber dem Ruhedruck. Der sich bei laufender Pumpe in der Anlage ergebende Druck wird als Betriebsdruck bezeichnet. Er besitzt als Folge der Druckverluste eine in Strömungsrichtung fallende Tendenz (Abb. 1b). Dabei liegt der Betriebsdruckverlauf teilweise ober- und teilweise unterhalb des Ruhedruckverlaufs.

! Im *Anschlussbereich des MAG* ist der Betriebsdruck gleich dem Ruhedruck. Dieser Punkt wird als Nullpunkt bzw. neutraler Punkt bezeichnet.

Die Steilheit des Druckabfalls hängt von den jeweiligen Widerständen im Rohrnetz ab. Eine starke Reduzierung des Betriebsdrucks auf der Saugseite kann zu Schäden an der Umwälzpumpe führen, z. B. durch Kavitation.

Mindestdruck der Pumpe

Bei zu geringem Druck am Pumpensaugstutzen besteht die Gefahr der Kavitation. Hierunter versteht man folgenden Vorgang: Bedingt durch die Energieübertragung am Laufrad treten Druckdifferenzen zwischen der Vorder- und Rückseite der Laufradschaufeln auf.

Sinkt hierbei der Druck unterhalb des jeweiligen Dampfdruckes des Heizwassers, so bilden sich Dampfblasen. Beim Durchströmen des Laufrades kondensiert der Dampf schlagartig infolge des Druckanstiegs. Die Auswirkungen der Kavitation sind erhöhte Geräuschbildung, Leistungsabfall, mechanische Beschädigung des Laufrades bis hin zum Ausfall der Pumpe.

Um die Kavitation zu vermeiden, ist es erforderlich stets einen Mindestdruck (Mindestzulaufhöhe) am Pumpensaugstutzen zu garantieren. Dieser Druckwert wird vom Pumpenhersteller in den Produktunterlagen in Abhängigkeit von der Medientemperatur angegeben.

Der Druck, welcher in den jeweiligen Betriebssituationen der Pumpe tatsächlich am Saugstutzen zur Verhinderung der Kavitation zur Verfügung steht, ist im Wesentlichen vom herrschenden Betriebsdruck und der Temperatur des Heizwassers abhängig. Ist der vorhandene Druck kleiner als der vom Hersteller geforderte Mindestdruck, so kann er durch Erhöhung des Betriebsdruckes angehoben werden. Zu diesem Zweck wird der Vordruck des MAG durch Füllen mit Stickstoff und der Fülldruck durch Zuführen von Wasser vergrößert.

In diesem Zusammenhang ist jedoch zu beachten, dass der Druckverlauf in einer Heizungsanlage auch von der Anordnung des MAG (Anlagennullpunkt) zur Pumpe abhängt.

Anordnung von Umwälzpumpe und MAG

Wird die Pumpe in den Vorlauf mit zulaufseitigem Anlagennullpunkt (Abb. 3a) eingebaut, befindet sich in Strömungsrichtung gesehen der Anlagenteil zwischen der Pumpe und dem MAG im Druckbereich. Der Betriebsdruck verläuft auf höherem Niveau als bei einem Einbau der Pumpe in den Rücklauf. Damit herrscht auch am Pumpensaugstutzen ein größerer Druck, durch welchen die Kavitation vermieden wird.

Sitzt die Pumpe im Rücklauf mit druckseitigem Anlagennullpunkt, so liegt der Anlagenteil zwischen MAG und Pumpe im Saugbereich (Abb. 3b). Im Großteil der Anlage fällt bei laufender Pumpe der Betriebsdruck unter den Ruhedruck. Ein starker Druckabfall am Saugstutzen begünstigt die Kavitationsneigung. Außerdem kann bei hoch gelegenen Anlagenteilen unter Umständen der Druck unterhalb des atmosphärischen Drucks liegen. Hierdurch besteht die Gefahr, dass z. B. durch Verschraubungen Luft in die Anlage eindringt.

Aufgaben

1. Wovon ist der Ruhedruck einer Heizungsanlage abhängig?
2. Was versteht man unter Kavitation?

7.7 Rohrleitungen

7.7.1 Rohre für Heizungsleitungen

In Heizungsanlagen können die Rohre für Trinkwasserleitungen (vgl. S. 215 ff.) im großen Umfang ebenfalls eingesetzt werden. Die folgenden Abschnitte stellen die wichtigsten Eigenschaften und Merkmale der häufigsten Rohrarten für Heizungsleitungen dar (→ TB).

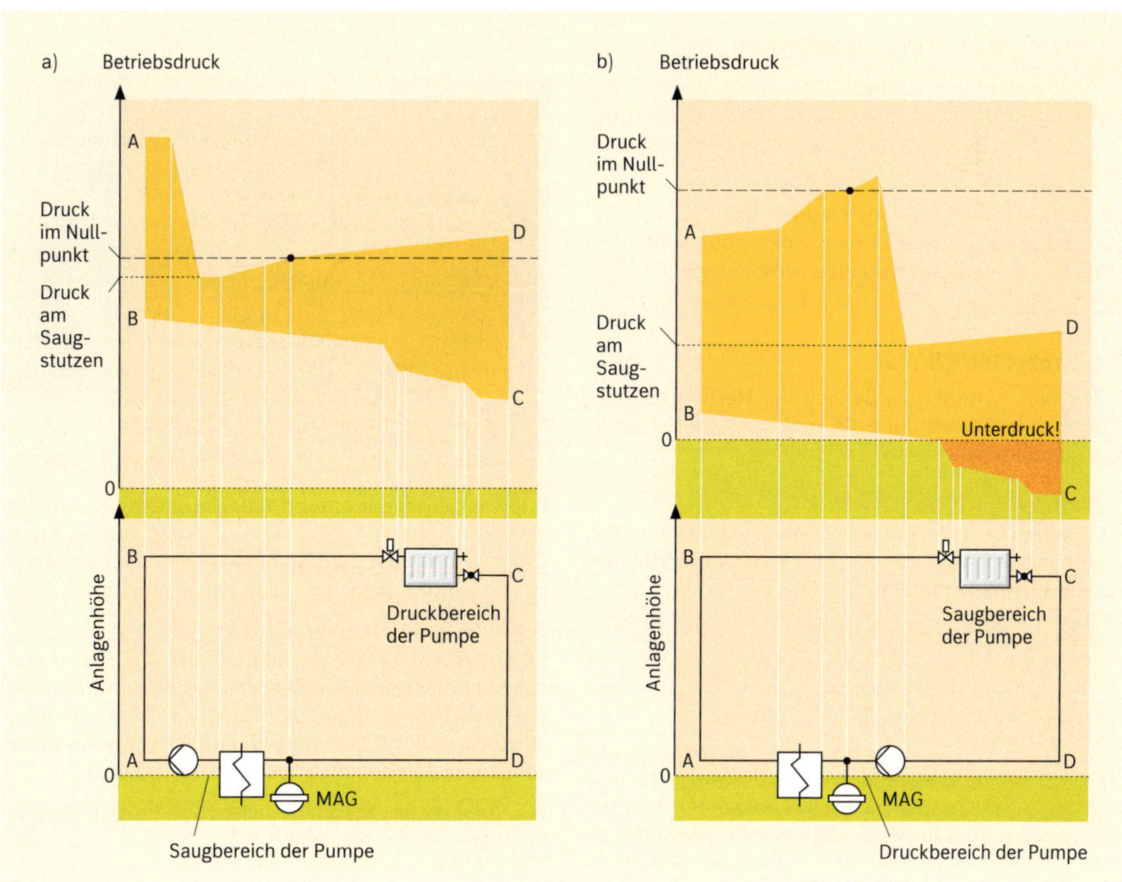

Abb. 3: Geschlossene Heizungsanlage: a) Pumpe im Vorlauf, b) Pumpe im Rücklauf

Rohre aus unlegiertem Stahl zum Schweißen und Gewindeschneiden (DIN EN 10 255)
Sie werden meistens in nahtloser, schwarzer Ausführung verwendet, da Heizungsrohre keinen besonderen Korrosionsschutz erfordern und eine Verzinkung beim Schweißen hinderlich wäre.

Stahlrohre
(nahtlos und geschweißt: DIN EN 10 220)
Im Heizungsbau werden sie auch als Siederohre bezeichnet. Sie besitzen eine geringere Wandstärke als Gewinderohre. Ihr Verwendungsbereich reicht von DN 25 bis DN 400.

Präzisionsstahlrohre
Unter der Bezeichnung Präzisionsstahlrohre werden in der DIN EN 10 305 nahtlose und geschweißte Stahlrohre zusammengefasst, die sich durch folgende Merkmale auszeichnen:

- geringere Wanddicken im Vergleich zu anderen Stahlrohrarten
- hohe Maß- und Formgenauigkeit
- hohe Formgenauigkeit der Querschnittsfläche
- glatte innere und äußere Oberflächen

Zur Verbesserung des Korrosionsschutzes können die Rohre mit Schutzschichten, z. B. durch Phosphatierung, oder mit einer Kunststoffummantelung versehen werden.

Präzisionsstahlrohre lassen sich durch Schweißen, Hartlöten oder mittels Pressfittings sowie durch Klemm- und Schneidringverschraubungen verbinden.

Kupferrohre DIN EN 1057
Kupferrohre kommen im Bereich der Heizungstechnik sowie bei der Verwendung als Trinkwasserleitungen in zwei Ausführungsarten zur Anwendung:

1. *Kupferrohre in blanker Ausführung*
   Sie werden wie Trinkwasserrohre eingesetzt und anschließend gemäß den gesetzlichen Vorschriften mit einer Wärmedämmung versehen.
2. *Kupferrohre mit werksseitig aufgebrachter Wärmedämmung* (Abb. 2)

Kupferrohre für Heizungsleitungen
Dieses Kupferrohr ist *nur für den Einsatz als Heizungsrohr* zugelassen. Es darf nicht in der Trinkwasser-, Gas- und Flüssiggasinstallation eingesetzt werden. Es handelt sich um ein dünnwandigeres Rohr aus sauerstofffreiem Kupfer oder einer Kupfer-Knetlegierung mit Kunststoffstegmantel. Die Hersteller liefern z. B. die Abmessung 15 × 0,8 mm in 25-m- und 50-m-Ringen für den Einsatz in Fußbodenheizungen.

Der Kunststoffstegmantel hat die Aufgabe, mechanischen Beschädigungen vorzubeugen und vor chemischen Einflüssen von außen durch Bauwerkstoffe und deren Zusätze schützen. Zudem erlaubt er die Längsbewegung des Rohres infolge Wärmedehnung, die insbesondere in den Bögen aufgefangen wird (Abb. 1).

Der Stegmantel entspricht nicht den Anforderungen einer Wärmedämmschicht gemäß GEG.

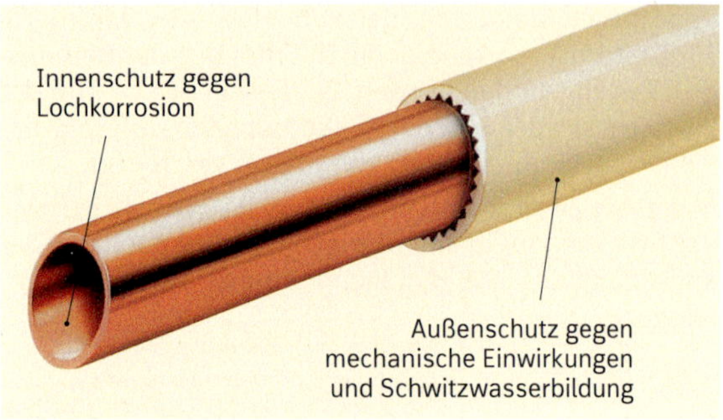

Abb. 1: Kupferrohr mit Stegmantel

Abb. 2: Kupferrohre mit werksseitig angebrachter Wärmedämmung

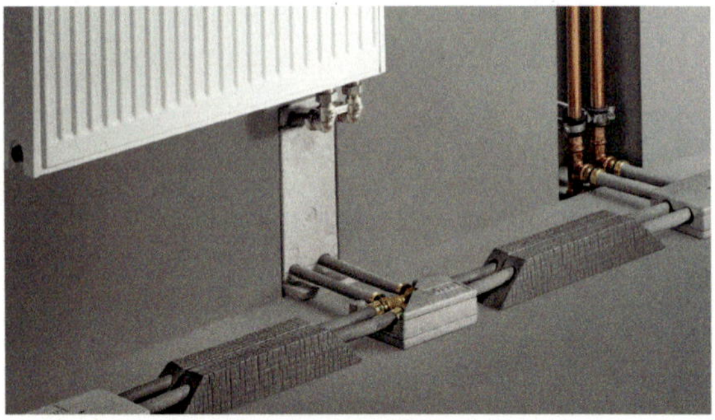
Abb. 3: Kunststoffrohre in Heizungssystemen

Kunststoffrohre

Für Flächenheizungen werden meist Rohre aus Kunststoff (Abb. 3) verwendet. Diese sind leicht zu verlegen, korrosionsbeständig und durch ihre glatten Innenflächen reibungsarm. Nachteile im Heizungsbereich sind die geringe Temperaturbeständigkeit, die große Längenänderung bei Temperaturänderungen und die Durchlässigkeit für Sauerstoff.

Die gängigsten Rohrwerkstoffe sind:

- Polypropylen (PP, DIN EN ISO 15874)
- Vernetztes Polyethylen (PE-X, DIN EN ISO 15875)
- Polybuten (PB, DIN EN ISO 15876)
- Polyethylen mit erhöhter Temperaturbeständigkeit (PE-RT, ISO 22391)

Zugelassen sind diese Rohrwerkstoffe für Fußboden- und NT-Heizung bis 60 °C (Anwendungsklasse 4), einige PE-X- und PB-Rohre sind auch für Betriebstemperaturen bis 80 °C (Anwendungsklasse 5) geeignet (→ TB). Verbindungstechniken sind Press- und Klemmverbindungen für PE-X und PE-RT sowie Heizelement-Muffenschweißen und Heizwendelschweißen für PP und PB.

Mehrschicht-Verbundrohre

Die Kombination eines Kunststoffrohrs mit einer Metallschicht verbessert vor allem die Sauerstoffdichtigkeit und die Formstabilität. Der Rohraufbau ist meist 3-schichtig (Kunststoffrohr – Klebeschicht – Sperrschicht aus Aluminium) oder 5-schichtig mit einem zusätzlichen äußeren Kunststoffrohr (Abb. 4). Verbundrohre sind diffusionsdicht, können von Hand gebogen werden und sind leicht zu verlegen.

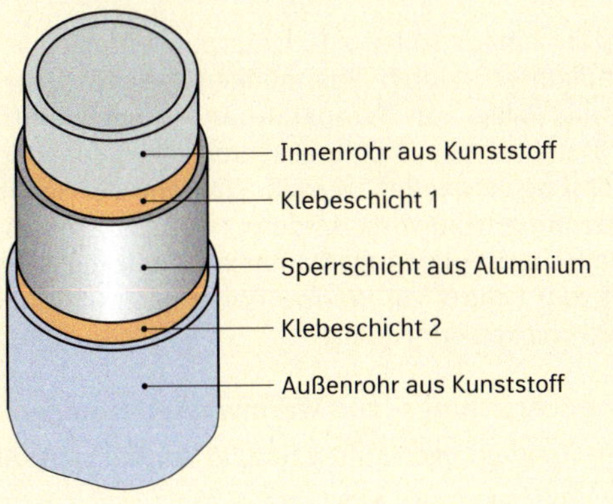

Abb. 4: Mehrschicht-Verbundrohr mit fünf Schichten

7.7.2 Ausdehnung von Stoffen bei Temperaturänderung

Die Ausdehnung der Stoffe ist Ausdruck der Bewegungsenergie ihrer Teilchen. Die Ausdehnung ist bei festen Stoffen, Flüssigkeiten und Gasen unterschiedlich.

Ausdehnung fester Stoffe

Fast alle festen Stoffe dehnen sich bei Erwärmung aus und ziehen sich bei Abkühlung wieder zusammen. Dem Wechselspiel von Ausdehnung und Schrumpfung bei Temperaturänderung muss in der Installationstechnik große Beachtung zukommen, z. B. bei warmgehenden Rohrleitungen oder, Dachrinnen. Die überwiegend gleichmäßig ablaufende Ausdehnung erfolgt nach allen Seiten, d. h. ein Rohr wird z. B. bei Erwärmung länger und dicker. Technisch am bedeutsamsten ist die Längenzunahme bzw. -abnahme bei Temperaturänderung.

Längenausdehnung

Die Längenveränderung in einer Richtung, die *lineare Ausdehnung*, ist eine Stoffeigenschaft, die über einen weiten Temperaturbereich der Stoffe konstant bleibt.

Diese Stoffkonstante wurde in Versuchen ermittelt und als *Längenausdehnungskoeffizient* definiert.

! Der *Längenausdehnungskoeffizient* α gibt an, welche Längenänderung bei einem Körper aus einem bestimmten Stoff pro 1 K Temperaturänderung eintritt (→ TB).

Eine anschaulichere Größe der Längenausdehnungszahl α entsteht, wenn die Längenveränderung eines 1 m langen Körpers in mm angegeben wird. Dann erhält der Längenausdehnungskoeffizient α die Dimension mm/(m · K).

Um die lineare Ausdehnung Δl eines beliebig langen Körpers l_0 bei einer bestimmten Temperaturdifferenz $\Delta\vartheta$ zu ermitteln, gilt die Formel:

$$\Delta l = l_0 \cdot \alpha \cdot \Delta\vartheta \quad \text{in m bzw. mm}$$

Die Längenausdehnung fester Stoffe kann nützlich sein, z. B. bei einem Bimetall als Schalt- oder Messelement. Häufiger wirkt sie sich ungünstig aus bzw. kann bei fehlender Beachtung Schäden hervorrufen.

Berechnungen zur Längenänderung

Beispiel 1

Eine Rohrleitung aus unlegiertem Stahl erwärmt sich im Betriebszustand von 15 °C auf 75 °C. Berechnen Sie die Längenänderung eines 8 m langen Rohrstücks, welches sich ausgehend vom Festpunkt (FB) in Richtung der Gleitpunkte (GB) ausdehnt.

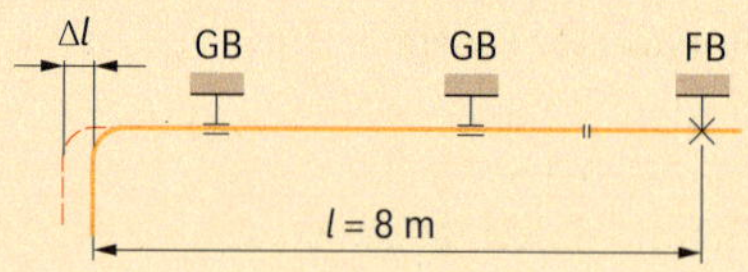

Geg.: $l_0 = 8\,\text{m}$ Ges.: Δl
$\vartheta_1 = 15\,°\text{C}$, $\vartheta_2 = 75\,°\text{C}$
$\alpha = 0{,}011\,\text{mm/(m} \cdot \text{K)}$ (→ TB)

Lös.: $\Delta l = l_0 \cdot \alpha \cdot \Delta\vartheta$ $\Delta\vartheta = \vartheta_2 - \vartheta_1$
$\Delta\vartheta = 75\,°\text{C} - 15\,°\text{C} = 60\,\text{K}$
$\Delta l = 8\,\text{m} \cdot 0{,}011\,\text{mm/(m} \cdot \text{K)} \cdot 60\,\text{K}$
$\mathbf{\Delta l = 5{,}3\,mm}$

Beispiel 2

Der Kompensator zwischen 2 Festpunkten in einer Kupferleitung kann eine Längenänderung von 22 mm aufnehmen. Bestimmen Sie den maximalen Abstand der Festpunkte zueinander. Das Heizmedium erwärmt die Rohrleitung von 15 °C auf 65 °C.

Geg.: $\Delta l = 22\,\text{mm}$ Ges.: l_0
$\vartheta_1 = 15\,°\text{C}$, $\vartheta_2 = 65\,°\text{C}$
$\alpha = 0{,}0165\,\text{mm/(m} \cdot \text{K)}$ (→ TB)

Lös.: $\Delta l = l_0 \cdot \alpha \cdot \Delta\vartheta$ $\Delta\vartheta = \vartheta_2 - \vartheta_1$
$\Delta\vartheta = 65\,°\text{C} - 15\,°\text{C} = 50\,\text{K}$
$l_0 = \Delta l/(\alpha \cdot \Delta\vartheta)$
$l_0 = 22\,\text{mm}/(0{,}0165\,\text{mm/(m} \cdot \text{K)} \cdot 50\,\text{K})$
$\mathbf{l_0 = 26{,}6\,m}$

Aufgaben

1. Die 12 m lange Steigleitung einer Heizungsanlage wird bei einer Temperatur von 10 °C montiert. Als Rohrleitungswerkstoff dient Verbundrohr (PE-AL-PE). Berechnen Sie die Längenänderung, wenn die Rohrleitung im Probebetrieb auf 75 °C erwärmt wird.
2. Ein gerader Rohrleitungsabschnitt einer Fußbodenheizung aus Polyethylen (PE) hat eine Länge von 14,5 m. Die Fußbodenheizung unterliegt im Bereich zwischen Anlagenstillstand und maximaler Heizleistung einer Temperaturdifferenz von 35 K. Berechnen Sie die Längenänderung des Teilstücks.
3. Eine 35 m lange Verteilleitung der Heizungsanlage eines Mehrfamilienhauses aus nichtrostendem Stahl hat im Ruhezustand eine Temperatur von 15 °C. Die Betriebstemperatur beträgt 70 °C. Die auftretende Längenveränderung soll durch den Einbau von Kompensatoren ausgeglichen werden. Berechnen Sie die erforderliche Anzahl, wenn ein Kompensator eine Längenänderung von 12 mm aufnehmen kann.
4. Der Biegeschenkel einer Kunststoffleitung aus Polypropylen (PP) kann eine Längenänderung von 40 mm aufnehmen. Die Leitung erfährt eine Temperaturerhöhung von 5 °C auf 60 °C. Ermitteln Sie die maximale Rohrleitungslänge, für welche der Biegeschenkel als Dehnungsausgleicher wirkt.
5. Ein Kompensator in einer 16 m langen Kupferleitung kann eine Längenänderung von 18 mm aufnehmen. Bestimmen Sie, bis zu welcher Temperatur die Leitung erwärmt werden kann, ohne dass der Kompensator überlastet wird. Im Stillstand beträgt die Anlagentemperatur 10 °C.
6. Ein Rohrleitungsstück hat eine Ausgangslänge von 1,5 m und eine Temperatur von 20 °C. Auf einem Versuchsstand wird es mittels Warmwasser auf 50 °C erwärmt. Es wird eine Längenausdehnung von 1,08 mm gemessen. Berechnen Sie die Längenausdehnungszahl. Aus welchem Werkstoff könnte das Rohr bestehen?

7.7.3 Wärmedämmung von Heizungsleitungen

Nach den anerkannten Regeln der Technik, der

- Verdingungsordnung für Bauleistungen (VOB), Teil B und C,
- dem Gebäudeenergiegesetz (GEG) und
- der DIN 4109, Körperschalldämmung,

wird die *Dämmung* von Rohrleitungen aus unterschiedlichen Gründen gefordert:

- Schutz vor Wärmeverlust
- Schallschutz
- Schutz vor Tauwasserbildung
- Schutz vor Außenkorrosion

Darüber hinaus sollen z. B. Unterputzleitungen vor Beschädigungen durch Spannungen geschützt werden, die als Folge von Temperaturänderungen auftreten. Auch Dehnungs- und Knackgeräusche können durch Dämmung vermieden werden. Während der Schutz vor Erwärmung, Tauwasserbildung, Außenkorrosion und Schallschutz nur geringe Dämmschichtdicken erfordert, sind zum Schutz vor Wärmeverlust nach GEG stärkere Schichtdicken erforderlich.

Wärmeverteilungs- und Warmwasserleitungen

Diese Rohrleitungen sind wie folgt zu dämmen (Abb. 1 und 2):

Die Mindestdämmung nach dem GEG gilt nicht für warmwasserführende Leitungen, die sich in beheizten Räumen oder in Bauteilen zwischen beheizten Räumen eines Nutzers befinden und deren Wärmeabgabe durch freiliegende Absperrvorrichtungen beeinflusst werden kann.

! Das GEG schreibt nur dann eine Mindestdämmung vor, wenn *Wärmeverluste* auftreten können. Allerdings sind Kaltwasserleitungen vor äußerer Wärmeeinwirkung zu schützen (DIN EN 806-2 und DIN 1988-200).

Wirtschaftliche Dämmschichtdicke

Für die Auswahl der geeigneten Dämmschichtdicke sind *betriebliche* (z. B. die Höhe der Warmwassertemperatur) und *wirtschaftliche* (z. B. die Kostenbetrachtung) Bedingungen maßgebend.

Steigende Energiepreise und die Kosten für eine Wärmedämmung zwingen zu wirtschaftlichen Überlegungen. Nur bis zu einer bestimmten Dämmschichtdicke nehmen Wärmeverluste spürbar ab. Dieser Zusammenhang wird in der VDI 2055 dargestellt.

! Als *wirtschaftliche Dämmschichtdicke* wird die Dämmschichtdicke bezeichnet, bei der die Summe der Kosten für die Dämmung und die Kosten für den Wärmeverlust am geringsten sind. Die Mindestdämmschichtdicken nach dem GEG liegen im Bereich der Anforderungen an wirtschaftliche Dämmschichtdicken.

Dämmstoffe für Rohrleitungen

Folgende Dämmstoffe werden heute überwiegend verwendet:

- Kunststoffschäume
- Glas-, Stein- und Schlackenwolle

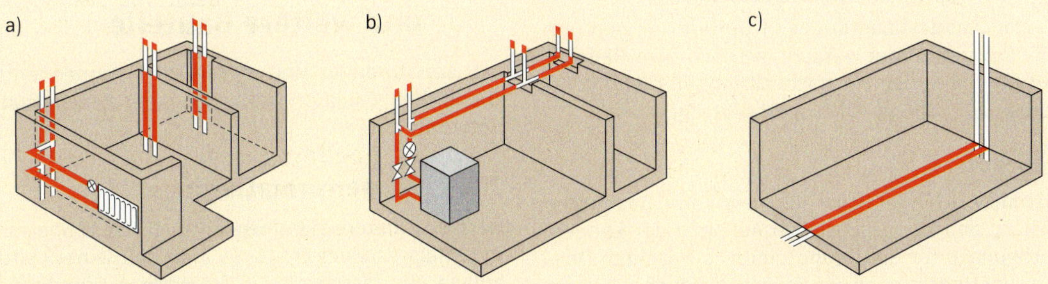

Dämmschichtdicke 100 %

a) • Verteilleitungen frei verlegt in unbeheizten Räumen
b) • Leitungen frei verlegt in beheizten Räumen
• Leitungen in Bauteilen zwischen unbeheizten Räumen
• Leitungen in Außenwänden
• Leitungen frei verlegt in unbeheizten Räumen eines Nutzers
c) • Leitungen im Fußboden über nicht beheizten Räumen oder Erdreich

Abb. 1: Mindestdämmschichtdicken 100 % für Heizungsleitungen nach GEG

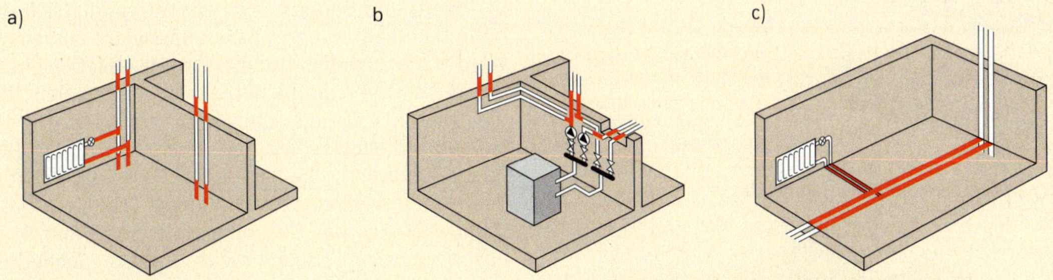

Dämmschichtdicke 50 %

a) Leitungen und Armaturen
- in Wand- und Deckendurchführungen
- im Kreuzungsbereich von Rohrleitungen
- an Rohrleitungsverbindungsstellen
- bei zentralen Rohrnetzverteilern

b) • Leitungen und Armaturen in Bauteilen zwischen beheizten Räumen verschiedener Nutzer
c) • Leitungen im Fußboden zwischen beheizten Räumen eines oder verschiedener Nutzer

Abb. 2: Mindestdämmschichtdicken 50 % für Heizungsleitungen nach GEG

Kunststoffschäume

Diese werden aus Polyethylen (PE), Polystyrol (PS), Polyurethan (PU) und Polyvinylchlorid (PVC) in Schalen, Formteilen oder Schläuchen hergestellt (Abb. 1).

Mineralwolle

Hierzu zählen: Steinwolle, Glaswolle und deren Mischformen. Diese Stoffe werden zu verschieden dicken Matten verarbeitet. Steinwolle gibt es auch mit Drahtversteppung (Abb. 2). Auch Rohrschalen werden aus diesen Materialien hergestellt. Die Befestigung erfolgt nach DIN 4140. Danach sind Rohrschalen mit geglühtem und verzinktem Bindedraht von mindestens 0,65 mm Durchmesser (Abstand: maximal 200 mm) oder mit Spannbändern zu befestigen. Ist die Mineralwolle mit Aluminium kaschiert, so ist die Folie an Fugen und Stößen dampfdicht zu verkleben, damit sie als Dampfbremse wirkt. In diesem Fall reicht zur Befestigung auch Aluminium-Klebeband mit einer Breite von 50 mm aus, das im Abstand von 600 mm angebracht wird.

Nach den Landesbauordnungen dürfen nur *geprüfte Materialien* verwendet werden, die nach dem GEG mit einem für den Abnehmer nachvollziehbaren und kontrollierbaren Prüfbescheid ausgestattet sind.

Brandschutz

Da Dämmstoffe in der Regel aus brennbaren Baustoffen bestehen, sind die gesetzlichen Auflagen der Landesbauordnungen für den Brandschutz zu beachten (Verhütung der Übertragung von Feuer und Rauch in andere Brandabschnitte).

Umweltschutz

Dämmstoffe belasten durch Herstellung und Verarbeitung die Umwelt unterschiedlich. Auch im eingebauten Zustand und im Falle eines Brandes kann je nach Dämmstoffart ein gesundheitliches Risiko bestehen (Tab. 1).

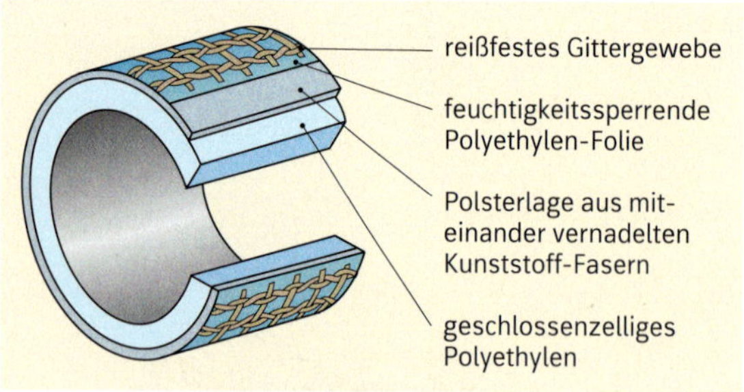

Abb. 1: Dämmschlauch als Verbundstoff

Abb. 2: Steinwolle mit Drahtversteppung

Tab. 1: Umweltbelastung durch Dämmstoffe (Auswahl)

Material	bei der Herstellung	bei der Verarbeitung	im Normalfall	wenn es brennt
Polystyrol	--	○	○	--
Polyurethan-Schaum	--	--	○	--
Mineralfaser	--	-	je nach Konstruktion	+
Kokosfaser	+	+	++	○

Bewertungsskala:
Von ++ (geringe Belastung) über ○ bis -- (große Belastung)

7.8 Armaturen und weitere Bauteile

Die Armaturen in Heizungsanlagen können entsprechend ihrer Funktion in Absperr- und Regelarmaturen unterteilt werden.

7.8.1 Absperrarmaturen

Absperrarmaturen sind Einrichtungen zum Sperren des Durchflusses eines Mediums innerhalb einer Leitungsanlage. Sie lassen sich in folgende 4 Grundbauarten einteilen.

Absperrventile

Absperrventile besitzen aufgrund ihrer Konstruktion eine große Abdichtfähigkeit. Nach der Lage der Ventilspindel unterscheidet man in Geradsitz- und Schrägsitzventile, nach der Gehäuseform in Durchgangs- und Eckventile.

Der Einsatz von Absperrventilen in Heizungsanlagen ist sehr vielseitig. Sie dienen z.B. zum Absperren an Verteilern und Geräten. Weil Absperrventile sich durch hohe Dichtheit und große Zuverlässigkeit auszeichnen, wurden sie auch für spezielle Einsatzgebiete weiterentwickelt, z.B. für die Sicherheitstechnik. Hierzu zählen die Sicherheitsventile, die zur Druckbegrenzung eines Mediums dienen, sowie die *Rückschlagventile* (Rückflussverhinderer). Sie verhindern ein Zurückströmen des Mediums durch selbstständiges Schließen des Abschlusskörpers bei Strömungsstillstand (Abb. 3). Der Absperrvorgang erfolgt meist mittels Schließfelder oder durch den Strömungsrückdruck des Mediums. Der Durchfluss in der gewünschten Strömungsrichtung wird freigegeben, wenn der Druck des Mediums ausreicht, um den Abschlusskörper zu öffnen.

Absperrschieber

Beim Absperrschieber bewegt sich der Abschlusskörper senkrecht zur Strömungsrichtung des Mediums

(Abb. 4). Der Einbau von Schiebern erfolgt vorwiegend dort, wo Anlagenteile nur gelegentlich abgesperrt werden und die Dichtheit der Schieber den Anforderungen genügt. Vor allem bei großen Nennweiten erweisen sich ihre kleinere Baulänge und der geringere Druckverlust gegenüber den Ventilen als vorteilhaft.

Absperrhähne

Absperrhähne haben einen einfachen Aufbau. Im geöffneten Zustand durchströmt das Medium den Abschlusskörper, wodurch sie einen geringen Druckverlust aufweisen. Durch eine Drehung um 90° ist die Durchgangsöffnung schnell verschließbar. In der Heizungstechnik verwendet man überwiegend Kugelhähne (vgl. S. 222).

Absperrklappen

Absperrklappen besitzen einen drehbaren, kreisförmigen Abschlusskörper, der im geöffneten Zustand vom Medium umströmt wird (Abb. 5). Über einen kurzen Stellweg ist bei Bedarf ein schnelles Schließen möglich. Zur Verbesserung der Dichtheit verfügen Absperrklappen meist über elastische Dichtungen. Sie bewirken ebenfalls einen geringen Druckverlust, haben eine kurze Baulänge und ein sehr geringes Gewicht.

Eine besondere Ausführung dieser Absperrarmatur ist die Rückschlagklappe (Abb. 6). Sie hat die gleiche Aufgabe wie das Rückschlagventil.

7.8.2 Regelarmaturen

Regelarmaturen bzw. Drosselarmaturen sind Einrichtungen einer Rohrleitungsanlage zum Beeinflussen der Durchflussmenge eines Mediums durch Veränderung des Durchflussquerschnitts. Während bei Absperrarmaturen aufgrund ihrer Aufgaben lediglich die Stellungen „offen“ und „geschlossen“ von Bedeutung sind, müssen bei Regel- bzw. Drosselarmaturen den Zwischenstellungen der Abschlusskörper definierte Durchflussmengen entsprechen. Von diesen hängt letztlich ab, welche Regelgenauigkeit erreicht wird. Die Regelgröße kann je nach Aufgabe der Druck, die Temperatur oder der Volumenstrom selbst sein (Tab. 1).

Als Regelarmaturen eignen sich besonders Ventile. Ihre Konstruktion ermöglicht es, der jeweiligen Stellung der Ventilspindel (Ventilhub) einen bestimmten freien Durchflussquerschnitt exakt zuzuordnen. Darüber hinaus entwickeln Ventile bei Drosselung nur geringe Geräusche und schließen bei Bedarf dicht.

Die Abhängigkeit von Ventilhub und Durchflussquerschnitt bzw. der Durchflussmenge ist bei den einzelnen Ventiltypen unterschiedlich. Darüber Auskunft geben die Ventilkennlinien der Hersteller. In diesem Zusammenhang sind auch die Ventilkennwerte k_V-Wert und k_{VS}-Wert zu sehen.

Tab. 1: Regelarmaturen (Auswahl)

Regelgröße	Regelarmatur
Druck	Druckminderer Überströmventil Differenzdruckregler
Volumenstrom	Volumenstromregler Dreiwegestellorgane
Temperatur	Thermostatventil Dreiwegestellorgane Vierwegestellorgane

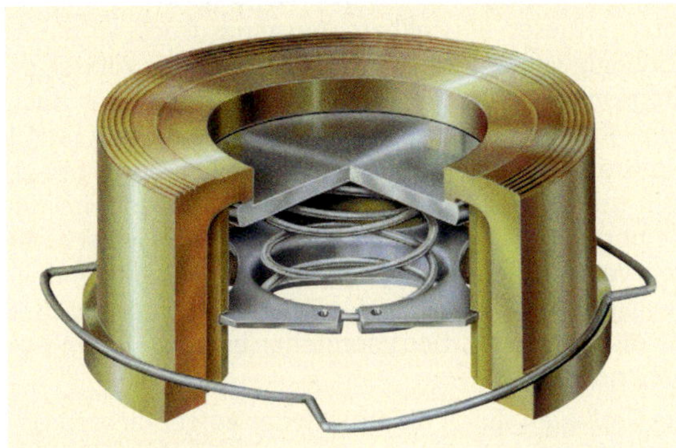

Abb. 3: Rückschlagventil

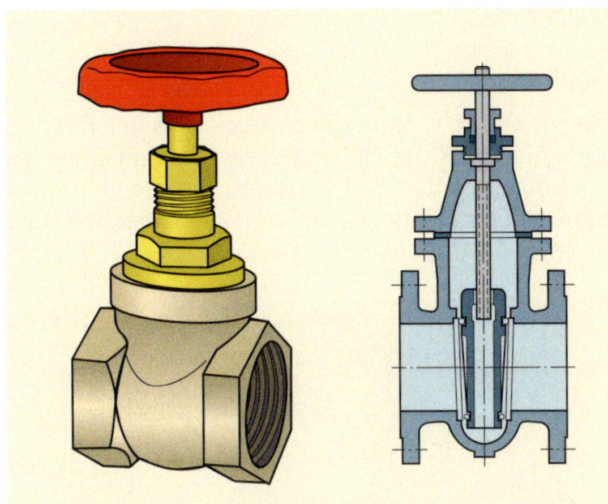

Abb. 4: Absperrschieber

Abb. 5: Absperrklappe

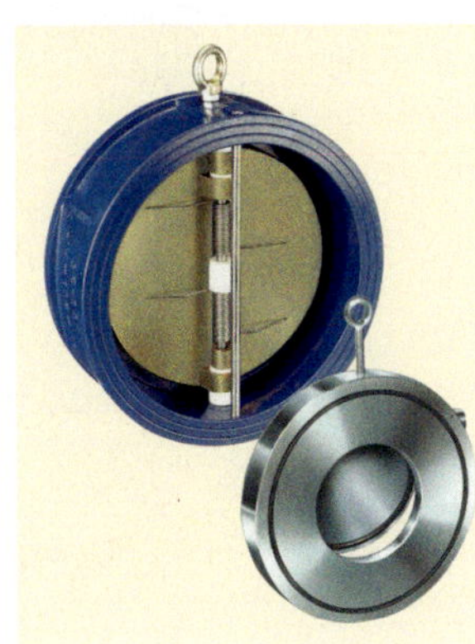

Abb. 6: Rückschlagklappe

! Der k_V-Wert (Ventilkoeffizient) gibt an, wie viele Kubikmeter Wasser pro Stunde bei 1 bar Druckdifferenz je nach Ventileinstellung durch die Armatur strömen.

Der k_{VS}-Wert gibt die Kubikmeter Wasser pro Stunde an, die durch das voll geöffnete Ventil bei 1 bar Druckdifferenz fließen.

Druckminderer

Ein Druckminderer hat die Aufgabe, den Eingangsdruck auf den zulässigen Druck der Ausgangsseite herabzusetzen. Dieser einstellbare Ausgangsdruck wird unabhängig vom Volumenstrom auf Dauer in zulässigen Grenzen gehalten. Der Druckminderer arbeitet nach dem Kräftevergleichsprinzip. Einer Federkraft steht die Kraft eines Membransystems gegenüber (Abb. 1). Fällt der Druck auf der Ausgangsseite ab, so wird die Membrankraft kleiner und die Federkraft verschiebt den Ventilteller im öffnenden Sinne. Bei steigendem Ausgangsdruck wird die Membrankraft wieder größer als die Federkraft. Der Ventilteller bewegt sich in Absperrrichtung.

Die Größe der durch die Druckfeder aufgebrachten Gegenkraft ist ein Maß für den Sollwert. Eine Veränderung des Sollwertes kann bei einstellbaren Reglern durch eine Änderung der Federvorspannung von außen bewirkt werden.

Überströmventile

Überströmventile halten den Druck in einer Rohrleitungsanlage auf der Eingangsseite des Ventils auf einem vorgegebenen Wert konstant. Sie arbeiten nach dem Funktionsprinzip wie die Druckminderer, mit dem Unterschied, dass hierbei der Eingangsdruck auf das Stellglied wirkt.

Anwendung finden diese Ventile auch als Sicherheits-Überströmventile, z. B. in Fernwärmeversorgungssystemen mit direktem Anschluss. Bei Drucküberschreitung strömt durch das geöffnete Sicherheits-Überströmventil Vorlaufwasser über eine Kurzschlussstrecke in den Rücklauf, wodurch eine Druckreduzierung erreicht wird, ohne dass das Heizmedium entweicht.

Differenzdruckregler

Differenzdruckregler halten den gewünschten Druckunterschied zwischen zwei Rohrleitungen eines Heizkreises, z. B. dem Vor- und Rücklauf, konstant. Auch bei diesem Regelventil wird die Bewegung der Ventilspindel durch eine Membrankraft im Zusammenwirken mit der Gegenkraft einer Druckfeder hervorgerufen. Die Membran wird jedoch beidseitig mit den beiden Druckwerten des Differenzdrucks beaufschlagt (Abb. 2). Zur Übertragung der Druckimpulse auf die Ober- und Unterseite der Membran dienen Druckimpulsleitungen.

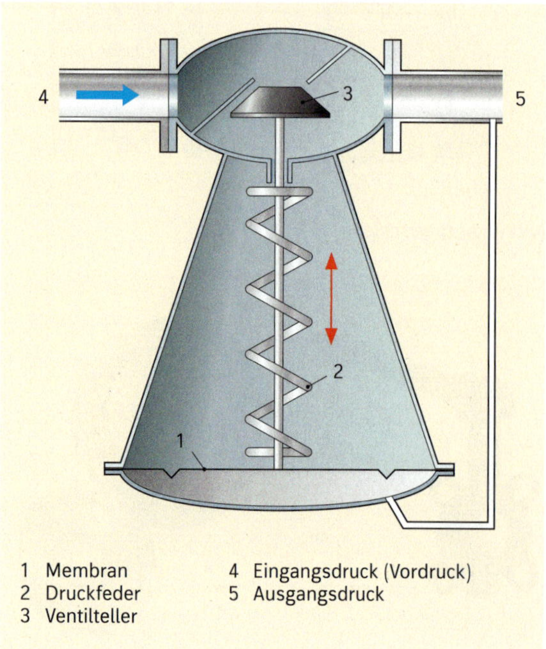

Abb. 1: Aufbau eines Druckminderers

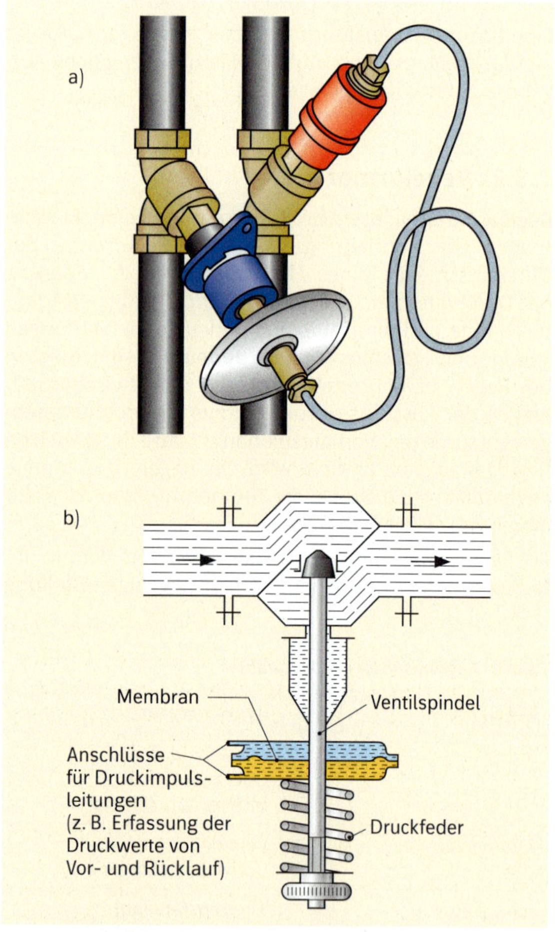

Abb. 2: Differenzdruckregler
a) Einbau, b) Funktionsprinzip

Volumenstromregler (Durchflussregler)

Sie haben die Aufgabe, den Volumenstrom unabhängig von den anstehenden Druckverhältnissen konstant zu halten. Der Aufbau des Volumenstromreglers ist mit dem des Differenzdruckreglers identisch (Abb. 3).

Der Unterschied in der Funktionsweise resultiert aus der anderen Anschlussart der äußeren Impulsleitung. Beim Volumenstromregler wird die Leitung mit einer einstellbaren Blende verbunden, welche sich unmittelbar vor dem Regler befindet. Der Differenzdruck zwischen Blende und Armatur dient zur Regelung des Volumensstromes. Wenn die Wassermenge, welche durch die Blende fließt, ansteigt, erhöht sich ebenfalls der Differenzdruck. Dieser bewirkt eine schließende Bewegung des Ventils. Im umgekehrten Fall führt ein sinkender Differenzdruck zu einer öffnenden Ventilbewegung. Die Durchflussmenge bleibt somit nahezu konstant.

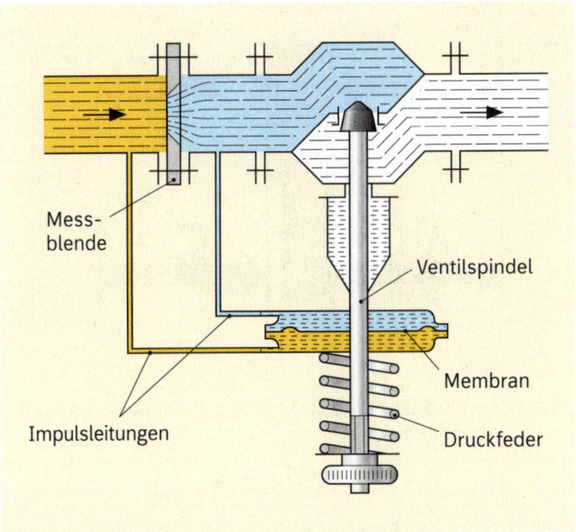

Abb. 3: Funktionsprinzip des Volumenstromreglers

Dreiwegestellorgane

Sie besitzen drei Anschlüsse und werden als Ventile oder Hähne ausgeführt (Abb. 4).

! Je nach Durchströmung arbeiten *Dreiwegestellorgane* als Mischer oder Verteiler (Abb. 5).

Dreiwegeventile bzw. -hähne dienen in Heizungsanlagen zur Regelung der Wärmeleistung von Verbrauchern. Die Beeinflussung der Wärmeleistung erfolgt entweder durch Veränderung der Temperatur des Heizmediums (Vorlauftemperaturregelung) oder durch Veränderung des Massestromes (Mengenregelung).

Zur Veränderung der Vorlauftemperatur wird die Dreiwegearmatur als Mischer in den Heizkreis eingesetzt (Abb. 6). Bei dieser Schaltung strömen das wärmere Vorlaufwasser des Heizkessels und ein Teil des kälteren Rücklaufwassers in den Mischer und werden zu einem gemeinsamen Volumenstrom für die Verbraucher

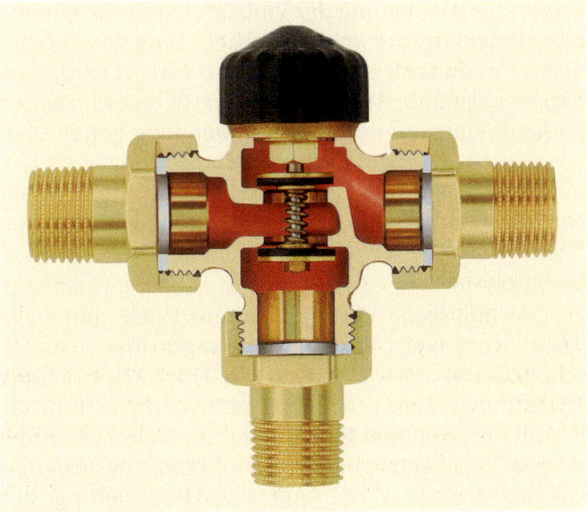
Abb. 4: Dreiwegeventil

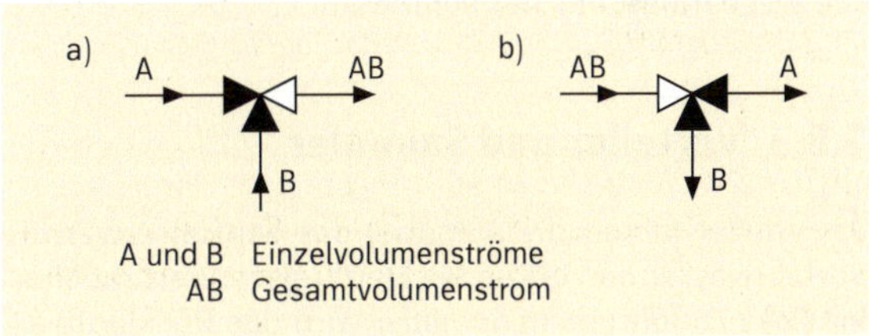

Abb. 5: Arbeitsweise: a) Mischer, b) Verteiler

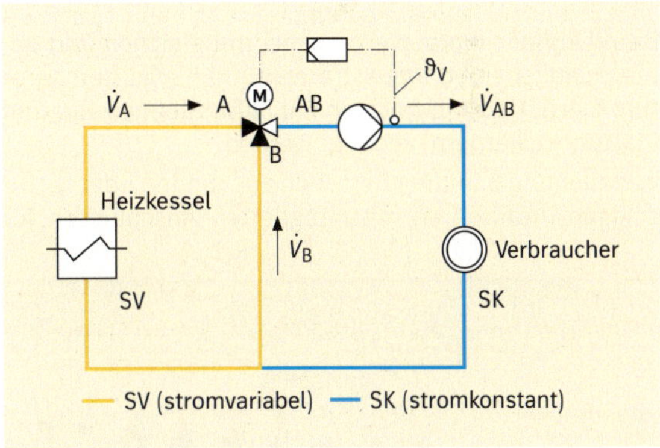

Abb. 6: Vorlauftemperaturregelung (Mischer)

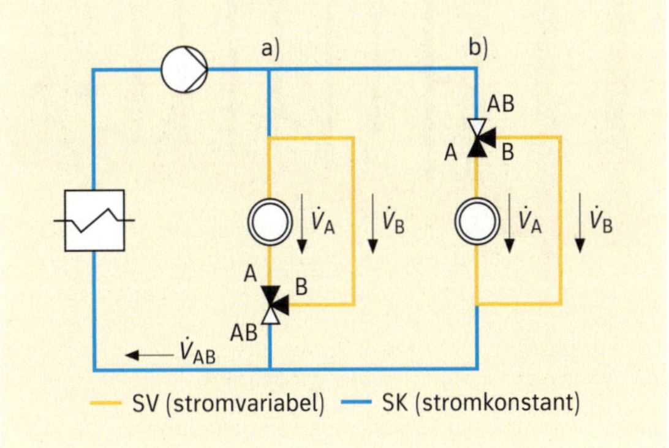

Abb. 7: Mengenregelung als a) Mischer, b) Verteiler

vereint. Eine Änderung der Vorlauftemperatur erreicht man, indem durch eine Stellhubänderung das Verhältnis der Volumenströme $\dot{V}_A$ und $\dot{V}_B$ so variiert wird, dass die resultierende Mischtemperatur der gewünschten Vorlauftemperatur entspricht. Anwendung finden Dreiwegemischer zur Vorlauftemperaturregelung vor allem in Mehrkreisanlagen, bei denen die einzelnen Verbraucherkreise unterschiedliche Vorlauftemperaturen haben, z. B. Fußbodenheizung in Kombination mit Plattenheizkörpern.

Zur Beeinflussung des Massestromes, der durch die Verbraucher fließt, kann die Dreiwegearmatur als Mischer oder Verteiler arbeiten (Abb. 7, S. 327). In beiden Anwendungsfällen wird der Gesamtvolumenstrom $\dot{V}_{AB}$ in Abhängigkeit vom Stellhub auf die Volumenströme $\dot{V}_A$ und $\dot{V}_B$ aufgeteilt. Eine Vergrößerung des Bypassvolumenstromes $\dot{V}_B$ bewirkt eine Reduzierung des Verbrauchervolumenstromes $\dot{V}_A$. Die Temperatur des Verbrauchervolumenstromes wird hierbei durch die Dreiwegearmatur nicht beeinflusst.

7.8.3 Verteiler und Sammler

! *Verteiler* haben die Aufgabe, das zentral erwärmte Vorlaufwasser den einzelnen Heizkreisen (Verbraucherkreise) zuzuführen. Im *Sammler* wird das Rücklaufwasser der Verbraucherkreise zusammengeführt und zur erneuten Erwärmung weitergeleitet.

Damit können Wärmeverbraucher mit gleichen und unterschiedlichen Volumenströmen und Vorlauftemperaturen (z. B. Heizungsanlagen mit Fußbodenheizung und Plattenheizkörpern) versorgt werden.

Verteiler und Sammler bestehen aus runden oder rechteckigen Profilrohren mit integrierten Anschlüssen für die Vor- bzw. Rücklaufleitungen. Zur Platzeinsparung werden sie meist als Kompakteinheit ausgeführt (Abb. 1).

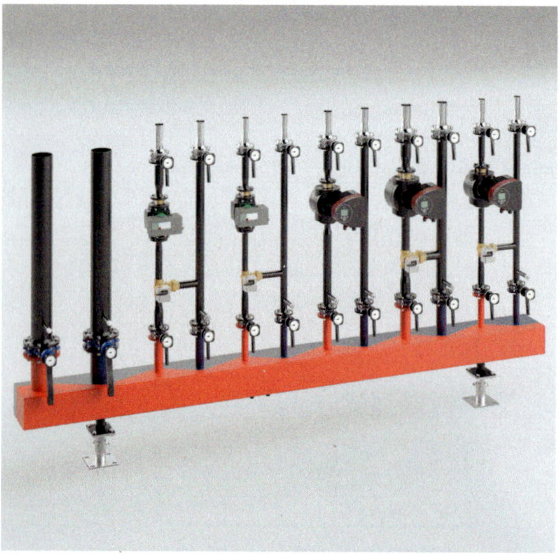

Abb. 1: Verteiler und Sammler als Kompakteinheit

7.8.4 Hydraulische Weiche

Wenn im Wärmeverbraucherkreis andere Volumenströme fließen bzw. erforderlich sind als im Wärmeerzeugerkreis, können hydraulische Weichen eingesetzt werden, um die Heizkreise hydraulisch zu entkoppeln.

Dadurch können die Pumpen mit ihrem jeweiligen Volumenstrom unabhängig voneinander arbeiten (Abb. 2).

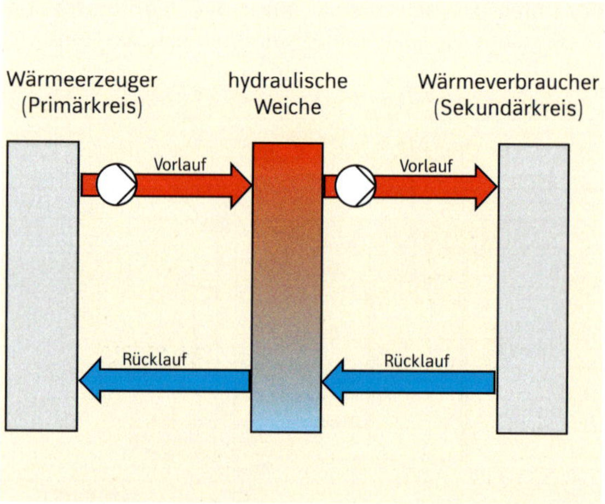

Abb. 2: Hydraulische Weiche zwischen Wärmeerzeuger- und Wärmeverbraucher

Konstruktiv ist die hydraulische Weiche eine wassergefüllte Rohrleitung mit großem Volumen und vier Anschlüssen. Durch die senkrechte Anordnung der Weiche bildet sich eine Temperaturschichtung aus. Aufgrund der Dichteunterschiede sammelt sich oben das wärmere und damit leichtere Vorlaufwasser, unten das kältere Rücklaufwasser.

Je nachdem, welche Volumenströme in den beiden Kreisen benötigt werden, ergeben sich unterschiedliche Betriebszustände:

- Wird im Sekundärkreis mehr Wasser benötigt, als der Primärkreis liefert, wird die Differenz über die Weiche dem Sekundärkreis-Rücklauf entnommen (Abb. 3a).
- Wird im Sekundärkreis weniger Wasser benötigt, als der Primärkreis liefert, wird Wasser aus dem Primärkreis-Vorlauf in Richtung Primärkreis-Rücklauf geschickt (Abb. 3b).
- Sind die Volumenströme in beiden Kreisen gleich groß, hat die Weiche praktisch keine Funktion. Das Wasser strömt direkt vom Primär- in den Sekundärkreis und zurück.

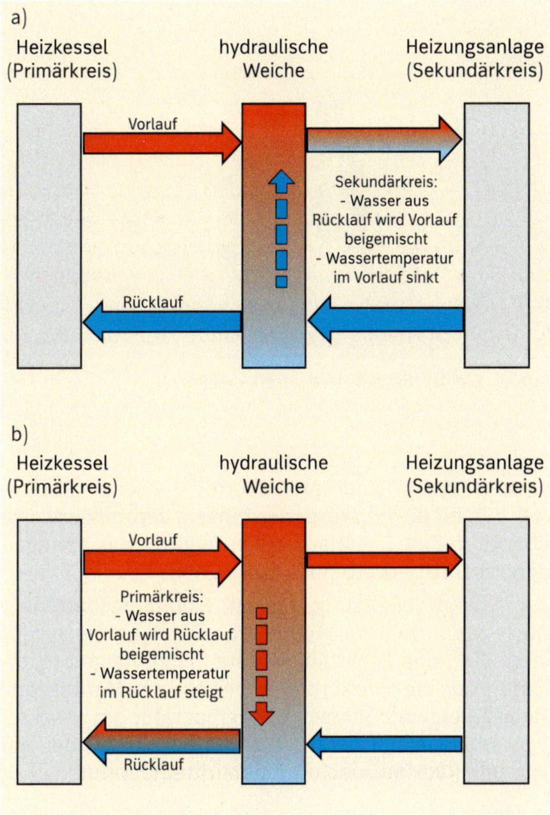

Abb. 3: Funktion der hydraulischen Weiche bei unterschiedlichen Betriebszuständen

Durch die Entkoppelung können beide Kreise unabhängig voneinander arbeiten. Dies ermöglicht eine stabile Regelung der Heizungsanlage. Allerdings wird durch eine hydraulische Weiche die Rücklauftemperatur angehoben. Dadurch verringert sich bei Brennwertgeräten der Wärmegewinn durch die Abgaskondensation.

Ein modulierend arbeitendes Brennwertgerät sollte bei richtig eingestellter Regelung keine hydraulische Weiche benötigen. Wenn sie dennoch notwendig sein sollte, kann deren Aufgabe auch ein Pufferspeicher übernehmen.

Aufgaben

1. Wie werden Absperrarmaturen unterteilt?
2. Worin besteht der wesentliche Unterschied zwischen Absperr- und Regelarmaturen?
3. Welche Aufgaben haben Druckminderer und Überströmventile?
4. Erläutern Sie die Funktion eines Differenzdruckreglers.
5. Worin unterscheidet sich der Aufbau eines Differenzdruckreglers und eines Volumenstromreglers?
6. Beschreiben Sie die drei Betriebszustände von hydraulischen Weichen.

7.9 Erfassung der Wärmemengen

! Nach der *Verordnung über die verbrauchsabhängige Abrechnung der Heiz- und Warmwasserkosten* (HeizkostenV) haben Gebäudeeigentümer/-innen die Pflicht, den anteiligen Verbrauch der Nutzer/-innen an Wärme und Trinkwarmwasser zu erfassen.

Mit dieser Regelung wird auch für Mieterinnen und Mieter ein Anreiz zur Einsparung von Heizenergie geschaffen. Zur Erfassung des anteiligen Wärmeverbrauchs dienen *Wärmezähler* und *Heizkostenverteiler*. Die verwendeten Geräte müssen für das jeweilige Heizungssystem geeignet sein. Sie sind so einzubauen, dass eine exakte Funktion garantiert wird.

Der anteilige Trinkwarmwasserverbrauch wird mittels Warmwasserzähler bestimmt.

Wärmezähler (Wärmemengenzähler)

Wärmezähler bestehen aus einem Volumenstrommessteil, dem Temperaturfühler und dem Rechenwerk (Abb. 4). Sie messen das zu den Wärmeverbrauchern fließende Heizwasservolumen und die Temperaturdifferenz zwischen Vor- und Rücklauf. Im Rechenwerk wird

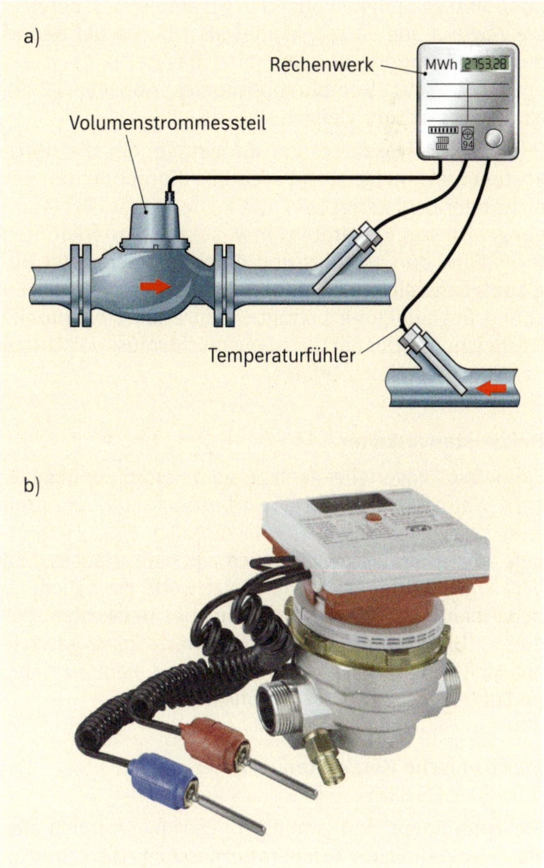

Abb. 4: Wärmezähler
a) Kombinationsgerät, b) Kompaktgerät

aus beiden Messwerten das Produkt gebildet und mit einem konstanten Wert für die Dichte und die spezifische Wärmekapazität multipliziert. Über ein Display wird die so ermittelte verbrauchte Wärmemenge in einer gesetzlichen Einheit, z. B. in MWh, angezeigt.

Wärmezähler verfügen heute größtenteils über elektronisch arbeitende Komponenten. Zur Temperaturmessung dienen überwiegend *elektrische Widerstandsthermometer*. Die Volumenstrommessung erfolgt zunehmend durch *statisch arbeitende Messgeräte*, z. B. Ultraschall- und magnetisch-induktive Durchflussmesser. Diese arbeiten ohne bewegliche Teile im Volumenstrom und sind dadurch zuverlässiger. *Elektronische Rechenwerke* ermöglichen eine sehr genaue Bestimmung der verbrauchten Wärmemenge, da sie in der Lage sind, die Temperaturabhängigkeit der spezifischen Dichte und Wärmekapazität des Heizmediums zu berücksichtigen. Ihre weiteren Vorzüge sind u. a. die Vielzahl der erfassbaren Messdaten, z. B. der Wärmemengenverbrauch an Ablesestichtagen oder Momentanwerte von Temperatur und Durchfluss, sowie die Möglichkeit der Datenweiterleitung, z. B. durch Funkübertragung zum Abrechnungsunternehmen.

Elektronische Wärmezähler sind entweder batterie- oder netzbetrieben. Bei richtiger Dimensionierung und fachgerechtem Einbau haben Wärmezähler eine sehr hohe Messgenauigkeit über den gesamten Messbereich. Die Abweichung ist z. T. kleiner als 1 %. Da bei Bedarf die Einzelkomponenten separat an das Heizungssystem anpassbar sind (Kombinationsgeräte, Abb. 4a, S.329), ist der Einsatz sehr vielseitig.

Bilden die Messdaten die Grundlage für die Heizkostenberechnung, so müssen alle Komponenten geeicht oder beglaubigt sein. Die Eichung bzw. Beglaubigung wird von Eichämtern bzw. staatlich anerkannten Prüfstellen durchgeführt und durch ein Eich- oder Beglaubigungszeichen beurkundet. Die Gültigkeit der Eichung/Beglaubigung beträgt 5 Jahre. Eine eventuelle Nacheichung oder ein Geräteaustausch muss vor Ablauf der Gültigkeitsdauer erfolgen.

Heizkostenverteiler

Ein Heizkostenverteiler kann die vom Heizkörper abgegebene Wärmemenge nicht direkt bestimmen. Er ermittelt lediglich den anteiligen Wärmeverbrauch eines Heizkörpers am Gesamtwärmeverbrauch z. B. eines Hauses. Erst der Vergleich aller ermittelten Einzelwerte ermöglicht eine verbrauchsabhängige Verteilung der Heizkosten. Aus diesem Grund besitzen die Anzeigewerte keine gesetzliche Maßeinheit. Heizkostenverteiler sind nicht eichfähig und unterliegen nicht der Eichpflicht.

Elektronische Heizkostenverteiler

(nach DIN EN 834)

Sie bestimmen den anteiligen Wärmeverbrauch des Heizkörpers mittels Temperaturmessung. Die ermittelten Messwerte werden in einem Mikrochip unter Berücksichtigung einprogrammierter Bewertungsfaktoren, z. B. für die Heizkörperleistung, in Verbrauchswerte überführt. Eine Digitalanzeige ermöglicht das Abfragen der errechneten Verbrauchswerte (Abb. 1).

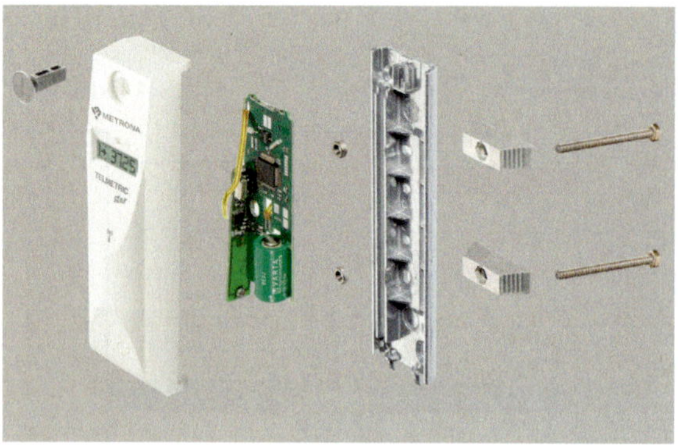

Abb. 1: Elektronischer Heizkostenverteiler

Zur Energieversorgung dienen Mehrjahresbatterien. Nach der Anzahl der Temperaturfühler unterscheidet man Ein- und Mehrfühlergeräte. Einfühlergeräte erfassen nur die Heizkörpertemperatur am Montageort. Mehrfühlergeräte messen die Temperatur am Heizkörper, entweder an der Heizkörperoberfläche oder am Vor- und Rücklauf, und die Raumlufttemperatur.

Aufgaben

1. Erläutern Sie die Arbeitsweise eines Wärmezählers zur Bestimmung der Wärmemenge.
2. Welche grundsätzlichen Unterschiede bestehen zwischen Wärmezähler und Heizkostenverteiler?

▶ Wärmeverbraucher

7.10 Anforderungen an Wärmeverbraucher

Ziel der Wärmeversorgung eines Raumes ist es, die Raumtemperatur an kalten Tagen auf einem gewählten Niveau konstant zu halten. Dies erfordert es, die im Raum auftretenden Wärmeverluste durch eine ständige Wärmezufuhr auszugleichen. Diese Raumheizlast wird in zentralen Heizungsanlagen zumeist mit Heizkörpern oder Flächenheizungen abgedeckt.

Als Flächenheizung bezeichnet man Systeme, bei denen einzelne Raumumschließungsflächen zur Erwärmung genutzt werden (siehe Kap. 7.14).

Eine besondere Bedeutung kommt den Wärmeverbrauchern bei der Beheizung von Wohn- und Arbeitsräumen zu.

Man spricht in diesem Zusammenhang auch von der thermischen Behaglichkeit. Sie ist ein an den menschlichen Bedürfnissen orientierter Erfahrungswert, der unterliegt einer Vielzahl von Einflüssen unterliegt (Abb. 2).

Die *Raumheizung* beeinflusst die thermische Behaglichkeit durch:

- Raumlufttemperatur und Temperaturverteilung im Raum
- Richtung und Geschwindigkeit der Luftbewegung infolge der Konvektion
- Oberflächentemperatur der Raumumschließungsflächen

Durch die Bauart, Baugröße, Betriebstemperatur sowie den Aufstellort der Heizkörper können diese Faktoren gezielt verändert werden.

7.10.1 Wärmeübertragung

! Geht Wärme von einem Stoff höherer Temperatur auf einen Stoff niederer Temperatur über, findet eine *Wärmeübertragung* statt. Dieser Vorgang dauert so lange, bis sich ein Temperaturausgleich eingestellt hat.

Alle Apparate und Rohrsysteme, die zum Zweck der Wärmeübertragung gefertigt sind, heißen deshalb *Wärmeübertrager* bzw. *Wärmetauscher*.

Manchmal ist die Wärmeübertragung jedoch unerwünscht, z. B. wenn nicht gedämmte Warmwasserleitungen „heizen" Kellerräume.

Daraus leitet sich die Notwendigkeit zur Dämmung von Apparaten, Rohren und Häusern ab. Wärmeübertragung kommt in drei Arten vor, die aber in der Praxis meistens gemeinsam auftreten bzw. ineinander übergehen (Abb. 3).

Wärmeleitung

Eine alltägliche Erfahrung aus der Installationstechnik zeigt, dass ein Kupferrohr schneller und leichter zu erwärmen ist als ein Stahlrohr. Diese Art der Weitergabe von Wärme innerhalb eines Stoffes nennt man Wärmeleitung. Sie ist eine Stoffeigenschaft, die in festen Körpern sowie unbewegten Flüssigkeiten und Gasen stattfindet.

Um die Wärmeleitfähigkeit der Stoffe miteinander vergleichen zu können, wird eine Kennzahl λ (sprich: Lambda) definiert (→ TB).

! Die *Wärmeleitfähigkeit* λ gibt die Wärmemenge an, die durch die zwei 1 m auseinanderliegenden Flächen eines 1 m^3 großen Würfels eines Stoffes fließt, wenn auf den beiden Oberflächen eine Temperaturdifferenz von 1 K herrscht. Die Maßeinheit von λ ist W/(m · K).

Gute Wärmeleiter haben einen hohen λ-Wert. Hierzu gehören in abgestufter Form alle Metalle.

Mäßige Wärmeleiter sind Kunststoffe, Baustoffe, Ruß und Kesselstein. Je nach Einsatzfall wird diese Eigenschaft günstig oder ungünstig bewertet.

Schlechte Wärmeleiter sind Gase, Dämmstoffe und poröse Baustoffe wie Gasbeton. Sie werden daher auch Isolier- oder Wärmedämmstoffe genannt und zum Wärme- und Kälteschutz eingesetzt. Wo die Isolierschicht unterbrochen ist, entstehen *Wärmebrücken*.

Abb. 2: Wesentliche Einflussgrößen auf die thermische Behaglichkeit des Menschen

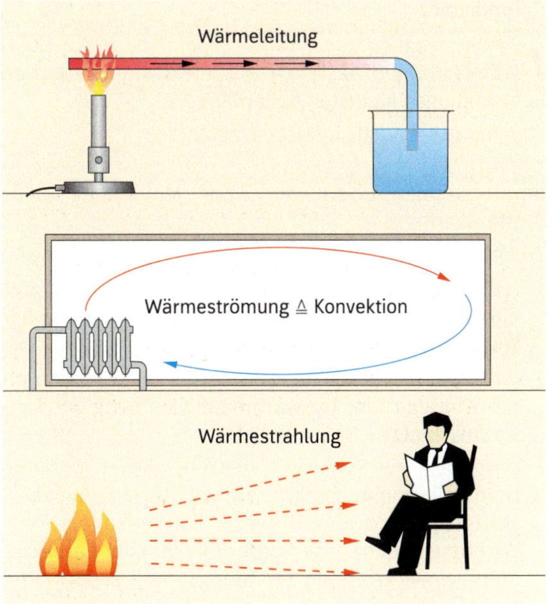

Abb. 3: Arten der Wärmeübertragung

Konvektion

Der Fachbegriff Konvektion bedeutet übersetzt „Mitführung". Dadurch wird deutlich beschrieben, dass diese Form der Wärmeübertragung nur in Flüssigkeiten und Gasen stattfinden kann. An der Wärmequelle erhitzte Stoffteilchen tragen die aufgenommene Wärmemenge durch Fortbewegung zu einem Ort der Wärmeabgabe (Abb. 1).

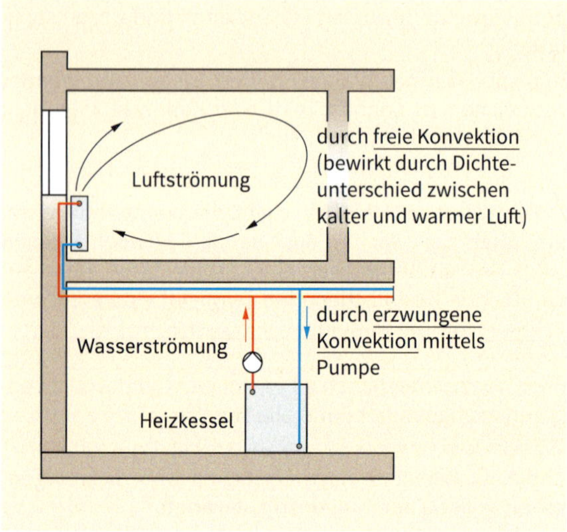

Abb. 1: Konvektion in Flüssigkeiten und Gasen (Beispiel)

Wärmestrahlung

Alltäglich kann man die Erfahrung machen, dass ein erhitzter Heizkörper Wärme abgibt, die meistens als angenehm empfunden wird. Die Wärme, die auf diese Weise einen Körper erwärmt, überbrückt durch Strahlung die Raumdistanz.

! *Wärmestrahlen* bestehen aus elektromagnetischen Schwingungen kleinster Wellenlänge.
Man nennt sie auch „Infrarotstrahlen".

Infrarotstrahlen übertragen ohne Mitwirkung eines Stoffes Wärme.

Treffen Wärmestrahlen auf einen Körper, so können sie:

- *reflektiert* (zurückgeworfen) werden; dies ist z. B. die Aufgabe der spiegelnden Aluminiumfolie auf der Wand hinter einem Heizkörper
- *durchgelassen* werden: z. B. wird beim Glasdach eines Wintergartens die wärmende Strahlung der Sonne ausgenutzt
- *absorbiert* (verschluckt) werden; dieser Vorgang ist installationstechnisch sehr wichtig, z. B. in Feuerstätten, in Gebäudewänden, in Sonnenkollektoren. Wichtig ist auch, dass Körper mit dunkler Farbe zumeist einen größeren Strahlungsanteil absorbieren als helle Körper.

Aufgaben

1. Was versteht man unter thermischer Behaglichkeit, und welche Faktoren beeinflussen sie?
2. Welchen Vorgang nennt man Wärmeübertragung?
3. Wie unterscheiden sich die drei Arten der Wärmeübertragung: Leitung, Konvektion und Strahlung?
4. Nennen Sie Beispiele für gute, mäßige und schlechte Wärmeleiter.
5. Nennen Sie für jede Art der Wärmeübertragung ein praktisches Beispiel.

7.11 Wärmeübertragung an den Raum

In zentralen Heizungsanlagen bilden Heizkörper und Flächenheizungen das Endglied der Energieflusskette Wärmeerzeuger – Rohrleitungssystem – Wärmeverbraucher. Die Wärmeabgabe des Heizkörpers an die Raumluft unterliegt den Gesetzmäßigkeiten der Wärmeübertragung.

7.11.1 Wärmeabgabeverhalten der Heizkörper

Die Abgabe der Wärmemenge ist ein Wärmeübertragungsvorgang von der Oberfläche der Heizkörper an die Raumluft. Dieser erfolgt durch Konvektion und Wärmestrahlung (Abb. 2).

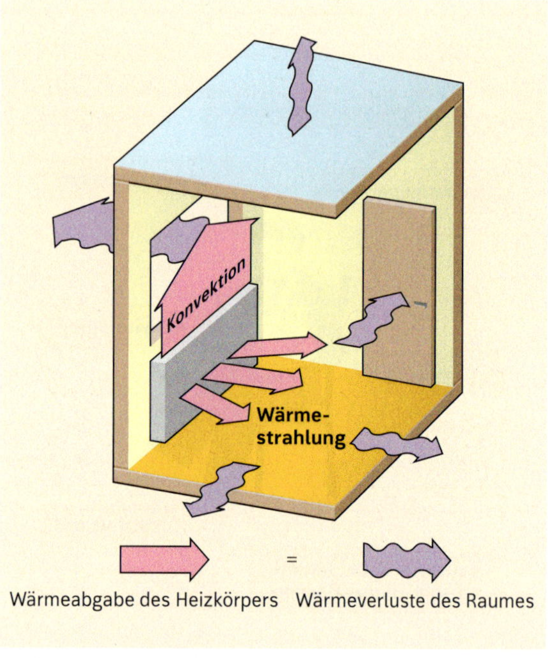

Abb. 2: Wärmeübertragung durch Strahlung und Konvektion zum Ausgleich der Wärmeverluste

Der prozentuale Anteil von Strahlungs- und Konvektionswärme ist bei den einzelnen Heizkörperbauformen sehr unterschiedlich (siehe Abb. 3, S. 339).

Hohe Oberflächentemperaturen und große Heizflächen fördern die Wärmeabgabe durch Strahlung.

Wenn dagegen die dem Raum zugewandte Heizfläche relativ klein zur gesamten Oberfläche des Heizkörpers ist, wächst der Anteil der Konvektionswärme.

Dies hat seine Ursachen darin, dass die verdeckt liegenden Heizkörperflächen ihre Wärme hauptsächlich an die vorbeiströmende Raumluft, also durch Konvektion, abgeben.

7.11.2 Anordnung der Heizkörper im Raum

Der Aufstellort der Heizkörper beeinflusst die Temperaturverteilung im Raum und die Temperatur der Raumumschließungsflächen.

An den kälteren Wand- oder Fensterflächen kühlt sich die Raumluft ab. Ihre Dichte nimmt zu und sie fällt nach unten. Gelangen diese kalten Fallluftströme in den Fußbodenbereich, treten Zugerscheinungen und Fußkälte auf. Durch die richtige Wahl des Heizkörperstandortes kann dies verhindert werden.

So erweist sich eine Installation der Heizkörper an einer Außenwand bzw. unter oder vor Fensterflächen als günstig (Abb. 3). Bei dieser Anordnung wird die abfallende Kaltluft durch die vom Heizkörper erwärmte Raumluft umgelenkt und erwärmt. Die so entstehende Umwälzströmung der Luft führt zu einer weitgehend gleichmäßigen Temperaturverteilung im Raum (Abb. 4b).

Lange Heizkörper, die sich über den gesamten Bereich des Kaltlufteinfalls erstrecken, begünstigen diese Vorgänge.

Ein weiterer Grund für die Anordnung des Heizkörpers vor dem Fenster ist im Zusammenhang mit der Wärmestrahlung zu sehen.

Die Wärmeabstrahlung vom Raum zu den Kaltflächen wird durch eine entgegengerichtete Wärmezustrahlung ausgeglichen (Abb. 5). Dieser Strahlungsausgleich bewirkt annähernd gleiche Temperaturen der Raumumschließungsflächen. Eine gleiche Oberflächentemperatur von Fußboden, Decke und Wänden ermöglicht eine gleichmäßige Wärmeabgabe des Menschen nach allen Seiten des Raumes.

Dagegen bewirkt eine kalte Raumfläche eine einseitig höhere Abstrahlung der Körperwärme, welche als „Zug" empfunden wird. Dieses Gefühl der Unbehaglichkeit kann bereits durch einen Temperaturunterschied ab 5 K zwischen zwei gegenüberliegenden Wandflächen hervorgerufen werden.

Nachteilig wirkt sich das Aufstellen des Raumheizkörpers an der wärmeren Innenwand aus (Abb. 4c). Da hierbei Warm- und Kaltluft die gleiche Zirkulationsrichtung haben, kann die erwärmte Raumluft keinen Einfluss auf die Fallluftströmung nehmen. Zur Minderung der auftretenden Zugerscheinungen muss die Raumtemperatur erhöht werden.

Abb. 3: Umwälzströmung bei einem Heizkörper am Fenster

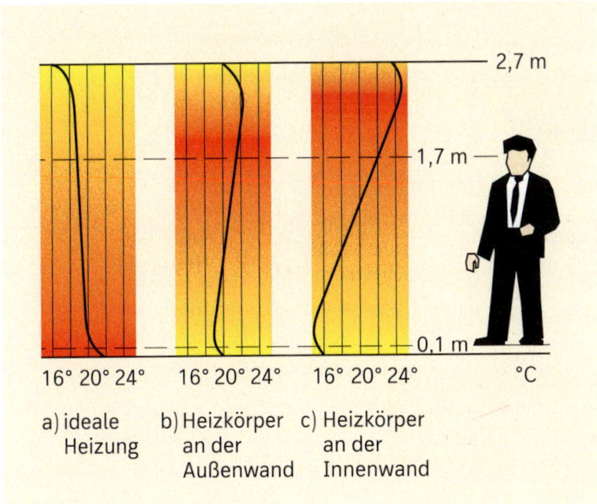

Abb. 4: Temperaturverteilung über die Raumhöhe bei 20 °C Raumtemperatur

Abb. 5: Ausgleich der Strahlungsverluste durch den Heizkörper am Fenster

! Wegen der größeren *thermischen Behaglichkeit* sollten Heizkörper unter Fenstern bzw. an Außenwänden angeordnet werden. Es gilt der Grundsatz: Heizkörperbreite ≈ Fensterbreite.

Neben den Gesichtspunkten der thermischen Behaglichkeit nehmen heute auch ästhetische Aspekte verstärkt Einfluss auf die Heizkörperinstallation. Heizkörper mit modernem Design werden zunehmend als Element der Raumgestaltung eingesetzt. Moderne Bauformen lassen sich bei Bedarf an jede Raumgeometrie anpassen.

7.12 Heizkörper

Die Art der Ausführung von Einzelraumheizkörpern richtet sich vor allem nach dem Druck und der Temperatur des Wärmeträgers, der Nutzung des Aufstellraumes und der Einordnungsmöglichkeit des Heizkörpers im Raum. Raumheizkörper werden vorzugsweise nach der äußeren Form und ihrem Aufbau unterteilt. Eine mögliche Einteilung ist in Abb. 1 dargestellt.

Ein weiteres Unterscheidungsmerkmal ist die Form des Anlieferungszustandes. Die Hersteller liefern

- Fertigheizkörper mit Deckanstrich in verschiedenen Komplettierungsstufen, z. B. mit Ventilgarnituren, oder
- Rohrheizkörper mit Grundbeschichtung ohne Anbauteile.

7.12.1 Gliederheizkörper

Nach DIN EN 442 versteht man darunter Heizkörper, die aus einzelnen, der Form nach gleichartigen Gliedern bestehen. Diese werden vom Heizmedium durchströmt und geben ihre Wärme durch Strahlung und Konvektion ab.

Gliederheizkörper werden häufig auch als Radiatoren bezeichnet.

Die Verbindung der Einzelglieder zu Heizkörperblöcken erfolgt je nach Bauart durch eine Schraubnippel- oder Schweißverbindung. Die lieferbare Blocklänge ist gewichtsabhängig und somit von Modell zu Modell unterschiedlich. Kennzeichnend für Gliederheizkörper ist ihre robuste, unkomplizierte Bauform sowie ihre relativ hohe Wärmeleistung bezogen auf die Baulänge. Bedingt durch ihre Gliedbauweise lässt sich diese Heizkörperbauform gut an die Raumheizlast anpassen.

DIN-Radiatoren

Für die Norm- bzw. Standardradiatoren sind in DIN 4703 Teil 1 die Werkstoffe, Abmessungen und Normwärmeleistungen der Glieder festgelegt (→ TB).

Die Bezeichnung der DIN-Radiatoren erfolgt üblicherweise durch Angabe der Gliederanzahl, der Bauhöhe und der Bautiefe, z. B.:

Stahlradiator 20 – 600 x 160

Benennung ― Stahlradiator; Gliederzahl ― 20; Bauhöhe ― 600; Bautiefe ― 160

Nach der Werkstoffart unterteilt man in Guss- und Stahlradiatoren.

Stahlröhrenradiatoren

Die Bezeichnung Röhrenradiator verweist auf die entsprechende Bauform der Glieder. Im Gegensatz zu den Stahl- und Gussradiatoren werden die Wasserkanäle durch einzelne Präzisionsstahlrohre gebildet (Abb. 2). Die Rohre besitzen in der Regel einen Außendurchmesser von 25 mm und eine Wanddicke von 1,25 mm. Das Zusammenfügen der Rohre und Halbschalen zu Einzelgliedern erfolgt auf Spezialschweißautomaten. Die einzelnen Glieder werden in den Naben zu Blöcken von transportfähigen Lieferlängen verschweißt. Bauseitig lässt sich die Länge der Heizkörper durch Zusammennippeln beliebig vergrößern.

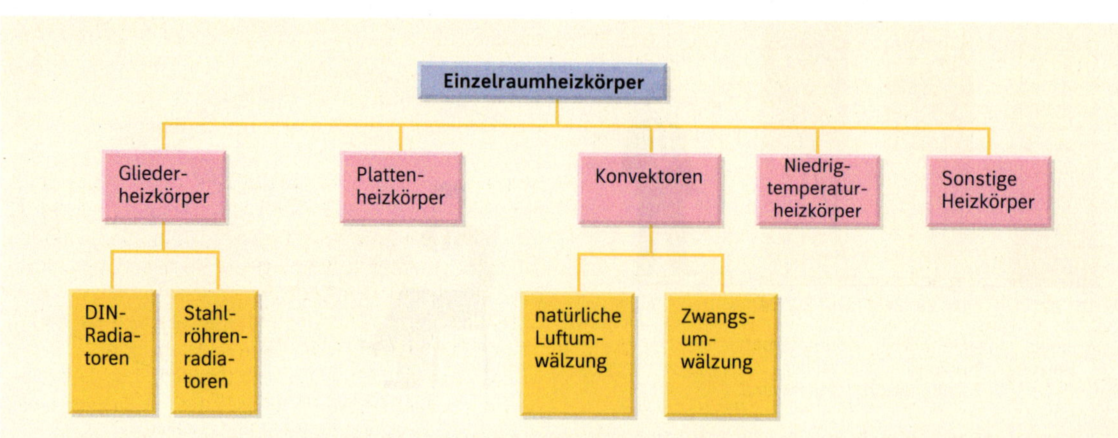

Abb. 1: Einteilung der Einzelraumheizkörper

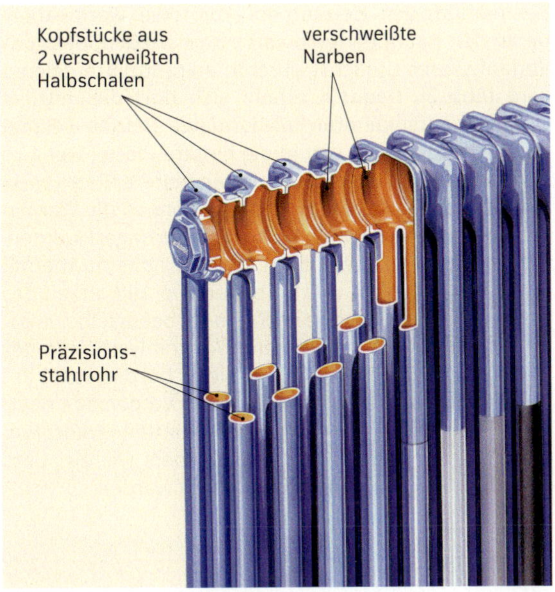

Abb. 2: Stahlröhrenradiator

Abb. 3: Gebogener Stahlröhrenradiator

Stahlröhrenradiatoren in Gliedbauweise sind in 2- bis 6-säuliger Ausführung und in Bauhöhen von unter 200 mm bis 3 000 mm erhältlich. Sie werden auch in abgewinkelter oder gebogener Form geliefert und lassen sich somit als Element der Raumgestaltung nutzen (Abb. 3).

Durch die Vielzahl der Abmessungen ist eine genaue Anpassung des Heizkörpers an die Heizlast und die Platzverhältnisse des Aufstellraumes möglich.

Stahlröhrenradiatoren sind durch ihre kantenlose Form unfallsicher und leicht zu reinigen. Für hohe hygienische Anforderungen, z. B. im Krankenhausbereich, gibt es Sondermodelle mit vergrößertem Gliedabstand, die noch bessere Reinigungs- und Desinfektionsmöglichkeiten bieten.

Eine besondere Variante ist der *Fensterbankradiator* (Abb. 4). Er besteht aus einem liegend angeordneten Röhrenradiator und einer Abdeckplatte, die als Ablage- oder Sitzfläche genutzt werden kann.

Stahlröhrenradiatoren sind die heute am häufigsten verwendeten Gliederheizkörper. Ihre Anwendungsbereiche sind sehr vielseitig, z. B. für Wohn- und Bürogebäude, Schulen und medizinische Einrichtungen. Aufgrund ihrer Druckfestigkeit eignen sich Stahlröhrenradiatoren auch für Fernheizungen mit Drücken über 4 bar.

7.12.2 Plattenheizkörper

Plattenheizkörper besitzen geschlossene, über die gesamte Heizkörperlänge reichende Heizflächen. Diese bewirken eine gleichmäßige Wärmeabgabe mit einem relativ hohen Strahlungsanteil.

Die *Platten* können unterschiedliche Querschnittsformen aufweisen. Die am weitesten verbreitete Bauart zeigt

Abb. 4: Fensterbankstahlröhrenradiator

Abb. 1, S. 336. Die Einzelplatte wird aus 2 Halbschalen aus mindestens 1,25 mm dickem Stahlblech gefertigt. Das Heizwasser strömt durch waagerecht und senkrecht angeordnete Kanäle, die durch die Profilierung der Halbschalen entstehen. Ausführungen, bei denen die Kanäle untereinander verbunden sind, ermöglichen ein vollflächiges Durchströmen der Einzelplatten. Aus optischen Gründen werden Plattenheizkörper auch mit glatter Vorderfront ausgeführt, während die Plattenrückseite wegen der besseren Wärmeabgabe meist profiliert bleibt.

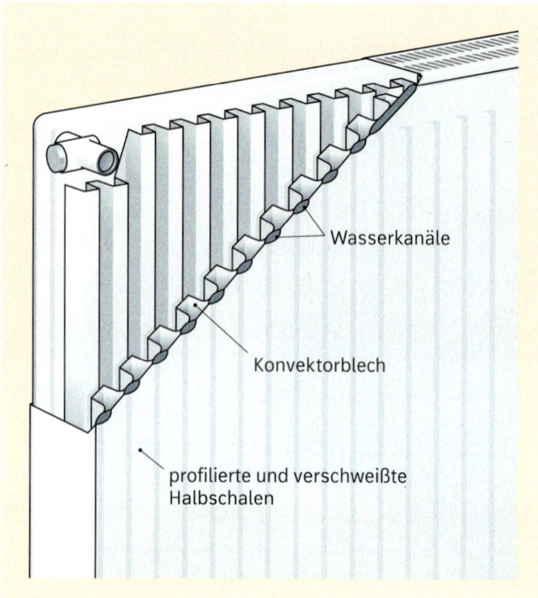

Abb. 1: Plattenheizkörper aus Halbschalen

Nach der Anordnung der *Einzelplatten* wird zwischen ein- und mehrreihigen Plattenheizkörpern unterschieden.

Einreihige Plattenheizkörper besitzen eine geringe Bautiefe von ca. 50 mm und werden deshalb auch als *Flachheizkörper* bezeichnet.

Sie eignen sich gut zur Installation unter breiten Fenstern ohne Nischen und wirken an Wandflächen in schmalen Räumen nicht störend. Allerdings ist ihre auf die Baulänge bezogene Wärmeleistung relativ gering. Die *Wärmeleistung* dieser Heizkörper kann durch eine mehrreihige Anordnung der Platten und durch angeschweißte trapezförmige Konvektorbleche vergrößert werden (Abb. 1). Mehr Konvektorbleche führen zu einem höheren Anteil an Konvektionswärme.

Die Anzahl der Platten und Konvektorbleche wird meist aus der *Bezeichnung der Heizkörper* ersichtlich, wobei die Hersteller unterschiedliche Formen der Angaben verwenden, z. B.:

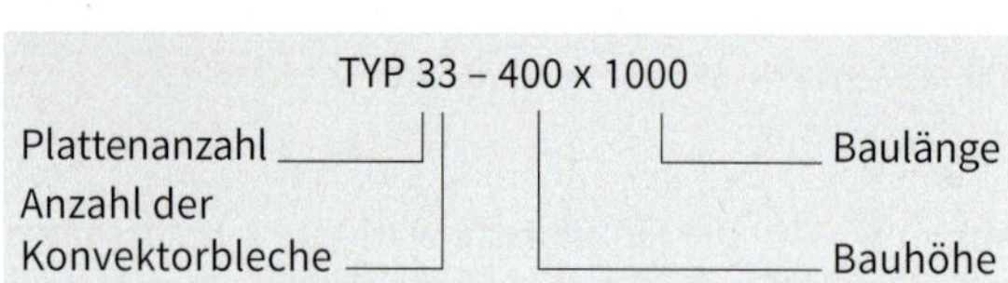

Um dem Plattenheizkörper eine geschlossene Form zu verleihen, erhält er seitliche Bekleidungen und eine obere Abdeckung.

Zur Verringerung des Montageaufwandes werden die Heizkörper oft anschlussfertig geliefert, z. B. mit integrierter Ventilgarnitur und Befestigungsmaterial. Man bezeichnet sie deshalb auch als *Fertig-* oder *Ventilheizkörper*.

Bei mehrlagigen Heizkörpern kann die Wärmeabgabe an den Raum dadurch verbessert werden, dass das Vorlaufwasser zunächst durch die Frontplatte geleitet wird (Abb. 2). Dadurch erhöht sich dort die mittlere Oberflächentemperatur. Im normalen Betrieb gelangt das Heizungswasser erst in die hintere Platte, wenn es sich weitgehend abgekühlt hat. Die hintere Platte wirkt wie ein Strahlungsschirm. Dadurch können die Wärmeverluste an die Wand um bis zu 11 % verringert werden. Die wärmere Frontseite führt zu einer höheren thermischen Behaglichkeit und verringert die Aufheizzeit des Raumes. Dass die Wärme im Raum als behaglicher empfunden wird, liegt am stärkeren Abstrahlverhalten des Heizkörpers zur Raumseite hin. Sie ist bei dieser Art der Durchströmung wegen der wärmeren Vorderseite deutlich höher als bei herkömmlichen Plattenheizkörpern. Bei diesen Heizkörpern ist es besonders wichtig, dass sie richtig eingebaut und durchströmt werden.

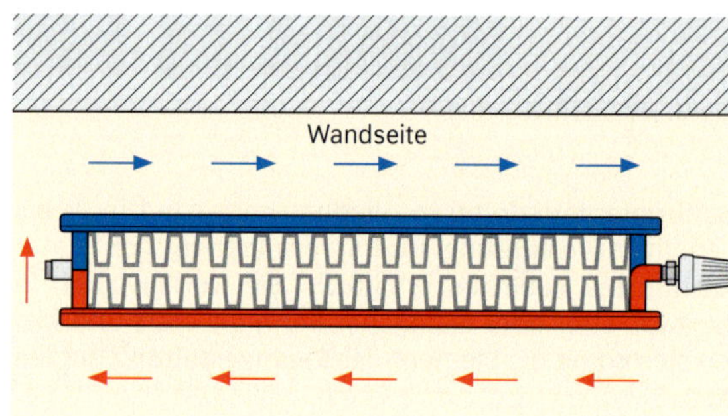

Abb. 2: Plattenheizkörper mit wärmerer Frontplatte

Plattenheizkörper werden heute in großem Umfang im Gebäudeneubau sowie bei der Modernisierung von Heizungsanlagen eingesetzt. Die Gründe liegen u. a. in der ansprechenden äußeren Gestalt, der Vielzahl der Heizkörperabmessungen, dem niedrigen Gewicht, dem geringen Wasserinhalt und der damit verbundenen guten Regelbarkeit sowie ihrer Eignung für Niedertemperaturheizungssysteme.

Aufgaben

1. Was versteht man unter einem Gliederheizkörper?
2. Erläutern Sie die Heizkörperbezeichnungen:
   a) Gussradiator 35 – 580 x 220
   b) Plattenheizkörper TYP 21 – 600 x 1400
3. Welche Vorteile besitzen Stahlröhrenradiatoren gegenüber Gussradiatoren?
4. Auf welche Weise können Einzelglieder zu Heizkörperblöcken verbunden werden?
5. Wie unterscheiden sich ein- und mehrreihige Plattenheizkörper in ihrem Wärmeabgabeverhalten?
6. Wodurch kann bei mehrlagigen Heizkörpern die Wärmeabgabe an den Raum verbessert werden?
7. Was versteht man unter Fertig- oder Ventilheizkörpern?

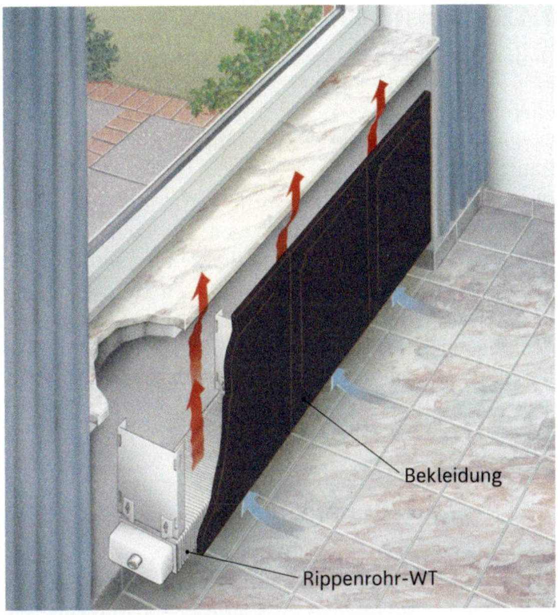

Abb. 3: Aufbau eines Konvektors mit Rippenrohr

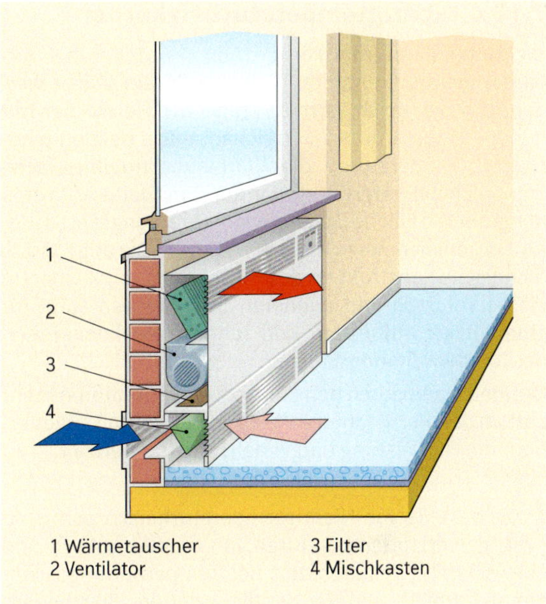

Abb. 4: Aufbau eines Gebläsekonvektors

7.12.3 Konvektoren

Konvektoren sind Heizkörper, die aufgrund ihrer Bauform die Wärme fast ausschließlich durch Konvektion abgeben. Dabei unterscheidet man zwischen natürlicher Luftumwälzung und Zwangsumwälzung (Gebläsekonvektoren).

Konvektoren mit natürlicher Luftumwälzung

Konvektoren in traditioneller Bauweise bestehen aus einem Rippenrohrwärmeübertrager und einer Bekleidung, welche gleichzeitig den Konvektionsschacht bildet (Abb. 3).

Die Wärmeüberträger werden aus Kupferrohr mit Aluminiumlamellen oder ovalem Stahlrohr mit Stahlblechlamellen hergestellt. Die dichte Lamellenanordnung führt zu einer starken Oberflächenvergrößerung des Rohres. Die Wärmeabgabe wird dadurch erheblich gesteigert. Die Abmessungen der Rippenrohrwärmetauscher sind sehr vielfältig.

Der eigentliche Unterschied im *Wärmeabgabeverhalten* dieses Konvektors gegenüber anderen Heizkörperbauarten ist im Zusammenhang mit der Bekleidung zu sehen. Sie bewirkt, dass die kalte Luft von unten in den Konvektor eintritt, sich an den Lamellen des Rippenrohres erwärmt und in Folge der Auftriebsströmung an der oberen Öffnung austritt.

Je nach Einbausituation kann die Bekleidung bauseitig erfolgen, z. B. beim Nischeneinbau, oder herstellerseitig vorhanden sein.

Die *Anordnungsmöglichkeiten* der Konvektoren im Raum sind sehr vielseitig. Neben dem Aufstellen vor der Wand ist unter anderem auch eine Anordnung in Nischen, im Fußboden oder verdeckt hinter Einrichtungsgegenständen möglich.

Die *Vorteile* der Konvektoren liegen in ihren kleinen Abmessungen und im geringen Gewicht. Sie sind gut regelbar und ermöglichen aufgrund des hohen Anteils an Konvektionswärme eine schnelle Raumerwärmung. Als *Nachteile* erweisen sich die stärkere Staubaufwirbelung und der fast fehlende Anteil an Strahlungswärme. Eine besondere Bauform der Konvektoren stellen die Radiavektoren dar. Sie sind eine Art Kombination aus Konvektor und Strahlungsheizkörper (Radiator).

Gebläsekonvektoren

Gebläsekonvektoren übertragen die Wärme durch erzwungene Luftströmung. Sie bestehen aus Wärmetauscher, Ventilator, Filter sowie, Bekleidung und können zusätzlich mit einem Mischluftkasten ausgerüstet sein (Abb. 4).

Durch den Ventilator können große Luftmengen in kurzer Zeit erwärmt werden. Dies führt zu einer Steigerung der Wärmeabgabe und Verkürzung der Aufheizzeit.

Durch den Einbau weiterer Bauelemente, z. B. eines Kühlers oder Befeuchters, lassen sich Gebläsekonvektoren zu Klimageräten erweitern. Neben der Funktion des Heizens können diese Geräte bei Bedarf die Raumluft auch be- oder entfeuchten und kühlen.

7.12.4 Niedrigtemperaturheizkörper

Niedrigtemperaturheizkörper (Abb. 1) können bei Vorlauftemperaturen von 40 °C bis 45 °C eingesetzt werden. Um die gleich Wärmeabgabe wie Heizkörper mit hohen Temperaturen zu erreichen, muss bei den niedrigeren Temperaturen die Wärmeübertragungsfläche entsprechend vergrößert werden. Ein weiterer Vorteil der größeren Fläche ist der höhere Strahlungsanteil, der für ein angenehmeres Raumklima sorgt. Die angepasste technische Konstruktion des Heizkörpers mit kleinerem Wasservolumen und dünneren Stahlblechen sorgt für eine kürzere Aufheizzeit und schnelle Reaktionszeiten bei Temperaturänderungen.

Optional kann durch den Einsatz von Ventilatoren mehr Luft an den Heizflächen vorbeiströmen (Abb. 1). Dies erhöht die Heizleistung und verkürzt die Aufheizzeit.

! Die Vorteile von Niedrigtemperaturheizkörpern sind niedrige Vorlauftemperaturen von ca. 40 bis 45 °C und eine schnelle Reaktionszeit bei Temperaturanpassungen. Nachteilig sind der deutlich größere Platzbedarf, der höhere Preis und die deutliche Erhöhung des Luftschalls durch den Ventilator.

Aufgrund ihre Vorteile eignen sich solche Heizkörper auch als Ergänzung zu Flächenheizungen (siehe Kap. 7.14). Die relativ konstante Grundlast eines Raumes kann dann von der langsam reagierenden Flächenheizung übernommen werden. Mit den wesentlich schneller reagierenden Niedrigtemperaturheizkörpern werden nur die Spitzenlasten abgedeckt.

7.12.5 Sonstige Heizkörper

Neben den bisher dargestellten Arten von Heizkörpern gibt es noch eine Vielzahl weiterer Ausführungen. Vor allem die gestiegenen Ansprüche an das äußere Erscheinungsbild der Heizkörper führen zu ständig neuen Bauformen.

Die Entwicklung moderner Fertigungstechnologien und die Verwendung von Halbzeugen unterschiedlichster Querschnitte ermöglichen die Herstellung immer ausgefallenerer Heizkörperformen (Abb. 1).

Insbesondere für den Badbereich gibt es vielfältige Ausführungen von Badheizkörpern zum Trocknen und Wärmen von Handtüchern und anderen Wäschestücken.

7.12.6 Auswahlkriterien für Raumheizkörper

Wesentliche Kriterien, die es bei der Auswahl eines Heizkörpers zu berücksichtigen gilt, sind:

- die Anteile von Strahlungs- und Konvektionswärme und die damit verbundenen Auswirkungen auf die thermische Behaglichkeit (Abb. 3)
- die Regulierbarkeit der Wärmeabgabe
- die optische Wirkung und Möglichkeiten der Einbindung in die Raumgestaltung
- das Preis-Leistungsverhältnis sowie das Angebot an verschiedenen Baugrößen
- Montage- und Wartungsaufwand, Gewicht
- Qualität und Lebensdauer

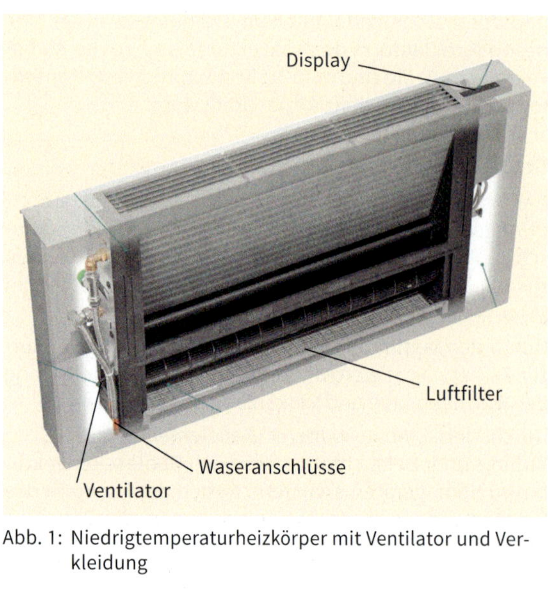

Abb. 1: Niedrigtemperaturheizkörper mit Ventilator und Verkleidung

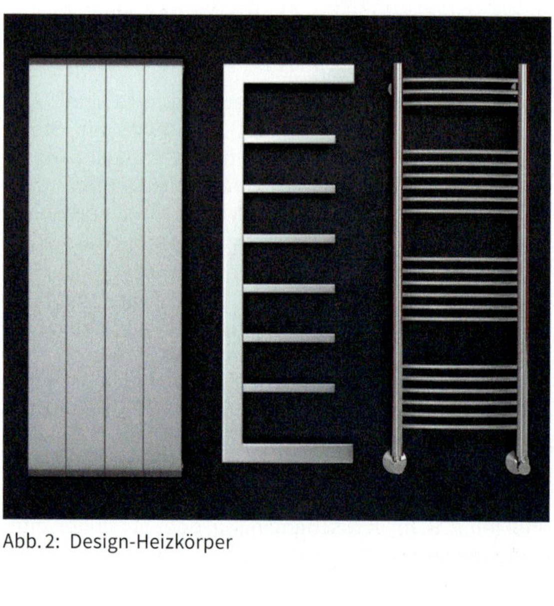
Abb. 2: Design-Heizkörper

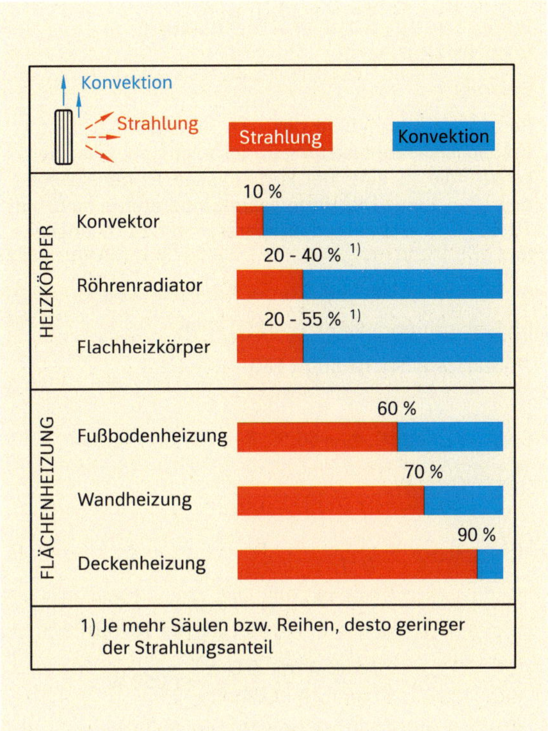

Abb. 3: Typische Werte für den Strahlungs- und Konvektionsanteil von Heizkörpern und Flächenheizungen

- Robustheit, Neigung zur Verschmutzung, Reinigungsmöglichkeiten, Unfallgefahr
- Eignung für Niedertemperatursysteme

Nicht jede Heizkörperbauart wird allen Kriterien gleichermaßen gerecht, da sich diese teilweise sogar widersprechen. Aus diesem Grund sollte für jede zu treffende Auswahl anhand der konkreten Situation der bestmögliche Kompromiss getroffen werden.

7.12.6 Wärmeleistung der Heizkörper

Raumheizkörper dienen zum Ausgleich der Wärmeverluste der Räume. Diese Aufgabe können die Heizkörper nur erfüllen, wenn sie unter den vorliegenden Betriebsbedingungen über eine ausreichende Wärmeleistung verfügen.

Diese wird im Wesentlichem bestimmt von

- der Bauform und den Abmessungen des Heizkörpers,
- der Übertemperatur ΔT.

Sie ist der Temperaturunterschied zwischen der mittleren Heizwassertemperatur ϑ_m und der Raumlufttemperatur bzw. Bezugslufttemperatur ϑ_L (in der Regel identisch mit der Auslegungsinnentemperatur). Vereinfacht kann die wirksame Übertemperatur wie folgt berechnet werden:

$$\Delta T = (\vartheta_m - \vartheta_L) \qquad \vartheta_m = \frac{\vartheta_V + \vartheta_R}{2}$$

ΔT = wirksame Übertemperatur in K
ϑ_m = mittlere Heizwassertemperatur in °C
ϑ_L = Bezugslufttemperatur in °C
ϑ_V = Vorlauftemperatur in °C
ϑ_R = Rücklauftemperatur in °C

Normwärmeleistung

Sie ist die Wärmeleistung, die der Heizkörper bei Normbedingungen abgibt. Für Warmwasser beträgt die Normübertemperatur ΔT = 50 K, resultierend aus einer Vorlauftemperatur von 75 °C, einer Rücklauftemperatur von 65 °C und einer Raumtemperatur von 20 °C.

Die Normleistungen der Heizkörper werden entsprechend DIN EN 442 unter genau festgelegten Verfahrensweisen ermittelt, z. B. frei vor der Wand stehend und gleichseitiger Anschluss mit oberem Vorlauf. Sie sind den Tabellen der Hersteller zu entnehmen.

Weichen die Übertemperatur oder die konkreten Einbausituationen der Heizkörper von den Normbedingungen ab, so verändert sich die Wärmeleistung der Heizkörper.

Korrektur der Wärmeleistung bei abweichender Übertemperatur

Die Abweichung der tatsächlichen Übertemperatur vom Normwert 50 K wird bei der Wärmeleistungsberechnung durch den Umrechnungsfaktor f_1 erfasst. Die Werte für f_1 können unter Berücksichtigung der Heizkörperart Tabellen entnommen werden. Für große Temperaturdifferenzen zwischen Vor- und Rücklauf sind die Umrechnungsfaktoren nach besonderen Berechnungsvorschriften gemäß DIN EN 442-2 zu ermitteln.

Leistungsmindernde Faktoren

Neben der Übertemperatur gibt es eine Reihe weiterer Faktoren, welche die Wärmeleistung der Heizkörper beeinflussen. Da ihre Auswirkungen meist negativ sind, spricht man von Leistungsminderungen. Die wichtigsten Einflüsse sind:

- *Nischeneinbau*

Beim Nischeneinbau wird die Leistungsminderung vor allem vom Abstand zwischen Heizkörperoberkante und oberer Nischenbegrenzung (Fensterbankunterkante) bestimmt. Zu kleine Abstände beeinträchtigen die Abströmung der erwärmten Luft. Besonders bei Heizkörpern mit hohem Konvektionsanteil, z. B. mehrreihigen Plattenheizkörpern, kann dies Leistungsverluste von bis zu 10 % bewirken.

- *Heizkörperbekleidungen*

Heizkörperbekleidungen führen außer bei Konvektoren immer zur Abnahme der Wärmeleistung. Am größten ist der Einfluss bei Heizkörpern mit hohem Strahlungsanteil. Die Leistungsminderung ist ebenfalls abhängig von der Luft- und Strahlungsdurchlässigkeit der Frontbekleidung. Die Werte betragen je nach Heizkörperbauform und Art der Bekleidung ca. 2–10 %. Die Minderung der Wärmeleistung durch Nischeneinbau und Heizkörperbekleidungen wird durch den Leistungsminderungsfaktor f_2 berücksichtigt.

Zu den weiteren Faktoren, welche die Wärmeabgabe des Heizkörpers beeinträchtigen, zählen u. a. das Aufstellen von Mobiliar vor Heizkörpern, das Vorhängen dicker Gardinen und die Verwendung metallhaltiger Heizkörperanstriche oder Beschichtungen. Die quantitative Erfassung dieser Einflüsse ist z. T. kaum möglich, weshalb sie, um Minderleistungen auszuschließen, weitestgehend vermieden werden sollten.

Berechnung der Wärmeleistung

Die Berechnung der tatsächlichen Wärmeleistung der Raumheizkörper erfolgt entsprechend der Bauart nach den folgende Formeln:

Gliederheizkörper

$$\dot{Q}_H = \frac{\dot{q}_n \cdot z}{f_1 \cdot f_2}$$

Plattenheizkörper

$$\dot{Q}_H = \frac{\dot{q}_n \cdot l}{f_1 \cdot f_2}$$

$\dot{Q}_H$ = tatsächliche Wärmeleistung des Heizkörpers in W
$\dot{q}_n$ = Normwärmeleistung in W/Glied bzw. W/m
z = Gliederanzahl
l = Baulänge in m
f_1 = Umrechnungsfaktor bei abweichender Übertemperatur
f_2 = Leistungsminderungsfaktor

Für Konvektoren und sonstige Heizkörper wird von den Herstellern zweckmäßigerweise die Normwärmeleistung $\dot{Q}_n$ auf die konkrete Baulänge bezogen angegeben. Bei veränderten Übertemperaturen ist Q_n mit dem Umrechnungsfaktor f_1 zu korrigieren. Der Faktor f_2 kommt in der Regel nicht zum Tragen, da sich z. B. bei Konvektoren der Nischeneinbau nicht leistungsmindernd auswirkt und Heizkörper mit besonderer architektonischer Wirkung nicht verkleidet werden.

Auslegungswärmeleistung

Die Auslegungswärmeleistung des Heizkörpers richtet sich nach der ermittelten Norm-Heizlast des zu beheizenden Raumes. Die Norm-Heizlast setzt sich aus dem Norm-Transmissionswärmeverlust, dem Norm-Lüftungswärmeverlust und der zusätzlichen Aufheizleistung zusammen.

Berechnungen zur Wärmeleistung von Heizkörpern

Beispiel 1

Berechnen Sie mithilfe des ➡ Tabellenbuch die tatsächlichen Wärmeleistungen der nachstehenden Heizkörper, die in eine Heizkörpernische eingebaut werden (f_2 = 1,04). Die Heizwassertemperaturen sind mit 70/60 °C und die Raumtemperatur mit 22 °C angegeben.

a) Profilierter Flachheizkörper Typ 22-600 x 800
b) Stahlröhrenradiator 12-1200 x 105
c) Stahlradiator 16-600 x 160

Geg.: $\vartheta_V = 70\ °C$, $\vartheta_R = 60\ °C$, $\vartheta_L = 22\ °C$, $f_2 = 1{,}04$

Ges.: $\dot{Q}_H$ in W

Lös.: a) $\dot{Q}_H = \frac{\dot{q}_n \cdot l}{f_1 \cdot f_2}$

➡ TB $\dot{q}_{n(75/65/20\ °C)} = 1\ 666\ W/m$
$f_1 = 1{,}22$ für 70/60/22 °C

$$\dot{Q}_H = \frac{1\ 666\ W/m \cdot 0{,}8\ m}{1{,}22 \cdot 1{,}04} = \mathbf{1\ 050\ W}$$

b) $\dot{Q}_H = \frac{\dot{q}_n \cdot z}{f_1 \cdot f_2}$

➡ TB $\dot{q}_{n(75/65/20\ °C)} = 116\ W/Glied$

$$\dot{Q}_H = \frac{116\ W/Glied \cdot 12\ Glieder}{1{,}22 \cdot 1{,}04} = \mathbf{1\ 097\ W}$$

c) $\dot{Q}_H = \frac{\dot{q}_n \cdot z}{f_1 \cdot f_2}$

➡ TB $\dot{q}_{n(75/65/20\ °C)} = 75\ W/Glied$

$$\dot{Q}_H = \frac{75\ W/Glied \cdot 16\ Glieder}{1{,}22 \cdot 1{,}04} = \mathbf{945{,}8\ W}$$

Aufgaben

1. Wie groß ist die wirksame Übertemperatur bei einer Vorlauftemperatur von 75 °C, einer Rücklauftemperatur von 65 °C und einer Auslegungsinnentemperatur von 20 °C?
2. Wie groß ist der Umrechnungsfaktor f_1 bei einer Vorlauftemperatur von 70 °C, einer Rücklauftemperatur von 60 °C und einer Raumtemperatur von 24 °C?
3. Bestimmen Sie mithilfe des ➡ Tabellenbuchs den Leistungsminderungsfaktor eines einreihigen Flachheizkörpers mit Konvektoren beim Einbau in eine Nische.
4. Ermitteln Sie die Umrechnungsfaktoren f_1 für Heizkörper unter nachstehenden Betriebsbedingungen:
   a) Heizwasser 80/60 °C, $\vartheta_L = 20\ °C$
   b) Heizwasser 55/45 °C, $\vartheta_L = 22\ °C$
   c) Heizwasser 60/50 °C, $\vartheta_L = 24\ °C$

Beispiel 2

Eine Heizkörpernische ist 1,50 m lang, die freie Brüstungshöhe beträgt 80 cm.

Suchen Sie einen geeigneten profilierten Flachheizkörper mit einer Wärmeleistung von 1 000 W bei Normbedingungen.

Geg.: $\dot{Q}_H = 1\,000$ W, $l = 1{,}50$ m, $h = 80$ cm
Normbedingungen 75/65/20 °C

Ges.: Heizkörpergröße mit Typenbezeichnung

Lös.: $\dot{Q}_H = \frac{\dot{q}_n \cdot l}{f_1 \cdot f_2}$

Heizkörperlänge:
$l_{HK} = l - 0{,}250$ m $= 1{,}50$ m $- 0{,}25$ m $= 1{,}25$ m
gewählt: $\boldsymbol{l_{HK} = 1{,}20}$ **m**

Heizkörperhöhe:
$h_{HK} = h - 0{,}135$ m $= 0{,}80$ m $- 0{,}135$ m $= 0{,}665$ m
gewählt: $\boldsymbol{l_{HK} = 0{,}60}$ **m**

$$\dot{q}_n = \frac{\dot{Q}_H \cdot f_1 \cdot f_2}{l} = \frac{1\,000\text{ W} \cdot 1{,}0 \cdot 1{,}04}{1{,}2\text{ m}} = \mathbf{867\ W}$$

TB Typ 11-600 x 1 200 mit $\dot{q}_n = 979$ W/m

Aufgaben

1. Berechnen Sie die tatsächliche Wärmeleistung folgender Heizkörper, die frei vor der Fensterbrüstung aufgestellt werden. Die Heizwassertemperaturen sind mit 70/60 °C und die Raumtemperatur ist mit 22 °C festgelegt.
   a) Profilierter Flachheizkörper Typ 33-500 x 1 500
   b) Stahlröhrenradiator 8 – 1 200 x 145
   c) Gussradiator 20 – 430 x 220
   d) Standardkonvektor BL 1,2 m, BH 140, BT 134
   e) Handtuchradiator BH 1098, BL 616
2. Eine Fensternische für den Einbau eines Heizkörpers ist 1,60 m lang und 80 cm hoch. Wählen Sie einen geeigneten Stahlradiator mit einer Wärmeleistung von 1 400 W. Die Warmwasserheizung wird mit 70/55 °C betrieben. Die Raumtemperatur ist mit 22 °C festgelegt und der Leistungsminderungsfaktor für Nischeneinbau ist mit 1,04 anzusetzen.
3. Ein Fenster ist 1,80 m lang, die Brüstung 50 cm hoch. Der Heizkörper soll frei vor der Fensterbrüstung montiert werden.
   Welcher Stahlradiator ist bei Warmwassertemperaturen von 70/60 °C und $\vartheta_L = 20$ °C einzubauen, wenn die Wärmeleistung 1 400 W betragen soll?

Beispiel 3

Das Gästezimmer im Dachgeschoss wird mit einem profilierten Flachheizkörper beheizt. Die Raumtemperatur wurde nach Norm mit 20 °C festgelegt. Der Heizkörper soll in die Fensternische eingebaut werden (Abb. 1).

Die Heizungsanlage wird mit einer Vorlauftemperatur von 75 °C und einer Rücklauftemperatur von 65 °C betrieben. Als Wärmeleistung werden 100 W/m² festgelegt.

Ermitteln Sie mithilfe von Tabellen die korrekte Heizkörpergröße.

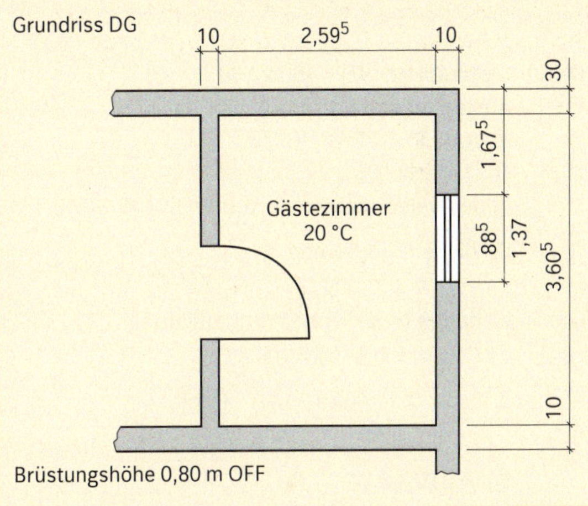

Abb. 1: Grundriss Gästezimmer

Geg.: Nischenmaße: $l = 885$ mm, $h = 800$ mm
Zimmermaße: $l = 3{,}605$ m, $b = 2{,}595$ m
$\dot{q}_H = 100$ W/m², $f_2 = 1{,}04$

Ges.: Heizkörperbezeichnung

Lös.: $A = l \cdot b = 3{,}605$ m $\cdot$ 2,595 m $= 9{,}355$ m²
$\dot{Q}_H = \dot{q}_H \cdot A = 100$ W/m² $\cdot$ 9,355 m²
$\dot{Q}_H = 935{,}5$ W

Heizkörpermaße:
$l_{HK} = l - 250$ mm $= (885 - 250)$ mm $= 635$ mm
gewählt: $\boldsymbol{l_{HK} = 600}$ **mm**

$h_{HK} = h - 135$ mm $= (800 - 135)$ mm $= 665$ mm
gewählt: $\boldsymbol{l_{HK} = 600}$ **mm**

$$\dot{Q}_H = \frac{\dot{q}_n \cdot l}{f_1 \cdot f_2} \qquad f_1 = 1{,}0,\ f_2 = 1{,}04$$

$$\dot{q}_n = \frac{\dot{Q}_H \cdot f_1 \cdot f_2}{l} = \frac{935{,}5\text{ W} \cdot 1{,}0 \cdot 1{,}04}{0{,}60\text{ m}}$$

$= \mathbf{1\,621{,}5\ W/m}$

TB **Heizkörper Typ 22 – 600 x 600 mit einer Heizleistung $\boldsymbol{\dot{q}_n = 1\,666}$ W/m**

Beispiel 4

In einem bestehenden Wohnraum befindet sich in einer Heizkörpernische ein älterer Stahlradiator 45 – 450 x 160 mit einer Normwärmeleistung von 56 W/Glied. Der Heizkörper wurde für Heizkörpertemperaturen 90/70 °C ausgelegt.

Nach dem Austausch der Fenster und Dämmung der Außenwände wird die Heizlast des Raumes um 60 % gesenkt. Gleichzeitig werden durch Einbau eines Brennwertgerätes die Heizkörpertemperaturen auf 55/45 °C abgesenkt.

Berechnen Sie, ob der bestehende Heizkörper die noch benötigte Wärmeleistung bringt.

Geg.: Stahlradiator 45 – 450 x 160
Auslegungstemperaturen 90/70/20 °C
$\dot{q}_{n(75/65/20\,°C)} = 56$ W/Glied
$\dot{Q}_{Hneu} = 0{,}4 \cdot \dot{Q}_{Halt}$
neue Auslegungstemperaturen 55/45/20 °C

Ges.: $\dot{Q}_H$ bisher und $\dot{Q}_H$ neu

Lös.: bisherige Heizkörper-Wärmeleistung
TB $f_1 = 0{,}8$ (90/70/20 °C)

$$\dot{Q}_H = \frac{q_n \cdot z}{f_1 \cdot f_2} = \frac{56\ \text{W/Glied} \cdot 45\ \text{Glieder}}{0{,}8 \cdot 1{,}04}$$

$\mathbf{\dot{Q}_H = 3\,028{,}8\ W}$

neue Heizkörper-Wärmeleistung
TB $f_1 = 1{,}96$ (55/45/20 °C)

$$\dot{Q}_H = \frac{q_n \cdot z}{f_1 \cdot f_2} = \frac{56\ \text{W/Glied} \cdot 45\ \text{Glieder}}{1{,}96 \cdot 1{,}04}$$

$\mathbf{\dot{Q}_H = 1\,236{,}3\ W}$

$\dot{Q}_{Hneu} = 0{,}4 \cdot \dot{Q}_{Halt} = 0{,}4 \cdot 3\,028{,}8\ \text{W} =$ **1 211,5 W**

Der Heizkörper kann weiter verwendet werden.

Aufgaben

1. Ein Badezimmer mit einer Raumtemperatur $\vartheta_L = 24$ °C hat eine Auslegungswärmeleistung von 350 W.
   a) Wie breit muss ein Handtuchradiator mit einer Höhe von 721 mm sein, wenn die Heizwasser-Temperaturen 70/60 °C betragen?
   b) Wie hoch ist die tatsächliche Wärmeleistung des installierten Handtuchradiators?
2. Ein Vortragssaal hat bei $\vartheta_L = 20$ °C eine Auslegungswärmeleistung von 5,5 kW. Der Raum hat sechs Fenster mit einer Länge von je 1,50 m und einer Brüstungshöhe von 80 cm. Vor jedem Fenster soll der gleiche Heizkörper eingebaut werden.
   Wählen Sie geeignete glattwandige Flachheizkörper bei Normbedingungen aus.

7.12.7 Heizkörpermontage

Durch die unterschiedlichen baulichen Gegebenheiten vor Ort sind bei der Montage von Heizkörpern eine Reihe von Anforderungen zu berücksichtigen. Diese beziehen sich vor allem auf:

- die Anbringungsmöglichkeiten und die dabei einzuhaltenden Montagemaße
- die Befestigungselemente
- den Anschluss der Heizkörper an das Rohrsystem

Anbringungsmöglichkeiten und Montagemaße

Die Heizkörper können frei vor Wand- bzw. Fensterflächen oder in Heizkörpernischen aufgestellt werden (Abb. 1).

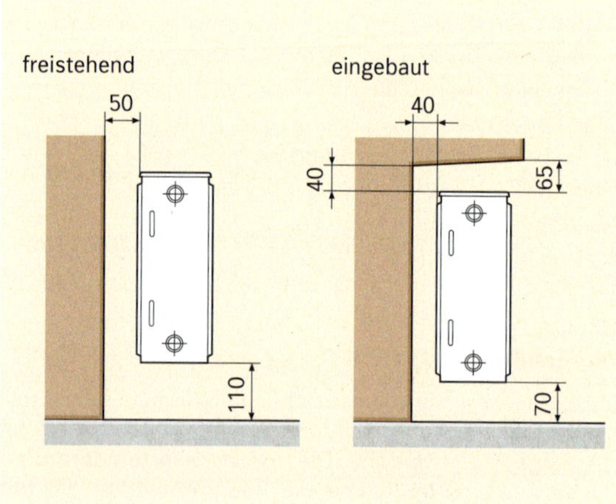

Abb. 1: Montagemaße von Heizkörpern (Richtmaße)

Der Abstand zwischen Heizkörper und Fußboden sollte so groß sein, dass die Fußbodenreinigung auch unter dem Heizkörper problemlos erfolgen kann. Der Wandabstand ist unter Berücksichtigung der Herstellerangaben und des Befestigungssystems zu wählen. Wandabstände unter 30 mm können zu Minderleistungen führen. Beim Nischeneinbau ist darauf zu achten, dass zwischen Nischenabdeckung und Heizkörperoberkante ein ausreichend großer Abstand eingehalten wird, um die Wärmeabgabe durch Konvektion zu gewährleisten. Der Heizkörper sollte die Nische möglichst ausfüllen, wobei der Platzbedarf für Thermostatventil und Entlüftung von 100 mm luftseitig und 150 mm ventilseitig zu berücksichtigen ist.

Für Heizkörpernischen ist eine zusätzliche Wärmedämmung notwendig, da laut GEG der Wärmedurchgangskoeffizient der Nische gleich dem der übrigen Wände sein muss.

Heizkörper, die vor außen liegenden Fensterflächen installiert wurden, sollten zur Verringerung der Wärmeverluste mit einer geeigneten Abdeckung an der Heizkörperrückseite versehen werden (Abb. 2).

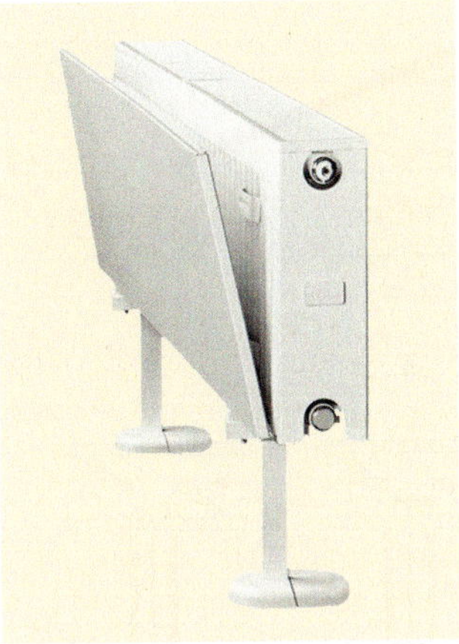

Abb. 2: Heizkörper mit Strahlungsschirm

Befestigungselemente

Zu verschiedenen Heizkörpermodellen werden auf die Bauart und Baugröße abgestimmte Befestigungsmittel als Zubehörteile geliefert.

Die Heizkörper können entweder auf Wandkonsolen gehängt oder auf Standkonsolen gesetzt werden (Abb. 3).

Die Befestigungsmittel müssen für die verwendeten Baumaterialien geeignet sein, z. B. sind Leichtbauwände in der Regel nicht belastbar.

Die Anzahl der Konsolen und Halter richtet sich nach dem Gewicht des gefüllten Heizkörpers sowie dem Wand- und Fußbodenaufbau.

Heizkörperanschlüsse

Die verschiedenen Formen der Rohrleitungsführung bei Heizungsanlagen bedingen unterschiedliche Arten der Heizkörperanschlüsse. Die Anschlussmöglichkeiten für das Ein- und Zweirohrsystem lassen sich in gleich-

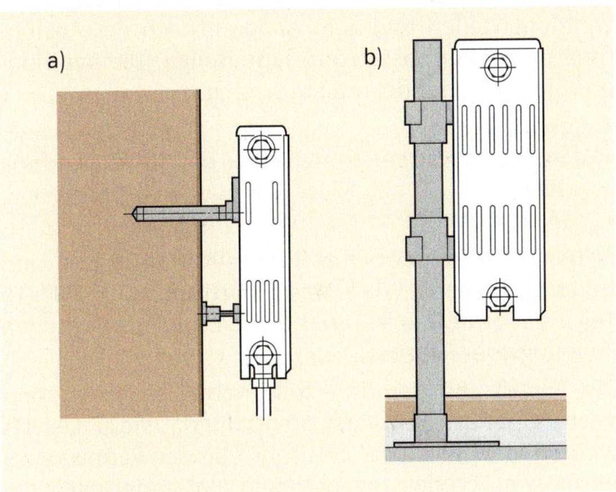

Abb. 3: Heizkörperbefestigung mit a) Wand- und b) Standkonsolen

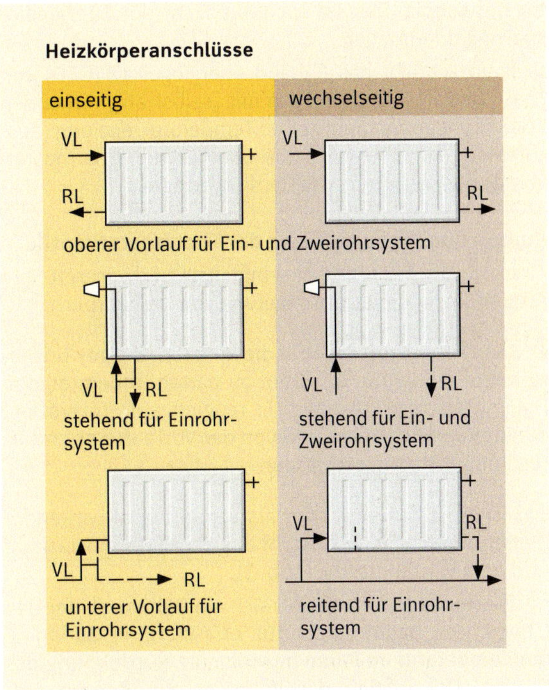

Abb. 4: Möglichkeiten für Heizkörperanschlüsse

und wechselseitigen Anschluss unterscheiden. Die gebräuchlichsten Anschlussarten für Plattenheizkörper sind in Abb. 4 dargestellt.

Bei Warmwasserheizungen werden die Heizkörper wegen des geringeren Aufwandes bei der Rohrmontage zumeist gleichseitig angeschlossen. Wie Untersuchungen ergaben, führt ein gleichseitiger Anschluss auch bei längeren Heizkörpern zu keiner nennenswerten Leistungsminderung.

Wechselseitige Heizkörperanschlüsse können z. B. aufgrund baulicher Gegebenheiten oder beim Austausch von Heizkörpern in bestehenden Anlagen erforderlich werden.

Um bei Heizkörpern mit unterer Rohranbindung eine gleichmäßige Durchströmung der gesamten Heizfläche zu erreichen, ist entweder der Einsatz eines Steigrohres oder die zwangsweise Führung des Heizmittelstromes innerhalb des Heizkörpers notwendig.

7.12.8 Regelung der Heizkörper

Die Heizlast eines Raumes ist keine konstante Größe. Sie unterliegt je nach Raumnutzung zeitlichen Schwankungen und hängt vor allem von den Witterungsverhältnissen ab, z. B. von der Außenlufttemperatur und der Sonneneinstrahlung. Auch im Raum befindliche Wärmequellen wie Beleuchtungen oder Personen reduzieren die Heizlast.

Eine ständige Anpassung der Heizkörper- sowie der Heizkesselleistung an die veränderte Heizlast ist für die Aufrechterhaltung der gewünschten Raumlufttemperatur notwendig. Dies ist auch aus Sicht der Energieeinsparung unerlässlich.

Deshalb schreibt das Gebäudeenergiegesetz (GEG) vor, dass Zentralheizungsanlagen mit „selbsttätig wirkenden Einrichtungen zur raumweisen Temperaturregelung" auszurüsten sind. Diese Aufgabe übernehmen Thermostatventile oder elektronische Heizkörperregler.

Aufbau und Wirkungsweise der Thermostatventile

Thermostatventile sind die einfachste und verbreitetste Art der Einzeltemperaturregelung von Heizkörpern.

! Das *Thermostatventil* hat die Aufgabe, die gewünschte Raumtemperatur konstant zu halten, indem es den Heizmittelstrom verändert. Es reagiert auf Störgrößen, die im Raum auftreten und von der Vorlauftemperaturregelung nicht erfasst werden.

Das Thermostatventil wird als proportional wirkender Regler bezeichnet. Es besteht aus dem Thermostatkopf und dem Ventilunterteil (Abb. 1).

Im Thermostatkopf befindet sich ein Dehnstoff, der den Istwert der Raumtemperatur erfasst. Eine Zunahme der Temperatur im Raum bewirkt eine Ausdehnung des Stoffes. Der infolge der Volumenvergrößerung entstehende Druck wird in einen Ventilhub umgesetzt. Er bewegt über einen Stift den Ventilkegel gegen eine Federkraft in Richtung Ventilsitz. Der Heizmittelstrom wird gedrosselt oder abgesperrt.

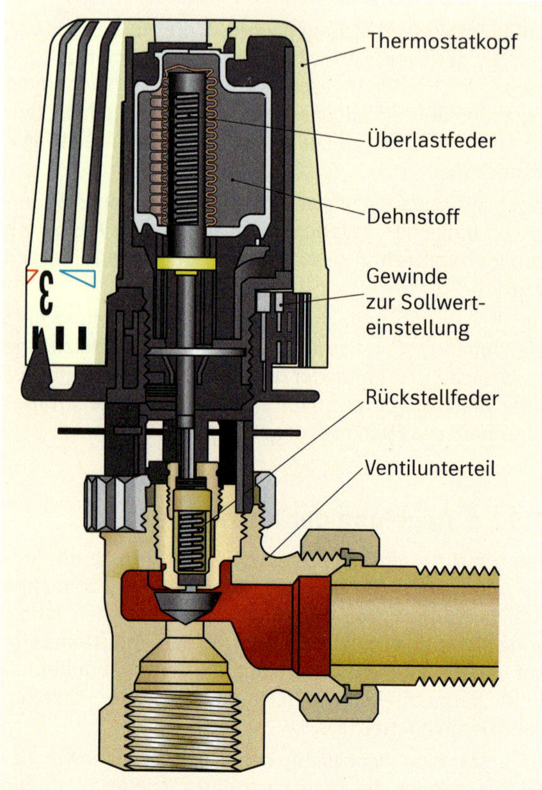

Abb. 1: Aufbau eines Thermostatventils

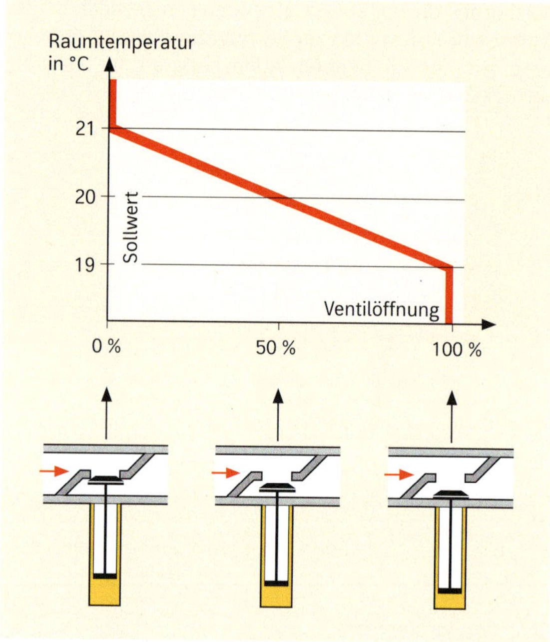

Abb. 2: Funktionsprinzip eines Thermostatventils mit einem Regelbereich von 2 K (Ideallinie)

Bei diesem Vorgang ist jeder Raumtemperatur in Abhängigkeit vom eingestellten Sollwert eine bestimmte Ventilöffnung zugeordnet (Abb. 2). Diese verändert sich in einem begrenzten Bereich proportional zur Temperaturänderung. Liegen die momentanen Raumtemperaturen außerhalb des Proportionalitätsbereichs, ist das Ventil vollständig geschlossen oder geöffnet. Um das bereits geschlossene Ventil vor Schäden durch weiter ansteigenden Schließdruck zu schützen, wird dieser von einer Überdruckfeder aufgenommen. Liegt die Raumlufttemperatur unter dem Sollwert, öffnet die Rückstellfeder das Ventil.

Thermostatventile – Arten

Thermostatventile lassen sich zum einen nach ihren Ventilunterteilen und zum anderen nach der Ausführung ihrer Thermostatköpfe unterteilen. Die Ventilunterteile unterscheidet man u. a. nach:

- der *Bauform*
- der Art des *Heizungssystems*, für das sie Anwendung finden
- der Möglichkeit und Art der *Voreinstellung*

In Bezug auf die *Bauform* unterteilt man in Eck- und Durchgangsventile. Ihre Maße sind nach DIN EN 215 Teil 2 genormt. Als Material dienen Kupferlegierungen (Messing oder Rotguss).

Die Ausführung der Unterteile richtet sich weiterhin nach der *Art des Heizungssystems*, für das sie eingesetzt werden, z. B. Ein- und Zweirohr-Pumpenwarmwasserheizungen, Fernheizungen. Neben Ventilunterteilen, die vielseitig einsetzbar sind, gibt es auch Ventilgehäuse für besondere Anwendungsfälle, z. B. für Fernheizun-

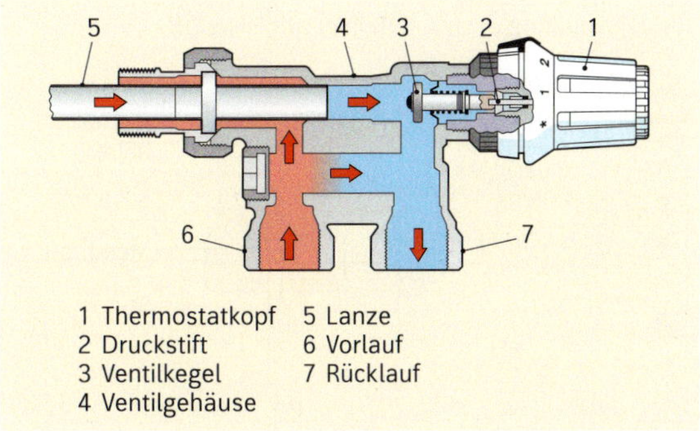

Abb. 3: Lanzenventil für Einrohranlagen im Betriebszustand

gen, oder Lanzenventile für den Einpunktanschluss von Heizkörpern (Abb. 3).

Bei Ein- und Zweirohrheizungen erfolgt die Anbindung des Heizkörpers aus Montage- und Kostengründen zunehmend mit *Ventilgarnituren*. Sie bestehen aus dem Thermostatventilunterteil, dem Steigrohr und einer Anschlusskupplung (Abb. 5).

Die Kupplungen sind in verschiedenen Ausführungen für Wand- und Bodenanschluss mit und ohne Absperrung erhältlich. Die Thermostatventilunterteile können in Durchgangs- oder Eckform verwendet werden.

Ventilunterteile für die verschiedenen Einsatzgebiete sind heute in Ausführungen mit *Voreinstellung* erhältlich.

! *Ventile mit Voreinstellung* erlauben es, die Volumenströme der einzelnen Heizkörper untereinander exakt abzustimmen. Dies ist notwendig, damit alle Heizkörper eines Heizkreises zur gleichen Zeit den erforderlichen Heizmittelstrom erhalten.

Die Begrenzung des Nennvolumenstromes der Ventile kann auf unterschiedliche Weise erfolgen. Eine Möglichkeit ist die im Ventilgehäuse integrierte stufenlose Voreinstellung. Hierbei wird mittels Einstellelement der Querschnitt für den Durchfluss des Heizmediums im Ventil verändert. Dies lässt sich z. B. durch verschieden große Präzisionsbohrungen realisieren. Je nach Einstellung wird nur eine Bohrung für den betreffenden Durchflussbereich freigegeben (Abb. 4).

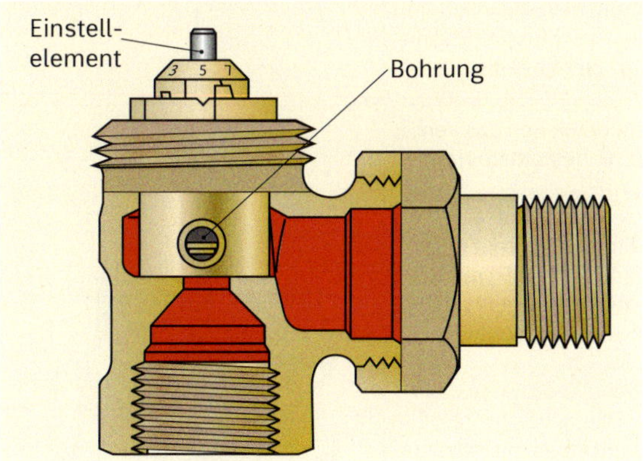

Abb. 4: Ventilunterteil mit Voreinstellung

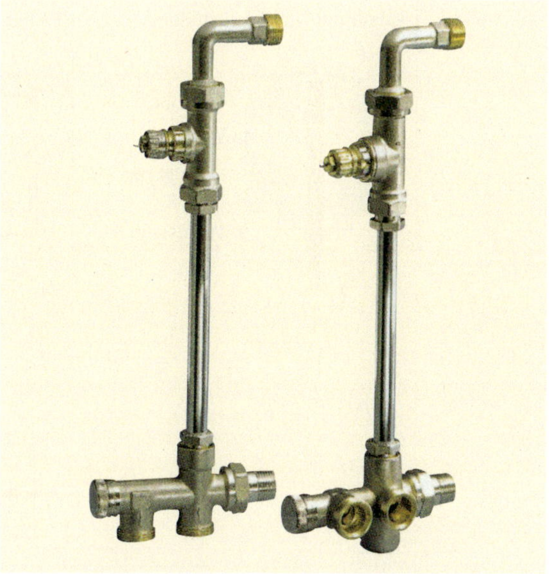

Abb. 5: Ventilgarnituren für Boden- und Wandanschluss

In Bezug auf die Ausführung der Thermostatköpfe sind wichtige Unterscheidungsmerkmale:

- der Aufbau und das Wirkprinzip des Thermostatelements (Fühler)
- die Anordnung der Temperaturfühler

Um die Öffnungs- bzw. Schließkraft mechanisch zu bewirken, werden mit Flüssigkeit, Wachs, Flüssiggas oder Feststoff gefüllte Fühlerarten eingesetzt. Die Art des Dehnstoffs und die Fühlerkonstruktion beeinflussen u. a. die Größe der Stellkraft, das Ausdehnungsverhalten und die Reaktionszeit (Abb. 1, S. 346).

Damit die Regelgenauigkeit der Heizkörperthermostate sehr hoch ist, muss der Fühler die Raumlufttemperatur exakt erfassen. Es ist daher darauf zu achten, dass das Thermostatventil in der jeweiligen Einbausituation frei von der Luft umströmt wird. Es darf nicht in einem Wärmestauraum liegen. Durch die Bestimmung einer für den jeweiligen Messort geeigneten Fühleranordnung und eine fachgerechte Montage kann der Einfluss der Störgrößen auf die Temperaturerfassung vermindert werden (Tab. 1, S. 346).

Auswahlkriterien für Thermostatventile

Bei der Beurteilung der Thermostatventile stehen die *Regeleigenschaften* und die *konstruktiven Kriterien* im Vordergrund.

Zu den Regeleigenschaften zählen u. a.

- die Hysterese. Hierunter versteht man das „Nachhinken“ des Temperaturverlaufs beim Öffnen und Schließen des Ventils (ca. 0,2 bis 1 K).
- die Druckdifferenz am Ventilsitz. Sie beschleunigt das Öffnen und verzögert das Schließen.
- die Vorlauftemperaturabhängigkeit. Sie beeinflusst den Fühler, weil der Ventilkörper die Wärme weiterleitet (ca. 0,5 bis 0,8 K).

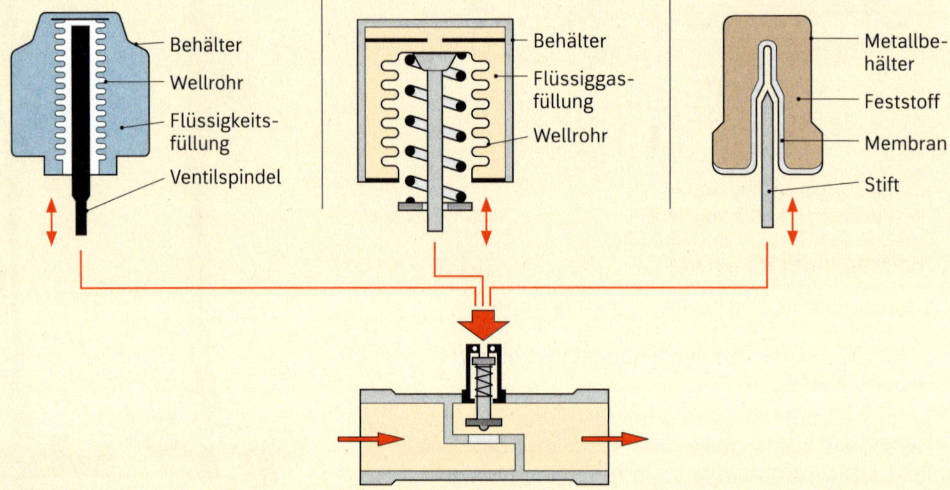

Fühlerart	Fühler mit Flüssigkeitsfüllung	Fühler mit Flüssiggasfüllung	Fühler mit Feststoff
Wirkprinzipien	Die Volumenänderung einer Flüssigkeit (z. B. Silikonöl) wird über ein Metallwellrohr in eine Hubbewegung umgewandelt und auf die Ventilspindel übertragen.	Ein Teil des Flüssiggases (z. B. Isobutan) verdampft bei steigender Temperatur. Über ein Wellrohr wird die Druckerhöhung in einen Hub umgesetzt.	Die Volumenvergrößerung beim Schmelzen eines Stoffes wird über eine Gummimembran in einen Hub umgesetzt. Verwendet werden Wachsmischungen, deren Schmelzpunkt im Raumtemperaturbereich liegt.
Eigenschaften	- große Stellkraft - lineares Ausdehnungsverhalten - mittlere Reaktionszeit	- mittlere Stellkraft - nicht lineares Ausdehnungsverhalten - kleine Reaktionszeit	- große Stellkraft - fast lineares Ausdehnungsverhalten - große Reaktionszeit

Abb. 1: Dehnstoffarten und deren Wirkprinzip

Tab. 1: Thermostatausführungen

Thermostatausführung	Anwendung und Montagehinweise	Einbaubeispiele
Thermostat mit eingebautem Fühler  Einstellteil (Regler), Fühler und Stellglied bilden eine unmittelbar miteinander verbundene Einheit.	- größte Regelgenauigkeit, wenn der Heizkörper frei vor der Wand installiert ist (kein Wärmestau durch Vorhänge, Möbel usw.) - Bei Anordnung in einer Nische bzw. unter einer Fensterbank sollte der Abstand des Thermostatventils zur oberen Nischenbegrenzung mind. 200 mm, der Abstand zur seitlichen Begrenzung mind. 150 mm betragen. - waagerechte Fühleranordnung bevorzugen, damit aufsteigende Wärme aus der Anschlussleitung die gemessene Raumtemperatur nicht beeinträchtigt	
Thermostat mit Ferneinstellelement 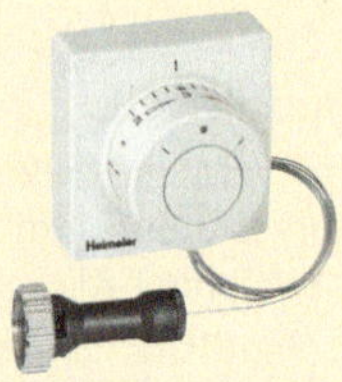 Fühler und Regler bilden eine Einheit. Sie sind getrennt vom Ventil installiert. Die Verbindung erfolgt über eine Kapillare.	- für Heizkörperanordnungen, bei denen das Ventil nur schwer zugänglich ist (z. B. bekleidete Heizkörper, Unterflurkonvektoren) - Für die Montage gelten dieselben Grundsätze wie für die Fernfühler, das Einstellelement muss jedoch gut zugänglich sein (ca. 120–160 cm über dem Fußboden), es kann einfach an der Wand, auf Unterputzdosen oder Brüstungskanälen montiert werden. - Ist eine bedienungsfreundliche Anordnung des Einstellelements ohne Einwirkung von Störgrößen nicht möglich, so sind Ausführungen mit getrenntem Fühler und Regler zu verwenden.	

- der Regelbereich. Er ist das Intervall zwischen höchster und tiefster Einstelltemperatur.
- die Handhabung.

Die konstruktiven Kriterien umfassen u. a.:

- das Geräuschverhalten
- die Beständigkeit gegen mechanische Einflüsse
- die Montage- und Wartungsfreundlichkeit
- die optische Gestaltung

Elektronische Heizkörperregler

! *Elektronische Heizkörperregler* ermöglichen eine genauere Regelung der Raumtemperatur als Thermostatventile. Sie erfüllen somit hohe Komfortansprüche und bieten eine höhere Energieeinsparung bei Fremdwärmeeinflüssen.

Elektronische Heizkörperregler bestehen aus einem Oberteil (dem Regler) und einem herkömmlichen Ventilunterteil (Abb. 2). Der Regler besitzt ein PI-Regelverhalten. Er verfügt über eine elektrische Messeinrichtung. Zum exakten und schnellen Erfassen der Raumtemperatur dient ein NTC-Widerstandstemperaturfühler.

Um eine gradgenaue Annäherung zwischen Ist- und Sollwert der Raumtemperatur zu erreichen, wird in gleichen Zeitabständen (z. B. alle 2 Minuten) die momentane Raumtemperatur überprüft. Bei Sollwertabweichung erfolgt durch den Ventilantrieb eine Erhöhung oder Drosselung des Heizmittelstromes. Als Antrieb dient ein Elektromotor. Die Hilfsenergie kann über Batteriebetrieb oder Netzanschluss bereitgestellt werden.

Elektronische Heizkörperregler sind mit einer programmierbaren zeitabhängigen Raumtemperaturregelung ausgerüstet. Der Einsatz von Mikroprozessoren ermöglicht neben der Steuerung eines Tages- und Wochenprogramms die Übernahme weiterer Funktionen, z. B. das Schließen des Ventils bei offenem Fenster.

Voraussetzung für eine exakte Arbeitsweise des Reglers ist die richtige Platzierung des Temperaturfühlers.

Für verkleidete oder schwer erreichbare Ventile gibt es Wandausführungen mit Fernfühler und Fernbedienung. Eine Weiterentwicklung stellen elektronische Funkheizkörperregler dar (Abb. 3). Diese Heizkörperregler wirken in Zusammenhang mit einer zentralen Programmiereinheit (Abb. 4). Am Zentralgerät erfolgt die Eingabe der individuellen Programmabläufe zur Steuerung der Raumtemperaturen der einzelnen Räume. Die gewünschten Sollwerttemperaturen werden dann zu den jeweiligen Heizkörperreglern gesendet. Die Sendeleistung ist so zu bemessen, dass eine sichere Datenübertragung innerhalb des Gebäudes gewährleistet ist. Eine aufwendige Verkabelung entfällt.

Neben der Raumtemperatur können mittels dieser zentralen Steuerungseinheiten weitere Funktionen automatisiert werden. Hierzu zählen z. B. die Wärmemengenerfassung zur Heizkostenberechnung oder das Ein- und Ausschalten von Beleuchtungen.

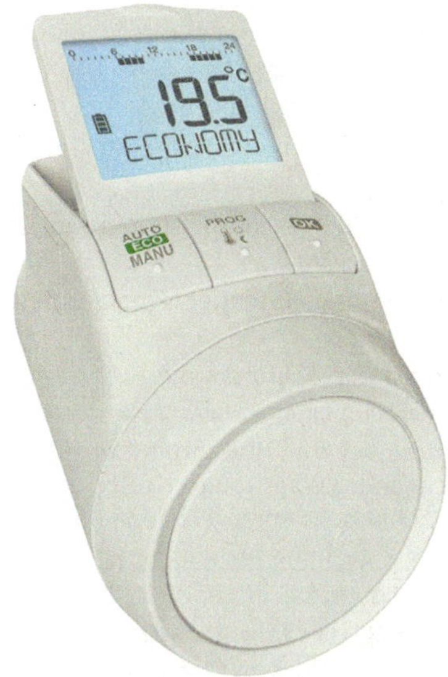

Abb. 2: Elektronischer Heizkörperregler

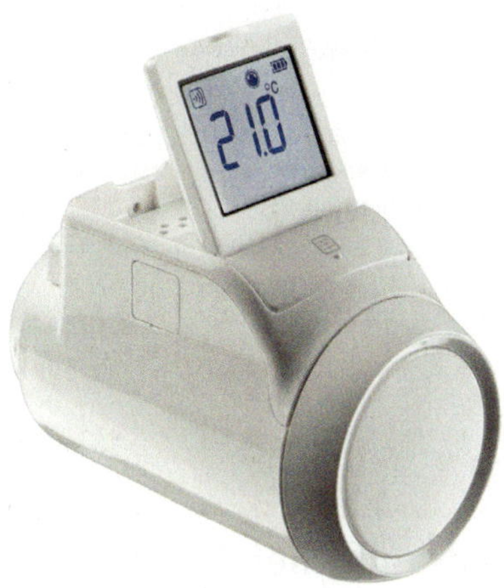

Abb. 3: Funkheizkörperregler

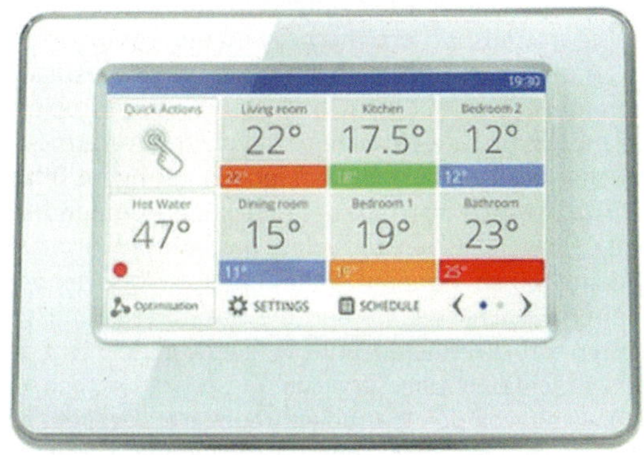

Abb. 4: Zentrale Programmiereinheit

Aufgaben

1. Was versteht man unter einem Konvektor?
2. Welche Vor- und Nachteile besitzen Konvektoren gegenüber Plattenheizkörpern?
3. Aus welchen Bauteilen besteht ein Gebläsekonvektor?
4. Nennen Sie fünf Auswahlkriterien für Raumheizkörper.
5. Was versteht man unter der Nennwärmeleistung eines Heizkörpers?
6. Nennen Sie drei Faktoren, die zur Verringerung der Wärmeleistung eines Heizkörpers führen.
7. Warum ist bei der Heizkörpermontage auf einen ausreichenden Wand- und Fußbodenabstand zu achten? Geben Sie entsprechende Richtwerte an.
8. Nennen Sie Aspekte, die bei der Montage von Heizkörpern zu berücksichtigen sind.
9. Skizzieren Sie drei Möglichkeiten für einen unteren Heizkörperanschluss im Einrohrsystem.
10. Welche Aufgabe hat das Thermostatventil?
11. Beschreiben Sie die Wirkungsweise eines Thermostatventils.
12. Welchen Vorteil bietet ein Thermostatventilunterteil mit Voreinstellung?
13. Welche Thermostatausführungen sind zu unterscheiden? Ordnen Sie jeder Ausführungsart zwei Anwendungsbeispiele zu.
14. Nennen Sie die wesentlichsten Unterschiede zwischen einem Thermostatventil und einem elektronischen Heizkörperregler.
15. Welche Vorteile bieten elektronische Funkheizkörperregler?

7.13 Hydraulischer Abgleich von Pumpenwarmwasser-Heizungsanlagen

Bei der Pumpenwarmwasserheizung wird das Heizwasser durch die von der Umwälzpumpe erzeugte Umtriebskraft transportiert. Hierbei wird der Pumpendruck von dem Wärmeverbraucher mit dem ungünstigsten Stromkreis, d. h. mit dem höchsten Gesamtdruckverlust, bestimmt. Die Stromkreise der weiteren Wärmeverbraucher besitzen in der Regel jedoch geringere Druckverluste, werden aber mit dem gleichen Pumpendruck beaufschlagt. Dies hat zur Folge, dass diese Wärmeverbraucher einen höheren Volumenstrom als benötigt erhalten. Gleichzeitig werden die Stromkreise mit den größten Druckverlusten unterversorgt. Eine nicht bedarfsgerechte Heizwasserverteilung führt letztlich dazu, dass die von den Wärmeverbrauchern abgegebenen Wärmeleistungen nicht den tatsächlichen Heizlasten entsprechen. Die gewünschten Verbraucher- und Raumtemperaturen werden nicht erreicht (Abb. 1a).

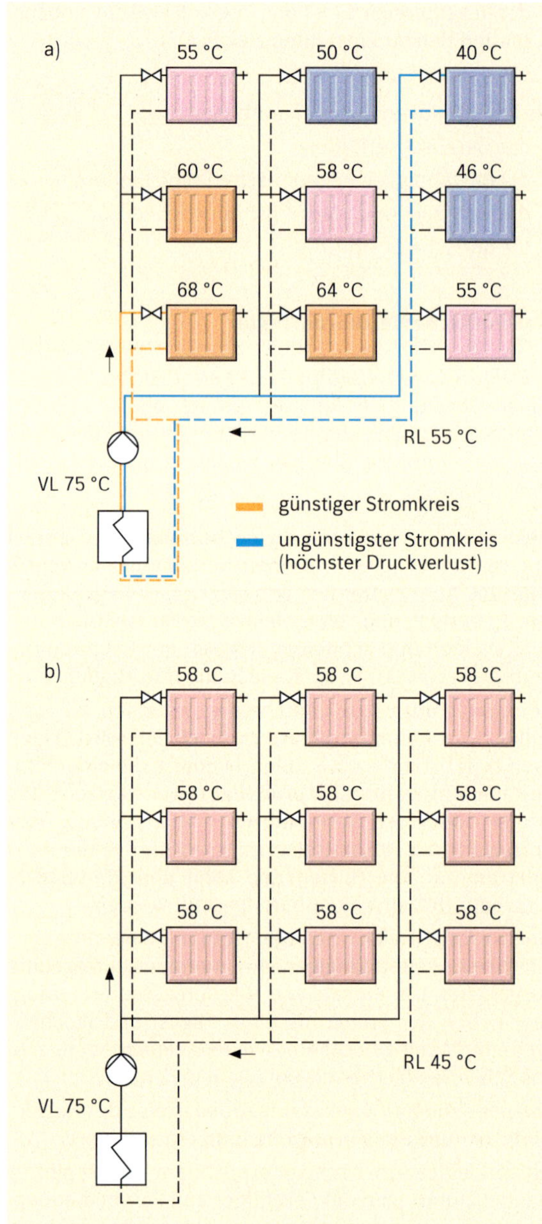

Abb. 1: Wärmeverteilung und Heizkörpertemperatur bei einer a) mangelhaft hydraulisch abgeglichenen Heizungsanlage, b) korrekt abgeglichenen Heizungsanlage

Als mögliche Fehlerquellen gelten oft falsch ausgelegte Umwälzpumpen bzw. Wärmeverbraucher. Der Einsatz einer größeren Umwälzpumpe zur Minderung der Unterversorgung ist keine fachgerechte Lösung des Problems. Hierbei ergibt sich ein unnötig hoher Stromverbrauch und es können verstärkt Geräuschprobleme auftreten. Die Beseitigung dieser den Komfort einschränkenden Störungen kann jedoch nur durch einen hydraulischen Abgleich des Rohrnetzes erfolgen.

! Beim *hydraulischen Abgleich* werden die Druckverluste in der Heizungsanlage gezielt so beeinflusst, dass jeder Wärmeverbraucher genau mit der Heizwassermenge versorgt wird, die zur Abdeckung der Heizlast erforderlich ist.

Der hydraulische Abgleich ist Grundvoraussetzung für eine energieoptimierte Betriebsweise der Heizungsanlage. Aus diesem Grund ist die Heizungsfachfirma verpflichtet, die installierten Rohrnetze hydraulisch abzugleichen.

! Gemäß VOB DIN 18380 ist die *bedarfsgerechte Versorgung* der einzelnen Wärmeverbraucher nicht nur im Auslegungsfall (Volllast), sondern auch bei den zu erwartenden wechselnden Betriebsbedingungen (z. B. Teillastbereich) sicherzustellen.

Zu diesem Zweck werden die Druckverluste der günstigeren Wärmeverbraucherstromkreise auf den Druckverlustwert des ungünstigen Stromkreises angehoben. Die Stromkreise aller Wärmeverbraucher besitzen somit den gleichen Druckverlust.

Es stellt sich die gewünschte Wärmeverteilung mit einer gleichmäßigen Temperatur aller Heizkörper ein (Abb. 1b). Dieses Wärmegleichgewicht bleibt auch bei einem Fehlbetrieb erhalten. Werden beispielsweise die Heizkörper eines Raumes bei geöffnetem Fenster nicht abgestellt, so erfolgt keine bevorzugte Versorgung dieser Wärmeverbraucher, obwohl die Raumheizlast stark ansteigt.

Die beim hydraulischen Abgleich am häufigsten angewandte Möglichkeit ist der Einbau von zusätzlichen verstell- bzw. regelbaren Strömungswiderständen.

Hierzu zählen vor allem:

- voreinstellbare Thermostatventile
- einstellbare Heizkörperrücklaufverschraubungen
- Differenzdruckregler
- Durchflussregler
- Differenzdruckregler mit Durchflussbegrenzung

Voreinstellbare Thermostatventile

! Bei diesen Thermostatventilen kann die *Größe des freien Durchflussquerschnittes* des Ventils verändert werden (Abb. 3). Dadurch besteht die Möglichkeit, den maximalen Massenstrom des Heizmittels bei ganz geöffnetem Ventil zu begrenzen.

Die Verkleinerung des Querschnittes wirkt wie ein zusätzlicher Strömungswiderstand, der es ermöglicht, dem benötigten Heizkörpermassestrom verschiedene Druckverlustwerte zuzuordnen.

Zur Durchführung des hydraulischen Abgleichs müssen zunächst die Druckverluste der einzelnen Heizkörperstromkreise bestimmt werden. Danach wird für jeden Heizkörperstromkreis die Druckdifferenz zum ungünstigsten Stromkreis gebildet.

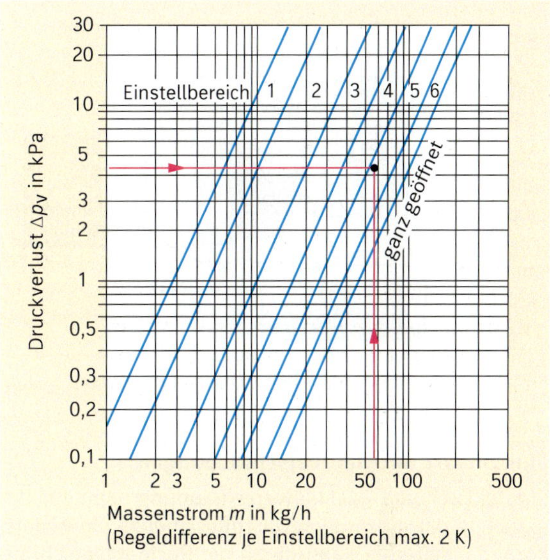

Abb. 2: Diagramm zur Ermittlung des Einstellwertes

Diese Druckdifferenzwerte müssen an den voreinstellbaren Thermostatventilen der jeweiligen Heizkörper abgeglichen, also abgebaut werden. Die hierzu erforderlichen Einstellwerte lassen sich in Abhängigkeit vom Heizkörpermassestrom aus den Herstellerunterlagen entnehmen (Abb. 2). Der ermittelte Wert für die Voreinstellung wird am Ventilkörper je nach Fabrikat z. B. durch Drehen eines Einstellungsringes oder mit einem Spezialschlüssel eingestellt (Abb. 3b).

Voreinstellbare Thermostatventile sind nur für den hydraulischen Abgleich von Differenzdrücken bis 20 kPa (200 mbar) geeignet. Bei höheren Drücken besteht die Gefahr der Geräuschbildung. Zu beachten ist, dass der maximale Differenzdruck unmittelbar vor dem Schließpunkt auftritt. Ein zu hoher Druckabgleich durch die Voreinstellung kann unter bestimmten Bedingungen auch zur Verschlechterung des Regelverhaltens der Thermostatventile führen.

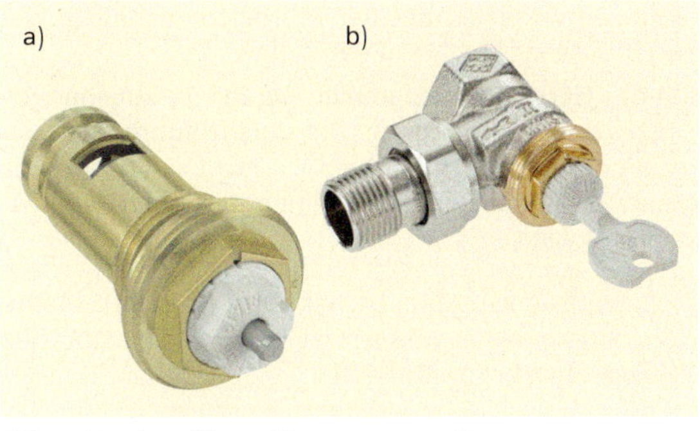

Abb. 3: Voreinstellbares Thermostatventil
a) Ventileinsatz, b) Voreinstellung

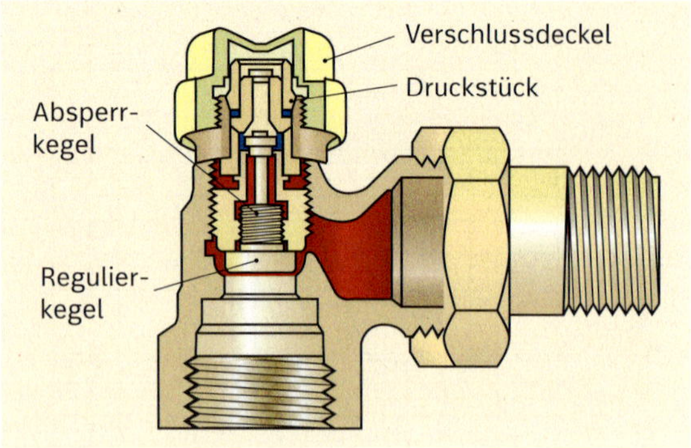

Abb. 1: Aufbau einer einstellbaren Heizkörperrücklaufverschraubung

Einstellbare Rücklaufverschraubungen

Eine einstellbare Rücklaufverschraubung dient zur Begrenzung der maximalen Durchflussmenge eines Heizkörpers. Weiterhin kann durch die Rücklaufverschraubung der Differenzdruck über dem Heizkörper abgebaut werden. Es wird demzufolge die gleiche Wirkung wie mit einem voreinstellbaren Thermostatventil erzielt.

Auch die Vorgehensweise bei der Durchführung des hydraulischen Abgleichs ist für beide Bauteile im Wesentlichen gleich. Die Voreinstellung erfolgt durch Verdrehen einer Stellschraube in der Heizkörperrücklaufverschraubung (Abb. 1).

Ist der abzubauende Druck relativ hoch, in der Regel ab einem Wert über 20 kPa, so sind einstellbare Rücklaufverschraubungen und voreinstellbare Thermostatventile zum Druckabgleich nicht geeignet, da die Gefahr der Geräuschbildung besteht. Es müssen andere geeignete Bauteile verwendet werden, z. B. manuelle Strangregulierventile.

Manuelle Strangregulierventile

Bei großen und weit verzweigten Heizungsanlagen können die Druckverluste der einzelnen Verbraucherstromkreise sehr unterschiedlich sein. In solchen Fällen ist es günstig, bereits die verschiedenen Stränge der Heizungsanlage hydraulisch abzugleichen. Eine Möglichkeit hierfür sind Strangregulierventile. Sie werden in den Vor- oder Rücklauf des jeweiligen Stranges eingebaut (Abb. 2). Die abzugleichenden Differenzdruckwerte sind entweder anhand der Rohrnetzberechnung oder durch Messung vor Ort zu ermitteln.

Aus den Herstellerdiagrammen werden die zugehörigen Einstellwerte entnommen. Die durchzuführenden Einregulierungsarbeiten sind jedoch recht aufwendig, da sie im Zusammenwirken mit einem zentralen Regulierventil erfolgen.

! Ein wirksamer hydraulischer Abgleich mittels manuellen *Strangregulierventilen* ist nur im Volllastbetrieb (Auslegungsfall) gewährleistet.

Im Teillastbetrieb vermindert sich ihre abdrosselnde Wirkung, da der Druckverlust des Strangregulierventils

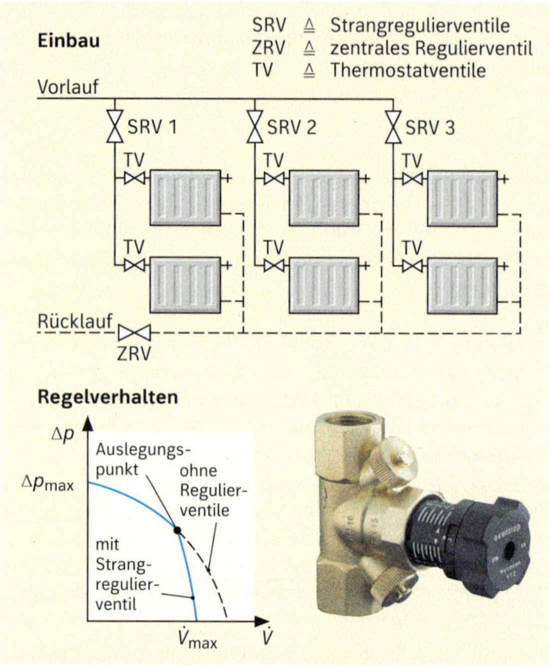

Abb. 2: Hydraulischer Abgleich mit Strangregulierventilen

bei zurückgehendem Volumenstrom fällt. Der erforderliche Druckabgleich ist nicht mehr gewährleistet. In der Folge steigt der Differenzdruck über den Thermostatventilen und die Gefahr der Geräuschentstehung wächst.

Differenzdruckregler

Differenzdruckregler können zum hydraulischen Abgleich von Heizungssträngen oder einzelnen Verbrauchern eingesetzt werden (Abb. 3). Sie bilden ebenfalls

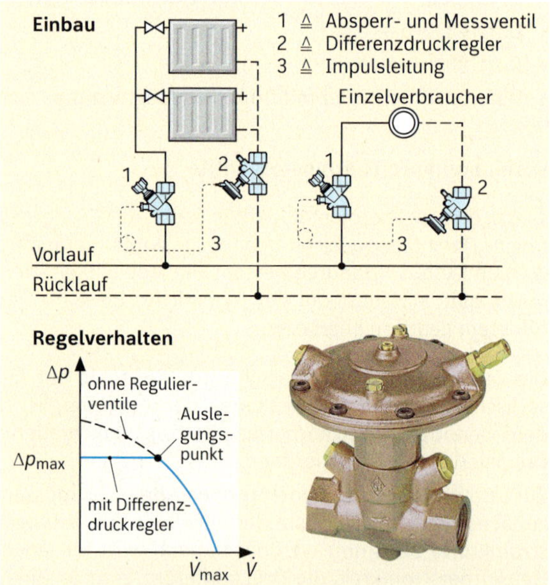

Abb. 3: Hydraulischer Abgleich mit Differenzdruckreglern

einen zusätzlichen Strömungswiderstand und reduzieren somit die an den Wärmeverbrauchern abzugleichende Druckdifferenz.

! Der Vorteil des Differenzdruckreglers besteht darin, dass er sowohl im Volllast- als auch im Teillastbereich den Differenzdruck im Strang bzw. über dem Wärmeverbraucher auf dem geforderten Sollwert konstant hält.

Ein Differenzdruckanstieg, z. B. hervorgerufen durch das Drosseln von Thermostatventilen in anderen Rohrabschnitten der Heizungsanlage, wird durch den Differenzdruckregler ausgeglichen. Die Thermostatventile im nachgeschalteten Strang arbeiten unter gleichbleibenden Druckverhältnissen. Ihr Regelverhalten verschlechtert sich somit nicht und es entstehen keine Geräuschprobleme durch unzulässig hohe Differenzdrücke. Der Einbau der Differenzdruckregler erfolgt im Rücklauf.

Durchflussregler (Volumenstromregler)

! *Durchflussregler* begrenzen automatisch die Durchflussmenge in einem bestimmten Teil der Heizungsanlage auf den gewünschten Sollwert, z. B. in einem Strang.

Dies erfolgt unabhängig vom Differenzdruck, der über dem Ventil anliegt. Im Rahmen des hydraulischen Abgleichs wird somit eine Überversorgung von einzelnen Wärmeverbrauchern oder Verbrauchergruppen im Voll- und Teillastbereich sowie in der Aufheizphase nach der Nachtabsenkung vermieden. Gleichzeitig verhindert man eine Unterversorgung von Verbrauchern in anderen Strängen. Volumenstromänderungen innerhalb der Stränge wirken sich nur gering auf andere Stränge der Heizungsanlage aus. Ein Anstieg des Differenzdruckes durch veränderte Betriebsbedingungen kann durch den Durchflussregler nicht ausgeglichen werden. Er eignet sich deshalb vor allem für Einrohrheizungsanlagen, weil in diesen weitestgehend konstante Differenzdrücke herrschen. Der Einbau des Durchflussreglers kann in den Vor- oder Rücklauf eines Heizungsstranges bzw. Verbrauchers erfolgen (Abb. 4).

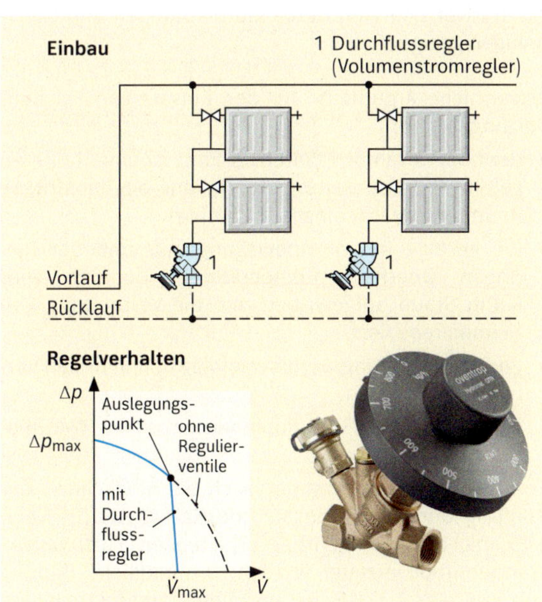

Abb. 4: Hydraulischer Abgleich mit Durchflussreglern

Differenzdruckregler mit Durchflussbegrenzung

! Er hält z. B. beim strangweisen hydraulischen Abgleich den *Differenzdruck* im Strang konstant und begrenzt den *Strangvolumenstrom* auf den Auslegungswert, unabhängig vom anstehenden Vordruck (Abb. 5).

Damit vereint dieser Regler die Vorteile des Differenzdruckreglers mit denen des Durchflussreglers. An der Einstellspindel wird der Sollwert für den Differenzdruck und den maximalen Volumenstrom eingestellt.

Differenzdruckregler mit Durchflussbegrenzung werden insbesondere in Zweirohrheizungsanlagen eingesetzt,

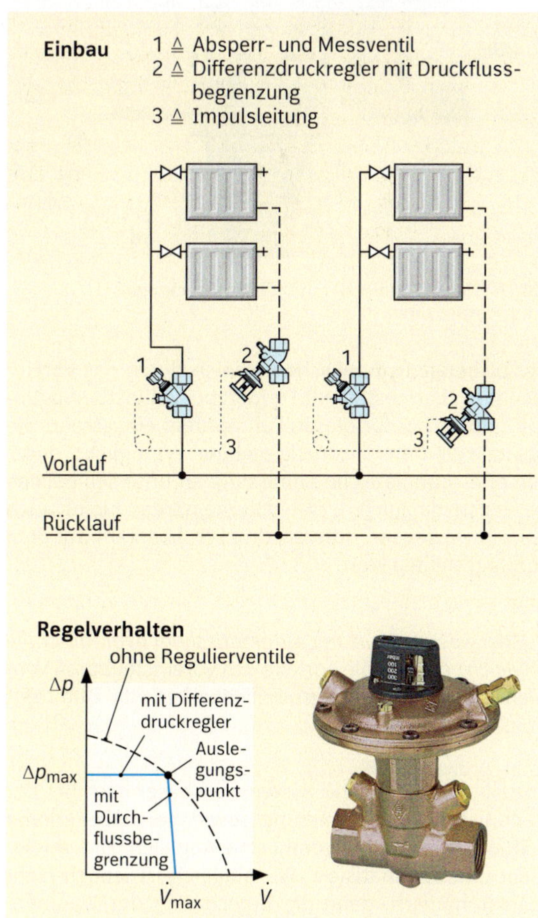

Abb. 5: Hydraulischer Abgleich mit Differenzdruckreglern mit Durchflussbegrenzung

bei denen eine Differenzdruckregelung für den Teillastbereich erforderlich ist und gleichzeitig eine Begrenzung des Massestromes der Verbraucher erwünscht wird. Die Doppelfunktion des Reglers ermöglicht einen problemlosen hydraulischen Abgleich, auch wenn die genaue Druckverteilung in der Heizungsanlage nicht bekannt ist.

Thermostatventile mit automatischem hydraulischem Abgleich

Durch eine neue Generation von voreinstellbaren Thermostatventilen wird der hydraulische Abgleich weiter verbessert. In das Thermostatventilunterteil ist ein Differenzdruckregler bereits mit eingebaut (Abb. 1). Dieser regelt den Durchfluss auch bei veränderten Druckbedingungen automatisch auf den voreingestellten Wert.

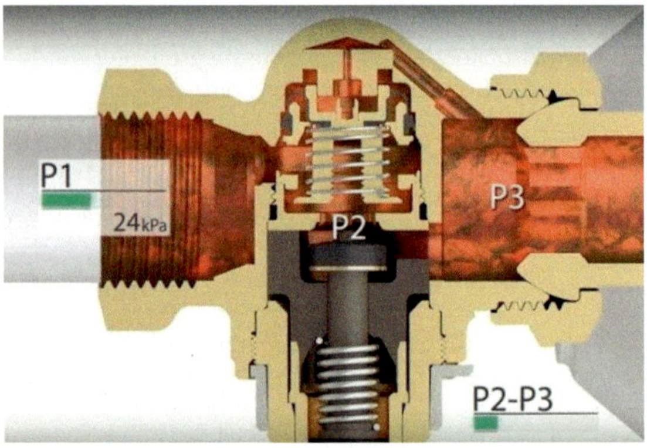

Abb. 1: Thermostatventil mit Differenzdruckregler

Der bisherige hydraulische Abgleich durch das voreinstellbare Thermostatventil erfolgt bei Volllastbedingungen und ist nur für diesen Fall optimal eingestellt. Die zusätzliche Differenzdruckregelung ermöglicht dagegen eine automatische Anpassung an unterschiedliche Betriebsbedingungen. Der Volumenstrom bleibt auch bei schwankenden Differenzdrücken konstant auf dem voreingestellten Wert.

! *Thermostatventile mit automatischem hydraulischem Abgleich* vereinen die Vorteile von voreinstellbaren Ventilen mit den Regelungsmöglichkeiten von Differenzdruckreglern.

Vorteilhaft sind solche Systeme insbesondere bei der Nachrüstung und Sanierung sowie bei unbekannten Leitungsnetzen. Der hydraulische Abgleich wird vereinfacht und automatisiert. Der Abgleich ist jedoch nicht vollautomatisch, denn die Berechnung der Volumenströme zur Voreinstellung der Ventile ist weiterhin erforderlich.

Aufgaben

1. Was versteht man unter dem hydraulischen Abgleich einer Heizungsanlage?
2. Welche Nachteile hat ein nicht oder nicht fachgerecht durchgeführter hydraulischer Abgleich?
3. Beschreiben Sie die Vorgehensweise zur Durchführung des hydraulischen Abgleichs mittels voreinstellbarer Thermostatventile.
4. Welche Vorteile hat der Einsatz von Differenzdruck- und Durchflussreglern beim Abgleichen von Heizungsanlagen?
5. Erklären Sie die Funktion von Thermostatventilen mit automatischem hydraulischem Abgleich.

7.14 Flächenheizungen

7.14.1 Grundlagen

! Bei *Flächenheizungen* werden in der Regel ganze Umschließungsflächen von Räumen zur Verlegung der Heizelemente genutzt. Je nach Ort der Verlegung wird zwischen Fußboden-, Wand- und Deckenheizungen unterschieden.

Flächenheizungen geben ihre Wärme überwiegend durch Wärmestrahlung ab (Abb. 3, Seite 339). Man ordnet sie deshalb auch der Gruppe der Strahlungsheizungen zu.
Als Heizmedium für Flächenheizungen dient Warmwasser, in Sonderfällen auch Warmluft oder elektrischer Strom. Die Oberflächentemperaturen der Heizflächen sind z. B. aus Gründen der Behaglichkeit begrenzt. Sie liegen in einem relativ niedrigen Bereich, z. T. unter 30 °C. Sie sind besonders für die Beheizung mittels regenerativer Energien durch Wärmepumpen und Solaranlagen geeignet.

Wesentliche Argumente für den Einsatz von Flächenheizungen sind:

- der hohe Strahlungsanteil. Er führt zu einer höheren gefühlten Temperatur. Folglich kann eine niedrigere Raumtemperatur eingestellt werden.
- die geringe Raumluftbewegung aufgrund der niedrigen Oberflächentemperaturen. Dadurch wird kaum Staub aufgewirbelt und die Verbreitung von Keimen reduziert.
- geringe Verteilungsverluste infolge der niedrigen Vorlauftemperaturen
- kein Platzbedarf für Raumheizkörper im Wandbereich

Ferner besteht im Sommer auch die Möglichkeit der Kühlung durch den Einsatz von Kaltwasser. Es kann z. B. mit einer umkehrbar arbeitenden Luft/Wasser-Wärmepumpe erzeugt werden. Die mögliche Bildung von Kondensat lässt sich mit einer Taupunktregelung vermeiden.

Als nachteilig erweisen sich:

- die z. T. große Trägheit der Flächenheizungen beim Regeln der Raumtemperatur
- Bodenbeläge mit hoher Wärmeleitfähigkeit (Naturstein, Fliesen), weil sie sich insbesondere in der warmen Jahreszeit oft kalt anfühlen
- die höheren Kosten durch den größeren baulichen Aufwand
- der z. T. hohe Reparaturaufwand und die begrenzte Möglichkeit der nachträglichen Änderung der Heizflächen

7.14.2 Warmwasser-Fußbodenheizung

Die Fußbodenheizung benötigt eine niedrige Vorlauftemperatur. Dies ist vor allem auf die Größe der Wärme übertragenden Fläche zurückzuführen. In dieser Hinsicht unterscheidet sie sich deutlich von Heizkörpern. Die Fußbodenheizung eignet sich besonders in Kombination mit Wärmepumpen, denn je niedriger die Vorlauftemperatur des Wärmeverbrauchers ist, desto höher ist die Leistungszahl der Wärmepumpen.

Die Nutzung des Fußbodens als Heizfläche führt im Allgemeinen zu einer nahezu gleichmäßigen Temperatur über die gesamte Raumhöhe (Abb. 2). Diese Temperaturverteilung wird vom Menschen als sehr angenehm empfunden. Die geringe Temperaturdifferenz zwischen Fußboden und Raumluft mindert außerdem die Staubaufwirbelung und damit das Ausbreiten von Stoffen, die Allergien hervorrufen können.

Aufbau der Fußbodenheizung

Die Grundlage für den Aufbau der Fußboden-Warmwasserheizung bildet DIN EN 1264. Darüber hinaus sind weitere Normen und Verordnungen über Wärme-, Schall- und Brandschutz zu beachten.

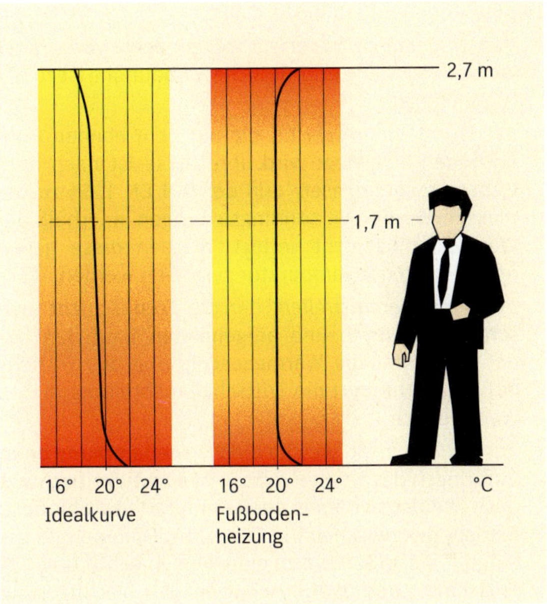

Abb. 2: Temperaturverteilung einer Fußbodenheizung

Die erforderlichen Schichten, aus denen sich der Fußbodenaufbau zusammensetzt, sind unter anderem abhängig von der Art der Geschossdecke, z. B. Decken zwischen unbeheizten oder beheizten Räumen, der Raumnutzung und der Raumhöhe bei nachträglichem Einbau. Die verschiedenen Ausführungen lassen sich nach der Anordnung der Heizrohre im Aufbau des Fußbodens in Nass- und Trockeneinbettung unterteilen.

Grundaufbau der Nasseinbettung (Abb. 3a):

Bei dieser Ausführung befinden sich die Heizrohre im Heizestrich. Die Nasseinbettung gewährleistet eine gute Wärmeübertragung zwischen Rohr und Estrich.

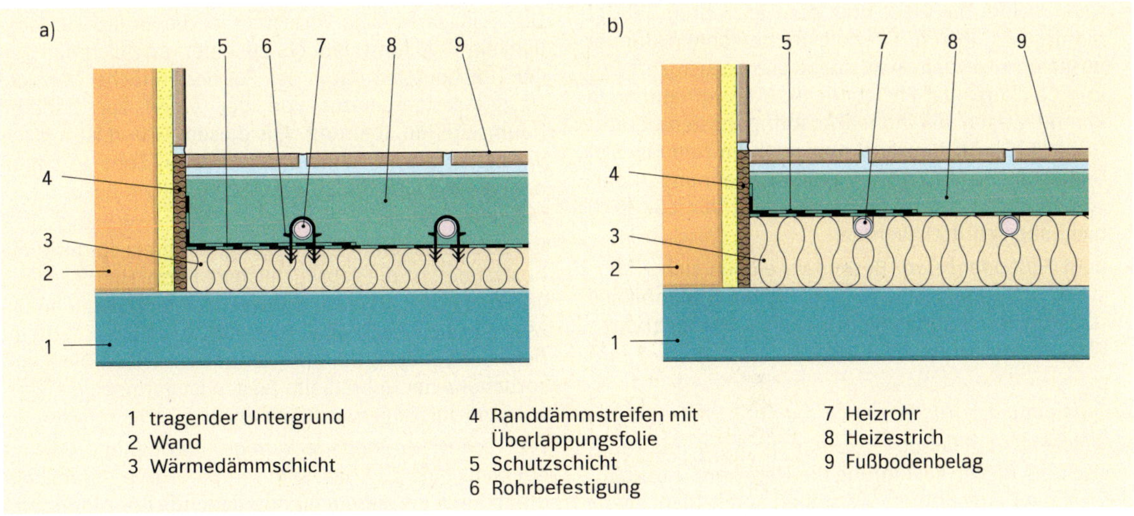

Abb. 3: Grundaufbau a) der Nasseinbettung und b) der Trockeneinbettung

Der Fußbodenaufbau besteht aus:

- dem *tragenden Untergrund*, der zunächst vorbereitet werden muss. Die erforderliche Aufbauhöhe ist zu berücksichtigen.
- der *Wärmedämmschicht*, die auf dem ebenen Rohfußboden ausgelegt wird. Ihre Dicke ist nach dem Gebäudeenergiegesetz und der DIN EN 1264 zu bemessen. Werden Versorgungsleitungen innerhalb der Wärmedämmschicht verlegt, müssen diese gegen Änderungen der Temperatur geschützt werden.
- dem *Randdämmstreifen*, der die Trennschicht zwischen Heizestrich und aufgehenden Bauteilen bildet. Er nimmt die Wärmeausdehnung des Estrichs auf und verhindert die Trittschallausbreitung in den Wandbereich.
- der *Schutzschicht*, welche die Wärmedämmung beim Aufbringen des Nassestrichs vor Feuchtigkeit schützt und ein Aufschwimmen der Dämmplatten verhindert. Estrich, der zwischen die Fugen des Dämmstoffs gelangt, führt außerdem zu einer Verschlechterung des Trittschall- und Wärmeschutzes. Zur Verringerung des Verlegeaufwandes können die Wärmedämmplatten bereits mit einer feuchtigkeitsabsperrenden Schutzschicht versehen sein.
- der *Rohrbefestigung*. Man unterscheidet Rohrhalterungen mittels Clips, Widerhakenbügel und Schienen sowie Noppen. Trägermatten zur Befestigung der Rohrclips können gleichzeitig zur Estrichbewehrung dienen.
- den *Heizrohren*. Wegen ihrer Korrosionsbeständigkeit und leichten Verlegbarkeit finden vorwiegend Kunststoffrohre der Anwendungsklasse 4, Mehrschicht-Verbundrohre und Kupferrohre mit Kunststoffstegmantel Verwendung. Die Anwendungsklasse nach DIN 4726 macht Vorgaben zur zulässigen Betriebstemperatur und zur flächenbezogenen Sauerstoffdurchlässigkeit (→ TB). Die Rohr-Außendurchmesser betragen in der Regel 12 bis 20 mm.
- dem *Heizestrich*, der eine gute Wärmeleitfähigkeit besitzen sollte. Die Dicke über den Heizrohren beträgt mindestens 30 mm. Spezialestriche können dünner ausgeführt werden. Als Estriche eignen sich Zement- und Calciumsulfat-Fließestriche. Gussasphaltestrich kommt wegen der hohen Ausbringungstemperatur (ca. 250 °C) i. d. R. nur bei Kupferrohren zum Einsatz. Damit im Estrich keine zu großen Spannungen entstehen, sollte eine Vorlauftemperatur von ca. 50 °C nicht überschritten werden.
- dem *Fußbodenbelag*. Besonders eignen sich Naturstein- und keramische Fliesen. Textile Bodenbeläge lassen sich nur verwenden, wenn sie einen geringen Wärmeleitwiderstand aufweisen (→ TB).

Grundaufbau der Trockeneinbettung (Abb. 3b, S. 353):

Abweichend vom Fußbodenaufbau der Nasseinbettung werden bei dieser Ausführung die Heizrohre unterhalb des Estrichs angeordnet. Sie stehen somit nicht mehr mit dem Estrich in Berührung.

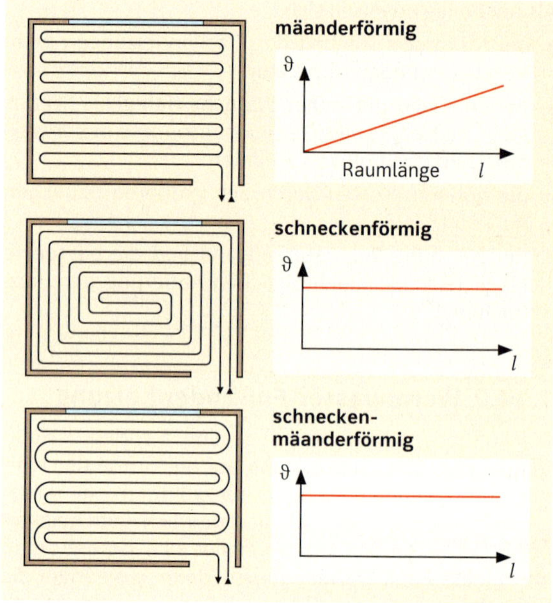

Abb. 1: Verlegearten der Heizungsrohre und Temperaturverteilung

Zu diesem Zweck besitzt die Wärmedämmschicht in entsprechenden Abständen Vertiefungen zur Aufnahme der Rohre. Eine Abdeckfolie über der Wärmedämmung trennt den Estrich von den Heizrohren. Eine gleichmäßigere Wärmeabgabe kann durch den Einsatz von Wärmeleitblechen erzielt werden. Die Estrichhöhe beträgt mindestens 30 mm. Durch die Verwendung von Trockenestrichplatten, z. B. Gipsplatten, lässt sich die Höhe des Fußbodenaufbaus reduzieren.

Verlegearten der Heizungsrohre

Die zwei grundlegenden Verlegearten sind die mäanderförmige (schlangenförmige) und die schneckenförmige Verlegung (Abb. 1). Beide Arten lassen sich auch miteinander kombinieren.

Die *mäanderförmige* Verlegung ist die einfachste Möglichkeit. Sie führt jedoch zu einer ungleichmäßigen Oberflächentemperatur der Fußbodenfläche, weil die Heizwassertemperatur von der einen zur anderen Raumseite hin abnimmt. Aus diesem Grund ist mit der Verlegung des Vorlaufs in der kälteren Zone zu beginnen. Anwendung findet diese Art vor allem bei untergeordneten Räumen.

Die *schneckenförmige* Verlegung, auch als spiralförmig bezeichnet, ist die gebräuchlichste Form. Hierbei liegen Vor- und Rücklauf jeweils abwechselnd nebeneinander. Es ergibt sich eine annähernd gleiche Oberflächentemperatur über den gesamten Fußbodenverlauf. Die Beanspruchung der Rohre beim Biegen ist geringer, da überwiegend 90°-Bögen vorkommen.

Die *schnecken-mäanderförmige* Verlegung bewirkt ebenfalls eine gleichmäßige Temperaturverteilung, bedingt durch die nebeneinanderliegende Anordnung von Vor- und Rücklauf.

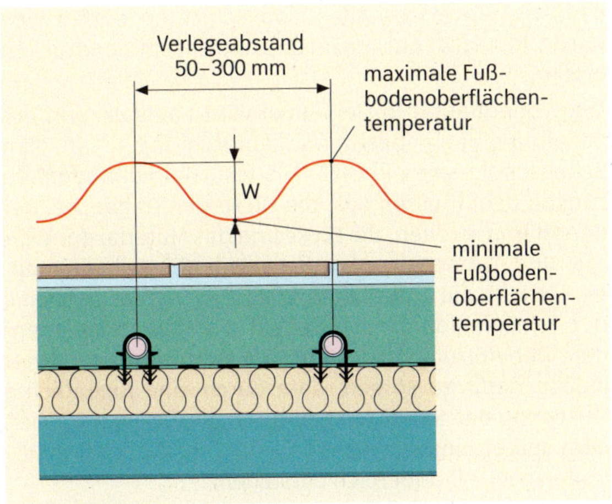

Abb. 2: Welligkeit der Fußbodentemperatur

Abb. 3: Heizkreisverteiler

Für alle Verlegearten gilt der Grundsatz:

! Je geringer der Verlegeabstand und je tiefer die Rohreinbettung im Heizestrich, desto gleichmäßiger ist die *Oberflächentemperatur* des Fußbodens. Große Verlegeabstände führen zu einer stärkeren Welligkeit der Fußbodentemperatur (Abb. 2).

Heizkreise und Heizkreisregelung

Um die Temperatur der mit einer Fußbodenheizung ausgestatteten Räume unabhängig voneinander hydraulisch abgleichen und regeln zu können, benötigt jeder Heizkreis mindestens eine Abgleicheinrichtung.

Die Vor- und Rückläufe der Heizkreise werden meist geschossweise an einem zentral angeordneten *Heizkreisverteiler* angeschlossen (Abb. 3). Am Verteiler befinden sich die Absperr- und Entlüftungsventile, die Abgleich- und Regeleinrichtungen sowie Vorrichtungen zur Abscheidung von Schlamm.

Große Räume sind in mehrere gleich lange Heizkreise aufzuteilen. Die Länge des Heizkreises wird durch die Druckverluste begrenzt. Ein einzelner Heizkreis wäre zu lang, hätte einen zu großen Druckverlust und würde daher den Raum schlecht heizen. Je nach Verlegeabstand ergeben sich zulässige Heizkreisflächen bis zu ca. 40 m^2.

Auch Warmwasser-Fußbodenheizungen müssen hydraulisch abgeglichen werden, um den erforderlichen Durchfluss des Heizmediums zu gewährleisten. Der Abgleich der Anlage muss nach der Installation am Verteiler erfolgen.

Bei der Anordnung der Heizkreise sind die bauseits geplanten Fugen zu berücksichtigen. Dazu gehören insbesondere *baulich bedingte Fugen* und Fugen zur Begrenzung der Größe von Estrichfeldern (Bewegungsfugen).

Bewegungsfugen trennen den Estrich vollständig bis zur Wärmedämmung. Direkt im Estrich verlegte Heizrohre dürfen Bewegungsfugen nur als Anbindeleitungen kreuzen (Abb. 4). Sie sind in diesem Bereich beidseitig auf einer Länge von ca. 200 mm mit elastischem Material zu umhüllen (Abb. 5).

Die Einzelraumregelung von Fußbodenheizungen ist in Kap. 14.7.7 beschrieben.

Aufgrund des trägeren Regelverhaltens erweist es sich als zweckmäßig, eine Warmwasser-Fußbodenheizung neben der Raumtemperaturregelung mit einer außentemperaturgeführten Vorlauftemperaturregelung auszurüsten.

Zum Schutz gegen Übertemperaturen ist die Vorlaufleitung mit einem Temperaturwächter zu versehen, der bei einer Vorlauftemperatur von ca. 60 °C die Umwälzpumpe abschaltet oder das Mischventil schließt.

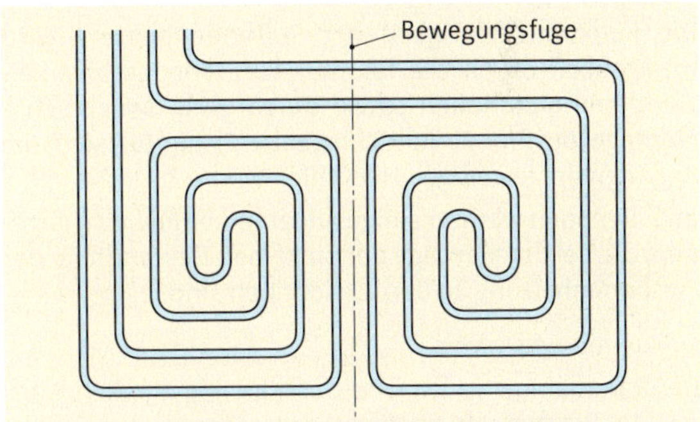

Abb. 4: Heizkreisanordnung im Bereich einer Bewegungsfuge

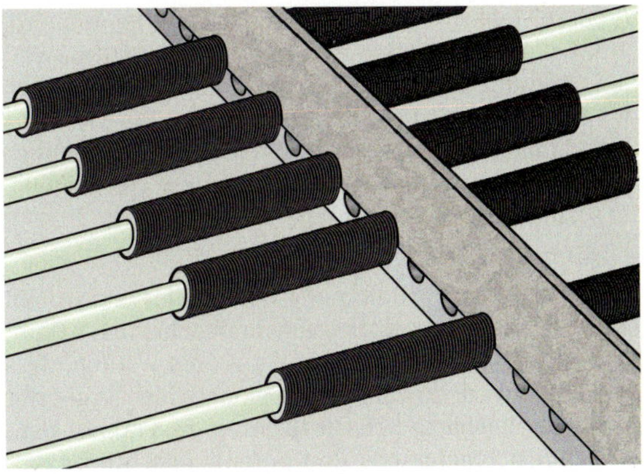

Abb. 5: Bewegungsfuge im Estrich

Bauseitige Voraussetzungen

Vor Beginn der Verlegearbeiten sind u. a. folgende bauseitige Voraussetzungen zu prüfen:

- Die Wände und Decken müssen verputzt, Fenster und Außentüren eingesetzt sein.
- Alle auf dem tragenden Untergrund verlaufenden Leitungen müssen so befestigt und eingebunden werden, dass ein ebener Untergrund für die Wärmedämmschicht entsteht. Er muss ausreichend fest, trocken und frei von losen Bestandteilen (besenrein) sein.
- Liegt der tragende Untergrund direkt auf dem Erdreich, ist eine Bauwerksabdichtung nach entsprechenden DIN-Normen, z. B. DIN 18336, erforderlich. Verträgt sich die Abdichtung z. B. bei bituminösen Materialien nicht mit der Wärmedämmung, ist eine Zwischenfolie auszulegen.
- In jedem Raum sollte ein Meterriss als Bezugsmaß zur Fertigfußbodenhöhe angebracht sein.
- Falls Bauwerksfugen zu berücksichtigen sind, muss ein gültiger Fugenplan vorliegen.
- Aussparungen und Durchbrüche für die Versorgungsleitungen und Verteilerschränke müssen vorhanden sein.

Über festgestellte Mängel sollten die Auftraggebenden schriftlich informiert und die Beseitigung der Mängel ggf. veranlasst werden.

Einbauvorschriften und Montagehinweise

Die Funktionstüchtigkeit der Fußbodenheizung wird maßgeblich durch die für den Fußbodenaufbau verwendeten Materialien sowie durch eine fachgerechte Montage bestimmt. Ausschlaggebend hierfür sind die Angaben der jeweiligen Hersteller.

Im Folgenden werden einige allgemeine Hinweise gegeben, die bei der Montage der einzelnen Bestandteile der Fußbodenheizung zu berücksichtigen sind.

- *Randdämmstreifen*

Der Randdämmstreifen wird durchgängig an allen Wänden des Raumes verlegt. Ebenso werden alle den Fußboden durchdringenden Bauteile wie Rohrleitungen, Stützen, Türzargen u. Ä. mit einem Randstreifen versehen.

Vor dem Einbringen des Estrichs muss der Randdämmstreifen gegen Veränderung seiner Lage gesichert werden. Der überstehende Teil darf erst nach Verlegen des Bodenbelags abgeschnitten werden. Die Dicke des Randdämmstreifens ist so zu bemessen, dass er nach Aushärten des Estrichs eine Ausdehnung von mindestens 5 mm aufnehmen kann.

- *Wärme- und Trittschalldämmung*

Beim Aufbringen der Dämmung müssen die Platten dicht an dicht verlegt werden. Bei einer mehrschichtigen Dämmung müssen die Platten so angeordnet werden, dass die Fugen zwischen den Platten einer Schicht nicht mit denen der nächsten Schicht fluchten. Es sind nur bauaufsichtlich zugelassene und güteüberwachte Dämmstoffe zulässig, z. B. Polystyrol-Hartschaum nach DIN 4108-10, FCKW-frei. Alle Dämmschichten dürfen sich nach DIN 18560 nur maximal 5 mm zusammendrücken lassen.

Die Wohnqualität in Gebäuden wird ebenfalls von der Schalldämmung bestimmt. Anforderungen an den Schallschutz legt die DIN 4109 fest. Bei Fußbodenheizungen beeinflussen u. a. die Dicke der Tragdecke, der Randdämmstreifen, die Dicke und das Material der Wärme- und Trittschalldämmung sowie der „schwimmende Estrich" die Schalldämmung. Die Dimensionierung der Trittschalldämmung obliegt den Gebäudeplanenden. Der Heizungsbauer bzw. die Heizungsbauerin hat jedoch dafür zu sorgen, dass durch eine fugendichte Verlegung der Schichten keine Schallbrücken zwischen dem später einzubringenden Estrich und dem Rohfußboden bzw. Wandbereich entstehen.

- *Schutzschicht*

Bei Verwendung einer Schutzschicht aus einer Kunststofffolie, die eine Dicke von mindestens 0,15 mm haben soll, ist unbedingt darauf zu achten, dass diese nicht beschädigt wird. Die Stöße der Bahnen sind mindestens 80 mm zu überlappen und bei Einsatz von Fließestrich zu verkleben oder zu verschweißen. Die Schutzschicht muss bis zur Oberkante des Randdämmstreifens reichen.

- *Heizrohre und Rohrbefestigung*

Die zulässigen Biegeradien dürfen nicht unterschritten werden. An scharfkantigen Durchbrüchen und Übergängen sind Maßnahmen zu treffen, damit das Rohr nicht scheuert, z. B. durch Verlegen in Schutzrohr.

Sind Rohre auf der Rohbetondecke zu verlegen, so muss dies geradlinig und parallel oder rechtwinklig zu den Wänden erfolgen. Eine schräge oder bogenförmige Verlegung erschwert das Zuschneiden der Wärme- und Trittschalldämmung.

Werden gedämmte Rohrleitungen auf der Rohbetondecke verlegt, so wird die tragende Wärme- und Trittschalldämmschicht unterbrochen. Um bei statischer und dynamischer Belastung eine rissfreie Estrichplatte zu gewährleisten, darf die maximale Unterbrechung höchstens 120 mm betragen (Abb. 1).

Befestigungen für die Heizrohrfixierung, die in die Dämmung eindringen, sind zulässig.

Die *Dichtheitsprüfung von Heizungen* ist nach DIN EN 14336 durchzuführen. Sie hat zu erfolgen, nachdem die Leitungen und Armaturen fachgerecht installiert sind und die Heizung betriebsbereit ist. Dabei müssen die Leitungen und Armaturen einer Sichtkontrolle unterzogen werden können. Das bedeutet, dass zuvor weder Putz, Estrich noch Dämmung aufgebracht werden dürfen. Die Dichtheitsprüfung erfolgt, wenn möglich, mit Wasser, bei einem Prüfdruck von 1,3 · max. Betriebsdruck für die Dauer von 3 Stunden (→ TB). Zuvor ist das Membran-Druckausdehnungsgefäß abzusperren und das Sicherheitsventil mit einem Stopfen zu verschließen. Durchführung und Ergebnis der Dichtheitsprüfung sind zu protokollieren. Bei Kunststoffleitungen gelten für die Dichtheitsprüfung die Anforderungen der DIN EN 1264-4 oder der Hersteller.

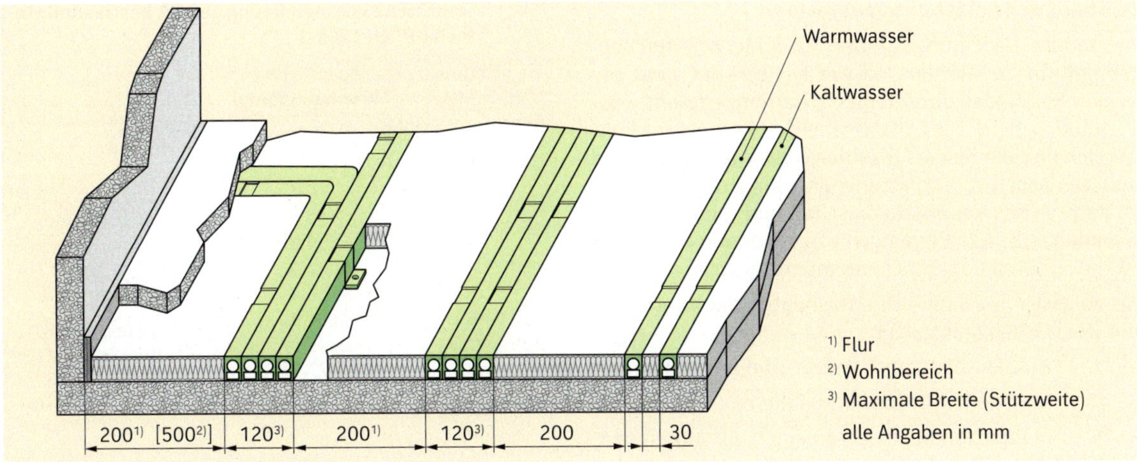

Abb. 1: Rohrverlegung auf der Rohbetondecke

- *Inbetriebnahme und Aufheizung*

Nach dem Abbinden des Estrichs und vor dem Aufbringen des Oberbelags ist die Fußbodenheizung erstmalig in Betrieb zu nehmen.

Zunächst sind die Heizkreise an den Verteilern abzusperren.

Die Heizungsanlage ist bis zu den Verteilern zu füllen und zu entlüften.

Danach sind die Ventile eines jeden einzelnen Heizkreises zu öffnen und durchzuspülen, bis die Luft entwichen ist. Die restlichen Heizkreise bleiben jeweils geschlossen. Erst wenn alle Heizkreise entlüftet sind, können alle Ventile wieder geöffnet werden.

Der Temperaturwächter im Vorlauf der Fußbodenheizung ist auf ca. 60 °C je nach Rohrwerkstoff zu begrenzen. Alle Mischer werden geschlossen und der Kessel aufgeheizt. Bei Erreichen der Kesselbetriebstemperatur kann der Regelmischer geöffnet werden. Vorhandene Steuereinrichtungen sind einzustellen. Die außentemperaturgeführte Vorlauftemperaturregelung ist einzuschalten, einzustellen und auf Funktionsheizen zu prüfen.

Die Zeitspanne zwischen der Estricheinbringung und dem ersten Aufheizen ist von der Art des Estrichs abhängig. Sie beträgt z. B. für Zementestrich 21 Tage und für Calciumsulfat-Fließestrich 7 Tage, sofern Hersteller nichts anderes angeben.

Die Trocknung des Estrichs bis zum Verlegen der Beläge (= Belegreife) erfolgt durch Auf- und Abheizen entsprechend einer vorgegebenen Vorlauftemperaturkurve. Das Aufheizen beginnt mit Vorlauftemperaturen von ca. 25 °C. Die Vorlauftemperatur wird täglich um 5 °C erhöht, bis die maximale Vorlauftemperatur von 55 °C erreicht ist.

Das Aufheizen ist gemäß DIN EN 1264-4 keine Basisleistung und muss gesondert in Auftrag gegeben werden. Wenn es beauftragt wird, ist darüber ein Aufheizprotokoll anzufertigen (Abb. 2).

Aufheizprotokoll

Vorbemerkung: Bei Fußbodenheizungen ist ein Aufheizprotokoll zu führen, das dem Oberbelagsleger nach VOB DIN 18365 Bodenbelagsarbeiten vorzulegen ist.

Das Aufheizprotokoll ist nach DIN 4725 Teil 4 zu erstellen. Das Aufheizprotokoll ersetzt nicht die Messung der Restfeuchte.

Bauvorhaben:

Datum der Estrichverlegung: ____________

Mittlere Estrichdicke: ______ mm Heizsystem: ______

Heizrohrüberdeckung: min. _____ mm max. _____ mm

Datum/Estrichfirma ____________

Aufheizen frühestens nach 7 Tagen beginnen!

Aufheizbeginn am: ____________

Vorlauftemperatur von 25 °C täglich um 5 °C erhöhen — Datum ______

Steigerung der Vorlauftemperatur auf 30 °C Datum ______

35 °C Datum ______

40 °C Datum ______

45 °C Datum ______

50 °C Datum ______

Maximale Vorlauftemperatur 55 °C Datum ______

Maximale Vorlauftemperatur ____ °C erreicht am ______

Oberflächentemperatur 15–18 °C erreicht am: ______

Restfeuchte geprüft von: ____________

Methode: ____________ Datum: ______

Bauherr/Architekt ____________

Heizungsbauer ____________

Abb. 2: Aufheizprotokoll (Auszug)

Fußbodenoberflächentemperaturen

Besondere Beachtung ist der Fußbodenoberflächentemperatur zu widmen, da der Mensch mit dem beheizten Fußboden unmittelbar in Berührung steht. Eine Verminderung der Wärmeabgabe des Körpers im Fußbereich und ein hieraus resultierender Wärmestau wird vom Menschen ebenso als unangenehm empfunden wie zu kalte Füße. Aus physiologischen und medizinischen Gründen, z. B. zum Vermeiden von Venenerkrankungen, ist die Fußbodenoberflächentemperatur zu begrenzen.

Als zulässige maximale Oberflächentemperaturen sind in DIN EN 1264-2 festgelegt:

29 °C in Aufenthaltszonen (Wohn- und Bürogebäude)

33 °C in Bädern und Schwimmhallen

35 °C in Randzonen (im Allgemeinen vor Außenwänden mit einer maximalen Raumtiefe von 1 m)

Durch die höheren Temperaturen in den Randzonen können Wärmeverluste, z. B. von großen Fensterflächen, ausgeglichen werden. Die Randzonen sind zweckmäßigerweise als eigenständiger Heizkreis mit geringerem Verlegeabstand auszuführen (Abb. 1). In kleinen Räumen mit schmaler Randzone kann der Randzonen- und Aufenthaltsbereich als ein Heizkreis verlegt werden. Unter gesundheitlichem Aspekt sind die erhöhten Fußbodenoberflächentemperaturen unbedenklich, wenn sich die Personen nicht dauerhaft in diesem Bereich aufhalten.

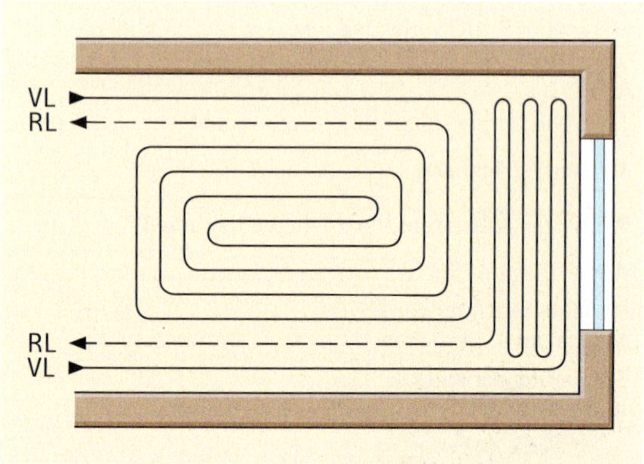

Abb. 1: Heizkreisanordnung im Bereich einer Randzone

Wärmeleistung

Die Wärmeabgabe durch Strahlung erfolgt bei der Fußbodenheizung allein über die beheizte Fußbodenfläche.

Die Angabe der Wärmeleistung kann flächenbezogen in W/m² erfolgen und wird als spezifische Wärmeleistung bzw. als *Wärmestromdichte* $\dot{q}_{Fb}$ bezeichnet.

Die Wärmestromdichte ist abhängig von der Differenz zwischen der mittleren Temperatur der Fußbodenoberfläche und der Raumtemperatur. Diese Differenz wird als mittlere Übertemperatur bezeichnet (Tab. 1). Die Wärmeleistung wird durch die maximal zulässigen Oberflächentemperaturen begrenzt.

Tab. 1: Spezifische Wärmeleistung gemäß Basiskennlinie nach DIN EN 1264-2

Mittlere Heizmittelübertemperatur in K[1]	Spezifische Wärmeleistung $\dot{q}_{Fb}$ in W/m²
1	8,9
2	19,1
3	29,9
4	41,0
5	52,4
6	64,0
7	75,9
8	87,9

[1] $\Delta\vartheta_H = \frac{\vartheta_V + \vartheta_R}{2} - \vartheta_i$

$$\dot{q}_{Fb} = \frac{\dot{Q}_{Fb}}{A_{Fb}}$$

$\dot{q}_{Fb}$ = Wärmestromdichte [W/m²]

$\dot{Q}_{Fb}$ = Wärmeleistung des Fußbodens [W]

A_{Fb} = beheizte Fußbodenfläche [m²]

Bei Gebäuden, die den Anforderungen des Gebäudeenergiegesetzes entsprechen, liegt die spezifische Heizlast im Allgemeinen deutlich unter 100 W/m², sodass Oberflächentemperaturen von 29 °C ausreichend sind.

Bei der Berechnung des erforderlichen Massenstroms des Heizmittels müssen jedoch die Wärmeverluste nach unten mit berücksichtigt werden.

Berechnung

Ein Raum hat eine beheizte Fußbodenfläche von 15 m². Seine Norm-Heizlast beträgt 720 W. Es ist von 10 % Wärmeverlust nach unten auszugehen.

a) Welche Wärmestromdichte muss der Fußboden liefern?

b) Welche Auslegungswärmeleistung ist erforderlich?

c) Um den hydraulischen Abgleich vornehmen zu können, ist der erforderliche Massenstrom bei Systemtemperaturen von 35/28 °C zu berechnen. Wie groß ist er in der Einheit kg/min?

Ges.: a) $\dot{q}_{Fb}$ b) $\dot{Q}_H$ c) $\dot{m}$

Lös.: a) $\dot{q}_{Fb} = \frac{\dot{Q}_{HL}}{A_{Fb}} = \frac{720\ \text{W}}{15\ \text{m}^2} = \mathbf{48\ \frac{W}{m^2}}$

b) $\dot{Q}_H = \dot{Q}_{HL} + 10\ \% \cdot \dot{Q}_{HL} = 1{,}1 \cdot 720\ \text{W} = \mathbf{792\ W}$

c) $\dot{m} = \frac{\dot{Q}_H}{c \cdot (\vartheta_V - \vartheta_R)} = \frac{792\ \text{W}}{1{,}163\ \frac{\text{Wh}}{\text{kg} \cdot \text{K}} \cdot (35 - 28)\ \text{K}}$

$= 97{,}3\ \frac{\text{kg}}{\text{h}} = \mathbf{1{,}62\ \frac{kg}{min}}$

7.14.3 Wandheizung

Der technische Aufbau und die Wärmeversorgung einer Wandheizung entsprechen weitgehend der Fußbodenheizung, ebenso wie die Vor- und Nachteile im Vergleich zu Heizkörpern. Wandheizungen besitzen aufgrund ihrer geringeren Masse aber ein schnelleres Regelverhalten als Fußbodenheizungen. Sie heizen auch mit einem höheren Strahlungsanteil, haben eine geringere Staubaufwirbelung und lassen sich einfacher nachträglich installieren.

Aufgrund der thermischen Behaglichkeit ist die Verlegung an den Außenwänden sinnvoll. Dies erhöht aber die Temperatur der Außenwände und damit den Energieverlust. Notwendig ist daher eine sehr gute Dämmung der Außenwand, evtl. mit einer zusätzlichen inneren Wärmedämmung.

Die spezifische Wärmeleistung ist höher als bei Fußbodenheizungen, da die Wand-Oberflächentemperatur nicht begrenzt ist. Aus Gründen der Behaglichkeit sollten aber 40 bis 45 °C nicht überschritten werden. Die verfügbare Heizfläche wird oft durch Fenster, Türen, Möbel und Bilder begrenzt. Beim Bohren von Löchern und Einschlagen von Nägeln in die Wand darf kein Rohr beschädigt werden. Durch Thermofolien ist eine Ortung der Heizrohre möglich.

Die *Auslegung* erfolgt wie bei Fußbodenheizungen in Anlehnung an die Heizlastberechnung nach DIN EN 12831 und an die Vorschriften für Flächenheizungen nach DIN EN 1264. Zur Berechnung der Heizleistung stehen Auslegungsdiagramme der Hersteller zur Verfügung. Diese berücksichtigen neben den Angaben zur spezifischen Wärmeleistung (Wärmestromdichte) in Abhängigkeit der Heizmittelübertemperatur auch den Verlegeabstand der Rohre und die Art der Wandverkleidung. Tab. 2 zeigt Richtwerte für die spezifische Heizleistung in Abhängigkeit von der Heizmittelübertemperatur. Zur Auslegung der Heizung ist bei Verlegung auf Außenwänden auch der Leistungsverlust nach außen zu berücksichtigen.

Tab. 2: Richtwerte für die spezifische Wärmeleistung von Wandheizungen

Mittlere Heizmittelübertemperatur in K[1]	Spezifische Wärmeleistung $\dot{q}_W$ in W/m²
10	50
15	80
20	110
25	140

1) $\Delta\vartheta_H = \frac{\vartheta_V + \vartheta_R}{2} - \vartheta_i$

Berechnung der Wärmeleistung:

$$\dot{Q}_W = \dot{q}_W \cdot A_W$$

$\dot{Q}_W$ = Wärmeleistung der Wandfläche [W]
$\dot{q}_W$ = spezifische Wärmeleistung [W/m²]
A_W = beheizte Wandfläche [m²]

Die Heizrohre werden bei Nasseinbettung oder Trockeneinbettung unterschiedlich in der Wandkonstruktion angeordnet.

Nasseinbettung

Die Rohre werden direkt an der Wand befestigt, z. B. mit einem Schienensystem (Abb. 2a). Anschließend erfolgt die Abdeckung der Rohre mit einer Putzschicht, evtl.

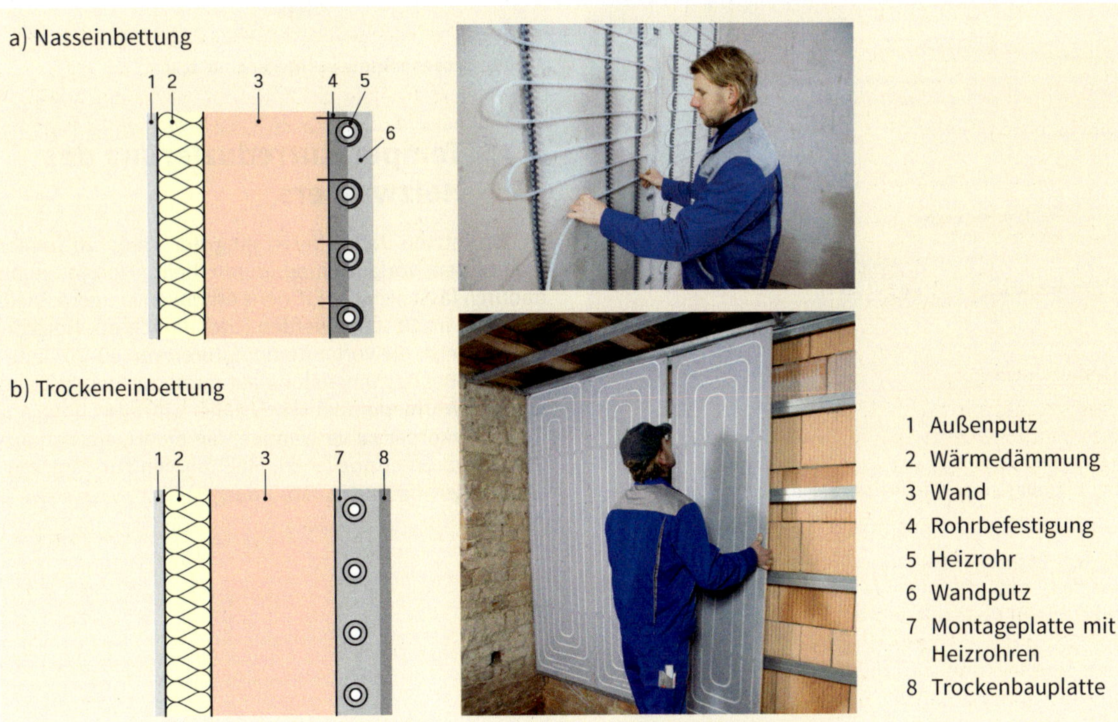

Abb. 2: Grundaufbau von Wandheizungen

mit einem Armierungsgewebe, um Risse zu vermeiden. Die Nasseinbettung erfolgt überwiegend in Neubauten.

Trockeneinbettung

Bei der Trockeneinbettung werden vorgefertigte Montageplatten verwendet, in denen die Heizrohre anschlussfertig integriert sind. Diese Elemente werden auf der Unterkonstruktion montiert und auf der Raumseite mit Trockenbauplatten verkleidet (Abb. 2b, S. 359). Um die Wärmeverluste zu reduzieren, kann die Montageplatte wandseitig mit einer Wärmedämmschicht versehen werden. Die Trockeneinbettung eignet sich gut für Sanierungen.

Wandkühlung

In Kombination mit Wärmepumpen für reversiblen (umkehrbaren) Betrieb können Wandheizungen im Sommer auch gut zur Kühlung von Räumen eingesetzt werden. Die Kühlleistung wird dabei durch die minimal mögliche Kühlwassertemperatur begrenzt, um eine Taupunktunterschreitung der Raumluft auf der kühlenden Wandoberfläche zu vermeiden. Typische spezifische Kühlleistungen liegen im Bereich von 20 bis 50 W/m^2.

Abb. 1: Einbau einer Wandheizung/-kühlung mit zwei Kreisen

7.14.4 Deckenheizung

Deckenheizungen werden meist in Bürogebäuden, Verkaufsflächen, Werkstätten, Lagerhallen und Sporthallen verwendet, oft in Kombination mit anderen Flächenheizsystemen. Zunehmend werden sie aber auch in Wohngebäuden eingesetzt.

Deckenheizungen sind fast reine Strahlungsheizungen. Sie sind deshalb gut geeignet für hohe Räume, da die Raumlufttemperatur niedriger als bei einer Konvektionsheizung ist. Damit die Temperatur in Kopfhöhe nicht als unangenehm empfunden wird, sollte die Raumhöhe größer als 2,5–3 m sein. Die Wärmeabgabe wird nicht wie bei Fußboden- und Wandheizungen durch Fenster, Möbel, Teppiche o. Ä. eingeschränkt. Die geringe Speichermasse ermöglicht eine gute Regelbarkeit und geringe Aufheizzeiten.

Wie bei Wandheizungen ist bei wassergeführten Systemen der Aufbau mit Nass- oder Trockeneinbettung (Abb. 2) möglich. Ferner eignen sich Deckenheizungen in Kombination mit Wärmepumpen für reversiblen (umkehrbaren) Betrieb im Sommer auch zur Raumkühlung.

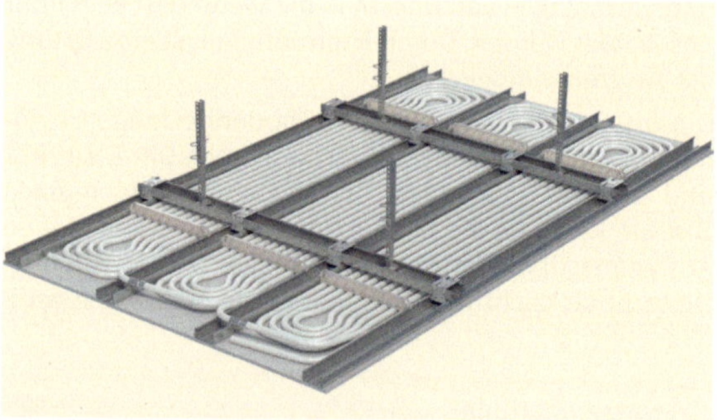

Abb. 2: Deckenheizung in Trockeneinbettung

7.15 Temperaturreduzierung des Heizwassers

In den letzten Jahrzehnten ging der Trend zu immer niedrigeren Vorlauftemperaturen beim Heizen, denn dadurch lässt sich die Effizienz erheblich steigern. Viele Gebäude im Bestand werden jedoch noch mit Heizkörpern beheizt, die Vorlauftemperaturen von 60–70 °C benötigen. Bei der Umstellung auf moderne Heizsysteme wie z. B. Wärmepumpen ist es daher oft notwendig, andere Heizkörper zu verwenden, die niedrigere Vorlauftemperaturen ermöglichen. Maßnahmen zur Temperaturreduzierung sind in Tab. 1 dargestellt.

Die Kombination von mehreren Maßnahmen ist meist möglich und sinnvoll. Zunächst sollte das bestehende System analysiert und wenn möglich verbessert werden. Die Vergrößerung der Heizflächen durch größere Heizkörper, Zusatzheizkörper oder spezielle Niedrigtemperatur-Heizkörper ist kostenintensiv, aber mit relativ geringem Montageaufwand durchführbar. Der Einbau von Flächenheizungen hingegen ist generell aufwendiger und meist auch teurer.

Tab. 1: Möglichkeiten zur Temperaturreduzierung des Heizwassers

Optimierung des bestehenden Heizkörpersystems		
Überprüfung auf Leistungsreserven	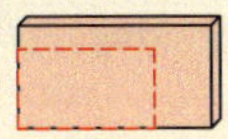	Viele alte Heizkörper wurden überdimensioniert ausgelegt.
Witterungsabhängige Steuerung des Heizsystems, bivalenter Betrieb	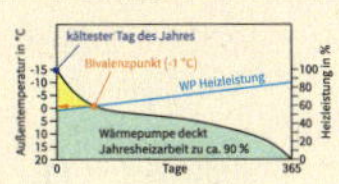	Hohe Vorlauftemperaturen sind nur an wenigen kalten Tagen erforderlich.
Hydraulischer Abgleich	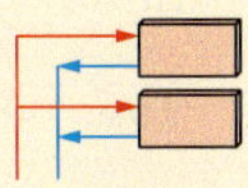	Optimierung der Volumenströme für die einzelnen Heizkörper
Reduzierung der Heizkörper-Wärmeverluste	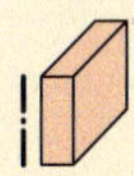	z. B. durch Wärmedämmung in Heizköpernischen oder Strahlungsschirmen vor Fensterflächen
Erhöhung der Wärmeabgabe	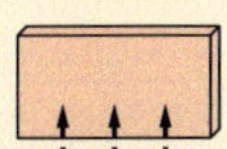	z. B. durch Integration von Ventilatoren bei Glieder- und Plattenheizkörpern
Vergrößerung der Heizflächen mit neuen Heizsystemen		
Größere Heizkörper	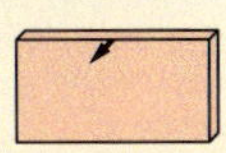	Größere Bautiefe, z. B. Typ 33 statt Typ 22, Erhöhung der Heizleistung um ca. 40 %
	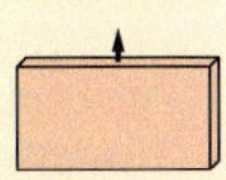	Größere Höhe, z. B. Höhe 600 mm statt 400 mm, Erhöhung der Heizleistung um ca. 35 %
	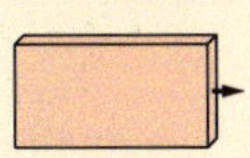	Größere Breite, z. B. Breite 900 mm statt 600 mm, Erhöhung der Heizleistung um 50 %
Zusätzliche Heizkörper	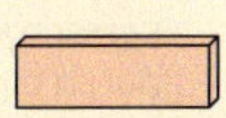	mit gleichem oder anderem Heizkörpersystem, z. B. Radiator vor Fenster
Niedrigtemperatur-Heizkörper	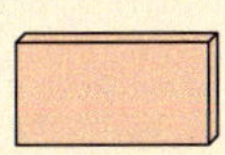	
Flächenheizungen	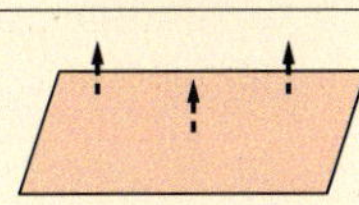	Fußbodenheizung
	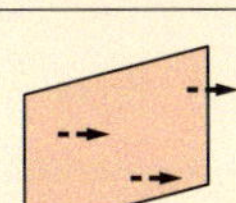	Wandheizung
	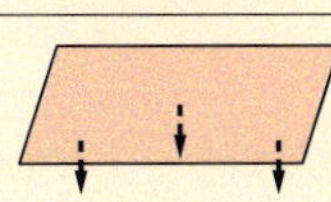	Deckenheizung

Hier sind spezielle Ausführungen zur Nachrüstung verfügbar mit einem reduzierten Umbauaufwand.

Abb. 1 zeigt überschlägig, um wieviel Grad Celsius sich die Heizmitteltemperatur verringern lässt, wenn die Heizleistung der Heizkörper vergrößert wird.

Ausgehend von der vorhandenen Heizkörperleistung (= 100 %) ist die mögliche Temperaturabsenkung bei Leistungserhöhung der Heizkörper für zwei unterschiedliche Ausgangstemperaturen des Heizmittels dargestellt.

Beispiel

Durch eine Verdoppelung der Heizkörperleistung (= 200 %) kann die erforderliche Heizmitteltemperatur um 14 °C (bei 60/50 °C) bzw. 20 °C (bei 75/65 °C) reduziert werden.

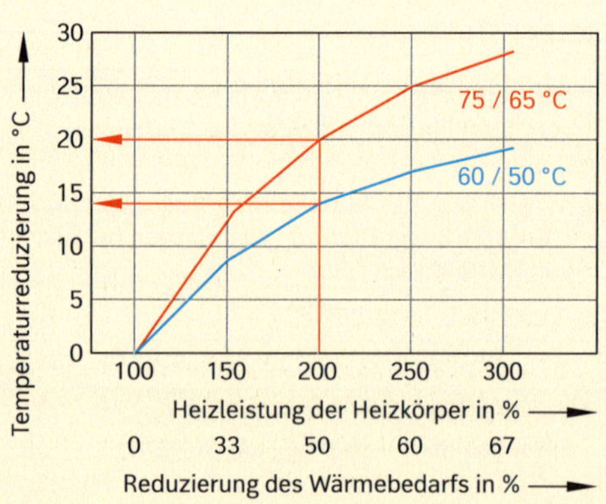

Abb. 1: Überschlägige Bestimmung der Temperaturreduzierung des Heizwassers durch
- Erhöhung der Heizkörperleistung oder
- Reduzierung des Wärmebedarfs

Auch der Einfluss von Dämmungsmaßnahmen kann mithilfe des Diagramms überschlägig bewertet werden. Die Reduzierung des Wärmebedarfes auf 50 % hat die gleichen Auswirkungen auf die Heizwassertemperatur wie eine Verdoppelung der Heizleistung.

Berechnungen zur Reduzierung der Heizwassertemperatur

Beispiel 1

Ein bestehender Flachheizkörper Typ 22 - 600 × 800 soll ersetzt werden durch einen Typ 33 - 600 × 800. Berechnen Sie, ob damit eine Reduzierung der Heizwassertemperaturen um 10 °C erreichbar ist (Heizwassertemperaturen bisher 70/60 °C, Raumtemperatur 22 °C, Einbau in Heizkörpernische ($f_2 = 1{,}04$)).

Geg.: Bisher Heizkörper Typ 22
mit $\vartheta_V = 70\ °C$, $\vartheta_R = 60\ °C$, $\vartheta_L = 22\ °C$

Neu Heizkörper Typ 33
mit $\vartheta_V = 60\ °C$, $\vartheta_R = 50\ °C$, $\vartheta_L = 22\ °C$

Ges.: $\dot{Q}_{H,\,bisher}$ und $\dot{Q}_{H,\,neu}$

Lös.: Bisherige Heizkörper-Wärmeleistung

→ TB $\dot{q}_n = 1\,666$ W/m, $f_1 = 1{,}22$

$$\dot{Q}_{H,\,bisher} = \frac{\dot{q}_n \cdot l}{f_1 \cdot f_2} = 1\,666\ W/m \cdot 0{,}8\ m/(1{,}22 \cdot 1{,}04)$$

$\dot{Q}_{H,\,bisher} = \mathbf{1\,050}$ W

Neue Heizkörper-Wärmeleistung

→ TB $\dot{q}_n = 2\,394$ W/m, $f_1 = 1{,}73$

$$\dot{Q}_{H,\,neu} = \frac{\dot{q}_n \cdot l}{f_1 \cdot f_2} = 2\,394\ W/m \cdot 0{,}8\ m/(1{,}73 \cdot 1{,}04)$$

$\dot{Q}_{H,\,neu} = \mathbf{1\,064\ W}$

Mit dem größeren Heizkörper ist eine Reduzierung der Heizwassertemperaturen um 10 °C möglich.

Aufgabe 1

Ein Flachheizkörper Typ 22 - 400 × 1 000 mit Heizwassertemperaturen von 65/55 °C soll ersetzt werden durch einen Typ 22 - 600 × 1 000. Berechnen Sie, ob damit eine Reduzierung der Heizwassertemperaturen um 10 °C erreichbar ist.

Beispiel 2

In einem bestehenden Wohnraum befinden sich 2 Flachheizkörper Typ 11-600 × 1 500 mit den Auslegungstemperaturen 75/65/20 °C. Im Rahmen der Renovierung sollen die Heizkörper durch Typen 22-600 × 1 500 ersetzt werden.

Bestimmen Sie die neuen Auslegungstemperaturen des Heizwassers.

Vorgehen:

a) Berechnung der erforderlichen Wärmeleistung
b) Schätzung der Heizmitteltemperaturen für die neuen Heizkörper und Berechnung der damit erreichbaren Wärmeleistung
c) Eventuell Wiederholung von b) bis die erforderliche Wärmeleistung erreicht wird
d) Alternativ zu b)–c): überschlägige Bewertung mithilfe von Abb. 1

Geg.: Bisher 2 × Typ 11 mit 75/65/20 °C

Neu 2 × Typ 22 mit Spreizung von 10 °C und Raumlufttemperatur von 20 °C

Ges.: Neue Heizmitteltemperaturen

Lös.: a) Berechnung der Heizkörper-Wärmeleistung mit Flachheizkörper 11-600 × 1 500

TB $\dot{q}_n = 979$ W/m, $f_1 = 1{,}0$

$$\dot{Q}_H = \frac{\dot{q}_n \cdot l}{f_1 \cdot f_2} = 979 \text{ W/m} \cdot 1{,}5 \text{ m}/(1{,}0 \cdot 1)$$

$$\dot{Q}_H = 1\,469 \text{ W}$$

Für beide Heizkörper

$$\dot{Q}_H = 2 \cdot 1\,469 \text{ W} = 2\,937 \text{ W}$$

Die Wärmeleistung der Heizkörper beträgt = 2 937 W

b) Neue Heizkörper TB $\dot{q}_n = 1\,666$ W/m

Annahme für die Heizmitteltemperatur = 50/40 °C (geschätzte Werte)

$$\dot{Q}_H = \frac{\dot{q}_n \cdot l}{f_1 \cdot f_2} = 1\,666 \text{ W/m} \cdot 1{,}5 \text{ m}/(2{,}5 \cdot 1)$$

$$\dot{Q}_H = 1\,000 \text{ W}$$

Für beide Heizkörper

$$\dot{Q}_H = 2 \cdot 1\,000 \text{ W} = 2\,000 \text{ W}$$

c) Da die Wärmeleistung zu niedrig ist, wird die Heizmitteltemperatur erhöht.

Neue Annahme für die Heizmitteltemperatur = 60/50 °C

$$\dot{Q}_H = \frac{\dot{q}_n \cdot l}{f_1 \cdot f_2} = 1\,666 \text{ W/m} \cdot 1{,}5 \text{ m}/(1{,}6 \cdot 1)$$

$$\dot{Q}_H = 1\,562 \text{ W}$$

Für beide Heizkörper

$$\dot{Q}_H = 2 \cdot 1\,562 \text{ W} = \mathbf{3\,124 \text{ W}}$$

Für die neuen Heizkörper sind Auslegungstemperaturen von ca. 60/50/20 °C möglich.

d) **Alternative Möglichkeit** durch überschlägige Bewertung mit Abb. 1:

Ersatz Heizkörper Typ 11 durch Typ 22
Heizleistung: Erhöhung um ca. 60 % (Verhältnis der Wärmeleistungen, siehe TB)
Heizmitteltemperatur: Reduzierung bei neuer Heizleistung von 160 % um ca. 15 °C (Abb. 1)

Die Heizmitteltemperatur kann um ca.15 °C reduziert werden von 75/65°C auf ca. 60/50 °C.

Aufgabe 2

Für die Umrüstung aus Beispiel 2 soll die Heizmitteltemperatur weiter reduziert werden. Dazu könnten Heizkörper des Typs 33 anstelle des Typs 22 verwendet werden.
Welche Heizmitteltemperaturen wären damit erreichbar?

Aufgaben

1. Welche Vor- und Nachteile besitzen Flächenheizungen gegenüber Heizkörpern?
2. Beschreiben Sie den Unterschied zwischen der Nass- und der Trockeneinbettung bei Fußbodenheizungen.
3. Welche Vorteile bietet eine schneckenförmige Verlegung der Heizungsrohre?
4. Warum sollten Fußbodenheizungen in größeren Räumen in mehrere Heizkreise unterteilt werden?
5. In einem bestehenden Wohnzimmer sollen die beiden Heizkörper durch eine Fußbodenheizung ersetzt werden. Berechnen Sie, ob die benötigte Wärmeleistung durch die Fußbodenheizung erbracht werden kann.
(Nutzfläche = 38 m², Wärmeleistung der Heizkörper = 3 300W)
6. Welche Vorteile bieten zusätzliche Raumheizkörper in Kombination mit einer Fußbodenheizung?
7. Nennen Sie drei Vorteile von Wandheizungen gegenüber Fußbodenheizungen.
8. Die Heizlast eines Wohnraumes beträgt 2 400 W. Berechnen Sie überschlägig, wie groß die Fläche für eine Wandheizung sein muss. Benutzen Sie dazu die Richtwerte-Tabelle auf S. 359 mit einer Heizmittelübertemperatur von 15 K.
9. Warum ist der Einsatz von Deckenheizungen besonders in Räumen mit großen Raumhöhen sinnvoll?

▶ Korrosion in Wärmeverteilanlagen

Korrosion im Heizungssystem

Nahezu alle Komponenten eines Heizungssystems können durch chemische oder elektrochemische Korrosion Schaden nehmen. Einige Korrosionserscheinungen an Bauteilen der Heizungsanlage werden auf den folgenden Seiten betrachtet (Abb. 1).

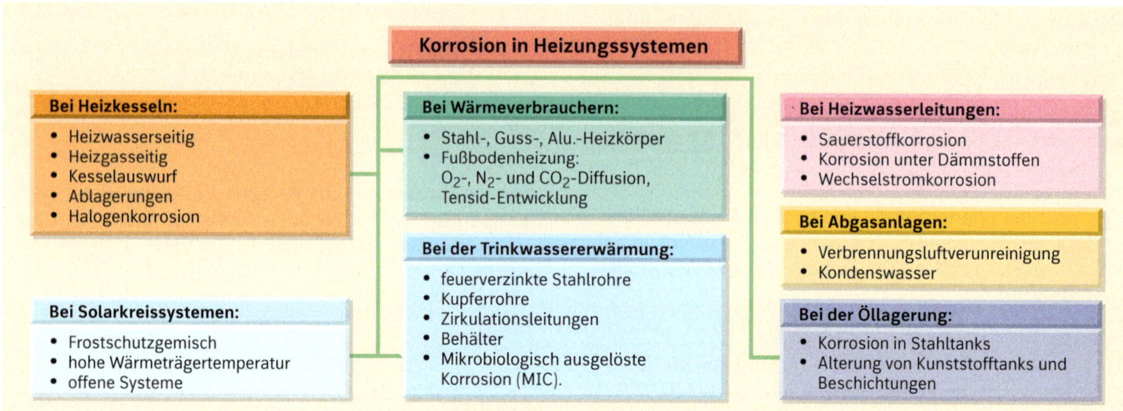

Abb. 1: Korrosionserscheinungen im Heizungssystem (Auswahl)

7.16 Korrosion bei Heizwasserleitungen

7.16.1 Sauerstoffkorrosion

Heizwasserleitungen aus Stahl sind nur dann korrosionsbeständig, wenn im Heizwasser kein Sauerstoff vorhanden ist.

Sauerstoff kann in das Heizungssystem gelangen durch

- Füll- und Ergänzungswasser,
- Auftreten von Unterdruck oder
- gasdurchlässige Kunststoffrohre.

Bei der Anwesenheit von Sauerstoff geht Eisen aus der Stahlrohrleitung in Lösung und wandelt sich zu Rostschlamm um (Abb. 2). Dieser Rostschlamm kann zu Funktionsstörungen an Thermostatventilen führen oder die Zirkulation ganzer Heizkreise blockieren.

Der Zutritt von Sauerstoff zum Heizungswasser wird durch den Bau von geschlossenen Heizungsanlagen und durch den Einsatz diffusionsdichter Kunststoffrohre, Membranen und Dichtungen verhindert.

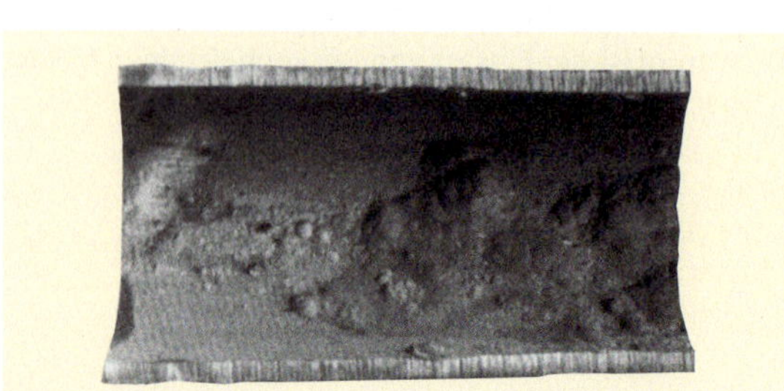

Abb. 2: Muldenbildung durch Sauerstoffkorrosion in einem Rohr aus S 235-JR

Das Füll- und Ergänzungswasser soll gemäß VDI 2035 während der Lebensdauer der Anlage das 3-Fache des Wasserinhalts der Anlage nicht übersteigen. Ferner ist auf die Richtwerte für die im Heizungswasser gelösten Salze (elektrische Leitfähigkeit) und auf den pH-Wert zu achten (→ TB).

7.16.2 Korrosion von Metall unter Dämmstoffen

Gelangt Wasser direkt an die Oberfläche von Metallrohren, so kann unter jedem Dämmstoff Korrosion entstehen. Das gilt sowohl für kalt- als auch warmgehende Rohrleitungssysteme.

Auswirkungen der Durchfeuchtung

Starke Korrosionsschäden treten bei wechselnd warm und kalt betriebenen Rohrleitungen zwischen 60 °C und 80 °C auf.

Bei *nichtrostenden Stahlrohren* können Lochfraß und Spannungsrisskorrosion (SpRK) auftreten.

Bei *Kupferrohren* tritt SpRK auf, wenn gleichzeitig stickstoffhaltige Stoffe wie Ammoniak oder Harnstoff vorhanden sind. Besonders empfindlich sind Kupfer-Zink-Legierungen (Messing).

Korrosionsschutzmaßnahmen

Bei der Bekämpfung der Korrosion unter Dämmstoffen haben sich Dampf- und Wassersperren bewährt, die direkt auf die Rohrleitungsoberfläche aufgebracht werden, z. B. Beschichtungen aus Epoxidharzen oder Rohrbandagen.

Auch Aluminiumfolien schützen Stahl kathodisch gegen Loch- und Spannungsrisskorrosion.

7.17 Korrosion bei Wärmeverbrauchern

7.17.1 Wand- und Fußbodenheizung

In Wand- und Fußbodenheizungen kann insbesondere das Auftreten von Korrosionsprodukten wie Rostschlamm zu erheblichen Störungen führen.

Sauerstoff (O_2)-Diffusion

Beim Einsatz von Kunststoffrohren ohne Sauerstoff-Diffusionssperre in Wand- und Fußbodenheizungen sind besonders Bauteile aus Eisenwerkstoffen im Heizungssystem von der Sauerstoffkorrosion betroffen.

Je mehr gasdurchlässiges Kunststoffrohr verlegt ist, desto mehr O_2 dringt in das Heizwasser.

Tensid-Korrosion

Im Heizungssystem können durch Lufteinschluss Fließgeräusche auftreten. Um diese Geräusche durch Schaumbildung zu unterbinden, wird Waschmittel eingesetzt. Das kann jedoch zu Bauteilschäden führen.

Wie das Polypropylenrohr einer Fußbodenheizung in Abb. 3 zeigt, sind im gebogenen Bereich des Rohres Risse aufgetreten, die im Inneren ihren Ursprung haben. Ursache sind Waschmittel-Tenside, die bei Polypropylen spannungsrissfördernd wirken, wenn ihm geringe Anteile z. B. von Polyethylen beigemischt sind.

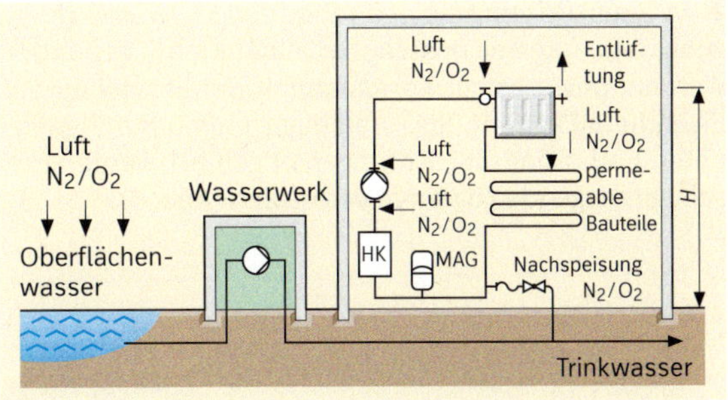

Abb. 4: Wie Gase in die Heizungsanlage gelangen können

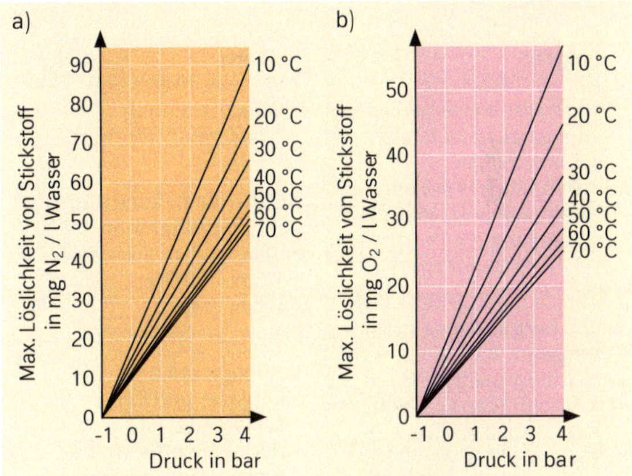

Abb. 5: Maximale Löslichkeit von a) Stickstoff
b) Sauerstoff aus Luft im Heizwasser

Wie aus Abb. 5 hervorgeht, nehmen gerade Heizungsanlagen, die

- im Niedertemperaturbereich betrieben
- oder nachts abgeschaltet werden,

große Mengen Sauerstoff oder Stickstoff über nicht gasdichte Bauteile auf.

! Da sich in der Heizungsanlage sowohl der Druck (Hochpunkt, Tiefpunkt, Pumpendruck) als auch die Temperatur (Vorlauf, Rücklauf) ändert, ist *das Gaslösevermögen des Heizwassers an jeder Stelle verschieden.*

Daher muss mit einer ständigen Anreicherung und nachfolgenden Abgabe von Luft gerechnet werden.

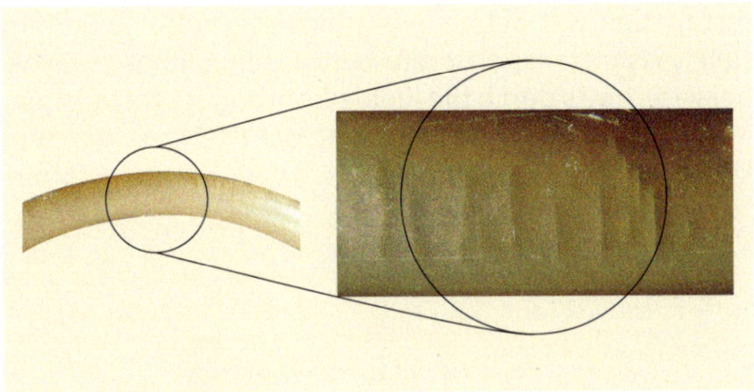

Abb. 3: Tensid-Korrosion

7.18 Maßnahmen und Einrichtungen zum Korrosionsschutz in Heizungsanlagen

Auch wenn in der Heizungstechnik von Luft statt von Gasen gesprochen wird, so handelt es sich doch hauptsächlich um Stickstoff und Sauerstoff. Daneben können aber auch Wasserstoff als Reaktionsprodukt, Wasserdampf oder Faulgase von Mikroorganismen vorkommen (Abb. 4).

! Die Menge des gelösten Gases ist gasspezifisch und *sinkt bei steigender Temperatur* oder *bei fallendem Druck* (Abb. 5).

Beispiel

Bei einer Neufüllung einer Heizanlage mit Trinkwasser von 10 °C werden einmalig 10 g O_2/m^3 und 18 g N_2/m^3 eingetragen.

Während die 10 g O_2/m^3 innerhalb weniger Stunden durch Reaktion mit den Bauteilen aus Eisenmetallen korrodieren und 36 g/m³ Rostschlamm bilden, muss der inerte Stickstoff beim Aufheizvorgang über Entlüfter abgeführt werden.

Bei nicht sauerstoffdichten Bauteilen gelangen jeden Tag weitere 5 g O_2/m^3 in das Heizungssystem. Während einer Heizperiode mit 200 Heiztagen fallen dann 3,6 kg/m³ Rostschlamm an.

! In einer Heizungsanlage muss der *Sauerstoff* durch geeignete Korrosionsschutzmaßnahmen gebunden werden, bevor es zur Korrosion mit den Bauteilen aus Eisenmetall kommt. *Stickstoff* dagegen muss mit geeigneten Entlüftungsvorrichtungen abgeführt werden, um schwerwiegende Folgen zu vermeiden (Abb. 1).

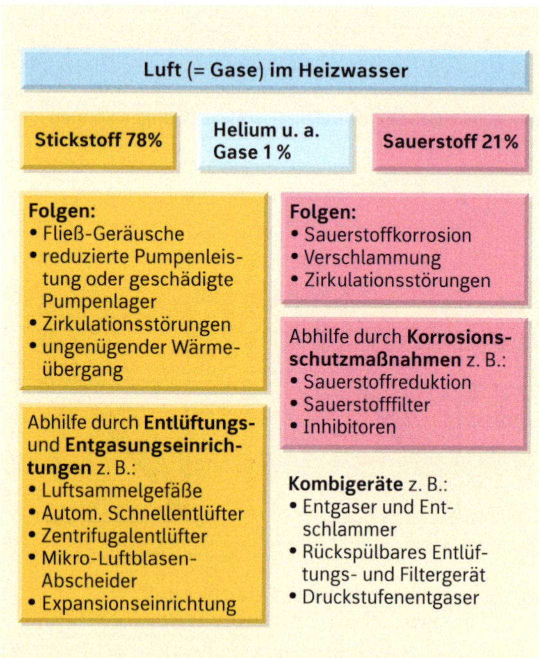

Abb. 1: Luft im Heizwasser – Folgen und Abhilfe

Bereits in der Planungsphase einer Heizungsanlage lassen sich durch ein korrosionsschutzgerechtes Anlagenkonzept spätere Korrosionsvorgänge vermeiden.

! Der wichtigste Planungsgesichtspunkt ist, *den Zutritt von Sauerstoff, Stickstoff und Luft* in das Heizwasser so weit wie möglich *zu unterbinden.*

7.18.1 Planerische Maßnahmen

- Es sind Bauteile zu verwenden, die es erlauben, dass nach der Spülung und Druckprobe das Wasser in der Anlage *verbleiben* kann.
- Die Heizkörper werden grundsätzlich nur über *absperrbare* Verschraubungen angeschlossen.
- Auch andere, später einmal anzubauende Anlagenkomponenten, z. B. Pumpen, sind *zwischen Absperrarmaturen* zu setzen.
- Der Einbau einer *bedarfsgerechten* Druckhaltung ist erforderlich.
- An *Fallpunkten* sind *Luftsammelgefäße* mit automatischen Schnellenlüftern und Lufteintrittssperren anzuordnen.
- Schwerkraftbremsen sind *mit Luftschleusen* einzubauen, damit die Luft zu den Luftsammelgefäßen gelangt und abgeführt werden kann (Abb. 2).
- Schmutzfilter sind *mit Manometern*, die den Druckabfall anzeigen und auf Reinigung hinweisen, einzubauen.

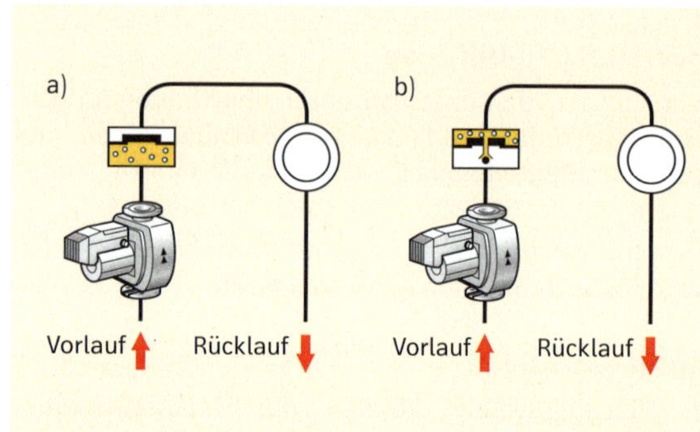

Abb. 2: Schwerkraftbremse a) ohne, b) mit Luftschleuse

7.18.2 Entlüftungs- und Entgasungseinrichtungen

Man schätzt, dass nur 5 % der Heizungsanlagen mit funktionierenden Luftabscheideeinrichtungen ausgestattet sind. Eine häufig verwendete, aber unwirksame Installation von Schnellentlüftern zeigt Abb. 3. Den im Heizwasser transportierten Luftblasen gelingt es nicht, bei $v > 0{,}1$ m/s durch die kleine Bohrung zu entweichen. Nur bei drastischer Verringerung der Fließgeschwindigkeit ist ein Ausgasen möglich.

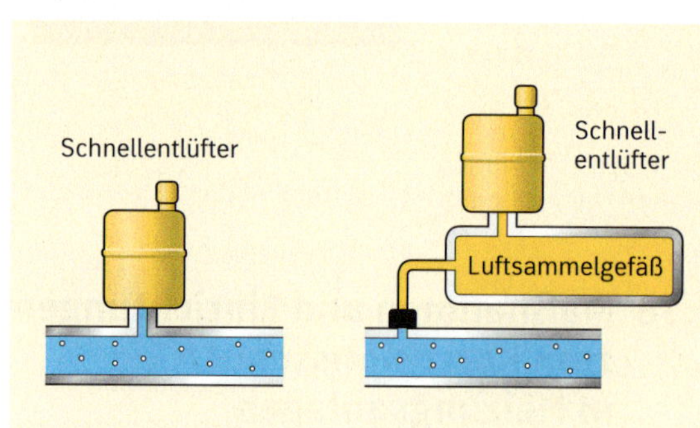

Abb. 3: Unwirksame Anordnung von Schnellentlüftern

Luftsammelgefäße

In einem Luftsammelgefäß (Lufttopf) wird die Fließgeschwindigkeit so weit verringert, dass sich mitgeführte Gasblasen im oberen Teil ansammeln können. Die Luft kann dann über einen handelsüblichen automatischen Schnellentlüfter entweichen oder über einen Entlüftungskugelhahn bei Bedarf abgelassen werden.

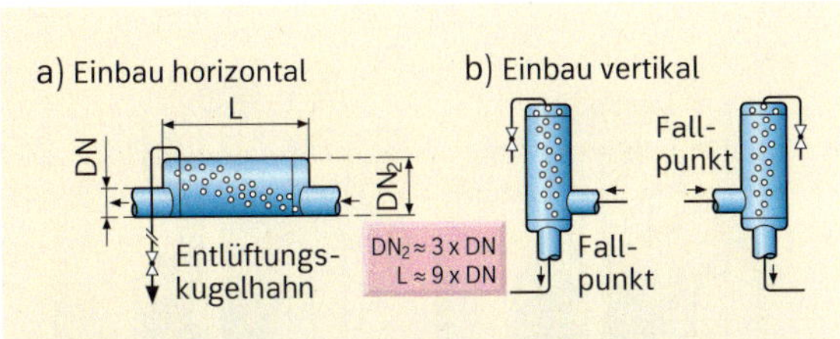

c) Rohrleitung	DN [mm]	Luft-Sammelgefäß Abmessungen		Entlüftungs-leitung d
		DN2 [mm]	Baulänge L	
R¾	30	80 (100)	200	R½"
R1	25	80 (100)	250	
R1¼	32	80 (100)	300	
R1½	40	100 (150)	360	
R2	50	125 (150)	450	

Abb. 4: Luftsammelgefäße – Einbau: a) horizontal, b) vertikal, c) Dimensionierungsempfehlungen

Dimensionierungsempfehlungen für Luftsammelgefäße zeigt die Tabelle in Abb. 4c.

Werden Luftsammelgefäße vertikal eingebaut, so sind diese immer in Fließrichtung am Fallpunkt des Heizwassers zu montieren (Abb. 4b).

Automatische Schnellentlüfter

Bei der Auswahl des Schnellentlüfters muss darauf geachtet werden, dass dieser eine *Lufteintrittssperre* besitzt (Abb. 5a). Automatische Schnellentlüfter ohne Lufteintrittssperre belüften bei Unterdruck im Heizsystem und führen so dem Heizwasser korrosionsfördernden Sauerstoff zu (Abb. 5b).

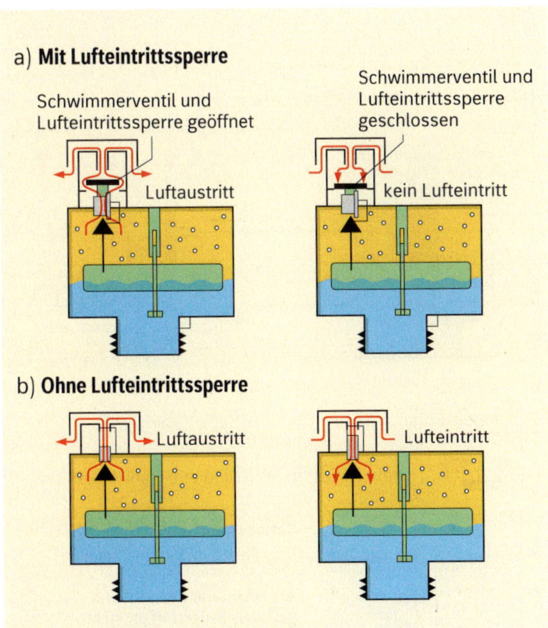

Abb. 5: Automatischer Schnellentlüfter

Zentrifugalentlüfter

Beim Zentrifugalentlüfter nutzt man die unterschiedliche Dichte von Wasser und Luft. Durch tangential angeordnete Behälteranschlüsse wird das Heizwasser in Rotation versetzt. Das schwere Heizwasser drückt sich gegen die Behälterwand, während sich die Luft in der Achse des Zentrifugalabscheiders sammelt und von dort über einen Schnellentlüfter abgeführt wird (Abb. 6a).

Auch bei der *Entlüftungspumpe* (Abb. 6b) werden durch die Zentrifugalkraft im Pumpengehäuse Heizwasser und Luft getrennt.

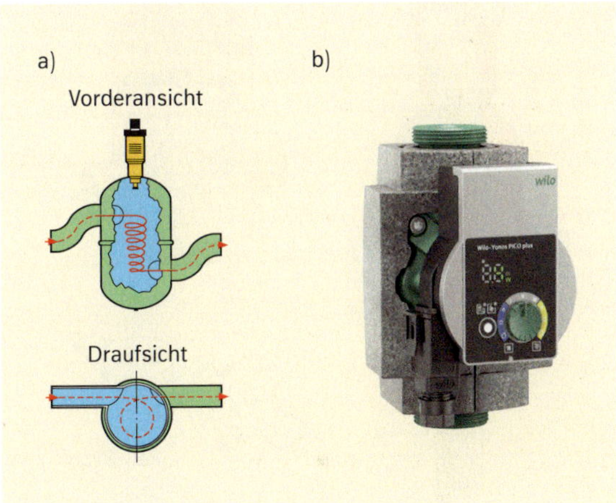

Abb. 6: a) Zentrifugalentlüfter, b) Entlüftungspumpe

Mikro-Luftblasen-Abscheider

Mikro-Luftblasen-Abscheider werden im Vorlauf nach dem Heizkessel an der wärmsten Stelle der Anlage montiert (Abb. 7).

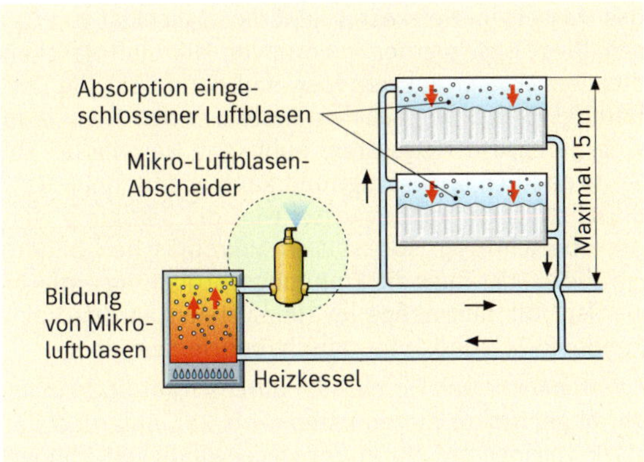

Abb. 7: Einbauort des Mikro-Luftblasen-Abscheiders

Der Mikro-Luftblasen-Abscheider besteht aus einem Beruhigungstopf, der

- entweder einen Blasenseparator aus nichtrostendem Stahldraht (Abb. 1a) enthält
- oder zur Wasser-Luft-Trennung mit ringförmigen Materialien aus Metall oder Keramik, sogenannten Pall-Ringen, gefüllt ist (Abb. 1b).

Bei Großanlagen sind auch Teilstrom-Druckstufen-Entgasungen im Teilvakuum möglich.

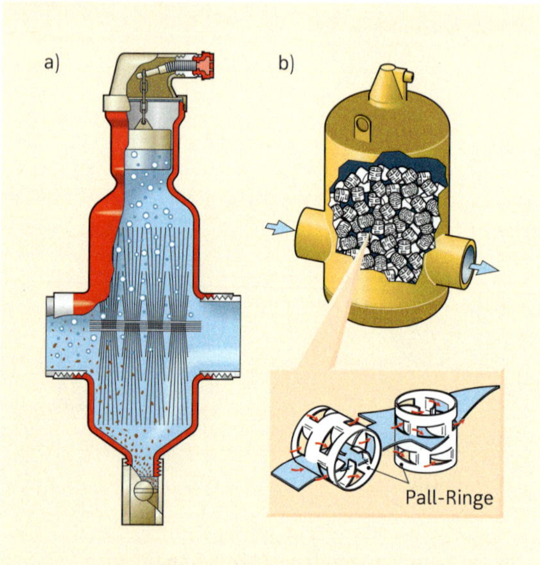

Abb. 1: Mikro-Luftblasen-Abscheider
a) mit, b) ohne Entschlammung

Rückspülbares Entlüftungs- und Filtergerät

Das Gerät wird in den Vorlauf nach dem Heizkessel installiert.

Entlüftungsfunktion: Durch die Temperaturerhöhung des Wassers im Heizkessel sinkt die Löslichkeit von Gasen. Diese Gase werden in Form von Mikroluftbläschen aus dem Wasser ausgetrieben und dann über die Entlüftungsvorrichtung aus dem System entfernt. Auf dem Weg durch das Heizsystem kühlt das Heizwasser ab. Es ist dadurch ungesättigt und kann wieder neue Gasbläschen lösen. Im Heizkessel wird die Sättigung wieder überschritten, sodass sich Mikrobläschen bilden, welche wieder über die Entlüfungsvorrichtung entfernt werden. Die Luftmenge im Heizsystem kann dadurch kontinuierlich und automatisch reduziert werden.

Filterfunktion: Das Heizwasser durchströmt übereinander angeordnete Rundbürsten (Abb. 2a). Aufgrund der stark verringerten Strömungsgeschwindigkeit können sich Partikel selbst unter 20 µm an den Bürstenfasern aus Edelstahl anlagern. Die Rückspülung erfolgt monatlich mithilfe des Handrades am Kopf des Kombigerätes. Dazu werden ca. 2 l Heizwasser benötigt, die nachgespeist werden müssen (Abb. 2b).

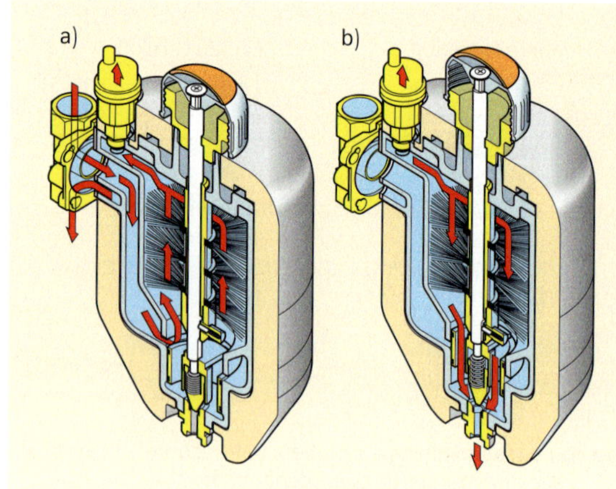

Abb. 2: Rückspülbares Entlüftungs- und Filtergerät:
a) Betrieb, b) Rückspülung

7.18.3 Sauerstoffreduktion durch Magnesium-Anoden

Ziel der Korrosionsschutzmaßnahmen ist es, den im Heizwasser befindlichen Sauerstoff möglichst abzubinden.

In das Heizsystem wird im Bypass ein Reaktionsbehälter mit Magnesium-Anoden eingebaut. In dem Reaktionsbehälter reagiert das in Lösung gehende Magnesium mit dem in das Heizwasser diffundierten Luftsauerstoff. Dadurch wird der Sauerstoffgehalt auf < 0,1 mg/l abgesenkt (Abb. 3).

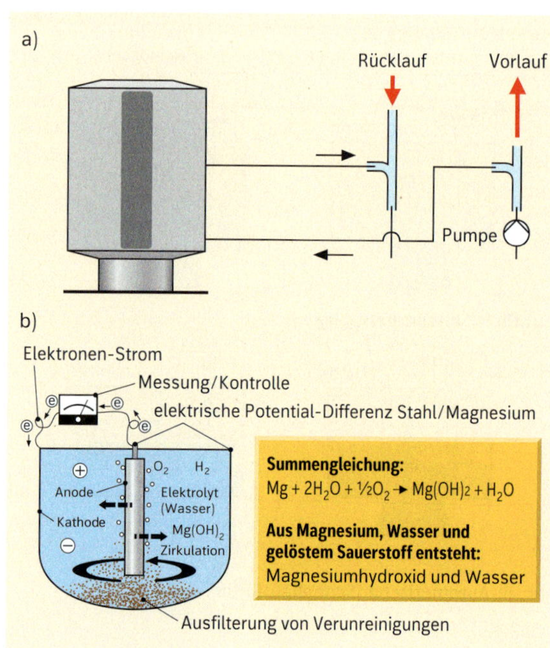

Abb. 3: Reaktionsbehälter a) Ansicht und Einbauart,
b) Funktionsprinzip

Bei diesem Vorgang fällt ein Teil der Wasserhärte aus. Durch das entstehende Magnesiumhydroxid steigt der pH-Wert in einen günstigen Bereich. Als Endergebnis liegt ein salzarmes, alkalisches Heizwasser mit einer vernachlässigbar geringen Sauerstoffkonzentration vor, von dem keine Korrosion mehr ausgehen kann.

Das Gerät arbeitet ohne Fremdenergie und ohne chemische Zusätze. Der Austausch der Mg-Anoden erfolgt ca. alle 5 Jahre im Rahmen der Wartung.

7.19 Lecksuche bei Korrosionsschäden

Tritt ein Leck in einem Wasser führenden Rohrleitungssystem auf, so bildet sich im Gebäude eine feuchte Stelle. Diese wird üblicherweise mit Hammer und Meißel aufgestemmt, weil man dort das Leck vermutet. Oft befindet sich aber das Leck weit ab von dem Ort, wo die Feuchtigkeit sichtbar wurde. Weitere kostenintensive Stemmarbeiten werden erforderlich.

! Besonders Versicherungen verlangen, dass *zuerst zuverlässig das Leck aufgespürt* und danach durch Stemmen die Leitung freigelegt wird.

Mit *zerstörungsfreien Leckortungsverfahren* kann diese Forderung erfüllt werden. Sie nutzen die Veränderungen, die ein Leck bewirkt. Durch das austretende Wasser kommt es im Leckbereich zur *Geräuschentwicklung* und zu einer *Temperaturdifferenz*.

Die *akustische Leckortung* arbeitet mit Hochleistungsmikrofon (Geofon), Spezialverstärker und Kopfhörer. Dort, wo das Geräusch am deutlichsten lokalisiert wird, muss das Leck vermutet werden.

Die *Thermografie* arbeitet mit einer Wärmebild- oder Infrarotkamera. Das aus dem Leck austretende Heizwasser erwärmt die Umgebung. Der verursachte Temperaturunterschied ist deutlich auf dem Wärmebild zu erkennen (Abb. 4).

Auch dass aus der Medizin bekannte *Endoskop* wird zur Lecksuche eingesetzt. Mit einem flexiblen Endoskop können heute ganze Rohrleitungssysteme auf Leckstellen abgesucht werden.

! Durch die *akustische Leckortung*, die *Thermografie* und die *Endoskopie* kann das Leck bis auf wenige Zentimeter genau lokalisiert werden.

Für die Durchführung der zerstörungsfreien Leckortungsverfahren ist neben einer teueren technischen Ausstattung auch eine große Erfahrung erforderlich. Daher sollte mit der Lecksuche ein Spezialunternehmen beauftragt werden.

7.20 Berechnung der Norm-Heizlast

Die Heizlast ist eine Größe, die zur Auslegung der Komponenten einer Heizungsanlage benötigt wird. Mit den Ergebnissen der Berechnung können

- Raumheizeinrichtungen (Heizkörper, Flächenheizungen etc.),
- Wärmeerzeuger (Heizkessel, Wärmepumpe etc.) sowie
- Rohrleitungen, Armaturen und Pumpen

berechnet werden.

Die Heizlast wird nach bestimmten Regeln berechnet, die in der europäischen Norm DIN EN 12831 festgelegt sind. Die nach dieser Norm zu ermittelnde Heizlast entspricht der Wärmezufuhr, die bei einer bestimmten niedrigen Außentemperatur benötigt wird, um die Räume des Gebäudes auf eine festgelegte Innentemperatur aufzuheizen. Die den Räumen zugeführte Wärme muss bei festgelegten Innen- und Außentemperaturen die Wärmeverluste ausgleichen. Diese entstehen infolge

- des Wärmestroms durch die Umschließungsflächen des Raumes (Transmissionswärmeverlust $\dot{Q}_T$) und
- des Wärmestroms, der zur Aufheizung eindringender Kaltluft (Lüftungswärmeverlust $\dot{Q}_V$)

benötigt wird (Abb. 5).

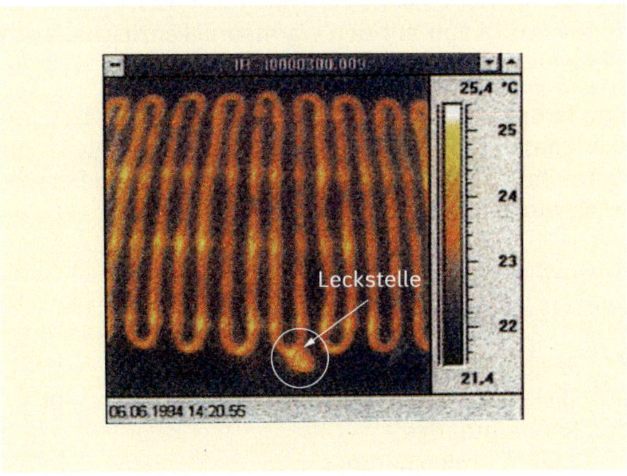

Abb. 4: Leckstelle in einer Fußbodenheizung

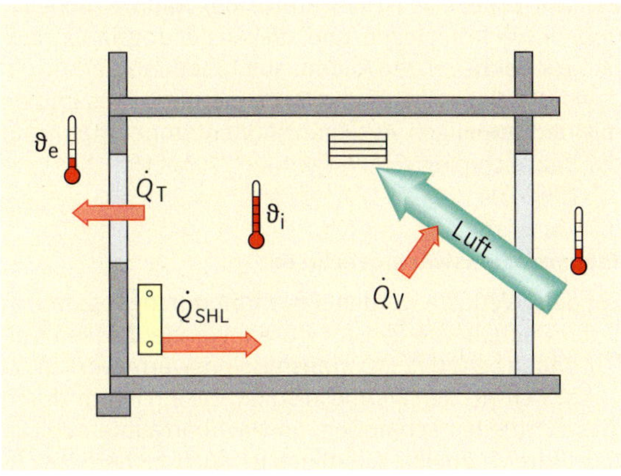

Abb. 5: Standard-Heizlast eines beheizten Raumes

Die Standard-Heizlast $\dot{Q}_{SHL}$ eines Raumes lässt sich nach folgender Formel berechnen:

$$\dot{Q}_{SHL} = \dot{Q}_T + \dot{Q}_V$$

$\dot{Q}_{SHL}$	: Standard-Heizlast eines Raumes	in W
$\dot{Q}_T$	: Norm-Transmissionswärmeverlust	in W
$\dot{Q}_V$	: Norm-Lüftungswärmeverlust	in W

Da das vereinfachte Berechnungsverfahren gemäß DIN EN 12831 Bbl. 3: 2016-12 in Deutschland nicht angewendet wird, ist im Folgenden das ausführliche Verfahren an einem einfachen Beispiel beschrieben. Der Rechengang des ausführlichen Verfahrens ist mit allen notwendigen Verweisen im ☞ TB stichwortartig erklärt.

Vor der eigentlichen Berechnung sind einige vorbereitende Schritte notwendig.

Um die Heizlastberechnung durchführen zu können, müssen die Bauzeichnungen sowie die Baubeschreibung vorliegen. Aus diesen Unterlagen muss zunächst der genaue Gebäudestandort ermittelt werden. Damit lassen sich aus einer Tabelle die Außentemperatur und das Jahresmittel der Außentemperatur festlegen. Aus der Außentemperatur ϑ_e' und einem Korrekturwert ΔT_e kann anschließend die Norm-Außentemperatur ϑ_e berechnet werden.

$$\vartheta_e = \vartheta_e' + \Delta T_e$$

ϑ_e	: Norm-Außentemperatur	in °C
ϑ_e'	: Auslegungs-Außentemperatur	in °C
ΔT_e	: Außentemperaturkorrektur	in K

Die Außentemperaturkorrektur ΔT_e hängt davon ab, wie sich die Außentemperatur mit der Gebäudehöhe ändert und wie hoch dessen Wärmespeicherfähigkeit ist. Beides fließt in die thermische Zeitkonstante τ des Gebäudes ein. Diese Zeitkonstante ist ein Maß dafür, wie langsam das Gebäude auskühlt. Ist der Wert für τ groß, kann die Norm-Außentemperatur um bis zu 4 K angehoben werden (☞ TB).

In der Bauzeichnung sind die Räume des Gebäudes vom Keller bis zum Dach mit Raumnummern zu versehen. Anschließend ist der Status der Räume (beheizt/unbeheizt) festzulegen und die Auslegungsinnentemperatur der beheizten Räume aus Tabellen zu ermitteln (☞ TB). Danach sind die Raumnummern zusammen mit den jeweiligen Auslegungsinnentemperaturen auf der Bauzeichnung einzutragen.

Transmissionswärmeverluste

Für diese Verluste werden die Wärmedurchgangszahlen U der Bauteile wie Fenster, Türen, Wände, Decken und Fußböden benötigt. Der Transmissionswärmeverlust $\dot{Q}_T$ ergibt sich aus den Wärmeströmen, die ein Raum durch diese Bauteile nach außen, an Nachbarräume oder an das Erdreich abgibt. Allerdings ist auch zu berücksichtigen, ob und wie mögliche Wärmebrücken bauseitig berücksichtigt wurden. Demnach lassen sich die Transmissionswärmeverluste wie folgt berechnen:

$$\dot{Q}_T = \sum H_T \cdot (\vartheta_i - \vartheta_e)$$

$$H_T = A \cdot (U + \Delta U_{TB}) \quad \text{bei Außenbauteilen}$$

$$H_T = A \cdot U \cdot f_1 \quad \text{bei Innenbauteilen}$$

H_T	: Wärmeverlust-Koeffizient	in W/K
A	: Fläche des Bauteiles	in m²
U	: Wärmedurchgangszahl	in W/(m² · K)
ΔU_{TB}	: Korrekturwert für Wärmebrücken	in W/(m² · K)
f_1	: Temperaturanpassungsterm	–

Bei der **Flächenberechnung** der Wände beziehen sich die Längen und Breiten auf die lichten Rohbaumaße plus Außenwanddicke bzw. halber Innenwanddicke. Bei den Höhen sind die Geschosshöhen h in die Rechnung einzutragen (Abb. 1).

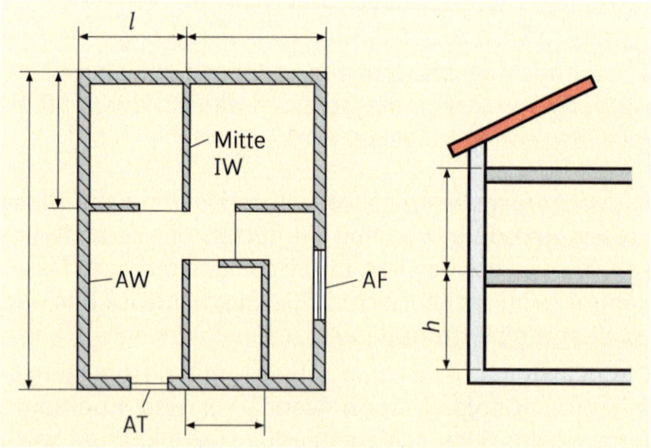

Abb. 1: Bauteilabmessung für die Berechnung

Als **Korrekturwert für Wärmebrücken** ΔU_{TB} wird

- für Neubauten 0,05 W/(m² · K) und
- für Altbauten 0,10 W/(m² · K) empfohlen.

Der Korrekturwert ist jedoch nur an Außenbauteilen und an Bauteilen zu unbeheizten Nachbarräumen notwendig. Zwischen beheizten Räumen unterschiedlicher Temperatur kann auf den Wärmebrückenzuschlag verzichtet werden.

Der **Temperaturanpassungsterm** f_1 wird benötigt, um die Temperaturen angrenzender Räume im Vergleich zur Norm-Außentemperatur zu berücksichtigen. Zur Berechnung wird die folgende Gleichung angewandt:

$$f_1 = \frac{\vartheta_i - \vartheta_u}{\vartheta_i - \vartheta_e}$$

f_1	: Temperaturanpassungsterm	–
ϑ_i	: Auslegungsinnentemperatur	in °C
ϑ_u	: Temperatur des angrenzenden Raumes	in °C
ϑ_e	: Norm-Außentemperatur	in °C

Berechnung

Ein Wohnzimmer eines Neubaus mit einer Auslegungsinnentemperatur von 20 °C und einer Norm-Außentemperatur von −12 °C hat eine Außenwand ohne Fenster mit $U = 0{,}34\ W/(m^2 \cdot K)$, deren Transmissionswärmeverlust berechnet werden soll. Die Breite dieser Wand (lichtes Rohbaumaß) beträgt 4,82 m. An diese Wand grenzt eine Außenwand mit 41 cm und eine Innenwand mit 24 cm Dicke. Die Geschosshöhe beträgt 2,86 m.

a) Berechnen Sie die Größe der in Rechnung zu setzenden Wandfläche.

b) Wie groß ist der korrigierte U-Wert U_c der Wand?

c) Welcher Transmissionswärmetransferkoeffizient ergibt sich?

d) Was sagt der Transmissionswärmetransferkoeffizient aus?

e) Wie hoch ist der Transmissionswärmeverlust durch diese Wand?

Geg.: $l_1 = 4{,}82\ m$, $\vartheta_i = 20°C$, $\vartheta_e = -12\ °C$

$l_2 = 0{,}41\ m$, $U = 0{,}34\ W/(m^2 \cdot K)$

$l_3 = 0{,}24\ m$

$h = 2{,}86\ m$

a) Ges.: A

Lös.: $A = l \cdot h = (l_1 + (l_2 + l_3)/2) \cdot h$

$A = (4{,}82\ m + (0{,}41\ m + 0{,}24\ m)/2) \cdot 2{,}86\ m$

$\mathbf{A = 15{,}145\ m^2}$

b) Ges.: U_c

Lös.: $U_c = U + \Delta U_{TB}$

$U_c = 0{,}34\ W/(m^2 \cdot K) + 0{,}05\ W/(m^2 \cdot K)$

$\mathbf{U_c = 0{,}39\ W/(m^2 \cdot K)}$

c) Ges.: H_T

Lös.: $H_T = A \cdot U_c$

$H_T = 15{,}145\ \cancel{m^2} \cdot 0{,}39\ W/(\cancel{m^2} \cdot K)$

$\mathbf{H_T = 5{,}91\ W/K}$

d) Der Transmissionswärmetransferkoeffizient gibt an, welche Wärmeleistung durch die Wand bei einem Temperaturunterschied von einem Kelvin verloren geht oder gewonnen wird. Der Transmissionswärmetransferkoeffizient dient zu Vergleichszwecken von Bauteilen oder ganzen Gebäuden, weil er im Gegensatz zum Wärmeverlust unabhängig vom Standort und der Lage ist.

e) Ges.: $\dot{Q}_T$

Lös.: $\dot{Q}_T = H_T \cdot (\vartheta_i - \vartheta_e)$

$\dot{Q}_T = 5{,}91\ W/K \cdot (20\ °C - (-12\ °C))$

$\dot{Q}_T = 5{,}91\ W/\cancel{K} \cdot 32\ \cancel{K}$

$\mathbf{\dot{Q}_T = 189\ W}$

Der Temperaturanpassungsterm unbeheizter Nachbarräume kann einer Tabelle entnommen werden (→ TB).

Aufgaben

1. Definieren Sie den Begriff „Heizlast".
2. Erläutern Sie, warum die Berechnung der Heizlast für die Auslegung von Komponenten einer Heizungsanlage notwendig ist.
3. In welcher aktuellen Norm sind die Regeln zur Berechnung der Heizlast festgelegt?
4. Welche grundlegenden Dinge müssen bei der Berechnung der Norm-Heizlast berücksichtigt werden?
5. Welche Unterlagen sind dafür erforderlich, um die Heizlastberechnung durchführen zu können?
6. Listen Sie die vorbereitenden Schritte auf, die notwendig sind, bevor mit der eigentlichen Berechnung der Heizlast begonnen werden kann.
7. Wie beeinflusst die Außentemperaturkorrektur die Heizlastberechnung?
8. Was versteht man unter der thermischen Zeitkonstante eines Gebäudes?
9. Was sind Transmissionswärmeverluste?
10. Welche Rolle spielen bei der Berechnung der Transmissionswärmeverluste die Wärmedurchgangszahlen der Bauteile?
11. Erläutern Sie, wie die Flächenberechnung für Wände durchgeführt wird.
12. Was wird zur Berücksichtigung von Wärmebrücken an Außenbauteilen von Neubauten und Altbauten empfohlen?
13. Ein Bad, das eine Auslegungsinnentemperatur von 24 °C hat, grenzt an ein unbeheiztes Treppenhaus mit 15 °C. Die Breite der Zwischenwand (lichtes Rohbaumaß) beträgt 2,82 m. Die angrenzende Außenwand ist 35 cm dick und die angrenzende Innenwand 11,5 cm. Die Geschosshöhe beträgt 2,75 m. Die Innenwand zwischen Bad und Treppenhaus hat einen U-Wert von $0{,}87\ W/(m^2 \cdot K)$. Wie hoch ist der Transmissionswärmeverlust durch die Wand zwischen Bad und Treppenhaus, wenn eine Norm-Außentemperatur von −12 °C herrscht?

Lüftungswärmeverluste

Während bei älteren Gebäuden über zahlreiche Fugen, z. B. an Fenstern, Außentüren, Rollladen- oder Briefkästen, viel kalte Luft in die Räume eindringt, haben neuere Gebäude eine nahezu luftdichte Gebäudehülle. Die luftdichte Bauweise führt zwar zu deutlich geringeren Lüftungswärmeverlusten; dies hat aber eine unbefriedigende Luftqualität zur Folge. Um hygienische Probleme durch Sauerstoffmangel, Anreicherung mit Ausdünstungen, hohe Luftfeuchtigkeit, Schimmelpilzbildung usw. zu vermeiden, ist ein Mindestluftwechsel erforderlich. Dieser Luftwechsel kann durch

- natürliche Belüftung (z. B. Lüftungsschlitze oder Fensterlüftung) oder
- mechanische Belüftung (Lüftungsanlage mit/ohne Wärmerückgewinnung)

sichergestellt werden.

Für Wohngebäude ohne Lüftungsanlage ergeben sich die Lüftungswärmeverluste meist durch den hygienischen Mindestluftwechsel:

$$\dot{Q}_V = H_V \cdot (\vartheta_i - \vartheta_e)$$

$$H_V = C_p \cdot \dot{V}_{min}$$

$$\dot{V}_{min} = n_{min} \cdot V_R$$

$\dot{Q}_V$: Norm-Lüftungswärmeverlust in W
H_V : Wärmeverlust-Koeffizient in W/K
ϑ_i : Auslegungsinnentemperatur in °C
ϑ_e : Norm-Außentemperatur in °C
C_p : spezifische Wärmekapazität der Luft (0,34 Wh/(m³ · K)) in Wh/(m³ · K)
$\dot{V}_{min}$: hygienische Mindest-Luftvolumenstrom in m³/h
n_{min} : Mindestluftwechselzahl in 1/h
V_R : Raumvolumen in m³

Werden keine lüftungstechnischen Anlagen verwendet, ist anzunehmen, dass die Zulufttemperatur der Außentemperatur entspricht. Zu berücksichtigen ist ferner, dass zur Berechnung des Raumvolumens die inneren Rohbaumaße eingesetzt werden. Der erforderliche Mindestluftwechsel hängt von der Art des Raumes ab (Tab. 1).

Tab. 1: Mindestluftwechselzahl n_{min}

Art des Raumes	n_{min} in 1/h
bewohnbarer Raum	0,5
Küche ≤ 20 m³	1,0
Küche > 20 m³	0,5
WC oder Bad mit Fenster[1)]	0,5
Nebenräume	0,0

[1)] Innen liegende Daueraufenthaltsräume, Bäder und Toilettenräume sind mit Lüftungsanlage zu rechnen.

Zusätzliche Wiederaufheizleistung

Für selten genutzte Räume, deren Temperatur zeitweise abgesenkt wird, darf eine zusätzliche Aufheizleistung vereinbart werden, um die geforderte Auslegungsinnentemperatur innerhalb einer bestimmten Zeit zu erreichen.

$$\dot{Q}_{hu} = A_R \cdot \varphi_{hu}$$

$\dot{Q}_{hu}$: zusätzliche Aufheizleistung in W
A_R : Raumfläche in m²
φ_{hu} : Wiederaufheizfaktor (→ TB) in W/m²

Der Wiederaufheizfaktor φ_{hu} ist abhängig von:

- dem Innentemperaturabfall
- der Gebäudemasse
- der Wiederaufheizzeit
- dem Luftwechsel während der Absenkphase

Auf eine zusätzliche Aufheizleistung kann jedoch häufig verzichtet werden, denn ob eine Nachtabsenkung in einem Gebäude Sinn macht oder nicht, hängt von der Qualität der Wärmedämmung ab. Je schlechter diese ist, desto mehr kann durch die Nachtabsenkung eingespart werden (bis ca. 5%). Bei einem Passivhaus sind die Einspareffekte mittels Nachtabsenkung aber sehr gering, da sich die Temperatur während der Nacht kaum absenkt.

Norm-Heizlast eines beheizten Raumes

Die Summe aus Norm-Transmissionswärmeverlust, Norm-Lüftungswärmeverlust und zusätzlicher Aufheizleistung wird als Norm-Heizlast bzw. Raumheizlast bezeichnet.

$$\dot{Q}_{HL} = \dot{Q}_T + \dot{Q}_V + \dot{Q}_{hu}$$

$\dot{Q}_{HL}$: Norm-Heizlast (Raumheizlast) in W
$\dot{Q}_T$: Norm-Transmissionswärmeverlust in W
$\dot{Q}_V$: Norm-Lüftungswärmeverlust in W
$\dot{Q}_{hu}$: zusätzliche Aufheizleistung in W

Auf der Basis der Norm-Heizlast eines Raumes erfolgt die Dimensionierung von dessen Raumheizeinrichtungen.

Norm-Heizlast des Gebäudes

Nachdem für alle beheizten Räume eines Gebäudes die Transmissionswärmeverluste und die Lüftungswärmeverluste ermittelt sind, kann die Norm-Heizlast des Gebäudes $\dot{Q}_{HL,Geb}$ berechnet werden. Diese Berechnung dient als Grundlage für die Auslegung der Wärmeerzeugungsanlage (z. B. Wärmepumpe). Von den Transmissionswärmeverlusten der Räume werden jedoch nur die Verluste über die Außenflächen berücksichtigt: $\sum \dot{Q}_{T,e}$ (e: external). Die Wärmeverluste zwischen den Räumen sind keine Verluste für das Gebäude. Ferner können zusätzliche Aufheizleistungen und Wärmegewinne, die bei Norm-Außenbedingungen zur Verfügung stehen, berücksichtigt werden.

Damit ergibt sich als Formel für die Norm-Heizlast des Gebäudes:

$$\dot{Q}_{HL,Geb} = \sum \dot{Q}_{T,e} + \dot{Q}_{V,Geb} + \sum \dot{Q}_{hu} - \sum \dot{Q}_g$$

$\dot{Q}_{HL,Geb}$: Norm-Heizlast des Gebäudes in W
$\sum \dot{Q}_{T,e}$: Summe der Norm-Transmissionswärmeverluste ohne die Wärmeverluste zwischen den Räumen in W
$\dot{Q}_{V,Geb}$: Lüftungswärmeverluste des gesamten Gebäudes in W
$\sum \dot{Q}_{hu}$: Summe der zusätzlichen Aufheizleistung aller beheizten Räume in W
$\sum \dot{Q}_g$: Summe aller Wärmegewinne in W

Berechnungen

1. Ein Wohnzimmer mit der Auslegungsinnentemperatur von 20 °C und einer Norm-Außentemperatur von −12 °C ist 4,27 m lang, 4,12 m breit und hat eine Raumhöhe von 2,60 m.
   a) Berechnen Sie das Raumvolumen.
   b) Wie groß ist der hygienische Mindest-Luftvolumenstrom?
   c) Welcher Transmissionswärmetransferkoeffizient ergibt sich?
   d) Wie hoch ist der hygienische Lüftungswärmeverlust des Raumes?

Geg.: $l = 4{,}27$ m, $\vartheta_i = 20$ °C, $\vartheta_e = -12$ °C
$b = 4{,}12$ m
$h = 2{,}60$ m

a) Ges.: V_R

Lös.: $V_R = l \cdot b \cdot h$
$V_R = 4{,}27 \text{ m} \cdot 4{,}12 \text{ m} \cdot 2{,}60 \text{ m}$
$\mathbf{V_R = 45{,}74\ m^3}$

b) Ges.: $\dot{V}_{min}$

Lös.: $\dot{V}_{min} = n_{min} \cdot V_R$
$\dot{V}_{min} = 0{,}5 \cdot 1/\text{h} \cdot 45{,}74 \text{ m}^3$
$\mathbf{\dot{V}_{min} = 22{,}9\ m^3/h}$

c) Ges.: H_V

Lös.: $H_V = C_p \cdot \dot{V}_{min}$
$H_V = 0{,}34 \text{ Wh}/(\text{m}^3 \cdot \text{K}) \cdot 22{,}9 \text{ m}^3/\text{h}$
$\mathbf{H_V = 7{,}78\ W/K}$

d) Ges.: $\dot{Q}_V$

Lös.: $\dot{Q}_V = H_V \cdot (\vartheta_i - \vartheta_e)$
$\dot{Q}_V = 7{,}78 \text{ W/K} \cdot (20 \text{ °C} - (-12 \text{ °C}))$
$\dot{Q}_V = 7{,}78 \text{ W/K} \cdot 32 \text{ K}$
$\mathbf{\dot{Q}_V = 249\ W}$

2. Wie groß sind die zusätzliche Aufheizleistung und die Auslegungsheizlast für einen Büroraum mit 30 m², dessen Standard-Heizlast 1 650 W (Summe aus Norm-Transmissionswärmeverlust und Norm-Lüftungswärmeverlust) beträgt, wenn der Temperaturabfall über das Wochenende 5 K beträgt und der Raum in 3 Stunden wieder aufgeheizt werden soll? Während der Aufheizung herrscht nur Fugenlüftung. Bei der Berechnung ist von einer hohen Wärmespeicherkapazität (WSK) auszugehen.

Geg.: $A = 30 \text{ m}^2$, $\Delta T = 5$ K, $t_A = 3$ h, h = WSK hoch
$\dot{Q}_{SHL} = 1\,650$ W

Ges.: $\dot{Q}_{hu}$, $\dot{Q}_{HL}$

Lös.: $\dot{Q}_{hu} = A_R \cdot \varphi_{hu}$ $\quad \varphi_{hu} = 75 \text{ W/m}^2$ (→ TB)
$\dot{Q}_{hu} = 30 \text{ m}^2 \cdot 75 \text{ W/m}^2$
$\mathbf{\dot{Q}_{hu} = 2\,250\ W}$
$\dot{Q}_{HL} = \dot{Q}_{SHL} + \dot{Q}_{hu}$
$\dot{Q}_{HL} = 1\,650 \text{ W} + 2\,250 \text{ W}$
$\mathbf{\dot{Q}_{HL} = 3\,900\ W}$

Aus ökologischen und wirtschaftlichen Gründen sollte eine Überdimensionierung der Wärmeerzeugungsanlage vermieden werden.

Aufgaben

1. Unterscheiden Sie zwischen den Lüftungswärmeverlusten in älteren und neueren Gebäuden.
2. Erklären Sie die Bedeutung des hygienischen Mindestluftwechsels.
3. Wie wird das Raumvolumen zur Berechnung der Lüftungswärmeverluste ermittelt?
4. Welche Annahmen werden bezüglich der Zulufttemperatur getroffen?
5. Beschreiben Sie, unter welchen Bedingungen eine zusätzliche Aufheizleistung notwendig ist.
6. Welche Faktoren beeinflussen den Wiederaufheizfaktor?
7. Diskutieren Sie die Vor- und Nachteile einer Nachtabsenkung der Temperatur in Gebäuden mit unterschiedlicher Wärmedämmqualität.
8. Welche Heizlast wird zur Dimensionierung der Raumheizeinrichtung verwendet?
9. Welche Wärmeverluste sind bei der Berechnung der Norm-Heizlast eines Gebäudes zu berücksichtigen?
10. Erklären Sie, warum eine Überdimensionierung der Wärmeerzeugungsanlage vermieden werden sollte.
11. Berechnen Sie die Norm-Heizlast und die Auslegungsheizlast eines Bades mit folgenden Angaben: Gebäudestandort München, EFH, Neubau, hohe Luftdichtheit, normales Gebäude, natürliche Lüftung. Darüber und darunter befinden sich Räume mit 20 °C. Eine Nachtabsenkung ist nicht vorgesehen (Berechnungsschema: → TB).

***U*-Werte:**
AF: 1,2 W/(m² K)
AW: 0,33 W/(m² K)
IW: 1,7 W/(m² K)
IT: 2,0 W/(m² K)
DE: 0,4 W/(m² K)
FB: 0,4 W/(m² K)

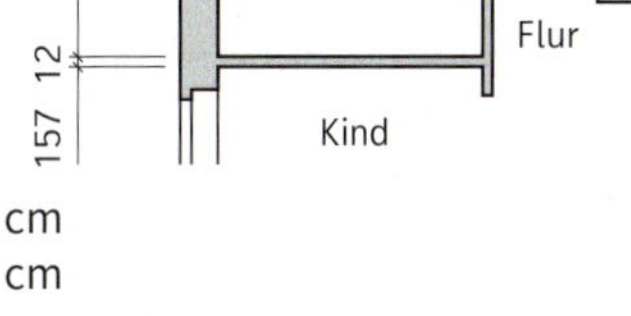

Geschosshöhe: 286 cm
Deckendicke: 26 cm

Lernfeld 8

Sanitärräume ausstatten

Badplanung

Kundenauftrag

In dem zentralen Projekt (Bremer Haus, siehe Basisunterlagen S. 696 ff.) soll das 2. Obergeschoss ausgebaut werden. Dazu ist für das Badezimmer die Badausstattung mit Sanitärobjekten und Accessoires unter besonderer Berücksichtigung der Kundenwünsche zu planen.

Information und Orientierung

Bei der Planung sind die Informationen aus den baulichen Gegebenheiten (Bauzeichnungen) sowie über Bestimmungen und Vorschriften, insbesondere der Elektrotechnik, zu berücksichtigen. Besondere Beachtung soll auch der Einsparung von Trinkwasser und der effizienten Energienutzung geschenkt werden. Dazu sind Armaturen und Apparate hinsichtlich ihrer Funktion und Wirkungsweise zu vergleichen und zu bewerten.

Die baulichen Gegebenheiten sind aus Abb. 1 zu entnehmen.

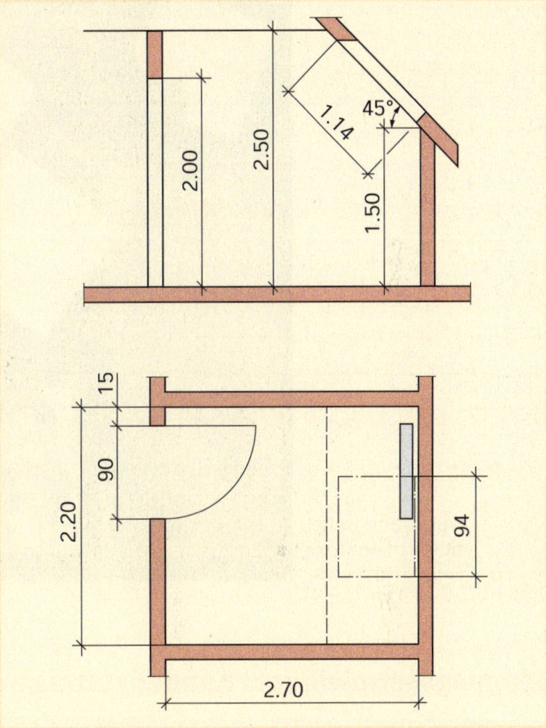

Abb. 1: Badezimmer a) Vorderansicht b) Grundriss

Gemäß Kundenwunsch sind folgende Einrichtungsgegenstände und Installationsverfahren einzuplanen:

- Badewanne (ggf. als Whirlpool-Version)
- Duschabtrennung mit Duschwanne
- Waschplatz
- WC
- Armaturen/Brausen
- ggf. Duschsäule, Dampfdusche etc.
- Möbel (Schränke, Regale, Spiegelschränke, Lichtspiegel)
- Heizkörper
- Accessoires
- Vorwandinstallation

Als Einrichtungsgegenstände und Vorwandinstallation sind nur Markenartikel des dreistufigen Vertriebsweges vorzusehen.

Für die Kalkulation des Bades sind die Vorwandinstallation und die sanitären Einrichtungsgegenstände mit realistischen Preisen (inklusive Montage und MwSt.) überschlägig zu ermitteln.

Folgende Kategorien sind festgelegt:

Kategorie I: bis 10.000 Euro; Kategorie II: 10.000 bis 15.000 Euro; Kategorie III: 15.000 bis 25.000 Euro

Planung und Durchführung

Die Fertigung der Planungsentwürfe kann sowohl klassisch als auch computerunterstützt erfolgen. Farb-, Licht- und Materialüberlegungen sind ebenso Bestandteile der Planung wie die Anordnung der Einrichtungsgegenstände sowie der Wand-, Boden- und Deckenbekleidungen. Es soll eine Ausstattungsmöglichkeit aus einer Preiskategorie ausgewählt und dokumentiert werden.

Bewertung

Die unterschiedlichen Ausstattungsmöglichkeiten sind zu vergleichen und zu bewerten:

- Idee, Einfallsreichtum, Innovationsgrad
- Kreativität, Originalität
- Funktionalität, Benutzerfreundlichkeit
- Praxisbezug, bauliche Umsetzbarkeit
- Gesamtkonzept (z. B. Farb- und Lichtgestaltung)
- Aufwand für eine spätere Umgestaltung in ein barrierefreies Bad

Präsentation

Die wichtigsten Entwurfsgedanken sind zu formulieren und sollen als Konzeptbeschreibung eine DIN-A4-Seite umfassen.

Die Badplanungen sind ferner mithilfe von Folien oder Computerunterstützung zu visualisieren und verbal zu präsentieren. Zur Optimierung der Planung können Ansichten und perspektivische Darstellungen in geeigneten Maßstäben sowie Detailzeichnungen sowie ggf. Farb- und Materialmuster präsentiert werden (Abb. 2).

Abb. 2: Präsentationstafel mit Materialmuster und Fotoimpressionen

Planungsbeispiele zum Kundenauftrag (Abb. 3 bis 6)

Abb. 3: „Schneckenbad“ (Kategorie III)

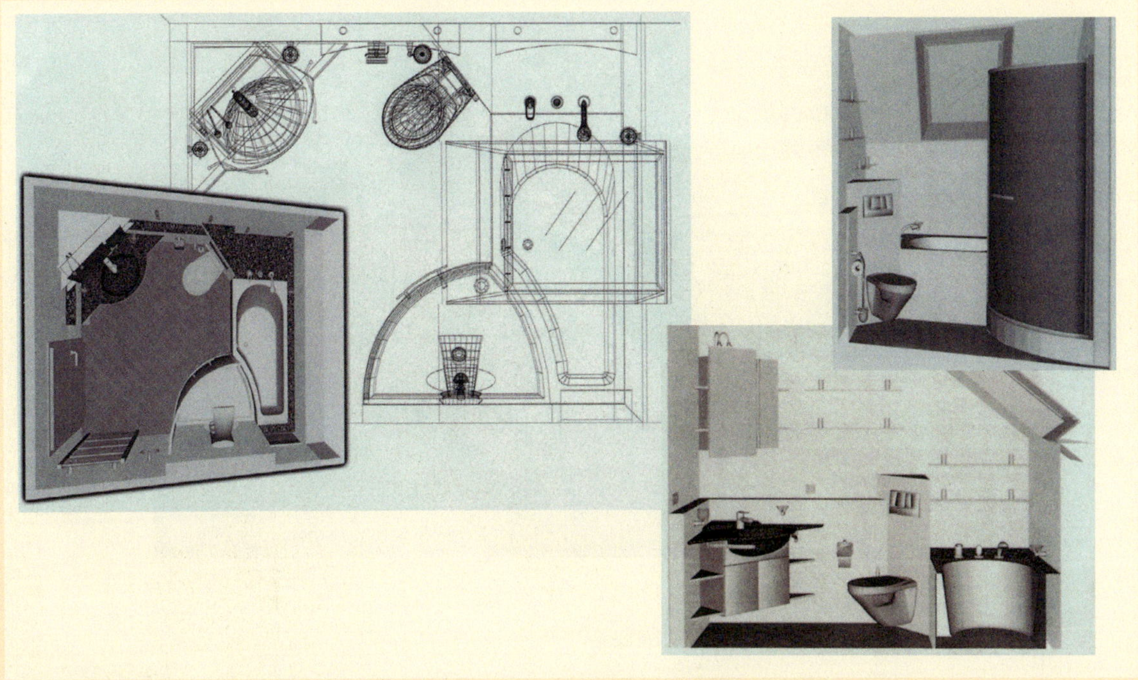

Abb. 4: Raumsparende Badplanung durch Wanne/Dusche-Anordnung (Kategorie II)

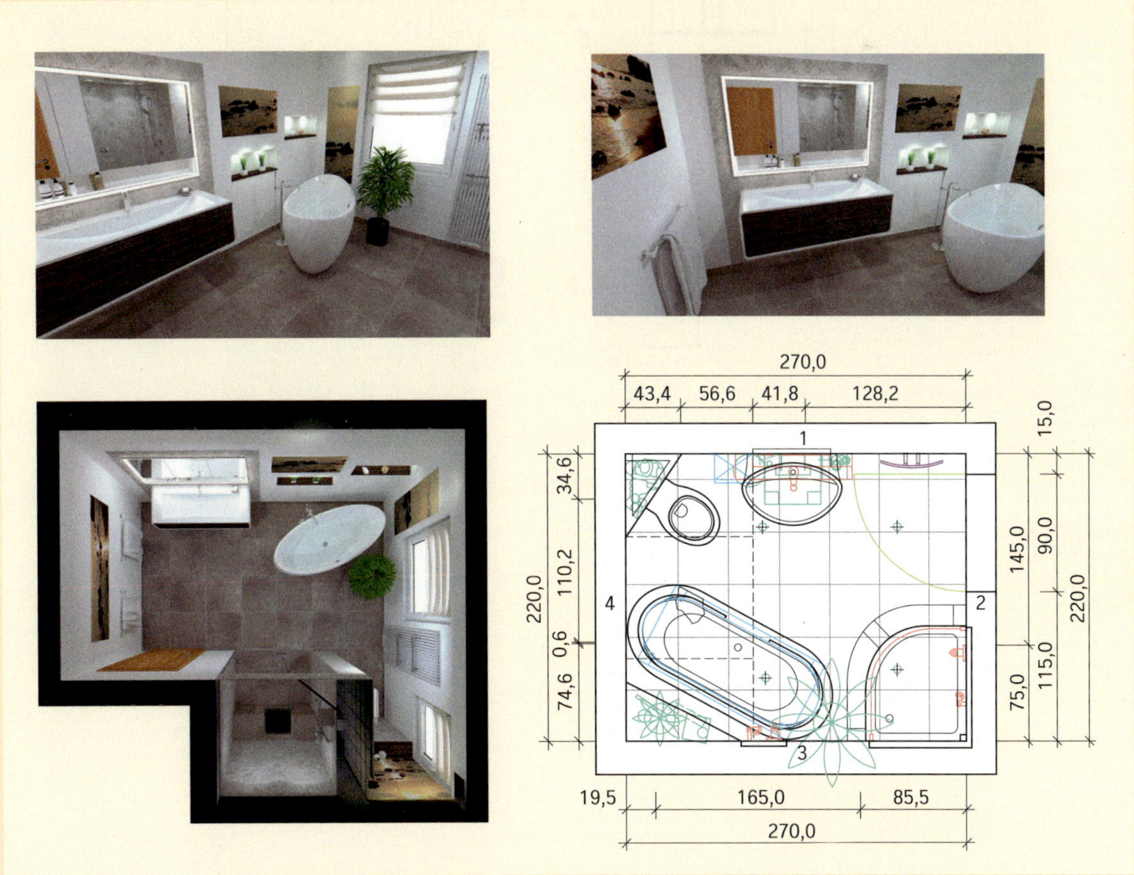

Abb. 5: Kleines Luxusbad mit Materialkombinationen aus Holz und neutralen Farben (Kategorie III)

Abb. 6: Eine Badplanung mit einem Höchstmaß an Bewegungsfreiheit (Kategorie I)

8 Sanitärräume ausstatten

8.1 Ausstattung von Sanitärräumen

Anlagenmechaniker/-innen haben in aller Regel den größten Anteil der Arbeiten in Sanitärräumen auszuführen. In vielen Fällen beraten sie die Kundinnen und Kunden, planen mit ihnen die Räume und koordinieren die anderen Tätigkeiten, wie Elektro-, Fliesen- und Malerarbeiten. Diese Aufgaben können sie nur dann zur Zufriedenheit der Kundinnen und Kunden lösen, wenn sie über die nötigen planerischen, organisatorischen und technischen Fähigkeiten verfügen.

8.1.1 Grundausstattung von Bad und WC

Die *Grundausstattung* eines Bades (Abb. 1) besteht aus:

- Waschbecken bzw. Waschtisch
- Badewanne und/oder Duschwanne
- Klosettbecken

Zur Badausstattung gehören auch Badmöbel, Beleuchtung, Heizungs- und Lüftungsmöglichkeit, Kleiderhaken, Seifenablagen, Klosettpapier- und Handtuchhalter, WC-Bürste, Abfallbehälter sowie Haltegriffe.

a)

b)

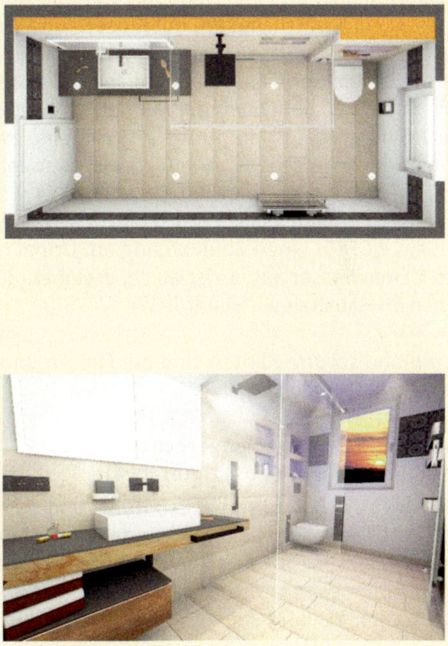

Abb. 1: Bad nach der a) Planung, b) Visualisierung

8.1.2 Planungshinweise für Bad und WC

Beheizung

Die Beheizung kann durch Badheizkörper, die gleichzeitig als Handtuch- oder Wäschewärmer dienen, erfolgen. Anstelle der Badheizkörper können auch raumsparende Plattenheizkörper mit glatter Oberfläche verwendet werden. Es eignen sich aber ebenso Konvektoren, die sich z. B. hinter der Wannenschürze von Stahl- oder Gusswannen einbauen lassen. Als sehr behaglich wird eine zusätzliche Fußbodenheizung empfunden. Diese sollte jedoch nicht unter Sanitärgegenständen verlegt werden, da sonst ein Wärmestau entstehen kann.

Objektabstände und Bewegungsflächen

! Zur *Nutzung der Einrichtung* von Sanitärräumen ist ein ausreichend großer Bewegungsraum notwendig.

Um diesen Bewegungsraum sicherzustellen, sind in der VDI 6000 die erforderlichen *Objektabstände und Bewegungsflächen* festgelegt. Welche Abstände dabei einzuhalten sind, geht aus dem TB hervor.

Auf der Bedienungsseite der Waschmaschine ist ein besonders großer Abstand von 90 cm einzuhalten. Befindet sich statt der Waschmaschine ein anderer Sanitärgegenstand oder die Wand gegenüber, so sind 75 cm ausreichend.

! Für den *seitlichen Abstand* zwischen unterschiedlichen Sanitärgegenständen im Bad reichen im Allgemeinen 25 cm aus.

Der Abstand zwischen beweglichen Einrichtungen (Waschmaschine) und anliegender Wand muss mindestens 3 cm betragen. Ferner ist zwischen Stellflächen und der Türlaibung ein Abstand von 10 cm notwendig. Auch für die Vorwandinstallation ist ein zusätzlicher Platzbedarf zu berücksichtigen.

Bade- oder Duschwannen müssen gut zugänglich sein. Voraussetzung hierfür ist die Einhaltung einer genügend großen Bewegungsfläche vor der Wanne.

Alle Armaturen, Taster und Griffe sollten leicht erkennbar und einfach zu bedienen sein.

Komfortbäder

Baderäume werden hierbei großzügig geplant und bemessen. Ein komfortables Bad kann Whirlpool und Dusche, Waschtisch, Klosett- und Sitzwaschbecken beinhalten und dennoch genügend Bewegungsfläche bieten. Ein solch geräumiges Bad kann auch als Fitness- und Erholungsraum dienen.

Unabhängig vom Platzbedarf ist bei einer Wohnung für mehrere Personen eine Trennung von Bad und WC oder besser ein zusätzliches WC mit Klosett- und Waschbecken zweckmäßig. Dadurch kann eine Blockade des Bades sowie eine Geruchsbelästigung für nachfolgende Nutzer/-innen vermieden werden. Ergänzt werden sollte das WC durch ein Urinal. Das Urinal ist eine zweckmäßige und hygienische Einrichtung, insbesondere für diejenigen, die das WC nicht im Sitzen nutzen wollen. Es senkt den Reinigungsaufwand sowie den Wasserverbrauch am WC. Für einen Spülvorgang am Urinal reicht bereits 1 Liter Wasser aus. Es ist ab ca. drei männlichen Personen im Haushalt wirtschaftlich.

! *Spitzen* und *scharfe* Kanten sind bei Fliesen und Einrichtungen zu *vermeiden.*

Senioren- und behindertengerechte Badraumgestaltung (Abb. 1 und Tab. 1)

Die barrierefreie Sanitärraumgestaltung und Planung wird im Hinblick auf die sich wandelnde Alterspyramide zukünftig immer mehr Bedeutung gewinnen. Laut statistischem Bundesamt wird die Zahl der über 60-jährigen Deutschen bis zum Jahr 2020 auf ca. 24 Millionen ansteigen. Das wird zu einem steigenden Bedarf an senioren- und behindertengerechten Wohnungen mit entsprechend gestalteten Bädern führen. „Barrierefreies Wohnen" vermeidet Isolation und Ausgrenzung durch Krankheit, Unfall oder die Folgen des Alters. Durch Berücksichtigung der geltenden Normen werden die Erhaltung der Selbstständigkeit sowie die Betreuung und Pflege sichergestellt.

Planungsgrundlage sind die VDI 6000, Blatt 1, und die *DIN 18022 „Küchen, Bäder und WCs im Wohnungsbau"**. Darin werden Angaben über Stellflächen, Einrichtungen, Abstände und Bewegungsflächen als Mindestanforderungen vorgegeben.

Die *DIN 18040-1 „Barrierefreies Bauen, Öffentlich zugängliche Gebäude"* beinhaltet die Anforderungen an barrierefreie Nutzung dieser Anlage und deren Außenanlagen.

Die *DIN 18040-2 „Barrierefreies Bauen, Wohnungen"* beinhaltet mit *„Wohnungen für Rollstuhlbenutzer, Planungsgrundlagen"* die speziellen Anforderungen von Rollstuhlbenutzenden an Sanitärräume (Abb. 2a).

Im Teil 2 *„Planungsgrundlagen"* geht es um die Planung, Ausführung und Einrichtung von barrierefreien Wohnungen für Menschen mit kleinen oder größeren körperlichen Einschränkungen (Abb. 2b).

Die genannten Normen und auch die DIN EN 17210 (Barrierefreiheit) sind als Planungsrichtlinie zu verstehen. Entscheidend für die Planung sind die Bestimmungen der zuständigen Bauordnungsämter (→ TB).

* Die DIN 18022 wurde 2007 ersatzlos gestrichen. In der Praxis wird aber weiterhin nach dieser Norm geplant.

Abb. 1: Senioren- und behindertengerechtes Bad

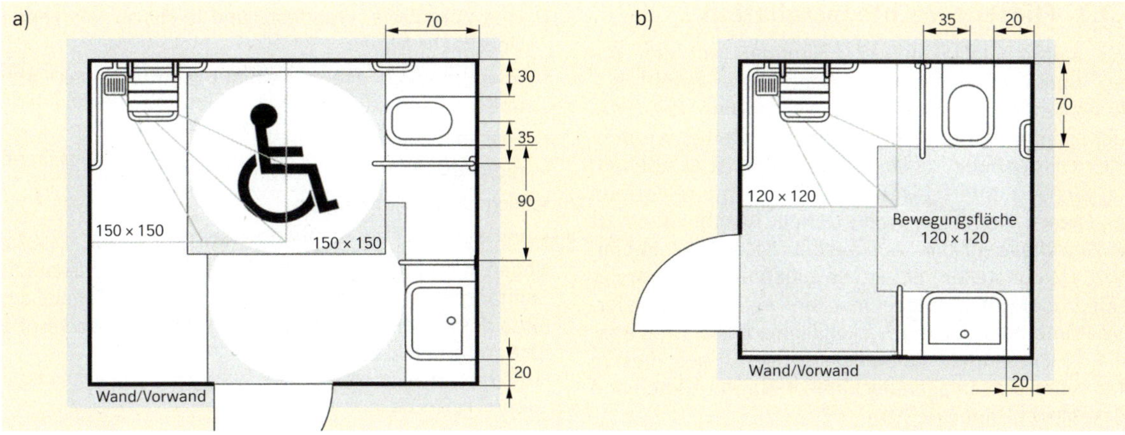

Abb. 2: a) Rollstuhlgerechter Grundriss nach DIN 18 040, Teil 2, b) Barrierefreier Grundriss nach DIN 18 040, Teil 2

Tab. 1: Vergleich: Anforderungen bei barrierefreier Sanitärraumgestaltung

	DIN 18 040, Teil 1 *Barrierefreies Bauen, „Öffentlich zugängige Gebäude und Arbeitsstätten, Planungsgrundlagen"*	DIN 18 040, Teil 2 *Barrierefreies Bauen, Wohnungen, „Wohnungen für Rollstuhlbenutzer, Planungsgrundlagen"*	DIN 18 040, Teil 2 *Barrierefreies Bauen, Wohnungen, „Planungsgrundlagen"*
Mindestgröße der Bewegungsflächen	• 150 cm × 150 cm vor den einzelnen Sanitärobjekten	• 150 cm × 150 cm vor den einzelnen Sanitärobjekten • 150 cm tief vor der Einstiegsseite der Badewanne • Bewegungsflächen dürfen sich überlagern.	• 120 cm × 120 cm vor den einzelnen Sanitärobjekten • Bewegungsflächen dürfen sich überlagern.
WC	• Rechts und links ist ein 70 cm tiefer und 90 cm breiter Freiraum vorzusehen. • Sitzhöhe (inkl. Sitz) sollte 48 cm betragen • 55 cm hinter der Vorderkante des Klosettbeckens müssen sich Benutzende anlehnen können	• Rechts oder links ist ein 70 cm tiefer und 90 cm breiter Freiraum vorzusehen. • Sitzhöhe, inkl. Sitz, 48 cm; im Bedarfsfall: Höhenanpasung • Seitl. Abstand zur Wand mind. 30 cm auf einer Seite	• Abstand zur Wand 20 cm
Spülauslösung	• Die Spülauslösung muss beidseitig mit Hand oder Arm zu betätigen sein, ohne dass die Benutzenden die Sitzposition verändern müssen.	• Spülung auslösbar ohne Sitzpositionsveränderung; bei berührungslosen Spülungen kein ungewolltes Auslösen	• Die Spülauslösung ist in einer Bedienhöhe von 85 cm zu montieren.
Waschtisch	• Ein voll unterfahrbarer WT ist vorzusehen. • Oberkante des WT darf höchstens 80 cm hoch montiert werden • Kniefreiheit muss in 30 cm Tiefe und in mind. 67 cm Höhe gegeben sein • Der WT ist mit einer Einhebelstandarmatur oder mit einer berührungslosen schwenkbaren Armatur auszustatten; Auslauftemperatur maximal 45 °C	• Der WT muss flach und unterfahrbar sein. • UP- oder Flachaufputzsifon ist vorzusehen • Höhe: nutzerspezifisch • Armatur: Einhebelmischer mit Schwenkauslauf und Temperaturbegrenzung	• Beinfreiraum unter WT muss vorhanden sein • UP- oder Flachaufputzsifon ist vorzusehen • im Sitzen nutzbar
Dusche/ Badewanne	• Duschplatz schwellenfrei, mind. 150 × 150 cm • Dusch-Klappsitz mit Rückenlehne; 40 cm breit und 45 cm tief, Sitzhöhe 48 cm; seitl. Bewegungsfläche 95 cm breit und 70 cm tief; beidseitig waagrechte, klappbare Haltgriffe • Eine Seifenschale bzw. -ablage muss aus der Sitzposition in 85 cm Höhe erreichbar sein. • Eine Einhebel-Duscharmatur muss aus der Sitzposition seitl. in 85 cm Höhe und Wandabstand 50 cm erreichbar sein; Auslauftemperatur maximal 45 °C	• Dusche rollstuhlbefahrbar, mind. 150 × 150 cm • Nachträgliches Aufstellen einer Badewanne im Bereich des Duschplatzes muss möglich sein	• Dusche stufenlos begehbar, mind. 120 × 120 cm • Nachträgliches Aufstellen einer Badewanne im Bereich des Duschplatzes sollte möglich sein

8.1.3 Fliesengerechte Installation

Die sanitären Objekte sind zusammen mit den Boden- und Wandfliesen die wesentlichen Gestaltungselemente. Durch eine klare Linienführung kann der Sanitärraum optisch ansprechend gestaltet werden. Noch vor der endgültigen Raumplanung ist es notwendig, aus den unterschiedlichen Formaten und Formen der Fliesen eine Auswahl zu treffen. Anschließend ist als Grundlage für die Raumgestaltung ein Fliesenplan (Abb. 1) zu erstellen. Er wird von Architektinnen/Architekten oder durch Anlagenmechaniker/-innen angefertigt. Kombinationen mit Sockelfliesen, Endplatten usw. sind im Fliesenplan zu berücksichtigen. Nach diesem Plan sollen sich Anlagenmechaniker, Maurer/-innen und Fliesenleger/-innen richten.

Die Anordnung der Sanitärgegenstände im Fliesenplan sollte fliesengerecht erfolgen.

! *Sanitärobjekte und -armaturen* sind nach Möglichkeit im Fugenschnitt anzuordnen, d. h. Fugenkreuz oder mittig zur Fliese (→ TB).

Der Fliesenraster für den Fliesenplan ergibt sich aus der Größe der Fliesen und der Fugenbreite nach der Formel:

Fliesenraster = Fliesengröße + Fugenbreite

Bei den in Abb. 1 verwendeten Fliesen der Größen 98 × 98 mm und 98 × 113 mm für die Sockelfliesen ergibt sich mit einer Fugenbreite von 2 mm ein Fliesenraster von 100 mm bzw. 115 mm. Die Montagemaße für den späteren Einbau der Sanitärobjekte können den Tabellen der Hersteller entnommen werden.

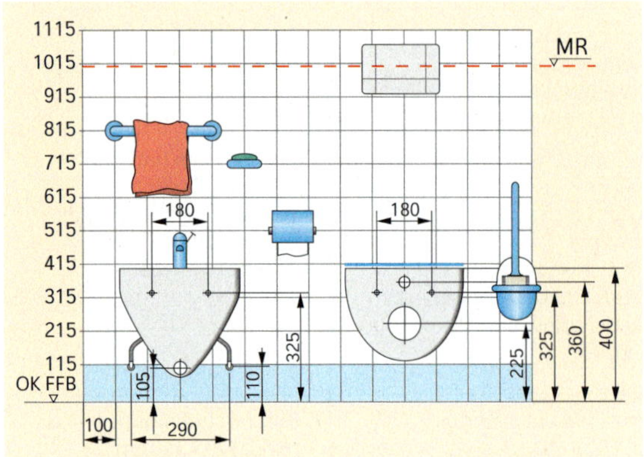

Abb. 1: Anordnung der Sanitärgegenstände im Fliesenplan

8.2 Werkstoffe für Bad und WC

An Ausstattungsgegenstände von Sanitärräumen werden besondere *Anforderungen* gestellt. Sie sollten

- eine hohe Festigkeit und Dauerbelastbarkeit aufweisen,
- eine porenfreie, kratzfeste und leicht zu reinigende Oberfläche haben,
- unempfindlich gegen Reinigungsmittel, haushaltsübliche Säuren und Laugen sein,
- geschmacksneutral sein,
- nicht altern,
- sich nicht kalt anfühlen,
- in Form und Farbe ästhetisch sein.

Neben diesen Kriterien für die Werkstoffauswahl sollten Sanitärgegenstände auch preiswert sein. Die Tabelle am Ende des Kapitels gibt einen Überblick über Werkstoffe für Sanitärobjekte.

Sanitärkeramik

Hierzu gehören im Wesentlichen *Steinzeug, Feuerton* und *Sanitärporzellan*. Im Allgemeinen besteht eine Keramik aus dem „Scherben" und der „Glasur". Unter dem Scherben versteht man den Grundkörper, der von der Glasur, einer dünnen glasartigen Schicht, überzogen ist.

Die edelste Keramik ist Porzellan. Ihre Herstellung erfolgt in den Schritten Modellbau – Formbau – Gießen – Trocknen – Glasieren – Brennen.

Bei den benötigten Rohstoffen handelt es sich – neben Wasser – überwiegend um Erden, die in der Natur vorkommen.

Sie lassen sich unterteilen in:

- plastische Rohstoffe (Ton, Kaolin), welche die Formgebung ermöglichen
- unplastische Rohstoffe (Quarzsand, Feldspat), die zur Verdichtung beim Brennen dienen

Nach dem Brennen werden wichtige Montageflächen, wie die Rückwände von Waschtischen oder Wandklosetts, noch plan geschliffen.

Metallische Werkstoffe

Für viele sanitäre Einrichtungsgegenstände eignen sich auch emaillierte Eisenmetalle oder nichtrostender Stahl (Edelstahl-Rostfrei).

Das *Emaillieren* der Oberfäche von Sanitärobjekten aus Gusseisen und Stahl erfolgt durch das Auftragen von Puder-Email, welches anschließend bei ca. 1.000 °C eingeschmolzen wird. Die Eigenschaften der sich dabei bildenden glasharten Emailschicht sind in vielerlei Hinsicht vergleichbar mit der Glasur bei Porzellan.

Nichtrostender Stahl wird eingesetzt, wenn die Sanitärobjekte besonders hygienisch oder sicher gegen Vandalismus sein sollen. Man findet diesen Werkstoff vor allem in industriellen und gewerblichen Sanitärräumen. Nichtrostender Stahl ist sehr pflegeleicht, aber teuer. Die vom Wasser berührte Stahlfläche ist meist poliert, damit sich keine Keime einnisten können. Für den äußeren Bereich sind matte Oberflächen günstiger, weil Fingerabdrücke und Wasserflecken weniger auffallen.

Die für Sanitärobjekte verwendeten nichtrostenden Stähle werden entsprechend der korrosiven Beanspruchung ausgewählt. Es handelt sich jedoch grundsätzlich um legierte Chrom-Nickel-Stähle mit etwa 18 % Chrom und circa 10 % Nickel (z. B. X5CrNi18-8, Werkstoff-Nr. 1.4301). Die Korrosionsbeständigkeit verbessert sich mit steigendem Chrom- und Nickelgehalt.

Kunststoffe

Die meisten Sanitärobjekte in Bad und WC gibt es auch in Kunststoffausführung. Für Badewannen und Duschwannen wird vorrangig Sanitäracryl verwendet.

Mit Acryl lassen sich alle denkbaren Wannenformen in einer Vielzahl von Farben kostengünstig herstellen. Bezüglich der Hygiene und Haltbarkeit sind die Kunststoffe den metallischen und keramischen Werkstoffen jedoch unterlegen. So lassen sich Mikroorganismen von einer Kunststoffoberfläche schlecht entfernen. Auch Riefen bilden sich schnell. Darüber hinaus kann die mangelnde Formsteifigkeit zu Problemen führen, z. B. mit den Fugen.

Wenn Sanitärteile aus Kunststoff richtig montiert und pfleglich behandelt sowie regelmäßig desinfiziert werden, gibt es in häuslichen Bädern kaum Schwierigkeiten. Für Toiletten, Wasch- und Baderäume, die von vielen Menschen gemeinsam benutzt werden, besteht bei diesem Material jedoch eine erhöhte Gefahr. In Riefen können sich z. B. Erreger ansteckender Krankheiten festsetzen, die sich durch Desinfektionsmittel kaum beseitigen lassen.

Verbundwerkstoffe

Durch einen geeigneten Werkstoffverbund können die Nachteile der Kunststoffe gemindert werden.

Als *Kunststein* bezeichnet man einen Werkstoffverbund mit Acryl oder Kunstharz, der einen besonders hohen Anteil natürlicher Mineralstoffe (ca. 60 %) enthält. Kunststeinmaterialien können in verschiedenen Farben hergestellt werden. Die mineralischen Füllstoffe machen das Material hart, der Kunststoffanteil sorgt für eine hohe Schlagfestigkeit. Kunststein lässt sich ähnlich wie Hartholz verarbeiten. Dabei sind unbedingt Hartmetallwerkzeuge zu verwenden.

8.3 Abdichtungen in Sanitärräumen

Für das Abdichten von Innenräumen gilt seit 2017 die DIN 18534. Diese Norm ist besonders dort zu beachten, wo Spritz- und Ablaufwasser zu erwarten ist. Daher ist diese Norm insbesondere für Installateurinnen und Installateure sowie Fliesenleger/-innen wichtig.

Eine Dusche wird zumeist täglich für die Körperpflege genutzt. Dabei sind ca. 40 l Wasser über eine Fläche von 1 m^2 abzuleiten.

Hochgerechnet auf ein Jahr ist die abzuleitende Wassermenge größer als bei einer Dachfläche. Daher reichen Silikonfugen an Dusch- und Badewannen für deren Abdichtung nicht aus.

! Bei den Abdichtungen von Innenräumen geht es um Flächen und deren Übergänge. Diese müssen unter den auftretenden Bewegungen und den Einwirkungen aus der Nutzung dauerhaft dicht sein.

Die Abdichtung an Bade- und Duschwannen muss demnach über die gesamte Nutzungsdauer dieser Produkte gewährleistet sein. Das sind im Durchschnitt 20 bis 25 Jahre.

In der Norm werden zunächst die folgenden vier Wassereinwirkungsklassen unterschieden (Tab.1)

Tab. 1: Wassereinwirkungsklassen

Wassereinwirkungsklasse	Wassereinwirkung
W0-I	**gering** Flächen mit nicht häufiger Einwirkung aus Spritzwasser
W1-I	**mäßig** Flächen mit häufiger Einwirkung aus Spritzwasser, ohne Intensivierung durch anstauendes Wasser
W2-I	**hoch** Flächen mit häufiger Einwirkung aus Spritzwasser, vor allem auf dem Boden, zeitweise durch anstauendes Wasser intensiviert
W3-I	**sehr hoch** Flächen mit sehr häufiger oder lang anhaltender Einwirkung aus Spritz- und/oder Brauchwasser und/oder Wasser aus intensiven Reinigungsverfahren, durch anstauendes Wasser intensiviert

Wo und wie zuverlässig abgedichtet werden muss, hängt auch davon ab, ob es im Duschbereich einen Spritzschutz gibt oder nicht (Abb.1, S. 384). Grundsätzlich wird die Abdichtung entsprechend der jeweils zu erwartenden Wassereinwirkungsklasse ausgeführt. Bei den Bodenflächen ist die Abdichtung im Sockelbereich der anschließenden Wände mind. 5 cm hochzuführen. Die Wände im Duschbereich sind bis mindestens 20 cm oberhalb der Dusche (Brausekopf) abzudichten. Wie weit die Abdichtung über der Wanne weitergeführt werden muss, ist in der Norm nicht festgelegt. Dies sollte an die Gegebenheiten vor Ort angepasst werden (Abb.1 a, S. 384).

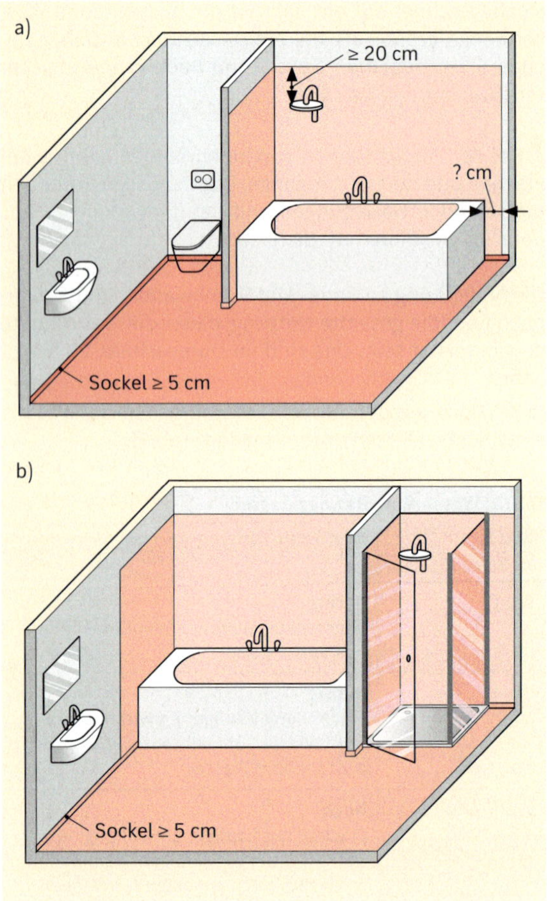

Abb. 1: Ausführungsbeispiele häuslicher Bäder Duschbereich a) ohne und b) mit Spritzschutz

Untergründe und Abdichtungsmittel

Je nach Wassereinwirkungsklasse ergibt sich die Auswahl der möglichen Untergründe und der entsprechenden Abdichtungsmittel. So müssen z. B. feuchtigkeitsempfindliche Untergründe wie Holz entsprechend geschützt werden. Gleiches gilt auch für Anschlüsse von Wannen am Boden und an der Wand sowie für Wasserauslässe, welche die abdichtenden Flächen durchdringen.

Für die Systemkomponenten wie Abdichtungsstoffe, Abdichtungszubehör und Dünnbettmörtel ist ein **a**llgemeines **b**auaufsichtliches **P**rüfzeugnis (abP) erforderlich. Dieses Prüfzeugnis muss die Eignung für die jeweilige Wassereinwirkungsklasse garantieren.

Abdichtungen mit flüssig zu verarbeitenden Stoffen sind in zwei Lagen (Anstrichen) aufzubringen. Die Anstriche sollen sich farblich unterscheiden. Die trockene Schicht der Streichabdichtung muss mindestens 0,5 mm dick sein. Alternativ können in den Wassereinwirkklassen W0 bis W2 auch Verbundabdichtungen verwendet werden. Die dabei zu verarbeitenden Gewebebahnen sind mit einer Überlappung von mindestens 5 cm zu verkleben.

Auch der Bereich unter und hinter Bade- und Duschwannen muss vor Feuchtigkeit geschützt werden. Dies kann entweder durch das Fortführen der Abdichtung unter der Wanne oder durch Abdichtungen am Wannenrand geschehen. Wenn kein fachgerechter Anschluss an die Abdichtung der Wanne möglich ist, muss grundsätzlich hinter bzw. unter der Wanne abgedichtet werden. Unter und hinter der Wanne dürfen nur Rohre oder Leitungen verlegt werden, die zu deren Ver- und Entsorgung dienen. Zum dichten Anschluss der Wanne an der Wand können Wannendichtbänder oder Zargen genutzt werden. Der Anschluss zur Abdichtung muss grundsätzlich fachgerecht ausgeführt werden.

Wannendichtbänder

Zum Abdichten des Wannenrands an der Wand und am angrenzenden Boden gibt es unterschiedlich geformte Wannendichtbänder und vorgeformte Dichtecken für unterschiedliche Einbausituationen. Die selbstklebenden Bänder und Formteile werden an dem gereinigten Wannenrand angelegt und mittels Roller und Spachtel sorgfältig festgedrückt. Bänder und Formteile müssen hierbei mindestens 5 cm überlappen. Anschließend werden diese nach innen eingeschlagen und mittels Schutzfolie bis zum Einbau vorläufig fixiert. Beim Anschluss der Badewanne ist es wichtig, unter einer späteren Wartungsfuge einen Schnittschutz (Drahtgewebe) anzubringen, der das Wannendichtband beim späteren Herausschneiden dieser Fugen schützt.

Dichtmanschetten

Zum Abdichten von Wasseranschlüssen, welche die abdichtenden Flächen durchdringen, werden Dichtmanschetten eingesetzt. Zunächst muss hierfür z. B. der Wasserauslass mit einer Hahnverlängerung etwas aus der Wand herausgeführt werden. Anschließend wird die passende Dichtmanschette über das hervorstehende Rohrstück gezogen. Danach ist die Manschette an der Wand dauerhaft wasserdicht zu verkleben.

Nach Beendigung der Anschluss- und Abdichtarbeiten kann die Verlegung der Fliesen erfolgen, die dann noch zu verfugen sind.

Sanitärfugenarten

Je nach Ausmaß der auftretenden Bewegungen unterscheidet man folgende Fugenarten:

- F1-I, z. B. Rand- oder Anschlussfugen
- F2-I, z. B. Fugen an Einbauteilen
- F3-I, z. B. Bewegungsfugen

Sanitärfugen

Auch an Sanitärfugen werden gewisse Anforderungen gestellt. Im Einzelnen sollen sie

- die Bewegung zwischen den Bauteilen aufnehmen,
- mit den Untergrundwerkstoffen verträglich sein und darauf einwandfrei haften,
- die hohe Feuchtigkeitsbelastung aushalten,

- beständig sein gegen Körperpflege- und Reinigungsmittel,
- mechanisch widerstandsfähig und alterungsstabil sein,
- einen Schimmelpilzbefall weitgehend verhindern, also fungizid (= pilztötend) sein.

Silikonfugen an Dusch- und Badewannen gelten nach DIN 52460 als Wartungsfugen. Sie stellen keine Abdichtung im Sinne der DIN 18534 dar.

Silikon-Dichtstoffe können nur auf trockenem Untergrund verarbeitet werden. Essigsäuresilikone sollten von Beton, Putz, Marmor, Bitumen, Kupfer, Messing und Zink ferngehalten werden. Die frei werdende Essigsäure greift diese Stoffe an und verringert die Haftfähigkeit des Dichtstoffs.

! Für Sanitärfugen ist neutral reagierendes, elastisches Sanitärsilikon besonders geeignet.

Glättmittel

Die handwerkliche Kunst der Fugenabdichtung liegt in der Glättung der Fuge. Dadurch soll

- eine vollflächige Benetzung der Haftfläche sichergestellt und
- eine optisch einwandfreie Fugenoberfläche erzielt werden.

Das Glätten mit dem Finger entspricht nicht den hygienischen Anforderungen. Man sollte daher immer einen Glättkörper für normgerechte Dreiecks-Fugen benutzen. Die Verwendung von Haushaltsspülmitteln ist durch deren unterschiedliche Zusammensetzung nicht immer geeignet. So können z. B. Bindemittel aus dem Dichtstoff herausgelöst werden oder nach dem Abtrocknen Kerbrisse auftreten.

! Es sollte nur das Glättmittel verwendet werden, das vom Dichtstoffhersteller angegeben ist.

Schimmelbildung

Oft tritt auf dem Dichtstoff nach einiger Zeit eine schwarze, sich langsam vergrößernde Oberflächenverschmutzung durch Schimmelpilze auf.

! Ursachen für Schimmelbildung sind:
- Verschmutzung der Dichtstoffoberfläche durch biologisch verwertbare Substanzen wie Körperpflegemittel oder Kochdunst
- hohe Luftfeuchtigkeit und geringe Luftbewegung, die einen Feuchtigkeitsfilm auf dem Dichtmittel bei einer Temperatur über 20 °C zulassen

Pflegehinweis

Um eine Sanitärfuge möglichst lange zu erhalten, sollte man die Fuge nach dem Baden oder Duschen kurz abspülen und mit einem Tuch trocken reiben.

Kundinnen und Kunden sollten darauf hingewiesen werden, dass selbst bei regelmäßiger Pflege der Dichtstoff in gewissen Zeitabständen überprüft und erneuert werden muss, um Folgeschäden zu vermeiden. Man spricht daher auch von einer „Wartungsfuge".

Aufgaben

1. Welche Abstände müssen in einem barrierefreien Bad zwei gegenüberliegende Sanitärobjekte haben?
2. Welche Mindestbewegungsflächen müssen vor Bade- und Duschwannen eingehalten werden?
3. Welche Duschwannen sind für Rollstuhlbenutzer/-innen im Bad vorzusehen?
4. Wovon hängt es ab, wie der Fußboden und die Wände in einem Badezimmer abgedichtet werden müssen?
5. Beschreiben Sie, wie ein dauerhaft dichter Anschluss einer Badewanne zur Wand und zum Boden hergestellt werden kann.
6. Welcher Dichtstoff ist für Sanitärfugen besonders geeignet?

8.4 Vorwandinstallation

Beim Ausbau der Sanitärräume muss eine Vielzahl von Rohrleitungen und Kabeln verlegt werden. Dies darf nicht zur Beeinträchtigung der Statik des Gebäudes führen. Die Abwasserleitungen sowie die mit der notwendigen Wärmedämmung versehenen Warm- und Kaltwasserleitungen haben einen großen Durchmesser. Sie können daher praktisch nicht mehr wie früher unter Putz verlegt werden. Darüber hinaus sind der Schall-, Wärme-, Brand- und Feuchteschutz einzuhalten.

Um die zahlreichen Rechtsvorschriften, DIN-Normen und Richtlinien erfüllen zu können, bleiben nur wenige Möglichkeiten. Die Rohrleitungen können z. B. in einem Installationsschacht eingemauert oder vor der Wand installiert und ummauert bzw. bekleidet werden (Abb. 2).

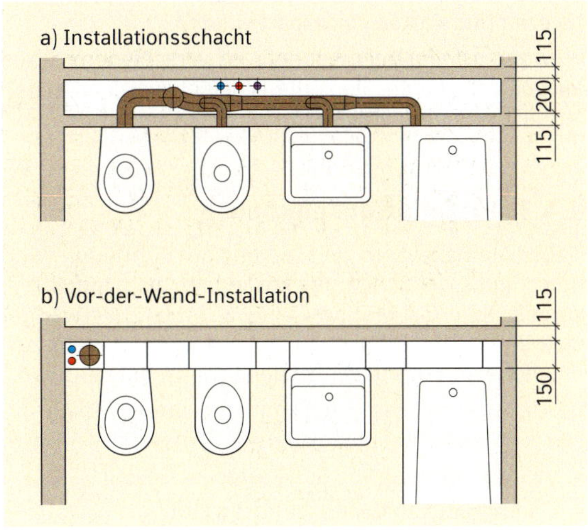

Abb. 2: Methoden der Rohrleitungsinstallation im Bad

Abb. 1: Objektbezogene Installationsregister

Abb. 2: Vorwandinstallation mit Installationselement (Foto: Kolektor Insulation GmbH, Fellbach/Stuttgart)

Mit dem Installationsschacht oder der Vorwandinstallation (Vor-der-Wand-Installation) lassen sich die gestellten Anforderungen erfüllen. Da bei der Vorwandinstallation (Abb. 2b, S. 385) weniger Platz benötigt wird und die Rohrleitungen zugänglich bleiben, hat sich diese Methode durchgesetzt.

Installationsschächte sind meist hohe, enge Räume, die in erster Linie dazu dienen, Rohrleitungen zu verlegen. Das muss jedoch nicht ihr einziger Nutzen sein. Auch müssen Schächte nicht unbedingt hinter einer Mauer liegen. Für den Schacht werden bei der Sanierung von Wohnblöcken z. B. Stahlrahmen angeboten, in denen die Rohrleitungen bereits vormontiert sind (Abb. 1). An diesen Stahlrahmen können auch Sanitärobjekte angebracht werden.

Insbesondere wenn marode Rohrleitungen in mehreren benachbarten Wohnungen erneuert werden müssen, können durch Einsatz dieser Installationsregister Montagezeit und Kosten eingespart werden.

Vorwandinstallationen können auf verschiedene Arten ausgeführt werden. Man unterscheidet zwischen Installationselementen und flexiblen Installationssystemen.

8.4.1 Installationselemente

Neben Montagehilfen zur Fixierung der Rohrleitung und Befestigung der Sanitärobjekte können auch industriell vorgefertigte *Installationselemente* (Abb. 2) verwendet werden. Mit ihnen lassen sich bei fachgerechtem Einbau hohe Anforderungen an den Schallschutz erfüllen.

Bei Installationselementen können mehrere Vorkehrungen zur Schallentkopplung bereits vorbereitet sein, z. B.

- weiche Lagerung von Spülkasten im Gestell
- Dämmmatte an der Gestellrückwand
- Trennung der Leitungen vom Baukörper

Trotz dieser Maßnahmen ist vor ihrer Installation an Wänden zu fremden Wohn-, Schlaf- und Arbeitsräumen auf eine flächenbezogene Wandmasse von mindestens 220 kg/m^2 zu achten (DIN 4109-36). Hiervon kann abgewichen werden, wenn das Vorwandelement geprüft ist und über einen schalltechnischen Nachweis für leichtere Wände verfügt.

Beim Einbau ist es von Vorteil, wenn auf dem Installationselement der Meterriss und die Symmetrieachse angegeben sind. Dadurch lässt sich eine maßgenaue Montage vornehmen.

Installationselemente und zum Teil auch Montagehilfen können sehr vielseitig eingesetzt werden. Ihr Einbau kann in unterschiedlichen Wänden vorgenommen werden.

Neben der Vorwandinstallation zur Ausmauerung und der Vorwandinstallation in Trockenbauweise ist mit manchen selbsttragenden Installationsbausteinen auch die Inwandinstallation zur Einmauerung oder der Einbau in eine Ständerwand möglich.

8.4.2 Installationssysteme

Flexible *Installationssysteme* sind Baukastensysteme für die Trockenbauweise. Hierbei sind Trägersystem, Montageelemente, Leitungen und Bekleidung aufeinander abgestimmt. Diese Systeme haben den Vorteil, dass sie in der Werkstatt weitgehend vormontiert werden können. Dies verkürzt die Installationszeit auf der Baustelle.

Mit einem solchen System können Installationswände:

- vor einer bestehenden Wand,
- als raumhohe Trennwand und
- als halbhoher Raumteiler

ausgeführt werden (Abb. 3). Der Grundriss in Bad und WC kann damit individuell gestaltet werden.

Abb. 3: Flexible Raumgestaltung mit Installationssystemen

Der Platzbedarf für die Vorwand ist gering. Ohne zusätzlichen Aufwand ergeben sich nützliche Ablageflächen. Darüber hinaus können Wandschränke und Regale in die Installationsrahmen eingebaut werden.

Die wesentlichen *Vorteile von Installationssystemen* sind:

- flexibles Baukastensystem
- weniger Zeitaufwand für die Detailplanung
- schnelle und einfache Montage
- geeignet für Neubau und Renovierung
- geringer Materialaufwand
- Trennwände und Raumteiler können für individuelle Bauhöhen erstellt werden
- Vormontage bereits in der Werkstatt möglich
- Auf der Baustelle fallen keine Maurerarbeiten und kein Bauschutt an.
- geringe Korrosionsgefahr, weil keine aggressiven Baustoffe verwendet werden
- Es ergeben sich nützliche Ablageflächen.
- In Installationsrahmen können Badmöbel eingebaut werden.
- Die Rohrleitungen bleiben bei Reparaturen gut zugänglich.

Im Bad herrscht zwar keine bleibend hohe Luftfeuchtigkeit, dennoch müssen Installationssysteme zum *Schutz vor Feuchtigkeit* sorgfältig abgedichtet werden. Die sichtbaren Schnittkanten der Gipskartonplatten sind mit Tiefengrund zu versiegeln. Vor dem Fliesen müssen alle Rohrdurchführungen, die durch die Platten gehen, mit einem dauerelastischen Abdichtungsmittel verschlossen werden.

Aufgaben

1. Warum ist eine Unterputzinstallation in Sanitärräumen praktisch nicht mehr möglich?
2. Was versteht man unter einem Installationsschacht?
3. Nennen Sie die Vorteile objektbezogener Installationsregister.
4. Auf welche Weise können Vorwandinstallationen ausgeführt werden?
5. Wozu dienen bei der Vorwandinstallation Montagehilfen?
6. Durch welche Vorkehrungen wird bei Installationselementen ein besonders guter Schallschutz erreicht?
7. Aufgrund welcher Vorteile gewinnen Installationssysteme zunehmend an Bedeutung?

8.5 Badewannenanlagen

Eine Badewanne kann im Gegensatz zur Dusche auch für die Heilbehandlung genutzt werden. In der Wanne zu baden wirkt entspannend und wohltuend. Ist die Badewanne mit einem Whirlpool-System ausgerüstet, sind auch Unterwassermassagen möglich. Für Badbenutzer/-innen, die in ihrer Beweglichkeit eingeschränkt sind, gibt es Sitzbadewannen und Badewannen mit seitlicher Tür (Abb. 4).

8.5.1 Badewannenarten

Zum Standardprogramm der Hersteller gehören Wannen aus emailliertem Stahl sowie aus Kunst- und Verbundwerkstoffen. Für ausgefallene Ansprüche und für medizinische Bäder sind als Wannenwerkstoff auch nichtrostender Stahl, Feuerton, Holz und emailliertes Gusseisen erhältlich.

Badewannen gibt es in einer Vielzahl von Größen und Formen. Die Standardausführung hat eine Länge von 1750 mm und ist 750 mm breit.

Abb. 4: Badewanne mit seitlicher Tür und Dusche

Es gibt bei Badewannen große Unterschiede bezüglich des Nutzinhaltes (→ TB). Der *Nutzinhalt* entspricht dem Wasserinhalt der Wanne bis zum Überlauf, abzüglich 70 Liter, die durchschnittlich von einer badenden Person verdrängt werden.

Körperformwannen haben den geringsten Nutzinhalt. Er ist deshalb so niedrig, weil die Wannen- der Körperform in etwa nachempfunden ist. Eine entsprechend gestaltete Rückenlehne sowie Nacken- und Armstützen sorgen für einen hohen Liegekomfort. Der Wasserbedarf für ein Vollbad in einer Körperformwanne ist nur geringfügig höher als beim Duschen.

Neben Einbuchtungen zum Auflehnen der Arme und Hochlegen der Beine können Badewannen auch mit Haltegriffen ausgeführt werden.

Die Badewanne ist ein zentrales Stilelement bei der Badgestaltung. Welche optische Wirkung mit der Wanne zu erzielen ist, hängt ganz wesentlich davon ab, welche Wanne gewählt bzw. wo und wie sie aufgestellt wird. Badewannen können im Allgemeinen

- ein- oder angebaut werden oder
- frei im Raum stehen.

Einige Ideen für den Ein- bzw. Anbau einer Sechseck-Badewanne zeigt Abb. 1.

Beim klassischen *Whirlpool*-System wird über eine Pumpe Wasser aus der Wanne angesaugt und durch mehrere Wasser/Luft-Düsen zurückgedrückt. Das ausströmende Wasser saugt in den Düsen Luft an. Die Düsenfunktion beruht auf dem Prinzip der Injektorwirkung.

Wird über Luftdüsen am Boden der Wanne Luft in das Badewasser geblasen, so spricht man von einem Air-Pool-System.

Die Desinfektion kann auf verschiedene Weise geschehen. Entweder wird nach dem Baden ein Desinfektionsmittel ins Rohrleitungssystem gedrückt oder die Leitungen werden mit einem Heißluftgebläse trockengeblasen.

Um eine lange Lebensdauer der Whirlpool-Aggregate sicherzustellen, müssen gewisse Vorkehrungen getroffen werden. So schaltet z. B. ein Trockenlaufschutz bei zu geringem Wasserstand die Pumpe ab.

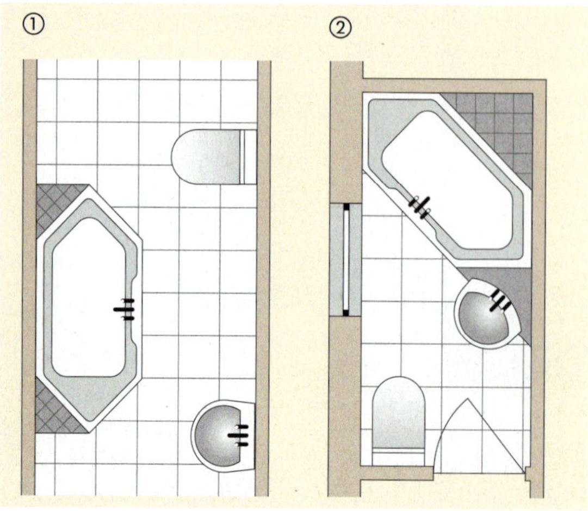

Abb. 1: Einbaumöglichkeiten einer Sechseck-Wanne

Bei der Nutzung von Whirlpools wird eine erhebliche Menge elektrischer Energie verbraucht. Die elektrische Anschlussleistung bei Whirlpools für eine Person liegt etwa zwischen 200 Watt beim einfachen Air-Pool und 1,5 Kilowatt bei Systemen mit Pumpe und Gebläse.

Eine zusätzliche elektrische Beheizung des Badewassers erhöht die Anschlussleistung um ca. 2 bis 4 Kilowatt.

! Bei der *Auswahl eines Whirlpools* sollte neben dem Komfort auch dessen Energiebedarf berücksichtigt werden.

8.5.2 Auslauf-, Ab- und Überlaufarmaturen

Auslaufarmaturen an der Badewanne werden als Wannen- oder Badebatterien bezeichnet. Über sie wird die Wanne gefüllt. Sie können mit einer Handbrause kombiniert werden.

Die Auslaufarmatur sollte für die badende Person in günstiger Griffnähe angeordnet werden. Es empfiehlt sich, den Wanneneinlauf in der Nähe des Fußendes der Wanne anzuordnen. Um bei Unterdruck in der Trinkwasserleitung ein Rückfließen über den Schlauchanschluss der Dusche zu verhindern, schreibt die DIN EN 1717 eine Sicherungseinrichtung vor. Diese kann unter Berücksichtigung der Einbaubedingungen (→ TB) ausgewählt werden. Im häuslichen Bereich wird das Risiko z. B. durch die Sicherungseinrichtung HD abgedeckt. Diese Sicherungskombination kann in den Brauseschlauch eingebaut werden. In vielen Wannenmischbatterien sind aber bereits Sicherungskombinationen eingebaut.

Die Umstellung von Hand auf Brause erfolgt automatisch, sobald der Druck absinkt.

Zum geräuscharmen Füllen kann die Auslaufarmatur am Wannenrand angebracht werden. Ein solcher integrierter Wanneneinlauf kann mit dem Ab- und Überlauf kombiniert werden (Abb. 2).

Da der integrierte Wanneneinlauf vom Badewasser überflutet werden kann, ist auch hier eine Sicherungseinrichtung notwendig. Nach DIN EN 1988-100 ist für den häuslichen Bereich bei atmosphärischem Druck am Einbauort eine Sicherungskombination für die Anschlussleitung ausreichend. Häufig wird jedoch auch ein Rohrunterbrecher A2 zur Absicherung verwendet. Er ist mindestens 150 mm über dem höchstmöglichen Schmutzwasserspiegel anzuordnen. Wegen der großen Verbreitung von integrierten Wanneneinläufen sind in manchen Unterputzarmaturen bereits Rohrunterbrecher eingebaut. Im nicht häuslichen Bereich ist zur Absicherung eines Wanneneinlaufs unterhalb des Wannenrandes mindestens ein Rohrunterbrecher Typ A1 mit ständiger Verbindung zur Atmosphäre erforderlich.

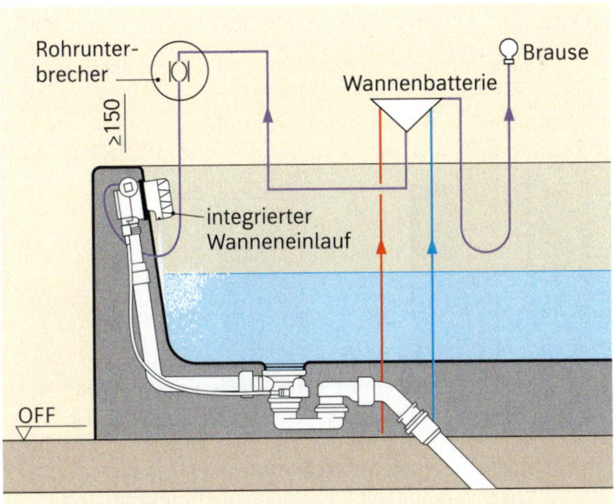

Abb. 2: Installation eines integrierten Wanneneinlaufs im häuslichen Bereich

8.5.3 Montagemaße

Im Bereich der Badewanne können die Montagemaße sehr unterschiedlich sein. Sie sind größtenteils durch

- die Ausführung der Wanne,
- die Art der Armaturen und
- das Fliesenraster

bedingt.

Die Unterseite der Badewanne am Auslauf soll etwa 130 mm über dem Fertigfußboden liegen. Dies ist darauf zurückzuführen, dass für die Badewannengarnitur im Allgemeinen unter der Wanne 120 mm Einbauhöhe benötigt werden. Für das Sperrwasser im Geruchverschluss ist eine Höhe von 50 mm notwendig. Auf den Geruchverschluss unter der Wanne kann jedoch verzichtet werden, wenn die Wanne über einen Badablauf mit seitlichem Zulauf und Geruchverschluss entleert wird.

Die Montagemaße sind Richtmaße, die dem Fliesenraster anzupassen sind.

Für die Montage von Armaturen und Griffen am Wannenrand oder auf dem Fliesensockel sollten die Hinweise des Wannenherstellers beachtet werden.

Aufgaben

1. Wofür können Badewannen genutzt werden?
2. Nennen Sie mindestens vier Badewannenformen.
3. Welche Abmessungen hat die Normalbadewanne?
4. Welche Länge sollte eine Badewanne bei großen Menschen haben?
5. Bei welcher Badewannenform ist der Nutzinhalt am geringsten? (Wie groß ist er etwa?)
6. Welche Vorteile bieten Körperformwannen?
7. Nennen Sie drei verschiedene Möglichkeiten, wie eine Ovalwanne im Bad angeordnet werden kann.
8. Welche zwei Whirlpoolsysteme sind zu unterscheiden?
9. Worauf ist zu achten, damit sich im Rohrleitungssystem eines Whirlpools keine hygienischen Probleme ergeben?
10. Worauf sollte bei der Auswahl von Badewannen geachtet werden?
11. Wonach können die Auslaufarmaturen an der Badewanne unterschieden werden?
12. Worauf ist bei der Installation eines integrierten Wanneneinlaufs zu achten?

8.6 Duschwannenanlagen

In Wohnungen oder Hotels ist nicht jedes Bad mit einer Badewanne ausgestattet, denn

- das Duschen erfüllt die gleiche hygienische Funktion wie das Baden,
- der Bedarf an Wasser und Energie ist geringer,
- Duschwannen sind im Allgemeinen kleiner als Badewannen und können somit auch in kleinen Bädern installiert werden (Abb. 3).

In Sanitärräumen für Schwerbehinderte ist nach DIN 18 040-2 keine Badewanne, sondern ein Duschplatz mit Fußbodenablauf erforderlich. Ferner ist darauf zu achten, dass der Duschplatz gegen eine Badewanne austauschbar ist. Für Behinderte sollen Duschwannen mindestens 1,5 m × 1,5 m groß und ebenerdig ausgeführt sein.

8.6.1 Duschwannen und -abtrennungen

Wie bei den Badewannen werden auch Duschwannen in verschiedenen *Formen* angeboten (Abb. 1, S. 390).

In Wohngebäuden werden zumeist profilierte Duschwannen in tiefer oder flacher Ausführung verwendet. Die quadratische Form ist die gängigste. Aus Platzgründen oder als Gestaltungselement werden auch Duschwannen im Viertelkreis oder Fünfeck-Duschen usw. eingebaut. Um ausreichenden Bewegungsraum sicherzustellen, sollte die Duschwanne jedoch eine Größe von mindestens 90 cm × 90 cm haben.

Abb. 3: Duschwannenanlage

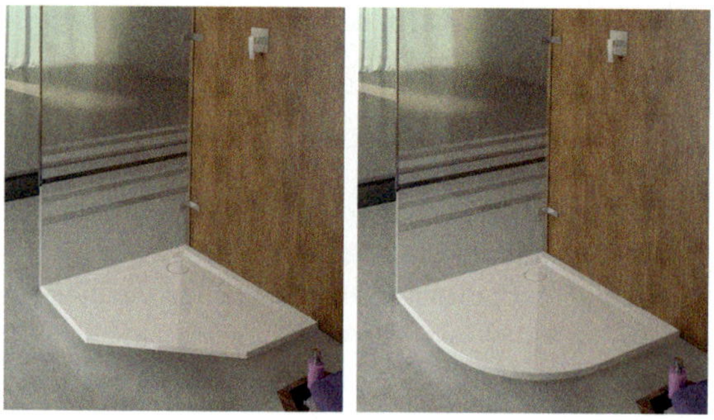

Abb. 1: Duschwannen (Auswahl)

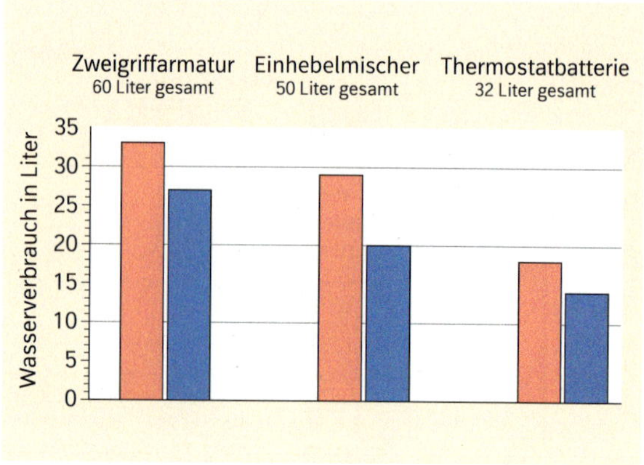

Abb. 2: Warm- und Kaltwasserverbrauch bei einem Duschvorgang mit verschiedenen Brausebatterien

Mit zunehmender Tendenz werden die Wannen aus Kunststoffen und Verbundwerkstoffen hergestellt. Daneben gibt es Duschwannen aus emailliertem Stahl, nichtrostendem Stahl und in gefliester Ausführung.

! Die *Scheiben von Duschabtrennungen* müssen nach DIN 18361 aus schlagfestem Kunststoffglas oder aus Sicherheitsglas (Echtglas) sein.

Sicherheitsglas mindert beim Bruch der Scheibe die Gefahr von Stich- und Schnittverletzungen. Häufig wird Einscheibensicherheitsglas (ESG) verwendet. Bei Glasbruch oder beim Versuch, die Glasscheibe nachträglich zu bearbeiten, zerspringt das ESG sofort vollständig in kleine, stumpfkantige Glassplitter. Die Glaskanten müssen bearbeitet sein, sodass eine Schnittverletzung auszuschließen ist. Insbesondere bei ESG ist auch darauf zu achten, dass es an Befestigungsstellen wegen Bruchgefahr nicht zu einem direkten Glas-Metall-Kontakt kommt.

Der Einstieg in die *Duschkabine* kann durch Schiebe-, Falt- oder Klapptüren erfolgen.

8.6.2 Duscharmaturen

Zu ihnen gehören Auslaufarmaturen und Duschköpfe. Die *Auslaufarmaturen* in der Dusche werden als Brausebatterien bezeichnet. Es gibt sie als Aufputz- und Unterputz-Armaturen. Hinsichtlich ihrer Funktion wird, wie bei den Wannenbatterien, zwischen Zweigriffarmatur, Einhebelmischer und Thermostatbatterie unterschieden.

Bei Zweigriffarmaturen und Einhebelmischern dauert das Einregeln der Mischwassertemperatur einige Zeit. Währenddessen geht relativ viel Wasser und Energie ungenutzt verloren. Wie Abb. 2 zeigt, ist es mit einer Thermostatbatterie möglich, fast die Hälfte des Wassers einzusparen, da die Verluste beim Einregeln minimal sind. Die etwas höheren Anschaffunskosten einer Thermostatbatterie werden durch diesen Spareffekt und besseren Komfort ausgeglichen.

In Sportstätten, Schulen oder gewerblichen Gebäuden werden Brausebatterien meist als

- Selbstschlussventil,
- zeitgesteuerte Elektronikarmatur oder
- berührungslose Auslaufeinrichtung mit Annäherungssteuerung ausgeführt.

Bei *Selbstschlussventilen* beginnt das Wasser nach Betätigung des Druckknopfes zu fließen. Hierbei wird das Ventil geöffnet und eine Druckfeder gespannt. Der Druck des durch das Ventil strömenden Wassers verhindert, dass es sich gleich wieder schließt. Über eine kleine Bohrung strömt Wasser in die hintere Kammer. Die Druckkraft des Wassers in der hinteren Kammer und die Federkraft schließen das Ventil nach ca. 30 Sekunden. Auf diese Weise funktionieren auch Druckspüler.

Auch bei *zeitgesteuerten Elektronikarmaturen* für Duschanlagen (Abb. 3) wird der Wasserfluss durch Betätigung eines Tasters ausgelöst.

Hinter dem Taster befindet sich ein Quarzkristall. Ein solcher Kristall ist aus positiv und negativ geladenen Ionen aufgebaut. Schon bei leichtem Druck auf den Kristall erfolgt eine geringe Ladungsverschiebung. An den gegenüberliegenden Oberflächen treten entgegengesetzte elektrische Ladungen auf. Dies wird *Piezoeffekt* genannt. Durch mehrere Kristallscheiben hintereinander erhält man eine Ladungsaddition wie bei mehreren in Reihe geschalteten Batterien.

Der Piezosensor gibt ein Signal an die Zeitelektronik weiter. Anschießend wird von dieser ein Magnetventil geöffnet und nach einstellbaren 30 bis 60 Sekunden automatisch wieder geschlossen.

Die *berührungslos gesteuerte Auslaufarmatur* erfüllt höchste Hygieneanforderungen. In Bereichen, in denen Mikroorganismen nicht übertragen werden dürfen, sind berührungslos gesteuerte Armaturen vorgeschrieben.

Das Funktionsprinzip der Annäherungssteuerung ist in Kap. 8.11 beschrieben.

Der Verbrauch an Wasser und Energie kann bei allen drei genannten Auslaufarmaturen auf ein Minimum ge-

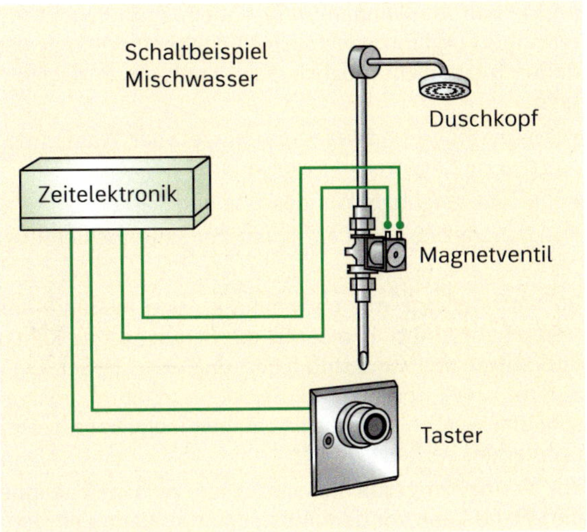

Abb. 3: Zeitgesteuerte Elektronikarmatur für vorgemischtes Duschwasser

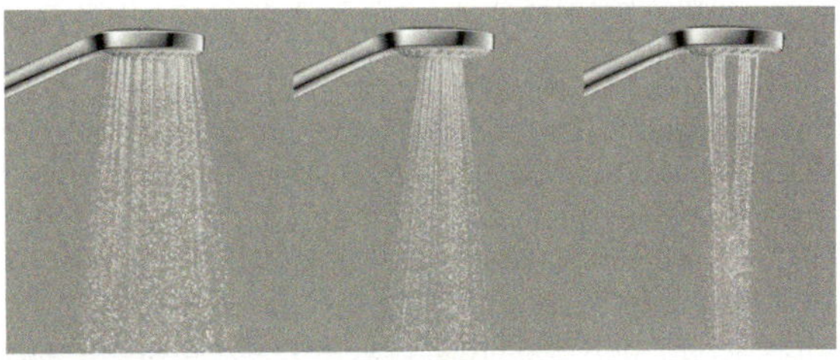

Abb. 4: Brause mit drei Strahlarten

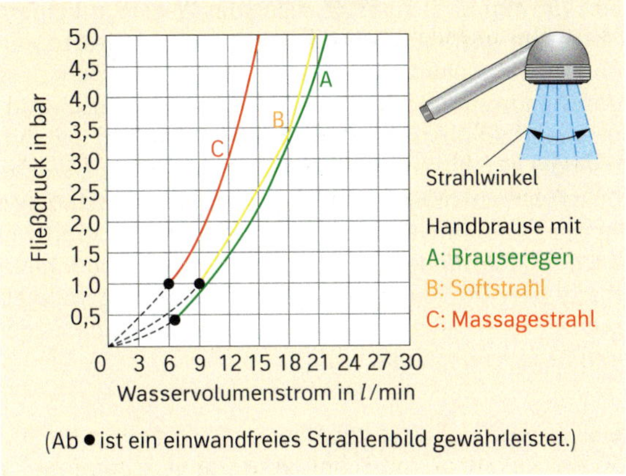

Abb. 5: Durchflussdiagramm einer Handbrause

senkt werden. Bei Reihenduschanlagen wird das Mischwasser zentral vorgemischt. Die Temperatur wird von einer zentralen Mischwasserstation konstant gehalten. Solche Mischwasserstationen arbeiten nach dem gleichen Prinzip wie ein Thermostat an einer Auslaufarmatur.

Um die Wassertemperatur individuell einstellen zu können, werden die Armaturen auch mit integriertem Mischer oder Thermostat angeboten. Es sollte im öffentlichen und gewerblichen Bereich jedoch stets darauf geachtet werden, dass die Armaturen sicher gegen Vandalismus sind.

Duschköpfe, auch Brauseköpfe genannt, können beweglich oder fest sein. Besonders verbreitet sind bewegliche Handbrausen. Es gibt sie in einfacher, nicht verstellbarer Ausführung sowie mit zwei oder mehr Einstellmöglichkeiten für den Brausestrahl (Abb. 4 und 5).

! Um das *Umweltzeichen* zu erhalten, dürfen bei einem Duschkopf laut den Vergaberichtlinien nur 12 Liter Wasser pro Minute ausströmen (bei 3 bar Fließdruck).

Wasser- und Energiebedarf

Wenn in der Wasserleitung zur Brause der Druck hoch ist, lässt sich der Verbrauch begrenzen, indem das Ventil nur wenig geöffnet wird. Wie jedoch die Erfahrung zeigt, gehen viele Menschen nicht gerade sparsam mit Wasser um. Daher empfiehlt es sich, den Wasserdurchfluss generell zu begrenzen.

Hierzu eignen sich:

- Brausen mit kleinen Durchflusswerten
- Durchflussmengenbegrenzer
- Durchflussmengenregler

! Damit das Wasser mit *angemessenem Fließdruck* und *richtig temperiert* aus der Brause strömen kann, ist auf eine ausreichende Bemessung der Versorgungsleitungen, der Armaturen und des Wassererwärmers zu achten.

Dies gilt insbesondere bei der Installation von *Brauseanlagen mit mehreren Duschköpfen*.

Legionellen-Infektionsrisiko

Selbst Wasser, das der Trinkwasserverordnung entspricht, kann eine geringe Konzentration an Legionellen enthalten. Hygienisch bedenklich wird es, wenn sich die Legionellen ungehindert vermehren können. Vor allem für ältere Menschen mit geringen Abwehrkräften besteht dann ein erhöhtes Infektionsrisiko.

Legionellen vermehren sich sehr schnell bei Temperaturen zwischen 30 und 45 °C. Beim Duschen können die Erreger durch das Einatmen feinst zerstäubten Wassers in die Lunge gelangen und dort eine Infektion hervorrufen. Mit einem Rohrunterbrecher der Bauform A2 ist eine vollständige Entleerung des Brauseschlauches möglich. Bei Wasserdurchfluss verschließt eine Membran die Lufteintrittsöffnungen. Nach dem Duschen werden die Belüftungsöffnungen wieder freigegeben. Somit kann das sonst stagnierende und verkeimende Wasser über den Duschkopf entweichen, wenn der Brauseschlauch nicht durchhängt.

8.6.3 Ab- und Überlaufarmaturen

An den Ablauf einer Duschwanne ist eine Ablaufgarnitur anzuschließen. Bei besonders flachen Wannen hat der Ablauf einen Durchmesser von 90 mm, bei den meisten anderen Wannen hingegen 52 mm. Welche Ablaufgarnitur anzuschließen ist, hängt wesentlich von der Höhe der Duschwanne ab.

Zum Schutz des Gebäudes gegen Überlaufwasser darf der Ablauf bei besonders flachen Duschwannen nicht verschließbar sein. Ab einer Höhe der Duschwannen von 150 mm ist es zulässig, wenn das Wasser mit einem Standrohr gestaut wird. Da das Standrohr als Stopfen und Überlauf dient, muss darauf geachtet werden, dass das Standrohr unterhalb der Oberkante der Duschwanne endet. An Duschwannen ab einer Höhe von 250 mm befindet sich an einer Wannenseite ein Überlauf. Solche Duschwannen müssen wie Badewannen angeschlossen werden. Die Entwässerung der Duschwanne kann wie bei der Badewanne auch indirekt über einen Badablauf DN 50 oder DN 70 mit Geruchverschluss erfolgen. In einem solchen Fall braucht die Duschwanne keinen eigenen Geruchverschluss.

8.6.4 Montagemaße

Duschen werden meist in Raumecken oder Nischen angeordnet. Da die Auslaufarmaturen und Duschköpfe auf die Körpermaße der Benutzer/-innen abgestimmt sein sollen, muss vom Boden der Duschwanne aus gemessen werden.

Die Auslaufarmatur ist so anzubringen, dass man sie von außerhalb der Duschwanne bedienen kann, ohne nass zu werden. Von der Duschwanne aus sollen die Bedienarmaturen in bequemer Griffhöhe angebracht werden, die Kopfbrause mit gestrecktem Arm gut erreichbar sein und die Seitenbrausen in Schulter- bzw. Gesäßhöhe liegen.

Früher wurden Wannen unter hohem Zeitaufwand untermauert und ummauert. Eine Schallentkopplung war dadurch fast nicht möglich. Heute nutzt man zur Montage

- Wannenfüße und Wannenschürze oder Wannenträger aus FCKW-freiem Hartschaum,
- höhenverstellbare Wannenfüße und
- Wannengestelle mit abnehmbarer Seitenbekleidung.

Bei der Montage mit Wannenfüßen und -schürze aus Hartschaum (Abb. 1) müssen die Schürzen mit Keilen und Stiften aus Kunststoff fixiert und anschließend mit einem Zwei-Komponenten-Montageschaum festgeschäumt werden. Die glatte Schürzenfläche kann später problemlos verfliest werden.

Zur Vermeidung von Schallbrücken zwischen Wanne und Wand kann vor dem Aufstellen der Wanne ein *Profilband aus Moosgummi* am Wannenrand aufgeklebt werden.

Das überstehende Profilband wird entfernt, nachdem sich die Wanne in ihrer Position befindet.

Anschließend muss die Fuge zwischen Fliesen und Wanne mit Silikon-Dichtstoff geschlossen werden.

Mit Hartschaumblöcken als *Wannenträger*, die genau auf die Wannenform abgestimmt sind, können Belastungen gut aufgenommen werden. Mit ihnen lässt sich auch ein Höchstmaß an Schall- und Wärmeschutz erreichen. Das Badewasser in der Wanne kühlt durch die Wärmedämmung des Hartschaums nur halb so schnell ab wie bei einem herkömmlichen Wanneneinbau. Die Wanne kann bei Verwendung eines Hartschaumblockes auch nach dem Fliesen eingebaut werden. Deshalb ist es möglich, sie jederzeit wieder auszubauen, ohne die Fliesen zu beschädigen.

Wannenträger aus Hartschaum sind für fast alle gängigen Wannenformen erhältlich.

8.7 Einbau von Wannen

Beim Einbau von Bade- und Duschwannen sind

- Schallschutz,
- Feuchtigkeitsschutz und
- Wärmeschutz

zu beachten. Darüber hinaus ist sicherzustellen, dass die Oberfläche der Wanne nicht verschmutzt oder beschädigt wird. Daher sollten alle vorbereitenden Arbeiten bereits abgeschlossen sein, bevor die Wanne aufgestellt wird. Zu den Vorarbeiten gehören:

- Installieren der Zulauf- und Abflussleitungen
- Herstellung wasserdichter Böden und Wände im wasserbeanspruchten Bereich gemäß DIN 18534
  (Hierzu zählen auch die Flächen hinter und unter der Wanne, siehe Kap. 8.3.)
- wenn möglich, Fliesen und Verfugen der Wände

Abb. 1: Wanneneinbau mit Wannenfüßen und Wannenschürzen aus Hartschaum

Aufgaben

1. Welche Vorteile bietet eine Dusche gegenüber einer Badewanne?
2. Duschwannen gibt es in verschiedenen Formen und Materialien. Nennen Sie je vier Beispiele.
3. Aus welchen Materialien können Duschabtrennungen gefertigt sein?
4. Worauf ist beim Einbau von Duschabtrennungen aus Einscheibensicherheitsglas zu achten?
5. Welche Auslaufarmaturen sind bei Duschwannenanlagen in privaten und öffentlichen Bädern zu finden?
6. Nennen Sie die Vorteile von Thermostatbatterien beim Duschen.
7. Beschreiben Sie die Funktion eines Selbstschlussventils.
8. Wann empfiehlt sich bei einer Brause der Einbau eines Durchflussmengenbegrenzers?
9. Durch welche Maßnahmen kann ein einwandfreier und gleichbleibend warmer Brausestrahl erzeugt werden?
10. Wovon hängt es ab, welche Ablaufgarnitur an eine Duschwanne anzuschließen ist?

8.8 Waschanlagen

Waschanlagen dienen der Körperwäsche. Waschbecken eignen sich zum Waschen der Hände, des Gesichts und des Oberkörpers. Die verschiedenen Partien des Unterkörpers lassen sich bequemer am *Sitzwaschbecken (Bidet)* reinigen.

8.8.1 Einzelwaschanlagen

Unter Einzelwaschanlagen versteht man Waschbecken im Wohnungsbau, in Hotels und kleinen Büro- und Verwaltungsgebäuden. Nach ihren Abmessungen unterscheidet man zwischen *Handwaschbecken* und *Waschtischen*. Als Waschtische bezeichnet man die größeren Waschbecken, etwa ab einer Breite von 500 mm. Beide werden aus verschiedenen Werkstoffen und in einer Vielzahl von Formen und Farben hergestellt. Bei ihrer Auswahl sind darüber hinaus eine Reihe weiterer Aspekte zu beachten, beispielsweise die Art des Einbaus (Abb. 2). Neben den üblichen wandhängenden Waschbecken gibt es auch:

- Eckwaschbecken
- Aufsatzwaschbecken
- Einbauwaschbecken
- Unterbauwaschbecken
- Standwaschbecken

Für eine benutzerfreundliche Installation ist zu entscheiden, ob als Auslaufarmatur eine Wand- oder Standbatterie besser geeignet ist. Standarmaturen benötigen zumeist einen Waschtisch mit Hahnloch. Waschtische ohne eine solche Aussparung sind für Wandarmaturen vorgesehen. Bei einigen Waschtischen ohne Hahnloch kann eine Standarmatur aber auch auf der Konsole montiert werden.

Die Maße für die *Montage der Waschbecken* können den Unterlagen der Hersteller entnommen werden. Vielfach werden mit den Sanitärobjekten auch Schablonen mitgeliefert, nach denen die Bohrungen für die Befestigung angezeichnet oder kontrolliert werden können (→ TB).

! Waschbecken werden meist fest installiert. Die *Beckenrandhöhe* beträgt etwa:

- 850 mm für Erwachsene
- 750 mm für Kinder zwischen 6 und 15 Jahren
- 600 mm für Kinder bis 6 Jahren

Waschbecken können aber auch verschiebbar auf Wandschienen montiert werden. Dadurch lassen sie sich auf senkrechten Schienen in der Höhe anpassen und auf waagerechten Schienen seitlich verschieben. Für Zufluss und Ablauf sind in beiden Fällen flexible Anschlüsse notwendig.

Zur Befestigung des Waschbeckens dienen bei der Vorwandinstallation die dafür vorgesehenen Gewindestangen.

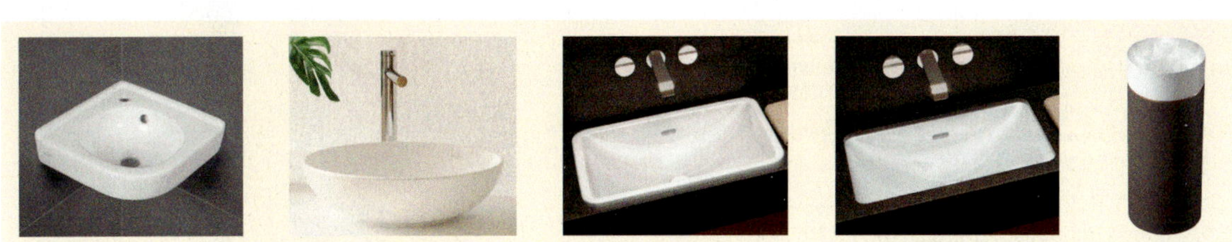

a) Eckwaschbecken
b) Aufsatzwaschbecken
c) Einbauwaschbecken
d) Unterbauwaschbecken
e) Standwaschbecken

Abb. 2: Einbauarten von Waschbecken

Für die Montage direkt an einer tragfähigen Wand werden Stockschrauben benötigt (Abb. 1).

Nach der Montage muss das Waschbecken in der Mitte der Beckenmulde mit 150 kg belastet werden können (DIN EN 997).

Mit einem Schallschutz-Set für das jeweilige Waschbecken werden diese an den entsprechenden Stellwänden angebracht. Zu einem Schallschutz-Set gehören eine Schallschutzmatte oder selbstklebende, vorgeformte Naturkautschukstreifen, die auf der Rückwand der Sanitärkeramik haften, sowie Gummihülsen für die Gewindestangen und Kunststoff-Unterlegscheiben.

! Schallschutz-Sets sollten ein Schallprüfzeichen haben, welches eine Schalldämmung von etwa 10 dB(A) garantiert.

Die ca. 3 bis 5 mm dicke Schallschutzmatte gleicht gewisse Unebenheiten zwischen Sanitärobjekt und Befestigungsfläche aus. Zur Trennung von Metall und Keramik werden Hülsen und Unterlegscheiben aus Kunststoff verwendet. Über die Kunststoff-Unterlegscheiben wird beim Befestigen die Spannkraft der Muttern gleichmäßig auf das Waschbecken übertragen. Beim Anziehen der Muttern kann somit die Kraft gleichmäßig auf eine möglichst große Fläche verteilt werden. Es ergibt sich eine einheitliche Flächenpressung. Schädliche Druckpunkte, welche die Sanitärkeramik zerstören könnten, lassen sich dadurch vermeiden. Die bruchgefährdeten Stellen sind damit in der Regel ausreichend geschützt.

Nach der Befestigung des Waschbeckens sind die überstehenden Teile der Schallschutzmatte bündig abzuschneiden. Der kaum zu vermeidende Spalt zwischen den Fliesen und dem Waschbecken ist mit Silikon zu verfugen, um diesen abzudichten. Die Abdichtung schützt den Spalt vor dem Eindringen von Feuchtigkeit, Schmutz und möglicher Schimmelbildung.

Für die Befestigung von Einbauwaschbecken gibt es mehrere Möglichkeiten. Hierbei ist zu unterscheiden, ob der Einbau von oben oder von unten erfolgt. Auch der Werkstoff der Platte muss dabei berücksichtigt werden. Manchmal erleichtert es die Arbeit, wenn zuerst die Auslaufarmatur und dann das Waschbecken montiert wird.

Auslaufarmaturen

An Waschbecken können sehr unterschiedliche Auslaufarmaturen verwendet werden. Hinsichtlich ihrer Form, ihrer Oberflächenbeschichtung sowie ihrer Funktion und Montage gibt es erhebliche Unterschiede. Hier wird daher nur auf die Grundlagen eingegangen.

Auslaufventile

Für Handwaschbecken reichen gewöhnlich einfache Auslaufventile für Kaltwasser aus. Die Absperrung erfolgt bei solchen Ventilen durch eine Gummidichtung. Je nach Drehrichtung am Griff wird die Gummidichtung vom Ventilsitz weg oder zu ihm hin bewegt, ohne sich dabei zu drehen. Durch das drehungsfreie Aufsetzen kann das Ventil ohne großen Verschleiß geöffnet bzw. geschlossen werden. Der Griff ändert hierbei seine Höhenlage nicht (Abb. 2).

Mischbatterien

Mischbatterien können mit zwei dieser Auslaufventile ausgeführt sein.

! Die Zuleitung für Kaltwasser (blaue Griffkennzeichnung) ist rechts und die für Warmwasser (rote Griffkennzeichnung) ist links anzuschließen.

Einhebelmischer

Sie dienen zur Einstellung des Wasserdurchflusses und der Mischwassertemperatur mit nur einem Griff. Je nach Bauart steuern Einhebelmischer den Wasserdurchfluss und die Auslauftemperatur durch das:

- Verschieben keramischer Scheiben oder
- Verdrehen einer Kugel im Gehäuse

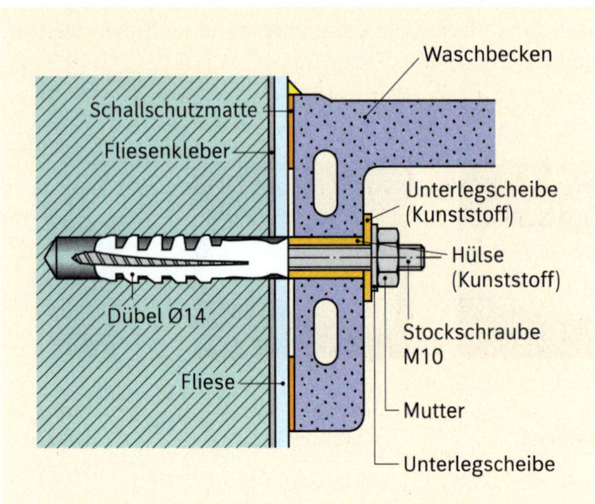

Abb. 1: Waschbeckenbefestigung an einer tragfähigen Wand

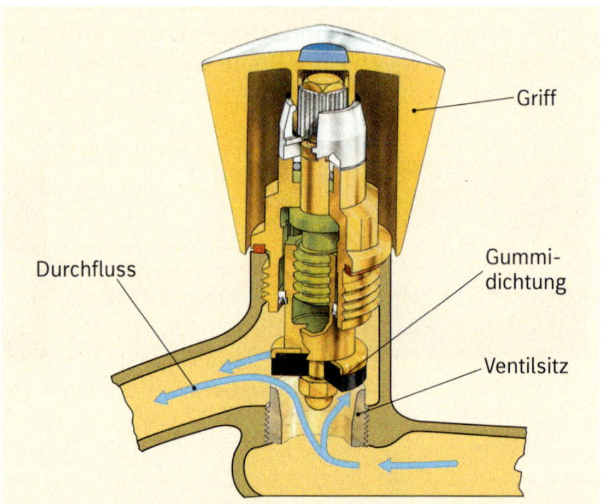

Abb. 2: Griff und Absperreinheit an einem Wand-Auslaufventil

- **Scheiben-Mischtechnik**

Armaturen mit keramischen Scheiben, z. B. aus sehr hartem Aluminiumoxid, benötigen besonders eben ausgeführte Dichtflächen. In der Kartusche befinden sich zwei aufeinanderliegende Keramikscheiben (Abb. 3). Auf der Unterseite der Kartusche sind drei Bohrungen angebracht. Die untere Keramikscheibe ist feststehend. In ihr befindet sich je ein Schlitz für warmes und kaltes Wasser sowie eine Auslassöffnung für das Mischwasser. Eine zweite Keramikscheibe liegt darüber und ist verschiebbar.

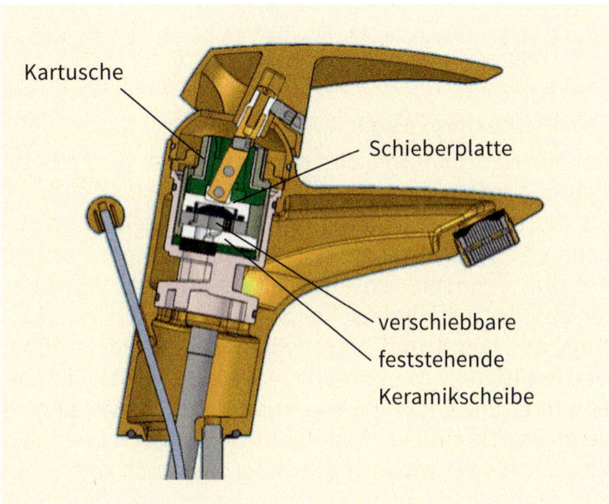

Abb. 3: Einhebelmischer mit keramischen Scheiben

Beim Betätigen des Hebels wird die obere Keramikscheibe verschoben. Diese hat nur eine Öffnung. Darin wird das Wasser gemischt. Auf der oberen Keramikplatte liegt die Schieberplatte. Diese schließt die Mischkammer nach oben hin ab.

Wenn die obere Keramikscheibe durch Anheben oder Absenken des Hebelgriffs nach vorne oder hinten bewegt wird, öffnet oder schließt sich der Wassereinlass (Abb. 4a, b).

Durch Drehen des Hebels kann die obere Scheibe nach rechts oder links bewegt werden (Abb. 4 c, d). Dadurch wird bei angehobenem Hebelgriff der Wassereinlass auf der einen Seite weiter geöffnet, während er auf der anderen Seite im gleichen Verhältnis geschlossen wird. Die Auslassöffnung bleibt aber in jedem Fall geöffnet.

- **Kugel-Mischtechnik**

Bei Armaturen mit Kugel-Mischtechnik wird eine Kugel bewegt. Um die Lage der Kugel ändern zu können, ist in diese ein Stift eingearbeitet. Dieser ist mit dem Hebelgriff verbunden. Die Kugel ist hohl und hat drei Öffnungen. Im Inneren der Kugel wird das Wasser gemischt. Im Armaturengehäuse, durch welches die Anschlüsse für Kalt-, Warm- und Mischwasser führen, wird die Kugel gelagert. Von unten erfolgt der Zulauf für kaltes und warmes Wasser. Durch Betätigen des Hebels wird die Kugel gedreht und die Ausrichtung der Öffnungen verändert.

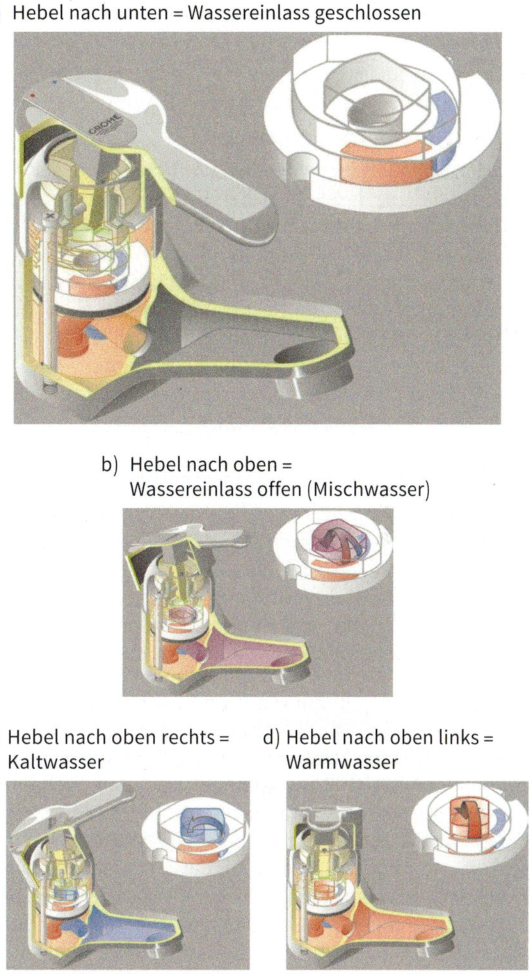

Abb. 4: Wirkungsweise der keramischen Scheiben bei der Scheiben-Mischtechnik

Wenn der Hebel nach unten gerichtet ist, sind die Zuläufe für kaltes und warmes Wasser blockiert. Wird der Hebel nach oben bewegt, wird der Einlass von kaltem und/oder warmem Wasser geöffnet. Durch Drehen des Hebels wird die Kugel nach rechts oder links gedreht. Dadurch wird der Wassereinlass auf der einen Seite weiter geöffnet, während er auf der anderen Seite im gleichen Verhältnis geschlossen wird. Die Auslassöffnung bleibt aber in jedem Fall geöffnet. Dies ermöglicht die Freigabe von kaltem und warmem Wasser in unterschiedlichem Verhältnis, je nachdem, wie der Griff positioniert ist. Die auf der Außenseite der Kugel angebrachten Dichtungen sorgen dafür, dass Kalt-, Warm- und Mischwasser getrennt bleiben, solange kein Mischvorgang stattfindet.

Wassereinsparung und Energieeinsparung am Einhebelmischer

Wie Untersuchungen gezeigt haben, wird an Waschbecken und Küchenspülen mit normalen Einhebelmischern mehr kaltes und warmes Wasser verbraucht als mit Zweigriffmischern. Wie dies vermieden werden kann, wird in nachfolgenden Unterpunkten beschrieben.

- **Volumenstrombegrenzung**

Um der unbewussten Verschwendung von Wasser entgegenzuwirken, lässt sich bei Einhebelmischern der Volumenstrom begrenzen. Dazu ist zunächst das Wasser abzustellen, der Gummistopfen am Hebelgriff abzunehmen, die Griffbefestigungsschraube zu lösen und der Handgriff sowie die Rosette abzunehmen. Danach kann mit einem Innensechskant-Schlüssel, wie in Abb. 1 gezeigt, der Volumenstrom begrenzt werden. Der Hebelgriff lässt sich dadurch nach dessen Montage, nicht mehr so weit nach oben bewegen.

- **Begrenzung der Mischwassertemperatur**

Hierzu ist, wie in Abb. 2 gezeigt, die Temperatursperre nach oben herauszuheben (1), um ca. eine viertel Umdrehung im Uhrzeigersinn zu drehen (2) und wieder aufzusetzen (3). Der Hebelgriff lässt sich dadurch nach der Montage nicht mehr so weit nach links bewegen. Diese Maßnahme dient auch dem *Verbrühungsschutz*.

- **Kaltstart-Einhebelmischer**

Der Hebelgriff wird von den meisten Nutzenden bevorzugt in der Mittelstellung belassen, wodurch auch dann warmes Wasser ausströmt, wenn nur kaltes nötig wäre. Einige Kartuschen ermöglichen es, den Kaltstart einzustellen, während andere nicht darauf ausgelegt sind. Bei Armaturen, in denen diese Kaltstart-Kartuschen eingebaut und entsprechend eingestellt sind, fließt erst warmes Wasser, wenn der Hebelgriff aktiv nach links bewegt wird (Abb. 3). Warmes Wasser fließt dadurch erst, wenn es bewusst gewählt wird. Auf diese Weise lässt sich eine erhebliche Menge an Energie einsparen. Die Einstellung bzw. Umstellung erfolgt ähnlich der Begrenzung der Mischwassertemperatur und ist je nach Fabrikat der Installations- und Wartungsanleitung des Herstellers zu entnehmen.

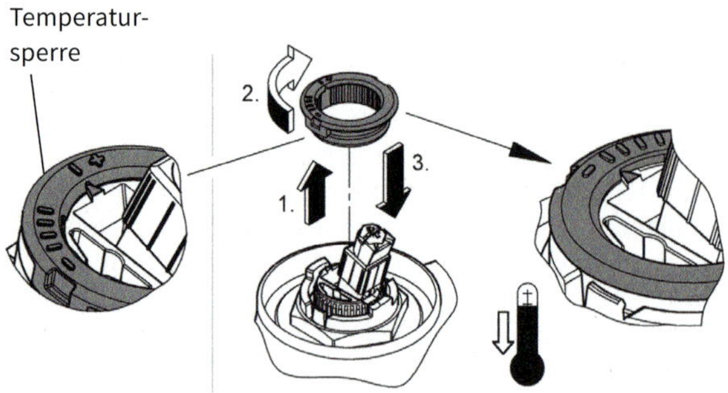

Abb. 2: Begrenzung der Mischwassertemperatur an der Kartusche

Selbstschlussarmaturen

Bei diesen Armaturen wird der Wasserfluss durch Betätigung des Druckknopfes von Hand ausgelöst (Abb. 4). Sie werden zumeist an Einzelwaschanlagen in öffentlichen Gebäuden eingesetzt. Im Innern einer solchen Armatur befinden sich – in Fließrichtung des Wassers – ein Mischer mit keramischen Scheiben, eine Wasserführung mit Ventil und eine hydraulische Steuereinheit. Bei Betätigung der Armatur wird eine Druckkammer entleert, eine Feder entspannt sich und das Ventil wird geöffnet. Die Druckkammer füllt sich danach über eine kleine Öffnung wieder mit Wasser, wodurch das Ventil zurückgedrückt und die Feder gespannt wird. Durch das Zusammenspiel von Federkraft und Wasserdruck wird das Ventil zeitverzögert geschlossen. Die Laufzeit des Wassers kann zwischen 5 und 60 Sekunden eingestellt werden. Um die Zeit zu ändern, ist der Druckknopf abzunehmen und die mittig darunter angeordnete Schraube nach links zu drehen, um die Zeit zu verkürzen, und nach rechts, um die Zeit zu verlängern.

Berührungslose Auslaufarmaturen

Bei berührungslosen Auslaufeinrichtungen registriert z. B. ein Infrarot-Sensor die Hände im Waschbereich (Abb. 5).

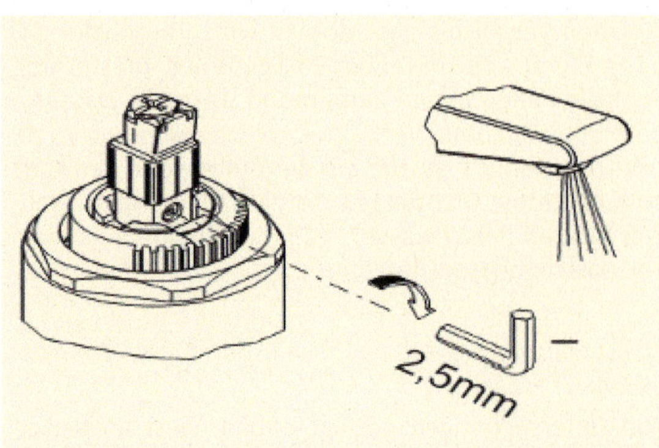

Abb. 1: Verringerung des Volumenstroms an der Kartusche

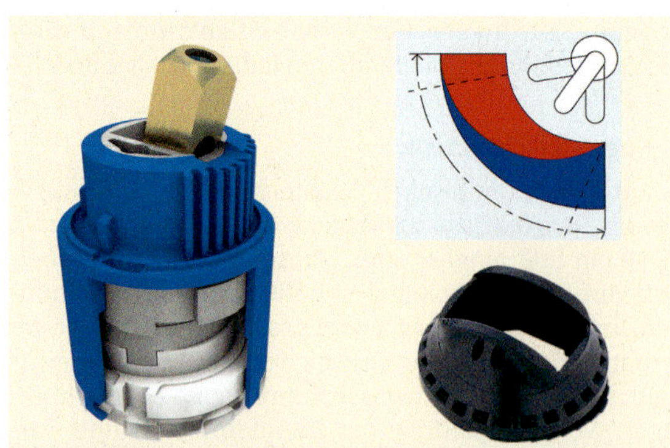

Abb. 3: Kartusche für Einhebelmischer mit Kaltstart

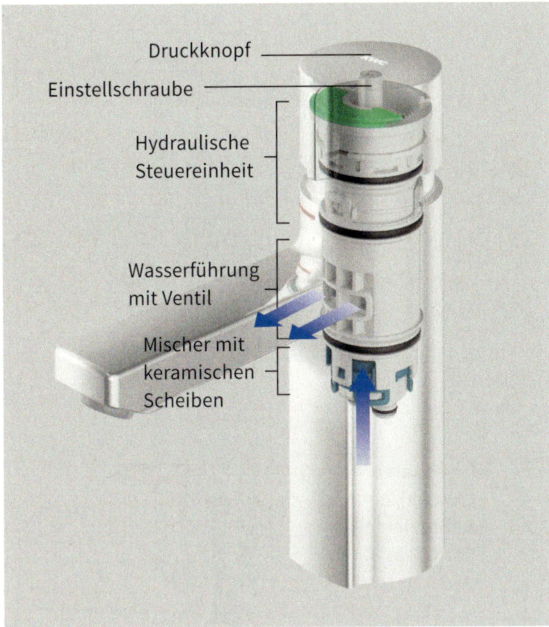

Abb. 4: Selbstschlussarmatur

Über ein Magnetventil wird der Wasserfluss freigegeben oder gesperrt. Dies geschieht, wenn die Person ihre Hände entfernt, oder nach einer voreingestellten Zeit.

Um das Magnetventil zu betätigen, ist eine Spannungsquelle nötig. Armaturen mit einer elektrischen Batterie können bis zu 400.000 Schaltvorgänge auslösen.

Elektronisch gesteuerte Armaturen gelten als sehr sparsam und sind zudem hygienisch, weil sie beim Waschen nicht berührt werden müssen.

Mittels einer Fernbedienung oder einem Smartphone mit App lassen sich Einstellungen wie z. B. Erfassungsbereich, Nachlaufzeit und automatische Spülung vornehmen sowie Verbrauchsdaten auslesen.

In Arbeitsbereichen mit erhöhtem Infektionsrisiko, z. B. in Lebensmittel verarbeitenden Betrieben, müssen an Handwaschplätzen berührungslose Auslaufeinrichtungen installiert sein.

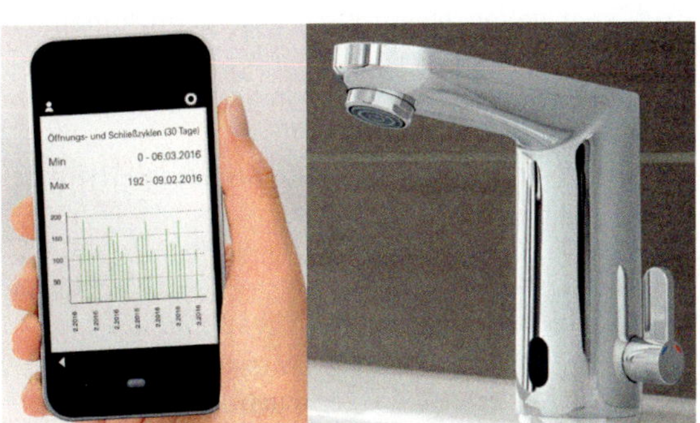

Abb. 5: Berührungslose Auslaufarmatur und Smartphone mit App für Einstellung und Datenausgabe über Bluetooth

Thermostat-Mischbatterie

Thermostat-Mischbatterien nehmen dem Menschen das Nachregulieren der gewünschten Auslauftemperatur ab.

Aufgabe des Regelelementes ist es, den Ventilschieber so zu bewegen, dass das Mischwasser der gewünschten Temperatur entspricht. Auch bei Störungen (z. B. Druck- oder Temperaturschwankungen in den Zulaufleitungen) soll die Auslauftemperatur weitgehend konstant bleiben. Zu diesem Zweck ist der Ventilschieber folgendermaßen zu bewegen:

- Wenn das Mischwasser zu kalt ist, soll der Ventilschieber nach rechts bewegt werden. Der Spalt am Warmwasserventil wird dadurch vergrößert und der am Kaltwasserventil verkleinert.
- Wenn das Mischwasser zu warm ist, soll der Ventilschieber nach links bewegt werden. Der Spalt am Warmwasserventil wird dadurch verkleinert und der am Kaltwasserventil vergrößert.
- Entspricht das Mischwasser der gewünschten Temperatur, soll der Ventilschieber in seiner Position bleiben.

Für die Bewegung des Ventilschiebers werden zwei Kräfte benötigt: die Kraft des Regelelementes (Stellgröße) und die Rückstellkraft, z. B. einer Feder.

Als regelndes Element findet man bei Thermostat-Mischbatterien:

- Dehnstoffelemente, die z. B. mit Wachs gefüllt sind,
- Bimetallscheiben
- Federn aus einer Nickel-Titan-Legierung (Shape-Memory Alloy), die je nach Temperatur zwei verschiedene Gitterzustände annehmen und dadurch ihre Länge verändern

Am weitesten verbreitet sind Thermostat-Mischbatterien mit einem Dehnstoffelement (Abb. 1, S. 398).

Am Wählgriff kann die gewünschte Temperatur innerhalb des Regelbereiches eingestellt werden. Wird diese erhöht, bewegen sich das Regelelement sowie der Ventilschieber zum Temperatur-Wählgriff hin.

Bei einem Zapfvorgang umströmt Mischwasser das Regelelement. Störungsbedingte Temperaturänderungen können mit der dargestellten Thermostat-Mischbatterie sehr schnell erfasst und korrigiert werden, weil Messort (Regelelement) und Stellort (Ventilschieber) nahe beieinander liegen. Die Schwankung der Auslauftemperatur ist deshalb bei Störungen kaum fühlbar (ΔT kleiner 1 K).

Mit den Begriffen der Regelungstechnik ist die Funktionsweise folgendermaßen zu erklären:

w: Führungsgröße ≙ Lage des Dehnstoffelementes
r: Rückführgröße ≙ Längenänderung des Regelelementes
e: Regeldifferenz $e = w - r$
y: Stellgröße $y = K_p \cdot e$ ≙ Kraft des Regelelementes
z: Störgröße ≙ Druck- oder Temperaturschwankung
x: Regelgröße ≙ Temperatur am Auslauf
Regelstrecke ≙ Mischraum zwischen Stellort und Messort

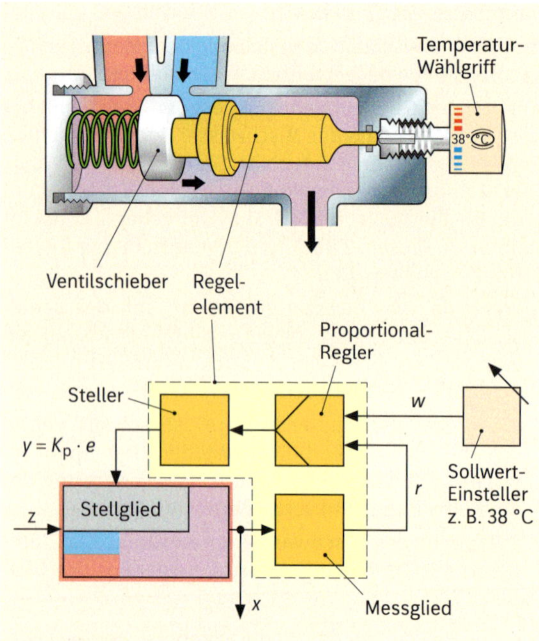

Abb. 1: Thermostat-Mischbatterien mit Zuordnung der Teile zum Wirkungsplan

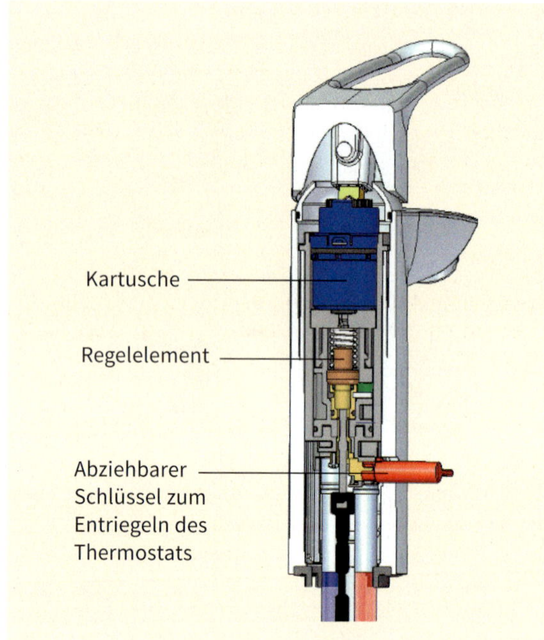

Abb. 3: Mischbatterie mit integriertem Verbrühungsschutz

Verbrühungsschutz an Mischbatterien

In Krankenhäusern, Kindergärten, Schulen, Alten- und Pflegeheimen sind nach DIN EN 806-2 Thermostate zu verwenden, um die Temperatur an Mischbatterien auf 43 °C zu begrenzen (Abb. 2).

Ein solcher Verbrühungsschutz kann bereits in die Armatur integriert sein (Abb. 3). Dies ist durch ein integriertes Thermostat möglich. An diesem kann vorab eine Temperaturgrenze festgelegt werden, um Verbrühungen zu vermeiden. Solche Armaturen gibt es auch mit der Möglichkeit einer thermischen Desinfektion.

Abb. 2: Verbrühungsschutz

Aufgaben

1. Auf welche Weise können Waschbecken eingebaut werden?
2. Wie hoch ist üblicherweise der Beckenrand von Waschtischen und Handwaschbecken für Erwachsene?
3. Woraus besteht ein Schallschutz-Set für die Waschtischmontage und welche Schalldämmung in dB(A) sollte damit erreicht werden?
4. Was geschieht bei Einhebelmischern durch das Verschieben der keramischen Scheiben?
5. Welche Möglichkeiten bieten moderne Einhebelmischer, um den Wasser- und Energieverbrauch am Waschbecken zu senken?
6. Wie trägt die Verwendung einer Kaltstart-Kartusche zur Energieeinsparung bei?
7. Beschreiben Sie die Funktionsweise einer Selbstschlussarmatur.
8. Wie variierbar ist die übliche Laufzeit einer Selbstschlussarmatur?
9. Wie funktionieren berührungslose Auslaufarmaturen?
10. Warum gelten elektronisch gesteuerte Armaturen als hygienisch?
11. In welchen Bereichen müssen berührungslose Auslaufarmaturen installiert sein?
12. Beschreiben Sie das Grundprinzip einer Thermostat-Mischbatterie.
13. Erklären Sie die regelungstechnischen Begriffe Regelgröße, Regelbereich, Regelstrecke und Regler am Beispiel der Thermostat-Mischbatterie.
14. Warum können mit Thermostat-Mischbatterien Störgrößen schnell ausgeglichen werden?
15. In welchen Gebäuden sollte die Auslauftemperatur an Mischbatterien begrenzt werden und welche Temperatur ist maximal zulässig?

Ab- und Überlaufeinrichtungen

Die meisten Waschbecken haben einen Überlauf, der in die Sanitärkeramik eingeformt ist. Für ihn ist ein Querschnitt von 500 mm² vorgeschrieben. Bei geschlossenem Ablaufventil kann das Wasser im Becken maximal bis zur Höhe der Überlauföffnung ansteigen. Weiter nachfließendes Wasser wird durch das Innere des Waschbeckens zum Abfluss geleitet.

In das Ablaufloch können unterschiedliche Ab- und Überlaufventile eingebaut werden. Statt der in Abb. 4 dargestellten Ablaufgarnitur, deren Ventil sich von der Auslaufarmatur aus öffnen und schließen lässt, kann z. B. auch ein Universalventil oder ein Push-Open-Ventil angebracht werden (Abb. 5).

Der im Waschbecken eingeformte Überlauf (Abb. 4) stellt ein hygienisches Problem dar, weil es kaum möglich ist, ihn zu reinigen. Im eingeformten Überlauf können sich Mikroorganismen festsetzen und ungehindert vermehren.

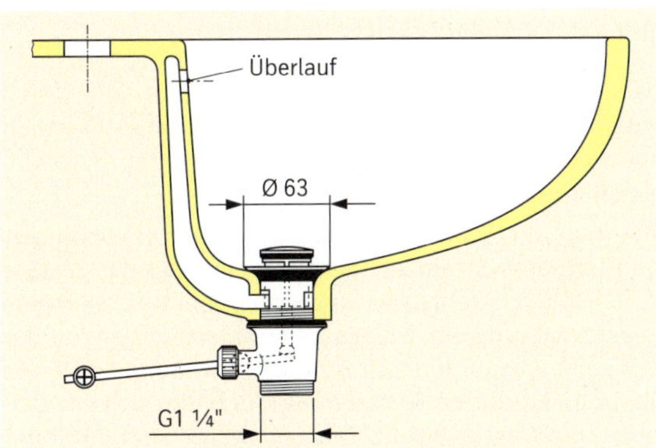

Abb. 4: Keramikwaschbecken mit eingeformtem Überlauf und eingebauter Ablaufgarnitur mit Hebelgestänge

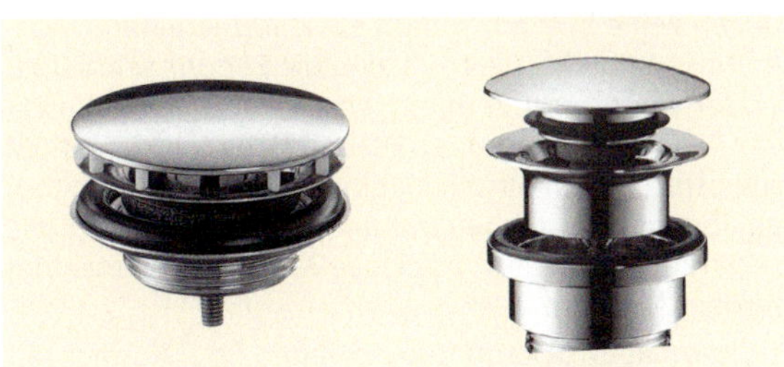

Abb. 5: Ablaufventil und Push-Open Ablaufventil

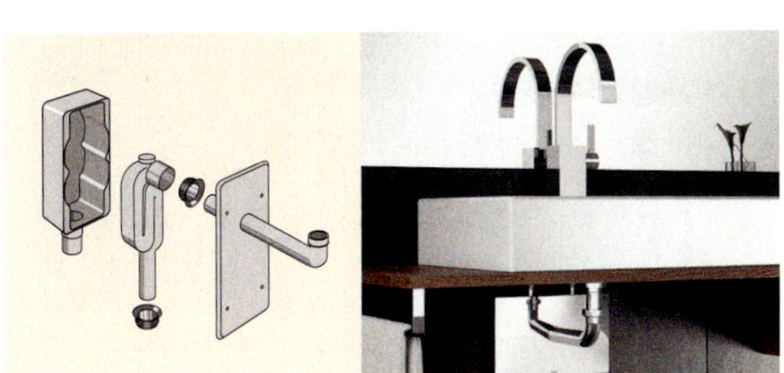

Abb. 6: Geruchverschluss für den Wandeinbau

Wenn Waschbecken keinen eingeformeten Überlauf haben, müssen andere Maßnahmen getroffen werden, um ein Überlaufen des Wassers zu verhindern. Eine einfache Lösung ist der Einbau eines nicht verschließbaren Abflusses. Soll ein solches Waschbecken jedoch mit Wasser gefüllt werden können, sind Systeme erforderlich, die den Wasserstand automatisch begrenzen. Diese Systeme arbeiten oft mit einem Sekundärventil in der Abflussleitung. Erreicht das Wasser den maximal zulässigen Stand, öffnet sich das Ventil von selbst und lässt das Wasser abfließen.

Unterhalb des Ablaufventils ist ein Geruchverschluss anzuschließen. Üblich sind Geruchverschlüsse in Rohr- oder Flaschenform.

Für Rollstuhlfahrer/-innen eignen sich Geruchverschlüsse für den Wandeinbau (Abb. 6). Damit lässt sich unter dem Waschbecken die nötigte Bewegungsfreiheit schaffen.

Aufgaben

1. Warum sind Überlaufeinrichtungen in Waschbecken wichtig?
2. Welche spezielle Anforderung müssen eingeformte Überlaufeinrichtungen in Waschbecken erfüllen?
3. Welche Alternativen gibt es, wenn ein Waschbecken keinen eingeformten Überlauf hat?

8.8.2 Sitzwaschbecken (Bidet)

Sitzwaschbecken (Abb. 7) dienen zum Waschen des Unterkörpers. Mit ihrer Hilfe ist eine gründlichere Reinigung möglich als mit trockenem Toilettenpapier.

Neben der intimen Körperpflege können Sitzwaschbecken auch für die Fußwäsche genutzt werden. Von einer weitergehenden Verwendung sollte jedoch abgesehen werden, da bei der intimen Körperpflege auch Erreger übertragbarer Krankheiten ins Bidet gelangen können.

Bidetbecken

Das Bidetbecken besteht aus Sanitärporzellan oder Kunststoff. Es wird, wie ein Klosettbecken, bodenstehend oder wandhängend angebracht. Zur akustischen

Abb. 7: Sitzwaschbecken (Bidet)

Trennung zwischen dem Bidetbecken und der Wand dient ein Schallschutz-Set.

Die Auslaufarmatur wird meist auf der Wandseite installiert. Jedoch gibt es auch Bidets mit auf der Vorderseite integrierter Armatur (→ TB).

Die geforderte Sicherheitseinrichtung gegen Rückfließen macht nach DIN EN 1717 einen freien Auslauf notwendig. Daher muss der Wasserauslauf so weit über dem Überlaufloch im Bidet angeordnet sein, dass ein Rückfließen von verunreinigtem Wasser ausgeschlossen werden kann.

Auslaufarmaturen

Die Wassertemperatur am Auslauf sollte zwischen 30 und 40 °C betragen und in diesem Bereich regulierbar sein. Damit kann eine Verbrühungsgefahr ausgeschlossen werden. Häufig werden Einhand-Bidetbatterien verwendet. Sie unterscheiden sich von den Einhebelmischern am Waschbecken durch den nach vorne gerichteten Auslauf, der mit einem Kugelgelenk versehen ist. Bei gehobenen Ansprüchen kann auch eine Thermostatbatterie verwendet werden. Mit Spezialarmaturen ist auch eine berührungslose Betätigung möglich.

Ab- und Überlaufeinrichtung

Hierfür können am Bidet vielfach die gleichen Teile verwendet werden wie beim Waschbecken. Lediglich der Röhrengeruchverschluss ist etwas flacher als am Waschbecken.

Nach wie vor werden Bidets überwiegend mit eingeformtem Überlauf ausgeführt, in dem sich Schmutz ansammeln kann. Bei Verwendung eines Ablaufventils mit integriertem Überlauf sollte daher auf den in die Keramik eingeformten Überlauf verzichtet werden. Der Einbau erfolgt in gleicher Weise wie beim Waschbecken.

Aus hygienischen Gründen sollte das Wasser bei der Intimwäsche nicht stagnieren, sondern den Unterleib spülen und danach gleich abfließen. Dies spricht für den Einbau einer Siebplatte ins Ablaufloch, die nicht verschlossen werden kann. Damit können auch Bidetbecken ohne eingeformten Überlauf verwendet werden.

Zubehör

Zum Zubehör gehören Seifenschale, Handtuchhalter und Haltegriffe, die das Setzen und Erheben erleichtern. Waagerecht angebrachte Haltegriffe können auch als Handtuchhalter dienen.

Montagemaße → TB

Aufgaben

1. Wozu werden Sitzwaschbecken verwendet?
2. Was ist bei der Auswahl und Montage von Sitzwaschbecken im Hinblick auf den Schutz des Trinkwassers zu beachten?

8.9 Strahlformer

An sehr vielen Auslaufarmaturen von Waschanlagen, Badewannen und Spültischen sind Strahlformer zu finden. Sie sind am Auslauf der Armatur angebracht und daher maßgeblich an der Bildung des Wasserstrahls beteiligt. Strahlformer können die folgenden Aufgaben haben:

- den Wasserstrahl formen
- Feststoffe zurückhalten, die sich aus dem Hauswasserleitungssystem lösen
- einen weichen Wasserstrahl erzeugen
- die Bildung feinster Wassertröpfchen in der Luft vermeiden (Aerosolbildung)
- Wasser- und Energiekosten sparen

Man unterscheidet Strahlformer für drucklose Auslaufarmaturen und Druckarmaturen.

! Für *drucklose Auslaufarmaturen* von offenen Wassererwärmern sind nur Strahlformer mit geringem Strömungswiderstand zugelassen.

Da sich in einem offenen Wassererwärmer kein Druck aufbauen darf, befindet sich im Strahlformer lediglich ein Kunststoff-Sterneinsatz, der für einen spritzfreien, gleichmäßigen Strahl sorgt (Abb. 1a).

Im Innern des Strahlformers befinden sich ein Schmutzsieb und eine Strahlzerlegerplatte, mit der das Wasser in viele Einzelstrahlen zerlegt wird. Dabei stellt sich eine Injektorwirkung ein. Die Wasserstrahlen werden mit der seitlich angesaugten Luft durchmischt. Beim Abfließen über den kaskadenförmigen Auslauf bildet sich ein weicher Luft-Wasser-Strahl. Deshalb werden Strahlformer auch Luftsprudler genannt.

In Krankenhäusern und medizinischen Einrichtungen sollten Hygiene-Strahlformer verwendet werden. Sie saugen keine Luft an, sodass ein klarer laminarer Wasserstrahl entsteht. Dies reduziert die Bildung sehr feiner Wassertröpfchen und minimiert das Risiko einer Infektion mit Legionellen oder Pseudomonaden. Da es auf einen spritzfreien Strahl ankommt, kann statt der Stauscheibe und der Siebe ein Kunststoff-Sterneinsatz wie bei Strahlformern für drucklose Armaturen verwendet werden (Abb. 1a).

Für normale Druckarmaturen können Strahlformer mit *Durchflussmengenreglern* kombiniert werden, wie sie

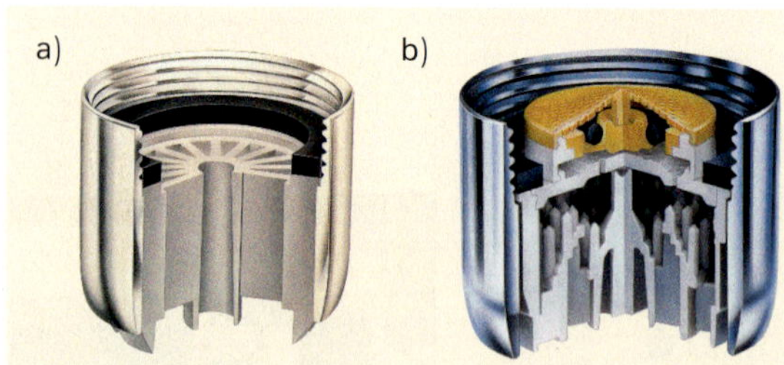

Abb. 1: a) Strahlformer
b) Strahlformer mit Durchflussmengenregler

auch an Wannen- oder Duscharmaturen Verwendung finden (Abb. 1b).

! *Durchflussmengenregler* begrenzen den Durchfluss und halten ihn auch bei schwankendem Fließdruck nahezu konstant.

8.10 Klosettanlagen

In jüngster Zeit stand die Entwicklung der Spülsysteme im Zeichen der Einsparung von Trinkwasser und Druckenergie. Je nach Nutzung des Klosetts kann eine zufriedenstellende Spülung sowohl mit dem Druckspüler als auch mit dem Spülkasten über die Spartaste bzw. kurze Betätigung mit 6 l bzw. 3 l Spülung ausgelöst werden.

8.10.1 Bauarten von Klosettbecken mit Wasserspülung

In Deutschland werden vorrangig *Sitzklosetts* genutzt. Man unterscheidet hierbei zwischen Wand- und Standklosetts (Abb. 2).

Den Abstand zwischen Beckenoberkante und Fußboden bezeichnet man als *Montagehöhe*. Bei der Ausführung als *Standklosett* ist die Montagehöhe durch die Höhe des Klosettbeckens festgelegt. Sie kann bei wandhängenden Klosettbecken in begrenztem Maße frei gewählt werden. Es muss jedoch zu Reinigungszwecken auf eine ausreichende Bodenfreiheit geachtet werden. Je nach Benutzergruppe sind Klosettbecken mit geeigneter Höhe zu verwenden oder an der Wand in angemessener Höhe zu befestigen (→ TB).

Entsprechend der inneren Form des Klosettbeckens wird zwischen Flach- und Tiefspülklosetts unterschieden.

Im Flachspülklosett fallen die Fäkalien zunächst in eine flache Schüssel. Von dort werden sie beim Spülvorgang in den Geruchverschluss und weiter in die Anschlussleitung befördert. Bevor gespült wird, besteht somit die Möglichkeit, z. B. Krankheiten an den Ausscheidungen zu erkennen (Wurmerkrankungen oder Blut im Stuhl). Von Nachteil ist die im Vergleich zum Tiefspülklosett größere Geruchsbelästigung.

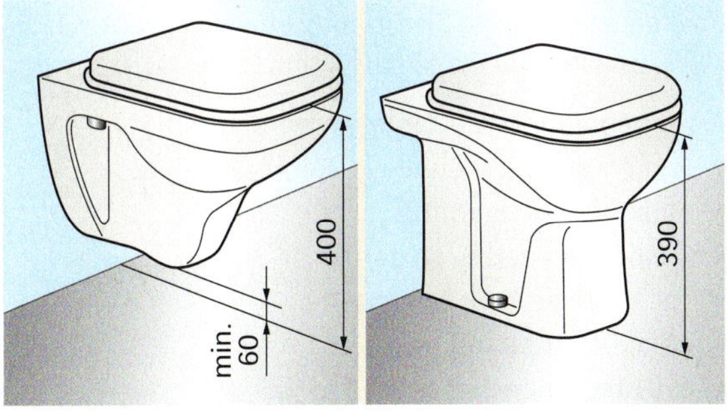

Abb. 2: Links Wand- und rechts Standklosett

Bei *Tiefspülklosetts* fallen die Fäkalien sofort in den Geruchverschluss. Wegen der geringen Geruchsbelästigung sind Tiefspüler günstig für innen liegende Bäder.

Bei den meisten Klosettbecken handelt es sich um *Spülklosetts*. Der Inhalt des Geruchverschlusses wird ausgespült. Das hierfür benötigte *Spülwasservolumen* hängt im Wesentlichen vom Wasserinhalt des Geruchverschlusses ab. Damit wenig Spülwasser benötigt wird, kommt es aber auch auf eine strömungsgünstige Wasserführung im WC-Becken an. Diese Funktion übernehmen Spülwasserverteiler und Spülrand. Der Spülwasserverteiler ist meist im Becken eingeformt. Durch den Spülwasserverteiler wird ein Teil des Spülstromes dem Spülrand zugeführt. Über diesen wird das Wasser bis in den vorderen Bereich der Klosettschüssel geleitet. Dadurch kann weitgehend sichergestellt werden, dass nach einer 6-Liter-Spülung sowohl die Fäkalien ausgeschwemmt sind als auch eine lückenlose Flächenspülung erfolgt ist.

Als *Absaugeklosett* bezeichnet man Klosettbecken, bei denen die Fäkalien direkt in den Geruchverschluss fallen und von dort beim Spülvorgang durch Saugheberwirkung in die Anschlussleitung gelangen. Durch die Formgebung des Geruchverschlusses wird beim Spülen eine Vollfüllung der Leitung hervorgerufen, die das Absaugen bewirkt. Absaugeklosetts haben den gleichen Vorteil wie Tiefspüler (kaum Geruchsbelästigung). Der große Nachteil ist allerdings, dass für den Spülvorgang und das anschließende Auffüllen des Geruchverschlusses etwa doppelt so viel Wasser benötigt wird wie bei Spülklosetts.

Bei herkömmlichen WC-Becken ist der Spülrand überhängend ausgeführt. Seit einiger Zeit werden auch Klosettbecken mit offenem Spülrand angeboten, da diese besser zu reinigen sind. Der Spülwasserstrom muss aber auf sogenannte „spülrandlose WCs" gut abgestimmt sein, damit nichts über den Beckenrand schwappt.

Wandhängende Klosettbecken ohne aufgesetzten Spülkasten können nur mit zur Wand gerichtetem Zulauf- und Abflussstutzen ausgeführt werden. Bodenstehende Klosettbecken können mit waagerechtem oder senkrechtem Abgang versehen sein. Der Geruchverschluss ist in das Becken eingeformt. Neben seinem Wasserinhalt ist auch die Form des Geruchsverschlusses für das benötigte Spülwasservolumen maßgebend. Die Höhe des Geruchsverschlusses ist gemäß DIN 1986-100 mit 50 mm festgelegt.

Tab. 1: Nennweite von Einzelanschlussleitungen (Auszug)

Entwässerungsgegenstand	Anschlusswert DU	Einzel-Anschlussleitung
WC mit 4,0/4,5 Liter Spülkasten	1,8	DN 80, DN 90
WC mit 6,0 Liter Spülkasten/ Druckspüler	2,0	DN 80 bis DN 100
WC mit 9,0 Liter Spülkasten/ Druckspüler	2,5	DN 100

Klosettanschlüsse

Zur Anordnung von Klosettanlagen sind seitliche Mindestabstände und ausreichende Bewegungsflächen einzuhalten. Damit nach der Boden- oder Wandbefestigung die erforderliche Tragfähigkeit von 4 kN mittig auf die Sitzöffnung erreicht werden kann, ist ein massiver Unter- bzw. Hintergrund notwendig.

Um bei der Vielzahl der Klosettbecken die Austauschbarkeit zu verbessern, wurden europaweit einheitliche Anschlussmaße vereinbart (DIN EN 33).

In die DIN 1986-100, welche die DIN EN 12056-2 für Deutschland ergänzt, wurden wassersparende Klosettanlagen aufgenommen. Um die Selbstreinigungsfähigkeit sicherzustellen, müssen jetzt kleinere Nennweiten eingesetzt werden (Tab. 1).

Bei der Verlegung der Anschlussleitung wird zur Vermeidung von Fremdwassereinspülung ein Mindesthöhenversatz $h \geqq$ DN gefordert. Er ergibt sich aus dem Höhenunterschied zwischen dem Wasserspiegel im Geruchverschluss und der Sohle der Anschlussleitung am Fallleitungsabzweig.

Der Höhenversatz lässt sich problemlos einhalten, wenn die Fallleitung mindestens 400 mm aus der Achse des stehenden oder wandhängenden Klosetts versetzt ist (Abb. 1).

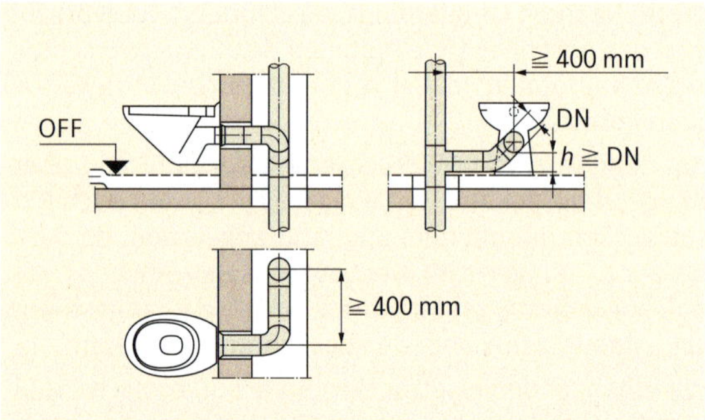

Abb. 1: Anschluss eines wandhängenden Klosetts an eine Fallleitung

Eine auf der Rückwand des Klosettbeckens angebrachte Schallschutzmatte sowie Kunststoffhülsen über den Gewindestangen mindern die Schallübertragung auf die Wand. Mit je einem Kunststoffring als Unterlegscheibe werden die Schraubenkräfte gleichmäßig auf das Sanitärporzellan verteilt. Für die Montage des Wandklosetts mit Unterputzspülkasten wird eine Anschlussgarnitur bestehend aus einem Spülrohrverbinder und einem Klosettanschlussstutzen mit Lippendichtung benötigt (Abb. 2).

Ein Dusch-WC (Komfort-WC) reinigt den Anal- und Intimbereich (Ladydusche) berührungslos (Abb. 3). Sobald der Sitzbelegungssensor aktiviert ist, können die Funktionen des Dusch-WCs über das Bedienelement eingeschaltet werden. Hierbei lassen sich die Position des Duscharms, die Temperatur und die Stärke des Wasserstrahls individuell einstellen. Zusätzlich kann ein Warmluftföhn betätigt werden, der das Gesäß wieder trocknet. Beim Heraus- und Zurückfahren des Duscharms reinigt sich dieser selbst, bis das Wasser abgestellt wird. Je nach Ausführung sorgt eine Geruchabsaugung dafür, dass unangenehme Gerüche abgeleitet oder neutralisiert werden. Bei einigen Modellen öffnet und schließt sich der Deckel selbsttätig. Manche dieser WCs verfügen über eine integrierte Sitzheizung und ein dezentes LED-Licht, welches bei der Orientierung hilft.

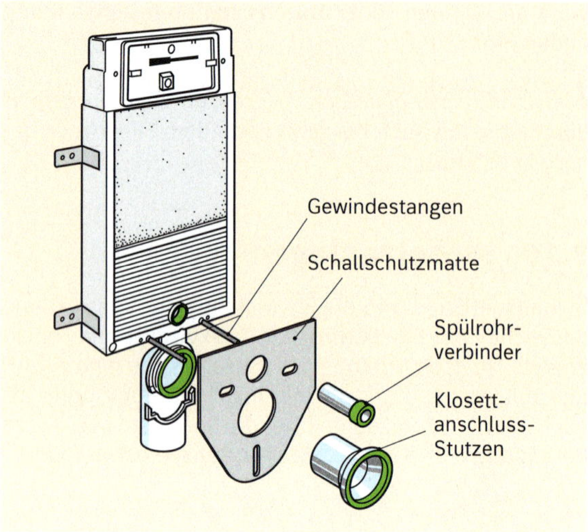

Abb. 2: Montageelemente für Wand-WC mit Wandeinbauspülkasten

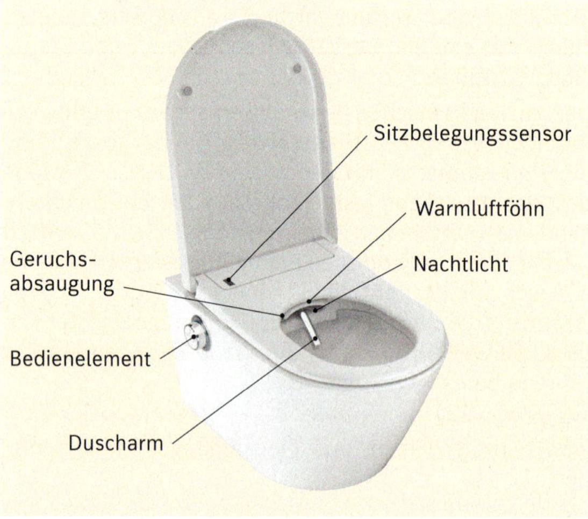

Abb. 3: Dusch- bzw. Komfort-WC

Als Zubehör für Klosettanlagen werden

- Papierrollenhalter und ggf. Reservebehälter,
- Klosettbürstengarnitur,
- Kleiderhaken, z. B. an der Tür,
- ggf. Haltegriffe für Behinderte,
- Abfallbehälter und
- evtl. Aschenbecher

benötigt.

Tab. 1: Anforderungen an Druckspüler

Spülwasser-Volumen in l	Nennweite DN	Kennzeichnender Spülvolumenstrom in l/s	Fließdruck beim kennzeichnenden Spülvolumenstrom in bar
6 bzw. 9[1)]	15	min. 0,7 max. 1,0	min. 1,2 max. 4,0
	20	min. 1,0 max. 1,3	min. 1,2 max. 4,0
14	25	min. 1,0 max. 1,8	min. 0,4 max. 4,0

[1)] Je nach Kennzeichnung auf dem Klosettbecken. Ohne Kennzeichnung: Flach- oder Tiefspülklosetts grundsätzlich auf 9 l und Absaugeklosetts auf 14 l einstellen.

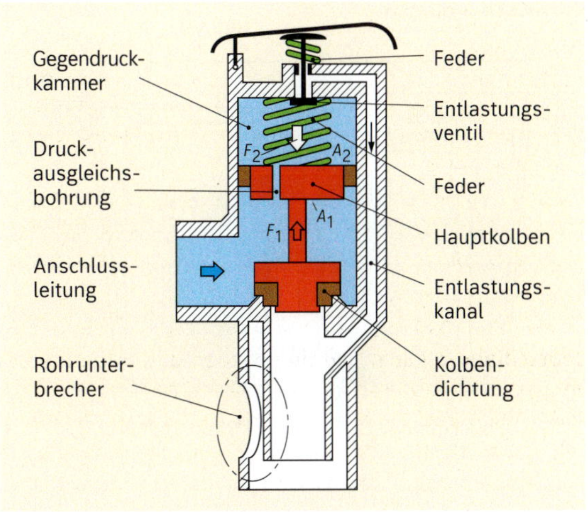

Abb. 4: Funktionsschema eines Druckspülers

8.10.2 Spüleinrichtungen

Spüleinrichtungen wie *Druckspüler* und *Spülkasten* dienen dem Ausspülen von Klosett-, Urinal- und sonstigen Becken. Sowohl Spülkasten als auch Druckspüler erfüllen die Kriterien einer wirtschaftlichen Spülung:

- die Veränderung der generellen Spülwasservolumen von 9 l auf 6 l beim Einsatz von Sechs-Liter-Klosettbecken, z. B. bei Modernisierungen
- die Dosierung der Wassermenge bei Kurzspülungen mit ca. 3 bis 4 l Wasser

Druckspüler sind Entnahmearmaturen, die nach kurzer, einmaliger Betätigung ein bestimmtes Spülwasservolumen bei einem bestimmten Spülwasserstrom (Tab. 1) liefern und danach selbsttätig schließen.

Für Urinalbecken beträgt das Spülwasservolumen 1–4 l bei einem Spülvolumenstrom von mindestens 0,4 l/s. Urinal-Druckspüler benötigen im Gegensatz zu WC-Druckspülern keinen Rohrunterbrecher. Ihre Sicherung ist über den freien Auslauf gegeben.

Der Einbau von Urinal-Druckspülern ist in der Regel in ein vorhandenes Leitungsnetz problemlos möglich.

Vorteil: kurze Montagezeit, geringer Platzbedarf, sofort wieder einsatzbereit

Nachteil: Druckspüler für Klosettbecken erfordern große Rohrleitungsquerschnitte.

Der Druckspüler mit Gegendruckkammer (Abb. 4) nutzt für den Öffnungs- und Schließvorgang die als Druck gespeicherte Energie des Trinkwassers. Das erklärt auch, warum der Druckspüler für seine Funktion immer einen bestimmten Mindestvordruck benötigt.

Spülvorgang

Vor dem Betätigen des Druckspülers herrscht in der Gegendruckkammer der gleiche Druck wie in der Anschlussleitung. Wird das Entlastungsventil über das Betätigungselement (Hebel, Kappe etc.) geöffnet, so entweicht das Wasser in der Gegendruckkammer über den Entlastungskanal in das Spülrohr. Da durch die Druckausgleichsbohrung nicht so viel Wasser nachfließen kann, kommt es in der Gegendruckkammer zu einem Druckabbau. Der Hauptkolben wird nun durch den Wasserdruck nach oben bewegt, sodass der Spülvorgang einsetzen kann.

Schließvorgang

Wird das Betätigungselement losgelassen, so schließt das Entlastungsventil. Über die Druckausgleichsbohrung baut sich langsam der gleiche Druck auf wie in der Anschlussleitung. Da $A_2 > A_1$ ist, wird bei gleichem Druck p auch $F_2 > F_1$. Dadurch bewegt sich der Kolben in die Ruhestellung und der Spülvorgang wird beendet.

Die eingebauten Federn sichern die zuverlässige Funktion des Druckspülers.

Spülkästen sind Einrichtungen, die je nach Verwendungszweck ein bestimmtes Spülwasservolumen speichern. Beim Betätigen wird damit das Klosett gespült.

Vorteil: Spülkästen sind weitgehend unabhängig vom Wasserdruck und dem Durchmesser der Zuleitung.

Nachteil: Der Platzbedarf ist größer als bei Druckspülern. Der Spülkasten ist erst nach Ablauf der Füllzeit wieder einsatzbereit.

Funktion:

Der Spülkasten wird über ein Vorabsperrventil (Eckventil) DN 10 an die Trinkwasserleitung angeschlossen. Das Nachspeisen des Spülwasservolumens erfolgt automatisch über einen Schwimmkörper. *Normalspülkästen* (veraltet) sind Spülkästen mit Saugglocke und Standrohr.

Beim Betätigen des Spülkastens wird die Saugglocke einschließlich dem Standrohr angehoben. Das in das Spülrohr stürzende Wasser erzeugt in der Saugglocke einen Unterdruck.

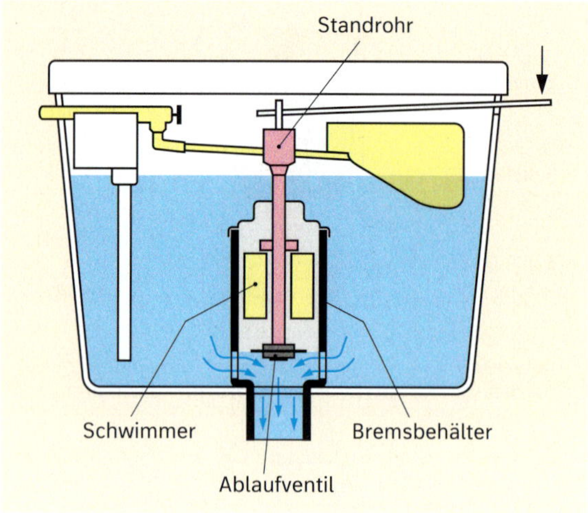

Abb. 1: Ablaufventil- oder Freiflussspülkasten

Danach schließt das Standrohr das Bodenventil wieder. Das restliche Spülwasservolumen wird nun infolge des Unterdruckes in der Saugglocke durch die obere Bohrung im Standrohr in das Spülrohr gedrückt. Der Spülkasten entleert sich daraufhin nach dem Saugheberprinzip.

Bei *Ablaufventil- oder Freiflussspülkästen* (Abb. 1) hebt sich beim Betätigen das Standrohr vom Ventil ab, wodurch Wasser in das Spülrohr fließt. Im Bremsbehälter wird das Standrohr dann vom Schwimmer so lange hochgehalten, bis das gesamte Wasser abgelaufen ist.

Spülkästen mit Wasserspareinrichtungen kamen mit steigendem Umweltbewusstsein nach den Spülkästen mit „Totalauslauf" in Mode. Zunächst entwickelte man eine Bedienungstaste, mit welcher der Spülvorgang abgebrochen werden konnte. Oft wurde jedoch die Spülung zu früh gestoppt und der Inhalt des Geruch-

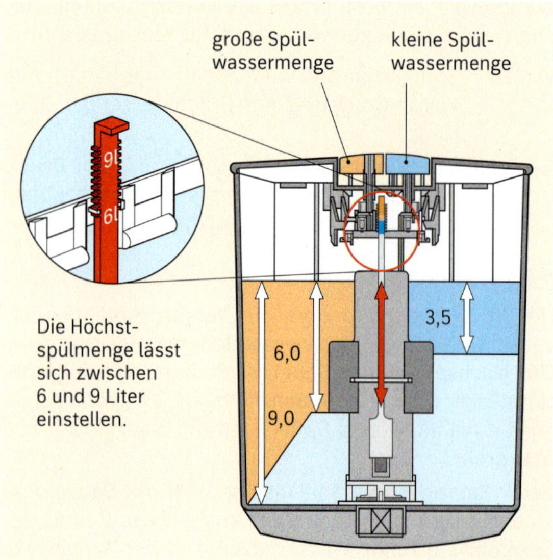

Abb. 2: Zweitasten-Spülkasten

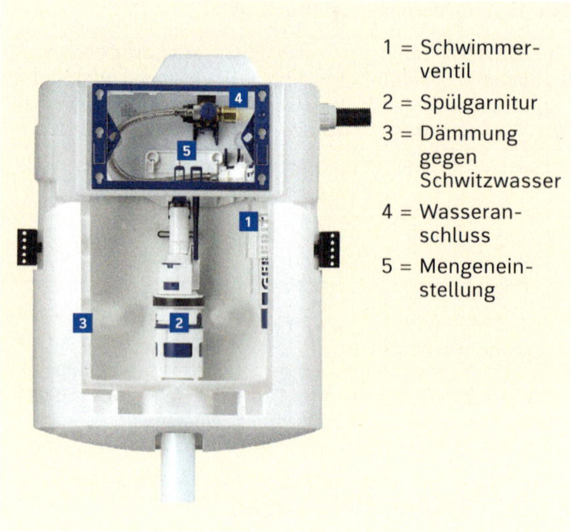

Abb. 3: Unterputzspülkasten zum Einbau in Vorwandinstallationssystemen

verschlusses nicht vollständig ausgetauscht. Es kam zu Harnsteinablagerungen.

Mit der Zweitasten-Technik (Abb. 2) ist eine Mindestwassermenge von 3 l sichergestellt.

Wassersparende Klosettanlagen nach DIN 1986-100 können bei einer Anschlussleitung DN 80/DN 90 mit 4,0 bzw. 4,5 Litern zuverlässig spülen. Dies führte zur Entwicklung von Spülkästen, bei denen leicht wählbar Vollspülungen mit ca. 9 l, 6 l oder 4,5 l sowie die Kleinspülmengen mit ca. 3 l bei geringem Wasserbedarf durchgeführt werden können. Zudem kann der Spülkasten auch in Spül-Stopp-Funktion betrieben werden (Abb. 3).

Aufgaben

1. Wozu können Strahlformer eingesetzt werden?
2. Welche Strahlformer sind für drucklose Auslaufarmaturen zugelassen?
3. Auf welche Weise wird beim einfachen Strahlformer Luft in den Wasserstrahl gemischt?
4. Weshalb dürfen keine einfachen Strahlformer in Krankenhäusern eingebaut werden?
5. Welche Bauarten von Klosettbecken mit Wasserspülung gibt es?
6. Worauf ist bei der Anschlussleitung eines Spülklosetts zu achten?
7. Welche Maßnahmen mindern bei wandhängenden Klosettbecken die Schallübertragung auf die Wand?
8. Welche Funktionen erfüllt ein Komfort-WC?
9. Nennen Sie die Vor- und Nachteile von Druckspülern und Spülkästen.
10. Welche Aufgabe hat die Gegendruckkammer in einem Druckspüler?
11. Wie funktioniert ein Spülkasten mit Wasserspareinrichtung?

8.11 Urinalanlagen

Während in öffentlichen und halböffentlichen Herren-Toiletten fast durchweg Urinale installiert sind, finden sie in privaten WC-Räumen nur langsam Einzug. Grundsätzlich sind Urinale im Vergleich zum Klosett

- hygienischer, denn bei ihrer Benutzung ist kein Hautkontakt notwendig;
- sparsamer, weil für eine Spülung weniger Wasser verbraucht wird (2 Liter);
- platzsparender, da weniger Stell- und Bewegungsfläche benötigt wird;
- zeitsparender, weil keine Kleidung abgelegt werden muss.

Bei den Urinalen handelt es sich meist um einzelne an der Wand montierte *Urinalbecken*.

Urinalbecken

Urinalbecken sind zumeist aus Sanitärkeramik oder für öffentliche Toiletten auch aus nichtrostendem Stahl. Die Becken unterscheiden sich hinsichtlich ihrer Form und Anschlussart. Sie können ohne oder mit Deckel ausgeführt sein. Die Anschlüsse können sichtbar oder vom Becken verdeckt sein.

Wasserzulauf am Urinalbecken

Der Anschluss des sichtbaren *Spülrohres* an das Urinalbecken lässt sich über ein Verbindungsstück aus Gummi oder Kunststoff herstellen. Bei verdecktem Anschluss muss das Urinalbecken auf das Anschluss-Spülrohr mit Verbinder aufgesteckt werden können (Abb. 4).

Wasserablauf und Abwasseranschluss

Die Anschlussleitung für den Ablauf ist mindestens in DN 50 auszuführen. Sie darf keinen freien Auslauf haben und beispielsweise in eine Rinne münden.

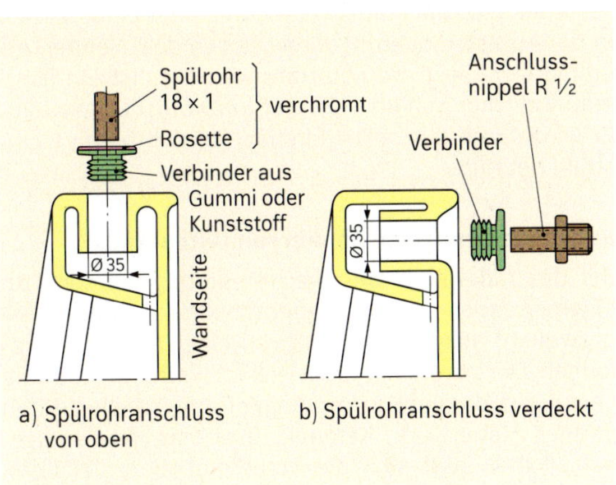

Abb. 4: Spülrohranschluss am Urinalbecken

Abb. 5: Urinalbecken mit Absaugformstück

Der *Geruchverschluss* kann

- im Urinalbecken eingeformt sein,
- unter dem Urinalbecken angebracht oder
- vom Urinalbecken verdeckt auf oder in der Wand

! Um Geruchsbelästigungen zu vermeiden, muss ein vollständiger Austausch des Sperrwassers erfolgen. Dies ist mit *Absaugurinalen* möglich (Abb. 5).

Absaugurinale sind mit einem speziellen Geruchverschluss verbunden, der auch *Absaugformstück* genannt wird. Durch dessen günstige Formgebung und Bemessung wird beim Spülen eine Vollfüllung in der Abgangsleitung erreicht. Infolge des entstehenden Luftabschlusses saugt das abfließende Spülwasser den Inhalt des Geruchverschlusses leer. Das nachlaufende Wasser füllt ihn danach wieder auf. Der Inhalt des Geruchverschlusses wird somit bei einer Spülung mit ca. 2 Liter Wasser komplett ausgetauscht.

Da der Urinalstutzen stets einen Durchmesser von 50 mm hat, wird für den Anschluss eine Lippendichtung vom gleichen Durchmesser benötigt. Wandurinale mit eingeformtem Geruchverschluss können mit einem Anschlussstutzen oder Bogen an die Abwasserleitung angeschlossen werden. Ansonsten kann auch ein einfacher Geruchverschluss verwendet werden. Er verhindert jedoch nur, dass Kanalgase in den Sanitärraum gelangen. Das Sperrwasser, welches aber auch geruchsbelästigend sein kann, wird hier nur verdünnt.

Montagemaße

Als *Montagehöhe H* des Urinals bezeichnet man die Höhe des vorderen Spülrandes (→ TB). Viele Hersteller von Urinalbecken empfehlen eine Schnabelhöhe von 650 bis 700 mm. Dies ist jedoch mit den Kundinnen und Kunden abzustimmen.

Werden mehrere Urinalbecken nebeneinander installiert, sind die *Objektabstände* nach VDI 6000 Bl. 1 einzuhalten. Sofern zwischen den einzelnen Urinalen Trennwände montiert werden, beträgt der minimale *Trennwandabstand* 750 mm.

Urinale mit Deckel werden hauptsächlich für den Privatbereich verwendet. Sie werden überwiegend mit handbetätigten Armaturen ausgestattet. Beim Einbau ist darauf zu achten, dass der Deckel richtig geöffnet werden kann und keinen Spülvorgang auslöst. Aufputz-Urinal-Spüler eignen sich kaum. Die Betätigung der Urinalarmatur kann meist problemlos oberhalb des Deckels installiert werden.

Spüleinrichtungen

Die Spülung am Urinalbecken oder Urinalstand sollte unmittelbar nach dem Benutzen ausgelöst werden, um Urinsteinbildung zu vermeiden. Die Wahl der Spüleinrichtung hängt im Wesentlichen davon ab, ob das Urinal im privaten oder öffentlichen Bereich installiert wird.

Im *privaten Bereich* werden nur Einzelurinale montiert. Die hand- oder fußbetätigten Armaturen für die Spüleinrichtung sind kostengünstig. Hierfür eignen sich Urinalspüler, die für die Aufputz-Montage und für den Wandeinbau angeboten werden.

Für handbetätigte Urinalspüler eignen sich Druckspüler und pneumatisch betätigte Selbstschlussventile in DN 15. Druckspüler verfügen meist über eine Vorabsperrung. Die Spülmenge kann zwischen 1 und 6 Litern eingestellt werden. Bei wechselnden Benutzenden besteht generell die Gefahr der Infektion bei der Betätigung der Spülung. Weitgehend auszuschließen ist die Infektionsgefahr bei Urinalspülern, die mit dem Fuß ausgelöst werden.

Um Hygiene und Funktion bei Urinalanlagen im *öffentlichen Bereich* langfristig zu gewährleisten, sollten alle Anschlüsse verdeckt angeordnet werden. Dadurch bleiben weniger Angriffsflächen für eine brutale Zerstörung. Des Weiteren sollten grundsätzlich berührungslose, d. h. *selbsttätig funktionierende Spüleinrichtungen* installiert werden. Nur dadurch kann sichergestellt werden, dass das Urinal nach jeder Benutzung gespült wird.

Zu den selbsttätigen Spüleinrichtungen gehören die Steuerungen für *Einzelurinale* wie

- opto-elektronische Annäherungssteuerung,
- radar-elektronische Annäherungssteuerung,

und die Steuerungen für *Reihenurinale* mit

- Zeitschaltuhr oder
- Lichtschranke.

Annäherungssteuerung

Mit einem Ventil (Stellglied), das in den Volumenstrom eingreift, kann die Wasserabgabe verändert werden (Abb. 1). Das Ventil wird hierfür je nach Bedarf geöffnet und nach einer gewissen Zeit wieder geschlossen. Gestartet wird der offene Wirkungsablauf der Annäherungssteuerung durch einen *berührungslosen Annäherungssensor*. Dieser reagiert bei Annäherung einer Person mit einem elektrischen Signal, das als Führungsgröße dient. Die Führungsgröße wird der Steuereinrichtung zugeführt. Nach gestartetem Wirkungsablauf sorgt die Steuereinrichtung durch Ausgabe

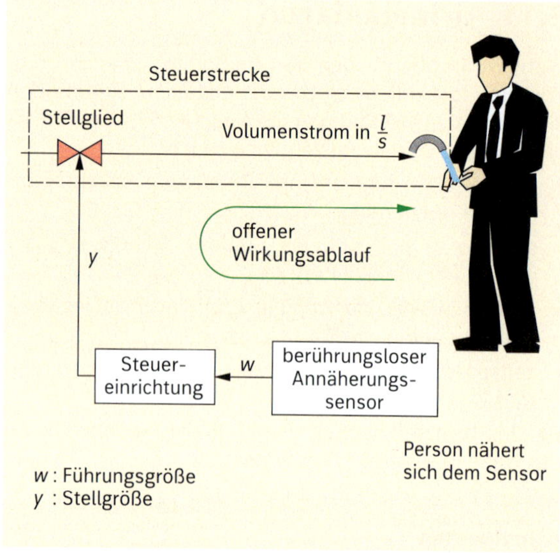

Abb. 1: Wirkungsplan der Annäherungssteuerung

einer Stellgröße, die auf das Stellglied einwirkt, für eine programmgemäße Wasserabgabe. An manchen Steuereinrichtungen kann das *Wasserauslaufverhalten* je nach Bedarf eingestellt werden. Am Waschtisch soll das Wasser fließen, während die Hände unter der Auslaufarmatur sind. Hingegen soll die Spülung eines Urinals erst nach einer angemessenen Verzögerungszeit einsetzen.

Bei der berührungslosen Annäherungssteuerung werden heutzutage überwiegend zwei Verfahren eingesetzt. Sie unterscheiden sich im Wesentlichen durch die unterschiedlichen Sensoren. Diese arbeiten in der Regel opto-elektronisch oder radar-elektronisch. Beide Sensorsysteme verfügen über einen Sender und einen Empfänger.

Opto-elektronische Annäherungssteuerung

In einem opto-elektronischen Annäherungssensor (Abb. 2 und 3) befindet sich eine infrarot strahlende Leuchtdiode. Diese sendet unsichtbare Lichtimpulse aus. Tritt eine Person vor den Lichtstrahl, so wird dieser reflektiert. Der Empfänger des Signales befindet sich in der Abtasteinrichtung direkt neben dem Sender. Als Empfänger dient ein Fototransistor. Dies ist ein lichtempfindlicher Schalter, der auf Infrarotlicht anspricht. Er wird durch den reflektierenden unsichtbaren Lichtstrahl betätigt.

Radar-elektronische Annäherungssteuerung

Bei der radar-elektronischen Steuerung werden von einem Sender elektromagnetische Mikrowellen (Radarwellen) ausgestrahlt und von einer Antenne empfangen. Der Vorteil der radar-elektronischen Steuerung liegt darin, dass die elektromagnetischen Wellen durch dünnes Mauerwerk, Keramik, Glas usw. hindurchgehen. Daher lässt sich die Steuerung hinter Wänden anbringen, sodass sie vor mutwilliger Beschädigung geschützt ist. Die Radar-Elektronik wird bevorzugt in

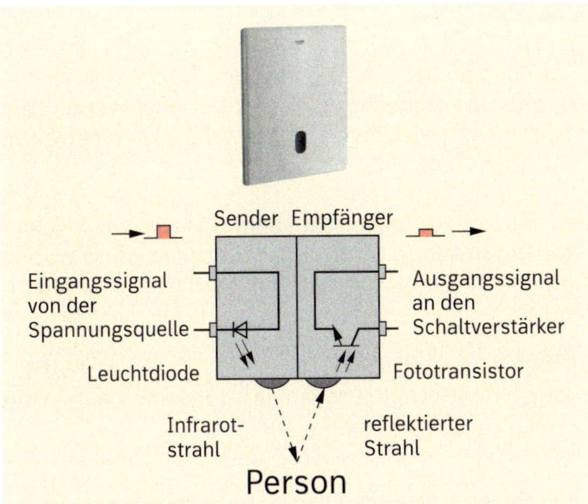

Abb. 2: Opto-elektronischer Annäherungssensor und dessen Wirkprinzip

a) b)

Abb. 3: Opto-elektronische Urinalsteuerung:
a) Wandeinbau, b) vor der Wand

öffentlichen Toiletten eingesetzt. Sie gilt als sicher gegen Vandalismus. Die Kosten für eine radar-elektronische Steuerung sind jedoch höher als die für eine opto-elektronische.

Batteriebetriebene Urinalsteuerungen werden oft verwendet, um handbetätigte Urinalspüler auf eine berührungslose Betätigung umzurüsten.

Aufwendige Umbauarbeiten für die Herstellung eines Netzanschlusses sind dadurch überflüssig. Eine Batterie reicht für ca. 300.000 Betätigungen aus, sodass diese erst nach ca. drei bis fünf Jahren ausgewechselt werden muss.

Damit keine unbeabsichtigte Spülung ausgelöst wird, darf bei einer elektronischen Annäherungssteuerung der Bewegungsraum vor dem Sanitärobjekt nicht von anderen Bewegungsräumen überschnitten werden. Bei Urinalen mit Annäherungssteuerung sind daher die folgenden Mindestabstände einzuhalten.

Urinal-Steuerungen sind oft so programmiert, dass 24 Stunden nach der letzten Spülung eine Zwangsspülung erfolgt. Eine solche *Zeitsteuerung verhindert* das Austrocknen des Geruchverschlusses.

Urinalanlagen ohne Wasserspülung

Urinalbecken ohne Wasserspülung sind nach DIN 1986-100 zulässig, wenn ihre Eignung nachgewiesen ist.

Allen unterschiedlichen Funktionsweisen von wasserlosen Urinalen ist gemeinsam, dass bei fehlender Wasserspülung auch kein Frischwasser in den Geruchverschluss gelangt. Daher gibt es zur Verhinderung von Urinausdünstungen und von Kanalgasen unterschiedliche Geruchverschlusskonstruktionen, z. B.:

- mit Flüssigkeit gefüllter Geruchverschluss mit spezifisch leichterer Sperrflüssigkeit, die auf dem Urin schwimmt und das Ausdünsten des Urins verhindert
- mit Flüssigkeit gefüllter Geruchverschluss mit automatisch schließendem Schwimmer, der gegen eine Dichtung dichtet und so das Ausdünsten von Urin verhindert
- Geruchverschluss mit Schlauchmembran, der sich nur beim Durchfluss des Urins öffnet und sich danach wieder verschließt (Abb. 4)

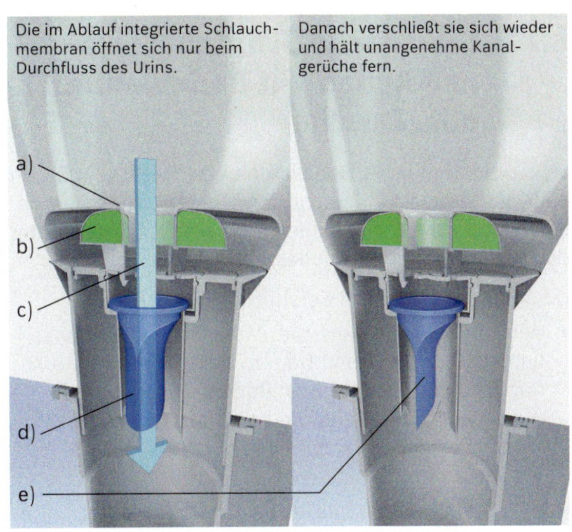

Abb. 4: Wasserloses Urinal mit Schlauchmembran:
a) Ventilabdeckung, b) Duftring,
c) Flüssigkeitsdurchlauf,
d) geöffnete und e) geschlossene Membran

Urinale ohne Wasserspülung müssen folgende Eigenschaften nachweisen (Auszug):

- Aufnahme von Urin und Einleitung in die Entwässerungsanlage
- Verhinderung des Austretens von Kanalgasen
- Verhinderung von Urinausdünstung
- Maße des Urinal-Abflussstutzens nach Norm

- Abwasser- und alterungsbeständige Werkstoffe
- Die Sperrflüssigkeit muss umweltverträglich und biologisch abbaubar sein. Sie muss spezifisch leichter als Urin sein.

! Urinale ohne Wasserspülung bedürfen der *regelmäßigen Reinigung und Wartung*, die entsprechend den Anforderungen des bauaufsichtlichen Prüfzeugnisses und den Herstellerangaben von eingewiesenen Personen durchzuführen sind.

Aufgaben

1. Welche Vorteile haben Urinale im Vergleich zum Klosett?
2. Welche Unterschiede gibt es bei Urinalbecken hinsichtlich ihrer Anschlussart?
3. Wie funktioniert ein Absaugurinal?
4. Nennen Sie die Montagemaße für Urinalbecken.
5. Welche Spüleinrichtungen sind für öffentliche Urinalanlagen geeignet?
6. Wie funktionieren berührungslose Annäherungssteuerungen?
7. Beschreiben Sie die Funktionsweise von Urinalanlagen ohne Wasserspülung.

8.12 Elektrische Schutzbereiche in Räumen mit Badewanne oder Dusche

In Räumen mit einer Badewanne oder Dusche müssen elektrische Anlagen vorschriftsmäßig errichtet werden, da sonst für die Benutzenden eine erhöhte Gefährdung durch elektrischen Strom besteht.

Ursachen der erhöhten Gefährdung können sein:

- der *verringerte elektrische Widerstand* des menschlichen Körpers beim Baden oder Duschen durch nackte Füße oder nasse Böden; insbesondere ist die Gefahr groß, wenn die Person in der Wanne von Wasser umgeben ist und spannungsführende Teile berührt
- *metallene Einrichtungsgegenstände*, die unter Spannung geraten; das kann eintreten, wenn im unzulässigen Bereich verlegte elektrische Leitungen beim nachträglichen Anbringen eines Haltegriffs angebohrt werden; auch schädliches Eindringen von Spritzwasser in Geräte mit elektrischem Anschluss und *Wanddurchfeuchtungen* im Bereich mit elektrischen Leitungen können gefährdende Spannungen hervorrufen

Elektrische Anlagen müssen daher so errichtet und Betriebsmittel so ausgewählt werden, dass keine Gefährdungen durch elektrischen Strom auftreten.

Die DIN VDE 0100-701 legt dazu *Schutzbereiche* fest.

Schutzbereiche

! In *Räumen mit Badewanne oder Dusche* unterscheidet man die Bereiche 0, 1 und 2. Dabei werden die höchsten Anforderungen im Bereich 0, die niedrigsten im Bereich 2 gestellt.

Der *Bereich 0* entspricht dem Inneren der Bade- oder Duschwanne (Abb 1). Bei Duschen ohne Wanne entfällt der Bereich 0, z. B. in barrierefreien Bädern (Abb. 2).

Der *Bereich 1* ist begrenzt

- durch den Fertigfußboden und durch die waagrechte Fläche in 225 cm Höhe,

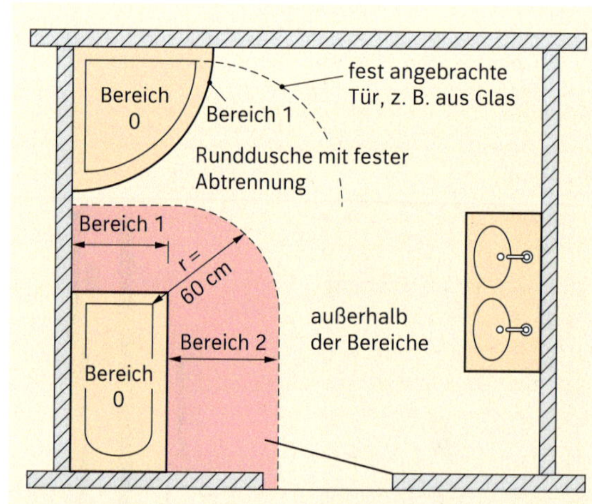

Abb. 1: Bereichsgrenzen in Räumen mit Badewanne oder Duschen

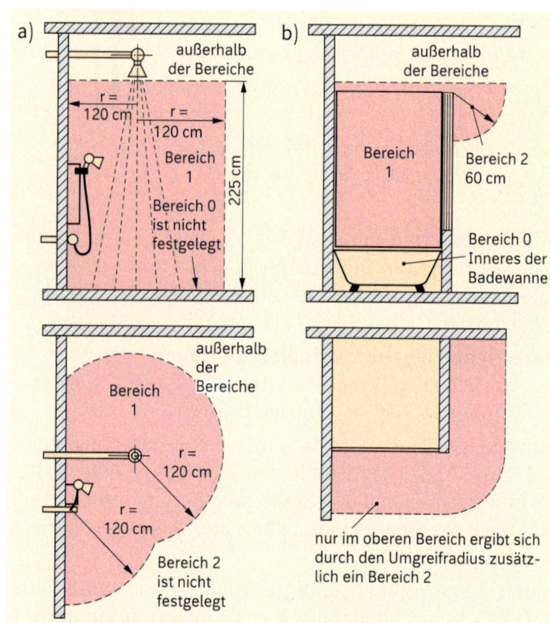

Abb. 2: Beispiele für Bereichsgrenzen in Räumen mit Dusche a) ohne Wanne, b) mit Wanne

- durch die senkrechte Fläche
  - an den Außenkanten der Bade- oder Duschwanne,
  - bei Duschen *ohne Wanne* mit einem Abstand von 120 cm vom Mittelpunkt der festen Wasseraustrittsstelle an der Wand oder an der Decke.

Der *Bereich 2* ist begrenzt

- durch den Fertigfußboden und die waagrechte Fläche in 225 cm Höhe,
- durch die senkrechte Fläche an der Grenze des Bereichs 1 und die dazu parallele Fläche in 60 cm Abstand.

Für Waschbecken, Toiletten und Bidets ist eine Bereichseinteilung nicht festgelegt.

Fehlerstrom-Schutzeinrichtung

Eine *Fehlerstrom-Schutzeinrichtung (RCD)* mit einem Bemessungsdifferenzstrom $I_{\Delta N} \leq 30$ mA wird für jeden Stromkreis vorgeschrieben. Ausgenommen hiervon sind Stromkreise mit folgenden Schutzmaßnahmen:

- Schutztrennung
- Funktionskleinspannung mit elektrisch sicherer Trennung (SELV = safety extra-low voltage)
- Funktionskleinspannung (PELV = protective extra-low voltage)

Ebenso ausgenommen sind Stromkreise, die ausschließlich Wassererwärmer versorgen.

Schutzarten gegen direktes Berühren

In den Bereichen 0, 1 und 2 ist unabhängig von der Höhe der Nennspannung der elektrischen Betriebsmittel ein *Schutz gegen direktes Berühren* gefordert. Dieser Forderung wird durch die Festlegung der *Schutzart* für elektrische Betriebsmittel entsprochen.

Der bei den Schutzarten verwendete Buchstabe X ist ein Platzhalter für die erste Kennziffer der IP-Kennzeichnung. Diese Kennziffer bezeichnet den Schutz gegen Berührung und Fremdkörper. Die zweite Kennziffer gibt den Schutz gegen Wasser an (Tab. 1). Die Schutzart des Elektrogerätes ist auch oft als Bildzeichen auf dem Leistungsschild abgebildet (Tab. 1).

Für den Fremdkörper- und Berührungsschutz ist i. d. R. die Mindestschutzart IP 2X ausreichend.

! Für den Bereich 0 wird mindestens die *Schutzart IP X7* und in den Bereichen 1 und 2 mindestens die *Schutzart IP X4* gefordert.

Sind elektrische Betriebsmittel Strahlwasser ausgesetzt, beispielsweise zu Reinigungszwecken, so kann eine höhere Schutzart erforderlich sein.

In den Bereichen 0, 1 und 2 gelten für die Elektroinstallation folgende einschränkende Bestimmungen (Auszug, siehe auch Tab 1, S. 410):

Installationsgeräte, z. B. Schalter und Steckdosen, sind im *Bereich 0* nicht zulässig.

Tab. 1: IP-Kennziffern und Bildzeichen

Kennziffer für Berührungs- und Fremdkörperschutz sowie Wasserschutz

1. Kennziffer		2. Kennziffer	
Schutz gegen Berührung und Fremdkörper		Schutz gegen Wasser	
0	nicht geschützt	0	nicht geschützt
1	große Fremdkörper > 50 mm	1	Tropfwasser senkrecht
2	mittelgroße Fremdkörper > 12 mm	2	Tropfwasser 15°
		3	Tropfwaser 60°
3	kleine Fremdkörper > 2,5 mm	4	Spritzwasser
		5	Strahlwasser
4	korngroße Fremdkörper > 1 mm	6	starkes Strahlw.
		7	Eintauchen
5	staubgeschützt	8	dauerhaftes Untertauchen
6	staubdicht	9	Hochdruckreinigung

IP = international protection (internationale Sicherheit)

Beispiel:

IP X 5
- 5 → 2. Kennziffer: Wasserschutz (strahlwassergeschützt)
- X → Platzhalter für 1. Kennziffer über Fremdkörperschutz

Bildzeichen für Schutzarten **DIN EN 60529**

Bildzeichen	Schutzumfang	Bildzeichen	Schutzumfang
	staubgeschützt		spritzwassergeschützt IP X4
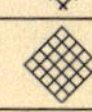	staubdicht		strahlwassergeschützt IP X5
	tropfwassergeschützt; Schutz gegen tropfendes Wasser, hohe Luftfeuchte		geschützt gegen starkes Strahlwasser IPX7
	geschützt gegen Tropfwasser, wenn das Gehäuse bis zu 60° geneigt ist	 ...bar	geschützt gegen dauerhaftes Untertauchen und Druckwasser bis ... bar

Im *Bereich 1* dürfen errichtet werden:

- Installationsgeräte in SELV- oder PELV-Stromkreisen mit einer Nennspannung bis 25 V Wechselspannung oder bis 60 V Gleichspannung
- Verbindungs- und Anschlussdosen für Stromkreise von in diesem Bereich zulässigen Verbrauchsmitteln

Im *Bereich 2* dürfen errichtet werden:

- Verbindungs- und Anschlussdosen sowie Installationsgeräte wie im Bereich 1
- Rasiersteckdoseneinheiten nach DIN EN 61 558-2-5

Elektrische Verbrauchsmittel, z. B. Wassererwärmer, dürfen im *Bereich 0* nur errichtet werden, wenn sie

- nach Herstellerangaben für die Verwendung in diesem Bereich zugelassen sind
- fest angeordnet und fest angeschlossen sind und
- mit einer Nennspannung bis AC 12 V oder bis DC 30 V in SELV-Stromkreisen versorgt werden.

Im *Bereich 1* dürfen errichtet werden:

- Verbrauchsmittel wie im Bereich 0
- Wassererwärmer
- Whirlpool-Einrichtungen und Abwasserpumpen

Schutzpotenzialausgleich

Die in einem Gebäude verlegten Leitungssysteme können unter elektrische Spannung geraten. Bei Berührung kann es zu gefährlichen Körperströmen kommen. Um dies zu verhindern, ist ein **Schutzpotenzialausgleich** erforderlich (siehe auch Kap. 14.3), der durch die Verbindung aller leitfähigen Leitungssysteme erfolgt (Abb. 1, S. 411).

Tab. 1: **Überblick der wichtigsten Festlegungen in den Bereichen 0 bis 2**

Bereich	Erlaubt	Nicht erlaubt
0	• **Elektrische Verbrauchsmittel**, die für die Verwendung und Montage nach Herstellerangaben in diesem Bereich geeignet, ortsfest angebracht und fest angeschlossen sind sowie über eine sichere Kleinspannung (SELV – Safety Extra Low Voltage, auch als Schutzkleinspannung bezeichnet) mit einer Nennspannung bis AC 12 V/DC 30 V angeschlossen sind.	• Schaltgeräte, Steuergeräte, Installationsgeräte (z. B. Schalter und Steckdosen)
1	• **Whirlpool-Einrichtungen, Abwasserpumpen** und **Druckerhöhungspumpen** • **Verbrauchsmittel, geschützt mit SELV** oder Funktionskleinspannung mit sicherer Trennung (PELV – Protective Extra Low Voltage) mit einer Nennspannung bis AC 25 V/DC 60 V • **Verbrauchsmittel für Lüftung** (Abluftventilatoren/Frischluftventilatoren), aber keine Steuergeräte, außer sie sind in den Ventilatoren integriert • **Betriebsmittel, die ausschließlich für Wassererwärmung** (z. B. Durchlauferhitzer) vorgesehen sind, auch ohne zusätzlichen Schutz durch Fehlerstrom-Schutzeinrichtungen (RCD) mit einem Bemessungsdifferenzstrom nicht größer als 30 mA • **Handtuchtrockner**, einschließlich der notwendigen Anschluss-/Verbindungsdose • **Wasserarmaturen** mit elektrischer Sensorik sind nur mit SELV oder PELV bis AC 25 V/DC 60 V erlaubt. Batteriebetriebene Armaturen sind zulässig. • **Wasseranschluss für eine Waschmaschine**, auch wenn am Schlauch der Waschmaschine eine Aqua-Stopp-Einrichtung vorhanden ist (Die notwendige Steckdose muss außerhalb der Bereiche errichtet sein.) Alle Geräte müssen für die Verwendung und Montage nach Herstellerangaben in diesem Bereich geeignet, ortsfest angebracht und fest angeschlossen sein. Außerdem erlaubt sind: • **Abzweig- und Anschlussdosen für elektrische Verbrauchsmittel**, die in den Bereichen 0 und 1 errichtet werden dürfen, und Installationsgeräte einschließlich Steckdosen, die mit SELV oder PELV bis AC 25 V/DC 60 V versorgt werden	• Steuergeräte (auch nicht bei Versorgung aus SELV- oder PELV-Stromkreisen), ausgenommen, sie sind in den Verbrauchsmitteln integriert.
2	• **Alle elektrischen Betriebsmittel/Verbrauchsmittel**, ausgenommen Steckdosen (z. B. Schutzkontaktsteckdosen) mit Schutz durch automatische Abschaltung der Stromversorgung • **alle fest angeschlossenen Geräte und Installationsgeräte**, unabhängig von der Spannung (auch Wasserarmaturen mit elektrischer Sensorik) • **Rasiersteckdosen-Einheiten** (mit Schutztrennung) nach DIN EN 61558-2-5 (VDE 0570-2-5)	• Steuergeräte (auch nicht bei Versorgung aus SELV- oder PELV-Stromkreisen) und Steckdosen mit höheren Spannungsn als SELV oder PELV

Außerhalb der Bereiche gilt: Alle elektrischen Betriebsmittel/Verbrauchsmittel und alle Steckdosen sind erlaubt, wenn der Stromkreis (ausgenommen Wassererwärmer) mit einer Fehlerstrom-Schutzeinrichtung (RCD) mit einem Bemessungsdifferenzstrom nicht größer als 30 mA geschützt ist. Quelle: IKZ 22/2012

Für die Verbindung bis zur Haupterdungsschiene[1)] ist ein Cu-Leiterquerschnitt von mindestens 6 mm^2, aber nicht größer als 25 mm^2 erforderlich (DIN VDE 0100-540).

Zusätzlicher Schutzpotenzialausgleich

Bis 2008 war ein zusätzlicher Schutzpotenzialausgleich für alle leitfähigen Rohrleitungen, die in ein Bad eingeführt wurden, gefordert.

Nach 2008 ist diese Forderung für Neuanlagen entfallen, wenn

- der Schutzpozentialausgleich über die Haupterdungsschiene vorhanden ist und
- die elektrische Anlage nach aktuellen Normen erstellt wurde.

Der Anschluss einer leitfähigen Bade- oder Duschwanne an den zusätzlichen Schutzpotenzialausgleich war nur bis 2002 zwingend gefordert, wurde aber auch noch in den folgenden Jahren ausgeführt.

Bei **Renovierungsarbeiten** im Bad muss daher bei einer vor 2008 errichteten Anlage, die nicht vollständig an die geltenden Normen angepasst wurde, der zusätzliche Schutzpotenzialausgleich an die leitfähigen Rohrleitungen und ggf. auch bei leitfähigen Bade- oder Duschwannen wiederhergestellt werden. Der Querschnitt des zusätzlichen Schutzpotenzialkabels muss mindestens 4 mm^2 bei ungeschützter Verlegung betragen. Bei einer mechanisch geschützten Verlegung in einem Rohr oder Kanal muss der Querschnitt größer oder gleich 2,5 mm^2 sein.

Gleiches gilt für:

- *Metallrohre*, die nur im Raum vorhanden sind, ohne Verbindung nach außen
- *Metallrohre* im Raum, bei denen der von außen kommende Teil aus Kunststoff ist
- *Metallheizkörper*, unabhängig davon, ob sie durch ein leitfähiges oder ein nicht leitfähiges Rohr angeschlossen sind
- *Duschtrennwände* aus Metall
- *leitfähige Armaturen* und Ablaufgarnituren (Geruchverschluss)
- *leitfähige Tragkonstruktionen* von Leichtbauwänden, auch Raumtrennwände

[1)] Haupterdungsschiene, früher als Hauptpotenzialausgleich bezeichnet

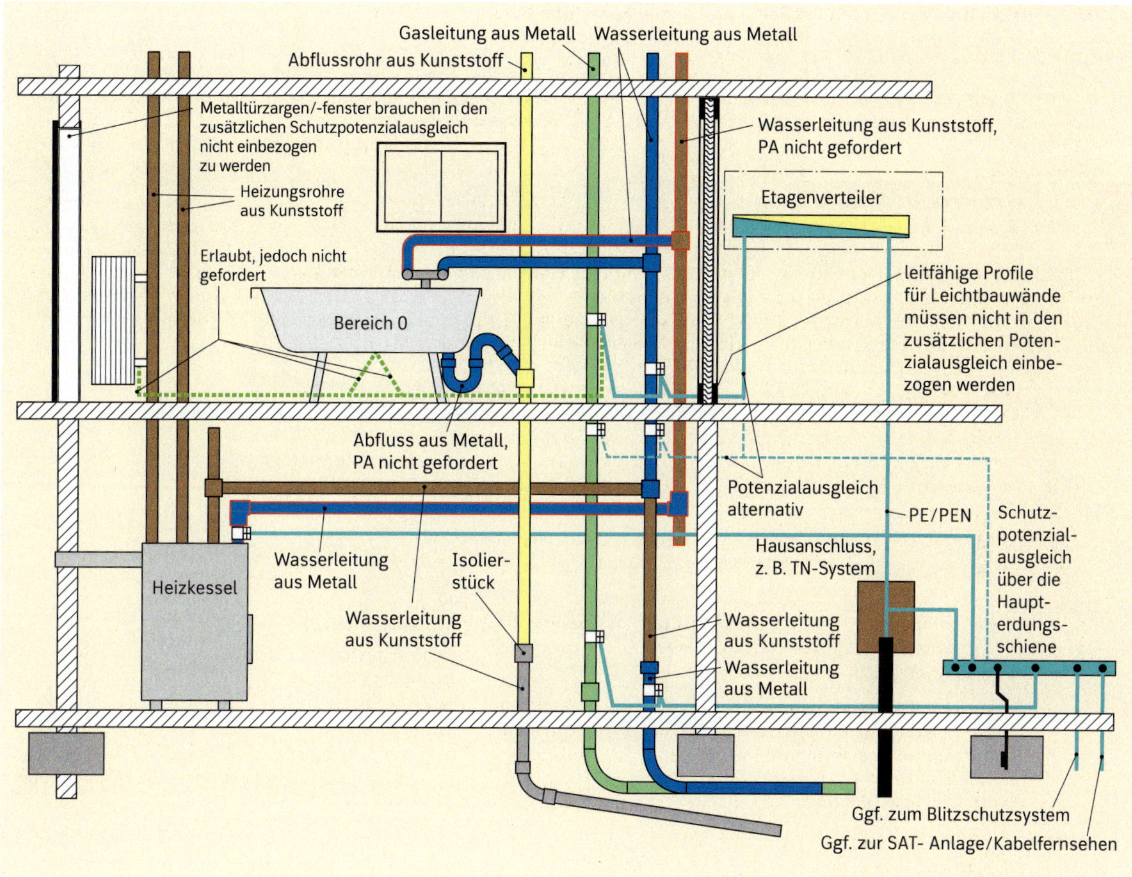

Abb. 1: Darstellung notwendiger und zulässiger Schutzpotenzialausgleichsverbindungen

- *leitfähige Handgriffe*, Handtuchhalter und dergleichen
- *metallische Gitter für Wasserabläufe*, z. B. bei Duschen ohne Wanne, unabhängig davon, ob das Abflussrohr leitfähig oder aus Kunststoff ist

Der Verzicht bei Neuanlagen auf den zusätzlichen Potenzialausgleich bei den zuvor genannten Teilen ist nicht als Verbot zu betrachten, sondern als eine mögliche Erleichterung.

Bei Unsicherheiten, Fragen und Problemen sollte generell eine Elektrofachkraft hinzugezogen werden, die ggf. auch durch Messungen Auskunft geben kann.

Die VDE 0100 Teil 701 gilt für neu zu errichtende Anlagen sowie für Erweiterungs- und Änderungsarbeiten. Zusätzlich müssen Elektroinstallationen der DIN 18015 und den technischen Anschlussbedingungen der Netzbetreiber (NB) entsprechen.

Aufgaben

1. Nennen Sie Ursachen für die erhöhte Gefährdung in Räumen mit Badewanne oder Dusche.
2. Beschreiben Sie die Lage und Größe der drei Schutzbereiche 0, 1 und 2.
3. Für welche Stromkreise in Räumen mit Badewanne oder Dusche ist keine Fehlerstrom-Schutzeinrichtung vorgeschrieben?
4. Erläutern Sie die Funktion einer Fehlerstrom-Schutzeinrichtung.
5. Was versteht man unter den Abkürzungen „SELV“ und „PELV“?
6. Wodurch wird in den Bereichen 0, 1 und 2 dem Schutz gegen direktes Berühren entsprochen?
7. Welche Informationen liefert die IP-Kennziffer?
8. Nennen Sie die beiden Schutzarten, die für Räume mit Bade- und Duschwannen gefordert werden.
9. Welche einschränkenden Bestimmungen sind in den Bereichen 0, 1 und 2 für Installationsgeräte und elektrische Verbrauchsmittel zu beachten?
10. Welche Gegenstände müssen bei Neuanlagen nicht mehr in den zusätzlichen Schutzpotenzialausgleich einbezogen werden?

Lernfeld 9

Trinkwassererwärmungsanlagen installieren

Installieren von Anlagen zur Trinkwassererwärmung

Als Basis für diese Projektaufgabe dient das „Bremer Haus“ (siehe Basisunterlagen, S. 696 ff.).
Das Haus hat drei Vollgeschosse und einen ausbaufähigen Spitzboden. Abb. 1 zeigt das Strangschema der vorhandenen Trinkwasserinstallation.

Kundenauftrag

Laut Kundenaussage steht das Trinkwarmwasser bei einem Wannenbad in nicht ausreichender Menge zur Verfügung.
Wegen häufiger erkältungsähnlicher Infekte wünscht der Kunde einen Planungsnachweis auf legionellenfreie Installation bei der vorhandenen Anlage.
Zur Reduzierung von CO_2-Emissionen, zum Schutz der Umwelt und zur langfristigen Kostenersparnis soll die Möglichkeit geprüft werden, erneuerbare Energien zur Warmwasserbereitung einzusetzen.

Information und Orientierung

Zur Bearbeitung des Kundenauftrages sind die Basisunterlagen (Längsschnitt und Grundrisse der Geschosse) des Bremer Hauses sowie das Tabellenbuch „Anlagenmechanik für Sanitär-, Heizungs- und Klimatechik, Tabellen“ erforderlich.
Die Verwendung der DIN 4708 Teil 2, der VDI 6003 sowie des DVGW-Arbeitsblattes W 551 sind hilfreich.
Die Auswahl der erneuerbaren Energie sollte sich auf die Solarthermie beschränken. Es ist davon auszugehen, dass das Haus von einer Familie mit sechs Personen bewohnt wird.

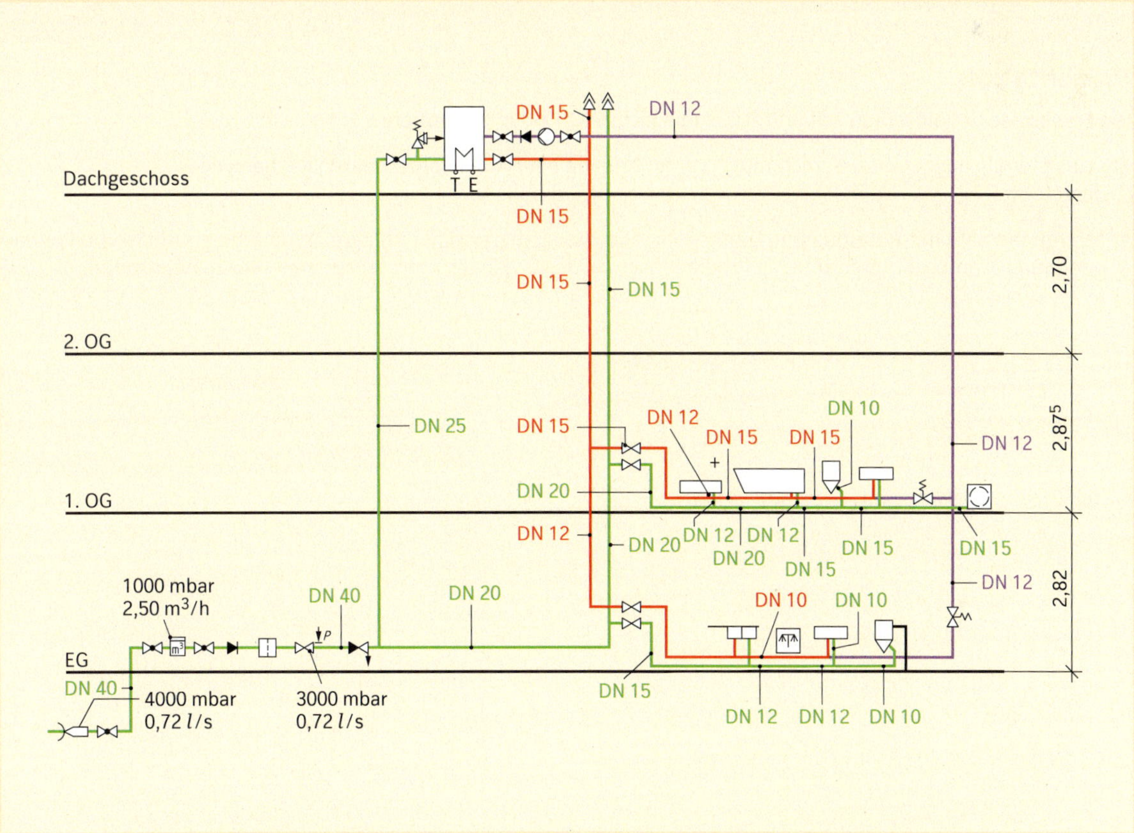

Abb. 1: Strangschema der Trinkwasserinstallation

Planung und Durchführung

Der Kundenauftrag besteht aus drei unterschiedlichen Teilaufträgen:

a) Der Warmwasserbedarf muss mithilfe der Bedarfskennzahl N nach DIN 4708 T2 berechnet und mit der Leistungskennzahl N_L des vorhandenen Speichers verglichen werden. Es wurden Badewannen NB 1 installiert (→ TB).

b) Die vorhandene Trinkwasserinstallation ist entsprechend den Vorschriften des DVGW-Arbeitsblattes W 551 zu überprüfen (z. B. 3-Liter-Regel, Sammelsicherung, Dämmung). Die Teilstrecken sind mit den Rohrinhalten und den Dämmdicken in einem Strangschema aufzuführen.

c) Bei der Auswahl der solarthermischen Anlage sollte auf eine geeignete Frostschutzsicherung und auf eine wirtschaftliche Betriebsweise geachtet werden.
Die solarthermische Anlage sollte auch zur Heizungsunterstützung umgeschaltet werden können.
Das Strangschema ist um die solarthermische Anlage zu erweitern.

Bewertung

Folgende Kriterien sollten für die Bewertung maßgebend sein:

- der richtige Weg zur Ermittlung der Bedarfskennzahl N (→ TB)
- die Qualität der schlüssigen Begründung zur Kundenreklamation „Mangel an warmem Wasser"
- das Ergebnis aus dem Vorschriftenvergleich nach Arbeitsblatt W 551 mit der vorhandenen Installation
- das Strangschema mit den Rohrinhalten und Dämmdicken
- die Ausarbeitung der solarthermischen Anlage

Präsentation

Die Ergebnisse der einzelnen Teilaufträge sind anschaulich zu dokumentieren. Hierzu sind

- selbstständig ausgeführte Berechnungen unter Angabe eines nachvollziehbaren Rechenweges darzulegen,
- Strangschemata mit Rohrinhalten, Dämmdicken und solarthermischer Anlagenerweiterung mithilfe von Folien oder durch Computerunterstützung für die Präsentation zu visualisieren, zu erklären und zu begründen.

9 Trinkwassererwärmungsanlagen installieren

9.1 Verwendungszweck und Bedarf

! Nach der *Trinkwasserverordnung* (TrinkwV 2023) ist Trinkwasser zu verwenden

- zum Trinken, zum Kochen, zur Zubereitung von Speisen und Getränken,
- zur Körperpflege und -reinigung,
- zur Reinigung von Gegenständen, die mit Lebensmitteln in Berührung kommen,
- zur Reinigung von Gegenständen, die nicht nur vorübergehend mit dem menschlichen Körper in Kontakt kommen.

Was früher in Deutschland seltener Luxus war, ist heute selbstverständlich: Erwärmtes Trinkwasser in Bad und Küche steht jederzeit zur Verfügung.

Der Bedarf an Trinkwasser (PWH[1]), fälschlicherweise oft als Brauchwasser[2] bezeichnet, ist aufgrund persönlicher Komfortansprüche äußerst unterschiedlich. Pro Tag und Person werden im Durchschnitt 50 l für Bad, Dusche, Wäschewaschen, Kochen, Geschirrspülen oder Hausputz benötigt. Das sind ca. 40 % des gesamten Trinkwasserverbrauchs. Im Einzelnen ergeben sich für die Körperreinigung sowie für Wasch- und Putzzwecke im Haushalt die statistischen Warmwasserbedarfe nach TB.

Auch im öffentlichen und gewerblichen Bereich wird Warmwasser benötigt (TB).

9.2 Aufgabe der Trinkwassererwärmungsanlagen (TEA)

Die Trinkwassererwärmungsanlage muss Warmwasser liefern, das den Ansprüchen der Nutzenden gerecht wird. Gleichzeitig soll sie aber auch wirtschaftlich arbeiten, z. B. möglichst kostengünstig und umweltschonend sein. Das Speicherwasser kann auch zur Versorgung in Notlagen dienen (Abb. 1).

Wartezeit auf Warmwasser

Von besonderer Bedeutung ist die Wartezeit auf das Warmwasser.

Im Streitfall regeln bisher nur Gerichtsurteile die Frage, nach welcher Zeit, Abflussmenge und mit welcher Mindesttemperatur Warmwasser an der Zapfstelle ausfließen muss.

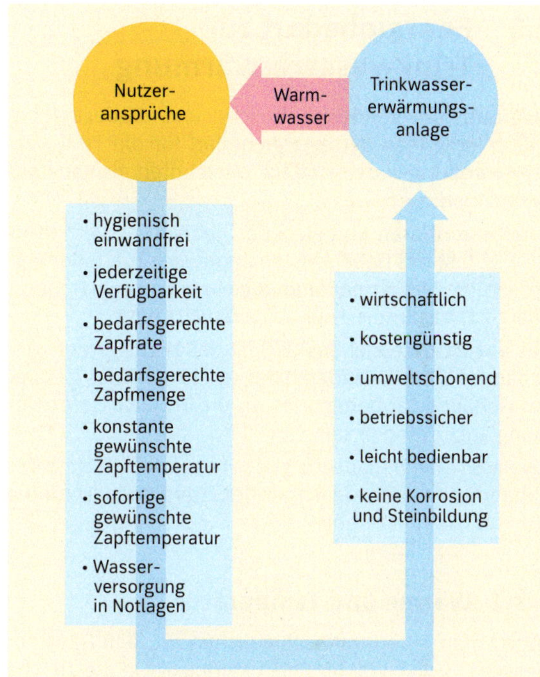

Abb. 1: Ansprüche der Nutzenden an die Warmwasserbereitung

Beispiel:

„Eine Wartezeit von 5 min und mehr, bis eine Temperatur von 45 °C erreicht wird, und der damit verbundene sinnlose Wasserverbrauch sind derart unzumutbar, dass eine Minderung der Kaltmiete um 10 % gerechtfertigt ist." (AG Schöneberg, Urteil vom 29.4.1996 – AZ: 102 C 55/94)

Mit der VDI 6003: 2018-08 steht eine Richtlinie zur Verfügung, die über Komfortkriterien bei der PWH-Nutzung *Auskunft* gibt. Als wichtige Basiswerte für die Komfortstufen I, II und III wurde die *Zapfrate*, die *Entnahmemenge* und die *Zeit bis zum Erreichen der Nutztemperatur* festgelegt (Tab. 1).

Tab. 1: Komforterwartungen an PWH bei einem Waschtisch (Nutztemperatur: 40 °C)

Komfortstufe	Mindest-Zapfrate	Mindestentnahmemenge	Max. Zeit bis zum Erreichen der Nutztemperatur
I	3 l/min	4 l	60 s
II	5 l/min	25 l	18 s
III	6 l/min	50 l	10 s

1) PWH (engl. potable water hot) = Bezeichnung für Warmwasser

2) Brauchwasser = gewerblichen, industriellen, landwirtschaftlichen oder ähnlichen Zwecken dienendes Wasser mit unterschiedlichen Güteeigenschaften, sofern dafür keine Trinkwassereigenschaft verlangt wird; mittlerweile als Nichttrinkwasser bezeichnet

In der DIN 1988-200 wurde dagegen die Festlegung getroffen, dass 30 s nach dem vollen Öffnen einer Entnahmestelle die PWH-Temperatur mindestens 55 °C betragen muss. Bei dezentralen Speicher-Trinkwassererwärmern reichen 50 °C aus.

9.3 Energiebedarf zur Trinkwassererwärmung

Aufgrund unveränderter Dusch- und Badegewohnheiten kann man den Energiebedarf für die Trinkwassererwärmung in den letzten Jahrzehnten als konstant bezeichnen.

Setzt man diesen Energiebedarf jedoch ins Verhältnis zur Heizlast des Gebäudes, so ergibt sich mit jeder Verbesserung der Wärmedämmung ein prozentual höherer Energieanteil für die Trinkwassererwärmung.

Das angestrebte Ziel des GEG ist das Niedrigstenergiegebäude. Künftig werden dann 40 bis 60 % des gesamten Gebäudewärmebedarfes für die Trinkwassererwärmung aufzuwenden sein.

Bei Passivenergiehäusern ist der Anteil der Heizlast des Gebäudes deutlich kleiner als der Energiebedarf für die Trinkwassererwärmung.

9.3.1 Wärme und Temperatur

Führt man zwei unterschiedlichen Stoffen gleicher Masse (z. B. 1 kg Wasser und 1 kg Heizöl EL) die gleiche Wärmemenge zu, so stellt man fest, dass Heizöl EL eine größere Temperaturzunahme $\Delta\vartheta$ in °C ≙ ΔT in K erfährt als Wasser.

Ursache ist die unterschiedliche spezifische Wärmekapazität der Stoffe (→ TB).

! Die *spezifische Wärmekapazität c* eines Stoffes ist die Wärmemenge, die notwendig ist, um 1 kg dieses Stoffes um 1 K zu erwärmen.

9.3.2 Wärmeinhalt und Wärmemenge

Mit der Kenntnis der spezifischen Wärmekapazität eines Stoffes ist es möglich, die gesamte in einen Stoff durch eine Wärmequelle eingebrachte Wärme zu ermitteln. Dieser Wärmeinhalt wird als *Wärmemenge Q* bezeichnet. Er errechnet sich nach folgender Formel:

Wärmemenge = Masse · spez. Wärmekap. · Temp.-Diff.

$$Q = m \cdot c \cdot \Delta T$$

Einheiten:
- Q in Wh bzw. kJ
- m in kg
- c in Wh/(kg · K) bzw. kJ/(kg · K)
- $\Delta\vartheta$ in °C ≙ ΔT in K

Umrechnungen:
- 1 Ws = 1 J
- 1 Wh = 3 600 J = 3,6 kJ
- 1 kWh = 3 600 000 J = 3 600 kJ

Für Wasser gilt:
$c = 4{,}2\ \text{kJ/(kg} \cdot \text{K)} = 1{,}163\ \text{Wh/(kg} \cdot \text{K)}$ → TB

In der Installationstechnik kommt es häufig vor, dass Wassermengen unterschiedlicher Temperaturen gemischt werden, z. B. das Kesselvorlaufwasser mit dem Heizungsrücklaufwasser bei einem Drei- bzw. Vierwegemischer oder das Kaltwasser mit dem Warmwasser in einer Mischbatterie.

Die Wärmeinhalte der Kaltwasser- und Warmwassermenge addieren sich zum Gesamtwärmeinhalt und die einzelnen Wassermengen zur Gesamtwassermenge.

$$Q_K + Q_W = Q_{ges}$$

$$m_K \cdot c \cdot \vartheta_K + m_W \cdot c \cdot \vartheta_W = (m_K + m_W) \cdot c \cdot \vartheta_M$$

Nach Kürzung von c und Umstellung ergibt sich:

$$\vartheta_M = \frac{m_K \cdot \vartheta_K + m_W \cdot \vartheta_W}{m_K + m_W}$$

9.4 Einteilung der Trinkwassererwärmungsanlagen (TEA)

Trinkwassererwärmungsanlagen bestehen aus:

- dem *Trinkwassererwärmer* (TE)
- den für einen sicheren Betrieb der Anlage erforderlichen *Sicherheitseinrichtungen*
- der *Einrichtung zum Beheizen*
- der zugehörigen *Leitungsanlage* mit den *Armaturen*
- *ggf. der Umwälzpumpe und/oder der Zirkulationspumpe* (Abb. 1)

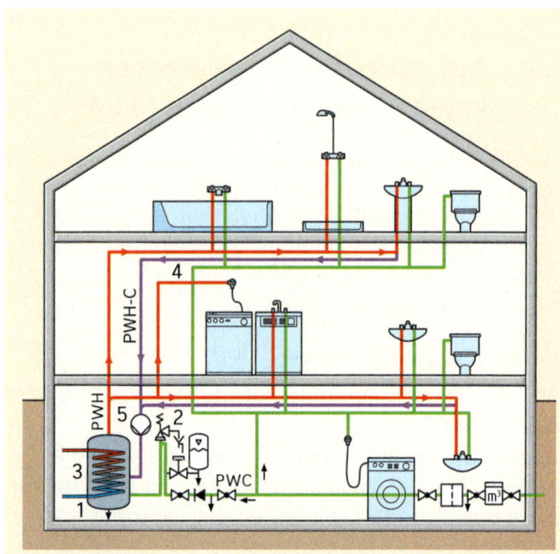

1 **Trinkwassererwärmer TE**
2 **Sicherheitseinrichtungen**
3 **Einrichtung zum Beheizen**
4 **Leitungsanlagen** mit den **Armaturen**
5 **Zirkulationspumpe**

Abb. 1: Schema einer Trinkwassererwärmungsanlage (Beispiel)

Trinkwassererwärmungsanlagen werden in drei Versorgungsarten unterteilt:

Einzelversorgung

Bei einer Einzelversorgung (→ TB) werden einzelne Entnahmestellen jeweils von eigenen, unabhängig voneinander zu betreibenden Trinkwassererwärmern versorgt.

Vorteil: geringer Installationsaufwand, kaum Leitungsverluste, exakte Kostenerfassung

Nachteil: hohe Anschaffungs- und Wartungskosten, ausreichend große Leitungsquerschnitte für die elektrische Energiezufuhr

Gruppenversorgung

Bei einer Gruppenversorgung werden innerhalb einer Wohnung oder eines Gebäudeteiles räumlich nahe beieinanderliegende Warmwasserentnahmestellen von einem Trinkwassererwärmer aus versorgt. Eine Gruppenversorgung liegt vor, wenn ein TE mindestens zwei Zapfstellen versorgt.

Vorteil: wenig Installationsaufwand, geringe Leitungsverluste, einfache Kostenabrechnung

Nachteil: wie bei der Einzelversorgung

Einzelversorgung und Gruppenversorgung werden auch als dezentrale Versorgung bezeichnet.

Zentrale Versorgung

Bei einer zentralen Versorgung werden alle Warmwasserentnahmestellen in einer oder mehreren Wohnungen oder Gebäuden über ein gemeinsames Leitungsnetz von einem oder mehreren Trinkwassererwärmern aus versorgt.

Vorteil: niedrige Installations- und Wartungskosten im Vergleich zur Einzelversorgung; Anschluss von Wärmepumpen und/oder Solaranlagen möglich

Nachteil: aufwendige Installation, Zirkulationsleitung oder geregelte Begleitheizung erforderlich, Kostenabrechnung flächenbezogen oder über PWH-Zähler

9.5 Trinkwassererwärmer (TE)

! Unter *Trinkwassererwärmern* versteht man *Behälter* oder *Rohranordnungen*, denen Energie zur Erwärmung von Trinkwasser zugeführt wird.

Trinkwassererwärmer werden zumeist nach Bauart, Funktion, Beheizungsart oder Anlagengröße unterschieden.

9.5.1 Bauarten

Nach der Bauart unterscheidet man *offene TE* und *geschlossene TE*.

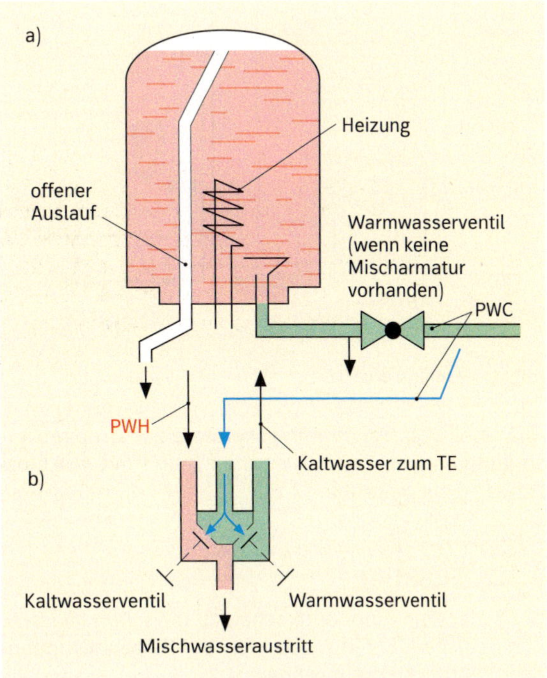

Abb. 2: Offener TE a) ohne, b) mit Niederdruckarmatur

Offene Trinkwassererwärmer

! *Offene TE* stehen ständig mit der Atmosphäre in nicht absperrbarer Verbindung.

Zu den offenen TE zählen z.B. Elektrospeicher oder Kochendwasserspeicher.

Offene TE arbeiten nach dem *Überlaufprinzip*, d.h., bei der Entnahme von Warmwasser strömt kaltes Trinkwasser in den TE und drückt das erwärmte Trinkwasser über den offenen Auslauf aus dem Behälter (Abb. 2a). Über den offenen Auslauf fließt auch das Ausdehnungswasser ab. Da sich durch den *offenen Auslauf* kein Druck aufbauen kann, werden diese TE auch als *drucklose* TE bezeichnet.

Die Entnahme von Mischwasser ist nur mit einer speziellen Armatur, einer Niederdruckarmatur, möglich (Abb. 2b).

Geschlossene Trinkwassererwärmer

! *Geschlossene TE* stehen nicht mit der Atmosphäre in Verbindung. Sie werden ständig mit dem Druck der Kaltwasserleitung beaufschlagt.

Sie werden für mind. 6 bar Betriebsüberdruck ausgelegt. Der Anschluss an die Trinkwasserleitung darf nur mit einem Sicherheitsventil erfolgen, über das auch das anfallende Ausdehnungswasser abfließen kann (Abb. 1, S. 418). Um das Ausdehnungswasser aufzunehmen, kann ein für Trinkwasser zugelassenes Membran-Druckausdehnungsgefäß in die Kaltwasserleitung zum Sicherheitsventil eingebaut werden.

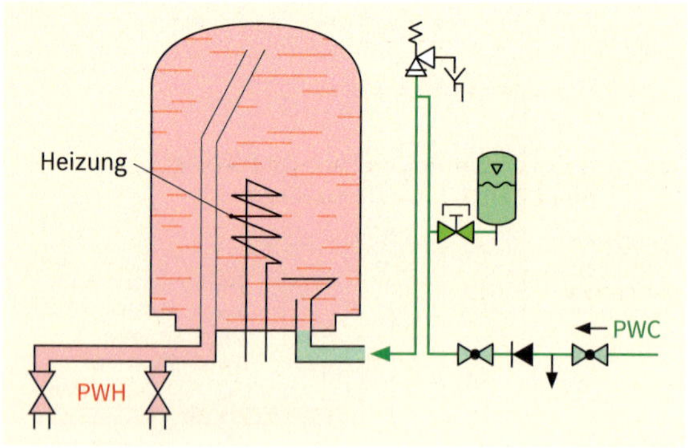

Abb. 1: Geschlossener TE

Alle Trinkwassererwärmungssysteme zur Gruppenversorgung und zur Zentralversorgung sind mit geschlossenen TE ausgestattet.

9.5.2 Funktion

Nach der Funktion unterscheidet man *Durchfluss-TE* und *Speicher-TE*. Sie werden bei der Einzel-, Gruppen- oder Zentralversorgung eingesetzt.

Durchfluss-TE (Durchlauf-TE)

! *Durchfluss-TE* sind Erwärmer, in denen das Trinkwasser im Wesentlichen während der *Entnahme* und damit während des Durchflusses erwärmt wird (Abb. 2).

Gasbeheizte Durchfluss-TE werden nach den TRGI als Gas-Durchlaufwasserheizer (DWH) bezeichnet.

Vorteile:

- Trinkwarmwasser kann zeitlich unbegrenzt entnommen werden. Die maximale Leistung wird durch die Geräteanschlussleistung begrenzt.
- Für Durchfluss-TE ist nur ein geringer Platzbedarf erforderlich.
- Durchfluss-TE haben nur geringe Aufheizverluste und praktisch keine Bereitschaftsverluste (außer der Zündflamme bei alten gasbeheizten Geräten).
- Eine Vermehrung von Legionellen ist nicht zu erwarten.

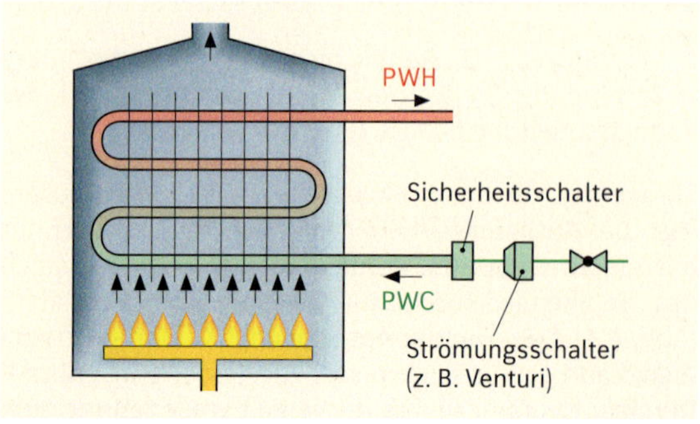

Abb. 2: Durchfluss-TE

Nachteile:

- Bedingt durch die großen Heiz- und Anschlussleistungen müssen bei Modernisierungen oft die Leitungsquerschnitte für Gas oder Strom vergrößert werden.
- Bei gleichzeitiger Entnahme aus mehreren Armaturen stellen sich starke Fließdruckveränderungen ein, die zu größeren Temperaturschwankungen an den Entnahmestellen führen.
- Bei hydraulisch gesteuerten Durchfluss-TE ist ein höherer Mindestfließdruck erforderlich, um die Fließdruckdifferenz zum Schalten der Heizstufen mittels Strömungsschalter zu erreichen.

9.5.3 Beheizungsart

Man unterscheidet zwischen *unmittelbar* (direkt) und *mittelbar* (indirekt) beheizten TE.

! Bei *unmittelbar* beheizten TE geben die Brennstoffe ihre Wärmeenergie vom Brennraum durch die Wandung an das zu erwärmende Trinkwasser ab.

Bei *mittelbar* beheizten TE wird zunächst die Wärme an einen Wärmeträger abgegeben und dann von diesem an das zu erwärmende Trinkwasser.

Beispiele für *unmittelbar* beheizte TE sind Gas- oder Elektro-Durchlauferhitzer, gasbefeuerte Speicher-TE und Solar-Speicherkollektoren. Die *Vor- und Nachteile* hängen z. B. von der Art der zugeführten Energie ab. So verfügen solare Speicherkollektoren im Vergleich zu gasbeheizten TE nur über eine geringe Wärmeleistung.

Beispiele für die *mittelbare* Beheizung sind TE, die mit Heizwasser aus dem Heizkessel oder dem Fernwärmenetz betrieben werden. Bei Solaranlagen erfolgt die mittelbare Wärmeübertragung über ein Wasser/Glykol-Gemisch und bei Wärmepumpen über ein Kältemittel.

Vorteil:

- Durch die größere Wärmeleistung der Wärmeerzeuger kann eine kürzere Aufheizzeit erreicht werden.

Nachteil:

- Bei mittelbar beheizten TE können bei falsch gewählter Ausführungsart des TE gesundheitsschädliche Stoffe, z. B. Glykol oder Kältemittel, in das PWH gelangen.

9.5.4 Einteilung der TE nach der Anlagengröße zwecks Absicherung

Die Absicherungen eines TE mit *Sicherheitseinrichtungen* sowie die Ausrüstung mit *Mess- und Regeleinrichtungen* erfolgt nach DIN EN 806-2 und DIN 1988-200.

Zu den Sicherheitseinrichtungen zählen:

- Sicherheitsventil, Sicherheitstemperaturbegrenzer und bei unmittelbarer Beheizung durch feste Brennstoffe die thermische Ablaufsicherung

Zu den Mess- und Regeleinrichtungen gehören z. B.:

- Thermometer und Temperaturregler
- die maximale Zerstäubungseinstellung der Duschköpfe, um PWH zu sparen, wodurch es zu einer starken Aerosolbildung kommen kann

9.5.5 Anschluss von Trinkwassererwärmern

Die Anforderungen nach DIN 1988-200 werden bei Anschluss von TE in der DIN berücksichtigt. Danach gelten folgende Regeln (Auswahl):

- In die Kaltwasserzuleitung ist unabhängig von der Beheizungsart des TE ein *Rückflussverhinderer* einzubauen, wenn der Nenninhalt des Durchfluss- oder Speicher-TE > 10 Liter ist. Vor und hinter dem Rückflussverhinderer ist eine Absperrvorrichtung einzubauen.

  Zwischen der ersten Absperrvorrichtung und dem Rückflussverhinderer ist eine *Prüfeinrichtung* vorzusehen.
- Geschlossene TE mit > 10 Liter Nenninhalt und Durchfluss-TE mit > 3 Litern Nenninhalt sind mit einem *federbelasteten Membransicherheitsventil* auszustatten, das nicht absperrbar sein darf.
- Der maximale Druck in der Kaltwasserleitung muss mindestens 20 % unter dem Ansprechdruck des Sicherheitsventils liegen. Liegt der maximale Druck in der Kaltwasserleitung darüber, so muss ein *Druckminderer* eingebaut werden.
- In der Kaltwasserzuleitung von geschlossenen TE ist ein *Anschluss für ein Druckmessgerät* vorzusehen.
- Für die Anforderungen an die sicherheitstechnische Ausrüstung von elektrisch beheizten TE gilt DIN EN 60335.

Wie die verschiedenen TE an die Kaltwasserleitung anzuschließen sind, beschreibt das TB.

9.5.6 Einteilung der TE nach der Anlagengröße zur Minderung des Legionellenwachstums

! Aus gesundheitlichen Gründen ist es notwendig die Ausbreitung von *Legionellen* im PWH-System zu verhindern.

Ursachen für das vermehrte Auftreten von Legionellen sind:

- die Verlängerung des PWH-Netzes und die Zunahme der Zapfstellen, sodass das PWH häufiger stagniert
- ein gestiegenes Umwelt- und Energiekostenbewusstsein. So wurden z. B. die PWH-Temperaturen im TE auf max. 60 °C begrenzt, wodurch bei Unterschreitung die Legionellenvermehrung begünstigt wird.
- die größeren Speicher, die insbesondere bei solarthermisch betriebenen TE mit niedriger Speichertemperatur erforderlich werden, um die gleiche nutzbare PWH-Menge wie bei herkömmlichen TE zapfen zu können

Tab. 1: Geltungsbereich und Betriebsbedingungen gemäß DVGW-Arbeitsblatt W 551

TE-Art	Inhalt	Anforderungen	
Dezentrale Durchfluss-TE	TE: ≤ 3 l PWH-Ltg. ≤ 3 l	Keine Maßnahmen erforderlich	Klein-anlagen
Zentrale Durchfluss-TE	TE: ≤ 400 l PWH-Ltg. ≤ 3 l	PWH-Austritts-temperatur am TE > 60 °C und	
und	TE: ≤ 400 l PWH-Ltg. > 3 l	PWH-Eintritts-temperatur am TE 55 °C muss eingehalten werden	Groß-anlagen
Speicher-TE	TE: > 400 l		
Vorwärmstufen, z. B. Solar-WT		PWC-Inhalt muss mind. 1x/Tag auf > 60 °C erwärmt werden	

Diese Entwicklung berücksichtigt die Trinkwasserverordnung. Sie verpflichtet u. a. Planende, den Hersteller und die Betreibenden, sicherzustellen, dass das PWC und das PWH bis hin zur Zapfstelle keine unzulässige Konzentration an Krankheitserregern enthält. Um dieses Ziel zu erreichen, muss insbesondere das DVGW Arbeitsblatt W 551 „Trinkwassererwärmungs- und Trinkwasserleitungsanlagen; Technische Maßnahmen zur Verminderung des Legionellenwachstums; Planung, Einrichtung, Betrieb und Sanierung von Trinkwasserinstallationen“ beachtet werden (Tab. 1).

Untersuchungen haben einen Zusammenhang zwischen dem Inhalt des TE und dem Auftreten von Legionellen im PWH bestätigt. Deshalb unterscheidet man je nach Inhalt des TE in Klein- und Großanlagen. Zu den Kleinanlagen zählen alle TE mit einem Speicherinhalt von < 400 Litern. Darüber hinaus dürfen bei Kleinanlagen in jeder Rohrleitung vom TE bis zur Zapfstelle nicht mehr als 3 Liter vorhanden sein (3-Liter-Regel).

Großanlagen sind alle Anlagen in Mehrfamilienwohnhäusern und Anlagen, bei denen der TE mehr als 400 Liter Inhalt hat oder die Rohrleitung (ohne den Inhalt der Zirkulationsleitung) zwischen TE und Entnahmestelle mehr als 3 Liter Rohrinhalt hat.

Darüber hinaus werden im Arbeitsblatt W 551 u. a. ausreichend große Reinigungs- und Wartungsöffnungen für Speicher-TE sowie die Vermeidung von Mischzonen bei Kaltwassereinlauf in den TE vorgeschrieben.

9.5.7 Sicherheitsarmaturen an Trinkwassererwärmern

! Eine *Sicherheitsarmatur* ist nach DIN 1988-200 eine Einrichtung, die die Überschreitung eines vorbestimmten Betriebsüberdruckes oder einer vorgegebenen Betriebstemperatur verhindert.

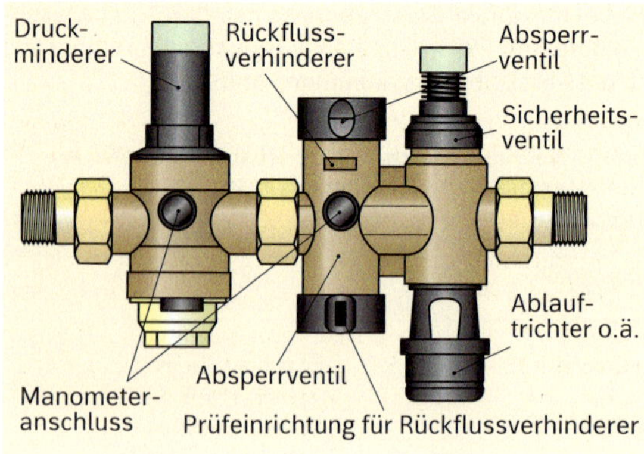

Abb. 1: Sicherheitsgruppe mit zusätzlich vorgebautem Druckminderer

Die wichtigsten Sicherheitsarmaturen an Trinkwassererwärmern sind:

- Sicherheitsventile
- thermische Ablaufsicherungen

Sicherheitsventile vor geschlossenen Trinkwassererwärmern

Sicherheitsventile werden verwendet, um unzulässige Betriebsüberdrücke (z. B. durch Erwärmung oder Pumpendruck) durch Druckabbau zu verhindern.

! *Geschlossene Trinkwassererwärmer* sind mit mindestens einem TÜV-zugelassenen Membransicherheitsventil auszurüsten (→ TB).

Ausnahme: Bei Durchflusswassererwärmern mit einem Nenninhalt ≤ 3 l kann auf ein Sicherheitsventil verzichtet werden. Die erforderlichen Nennweiten und Einbauvorschriften sind aus dem → TB ersichtlich. Die Ausblaseleitung des Sicherheitsventils muss an eine ausreichend dimensionierte Entwässerungsleitung angeschlossen werden.

Für den Einstelldruck (Ansprechdruck) von Sicherheitsventilen gilt:

Sicherheitsventile werden vom Hersteller auf ihren Ansprechdruck fest eingestellt. Dieser eingestellte Druck muss auf dem Typenschild angegeben sein.

! Der *Ansprechdruck* darf durch Anlagenmechaniker/-innen nicht verändert werden, weil sonst das Sicherheitsventil seine Zulassung verliert.

Je nach dem zulässigen Betriebsüberdruck des Trinkwassererwärmers ist ein Sicherheitsventil mit gleichem oder kleinerem Ansprechdruck auszuwählen. Der maximale Druck in der Kaltwasserleitung muss mindestens 20 % unter dem Ansprechdruck des Sicherheitsventiles liegen, damit es zuverlässig schließt (→ TB).

Liegt der maximale Druck in der Kaltwasserleitung darüber, so ist ein Druckminderer erforderlich.

In der *Sicherheitsgruppe* für geschlossene Trinkwassererwärmer (Abb. 1) sind alle erforderlichen Armaturen und Einrichtungen wie Rückflussverhinderer, Absperrventile, Prüfeinrichtung für Rückflussverhinderer und Membran-Sicherheitsventil zusammengefasst. Sicherheitsgruppen werden mit und ohne Druckminderer bis DN 20 gebaut.

Thermische Ablaufsicherungen

Thermische Ablaufsicherungen werden zur Absicherung von Anlagen zur *Trinkwassererwärmung*, aber auch von *Heizungsanlagen* vor unzulässig hohen Betriebstemperaturen verwendet. Thermische Ablaufsicherungen sind vorzusehen bei:

- *Trinkwassererwärmern*, die *unmittelbar* mit festen Brennstoffen beheizt werden (Abb. 2)

  Funktion: Da die Wärmezufuhr nicht schnell regelbar ist, öffnet beim Überschreiten einer vorbestimmten Betriebstemperatur, in der Regel 95 °C, die thermische Ablaufsicherung, und zwar unabhängig vom jeweils herrschenden Anlagendruck. Ein Dehnstoffelement wirkt auf ein Ventil und öffnet den Wasserdurchfluss. Durch den Austritt von erwärmtem Trinkwasser und dem Nachströmen von kaltem Trinkwasser erfolgt die Wärmeabfuhr. Die thermische Ablaufsicherung schützt hier die Trinkwasseranlage vor Überhitzung.

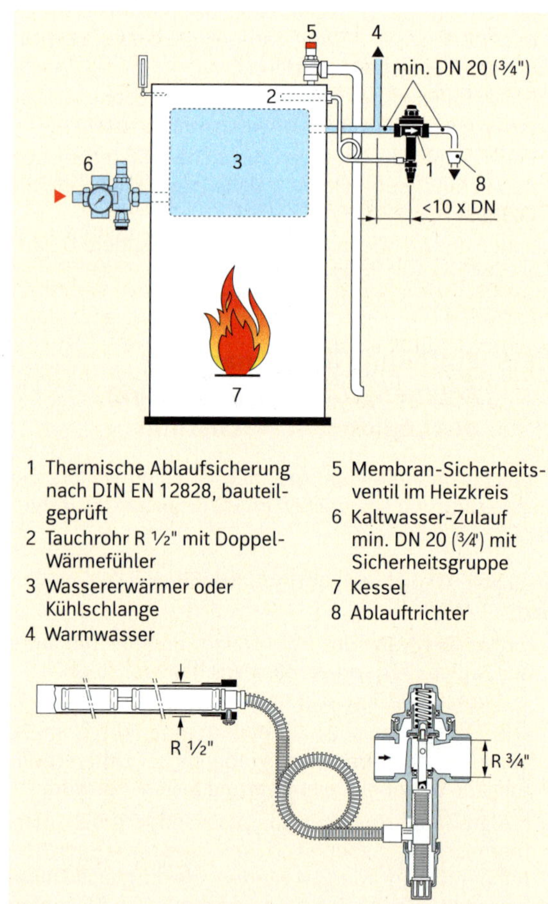

Abb. 2: Thermische Ablaufsicherung

Während das Membran-Sicherheitsventil in der Kaltwasserleitung angebracht wird, muss die thermische Ablaufsicherung bei Trinkwassererwärmern stets auf der Warmwasserseite eingebaut werden.

- *Trinkwassererwärmern*, die über geschlossene Heizungsanlagen nach DIN EN 12828 indirekt beheizt werden

  Die Beheizung erfolgt dabei in einem Umstellbrand- oder Wechselbrandkessel. Der Thermofühler muss an der vom Hersteller vorgesehenen Anschlussstelle eingebaut werden. Bei unzulässig hoher Heizungswassertemperatur im Kessel öffnet die thermische Ablaufsicherung. Kaltes Wasser strömt durch den sich öffnenden Heizverteilungskreis und senkt so die Heizungswassertemperatur zum Schutz der Heizungsanlage.

! Die *thermische Ablaufsicherung* schützt vor zu hoher Temperatur, das *Membran-Sicherheitsventil* vor zu hohem Druck. Deshalb kann eine thermische Ablaufsicherung das an Trinkwassererwärmern vorgeschriebene Membran-Sicherheitsventil nicht ersetzen.

9.6 Gasbeheizte TE

Gasbeheizte TE sind wegen ihrer Umweltverträglichkeit und Wirtschaftlichkeit gut zur TW-Erwärmung geeignet. Zahlreiche Gerätetypen stehen zur Verfügung.

Gas-Durchlaufwasserheizer (GDW), auch *Gas-Durchflusswassererwärmer* genannt, bereiten PWH nach dem Durchlaufprinzip (Abb. 3a). Bei einem Zapfvorgang wird das gesamte den Wärmetauscher durchfließende kalte Trinkwasser *direkt* durch die heißen Verbrennungsgase auf die Auslauftemperatur erwärmt. Die maximal zapfbare PWH-Menge pro Minute wird von der Geräteleistung und der gewünschten Temperatur begrenzt. Kennzeichen der GDW ist, dass nur immer dann PWH bereitet wird, wenn es gebraucht wird. Dazu sind im Vergleich mit Speicher-TE (Vorratswasserheizer) höhere Brennerleistungen erforderlich.

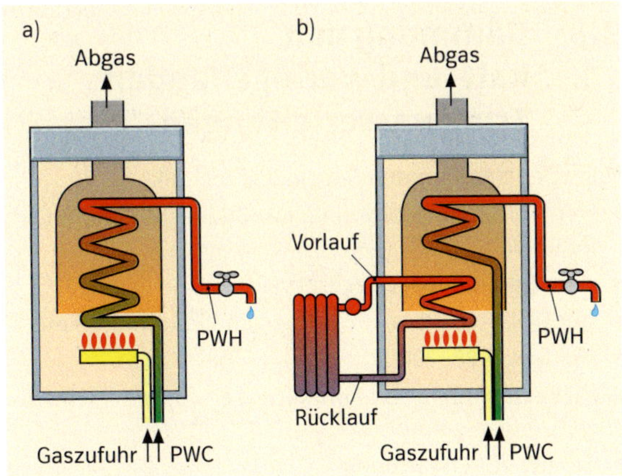

Abb. 3: Schematischer Vergleich von
a) Gas-Durchlauferhitzer, b) Kombiheizer

Bei den Durchlaufwasserheizern treten keine durch Speicherung verursachten Wärmeverluste auf. Sie weisen daher einen hohen Nutzungsgrad auf.

GDW sind wandhängende Geräte mit sehr kompakten Abmessungen, die sich leicht in Bad, Küche, Flur, Abstellraum oder im Keller unterbringen lassen. Die Nennwärmeleistung beträgt zwischen 9 kW und 28 kW.

GDW werden vor allem zur zentralen und dezentralen PWH-Bereitung in Wohnungen und Einfamilienhäusern eingesetzt.

GDW werden in der Regel an einen Schornstein angeschlossen. Sie sind aber auch für den Außenwandanschluss geeignet.

Kombiheizer sind *Umlaufwasserheizer* mit integrierter PWH-Bereitung (Abb. 3b). Die Wärmeleistung für Heizung und PWH-Bereitung kann getrennt werden, sodass die Verbindung einer großen PWH-Leistung mit einer kleinen Heizleistung möglich ist. Die PWH-Bereitung hat gegenüber dem Heizbetrieb Vorrang.

Die Trinkwassererwärmung kann

- entweder durch Wärmeübertragung auf das im Rohr geführte Trinkwasser im Wärmetauscher erfolgen, der von den Verbrennungsgasen direkt aufgeheizt wird
- oder indirekt in einem separaten Wärmetauscher.

Die Kombiheizer werden mit offener (Art B) und geschlossener Brennkammer (Art C) hergestellt.

Kombiheizer sind kompakte Wandgeräte, die z. B. in Bad, Küche, Flur oder Keller installiert werden können. Die Nennwärmeleistung beträgt zwischen 8 kW und 28 kW.

Kombiheizer eignen sich vorrangig für die Beheizung und dezentrale PWH-Bereitung in Wohnungen, aber auch zur Beheizung und zentralen Versorgung von Ein- und Zweifamilienhäusern bis 400 m^2 Wohnfläche.

Im Leistungsbereich bis ca. 100 kW zeichnet sich ein Trend zu *wandhängenden* Heizkesseln ab. Speicher bis 80 Liter sind noch wandhängend, ab 120 Liter werden sie in der Regel unter dem Gas-Wandgerät oder bodenstehend angeordnet.

Die *Wärmeübertragung* im Speicher erfolgt meist über ein Heizregister oder eine Heizschlange, die vom Kesselwasser durchströmt wird. Bei Speichern mit doppelwandigem Mantel erwärmt das Kesselwasser den Speicherinhalt von allen Seiten.

Gas-Brennwertkessel mit Speicher, die auch als Wandgerät angeboten werden, sind eine weitere Variante des Kombiheizkessels. Besonders in Verbindung mit indirekt beheizten Speichern ergeben sich bei der PWH-Bereitung gute Betriebsergebnisse. Je niedriger die Temperatur im Speicherrücklauf zum Brennwertkessel ist, umso besser kann die Kondensationswärme aus den Abgasen genutzt werden.

Gas-Wärmezentren sind eine besondere Form der Kombination eines Wärmeerzeugers mit einem indirekt be-

heizten Speicher. Es ist eine kompakte Geräteeinheit für die Beheizung und die Trinkwassererwärmung einer Wohnung oder eines Einfamilienhauses. Diese Einheit wird in Einbauschrank-Ausführung geliefert, die z. B. jeder Küche angepasst werden kann.
Der Speicher eines Gas-Wärmezentrums hat einen Inhalt zwischen 90 und 120 l. Diese Speicherkapazität reicht für den PWH-Bedarf von 4 bis 5 Personen aus. Die Heizleistung beträgt in der Regel 11 kW, sodass je nach der Wärmedämmung des Gebäudes bis zu 200 m^2 Wohnfläche beheizt werden können.

Auch der Anschluss einer Solaranlage an das Gas-Wärmezentrum ist möglich.

9.7 Zirkulationsleitungen

! Das *Zirkulationssystem* hat die Aufgaben, die sofortige Verfügbarkeit von PWH zu gewährleisten, Trinkwasserverluste zu vermeiden und die Legionellenvermehrung zu unterbinden.

Auch in einer gedämmten PWH-Leitung kühlt sich das Wasser ab, wenn es über einen längeren Zeitraum steht, z. B. über Nacht. Da Kundinnen und Kunden aber am Morgen sofort warmes Wasser zapfen möchten, muss ein Zirkulationssystem installiert werden. Es gleicht den Wärmeverlust aus, vermeidet dadurch Trinkwasserverluste und ermöglicht den Nutzenden den gewünschten Komfort.

Das Zirkulationssystem kann aus einer geregelten *elektrischen Begleitheizung* (Heizband) oder einer *klassischen Zirkulationsleitung* bestehen.

Um zu gewährleisten, dass sich die Legionellen im TE-Speicher und im Leitungssystem nicht vermehren, darf die PWH-Temperatur im System nicht um mehr als 5 K abfallen. Das heißt, dass bei der geforderten Speichertemperatur von 60 °C am Ausgang das Wasser, welches aus der Zirkulationsleitung zurück in den Speicher strömt, mindestens 55 °C haben muss (DVGW-Arbeitsblatt W 551).

PWH-Leitungen, deren Inhalt < 3 Liter ist, müssen nicht an das Zirkulationssystem angeschlossen werden. Dazu gehören auch die meisten Stockwerksleitungen, sodass die Zirkulationleitung am Steigstrang endet. Auch TE mit einem Inhalt < 400 Liter benötigen kein Zirkulationssystem, wenn die Leitungen zwischen TE und Zapfstelle jeweils nicht mehr als 3 Liter Inhalt haben.

Unabhängig vom Inhalt des TE und dem Inhalt der PWH-Leitung gelten alle Ein- und Zweifamilienhäuser als Kleinanlagen. Ein Zirkulationssystem ist daher nach W551 nicht vorgeschrieben.

Grundsätzlich gilt jedoch, dass auch bei den PWH-Leitungen Stagnation zu vermeiden ist.

Die Bemessung der Zirkulationsleitung erfolgt nach DVGW-Arbeitsblatt W 553 bzw. der DIN 1988-300 (→ TB).

Aufgaben

1. Für welchen Zweck muss gemäß TrinkwV Trinkwasser verwendet werden?
2. Unterscheiden Sie die Begriffe Trinkwarmwasser und Brauchwasser.
3. Nennen Sie die Aufgaben einer TEA.
4. Nehmen Sie zum Thema „Wartezeit auf Trinkwarmwasser“ Stellung.
5. Wie verändert sich der Energiebedarf für PWH im Verhältnis zur Heizlast des Gebäudes?
6. Aus welchen Anlagenkomponenten besteht eine TEA?
7. Nach welchen Kriterien können TEA eingeteilt werden?
8. Nennen Sie Vor- und Nachteile von Einzel-, Gruppen- und zentraler Versorgung.
9. Beschreiben Sie kurz, was unter einem Trinkwassererwärmer zu verstehen ist.
10. Unterscheiden Sie offene, geschlossene, Durchfluss- und Speicher-TE.
11. Was versteht man unter einer Niederdruckarmatur?
12. Nennen Sie die beiden wesentlichen Merkmale eines Boilers.
13. Unterscheiden Sie unmittelbar und mittelbar beheizte Speicher-TE.
14. Welchen Zweck verfolgt die Einteilung der TE nach der Anlagengröße und welche Abhängigkeiten gelten?
15. Nennen Sie die wichtigsten technischen Maßnahmen zur Verminderung des Legionellenwachstums.
16. Nennen Sie fünf Regeln, die beim Anschluss von TE an die Kaltwasserleitung zu beachten sind.
17. Stellen Sie Vermutungen an, warum vor und hinter einem Rückflussverhinderer eine Absperrvorrichtung einzubauen ist.
18. Welche Gerätetypen zählen zu den gasbeheizten Trinkwassererwärmern?
19. Ab welchen Rohrleitungsinhalten müssen PWH-Leitungen an die Zirkulation angeschlossen werden?

9.8 Dämmung von kalt- und warmgehenden Trinkwasserleitungen

Nach den anerkannten Regeln der Technik,

- der Verdingungsordnung für Bauleistungen (VOB), Teil B und Teil C,
- dem Gebäudeenergiegesetz (GEG),
- der DIN 4109, VDI 4100 Körperschalldämmung und
- der DIN 1988 -200

wird die *Dämmung* von Rohrleitungen *aus unterschiedlichen Gründen* gefordert:

- Schutz vor Erwärmung
- Schutz vor Tauwasserbildung
- Schutz vor Außenkorrosion

- Schallschutz (DIN 4109, VDI 4100)
- Schutz vor Wärmeverlust (GEG)

Darüber hinaus sollen z. B. Unterputzleitungen vor Beschädigungen durch Spannungen geschützt werden, die als Folge von Temperaturänderungen auftreten. Auch Dehnungs- und Knackgeräusche können durch Dämmung vermieden werden. Während der Schutz vor Erwärmung, Tauwasserbildung, Außenkorrosion und Schallschutz nur geringe Dämmschichtdicken erfordert, sind zum Schutz vor Wärmeverlust nach GEG stärkere Schichtdicken erforderlich.

Trinkwasserleitungen

Die DIN 1988 unterscheidet zwei unterschiedliche *Schutzziele*:

1. Die Dämmung *kaltgehender Trinkwasserleitungen*
   Danach soll die Temperatur des Trinkwassers zwischen 5 und 15 °C liegen und keine kurzzeitigen Schwankungen aufweisen.
   Ferner soll Tauwasserbildung auf der äußeren Rohroberfläche vermieden werden.
2. Die Dämmung von *warmgehenden Trinkwasserleitungen* zum Schutz vor Wärmeverlusten, z. B. mit Kompakt-Dämmhülse, begründet durch das GEG

Kaltgehende Trinkwasserleitungen

Nach DIN 1988 ist die Dämmung so auszulegen, dass eine *Durchfeuchtung* der Dämmschicht durch Kondenswasser, auch Tau- oder Schwitzwasser genannt, vermieden wird.

Diese Forderung ergibt sich im Wesentlichen aus zwei Gründen:

! Eine *Durchfeuchtung* des Dämmstoffes mindert die Dämmwirkung und begünstigt bei Metallleitungen die Entstehung von Außenkorrosion.

Eine Durchfeuchtung des Dämmstoffes kann verhindert werden durch:

- eine ausreichende Dämmschichtdicke
- die Auswahl eines geeigneten Dämmstoffes, z. B. geschlossenzelliges Material mit hohem Wasserdampfdiffusionswiderstand
- dem Verschließen aller Stoß-, Schnitt-, Naht- und Endstellen

Bei geeigneter Rohrumhüllung (z. B. Rohr in Rohr) ist ein Schutz vor Tauwasserbildung nicht erforderlich.

In frostgefährdeten Bereichen können Dämmungen keinen anhaltenden Schutz vor Einfrieren bieten.

Eine kaltgehende Trinkwasserleitung ist *vor Erwärmung zu schützen* (→ TB).

Warmgehende Trinkwasserleitungen

Warmwasserleitungen, die in den Zirkulationskreislauf einbezogen oder mit einer Begleitheizung ausgestattet sind, müssen mit 100 % der Mindestdicke der Dämmschicht gedämmt werden (→ TB).

Eine halbierte Dämmschichtdicke ist z. B. nur bei Leitungen in Wand- und Deckendurchbrüchen zulässig (→ TB).

Die Festlegung steht in Übereinstimmung mit den DVGW-Arbeitsblättern W 551 und W 553. Bei Warmwasserleitungen in Wohnungen bis d_i = 22 mm, die weder in den Zirkulationskreislauf einbezogen noch mit elektrischer Begleitheizung ausgestattet sind, ist keine Dämmung gefordert. Sie kann jedoch aus anderen Gründen notwendig sein, z. B. zum Korrosionsschutz.

9.9 Wärmeübertragung und Wärmeleistung

9.9.1 Wärmeübertragung

! Geht Wärme von einem Stoff höherer Temperatur auf einen Stoff niederer Temperatur über, findet eine Wärmeübertragung statt. Dieser Vorgang dauert so lange, bis sich ein Temperaturausgleich eingestellt hat.

Alle Apparate und Rohrsysteme, die zum Zweck der Wärmeübertragung gefertigt worden sind, heißen deshalb *Wärmeübertrager* bzw. *Wärmetauscher*.

Manchmal ist die Wärmeübertragung jedoch unerwünscht, z. B.:

- Nicht gedämmte Wasserleitungen „heizen" Kellerräume.
- Kaltwasserleitungen erwärmen sich in bewohnten Räumen oder in warmen Wänden bzw. Kanälen.

9.9.2 Wärmeleistung

Wärmemengen werden in der Installationspraxis nicht ununterbrochen einem Stoff zugeführt. Nur in betrieblich notwendigen und vom Betreiber ausgewählten Zeiteinheiten wird Wärme erzeugt. Das kann der Fall sein, wenn das nach Warmwasserentnahme einem Warmwasserspeicher zugeflossene Kaltwasser auf die eingestellte Temperatur aufgeheizt werden muss. Diese in einer Zeiteinheit eingebrachte Wärmemenge nennt man *Wärmestrom* oder *Wärmeleistung*.

$$\text{Wärmeleistung} = \frac{\text{Wärmemenge}}{\text{Zeit}} \qquad \dot{Q} = \frac{Q}{t} \text{ in W}$$

Die Wärmeleistung eines Wärmeerzeugers, z. B. eines Gaskessels, ist umso größer, je geringer die Zeit ist, um eine gewünschte Wärmemenge zu erzeugen.

Arbeitet ein Wärmeerzeuger mit seiner höchstmöglichen Wärmeleistung, wird diese *Nennwärmeleistung* $\dot{Q}_{NL}$ genannt. Sie ist als eine der Kenndaten auf dem Typenschild abzulesen.

Aufgaben

Elektrische Energie und Leistung zur Trinkwassererwärmung

1. Wie viel elektrische Energie (Arbeit) benötigt ein Handtuchtrockner in 10 Minuten bei einer Anschlussspannung von 230 Volt und 2 Ampere Stromstärke?
2. Ein Speicher-Wassererwärmer mit 100 Liter Inhalt soll von 10 °C auf 60 °C erwärmt werden. Wie viele kWh sind dazu nötig?
3. Mit wie viel Ampere muss ein Wassererwärmer abgesichert werden, wenn das Gerät 6 kW leistet und an 230 V angeschlossen ist?
4. Wie lange kann ein elektrischer Durchfluss-Wassererwärmer mit 16 kW Anschlussleistung für 1 € Wasser erwärmen, wenn 1 kWh 0,30 € kostet?
5. Wie viel Liter Trinkwarmwasser von 55 °C liefert ein Elektro-Durchfluss-Wassererwärmer mit 24 kW Leistung bei einer Kaltwassertemperatur von 10 °C in 12 Minuten?

   Der Gerätewirkungsgrad beträgt 90 %.
6. Berechnen Sie die Aufheizzeit in Minuten für einen 30-Liter-Speicher-Wassererwärmer bei einer Leistung von 4 kW und einem Wirkungsgrad von 90 %, wenn das Wasser von 10 °C auf 60 °C erwärmt wird.

Diese Aufgaben lassen sich mit den folgenden Formeln lösen:

$W = U \cdot I \cdot t$

W = elektrische Arbeit in Wh
U = Anschlussspannung in V
I = Stromstärke in A
t = Aufheizzeit in h

$Q = m \cdot c \cdot \Delta T$

Q = Wärmemenge in Wh
m = Masse in kg
c = spezifische Wärmekapazität in Wh/(kg · K)
$\Delta\vartheta$, ΔT = Temperaturdifferenz in K

$P = U \cdot I$

P = Wärmeleistung in W

$P = W/t$

η = Wirkungsgrad

$P \cdot t \cdot \eta = m \cdot c \cdot \Delta T$

Bemessung einer zentralen TEA

Für ein Einfamilienwohnhaus soll der Speichertyp und die Speichergröße nach DIN 4708 bestimmt werden. Das Haus ist mit fünf Personen bewohnt.

Sanitäre Ausstattung:

1 Badewanne	GB	1 Bidet	BD
2 Waschtische	WT	1 Spüle	SP

Davon sind GB und BD anzurechnen.

Zusätzlich ist vorgegeben:

- die Speichertemperatur mit 60 °C
- die NT-Heizkesselleistung mit 16 kW
- Gewünscht wird ein stehender Speicher.

Bestimmen Sie die Bedarfskennzahl N mithilfe des Formblattes und des → TB oder mit Firmenunterlagen.

Rohrinhalt

Berechnen Sie die zulässigen Rohrleitungslängen bei einem Wasserinhalt ≤ 3 Liter für die angegebenen Rohre der Tabelle 1.

Tab. 1: Zulässige Leitungslängen für Einzel- und Sammelzuleitungen ohne Zirkulation oder elektrische Begleitheizung zu den Entnahmearmaturen nach DVGW Arbeitsblatt W 551 mit einem Wasserinhalt ≤ 3 Liter

d_i mm	l m	d_i mm	l m	d_i mm	l m
8		16		20,4	
10	38	17		23,2	
12,5		18		25	6
13		20	9	26	

Wärmeverlustleistung einer Rohrleitung

Ermitteln Sie die Wärmeverlustleistung $\dot{Q}_z$ in W für eine Cu-Rohrleitung bestehend aus 8 m 12 × 1 und 6 m 22 × bei ΔT = 40 K bei

a) Unterputzverlegung und
b) Aufputzverlegung.

Die stündliche Zirkulations-Wärmeverlustleistung wird nach folgender Gleichung ermittelt:

$\dot{Q}_z = \dot{q} \cdot l$ in W

$\dot{Q}_z$ = Wärmeverlustleistung in W
$\dot{q}$ = spezifische Wärmeverlustleistung je Meter Rohrlänge in W/m
l = Rohrleitungslänge in m

Die spezifische Wärmeverlustleistung $\dot{q}$ ist Herstellerangaben, z. B. Tab. 2 und 3, zu entnehmen.

Tab. 2: Spezifischer Wärmeverlustleistung $\dot{q}$ je m Rohrlänge für CU-Rohre bei Unterputzverlegung im Wandschlitz einer Zwischenwand

Wandausführung	Rohrart	Nennweite DN mm × mm	$\dot{q}$ bei ΔT = 40 K W/m	$\dot{q}$ bei ΔT = 60 K W/m
Kalksandstein mit Außenputz auf Dämmstoff und mit Innenputz	CU-Rohr	12 × 1,0	37,0	55,5
		15 × 1,0	41,5	61,5
		18 × 1,0	42,5	63,5
		22 × 1,0	47,0	70,0

Tab. 3: Spezifischer Wärmeverlustleistung $\dot{q}$ je m Rohrlänge für CU-Rohre bei Aufputzverlegung in Innenräumen

Rohrart	Nennweite DN mm × mm	spez. Wärmeverlustleistung $\dot{q}$ bei ΔT = 40 K W/m	ΔT = 60 K W/m
CU-Rohr	12 × 1,0	23,50	38,00
	15 × 1,0	27,50	44,00
	18 × 1,0	31,00	49,00
	22 × 1,0	35,50	57,00

▶ Klimaneutrale Trinkwassererwärmung und Heizungsunterstützung

9.10 Grundlagen der Solartechnik

Der hohe Anteil von 85 % der nur begrenzt vorhandenen fossilen Energieträger an der Energiegewinnung hat schwerwiegende Folgen für unsere Umwelt (Treibhauseffekt).

Daher müssen für die *Trinkwassererwärmung* und zur Unterstützung der Raumheizung regenerative Energiequellen erschlossen werden. Eine interessante Alternative bietet die Nutzung der Solarstrahlung (Abb. 1) durch:

- *Sonnenkollektoren* in solaren Anlagensystemen und Speicherung der Wärme in thermischen oder chemischen Speichern für sonnenarme Tage
- *Wärmepumpen*, die mit Umgebungswärme betrieben werden, die auf Solarstrahlung zurückzuführen ist

9.10.1 Sonneneinstrahlung

Die Sonne liefert jährlich eine Energiemenge von $15 \cdot 10^{17}$ kWh. Vergleicht man damit den Weltenergiebedarf mit ca. $30 \cdot 10^{12}$ kWh (Strom + Wärme + Verkehr) pro Jahr, so stellt man fest:

! Die *Sonne* liefert 50.000-mal mehr Energie zur Erde als die Weltbevölkerung pro Jahr verbraucht.

Berücksichtigt man die Jahresstundenzahl mit 8 760 h, so ergibt sich eine Leistung von

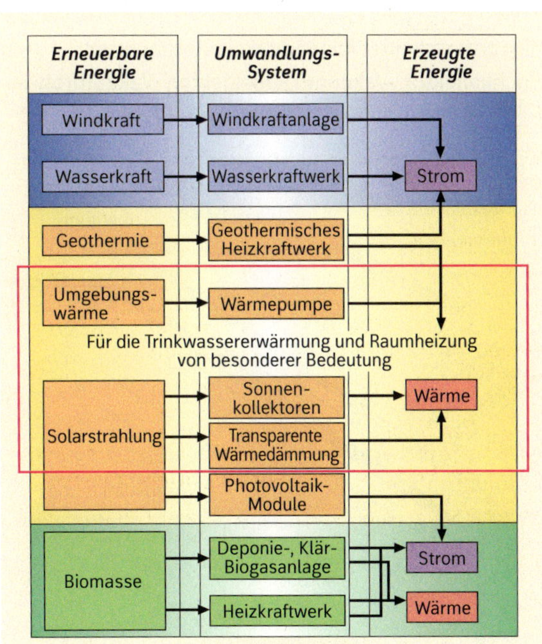

Abb. 1: Alternative Umwandlungssysteme

$$\frac{\text{jährl. Energiemenge}}{\text{Jahresstundenzahl}} = \frac{15 \cdot 10^{17}\,\text{kWh}}{8\,760\,\text{h}} = 175 \cdot 10^{9}\,\text{MW}$$

Außerhalb der Erdatmosphäre entspricht dies einer Leistung von 1,36 kW/m² (Solarkonstante) auf eine senkrecht zur Einstrahlung stehenden Fläche.

Die Lufthülle absorbiert und reflektiert einen Teil dieser Strahlung.

! Bei *klarem Himmel* zur Mittagszeit gelangen max. 1 000 W/m² auf die Erdoberfläche.

Die mittlere Strahlungsleistung liegt aber weit unter dem Maximalwert von 1 000 W/m². Ursache dafür ist u. a. die regional unterschiedliche Zahl der jährlichen Sonnenscheinstunden. Regionen mit etwa gleicher durchschnittlicher Sonneneinstrahldauer bilden eine Solar-Klimazone (→ TB).

Für Hessen liegt z. B. die mittlere Strahlungsleistung bei 115 W/m². Das entspricht bei 8 760 Jahresstunden einer Globalstrahlung von ca. 1 000 kWh/m² oder 2,76 kWh/(m² · Tag).

Als *Globalstrahlung* wird die Summe aus *direkter* (Sonnenschein), *diffuser* (Wolken) und *reflektierter* (z. B. Nachbargebäude) Sonneneinstrahlung bezeichnet. Sie kann wärmetechnisch genutzt werden.

9.10.2 Solare Deckungsanteile

Die Schwierigkeiten der solaren Energienutzung liegen im regional und zeitlich stark schwankenden Angebot. Zudem verhält sich das Angebot entgegengesetzt zum Heizenergiebedarf.

Trotz dieser Nachteile lassen sich durch den Einsatz thermischer Solaranlagen hohe Deckungsanteile bei der Trinkwassererwärmung und bei der Unterstützung der Raumheizung erzielen.

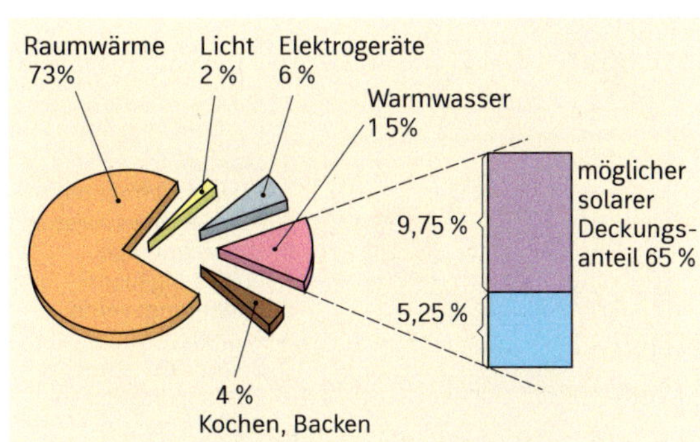

Abb. 2: Einsparung durch solare Trinkwassererwärmung

Trinkwassererwärmung

Wie Abb. 2, S. 425 zeigt, lassen sich bis zu 65 % des jährlichen Energiebedarfs für die Trinkwassererwärmung einsparen. Bei herkömmlicher Bauweise verringert sich dadurch in einem Durchschnittshaushalt der gesamte Energieverbrauch um ca. 10 %.

Nimmt man den Energiebedarf für die Trinkwassererwärmung als konstant an und bedenkt, dass mit zunehmend besserer Dämmung der Heizenergiebedarf sinkt, so wird die prozentuale Einsparung durch solare Trinkwassererwärmung bei *Niedrigstenergiehäusern* und nearly Zero Energy Buildings (nZEB) noch größer.

Unterstützung der Raumheizung

Während ein Gebäude vor 1980 noch ca. 225 kWh/m² Heizenergie im Jahr benötigte, hat sich dieser Wert nach dem GEG 2020 auf 50 kWh/m² reduziert. Dadurch wächst die Möglichkeit, einen wesentlichen Anteil des Wärmeenergiebedarfes durch solares Heizen zu decken. Bei *Passivenergiehäusern* ist sogar der Anteil der Heizenergie am Energiebedarf kleiner als der Energieanteil für die Trinkwassererwärmung.

Das GEG 2023 fordert für Neubauten mit solarthermischen Anlagen, dass die Aperturfläche so dimensioniert wird, dass sie mindestens 15 % des jährlichen Heizwärmebedarfs deckt. Die *Aperturfläche* ist die wirksame Fläche des Kollektors.

9.10.3 Bestandteile des Solarkreissystems

Das Solarkreissystem (Abb. 1) besteht im Wesentlichen aus folgenden Komponenten:

- dem *Sonnenkollektor*
- der *Rohrleitung* mit *Solarflüssigkeit*
- der *Umwälzpumpe*
- den *Armaturen* und *Einbauten* zum Befüllen, Entleeren und Entlüften
- den *Sicherheitseinrichtungen* wie Ausdehnungsgefäß und Sicherheitsventil

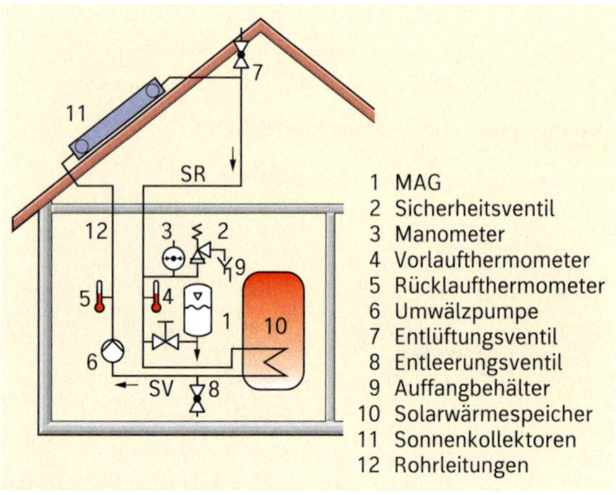

Abb. 1: Solarkreissystem

9.11 Sonnenkollektoren

Von besonderer Bedeutung für eine thermische Solaranlage ist der Kollektor.

! Aufgabe von *Sonnenkollektoren* ist es, die Sonnenstrahlung zu absorbieren, in Wärmeenergie umzuwandeln und diese dem Wärmeträgermedium zuzuführen (Abb. 2).

Im Wesentlichen besteht der Kollektor aus dem Absorber und dem umschließenden, wärmegedämmten Gehäuse. Auf der Oberseite ist der Kollektor mit einer lichtdurchlässigen Abdeckung versehen. Die einfallenden Sonnenstrahlen treffen auf den Absorber. Das kann ein schwarzes Blech sein, von dem die Strahlen fast vollständig „geschluckt“ (absorbiert) werden. Bedingt durch das wärmegedämmte Gehäuse kann aus der „Sonnenstrahlenfalle“ nur noch wenig Wärme entweichen. Die Temperatur des Absorbers steigt bei Sonneneinstrahlung. Um die Wärmeenergie abzuführen, ist der Absorber von Rohren oder Kanälen durchzogen, die von dem Wärmeträgermedium durchströmt werden. Dieses Wirkprinzip gilt für alle Kollektorbauarten.

Die Bauart bestimmt den *Wärmeenergieertrag*, der abhängig ist von:

- der Qualität der Wärmeübertragung des Absorbers an das Wärmeträgermedium (z. B. Frostschutz-/Wassergemisch)
- der Absorberbeschichtung (z. B. Selektivbe-schichtung, die die Abstrahlung der langwelligen Wärmestrahlung reduziert)
- der Wärmedämmung
- dem Kollektorinnendruck (z. B. Vakuum oder Edelgas)

Man unterscheidet folgende Kollektorbauarten:

Flachkollektor, Vakuumflachkollektor, Vakuumröhrenkollektor, Speicherkollektor und Schwimmbadabsorber.

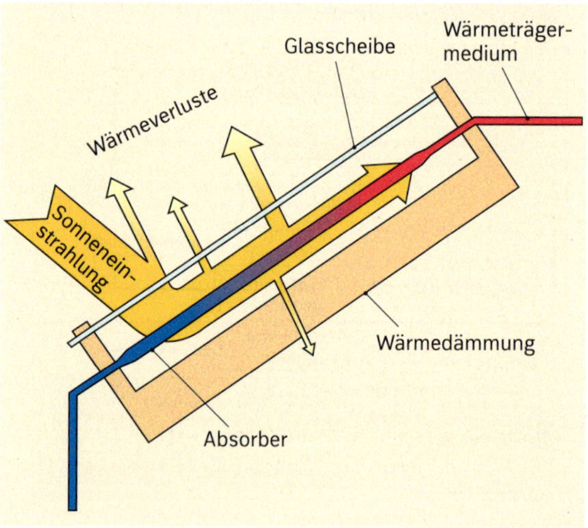

Abb. 2: Sonneneinstrahlung und Wärmeverluste am Kollektor

9.11.1 Sonnenkollektor-Bauarten

Flachkollektor

Solaranlagen werden meist mit Flachkollektoren ausgestattet. Der Marktanteil betrug im Jahr 2010 ca. 80 %.

Flachkollektoren haben ein kastenförmiges Gehäuse und einen großflächigen Absorber. Die Abdeckung besteht aus Sicherheitsglas. Es ist meist selektiv beschichtet, damit die Absorption von Sonnenlicht maximiert und die Wärmeabgabe minimiert wird. An den Seitenflächen und der Rückseite mindert eine temperaturbeständige Dämmung, z. B. aus Polyurethan-Platten, die Wärmeverluste. Flachkollektoren können auf das Dach montiert oder in die Dachkonstruktion integriert werden (Abb. 3, Typ 1 und 2).

Niederdruck- oder Vakuumflachkollektor

Der Vakuumflachkollektor ist eine spezielle Variante des Flachkollektors. Um die Wärmeverluste an die Umgebung zu verringern, wird das Kollektorgehäuse evakuiert. Der absolute Druck im Inneren darf höchstens 0,3 bar (= 70 % Vakuum) betragen. Durch das Teilvaku-

Flachkollektoren

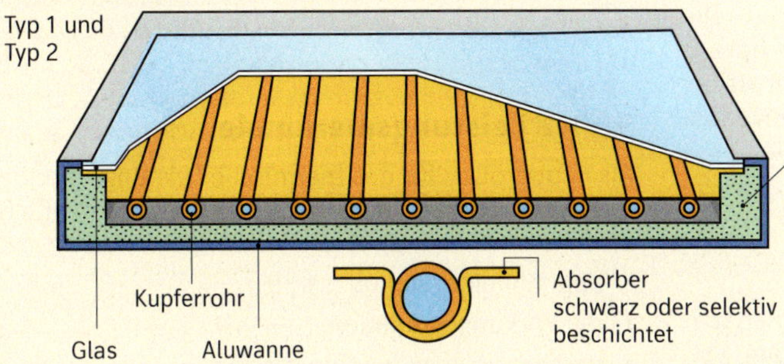

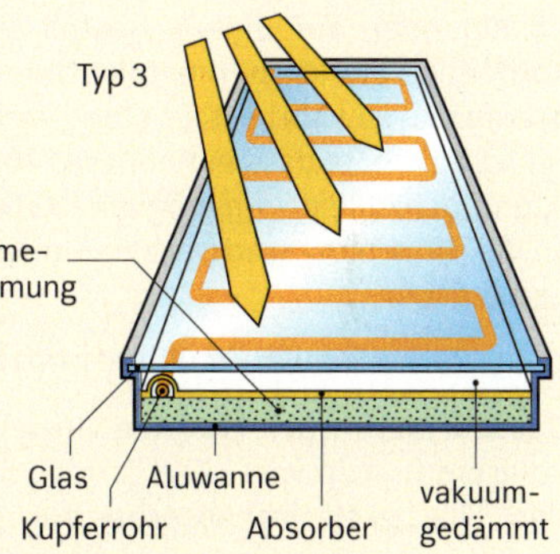

Typ 1: Absorber schwarz lackiert, Wärmedämmung mit Hartschaum und/oder Mineralwolle. Die Wärmeverluste sind hoch.

Typ 2: Absorber selektiv beschichtet, Wärmedämmung wie bei Typ 1. Die Wärmeverluste können gegenüber Typ 1 um 50 % geringer sein.

Jahressystemnutzungsgrad: ca. 25 ÷ 30 % Energieertrag: ca. 250 ÷ 350 kWh/(m^2 · a)

Vorteil: Preisgünstiger Kollektor Aufdachmontage, dachintegrierte Montage

Nachteil: Schlechter Nutzungsgrad im Winter durch hohe Wärmeverluste.
- Verschmutzungsgefahr
- Kondenswasserbildung an der Glasscheibe

Typ 3: Vakuum-Flachkollektor

Jahressystemnutzungsgrad: ca. 35 ÷ 40 % Energieertrag: ca. 350 ÷ 400 kWh/(m^2 · a)

Vorteil: Kleinere Kollektorflächen bei gleichem Energieertrag, kein Kondenswasser im Kollektor.

Nachteil: Für den gleichen Energieertrag höhere Kollektorkosten.

Vakuum-Röhrenkollektor

Typ 4: Ausführung wie Typ 3, jedoch kann aufgrund der Bauform (Röhre) ein höheres Vakuum erreicht werden. Wärmerohrprinzip (Heat-Pipe)

Typ 5: Flüssigkeitsdurchflossener Vakuum-Röhrenkollektor

Jahressystemnutzungsgrad: ca. 40 ÷ 45 % Energieertrag: ca. 400 ÷ 450 kWh/(m^2 · a)

Vorteil: Kleinere Kollektorflächen, leichter Austausch defekter Röhren

Nachteil: Wesentlich höhere Kollektorkosten bei gleichem Energieertrag

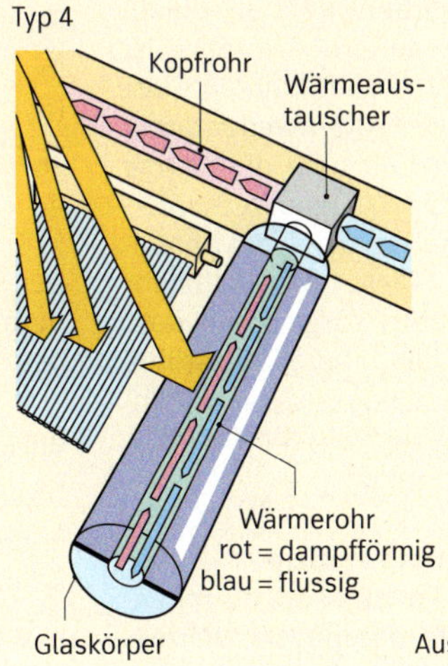

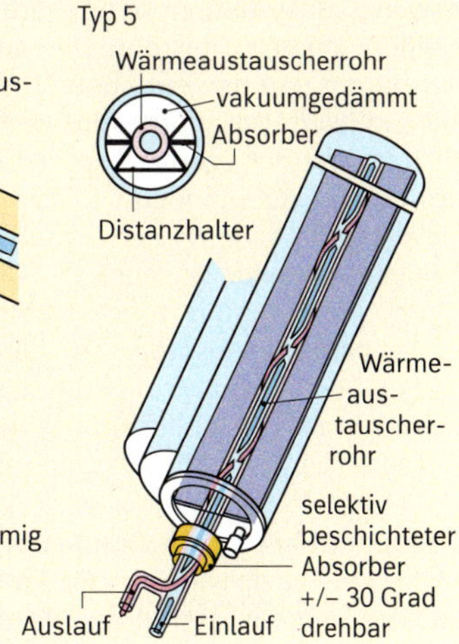

Abb. 3: Flach- und Röhrenkollektoren

um im Inneren und den von außen wirkenden Luftdruck muss die transparente Abdeckung gestützt werden. Die Stützen können zu unerwünschten Wärmebrücken zwischen Absorber und Abdeckung führen. Der Marktanteil des Vakuumflachkollektors betrug 2020 ca. 10 % (Abb. 3, S. 427, Typ 3).

Flachkollektoren werden aber auch zunehmend mit Edelgas gefüllt, z. B. Krypton. Edelgase verringern ebenfalls den Wärmetransport vom Absorber zur Abdeckung.

Vakuumröhrenkollektor

Bei dieser Kollektorbauart sind mehrere Glasröhren nebeneinander auf einem Gestell angeordnet. Der Absorber ist direkt in die Glasröhre eingebaut. Die Röhrenform gewährleistet eine wesentlich höhere Druckfestigkeit, sodass ein höheres Teilvakuum als bei Vakuumflachkollektoren möglich ist. Die Wärmeverluste an die Umgebung sind bei Vakuumröhrenkollektoren am geringsten.

Man unterscheidet vier Funktionsprinzipien:

1. Das Wärmerohrprinzip (Heat-Pipe)

Bei diesem Prinzip wird eine geringe Menge einer speziellen Flüssigkeit im Absorberrohr (Heat-Pipe) verdampft und im Wärmetauscher wieder kondensiert. Der Wärmetauscher gibt die Wärme an das Wärmeträgermedium des Kollektorkreislaufes ab. Diese Vakuumröhrenbauart hat den Vorteil, dass sie sich im Schadensfall leicht austauschen lässt (Abb. 3, S. 427, Typ 4).

2. Der flüssigkeitsdurchströmte Vakuumröhrenkollektor

Hier wird der Absorber vom Wärmemedium direkt durchströmt. Durch den direkten Wärmeübergang wird eine höhere Leistung als beim Wärmerohrprinzip erreicht (Abb. 3, S. 427, Typ 5).

3. Vakuumröhren nach dem Sydney-Prinzip (CPC-Kollektoren)

Im Gegensatz zu anderen Vakuumröhren befindet sich bei den Sydney-Röhren der Absorber direkt auf einem zweiten, inneren Glasrohr. Die äußere Glasröhre ist transparent und der Zwischenraum zum inneren Glasrohr evakuiert. Das innere Glasrohr ist entweder direkt mit dem Wärmeträgermedium gefüllt oder die Wärme wird durch eingeschobene, flüssigkeitsgefüllte Kupferrohre abgeführt. Hinter der Vakuumröhre ist ein rinnenförmiger Reflektor angebracht. Dieser CPC-Reflektor (compound parabolic concentrator) sorgt dafür, dass der zylindrische Absorber auf der inneren Glasröhre rundum beschienen wird. CPC-Kollektoren sind kostengünstiger als die üblichen Vakuumröhren. Der Wirkungsgrad liegt jedoch etwas niedriger.

4. Vakuumröhren nach dem Schott-Prinzip

Bei diesem Prinzip wird der CPC-Reflektor auf die Innenseite des äußeren Glasrohres aufgedampft. Das Wärmeträgermedium strömt durch eine Rohr-in-Rohr-Leitung aus Glas durch die Röhre (Abb. 1).

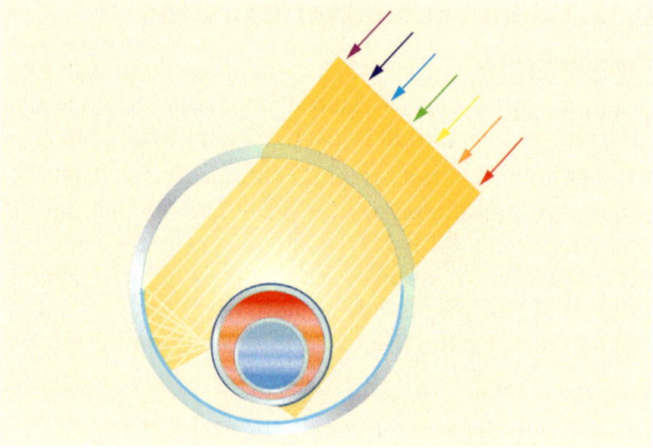

Abb. 1: Vakuumröhre nach dem Schott-Prinzip

9.11.2 Leistungsmerkmale

Als Kenngrößen für das thermische Leistungsvermögen unterscheidet man in der Solartechnik im Wesentlichen zwischen

- dem Kollektorwirkungsgrad η_K,
- der Wirkungsgradkurve,
- und dem Anlagenwirkungsgrad η_{Anl}.

Kollektorwirkungsgrad η_K

Der Kollektorwirkungsgrad gibt an, welcher Anteil der auf die Absorberfläche des Kollektors auftreffenden Globalstrahlungsleistung in nutzbare Wärmeleistung umgesetzt werden kann.

$$\eta_K = \frac{\dot{Q}_{Nutz}}{\dot{E}_K \cdot A_A}$$

$\dot{Q}_{Nutz}$ = nutzbare Wärmeleistung in W

Sie kann bestimmt werden aus:

$\dot{Q}_{Nutz} = \dot{V} \cdot c\,(\vartheta_V - \vartheta_R)$ in W

$\dot{V}$ = Volumenstrom in l/h

c = spezifische Wärme der Solarflüssigkeit in Wh/(l · K)

ϑ_V = Solarkreisvorlauf-Temperatur in °C

ϑ_R = Solarkreisrücklauf-Temperatur in °C

$(\vartheta_V - \vartheta_R)$ = Temperaturzunahme im Kollektor in K

$\dot{E}_K$ = Globalstrahlungsleistung in W/m²

A_A = Absorberfläche in m²

Der Kollektorwirkungsgrad η_K ist keine Konstante, sondern ein momentaner Wert, der vom Betriebszustand des Kollektors abhängig ist.

Wirkungsgradkurve

Da sich der Betriebszustand des Kollektors durch

- die Strahlung der Sonne $\dot{E}_K$,
- die Umgebungstemperatur ϑ_u oder
- die mittlere Temperatur des Absorbers ϑ_m

verändern kann, ergeben sich für die verschiedenen Kollektorbauarten typische Wirkungsgradkurven.

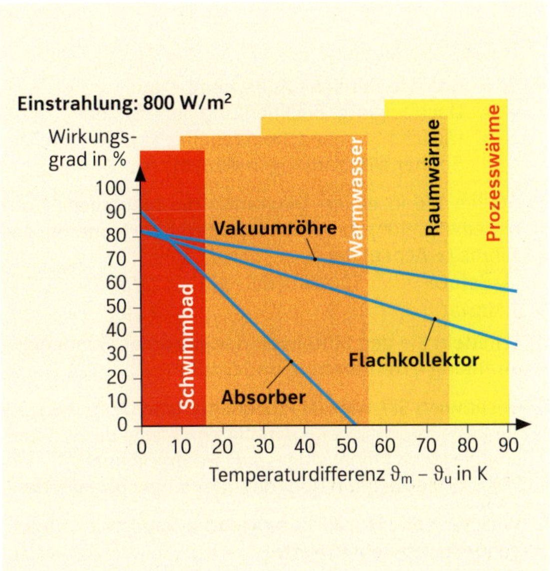

Abb. 2: Typische Wirkungsgradkurven und Einsatzbereiche

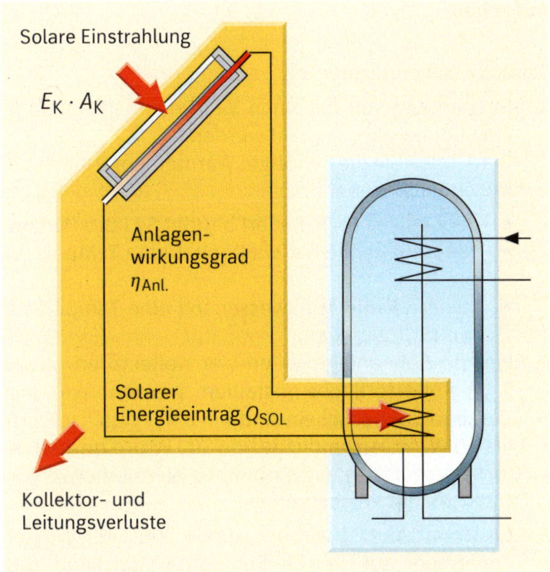

Abb. 3: Maßgebliche Größen zur Bestimmung von η_{Anl}

Sie bestimmen letztlich auch den Einsatzbereich (Abb. 2 und TB).

Um möglichst hohe Wirkungsgrade zu erzielen, muss die Sonneneinstrahlung $\dot{E}_K$ hoch sein. Weiterhin muss eine möglichst niedrige Rücklauftemperatur erreicht werden, sodass die Wärmeverluste des Kollektors niedrig bleiben.

Anlagenwirkungsgrad η_{Anl}

Er beschreibt die Leistungsfähigkeit der gesamten Solaranlage über einen längeren Zeitraum, z. B. über ein Jahr.

! Der *Anlagenwirkungsgrad* ergibt sich aus dem Verhältnis der in den Speicher beförderten solar gewonnenen Energie zu der vom Kollektor aufgenommenen Sonnenenergie (Abb. 3).

Die Wärmeverluste des Speichers und der Nachheizung werden dabei nicht berücksichtigt.

$$\eta_{Anl} = \frac{\dot{Q}_{SOL}}{\dot{E}_K \cdot A_K}$$

$\dot{Q}_{SOL}$ = solarer Energieertrag, z. B. pro Jahr in kWh
$\dot{E}_K$ = solare Einstrahlung auf das Kollektorfeld, z. B. pro Jahr in kWh
A_K = Kollektorfeld in m²

Bei der *Auswahl* eines Kollektortyps sollten nicht nur der Wirkungsgrad und das Preisangebot entscheiden, sondern auch

- die Temperaturbeständigkeit im Stillstand (160–250 °C),
- die Haltbarkeit der Absorberbeschichtung,
- die Reparaturfreundlichkeit (z. B. Auswechseln der transparenten Abdeckung) und
- die Gewährleistung des Herstellers

als wichtige Entscheidungskriterien beachtet werden.

Aufgaben

1. Welche alternativen Energieumwandlungssysteme sind für die Trinkwassererwärmung und Heizungsunterstützung von Bedeutung?
2. Mit welcher Leistung pro m² strahlt die Sonne maximal auf die Erdoberfläche? Wie groß ist die mittlere Strahlungsleistung in Ihrer Region?
3. Wie viel Prozent des herkömmlichen Energiebedarfes kann
   a) bei der Trinkwassererwärmung,
   b) bei der Heizungsunterstützung
   eingespart werden?
4. Welche Arten von Sonnenkollektoren unterscheidet man? Nennen Sie Vor- und Nachteile.
5. Wie ist der Anlagenwirkungsgrad η_{Anl} definiert?

Aufgaben

Trinkwassererwärmer mit Solarenergie

1. In Hamburg soll für einen Vier-Personen-Haushalt eine Solaranlage geplant werden.
   Berechnen Sie die benötigte Wärmemenge in Wh bei folgenden Angaben:
   - Der tägliche PWH-Bedarf beträgt 50 l pro Person.
   - Das zufließende Kaltwasser hat eine Temperatur von 10 °C.
   - Das erwärmte Trinkwasser soll eine Temperatur von 45 °C besitzen.
2. Für die Solaranlage sollen vier Kollektoren mit je 2 m² Kollektorfläche installiert werden. Wie viel Stunden Sonnenschein sind bei einer durchschnittlichen Wärmestromdichte von 700 W pro m² Kollektorfläche für eine angenommene Wärmemenge von 1 800 Wh pro Person nötig?
3. Im Monat August will der Kunde 300 Liter Wasser erwärmen. Auf welche Endtemperatur kann das Wasser an einem Tag theoretisch erwärmt werden, wenn die Eingangstemperatur 10 °C beträgt? Die Dachneigung wird mit 30° angegeben.

   Entnehmen Sie der Tab. 1 die weiteren Daten, um die Endtemperatur zu ermitteln.

   In Tab. 1 bedeuten:

   ϑ_a = durchschnittliche Außentemperatur
   G = Dachneigung, Blickrichtung nach Süden
   S = tägliche Sonnenscheindauer in Stunden pro Tag
   q = Sonneneinstrahlung in Wh/(m² · d)

4. Stellen Sie in einem Diagramm die monatliche Sonneneinstrahlung q (y-Achse) über den Monaten des Jahres (x-Achse) dar.
   Maßstab: 500 Wh/(m² · d) ≙ 1 cm
   1 Monat ≙ 1 cm
   Ermitteln Sie den Mittelwert der jährlichen Sonneneinstrahlung q für Hamburg und $G = 30°$.
5. Bestimmen Sie, wie viel Prozent der unter Aufgabe 1 zur Trinkwassererwärmung benötigten Energie durch Solarenergie jeden Monat eingespart werden können.
   Wie viel Heizöl kann über das Jahr eingespart werden?
6. Welcher **Kollektorwirkungsgrad** η_K ergibt sich für folgende gemessenen Werte:
   Globalstrahlungsleistung E_K = 115 W/m²
   Absorberfläche A_A = 8 m²
   Volumenstrom $\dot{V}$ = 240 l/h
   Solarkreisvorlauf-Temp. ϑ_V = 363 K
   Solarkreisrücklauf-Temp. ϑ_R = 303 K
   Formeln zur Berechnung: siehe S. 428

Tab. 1: Sonneneinstrahlung *q* (Auswahl)

Ort		Jan	Feb	März	April	Mai	Juni	Juli	Aug	Sep	Okt	Nov	Dez	Jahr
Hamburg	ϑ_a [°C]	0,3	1,0	3,5	7,5	13,3	15,4	17,1	16,2	13,6	8,8	4,2	1,6	8,5
	$G_{0°}$ [Wh/m²d]	521	1.132	2.231	3.553	4.688	5.437	4.820	4.340	2.786	1.489	671	401	2.680
L.: 10°0'O	$G_{30°}$ [Wh/m²d]	790	1.600	2.810	4.000	4.880	5.490	4.930	4.800	3.370	2.040	1.020	670	3.040
B.: 53°38'N	$G_{60°}$ [Wh/m²d]	900	1.750	2.830	3.680	4.200	4.580	4.170	4.340	3.290	2.180	1.160	800	2.830
Höhe: 14 m ü. NN.	$G_{90°}$ [Wh/m²d]	830	1.560	2.330	2.720	2.870	3.010	2.810	3.120	2.600	1.900	1.080	770	2.130
	S [h/d]	1,3	2,2	3,8	5,4	6,8	8,2	7,1	7,3	4,8	3,0	1,6	1,2	4,4

9.12 Solarkreissysteme

Das Solarkreissystem hat die Aufgabe, die gewonnene Solarenergie mittels eines Wärmeträgermediums zum Speicher zu transportieren. Man verwendet dazu unterschiedliche Konzepte, die sich im Wesentlichen durch die Größe des Volumenstromes und des verwendeten Wärmeträgers unterscheiden (Abb. 1).

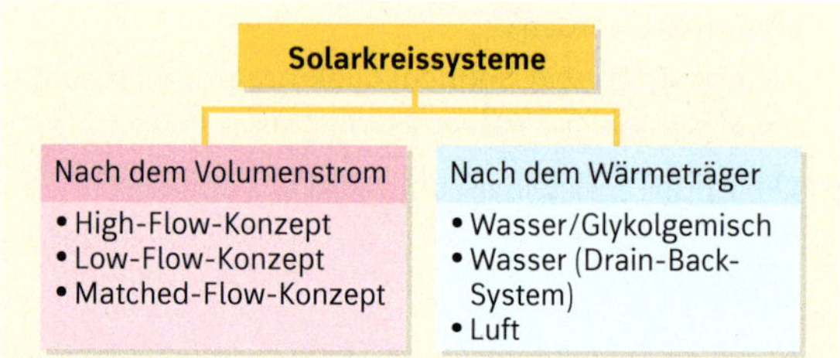

Abb. 1: Einteilung der Solarkreissysteme (Auswahl)

Einteilung nach dem Volumenstrom

Wird der Solarkollektor mit einem großen Volumenstrom durchströmt, so ist der Temperaturanstieg des Wärmeträgermediums (z. B. 9 K) gering. Verringert man die Strömungsgeschwindigkeit und damit den Volumenstrom, so steigt die Temperaturspreizung (z. B. auf 35 K). Die wesentlichen Merkmale der Volumenstromkonzepte zeigt Tab. 2.

Einteilung nach dem Wärmeträger

Bei ganzjährigem Betrieb eines Solarkreissystems sind in unseren Breiten Frostschutzmaßnahmen zu ergreifen, z. B. durch Verwendung eines Gemisches aus *Wasser und Frostschutzmittel (Glykol)*.

Bei allen Frostschutzgemischen treten im Vergleich zu Wasser veränderte Stoffwerte auf (z. B. spez. Wärme, Viskosität). Sie können den Wärmetransport um bis zu 20 % verringern.

Tab. 2: Merkmale der Volumenstromkonzepte

Konzept	Volumenstrom	Vorteil	Nachteil
High-Flow	30–70 l/(m² · h)	Die Solarkollektoren werden auf niedrigerem Temperaturniveau betrieben. Dadurch ergeben sich ein höherer Wirkungsgrad und hohe Kollektorerträge.	Die Solltemperatur im Speicher wird erst nach mehrmaligem Umlauf erreicht. Ferner muss die Zusatzheizung öfter eingeschaltet werden, da das nutzbare Temperaturniveau seltener erreicht wird.
Low-Flow	10–30 l/(m² · h)	Die Solltemperatur im Speicher kann durch die hohe Temperaturspreizung schon nach kurzer Zeit erreicht werden.	Durch die höhere Absorbertemperatur ergibt sich ein niedriger Kollektorwirkungsgrad.
Matched-Flow	Durch dieses Konzept kann der Solarkreis durch eine drehzahlgeregelte Umwälzpumpe so betrieben werden, dass hohe Kollektorerträge oder eine hohe Temperaturspreizung erzielt werden.		

Mit einem *Drain-Back-System* (selbstentleerendes System) lassen sich die zuvor genannten Nachteile vermeiden. Drain-Back-Anlagen bieten einen einfachen Schutz vor dem Überhitzen oder Einfrieren des Wärmeträgers und des gesamten Solarthermiesystems, da die Solarflüssigkeit nur bei Wärmeabnahme durch die Kollektoren gepumpt wird und anschließend – bei Verlegung mit Gefälle – wieder in eine Speichereinheit zurückfließt. Dadurch bedarf es keines Frostschutzmittels. Im Vergleich zu geschlossenen Solaranlagen beinhalten Drain-Back-Anlagen zudem weniger hydraulische Komponenten. Dies senkt sowohl die Investitions- als auch Wartungskosten.

Ein Solarkreissystem, das mit dem *Wärmeträger Luft* betrieben wird, ist ebenfalls gegen Frost unempfindlich. Aufgrund der geringeren spez. Wärmekapazität muss das Wärmeträgersystem jedoch größere Querschnitte aufweisen. Die Luftkollektortechnik wendet man bei der Unterstützung von Luftheizungen an, z. B. in Schwimmhallen.

9.12.1 Sicherheitstechnische Ausrüstung von Solarkreissystemen

Solarkreissysteme können als offene und geschlossene Anlagen gebaut werden. Das *offene Solarkreissystem* (z. B. Drain-Back-System) kann nicht überhitzen, da die Anlage drucklos ist, d. h., die Wärmeträgerflüssigkeit steht mit der Atmosphäre in Verbindung.

Überwiegend werden *geschlossene Solarkreissysteme* installiert. Die notwendigen Sicherheitseinrichtungen nach DIN EN 12976 sind in Abb. 2 dargestellt.

Im Solarkreissystem treten höhere Drücke als im Heizungssystem auf. Damit wird ein höherer Siedepunkt der Solarflüssigkeit erreicht und die Verdampfungsgefahr sinkt.

Das *Sicherheitsventil* ist meist auf einen Ansprechdruck von 6 bar und 120 °C eingestellt.

Das *Manometer*, oft in Kombination mit dem Sicherheitsventil, zeigt den aktuellen Betriebsüberdruck des Solarkreissystems an.

Das *Membran-Druckausdehnungsgefäß* entspricht in Aufbau und Funktion dem in Wasserheizungsanlagen.

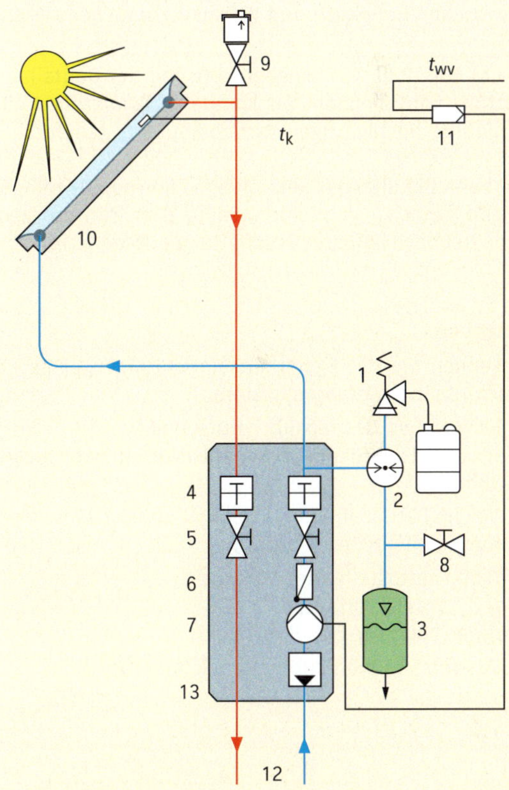

1 Sicherheitsventil mit Auffangbehälter für Solarflüssigkeit
2 Manometer
3 Ausdehnungsgefäß nach DIN EN 13 831 Teil 2 (MAG)
4 Thermometer (Vor- und Rücklauf)
5 Kugelhahn (Vor- und Rücklauf)
6 Schwerkraftbremse
7 Umwälzpumpe
8 Füll- und Entleerungshahn
9 Entlüfter
10 Sonnenkollektor
11 Temperatur-Differenz-Regler
12 Anschlüsse zum und vom Wärmeverbraucher (WV)
13 Durchfluss-Messgerät

Abb. 2: Sicherheitseinrichtungen und weitere Anlagenbauteile eines geschlossenen Solarkreissystems

Der Vordruck ist gemäß der Angabe 1,5 bar + 0,1 mal statische Höhe am Betriebsort einzustellen.

Die Wasservorlage im MAG (Solarflüssigkeit) soll 0,01 bis 0,02 mal Flüssigkeitsinhalt der gesamten Anlage betragen, jedoch mindestens 1 Liter.

Der zulässige Endüberdruck ergibt sich aus p_{SV} = 6 bar – 0,5 bar = 5,5 bar.

Die Anschlussleitung zum MAG hat die Dimension DN 20.

Die *Schwerkraftbremse* (≙ Rückflussverhinderer) verhindert, dass bei ausgeschalteter Umwälzpumpe nicht ein Solarkreislauf aus dem „heißen" Wärmeverbraucher zu den „kalten" Sonnenkollektoren entstehen kann.

Der *Temperatur-Differenz-Regler* schaltet die Pumpe abhängig von der festgelegten Temperaturdifferenz, z. B. 7 K, zwischen Kollektor- und Wärmeverbraucher ein und aus.

Der in Abb. 2, S. 431 eingegrenzte Teil der Bauteilausstattung wird meistens als kompakte *Solarstation* einschließlich hochwertiger Wärmedämmung geliefert.

Um beim Befüllen der Solaranlage Thermospannungen am Kollektor zu vermeiden, sollte dies früh morgens oder erst nach längerer Beschattung erfolgen.

Aufgaben

1. Nennen Sie die Sicherheitseinrichtungen eines geschlossenen Solarkreissystems.
2. Für welchen Betriebsüberdruck und welche Temperatur wird das Sicherheitsventil am häufigsten ausgewählt?
3. Welche Betriebsbedingungen gelten für das Ausdehnungsgefäß in Bezug auf
   a) den einzustellenden Vordruck,
   b) die Wasservorlage,
   c) den zulässige Endüberdruck?
4. Was versteht man unter einer Solarstation?

9.13 Solarwärmespeicher

Die tages- und jahreszeitliche solare Energieeinstrahlung unterliegt starken Schwankungen. Daher stimmt das Solarenergieangebot selten mit dem Wärmebedarf für die Trinkwassererwärmung oder die Heizung überein (Abb. 1).

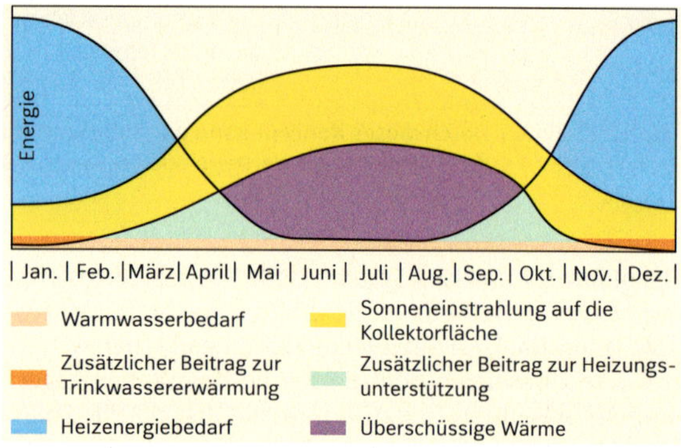

Abb. 1: Wärmebedarf und Solarenergieangebot für ein Einfamilienhaus (Beispiel)

Kurzzeitspeicher

! *Kurzzeitspeicher* können einen Tag-/Nacht-Ausgleich schaffen oder eine kurze Schlechtwetterperiode überbrücken.

Für Kurzzeitspeicher eignet sich Wasser am besten als Speichermedium:

- Wasser hat im Vergleich zu anderen Flüssigkeiten eine hohe Wärmekapazität und kann daher viel Wärme speichern.
- Wasser schichtet sich stabil. Warmes Wasser bleibt oben, kaltes unten.
- Wasser ist ein schlechter Wärmeleiter, sodass das Temperaturgefälle in den Schichten lange erhalten bleibt.

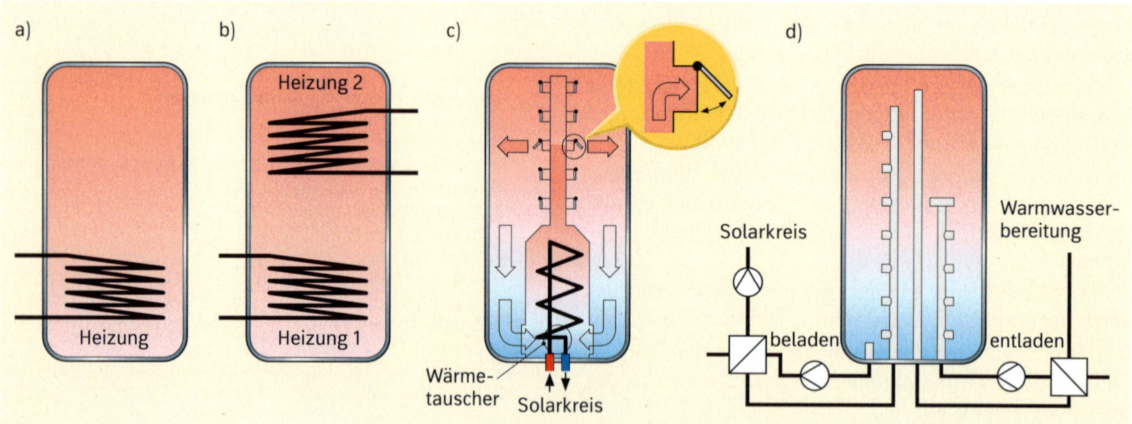

Abb. 2: Speicherentwicklung: a) Pufferspeicher für eine, b) Pufferspeicher für zwei Wärmequellen c) Schichtenspeicher mit innerem, d) Schichtenspeicher mit äußerem Wärmetauscher

Der *Pufferspeicher* dient der Speicherung von Heizwasserwärme (Abb. 2a). Für die Kombination mit einer Solaranlage ist der konventionelle Pufferspeicher wenig geeignet. Da der Sonnenkollektor den höchsten Wirkungsgrad dann aufweist, wenn ihm möglichst kaltes Wasser zugeführt wird, muss der Wärmetauscher im unteren Teil des Speichers angeordnet werden (Abb. 2b). Die dort eingetragene Sonnenenergie bewirkt, dass das erwärmte Wasser im Speicher nach oben steigt. Es vermischt sich aber sofort mit dem umgebenden kälteren Wasser. Der Speicher erreicht dadurch schnell ein einheitliches niedriges Temperaturniveau, das nicht ausreicht, um das Trinkwasser zu erwärmen oder die Heizung zu betreiben.

Schichtenspeicher sind Pufferspeicher, bei denen eine Vermischung vermieden wird. Dies erreicht man durch geeignete Einbauten, z. B. einen Wärmetauscher im Speicher mit Auftriebsrohr, dessen Klappen sich durch den Dichteunterschied zwischen dem warmen Wasser (innen) und dem weniger warmen Wasser (außen) öffnen (Abb. 2c). Befindet sich der Wärmetauscher außerhalb, so wird durch eine temperaturabhängig gesteuerte Einspeisung in mehreren verschiedenen Höhen eine Schichtung erreicht (Abb. 2d).

In manchen Speichern werden auch Trennbleche eingesetzt, um die Temperaturschichtung zu optimieren.

Kombispeicher sind Schichtenspeicher, die einen Trinkwasserspeicher beinhalten oder Trinkwasser extern erwärmen.

! Ein Gütemerkmal für einen *Schichtenspeicher* oder *Kombispeicher* besteht darin, wie gut er Temperaturschichten bilden kann und wie stabil diese auch bei Wärmeentnahme erhalten bleiben.

9.14 Solare Anlagensysteme

Die Sonnenenergie, die das Solarkreissystem in die Anlage einbringt, kann zur Trinkwassererwärmung und Heizungsunterstützung verwendet werden.

Das dazu erforderliche solare Anlagensystem besteht in der Regel aus

- dem Solarkreissystem,
- der Nachheizung,
- dem Speicher,
- der Trinkwassererwärmung und
- dem Raumheizungssystem.

Diese Bestandteile werden zu verschiedenen Anlagenkonzepten kombiniert.

Zunehmende Bedeutung gewinnt hierbei die Kombianlage mit Kombispeicher. Unterscheidungsmerkmale für Kombispeicher sind vor allem die Art der Trinkwassererwärmung oder die Art der Nachheizung. Beim Kombispeicher mit eingebautem Brenner ist die vollständige Integration der Solaranlage in die Heizungsanlage gelungen (Abb. 4).

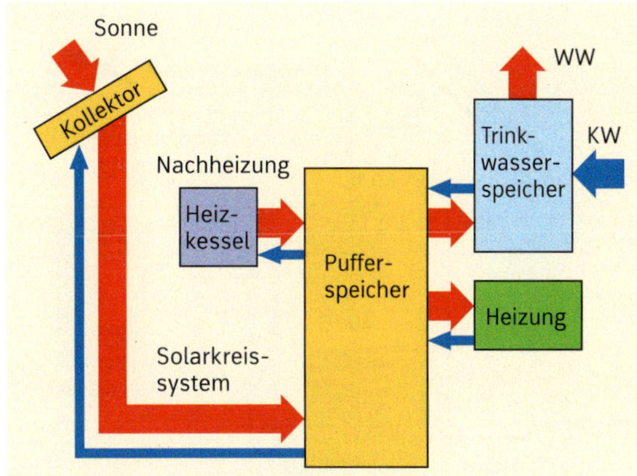

Abb. 3: Bestandteile solarer Anlagen am Beispiel eines Zweispeichersystems

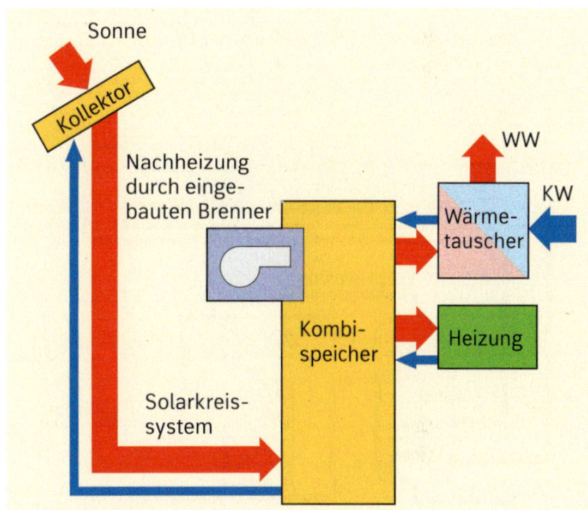

Abb. 4: Kombispeicher mit eingebautem Brenner

9.14.1 Solare Anlage zur Trinkwassererwärmung (Einzelanlage)

Diese Anlage besteht im Wesentlichen aus dem Solarkreissystem, einen Trinkwarmwasserspeicher mit zwei Wärmetauschern und der Nachheizung (Abb. 1, S. 434).

Über den unteren Wärmetauscher wird die Solarenergie in den Speicher eingespeist. Der obere Wärmetauscher führt dem Speicher Wärmeenergie von einem Heizkessel zu, wenn die Solarenergie nicht ausreicht. Der Solarwärmetauscher muss im kalten Bereich des Speichers liegen, damit das Solarkreismedium möglichst weit heruntergekühlt wird, um danach im Kollektor wieder viel Solarenergie aufnehmen zu können.

Bei einem Überangebot an solarer Energie ist bei entsprechender hydraulischer Einbindung auch eine Heizungsunterstützung möglich (Abb. 2, S. 434).

Dazu werden bei ausgeschaltem Brenner die Heizkreispumpe und die Nachheizladepumpe gleichzeitig eingeschaltet. Ein Teil des Heizungswassers erwärmt sich über den Wärmetauscher im Speicher. Über die Heizkreispumpe kann das erwärmte Heizwasser zu den Wärmeverbrauchern transportiert werden.

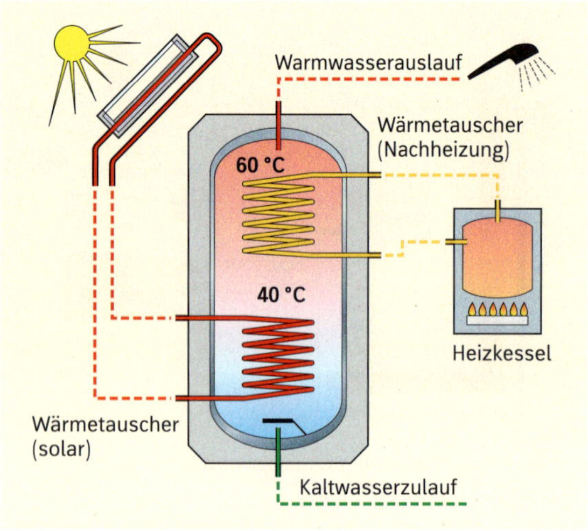

Abb. 1: Solare Anlage zur Trinkwassererwärmung

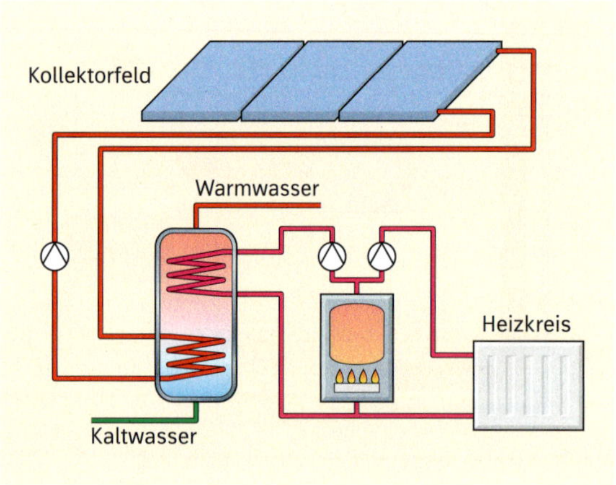

Abb. 2: Schaltschema zur Heizungsunterstützung

9.14.2 Zweispeicheranlage

Die solare Anlage zur Trinkwassererwärmung wurde bei der Zweispeicheranlage um einen weiteren Speicher für die Heizung ergänzt. Die Solarenergie kann je nach Temperaturen in den Speichern durch ein Dreiwege-Ventil dem Trinkwasser- oder Heizungspufferspeicher zugeführt werden.

9.14.3 Einspeicheranlage mit Kombispeicher

Die Einspeicheranlage stellt eine Weiterentwicklung der Zweispeicheranlage dar. Ein zentraler Speicher dient sowohl der Trinkwassererwärmung als auch der Heizungsunterstützung (Kombispeicher). Man unterscheidet zahlreiche Konstruktionsprinzipien, so z. B. das *Tank-in-Tank-System*.

Das Trinkwarmwasser wird in einem zweiten inneren Tank vorgehalten. Der Tank sollte sich nach unten hin verjüngen und in den Bereich des Pufferspeichers gezogen sein. Auch sollte sich in diesem Bereich der Kaltwasserzufluss befinden.

Kombispeicher mit eingetauchtem Wärmetauscher (Abb. 3)

Bei diesem Konstruktionsprinzip wird das Trinkwasser erst bei Bedarf über den eingetauchten Wärmetauscher erwärmt. Solche Speicher werden daher auch als Frischwasserspeicher bezeichnet.

Der in Abb. 3 dargestellte Kombispeicher dient auch als Puffer für den Heizkessel. Das erkennt man daran, dass die vom Heizkessel abgegebene Wärme grundsätzlich dem Kombispeicher zugeführt wird. Dadurch können häufiges Ein- und Ausschalten (Takten) des Brenners und die daraus resultierenden höheren Emissionen vermieden werden.

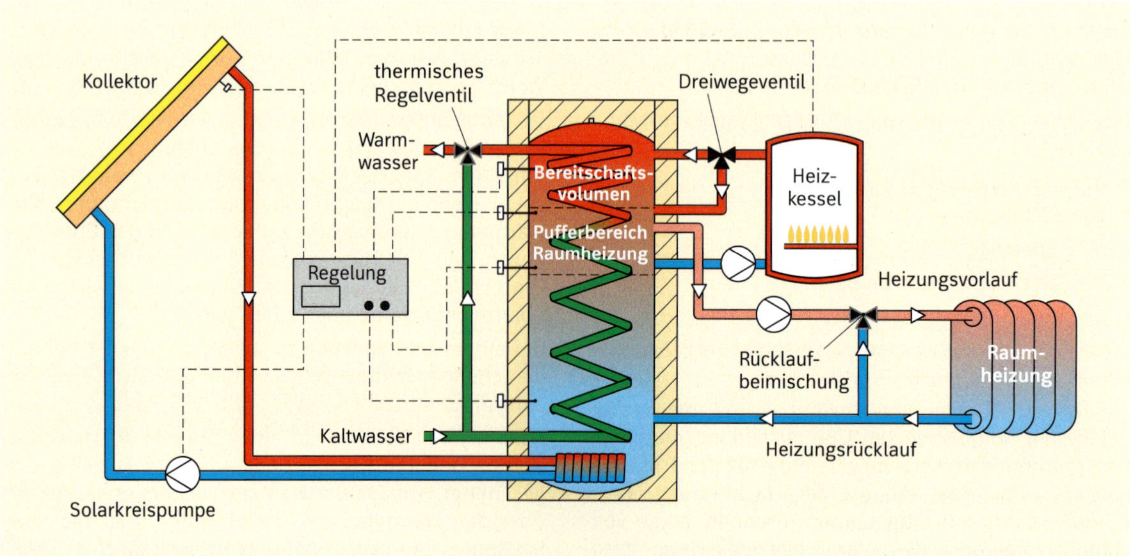

Abb. 3: Anlage mit Kombispeicher; Trinkwasser über eingetauchten Wärmetauscher

Kombispeicher mit Rücklaufanhebung für den Heizkessel

Bei Kombianlagen mit Kombispeicher, die der Rücklaufanhebung dienen (Abb. 4), ist im Speicher nur ein Bereitschaftsvolumen für die Trinkwassererwärmung vorhanden. Ein Puffervolumen zur Unterstützung der Raumheizung steht nicht zur Verfügung. Die für die Raumheizung benötigte Wärme wird vom Heizkessel direkt in den Heizungsvorlauf abgeliefert. Ist die Temperatur im unteren Teil des Speichers höher als die Rücklauftemperatur aus dem Heizkreis, so wird das Rücklaufwasser durch den Speicher geleitet und die Rücklauftemperatur angehoben. Eine solche Rücklaufanhebung ist bei Niedertemperatur-Heizkesseln sinnvoll.

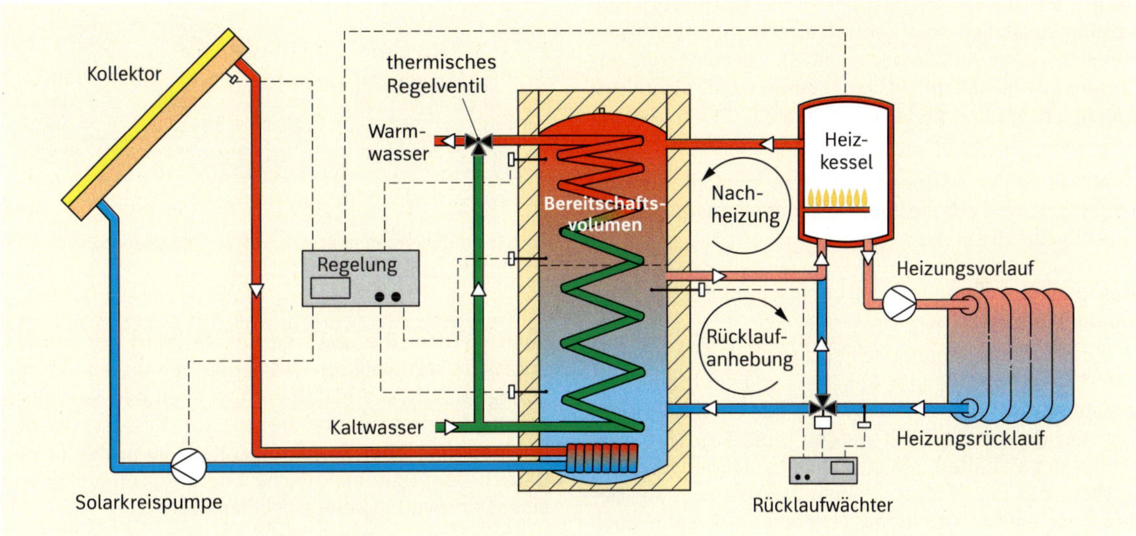

Abb. 4: Anlage mit Kombispeicher und Rücklaufanhebung

Bewertung von Anlagenkonzepten

Das Anlagenkonzept selbst ist hinsichtlich der jährlichen Energieeinsparung von untergeordneter Bedeutung. Die Auswahl eines geeigneten Anlagenkonzeptes muss sich demnach an anderen Kriterien orientieren, so z. B.:

- der Versorgungssicherheit mit Trinkwarmwasser (Bereitschaftsvolumen und Temperatur)
- der Art des Solarkreissystems (low-flow, high-flow)
- der Art der Nachheizwärmequelle (Erdgas, Holz, Wärmepumpe)
- der Größe des Heizkessel-Pufferspeichers
- der Modulationsbreite und dem Taktverhalten des Brenners

Wichtigster Bestandteil eines modernen solaren Anlagensystems ist der Kombispeicher.

Ein guter Kombispeicher sollte folgende Eigenschaften aufweisen:

- Geringe Wärmeverluste. Hierzu ist eine ausreichende Dicke des Dämmmaterials erforderlich. Aber auch im Bereich von Flanschen, Tauchhülsen etc. sollen keine Wärmebrücken vorhanden sein. Energieeinsparungen von 10 % sind möglich.
- Ein kleines, nicht überdimensioniertes Bereitschaftsvolumen für Trinkwarmwasser, um Wärmeverluste zu vermeiden. Senkt man außerdem die Solltemperatur des Trinkwarmwassers von z. B. 70 °C auf 60 °C, so sind Energieeinsparungen von ca. 7 % möglich.
- Eine Schichtbe- und Entladeeinrichtung
- Einen Wärmetauscher mit großem Wärmeübertragungsvermögen. Dadurch können selbst bei geringer Temperaturdifferenz des Solarmediums hohe thermische Leistungen übertragen werden.

Aufgaben

1. Welche Aufgabe hat das Solarkreissystem?
2. Erläutern Sie verschiedene Volumenstromkonzepte. Nennen Sie Vor- und Nachteile.
3. Wie funktioniert das Drain-Back-System?
4. Welche Aufgaben kann ein Pufferspeicher übernehmen?
5. Nennen Sie die wesentlichen Bestandteile
   a) des Solarkreissystems,
   b) eines solaren Anlagensystems.
6. Unterscheiden Sie die Begriffe Kombianlage und Kombispeicher.
7. Beschreiben Sie die Funktion einer Zweispeicheranlage.
8. Erläutern Sie die Vorteile einer Einspeicheranlage gegenüber der Zweispeicheranlage.
9. Unterscheiden Sie die Kombispeicher nach der Art der Trinkwassererwärmung.
10. Was versteht man unter dem Tank-in-Tank-System?
11. Wie funktioniert ein Kombispeicher mit Rücklaufanhebung?

9.15 Wärmepumpen zur Trinkwassererwärmung

Eine weitere Möglichkeit, Trinkwasser umweltschonend zu erwärmen, ist die Nutzung der Wärme aus der Umgebung mithilfe einer Wärmepumpe. Als Wärmequelle für die TW-Erwärmung eignen sich Außenluft, Umluft und Abluft. Bei Abluftbetrieb ist neben der Warmwasserbereitung zusätzlich eine kontrollierte Wohnungslüftung möglich (siehe Abb. 3 oder S. 623). Allerdings ist das Temperaturniveau der uns umgebenden Luft nicht hoch genug, um Wasser direkt zu erhitzen.

! Mithilfe einer Wärmepumpe ist es möglich, die Umgebungswärme auf ein zum Heizen geeignetes Temperaturniveau anzuheben.

Das folgende Analogiemodell veranschaulicht das Prinzip der Wärmepumpe:

Will man den Höhenunterschied zwischen dem Wasserstand eines auslaufenden Behälters und der Umgebung erhalten, muss ständig viel Wasser aus einer höher gelegenen Quelle zugeführt werden (Abb. 1a). Wird zum Füllen des Behälters ein zusätzliches Schöpfwerk eingesetzt, das durch einen kleinen Wasserstrom aus der höher gelegenen Quelle angetrieben wird, kann auch Wasser aus der unmittelbaren Umgebung in den Behälter gepumpt werden (Abb. 1b). Übertragen auf die Wärmepumpe heißt dies:

! Mit einem geringen Anteil an hochwertiger Energie kann Umweltenergie, die sonst nicht nutzbar wäre, auf ein Niveau gehoben werden, welches für die Beheizung von Wasser oder eines Gebäudes geeignet ist.

Mit einer Wärmepumpe kann ein Vielfaches der eingesetzten Energie als Wärmeenergie erzeugt und genutzt werden. Die restliche Energie wird der Umwelt entzogen. Warmwasser-Wärmepumpen lassen sich mit geringem Aufwand installieren, senken den Verbrauch fossiler Brennstoffe und tragen zum Klimaschutz bei. In einem Ein- oder Zweifamilienhaus kann die für den Betrieb benötigte elektrische Energie problemlos von einer Photovoltaikanlage geliefert werden.

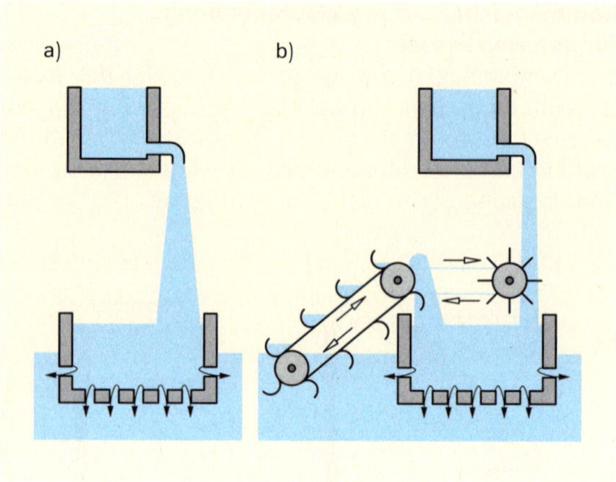

Abb. 1: Analogiemodell a) ohne, b) mit „Wärmepumpe“

Der Bedarf an elektrischer Energie und der Nutzen hängen stark von der Betriebsart ab (Abb. 2). Bei Außenluftbetrieb werden ca. 20 % mehr elektrische Antriebsenergie benötigt als im Abluftbetrieb, weil die mittlere Jahrestemperatur der Außenluft von 10,4 °C in Deutschland deutlich unter der Raumlufttemperatur liegt. Bei Umluftbetrieb wird anderen Wärmequellen (Boden, Wänden, Decke und Geräten) Wärme entzogen und die Raumluft je nach Raumgröße etwas abgekühlt. Idealerweise sollte nur der verbrauchten Raumluft die Wärme entzogen werden, die ohnehin durch frische Außenluft ersetzt werden muss.

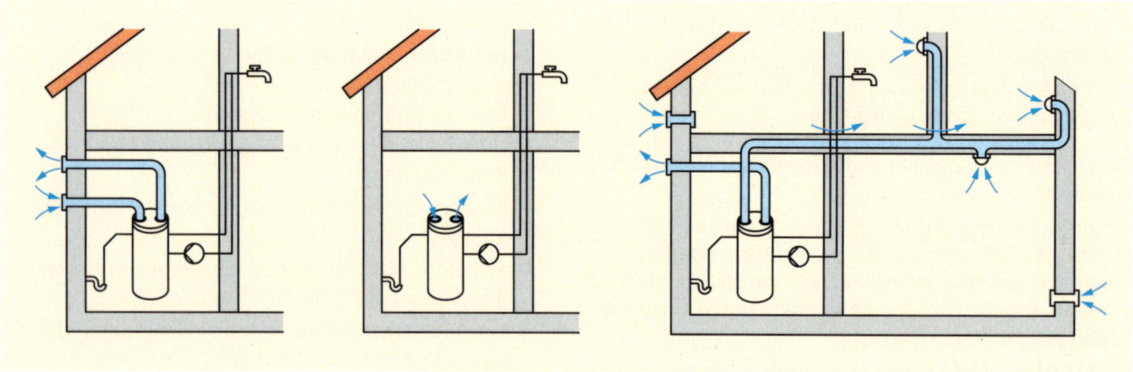

Abb.2: a) Außenluftbetrieb b) Umluftbetrieb c) Abluftbetrieb

Funktion der Warmwasser-Wärmepumpe

Bei der in Abb. 3 dargestellten Wärmepumpe handelt es sich um eine Kompressions-Wärmepumpe. Die meisten ihrer Komponenten befinden sich auf dem Warmwasserspeicher.

Kältemittel

Im geschlossenen Kreislauf der Wärmepumpe wird ein Kältemittel transportiert. Dafür eignet sich z. B. Kohlenstoffdioxid (CO_2) oder Propan (C_3H_8). Das sind Stoffe, die bei niedrigen Temperaturen verdampfen (→ TB).

Verdampfer

Der Verdampfer nimmt die Wärme aus der Luft auf und überträgt diese auf das Kältemittel. Durch diese Erwärmung verdampft das (kalte) Kältemittel und nimmt dabei viel Wärme auf. Da die Luft mit sinkender Temperatur weniger Wasser aufnehmen kann, können sich an der Außenseite des Verdampfers Tröpfchen bilden. Um diese Aufzufangen, befindet sich unter dem Verdampfer eine Wanne mit einem Abfluss. An diesen muss ein Schlauch angeschlossen werden mit Verbindung zur Abwasserleitung. Wenn die Temperatur des Verdampfers unter den Gefrierpunkt fällt, kann sich an der Außenseite des Verdampfers auch Eis bilden. Dies ist insbesondere bei Außenluftbetrieb zu berücksichtigen, weil eine Vereisung die Effizienz der Wärmepumpe deutlich verringert.

Kompressor (Verdichter)

Da sich der Wärmetransport nie von selbst in Richtung höherer Temperaturen bewegt, wird das Kältemittel durch einen Kompressor verdichtet. Dieser wird von einem Elektromotor angetrieben. Infolge der Druckerhöhung steigt die Temperatur des Kältemittels. Das dampfförmige Kältemittel wird auf ein höheres Temperaturniveau und in Richtung Kondensator „gepumpt".

Kondensator (Verflüssiger)

Im nachgeschalteten Verflüssiger gibt das verdichtete, heiße Kältemittel die Verdampfungswärme und die beim Verdichten entstandene Kompressionswärme an das zu erwärmende Wasser ab. Das Kältemittel wird dabei wieder flüssig. Der Verflüssiger kann im unteren Teil des Speichers oder an dessen Außenseite angebracht sein.

Drosselorgan

Über ein Drosselorgan (z. B. Expansionsventil oder Kapillarrohr), das den noch vorhandenen Druck abbaut, gelangt das Kältemittel in den Verdampfer zurück und wird in den Ausgangszustand versetzt.

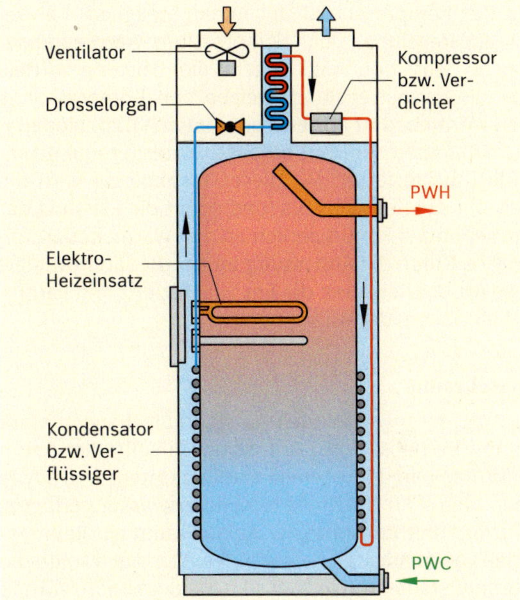

Abb.3: Warmwasser-Wärmepumpe

Beispiel 1

Der Luftvolumenstrom von 160 m³/h einer Warmwasser-Wärmepumpe im Abluftbetrieb wird am Verdampfer von 20°C auf 7°C abgekühlt.

a) Welche Wärmeleistung wird der Luft dabei entzogen? Die spezifische Wärmekapazität der Luft beträgt $c_L = 0{,}34\ \mathrm{Wh/(m^3 \cdot K)}$.

b) Wie lange dauert es, um damit 120 kg Wasser von 10 °C auf 60 °C zu erwärmen?

Geg.: $\dot{V}_L = 160\ \mathrm{m^3/h}$, $\Delta\vartheta_L = 13\ \mathrm{K}$, $c_L = 0{,}34\ \frac{\mathrm{Wh}}{\mathrm{m^3 \cdot K}}$
$m_W = 120\ \mathrm{kg}$, $\Delta\vartheta_W = 50\ \mathrm{K}$

Ges.: a) $\dot{Q}$ b) t

Lös.: a) $\dot{Q} = \dot{V}_L \cdot c_L \cdot \Delta\vartheta_L$

$$\dot{Q} = 160\ \frac{\mathrm{m^3}}{\mathrm{h}} \cdot 0{,}34\ \frac{\mathrm{Wh}}{\mathrm{m^3 \cdot K}} \cdot 13\ \mathrm{K} = \mathbf{707\ W}$$

b) $\dot{Q} = \frac{m}{t} \cdot c_W \cdot \Delta\vartheta_W \rightarrow t = \frac{m}{\dot{Q}} \cdot c_W \cdot \Delta\vartheta_W$

$$t = \frac{120\ \mathrm{kg}}{707\ \mathrm{W}} \cdot 1{,}163\ \frac{\mathrm{Wh}}{\mathrm{kg \cdot K}} \cdot 50\ \mathrm{K} = \mathbf{9{,}87\ h}$$

Regelung der Wärmepumpe

Der Kreislauf wird vom Kompressor aufrechterhalten. Der Kompressor ist der Aktor (Stellglied) bei der Leistungsregelung der Kompressions-Wärmepumpe. Manche Wärmepumpen regeln die Leistung mittels einer Zweipunktregelung, welche den Kompressor je nach Wärmebedarf nur ein- oder ausschaltet. Moderne Wärmepumpen sind mit einem Inverter (Frequenzumrichter) ausgestattet. Mit dieser Technologie wird die Drehzahl des Kompressors (und damit die Leistung der Wärmepumpe) kontinuierlich an den Wärmebedarf angepasst. Durch die Anpassung an den Bedarf optimiert diese Art der Regelung die Energieeffizienz und verhindert ein Takten der Wärmepumpe.

Aufstellraum

Die Anforderungen an den Aufstellraum hängen stark von der Betriebsart ab. Grundsätzlich sollte der Raum frostfrei sein und über einen stabilen Untergrund sowie einen Ablauf für anfallendes Kondenswasser verfügen. Bei Umluftbetrieb sollte der Aufstellraum ein Raumvolumen von mindestens 20 m³ aufweisen. Auch sollte die Raumluft staub- und fettfrei sein. Da dem Raum Wärme entzogen wird, sind Wärmequellen vorteilhaft, um die Verluste auszugleichen.

Beurteilungskriterien der Wärmepumpe

Die Wirksamkeit und Wirtschaftlichkeit wird bei Kompressions-Wärmepumpen durch die Leistungszahl ε_{WP} und die (Jahres-)Arbeitszahl β_{WP} bewertet.

Die *Leistungszahl* ε_{WP}, bzw. deren englische Bezeichnung coefficient of performance (kurz COP genannt), ist gerätespezifisch und wird vom Hersteller angegeben. Die Leistungszahl wird aus dem Verhältnis der Heizleistung zur effektiven Leistungsaufnahme des Gerätes (Antriebsleistung des Verdichters und aller Hilfsaggregate) errechnet.

$$\varepsilon_{WP} = COP = \frac{\dot{Q}_H}{P_{el}}$$

$\dot{Q}_H$: vom Kondensator abgegebene Heizleistung in kW

P_{el} : Antriebsleistung in kW

Je geringer der Anteil der Antriebsleistung an der Heizleistung ist, umso höher ist die Leistungszahl. Eine Leistungszahl von $\varepsilon_{WP} = 3$ bedeutet, dass das Dreifache der eingesetzten Antriebsleistung in Heizleistung umgewandelt wird. Je höher die Leistungszahl, umso besser ist die Wirtschaftlichkeit einer Wärmepumpenanlage.

Um die Leistungszahl verschiedener Hersteller vergleichen zu können, muss diese zusammen mit den jeweiligen Nennbedingungen angegeben werden. Entscheidend sind dabei die Lufteintrittstemperatur und die Warmwassertemperatur, bei denen der COP-Wert gemessen wird. Bei derselben Warmwasser-Wärmepumpe kann die Leistungszahl von 4 auf 3 fallen, wenn die Lufteintrittstemperatur von 20 °C auf 2 °C sinkt.

Die *(Jahres-)Arbeitszahl* β_{WP} ist zur Einschätzung der Wirtschaftlichkeit besonders wichtig, wenn die Betriebsbedingungen schwanken. Sie wird aus dem Verhältnis der Heizwärme zur effektiven Energieaufnahme der Wärmepumpe (über ein Jahr) errechnet.

$$\beta_{WP} = SCOP = \frac{Q_H}{W_{el}}$$

Q_H : vom Kondensator abgegebene Heizwärme in kWh

W_{el} : Antriebsenergie in kWh

Die Arbeitszahl lässt sich im Voraus berechnen, kann aber nur unter realen Bedingungen genauer ermittelt werden.

Der SCOP-Wert (seasonal coefficient of performance) ist eine saisonale Arbeitszahl. Er wird unter Laborbedingungen bei vier verschiedenen Außentemperaturen ermittelt (–7 °C, 2 °C, 7 °C und 12 °C). Daher entspricht dieser Wert relativ gut den realen Bedingungen. Er eignet sich auch für den Vergleich von Wärmepumpen.

Beispiel 2

Für die Warmwasser-Wärmepumpe aus Beispiel 1 sollen nun die folgenden Fragen untersucht werden:

a) Welche Wärmemenge in kWh nimmt das Speicherwasser (120 l) auf, wenn es von 10 °C auf 60 °C erwärmt wird (ohne Verluste)?

b) Welche Kosten in Euro entstehen, wenn das Speicherwasser nicht von der Wärmepumpe, sondern von einem elektrischen Heizstab erwärmt wird? Der Strompreis beträgt 0,35 €/kWh.

c) Wie groß ist die erforderliche elektrische Antriebsleistung der Wärmepumpe bei einer abgegebenen Heizleistung von 707 W und einem COP von 3,5?

d) Welche elektrische Antriebsenergie nimmt die Wärmepumpe während der Aufheizzeit von 9,87 Stunden auf?

e) Wie hoch sind die Kosten in Euro, wenn das Speicherwasser durch die Wärmepumpe erwärmt wird?

f) Wie sehr unterscheiden sich die Aufheizkosten aus Aufgabe b) und e)?

Geg.: $m_W = 120$ kg, $\Delta\vartheta_W = 50$ K
$p = 0{,}35$ €/kWh, $\dot{Q}_H = 707$ W, COP = 3,5
$t = 9{,}87$ h

Ges.: a) Q in kWh b) $K_{Heizstab}$ c) P_{el}
d) W_{el} e) K_{WP} f) ΔK

Lös.:

a) $Q = m_W \cdot c_W \cdot \Delta\vartheta_W$
$Q = 120\ \text{kg} \cdot 1{,}163\ \text{Eh/kg} \cdot \text{K} \cdot 50\ \text{K}$
$Q = 6\,978\ \text{Wh} = \mathbf{6{,}978\ kWh}$

b) $K_{Heizstab} = Q \cdot p$
$K_{Heizstab} = 6{,}978\ \text{kWh} \cdot 0{,}35\ €/\text{kWh}$
$K_{Heizstab} = \mathbf{2{,}44\ €}$

c) $\text{COP} = \frac{\dot{Q}_H}{P_{el}} \rightarrow P_{el} = \frac{\dot{Q}_H}{\text{COP}}$
$P_{el} = 707\ \text{W}/3{,}5 = \mathbf{202\ W}$

d) $W_{el} = P_{el} \cdot t = 202\ \text{W} \cdot 9{,}87\ \text{h}$
$W_{el} = 1\,994\ \text{Wh} = \mathbf{1{,}994\ kWh}$

e) $K_{WP} = W_{el} \cdot p$
$K_{WP} = 1{,}994\ \text{kWh} \cdot 0{,}35\ €/\text{kWh}$
$K_{WP} = \mathbf{0{,}70\ €}$

f) Das Kostenverhältnis 2,44/0,70 = 3,5 entspricht demnach dem COP-Wert. Das bedeutet:
- Das Heizen mit elektrischem Heizstab ist 3,5-mal teurer als das Heizen mit der Wärmepumpe. (Den genauen Wert gibt die Arbeitszahl β_{WP} an.)
- Je größer der COP-Wert bzw. β_{WP} ist, desto geringer ist der Aufwand für die WP-Anlage.

Aufgaben

1. Welche Wärmequellen werden für Warmwasser-Wärmepumpen üblicherweise genutzt?
2. Das Temperaturniveau der uns umgebenden Luft ist nicht hoch genug, um Wasser direkt zu erhitzen. Warum ist die Erwärmung mithilfe einer Wärmepumpe möglich?
3. Um welche Stoffe handelt es sich bei Kältemitteln?
4. Erklären Sie die allgemeine Funktionsweise einer Kompressions-Wärmepumpe. Gehen Sie dabei auf den Verdampfer, den Kompressor, den Kondensator und das Drosselorgan ein.
5. Eine Kundin möchte in ihrem Wohnhaus eine Warmwasser-Wärmepumpe installieren lassen.
   a) Nennen Sie die möglichen Betriebsarten.
   b) Welche Betriebsart wäre am effektivsten?
   c) In welchem Falle wäre ein Umluftbetrieb geeignet?
6. Welche Anforderungen werden an den Aufstellort gestellt? Unterscheiden Sie hierbei auch nach der Betriebsart.
7. Eine in einem größeren Hausarbeitsraum installierte Warmwasser-Wärmepumpe, die im Umluftbetrieb arbeitet, soll der Raumluft 400 W Wärme entziehen. Wie groß sollte der Luftvolumenstrom sein, damit sich die Luft von 20 °C auf 15 °C abkühlt? Die spezifische Wärmekapazität der Luft beträgt $c_L = 0{,}34\ \text{Wh}/(\text{m}^3 \cdot \text{K})$.
8. Ein Einfamilienhaus soll mit einer Warmwasser-Wärmepumpe (Außenluftbetrieb) für die zentrale Trinkwasserversorgung ausgestattet werden. Es ist von folgenden Daten auszugehen:
   - Speichervolumen $V = 200$ Liter
   - elektrische Antriebsleistung $P_{el} = 400$ W
   - Leistungszahl COP = 3
   - Abkühlung der Außenluft von 10 °C auf 5 °C
   - Strompreis 0,39 €/kWh

   Wie hoch ist/sind:
   a) die vom Kondensator der Wärmepumpe abgegebene Heizleistung in kW?
   b) die Aufheizzeit in Stunden, um die Speicherwassertemperatur im Wärmepumpenbetrieb von 35 °C auf 55 °C zu erhöhen?
   c) die in dieser Aufheizzeit aufgenommene elektrische Antriebsenergie der Wärmepumpe in kWh?
   d) die Stromkosten für diese Aufheizung in Euro?

▶ Steuerung und Regelung von Anlagen zur Trinkwassererwärmung

In der Wassertechnik werden selbsttätige Einrichtungen zum Steuern und Regeln vorwiegend eingesetzt, um

- die Zapfstellen schnell mit exakt temperiertem Wasser zu versorgen,
- den Wasser- und Energieverbrauch zu senken,
- die Hygiene zu gewährleisten,
- das Wasser zu behandeln,
- die Anlagenfunktion sicherzustellen.

Nachfolgend wird auf einige typische Anwendungen eingegangen.

9.16 Steuerung und Regelung der Temperatur bei Durchfluss-Wassererwärmern

In Durchfluss-Wassererwärmern werden sowohl Steuerungen als auch Regelungen eingesetzt, um möglichst schnell eine konstante Auslauftemperatur zu erreichen. Ihre Wirkungsweise ist besser zu verstehen, wenn der gesteuerte und der geregelte Anteil getrennt behandelt werden.

Temperatursteuerung

Im Allgemeinen wird bei einer Steuerung die Steuergröße x nicht erfasst (Abb. 1). Es wird aber ein Signal benötigt, mit dem die Steuergröße geführt werden kann. Ein Aufnehmer, der für einen Durchlauferhitzer ein geeignetes Signal liefert, ist die Venturi-Düse. Ihr Ausgangssignal ist ein Differenzdruck. Er ist abhängig von der Fließgeschwindigkeit des Wassers. Der Differenzdruck wird als Führungsgröße w an das Steuergerät übertragen. Beim Steuergerät handelt es sich um eine Membrandose. Ihre beiden Druckkammern werden durch eine Membran voneinander getrennt. Liegt ein Differenzdruck an, so wölbt sich die Membran und übt auf einen Stift eine Kraft F aus. Diese Kraft wird als Stellgröße y genutzt. Wenn das Wasser schneller durch die Venturi-Düse fließt, erhöht sich der Differenzdruck und die Kraft F wird stärker. Mit dieser Kraft können unterschiedliche Stellglieder betätigt werden, wie Ventile, Klappen oder Schalter. Stellglieder greifen in den Stoff- oder Energiefluss ein.

Bei Durchfluss-Wassererwärmern ist die Steuergröße x die Temperatur an der WW-Entnahmestelle. Als Störgröße z können z. B. Temperaturschwankungen in der Trinkwasserleitung aufgefasst werden.

Die hydraulische Steuereinrichtung reagiert sehr schnell auf Änderungen des Wasserdurchflusses.

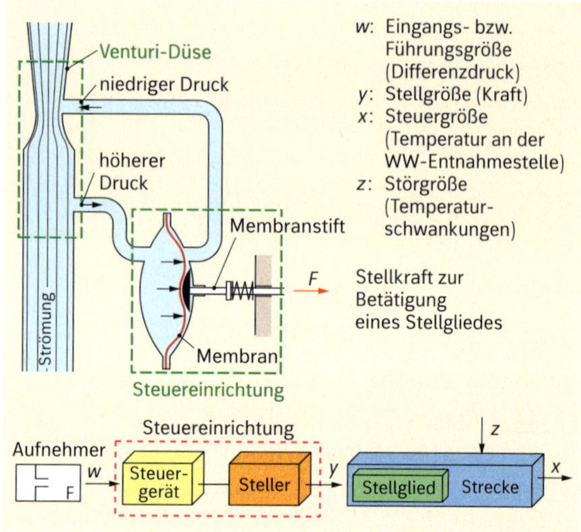

Abb. 1: Aufnehmer und Steuereinrichtung bei Durchfluss-Wassererwärmern

! Wird für die Steuerung eines Durchfluss-Wassererwärmers eine Venturi-Düse verwendet, so bezeichnet man ihn als *hydraulisch* gesteuert.

Anwendung finden solche Temperatursteuerungen in Gas-Durchfluss-Wassererwärmern (Abb. 2) und in Elektro-Durchfluss-Wassererwärmern. Die Wassererwärmung hängt vom Wasserdurchfluss und von der Heizleistung des Gerätes ab.

Bei einem *Gas-Durchfluss-Wassererwärmer* ist das Stellglied ein Gas-Ventil. Mit der Stellkraft wird das Gas-Ventil geöffnet. Es öffnet umso weiter, je schneller das Wasser durch die Venturi-Düse strömt. Der Gasvolumenstrom zum Brenner wird somit stufenlos (gleitend bzw. modulierend) gesteuert. Bei geringem Wasser-Durchfluss reicht die Stellkraft zum Öffnen des Gas-Ventils nicht aus.

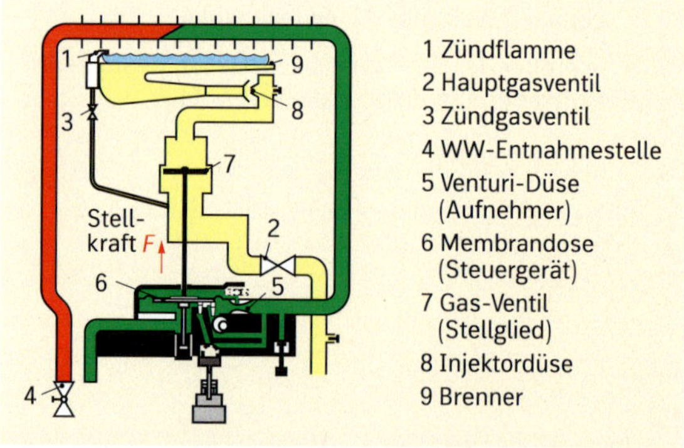

Abb. 2: Geräteschema (Gas-Durchfluss-Wassererwärmer)

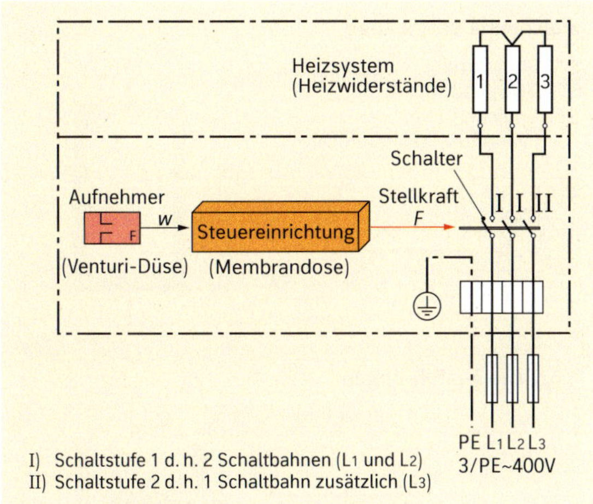

Abb. 3: Anschlussplan eines hydraulisch gesteuerten Elektro-Durchfluss-Wassererwärmers

Im hydraulisch gesteuerten *Elektro-Durchfluss-Wassererwärmer* ist das Stellglied ein Schalter (Abb. 3). Solche Geräte sind wegen ihrer hohen Leistungsaufnahme meist an Drehstrom angeschlossen. Der Schalter weist daher für die Außenleiter L1, L2 und L3 je einen Kontakt auf. Durch die Wirkung des Aufnehmers (Venturi-Düse) und der Steuereinrichtung (Membrandose) stellt sich eine Kraft *F* ein, die vom Wasserdurchfluss abhängig ist. Mit dieser Kraft wird der Schalter betätigt.

Viele dieser Geräte werden in zwei Leistungsstufen gesteuert. Für die Umschaltung wird ein von der Kraft abhängiger Zweistufen-Schalter verwendet. Mit zunehmendem Wasserdurchfluss wird zunächst die Schaltstufe 1 (L1 und L2) und mit größer werdendem Durchfluss die Schaltstufe 2 (L3) eingeschaltet. Die Kontakte öffnen wieder bei abnehmendem Wasserdurchfluss. Im Übergangsbereich zwischen Teillast- und Volllastbetrieb kann es zum Takten der Schaltstufe 2 kommen.

Neben den hydraulisch gesteuerten *Elektro-Durchfluss-Wassererwärmern* werden immer häufiger auch *elektronisch gesteuerte* Geräte eingesetzt. Als Steuereinrichtung dient hierbei ein Mikrocomputer. Dieser errechnet je nach Temperaturwahl ϑ_{Soll}, Wasserdurchfluss $\dot{m}$ und Kaltwasserzulauftemperatur ϑ_K die erforderliche Heizleistung $\dot{Q}$. Die Berechnung erfolgt nach der Formel:

$$\dot{Q} = \dot{m} \cdot c \cdot (\vartheta_{Soll} - \vartheta_K)$$

Je nach errechneter Leistung werden die einzelnen Heizwiderstände über elektronische Schalter (sogenannte Triacs) zu- oder abgeschaltet.

! Bei *gesteuerten* Durchfluss-Wassererwärmern befinden sich die *Aufnehmer im Kaltwasser-Zulauf* des Gerätes.

Temperaturregelung

Um die Auslauftemperatur des Wassers auch bei Störungen möglichst konstant halten zu können, ist eine Temperaturregelung erforderlich.

! Im Gegensatz zu gesteuerten Geräten benötigen thermisch *geregelte* Durchfluss-Wassererwärmer einen *Aufnehmer am Warmwasserauslauf.*

Mit ihm wird der Temperatur-Istwert ϑ_W aufgenommen und an den Regler zurückgeführt (Abb. 4).

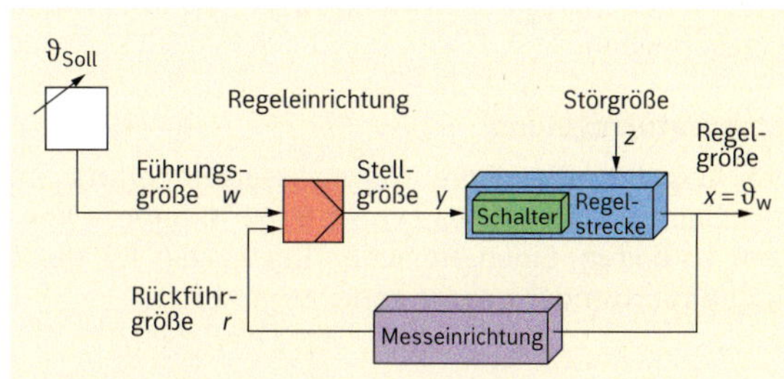

Abb. 4: Wirkungsplan thermisch geregelter Durchfluss-Wassererwärmer

In der Regeleinrichtung wird der am Temperaturwähler eingestellte Sollwert mit dem Istwert verglichen. Aus der Regeldifferenz $e = w - r$ wird ermittelt, welche Heizleistung notwendig ist, um die gewünschte Temperatur zu erreichen oder konstant zu halten. Mit dem Ausgangssignal des Reglers (Mikrocomputer) können die einzelnen Heizwiderstände geschaltet bzw. getaktet werden.

Hohe Ansprüche an den Komfort erfüllen Durchfluss-Wassererwärmer, deren Temperatur *sowohl gesteuert,als auch geregelt* wird (Abb. 5). Mit der Steuerung wird die Auslauftemperatur durch eine Grundschaltung schnell angenähert. Die Regelung übernimmt die Feinabstimmung durch Takten eines einzelnen Heizwiderstandes.

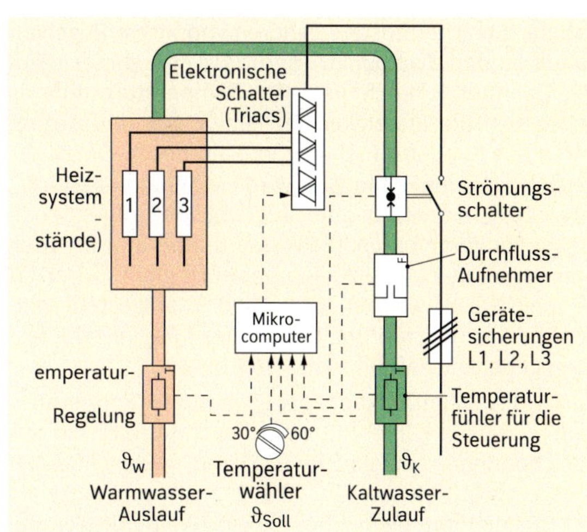

Abb. 5: Elektro-Durchfluss-Wassererwärmer mit gesteuertem und geregeltem Anteil (Prinzip)

9.17 Steuerung und Regelung bei Speicher-Wassererwärmern

Bei den Speicher-Wassererwärmern sind selbsttätige Einrichtungen insbesondere notwendig, um den Wasser- und Energieverbrauch zu senken sowie das Infektionsrisiko durch Legionellen zu verringern.

Steuerung

Eine selbsttätige Einrichtung zur *Senkung des Energie- und Wasserverbrauchs* ist z.B. die Zirkulationspumpensteuerung. Ihre Wirkungsweise ist in Lernfeld 10 beschrieben.

Temperaturregelung

Ihre Aufgabe ist es, die Warmwassertemperatur im Speicher auf einem Niveau von z.B. 60 °C nahezu konstant zu halten. Einen einfachen Regler, der für diese Aufgabe verwendet werden kann, zeigt Abb. 1.

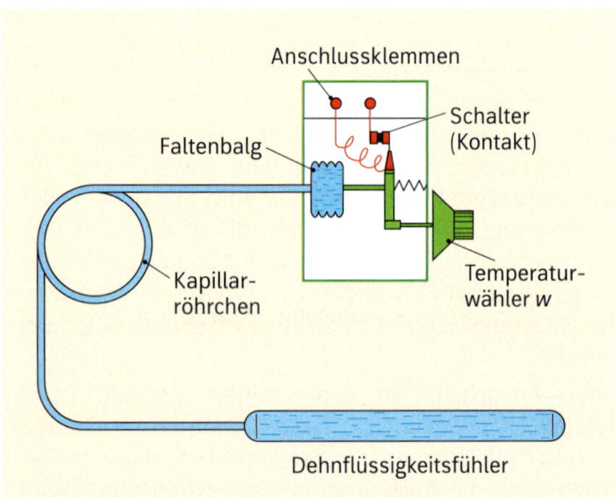

Abb. 1: Kapillarrohr-Thermostat (Zweipunkt-Temperaturregler mit Dehnungsflüssigkeit)

Kapillarrohr-Thermostate gehören von ihrem Regelverhalten zu den Zweipunktreglern. Als Aufnehmer dient ein Dehnflüssigkeitsfühler. Bei Temperaturerhöhung dehnt sich die Flüssigkeit im Fühler aus und strömt durch das Kapillarröhrchen zum Faltenbalg. Durch die Ausdehnung des Faltenbalgs wird ein Schalter geöffnet. Nimmt die Temperatur am Fühler ab, so wird der Schalter wieder geschlossen. Die Wassertemperatur im Speicher kann mit Zweipunkt-Temperaturreglern dieser Art beispielsweise zwischen 20 und 80 °C eingestellt werden. Je nach Ausführung haben diese Regler eine fest vorgegebene Schaltdifferenz von 2 bis 4 K.

Durch die Schaltfunktion des Zweipunkt-Temperaturreglers, dessen Fühler mit einer Tauchhülse tief in das Speicherinnere eingetaucht ist, kann in den Energiefluss eingegriffen werden. Abb. 2 zeigt eine Auswahl von Stelleinrichtungen, über die ein Zweipunkt-Temperaturregler auf die Wassererwärmung im Speicher Einfluss nehmen kann.

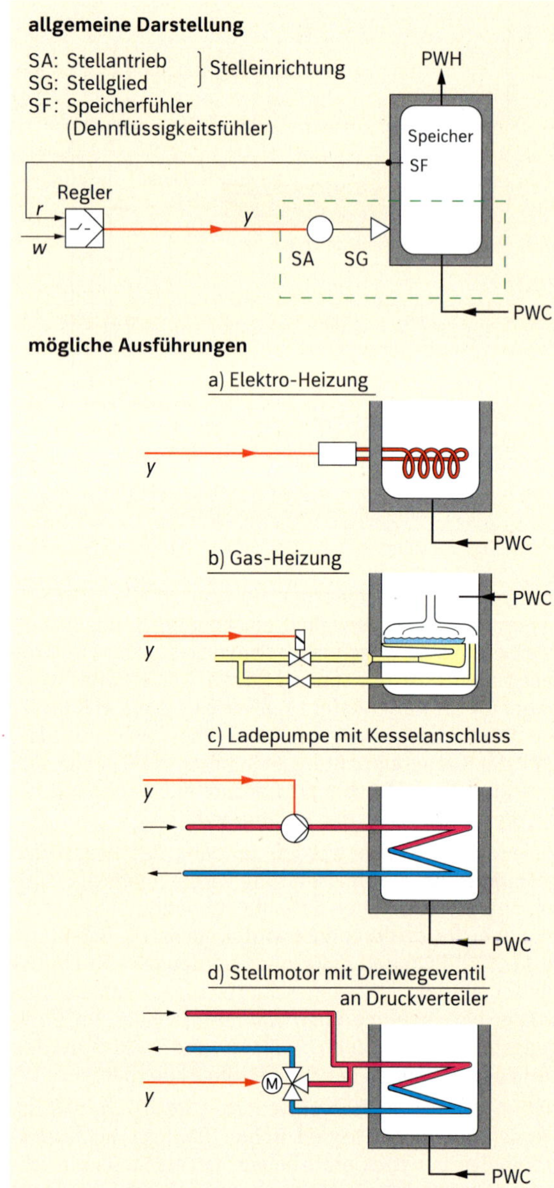

Abb. 2: Stelleinrichtungen bei der Zweipunktregelung von Speicher-Wassererwärmern (Auswahl)

Die Schaltfunktion des Zweipunktreglers kann auf unterschiedliche Weise genutzt werden, um einer Abkühlung des Speicherwassers entgegenzuwirken. Um das Speicherswasser erwärmen zu können, muss Energie von einer verfügbaren Quelle genutzt werden. Für einen kontrollierten Erwärmungsvorgang werden je nach verwendeter Energiequelle unterschiedliche Leitungssysteme benötigt. Die Stelleinrichtung greift in den Energiefluss ein.

! *Zweipunkt-Regelungen* sind einfach und kostengünstig, denn die Steuereinrichtung muss nur den beiden Schaltsignalen des Reglers folgen können.

Erweiterte Anforderung für die Steuerung und Regelung von Speicher-Wassererwärmern

Neben der Regelung der Speichertemperatur und der Steuerung der Zirkulationspumpe ZP lassen sich bei der Speicher-Wassererwärmung noch eine Reihe weiterer Vorgänge steuern und regeln. Um die erweiterten Anforderungen erfüllen zu können, reichen mechanische Regeleinrichtungen nicht aus. Diese werden zunehmend durch digitale Regler ersetzt.

Digitale Regler sind Mikrocomputer. Sie enthalten Programme, in denen festgelegt ist, wie auf bestimmte Eingabedaten und Messdaten zu reagieren ist.

Ein digitaler Regler kann daher als das „Gehirn" einer Anlage betrachtet werden. In modernen Anlagen kann ein einziger digitaler Regler die Steuerung und Regelung für das gesamte System übernehmen (Abb. 3).

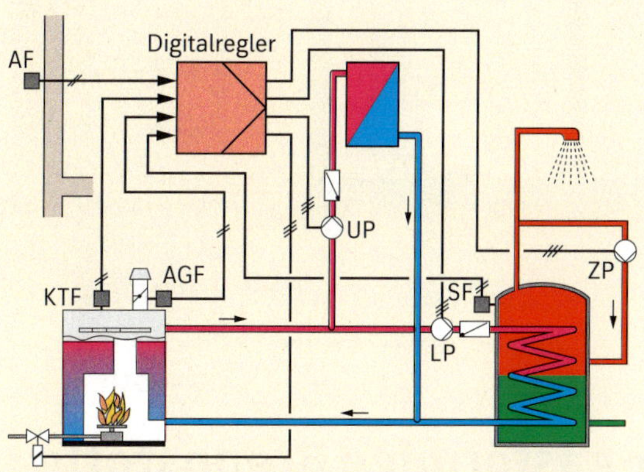

AF: Außentemperaturfühler
KTF: Kesseltemperaturfühler
AGF: Abgastemperaturfühler
SF: Speichertemperaturfühler
UP: Heizungsumwälzpumpe
LP: Speicherladepumpe
ZP: Zirkulationspumpe

Abb. 3: Regelstation für eine Zentralheizung und einen Trinkwasserspeicher

Gute elektronische Digitalregler sind so programmiert, dass sie bezüglich der Speicher-Trinkwassererwärmung folgende erweiterte Dienste leisten:

- *Vorrangschaltung* für die Aufheizung des Speicherwassers
  Fordert der Speichertemperaturfühler SF Wärme an, so geht der Wärmeerzeuger auf Volllast, die Speicherladepumpe LP wird ein- und die Heizungsumwälzpumpe UP ausgeschaltet.
- *Schaltzeiten und Schaltoptimierung*
  Dadurch können die Zeiten vorgegeben werden, zu denen entsprechend temperiertes Wassers bereitgehalten werden soll. Moderne Systeme berücksichtigen darüber hinaus das Benutzerverhalten und führen eine Optimierung der Schaltzeiten durch, um eine bedarfsgerechte und energiesparende Warmwasserbereitung zu ermöglichen.
- *Sommerspar- und Urlaubsschaltung*
  Im Sommerbetrieb wird der Speicher bei Wärmeanforderung nur einmal am Tag und im Urlaub gar nicht geladen. Dies verringert die Betriebsbereitschaftsverluste.
- *Fehlerdiagnose*
  Unterstützung für den Servicefall und bei Störungen

Darüber hinaus regeln und steuern digitale Regler die gesamte Heizungsanlage. Ein weiterer Vorteil besteht darin, dass sich ihre Arbeitsweise meist leicht verändern lässt. So können bei Erweiterungen der Anlage z. B. umfangreichere Reglerprogramme aktiviert werden.

Aufgaben

1. Nennen Sie vier Einsatzgebiete für Steuerungen und Regelungen in der Wassertechnik.
2. Erläutern Sie, was man unter „hydraulisch gesteuert" versteht.
3. Erklären Sie, wie die Venturi-Düse zur Steuerung von Durchfluss-Wassererwärmern genutzt wird.
4. Warum arbeiten hydraulisch gesteuerte Elektro-Durchfluss-Wassererwärmer in zwei Schaltstufen?
5. Woran kann man bei Durchfluss-Wassererwärmern erkennen, ob die Auslauftemperatur
   a) gesteuert,
   b) geregelt oder
   c) gesteuert und geregelt wird?
6. Beschreiben Sie den Aufbau und die Funktion eines Kapillarrohr-Thermostats.
7. Welche Stelleinrichtungen können zur Zweipunkt-Temperaturregelung von Speicher-Wassererwärmern genutzt werden?
8. Nennen Sie vier erweiterte Steuerungs- und Regelungsaufgaben, die bei der Speicher-Trinkwassererwärmung erfüllt werden sollen.

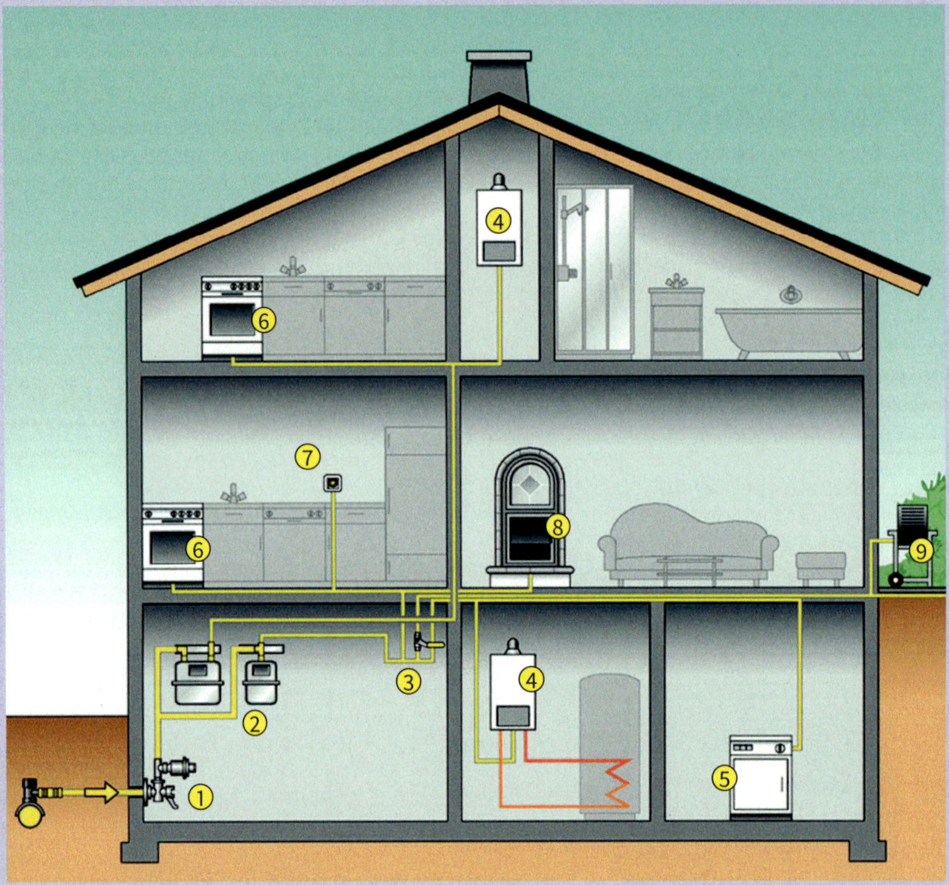

① Hauseinführung mit
② Gaszähler mit Zähle
anschlussplatte
③ Verteiler
④ Gas-Brennwertgerä
⑤ Gas-Wäschetrockne
⑥ Gasherd
⑦ Gas-Steckdose
⑧ Gaskaminofen
⑨ Gas-Außensteckdos
Gasgrill

Lernfeld 10

Wärmeerzeugungsanlagen für gasförmige Brennstoffe installieren

Installieren einer Gas-Brennstoffversorgungsanlage für eine Hybridheizung Gas-Brennwertgerät/Wärmepumpe

Kundenauftrag

Ein Kunde muss in seinem Einfamilienhaus (Baujahr 1978) den alten Ölkessel ersetzen. Da trotz Teilsanierung Vorlauftemperaturen von ca. 55 °C benötigt werden und mittlerweile ein Gasanschluss für das Haus verfügbar ist, soll eine moderne Hybridanlage Wärmepumpe mit Gas-Brennwertgerät installiert werden. Zusätzlich sollen in der Küche ein Gasherd, im Wohnzimmer ein Gaskamin und auf der Terrasse ein Gasgrillanschluss neu eingebaut werden. Der bestehende Schornstein kann weiter verwendet werden, ist jedoch den neuen Anforderungen anzupassen.

Information und Orientierung

Für den Grundlast-Wärmebedarf ist eine Luft-Wasser-Wärmepumpe vorgesehen. Das Gas-Brennwertgerät übernimmt die Wärmeversorgung bei sehr hohem Warmwasserbedarf oder bei besonders niedrigen Außentemperaturen in bivalenter Betriebsweise (Hydraulikkonzept siehe Abb. 1). Die Wärmeleistung des Gas-Brennwertgerätes ist mit 20 kW festgelegt worden.

Bei der Planung müssen die baulichen Gegebenheiten vor Ort aufgenommen werden, da kein Plan mehr vorliegt. Die Vorschriften des DVGW-TRGI 2018 sind zu berücksichtigen. Es ist besonders auf die normgerechte Ausführung der Gas-Leitungsanlage und die sachgerechte Anbindung an die Verbraucher zu achten. Dabei sollen unterschiedliche Rohrleitungsmaterialien in Betracht gezogen und die verschiedenen Verarbeitungstechniken verglichen werden. Auf die Prüfung der Gasanlage nach Fertigstellung ist besonders einzugehen.

Planung und Durchführung

Für die Planung der Hybridheizung sowie der Verbrauchs- und Anschlussleitungen sind folgende Unterlagen zusammenzustellen:

- Technische Daten und Abmessungen des neuen Gas-Brennwertgerätes sind nach entsprechenden Firmen-Datenblättern zu ermitteln.
- Die Aufstellung des Gas-Brennwertgerätes und der Wärmepumpe sowie der beiden Speicher ist festzulegen, abhängig von den örtlichen Gegebenheiten.
- Zur Dimensionierung der Gasleitungen ist ein Strangschema nach der Vorlage (Abb. 2, S. 446) mit allen notwendigen Bauteilen zu zeichnen. Für den Küchenherd ist ein Anschlusswert von $V_A = 0{,}9\ m^3/h$ gegeben. Die errechneten Spitzenvolumenströme und die Leitungslängen sind in das Schema einzutragen. Daraus sind die Nennweiten und die zulässigen Druckverluste zu ermitteln.

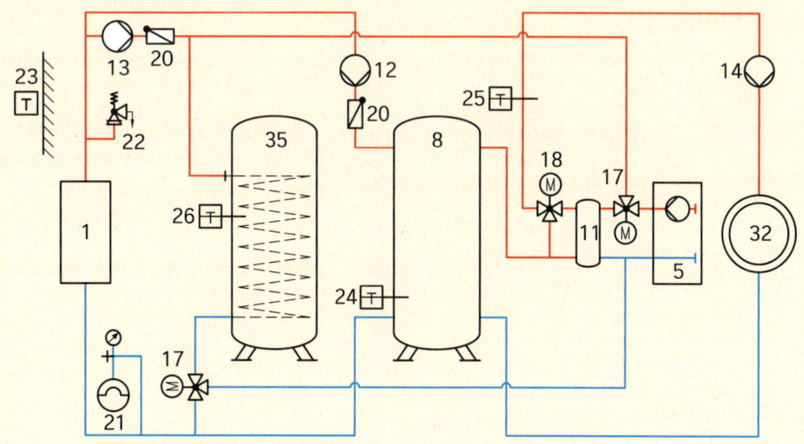

1 Luft-Wasser-Wärmepumpe
5 Gas-Brennwertgerät
8 Heizungswasser-Pufferspeicher
35 Trinkwarmwasserspeicher

Abb. 1: Hydraulikkonzept der Hybridanlage

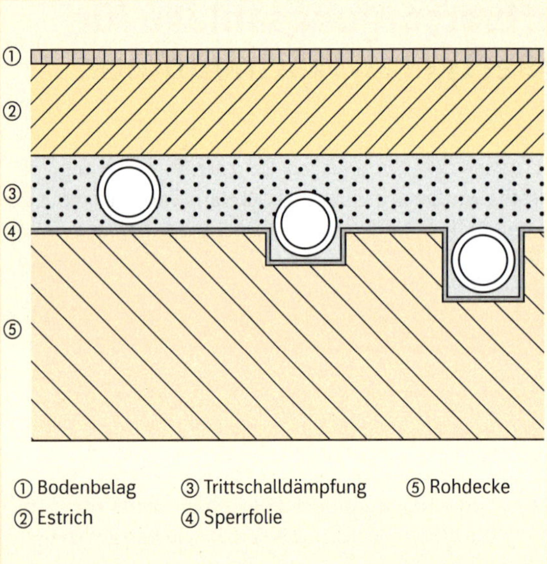

Abb. 1: Zulässige Verlegungsarten im Fußboden

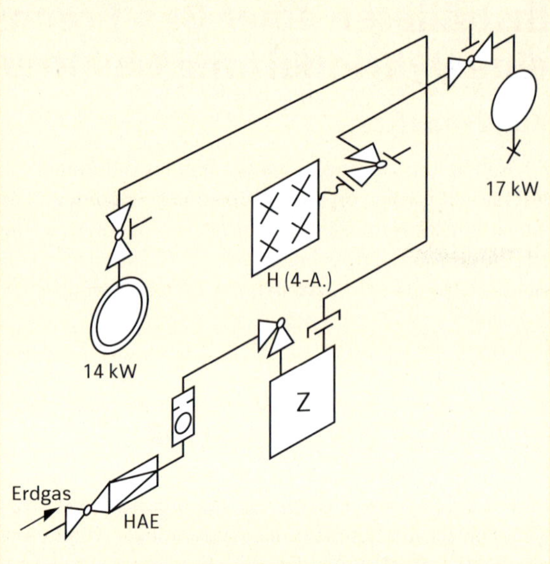

Abb. 2: Strangschema einer Gasleitungsanlage

- Die notwendigen Regel- und Sicherheitseinrichtungen sind für die Anlage nach DVGW-TRGI festzulegen.
- Mithilfe des Anlagenschemas sind die Bauteile der Brennstoffversorgungsanlage zu erfassen. Dabei ist auf die normgerechte Bezeichnung der einzelnen Teile zu achten. Mit dieser Liste können auch die Materialkosten ermittelt werden.
- Die Rohrleitungsmontage ist an einem Übungsstück praxisgerecht umzusetzen.
  Bei den Montagearbeiten ist auf korrekte Ausführung der Rohrverbindungen zu achten.
  Die vorgeschriebenen Druckprüfungen sind an dem Übungsstück durchzuführen und ordnungsgemäß zu protokollieren.

Bewertung

Die sach- und normgerechte Planung und die praktische Ausführung des Übungsstückes sind zu bewerten. Im Einzelnen sind dies:

- die Ausarbeitung der Arbeitspläne (Grundriss und Schnittdarstellung) und die Berechnung der Nennweiten
- die genaue Erfassung der benötigten Materialien
- die Produktbetrachtung der verschiedenen Rohrmaterialien und Verbindungstechniken
- die praktische Ausführung des Übungsstückes, dessen Dichtheit und die Protokollerstellung

Präsentation

Die Ergebnisse der Planung sind in Form von Strangschema, Grundrisszeichnung, Materialliste und Berechnungsunterlagen als Konzept darzustellen. Die Planungsergebnisse sind mit verschiedenen Werkstoffen und Verbindungstechniken zu präsentieren. Dabei sollten die Vor- und Nachteile der einzelnen Materialien aufgezeigt werden. Die Darstellung der sicherheitstechnischen Überlegungen und die ausführliche Beschreibung der notwendigen Druckproben sind anschaulich darzustellen. Eine kurze und einprägsame Sicherheitsbelehrung beim Umgang mit Gas ist anzufertigen. Dabei ist auf die Inbetriebnahme, den Betrieb und den Störfall einzugehen.

10 Wärmeerzeugungsanlagen für gasförmige Brennstoffe installieren

10.1 Gasförmige Brennstoffe

Brenngase

Als Brenngas werden gasförmige Brennstoffe bezeichnet, die vor allem

- der Wärmeversorgung von Haushalten und Wohneinheiten dienen
- und in Gewerbe und Industrie Wärmeenergie liefern.

Technische Brenngase werden unterteilt in:

- Naturgase, die auf natürliche Weise entstehen oder entstanden sind, z. B. Biogas, Klärgas sowie Erdgas
- Gase aus flüssigen Brennstoffen, die in Raffinerien durch Verdampfen oder Zersetzen flüssiger Brennstoffe entstehen, z. B. Spalt- oder Flüssiggase
- Gase nach sonstigen Verfahren, die sich z. B. bei der Elektrolyse von Wasser ergeben, wie Wasserstoff

Im Aufgaben- und Arbeitsfeld der Anlagenmechaniker/-innen kommen im Wesentlichen Naturgase (Erdgase, Biogase) und Flüssiggase (Propan, Butan) zum Einsatz.

Gewinnung

Propan und Butan sind hauptsächlich ein Produkt der Erdölverarbeitung in der Raffinerie. Erdgase werden aus natürlichen Lagerstätten gefördert. Werden die Lagerstätten angebohrt, strömt Erdgas zunächst unter hohem Druck aus. Lässt der Druck nach, kann das Gas z. B. durch Einpressen von Wasser gefördert werden.

Verteilung

Das Erdgas wird in Pipelines von der Fundstätte zum Verbraucher transportiert. Deutschland durchzieht ein dichtes Netz von Erdgasleitungen. Dieses Netz ist an vielen Stellen mit dem europäischen Gasnetz verbunden, in das Erdgas aus Förderländern eingespeist wird.

Um Erdgas aus anderen Kontinenten nach Deutschland zu bringen, muss es unter hohem Druck (40 bar) und tiefer Temperatur (−163 °C) verflüssigt werden. Dabei entsteht Flüssigerdgas (LNG), das in thermisch isolierten Tanks auf Schiffen transportiert werden kann. Das Problem dabei ist, dass bei Abbau, Transport und Lagerung Methanin die Atmosphäre gelangen kann. Der Treibhauseffekt von Methan ist um ein Vielfaches höher als der von CO_2.

Propan und Butan werden unter einem Druck von weniger als 10 bar verflüssigt. Dabei nehmen sie nur noch 1/260 ihres vorherigen Volumens ein. Die Flüssiggase werden in verhältnismäßig kleinen Druckgefäßen gelagert, entweder in Gasflaschen oder in ortsfesten Tankanlagen.

Zusammensetzung

Brenngase werden in brennbare und nicht brennbare Bestandteile unterteilt.

Brennbare Bestandteile sind:

- Kohlenstoff (chemisches Zeichen C)
- Wasserstoff (Strukturformel H_2)

Nicht brennbare Bestandteile sind:

- Stickstoff (Strukturformel N_2)
- Kohlenstoffdioxid (Strukturformel CO_2)
- Edelgase wie Argon (Ar), Helium (He)
- Wasserdampf (Strukturformel H_2O)

In Brenngasen liegen Kohlen- und Wasserstoff meist als chemische Verbindung vor. Man nennt sie Kohlen-Wasserstoff-Verbindungen (Strukturformel C_nH_m).

Die Wichtigsten sind:
Methan – CH_4, Propan – C_3H_8, Butan – C_4H_{10}

Erdgas wird in zwei Qualitäten geliefert, die sich insbesondere durch ihren Anteil an Methan unterscheiden (→ TB). Ab 2029 soll nur noch das energiereichere Erdgas H verwendet werden.

Gasfamilien

Aufgrund ihrer physikalischen Eigenschaften lassen sich Gase in Gruppen einteilen. Innerhalb einer Gruppe stehen sich die verbrennungstechnischen Eigenschaften so nahe, dass sie zumindest zeitweise mit dem gleichen Gasbrenner verfeuert werden können. Man bezeichnet sie daher als Gasfamilie (Tab. 1).

Tab. 1: Gasfamilien nach DVGW-Arbeitsblatt G260-1

2. Gasfamilie	3. Gasfamilie	5. Gasfamilie
Methanreiche Gase Kurzzeichen: N	*Flüssiggase* Kurzzeichen: F	*Wasserstoff* *Gruppe A/Gruppe D*
Dazu gehören folgende Brenngase:		
natürlich vorkommende Erdgase der Gruppe L und H sowie synthetische Erdgase (SNG)	Butan und Propan sowie deren Gemische	98 % Wasserstoff (A) sowie 99,97 % Wasserstoff (D)
Weitere Brenngase wie Deponie-, Klär- und Biogase werden im DVGW-Arbeitsblatt G262 erfasst. Gase der 1. und 4. Gasfamilie werden in diesem Arbeitsblatt seit 2021 nicht mehr spezifiziert.		

Zustandsgrößen

! Das Volumen einer bestimmten Gasmenge ist von den Zustandsgrößen Temperatur und Druck abhängig.

Weil sich Brenngase bei verschiedenen Verwendungsfällen in den Größen Druck (z. B. geodätische Höhe) und Temperatur (z. B. Sommer, Winter) sehr unterscheiden, entstehen vielfältige Betriebszustände. Erst wenn die Dichte gleich ist, wird ein Vergleich der Gasmenge möglich. Deshalb wird der Normzustand eines Gases festgelegt, aus dem sich das Normvolumen ergibt.

! Normvolumen
$V_n = 1\ m^3$ trockenes Gas
bei $\vartheta = 0°C$ und $p_{abs} = 1\,013{,}25$ mbar

Netzbetreiber (NB) berechnen Verbraucherinnen und Verbrauchern nicht die vom Gaszähler erfasste Gasmenge im Betriebszustand, sondern die im Gasvolumen enthaltene Wärmemenge. Dazu ist die Gasmenge aus dem Betriebszustand in den Normzustand umzurechnen.

Druck in Gasen

Drückt man z. B. auf ein Wasservolumen, bleibt es in seiner Größe unverändert, da Flüssigkeiten nahezu inkompressibel sind. Der aufgewendete Druck wird weitertransportiert. Diese physikalische Gesetzmäßigkeit wird in der Hydraulik angewandt. Gase hingegen werden durch eine Kraft zusammengepresst. Das Gasvolumen verringert sich bei gleichzeitigem Anstieg des Gasdrucks, der ebenso wie bei Flüssigkeiten allseitig wirkt und sich im Gas fortpflanzt (Abb. 1).

$$p_{abs1} \cdot V_1 = p_{abs2} \cdot V_2 = \text{konstant}$$

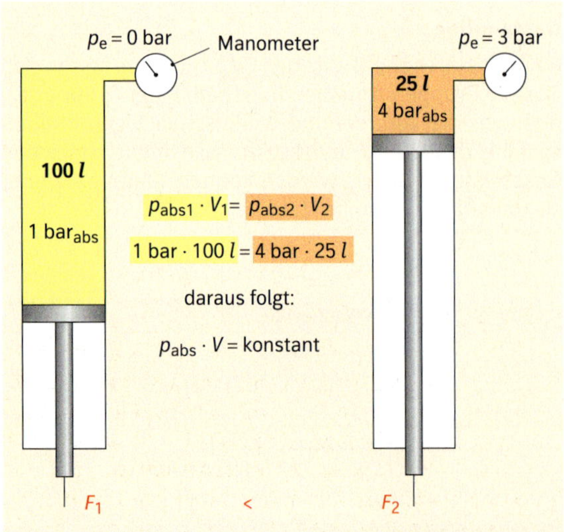

Abb. 1: Volumenänderung durch Druck bei Gasen

Bei gleichbleibender Temperatur ist das Produkt aus absolutem Druck und dem Volumen eines eingeschlossenen Gases konstant.

Die in der Abb. 1 beschriebene Gesetzmäßigkeit gilt unter der Voraussetzung, dass die durch das Zusammenpressen erzeugte Wärme abgeführt wird und somit die Temperatur des Gases unverändert bleibt. Man nennt das einen isothermen Vorgang (T = konstant).

Das Gesetz wurde von den englischen bzw. französischen Physikern Boyle und Mariotte entdeckt (Boyle 1627–1691; Mariotte 1620–1684).

Praktische Bedeutung gewinnt dieses Gesetz bei der Inhaltsbestimmung von Sauerstoffflaschen, bei Gasvorratsbehältern u. a.

Berechnungen zur Druck- und Volumenänderung bei gleichbleibenden Temperaturen

Beispiel 1

Ein Membran-Ausdehnungsgefäß mit einem Gas von 80 l und einem Vordruck von 0,5 bar ist mit Stickstoff gefüllt.

Wie groß ist der Druck, wenn das Stickstoffpolster durch Ausdehnungswasser auf 50 l zusammengedrückt wird und die Temperatur dabei gleich bleibt?

Geg.: $V_1 = 80$ l, $V_2 = 50$ l, $p_{e1} = 0{,}5$ bar, $p_{amb} = 1{,}0$ bar

Ges.: p_{e2} in bar

Lös.: $p_{abs1} \cdot V_1 = p_{abs2} \cdot V_2$ bei $T_1 = T_2$

$$p_{abs1} = p_{e1} + p_{amb} = 0{,}5 \text{ bar} + 1 \text{ bar} = 1{,}5 \text{ bar}$$

$$p_{abs2} = \frac{p_{abs1} \cdot V_1}{V_2} = \frac{1{,}5 \text{ bar} \cdot 80 \text{ l}}{50 \text{ l}} = 2{,}4 \text{ bar}$$

$$p_{e2} = p_{abs2} - p_{amb} = 2{,}4 \text{ bar} - 1 \text{ bar} = 1{,}4 \text{ bar}$$

Gasvolumen

Die Umrechnung des Gasvolumens auf die verschiedenen Drücke und Temperaturen erfolgt mithilfe der Allgemeinen Gasgleichung:

$$\frac{p_{abs1} \cdot V_1}{T_1} = \frac{p_{abs2} \cdot V_2}{T_2}$$

p_{abs1} : absoluter Druck in mbar im Zustand 1
V_1 : Volumen in m^3 im Zustand 1
T_1 : absolute Temperatur in K im Zustand 1
p_{abs2} : absoluter Druck in mbar im Zustand 2
V_2 : Volumen in m^3 im Zustand 2
T_2 : absolute Temperatur in K im Zustand 2

Dichte

Die Dichte (ϱ) ist das Verhältnis der Masse zum Gasvolumen des Gases in kg/m^3.

Die Masse von 1 m^3 Gas im Normzustand wird als Normdichte ϱ_n definiert.

Relative Dichte

In der Gastechnik interessiert neben der Dichte der einzelnen Brenngase auch das Verhältnis zur Dichte der Luft. Daran ist zu erkennen, ob ein Brenngas beim Ausströmen aus einem Behälter oder einer Rohrleitung nach oben strömt oder auf den Boden sinkt.

Der Vergleich der Dichten von Brenngasen und der Luft führt zum Begriff der relativen Dichte d (Tab. 1).

$$d = \frac{\varrho_{G,n}}{\varrho_{L,n}}$$

$\varrho_{G,n}$: Gasdichte im Normzustand in kg/m³
$\varrho_{L,n}$: Luftdichte im Normzustand in kg/m³

Tab. 1 zeigt die Werte für die relative Dichte auf.

Die Brenngase mit der relativen Dichte $d < 1$ erfahren, z. B. in ansteigenden Rohrleitungen, auf dem Weg zum Verbraucher eine geringfügige Druckveränderung. Für Erdgas ergibt sich auf 10 m Leitungshöhe ein Druckgewinn von etwa 0,4 mbar (40 Pa, → TB).

Tab. 1: Relative Dichte *d* von Gasen (Auswahl)

Relative Dichte	Gasart	Gasverhalten
$d < 1$	Erdgase (0,55 … 0,75) Kohlenmonoxid (0,97) Wasserstoff (0,0695) Biogase (0,92)	Gase strömen selbsttätig nach oben.
$d = 1$	Luft	
$d > 1$	Propan (1,55) Butan (2,09) Kohlendioxid (1,53)	Gase sinken auf den Boden und in tief liegende Räume ab.

Aufgaben

1. Wie werden technische Brenngase eingeteilt?
2. Welches sind die brennbaren und die nicht brennbaren Bestandteile der Gase?
3. Welche Erdgasqualitäten werden unterschieden und wie ist ihre typische Zusammensetzung?
4. Erläutern Sie die Gasfamilien.
5. Wie unterscheiden sich Norm- und Betriebszustand eines Gases?
6. Propangas mit einer Normdichte $\varrho_{G,n}$ = 2,01 kg/m³ strömt an einer schadhaften Leitungsverbindung aus.
   a) Berechnen Sie die relative Dichte d.
   b) Wie verhält sich das Gas in einem Raum?
7. In welcher Weise wird Kundinnen und Kunden der Gasverbrauch errechnet?
8. Ein Gas befindet sich im Normzustand. Wie verändert sich das Volumen von 2 m³ Erdgas, wenn sich der Zustand des Gases auf ϑ =20 °C und p_{abs} = 998 mbar ändert?
9. Der Manometer an einem kugelförmigen Gasbehälter zeigt bei Höchsttemperatur von 42 °C einen Überdruck p_e = 8 bar an. Nachts kühlt der gasförmige Behälterinhalt auf 22 °C ab. Welcher Druck stellt sich ein, wenn das Behältervolumen als gleichbleibend angenommen wird?
10. In einem Einfamilienhaus wird am Gaszähler ein jährlicher Verbrauch von V_1 = 1 800 m³ Erdgas gemessen. Die Betriebstemperatur des Gases ist mit ϑ_1 =14 °C und der Betriebsdruck p_{abs1} = 993 mbar einzusetzen. Berechnen Sie das Gasvolumen im Normzustand.

Berechnungen zu den Zustandgrößen von Gasen

Beispiel 1

Geg.: Absoluter Luftdruck p_{amb} = 1 013 mbar
Druck nach den Druckminderer p_e = 23 mbar

Ges.: Absoluter Gasdruck p_{abs} in mbar

Lös.: $p_{abs} = p_{amb} + p_e$

p_{abs} = 1 013 mbar + 23 mbar = 1 036 mbar

Beispiel 2

Geg.: Erdgas L bzw. LL mit einer Dichte $\varrho_{G,n}$ = 0,75 kg/m³

Ges.: relative Dichte d

Lös.: $d = \frac{\varrho_{G,n}}{\varrho_{L,n}} = \frac{0{,}75\ \text{kg/m}^3}{1{,}293\ \text{kg/m}^3} = 0{,}58$

Erkenntnis: Erdgas L bzw. LL ist leichter als Luft.

Beispiel 3

24 m³ Erdgas werden in einem Behälter bei konstantem Druck von 7 °C auf 25 °C erwärmt.

a) Wie groß ist das Gasvolumen im Zustand 2?
b) Um wie viel m³ hat sich das Gas dabei ausgedehnt?

Geg.: V_1 = 24 m³, ϑ_1 = 7 °C, ϑ_2 = 25 °C, $p_{abs1} = p_{abs2}$

Ges.: a) V_2 b) ΔV

Lös.: a) $\frac{V_1}{T_1} = \frac{V_2}{T_2}$

$T = \vartheta + 273$ T_1 = 7 °C + 273 K = 280 K
T_2 = 25 °C + 273 K = 298 K

$$V_2 = \frac{V_1 \cdot T_2}{T_1} = \frac{24\ \text{m}^3 \cdot 298\ \text{K}}{280\ \text{K}} = 25{,}54\ \text{m}^3$$

b) $\Delta V = V_2 - V_1$ = 25,54 m³ – 24 m³ = 1,54 m³

Beispiel 4

Erdgas kommt mit 10 °C und einem absoluten Druck von 1 500 mbar Druck am Druckminderer an. Der Druckminderer im Haus reduziert den Druck auf p_e = 23 mbar und die Temperatur steigt auf 18 °C an. Der Gaszähler misst nach dem Druckminderer 32,4 m³. Wie groß ist das Volumen im Zustand 1? Der Luftdruck beträgt p_{amb} = 980 mbar.

Geg.: $\vartheta_1 = 10\,°C$, $p_{abs1} = 1\,500\,mbar$, $\vartheta_2 = 18\,°C$,
$p_{e2} = 23\,mbar$, $V_2 = 32{,}4\,m^3$

Ges.: V_1

Lös.: $T_1 = 10\,°C + 273\,K = 283\,K$

$T_2 = 18\,°C + 273\,K = 291\,K$

$p_{abs2} = p_{amb} + p_{e2} = 980 + 23 = 1\,003\,mbar$

$$\frac{p_{abs1} \cdot V_1}{T_1} = \frac{p_{abs2} \cdot V_2}{T_2}$$

$$V_1 = \frac{p_{abs2} \cdot V_2 \cdot T_1}{T_2 \cdot p_{abs1}} = \frac{1\,003\,mbar \cdot 32{,}4\,m^3 \cdot 283\,K}{291\,K \cdot 1\,500\,mbar}$$

$V_1 = 21{,}07\,m^3$

10.2 Kennwerte von Brennstoffen

Bei der Wirtschaftlichkeitsberechnung der Wärmeerzeuger spielen die Kenndaten der einzelnen Brennstoffe eine wesentliche Rolle.

Der Energieinhalt eines Stoffes, der durch Verbrennung in Wärme umgesetzt werden kann, ist durch verschiedene Werte und Einheiten festgelegt. Nur die Kenntnis dieser Brennstoffdaten, deren Umsetzung im Wärmeerzeuger und die Erfassung durch entsprechende Messungen ermöglichen einen objektiven Leistungsvergleich. Erst dann können die einzelnen Wärmeerzeuger in ihrer Wirtschaftlichkeit und auch Umweltverträglichkeit verglichen werden. Die einzelnen Berechnungen werden mit Formelzeichen und Einheiten nach DIN EN 1304-1 durchgeführt.

10.2.1 Wärmewerte

Bei wasserstoffhaltigen Brennstoffen, die in ihren Abgasen Wasserdampf enthalten, unterscheidet man den Heiz- und den Brennwert (Tab. 1).

Heizwert H_i

Der Heizwert erfasst die bei der vollständigen Verbrennung frei werdende Wärme (in kWh) einer Brennstoffeinheit (z. B. 1 kg oder 1 m³). Der im Abgas enthaltene Wasserdampf bleibt gasförmig, seine Kondensationswärme wird somit nicht genutzt. Der Heizwert definiert nur die fühlbare (sensible) Wärme.

Tab. 1: Wärmewerte von Brennstoffen (Auswahl)

Brennstoff	Brennwert H_s	Heizwert H_i
Heizöl EL	10,85 kWh/l	10,18 kWh/l
Erdgas L bzw. LL	10,02 kWh/m³	9,03 kWh/m³
Erdgas H bzw. E	11,13 kWh/m³ (10,4 … 13,1)	10,03 kWh/m³ (9,2 … 11,8)
Propan	28,11 kWh/m³	25,88 kWh/m³
Butan	37,16 kWh/m³	34,32 kWh/m³
Wasserstoff	3,51 kWh/m³	3,00 kWh/m³
Holz, trocken	–	3,8–4,3 kWh/kg
Pellets	–	4,89–5,42 kWh/kg

Brennwert H_s

Der Brennwert erfasst den gesamten bei der vollständigen Verbrennung frei werdenden Wärmeinhalt einer Brennstoffeinheit. Darin enthalten ist auch die bei der Kondensation des Wasserdampfes bis auf 25 °C gewinnbare Wärmemenge. Sie wird auch als versteckte (latente) Wärme bezeichnet.

Die Tabelle 1 gibt einen Überblick über die Wärmewerte wichtiger Brennstoffe. Aus dem Verhältnis H_s/H_i kann man die noch nutzungsfähige Wärmeenergie in Prozent bei Brennwertbetrieb ableiten.

Die Energieausnutzung eines Wärmeerzeugers wird über den Kesselwirkungsgrad ermittelt.

Kesselwirkungsgrad

$$\eta_K = \frac{\dot{Q}_L}{\dot{Q}_B} \cdot 100$$

$\dot{Q}_L$: Wärmeleistung in kWh
$\dot{Q}_B$: Wärmebelastung in kWh
η_K : Wirkungsgrad in Prozent (%)

Die Wärmebelastung ist vom Heizwert und von der Brennstoffmenge abhängig.

Wärmebelastung nach dem Heizwert

$\dot{Q}_{B,i} = \dot{V}_B \cdot H_{i,B}$ bzw. $\dot{Q}_{B,i} = \dot{m}_B \cdot H_i$

$\dot{V}_B$: Gasmenge im m³/h
$H_{i,B}$: Betriebsheizwert in kWh/m³
$\dot{m}_B$: Ölmenge in kg/h
H_i : Heizwert in kWh/kg

Bei Brennwertkesseln errechnet sich ein Wirkungsgrad größer als 1 bzw. 100 %, wenn die Wärmebelastung mit H_i berechnet wird. Der Vergleich mit der richtigen physikalischen Bezugsgröße H_s ergibt den realistischen Brennwert-Wirkungsgrad (siehe Kap. 10.8.5).

Berechnung

Geg.: Erdgas H $H_{i,B} = 10{,}03\ \text{kWh/m}^3$; $H_{s,B} = 11{,}13\ \text{kWh/m}^3$

$\dot{Q}_L = 23\ \text{kW}$, $\dot{V}_B = 2{,}2\ \text{m}^3/\text{h}$

Ges.: a) Kessel-Wirkungsgrad bezogen auf den Heizwert

b) Kessel-Wirkungsgrad bezogen auf den Brennwert

Lös.: a) $\dot{Q}_{Bi} = \dot{V}_B \cdot H_{i,B} = 2{,}2\ \text{m}^3/\text{h} \cdot 10{,}03\ \text{kWh/m}^3$; $\dot{Q}_{Bi} = 22{,}07\ \text{kW}$

$$\eta_K = \frac{\dot{Q}_L \cdot 100}{\dot{Q}_{Bi}} = \frac{23 \cdot 100}{22{,}07} = 104\ \%$$

b) $\dot{Q}_{Bs} = \dot{V}_B \cdot H_{s,B} = 2{,}2\ \text{m}^3/\text{h} \cdot 11{,}13\ \text{kWh/m}^3$; $\dot{Q}_{Bs} = 24{,}5\ \text{kW}$

$$\eta_K = \frac{\dot{Q}_L \cdot 100}{\dot{Q}_{Bs}} = \frac{23 \cdot 100}{24{,}5} = 93{,}9\ \%$$

In der Gastechnik wird ein Betriebsheizwert $H_{i,B}$ definiert, den der örtliche NB ermittelt und dem Anlagenmechaniker bzw. der -mechanikerin auf Anfrage mitteilt. Die Gasfeuerstätte wird dann auf Basis dieses $H_{i,B}$ eingestellt.

Wobbe-Index W

Ein weiterer Kennwert für gasförmige Brennstoffe ist der Wobbe-Index *W*. Er ist der Quotient aus Wärmewert und der Wurzel aus der relativen Dichte *d*.

$W_s = H_s/\sqrt{d}$ bzw. $W_i = H_i/\sqrt{d}$

H : Heizwert H_i bzw. Brennwert H_s in kWh/m³
d : relative Dichte des Gases
W_i/W_s : Wobbe-Index in kWh/m³ (→ TB)

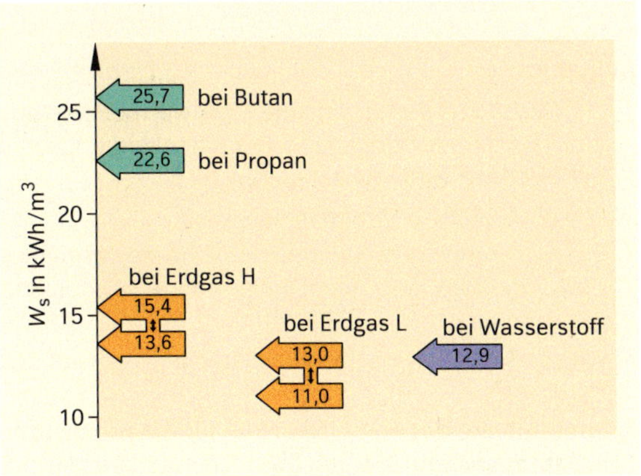

Abb. 1: Wobbe-Indices von Brenngasen (nach DVGW-Arbeitsblatt G260 und TRF 2021)

Wird eine Gasart-Umstellung vorgenommen, müssen die Düsen bei einem Wechsel der Gasqualität, deren Wobbe-Index sich erheblich unterscheidet, ausgetauscht werden.

Berechnungen

Beispiel 1

Ein Gasheizkessel in einem Wohnhaus soll laut Typenschild eine Wärmeleistung $\dot{Q}_L = 24\ \text{kW}$ abgeben.
In dem Gebäude steht Erdgas H mit einem Heizwert $H_{iB} = 11{,}4\ \text{kWh/m}^3$ zur Verfügung.

a) Berechnen Sie die Wärmebelastung $\dot{Q}_B$ bei einem Kesselwirkungsgrad $\eta_K = 0{,}93$.

b) Welche Gasmenge $\dot{V}_B$ wird stündlich benötigt?

c) Überprüfen Sie den Wobbe-Index W_{iB} des verwendeten Erdgases H mit dem Wert, der auf dem Kesselaufkleber eingetragen ist (→ TB, $d = 0{,}7$).

$W_{iB} = 13{,}7\ \text{kWh/m}^3$

Lösung:

a) Geg.: $\dot{Q}_L = 24\ \text{kW}$, $\eta_K = 0{,}93$.

Ges.: $\dot{Q}_B$ in kW

Lös.: $\eta_K = \dfrac{\dot{Q}_L}{\dot{Q}_B}$

$$\dot{Q}_B = \frac{\dot{Q}_L}{\eta_K} = \frac{24\ \text{kW}}{0{,}93} = 25{,}8\ \text{kW}$$

b) Geg.: $\dot{Q}_B = 25{,}8\ \text{kW}$, $H_{iB} = 11{,}4\ \text{kWh/m}^3$

Ges.: $\dot{V}_B$ in m³/h

Lös.: $\dot{Q}_B = \dot{V}_B \cdot H_{iB}$

$$\dot{V}_B = \frac{\dot{Q}_B}{H_{iB}} = \frac{25{,}8\ \text{kW}}{11{,}4\ \text{kWh/m}^3} = 2{,}26\ \text{m}^3/\text{h}$$

c) Geg.: Erdgas H $H_{iB} = 11{,}4\ \text{kWh/m}^3$, $d = 0{,}7$

Ges.: W_{iB} in kWh/m³

Lös.: $W_{iB} = \dfrac{H_{iB}}{\sqrt{d}} = \dfrac{11{,}4\ \text{kWh/m}^3}{\sqrt{0{,}7}} = 13{,}63\ \text{kWh/m}^3$

$W_{iB\ \text{errechnet}} \approx W_{iB\ \text{gegeben}}$

Beispiel 2

Mit einem Gas-Kombiheizer werden in 10 min 110 l Trinkwasser von 10 °C auf 38 °C aufgeheizt. Dabei wird ein Erdgasverbrauch von 35,1 l/min gemessen, $H_{i,B}$ = 11,4 kWh/m³.

a) Berechnen Sie die Nennwärmebelastung.

b) Wie groß ist die Nennwärmeleistung?

c) Wie groß ist der Gerätewirkungsgrad?

Geg.: $t = 10$ min, $m = 110$ kg, $\vartheta_1 = 10$ °C, $\vartheta_2 = 38$ °C
$\dot{V}_E = 35{,}1$ l/min,
Erdgas H: $H_{i,B} = 11{,}4$ kWh/m³.

Ges.: a) $\dot{Q}_{NB} = \dot{V}_E \cdot H_{i,B}$
$\dot{V}_E = 35{,}1 \text{ l/min} \cdot 60 \text{ min/h} = 2\,106 \text{ l/h}$
$\dot{V}_E = 2{,}106 \text{ m}^3\text{/h}$
$\dot{Q}_{NB} = 2{,}106 \text{ m}^3\text{/h} \cdot 11{,}4 \text{ kWh/m}^3 = 24{,}00 \text{ kW}$

b) $\dot{Q}_{NL} = \dot{m} \cdot c \cdot \Delta T$
$\Delta T = \vartheta_2 - \vartheta_1 = 38 \text{ °C} - 10 \text{ °C} = 28 \text{ K}$
$\dot{m} = 110 \text{ kg/10 min} = 11 \text{ kg/min}$
$\dot{m} = 11 \text{ kg/min} \cdot 60 \text{ min/h} = 660 \text{ kg/h}$
$\dot{Q}_{NL} = 660 \text{ kg/h} \cdot 1{,}163 \text{ kWh/(kg} \cdot \text{K)} \cdot 28 \text{ K}$
$\dot{Q}_{NL} = 21{,}49 \text{ kW}$

c) $\eta_K = \dot{Q}_{NL}/\dot{Q}_{NB} = 21{,}49 \text{ kW}/24{,}00 \text{ kW}$
$\eta_K = 0{,}895 = 89{,}5\ \%$

10.2.2 Verbrennungseigenschaften

Die Verbrennung wird am Beginn und während des Ablaufes von verschiedenen Eigenschaften der Brenngase beeinflusst. Sie wirken sich sowohl auf die Brennerkonstruktion als auch auf die Verbrennungsgüte aus.

Zündtemperatur

Um eine Verbrennung zu starten und einen selbsttätigen Verbrennungsprozess in Gang zu setzen, ist eine Zündung notwendig. Dazu muss dem Brennstoff-Luft-Gemisch Fremdenergie zugeführt werden, um die Zündtemperatur (TB) zu erreichen.

! Die Zündtemperatur ist die niedrigste Temperatur, bei der sich ein Brennstoff-Luft-Gemisch entzündet. Die Verbrennung läuft dann selbsterhaltend weiter.

Zündgrenzen

Gasförmige Brennstoffe müssen mit Luft in ein bestimmtes Mischungsverhältnis gebracht werden, damit eine Entzündung erfolgen kann. Der zündfähige Mischungsbereich ist durch die Zündgrenzen definiert.

Die untere Zündgrenze beschreibt den Mischungsbereich, bis zu dem keine Verbrennung entsteht, weil das Gas-Luft-Gemisch zu wenig brennbare Bestandteile enthält. Oberhalb der Zündgrenze ist das Gemisch zu „fett", d. h., es kommt wegen Sauerstoffmangels zu keiner Verbrennung (TB).

! Nur innerhalb der Zündgrenzen kann eine Verbrennung erfolgen. Die Zündgrenzen liefern auch eine Aussage, wie gefährlich ein bestimmtes Gas-Luft-Gemisch ist bzw. welche Explosionsgefahr besteht.

Zündgeschwindigkeit

! Die Zünd- oder Flammengeschwindigkeit in cm/s ist die Geschwindigkeit, mit der sich die Verbrennung und somit die Flammenfront in einem Gas-Luft-Gemisch fortpflanzt.

Eine Flamme kann nur dann stabil brennen, wenn die Ausströmgeschwindigkeit aus dem Brenner etwa gleich der Flammengeschwindigkeit ist.

- Eine Flamme hebt ab bzw. erlischt, wenn die Ausströmgeschwindigkeit zu groß ist, z. B. bei zu hohem Fließdruck an der Düse.
- Ist die Zündgeschwindigkeit größer als die Ausströmgeschwindigkeit, ist ein Zurückschlagen der Flamme in den Brenner möglich.

Flammentemperatur

! Die Flammentemperatur ist die mittlere Temperatur in einem Feuerungsraum, die unter dem Einfluss der Wärmeabgabe der Flammen durch Strahlung und Konvektion an die Umgebung entsteht.

Grundsätzlich ist die Temperatur abhängig vom Wärmewert des Brennstoffes und in starkem Maße von der Höhe des Luftüberschusses bei der Verbrennung. Je höher der Luftüberschuss ist, umso niedriger ist die Flammentemperatur (TB).

Aufgaben

1. Ein Gasheizkessel ist auf eine Nennwärmebelastung von $\dot{Q}_{Bi} = 34{,}8$ kW eingestellt. Der Kesselwirkungsgrad beträgt bei diesem Heizkessel ca. 92 %.
   Wie groß ist die Nennwärmeleistung?
2. Ein Gasbrennwertkessel mit einer Nennwärmeleistung von 18 kW verbraucht in der Minute 38 Liter Erdgas L mit einem $H_{i,B} = 8{,}6$ kWh/m³.
   Wie groß ist der Kesselwirkungsgrad bezogen auf den Heizwert?
3. Ermitteln Sie das Verhältnis H_s/H_i für die Brennstoffe in Tab. 1 auf Seite 450, um die noch nutzbare Wärmeenergie bei Brennwertbetrieb im Vergleich zum Heizwertbetrieb einschätzen zu können.

4. Ein Kunde, der bisher mit Propangas geheizt hat, möchte auf Erdgas H umrüsten. Können die bisher verwendeten Gasgeräte ohne Änderungen weiter verwendet werden?

Anmerkung: Die errechneten Wobbe-Zahlen der genannten Gase müssten annähernd gleich sein.

Gasdaten:
Propan: $H_i = 25{,}88$ kWh/m³, $d = 1{,}55$
Erdgas H: $H_i = 11{,}42$ kWh/m³, $d = 0{,}7$

10.2.3 Verbrennung der Brennstoffe

Die chemischen Reaktionen von brennbaren Bestandteilen des Brennstoffes mit Sauerstoff bei höheren Temperaturen werden als Verbrennung (Oxidbildung) bezeichnet (Abb. 1).

Dabei entstehen Wärme, Licht und Verbrennungsprodukte.

Der zur Verbrennung erforderliche Luftsauerstoff wird der atmosphärischen Luft entnommen.

Die chemische Reaktion mit Sauerstoff läuft nur im gasförmigen Aggregatzustand ab.

! Brennstoffe können nur im Gaszustand verbrennen.

Bei festen Brennstoffen wie Kohle oder Holz muss das Material durch Anwärmen zum Vergasen gebracht werden. Die entstandenen Gase brennen ab, sobald sie gezündet werden. Die Flamme liefert genügend Wärme, um den Brennstoff weiter zu vergasen und bei genügend Luftsauerstoff für eine fortdauernde Verbrennung zu sorgen.

Bei flüssigen Brennstoffen wie Heizöl wird die Verbrennung meist durch einen Zündfunken eingeleitet, der das Öl-Luft-Gemisch erhitzt und entzündet. Die entstandene Flamme erhitzt die Öltröpfchen. Diese verdampfen und zerfallen dabei in ihre Elementarbestandteile Kohlenstoff, Wasserstoff und Schwefel, die dann mit dem Luftsauerstoff reagieren.

Bei den gasförmigen Brennstoffen entfällt ein Aufbereiten in den Gaszustand.

Nicht brennbare Bestandteile der Brennstoffe sowie der Stickstoff der Luft sind nicht am Verbrennungsprozess mit Wärmeentwicklung beteiligt. Sie können jedoch in der Flamme Oxide bilden. Insbesondere sind die Stickoxide zu beachten.

Der Verbrennungsprozess dient zur Erzeugung von Nutzwärme. Den Verbrennungsprozess in einem Wärmeerzeuger zeigt Abb. 1.

! Ein Verbrennungsablauf ist an drei Voraussetzungen gebunden:

1. Ein Brennstoff muss im Gaszustand verfügbar sein.
2. Allen brennbaren Bestandteilen des Brennstoffes muss Sauerstoff aus der Luft zugeführt werden.
3. Der Brennstoff muss bis zur Zündtemperatur durch eine Zündquelle erwärmt werden.

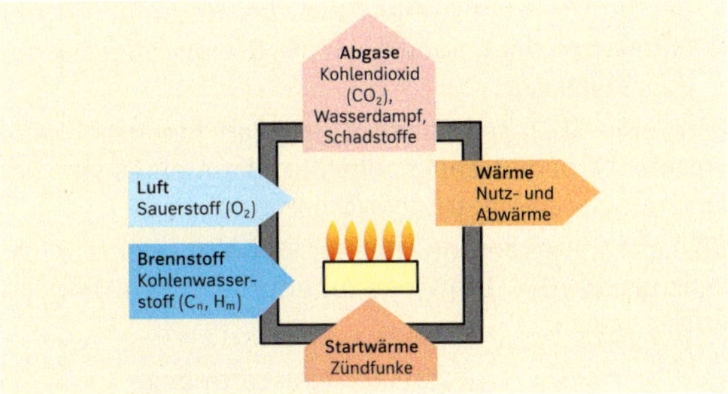

Abb. 1: Verbrennungsprozess im Wärmeerzeuger

Vollständige Verbrennung

Bei dieser „idealen" Verbrennungsart oxidiert jeder brennbare Stoffanteil genau mit der nach der Reaktionsformel notwendigen Sauerstoffmenge (Tab. 1).

Tab. 1: Verbrennungs-Reaktionsformeln

Kohlenstoff	1 kg C + 1,867 m³ O_2	= 1,8657 m³ CO_2 + 9,1 kWh/kg
Wasserstoff	1 kg H_2 + 5,6 m³ O_2	= 11,2 m³ H_2O + 39,7 kWh/kg
	2 m³ H_2 + 1,0 m³ O_2	= 2,0 m³ H_2O + 3,5 kWh/m³
Methan	1 m³ CH_4 + 2 m³ O_2	= 1 m³ CO_2 + 2 m³ H_2O + 11 kWh/m³

Nach Ablauf der Verbrennung bleiben weder Sauerstoff noch brennbare Stoffe übrig. Dieser vollkommene Verbrennungsvorgang wird „stöchiometrische Verbrennung" genannt.

Bei der technischen Verbrennung wird jedoch nicht reiner Sauerstoff, sondern die Luft aus der Atmosphäre zugeführt. Für die verbrennungstechnischen Berechnungen kann die Luftzusammensetzung mit 21 % Sauerstoff und 79 % Stickstoff angenommen werden.

Jedem Brennstoff lässt sich entsprechend seinem C/H-Verhältnis ein ihm eigener theoretischer Mindestluftbedarf L_{min} zuordnen (→ TB).

Eine vollständige Verbrennung mit der Mindestluftmenge (stöchiometrische Verbrennung) ist technisch noch nicht durchführbar.

Verbrennung mit Luftüberschuss

Da die Luft nur etwa ein Fünftel Sauerstoff enthält, gibt es folgende Gründe für das Erhöhen der Verbrennungsluftmenge:

- Brenner können Luft und Brennstoffgase nicht vollkommen durchmischen.
- Heizöltröpfchen können nicht so aufbereitet werden, dass alle Ölmoleküle den erforderlichen Sauerstoff aus der Mindestluftmenge zur vollständigen Verbrennung erhalten.

- Bei festen Brennstoffen wird das Heranführen der Luft wegen der Kompaktheit des Brennstoffes besonders erschwert.

Wird eine über den Mindestluftbedarf hinausgehende Luftmenge dem Brenner zugeführt, handelt es sich um eine überstöchiometrische Verbrennung.

Die Luftzahl λ (Lambda) gibt das Verhältnis der tatsächlich zugeführten Luftmenge zur erforderlichen Mindestluftmenge an.

$$\lambda = \frac{L_{tats}}{L_{min}} > 1$$

L_{tats}: tatsächliche Luftmenge in m^3/kg[1]

L_{min}: erforderliche Mindestluftmenge in m^3/kg[1]

[1] bei gasförmigen Brennstoffen L in m^3/m^3

Die Luftzahl λ = 1,25 bedeutet also, dass ein Luftüberschuss von 25 % am Brenner vorliegt. Die Größe des Luftüberschusses und damit die Luftzahl λ sind vor allem abhängig von der Art der Feuerungsanlage und der Brennerkonstruktion.

Nach der Verbrennung mit Luftüberschuss enthalten Abgase keine brennbaren Bestandteile mehr, aber neben CO_2 und H_2O eine bestimmte Menge an freiem Sauerstoffüberschuss (O_2) sowie Stickstoff (N_2) und Stickstoffoxide (NO_x).

Luftüberschuss hat auch Nachteile:

- Die überschüssige Luft muss in der Feuerungsanlage mit erwärmt werden.
- Der Abgasverlust erhöht sich und die Anlage arbeitet unwirtschaftlicher.

! Es ist ein möglichst geringer Luftüberschuss anzustreben, ohne die Gefahr nicht verbrannter Brennstoffbestandteile herbeizuführen (Abb. 1)

Unvollständige Verbrennung

Bei einer unvollständigen Verbrennung kommen im Verbrennungsprozess nicht alle Brennstoffbestandteile zur vollständigen Oxidation.

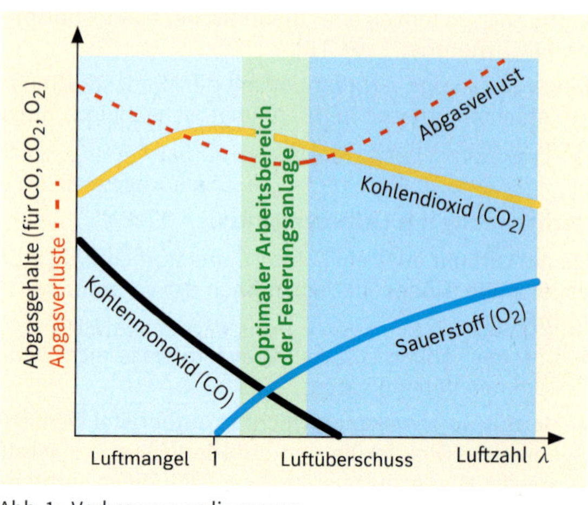

Abb. 1: Verbrennungsdiagramm

Dadurch entstehen umweltbelastende Schadstoffe. Nicht oxidierter Kohlenstoff lagert sich als Ruß im Feuerungsraum und an den Kesselheizflächen ab.

Kohlenmonoxid kann bei Luftmangel, unzureichender Luftvermischung, zu großen Öltropfen oder zu starker Flammenabkühlung entstehen.

Aufgaben

1. Welchen Vorgang bezeichnet man als Verbrennung?
2. Welche drei Voraussetzungen müssen für einen Verbrennungsverlauf gegeben sein?
3. Nennen Sie die Reaktionsformeln der brennbaren Bestandteile Kohlen- und Wasserstoff.
4. Was gibt der Mindestluftbedarf an?
5. Welche Information enthält die Luftzahl?
6. Nennen Sie zwei Nachteile der Verbrennung mit Luftüberschuss.
7. Welche Ursachen können zu einer unvollständigen Verbrennung führen?

10.2.4 Abgase als Qualitätsmesser der Verbrennung

! Die bei der Verbrennung entstehenden gasförmigen Produkte werden als Abgase bezeichnet. Diese enthalten auch Stickstoff, der mit der Luft zugeführt wird und nicht verbrennt, sowie den nicht verbrauchten Restsauerstoff aus dem Luftüberschuss.

Man unterscheidet trockenes und feuchtes Abgas.

Feuchtes Abgas enthält:

- den bei der Verbrennung entstandenen Wasserdampf
- den entsprechend der Luftfeuchtigkeit mitgeführten Wasserdampf

Zur Auslegung einer Abgasanlage wird bei Heizwert-Feuerungsanlagen mit dem feuchten Abgasvolumen gerechnet. Bei Brennwert-Feuerungsanlagen wird hingegen mit dem trockenen Abgasvolumenstrom gerechnet, da der Wasserdampf bereits im Kessel kondensiert. Trockenes Abgas enthält alle brennstoffbezogenen Abgasbestandteile, aber keinen Wasserdampf. Die Mindestabgasmenge bei einer Luftzahl λ =1 geht aus Tab. 1 hervor.

Tab. 1: Mindestabgasmengen pro Brennstoffeinheit

Brennstoff	Mindestabgasmenge trocken	Mindestabgasmenge feucht
Heizöl EL	10,49 m^3/kg	11,97 m^3/kg
Erdgas L bzw. LL	7,69 m^3/m^3	9,43 m^3/m^3
Erdgas H bzw. E	8,89 m^3/m^3	10,93 m^3/m^3
Propan	22,3 m^3/m^3	26,24 m^3/m^3
Butan	29,68 m^3/m^3	34,71 m^3/m^3
Wasserstoff	1,88 m^3/m^3	2,86 m^3/m^3
Holz	ca. 3,9 m^3/kg	ca. 4,6 m^3/kg

Da Kohlenstoff Bestandteil der meisten Brennstoffe ist und er den größten Teil der Energie liefert, kann seine vollständige Umsetzung zu CO_2 als Maßstab für die Qualität der Verbrennung verwendet werden. Der höchstmögliche CO_2-Gehalt (CO_{2max}) wird für jeden Brennstoff als Prozentsatz vom Volumen des trockenen Abgases bei der Luftzahl $\lambda = 1$ angegeben (Tab. 2).

Tab. 2: Maximaler CO_2-Gehalt im trockenen Abgas

Brennstoff	CO_{2max} in Vol.-%
Heizöl EL	15,4
Erdgas L bzw. LL	11,8
Erdgas H bzw. E	12,0
Propan	13,8
Butan	14,1
Wasserstoff	0
Holz	ca. 20,3

Tatsächlich verläuft die Verbrennung immer mit Luftüberschuss. Dadurch wird die Abgasmenge verhältnismäßig erhöht. Die Menge der CO_2-Moleküle bleibt aber gleich. Dies hat zur Folge, dass der prozentuale Anteil des CO_2 am trockenen Abgasvolumen mit ansteigenden Luftüberschuss abnimmt. Am Beispiel der Verbrennung von Erdgas H wird dieser Zusammenhang belegt (Tab. 3).

Tab. 3: Luftverhältniszahl, CO_2- und O_2-Gehalt für Erdgas H (Werte gerundet)

Luftverhältniszahl	1,0	1,1	1,2	1,3	1,4
Trockenes Abgasvolumen in m^3/m^3	8,89	9,81	10,7	11,6	12,5
CO_2-Gehalt	12,0 %	10,9 %	10,0 %	9,2 %	8,6 %
O_2-Gehalt	0 %	1,91 %	3,50 %	4,85 %	6,00 %

Dieser direkte Bezug zwischen Luftverhältniszahl und CO_2-Gehalt führt zur Formel für die Berechnung der Luftverhältniszahl:

$$\lambda = \frac{CO_{2max}}{CO_2}$$

λ : Luftverhältniszahl
CO_2 : gemessener CO_2-Gehalt in %
CO_{2max} : maximaler CO_2-Gehalt in %

CO_2 ist der in der Abgasanalyse an der Feuerungsanlage gemessene CO_2-Gehalt.

Eine weitere Kenngröße zur Beurteilung der Verbrennungsgüte ist die Menge des Restsauerstoffs, der in den Abgasen verbleibt. Der O_2-Gehalt in Vol.-% kann gemessen werden. Er gibt bei 21 % Luftsauerstoff ebenfalls Aufschluss über die Luftverhältniszahl der Verbrennung.

$$\lambda = \frac{O_2}{21 - O_2} + 1$$

O_2 : Restsauerstoffvolumen in %

Für eine wirtschaftliche Verbrennung ist ein geringer Luftüberschuss anzustreben.

Dieses Ziel ist erreicht, wenn in den Abgasen

- ein möglichst hoher CO_2-Gehalt bzw.
- ein möglichst niedriger O_2-Gehalt gemessen wird.

Berechnung

Geg.: Erdgas H – Kessel, $CO_{2gemessen} = 10{,}2\ \%$

Ges.: a) Luftverhältniszahl λ
b) Restsauerstoff O_2 in %

Lös.: a) $\lambda = \frac{CO_{2max}}{CO_2} = \frac{12{,}0\ \%}{10{,}2\ \%} = 1{,}18$

b) $\lambda = \frac{O_2}{21 - O_2} + 1$

$$O_2 = \frac{21\ \%\ (\lambda - 1)}{\lambda} = \frac{21\ \%\ (1{,}18 - 1)}{1{,}18} = 3{,}2\ \%$$

10.2.5 Emissionen

Beim chemischen Prozess der Verbrennung werden neben Wärmeenergie auch viele Verbrennungsprodukte freigesetzt.

! In der Feuerungstechnik bezeichnet man Verbrennungsprodukte, die mit den Abgasen über das Abgassystem in die Umgebungsluft gelangen, als Emissionen. Sie können gesundheits- und umweltschädlich sein.

Wasserdampf und Kohlendioxid sind Verbrennungsprodukte, die bei der Verbrennung von fossilen Brennstoffen zwangsläufig entstehen. Alle anderen Emissionen gelten grundsätzlich als vermeidbar, da ihre Entstehung durch verschiedene Maßnahmen beeinflusst werden kann.

! Umweltneutral ist nur die Emission von Wasserdampf. Alle anderen Produkte gelten als Schadstoffe (Tab. 4). Sie haben direkte oder indirekte schädliche Auswirkungen auf Mensch, Tier, Pflanzen, Luft, Boden und Wasser.

Da Schadstoffemissionen sowohl die Umwelt als auch die Gesundheit beeinträchtigen, sind in verschiedenen Emissionsschutzverordnungen Grenzwerte festgelegt, z. B. TA Luft, 1. BImSchV (Kleinfeuerungsanlagen), 4. BImSchV (genehmigungspflichtige Anlagen), DIN 4702, Umweltzeichen „Blauer Engel“ (→ TB).

Tab. 4: Einteilung der Schadstoffe

Staubförmige Schadstoffe	Gasförmige Schadstoffe
Staub (z. B. Ruß)	Kohlenstoffdioxid: CO_2 Kohlenstoffmonoxid: CO Stickoxide: NO_x Kohlenwasserstoffe: C_nH_m Schwefeloxide: SO_2, SO_3

Staub und Ruß

! Mit Staub werden Feststoffteilchen wie Ruß, Asche usw.bezeichnet.

Staub kommt hauptsächlich beim Verfeuern von Holz, Kohle und Biomasse vor. Staubhaltige Verbrennungsluft kann auch öl- und gasbefeuerte Kesselheizflächen verschmutzen.

! Ruß ist unverbrannter, fast reiner Kohlenstoff in flockiger Form.

Er bildet sich bei unvollständiger Verbrennung. Der Ruß verbleibt größtenteils in der Feuerung und lagert sich auf den Heizflächen ab. Bei Ölfeuerungen entstehen Rußablagerungen u. a. durch:

- schlechte Gemischaufbereitung
- fehlerhafte Brennereinstellung
- zu kalte Betriebsweise des Kessels, z. B. bei der Trinkwassererwärmung im Sommer

Rußablagerungen vermindern den Wärmeübergang an den Heizflächen und verschlechtern den Kesselwirkungsgrad. Eine regelmäßige Kesselreinigung und Wartung ist daher notwendig. Bei gasförmigen Brennstoffen fällt bei korrekter Brennereinstellung kaum Ruß an.

Kohlenstoffdioxd (CO_2)

Kohlenstoffdioxid ist ein normaler Bestandteil der Luft. Es wird von Pflanzen aufgenommen und durch Fotosynthese in Sauerstoff und Kohlenstoff aufgespalten. CO_2 wird aber zu den Schadstoffen gezählt, weil sein stetiger Anstieg in der Atmosphäre durch Verbrennung fossiler Brennstoffe zum Treibhauseffekt beiträgt.

Die CO_2-Menge, die bei der Verbrennung entsteht, ist von der Brennstoffzusammensetzung anhängig.

! Je größer der Kohlenstoffanteil im Brennstoff ist, desto größer ist die CO_2-Emission (→ TB).

Die notwendige Minderung der CO_2-Emissionen aus Feuerungsanlagen kann durch folgende Maßnahmen gefördert werden:

1. Einsparen von Brennstoff durch Absenken des Wärmebedarfs der Gebäude und Verbessern der Nutzungsgrade der Wärmeerzeuger
2. Umstellen auf einen Brennstoff mit einem günstigeren Kohlenstoff-Wasserstoff-Verhältnis. So ist der Ersatz von Heizöl EL durch Gas günstig. Er spart etwa 28 % CO_2-Emissionen bei derselben produzierten Wärmemenge.
3. Substitution fossiler Brennstoffe durch Wasserstoff und Nutzung regenerativer Energien (Sonne, Wind, Biomasse usw.), bei denen keine CO_2-Emission entsteht

Kohlenstoffmonoxid (CO)

Die CO-Bildung wird in erster Linie durch eine unvollständige Verbrennung unter Luftmangel verursacht.

Kohlenstoffmonoxid ist sehr giftig (toxisch) für Mensch und Tier, da es den Sauerstoff aus dem Blutkreislauf verdrängt und somit zum „Ersticken" führt (→ TB). Besonders gefährlich ist CO, weil es ein unsichtbares, geschmackloses und geruchsneutrales Gas ist.

Ursachen der CO-Bildung sind u. a.:

- schlechte Durchmischung von Luft und Brennstoff
- falsche Brennereinstellung
- unzureichende Zufuhr von Verbrennungsluft

Stickoxide (NO_x)

Stickoxide entstehen bei allen Verbrennungsprozessen aus den Elementen Stickstoff und Sauerstoff. Der Sammelbegriff NO_x umfasst verschiedene Verbindungen, von denen hauptsächlich Stickstoffmonoxid (NO) und Stickstoffdioxid (NO_2) für die Beurteilung der Luftqualität wichtig sind.

In Gas-Brennwertkesseln entstehen bei der Verbrennung ca. 75 % NO und 25 % NO_2.

In der Atmosphäre reagiert das NO mit Luftsauerstoff zu NO_2. Mit Wasser bildet sich daraus Salpetersäure (HNO_3).

! Salpetersäure ist Bestandteil des „sauren Regens", der zum Waldsterben beiträgt. Bei Menschen verursacht sie Augenreizungen, Bronchial- und Lungenbeschwerden.

Stickstoffdioxid führt in Gegenwart von Kohlenwasserstoffen, hohen Temperaturen und Sonneneinstrahlung zur Bildung von Sommersmog. Dessen Hauptbestandteil Ozon (O_3) wirkt schädlich auf die Vegetation und den Menschen.

Brennstoff-NO_x bildet sich aus dem im Brennstoff gebundenen Stickstoff bei Temperaturen ab 800 °C.

Promptes NO_x (auch primäres, frühes NO_x) entsteht unmittelbar in der Primärreaktionszone einer Flamme. Der dort herrschende Sauerstoffmangel fördert die NO_x-Bildung. Bei Erdgas ist promptes NO_x vernachlässigbar.

Thermisches NO_x entsteht bei jedem Brennstoff, hat aber bei Gas- und Ölfeuerungen die größte Bedeutung. Oberhalb 1 200 °C bildet sich in Abhängigkeit von der Sauerstoffkonzentration und der Verweilzeit der Verbrennungsluft im heißen Flammenbereich verstärkt NO_x.

! In der Verbrennungstechnik gilt daher als wichtigste Forderung, die Flammentemperatur abzusenken, um eine NO_x-reduzierte Verbrennung zu erreichen.

Zur Verringerung der NO_x-Bildung können folgende Maßnahmen dienen:

- Flammenkühlung, v. a. bei atmosphärischen Erdgasbrennern (< 100 mgNO_x/kWh)
- Abgasrückführung; die Rezirkulation eines Teils der Abgase in die Flamme reduziert die Flammentempe-

ratur. Dies wird hauptsächlich bei Gas- und Öl-Gebläsebrennern (Blaubrennern) angewandt (< 70 mgNO_x/kWh).

- Vormischbrenner; bei diesen werden Brenngas und Luft vor Eintritt in die Brennkammer gründlich vermischt. Dadurch verringern sich Größe und Temperatur der Flamme.

Unverbrannte Kohlenwasserstoffe (C_nH_m)

Solche CH-Verbindungen entstehen in Abgasen bei unvollständiger Verbrennung, insbesondere in der Zündphase.

Bei der Verbrennung von Heizöl sind dies Ölderivate, die in die Abgase und somit in die Umwelt gelangen können. Ihre Bildung kann durch Vorwärmen des Öls und durch schnelles Erreichen stabiler Verbrennungsbedingungen verhindert werden.

Schwefeloxide (SO_2, SO_3)

Schwefeloxide entsteht hauptsächlich bei der Verbrennung von schwefelhaltigen Brennstoffen. Schwefeldioxid ist ein farbloses, stechend riechendes und hochgiftiges Gas. Zwischen 1990 und 2023 sind diese Emissionen um 95 % zurückgegangen. Dies ist vor allem auf technische Maßnahmen und die Verwendung schwefelarmer Brennstoffe zurückzuführen.
Wenn Schwefeldioxid mit Wasser reagiert, entsteht schweflige Säure H_2SO_3, die zum „sauren Regen“ beiträgt.

Da die schweflige Säure auch die Abgasanlage beschädigen kann, sollte sie aus korrosionsbeständigen Werkstoffen errichtet werden.

Um die Schwefeldioxidbildung möglichst zu unterbinden, ist der Einsatz von schwefelarmen Brennstoffen notwendig.

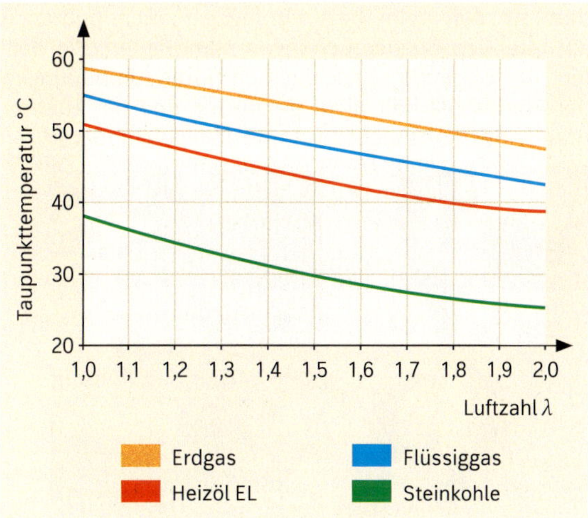

Abb. 1: Taupunkttemperatur verschiedener Brennstoffe in Abhängigkeit vom Luftüberschuss

! Die *Taupunkttemperatur* gibt an, bei welcher Temperatur die Abgase mit Wasserdampf gesättigt sind (100 % Feuchtigkeit). Beim Unterschreiten dieser Temperatur kommt es zur Kondensation des Wasserdampfes. Sie ist brennstoffabhängig und verändert sich mit dem Verbrennungsluftüberschuss (Abb. 1).

Berechnungen

Beispiel 1

Wie groß sind die Luftverhältniszahl λ und der Luftüberschuss in Prozent, wenn für die Verbrennung von 1 m^3 Erdgas H $L_{tats} = 12{,}3\ m^3$ Luft verwendet werden?

Geg.: $V = 1\ m^3$ Erdgas H, $L_{min} = 9{,}9\ m^3/m^3$ (→ TB)

Ges.: λ

Lös.: $\lambda = \frac{L_{tats}}{L_{min}} = \frac{12{,}3\ m^3/m^3}{9{,}9\ m^3/m^3} = 1{,}24$

Der Luftüberschuss beträgt 24 %.

Beispiel 2

Bei einem Gaskessel, der mit Erdgas H betrieben wird, ist der O_2-Gehalt im Abgas 3,5 %.

a) Berechnen Sie die Luftverhältniszahl λ und den Luftüberschuss in %.

b) Wie groß ist der CO_2-Gehalt im Abgas?

a) Geg.: $O_2 = 3{,}5\ \%$
Ges.: λ und Luftüberschuss in %

Lös.: $\lambda = \frac{O_2}{21 - O_2} + 1 = \frac{3{,}5}{21 - 3{,}5} + 1 = 1{,}2$

Der Luftüberschuss beträgt 20 %.

b) Geg.: $\lambda = 1{,}2$, $CO_{2max} = 12{,}0\ \%$ (→ TB)
Ges.: CO_{2tats}

Lös.: $\lambda = \frac{CO_{2max}}{CO_{2tats}}$

$$CO_{2tats} = \frac{CO_{2max}}{\lambda} = \frac{12{,}0\ \%}{1{,}2} = 10\ \%$$

Aufgaben

1. Bei einem Ölheizkessel wird ein O_2-Gehalt im Abgas von 3,6 % gemessen.
   a) Wie groß sind die Luftverhältniszahl und der Luftüberschuss in Prozent?
   b) Wie viel Luft wird zur Verbrennung von 1 kg Heizöl EL verbraucht?
2. Warum zählt Kohlendioxid zu den Schadstoffen?
3. Nennen Sie Möglichkeiten, um CO_2-Emissionen aus Feuerungen zu vermindern.
4. Worin besteht die Gefährlichkeit von Kohlenstoffmonoxid?
5. Welche schädlichen Auswirkungen für die Umwelt sind auf Stickoxide zurückzuführen?
6. Was versteht man unter der Taupunkttemperatur und was geschieht mit dem Wasserdampf auf dem Abgasweg?

10.3 Installation von Gasleitungsanlagen

10.3.1 Gasleitungsanlagen in Gebäuden und Grundstücken nach TRGI 2018

Gasleitungsanlagen müssen aus Sicherheitsgründen fachlich einwandfrei ausgeführt werden. Innerhalb eines Hauses dürfen nur Vertragsinstallationsunternehmen (VIU) des Netzbetreibers (NB) Gasleitungen verlegen. Das gilt ebenfalls für Anschlüsse von Gasgeräten, Erweiterungen und Reparaturen. Ein VIU erfüllt die fachlichen Voraussetzungen, wenn mindestens ein Betriebsangehöriger bzw. eine Angehörige die Meisterprüfung abgelegt hat.

Die Technische Regel für Gasinstallation (TRGI 2018) gilt für die Planung, Erstellung, Änderung, Instandhaltung und den Betrieb von Gasinstallationen, die mit Gasen der 1. und 2. Gasfamilie betrieben werden. Der Geltungsbereich bezieht sich auf Leitungsanlagen in Gebäuden und Grundstücken, die mit

- Niederdruck (bis 100 mbar bzw. 100 hPa) oder
- Mitteldruck (über 100 mbar bis 1 bar)

betrieben werden.

Sie gelten für den Bereich hinter der Hauptabsperreinrichtung (HAE) bis zur Abführung der Abgase ins Freie.

Im Folgenden wird die Leitungsanlage, die unverbranntes Gas bis zum Gasgerät führt, behandelt. Dieser Anlagenteil umfasst vor allem:

- den Hausanschluss
- die Innenleitungen

Hausanschluss

Als Hausanschluss bezeichnet man das Übergangsstück zwischen der Versorgungsleitung und der Hausinstallation. Er wird im DVGW-Arbeitsblatt G 459 erfasst. Für die Erstellung ist der Netzbetreiber zuständig (Abb. 1).

In der Regel wird nach der HAE ein Hausdruck-Regelgerät eingebaut. Die Außenleitung wird entweder in Stahl oder vorwiegend PE 80 bzw. PE 100 ausgeführt. Das Kunststoffrohr darf aus brandschutztechnischen Gründen nicht bis in das Gebäude geführt werden. Nur bei durchgehender Metallanschlussleitung ist eine elektrische Trennstelle - ein Isolierstück - erforderlich. Das Isolierstück ist gekennzeichnet mit den Buchstaben GT für Gas mit erhöhter thermischer Belastbarkeit.

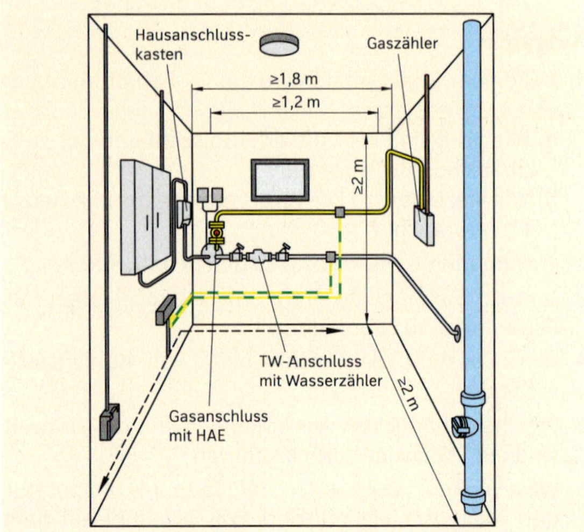

Abb. 1: Hausanschlussraum

Mehrfamilienhäuser, gewerbliche Gebäude usw. haben Hausanschlussräume nach DIN 18012. Darin sind alle Anschlussleitungen und Betriebseinrichtungen installiert, z. B. Zähler (Abb. 1). Der Hausanschlussraum ist trocken und begehbar. Er darf nicht als Durchgang zu weiteren Räumen dienen. Auch in Ein- und Zweifamilienhäusern gelten die Installationsanweisungen für den Hausanschlussraum sinngemäß. Absperreinrichtungen müssen bedienbar und leicht zugänglich sein.

Innenleitungen

Innenleitungen sind die im oder am Gebäude verlegten Gasleitungen. Die einzelnen Teilstrecken erhalten je nach Anordnung der Gaszähler – im Keller oder in den Wohnungen – unterschiedliche Bezeichnungen (Abb. 3).

Verteilungsleitung: Leitungsteil zu mehreren Gaszählern (für ungemessenes Gas)

Verbrauchsleitung: Leitungsteil beginnend ab Abzweig von der Verteilungsleitung oder ab Ende Verteilungsleitung bzw. ab HAE bis zu den Abzweigleitungen

Steigleitung: Senkrechte von Geschoss zu Geschoss führende Leitung; sie kann je nach Aufstellungsort des Zählers Verteilungs- oder Verbrauchsleitung sein.

Abzweigleitung: Leitung von der Verbrauchsleitung zur Geräteanschlussarmatur; sie dient ausschließlich zur Versorgung eines Gasgeräts.

Geräteanschlussleitung: Leitungsteil von der Geräteanschlussarmatur bis zum Anschluss am Gasgerät

Rohrwerkstoffe

Die nach TRGI 2018 für Innenleitungen zugelassenen Rohre und Rohrverbindungen sind dem Tabellenbuch zu entnehmen. Sie müssen so beschaffen sein, dass sie den beim bestimmungsgemäßen Gebrauch auftretenden Beanspruchungen standhalten. Sie dürfen im Gebäude einschließlich ihrer Umhüllungen die Brandsicherheit nicht gefährden und bei äußerer Brandeinwirkung nicht zur Explosionsgefahr führen.

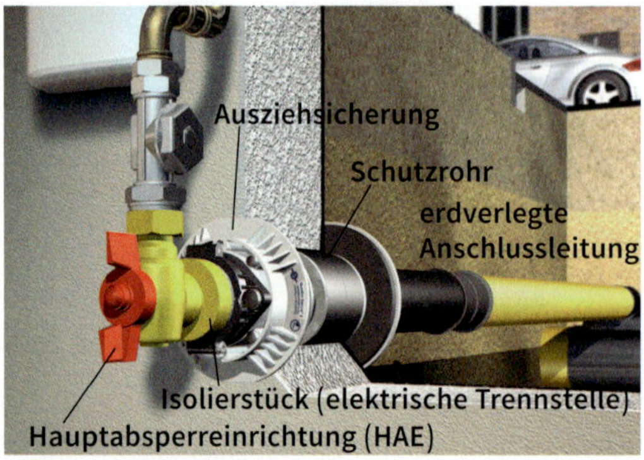

Abb. 2: Gasanschluss mit HAE

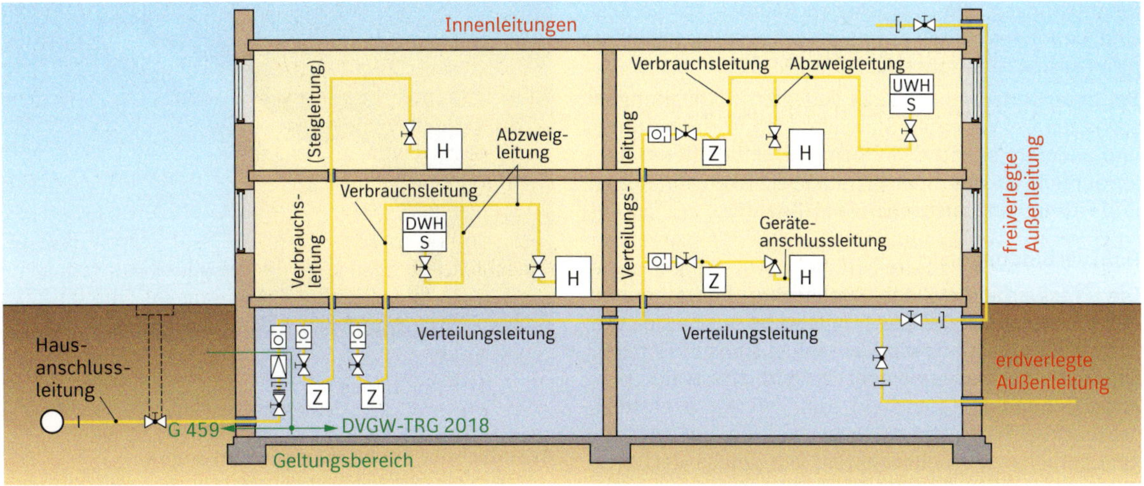

Abb. 3: Teilstrecken der Leitungsanlage nach TRGI

Gaszähler

Sie messen die verbrauchte Gasmenge im Betriebszustand. Die Art und Größe der Gaszähler sowie deren Aufstellort legt der NB oder der Messstellenbetreiber fest. Sie können ein VIU mit der Zählerinstallation beauftragen. Gaszähler für Haushalte sind Balgengaszähler nach DIN EN 1359. Sie müssen thermisch erhöht belastbar sein. Dabei sind Dichtungen nach DIN 30653 zu verwenden, die entsprechend gekennzeichnet sind.

Für den Aufstellungsort von Gaszählern gelten nach TRGI vor allem folgende Bedingungen:

- leicht ablesbar und auswechselbar
- gegen mechanische Beschädigungen geschützt
- spannungsfrei, ausreichend befestigt und ohne Berührung mit Wänden anschließen
- belüftbar – Türen von Zählernischen müssen oben und unten einen freien Lüftungsquerschnitt von jeweils mindestens 5 cm^2 haben.
- absperrbar – vor jeden Gaszähler eine leicht von Hand bedienbare Absperreinrichtung einbauen

Das Aufstellen von Gaszählern ist in notwendigen Treppenräumen und ihren Ausgängen ins Freie nur zulässig, wenn diese kein Hindernis für die Funktion der Rettungswege darstellen. Überwiegend werden Einstutzen-Gaszähler eingebaut, die mit einer Absperrarmatur hängend an der Leitung befestigt sind (Abb. 4).

Gaszähler mit getrennter Ein- und Ausgangsarmatur werden als Zweistutzen-Gaszähler bezeichnet.

Die Anschlussarmaturen der Zähler sind in der Regel Kugelhähne in HTB- Ausführung 650 °C. HTB steht hierbei für höhere thermische Belastbarkeit

Geräteanschlussleitungen

Mit Geräteanschlussleitungen werden Gasgeräte an die Gasleitung angeschlossen, und zwar

- mit festem Anschluss, der aus der Gasgeräteanschlussarmatur, einer nur mit Werkzeug lösbaren Verbindung, und der starren oder biegsamen Anschlussleitung besteht;

Abb. 4: Einstutzen-Gaszähler Geräteanschluss

- mit lösbarem Anschluss, der aus der Gassteckdose und von Hand lösbarer Schlauchleitung besteht. Um der Gefahr der Verschmutzung vorzubeugen, soll die Öffnung der Gassteckdose nach unten weisen. Im häuslichen Bereich sind nur Ganzmetall-Schläuche zulässig.

Korrosionsschutz

Bei Gasleitungen steht der äußere Korrosionsschutz im Vordergrund. Für den inneren Korrosionsschutz sind bei Gasleitungen keine zusätzlichen Maßnahmen erforderlich.

Als Maßnahme des passiven Schutzes steht vor allem das Fernhalten von Wasser und Feuchtigkeit im Mittelpunkt. In erster Linie erfolgt dies durch:

- Beschichtungen, z. B. Feuerverzinkungen und Anstriche
- Umhüllungen, werksseitig vorhanden oder nachträglich aufgebracht, z. B. mit Kunststoffen
- Verlegen der Leitungen außerhalb eines feuchtigkeitsgefährdeten Bereichs

Innenleitungen, die in trockenen Räumen frei verlegt sind, benötigen keinen Korrosionsschutz. Dies gilt nicht für Präzisionsstahlrohre nach DIN EN 10305-1 bis -3.

Bei unter Putz und verdeckt verlegten Stahlleitungen sowie bei frei verlegten Stahlleitungen in Nassräumen und anderen feuchten Räumen, z. B. unbelüfteten Kellerräumen, ist das Schmelztauchverzinken für Rohre und Fittings eine ausreichende Maßnahme.

Rohrverbindungen

Die Pressverbindung für Kupferrohre findet immer mehr Anwendung. Die Pressmuffen sind aus Kupfer, die Pressverbinder mit Gewindeanschluss sind aus Rotguss gefertigt. Das Dichteelement besteht aus HNBR (Acrylnitril-Butadien-Kautschuk). Um jede Verwechslung auszuschließen, tragen die Pressverbinder auf zwei gegenüberliegenden Seiten jeweils ein gelbes Rechteck mit der Aufschrift „Gas PN1 GT/1". PN 1 steht für den Betriebsdruck bis 1 bar, GT/1 steht für höhere thermische Belastung (650 °C über 30 Min.) bei PN 1. Nach TRGI 2018 können Pressverbinder auch die Aufschrift „Gas MOP1/GT1" tragen. Wobei MOP (maximum operating pressure) der maximal zulässige Betriebsdruck ist. Die Pressverbindung ist für sämtliche Gasinnenleitungen als AP- und UP-Installation zugelassen (Abb. 1).

Die TRGI 2018 lässt auch DVGW-geprüfte Mehrschicht-Verbundrohre aus Kunststoff/Aluminium/Kunststoff für Gasinnenleitungen zu. Die Verbindungsstellen sind mit zugelassenen Rohrverbindungen herzustellen. Zur Erfüllung der geforderten Brand- und Explosionssicherheit sind die Mehrschicht-Verbund-Leitungen mit Gasströmungswächter (GS) in Kombination mit TAE abzusichern.

Absperreinrichtungen (AE)

Die DVGW-geprüften AE sind in der Regel aus korrosionsbeständigem Werkstoffen wie Kupferlegierungen hergestellt. Innerhalb von Gebäuden müssen diese AE bis 100 mbar mindestens die HTB-Klasse B0,1 erfüllen. Diese AE sind an den gelben Griffen zu erkennen. Besteht der Armaturenkörper aus Stahl, wird er in gelber Farbe pulverbeschichtet. Die am häufigsten eingesetzte Absperrarmatur bis DN 50 ist der Gas-Kugelhahn (Abb. 2).

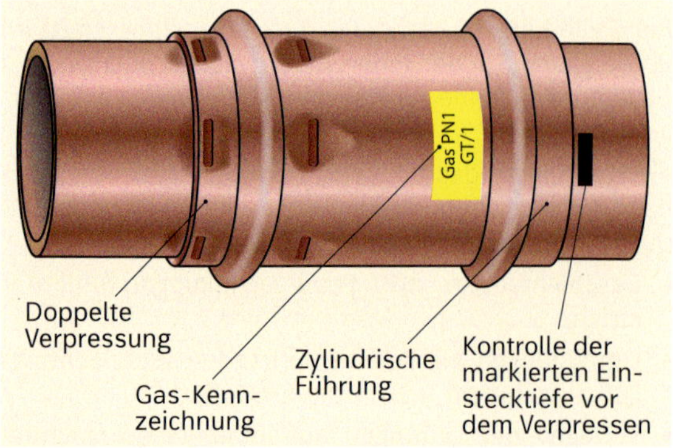

Abb. 1: Rohrverbindung mit einem Pressverbinder

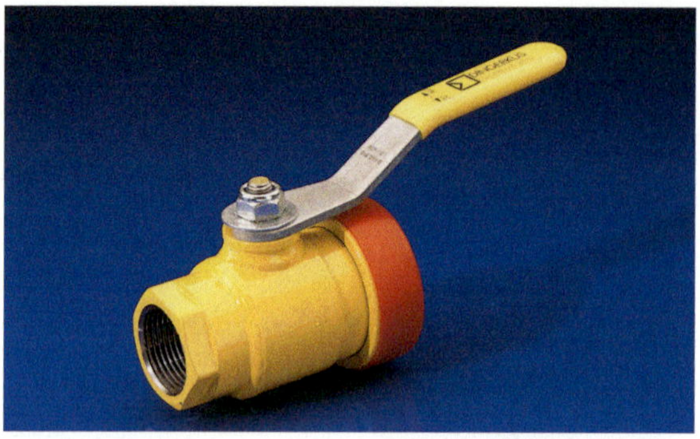

Abb. 2: Stahlkugelhahn mit Isolierstück GT für HAE in HTB-Ausführung

Brandschutz bei Absperreinrichtungen

Die TRGI 2018 und die Bauordnungen der Länder fordern für Gasleitungsanlagen in Gebäuden den vorbeugenden Brandschutz. Rohrleitungen einschließlich der Formstücke und Einrichtungen dürfen die Brandsicherheit nicht gefährden und bei äußerer Brandeinwirkung nicht zu einer Explosionsgefahr führen.

Aus diesem Grunde sind die Absperreinrichtungen für eine „höhere thermische Belastung" HTB ausgelegt. Sie sind mit „GT" gekennzeichnet. Besondere Einrichtungen sind die thermisch auslösenden Absperreinrichtungen (TAE).

Die TAE verhindert im Brandfall:

- das weitere Ausbreiten eines Feuers
- eine Explosion durch unverbranntes Gas
- die Erhöhung der Brandlast

Nach Feuerungsverordnung und TRGI 2018 sind Geräteanschlüsse mit einer TAE auszurüsten (Abb. 4). An anderen Stellen, z. B. an der HAE oder den Zählern, ist ein Absicherung mit einer TAE wünschenswert. Absperrarmaturen wie in Abb. 3 dargestellt arbeiten überwiegend nach dem Auslösesystem mit Schmelzlot.

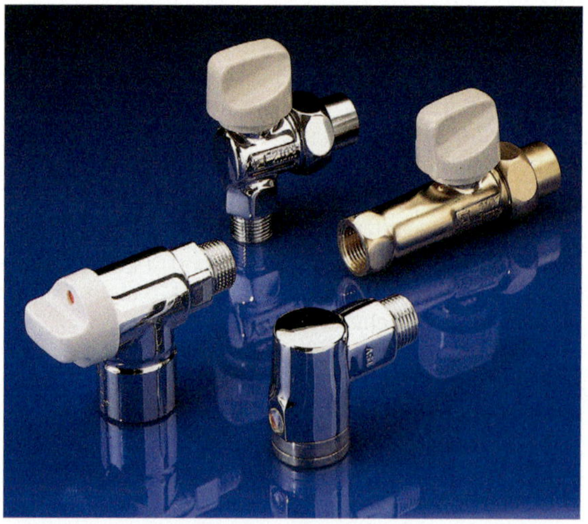

Abb. 3: Gasgerätehähne und Gassteckdosen

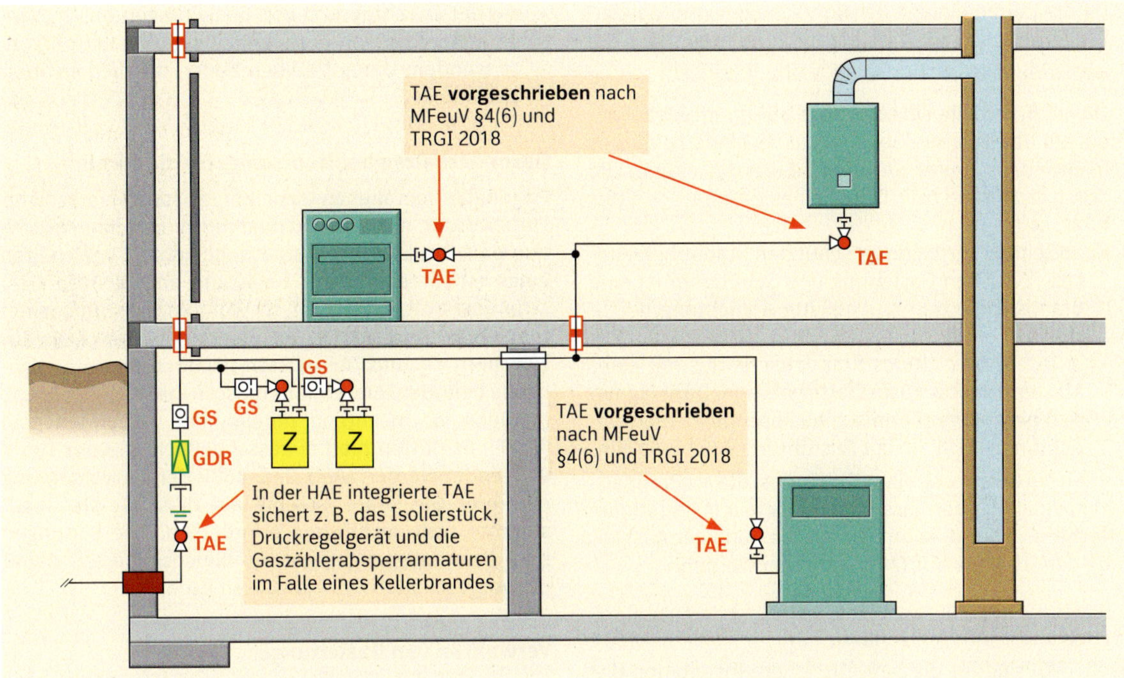

Abb. 4: Absicherung von Schwachstellen (grün) in einer Gas-Hausinstallation durch TAE

Die TAE (Abb. 5) arbeitet nach folgendem Prinzip:

- Ein Dichtkegel mit Führungsstift ist durch eine Feder mit einem Führungssystem vorgespannt und mit einem Schmelzlot gesichert (Abb. 5a).
- Wird die Umgebungstemperatur von 95 °C +/– 5 °C erreicht, schmilzt das Lot und das Ventil schließt durch die Federkraft (Abb. 5b).
- Ein ausgelöstes Ventil kann nicht mehr geöffnet werden. Die Armatur muss ausgetauscht werden.

Brandschutz an Leitungsanlagen

Die Leitungen sind so zu verlegen und zu befestigen, dass auch im Brandfall bis zu 650 °C keine freien Rohrquerschnitte entstehen können, aus denen Gas ausströmen kann. Der Einsatz brandsicherer Technik und die richtige Anlagenplanung tragen zur Brandsicherheit bei:

1. Bei Befestigungselementen müssen die tragenden Teile brandsicher sein. So wird ein Abstürzen von Leitungsteilen im Brandfall verhindert. Diese Forderung erfüllen in der Regel Rohrschellen und Dübel aus Metall. Kunststoffdübel können nur dann eingesetzt werden, wenn im Brandfall bei Temperaturen bis zu 650 °C die mechanische Festigkeit der Rohrleitung nicht eingeschränkt wird. Dies ist bei geeigneter baulicher Situation mit gepressten Kupferleitungen der Fall. Bei hartgelöteten Kupferleitungen ist die mechanische Festigkeit im Brandfall nicht mehr gegeben, sodass die zu verwendenden Dübel dieser Temperaturbeaufschlagung standhalten müssen (z. B. Metalldübel).

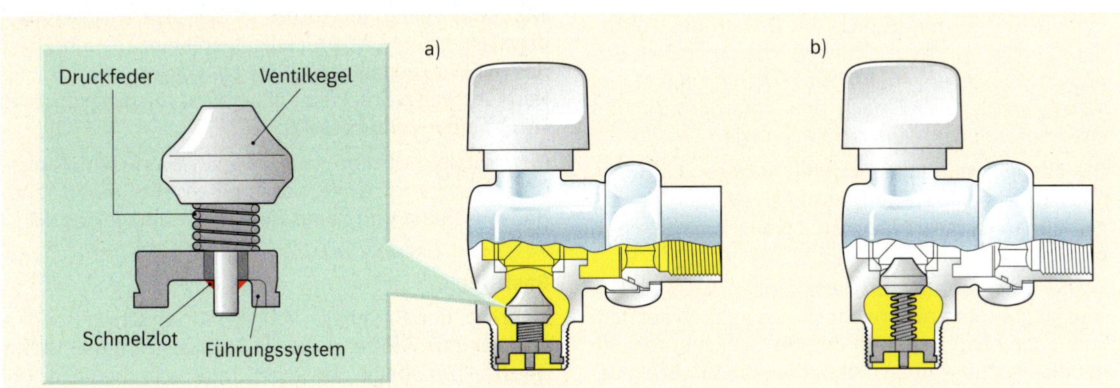

Abb. 5: Funktionsweise einer TAE mit Schmelzlot

2. Da die Gummieinlage der Rohrschellen von Steigleitungen wegschmilzt, ist darauf zu achten, dass die Steigleitung nicht aus der Befestigung rutscht.
3. Um im Brandfalle ein sofortiges Übergreifen des Feuers auf das gesamte Gebäude zu verhindern, wird es in Brandabschnitte unterteilt. Eine Gasleitung, die durch eine Wand bzw. Decke eines Brandabschnittes führt, sollte
   - aus einem korrosionsgeschützten Stahlrohr bestehen. Zwischen Gasleitung und Schutzrohr ist eine brandsichere und rauchdichte Abdichtung herzustellen.
   - in jedem Bereich des Brandabschnittes mit einer Absperrarmatur ausgestattet werden. Dazu eignen sich besonders thermisch auslösende Absperreinrichtungen (TAE) in der Ausführung 925 °C–60 Min.

Werden die Geschosse eines Gebäudes, die als Brandabschnitte gelten, über Gassteigleitungen in Installationsschächten versorgt, kann bei feuerbeständiger Auskleidung der Schächte auf TAEs verzichtet werden.

Verlegen von Innenleitungen

Nach TRGI sind für die betriebssichere Installation der Innenleitungen Gebote und Verbote zu beachten, z. B.:

- Gasleitungen dürfen weder an anderen Leitungen befestigt werden noch als Träger für andere Leitungen und Lasten dienen.
- Gasleitungen dürfen nicht dem Tropf- oder Schwitzwasser anderer Leitungen ausgesetzt werden.
- Innenleitungen können freiliegend auf Abstand, unter Putz ohne Hohlraum oder in Schächten bzw. Kanälen verlegt werden.
- Die Leitungsführung von verdeckt verlegten Leitungen ist zu dokumentieren.
- Leitungen können in Schächten oder Kanälen verlegt werden, wenn diese be- und entlüftet werden. Die Be- und Entlüftungsöffnungen müssen mindestens 10 cm^2 groß sein.
- Führt die Gasleitung durch unbelüftete Hohlräume, muss sie in einem korrosionsbeständigen oder -geschützten Mantelrohr liegen.
- Innenleitungen dürfen nicht im Estrich des Fußbodens verlegt werden. Leitungen, die unter dem Estrich in Aussparungen für die Trittschalldämmung verlegt werden, sind nach den Anforderungen für erdverlegte Außenleitungen zu verlegen.
- Gasleitungen dürfen nicht durch Aufzugs-, Lüftungs- und Müllschächte sowie Schornsteine führen. Leitungen dürfen nicht in Schornsteinwangen eingelassen werden.
- Bei der Durchführung von Gasleitungen durch Decken sind Mantelrohre zu verwenden. Sie müssen auf dem Fußboden etwa 5 cm und auf der Deckenunterseite deutlich sichtbar überstehen. Die Mantelrohre müssen korrosionsbeständig oder korrosionsgeschützt sein.
- Bei der Durchführung von Gasleitungen durch Wände außerhalb von Wohnungen sind Mantelrohre zu verwenden, die auf beiden Seiten deutlich sichtbar überstehen.

Besonderheiten bei Mehrschichtverbundrohr

Gegenüber metallenen Gasleitungen stellt Mehrschichtverbundrohr die HTB-Qualität nicht bereits von sich aus dar. Die Leitungen sind daher durch Vorschalten eines entsprechend der Belastung angepassten Gasströmungswächters (GS) in Kombination mit einer thermisch auslösenden Absperreinrichtung (TAE) abzusichern. GS und TAE müssen sich im selben Metallgehäuse befinden. Andernfalls müssen ihre Metallgehäuse metallen wärmeleitend miteinander verbunden sein (GS-T). Es dürfen hierbei ausschließlich GS vom Typ K verwendet werden (Abb. 2, S. 466). Bei der Versorgung mehrerer Gasgeräte ist eine auf diese Geräte abgestimmte Leitungsführung erforderlich. Alle Leitungen sind belastungsangepasst zu dimensionieren, damit der vorgeschaltete GS-T auslösen kann.

Verwahren von Gasleitungen

Unter Verwahren versteht man, dass Gasleitungen, die

- fertiggestellt und noch nicht angeschlossen
- stillgelegt bzw. außer Betrieb gesetzt

sind, dichte Verschlüsse bekommen.

Die Gasleitung gilt dann als fachgerecht verwahrt, wenn alle Leitungsöffnungen sicher verschlossen sind.

Deshalb sind Absperrarmaturen in diesem Sinne keine dichten Verschlüsse. Stattdessen sind Stopfen, Kappen, Steckscheiben oder Blindflansche aus Metall zu verwenden.

Eine Ausnahme lässt die TRGI bei Gassteckdosen nach DIN 3383-1 und -4 zu. Sie sind als ausreichende Verwahrung eines offenen Anschlusses zugelassen, solange der Sicherheitsgasschlauch mit dem Gasgerät verbunden ist.

Gas-Druckregelgerät

Wenn der Versorgungsdruck größer als der Anschlussdruck ist, ist ein Gas-Druckregelgerät einzubauen. Es ist das DVGW-Arbeitsblatt G 459-2 zu beachten. Es wird ein Nenn-Ausgangsdruck als Sollwert des Ausgangsdruckes von 23 mbar vorausgesetzt.

Der Druckregler kann nach TRGI als Haus- und Zähler-Druckregelgerät eingebaut werden. Er gehört zum Hausanschluss und damit zur Betriebsanlage des NB.

Gasfilter

Während der Bauphase können Sand, Schweißperlen oder weitere Stoffe in die Gasleitung gelangen. Damit sie die Funktionen der Regel- und Sicherheitseinrichtungen von Brennern nicht behindern, werden Gasfilter mit austauschbarem Filtereinsatz vorgebaut.

Aufgaben

1. Nennen Sie die Teilstrecken einer Gasleitungsanlage und deren Bedeutung.
2. Welche Bedingungen müssen für den Aufstellort von Gaszählern gegeben sein?
3. Wie wird die Forderung nach äußerem Korrosionsschutz bei Gasinnenleitungen erfüllt?
4. Welche Rohrverbindungen für Gasinnenleitungen kommen für zugelassene Rohre (laut Tabellenbuch) infrage?
5. Beschreiben Sie die Pressverbindung eines Kupferrohres in der Gasinstallation.
6. Was bedeutet bei einer Armatur die Bezeichnung HTB?

10.3.2 Schutz gegen Manipulationen an Gasleitungsanlagen

Die TRGI 2018 und die TRF 2021 schreiben den Schutz gegen Eingriffe Unbefugter fest. Um die Folgen von Eingriffen Unbefugter in die Gasinstallation von Gebäuden mit häuslicher Nutzung (Hausinstallation) zu minimieren bzw. erschweren, sind grundsätzlich aktive und ggf. passive Schutzmaßnahmen erforderlich. Die Regelungen erstrecken sich als generelle Maßnahme auf neu zu errichtende Anlagen und haben keine Rückwirkungen auf den Bestand. Dies darf jedoch die fallweise Nachrüstung für solche Fälle nicht ausschließen, in denen z. B. Anlagenmechaniker/-innen kritische Nutzungsverhältnisse in bestehenden Gebäuden erkennen.

Die Maßnahmen zum Schutz gegen Eingriffe Unbefugter sind unterteilt in aktive und passive Maßnahmen.

Aktive Maßnahmen

Aktive Maßnahmen beinhalten Bauteile, die die Gaszufuhr bei nicht bestimmungsgemäßem Volumenstrom unterbrechen. Dies sind:

- Gasströmungswächter (GS) nach DIN 30652-1
- Gasdruckregelgeräte mit integriertem Gasströmungswächter nach DIN 33 822

! Den aktiven Maßnahmen ist **Vorrang** einzuräumen. Die Leitungen sind so zu dimensionieren, dass die vorgeschaltete aktive Maßnahme sicher auslösen kann.

Passive Maßnahmen

Die passiven Maßnahmen (Abb. 1) sollen die mechanischen Manipulationen an den Gasleitungsanlagen erschweren. Diese sind:

- Anordnung der Gasanlage in nicht allgemein zugänglichen Räumen
- Vermeidung von Leitungsenden und Auslässen bzw. Verwendung von Sicherheitsstopfen (Abb. 2) und Sicherheitskappen (Abb. 3)
- Spezialschrauben für Flansche

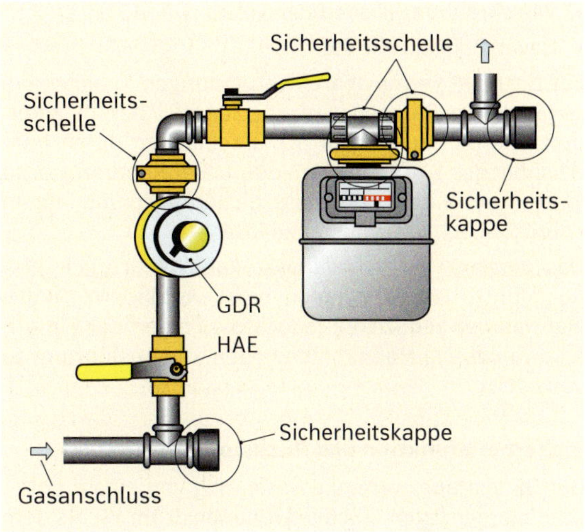

Abb. 1: Passive Sicherheitsmaßnahmen an Gasleitungsanlagen

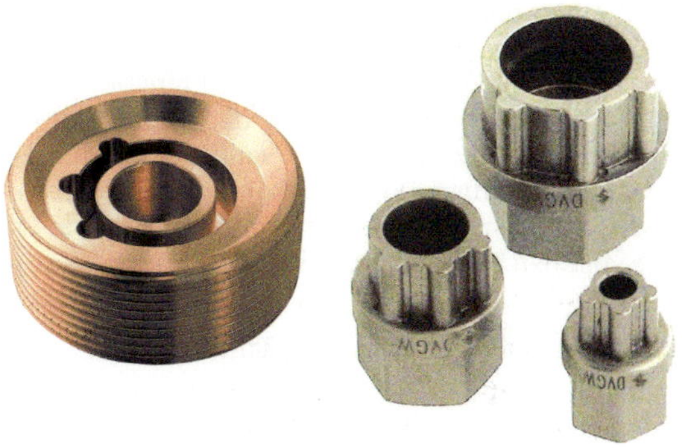

Abb. 2: Sicherheitsstopfen mit Steckschlüsselset

Abb. 3: Sicherheitskappe

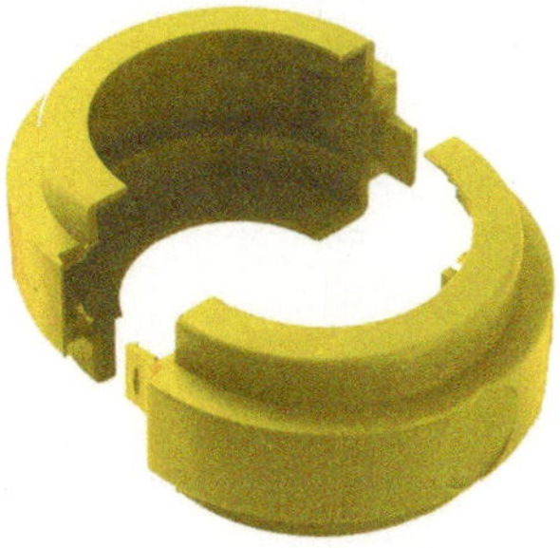

Abb. 4: Sicherheitsschelle für Verschraubungen

- Verschraubungssicherungen (Abb. 4, S. 463)
- Gewindeklebstoffe etc.

Für die nicht vermeidbaren Verbindungen in allgemein zugänglichen Räumen wird eine Zugriffsicherung gefordert, die den Zugriff auf Schlüsselflächen durch handelsübliches Werkzeug verhindert. Bei Reparatur- und Wartungsarbeiten sind diese Sicherungen mit einem speziellen Schlüsseleinsatz zu lösen.

Das gesamte Sicherheitspaket kann absichtlich herbeigeführte Gasexplosionen nicht verhindern. Aktive Maßnahmen reduzieren jedoch die Folgen der Eingriffe, und passive Maßnahmen helfen, die Ausführung zu verzögern.

Sicherheitsfunktion und Rückstellung eines GS

Der GS löst aus, wenn die Gasleitung von einem höheren Volumenstrom (Schließvolumenstrom $\dot{V}_S$) als dem Nennvolumenstrom $\dot{V}_N$ durchströmt wird. Dabei fällt der Druck p_2 hinter dem Ventil ab. Der entstehende Differenzdruck $p_1 - p_2$ bewegt den Ventilteller gegen eine Federkraft in den Ventilsitz und unterbricht damit den Gasdurchfluss weitgehend (Abb.1). Der Ventilteller besitzt jedoch eine kleine Bohrung (max. 1 mm Durchmesser), sodass sich nach Beseitigung der Ursache für das Schließen der Druck hinter dem Ventil wieder aufbaut und das Ventil öffnet. Durch die Bohrung strömen max. 30 l Gas pro Stunde. Die Zeit bis zum Öffnen ist vom Leitungsvolumen hinter dem GS abhängig.

Auslegung von Gasströmungswächtern

Nach TRGI 2018 und TRF 2021 ist die Auswahl der erforderlichen Gasströmungswächter (GS) Teil der Bemessung der Leitungsanlage. Die GS können mithilfe von Diagrammen oder Tabellen ausgewählt werden. Damit können GS in Bezug auf die *Nennbelastung* der anzuschließenden Gasgeräte ermittelt werden. Die Nenn(wärme)belastung $\dot{Q}_{NB}$ ist auf dem Typenschild angegeben.

Das Tabellenverfahren ist das allgemeinere Verfahren. Bei der Auslegung wird zwischen Einzelzuleitung bzw. Abzweigleitung (nur ein Gasgerät ist angeschlossen) und Verbrauchs- bzw. Verteilungsleitung (mehrere Gasgeräte sind angeschlossen) unterschieden.

Bei Verbrauchs- und Verteilungsleitung erfolgt die Auslegung nach der *Streckenbelastung*, was der Summe der Nennbelastungen der über diese Rohrleitungen zu versorgenden Gasgeräte entspricht. Bei der Auswahl der GS in der TRGI ist dringend zu beachten, um welche Leitungsart es sich jeweils handelt, weil im Gegensatz zu Tab. 1 bezüglich der Leitungsarten üblicherweise unterschiedliche Tabellen verwendet werden.

Tab. 1: Gasströmungswächter nach TRGI

Nennwärmebelastung bzw. Summe der Streckenbelastung [in kW]		
Einzelzuleitung/ Abzweigleitung (nur 1 Gasgerät)	Verbrauchsleitung Verteilungsleitung (mehrere Gasgeräte)	Auszuwählender GS in m³/h
bis 11 (13)*	bis 13	1,6
12 bis 17	14 bis 22	2,5
18 bis 27	23 bis 34	4
28 bis 41	35 bis 51	6
42 bis 68	52 bis 86	10
69 bis 110	87 bis138	16

* Nur bei Verwendung einer GSD (Gassteckdose)

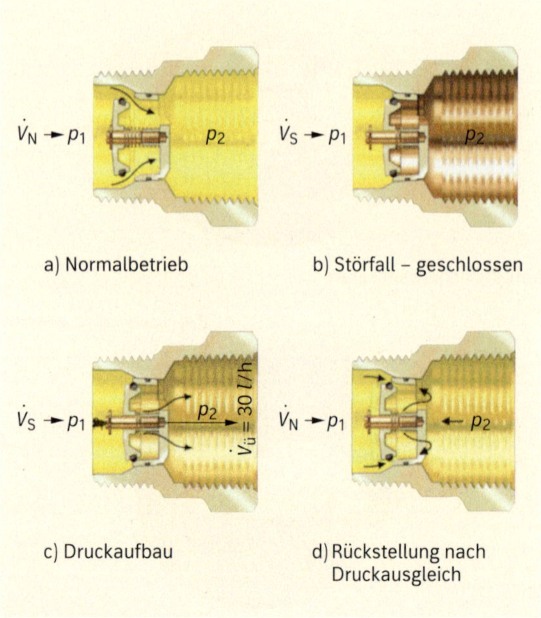

Abb. 1: Funktionsprinzip eines Gasströmungswächters

Wie aus Tab.1 hervorgeht, gibt es GS mit den Nennvolumenströmen 1,6 m³/h (Farbkennzeichnung weiß), 2,5 m³/h (gelb), 4 m³/h (braun), 6 m³/h (grün), 10 m³/h (rot) und 16 m³/h (orange).

Gasströmungswächter mit einem Nennvolumenstrom von 1,6 m³/h finden in Gassteckdosen als integrierte Sicherung Verwendung. Sie sind auch für den Anschluss von Geräten im Freien geeignet, bei denen eine wechselnde Nutzung vorliegen könnte.

Aus Tab.1 geht hervor, dass GS bis maximal 110 kW für Einzelzuleitungen und bis maximal 138 kW für Verteilungsleitungen existieren. In Leitungen mit Streckenbelastungen von mehr als 138 kW ist kein GS einzubauen.

Dem Nennvolumenstrom liegt die Formel zugrunde:

$$\dot{V}_N = \frac{\dot{Q}_{NB}}{H_{i,B}}$$

Wobei der Betriebsheizwert von Erdgas L ($H_{i,B}$ = 8,6 kWh/m³) einzusetzen ist.

Beispiel

Bei einer Streckenbelastung von 34 kW teilt man diese durch den Betriebsheizwert von 8,6 kWh/m³. Damit ergibt sich ein Volumenstrom von 3,95 m³/h.

In die Rechnung wird der Betriebsheizwert von Erdgas L eingesetzt, damit die Funktion des ermittelten Gasströmungswächters – in diesem Fall GS 4 – auch bei einem Wechsel von Erdgas L auf Erdgas H gewahrt bleibt (siehe Tab. 1).

Gasströmungswächter sind belastungsangepasst auszulegen, d. h., die Leitungen sind so zu dimensionieren, dass der vorgeschaltete GS auslösen kann. Entlang des Fließwegs dürfen nicht mehrere GS des gleichen Nennwerts und desselbenTyps installiert werden.

Schließfaktor

Der *Schließfaktor* f_S ist das Verhältnis von *Schließvolumenstrom* $\dot{V}_S$ zu *Nennvolumenstrom* $\dot{V}_N$. Durch diesen hat man eine gewisse Toleranz gegen ungewolltes bzw. vorzeitiges Schließen.

Der GS in der Ausführung M (GS-M) hat einen Schließfaktor von 1,8 und der GS in der Ausführung K (GS-K) hat einen Schließfaktor von 1,45. Der GS-M löst spätestens bei einem Volumenstrom von 80 % über dem Nennvolumenstrom aus, während der GS-K spätestens bei 45 % über dem Nennvolumenstrom auslöst. Demnach reagiert der Typ M träger als der Typ K.

Ein GS-K, wie er für Kunststoffleitungen vorgeschrieben ist, reagiert schneller. Damit wird verständlich, warum der GS-K für Kunststoff- und Metallrohre zugelassen ist, während der GS-M nur für metallische Leitungen eingesetzt werden darf.

Mehrschichtverbundrohre sind ausschließlich mit einem GS-K in Kombination mit TAE abzusichern (GS-T).

Aufgaben

1. Zum Schutz gegen Manipulationen an Gasleitungsanlagen sind aktive und passive Maßnahmen erforderlich. Nennen Sie die möglichen Maßnahmen.
2. Wann sind passive Maßnahmen zusätzlich zu den aktiven Maßnahmen notwendig?
3. Was besagt der Schließfaktor f_s bei Gasströmungswächtern?

Abgleich der maximalen Rohrlänge

Für Gasströmungswächter vom Typ M ist immer ein Abgleich der maximalen Rohrlänge notwendig (→ Tab. 2). Bei zu langen Gasleitungen muss zur Sicherstellung der Funktion des GS-M ein größerer Leitungsdurchmesser verwendet werden.

Der GS-Typ K wird von vielen Herstellern empfohlen. Er wird am häufigsten verwendet. Manche Hersteller haben daher den GS-Typ M nicht mehr im Angebot.

Wählt man einen GS-K aus, so kann die Prüfung der *Wirksamkeit des Gasströmungswächters* nach Tab. 3 erfolgen, wenn folgende Voraussetzungen erfüllt sind:

- Der erste GS-K sowie der Gaszähler liegen in einer Teilstrecke.
- Es gibt nur einen Gaszähler im Fließweg.
- Die Berechnungslänge der Rohre mit Mindestnennweite im Fließweg beträgt max. 10 m.
- Die Leitungsanlage ist für einen Gesamtdruckverlust kleiner 3 mbar (300 Pa) ausgelegt.

Tab. 2: Maximale Rohrlänge für GS Typ M

		Kupfer- und Edelstahlrohr	
GS M	Geräteanschluss-armatur	d_a	max. Rohrlänge l_{GSmax} in m
2,5	15 E 15 D GSD	15	20 21 22
4	15 E 15 D GSD	15	6 7 8
	15 E 15 D 20 E 20 D/GSD Verteilungsltg.	18	17 19 21 23 30

Bei einem GS-K, der nach Tab. 3 ausgewählt wird, ist in Einzelzuleitungen oder Abzweigleitungen kein Abgleich erforderlich. Bei Leitungen, für die ein GS 2,5 oder GS 4 ausgewählt wird, ist ebenfalls kein Abgleich erforderlich.

Ab GS 6 ist zu beachten, dass die in Tab. 3 genannte kleinste Mindestnennweite eingehalten wird. Einzelne Abzweigungen für die Versorgung von Gruppen- oder Einzelgeräten sind je nach Streckenbelastung durch einen GS 2,5 K oder GS 4 K zusätzlich abzusichern. Dies ist notwendig, weil ein großer GS Abzweigleitungen mit kleineren Streckenbelastungen nicht überwachen kann. Ein Zusatz-GS ist unmittelbar an den Anfang der Teilstrecke zu setzen. Ihre Auswahl kann ebenfalls nach Tab. 3 erfolgen.

Tab. 3: GS-Auswahl und Mindestnennweiten

			Mindestnennweiten* bei GS-K			
GS	ein Gasgerät $\dot{Q}_{NB}$ in kW	mehrere Gasgeräte $\dot{Q}_{SB}$ in kW	Kupfer Edelst. d_a	Stahlrohr DN	Wellrohr DN	Geräteanschlussarmatur DN
2,5	bis 17	bis 21				
4	18–27	22–34				
6	28–41	35–51	18	20	20	15
10	42–68	52–86	22	20	25	20
16	69–110	87–138	28	25	32	25

*maximal 10 m Berechnungslänge

Beispiel

Ist bei einer Streckenbelastung von 52 bis 86 kW vor dem Gaszähler ein GS 10 K installiert und verzweigt sich die Leitung anschließend, wie in Abb. 1 dargestellt, so sind zusätzliche Gasströmungswächter notwendig, weil bei einer Leckage in kleineren Leitungen der GS 10 K nicht auslösen würde. Nach Tab. 3 ist daher in einer Einzelzuleitung für 28–41 kW zusätzlich ein GS 6 K notwendig und in einer Abzweigleitung mit einer Streckenbelastung bis 21 kW zusätzlich ein GS 2,5 K.

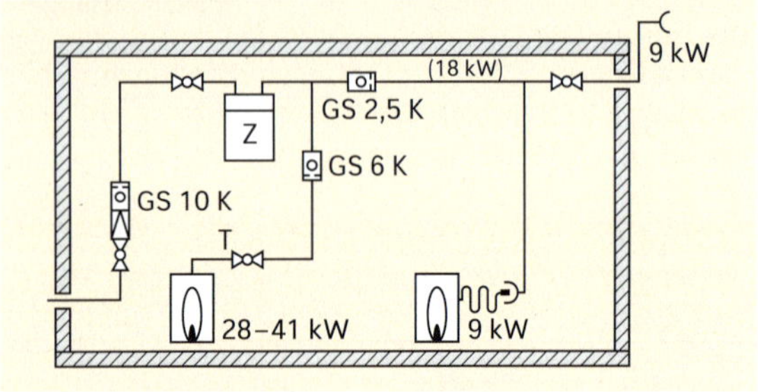

Abb. 1: Anlagenschema

Würde die im Beispiel behandelte Gasleitung aus Mehrschichtverbundrohr ausgeführt, wären besondere Maßnahmen erforderlich. Bei diesem Leitungswerkstoff muss der GS-K stets mit einer thermisch auslösenden Absperreinrichtung (TAE) kombiniert werden, da im Fall eines Brandes die Kunststoffdichtung des Gasströmungswächters zerstört werden und Gas ausströmen könnte. Daher wären in diesem Fall grundsätzlich Gasströmungswächter (GS-T) zu verwenden, d. h. GS-K mit integrierter, thermisch auslösender Absperreinrichtung (Abb. 2). Ferner wäre bei allen GS ein Abgleich der maximal zulässigen Rohrlänge durchzuführen. Während bei metallenen Rohrleitungen größere Nennweiten als erforderlich gewählt werden dürfen, sind bei Gasleitungen aus Mehrschichtverbundrohr alle Leitungen belastungsangepasst zu dimensionieren. Auch ist es dann besonders wichtig, die GS unmittelbar nach dem Abzweig von Verteilungsleitungen (Abb. 4) bzw. gleich nach dem Austritt aus Wänden, Schächten oder Kanälen einzubauen.

Abb. 2: Gasströmungswächter mit integrierter thermisch auslösender Absperreinrichtung (GS-T)

Einbaulage

Die Einbaulage kann bedingt durch das Eigengewicht des Ventiltellers einen erheblichen Einfluss auf den Schließvolumenstrom haben. Daher ist die zulässige Einbaulage unbedingt einzuhalten. Nur so kann der vorgesehene Schließfaktor eingehalten und die Funktion des GS gewährleistet werden. Wie der jeweilige GS zu installieren ist, geht aus seinem Typenschild hervor (Abb. 3).

Neuere Gasströmungswächter des Typs M/K können waagrecht und senkrecht nach oben mit dem gleichen maximalen Schließfaktor von 1,45 eingesetzt werden.

Typenschild

Der Gasströmungswächter ist so zu montieren, dass sein Typenschild lesbar ist und bleibt. Das Typenschild des GS liefert wichtige Informationen, die zur Auswahl und zum richtigen Einbau erforderlich sind. Es dürfen nur DVGW-geprüfte GS verwendet werden.

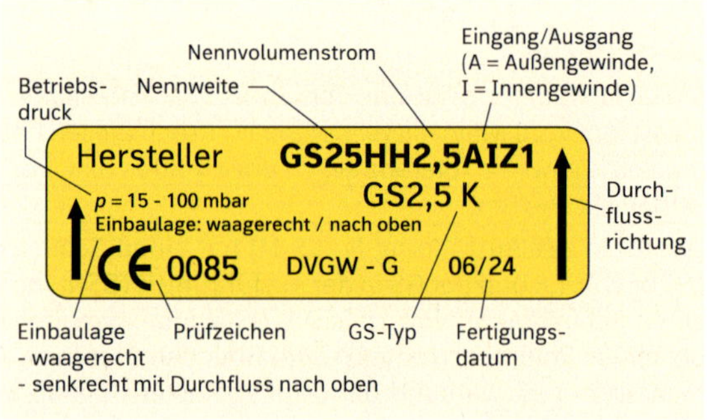

Abb. 3: Kennzeichnung von Gasströmungswächtern

Einsatzorte für Gasströmungswächter

Gasströmungswächter finden Anwendung in häuslichen Niederdruck-Gasinstallationen bis 100 mbar. Nach TRGI und TRF darf für die Hausinstallation nur der Gasströmungswächter mit einem Betriebsdruckbereich p = 15 bis 100 mbar verwendet werden.

In Ein- und Zweifamilienhäusern ist zumeist nur ein GS unmittelbar vor oder nach dem Druckregelgerät erforderlich (Abb. 4). Einen solchen GS kann der Netzbetreiber (NB) jedoch auch in den Gasdruckregler einbauen.

In Mehrfamilienhäusern ist bei zentraler Gasverwendung meist auch nur ein Gasströmungswächter (GS) notwendig. Wird das Gas jedoch dezentral in einzelnen Wohnungen verwendet, ist zumeist ein zentraler Gasströmungswächter und zu jeder Nutzungseinheit mindestens ein weiterer GS erforderlich. Dieser wird vorzugsweise vor dem Gaszählerhahn eingebaut oder in diesen integriert (Abb. 4).

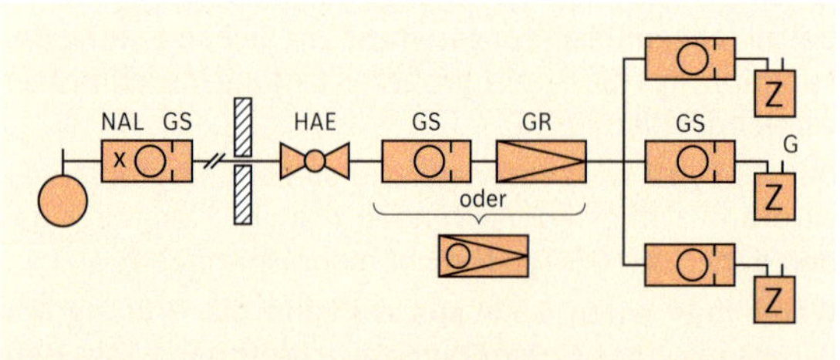

Abb. 4: Hausinstallationen mit metallenen Innenleitungen

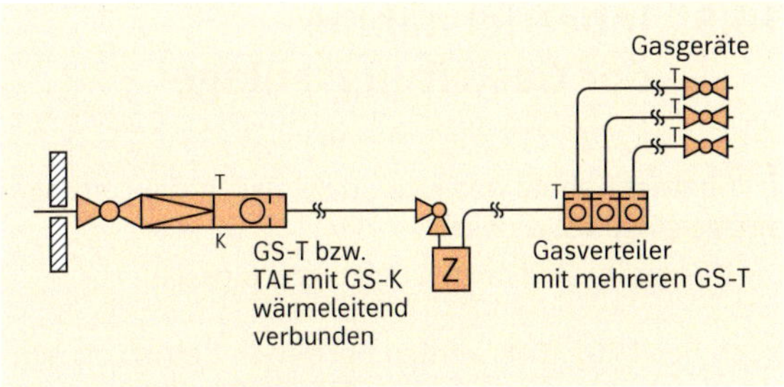

Abb. 5: Hausinstallationen mit Innenleitungen aus Mehrschichtverbundrohr

Sofern durch den NB kein GS in der Netzanschlussleitung eingebaut ist, sind passive Maßnahmen vor dem ersten GS im Gebäude erforderlich. Über den Sachstand hat der NB das Vertragsinstallationsunternehmen (VIU) zu informieren.

Der Einbau von GS darf nur durch ein VIU erfolgen.

Aufgaben

1. Wer darf Gasströmungswächter einbauen und welches Prüfzeichen müssen diese aufweisen?
2. Weshalb ist beim Einbau eines GS-Typs M ein Leitungsabgleich notwendig?
3. Wo wird in den meisten Fällen in einem Ein- und Zweifamilienhaus ein Gasströmungswächter installiert?
4. Auf Basis welcher Größe erfolgt die Ermittlung des erforderlichen Gasströmungswächters?
5. Bei wie viel Prozent über dem Nennvolumenstrom löst ein Gasströmungswächter mit einem Schließfaktor von 1,8 aus?
6. Was ist beim Einsatz von Mehrschichtverbundrohr als Gasleitung bezüglich Gasströmungswächter zu beachten?

10.4 Prüfen von Gasleitungsanlagen

Der sichere Betrieb einer Gasleitungsanlage ist unter anderem davon abhängig, ob die Leitungen dicht sind. Deshalb fordert die TRGI 2018 die Prüfung der Leitungsanlage. Der Prüfumfang richtet sich nach dem Gasbetriebsdruck in den Leitungsanlagen:

- Betriebsdruck bis einschließlich 100 mbar
- Betriebsdruck über 100 mbar bis 1 bar

Leitungsanlagen bis einschließlich 100 mbar

Diese Leitungsanlagen unterliegen folgenden Prüfungen:

- Belastungsprüfung
- Dichtheitsprüfung

Belastungsprüfung

Sie erstreckt sich alleine auf Leitungen, d. h. auf Leitungsanlagen ohne Armaturen, Gas-Druckregelgeräte, Gaszähler sowie Gasgeräte sowie zugehörige Regel- und Sicherheitsarmaturen. Armaturen und andere Bauteile in den Leitungsstrecken dürfen mitgeprüft werden, wenn ihr zulässiger Betriebsdruck mindestens dem Prüfdruck entspricht.

! Die Belastungsprüfung dient als Belastungsprobe neu verlegter Leitungen gleich nach der Fertigstellung der Installation.

Mit Luft oder inerten Gasen, z. B. Stickstoff oder Kohlenstoffdioxid, wird ein Prüfdruck von 1 bar für eine Dauer von 10 Minuten auf die verschlossenen Leitungen aufgebracht.

Die Leitungsauslässe sind dabei mit Stopfen, Kappen, Steckscheiben oder Blindflanschen dicht zu verschließen. Es darf keine Verbindung zu bereits Gas führenden Leitungen bestehen, auch nicht über eine Absperrarmatur.

Da der Prüfdruck etwa das 50-Fache des üblicherweise eingestellten Erdgas-Betriebsdruckes beträgt, können vorhandene Materialfehler oder undichte Verbindungsstellen aufgedeckt werden. Eine Undichtheit wird durch einen Abfall des Prüfdruckes am Manometer angezeigt. Das Messgerät muss eine Mindestauflösung von 0,1 bar aufweisen. Nach einer Anpassungszeit von mindestens 10 Minuten für den Temperaturausgleich darf während der anschließenden Prüfzeit von 10 Minuten kein Druckabfall auftreten.

Dichtheitsprüfung

Die Dichtheitsprüfung ist nach der Belastungsprüfung durchzuführen und erstreckt sich auf Leitungsanlagen einschließlich der Armaturen, jedoch ohne Gasgeräte sowie zugehörige Regel- und Sicherheitsarmaturen.

! Die Dichtheitsprüfung wird mit Luft oder inerten Gasen wie Stickstoff oder Kohlenstoffdioxid bei einem Prüfdruck von **150 mbar** durchgeführt.

Je nach Leitungsvolumen sind die Prüfdauer und Anpassungszeiten für den Temperaturausgleich der Tab. 1 zu entnehmen. Nach dem Temperaturausgleich darf der Prüfdruck während der vorgeschriebenen Prüfdauer nicht fallen.

Tab. 1: Anpassungszeiten und Prüfdauer

Leitungsvolumen	Anpassungszeit	mind. Prüfdauer
$V < 100$ l	10 min	10 min
$V \geq 100$ l/$V < 200$ l	30 min	20 min
$V \geq 200$ l	60 min	30 min

Der Druckabfall ist mit einem Messgerät zu ermitteln, dessen Messgenauigkeit bei 0,1 mbar (= 10 Pa) liegt. In der Praxis sollte ein elektronisches Druckmessgerät eingesetzt werden, mit welchem sich auch eine Gebrauchsfähigkeitsprüfung der Leitungsanlage durchführen lässt.

! Die Belastungsprüfung und die Dichtheitsprüfung sind zu dokumentieren. Zum Inhalt des Protokolls siehe Kap. 10.5.

Leitungsanlagen über 100 mbar bis 1 bar

Neu verlegte Leitungsanlagen mit höheren Betriebsdrücken unterliegen einer kombinierten Belastungs- und Dichtheitsprüfung. Nach einem Temperaturausgleich von etwa 3 Stunden darf der Prüfdruck von 3 bar während der anschließenden Prüfzeit von mindestens 2 Stunden nicht fallen.

Prüfung nach Fertigstellung

Bei den vorhergehenden Prüfungen sind einige Bauteile ausgenommen worden, wie

- Verschraubungen am Gaszähler, Druckregler an den Gasgeräten,
- kurze Abzweig- und Geräteanschlussleitungen,
- Verschlüsse und Prüföffnungen.

Diese Leitungen und Verbindungsstellen werden unmittelbar nach Gaseinlass unter Betriebsdruck auf Dichtheit geprüft. Dazu wird ein schaumbildendes Mittel mit Prüfzeichen zum Abpinseln oder Absprühen verwendet. Wenn sich nach einer Wartezeit keine Blasenbildung feststellen lässt, gilt die Verbindung als dicht.

Für die Dichtheitsprüfung sind auch elektronische Gasspürgeräte im Einsatz (Abb. 1). Diese Geräte sind auch geeignet, um Leckstellen in Unterputzleitungen aufzuspüren.

Abb. 1: Elektronischer Gasleckfinder zum Aufspüren von Undichtigkeiten an Gasleitungen mit optischer und akustischer Anzeige

10.5 Inbetriebnahme der Gasleitungsanlage

! Inbetriebnahme bedeutet, dass Gas in die Leitungsanlage eingelassen wird.
Die Gasgeräte sind noch nicht angeschlossen.

Nach der TRGI 2018 werden bei den in Betrieb zu nehmenden Leitungsanlagen vier Fälle unterschieden.

1. *Neu verlegte Leitungsanlagen*, z. B.:
   - Neuinstallationen
   - Erweiterungen der Gasanlage mit größeren Leitungsverlegungen
   - Instandhaltung einer Gasleitung mit umfangreicher Neuverlegung von Leitungen; nach VOB gilt eine Gasleitung bis zu 2 Jahre nach der ersten Inbetriebnahme als neu verlegt.

2. *Stillgelegte Leitungsanlagen*, die auf Dauer nicht mehr betrieben werden, z. B. Anlagen in leer stehenden Wohnungen und Gebäuden; die Anlagen stehen längere Zeit nicht mehr unter Gasbetriebsdruck und der Gaszähler ist ausgebaut (z. B. Nichtnutzung oder Sperrung wegen Inkasso).

3. Außer Betrieb gesetzte Leitungsanlagen liegen vor, wenn die Gaszufuhr vorübergehend unterbrochen wurde. Beispiele:
   - Instandsetzung kurzer Leitungsteile
   - Erweiterung oder Änderung kurzer Leitungsteile, z. B. Änderung einer Abzweig- oder Geräteanschlussleitung
   - Maßnahmen im Zusammenhang mit Geräteaustausch oder Armatureneinbau
   - Mieterwechsel mit Unterbrechung der Gaszufuhr für eine gewisse Zeit

4. *Kurzzeitige Betriebsunterbrechungen* sind anzunehmen, wenn kurzzeitig ausgeführte Wartungsarbeiten vorliegen, z. B.:
   - Auswechseln von Dichtungen
   - Auswechseln von Reglern, Gasarmaturen und Gaszählern
   - Austausch von Geräten.

Die Unterbrechung der Gaszufuhr muss so kurzzeitig sein, dass eine Manipulation an der Gasanlage durch Dritte ausgeschlossen ist.

! Bei allen Fällen ist als wichtige sicherheitstechnische Maßnahme unmittelbar vor dem Einlassen von Gas zu prüfen, ob alle Leitungsöffnungen dicht verschlossen sind.

In undichte Leitungen darf kein Gas eingelassen werden.

Durch Besichtigen der gesamten Leitungsanlage ist zu prüfen, dass alle Leitungsöffnungen mit Stopfen, Kappen, Steckscheiben oder Blindflanschen aus metallischen Werkstoffen dicht verschlossen sind. Geschlossene Absperreinrichtungen gelten hierfür nicht als ausreichend.

Wenn eine Leitungsanlage dicht ist, wird so lange Gas eingelassen, bis die vorhandene Luft oder das inerte Gas aus der Leitung vollkommen verdrängt ist. Die Entlüftung muss ab einer Nennweite der Schlauchleitung von 3 cm über antistatische Schläuche ins Freie führen. Dabei darf das austretende Gas nicht in Räume gelangen (Abb. 2).

Im unmittelbaren Bereich der Ausblase-Vorrichtung dürfen sich keine Zündquellen befinden. Kleinere Austrittsmengen dürfen auch über den Brenner ausgebracht werden. Bei sehr geringen Gasmengen genügt eine ausreichende Lüftung des Raumes. Unkontrollierte Zündquellen sind bei allen Maßnahmen zu vermeiden. Auch der Betrieb von anderen Feuerstätten, offenen Flammen oder das Rauchen während des Füllvorgangs mit Betriebsgas sind nicht zugelassen. Sofern nicht sofort Gasgeräte angeschlossen werden, ist die Ausblaseöffnung dicht zu verwahren. Die durch die Dichtheitsprüfung noch nicht erfassten Verbindungsstellen sind unmittelbar nach dem Einlassen von Gas auf Dichtheit zu prüfen.

Anlagenmechaniker/-innen müssen, über die ordnungsgemäß durchgeführten Prüfungen ein Protokoll anfertigen und vom Anlagenbetreiber bzw. der Betreiberin unterschreiben lassen. Aus dem Protokoll muss hervorgehen:

- Adresse bzw. Bauvorhaben
- Art der durchgeführten Prüfungen
- Messwerte, Dauer und Drücke

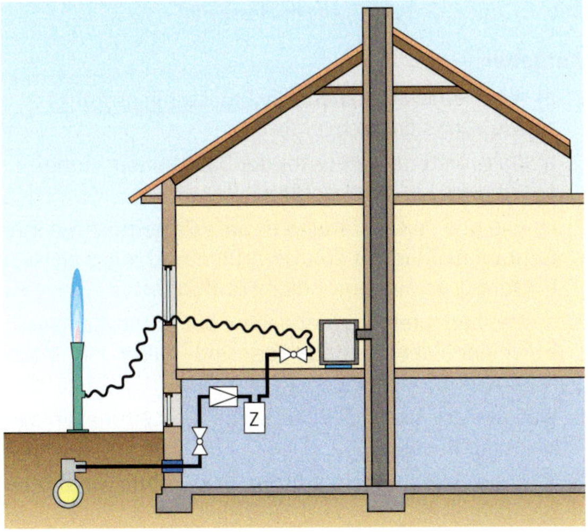

Abb. 2: Entlüftung einer Gasleitunganlage beim Füllen mit Betriebsgas

- Prüfmedium
- geprüfte Leitungsteile
- Bestätigung der Dichtheit bzw. Gebrauchsfähigkeit
- Datum und Prüfer/-in

10.6 Arbeiten an Gas führenden Leitungen

Bei Arbeitsbeginn sind die Absperrvorrichtungen zu schließen und gegen Öffnen durch Unbefugte zu sichern. Das gilt vor allem bei Abwesenheit – auch bei kurzzeitiger – von der Baustelle.

Tritt Gas unkontrolliert aus, besteht höchste Gefahr.

! Das Arbeiten in einem Gebäude, in dem Gas ausströmt, ist riskant.

Es sind dann sofort Maßnahmen zu ergreifen, die den Anlagenbetreibenden und dem/der Anlagenmechaniker/-in bekannt sein müssen.

Die wichtigsten *Vorsichtsmaßnahmen* bei Gasgeruch sind:

- Fenster auf! — Durchlüften des Raumes oder Bereiches. Fenster und Türen weit öffnen, für Durchzug sorgen. Räume mit Gasgeruch meiden. Auf keinen Fall die Dunstabzugshaube oder einen Ventilator einschalten – Gefahr von Funkenbildung!
- Gashahn zu! — Absperren der Gaszufuhr. Gaszähler-Absperreinrichtung oder auch Hauptabsperreinrichtung (HAE) schließen.
- Keine Flammen, keine Funken! — Offenes Feuer vermeiden, ggf. löschen, nicht rauchen, Licht- und Geräteschalter nicht mehr betätigen, keine Stecker ziehen, kein Telefon oder Handy im Haus benutzen!
- Mitbewohner/-innen warnen! — Warnung der Mitbewohner/-innen, an der Tür klopfen und nicht klingeln! Das Haus so schnell wie möglich verlassen.
- Bereitschaftsdienste rufen! — Netzbetreiber (NB) benachrichtigen. Bei Gasgeruch aus nicht zugänglichen Räumen Feuerwehr bzw. Polizei alarmieren.

  Gefahrenbereich gegen Zutritt Unbefugter sichern!

Anlagenmechaniker/-innen müssen jährlich durch Arbeitgebende eine Sicherheitsbelehrung bekommen und diese mit ihrer Unterschrift bestätigen.

In der TRGI 2018 sind klare Beurteilungskriterien gegeben, wie bei in Betrieb befindlichen Gasanlagen die Dichtheit zu bewerten ist. Als in Betrieb befindlich gilt eine Anlage gemäß VOB nach Ablauf von 2 Jahren. Bis dahin gilt sie als neu verlegte Leitungsanlage. Danach sind Gasleitungen einmal jährlich einer Sichtkontrolle und einer Überprüfung auf Gasgeruch zu unterziehen. Alle 12 Jahre ist die Gebrauchsfähigkeit oder Dichtheit der Anlage zur prüfen.

! *Undichtigkeiten* an Gas führenden Leitungen sind mit Gasspürgeräten oder mit schaumbildenden Mitteln nach DIN EN 14291 festzustellen. Alle 12 Jahre ist eine Dichtheits- oder Gebrauchsfähigkeitsprüfung durchzuführen.

Die TRGI unterscheidet die *Gebrauchsfähigkeit* einer Gas führenden Leitungsanlage bis 100 mbar nach der austretenden Gasmenge bei Betriebsdruck, der Gasleckmenge.

Die Größe der Gasleckmenge in Liter pro Stunde ist ein Maß für den Grad der Gebrauchsfähigkeit der Gasanlage und der danach durchzuführenden Maßnahmen (Tab. 1).

Die Gasleckmenge wird in der Praxis überwiegend mithilfe eines digitalen Messgerätes gemessen (Abb. 1). Mit dem dargestellten Messgerät wird bei der Bestimmung der Leckmenge keine Gasblase mehr benötigt und der Gaszähler muss nicht demontiert werden.

! Wird bei einer Gebrauchsfähigkeitsprüfung Gasgeruch festgestellt, gilt die Interpretation bzw. Auslegung der Gebrauchsfähigkeitsprüfung nicht. Gasgeruch ist das wichtigste Indiz für einen Mangel oder eine Gefahr und muss unverzüglich dem Netzbetreiber gemeldet werden.

Leitungsanlagen mit einer Leckmenge nahe 1 l/h müssen auf Dauer aufmerksam beobachtet werden. Bei Arbeiten an Gas führenden, metallenen Gasleitungen ist ein Schutz gegen eventuell anliegende Berührungsspannungen und Funkenbildung erforderlich. Dazu wird für die Dauer der Arbeit ein Überbrückungskabel an die getrennte Rohrstrecke angeklemmt. Es besteht aus einem isolierten Kupferkabel von mindestens 16 mm^2 Querschnitt und einer maximalen Länge von 3 m. Die Kontaktstellen müssen metallisch blank sein.

Reparatur undichter Gasleitungen

Wird im Rahmen der Modernisierung eines Gebäudes in vorhandene, alte Stahlrohrleitungen mit Rohrgewinde trockenes Erdgas eingeleitet, kann dies nach kurzer Zeit zum Austrocknen des Dichthanfes führen.

Um die hohen Reparaturkosten zu verringern, kann evtl. durch ein vom DVGW zugelassenes Abdichtverfahren die Gasleitung von innen saniert werden. Mit diesem Verfahren können jedoch nur undichte Gewindeverbindungen saniert werden. Um sicher zu sein, dass die Leitung keine Korrosionsschäden aufweist, ist zunächst eine spezielle Belastungsprüfung durchzuführen. Verläuft diese erfolgreich, kann zur Abdichtung eine Kunststoffdispersion unter Druck in die Gasleitung eingebracht werden. Nach DVGW-Arbeitsblatt G 624 ist ein solches Verfahren bis zu einer Leckrate von 5 l/h zulässig.

Tab. 1: Gebrauchsfähigkeit einer Gasleitungsanlage

Zustand der Gasleitung	Unbeschränkte Gebrauchsfähigkeit	Verminderte Gebrauchsfähigkeit	Keine Gebrauchsfähigkeit
Gasleckmenge bei Betriebsdruck	weniger als 1 l/h	1 bis 5 l/h	größer als 5 l/h
Durchzuführende Maßnahmen	Gasleitungen können weiter betrieben werden	Gasleitungen innerhalb von 4 Wochen instand setzen, anschließend Dichtheitsprüfung	Gasleitungen sofort außer Betrieb nehmen, nach Reparatur Dichtheitsprüfung

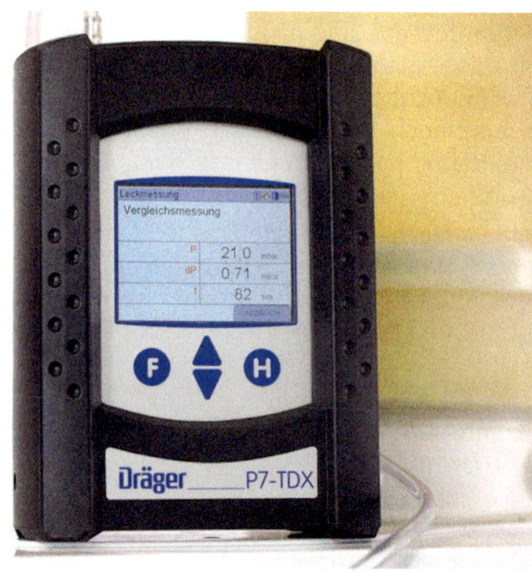

Abb. 1: Druck- und Leckmengen-Messgerät

Aufgaben

1. a) Welchem Zweck dient die Belastungsprüfung?
   b) Wie wird sie durchgeführt?
2. a) Was versteht man unter der Dichtheitsprüfung?
   b) Wie wird sie durchgeführt?
3. In welchen Zeitabständen ist eine Gasleitung auf ihre Gebrauchsfähigkeit zu überprüfen und mit welchem Prüfdruck erfolgt eine solche Prüfung?
4. a) Was bedeutet Inbetriebnahme der Leitungsanlage?
   b) Welche vier Betriebsfälle sind dabei zu unterscheiden?
5. Was fordert die TRGI 2018, wenn die Leitungsanlage nicht dicht ist?
6. Nennen Sie die wichtigsten Vorsichtsmaßnahmen bei Gasgeruch.
7. Wie sind Undichtigkeiten an Gas führenden Leitungen festzustellen?

10.7 Gasheizgeräte

Mit dem Gebäudeenergiegesetz (GEG) hat die Bundesregierung 2023 die Umstellung auf klimafreundliche Heizungsanlagen eingeleitet. Dieses Gesetz sieht vor, dass von 2024 an jede neu eingebaute Heizung zu mindestens 65% mit erneuerbaren Energien betrieben werden muss. Gekoppelt an die kommunale Wärmeplanung ist regional unterschiedlich ein Aufschub bis 2028 möglich. Gasheizungen, die theoretisch auch mit Wasserstoff betrieben werden können, dürfen weiterhin installiert werden. Es ist jedoch absehbar, dass für Heizzwecke nicht genügend Wasserstoff zur Verfügung stehen wird. Außerdem ist zu bedenken, dass Wasserstoff einen geringeren Heizwert hat als Erdgas. Wenn 20 Vol.% Wasserstoff in Erdgasleitungen eingespeist werden, ersetzt dies nur den Wärmewert von 6 Vol.% Erdgas. Um die Spitzenlast abzudecken, wird es in Zukunft vermehrt Hybridheizungen geben. Das sind Systeme, die erneuerbare und herkömmliche Energiequellen nutzen. Wenn die erneuerbare Energiequelle nicht ausreicht, um den Wärmebedarf zu decken, springt z. B. die herkömmliche Gasheizung ein.

Einteilung

Gasheizgeräte

- sind als Umlaufwasserheizer oder als Kombiheizer mit Warmwasserbereiter verfügbar;
- können als Brennwertgeräte eingebaut werden; im Bestand können sich noch Niedertemperaturgeräte befinden;
- sind als Stand- und Wandgeräte mit oder ohne Gebläse erhältlich;
- unterscheiden sich durch die Art der Verbrennungsluftversorgung:
  - Gasheizgeräte, die die notwendige Verbrennungsluft aus dem Aufstellungsraum entnehmen, sind raumluftabhängig.
  - Raumluftunabhängige Gasheizgeräte haben eine geschlossene Verbrennungskammer zum Aufstellungsraum hin. Sie saugen die Verbrennungsluft von außerhalb des Gebäudes an und führen die Abgase ins Freie ab, meist über eine konzentrische Zuluft/Abgasführung.

10.7.1 Umlaufwasserheizer (UWH)

UWH sind wandhängende NT- oder Brennwertkessel zum platzsparenden Beheizen eines Hauses oder einer Etagenwohnung. Der Einbau kann z. B. in Bad, Flur, Küche oder auf dem Dachboden erfolgen.

! Der *Umlaufwasserheizer* ist ein geschlossener, thermostatisch abgesicherter Zwangsumlauf-Wärmeerzeuger mit max. 10 Liter Kesselwasserinhalt, max. 95 °C Vorlauftemperatur sowie max. 50 kW Nennwärmeleistung. Der Überdruck beträgt bis zu p_e = 3 bar (DIN EN 12828). Sie werden fast ausschließlich als Brennwertkessel gebaut.

Notwendige Einrichtungen einer Heizzentrale wie Umwälzpumpe, Ausdehnungsgefäß, Mess-, Regel- und Steuereinrichtungen sind im kompakten Gehäuse bereits vorhanden.

10.7.2 Kombiheizer

! Umlaufwasserheizer mit integrierter Warmwasserbereitung nennt man *Kombiheizer*.

Die Wärmeleistung für Heizung und Warmwasserbereitung kann getrennt werden, sodass die Verbindung einer großen Warmwasserleistung mit einer kleinen Heizungsleistung möglich ist. Die Warmwasserbereitung hat dann gegenüber dem Heizbetrieb Vorrang.

Die *Warmwasserbereitung* kann

- entweder durch direkte Wärmübertragung auf das im Rohr geführte Trinkwasser im Wärmetauscher, der von Verbrennungsgasen aufgeheizt wird (Abb. 2), erfolgen oder
- in einem separaten Wärmetauscher, der als Heizschlange (Abb. 1, S. 472) oder Plattenwärmetauscher die Wärme des Heizgeräts überträgt. Dieser wird im Folgenden beschrieben.

Funktion des Kombiheizers

Der als Beispiel gewählte Kombiheizer r (Abb. 1, S. 472) ist ein Gas-NT-Wandkessel mit einem wassergekühlten atmosphärischen Brenner (1).

Die bei der Verbrennung frei werdende Wärmemenge wird bei diesem Gerät an drei Stellen in den Heizkreislauf übertragen:

- Der größte Teil der Wärme wird im Lamellenblock des Wärmetauschers (7) auf das Heizungswasser übertragen.
- Der Heizschacht des Wärmetauschers ist allseitig vom Heizungswasser durchströmt, sodass kaum Abstrahlungsverluste entstehen.
- Der atmosphärische Brenner ist selbst wassergekühlt.

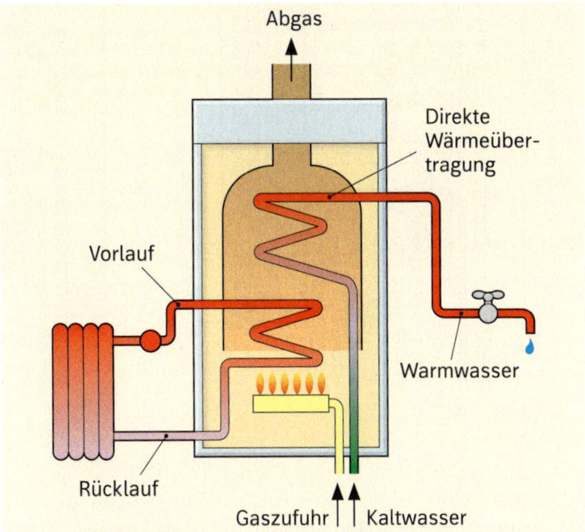

Abb. 2: Kombiheizer mit direkter Trinkwassererwärmung

Bei *Heizbetrieb* läuft nach einer Wärmeanforderung die Umwälzpumpe (2) an. Der Strömungsschalter (3) öffnet mithilfe des von der Pumpe erzeugten Differenzdrucks das Wassermangelventil (4) im Gasregelblock (23). Der Strömungsschalter arbeitet wie eine Wassermangelsicherung. Bei Wassermangel in der Heizungsanlage bzw. im Gerät wird die Gaszufuhr zum Brenner durch das Wassermangelventil (4) unterbrochen. Im Vorrangumschaltventil (5) ist gleichzeitig der geräteinterne Kreislauf durch den Warmwasserbereiter gesperrt. Dies erfolgt mithilfe des durch die Steuerleitung (6) wirkenden Pumpendrucks. Der Heizwasserweg durch die Heizanlage ist offen. Inzwischen ist der Brenner durch den Feuerungsautomaten gestartet worden. Das Heizwasser wird im Wärmetauscher (7) erwärmt. Die Vorlauftemperatur wird durch den NTC-Fühler (8) am Wärmetauscherausgang erfasst und an den Regler weitergeleitet.

An der Geräteelektronik (9) kann für den Heizungsbetrieb entsprechend dem ermittelten Wärmebedarf der zu beheizenden Wohnfläche eine Teillast oder Nennlast eingestellt werden.

Die Gasmenge zum Brenner kann zwischen Startgasmenge und maximaler Teillast bzw. Nennlast entsprechend der aktuellen Heizlast geregelt werden (modulierende Regelung, 10).

Durch das Überströmventil (11) wird das Gerät unabhängig von einer Mindest-Umlaufwassermenge. Wenn die Thermostatventile der Heizkörper schließen, steigt der Druckverlust in der Anlage. Die so reduzierte umlaufende Wassermenge führt nicht zum Abschalten des Gerätes, weil dann das Überströmventil einen internen Wasserkreislauf öffnet.

Die *Warmwasserbereitung* wird durch Öffnen eines Zapfventils in Betrieb genommen. Der Wasserschalter (12) erteilt über den Mikroschalter (13) der Steuerelektronik das Signal, dass Warmwasser angefordert wird.

Der Elektromagnet erhält Spannung. Im Vorrangumschaltventil (5) wird dadurch das Steuerventil (14) angezogen. In der Steuerleitung (6) fällt der Druck ab. Der Heizkreislauf ist unterbrochen.

Dafür wird der interne Gerätekreislauf über den Warmwasser-Wärmetauscher (15) freigegeben. Da die Umwälzpumpe ebenfalls durch die Steuerelektronik angesteuert wurde, ist der Brenner in Betrieb.

Das Heizungswasser durchfließt im Gegenstromprinzip den Wärmetauscher und erwärmt das Trinkwasser. An der Geräteelektronik (9) kann die Auslauftemperatur im Bereich von 35 °C bis 60 °C vorgewählt werden. Der NTC-Fühler (16) überwacht die Auslauftemperatur.

Beim beschriebenen Gerät kann an den Wärmetauscher eine Zirkulationsleitung angeschlossen werden. Bei diesen Geräten ist die gleichzeitige Entnahme an mehreren Zapfstellen wegen Temperaturschwankungen nicht sinnvoll.

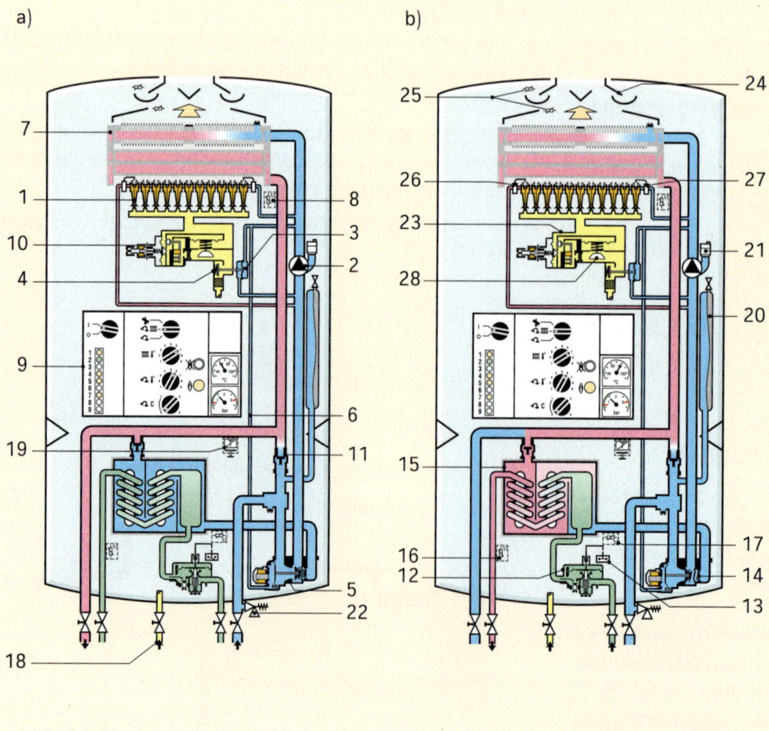

1 wassergekühlter Brenner
2 Umwälzpumpe
3 Strömungsschalter
4 Wassermangelventil
5 Vorrangumschaltventil
6 Steuerleitung
7 Wärmetauscher
8 NTC-Fühler
9 Geräteelektronik
10 modulierende Regelung
11 Überströmventil
12 Wasserschalter
13 Mikroschalter
14 Steuerventil
15 Warmwasser-Wärmetauscher
16 NTC-Fühler
17 NTC-Fühler
18 Gaszufuhr
19 Sicherheits-Temperaturbegrenzer
20 Ausdehnungsgefäß
21 automatischer Entlüfter
22 Sicherheitsventil
23 Gasregelblock
24 Strömungssicherung
25 Abgassensoren
26 Zündelektroden
27 Überwachungselektrode
28 Gasmengen-Regelventil

Abb. 1: Kombiheizer in Betriebsstellung: a) Heizbetrieb, b) Warmwasserbetrieb

10.8 Gasbrennwertgerät

Die Umwelt schonen und Wärmeenergie einsparen, ist in den vergangenen Jahrzehnten der Antrieb technischer Weiterentwicklung gewesen. Die Erfolge in der Gerätetechnik zunächst vom Standard- hin zum Niedertemperaturkessel, die verbesserte Wärmedämmung und die verbesserte Regelungstechnik haben sich in hohen Nutzungsgraden niedergeschlagen. Nennenswerte Steigerungen des Nutzungsgrades ergaben sich anschließend durch die Nutzung der Wärme aus Abgasen, d. h. durch die Brennwerttechnik. Gleichzeitig werden die im Abgas entstehenden Säuren zum größten Teil nicht in die Luft abgegeben, sondern neutralisiert.

10.8.1 Einsatzbereich

Wenn mit fossilen Brennstoffen geheizt wird, werden heute fast ausschließlich Brennwertgeräte in Neubauten eingesetzt. Bei einer Modernisierung ist eine säurefeste und luftdichte Abgasanlage erforderlich.

Der Brennstoff Erdgas wird bevorzugt eingesetzt. Beim Heizöl ist der Energiegewinn durch Abgaskondensation nur etwa halb so groß (Tab. 1).

Tab. 1: Vergleich der Brennstoffe Heizöl und Erdgas

	Heizöl	Erdgas
Wasserdampftaupunkt	46 °C	56 °C
Verhältnis Brenn-/Heizwert	1,06	1,11
Energiegewinn durch Kondensation	ca. 6 %	ca. 11 %

10.8.2 Technische Grundlagen

Die Abgaskondensation wird hauptsächlich beeinflusst durch:

- eine niedrige Heizwasserrücklauftemperatur
- die Konstruktion des Wärmetauschers
- einen geringen Luftüberschuss des Brenners

Heizwasserrücklauftemperatur

Grundbedingung für die Brennwertnutzung ist, dass die Rücklauftemperatur unter dem Wasserdampftaupunkt von 56 °C bei Erdgas und 46 °C bei Heizöl liegt. Die Temperatur des Rücklaufwassers der Heizungsanlage sollte auf dem Weg zum Brennwertgerät nicht angehoben werden, wie dies z. B. durch 4-Wege-Mischer geschieht. Die Heizflächen im Heizsystem sind so groß zu wählen, dass die Heizwasserrücklauftemperatur während der gesamten Heizperiode unter 40 °C liegt, z. B. durch eine Fußbodenheizung.

! *Je niedriger die Rücklauftemperatur* des Heizungswassers, desto mehr Abgaswärme wird genutzt und desto *höher wird der Nutzungsgrad.*

Die Rücklauftemperatur entscheidet darüber, ob überhaupt Kondenswasser entsteht. Um die niedrige Rücklauftemperatur besser zu nutzen, wird das Heizgas im Gegenstrom zum Rücklaufwasser geführt (Abb. 2).

Die Temperatur des Abgasstromes ist in der Querschnittsmitte am höchsten. Sie geht nahe der Wandung zum umgebenden Heizwasser fast bis auf die Wassertemperatur zurück.

Die Nutzung der Kondensationswärme ist abhängig vom Verlauf der Temperaturkurve in den Heizgaszügen zum Taupunkt. Dabei lassen sich drei typische *Betriebssituationen* (Abb. 2 a–c) beschreiben:

a) Wenn die Heizwassertemperatur über dem Taupunkt liegt, ist keine Kondensation möglich.

b) Liegt die Kernstromtemperatur des Heizgases über dem Taupunkt, die Heizwassertemperatur aber schon darunter, ist eine *Teilkondensation* möglich. Die Kondensation findet nicht über dem gesamten Heizgasquerschnitt statt.

c) Unterschreitet auch der Kernstrom den Taupunkt, liegt eine *Vollkondensation* vor.

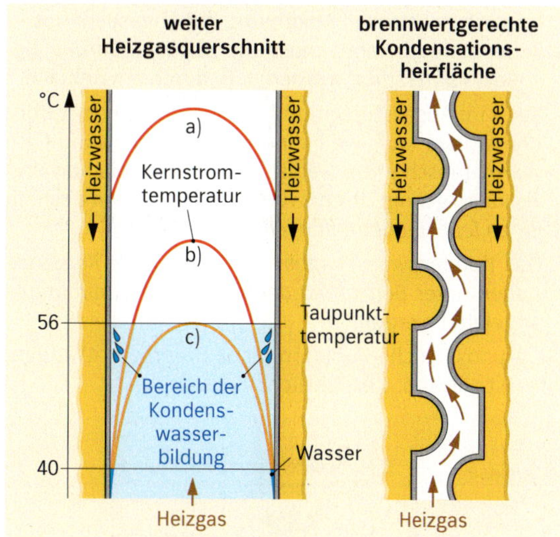

Abb. 2: Abkühlungskurven der Abgase in den Heizgaszügen

Konstruktion des Wärmetauschers

Optimale Bedingungen liegen vor, wenn sich die Heizgastemperatur möglichst dicht der Heizwasserrücklauftemperatur nähert. Dies kann konstruktiv begünstigt werden durch:

- eine sehr dünne, wärmeleitfähige Kesselwand
- große Wärmetauscheroberfläche mit Rippen
- starke Verwirbelung der Heizgase

Diese Maßnahmen bewirken, dass das Brennwertgerät während der gesamte Heizperiode im Bereich der Vollkondensation arbeitet.

Geringerer Luftüberschuss des Brenners

Ein geringerer Luftüberschuss führt zu einer höheren Taupunkttemperatur und fördert dadurch den Brennwertnutzen.

! *Brennwertgeräte* kondensieren die Heiz- und Abgase. Sie werden mit einer möglichst unter der Taupunkttemperatur liegenden Rücklauftemperatur betrieben. Die Kondensation der Heizgase im Wärmetauscher des Heizkessels ist erwünscht. Brennwertkessel werden vorrangig mit Gas, aber auch mit Heizöl betrieben.

10.8.3 Aufbau und Funktion

Um in einem Brennwertgerät Brennwertnutzung dauerhaft zu erreichen, sind folgende Anforderungen zu erfüllen:

1. Alle Bauteile der Brennwertgeräte und der darin vorhandenen Abgaswege, die vom Kondenswasser berührt werden, müssen aus *korrosionsbeständigen Werkstoffen* sein.
2. Der *Luftüberschuss* bzw. die Luftzahl am Gebläse-/Vormischbrenner ist für eine hohe Taupunkttemperatur möglichst *gering zu halten*. Dadurch beginnt die Kondensation früher.
3. Da nach der starken Abkühlung der Abgase ihr natürlicher Auftrieb fehlt, muss die *Abgasabführung* besonders *unterstützt* werden, z. B. durch ein Gebläse.
4. Auch im Abgasstutzen und im Schornstein tritt Kondenswasser auf, weil eine volle Kondensation im Wärmetauscher der Geräte in der betrieblichen Praxis kaum gelingt. Brennwertgeräte brauchen deshalb einen *feuchteunempfindlichen Abgasweg*.
5. Das Kondenswasser muss mit *geeigneten Konstruktionen* unter *Beachtung der Abwasserbestimmungen* abgeleitet werden.

Die grundsätzliche Funktion eines Brennwert-Wandgerätes ist aus Abb. 1 ersichtlich.

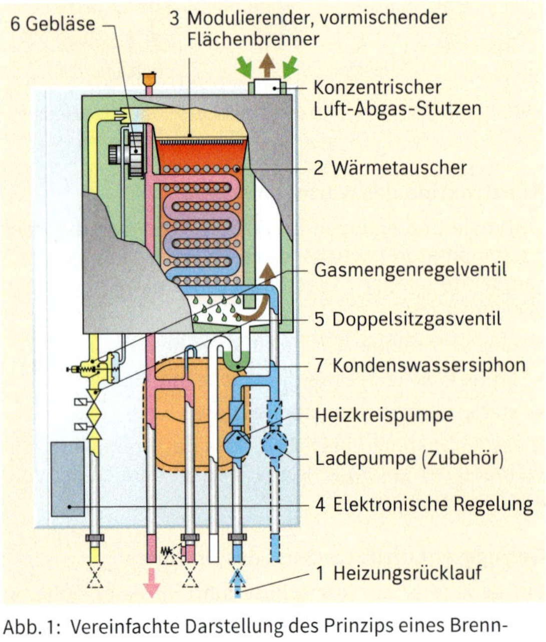

Abb. 1: Vereinfachte Darstellung des Prinzips eines Brennwertgerätes

Der Heizungsrücklauf (1) wird am unteren Ende des Wärmetauschers angeschlossen. Das Heizungswasser fließt im Gegenstrom zu den Verbrennungsgasen durch den Wärmetauscher (2). Das Kondenswasser kann so ungehindert nach unten abfließen. Der Vormischbrenner (3) kann senkrecht nach unten oder waagerecht brennend angeordnet sein. Waagerechte Brennkammern werden zum Abfließen des Kondenswassers leicht nach unten geneigt. Kondenswasser tropft so nicht auf den Brenner und fließt nicht aus der Brennertür. Der Vormischbrenner (3) wird im Bereich von 20 % bis 100 % der Geräteleistung modulierend geregelt. Für die modulierende Regelung (4) ist eine Gas-Luft-Verhältnisregelung eingesetzt. Die Gasmagnetventile (5) sind aus Sicherheitsgründen zweifach vorhanden. Die Abschaltreihenfolge wird zur Funktionskontrolle nach jedem Betrieb gewechselt. Bleibt ein Magnetventil offen, erfolgt die Störabschaltung.

Das Gebläse (6) für den Abgastransport befindet sich häufig auf der Verbrennungsluftseite. Dadurch lässt sich die Verbrennungsleistung gut modulierend regeln. Das anfallende Kondenswasser wird über einen Sammler (Siphon, 7) an der Unterseite der Brennkammer abgeführt.

10.8.4 Bauarten von Brennwertgeräten

Die Geräte besitzen in der Regel einen innen liegenden Wärmetauscher. Die Wärmeübertragung einschließlich der Kondensation findet in einer Stufe statt.

Brennwertgeräte werden überwiegend aus nichtrostendem Stahl und Aluminiumguss gefertigt.

Das in Abb. 2 dargestellte kompakte Gasbrennwert-Wandgerät hat einen Radial-Wärmetauscher aus nichtrostendem Stahl ①. Der Matrix-Gasbrenner ② kann durch die Lambda-Control-Verbrennungsregelung in einem Modulationsbereich bis 1:10 gefahren werden. Die kontrollierte Verbrennung ermöglicht eine schadstoffarme und effiziente Verbrennung. Die stromsparende Hocheffizienzpumpe ③ entsprechend dem Energielabel A und eine einfach zu bedienende Regelung ④ sorgen für einen optimalen Betrieb. Die Regelung stellt das Brennwertgerät auf wechselnde Gasqualitäten ein, vereinfacht die Inbetriebnahme und verlängert die Mess- und Prüfintervalle durch den Schornsteinfeger oder die Schornsteinfegerin von zwei auf drei Jahre. Die Hersteller garantieren einen Normnutzungsgrad von 109 % bzw. 98 % bezogen auf den Brennwert H_S. Die niedrige Gebläsedrehzahl ermöglicht bei richtiger Einstellung ein geringes Verbrennungsgeräusch. Die Emissionswerte sind für die konventionelle Heiztechnik sehr gering. Für einen nachhaltigen Klimaschutz bedarf es jedoch der Nutzung regenerativer Energien (z. B. Sonne, Wind, Biomasse).

Abb. 2: Kompaktes Gasbrennwert-Wandgerät

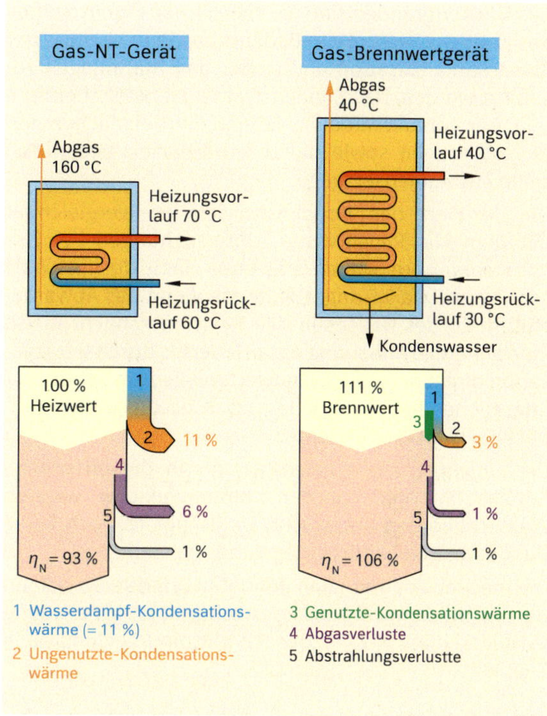

Abb. 3: Systemtemperaturen und Normnutzungsgrad η_N bei NT- und Brennwertgerät

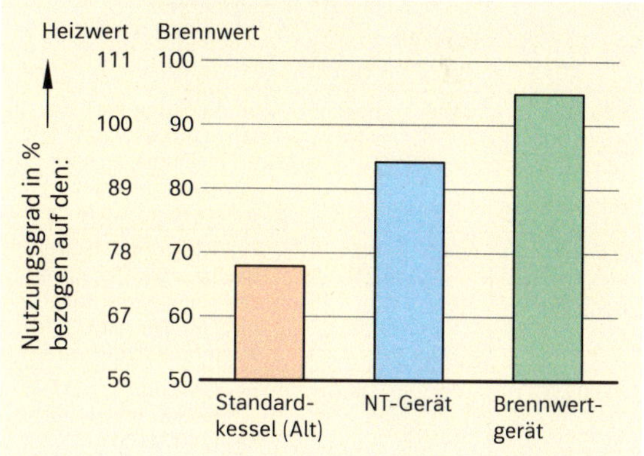

Abb. 4: Typische Nutzungsgrade verschiedener Gasgeräte

10.8.5 Energetische Betrachtung

In Deutschland und in anderen europäischen Ländern wird – historisch bedingt – der Nutzungsgrad immer auf den Heizwert bezogen. Bei konventionellen Wärmeerzeugern sind die Wärmetauscher so konstruiert, dass sich nur der Heizwert nutzen lässt. Dabei sollen die Abgase ohne Kondensation im Kessel oder Schornstein abgeführt werden. Wegen dieser Sicherheitsüberlegung liegen die Nutzungsgrade von Niedertemperatur-Geräten bei 92 bis 94 %.

Da Brennwertgeräte nicht nur die sensible Wärme, sondern auch die Kondensationswärme nutzen, kommen Nutzungsgrade von deutlich über 100 % zustande. Sie sind allein auf die Wahl des Heizwertes als Berechnungsbasis zurückzuführen.

Nach Abb. 3 ergibt sich z. B. 106 % für ein Gas-Brennwertgerät.

Bezogen auf den Brennwert würde sich ein Nutzungsgrad von 95,5 % ergeben (= 106/111 × 100 %). Abb. 4 zeigt typische Nutzungsgrade verschiedener Gasgeräte, bezogen auf den Heizwert und den Brennwert.

! Der Nutzungsgrad von Gas-Brennwertgeräten ist um ca. 10% höher als der Nutzungsgrad von NT-Geräten.

10.8.6 Ableitung des Kondenswassers

Das bei der Brennwertnutzung anfallende Kondenswasser muss aufgefangen und abgeleitet werden. Dabei interessieren vor allem die Menge des Kondenswassers, seine chemischen Eigenschaften und die Entsorgung. An Kondenswasser fallen theoretisch z. B. bei 1 m^3 Erdgas 1,58 kg, bei 1 Liter Heizöl 0,88 kg an.

Im Einfamilienhaus ergibt sich dadurch eine *Kondenswassermenge* zwischen 1 und 2 % der häuslichen Schmutzwassermenge. Würden alle deutschen Wohnungen mit Brennwerttechnik beheizt, müssten die kommunalen Kläranlagen nur rund 0,3 % mehr Abwasser aufnehmen.

Aus Umweltgründen sind die *chemischen Eigenschaften* des Kondenswassers von Bedeutung, denn es muss der Abwasserkanalisation und weiter den Kläranlagen zugeführt werden. Das Kondenswasser ist nicht chemisch rein. Der Kontakt mit dem Material der Heizflächen und Abgasleitungen sowie mit den Heizgasen beeinflusst seine Zusammensetzung.

Der *pH-Wert* des Kondenswassers ist vergleichbar mit dem von Regenwasser. Untersuchungen bei Einfamilienhäusern haben ergeben, dass der pH-Wert schon auf etwa 6,5 angestiegen ist, wenn das Abwasser außerhalb des Hauses in den Revisionsschacht fließt. Eine generelle Anhebung des pH-Wertes durch Neutralisation direkt nach der Brennwertanlage zum Schutz der öffentlichen Kanalisation lässt sich für diese Installationsfälle nicht begründen.

Die *Einleitung des Kondenswassers* in die öffentliche Kanalisation wird von den Kommunen bzw. unteren Wasserbehörden überwacht. Dafür gibt es noch keine bundesweit einheitliche Regelung.

Die meisten kommunalen Behörden orientieren sich an den Richtlinien der Abwassertechnischen Vereinigung (ATV-Merkblatt M 251). Danach gilt die Regelung nach Tab. 1.

Tab. 1: Einleitungsbedingungen für Kondenswasser nach Arbeitsblatt DWA-A 251 (2011)

Feuerungsleistung	Neutralisation bei Feuerungsanlagen Gas	Öl	Einschränkungen Bemerkungen
≤ 25 kW	nein*	nein ***	* Bei Ableitung des häuslichen Abwassers in Kleinkläranlagen nach DIN 4261 ist Kondenswasser zu neutralisieren.
> 25 kW bis ≤ 200 kW	nein**	nein ***	** Bei Gebäuden, die die Bedingungen der ausreichenden Vermischung nicht erfüllen, ist Kondenswasser zu neutralisieren.
> 200 kW	ja	ja	*** Bei Verwendung von schwefelarmem Heizöl nach DIN 51603-1

Die meisten Ein- und Zweifamilienhäuser benötigen danach beim Brennstoff Erdgas keine *Neutralisation*. Wird, wie beim Brennstoff Heizöl EL, eine Neutralisation erforderlich, ist diese Einrichtung vom Hersteller des Brennwertkessels als Systembestandteil mitzuliefern.

Bis 200 kW Nennwärmebelastung arbeiten Neutralisationseinrichtungen mit Granulaten, z. B. Dolomit-Kalkstein, als Neutralisationsmittel. Je nach Verweilzeit des Kondenswassers im Granulatfilter wird der pH-Wert auf 6,5 bis 10 angehoben. Die Neutralisationswirkung des Granulats sollte mindestens jährlich überprüft und in der Regel im 2-jährigen Turnus ausgetauscht werden. Bei Großanlagen ist eine Neutralisation mit flüssiger Natronlauge über eine Dosiereinrichtung oftmals zweckmäßiger.

Aufgaben

1. Wodurch unterscheiden sich die Geräte
   a) Umlaufwasserheizer,
   b) Kombiheizer?
   Beschreiben Sie den Einsatzbereich dieser Geräte.
2. Erläutern Sie die Funktionsweise eines Kombiheizers.
3. Was versteht man unter Brennwertnutzung?
4. Welche Bedeutung hat der Taupunkt bei der Brennwertnutzung?
5. Welche Aufgaben erfüllt der Wärmetauscher im Brennwertgerät?
6. Beschreiben Sie den prinzipiellen, konstruktiven Aufbau eines Brennwertgerätes.
7. Wie kommt es bei Brennwertgeräten zu scheinbaren Nutzungsgraden von über 100 %?
8. Welche Vorteile hat der Brennstoff Erdgas gegenüber Heizöl EL bei Brennwertgeräten?
9. Welche zwei typischen Betriebssituationen können bei Brennwertgeräten unterschieden werden?

10.8.7 Abgasführung bei Brennwertgeräten

Solange Verbrennungsgase im Wärmetauscher des Heizkessels genutzt werden, bezeichnet man sie als Heizgase. Nach dem Heizgerät nennt man diese Verbrennungsgase Abgase. Sie werden über ein Abgassystem in die Umgebung geleitet.

Für die Abgasführung bei Brennwertgeräten sind herkömmliche Hausschornsteine ungeeignet, weil

- die Abgastemperatur extrem niedrig ist und die Abgase keinen ausreichenden Auftrieb besitzen,
- durch Abkühlung im Abgasrohr weiteres Kondenswasser anfällt.

Brennwertgeräte arbeiten mit Brennergebläse. Dadurch herrscht in der Abgasanlage Überdruck. Schornsteine sind für Überdruck nicht zugelassen, da sie keine erhöhten Anforderungen an die Dichtigkeit erfüllen.

! *Brennwertgeräte* dürfen nur mit zugelassenen Abgasleitungen oder feuchteunempfindlichen Schornsteinen betrieben werden (Abb. 1).

Feuchteunempfindliche Schornsteine können im Allgemeinen nur im Fall eines Gebäudeneubaus vorgesehen werden.

In einem Bestandsgebäude muss die Abgasleitung häufig in einem vorhandenen feuerbeständigen Schacht (Schornstein) verlegt werden. Dadurch ergibt sich die Möglichkeit, auch brennbare Materialien für die Abgasleitung zu verwenden, z. B. Kunststoff. Der lichte Durchmesser der Abgasleitung muss mindestens 50 mm betragen.

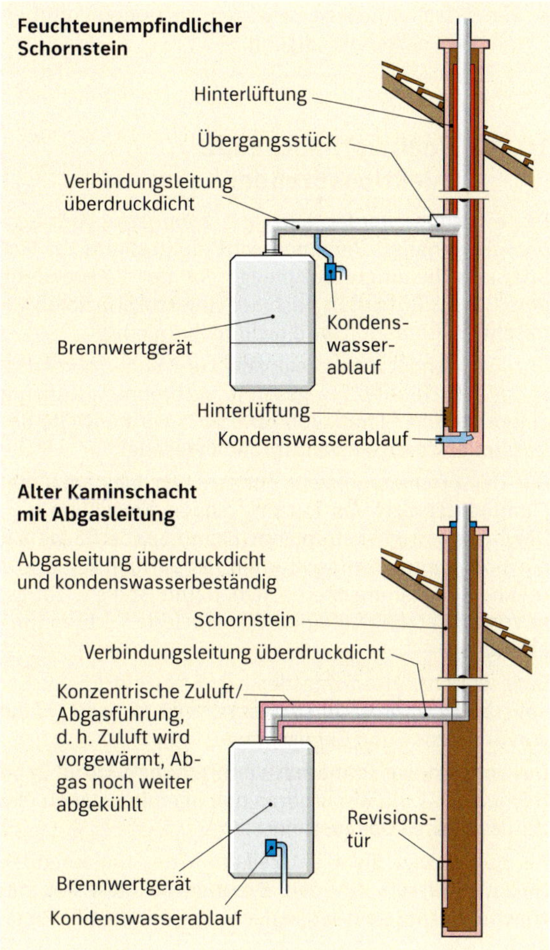

Abb. 1: Möglichkeiten einer Abgasführung

Es dürfen nur vom Institut für Bautechnik (IfBt) zugelassene Abgasleitungen eingesetzt werden.

Das Brennwertgerät muss eine Einrichtung haben, die sicherstellt, dass die maximal zulässige Abgastemperatur nicht überschritten wird.

Brennwertgeräte können an Abgasleitungen aus Kunststoff nur angeschlossen werden, wenn neben ihrer Zulassung im Abgasweg ein Sicherheitstemperaturbegrenzer eingebaut ist. Dieser muss auf die maximal zulässige Abgastemperatur des verwendeten Kunststoffrohres eingestellt sein.

Abgasleitungen aus Metall müssen an einen Potenzialausgleich angeschlossen werden. Verantwortlich für die Ausführung ist der/die Anlagenmechaniker/-in für SHK.

Weiterhin müssen die Abgasleitungen gegen Kondenswasser dicht und korrosionsbeständig sein. Kondenswasser darf nicht in die Bausubstanz eindringen.

Abgasleitungen mit Überdruck sind über die ganze Länge zu hinterlüften. Der Hinterlüftungszwischenraum kann auch für die Verbrennungsluftzufuhr verwendet werden (Luft-Abgas-Schornstein = LAS).

Eine weitere Möglichkeit besteht darin, die Abgasleitung direkt aus dem Aufstellraum ins Freie und dann an der Außenwand des Hauses bis über das Dach zu führen. Die Bemessung der Abgasleitungen erfolgt nach DIN EN 13384-1.

Vor der *Inbetriebnahme* der Brennwertanlage müssen Abgasleitungen mit Überdruck vom Bezirksschornsteinfeger bzw. der Schornsteinfegerin auf Dichtheit geprüft werden. An jeder Abgasleitung darf nur ein Brennwertgerät angeschlossen werden.

Aufgaben

1. Was ist beim Umgang mit Kondenswasser zu beachten und welche Regeln gelten für die Einleitung in die öffentliche Kanalisation?
2. Unterscheiden Sie Heizgas und Abgas.
3. Warum eignen sich Hausschornsteine nicht für die Abgasführung bei Brennwertgeräten?
4. Worauf ist bei der Inbetriebnahme der Abgasleitung eines Brennwertgerätes zu achten?

10.9 Gasbrenner

Bei Feuerstätten mit Gasbrennern liegt der Brennstoff als Gas vor und lässt sich somit leicht und ziemlich problemlos mit der Luft vermischen. Die Art und Weise allerdings, wie Brenngas und Luft bis zur vollständigen Verbrennung zusammengeführt werden, unterscheidet die *Brennersysteme* in folgende Hauptgruppen:

1. atmosphärische Brenner, bei denen die Luft drucklos zugeführt wird
2. atmosphärische Brenner mit Gebläseunterstützung, wobei ein Hilfsventilator entweder vor dem Brenner oder im Abgasweg angeordnet ist
3. Brenner mit Gebläse (Gebläse-Gasbrenner), die ähnlich wie Ölbrenner Luft und Gas hinter einer Mischeinrichtung am Ausgang eines Flammenrohres zusammenführen

Die Flamme brennt in einem dem Brennersystem angepassten Brennraum des Wärmeerzeugers aus.

Dieser Brennraum ist entweder

- offen zur Raumluft des Aufstellraumes; dann liegt eine *offene Verbrennung* vor und die Luftversorgung ist *raumluftabhängig*; oder
- dicht verschlossen zum Aufstellraum; dann handelt es sich um eine *geschlossene Verbrennung* mit einer *raumluftunabhängigen* Luftversorgung.

Atmosphärische Gasbrenner mit und ohne Gebläseunterstützung werden vorwiegend in Hausheizungen bis ca. 300 kW in Stand- und bis 50 kW in Wandkesseln eingebaut. Der Einsatz der Gebläsebrenner geht auch darüber hinaus und bis zu industriellen Großfeuerungen. Dabei wird in der Regel Erdgas als Brennstoff genutzt, aber in beschränktem Umfang auch Flüssiggase. Insgesamt werden alle Gasbrenner in Heizungsanlagen durchweg vollautomatisch über einen Feuerungsautomaten gesteuert und überwacht.

10.9.1 Niedrig-vormischende Injektionsbrenner

Den *grundlegenden Aufbau* eines atmosphärischen Brenners mit niedriger Luftvormischung zeigt Abb. 1.

Die notwendige Verbrennungsluft wird zuerst durch die Injektorwirkung des an den Gasdüsen ausströmenden Gases als Primärluft (Erstluft) angesaugt. Die Primärluftmenge liegt je nach Brennerkonstruktion bei 40–60 % der Gesamtluftmenge. Dadurch entsteht eine Vormischung des Brenngases mit einer Teilluftmenge.

Das Gas-Luft-Gemisch wird nach seinem Ausströmen aus den Brennerrohröffnungen gezündet. Wegen dieses Mischprinzips wird dieser Gasbrenner auch *Injektorbrenner* genannt.

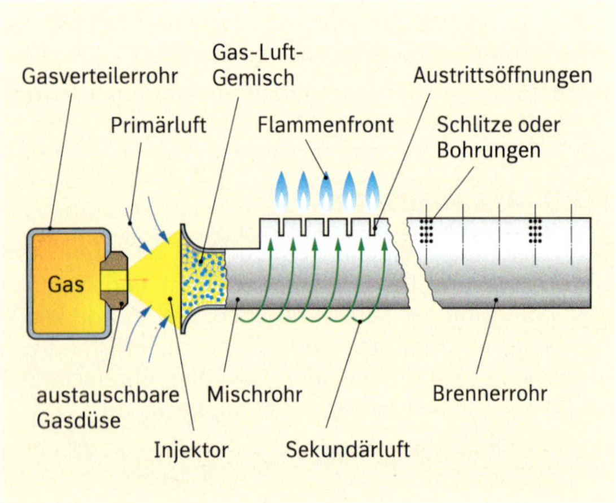

Abb. 1: Schematischer Grundaufbau eines Injektorbrenners

Die für eine vollständige Verbrennung noch erforderliche Restluft diffundiert als Sekundärluft (Zweitluft) von außen in die Flamme. Dabei erzeugen die heißen Abgase den Auftrieb zum Ansaugen der Luft.

Mit der Anzahl und Größe der Brennrohre oder -stäbe wird die Leistung der Gasfeuerstätte bestimmt. Damit die Feuerstätte auf die am Aufstellort vorhandene Gasart eingestellt werden kann, sind die Düsen auswechselbar in das Gasverteilerrohr eingeschraubt. Um ausreichend sicher eine Verbrennung unter Luftmangel zu vermeiden, muss ein vergleichsweise hoher Luftüberschuss von 40 bis zu 100 % (λ = 1,4–2,0) in Kauf genommen werden.

Die wichtigsten *Vorteile* dieser Brennertechnik sind:

- einfache, langlebige Konstruktion
- hohe Betriebssicherheit bei geräuscharmer Verbrennung
- unkomplizierte Wartung

Demgegenüber sind zwei *Nachteile* zu nennen:

- Die Emissionswerte für NO_x und CO liegen sehr hoch und stehen dem Bestreben nach Umweltentlastung entgegen.
- Die Wirtschaftlichkeit ist wegen des hohen Luftüberschusses nicht befriedigend.

10.9.2 Hoch-vormischende Injektionsbrenner

Diese Brenner werden kurz *atmosphärische Vormischbrenner* genannt. Bei ihnen wird die gesamte zur Verbrennung benötigte Luftmenge vor der Verbrennung dem Gas als Primärluft nach dem Injektorprinzip beigemischt. Sekundärluft wird nicht mehr benötigt.

Dazu verwendet man z. B. *optimierte Brennerrohreinlässe* und *Mischrohre*. Die gesamte Verbrennungsluft mit einem Luftüberschuss von rund 20 % wird mithilfe des Gasstrahls durch ein Venturirohr angesaugt.

Auf der Brenneroberseite entsteht ein gleichmäßiger Flammenteppich aus kurzen, blauen Einzelflammen. Die große wärmeabstrahlende Flammenoberfläche hat ein homogenes Temperaturfeld. Es enthält keine extrem heißen Flammenkernzonen. Damit ist die wichtigste Vorraussetzung für eine NO_x-reduzierte Verbrennung erfüllt.

Eine weitere Absenkung der NO_x-Emission leistet der vollständig *vormischende Brenner mit Wasserkühlung* von Brennzone und Gemischraum.

Die vollständige Primärluft-Vormischung wird in zahlreichen Gas-Luft-Mischrohren durchgeführt, denen einzeln aus Düsen Gas zuströmt.

Als Kühlwasser dient ein Teilstrom des umlaufenden Heizungswassers. Die dem Brenner auf diese Art entzogene Wärme geht als Nutzenergie in den Heizkreislauf.

10.9.3 Gebläse-Vormischbrenner

Diese werden auch als *Strahlungsbrenner* bezeichnet, weil der überwiegende Teil der Wärme als Strahlung abgegeben wird. Dies wird durch eine besondere Brenneroberfläche bewirkt.

Die Brennflächen sind z. B. aus Keramik, Faserkeramik, Metall-Lochblech, Metall-Lamellen oder Metall-Vlies hergestellt. Die vollständig vormischenden *Flächenbrenner* erfordern keine besondere Bauweise von Kessel und Wärmetauscher. Dieser Konstruktionsvorteil wird besonders bei Brennwertgeräten genutzt.

Den Aufbau und die Arbeitsweise eines Strahlungsbrenners zeigt z. B. Abb. 2a.

Danach wird Gas mit Luft, die ein Gebläse zuführt, in einem überstöchiometrischen Verhältnis vollständig gemischt (Luftzahl 1,1 bis 1,3). Gleichmäßig dosiert und verteilt, strömt das Gas-Luft-Gemisch aus einer Halbkugel aus rostfreiem Stahlgewebe. Auf der Kugeloberfläche entsteht eine nahezu flammenlose Verbrennung. Der hitzebeständige rostfreie Stahl glüht und gibt dabei den größten Teil der Wärme als Strahlungswärme ab (Abb. 2b).

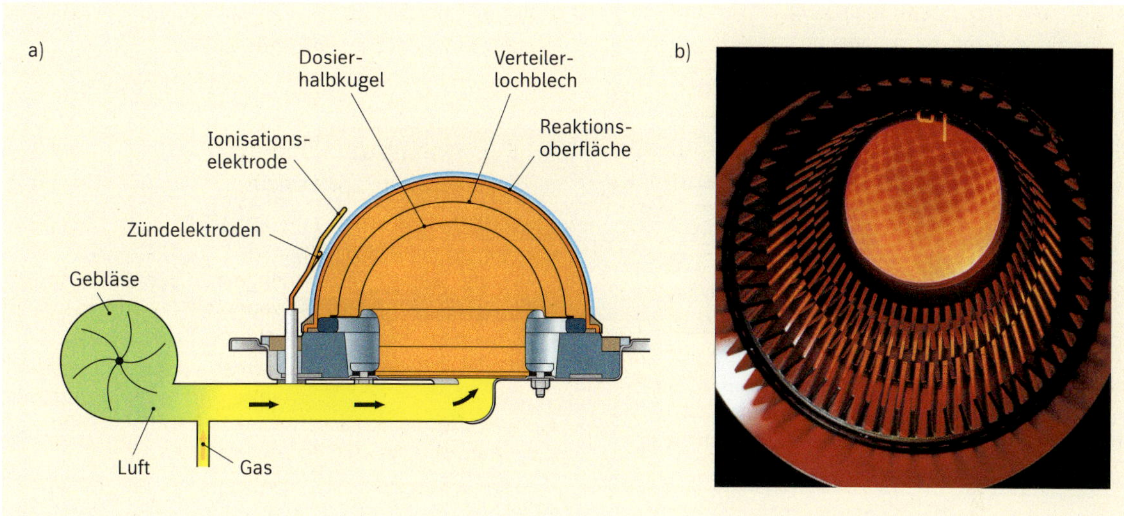

Abb. 2: a) Halbkugelförmiger Strahlungsbrenner, b) Flammenbild

Flächenbrenner liefern gegenüber den rein atmosphärisch arbeitenden Vormischbrennern noch geringere NO_x-Emissionswerte in der Größenordnung 20–40 mg/kWh.

Die vollständige Primärluftmischung mit Gebläsehilfe eröffnet eine einfache Möglichkeit, die Brennerleistung stufenlos zu regeln. Über die Regelung der Gebläsedrehzahl wird die Verbrennungsluftmenge der gewünschten Leistung angepasst. Die entsprechende Gasmenge wird über eine Regelarmatur der Luft genau zugemischt, um das optimale Gas-Luft-Verhältnis jederzeit zu gewährleisten. Dadurch moduliert die Brennerleistung von Teillast- in den Volllastbereich etwa von 20–100 %.

! Eine automatische *Gas-Luft-Verhältnisregelung* bewirkt einen optimalen Betriebszustand des Brenners in der Startphase sowie im Teillast- und Volllastbereich.

10.9.4 Gasbrenner mit Gebläse – Gasgebläsebrenner

Der Gasgebläsebrenner findet ein breites Anwendungsgebiet. Der Leistungsbereich der Brenner reicht von ca. 10 kW bis über 10.000 kW. Diese Gasbrenner können mit allen Gasarten nach DVGW-Arbeitsblatt G 260 Teil I betrieben werden.

Die wesentlichen *Bauteile* eines Gebläsebrenners für Hausheizungen ab 10 kW Leistung zeigt Abb. 3.

Die Brennergrundplatte ist in Wartungsposition am Gehäuse eingehängt. Durch die Mischeinrichtung werden Gas und Luft zusammengeführt, gemischt und elektrisch gezündet. Da keine Vormischung stattfindet, sondern Luft und Gas durch Diffusionsvorgänge zusammenfinden, werden Gasgebläsebrenner als *Diffusionsbrenner* bezeichnet.

Für das *Brennergebläse* und die *Mischeinrichtung* gelten die gleichen Aussagen wie beim Ölzerstäubungsbrenner. Der Elektromotor ist im Vergleich zum Ölbrenner kleiner ausgeführt, da keine Öldruckpumpe angetrieben werden muss.

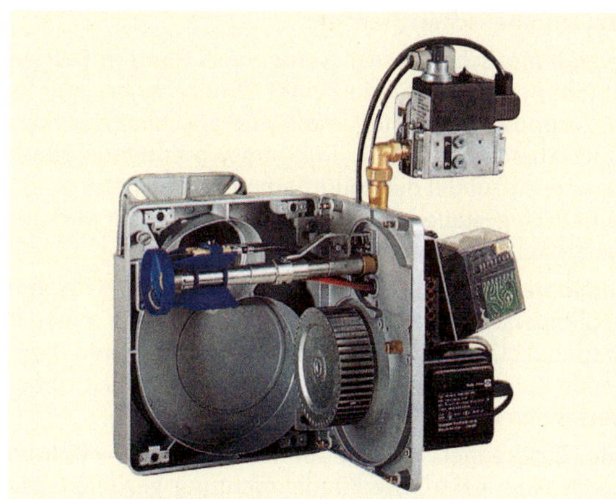

Abb. 3: Gasgebläsebrenner (Wartungsposition) Foto: ELCO GmbH

Die *elektrische Zündung* über Zündelektroden ist nach DIN EN 298 bis zu einer Brenner-Nennleistung von 120 kW zugelassen. Über 120 kW ist eine indirekte Zündung über einen Zünd- oder Startbrenner notwendig, dessen eigene Leistung unter 120 kW liegt.

Zur *Reduzierung der NO_x-Emission* wird bei Gasgebläsebrennern – ähnlich wie bei Ölgebläsebrennern – z. B. eine interne Abgasrezirkulation durchgeführt.

Ein weiteres Prinzip ist eine Mischeinrichtung mit einer *gestuften Brennstoffzuführung* (Abb. 1, S. 480). Sie erzeugt eine Flamme mit zwei Verbrennungszonen, in denen durch deutlich abgesenkte Temperaturen der NO_x- und CO-Bildung entgegengewirkt wird.

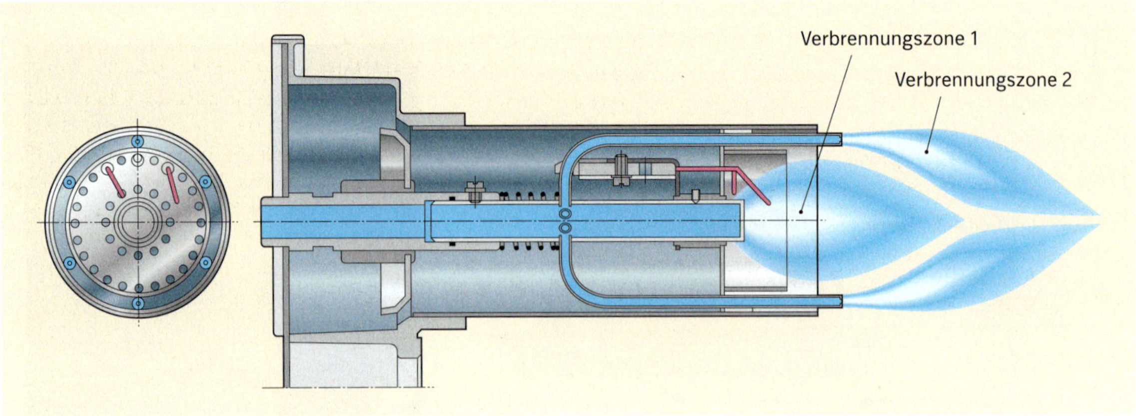

Abb. 1: Brennerkonstruktion mit gestufter Gaszuführung

10.9.5 Bauteile der Gasbrenner

Bei Gasbrennern werden Ausrüstungen benötigt, die den *Betrieb* und die *Sicherheit des Brenners gewährleisten*, z. B. Zündeinrichtung, Flammenüberwachung, Gasregelstrecke und Feuerungsautomat.

10.9.6 Zündeinrichtung

Dabei ist zu unterscheiden zwischen teilautomatischen und automatischen Brennern:

Teilautomatische Brenner werden von Hand in Betrieb genommen durch Zünden eines Zündbrenners mittels Piezozünders. Die Zündflamme wird anschließend thermoelektrisch überwacht. Die immer brennende Zündflamme entzündet die Hauptflamme, deren Brenner automatisch gesteuert wird. Diese Betriebsweise wird nur bei atmosphärischen Brennern angewendet.

Automatische Brenner benötigen nicht die Hilfe von Bedienpersonal, da auch das Zünden wie alle anderen Betriebsabläufe automatisch erfolgt. Die dauernd brennende Zündflamme mit ihrem als Energieverlust zu bewertenden Gasverbrauch entfällt.

Alle Gasbrenner werden im automatischen Betrieb durch eine elektrische Zündeinrichtung gezündet. Sie besteht aus einem Zündtransformator, der eine Hochspannung von etwa 10 kV erzeugt. Zwischen zwei hitzebeständigen Stahlelektroden (Abstand 2 … 5 mm) oder zwischen einer Elektrode und einem Brennerbauteil entsteht durch die angelegte Spannung ein Lichtbogen (Zündfunke). Die Zündung wird nach der Flammenbildung abgeschaltet.

10.9.7 Flammenüberwachung

Da unverbrannt ausströmende Gase zu Verpuffungen und sogar Explosionen am Brenner führen können, wenn sie nicht in einer bestimmten Zeit nach Öffnen des Brenngasventils gezündet werden, werden automatische Zündsicherungen nach DIN EN 298 eingebaut.

Dabei besteht die Flammenüberwachung aus einem Flammenfühler, der das Vorhandensein einer Flamme meldet. Das Signal wird in einem Steuergerät verarbeitet und führt zur In- und Außerbetriebnahme des Brenners.

Zur Flammenüberwachung werden verschiedene Eigenschaften der Gasflamme genutzt:

1. Bei der *Ionisationsflammenüberwachung* wird der Effekt genutzt, dass die neutralen Gasmoleküle in der Flamme zu elektrisch geladenen Gasionen werden. Somit leitet die Flamme elektrischen Strom und wandelt dabei gleichzeitig den angelegten Wechselstrom in Gleichstrom um (Abb. 2).
2. Die *UV-Flammenüberwachung* (UV-Diode) spricht auf die Ultraviolettstrahlung einer Elektrodenröhre durch die Gasflamme an.
   In der gasgefüllten Röhre fließt bei UV-Bestrahlung zwischen zwei Elektroden, an denen eine Wechselspannung anliegt, ein Strom. Diesen nutzt der Feuerungsautomat für Schaltbefehle.

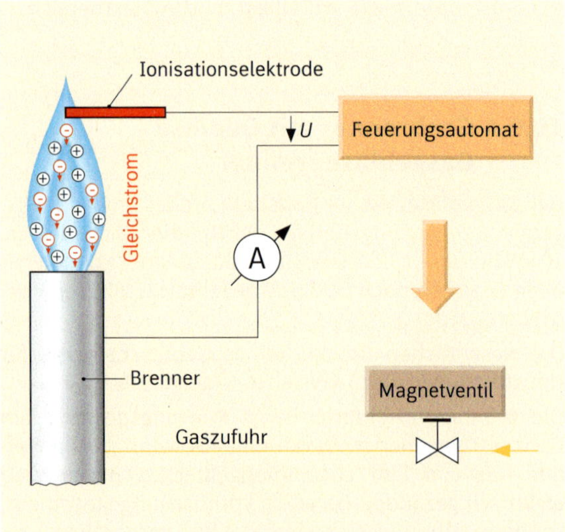

Abb. 2: Funktionsprinzip einer Ionisationsflammenüberwachung

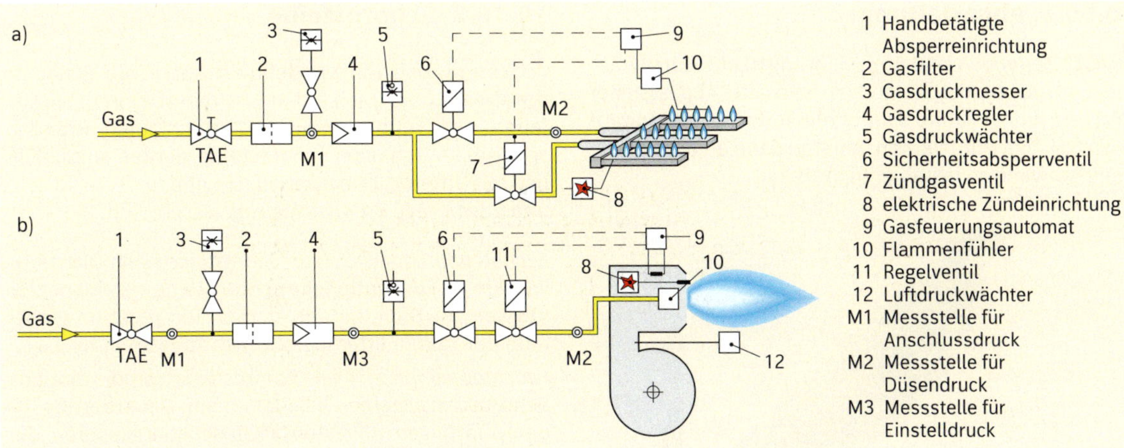

Abb. 3: Beispiele für Mindestausrüstung von Gasbrennern:
a) vollautomatische Gasbrenner ohne Gebläse (atmosphärische Brenner), b) Gasbrenner mit Gebläse mit $\dot{Q}_{NB} \leq 350$ kW

10.9.8 Gasregelstrecke

Das Gas wird über eine Anschlussleitung mit eingebauter Regelstrecke, auch Gasstraße genannt, dem Brenner zugeführt.

Die *Mindestausrüstung* ist in Normen festgelegt:

- Gasbrenner ohne Gebläse nach DIN EN 298 (Abb. 3a)
- Gasbrenner mit Gebläse nach DIN EN 676 (Abb. 3b)

Die Gasgeräteabsperrung (1) besteht aus einem handbetätigten Kugelhahn mit Brandschutzfunktion (TAE). Dies gilt bei Gasfeuerstätten zur Beheizung von Räumen und zur Warmwasserbereitung. Die Vorschrift gilt nicht für industrielle und gewerbliche Anwendungsfälle, außer die Gasgeräte befinden sich im häuslichen Bereich, z. B. Bäckerei oder gastronomischer Betrieb.

10.10 Abgasanlagen

Die Abgase, die nach dem Austritt aus der Feuerstätte sicher ins Freie abgeführt werden müssen, sind keineswegs nur „warme Luft". Sie bestehen hauptsächlich aus Verbrennungsprodukten und -rückständen, z. B. Kohlendioxid, Schwefeldioxid, Stickoxide und Wasserdampf.

Je nach Brennstoff und Verbrennungsart sind diese Rückstände unterschiedlich. Im gasförmigen Zustand können sie die Abgasanlage noch nicht schädigen. Wenn sie auf dem Weg durch die Abgasanlage jedoch so stark abkühlen, dass der enthaltene Wasserdampf kondensiert, schlägt sich dieser an der Wandung nieder. Die Rückstände reagieren dann mit dem Wasser, z. B. zu Schwefelsäure, Salzsäure oder zu anderen aggressiven Stoffen.

Der massive Säureangriff führt zur Durchfeuchtung und Zersetzung der Bausubstanz nicht geschützter Schornsteine. Der Fachausdruck lautet *Versottung*. Die Folgen sind Feuchtigkeit, Verfärbungen und nicht selten Schimmelbefall an den Innenwänden des Hauses.

Die Planung der Abgasanlage obliegt grundsätzlich den Architektinnen und Architekten bzw. den Planenden der Feuerstätte. Doch sollten Anlagenmechaniker/-innen und insbesondere der/die Bezirksschornsteinfeger/-in als Sachverständige hinzugezogen werden. Im Rahmen der Kehr- und Überprüfungspflicht der Bundesländer überprüfen Schornsteinfeger/-innen die Luft-/Abgasführung bei Inbetriebnahme und später in regelmäßigen Abständen gemäß Kleinfeuerungsanlagen-Verordnung (1. BImSchV).

! Eine *Abgasanlage* besteht aus einem Schornstein oder einer Abgasleitung sowie dem Verbindungsstück zur Feuerstätte (Abgasrohr oder -kanal, Abb. 4).

Nach der Feuerungsverordnung können die Abgasleitungen mit Über- oder Unterdruck betrieben werden. Sie sind für flüssige und gasförmige Brennstoffe zugelassen (Abb. 4).

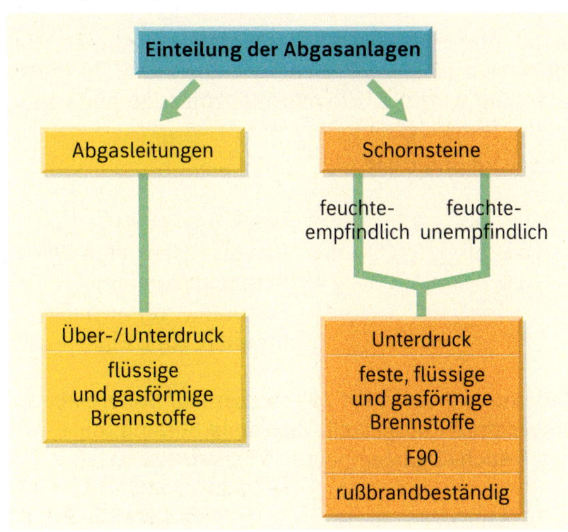

Abb. 4: Einteilung der Abgasanlagen

10.10.1 Abgasleitungen

! *Abgasleitungen* sind Abgasführungen, die durch Räume und über feuerbeständige Schächte Abgas sicher ins Freie führen. Ohne Schutzrohr können sie Brandabschnitte nicht durchlaufen. Sie sind dann an der Gebäudeaußenwand zu installieren (Abb. 1).

Abb. 1: Abgasleitung aus doppelwandigem, wärmegedämmtem Edelstahlrohr für Öl- und Gasfeuerstätten mit Abgastemperaturen zwischen 30 °C und 200 °C

Da für Abgasleitungen keine Normen existieren, benötigen sie eine bauaufsichtliche Zulassung. In dieser Zulassung wird u. a. die maximal zulässige Abgastemperatur festgelegt.

Dabei wird unterteilt:

! Typ A bis 80 °C – z. B. Polypropylen (PP)
Typ B bis 120 °C – z. B. Polyphenylensulfon (PPS)
Typ C bis 160 °C – z. B. Keramik, Aluminium, Edelstahl, Polyvinylidenfluorid (PVDF), Glas

Weiterhin werden auch Zulassungen für höhere Abgastemperaturen ausgestellt. Spezielle Keramikrohre vertragen auch Abgastemperaturen bis zu 400 °C.

10.10.2 Schornsteine

! *Schornsteine* werden definiert als dichte Schächte, die Abgase über Dach sicher ins Freie abführen. Sie sind feuer- und rußbeständig und durchlaufen Brandabschnitte im Gebäude. Schornsteine werden ausschließlich mit Unterdruck betrieben. Sie sind für feste, flüssige und gasförmige Brennstoffe zugelassen (Abb. 2).

Feuchteempfindliche Hausschornsteine nach DIN 18160 werden als konventionelle Schornsteine bezeichnet. Sie müssen im Dauerbetrieb immer Temperaturen oberhalb der Taupunkttemperatur des Abgases aufweisen.

Feuchteunempfindliche Schornsteine sind moderne Schornsteinsysteme, bei denen im Dauerbetrieb die dampfförmigen Abgasbestandteile kondensieren dürfen. Sie sind daher universell einsetzbar vom Brennwertgerät über den NT-Kessel bis zur industriellen Feuerung.

Die *Dimensionierung* der Schornsteine und Abgasleitungen erfolgt nach DIN 4705 Teil 1. In der Praxis werden Auslegungsprogramme für die Arbeit am PC verwendet. Voraussetzung dafür ist das Vorhandensein sämtlicher für die Berechnung relevanter Wämeerzeuger-Kennwerte und Daten der Abgasanlage.

Der *Schornstein muss so über Dach* geführt werden, dass die freie und sichere Abströmung der Abgase gewährleistet ist. Die Anforderungen an die Schornsteinmündung hängen von der Dachneigung, der Umgebungsbebauung und der Art der Dacheindeckung ab.

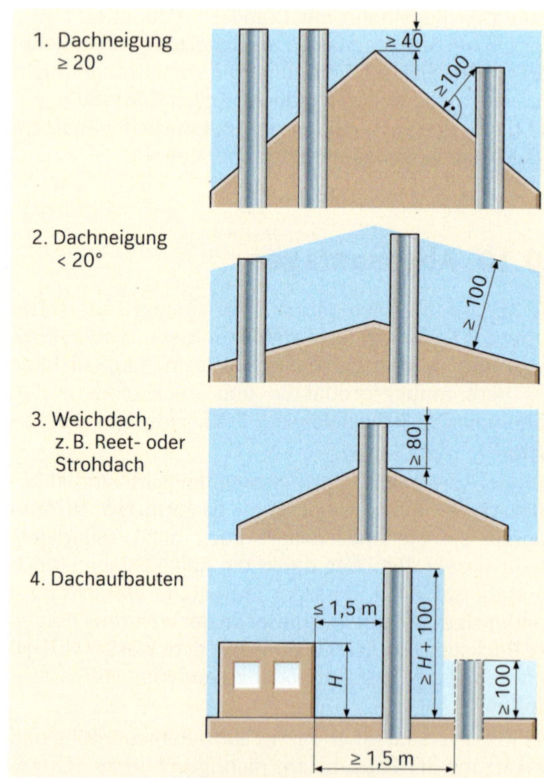

Abb. 2: Beispiele für Schornsteinmündungen

Mindestabstände legt DIN 18160 oder die FeuVO fest (Abb. 2).

Der Schornstein ist ein Bauteil des Gebäudes, das in der Regel vom Keller bis über den Dachfirst reicht. Nur mit großem Aufwand ist eine nachträgliche Änderung der Anlage möglich. Deshalb sollte eine frühe Planung die möglichst detaillierte *Abstimmung zwischen Wärmeerzeuger und Abgasanlage* vorsehen.

Dabei sind Feuerstätte, Brennstoff und Schornsteinausführung u. a. wichtige Faktoren (Tab. 1).

Eine wesentliche planerische Vorbedingung ist auch die Frage nach der ausreichenden *Zufuhr von Verbrennungsluft* für die Feuerstätte.

Dabei unterscheidet man grundsätzlich zwei Fälle:

1. Die Feuerstätte entnimmt die Verbrennungsluft dem Aufstellraum. Dieser *raumluftabhängige Betrieb* erfordert eine Belüftung des Aufstellraums, um die verbrauchte Luftmenge ständig zu ersetzen. Eine bewährte Problemlösung stellt der Schornstein mit Hinterlüftungskanälen dar, in denen Luft im Gleichstrom mit den Abgasen fließt (Abb. 3, Tab. 1).

   Gleichzeitig wird so erreicht, dass Feuchtigkeit, die durch das Abgasrohr diffundieren könnte, durch die Hinterlüftung ins Freie abgeführt wird und keine Schäden am Schornstein anrichten kann.

2. Die Feuerstätte entnimmt die Verbrennungsluft direkt aus dem Freien. Dieser *raumluftunabhängige Betrieb* kann zum einen mit einem Schornstein mit Hinterlüftung ausgeführt werden, in dem dann die Luft im Gegenstrom zu den Abgasen durch die Kanäle der Feuerstätte zugeführt wird (Abb. 1, S. 484).

   Zum anderen sind Luft-Abgas-Schornsteine sowie Abgasleitungen in Schornsteinen bzw. Schächten dafür geeignete Systeme (Tab. 1). Vorteilhaft für die Gebäudenutzung ist, dass die raumluftunabhängige Betriebsweise eine uneingeschränkte Nutzung des Aufstellraumes erlaubt und dieser Raum weniger Wärme verliert.

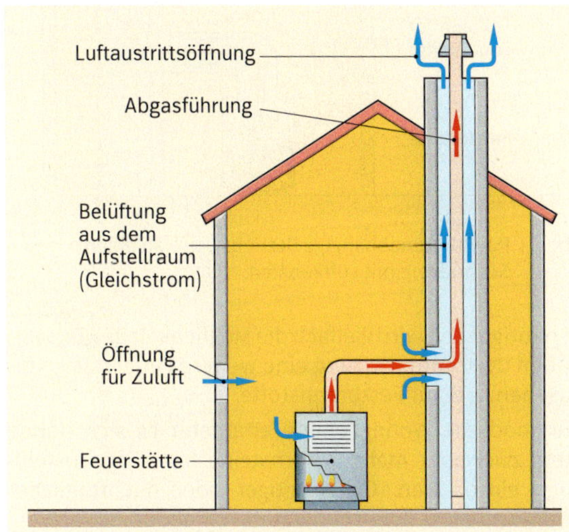

Abb. 3: Raumluftabhängige Betriebsweise an einem Schornstein mit Luftkanälen

Tab. 1: Vergleichende Auswahlkriterien

Schornsteinsysteme	**Dreischaliger Isolierschornstein nach DIN 18 160**			**Luft-Abgas-Schornstein (LAS)**	**Isolierschornstein mit Hinterlüftung**	**Abgasleitung**
	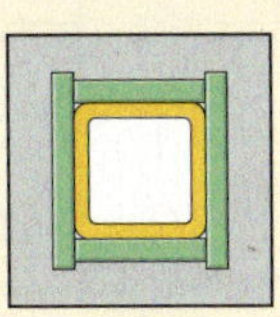			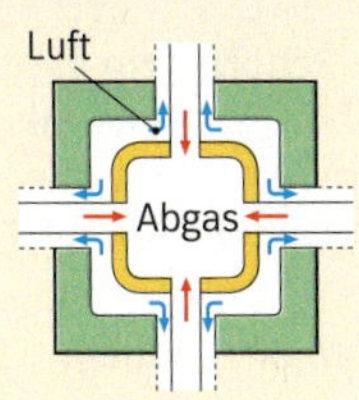	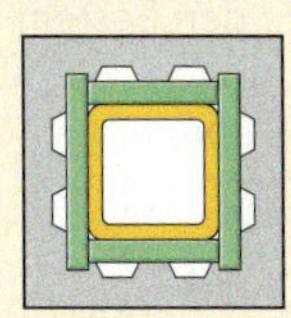	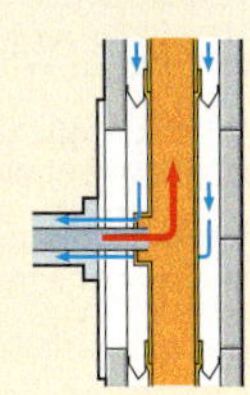
Feuerstätte	Herkömmliche Feuerstätten, z. B. Heizkessel, Öfen, Gaswandgeräte, offene Kamine, Kachelöfen	Niedertemperatur-Kessel (NT-Kessel)	Sonderfeuerstätten, z. B. Müllverbrennung, industrielle Feuerungen, Dampfkessel	Raumluftunabhängige Feuerstätten	Brennwertgerät	Brennwertgerät
Brennstoff	Öl, Gas, Kohle, Holz	Öl, Gas	Öl, Gas, Kohle, Holz, Sonderbrennstoffe	Gas	Öl, Gas	Öl, Gas
Abgastemperaturen	> 80 °C ≤ 400 °C	> 60 °C ≤ 400 °C	> 80 °C ≤ 400 °C bzw. > 400 °C ≤ 600 °C	> 30 °C ≤ 400 °C	> 30 °C ≤ 400 °C	≤ 160 °C

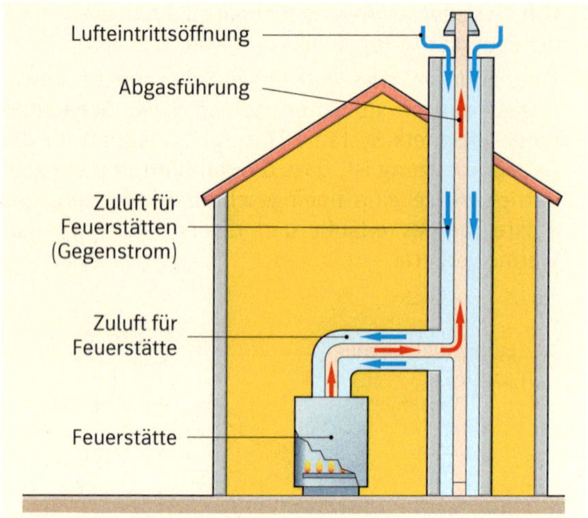

Abb. 1: Raumluftunabhängige Betriebsweise an einem Schornstein mit Luftkanälen

In heutiger Zeit wird vielfach die Möglichkeit gewünscht, neben der Zentralheizung eine weitere Feuerstätte vorzusehen, z. B. für Festbrennstoffe.

Für moderne Wohngebäude empfiehlt es sich daher, stets zwei oder mehr Schornsteine bzw. Schornsteinzüge einzubauen. Gleichzeitiger oder nachträglicher Einbau einer weiteren Feuerstätte ist damit möglich.

Sollen in Gebäude mit herkömmlichen Schornsteinen nach DIN 18160 im Zuge einer Erneuerung und Modernisierung neue Einzel- oder Zentralheizungen mit niedrigen Abgastemperaturen eingebaut werden, ist eine *Sanierung des Schornsteins* meist unumgänglich. Oft wird aus dem bisherigen „trockenen" ein „nasser" Betrieb. Zudem verlangen auch die verringerten Abgasmengen moderner Heizkessel oftmals nach einer Verminderung des Schornsteinquerschnitts zum störungsfreien Betrieb.

In der Regel wird in den bestehenden Schornstein eine Abgasleitung eingezogen. Hierfür stehen Systeme aus Abgasrohren wie Keramik, nichtrostendem Stahl oder Kunststoff zur Verfügung. Allen Leitungswerkstoffen ist gemeinsam, dass sie

- die erforderliche Temperaturbeständigkeit haben,
- unempfindlich sind gegen Kondensationsfeuchte und Säuren im Abgas und
- bei Überdruck in der Abgasleitung abgasdicht sind.

10.10.3 Belegung von Abgasanlagen

Ist nur eine Feuerstätte an einer Abgasanlage angeschlossen, spricht man von *einfacher Belegung*. Sind mehrere Feuerstätten angeschlossen, so heißt dies *mehrfache Belegung*. Bei unterschiedlichen Brennstoffen spricht man von einer gemischt belegten Abgasanlage.

Bestimmungen über die Belegung enthalten DIN 18160, Landesbau- und Feuerungsverordnungen sowie die TRGI 2018. Danach sind an eine *eigene Abgasanlage* (einfache Belegung) grundsätzlich anzuschließen:

- ein Heizkessel, wenn die einwandfreie Ableitung der Abgase ins Freie sonst nicht sichergestellt ist
- eine raumluftabhängige Gasfeuerstätte (Gasgerät Art B) in Aufstellräumen mit ständig offener, ins Freie führender Verbrennungsluftöffnung
- eine offene Feuerstätte, z. B. ein Kamin
- eine raumluftabhängige Gasfeuerstätte (Gasgerät Art B), die über dem 5. Vollgeschoss eines Gebäudes aufgestellt wird
- eine Sonderfeuerstätte, z. B. Dampfkessel

An einer *mehrfach belegten Abgasanlage* sind zulässig:

- bis zu drei Feuerstätten für feste und flüssige Brennstoffe mit je maximal 20 kW
- nur Gasgeräte der gleichen Art; dies gilt auch nur dann, wenn durch Beschaffenheit und Abmessung der Abgasanlage die einwandfreie Ableitung der Abgase für jeden Betriebszustand sichergestellt ist und dies nicht durch Luft absaugende Anlagen beeinträchtigt wird. Auch ein Austritt von Abgasen oder eine Brandübertragung in andere Aufstellräume muss ausgeschlossen sein.

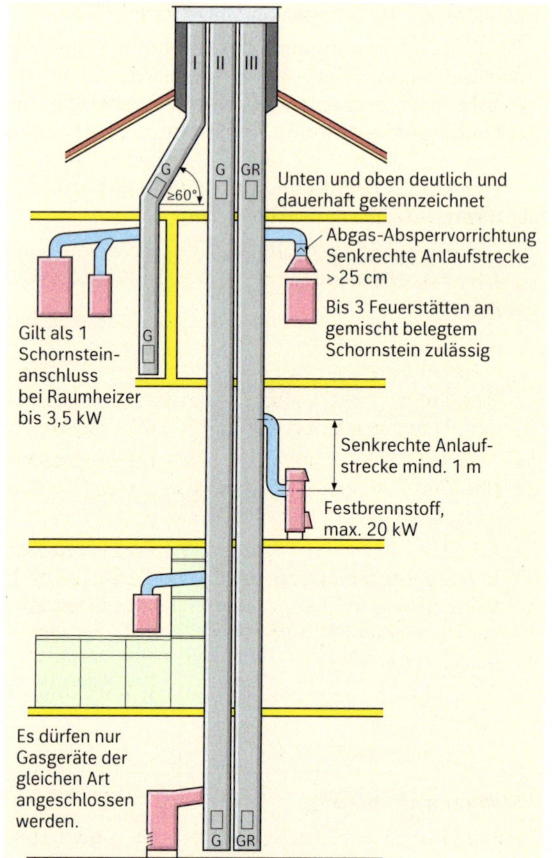

Abb. 2: Ausführung von Abgasanlagen: a) I – einfach belegt, b) II – mehrfach belegt und c) III – gemischt belegt

Wird an einer gemeinsamen Abgasanlage neben einer Feuerstätte für feste oder flüssige Brennstoffe ohne Gebläse eine Gasfeuerstätte mit Strömungssicherung angeschlossen, liegt der besondere Fall einer *gemischten Belegung* der Abgasanlage vor.
In Abb. 2 werden die wesentlichen Bedingungen der Belegung von Abgasanlagen dargestellt.

10.10.4 Weitere Bauteile in und an Abgasanlagen

Eine Abgasanlage hat aus Gründen der Funktionssicherheit oder der Energieeinsparung je nach Feuerstätte weitere Bauteile.

Verbindungsstück

In der Regel muss jede Feuerstätte ein eigenes Verbindungsstück, auch Abgasrohr, vom Wärmeerzeuger zum Abgasanlagenanschluss haben. Bei Gasfeuerstätten ist es unter Beachtung besonderer Regeln auch zulässig, zwei Geräte an ein gemeinsames Verbindungsstück anzuschließen (Abb. 2).

Das Verbindungsstück soll die Abgase mit geringem Druck- und Wärmeverlust in die Abgasanlage leiten. Es ist im Durchmesser auf Feuerstätte und Abgasanlage abzustimmen.

Dabei ist zu berücksichtigen:

- Rohr mit Steigung zur Abgasanlage führen; die Verbindungsstücke der Feuerstätten für feste oder flüssige Brennstoffe müssen eine senkrechte Anlaufstrecke von mindestens 1 m unmittelbar hinter dem Abgasstutzen haben (Abb. 2).
- Baulänge möglichst kurz, maximal ¼ der wirksamen Abgasanlagenhöhe, und wenig Richtungsänderungen
- Rohre und Verbindungen müssen dicht sein.
- Abgasrohre dürfen nicht durch andere Geschosse, Wohnungen, Treppenhäuser und Räume geführt werden, in denen leicht entzündliche Stoffe lagern.
- Auch in Decken, Wänden, Schächten, unzugänglichen Hohlräumen oder Einbaumöbeln ist das Verlegen verboten.
- Außerdem ist ein Mindestabstand von 20 cm zu brennbaren Bauteilen einzuhalten. Wenn das Verbindungsstück mit einem 2 cm dicken, nicht brennbaren Dämmstoff umgeben ist, dürfen die Abstände bis auf 5 cm verringert werden.
- Sie müssen verschließbare Reinigungsöffnungen haben.

Strömungssicherung

Raumluftabhängige Gasfeuerstätten mit einem atmosphärischen Brenner, der seine Verbrennungsluft dem Aufstellraum entnimmt, müssen vor dem Abgaseintritt in das Verbindungsstück zur Abgasanlage eine Öffnung zum Aufstellraum haben. Diese Unterbrechung des Abgasweges hat eine besondere Form und wird Strömungssicherung genannt.

! Die *Strömungssicherung* soll die nachteiligen Wirkungen von zu starkem Aufstrom, Stau oder Rückstrom auf den Verbrennungsablauf verhindern.

Sie ist ein fester Bestandteil eines raumluftabhängigen Gasgeräts (Art B) und wird vom Gerätehersteller mitgeliefert.

Wie die Strömungssicherung bei Störungen funktioniert, zeigt Abb. 1, S. 486.

Diese Gasgeräte müssen zusätzlich eine Abgasüberwachungseinrichtung (AÜE) haben, wenn sie in Wohnungen oder vergleichbar genutzten Räumen aufgestellt werden. Das wird realisiert durch *Abgassensoren* (Temperaturfühler) in der Öffnung der Strömungssicherung.

Führt ein Stau oder Rückstrom zu fortgesetztem Abgasaustritt in gefährlicher Menge aus der Strömungssicherung, so wird durch ein Spannungssignal der erhitzten Sensoren nach einer vorgegebenen Zeitspanne, z. B. 1,5 Minuten, der Brenner abgeschaltet. Automatisch gesteuerte Feuerstätten gehen nach etwa 15–20 Minuten selbstständig wieder in Betrieb.

Abgas-Absperrvorrichtung (Abgasklappe)

Abgasanlagen mit Unterdruck entziehen der Feuerstätte in den Stillstandszeiten Wärme. Weiterhin können sich an einer gemeinsamen Abgasanlage angeschlossene Geräte in Kombination mit einem Heizkessel für feste oder flüssige Brennstoffe in ihrer Abgasführung gegenseitig nachteilig beeinflussen.

DIN 18 160 sowie die TRGI 2018 fordern deshalb den Einbau von Abgas-Absperrvorrichtungen (Abgasklappen).

! *Abgasklappen* sind Absperrvorrichtungen, die

- den Abgasweg in den Betriebspausen der Feuerstätte automatisch verschließen; sie tragen damit zur Energieeinsparung bei;
- die Wirksamkeit gemeinsamer Abgasanlagen verbessern; durch eine Strömungssicherung einströmende „Falschluft" oder das Überströmen von Abgas in eine abgeschaltete Feuerstätte können die Funktion der Abgasanlage nicht behindern.

Abgas-Absperrvorrichtungen dürfen die Prüfung und Reinigung der Abgasanlage nicht behindern. *Thermisch gesteuerte Abgas-Absperrvorrichtungen* nach DIN 3388 Teil 4 dürfen nur in Gasfeuerstätten mit atmosphärischen Brennern (Gasgeräte Art B) eingebaut werden, und zwar hinter der Strömungssicherung.

Der Steuerkörper aus Bimetall hat die Form eines geschlossenen Dreiecks. Er ist am Klappengehäuse und an einer Scheibenhälfte befestigt. Ab ca. 50 °C Abgastemperatur öffnen die Scheiben und sind nach max. 10 Sekunden vollständig offen.

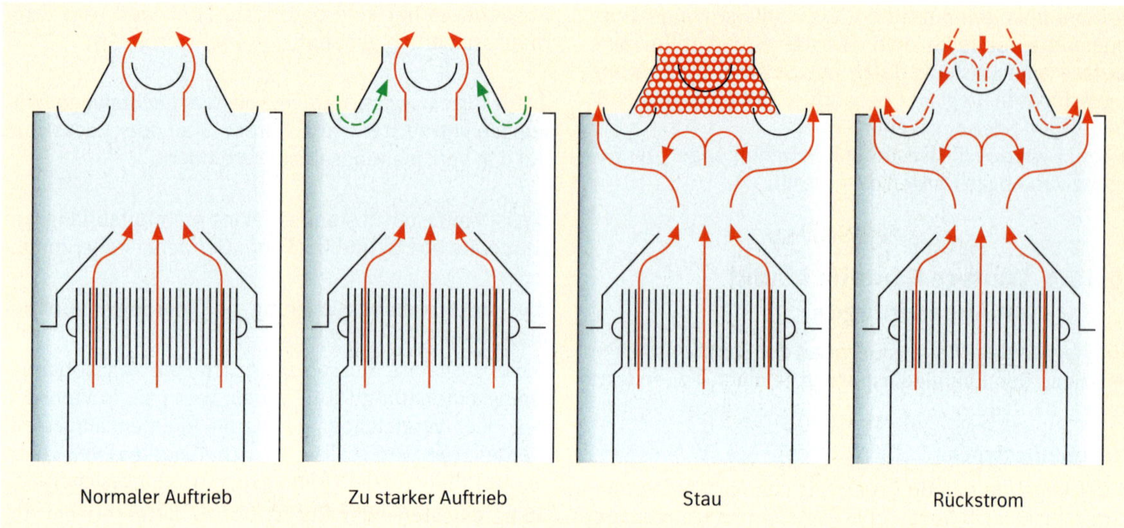

Abb. 1: Funktionsweise der aufgesetzten Strömungssicherung bei verschiedenen Strömungsverhältnissen

Motorisch gesteuerte Abgas-Absperrvorrichtungen nach DIN 3388 Teil 2, die dicht schließen, sind nur zulässig bei Gasgeräten, die keine Zündflamme haben (Abb. 2).

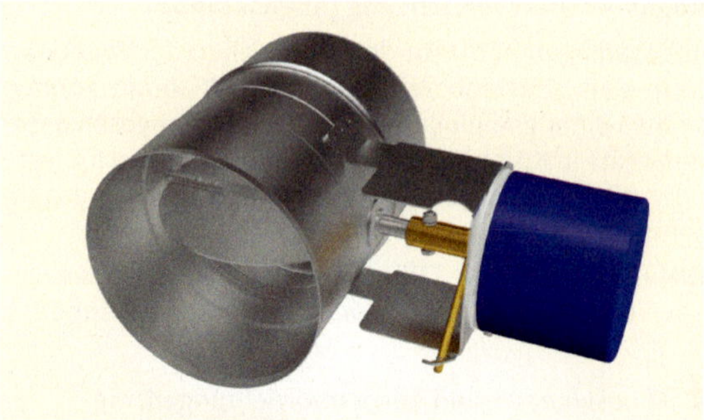

Abb. 2: Motorisch betätigte, dicht schließende Abgas-Absperrvorrichtung für Gas- und Ölfeuerungsanlagen

Der *Einbau* der motorisch betätigten Abgas-Absperrvorrichtung kann im Wesentlichen in drei Fälle zusammengefasst werden:

Der Einbau *nach der Strömungssicherung* wird beim Anschluss der Gasfeuerstätte an einer gemeinsamen Abgasanlage empfohlen. Damit wird ein Wärmeverlust durch abströmende Raumluft verhindert.

Vor der *Strömungssicherung* macht eine Abgas-Absperrvorrichtung Sinn, wenn der Aufstellraum der Feuerstätte unbeheizt ist. Dadurch wird die innere Auskühlung der Feuerstätte verringert.

Eine *Gas- oder Ölfeuerstätte* sollte dann eine Abgas-Absperrvorrichtung erhalten, wenn dem Brenner eine nach Betriebsende abschließende Luftklappe fehlt.

Abgas-Absperrvorrichtungen müssen eine CE-Kennzeichnung tragen. Sie sind nach Anleitung des Herstelers einzubauen. Zuvor muss jedoch festgestellt werden, ob die gewählte Gas-Absperrvorrichtung für die vorliegende Feuerstätte bestimmt ist.

! Abgas-Absperrvorrichtungen (Abgasklappen) tragen zur Energieeinsparung bei.

Nebenluftvorrichtungen

Voraussetzung für eine gleichbleibende Verbrennungsgüte und für einen hohen Nutzungsgrad ist ein konstanter Schornsteinzug. Bei niedrigen Außentemperaturen und/oder starkem Windanfall entsteht jedoch ein höherer Auftrieb, als für den Zugbedarf der angeschlossenen Feuerstätte erforderlich ist.

! *Nebenluftvorrichtungen* nach DIN 4795 begrenzen den Schornsteinzug und halten ihn konstant, da

- die Nebenluft die Abgastemperatur und somit den thermischen Auftrieb senkt,
- die Nebenluft das Abgasvolumen und damit die Strömungswiderstände erhöht.

Beim Betrieb von Heizkesseln mit niedrigen Abgastemperaturen an einem herkömmlichen, feuchteempfindlichen Schornstein können Nebenluftvorrichtungen für einen trockenen Schornstein sorgen.

Nebenluftvorrichtungen dürfen nur im Aufstellraum der Feuerstätte installiert werden. Bei mehrfach belegten Abgasanlagen sind Nebenluftvorrichtungen nur zulässig, wenn sich alle Feuerstätten im selben Raum befinden. Nach Funktion und Anwendung werden drei Bauarten unterschieden:

- Die *selbsttätige Nebenluftvorrichtung* lässt kühle Luft aus dem Aufstellraum in die Abgasanlage strömen. Eine gewichtsbelastete Regelscheibe öffnet mehr oder weniger weit infolge der Druckdifferenz zwischen Aufstellraum und Abgasanlage. Der Zug wird auf den eingestellten Wert begrenzt. Daher kommt auch die Bezeichnung *Zugbegrenzer* (Abb. 3).

Abb. 3: Selbsttätige Nebenluftvorrichtung (Zugbegrenzer)

- Die *kombinierte Nebenluftvorrichtung* verfügt zusätzlich über eine Motorsteuerung, die während der Stillstandszeiten der Feuerstätte den vollen Querschnitt der Regelscheibe freigibt. Damit wird eine Zwangsdurchlüftung des Schornsteins mit dem Ziel der Austrocknung bewirkt. Geht die Feuerstätte in Betrieb, schaltet die Steuerung wieder in die Regelstellung zurück und übernimmt die Funktion des Zugbegrenzers.
- Die *zwangsgesteuerte Nebenluftvorrichtung* ist eine Klappe am Schornstein, die nur bei Brennerstillstand motorisch zur Durchlüftung des Schornsteins geöffnet wird. Sie kommt meist in der Kombination mit einer motorisch betätigten Abgasklappe (Abgas-Absperrvorrichtung) zum Einsatz.

Als *Einbauort* für eine Nebenluftvorrichtung kommen die vier in Abb. 4 dargestellten Positionen infrage.

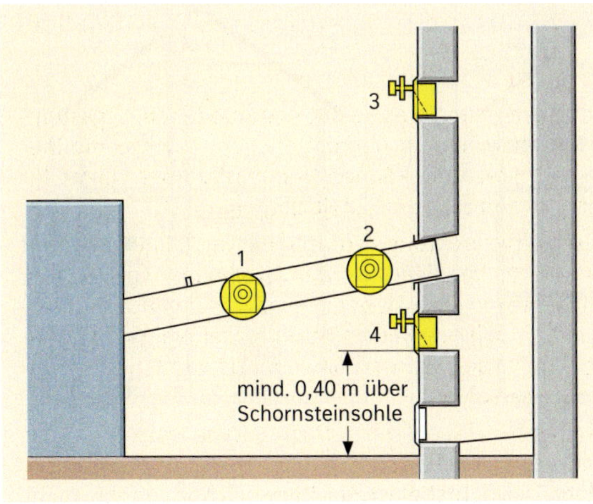

Abb. 4: Mögliche Einbauorte einer Nebenluftvorrichtung

Aufgaben

1. Wie können Abgasanlagen eingeteilt werden?
2. Stellen Sie die Unterschiede von Schornsteinen und Abgasleitungen heraus.
3. Warum ist es sinnvoll, bei Gasgeräten mit Strömungssicherung eine Abgas-Absperrvorrichtung (Abgasklappe) einzubauen?
4. Wozu dienen Nebenluftvorrichtungen?

10.10.5 Abgasanlagen für Gasgeräte

! Nach TRGI 2018 ist der Begriff *Gasgerät* eine Sammelbezeichnung für zwei Gerätegruppen.

- Geräte *ohne* Abgasanlage:
  Sie werden Gasgeräte der **Art A** genannt, z. B. Gasherd.
- Geräte *mit* Abgasanlagen ins Freie:
  Sie werden Gasfeuerstätten der **Art B** und **C** genannt, z. B. Gasheizkessel (TB).

Diese Einteilung hat große Bedeutung, da die Verbrennungsluftversorgung und die Abgasführung für das Aufstellen und den Betrieb von Gasgeräten entscheidend sind.

Der Typ des Gasgerätes, welches der/die Anlagenmechaniker/-in einbaut, kann als charakteristisches Merkmal aus dem Geräteschild abgelesen werden (Abb. 5).

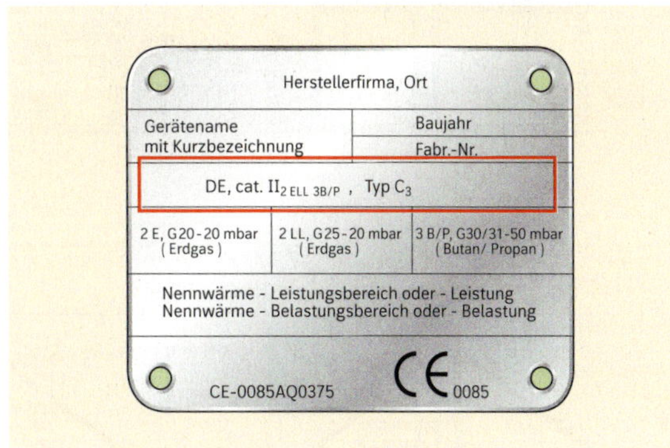

Abb. 5: Gasgeräteschild

In diesem Beispiel bedeutet Typ C_3: Gasgerät mit Abgasanlage, raumluftunabhängig und Luft-Abgasführung über Dach dicht nebeneinander (im gleichen Druckbereich, TB).

Eine zweite angehängte Indexziffer gibt Auskunft über das Vorhandensein eines Gebläses:

1 – ohne Gebläse
2 – Gebläse hinter dem Wärmetauscher
3 – Gebläse vor dem Brenner
4 – Gebläse hinter der Strömungssicherung

Aufstellmöglichkeiten der Gasgeräte im Gebäude (Auswahl)

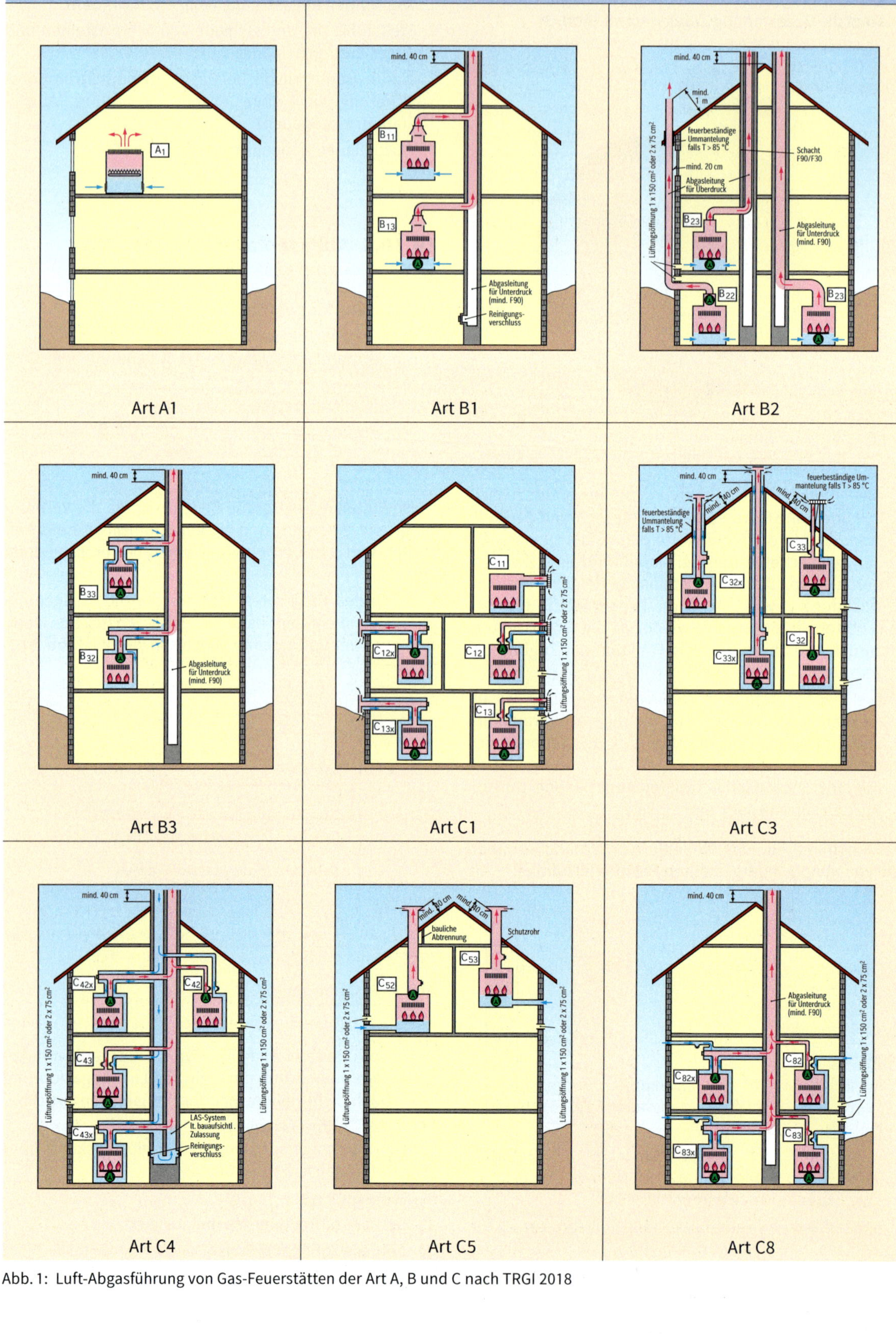

Abb. 1: Luft-Abgasführung von Gas-Feuerstätten der Art A, B und C nach TRGI 2018

10.11 Aufstellen der Feuerstätten

Das Aufstellen der Feuerstätten ist in der Muster-Feuerungsverordnung (Fassung 2017), der TRGI 2018 und den Technischen Regeln Ölanlagen (TRÖl) geregelt. Durch diese Vorschriften soll die Verbrennungsluftversorgung gewährleistet werden, da jede Verbrennung Sauerstoff benötigt. Der Sauerstoff gelangt durch frische Luft zum Brenner. Eine unzureichende Versorgung mit frischer Luft führt zu einer unvollständigen Verbrennung. Dabei bildet sich giftiges Kohlen(stoff)monoxid (CO). Dies kann zu einer tödlichen Gefahr werden (siehe Kap. 10.2.5).

Bei den *Aufstellbedingungen* unterscheidet man nach

- raumluftabhängiger Feuerstätte und
- raumluftunabhängiger Feuerstätte.

Die Gefahr der Bildung von CO besteht vor allem bei Feuerstätten, die den Sauerstoff für die Verbrennung aus der Raumluft des Aufstellraums entnehmen, d. h. bei raumluftabhängigen Feuerstätten.

Von Feuerstätten gehen jedoch noch andere Gefahren aus. Je nach Brennstoffart (fest, flüssig, gasförmig) und Wärmeleistung geht von ihnen z. B. eine unterschiedlich große Brandgefahr aus. Daher werden an die Größe, die Nutzung und die bautechnische Ausführung der Aufstellorte unterschiedlich hohe Anforderungen gestellt.

Entgegen der allgemeinen Vorstellung ist der Aufstellungsort einer Feuerstätte nicht unbedingt ein Heizraum.

! Ein Heizraum ist ein besonderer Raum, der hohen Anforderungen genügen muss. Er wird nur bei Feuerstätten für feste Brennstoffe ab einer Gesamtwärmeleistung von mehr als 50 kW gefordert.

Bei der Entscheidung für die Art des Aufstellorts ist immer die gesamte Leistung aller im gleichen Raum aufgestellten Feuerstätten maßgebend, die gleichzeitig betrieben werden können.

! Ein Aufstellraum ist ein Raum, in dem Gasgeräte und ggf. Feuerstätten für flüssige oder feste Brennstoffe aufgestellt sind.

Nach TRGI 2018 werden folgende Aufstellräume unterschieden:

- Aufstellraum mit besonderen Anforderungen für eine gesamte Nennwärmeleistung aller Feuerstätten von mehr als 100 kW
- Aufstellraum für raumluftabhängige Feuerstätten (Geräteart B) für eine gesamte Nennwärmeleistung aller Feuerstätten von mehr als 50 kW
- Aufstellraum für raumluftabhängige Feuerstätten für eine gesamte Nennwärmeleistung aller Feuerstätten bis 50 kW

Raumluftunabhängige Feuerstätten für flüssige und gasförmige Brennstoffe mit einer Leistung von insgesamt weniger als 100 kW dürfen in nahezu jedem Raum aufgestellt werden. Wichtig ist dabei jedoch, dass es sich nicht um notwendige Treppenräume oder Räume zwischen Treppenhäusern und dem Ausgang ins Freie handelt.

Zu den Anforderungen für Heizräume und Aufstellräume siehe → TB.

10.11.1 Aufstellen raumluftabhängiger Feuerstätten

In der TRGI 2018 wurde das Verfahren zum Nachweis einer ausreichenden Versorgung mit Verbrennungsluft für raumluftabhängige Gasgeräte überarbeitet. Dies war notwendig, weil die Maßnahmen zur Energieeinsparung zu einer immer dichter werdenden Gebäudehülle führen.

10.11.2 Aufstellräume – Gasgeräte Art A

Gasgeräte der Art A (z. B. Gasherd oder Gasbackofen) entnehmen die Verbrennungsluft dem Aufstellraum und geben das Abgas in die Raumluft ab. Sie können in Küchen nur aufgestellt werden, wenn die Abgase durch ausreichenden Luftwechsel im Aufstellraum ohne Gefährdung ins Freie geführt werden. Dies gilt z. B. als sichergestellt, wenn durch Lüftungsanlagen während des Betriebs dieser Gasgeräte ein Luftvolumenstrom von mindestens 30 m^3/h je kW Gesamtnennleistung aus dem Aufstellraum ins Freie geblasen wird. Für einen Gasherd mit 9 kW wäre demnach eine Küchenabzugshaube mit einem Abluftvolumenstrom von 270 m^3/h erforderlich.

Beim Betrieb einer solchen Abluftanlage darf jedoch nicht vergessen werden, dass ein Unterdruck von 4 Pa nicht überschritten werden darf. Demnach müssen entsprechende Zuluftöffnungen vorhanden und bei Betrieb der Küchenabzugshaube offen sein.

Nach TRGI dürfen Gas-Haushalts-Kochgeräte mit einer Nennleistung von maximal 11 kW in Küchen trotzdem aufgestellt werden, wenn deren Rauminhalt mehr als 15 m^3 aufweist. In einigen Bundesländern fordert die Feuerungsverordnung 20 m^3. Der Aufstellraum muss aber mindestens eine Tür ins Freie haben oder ein Fenster, das geöffnet werden kann.

10.11.3 Aufstellräume – Gasgeräte Art B

Raumluftabhängige Gasgeräte (Art B) und andere Feuerstätten, welche die Verbrennungsluft dem Aufstellraum entnehmen, dürfen in Räumen unabhängig von deren Rauminhalt aufgestellt werden, wenn eine ausreichende Versorgung mit Verbrennungsluft und die ordnungsgemäße Abführung der Abgase sichergestellt ist.

Bei raumluftabhängigen Feuerstätten kommt die Verbrennungsluft aus dem Aufstellraum und gelangt über die Abgasanlage ins Freie. Dadurch bildet sich im Raum ein gewisser Unterdruck gegenüber dem Freien. Nach TRGI liegt eine ausreichende Versorgung mit Verbrennungsluft vor, wenn dem Aufstellraum je 1 kW installierter Nennleistung 1,6 m³/h Verbrennungsluft zuströmt.

Wie bei der Abluftanlage in der Küche, darf auch im Aufstellraum für andere raumluftabhängige Feuerstätten ein Unterdruck von 4 Pa nicht überschritten werden. Sonst könnten giftige Abgase (Kohlenstoffmonoxid) in den Aufstellraum zurückströmen und tödliche Unfälle verursachen.

Verbrennungsluftbedarf einer Feuerstätte

$$\dot{V}_{VL} = 1{,}6 \cdot \dot{Q}_{VL}$$

$\dot{V}_{VL}$:	Verbrennungsluftbedarf	in m³/h
1,6:	Faktor	in m³/(h · kW)
$\dot{Q}_{NL}$:	Nennleistung	in kW

Beispiel 1

Geg.: Gas-Heiztherme mit Nennleistung 11 kW

Ges.: Verbrennungsluftbedarf $\dot{V}_{VL}$

Lös.: $\dot{V}_{VL} = 1{,}6 \cdot \dot{Q}_{NL}$

$\dot{V}_{VL} = 1{,}6 \frac{\text{m}^3}{\text{h} \cdot \text{kW}} \cdot 11\ \text{kW} = \mathbf{17{,}7\ \frac{m^3}{h}}$

Verbrennungsluftversorgung

Die Verbrennungsluftversorgung kann erfolgen über:

- Öffnungen ins Freie
- Undichtheiten in der Gebäudehülle (Infiltration)
  - des Aufstellraumes,
  - der an den Aufstellraum angrenzenden Räume mit Fenstern oder Türen ins Freie (Verbrennungsluftverbund)
- besondere technische Maßnahmen

Ist eine raumluftabhängige Feuerstätte und eine Abluftanlage in einem gemeinsamen Aufstellraum installiert, müssen Sicherheitseinrichtungen dafür sorgen, dass der gleichzeitige Betrieb dieser Anlagen nicht möglich ist. Der gleichzeitige Betrieb ist jedoch zulässig, wenn rechnerisch nachgewiesen wird, dass dem Aufstellraum mindestens so viel Außenluft zuströmt wie die Feuerstätte an Verbrennungsluft benötigt und die Abluftanlage aus dem Raum absaugt. Die Berechnung der gemeinsamen *Zuluft- und Verbrennungsluftöffnung ins Freie* erfolgt nach der Formel:

$$A = 150 + 1{,}25 \cdot (\dot{V}_{VL} + \dot{V}_E - 80)$$

A :	Querschnitt der Zuluft- und Verbrennungsluftöffnung	in cm²
150 :	Bezugsfläche (50 kW)	in cm²
1,25:	Faktor	in cm² · h/m³
$\dot{V}_{VL}$:	Verbrennungsluftbedarf	in m³/h
$\dot{V}_E$:	Volumenstrom (Abluft)	in m³/h
80 :	Bezugsvolumenstrom (50 kW)	in m³/h

Die Lüftung kann auch über ein geöffnetes Fenster erfolgen, das mittels Fensterkontaktschalter die Versorgung sicherstellt. Dafür muss jedoch der Querschnitt bei geöffnetem Fenster bzw. die Breite des Fensterspalts ausreichend bemessen sein.

$$A_F = 1{,}5 \cdot A$$

$$s = \frac{A_F}{(h + b)}$$

A_F:	Querschnitt bei geöffnetem Fenster	in cm²
A:	Querschnitt der Zuluft- und Verbrennungsluftöffnung	in cm²
s:	Breite des Fensterspalts	in cm
h:	Höhe des Fensters	in cm
b:	Breite des Fensters	in cm

Beispiel 2

Geg.: Verbrennungsluftbedarf 18 m³/h
Volumenstrom (Abluft) 60 m³/h
Fenster mit 100 cm Höhe und 80 cm Breite

Ges.: a) Querschnitt der Zuluft- und Verbrennungsluftöffnung
b) Fensterspalt

Lös.: a) $A = 150 + 1{,}25 \cdot (\dot{V}_{VL} + \dot{V}_E - 80)$

$A = [150 + 1{,}25 \cdot (18 + 60 - 80)]\ \text{cm}^2$

$\mathbf{A = 147\ cm^2}$

b) $A_F = 1{,}5 \cdot A = 1{,}5 \cdot 147\ \text{cm}^2 = 220{,}5\ \text{cm}^2$

$s = \frac{A_F}{(h + b)} = \frac{220{,}5\ \text{cm}^2}{(100\ \text{cm} + 80\ \text{cm})} = \mathbf{1{,}23\ cm}$

Für die Abgasverdünnung im Anfahrzustand und die Versorgung mit Verbrennungsluft beim anschließenden dauerhaften Betrieb sind bei raumluftabhängigen Feuerstätten zwei Schutzziele einzuhalten.

Das **Schutzziel 1** gilt für den Anfahrzustand. Heiße Luft steigt im Schornstein nur deshalb auf, weil sie leichter ist als die nachströmende kalte Luft. Im Anfahrzustand an kalten Wintertagen hängt zunächst kalte, schwere Luft im Schornstein. Bis diese hinausgedrückt ist und der Schornstein zieht, kann ein Teil des Abgases unter der Strömungssicherung hindurch in den Aufstellraum gelangen. Damit die Raumluft dabei keine gesundheitsgefährdende Konzentration an Kohlenstoffmonoxid erreicht, bedarf es einer ausreichenden Abgasverdünnung. Dies erfordert einen Rauminhalt von mindestens 1 m³ je 1 kW Gesamt-Nennleistung. Es ist auch zulässig, einen zusammenhängenden Luftraum dieser Größe durch zwei Öffnungen von je 150 cm² freiem Querschnitt zu einem oder mehreren unmittelbar benachbarten Räumen herzustellen. Beide Öffnungen müssen in derselben Wand oder Tür angeordnet sein. Sie dürfen nicht verschließbar sein oder zugestellt werden. Dabei sollte die oben liegende Öffnung etwa 1,8 m über dem Fußboden und die untere in Nähe des Fußbodens angebracht werden.

Durch Einhaltung von **Schutzziel 2** soll die Versorgung mit Verbrennungsluft beim anschließenden dauerhaften Betrieb sichergestellt werden. Für raumluftabhängige Feuerstätten ist eine ausreichende Verbrennungsluftversorgung aus dem Freien erforderlich. Hierfür ist sicherzustellen, dass der dem Aufstellraum der Feuerstätte(n) zuzuführende anrechenbare Verbrennungsluftvolumenstrom größer oder gleich dem Verbrennungsluftbedarf ist.

$$\dot{V}_{VL,anr} \geq \dot{V}_{VL}$$

$\dot{V}_{VL,anr}$: anrechenbarer Verbrennungsluftvolumenstrom
$\dot{V}_{VL}$: Verbrennungsluftbedarf

Verbrennungsluftversorgung über Infiltration

Das Gebäudeenergiegesetz (GEG) fordert eine möglichst luftdichte Gebäudehülle. Natürliche Undichtheiten an Fenstern und Türen, über die früher relativ viel Außenluft in den Wohnraum gelangt ist, gibt es daher heute kaum noch. Dennoch darf über Undichtheiten in der Gebäudehülle die Versorgung mit Verbrennungsluft für Gasgeräte der Art B bis zu 50 kW sichergestellt werden. Dies kann geschehen:

- über Außenfugen des Aufstellraums
- über Außenfugen im Verbrennungsluftverbund

! Ein Verbrennungsluftverbund ist ein lufttechnischer Verbund von Aufstellraum mit Verbrennungslufträumen zur Sicherstellung der Versorgung der Feuerstätte(n) mit Verbrennungsluft.

Ein unmittelbarer Verbrennungsluftverbund besteht dann, wenn Aufstell- und Verbrennungsluftraum in direkter Verbindung stehen.

Ein *mittelbarer Verbrennungsluftverbund* besteht dann, wenn ein oder mehrere Verbundräume zwischen Aufstellraum und Verbrennungslufträumen liegen (Abb. 1). Dabei ist ein Verbundraum ein Raum ohne Fenster oder Tür ins Freie, z. B. ein innen liegender Wohnungsflur.

Die in der TRGI 2018 errechneten Luftwechselraten n in eingeschossigen Wohnungen hängen vom Haustyp bzw. von der Luftdurchlässigkeit der Gebäudehülle ab.

Tab. 1: Luftwechselraten verschiedener Haustypen bei eingeschossigen Wohnungen

Kriterien	Luftwechselrate n in 1/h
Ventilatorgestützte Lüftung in ab 2002 errichteten EFH und MFH (Haustyp 1)	0,13 (12,3 m³ je 1 kW)
Freie Lüftung in vor 2002 errichtete EFH und MFH ohne wesentliche Änderungen der Durchlässigkeit der Gebäudehülle (Haustyp 7)	0,4 (4 m³ je 1 kW)

Mit der Luftwechselrate n (Tab. 1) lässt sich der infiltrierte Luftvolumenstrom wie folgt berechnen:

$$\dot{V}_{inf} = V_R \cdot n$$

$\dot{V}_{inf}$: infiltrierter Luftvolumenstrom in m³/h
V_R: Raumvolumen (mit Tür oder Fenster ins Freie) in m³
n: Luftwechselzahl in 1/h

Beispiel 3

Reicht bei einem Neubau wie in Abb. 1 die infiltrierte Verbrennungsluftversorgung aus? Fenster können geöffnet werden.

Geg.: Klammerwerte in Abb. 1, $n = 0{,}13$ 1/h

Ges.: Überprüfung der Schutzziele 1 und 2

Lös.: Das Schutzziel 1 wird erreicht, weil pro 1 kW Nennleistung mehr als 1 m³ Raumluft vorhanden ist (16 m³ > 11 m³).

$$\dot{V}_{inf,max} = (V_{AR} + V_{R1} + V_{R2}) \cdot n = 101 \text{ m}^3 \cdot 0{,}13 \text{ 1/h} = 13 \text{ m}^3\text{/h}$$

$\dot{V}_{inf,max} < \dot{V}_{VL} = \mathbf{17{,}7\ m^3/h}$ (siehe Beispiel 1)

Selbst wenn alle geeigneten Räume voll anrechenbar wären, lässt sich Schutzziel 2 ohne weitere Öffnungen ins Freie nicht erreichen.

Aufgaben

1. Was versteht man unter einem Aufstellraum?
2. Unter welchen Bedingungen dürfen Gas-Haushalts-Kochgeräte mit einer Nennleistung von 11 kW in Küchen aufgestellt werden?
3. Wie groß ist der Verbrennungsluftbedarf eines Gas-Heizgerätes mit 24 kW Nennleistung?

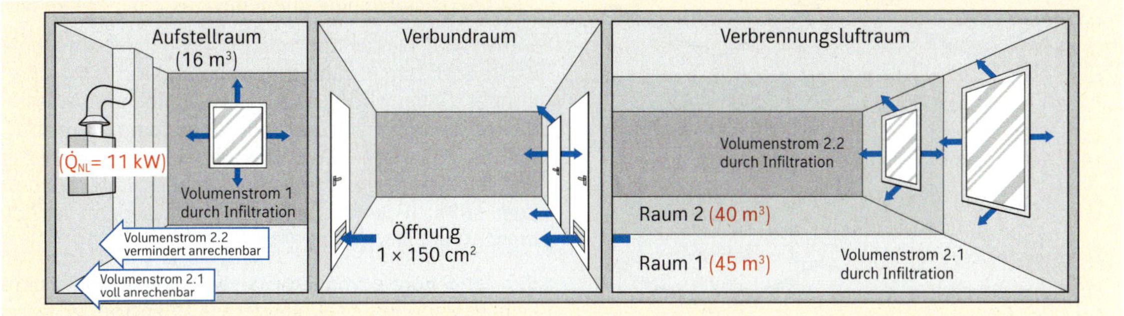

Abb. 1: Mittelbarer Verbrennungsluftverbund zur Sicherstellung von Schutzziel 2 (durch eine zweite Lüftungsöffnung im oberen Teil der Tür zum Aufstellraum kann bei zu kleinem Aufstellraum Schutzziel 1 zumeist erreicht werden.)

10.12 Klimaneutrale Gase

Für den Schutz unseres Klimas ist die CO_2-Bilanz bei der Herstellung und der Verbrennung von Gasen ein entscheidendes Kriterium. Als klimaneutrale Gase werden solche Gase bezeichnet, die kein oder nur eine sehr geringe Menge an CO_2 in die Atmosphäre abgeben. Bis 2050 sollen europaweit die heutigen klassischen Verbrennungsgase wie z. B. Erdgas durch klimaneutrale Gase wie Biogas bzw. Biomethan und grünen Wasserstoff ersetzt werden. Zumindest in der Übergangsphase könnte auch blauer und türkiser Wasserstoff eine Rolle spielen, um schneller größere Mengen dieser Gase verfügbar zu haben. Bei der Herstellung dieser Gase entsteht zwar CO_2 bzw. fester Kohlenstoff, dieser gelangt aber nicht in die Atmosphäre, sondern wird abgetrennt und eingelagert oder weiterverarbeitet.

! Bei der Herstellung und Verbrennung klimaneutraler Gase gelangen keine CO_2-Emissionen in die Atmosphäre.

Biogas, Biomethan

Biogas entsteht bei der Vergärung von organischem Material wie Pflanzen, Gülle oder Speiseresten. Diese Biomasse wird in einem luftdicht abgeschlossenen Behälter durch Mikroorganismen aufgespalten. Es entsteht ein Gasgemisch, das hauptsächlich aus dem Brennstoff Methan (CH_4) und Kohlendioxid (CO_2) besteht. Das Gas ist klimaneutral, da die verwendeten Pflanzen das frei werdende CO_2 im Wachstumsprozess aus der Atmosphäre aufgenommen haben. Deshalb wird es als Biogas bezeichnet.

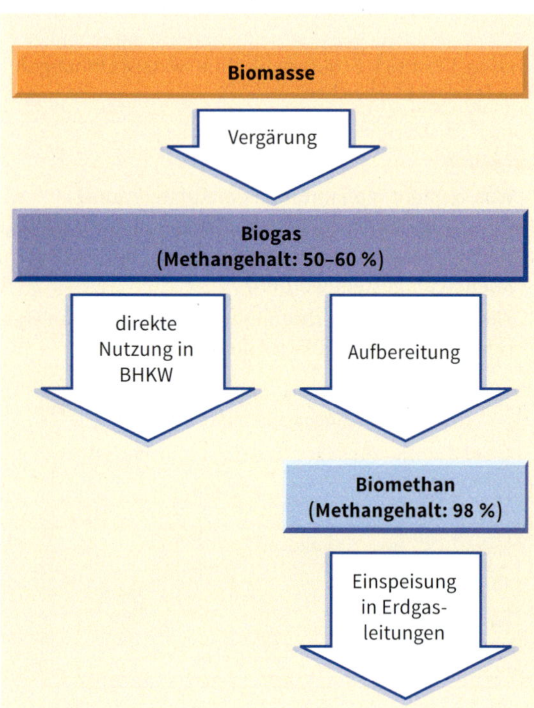

Abb. 1: Biogas und Biomethan

Biogas kann direkt in Blockheizkraftwerken zur Strom- und Wärmeerzeugung verwendet werden (Abb. 1). Eine andere Möglichkeit ist die Aufbereitung zu *Biomethan*. Dabei wird das Biogas getrocknet, entschwefelt und das CO_2 abgeschieden. Biomethan hat einen wesentlich höheren Methangehalt als Biogas und ist deshalb energiereicher. Es hat die gleichen brenntechnischen Eigenschaften wie Erdgas. Deshalb kann es in die normale Gasinfrastruktur eingespeist und wie Erdgas verwendet werden, ist aber CO_2-neutral.

Wasserstoff

Wasserstoff wird bereits in verschiedenen Anwendungen genutzt, z. B. in der chemischen Industrie zur Herstellung von Düngemitteln und bei der Stahlherstellung. Als Energieträger hat Wasserstoff viele Vorteile im Vergleich zu fossilen Brennstoffen: Er ist ungiftig und verbrennt ohne Rückstände sowie ohne CO_2-Emissionen. In der Natur kommt Wasserstoff nicht in reiner Form vor, sondern muss erst erzeugt werden. Wie Strom ist der Wasserstoff eine Sekundärenergie, im Gegensatz zu den Primärenergieträgern Erdgas und Erdöl.

Zur *Herstellung von Wasserstoff* gibt es unterschiedliche Methoden. Diese unterscheiden sich durch den Ausgangsstoff (Wasser oder Erdgas) und das Verfahren zur Trennung des Wasserstoffs aus seiner chemischen Verbindung (Abb. 2). Wasserstoff ist ein farbloses Gas, je nach Herstellungsmethode bezeichnet man ihn aber als grünen, grauen, blauen oder türkisen Wasserstoff. Diese Farbbezeichnung orientiert sich an den bei der Herstellung entstehenden CO_2-Emissionen.

Grüner Wasserstoff entsteht durch die Elektrolyse von Wasser, das durch Anlegen einer elektrischen Spannung in seine Bestandteile Wasserstoff (H_2) und Sauerstoff (O_2) zerlegt wird. Durch die Verwendung von Strom aus erneuerbaren Energien wie Wind oder Fotovoltaik entstehen dabei keine CO_2-Emissionen. Daher wird der Wasserstoff als grün bezeichnet. Diese Umwandlung von Strom in Gas wird auch „Power-to-Gas" (PtG) genannt.

Das Verfahren ist klimaneutral. Im Vergleich zu den anderen Herstellungsmethoden ist die Elektrolyse aber sehr energieaufwendig und teuer.

Bisher wird Wasserstoff noch überwiegend als *grauer Wasserstoff* durch Dampfreformierung von Erdgas hergestellt. Dabei wird das Erdgas zusammen mit Wasserdampf bei hohem Druck und hoher Temperatur in H_2 und CO_2 überführt. Wird das dabei entstehende CO_2 anschließend abgeschieden und dauerhaft gespeichert oder stofflich verwertet, gilt der Wasserstoff als klimaneutraler *blauer Wasserstoff*.

Bei der Pyrolyse von Erdgas zu Wasserstoff entsteht kein gasförmiges CO_2, sondern Kohlenstoff in fester Form. Dieser kann relativ einfach stofflich wiederverwertet werden. Kommt der für das Verfahren benötig-

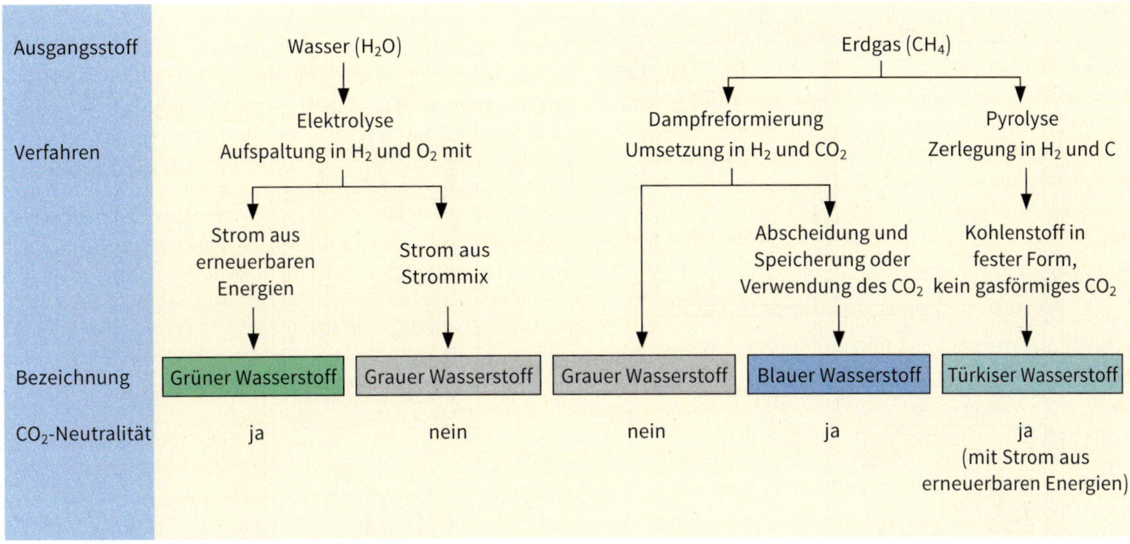

Abb. 2: Verfahren zur Herstellung von Wasserstoff (H_2: Wasserstoff, O_2: Sauerstoff, CO_2: Kohlendioxid, C: Kohlenstoff, CH_4: Methan)

te Strom aus erneuerbaren Energien, ist dieser *türkise Wasserstoff* ebenfalls klimaneutral.

! Damit Wasserstoff klimaneutral ist, muss er mit Strom aus erneuerbaren Energien hergestellt werden.

Eine Möglichkeit zum *Einsatz von Wasserstoff im Wärmemarkt* ist die Beimischung ins bestehende Erdgasnetz. Nach DVGW-G 260 (2021) sind die installierten Gasgeräte bis zu einem Wasserstoffanteil von 10 Vol.-% dafür geeignet. Durch die unterschiedlichen verbrennungstechnischen Eigenschaften von Erdgas und Wasserstoff sind für eine Erhöhung des Wasserstoffanteils Anpassungen bei der Infrastruktur und den Verbrennungsgeräten erforderlich. Einige Geräte sind bereits für den Betrieb mit 100 % Wasserstoff geeignet. Unsicher sind momentan noch die zukünftigen Verfügbarkeiten und die gesetzlichen Rahmenbedingungen, z. B. zum Einsatz von Wasserstoffbeimischungen und reinen Wasserstoffnetzen. Der Einsatz von Wasserstoff im Wärmebereich steht dabei im Wettbewerb mit dem Industrie- und dem Verkehrssektor. Im Vergleich zu diesen Anwendungsbereichen gibt es im Wärmebereich aber verfügbare Alternativen mit wirtschaftlichen und teilweise auch umwelttechnischen Vorteilen.

Eingesetzt wird Wasserstoff auch in Brennstoffzellen (siehe Kap.12.8). Eine Brennstoffzelle arbeitet umgekehrt wie die oben beschriebene Elektrolyse: Wasserstoff und Sauerstoff reagieren zu Wasserdampf. Dabei entstehen Strom und Wärme.

In einem weiteren Schritt kann der Wasserstoff auch mit CO_2 zu Methan weiterverarbeitet werden. Das entstehende synthetische Methan kann ähnlich wie reines Methan verwendet werden.

Aufgaben

1. Wie hoch sind die spezifischen CO_2-Emissionen der Brennstoffe Erdgas, Erdöl und Kohle?
2. Was versteht man unter „klimaneutralen Gasen"?
3. Wie wird Biomethan hergestellt?
4. Erläutern Sie den Unterschied zwischen grünem und grauem Wasserstoff.
5. Vergleichen Sie die verbrennungstechnischen Eigenschaften von Wasserstoff und Erdgas H.

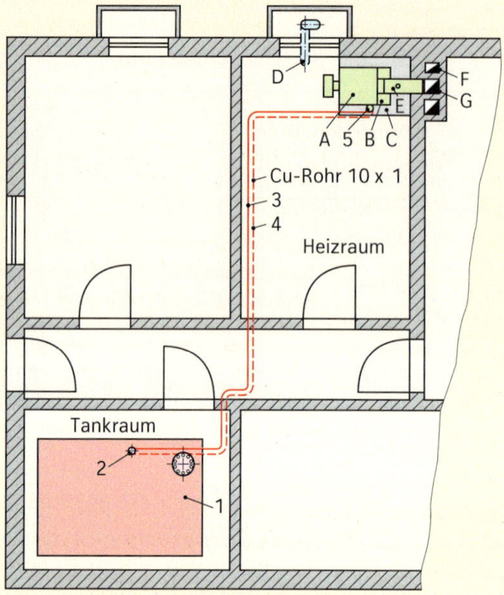

Abb. 1: Grundriss der bestehenden Heizungsanlage

A: Heizölkessel (Ölgerät)
B: WW-Speicher
C: Kesselfundament
D: Luftsaugrohr
E: Abgasrohr
F: Lüftungsschacht
G: Schornstein

① Heizöltank
② Tankarmatur
③ Saugleitung
④ Rücklaufleitung
⑤ Ölfilter mit Absperrventil

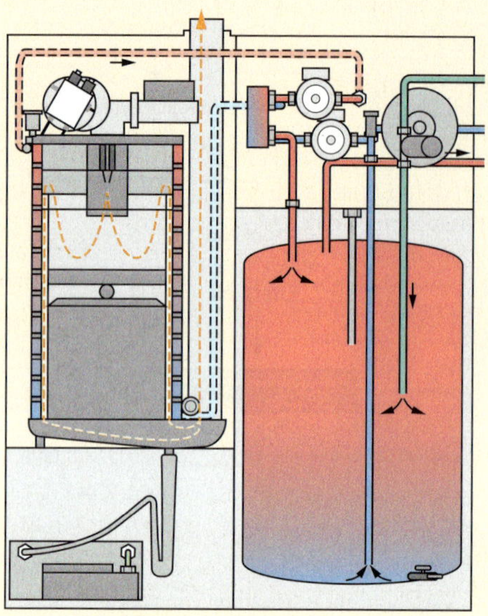

Abb. 2: Öl-Brennwertgerät

- Inox-Radial-Wärmetauscher
- Zweistufiger Compact-Blaubrenner
- Emaillierter Warmwasserspeicher, 130 Liter Inhalt
- Ausdehnungsgefäß
- Vitotronic Regelung
- Hocheffizienzpumpe
- Integrierter Schalldämpfer

Lernfeld 11

Wärmeversorgungsanlagen für flüssige oder feste Brennstoffe installieren

Installieren eines Heizöl-Brennwertgerätes

Kundenauftrag

Ein Kunde möchte nach einer Teilsanierung seines Einfamilienhauses, bei der neue Fenster eingesetzt und die Dachgeschossdecke zusätzlich gedämmt wurden, einen neuen Ölheizkessel einbauen lassen. Ein Gasanschluss ist an dem Standort nicht möglich. Der bisherige Ölkessel mit einer Nennleistung $\dot{Q}_N = 26$ kW ist zu groß. Er entspricht auch nicht mehr den geforderten Abgaswerten. Der bestehende Schornstein kann für die Abgasführung des neuen Heizkessels verwendet werden, muss jedoch den neuen Anforderungen angepasst werden. Die vorhandene Ölversorgungsanlage, die ebenfalls nicht mehr dem Stand der Technik entspricht, muss bei den Installationsarbeiten ebenfalls erneuert bzw. saniert werden.

Information und Orientierung

Für die Planung der Erneuerung des Heizölkessels sind die Daten der bisherigen Kesselanlage bekannt. Die Größe der neuen Kesselanlage kann nach der Sanierung mit $\dot{Q}_N = 18$ kW festgelegt werden. Für die Planungen der zu sanierenden Heizölversorgungsanlage ist ein Grundriss des Kellergeschosses mit der bestehenden Ölleitungsanlage vorhanden (Abb. 1, S. 494). Die notwendigen Höhenangaben der neuen Heizkesselanlage in Bezug zu dem bestehenden Heizöltank können der Schnittdarstellung des Kellergeschosses (Abb. 2, S. 496) entnommen werden. Die Heizölversorgungsanlage ist nach gültigen Normen und Vorschriften für den neuen Verbraucher umzurüsten. Als Heizkessel ist ein Ölkompaktkessel mit einem Warmwasserspeicher vorgesehen. Auf die entsprechende Heizölqualität für den Brennwertkessel ist zu achten. Sie ist dem Kunden zu erläutern.

Planung und Durchführung

Für die Planung der Ölbrennwertanlage mit der notwendigen Heizölversorgung sind folgende Unterlagen zusammenzustellen:

- Technische Daten und Abmessungen des neuen Heizölkessels sind nach entsprechenden Firmendatenblättern zu ermitteln. Der neue Kessel sollte raumluftunabhängig betrieben werden.
- In die Schnittdarstellung des vorhandenen Kellergeschosses (Bauzeichnungen) sind der neue Ölbrennwertkessel mit dem Warmwasserspeicher und die neue Ölversorgungsleitung einzuzeichnen.
- Mit der Auswahl des neuen Heizkessels ist die Planung der neuen Abgasanlage durchzuführen. Dabei ist der vorhandene Schornstein zu berücksichtigen. Der Verbrennungsluft-Abgasanschluss am Heizkessel ist aus den Firmendatenblättern zu ermitteln.
- Anforderungen an die Heizölqualität für den neuen Ölbrennwertkessel sind zu überprüfen. Das Ergebnis soll entscheiden, ob eine Neutralisationsanlage für das anfallende Kondensat notwendig ist.
- Es sind die technischen und organisatorischen Bedingungen zu nennen, die verhindern, dass bei der Erst- und Nachfüllung des Heizöltanks die richtige Ölsorte eingefüllt wird. Der Kunde ist entsprechend einzuweisen.
- Bei den Planungen zum Umbau der Heizölversorgungsanlage sind die gültigen Normen und Vorschriften zu beachten, insbesondere die Technischen Regeln Ölanlagen (TRÖl). Die vorhandene Saughöhe ist mithilfe der Schnittdarstellung zu ermitteln. Ebenso ist der optimale Rohrinnendurchmesser der neuen Ölleitung bei einem Öldurchsatz von maximal 2,5 l/h zu berechnen und in einem Installationsplan darzustellen.
- Die vorhandene Ölleitung im Zweistrangsystem Cu-Rohr 10 × 1 muss demontiert und neu installiert werden. Für die Montage und Verlegung gilt ab einem Lagervolumen $V > 1\,000$ l in den meisten Bundesländern Fachbetriebspflicht. Ebenso sieht § 19 I des Wasserhaushaltsgesetzes eine Prüfung der Anlagenteile vor der Inbetriebnahme oder nach einer wesentlichen Änderung vor. Die wichtigsten Anforderungen an einen Fachbetrieb sind zu ermitteln.
- Die Ölleitung muss nach der Neuinstallation einer Druck- und Dichtheitsprüfung unterzogen werden und ein entsprechendes Protokoll ist auszufüllen.

Bewertung

Die sach- und normgerechte Planung ist zu bewerten. Im Einzelnen sind dies:

- die Auswahl des entsprechenden Ölbrennwertkessels
- die Bearbeitung der Schnittdarstellung mit der Skizze des Kessels, der Abgas- und der Ölleitung
- die Festlegung der geforderten Heizölqualitäten
- die Darstellung der Anforderungen an einen Fachbetrieb für Arbeiten an der Heizölversorgungsanlage und die Vollständigkeit des Abnahmeprotokolls

Präsentation

Die Ergebnisse der Planung sind in Form von Firmendatenblättern sowie einer Skizze mit Maßeintragungen des neuen Heizkessels in die Schnittdarstellung als Konzept darzustellen.

Der Umbau der Abgasanlage ist zeichnerisch darzustellen. Für die Heizölversorgungsanlage sind verschiedene Berechnungen zu präsentieren und die Leitungsverlegung ist mit den notwendigen Armaturen in einem Installationsplan aufzuzeigen. Für die Druck- und Dichtheitsprüfung ist ein geeignetes Protokoll aufzuzeigen.

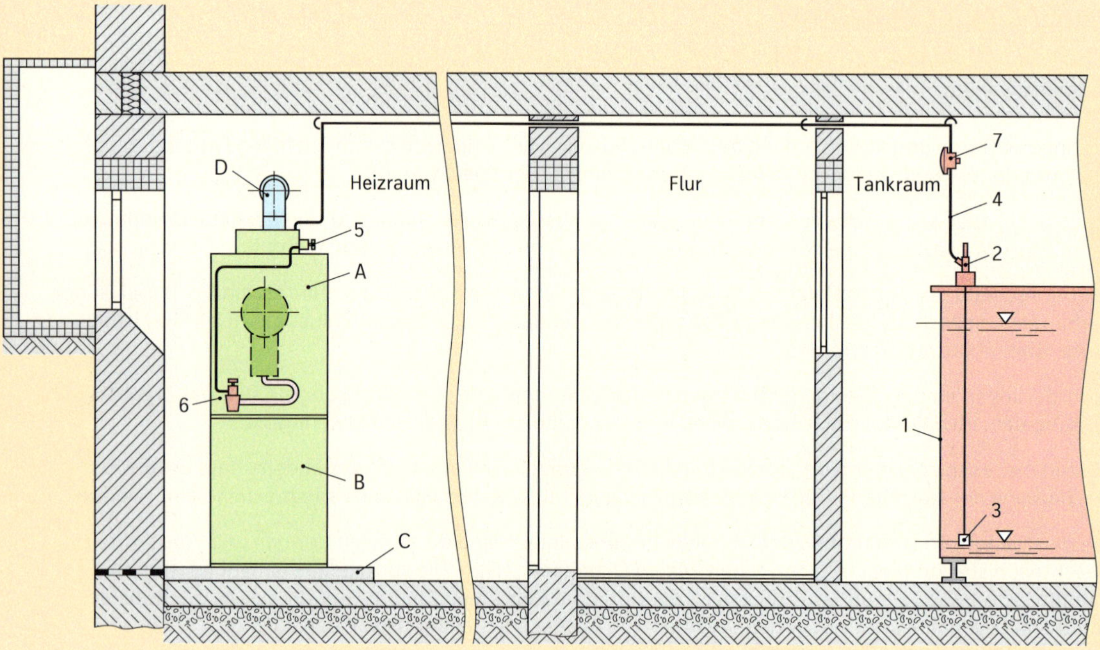

Abb. 2: Schnittdarstellung Ölkompaktkessel mit Ölversorgungsanlage

A: Ölkompaktkessel
B: Warmwasserspeicher
C: Kesselfundament
D: Luft-Abgas-Leitung
(A–D: Musteranlage)

① Öltank
② Tankarmatur mit Schnellschlussventil
③ Fußventil (Saugventil)
④ Saugleitung

⑤ Ölabsperrhahn
⑥ Ölfilter mit Absperrventil
⑦ Antiheberventil

11 Wärmeerzeugungsanlagen für flüssige oder feste Brennstoffe installieren

Wärmequellen

Wärme ist eine Energieform. Sie ist als Bewegungsenergie der Teilchen gespeichert.

Wärme kann aus unterschiedlichsten Energiequellen gewonnen werden, z. B.:

- **Chemische Energie**
  Verbrennung von festen, flüssigen und gasförmigen Brennstoffen durch chemische Verbindung von Brennstoffteilchen und Sauerstoff
- **Elektrische Energie**
  Erwärmung von Wasser oder Luft mittels eines elektrischen Heizstabes, der Induktionswärme abgibt
- **Sonnenenergie**
  Erwärmung einer Flüssigkeit im Sonnenkollektor durch Aufnahme von Strahlungsenergie

! Die Einheit der Wärmeenergie ist ein Joule (J) nach dem brit. Physiker J. P. JOULE (1818–1889).

Für die Umrechnung verschiedener Energieformen gilt:

1 J (Joule) = 1 Ws (Wattsekunde) = 1 Nm (Newtonmeter)

Für die weitere Umrechnung gilt:

1 kJ (Kilojoule) = 1000 J
1 MJ (Megajoule) = 1 000 kJ = 1 000 000 J
1 Wh (Wattstunde) = 3,6 kJ = 3 600 J (Ws)
1 kWh (Kilowattstunde) = 3,6 MJ = 3 600 kJ

11.1 Brennstoffe und deren Eigenschaften

In der Feuerungstechnik werden alle festen, flüssigen und gasförmigen Stoffe, die bei ihrer Verbindung mit Sauerstoff Wärme entwickeln, Brennstoffe genannt.

Je nach Herkunft wird zwischen natürlichen, veredelten oder synthetischen Brennstoffen unterschieden. Erdöl, Erdgas und Kohle sind z. B. organischer Natur. Sie entstanden aus den Zersetzungsprodukten der tierischen und pflanzlichen Organismen, die sich in den Urmeeren unter Sauerstoffabschluss bei hohem Druck und hoher Temperatur ablagerten. Sie werden fossile Brennstoffe genannt (fossil lat. „ausgraben").

Aufgrund der Entstehung sind die Hauptbestandteile der organischen Brennstoffe die chemischen Elemente Kohlenstoff (C) und Wasserstoff (H). Reiner Wasserstoff ist hingegen anorganischer Natur.

Fossile Brennstoffe müssen oftmals aufbereitet bzw. veredelt werden (Tab. 1).

Zukünftig werden zu den organischen Brennstoffen wie Erdgas oder Heizöl die alternativen Energien wie Scheitholz, Holzpellets, Hackschnitzel, Geowärme, Sonnenwärme und Strom aus Photovoltaik oder Windkraft und auch Wasserstoff immer mehr eingesetzt werden. Insbesondere klimafreundlich hergestellter Wasserstoff kann dabei helfen, die CO_2-Emissionen deutlich zu verringern.

11.1.1 Feste Brennstoffe

Zu den festen Brennstoffen zählen v. a. Braun- und Steinkohle und deren Veredlungsprodukte sowie Holz, Pellets und Hackschnitzel. Nach der Bundes-Immissionsschutz-Verordnung (1. BImSchV) sind nach § 3 unter anderem folgende Brennstoffe zugelassen:

- naturbelassenes stückiges Holz einschließlich anhaftender Rinde, z. B. Scheitholz oder Hackschnitzel
- Presslinge aus naturbelassenem Holz in Form von Holzbriketts oder Holzpellets nach DIN EN ISO 17225
- naturbelassenes nicht stückiges Holz wie Späne, Sägemehl
- Stroh und ähnliche pflanzliche Stoffe

Die aufgezählten Brennstoffe dürfen in Feuerungsanlagen nur eingesetzt werden, wenn ihr Feuchtegehalt unter 25 % bezogen auf das Trockengewicht des Brennstoffs liegt.

Tab. 1: Einteilung der ausgewählten Brennstoffe

Aggregatzustand	Natürliche Form	Aufbereitete bzw. veredelte Form
fest	Holz, Stroh, Torf, Steinkohle und Braunkohle	Holzbriketts, -pelletts, Strohballen, Torfbriketts, Koks, Briketts
flüssig	Erdöl	Heizöle
gasförmig	Erdgas Biogase Raffineriegase	Erdgase LL und E aufbereitete Biogase, Flüssiggase

Für diese Feuerungsanlagen bestehen weiterhin einschränkende Vorschriften über ihren Kohlenstoffmonoxidausstoß und die Staubemissionen.

! Hausabfälle aller Art sowie Papier und Kunststoffe gelten nicht als Brennstoffe. Ihre Verwendung in Hausfeuerungsanlagen ist verboten.

Feuerungsanlagen für feste Brennstoffe sind nur mit den Brennstoffen zu beschicken, für die sie laut Hersteller geeignet sind.

11.1.2 Flüssige Brennstoffe

Erdöl ist der fossile Energieträger für die flüssigen Brennstoffe der Heizungsanlagen. Der Höchstwert des Erdölexports lag 2019 (trotz verbesserter Fördertechnik) bei sechs der zehn größten Förderländer bereits einige Jahre zurück. Die Ölreserven reichen nach Schätzungen von Expertinnen und Experten nur noch wenige Jahrzehnte.

Deutschland deckt seinen rückläufigen Erdölbedarf von 80 Millionen Tonnen weitgehend durch Importe. Aus Norwegen kamen im Jahr 2023 ca. 23 % des importierten Erdöls nach Deutschland, aus dem Vereinigten Königreich und aus Kasachstan stammten jeweils 22 %, während die Vereinigten Staaten rund 21 % beisteuerten. Die verbleibenden 12 % kamen aus den Vereinigten Arabischen Emiraten und aus verschiedenen anderen Ländern.

Erdölgewinnung

Erdöl wird in der Regel in winzigen Poren einer Gesteinsschicht (z. B. Sandgestein) gespeichert. Über der ölführenden Schicht liegt meist eine Gasschicht, die das Öl nach unten presst. Umschlossen wird das gesamte Erdöllager von einer undurchlässigen Gesteinsschicht. Selten ist es als Ölsee in einer Kaverne im Tiefengestein zu finden.

Rohölverarbeitung

Gefördertes und aufbereitetes Erdöl wird als Rohöl bezeichnet.

Rohöl ist ein Gemisch aus vielen Kohlenwasserstoffen. Um Brennstoffe zu bekommen, wird das Rohöl in einer Destillationsanlage zerlegt und in einer Crackanlage weiterverarbeitet. Diese Verarbeitungsprozesse finden in einer Raffinerie statt.

Heizöle

Bei der Rohöldestillation fallen verschiedene Heizöle an, von denen Heizöl EL (extra leicht) z. B. in Brennwertheizungen für die Erzeugung von Wärme genutzt wird.

Heizöl EL hat je nach Herkunft eine helle oder dunkle Gelbfärbung. Zum Unterscheiden von Dieselöl wird es oft rot eingefärbt.

Der Heizölverbrauch privater Haushalte hat sich in Deutschland im Zeitraum zwischen 1997 und 2017 etwa halbiert. Das liegt zum einen an verbesserter Kessel- und Brennertechnik und der Wärmedämmung der Häuser, zum anderen an der Konkurrenz durch Erdgas und alternative Energien.

Eigenschaften von Heizöl EL

Die Mindestqualitäten von Heizöl EL sind in der DIN 51 603-1 festgelegt (Tab. 1). Diese Norm beschreibt die wesentlichen Qualitätseigenschaften.

2003 wurden erstmals die Anforderungen und Eigenschaften für schwefelarmes Heizöl EL in den Standard für Heizöl EL neu aufgenommen. 2020 wurde die Qualität „Heizöl EL, schwefelarm, stickstoffarm“ eingeführt. Diese soll zur Minderung der NO_x-Emissionen beitragen. 2024 kam Heizöl ELA hinzu, das aus der Basiskomponente Heizöl EL sowie biogenen und/oder synthetischen Komponenten besteht. Dadurch soll der Anteil der regenerativen Energien erhöht werden.

Alle vier Heizölsorten sind leichtflüssige und aschefreie Brennstoffe.

Wärmewerte (Heiz- und Brennwert)

Der *Heizwert* H_i von Heizöl EL kann mit mindestens 10,18 kWh/dm^3 angenommen werden.

Der *Brennwert* H_s beträgt gemäß DIN 51 603-1 mindestens 45,4 MJ/kg. Das entspricht 10,846 kWh/dm^3.

Heizölzusätze

Die Eigenschaften des Heizöls lassen sich mit folgenden Heizöladditiven verbessern:

- Stabilitätsverbesserer
  Sie zögern den Alterungsprozess des Heizöls hinaus (Auffrischeffekt beim Tanken), der vor allem an der Farbänderung und an einer stärkeren Schlammbildung am Tankboden zu erkennen ist. Sie erhöhen auch die thermische Belastbarkeit des Heizöls und verhindern Ablagerungen.
- Fließverbesserer
  Sie bewirken, dass das Wachstum der Paraffinkristalle bei tieferen Temperaturen begrenzt wird.
- Verbrennungsverbesserer
  Sie sollen die Rußbildung bei Gelbbrennern im Ansatz unterbinden. Moderne Blaubrenner, die permanent rußfrei verbrennen, benötigen diese Zusatzstoffe nicht.

Aufgaben

1. Was versteht man unter fossilen Brennstoffen?
2. Welches sind die Hauptbestandteile aller Brennstoffe?
3. Wie ist Heizöl EL zusammengesetzt?
4. Welche Heizölsorten gibt es nach DIN 51 603-1?
5. Nennen Sie die sieben wichtigsten Eigenschaften des Heizöls (Standard) nach DIN 51 603-1.
6. Welche Arten von Heizölzusätzen werden eingesetzt und zu welchem Zweck?

Tab. 1: Anforderungen nach DIN 51 603-1 an Heizöl EL (Auswahl) und Erläuterungen

Eigenschaft	Anforderung
Dichte bei 15 °C	
Sie ist bei der Einstellung des Öldurchsatzes am Brenner wichtig. In ihr spiegelt sich das jeweilige Kohlenstoff/Wasserstoff-Verhältnis (C/H) wider. Ein technisch einwandfreier Brenner ermöglicht die rußfreie Verbrennung des Heizöls, selbst wenn dessen Dichte an der oberen DIN-Grenze liegt.	max. 860 kg/m^3 = 0,86 kg/dm^3
Flammpunkt	
Der Flammpunkt ist die niedrigste Temperatur, bei der so viel brennbare Heizöldämpfe entwickelt werden, dass mit der Umgebungsluft ein durch Fremdzündung entflammbares Gemisch entsteht. Der Flammpunkt bestimmt also die Feuergefährlichkeit und ist eine sicherheitstechnische Kenngröße bei Lagerung, Transport und Anwendung. Heizöl gehört zur Gefahrenklasse A III. Darunter liegen A II (21–55 °C, z. B. Petroleum) und A I (unter 21 °C, z. B. Benzin)	> 55 °C
Kinematische Viskosität (Zähflüssigkeit)	
Sie ist ein Maß für die innere Reibung (Widerstand), die beim Verschieben zweier Flüssigkeitsschichten entsteht. Bei ansteigender Temperatur nimmt der Widerstand ab, das Heizöl wird dünnflüssiger. Die Viskosität beeinfusst die Strömungseigenschaften in Rohrleitungen sowie die Zerstäubungsgüte in einer Ölbrennerdüse. Durch Ölvorwärmung können produktspefizische Viskositätsunterschiede stark verringert werden.	bei 20 °C ≤ 6,0 mm^2/s
Cloud Point (CP) und Temperaturgrenzwert der Filtrierbarkeit (CFPP)	
Hierbei geht es um das Kälteverhalten des Heizöls. Wird Heizöl abgekühlt, scheiden sich Paraffinkristalle aus. Diese können den Vorfilter oder den Filter der Pumpe zusetzen. Die Kälteeigenschaften werden durch eine Kombination von CP und CFPP beschrieben.	
Der **Cloud Point** (CP: engl. cloud = Wolke) ist die Temperatur, bei der das Heizöl durch Paraffinausscheidung trüb und wolkig wird.	max. +3 °C
Der **Cold Filter Plugging Point** (CFPP) ist die Temperatur, bei der ein Prüffilter durch ausgefallene Paraffine verstopft. Zugegebene Fließverbesserer ermöglichen in der Praxis Qualitäten mit einem ausreichenden Kälteverhalten für frostfrei installierte Anlagen.	max. –12 °C bei CP von +3 °C
Schwefelgehalt	
Organische Schwefelverbindungen sind natürliche Bestandteile des Heizöls, aus denen bei der Verbrennung Schwefeldioxid (SO_2) entsteht. SO_2 zählt zu den Luftschadstoffen. Es oxidiert in der Atmosphäre weiter zu Schwefeltrioxid und verbindet sich mit Wasser zu schwefeliger Säure H_2SO_3. Dieser Vorgang trägt zum „sauren Regen“ bei. Die SO_2-Emission wird über die Begrenzung des Schwefelgehaltes im Brennstoff kontrolliert.	
Heizöl EL Standard ist ein extra leichtflüssiger Brennstoff, der aus Kohlenwasserstoff besteht und dessen Schwefelgehalt oberhalb 50 mg/kg–1.000 mg/kg liegt.	max. 0,1 Massen-%
Heizöl EL schwefelarm ist ein extra leichtflüssiger Brennstoff, der aus Kohlenwasserstoff besteht und dessen Schwefelgehalt 50 mg/kg nicht überschreitet.	max. 0,005 Massen-%
Wassergehalt	
Der Wassergehalt bezeichnet den im Heizöl enthaltenen Anteil an Wasser. Der sehr geringe Wassergehalt des Heizöls verringert die Kondenswassermenge und damit die Korrosionsgefahr im Öltank. Größere Mengen Wasser im Tank, die sich am Tankboden absetzen, stammen in der Regel aus der Kondensation der Luftfeuchtigkeit.	max. 0,020 Massen-%
Sedimente und Gesamtverschmutzung	
Damit ist die Summe aller ölfremden Feststoffe wie Rost, Sand und Staub gemeint. Auch die aus dem Öl selbst stammenden unlöslichen Bestandteile, die größer 0,8 µm sind, zählen dazu. Die Sedimente am Tankboden können, wenn sie durch die Ölpumpe angesaugt werden, zu Filter- und Düsenverstopfungen führen. Ein zu geringer Abstand der Saugleitung vom Tankboden und die Vernachlässigung der Tankpflege tragen häufig zu diesen vermeidbaren Störungen bei. Beim Nachfüllen des Tanks soll der Brenner lange genug ausgeschaltet bleiben, bis sich die aufgewirbelten Sedimente wieder abgesetzt haben.	max. 24 mg/kg

11.2 Lagerung von Brennstoffen

Brennstoffe müssen während der Verbrennung einem Wärmeerzeuger kontinuierlich zugeführt werden. Daher sind Festbrennstoffe, Heizöl und Flüssiggas beim Anlagenbetreiber in ausreichender Menge zu lagern.

Das Lagern von Brennstoffen ist mit verschiedenen Gefahren verbunden:

- Die Lagerstätten und die Verteilungsanlagen sind brand- und explosionsgefährdet, sie müssen daher besonders geschützt werden.
- Bei auslaufendem Heizöl besteht weiterhin die Gefahr, dass Grund- und Oberflächenwasser verunreinigt wird.
- 1 Liter Heizöl kann etwa 1 Million Liter Wasser verseuchen.

Um diesen Gefahren vorzubeugen, sind Gesetze, Verordnungen, DIN-Normen und technische Regeln zu beachten. Wichtig sind dabei u. a.:

- Feuerungsverordnung (FeuVO)
- Wasserhaushaltsgesetz (WHG)
- Technische Verordnung über brennbare Flüssigkeiten (VbF)
- die Heizölbehälter-Richtlinie (HBR)
- Technische Regeln Ölfeuerungsinstallation nach DIN 4755
- Technische Regeln Ölanlagen (TRÖl)

11.2.1 Lagerung von festen Brennstoffen

Für Feuerstätten bis 150 kW Leistung können Brennstoffe im Heizraum oder einem Nebenraum gelagert werden. Sollten Brennstoffe in einer Menge von mehr als 15 000 kg im Gebäude bzw. einem Brandabschnitt gelagert werden, ist dies nur in einem besonderen Brennstofflagerraum möglich.

Holz soll nur als bereits trockener Brennstoff in belüfteten Räumen lagern. Frisches Holz braucht durchschnittlich 2 Jahre, um als „lufttrockener" Brennstoff (ca. 20 % Restfeuchte) im Kessel eingesetzt zu werden. Die erforderliche Lagerzeit bis zum Austrocknen des Holzes ist bei der Bemessung des Lagerraumbedarfes zu berücksichtigen. Die im Holz gespeicherte Sonnenenergie zeigt Abb. 1.

Holzpellets (Stäbchen aus Sägemehl und -spänen) dürfen in den meisten Bundesländern bis zu einer Menge von 6,5 t im Heizraum, darüber hinaus in separaten Räumen gelagert werden.

Holzpellets werden in geprüfter Qualität nach festgelegten Kriterien aus Holzabfällen der Land- und Forstwirtschaft sowie aus Restholz gepresst. Pellets unterliegen der DIN EN ISO 17 225 „Biogene Festbrennstoffe – Brennstoffspezifikationen und -klassen".

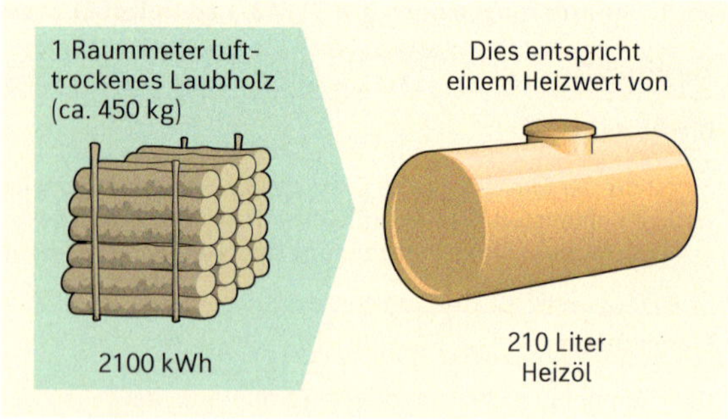

Abb. 1: Heizenergie von Laubholz im Vergleich

Das Heizen mit Pellets hat folgende Vorteile:

- Pellets verbrennen sehr emissionsarm und CO_2-neutral.
- Die gleichbleibend hohe Brennstoffqualität mit einem Heizwert bis zu 5,42 kWh/kg garantiert eine homogene Verbrennung bei einem guten Wirkungsgrad.

  1 kg Pellets entspricht etwa 0,5 l Heizöl.
- Pellets sind in Säcken verpackt gut lagerbar.
- Sie sind einfach aufzubereiten, die Transportwege sind kurz und umweltfreundlich.
- Der geringe Ascheanfall (ca. 3–8 kg je t Brennstoff) ist als Dünger verwendbar.

Die Lagerung von Holzpellets kann durch austretendes Kohlenmonoxid (CO) zu einer gefährlichen Angelegenheit für Unternehmen und Lagerbetreibende werden. Durch Berücksichtigung von baulichen und technischen Sicherheitsvorkehrungen kann der Gefahrensituation entgegengewirkt werden.

Nach den VDI-Richtlinien sind z. B. für „Lagerräume kleiner 10 t" folgende Aufkleber anzubringen:

Holzpellets-Lagerraum < 10 t

- Zutritt für Unbefugte verboten! Tür verschlossen halten!
- Rauchen, Feuer und andere Zündquellen verboten!
- Pelletskessel mindestens 1 Stunde vor der Befüllung abschalten!
- Vor dem Betreten mindestens 15 Minuten querlüften!
- Gefährliche CO-Konzentration möglich!
- Belüftungsöffnungen, wie belüftete Deckel auf Füll- und Absaugstutzen dringend empfohlen (VDI 3464)!
- Verletzungsgefahr durch bewegliche Bauteile!
- Auf ordnungsgemäße Belüftung achten!

Der Einsatz von Holzpellet-Feuerungen erfolgt auf folgende Weise:

1. Für Ein- und Mehrfamilienhäuser eignet sich eine Zentralheizung. Brenner und Kessel befinden sich im Keller. Der Brenner wird über ein Fördersystem automatisch mit Pellets versorgt.

2. Einzel- oder mehrere zusammenhängende Räume können mit einem Einzelofen beheizt werden. Sie werden z. B. nur alle 3–4 Tage mit Pellets von Hand befüllt.

Da die Feuerungstechnik mit Holzpellet-Wärmeerzeugern durch moderne Regelungstechnik im Teillastbetrieb ab etwa 2,5 kW betrieben werden kann, ist diese Heizungsart insbesondere in den Bereichen Niedrigenergiehäuser sowie Ferien- und Dachgeschosswohnungen geeignet.

11.2.2 Lagerung von Heizöl

Eine Anlage zur Heizöllagerung ist sorgfältig zu planen und zu betreiben. Um Arbeiten an Tanks mit mehr als 1 000 Litern ausführen zu dürfen, muss der Betrieb nach der Verordnung über Anlagen zum Umgang mit wassergefährdenden Stoffen (AwSV) zertifiziert sein.

11.2.3 Ort der Lagerung

Folgende Möglichkeiten bieten sich an (Abb. 2):

Heizöllagerung im Heizraum

Maximal 5 000 l dürfen dort gelagert werden, der Raum muss durch eine dichte, selbstschließende Tür abgetrennt sein und muss gelüftet werden können. Ein evtl. vorhandener Bodenablauf muss eine Heizölsperre haben. In der Regel steht der Behälter in einem öldichten Auffangraum, der die gesamte Heizölmenge aufnehmen kann. Doppelwandtanks dienen als Schutz und Auffangwanne, sodass sich ein eigener Auffangraum erübrigt.

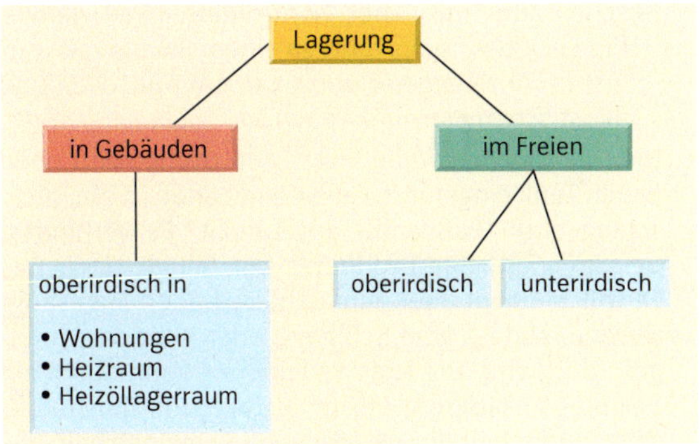

Abb. 2: Übersicht der Lagermöglichkeiten

Lagerung im Heizöllagerraum

Werden mehr als 5 000 l gelagert, ist ein besonderer Heizöllagerraum notwendig, der keiner weiteren Nutzung unterliegt. Insgesamt dürfen bis zu 100 000 l je Raum gelagert werden. An die Ausführung des Raumes sind folgende Bedingungen gestellt:

- Die Umgebungsflächen müssen feuerbeständig sowie als öldichter Auffangraum ausgeführt sein.
- Nur die notwendigsten Leitungen und Rohre dürfen den Raum durchqueren.
- Die feuerhemmende und selbstschließende Tür muss in Fluchtrichtung aufgehen.
- Ein Bodenablauf ist nur mit Heizölsperre erlaubt.
- Der Raum ist mit dem Hinweisschild „HEIZÖL-LAGERRAUM“ zu kennzeichnen.
- Ein geeigneter Feuerlöscher sollte bereitstehen.

Die Abstände der Lagerbehälter von Wänden und Decken sind nach den allgemeinen Richtlinien:

- an zwei zusammenhängenden Seiten 40 cm
- an den übrigen Seiten 25 cm, bei Kunststofftanks nur 5 cm
- Deckenabstand 25 cm, bei oberem Einstieg 60 cm
- Abstand zwischen Behälter und Boden 10 cm

Unterirdische Heizöllagerung

Die unterirdische Lagerung im Freien ist bei einem Neubau eine günstige Lösung. Der Lagerraum im Gebäude entfällt und der Erdtank kann außerhalb gut eingebaut werden. Die doppel- oder dreiwandigen Erdtanks aus Stahl oder GFK sind frostfrei in ein Sand- oder Kiesbett (Körnung < 2 mm) einzubringen. Auch die Ölleitungen werden in einem Schutzrohr frostfrei verlegt. Die Armaturen und Leitungen im Domschacht sollten gedämmt werden. In jedem Einbaufall ist eine Baugenehmigung erforderlich. Die Sicherheit der unterirdischen Lagerung wird regelmäßig nach 5 Jahren von einer technischen Überwachungsbehörde überprüft, in Wasserschutzgebieten alle 2,5 Jahre. Doppelwandige Erdtanks aus Stahl sind innen durch Farbanstrich und außen durch Bitumenbeschichtung vor Korrosion geschützt.

11.2.4 Lagerbehälter und Werkstoffe

Als Lagerbehälter für Heizöl können folgende Tankformen, -arten und Werkstoffe eingesetzt werden:

- zylindrische Tankform aus Stahl oder GFK für Aufstellung im Freien, in Gebäuden oder unterirdisch
- Batteriebehälter aus PE, GFK oder PA in verschiedenen Bauformen zur Aufstellung in Gebäuden
- standortgefertigte, rechteckige Stahlbehälter zur Aufstellung in Gebäuden

Stahltanks sind in der Regel nach DIN genormt. Kunststofftanks usw. verfügen über eine Bauartzulassung.

11.2.5 Alterung von Heizöl

Die Alterung des Heizöls ist ein Prozess, der etwa nach zwei Jahren einsetzt. Das Heizöl wird dunkler und es bildet sich vermehrt Schlamm am Tankboden. Dadurch kann es zu Verstopfungen von Filtern und Düsen kommen. Als Ursachen der Alterung kommen in Betracht:

- Das Kupfer der Ölleitungen beschleunigt durch katalytische Wirkung die Alterung. Auch deshalb wird das Einstrangsystem (Kap. 11.3.1) bevorzugt.
- Wärme und Licht führen zu einer vorzeitigen Alterung. Ausreichende Belüftung und Lichtschutz schaffen Abhilfe.

- Luftsauerstoff lässt Heizöl altern. Daher möglichst kein Rücklauf bzw. kein Zweistrangsystem.
- Lange Lagerzeiten verschlechtern die Qualität des Heizöls. Eine Restölentfernung und eine Tankreinigung sind etwa alle 5 Jahre zu empfehlen.

Durch die Zugabe von Stabilitätsverbesserern kann der Alterungsprozess verlangsamt werden.

11.2.6 Sicherheitstechnische Ausrüstung der Öllageranlage

Für Lagerbehälter ab 1 000 Liter gelten nachstehende Einrichtungen:

1. Ein *Füllstutzen mit Füllrohr* dient zum Befüllen des Tanks. Er führt als Stahl- oder Kunststoffrohr vom Tank mit einer Steigung von 2 % nach außerhalb des Gebäudes. Der Stutzen hat eine Nennweite von DN 50 oder DN 80 und ist mit einer verschließbaren Kappe gesichert. Aus Sicherheitsgründen werden oberirdische Tanks mit max. 95 %, unterirdische bis max. 97 % ihres Volumens gefüllt.
2. Eine *Be- und Entlüftungsleitung* soll einen ungehinderten Druckausgleich im Tank ermöglichen. Sie soll vom höchsten Punkt des Behälters mit Gefälle zum Tank (1 bis 2 %) ins Freie führen. Die Mündung darf nicht absperrbar sein, muss aber gegen das Eindringen von Fremdkörpern geschützt sein. Bei Tanks unter Erdgleiche muss die Lüftungsöffnung mind. 50 cm über der Füllöffnung und mind. 50 cm über Erdgleiche sein. Der Rohrwerkstoff muss nicht brennbar, ölbeständig und bruchsicher sein. Dies ist oft verzinkter Stahl. Batteriebehälteranlagen dürfen über eine gemeinsame Leitung be- und entlüftet werden.

   Der Durchmesser hängt von der Fülleitung ab:
   - Fülleitung DN 50 – Entlüftung DN 40
   - Fülleitung DN 80 – Entlüftung DN 50
3. Der *Grenzwertgeber* (GWG) ist zum Schutz vor Überfüllen des Tanks einzubauen. Am unteren Ende der längsgeschlitzten Sonde ist ein temperaturabhängiger PTC-Widerstand eingebaut, der als Kaltleiter bezeichnet wird. Dieser wird mit Strom versorgt (Abb. 1). Der Stromanschluss ist außen am Gebäude neben dem Füllstutzen angebracht. Beim Betanken wird der GWG elektrisch mit der Füllarmatur des Tankwagens verbunden. Der Kaltleiter wird schnell aufgeheizt. Taucht der Kaltleiter in das kältere Heizöl, erfolgt eine Stromänderung, die am Tankwagen die Pumpe ausschaltet und das Füllventil schließt.

   Das Einstellmaß für die GWG-Sonde richtet sich nach der zulässigen Füllhöhe. Es wird empfohlen, die Sonde aus Sicherheitsgründen alle 7–8 Jahren auszutauschen.
4. Eine *Ölstandsanzeige* benötigen alle undurchsichtigen Tanks und Erdtanks. Folgende Möglichkeiten der Ölstandskontrolle werden eingesetzt:
   - Peilstab bei Erdtanks
   - Fadenschwimmeranzeiger für oberirdische Tanks

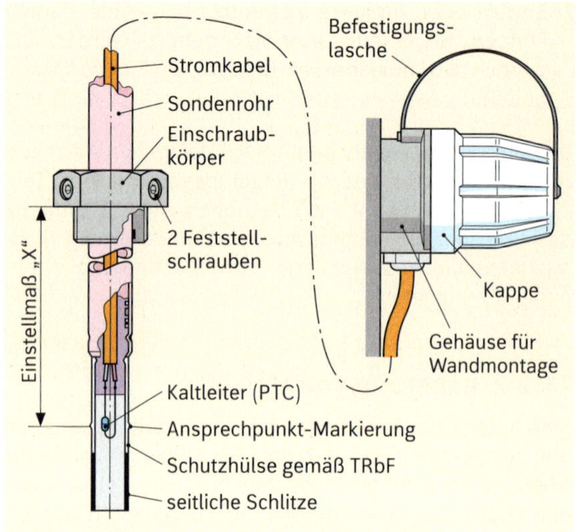

Abb. 1: Grenzwertgeber mir Stromanschluss

   - Ein pneumatischer Anzeiger ist für die Fernanzeige geeignet. In einem Standrohr wird mit einer Luftpumpe das Heizöl herausgedrückt. Der dazu benötigte Luftdruck wird gemessen und zeigt auf einer Skala das Ölvolumen an.
5. Ein *Leckwarngerät* ist bei unterirdischen Tanks erforderlich. Folgende Einrichtungen können eingesetzt werden:
   - Einwandige Stahlbehälter, z. B. mit Leckschutzverkleidung, werden mithilfe eines durch eine Pumpe ständig aufrechterhaltenden Vakuums zwischen Wand und Hülle überwacht.
   - Beim doppelwandigen Stahltank ist der Wandzwischenraum mit einer Kontrollflüssigkeit gefüllt. Ein Leck des Tanks führt zu einem Flüssigkeitsverlust im Anzeigegerät und zu einem optischen und akustischen Alarm.
6. Die *Ölentnahmeleitung*, kurz Saugleitung, wird oben in den Tank eingeführt. Am unteren Ende ist ein Rückschlagventil (Fußventil) angebracht. Es verhindert bei Stillstand das Leerlaufen der Saugleitung. Das Öl soll 5–10 cm über dem Behälterboden angesaugt werden, sodass kein Schlamm oder Kondensat mitgefördert wird. Die feste Saugleitung kann durch ein flexibles Ansaugrohr ersetzt werden. Ein Kunststoffschwimmer hält dieses Rohr etwa 5 cm unterhalb des Ölspiegels.

   Direkt über dem Behälter ist eine Absperrung als Schnellschlusshahn einzubauen, der von außerhalb des Tankraumes absperrbar sein muss. Dies kann über eine Reißleine (Abb. 1, S. 504) geschehen. Batterietanks sind untereinander mit Entnahmeleitungen verbunden, damit Heizöl gleichzeitig aus allen Tanks entnommen wird.
7. Die TRÖl fordert *Antiheberventile*, wenn sich der maximale Ölspiegel im Tank oberhalb des tiefsten Saugleitungspunktes (Abb. 2) befindet. Denn es besteht die Gefahr, dass bei einer Undichtigkeit an der

Saugleitung das Heizöl aus dem Tank an dieser Leckagestelle bis auf das Niveau der Leckage auslaufen kann. Die Sicherheitseinrichtung (SE) wird oberhalb des höchsten Flüssigkeitstandes in die Saugleitung eingebaut. Sie können nach verschiedenen Funktionsprinzipien ausgeführt werden:

- Die mechanische SE, das Membran-Antiheberventil, arbeitet mit Federkraft und Membran (Abb. 2). Es öffnet beim eingestellten Mindestdruck.
- Elektromagnetische SE gegen Aushebern öffnen, indem der Kolben/Anker durch das Magnetfeld einer stromlos geschlossenen Spule (Magnetventil) angezogen wird. Läuft der Brenner an, öffnet das Ventil und gibt die Saugleitung frei. Mit dem Abschalten des Brenners schließt das Magnetventil und verhindert so ein Aushebern des Tankinhalts.

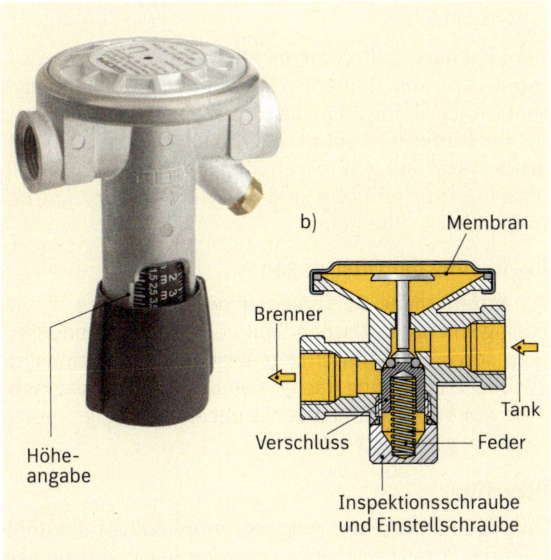

Abb. 2: Membran-Antiheberventil

11.2.7 Verhalten in Schadensfällen

! Wird durch Heizöl (ab 10 l) ein Gewässerschaden verursacht, gilt dies als strafbare Handlung. Der oder die Verursachende haftet in unbegrenzter Schadenshöhe.

Der Installations-Fachbetrieb nach § 19 WHG muss für den Schadensfall ausgerüstet sein. Zur Ausrüstung eines Fachbetriebes gehören:

- Ölbindemittel, trockener Sand in Behältern
- größere Mengen Putzlappen, Besen, Schaufeln
- Transportbehälter für Heizöl und Ölschlamm
- Ölpumpe mit Saug- und Druckschläuchen
- offene Transportbehälter für veröltes Erdreich

Der Installations-Fachbetrieb muss mit einem zugelassenen Entsorgungsfachbetrieb zusammenarbeiten. Die Entsorgung muss dokumentiert werden.

Aufgaben

1. Welche Aspekte können die Wahl des Lagerortes für Heizöl EL beeinflussen?
2. Beschreiben Sie die Vorschriften, die beim Lagern von Heizöl im Heizkesselraum zu beachten sind.
3. Welche baulichen Bedingungen muss ein besonderer Heizöllagerraum erfüllen?
4. Mit welchen sicherheitstechnischen Ausrüstungen muss ein Heizöllagerbehälter ausgestattet sein?
5. Warum wird an jedem Heizöltank eine Be- und Entlüftung eingebaut?
6. Was ist die Aufgabe eines Grenzwertgebers und wie funktioniert er?
7. Wie funktionieren Leckwarngeräte für Erdtanks?
8. Worauf ist bei der vorschriftsmäßigen Installation der Ölentnahmeleitung zu achten?

11.3 Leitungsanlagen für flüssige Brennstoffe

Flüssige Brennstoffe müssen aus ihrem Tank in besonderen Leitungsanlagen zum Brenner gebracht werden.

11.3.1 Anschlussleitungen für Heizöl EL

Das Wasserhaushaltsgesetz (WHG) fordert, dass grundsätzlich nur Fachbetriebe Tätigkeiten an Ölleitungen durchführen dürfen.

Ein Fachbetrieb muss

- über Geräte und Ausrüstungsteile sowie über das sachkundige Personal verfügen,
- berechtigt sein, ein Gütezeichen einer baurechtlichen anerkannten Überwachungs- oder Gütegemeinschaft zu führen,
- mindestens alle zwei Jahre überprüft werden.

Der Fachbetrieb ist berechtigt, der zuständigen Behörde den ordnungsgemäßen Zustand der installierten Anlage zu bescheinigen.

Heizölleitungssysteme

Beim *Einstrangsystem* wird über *eine* Rohrleitung Heizöl aus dem Tank dem Ölgerät zugeführt (Abb. 1, S. 504). Bei einer Undichtigkeit im Einstrangsystem erhält der Brenner Luft und geht auf Störung. So werden Leckagen frühzeitig erkannt. Dieser Ölanschluss wird bei Hausanlagen verwendet und ist bei unterirdischer oder verdeckter Verlegung der Ölleitungen sehr empfehlenswert.

Beim *Zweistrangsystem* wird über eine Ölvorlaufleitung Heizöl aus dem Tank dem Ölgerät zugeführt und über eine Ölrücklaufleitung Heizöl in den Tank zurückgeführt. Der Volumenstrom bemisst sich am Ölpumpendurchsatz. Die Rücklaufleitung muss oberhalb des maximal zulässigen Füllstands enden oder so ausgebildet sein, dass ein Aushebern sicher ausgeschlossen ist. Falls die Rücklaufleitung undicht wird, muss dies sofort erkennbar sein.

1 Füllrohrverschluss
2 Entlüftungshaube
3 Grenzwertgeber mit mechanischem Inhaltsanzeiger
4 Schnellabschluss-ventil mit Reißleine
5 Absperrhahn, Filter und Entlüfter
6 Saugleitung
7 Vor- und Rücklauf-Schlauchleitungen
8 Membran-Antiheberventil
9 Brenner mit Pumpe

Abb. 1: Batterie-Tankanlagen im Einstrangsystem

Ölleitungen

Vom Tank bis zum Heizölfilter werden meistens metallische Rohrleitungen verlegt. Nach TRÖl sind folgende Rohrleitungen zugelassen:

1. Rohre aus unlegierten oder niedriglegierten Stählen nach EN 10 216-2 und EN 10 217-7
2. Rohre aus nichtrostenden austenitischen Stählen, ausgenommen Werkstoff-Nr. 1.4305
3. Rohre aus Kupfer CU-DPH in Ringen, nahtlos gezogen nach EN 1057
4. Rohre aus Reinaluminium oder Aluminium-Knetlegierung nach EN 573-3/4
5. Präzisionsstahlrohre nach EN 10 305-1/2

Bei der Werkstoffauswahl und der zulässigen Wanddicke der Rohre ist die TRÖl genau zu beachten. Unterirdische Ölsaugleitungen, die in flüssigkeitsdichten Schutzrohren mit Gefälle zum Tank verlegt werden, sind vor Korrosion und Frost zu schützen.

Rohrverbindungen

Die Verbindungstellen müssen so beschaffen sein, dass die Dichtheit der Rohrleitung nicht beeinträchtigt wird. Sie werden ausgeführt als:

- Schweiß-, Hartlöt- oder Pressverbindung
- Flansch-, Schraub- oder Schraubmuffenverbindung
- Schneidringverschraubung

Steckmuffen mit Dichtring und Sicherungsschellen dürfen nur für Füll- und Lüftungsleitungen verwendet werden.

Flansch- und Schraubverbindungen sowie Schneidringverschraubungen sind nicht in unterirdischen Abschnitten von Ölleitungen zulässig.

Kupferleitungen werden z. B. durch Hartlöten mit Fittings nach DIN EN 1254-1 verbunden. Eine Kupfer-Pressverbindung mit Pressfittings mit für Öl zugelassenem Dichtelement kann bis DN 50 hergestellt werden.

Druckprüfung der Ölleitung

Alle Ölleitungen sind nach dem Einbau vom Ersteller der Anlage einer Druckprüfung zu unterziehen:

- vor der ersten Inbetriebnahme
- bei unterirdischen Ölleitungen vor Überdeckung
- nach Arbeiten an der Ölleitung, ausgenommen Ölfilterwechsel

Die Druckprüfung ist durchzuführen

- für das Prüfmedium Luft bzw. inertes Gas mit einem 1,1-fachen maximalen Betriebsdruck oder
- für das Prüfmedium Flüssigkeit mit dem 1,3-fachen maximal zulässigen Betriebsdruck, jedoch mindestens mit 5 bar.

Die Leitungen gelten als dicht, wenn nach einer Wartezeit von zehn Minuten während der anschließenden Prüfzeit für oberirdische Leitungen von 10 Minuten und für unterirdische Leitungen von 30 Minuten der Prüfdruck nicht fällt. Prüfbescheinigungen und Protokolle über die Druckprüfung sind den Auftraggebenden/Betreibenden zu übergeben.

Bemessung der Ölleitungen

Der erforderliche Durchmesser der Ölleitungen ist abhängig von der statischen Saughöhe H, der Brennerleistung sowie der Rohrleitungslänge. Im Allgemeinen ist die Dimensionierung nach Herstellerangaben vorzunehmen. Außerdem kann mit entsprechenden Diagrammen (→ TB) gearbeitet werden.

Ölvorfilter

Ölvorfilter haben die Aufgabe, empfindliche Bauteile (Pumpe, Vorwärmer, Düse usw.) vor Verschmutzungen zu schützen. Deshalb ist zwischen der starren Saugleitung und dem flexiblen Ölschlauch ein Ölvorfilter einzubauen. Ölvorfilter bestehen aus einem Gehäuse und einem auswechselbaren Filtereinsatz. Die Filterwahl erfolgt nach der Größe der Öldüse (Tab. 1) bzw. nach der Vorgabe des Herstellers des Ölgerätes.

Im Einstrangsystem mit Rücklaufzuführung ist am Vorfilter immer ein Entlüfter erforderlich. Bei kleineren Anlagen wird häufig eine Kombinationsarmatur aus Filter und Entlüfter gesetzt.

Tab. 1: Empfohlene Filtereinheiten

Düsengröße in gph	Filtereinheit in µm
0,40–0,60	max. 40
> 0,60	max. 75

Aufgaben

1. Unterscheiden Sie Einstrang- und Zweistrangsystem.
2. Warum muss Heizöl gefiltert werden?
3. In welchem Fall ist beim Vorfilter ein Entlüfter erforderlich? Welche Einbaumöglichkeiten gibt es?

11.4 Arten von Wärmeerzeugern

! Wärmeerzeuger werden in zwei Gruppen unterteilt:

1. Wärmeerzeuger, die ihre Heizwärme aus dem Brennen einer Heizflamme gewinnen. Diese Feuerungsanlagen werden üblicherweise *Heizkessel* genannt. Brennwert- und Niedertemperaturkessel verbrennen flüssige und gasförmige Brennstoffe. Festbrennstoffkessel nutzen die Biomasse und feste Brennstoffe.

2. Wärmeerzeuger, die durch eine flammenlose Betriebsweise Energie in Form von Heizwärme abgeben. Das sind z. B. *Blockheizkraftwerk, Wärmepumpe, Solaranlage, Brennstoffzelle* und *Elektro-Speicherheizung*.

Im Folgenden werden zunächst die Wärmeerzeuger der 1. Gruppe, die Heizkessel (Abb. 2), behandelt.

Alle modernen Heizkessel haben folgende *Grundaufgaben* zu erfüllen: Der Heizkessel soll mit einem möglichst hohen Wirkungsgrad

- die chemisch gebundene Energie des Brennstoffes in Wärmeenergie umwandeln,
- die freigesetzte Wärme durch Wärmestrahlung und Konvektion an die Kesselwand und durch Wärmeleitung in der Wand an das Heizwasser übertragen und
- die Abgase in ein Abgassystem leiten.

Bei der Verbrennung von Heizöl entstehen ca. 20 % mehr CO_2-Emissionen als bei Erdgas. Möchte man die Klimaziele erreichen, erscheint es daher sinnvoll, über Alternativen und den schnellen Austausch alter Ölheizungen nachzudenken. Bis dieser Austausch erfolgt ist, geht es jedoch darum, die bestehenden Anlagen möglichst effizient zu betreiben, damit sie nicht noch mehr CO_2 ausstoßen.

Hauptsächlich unterscheiden sich NT- und Brennwertkessel durch ihren Jahresnutzungsgrad (Kap. 11.7.2).

Entsprechend des Energieverbrauchs erhalten Heizkessel, die älter als 15 Jahre sind, vom Bezirksschornsteinfeger bzw. von der Schornsteinfegerin ein Energieeffizienzzeichen von A+++ bis D (Tab. 1, S. 507).

Weitere Unterscheidungsmerkmale zeigt Tab. 2.

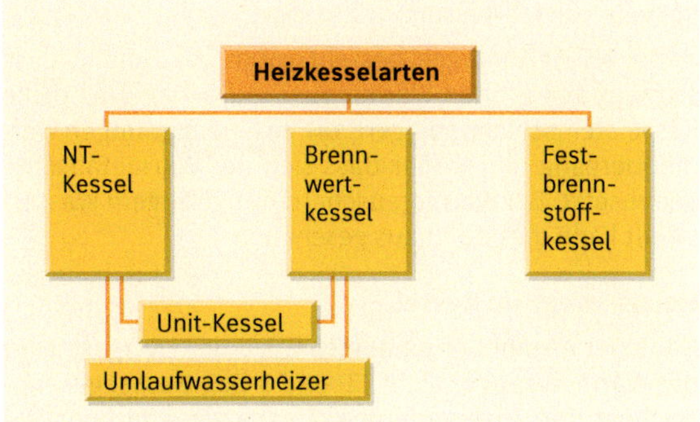

Abb. 2: Einteilung der Heizkessel

Tab. 2: Unterscheidungsmerkmale von Heizkesseln (Auswahl)

Werkstoff	- Guss, Stahl, nichtrostender Stahl, Aluminium, Kunststoff
Kesselleistung und Wasserinhalt	- Kleinkessel - Mittelkessel (≥ 50 kW) - Großkessel (≥ 300 kW) - Speicherkessel mit großem Wasserinhalt
Aufstellungsart	- Bodenstehend oder wandhängend
Aufstellungsort	- Keller-/Dachzentrale (Dachwohnung)
Betriebsdruck	- Niederdruckkessel $p_e \leq 4$ bar - Hochdruckkessel $p_e > 4$ bar
Wärmeträger	- Warmwasser - Heißwasser > 100 °C - Nieder-/Hochdruckdampf - Warmluft
Feuerraumdruck	- Naturzugkesselfeuerung - Überdruckkesselfeuerung
Flammen- und Heizgasführung	- Oberer/unterer Abbrand - Ein- bis Drei-Zug-Kessel
Brenner/ Brennstoff	- Spezialkessel mit einem Brennstoff - Umstell- und Wechselbrandkessel - Festbrennstoffkessel - Heizölkessel mit Gelb-/Blaubrenner - Gaskessel mit Brennern ohne und mit Gebläse, auch Vormischbrenner
Kessel mit Warmwasserbereitung	- Speicher indirekt beheizt im/neben/ unter dem Kessel - Umlaufwasserheizer mit Speicher-Kombinationen - Bivalente und multivalente Systeme mit Umweltenergie

11.4.1 Niedertemperaturkessel (NT-Kessel)

Die ErP-Richtlinie (Kap. 11.4.3) stellt Mindestanforderungen an die Heizgeräte. Bei Wärmeerzeugern darf demnach die Energieeffizienz nicht unter 86 % (bezogen auf den Brennwert) fallen. Da Heizwertgeräte diesen Wert nicht erreichen, sind diese bald durch Brennwertgeräte oder alternative Heiztechniken zu ersetzen.

! *NT-Kessel* sind nach dem GEG 2024 Heizkessel, die kontinuierlich mit einer Eintrittstemperatur von 35 bis 40 °C betrieben werden können. In diesen kann es zur Kondensation des in den Abgasen enthaltenen Wasserdampfes kommen.

Bei Heizölbetrieb werden NT-Kessel mit Blau- oder Gelbbrennern betrieben.

NT-Kessel werden aus Guss, Stahl, nichtrostendem Stahl oder Aluminiumlegierungen gefertigt. Je nach Werkstoff besteht natürlich auch Korrosionsgefahr. Entsprechende Schäden durch Taupunktkorrosion werden bei NT-Kesseln z. B. verhindert durch

- *geeignete Werkstoffe*, z. B. Guss, und/oder
- *besondere Konstruktion* der Wärmetauscherfläche, z. B. Stahl mit Rippen.

Auch wenn der Jahresnutzungsgrad des Kessels dadurch sinkt, wird an den Wärmetauscherflächen älterer Heizkessel die Temperatur auf der Heizgasseite angehoben, um die korrosionsfördernde Kondensatbildung zu vermeiden.

Solche Konstruktionsmaßnahmen sind z. B.:

- Rippen oder Doppelrippen
- Dämmung der Wärmetauscherfläche
- Verdampfen des Kondenswassers
- Vermischen der Wasserströme

Rippen oder Doppelrippen

Durch Rippen auf der Heizgasseite der Wärmetauscherfläche vergrößert sich die Wärmeaufnahme aus dem Heizgas. Die Temperatur der Wärmetauscherfläche erhöht sich und verhindert dadurch Kondensatbildung.

Dämmung der Wärmetauscherfläche

Durch eine doppelschalige Kesselwand und eine zusätzliche Luftschicht zwischen den Wandmaterialien wird eine Wärmedämmung erreicht (Abb. 1b).

Eine dickere Kesselwandung erzielt den gleichen Effekt. Sie verringert aber auch den Wärmerückfluss zur Brennkammer, wenn die Flamme aus ist, wodurch die Verluste bei Kesselstillstand geringer sind.

Verdampfen des Kondenswassers

Beim Anlaufen des Brenners entsteht Kondenswasser. Es wird in NT-Kesseln mit senkrecht angeordneten Heizflächen von den aufsteigenden heißen Verbrennungsgasen sofort wieder verdampft und abgeführt.

Vermischen der Wasserströme

Eine Möglichkeit besteht darin, das kalte Rücklaufwasser von oben zurückzuführen und nicht wie üblich von unten. Dadurch vermischt es sich schneller mit dem warmen Kesselvorlaufwasser, und die Rücklauftemperatur im Heizkessel wird angehoben (Abb. 2).

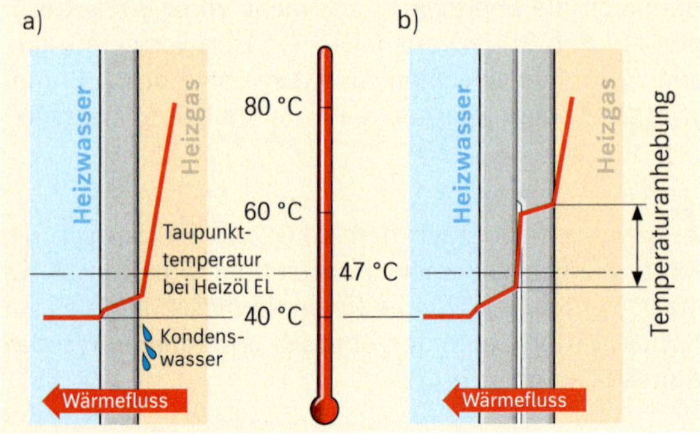

Abb. 1: Temperaturverlauf in einer a) ein-, b) zweischaligen Wärmetauscherfläche

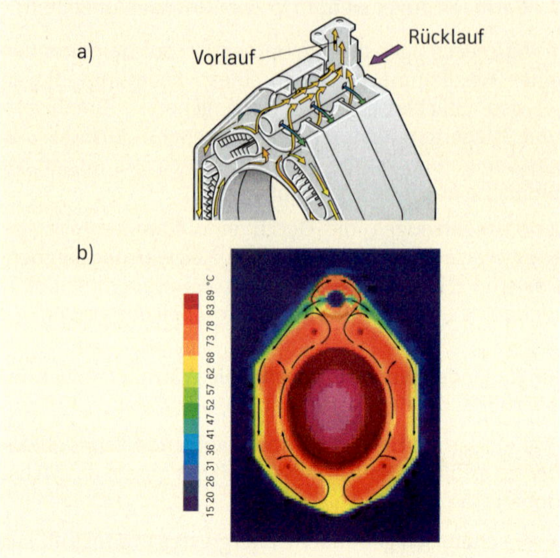

Abb. 2: Anheben der Rücklauftemperatur durch Vermischen: a) Prinzip, b) Thermografie des Vermischungsvorganges

Die beschriebenen Maßnahmen reduzieren die Taupunktkorrosion. Sie vermindern aber auch die Wärmeabgabe der Heizgase. Dies muss durch eine größere Wärmetauscherfläche und längere Wege der Heizgase durch den Heizkessel wieder kompensiert werden.

Nachteile von NT-Kesseln:

- Bei Niedertemperaturkesseln wird der Brennwert des Brennstoffs nur zu maximal 82 % (bezogen auf den Brennwert) ausgenutzt. Damit bleibt ein großer Teil der im Brennstoff enthaltenen Energie ungenutzt.
- Es kann zur Kondensatbildung kommen. Das Kondensat ist sauer und äußerst schädlich für normale Werkstoffe.
- Erfolgt die Abgasführung über einen feuchteempfindlichen Schornstein, so kann dieser versotten. Als Versottung wird die Durchfeuchtung eines Schornsteins mit Kondensat bezeichnet. Dies kann zu braunen Flecken führen.

Vorteile von NT-Kesseln:

- Bei NT-Heizanlagen besteht kaum die Gefahr, dass sich auf den großen Wärmetauscherflächen eine dicke Kesselsteinschicht ablagert, die zu einem geringen Wärmeübergang führt, oder dass sich der Wärmetauscher gar zusetzt. Bei Wärmetauschern mit geringem Wasserinhalt kann dies durchaus geschehen.

Heizgaswege im Kessel

Nach der Anzahl der parallelen Züge der Heizgase wird der Wärmeerzeuger als 1-, 2- und 3-Zug-Kessel gekennzeichnet. Die Züge verlaufen alle waagerecht oder alle senkrecht.

Vorschriften

Nach der ErP-Richtlinie (ErP = Energy-related Products), die seit 26. September 2015 gilt, müssen Wärmeerzeuger bis 70 kW ein Energieeffizienzlabel aufweisen. Die geforderte jahreszeitbedingte Raumheizungs-Energieeffizienz von 86 % (Mittelwert der Effizienzklasse B) wird von Niedertemperaturkesseln nicht erreicht, deshalb dürfen sie zukünftig nicht mehr eingebaut werden (Tab. 1). Raumluftabhängige Heizwertgeräte bis 10 kW Heizleistung ohne Gebläse sowie Kombigeräte bis 30 kW Leistung sind in bestehenden Mehrfamilienhäusern, die einen gemeinsamen Schornstein nutzen, weiterhin erlaubt.

Niedertemperaturkessel mit einer Nennleistung über 70 bis 400 kW benötigen lediglich ein CE-Kennzeichen und sind daher noch einsetzbar.

11.4.2 Öl-Brennwertkessel

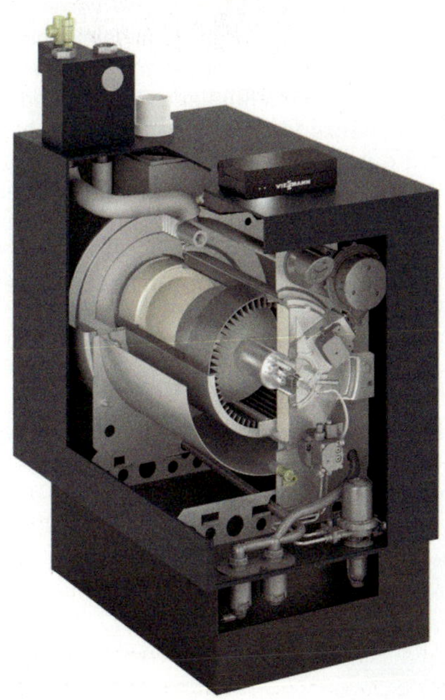

Abb. 3: Öl-Brennwertkessel

Ölbrennwertkessel sind für die Wandmontage (Abb. 3) oder als bodenstehendes Kompaktgerät lieferbar.

Beide Gerätearten können je nach Kundenwunsch mit integriertem Warmwasserspeicher ausgestattet werden. Die Hersteller bieten Geräte für raumluftabhängigen und raumluftunabhängigen Betrieb an. Die effektive Öl-Brennwertnutzung wird durch entsprechende Wärmetauscher aus korrosionsbeständigen Metallen gewährleistet. Der Norm-Nutzungsgrad wird von den Herstellern bis max. 98 %, bezogen auf den Brennwert H_s, oder 104 %, bezogen auf den Heizwert H_i, angegeben. Alle handelsüblichen schwefelarmen Heizöle EL sind verwendbar, auch das Heizöl EL A Bio 10. Dies entspricht dem Heizöl EL mit Zumischungen von bis zu 10 % Biokomponenten (FAME). Bei Verwendung des schwefelarmen Heizöls ist eine Kondenswasser-Neutralisation in der Regel nicht erforderlich (Tab. 1, S. 476).

11.4.3 Energieeffizienz-Kenzeichnung für Heizkessel

Seit 2015 ist die Kennzeichnung älterer Wärmeerzeuger bis 70 kW mit einem Energieeffizienzlabel (Abb. 4) Pflicht. Unterteilt werden die Wärmeerzeuger seit 2019 in sieben Effizienzklassen von A+++ (sehr effizient) bis D (sehr hoher Energieverbrauch). Die geforderte jahreszeitbedingte Raumheizungs-Energieeffizienz η_s (bezogen auf den Brennwert H_s) beträgt bei Neuinstallationen mindestens 86 %. Tab. 1 zeigt, wie Heizgeräte klassifiziert sind.

Tab. 1: Energieeffizienzklassen für Heizgeräte (Stand: 2019)

Effizienz-Klasse	Heizgeräte η_s in %	Zuordnung der Wärmeerzeuger
A+++	$150 \leq \eta_s$	Wärmepumpen
A++	$125 \leq \eta_s < 150$	Wärmepumpen
A+	$98 \leq \eta_s < 125$	Kraft-Wärme-Kopplung
A	$90 \leq \eta_s < 98$	Brennwertkessel
B	$82 \leq \eta_s < 90$	
C	$75 \leq \eta_s < 82$	Niedertemperaturkessel
D	$37 \leq \eta_s < 75$	Standardkessel

Das Energielabel soll Verbraucherinnen und Verbraucher über den Effizienzstatus ihres Heizgerätes informieren. Bei einem hohen Energieverbrauch könnte diese Kennzeichnung einen Anstoß zum Energiesparen bzw. Geräteaustausch geben. Da die jahreszeitbedingte Raumheizungs-Energieeffizienz η_s die zusätzlich eingesetzte Hilfsenergie für die Wärmeerzeuger berücksichtigt, liegt die maximal erreichbare Effizienz für einen Öl-Brennwertkessel bei ca. 93 %, bezogen auf den Brennwert H_s. Heizungsanlagen sind komplexe Systeme. Ihre Effizienz hängt nicht nur vom einzelnen Geräten ab. Daher braucht jede Anlage auch ein ErP-Systemlabel.

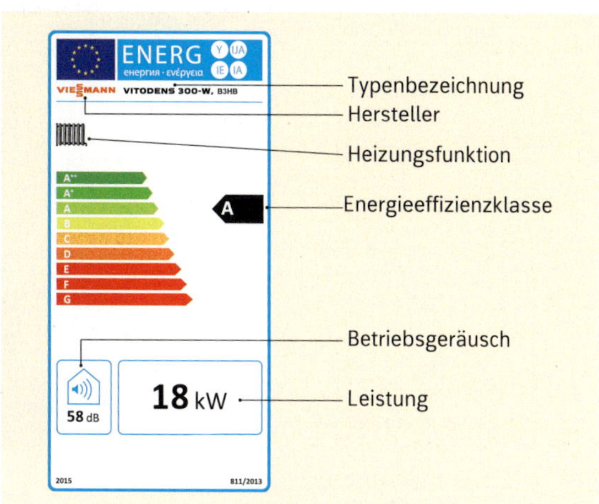

Abb. 4: Effizienzlabel für Heizungssysteme

11.5 Feuerungstechnik – Brennertechnik

11.5.1 Allgemeine Anforderungen an Brenner

Im Gesamtsystem Heizung ist der Brenner gewissermaßen das Herz der Anlage. Durch den Brenner werden der Grad der Energieausnutzung und die Güte der Verbrennung entscheidend bestimmt (Abb. 1).

Aus *Sicht der Nutzerinnen und Nutzer* sind folgende Anforderungen besonders wichtig:

- Betriebssicherheit
- geringe Kosten
- Wartungsfreundlichkeit
- geringe Geräuschbelästigung

Aus *volkswirtschaftlicher Sicht* wird gefordert:

- Verringerung der Treibhausgasemissionen gemäß Bundes-Klimaschutzgesetz (KSG)
- Einsparung von Energie und Nutzung erneuerbarer Energien entsprechend dem Gebäudeenergiegesetz (GEG)

Die CO_2-Emissionen von Ölheizungen sind hoch. Wegen der CO_2-Bepreisung müssen Nutzerinnen und Nutzer von Ölheizungen mit steigenden Heizkosten rechnen. Solange solche Anlagen im Einsatz sind, müssen deren Ölbrenner jedoch noch für eine schadstoffarme Verbrennung optimal eingestellt werden. Dies dient dazu, den Energieaufwand und die Schadstoffbelastung so gering wie möglich zu halten.

11.5.2 Brenner für Heizöl EL

Heizöl in einer Porzellanschale lässt sich bei üblichen Raumtemperaturen nicht mit einem Streichholz anzünden. Um Heizöl mit dem Sauerstoff aus der Luft zu verbrennen, werden in der Brennertechnik zwei unterschiedliche Verfahren angewendet.

Bei dem einen Verfahren wird das Heizöl auf einer Fläche zu einer hauchdünnen Schicht ausgebreitet, auf eine Temperatur erwärmt, die über dem Flammpunkt (55 °C) liegt, und dann entzündet. Bei dem anderen Verfahren wird das Heizöl vor dem Zünden zu feinstem Ölnebel zerstäubt.

Nach diesen beiden *Verfahren* teilt man die Brenner ein in

- Verdampfungsbrenner und
- Zerstäubungsbrenner.

11.5.3 Verdampfungsbrenner

Verdampfungsbrenner sind zumeist Topfbrenner. In den Topf fließt Heizöl EL geregelt ein und verteilt sich auf dem Boden, der elektrisch beheizbar sein kann. Das Anzünden des Heizöls erfolgt entweder mithilfe einer elektrischen Zündung, eines flüssigen Ofenanzünders oder mittels Streifenanzünder. Bei einem nicht beheizbaren Boden wird das Heizöl durch die Verbrennungswärme auf eine Temperatur über dem Flammpunkt gebracht. Dabei verdampft der Brennstoff. Verdampfungsbrenner finden in Öl- oder Kachelöfen Verwendung. Die Energieeffizienzklasse von Ölöfen liegt zumeist im Bereich der Standardkessel.

11.5.4 Zerstäubungsbrenner

Bei Zerstäubungsbrennern (Abb. 1) wird das Heizöl EL bei Drücken von 10 bis 16 bar durch eine Düse gepresst und in feinste Tröpfchen zerstäubt.

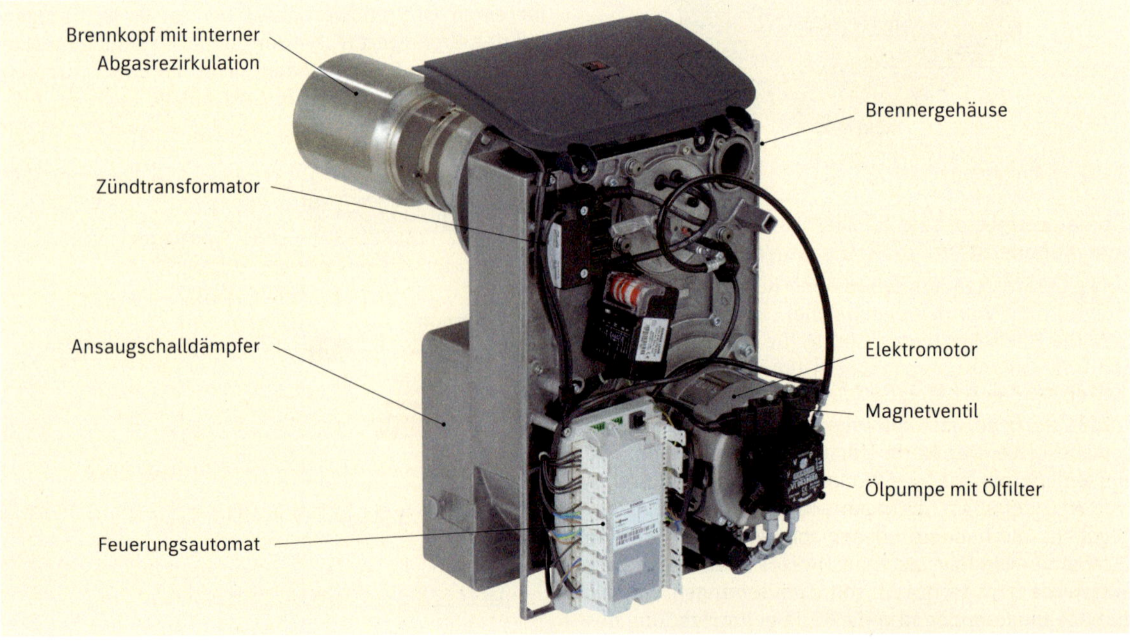

Abb. 1: Zerstäubungsbrenner

Stauscheiben- oder Gelbbrenner

Bei diesem herkömmlichen Brenner erfolgt die Aufbereitung von Ölnebel und Luft zur Verbrennung im Feuerraum des Kessels durch das *Stauscheiben-Mischsystem*. Da bei diesem Brenner eine rötlich-gelbe Flamme entsteht, wird er auch als *Gelbbrenner* bezeichnet (Abb. 2).

Ein Elektromotor treibt das Gebläse und die Ölpumpe an. Die Stauscheibe teilt den Luftstrom auf. Ein Primärluftstrom durchströmt die Stauscheibe zentrisch sowie durch Drallschlitze im Mittelteil der Stauscheibe und vermischt sich mit dem Ölnebel aus der Düse. Die Sekundärluft strömt durch den Ringspalt zwischen Brennerrohr und Stauscheibe in die Verbrennungszone.

Der *Verbrennungsablauf* im Gelbbrenner läuft in zwei Phasen ab.

Das Heizöl-Luft-Gemisch entzündet sich bei ca. 230 °C. Die Öltröpfchen verdampfen aber erst zwischen 160 °C und 380 °C, sodass *vor* der Entzündung *keine vollständige Verdampfung* erreicht werden kann.

Nur an der Oberfläche der Tröpfchen kann eine Reaktion mit Sauerstoff stattfinden, weil in das Innere der Tröpfchen kaum Sauerstoff gelangt. Daher bleiben Teile des Kohlenstoffanteils unverbrannt und bilden Rußpartikel, welche die rötlich-gelbe Flamme erzeugen.

Ein weiterer Grund für die unzureichende Verdampfung des Heizöls ist die geringe Rezirkulation (= Rückumlauf) der Heizgase zur Verbrennungszone. Gelbbrenner arbeiten mit einem Gebläsedruck von ca. 3–6 mbar, wodurch der zur Rezirkulation notwendige Unterdruck hinter der Stauscheibe begrenzt bleibt.

Der Gelbbrenner liefert den Vorschriften entsprechende Verbrennungsergebnisse, wenn alle Komponenten und Betriebsgrößen des Brenners sorgfältig eingestellt werden.

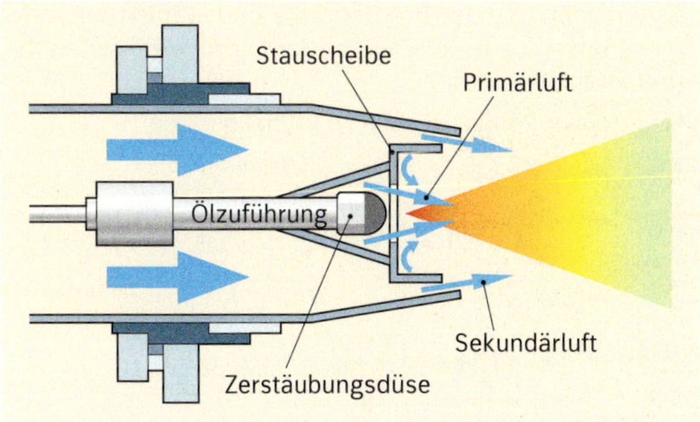

Abb. 2: Verbrennungssystem des Gelbbrenners

Brenner mit weiß-blauer Flamme

Die Forderung nach niedrigeren Schadstoffemissionen, insbesondere auch der NO_x-Emission, führte zu einer *Optimierung der konventionellen Gelbbrenner*. Wichtigste Maßnahme ist der Anbau eines Rezirkulationsrohres vor den Brennerkopf. Dabei entsteht eine weiße, teils transparente Flamme mit hohem Blauanteil. Die blaue Flamme zeigt an, dass das Öl-Luft-Gemisch in einem homogenen Gaszustand vollständig verbrennt.

Rezirkulations- oder Blaubrenner

Durch den Blaubrenner wird die Erkenntnis umgesetzt, dass Gas vollständiger verbrennt als feinster Ölnebel. Deshalb wandelt der Blaubrenner (Abb. 3) das Heizöl vollständig in Ölgas um.

Die *verbrennungstechnische Idee* ist Folgende: Die Verbrennungsluft wird über eine Luftblende – nicht mehr eine Stauscheibe wie beim Gelbbrenner – mit hohem Druck (ca. 10–12 mbar) in Luftstrahlen aufgeteilt. Durch die im Mischrohr erzeugte Injektorwirkung werden Heizgase aus der Verbrennungszone etwas kühler an die Zerstäuberdüse herangeführt. Diese innere Rezirkulation führt zu einer vollständigen Verdampfung der Öltröpfchen. Dann erst wird das Ölgas mit der Luft im Mischrohr vermischt. Das sehr homogene Gas-Luft-Gemisch kann jetzt rückstandslos verbrennen (Abb. 4). Die Rußzahl liegt praktisch bei Null.

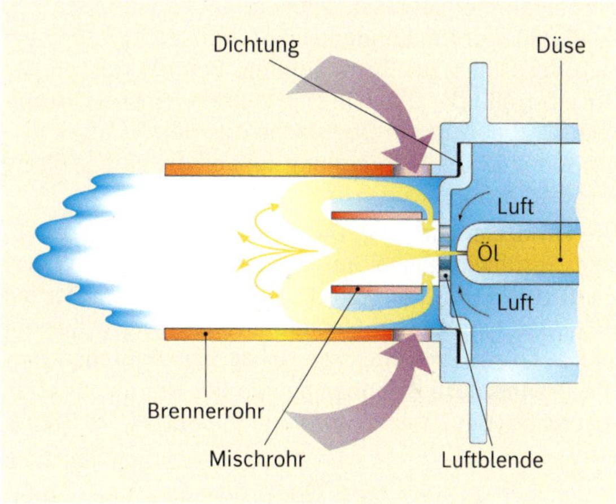

Abb. 3: Verbrennungssystem eines Blaubrenners

	Vorgang	Ort	Ergebnis
1. Phase	Zerstäubung Heizöl	Öldüse	Feinste Öltröpfchen 40...50 μm³
2. Phase	Verdampfen der Öltröpfchen durch Rezirkulation von Heizgasen	Nach Austritt Öldüse	Heizöl in Gasform
3. Phase	Homogene Vermischung mit Verbrennungsluft	Anfang Brennrohr	Homogenes Gasluftgemisch
4. Phase	Verbrennung	Brennrohr	Verbrennung

Abb. 4: Verbrennungsablauf beim Blaubrenner

Die eigene Brennkammer des Blaubrenners bringt den *Vorteil* mit sich, dass der Brenner im Rahmen der Warmerprobung im Werk voreingestellt werden kann. Eine Abstimmung auf die individuellen Bedingungen der Kesselanlage ist in der Regel nicht mehr erforderlich.

11.5.5 Öldüse

Eine Öldüse (Abb. 1) hat folgende Aufgaben:

- das Heizöl fein zerstäuben
- der Flamme (in Verbindung mit der Mischeinrichtung) eine bestimmte Form geben, die zum Feuerraum passt
- durch ihren Öldurchsatz die Brennerleistung festlegen

Das Heizöl wird durch einen eingangsseitig angeordneten Filter in den Düsenkörper gepresst. Düsen für einen größeren Öldurchsatz können ein integriertes Absperrventil haben, um ein Vor- oder Nachtropfen von Öl zu verhindern. Dadurch verringern sich die Emissionen beim Starten und Abschalten des Brenners und es kann kein unverbranntes Öl in die Brennkammer gelangen. In der Düse wird das Heizöl unter einem Druck von 10 bis 16 bar durch tangential angeordnete Schlitze in die Wirbelkammer gepresst. Dabei erhält es einen starken Drall. Mit der entstandenen Rotationsenergie bewegt sich der Ölfilm zur Düsenöffnung. Beim Verlassen der Düse zerreißt der Ölfilm in eine Vielzahl feinster Öltröpfchen. Dabei wird die Oberfläche des Heizöls stark vergrößert und die Verbrennungsluft erhält eine größere Angriffsfläche.

Die Kennzeichnung von Öldüsen erfolgt nach Öldurchsatz, Sprühwinkel und Sprühmuster. Dabei sind in Europa die DIN EN 293 und DIN EN 299 maßgebend. Der auf der Düse eingeprägte Nenndurchsatz in kg/h bezieht sich auf einen Prüfdruck von 10 bar. Der Öldurchsatz $\dot{m}_E$ der Brennerdüse ist abhängig von der Nennwärmebelastung $\dot{Q}_{NB}$ des Ölgeräts und vom Heizwert H_i des Brennstoffs.

$$\dot{m}_E = \frac{\dot{Q}_{NB}}{H_i}$$

Nach dem errechneten Wert wird eine Öldüse ausgewählt, deren Nenndurchsatz $\dot{m}$ bei 10 bar um ca. 30 % kleiner ist als der errechnete Wert. Der ermittelte Öldurchsatz $\dot{m}_E$ vergrößert sich nämlich über den Nenndurchsatz hinaus, wenn der an der Ölpumpe eingestellte Zerstäubungsdruck p_E über den Prüfdruck p ansteigt. Welcher Öldruck an der Ölpumpe einzustellen ist, lässt sich wie folgt berechnen:

$$p_E = p \cdot \left(\frac{\dot{m}_E}{\dot{m}}\right)^2$$

Da auch die Ölvorwärmung den Öldurchsatz erhöht, sollten die Auswahl der Düse und der einzustellende Zerstäubungsdruck nach den Angaben der Hersteller erfolgen. Deren Vorgaben berücksichtigen auch die optimale Sprühcharakteristik, um den bestmöglichen Wirkungsgrad zu erzielen.

Öldüsen werden bereits ab 0,79 kg/h bis über 100 kg/h hergestellt. Für Verbraucherinnen und Verbraucher kann der Öldurchsatz der Düse kundenfreundlich auch in l/h angegeben werden, z. B. entspricht 5,84 kg/h (Abb. 1) etwa 6,95 l/h. Bei der älteren OD-Kennzeichnung wurde der Öldurchsatz in US-Gallonen pro Stunde (USgal/h) angegeben, wobei dieser sich auf einen Prüfdruck von 7 bar bezieht.

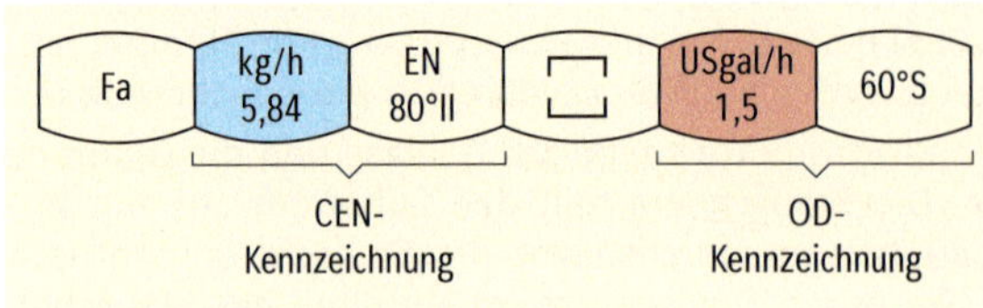

Abb. 1: Kennzeichnung der Öldüsen

Nach der CE-Norm können folgende Sprühwinkel unterschieden werden: 60°, 70°, 80°, 90° und 100°. Die Sprühwinkel stimmen jedoch nicht mit der OD-Kennzeichnung überein, weil diese vom Zerstäubungsdruck abhängig sind (Abb. 2).

Der Sprühwinkel wird ausgewählt:

- nach der Ausbildung der Mischeinrichtung
- nach der Form der Brennkammer

Ferner werden in der CE-Norm vier Sprühmuster I, II, III und IV unterschieden (Abb. 2).

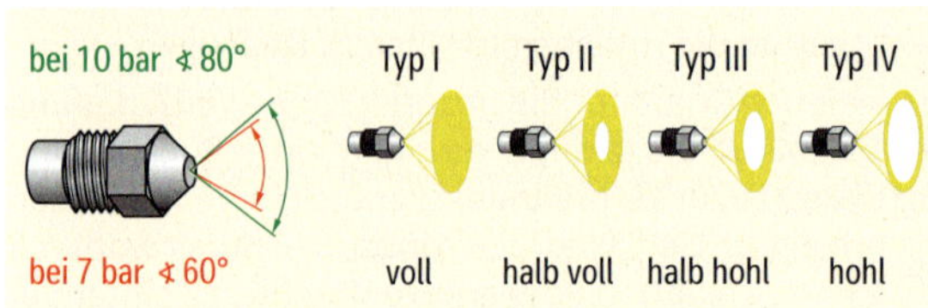

Abb. 2: Sprühwinkel und CEN-Sprühmuster

Berechnung

Ein Ölbrennwertgerät soll auf eine Nennwärmebelastung von 20 kW eingestellt werden. Berechnen Sie den Öldurchsatz $\dot{m}_E$ der Brennerdüse und wählen Sie eine geeignete Öldüse aus, wenn der Öldruck zwischen 10 und 15 bar liegen soll.

Geg.: $\dot{Q}_{NB} = 20\ \text{kW}$ $H_i = 11{,}84\ \text{kWh/kg}$

Ges.: $\dot{m}_E$

Lös.: $\dot{m}_E = \frac{\dot{Q}_{NB}}{H_i} = \frac{20\ \text{kW}}{11{,}84\ \text{kWh/kg}} = 1{,}69\ \frac{\text{kg}}{\text{h}}$

mit $\dot{m} = 1{,}46\ \frac{\text{kg}}{\text{h}} \rightarrow p_E = p \cdot \left(\frac{\dot{m}_E}{\dot{m}}\right)^2$

$p_E = 10\ \text{bar} \cdot \left(\frac{1{,}69}{1{,}46}\right)^2 = 13{,}39\ \text{bar}$

Aufgaben

1. Nennen Sie vier allgemeine Anforderungen an Brenner und beschreiben Sie diese näher.
2. Beschreiben Sie den Aufbau und den Verbrennungsablauf eines Gelbbrenners.
3. a) Welche konstruktiven Veränderungen am Gelbbrenner führen zu einem Brenner mit weiß-blauer Flamme?
   b) Welche Auswirkungen auf den Verbrennungsablauf ergeben sich dadurch?

11.6 Abgasmessungen

! *Abgasmessungen* haben zum Ziel, sicherzustellen,

- dass durch eine gute Verbrennungseinstellung die in Verordnungen festgelegten *Emissionsgrenzwerte* nicht überschritten werden. Dadurch sollen Umweltbelastungen gering gehalten werden.
- dass die *Abgasverluste* einer Feuerungsanlage mindestens den *Verordnungswerten* (Tab. 1, S. 512) entsprechen.

Die Überwachung der Feuerungen regelt die *Erste Verordnung zur Durchführung des Bundes-Immissionsschutzgesetzes* (1. BImSchV 2010). Sie wird auch *Kleinfeuerungsanlagen-Verordnung* genannt.

Welche Messungen in Abhängigkeit von der Feuerungswärmeleistung und dem Brennstoff durchzuführen sind, zeigt Tab. 1.

Tab. 1: Abgasmessungen

		Messungen an	
		Öl- und Gasfeuerungen **- Heizöl EL bis 5 MW** **- Gase bis 10 MW**	**Festbrennstoff-Feuerungen** **- feste Brennstoffe bis 1 MW** **- Stroh u. a. bis 0,1 MW**
nach Einstellung und Wartung	nach BImSchV	• Rußzahl • Sauerstoff- oder Kohlendioxidgehalt • Abgas- und Verbrennungslufttemperatur • Kesselwassertemperatur • Schornsteinzug	
		• Ölderivate	• Kohlenmonoxid • Staubgehalt
		• Kohlenmonoxid • Stickoxide • Kontrolle des Abgasweges	

Bezirksschornsteinfeger/-innen führent die Messungen aus und überwachen damit die Einhaltung der BImSchV. Die Betreibenden der Feuerungsanlage erhalten über das Ergebnis der Messungen eine Bescheinigung.

Es werden zwei Messungen bzw. Überwachungen unterschieden:

- Die *Erstmessung* ist für neue oder wesentlich geänderte Feuerstätten mit mehr als 4 kW Nennwärmeleistung vorgeschrieben. Sie erfolgt innerhalb von 4 Wochen nach der Inbetriebnahme. Ausgenommen davon sind:
  - Einzelraumfeuerungsanlagen für den Einsatz von flüssigen Brennstoffen oder Trinkwasser-Erwärmer bis 11 kW Nennwärmeleistung
  - Brennwertgeräte
  - Feuerungsanlagen für Biogas, Klärgas, Wasserstoff usw.
- Die *wiederkehrende Messung* wird bei Öl- und Gasfeuerungen mit mehr als 4 kW Nennwärmeleistung und bei Einzelraumbefeuerungen < 11 kW durchgeführt. Es gelten wieder die o. g. Ausnahmen.

Bei Feuerungen für feste Brennstoffe gelten für die vorgeschriebenen Messungen Leistungsgrenzen ab 15 kW bzw. 50 kW in Abhängigkeit vom eingesetzten Brennstoff.

! Die *Messungen* sind zumeist im ungestörten Dauerbetriebszustand der Feuerungsanlage bei Nennwärmeleistung, ggf. auch bei der höchsten einstellbaren Wärmeleistung, durchzuführen.

Wird bei der Messung durch den Schornsteinfeger bzw. die Schornsteinfegerin festgestellt, dass die Grenzwerte nicht eingehalten werden, muss ein vorgegebenes Verfahren zur Fehlerbeseitigung eröffnet werden. Am Ende kann ein Ordnungswidrigkeitsverfahren stehen. Eine Stilllegung der Anlage kommt in Betracht, wenn eine unmittelbare Gefahr von ihr ausgeht, z. B. wenn die Abgasanlage undicht ist und Abgas austritt.

! Anlagenmechaniker/-innen für Sanitär-, Heizungs- und Klimatechnik müssen bei der *Wartung* ebenfalls eine Abgasmessung vornehmen. Anders als die Schornsteinfeger/-innen müssen sie diese nicht nur bei der höchsten einstellbaren Wärmeleistung, sondern auch bei der kleinsten Wärmeleistung durchführen. Nur so können sie überprüfen, ob die Wartung und die Brennereinstellung erfolgreich waren und die Emissions-Grenzwerte bei jeder Betriebsart nicht überschritten werden.

Messort

Es wird eine ca. 10 mm große Bohrung im Abstand von etwa 2 × D des Abgasrohres hinter dem Abgasstutzen angebracht (Abb. 3). Staub- und Rußablagerungen an der Messöffnung und im Abgasrohr dürfen die Messung nicht beeinträchtigen.

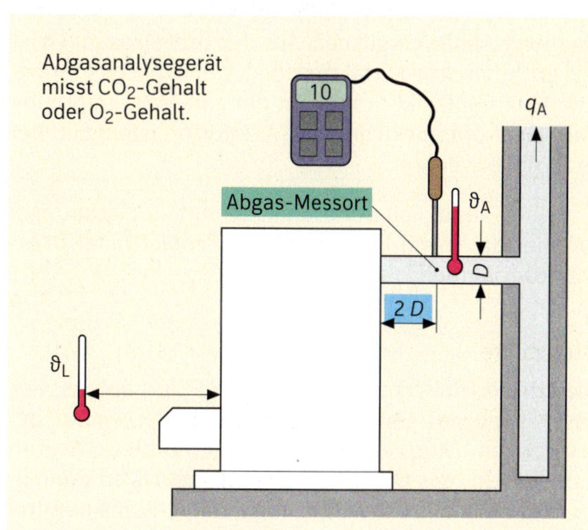

Abb. 3: Messorte nach BImSchV

Messbedingungen

Die Messung muss im Kern des Abgasstromes erfolgen. Das ist der Bereich der höchsten Abgastemperatur im Strömungsquerschnitt, in dem die Messsonde fixiert wird. Die Messung kann erst durchgeführt werden, wenn sich die Feuerstätte im *Dauerbetriebszustand* befindet, d.h., es liegen mind. 60 °C Kesselwassertemperatur vor oder der Brenner arbeitet seit mind. 2 Minuten, bei Festbrennstoffkesseln mind. 5 Minuten. Die Sensoren sollten auch vor dem Abspeichern der Messwerte mindestens 3 Minuten mit Abgas versorgt werden.

Rußzahl

Bei Öl- und Feststoff-Feuerungsanlagen wird die Rußzahl mit einer *Rußpumpe* nach DIN 51402 in drei Einzelmessungen visuell bestimmt (Abb. 1). Dabei wird mit zehn vollen Hüben ca. 1,6 l Abgas durch ein Filterpapier gezogen.

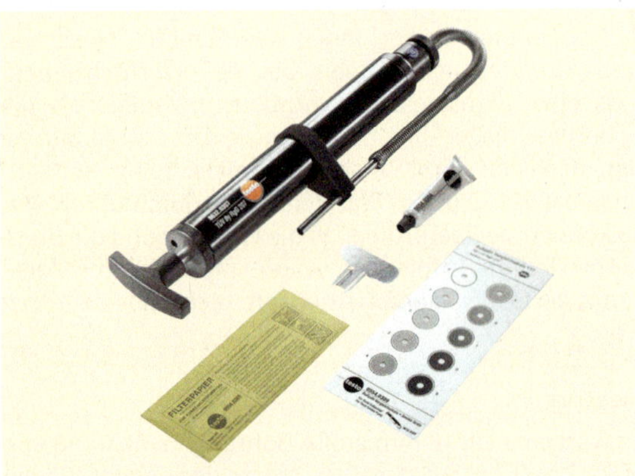

Abb. 1: Rußtestpumpe mit Zubehör (Foto: © Testo SE & Co. KGaA)

Das Filterpapier wird dann mit einer TÜV-geprüften Grauwerttabelle verglichen. Aus den drei Messungen ist das arithmetische Mittel zu bilden. Weiterhin ist es möglich, einen Rußzahl-Computer, der eine Vakuumpumpe und eine optoelektronische Auswertungstechnik besitzt, zu verwenden.

! Bei Öl- und Feuerungsanlagen mit Zerstäubungsbrenner darf nach BImSchV die *Rußzahl 1* nicht überschritten werden.

Ölderivate

Die bei der Rußprobe verwendeten Filterpapiere werden visuell auf Gelbfärbung geprüft. Bei einem geschwärzten Filter wird neben dem Rußfleck Aceton aufgebracht, das Ölderivate (Ölrückstände) an den Filterrand zieht und durch Färbung anzeigt. Keine der drei Filterproben darf Ölderivate enthalten.

Sauerstoff- und Kohlendioxidgehalt

Bei der *Messung nach BImSchV* wird der O_2-Gehalt im Abgasstrom durch eine Entnahmestelle gemessen. Die Analyse des Abgases erfolgt vorwiegend durch einen elektrochemischen Sensor automatisch. Da der CO_2-Gehalt und die Luftzahl λ in einem rechnerischen Zusammenhang mit dem O_2-Gehalt stehen, kann der Messcomputer diese Werte berechnen und sofort im Display anzeigen (Abb. 2).

Abgasverlust

Diese Messung ist vorgeschrieben, weil sie eine Aussage über die Effizienz des Energieumsatzes der Feuerstätte ermöglicht. Der *Abgasverlust* q_A kann auf zwei Arten gemessen werden.

Abgasverlust bei *CO_2-Messung*:

$$q_A = (\vartheta_A - \vartheta_L)\left(\frac{A_1}{CO_2} + B\right)$$

Abgasverlust bei *O_2-Messung*:

$$q_A = (\vartheta_A - \vartheta_L)\left(\frac{A_2}{21 - O_2} + B\right)$$

ϑ_A : Abgastemperatur in °C
ϑ_L : Lufttemperatur in °C
A_1, A_2, B : Berechnungsbeiwerte (→ TB)
CO_2 : CO_2-Gehalt (gemessen) in Volumen-%
O_2 : O_2-Gehalt (gemessen) in Volumen-%

Die 1. BImSchV von 2010 hat *Grenzwerte für die Abgasverluste* von Öl- und Gasfeuerungen festgelegt.

Die Grenzwerte richten sich nach der Nennwärmeleistung der Feuerungsanlage. Sie müssen die in Tab. 1 dargestellten Grenzwerte einhalten.

Tab. 1: Maximal zulässiger Abgasverlust q_A für Öl- und Gasfeuerungsanlagen

Nennwärmeleistung in kW	Abgasverlust q_A in %
> 4 ... 25	11
> 25 ... 50	10
> 50	9

Bereits NT-Kessel haben Abgasverluste von deutlich unter 10 % für Kessel unter 50 kW.

Von der Überwachungspflicht ausgenommen sind:

- Einzelraumfeuerungsanlagen bis 11 kW Nennwärmeleistung
- Trinkwasser-Erwärmer bis 28 kW

Über den Abgasverlust lässt sich ermitteln, welche im Brennstoff enthaltene Wärmemenge an das Heizwasser übertragen wird. Dies definiert der *feuerungstechnische Wirkungsgrad* η_F.

$\eta_F = 100\,\% - q_A$

q_A : errechneter Abgasverlust in %

η_F : feuertechnischer Wirkungsgrad in %

Dieser Wirkungsgrad ist nur während der jeweiligen Brennzeit der Feuerungsanlage wirksam. Er ist nicht mit anderen Wirkungsgraden oder dem Nutzungsgrad identisch.

Temperaturen

Die *Abgastemperatur* ϑ_A wird in der Messöffnung im Abgaskernstrom, d.h. an der Stelle der höchsten Abgastemperatur, ermittelt. Das kann mit dem Temperaturfühler des Analysegerätes (Abb. 2) erfolgen.

Die *Verbrennungslufttemperatur* ϑ_L wird in der Nähe der Ansaugöffnung des Brenners und bei raumluftunabhängigen Feuerstätten im Luftzuführungsrohr gemessen. Die *Kesselwassertemperatur* wird in der Regel am Kesselthermometer abgelesen.

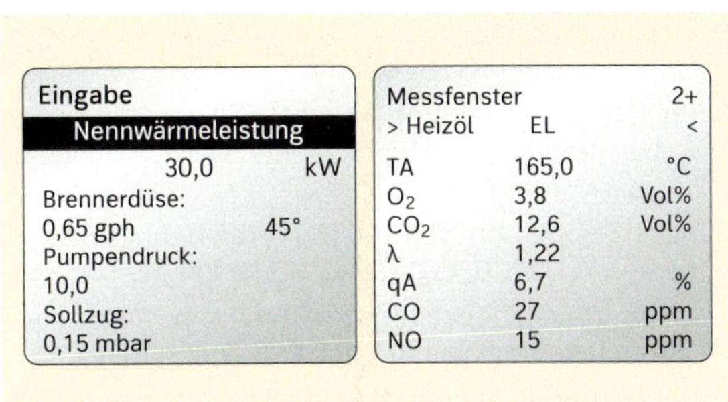

Abb. 2: Anzeigefenster eines Analysecomputers

Schornsteinzug

Zur Beurteilung des ordnungsgemäßen Betriebszustandes der Feuerungsanlage gehört die Ermittlung der Druckdifferenz zwischen Abgas und Umgebungsluft, allgemein Schornsteinzug genannt. Der Schornstein muss bei herkömmlichen Kesselanlagen Unterdruck erzeugen, mit dem die Abgase ins Freie geleitet werden. Zugleich wird dadurch verhindert, dass evtl. Undichtigkeiten in den Abgasrohren zum Austritt von Abgas führen können.

Bei atmosphärischen Gasbrennern ist der Unterdruck wichtig, weil dadurch das Ansaugen der Verbrennungsluft gesichert ist. Die Größe des erforderlichen Zuges ist von der Kessel-/Brenner-Konstruktion und der Leistung abhängig. Im Leistungsbereich bis 100 kW liegen die Unterdruckwerte zwischen 5 und 30 Pa. Bei Gasbrennern mit Gebläse soll der Schornsteinzug zwischen 12 und 20 Pa liegen und bei atmosphärischen Gasfeuerungen 3 bis 10 Pa. Die *Messung im Rahmen der BImSchV* erfolgt mit dem Differenzdruck-Sensor des Analysegerätes.

Kohlenmonoxid

Bei *Festbrennstoff-Feuerungsanlagen* über 4 kW Nennwärmeleistung ist die CO-Messung nach BImSchV vorgeschrieben. Die Grenzwerte sind nach Brennstoffen unterteilt (Tab. 1, S. 521).

! Nach der Kehrordnung des Bundes ist eine *Sicherheitsüberprüfung* auf CO-Bildung bei *Gas-Feuerstätten* und bei Ölfeuerungseinrichtungen und BHKWs einmal jährlich durchzuführen. Der CO-Gehalt darf bei Gas aus der öffentlichen Gasversorgung maximal 1 000 ppm = 0,1 Vol.-% im unverdünnten Abgas, also vor der Strömungssicherung, nicht überschreiten.

Ergibt die Messung den Wert 500 ppm, ist den Anlagenbetreibenden eine Wartung dringend zu empfehlen. Bei modernen Feuerstätten liegt der CO-Gehalt im unverdünnten Abgas in der Regel unter 50 ppm. Der CO-Gehalt wird mit einer elektronischen Mehrlochsonde eines Analysegerätes gemessen.

Staubgehalt

Für *Feststoff-Feuerungsanlagen über 4 kW Nennwärmeleistung* (außer Einzelraumfeuerungen) gelten nach BImSchV folgende Staubgrenzwerte:

Für Anlagen, die ab 22.03.2010 errichtet wurden, gilt für stückiges und nichtstückiges Holz 0,1 g/m^3,
für Presslinge (Holzbrickett, Holzpellets) 0,06 g/m^3.

Für Anlagen, die ab 31.12.2014 errichtet wurden, gilt für stückiges und nichtstückiges Holz sowie für Presslinge (Holzbrickett, Holzpellets) 0,02 g/m^3 (Tab. 1, S. 521).

Stickoxide

Die Prüfung auf Einhaltung der Grenzwerte hat der Kesselhersteller nachzuweisen. Er muss eine Bescheinigung über die geprüfte und verordnungsgemäße Kessel-Brenner-Anlage mitliefern. Zur wiederkehrenden Überprüfung des Grenzwertes steht für das Analysegerät (Abb. 1, S. 514) ein Sensor für NO-Messungen zur Verfügung. Die Werte sind in der BImSchV im unverdünnten Abgas (0 % O_2) für den Brennstoff Heizöl EL und für Erdgas in Abhängigkeit von der Nennwärmeleistung festgelegt (Tab. 2).

Tab. 2: Emissionswerte-NO_x

Nennwärmeleistung	Emissionen in mg/kW	
	Heizöl EL	Erdgas
≤ 120 kW	110	60
> 120 … 400 kW	120	80
> 400 kW	185	120

Messdatenverwaltung

Analysegeräte zeigen grundsätzlich Messwerte und errechnete Werte auf einem Display an (Abb. 1).

Für die Anlagenbetreiber/-innen ist der Ausdruck eines Protokolls aller Werte durch einen zugehörigen Drucker sofort möglich. Darüber hinaus können die Messdaten auf einen PC bzw. Laptop übertragen werden. Dort können sie in die Kundenkartei einfließen.

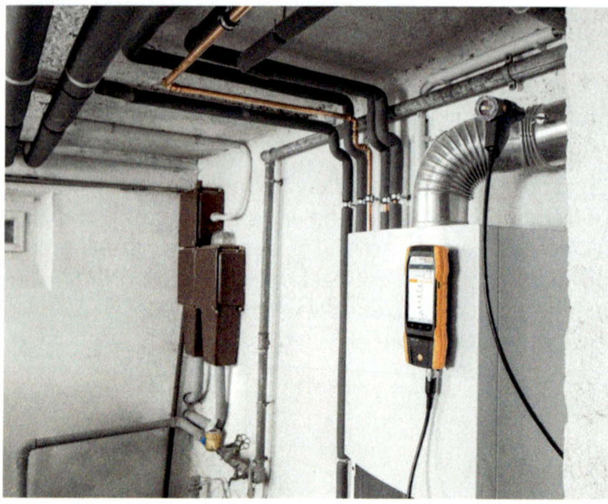

Abb. 1: Abgasanalysegerät mit Abgassonde (Foto: © Testo SE & Co. KGaA)

Berechnung

Bei der Abgasmessung an einem Ölbrennwertkessel mit 28 kW werden folgende Werte gemessen: Abgastemperatur $\vartheta_A = 44$ °C, Verbrennungslufttemperatur $\vartheta_L = 17$ °C, CO_2-Gehalt = 13,5 Vol.-%.
Ermitteln Sie den Abgasverlust q_A und den feuerungstechnischen Wirkungsgrad η_F.

Geg.: $\vartheta_A = 44$ °C, $\vartheta_L = 17$ °C, CO_2-Gehalt = 13,5 %

Ges.: q_A und η_F

Lös.: $q_A = (\vartheta_A - \vartheta_L)\left(\frac{A1}{CO_2} + B\right)$

$$q_A = (44 - 17)\left(\frac{0{,}50}{13{,}5} + 0{,}007\right) = 1{,}19\ \%$$

$$\eta_F = 100\ \% - q_A = 100\ \% - 1{,}19\ \% = 98{,}81\ \%$$

Der zulässige Abgasverlust von 10 % wird eingehalten.

Abgasewegeüberprüfung

Bei *raumluftabhängigen Gasfeuerstätten* mit Strömungssicherung gehört zur *Sicherheitsüberprüfung*, dass das einwandfreie Abziehen der Abgase sowie die Verbrennungsluftversorgung kontrolliert wird. Die *Tauspiegelkontrolle* soll nachweisen, dass bei geschlossenen Fenstern und Türen des Aufstellungsraumes kein Abgas aus der Strömungssicherung austritt. Sind weitere Geräte oder evtl. eine Entlüftungsanlage im Raum, müssen sie in Betrieb sein, um den denkbar ungünstigsten Betriebszustand herzustellen.

Anschließend wird die Funktion des Abgassensors geprüft. Diese Abgasüberwachungseinrichtung haben Gasgeräte mit Strömungssicherungen von mehr als 7 kW Leistung, wenn sie in Wohnräumen oder ähnlich genutzten Räumen aufgestellt sind.

Der Abgassensor ist im Öffnungsquerschnitt der Strömungssicherung eingebaut. Als Temperaturfühler spricht er auf austretende heiße Abgase an. Zur Prüfung wird über die Messöffnung des Abgasrohres ein Abgasfächer eingeführt und eine künstliche Abgassperre erzeugt. Nach spätestens 2 Minuten muss der Sensor ansprechen und das Gasgerät abschalten.

Aufgaben

1. Nennen Sie die bei Ölfeuerungen vorgeschriebenen Abgasmessungen.
2. Welche zwei Arten von Messungen werden durch Bezirksschornsteinfeger/-innen vorgenommen?
3. Warum müssen auch Anlagenmechaniker/-innen Abgasmessungen durchführen?
4. Welche Messungen sind notwendig, um den Abgasverlust bestimmen zu können?
5. Bei der Abgasmessung an einem Ölkessel mit einer Nennwärmeleistung von 24 kW wurden folgende Werte ermittelt:

   Abgastemperatur $\vartheta_A = 140$ °C, Verbrennungslufttemperatur $\vartheta_L = 25$ °C, CO_2-Gehalt = 13,5 Vol.-%

   a) Ermitteln Sie rechnerisch den Abgasverlust q_A und den feuerungstechnischen Wirkungsgrad η_F.

   b) Überprüfen Sie, ob der Kessel hinsichtlich der Abgasverluste der BImSchV entspricht.
6. Welche Grenzwerte für den Abgasverlust sind einzuhalten?
7. Bei welchen Feuerungsanlagen ist der Kohlenmonoxidgehalt zu messen?

11.7 Wirkungsgrade von Kesseln

11.7.1 Geräte- und Kesselwirkungsgrad

Neben dem bei der BImSchV-Messung ermittelten Abgasverlust können auch bei vollständiger Verbrennung während der Betriebszeit (Brennerlaufzeit) noch andere Wärmeverluste, aber auch Wärmegewinne auftreten (Abb. 2). Hierzu zählen:

- die Betriebsbereitschaftsverluste (q_B) durch Wärmeleitung, Wärmestrahlung und Konvektion
- die Wärmegewinne (q_K) durch Kondensation des im Abgas enthaltenen Wasserdampfes

Die Betriebsbereitschaftsverluste sind im Wesentlichen von der Wärmedämmung des Wärmeerzeugers, dessen Oberfläche und der Temperaturdifferenz zwischen Kesselwasser und Aufstellraum abhängig. Auch Wand- und

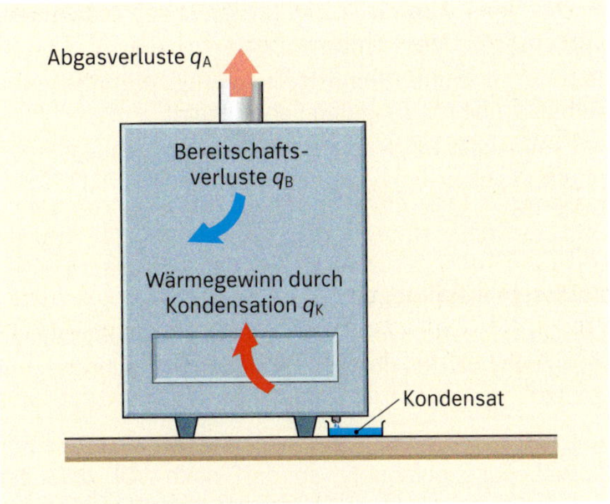

Abb. 2: Wärmeverluste und -gewinne eines Brennwertgerätes

Oberflächentemperaturen sowie deren Farben und Luftströmung im Aufstellraum können einen Einfluss haben. Bei Altanlagen können die Bereitschaftsverluste bis zu 20 % ausmachen. Bei neueren Anlagen liegen diese hingegen im Bereich von 0,4 bis 2 %. Die Wärmegewinne durch Kondensation des im Abgas enthaltenen Wasserdampfes sind von der Größe der Wärmetauscherfläche und den Abgastemperaturen bzw. dem Anteil des dabei kondensierenden Wasserdampfes in Prozent abhängig. Damit lässt sich der Geräte- bzw. Kesselwirkungsgrad bezogen auf den Heizwert wie folgt ermitteln:

$$\eta_K = 100\ \% - q_A - q_B + q_K$$

wobei: $q_K = \frac{H_s - H_i}{H_i} \cdot \alpha \cdot 100\ \%$

η_K:	Geräte- bzw. Kesselwirkungsgrad	in %
q_A:	Abgasverluste	in %
q_B:	Beriebsbereitschaftsverluste	in %
q_K:	Wärmegewinn durch Kondensation	in %
H_s:	Brennwert	in kWh/m³
H_i:	Heizwert	in kWh/m³
α:	Kondensatzahl nach Tabelle (Tab. 1)	

Tab. 1: Kondensatzahl für Gas- und Ölbrennwertgeräte

ϑ_A in °C	25	30	35	40	45	50	55
α_{Erdgas}	0,89	0,84	0,76	0,68	0,57	0,43	0,27
$\alpha_{Heizöl}$	0,72	0,63	0,50	0,36	0,18	-	-

Berechnung

Die Abgasverluste eines mit schwefelarmem Heizöl EL betriebenen modulierend arbeitenden Öl-Brennwertgerätes betragen 1,0 % und die Bereitschaftsverluste 0,5 %. Dabei beträgt die Abgastemperatur 40 °C. Wie hoch ist der Geräte- bzw. Kesselwirkungsgrad bezogen auf den Heizwert?

Geg.: $q_A = 1{,}0\ \%$, $q_B = 0{,}5\ \%$,
$H_s = 12{,}61$ kWh/kg, $H_i = 11{,}84$ kWh/kg,
$\vartheta_A = 40\ °C \rightarrow \alpha = 0{,}36$ (siehe Tab. 1)

Ges.: η_K

Lös.: $q_K = \frac{H_s - H_i}{H_i} \cdot \alpha \cdot 100\ \%$

$$q_K = \frac{(12{,}61 - 11{,}84)\ \text{kWh/kg}}{11{,}84\ \text{kWh/kg}} \cdot 0{,}36 \cdot 100\ \%$$

$$= 2{,}34\ \%$$

$$\eta_K = 100\ \% - q_A - q_S + q_K$$

$$\eta_K = 100\ \% - 1{,}0\ \% - 0{,}5\ \% + 2{,}34\ \% = 100{,}84\ \%$$

11.7.2 Der Nutzungsgrad

! Der Nutzungsgrad ist das Verhältnis von abgegebener Wärmeleistung $\dot{Q}_L$ des Wärmeerzeugers zur eingestellten Wärmebelastung (Feuerungswärmeleistung) $\dot{Q}_B$ über einen längeren Zeitraum.

Umfasst der Zeitraum ein Jahr, dann wird dieser Nutzungsgrad als Jahresnutzungsgrad bezeichnet (→ TB).

Der Nutzungsgrad ist somit ein *mittlerer Wirkungsgrad über einen längeren Zeitraum*. Der Nutzungsgrad berücksichtigt alle Verluste eines Heizkessels (Abgas-, Auskühl- und Oberflächenverluste). Er wird von der Auslastung des Heizkessels sowie von den Wassertemperaturen der Heizungsanlage bestimmt.

Bei der Entwicklung der Niedertemperatur- und Brennwertkessel wurde die Erkenntnis berücksichtigt, dass Heizungsanlagen überwiegend im Teillastbereich von 22 bis 30 % betrieben werden.

Merkmale für moderne Heizkessel sind u. a.:

- gleitend abgesenkte Heizwassertemperatur
- hochwirksame Wärmedämmung
- geringe Oberflächenverluste
- auf das gesamte Heizsystem abgestimmte Regelung

Für die Angabe der Energieausnutzung von Niedertemperatur- und Brennwertkesseln gilt der Norm-Nutzungsgrad nach DIN 4702 Teil 8.

! Als neutrale, energetische Vergleichsgröße nach DIN 4702 Teil 8 macht der *Norm-Nutzungsgrad* unterschiedliche Wärmeerzeuger, unabhängig von der Energieart und der eingesetzten Heiztechnik, vergleichbar.

Dieser Wert wird von den Herstellerfirmen ermittelt.

Aufgaben

1. Die Abgasverluste eines Öl-Brennwertgerätes betragen 1,0 % und die Bereitschaftsverluste 1,3 %. Dabei wird eine Abgastemperatur von 35 °C gemessen.

   Wie hoch ist der Kesselwirkungsgrad bezogen auf den Heizwert?
2. Welche Merkmale kennzeichnen einen guten Heizkessel?

11.8 Verminderung der Lärmemission bei Feuerungsanlagen

Lärmemissionen bei Feuerungsanlagen werden besonders durch Brenner und Flamme verursacht. Aber auch die Strömung der Verbrennungsgase im Brennraum und in der Abgasleitung kann zu störenden Geräuschen im Heizraum, in angrenzenden Wohnräumen und im Außenbereich führen (Abb. 1).

Die Schallentstehung und die Schallausbreitung sind durch komplexe physikalische Vorgänge gekennzeichnet. Zusätzlich auftretende Schwingungen in der Abgasleitung können sich mit den vorhandenen Schwingungen koppeln und die Schallentwicklung noch verstärken.

Abb. 1: Übertragungswege von Luft- und Körperschall

Solche Resonanzerscheinungen sind u. a. abhängig von den in der Feuerungsanlage verwendeten Materialien.

! Die *Lärmemission* ist das Ergebnis des Zusammenwirkens folgender Komponenten:

Brenner, Flamme, Brennstoffzuleitung, Brennkammer, Gebläse, Abgasleitung und Schornstein.

Mit *steigender Heizleistung* der Feuerungsanlage steigt in der Regel auch die Lärmemission (je mehr kW, desto mehr dB).

Zulässige Schallpegel

Die Lärmemissionwerte, die von einer Heizungsanlage ausgehen, werden durch verschiedene Vorschriften begrenzt:

- Ist der Heizraum gleichzeitig Aufenthaltsraum des Bedienungspersonals, so darf nach VDI 2058 ein Schallpegel von 70 dB (A) bei einfachen Büroarbeiten oder vergleichbarer Tätigkeit auftreten.
- Bei störenden Lärmemissionen vom Heizraum ins Gebäude gilt die DIN 4109 „Schallschutz im Hochbau“. Danach darf der Schallpegel in benachbarten schutzbedürftigen Räumen nicht mehr als 30 dB (A) in Wohn- oder Schlafräumen und 35 dB (A) in Arbeitsräumen betragen.
- Bei störenden Lärmemissionen vom Heizraum nach außen in die Nachbarschaft gilt die TA-Lärm (Technische Anleitung zum Schutz gegen Lärm). Die gleichen Grenzwerte nennt auch die VDI-Richtlinie 2058. So gilt z. B. für ein Gebiet, das ausschließlich mit Wohnungen bebaut ist, ein zulässiger Schallpegel von tagsüber 50 dB (A) und nachts 30 dB (A).

Maßnahmen zur Verminderung der Lärmemission

Schon bei der Planung muss darauf geachtet werden, dass

- Decken und Wände des Heizraumes in schalldämmender Bauweise ausgeführt werden,
- schutzbedürftige Räume nicht in der Nähe des Heizraumes angeordnet werden,
- die Abgasleitung zum Schornstein möglichst kurz und ohne Bogenstücke ausgeführt werden kann,
- der Schornstein nicht durch schutzbedürftige Räume geführt wird,
- der Schornstein keine direkte Verbindung zu den Wänden und Decken hat, sodass Körperschall nicht übertragen werden kann.

Die Lärmemission kann durch den Einbau verschiedener Einrichtungen erheblich reduziert werden (Abb. 2). Dazu zählen:

- Brenner mit Schalldämpfhaube oder Ansaugschalldämpfer
- schallabsorbierendes Heizkesselpodest
- Körperschall-Absorber
- Abgasschalldämpfer
- Wandfutter
- Rohrkompensatoren und Heizkesselschläuche

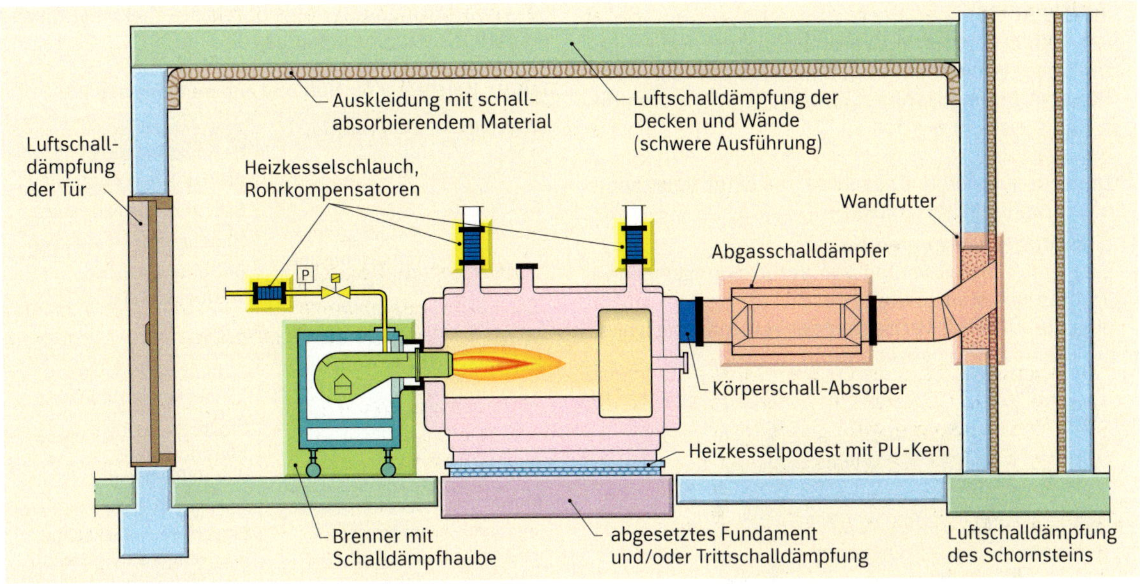

Abb. 2: Feuerungsanlage in schallgedämpfter Ausführung

Aufgaben

1. Nennen Sie die Komponenten einer Feuerungsanlage, die bei der Lärmemission zusammenwirken.
2. Welche Entwicklungsschritte haben bei Heizkesseln zu einer höheren Lärmemission geführt?
3. Durch welche Vorschriften werden die Lärmemissionswerte begrenzt?
4. Nennen Sie drei planerische Maßnahmen zur Verringerung der Lärmemission.
5. Welche Einrichtungen und Einbauteile reduzieren die Lärmemission?

11.9 Festbrennstoffkessel

Feste Brennstoffe sind im Wesentlichen Brennholz undBraunkohle. In Haushalten wird in Deutschland kaum noch mit Kohle geheizt (Tab. 1).

Tab. 1: %-Anteile der Heizenergieträger in Haushalten in Deutschland (2019)

Brennstoff	Anteile in %
Brenngase	44,3
Heizöl EL	25,0
Erneuerbare Energien	18,0
Fernwärme	10,2
Strom	1,6
Kohle	0,9

Zum Anteil der 18 % erneuerbaren Energien zählt auch Bioenergie, welche in Form von Scheitholz und Pellets zum Beheizen der Wohnfläche dient.

- Traditionelle festbrennstoffbetriebene Feuerstätten, z. B. Kohleöfen und -herde, werden durch Modernisierung und Neubau weitestgehend verdrängt.
- Neue festbrennstoffbetriebene Feuerstätten, z. B. Kachel-Kaminöfen und Festbrennstoffkessel für Zentral- oder Etagenheizungen als Zusatzheizungen, aber auch als Hauptheizung, werden kontinuierlich zunehmen.

In circa 3 % der Wohngebäude sorgt eine Scheitholz- oder Pellet-Zentralheizung für die Wärme. In 25 % der Wohnungen kommt eine zweite Heizquelle zum Einsatz. Hierbei werden zumeist Kamin-, Holz- oder Pellet-Einzelöfen genutzt.

! *Geregelte Festbrennstoffkessel* erreichen heute so hohe Wirkungsgrade und so geringe Immissionswerte wie z. B. Gasheizkessel.

11.9.1 Verbrennungsablauf

Für feste Brennstoffe kann man den Verbrennungsablauf in mehrere Phasen gliedern, z. B. für Holz (Abb. 1, S. 518):

- **Trocknung**

  Über 100 °C wird das im Brennstoff enthaltene Wasser verdampft.

- **Entgasung (Pyrolyse)**

  Über 250 °C setzt die Holzvergasung und Aufspaltung von Zellulose, Harzen und Ölen in brennbare Gase ein.

  Über 500 °C ist sämtliche Zellulose vergast. Anschließend vergasen die festen Kohlenstoffbestandteile (Holzkohle).

- **Verbrennung**
  Bei 700 °C beginnt die Verbrennung der freigesetzten Gase (Vorverbrennung). In der darauf folgenden Hauptverbrennungsphase können Temperaturen bis 1 200 °C erreicht werden.

! Damit der Verbrennungsablauf zu einer vollständigen Verbrennung führt, müssen
- eine *hohe Feuerraumtemperatur*,
- eine *gute Durchmischung* von Verbrennungsgas und Verbrennungsluft sowie
- eine *ausreichende Verweilzeit* der Verbrennungsgase in der Brennkammer gegeben sein.

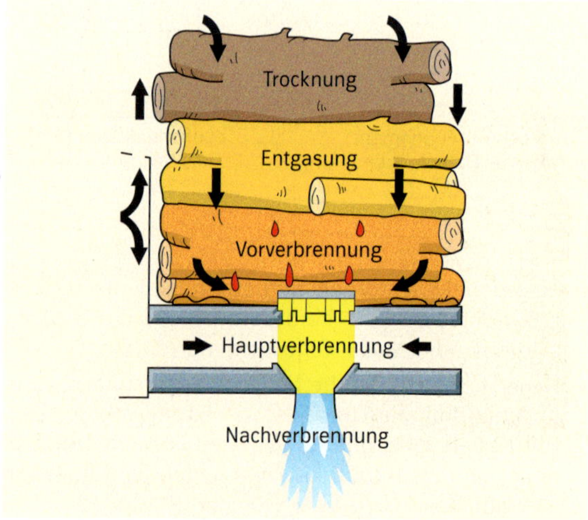

Abb. 1: Verbrennungsablauf von Holz (schematisch)

11.9.2 Holzheizkessel

Holzheizkessel unterscheidet man je nach der Beschickungsart in:

- Stückholzkessel
- Pellet-Heizkessel
- Heizkessel für Holzhackschnitzel

Sie werden nach unterschiedlichen Feuerungsprinzipien und mit verschiedenen Brennstoff- und Beschickungsarten betrieben (Tab. 1).

Stückholzkessel

Bei Stückholzkesseln (Abb. 2) hat sich, bedingt durch günstigere Emissionswerte, das Prinzip des unteren Abbrandes durchgesetzt.

Da die Nachverbrennung hinter der Entgasungszone erfolgt, brennt nur der untere Teil der Brennstofffüllung. Die freigesetzten Schwelgase oxidieren durch Zugabe von Sekundärluft in der Nachbrennkammer. Der Sekundärluftstrom beeinflusst die Qualität der Verbrennung und über die freigesetzte Schwelgasmenge auch die Wärmeproduktion. Die Verbrennungsluftversorgung wird meist durch Druck- oder Saugzuggebläse sichergestellt, sodass im Feuerraum entweder Über- oder Unterdruck herrscht. Die Anpassung der Primär- und Sekundärluftmenge erfolgt durch die thermostatische oder abgasgeführte Regelung.

Tab. 1: Heizkessel für Holz und andere Biomasse

Bezeichnung	Feuerungsprinzip	Brennstoffart Beschickungsart Art der Wärmelieferung
Stückholzkessel	Unterer Abbrand; Naturzug- oder Gebläsebetrieb (Druck- oder Saugzuggebläse)	Scheitholz, Holzbriketts
		Handbeschickte Anlagen
		Diskontinuierliche Wärmelieferung
Pellet-Heizkessel	Unterer Abbrand; Gebläsebetrieb	Pellets
		Teilautomatisch durch Schnecken beschickte Anlagen
		Kontinuierliche Wärmelieferung
Heizkessel für Holzhackschnitzel	Vorofenfeuerung; im Kessel integrierte Feuerung, Gebläsebetrieb	Hackgut, Pellets, Späne in Einzelfällen: Häckselgut und Pellets aus Halmgut oder Maiskolben
		Automatisch durch Schnecken, Schwerkraft (selten Kolben)
		Kontinuierliche Wärmelieferung

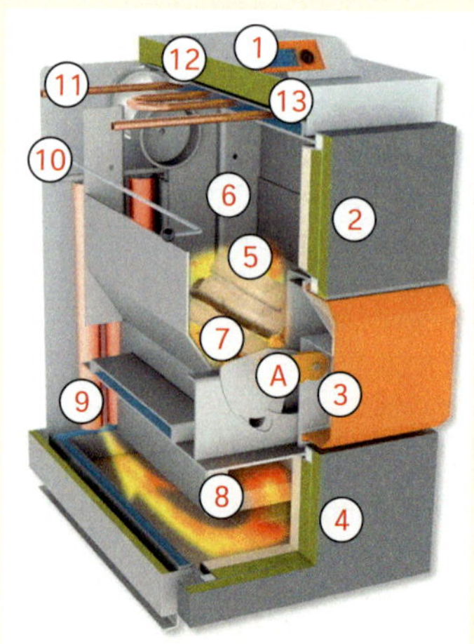

1 Regelung
2 Füllraumtür
3 Druckgebläse, stufenlos geregelt
4 Reinigungstür
5 Vergaserkammer mit abgeschrägten Wänden
6 Primärluftkammer
7 Keramikdüse leitet die Flamme nach unten und versorgt sie mit Sekundärluft
8 Einschubbrennkammer
9 Abgaswärmetauscher mit Turbulatoren
10 Anheizklappe mit Zuggestänge
11 Sicherheitswärmetauscher zur Abkühlung über thermische Ablaufsicherung
12 Kesselvorlauf
13 Wärmedämmung
A Lambda-Stellmotor

Abb. 2: Stückholzkessel*

Eine relativ schadstoffarme Verbrennung bis zu 50 % der Nennwärmeleistung ist somit auch bei handbeschickten Heizkesseln möglich. Da diese reduzierte Nennwärmeleistung für die Übergangszeit der Heizperiode meist noch zu hoch ist, werden solche Anlagen mit Pufferspeichern betrieben.

Pelletskessel

Der geringere Heizenergiebedarf moderner Wohnungen ermöglicht eine völlig neue Art des Heizens. Die Zentralheizung steht nicht mehr versteckt im Keller, sondern z. B. als dekorativer Blickfang mit Kaminfeuer-Atmosphäre im Wohnzimmer (Abb. 4). In Verbindung mit einem Solarkreissystem und einer auf diese Kombination abgestimmten Regelung lässt sich eine Wärmeversorgung realisieren, die auf den erneuerbaren Energieträgern Sonne und Holz beruht (Abb. 1, S. 520).

Holzpellets, hergestellt aus heimischem Holz, eignen sich auch für automatisch beschickte Heizkessel. Nach DIN EN ISO 17225 sind Pellets gepresste Hobel- und Sägespäne aus naturbelassenem Holz mit nachstehenden Qualitätsstandards für A1-Pellets (Tab. 2).

Tab. 2: Pellets nach DIN EN ISO 17225

Spezifikationen	Werte für A1
Heizwert H_i	4,583–5,278 kWh/kg
Schüttdichte	600–750 kg/m^3
Durchmesser	6 ±1 oder 8 ±1 mm
Länge	3,15 < L < 40 mm
Wassergehalt	< w ~10 %
Schwefelgehalt	< 0,04 %
Aschegehalt	< 0,7 %

Die Verbrennung der Pellets findet in einer Brennerschale statt, in die die Pellets über eine Förderschnecke transportiert werden (Abb. 4b). Pelletheizungen gibt es auch als raumluftunabhängige Geräte mit Brennwertnutzung. Ihr Kesselwirkungsgrad kann bis zu 106 % betragen. Durch innovative Verbrennungstechnologien werden sehr niedrige Staubemissionswerte erreicht, die die Grenzwerte nach 1. BImSchV, Stufe 2 erfüllen (Tab. 1, S. 521). Die Regelung einschließlich der Zündung erfolgt automatisch. In Abhängigkeit von der jeweiligen Heizleistung kann der Brenner modulierend betrieben werden, daher ist ein Pufferspeicher nicht erforderlich.

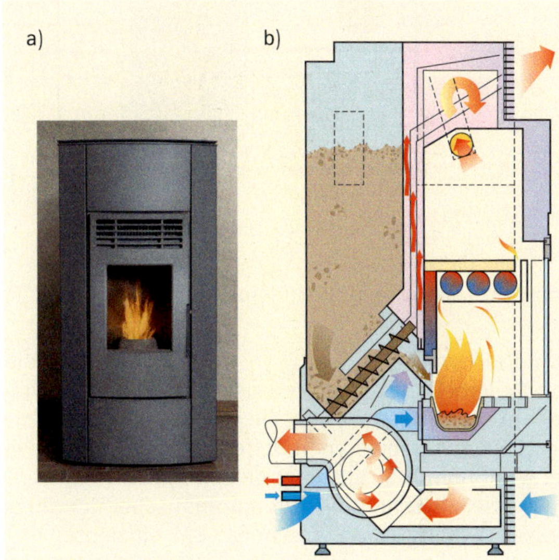

Abb. 4: a) Pellet-Heizkessel mit Kaminatmosphäre, b) Schnittbild

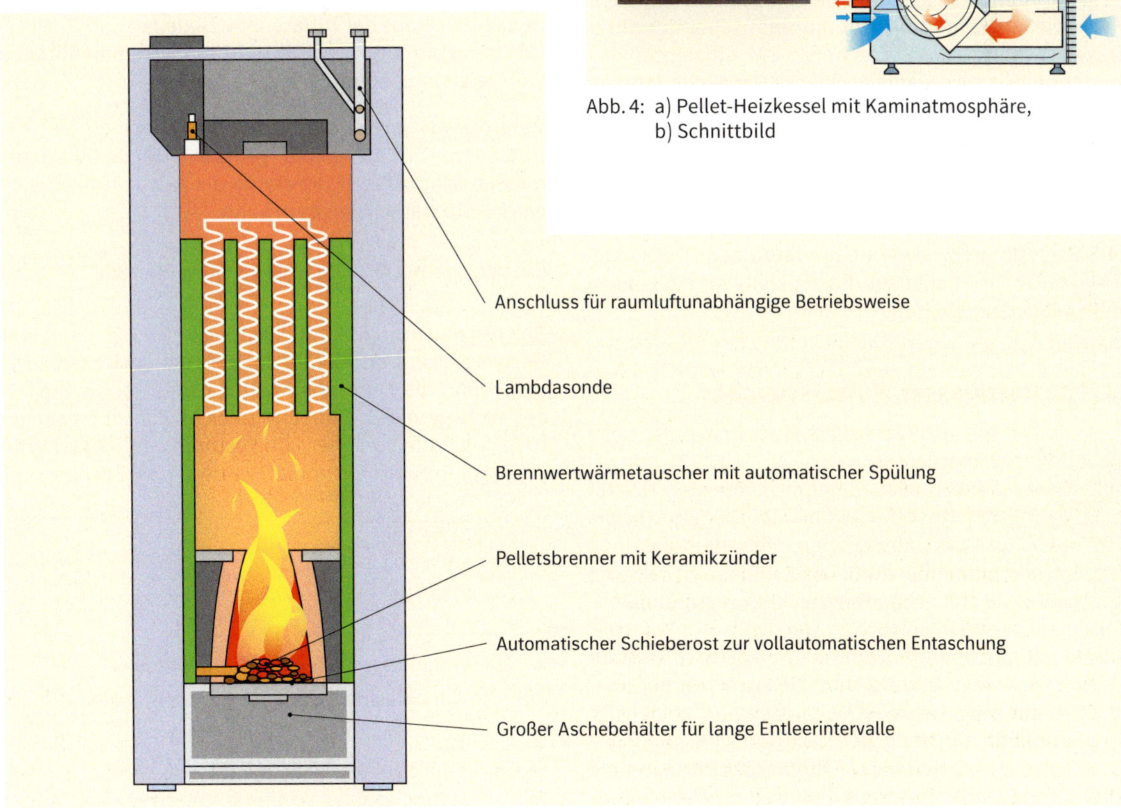

Abb. 3: Schnittbild eines Pellets-Brennwertkessels

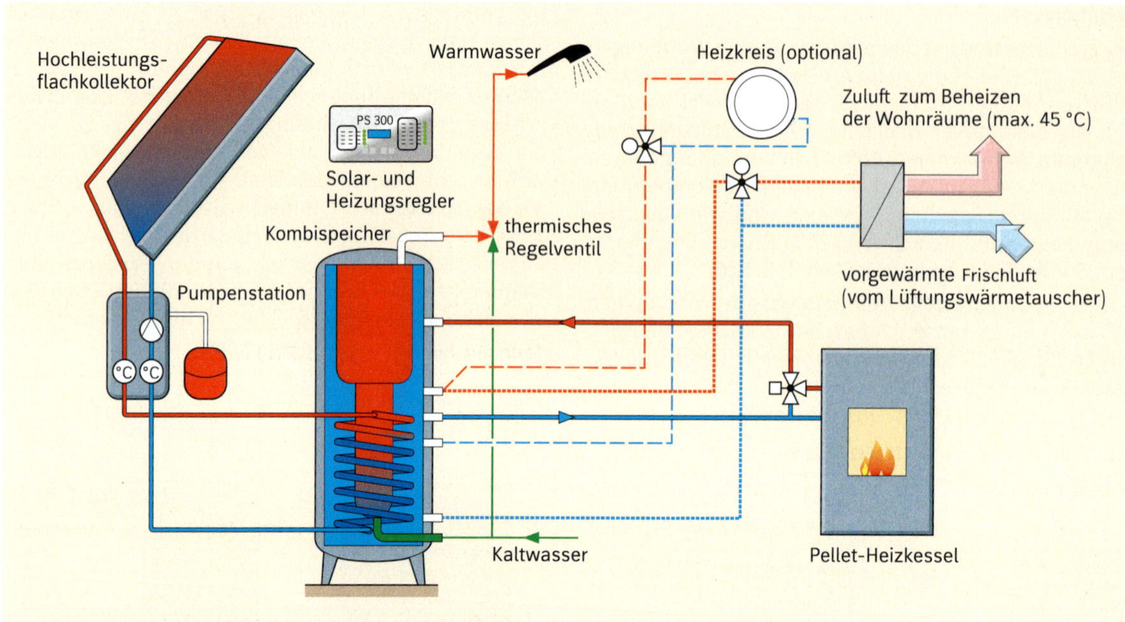

Abb. 1: Schaltschema mit Pellet-Heizkessel, Pufferspeicher (Kombispeicher) und Solarkreissystem

Um die Wärme gleichmäßig verteilen zu können, sollten Pelletheizungen idealerweise mit einer Wassertasche ausgestattet sein, über die ein Großteil der Wärme an einen angeschlossenen Pufferspeicher weitergeleitet wird. Abb. 3, S. 519 zeigt einen Pellets-Brennwertheizkessel als Schnittbild mit automatischer Zündung, Kesselreinigung und Entaschung. Bei effizienter Verbrennung fällt sehr wenig Asche an. Die Asche fällt dabei in einen großen Behälter, sodass dieser nur ein- bis zweimal pro Heizsaison entleert werden muss. Moderne Pelletheizungen sind in der Handhabung ebenso komfortabel wie Gasfeuerstätten.

Die Zufuhr der Pellets kann z. B. über ein flexibles Pellet-Saugsystem von einem Lagerraum zum Heizkessel erfolgen. Je 1 m² Pelletlagerfläche sollte eine Absaugsonde eingeplant werden.

11.9.3 Heizwasser-Pufferspeicher

Auch ein Festbrennstoff-Heizkessel wird nach der tiefsten Außentemperatur, z. B. nach DIN EN 12831, ausgelegt, sodass die Wärmeleistung für die meisten Heiztage im Jahr zu groß ist. Anders als bei Gas und Öl, die sich durch Ein- und Ausschalten oder modulierende Regelung der momentanen Heizlast anpassen, kann die Verbrennung in einem handbeschickten Festbrennstoff-Heizkessel nicht unterbrochen werden, wenn weniger Wärme gebraucht wird. Damit keine kostbare Wärmeenergie vergeudet wird, ist vom Gesetzgeber ab einer Kesselleistung von 15 kW ein Heizwasser-Pufferspeicher vorgeschrieben. Durch die Kombination eines Holzheizkessels mit einem Heizwasser-Pufferspeicher kann die Verbrennung bei einem optimalen Betriebspunkt erfolgen. Die nicht unmittelbar benötigte Wärme wird in den Pufferspeicher geleitet und nach dem Abbrand der Kesselbefüllung an den Heizkreis abgegeben.

! Nach DIN EN 303-5 muss ein Heizwasser-Pufferspeicher die überschüssige Energiemenge aufnehmen können, die sich aus der Differenz zwischen der im Heizkessel erzeugten und der vom Heizungssystem benötigten Wärmeleistung ergibt.

Bei Holzfeuerungen ohne Leistungsregelung muss der Heizwasser-Pufferspeicher gemäß 1. BImSchV so bemessen sein, dass er die Hälfte der Nutzwärmeabgabe einer Holzcharge speichern kann.

Faustformel: $V_{Pu} = \text{kg Holz im Füllraum} \cdot 30\,\text{l}$ in l

Bei Holzfeuerungen mit Leistungsregelung kann der Heizwasser-Pufferspeicher kleiner dimensioniert werden, wenn die Feuerung im Teillastbetrieb die Emissionswerte gemäß 1. BImSchV erreicht. Zur Dimensionierung von Pufferspeichern für Festbrennstoffkessel kann ein Excel-Programm genutzt werden (→ TB).

Bemessungsregel:

$$V_{Pu,min} = 15 \cdot \dot{Q}_{NL} \cdot t_B \cdot \left(1 - 0{,}3 \cdot \frac{\dot{Q}_{HL}}{\dot{Q}_{K,min}}\right) \quad \text{in l}$$

$V_{Pu,min}$: minimaler Pufferspeicherinhalt in l
$\dot{Q}_{NL}$: Nennwärmeleistung des Kessels in kW
t_B : Abbrandzeit einer Füllung in h
$\dot{Q}_{K,min}$: kleinstmögliche Kesselleistung in kW
15 : Umrechnungsfaktor in l/(kW · h)
$\dot{Q}_{HL}$: Norm-Heizlast des Gebäudes in kW

Wirkungsgrade

Wie Abb. 2 zeigt, können Festbrennstoff-Heizkessel mit

- unterem Abbrand und Pufferspeicher sowie
- Vorofenkessel mit automatischer Beschickung

Wirkungsgrade über 90 % erreichen.

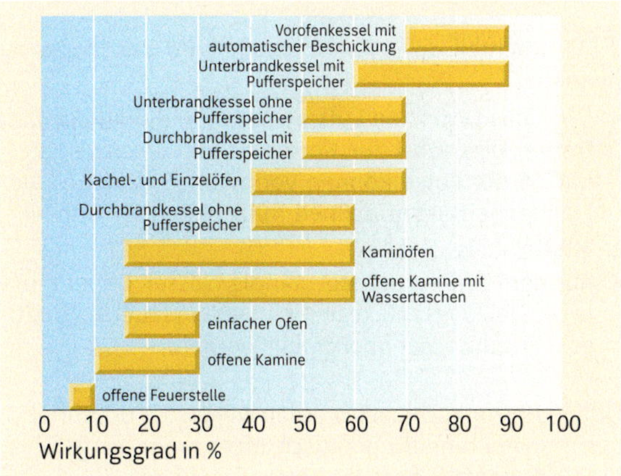

Abb. 2: Wirkungsgrade verschiedener Feuerstätten

Schadstoffemissionen

Holzbeheizte Kamine und Öfen haben sich nach neuesten Untersuchungen als gewaltige Verursacher von Feinstaubemissionen herausgestellt (Abb. 3). Feinstaub belastet nicht nur die Umwelt, sondern auch die Gesundheit. Er steht im Verdacht, Krebs auszulösen und das Erbgut zu verändern.

Fast 97 % des gesamten Staubes, der aus privaten Kleinfeuerungsanlagen ausgestoßen wird, besteht aus Feinstaub. Um die Emissionen aus privaten Holzfeuerungsanlagen zu senken, trat im Jahr 2010 die Novelle der 1. Bundesimmissionsschutz-Verordnung (1. BImSchV) in Kraft. Seither dürfen Biomasse-Zentralheizungen und Öfen nur dann im Betrieb bleiben, wenn die festgelegten Emissionswerte (Tab. 1) eingehalten werden. Bis zum Jahr 2015 galt für Altanlagen, die vor 1994 errichtet wurden, eine Übergangsfrist. Geprüft wird die Einhaltung der vorgeschriebenen Grenzwerte alle zwei Jahre durch Schornsteinfeger/-innen. Neben den Grenzwerten für den Feinstaub wird das Einhalten des Stickoxid- und des Kohlenstoffmonoxid-Anteils im Abgas überprüft.

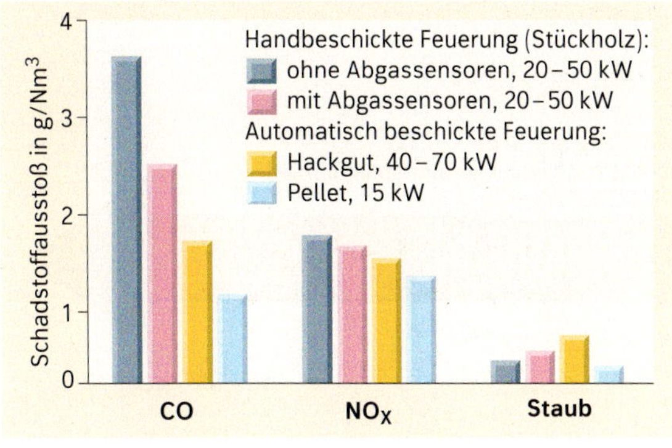

Abb. 3: Emissionswerte bei Nennwärmeleistung

Tab. 1: Schadstoffgrenzen für Holzheizkessel nach 1. BImSchV 2010

Stufe 1: Anlagen, die ab 2010 errichtet wurden			
Brennstoff	Nennwärme-Leistung (kW)	CO (g/Nm^3)	Staub (g/Nm^3)
Stückiges u. nicht stückiges Holz (Scheitholz, Späne)	4–500	1,0	0,10
Holzpellets	> 4–500	0,8	0,06
Stufe 2:[1] Anlagen, die nach 2014 errichtet wurden			
Stückiges u. nicht stückiges Holz (Scheitholz, Späne) und Holzpellets	> 4	0,4	0,02

[1] Für reine Scheitholzkessel gelten die geforderten Grenzwerte Stufe 2 erst ab 2017.

Für bestehende Heizkessel gelten nachstehende Übergangsfristen (Tab. 2). Den Betreibenden bleibt bis zu diesen Fristen Zeit, die Anlagen nachzurüsten, ansonsten wird die Befeuerungsanlage stillgelegt.

Tab. 2: Übergangsfristen für bestehende Heizkessel

Zeitpunkt der Errichtung	Ablauf der Übergangsfrist
1995 bis 2004	2019
2005 bis 2010	2025

Aufgaben

1. Beschreiben Sie den Verbrennungsverlauf bei festen Brennstoffen.
2. Welche Bedingungen müssen bei Feststoffheizkesseln in der Brennkammer erfüllt sein, damit es zur vollständigen Verbrennung kommt?
3. Welche Holzkesselarten unterscheidet man?
4. Warum benötigt ein Stückholzkessel neben der Primärluft zusätzlich noch Sekundärluft?
5. Wozu dient die Lambdasonde bei Holzheizkesseln?
6. Warum ist bei Festbrennstoff-Heizkesseln ab einer Kesselleistung von 15 kW ein Heizwasser-Pufferspeicher vorgeschrieben?
7. Warum kann bei abgasgeführt geregelten Stückholzkesseln ein kleinerer Pufferspeicher verwendet werden?
8. Nennen Sie drei wesentliche Vorteile von Pellet-Heizkesseln.
9. Welche Überprüfungen müssen Schornsteinfeger/-innen bei Biomasse-Zentralheizungen in welchen Zeitabständen durchführen?

11.10 Sicherheitstechnik

11.10.1 Sicherheitstechnische Einrichtungen für Warmwasserheizungen

Der sichere Betrieb einer Heizungsanlage setzt voraus, dass keine Gefahr durch *Überhitzung* oder durch unzulässigen *Druckanstieg* entsteht. Die Folgen könnten Wasser- oder Dampfaustritt, Explosionen und Brände sein. Daher sind Normen und technische Regeln über sicherheitstechnische Einrichtungen zu beachten (Abb. 1).

11.10.2 Einrichtungen für offene Heizungsanlagen nach DIN EN 12 828

Mit einem hochliegenden, offenen Ausdehnungsgefäß (OAG) wird eine *physikalische Absicherung* durchgeführt.

! Bei *offenen Wasserheizungsanlagen* steht das Ausdehnungsgefäß mit der Atmosphäre in Verbindung. Dabei steigt die Temperatur bis maximal 100 °C an (→ TB).

Das offene Ausdehnungsgefäß liegt an der höchsten Stelle der Anlage.

Das OAG ist über *Sicherheitsvor- und Rücklaufleitungen* (SVL und SRL) mit dem Wärmeerzeuger verbunden. Die SVL beginnt an der höchsten Stelle des Kessels und mündet beim OAG im Dampfraum.

! Als Nachteil der *offenen Anlage* sind besonders zu nennen:

- Über das OAG kann Luftsauerstoff in die Anlage eintreten. Dies führt zur Korrosion von Eisenwerkstoffen. In der Folge können vor allem Fußboden- und Flächenheizungen schnell verschlammen und verstopfen.
- Aus dem OAG verdunstet ständig Wasser. Daher muss in die Heizungsanlage immer wieder (sauerstoffhaltiges) Frischwasser nachgefüllt werden.

Offene Heizungsanlagen werden wegen der beschriebenen Nachteile heute praktisch nicht mehr ausgeführt. Sie sind allenfalls noch im Bestand zu finden.

Sicherheitstechnische Einrichtungen für Warmwasserheizungen nach DIN EN 12 828	
Heizungsanlagen im Allgemeinen müssen ausgerüstet sein mit ...	sicherheitstechnischen **Einrichtungen gegen die Überschreitung** • **der maximalen Betriebstemperatur,** • **des maximalen Betriebsdruckes.** Diese müssen geplant und ausgelegt werden in Übereinstimmung mit • der Bauart der Heizungsanlage (wie geschlossene oder offene Anlage) • der Art der Energiequelle • der Art, wie die erzeugte Wärme der Heizungsanlage zugeführt wird, d. h. automatische oder manuelle Regelung • Nennleistung des Wärmeerzeugersystems
Heizungsanlagen bis zu einer maximalen Betriebstemperatur von **105 °C** müssen **mindestens ausgerüstet** sein **mit:**	Einrichtungen zur Überwachung der Betriebsbedingungen wie Temperatur, Druck, Wasserstand (bei offenen Anlagen) – **Temperaturmessgerät** – **Druckmessgerät** – **Temperaturregler (TR)** TR – **Befüllungseinrichtung** F

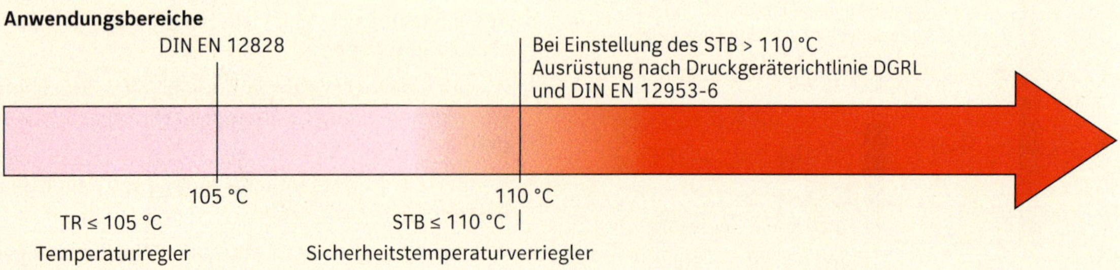

Abb. 1: Sicherheitstechnische Einrichtungen für Warmwasserheizungen und deren Anwendungsbereiche

11.10.3 Einrichtungen für geschlossene Anlagen nach DIN EN 12 828

Geschlossene Anlagen werden für *Pumpenheizungen* bevorzugt, da sie vor allem das Eindringen von Sauerstoff in das System unterbinden. Es handelt sich vorwiegend um die heute allgemein übliche Installationsart einer Warmwasser-Zentralheizung.

! Nach DIN EN 12 828 bedeutet Sicherheitstechnik vor allem, die *Temperatur* und den *Druck* so zu *regeln* und zu *begrenzen*, dass die zulässigen Grenzwerte nicht überschritten werden.

Die Norm fordert *Sicherheitseinrichtungen*
- gegen Überschreiten der maximalen Sicherheitstemperatur,
- gegen Überschreiten des maximalen Betriebsdrucks,
- gegen Wassermangel,
- zur Aufnahme der Volumenänderung sowie
- Druck- und Temperaturanzeigegeräte.

Zur *thermostatischen Absicherung* gibt es grundsätzlich zwei Möglichkeiten:
- durch Temperaturregler (TR) und Sicherheitstemperaturverriegler (STB) bei einer schnell abschaltbaren Feuerung, z. B. bei Öl-, Gasbrennern oder Pelletöfen
- durch eine thermische Ablaufsicherung an einem Festbrennstoff-Wärmeerzeuger, welche die im Kessel entstehende Wärme schnell abführt

Die maximale Sicherheitstemperatur ist durch einen Temperaturregler (TR) und einen Sicherheitstemperaturverriegler (STB) zu begrenzen. Dabei ist der TR ≤ 105 °C und der STB ≤ 110 °C einzustellen.

Die sicherheitstechnische Grundausstattung einer *Warmwasserheizung für öl- und gasbeheizte Wärmeerzeuger* ist nach DIN EN 12 828 auszuführen (→ TB). Die dafür notwendigen Sicherheitsausrüstungen werden im Folgenden behandelt.

11.10.4 Sicherheitseinrichtungen gegen Temperaturüberschreitung

Temperaturregler

! Der *Temperaturregler TR* (auch Kesselthermostat) passt die Wärmeerzeugung durch Unterbrechen oder Drosseln der Brennstoffzufuhr zum Brenner an den Wärmeverbrauch an.

Sicherheitstemperaturverriegler

! Der *Sicherheitstemperaturverriegler STB* muss bei Ausfall des TR und Erreichen der zulässigen Vorlauftemperatur die Brennstoffzufuhr des Brenners ohne Verzögerung abschalten.

Der Sicherheitstemperaturverriegler begrenzt und verriegelt den Wärmeerzeuger gegen selbsttätiges Wiedereinschalten. Er kann nur mit einem Werkzeug nach dem Abkühlen des Kessels entriegelt werden.

Thermometer

In der Vorlaufleitung des Wärmeerzeugers oder direkt im Wasserraum des Wärmeerzeugers ist ein *Thermometer* eingebaut.

11.10.5 Sicherheitseinrichtungen gegen Drucküberschreitung

Sicherheitsventil

Gegen das Überschreiten des maximalen Betriebsdrucks muss jeder Wärmeerzeuger in geschlossenen Anlagen mit einem Sicherheitsventil gesichert sein.

! Das *Sicherheitsventil SV* ist die letzte Sicherung, wenn die thermostatische Absicherung durch den Temperaturregler und den Sicherheitstemperaturverriegler ausfällt.

Im Notfall muss durch das SV die Heißwasser- und Dampfmenge entweichen, damit ein Druckanstieg verhindert wird. Bei normaler Funktion der Anlage tritt das Sicherheitsventil nicht in Funktion.

Das SV muss so nahe wie möglich am Wärmeerzeuger leicht zugänglich angebracht werden. Meistens werden federbelastete *Membran-Sicherheitsventile MSV* für einen Betriebsdruck von maximal 2,5 oder 3 bar bis etwa 1 000 kW Nennwärmeleistung eingesetzt (Abb. 2). Sie sind in der Regel durch eine rote Kappe für den Heizungseinsatz gekennzeichnet.

Die *Ventilgröße* richtet sich nach der Wärmeleistung des Wärmeerzeugers. Die Nennweite der Abblaseleitung ist immer eine Nennweitenstufe größer als die SV-Zuleitung, z. B. bis 50 kW (DN 15 → DN 20, → TB).

Jedes Sicherheitsventil muss eine eigene Zulaufleitung von max. 1 m Länge und eine eigene Abblaseleitung besitzen. Die Leitungen zum und vom SV dürfen nicht absperrbar sein und keine Formstücke und Schmutzfänger enthalten, die zur Verengung des lichten Querschnitts führen. Die Zuleitung darf höchstens einen Bogen aufweisen.

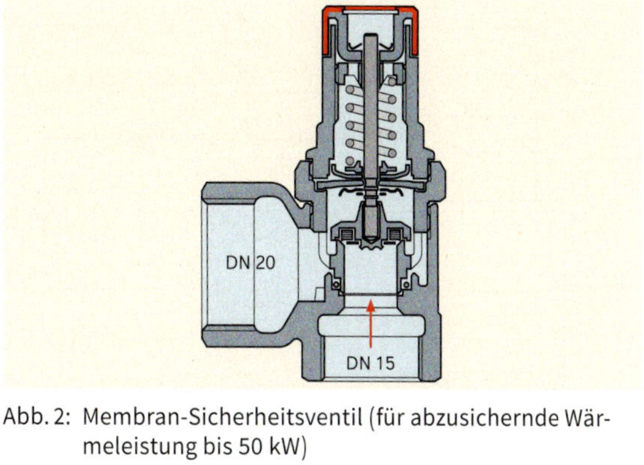

Abb. 2: Membran-Sicherheitsventil (für abzusichernde Wärmeleistung bis 50 kW)

Ausströmender Dampf und austretendes Heizungswasser müssen gefahrlos und sichtbar abgeleitet werden. Zweckmäßig ist es, die *Abblaseleitung* mit Gefälle in einen Ablauftrichter zu führen (→ TB).

Bei Wärmeerzeugern über *300 kW* muss in unmittelbarer Nähe jedes Sicherheitsventils ein *Entspannungstopf* angeordnet sein. Darin entspannt sich der Wasserdampf zu Kondensat und fließt nach unten ab (→ TB). Restdampf entweicht nach oben.

Bei einer *Warmwasserheizung* über 300 kW kann ein Entspannungstopf wegfallen, wenn stattdessen ein zusätzlicher STB und ein weiterer Druckbegrenzer eingebaut werden. Diese können dann zu den schon vorhandenen in Reihe geschaltet werden.

SV müssen jährlich von einer Fachperson auf Funktion überprüft werden. Dazu dient die Anlüftvorrichtung am SV, mit der durch Drehen der Kappe ein ordnungsgemäßes Abblasen getestet wird. Defekte SV sind komplett zu erneuern.

Druckbegrenzer

Wärmeerzeuger, die über 3 bar abgesichert sind oder mehr als 300 kW Nennwärmeleistung haben, sind mit einem *Druckbegrenzer* auszustatten. Dieser ist so einzustellen, dass er die Feuerung bei unzulässiger Druckerhöhung im Kessel vor dem Ansprechen des SV abschaltet und verriegelt. Den Einbau zeigt Abb. 1.

Direkt beheizte Wärmeerzeuger mit einem Anlagendruck über 3 bar oder einer Nennwärmeleistung größer 300 kW erhalten einen *Mindestdruckbegrenzer*. Dieser muss beim Unterschreiten des erforderlichen Mindestdrucks die Feuerung abschalten und verriegeln. Dadurch wird das Verdampfen des Heizwassers verhindert.

Der Mindestdruckbegrenzer wird in die Ausdehnungsleitung des Wärmeerzeugers eingebaut (Abb. 2).

Manometer und Kesselsicherheitsblock

Zur Funktionsüberwachung des Druckes ist ein Manometer vorgeschrieben, das am Wasserraum des Kessels oder in dessen Nähe am Vorlauf eingebaut ist.

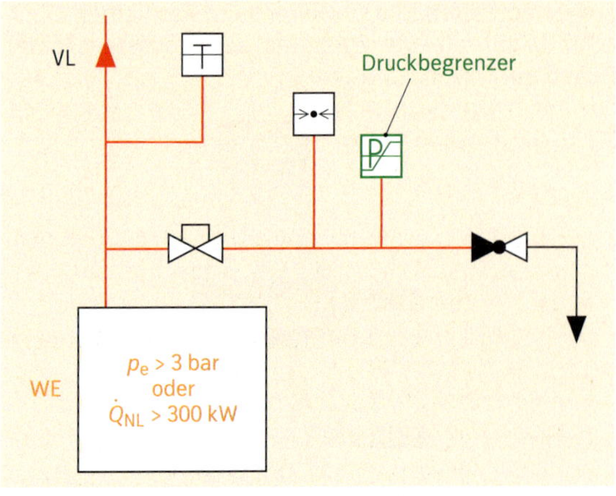

Abb. 1: Direkt beheizter Wärmeerzeuger mit SV > 3 bar oder $\dot{Q}_{NL}$ > 300 kW

Das Manometer hat farbliche Markierungen für den Mindestbetriebsdruck der Heizungsanlage sowie den Ansprechdruck des SV. Im unteren Leistungsbereich von Warmwasserheizungsanlagen werden häufig Kompakteinheiten aus Manometer, automatischem Entlüfter und SV für den Einbau im Vorlauf eingesetzt, sog. *Kesselsicherheitsblock* (Abb. 3).

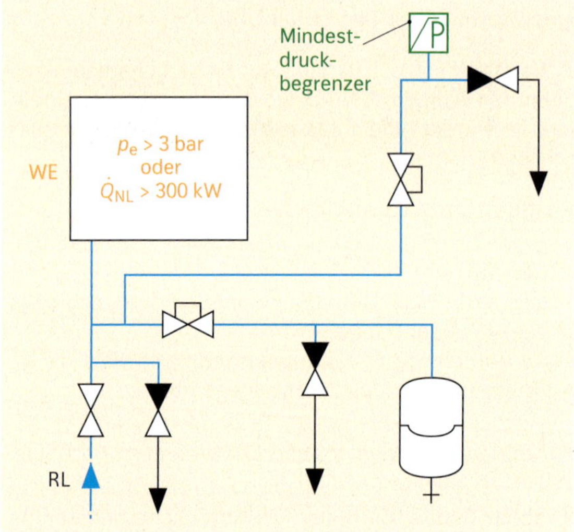

Abb. 2: Direkt beheizter Wärmeerzeuger mit SV > 3 bar oder $\dot{Q}_{NL}$ > 300 kW

11.10.6 Sicherheitseinrichtung gegen Wassermangel

Wassermangelsicherung

Grundsätzlich ist jeder direkt beheizte Wärmeerzeuger mit einer Wassermangelsicherung oder einer entsprechenden Einrichtung, z. B. Mindestdruckbegrenzer, auszustatten.

! Die *Wassermangelsicherung WMS* schützt vor unzulässiger Erwärmung bei Wassermangel (d. h. beim Erreichen des eingestellten minimalen Wasserstandes in der Heizungsanlage). Im Störungsfall schaltet die WMS die Kesselfeuerung aus und verriegelt sie.

Die WMS arbeitet mit einer Schwimmerkonstruktion. Sie muss i. d. R. senkrecht im Kesselvorlauf eingebaut werden. Dabei muss der Abschaltpunkt mindestens 100 mm über der höchsten beheizten Fläche des Wärmeerzeugers liegen (→ TB).

Sinkt der Wasserstand im Heizkessel unter diesen Minimalwert, so wird über einen Schwimmer ein Schalter betätigt. Über diesen Schalter wird die Spannungsversorgung des Brenners unterbrochen. Zur Überprüfung der Funktion der WMS kann der Schwimmer mithilfe eines Gestänges nach unten gedrückt und Wassermangel simuliert werden. Die dadurch verursachte Verriegelung verhindert ein unbeabsichtigtes Wiedereinschalten der Feuerung beim Aufsteigen des Schwimmers und erfordert ein manuelles Rücksetzen.

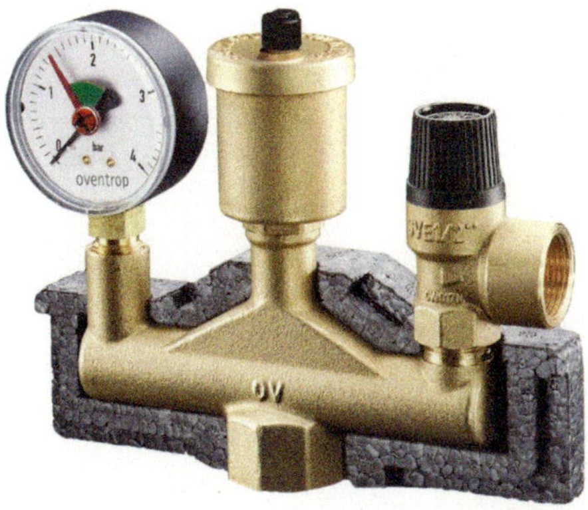

Abb. 3: Kesselsicherheitsblock

! Bei *Wärmeerzeugern bis 300 kW* kann auf eine WMS verzichtet werden, wenn durch den Einbau eines Mindestdruckbegrenzers, eines Durchflussreglers oder durch eine andere vom Kesselhersteller nachgewiesene Maßnahme sichergestellt ist, dass eine unzulässige Erwärmung bei Wassermangel nicht auftreten kann.

In einigen Warmwasserheizungsanlagen kann eine Kombination aus Durchflussregler und WMS erforderlich sein. Dies ist im Einzelfall in der Installationsanleitung des jeweiligen Wärmeerzeugers vermerkt.

11.10.7 Volumenausdehnung von Stoffen bei Temperaturänderung

Die räumliche Ausdehnung eines Körpers ist in der Installationstechnik bei Hohlkörpern von Interesse, z. B. bei einem Speicher oder einem Heizkörper. Solche Hohlkörper dehnen sich wie ein Vollkörper des gleichen Materials aus. Der Volumenausdehnungskoeffizient γ hat etwa die dreifache Größe des Längenausdehnungskoeffizienten:

$$\gamma \approx 3 \cdot \alpha \qquad \text{in } \frac{1}{\text{K}}$$ (→ TB)

Die Volumenausdehnung wird berechnet nach der Formel:

$$\Delta V = V_0 \cdot \gamma \cdot \Delta\vartheta \qquad \text{in m}^3 \text{ bzw. dm}^3$$

Ausdehnung von Flüssigkeiten

Die Ausdehnung von Flüssigkeiten gibt es nur in Form der Volumendehnung, da Flüssigkeiten keine bestimmte Gestalt haben, sondern nur der jeweiligen Gefäßform (Rohr, Behälter) angepasst sind.

Der *Volumenausdehnungskoeffizient* $\gamma_{Flü}$ – ermittelt z. B. durch Versuche – ist eine Stoffkonstante, die etwa 100-fach größer ist als bei Festkörpern (Tab. 1).

Tab. 1: Volumenausdehnungskoeffizienten $\gamma_{Flü}$ (Auswahl)

Stoffart	$\gamma_{Flü}$ in $\frac{1}{K}$
Ethylalkohol	0,00109
Heizöl EL	0,00070
Quecksilber	0,00018
Toluol	0,00108
Butan (flüssig)	0,00247

Die Volumenausdehnung erfolgt wie bei festen Stoffen proportional zur Temperatur, mit der Ausnahme von Wasser. Es gilt auch die gleiche Formel:

$$\Delta V = V_0 \cdot \gamma_{Flü} \cdot \Delta\vartheta \qquad \text{in m}^3 \text{ bzw. dm}^3$$

In der Installationstechnik ist die Kenntnis des Ausdehnungsvolumens an vielen Stellen wichtig, z. B.:

- Volumenzunahme eines Tankinhalts
- Temperaturregelung mit thermostatischen Ventilen
- Schaltvorgänge mit Regelventilen

Eine weitere Anwendung gibt es in der Temperaturmessung.

Ausdehnung von Wasser

Die Anomalie des Wassers äußert sich durch seine ungleichmäßige Ausdehnung bei Temperaturänderungen. Deshalb kann die Ausdehnung des Wassers nicht mit einem allgemein gültigen Volumenausdehnungskoeffizienten gekennzeichnet werden, sondern muss durch das zur jeweiligen Temperatur gehörende Volumen (spezifisches Volumen v) beschrieben werden.

Sich erwärmendes Wasser muss Raum zur Ausdehnung haben. Folgerungen für die Installationstechnik sind z. B.:

- Warmwasserheizungen müssen ein Ausdehnungsgefäß mit ausreichender Volumengröße haben. Das Heizungswasser darf aber nicht ablaufen, da es sonst bei Temperaturrückgang in der Anlage fehlen würde.
- In einem Warmwasserbereiter ist, wenn er nicht voll aufgeheizt ist, eine Wasserschichtung feststellbar. Das wärmste Wasser liegt oben, nach unten nimmt die Wassertemperatur ab.
- In einer Schwerkraftheizung entsteht ein Wasserumtrieb (Zirkulation), da wärmeres und somit leichteres Wasser in den Rohren nach oben steigt.

Aufgaben

1. Ein Behälter mit 500 l Inhalt dehnt sich bei einer Erwärmung um 30 K um 1,08 dm³ aus. Aus welchem Material ist der Behälter gefertigt?
2. Das Heizöl EL in einem Öltank aus nichtrostendem Stahl mit 1 000 l Inhalt erwärmt sich um 10 K. Wie groß ist die Volumenausdehnung des Heizöls?
3. Ein im Freien stehender Tank aus unlegiertem Stahl hat einen Inhalt von 750 l. Der Inhalt vergrößert sich bei einer Temperaturerhöhung von 30 K um 55,75 l. Welcher Stoff ist im Tank enthalten?

Berechnungen

Beispiel 1

Wie groß ist der Volumenausdehnungskoeffizient von Aluminium?

Geg.: $\alpha = 0{,}000024\ \frac{1}{K}$

Ges.: γ

Lös.: $\gamma = 3 \cdot \alpha = 3 \cdot 0{,}000024\ \frac{1}{K} = 0{,}000072\ \frac{1}{K}$

Beispiel 2

Ein Kupferbehälter mit 200 l Inhalt wird um 50 K erwärmt. Wie groß ist die Volumenvergrößerung?

Geg.: $V_0 = 200\ l = 200\ dm^3$, $\alpha = 0{,}000017\ \frac{1}{K}$, $\Delta\vartheta = 50\ K$

Ges.: ΔV in dm^3

Lös.: $\Delta V = V_0 \cdot \gamma \cdot \Delta\vartheta = 200\ dm^3 \cdot 3 \cdot 0{,}000017\ \frac{1}{K} \cdot 50\ K = 0{,}51\ dm^3$

Beispiel 3

Der Inhalt eines Tankwagens mit $10\ m^3$ Heizöl erwärmt sich in der Sonne um 8 K. Wie groß ist die Volumenausdehnung des Heizöls?

Geg.: $V_0 = 10\ m^3$, $\gamma_{Flü} = 0{,}00070\ \frac{1}{K}$, $\Delta\vartheta = 8\ K$

Ges.: ΔV

Lös.: $\Delta V = V_0 \cdot \gamma_{Flü} \cdot \Delta\vartheta = 10\ m^3 \cdot 0{,}00070\ \frac{1}{K} \cdot 8\ K = 0{,}056\ m^3$

11.10.8 Einrichtungen zum Ausgleich der Wasservolumenänderungen – tief liegende, geschlossene Ausdehnungsgefäße

Die sich beim Betrieb einer Heizungsanlage ständig ändernde Temperatur des umlaufenden Heizungswassers bewirkt eine Vergrößerung oder Verkleinerung des Wasservolumens. Bei konstantem Anlagenvolumen würde deshalb der Druck ständig zwischen Überdruck und Unterdruck schwanken.

Erforderlich ist jedoch ein nahezu gleichbleibender Arbeitsdruck in der Heizungsanlage.

Daher werden zum Ausgleich dieser temperaturbedingten Veränderungen *Druckhalteeinrichtungen* in die Anlage eingebaut. Ohne sie würde immer wieder Ausdehnungswasser über das SV entweichen. Die Anlage müsste regelmäßig nachgefüllt werden. Bei Unterdruck infolge von Volumenverringerung könnte Luft durch nicht gasdichte Verbindungsstellen in die Anlage eindringen. In beiden Fällen besteht Korrosionsgefahr. Diese kann durch den Einbau von geschlossenen Ausdehnungsgefäßen verhindert werden.

! *Geschlossene Ausdehnungsgefäße* werden in Wasserheizungsanlagen eingebaut, um das Ausdehnungsvolumen des Anlagenwassers aufzunehmen und somit den erforderlichen Anlagendruck in engen Grenzen (zwischen Füll- und Enddruck) zu halten (Abb. 1).

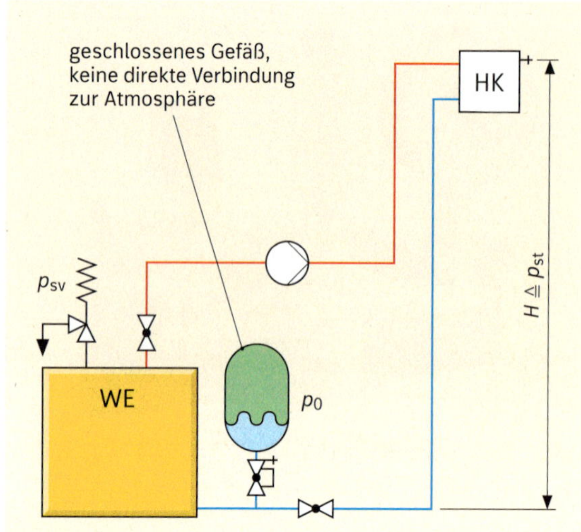

Abb. 1: Warmwasserheizung mit geschlossenem Ausdehnungsgefäß

Als geschlossene Ausdehnungsgefäße werden nahezu ausschließlich *Membrangefäße* eingesetzt. Man unterscheidet:

- *Membran-Druckausdehnungsgefäße* (MAG – im Ein-, Zwei- und Mehrfamilienhausbereich werden MAGs bis 400 Liter und mit einem maximalen Betriebsdruck von 3 bar eingebaut (Abb. 2).
- Ausdehnungsgefäße mit Fremddruckerzeugung, auch als *Druckhaltesysteme* (DHS) bezeichnet

Beim MAG wird der Druck durch ein „festes“ Gaspolster erzeugt. Diese Konstruktion bezeichnet man als *statische Druckhaltung ohne Hilfsenergie*.

Unter Fremddruckerzeugung versteht man, dass die Druckhaltung mittels Pumpe oder Kompressor gesteuert wird. Dies nennt man *dynamische Druckhaltung mit Hilfsenergie* (DHS). Meist setzt man diese DHS erst in größeren Anlagen ein (Nennvolumen bis 10.000 Liter und bis 10 bar).

Moderne DHS enthalten in einer Konstruktionseinheit auch die Funktionen Entgasung und Nachspeisung der Anlage.

Membran-Druckausdehnungsgefäße

Membran-Druckausdehnungsgefäße in Heizungsanlagen tragen die Bezeichnung MAG-H und häufig die Farbe Rot, um sie von denen in Trinkwassererwärmungsanlagen zu unterscheiden: MAG-W, Farbe meist Grün.

Der Vorteil des MAG ist seine einfache, robuste Bauweise.

Die Volumenänderung, die durch Aufheizen von der tiefsten Temperatur auf die maximale Sicherheitstemperatur der Anlage entsteht, entspricht dem Ausdehnungsvolumen (V_e). Dieses wird in einem Membranraum oder auch Wasserraum mit dem Nennvolumen (V_n) gespeichert. Für jedes MAG ist dieses maximal aufnehmbare Wasservolumen V_n definiert.

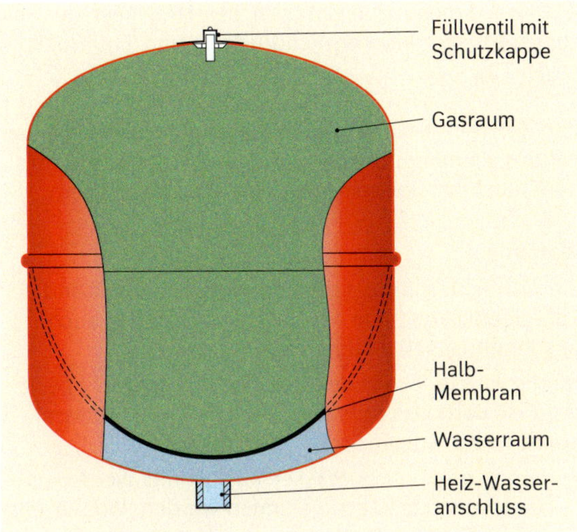

Abb. 2: Grundaufbau eines MAG mit Umstülpmembran

Eine Gummimembran trennt den Gasraum vom Wasserraum. Es gibt MAG mit Umstülpmembran (Halbmembran, Abb. 2) und mit Blasenmembran.

Das MAG wird vom Hersteller über ein Füllventil in der Regel mit Stickstoff auf einen bestimmten *Vordruck* p_0 gefüllt. Üblich sind Abstufungen des werkseitigen Vordrucks ab 1,5 bar bis 10 bar. Mit diesem Gasüberdruck p_0 wird das MAG geliefert. Anpassungen führt der Installateur bzw. die Installateurin aus. Das Gas wird je nach Ausdehnungsvolumen mehr oder weniger komprimiert. So steigt und fällt der Druck in Abhängigkeit von der Temperatur. Das MAG-H hat folgende *wesentliche Aufgaben*:

- die Volumenschwankungen des Anlagenwassers infolge von Temperaturänderungen und Wasserverlusten zu kompensieren
- den Mindestbetriebsdruck sicherzustellen und das Entstehen von Unterdruck zu vermeiden
- das Überschreiten des Höchstdrucks in der Anlage zu vermeiden, damit das Sicherheitsventil am Wärmeerzeuger nicht anspricht

Die *Installation des MAG* ist nach den Montageanleitungen der Hersteller auszuführen. Besonders zu beachten ist dabei, für welche Einbaulage und welchen Anwendungsbereich das MAG zugelassen ist. Der werksseitig voreingestellte Gasvordruck im Lieferzustand beträgt zumeist 1,5 bis 2,5 bar. Die Betriebsbedingungen des MAG werden durch die Betriebsweise des Heizkessels bestimmt. Deshalb legt die EN 12 828 fest:

! Jeder Wärmeerzeuger muss einzeln über eine *Ausdehnungsleitung* mit einem Druckhaltesystem verbunden sein.

Das bedeutet praktisch für jeden Kessel ein eigenes MAG. Die Ausdehnungsleitung ist bis 20 kW Nennwärmeleistung mit DN 20, bis 300 kW mit DN 32 zu bemessen.

! *Ausdehnungsgefäße* müssen gesichert, absperrbar und entleerbar sein.
Sie sind vorzugsweise in den *Anlagenrücklauf* einzubauen.

Das Sichern gegen unbeabsichtigtes Schließen erfolgt durch Kappenventile oder -kugelhähne. Das Entleeren ermöglicht Wartung und Austausch des MAG.

Die Membran ist nur für eine Dauerbelastung von maximal 70 °C ausgelegt. Mit steigender Temperatur sinkt ihre Haltbarkeit.

Inbetriebnahme

Damit das MAG seine Funktion bestimmungsgemäß erfüllen kann, ist es entsprechend auszulegen und bei der *Inbetriebnahme* auf die anlagenspezifischen Werte abzustimmen.

1. Zunächst ist der *Vordruck* p_0 auf den Wert einzustellen, der bei Auswahl und Berechnung zugrunde gelegt wurde. Dieser Mindestbetriebsdruck bestimmt sich aus dem Wasserdruck im Betriebsruhezustand, also bei kalten Temperaturen, damit das Ausdehnungsvolumen des MAG in voller Höhe für den Anlagenbetrieb zur Verfügung steht.

   Deshalb ergibt sich der *minimale Vordruck* aus dem statischen Druck der Anlage, d. h. aus der statischen Höhe (Abb. 3).

   Bei Vorlauftemperaturen > 100 °C ist noch der Verdampfungsdruck hinzuzurechnen, z. B. bei 110 °C mit 0,5 bar und bei 120 °C mit 1 bar. Der Vordruck ist auf dem Typenschild oder auf dem MAG festzuhalten, was für spätere Wartungsarbeiten sehr wichtig ist.

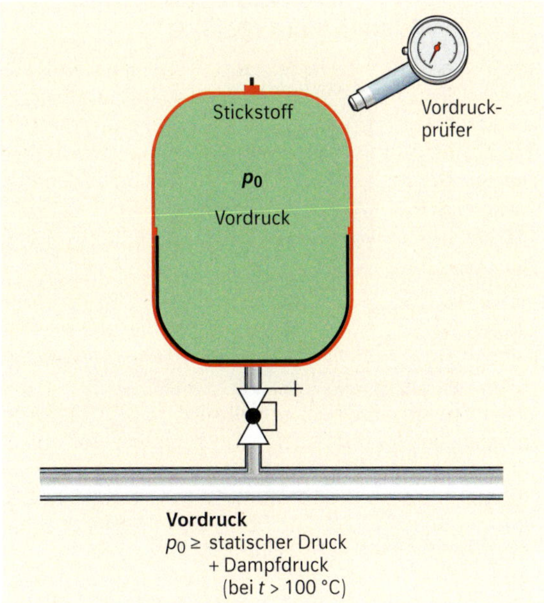

Abb. 3: Vordruck beim MAG

! Das MAG muss auf den richtigen *Vordruck* eingestellt werden.

2. Der nächste Vorgang ist das korrekte wasserseitige Füllen des MAG. Dabei wird eine gewisse Menge kalten Wassers eingebracht, die *Wasservorlage* V_V. Diese Wasserreserve im MAG soll eventuelle Wasserverluste durch Undichtigkeiten in der Heizungsanlage ausgleichen. Ungeachtet dieser Wasservorlage ist unbedingt zu fordern, dass die Heizungsanlage absolut dicht zu installieren ist.

   Nach EN 12828 muss die Wasservorlage bei einem MAG-Nennvolumen ≤ 15 l mindestens 3 l betragen, darüber hinaus (> 15 l V_n) 0,5 % des Nennvolumens.
3. Wenn die Heizungsanlage auf maximale Vorlauftemperatur aufgeheizt, entgast und entlüftet wird, stellt sich der Enddruck p_e ein. Er liegt 0,5 bar unter dem Ansprechdruck des Sicherheitsventils.
4. Im kalten Zustand wird der Fülldruck am Anlagenmanometer auf den berechneten Wert eingestellt.

   Üblicherweise liegt der Fülldruck 0,3 bis 0,5 bar über dem Vordruck. Der Fülldruck sollte auf dem MAG vermerkt werden.

   Eine falsche Einstellung des Vordrucks p_0 sowie die oft fehlende oder zu geringe Wasservorlage $V_V \triangleq$ Fülldruck p_F sind die Hauptursachen für die häufig in der Praxis zu beobachtende ungenügende Arbeitsweise von MAG. Zum Beispiel zeigt sich die falsche, zu große Wasservorlage daran, dass der eigentliche Ausdehnungsraum im MAG beim Aufheizen der Anlage nun zu klein ist und das SV abbläst.

! Das MAG benötigt zur einwandfreien Funktion eine ausreichende *Wasservorlage*, die über den Fülldruck eingestellt wird (Abb. 1).

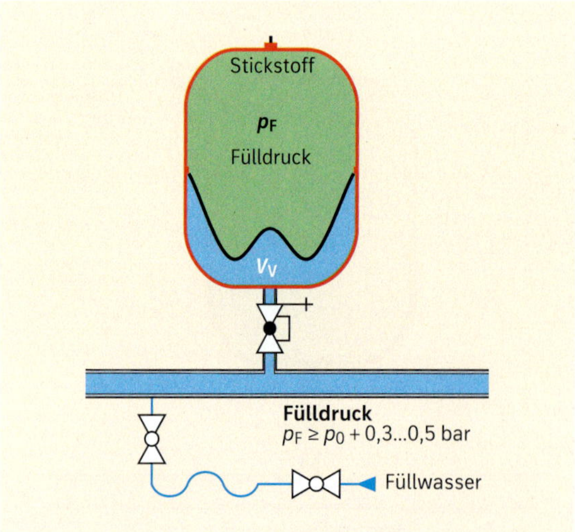

Abb. 1: Wasservorlage und Fülldruck des MAG

5. Der *Enddruck* p_e stellt sich beim Aufheizen auf maximale Vorlauftemperatur ein. Dabei nimmt das MAG das Ausdehnungsvolumen V_e zusätzlich auf. Das Stickstoffpolster wird auf den Anlagenenddruck komprimiert.

! Der *optimale Arbeitsbereich* des MAG liegt im Heizungsbetrieb zwischen Fülldruck p_F und Enddruck p_e (→ TB).

Von Herstellern werden auch Geräte angeboten, die den Fülldruck und damit die Wasservorlage ständig kontrollieren und ggf. über eine Nachspeiseanlage sichern.

Wartung

Zur Aufrechterhaltung der Funktionssicherheit und der Energieeffizienz einer Heizungsanlage sollte auch das Ausdehnungsgefäß jährlich gewartet werden.

Häufig wird jedoch in der Praxis überhaupt nicht gewartet. Erst *Betriebsstörungen* lenken die Aufmerksamkeit auf das MAG. Solche Störungen sind z. B.:

- Immer öfter muss Wasser nachgefüllt werden, obwohl keine Leckagen gefunden werden. Wasser entweicht über das Sicherheitsventil.
- In den hochliegenden Heizkörpern gibt es immer wieder Luftansammlungen. Damit gehen Zirkulationsstörungen und Geräusche einher. Hier hat sich Unterdruck gebildet, die Luft in die Anlage einsaugt. Umwälzpumpen fördern nicht mehr korrekt, da in ihnen Luft vorhanden ist.

Eine *Wartung* soll im Wesentlichen folgende Arbeitsinhalte aufweisen:

1. äußere Prüfung des MAG auf Gefäßbeschädigungen und Korrosion
2. Prüfung auf einen Defekt der Membran, d. h. Wasser im MAG-Gasraum, das am Stickstoffventil entweicht
3. Prüfen der Druckeinstellung; zunächst ist das Kappenventil zu schließen und die Wasserseite des MAG zu entleeren. Anschließend ist der Vordruck p_0 zu prüfen und ggf. zu korrigieren. Nach dem Schließen der Entleerung und Öffnen des Kappenventils ist der Fülldruck wieder einzustellen.

! *Inbetriebnahme und Wartungsarbeiten*, insbesondere die Korrektureinstellungen, sind zu dokumentieren.

Die Eintragungen erfolgen auf dem Typenschild oder in einem Servicepass.

Die ausreichende *Dimensionierung* eines MAG für die vorliegende Heizungsanlage erfolgt nach den Vorgaben der EN 12828. Hersteller bieten dazu auch ausführliche Software-Programme an. Eine schnelle und richtige Auswahl erhalten Installateurinnen und Installateure durch Unterlagen der Hersteller, aus denen das MAG abhängig von

- der maximalen Heizwassertemperatur,
- dem Wasserinhalt V_A der Anlage und damit von der Art der Heizflächen (Radiator, Platten-HK, Konvektoren, Fußbodenheizung usw.),
- dem Gefäßvordruck und
- dem Abblasedruck des Sicherheitsventils

ausgewählt wird.

Berechnungen zum Membran-Druckausdehnungsgefäß (→ TB)

Bezeichnung	Formelzeichen	Einheit
Ausdehnungsvolumen	V_e	dm³
Ausdehnung	e	%
Wasserinhalt der Anlage	V_A	dm³
Wasservorlage	V_V	dm³
Nennvolumen des MAG	V_n	dm³
Vordruck (Mindestbetriebsdruck)	p_0	bar
Statischer Druck der Wassersäule	p_{st}	bar
Dampfdruck	p_D	bar
Höhendifferenz zwischen MAG und höchstem Punkt der Anlage	H	m
Umrechnungszahl	10	m/bar
Nennwärmeleistung	$\dot{Q}_{NL}$	kW
Mindestnennvolumen des MAG	$V_{n,min}$	dm³
Anlagenfülldruck	p_F	bar
Ansprechdruck des Sicherheitsventils	p_{SV}	bar

$$V_e = V_A \cdot \frac{e}{100}$$

$$V_V = 0{,}2 \cdot V_n$$
für $V_n \leq 15\ \text{dm}^3$

$$V_V = 0{,}005 \cdot V_A \geq 3\ \text{dm}^3$$
für $V_n > 15\ \text{dm}^3$

$$p_0 \geq p_{st} + p_D$$

$$p_{st} = \frac{H}{10}$$

$$V_{n,min} = (V_e + V_V) \cdot \frac{p_e + 1\ \text{bar}}{p_e - p_0}$$

$$p_a > p_0 + 0{,}3\ \text{bar}$$

$$p_F = \left| V_n \cdot \frac{p_0 + 1\ \text{bar}}{V_n - V_A \cdot \left(1 - \frac{\varrho_{\vartheta\,füll}}{\varrho_{\vartheta\,min}}\right) - V_V} \right| - 1\ \text{bar}$$

Beispiel 1

Geg.: $\dot{Q}_{NL} = 40$ kW (Fußbodenheizung)

Ges.: Gesamtwasserinhalt V_A in dm³

Lös.: → TB (Diagr. Durchschnittlicher Gesamtwasserinhalt von Zentralheizungsanlagen)

Bei $\dot{Q}_{NL}$ (Fußbodenheizung) = 40 kW ergibt sich ein durchschnittlicher Gesamtwasserinhalt von 750 dm³.

Beispiel 2

Geg.: Heizungsanlage mit 100 kW, davon 30 % Fußbodenheizung und 70 % Plattenheizkörper

Ges.: Gesamtwasserinhalt V_A in dm³

Lös.: → TB (Diagr. Durchschnittlicher Gesamtwasserinhalt von Zentralheizungsanlagen)

$\dot{Q}_{FBH} = 0{,}3 \cdot 100\ \text{kW} = 30\ \text{kW}$

$\dot{Q}_{PLH} = 0{,}7 \cdot 100\ \text{kW} = 70\ \text{kW}$

$V_A = 600\ \text{dm}^3 + 550\ \text{dm}^3 = \mathbf{1\,150\ dm^3}$

Beispiel 3

Geg.: Heizungsanlage mit $V_A = 850$ dm³ Wasserinhalt und $\vartheta = 50$ °C

Ges.: V_e in dm³

Lös.: $V_e = V_A \cdot \frac{e}{100}$

$e = 1{,}20\ \%$ → TB

$V_e = 850\ \text{dm}^3 \cdot \frac{1{,}20}{100} =$

$V_e = \mathbf{10{,}2\ dm^3}$

Beispiel 4

Geg.: Heizungsanlage mit $\dot{Q}_{NL} = 60$ kW mit Gussradiatoren, Höhendifferenz MAG und höchstem Punkt der Anlage 12 m, Ansprechdruck des Sicherheitsventils 3 bar, Vorlauftemperatur 90 °C

Ges.: $V_{n,min}$ des MAG Lösung siehe S. 530

Lös.: $V_{n,min} = (V_e + V_V) \cdot \frac{p_e + 1\ \text{bar}}{p_e - p_0}$

$V_e = V_A \cdot \frac{e}{100}$

$V_A = 700\ \text{dm}^3$ (→ TB)

$e = 3{,}48\ \%$ (→ TB)

$V_e = 700\ \text{dm}^3\ \frac{3{,}48}{100}$

$V_e = 24\ \text{dm}^3$

$V_V = 4\ \text{dm}^3$ (→ TB, Wasservorlage)

$p_e = p_{SV} - 0{,}5\ \text{bar}$
$= 3{,}0\ \text{bar} - 0{,}5\ \text{bar} = 2{,}5\ \text{bar}$

$p_0 \geq p_{st} + p_D$

$p_{st} = \frac{H}{10}$

$p_{st} = \frac{12}{10} = 1{,}2\ \text{bar}$

$p_D = 0{,}0\ \text{bar}$ (→ TB)

$p_0 \geq 1{,}2\ \text{bar} + 0{,}0\ \text{bar} = 1{,}2\ \text{bar}$

$V_{n,min} = (24\ \text{dm}^3 + 4\ \text{dm}^3) \cdot \frac{2{,}5\ \text{bar} + 1\ \text{bar}}{2{,}5\ \text{bar} - 1{,}2\ \text{bar}}$

$V_{n,min} = 75\ \text{dm}^3$ (gewählt MAG 80–1,5 bar)

Beispiel 5

Geg.: p_{SV} = 3 bar
H = 10 m
$\dot{Q}_{NL}$ = 30 kW (Fußbodenheizung)
V_A = 700,0 dm³ (→ TB)
p_0 = $H/10$ = 1 bar

Ges.: V_n (→ TB)
p_F (Anlagenfülldruck in bar)

Lös.: $V_n = 80\ \text{dm}^3$
p_F = 1,125 bar, damit wird die Wasservorlage erreicht.

Aufgaben

1. Eine Heizungsanlage mit $\dot{Q}_{NL}$ = 45 kW ist mit Konvektoren ausgestattet. Wie hoch ist der Gesamtwasserinhalt V_A?
2. Eine Heizungsanlage mit $\dot{Q}_{NL}$ = 100 kW hat einen Wasserinhalt von V_A = 500 dm³. Welche Heizkörper sind installiert?
3. Eine Heizungsanlage hat eine Nennwärmeleistung von 205 kW (60 % Fußbodenheizung, 30 % Konvektoren, 10 % Stahlradiatoren). Wie groß ist der Gesamtwasserinhalt?
4. Der Wasserinhalt einer Heizungsanlage (Fülltemperatur = 0 °C) dehnt sich nach einer Temperaturerhöhung um 0,15 % aus. Wie hoch ist die Temperaturerhöhung?
5. Berechnen Sie das Mindestnennvolumen $V_{n,min}$ eines MAG. Legen Sie eine handelsübliche Größe fest. Anlagendaten: $\dot{Q}_{NL}$ = 30 kW; Fußbodenheizung; Höhendifferenz = 7 m; Ansprechdruck des Sicherheitsventils = 2,5 bar; Vorlauftemperatur = 40 °C.

11.10.9 Temperaturregel- und -begrenzungseinrichtungen für Wärmeerzeuger mit festen Brennstoffen

Kesselfeuerungen mit Festbrennstoffen wie Kohle und Holz sind im Allgemeinen nur träge regelbar. Um aber das schnelle Abschalten der Feuerung sicherzustellen, muss jeder Heizkessel für Festbrennstoffe neben der Grundausstattung noch *zusätzliche sicherheitstechnische Ausrüstungen* haben.

Die vollständige sicherheitstechnische Ausrüstung einer *Festbrennstoff-Heizkesselanlage* zeigt Abb. 1.

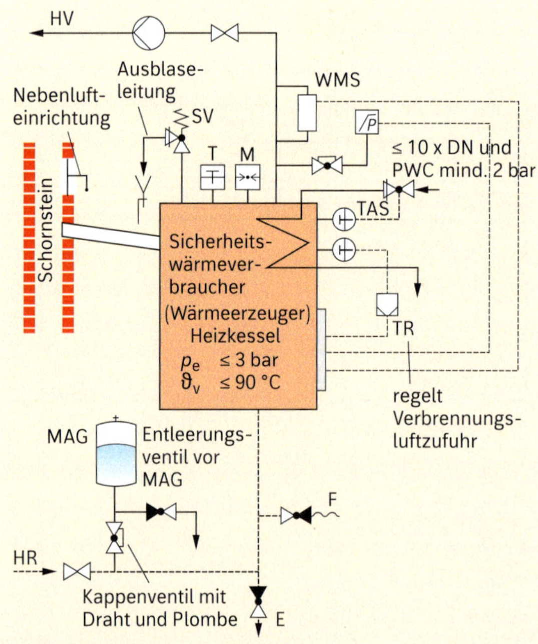

Nach BImSchV und DIN EN 303-5 ist auch ein Pufferspeicher notwendig.

Abb. 1: Sicherheitstechnische Ausrüstung einer geschlossenen Warmwasserheizungsanlage bei Beheizung mit festen Brennstoffen

Thermische Ablaufsicherung und Sicherheitswärmetauscher

Die thermische Ablaufsicherung (TAS, Abb. 2) ist eine sicherheitstechnische Einrichtung, welche die Temperatur des Kesselwassers erfasst und nach dem Überschreiten von 95 °C ein Ableiten von Wärmeenergie bewirkt. Hierzu öffnet ein Ventil und lässt kaltes Wasser mit mindestens 2 bar Überdruck durch den Sicherheitswärmetauscher strömen, um Energie abzuführen.

Die Wärmeabfuhr muss auch bei einem Stromausfall sichergestellt sein. Daher wird die Ablaufsicherung durch einen Kapillarfühler, der die Kesselwassertemperatur erfasst, geregelt.

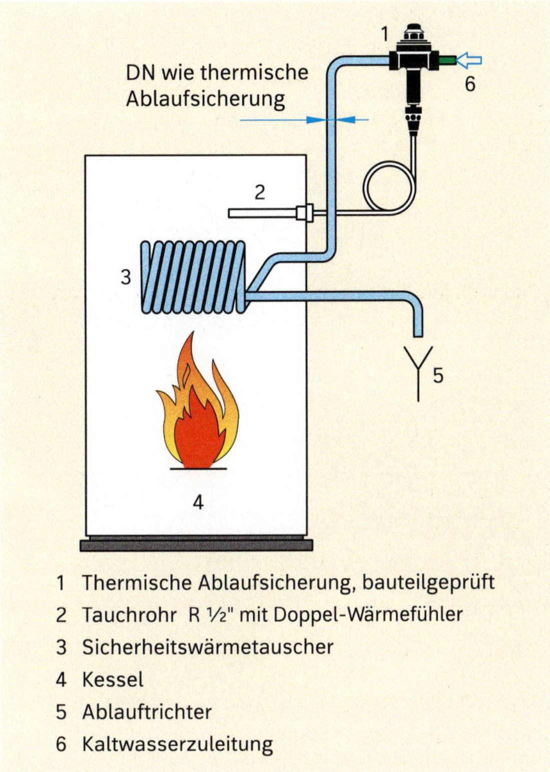

Abb. 2: Thermische Ablaufsicherung: Einbau im Kaltwasserzulauf (Standard)

! Der *Sicherheitswärmetauscher* ist im Standardfall eine Kaltwasserkühlschlange (Abb. 2) oder ein Warmwasserbereiter (Kap. 9.5.7).

Die Zuleitung zur thermischen Ablaufsicherung ist nach DIN 1988-200 mindestens in der Nennweite der thermischen Ablaufsicherung und mit einer Länge ≤ 10 × DN auszuführen.

Verbrennungsluftregler

Ältere Festbrennstoffkessel mit oberem Abbrand werden mit einem mechanischen *Feuerungsregler* betrieben. Dieser verstellt über eine Hebelstange und eine Kette die Zuluftklappe der Feuerung und regelt damit die Temperatur mittels natürlichem Schornsteinzug.

Neuere Festbrennstoffkessel sind zumeist für den unteren Abbrand ausgelegt. Um diesen zu ermöglichen, sind sie mit einem stufenlos arbeitenden Gebläse ausgestattet. Damit wird die Verbrennungsluft über motorisch betätigte Luftklappen als Primär- und Sekundärluft entsprechend dem Bedarf zugeführt. Um die Drehzahl des Luftgebläses und die Stellmotoren für die Luftklappen (zwischen 50 und 100 % Nennleistung) optimal regeln zu können, verfügen diese Kessel sowohl über Vorlauf-, Rücklauf- und Abgastemperaturfühler als auch über eine Lambdasonde.

Nebenluftvorrichtung

! Die *Nebenluftvorrichtung* im Abgasweg (siehe Kap. 10.10.4) regelt den Unterdruck am Kesselende, und zwar so, dass der notwendige Zugbedarf nicht wesentlich überschritten wird.

Nebenluftvorrichtung und Verbrennungsluftregler arbeiten in Abhängigkeit voneinander. Sie beeinflussen gemeinsam die jeweilige Verbrennungsleistung.

Aufgaben

1. Welche sicherheitstechnische Absicherung beinhaltet die DIN EN 12828?
2. Wie ist eine offene Wasserheizungsanlage abgesichert?
3. Nennen Sie die zwei wesentlichen Nachteile der offenen Anlage.
4. Welches ist der sicherheitstechnische Leitsatz der DIN EN 12828?
5. Nennen Sie die Aufgabe der folgenden Anlagenteile:
   a) Temperaturregler
   b) Sicherheitstemperaturverriegler
6. Beschreiben Sie die Aufgabe des Sicherheitsventils.
7. Nennen Sie die Vorschriften zur Auswahl und zum Einbau von Sicherheitsventilen.
8. Was versteht man unter einem Kesselsicherheitsblock?
9. Welche Aufgabe erfüllt eine Wassermangelsicherung in einer Heizanlage?
10. Aus welchem Grund werden geschlossene Ausdehnungsgefäße in Heizungsanlagen eingebaut?
11. Wie ist ein Membran-Druckausdehnungsgefäß aufgebaut?
12. Welche Einbauregeln sind bei einem MAG zu beachten?
13. Was bedeuten beim MAG Vordruck, Fülldruck und Enddruck?
14. Wie sollte ein MAG in Betrieb genommen werden?
15. Welche Betriebsstörungen kann ein MAG aufweisen?
16. Welche Arbeiten soll eine Wartung des MAG beinhalten?
17. Nennen Sie die sicherheitstechnischen Zusatzausrüstungen für Wärmeerzeuger mit festen Brennstoffen.

Gute Dämmung: Trotz niedriger Raumlufttemperatur nur geringe Unterschiede in der Wärmeverteilung im Raum

Schlechte Dämmung: Trotz hoher Raumlufttemperatur große Unterschiede in der Wärmeverteilung im Raum

Lernfeld 12

Ressourcenschonende Wärmeerzeugungsanlagen installieren

Integrieren ressourcenschonender Anlagen

Als Basis für die Projektaufgabe (Gruppenarbeit) sollte ein Ein- oder Zweifamilienhaus gewählt werden. Es ist jedoch auch möglich, die Projektaufgabe teilweise am „Bremer Haus“ (S. 696 ff.) durchzuführen.

Kundenauftrag

Der Kunde wurde durch Berichte in den Medien auf die Energieberatung und den Energieausweis aufmerksam. Er erteilt Ihnen folgende Aufträge:

a) Ermittlung der Verbrauchswerte seines Hauses

b) Bewertung des baulichen Zustandes

c) Prüfen, ob ressourcenschonende Anlagen zur Heizungs- und Trinkwarmwasserunterstützung eingesetzt werden können

d) Vorschlag für eine erste technische Maßnahme aufgrund des Gebäudezustandes, der 10.000 € nicht übersteigen soll

e) Informieren über Fördermaßnahmen

Information und Orientierung

Zur Bearbeitung des Kundenauftrages sind die Bauzeichnungen des Gebäudes, das Baujahr und die Heizenergie-, Strom- und Trinkwasserabrechnungen erforderlich.

Für die Bewertung des baulichen Zustandes ist der Zugang zu allen Räumen des Gebäudes zu ermöglichen.

Die Auswahl ressourcenschonender Anlagen sollte sich auf Solarthermie, Wärmepumpe, Holz- bzw. Pelletheizung und Mini-BHKW beschränken.

Die aktuellen Fördermaßnahmen können aus dem Internet oder über die Umweltämter erfragt werden.

Planung und Durchführung

Der Kundenauftrag besteht aus vier verschiedenen Teilaufträgen:

- Die Verbrauchswerte für die Heizenergie sind für das vergangene Jahr zu ermitteln und auf den Quadratmeter Wohnfläche zu beziehen. Der ermittelte Wert soll in Abb. 1 „Heizenergieverbrauch“ eingetragen werden.
- Die bauliche Bewertung des Gebäudes soll sich auf eine Beschreibung beschränken und besonders gravierende Fehler benennen, z. B. keine Dämmung, Balkonplatte als Wärmebrücke.
- Über die ressourcenschonenden Anlagen sind technische Unterlagen und Kosten bei Fachfirmen anzufordern.
- Die Informationen über Fördermaßnahmen sind der jeweiligen ressourcenschonenden Anlage zuzuordnen.

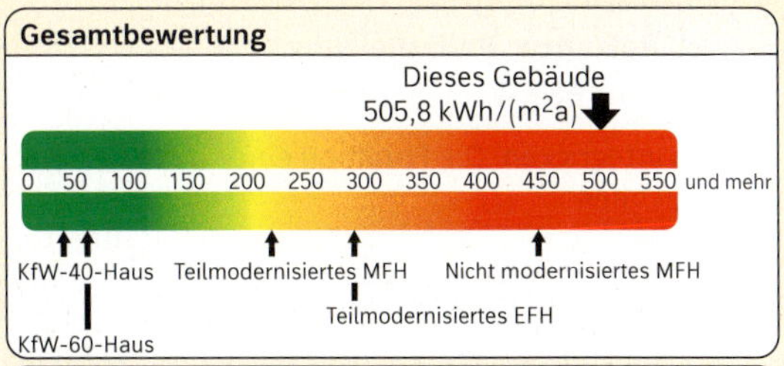

Gebäude/Nutzungsart	Einfamilienhaus / Wohnen	
Adresse	Musterstraße 2, 12121 Musterstadt	
Eigentümer	Klaus-Dieter Mustermann	
Baujahr Gebäude	1963	
Baujahr Heizungsanlage	1975	
Anzahl Wohneinheiten	1	
Beheizte Wohnfläche	110 m²	
Energiepass erstellt mit	Ausführlichem Verfahren	X Kurz-Verfahren

Abb. 1: Ermittelter Heizenergieverbrauch für ein Gebäude (Beispiel) im Vergleich

Bewertung

Folgende Kriterien sollten für die Bewertung maßgebend sein:

- richtige Ermittlung des letztjährigen Heizenergieverbrauchs im kWh/(m² · a)
- bauliche Beschreibung und Bewertung
- Begründung für die Auswahl der ressourcenschonenden Anlage
- überschlägiger Nachweis für die Einhaltung der Investition i. H. v. max. 10.000 €
- gefundene, gültige Fördermaßnahmen für die ressourcenschonende Anlage

Präsentation

Die Ergebnisse der einzelnen Teilaufträge sind anschaulich zu dokumentieren. Hierzu sind

- selbstständig ausgeführte Berechnungen unter Angabe eines nachvollziehbaren Rechenweges darzulegen,
- Bewertungen des baulichen Zustandes, Auswahl ressourcenschonender Anlagen und Informationen über Fördermaßnahmen mithilfe von Folien oder durch Computerunterstützung für die Präsentation zu visualisieren, zu erklären und zu begründen.

Weiterführende Aufträge

▶ Führen Sie für Ihr ausgewähltes Gebäude eine Heizlastberechnung durch (Bedarfsrechnung). Vergleichen Sie das Ergebnis dieser **Bedarfsrechnung** in kWh/(m² · a) mit dem Wert, den Ihre **Verbrauchsrechnung** ergab.
Kommentieren Sie das Ergebnis.

▶ In das Schaltschema des vorhandenen Systems der Gebäude- und Energietechnik ist ein(e)

a) **Solarthermieanlage** zur Unterstützung der Heizungsanlage und Warmwasserbereitung,
b) **Wärmepumpe** zur Heizungsstützung,
c) **Holz- bzw. Pelletheizung**,
d) **Mini-BHKW**

zu integrieren. Die Funktion eines integrierten Systems ist zu beschreiben und das Schaltschema zu zeichnen.

▶ Integrieren Sie als Alternative die ressourcenschonenden Anlagen mithilfe eines **Zortström-Verteilers** und zeichnen Sie das Schaltschema.
Beschreiben Sie die Funktion des Zortström-Verteilers und erläutern Sie die Vor- und Nachteile.

▶ Bei der Integration von verschiedenen ressourcenschonenden Anlagen in das vorhandene System der Gebäude- und Energietechnik sind **Schichtenspeicher** erforderlich.
Begründen Sie deren Notwendigkeit. Unterscheiden und beschreiben Sie verschiedene Ladesysteme für Schichtenspeicher.

▶ Auch Wärmespeicher zählen zu den ressourcenschonenden Anlagen. Ermitteln Sie Herstellerfirmen und fordern Sie technische Unterlagen an.
Integrieren Sie einen **Wärmespeicher** Ihrer Wahl in das bestehende System Ihres ausgewählten Gebäudes.
Versuchen Sie mithilfe der Investitionskosten und des Wärmeertrages durch den Wärmespeicher eine Aussage zur Wirtschaftlichkeit zu machen.

12 Ressourcenschonende Wärmeerzeugungsanlagen installieren

12.1 Energie- und Umweltberatung

Die meisten Menschen kennen den Kraftstoffverbrauch des eigenen Autos. Kaum jemand dagegen kennt den Energiebedarf seines Hauses. Selbst wenn man ihn kennt, ist kaum eine Einschätzung möglich, ob er hoch oder niedrig ist. Gerade in Zeiten der Klimakrise sind gut gedämmte Häuser und ein effizientes Heizen sehr wichtig.

Will man den Heizwärmeverbrauch ermitteln, benötigt man zunächst die Menge Heizöl oder Gas, die man für ein Kalenderjahr verbraucht hat. Am besten ist der Vergleich mehrerer Jahre, da es milde und strenge Winter gibt.

Die Heizöllitermenge multipliziert man mit 10. Damit ist die Umrechnung in kWh näherungsweise erfolgt, z. B. 2.000 l × 10 ≙ 20.000 kWh.

Da der Trinkwarmwasserbedarf das ganze Jahr über vorhanden ist, wird jetzt der pauschale Faktor von 400 bis 660 kWh pro Person und Jahr oder 12,5 kWh/($m^2 \cdot a$) abgezogen.

Zwei Personen mit einem geringen Trinkwarmwasserbedarf benötigen 800 kWh, die man dann von 20.000 kWh abzieht. Die verbleibenden 19.200 kWh teilt man durch die Wohnfläche des Hauses.

Hat man z. B. 100 m^2 Wohnfläche, so benötigt das Haus etwa 19 l Öl oder 19 m^3 Gas pro m^2 und Jahr. Das ist in der heutigen Zeit ein relativ hoher Wert. Ob es allerdings für das Haus ein hoher Wert ist, hängt vom Baujahr ab. Den durchschnittlichen Verbrauch zeigt Tab. 1.

Tab. 1: Durchschnittlicher Verbrauch pro m^2 und Jahr von unsanierten Häusern

Bis	1918 Massivbau	24 l	1958–1978	15 l
	1919–1948	20 l	1979–1990	13 l
	1949–1957	25 l	1991–2010	12 l

Nach Sanierungsmaßnahmen ist ein Heizenergieverbrauch von 6 l erreichbar. Sollte das Haus mehr als 15 l/($m^2 \cdot a$) verbrauchen, ist es dringend sanierungsbedürftig.

Um Kundinnen und Kunden jedoch hinsichtlich der Sanierungsmaßnahmen zu beraten, ist dieses überschlägige Verfahren weniger geeignet. Nicht berücksichtigt wurden hierbei u. a.:

- Das *spezifische Nutzungsverhalten,* wie sparsamer oder verschwenderischer Umgang mit Energie, das Lüftungsverhalten, z. B. Schlafen bei geöffnetem Fenster, oder die Bereitschaft zur Wartung und Erneuerung technischer Systeme.
- Der *tatsächliche Ist-Baubestand,* wie bereits durchgeführte Wärmedämmungsmaßnahmen, neue Fenster oder außenliegende Rollladenkästen.

Abb. 1: Thermografie-Aufnahme

- Die *tatsächliche Ist-Ausstattung der Heizungs- und Trinkwarmwasseranlage*, z. B. ein bereits vorhandener Brennwert-Heizkessel oder eine zentrale Trinkwassererwärmung.

Bei bestehenden Gebäuden ist es daher sinnvoll, eine Vor-Ort-Energiesparberatung durchführen zu lassen, welche auch vom Bundesamt für Wirtschaft und Ausfuhrkontrolle (BAFA) gefördert wird.

Bei dieser Vor-Ort-Beratung ermittelt ein unabhängiger anerkannter Energieberater oder eine Beraterin alle bedeutsamen Energieeinsparpotenziale des Gebäudes und erstellt einen ausführlichen Bericht mit allen sinnvollen Energiesparmaßnahmen. Dieser Bericht beinhaltet unter anderem eine Berechnung des Energiebedarfs im momentanen Istzustand des Gebäudes, unabhängig vom Nutzungsverhalten. Weiterhin enthält der Bericht einen für das Gebäude individuellen Maßnahmenkatalog. Darin kann eine Veränderung des Wärmeschutzes durch Dämmmaßnahmen und/oder der Heizungstechnik durch Heizkesselmodernisierung aufgeführt sein.

Auch die Verwendung regenerativer Energien wird untersucht. So z. B. der Einsatz der Solarenergie, einer Wärmepumpe oder Pelletsheizung.

Die vorgeschlagenen Maßnahmen werden in ihrem Energiesparerfolg berechnet und mit einer realistischen Kostenschätzung wirtschaftlich bewertet. Die jeweiligen Amortisationszeiten werden auch hier mit eingerechnet. Die berechnete Gesamtenergieeffizienz des Gebäudes im Ist- und Sollzustand kann auf Wunsch auch in einem Gebäudeausweis (Energiebedarfsausweis) dargestellt werden. Da mit diesem *Gebäudeausweis* Daten und Auswertungen vorliegen, kann er jederzeit in den Energieausweis nach EU-Richtlinie umgeschrieben werden.

Seit 2008 muss bei Verkauf, Verpachtung oder Neuvermietung eines Wohngebäudes ein Energieausweis über die Gesamtenergieeffizienz des Gebäudes vorgelegt werden.

Man unterscheidet dabei zwischen dem *Energieverbrauchsausweis* und dem *Energiebedarfsausweis*. Grundlage der verbrauchsorientierten Variante ist der Energieverbrauch der Bewohner/-innen in den letzten Jahren. Der bedarfsorientierte Energieausweis dagegen betrachtet die vorhandene Bausubstanz sowie die Heizungsanlage – unabhängig vom Verhalten der Bewohner/-innen.

Je nach Baujahr des Wohngebäudes besteht eine gewisse Wahlfreiheit zwischen den beiden Energieausweisarten.

Zusätzlich kann zur Energieberatung noch ein „Blower-Door-Test“ (Luftdichtigkeitstest) und eine Thermografie (Abb. 1, S. 535) erfolgen. Beide Verfahren ermöglichen eine genaue Bestimmung von Schwachstellen an der Gebäudehülle.

! Durch die *Energieberatung* wird ein individuelles Sanierungskonzept erstellt, das Handlungssicherheit bietet. Außerdem werden durch das vorgeschlagene Konzept Fehler in der Reihenfolge und Fehler in der Ausführung der Sanierungsmaßnahmen vermieden.

Beispiel einer Energieberatung

In dem folgenden Beispiel wurde eine Energieberatung an einem freistehenden Zweifamilienwohnhaus (Baujahr 1930) durchgeführt.

Anlagenmechaniker/-innen sollen an diesem Beispiel das Wesen der Energieberatung erkennen, um ggf. selbst Kundinnen und Kunden Energieeinsparmaßnahmen aufzuzeigen oder um eine Energieberatung zu empfehlen.

Außerdem soll das Beispiel zeigen, dass:

- der technische und bauliche Gebäudezustand gleichwertig zu beachten sind,
- die Reihenfolge der Sanierungsmaßnahmen von Bedeutung ist. So wäre ohne Sanierung der Wärmedämmung ein Heizkessel von 18 kW, nach der Sanierung der Wärmedämmung jedoch nur noch 11 kW Heizleistung erforderlich.

12.2 Istzustand

Für das Wohnobjekt (Abb. 1) wurde eine Untersuchung vorgenommen und Maßnahmen zur Reduzierung des Energieverbrauchs, erforderliche Investitionskosten sowie deren Auswirkungen wurden dargestellt. Untersucht wurdenn die Bausubstanz des Wohngebäudes und die zugehörige Heizungs- und Trinkwarmwasseranlage.

Abb. 1: Wohnobjekt

12.2.1 Allgemeine Gebäudedaten

Tab. 1: Allgemeine Gebäudedaten

Gebäudetyp	freistehendes Zweifamilienhaus
Bauweise	schwere Bauweise, massiv
Nutzung	Wohngebäude 100 %
Anzahl Wohneinheiten	2
Unterkellert	100 %
Gebäudebaujahr	1930
Anzahl Vollgeschosse	2
Dachgeschoss	ausgebaut, teilbeheizt
Kellergeschoss	unbeheizt, unterkellert ca. 20 %
Energiebezugsfläche	ca. 249 m^2
Anzahl Bewohner/-innen	6

12.2.2 Analyse der Heizungs- und Trinkwarmwasseranlage

Den Istzustand der Heizungsanlage zeigt Tab. 2; den der Trinkwasseranlage Tab. 3.

Tab. 2: Istzustand Heizungsanlage

Heizungsart	Öl-Zentralheizung, Gebläse
Baujahr	1970
Baujahr Brenner	2000
Energieträger	Heizöl
Nennleistung	34,7 kW
Nutzungsgrad	ca. 88 %
Abgastemperatur	230 °C
Wärmeabgabe	Plattenheizkörper
Regelung der Heizung	Handregelung
Nachtabsenkung	nein
Dämmung Rohrleitungen	vorhanden
Dämmung Armaturen	keine
Weitere Heizsysteme	keine

Tab. 3: Istzustand Trinkwarmwasseranlage

Art der Warmwasserbereitung	zentral über Kessel
Energieträger	Heizöl
Speicherinhalt	ca. 150 l
Temperatur	ca. 60 °C
Nutzungsgrad System	ca. 75–90 %
Zirkulation	Schwerkraft zum Bad
Rohrleitungen	Dämmung vorhanden

12.2.3 Gebäudeanalyse

Die Gebäudeanalyse dient der Darstellung des Gebäude-Istzustandes (Tab. 4).

Tab. 4: Gebäude-Istzustand

Bodenplatte:	ca. 18 cm Stahlbeton auf Kiesbett, teilweise ca. 2–4 cm Dämmung ca. 4 cm Estrich, Fußbodenbelag
Kellerdecke:	ca. 18 cm Stahlbetondecke, ca. 2 cm Dämmung, ca. 4 cm Estrich, Fußbodenbelag
Wände gegen Außenluft:	ca. 24 cm Mauerwerk (Ziegel 2-fach), Innen- und Außenputz, Dämmung: keine
Wände gegen Außenluft:	ca. 30 cm Mauerwerk (HBL), Innen- und Außenputz, Dämmung: keine
Wände gegen Außenluft:	ca. 36,5 cm Mauerwerk (Ziegel 3-fach), Innen- und Außenputz, teilweise ca. 2 cm Innendämmung (Gipskartonverbundplatten)
Spitzboden:	ca. 16 cm Holzbalkendecke, Verschalung mit Putzträger, ca. 10 cm Mineralwolledämmung zwischen Sparren (alukaschiert), Dielen
Dachschrägen:	ca. 12 cm Sparren, Witterungsschutz, ca. 2 cm Hinterlüftung, ca. 10 cm aluminiumkaschierte Mineralwolldämmung verklebt, raumseitig Holzverschalung und/oder Putzträger
Decke nach oben gegen Außenluft:	ca. 18 cm Stahlbeton mit ca. 6 cm Hartschaumdämmung, Estrich, Fliesenbelag
Fenster 1:	
Art der Verglasung	Isolierverglasung mit doppelter umlaufender Lippendichtung
U-Wert Glas:	2,39 W/m²K
Rahmenmaterial:	Kunststoff
Undichtigkeit:	gering
Haus-eingangstüre:	
Material:	Aluminium mit ca. 60 % Glasanteil (Isolierglas)
Undichtigkeit:	gering vorhanden
Wärmebrücken:	Anschluss Wohnungstrenndecken, Kellerdecke, Balkonanschluss, Dachbodenluke

Nach Eingabe der Daten aus der Gebäudeanalyse liefert ein Computerprogramm einen U-Wert-Vergleich (Tab. 5).

Tab. 5: Vergleich der U-Werte [W/(m²K)]

Bauteil	U-Wert Ist	U-Wert EnEV	U-Wert Passivhaus
Außenwand 1	1,37	0,35	0,15
Außenwand 2	1,13	0,35	0,15
Außenwand 3	0,99	0,35	0,15
Außenwand 4	0,66	0,35	0,15
Dächer und Obergeschossdecken	0,88	0,30	0,15
Dächer und Obergeschossdecken	0,37	0,30	0,15
Dächer und Obergeschossdecken	0,34	0,30	0,15
Dächer und Obergeschossdecken	0,88	0,30	0,15
Kellerdecke, Bodenplatte, Wand gegen Erdreich	1,03	0,40	0,15
Kellerdecke, Bodenplatte, Wand gegen Erdreich	0,85	0,40	0,15
Decke nach unten gegen Außenluft	0,34	0,35	0,15
Fenster	2,39	1,70	0,80
Außentüre	2,93	2,90	0,80

Bisherige wärmetechnische Investitionen

Teilweise Dämmung der Außenwand von innen mit Gipskartonverbundplatten, Einbringung einer Reflektionsfolie in bestehende Heizkörpernischen

Unkontrollierte Lüftungswärmeverluste

Die unkontrollierten Lüftungswärmeverluste sind durch die bestehenden Fenster und Rollladenkästen sowie das ausgebaute Dachgeschoss (Alukaschierung verklebt) minimiert. Die Dachbodenluke sollte mit einer umlaufenden Dichtung nachgerüstet werden.

12.3 Ergebnisse der Berechnungen

Um Gebäude anhand der bauphysikalischen Gegebenheiten vergleichen zu können, werden der Energieverbrauch und die entsprechenden Verluste anhand von vorgegebenen Rahmenbedingungen ermittelt. Dazu zählen

- das Lüftungsverhalten und
- die gewählte Raumtemperatur

die sich bei einem standardisierten Nutzungsverhalten einstellt.

Gegenüber der Vollbeheizung ergeben sich durch die in diesem Beispiel praktizierte Teilbeheizung geringere Verluste und Verbrauchsdaten.

Die Benotung bewertet das Gebäude (Baujahr 1930) *ohne* die installierte Heiztechnik (Abb. 2).

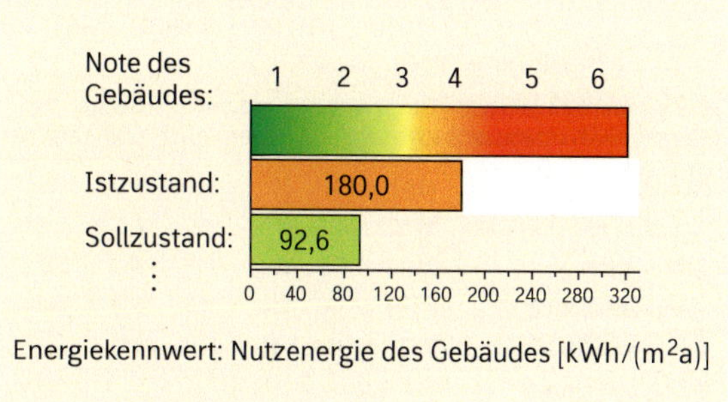

Abb. 2: Benotung bei Vollbeheizung

Durch die Umsetzung aller vorgeschlagenen Maßnahmen lassen sich ca. 49 % der aufzuwendenden Energie, der Energiekosten und der CO_2-Emissionen einsparen. Bezogen auf die Vollbeheizung beträgt der Energiekennwert nach Umsetzung aller Maßnahmen 92,6 kWh/(m² · a) Nutzenergie. Das entspricht nach Abb. 2 der Note 2.

Eine Bewertung *mit* Heiztechnik und dem *Primärenergieaufwand* des Energieträgers ist in Kap. 12.3.2 zu finden.

12.3.1 Zusammenfassung der rechnerischen Ergebnisse

Nach der Dateneingabe in den Computer ergeben sich folgende Werte:

Energiebezugsfläche[1]	241,0 m^2
Nutzfläche nach Gebäudeenergiegesetz[2]	249,3 m^3
Beheiztes Luftvolumen[3]	564,4 m^3
Umbauter Raum (beheizt)[4]	778,9 m^3

[1] tatsächlich beheizte Fläche des Gebäudes
[2] Ermittlung erfolgt über einen Faktor
[3] ergibt sich aus mittlerer Raumhöhe und der tatsächlich beheizten Fläche
[4] Einbeziehung des Mauerwerks bzw. Decken und/oder Dächer

Für den Heizwärmebedarf ergeben sich folgende Werte bei *standardisierter Vollbeheizung*:

1. Heizwärmebedarf Endenergie (Istzustand, inkl. Verluste Heizung und Warmwasser)	54.479 kWh
2. Heizwärmebedarf Nutzenergie (Istzustand, ohne Verluste Heizung und Warmwasser)	43.392 kWh
3. Energiekennwert Nutzenergie (Vor Umsetzung = Istzustand)	180,0 kWh/($m^2 \cdot a$)
4. Energiekennwert Nutzenergie (nach Umsetzung = Istzustand)	92,6 kWh/($m^2 \cdot a$)
5. Endenergiekennwert Istzustand Nach Maßnahmen:	226,05 kWh/($m^2 \cdot a$) 107,79 kWh/($m^2 \cdot a$)

Die geplanten *Energiesparmaßnahmen* wirken sich wie folgt aus:

Energiesparmaßnahmen Heizung und Warmwasser	Einsparung kWh/Jahr		Einsparung €/Jahr		Einsparung CO_2 in kg/Jahr	
Dämmung der Kellerdecke	410	320	20	18	150	110
Dämmung der Außenwand	19.930	15.750	880	690	6.320	4.990
Dachdämmung	2.040	1.580	90	70	650	500
Heizungssanierung	2.530	2.330	110	100	800	740
Thermische Solaranlage	2.640	2.300	110	100	840	730
Einsparung aller Maßnahmen addiert:	27.550	22.280	1.210	978	8.760	7.070

Vollheizung Praktizierte Teilbeheizung

12.3.2 Energieeffizienzklasse

Bei der Energieeffizienzklassen-Bewertung wird der Gebäudekennwert seit 2014 durch den Endenergiebedarf bestimmt (Abb. 1). Die Primärenergie fossiler Energieträger ergibt sich gemäß DIN V 18599 überschlägig, indem die Endenergie mit dem Primärenergiefaktor von 1,1 multipliziert wird. Im Falle des Kaufes oder Verkaufes lässt sich so das Gebäude anhand seiner Belastungen für die Umwelt überschlägig bewerten. Dies wird seit 2006 in die Wertermittlung eines Gebäudes einbezogen.

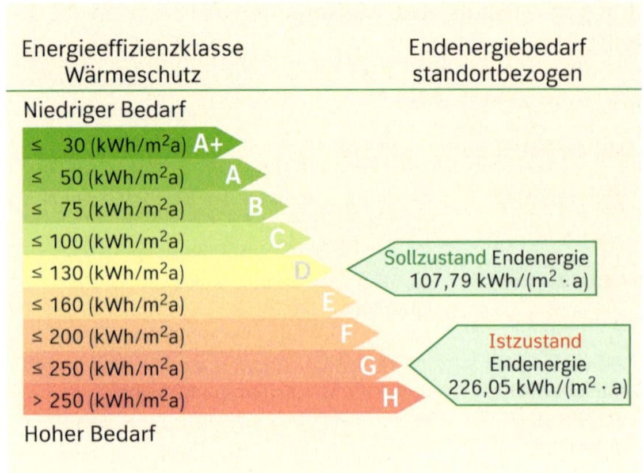

Abb. 1: Energieeffizienzklassen (seit Mai 2014)

Die Zuordnung des Gebäudes vor und nach den Energieeinsparmaßnahmen zu den Effizienzklassen von 2014 gemäß Deutsche Energie-Agentur (dena) zeigt Abb. 1. Im Vergleich zu Abb. 2 auf S. 537 erreicht der Sollwert hier nur eine mittlere Bewertung.

12.3.3 Energieverluste und Energiebilanz des Istzustandes

Die Energieverluste sowie die Energiegewinne für ein Gebäude, die mithilfe eines Computerprogrammes ermittelt wurden, zeigt Tab. 1.

Tab. 1: Energiebilanz für ein Gebäude

Verluste/Gewinne	Betrag	Einheit	Prozent
Transmissionswärmeverluste			
Außenwand	18.660	kWh/a	46 %
Kellerbereich	2.890	kWh/a	7 %
Dachflächen	3.010	kWh/a	7 %
Fenster	6.930	kWh/a	17 %
Lüftungswärmeverluste	6.760	kWh/a	17 %
Solare und innere Energiegewinne	-6.234	kWh/a	-15 %
Heizungsverluste	3.920	kWh/a	10 %
Trinkwarmwasser	3.811	kWh/a	9 %
Trinkwarmwasserverluste	690	kWh/a	2 %
Heizwärmebedarf Heizung u. PWH	**40.437**	**kWh/a**	**100 %**

Wie ersichtlich wird, weist die Außenwand die größten Wärmeverluste auf. Erst mit Abstand folgen die Fenster, die Lüftungswärmeverluste und die Heizungsverluste.

Die Dämmung der Außenwand ist demnach zunächst die wichtigste Maßnahme.

12.3.4 Energieeinsparpotenzial

Die zur Bestimmung des Energieeinsparpotenzials erforderlichen Gebäudedaten wurden bei der Begehung nach Angaben der Bewohner/-innen und aus vorliegenden Plänen ermittelt.

Bei Durchführung des Maßnahmenplanes (Kap. 12.4) ergibt sich, ausgehend vom Istzustand, ein *Energiesparpotenzial* und eine damit verbundene *Heizkostenentwicklung* (Tab. 2):

Tab. 2: Energiesparpotenzial und Heizkostenentwicklung

Heizung + Warmwasser	Einsparung kWh/a	Heizkosten €/a	Einsparung €/a
Istzustand	0	1.778	0
Dämmung der Kellerdecke	320	1.760	18
Dämmung der Außenwand	15.750	1.070	690
Dachdämmung	1.580	1.000	70
Heizungssanierung	2.330	900	100
Thermische Solaranlage	2.300	800	100

Zur besseren Veranschaulichung wurde die Heizkostenentwicklung in Abb. 2 als Säulendiagramm dargestellt.

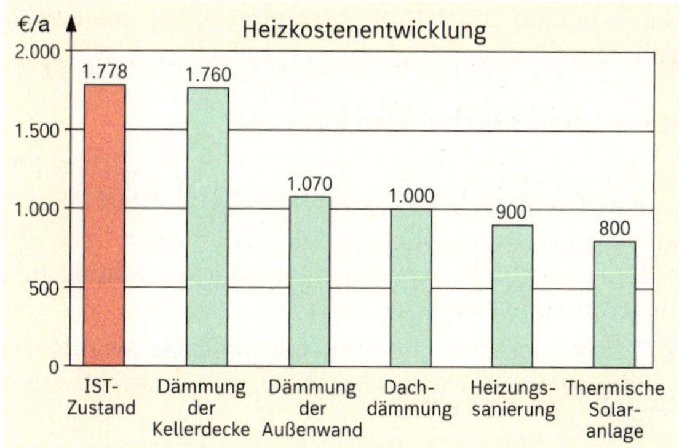

Abb. 2: Entwicklung der Heizkosten

Wird entsprechend dem Maßnahmeplan saniert, so ist eine Reduzierung der Heizkosten von 1.778 € auf 800 € zu erwarten.

Von den errechneten Werten abweichende reale Energieverbräuche können durch abweichende(s)

- Witterungsbedingungen (z. B. milde Winter),
- Nutzungsverhalten oder Nutzungszeiten

hervorgerufen werden.

Hinweis: Die Berechnung beruht auf dem Preisniveau von Heizöl mit 0,044 €/kWh (Brutto).

Zum Vergleich die Bruttopreise anderer Energieträger zum Zeitpunkt der Untersuchung:

Erdgas:	0,036 €/kWh zzgl. Grundpreis 165 €/a,
Flüssiggas:	0,058 €/kWh,
Strom:	0,16 €/kWh,
Holzpellets:	0,041 €/kWh.

12.3.5 Wirtschaftlichkeitsbetrachtung

Nach Ermittlung der Dämmflächengrößen und der Bezugspreise können die Investitionskosten bestimmt werden (Tab. 3).

Tab. 3: Grobkostenschätzung

Grobkosten-schätzung	Dämm-fläche	Bezugspreis €/m²	Investitions-kosten €	Mittelwert €
Istzustand	–	–	0	–
Dämmung der Kellerdecke	15 m²	15– 25	225–375	300
Dämmung der Außenwand	320 m²	90–120	28.800–38.400	33.600
Dachdämmung	96 m²	55– 70	5.280–6.720	6.000
Heizungs-sanierung			5.500–9.500	7.500
Thermische Solaranlage			4.500–6.500	5.500

Mithilfe der Investitionskosten-Mittelwerte in Tab. 3 lässt sich durch weitere Computerberechnungen die Wirtschaftlichkeit der Maßnahmen bestimmen (Tab. 4).

Liegen die Kosten pro eingesparter Kilowattstunde in Spalte 4 unter dem Energiepreis, so ist diese Maßnahme als wirtschaftlich sinnvoll zu betrachten.

Die Grundlage der Berechnung bildete das CO_2-Gebäudesanierungsprogramm (KfW-Förderprogramm), die VDI-Richtlinie 2067 Blatt 1 und der „Leitfaden energiebewusste Gebäudeplanung". Es wurde mit einem mittleren Zins und einem handelsüblichen Ratenkredit gerechnet.

Nach Umsetzung aller Maßnahmen betragen die mittleren jährlichen Kapitalkosten ca. 3.120 €, ohne Wartungs-, Betriebs- und Heizkosten.

Tab. 4: Wirtschaftlichkeit der Maßnahmen

Maßnahme	Energieeinsparung in kWh/a	Investition Einzelmaßnahme in €	Kosten je eingesparter Kilowattstunde in Cent/kWh	Investitionsmehrkosten Einzelmaßnahme in €
Dämmung der Kellerdecke	320	300	1,10	60
Dämmung der Außenwand	15.750	33.600	5,23	14.000
Dachdämmung	1.580	6.000	5,59	1.500
Heizungssanierung	2.330	7.500	2,53	1.000
Thermische Solaranlage	2.300	5.500	14,08	5.500
Rahmenbedingungen:	Laufzeit: 20 Jahre Tilgung: 80 Raten ¼-jährl.	(Stand 5.2008) Zinssatz: 1,61 % effektiv		

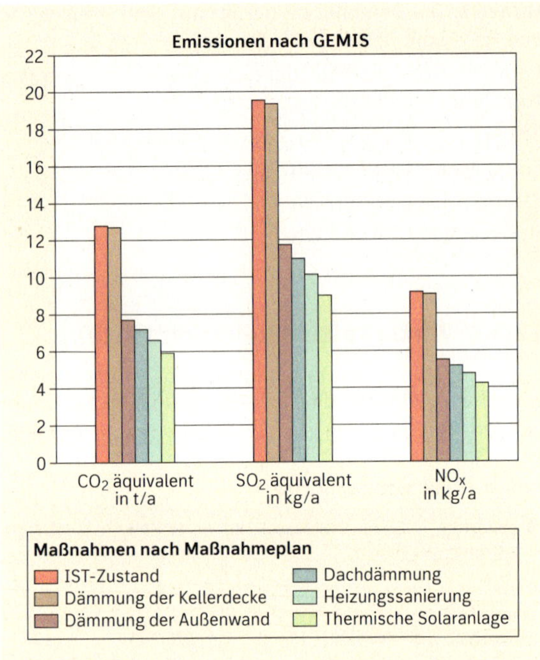

Abb. 1: Emissionsbilanz bei Durchführung der Maßnahmen nach Maßnahmenplan

12.3.6 Emissionsbilanz

In einer abschließenden Bewertung wurden die jährlichen Emissionsbilanzen ermittelt und gegenübergestellt (Abb. 1). Besonders zu beachten sind hierbei die Werte für CO_2, das für den Treibhauseffekt verantwortlich gemacht wird. Werden alle vorgeschlagenen Maßnahmen nach dem Maßnahmenplan (Kap. 12.4) umgesetzt, lassen sich 49 % der CO_2-Emissionen einsparen – das sind 7,07 t/a – . Da ein mittlerer Laubbaum ca. 40 kg CO_2/Jahr bindet, wäre eine Anpflanzung von etwa 177 Laubbäumen erforderlich, um das errechnete Einsparpotenzial zu binden.

SO_2 stellt eine wesentliche Einflussgröße für das Waldsterben dar.

CO entsteht bei unvollständiger Verbrennung und hemmt bei Menschen die Sauerstoffaufnahme im Blut.

12.4 Maßnahmenplan

Die folgenden vorgeschlagenen Wärmeschutzmaßnahmen gehen aufeinander aufbauend in die Berechnung der Heizlast und der Wirtschaftlichkeitsbetrachtung ein. Der Bericht und die darin enthaltenen Maßnahmen wurden nach gebäudespezifischen Gegebenheiten und den Wünschen und Absichten der Gebäudeeigentümer/-innen erstellt worden.

Als Grundlage dient die errechnete standardisierte Heizlast unter Einbeziehung der Heizanlage und der Trinkwarmwasserbereitung von ca. 40.800 kWh/a für die praktizierte Teilbeheizung des Erd-, Ober- und Dachgeschosses.

Verbesserungsvorschläge wurden für die thermische Gebäudehülle sowie für die Heizung und das Trinkwarmwasser erstellt. Für die Fenster und die Rolladenkästen wurden keine energetischen Verbesserungen vorgeschlagen, da die Eigentümer/-innen keinen Austausch beabsichtigten.

12.4.1 Vorgaben des Gebäudeenergiegesetzes (GEG)

Das GEG regelt neben dem Neubau auch Altbausanierungen, bei denen Bauteilflächen ersetzt oder erneuert werden. Bei Veränderungen von Außenwänden mit hohen Wärmeverlusten (U-Wert > 0,9 W/(m² · K)) muss bei Neuverputz oder bei inneren sowie äußeren Veränderungen durch Platten oder Vorsatzschalen ein U-Wert von 0,24 W/(m² · K) erreicht werden. Bei der obersten Geschossdecke sowie Kellerdecken oder Wänden gegen unbeheizte Räume oder Erdreich sind ebenfalls die in Abb. 2 genannten Grenzwerte einzuhalten. Dies gilt auch, wenn die Dachhaut ersetzt wird oder Dämmschichten eingebaut werden.

Ausgenommen sind Änderungen von Außenbauteilen, die nicht mehr als 10 % der gesamten Fläche der jeweiligen Bauteilgruppe des Gebäudes betreffen.

Nachrüstverpflichtungen nach GEG

- Dämmung nicht begehbarer, aber zugänglicher, unzureichend gedämmter obersten Geschossdecken
- Öl- oder gasbetriebene Heizkessel müssen nach Ablauf von 30 Jahren nach Einbau oder Aufstellung ausgetauscht werden.
- Dämmung ungedämmter, zugänglicher Wärmeverteilungs- und Warmwasserleitungen in unbeheizten Räumen
- Zentralheizungen müssen über eine Regelung (z. B. außentemperaturgeführt und Raumtemperaturregelung) sowie eine Abschaltung der elektrischen Hilfsantriebe während der Stillstandszeiten verfügen.

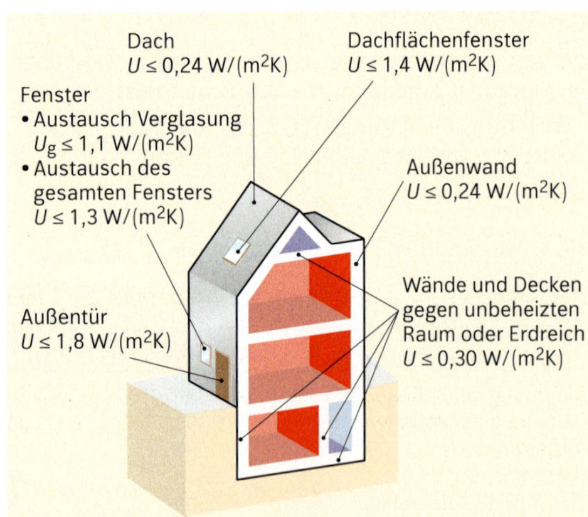

Abb. 2: Einzuhaltende Grenzwerte bei Modernisierung (GEG 2024)

- Werden Umwälzpumpen in Heizungsanlagen über 25 kW Heizleistung ausgetauscht, sind selbsttätig regelnde Pumpen einzusetzen.
- Bei Ein- und Zweifamilienhäusern, in denen in mindestens einer Wohnung am 1.2.2002 die Eigentümer/-innen gewohnt haben, bestehen die genannten Nachrüstverpflichtungen nur im Falle des Eigentümerwechsels nach dem 1. Februar 2002.

Konsequenzen aus der seit 2008 gültigen EnEV für die Maßnahmenvorschläge des Beispiels

- Wurde eine Kellerdecke gedämmt, musste eine *Mindestdämmdicke* von 4 cm (bei Wärmeleitgruppe 040) umgesetzt werden (besser mehr, siehe Maßnahmenvorschlag).
- Wurde die Dachdämmung nur zwischen den Sparren eingebracht, war eine Dämmdicke von mindestens 16 cm (bei Wärmeleitgruppe 040) vorzusehen, um den geforderten U-Wert über die gesamte Fläche inklusive Sparren einzuhalten (siehe Maßnahmenvorschlag).
- Da der U-Wert der Außenwand im Beispiel über 0,9 W/(m² · K) lag (0,918 W/(m² · K)), musste bei Neuverputz oder der Anbringung von Platten etc. nach der Sanierung ein U-Wert von 0,35 W/(m² · K) eingehalten werden. Dies wurde durch Aufbringen einer Außendämmung von mindestens 8 cm (besser 10–12 cm, siehe Maßnahmenvorschlag) erreicht.
- Beim Austausch von Fenstern war 2008 ein U-Wert von 1,7 W/(m² · K) einzuhalten und für Außentüren betrug dieser Wert 0,29 W/(m² · K).

Die heutigen Anforderungen gehen aus Abb. 2 hervor.

12.4.2 Dämmung der Kellerdecke

Im vorliegenden Beispiel ist die Dämmung der Kellerdecke im unbeheizten Kellerbereich eine einfache und kostengünstige Maßnahme.

Auf diese Weise lassen sich nicht nur die Wärmeverluste der darüber liegenden Räume reduzieren. Auch die Wohnbehaglichkeit erhöht sich, weil die Fußkälte minimiert wurde.

Die Raumlufttemperatur kann bei gleicher Behaglichkeit niedriger gewählt werden.

Die Dämmung soll mit 8 cm dicken Polystyrolplatten (PS-Platten) erfolgen, die z. B. mit Zementkleber angeklebt werden. Alternativ ließen sich als Dämmstoff Dämmplatten aus Kork, Holzfasern oder Mineralfaserplatten verwenden. Die Wärmeleitzahl soll ≤ 0,040 W/(m² · K) betragen.

Durch die Dämmung der Kellerdecke verbessert sich der U-Wert wie folgt:

Istzustand Kellerdecke roh: 1,032 W/(m² · K)
Nach der Dämmung (8 cm): 0,337 W/(m² · K)

Rechnerische Ergebnisse:
Dämmung der Kellerdecke

– Einsparpotenzial Heizenergiekosten:	18 €/a
– Einsparpotenzial CO_2:	0,11 t/a
– noch erforderliche Heizkesselleistung:	18 kW
– verbleibende Brennstoffkosten:	1 760 €/a
– Investitionskosten:	413 €
– Einsparerfolg:	320 kWh/a
– Restenergiebedarf (Hz und PWH):	ca. 40 070 kWh/a

12.4.3 Dämmung der Außenwand

Durch eine außen liegende Wärmedämmung verringern sich die Wärmeverluste erheblich.

Weitere Vorteile sind:

- Schutz des Mauerwerks vor thermisch bedingten Spannungen
- Vermeidung von Feuchteschäden in der Bausubstanz
- Verlängerung der Lebensdauer des Hauses und Erhöhung des Wertes
- Erhöhung des Wohnkomforts

Wenn die Fassade ohnehin saniert wird, sollte eine Außenwanddämmung mit einer „Thermohaut" zur Ausführung kommen (Abb. 3).

Bei diesem Verfahren werden auf die Außenwand mithilfe eines Klebemörtels Mineralwolle- oder Hartschaumplatten bzw. umweltfreundliche Holzfaser- oder Korkplatten (mindestens WLG 040) geklebt und bei Bedarf zusätzlich durch Dübel gesichert.

Auf diese Dämmschicht wird als Spannungsausgleich auf einen Armierungsputz ein Armierungsgewebe geklebt, das die Grundlage für die Außenbeschichtung bildet. Diese kann aus Kunststoff, Kalk-Zementputz oder Flachverblendern bestehen.

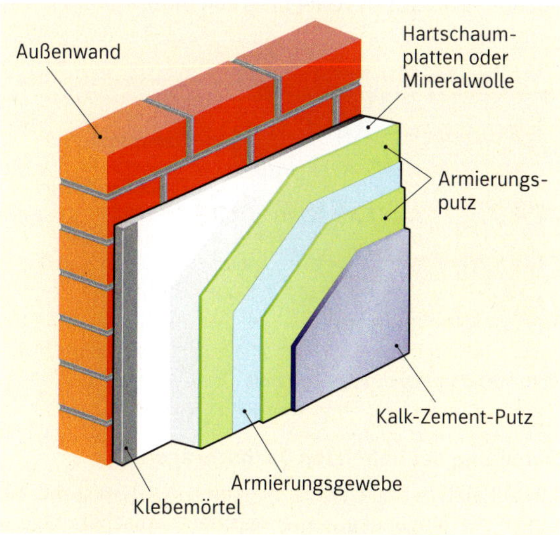

Abb. 3: Außenwand mit Wärmedämmverbundsystem (Thermohaut)

Um kostengünstig eine Energieeinsparung zu erzielen, wird für die Außenwand ein 12 cm dickes Dämmmaterial vorgeschlagen. Die Kosten für ein Standard-Wärmeverbundsystem liegen bei ca. 90–120 €/m². Die Dämmung soll 50–80 cm über den inneren Anschluss der Kellerdecke bzw. Bodenplatte bis zum Erdreich geführt werden, um dort auftretende Wärmebrückeneffekte zu minimieren.

Durch die Dämmung der Außenwand verbessert sich der U-Wert wie folgt:

	Wand 365 mm	Wand 240 mm
Istzustand:	0,992 W/(m²K)	1,368 W/(m²K)
Nach-Dämmung (12 cm):	0,250 W/(m²K)	0,268 W/(m²K)

Rechnerische Ergebnisse: Dämmung der Außenwand

- Einsparpotenzial Heizenergiekosten: 690 €/a
- Einsparpotenzial CO_2: 4,99 t/a
- noch erforderliche Heizkesselleistung: 12 kW
- verbleibende Brennstoffkosten: 1 070 €/a
- Investitionskosten: 33 600 €
- Einsparerfolg: 15 750 kWh/a
- Restenergiebedarf (Hz und PWH): ca. 24 320 kWh/a

12.4.4 Dachdämmung

Spitzboden

Im Istzustand sind ca. 10 cm aluminiumkaschierte Mineralwolle-Dämmplatten im Spitzboden und den Dachschrägen verlegt. Diese Dämmung entspricht nicht den Vorgaben. Für die wärmetechnische Sanierung werden Polystyrolplatten empfohlen, die in einer Dicke von insgesamt 20 cm zweilagig und fugenübergreifend im und auf dem Spitzboden verlegt werden (Abb. 1).

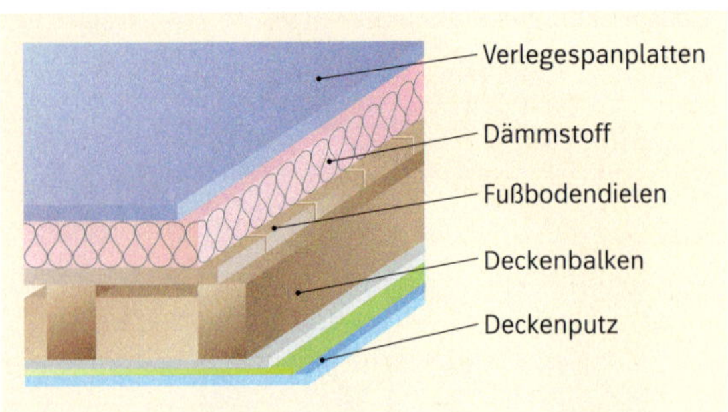

Abb. 1: Dämmung des Spitzbodens

Dämmung der beheizten Dachschrägen

Im beheizten Dachschrägenbereich (OG) besteht zumeist die Möglichkeit, die wärmetechnischen Eigenschaften für den Winter (Wärme bleibt drin) und für den Sommer (Wärme bleibt draußen) raumseitig zu optimieren. Hierfür wird die Verschalung der Dachschrägen geöffnet, die vorhandene Dämmung entfernt und durch 20 cm dicke Zelluloseplatten ersetzt.

Die Dachschrägen werden durch eine Untersparrendämmung ergänzt. Eine sorgfältig ausgeführte innere Luftdichtigkeitsebene (Dampfsperre innen) ist die Voraussetzung für die Vermeidung von Tauwasserausfall und Funktionsfähigkeit der Dämmung (Abb. 2).

Durch die Dämmung des Dachbereichs verbesserten sich die U-Werte wie folgt:

	Spitzboden	Dachschrägen
Istzustand:	0,420 W/(m²K)	0,444 W/(m²K)
Nach Dämmung:	0,176 W/(m²K)	0,204 W/(m²K)

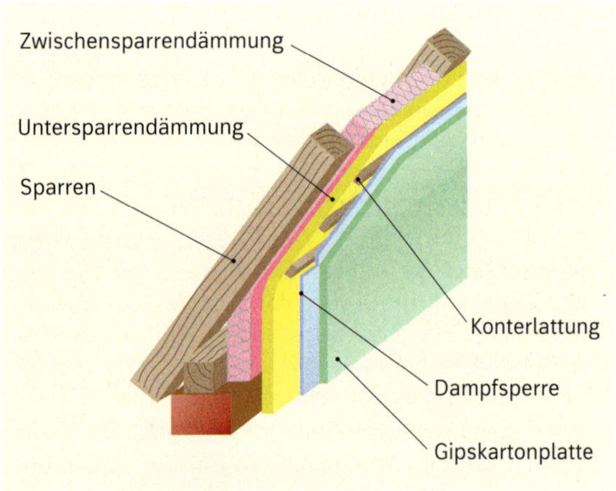

Abb. 2: Dämmung der beheizten Dachschrägen mit Dampfsperre innen

Rechnerische Ergebnisse: Dachdämmung

- Einsparpotenzial Heizenergiekosten: 70 €/a
- Einsparpotenzial CO_2: 0,5 t/a
- noch erforderliche Heizkesselleistung: 11 kW
- verbleibende Brennstoffkosten: 1 000 €/a
- Investitionskosten: 6 000 €
- Einsparerfolg: 1 580 kWh/a
- Restenergiebedarf (Hz und PWH): ca. 22 740 kWh/a

12.4.5 Heizungsmodernisierung mittels Öl-Brennwertkessel

Brennwertkessel nutzen die eingesetzte Energie bei schadstoffarmer Verbrennung effektiv und haben insbesondere einen geringeren CO_2-Ausstoß im Vergleich zu älteren Heizkesseln.

Die Heizungssanierung sollte erst nach den Dämmmaßnahmen erfolgen, da dann die erforderliche Heizkesselleistung erheblich kleiner ist.

Rechnerische Ergebnisse: Heizungssanierung

- Einsparpotenzial Heizenergiekosten: 100 €/a
- Einsparpotenzial CO_2: 0,74 t/a
- noch erforderliche Heizkesselleistung: 11 kW
- verbleibende Brennstoffkosten: 900 €/a
- Investitionskosten: 7 000 €
- Einsparerfolg: 2 330 kWh/a
- Restenergiebedarf (Hz und PWH): ca. 20 410 kWh/a

12.4.6 Solaranlage

Mit thermischen Solaranlagen kann die Sonnenenergie mittels Kollektoren zur Wassererwärmung und zur Heizungsunterstützung genutzt werden. Eine Heizungsunterstützung ist hier jedoch nicht vorgesehen.

Rechnerische Ergebnisse: Solaranlage

- Einsparpotenzial Heizenergiekosten: 100 €/a
- Einsparpotenzial CO_2: 0,73 t/a
- noch erforderliche Heizkesselleistung: 11 kW
- verbleibende Brennstoffkosten: 800 €/a
- Investitionskosten: 5 500 €
- Einsparerfolg: 2 300 kWh/a
- Restenergiebedarf (Hz und PWH): ca. 18 110 kWh/a

Nutzungsoptimierung

Bei einer umweltfreundlichen Trinkwarmwasserbereitung auf der Basis von Brennwerttechnik und Solarenergie sollte auch die Möglichkeit geprüft werden, die Waschmaschine und die Geschirrspülmaschine daran anzuschließen.

Der größte Teil des Stromverbrauchs beider Geräte rührt aus der Erwärmung des Kaltwassers. Mit einem direkten Trinkwarmwasseranschluss können Primärenergieverbrauch und Kosten gesenkt werden. Eine spezielle Waschmaschine ist nicht erforderlich, eine einfache Handschaltung mit zwei Armaturen ist ausreichend. Elektrische Vorschaltgeräte (Leistungsaufnahme ca. 10 W) mischen warmes und kaltes Wasser auf eine eingestellte Temperatur, die mit der an der Waschmaschine eingestellten Waschtemperatur identisch ist. Möglich ist auch der Einsatz handelsüblicher Themostatbatterien. Die Preise für die Vorschaltgeräte betragen je nach Ausstattung 100–200 €. Bei Neuanschaffungen von Wasch- und Spülmaschinen sollte man auf einen Kalt- und Warmwasseranschluss achten.

Eine weitere Nutzungsoptimierung lässt sich mit einer Kombianlage mit Kombispeicher und eingebautem Öl-Brennwertkessel erreichen. Durch geringe Wärmeverluste sind 10 % Energieeinsparung möglich (Abb. 3).

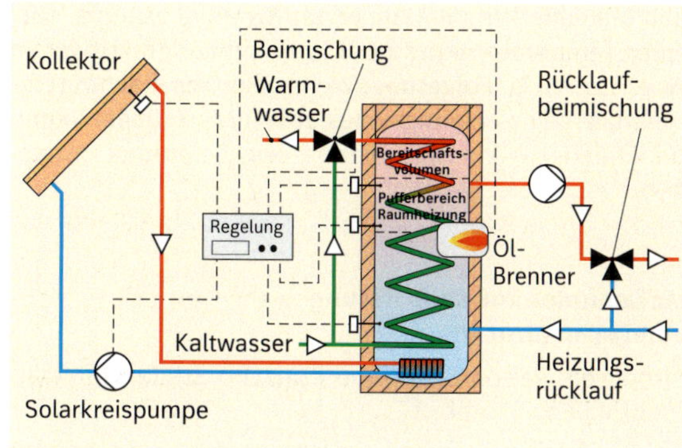

Abb. 3: Kombianlage mit Kombispeicher

12.4.7 Wärmebrücken und Lüftungswärmeverluste

Wärmebrücken sind Bauteilbereiche, an denen besonders hohe Wärmeverluste und niedrige Innenoberflächentemperaturen auftreten.

Gefürchtete Auswirkungen von Wärmebrücken sind Tauwasserbildung auf der betroffenen Bauteiloberfläche im Innenbereich und dadurch verursachte Schimmelbildung. Schimmel kann dann entstehen, wenn im Bereich der Bauteiloberfläche mehrere Tage die relative Luftfeuchtigkeit $\varphi \geq 80$ % beträgt. Schimmel wird sich umso eher bilden, je kälter die Oberfläche des Bauteils und je höher die Raumluftfeuchte ist.

Das Schimmelrisiko lässt sich durch folgende Maßnahmen verhindern:

- Erhöhung des Luftwechsels
  Vorteil: Die relative Luftfeuchtigkeit verringert sich.
  Nachteil: Der Heizenergieverbrauch vergrößert sich.
- Erhöhung der Raumtemperatur
  Vorteil: Die Oberflächentemperaturen erhöhen sich.
  Nachteil: Der Heizenergieverbrauch vergrößert sich.
- Verbesserung des Wärmeschutzes
  Vorteil: Die Oberflächentemperaturen erhöhen sich. Der Heizenergieverbrauch reduziert sich.
  Nachteil: Investitionskosten
- Einbau einer Anlage zur kontrollierten Wohnungslüftung
  Vorteil: Abführung von Luftfeuchte, CO_2 und Luftschadstoffen, Zufuhr von Frischluft unter Nutzung des Wärmeaustausches
  Nachteil: Installations- und Wartungskosten durch den Einbau einer RLT-Anlage

Geht man von einer Raumlufttemperatur von 20 °C und einer relativen Luftfeuchte von $\varphi = 50$ % aus, dann bleibt bei einer Abkühlung der Luft der absolute Wasserdampfgehalt (in g/m^3) gleich. Die relative Feuchte φ hingegen steigt an, weil mit abnehmender Temperatur das Feuchtigkeitsaufnahmevermögen abnimmt. Bei einer Temperatur von 12,6 °C erreicht φ den kritischen Wert von 80 %. Folgerung: Wenn alle Oberflächentemperaturen eines Wohnraumes über 12,6 °C liegen, kann bei üblicher Wohnungsnutzung kein Schimmel entstehen.

Maßnahmen zur Reduzierung von Wärmebrücken

Altbauten weisen zahlreiche kritische Stellen für Wärmebrücken auf (Abb. 1).

Bei der Sanierung muss versucht werden, die erhöhten Wärmeverluste und die verringerten Oberflächentemperaturen der Wärmebrücken zu beseitigen.

Maßnahmen zur Reduzierung der Wärmeverluste von Wärmebrücken können sein:

- Vollständige thermische Trennung
  z. B. Balkon wird vorgestellt bzw. vorgeständert
- Thermische Entkopplung
  z. B. bei Vordächern, Porenbeton am Fußpunkt von Wänden, Fenstern in Dämmebene einsetzen
- Umlaufende Dämmung
  z. B. für auskragende Bauteile wie Terrassen, Balkone und Attikabrüstungen
- Flankendämmung
  z. B. für Gebäude-Ecken, Attikabrüstungen, Kellerinnenwänden und Rolladenkästen

Vermeidbare Lüftungswärmeverluste

! Vermeidbare *Lüftungswärmeverluste* sind Wärmeverluste, die durch unkontrollierte Lufteinströmungen über den für die Lufthygiene empfohlenen Luftwechsel von 0,3–0,8 pro Stunde hinaus auftreten.

Ursache für Lüftungswärmeverluste sind hauptsächlich undichte Fugen bei Fenstern und Türen, aber auch undichte Bauteilanschlüsse und Durchführungen (Abb. 2).

Die Luftdurchlässigkeit des Gebäudes kann gemessen werden, indem ein Gebläse in eine Gebäudeaußentür eingesetzt wird. Das Gebläse erzeugt zwischen der Außenluft und dem Gebäudeinneren einen Über- oder Unterdruck von 50 mbar. Da die Luftmenge, die das Ge-

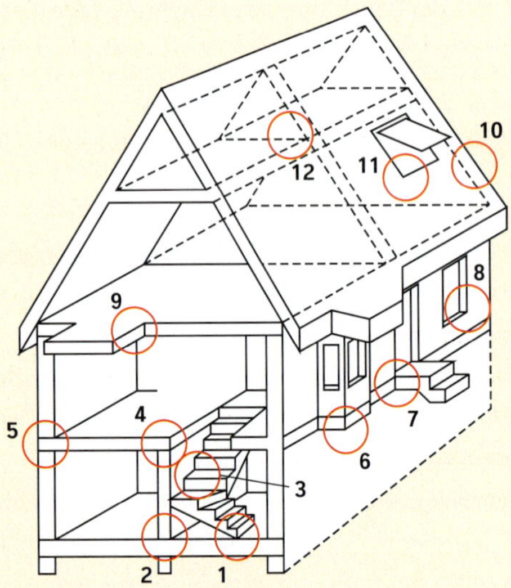

1 Auflager der Kellertreppe auf der Bodenplatte
2 Fußpunkt der Treppenhauswand auf der Bodenplatte
3 Seitlicher Anschluss der Kellertreppe an Kellerwand
4 Anschluss der Kellerwand an Kellerdecke und EG-Trennwand
5 Anschluss der Kellerwand an Kellerdecke und EG-Außenwand
6 Auskragende Erkerbodenplatte
7 Auskragendes Eingangspodest
8 Fensteranschlag und Fensterbänke
9 Auskragende Balkone, Vordächer
10 Giebelmauerkronen gegen Außenluft
11 Zarge des Dachflächenfensters gegen Außenluft
12 In den kalten Spitzboden hinaufragende Innenwände

Abb. 1: Kritische Stellen für Wärmebrücken (Planungsfehler)

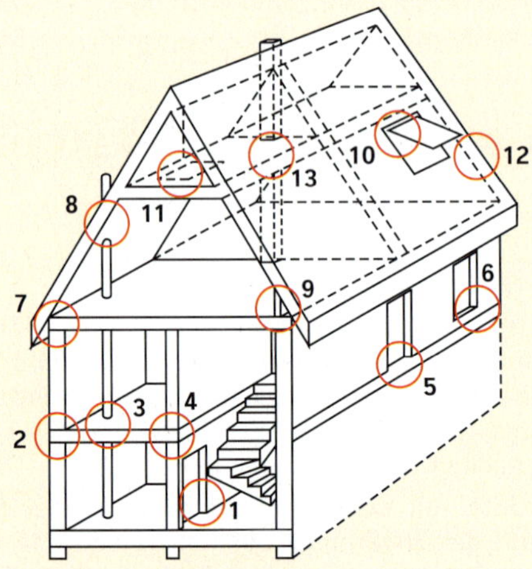

1 Tür zwischen beheiztem Kellerflur und Kellerraum
2 Anschluss der Kellerdecke an die Außenwand
3 Durchführung der Sanitärleitung durch die Decke über kalten Keller
4 Durchführung der Kellerdecke durch die Innenwand
5 Anschlüsse der Außentür
6 Fenster- und Fensterbankanschlüsse
7 Übergang der Außenwand zur Luftdichtungsebene des Schrägdaches
8 Durchführung der Sanitärleitung
9 Anschlüsse der Luftdichtungsebene an die Drempelabmauerung
10 Anschluss des Dachflächenfensters
11 Anschluss der Bodenluke
12 Anschluss der Luftdichtungsebene an die Giebelmauer
13 Schornsteindurchführung

Abb. 2: Kritische Stellen für undichte Fugen

bläse liefert, genau so groß ist wie die Luftmenge, die durch Lecks aus der Gebäudehülle strömt, stellt diese Luftmenge ein Maß für die Undichtigkeit des Gebäudes dar (Blower-Door-Test).

Um die Lüftungswärmeverluste zu vermindern, muss die Luftdichtheit des Gebäudes verbessert werden. Durch die Luftdichtheit wir der Luftwechsel auf das hygienisch notwendige Maß beschränkt.

Maßnahmen zur Reduzierung des Lüftungswärmeverlustes

- Bei der Dämmung des Dachgeschosses muss eine Dampf- und Windsperre eingebaut werden.
- Sind die Schließfugen von Fenstern und Balkontüren undicht, genügt meist das Nachjustieren der Beschläge.
- Im oberen Bereich sollte die Haustür eine funktionierende Schließdichtung, im unteren Bereich eine Absenk- oder Anschlagdichtung erhalten.
- Kellertüren sollten mit einer umlaufenden Lippendichtung versehen werden, da eine luftdichte Trennung zum unbeheizten Keller nötig ist.
- Steckdosen im Außenwandbereich müssen „satt" in Gips eingebettet werden.
- Der Innenputz muss beim Aus- oder Umbau eines Gebäudes bis auf den Rohfußboden geführt werden.
- Sinnvoll ist die Anschaffung eines Hygrometers und eines Thermometers. Damit kann man eine angemessene Luftfeuchte von φ = 40–60 % einhalten und die Temperatur je nach Wohlbefinden z. B. zwischen 17 und 23 °C halten.

12.5 Zusammenfassung der wichtigsten Ergebnisse

Die Energieberatung hat aufgezeigt, dass ein Energieeinsparpotenzial vorhanden ist. Der Maßnahmenkatalog wurde nach den Ergebnissen der Energieberatung und nach den Kundenwünschen erstellt.

Die größten Verluste entstanden an den *Außenwänden*. Hier war auch das größte Einsparpotenzial zu erzielen. Deshalb wurde ein Wärmedämmverbundsystem in der beschriebenen Dicke realisiert. Der sinnvollste Zeitpunkt war die ohnehin anstehende Sanierung der Fassade, da hier die Kosten für Gerüst- und Putzarbeiten eingespart werden konnten. Darüber hinaus schreibt der Gesetzgeber eine dem GEG entsprechenden Dämmung bei Erneuerung des Außenputzes vor.

Durch die geringe Fläche wies die Kellerdecke geringe Energieverluste auf. Um die Fußkälte sowie die Wärmeverluste nach unten zu minimieren, wurde nach der Heizungssanierung die Dämmung der Kellerdecke durchgeführt.

Die beheizten Dachflächen sollten über die Anforderungen des GEG hinaus gedämmt werden. Als Dämmstoffe eignen sich Zellulose, Mineralwolle oder Holzfaserstoffe. Wichtig hierbei ist die ordnungsgemäß angebrachte Dampfbremse.

Nach der kompletten wärmetechnischen Sanierung wurde die alte Ölheizung durch einen *Öl-Brennwertkessel* (ca. 14 kW) ersetzt. Sinnvoll war die Installation einer *thermischen Solaranlage*, da die Sanierung der günstigste Zeitpunkt für eine Umsetzung der Solartechnik ist. Der Heizkessel sollte möglichst über einen breiten Modulationsbereich verfügen, um den hohen Wirkungsgrad voll ausnutzen zu können. Alternativen zum Brennwertkessel sind Stückholz-/Pelletheizkessel oder eine Erdwärmepumpe.

Als Fördermöglichkeit wurde das KfW-Förderprogramm „Wohnraum modernisieren" in der Abstufung „Mix" genutzt. Das Förderprogramm ließ sich uneingeschränkt mit anderen öffentlichen Mitteln kombinieren. Die Antragstellung erfolgte über die Hausbank vor Beginn der Sanierung.

Durch die beschriebenen Maßnahmen wird neben der Energieeinsparung auch der Wohnkomfort gesteigert, z. B. vermindern sich die Zugerscheinungen und die unangenehme Fußkälte. Auch die Umwelt wird durch Resourceneinsparung und weniger Kohlendioxidabgabe geschont.

! Die Realisierung von **Energiesparmaßnahmen** sollte nicht nur aus finanzieller Sicht erfolgen.

Aufgaben

1. Warum ist bei einer Energieberatung die energetische Bewertung der Bausubstanz des Gebäudes genauso von Bedeutung wie die Bewertung der Heizungs- und Trinkwassererwärmungsanlage?
2. Wodurch unterscheiden sich die frühere Benotung eines Gebäudes nach dem Energiekennwert von der Einstufung eines Gebäudes in eine Energieeffizienzklasse?
3. Aus der Emissionsbilanz kann die Reduktion von CO_2, SO_2 und CO nach Durchführung des Maßnahmenplanes ersehen werden. Welche Gefahren gehen von diesen Stoffen aus?
4. Wie entsteht der Maßnahmenplan für die Sanierung eines Gebäudes?
5. Welche Forderungen stellt das derzeit aktuelle GEG bezüglich der U-Werte
   a) wenn Außenbauteile erneuert werden?
   b) bei Gebäudeerweiterungen?
6. Welche Nachrüstverpflichtungen bestehen nach dem aktuellen GEG?
7. Nennen Sie die Vorteile einer Außenwanddämmung.

12.6 Wärmepumpen

Weltweit nehmen die CO_2-Emissionen seit Jahrzehnten zu (Abb. 1). Die USA verursachen die höchsten Pro-Kopf-CO_2-Emissionen. Deutschland ist 2022 in der EU (hinter Polen) auf Platz zwei dieser unrühmlichen Rangliste. Heizen, Verkehr, Stromerzeugung und Industrie verursachen nach wie vor hohe CO_2-Emissionen. Maßnahmen zur Erhöhung der Wirkungsgrade und eine bessere Wärmedämmung können zwar den Energiebedarf und damit auch die Umweltbelastung verringern. Allerdings sinken der Energieverbrauch und die CO_2-Emissionen zu langsam. Um die Klimaziele zu erreichen, sind größere Anstrengungen erforderlich.

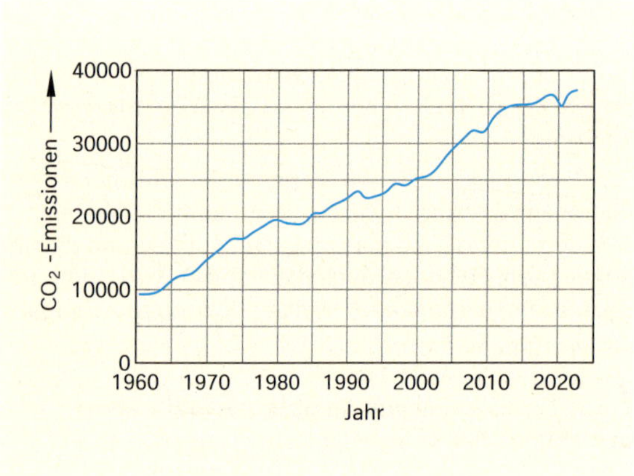

Abb. 1: CO_2-Emissionen weltweit in Mio. Tonnen

Der sich verschärfende Klimawandel zwingt zum Umdenken. CO_2-Emissionen müssen zukünftig so gut wie möglich vermieden werden. Dies erfordert nicht nur bei der Beheizung von Gebäuden eine Energiewende.

Zunehmend wird Wärme aus der Umgebungsluft, der Abluftwärme, dem Erdreich oder Grundwasser zum Heizen und Kühlen von Gebäuden sowie zur Trinkwassererwärmung genutzt. Diese Energiequellen sind jedoch zu kalt, um damit direkt zu heizen. Wie bereits in Kapitel 9.15 beschrieben, ist es mithilfe von Wärmepumpen möglich, die Umgebungswärme auf ein zum Heizen geeignetes Temperaturniveau anzuheben.

Die Anzahl verkaufter Wärmepumpen war im Jahre 2022 in Deutschland sehr gering (Abb. 2), obwohl in dem Jahr die Absatzzahl im Vergleich zum Vorjahr um 53 % gestiegen war.

Im Gegensatz dazu waren die Absatzzahlen von Wärmepumpen in Nordeuropa trotz der deutlich niedrigeren Außentemperaturen sehr hoch. Dort gibt es kein ausgebautes Gasnetz, sodass die Gebäude früher hauptsächlich mit Fernwärme, Direktstrom oder Öl beheizt wurden. In Schweden haben z. B. die frühe Einführung der CO_2-Steuer (1992) und ihre schrittweise Anhebung wesentlich dazu beigetragen, dass von Ölheizungen auf Wärmepumpen umgestellt wurde. In Finnland, Norwegen und Schweden liegt der Schwerpunkt auf Wärmepumpen. Während jedoch in Schweden und Finnland überwiegend Erdwärmepumpen genutzt werden, sind in Norwegen mehr Luft/Luft-Wärmepumpen im Einsatz.

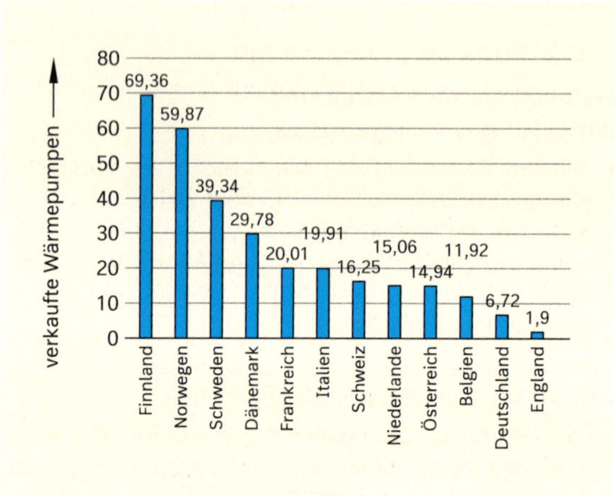

Abb. 2: Anzahl verkaufter Wärmepumpen pro 1 000 Haushalte im Jahr 2022 (Quelle: EHPA)

Durch gesetzliche Vorgaben und staatliche Förderung wird diese Technologie inzwischen auch hierzulande in über 40 % der neu gebauten Wohnhäuser eingesetzt.

! Gezielter Klimaschutz erfordert vornehmlich die Nutzung von Umweltenergien, d. h. Wärmepumpen, Solaranlagen, Windenergie und Wasserkraft.

12.6.1 Funktionsprinzip einer Kompressions-Wärmepumpe

Im geschlossenen Kreislauf einer Kompressions-Wärmepumpe wird ein Kältemittel transportiert (Abb. 3a). Kältemittel verdampfen bei niedrigen Temperaturen und nehmen dabei viel Wärme auf. Als Kältemittel ist z. B. Propan oder CO_2 geeignet. Weil sich mit Propan sehr gute Energieeffizienzergebnisse erzielen lassen, sind klimaschädigende Kältemittel wie z. B. R134a oder R32 nicht nötig. Da der Wärmetransport nie von allein in Richtung höherer Temperaturen geht, wird der wärmetragende Stoff durch einen Kompressor verdichtet. Infolge der Druckerhöhung steigt die Temperatur des Kältemittels.

Das dampfförmige Kältemittel wird mittels Kompressor auf ein höheres Temperaturniveau „gepumpt". Im nachgeschalteten Verflüssiger (Kondensator) gibt das verdichtete, heiße Kältemittel die Verdampfungswärme und die beim Verdichten entstandene Kompressionswärme an das zu erwärmende Wasser ab. Das Kältemittel wird dabei flüssig. Über ein thermostatisches oder elektronisches Expansionsventil, das den noch vorhandenen Druck abbaut, gelangt das Kältemittel in den Verdampfer zurück. Der Kreislauf kann von neuem beginnen, wobei eine Arbeitszahl β_{WP} (bzw. ein SCOP-Wert) zwischen 2 und 5 möglich ist (siehe Kap. 9.15).

12.6.2 Funktionsprinzip einer Absorptions-Wärmepumpe

Der Kompressor der Wärmepumpe aus Abb. 3a wird bei der Absorptions-Wärmepumpe durch einen Lösungsmittelkreislauf ersetzt (Abb. 3b). Dies hat den Vorteil, dass anstelle der energieaufwendigen Verdichtung des Dampfes nur eine Pumpe benötigt wird, um das flüssige Gemisch aus Lösungsmittel und Kältemittel auf einen höheren Druck zu bringen.

Verdampfer

Wie bei der Kompressions-Wärmepumpe wird das Kältemittel, z. B. Ammoniak (NH_3), im Verdampfer schon bei -30 °C durch die Aufnahme von Umgebungswärme verdampft.

Absorber

Im Absorber löst sich das gasförmige Kältemittel in einem Lösungsmittel (Absorptionsmittel), z. B. Wasser, auf. Dabei wird Wärme frei und die Temperatur steigt. Das warme Stoffgemisch erwärmt das Heizwasser in einer 1. Stufe.

Lösungsmittelpumpe

Das Stoffgemisch wird mithilfe einer Pumpe in den Austreiber gepumpt.

Austreiber (Desorber)

Im Austreiber wird das Stoffgemisch erwärmt, z. B. durch einen Gasbrenner. Dadurch trennen sich die Stoffe wieder. Das Ammoniak (NH_3) wird wieder gasförmig und in den Kondensator geleitet. Das Wasser entspannt sich über ein Expansionsventil und gelangt wieder in den Absorber.

Kondensator (Verflüssiger)

Das dampfförmige Kältemittel gibt im Kondensator die aufgenommene Verdampfungswärme ab und wird dabei flüssig. Dadurch wird das Heizungswasser in einer 2. Stufe erwärmt.

Expansionsventil im Kältemittelkreislauf

Das unter Druck stehende flüssige Kältemittel strömt über ein Expansionsventil zum Verdampfer zurück. Der Kreislauf, bei dem eine Arbeitszahl β_{WP} zwischen 1,2 und 1,5 möglich ist, kann von vorne beginnen.

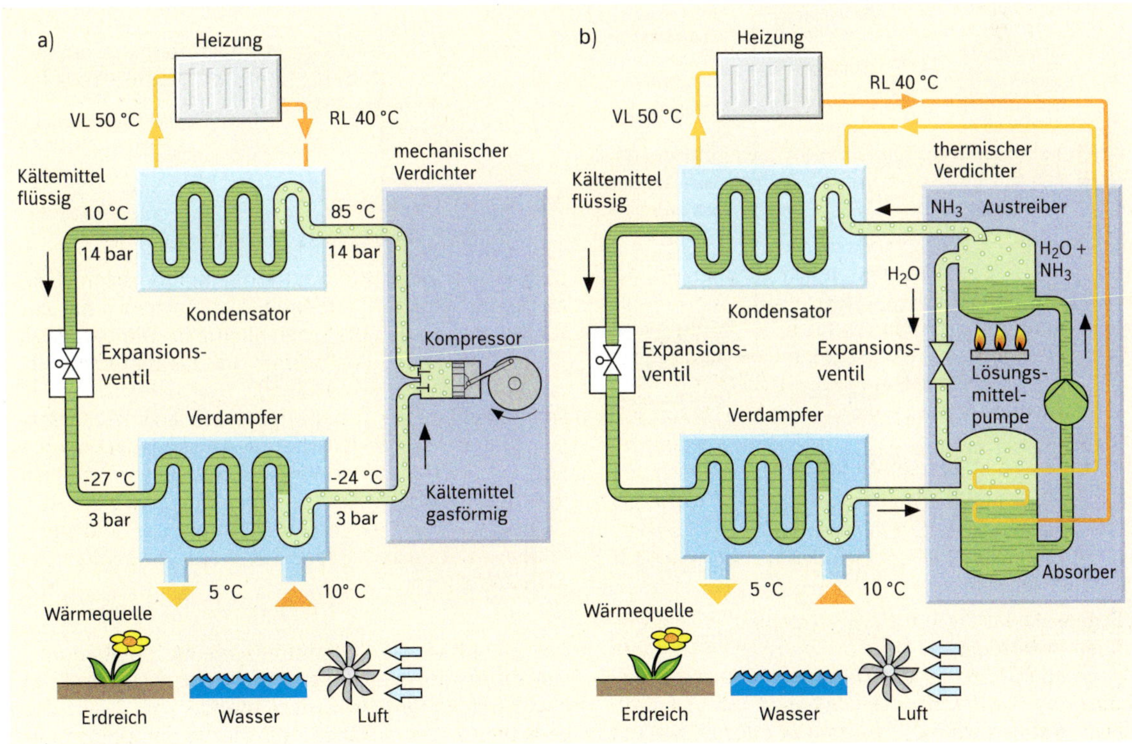

Abb. 3: Funktionsprinzip: a) Kompressions-Wärmepumpe mit Kältemittel-Kreislauf
b) Absorptions-Wärmepumpe mit Kältemittel- und Lösungsmittel-Kreislauf

12.6.3 Einteilung der Wärmepumpen

Wärmepumpen können u. a. eingeteilt werden nach:

- *Betriebsweise*
- *Art der Wärmeträger*

Bei der Einteilung nach der *Betriebsweise* unterscheidet man zwischen:

- monovalent und monoenergetisch
- bivalent-alternativ und bivalent-parallel
- bivalent-teilparallel

Bei *monovalentem* Betrieb dient allein die Wärmepumpe als Wärmeerzeuger.

Ein *monoenergetischer* Betrieb liegt vor, wenn beim Einsatz einer Elektro-Wärmepumpe der Restwärmebedarf bei tiefen Außentemperaturen mittels Elektroheizeinsatz gedeckt wird. Beide Wärmeerzeuger arbeiten dann parallel.

Bei *bivalenten Systemen* liefert die Wärmepumpe z. B. bis 0 °C die gesamte Heizwärme. Wenn es kälter wird, schaltet sich die Wärmepumpe bei *alternativem* Betrieb ab. Die benötigte Heizleistung liefert dann ein Wärmeerzeuger mit einer anderen Energieart (z. B. Heizöl).

Schaltet sich, wenn es kälter wird, ein zweiter Wärmeerzeuger mit einer anderen Energieart dazu, so spricht man von einer *bivalent-parallelen* Betriebsweise.

Schaltet sich die Wärmepumpe beim Erreichen ihrer Einsatzgrenze ab, so spricht man von einer *bivalent-teilparallelen* Betriebsweise.

Die Einteilung nach Art *der Wärmeträger* wurde in der DIN EN 14511 genormt und ist weit verbreitet.

! Bei der Benennung steht zuerst der Wärmeträger für die Wärmequelle und an zweiter Stelle der Wärmeträger für das Wärmeverteilmedium, z. B. Sole/Wasser-Wärmepumpe.

In der abgekürzten Darstellung wird zusätzlich zu den Wärmeträgern deren jeweilige Temperatur angegeben, z. B.:

W 10 W 35

Wärmequelle Wasser + 10 °C

Wärmeverteilmedium Wasser
mit 35 °C Vorlauftemperatur

Dabei steht W für Wasser (water), B für Sole (brine) und A für Luft (air).

Entsprechende Kombinationsmöglichkeiten für Wärmepumpensysteme zeigt Abb. 1.

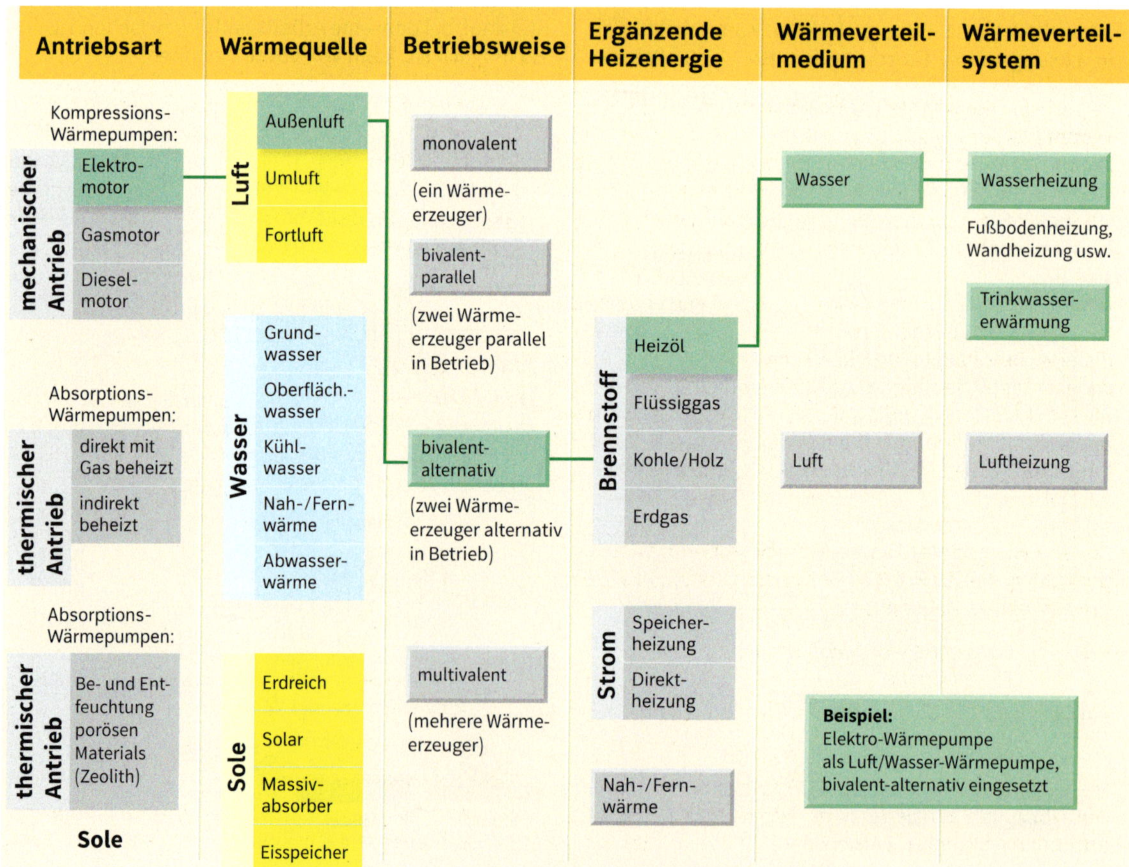

Abb. 1: Kombinationsmöglichkeiten für Wärmepumpen-Systeme zur Raumheizung (mit Beispiel)

12.6.4 Beurteilungskriterien

Die Qualität einer Wärmepumpenanlage wird mithilfe von Kennziffern bewertet:

- bei elektrisch angetriebenen Kompressions-Wärmepumpen durch die *Leistungszahl* ε und die *Arbeitszahl (Jahresarbeitszahl)* β
- bei gas- oder dieselmotorisch angetriebenen Wärmepumpen sowie bei Absorptions-Wärmepumpen durch die *Jahresheizzahl* ζ

Leistungszahl ε = COP

Die Leistungszahl ist gerätespezifisch und wird vom Hersteller angegeben. Sie erlaubt durch festgelegte Messbedingungen, Wärmepumpensysteme und Fabrikate miteinander zu vergleichen.

Der „Coefficient Of Performance" – kurz COP genannt – ist identisch mit dem im deutschen Sprachraum verwendeten Begriff der Leistungszahl.

Die Leistungszahl wird aus dem Verhältnis der Heizleistung zur Antriebsleistung des Verdichters und aller Hilfsaggregate ermittelt.

$$\varepsilon = \mathrm{COP} = \frac{\dot{Q}_H}{P}$$

$\dot{Q}_H$: vom Kondensator abgegebene Heizleistung in kW
P: Antriebsleistung in kW

Je geringer der Anteil der Antriebsleistung an der Heizleistung ist, umso günstiger ist die Leistungszahl. Eine Leistungszahl von $\varepsilon = 4$ bedeutet, dass das Vierfache der eingesetzten Antriebsleistung in Heizleistung umgewandelt wird. Je höher die Leistungszahl, umso besser ist die Wirtschaftlichkeit einer Wärmepumpenanlage.

Um die COP-Werte von Wärmepumpen verschiedener Hersteller vergleichen zu können, werden standardisierte Betriebspunkte für Wärmequellen- und Nutzungsanlagen benötigt. Diese sind festgelegt in der DIN EN 14511-2 „Luftkonditionierer, Flüssigkeitskühlsätze und Wärmepumpen für die Raumbeheizung und -kühlung und Prozess-Kühler mit elektrisch angetriebenen Verdichtern".

So ist z. B. für Sole/Wasser-Wärmepumpen das Wertepaar B0/W35 – COP 4,6 in Bezug zur Leistungszahl gebräuchlich. Darin bedeuten:

- B0 = Brine (engl. für Sole), 0 °C in der Wärmequelle
- W35 = Wasser 35 °C, Vorlauf in der Heizungsanlage

Die Leistungszahl ε oder der COP spiegelt damit nur die Güte bzw. die Effizienz eines Wärmepumpeaggregats unter den genannten Betriebsbedingungen wider.

Arbeitszahl (Jahresarbeitszahl) β = SCOP

Aussagekräftiger als der COP-Wert, der nur einen momentanen Wert für eine bestimmte Betriebsbedingung darstellt, ist die Jahresarbeitszahl bzw. der SCOP-Wert (Seasonal Coefficient of Performance). Der SCOP-Wert basiert auf der Effizienz der Wärmepumpe an vier verschiedenen Betriebspunkten (–7 °C, 2 °C, 7 °C und 12 °C). Dieser Wert beschreibt die Effizienz des gesamten Wärmepumpensystems über ein Jahr.

$$\beta = \mathrm{SCOP} = \frac{Q_H}{W}$$

Q_H: vom Kondensator innerhalb eines Jahres abgegebene Wärmemenge in kWh
W: innerhalb desselben Jahres aufgenommene Antriebsenergie in kW

Die Jahresarbeitszahl ist vom angeschlossenen Heizsystem (Vorlauf- und Rücklauftemperatur), von der Temperatur der Wärmequelle (z. B. Außenluft, Erdreich, Grundwasser) sowie von der Betriebsweise abhängig.

Bei Nutzung von Erdwärme werden Jahresarbeitszahlen um 4 erreicht. Noch höhere Werte erzielt man bei der Nutzung von Grundwasser. Außenluftbetriebene Anlagen sind derzeit mit Jahresarbeitszahlen von 3,3 realisierbar.

Monovalent betriebene Außenluft-Wärmepumpen weisen sehr niedrige Jahresarbeitszahlen auf, weil gerade im Winter die Temperaturdifferenz zwischen Wärmequelle und Heizungsseite groß ist. Der Außenluft kann im Winter wenig Wärme entzogen werden. Der Einsatz einer monoenergetischen Außenluft-Wärmepumpe eignet sich für Niedertemperaturheizsysteme mit einem ausreichend dimensionierten Pufferspeicher.

Jahresheizzahl ζ

Die Jahresheizzahl gibt das Verhältnis der in den Heizkreislauf eingespeisten Nutzwärme zur gesamten aufgewendeten Brennstoffenergie einschließlich der elektrischen Energie für die Hilfsaggregate an.

$$\zeta = \frac{Q_H}{H_i \cdot m_B + W_{el.}}$$

Q_H: vom Kondensator innerhalb eines Jahres abgegebene Wärmemenge in kWh
H_i: Heizwert in kWh/kg
m_B: Brennstoffmenge in kg
$W_{el.}$: innerhalb desselben Jahres aufgenommene Antriebsenergie in kWh

Berechnungen

Beispiel 1: Leistungszahl Wärmepumpe

Der Kondensator einer Wärmepumpe gibt eine Heizleistung $\dot{Q}_H$ von 24 kW ab. Die Antriebsleistung P beträgt 6,7 kW. Wie groß ist die Leistungszahl bzw. der COP-Wert?

Geg.: $\dot{Q}_H = 24\ \text{kW}$

$P = 6{,}7\ \text{kW}$

Ges.: $\varepsilon_{WP} = \text{COP}$

Lös.: $\varepsilon_{WP} = \frac{\dot{Q}_H}{P}$

$= \frac{24\ \text{kW}}{6{,}7\ \text{kW}}$

$\varepsilon_{WP} = \mathbf{3{,}58}$

Beispiel 2: Arbeitszahl Wärmepumpe

Der Kondensator einer Wärmepumpe gibt eine Wärmemenge Q_H von 3,39 kWh ab. Die Antriebsenergie W beträgt 1,34 kWh. Wie groß ist die Arbeitszahl β?

Geg.: $Q_H = 3{,}39\ \text{kWh}$

$W = 1{,}34\ \text{kWh}$

Ges.: β

Lös.: $\beta = \frac{Q_H}{W}$

$= \frac{3{,}39\ \text{kWh}}{1{,}34\ \text{kWh}}$

$\beta = \mathbf{2{,}53}$

Beispiel 3: Wärmeleistung Wasser-Wasser-Wp

Eine Wasser-Wasser-Wärmepumpe kühlt pro Stunde 1,1 m³ Grundwasser von 12 °C auf 9 °C ab. Dem Kompressor werden 1,8 kW zugeführt. Der Wirkungsgrad beträgt $\eta_M = 0{,}8$. Welche Wärmeleistung liefert die Wärmepumpe?

Geg.: $\dot{m} = 1\,100\ \text{kg/h}$, $\Delta T = 3\ \text{K}$, $P_{zu} = 1{,}8\ \text{kW}$, $\eta_M = 0{,}8$

Ges.: $\dot{Q}_H$

Lös.: $\dot{Q}_U = \dot{m} \cdot c \cdot \Delta T$

$= 1\,100\ \text{kg/h} \cdot 1{,}16\ \text{Wh/(kg} \cdot \text{K)} \cdot 3\ \text{K}$

$\dot{Q}_U = \mathbf{3\,828\ W}$

$\eta_M = \frac{P_{ab}}{P_{zu}}$ $P_{ab} = P_{zu} \cdot \eta_M$

$P_{ab} = 1\,800\ \text{W} \cdot 0{,}8$

$P_{ab} = \mathbf{1\,440\ W}$

$\dot{Q}_H = \dot{Q}_U + P_{ab}$

$\dot{Q}_H = 3\,828\ \text{W} + 1\,440\ \text{W}$

$\dot{Q}_H = \mathbf{5\,268\ W}$

Beispiel 4: Antriebsenergie Wärmepumpe

Die Arbeitszahl β einer Wärmepumpe ist 1,55. Die nutzbare Wärmemenge Q_H beträgt 734 kWh, Wie groß ist die aufgewendete Antriebsenergie W in kWh?

Geg.: $\beta = 1{,}55$, $Q_H = 734\ \text{kWh}$

Ges.: W

Lös.: $\beta = \frac{Q_H}{W}$ $W = \frac{Q_H}{\beta}$

$W = \frac{734\ \text{kWh}}{1{,}55}$

$W = \mathbf{474\ kWh}$

Beispiel 5:

Eine Luft-Wasser-Wärmepumpe hat einen COP von 3,2. Es steht Außenluft von 10 °C zur Verfügung, die auf 5 °C abgekühlt wird. Die spezifische Wärmekapazität der Luft soll mit $c_L = 0{,}34\ \text{Wh/(m}^3 \cdot \text{K)}$ angenommen werden. Der Kompressor hat eine Antriebsleistung von 2 kW und einen Wirkungsgrad von $\eta_M = 0{,}8$.

a) Welche Wärmeleistung hat die Wärmepumpe?

b) Welche Wärmeleistung liefert der Kompressor?

c) Welches Luftvolumen in m³/h muss durch die Wärmepumpe?

Geg.: $\varepsilon = 3{,}2$, $P_{zu} = 2\ \text{kW}$, $\Delta T = 5\ \text{K}$, $\eta_M = 0{,}8$,

$c_L = 0{,}34\ \text{Wh/(m}^3 \cdot \text{K)}$

Ges.: a) $\dot{Q}$ b) P_{ab} c) $\dot{V}$

a) $\varepsilon = \frac{\dot{Q}_H}{P_{zu}}$ $\dot{Q}_H = \varepsilon \cdot P$

$\dot{Q}_H = 3{,}2 \cdot 2\ \text{kW}$

$\dot{Q}_H = \mathbf{6{,}4\ kW}$

b) $\eta_M = \frac{P_{ab}}{P_{zu}}$ $P_{ab} = P_{zu} \cdot \eta_M$

$P_{ab} = 2\ \text{kW} \cdot 0{,}8$

$P_{ab} = \mathbf{1{,}6\ kW}$

c) $\dot{Q}_U = \dot{Q}_H - P_{ab}$

$\dot{Q}_U = 6{,}4\ \text{kW} - 1{,}6\ \text{kW}$

$\dot{Q}_U = \mathbf{4{,}8\ kW}$

$\dot{Q}_U = \dot{V} \cdot c_L \cdot \Delta T$

$\dot{V} = \frac{\dot{Q}_U}{c_L \cdot \Delta T}$

$\dot{V} = \frac{4\,800\ \text{W}}{0{,}34\ \text{Wh/(m}^3\text{K)} \cdot 5\ \text{K}}$

$\dot{V} = \mathbf{2\,824\ m^3/h}$

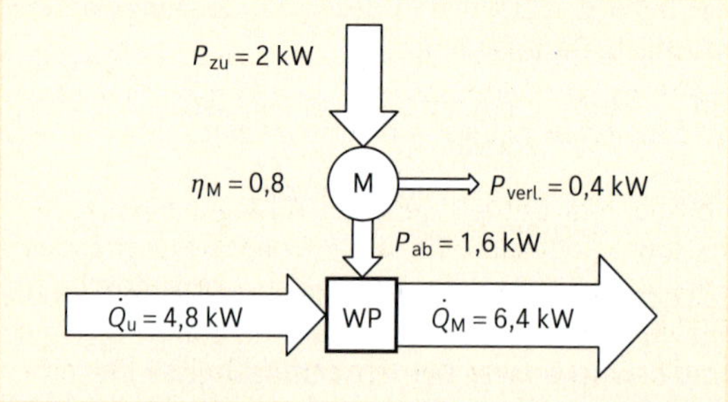

Abbildung zu Beispiel 5

12.6.5 Dimensionierung von Wärmepumpen

Im Auslegungspunkt muss die Wärmepumpe die Energie für alle Wärmeverbraucher liefern. Für die Dimensionierung der Wärmepumpe ist daher der Auslegungspunkt heranzuziehen.

Soll die Wärmepumpe den Gebäude-Wärmebedarf *allein* decken (*monovalente Betriebsweise*), entspricht der Auslegungspunkt der Gebäudeheizlast bei Norm-Außentemperatur (Abb. 1).

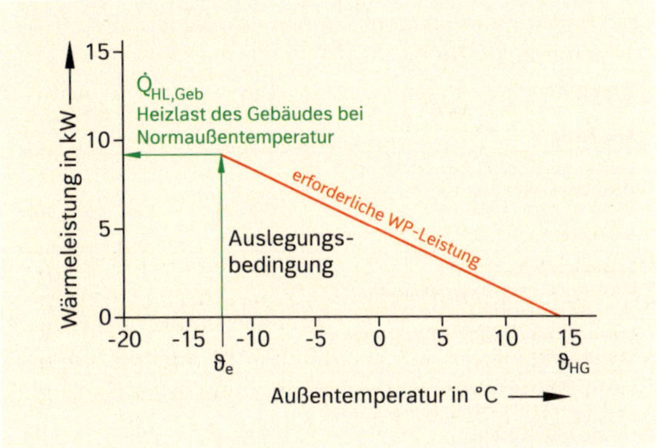

Abb. 1: Auslegungspunkt bei monovalenter Betriebsweise

Bei monovalenter Betriebsweise liegt der Auslegungspunkt dort, wo sich die Heizlast des Gebäudes $\dot{Q}_{HL,Geb}$ mit der Norm-Außentemperatur ϑ_e schneidet. Die Heizgrenze ϑ_{HG} entspricht der mittleren Außentemperatur, unterhalb der die Heizungsanlage eingeschaltet werden muss, um die Norm-Innentemperatur zu halten.

Die Heizlast des Gebäudes steigt von der Heizgrenze bis zum Auslegungspunkt linear an.

Wenn erneuerbare Energie nicht das ganze Jahr über in ausreichender Menge zur Verfügung steht, ist ein zusätzliches Heizsystem erforderlich. Man spricht dann von einer bivalenten Betriebsweise. In diesem Fall deckt die Wärmepumpe den gesamten Wärmebedarf bis zu einer bestimmten Leistung. Bei einer höheren Leistung wird entweder ein zweiter Wärmeerzeuger zugeschaltet oder der zweite Wärmeerzeuger übernimmt die gesamte Heizleistung und die Wärmepumpe schaltet ab. Der Umschaltpunkt wird als Bivalenz- oder Abschaltpunkt bezeichnet.

! Der Bivalenzpunkt ist der Betriebspunkt, bei dem die Heizleistung der Wärmepumpe den Wärmebedarf des Gebäudes gerade noch allein decken kann.

Bei bivalentem Betrieb liegt der Auslegungspunkt im Schnittpunkt der Linie für die Heizlast des Gebäudes mit der Außentemperatur im Bivalenz- bzw. Abschaltpunkt (Abb. 2).

Über die Betrachtung der Seitenverhältnisse der eingezeichneten ähnlichen Dreiecke lässt sich die Heizlast des Gebäudes im Bivalenzpunkt $\dot{Q}_{HL,B}$ berechnen.

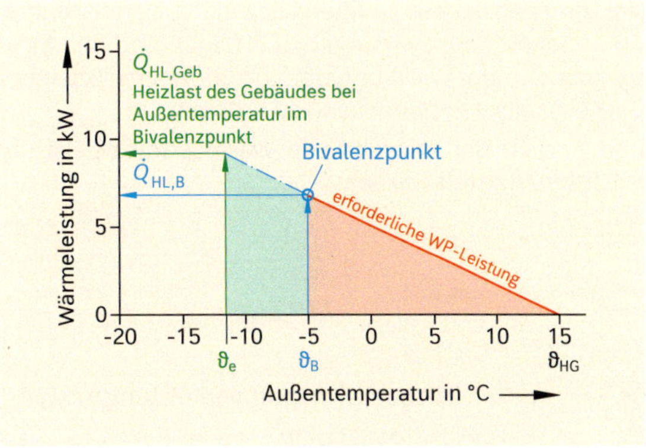

Abb. 2: Auslegungspunkt bei bivalenter Betriebsweise

Demnach verhält sich:

$$\frac{\dot{Q}_{HL,B}}{\dot{Q}_{HL,Geb}} = \frac{\vartheta_{HG} - \vartheta_B}{\vartheta_{HG} - \vartheta_e}$$

woraus folgt: $$\dot{Q}_{HL,B} = \dot{Q}_{HL,Geb} \cdot \frac{\vartheta_{HG} - \vartheta_B}{\vartheta_{HG} - \vartheta_e}$$

$\dot{Q}_{HL,B}$: Heizlast des Gebäudes bei Außentemperatur im vorgesehenen Bivalenzpunkt in kW

$\dot{Q}_{HL,Geb}$: Heizlast des Gebäudes bei Norm-Außentemperatur in kW

ϑ_{HG} : Außentemperatur bei Heizgrenze in °C

ϑ_B : Außentemperatur im vorgesehenen Bivalenzpunkt in °C

ϑ_e : Norm-Außentemperatur in °C

Da die Wärmepumpe die Energiemenge für alle Verbraucher sowie Verluste liefern muss, sind bei ihrer Dimensionierung *weitere Zuschläge* zu berücksichtigen. Hierzu gehören die tägliche Wärmemenge für die *Trinkwassererwärmung* Q_{TAB} sowie die täglichen *Bereitschafts-Energieverluste* des Speichers Q_{BV}.

Zu berücksichtigen ist auch, dass eventuell notwendige *Zuschläge für Unterbrechungszeiten der Stromversorgung* einzuplanen sind. Bei monoenergetischer Betriebsweise liefert die Wärmepumpe die gesamte Wärme bis zum Bivalenzpunkt. Ist der Wärmebedarf höher, schaltet sich der zweite Wärmeerzeuger dazu. Bei *monoenergetischer Betriebsweise* handelt es sich bei dem zweiten Wärmeerzeuger um einen Heizeinsatz, der mit Strom betrieben wird.

Für den Betrieb einer Wärmepumpe ist es möglich, vom Energieversorgungsunternehmen (EVU) einen günstigeren Stromtarif zu erhalten. Im Gegenzug kann das EVU bei Spitzenbelastungen im Versorgungsnetz die Stromzufuhr für Wärmepumpen für einen bestimmten Zeitraum sperren. Während der Sperrdauer ist es dann weder mit der Wärmepumpe noch mit dem elektrischen Heizeinsatz möglich, Wärme zu liefern.

Um die Sperrdauern zu überbrücken, ist es notwendig, diese beim Energieversorger zu erfragen und den Leistungsbedarf der Wärmepumpe (bei monoenergetischer Betriebsweise) entsprechend zu erhöhen.

Damit kann die erforderliche Wärmepumpenleistung wie folgt ermittelt werden:

$$\dot{Q}_{\mathrm{WP,erf}} = \frac{d \cdot \dot{Q}_{\mathrm{HAP}} + Q_{\mathrm{TAP}} + Q_{\mathrm{BV}}}{24 - \sum t_{\mathrm{SD}}}$$

$\dot{Q}_{\mathrm{WP,erf}}$: erforderliche Wärmepumpenleistung in kW

d : Bezugszeitraum (24 h)

$\dot{Q}_{\mathrm{HAP}}$: Heizlast des Gebäudes bei Außentemperatur im vorgesehenen Auslegungspunkt in kW ($\dot{Q}_{\mathrm{HL,Geb}}$ oder $\dot{Q}_{\mathrm{HL,B}}$)

Q_{TAP} : tägliche Wärmemenge für die Trinkwassererwärmung in kWh

Q_{BV} : tägliche Bereitschafts-Energieverluste des Speichers in kWh

$\sum t_{\mathrm{SD}}$: Summe der täglichen Sperrdauern gemäß Vertrag mit dem Energieversorger in h

Die gewählte Wärmepumpe muss unter Beachtung ihrer Einsatzgrenzen die erforderliche Leistung im gewählten Auslegungspunkt liefern.

Berechnungen

Beispiel 1: Für eine Hybridheizung aus Luft-Wasser-Wärmepumpe und Gasbrennwertgerät soll die Wärmepumpe ausgelegt werden. Die Anlage soll in bivalent-alternativer Betriebsweise betrieben werden. Die Wärmepumpe soll bis −5 °C die gesamte Heizwärme liefern und bei tieferer Temperatur abschalten. Das Gasbrennwertgerät übernimmt dann die erforderliche Heizleistung.
Die Heizlast des Gebäudes beträgt 10,45 kW, die tägliche Wärmemenge zur Trinkwassererwärmung 19,2 kWh und die Bereitschaftsverluste des Speichers 1,6 kWh.
Die Norm-Außentemperatur sei −12 °C, die Heizgrenze 15 °C und die Summe der täglichen Sperrzeiten 4 h.

Berechnen Sie:

a) die Heizlast des Gebäudes bei der Außentemperatur im vorgesehenen Bivalenzpunkt

b) die erforderliche Wärmepumpenleistung

Geg.: $\vartheta_{\mathrm{B}} = -5\ °\mathrm{C}$; $\vartheta_{\mathrm{e}} = -12\ °\mathrm{C}$; $\vartheta_{\mathrm{HG}} = 15\ °\mathrm{C}$; $d = 24\ \mathrm{h}$
$\dot{Q}_{\mathrm{HL,Geb}} = 10{,}45\ \mathrm{kW}$; $Q_{\mathrm{TAB}} = 19{,}2\ \mathrm{kWh}$
$Q_{\mathrm{BV}} = 1{,}6\ \mathrm{kWh}$

Ges.: a) $\dot{Q}_{\mathrm{HL,B}}$ b) $\dot{Q}_{\mathrm{WP,erf}}$

Lös.:

a) $\dot{Q}_{\mathrm{HL,B}} = \dot{Q}_{\mathrm{HL,Geb}} \cdot \dfrac{\vartheta_{\mathrm{HG}} - \vartheta_{\mathrm{B}}}{\vartheta_{\mathrm{HG}} - \vartheta_{\mathrm{e}}} = 10{,}45\ \mathrm{kW} \cdot \dfrac{15 - (-5)}{15 - (-12)}$

$\dot{Q}_{\mathrm{HL,B}} = \mathbf{7{,}74\ kW}$

b) $\dot{Q}_{\mathrm{WP,erf}} = d \cdot \dot{Q}_{\mathrm{HAB}} + Q_{\mathrm{TAB}} + Q_{\mathrm{BV}}/24 - \sum t_{\mathrm{SD}}$

$$\dot{Q}_{\mathrm{WP,erf}} = \frac{24\ \mathrm{h} \cdot 7{,}74\ \mathrm{kW} + 19{,}2\ \mathrm{kWh} + 1{,}6\ \mathrm{kWh}}{24\ \mathrm{h}} = \mathbf{8{,}6\ kW}$$

Die Sperrdauern sind nicht zu berücksichtigen, weil während dieser Zeit das Gasbrennwertgerät die gesamte Heizwärme liefern kann.

Beispiel 2: Wählen Sie aus den vorgegebenen Herstellerunterlagen eine geeignete Luft-Wasser-Wärmepumpe für die Ergebnisse nach Beispiel 1 aus. Berücksichtigen Sie, dass der Kunde eine Heizungsanlage mit Systemtemperaturen von 55 °C/47 °C installiert hat.

a) Für welchen der zwei Typen entscheiden Sie sich? (Begründen Sie Ihre Entscheidung.)

b) Welche Leistungszahl erreicht die ausgewählte Wärmepumpe unter den angegebenen Bedingungen?

c) Was können Sie dem Kunden empfehlen, um effizienter zu heizen?

Vitocal 250-A AWO-E-AC(-AF) **Spannung**	Typ V	251.A10 251.A10 2C 400	251.A13 251.A13 2C 400
Leistungsdaten Heizen nach EN 14511 **Nennwärmeleistung** Betriebspunkt A7/W35 Betriebspunkt A-7/W35	 kW kW	 7,3 9,7	 8,1 11,1
Leistungsdaten Heizen nach EN 14511 (A7/W35, Spreizung 5 K) **Nennwärmeleistung** Leistungszahl ε (COP) bei Heizbetrieb Leistungsregelung	 kW	 5,3 2,6–12,0	 5,2 3,0–13,4
Leistungsdaten Heizen nach EN 14511 (A-7/W55, Spreizung 8 K) **Nennwärmeleistung** Leistungszahl ε (COP) bei Heizbetrieb	 kW	 9,2 2,2	 10,6 2,3
Schallleistungspegel	dB(A)	54	54
Leistungsdaten Kühlen nach EN 14511 (A35/W18, Spreizung 5 K) **Kühlleistung** **Leistungszahl EER** **Kühlleistung max.**	 kW kW	 6,5 5,3 13,0	 8,2 4,9 15,1
Kältekreis Kältemittel – Füllmenge im Auslieferungszustand – Treibhauspotenzial (GWP100 gem. IPCCA R6) – CO_2-Äquivalent	 kg t	 R290 2 0,02 0,00004	 R290 2 0,02 0,00004

Lös.:

a) Die Vitocal 250-A Typ 251 A10 liefert bei einer Außenlufttemperatur von −7 °C und Systemtemperaturen von 55 °C/47 °C eine Nennleistung von 9,2 kW. Damit ist $\dot{Q}_{\mathrm{WP}} \geq \dot{Q}_{\mathrm{WP,erf}}$.

b) Die Leistungszahl $\varepsilon = 2{,}2$. Das ist im Vergleich zu $\varepsilon = 5{,}3$ ein sehr geringer Wert. Folglich werden (nach der Formel für ε) die 2,4-fachen Stromkosten verursacht.

c) Dem Kunden wird empfohlen, größere Heizkörper zu installieren, um niedrigere Systemtemperaturen zu erreichen. Durch die Absenkung der Vorlauftemperatur auf 45 °C kann ε auf 3,8 erhöht werden, was im Vergleich zu einem $\varepsilon = 5{,}3$ zu lediglich 1,4-fach höheren Stromkosten führt.

Aufgabe

1. Legen Sie eine monoenergetische Luft-Wasser-Wärmepumpe für den reinen Heizbetrieb aus. Die Wärmepumpe soll bei −5 °C automatisch abschalten. Bei niedrigeren Temperaturen übernimmt ein elektrischer Heizeinsatz. Die Heizlast des Gebäudes beträgt 7,45 kW. Die Norm-Außentemperatur beträgt −10 °C, die Heizgrenze 15 °C und die Summe der täglichen Sperrzeiten 4 h. Berechnen Sie die erforderliche Wärmepumpenleistung.

12.6.6 Wärmequellenanlagen

Die Auswahl einer geeigneten Wärmequelle für Wärmepumpen zur Beheizung eines Gebäudes ist von großer Bedeutung. Sie beeinflusst im entscheidenden Maße:

- die Investitionskosten
- die später anfallenden Betriebs- und Wartungskosten
- die Wirtschaftlichkeit der Wärmepumpenanlage

Tab.1 gibt einen Überblick bezüglich Verfügbarkeit, Temperaturniveau und Kosten möglicher Wärmequellen.

Tab. 1: Kriterien für die Auswahl von Wärmequellenanlagen

Wärmequellenanlage	Verfügbarkeit/ Einsatzmöglichkeiten	Temperaturniveau der Energiequelle	Investitionskosten	Betriebskosten
Außenluft	keine baurechtlichen Auflagen, geringer Platzbedarf	Quellentemperatur entspricht der Außentemperatur; bei sinkender Außentemperatur steigt die Heizlast	relativ gering	können bei monoenergetischer Betriebsweise relativ hoch sein
Erdwärmekollektoren	hoher Flächenbedarf, ggf. Genehmigung erforderlich	in 1,2 bis 1,5 m Tiefe bei normalem Wärmeentzug 5 °C bis 0 °C	mittlere bis hohe Kosten aufgrund der Erdarbeiten	Moderat, da die Erdwärme relativ stabil ist
Erdwärmesonden	eingeschränkt, ggf. Genehmigung erforderlich	bei normalem Wärmeentzug 5 °C bis 0 °C	höhere Kosten aufgrund der Bohrungen in tiefere Erdschichten	Gering, da die Erdwärme sehr stabil ist
Grundwasser	eingeschränkt, Genehmigungspflicht nach WHG	ganzjährig ca. 8°C bis 10 °C	hohe Kosten aufgrund der Brunnenbohrungen	moderat durch zusätzliche Energiekosten der Brunnenpumpe
Eisspeicher	keine baurechtlichen Auflagen	in der kalten Jahreszeit 10 °C bis 0 °C	moderate bis hohe Kosten, abhängig von der Größe des Eisspeichers	moderat

Nachfolgend werden die wichtigsten Wärmequellenanlagen für Wärmepumpen (Außenluft, Erdreich, Grundwasser, Eisspeicher und Massivabsorber) näher betrachtet.

Wärmequellenanlagen für Außenluft

Die Außenluft wird mithilfe eines Ventilators durch den Verdampfer der Wärmepumpe geleitet. Der Verdampfer nimmt die Wärme aus der Außenluft auf und überträgt diese an das Kältemittel. Die Luft kühlt sich bei der Verdampfung des Kältemittels um ca. 5 °C (bzw. Kelvin) ab. Die geringe Wärmekapazität von Luft ist dabei von Nachteil, denn es bedarf eines hohen Luftvolumenstroms, um der Außenluft die benötigte Umweltwärme zu entziehen.

Um die erforderliche Verdampferleistung $\dot{Q}_V$ zu berechnen, die der Wärmequelle entzogen werden muss, werden die folgenden zwei Formeln benötigt:

$$\dot{Q}_V = \dot{Q}_{WP} - P \quad (1) \quad \text{und} \quad COP = \frac{\dot{Q}_H}{P} \quad (2)$$

Wird die Formel (2) nach der Antriebsleistung P umgestellt und berücksichtigt, dass $\dot{Q}_H$ gleich der Heizleistung der Wärmepumpe $\dot{Q}_{WP}$ ist, folgt:

$$P = \frac{\dot{Q}_{WP}}{COP}$$

Damit lässt sich in der Formel (1) P ersetzen. Es ergibt sich:

$$\dot{Q}_V = \dot{Q}_{WP} - \frac{\dot{Q}_{WP}}{COP} \quad \text{bzw.} \quad \dot{Q}_V = \dot{Q}_{WP} \cdot \left(1 - \frac{1}{COP}\right)$$

Mit dieser Formel lässt sich die erforderliche Verdampferleistung $\dot{Q}_V$ aus der Wärmepumpenleistung $\dot{Q}_{WP}$ und dem COP-Wert (siehe Herstellerunterlagen) berechnen.

Beispiel

1. Welche Verdampferleistung muss der Außenluft entzogen werden, um ein Einfamilienhauses mit Fußbodenheizung und 10 kW Heizlast zu beheizen? Gemäß Herstellerunterlagen beträgt der COP-Wert 2,5 bei einer Außentemperatur von −7 °C und einer Vorlauftemperatur von 35 °C.

Geg.: $\dot{Q}_{WP} = 10\text{ kW}$; $COP = 2{,}5$

Ges.: $\dot{Q}_V$

Lös.: $\dot{Q}_V = \dot{Q}_{WP} \cdot \left(1 - \frac{1}{COP}\right) = 10\text{ kW} \cdot \left(1 - \frac{1}{2{,}5}\right)$

$\dot{Q}_V = \mathbf{6\ kW}$

2. Wie groß ist der erforderliche Luftvolumenstrom in m³ pro Stunde, der dabei durch den Verdampfer strömen muss, wenn die Luft um 5 °C (bzw. Kelvin) abgekühlt wird? Für die Luft sei die spezifische Wärmekapazität $C_p = 0{,}34 \frac{Wh}{m^3 \cdot K}$.

Geg.: $\dot{Q}_V = 6$ kW; $\Delta T = 5$ K; $C_p = 0{,}34 \frac{Wh}{m^3 \cdot K}$

Ges.: $\dot{V}$

Lös.: $\dot{Q}_V = \dot{V} \cdot C_p \cdot \Delta T \rightarrow \dot{V} = \frac{\dot{Q}_V}{C_p \cdot \Delta T} = \frac{6\,000\text{ W}}{0{,}34 \frac{Wh}{m^3 \cdot K} \cdot 5\text{ K}}$

$\dot{V} = \mathbf{3\,529 \frac{m^3}{h}}$

Für die Beheizung eines Einfamilienhauses mit 10 kW Heizlast liegt der dafür erforderliche Luftvolumenstrom durch den Verdampfer somit bei 3 529 m³ pro Stunde.

Da das Kältemittel im Verdampfer kälter als die Umgebungsluft ist, kann an dessen Oberfläche Luftfeuchtigkeit kondensieren. Diese Feuchtigkeit beginnt an der kalten Fläche schon bei Außentemperaturen von +5 °C zu gefrieren. Tritt eine Vereisung auf, muss der Verdampfer bei Bedarf abgetaut werden.

Das anfallende Kondenswasser muss aufgefangen und in einer frostfreien Leitung abgeleitet werden. Dies erfordert z. B. eine elektrische Begleitheizung. Die Außeneinheit einer Wärmepumpe sollte wetterfest sein.

Um sicherzustellen, dass Verdampfer, Ventilator und der Ablauf für das Kondenswasser nicht durch Schmutz, Laub oder andere Ablagerungen verstopft werden, sind das Anbringen von Gittern oder Netzen und eine regelmäßige Reinigung zu empfehlen.

! Die Leistung der Luft-Wasser-Wärmepumpe ist abhängig von der Vorlauftemperatur und der Außentemperatur.

Bei sinkender Außentemperatur nimmt die Heizleistung der Luft-Wasser-Wärmepumpe ab (Abb.1). Reicht ihre Heizleistung nicht aus, muss eine zweite Wärmequelle verfügbar sein, die genutzt werden kann.

Wie aus Abb. 1 hervorgeht, liefert die Luft-Wasser-Wärmepumpe bei einer Außenlufttemperatur von –22 °C gemäß Herstellerangabe noch eine Wärmeleistung von knapp über 5 kW. Das ist bei Prüfbedingungen nach DIN EN 14511-2 durchaus der Fall. In dieser Norm sind für Luft-Wasser-Geräte zur Außenaufstellung die Trockenkugeltemperaturen von 2 °C, –7 °C bei Feuchtkugeltemperaturen von 1 °C, –8 °C am Eintritt des Verdampfers festgelegt.

Das entspricht einer relativen Luftfeuchtigkeit von 90 % bzw. 87 %. Für die Temperatur von –15 °C ist nur die Trockenkugeltemperatur angegeben. Unter Prüfbedingungen kann den Geräten für kurze Zeit die maximale Leistung entnommen werden. Eine Mindestprüfdauer wird in der Norm nicht gefordert.

Die Bedingungen in der praktischen Anwendung sind jedoch oft ungünstiger als auf dem Prüfstand. Im Winter ist die Luft häufig so feucht, dass sich Nebel, Eiskristalle oder Schnee in der Luft befinden, weil sie mit Feuchtigkeit übersättigt ist. Unter solchen Bedingungen können Verdampfer innerhalb einer Stunde vollständig vereisen (Abb. 2).

Das Eis behindert den Volumenstrom durch den Verdampfer sowie die Wärmeübertragung an dessen Lamellen. Beides verringert die Effizienz des Systems. Daher muss der Verdampfer immer wieder abgetaut werden, was zu weiterem Energieverbrauch und Ausfallzeiten der Anlage führt t (siehe Abb. 1, min).

Viele Luft-Wasser-Wärmepumpen werden zeitgesteuert abgetaut. Das führt an kalten Tagen mit hoher Luftfeuchtigkeit zu einer vollständigen Blockierung der luftseitigen Querschnittsfläche und damit zu einem erheblichen Leistungsabfall der Wärmepumpe. An kalten Tagen mit geringer Luftfeuchtigkeit wird der Abtaubetrieb hingegen schon bei geringem Reifansatz eingeleitet.

Wird zu lange mit dem Abtauen gewartet (Abb. 2), kann dies zu einer negativen Systemleistung führen. Außerdem dauert dann die Abtauzeit bis zu 5 Minuten.

Einige Luft-Wasser-Wärmepumpen werden mittlerweile auch kontrolliert abgetaut. Dafür werden zumeist die Außentemperatur, die Luftfeuchtigkeit und die Temperatur des Verdampfers überwacht, um festzustellen, wann eine Abtauung erforderlich ist. Die Einregulierung

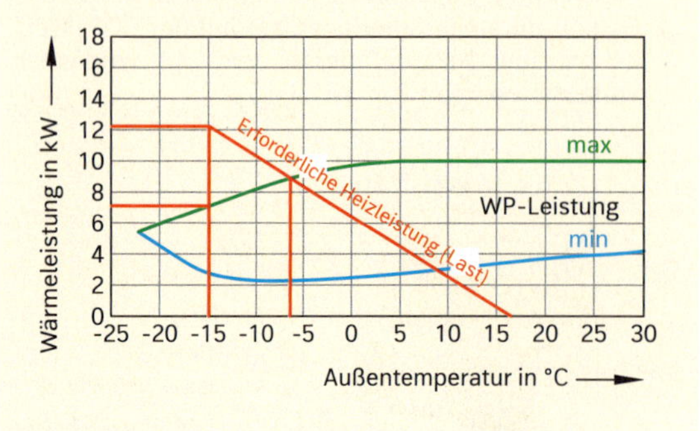

Abb. 1: Wärmepumpenleistung und Heizlast (Beispiel)

Abb. 2: Vereister Verdampfer

ist jedoch nicht einfach und zudem störanfällig. Schon eine kleine Abweichung von der Fühlerposition im Außengerät kann sich nachteilig auswirken.

Die gängigste Methode zum Abtauen der Lamellen in der Außeneinheit ist die Nutzung der Wärme aus dem Pufferspeicher. Dazu wird der Kreislauf kurzzeitig umgekehrt und dem Speicher Energie entzogen, um das Eis zu verflüssigen. Dafür muss aber im Pufferspeicher eine ausreichende Menge heißes Wasser vorhanden sein. Vereisung und Abtauung können die Nettoleistung der Außenluft-Wärmepumpe erheblich reduzieren. Bei monoenergetischer Betriebsweise kann dies zu einem hohen Stromverbrauch führen.

! Bei Außenluft-Wärmepumpen sollte ein ausreichender Warmwasservorrat zur Abtauung eingeplant werden.

Wenn eine Außenluft-Wärmepumpe nicht die vom Hersteller angegebene Wärmeleistung erbringt, kann dies auch daran liegen, dass sie ungünstig aufgestellt wurde, sodass die bereits abgekühlte Luft erneut in den Verdampfer eintritt (Kurzschluss). In umbauten Innenhöfen besteht zudem die Gefahr, dass sich kalte Außenluft staut und nicht abzieht. Auch dadurch kann der Verdampfer weniger Wärme aufnehmen.

Besondere Beachtung ist bei diesen Geräten auch der Schallemission zu widmen (→ TB).

Der effektive Betrieb von Luft-Wasser-Wärmepumpen hängt nicht nur von der Qualität und Effizienz der Wärmepumpe ab. Entscheidend sind vor allem die Wärmedämmung des Gebäudes, das installierte Wärmeübergabesystem und ein ausreichend dimensionierter Pufferspeicher.

! Wenn das Gebäude mit einer niedrigen Vorlauftemperatur zu beheizen ist, kann die Wärmepumpe eine höhere Heizleistung erbringen.

Es ist nicht notwendig, Heizkörper auf Flächenheizung umzurüsten. Es reicht zumeist aus, wenn vorhandene Heizkörper, die mit hohen Heizkreistemperaturen betrieben werden, so ausgetauscht werden, dass sie niedrigere Temperaturen benötigen (siehe Kap. 7.15). Der Pufferspeicher sollte so dimensioniert werden, dass die elektrische Zusatzheizung nach Möglichkeit gar nicht zum Einsatz kommt. Die Zufriedenheit der Kundinnen und Kunden hängt von einer guten Planung, sorgfältigen Installation und Inbetriebnahme ab.

Ein zusätzlicher Nutzen vieler Außenluft-Wärmepumpen ist, dass man durch eine aktive Umkehr des Wärmepumpenkreislaufes die Wärmepumpe im Sommer als Klimagerät nutzen kann (Kap. 13.15.7).

Bauarten

Außenluft-Wärmepumpen werden zumeist nach ihrer Bauart unterschieden. Demnach gibt es *Kompaktgeräte* (Monoblockgeräte) und *Splitgeräte*. Beide Gerätearten bestehen aus einer Innen- und einer Außeneinheit (Abb. 3 und Abb. 4).

Kompaktgeräte (Monoblock)

Bei diesen wird die Wärme in der Außeneinheit erzeugt, die im Garten, Hof oder auf dem Dach aufgestellt werden kann. Folglich befindet sich der gesamte Kältemittelkreislauf in der Außeneinheit.

Kompaktgeräte haben den Vorteil, dass alle wichtigen Komponenten in der Außeneinheit untergebracht sind und der Kältemittelkreislauf bereits fertig installiert und befüllt ist (Abb. 3). Durch die räumliche Nähe von Verdampfer und Kondensator benötigen Kompaktgeräte nur eine geringe Menge an Kältemittel. Leider können die Wärmeverluste des Kompressors nicht für die Gebäudeheizung genutzt werden, die außen verlegten Soleleitungen können einfrieren und größere Kernbohrungen in der Gebäudehülle sind erforderlich, um die isolierten Leitungen ins Innere des Gebäudes zu führen. Die Soleleitungen sollten auf möglichst kurzem Wege in das Gebäude geführt werden. Auch sollte der Luftstrom durch den Verdampfer möglichst wenig behindert werden. Die meisten Hersteller empfehlen einen Mindestabstand von 300 mm zur Wand.

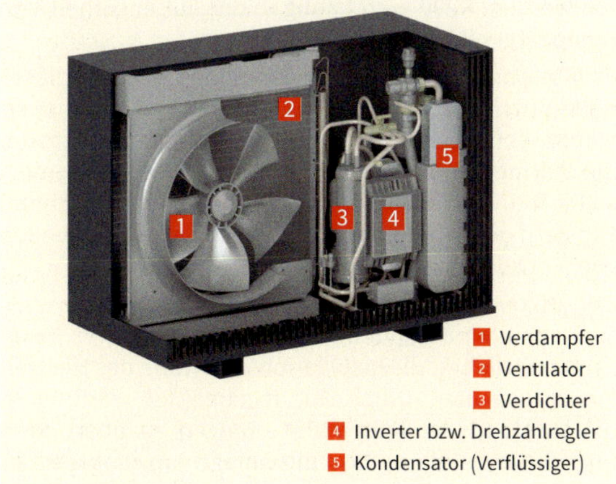

Abb. 3: Außeneinheit in Kompaktbauart

Die von der Außeneinheit in Kompaktbauart aufgenommene Wärme wird an die zugehörige Inneneinheit (Abb. 4) weitergegeben und von dort an die Heizungsanlage und den Warmwasser- bzw. Pufferspeicher.

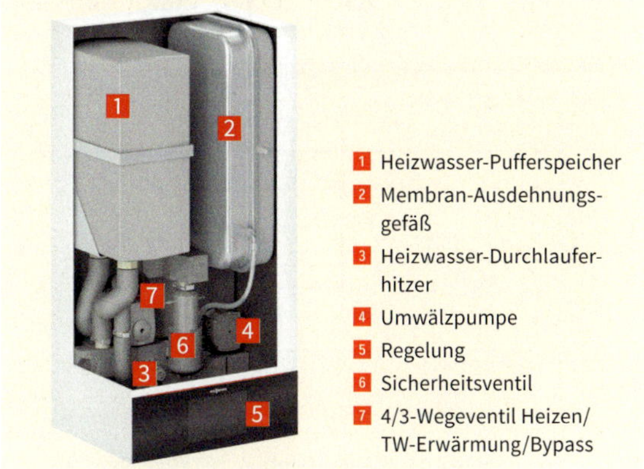

Abb. 4: Inneneinheit in Kompaktbauart

Splitgeräte

! Bei Splitgeräten müssen die Kältemittelleitungen installiert, geprüft, evakuiert und befüllt werden. Um diese Aufgabe ausführen zu dürfen, ist ein *Kälteschein* erforderlich.

Splitgeräte dürfen nicht von Laien installiert werden, weil die Gefahr besteht, dass klimaschädliche Gase in die Umwelt freigesetzt werden.

Diese Geräte haben den Vorteil, dass sie leicht sind und relativ flexibel positioniert werden können. Ferner reichen kleinere Bohrungen in der Gebäudehülle aus, um die Kältemittelleitungen ins Innere des Gebäudes zu führen.

Aufstellung von Wärmepumpen mit Flüssiggas als Kältemittel

Wird z. B. R290 als Kältemittel verwendet, so handelt es sich um das brennbare Flüssiggas Propan. Flüssiggase sind schwerer als Luft. Daher müssen bei der Installation, wie bei Flüssiggasanlagen, Schutzzonen eingehalten werden. R290 wird häufig in der Außeneinheit von Kompaktgeräten verwendet.

Es gibt aber auch Split-Wärmepumpen, die auf dieses Kältemittel setzen. Bei der Außeneinheit von Kompaktgeräten sollte ein Schutzbereich von mindestens 1 m um die Wärmepumpe eingehalten werden. Dieser Bereich sollte frei von Gebäudeöffnungen wie Lichtschächten, Fenstern oder Türen sowie von möglichen Zündquellen wie Steckdosen oder Klingeln sein (Abb. 1).

Der Kältemittelkreislauf ist hermetisch geschlossen, sodass Kältemittel nur im Schadensfall austreten kann. Grundsätzlich ist die Installationsanleitung des Herstellers zu beachten. Durch eine regelmäßige Wartung ist die Dichtheit der Kältemittelleitungen zu überprüfen und sicherzustellen, dass die Anlage ordnungsgemäß funktioniert.

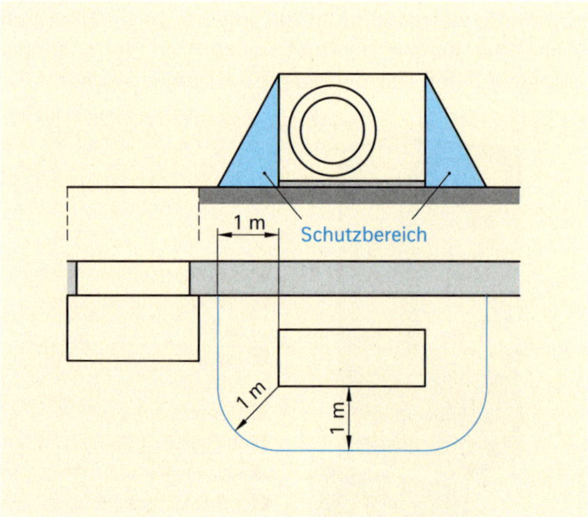

Abb. 1: Schutzbereich um Außeneinheit mit Flüssiggas als Kältemittel

Wärmequellenanlagen für das Erdreich

Bei der Nutzung von Erdreich als Wärmequelle unterscheidet man zwischen

- *Erdwärmekollektoren* mit horizontal verlegten Wärmeaustauschrohren und
- vertikalen *Erdwärmesonden*.

Der Wärmestrom aus dem Erdinneren ist mit ca. 0,065 W/m² vernachlässigbar gering.

Erdwärmekollektoren

Das oberflächennahe Erdreich bezieht seine Wärmeenergie aus der Sonneneinstrahlung. Die Sonneneinstrahlung ist wiederum von der Klimazone abhängig. Je nach Klimazone ist auch die Heizung unterschiedlich lange unter Volllast. Die Fläche über den Erdwärmekollektoren sollte so weit wie möglich der Sonneneinstrahlung ausgesetzt sein (Abb. 2).

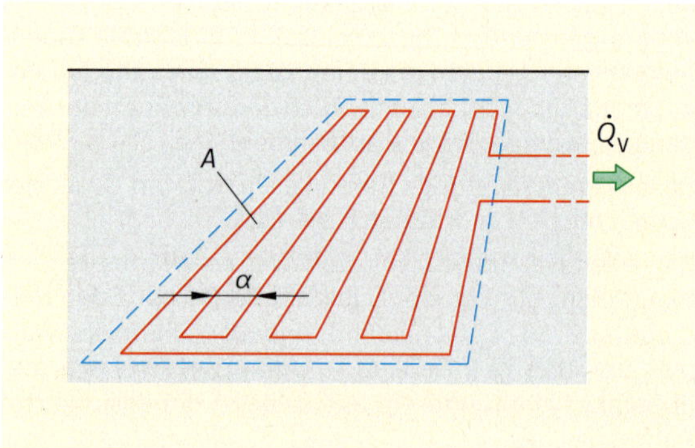

Abb. 2: Horizontaler Erdwärmekollektor (EWK)

Ein Teil dieser Wärmeenergie kann durch die Kollektoren dem Erdreich wieder entzogen werden. Nach der VDI-Richtlinie 4645 sollte die *Verlegetiefe* mindestens 1,2 m betragen und maximal 1,5 m nicht überschreiten.

Erdwärmekollektoren bestehen in der Regel aus PE-Rohrschleifen mit DN 25, die in Abständen von 40 bis 80 cm verlegt werden. Die Nutzung der Erdwärme erfolgt über einen geschlossenen Kreislauf. In den Erdwärmekollektoren zirkuliert zumeist Sole, d. h. ein Gemisch aus ca. 75 % Wasser und 25 % Glykol.

Es gibt aber auch Direktverdampfer-Wärmepumpen. Bei diesen werden im Erdreich kunststoffummantelte Kupferleitungen verlegt, durch die das Kältemittel strömt. Die im Erdreich verlegten Kupferrohre übernehmen die Funktion des Verdampfers. Da die meisten Kältemittel äußerst klimaschädlich sind und ein solches System große Mengen an Kältemittel benötigt, ist die Direktverdampfung nicht zu empfehlen.

Die maximale Entzugsleistung von Erdwärmekollektoren wird durch die Wärmespeicherkapazität, die Wärmetransporteigenschaften und die thermische Regeneration des Bodens begrenzt. Voraussetzungen für eine hohe Entzugsleistung sind daher eine hohe Bodenfeuchtigkeit sowie große, möglichst nicht beschattete Grundstücksflächen.

Der Nachteil von Erdwärmekollektoren ist der große Flächenbedarf. Dieser ist abhängig von der zu beheizenden Nutzfläche. Bei einer hohen Entzugsleistung wird etwa doppelt so viel Fläche für die Erdwärmekollektoren benötigt, wie an Nutzfläche beheizt werden soll. Die benötigte Mindestfläche A_{min} ergibt sich aus dem größeren Wert der Berechnungen nach der spezifischen Entzugsleistung $\dot{q}_{EWK}$ und der spezifischen Entzugsenergie q_{EWKa} (Tab. 1).

$$A_{1,min} = \frac{\dot{Q}_V}{\dot{q}_{EWK}} \quad \text{und} \quad A_{2,min} = Q_a \cdot \frac{\frac{SCOP-}{SCOP}}{q_{EWKa}}$$

A_{min} : benötigte Mindestkollektorfläche in m²
$\dot{Q}_V$: Verdampferleistung in W (siehe Seite 553)
$\dot{q}_{EWK}$: spezifische Entzugsleistung in W/m² (Tab. 1)
Q_a : Jahreswärmebedarf in kWh/a
SCOP : saisonale Leistungszahl nach Herstellerangabe
q_{EWKa} : spezifische Entzugsenergie in kWh/(m² · a)

Tab. 1: Erdwärmekollektoren, Maximalwerte der flächenspezifischen Entzugsleistung und Entzugsenergie für PE-Rohr 32 mm × 3,0 mm (DN 25)

Klimazone	Untergrund	Sand	Lehm	Schluff
Klimazone 13	Entzugsleistung in W/m²	16	**25**	27
Weite Teile von Bayern	Entzugsenergie in kWh/(m² · a)	28	**45**	48
	Volllaststunden in h/a	1 800	**1 800**	1 800
	Rohrabstand in m	0,5...0,6	**0,6...0,7**	0,6...0,7

Um die Maximalwerte der spezifischen Entzugsleistung zu erreichen, bedarf es einer ausreichenden Fließgeschwindigkeit in der Rohrleitung. Andernfalls kommt es zu keiner turbulenten Strömung. Bei laminarer Strömung ist die maximale Entzugsleistung etwa 10 % geringer als bei turbulenter Strömung.

Die Reynoldszahl *Re* wird in der Strömungstechnik dazu verwendet, die Strömungsart zu bestimmen. Grundsätzlich ist zwischen zwei Strömungsarten zu unterscheiden: der laminaren Strömung ohne Verwirbelungen und der turbulenten Strömung mit Verwirbelungen. Ob eine Turbulenz auftritt, kann in einem Versuch durch die Zugabe von gefärbtem Wasser über ein kleines Röhrchen festgestellt werden. Solange die *Re*-Zahl niedrig ist, bildet sich ein einfacher Stromfaden. Wird die Strömungsgeschwindigkeit erhöht, löst sich der Stromfaden ab einer bestimmten Geschwindigkeit auf und färbt das Wasser im gesamten Rohrquerschnitt (Abb. 3). Dieser Übergang von laminarer zu turbulenter Strömung findet bei der kritischen Reynolds-Zahl Re_{krit} statt. Für glatte Rohre beträgt Re_{krit} = 2 300.

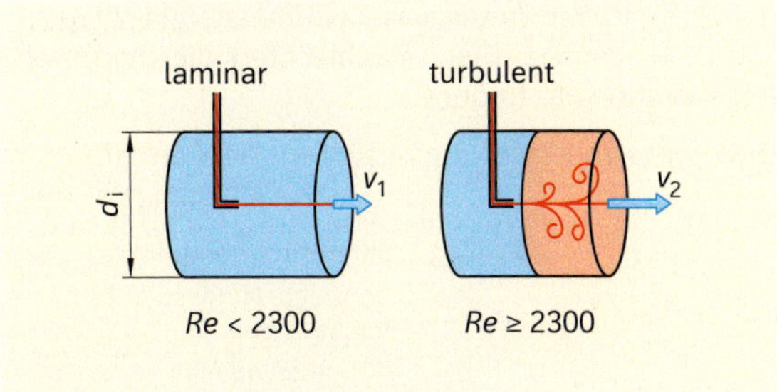

Abb. 3: laminare und turbulente Strömung

Die Reynoldszahl *Re* lässt sich für die Strömung in einem Rohr wie folgt ermitteln:

$$Re = \frac{v \cdot d_i}{\nu}$$

Re : Reynoldszahl
v : Fließgeschwindigkeit in mm/s
d_i : Innendurchmesser in mm
ν : kinematische Viskosität mm²/s (Tab. 2)

Tab. 2: kinematische Viskosität ν

Wasser und Gemisch mit	kinematische Viskosität
Wasser bei 5 °C	1,5 mm²/s
25 % Ethylenglykol	4,0 mm²/s
30 % Glythermin	7,3 mm²/s

Beispiel

Gegeben sei ein PE-Rohr 32 mm × 3,0 mm, das von einem 25%igen Wasser-Ethylenglykol-Gemisch durchströmt wird. Berechnen Sie mithilfe der kritische *Re*-Zahl die Mindestfließgeschwindigkeit in m/s, die erforderlich ist, um eine turbulente Strömung zu erreichen.

$$Re = \frac{v \cdot d_i}{\nu}$$

$$v_{min} = \frac{Re_{krit} \cdot \nu}{d_i} = \frac{2300 \cdot 4{,}0 \text{ mm}^2/\text{s}}{26 \text{ mm}} = 354 \text{ mm/s}$$

v_{min} = **0,354 m/s** (siehe auch Abb. 4)

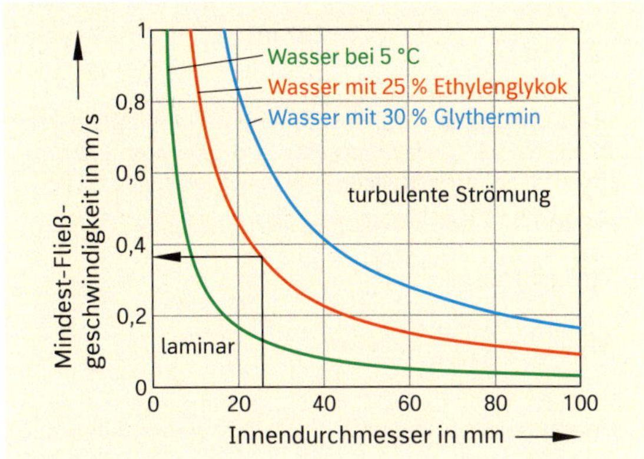

Abb. 4: Mindestfließgeschwindigkeit, um turbulente Strömung zu erreichen

Mit der Außenlufttemperatur fällt auch die Temperatur im Erdreich. Wenn die Rohrschleifen zu dicht beieinander liegen oder die Erdkollektorfläche zu klein ist, wird dem Erdreich im Winter zu viel Wärmeenergie entzogen, sodass es gefriert. Dies verschlechtert die thermische Regeneration des Bodens.

Die Mindestrohrlänge ergibt sich aus der Formel:

$$l_{min} = \frac{A_{min}}{a}$$

l_{min} : Mindestrohrlänge in m
A_{min} : benötigte Mindestkollektorfläche in m^2
a : Rohrabstand in m

Für eine gute Hydraulik und zur Sicherung der Energieversorgung im Falle einer Leckage ist es ratsam, mehrere Stränge zu verlegen. Allerdings sollte kein Strang länger als 100 m sein.

Beispiel

Wie groß ist die Mindestfläche, die für die Installation eines horizontalen Erdwärmekollektors erforderlich ist, wenn dem Erdreich eine Verdampferleistung von 5 kW entzogen werden soll? Ferner soll die Mindestrohrlänge berechnet werden. Der Jahreswärmebedarf kann mit 14 000 kWh/a angenommen werden und für die saisonale Leistungszahl (bzw. Jahresarbeitszahl) ist ein Wert von 4,2 zu verwenden. Das Haus befindet sich in der Nähe von München auf einem lehmigen Untergrund. Für die Berechnung sind die Werte aus Tab.1, Seite 557 zu verwenden.

Geg.: $\dot{Q}_V = 5\ kW$; $Q_a = 14\,000\ kWh/a$; $SCOP = 4{,}2$

Ges.: A_{min}; l_{min}

Lös.: $$A_{1,min} = \frac{\dot{Q}_V}{\dot{q}_{EWK}} = \frac{5\,000\ W}{25\ \frac{W}{m^2}} = 200\ m^2$$

$$A_{2,min} = Q_a \cdot \frac{\frac{SCOP - 1}{SCOP}}{q_{EWKa}} = 14\,000\ kWh/a \cdot \frac{\frac{4{,}2-1}{4{,}2}}{45\ \frac{kWh}{m^2 \cdot a}}$$

$$A_{2,min} = 237\ m^2$$

$$A_{min} = Max(A_{1,max}, A_{2,max}) = \mathbf{237\ m^2}$$

Zur Beheizung des Hauses ist eine Mindestfläche von 237 m^2 für die Installation eines horizontalen Erdwärmekollektors erforderlich.

Gemäß Tab. 1 beträgt der mittlere Rohrabstand 0,65 m.

Damit gilt:

$$l_{min} = \frac{A_{min}}{a} = \frac{237\ m^2}{0{,}65\ m} = \mathbf{365\ m}$$

Diese Rohrlänge lässt sich in 4 Stränge aufteilen mit je 91,2 m.

Erdwärmesonden

Hierbei wird in einer oder mehreren Bohrungen je eine Sonde eingebracht. Dadurch kommen Erdwärmesonden mit einem geringen Platzbedarf aus.

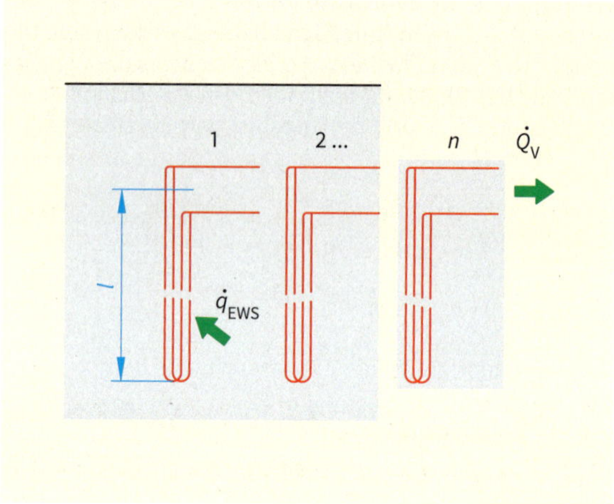

Abb. 1: Erdwärmesonden (EWS)

In den Sonden zirkuliert Sole, mit der die Tiefenwärme genutzt wird. Die Erdwärmesonde ist die stabilste Wärmequelle. Eine wasserrechtliche Genehmigung ist erforderlich. Für Bohrungen, die tiefer als 100 m sein sollen, ist die bergrechtliche Genehmigung einzuholen.

Die Anzahl der Sonden und deren jeweilige Tiefe hängen von der Leistung ab, welche der Verdampfer der Wärmepumpe dem Erdreich entziehen soll. Der Sondenabstand sollte mindestens 6 m betragen.

Die Bodenbeschaffenheit und die geologischen Voraussetzungen sind für die Installation der Sonde von entscheidender Bedeutung. Einzelanlagen bis 30 kW und maximal fünf annähernd gleich langen Erdwärmesonden können wie folgt ausgelegt werden.

Die benötigte mittlere Länge l bzw. Tiefe der n Erdwärmesonden ergibt sich nach der Formel:

$$l = \frac{\dot{Q}_V}{n \cdot \dot{q}_{EWS}}$$

l : Länge einer Erdwärmesonde in m
$\dot{Q}_V$: Verdampferleistung in W (siehe S. 553)
n : Anzahl Erdwärmesonden
$\dot{q}_{EWS}$: spezifische Entzugsleistung in W/m^2 (Tab. 1)

Tab. 1: Erdwärmesonden, Maximalwerte der Entzugsleistung bei Anlagenbetrieb, nur Heizen

Jahresvollbenutzungsstunden	Anzahl Sonden	Wärmeleitfähigkeit des umgebenden Untergrunds Entzugsleistung bei turbulentem Durchfluss in W/m			
		1,0 W/(m · K)	2,0 W/(m · K)	3,0 W/(m · K)	4,0 W/(m · K)
2 100 h/a	1	22,1	34,1	42,7	49,2
	2	19,7	30,9	39,2	45,7
	3	18,1	28,8	36,9	43,4
	4	17,0	27,1	35,0	41,4
	5	16,4	26,2	34,0	40,3

Um den Maximalwert für die Entzugsleistung zu erreichen, bedarf es einer turbulenten Strömung in der Rohrleitung. Die Mindestströmungsgeschwindigkeit sollte in einem PE-Rohr 32 mm × 3,0 mm wie bei den Erdwärmekollektoren 0,384 m/s betragen, was einem Volumenstrom von 0,69 m³/h pro Kreislauf entspricht.

Der maximale Druckverlust in einer Erdwärmesonde sollte 300 mbar nicht überschreiten. Ferner sollten Erdwärmesonden einzeln in parallelen Kreisen an den Verteiler angeschlossen werden.

Die einzelnen Anschlüsse am Verteiler sind mit Absperrventilen für den Sondenein- und -ausgang zu versehen. Ferner wird die Installation von Abgleichventilen am Verteiler empfohlen, um Längenunterschiede der Anschlussleitungen bzw. der Erdwärmesonden auszugleichen. Damit kann eine gleichmäßige Durchströmung der Sonden gewährleistet werden.

Beispiel

Es sei eine Wärmepumpe mit einer Heizleistung von 9 kW und einem COP-Wert von 4,4 bei B0/W35 gegeben. Dafür sollen für eine Wärmeleitfähigkeit des ungebundenen Untergrunds von 2,0 W/(m · K) Erdwärmesonden mit einer maximalen Tiefe von 100 m ausgelegt werden. Es kann von 2 100 Jahresvollbenutzungsstunden ausgegangen werden.

a) Wie groß ist die Verdampferleistung?

b) Wie viele Sonden von welcher Länge werden benötigt?

Geg.: $\dot{Q}_{WP} = 9\ \text{kW};\ COP = 4{,}4$

Ges.: a) $\dot{Q}_V$ b) l; n

Lös.: a) $\dot{Q}_V = \dot{Q}_{WP} \cdot \left(1 - \frac{1}{COP}\right) = 9\ \text{kW} \cdot \left(1 - \frac{1}{4{,}4}\right)$

$\dot{Q}_V = \mathbf{6{,}95\ kW}$

b) $l = \frac{\dot{Q}_V}{n \cdot \dot{q}_{EWS}} = \frac{6\,950\ \text{W}}{1 \cdot 34{,}1\ \frac{\text{W}}{\text{m}}} = 203{,}8\ \text{m}$

$l = \frac{\dot{Q}_V}{n \cdot \dot{q}_{EWS}} = \frac{6\,950\ \text{W}}{2 \cdot 30{,}9\ \frac{\text{W}}{\text{m}}} = 112{,}45\ \text{m}$

$l = \frac{\dot{Q}_V}{n \cdot \dot{q}_{EWS}} = \frac{6\,950\ \text{W}}{3 \cdot 28{,}8\ \frac{\text{W}}{\text{m}}} = \mathbf{80{,}44\ m}$

Zur Beheizung des Hauses werden 3 Sondenbohrungen mit einer Länge von 80,44 m benötigt.

Wärmequellenanlagen für Grundwasser

Wasser hat eine sehr hohe spezifische Wärmekapazität. Ferner hat Grundwasser üblicherweise eine ziemlich gleichbleibende Temperatur von 7 bis 12 °C. Es ist daher als Wärmequelle sehr gut geeignet.

Wird Wasser als Wärmequelle genutzt, handelt es sich um ein offenes System. Die Wärmequellenanlage besteht zumeist aus einem Förderbrunnen und einem Schluckbrunnen (Abb. 2).

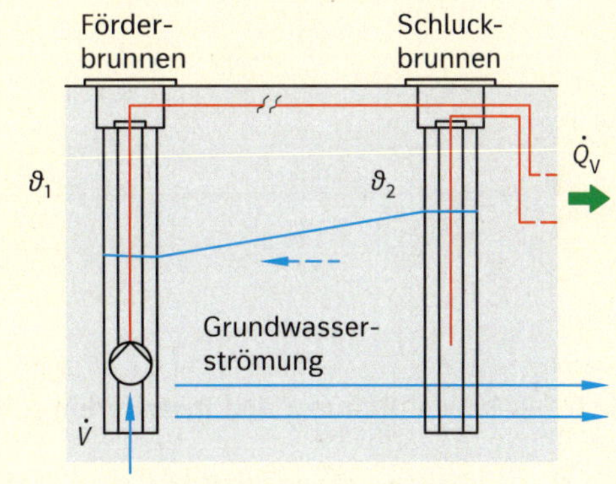

Abb. 2: Schema einer Wärmequellenanlage für Grundwasser

Das abgekühlte Wasser muss über den Schluckbrunnen in den Boden zurückgeführt werden. Wird der obere Grundwasserleiter genutzt, kann der Schluckbrunnen durch einen Sickerschacht ersetzt werden, wenn das Grundwasser chemisch geeignet ist.

Zur Deckung des Wärmebedarfs ist der erforderliche Wasservolumenstrom zu ermitteln. Dieser dient auch zur Dimensionierung des Förder- und Schluckbrunnens bzw. zur Rückführung des Wassers über einen Sickerschacht.

Der erforderliche Wasservolumenstrom $\dot{V}$ lässt sich mit folgender Formel berechnen:

$$\dot{V} = \frac{\dot{Q}_V}{\rho \cdot c \cdot \Delta T}$$

$\dot{V}$	: erforderlicher Wasservolumenstrom	in m^3/h
$\dot{Q}_V$	: Verdampferleistung (siehe S. 553)	in W
ρ	: Dichte des Wassers	in kg/m^3
c	: spezifische Wärmekapazität des Wassers	in $Wh/(kg \cdot K)$
ΔT	: Temperaturänderung des Wassers in der Wärmepumpe	in K

Der erforderliche Wasservolumenstrom $\dot{V}$ und die maximale Temperaturänderung ΔT in der Wärmepumpe werden von den Herstellern für jede Wärmepumpe angegeben. Bei einer üblichen Temperaturänderung von 3,5 K sind dies 0,245 m^3/h pro Kilowatt der von der Wärmepumpe aufgenommenen Verdampferleistung.

Beispiel

Wie groß ist der erforderliche Wasservolumenstrom $\dot{V}$ einer Wärmequellenanlage für Grundwasser, wenn dem Wasser eine Verdampferleistung von 4,5 kW entzogen werden soll? Für die Temperaturänderung des Wassers in der Wärmepumpe sollen 3 K angenommen werden.

Geg.: $\dot{Q}_V = 4{,}5$ kw; $\Delta T = 3$ K

Ges.: $\dot{V}$

Lös.:

$$\dot{V} = \frac{\dot{Q}_V}{\rho \cdot c \cdot \Delta T} = \frac{4\,500\ \text{W}}{1\,000\ \frac{\text{kg}}{\text{m}^3} \cdot 1{,}163\ \frac{\text{Wh}}{\text{kg} \cdot \text{K}} \cdot 3\ \text{K}} = 1{,}290\ \frac{\text{m}^3}{\text{h}}$$

Folgendes ist bei der **Planung und Installation** zu beachten:

- Grundwasser ist nicht überall verfügbar.
- In Trinkwassereinzugsgebieten ist die Nutzung von Grundwasser nicht erlaubt.
- Der Schluckbrunnen muss in Fließrichtung des Grundwassers eingebaut werden, um einen hydraulischen Kurzschluss zu vermeiden. Dazu muss die Fließrichtung bekannt sein. Ferner muss die Wiedereinleitung in einem ausreichenden Abstand zum Förderbrunnen erfolgen.
- Das geförderte Grundwasser sollte nicht mit Luft in Berührung kommen. Außerdem sollte es sich auf dem Weg vom Förderbrunnen zur Wärmepumpe möglichst wenig abkühlen. Daher müssen die Rohrleitungen zwischen Förderbrunnen, Wärmepumpe und Schluckbrunnen in frostsicherer Tiefe verlegt werden. Wenn dies nicht möglich ist, müssen die Rohrleitungen gut wärmegedämmt werden.
- Die Temperatur des aus der Wärmepumpe austretenden Wassers darf 4 °C nicht unterschreiten. Wenn das Wasser kälter ist, besteht die Gefahr, dass es in den Leitungen einfriert. Dies kann insbesondere geschehen, wenn die Umgebungstemperatur sehr niedrig ist. Aus diesem Grunde muss die Temperatur des abgekühlten Wassers überwacht werden.
- Vor der Wärmepumpenanlage muss gemäß den Angaben des Wärmepumpenherstellers ein Schmutzfänger oder ein Filter installiert werden.
- Alle Rohrleitungen müssen auf Dichtheit geprüft und vor dem Anschluss der Wärmepumpe gespült werden.
- Bei einem Leck im Kältemittelkreislauf oder im Wärmetauscher muss die Wärmepumpe einschließlich der Wasserförderung automatisch abgeschaltet werden. Ist Kältemittel in das Grundwasser ausgetreten, muss die zuständige Wasserbehörde informiert werden.

Eisspeicher als Wärmequelle

Eine Zisterne, die in unmittelbarer Nähe eines Gebäudes in das Erdreich eingelassen wird, kann als Eisspeicher dienen (Abb. 1). Die Zisterne besteht aus Beton ohne weitere Wärmedämmung. In ihrem Inneren sind PE-Rohre spiralförmig verlegt. Die Zu- und Abläufe dieser Rohre sind an eine Wärmepumpe angeschlossen, die sich in einem nahe gelegenen Gebäude befindet. Die Zisterne wird mit Regenwasser befüllt. Wenn Wärme zu Heizzwecken benötigt wird, lässt die Wärmepumpe eine Sole (Wassergemisch mit Glykol) in den PE-Rohren zirkulieren. Dabei wird die im Regenwasser befindliche

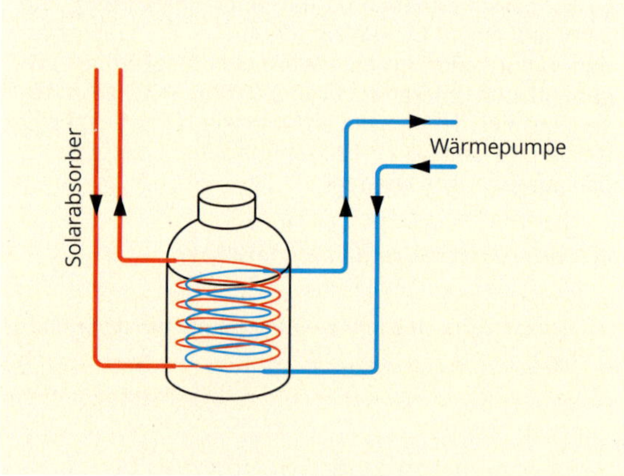

Abb. 1: Eisspeicher mit Anschlussleitungen für Wärmepumpe und Solarabsorber

Wärme über die PE-Rohre aufgenommen und zur Wärmepumpe transportiert. Da die Zisterne nicht isoliert ist, kann sie Wärme aus dem Erdreich aufnehmen. Das Wasser im Speicher kann auch über Solarabsorber erwärmt werden, die sich z. B. auf dem Dach des zu beheizenden Gebäudes befinden. Die von den Absorbern aufgenommene Wärme wird ebenfalls über Rohrschleifen an das Wasser in der Zisterne abgegeben. Wird der Zisterne während der Kältephasen keine Wärme mehr zugeführt, friert das Regenwasser langsam ein. Hierbei kann die sogenannte latente Wärme abgegeben bzw. genutzt werden, die beim Auftauen des Eises aufgenommen wurde. Die spezifische Schmelzwärme q von Wasser beträgt $92{,}2\,\frac{\text{Wh}}{\text{kg}}$.

Beispiel

Wie groß ist die Wärmemenge Q, die einer wassergefüllten Zisterne (Eisspeicher) mit einem Volumen von 10 000 Liter bei einer Temperatur von 0 °C entnommen werden kann?

Geg.: $V = 10\,000\ \text{l};\ q = 92{,}2\,\frac{\text{Wh}}{\text{kg}};\ \rho = 1\,\frac{\text{kg}}{\text{l}}$

Ges.: Q

Lös.: $m = V \cdot \rho = 10\,000\ \text{l} \cdot 1\,\frac{\text{kg}}{\text{l}} = 10\,000\ \text{kg}$

$Q = m \cdot q = 10\,000\ \text{kg} \cdot 92{,}2\,\frac{\text{Wh}}{\text{kg}} = 922\,000\ \text{Wh}$

$Q = \mathbf{922\ kWh}$

Ein Haus mit einer Heizlast von 10 kW könnte damit, wenn keine sonstigen Wärmeverluste auftreten, noch 92 Stunden beheizt werden.

Aufgaben

1. Nennen Sie drei natürliche Wärmequellen für Wärmepumpen.
2. Beurteilen Sie diese drei Wärmequelle hinsichtlich ihrer Effizienz und hinsichtlich der Investitionskosten.
3. Wie können sich unterschiedliche Luftfeuchtigkeit und Temperaturen auf die Leistung einer Luft-Wasser-Wärmepumpe auswirken?
4. Welche Rolle spielt die Vorlauftemperatur bei der Leistung einer Wärmepumpe?
5. Wie unterscheiden sich Kompakt- und Splitgeräte bei Luft-Wasser-Wärmepumpen?
6. Welche Vor- und Nachteile haben Kompaktgeräte?
7. Welche Voraussetzungen müssen erfüllt sein, um als Anlagenmechaniker/-in Splitgeräte installieren zu dürfen?
8. Welche Sicherheitsrisiken bestehen bei der Verwendung von Flüssiggas (z. B. R290) als Kältemittel in Wärmepumpen?
9. Beschreiben Sie die erforderlichen Sicherheitsmaßnahmen, um diese Risiken zu minimieren.
10. Welche zwei verschiedene Arten von Anlagen werden bei der Nutzung des Erdreichs als Wärmequelle unterschieden?
11. Woraus beziehen Erdwärmekollektoren ihre Wärmeenergie und was bedeutet dies für die Fläche, unter der sie verbaut sind?
12. Worauf kommt es an, um die Maximalwerte der spezifischen Entzugsleistung zu erreichen?
13. Wie lässt sich eine turbulente Strömung in den Rohrleitungen erreichen?
14. Welche Stranglänge sollte bei Erdwärmekollektoren nicht überschritten werden und wie lässt sich das realisieren?
15. Wie kann eine gleichmäßige Durchströmung der Stränge oder Sonden erreicht werden?
16. Warum eignet sich Grundwasser als Wärmequelle für Wärmepumpen sehr gut?
17. Aus welchen Komponenten bestehen die meisten Wärmequellenanlagen, die Grundwasser als Wärmequelle für eine Wärmepumpe nutzen?
18. Warum kann einem Eisspeicher relativ viel Wärme entzogen werden?
19. Welche Leistung muss der Verdampfer einer Luft-Wasser-Wärmepumpe der Außenluft entziehen, um ein EFH mit Kompaktheizkörpern und 12 kW Heizlast zu beheizen? Gemäß Herstellerunterlage ist der COP = 2,0 bei einer Außentemperatur von −7 °C und einer Vorlauftemperatur von 55 °C.
20. Wie hoch sollte die Strömungsgeschwindigkeit sein, wenn ein PE-Rohr 40 mm × 3,7 mm von einem 25%igen Wasser-Ethylenglykol-Gemisch durchströmt wird und eine turbulente Strömung erreicht werden soll?
21. In einem Neubaugebiet soll die Heizwärme für einen Wohnblock mithilfe einer Sole-Wasser-Wärmepumpe erzeugt werden. Die Heizleistung beträgt 25 kW und der COP = 4,5 bei B0/W35. Dazu sollen Erdwärmesonden mit einer maximalen Tiefe von bis zu 150 m gebohrt werden. Es kann von einer Wärmeleitfähigkeit des ungebundenen Untergrunds von 4,0 W/(m · K) ausgegangen werden. Für die Jahresvollbenutzungsstunden ist von 2 100 auszugehen.
    a) Wie groß ist die Verdampferleistung?
    b) Wie viele Sonden von welcher Länge werden benötigt?
22. Welcher Wasservolumenstrom $\dot{V}$ ist erforderlich, um einer Wärmequellenanlage für Grundwasser eine Verdampferleistung von 20 kW zu entziehen? Für die Temperaturänderung des Wassers in der Wärmepumpe können 4 K angenommen werden.

12.6.7 Einsatzbedingungen und Entwicklungstendenzen

Beim Einsatz einer Wärmepumpe möchte man eine möglichst hohe Leistungszahl ε erreichen (Kap. 12.6.4). Einen weiteren Hinweis, wie die Leistungszahl verbessert werden kann, liefert eine nach dem idealen Carnotprozess arbeitende Wärmepumpe (S. Carnot = franz. Physiker, 1796–1832)

$$\varepsilon_{max} = \frac{T_{max}}{T_{max} - T_{min}}$$

T_{max}: Heizwasser-Vorlauftemperatur in Kelvin

T_{min}: Wärmequellentemperatur in Kelvin

Für alle Wärmepumpen gilt daher:

! Die *Leistungszahl* ε bzw. der COP-Wert ist umso größer, je kleiner die Temperaturdifferenz zwischen der Wärmequelle und dem Heizwasservorlauf ist.

Es ist daher sinnvoll, die Heizwasser-Vorlauftemperatur niedrig zu halten. Gleichzeitig sollte eine Wärmequelle mit einer gleichmäßigen, hohen Temperatur genutzt werden.

Die verwendeten *Kältemittel*

- haben Einfluss auf die Leistungszahl, damit auf den Energieverbrauch und die Wirtschaftlichkeit,
- können bei Leckagen austreten und sowohl die *Ozonschicht schädigen* als auch den *Treibhauseffekt verstärken*.

Künstlich hergestellte (synthetische) Kältemittel kamen in den 1930er-Jahren auf den Markt. Ihre Umweltauswirkungen wurden lange Zeit unterschätzt. In den 1980er-Jahren wurde nachgewiesen, dass sie wesentlich für den Abbau der Ozonschicht verantwortlich sind. Zur Bewertung der Ozonschädigung wird der ODP-Wert (Ozone Depletion Potenzial) benutzt. Auf Grundlage der FCKW-Halon-Verbots-Verordnung 1991 wurde der Einsatz vieler dieser Kältemittel in Neugeräten untersagt.

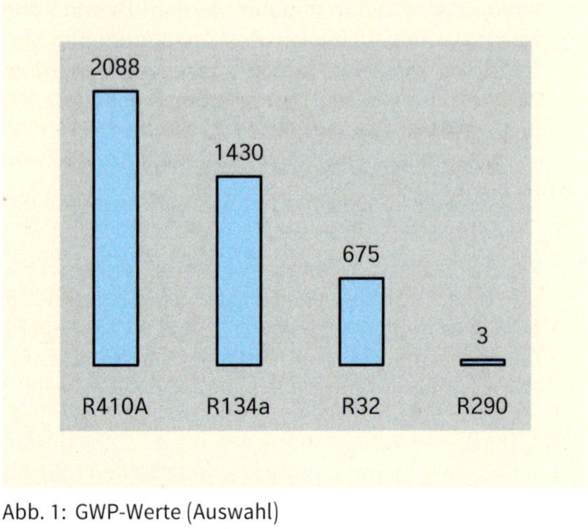

Abb. 1: GWP-Werte (Auswahl)

Nach diesem Verbot wurden auch die als Ersatzkältemittel entwickelten Stoffe wie FKW und HFKW wegen ihrer schädlichen Auswirkungen auf das Klima kritisiert. Die Bewertung des Treibhauspotenzials erfolgt mithilfe des GWP-Wertes (Global Warming Potenzial), der auf CO_2 mit dem GWP-Wert 1 bezogen ist. Das Ausmaß der Schädlichkeit von Kältemitteln wird anschaulich, wenn man deren Treibhauswirkung für 1 kg miteinander vergleicht (Abb. 1). So besitzt R410A einen 2088- und R290 einen 3-mal höheren GWP-Wert als 1 kg CO_2.

Gemäß der F-Gas-Verordnung Nr. 517/2014 ist die Wärmepumpenindustrie in Europa aufgrund der Mengenbeschränkungen gezwungen, Kältemittel mit einem GWP-Wert von durchschnittlich 700 zu verwenden. Viele alte Wärmepumpen und Kühlschränke enthalten jedoch noch umweltschädliche Kältemittel wie R410A. Diese Geräte müssen daher fachgerecht entsorgt werden. Anstelle von FCKW-Kältemitteln werden zunehmend Kohlenwasserstoffe wie Propan (R290) oder Kohlenstoffdioxid (R744) eingesetzt, die auch in der Natur vorkommen.

Wie aus den Vorschlägen zur Verschärfung der F-Gas-Verordnung hervorgeht, sollen in Zukunft möglichst nur noch natürliche Kältemittel für den Kältekreislauf neuer Wärmepumpen verwendet werden. Das natürliche Kältemittel R290 hat z. B. eine relativ geringe Auswirkung auf den Treibhauseffekt und besitzt günstige thermodynamische Eigenschaften, ist jedoch leicht entflammbar.

Eine Wärmepumpenanlage erreicht eine hohe Jahresarbeitszahl und ist wenig umweltbelastend, wenn:

- die Wärmepumpe eine hohe Leistungszahl erreicht und die Wärmeleistung gleitend an den Bedarf angepasst wird
- die Wärmequelle ganzjährig eine hohe Temperatur beibehält (Erdwärme, Abwärme)
- das Heizungssystem mit niedriger Vorlauftemperatur betrieben werden kann
- Kältemittel mit niedrigem GWP verwendet werden
- die Wärmepumpe mit anderen technischen Systemen kombiniert wird, z. B. mit einer Photovoltaikanlage, die selbst erzeugten Solarstrom liefert

Aufgaben

1. Wie lässt sich bei einer Wärmepumpe eine hohe Leistungszahl erreichen?
2. Wie wird das Treibhauspotenzial von Kältemitteln bewertet und welcher Stoff dient als Vergleichsgröße?
3. Welche natürlichen Kältemittel werden zunehmend anstelle von synthetischen Kältemitteln eingesetzt?
4. Welche positiven Eigenschaften hat das natürliche Kältemittel R290 und was ist bei dessen Verwendung zu berücksichtigen?
5. Unter welchen Bedingungen erreicht eine Wärmepumpenanlage eine hohe Jahresarbeitszahl und ist wenig umweltbelastend?

12.7 Heizen mit elektrischer Energie

Die Umwelt- und Energiediskussion in den vergangenen Jahren führte dazu, dass das Heizen mit elektrischer Energie nur ausnahmsweise angewendet wird. Die Ursachen dafür sind u. a.:

- der nach wie vor niedrige Wirkungsgrad (< 30 %) und der hohe Schadstoffausstoß bei der Kohleverstromung
- die Energieverluste beim Stromtransport zum Verbraucher
- die Risiken der Kernkraftwerke

Bei dieser Diskussion sollte immer der gesamte Weg des Energieträgers von der Gewinnung zum Verbraucher berücksichtigt und bewertet werden (Abb. 2).

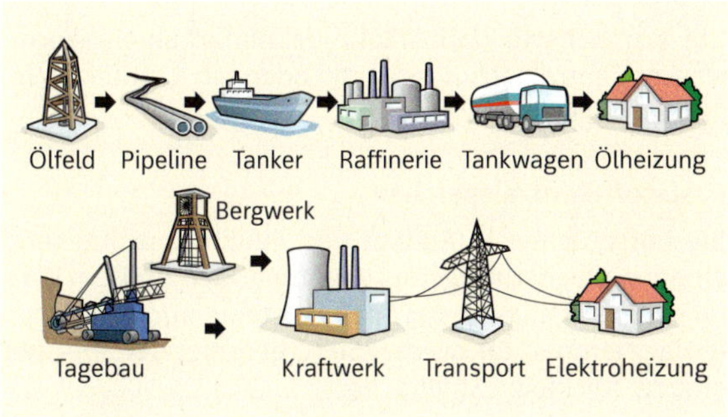

Abb. 2: Wege der Energieträger: a) Öl, b) Strom

Unter diesen Voraussetzungen ergeben sich z. B. bei der Beheizung einer Wohnung mit 60 m² Wohnfläche folgende Emissionswerte (Abb. 3).

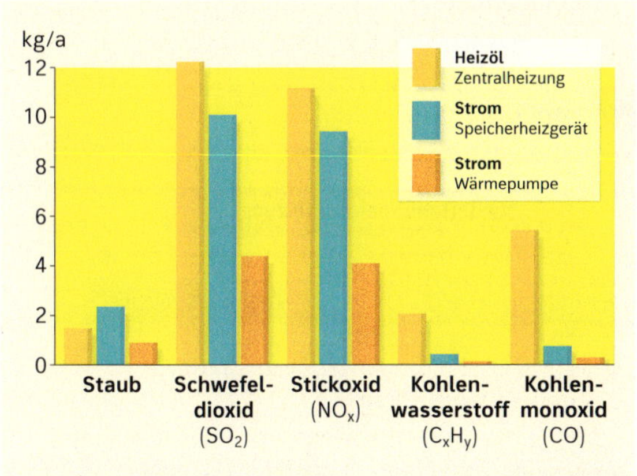

Abb. 3: Emissionswerte im Vergleich

In Deutschland produzieren einzelne Kraftwerke den elektrischen Strom mit einem Wirkungsgrad von bis zu 60 %. Auch sind manche mit wirksamen Schadstofffiltern ausgerüstet. Doch werden auch viele Kraftwerke mit Braunkohle befeuert. Insgesamt verursachten Elektroheizungen fast dreimal so hohe CO_2-Emissionen wie Gasbrennwertkessel, was aus Abb. 3 nicht hervorgeht. Auch sind Niedertarif-Speicherheizungen zu unflexibel, um z. B. ein zeitliches Überangebot an Strom aus Windkraft zu kompensieren. Aber:

- Der Ausstieg aus der Kernenergie ist vollzogen.
- Die Stromerzeugung durch Blockheizkraftwerke (BHKW), Brennstoffzellen, Müllverbrennungs- und Deponieanlagen nimmt zu.
- Die Stromerzeugung aus erneuerbaren Energiequellen, z. B. durch Photovoltaik- und Windkraftanlagen, Biomasse-, Geothermie- und Wasserkraftwerken, steigt ständig an.

  Der aus regenerativer Energie gewonnene Strom wird auch als „Ökostrom“ oder „grüner Strom“ bezeichnet. Er kann vielerorts gegen einen Aufpreis von den Versorgungsunternehmen bezogen werden.

Die hohen Kosten für den Strom lassen die Elektroheizung meist nur als Speicherheizungen zu, welche Schwachlasttarife nutzen können. Sie werden dann aufgeladen, wenn die Kraftwerke ohnehin nur gering ausgelastet sind. Die Stromtäler werden dadurch aufgefüllt (Abb. 4) und die Kraftwerke und Leitungsnetze besser ausgelastet.

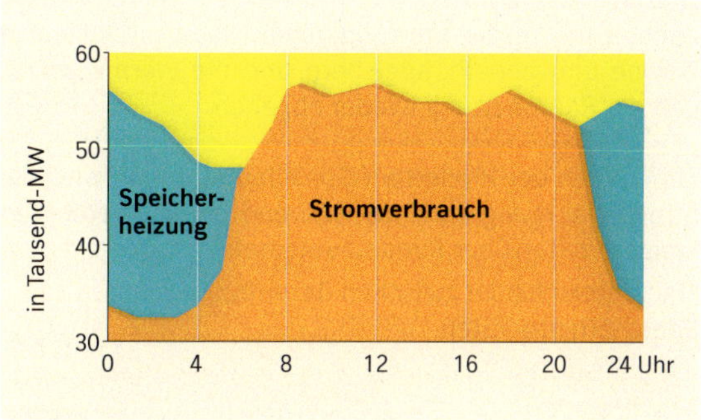

Abb. 4: Lastkurve an einem Wintertag

Von den Versorgungsunternehmen wird Strom für Elektroheizungen also nur so weit verkauft, wie in der Gesamtlaststruktur noch freie Täler vorhanden sind. Sind diese Täler weitgehend ausgefüllt, wird zwangsläufig der Anschluss von Elektrospeicherheizungen eingeschränkt. Es werden deshalb nur so viele Wohnungen mit Elektroheizungen ausgerüstet, wie die bestehende Kraftwerkskapazität oder die bestellte Bezugsleistung eines Netzbetreibers (NB) dies leisten kann.

Für weitere Elektroheizungen verbietet sich der Neubau von Kraftwerken aus wirtschaftlichen Gründen.

Bei Kostenvergleichen mit anderen Heizsystemen werden oft nur die Kosten für das verbrauchte Heizöl oder Gas herangezogen. Meist wird vergessen, dass z. B. auch für den Betrieb des Brenners, der Umwälzpumpe sowie der Regel- und Steuereinrichtung elektrische Energie erforderlich ist. Weiterhin werden oft die Nebenkosten für die Schornsteinreinigung, Abgaskontrollen und Wartungsarbeiten nicht berücksichtigt.

Einteilung der Elektro-Heizsysteme

Heizsysteme, die mit elektrischer Energie betrieben werden, können in *Direktheizungen* und *Speicherheizungen* eingeteilt werden (Abb. 1).

Bei *Direktheizungen* erfolgt die Umwandlung von elektrischer Energie in Wärme nur bei Wärmebedarf. Die Anschlussleistung sollte der Norm-Heizlast des Raumes nach DIN EN 12831 entsprechen.

Bei *Speicherheizungen* erfolgt die Umwandlung elektrischer Energie in Wärme zeitlich unabhängig von der Heizlast. Die zugeführte Wärme wird in einem Speicher festgehalten, bis Bedarf besteht.

Die Anschlussleistung muss größer sein als die Norm-Heizlast $\dot{Q}_{HL}$, da die Niedertarifzeiten meist kürzer sind als die Zeit für die Wärmeabgabe. Heizen mit elektrischer Energie ist nur umweltfreundlich, wenn der Strom aus erneuerbarer Energie gewonnen wird.

12.7.1 Niedertarif-Speicherheizungen

In Deutschland werden etwa 10 % der Wohnungen über Niedertarif-Speicherheizungen mit Wärme versorgt.

! Unter *Niedertarif-Speicherheizungen* versteht man Vollheizungen, die preisgünstigen Niedertarifstrom in Wärme umwandeln, speichern und die Wärme verzögert zur Raumheizung wieder abgeben.

Zum Laden der Niedertarif-Speicherheizungen wird die Stromversorgung vom NB während der lastbedingten Freigabezeiten über Rundsteuerempfänger freigegeben.

Man unterscheidet zwischen dezentralen und zentralen Speicherheizgeräten.

Fußboden-Speicherheizung

Bei Fußboden-Speicherheizungen wird die von den Heizleitern erzeugte Wärme in einer 8 bis 14 cm dicken Zementestrichschicht gespeichert und langsam an den Raum abgegeben. Die Estrichdicke bestimmt die speicherbare Wärmemenge. Für die Fußboden-Speicherheizung gelten im Wesentlichen die gleichen Vorschriften wie für Fußboden-Direktheizungen. Die erforderlichen Auflade-, Steuerungs- und Regelungseinrichtungen sind die gleichen wie bei Speicherheizgeräten.

Elektro-Zentralspeicher

Im Elektro-Zentralspeicher wird als Speichermedium Wasser oder gesintertes Eisenoxid (Magnesit) in Form von Speichersteinen verwendet. Man unterscheidet daher zwischen *Feststoff-Zentralspeichern* und *Wasser-Zentralspeichern*.

Die gespeicherte Wärme kann bei Bedarf an ein Warmwasser-Zentralheizungssystem oder ein Luftheizungssystem abgegeben werden.

Feststoff-Zentralspeicher

Sie entsprechen in Aufbau und Funktion weitgehend einem Speicherheizgerät. Aufgrund der großen Wärmespeicherfähigkeit der Speichersteine und der hohen Aufladetemperatur bis ca. 750 °C benötigt der Speicher eine relativ kleine Stellfläche.

Aufgaben

1. Warum bieten die EVUs Strom zeitweise günstiger an?
2. Welche Vor- und Nachteile bringt das Heizen mit elektrischem Strom?
3. Welche Arten von Elektro-Zentralspeichern unterscheidet man?

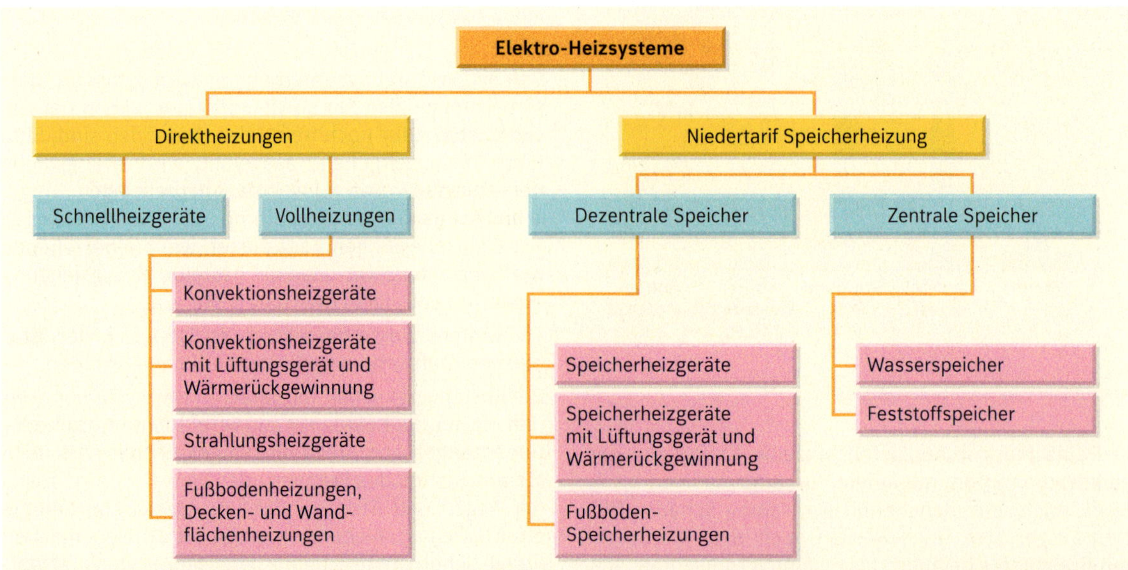

Abb. 1: Einteilung der Elektro-Heizsysteme

12.7.2 Direktheizungen

! Unter Direktheizungen versteht man Vollheizungen, die zur ständigen Beheizung von Räumen bestimmt sind, und ortsveränderliche Schnellheizgeräte.

Schnellheizgeräte sind z. B. Heizlüfter, ölgefüllte Elektro-Radiatoren, Badstrahler oder Handtuchtrockner.

Auch Design-Heizkörper, die an das Warmwasser-Zentralheizsystem angeschlossen sind, zählen dazu, wenn sie mit einem Heizstab ausgestattet sind. Mit ihm wird zusätzlich oder bei abgeschalteter Zentralheizung das Bad geheizt. Kaum sichtbare Heizstäbe gibt es mit einer Leistung von 400, 700 oder 900 Watt (Abb. 2).

Diese Heizgeräte sind mit einer Anschlussleitung und einem 230-V-Schutzkontaktstecker versehen. Sie dienen in der Regel nur dem kurzzeitigen Heizbetrieb mit Tagstrom.

Abb. 2: Design-Heizkörper mit Elektro-Heizpatrone und IR-Raumtemperatur-Timer

Im Folgenden werden die einzelnen zur Vollheizung verwendeten Heizgeräte vorgestellt. Sie können gesteuert oder nicht gesteuert sein. Diese Heizgeräte müssen über eine Geräteanschlussdose fest angeschlossen werden.

Konvektionsheizgeräte

Hierbei handelt es sich um Einzelraumheizgeräte mit natürlicher oder erzwungener Konvektion (Abb. 3). Sie werden für Leistungen von 1 bis 3 kW hergestellt. Die Abmessungen betragen je nach Leistung:

Breite: 430 bis 1 050 mm
Tiefe: 123 mm
Höhe: 460 mm
Gewicht: 4,8 bis 11,3 kg

Bedingt durch die hohen Oberflächen- und Luftaustrittstemperaturen, die über 100 °C betragen können, besteht beim Berühren Verbrennungsgefahr. Ferner kann es durch Verschwelung von Staubteilchen zu unangenehmen Gerüchen kommen.

Bei *Niedertemperatur-Konvektoren* ergeben sich bei größerer Heizkörperoberfläche niedrige Temperaturen. Sie sind bei gleicher Leistung etwa doppelt so breit wie Normalgeräte.

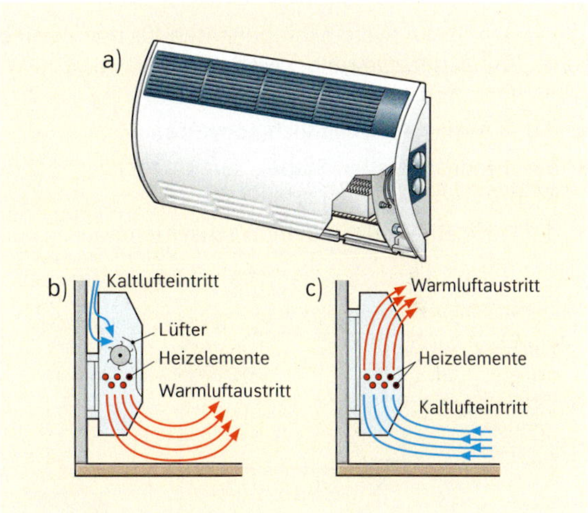

Abb. 3: Konvektionsheizgerät
a) Ansicht
b) erzwungene Konvektion
c) natürliche Konvektion

Konvektionsheizgeräte mit Lüftungsgerät und Wärmerückgewinnung

Solche Geräte können auch zum Lüften mit Wärmerückgewinnung verwendet werden. Dabei wird mithilfe eines Kreuzstromwärmetauschers der Abluft bis zu 70 % der Wärme entzogen und an die angesaugte Frischluft abgegeben (Abb. 4).

Je nach Bauart kann die Lüftungseinrichtung in der Übergangszeit auch zur Raumkühlung mittels kälterer Außenluft genutzt werden.

Durch den Einbau weiterer Bauelemente, z. B. eines Kühlers, lassen sich solche Heizgeräte zu Klimageräten erweitern.

12.8 Brennstoffzelle und Brennstoffzellen-BHKW

Bereits 1839 führte der englische Physiker William Grove die erste Brennstoffzelle vor. 1893 wurde eine „Haushalts"-Brennstoffzelle vorgestellt. Aber erst ihr Einsatz in der Raumfahrt und die daraus gewonnenen Erkenntnisse brachten den Durchbruch.

Brennstoffzellen sind mit Batterie und Akkumulator verwandt. Während Batterie und Akkumulator den gespeicherten Strom abgeben und sich dabei vollständig entladen, liefern Brennstoffzellen kontinuierlich einen konstanten Strom bei gleichbleibender Spannung. Zusätzlich liefern sie Wärmeenergie.

Voraussetzung ist, dass den Brennstoffzellen stetig ein brennbares Gas sowie Sauerstoff zugeführt wird.

! *Brennstoffzellen* wandeln wasserstoffhaltige Energieträger, z. B. Erdgas, auf elektrochemischen Wege direkt in elektrische Energie und Wärme um.

Die wesentlichen Systemkomponenten für den Betrieb eines Brennstoffzellen-Blockheizkraftwerks (BZ-BHKW) mit Erdgas (Abb. 1) sind z. B:

- der Reformer einschließlich Konverter
- der Brennstoffzellen-Stapel, auch Stacks genannt (Abb. 2)
- der Wärmetauscher und der Wechselrichter

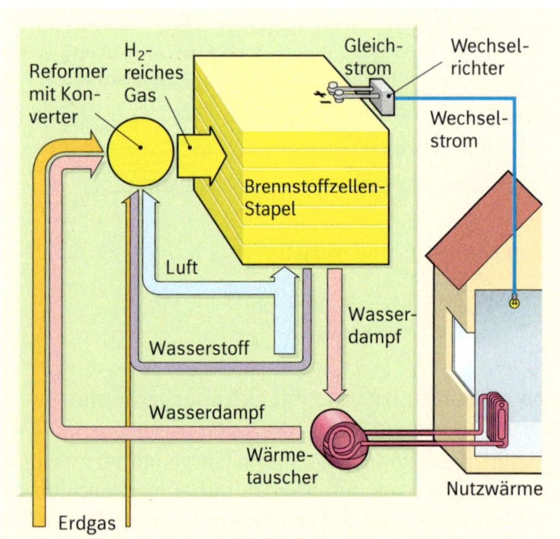

Abb. 1: Schema eines Brennstoffzellen-BHKW

Funktion

Mithilfe eines *Reformers* kann der Wasserstoff aus den Methan-Anteilen (80–90 %) des Erdgases gewonnen werden.

Im Reformer wird das Erdgas mit überhitztem Wasserdampf vermischt. Es entstehen Wasserstoff und Kohlenmonoxid.

Im *Konverter* reagiert dann das Kohlenmonoxid mit Wasserdampf zu Wasserstoff und Kohlendioxid.

Abb. 2: Brennstoffzellen-Stapel (Stack), Leistung: 10 kW

Dieses H_2-reiche Gas wird den Brennstoffzellen kontinuierlich zugeführt.

Eine Brennstoffzelle besteht aus zwei porösen Metallelektroden (Kathode und Anode) sowie einer Schicht zwischen den Platten, dem Elektrolyten (Abb. 3 und 4).

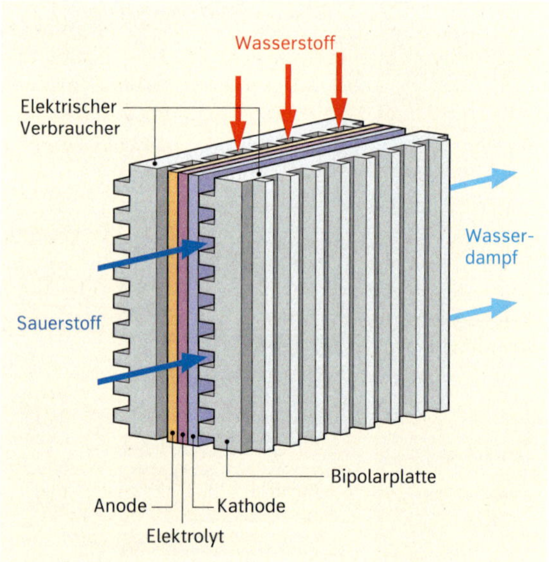

Abb. 3: Bestandteile eines Brennstoffzellen-Stapels

An der Anode spaltet sich der Wasserstoff bei ca. 100 °C in Protonen (H^+-Wasserstoff-Ionen) und Elektronen (–) auf (Abb. 4).

Der Elektrolyt wirkt wie eine Membran, welche nur die Protonen des Wasserstoffs passieren lässt. Die Elektronen passen nicht durch diese Membran und werden gezwungen, den Weg über eine elektrische Leitung zum Stromverbraucher zu nehmen. Dort reagieren Sauerstoff-Atome mit den Elektronen zu Sauerstoff-Ionen (O^-). Diese verbinden sich wiederum unter Wärmeabgabe mit den Wasserstoff-Protonen zu Wasserdampf H_2O. Die dabei entstehende Wärme kann in Heizungsanlagen genutzt werden.

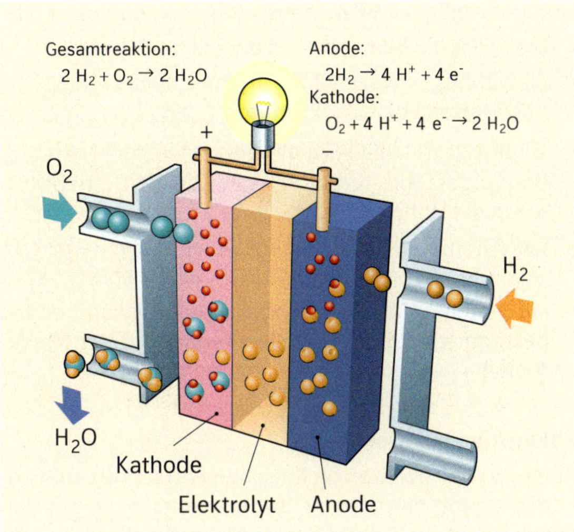

Abb. 4: Funktionsprinzip einer Brennstoffzelle

Den chemischen Vorgang in der Brennstoffzelle bezeichnet man auch als „kalte Verbrennung".

Brennstoffzellen werden nach der Betriebstemperatur des verwendeten Elektrolyten in Nieder-, Mittel- und Hochtemperaturzellen eingeteilt (Tab. 1). In MCFC- und SOFC-Anlagen kann, aufgrund der hohen Temperaturen, Erdgas direkt als Brenngas genutzt werden.

An einer einzigen Brennstoffzelle kann die Spannung 0,8 V bei 0,3 A/cm² Stromdichte betragen.

Durch das In-Reihe-Schalten von sehr vielen Brennstoffzellen zu einem Brennstoffzellen-Stapel (Stack) werden höhere Spannungen erreicht. Mit solchen Brennstoffzellen-Heizkraftwerken (Abb. 5) lassen sich Strom- und Wärmeleistungen realisieren, wie sie in der Heizungstechnik benötigt werden.

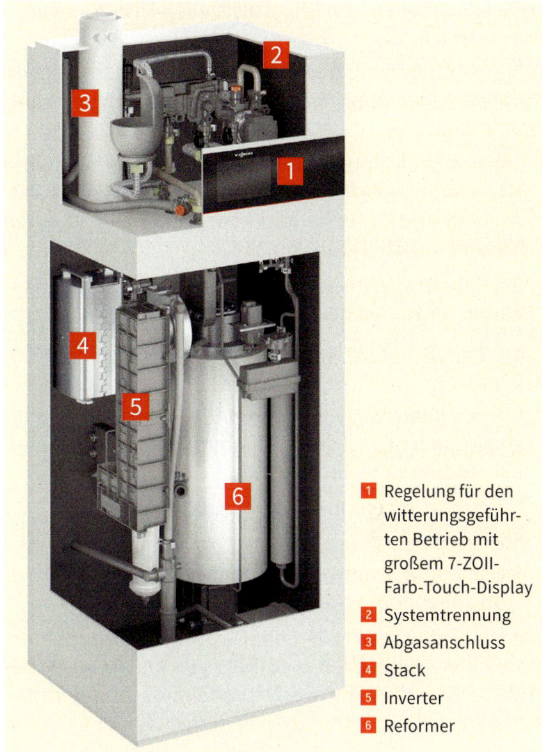

Abb. 5: Aufbau eines Brennstoffzellen-Heizkraftwerkes

Herkömmliche Wärmekraftmaschinen, bei denen zur Strom- und Wärmeerzeugung Primärenergie verfeuert, Dampf erzeugt sowie Turbinen und Generatoren bewegt werden müssen, nutzen den Wärmewert eines Brennstoffs (wegen der Umwandlungsverluste) nur zu einem geringen Teil.

Tab. 1: Einteilung und Merkmale von Brennstoffzellen

Kurzform	**AFC**	**PEMFC**	**PAFC**	**MCFC**	**SOFC**
Bezeichnung	**Alcaline Fuel Cell** Alkali-BZ	**Proton Exchange Membran Fuel Cell** Protonenleitende-BZ	**Phosphoric Acid Fuel Cell** Phosphorsäure-BZ	**Molten Carbonate Fuel Cell** Schmelzkarbonat-BZ	**Solid Oxide Fuel Cell** Festoxid-BZ
Betriebs-temperatur °C	Niedertemperaturzelle		Mitteltemperaturzelle	Hochtemperaturzelle	
	60–70	80–100	160–200	600–660	900–1.000
Elektrolyt	Kalilauge	Festpolymer-Membran ähnlich Teflon	Phosphorsäure	Karbonatschmelze	Zirkonoxid
Brennstoff (Zelle) – Anode – Kathode	reinster H_2 O_2	H_2 O_2, Luft	H_2, Erdgas O_2, Luft	H_2, CO, Erd-, Kohle-, Biogas O_2, CO_2, Luft	H_2, CO, Erd-, Kohle-, Biogas O_2, Luft
Wirkungsgrade Stack System (elektr.)	70 % 36 %	70 % (O_2), 50 % (Luft) 40 %	50 % (Luft) 40–45 %	55 % 50–65 %	60 % 55–65 %
Mögliche Anwendungen	• mobile Raumfahrt • U-Boot-Technik	• mobile Kleinstantriebe (Akku) • Kleinst-BHKW • Heiztechnik	• BHKW ab 200 kW • Heiztechnik	• BHKW, HKW • Großkraftwerk	• BHKW, HKW • Großkraftwerk • Kleinst-BHKW

Demgegenüber weisen Brennstoffzellen-BHKWs zahlreiche *Vorteile* auf:

- Sie arbeiten ohne bewegliche Teile und verursachen daher weder Verschleiß noch Erschütterungen, Lärm oder Staub.
- Sie erreichen einen sehr hohen Wirkungsgrad. So hat z. B. ein 200-kW-Phosphor-BZ-BHKW bei 40 % elektrischem und 45 % thermischem Wirkungsgrad einen Gesamtwirkungsgrad von 85 %.
- Sie haben auch im Teillastbetrieb ein gutes Regelverhalten und einen hohen Wirkungsgrad.
- Sie haben bei geringer Wartung eine hohe Lebensdauer.
- Die modulare Bauweise bietet die Möglichkeit, Anlagen je nach Bedarf durch Kombination mehrerer kleiner Module zu realisieren.
- Sie haben eine hohe Leistungsdichte von 0,5–1 kW/kg.
- Sie sind relativ umweltschonend, da sie kaum Schadstoffe absondern (Abb. 1).

Auch in bestehende Nah- oder Fernwärmekonzepte lassen sich Brennstoffzellen-BHKWs genauso wie gasbetriebene Blockheizkraftwerke problemlos integrieren.

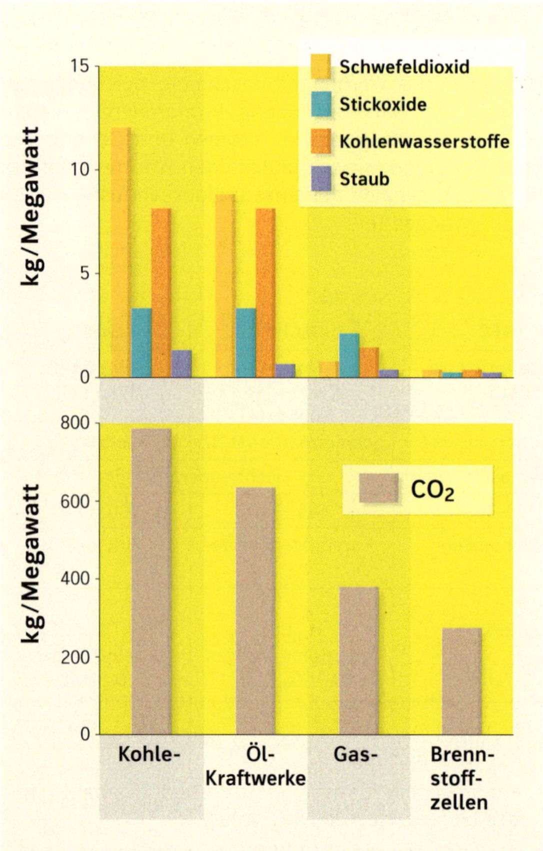

Abb. 1: Vergleich der Schadstoffemissionen

Brennstoffzellen-BHKWs haben folgende *Nachteile*:

- Die Investitionskosten sind derzeit noch hoch.
- Sie benötigen wegen ihrer thermischen Trägheit eine Anwärmzeit von ca. 20 Minuten.
- Sie geben nur Niederspannungs-Gleichstrom ab.
- Der vorgeschaltete Reformer treibt die Betriebskosten in die Höhe.
- Die durchschnittliche Lebensdauer eines Brennstoffzellen-Stapels beträgt etwa 20.000 Betriebsstunden.
- Mit zunehmender Betriebsstundenzahl kann es bei bestimmten Brennstoffzellen-Typen zu einer Minderung der Leistungsabgabe kommen.

Zukünftige Entwicklung

Aufgrund der erzielten technischen Fortschritte und hoher Fördermittel ist das BZ-BHKW bereits in einigen Heizungskellern im Einsatz. Der Einsatz von BZ-BHKW mit Reformer ist jedoch nur ein erster Schritt zur Nutzung von Wasserstoff als Brennstoff. Weitere Schritte wären notwendig, damit die Brennstoffzelle kein CO_2 mehr freisetzt. Diese Schritte werden sich wahrscheinlich wegen der großen Verluste bei der Herstellung von grünem Wasserstoff verzögern. Im Unterschied zur direkten Nutzung des Stromes erfordert dessen Nutzung über den Umweg der Erzeugung von Wasserstoff ein Vielfaches an Energie. Wirtschaftlicher dürfte es sein, Ökostrom vom Dach oder aus Windkraftanlagen zum Betrieb von Wärmepumpen zu nutzen. In diesem Fall kann die Wärmeleistung durch Nutzung der Umweltenergie vervielfacht werden. Wasserstoff kann anderweitig effektiver genutzt werden, etwa für die Langzeitspeicherung von Energie oder in der Eisen- und Stahlproduktion als Ersatz für das Reduktionsmittel Kohle.

Aufgaben

1. Wodurch unterscheiden sich Brennstoffzellen von Batterien und Akkumulatoren?
2. Beschreiben Sie die Funktion einer Brennstoffzelle.
3. In welche Energieformen wird die der Brennstoffzelle zugeführte chemische Energie (z. B. Erdgas) umgewandelt?
4. Welche Aufgabe hat der Reformer?
5. Beschreiben Sie die chemischen Vorgänge, die in einer Brennstoffzelle ablaufen.
6. Wodurch unterscheiden sich Brennstoffzellen-BHKWs von herkömmlichen Wärmekraftmaschinen?
7. Welche Brennstoffzellen-Typen eignen sich für den Einsatz als Kleinst-Brennstoffzellen-BHKW und damit als Heizkessel-Ersatz?
8. Nennen Sie jeweils fünf Vor- und Nachteile von Brennstoffzellen.

12.9 Blockheizkraftwerke (BHKW)

Strom wird in Deutschland noch größtenteils (ca. 80 %) aus Großkraftwerken bezogen, die mit dem Dampf- und Kondensationsprozess arbeiten. Dabei erreicht man einen Wirkungsgrad von etwa 40 %. 60 % müssen als Abwärme über z. B. Kühltürme an die Umwelt abgeführt werden, da am Kraftwerksstandort Wärmeabnehmer fehlen. In den 60 % Energieverlusten liegen wohl die größten Energiereserven, die für die Energiebedarfsdeckung der Zukunft zunehmend herangezogen werden müssen.

Ein Weg, um die Brennstoffenergie besser zu nutzen, ist die gemeinsame Strom- und Wärmeerzeugung. Diese Kraft-Wärme-Kopplung (KWK) in zentralen Heizkraftwerken (HKW) liefern ca. 12 % des bundesweiten Stromes. Dabei erreicht man bereits einen Nutzungsgrad von ca. 75 %, da die anfallende Wärme als Fernwärme genutzt wird.

Eine weitere Steigerung des Nutzungsgrades ist durch *Blockheizkraftwerke (BHKW)* möglich (Abb. 2).

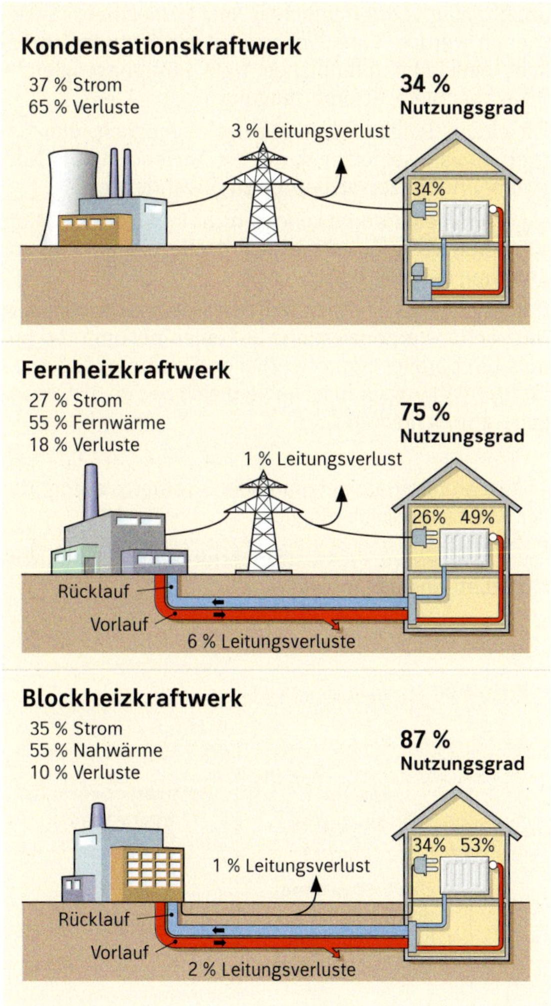

Abb. 2: Nutzungsgrade bei der Wärme- und Stromerzeugung

! BHKWs bestehen im Wesentlichen aus Verbrennungsmotor und Generator (Abb. 3). Sie werden dezentral eingesetzt, d. h. so nah wie möglich beim Verbraucher.

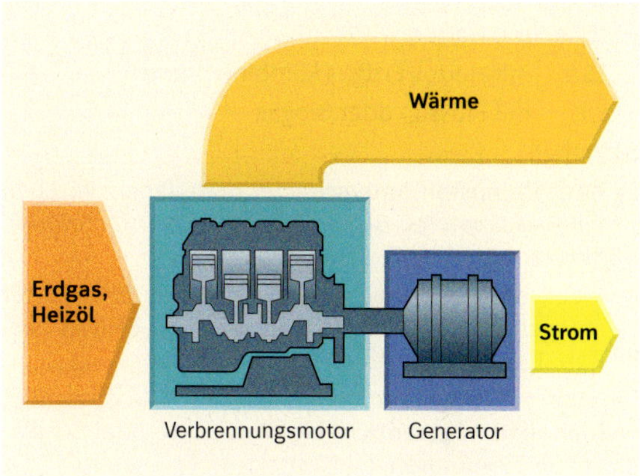

Abb. 3: Wesentliche Bestandteile eines BHKWs

Durch die gekoppelte Erzeugung von Strom und Wärme wird die eingesetzte Brennstoffenergie bis zu 90 % genutzt.

Im Vergleich zur getrennten Erzeugung von Strom in Großkraftwerken und Wärme in Heizkesseln werden so ca. 40 % Primärenergie eingespart. Darüber hinaus verringern erdgasbetriebene BHKWs den Schadstoffausstoß erheblich. Die Minderung beträgt bei CO_2 z. B. 60 % (Abb. 4).

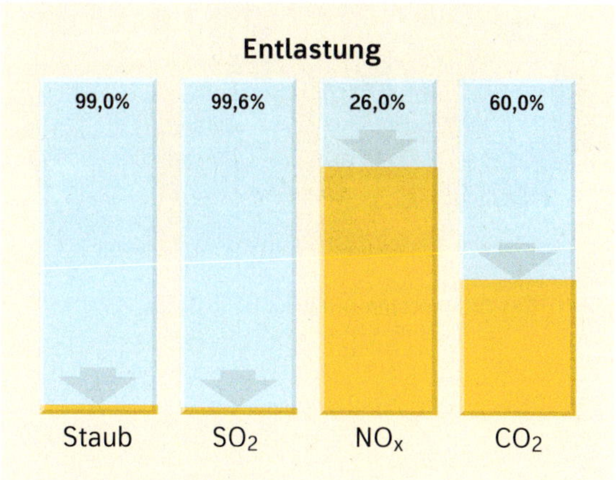

Abb. 4: Emissionsentlastung

BHKWs sind überall dort sinnvoll, wo

- eine Kraftwerkskopplung mit großen Heizkraftwerken wegen zu hoher Verteilungskosten nicht mehr wirtschaftlich ist,
- ein größerer Wärme- und Strombedarf anfällt (Mindestlaufzeit: ca. 5 000 Std./Jahr),
- der überschüssige BHKW-Strom angemessen vergütet wird.

12.9.1 Brennstoffe, Bauarten und Bauteile

Von den in Deutschland im Jahre 1999 laufenden BHKWs wurden

- 60 % mit Erdgas,
- 10 % mit Heizöl,
- 25 % mit Heizöl/Erdgas kombiniert und
- 5 % mit Flüssig- oder Biogas

betrieben.

Je nach Brennstoff unterscheidet man daher zwischen *Heizöl-Dieselmotoren-BHKW* und *Gas-Ottomotoren-BHKW* (Tab. 1 und Abb. 1).

Darüber hinaus kennt man Gasturbinen-BHKWs für Leistungen > 500 kW und Brennstoffzellen-BHKWs (siehe Kap. 12.8).

Die *Diesel- oder Ottomotoren*, die für BHKWs verwendet werden, sind weiterentwickelte Pkw-, Lkw- oder Schiffsdiesel-Serienmotoren.

Dabei wurde besonders auf eine Lebensdauer von mehr als 40.000 Stunden Wert gelegt.

Manche BHKW-Motoren erreichen über 80.000 Stunden. Zum Vergleich: Ein Pkw-Motor bringt es auf eine Betriebsdauer von 3.000–4.000 Stunden. Das entspricht einer Fahrstrecke von ca. 200.000 km. Die höhere Lebensdauer der BHKW-Motoren ist auf den kontinuierlichen Betrieb bei gleichbleibender Last zurückzuführen.

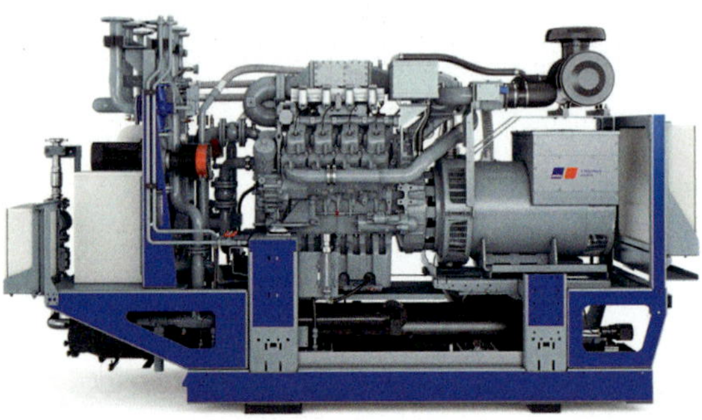

Abb. 1: Gas-Ottomotoren-BHKW für Deponiegas

Wie die Schaltbilder in Abb. 2 zeigen, sind Heizöl-Dieselmotoren-BHKW und Gas-Ottomotoren-BHKW in ihrem Aufbau weitgehend identisch. Lediglich die Einrichtungen zur Brennstoffzufuhr für Heizöl oder Gas unterscheiden sich.

So erfordert ein Heizöl-Dieselmotoren-BHKW eine Kraftstoff-Vor- und Rücklaufleitung und eine Kraftstoffpumpe mit Einspritzpumpe (Abb. 2a). Ein Gas-Ottomotoren-BHKW benötigt dagegen eine Gassicherungsstraße und einen Gas-Luftmischer (Abb. 2b). Alle übrigen Bestandteile sind sowohl für Gas-Ottomotoren-BHKWs als auch für Heizöl-Dieselmotoren-BHKWs erforderlich.

Die *Generatoren* für BHKWs unterscheiden sich durch Spannung und Generatorbauweise. BHKWs mit kleiner und mittlerer Leistung arbeiten im Niederspannungsbereich von 230 V oder 400 V.

Für die Stromerzeugung werden Synchron- oder Asynchrongeneratoren verwendet.

Synchrongeneratoren können ohne Fremdstrom und unabhängig vom öffentlichen Netz (= Inselbetrieb) betrieben werden. Eine Synchronisiereinrichtung ermöglicht eine zum öffentlichen Netz hin phasengleiche (= netzparallele) Stromerzeugung.

Mit einem *Synchrongenerator* ist es möglich, den Betrieb eines Inselnetzes sowie die Anwendung als Notstrom- und Netzersatzbetrieb zu gewährleisten.

Asynchrongeneratoren können nicht im Insel- oder Notstrombetrieb gefahren werden, da sie Fremdstrom zur Erregung benötigen.

Der Asynchrongenerator läuft phasenverschoben zum Netz an und produziert erst auf einen bestimmten Impuls hin parallel zum öffentlichen Stromnetz Elektrizität. Der Wirkungsgrad ist im Vergleich zu den Synchrongeneratoren niedriger.

! *Synchronbetrieb:* netzparallele Stromerzeugung, daher Notstrombetrieb möglich

Asynchronbetrieb: Fremdstrom erforderlich, daher Notstrombetrieb nicht möglich

Tab. 1: Kennwerte für BHKWs bis 500 kW

Kraftmaschine	Leistung (elektr.)	Wirkungsgrad		Gesamt-Wirkungsgrad	Heizwasser-Vorlauftemperatur max.
		thermisch	elektrisch		
Heizöl-Diesel-motoren-BHKW	< 50 kW	62 %	28 %	ca. 80–90 % **ohne** und ca. 90–100 % **mit** Brennwertnutzung	ca. 90 °C
	50–500 kW	50 %	40 %		
Gas-Ottomotoren-BHKW	< 50 kW	60 %	30 %		
	50–500 kW	56 %	34 %		

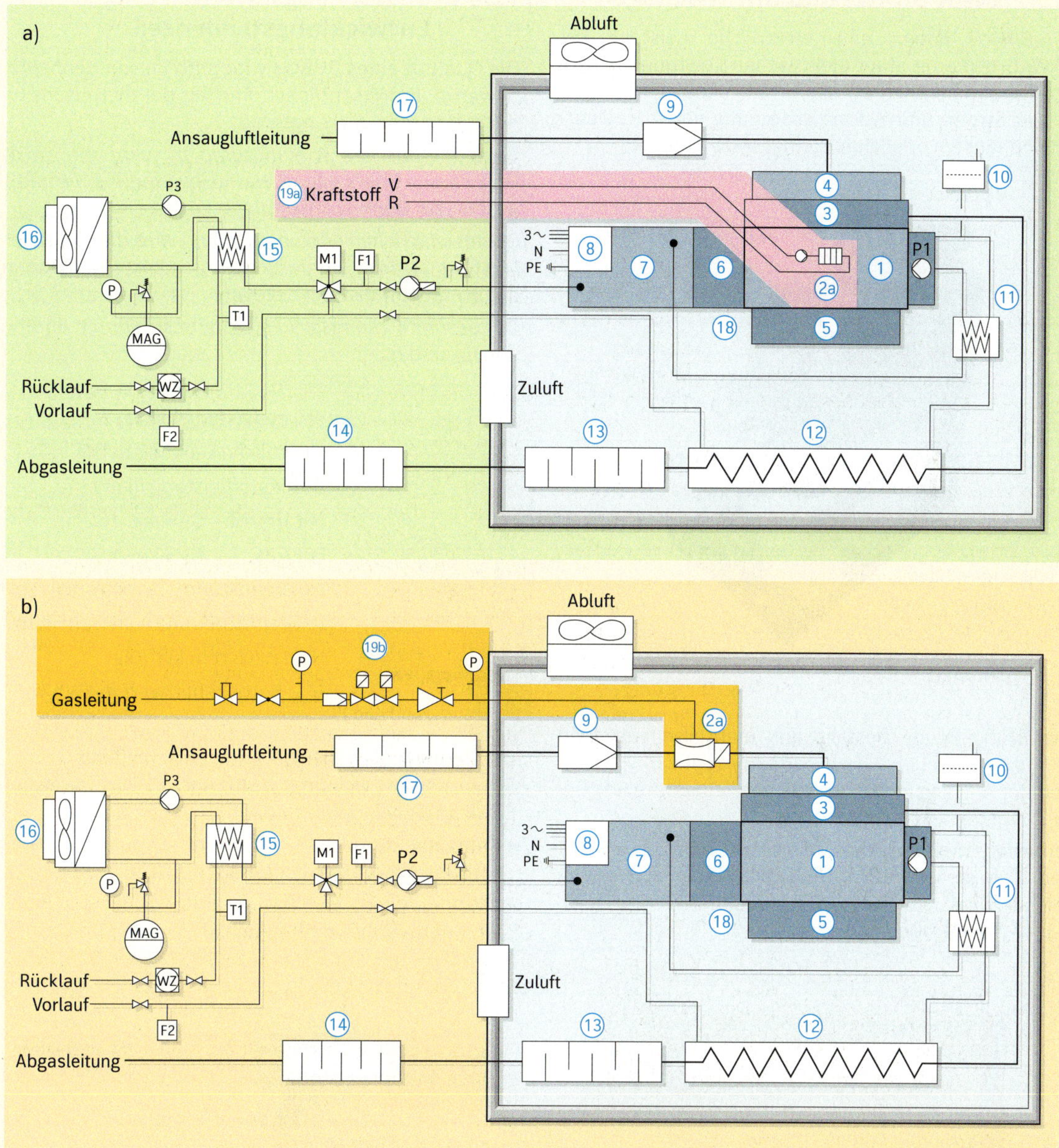

(1) = Verbrennungsmotor
(2a) = Kraftstoffpumpe mit Einspritzpumpe
(2b) = Gas-Luftmischer
(3) = Zylinderkopf
(4) = Ventildeckel
(5) = Ölwanne
(6) = Elastische Kupplung
(7) = Asynchrongenerator wassergekühlt
(8) = Anschlusskasten für Generator
(9) = Luftfilter
(10) = Ausdehnungsgefäß für Motorwasser
(11) = Primärkreiswärmetauscher für Motorwasser
(12) = Abgaswendelwärmetauscher
(13) = Abgasschalldämpfer im Modul integriert
(14) = Abgasnachschalldämpfer
(15) = Notkühlwärmetauscher
(16) = Notkühler
(17) = Ansaugschalldämpfer am Modul
(18) = Automatische Ölnachfülleinrichtung mit Schwimmer, elektrische Ölstandsüberwachung und Schmierölvorratsbehälter
(19a) = Kraftstoff-Vor- bzw. Rücklauf zum Tank
(19b) = Gassicherungsstraße am Modul
P1 = Wasserpumpe im Motorkreislauf
P2 = Wasserpumpe im Heizungsrücklauf
P3 = Wasserpumpe im Notkühlkreislauf

Abb. 2: BHKW-Schaltbild für a) Heizöl, b) Gas

12.9.2 Klein-BHKWs und BHKW-Anlagen

Klein-BHKWs haben eine elektrische Leistung bis 30 kW. BHKWs mit einer elektrischen Leistung < 10 kW bezeichnet man auch als *Mini-BHKW* (Abb. 1). Sie können zur Strom- und Wärmeversorgung von z. B. Mehrfamilienhäusern oder Hotels eingesetzt werden.

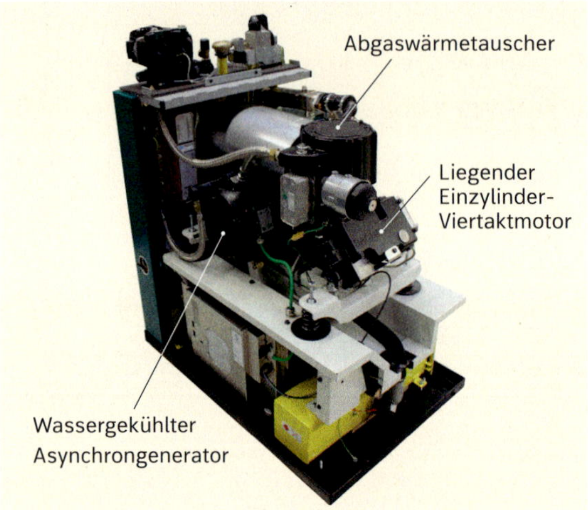

Abb. 1: Mini-BHKW

Eine *BHKW-Anlage* besteht aus mehreren einzelnen BHKWs (Modulen). Mit dem Modulkonzept kann der Betrieb der Anlage an den Wärmeenergiebedarf eines Gebäudes angepasst werden.

Man verwendet dazu die *„geordnete Jahresdauerlinie"* (Abb. 2). In dieser Grafik sind die Wärmebedarfswerte in kleinen Zeitabschnitten, z. B. Stundenwerten, gesammelt und der Größe nach geordnet.

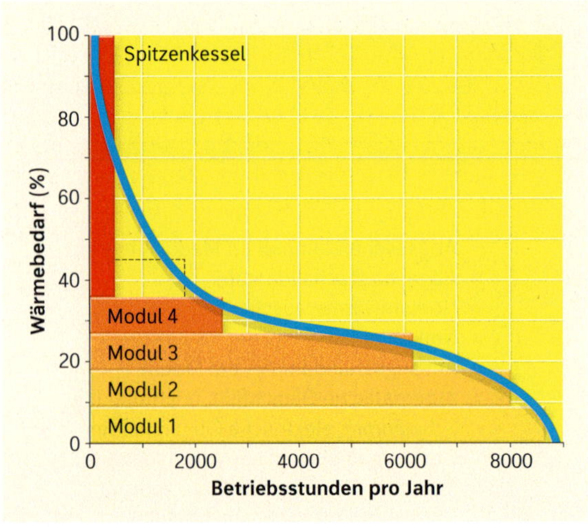

Abb. 2: Geordnete Jahresdauerlinie

Anhand der geordneten Jahresdauerlinie erfolgt die Auslegung der BHKW-Anlage bezüglich Anzahl und Größe der Module.

12.9.3 Beurteilungskriterien und Entwicklungstendenzen

Die Qualität eines BHKWs wird mithilfe von Kennziffern bewertet. Im Wesentlichen sind das der thermische und der elektrische Wirkungsgrad.

Beim *thermischen Wirkungsgrad* η_{th} wird die an das Heizwasser übertragene Wärmeleistung ins Verhältnis gesetzt zur Brennstoffleistung.

Beim *elektrischen Wirkungsgrad* η_{el} wird die elektrische Leistung an den Generatorklemmen gemessen und auf die Brennstoffleistung bezogen.

Der *Gesamtwirkungsgrad* η_{ges} ergibt sich durch Addition von η_{th} und η_{el}.

$$\eta_{th} = \frac{\dot{Q}_H}{\dot{Q}_B}$$

$$\eta_{el} = \frac{P_{el}}{\dot{Q}_B}$$

$$\eta_{ges} = \eta_{th} + \eta_{el}$$

$\dot{Q}_H$: Wärmeleistung in kW
P_{el}: elektrische Leistung in kW
$\dot{Q}_B$: Brennstoffleistung in kW
Für Heizöl: $\dot{Q}_B = \dot{m}_B \cdot H_i$
Für Gas: $\dot{Q}_B = \dot{V}_B \cdot H_{i,B}$
$\dot{m}$: Brennstoffmassenstrom in kg/h
$\dot{V}$: Brennstoffvolumenstrom in m^3/h
H_i: Heizwert in kWh/kg
$H_{i,B}$: Betriebsheizwert in kWh/m^3

Die Zukunft der BHKWs wird entscheidend von der Strompreisentwicklung bestimmt. Zukunftsweisende Einsatzmöglichkeiten sind:

- Nutzung der BHKW-Wärme im Sommer, um Kälte mittels Absorptionskältemaschinen zu erzeugen
- Kopplung von BHKWs mit anderen Systemen, z. B. mit der Wärmepumpe (Abb. 3)

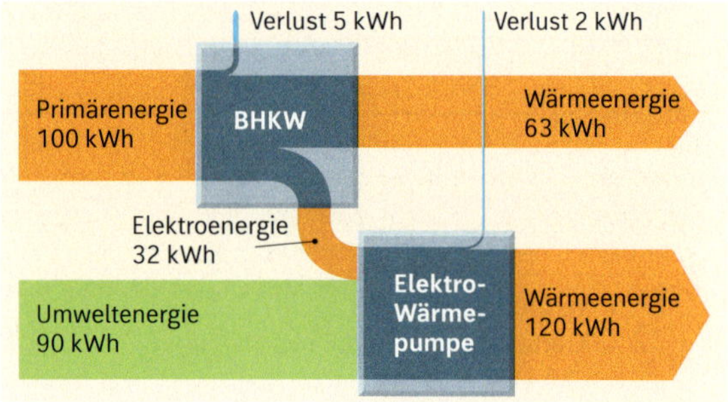

Abb. 3: Effektive Kopplung von BKHW und Wärmepumpe

Aufgaben

1. Warum kann die Brennstoffenergie beim Einsatz von BHKWs besser genutzt werden?
2. Wieso haben BHKW-Motoren eine längere Lebensdauer als Pkw-Motoren?
3. Was versteht man unter der geordneten Jahresdauerlinie?

12.10 Überlegungen zur Auswahl einer klimaschonenden Heizungsanlage

In Deutschland gab es im Jahr 2020 noch über 10 Millionen alter Heizungen. Jede dieser Anlagen stieß im Betrieb jährlich 5–10 Tonnen klimaschädliches Kohlendioxid (CO_2) aus. Damit ist hierzulande der Gebäudesektor noch immer für ein Drittel aller CO_2-Emissionen verantwortlich. Der Austausch dieser Heizungen ist somit eine wichtige Klimaschutzmaßnahme für den Klimaschutz. Um diesen voranzubringen, erhalten seit 2016 alle Heizkessel älter als 15 Jahre Bezirksschornsteinfegerinnen und -fegern ein Energielabel (Abb. 4). Ferner wird der Austausch alter Heizungen vom Staat finanziell gefördert.

Abb. 4: Klassifizierung alter Heizkessel

Es geht jedoch nicht darum, irgendeine neue Heizung zu installieren:

! Das Ziel muss es sein, eine Anlage zu installieren, die dem Klima möglichst wenig schadet.

Um die Umweltverträglichkeit von Heizungsanlagen beurteilen zu können, ist ein gesamtheitlicher Blick auf die Versorgungskette notwendig (Abb. 5). So müssen viele Energieträger, z. B. Heizöl, zunächst aufwendig abgebaut, verarbeitet und zum Verbraucher transportiert werden. Bereits dafür bedarf es großer Mengen an Energie, bevor die Endenergie (Wärme und Strom) im Haus zur Verfügung steht.

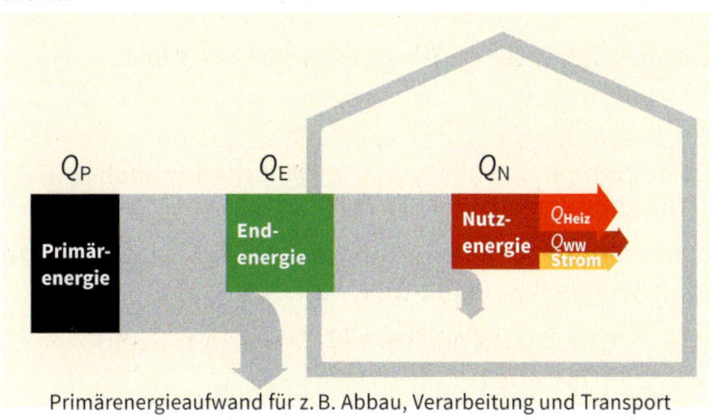

Abb. 5: Von der Primärenergie zur Nutzenergie

Wie groß der Anteil der nicht erneuerbaren Primärenergie im Verhältnis zur Endenergie ist, wird durch den Primärenergiefaktor angegeben. Günstig ist hierbei eine kleine Zahl.

$$\text{Primärenergiefaktor} = \frac{\text{Primärenergie}}{\text{Endenergie}} \qquad f_p = \frac{Q_P}{Q_E}$$

Einige Primärenergiefaktoren zeigt Tab. 1.

Tab. 1: Energieträger und Primärenergiefaktoren f_p

Endenergieträger		Primärenergiefaktor f_p
Fossile Brennstoffe	Heizöl EL	1,1
	Erdgas	1,1
	Braunkohle	1,2
Strom	Strommix ab 2016	1,8
	Strom zu 100 % aus erneuerbaren Energien	0,0
Biobrennstoff	Holz	0,2
Umweltenergie	Erdwärme	0,0
	Solarenergie	0,0

Die Endenergie gelangt ins Haus und wird zum Beheizen, Kühlen und zur Erzeugung von warmen Wasser verbraucht. Die benötigte Menge an Endenergie hängt ganz entscheidend von den Verlusten bei der Wärmeerzeugung, -speicherung und -verteilung ab. Je geringer diese Verluste sind, desto höher ist der Nutzen aus der eingesetzten Endenergie. Das Verhältnis aus Nutzenergie zu Endenergie wird auch als Jahresnutzungsgrad bezeichnet.

$$\text{Jahresnutzungsgrad} = \frac{\text{Nutzenergie}}{\text{Endenergie}} \qquad \eta_a = \frac{Q_N}{Q_E}$$

Die verbrauchte Endenergie im Neubau wird seit 1968 effektiver genutzt (Abb. 6). Dass Energie nicht verschwendet werden sollte, wurde vielen Menschen erst durch die Ölkrise von 1973 bewusst. Dies hat sich, wie in Abb. 6 zu sehen ist, insbesondere im Neubau bemerkbar gemacht. Erst 1978 folgte mit der Heizungsanlagenverordnung (HeizAnlV) eine deutsche Rechtsverordnung, die Bestimmungen zur Energieeinsparung enthielt, wie den Einbau von Niedertemperaturkesseln und Thermostatventilen.

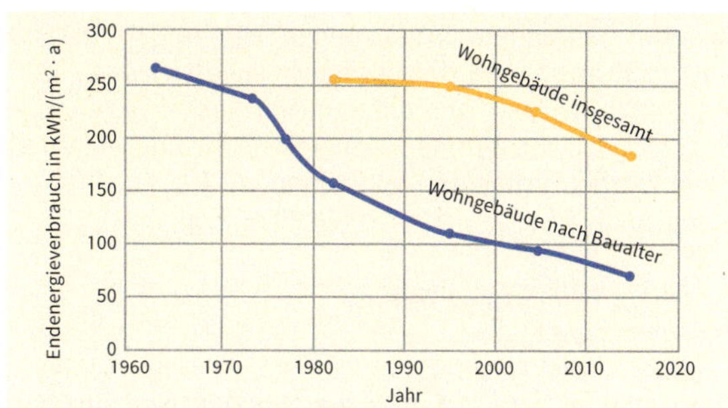

Abb. 6: Endenergieverbrauch in Wohngebäuden

Betrachtet man alle Wohngebäude insgesamt, dann ist ein deutlicher Rückgang des Endenergieverbrauchs erst ab 1995 zu erkennen. Obwohl viele alternative Heiztechniken gut ausgereift sind, machte der Anteil der installierten Öl- und Gasheizungen im Jahre 2018 immer noch ca. 85 % aus. Um den Ausstoß klimaschädlicher Treibhausgase zu vermeiden, bedarf es jedoch alternativer Heiztechniken. Dabei muss dringend auf die Verbrennung fossiler Energieträger verzichtet werden. Eine beschleunigte Umstellung auf Wärmepumpen mit Ökostrom, wasserstoffbetriebene Brennwertgeräte oder Pelletskessel ist notwendig, wenn bis zum Jahr 2050 der gesamte Gebäudebestand klimaneutral beheizt werden soll.

Bei einer Modernisierung ist insbesondere daran zu denken, dass

- Gebäude gut gedämmt werden, weil dadurch weniger Nutzenergie Q_N erforderlich ist;
- bei der Wärmeerzeugung, -speicherung und -verteilung möglichst wenig Verluste entstehen, denn dadurch wird weniger Endenergie Q_E benötigt;
- der Energieträger einen geringen Primärenergiefaktor f_p hat, weil dadurch weniger CO_2-Emissionen freigesetzt werden.

Praktisch bedeutet dies, es sollten in allen Gebäuden

- die Umfassungsflächen (Dach, Wände, Fenster, Türen usw.) gut gedämmt werden;
- effiziente Heizungsanlagen eingebaut werden, welche die Räume mit niedrigen Vorlauftemperaturen beheizen können (z. B. Fußbodenheizung);
- erneuerbare Energien genutzt werden.

Beispiel für eine Ausgangssituation

In einem typischen Einfamilienhaus mit 150 m² wird zur Wärmeversorgung ein mit Erdgas betriebener Heizkessel verwendet. Folgende Ausgangswerte sollen gegeben sein (Tab. 1):

Tab. 1: Ausgangswerte des Ist-Zustands

Jährliche Erdgasmenge im Ist-Zustand	V_{Br}	2 300 m³/a (Zählerablesung)
Heizwert	$H_{i,\,Erdgas}$	10,42 kWh/m³
Jahresnutzungsgrad	η_a	0,90

Aus der jährlichen Erdgasmenge V_{Br} im Ist-Zustand mit 2 300 m³/a und dem Erdgasheizwert $H_{i,\,Erdgas}$ von 10,42 kWh/m³ lässt sich die dem Heizkessel zugeführte *Endenergie* Q_E bestimmen. Der elektrische Energieanteil kann hierbei vernachlässigt werden.

$$Q_E = V_{Br} \cdot H_{i,\,Erdgas}$$

$$Q_E = 2\,300\ m^3/a \cdot 10{,}42\ kWh/m^3$$
$$Q_E = 23\,966\ kWh/a$$

Das entspricht auf 150 m² bezogen einem spezifischen Endenergiebedarf von 160 kWh/(m² · a).

Die dadurch im Haus zur Verfügung stehende *Nutzenergie* Q_N errechnet sich wie folgt:

$$Q_N = Q_E \cdot \eta_a$$

$$Q_N = 23\,966\ kWh/a \cdot 0{,}90$$
$$Q_N = 21\,569\ kWh/a$$

Mit dem Primärenergiefaktor für Erdgas gemäß Tab. 1 lässt sich der *klimawirksame Primärenergiebedarf* Q_P berechnen.

$$Q_P = Q_E \cdot f_p$$

$$Q_P = 23\,966\ kWh/a \cdot 1{,}1$$
$$Q_P = 26\,363\ kWh/a$$

Aus diesem Jahresprimärenergiebedarf ergeben sich die CO_2-Emissionen entsprechend der spezifischen Treibhausgasemission des Energieträgers (TB). Der Faktor für Erdgas ist folgendermaßen deklariert: 0,24 kg CO_2/kWh (Erdgas).

Für das Beispiel ergibt sich nach der Formel:

$$m_{CO_2} = Q_E \cdot E_{CO_2}$$

m_{CO_2} : jährlich emittierte CO_2-Masse in kg/a
Q_E : Endenergiebedarf in kWh/a
E_{CO_2} : Emissionsfaktor

$$m_{CO_2} = 23\,966\ kWh/a \cdot 0{,}24\ kg\ CO_2/kWh$$
$$m_{CO_2} = 5\,752\ kg\ CO_2/a = 5{,}752\ t\ CO_2/a$$

Bezogen auf 150 m² entspricht dies 38,3 kg CO_2/(m² · a).

Die Erdatmosphäre ist nicht beliebig mit CO_2 belastbar. Daher muss dringend mehr für den Klimaschutz getan werden. Nachfolgend wird aufgezeigt, wie sich die Entscheidung für eine neue Art der Beheizung auf die CO_2-Emissionen auswirkt. Dies hat auf die Nutz- und Endenergie kaum einen Einfluss.

Alternative 1: Heizen mit elektrischer Energie

Was sich dabei im Wesentlichen verändert, ist der klimarelevante Primärenergiebedarf Q_P. Bei einem Strommix von 2016 ergibt sich:

$$Q_P = Q_E \cdot f_p = 23\,966\ kWh/a \cdot 1{,}8 = 43\,139\ kWh/a$$

Der Faktor für die spezifische CO_2-Emission von elektrischer Energie beträgt gemäß Tabellenbuch 0,56 kg CO_2/kWh.

Damit ergibt sich eine jährlich emittierte CO_2-Masse von:

$$m_{CO_2} = Q_E \cdot E_{CO_2} = 23\,966\ kWh/a \cdot 0{,}56\ kg\ CO_2/kWh$$
$$m_{CO_2} = 13\,421\ kg\ CO_2/a = 13{,}421\ t\ CO_2/a$$

Bezogen auf 150 m² entspricht dies 89,5 kg CO_2/(m² · a).

Wenn der elektrische Strom in Deutschland ausschließlich aus regenerativer Energie wie Wind- oder Wasserkraft gewonnen würde (Ökostrom), dann wäre Heizen mit elektrischer Energie umweltfreundlich.

Alternative 2: Heizen mit einem Pelletskessel

Damit beträgt für unser Beispiel der klimarelevante Primärenergiebedarf:

$Q_P = Q_E \cdot f_p = 23\,966\ \text{kWh/a} \cdot 0{,}2 = 4\,793\ \text{kWh/a}$

Der Faktor für die spezifische CO_2-Emission von Holzpellets beträgt gemäß Tabellenbuch 0,02 kg CO_2/kWh. Damit ergibt sich eine jährlich emittierte CO_2-Masse von:

$m_{CO_2} = Q_E \cdot E_{CO_2} = 23\,966\ \text{kWh/a} \cdot 0{,}02\ \text{kg}\ CO_2/\text{kWh}$

$m_{CO_2} = 479\ \text{kg}\ CO_2/\text{a} = 0{,}479\ \text{t}\ CO_2/\text{a}$

Bezogen auf 150 m^2 entspricht dies 3,2 kg $CO_2/(m^2 \cdot a)$.

Dieser Werte für die CO_2-Emissionen ist verglichen mit dem von Erdgas und elektrischem Strom sehr niedrig. Doch bezweifeln viele Forschende, dass das Verbrennen von Holz einen Vorteil für den Klimaschutz hat. Bäume fällen, um sie zu verbrennen, ist alles andere als klimafreundlich. Auch wenn das Holz nachwächst, kann nicht einfach davon ausgegangen werden, dass das Verbrennen von Holz CO_2-neutral ist. Das stellten auch Wissenschaftler/-innen der Leopoldina fest („Biomasse im Spannungsfeld zwischen Energie- und Klimapolitik", 2019). Nach deren Einschätzung birgt die energetische Nutzung von Waldholz große ökologische Risiken.

Alternative 3: Heizen mit einer Erdreich-Wärmepumpe (JAZ = 4,0)

Die innerhalb eines Jahres von der Wärmepumpe an das Heizsystem abgegebene Wärmemenge ist damit viermal so groß wie die aufgenommene Antriebsenergie des Verdichters. Demnach muss ein Viertel der Endenergie

$Q_E = 23\,966\ \text{kWh/a}$

als elektrische Antriebsenergie der Wärmepumpe zugeführt werden. Wird diese Antriebsenergie Q'_E (= Q_E/JAZ) aus dem Stromnetz aufgenommen (Strommix von 2016), so ergibt sich:

$Q_P = Q'_E \cdot f_p = 5\,992\ \text{kWh/a} \cdot 1{,}8 = 10\,785\ \text{kWh/a}$

Der Faktor für die spezifische CO_2-Emission von elektrischer Energie beträgt gemäß Tabellenbuch 0,56 kg CO_2/kWh. Damit ergibt sich eine jährlich emittierte CO_2-Masse von:

$m_{CO_2} = Q'_E \cdot E_{CO_2} = 5\,992\ \text{kWh/a} \cdot 0{,}56\ \text{kg}\ CO_2/\text{kWh}$

$m_{CO_2} = 3\,356\ \text{kg}\ CO_2/\text{a} = 3{,}356\ \text{t}\ CO_2/\text{a}$

Bezogen auf 150 m^2 entspricht dies 40,3 kg $CO_2/(m^2 \cdot a)$.

Dieser Wert lässt sich noch deutlich verringern, wenn der Großteil der eingesetzten elektrischen Energie aus erneuerbaren Energien wie einer Photovoltaikanlage kommt.

Wenn die Sonne scheint, produziert die Photovoltaikanlage elektrischen Strom. Dabei handelt es sich um Gleichstrom. Mit einem Wechselrichter kann der Photovoltaikstrom in Wechselstrom umgewandelt werden. Sobald die Photovoltaikanlage Strom erzeugt, können die üblichen Haushaltsgeräte direkt mit eigenem Strom betrieben werden. Wenn zeitweise zu viel Strom erzeugt wird, kann der überschüssige Strom in einen Stromspeicher oder in das öffentliche Netz eingespeist werden (Abb. 1).

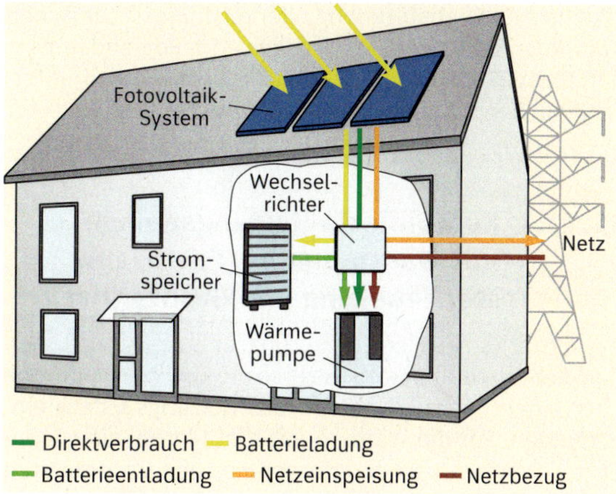

Abb. 1: Zusammenspiel von Solaranlage, Stromspeicher und Wärmepumpe

Solche Anlagen lohnen sich insbesondere, wenn damit eine klimaschonende Wärmepumpe betrieben wird. Damit lassen sich fossile Brennstoffe und Stromkosten einsparen sowie die emittierte CO_2-Masse auf nahezu 0 kg $CO_2/(m^2 \cdot a)$ reduzieren. Darüber hinaus sind Häuser mit einer solchen Energieversorgung unabhängig von den Netzbetreibern.

Der klimaschonende Betrieb von Heizthermen wird voraussichtlich durch Anreicherung des Erdgases mit Wasserstoff und schließlich durch Umstellung auf grünen Wasserstoff optimiert.

Aufgaben

1. Wie viele Tonnen klimaschädlicher Treibhausgase (CO_2) stößt eine alte in Betrieb befindliche Heizungsanlage in Deutschland durchschnittlich jährlich aus?
2. Für welchen Anteil der klimaschädlichen Treibhausgase ist hierzulande der Gebäudesektor verantwortlich?
3. Was sollte aus Gründen des Klimaschutzes das Ziel sein, wenn heute eine neue Heizungsanlage installiert wird?
4. Wie sieht die Versorgungskette aus, über welche die Energieträger zum Verbraucher transportiert werden?
5. Was sagt der Primärenergiefaktor aus und wie groß ist dieser für Erdgas, Strommix ab 2016 und Erdwärme?
6. Beschreiben Sie, was man unter der Endenergie und dem Jahresnutzungsgrad versteht.
7. Fassen Sie die für das Beispiel aufgezeigten Alternativen in einer Tabelle übersichtlich zusammen und beurteilen Sie deren Zukunftsfähigkeit.

12.11 Beispiele für das Integrieren von ressourcenschonenden Anlagen

Kombinierte Heizungsanlagen

Der derzeitige Entwicklungsstand der Heizungstechnik ermöglicht eine beliebige Kombination der verschiedenen Wärmeerzeugersysteme in einer Heizungsanlage. Voraussetzung für eine optimale Energieausnutzung ist eine exakte Abstimmung aller regelungstechnischen Komponenten sowie der Hydraulik. Im Folgenden werden Beispiele für hydraulische Schaltungen von unterschiedlichen Wärmeerzeugern aufgezeigt.

12.11.1 Kombinierte Heizungsanlage mit Wärmepumpe, Festbrennstofffeuerung und Gasbrenner

Bei dieser kombinierten Heizungsanlage (Abb. 1) werden der Festbrennstoffkessel sowie die Wärmepumpe über einen Pufferspeicher in das Heizungssystem eingebunden. Für die Wärmepumpe ist hierbei ein gesonderter Wärmetauscher erforderlich, der im untersten Teil des Speichers angeordnet wurde. Im Pufferspeicher befindet sich außerdem der Speicher für die Trinkwassererwärmung sowie der Gasbrenner zum Nachheizen bei erhöhtem Wärmebedarf. Diese integrative Variante ist platzsparend und minimiert die Wärmeverluste.

Aufgaben

1. Begründen Sie, warum der Wärmetauscher der Wärmepumpe im untersten Teil des Pufferspeichers angeordnet wurde.
2. Welche Aufgabe hat der Wärmetauscher im Festbrennstoffkessel?
3. Wann ist bei einem Festbrennstoffkessel keine Rücklauftemperaturanhebung notwendig?
4. a) Wie erfolgt die Regelung der Vorlauftemperatur für die Raumheizung?
   b) Beschreiben Sie eine andere Möglichkeit zur Temperaturregelung.
5. Am Sicherheitsventil des TWE tritt funktionsbedingt Wasser aus.
   a) Nennen Sie mögliche Ursachen für den Wasseraustritt.
   b) Geben Sie eine technische Lösung an, die ein funktionsbedingtes Tropfen des SV verhindert.

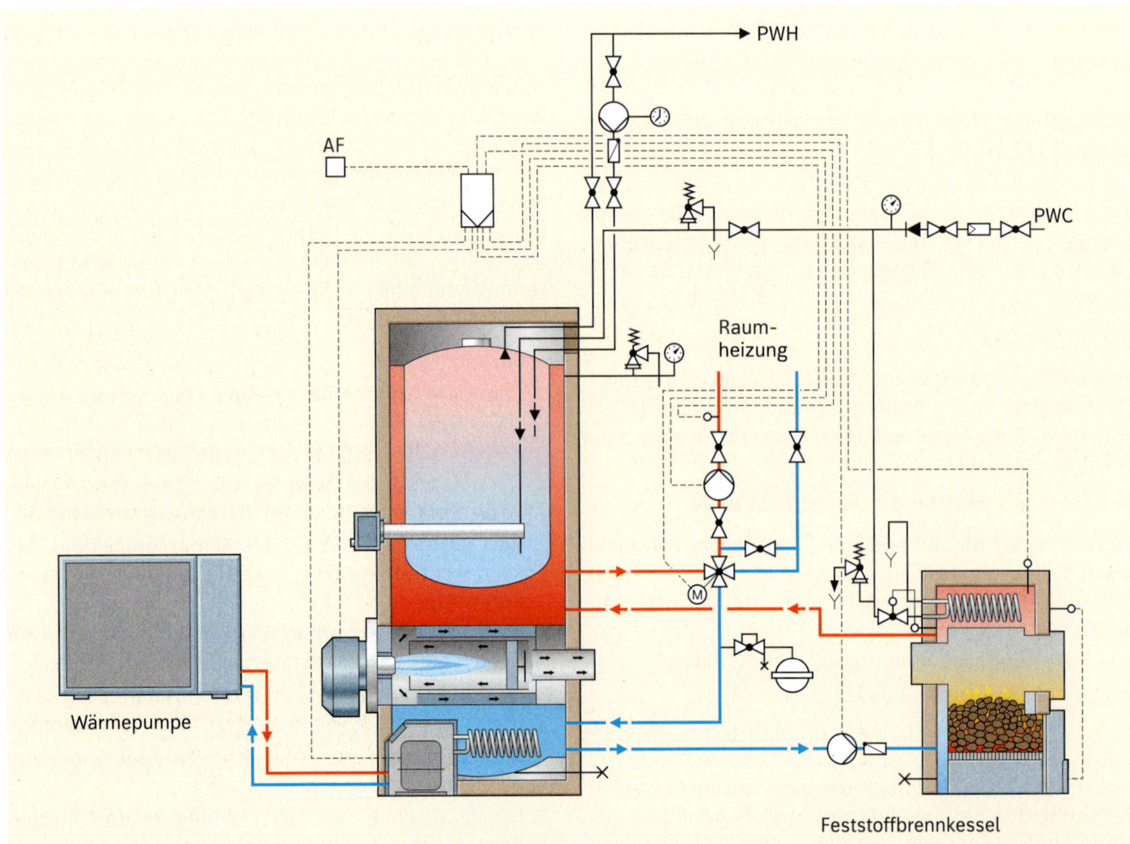

Abb. 1: Kombinierte Heizungsanlage mit Wärmepumpe, Festbrennstofffeuerung und Gasbrenner

12.11.2 Kombinierte Heizungsanlage mit Solaranlage, Holzfeuerung und Öl- oder Gaskessel

Die Heizungsanlage (Abb. 2) kann bei entsprechender Auslegung der Wärmeleistung von Solaranlage und Holzfeuerung den Gebäudewärmebedarf und den Wärmebedarf für die Trinkwassererwärmung durch regenerative Energieformen decken.

Der zusätzliche Einbau eines Öl- oder Gaskessels ermöglicht eine Erhöhung der Betriebssicherheit und des Heizkomforts, z. B. zum schnelleren Anfahren der Heizungsanlage aus der Nachtabsenkung oder bei fehlender Zeit für die Bestückung der Holzfeuerung. Die hydraulische Einbindung der verschiedenen Wärmeerzeuger in das Heizungssystem erfolgt über einen Schichtenspeicher. Diese Lösung gewährleistet eine optimale Ausnutzung der gewonnenen Wärmemengen trotz unterschiedlicher Temperaturniveaus. Weiterhin bewirkt die große Wassermenge des Speichers eine hydraulische Entkopplung der eingebundenen Heizkreise. Eine gegenseitige Beeinflussung der einzelnen Umwälzpumpen wird dadurch unterbunden. Heizkreise der Niedertemperaturwärmeverbraucher und des Speichers für die Trinkwassererwärmung werden nach der Höhe der benötigten Vorlauftemperatur an den Schichtenspeicher angeschlossen.

Aufgaben

1. Begründen Sie, warum die Vor- und Rücklaufleitungen der Heizkreise in der abgebildeten Reihenfolge an den Schichtenspeicher angeschlossen wurden.
2. Welche Aufgabe hat
   a) der Wärmetauscher im Solarkreis,
   b) der Dreiwegemischer im Rücklauf des Holzheizkessels,
   c) die Rückschlagklappe in der Vorlaufleitung des Holzheizkessels?
3. Warum wurde der Solarheizkreis mit einem eigenen Ausdehnungsgefäß ausgerüstet?
4. Wie beurteilen Sie die Verwendung eines Speicher-TE zur Trinkwassererwärmung?
5. Welche Aufgabe erfüllen in der Trinkwasserzuleitung zum Speicher-TE das Sicherheitsventil und das MAG?
6. Begründen Sie die Verwendung der eingebauten Sicherheitseinrichtungen für die Heizkreisläufe von Solaranlage, Holzfeuerung und Öl- oder Gaskessel.

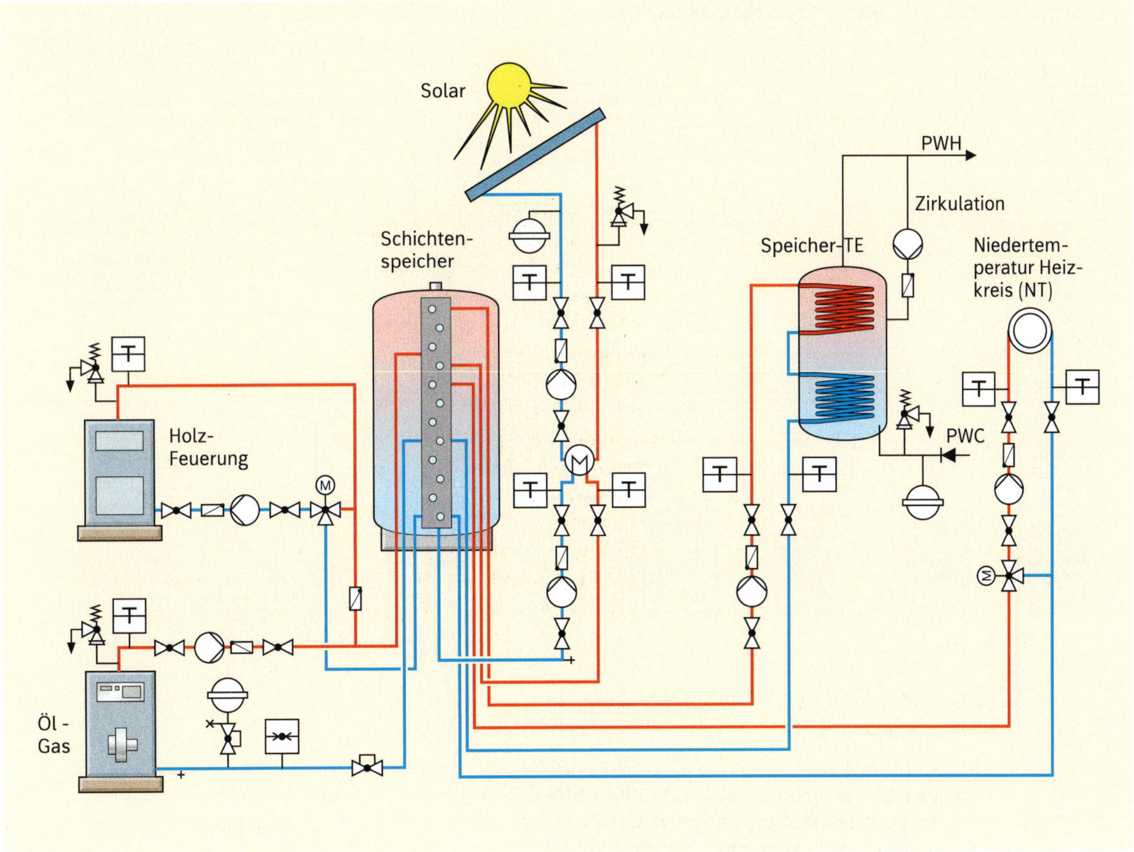

Abb. 2: Kombinierte Heizungsanlage mit Solaranlage, Holzfeuerung und Öl- oder Gaskessel

12.11.3 Kombinierte Heizungsanlage mit Holzschnitzelfeuerung, Brennwertkessel und Blockheizkraftwerken

Die Heizungsanlage (Abb. 1) dient zur Versorgung von zwei größeren Gebäuden. Eine die Energieressourcen schonende Betriebsweise ist durch den Einsatz der Holzschnitzelfeuerung in Verbindung mit den zwei BHKW möglich. Die hierbei gewonnene überschüssige Wärme wird an die drei Pufferspeicher abgeführt. Nach dem Erreichen der maximalen Aufladetemperatur werden die BHKW abgeschaltet und die Wärmeleistung der Holzschnitzelfeuerung gedrosselt. Eine erneute Inbetriebnahme bzw. Leistungssteigerung erfolgt erst nach der Entladung der Pufferspeicher. Der Brennwertkessel wird nur in bestimmten Zeiträumen betrieben, z. B. in der Aufheizphase aus der Nachtabsenkung.

Zur hydraulischen Verknüpfung der einzelnen Heizkreise dienen anstelle der konventionellen Verteiler und Sammler drei „Zortström-Systeme“. Diese gestatten einen platzsparenden Anschluss der unterschiedlichen Wärmeerzeuger und -verbraucher bei gleichzeitiger hydraulischer Entkopplung der Heizkreise.

Aufgaben

1. Begründen Sie, warum es notwendig ist, die Heizungsanlage mit einem Pufferspeicher auszurüsten.
2. Wozu dient das Dreiwegeventil im Heizkreis der Holzschnitzelfeuerung?
3. Erläutern Sie die Notwendigkeit der hydraulischen Entkopplung durch das Zortström-System.
4. Warum wurden zwei Umwälzpumpen in den Vorlauf der Pufferspeicher eingebaut?
5. Beschreiben Sie die jeweiligen Aufgaben der Temperaturfühler 1 bis 8 (Abb. 1). Geben Sie hierbei an, zu welchen Bauteilen der Heizungsanlage die einzelnen Signale weitergeleitet werden.

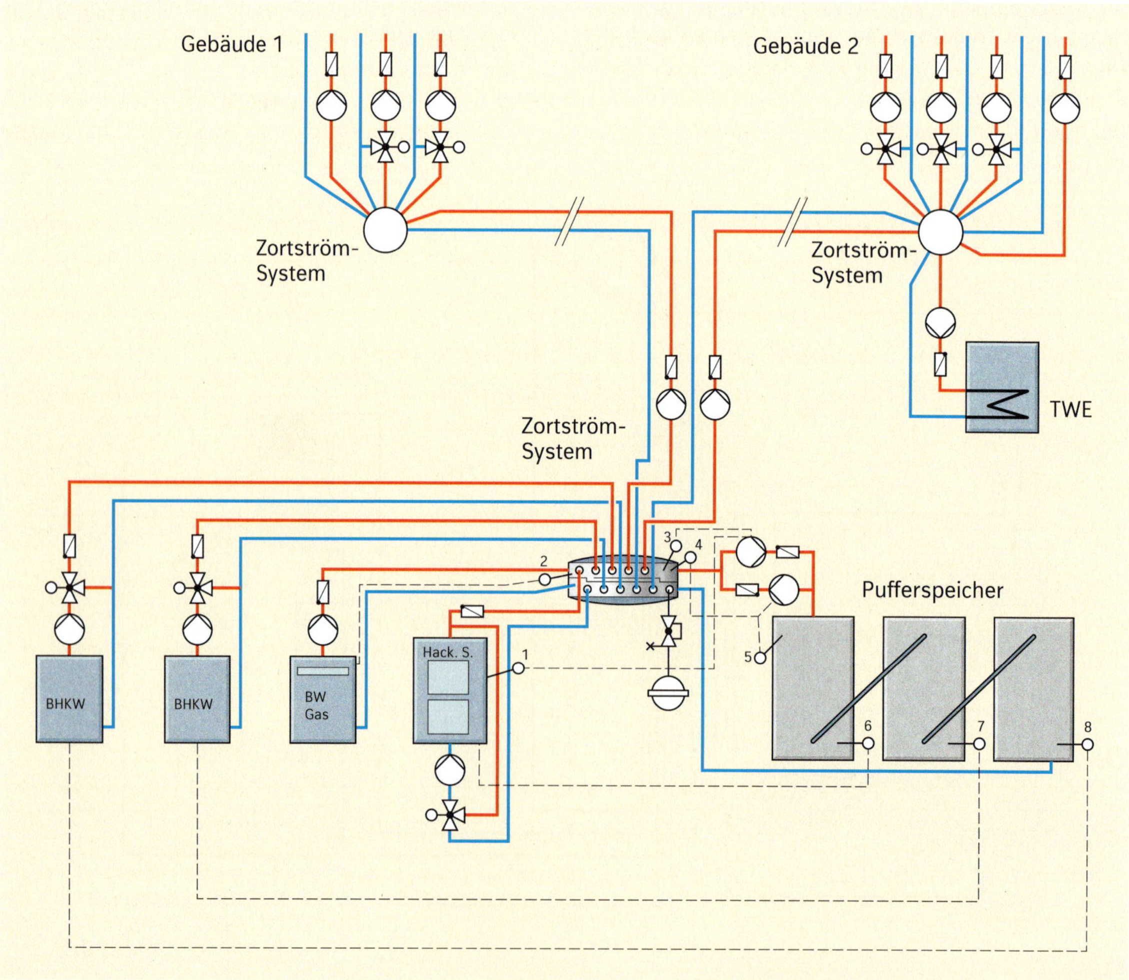

Abb. 1: Kombinierte Heizungsanlage mit Holzschnitzelfeuerung, Brennwertkessel und Blockheizkraftwerken

12.11.4 Kombinierte Solar- und Nahwärmeanlage

Diese Heizungsanlage ermöglicht die gleichzeitige Nutzung von Solarenergie und Nahwärme (Abb. 2). Sie arbeitet besonders umweltschonend, wenn die Nahwärme aus der Kraft-Wärme-Kopplung bezogen wird.

Da herkömmliche Nahwärmeübergabestationen nicht für den gleichzeitigen Anschluss von Solaranlagen geeignet sind, erfolgt die Einbindung beider Energieträger in die Hauswärmeversorgung über einen speziellen Speicher. Er verfügt über drei Wärmetauscher.

Der Solarwärmetauscher befindet sich an der tiefsten Stelle des Speichers. Diese Anordnung bewirkt eine große Temperaturdifferenz zwischen dem Wasser des Solarkreisvorlaufs und dem Wasser des Speichers. Durch eine besondere Schichtenleittechnik wird das erwärmte Speicherwasser sofort in den oberen Speicherbereich geleitet und dort geschichtet. Die Temperatur im unteren Teil des Speichers bleibt somit annähernd konstant.

Die Einspeisung der Nahwärme erfolgt über den mittleren Wärmetauscher. Bedingt durch die tiefen Temperaturen in der unteren Speicherhälfte sind tiefe Rücklauftemperaturen ins Nahwärmenetz möglich. Hierdurch wird der Wirkungsgrad der Kraft- und Wärmekopplung verbessert.

Der obere Wärmetauscher dient der Trinkwassererwärmung im Durchlaufprinzip. Diese Variante gewährleistet eine hygienisch einwandfreie Qualität des erwärmten Trinkwassers, da nur die unmittelbar verbrauchte Wassermenge erwärmt wird.

Bei entsprechender Leistung der Solaranlage kann die Trinkwasserversorgung in den Sommermonaten vollständig durch Solarenergie abgedeckt werden. Der oftmals uneffiziente Sommerbetrieb der Nahwärmeversorgung wird somit vermieden. Die Vor- und Rücklaufleitungen der Heizkreise werden direkt in den Speicher eingebunden. Die Anordnung erfolgt gestaffelt nach der Heizkreistemperatur, um ebenfalls möglichst tiefe Nahwärme- und Solarkreisrücklauftemperaturen zu erreichen.

Aufgaben

1. Warum ist die Nahwärme in Verbindung mit der Kraft-Wärme-Kopplung eine umweltschonende Energieform?
2. Beschreiben Sie die Aufgaben der zwei Wärmetauscher im Solar-Nahwärmespeicher.
3. Weshalb ist es vorteilhaft, das Trinkwasser im Durchlaufprinzip zu erwärmen?
4. Begründen Sie, wieso der Solarwärmetauscher und der Rücklauf des Solarkreises im unteren Speicherbereich angeordnet sind.
5. Warum ist es notwendig, das solar erwärmte Speicherwasser möglichst schnell in den oberen Speicherbereich zu leiten und dort zu schichten?

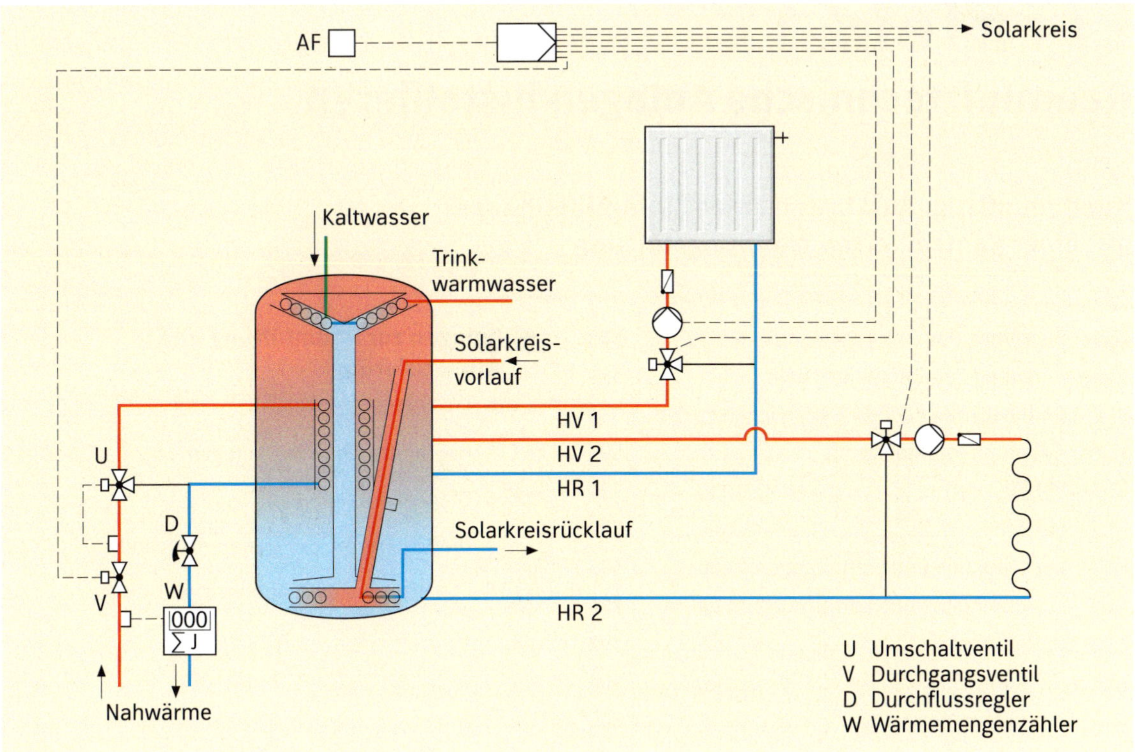

Abb. 2: Kombinierte Solar- und Nahwärmeanlage

Lernfeld 13

Raumlufttechnische Anlagen installieren

Ausstatten eines Einfamilienhauses mit einer kontrollierten Wohnungslüftung

Kundenauftrag

Das Einfamilienreihenhaus gemäß den Bauzeichnungen (S. 696 ff.) ist mit einer kontrollierten Wohnungslüftung auszustatten. Die Kundin legt dabei großen Wert auf eine hohe Energieeinsparung.

Information und Orientierung

Die Planung erfolgt anhand der vorgegebenen Gebäudegrundrisse unter Einhaltung gültiger Normen und Vorschriften. Wichtige Kriterien für die Auswahl der Anlagenteile sind die Gewährleistung einer hohen Wärmerückgewinnung, die Sicherstellung einer hygienisch einwandfreien Luftqualität sowie ein geräuscharmer und zugluftfreier Anlagenbetrieb.

Folgende Kundenwünsche sind zu berücksichtigen:

- Das 2. Obergeschoss (Ausbauvariante) ist ebenfalls in die Planung einzubeziehen. Die Kundin möchte die Räume 9 und 11 als Arbeits- bzw. Kinderzimmer und den Raum 10 als Bad nutzen.
- Die Anlage ist als zentrales KWL-System zur Be- und Entlüftung auszuführen. Die Heizlast des Gebäudes soll über eine Fußbodenheizung abgedeckt werden.
- Aus Platzgründen soll das Zentralgerät der Anlage auf dem Dachboden installiert werden.
- Die Luftdurchlässe sind in den Deckenbereich zu integrieren, die Luftleitungen sind möglichst verdeckt anzuordnen.

Planung und Durchführung

Die Planung der kontrollierten Wohnungslüftung umfasst folgende Aufgabenstellungen:

- *Auswahl des KWL-Systems*

  Die Kundin hat sich bereits auf einer Verbrauchermesse über den grundlegenden Unterschied zwischen dezentralen und zentralen KWL-Systemen informiert. In einem Beratungsgespräch sollen sie die Kundin in ihrer Entscheidung für ein zentrales KWL-System bestärken, indem sie ihr den Aufbau, die Funktionsweise und die Vorteile dieser Systeme erläutern.

  Zur Vorbereitung auf das Kundengespräch erarbeiten Sie unter Einbeziehung entsprechender Fachliteratur und von Herstellerunterlagen eine Beschreibung von mindestens zwei zentralen KWL-Systemen. Gehen Sie hierbei insbesondere auf die Ausführung der Zentralgeräte (z. B. Art der Wärmerückgewinnung, Wirkungsgrad) und die Möglichkeiten der Abwärmenutzung (z. B. Zuluft- oder Trinkwassererwärmung, Einbindung in das Heizungssystem) ein.

  Wählen Sie in Absprache mit der Kundin ein geeignetes System aus.

- *Festlegung der zu versorgenden Räume*

  Unter Beachtung der auftretenden Luftverunreinigungen ist festzulegen, welche Räume mit Zuluft zu versorgen sind bzw. aus welchen Räumen Abluft entzogen wird.

  Bestimmen Sie die Zu- und Abluftvolumenströme der jeweiligen Räume unter Berücksichtigung der Luftwechselzahlen bzw. der Richtwerte für Volumenströme von Küchen, Bädern und Toiletten. Um ausgeglichene Druckverhältnisse im Einfamilienhaus zu erreichen, sollte $\Sigma \dot{V}_{ZU} = \Sigma \dot{V}_{AB}$ sein.

- *Erstellung des Anlagenschemas*

  Für die kontrollierte Wohnungslüftung ist ein Anlagenschema für die Luftführung zu erstellen. Hierbei ist der Verlauf der Zu- und Abluftleitungen einschließlich der senkrecht verlaufenden Anschlussleitungen und die Anordnung der Luftein- und der Luftauslässe zu planen und in den Gebäudeschnitt und in die Grundrisse einzutragen. Ein Beispiel für die Ausführung eines Anlagenschemas ist in Abb. 1, S. 582 dargestellt.

- *Inbetriebnahme der KWL-Anlage/Dokumentation*

  Erstellen Sie einen Arbeitsplan, der alle Tätigkeiten benennt, die bei einer fachgerechten Inbetriebnahme der Anlage einschließlich Einstellarbeiten auszuführen sind. Dokumentieren Sie notwendige Ergebnisse und fertigen Sie ein Übergabeprotokoll an. Für die Einweisung der Kundin in die Bedienung der KWL-Anlage ist eine Bedienungsanleitung anzufertigen.

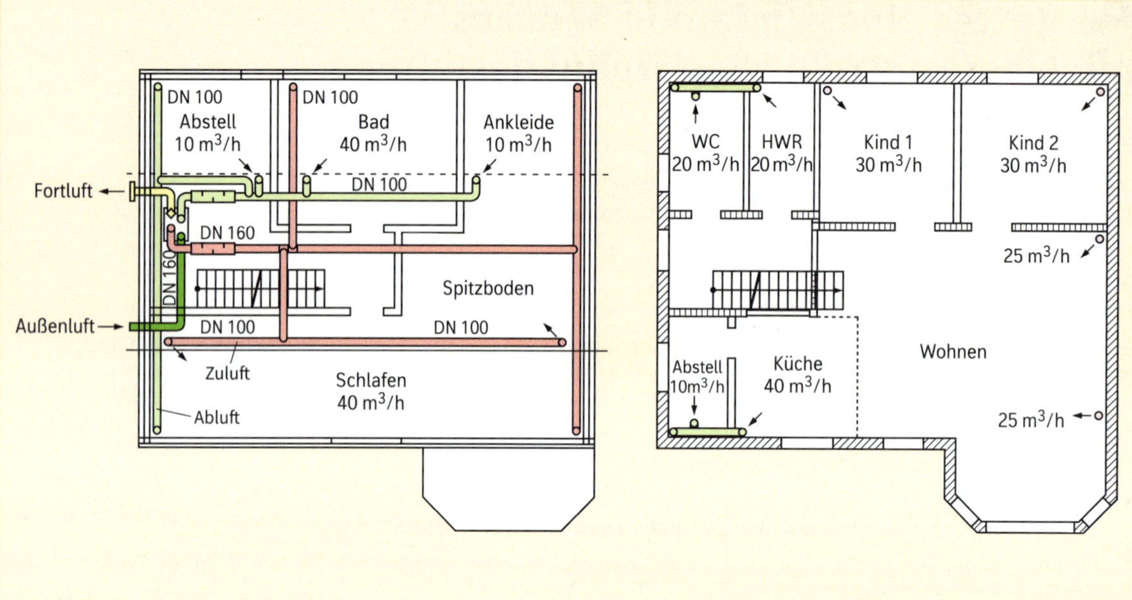

Abb. 1: Beispiel für ein Anlagenschema zur Darstellung der Luftführung

Bewertung

Maßgebend für die Bewertung sollten die folgenden Kriterien sein:

- fehlerfreie Funktionsweise der raumlufttechnischen Anlage einschließlich fachgerechter Inbetriebnahme
- Energiebilanz der KWL, z. B. Rückwärmezahl und Aufwand an Sekundärenergie
- Komfort und thermische Behaglichkeit z. B. Vermeidung von Zugluft und Schwitzwasserbildung
- bauliche Realisierbarkeit, z. B. Anordnung der Luftleitungen unter Berücksichtigung vorhandener Raumhöhen, Nutzung von Möglichkeiten zur verdeckten Leitungsführung
- Kundenorientierung, z. B. Auftreten im Kundengespräch, Verständlichkeit der Bedienungsanleitung

Präsentation

Es ist ein Kundengespräch (Rollenspiel) zu führen, in welchem die Kompetenz zur fachgerechten und verständlichen Beratung nachgewiesen wird. In einer anschließenden Präsentation sind die Ergebnisse der weiteren Planungsaufgaben vorzustellen und getroffene Entscheidungen zu begründen.

Die Ergebnisse der einzelnen Aufgaben sind in übersichtlicher Form, z. B. mithilfe von Folien oder durch Computerunterstützung, darzustellen.

13 Raumlufttechnische Anlagen installieren

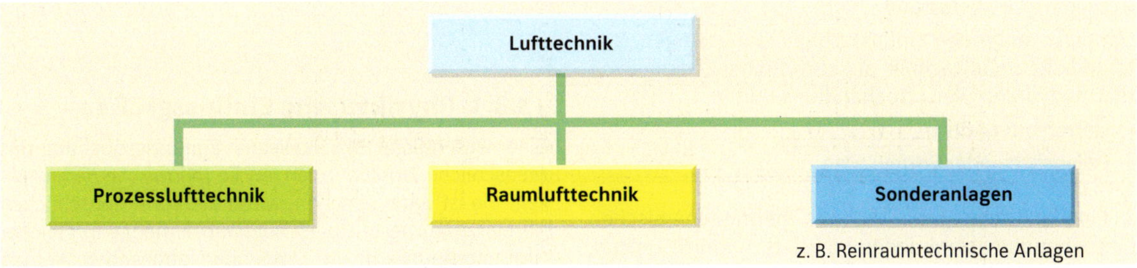

Abb. 1: Einteilung der Lufttechnik

13.1 Einteilung der Lufttechnik

Die Lufttechnik kann in drei Bereiche gegliedert werden (Abb. 1).

Die *Raumlufttechnik (RLT)* ist ein wichtiges Arbeitsgebiet von Anlagenmechanikerinnen und -mechanikern. Die folgenden Kapitel werden sich daher schwerpunktmäßig mit Raumlufttechnik befassen.

Die *Prozesslufttechnik (PLT)* findet bei industriellen Arbeitsprozessen und Fertigungsanlagen Anwendung, z. B. bei Absauganlagen, pneumatischen Förderanlagen, Trocknungs- und Abscheidvorgängen.

Unter *Sonderanlagen* versteht man z. B. reinraumtechnische Anlagen für Krankenhäuser oder für Produktions- und Fertigungsräume.

Der Bereich der Sonderanlagen ist ebenso wie die Prozesslufttechnik nicht unmittelbares Arbeitsgebiet von Anlagenmechanikerinnen und -mechanikern und soll daher nicht weiter behandelt werden.

13.2 Aufgaben der Raumlufttechnik

! Die *Raumlufttechnik* hat die Aufgabe, die Luft eines Raumes oder eines Gebäudes so zu beeinflussen, dass Menschen sich darin entsprechend ihrer Tätigkeit wohlfühlen.

Um dieses Ziel zu erreichen, muss durch *raumlufttechnische Anlagen* (Abb. 2) oder *freie Lüftungssysteme* die Luft von jenen Einflussgrößen entlastet werden, die bei menschlicher Tätigkeit das Wohlbefinden stören.

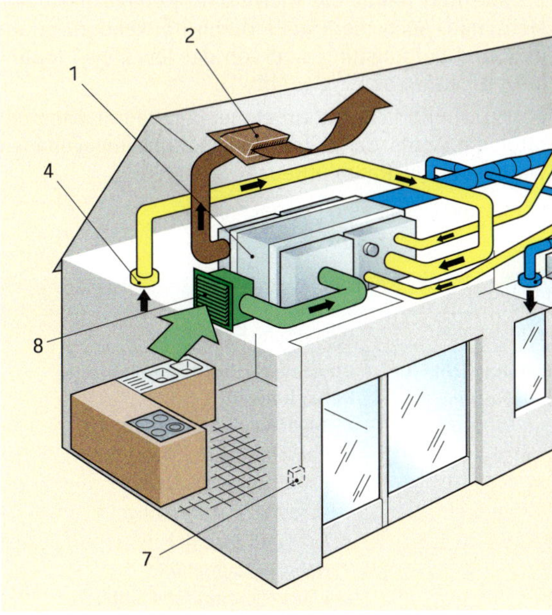

1 Lüftungsgerät
2 Fortlufthaube für Dachmontage
3 Zuluftauslass für Wohnbereich
4 Abluftventil für Küche
5 Abluftventil für Bad
6 Flexible Kunststoff-Lüftungsrohre
7 Schalter für Lüftungsstufe
8 Außenluft-Ansaugkasten mit Wetterschutzgitter

Abb. 2: Raumlufttechnische Anlage in einem Wohnhaus

Zu diesen Einflussgrößen zählen:

- zu kalte oder zu warme Raumluft
- zu trockene oder zu feuchte Raumluft
- Luftverunreinigungen, z. B. unangenehme Geruchsstoffe, Schad- und Ballaststoffe
- zu hohe CO_2-Belastung

Um diese störenden Einflussgrößen zu beseitigen, bietet die Raumlufttechnik als technische Lösung eine thermodynamische Luftbehandlung durch:

- Heizen oder Kühlen
- Befeuchten oder Entfeuchten

! Eine RLT-Anlage, die alle vier thermodynamischen Luftbehandlungsfunktionen realisiert, nämlich Heizen, Kühlen, Befeuchten und Entfeuchten, wird als *Klimaanlage* bezeichnet.

Eine RLT-Anlage, die zwei oder drei thermodynamische Luftbehandlungsfunktionen erfüllt, nennt man *Teilklimaanlage*.

Eine RLT-Anlage, die eine Lüftungsfunktion erfüllt, aber keine oder nur eine thermodynamische Luftbehandlungsfunktion ausführt, bezeichnet man als *Lüftungsanlage*.

Ferner kann eine Luftbehandlung durch *Filtern* und/oder eine *Lufterneuerung* erfolgen.

13.3 Einflussgrößen auf die Behaglichkeit

Menschliche Behaglichkeit wird nicht nur durch Lufttemperatur und Luftfeuchte bestimmt. Vielmehr entsteht Behaglichkeit aus einem komplexen Zusammenwirken vieler einzelner Einflussgrößen. Tab. 1 zeigt den Versuch, diese Einflussgrößen aufzuzeigen und zu gliedern.

Dabei muss jedoch bedacht werden, dass sich die Einflussgrößen auch gegenseitig beeinflussen. So können z. B. Alter und Geschlecht eines Menschen (biologische Einflussgrößen) sein thermisches Behaglichkeitsempfinden (physikalische Einflussgröße) bestimmen. Auch kann die farbliche Gestaltung eines Raumes (physikalische Einflussgröße) die empfundene Temperatur (physikalische Einflussgröße) beeinflussen.

Nachfolgend sollen einige wichtige physikalische und chemische Einflussgrößen näher betrachtet werden.

13.3.1 Physikalische Einflussgrößen

Eine wesentliche physikalische Einflussgröße auf das menschliche Wohlbefinden ist die *thermische Behaglichkeit*. Sie ist dann gegeben, wenn die vom menschlichen Körper produzierte Überschusswärmemenge in gleicher Größenordnung an die Umgebung abgegeben werden kann (= Gesamtwärmeabgabe). Thermische Behaglichkeit kann wie folgt definiert werden:

! *Thermische Behaglichkeit* wird empfunden, wenn der Idealzustand des geringsten Aufwands erreicht ist, d. h. wenn weder Regelaufwand für Schwitzen zwecks Wärmeabfuhr noch Regelaufwand für Kältezittern zwecks Körpertemperaturerhöhung erforderlich sind.

Thermische Behaglichkeit ist abhängig von:

- körperlicher Tätigkeit
- Bekleidung
- Raumlufttemperatur
- Temperatur der Raumumschließungsflächen
- relativer Luftfeuchte
- Luftgeschwindigkeit

Die Raumlufttemperatur

Neben der körperlichen Tätigkeit und der Bekleidung bestimmt die *Raumlufttemperatur* die Gesamtwärmeabgabe und damit die thermische Behaglichkeit des Menschen. Auch die Anteile durch Konvektion, Strahlung und Verdunstung sind von der jeweiligen Raumlufttemperatur abhängig (Abb. 1).

Dabei erhöht sich mit zunehmender Raumlufttemperatur der Anteil der durch Verdunstung abgegebenen Wärme und die Raumluftfeuchte steigt.

Tab. 1: Einflussgrößen auf die Behaglichkeit

Behaglichkeit		
Physikalische Einflussgrößen	Chemische Einflussgrößen	Biologische Einflussgrößen
Thermische Behaglichkeit - körperliche Tätigkeit und Bekleidung - Raumlufttemperatur - Temperatur der Raumumschließungsflächen - rel. Luftfeuchte und Luftgeschwindigkeit **Optische Behaglichkeit** - Beleuchtung, Farbe **Sonstige** - elektrische Felder und Akustik	**Olfaktorische Behaglichkeit** - Luftzusammensetzung - Gerüche - Dämpfe - Staub	**Physiologische/Psychologische Behaglichkeit** - Tages- und Jahresrhythmus - Raumbesetzung (Belegung) - psychosoziale Faktoren - körperliche Verfassung - Alter und Geschlecht - Nahrungsaufnahme - kulturelle/ethnische Einflüsse

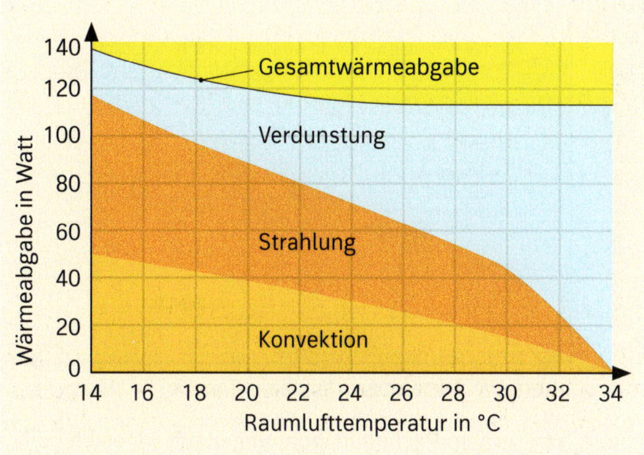

Abb. 1: Wärmeabgabe in Abhängigkeit von der Raumlufttemperatur

Hohe Raumlufttemperaturen sind unangenehm und machen z. B. das Arbeiten anstrengender. Zu niedrige Raumlufttemperaturen, auch wenn sie nur zehn Minuten auftreten, können bereits Erkältungen auslösen.

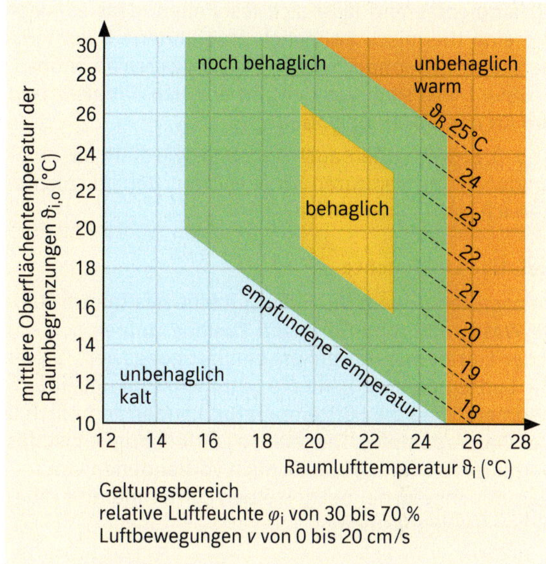

Abb. 2: Behaglichkeitsfeld in Abhängigkeit von der Raumlufttemperatur und der mittleren Oberflächentemperatur bei weitgehender Temperaturgleichheit aller raumbegrenzenden Flächen

Temperatur der Raumumschließungsflächen

Bei niedrigen Raumlufttemperaturen steigt der Anteil der Körperwärme, die durch Strahlung abgeführt wird (Abb. 1). Das verspürt der Mensch umso stärker, je niedriger die Oberflächentemperatur der Raumumschließungsflächen ist. Ein Kältegefühl ist die Folge.

Eine höhere Temperatur der Raumumschließungsflächen bewirkt umgekehrt ein Wärmeempfinden. Das erlaubt wiederum eine niedrigere Raumlufttemperatur oder das Tragen von leichterer Kleidung.

Die Behaglichkeitsfelder für die Raumlufttemperatur und die Temperatur verschiedener Raumumschließungsflächen zeigt Abb. 2.

Wichtig ist, dass man nur bei gut gedämmten Außenwänden an der Wandinnenseite verträgliche Oberflächentemperaturen erreicht. Einen Schwachpunkt in den Raumumschließungsflächen stellen die Fenster dar. So kann z. B. bei niedrigen Außentemperaturen an der Innenseite der Fensterscheibe eine Oberflächentemperatur von 10 °C auftreten. Bei 20 °C Raumlufttemperatur liegt das deutlich außerhalb des Behaglichkeitsfeldes. Die sich dadurch ergebende unsymmetrische Wärmeabstrahlung wird als unangenehm empfunden.

Eine gewisse Kompensation der Abstrahlung an das kalte Fenster tritt ein, wenn Heizkörper unterhalb der Fenster angeordnet sind und durch ihre warmen Heizflächen gegenstrahlen.

! Für die *thermische Behaglichkeit* ist im Aufenthaltsbereich des Menschen das Zusammenwirken von Raumlufttemperatur und der Temperatur der Raumumschließungsflächen zu berücksichtigen. Diese örtliche Temperatur wird als *empfundene Temperatur* oder als *operative Raumtemperatur* bezeichnet.

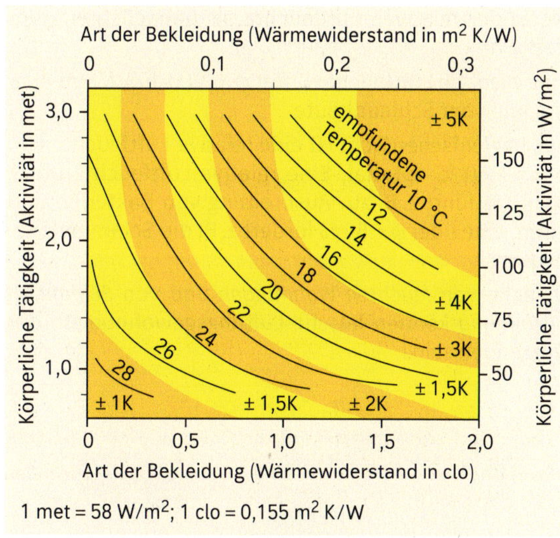

Abb. 3: Felder thermischer Behaglichkeit

Steigt die Außenlufttemperatur, so sollte auch die operative Temperatur im Raum angehoben werden. Dadurch lassen sich Erkältungskrankheiten und Kreislaufbelastungen vermeiden.

Neben der Höhe der operativen Temperatur ist auch der senkrechte Anstieg der Raumlufttemperatur im Aufenthaltsbereich für das Behaglichkeitsempfinden von Bedeutung.

! *Behaglichkeit wird empfunden*, wenn die Raumlufttemperatur höchstens um 2 °C je Meter Raumhöhe ansteigt.

In 0,1 m Höhe über dem Fußboden soll dabei eine operative Temperatur von 21 °C nicht unterschritten werden.

Zusammenfassend lässt sich feststellen, dass es nicht die eine thermisch behaglich empfundene Raumtemperatur gibt, sondern *Behaglichkeitsbereiche* (Abb. 3, S. 585). Diese sind von der körperlichen Tätigkeit und der Art der Bekleidung abhängig.

Abb. 3, S. 585 enthält auch Angaben, wie stark die empfundenen Temperaturen im jeweiligen Behaglichkeitsbereich schwanken dürfen.

Relative Luftfeuchte

Je nach Temperatur kann die Luft eine bestimmte Menge Wasser im dampfförmigen Zustand aufnehmen. Zu jeder Lufttemperatur gehört ein Sättigungswert. Steigt die Lufttemperatur, kann die Luft mehr Flüssigkeit aufnehmen. Sinkt die Lufttemperatur, kondensiert ein Teil des Wasserdampfes. Die relative Luftfeuchtigkeit ist das Verhältnis der in Luft tatsächlich vorhandenen Wasserdampfmenge zu der bei derselben Lufttemperatur möglichen Sättigungsmenge.

Wie Abb. 1 zeigt, fühlen wir uns unbehaglich, wenn die Raumlufttemperatur unter 16 °C fällt oder wenn sie über ca. 27 °C ansteigt, unabhängig von der relativen Luftfeuchte. Es ist ferner zu erkennen, dass der Mensch bei steigender Raumlufttemperatur immer niedrigere Werte der relativen Luftfeuchte als behaglich empfindet.

Eine *niedrige* Luftfeuchte unter φ = 30 % führt zum Austrocknen der Schleimhäute.

Aus hygienischer Sicht ist eine relative Luftfeuchte von φ = 40–60 % optimal. Eine relative Luftfeuchte unter φ = 40 % führt z. B. zur Ausbreitung von Bakterien und Viren, eine über φ = 60 % fördert z. B. die Schimmelpilzbildung.

Ursache von *feuchten Wohnungen* und von *Schimmelpilzbildung* können falsche Lüftungsgewohnheiten der Nutzenden sein.

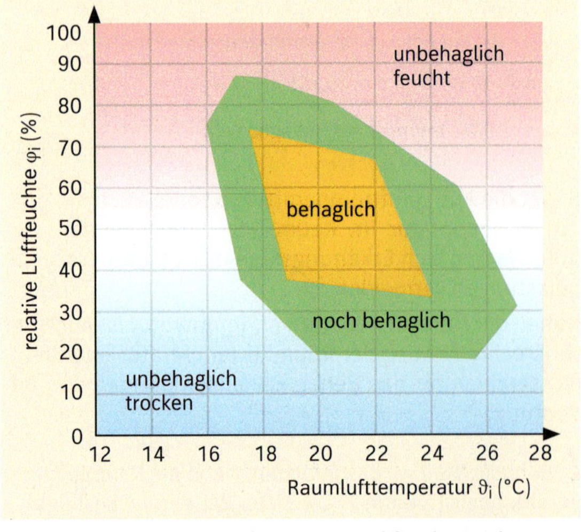

Abb. 1: Behaglichkeitsfeld für relative Luftfeuchte und Raumlufttemperatur

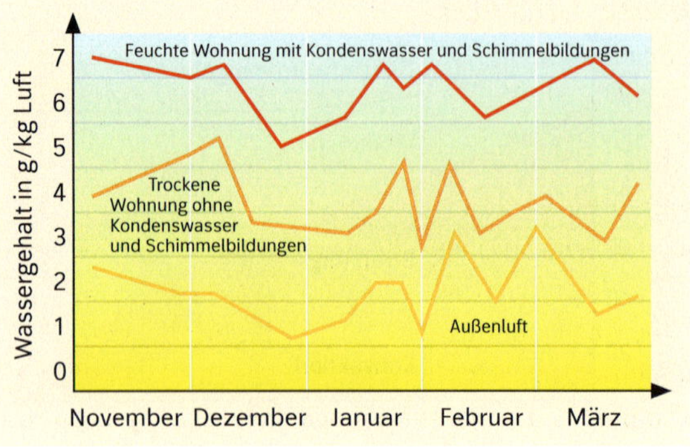

Abb. 2: Wasserdampfgehalt in Wohnungen mit unterschiedlichem Nutzungsverhalten

In Abb. 2 ist der Wasserdampf der Raumluft in zwei gleichen Wohnungen über eine Heizperiode aufgezeichnet.

Luftgeschwindigkeit

Je nach Höhe der Wärmeabgabe (abhängig vom Aktivitätsgrad und der Art der Bekleidung) und der herrschenden Raumtemperatur wird die am Menschen vorbeistreichende Luft als angenehm oder unangenehm empfunden.

Als unangenehm empfindet man eine zu geringe Luftgeschwindigkeit, die wenig hilft, die Wärmebilanz des Körpers auszugleichen. Ebenso wird eine zu hohe Luftgeschwindigkeit als unangenehm empfunden, da sie die Haut stark abkühlt. Den als angenehm empfundenen Bereich der Luftgeschwindigkeit zeigt Abb. 3.

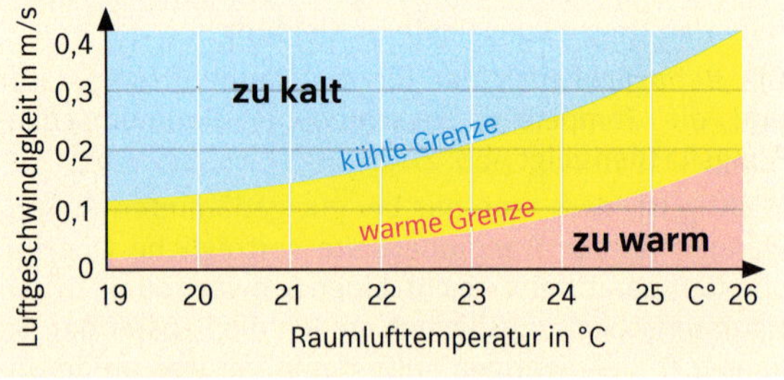

Abb. 3: Behaglichkeitsbereich bei Luftgeschwindigkeiten

Luftbewegungen und damit gegebenenfalls Zugempfinden können auch durch undichte Stellen in der Gebäudehülle entstehen, z. B. durch Fensterfugen. Auch ein großes Temperaturgefälle zwischen der Raumluft und der Wandoberfläche führt in der Wandnähe zur Konvektion und wird als Zug empfunden.

! Unter *Zug* versteht man eine starke örtliche Abkühlung (Entwärmung) der Haut unter eine Temperatur von 34 °C.

Besonders zugempfindlich sind Nacken und Fußknöchel.

Akustische Einflüsse

Das Behaglichkeitsgefühl kann auch davon abhängen, ob wir etwas hören oder ob wir etwas nicht hören.

Das menschliche Gehör kann tiefe Töne bis zu etwa 16 Hz wahrnehmen. Die Wahrnehmungsfähigkeit für hohe Töne ist stark altersabhängig: So vermag

- ein Neugeborenes max. 23 000 Hz,
- ein Jugendlicher bis zu 20 000 Hz,
- ein/-e 35-Jährige/-r bis zu 15 000 Hz,
- ein/-e 50-Jährige/-r bis zu 11 000 Hz
- ein/-e 65-Jährige/-r nur noch bis 5 000 Hz

wahrzunehmen.

Bei entsprechender Lautstärke hat Lärm physiologische Auswirkungen auf das Nervensystem, die zu Kreislaufreaktionen führen.

Oberhalb einer Lautstärke von ca. 120 dB beginnt die *Schmerzschwelle* (Abb. 4).

Bei Lautstärken über 85 dB und Daueraufenthalt können Gesundheitsschäden wie Schwerhörigkeit auftreten. Für die Beurteilung von Arbeitslärm wurden deshalb VDI-Richtlinien geschaffen.

! Folgende *Schalldruckpegel* sollten nach VDI 2058 Blatt 3 und Arbeitsstättenverordnung nicht überschritten werden:

- 55 dB (A) für Arbeiten mit überwiegend geistiger Beanspruchung
- 70 dB (A) für einfache Büroarbeiten und vergleichbare Tätigkeiten
- 80 dB (A) für sonstige Arbeiten

Wie Untersuchungen zeigen, ist eine gleichmäßige hohe Lärmbelastung wiederum besser zu ertragen als kurzzeitige und wechselnd hohe Lärmbelastungen, z. B. durch einen Knall oder durch Arbeiten mit einem Abbruchhammer.

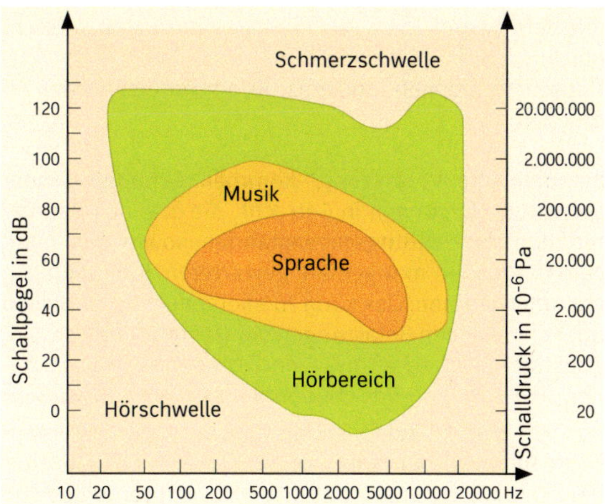

Abb. 4: Hörfläche des Menschen

13.3.2 Chemische Einflussgrößen

Die Behaglichkeit des Menschen wird auch von den *chemischen Einflussgrößen* wie Luftzusammensetzung, Gerüche, Dämpfe und Staub bestimmt.

Ein entscheidendes Kriterium für die Raumluftqualität ist das vom Menschen beim Ausatmen abgegebene CO_2. Bei leichter körperlicher Arbeit scheidet eine Person ca. 23 Liter CO_2 pro Stunde aus. In einem Raum mit geschlossenen Fenstern ist der Grenzwert der CO_2-Konzentration mit 0,15 % CO_2 = 1 500 ppm schnell erreicht und Unannehmlichkeiten stellen sich ein (Abb. 5).

Lange Zeit war daher der CO_2-Gehalt der Maßstab zur Bewertung der Raumluftqualität und der Luftwechsel wurde nur nach der Zahl der im Raum anwesenden Personen bestimmt.

Doch zahlreiche Untersuchungen in jüngster Zeit führten zu dem Ergebnis, dass wesentliche Quellen der Luftverunreinigung im Raum selbst und seiner Ausstattung liegen.

AGW und andere Grenzwerte

In Räumen mit *gewerblichen Arbeitsplätzen* gibt es für über 400 chemische Substanzen rechtlich verbindliche Arbeitsplatzgrenzwerte (AGW).

Für CO_2 z. B. gilt ein AGW von 5 000 ppm (Abb. 5).

! Der *AGW* gibt die in der Raumluft höchstzulässige Konzentration eines Arbeitsstoffes als Gas, Dampf oder Schwebstoff in ppm (parts per million) an (1 ppm = 1 ml/m³ = 1 cm³/m³).

Wird der AGW unterschritten, so ergeben sich für die Beschäftigten kaum

- gesundheitliche Beeinträchtigungen oder
- unangemessene Belästigungen.

Die Arbeitsplatzgrenzwerte sind in den Technischen Regeln für Gefahrenstoffe (TRGS 900) festgelegt.

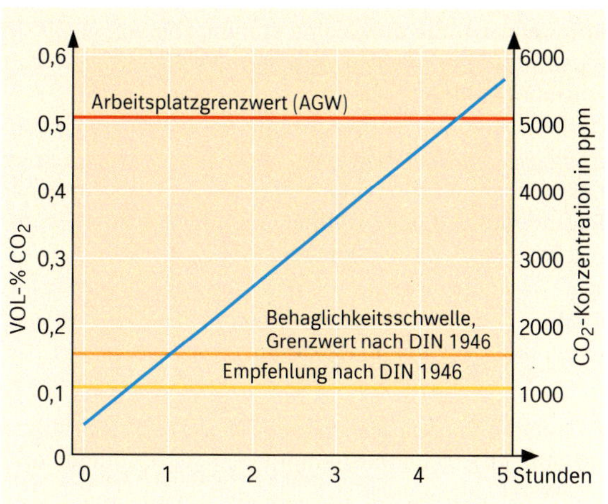

Abb. 5: CO_2-Konzentration in Abhängigkeit von der Zeit (fugendichter Raum, 30 m³, 2 Personen)

Die MAK-Werte (Abkürzung für **M**aximale **A**rbeitsplatz**k**onzentration) und die TRK-Werte (Abkürzung für **T**echnische **R**icht**k**onzentration) sind nach der Novellierung der Gefahrstoffverordnung im Jahr 2005 inzwischen fast vollständig in die AGW eingeflossen. So gilt z. B. für Benzol ein TRK-Wert von 1 ppm bzw. 3,25 mg/m^3.

Für Wohnräume gibt es in Deutschland mit der DIN 1946-6 eine gesetzliche Regelung, die sich mit der erforderlichen Lüftung zur Sicherstellung der Raumluftqualität (Entfernung von Schadstoffen wie CO_2, Gerüchen) befasst. Da die Innenraumluft zahlreiche organische Verbindungen enthalten kann, bietet der TVOC-Wert erste Hinweise auf deren Qualität. TVOCs sind flüchtige organische Verbindungen (**T**otal **V**olatile **O**rganic **C**ompounds), die z. B. aus Farben, Möbeln, Bürogeräten oder Pflegemitteln ausdünsten. Diese sind im Hinblick auf eine gesundheitliche Beurteilung der Raumluftqualität zu bewerten. Für Wohnräume empfiehlt die Weltgesundheitsorganisation (WHO) eine TVOC-Konzentration von weniger als 0,3 mg/m^3, um eine gute Raumluftqualität zu gewährleisten.

Gerüche

Ob wir uns wohlfühlen, wird auch von den Gerüchen in der Innenraumluft bestimmt.

Bisher wurden über 6.000 Geruchsstoffe identifiziert, von denen bisher bis zu 400 in Raumluft nachgewiesen wurden.

Um bei Gerüchen die Wirkung verschiedener Verunreinigungsquellen auf die Empfindung des Menschen darzustellen, wurden die Maßeinheiten Olf und Dezipol eingeführt.

Ein *Olf* bezeichnet die *Verunreinigungslast durch eine Standardperson* (= sitzende Tätigkeit, 1,8 m^2 Hautoberfläche, duscht 7-mal in 10 Tagen, zieht jeden Tag frische Wäsche an). Jede andere Verunreinigungsquelle (z. B. Möbel, Teppiche) kann durch die Verunreinigungslast einer entsprechenden Anzahl von Standardpersonen in Olf ausgedrückt werden (Abb. 1).

Ein *Dezipol* wird als Einheit für die empfundene Luftqualität definiert, die durch eine Standardperson (1 Olf) in einem Raum verursacht wird, der mit 10 l/s reiner Luft verdünnt wird (Abb. 2).

Gerüche können beim Menschen eine hohe oder niedrige *Erregbarkeit* bewirken, aber auch eine positive oder negative *Stimmung* auslösen. Dies wird bei der Raumbeduftung und Duftklimatisierung durch Raumluft-Essenzen-Zugabe (REZ) genutzt.

Wie neue Untersuchungen zeigen, besteht ein Zusammenhang zwischen *Lufttemperatur, Luftfeuchte und empfundener Luftverunreinigung*.

! *Luftverunreinigungen* werden in warmer und feuchter Luft unangenehmer empfunden als in kühler und trockener Luft.

Oder: *Kühle, trockene Luft täuscht saubere Luft vor.*

Abb. 1: Verunreinigungsquellen können in Olf ausgedrückt werden

Abb. 2: Definition von Olf und Dezipol

Für die Lüftungstechnik ergibt sich daraus die Konsequenz, dass man die olfaktorische Behaglichkeit verbessern kann, wenn man mit einer kühleren und trockeneren Luft arbeitet. Dies ermöglicht eine geringere Luftrate und damit eine Energieeinsparung. Das darf jedoch nicht dazu führen, dass man mit kontaminierter Luft einen unbedenklichen Reinheitsgrad vortäuscht.

13.3.3 Das „Sick-Building-Syndrom" (SBS)

! Gesundheitliche Probleme, die durch den Aufenthalt in Gebäuden ausgelöst werden, beschreibt man auch mit dem Begriff *„Sick-Building-Syndrom"*. Man versteht darunter Krankheitssymptome, z. B. häufige Infekte, Hautentzündungen, Juckreiz, Kopfschmerzen oder Erbrechen.

Als mögliche Verursacher kommen Schadgase oder Luftverunreinigungen in Betracht, die u. a. aus Baumaterialien, Einrichtungsgegenständen sowie aus mangelhaften oder mangelhaft gewarteten Klimaanlagen stammen können. Das kann zu allergenen, mikrobiellen oder chemischen Belastungen der Raumluft führen. Ungünstige Lichtverhältnisse und Umgebungslärm können sich in dieser Hinsicht ebenfalls negativ auswirken.

Das SBS ist nicht auf mechanisch belüftete oder klimatisierte Räume beschränkt, sondern kann auch in fensterbelüfteten Räumen auftreten. Viele Symptome des SBS sind unspezifisch und schwer auf ihren ursächlichen Zusammenhang zu überprüfen. Die meisten Krankheitserscheinungen sind nicht so akut, dass sie die Betroffenen direkt in ärztliche Behandlung führen. Trotzdem können sie zu zeitweiliger Arbeitsunfähigkeit führen und volkswirtschaftliche Schäden verursachen.

Auf den vorherigen Seiten wurde versucht aufgezeigt, dass zahlreiche Bedingungen eingehalten werden müssen, damit sich der Mensch in Räumen behaglich fühlt. Gelingt das nicht, können Befindlichkeitsstörungen die Folge sein. Der weltweit führende Experte im Bereich der Raumluftqualität und Behaglichkeit, der dänische Professor Ole Fanger, forderte fünf Punkte zur Verbesserung Raumluftqualität für das 21. Jahrhundert:

- Eine verbesserte Raumluftqualität macht sich bezahlt, da sie zu höherer Produktivität und zu einer Abnahme der SBS-Symptome führt.
- Die Luft sollte den Personen kühl und trocken zur Verfügung gestellt werden.
- Geringe Mengen sauberer Luft sollten dort zur Verfügung gestellt werden, wo sie verbraucht wird, z. B. personenbezogene Zuluft in der unmittelbaren Atemzone jeder Person.
- Unnötige Schadstoffquellen sollten vermieden werden.
- Um mit den unterschiedlichen, von verschiedenen Personen bevorzugten Temperaturen umgehen zu können, sollte sich die individuelle Temperaturregelung breitflächig durchsetzen.

Aufgaben

1. Welche Aufgabe muss die Raumlufttechnik erfüllen?
2. Wodurch unterscheiden sich Klima-, Teilklima- und Lüftungsanlage?
3. Wann wird thermische Behaglichkeit empfunden? Von welchen Faktoren ist sie abhängig?
4. Von welchen physikalischen, chemischen und biologischen Einflussgrößen wird die Behaglichkeit bestimmt?
5. Was versteht man unter der empfundenen (operativen) Raumtemperatur?
6. Welche Beziehung muss zwischen der Raumlufttemperatur und der Raumhöhe bestehen, damit Behaglichkeit empfunden wird?
7. Wie wirkt sich eine niedrige Luftfeuchte auf den Menschen aus?
8. Wodurch kann Schimmelpilzbildung entstehen?
9. Was versteht man unter Zug? An welchen Körperstellen ist der Mensch besonders zugempfindlich?
10. Welche physiologischen Auswirkungen kann Lärm verursachen?
11. Welcher Zusammenhang besteht zwischen Lufttemperatur, Luftfeuchte und Luftverunreinigung?
12. Was versteht man unter dem „Sick-Building-Syndrom“ (SBS)?
13. Welche Ursachen lösen vermutlich das SBS aus?
14. Nennen Sie die vier Maßnahmen, die zur Verbesserung der Raumluftqualität beitragen.

13.4 Außenluftvolumenstrom

Raumlufttechnische Anlagen mit Lüftungsfunktion führen den zu versorgenden Räumen Außenluft zu. Der erforderliche Außenluftvolumenstrom wird bei Wohn- und Aufenthaltsräumen für Personen nach dem Außenluftstrom je Person berechnet; bei Räumen, die nicht für den Aufenthalt von Menschen bestimmt sind, nach der Bodenfläche. Dabei gelten die folgenden Kategorien (Tab. 1).

Tab. 1: Kategorie gemäß zulässiger CO_2-Erhöhung[1)]

Kategorie	RAL 1 bzw. IDA 1	RAL 2 bzw. IDA 2	RAL 3 bzw. IDA 3	RAL 4 bzw. IDA 4
Erhöhung in ppm	< 350	< 500	< 800	< 1200

RAL: Raumluft IDA: indoor air [1)] gegenüber der Außenluft

Nach Festlegung der Kategorie können die Mindestwerte für den Außenluftvolumenstrom aus Tab. 2 oder Tab. 3 entnommen werden.

Tab. 2: Mindestwerte für den Außenluftstrom je Person

Kategorie	Nichtraucher	Raucherzone
RAL1 bzw. IDA1	72 m³/(h · Pers)	144 m³/(h · Pers.)
RAL2 bzw. IDA2	45 m³/(h · Pers)	90 m³/(h · Pers.)
RAL3 bzw. IDA3	29 m³/(h · Pers)	58 m³/(h · Pers.)
RAL4 bzw. IDA4	18 m³/(h · Pers)	36 m³/(h · Pers.)

Tab. 3: Mindestwerte für den Außenluftstrom je Bodenfläche

Kategorie	Nichtraucher
RAL1 bzw. IDA1	Verfahren nicht ausreichend
RAL2 bzw. IDA2	3 m³/(h · m²)
RAL3 bzw. IDA3	2 m³/(h · m²)
RAL4 bzw. IDA4	1 m³/(h · m²)

Für den Außenluftvolumenstrom nach der Personenzahl gilt:

$$\dot{V}_{AUL} = \dot{V}_{AUL,P} \cdot n$$

$\dot{V}_{AUL}$: Außenluftvolumenstrom in m³/h
$\dot{V}_{AUL,P}$: Außenluftvolumenstrom je Person in m³/(h·Pers.)
n: Anzahl der Personen

Beispiel

Wie groß muss der Außenluftvolumenstrom zur Belüftung eines Großraumbüros mit 25 Arbeitsplätzen sein, wenn die Raumkategorie 3 eingehalten werden soll?

Geg.: $n = 25$ Pers. und $\dot{V}_{AUL,P} = 29\ m^3/(h \cdot Pers)$ nach Tab.2

Ges.: $\dot{V}_{AUL}$

Lös: $\dot{V}_{AUL} = \dot{V}_{AUL,P} \cdot n = 29\ m^3/(h \cdot \cancel{Pers.}) \cdot 25\ \cancel{Pers.}$
$\dot{V}_{AUL} = 725\ m^3/h$

Für den Außenluftvolumenstrom nach der Bodenfläche gilt:

$$\dot{V}_{AUL} = \dot{V}_{AUL,AR} \cdot A_R$$

$\dot{V}_{AUL}$: Außenluftvolumenstrom in m^3/h
$\dot{V}_{AUL,AR}$: Außenluftvolumenstrom je Bodenfläche in $m^3/(h \cdot m^2)$
A_R: Netto-Bodenfläche in m^2

Beispiel

Ein Lagerraum hat eine Netto-Bodenfläche von 650 m². Wie groß muss der Außenluftvolumenstrom sein, wenn die Raumkategorie 3 eingehalten werden soll?

Geg.: $A_R = 650\ m^2$ und $\dot{V}_{AUL,AR} = 2\ m^3/(h \cdot m^2)$ nach Tab. 3, S. 589

Ges.: $\dot{V}_{AUL}$

Lös: $\dot{V}_{AUL} = \dot{V}_{AUL,AR} \cdot A_R = 2\ m^3/(h \cdot \cancel{m^2}) \cdot 650\ \cancel{m^2}$
$\dot{V}_{AUL} = 1\ 300\ m^3/h$

Außenluftvolumenstrom nach den anfallenden Schadstoffen

Beim schadstoffbezogenen Außenluftvolumenstrom erfolgt die Berechnung auf Grundlage der stündlich an die Raumluft abgegebenen Schadstoffmenge und der im Raum zulässigen Schadstoffkonzentration. Höchstzulässige Schadstoffkonzentrationen werden gesetzlich durch Arbeitsplatzgrenzwerte vorgegeben (→ TB).

$$\dot{V}_{AUL} = \frac{\dot{V}_{SM}}{K_I - K_A}$$

oder

$$\dot{V}_{AUL} = \frac{\dot{V}_{SM}}{AGW - K_A}$$

$\dot{V}_{AUL}$: Außenluftvolumenstrom in m^3/h
$\dot{V}_{SM}$: stündlich im Raum anfallende Schadstoffmenge in m^3/h
K_I: zugelassene Schadstoffkonzentration in $10^{-6}\ m^3/m^3$
AGW: Arbeitsplatzgrenzwert in ppm ($1\ ppm = 1\ cm^3/m^3 = 10^{-6}\ m^3/m^3$)
K_A: vorhandene Schadstoffkonzentration der Außenluft in $10^{-6}\ m^3/m^3$

Beispiel

In einem Arbeitsraum fallen je Stunde 35 l Ammoniak an. Wie groß ist der erforderliche Außenluftvolumenstrom bei Einhaltung des AGW von 20 ppm? Die Außenluft ist ammoniakfrei.

Geg: $\dot{V}_{SM} = 35\ l/h$ Ges: $\dot{V}_{AUL}$
AGW = 20 ppm
$K_A = 0$

Lös: $\dot{V}_{AUL} = \dot{V}_{SM}/(AGW - K_A)$
$\dot{V}_{AUL} = 0{,}035\ m^3/h\ /\ (0{,}00002\ m^3/m^3 - 0)$
$\dot{V}_{AUL} = 1\ 750\ m^3/h$

Aufgaben

1. Wie groß muss der Außenluftvolumenstrom für eine Nichtrauchergaststätte mit 95 Sitzplätzen und den Abmaßen 20 m × 12 m × 3,5 m sein, wenn die Raumkategorie 3 eingehalten werden soll?
2. Ein Sammlungsraum hat eine Bodenfläche von 200 m². Wie groß muss der Außenluftvolumenstrom sein, wenn Raumkategorie 2 einzuhalten ist?

Außenluftklassen

Zur Planung einer RLT-Anlage muss die Qualität der Außenluft (ODA = Outdoor Air) berücksichtigt werden.

Der ODA-Wert berücksichtigt in drei Kategorien ODA 1 (gut) bis ODA 3 (schlecht) die Außenluftqualität am Standort des Gebäudes (Tab. 1). Dabei gilt: Je höher der ODA-Wert ist und je besser die Raumluftqualität (IDA = Indoor Air) sein soll, desto aufwendiger muss die Außenluft gefiltert werden. Somit ist der ODA-Wert eine wichtige Größe bei der Festlegung der erforderlichen Filterqualität. Ist die Außenluft um das Gebäude herum nicht gleichmäßig verunreinigt, sollte sie dort angesaugt werden, wo sie am wenigsten verunreinigt ist.

Tab. 1: Klassifizierung der Außenluft nach DIN EN 16798-Teil 3

Kategorie	Beschreibung
ODA 1	Saubere Luft, die nur zeitweise staubbelastet sein darf (z. B. Pollen). Alle Vorschriften zur Qualität der Außenluft werden eingehalten.
ODA 2	Außenluft mit hoher Konzentration an Staub oder Feinstaub und/oder gasförmigen Verunreinigungen. Grenzwerte werden um einen Faktor bis zu 1,5 überschritten.
ODA 3	Außenluft mit sehr hoher Konzentration an Staub, Feinstaub und/oder gasförmigen Verunreinigungen. Grenzwerte werden um einen Faktor von mehr als 1,5 überschritten.

13.5 Ventilatoren

! *Ventilatoren* in RLT-Anlagen dienen zur Luftförderung. Der Ventilator hat somit einen großen Einfluss auf die einwandfreie Funktion und wirtschaftliche Betriebsweise der RLT-Anlage.

Die zur Beurteilung des Förderverhaltens maßgeblichen Kenngrößen sind der Volumenstrom und der Ventilatordruck. Dieser wird auch als Totaldruckerhöhung oder Pressung bezeichnet.

Der geförderte Volumenstrom muss entsprechend der lüftungstechnischen Aufgabe ausreichend und anpassungsfähig sein. Der Ventilatordruck setzt sich aus dem im Ventilator erzeugten statischen und dynamischen Druckanteil zusammen.

$$\Delta p_V = \Delta p_{st} + \Delta p_{dyn}$$

Δp_V: Ventilatordruck in Pa
Δp_{st}: statischer Druck in Pa
Δp_{dyn}: dynamischer Druck in Pa

! Der *erzeugte Ventilatordruck* muss so groß sein, dass er die in der RLT-Anlage auftretenden Druckverluste überwindet und die Luftbewegung realisiert.

Volumenstrom, Ventilatordruck und Ventilatorwirkungsgrad bestimmen den zum Antrieb des Ventilators erforderlichen Leistungsbedarf an der Ventilatorwelle.

$$P_V = \frac{\dot{V} \cdot \Delta p_V}{\eta_V}$$

P_V : Leistung des Ventilators in W
$\dot{V}$: Volumenstrom in m^3/s
Δp_V : Ventilatordruck in Pa
η_V : Ventilatorwirkungsgrad

Beispiel

Welche Leistung benötigt ein Ventilator, der einen Volumenstrom von 4 500 m^3/h bei einem Ventilatordruck von 150 Pa fördert? Der Wirkungsgrad beträgt 70 %.

Geg: $\dot{V} = 4\,500\ m^3/h$ Ges: P_V
$\Delta p_V = 150$ Pa
$\eta_V = 0{,}7$

Lös.: $\dot{V} = 4\,500\ m^3/h : 3\,600\ s/h = 1{,}25\ m^3/s$

$$P_V = \frac{\dot{V} \cdot \Delta p_V}{\eta_V} \qquad P_V = \frac{1{,}25\ m^3/s \cdot 150\ Pa}{0{,}7}$$

$$P_V = 268\ W$$

Die Abhängigkeit von Volumenstrom und Ventilatordruck wird durch die Ventilatorkennlinie dargestellt (Abb. 1). Sie gibt für die jeweilige Ventilatordrehzahl die möglichen Betriebspunkte des Ventilators an.

Der tatsächliche Betriebspunkt ergibt sich analog zur Heizungsumwälzpumpe als Schnittpunkt von Ventilator- und Anlagenkennlinie (Kanalnetz-Kennlinie).

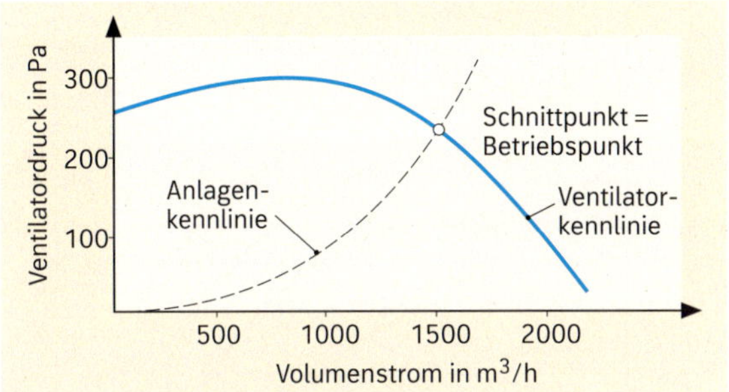

Abb. 1: Ventilator- und Anlagenkennlinie

Jeder Ventilatortyp hat eine für ihn charakteristische Kennlinienform.

Ventilatoren können nach verschiedenen Kriterien unterteilt werden, z. B. nach der Bauform, dem Verwendungszweck, dem Einbauort und der Art des Antriebs. Entscheidend für ihr Förderverhalten ist die Bauform. Hierbei unterscheidet man entsprechend der Durchströmungsrichtung in Radial-, Axial und Querstromventilatoren.

13.5.1 Radialventilatoren

Radialventilatoren sind die in der Lüftungs- und Klimatechnik am häufigsten eingesetzten Ventilatoren (Abb. 2).

Bei Radialventilatoren wird die Luft in Richtung der Laufradachse (axial) angesaugt und anschließend im Laufrad um 90° umgelenkt. Der Luftaustritt erfolgt radial durch die Schaufelkanäle des Laufrades (Abb. 2). Infolge der spiralförmigen Gestaltung des Ventilatorgehäuses wird ein großer Teil des hohen dynamischen Druckes, den die Luft beim Verlassen des Laufrades besitzt, in statischen Druck umgewandelt. Hierdurch lassen sich hohe Förderdrücke erzielen. Einen maßgeblichen Einfluss auf das Betriebsverhalten des Radialventilators, z. B. auf den Druckaufbau, die Förderleistung und das Geräuschverhalten, hat die Laufradform. Verwendung finden vor allem Laufräder mit vorwärts oder rückwärts gekrümmten Schaufeln.

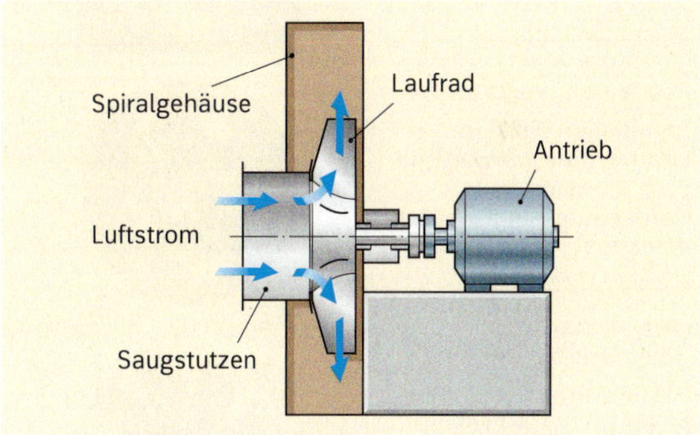

Abb. 2: Radialventilator

Der Antrieb des Radialventilators erfolgt durch einen Elektromotor. Dieser kann direkt oder indirekt über einen Riementrieb mit der Welle des Laufrades verbunden sein. Die Vorteile des direkten Antriebs liegen in den niedrigeren Anschaffungs- und Wartungskosten, dem höheren Gesamtwirkungsgrad sowie dem geringeren Platzbedarf. Der große Vorzug des indirekten Antriebs besteht darin, durch Austausch der Riemenscheiben die Ventilatordrehzahl und damit den Volumenstrom und Ventilatordruck besser an die erforderlichen Betriebswerte anpassen zu können.

13.5.2 Axialventilatoren

Axialventilatoren saugen die Luft in Richtung der Laufradachse (axial) an und blasen sie ebenfalls axial wieder aus. Dabei erhält die Luft eine sich in axialer Richtung fortsetzende Drallströmung (Abb. 1, S. 592).

Axialventilatoren können unterteilt werden nach:

- der *Bauart* (Abb. 2, S. 592)
- der *Laufradform*
- dem *Förderdruck*
- dem *Antrieb*

Die häufigste Form des Antriebs ist beim Axialventilator der Direktantrieb, der sich durch einen hohen Wirkungsgrad und einen geringen Platzbedarf auszeichnet. Der indirekte Antrieb findet z. B. bei Luftströmen mit hohen Temperaturen Anwendung.

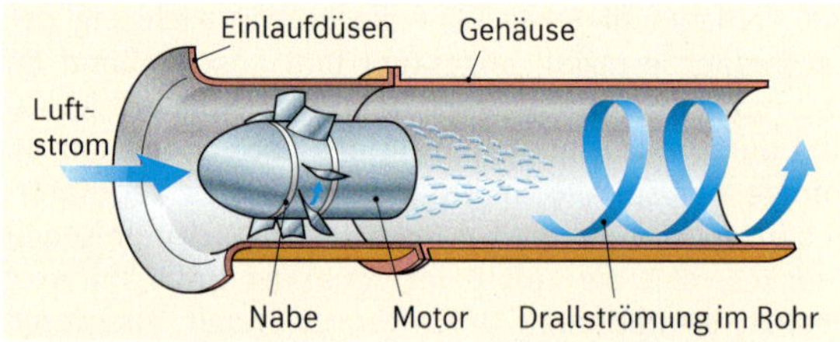

Abb. 1: Wirkungsweise des Axialventilators

Fenster- und Wandventilatoren

für einfache Lüftungsaufgaben, z. B. für untergeordnete Räume, ggf. mit Jalousien gegen Kaltlufteinfall bei Stillstand

Rohreinbauventilatoren

Installation direkt im Lüftungsrohr, vorwiegend dort, wo keine weiteren Geräte aufgestellt werden

Axial-Großventilatoren

frei ausblasend oder zum Einbau in RLT-Anlagen für große Volumenströme, z. B. in Großanlagen, Tunnellüftung, Garagen

Abb. 2: Bauarten von Axialventilatoren (Beispiele)

13.5.3 Querstromventilatoren

Bei einem Querstromventilator wird die Luft radial angesaugt und radial wieder ausgeblasen (Abb. 3). Die Schaufeln des Laufrades werden hierbei zweimal vom Luftstrom beaufschlagt. Die am äußeren Umfang des Lüfterrades angesaugte Luft strömt quer durch das Laufrad und tritt an der gegenüberliegenden Seite wieder aus. Durch diese zweimalige Energiezufuhr lässt sich ein relativ hoher Förderdruck bei niedriger Ventilatordrehzahl erzielen, wodurch ein geräuscharmer Betrieb ermöglicht wird.

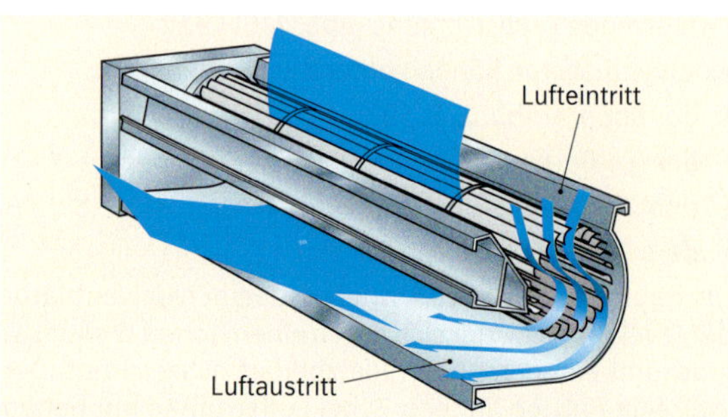

Abb. 3: Wirkungsweise des Querstromventilators

Das Laufrad ist ein Trommellaufrad mit geschlossenen Endscheiben und großer Länge (Lüfterwalze). Aufgrund des kleinen Laufraddurchmessers und der großen Walzenlänge werden Querstromventilatoren dort eingesetzt, wo mit geringem Platzbedarf ein breiter, gleichmäßiger Luftstrom erzielt werden muss. Typische Einsatzgebiete hierfür sind Türluftschleieranlagen, Klimatruhen, Gebläsekonvektoren und die Be- und Entlüftung über Zwischendecken.

13.5.4 Regelung der Ventilatoren

Durch die Regelung soll erreicht werden, dass der Ventilator auch bei veränderten Betriebsbedingungen stets mit dem geforderten Betriebspunkt arbeitet. Veränderte Betriebsbedingungen ergeben sich z. B. durch Filterverschmutzung, wechselnde Außenluftraten bei Tag- und Nachtbetrieb von RLT-Anlagen. Bei geringerem Volumenstrombedarf und niedrigerem Anlagendruck, z. B. im Teillastbereich, führt die Anpassung des Betriebspunktes zu einer erheblichen Energieeinsparung durch eine verminderte Leistungsaufnahme des Ventilators.

Bei der Drehzahlregelung wird die Volumenstromänderung durch eine Veränderung der Ventilatordrehzahl bewirkt. Jede Drehzahländerung führt zu einer neuen Ventilatorkennlinie. Alle Kennlinien zusammen bilden das Kennlinienfeld (Abb. 4). Die verschiedenen Ventilatordrehzahlen werden durch Variation der Drehzahl des Antriebsmotors realisiert. Je nach Motorart kann die Regelung stufenweise oder stufenlos erfolgen.

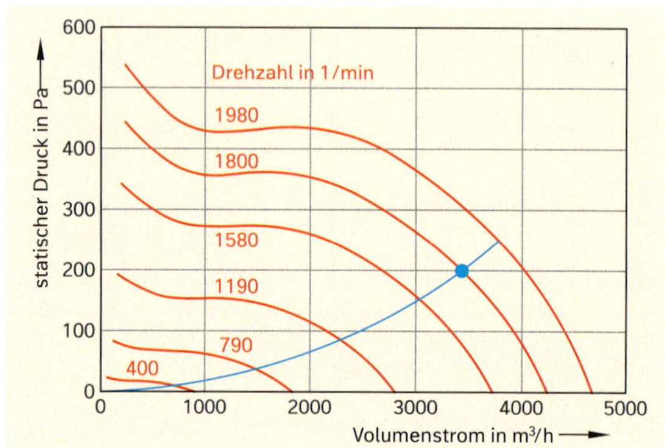

Abb. 4: Kennlinien eines drehzahlgeregelten Ventilators

13.6 Luftfilter

! *Luftfilter* sind Einrichtungen zum Abscheiden von festen, flüssigen und gasförmigen Verunreinigungen aus der Luft.

In der Luft befinden sich eine Menge verschiedener Fremdstoffe, z. B. Staub, Ruß, Rauch, Metallteilchen und Organismen wie Viren, Bakterien, Sporen und Pflanzenpollen (Abb. 5).

Um schädliche Effekte durch solche Fremdstoffe abzuwehren, müssen Partikel unterschiedlichster Größe aus der Luft entfernt bzw. gefiltert werden.

Aus gesundheitlicher Sicht ist neben dem Schadstoffgehalt des Staubes die Größe der Staubteilchen entscheidend. Partikel mit einem Durchmesser größer als 10 µm können z. B. durch die Nasenhärchen von der Lunge ferngehalten werden. Kleinere und kleinste Partikel können hingegen ungehindert bis tief in die Lunge vordringen.

Bis 2018 wurden Filter nach DIN EN 779 je nach Abscheidegrad eingeteilt, siehe TAB.

Ab 2018 löste die DIN EN ISO 16890 als weltweit gültiger Standard diese Norm ab, weil sie die tatsächliche Luftverunreinigung und damit auch die gesundheitliche Gefährdung besser beschreibt. Die Kennzeichnung nach der neuen Norm wurde für alle Filterhersteller verpflichtend.

In der Regel wird unter Feinstaub Staub mit einer Partikelgröße kleiner als 10 µm (PM_{10}) verstanden, wobei PM für *Particulate Matter* (engl. Feinstaub) steht. Daneben werden auch Feinstaubbelastungen mit den Partikelspektren PM_1 sowie $PM_{2,5}$ gemessen.

Eine Filterzuordnung von alter und neuer Norm in Anlehnung an die VDI-SWKI-Expertenarbeitsgruppe „Luftfiltration" zeigt Tab.1.

Nach dem Abscheideprinzip unterteilt man:

- Faserfilter
- Elektrofilter
- Aktivkohlefilter (Adsorptionsfilter)

13.6.1 Faserfilter

Sie bestehen aus einem Vlies, welches sich aus Einzelfasern von bestimmter Struktur und Stärke zusammensetzt. Die verbreitetsten Materialien sind Synthesefasern, Glasfasergewebe, Naturmischfasern und Filterschäume. Der abgeschiedene Staub wird in den Faserschichten eingelagert. Dies verbessert einerseits

Tab. 1: Filter-Zuordnung (nach Expertengruppe)

Bezeichnung	DIN EN 779	DIN EN ISO 16890
Grobstaubfilter	G4	ISO Coarse 90 %
Mittelstaubfilter	M5	ISO ePM_{10} 50 %
	M6	ISO ePM_{10} 80 %
Feinstaubfilter	F7	ISO ePM_1 50 %
	F8	ISO ePM_1 70 %
	F9	ISO ePM_1 80 %

Coarse: engl. grob

den Abscheidegrad des Filters, erhöht aber andererseits den Druckverlust. Durch eine Imprägnierung kann die Staubbindung zusätzlich verstärkt werden. Zu einer Gefährdung der Gesundheit können die sich im Filtermedium sehr schnell vermehrenden Bakterien und Pilze führen. Das Wachstum solcher Mikroorganismen kann durch Behandlung mit einem ungiftigen Schutzmittel vermindert werden.

Typische Bauformen für Faserfilter sind in Abb. 1, S. 594 dargestellt.

Der Anwendungsbereich dieser Filter erstreckt sich über fast alle Aufgabengebiete der Filtertechnik. Je nach Ausführung und Material der Filtermatten können Faserfilter als Grobstaub- oder Feinstaubfilter sowie als Schwebstofffilter eingesetzt werden.

Schwebstofffilter dienen zur Abscheidung kleinster Staubpartikel mit einer Größe von unter 1 µm (Schwebstoffe) sowie von Bakterien und Viren. Als Filtermaterialien dienen meist Mikroglasfasern oder papierartige Vliese mit sehr kleinen Faserdurchmessern (Abb. 2, S. 594). Der Abscheidegrad dieser Filter kann nahezu100 % betragen, was praktisch einer staubfreien Luft entspricht.

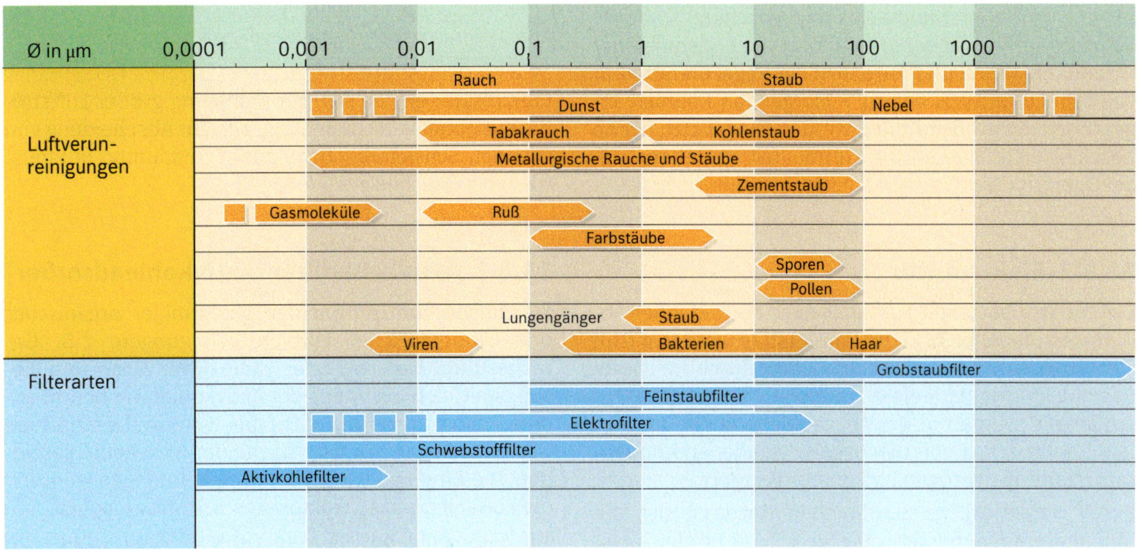

Abb. 5: Luftverunreinigungen und Filterarten (Beispiele)

Zellenfilter	V-Formfilter und Taschenfilter	Rollbandfilter

Filtermedium aus ebenen oder zickzackförmig gefalteten Filtermatten, die in einem Rahmen eingespannt oder fest mit ihm verbunden sind Vorteile: geringe Einbautiefe, vielfältige Einbaumöglichkeiten, z. B. Wand- und Deckenfilter	Filtermedium als V-förmig angeordnete Platten (V-Formfilter) oder in Form von keilförmigen Taschen (Taschenfilter), die an einem Profilrahmen befestigt sind Vorteile: sehr große Filterfläche bezogen auf den Filterquerschnitt, hohe Staubspeicherfähigkeit	Filtermedium in Form eines Bandes, welches bei Verschmutzung automatisch weitertransportiert wird (meist differenzdruckgesteuert) Vorteile: geringer Wartungsaufwand, für große Volumenströme geeignet

Abb. 1: Bauformen der Faserfilter (Beispiele)

Abb. 2: Schwebstofffilter

Um eine wirtschaftliche Betriebszeit zu erreichen, muss ein Schwebstofffilter durch einen geeigneten Vorfilter vor zu hoher Staubbelastung geschützt werden. Schwebstofffilter bilden demzufolge die Endstufe einer Filterkombination und werden in der Regel unmittelbar vor dem Luftauslass des zu versorgenden Raumes angeordnet. Schwebstofffilter werden eingesetzt, wenn höchste Ansprüche an die Luftreinheit bestehen, z. B. bei Operationsräumen oder in der Reinraumtechnik.

13.6.2 Elektrofilter

Elektrofilter bestehen aus einer Ionisier- und einer Abscheidestufe (Abb. 3). In der Ionisierstufe werden die im Luftstrom enthaltenen Staubteilchen durch ionisierte Gasmoleküle der Luft elektrisch positiv aufgeladen. Anschließend werden in der Abscheidestufe die ionisierten Staubteilchen von den negativ geladenen Kondensatorplatten angezogen und dort angelagert.

Durch wasserlösliche Staubbindemittel lässt sich die Staubhaftung verbessern. Die Reinigung erfolgt meist mit einer Waschvorrichtung.

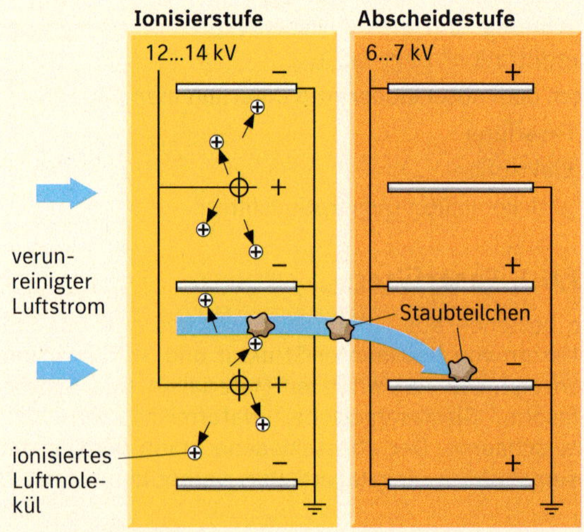

Abb. 3: Wirkungsweise des Elektrofilters

Elektrofilter eignen sich zur Reinigung großer Luftströme mit hoher Verschmutzung, z. B. zur Abscheidung von Ölnebel, Schweißrauchgas oder Feinstäuben in industriellen lufttechnischen Anlagen.

13.6.3 Aktivkohlefilter (Aktivkohleadsorber)

Sie dienen zum Abscheiden gasförmiger organischer oder anorganischer Luftverunreinigungen, z. B. Geruchsstoffe, toxische oder radioaktive Gase und Lösungsmittel. Die Wirkung der Aktivkohlefilter beruht auf dem Adsorptionsprinzip. Hierbei werden die einzelnen Gasmoleküle an der Oberfläche der Aktivkohle gebunden. Die Bindung von großen Molekülmengen ist durch die äußerst poröse Struktur dieses Stoffes möglich.

1 g Aktivkohle besitzt eine „innere“ Oberfläche von ca. 1 200 m^2. Um die Wirksamkeit der Aktivkohle nicht

Abb. 4: Aktivkohlefilter in Patronenform

durch Staubverschmutzung zu vermindern, ist eine Vorfilterung der Luft notwendig.

Übliche Bauformen der Aktivkohlefilter sind Patronenfilter, Platten- oder Schüttgutelemente (Abb. 4).

13.6.4 Kenndaten der Filter

Wesentliche Bestimmungs- und Leistungsgrößen von Filtern, insbesondere von Faserfiltern, sind:

- *Abscheide- bzw. Wirkungsgrad*: Diese Werte bilden die Grundlage für die Einteilung der Filter nach Filterklassen.
- *Druckdifferenz*: Dies ist die Differenz der statischen Drücke vor und hinter einem Filter. Die Druckdifferenz ist bei konstanter Anströmgeschwindigkeit ein Maß für die Filtersättigung. Man unterscheidet deshalb zwischen der Anfangs- und Enddruckdifferenz. Die Anfangsdruckdifferenz ist der Druckverlust des sauberen Filters. Beim Erreichen der Enddruckdifferenz ist der Filter zu wechseln bzw. zu reinigen.
- *Staubspeichervermögen*: Hierunter versteht man die Staubmenge, die ein Filter aufnehmen kann, ohne dass dabei die Enddruckdifferenz überschritten wird.
- *Standzeit*: Dies ist die Betriebszeit bis zum Erlangen des höchsten Staubspeichervermögens.

Aufgaben

1. Nennen Sie die verschiedenen Ventilatorbauarten und erläutern Sie deren Wirkungsweise.
2. Nennen Sie typische Einsatzbereiche der jeweiligen Ventilatorbauart.
3. Welche Aufgabe hat die Ventilatorregelung?
4. Warum muss Luft in einer RLT gefiltert werden?
5. Wozu dienen Schwebstofffilter?
6. Beschreiben Sie Aufbau und Funktion eines Elektrofilters.
7. Erläutern Sie die drei Kenndaten der Filter.

13.7 Luftleitungen und Luftleitungszubehör

! *Luftleitungen* dienen zum Transport der Zuluft in die zu versorgenden Räume und zum Abführen der Abluft aus diesen Räumen.

Ihre zweckmäßige Auswahl und optimale Dimensionierung beeinflussen in entscheidendem Maße die Investitionskosten und wirtschaftliche Betriebsweise der Anlagen.

Luftleitungen sollten auf dem kürzesten Weg verlegt werden und glatte Wandungen, innenbündige Verbindungen und Luftumlenkungen ohne scharfe Kanten haben. Dies führt zu geringen Druckverlusten, vermindert Partikelablagerungen und reduziert die Strömungsgeräusche. Die Werkstoffe der Luftleitungen müssen korrosionsbeständig, abriebfest, nicht wasseraufnehmend, nicht brennbar und beständig gegen Temperaturschwankungen sein.

Eine Übersicht der gebräuchlichsten Materialien für Luftleitungen zeigt Tab. 1, S. 596.

Nach der Form unterscheidet man Lüftungsrohre mit kreisförmigem oder ovalem Querschnitt und Lüftungskanäle mit quadratischer oder rechteckiger Querschnittsform. Kanäle sind gegenüber den Rohren platzsparender. Durch die vielfältigen Abmessungen lassen sie sich gut in den vorhandenen Baukörper (z. B. in Zwischendecken) integrieren. Rohre sind bei gleicher Querschnittsfläche weniger materialintensiv und somit preiswerter. Es gibt sie in genormten Abmessungen. Übliche Ausführungen sind längsgefalzte oder geschweißte Blechrohre, Wickelfalzrohre und flexible Rohre (Abb. 5). Flexible Rohre dienen vor allem als Verbindungselement zwischen starren Luftleitungen und Luftdurchlässen. Aufgrund der rippenförmigen Rohrwandung besitzen sie einen höheren Druckverlust. Da sie zu Ablagerungen neigen, eignen sie sich nur bedingt für staub- und fetthaltige Luft.

Als Schutz gegen Wärme- und Kälteverlust sind Luftleitungen ausreichend zu dämmen. Darüber hinaus soll die Dämmung auch Schwitzwasserbildung auf der Oberfläche von kaltluftführenden Kanälen verhindern. Als Dämmmaterialien finden z. B. Hartschaumplatten oder nich tbrennbare alu-kaschierte Mineralfaserplatten Verwendung.

Wickelfalzrohr

flexibles Rohr

Abb. 5: Lüftungsrohre (Auswahl)

Luftleitungszubehör

Hierzu zählen u. a. Reinigungsöffnungen, Bauteile zur Regelung des Luftvolumenstromes, Kompensatoren und Brandschutzklappen.

Reinigungsöffnungen sind nach DIN 1946 zur Wartung der Luftleitungen an gut zugänglichen Stellen anzubringen. Ihre Anzahl wird vom Grad der zu erwartenden Luftverschmutzung bestimmt.

Drosselorgane dienen zum Druckabgleich zwischen den einzelnen Leitungssträngen eines Luftleitungssystems. Analog zum hydraulischen Abgleich bei Heizungsanlagen werden mithilfe der Drosselorgane gleiche Druckverhältnisse an den Luftdurchlässen geschaffen, um den gewünschten Nennluftvolumenstrom zu garantieren. Als Drosselorgane mit gutem Regelverhalten erweisen sich Irisblenden und Jalousie-Drosselklappen (Abb. 1a).

Volumenstromregler unterteilt man nach ihrer Aufgabe in Konstant- und variable Volumenstromregler. Konstantvolumenstromregler halten den Volumenstrom bei schwankendem Anlagendruck konstant. Variable Volumenstromregler verändern den Volumenstrom in Abhängigkeit von einer Regelgröße, z. B. der Raumtemperatur (Abb. 1b).

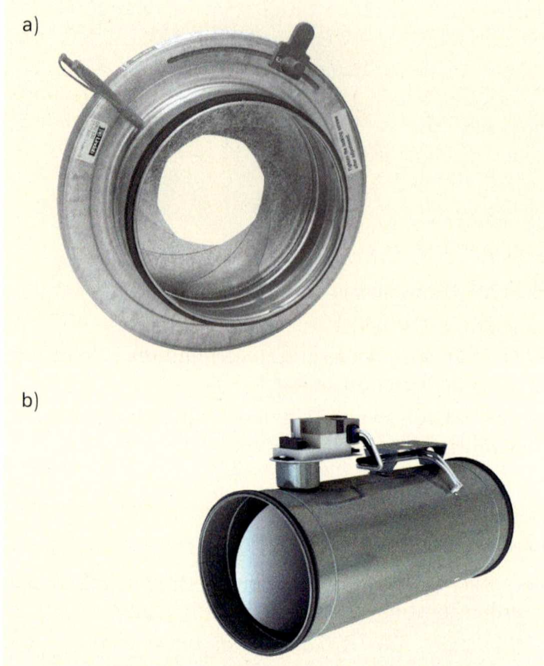

Abb. 1: Regelorgane: a) Irisblende, b) Volumenstromregler

13.8 Luftdurchlässe und Luftführung im Raum

13.8.1 Luftdurchlässe

! Luftdurchlässe sind Öffnungen, durch welche die Luft

- in den Raum einströmt. Sie werden als *Zuluftdurchlass, Luftauslass* oder *Verteiler* bezeichnet.
- aus dem Raum abströmt. Sie werden als *Abluftdurchlass* oder *Lufteinlass* bezeichnet.

Luftdurchlässe sind die Bauteile der RLT-Anlagen, deren Wirkung der Mensch direkt wahrnimmt und die so-

Tab. 1: Materialien für Luftleitungen (Auswahl)

Material	Eigenschaften	Anwendung
verzinktes Stahlblech	hohe Festigkeit, bedingt korrosionsbeständig, gute Temperaturbeständigkeit, geringe Schalldämmung, hohes Gewicht, einfache Verarbeitung, preisgünstig	am häufigsten eingesetztes Leitungsmaterial für Kanäle und Rohre
Aluminium	geringere Festigkeit, hohe Korrosionsbeständigkeit, geringere Temperaturbeständigkeit, geringe Schalldämmung, geringes Gewicht, gute Verarbeitung, preisintensiv	sehr häufig für flexible Rohre, für Kanäle nur in Verbindung mit aggressiver Luft, z. B. Lebensmittelindustrie
nichtrostendes Stahlblech	hohe Festigkeit, sehr hohe Korrosionsbeständigkeit, gute Temperaturbeständigkeit, geringe Schalldämmung, hohes Gewicht, schlechtere Verarbeitung, sehr preisintensiv	für sehr korrosive Luft, z. B. chemische Industrie, Luftleitungen mit hohen hygienischen Anforderungen
Kunststoffe	geringe Festigkeit, gute chemische Beständigkeit, geringe Temperaturbeständigkeit, gut schalldämmend, geringes Gewicht, brennbar, gute Verarbeitung, relativ preisintensiv	Einsatz abhängig von den Forderungen des Brandschutzes, besonders für aggressive Luft, z. B. chemische Industrie
Faserzement	hohe Festigkeit, bedingte chemische Beständigkeit, gute Temperaturbeständigkeit, gut schalldämmend, hohes Gewicht, schwierigere Verarbeitung, preisgünstig	sehr gut geeignet für erdverlegte Lüftungsleitungen
aluminiumkaschierte Schaumstoffplatten	geringe Festigkeit, gute Korrosionsbeständigkeit, geringere Temperaturbeständigkeit, sehr gute Schalldämmung, sehr geringes Gewicht, einfache Verarbeitung, preisintensiv	vielseitig einsetzbar, vorteilhaft bei großen Querschnitten, da Kanalherstellung vor Ort möglich ist

mit das Behaglichkeitsempfinden stark beeinflussen. Sie sollten deshalb für eine gleichmäßige Luftverteilung, eine gute Raumdurchspülung sowie behagliche Raumluftgeschwindigkeiten ohne Zugerscheinungen sorgen und keine störenden Geräusche verursachen.

Wesentliche Bauformen der Luftdurchlässe sind:

- Lüftungsgitter
- Deckenluftverteiler
- Drallauslässe und Düsenauslässe
- Schlitzauslässe
- textile Luftverteiler
- Flächendurchlässe, z. B. Filterzuluftdurchlässe und Lochdecken
- Sonderformen, z. B. Pult- und Stuhllüftungen, Klimaleuchten

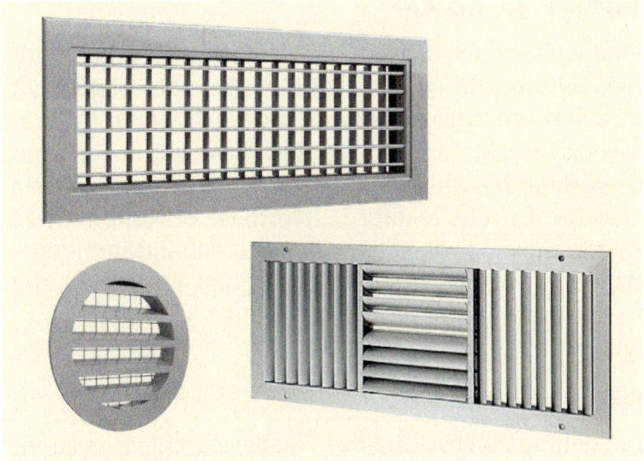

Abb. 2: Lüftungsgitter (Auswahl)

Lüftungsgitter

Sie sind eine der am vielfältigsten einsetzbaren Luftdurchlässe. Lüftungsgitter gibt es als Loch- oder Drahtgitter, als Steggitter mit feststehenden oder beweglichen Lamellen, als Gitterbänder und in weiteren Sonderbauformen (Abb. 2). Sie werden meist direkt an den Kanalenden angebracht. Gitter mit waagerecht bzw. senkrecht verstellbaren Lamellen ermöglichen es, den Luftstrahl in eine bestimmte Richtung zu lenken.

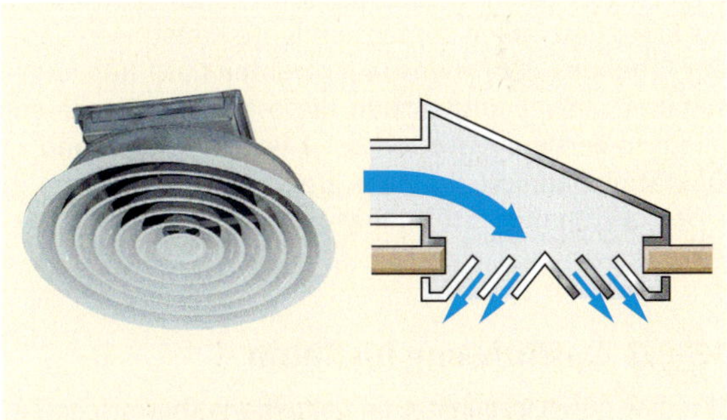

Abb. 3: Deckenluftverteiler

Deckenluftverteiler

Sie besitzen eine meist kegel- oder pyramidenförmige Lamellenanordnung, wodurch der Luftstrahl auch in waagerechter Richtung abgelenkt wird (Abb. 3). Ein rein senkrechter Luftaustritt kann vor allem im Kühlfall zu Zugerscheinungen führen. Mit Deckenluftverteilern können relativ große Luftmengen mit geringer Geschwindigkeit gezielt eingeblasen werden.

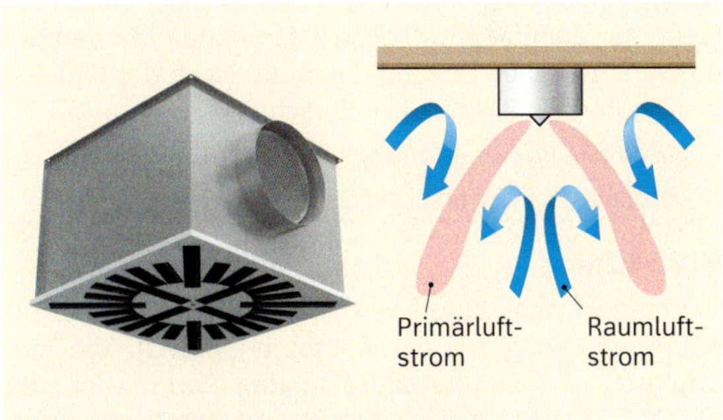

Abb. 4: Drallauslass mit Induktionswirkung

Drall- und Düsenauslässe

Diese Luftauslässe haben eine starke Induktionswirkung. Das bedeutet, dass der austretende Luftstrahl (Primärluftstrom) Raumluft (Sekundärluft) mitreißt, sodass sich Zu- und Raumluft schnell miteinander vermischen (Abb. 4). Dies ermöglicht es, große Luftmengen mit relativ großen Über- oder Untertemperaturen zuzuführen, da infolge der Luftvermischung ein schneller Temperaturausgleich erfolgt.

Abb. 5: Schlitzauslass

Schlitzauslässe

Schlitzauslässe sind langgestreckte Zuluftdurchlässe mit einer Breite bis ca. 50 mm (Abb. 5). Sie werden meist in Unterhangdecken oder oberhalb von offenen Rasterdecken eingebaut und lassen sich gut in die Deckengestaltung einfügen. Schlitzauslässe verfügen über verstellbare Elemente (z. B. Lamellen, Walzen), mit denen die Ausströmrichtung der Zuluft variiert werden kann. Weitere Merkmale sind: hohe Induktionswirkung, Regelung der Austrittsgeschwindigkeit und Luftmenge, geräuscharm auch bei großen Volumenströmen.

Textile Luftverteiler

Eine weitere Möglichkeit, vor allem zur Verteilung großer Luftmengen im gewerblichen Bereich, bieten luftdurchlässige oder perforierte Textilschläuche (Abb. 1). Die Luftdurchlässigkeit der Gewebestruktur bestimmt die Größe der verteilbaren Luftmenge pro m^2 Stofffläche. Die Vorteile textiler Luftverteiler bestehen im geringen Gewicht, der filternden und schalldämmenden Wirkung, der guten Materialbeständigkeit und der zugfreien Luftverteilung auch bei hohen Luftwechselzahlen.

Flächendurchlässe

Die gebräuchlichste Art des Flächendurchlasses ist der Filterzuluftdurchlass, bei dem die Luft über großflächig angeordnete Filter einströmt.

Bevorzugte Ausführungsform ist die *Filterdecke* (Abb. 2). Als Filtermaterialien dienen verklebte Kunstfaservliese. Zur Erhöhung der Lebensdauer werden Luftfilter vorgeschaltet. Anwendung finden diese Luftdurchlässe vor allem in Fertigungsstätten der Mikroelektronik und in Operationsräumen, wo sehr große Volumenströme in einer bestimmten Strömungsrichtung den Raum passieren.

Abb. 1: Textile Luftverteiler

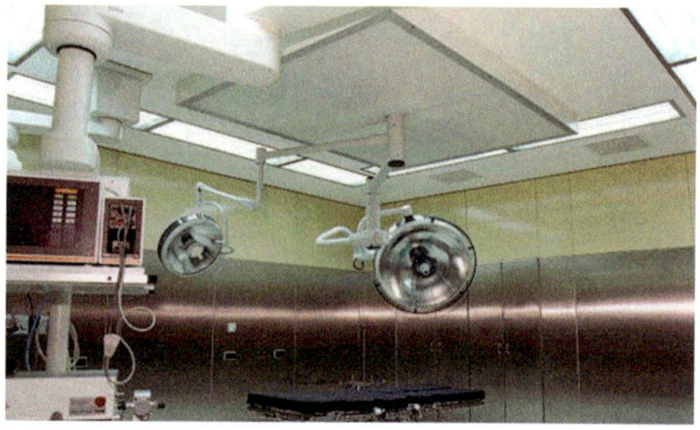

Abb. 2: Filterdecke

13.8.2 Luftführung im Raum

Um eine gute Luftqualität und eine hohe thermische Behaglichkeit im Raum zu erreichen, ist die Luftführung von entscheidender Bedeutung. Sie ist im starken Maße abhängig von der Art, Größe und Anordnung der Luftdurchlässe, der Zuluftgeschwindigkeit sowie der Temperaturdifferenz zwischen Zu- und Raumluft. Nach der Wirkung des Zuluftvolumenstromes unterscheidet man:

- *Mischlüftung* (Verdünnungs- oder Strahllüftung)
- *Verdrängungslüftung und Quelllüftung*

Mischlüftung

Die eingeblasene Zuluft vermischt sich infolge der Induktionswirkung mit der Raumluft (Abb. 3). Die Eindringtiefe des Zuluftstrahles in den Raum wird von dessen Austrittsgeschwindigkeit und der Temperaturdifferenz zur Raumluft beeinflusst. Die Mischlüftung ist für viele Bereiche der Raumlufttechnik sowohl im Komfort- als auch im Industriesektor anwendbar, sofern keine erhöhten Anforderungen an die Schadstoffabfuhr und die Zufuhr der Wärme- und Kältelasten besteht.

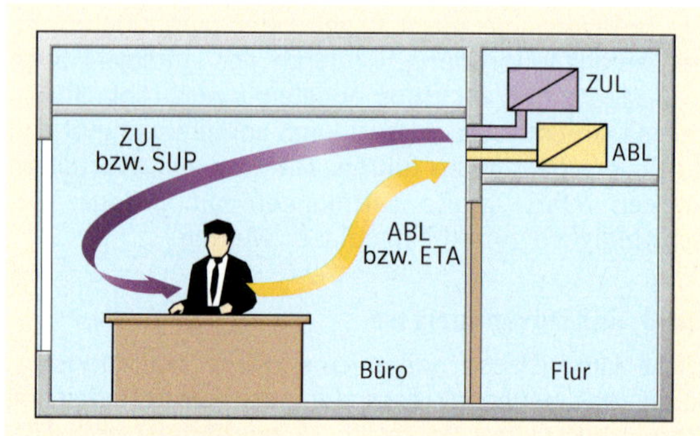

Abb. 3: Mischlüftung

Verdrängungslüftung

Bei dieser Art der Luftführung soll die Zuluft den Raum möglichst gleichmäßig in horizontaler oder vertikaler Richtung durchströmen, ohne sich dabei nennenswert mit der Raumluft zu vermischen. Die einströmende Luft verdrängt die belastete Raumluft zum Abluftdurchlass hin (Abb. 4). Mit der Verdrängungslüftung kann der Ausbreitung von Schadstoffen wirksam begegnet werden. Eine besonders staub- und keimarme Luft wird z. B. in Reinräumen der mikroelektronischen Industrie und in Operationsräumen gefordert.

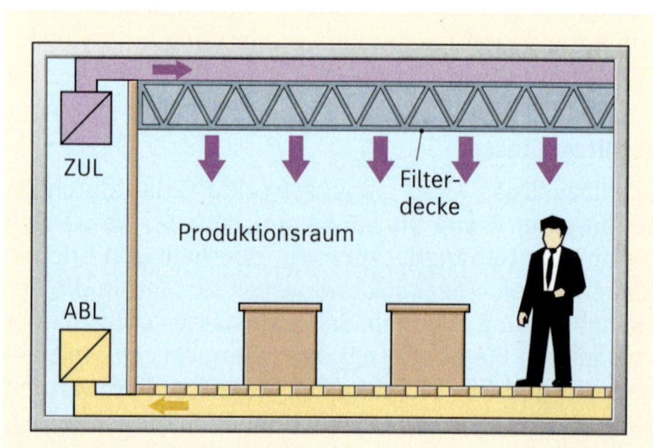

Abb. 4: Verdrängungslüftung

Quelllüftung

Die Quelllüftung ist eine Sonderform der Verdrängungslüftung und dient der Raumkühlung.

Über einen im unteren Raumbereich angeordneten Luftauslass wird kühle Zuluft mit einer Untertemperatur von 1–3 K mit einer geringen Geschwindigkeit (bis 0,2 m/s) eingeblasen. Diese erwärmt sich an den im Raum vorhandenen Wärmequellen (z. B. Maschinen, Personen) und steigt nach oben zum Abluftdurchlass (Abb. 5). Als Luftauslass werden spezielle Quellluftauslässe verwendet (Abb. 6).

Der Vorteil der Quelllüftung liegt in der weitestgehend zugfreien Luftführung und der guten Beseitigung von Luftverunreinigungen, welche von der erwärmten Luft abtransportiert werden.

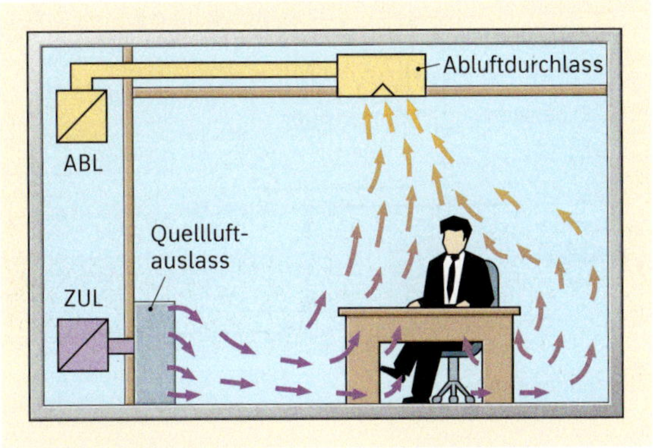

Abb. 5: Quelllüftung

Abb. 6: Quellluftauslass

Aufgaben

1. Nennen Sie wesentliche Anforderungen, die an Luftleitungen gestellt werden.
2. Aus welchen Materialien werden Luftleitungen hergestellt? Nennen Sie die wichtigsten Eigenschaften.
3. Warum werden Luftleitungen gedämmt?
4. Welche Aufgaben haben Drosselorgane und Volumenstromregler?
5. Welche grundlegenden Anforderungen sollten Luftdurchlässe erfüllen?
6. Geben Sie fünf Bauformen von Luftdurchlässen an und beschreiben Sie deren Aufbau.
7. Skizzieren Sie das Wirkprinzip der Misch- und der Verdrängungslüftung.
8. Beschreiben Sie die Wirkungsweise der Quelllüftung.

13.9 Lufterhitzer

! *Lufterhitzer* (Lufterwärmer) erfüllen in RLT-Anlagen verschiedene Aufgaben, z. B. als Vor- oder Nacherwärmer bei der zentralen Luftaufbereitung, zur Zulufterwärmung in Luftheizungsanlagen oder für die Erzeugung hoher Lufttemperaturen in Trocknungsanlagen.

Nach der Art der Wärmeversorgung unterscheidet man direkte und indirekte Lufterwärmung.

Bei der üblicherweise angewandten *indirekten* Erwärmung wird der Wärmetauscher des Lufterhitzers mit Dampf, Warm- oder Heißwasser versorgt.

Der Lufterhitzer besteht aus senkrecht oder waagerecht angeordneten Lamellenrohren, deren Enden in Sammelrohre eingebunden sind (Abb. 7).

Der Lamellenabstand beträgt 2–6 mm. Der größere Abstand ist bei starker Luftverunreinigung erforderlich, um ein Zusetzen der Wärmetauscher zu verhindern.

Bei der *direkten* Erwärmung wird die Luft unmittelbar an den Heizflächen einer Wärmequelle (z. B. Öl- oder Gasfeuerung, elektrische Beheizung) erwärmt. Direkt beheizte Lufterhitzer werden vor allem bei Warmluftheizungen eingesetzt (Abb. 8).

Abb. 7: Indirekt beheizter Lufterhitzer

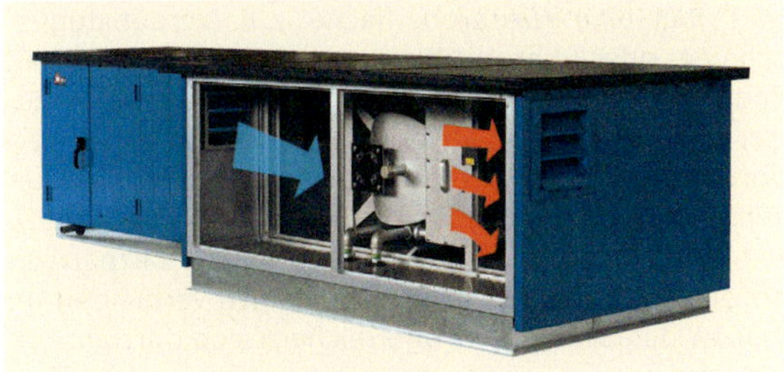

Abb. 8: Direkt beheizter Lufterhitzer

13.10 Luftkühler

! *Luftkühler* haben die Aufgabe, die Zuluft auf die gewünschte Temperatur abzukühlen und bei Bedarf zu entfeuchten.

Zur Kühlung der Luft verwendet man überwiegend Oberflächenkühler. Der Oberflächenkühler entspricht in seinem Aufbau weitestgehend dem des Lufterhitzers für Warmwasserbetrieb (Abb. 1).

Zur Realisierung entsprechender Kühlleistungen müssen meist mehrere Lamellenrohrreihen hintereinander angeordnet werden. Als Kühlmedium dient entweder Kaltwasser (indirekte Kühlung) oder ein Kältemittel (direkte Kühlung). Das Kaltwasser (z. B. mit einer Spreizung von 6 °C/12 °C) wird mit einer Kältemaschine erzeugt. Bei der direkten Kühlung ist der Oberflächenkühler ein Bestandteil der Kälteanlage (Abb. 2).

Bezüglich der Funktion des Luftkühlers sind zwei Fälle zu unterscheiden:

- Kühlung ohne Wasserausscheidung:
  Die Oberflächentemperatur des Kühlers liegt über dem Taupunkt der feuchten Luft.
- Kühlung mit Wasserausscheidung (Entfeuchtung):
  Die Oberflächentemperatur des Kühlers liegt unter dem Taupunkt der feuchten Luft. Der Wasserdampf kondensiert an der Kühleroberfläche.

Da Luftkühler in der Regel auch zur Luftentfeuchtung dienen, erhalten sie eine Auffangwanne zum Ableiten des ausgeschiedenen Wassers. Bei Luftgeschwindigkeiten über 2 m/s ist weiterhin ein Tropfenabscheider nach dem Kühler erforderlich.

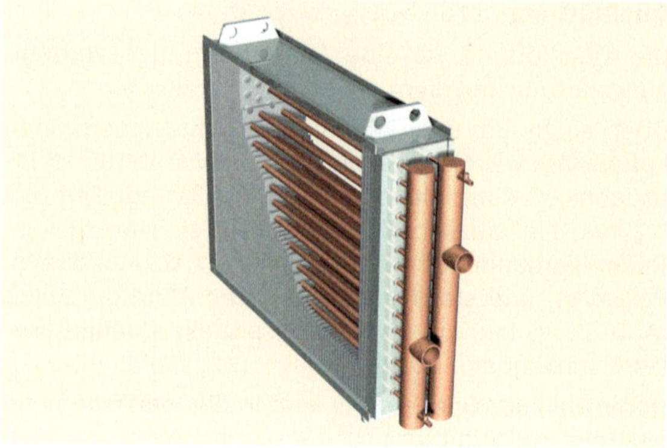

Abb. 1: Oberflächenkühler

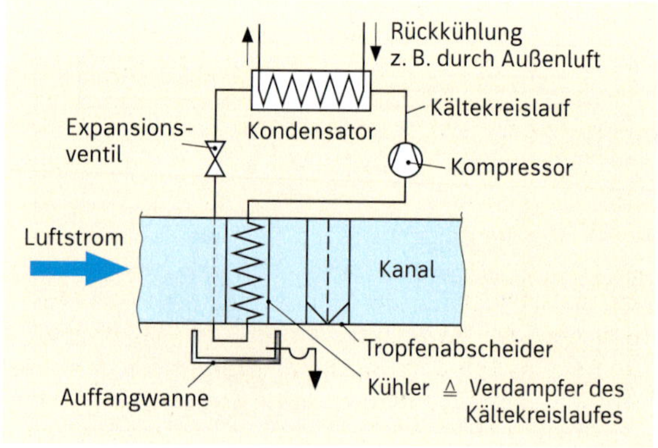

Abb. 2: Direkte Luftkühlung

13.11 Luftbefeuchter

! *Luftbefeuchter* haben die Aufgabe, für die gewünschte Luftfeuchtigkeit im Raum zu sorgen, indem sie den Feuchtegehalt der Luft erhöhen.

Grundsätzlich unterscheidet man drei Prinzipien der Luftbefeuchtung: Verdunstung, Zerstäubung und Verdampfung.

13.11.1 Verdunstungsbefeuchter

Bei dieser Bauart strömt die zu befeuchtende Luft direkt über eine Wasseroberfläche, z. B. Verdunstungsschalen, oder über mit Wasser benetzte Flächen, z. B. Schaumstoffbänder (Abb. 3). Die Größe der verdunsteten Wassermenge ist abhängig von der Größe der Verdunstungsflächen, der Luftgeschwindigkeit und der Temperatur. Da die Verdunstung des Wassers unmittelbar im Befeuchter stattfindet, werden keine Salzpartikel an den Luftstrom übertragen. Die Salze verbleiben im Wasser des Befeuchters und reichern sich dort an. Um Ablagerungen zu vermeiden, ist eine regelmäßige Reinigung erforderlich. Bei allen Verdunstungsbefeuchtern

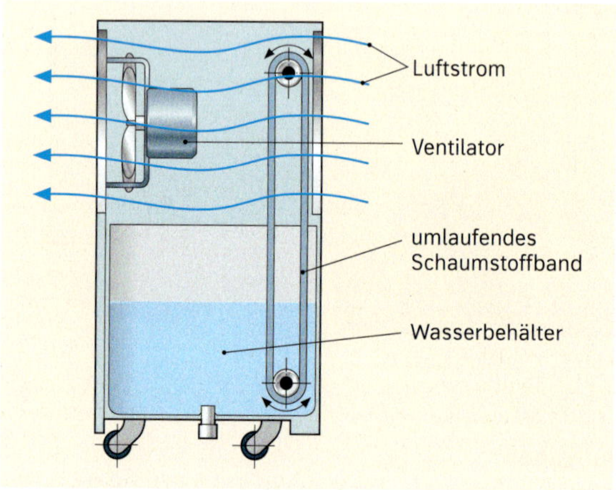

Abb. 3: Verdunstungsbefeuchter mit umlaufendem Schaumstoffband

besteht zudem die Gefahr der Keimbildung im Wasserbehälter. Keime und Bakterien können vom Luftstrom mitgerissen werden, weshalb der Betrieb mit abgestandenem oder verunreinigtem Wasser unbedingt zu vermeiden ist.

Anwendung finden Verdunstungsbefeuchter vor allem als Einzelgeräte, die direkt im Raum aufgestellt oder montiert werden.

13.11.2 Zerstäubungsbefeuchter

Mittels Düsen, Drehscheiben oder anderer Einrichtungen, z. B. Ultraschall-Schwingungserzeugern, wird Wasser in feinste schwebende Wassertropfen (Aerosole) zerstäubt (Abb. 4). Diese vermischen sich mit der Luft und verdunsten anschließend im Luftstrom. Hierbei verbleiben alle Salze, die in den Wassertropfen enthalten sind, als feinste Staubteilchen in der Luft. Kann diese leichte Verschmutzung nicht akzeptiert werden, so ist aufbereitetes Wasser einzusetzen. Zerstäubungsbefeuchter werden vorwiegend für große Befeuchtungsleistungen im gewerblichem Bereich eingesetzt.

Eine Kombination von Verdunstungs- und Zerstäubungsbefeuchtern ist der *Luftwäscher*, auch als *Umlaufsprühbefeuchter* bezeichnet. Bei dieser Befeuchterbauart werden große Wassermengen mittels Pumpendruck durch eine Vielzahl von Düsen zerstäubt (Abb. 5). Aber nur ein geringer Teil des versprühten Wassers verdunstet im Luftstrom. Das überschüssige Wasser fällt in eine Auffangwanne zurück. Dort wird es als Umlaufwasser erneut von der Pumpe angesaugt und den Düsen zugeführt.

Um zu verhindern, dass die nicht verdunsteten Wassertropfen von der Luft in das Kanalsystem mitgerissen werden, befindet sich am Luftwäscheraustritt ein Tropfenabscheider. Er besteht aus zickzackförmig angeordneten Kunststoff- oder Blechumlenkungen (Abb. 6). Sie bewirken eine mehrfache schnelle Richtungsänderung des Luftstromes. Dieser können die Wassertropfen aufgrund ihrer größeren Trägheit nicht folgen und prallen gegen den Tropfenabscheider.

Die entscheidenden Vorteile des Luftwäschers sind:

- wirtschaftliche Betriebsweise bei großen Befeuchtungsmengen infolge des geringen Energiebedarfs
- gute Reinigungswirkung bei Staubpartikeln und Aerosolen, bedingt durch die großen zerstäubten Wassermengen
- Möglichkeit des Einsatzes als Heiz- oder Kühlwäscher durch Verwendung von heißem oder kaltem Umlaufwasser
- gute Regelung der Befeuchtungsleistung durch Veränderung der Umlaufwassermenge

Ein hygienisch einwandfreier Betrieb des Luftwäschers ist nur gewährleistet, wenn das Umlaufwasser zu jeder Zeit Trinkwasserqualität besitzt.

Bei vernachlässigter Wartung können sich gefährliche Krankheitserreger, z. B. Legionellen, im Umlaufwasser festsetzen, vermehren und ausbreiten. Um diese Gefahr einzudämmen, können dem Umlaufwasser keimtötende Chemikalien zugesetzt werden. Hierbei ist jedoch zu beachten, dass diese Mittel für den Menschen nicht schädlich sein dürfen. Das bevorzugte Mittel ist derzeit Wasserstoffperoxid. Auch mit der Installation einer leistungsfähigen UV-Beleuchtung im Umlaufkreis lassen sich Keime abtöten.

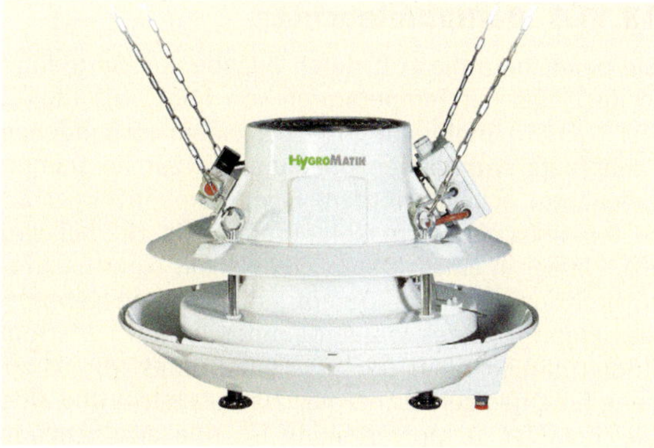

Abb. 4: Zerstäubungsbefeuchter

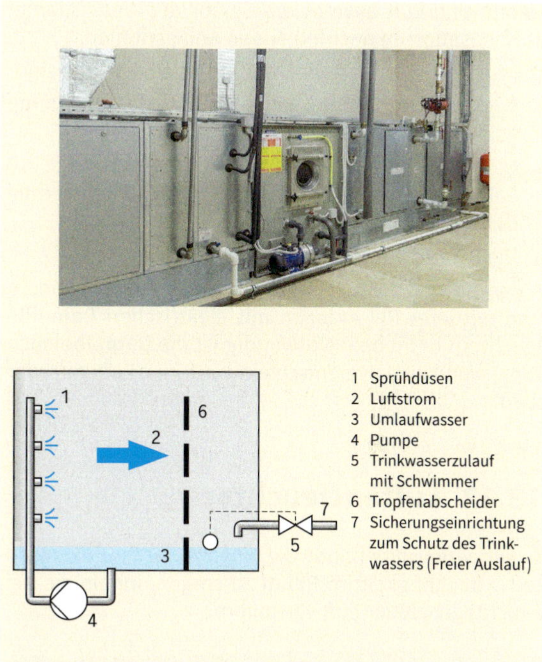

Abb. 5: Luftwäscher (Umlaufsprühbefeuchter)

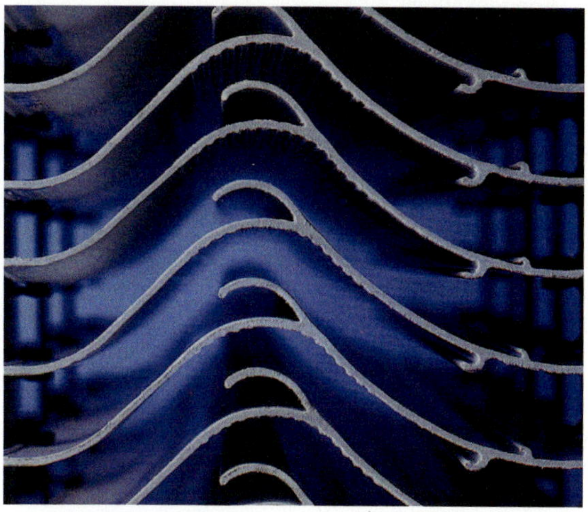

Abb. 6: Tropfenabscheider

13.11.3 Dampfbefeuchter

Sie befeuchten die Luft durch Zugabe von Sattdampf in der Regel mit Temperaturen von 110 °C bis 120 °C. Der Wasserdampf kann entweder einem vorhandenen Dampfnetz entnommen oder unmittelbar im Dampfbefeuchter erzeugt werden. Eigen-Dampferzeuger arbeiten meist nach dem Elektrodenprinzip. Hierbei wird das Wasser in einem Dampfzylinder mit einer Elektrodenheizung direkt in Dampf umgewandelt (Abb. 1). Das Einbringen des Wasserdampfes in den Luftstrom erfolgt mithilfe eines Dampfverteilerrohres. Voraussetzung für einen geräuscharmen Dampfaustritt und eine gleichmäßige Dampfverteilung ist eine ausreichende Dimensionierung und fachgerechte Installation dieser Verteilerrohre. Bei unzureichender Vermischung von Dampf und Luft besteht die Gefahr der Wasserdampfkondensation an nachfolgenden Anlagenteilen.

Die wesentlichen Vorteile der Dampfbefeuchtung sind:

- hygienisch optimale Befeuchtung, da der Dampf keim- und geruchsfrei ist
- Die befeuchtete Luft ist frei von Schwebstoffen, z. B. Salzen, sodass Staubablagerungen im Raum vermieden werden.
- Die Befeuchtung ist gut regelbar.

Aufgrund der Vorzüge wird ein hoher Anteil kleinerer und mittlerer RLT-Anlagen mit elektrischen Dampfbefeuchtern betrieben. Notwendig ist die Dampfbefeuchtung, wenn eine hygienisch einwandfreie Luft gefordert wird.

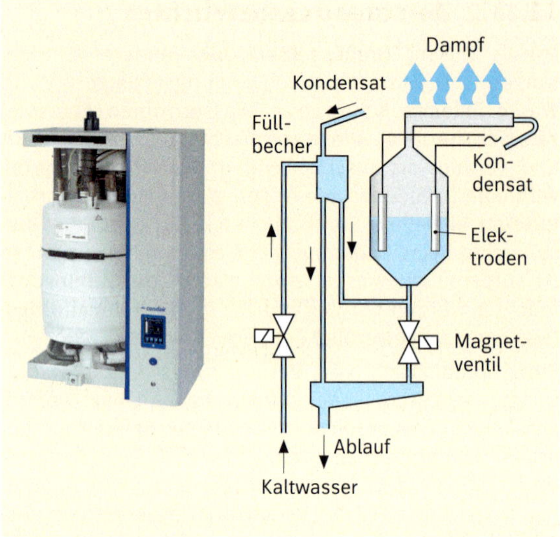

Abb. 1: Dampfbefeuchter

13.12 Luftentfeuchter

! *Luftentfeuchter* haben die Aufgabe, für die gewünschte Luftfeuchtigkeit im Raum zu sorgen, indem sie den Feuchtegehalt der Luft verringern.

Zur Verringerung des Feuchtegehaltes der Luft werden folgende Verfahren angewandt:

- Kondensation
- Adsorption
- Absorption

Bei der *Kondensationsmethode* wird die Luft unter den Taupunkt abgekühlt, sodass der enthaltene Wasserdampf kondensiert. Nach dieser Methode arbeitet z. B. der Oberflächenkühler mit Wasserausscheidung (Kap. 13.10).

Beim *Adsorptionsverfahren* wird der Wasserdampf der Luft an der Oberfläche eines feinporigen festen Stoffes, z. B. Kieselgel, angelagert. Ist das Aufnahmevermögen erschöpft, müssen diese Stoffe meist durch erwärmte Außenluft regeneriert werden (Abb. 2). Da bei der Adsorption Wärme entsteht, ist die entfeuchtete Luft bei Bedarf zu kühlen.

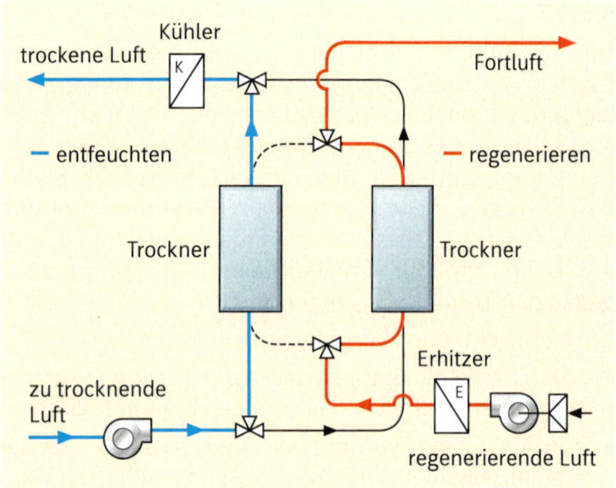

Abb. 2: Luftentfeuchtung durch Adsorption

Das *Absorptionsverfahren* entspricht weitestgehend der Adsorption des Wasserdampfes. Jedoch wird Wasserdampf aus der Luft nicht an einen Stoff angelagert, sondern von einem Stoff aufgenommen, z. B. von einer Salzlösung.

Aufgaben

1. Was versteht man unter einem indirekt beheizten Lufterhitzer?
2. Erklären Sie den Unterschied zwischen direkter und indirekter Kühlung.
3. Von welchen Kriterien ist die Leistung eines Verdunstungsbefeuchters abhängig?
4. Erläutern Sie die Arbeitsweise eines Luftwäschers und nennen Sie dessen Vorteile.
5. Warum sind vor allem Verdunstungs- und Zerstäubungsbefeuchter regelmäßig zu reinigen?
6. Nennen Sie die wesentlichen Vorteile des Dampfbefeuchters.
7. Welche Aufgabe haben Luftentfeuchter und nach welchen Grundprinzipien arbeiten sie?

13.13 Wärmerückgewinnungssysteme (WRGS)

! *WRGS* haben die Aufgabe, die gesamte Energieausnutzung der RLT-Anlage zu verbessern. Durch ihren Einsatz kann der Energiebedarf erheblich gesenkt (z. T. bis 80 %) und die Betriebskosten können entscheidend reduziert werden.

Eine Einteilung der unterschiedlichen WRGS zeigt Tab. 1.

Seit 2009 werden nach EnEV bzw. nach § 68 Gebäudeenergiegesetz (GEG) Einrichtungen zur Wärmerückgewinnung gefordert, und zwar:

- beim Einbau von RLT-Anlagen ab einem Volumenstrom von 4 000 m³/h
- beim Einbau von Klimaanlagen ab einer Nennleistung für den Kältebedarf von 12 kW
- bei Erneuerung von Zentralgeräten

Tab. 1: Einteilung der Wärmerückgewinnungssysteme nach VDI 2071

Kategorie	Rekuperatoren I	Regeneratoren im Kreislaufverbund II	Regeneratoren mit Kontaktflächen III	Wärmepumpen IV
Vorgang	Wärmeaustausch	Wärmeaustausch	Wärme- und Feuchteaustausch	Wärmeaustausch mit Energiezufuhr
Prinzipskizze (Beispiele)	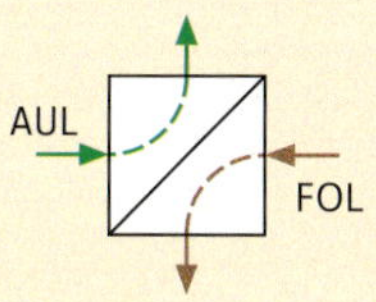	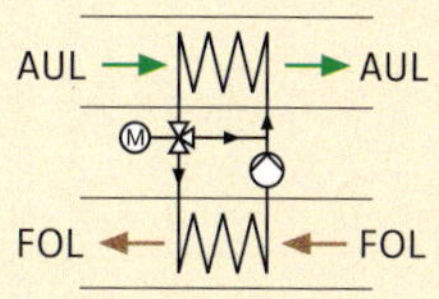	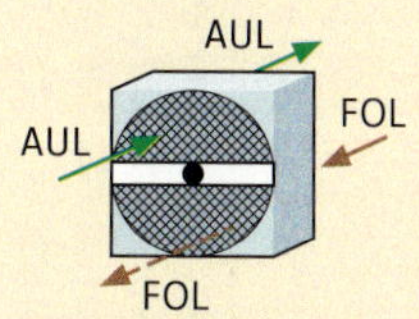	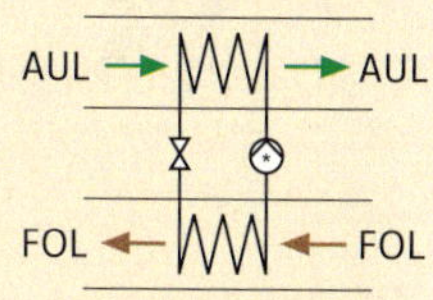
Ausführungsbeispiele	- Platten-WT - Kanal-WT - Glattrohr-WT	- Kompakt-WT - Gegenstromschicht-WT - Wärmerohre	- Rotations-WT - Kapillarventilatoren - statische Wärmespeicher	- mit Kaltdampfverdichter - mit Absorptionssystem

13.13.1 Rekuperatoren

! Bei den *Rekuperatoren* (Kategorie I) erfolgt der Wärmeaustausch zwischen den Luftströmen durch dünnwandige, dampfdiffusionsdichte Trennflächen. Es findet kein Luft- und Feuchteaustausch statt, wodurch keine Schadstoffe, Gerüche, Bakterien usw. übertragen werden können.

Bei Taupunktunterschreitung im wärmeabgebenden Luftstrom bildet sich Kondensat an den Trennflächen, das auch abgeleitet werden muss. Durch die zusätzliche Übertragung der frei werdenden latenten Wärme erhöht sich der Wirkungsgrad um 15–25 %.

Die Außen- und Fortluft strömt im rekuperativen Wärmerückgewinner im Gleich-, Gegen- oder Kreuzstrom aneinander vorbei. Bei den Ausführungsformen der Trennflächen unterscheidet man Platten-, Kanal- und Glattrohrwärmetauscher (Tab. 1, S. 604).

13.13.2 Regeneratoren

! Bei *Regeneratoren* (Kategorie II und III) erfolgt der Wärmeaustausch generell mithilfe eines Zwischenmediums (Wärmeträger). Dieses kann fest, flüssig oder gasförmig sein.

Regeneratoren im Kreislaufverbund

Sie besitzen je einen Wärmetauscher im wärmeabgebenden und im wärmeaufnehmenden Luftstrom (Abb. 3). Zur Wärmeübertragung dient ein zirkulierendes Medium. Infolge der räumlichen Trennung der Luftströme ist kein Stoffaustausch (Feuchte) möglich. Zu dieser Kategorie von WRG-Systemen zählen *Kreislaufverbundsysteme mit Kompakt- oder Gegenstromschicht-Wärmetauschern* und *Wärmerohre*. Bei den erstgenannten Systemen sind die Wärmetauscher mit einem Rohrsystem verbunden (Abb. 3), in dem ein Wasser-Glykol-Gemisch mithilfe einer Umwälzpumpe zwangsweise zirkuliert. Der Wasserkreis ist mit entsprechenden Sicherheitseinrichtungen auszurüsten.

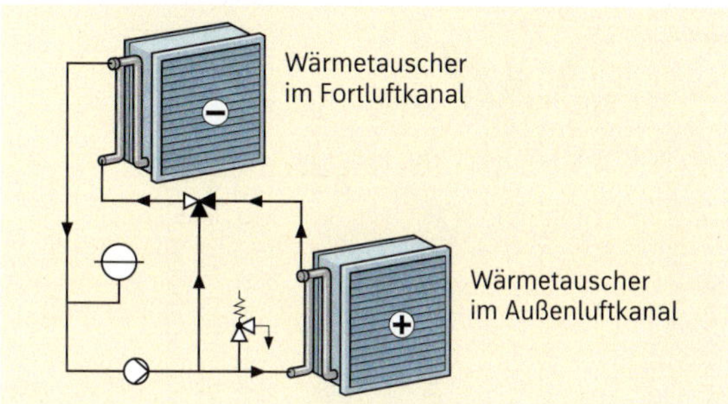

Abb. 3: Prinzip eines Kreislaufverbundsystems

Relativ hohe Wirkungsgrade bis zu 80 % erreicht man beim Einsatz von Wärmetauschern in Gegenstrom-Schicht-Bauweise (Abb. 1, S. 605). Wesentliche Vorteile dieser Kreislaufverbundsysteme sind:

- gute Regelbarkeit der übertragbaren Wärmeleistung durch Veränderung des Massestromes des Trägermediums, z. B. mittels drehzahlgeregelter Pumpe

Tab. 1: Ausführungsformen von Rekuperatoren

Rekuperatortyp	Kreuzstrom-Plattenwärmetauscher	Gegenstrom-Plattenwärmetauscher	Gegenstrom-Kanalwärmetauscher	Glattrohrwärmetauscher
Funktionsprinzip	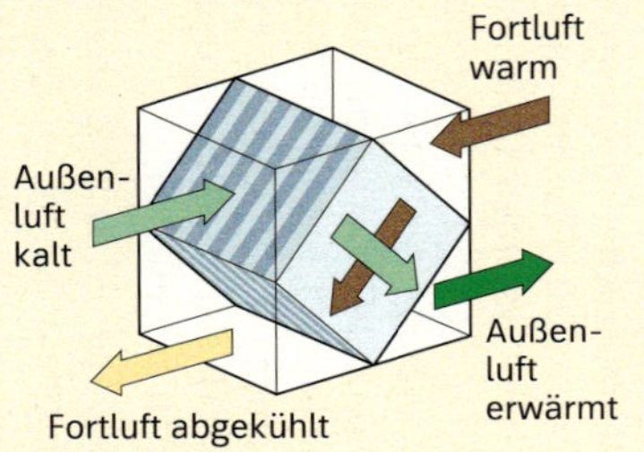	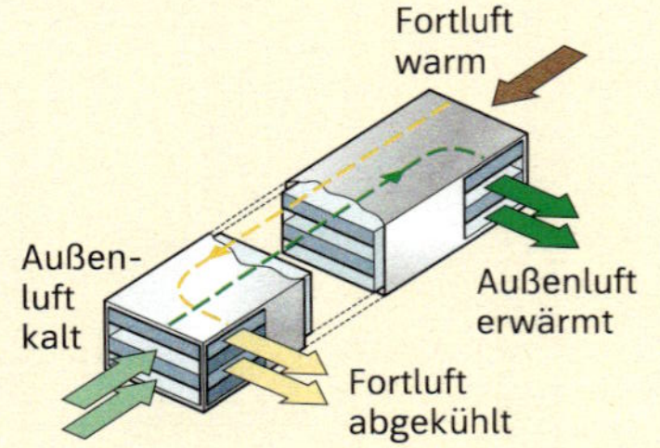	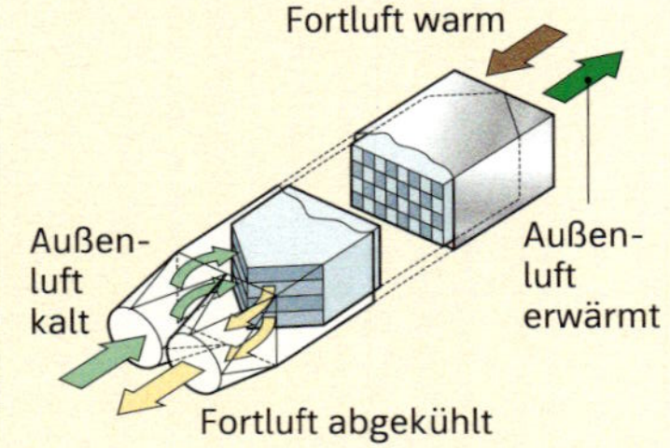	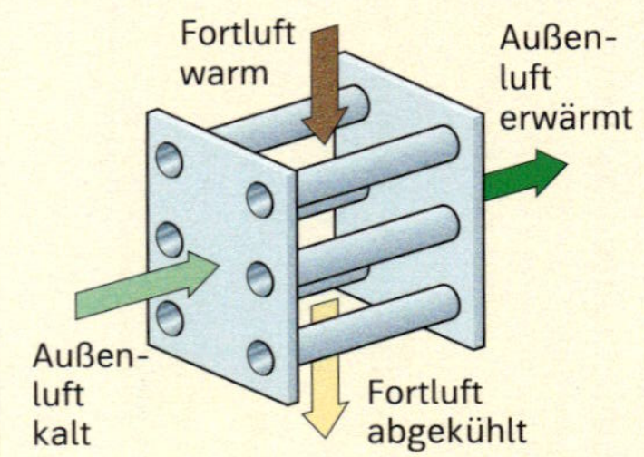
Aufbau	- besteht aus parallelen, nebeneinander angeordneten ebenen oder profilierten Platten, zusammengefügt zu einem kompakten Block	- besteht aus übereinander liegenden, meist ebenen, z. T. auch profilierten Platten	- besteht aus vielen kleinen Lüftungskanälen, dadurch schachbrettmusterförmiges Strömungsprofil	- bestehen aus glatten Rohren, die stirnseitig in zwei Platten eingebunden werden
Rückwärmezahl	bis ca. 65 %	bis ca. 75 %	bis 95 %	bis 80 %
Vorteile	- einfache Bauweise - strömungstechnisch günstige Luftführung	- Vorbeiführen der Luftströme im Gegenstrom, dadurch gleichbleibend gute Temperaturdifferenzen zwischen den Luftströmen	- geringer Druckverlust durch stirnseitigen Luftein- und -austritt - bezogen auf Abmaße sehr große Wärmetauscherfläche - thermodynamisch günstiges Gegenstromprinzip - schlanke, flache Bauform	- leicht zu reinigen - sehr robust - einfache Bauweise
Nachteile	- Kreuzstromprinzip aus thermodynamischer Sicht ungünstig - relativ geringer Wirkungsgrad	- höherer Druckverlust d. Umlenkung d. Luftströme um 90° - bezogen auf Abmessungen relativ geringe Wärmetauscherfläche	- spezielles Know-how für die Herstellung erforderlich	- vergleichsweise große Abmessungen und hohes Gewicht bei geringer Wärmetauscherfläche
Anwendung	- am weitesten verbreitetes WRG-System: Einsatz in kombinierten Zu- und Abluftgeräten, z. B. zur kontrollierten Wohnungslüftung, in Zentralgeräten, Wand- und Dachgeräten	- in WRG-Anlagen nur selten eingesetzt	- integiert in Lüftungssysteme für Wohnhäuser, Bürogebäude, Kaufhäuser, Werkhallen - Einbau in zentrale und dezentrale Anlagen, z. B. Etagenlüftung, Anordnung in Zwischendecken und Wänden möglich	- für extreme Einsatzbedingungen, z. B. bei aggressiver Fortluft, sehr hohe Temperaturen - Einsatzgebiete sind Laboratorien, Großküchen, Trocknungsanlagen, Galvanikbetriebe, Tierställe

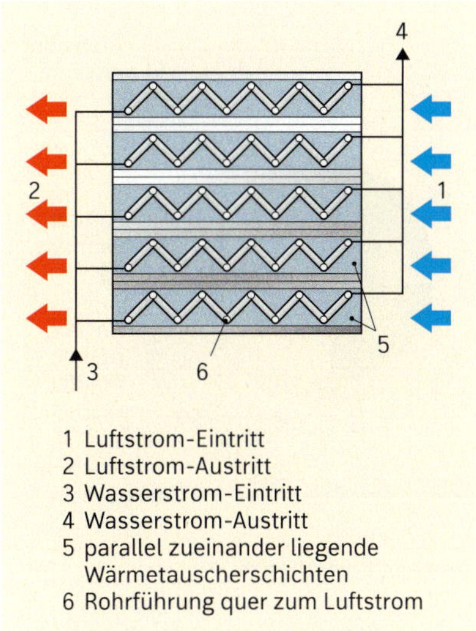

Abb. 1: Wärmetauscher in Gegenstrom-Schicht-Bauweise

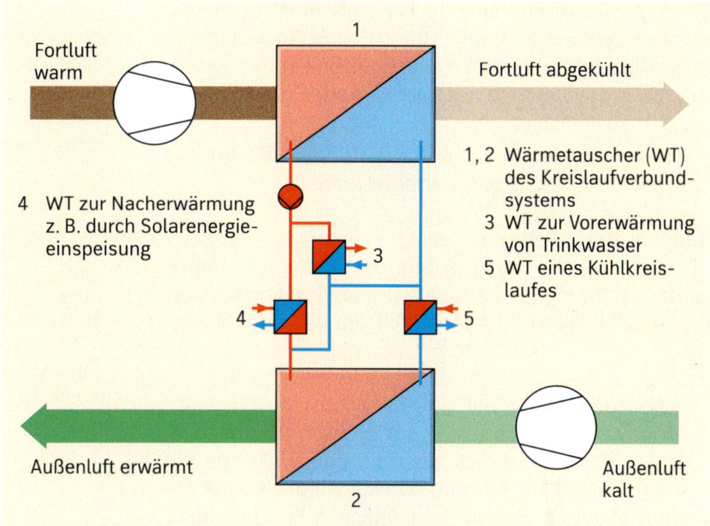

Abb. 2: Kreislaufverbundsystem mit multifunktionaler Nutzung

- räumlich getrennte Kanalführung für Fort- und Abluft möglich, was den nachträglichen Einbau erleichtert
- multifunktionale Nutzung durch Einbindung weiterer Wärmetauscher möglich (Abb. 2)

Die ebenfalls zur Kategorie II gehörenden Wärmerohre bestehen aus vakuumdicht verschlossenen Lamellenrohren, welche je zur Hälfte im Fort- und Außenluftkanal angeordnet werden. Zur Wärmeübertragung dient ein im Rohr befindliches Kältemittel (Abb. 3). Dieses nimmt die Wärme aus der Fortluft auf, indem es verdampft. Durch den kalten Außenluftstrom kondensiert der Kältemitteldampf unter Wärmeabgabe. Das Kältemittel zirkuliert selbstständig, ohne dass Fremdenergie benötigt wird. Es muss jedoch auf den Temperaturbereich der Luftströme abgestimmt werden. Als nachteilig erweist sich, dass sich dieses Prinzip in den Sommermonaten zur Kältegewinnung schlecht umkehren lässt und schwierig zu regeln ist.

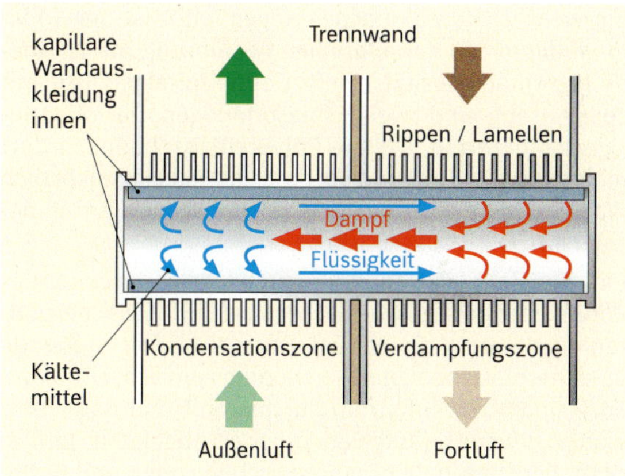

Abb. 3: Aufbau eines Wärmerohres

Regeneratoren mit Kontaktflächen

Bei diesem System dienen Speichermassen zur Wärmeübertragung, die abwechselnd mit dem Fort- und Außenluftvolumenstrom in Berührung gebracht werden. Es wird nicht nur sensible, sondern auch latente Wärme in Form von Feuchte ausgetauscht. Es werden relativ hohe Wirkungsgrade erzielt. Ein Nachteil der Systeme ist, dass sich die Luftströme vermischen können, wodurch Gerüche und Schadstoffe übertragen werden.

Die am häufigsten eingesetzte Bauart dieser Kategorie ist der Rotationswärmetauscher. Er besitzt ein langsam rotierendes Speicherrad (5–10 Umdrehungen pro Minute), z. B. aus dünnem Aluminiumblech mit wabenähnlichem Aufbau (Abb. 4). Die Anordnung des Speicherades erfolgt axial in Richtung der Luftströme.

Im Fortluftstrom wird von der einen Hälfte des Speicherrades Wärme und Feuchte aufgenommen und nach

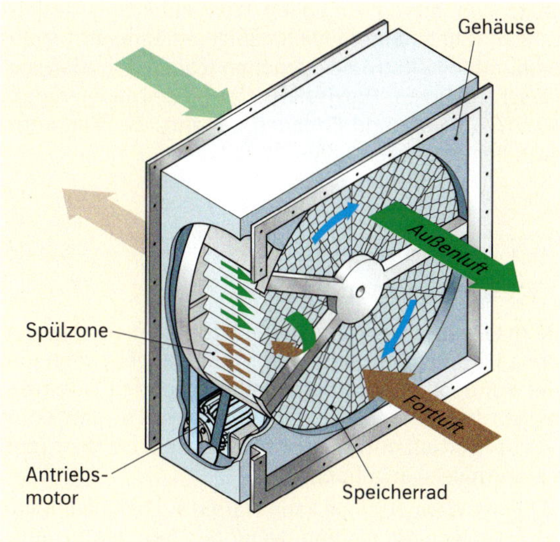

Abb. 4: Aufbau eines Rotationswärmetauschers

einer halben Umdrehung an den Außenluftstrom wieder abgegeben. Der direkte Übertritt von Fortluft in den Außenluftkanal wird durch eine Spülzone verhindert, in der die in den Kanälen des Speicherrades verbleibende Fortluft ausgeblasen wird.

Nach der Art des Speichermaterials und der Art der Feuchteübertragung unterscheidet man:

Kondensations-Regeneratoren:
Sie übertragen Feuchte nur dann, wenn durch Taupunktunterschreitung der Fortluft Wasserdampf kondensiert und anschließend im Außenluftstrom wieder verdunstet.

Sorptions-Regeneratoren:
Sie besitzen Speichermassen mit porösen Oberflächen. Diese sind so behandelt, dass sie den Wasserdampf aus der Fortluft binden und danach wieder an die Außenluft abgeben. Bei unterschiedlichen Feuchtegehalten der Luftströme wird bei allen Temperaturzuständen Feuchte übertragen. Der Wirkungsgrad liegt bei 70–80 %.

Ein weiterer Kontaktflächen-Regenerator ist der *Kapillarventilator*. In der speziellen Ausführung als Wärmerückgewinner besitzt er ein Doppelspiralgehäuse mit zwei Ansaug- und zwei Ausblasöffnungen. Das offenporige Ventilatorrad, z. B. aus Polyurethanschaum, fördert gleichzeitig Außen- und Fortluft und tauscht zusätzlich Wärme und Feuchte aus (Abb. 1). Der Wirkungsgrad beträgt 40–50 %.

Ein ebenfalls mit einer Speichermasse arbeitendes WRGS ist der *statische Wärmespeicher* (Speicherplattenregenerator). Er verfügt über zwei fest stehende Speicherplattenpakete. Sie werden abwechselnd vom Fort- und Außenluftstrom durchströmt und dabei entweder erwärmt (aufgeladen) oder abgekühlt (entladen). Der Umschaltvorgang zwischen Laden und Entladen erfolgt mittels Klappensystem (Abb. 2). Die Länge der Umschaltintervalle ist am Gerät einstellbar. Kurze Taktzeiten führen zu hohen Wärmeübertragungsleistungen und zu einer gleichmäßigeren Temperatur des erwärmten Luftstromes, erhöhen jedoch den Klappenverschleiß. In der Praxis hat sich eine Zeitdauer von ca. 40 s für das Be- und Entladen bewährt. Der Wirkungsgrad der Geräte beträgt 70–90 %.

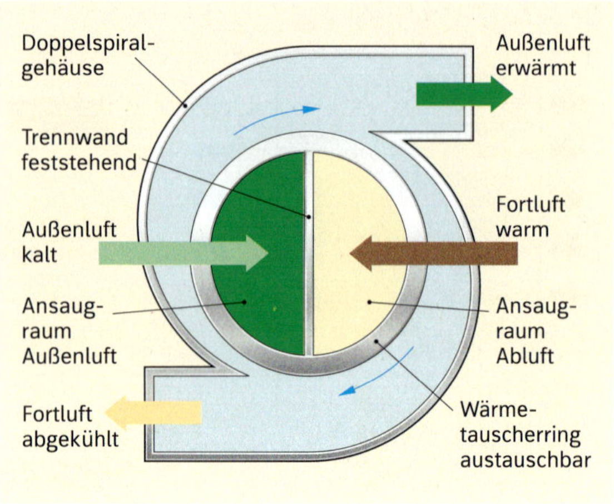

Abb. 1: Aufbau eines Kapillarventilators

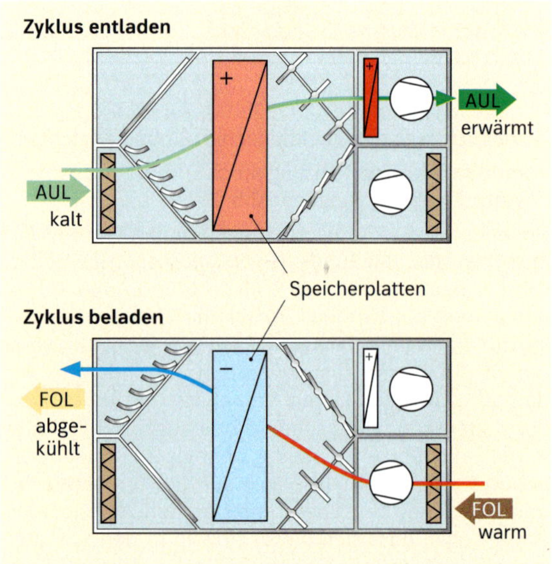

Abb. 2: Prinzip des Speicherplattenregenerators

Immer mehr Wärmepumpenhersteller bieten Geräte mit reversiblem (umkehrbarem) Betrieb an, die im Winter zur Luftheizung und im Sommer zur Luftkühlung dienen (analog Abb. 2, S. 617).

13.13.3 Wärmepumpen

Beim Einsatz einer Wärmepumpe zur Wärmerückgewinnung wird der Verdampfer im Wärme abgebenden und der Kondensator im Wärme aufnehmenden Luftstrom angeordnet. Durch die Energiezufuhr wird die im Winter aus der Fortluft entzogene Wärme auf ein höheres Temperaturniveau angehoben.

Mit einer Wärmepumpe kann Wärme auch dann effektiv zurückgewonnen werden, wenn der Temperaturunterschied zwischen den Luftströmen relativ gering ist.

Aufgaben

1. Wozu dienen Systeme zur Wärmerückgewinnung?
2. Nennen Sie die drei grundlegenden Arten von Wärmerückgewinnungssystemen und beschreiben Sie deren wesentlichste Merkmale.
3. Stellen Sie die Vor- und Nachteile von Platten- und Kanalwärmetauschern gegenüber.
4. Beschreiben Sie Aufbau und Wirkungsweise eines Wärmerohres und eines Rotationswärmetauschers.
5. Welche Vorteile hat der Einsatz einer Wärmepumpe zur Wärmerückgewinnung?

▶ Anlagen zur Raumlüftung und Klimatisierung

Die Raumlufttechnik (RLT) wird unterteilt in freie Lüftungssysteme und Raumlufttechnische Anlagen (RLT-Anlagen, Abb. 3).

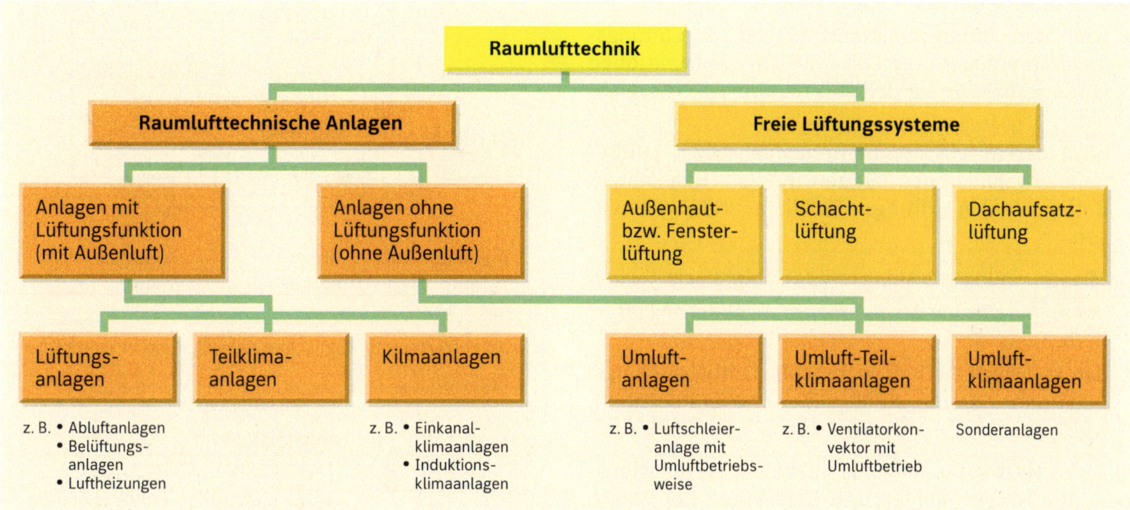

Abb. 3: Einteilung der Raumlufttechnik

13.14 Freie Lüftungssysteme

! Merkmal aller *freien Lüftungssysteme* ist, dass sie ohne Ventilator arbeiten. Die Bewegung der Luft erfolgt durch den Dichteunterschied zwischen Raum- und Außenluft und/oder durch Druckunterschied, hervorgerufen durch Windkräfte.

Beim Einsatz freier Lüftungssysteme ergeben sich folgende Nachteile:

- Die Wirksamkeit ist stark abhängig von Witterung und Jahreszeit. Es kann kein gesicherter Luftwechsel garantiert werden.
- Je nach Wind- und Temperaturverhältnissen können Komforteinbußen auftreten, z. B. infolge von Zugerscheinungen.
- Es treten große Energieverluste auf, da keine Wärmerückgewinnung möglich ist.

Fensterlüftung

Sie ist die wichtigste Art der freien Lüftung und vor allem für die Raumlüftung in Wohngebäuden von großer Bedeutung. Fenster mit geringem Fugendurchlasskoeffizienten, wie sie das Gebäudeenergiegesetz fordert, ermöglichen keinen hinreichenden Luftwechsel allein über die Fensterfugen. Für einen hygienisch ausreichenden Luftwechsel (im Winter 0,3–0,8 h^{-1}) ist eine regelmäßige Fensterlüftung notwendig (Abb. 4). Hierbei ist die *Stoßlüftung* zu bevorzugen. Neben den geringeren Wärmeverlusten im Vergleich zu Dauerlüftung verhindert der rasche Luftaustausch gleichzeitig eine Auskühlung der Raumumschließungsflächen.

a)

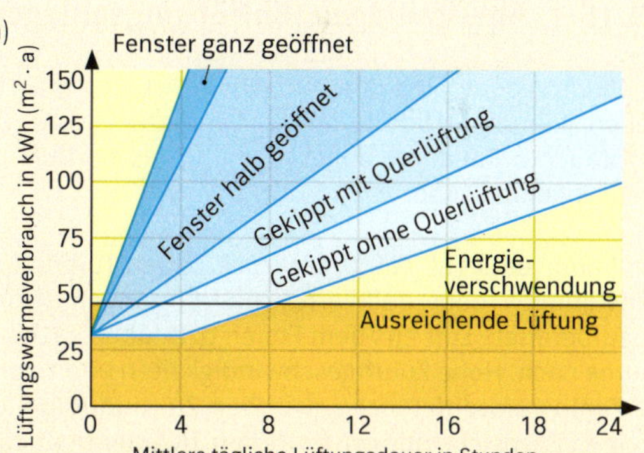

b)

Art der Fensterlüftung	ungefährer Luftwechsel in h^{-1}
Fenster und Türen zu	0 ... 0,5
Fenster gekippt, Rollladen geschlossen	0,3 ... 1,5
Fenster gekippt, keine Rollladen („Dauerlüftung“)	0,8 ... 4,0
Fenster halb geöffnet	5,0 ... 10,0
Fenster ganz geöffnet („Stoßlüftung“)[1]	9,0 ... 15,0
Fenster und Türen ganz geöffnet, gegenüber	25,0 ... 45,0

[1] Das bedeutet z. B., dass bei nur etwa 5 Minuten Stoßlüften (Fenster ganz geöffnet) ein 1facher Luftwechsel erreicht wird

Abb. 4: Fensterlüftung:
a) Lüftungswärmeverbrauch, b) Luftwechselzahlen

13.15 Raumlufttechnische Anlagen

! Bei *RLT-Anlagen* erfolgt die Luftförderung durch Ventilatoren.

Man unterscheidet RLT-Anlagen (Abb. 3, S. 607):

- nach der Lüftungsfunktion: Anlagen mit Lüftungsfunktion erneuern die Luft im Raum. Anlagen ohne Lüftungsfunktion werden als Umluftanlagen bezeichnet.
- nach der Anzahl der thermodynamischen Luftbehandlungsfunktionen (**H**eizen, **K**ühlen, **B**efeuchten, **E**ntfeuchten) in Lüftungs-, Teilklima- und Klimaanlagen.

Die Beschreibung des Anlagentyps erfolgt nach

- der für die Lüftung des Raumes maßgeblichen Luftart (Abb. 1),
- den jeweiligen thermodynamischen Luftbehandlungsfunktionen (Heizen, Kühlen, Be- und Entfeuchten), welche die Anlage ausführen kann.

Beispiel: **HKB-MIL** = Teilklimaanlage mit Lüftungsfunktion zum Heizen, Kühlen und Befeuchten der Zuluft, Mischluftbetrieb (Außen- und Umluft).

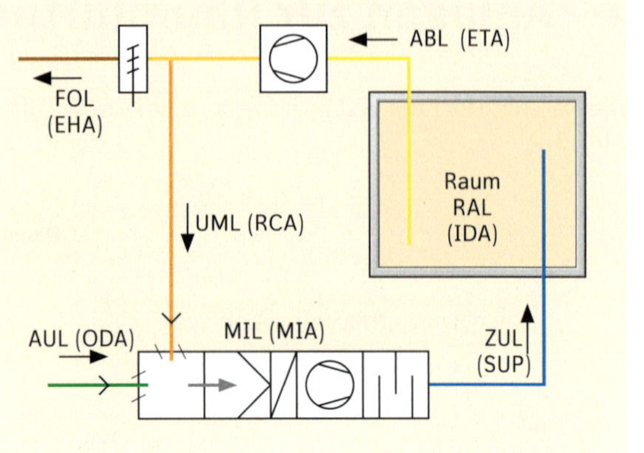

Außenluft	AUL	Abluft	ABL	Mischluft	MIL
Fortluft	FOL	Umluft	UML	Zuluft	ZUL

Abb. 1: Luftarten mit englischen Abkürzungen in Klammern

13.15.1 Abluftanlagen (Entlüftungsanlagen)

! *Abluftanlagen* sind die einfachste Art der maschinellen Lüftung. Mithilfe eines Ventilators wird die verbrauchte Raumluft abgesaugt und als Fortluft ins Freie abgeführt (Abb. 2).

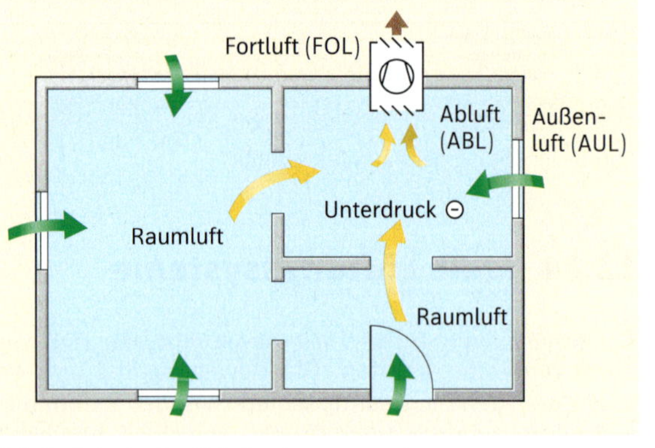

Abb. 2: Prinzip der Abluftanlage

Im Raum entsteht ein Unterdruck. Über Türen- und Fensterfugen oder definierte Zuluftöffnungen strömt unaufbereitete Luft aus dem Freien bzw. über Nachbarräume nach. Hohe Zuluftgeschwindigkeiten und zu große Temperaturdifferenzen zwischen Zu- und Raumluft können Zugerscheinungen bewirken. In Aufenthaltsräumen muss die nachströmende Zuluft durch größer dimensionierte Heizkörper erwärmt werden.

Abluftanlagen finden hauptsächlich Anwendung bei Räumen mit starker Luftbelastung, z. B. durch Gerüche, Dämpfe, Schadstoffe oder hohe Temperaturen. Aufgrund des im Raum erzeugten Unterdruckes wird eine Ausbreitung der Luftverunreinigungen in andere Räume verhindert. Typische Einsatzgebiete für Abluftanlagen sind Küchen, Schweißereien, Tierställe, Tiefgaragen und Sanitärräume.

Abluftanlagen für Bäder und Toilettenräume ohne Außenfenster (DIN 18 017-3)

Diese Abluftanlagen werden zum Abführen von Gerüchen und Feuchtigkeit aus innen liegenden Bädern und Toiletten eingesetzt. Des Weiteren lassen sich auch Küchen und Abstellräume über Anlagen, die nach dieser Norm ausgeführt werden, entlüften.

Nach DIN 18 017-3 unterscheidet man:

- Einzelentlüftungsanlagen
- Zentralentlüftungsanlagen

Einzelentlüftungsanlagen

! *Einzelentlüftungsanlagen* sind Entlüftungsanlagen mit einem eigenen Ventilator für jede Wohneinheit.

Sie haben entweder für jede Wohnung eine eigene Abluftleitung oder es werden mehrere Wohneinheiten an eine gemeinsame Abluftleitung angeschlossen (Abb. 3).

Zentralentlüftungsanlagen

! *Zentralentlüftungsanlagen* besitzen einen gemeinsamen Ventilator für mehrere Wohneinheiten.

Die zu entlüftenden Räume werden über Abluftventile und Anschlussleitungen mit der Hauptleitung und dem zentralen Ventilator verbunden (Abb. 4).

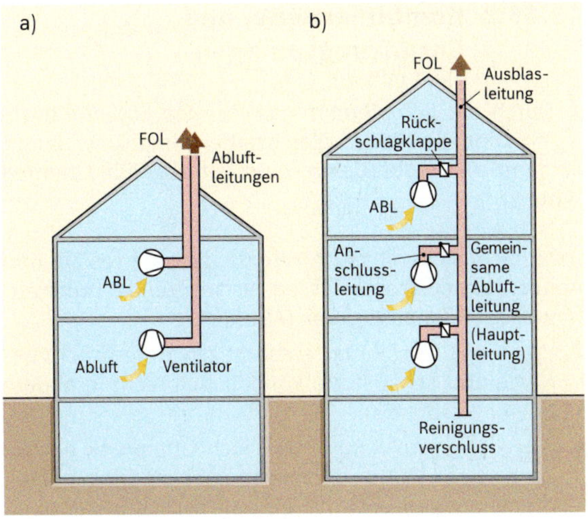

Abb. 3: Einzelentlüftungsanlage a) mit eigenen Abluftleitungen, b) mit gemeinsamer Abluftleitung

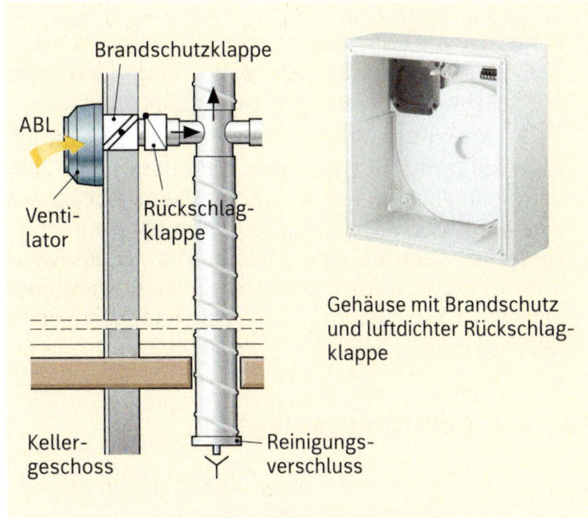

Abb. 5: Abluftleitung mit Reinigungsöffnung und Rückschlagklappe

Lüftungstechnische und hygienische Anforderungen an Einzel- und Zentralentlüftungsanlagen

Im Folgenden werden einige wesentliche Anforderungen, die an die Ausführung von Abluftanlagen nach DIN 18017-3 gestellt werden, aufgeführt.

- *Volumenströme*. Für Bäder, auch mit Klosettbecken, sind wahlweise folgende Mindestvolumenströme zu garantieren:
  - 40 m^3/h, wenn der Volumenstrom mindestens über eine Dauer von 12 h pro Tag abgeführt wird
  - 60 m^3/h bei bedarfsgeführten Anlagen während der Nutzung; kann der Volumenstrom auf 0 m^3/h reduziert werden, sind nach jedem Ausschalten weitere 15 m^3 Luft abzuführen.

  Für Toilettenräume kann der Volumenstrom auf die Hälfte der angegebenen Werte reduziert werden.
- *Zuluftführung*. Um eine ausreichende Zuluftzufuhr zu garantieren, muss jeder zu entlüftende Raum eine unverschließbare Nachströmöffnung mit einem freien Querschnitt von 150 cm^2 haben.

  Diese kann z. B. als Lüftungsgitter oder durch Kürzen des Türblattes um 2 cm ausgebildet werden. Die Außenluft strömt durch Undichtheiten in der Außenhaut der Wohnung nach. Ist jedoch der durch den Abluftvolumenstrom erzeugte Luftwechsel größer als 0,8 h^{-1}, bezogen auf das gesamte Wohnungsvolumen, so sind besondere Zulufteinrichtungen erforderlich, z. B. Schächte.
- *Abluftführung*. Die Abluft sollte möglichst nahe der Decke aus dem Raum abgeführt werden.

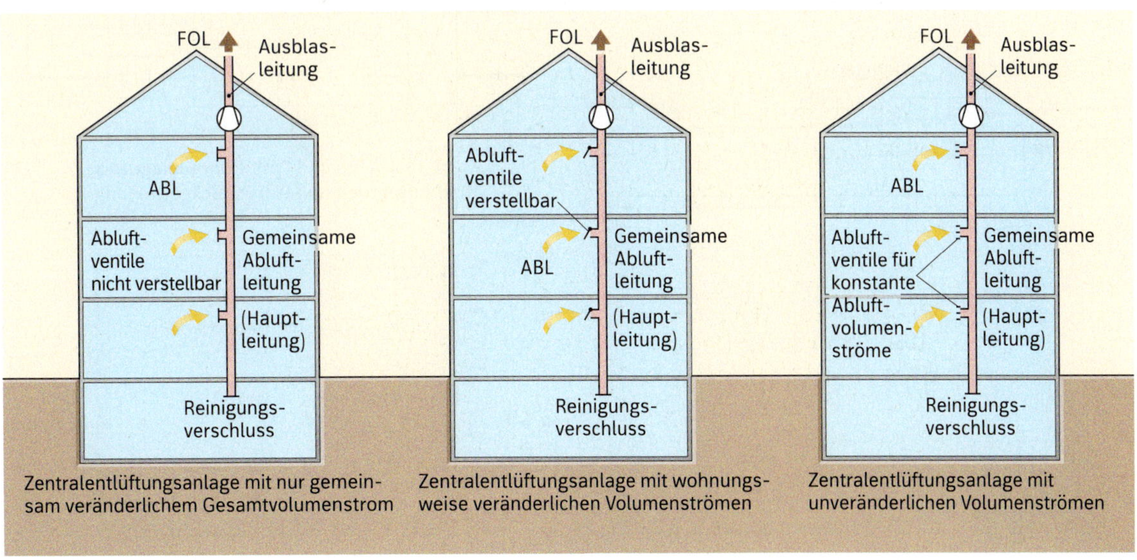

Abb. 4: Zentralentlüftungsanlagen

- *Luftführung im Raum*. In Bädern muss die Luft zur Vermeidung von Zugerscheinungen so geführt werden, dass im Aufenthaltsbereich der/des Badenden keine Luftgeschwindigkeiten von über 0,2 m/s auftreten.
- *Übertragung von Staub und Gerüchen*. Die Entlüftungsanlagen sind so zu betreiben, dass keine Luftverunreinigungen von Raum zu Raum übertragen werden. Aus diesem Grund dürfen mehrere Ventilatoren nur dann an eine gemeinsame Abluftleitung angeschlossen werden, wenn hinter jedem Ventilator eine dicht schließende Rückschlagklappe angeordnet wird (Abb. 5, S. 609).

13.15.2 Belüftungsanlagen

! Bei *Belüftungsanlagen* wird Außenluft angesaugt und in den zu belüftenden Raum gefördert.

Im Raum entsteht ein Überdruck (Abb. 1). Dieser bewirkt, dass überschüssige Raumluft über Fugen oder andere Öffnungen in Nebenräume oder ins Freie entweicht. Ein unkontrollierter Zustrom von belasteter Luft in den Raum wird unterbunden.

Belüftungsanlagen besitzen außer dem Ventilator und dem Luftverteilungssystem einen Lufterhitzer. Er hat die Aufgabe, kalte Zuluft auf annähernd Raumtemperatur zu erwärmen. Eine Zulufttemperatur unterhalb der Raumlufttemperatur würde eine Raumkühlung und ggf. Zugerscheinungen bewirken. Ein Filter dient zum Reinigen der Zuluft und verhindert ein Verschmutzen des Lufterhitzers.

Der Einsatz von Belüftungsanlagen ist in der Regel auf Räume beschränkt, in denen keine großen Luftverunreinigungen und Feuchtigkeiten auftreten, z. B. Verkaufs- und Ausstellungsräume. Hinsichtlich des Energieverbrauchs sind Abluft- und Entlüftungsanlagen gleich zu bewerten. Beide Anlagenarten haben den Nachteil der fehlenden Wärmerückgewinnung.

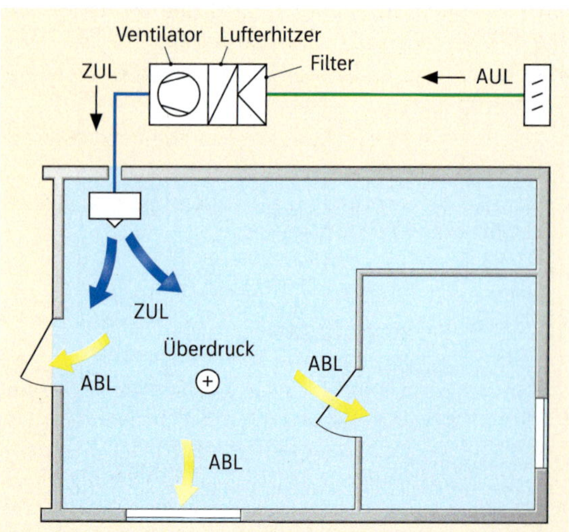

Abb. 1: Prinzip der Belüftungsanlage

13.15.3 Kombinierte Be- und Entlüftungsanlagen

! Durch die *Kombination von Be- und Entlüftungsanlagen* kann der Raum gleichzeitig mit frischer Zuluft versorgt und verbrauchte Raumluft abgeführt werden (Abb. 2).

In Abhängigkeit von der Größe der geförderten Zu- und Abluftvolumenströme lassen sich folgende Druckverhältnisse im Raum erzielen (Abb. 3):

- $\dot V_{ZUL} < \dot V_{ABL}$: Im Raum entsteht ein Unterdruck, Gerüche und Schadstoffe können sich nicht in andere Räume ausbreiten.
- $\dot V_{ZUL} < \dot V_{ABL}$: Im Raum stellt sich Überdruck ein. Es kann keine Luft aus Nachbarräumen eindringen, Zugerscheinungen und der Eintrag von Luftverunreinigungen werden vermieden.
- $\dot V_{ZUL} < \dot V_{ABL}$: Im Raum besteht Gleichdruck.

Kombinierte Be- und Entlüftungsanlagen ermöglichen eine optimale Luftführung, einen einwandfreien Luftzustand im Raum sowie eine Wärmerückgewinnung.

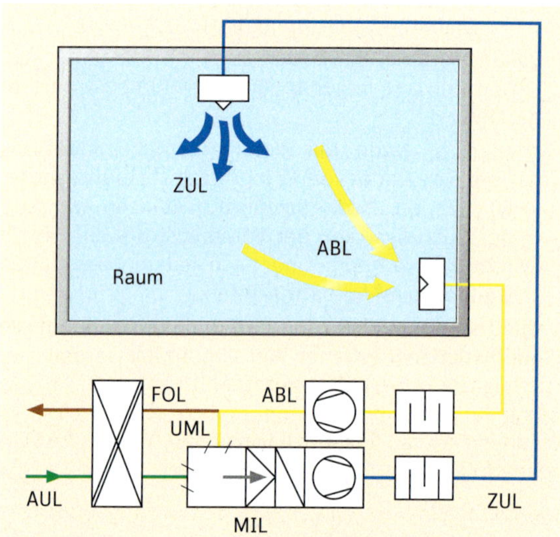

Abb. 2: Kombinierte Be- und Entlüftungsanlage mit Mischluftbetrieb und Wärmerückgewinnung

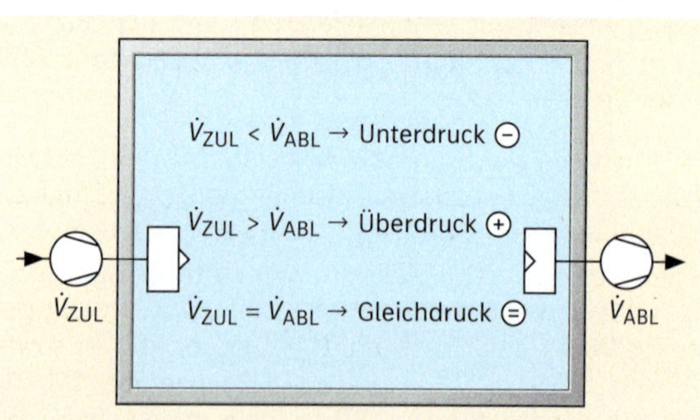

Abb. 3: Druckverhältnisse im Raum

Je nach Aufbau der Anlage lassen sich folgende Bauarten bzw. Betriebsweisen unterscheiden:

- *Außenluftanlagen*, bei denen die Zuluft ausschließlich Außenluft ist. Aus hygienischer Sicht ist diese Betriebsweise zu bevorzugen. In Verbindung mit einem Wärmerückgewinnungssystem ergibt sich auch eine günstige Energiebilanz.
- *Mischluftanlagen*, bei denen in einer Mischkammer Außen- und Umluft in einem bestimmten Verhältnis gemischt werden. Der Außenluftanteil wird so groß gewählt, dass eine ausreichende Lufterneuerung stattfindet. Durch Beimischen von Umluft wird der Zuluftvolumenstrom erhöht und somit ein hoher Luftwechsel bei sparsamem Energieeinsatz gewährleistet. Der Nachteil des Mischluftbetriebes besteht darin, dass über den Umluftanteil ein Teil der in der Raumluft enthaltenen Belastungen der Zuluft erneut zugeführt wird.

Kombinierte Be- und Entlüftungsanlagen sind die geeignetste Lüftungsart für große Räume, z. B. Säle, Gaststätten und Produktionshallen.

13.15.4 Luftheizungsanlagen

! *Luftheizungsanlagen* dienen zur Raumbeheizung mittels erwärmter Zuluft. Dabei können sie die Raumheizlast vollständig oder nur teilweise abdecken.

Luftheizungsanlagen mit Ventilatoren entsprechen in ihrem grundlegenden Aufbau und ihrer Wirkungsweise den Lüftungsanlagen. Der eigentliche Unterschied besteht in der höheren Zulufttemperatur, in der Regel 30–50 °C. Sie ist erforderlich, um dem Raum die gewünschte Wärmemenge zuzuführen. Im reinen Heizbetrieb arbeiten die Anlagen mit Umluft. Bei Einsatz einer Mischkammer und eines Außenluftanschlusses ist gleichzeitig ein Lüftungsbetrieb möglich. Die Erwärmung der Luft kann entweder indirekt durch Heizregister oder direkt an den Heizflächen eines Warmlufterzeugers erfolgen.

Die wichtigsten Vorteile der Luftheizung gegenüber der Warmwasserheizung sind:

- sehr kurze Aufheizzeit auch bei großer Heizlast
- punktuelle Beheizung möglich
- Möglichkeit der Lüftungsfunktion und der Kühlung mit kalter Außenluft in der Übergangszeit (freie Kühlung)

Als Nachteile erweisen sich die verstärkte Staubaufwirbelung infolge der großen Luftumwälzung, die fehlende Strahlungswärme und der größere Geräuschpegel.

Häufig eingesetzte Bauarten von Luftheizungen sind öl- oder gasbeheizte Warmluftautomaten, indirekt beheizte Wand- und Deckenluftheizgeräte (Abb. 4) sowie Zentralgeräte (z. B. Kasten- oder Flachgeräte, Abb. 5). Besonders geeignet sind Luftheizungsanlagen für Großräume im Komfortbereich, z. B. Ausstellungshallen, Verkaufsräume und Sporthallen, sowie im gewerblichen Bereich, z. B. Produktionshallen.

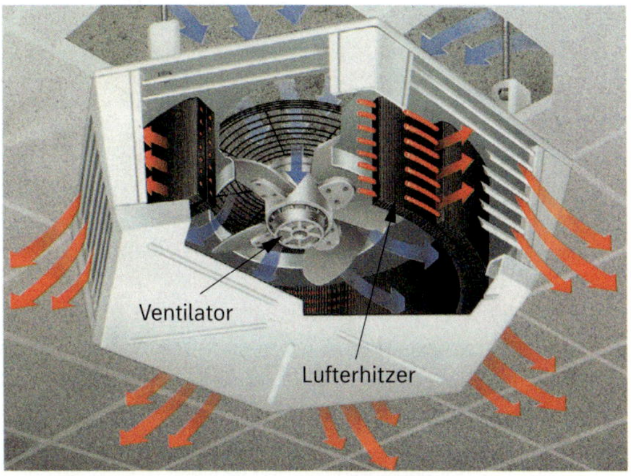

Abb. 4: Deckenluftheizgerät (indirekt beheizt)

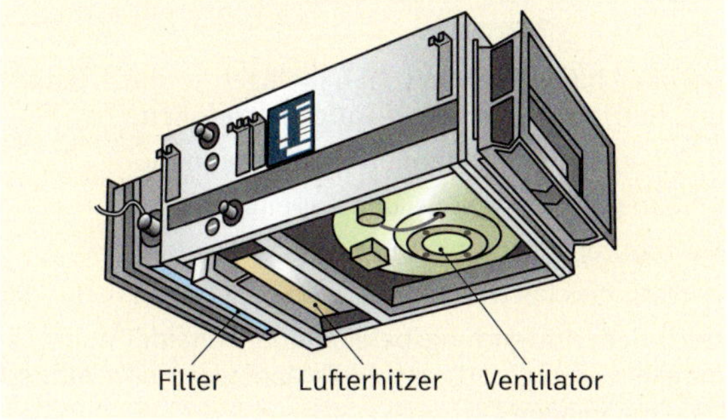

Abb. 5: Flachgerät zum Heizen, Lüften und Filtern

Aufgaben

1. Was versteht man unter freien Lüftungssystemen und welche Nachteile haben diese Systeme?
2. Nennen Sie Einsatzgebiete für Abluftanlagen.
3. Beschreiben Sie Anforderungen, die an Abluftanlagen nach DIN 18017-3 gestellt werden.
4. Erläutern Sie Aufbau und Wirkungsweise einer Belüftungsanlage.
5. Skizzieren Sie den Aufbau einer kombinierten Be- und Entlüftungsanlage.
6. Nennen Sie Vor- und Nachteile der Luftheizung gegenüber der Warmwasserheizung.

13.15.5 Klimaanlagen

! *Klimaanlagen* sind RLT-Anlagen, welche die Raumlufttemperatur und die Raumluftfeuchte während des ganzen Jahres selbsttätig auf vorgegebenen Temperatur- und Feuchtewerten halten. Zur Realisierung dieser Aufgabe verfügen sie über vier thermodynamische Luftbehandlungsfunktionen (Heizen, Kühlen, Be- und Entfeuchten).

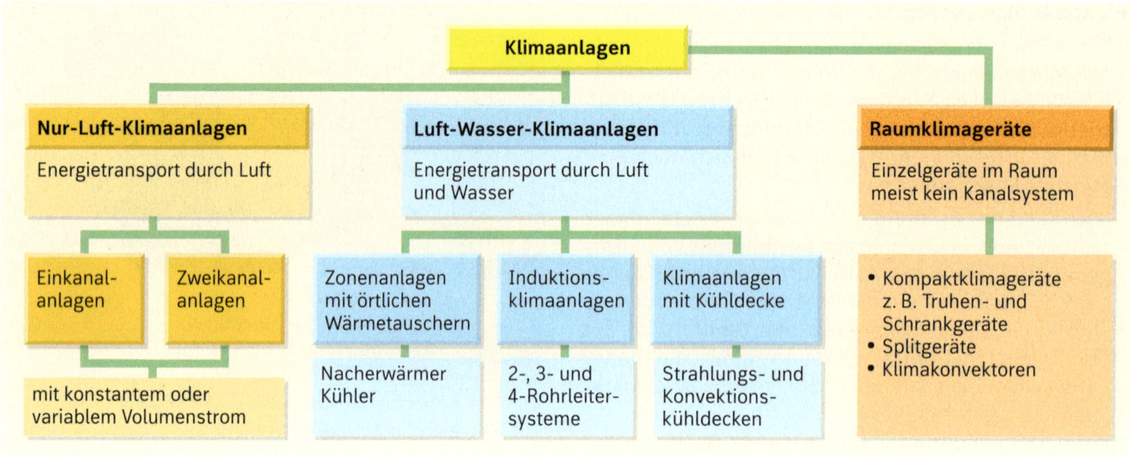

Abb. 1: Einteilung der Klimaanlagen

Darüber hinaus können Klimaanlagen je nach Bauart und Betriebsweise weitere Aufgaben erfüllen:

- Erneuerung der Raumluft (Lüftungsfunktion)
- Reinigung der Außen- und Raumluft
- Abführen von Luftverunreinigungen
- Wärmerückgewinnung

Nach dem Anwendungsbereich unterscheidet man Humanklimaanlagen (Komfortklimaanlagen) und Industrieklimaanlagen.

Humanklimaanlagen erzeugen ein für den Menschen behagliches Raumklima. Sie dienen z. B. zur Klimatisierung von Theatern, Kinos, Hotels, Kaufhäusern, Konferenz- und Büroräumen, Krankenhäusern und Schwimmbädern. Humanklimaanlagen sollten jedoch nicht als „Energie verschwendende Luxusanlagen" zur Befriedigung erhöhter Komfortansprüche verstanden werden. Oft ist aufgrund der Gebäudebauweise eine Raumnutzung ohne Lufttemperaturregelung und Feuchteschutz nicht zumutbar. Durch die Klimatisierung von Arbeitsräumen wird die Leistungsfähigkeit gesteigert und somit ein wirtschaftlicher Aspekt verfolgt.

Industrieklimaanlagen schaffen einen Raumluftzustand, der für die Produktion oder Lagerung von bestimmten Materialen und Erzeugnissen notwendig ist. So erfordert z. B. die Papier- und Textilherstellung eine hohe relative Luftfeuchtigkeit (ca. 70–80 %). Zum Herstellen von Präzisionsteilen und mikroelektronischen Bauelementen wird eine konstante Temperatur und eine hohe Luftreinheit benötigt.

Neben der Einteilung der Klimaanlagen nach dem Anwendungsbereich unterteilt man nach der Art des Wärmeträgers bzw. Energietransportes in Nur-Luft-Klimaanlagen und Luft-Wasser-Klimaanlagen (Abb. 1).

Nur-Luft-Klimaanlagen nutzen ausschließlich Luft als Energieträger. Die Zuluft wird in der Zentrale aufbereitet und durch das Kanalnetz in die zu klimatisierenden Räume transportiert. In Abhängigkeit von der Temperatur und dem Feuchtegehalt der Zuluft wird der Raum entweder geheizt oder gekühlt und be- oder entfeuchtet.

Luft-Wasser-Klimaanlagen nutzen Luft- und Wasserströme als Energieträger. In der Zentrale erfolgt nur eine Grundaufbereitung der Zuluft.

Als Zuluft dient meist reine Außenluft. Die individuelle Anpassung der Luft an die jeweiligen gewünschten Raumluftzustände wird erst unmittelbar vor oder in den zu klimatisierenden Räumen vorgenommen. Die hierzu benötigten Wärmetauscher werden mit einem zusätzlichen Heiz- und/oder Kühlwassernetz versorgt.

Im Folgenden werden Aufbau und Funktion ausgewählter Bauarten von Klimaanlagen beschrieben.

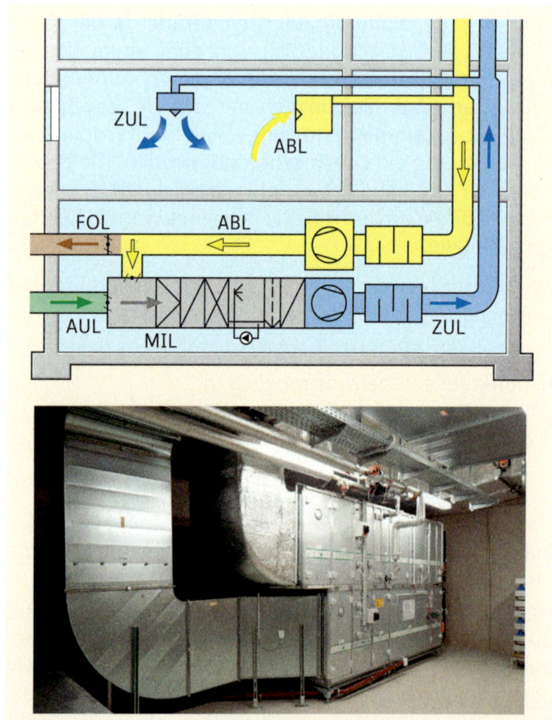

Abb. 2: Einkanal-Klimaanlage

Einkanal-Klimaanlagen

! *Einkanal-Klimaanlagen* bestehen aus einer Klimazentrale mit den Bauteilen zur thermodynamischen Aufbereitung der Luft und dem Kanalsystem (Abb. 2). Dieses verfügt über nur einen Zuluftkanal, wodurch alle angeschlossenen Räume mit Zuluft vom gleichen Zustand versorgt werden.

Einkanal-Klimaanlagen sind die entwicklungstechnisch ältesten Klimaanlagen.

Die Bauart und Anordnung der Bauteile der Zentrale bestimmt die Art und Weise der Luftaufbereitung, z. B. Dampf- oder Sprühbefeuchtung. Die Änderung der Luftzustände in den Bauteilen der Klimazentrale können mithilfe des Mollier-h,x-Diagramms dargestellt werden. Es dient gleichzeitig zur Auslegung der Bauteile bei der Anlagenplanung. Abb. 3 zeigt am Beispiel einer Einkanal-Klimaanlage den Verlauf der Luftzustandsänderungen im Sommer- und Winterbetrieb.

Einkanal-Klimaanlagen werden mit konstantem oder variablem Zuluftvolumenstrom betrieben. Bei Anlagen mit *konstantem Volumenstrom* wird die Raumtemperatur durch Ändern der Zulufttemperatur geregelt.

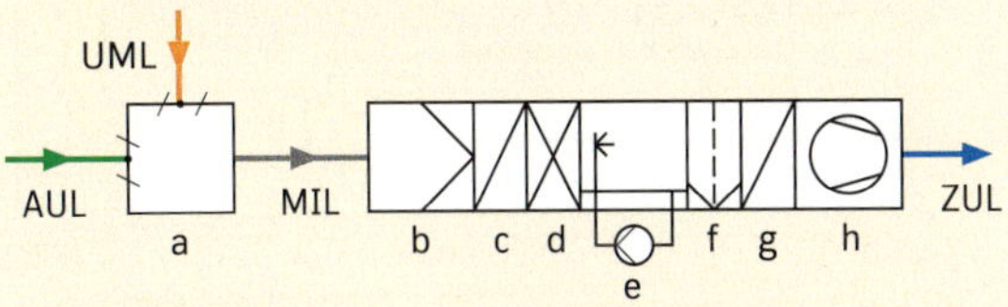

a Mischkammer
b Filter
c Vorerwärmer
d Kühler/Entfeuchter
e Luftwäscher (Sprühbefeuchter)
f Tropfenabscheider
g Nacherwärmer
h Ventilator

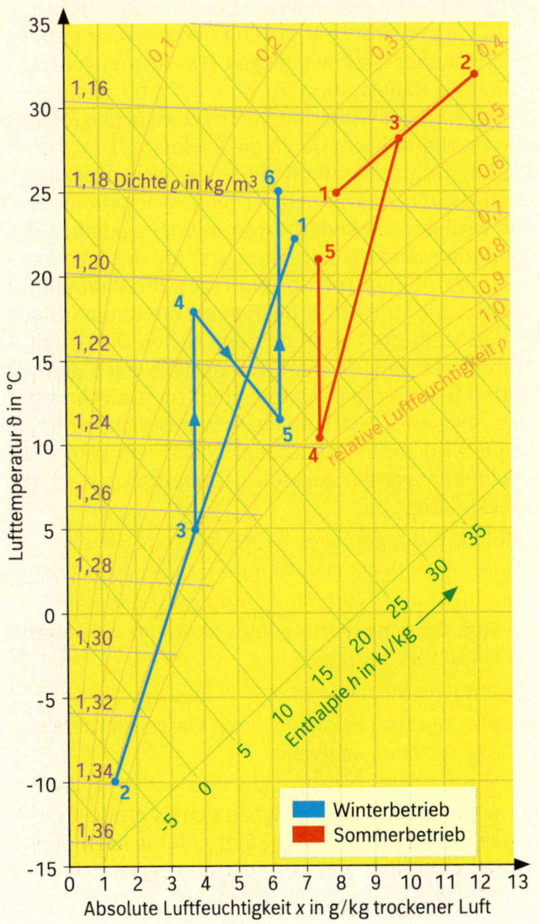

Winterbetrieb	
Stufen der thermodynamischen Luftbehandlung	Darstellung im *h,x*-Diagramm
1. Mischen der Außen- und Umluft in der Mischkammer	Der Mischvorgang wird durch Verbindungsgrade zwischen den Luftzuständen 1 (UML) und 2 (AUL) dargestellt. Der Punkt 3 kennzeichnet den Zustand der Mischluft.
2. Aufheizen der Zuluft im Vorerwärmer auf Befeuchtungstemperatur	Der Erwärmungsvorgang verläuft von Punkt 3 zu Punkt 4 auf einer senkrechten Linie bei konstanter absoluter Luftfeuchte. Die relative Luftfeuchte nimmt ab.
3. Befeuchten der Zuluft im Luftwäscher (Sprühbefeuchter)	Der Befeuchtungsvorgang im Luftwäscher verläuft von Punkt 4 zu Punkt 5 auf einer Linie mit konstantem Wärmeinhalt in Richtung der Sättigungslinie $\varphi = 1$. Dabei sinkt die Lufttemperatur.
4. Aufheizen der Zuluft im Nacherwärmer auf die gewünschte Zulufttemperatur und Luftfeuchte.	Der Erwärmungsvorgang im Nacherwärmer verläuft von Punkt 5 zu Punkt 6 auf senkrechter Linie analog dem Vorgang im Vorwärmer.

Sommerbetrieb	
Stufen der thermodynamischen Luftbehandlung	Darstellung im *h, x*-Diagramm
1. Mischen der Außen- und Umluft in der Mischkammer	Der Mischvorgang verläuft auf Verbindungsgraden zwischen Punkt 1 (UML) und 2 (AUL).
2. Kühlen und Entfeuchten der Luft im Kühler auf die gewünschte absolute Luftfeuchte	Der Kühl- und Entfeuchtungsvorgang verläuft von Punkt 3 zu Punkt 4 (Abnahme der Temperatur und der absoluten Luftfeuchtigkeit). Der Verlauf dieser Linie wird von der mittleren Oberflächentemperatur des Kühlers bestimmt.
3. Erwärmung der Zuluft auf die gewünschte Zulufttemperatur (Vermeidung von Zugerscheinungen)	Der Erwärmungsvorgang im Nacherwärmer verläuft von Punkt 4 zu Punkt 5 auf senkrechter Linie analog dem Vorgang im Winterbetrieb.

Abb. 3: Darstellung der Zustandsänderungen im Mollier-Diagramm für feuchte Luft (h,x-Diagramm)

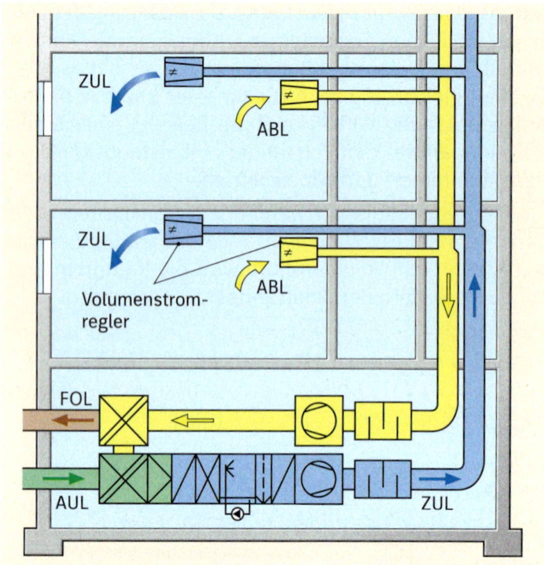

Abb. 1: Aufbau der Einkanal-Klimaanlage mit variablem Volumenstrom

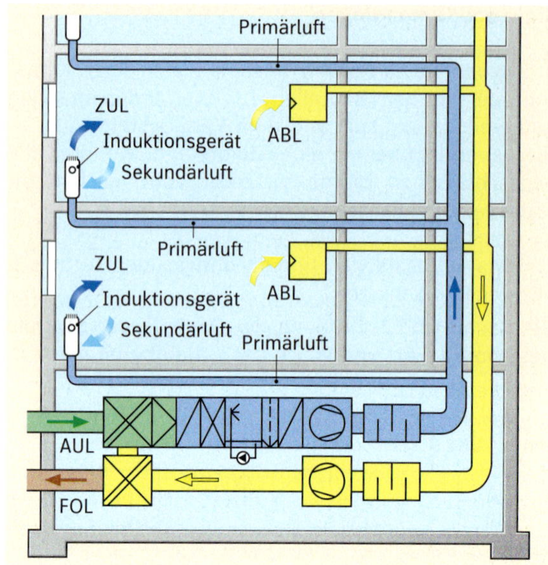

Abb. 2: Aufbau der Induktionsklimaanlage

Die Temperaturdifferenz zwischen Raum- und Zuluft richtet sich nach den in die Räume einzubringenden oder abzuführenden Wärmemengen (Heiz- oder Kühllasten) und der Größe des Zuluftvolumenstromes. Die Energiekosten dieser Anlagen sind hoch. Vor allem der gleichbleibend hohe Zuluftvolumenstrom führt zu einem großen Stromverbrauch des Ventilators.

Anlagen mit variablem Volumenstrom arbeiten mit nahezu gleichbleibender Zulufttemperatur, z. B. 15 °C im Sommerbetrieb. Zum Regeln der Raumtemperatur wird der Volumenstrom in Abhängigkeit von den auftretenden Wärmelasten angepasst.

Zum Ändern des Volumenstromes dienen Volumenstromregler (Kap. 13.7), die vor jedem Raum bzw. jeder Raumgruppe in den Zu- und Abluftkanal eingebaut werden (Abb. 1). Erfasst der Raumthermostat z. B. im Kühlbetrieb eine steigende Raumtemperatur, öffnet der Volumenstromregler. Bei sinkender Temperatur schließt er, wobei ein Mindestvolumenstrom gewährleistet bleibt. Er soll den erforderlichen Luftwechsel sicherstellen. Klimaanlagen mit veränderlichem Volumenstrom sind besonders bei kleinen, aber veränderlichen Kühllasten wirtschaftlich, z. B. bei Versammlungsräumen. Eine Reduzierung des Volumenstromes führt bei drehzahlgeregelten Ventilatoren zu einer großen Energieeinsparung.

Induktionsklimaanlagen

! Die wesentlichsten Baugruppen einer *Induktionsklimaanlage* sind das Zentralgerät, die in den Räumen installierten Induktionsgeräte, das Kanal- und das Wassernetz (Abb. 2).

Im Zentralgerät wird nur Außenluft (Primärluft) aufbereitet, d. h. gereinigt, auf eine Zulufttemperatur von 13–17 °C vorgewärmt bzw. gekühlt und be- oder entfeuchtet. Mit hoher Geschwindigkeit (15–20 m/s) gelangt sie über das Kanalsystem zu den Induktionsgeräten. In diesen wird die Primärluft durch Düsen in den Raum geblasen. Hierbei wird durch die Injektorwirkung des Primärluftstrahles Raumluft (Sekundärluft) angesaugt. Sie strömt durch die Wärmetauscher des Induktionsgerätes und wird je nach Bedarf erwärmt oder gekühlt. Die Sekundärluft deckt somit einen Großteil der anfallenden Heiz- und Kühllasten ab und regelt die Raumlufttemperatur. Die Primärluft beeinflusst die Raumluftfeuchte und stellt die Lufterneuerung sicher. Die Größe des Primärluftstromes richtet sich deshalb nach dem Mindestaußenluftvolumenstrom, der zur Gewährleistung eines hygienischen Luftwechsels ausreichend ist. Die Abluft wird zentral abgesaugt und einem Wärmerückgewinnungssystem zugeführt. Umluftbetrieb ist nicht zweckmäßig.

Induktionsklimaanlagen haben folgende *Vorteile*:

- gute individuelle Temperaturregelung in jedem Raum
- geringer Platzbedarf für Zentralgerät und Kanäle
- keine Geruchsübertragung von Raum zu Raum, da kein Umluftbetrieb

Wesentliche *Nachteile* sind:

- hohe Investitionskosten durch Wasserrohrnetz
- hoher Wartungsaufwand

Induktionsklimaanlagen eignen sich für große mehrräumige Gebäude, in denen die Einzelräume individuell regelbar sein sollen, z. B. Bürogebäude und Hotels.

13.15.6 Klimaanlagen mit Kühldecken

! *Kühldecken* sind Kaltwasser führende Rohrsysteme, die im Deckenbereich der Räume angeordnet werden (Abb. 3). Sie haben die Aufgabe, Wärme abzuführen.

Die Wärmeübertragung zur Kühldecke erfolgt durch Wärmestrahlung und Konvektion. Wärmestrahlung tritt auf, wenn die inneren Wärmequellen, z. B. elektrische Geräte, Beleuchtungen und Personen, Wärme an die Kühldecke abstrahlen. Konvektion entsteht durch das Absinken der sich im Deckenbereich abkühlenden Raumluft.

Entscheidend für eine hygienisch einwandfreie Betriebsweise der Kühldecke ist die Kaltwasser-Vorlauftemperatur. Zur Vermeidung von Schwitzwasserbildung darf die Oberflächentemperatur der Kühldecke einschließlich aller weiteren Kaltwasser führenden Anlagenteile nie unterhalb der Taupunkttemperatur der Raumluft liegen.

Aus dieser Forderung ergeben sich z. B. für Kühldecken in Aufenthaltsräumen Kaltwasser-Vorlauftemperaturen von $\vartheta > 16$ °C. Um auch bei extremeren Raumluftzuständen, z. B. schwüle Luft vor Gewittern, die Schwitzwasserentstehung zu verhindern, überwacht ein Regler den Taupunkt der Raumluft und passt die Kaltwassertemperatur oder die Kaltwassermenge an.

Da Kühldecken keine Feuchtigkeit aus den Räumen abführen können, ist der Betrieb von Kühldeckensystemen in Verbindung mit reiner Fensterlüftung sehr problematisch. Sinnvoll ist die Kombination mit einer Klimaanlage. Diese wird analog der Induktionsklimaanlage mit Außenluft betrieben und erfüllt die Lüftungsfunktion. Die Zuluft nimmt gleichzeitig die Feuchtigkeit im Raum auf. Sie wird deshalb in der Zentrale stark entfeuchtet. Die Zufuhr der relativ trockenen Zuluft erfolgt vorzugsweise über turbulenzarme Quellluftauslässe oder mit Drall- bzw. Schlitzauslässen. Letztere ermöglichen durch die hohe Induktionswirkung geringere Zulufttemperaturen. Hierdurch kann ggf. die Zuluftnacherwärmung in der Zentrale entfallen.

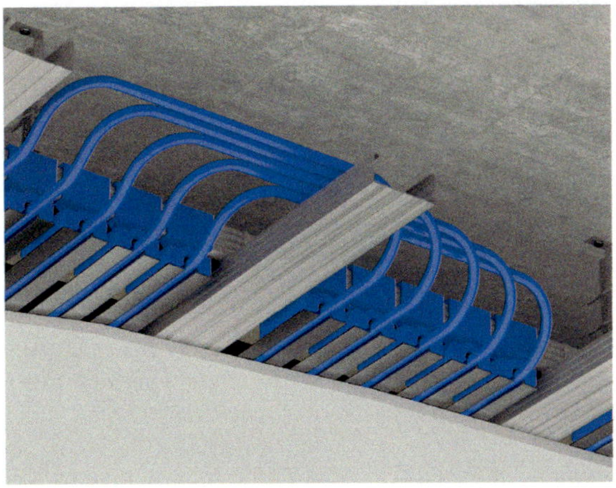

Abb. 3: Strahlungskühldecke

Kühldecken lassen sich in folgende Bauformen unterteilen:

Strahlungskühldecken: Hierbei handelt es sich um ganzflächige Kühlelemente mit geschlossener Oberfläche, z. B. Kühlpaneele mit rückseitiger Wärmedämmung oder Rohrmatten in Putzdecken (Abb. 3). Eine Hinterlüftung mit Raumluft ist nicht möglich. Der Strahlungsanteil überwiegt.

Konvektionskühldecken: Hierunter versteht man einzelne offene Kühlelemente, z. B. einzelne frei aufgehängte Kühlpaneele, Kühlkonvektoren, die von der Raumluft allseitig umgeben werden. Aufsteigende Warmluft kann von oben in die Kühlelemente nachströmen, die konvektive Wärmeübertragung wird erhöht (Abb. 4).

Kühlsegel: Dies sind offene oder geschlossene Kühldeckenelemente, die nur örtlich im Deckenbereich, z. B. über Arbeitsplätzen, installiert werden (Abb. 5).

Vorteile der Kühldecken:
- Vermeidung von Zugerscheinungen durch geringe Luftgeschwindigkeit
- hohe Behaglichkeit durch Abstrahlung der Körperwärme zur Kühldecke hin

Abb. 4: Konvektionskühldecke (Kühlkonvektor)

Abb. 5: Kühlsegel

- Einsparung von Energiekosten durch höhere Kühlwassertemperaturen und kleinere Ventilatorleistungen (hervorgerufen durch einen geringeren Zuluftvolumenstrom)
- bei großen Kühllasten geringere Investitionskosten gegenüber Nur-Luft-Klimaanlagen
- problemlose Integration der Kühlelemente in den Deckenbereich

! *Kühldecken* stellen keinen Ersatz für eine Klimaanlage dar. Sie sollten als eine Teilkomponente einer RLT-Anlage angesehen werden. Sinnvoll ist ihr Einsatz in Räumen, bei denen die abzuführende Wärmemenge relativ hoch ist, in denen aber wenig Feuchtigkeit anfällt. Solche Räume sind z. B. Büro- und Versammlungsräume mit vielen inneren Wärmequellen. Durch den Einbau einer Kühldecke kann die Klimaanlage mit einem kleinen Zuluftvolumenstrom betrieben werden.

Aufgaben

1. Welche Aufgaben haben Klimaanlagen?
2. Was versteht man unter Nur-Luft-Klimaanlagen und Luft-Wasser-Klimaanlagen?
3. Skizzieren Sie den Aufbau einer Einkanal-Klimaanlage mit variablem Volumenstrom.
4. Beschreiben Sie Aufbau und Wirkungsweise einer Induktionsklimaanlage und nennen Sie deren Vorteile.
5. Warum sollten Kühldecken nur in Verbindung mit einer RLT-Anlage betrieben werden?
6. Nennen Sie Vorteile der Kühldecken.

13.15.7 Raumklimageräte

! *Raumklimageräte* (Einzelklimageräte) dienen in der Regel zum Kühlen und Heizen der Luft in einem oder mehreren Räumen. Bei Abkühlung der Raumluft unterhalb des Taupunktes ist auch eine Entfeuchtung möglich.

Raumklimageräte ermöglichen nur eine Teilklimatisierung, da sie meist über keine Befeuchtungsfunktion verfügen. Dennoch ist der Marktanteil dieser Geräte innerhalb der letzten Jahre ständig gestiegen. Wesentliche Gründe hierfür sind:

- einfache Installation der anschlussfertigen Geräte
- geringer Platzbedarf durch Kompaktbauweise
- breites Leistungsspektrum der angebotenen Geräte und somit bedarfsgerechte Anpassung an die erforderlichen Kühl- und Heizleistungen
- gute individuelle Leistungsregelung, z. T. über Fernbedienung

Raumklimageräte eignen sich für kleinere und mittlere Büro- und Hotelbauten, Banken, Praxen und Einzelhandelsgeschäfte sowie für den privaten Wohnbereich. Nach der Bauart unterteilt man Raumklimageräte in:

- Kompaktklimageräte
- Splitklimageräte
- Klimakonvektoren (Ventilatorkonvektoren)

Kompaktklimageräte

Bei dieser Ausführung der Raumklimageräte befinden sich alle für die Luftbehandlung erforderlichen Bauteile in einem anschlussfertigen Gerät (Abb. 1). Die Hauptbauteile eines Kompaktgerätes sind:

- schallisoliertes Gehäuse mit Ansaug- und Ausblasöffnung sowie Luftfilter
- komplettes Kälteaggregat
- Ventilatoren
- Regelung
- ggf. elektrische Zusatzheizung

Im Kühlbetrieb arbeitet das Kompaktklimagerät wie folgt (Abb. 2a): Der Ventilator saugt Raum-, evtl. auch Außenluft an. Nach dem Filtern wird die Luft über den Verdampfer des Kälteaggregates geführt. Das im Verdampfer vorhandene flüssige Kältemittel verdampft und entzieht der Luft die Wärme. Liegt die Oberflächentemperatur des Verdampfers unter der Taupunkttemperatur der Luft, wird die Raumluft gleichzeitig entfeuchtet. Der Kältemitteldampf wird vom Verdichter angesaugt, komprimiert und anschließend in den Kondensator gefördert. Dort gibt der erhitzte Kältemitteldampf die von der Raumluft aufgenommene Wärme an die Außenluft ab und verflüssigt sich wieder. Eine Wärmeübertragung vom Kältemittel an die im Sommer sehr warme Außenluft ist deshalb möglich, weil durch die Energiezufuhr im Verdichter das Kältemittel auf eine hohe Temperatur erwärmt wird. Das abgekühlte flüssige Kältemittel gelangt über das Expansionsventil in den Verdampfer zurück. Der Kältemittelkreislauf ist geschlossen.

Soll das Kompaktgerät auch zum Beheizen eines Raumes (meist als Teilheizung) genutzt werden, so kann

Abb. 1: Kompaktklimagerät

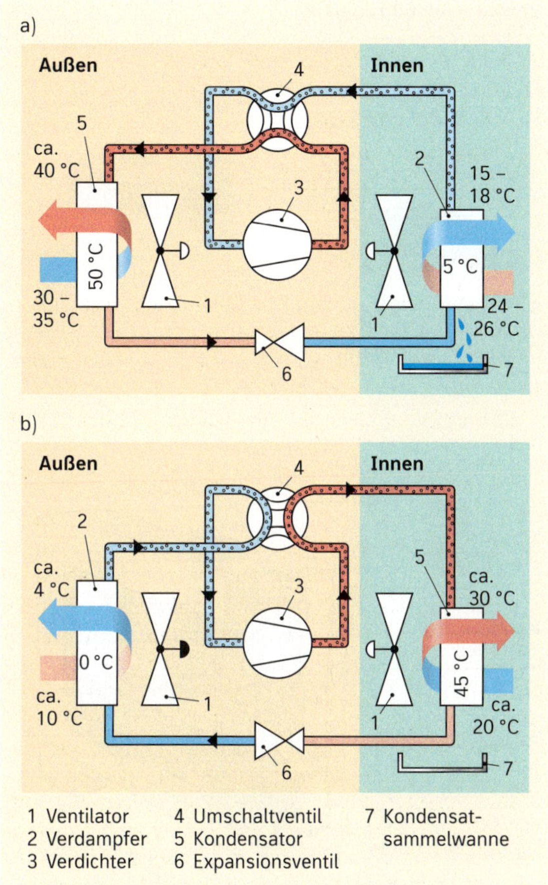

Abb. 2: Klimagerät
a) im Kühlbetrieb (Kältekreislauf), b) im Heizbetrieb

dies mit einer elektrischen Zusatzheizung oder durch eine Wärmepumpenschaltung erfolgen. Bei der Wärmepumpenschaltung wird durch Umschalten des inneren Kreislaufes die Funktion von Verdampfer und Kondensator getauscht (Abb. 2b). Das Aggregat arbeitet als Wärmepumpe.

Häufig eingesetzte Bauarten von Kompaktklimageräten sind Fenster- und Wandeinbaugeräte sowie Truhen- und Schrankgeräte (Abb. 3).

Splitklimageräte

Raumklimageräte in Splitbauweise bestehen aus einem Außen- und einem bzw. mehreren Innengeräten (Abb. 4). Im Außenteil des Splitgerätes befinden sich der Kondensator, Verdichter und das Expansionsventil des Kältekreislaufes sowie ein Ventilator zum Fördern des Kühlluftstromes. Das Innengerät beinhaltet den Verdampfer, Filter, einen Ventilator und das Bedienungsteil. Es übernimmt die eigentliche Raumklimatisierung. Innen- und Außenteil des Splitklimagerätes werden durch Kältemittelleitungen und Elektrokabel miteinander verbunden. Die grundlegende Funktionsweise entspricht der eines Kompaktgerätes. Gegenüber der Kompaktbauweise sind die Vorteile der Splitbauweise:

Abb. 3: Kompaktklimagerät als Schrankgerät (©Stulz GmbH)

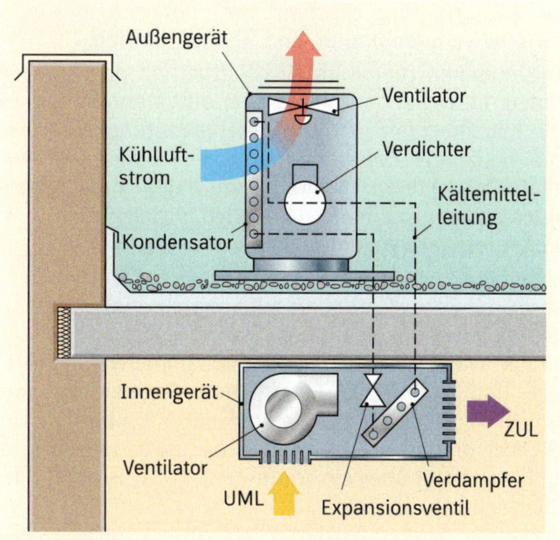

Abb. 4: Aufbau eines Splitklimagerätes

- geringer Platzbedarf für die Innengeräte
- größere Flexibilität bei der Anordnung der Geräte im Raum; Innengeräte können auch an Innenwänden, an Decken oder in Zwischendecken montiert werden (Abb. 1, S. 618),
- geringerer Geräuschpegel, da sich Verdichter und ein Ventilator außerhalb des Raumes befinden
- keine Beeinträchtigung der Fassadenoptik, da das Außengerät verdeckt, z. B. auf dem Dach, aufgestellt werden kann
- Verwendung eines Außengerätes für mehrere Innengeräte (Multisplitgeräte)

Klimakonvektoren (Ventilatorkonvektoren)

Ventilatorkonvektoren werden in zahlreichen Ausführungen und für verschiedenste Einsatzbereiche gebaut.

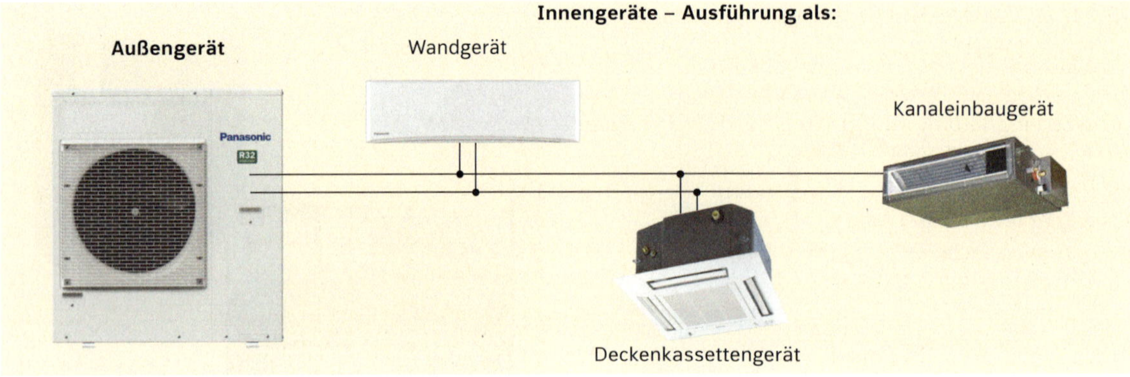

Abb. 1: Multisplitgerät mit verschiedenen Bauarten von Innengeräten

Neben Geräten mit reiner Heizungsfunktion sind Ventilatorkonvektoren auch als Raumklimageräte erhältlich. Sie dienen je nach Bedarf zum Heizen, Kühlen, Entfeuchten und mitunter auch zum Befeuchten der Raumluft. Hinsichtlich der Luftart, welche dem Raum zur Klimatisierung zugeführt wird, unterscheidet man zwischen reinem Umluft- und Mischluftbetrieb.

Die Außenluftzufuhr im Mischluftbetrieb erfolgt über einen Außenwandanschluss oder durch Anbindung an ein Kanalnetz mit zentraler Luftaufbereitung. Aufgrund der vielfältigen Bauarten und Betriebsweisen der Ventilatorkonvektoren ist ihre exakte Abgrenzung gegenüber anderen raumlufttechnischen Einzelgeräten, z. B. Induktionsgeräten, oft schwierig.

Eine häufig eingesetzte Bauart sind Ventilatorkonvektoren mit wasserbetriebenen Wärmetauschern (Abb. 2). Sie bestehen aus einem Gehäuse mit eingebautem Ventilator, Wärmetauscher, Kondensatsammelwanne, Luftein- und Luftauslass, Filtermatten, Regeleinheit und einem Mischkasten bei Geräten mit Mischluftbetrieb. Die Versorgung der Wärmetauscher beim Heizen und Kühlen erfolgt über ein Warm- bzw. Kaltwassernetz im 2- oder 4-Leitersystem.

Nach dem Einbauort werden Ventilatorkonvektoren vor allem in Wand- und Deckengeräte unterteilt.

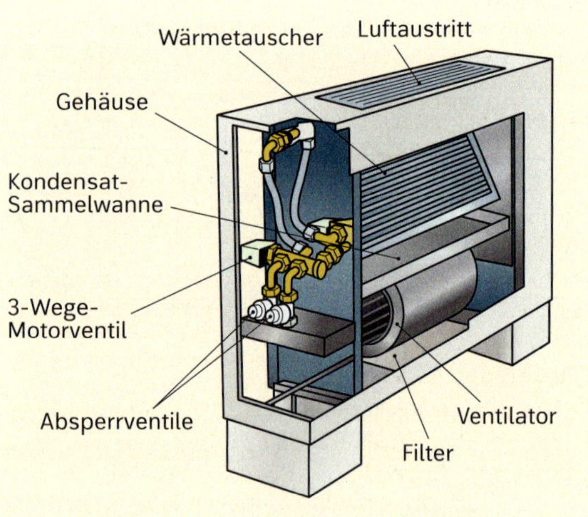

Abb. 2: Ventilatorkonvektor mit wasserbetriebenen Wärmetauschern

Energieverbrauch von elektrisch angetriebenen Raumklimageräten

Raumklimageräte gehören zu den großen Energieverbrauchern. Der Strombedarf für Kühlung und Klimatisierung stieg in den letzten Jahren deutlich an. Allein 2017 wurden in Deutschland laut Umweltbundesamt ca. 140.000 Klimageräte gekauft. Derzeit macht der Stromverbrauch für Raumkühlung und Klimatisierung etwa acht Prozent des Gesamtverbrauches der Haushalte aus. Durch die Kennzeichnung der Raumklimageräte mit einem Energielabel, auf dem die entsprechende Energieeffizienzklasse ausgewiesen ist, sollen Betreibende zum Kauf stromsparender Geräte motiviert werden. Grundlage für die Einstufung in eine entsprechende Energieeffizienzklasse bildet der EER-Wert (Energy Efficiency Ratio). Er entspricht einer Kennzahl, die aus dem Verhältnis der abgegebenen Kälteleistung (in W) zur elektrischen Leistungsaufnahme des Verdichters (in W) gebildet wird.

Räume lassen sich auch umweltfreundlicher kühlen, z. B. durch:
- Sonnenschutz (Vorhänge, Jalousien, Markisen oder Rollos)
- Lüften in den kühlen Morgenstunden
- stromsparende Ventilatoren
- Gebäudedämmung
- Isolierverglasung
- weiße Farbe der Außenwände
- begrünte Fassaden

Aufgaben

1. Welche Aufgaben haben Raumklimageräte und wo werden sie eingesetzt?
2. Was versteht man unter einem Kompaktklimagerät?
3. Erläutern Sie die Funktionsweise eines Raumklimagerätes im Kühl- und Heizbetrieb.
4. Beschreiben Sie den Aufbau eines Splitgerätes.
5. Warum werden elektrische Raumklimageräte mit einem Energielabel gekennzeichnet und welche wesentliche Angabe enthält dieses Label?

13.15.8 Kontrollierte Wohnungslüftung (KWL)

Historische Betrachtung

Zur Wohnungslüftung können grundsätzlich drei Möglichkeiten unterschieden werden:

- Abluftschachtsysteme
- Fenster- und Fugenlüftung
- kontrollierte Wohnungslüftung

Abluftschachtsysteme

Eine natürliche Schachtlüftung mit *Zu- und Abluftschächten* wurde bereits 1950 für innen liegende fensterlose Sanitärräume bauaufsichtlich durch die Landesbauordnung (LBO) vorgeschrieben. Der Zwang zu noch kostengünstigerem Bauen führte ab 1960 zum Bau von *reinen Abluftschachtsystemen*. Die notwendige Zuluft strömte in Bad und WC über Türgitter aus den umliegenden Räumen nach. Als nächster Schritt erfolgte der Einbau von *Sammel- oder Einzelventilatoren* in das Abluftschachtsystem. Dadurch konnte die Störanfälligkeit der natürlichen Entlüftung durch Windeinflüsse beseitigt werden.

Welche Anforderungen an Abluftschachtsysteme gelten, ist in der DIN 18017-3 festgelegt (Kap.13.15.1).

Fenster- und Fugenlüftung

Bei dieser Lüftungsart der freien Wohnungslüftung erfolgt der Luftwechsel über Fensterfugen, über Undichtigkeiten im Gebäude und durch Öffnen der Fenster. Bei älteren, nicht sanierten Wohngebäuden reichte die Infiltration der Luft an Fenstern, Außentüren oder Außenluftdurchlässen (ALD) zumeist aus, um die Bewohnenden mit einer ausreichenden Menge frischer Luft zu versorgen. Die Luftentfeuchtung erfolgte oft an einfach verglasten Fensterscheiben. Das kondensierte Wasser sammelte sich in der Rille der Fensterbank. Im Winter markierten Eisblumenmuster die Fensterscheibe eindeutig als kälteste Stelle im Raum (Abb. 3).

Ab 1960 führte der Trend zu zusätzlichen sanitären Einrichtungen, etwa Wäschetrocknern und Geschirrspülmaschinen, zu einem erhöhten Feuchteanfall.

Abb. 3: Einfach verglaste Fensterscheibe im Winter

Auch ein verändertes Nutzungsverhalten wie tägliches Duschen verstärkte den Feuchteanfall in den Wohnungen.

Die *Energiekosten* fielen bei den damaligen Energiepreisen kaum ins Gewicht.

Erst nach der ersten Ölkrise 1973, der Einführung des Energiespargesetzes und dem folgenden Energiepreisanstieg wurde die Wärmedämmung der Gebäude verbessert sowie Fenster mit geringem Fugendurchlasskoeffizient und wesentlich geringeren Wärmeverlusten eingebaut. Der bis dahin übliche 8- bis 12-fache natürliche Luftaustausch pro Stunde reduzierte sich in den dichten Wohnungen drastisch.

Die Folge des mangelhaften Luftwechsels und des Feuchteanfalls waren enorme *Innenraumluftbelastungen* und *Feuchteschäden*, z. B. Schimmelbildung.

Als Lösung wurde zunächst empfohlen, die unteren Dichtungszungen an den Fensterflügeln abzuschneiden, um so künstlich eine Fuge zu schaffen. Die eingesparte Energie ging so als Lüftungswärmeverlust wieder verloren.

Sinnvolle Abhilfe konnte nur eine *geregelte, mechanische Wohnungslüftung* bringen.

Problemkreis Wohnungslüftung

Durch die klassische unkontrollierte Fensterlüftung treten je nach Dauer der Fensteröffnung und der Differenz zwischen Raum- und Außentemperatur große *Energieverluste* (Lüftungswärmeverluste) auf. Der Lüftungswärmeverlust kann bezogen auf den Gesamtwärmeverlust bis zu 50 % bei Einfamilienhäusern und bis zu 75 % bei Mehrfamilienhäusern betragen.

Durch die in Zukunft zu erwartende verbesserte Gebäudewärmedämmung wird dieser Lüftungswärmeverlustanteil weiter steigen.

! Das *unkontrollierte* Fensterlüften gilt im Wohnbereich als Energieverschwender Nr. 1.

Andererseits ist ein Austausch der verbrauchten Raumluft gegen frische Außenluft (Luftwechsel) dringend erforderlich. Nur so können die Bewohnenden vor zu hoher CO_2- und Schadstoffbelastung und das Gebäude vor Feuchteschäden und Schimmelpilzbefall geschützt werden.

Den Widerspruch zwischen Energieeinsparung (dichte, wärmegedämmte Bauhülle) und Wohnqualität (notwendige Lüftung, keine Feuchteschäden) zeigt Abb. 1.

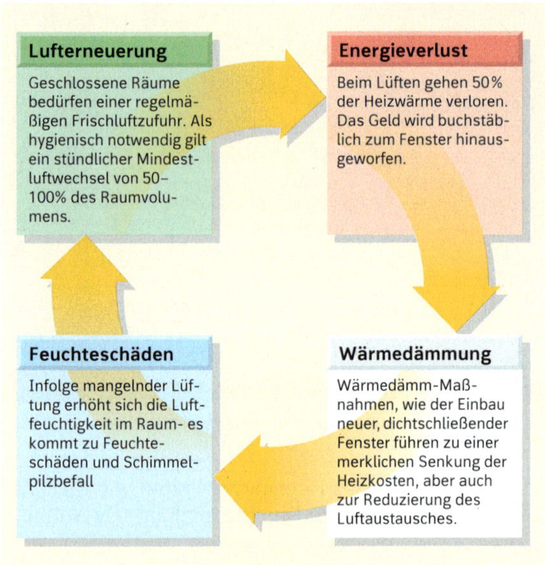

Abb. 1: Problemkreis Wohnungslüftung

Verschiedene *Lösungen* des Problems der Lüftung von Wohnungen sind in der DIN 1946-6 geregelt. Für Neubauten ist zunächst die Notwendigkeit lüftungstechnischer Maßnahmen zu überprüfen. Bei Lüftungsbedarf kann die Ausführung sehr unterschiedlich sein (Abb. 4). Eine energiesparende Möglichkeit bietet das Zu-/Abluftsystem der kontrollierten Wohnungslüftung mit Wärmerückgewinnung. Eine luftdichte Gebäudehülle ist dafür Voraussetzung.

Funktion einer KWL mit Wärmerückgewinnung

Bei Zu-/Abluftsystemen zur kontrollierten Wohnungslüftung mit Wärmerückgewinnung liefert ein Ventilator einen bestimmten Außenluftvolumenstrom. Dieser Außenluftvolumenstrom wird gefiltert, erwärmt und vom Zentralgerät über Lüftungskanäle und Luftdurchlässe in Wohn-, Schlaf- und Kinderzimmer eingebracht.

Damit dies mit möglichst wenig zusätzlicher Heizenergie geschieht, besitzt das KWL-Zentralgerät ein *Wärmerückgewinnungssystem* mit oder ohne nachgeschalteter *Wärmepumpe*. Mithilfe dieser Bauteile wird die Abluft da abgezogen, wo Feuchtigkeit und Gerüche entstehen: aus Küche, Bad und WC. Die Wärme wird der Abluft entzogen und an den Außenluftvolumenstrom übertragen (Abb. 2 und 3).

Im Winter kann so Heizenergie gespart und im Sommer ein Teil der Gebäudekühle zurückgewonnen werden.

Eine Überhitzung der Räume im Sommer kann auch durch eine auf Kühlbetrieb umstellbare *Wärmepumpe* oder durch solare Kühlung erfolgen.

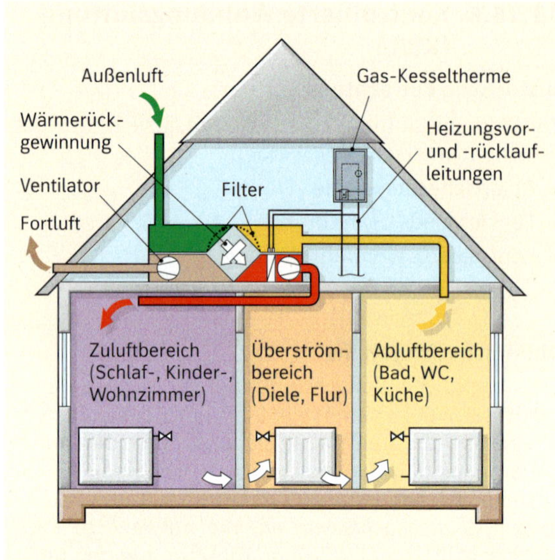

Abb. 2: KWL-System mit Wärmerückgewinnung

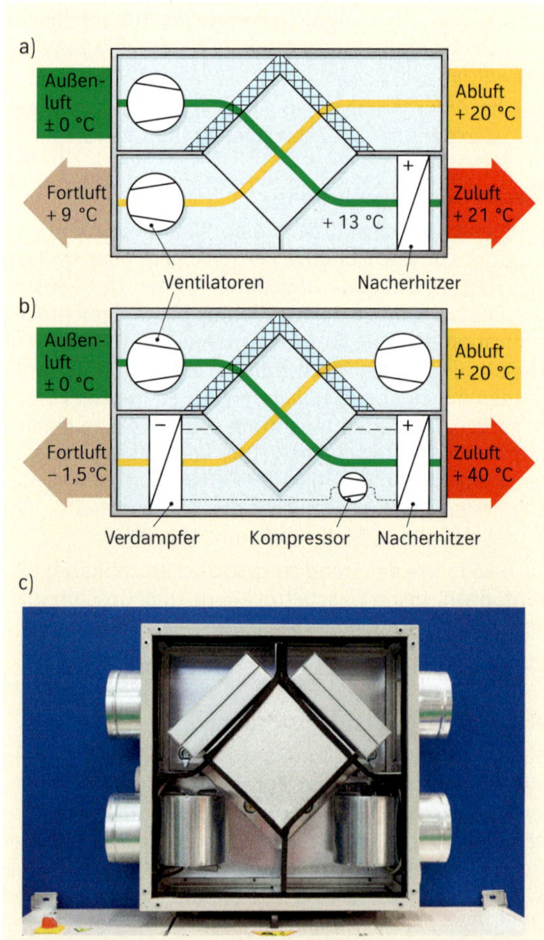

Abb. 3: KWL-Zentralgerät mit Wärmerückgewinnungssystem:
a) Plattenwärmetauscher
b) Plattenwärmetauscher und Wärmepumpe
c) Geräteansicht

Systeme der Wohnungslüftung

Für neu zu errichtende oder zu modernisierende Gebäude mit lüftungstechnisch bedeutsamen Änderungen ist ein Lüftungskonzept zu erstellen. Es umfasst die Feststellung der Notwendigkeit von lüftungstechnischen Maßnahmen und die Auswahl des Lüftungssystems gemäß Abb. 4.

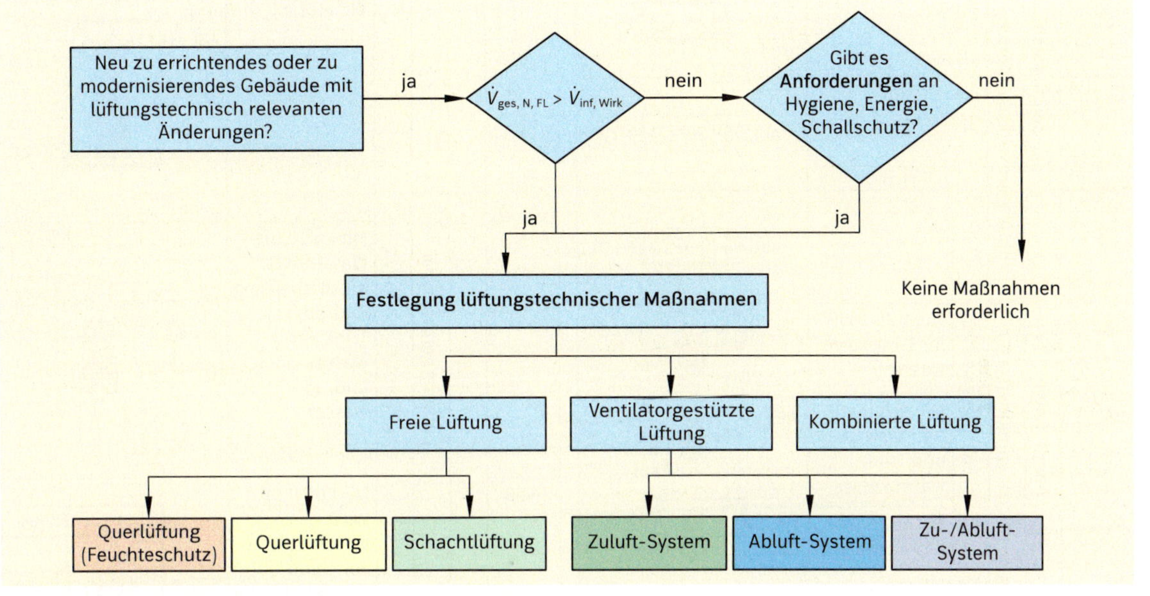

Abb. 4: Systeme der Wohnungslüftung

Luftvolumenströme nach DIN 1946-6

Lüftungstechnische Maßnahmen sind erforderlich, wenn der notwendige Luftvolumenstrom zum Feuchteschutz $\dot{V}_{ges,N,FL}$ größer ist als der wirksame Luftvolumenstrom durch Infiltration $\dot{V}_{inf,Wirk}$.

Bei Neubauten oder im Fall einer Renovierung, wenn in Wohnhäusern mehr als 1/3 aller Fenster ausgetauscht werden oder mehr als 1/3 der Dachfläche neu gedämmt wird, lässt sich die Lüftung zum Feuchteschutz ohne lüftungstechnische Maßnahmen kaum sicherstellen. Dies gilt insbesondere bei längerer Abwesenheit der Bewohnenden. Bei der Bestimmung der Luftvolumenströme nach DIN 1946-6 sind vier Lüftungsstufen zu unterscheiden.

Nennlüftung $\dot{V}_{ges,NL}$

Bei der Berechnung zur Einhaltung hygienischer und gesundheitlicher Standards kann diese als Basis betrachtet werden, weil sich alle anderen Lüftungsarten auf Prozentwerte der Formel für die Nennlüftung zurückführen lassen.

$$\dot{V}_{ges,NL} = -0{,}002 \cdot A_N^2 + 1{,}15 \cdot A_N + 11$$

$\dot{V}_{ges,NL}$: Außenluft-Volumenstrom in m^3/h

A_N: Fläche der Nutzungseinheit in m^2

Feuchteschutz $\dot{V}_{ges,FL}$

Der Außenluftvolumenstrom zum Feuchteschutz soll für Gebäude mit hohem Wärmeschutz das 0,3-Fache und für Gebäude mit geringem Wärmeschutz das 0,4-Fache der Nennlüftung betragen.

Reduzierte Lüftung $\dot{V}_{ges,RL}$

Dies ist der notwenige Außenluftvolumenstrom, um die hygienischen Mindestanforderungen unter üblichen Nutzungsbedingungen gewährleisten zu können. Er soll das 0,7-Fache der Nennlüftung betragen.

Intensivlüftung $\dot{V}_{ges,IL}$

Dieser erhöhte Außenluftvolumenstrom ist zeitweise notwendig, um Lastspitzen abzubauen. Die Intensivlüftung soll das 1,3-Fache der Nennlüftung betragen.

Beispiel

Ein Haus mit gutem Wärmeschutz hat eine Nutzfläche von $A_N = 142\ m^2$. Wie groß sind die Luftvolumenströme nach DIN 1946-6?

Lös.:

$\dot{V}_{ges,NL} = -0{,}002 \cdot A_N^2 + 1{,}15 \cdot A_N + 11$

$\dot{V}_{ges,NL} = -0{,}002 \cdot 142^2 + 1{,}15 \cdot 142 + 11 = 134\ m^3/h$

$\dot{V}_{ges,FL} = 0{,}3 \cdot \dot{V}_{ges,NL} = 0{,}3 \cdot 134\ m^3/h = 40{,}2\ m^3/h$

$\dot{V}_{ges,RL} = 0{,}7 \cdot \dot{V}_{ges,NL} = 0{,}7 \cdot 134\ m^3/h = 93{,}8\ m^3/h$

$\dot{V}_{ges,IL} = 1{,}3 \cdot \dot{V}_{ges,NL} = 1{,}3 \cdot 134\ m^3/h = 174{,}2\ m^3/h$

Ob lüftungstechnische Maßnahmen erforderlich sind, hängt vom infiltrierten Luftvolumenstrom durch die Gebäudehülle ab (→ TB).

Eine Übersicht über die Geräteklassen verschiedener Wohnungslüftungssysteme zeigt Tab. 1, S. 622.

Tab. 1: Übersicht über die Geräteklassen verschiedener Wohnungslüftungsgeräte[1)]

Kürzel	Beschreibung der Geräteklassen				Symbol
Z1	Zuluftsystem	ohne Wärmerückgewinnung		Lüftungsgerät zentral	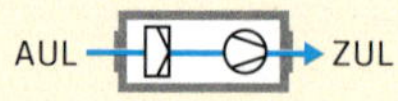
Z2	Zuluftsystem	ohne Wärmerückgewinnung		Einzelraum dezentral	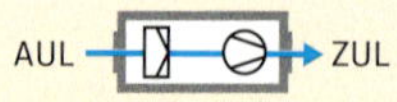
A1	Abluftsystem	ohne Wärmerückgewinnung	Lüftungsgerät zentral		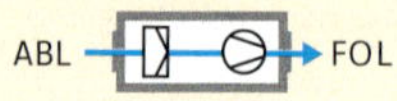
A2.1	Abluftsystem	ohne Wärmeübertrager	Lüftungsgerät zentral	Mit Abluft-WP für Trinkwarmwasser	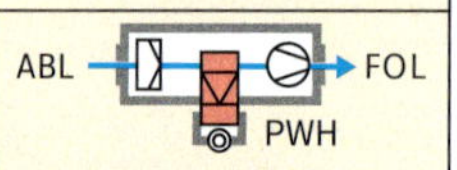
A2.2	Abluftsystem	ohne Wärmeübertrager	Lüftungsgerät zentral	Mit Abluft-WP für Heizwasser und Trinkwarmwasser	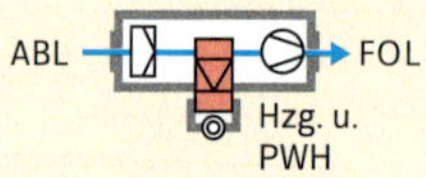
A2.3	Abluftsystem	ohne Wärmeübertrager	Lüftungsgerät zentral	Mit Abluft-WP für Heizwasser	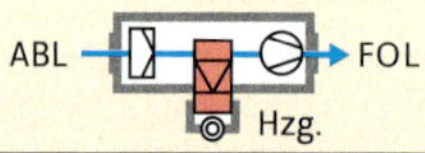
A3	Abluftsystem	ohne Wärmerückgewinnung		Einzelraum dezentral	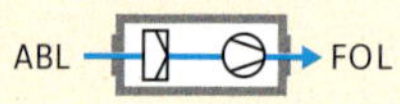
ZA1	Zu-/Abluftsystem	ohne Wärmerückgewinnung	Lüftungsgerät zentral		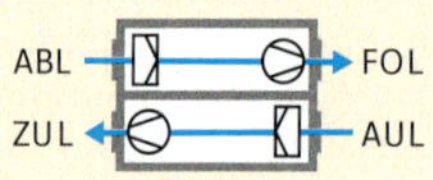
ZA2	Zu-/Abluftsystem		Lüftungsgerät zentral	Mit Luft/Luft-Wärmeübertrager	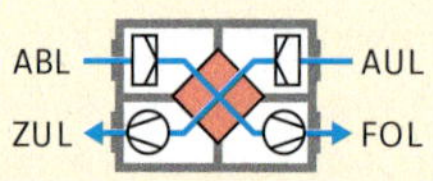
ZA3.1	Zu-/Abluftsystem	ohne Wärmeübertrager	Lüftungsgerät zentral	Mit Luft/Luft-Wärmepumpe	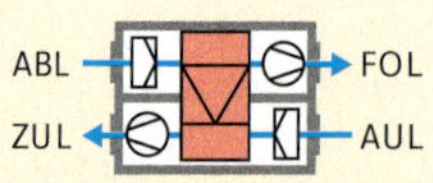
ZA3.2	Zu-/Abluftsystem	ohne Wärmeübertrager	Lüftungsgerät zentral	Mit Luft/Wasser-Wärmepumpe für Trinkwarmwasser und/oder Heizwasser	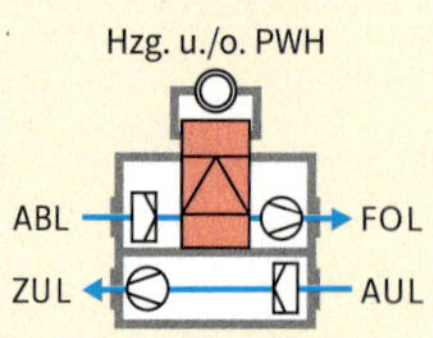
ZA3.3	Zu-/Abluftsystem	ohne Wärmeübertrager	Lüftungsgerät zentral	Mit Luft/Luft/Wasser-WP für Luftheizung und/oder Trinkwarmwasser und/oder Heizwasser	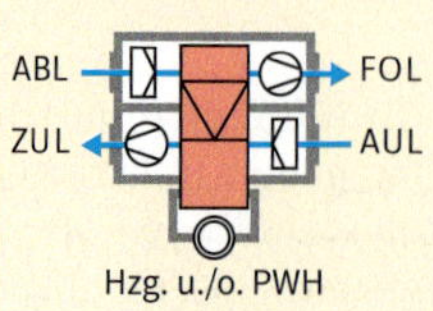
ZA4.1	Zu-/Abluftsystem	Lüftungsgerät zentral	mit Wärmeübertrager	Mit Luft/Luft-WP	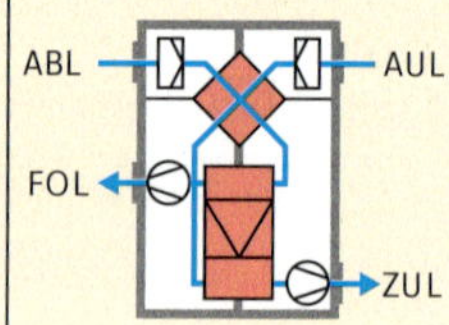
ZA4.2	Zu-/Abluftsystem	Lüftungsgerät zentral	mit Wärmeübertrager	Mit Luft/Luft/Wasser-WP für Luftheizung und/oder Trinkwarmwasser und/oder Heizwasser	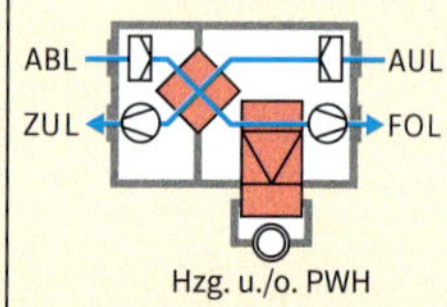
ZA4.3	Zu-/Abluftsystem	Lüftungsgerät zentral	mit Wärmeübertrager	Mit Luft/Luft/Wasser-WP für Luftheizung und/oder Trinkwarmwasser und/oder Heizwasser	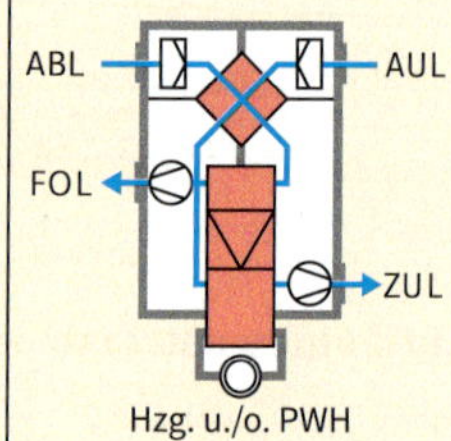
ZA5	Zu-/Abluftsystem	Einzelraum dezentral		Ohne Wärmerückgewinnung	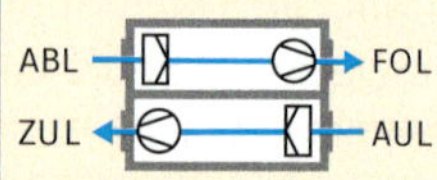
ZA6	Zu-/Abluftsystem	Einzelraum dezentral		Mit Wärmerückgewinnung	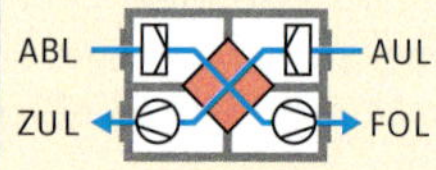
ZA7	Zu-/Abluftsystem	Einzelraum dezentral		Mit Wärmepumpe	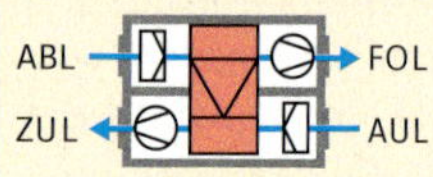
ZA8				Zu-/Abluftsystem, Einzelraum dezentral, mit Wärmerückgewinnung, Umschaltbetrieb	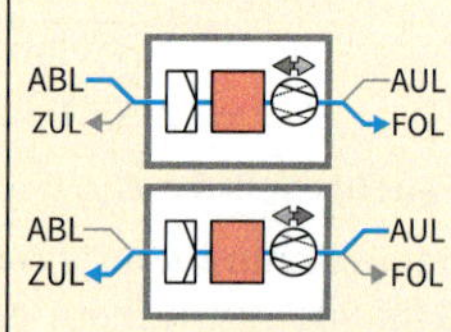

Z = Zuluftsystem, A = Abluftsystem, ZA = Zu-/Abluftsystem

[1)] vgl. www.TZWL.de

Ausführungsbeispiele für KWL-Systeme

- **Einzelraumlüftungsgerät**

Dieses dezentrale Lüftungsgerät mit Wärmerückgewinnung ist geeignet für kleine Räume bis 30 m³, wie Schlafzimmer und Bäder (Abb. 2). Sowohl die Luftfeuchtigkeit als auch die Belastung durch Hausstaub, Milben oder Blütenpollen wird dadurch verringert.

Die automatische Regelung erfasst sowohl die Feuchtigkeit der Raumluft als auch die Außentemperatur. Bei Bedarf saugt ein Gebläse die warme Raumluft an und überträgt die Wärme im Wärmetauscher auf die angesaugte Frischluft. Die abgekühlte und verbrauchte Abluft wird nach außen geleitet.

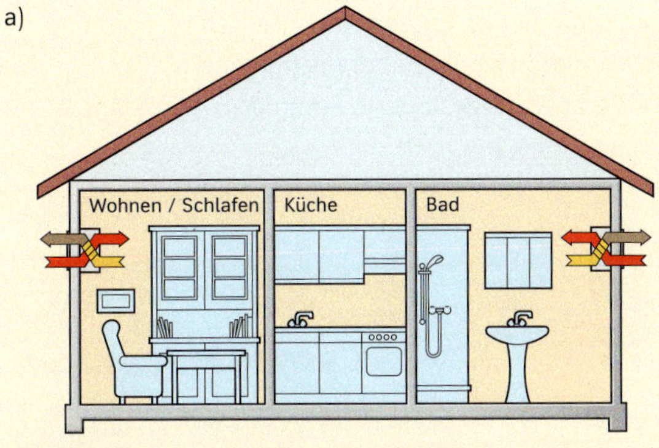

Vorteile
- kontrollierte, bedarfsabhängige Be- und Entlüftung von Einzelräumen
- teilweise Rückgewinnung der Abluftwärme
- Filterung der Frischluft
- kontinuierlicher Abtransport von Schadstoffen im Wohnbereich
- Entfeuchtung des Wohnraums zur Vorbeugung gegen Schimmel und Feuchtigkeit
- geringer Installationsaufwand

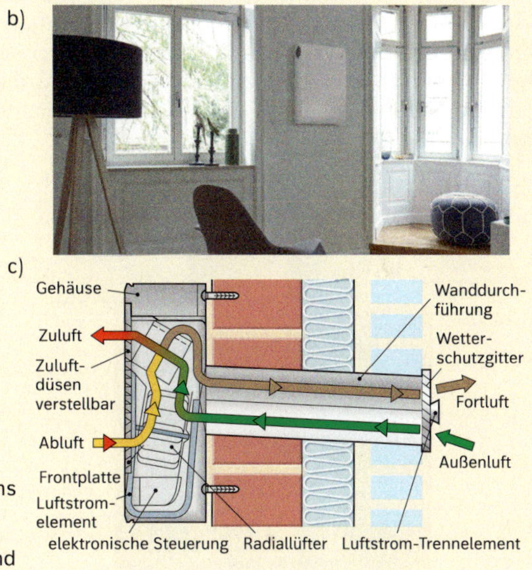

Abb. 2: Einzelraumlüftungsgerät: a) Einbausituation, b) Ansicht, c) Schnittdarstellung

- **Zentrales Abluftgerät**

Dieses Lüftungsgerät mit Wärmepumpe eignet sich für Wohnungen und Häuser bis 150 m² Wohnfläche (Abb. 3).

Über ein zentrales Rohrsystem wird den Räumen verbrauchte Luft entzogen.

Durch dezentrale Luftventile dringt frische Außenluft nach innen. Die Trinkwassererwärmung erfolgt mit der in der Abluft vorhandenen Wärme über die Wärmepumpe.

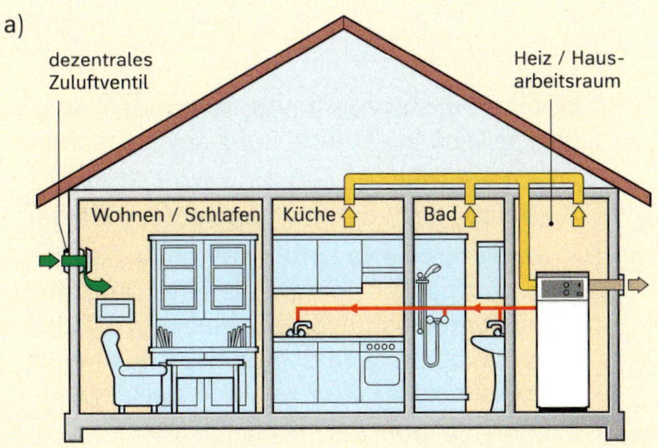

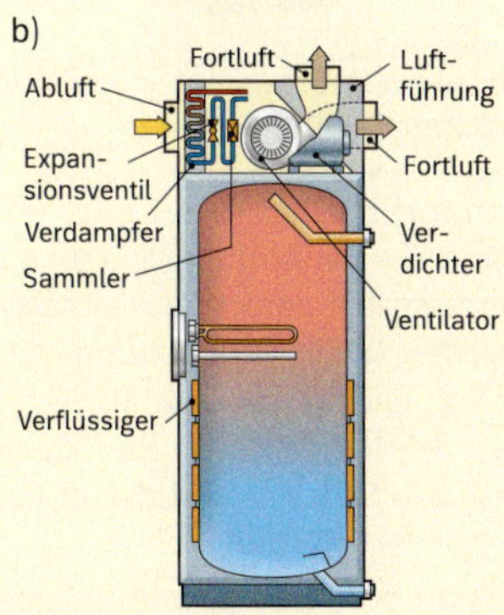

Vorteile
- kontrollierte Be- und Entlüftung von Wohnungen und Einfamilienhäusern
- Verringerung der Luftfeuchtigkeit
- Nutzung kostenloser Abwärme zur zentralen Trinkwassererwärmung
- mit Wärmepumpe
- kontinuierliche Filterung der Zuluft durch dezentrale Luftventile

Abb. 3: Zentrales Abluftgerät: a) Einbausituation, b) Schnittdarstellung

Feuchterückgewinnung bei KWL-Anlagen

Bei Anlagen zur KWL mit Wärmerückgewinnung entsteht im Winter oft eine trockene Innenluft dadurch, dass kalte Außenluft mit geringer Luftfeuchte angesaugt und im Wärmeübertrager von der Raumabluft erwärmt wird. Dadurch verringert sich die relative Luftfeuchte und die Raumluft wird trocken. Durch das Einatmen der trockenen Luft trocknen die Atemwege und die Schleimhäute aus.

Abhilfe schafft eine Komfortlüftung mit einer Feuchterückgewinnung von bis zu 90 % durch einen Rotationswärmetauscher. Die gefilterte Außenluft wird je nach Bedarf durch den Rotationswärmetauscher mit Wärmeenergie aus der Raumabluft erwärmt und befeuchtet (Abb. 1).

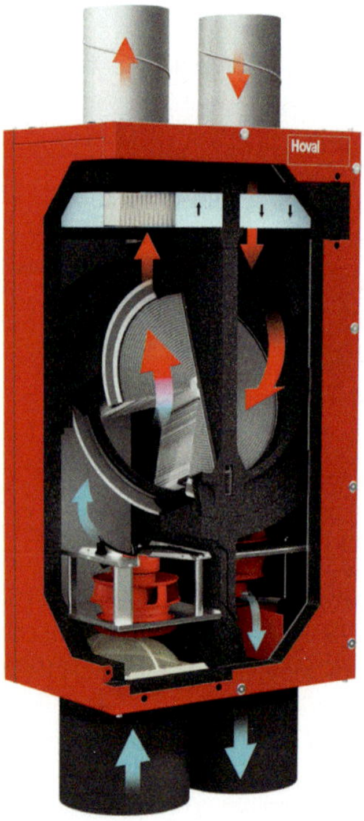

Abb. 1: Rotationswärmetauscher für die kontrollierte Wohnungslüftung

Das Komfortlüftungsgerät mit Rotationswärmetauscher kann für Nennlüftungen von 60 bis 250 m^3/h von der Wohnung bis zum großen Einfamilienhaus eingesetzt werden. Weil kein Kondensatablauf erforderlich ist kann es beliebig (horizontal, vertikal, Decke, Boden) installiert werden. Mit einer Bautiefe von 37 cm passt es auch in einen Schrank und dieser kann sogar auf dem Balkon platziert werden.

Durch eine optimale Feuchterückgewinnung fällt kein Kondensat an und ein Kondensatablauf ist nicht erforderlich. Das Gerät lässt sich in jeder Lage installieren.

Aufgrund der Wärme- und Feuchterückgewinnung ist auch kein Vereisungsschutz erforderlich und es entfällt die energieaufwendige Elektrovorheizung.

KWL-Küchenvariante

Abb. 2 zeigt eine KWL-Küchenvariante mit digitaler Regeleinheit, die modulierend je nach Raumluftqualität, CO_2 und feuchtegesteuert betrieben werden kann.

Ferner besitzt das Wohnungslüftungsgerät:

- G3/F7-Filterung für allergiegefährdete Bewohnende,
- zeitgesteuerte Wartungsanzeige
- Kamin-Stoßlüftungsfunktion
- Kühlfunktion für den Nachtbetrieb im Sommer
- Funktion zur Fernüberwachbarkeit
- temperaturgesteuerte Sommer-Bypassklappe

Abb. 2: Das zentrale Lüftungsgerät hat Platz in einem Küchenschrank. Die Luftverteilung ist mit 20 cm Höhe so flach, dass sie über die Küchenzeile passt.

Ist eine Dunstabzugshaube vorhanden, so muss diese an eine separate Abluftleitung angeschlossen werden.

An das kontrollierte Lüftungssystem darf eine Dunstabzugshaube nicht direkt angeschlossen werden, weil

- das kontrollierte Lüftungssytem wesentlich geringere Luftmengen fördert als eine Dunstabzugshaube mit Förderleistungen über 400 m^3/h. Dadurch könnte es vorkommen, dass abgesaugte Küchenluft in andere Räume des Lüftungssystems gelangt.
- über die Dunstabzugshaube Fett und andere Verschmutzungen in das Leitungssystem gelangen könnten.
- brandschutztechnische Gründe gegen einen Anschluss einer Dunstabzugshaube an das kontrollierte Lüftungssystem sprechen.

KWL-Integralsystem

Dieses zentrale mechanische Lüftungsgerät eignet sich für Niedrigstenergiehäuser bis 140 m² Wohnfläche und 6 kW Gebäude-Wärmeleistungsbedarf (Abb. 3).

Das Integralsystem vereint drei Funktionen in einem Gerät:

- Lüftung mit Wärmerückgewinnung
- Heizung
- zentrale Trinkwassererwärmung

Dieses System nutzt die Wärme der Abluft aus Küche, Bad und WC und führt diese der integrierten Wärmepumpe zu. Sie nutzt diese Energie zur Trinkwassererwärmung und Grundheizung des Hauses.

Rohrleitungssysteme führen frische, saubere, temperierte Außenluft zu den Wohnräumen. Gleichzeitig wird die verbrauchte Luft aus Küche, Bad und WC entfernt. Dadurch wird auch das Haus entfeuchtet.

Neben der vorhandenen Restwärme nutzt die Luft/Wasser-Wärmepumpe auch warme Außenluft für Heizung und Trinkwassererwärmung. Bei Bedarf kann ein Elektro-Heizkessel hinzugeschaltet werden, wodurch auch kleinste Wärmeanforderungen im Niedrigstenergiehaus gedeckt werden können.

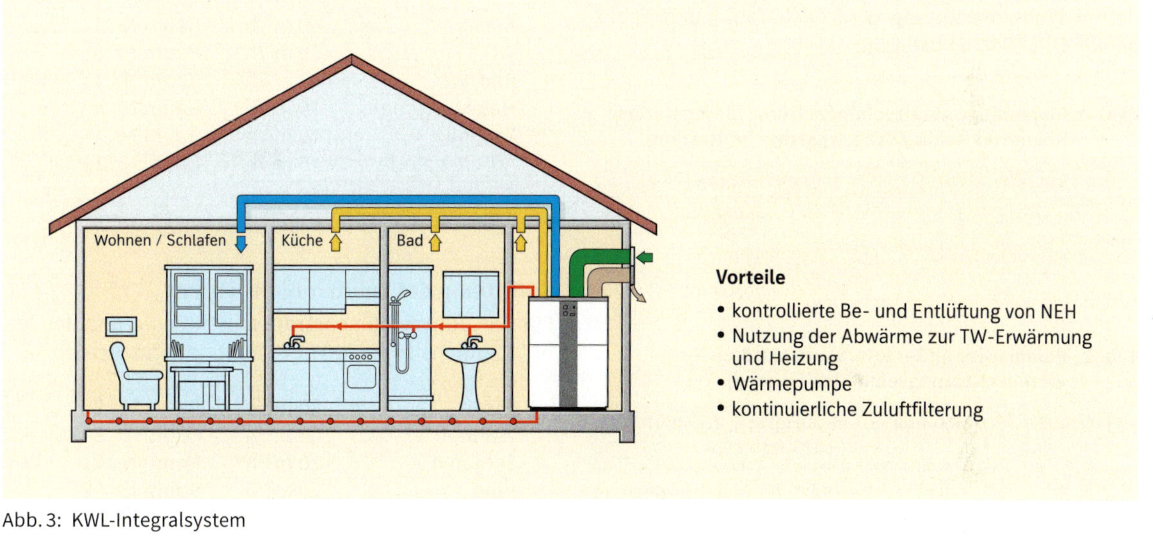

Abb. 3: KWL-Integralsystem

Zukünftige Entwicklungen

In Skandinavien hat die KWL Tradition. In den Niederlanden ist der Einbau in Neubauten seit 1999 Pflicht. In Deutschland hat sich die Haltung zur KWL, nach anfänglich konservativer Einstellung, deutlich verbessert. Seit mehreren Jahren verzeichnet der Markt ein durchschnittliches Wachstum im oberen einstelligen Bereich. Schließlich werden durch die KWL u. a. folgende Vorteile erreicht:

- konstant hohe Luftqualität und guter Feuchteschutz
- exakt bemessener Luftwechsel: so wenig wie möglich, so viel wie nötig
- Luftfilterung, sodass weniger Verunreinigungen und Allergene eingetragen werden
- Absenkung der Heizkosten um bis zu 30 %
- höherer Immobilienwert

Aufgaben

1. Was versteht man unter der Fenster- und Fugenlüftung? Welche Nachteile hat sie?
2. Warum gilt Fensterlüften heute im Wohnbereich als Energieverschwendung?
3. Warum ist ein Raumluftaustausch (Luftwechsel) erforderlich?
4. Beschreiben Sie den Problemkreis der Wohnungslüftung.
5. Warum sollten KWL-Systeme mit Wärmerückgewinnung eingeplant werden?
6. Nach welchen Gesichtspunkten lassen sich KWL-Systeme unterscheiden? Nennen Sie mindestens zwei Systemvarianten.
7. Warum ist eine dichte Gebäudehülle Voraussetzung für eine funktionierende KWL?

Auslegungsbeispiel für den Zu- und Abluftvolumenstrom einer KWL-Anlage[1)]

Das Beispiel zeigt die Bemessung des Zu- sowie Abluftvolumenstroms für das Luftverteilsystem.

Folgende Daten sind gegeben:

Einfamilienhaus mit Erd- und Obergeschoss.

Wohnungsgröße:	142 m^2 (Abb. 1)
Raumvolumen:	355 m^3
Bewohnende:	5 Personen

Ermittlung des Abluftvolumenstroms

Der Abluftvolumenstrom für eine Anlage zur kontrollierten Wohnungslüftung wird nach Tab. 1 und Tab. 2 gemäß DIN 1946-6 bestimmt:

Tab. 1: Planmäßige Abluftvolumenströme für fensterlose Räume (einschließlich wirksamer Infiltration)

Raumfunktion	Grundlüftung (24 h)
Küche, Kochnische	40 m^3/h
Bad (auch mit WC)	40 m^3/h
WC	20 m^3/h

Tab. 2: Planmäßige Außenluftvolumenströme für einzelne Nutzungseinheiten (Auszug)

Nutzfläche	Personen	Reduzierte Lüftung	Nennlüftung
50 m^2	bis 2	45 m^3/h	65 m^3/h
90 m^2	bis 4	70 m^3/h	100 m^3/h
150 m^2	bis 6	95 m^3/h	140 m^3/h

[1)] weiteres Beispiel ☞ TB

Bei einer Wohnungsgröße von 142 m^2 ergibt sich nach Tab. 2 ein Abluftvolumenstrom von mind. 140 m^3/h (Nennlüftung).

Für das Auslegungsbeispiel ergeben sich folgende einzelne Abluftvolumenströme (Tab. 1):

Küche	40 m^3/h	Raum Nr. 1
WC	20 m^3/h	Raum Nr. 5
Bad/WC	40 m^3/h	Raum Nr. 17
Summe	100 m^3/h	

Um Gleichgewicht zu 140 m^3/h zu erzielen, müssen die verbleibenden 40 m^3/h auf mögliche Ablufträume verteilt werden:

Küche	40 m^3/h	Raum Nr. 1
WC	20 m^3/h	Raum Nr. 5
Bad/WC	40 m^3/h	Raum Nr. 17
Hauswirtschaft	15 m^3/h	Raum Nr. 4
Technik	10 m^3/h	Raum Nr. 16
Arbeitsgalerie	15 m^3/h	Raum Nr. 13
Summe	140 m^3/h	

Ermittlung des Zuluftvolumenstroms

Für den Zuluftvolumenstrom müssen aufgrund des Abluftvolumenstroms 140 m^3/h ausgetauscht werden.

Essen	20 m^3/h	Raum Nr. 2
Wohnen	40 m^3/h	Raum Nr. 3
Schlafen	30 m^3/h	Raum Nr. 11
Kind	20 m^3/h	Raum Nr. 12
Kind	20 m^3/h	Raum Nr. 14
Ankleide/Gast	10 m^3/h	Raum Nr. 15
Summe	140 m^3/h	

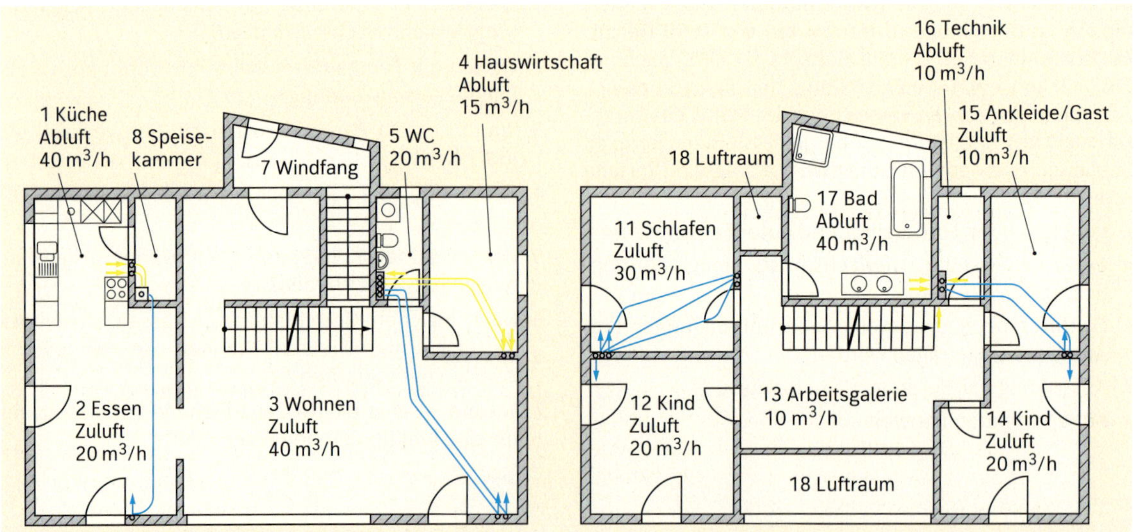

Abb. 1: Zu-/Abluftvolumenströme im a) Erdgeschoss, b) Obergeschoss

13.16 Brandschutz

Zahlreiche katastrophale Brände, besonders Ende des 19. Jahrhunderts, infolge mangelnder Vorkehrungen gegen Feuerausbreitung stärkten die Einsicht, dass Brandschutzvorschriften notwendig sind.

Der *allgemeine Brandschutz* enthält heute eine Vielzahl von Gesetzen, Bestimmungen, Verordnungen, Anforderungen usw., die teilweise in den einzelnen Bundesländern durch Verwaltungsvorschriften unterschiedlich gehandhabt werden.

Der allgemeine Brandschutz kann wie folgt unterteilt werden:

! a) *Abwehrender Brandschutz* (bekämpfender Brandschutz) umfasst
- die sichere Rettung und Hilfeleistung für Mensch und Tier sowie
- die Brandbekämpfung, z. B. durch die Feuerwehr.

b) *Betrieblicher anlagentechnischer Brandschutz* (erkennender und bekämpfender Brandschutz) umfasst
- automatische Brandmeldeanlagen, die entstandene Brände erkennen und durch Feuerlöscheinrichtungen, z. B. Sprinkleranlagen, bekämpfen (DIN 1988-600).

c) *Vorbeugender Brandschutz*, dazu zählen
- Unfallverhütungsvorschriften, auch die Brandverhütungsschau, sowie
- die Sicherheitsvorschriften der Feuer- und Sachversicherer.

d) *Vorbeugender baulicher Brandschutz*
- Er soll die Entstehung und Ausbreitung von Schadfeuer verhindern.

Die Grundlagen für den vorbeugenden baulichen Brandschutz ergeben sich aus der Musterbauordnung (MBO) des Bundesministeriums für Wohnen, Stadtentwicklung und Bauwesen. Aus ihr resultieren wiederum die
- technischen Bestimmungen und anerkannten Regeln der Technik, DIN-Normen etc.,
- Rechtsverordnungen und Richtlinien für besondere Bauten,
- Landesbauordnungen der Bundesländer,
- Ausführungs- bzw. Durchführungsverordnungen zu den Paragraphen der LBO/BO, wie Abb. 2 zeigt.

Baustoffklassen

Ein wichtiger Bestandteil des vorbeugenden Brandschutzes sind die verwendeten Baustoffe und Bauteile. In der DIN 4102 „Brandverhalten von Baustoffen und Bauteilen", Teil 1 werden Baustoffe in *nicht brennbare* und *brennbare* Baustoffe eingeteilt (Tab. 1).

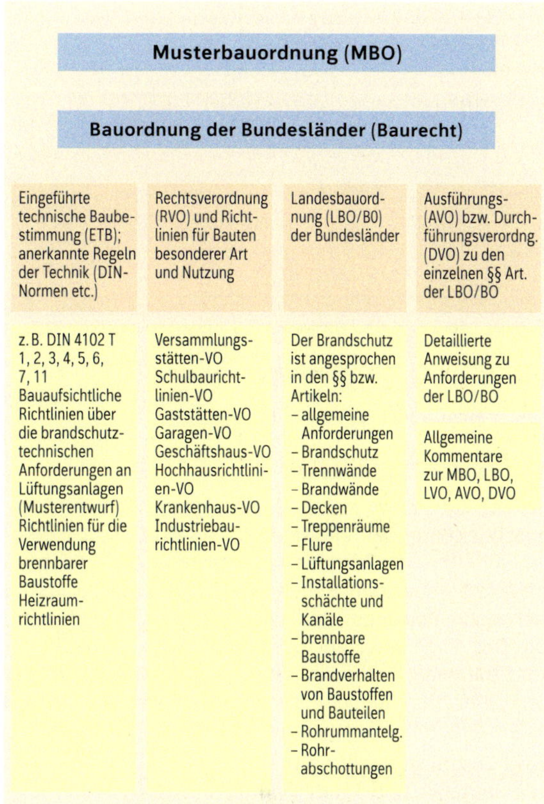

Abb. 2: Grundlagen der Anforderungen an den baulichen Brandschutz

Tab. 1: Baustoffklassen gemäß DIN 4102

Baustoffklasse	Bauaufsichtliche Benennung	Beispiele
A	**nicht brennbare Baustoffe**	
A 1		Beton, Ziegel,
A 2		Gipskartonplatten
B	**brennbare Baustoffe**	
B 1	schwer entflammbar	Leichtbauplatten
B 2	normal entflammbar	Holz, Dachpappe
B 3	leicht entflammbar	Papier, Holzwolle

Die Beurteilung des Brandverhaltens von Baustoffen und Bauteilen erfolgt mithilfe eines Brandmodelles (Abb. 1, S. 628), dessen Brandverlauf sich bei verschiedenen Brandversuchen bestätigt hat. Wie daraus ersichtlich ist, kommt es in der Brandentstehungsphase auf das Brandverhalten der brennbaren Baustoffe an.

! Durch geeignete *Baustoffauswahl* werden die Forderungen des vorbeugenden baulichen Brandschutzes erfüllt und der Entstehung und Ausbreitung von Schadfeuer wird vorgebeugt.

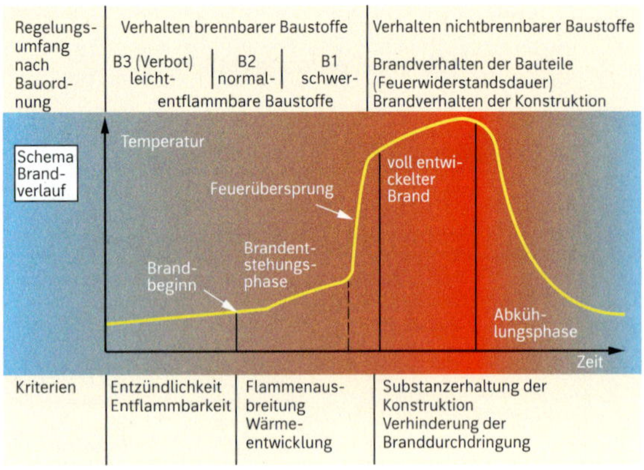

Abb. 1: Brandverhalten von Baustoffen

Feuerwiderstandsklassen

Bei voll entwickeltem Brand (Abb. 1) müssen z. B. raumabschließende Bauteile und das Tragwerk so beschaffen sein, dass sie für eine bestimmte Zeit die Ausbreitung von Feuer und Rauch verhindern. Nur so lassen sich auch Rettungs- und Löscharbeiten durchführen. Die DIN 4102 unterteilt daher Bauteile in *Feuerwiderstandsklassen*. Dabei wird das Brandverhalten durch die *Feuerwiderstandsdauer* gekennzeichnet. Geprüft wird bei einem genormten Temperaturverlauf, den Abb. 2 zeigt.

Eine Zusammenstellung der Feuerwiderstandsklassen von Bauteilen und Sonderbauteilen nach DIN 4102 zeigt Tab. 1.

Tab. 1: Feuerwiderstandsklassen von Bauteilen und Sonderbauteilen nach DIN 4102 (Auswahl)

Bauteil		DIN 4102	Feuerwiderstandsklassen entsprechend einer Feuerwiderstandsdauer in Min				
			≥ 30	≥ 60	≥ 90	≥ 120	≥ 180
Wände, Decken, Stützen		Teil 2	F 30	F 60	F 90	F 120	F 180
Brandwände	Sonderbauteile	Teil 3	F 90 (F 120, F 180) + Stoßbeanspr.				
Nichttragende Außenwände	Sonderbauteile	Teil 3	W 30	W 60	W 90	W 120	W 180
Feuerschutzabschlüsse (Türen, Tore, Klappen)	Sonderbauteile	Teil 5	T 30	T 60	T 90	T 120	T 180
Rohre und Formstücke für Lüftungsleitungen	Sonderbauteile	Teil 6	L 30	L 60	L 90	L 120	
Absperrvorrichtungen Lüftungsleitungen	Sonderbauteile	Teil 6	K 30	K 60	K 90		
Kabelabschottungen	Sonderbauteile	Teil 9	S 30	S 60	S 90	S 120	S 180
Installationsschächte und Kanäle	Sonderbauteile	Teil 11	I 30	I 60	I 90	I 120	
Rohrdurchführungen	Sonderbauteile	Teil 11	R 30	R 60	R 90	R 120	
Funktionserhalt elektrischer Leitungen	Sonderbauteile	Teil 12	E 30	E 60	E 90		

Beispiel:

R 30
- Feuerwiderstandsdauer 30 Minuten (822 K)
- Rohrdurchführung

L 60
- Feuerwiderstandsdauer 60 Minuten (925 K)
- z. B. Rohre für Lüftungsleitungen

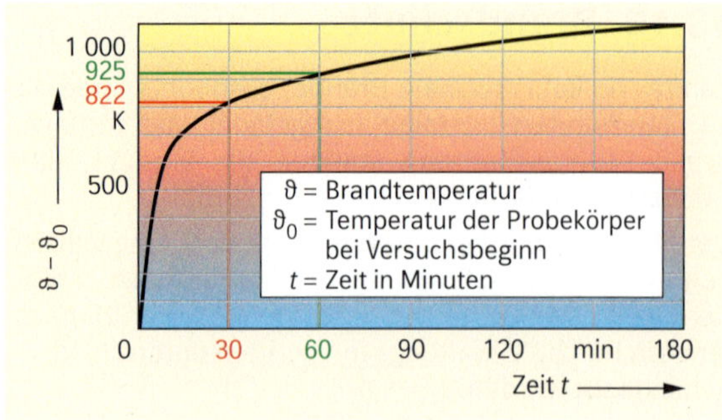

Abb. 2: Einheits-Temperatur-Zeitkurve nach DIN 4102 Teil 2

Brandverhalten von Bauprodukten

Die Bewertung des Brandverhaltens von Bauprodukten erfolgt nach der DIN EN 13501-1. Nach dieser europäischen Norm wird das Brandverhalten in die sieben Klassen A1, A2, B, C, D, E und F eingeteilt (→ TB). Neben dem Brandverhalten werden in dieser Norm auch die Rauchentwicklung (s1–s3) und das Abtropfen beim Schmelzen (d0–d2) in Klassen eingeteilt – ein direkter Vergleich mit den Baustoffklassen der DIN 4102 ist deshalb nicht möglich.

Während in der DIN 4102 der Feuerwiderstand nur in die Klassen 30, 90, 120 und 180 Minuten eingeteilt wird, lässt das europäische System auch eine Feuerwiderstandsdauer von 15, 20, 30, 45, 60, 90, 120, 180 und 240 Minuten zu. Die europäische Norm ist somit deutlich detaillierter gegliedert. Die Kennzeichnung ist jedoch schwieriger zu entschlüsseln, weil sie auch viele andere Kriterien erfasst, wie z. B.

- die Tragfähigkeit – R (Résistance),
- den Raumabschluss – E (Étanchéité),
- die Wärmedämmung im Brandfall – I (Isolation),
- die Richtung der klassifizierten Feuerwiderstandsdauer und vieles mehr.

Die in der Musterbauordnung und in der Landesbauordnung gestellten Forderungen hinsichtlich des Brandverhaltens von Baustoffen und Bauteilen sind mit Begriffen beschrieben wie „feuerhemmend" oder „feuerbeständig". Diese Begriffe werden in der DIN EN 13501-2 deutlich erweitert (Tab. 2). Die zur Kennzeichnung verwendeten Buchstaben sind oben erläutert. Die Zahlen geben die Feuerwiderstandsdauer in Minuten an.

Tab. 2: Feuerwiderstandsklassen von Bauteilen nach DIN EN 13501-2

Bauaufsichtliche Anforderung	Tragende Bauteile mit Raumabschluss	Nichtragende Innenwände
feuerhemmend	REI 30	EI 30
hochfeuerhemmend	REI 60	EI 60
feuerbeständig	REI 90	EI 90
Feuerwiderstandsfähigkeit 120 Minuten	REI 120	
Brandwand	REI 90-M	EI-90-M

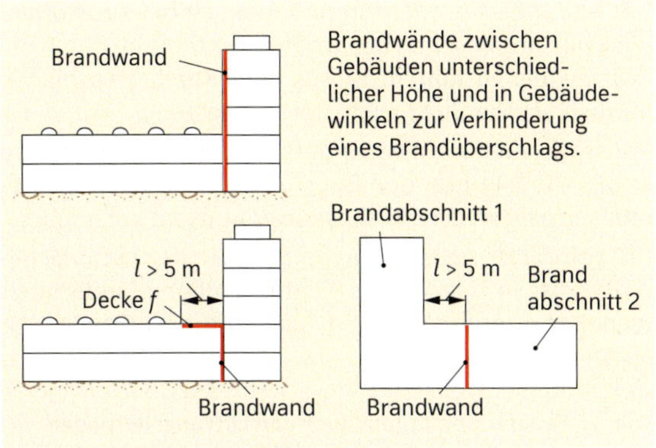

Abb. 3: Brandwände und Brandabschnitte

Brandabschnitte und Brandwände

Mehrgeschossige oder ausgedehnte Gebäude werden in Brandabschnitte unterteilt. Brandabschnitte mit feuerbeständigen Brandwänden und Decken (REI 90) sollen ein aufkommendes Schadfeuer begrenzen (Abb. 3).

Für Brandwände gilt:

- Im Brandfall muss die Standsicherheit erhalten bleiben.
- Öffnungen sowie schräge und waagerechte Schlitze sind nicht zulässig.
- Erforderliche Öffnungen müssen mit selbstschließenden, feuerbeständigen Brandschutzverschlüssen etc. versehen sein.
- Bei Leitungsführung durch Brandabschnitte darf der geforderte Feuerwiderstand nicht verringert werden.
- Installationen sind möglichst auf einen Brandabschnitt zu beschränken.
- Rohre der Baustoffklasse A dürfen durch Brandwände geführt werden, wenn eine Brandübertragung ausgeschlossen ist.
- Abdichtungen sind so zu fertigen, dass weder Feuer noch Rauch durchdringen können (Verschließen mit Mörtel, Beton etc.).

Aufgaben

1. Welche Aufgabe hat der vorbeugende bauliche Brandschutz?
2. Wie unterscheiden sich Baustoffklassen und Feuerwiderstandsklassen?
3. Was bedeutet das Kurzzeichen REI 90?

13.17 Brandschutz in der Raumlufttechnik

Wie Erfahrungen aus der Praxis zeigen, breitet sich ein Brand meist entlang der Hausinstallation aus.

Auch Lüftungsleitungen stellen aus brandschutztechnischer Sicht einen idealen Brandausbreitungsweg dar.

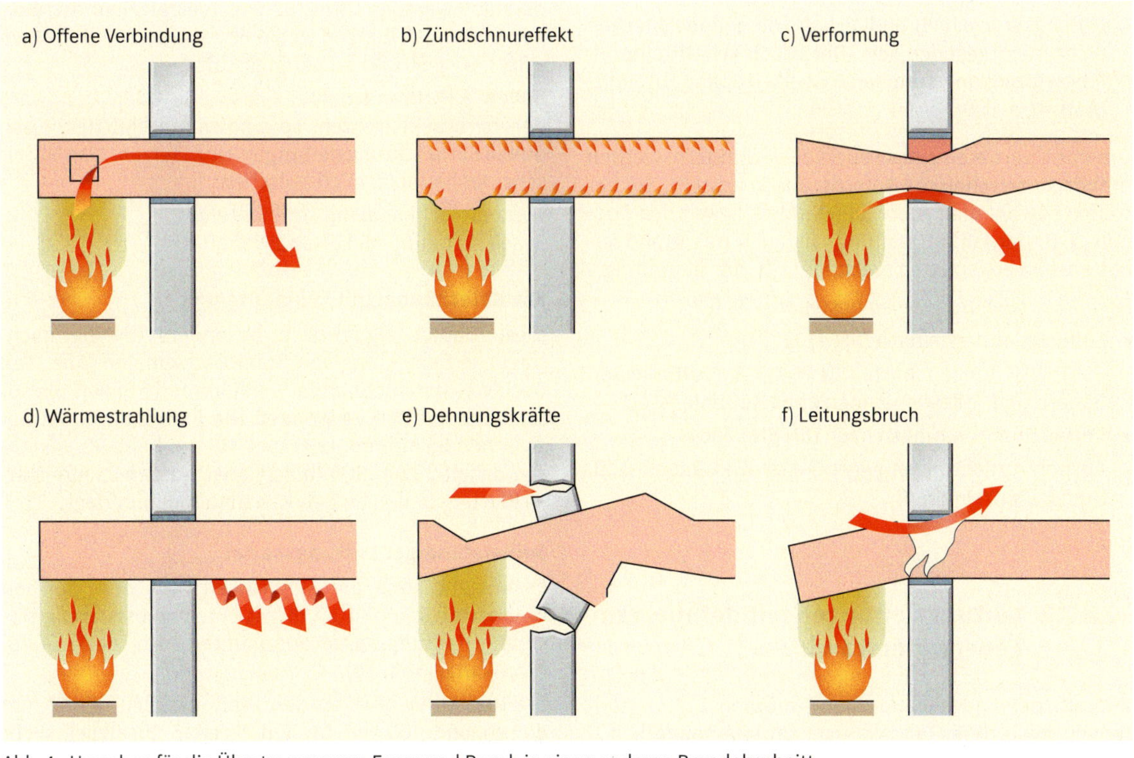

Abb. 4: Ursachen für die Übertragung von Feuer und Rauch in einen anderen Brandabschnitt

13.17.1 Ausbreitung von Feuer und Rauch

Für das Ausbreiten von Feuer und Rauch gibt es verschiedene Ursachen.

- *Offene Verbindung:* Am gleichen Lüftungsstrang sind Öffnungen in andere Brandabschnitte vorhanden, durch die der Rauch gelangt (Abb. 4a, S. 629).
- *Zündschnureffekt:* Durch die Verwendung brennbarer Lüftungsleitungen, brennbarer Innenbeschichtungen oder Ablagerungen gelangt das Feuer durch Abbrennen der Leitungen in den anderen Brandabschnitt (Abb. 4b, S. 629).
- *Verformung:* Durch Hitzeeinwirkung kann es zur Verformung der Lüftungsleitung im Bereich der Mauerdurchführung kommen, sodass zu anderen Brandabschnitten eine offene Verbindung entsteht (Abb. 4c, S. 629).
- *Wärmestrahlung:* Die Lüftungsleitung wird durch den Brand so stark erhitzt, dass im benachbarten Brandabschnitt leicht entzündliche Stoffe in Brand geraten (Abb. 4d, S. 629).
- *Dehnungskräfte:* Die Hitzeentwicklung führt zur Wärmedehnung der Lüftungsleitung. Sie kann so groß werden, dass die Wanddurchführung den Dehnungskräften nicht mehr standhält und die Wand einstürzt (Abb. 4e, S. 629).
- *Leitungsbruch:* Im Brandfall kann die Standsicherheit nicht mehr gegeben sein. Der Bruch schafft eine offene Verbindung zum benachbarten Brandabschnitt (Abb. 4f, S. 629).

Um das Übertreten eines Feuers zu verhindern, werden brandschutztechnische Anforderungen gestellt. Sie betreffen sowohl die Feuerwiderstandsfähigkeit des *Bauteils*, z. B. der Lüftungsleitung, als auch das Brandverhalten der verwendeten *Baustoffe*, z. B. der Dämmung.

Brandschutzanforderungen bestehen u. a. für:

- Lüftungsleitungen nach DIN 4102
- Lüftungsleitungen nach DIN 18017-3 (Lüftung von Bädern und Toilettenräumen ohne Außenfenster)
- Entrauchungsleitungen nach DIN EN 1366-8
- Absperrvorrichtungen gegen Feuer und Rauch (z. B. Brandschutzklappen)

13.17.2 Lüftungsleitungen mit definiertem Feuerwiderstand

! Nach der Landesbauordnung müssen Lüftungsleitungen sowie deren Bekleidungen und Dämmstoffe aus *nicht brennbaren Baustoffen* bestehen.

Der Nachweis der Nichtbrennbarkeit ist bei Baustoffen, die keine organischen Bestandteile enthalten, durch ein Prüfzeugnis zu führen. Dieses wird durch eine hierfür amtlich anerkannte Prüfanstalt ausgestellt.

Baustoffe, für die ein besonderer Nachweis entfällt, sind in DIN 4102-4 unter den Baustoffklassen A1 (z. B. Mineralfasern) oder A2 (z. B. Gipskartonplatten) aufgeführt.

Die geforderte *Feuerwiderstandsdauer* der Lüftungsleitungen ist in der Muster-Richtlinie über brandschutztechnische Anforderungen an Lüftungsanlagen (M-LüAR) angegeben (Tab. 1).

Tab. 1: Feuerwiderstandsdauer von Lüftungsleitungen und Lüftungsschächten (alt)

Gebäude[1]	Feuerwiderstandsdauer in Minuten bei der Überbrückung von: Decken	Brandwänden	Flurwänden Trennwänden F 30 oder F 90
bis 2 Vollgeschosse	–	90	30
3–5 Vollgeschosse	30		
> 5 Vollgeschosse außer Hochhäuser	60		
Hochhäuser	90		

[1] Bei baulichen Anlagen besonderer Art und Nutzung gemäß LBO sind darüber hinausgehende Anforderungen möglich.

Die brandschutztechnischen Anforderungen und Prüfungen von Lüftungsleitungen mit definiertem Feuerwiderstand waren in DIN 4102-6 festgelegt. Hiernach wurden Lüftungsleitungen in die Feuerwiderstandsklassen L 30, L 60, L 90 und L 120 eingestuft.

Sollen z. B. Brandwände, Flurwände oder Trennwände überbrückt werden, so sind brandschutztechnisch qualifizierte Lüftungsleitungen einzusetzen. Man unterscheidet hauptsächlich zwischen:

- Stahlblechkanal mit Ummantelung
- selbstständigem Lüftungskanal

Stahlblechkanal mit Ummantelung

Diese Bauart eignet sich besonders für die nachträgliche Bekleidung von Stahlblechkanälen (Abb. 1a). Dazu werden miteinander verklammerte Silikat-Brandschutzbauplatten verwendet. Die Plattendicke beträgt zwischen 25 mm bei L 30 und 40 mm bei L 90. Als Abstandshalter zum Stahlblechkanal werden 25 mm starke Plattenstreifen an den Kanalstößen hinterlegt.

Selbstständiger Lüftungskanal

Es besteht auch die Möglichkeit, aus den gleichen Brandschutzbauplatten direkt einen selbstständig tragenden Lüftungskanal auszuführen, d. h. ohne Stahlblechkanal (Abb. 1b).

Die Platten werden an den Plattenstößen mit 10 mm dicken und 100 mm breiten Streifen zusätzlich dicht verklebt.

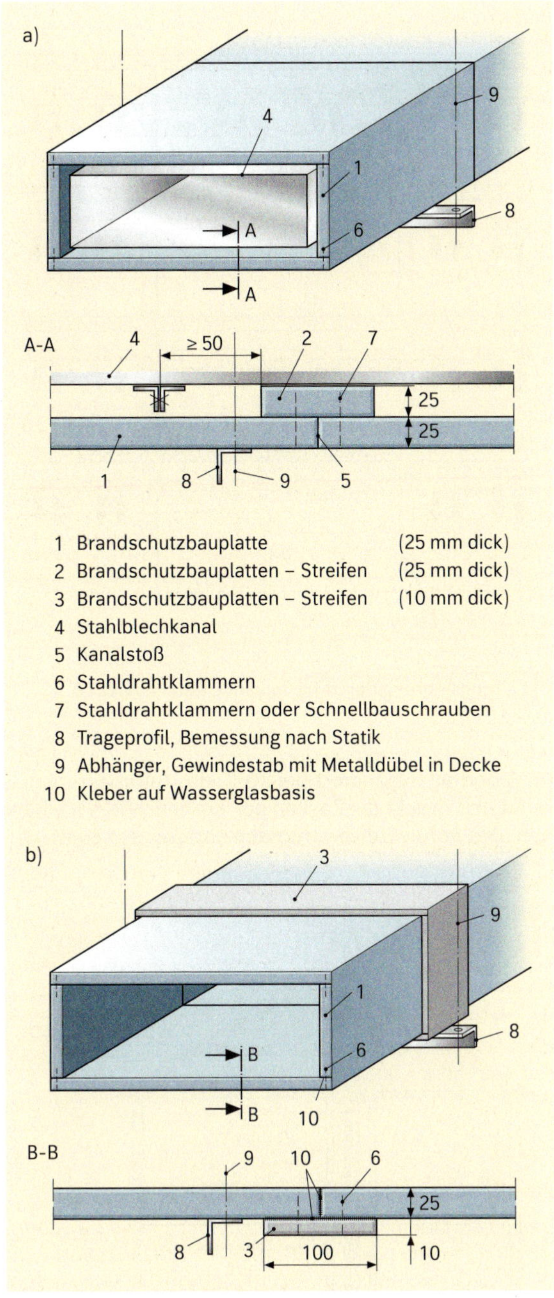

Abb. 1: Lüftungsleitungen mit definiertem Feuerwiderstand L 30: a) Stahlblechkanal, b) selbstständiger Lüftungskanal

Leitungsführung durch feuerwiderstandsfähige Wände

Die Bauordnung der Bundesländer schreibt vor, dass Lüftungsanlagen, ausgenommen in Gebäuden geringer Höhe, und Lüftungsanlagen, die Gebäudetrennwände überbrücken, so herzustellen sind, dass Feuer und Rauch nicht in andere Geschosse, Brandabschnitte, Treppenräume oder notwendige Flure übertragen werden können.

Nach DIN 4102 bestehen u. a. folgende Möglichkeiten:

Überbrückung von Brandwänden und Heizraumwänden (Abb. 1a, S. 632)

Ⓐ Brandschutzklappen K 90 bei Leitungen ohne Feuerwiderstandsdauer, mit oder ohne Zuluft- bzw. Abluftöffnungen

Ⓑ Abgehängte Decke mit Feuerwiderstandsdauer F 90. Sie schließt die Leitung vollständig gegen das Innere des Brandabschnittes ab

Ⓒ Leitung ohne Zuluft- bzw. Abluftöffnungen mit Feuerwiderstandsdauer L 90 oder Leitung mit feuerbeständiger Ummantelung L 90.

Ⓓ Leitung L 90 mit einer Brandschutzklappe K 90 zwischen den Brandabschnitten I und III

Leitungsführung durch Trennwände und Flurwände mit Feuerwiderstandsanforderungen (Abb. 1b, S. 632)

Ⓔ Ⓕ Brandschutzklappen K 30 bei Leitungen ohne Feuerwiderstandsdauer, mit oder ohne Zuluft- bzw. Abluftöffnungen

Ⓖ Abgehängte Decke mit Feuerwiderstandsdauer F 30. Sie schließt die Leitung vollständig gegen das Innere des Rettungsweges, z. B. Treppenhaus, ab.

Ⓗ Leitung ohne Zuluft- bzw. Abluftöffnungen mit Feuerwiderstandsdauer L 30

Brandschutzanforderungen an die Verlegung von Lüftungsleitungen

Die Muster-Richtlinie über brandschutztechnischen Anforderunge an Lüftungsanlagen nennt u. a. folgende Verlegevorschriften:

„Lüftungsleitungen sind so zu verlegen, dass sie infolge ihrer Dehnung durch Erwärmung bis zu 900 °C auf Wände und Stützen keine erheblichen, auf die Bauteile wirkenden Kräfte ausüben können."

Hierzu müssen insbesondere lange, gerade Leitungsabschnitte mit erheblicher Längssteifigkeit, die nicht mit Kompensatoren versehen sind,

- leicht verschieblich durch Wände geführt sein,
- unverschieblich an Bauteilen befestigt sein, die die im Brandfall durch die Lüftungsleitung entstehenden Kräfte aufnehmen können, oder
- unverschieblich an Decken befestigt sein.

„Leitungsabschnitte, deren äußere Oberflächen im Betrieb Temperaturen von mehr als 85 °C erreichen können, müssen von flächig angrenzenden, ungeschützten Bauteilen mit brennbaren Baustoffen einen Abstand von mindestens 40 cm einhalten."

„Feuerwiderstandsfähige Leitungsabschnitte müssen an Bauteilen mit entsprechender Feuerwiderstandsfähigkeit befestigt sein."

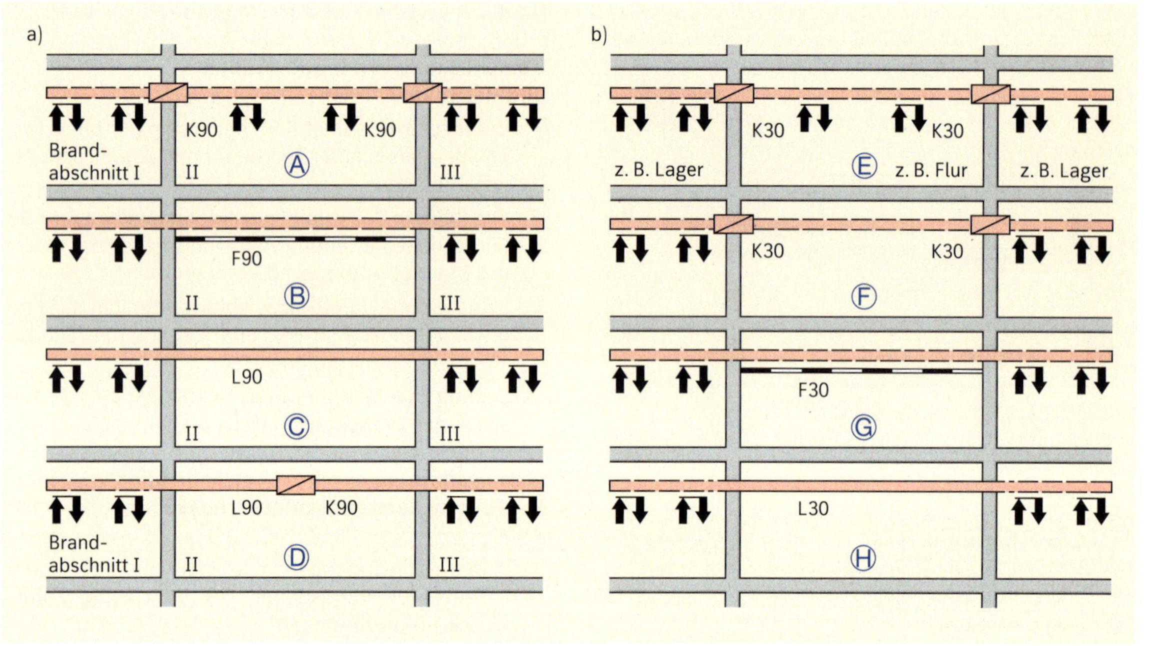

Abb. 1: Leitungsführung durch feuerwiderstandsfähige Wände:
a) Überbrückung von Brandwänden und Heizraumwänden, b) Leitungsführung durch Trennwände und Flurwände

13.17.3 Brandschutz in Lüftungsanlagen für innen liegende Bäder, Toiletten und Wohnungsküchen nach DIN 18 017-3

Gemäß den Brandschutzanforderungen der Landesbauordnung (LBO) muss gewährleistet sein, dass im Brandfall Feuer und Rauch nicht in andere Wohnungen übertragen werden. Das gilt auch für die verschiedenen Prinziplösungen bei *Einzelentlüftungsanlagen* und *Zentralentlüftungsanlagen* nach DIN 18 017-3 (Kap. 13.15.1).

Um die Brandübertragung zu verhindern, können an den Durchdringungsstellen *Absperrvorrichtungen* angebracht werden (Abb. 2).

Die verwendeten Absperrvorrichtungen müssen

- dem *Stand der Technik* entsprechen, z. B. der Muster-Richtlinie über brandschutztechnische Anforderungen an Leitungsanlagen (MLAR) oder
- eine allgemeine *bauaufsichtliche Zulassung* mit Prüfzeugnis besitzen oder
- im Einzelfall die Zulassung vom Institut für Bautechnik aufweisen.

Für Lüftungsanlagen nach DIN 18 017-3 werden u. a. die folgenden Absperrvorrichtungen verwendet:

Deckenschott

Ein Deckenschott besteht aus dem Metallgehäuse und den inneren Einbauteilen wie Intumeszensmaterial (unter Hitzeeinwirkung anschwellendes Material) und Kronenrohr (Abb. 2 und 3).

Im Brandfall expandiert bei 70 °C das Intumeszensmaterial und drückt die Zacken des Kronenrohres nach innen. Das Rohr wird verschlossen und zugeschäumt.

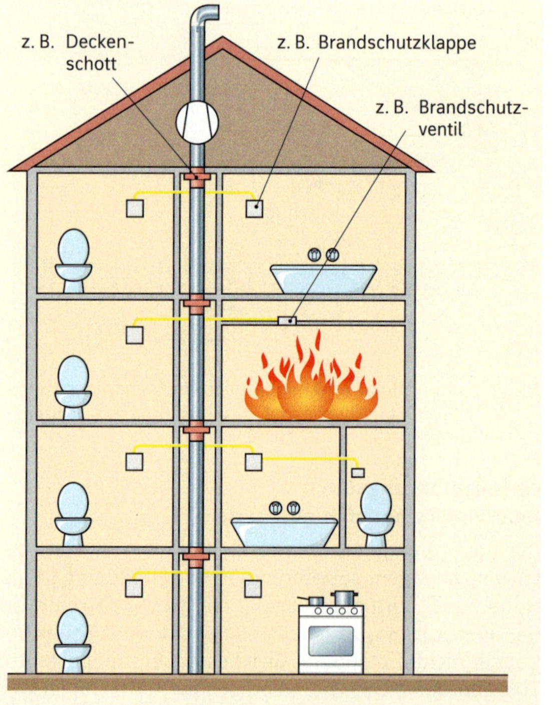

Abb. 2: Brandschutzabsperrvorrichtungen

Topschotts, bei denen im Brandfall die Zacken des Kronenrohres zusätzlich mit Federkraftunterstützung nach innen gedrückt werden, schließen schneller (Abb. 3). Dadurch ist ein erweiterter Einsatzbereich gegeben, z. B. als Absperrvorrichtung für Dunstabzugshauben in Wohnküchen.

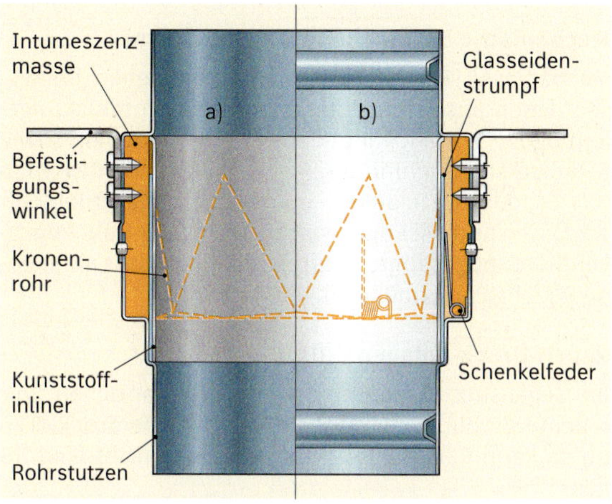

Abb. 3: Halbschnitt: a) Deckenschott, b) Topschott

Brandschutzventil

Brandschutzventile (Abb. 2 und 4) bilden den Abschluss von Rohrabzweigungen von der Hauptleitung. Der Volumenstrom der Luft kann mithilfe der Hülse eingestellt werden. Das Schmelzlot hält den Ventilkörper gegen die Kraft der Druckfeder in offener Stellung. Im Brandfall reißt das Schmelzlot. Die Druckfeder zieht den Ventilkonus gegen das kegelförmige Gehäuse und schließt die Leitung.

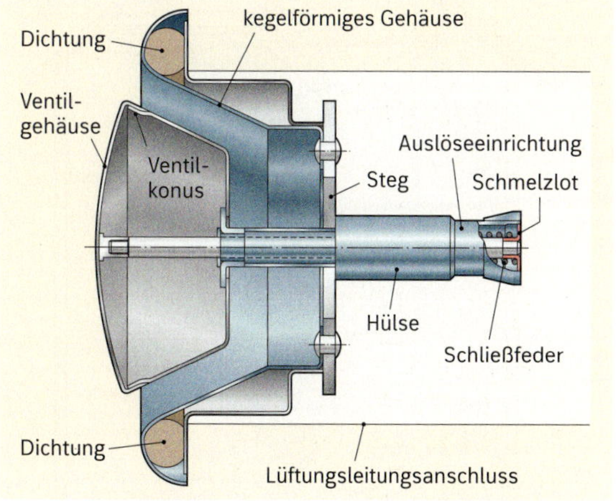

Abb. 4: Brandschutzventil

Brandschutzklappe

Brandschutzklappen (Abb. 2 und 5) für Lüftungsanlagen nach DIN 18017 bestehen aus einem Einbaustutzen und der Brandschutzklappe.

Sie bilden ebenso wie Brandschutzventile den Abschluss bei Rohrabzweigungen von der Hauptleitung. Der zum Raum hin offene Teil einer Brandschutzklappe ist mit einem nicht brennbaren Schutzgitter zu versehen. Im Brandfall erfolgt bei 72 °C die thermische Auslösung durch das Schmelzlot. Dadurch wird die unter Vorspannung stehende Schließfeder freigegeben, die das Schließen des Absperrklappenblatts bewirkt.

Abb. 5: Runde Brandschutzklappe

Kombischacht

Beim *Kombischacht* (Abb. 6) können Lüftungs-, Trink- und Abwasserleitungen sowie die Elektroinstallation in einem gemeinsamen Schacht verlegt werden.

Jedoch muss der Schacht und alle seine Installationen den Brandschutzanforderungen nach bauaufsichtlichen Prüfungen genügen.

Abb. 6: Kombischacht

Für Lüftungsleitungen, die zu trennende Brandabschnitte überbrücken, fordert die Muster-Leitungsanlagen-Richtlinie (MLAR) eine Ausführung in der Feuerwiderstandsfähigkeit des zu durchdringenden Bauteils. Andernfalls sind Brandschutzklappen in den Bauteilen vorzusehen. Ferner müssen Lüftungsleitungen zu anderen Installationen im Bereich der Bauteildurchführungen Mindestabstände bis zu 200 mm einhalten.

Bei einem Rohrabzweig vom Brandschutz-Rundrohr zum Ventilator ist eine Absperrvorrichtung anzubringen. Sie löst im Brandfall einen Schieber aus, der das Rohr feuerdicht schließt. Alternativ kann durch aufschäumendes Material das Rohr rauchdicht verschlossen werden.

13.17.4 Rauch- und Wärmeabzugs-Anlagen (RWA)

Bei einem Brand werden Menschen primär von den Rauchgasen bedroht und erst in zweiter Linie vom Feuer.

Die heißen Rauchgase wärmen auch die Bauteile, sodass der Brand schneller fortschreiten kann (Abb. 1).

Eine Rauch- und Wärmeabzugsanlage (RWA) erfüllt daher wichtige Aufgaben. Sie soll:

- Rettungs- und Fluchtwege rauchfrei halten
- die Vergiftungsgefahr verringern
- die Sicht verbessern, damit der Brandherd erkannt und ein gezieltes Eingreifen der Feuerwehr ermöglicht wird
- die in den Rauchgasen enthaltene Wärme abführen um die Brandbelastung des Gebäudes zu verringern
- einen „flash-over" (= plötzliche Zündung der brennbaren Gase) verhindern, indem die heißen Rauchgase abgeführt werden

! Eine *normale Lüftungsanlage* kann nicht als Rauch- und Wärmeabzugsanlage verwendet werden.

Man unterscheidet folgende Bauarten von RWA:

- natürliche Entrauchungsanlagen
- mechanische (maschinelle) Entrauchungsanlagen
- Rauch-Druck-Anlagen

Natürliche Entrauchungsanlagen (NRA)

Im Brandfall werden Fenster, Dachkuppeln oder spezielle Entrauchungsklappen durch elektrische Antriebe automatisch geöffnet. Das Funktionsprinzip beruht bei einer NRA auf dem thermischen Auftrieb von Gasen. Dabei entsteht ein Sog durch den Dichteunterschied sowie durch die Höhendifferenz zwischen Zuluft- und Rauchabzugsöffnung.

Nachteilig ist, dass bei geringer Temperatur- oder Höhendifferenz sowie durch Witterungseinflüsse die Wirkung begrenzt ist.

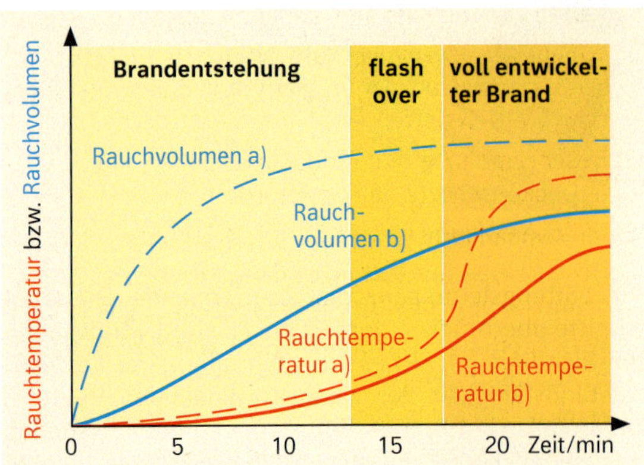

Abb. 1: Entwicklung von Rauchvolumen und Rauchtemperatur a) ohne RWA, b) mit RWA

Mechanische Entrauchungsanlagen (MRA)

Mechanische Entrauchungsanlagen bestehen im wesentlichen aus Entrauchungsventilator, Entrauchungsleitungen, Entrauchungsklappe, Zuluftklappen sowie Stromversorgung und Steuerung. Im Brandfall werden die Brandschutzklappen in der Lüftungsleitung geschlossen und die Rauchgase über einen Entrauchungsventilator abgesaugt. Dadurch gelingt es, dass anfallende Rauchgase schneller abgeführt werden.

Rauch-Druck-Anlagen (RDA)

Im Gegensatz zu natürlichen und mechanischen Entrauchungsanlagen arbeiten RDA mit Überdruck. Dadurch kann Rauch aus anderen Räumen nicht eindringen.

Diese Anlagen werden dort eingesetzt, wo erhöhte Anforderungen an die Sicherheit gestellt werden. Hierzu zählen Treppenräume und Flure (Abb. 2).

Entrauchungsleitungen verbinden die Absaugstellen innerhalb eines Gebäudes mit der Auslassöffnung im Freien (Abb. 3).

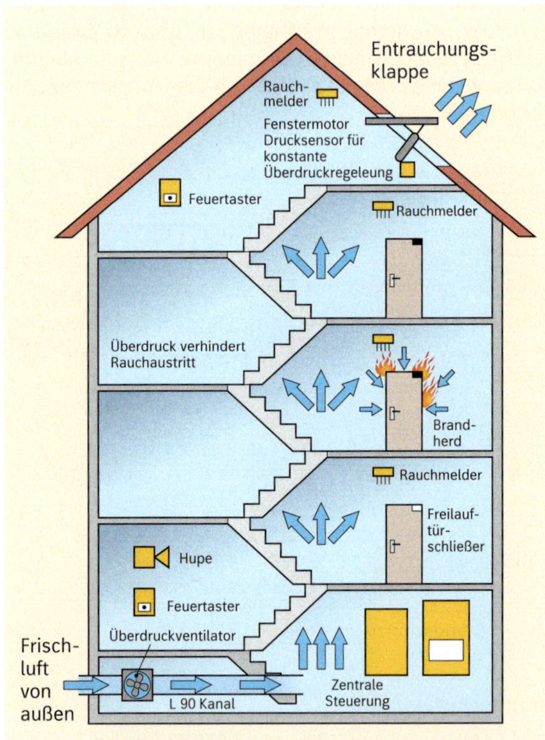

Abb. 2: Rauch-Druck-Anlage zur Rauchfreihaltung von Treppenräumen und Fluren

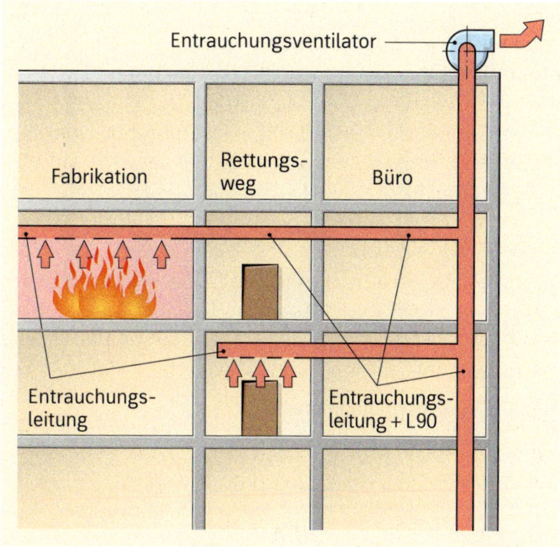

Abb. 3: Entrauchungsleitungen in maschineller Entrauchungsanlage

Entrauchungsleitungen nach DIN EN 1366-8

An Dichtigkeit und Temperaturbeanspruchung werden besondere Anforderungen gestellt. Man unterscheidet drei Druckstufen (500 Pa, 1 000 Pa, 1 500 Pa) und drei Kategorien. Eine Entrauchungsleitung der Kategorie 1 muss z. B. bei 300 °C die Dichtigkeit und Querschnittsverformung mindestens 30 Minuten aufrechterhalten.

Außerhalb der zu entrauchenden Räume sind Entrauchungsleitungen der Feuerwiderstandsklasse L 90 zu verlegen. Sie bestehen in der Regel aus einem Kalziumsilikat-Material. Im Brandfall darf sich die Oberflächentemperatur um nicht mehr als 180 °C erhöhen. Dadurch soll verhindert werden, dass außerhalb des zu entrauchenden Raumes ein weiterer Brand ausgelöst wird.

Entrauchungsanlagen aus Stahlblech dürfen nur noch mit bauaufsichtlichem Prüfzeugnis in den zu entrauchenden Räumen zum Einsatz kommen.

Über die in Entrauchungsleitungen eingebauten Entrauchungsklappen wird der Rauch ins Freie abgeführt.

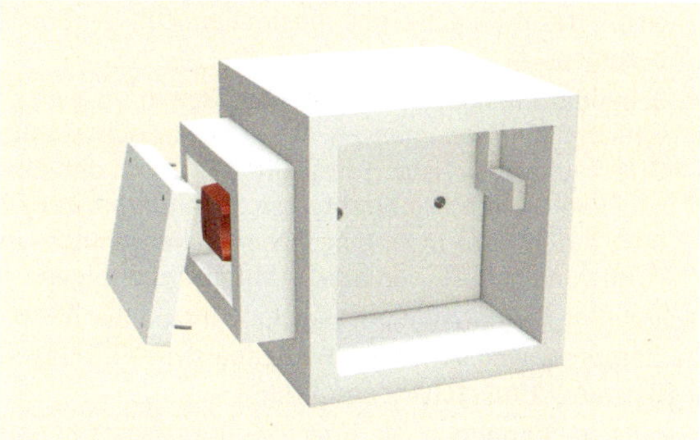

Abb. 4: Entrauchungsklappe als Kalziumsilikat mit feuerwiderstandsfähig isoliertem Antriebsmotor

Entrauchungsklappen

Während Brandschutzklappen im Brandfall über eine Auslöseeinrichtung geschlossen werden, öffnen Entrauchungsklappen (Abb. 4).

Entrauchungsklappen müssen sowohl durch Knopfdruck als auch über eine automatische Auslöseeinrichtung (z. B. Rauchmelder) geöffnet werden können.

Neben den normalen Entrauchungsklappen gibt es auch *Kombi-Entrauchungsklappen*, die für Lüftungszwecke geöffnet werden können. Dadurch wird es möglich, eine Entrauchungsanlage auch als Lüftungsanlage zu betreiben.

! Brandschutzkonzepte

Brandschutzkonzepte sind nur wirkungsvoll, wenn alle erforderlichen Komponenten des baulichen und technischen Brandschutzes vorhanden und aufeinander abgestimmt sind.

So gehören z. B. zum baulichen Brandschutz auch die Baufugenabschottung, Kabelabschottung und Feuerschutztüren.

Der technische Brandschutz kann aus *Rauchmelder, Entrauchungsanlage und Sprinkler* bestehen. Rauchmelder zeigen den Brand an, RWA-Anlagen ziehen den Rauch ab und Sprinkler löschen den Brand.

Aufgaben

1. Welche Erfahrung liefert die Praxis hinsichtlich des Ausbreitungsweges eines Brandes?
2. Nennen und beschreiben Sie sechs mögliche Ursachen für die Ausbreitung von Feuer und Rauch.
3. Nennen Sie drei Regelwerke für Brandschutzanforderungen.
4. Welche Eigenschaft muss ein Baustoff für Lüftungsleitungen sowie deren Bekleidung und Dämmung aufweisen?
5. Welche Feuerwiderstandsdauer wird bei der Überbrückung von a) Decken, b) Brandwänden, c) Flurwänden gefordert?
6. Nennen Sie drei Brandschutzanforderungen, die die Verlegung von Lüftungsleitungen betreffen.
7. Welche allgemeine Voraussetzung muss eine Brandschutzabsperrvorrichtung erfüllen, damit sie eingebaut werden darf?
8. Beschreiben Sie den Aufbau und die Funktion eines a) Deckenschotts, b) Topschotts.
9. Welche Aufgabe hat ein Brandschutzventil?
10. Beschreiben Sie Aufbau und Funktion einer Brandschutzklappe für Lüftungsanlagen nach DIN 18 017.
11. Was versteht man unter einem a) Kombischacht, b) Komplettsystem?
12. Nennen Sie zwei Beispiele für die Rauchmengen, die bei der Verbrennung entstehen können.
13. Unterscheiden Sie natürliche und mechanische Entrauchungsanlagen.

13.18 Schallschutzmaßnahmen in RLT-Anlagen

Ein ausreichender Schallschutz ist ein entscheidender Gesichtspunkt bei der Planung und Ausführung von RLT-Anlagen. Von den Nutzenden als störend empfundene Geräusche können zu einer ablehnenden Haltung gegenüber lüftungstechnischen Anlagen führen und letztlich sogar gesundheitliche Beeinträchtigungen hervorrufen (Kap. 13.3.1). Die wesentlichsten Geräuschquellen in RLT-Anlagen sind:

- die Ventilatoren und Kompressoren der Kälteanlagen
- die Luftreibung in den Luftleitungen

Die meisten Bauteile von RLT-Anlagen sind einerseits Schallquellen, besitzen aber andererseits die Fähigkeit ankommenden Schall zu dämpfen. Man bezeichnet diesen Vorgang als *natürliche* (passive) *Schalldämpfung*. Eine wirksame Abnahme des Schallpegels durch natürliche Dämpfung tritt vorrangig in langen Lüftungsleitungen, in Formstücken, z. B. Umlenkungen, Verzweigungen, und in Luftauslässen auf. Bei den meisten RLT-Anlagen reicht die natürliche Schalldämpfung innerhalb des Kanalsystems nicht aus, um die maximal zulässigen Schallpegel im Raum einzuhalten. Zur weiteren Reduzierung des Schallpegels ist eine *künstliche* (aktive) *Schalldämpfung* erforderlich. Hierzu zählen das Auskleiden der Kanäle mit schallschluckenden Materialien und der Einbau von Schalldämpfern.

! *Schalldämpfer* sind spezielle Bauteile, welche u. a. die physikalischen Prinzipien der Absorption und Resonanz zur Schallminderung nutzen.

Nach der Wirkungsweise unterscheidet man u. a. folgende Bauarten:

- Absorptionsschalldämpfer
- Resonanzschalldämpfer

Absorptionsschalldämpfer

Sie bestehen aus einem Gehäuse, in dem schallschluckende Elemente in Strömungsrichtung der Luft angeordnet sind (Abb. 1). Diese werden meist als Platten (Kulissen) ausgebildet und sind aus poröser, abriebfester Glas- oder Mineralwolle. Die Schallenergie wird durch Reibung im Plattenmaterial in Wärme umgewandelt. Absorptionsschalldämpfer mit unterschiedlich breiten Kulissen haben ein relativ breites Dämpfungsspektrum und sind universell einsetzbar.

Resonanzschalldämpfer

Sie besitzen Hohlräume bzw. Kammern, die mit undurchlässigen Membranen oder Lochplatten gegenüber dem Luftkanal abgetrennt werden (Abb. 2). Die Luftpolster der Hohlräume wirken wie Federn, die Membranen oder Lochplatten wie Massen. Durch die Schallfrequenz werden die Membranen bzw. Platten und die

Abb. 1: Kulissenschalldämpfer

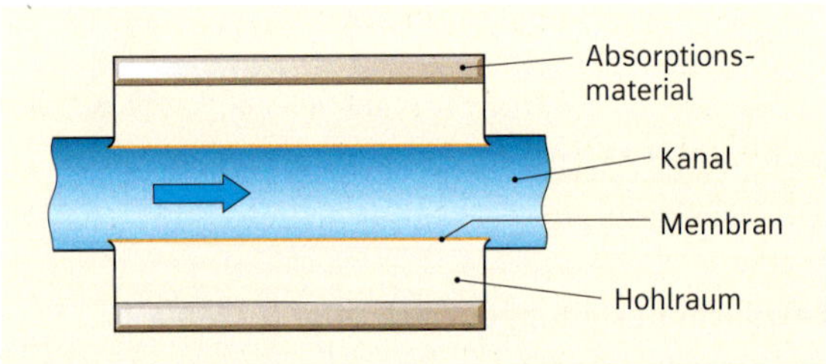

Abb. 2: Resonanzschalldämpfer

Luftpolster zum Mitschwingen angeregt. Die Energie der Schallwellen wird somit in Wärme umgewandelt. In Abhängigkeit von der Kammergröße lassen sich bestimmte Geräuschfrequenzen bevorzugt dämpfen.

Hinsichtlich des Einbaus, der Ausführung und des Einsatzes von Schalldämpfern sind folgende Forderungen zu berücksichtigen:

- Schalldämpfer sollten möglichst nahe an der Hauptgeräuschquelle angeordnet werden, in der Regel ist dies der Ventilator. Hierdurch wird verhindert, dass die Schallwellen ungedämpft in das Kanalsystem einstrahlen und sich ausbreiten.
- Schalldämpfer sind nicht unmittelbar nach Kühlern oder Befeuchtungsgeräten einzubauen.
- Ihr Mindestabstand zu anderen Bauteilen der RLT-Anlage sollte in Anströmrichtung so groß wie die maximale Kulissenbreite sein und in Abströmrichtung sogar das 1,5-Fache der maximalen Kulissenbreite betragen.
- Schalldämmkulissen sind auswechselbar zu gestalten. Die Kulissen müssen eine mechanisch stabile Oberfläche aufweisen. Dies kann z. B. durch den Einsatz von dauerhaft abriebfesten Schalldämmstoffen oder durch Anbringen eines Oberflächenschutzes in Form von Lochblechen bzw. Drahtgittern erfolgen.

Schalldämpfer haben nicht nur die Aufgabe Geräusche zu dämpfen, welche in den Bauteilen der RLT-Anlagen entstehen (Primärschalldämpfung).

Geräusche können auch über das Kanalsystem und dessen Luftein- und -auslässe von Raum zu Raum übertragen werden. Um diesen „Telefonie-Effekt“ zu verhindern, baut man Sekundärschalldämpfer, auch als Telefonieschalldämpfer bezeichnet, unmittelbar in die Abzweige vor den Ein- und Auslässen ein (Abb. 3).

Ein wirksamer Schallschutz bei RLT-Anlagen beschränkt sich nicht auf den Einbau von Schalldämpfern. Es muss ebenfalls verhindert werden, dass sich Luft- und Körperschall ausgehend von der Anlagenzentrale im Gebäude ausbreitet.

Wesentliche Schallschutzmaßnahmen in Lüftungszentralen zeigt Abb. 4.

Aufgaben

1. Erklären Sie den Aufbau und die Wirkungsweise eines Absorptionsschalldämpfers.
2. Welche Forderungen sind beim Einbau von Schalldämpfern zu beachten?
3. Nennen Sie wesentliche Schallschutzmaßnamen in Lüftungszentralen.

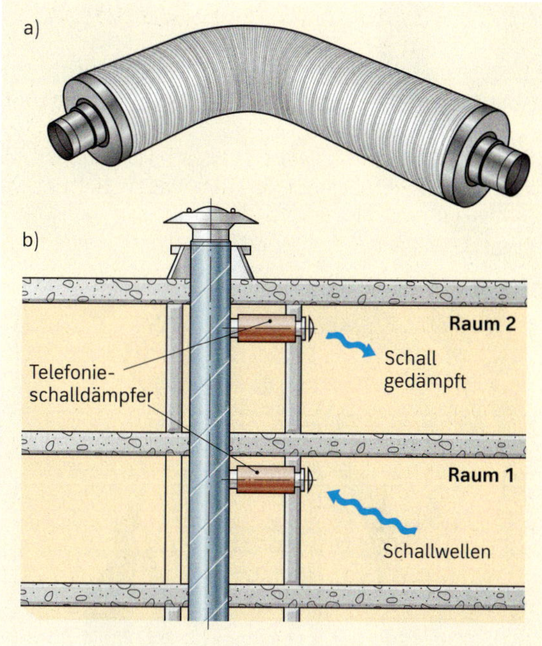

Abb. 3: Telefonieschalldämpfer: a) Ansicht, b) Einbaubeispiel

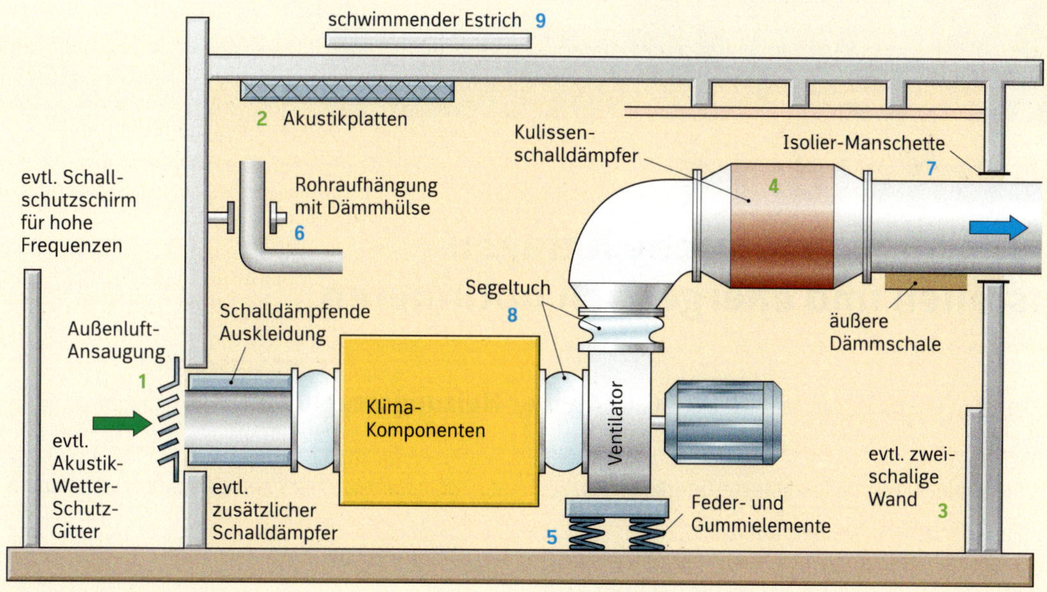

Maßnahmen gegen Luftschall

- Anordnung der Zentralen, Außen- und Fortluftdurchlässe nicht in der Nähe schallempfindlicher Räume (evtl. Akustikwetterschutzgitter, Auskleidung des Ansaugkanals) 1
- Aufstellen von Ventilatoren und Kältemaschinen unter Schallschutzhauben
- Auskleiden des Aufstellraumes mit Akustikplatten 2
- schalldämmende Bauweise, z. B. schwere oder mehrschalige Wände, schalldämmende Fenster 3
- Anordnung des Hauptschalldämpfers nahe der Schallquelle, Vermeidung des Schalleintrages in nachfolgende Leitungen durch äußere Dämmschalen 4

Maßnahmen gegen Körperschall

- Aufstellung der Ventilatoren bzw. Kältemaschinen auf Feder- oder Gummielementen 5
- elastische Aufhängung der Lüftungsleitungen 6
- Wand- und Deckendurchführungen der Lüftungsleitungen mit elastischer Zwischenlage, ggf. Mantelrohr 7
- flexibler Anschluss der Ventilatoren saug- und druckseitig mit Segeltuchstutzen 8
- Fußböden mit schwimmendem Estrich und Trittschalldämmung 9

Abb. 4: Schallschutzmaßnahmen in Lüftungszentralen

Lernfeld 14

Versorgungstechnische Anlagen einstellen und energetisch optimieren

Planen und Einstellen einer Heizungsregelung

Kundenauftrag

Für das Einfamilienreihenhaus gemäß den Basisunterlagen (→ S. 696 ff.) wurde die Wärmeerzeugungsanlage im Lernfeld 10 festgelegt. Die Installation der zugehörigen Heizungsregelung ist einschließlich aller Systemkomponenten zu planen, einzustellen und an den Kunden mit Einweisung zu übergeben.

Information und Orientierung

Die Planung erfolgt anhand der vorgegebenen Funktion der Wärmeerzeugungsanlage unter Berücksichtigung der konkreten baulichen Gegebenheiten, der Installations- und Wartungsanleitung des Herstellers der Wärmeerzeugungsanlage sowie unter Einhaltung der dabei zu beachtenden Normen und Vorschriften.

Planung und Durchführung

Die Planung der Heizungsregelung umfasst folgende Aufgabenstellungen:

1. **Installationsort der Heizungsregelung**
   Der Installationsort der Heizungsregelung liegt im Dachgeschoss am Wärmeerzeuger. Dabei ist die Anbindung aller Komponenten an die Elektroversorgung zu berücksichtigen. Ferner ist der vorgesehene Aufstellungsort, insbesondere im Hinblick auf elektrische Schutzbereiche, auf Eignung zu überprüfen.
2. **Festlegung der Art und Funktion der Heizungsregelung**
   Die Ausführungsart der Heizungsregelung ist anhand von Herstellerunterlagen festzulegen und zu begründen. Gemäß Kundenwunsch ist je ein Heizkreis für die Heizkörper und die Fußbodenheizung vorzusehen sowie die Trinkwassererwärmungsanlage mit einzubinden.
3. **Erstellung des Regelschemas der Heizungsanlage**
   Für die geplante Heizungsregelung ist ein Schema zu erstellen, in dem alle Komponenten normgerecht dargestellt und mit Nummern versehen sind. Ein Beispiel für die Ausführung eines solchen Schemas zeigt Abb. 1. In einer Legende sind die bezifferten Bauteile zu beschriften.

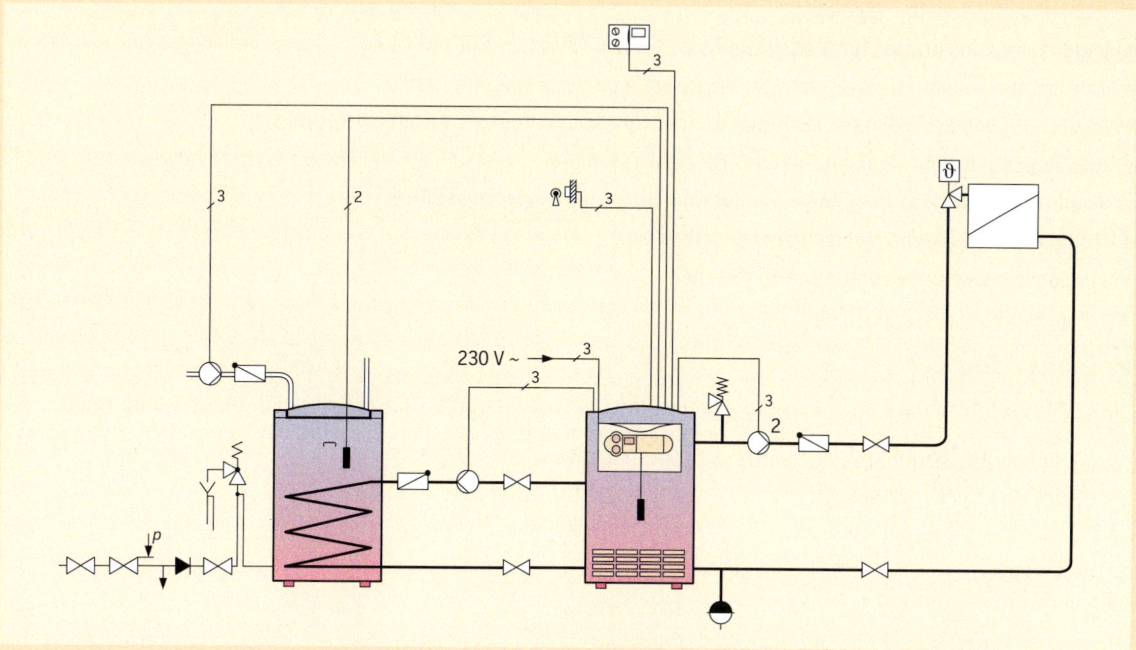

Abb. 1: Beispiel für ein Regelschema eines Heizkessels mit Trinkwassererwärmer und Heizkreis

4. **Auswahl der Systemkomponenten und deren Verdrahtung**
Ermitteln Sie aus den Herstellerunterlagen, welche Komponenten zu verwenden sind. Schlagen Sie die Verbindungs- bzw. Anschlusspläne nach und bestimmen Sie damit, welche Mess- und Stellglieder an welche Anschlüsse anzuschließen sind. Tragen Sie die anzuschließenden Mess- und Stellglieder in eine Liste ein.

5. **Anordnung des Außenfühlers**
Suchen Sie in den Basisunterlagen einen Ort, wo der Außenfühler fachlich richtig angeordnet werden kann.

6. **Anschluss der Speicherladepumpe**
Für den Anschluss der Speicherladepumpe mit einer Leistungsaufnahme von ca. 20 Watt ist der Anschluss zu planen. Wählen Sie eine geeignete Pumpe aus. Bestimmen Sie die Verlegeart der Anschlussleitung und wählen Sie eine geeignete Anschlussleitung aus. Erstellen Sie danach einen Arbeitsplan, aus dem schrittweise das Vorgehen bei der Montage der Anschlussleitung folgt.

7. **Überprüfung des elektrischen Anschlusses**
Beschreiben Sie stichpunktartig die Vorgehensweise bei der Überprüfung der Anschlussleitung der Speicherladepumpe.

8. **Reglereinstellung**
Unter der Annahme, dass das Haus von einer Familie mit kleinen Kindern bewohnt werden soll, ist ein schriftlicher Vorschlag für die Einstellung der Zeitprogramme für die Raumheizung und für die Warmwasserbereitung zu erstellen. Außerdem sind die einzustellenden Heizkurven zu bestimmen.

9. **Inbetriebnahme und Übergabe**
Erstellen Sie einen Arbeitsplan, der alle Tätigkeiten benennt, die bei einer fachgerechten Inbetriebnahme der Heizungsregelung inklusive der Überprüfung der Sicherheitstechnik auszuführen sind. Fertigen Sie ein Übergabeprotokoll an und stellen Sie eine Liste mit allen erforderlichen Unterlagen zusammen, die bei der Übergabe an den Auftraggeber auszuhändigen sind. Weisen Sie den Kunden in die Bedienung der Heizungsanlage ein (Rollenspiel).

Bewertung

Maßgebend für die Bewertung sollen folgende Kriterien sein:

- bauliche Realisierbarkeit bezüglich des gewählten Aufstellortes
- Wahl einer geeigneten Regelung
- fehlerfreiere Ausführung des Regelschemas
- richtige und vollständige Auswahl der erforderlichen Systemkomponenten
- Struktur und Vollständigkeit des Arbeitsplanes für die Montage der Anschlussleitung
- fachgerechte Beschreibung der erforderlichen Prüfungen
- Komfort und Effizienz der Energieausnutzung durch die Reglereinstellung
- fachgerechte Kundeneinweisung bei der Übergabe
- genaue Erfassung der benötigten Materialien

Präsentation

Die Ergebnisse der einzelnen Planungsaufgaben sind übersichtlich zu dokumentieren. Für die Vorstellung der Arbeitsergebnisse sind Folien oder ein Präsentationsprogramm zu erstellen. Die geplante Heizungsregelung ist vorzustellen und getroffene Entscheidungen sind zu begründen.

14 Versorgungstechnische Anlagen einstellen und energetisch optimieren

14.1 Elektrofachkraft für festgelegte Tätigkeiten

Bei der Ausbildung zum/zur Anlagenmechaniker/-in für Sanitär-, Heizungs- und Klimatechnik sollen ausreichende theoretische und praktische Kenntnisse der Elektrotechnik vermittelt werden. Ziel ist es, die Auszubildenden zu Elektrofachkräften für festgelegte Tätigkeiten zu qualifizieren. Näheres hierzu geht aus der VDE 0105-100 hervor. Die dort beschriebene Elektrofachkraft kann eigenverantwortlich und selbstständig Arbeiten für den festgelegten Bereich durchführen. Elektrofachkräfte für festgelegte Tätigkeiten können demnach Anlagenmechaniker/-innen sein, zu deren Aufgaben es z. B. gehört, eine Feuerungsanlage einzubauen, elektrisch anzuschließen und in Betrieb zu nehmen.

14.2 Elektrische Hausinstallation

Die elektrische Energie gelangt über das Spannungsnetz des Netzbetreibers (NB) zum Wohnhaus (Abb. 1).

Im *Hausanschlusskasten* (HAK), der sich meist im Hausanschlussraum befindet, enden die Leitungen des NB. Der HAK ist somit der Übergabepunkt zur Anlage der Kundinnen und Kunden. In ihm befinden sich die Hausanschlusssicherungen.

Damit kein elektrischer Strom ungezählt entnommen werden kann, ist der HAK verplombt. Vom HAK führt die Hauptleitung zum Hauptverteiler und zu den Zählern, die sich meist in einem *Zählerschrank* befinden. Im Zählerschrank sind die Zählervorsicherungen und auch die Zähler ebenfalls verplombt.

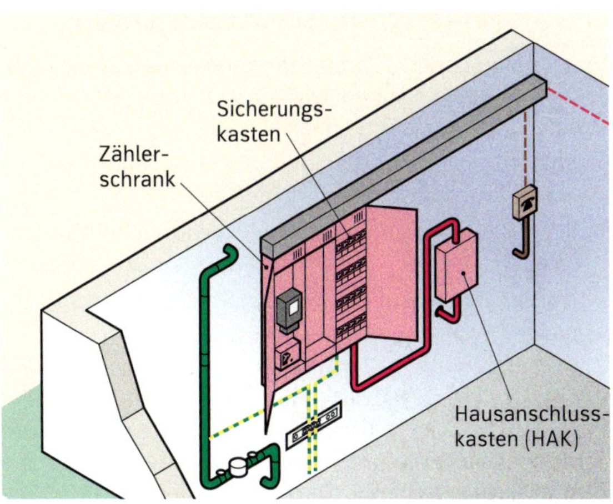

Abb. 1: Elektrischer Hausanschluss

! Der Hausanschlusskasten sowie alle verplombten Teile im Zählerschrank dürfen nur vom NB oder von zugelassenen Elektroinstallateurinnen und -installateuren geöffnet werden.

Elektrofachkräften für festgelegte Tätigkeiten ist es nicht erlaubt, am Zählerschrank zu arbeiten.

14.3 Schutzpotenzialausgleich

In Gebäuden liegen meist verschiedene leitfähige Netze wie Gas-, Wasser-, Heizungsleitungen, Lüftungskanäle, Starkstrom- und EDV-Leitungen vor. Jedes dieser Netze kann betriebs- oder fehlerbedingt unter Spannung geraten, denn Rohrleitungen stehen meist auch mit Einrichtungen in Verbindung, die einen Stromanschluss haben. Wenn eine Person zwei voneinander getrennte Netze berührt, kann es daher zu einem gefährlichen Körperstrom kommen. Um dies zu verhindern, ist ein Schutzpotenzialausgleich erforderlich. Man erreicht dies, indem man alle leitfähigen Systeme elektrisch miteinander verbindet. Der Leiterquerschnitt beträgt hierfür bei Kupferleitungen je nach Anschluss 6–10 mm². Damit wird ein Ausgleich der Spannungspotenziale aller Systeme im Haus bezweckt. Die Erdung wird durch den Anschluss eines in das Gebäudefundament eingelegten Fundamenterders (Bandeisen) erreicht.

An den Schutzpotenzialausgleich sollten auch metallische Abwasserrohre angeschlossen werden. Dies gilt selbst dann, wenn die einzelnen Rohrabschnitte aufgrund der Dichtringe nur schlecht leitend miteinander verbunden sind. Mit Kunststoff ummantelte Metallverbundrohre brauchen hingegen nicht in den Schutzpotenzialausgleich einbezogen werden.

Die Haupterdungsschiene befindet sich im untersten Geschoss eines Gebäudes bei den Hausanschlusseinrichtungen.

Zur Unterbringung der Anschluss- und ggf. auch Betriebseinrichtungen eines Gebäudes ist nach DIN 18012 vorgesehen:

- eine *Hausanschlusswand* bei Gebäuden mit bis zu fünf Nutzungseinheiten
- ein *Hausanschlussraum* (→ TB) bei Gebäuden mit mehr als fünf Nutzungseinheiten

  In dem Raum sind viele Anschluss- und Betriebseinrichtungen untergebracht und können so ohne großen Leiteraufwand mit der Haupterdungsschiene verbunden werden (→ TB).
- eine *Hausanschlussnische* bei nicht unterkellerten Einfamilienhäusern. Sie sollte nicht mehr als 3 m von der Außenwand entfernt sein

Folgende Objekte sind mit der Haupterdungsschiene zu verbinden:

- Gasinnenleitungen (nach dem Isolierstück)
- Heizungsrohre
- Trinkwasserleitungen
- Entwässerungsrohre
- PEN-Leiter
- Blitzschutzerder
- Fundamenterder

Dabei ist zu beachten, dass sich die Einrichtungen für den elektrischen Strom und die Fernmeldeeinrichtungen nicht an der gleichen Seitenwand des Raumes befinden wie die Einrichtungen für Gas, Wasser und Fernwärme. Gas-, Wasser- und Fernwärmeleitungen sind so nahe wie möglich an der Eintrittstelle innerhalb des Gebäudes miteinander zu verbinden.

Anschlusseinrichtungen in der Hausanschlussnische (Abb. 1) sind bei der

- *Gasversorgung* die Hauptabsperreinrichtung mit dem Gaszähler (2),
- *Wasserversorgung* die Hauptabsperreinrichtung und die Wasserzähleinrichtung (4),
- *Entwässerung* die letzte Reinigungsöffnung vor dem Anschlusskanal,
- *Fernwärmeversorgung* die Übergabestelle,
- *Stromversorgung* der Hausanschlusskasten und der Zählerschrank (6),
- *Telekommunikationsversorgung* die Anschlusspunkte der Netze (10).

Daneben sind dort auch anzuordnen:

- die Haupterdungsschiene (1)
- die Erdungsleiter des Fundamenterders (8)

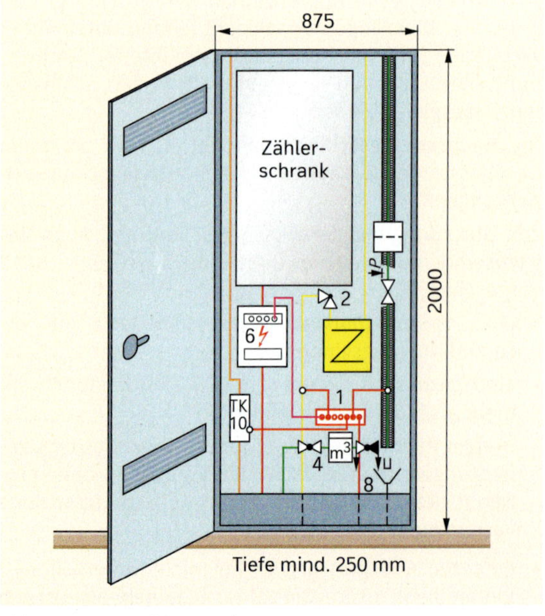

Abb. 1: Hausanschlussnische

Zusätzlicher Schutzpotenzialausgleich

Münden *metallische* Rohrleitungen in einem Raum mit Badewanne oder Dusche, in dem sich auch eine elektrische Anlage befindet, so ist ein zusätzlicher örtlicher Schutzpotenzialausgleich erforderlich (Abb. 2). Dafür sind in diesem Raum die metallenen Rohrleitungen untereinander und mit einem Erdungsleiter zu verbinden. Als Potenzialausgleichsleiter ist ein Kupferdraht mit 4 mm^2 Leiterquerschnitt bei ungeschützter Verlegung erforderlich. Darüber hinaus muss von einer der so untereinander verbundenen Leitungen eine Verbindung zur Haupterdungsschiene hergestellt werden. Früher wurde bei metallischen Bade- und Duschwannen gefordert, diese ebenfalls in den zusätzlichen Schutzpotenzialausgleich mit einzubeziehen. Das galt auch für Kunststoffwannen, wenn der Ablaufstutzen aus elektrisch leitfähigem Material war. Diese Forderung ist mittlerweile aufgehoben.

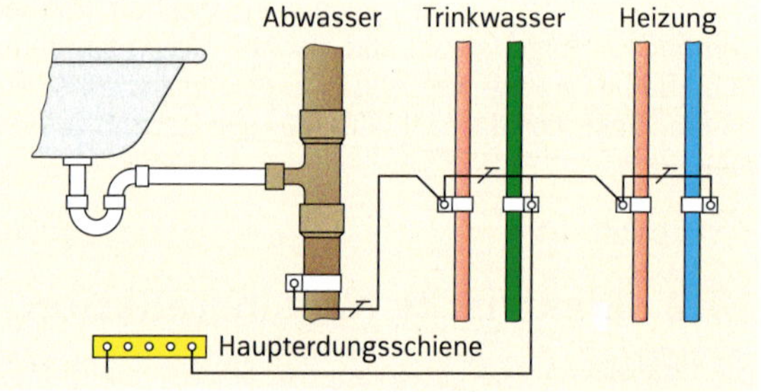

Abb. 2: Zusätzlicher örtlicher Schutzpotenzialausgleich

Der Potenzialausgleich bietet zwar einen gewissen Schutz, aber auch mit ihm sind schon viele Menschen zu Tode gekommen, die im Bad Elektrogeräte benutzt haben. Daher bedarf es insbesondere im Bad erhöhter elektrischer Schutzmaßnahmen. Hierzu gehören:

- elektrische Schutzbereiche (Kap. 8.12 und TB)
- Schutz durch RCD (Fehlerstrom-Schutzeinrichtung)

14.3.1 Stromkreise, Sicherungen und Fehlerstrom-Schutzeinrichtung

Vom Zählerschrank führen Leitungen zu den *Stromkreisverteilern* der einzelnen Wohnungen oder Stockwerke (Abb. 3). In ihnen befinden sich:

- Sicherungsautomaten oder Schmelzsicherungen als Überstrom-Schutzeinrichtungen
- RCD-Schutzeinrichtungen (Fehlerstrom-Schutzeinrichtungen) TB
- weitere Betriebsmittel (Schütz, Relais, Schaltuhr, usw.)

Damit eine genaue Zuordnung der Sicherungen und Schutzeinrichtungen zu Geräten oder Räumen möglich ist, sollte sich z. B. auf der Innenseite der Tür von Stromkreisverteilern eine Liste mit Eintragungen zu den Stromkreisen befinden. Dies erspart jedoch nicht die Einhaltung der fünf Sicherheitsregeln (TB).

Abb. 3: Stromkreisverteiler (Sicherungskasten)

Vorgaben zu den Stromkreisen gehen aus DIN 18015-2 hervor. Dort ist auch festgelegt, dass

- für elektrische Verbraucher mit einer Anschlussleistung von 2 kW und mehr ein separater Stromkreis notwendig ist und
- bei Geräten mit einer Anschlussleistung von über 4,6 kW (z. B. Durchlauferhitzer) ein eigener Drehstromanschluss benötigt wird.

Sicherungsautomat

Sicherungsautomaten gibt es mit Druckschalter zum Einschrauben und mit Kippschalter zum Einbau in den Sicherungskasten (Abb. 4). Beim Auslösen wird er nicht zerstört. Damit der unterbrochene Stromkreis wieder versorgt wird, muss der Druck- oder Kippschalter betätigt werden.

Ursachen für das Auslösen von Sicherungen können z. B. sein:

- Überlastung des Stromkreises durch das Einschalten zu vieler oder zu leistungsstarker Verbraucher
- Kurzschluss im Leitungsnetz durch falsche Verdrahtung oder das Anbohren einer Leitung
- Kurzschluss in einem Verbraucher

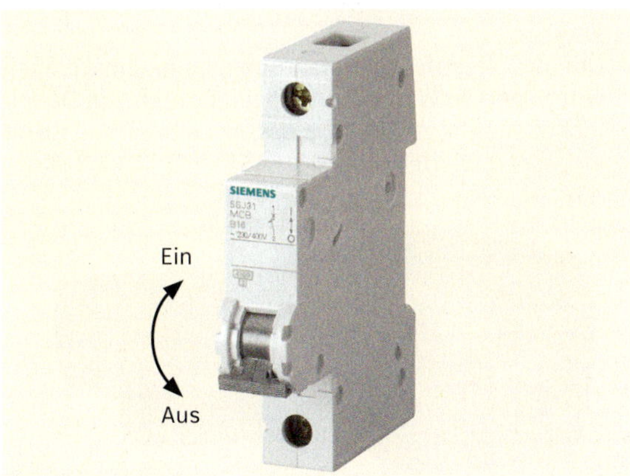

Abb. 4: Sicherungsautomat mit Kippschalter zum Einbau in den Sicherungskasten

Im zuerst genannten Fall genügt es meist, wenn ein Verbraucher vom Netz genommen wird. Liegt ein anderer Fehler vor, so empfiehlt es sich zuerst einmal alle Geräte vom Netz zu nehmen. Als nächstes wird die Sicherung wieder eingedreht oder eingeschaltet. Löst diese nun wieder aus, liegt ein Leitungsfehler vor, falls nicht, dann steckt der Fehler in einem der Verbraucher. Um herauszufinden, um welchen Verbraucher es sich handelt, sind die Geräte einzeln einzuschalten.

RCD-Schutzschalter

! **RCD** (**R**esidual **c**urrent protective **d**evice = Differenz-Strom-Schutz-Gerät)

RCDs (auch FI-Schutzschalter genannt) bieten zusätzlichen Schutz bei direktem Berühren spannungsführender Teile, wenn andere Schutzmaßnahmen versagen. Diese Schalter mit Nennfehlerströmen von 30 mA (Vorschrift) oder 10 mA (erhöhte Anforderungen) bieten dem Menschen größtmöglichen Schutz, da beim Berühren spannungsführender Teile eine blitzschnelle Abschaltung erfolgt. RCDs befinden sich meist neben den Sicherungen im Sicherungskasten (Abb. 5).

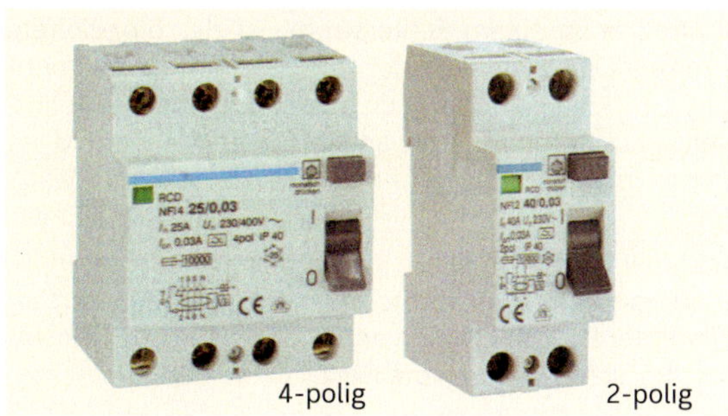

Abb. 5: RCD (Fehlerstrom-Schutzschalter)

Funktion

Die RCD-Schutzeinrichtung (Abb. 1, S. 644) vergleicht die in die angeschlossenen Geräte einfließenden Ströme mit den zurückfließenden. Alle aktiven Leiter (L1, L2, L3, N), die vom Netz zum schützenden Betriebsmittel führen, werden durch einen Summenschutzwandler ① geführt. Im fehlerfreien Zustand sind die Ströme I_L und I_N und die dadurch hervorgerufenen Magnetfelder gleich groß. Die Magnetfelder heben sich auf.

Nach DIN VDE 0100-410 müssen folgende Bereiche mit RCD-Schutzschaltern ausgestattet werden:

- alle Steckdosenstromkreise im Laienbereich und alle Stromkreise im Außenbereich
- alle Räume mit Bade- und/oder Duschwanne
- Becken von Schwimmbädern und andere Becken
- feuchte und nasse Bereiche sowie Räume und Anlagen im Freien

Damit erfasst diese Norm auch Hobbyräume, Garagen und Gartenbereiche. Wenn jemand zu Schaden kommt, gilt der häufig übliche Bestandsschutz nicht als Ausrede.

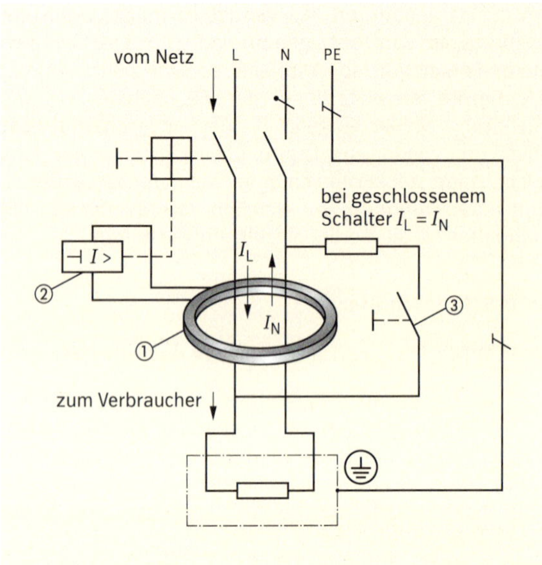

Abb. 1: Funktionsprinzip des RCD (Fehlerstrom-Schutzeinrichtungen)

Kommt es zu einem Fehlerstrom, ist der hingeleitete Strom größer als der in der Rückleitung, die magnetischen Wirkungen heben sich nicht mehr auf. Damit entsteht im Summenschutzwandler ① ein Magnetfeld, es kommt zur Spannungsinduktion in der Sekundärwicklung.

Bei einem Fehlerstrom in der Fehlerstromauslösespule ② von einer bestimmten Größe (Nennfehlerstrom) trennt der RCD innerhalb von 40–50 ms die über ihn angeschlossenen Geräte vom Netz.

Fehlerstrom-Schutzschalter bieten im Stromkreis keinen Schutz vor Überlast oder Kurzschluss. Sie werden immer zusammen z. B. mit einer Sicherung angewendet.

RCD (FI-Schutzschalter) bieten auch einen hervorragenden Schutz gegen Brände, die durch Erdfehlerströme gezündet werden. Denn bei einem Fehlerstrom von 30 mA können bei einer Betriebsspannung von 230 V höchstens 6,9 W Leistung übertragen werden. Bei einer Schmelzsicherung mit 10 A sind dies immerhin 2 300 W. Der Brandschutz, den die RCDs bieten, wird von keiner anderen Schutzmaßnahme erreicht.

Um die Funktionsfähigkeit zu prüfen, hat der RCD eine Prüftaste ③. Bei ihrer Betätigung wird im RCD durch Zuschalten des eingebauten Strombegrenzungs-Widerstandes ein Fehlerfall simuliert. Der erzeugte Fehlerstrom muss den RCD auslösen. Geprüft wird aber nur die Funktionsfähigkeit des RCDs, nicht die Wirksamkeit der Schutzmaßnahme, z. B. Erdung.

! Für Baustellen ist eine Gefährdungsanalyse erforderlich. Hierbei ist u. a. über den Zeitpunkt der Prüfungen der Fehlerstrom-Schutzschalter zu entscheiden. Zum Nachweis sind erfolgte Prüfungen zu dokumentieren.

14.3.2 Sicherheitsregeln beim Arbeiten an elektrischen Anlagen

Beim Arbeiten an elektrischen Anlagen oder Geräten ist die Einhaltung der Unfallverhütungsvorschrift „Elektrische Anlagen und Betriebsmittel" (DGUV Vorschrift 4) lebenswichtig. Neben anderen wichtigen Vorschriften enthält sie *fünf Sicherheitsregeln* (→ TB).

Weitere Sicherheitsregeln, die zur Verbesserung der eigenen Sicherheit unbedingt beachtet werden sollten:

- Auch von abgeschalteten Geräten kann eine elektrische Gefährdung ausgehen, denn darin können Bauteile sein, die elektrische Energie speichern, z. B. Kondensatoren.
- Bei der Wahl der Arbeitsmaterialien wie Elektrogeräte, Leitungen usw. sollte darauf geachtet werden, dass sie das VDE- und das GS-Zeichen tragen (Tab. 1).

Tab. 1: Sicherheitszeichen auf Elektrogeräten

Zeichen	Benennung und erteilende Stelle	Bedeutung
DVE	**VDE-Zeichen** Erteilung durch VDE-Prüfstelle	Gerät ist entsprechend den VDE-Bestimmungen gebaut.
GS	Zeichen für **Geprüfte Sicherheit** Erteilung durch eine vom Bundesarbeitsministerium benannte Prüfstelle, z. B. TÜV, VDE oder DVGW	Das Gerät entspricht den geltenden sicherheitstechnischen Anforderungen.

- Elektrogeräte mit erkennbaren Defekten sollten umgehend ausgeschaltet und vom Netz getrennt werden.
- Behebbare Mängel möglichst umgehend beseitigen
- Schadhafte Kabel, Stecker, Steckdosen, Schalter oder Abzweigdosen immer komplett erneuern; sie dürfen nicht geflickt oder mit Klebeband isoliert werden.
- Um die elektrische Gefährdung beim Einschlagen von Nägeln in Wänden oder beim Bohren von Dübellöchern gering zu halten, muss ein Leitungssuchgerät eingesetzt werden (Abb. 2).

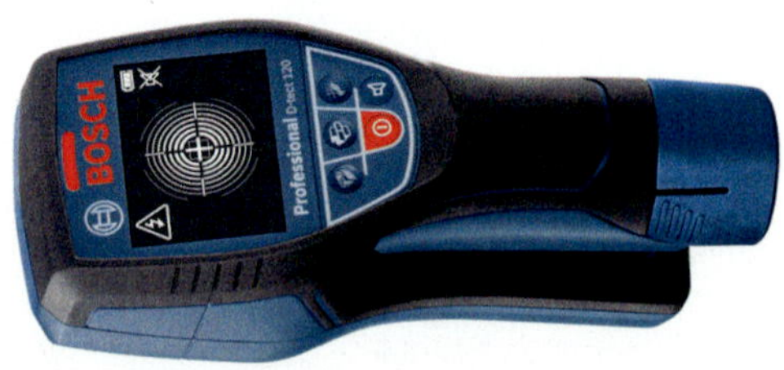

Abb. 2: Leitungssuchgerät (Foto: Bosch)

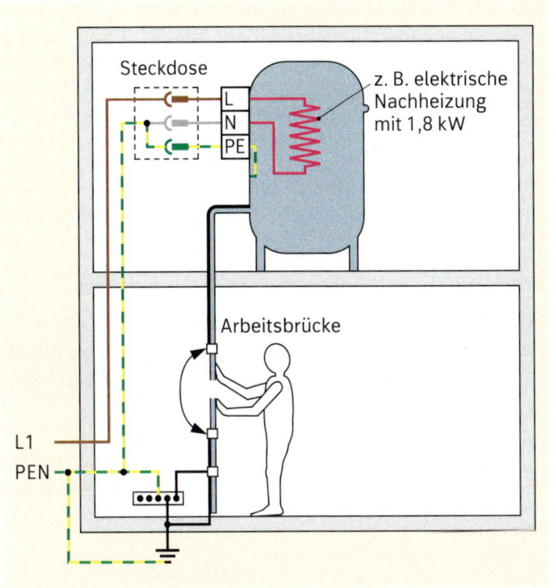

Abb. 3: Alte Hausinstallation mit TN-C-Netz

Eine weitere nicht zu unterschätzende Gefahr besteht, wenn in der Hausinstallation noch das sogenannte TN-C-Netz (klassische Nullung) vorhanden ist (→ TB).

In solchen alten Anlagen hat der PEN-Leiter meist noch die Farbe Grau statt Grün-Gelb. Häufig ist in Steckdosen der PEN-Leiter am N-Kontakt angeschlossen und zum PE-Kontakt überbrückt. Wird hierbei der PEN-Leiter unterbrochen, liegt am Gehäuse des angeschlossenen Gerätes eine lebensgefährliche Spannung an.

Weist hierbei der PEN-Leiter durch Korrosion oder schlechten Kontakt einen hohen Widerstand auf, kann der Strom bei einem TN-C-Netz über die isolierte Rohrleitung fließen (Abb. 3).

Solche Fehler bleiben oft so lange unentdeckt, bis ein/-e Anlagenmechaniker/-in das Rohrnetz auftrennt, ohne zuvor eine Überbrückungsleitung angeschlossen zu haben. Dann kann das Berühren von Leitungen tödlich sein.

Werden bei gleicher Situation Gasleitungen ohne Überbrückung getrennt, so können sich Funken bilden, die eine Gasexplosion auslösen.

Heute ist am häufigsten das TN-S-Netz anzutreffen (→ TB). Hierbei sind Schutzleiter (PE) und Neutralleiter (N) getrennt voneinander (S: separat) verlegt.

Aufgaben

1. Wozu dient der Schutzpotenzialausgleich?
2. Welche Objekte sind mit der Potenzialausgleichsschiene zu verbinden?
3. Wann ist ein Hausanschlussraum und wann eine Hausanschlussnische notwendig?
4. Was versteht man unter Anschlusseinrichtungen?
5. Wann ist ein zusätzlicher Schutzpotenzialausgleich notwendig?
6. Welchen Querschnitt muss ein Potenzialausgleichsleiter aus Kupfer für den zusätzlichen Potenzialausgleich mindestens haben?
7. Welche Verbraucher sind an einen separaten Stromkreis anzuschließen?
8. Was kann die Ursache für das Auslösen einer Sicherung sein und wie ermittelt man die Ursache?
9. Wie funktioniert ein RCD-Fehlerstrom-Schutzschalter?
10. Fehlerstrom-Schutzschalter bieten einen hervorragenden Schutz gegen direktes Berühren. Welche Schutzfunktion im Stromkreis können sie nicht übernehmen?
11. Erdfehlerströme können auch Brände im Stromleitungsbereich auslösen. Welche Aufgabe kann hier zusätzlich von einem RCD übernommen werden?
12. Wo müssen RCDs eingesetzt werden?
13. Welche Prüfmaßnahmen sind auf Baustellen notwendig, um einen optimalen Schutz vor elektrischen Unfällen sicherzustellen?
14. Was wird beim Betätigen der Prüftaste an einem RCD geprüft?
15. Welche Netzart entspricht dem heutigen Standard in Deutschland? Beschreiben Sie deren Aufbau.

14.4 Leitungsverlegung

Soll eine Heizungsanlage nach Verdrahtungsplan angeschlossen werden, dann sind auch einige Kabel zu verlegen.

Kabel bzw. elektrische Leitungen, die im Wohnungsbau zum Anschluss von Verbrauchern verwendet werden, haben im Innern ausschließlich Kupferdrähte. Einen solchen Draht, der mit einer Isolierung umgeben ist, nennt man Ader. Werden mehrere Adern zusammengefasst und zusätzlich umhüllt, dann werden sie als Kabel oder Leitung bezeichnet.

Eine Übersicht über gebräuchliche Leitungen im Wohnungsbau zeigt Abb. 1, S. 646.

Die Isolierungen der einzelnen Adern sind farblich gekennzeichnet.

! Die grün-gelbe Ader darf **ohne Ausnahme** nur für den Leiter mit Schutzfunktion (PE, PEN) verwendet werden.

Die blaue Ader ist in Wohngebäuden nur für den Neutralleiter zu verwenden.

Über die schwarzen, braunen und grauen Adern werden die Außenleiter geschaltet.

Bevor die Komponenten einer Heizungsanlage elektrisch angeschlossen werden, stellt sich die Frage, welche Leitung die Richtige ist. Die Mindmap (Abb. 2, S. 646) zeigt, welche wesentlichen Gesichtspunkte bei der Auswahl von Leitungen zu berücksichtigen sind.

	Leitungsart	Kurzzeichen
Für feste Verlegung	Kunststoffaderleitung 	H07V-U
	Mantelleitung 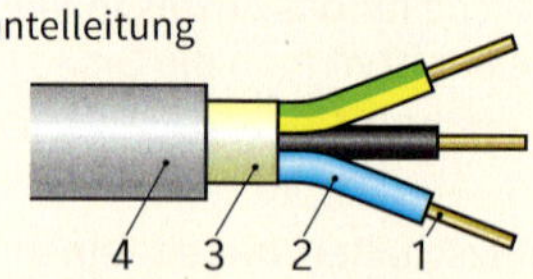	NYM-J
	Stegleitung 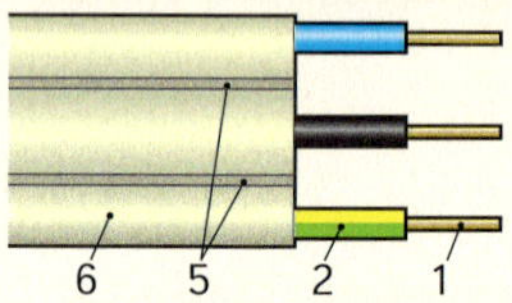	NYIF-J
Flexible Leitung	PVC-Schlauchleitung 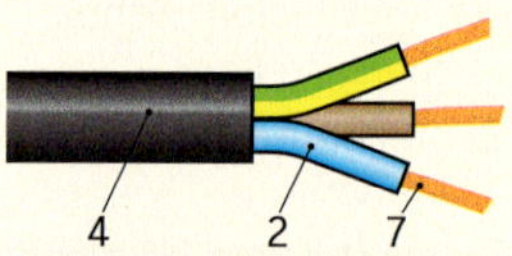	H05VV-F

Die Kennzahlen bedeuten:

1 eindrahtiger Kupferleiter
2 Isolierung
3 Füllmischung
4 Mantel
5 Nagelrille
6 PVC-Hülle
7 feindrahtiger Kupferleiter

Abb. 1: Gebräuchliche elektrische Leitungen

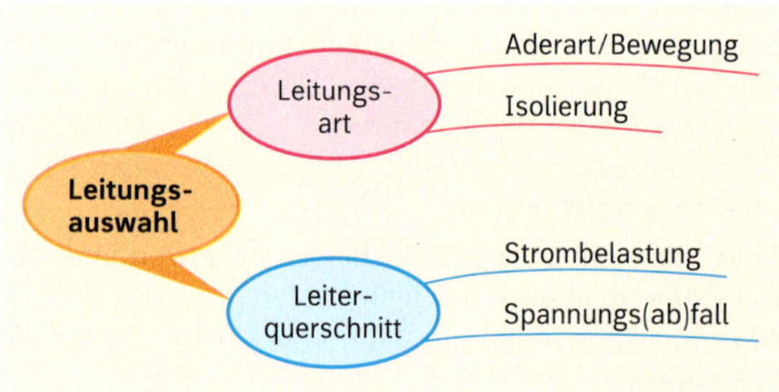

Abb. 2: Auswahl von Leitungen

Da die Komponenten einer Heizungsanlage fest installiert werden, sind Leitungen mit der *Aderart* eindrahtige Kupferleiter zu verwenden. Für bewegliche Leitungen wie den Anschluss einer elektrischen Bohrmaschine werden wegen der besseren Biegbarkeit feindrahtige Kupferleiter verwendet (Abb. 1).

Eine Ader dieser feindrahtigen Leiter wird als Litze bezeichnet. Über die feinen Drähtchen werden Aderendhülsen geschoben und mit ihnen zusammen festgeklemmt. Dies dient dazu, dass die einzelnen Drähtchen der Adern keine leitenden Brücken zu anderen Adern bilden.

Das Material der *Isolierung* bestimmt die Verwendbarkeit in trockenen, feuchten bzw. nassen Räumen und gibt Hinweise auf die mechanische und thermische Beanspruchbarkeit. Wofür die wichtigsten Leitungen verwendet werden dürfen, geht aus dem TB hervor.

Aus der *Strombelastung* ergibt sich der Mindestleiterquerschnitt der einzelnen Kupferleiter. Den Zusammenhang zwischen Anwendung und Mindestquerschnitt der Leiter zeigt Tab. 1.

Tab. 1: Mindestleiterquerschnitt von Kupferleitern

Anwendung	Nennquerschnitt in mm²	Maximale Absicherung in A je Ader	Maximale Belastbarkeit in kW je Ader
Feste bzw. geschützte Verlegung	1,5 (mind.) 2,5 4	16 25 35	3,6 5,7 8
Bewegliche Anschlussleitung	0,1 0,5 0,75	1 (bei l < 2 m) 2,5 (bei l < 2 m) 10	0,23 0,57 2,3

Wie hoch die maximale Strombelastung einer Ader bei 1,5 mm² Leiterquerschnitt ist, lässt sich errechnen, indem man deren maximale Absicherung von 16 A mit der Netzspannung von 230 V multipliziert. Damit ergibt sich eine maximale Strombelastung (Leistung) von 3,6 kW je Ader.

$$P_{el} = U \cdot I$$

P_{el} : elektrische Leistung in W
U : elektrische Spannung in V
I : elektrische Stromstärke in A

Für die Eigenerwärmung einer Leitung ist die *Stromdichte* verantwortlich. Die Stromdichte nimmt mit der Stromstärke zu, die durch einen Leiter fließt. Sie nimmt aber auch zu, wenn der Leiterquerschnitt verkleinert wird.

$$J = \frac{I}{q}$$

J : Stromdichte in A/mm²
I : Stromstärke in A
q : Leiterquerschnitt in mm²

Für einen Leiter mit dem Querschnitt 1,5 mm² ergibt sich bei einer Stromstärke von 15 A eine Stromdichte von 10 A/mm².

Die Erwärmung einer elektrischen Leitung ist darüber hinaus abhängig

- von der Verlegeart
- von der Umgebungstemperatur und
- von der Anzahl der belasteten Adern.

Wird durch die Verlegeart die Wärmeabgabe behindert, so wirkt sich dies negativ auf die Strombelastbarkeit der Leitung aus. Wie hoch die Strombelastbarkeit von Leitungen für festgelegte Verlegearten ist, geht aus dem TB hervor.

Da jeder elektrische Leiter einen Widerstand besitzt, fällt entsprechend der Leitungslänge auch die Spannung ab. Dadurch wird die tatsächlich am Verbraucher anliegende Spannung verringert. Elektrische Leitungen verhalten sich somit nicht viel anders als Gas- oder Wasserleitungen, bei denen mit zunehmender Leitungslänge der Druck abfällt.

! Der maximal zulässige Spannungs(ab)fall einer Leitung darf in häuslichen Anlagen zwischen Zähler und elektrischem Verbraucher bzw. Steckdose nicht größer als 3 % der Bemessungsspannung sein.

Bei einer Bemessungsspannung von 230 V ist der maximale Spannungs(ab)fall $\Delta U = 230\ \text{V} \cdot 3\ \% = 6{,}9\ \text{V}$. Dieser Spannungs(ab)fall ist umso schneller erreicht, je höher die elektrische Anschlussleistung bzw. die vom Gerät aufgenommene Stromstärke ist. Wird der Spannungs(ab)fall von 6,9 V überschritten, ist entweder der Leiterquerschnitt zu vergrößern oder die Leitungslänge zu kürzen.

Tab. 2 zeigt überschlägig die zulässige Leitungslänge einer im Elektroinstallationsrohr verlegten Mantelleitung mit zwei belasteten Adern bei normaler Umgebungstemperatur.

Tab. 2: Zulässige Leitungslänge einer einzelnen Mantelleitung bei Verlegung im Elektroinstallationsrohr auf der Wand

Anschlussleistung in kW	Stromstärke in A bei 230 V	Maximal zulässige Leitungslänge in m		
		q = 1,5 mm²	q = 2,5 mm²	q = 4 mm²
1	4,35	44	74	118
2	8,7	22	37	59
3	13,0	14	24	36
4	17,4	11	18	29

Aufgaben

1. Wie ist eine NYM-J-Leitung aufgebaut?
2. Wozu dürfen die farblich gekennzeichneten Adern einer Leitung verwendet werden und wozu nicht?
3. Nach welchen Gesichtspunkten werden elektrische Leitungen ausgewählt?
4. Wie groß ist der Mindestquerschnitt der Adern einer fest verlegten Anschlussleitung?
5. Eine Mantelleitung mit drei belasteten Adern und einem Leiterquerschnitt von 1,5 mm² wird in einer wärmegedämmten Wand verlegt.
   a) Wie hoch ist die Strombelastbarkeit (→ TB)?
   b) Wie ist die Sicherung zu bemessen (→ TB)?
6. Zu einem elektrischen Heizeinsatz mit 3 kW wird eine Leitung NYM-J 3 × 1,5 mm² auf der Wand verlegt.
   Wie groß ist die Strombelastbarkeit und wie lange darf die Leitung maximal sein (→ TB)?

Beispiel

In Verbindung mit Arbeiten zum Erstanschluss einer Solaranlage sind folgende Komponenten an das elektrische Versorgungsnetz mit $U_\sim = 230$ V anzuschließen:

- Umwälzpumpe mit einer Anschlussleistung P_{el} von 80 W
- elektrischer Heizwiderstand mit einer Anschlussleistung P_{el} von 2 500 W als Zusatzheizung für das Wasser im Solarspeicher

a) Welchen Strom nimmt die Pumpe auf?

Geg.: $U = 230$ V, $P_{el} = 80$ W   Ges.: I

Lös.: $P_{el} = U \cdot I \rightarrow I = \frac{P_{el}}{U} = \frac{80\ \text{W}}{230\ \text{V}} = 0{,}35\ \text{A}$

b) Welchen Strom nimmt der elektrische Heizwiderstand auf?

c) Dürfen beide Geräte an einem Stromkreis angeschlossen werden (Begründung!)?

d) Mit welchen Sicherungen sind die beiden Komponenten jeweils abzusichern?

e) Mit welchen elektrischen Leitungen können die beiden Komponenten angeschlossen werden?

f) Geben Sie für normale Umgebungsbedingungen überschlägig an, wie lange die Anschlussleitung des elektrischen Heizwiderstandes bei Verlegung im Elektroinstallationsrohr maximal sein darf.

14.4.1 Regeln für die Leitungsverlegung

Bei der Leitungsverlegung unterscheidet man insbesondere *Installationsarten* und *Installationszonen*.

Installationsarten

Häufige Installationsarten sind:

- Unterputz-Installation
- Aufputz-Installation
- Kanalsystem-Installation

Die in Wohnungen vorherrschende Installationsart ist die *Unterputz-Installation*. Um die Gefährdung beim Einschlagen von Nägeln oder beim Bohren gering zu halten, dürfen Leitungen nur waagerecht oder senkrecht verlegt werden. Leitungen, die an der Decke verlaufen, müssen im rechten Winkel zu der Wand verlegt werden, aus der sie kommen.

Die *Aufputz-Installation* wird meist in Kellerräumen und Garagen gewählt. Bei dieser Installationsart werden Mantelleitungen allein oder mit Elektroinstallationsrohr verwendet (Abb. 1, S. 648).

Die *Kanal-Systeminstallation* hat sich überall dort bewährt, wo die Leitungsführung häufig verändert wird. Das Kanalsystem, in dem die Leitungen verlaufen sollen, wird z. B. an der Wand befestigt. Zu jeder Zeit lassen sich dann durch die Kanäle die erforderlichen Leitungen ziehen.

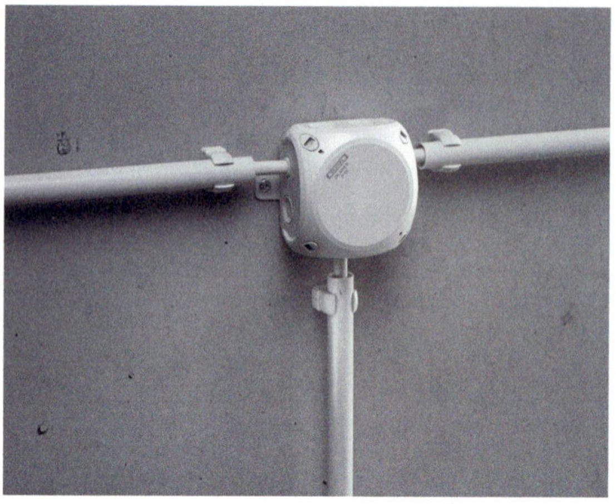

Abb. 1: Aufputz-Installation mit Elektroinstallationsrohr

Installationszonen

Damit unsichtbar verlegte Leitungen später nicht beim Einschlagen von Nägeln oder Bohren von Dübellöchern beschädigt werden, sind elektrische Leitungen nach DIN 18 015-3 in vorgegebenen waagerechten und senkrechten Zonen zu installieren (📖➜ TB).

Die Leitungen sollen möglichst 20–30 cm unter der Decke, über dem Fußboden, neben der Wandecke oder dem Mauerdurchbruch für Fenster und Türen verlegt werden.

In Küchen, Kochnischen und Hausarbeitsräumen können sie auch 20–30 cm über der Arbeitsplatte verlaufen.

Die Montagehöhe von Schaltern beträgt 105 cm von der Mitte des oberen Schalters zur Oberfläche des fertigen Fußbodens (OFF) gemessen.

Die Schalter an einer Tür sind an der Seite zu installieren, an welcher der Türgriff montiert ist.

Im privaten Wohnungsbau befinden sich in der oberen Installationszone, in den Kreuzungspunkten der Leitungen, die Abzweigdosen. Bei dieser Installationsform muss häufig die Tapete beschädigt werden, um an den Abzweigdosen arbeiten zu können.

Für Aufputz-Installationen sind die oben beschriebenen Installationszonen nicht verbindlich.

Hinweise zum Verlegen elektrischer Leitungen im Bad, zu den IP-Schutzarten und zu elektrischen Schutzbereichen in Räumen mit Badewanne oder Dusche enthält das 📖➜ TB.

Abschirmung

Jeder elektrisch durchflossene Leiter wird von einem magnetischen Feld umgeben (Spule, Elektromagnet). Dieses magnetische Feld wiederum kann den Stromfluss in benachbarten Leitungen beeinflussen. Im Interesse einer störungsfreien Signalübertragung in Steuer- und Fernmeldeleitungen ist daher auf einen Mindestabstand zu den Netzleitungen zu achten.

! Bei der Verlegung von energie- und signalführenden Leitungen muss ein Mindestabstand von 10 mm zwischen deren Außenmänteln eingehalten werden.

Vom Verlegen solcher Leitungen in einem gemeinsamen Elektroinstallationsrohr muss daher abgesehen werden. Auch auf Kabelkreuzungen sollte möglichst verzichtet werden.

14.4.2 Anschließen der Leitungen

Arbeiten mit Plänen

Am Anschluss des Hauptschalters eines elektrischen Verbrauchers, z. B. eines Heizkessels (Abb. 2), sollen die verschiedenen Arten von Plänen vorgestellt und ihr Nutzen verdeutlicht werden.

Um diese Schaltung darzustellen, gibt es in der Elektrotechnik drei verschiedene Pläne. Zunächst ist der von Elektrikerinnen und Elektrikern häufig genutzte *Installationsplan* zu nennen (Abb. 3). Dies ist eine Darstellung, die für die Eintragung in Bauzeichnungen oder zum Aufzeichnen auf die Wände geeignet ist. Der Installationsplan enthält Angaben über die anzuschließenden Geräte, deren Lage und die Leitungsführung.

Durch einen Vergleich der Abb. 2 mit Abb. 3 lässt sich zwar schon erschließen, was die einzelnen Sinnbilder bedeuten. Für den Zweifelsfall sei jedoch auf das 📖➜ TB verwiesen, wo die wichtigsten Sinnbilder der Elektrotechnik zusammengestellt sind.

Um mit einem Installationsplan richtig arbeiten zu können, sind zusätzliche Kenntnisse notwendig. Es geht z. B. nicht daraus hervor, wie die Leitungen bzw. deren einzelne Adern verbunden bzw. verdrahtet werden müssen. Diese Aussage folgt aus dem *Verbindungsplan* (Abb. 4), auch Verdrahtungsplan genannt.

Aus dem Verbindungsplan ist ersichtlich, dass die Phase (L1) auf den Schalter gelegt wird und die Rückleitung

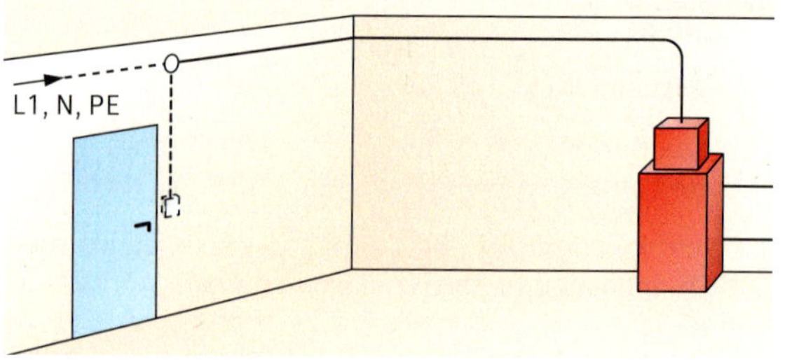

Abb. 2: Hauptschalter eines Heizkessels

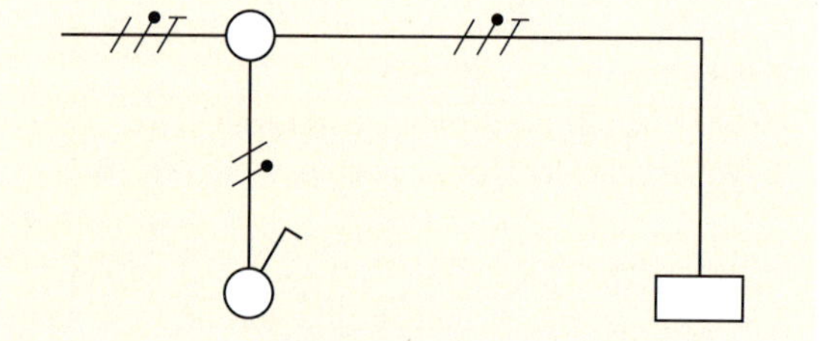

Abb. 3: Installationsplan (Übersichtsschaltplan) zu Abb. 2

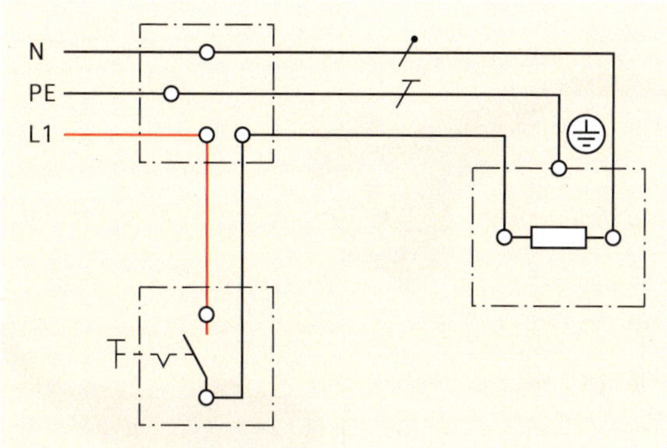

Abb. 4: Verbindungsplan (Verdrahtungsplan) zu Abb. 3

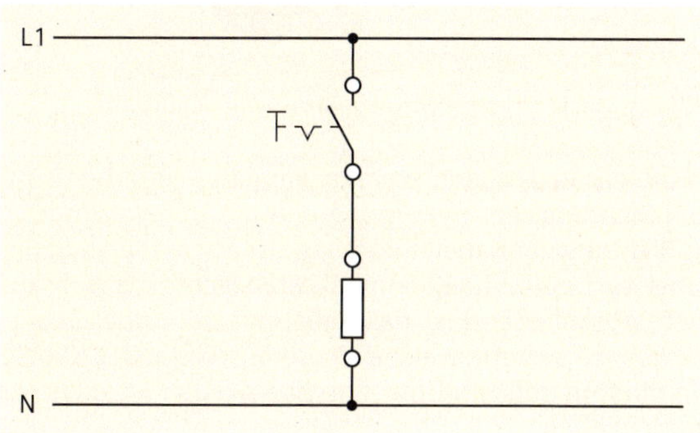

Abb. 5: Stromlaufplan zu Abb. 3

ungeschaltet über den Neutralleiter (N) erfolgt. Im ausgeschalteten Zustand sollen aus Sicherheitsgründen möglichst wenig Teile unter Spannung stehen (rot). Auch der Schutzleiter (PE) wird ungeschaltet an das zu schützende Gerät geführt, weil nur so ein möglicher Fehlerstrom auch bei defektem Schalter abgeführt werden kann.

Bei mehreren Schaltern oder in der Steuerungstechnik wird häufig der *Stromlaufplan* verwendet (Abb. 5). Der Stromlaufplan zeigt, wie der Strom, vom Außenleiter (L1) kommend, die einzelnen Betriebsmittel durchströmt und zum Neutralleiter (N) zurückfließt. Der Schutzleiter (PE) kommt in dieser Darstellung nicht vor. Aus Stromkreisen werden durch die gestreckte, aufgelöste Darstellung einfache Stromwege. Mit einem Stromlaufplan können durch diese Vereinfachungen auch komplizierte Schaltungen gut nachvollzogen werden.

14.4.3 Verdrahten von Komponenten

Werkzeuge

Wer elektrische Komponenten verdrahtet, benötigt geeignete Werkzeuge (Abb. 6).

Wichtig bei diesen Werkzeugen ist es, dass die Teile, die mit den Händen berührt werden, gut isoliert sind. Sie tragen das VDE-Prüfzeichen mit Angabe der elektrischen Spannung, bis zu der sie einen ausreichenden Schutz bieten. Für Arbeiten am Niederspannungsnetz sind Werkzeuge zu verwenden, die einen Schutz bis 1.000 V bieten.

Entmanteln und Abisolieren

Wenn Leitungen anzuschließen sind, dann muss z. B. bei einer NYM-Mantelleitung zunächst der isolierende Mantel vorsichtig entfernt werden. Dabei ist darauf zu achten, dass die Isolierungen der einzelnen Adern nicht beschädigt werden. Mit der in Abb. 6 dargestellten *Abmantelzange* lässt sich diese Arbeit auch an schwer zugänglichen Stellen ausführen. Hierzu öffnet man die Abmantelzange, legt die Mantelleitung ein, schließt diese wieder, dreht die Abmantelzange eine Viertelumdrehung nach rechts und links und zieht anschließend den Mantel der Leitung ab.

Zum Abmanteln kann auch das *Jokari-Kabelmesser* benutzen werden (Abb. 7). Mit ihm lassen sich auch Abschnitte innerhalb eines Kabels abmanteln, weil die Klinge sowohl in Umfangs- als auch in Längsrichtung schneidet. In den einzelnen Arbeitsschritten wird das Messer mit dem Daumen nach oben geschoben und

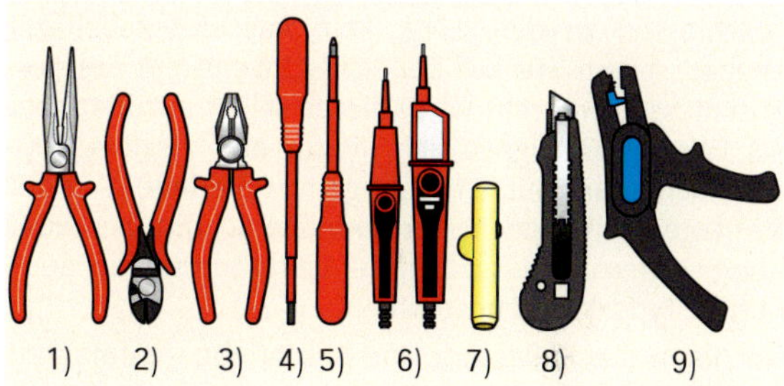

1) Spitzzange
2) Seitenschneider
3) Kombizange
4) Schraubendreher
5) Kreuzschlitzschraubendreher
6) zweipoliger Spannungsprüfer
7) Abmantelzange
8) Universalschneider (Teppichmesser)
9) Abisolierzange

Abb. 6: Einige Werkzeuge für Elektroarbeiten

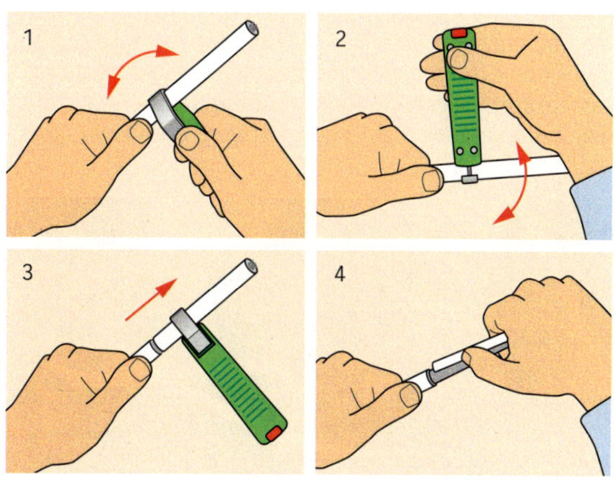

Abb. 7: Arbeitsschritte beim Abmanteln mit dem Kabelmesser

das Kabel eingelegt. Anschließend kann der Mantel in Umfangsrichtung, in Längsrichtung und ggf. wieder in Umfangsrichtung eingeschnitten werden. Danach lässt sich der Mantel abstreifen. Die Schnitttiefe lässt sich an einer Stellschraube am Griffende einstellen.

Bei elektrischen Anschlussleitungen werden anschließend Außenleiter (L) und Neutralleiter (N) etwas gekürzt, sodass sich beim möglichen Abriss des Kabels der *Schutzleiter* (PE) als letztes löst.

Danach sind die Isolierungen der einzelnen Adern so weit zu entfernen, wie dies zum Anschluss erforderlich ist. Damit die Kupferleiter nicht beschädigt werden, sollte hierzu eine *Abisolierzange* verwendet werden (Abb. 6, S. 649). Beim Entfernen der Aderisolierung sollte zum Erhalt des Berührungsschutzes nicht mehr Isolierung entfernt werden, als zum Anklemmen erforderlich.

Leitungsverbindung

Um elektrische Leitungen fachgerecht anschließen zu können, verfügen die meisten Geräte über einen Klemmenkasten mit Anschlussleiste (Abb. 1).

Das gilt auch für Pumpen, die über einen Stecker angeschlossen werden. Liegt kein Anschlusskabel mit angegossenem Stecker bei, so ist, wenn ein Steckeranschluss gewünscht wird, dieser selbst anzufertigen. Als Leitungsart eignet sich hierfür eine flexible PVC-Schlauchleitung mit feindrahtigem Kupferleiter. Aus der Montageanleitung geht der Nennquerschnitt der Leiter hervor. Alternativ lässt sich der Leiterquerschnitt auch mittels Typenschild bestimmen.

Nachdem das Kabelende wie beschrieben entmantelt und die Enden der Adern abisoliert sind, müssen die Litzen geglättet werden. Danach sind *Aderendhülsen* über die feindrahtigen Kupferleiter zu schieben und mit ihnen zusammen festzuklemmen.

Für die Eindichtung der Leitung im Klemmenkasten wird anschließend die vorgesehene Überwurfmutter mit Klemmring und Dichtung aufgeschoben und das Kabel *knickfrei* in den Anschlusskasten eingeführt. Nachfolgend sind die Aderendhülsen für den etwas längeren Schutzleiter (PE), den Neutralleiter (N) und den Außenleiter (L) an den dafür vorgesehenen Anschlussklemmen anzuschließen (Abb. 1). Die Aderendhülsen sind dabei so tief einzustecken, dass kein blanker Kupferdraht mehr hervorschaut. Somit ist der Berührungsschutz gewährleistet. Gegebenenfalls sind die Schrauben in den Anschlussklemmen gut zu befestigen, damit die Adern

Abb. 1: Anschlussleiste einer Pumpe ($U_{\sim} = 230$ V)

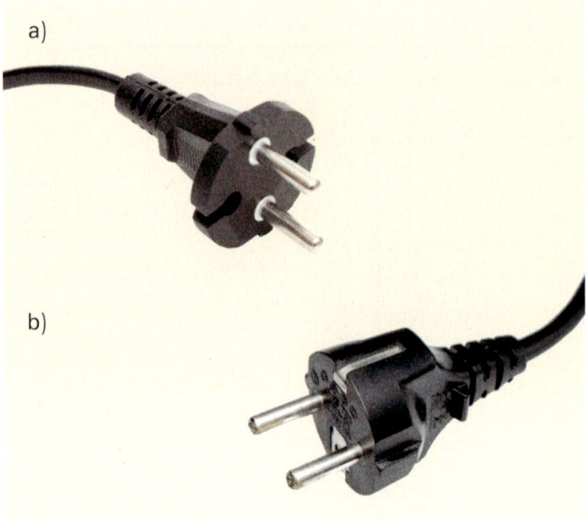

Abb. 2: Stecker a) ohne Schutzleiter, b) mit Schutzleiter

nicht herausgezogen werden können. Hinterher sind die Dichtung, der Klemmring und die Überwurfmutter in Richtung der Kabeleinführung zu verschieben und die Überwurfmutter im Klemmenkasten dicht zu verschrauben. Abschließend ist das Kabel mit der *Kabelzugentlastung* zu sichern, welche ein Herausreißen des Kabels verhindern soll, und der Anschlusskasten ist dicht zu verschließen.

Steckeranschluss

Nur *schutzisolierte* Geräte dürfen über Stecker angeschlossen werden, die keinen Schutzleiter haben (Abb. 2).

Beim Anschluss von Geräten mit Schutzleiter (PE) muss dieser etwas länger bleiben.

! Grundsätzliches zu Anschluss- und Verlängerungskabeln:

- Steckerstifte dürfen niemals Spannung führen.
- An ein Verlängerungskabel darf nur ein Stecker angeschlossen werden.
- Abzweigstecker sind verboten.
- Anschlussleitungen mit Schäden an Stecker, Schalter, Kupplungen oder Isolation müssen **sofort** außer Betrieb gesetzt werden.

Abzweigdosen

Fest verlegte Leitungen müssen gegen Beanspruchungen geschützt sein. Dies gilt grundsätzlich für alle Installationsarten.

In den Abzweigdosen werden Dosen-, Steck- oder Hebelklemmen eingesetzt, um die Leitungen miteinander zu verbinden (Abb. 3).

Leitungsbefestigung

Um die Leitungen zu befestigen, werden z. B. Raster-Druckschellen oder Nagelschellen verwendet.

Abb. 3: Aufputzabzweigdose mit Hebelklemmen

In welchen Abständen diese Schellen bei waagerechter und senkrechter Leitungsführung anzuordnen sind, ist vom Leitungsdurchmesser abhängig. Die Richtmaße nach DIN VDE 0298-300 gehen aus Abb. 4 hervor. Werden elektrische Leitungen gebogen, ist ein Biegeradius *R* von mindestens 4 × *D* einzuhalten. Bei Verwendung von Installationsrohren darf der Befestigungsabstand nicht größer als 800 mm sein.

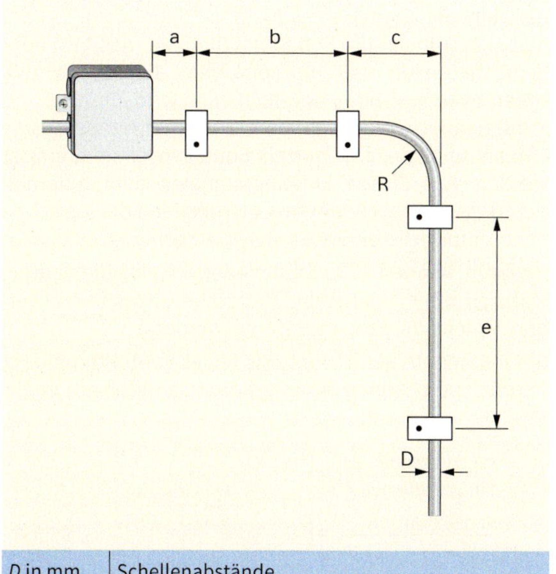

D in mm	Schellenabstände			
	a in mm	*b* in mm	*c* in mm	*e* in mm
bis 9	80	250	*R* + 80	400
9 ... 15	80 ... 100	300	*R* + 80	400
15 ... 20	80 ... 100	350	*R* + 80	450

Abb. 4: Richtwerte für Leitungsbefestigungen

Schalter

Es gibt unterschiedliche Schalter. Man unterscheidet sie nach

- Bauart (Aufputz-, Unterputzschalter),
- Wirkungsweise (Dreh-, Druck-, Kippschalter)

und danach, wie man sie miteinander kombinieren kann (Wechsel-, Serienschalter).

Die auf ca. 10 mm abisolierten Leitungen werden im Schalter gesteckt, d. h., man steckt sie in die zugehörige Anschlussklemme. Beim Anschließen ist auf die Bezeichnung L zu achten. Sie zeigt an, wo der stromführende Außenleiter anzuschließen ist. Um die Leitung wieder zu lösen, ist der Entriegelungsknopf zu drücken. Meist genügt es, eine zweiadrige Leitung an den Schalter anzuschließen. Sollte jedoch eine Kontrollleuchte im Schalter benötigt werden, so ist ein dreiadriges Kabel zum Schalter zu verlegen. Als Anschlüsse werden benötigt:

- der Außenleiter (L)
- der Neutralleiter (N) vom Schalter zum Verbraucher
- der Neutralleiter (N) zur Kontrollleuchte

Um nach Fertigstellung der Elektroinstallation einen störungsfreien Betrieb der Anlagen und Betriebsmittel gewährleisten zu können, sind entsprechende Prüfungen mit für die Betriebsmittel geeigneten Prüfgeräten durchzuführen und zu protokollieren (→ TB).

Aufgaben

1. Welche Installationsarten werden unterschieden?
2. In welchen Installationszonen dürfen Leitungen in der Unterputz-Installation verlegt werden?
3. In welcher Höhe sind Schalter anzubringen?
4. Welcher Mindestabstand muss beim Verlegen von energie- und signalführenden Leitungen eingehalten werden?
5. Welche Pläne werden in der Elektrotechnik verwendet und wodurch unterscheiden sie sich?
6. Worauf kommt es bei den Werkzeugen an, die für die Elektroinstallation zugelassen sind?
7. Welche Werkzeuge eignen sich zum Abmanteln und Abisolieren elektrischer Leitungen?
8. Beschreiben Sie, wie eine NYM-J-Mantelleitung fachgerecht entmantelt und abisoliert wird.
9. Geben Sie stichpunktartig an, wie beim Anschluss des Klemmenkastens einer Pumpe vorzugehen ist.
10. Worauf ist beim Anschließen eines Steckers besonders zu achten?
11. Welche Leitung ist für den Anschluss eines Schalters mit Kontrollleuchte notwendig?

14.5 Steuern und Regeln

Die Steuerungs- und Regelungstechnik ist mittlerweile aus fast keinem Bereich der Versorgungstechnik mehr wegzudenken. Für den automatischen Ablauf technischer Prozesse werden heute je nach Bedarf Steuerungen oder Regelungen eingesetzt.

Der *Nutzen* liegt dabei in

- der Entlastung des Menschen (Komfort),
- einem ausgezeichneten Betriebsverhalten,
- einem wirksameren Energieeinsatz (Energieeinsparung).

Die Möglichkeit, verschiedene Vorgänge in diesem Sinne zu verbessern, führte zu einer raschen Verbreitung der Steuerungs- und Regelungstechnik. In zunehmendem Maße werden Systeme zur Überwachung und Optimierung der gesamten Haus- bzw. Gebäudetechnik eingesetzt, die auf der Computertechnik basieren. Denn es kommt mittlerweile nicht mehr nur auf die Einhaltung einzelner Sollwerte, sondern auf den bestmöglichen Betriebsablauf verschiedener zusammenhängender Prozesse an. Um dies zu erreichen, setzt man auf die Visualisierung der Prozessabläufe, auf frühzeitige Störmeldungen und auf eine optimale Fehlerdiagnose. Die Überwachung oder der Eingriff in die Prozessabläufe ist in vielen Fällen bereits über ein Telefon- oder Funknetz möglich.

Steuern und Regeln sind Vorgänge, bei denen Systeme durch geeignete Signale beeinflusst werden. Die Signale können dabei binär, analog oder digital sein. Binäre Signale sind zweiwertig (z. B. auf/zu). Analoge Signale stellen ein reales Abbild von Zuständen dar (z. B. Ausdehnung bildet Temperaturzunahme ab), während digitale Signale Zustandsbeschreibungen mit Zahlenwerten sind. Hilfreich für das Verständnis der Gesamtvorgänge ist es, wenn man sich für die *Wirkungsweise der einzelnen Funktionsabschnitte* eine bestimmte Sichtweise aneignet. Einzelne Funktionsabschnitte, wie die Pumpe in Abb. 1, werden dabei als Block betrachtet.

In der Steuerungs- und Regelungstechnik geht es weniger um den technischen Aufbau eines Blockes als um die *Ursache* und die *Wirkung*.

Ein *Block* stellt ein System dar, mit einer oder mehreren verursachenden Größen und einer beeinflussten Größe.

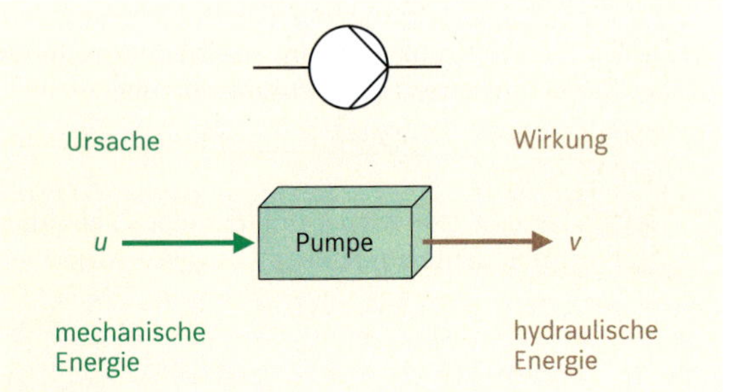

Abb. 1: Block mit Angabe der Wirkungsrichtung

14.5.1 Aufbau und Wirkungsweise einer Steuerung

! *Steuern* ist ein Vorgang, bei dem eine oder mehrere Eingangsgrößen die Ausgangsgrößen beeinflussen. *Kennzeichen* einer Steuerung ist der *offene Wirkungsweg* (*Steuerkette*).

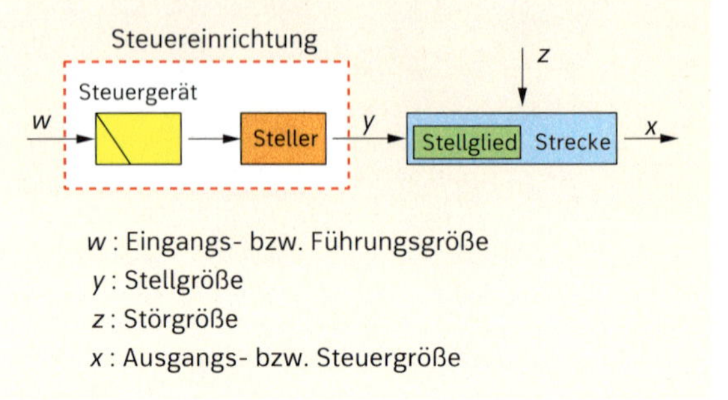

Abb. 2: Grundprinzip einer Steuerung

In einfachen Fällen könnte z. B. eine Zeitschaltuhr oder ein Zeitrelais als Steuereinrichtung für das zeitabhängige Ein- und Ausschalten elektrischer Geräte dienen (Abb. 2).

Zumeist werden Steuerungen aber für komplexere Abläufe oder Prozesse eingesetzt. Hier sind insbesondere Verknüpfungssteuerungen und Ablaufsteuerungen von Interesse.

Bei *Verknüpfungssteuerungen* wird die Stellgröße durch die logische Verknüpfung bzw. Kombination zweier oder mehrerer binärer Eingangssignale gebildet (Abb. 3). Binäre Signale können zwei Zustände annehmen. Es handelt sich zumeist um Schalterstellungen (Aus/Ein) oder Ventilstellungen (geschlossen/offen), bei denen zwischen zwei Zuständen unterschieden wird, die als 0 und 1 bezeichnet werden können. Zunächst müssen diese Eingangssignale, z. B. mittels Endlagenschalter, erfasst werden. Aus diesen Eingangssignalen der Steuereinrichtung wird anschließend entsprechend der logischen Verknüpfung die binäre Stellgröße *y* gebildet.

Dadurch können z. B. Stellglieder wie Magnetventile, Motoren oder elektrische Heizstäbe angesteuert werden, welche die Steuergröße *x* verändern.

Binäre Signale können mittels fester Verdrahtung oder mittels speicherprogrammierbarer Steuerungen verar-

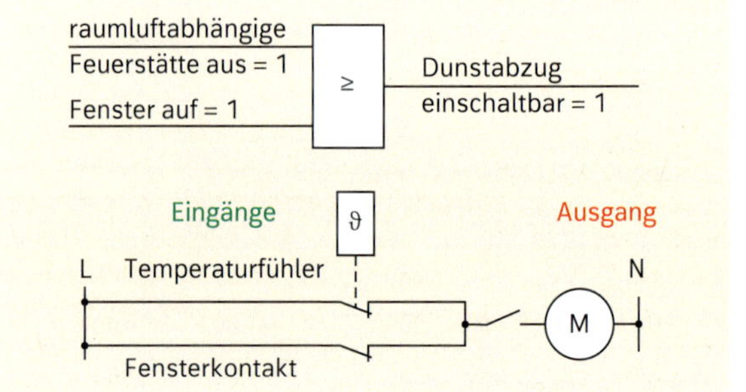

Abb. 3: Verknüpfungssteuerung mit ODER-Glied

beitet werden. Die Grundfunktionen dieser Signalverarbeitung basieren auf den Operationen UND, ODER und NICHT (→ TB).

Die in Abb. 3 gezeigte Verknüpfungssteuerung wird z. B. verwendet, um einen gleichzeitigen Betrieb einer raumluftabhängigen Feuerstätte und einer Dunstabzugshaube bei geschlossenem Fenster zu verhindern. Das Gebläse der Dunstabzugshaube darf sich nur einschalten lassen, wenn die raumluftabhängige Feuerstätte ausgeschaltet ist oder das Fenster geöffnet ist oder beide Bedingungen erfüllt sind. Ansonsten kann aus der Feuerstätte giftiges Kohlenmonoxid in die Raumluft gelangen. Wie die Wertetabelle in Abb. 4 verdeutlicht, lässt sich das Gebläse (A1.0) nur einschalten, wenn entweder die Feuerstätte (E0.1) aus ist oder das Fenster (E0.2) geöffnet ist oder die Feuerstätte aus ist und das Fenster geöffnet ist.

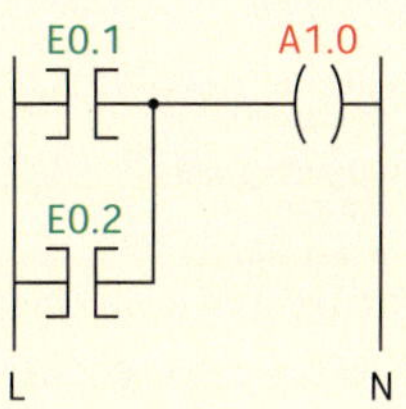

Eingänge		Ausgang
E0.1	E0.2	A1.0
0	0	0
0	1	1
1	0	1
1	1	1

Abb. 4: ODER-Verknüpfung

Bei einer *Ablaufsteuerung* erfolgt der Steuerungsablauf in einer zwangsgebundenen Schrittkette. Diese wird nacheinander abgearbeitet.

Hierbei hängt der Übergang von einem auf den programmgemäß nächsten Schritt von Bedingungen ab. Diese Bedingungen lassen sich wie Verknüpfungssteuerungen in Text- oder Tabellenform sowie mit Logiksymbolen beschreiben.

Ein typisches Beispiel ist die Brennersteuerung, die für den ordnungsgemäßen Betrieb eines Brenners sorgt.

Beim vollautomatischen Betrieb von Brennern müssen folgende Aufgaben ausgeführt werden:

- den vorgegebenen Programmablauf zum Start und Betrieb des Brenners steuern
- den Betrieb des Brenners überwachen
- bei Bedarf eine Abschaltung veranlassen und bei Sicherheitsabschaltung zusätzlich verriegeln

Der Feuerungsautomat erfüllt diese Aufgaben (Abb. 6). Es ist ein elektronisches Steuergerät für die Ablaufsteuerung, das mit den Einrichtungen für die Flammenüberwachung zusammenwirkt. Wenn z. B. bei einem atmosphärischen Gasbrenner das Gasgerät betriebsbereit ist, kann es durch eine Wärmeanforderung gestartet werden. Die Programmschritte der Steuerung für einen atmosphärischen Gas-Heizkessel mit automatischer Zündung (Abb. 5) werden im Folgenden beschrieben.

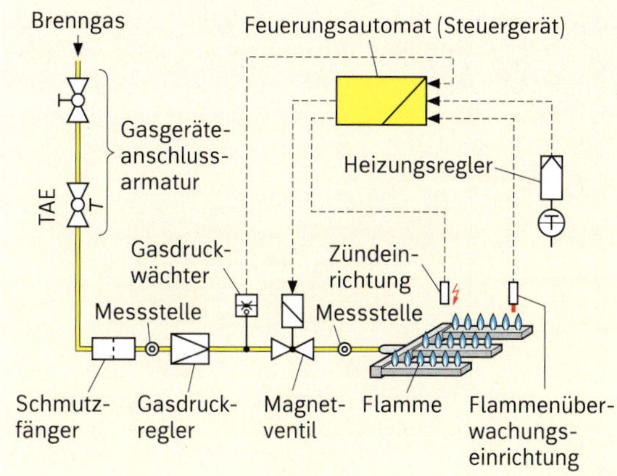

Abb. 5: Steuerung eines atmosphärischen Gasbrenners

Bei dieser Ablaufsteuerung sind nachstehende Funktionsabläufe zu unterscheiden:

- Regelabschaltung (Abb. 1a, S. 654)
- Störabschaltung (Abb. 1b, S. 654)

Ist der Gas-Heizkessel betriebsbereit und der Hauptschalter eingeschaltet, so funktioniert der Gasbrenner nach einer Wärmeanforderung durch den Heizungsregler (Führungsgröße) wie folgt:

Zunächst wird die automatische Zündung betätigt.

Anschließend öffnet das Gas-Magnetventil. Es gibt die eingestellte Startgasmenge frei. Der Zündfunke entzündet das am Brenner austretende Gas/Luft-Gemisch. Dadurch bildet sich eine Flamme. Die Flammenüberwachungseinrichtung meldet dies dem elektronischen Steuergerät und überwacht anschließend ständig das Brennen der Flamme. Nachdem die Flamme brennt, kann der Heizkessel auf seine Nennwärmeleistung hochfahren.

Wenn sich innerhalb der Sicherheitszeit von 5 bis 15 Sekunden (je nach Brennerleistung) keine Flamme bildet, erfolgt eine Störabschaltung. Dies wird mit einer Störlampe angezeigt (Abb. 6).

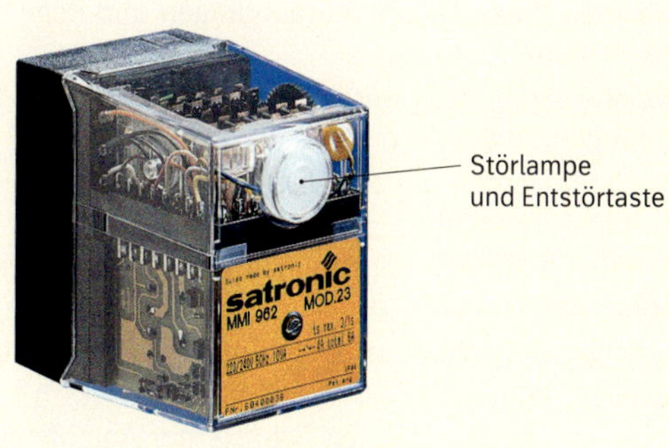

Abb. 6: Gas-Feuerungsautomat

Geht die Flamme während des Betriebes aus, so erfolgt, sofern eine Wiederzündung zulässig ist, spätestens nach einer Sekunde ein erneuter Zündversuch. Bleibt dieser erfolglos, kommt es ebenfalls zu einer Störabschaltung.

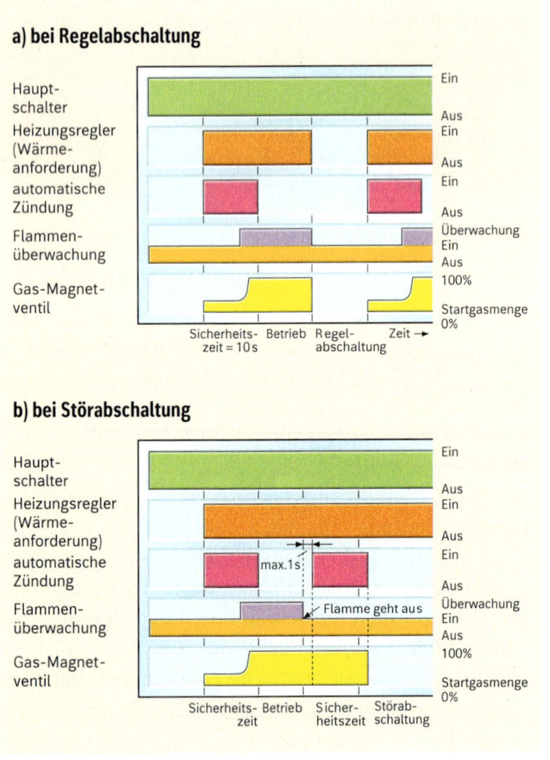

Abb. 1: Ablaufsteuerung (Schema)

Hierbei wird das Gas-Magnetventil geschlossen und die Zündeinrichtung außer Betrieb gesetzt. Bei einer Störabschaltung reagiert die Steuerung nicht mehr auf eine Wärmeanforderung. Nach einer kurzen Wartezeit bzw. nach Beseitigung der Störung kann der Gasbrenner durch Drücken der Entstörtaste (Entriegeln) oder durch eine kurze Unterbrechung der Versorgungsspannung wieder in Betrieb genommen werden.

Aufgaben

1. Welchen Nutzen können Steuerungen und Regelungen haben?
2. Welche Signalarten werden in Steuerungen und Regelungen verwendet?
3. Weshalb werden die einzelnen Funktionsabschnitte als Block betrachtet?
4. Skizzieren Sie den allgemeinen Wirkungsplan einer Steuerung.
5. Welche zwei Arten von Steuerungen sind zu unterscheiden?
6. Nennen Sie die einzelnen Schritte der Ablaufsteuerung für den Betrieb eines Gasbrenners ohne Gebläse bei Störabschaltung.

14.5.2 Aufbau und Wirkungsweise einer Regelung

! Regeln ist ein Vorgang, bei dem die zu regelnde Größe fortlaufend gemessen, mit dem Sollwert (bzw. der Führungsgröße) verglichen und an diesen angenähert wird. Kennzeichen einer Regelung ist der geschlossene Wirkungsablauf (Regelkreis).

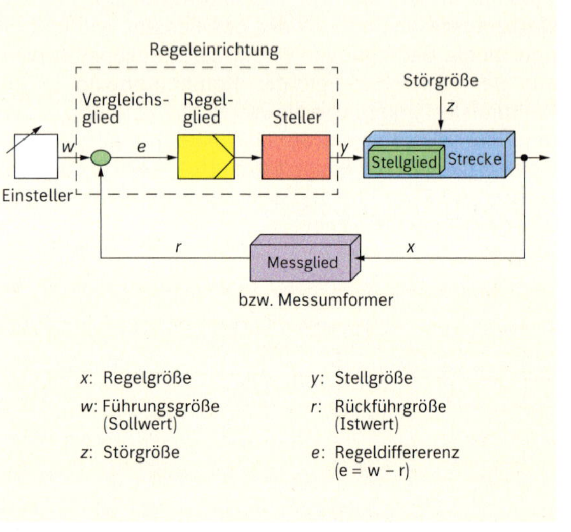

Abb. 2: Darstellung einer Regelung

Soll z. B. die Raumtemperatur in einem Haus konstant gehalten werden, dann ist die zu regelnde Größe x die Raumtemperatur. Diese *Regelgröße* soll auf einem bestimmten Wert (Sollwert) konstant gehalten werden. Der Sollwert wird durch Einstellungen (*Führungsgröße w)* vorgegeben. Auch bei *Störgrößen z,* wie z. B. wetterbedingte Veränderungen, soll die Regelgröße konstant bleiben. Dies ist nur möglich, wenn die Regelgröße ständig gemessen, mit dem Sollwert verglichen und bei einer *Regeldifferenz e* (bei welchem der Sollwert w nicht dem gemessenen Istwert r entspricht) bedarfsgerecht gehandelt wird. Je nach Regeldifferenz e erzeugen hierzu das Regelglied und der Steller eine geeignete *Stellgröße y*, mit welcher der Abweichung entgegengewirkt wird. Dieser Kreisprozess erfolgt fortlaufend und automatisch.

Die einzelnen Komponenten des Regelkreises müssen aufeinander abgestimmt sein, damit sie ihre Aufgabe erfüllen können.

Aufgaben

1. Skizzieren Sie den allgemeinen Wirkungsplan einer Regelung.
2. Welche Aufgabe hat das Vergleichsglied in einem Regelkreis?
3. Wozu dient bei einer Regelung die Stellgröße?
4. Wie müsste eine Steuerung verändert werden, damit daraus eine Regelung wird?

14.5.4 Regeleinrichtungen

In der Praxis sind häufig Messeinrichtung sowie Vergleichs-, Regel- und Stellglied in einer Einheit zusammengefasst. Umgangssprachlich wird eine solche Einheit auch als Regler bezeichnet.

Es gibt eine große Zahl unterschiedlicher Regler. Für eine Gruppeneinteilung kann man diese z. B. nach folgenden Kriterien unterscheiden:

- Nach der *Art der Regelgröße* werden Temperatur-, Druck-, Durchfluss-, Feuchte-, Füllstands-, Universalregler usw. unterschieden.
- Nach der *Stellenergie* wird eingeteilt in:
  - Regler *ohne Hilfsenergie*
    Diese verwenden zum Betätigen des Stellgliedes Energie aus der Strecke (z. B. Druck der Dehnflüssigkeit im Thermostatkopf).
  - Regler *mit Hilfsenergie*
    Diese benötigen zum Betätigen des Stellgliedes von außen zugeführte Stellenergie (z. B. elektrische, pneumatische Regler).
- Nach dem *Regelverhalten* werden unterschieden:
  - unstetige Regler (z. B. Zweipunkt-, Dreipunktregler)
  - stetige Regler (z. B. P-Regler, I-Regler, PI-Regler, PID-Regler)
  - unscharfe Regler (Fuzzy-Regler)
- Nach der *Art der Signalverarbeitung* wird eingeteilt in:
  - Analog-Regler
  - Digital-Regler

Regler nach der Art der Regelgröße zu unterscheiden, ist meist nur bei einer einfachen Ausführung möglich, z. B. bei einem Temperaturregler (Thermostatventil) oder Differenzdruckregler (Abb. 3). Hierbei handelt es sich häufig um Regler ohne Hilfsenergie, die in ihrer Ausführung robust, zuverlässig, einfach zu installieren und auch kostengünstig sind.

Bei den meistens Regelungen sind mittlerweile die Regelkreiskomponenten (Messeinrichtung, Regeleinrichtung und Stellglied) als eigenständige Geräte ausgeführt, die ohne Hilfsenergie nicht funktionsfähig sind.

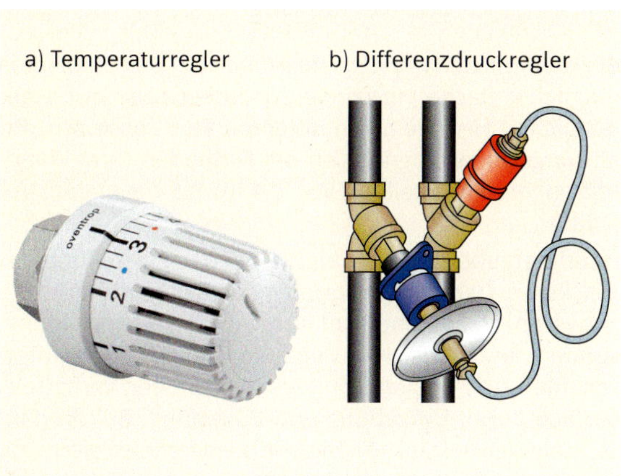

Abb. 3: Regler ohne Hilfsenergie

14.6 Steuerung und Regelung bei der Wärmeerzeugung

Bei Neuanlagen sind heute bis auf wenige Ausnahmen praktisch nur noch Brennwertkessel zulässig. Sie müssen mit zentralen, selbsttätig wirkenden Einrichtungen zur Verringerung und Abschaltung der Wärmezufuhr sowie zur Ein- und Ausschaltung elektrischer Antriebe in Abhängigkeit von

1. der Außentemperatur oder einer anderen geeigneten Führungsgröße

   und

2. der Zeit

ausgestattet sein. Soweit die geforderten Ausstattungen bei bestehenden Gebäuden nicht vorhanden sind, müssen die Eigentümer/-innen sie nachrüsten. Einen Bestandsschutz für alte Anlagen gibt es dabei nicht. Dies geht aus dem Gebäudeenergiegesetz (GEG) hervor. Das Ziel dieses Gesetzes ist es, Energie einzusparen aber auch Emissionen zu verringern. Meist werden heute außentemperaturgeführte Regelungen eingesetzt, um diese Anforderungen erfüllen zu können.

14.6.1 Außentemperaturgeführte Vorlauftemperaturregelung

Bei der außentemperaturgeführten Regelung der Vorlauftemperatur handelt es sich um eine Folgeregelung, da der Regler den Vorgaben einer Steuereinrichtung folgt (Abb. 4).

Zunächst soll die *Wirkungsweise der Steuereinrichtung* behandelt werden, unabhängig davon, welche Art von Regeleinrichtung die Vorlauf- oder auch Kesseltemperatur regelt.

Die Wirkungsweise der Steuereinrichtung basiert bei der außentemperaturgeführten Regelung auf der Heizkurve (Abb. 1, S. 656).

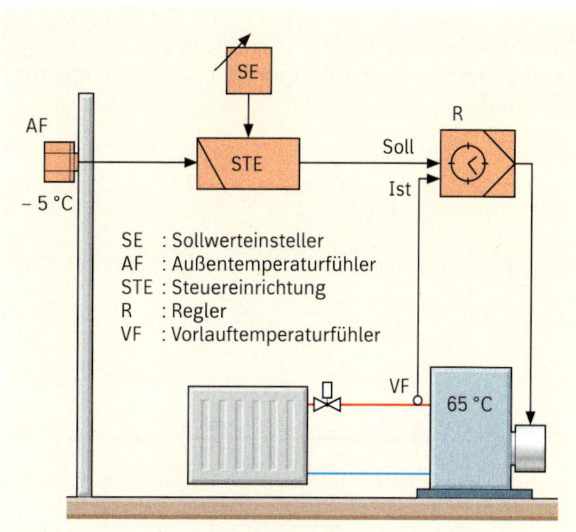

Abb. 4: Außentemperaturgeführte Vorlauftemperaturregelung

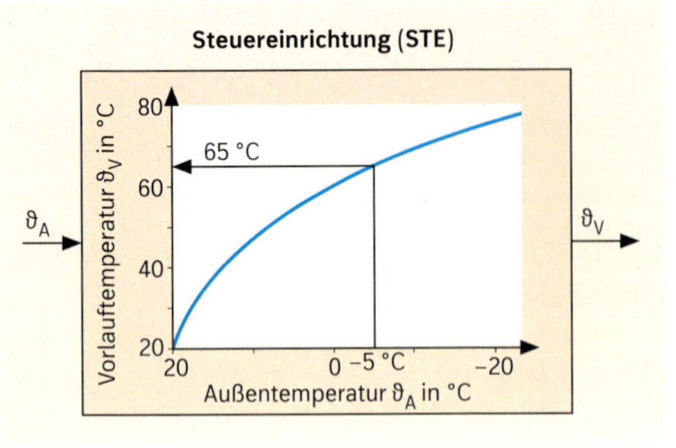

Abb. 1: Heizkurve

! Die *Heizkurve* gibt an, welche Vorlauftemperatur das Heizwasser bei einer bestimmten Außentemperatur haben soll.

Die Heizkurve ist in der Steuereinrichtung hinterlegt. Ihr Ausgangssignal liefert die Führungsgröße (Sollwert der Vorlauftemperatur) für den nachgeschalteten Regler.

Üblicherweise lassen sich an der Heizkurve folgende Parameter verändern:

- Steilheit bzw. Neigung
- Fußpunkt bzw. Niveau

Steilheit der Heizkurve

Verbindet man Anfangspunkt und Endpunkt der Heizkurve durch eine Gerade, so entsteht unter Einbeziehung der Achsen ein rechtwinkliges Dreieck (Abb. 2). Setzt man nun die Vorlauftemperaturänderung $\Delta\vartheta_V$ zur zugehörigen Außentemperaturänderung $\Delta\vartheta_A$ ins Verhältnis, dann ergibt sich die Steilheit der Heizkurve S. Ein Wert von 1,2 bedeutet, dass eine Außentemperaturänderung um 1 °C etwa eine Anpassung der Vorlauftemperatur von 1,2 °C bewirkt.

! Die *Steilheit* der Heizkurve gibt an, wie sich bei Änderung der Außentemperatur die Vorlauftemperatur verändert.

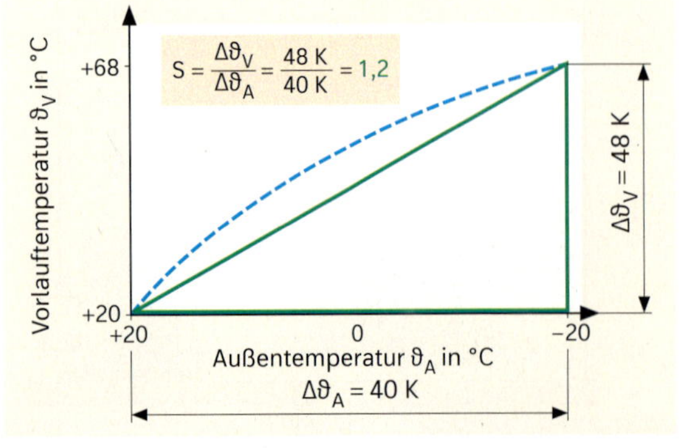

Abb. 2: Steilheit der Heizkurve

Fußpunkt der Heizkurve

Der Anfangspunkt der Heizkurve bei einer Außentemperatur von +20 °C wird als Fußpunkt bezeichnet (Abb. 3). Ursprünglich ist ihm eine Vorlauftemperatur von +20 °C zugeordnet. Verändert man die Vorlauftemperatur pauschal beispielsweise um +10 K, so wird die Heizkurve parallel nach oben verschoben. Der Fußpunkt befindet sich dann bei +30 °C. Der Fußpunkt wird oft auch über die eingestellte Raumsolltemperatur ermittelt.

In Abb. 3 ist die Heizkurve für eine Anlage dargestellt, die mit einer System-Vorlauftemperatur von 70 °C betrieben wird. Im Beispiel wird bei der Einstellung die tiefste Außentemperatur mit −12 °C angenommen. Aus der Systemtemperatur und der tiefsten Außentemperatur ergibt sich der *Auslegungspunkt*. Der Fußpunkt liegt bei 30 °C und die Steilheit beträgt 1,2.

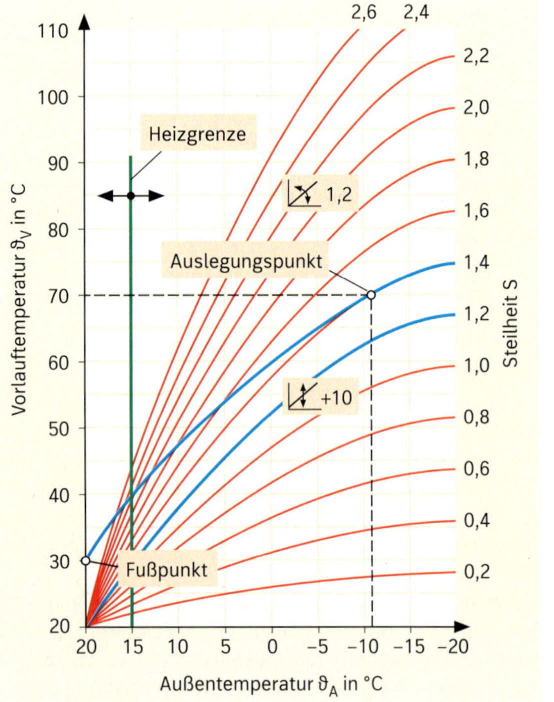

Abb. 3: Heizkennlinien mit Heizkurve

Bei der *Einstellung der Heizkurve* ist das Ziel, eine möglichst flache Heizkurve zu finden bzw. mit einer möglichst niedrigen Vorlauftemperatur zu heizen. Erfahrungsgemäß eignet sich bei Fußboden- und Wandheizungen eine Steilheit von 0,4 bis 0,6 besonders gut (Tab. 1).

Häufig ergeben sich Probleme bei der Einstellung der Heizkurve. Denn das Heizsystem, dem die Heizkurve anzupassen ist, besteht nicht nur aus der Heizeinrichtung, sondern auch aus dem Gebäude. Die Gebäude unterscheiden sich hinsichtlich ihres thermischen Verhaltens je nach Form, Umgebung und Dämmung. Bei der Einstellung der Heizkurve können die Übergangszeiten und Faktoren wie Fremdwärme oder die wärmespeichernde Wirkung des Gebäudes oft nur unzureichend berück-

Tab. 1: Steilheit und Fußpunkt der Heizkurve für Niedertemperaturheizsysteme

		Heizkurve Steilheit					
Heizsystem	Fußpunkt	0,5	0,7	0,9	1,1	1,3	1,5
40/30	20 °C		X				
	25 °C	X					
50/35	20 °C				X		
	25 °C			X			
70/50	30 °C						X
	35 °C					X	

sichtigt werden. Tab. 2 gibt Hinweise, wie vorzugehen ist, wenn sich die gewünschte Raumtemperatur nicht einstellt. Es ist nicht zielführend, die Heizkurve einfach nur nach oben zu verschieben, denn dadurch wird deutlich mehr Energie verbraucht, als nötig wäre.

Tab. 2: Optimierung der Heizkurve

Bei Außentemperatur am Tag	Raumtemperatur zu niedrig	Raumtemperatur zu hoch
+5 °C bis +15 °C	0,2 kleiner 5 K höher stellen	0,2 größer 5 K tiefer stellen
-20 °C bis +5 °C	0,2 größer einstellen	0,2 kleiner einstellen

Heizgrenze

! Die *Heizgrenze* entspricht der Außentemperatur, ab der die Heizung abgeschaltet wird. Die Heizgrenze liegt in Deutschland üblicherweise bei 15 °C (DIN V 4108-6).

Sofern keine Heizgrenze festgelegt wird, ist diese am Schnittpunkt der beiden Achsen in Abb. 3 erreicht. Spätestens an diesem Punkt stellt das Regelgerät den Heizbetrieb ein. Eine Abschaltung über die Außentemperatur ist aber schon bei ca. 15 °C sinnvoll, weil diese Temperatur im Allgemeinen ausreicht, um ohne Heizung die gewünschte Innentemperatur zu erzielen. Dabei ist zu bedenken, dass Wände wie Wärmespeicher wirken. Ferner erfordert der Transport der Wärme durch Wände eine gewisse Zeit. Die Temperatur an der Innenseite einer Wand folgt der Temperatur auf der Außenseite nur verzögert und gedämpft. Dies erklärt auch, warum die Temperatur in Kellerräumen im Vergleich zur Außentemperatur im Winter relativ hoch ist und im Sommer relativ niedrig.

Wie schnell es in einem Haus zu merken ist, dass es draußen kälter wird, hängt von der Wärmedämmung und vom Wärmespeichervermögen der Umfassungsfläche des Hauses ab. In Deutschland liegen die mittleren Temperaturunterschiede zwischen Tag und Nacht bei ca. 5 K (Kelvin). Die Schwankung der Temperatur an heiteren Tagen ist größer als an trüben Tagen. Dies erklärt, warum selbst gut gedämmte Häuser nach mehreren trüben Tagen mit Außentemperaturen von 13–18 °C auskühlen können, wenn die Heizgrenze z. B. auf 10–12 °C abgesenkt wird.

Heizperiode

! Die *Heizperiode* ist der Zeitraum, in dem die Heizanlage eines Gebäudes betrieben werden sollte, um eine angenehme Raumtemperatur zu erzielen.

Die Heizperiode ist gesetzlich nicht festgelegt. Teilweise versteht man darunter einen festgelegten Zeitraum, etwa vom 1. September bis zum 31. Mai. Sinnvoller erscheint jedoch der Mittelwert der Temperaturen an fünf aufeinanderfolgenden Tagen. Fällt dieser Mittelwert unter die Heizgrenze von 15 °C, dann befindet man sich in der Heizperiode. Einen festen Zeitraum als Heizperiode zu definieren und in dieser Phase die Heizung auf Heizbetrieb zu stellen, ist für ein Einfamilienhaus sinnvoll. Für ein Mehrfamilienhaus gilt dies jedoch nicht, weil es auch außerhalb der Heizperiode einen Kälteeinbruch geben kann und alle Mieter/-innen Anspruch auf eine Raumtemperatur von mindestens 20 °C bei Tag hat.

Regelsysteme mit automatischer Selbstanpassung der Heizkurve

Diese Selbstanpassung kann z. B. durch Raumtemperaturaufschaltung erfolgen (Abb. 4).

Durch die Aufschaltung der Raumtemperatur eines Referenzraumes geht eine tatsächlich vorhandene Raumtemperatur in die Ermittlung der Vorlauftemperatur ein. Durch dauernde Überprüfung der Sollwert-Abweichungen werden Korrekturen der Kennlinie selbsttätig vorgenommen. Diese fortlaufende Optimierung sorgt dafür, dass die gewünschte Raumtemperatur genau erreicht wird.

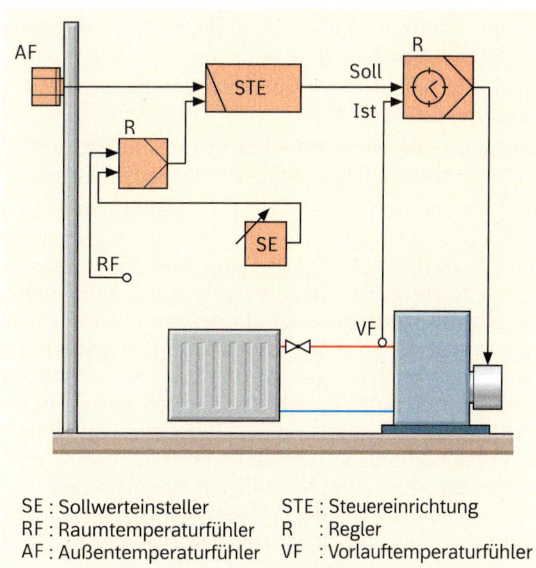

Abb. 4: Außentemperaturgeführte Vorlauftemperaturregelung mit Raumtemperaturaufschaltung

Bei der dargestellten außentemperaturgeführten Regelung greift der Regler z. B. über das Brennstoffventil in den Energiefluss ein (Abb. 4, S. 657). Das Kesselwasser wird gerade so hoch erwärmt, dass es den Anforderungen des Heizkreises genügt. Dadurch werden die Wärmeverluste des Kessels an den Aufstellraum gering gehalten. Mischer werden nur benötigt, wenn Heizkreise mit unterschiedlich hohen Vorlauftemperaturen zu versorgen sind.

Aufgaben

1. Erklären Sie die außentemperaturgeführte Vorlauftemperaturregelung.
2. Welcher Zusammenhang geht aus der Heizkurve hervor?
3. Welche Heizkurven-Parameter lassen sich üblicherweise verändern?
4. Welche Heizkurven-Parameter sollten eingestellt werden, wenn die Systemtemperaturen 50/40 °C betragen und die tiefste Außentemperatur bei –16 °C liegt?

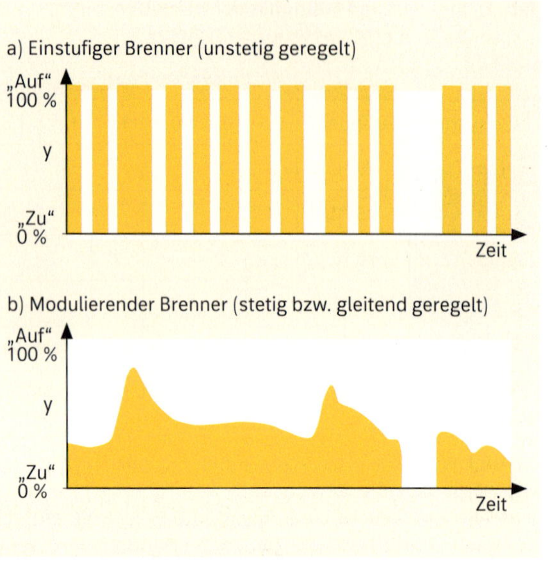

Abb. 1: Unstetig und stetig geregelter Brenner

14.6.2 Einfluss des Brenners auf die Regelung

Welche Anforderungen an die Regeleinrichtung gestellt werden, hängt auch von der Art des Brenners ab. Je nach Anlage kann es sich um einen einstufigen, zweistufigen oder einen modulierenden Brenner handeln.

Ein einstufiger Brenner kommt mit einem Zweipunktregler und einem kostengünstigen Brennstoffventil aus, welches nur die Signale „Auf" und „Zu" kennt (Abb. 1a). Durch das häufige Ein- und Ausschalten entsteht ein hoher Anteil schädlicher Abgase. Diesem Nachteil kann nur bedingt begegnet werden durch

- eine Sperrzeit, die den nachfolgenden Aufheizvorgang verzögert, oder
- eine sich bedarfsgerecht verändernde Schaltdifferenz.

Eine solche Regelung mit Kesselthermostat erfüllt nicht mehr die Anforderungen des Gebäudeenergiegesetzes.

Modulierende Brenner (Abb. 1b) erfordern mindestens Dreipunktregler mit den Signalen „Öffnen", „Halten" und „Schließen". Besser geeignet sind jedoch stetige Regeleinrichtungen. Die Brennerleistung kann damit ständig der aktuellen Heizlast angepasst werden. Teilweise ist damit ein stetig bzw. gleitend geregelter Brennerbetrieb bis hinunter auf 20 % der Kesselleistung möglich. Durch den modulierenden Betrieb verringern sich die Brennerstarts und auch die Abgasemissionen, denn beim Ein- und Ausschalten herrschen keine optimalen Verbrennungsbedingungen. Modulierende Regler und deren Stellglieder müssen neben den Zuständen „Auf" und „Zu" auch alle möglichen Zwischenzustände kennen. Auch müssen die Ausgangssignale der Messglieder der Regelungsaufgabe angepasst sein.

14.6.3 Zeitschaltuhr und Schaltautomatik

Bei Regelsystemen für das Beheizen von Wohngebäuden lassen sich üblicherweise

- die Raumheizung,
- die Warmwasserbereitung,
- die Party- und Urlaubszeiten

über die Zeitschaltuhr automatisch schalten.

Zeitprogramm für die Raumheizung

Das Kriterium für „Heizung Ein" (Heizbetrieb) und „Heizung Aus" (reduzierter Betrieb) ist über Tages- und/oder Wochenprogramme einstellbar. Als Bezugsgröße sind zunächst Datum und Uhrzeit einzugeben. Die Umschaltung der Zeitschaltuhr von Sommer- auf Winterzeit und umgekehrt erfolgt vielfach automatisch.

Der Tages- oder Wochenrhythmus kann individuell an das Nutzungsverhalten angepasst werden (Abb. 2).

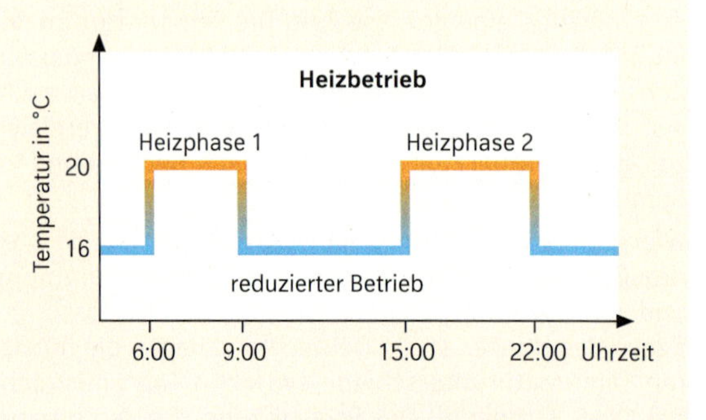

Abb. 2: Tagesprogramm für eine Raumheizung

Damit lassen sich die Schaltgrenzen für das Ein- und Ausschalten der Heizung für den Tag- und Nachtbetrieb einstellen und verändern. Die Schaltgrenzen können für jeden Wochentag unterschiedlich festgelegt werden.

Zeitprogramm für die WW-Bereitung

Es besteht meist die Möglichkeit, die Warmwasserbereitung sowohl abhängig als auch unabhängig von der Raumheizung vorzunehmen.

Zeitprogramme für Party und Urlaub

Stehen entsprechende Ereignisse an, kann der Anlagenbetreiber vom programmierten Heizbetrieb abweichen. Am Regler oder an einer Fernbedienung im Wohnraum befinden sich hierfür z. B. Taster, die mit grafischen Symbolen gekennzeichnet sind, etwa einem Sektglas für Partybetrieb. Werden diese gedrückt, erfolgt eine einfache Abfrage und die Änderung wird berücksichtigt.

Optimierung der Schaltzeiten

Moderne Regelsysteme überprüfen laufend, wie die gewünschte Raum- und Warmwassertemperatur energiesparend erreicht werden kann. Dafür werden Nutzungsverhalten und Umgebungsbedingungen von der Regelung mit dem Ziel ausgewertet, die Schaltzeiten ständig an den Bedarf anzupassen.

Bei modernen Heizungsregelungen wird die optimale Einschaltzeit täglich neu berechnet. Bei einer außentemperaturgeführten Regelung erfolgt die Berechnung in Abhängigkeit von der Raumtemperatur und der Außentemperatur. Mit der Einschaltoptimierung wird erreicht, dass der Heizkessel möglichst lange im reduzierten Betrieb bleibt. Dies gilt auch für den Warmwasserbetrieb (Abb. 3).

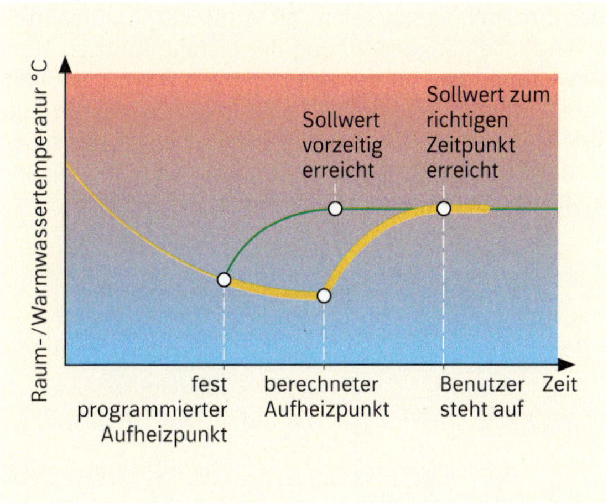

Abb. 3: Einschaltoptimierung

14.6.4 Regelung von Hybridanlagen

Hybridanlagen nutzen zwei oder mehr Wärmeerzeuger, z. B. eine Luft-Wasser-Wärmepumpe zusammen mit einem Gas-Brennwertgerät. In der meist verwendeten bivalenten Betriebsweise arbeiten die Wärmepumpe und das Gasgerät entweder allein oder gemeinsam. Die Vorteile der Wärmepumpe können insbesondere bei moderaten Außentemperaturen genutzt werden, während das Gasgerät bei sehr niedrigen Temperaturen effizienter arbeiten kann. Bei einer einfachen Regelung wird der Wärmeerzeuger nur in Abhängigkeit von der Außentemperatur und dem vorgegebenen Bivalenzpunkt ausgewählt. Intelligente Regelungen nutzen hingegen weitere Einflussgrößen, z. B. den selbst erzeugten Strom aus einer Photovoltaikanlage. Der Bivalenzpunkt ist nicht mehr fest vorgegeben, sondern wird abhängig von den aktuellen Bedingungen ermittelt und die Leistungen von Wärmepumpe und Gasgerät entsprechend angepasst.

Die generelle Strategie der intelligenten Regelung, z. B. eine möglichst ressourcenschonende Wärmeerzeugung, kann von den Betreibenden vorgegeben werden. Mögliche Betriebsweisen sind:

Ressourcenschonende bzw. CO_2-optimierte Betriebsweise

Um die CO_2-Emissionen zu reduzieren, ist es generell sinnvoll, erneuerbare Energien zu nutzen. Die Wärmepumpe ist die meiste Zeit des Jahres die bevorzugte Wärmequelle, am besten mit Strom aus Photovoltaikanlagen. Nur wenn an sehr kalten Tagen die Effizienz der Wärmepumpe zu gering ist, kann der Betrieb des Gasgerätes sinnvoll sein.

Kostenoptimierte Betriebsweise

Das Ziel bei dieser Betriebsweise ist es, Wärme mit möglichst niedrigen Kosten zu erzeugen. Die Effizienz der Luft-Wasser-Wärmepumpe ist stark von der Außentemperatur abhängig, da sowohl die Leistungszahl als auch die Wärmeleistung mit sinkender Außentemperatur deutlich abnehmen. Deshalb kann im Winter der Betrieb mit dem Gasgerät die kostengünstigere Lösung sein. Auch in der Übergangszeit kann es sinnvoll sein, Spitzenlasten mit dem Gasgerät abzudecken. Neben der Außentemperatur beeinflussen auch der aktuelle Gaspreis und der Strompreis für den Betrieb der Wärmepumpe die Entscheidung – insbesondere, wenn kein oder nur wenig selbst erzeugter Strom verfügbar ist. Bei Photovoltaikanlagen ist auch die Vergütung für die Einspeisung von überschüssigem Strom in das öffentliche Netz zu berücksichtigen.

Die wichtigsten Einflussgrößen für die intelligente Regelung einer Hybridanlage sind in Abb. 1, S. 660 dargestellt. Benötigt werden Messwerte für die Temperaturen und die Verfügbarkeit von selbst erzeugtem Strom.

Über eine Internetverbindung können die aktuellen Energiepreise für Strom und Gas sowie die Einspeisevergütungen für selbst erzeugten Strom ermittelt werden. Basierend auf diesen Informationen entscheidet die intelligente Regelung automatisch, welcher Wärmeerzeuger mit welcher Leistung zum Einsatz kommt.

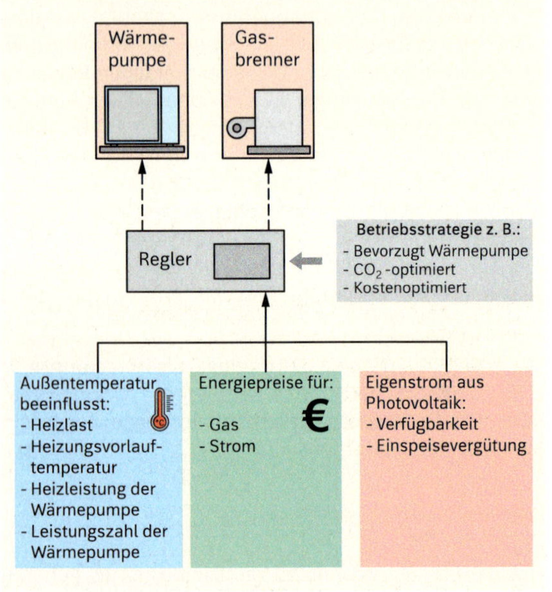

Abb. 1: Einflussgrößen zur intelligenten Regelung einer Hybridanlage (Luft-Wasser-Wärmepumpe/Gas-Brennwertgerät)

Aufgaben

1. Erklären Sie den Unterschied zwischen einem unstetig geregelten Brenner bzw. Kessel und einem stetig geregelten.
2. Welche Vorteile hat eine gleitend geregelte Kessel-Temperaturregelung?
3. Entwickeln Sie ein an Ihren Wochenrhythmus angepasstes Zeitprogramm für die Raumheizung.
4. Welche Möglichkeiten zur Optimierung der Regelung von Heizungsanlage und Trinkwassererwärmung können und sollten genutzt werden?
5. Wonach wird der Wärmeerzeuger bei einer Hybridanlage mit einfacher Regelung ausgewählt?
6. Welche Rolle spielt die Außentemperatur bei der Regelung der Hybridanlage und wie wird die Regelung daran angepasst?
7. Welche Faktoren können bei der Entscheidung berücksichtigt werden, ob bei einer Hybridanlage die Wärmepumpe oder das Gas-Brennwertgerät aktiv sein soll?

14.7 Temperaturmessverfahren, Steuerung und Regelung der Wärmeverteilung

14.7.1 Temperaturmessverfahren

Die Verfahren zur Temperaturmessung nutzen die Tatsache, dass sich Eigenschaften von Stoffen mit der Temperatur gleichmäßig ändern und messbar sind.

Flüssigkeitsthermometer und -thermostat

In einer Kapillare – ein dünnes Glas- oder Metallröhrchen – verändert sich bei Temperaturänderung das Volumen einer Messflüssigkeit, z. B.:

- Quecksilber: Messbereich ungefähr –30 °C bis 750 °C. Da Quecksilber giftig ist, muss beim Einsatz dieser Thermometer höchste Sorgfalt gelten. Die Anwendung beschränkt sich auf die Temperaturmessung der Luft.
- Alkohol (Weingeist), rot oder blau eingefärbt: Messbereich von –110 °C bis 70 °C. Im Glasthermometer wird Alkohol für allgemeine Temperaturmessungen eingesetzt. In den Fühlerelementen von temperaturregelnden Wasserarmaturen (Thermostat-Batterien) und Heizkörperventilen dient die Temperaturmessung mit Alkohol zur Auslösung von Regelvorgängen. Das Messsystem kann z. B. auch zur begrenzten Fernmessung von Temperaturen dienen. Am Messende der Kapillare befindet sich ein größerer Fühlerkörper. Mit dem anderen Ende der Kapillare drückt die Messflüssigkeit entweder in eine spiralförmige Röhrenfeder oder auf eine Membran, deren Bewegung als Temperaturanzeige sichtbar wird. So kann z. B. die Temperatur von Kessel- oder Speicherwasser angezeigt werden.

Bimetallthermometer und -thermostat

Werden zwei verschiedene Metalle fest und nicht gegeneinander verschiebbar miteinander verbunden, entsteht bei Temperaturänderung ein Messelement, das Bimetall (Messbereich –50 °C bis 500 °C). Die unterschiedliche Längendehnung der Metalle führt zu einer Bewegung, die von der konstruktiven Form des Bimetalls abhängt. Sie wird auf eine geeichte Messanzeige übertragen oder öffnet und schließt einen elektrischen Kontakt und löst damit einen Schaltvorgang für ein elektrisch betätigtes Gerät aus (Abb. 3, S. 661).

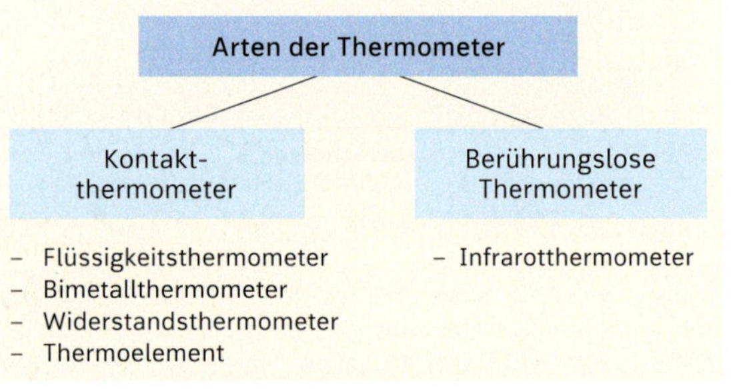

Abb. 2: Einteilung der Thermometer

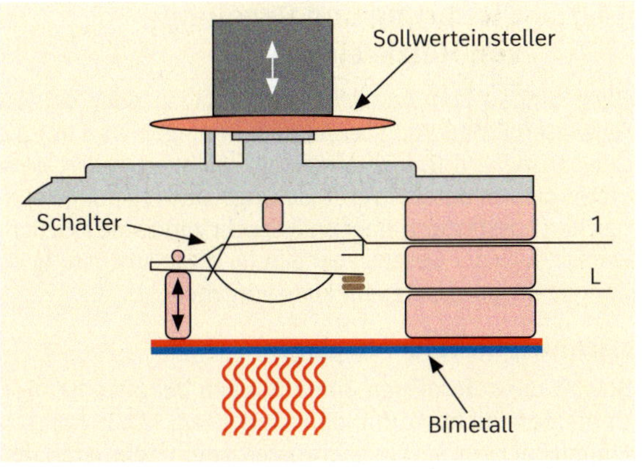

Abb. 3: Bimetallthermostat

Widerstandsthermometer

- **PTC-Fühler** (**p**ositive **t**emperature **c**oefficient)
  Der elektrische Widerstand eines Metalls verändert sich bei steigender Temperatur in charakteristischer Weise. Bei der Temperaturmessung mit dem Widerstandsthermometer Pt100 nutzt man die nahezu lineare temperaturabhängige Änderung von Platin-„Widerständen“. Bei steigender Temperatur nimmt der Widerstand des Metalls zu. Der Messwiderstand wird mit einem konstanten Strom gespeist, der Spannungsabfall, der sich mit dem Widerstandswert über die Temperatur ändert, wird gemessen. Diese Temperaturfühler haben einen Messbereich von -200 °C bis etwa 800 °C. Widerstandsthermometer arbeiten nicht so schnell wie Thermoelementfühler, aber dafür genauer.

- **NTC-Fühler** (**n**egative **t**emperatur **c**oefficient)
  Die Temperaturmessung mit NTC-Sensoren basiert ebenfalls auf einer temperaturabhängigen Widerstandsänderung des Sensorelements. NTC-Fühler haben einen negativen Temperaturkoeffizienten (Widerstand wird mit steigender Temperatur kleiner). Diese Temperaturfühler bestehen aus Metalloxiden und haben einen Messbereich von etwa -40 °C bis 150 °C.
  Ihr Einsatzgebiet ist die Temperaturmessung in Flüssigkeiten und Gasen. Die NTC-Fühler werden vielfach als Sensoren bei elektronischen Temperaturreglern eingesetzt, z. B. als Außenfühler bei Heizungsanlagen.

Thermoelement

Beim Thermoelement ist die temperaturabhängige Spannung in einem Stromkreis die Messgrundlage (Abb. 4).

In Metallen werden Elektronen mit unterschiedlicher Kraft festgehalten. Berühren sich zwei verschiedene Metalle, z. B. Eisen und Konstantan (Legierung aus 54 % Cu, 45 % Ni und 1 % Mn), so gehen einige Elektronen aus dem Metall, in dem sie mit geringerer Kraft festgehalten werden, in das andere Metall über. Das Metall, aus dem

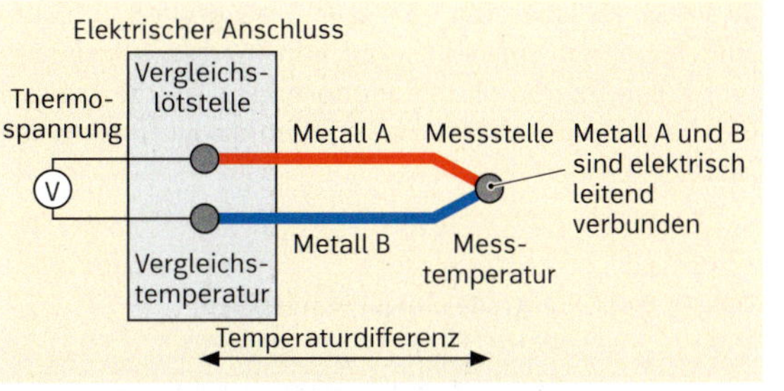

Abb. 4: Prinzipdarstellung des Thermoelements

die Elektronen entweichen, wird dadurch positiv, das andere negativ geladen. Mit ansteigender Temperatur steigt die austretende Elektronenzahl an. Lötet man also zwei Drähte aus verschiedenen Metallen an beiden Enden zusammen, so entsteht ein Thermoelement. Verbindet man die beiden Drähte mit einem Voltmeter (Spannungsmesser), so zeigt es bei unterschiedlicher Temperatur der Lötstellen eine Thermospannung an. Diese Größe ist von der Temperaturdifferenz zwischen der Messstelle und der Vergleichslötstelle abhängig. Die Höhe der gemessenen Spannung ist ein Maß für die Temperatur an der Messstelle. Die Messung erfolgt in Sekundenschnelle mit unterschiedlich geformten Fühlern. Die durch die Temperatur an der Messstelle erzeugte Thermospannung kann auch zu Schaltvorgängen verwendet werden, z. B. als thermoelektrische Zündsicherung bei Gasfeuerstätten. Von der Wahl des Thermopaares ist der Messbereich des Thermoelementes abhängig, z. B.:

– Kupfer – Konstantan	-40 °C bis 400 °C
– Nickelchrom – Nickel	-40 °C bis 1 200 °C

Infrarotthermometer

Alle Körper senden in Abhängigkeit von ihrer Temperatur elektromagnetische Wellen aus, die Wärmestrahlung. Mithilfe dieser Strahlungsenergie ist es möglich, die Temperatur eines Körpers berührungslos zu messen, weil die abgestrahlte Energie in erster Linie von der Temperatur abhängig ist. Die Infrarot-Messtechnik erfordert ein rein optisches Messgerät, bei dem die Oberflächentemperatur eines Objektes erfasst wird. Sie kann auch bei schlechten Wärmeleitern z. B. Keramik oder Kunststoff, zum Einsatz kommen. Vor jeder Messung muss jedoch der Emissionsgrad der Objektoberfläche am Messgerät eingestellt werden. Die Werte können der Emissionsgradtabelle (Tab. 1, S. 662) entnommen oder mit einem Kontaktfühler überprüft werden. Bei blanken Metalloberflächen ist der Emissionsgrad zu gering und der Einfluss der reflektierten Strahlung zu groß, um eine korrekte Messung zu bekommen. Daher müssen auf diese Oberflächen zur berührungslosen Messung Beschichtungen z. B. ein Emissionsklebeband mit festgelegtem Emissionsgrad, auf dem Messobjekt angebracht werden. Störgrößen sind Schmutz, Staub, Rauhreif oder Feuchtigkeit auf der Werkstückoberfläche oder auch eine beschlagene Linse am Messgerät. Infrarotthermometer arbeiten in einem Messbereich von –50 °C bis etwa 500 °C und sind für einen Emissionsgrad von 0,2 bis 1,0 einstellbar. Zur besseren Messstellenortung sind die meisten Geräte mit einer Laser-Messstellenmarkierung ausgerüstet.

Tab. 1: Emissionsgrade einiger Materialien

Material	Emissionsgrad (ε)	Material	Emissionsgrad (ε)
Alu, blank	0,04	Kunststoffe (PE, PP, PVC)	0,94
Beton	0,93	Messing, oxidiert	0,76
Stahl, blank	0,24	Porzellan	0,92
Stahl mit Walzhaut	0,77	Glas	0,94
Stahl, oxidiert	0,79	Ton, gebrannt	0,91
Lack, matt	0,97	Ziegelstein, Mörtel, Putz	0,93
Kupfer, blank	0,04		
Kupfer, oxid.	0,76		

Aufgaben

1. Welche Thermometer werden in der Anlagentechnik eingesetzt?
2. Ordnen Sie diese Thermometer (aus Aufgabe 1) nach dem angewandten Temperaturmessverfahren.
3. Erklären Sie die Funktion und Einsatzmöglichkeiten des Thermoelements.

14.7.2 Steuerung und Regelung von Heizkreisen

Beim Einbau von Zentralheizungsanlagen oder bei der teilweisen Erneuerung bestehender Anlagen wird auf die Einsparung von Brennstoffen sehr viel Wert gelegt. Hier bieten sich im Bereich der steuerungs- und regelungstechnischen Ausstattung einer Anlage sehr wirksame Möglichkeiten. Auch der Gesetzgeber gibt für diese Ausrüstung im Energieeinspargesetz sehr klare Vorgaben.

Nachrüstpflicht für Altanlagen

Soweit die geforderten Einrichtungen bei bestehenden Gebäuden nicht vorhanden sind (Kap. 14.6), müssen Eigentümer/-innen sie nachrüsten oder nachrüsten lassen.

Eine Ordnungswidrigkeit nach dem Gebäudeenergiegesetz begehen diejenigen, die z. B. vorsätzlich oder fahrlässig eine Zentralheizung oder heizungstechnische Anlage nicht oder nicht rechtzeitig ausstatten.

! Moderne regelungstechnische Anlagen zur Heizung von Ein- und Mehrfamilienhäusern erfüllen die *Vorgaben des Gebäudeenergiegesetzes* in vollem Umfang. Des Weiteren bieten solche Regelungssysteme zusätzlich eine Vielzahl von Spar- und Komfortfunktionen für die Heizung und Warmwasserbereitung automatisch.

Anordnung der Messfühler

Zur genauen Erfassung der notwendigen Führungs- und Regelgrößen sind verschiedene Messfühler sachgerecht anzubringen (Abb. 1).

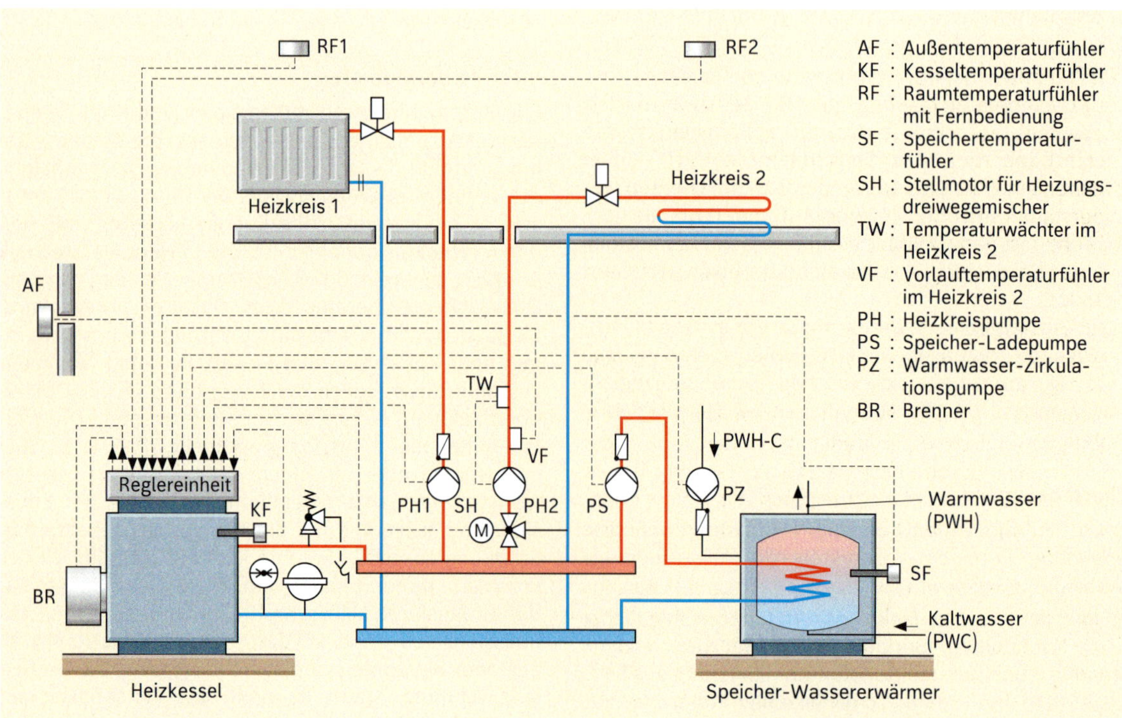

Abb. 1: Regelschema einer Heizungsanlage mit Mischerkreis und zentraler Warmwassererwärmung

Der *Kesseltemperaturfühler (KF)* ist in der Regel in die vorgegebene Tauchhülse des Kessels zu stecken und an den Regler anzuschließen. Die Kesselwassertemperatur ist in diesem Fall zugleich Vorlauftemperatur für Heizkreis 1. Diese Temperatur wird nach der Außentemperatur und der entsprechend eingestellten Heizkurve geregelt.

Der Temperaturfühler ist bei modernen digitalen Regeleinrichtungen als Widerstandsfühler ausgeführt. Bei den Widerstandsfühlern ist zwischen PTC- und NTC-Fühlern zu unterscheiden.

Zur Überprüfung des jeweiligen Fühlers ist die Fühlerkennlinie des Herstellers notwendig.

! Der *Außentemperaturfühler (AF)* ist so zu installieren, dass er die Außentemperatur unbeeinflusst messen kann. Er muss deshalb immer auf der Nordseite des Gebäudes angebracht werden.

Er darf **nicht**

- über Fenster, Türen oder Lüftungsöffnungen,
- unter Markisen, Balkonen oder unter dem Dach

angebracht werden (Abb. 2).

Der Außentemperaturfühler ist üblicherweise in einem Kunststoffgehäuse untergebracht, welches an der Außenwand befestigt wird. Als Messfühlereinsätze werden hauptsächlich Widerstandsthermometer mit einem negativen Temperaturkoeffizienten (NTC) eingesetzt. Die Kennlinie des eingesetzten Außentemperaturfühlers (Abb. 3) ist der Bedienungsanleitung des Herstellers zu entnehmen. Mit einer einfachen Widerstandsmessung an den Kabelenden und einer vergleichenden Temperaturmessung in Fühlernähe kann das Fühlerelement überprüft werden.

Der *Vorlauftemperaturfühler (VF)* ist als Anlegefühler für Rohrleitungen vorgesehen. Er erfasst den Istwert für die Regelung der Vorlauftemperatur in dem entsprechenden Heizkreis. Diese Temperatur wird von der Reglereinheit über den Dreiwegemischer (SH) geregelt. Der Fühler ist unmittelbar hinter dem Heizungsmischer und der Heizkreispumpe am Vorlaufrohr anzubringen (Abb. 4).

Bei der Montage des Vorlauftemperaturfühlers ist das Heizungsrohr gut zu reinigen. Zwischen dem Rohr und dem Anlegetemperaturfühler ist zur besseren Wärmeübertragung eine Wärmeleitpaste aufzutragen. Mit dem Halteblech und der Spannfeder muss der Fühler fest auf das Heizungsvorlaufrohr gedrückt werden (Abb. 1, S. 664). Damit der Fühler nicht durch die Umgebungsluft auskühlt, ist eine ausreichende Wärmedämmung notwendig.

Der *Anlegethermostat (TW)* dient als Temperaturwächter für den Heizkreis 2 (Abb. 2, S. 664). Dazu überwacht er die Vorlauftemperatur der Fußbodenheizung. Überschreitet diese den einzustellenden Wert von ≤ 50 °C, unterbricht der Thermostat die Stromzufuhr zur Pumpe (PH2). Der Thermostat hat zumeist einen Flüssigkeitsfühler, der ähnlich wie bei einem Bimetall einen Mikro-

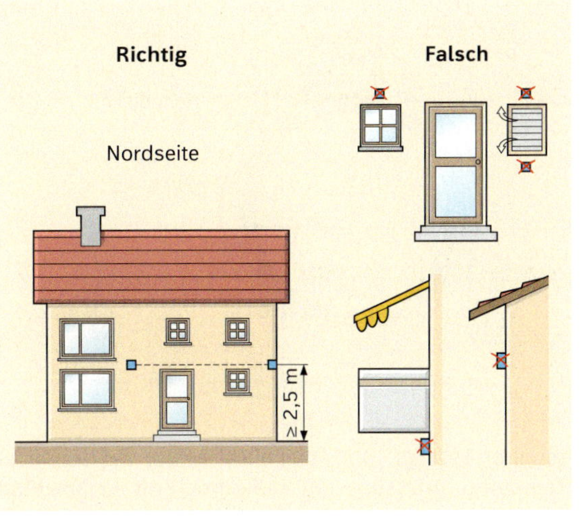

Abb. 2: Anordnung des Außentemperaturfühlers

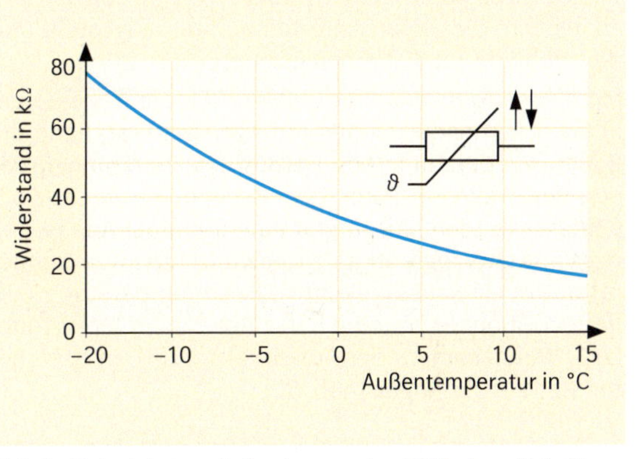

Abb. 3: Beispiel einer Außentemperatur-Fühlerkennlinie für einen Kaltleiter (NTC)

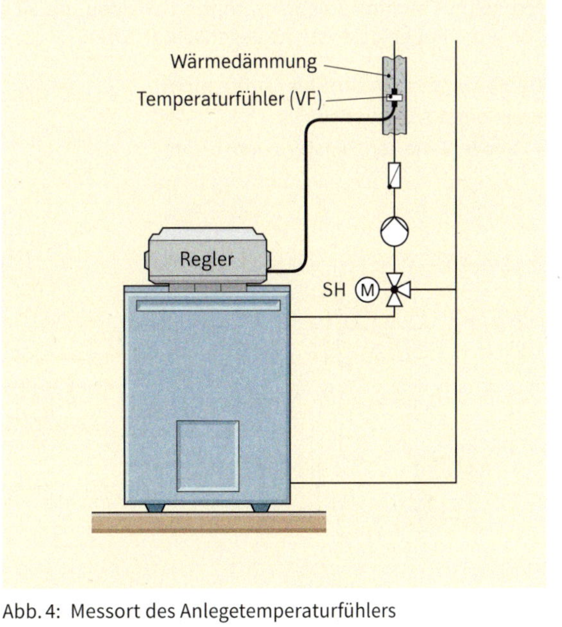

Abb. 4: Messort des Anlegetemperaturfühlers

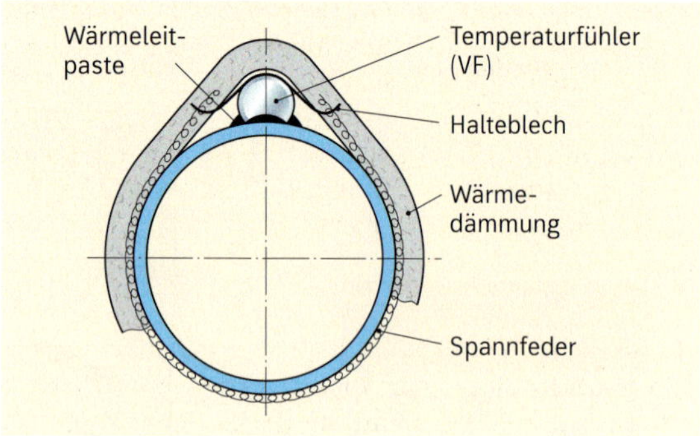

Abb. 1: Befestigung des Anlegetemperaturfühlers

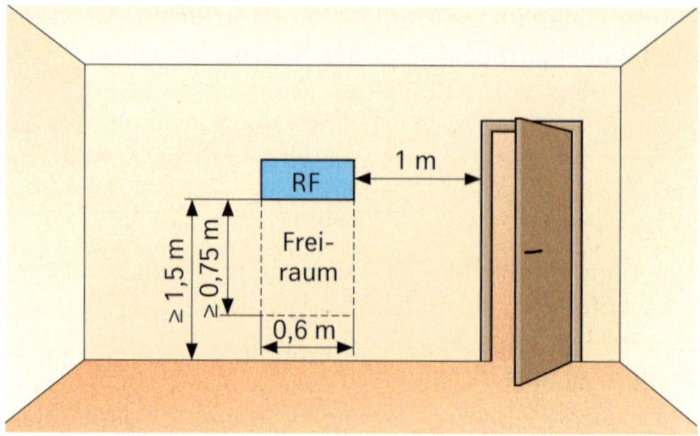

Abb. 3: Position des Raumtemperaturfühlers

schalter betätigt. Der Anlegefühler liegt zur schnellen Temperaturerfassung mit Federdruck direkt am blanken Rohr an.

Die Wärmeübertragung wird durch das Auftragen einer Wärmeleitpaste erheblich verbessert. Am Sollwerteinsteller wird die gewünschte Temperatur eingestellt und der Drehkopf zur Sicherheit arretiert (Abb. 2).

Mit einem *Raumtemperaturfühler (RF)*, der in der Regel in einer Fernbedieneinheit untergebracht ist, kann die Vorlauftemperatur eines Heizkreises in Abhängigkeit von der in diesem Raum gemessenen Temperatur beeinflusst werden. Dies ergibt eine optimale Anpassung der Vorlauftemperatur an die gewünschte Raumtemperatur. Um eine aussagekräftige Raumtemperatur zu erhalten, ist der Raumtemperaturfühler im Referenzraum (z. B. Wohnzimmer oder Aufenthaltsraum) an geeigneter Stelle anzubringen (Abb. 3).

! Die Montagehöhe soll etwa 1,50 m betragen, mit einem entsprechenden Freiraum unter dem Fühler. In dem Raum sollten die Fenster bzw. Türen nicht ungewöhnlich lange geöffnet werden. Im Referenzraum dürfen keine Thermostatventile montiert werden, da sich sonst die Regelungssysteme gegenseitig stören.

Der Raumtemperaturfühler sollte **nicht**
- an einer Außenwand,
- in der Nähe von Fenstern und Türen,
- bei Wärme- oder Kältebrücken,
- über Heizkörpern,
- in direkter Sonneneinstrahlung,
- in direkter Wärmestrahlung von Elektrogeräten, z. B. Fernseher,

angebracht werden.

14.7.3 Steuerung und Regelung von Pumpen

Bei der Steuerung und Regelung von Pumpen geht es im Wesentlichen darum, den Pumpendruck und den Förderstrom an den Bedarf der jeweiligen Anlage anzupassen. Für Heizung, Warmwasserzirkulation usw. werden Pumpen benötigt, die das Wasser umwälzen (Abb. 4).

Im Einfamilienhaus können durch Umwälzpumpen mehr als 10 % der Gesamtstromkosten verursacht werden. Der *Stromverbrauch* für Umwälzpumpen lässt sich jedoch senken durch:
- richtige Dimensionierung der Pumpe
- Reduktion der Betriebsstundenzahl
- selbsttätige Anpassung der elektrischen Leistungsaufnahme an den Förderbedarf

Der Gesetzgeber schreibt für Umwälzpumpen in Zentralheizungen mit mehr als 25 kW Nennleistung und für Zirkulationspumpen die Ausstattung mit energiesparender Regelungstechnik vor.

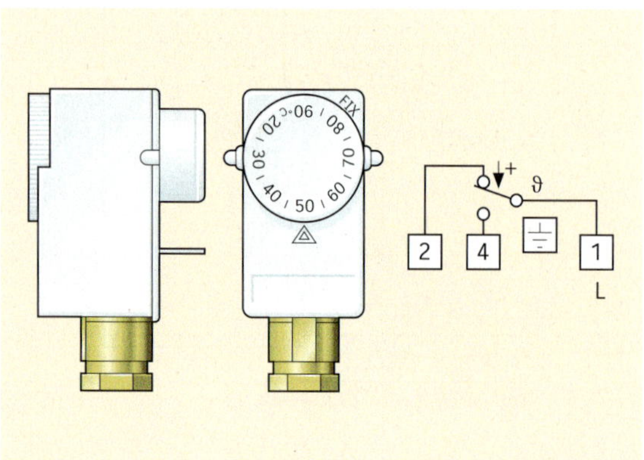

Abb. 2: Anlegethermostat als Temperaturwächter

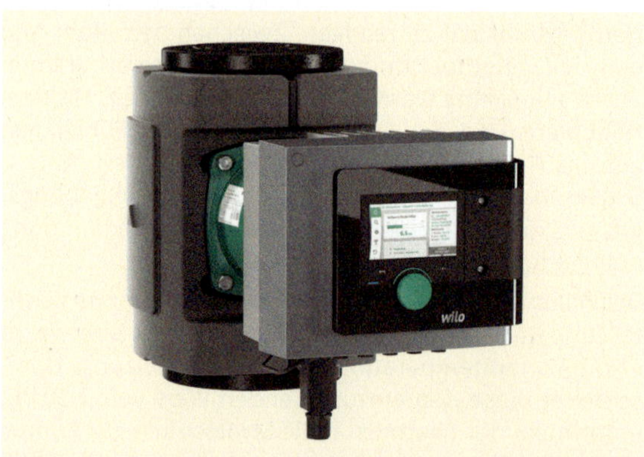

Abb. 4: Energiespar-Nassläuferpumpe

Diese Forderungen sind mit einer elektronisch gesteuerten Pumpe mit stufenloser Leistungsanpassung ausreichend erfüllt.

Leistungsregelung von Pumpen

Die Pumpenleistung kann durch Änderung der Umdrehungsfrequenz beeinflusst werden. Angetrieben wird das Laufrad der Pumpen vom magnetischen Drehfeld des Antriebsmotors. Die Umdrehungsfrequenz des Drehfeldes hängt von der Frequenz der Versorgungsspannung ab. Somit kann durch Änderung der Frequenz, z. B. mit einem Frequenzumrichter, die Pumpenleistung variiert werden (Abb. 5).

Auf diese Weise ist die Leistungsregelung der Pumpe stufenlos und verlustarm möglich.

Als Regelgröße der Pumpenleistung kann z. B. der Differenzdruck $\Delta p = p_2 - p_1$ verwendet werden.

Das folgende Beispiel zeigt, wie sich die Leistung der Pumpe verändert:

Abb. 5zeigt,dasszweigleichartigeVerbraucherangeschlossen sind. Sie teilen sich den von der Pumpe kommenden Volumenstrom. Wird der Volumenstrom z. B. durch Drosselung der Thermostatventile halbiert, weil nur noch die halbe Wärmeleistung benötigt wird, so verschiebt sich der Betriebspunkt gemäß Abb. 6 wie folgt:

- Bei einer *ungeregelten Pumpe* verschiebt sich der Betriebspunkt auf der Pumpenkennlinie von S_1 nach S_3. Der Betriebspunkt S_3 liegt wegen der Drosselung am Thermostatventil auf einer neuen, steil ansteigenden Anlagenkennlinie (A_3).
- Bei einer *Pumpe mit Konstantdruckregelung* (stufenlose Drehzahlregelung mit der Regelcharakteristik Δp = konstant) verschiebt sich der Betriebspunkt von S_1 nach S_2. Hier erfolgt keine ganz so starke Drosselung, aber die neue Anlagenkennlinie (A_2) verläuft immer noch recht steil.
- Bei einer *Pumpe mit Proportionaldruckregelung* (stufenlose Drehzahlregelung mit der Regelcharakteristik Δp = variabel) verschiebt sich der Betriebspunkt von S_1 nach S_4. Die Drehfrequenz geht bedarfsgerecht so weit zurück, dass keine zusätzliche Drosselung mehr vorgenommen werden muss. Demnach ändert sich die Anlagenkurve (A_1) nicht.

! Mit *geregelten Pumpen* stellt sich im Teillastbereich ein deutlich niedrigerer Differenzdruck ein. Da dieser Faktor auch in die Berechnung der Pumpenleistung einfließt, ergibt sich bei einer Pumpe mit Proportionaldruckregelung der *geringste Stromverbrauch.*

Zusätzlich werden *Ventilgeräusche* in der Anlage vermieden, die durch einen Druckanstieg bei ungeregelter Pumpe im System entstehen könnten.

Aufgaben

1. Welche regelungstechnischen Einrichtungen schreibt das Gebäudeenergiegesetz für die Verteilungseinrichtungen von Heizungen und zentralen Warmwasser-Erwärmungsanlagen in Wohngebäuden vor?
2. Die Regelung von Heizungsanlagen stützt sich im Wesentlichen auf Fühlerdaten. Welche Fühler befinden sich im Regelschema (Abb. 1, siehe S. 662)?
3. Wo ist ein Außentemperaturfühler zu installieren, damit der Messwert unverfälscht erfasst wird?
4. Mit welchen Buchstaben ist der Anlegethermostat im Regelschema (Abb. 1, siehe S. 662) beschriftet?
5. Welche Aufgabe erfüllt ein Anlegethermostat am Vorlauf einer Warmwasser-Fußbodenheizung?
6. Mit welcher Spannung wird der Anlegethermostat im Regelschema (Abb. 1, siehe S. 662) angeschlossen?

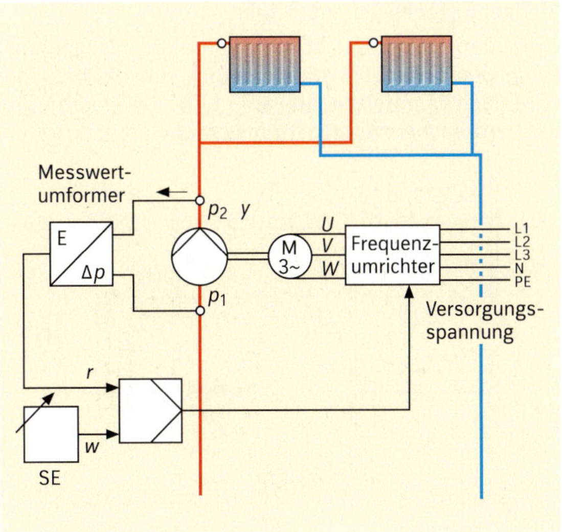

Abb. 5: Beispiel einer Differenzdruckregelung mit Frequenzumrichter

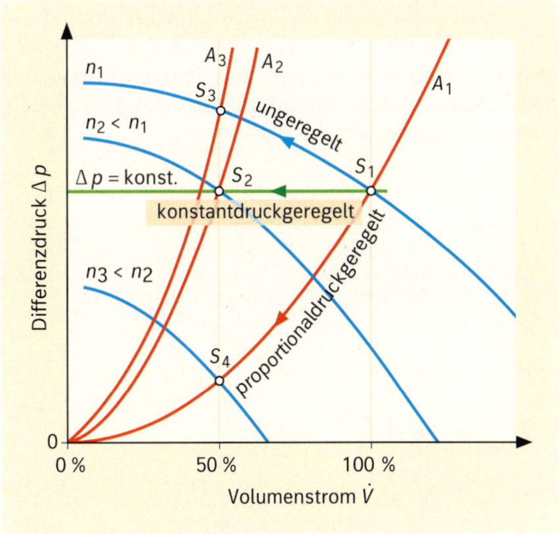

Abb. 6: Verschiebung des Betriebspunktes für ungeregelte und geregelte Pumpen

7. Wie kann die Pumpenleistung in einer Heizungsanlage an den wechselnden Förderbedarf angepasst werden?
8. Welche Vorteile bringt der Einsatz geregelter Pumpen in Heizungsanlagen?

14.7.4 Regelarmaturen in Heizungsanlagen

! *Regelarmaturen* sind Stellglieder, die bei entsprechenden Stellgrößen über einen veränderbaren Durchfluss z. B. den Druck oder die Temperatur einzelner Stränge regeln.

Dies geschieht durch Veränderung des Durchflussquerschnittes in einer oder in mehreren Richtungen. Jede Zwischenstellung des Abschlusskörpers bewirkt bei Absperr- sowie bei Mischarmaturen, je nach den anstehenden Druckverhältnissen, eine entsprechende Durchflussmenge bzw. Mischtemperatur.

Als Stellglieder zur Regelung des Verhältnisses zweier Volumenströme eignen sich Ventile (Hubbewegung des Schließkörpers) und Mischer (Drehbewegung des Schließkörpers). Bei Warmwasserheizungen werden einzelne Heizstränge vorwiegend mit Mischern geregelt. Um eine exakte Temperaturregelung zu erreichen, ist nicht nur ein *richtig dimensionierter Mischer* erforderlich, sondern auch eine *geeignete Kennlinie*. Ideal ist eine *lineare* Abhängigkeit der Heizungsvorlauftemperatur von der Mischerstellung (Abb. 1).

Dies wird in der Praxis durch eine spezielle Form des Drehschiebers erreicht. Mischer mit einer gekrümmten Kennlinie (b) können so angesteuert werden, dass sich ein lineares Verhalten ergibt. Dazu sind Proportionalantriebe nötig, welche zur Kennlinienanpassung die Einstellung einer entgegengesetzt gekrümmten Funktion ermöglichen. Damit wird die Zuordnung vom Eingangssignal des Stellers zum Motorstellwinkel angepasst.

Dreiwegemischer besitzen drei Anschlüsse, die mit Gewindemuffen oder ab DN 40 (50) mit Flanschen ausgestattet sind. Sie können zur Temperaturregelung (Mischregelung) oder zur Volumenstromregelung (Mengenregelung) eingesetzt werden.

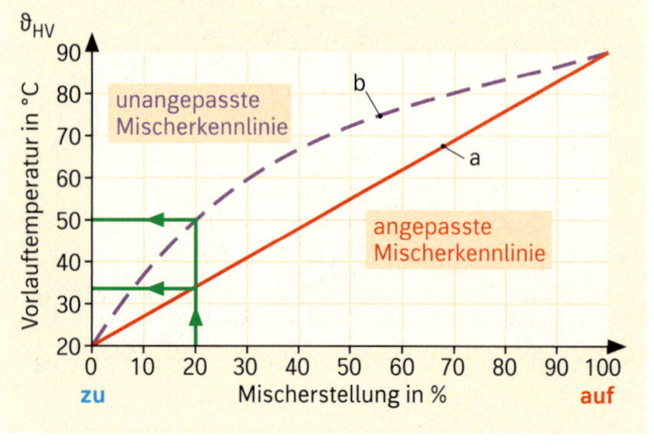

Abb. 1: Mischerkennlinie

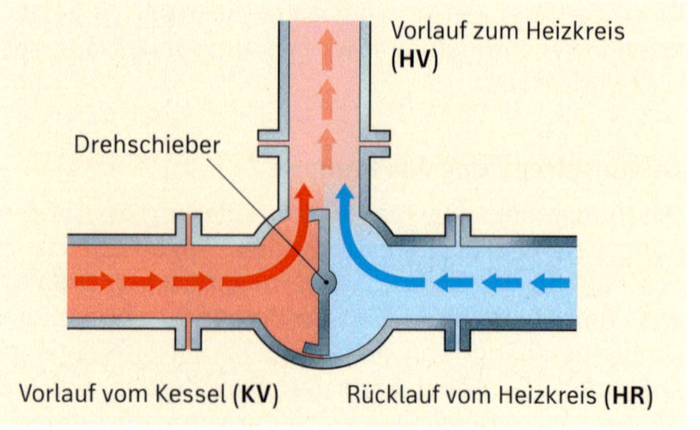

Abb. 2: Arbeitsweise des Dreiwegemischers

Die *Temperaturregelung* erfolgt durch Mischen von warmem und kälterem Wasser. Im Mischer wird heißes Kesselvorlaufwasser (KV) mit kälterem, vom Heizkreis zurückströmendem Wasser (HR) zu einem gemeinsamen Heizungsvorlauf (HV) vereint. Die Vorlauftemperatur, die sich dabei einstellt, ist abhängig vom Mischungsverhältnis. Sie wird wesentlich von der Stellung des Drehschiebers im Mischer beeinflusst (Abb. 2).

Für den Einsatz in einem Fußbodenheizkreis ist der Dreiwegemischer sehr gut geeignet. Es muss allerdings die niedrige Rücklauftemperatur zum Kessel berücksichtigt werden. Diese verbessert beim Einsatz von Gas-Brennwertkesseln den Wirkungsgrad. Die Kondensatbildung im Abgas stellt aber auch eine Gefahr für viele Werk- oder Baustoffe dar, wenn diese nicht säurebeständig sind.

Der *Einbau* von Dreiwegemischern kann sehr variabel erfolgen. Die Anordnung im geraden oder abgewinkelten Durchgang ist möglich und der Heizungsvorlauf (HV) kann von rechts oder links angeschlossen werden (Abb. 3).

Bei der *Mengenregelung* wird die Größe des Volumenstromes im Heizkreis (HV) verändert. Die Dreiwegearmatur kann in der Praxis als Mischer oder als reiner Mengenregler eingebaut werden.

In beiden Fällen spricht man von einer Mengenregelung, denn nur der Volumenstrom zum Verbraucher wird nach dem Heizbedarf variiert. Die Temperatur dieses Verbrauchervolumenstromes wird hierbei durch die

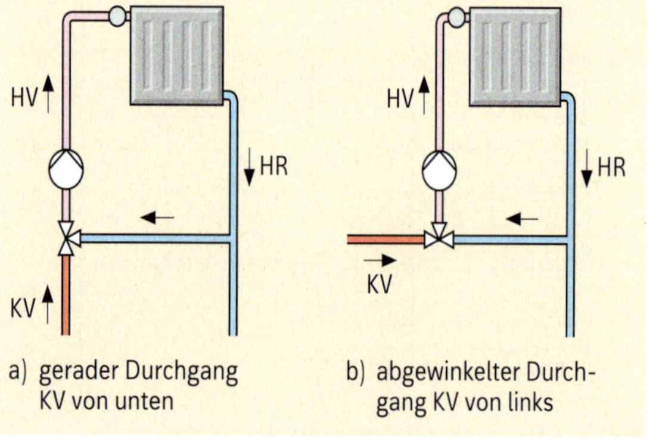

Abb. 3: Vertauschbarkeit der Anschlüsse

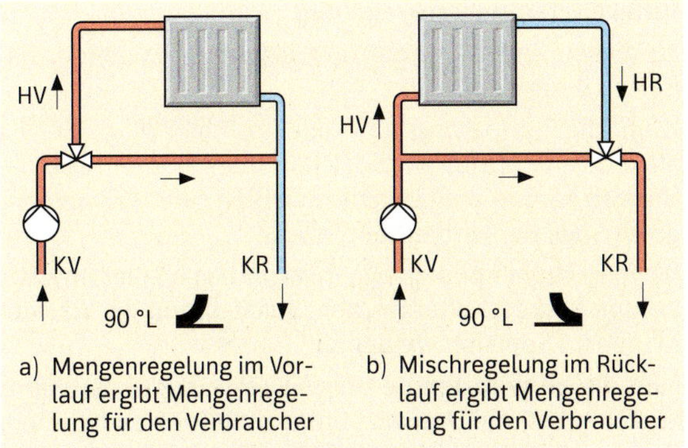

Abb. 4: Einbaumöglichkeiten einer Dreiwegearmatur

Dreiwegearmatur nicht verändert. Zwei der vielen Einbaumöglichkeiten einer Dreiwegearmatur zur Mengenregelung zeigt Abb. 4.

Ein *Vierwegemischer* hat vier Anschlüsse, er ermöglicht nur die Temperaturregelung. Durch ihn werden zwei Kreise gebildet, ein Wärmeerzeugerkreis und ein Wärmeverbraucherkreis (Abb. 5). Im Wärmeerzeugerkreis wird die Vorlauftemperatur zum Verbraucher geregelt. Im Wärmeverbraucherkreis wird dem kalten Rücklaufwasser vom Wärmeverbraucher heißes Wasser vom Wärmeerzeuger entsprechend der Drehschieber-Stellung beigemischt. Dadurch ergibt sich eine Temperaturanhebung des Kesselrücklaufwassers. Gerade bei Holzvergaserkesseln, die nicht gleitend betrieben werden können, ist darauf zu achten, dass die Kessel-Rücklauftemperatur von 55–60 °C nicht unterschritten wird. Ansonsten besteht die Gefahr der Taupunktkorrosion.

Bei Niedertemperatur- und Brennwertkesseln ist keine Rücklauftemperaturanhebung und somit auch kein Vierwegemischer erforderlich bzw. sinnvoll.
Bei der Auswahl von Drei- und Vierwegemischern ist zu beachten, dass der Druckabfall in dieser Armatur im Bereich von 15–40 mbar liegt (→ TAB).

Stellantriebe für Mischerarmaturen

Für den automatischen Betrieb müssen Mischarmaturen mit Stellantrieben ausgerüstet sein. Der Antrieb erfolgt über Elektromotoren mit speziellen Stirnradgetrieben, die eine langsame Drehbewegung ermöglichen. Der Drehwinkel des Stellmotors ist beim Dreiwegemischer auf 120° und beim Vierwegemischer auf 90° durch Endlagenschalter begrenzt. Für den variablen Einbau der Mischerarmatur ist es erforderlich, dass der Antrieb vor Ort in seiner Drehrichtung umgestellt werden kann. Beim Anschluss eines Stellmotors mit einer *Dreipunktansteuerung* ist nach dem Verdrahtungsplan (Abb. 6) anzuschließen. Der Neutralleiter N (blau) muss stets an die dafür vorgesehene Klemme 1 angeschlossen werden. Liegt die Spannung an Klemme 2 an, erfolgt Rechtslauf, liegt die Spannung an Klemme 3 an, dreht der Motor nach links.

Stellmotoren mit stetiger Ansteuerung (Proportionalantriebe) können eingesetzt werden, wenn am Reglerausgang ein stetiges Signal $y = 0$ bis 10 V zur Verfügung steht. Diese Stellantriebe arbeiten genauer und sind mit einigen Zusatzfunktionen ausgestattet. Die Drehrichtungsumkehr lässt sich beim Stellantrieb (Abb. 7) mittels einer Steckerbrücke ST1 auf der Leiterplatte verändern. An der Klemmenleiste kann zur Istwerterfassung y_i ein Einheitssignal von 0–10 V herausgeführt werden.

Außerdem kann am Potentiometer K eine Kennlinienanpassung vorgenommen werden. Dies ermöglicht eine andere Zuordnung vom Motorstellwinkel zum Eingangssignal.

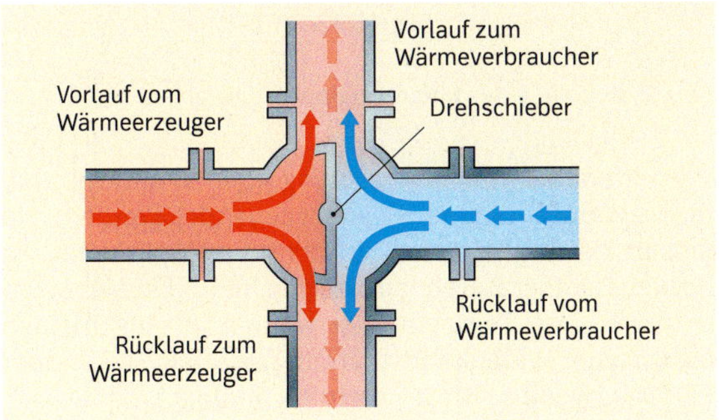

Abb. 5: Arbeitsweise des Vierwegemischers

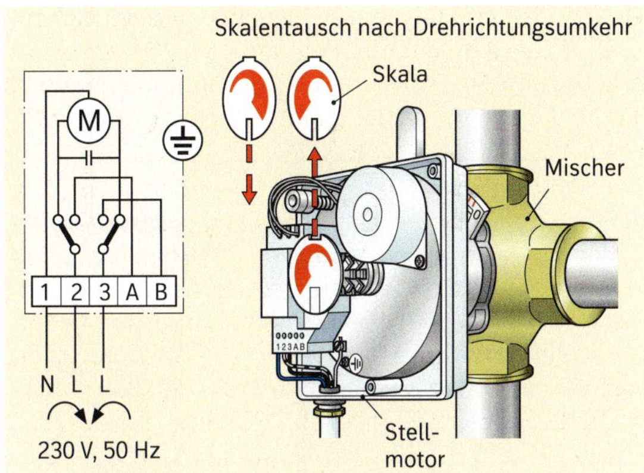

Abb. 6: Stellmotor mit elektrischem Verdrahtungsanschlussplan (Dreipunktansteuerung)

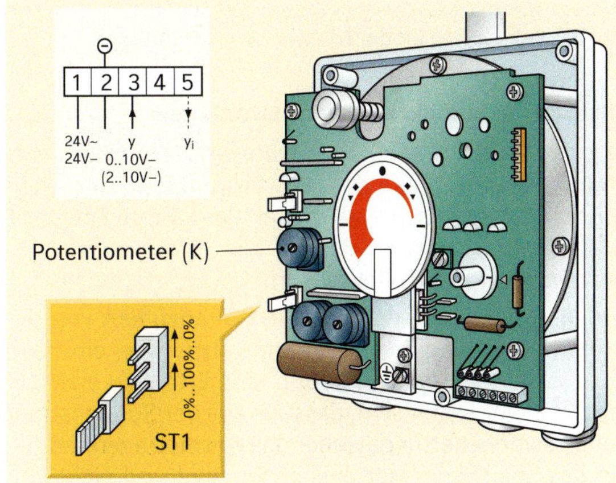

Abb. 7: Stellmotor als Proportionalantrieb

14.7.5 Regelung thermischer Solaranlagen

Das Angebot an Sonnenenergie unterliegt in Mitteleuropa starken jahreszeitlichen Schwankungen. Überdies ist im Sommer, wenn am meisten Solarenergie zur Verfügung steht, der Wärmebedarf am geringsten. Daher sind gute Wärmespeicher erforderlich, um das von der Sonne erwärmte Wasser über eine längere Zeitspanne vor dem Abkühlen zu schützen. Trotzdem nutzen viele Haushalte Systeme zur solaren Warmwasserbereitung (Abb. 1). In Niedrigstenergiehäusern mit Fußbodenheizung und geeignetem Pufferspeicher kann auch der Wohnraum mit Sonnenenergie umweltschonend und unabhängig von fossilen Brennstoffen beheizt werden.

Der Wärmeerzeuger einer thermischen Solaranlage ist der Sonnenkollektor.

! *Sonnenkollektoren* sind Wärmeerzeuger, die nicht nach Bedarf ein- und ausgeschaltet werden können.

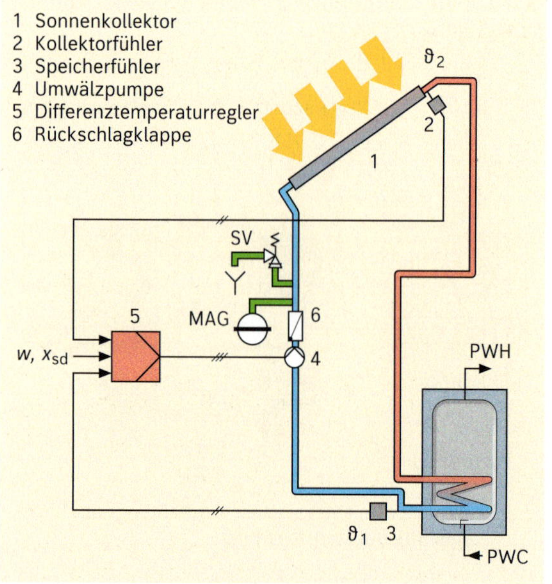

Abb. 1: Solaranlage für die Trinkwassererwärmung

Grundprinzip thermischer Solaranlagen

Das im Sonnenkollektor erwärmte Wärmeträgermedium gelangt mithilfe der Umwälzpumpe in den Speicher. Dort gibt es seine Wärme an das kältere Speicherwasser ab. Über den Kreislauf strömt der abgekühlte Wärmeträger zum Kollektor zurück.

Aufgabe der Regelung ist es, in Abhängigkeit von bestimmten Bedingungen die Umwälzpumpe ein- und auszuschalten. Um einen optimalen Ertrag zu erzielen, muss gewährleistet sein, dass die aus der Sonnenstrahlung gewonnene Energie über das Wärmeträgermedium an das Speicherwasser abgegeben wird und nicht umgekehrt.

Differenztemperaturregelung

Zu diesem Zweck ist die Umwälzpumpe folgendermaßen zu betätigen:

Wenn die Temperatur am Kollektorfühler ϑ_2 größer ist als die Temperatur am Speicherfühler ϑ_1, *dann* soll die Umwälzpumpe eingeschaltet werden. Die Wärmemenge im Speicher wird erhöht.

Wenn ϑ_2 kleiner oder gleich ϑ_1 ist, *dann* soll die Umwälzpumpe ausgeschaltet werden. Sonst nimmt die Wärmemenge im Speicher wieder ab.

Falls die Differenztemperatur $\Delta T = \vartheta_2 - \vartheta_1$ *klein* ist, lohnt es sich nicht, die Umwälzpumpe in Betrieb zu nehmen. Durch Festlegung des unteren Schaltpunktes (Führungsgröße z. B. $w = 3$ K) bleibt die Pumpe bei ΔT kleiner 3 K ausgeschaltet. Die Umwälzpumpe wird am oberen Schaltpunkt eingeschaltet. Der obere Schaltpunkt wird durch die gewählte Schaltdifferenz x_{sd} von z. B. 7 K und die Führungsgröße w festgelegt. Die Umwälzpumpe bleibt eingeschaltet, bis die Differenztemperatur den unteren Schaltpunkt erreicht.

Die *Kennlinie* des beschriebenen Differenztemperaturreglers zeigt Abb. 2. Nach seinem Regelverhalten gehört dieser Regler zur Gruppe der Zweipunktregler.

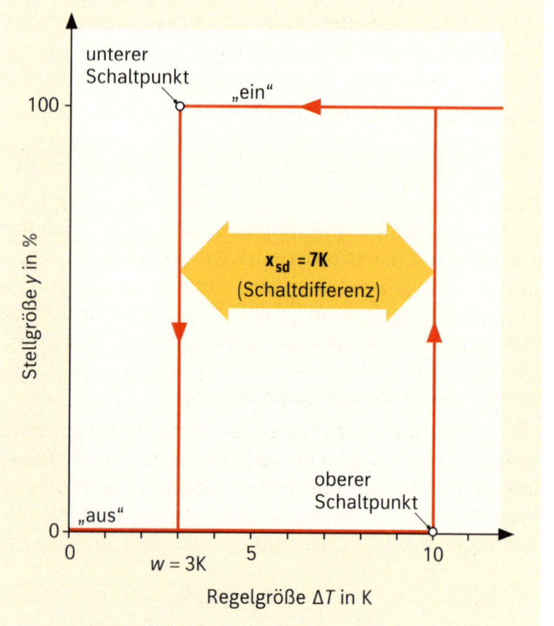

Abb. 2: Kennlinie des Differenztemperaturreglers

Zur Differenztemperaturregelung können sowohl analoge als auch digitale Regler verwendet werden. Bei Einsatz der Digitaltechnik besteht die Möglichkeit, die Betriebstemperaturen anzuzeigen. Für die *Messwerterfassung* von Temperaturen werden im Allgemeinen elektrische Widerstandsthermometer wie NTC oder Pt100 verwendet. Diese liefern ein analoges Signal.

Bei *Verwendung digitaler Regler* müssen die von den Temperaturfühlern erfassten Signale über entsprechende Umformer der zentralen Signalverarbeitung zugeführt werden (Abb. 3).

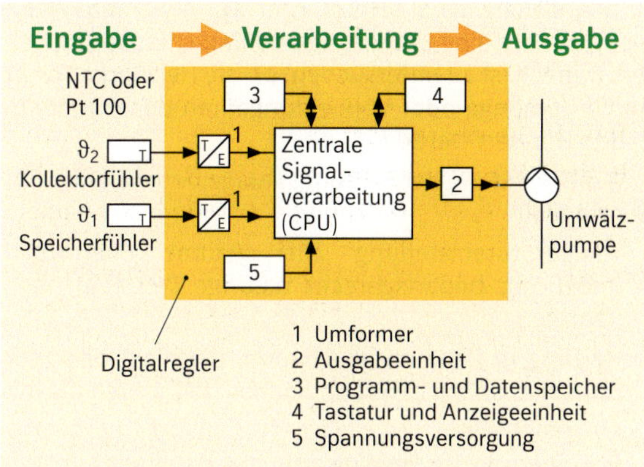

Abb. 3: Wirkprinzip eines Digitalreglers

Entsprechend den im Programm- und Datenspeicher festgelegten Eingabedaten und den aufgenommenen Messdaten erfolgt die Datenverarbeitung. In Abhängigkeit der daraus resultierenden Ergebnisse wird über die Ausgabeeinheit die Pumpe betätigt.

Anordnung der Temperaturfühler

Für den wirtschaftlichen Betrieb der Solaranlage ist die genaue *Erfassung der Bezugstemperaturen* sehr wichtig. Es empfiehlt sich, die Temperaturfühler in das Wärmeträgermedium einzutauchen und möglichst an einer Strömungsumlenkung anzubringen. Temperaturänderungen werden so schneller erfasst und es kann rasch reagiert werden, wenn die Speicherwärme über den Kreislauf der Solaranlage zu entweichen droht. Als Messort für die Temperatur vor dem Speicher bietet sich der obere Bereich des Kollektors auf dessen Ausgangsseite an. Der Montageort für den Fühler nach dem Speicher sollte so gewählt werden, dass bei ruhender Umwälzpumpe die Speicherwassertemperatur erfasst wird (Abb. 4).

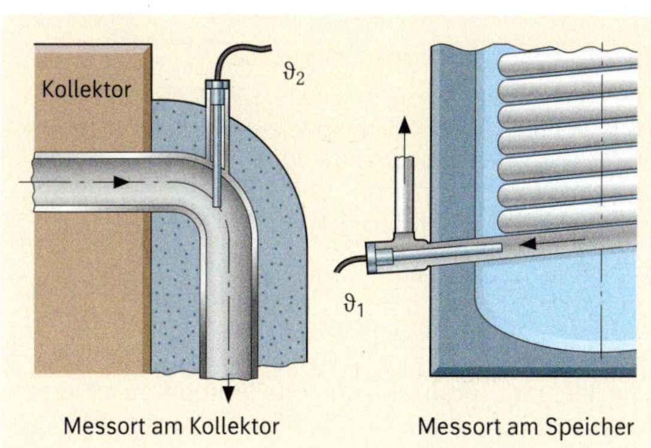

Abb. 4: Günstige Anordnung der Temperaturfühler

Um auch bei lang andauernder Bewölkung das Speicherwasser erwärmen zu können, ist eine *Zusatzheizung* notwendig. Auch diese Regelung kann von einem Solarregler übernommen werden. Hierfür ist ein weiterer Fühler im oberen Speicherbereich notwendig. Wenn am Fühlerort die gewünschte Temperatur unterschritten wird, schaltet der Regler z. B. eine Speicherladepumpe oder eine elektrische Nachheizung ein, bis die Zieltemperatur erreicht ist.

Moderne Digitalregler speichern die erfassten Systemdaten, ermöglichen eine Fernanzeige oder Fernüberwachung und sorgen für eine Optimierung des Solarertrages (Abb. 5). Dies geschieht durch Berücksichtigung der Wetterlage, z. B. über einen Strahlungssensor auf dem Dach. Die Speicherladung erfolgt somit nur, wenn zum benötigten Zeitpunkt nicht genügend Solarenergie zu erwarten ist.

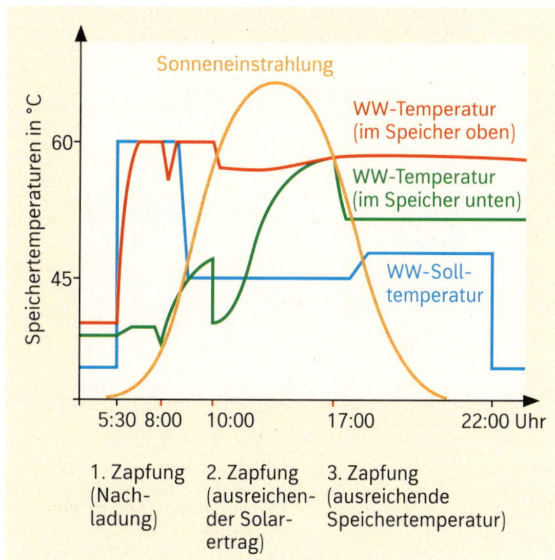

Abb. 5: Optimierung des solaren Ertrages

Eine *Ertragskontrolle* kann durch zusätzlichen Einbau eines Wärmemengen- oder Betriebsstundenzählers erfolgen. Durch entsprechende Anzeige der erfassten Daten sind Rückschlüsse auf evtl. Störungen möglich, wodurch Ertragseinbußen gemindert werden können.

Aufgaben

1. Welche Aufgabe hat die Regelung einer Solaranlage?
2. Welche Regler werden bei thermischen Solaranlagen eingesetzt? Zeichnen Sie deren Kennlinie.
3. Worin liegen die Vorteile, wenn digitale Regler für thermische Solaranlagen verwendet werden?
4. Welche Fühler können für die Differenztemperaturregelung eingesetzt werden und wo sollten diese bei einer Solaranlage angebracht werden?
5. In welchem Fall läuft die Umwälzpumpe in einem Solarkreislauf und wann bleibt diese ausgeschaltet?

14.7.6 Raumtemperaturregelung

Forderung nach § 63 Gebäudeenergiegesetz sind:

Heizungstechnische Anlagen mit Wasser als Wärmeträger müssen beim Einbau in ein Gebäude mit einer selbsttätig wirkenden Einrichtung zur raumweisen Regelung der Raumtemperatur ausgestattet werden. (…) Mit Ausnahme von Wohngebäuden ist für Gruppen von Räumen gleicher Art und Nutzung eine Gruppenregelung zulässig.

Regelungstechnische Möglichkeiten

Bei der Raumtemperaturregelung unterscheidet man zwischen:

- Einzelraumtemperaturregelung in Gebäuden mit *Heizkörper-Thermostatventilen* oder *Heizkörperventilen mit geregelten Stellantrieben* (Abb. 1a–d)
- Regelung von größeren Wohn- oder Büroräumen mit einem Raumthermostat (Abb. 1e)
- Regelung für Gruppen von Räumen in Nichtwohngebäuden mit einem Raumthermostat

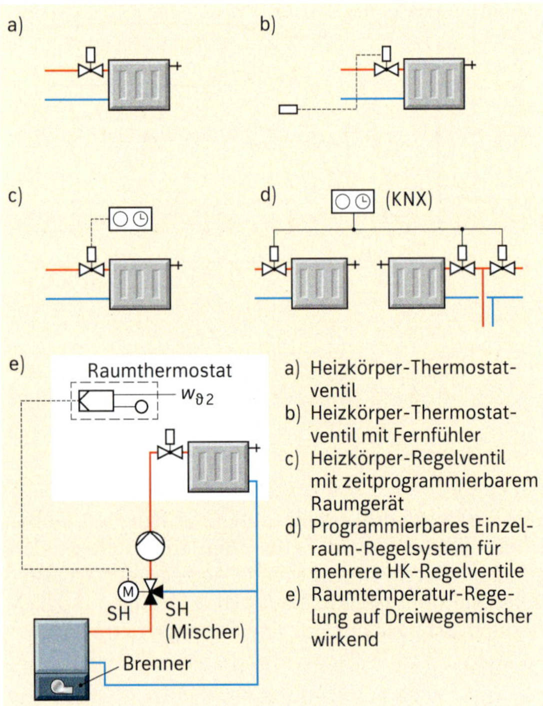

Abb. 1: Einzelraumtemperaturregelsysteme

Bei einer Raumtemperatur-Regelung ist der Raum die Regelstrecke. Seine Temperatur soll beeinflusst werden. Auf diesen Teil des Regelkreises wirken die Störgrößen *z* ein. Zur Strecke gehört auch das Stellglied.

Kennzeichnend für diese Strecken ist es, dass die Regelgröße *x* der Stellgröße *y* mit *Verzögerung* folgt. Wird z. B. die Wärmezufuhr eines Raumes plötzlich erhöht, ändert sich die Temperatur der Raumluft erst mit einiger Verzögerung.

Zur Beschleunigung des Aufheizvorganges die Thermostatventile (TV) weiter zu öffnen, wäre der falsche Weg, weil dies zumeist nur die Rücklauftemperatur erhöht und damit die Brennwertnutzung verringert.

Zunächst ist zur Verbesserung der Raumaufheizung zu überprüfen, ob die Heizkörper warm werden. Wenn nicht, könnte eine Entlüftung und Entschlammung helfen. Danach ist zu untersuchen, ob die Heizkörper nicht durch Vorhänge oder Verkleidungen an der Wärmeabgabe gehindert werden.

Was die Regelung der Heizungsanlage betrifft, wäre ferner sinnvoll:

- Temperatureinstellung aller Räume überprüfen (möglichst bedarfsgerecht niedrige Werte in allen Räumen)
- Heizung in Räumen abschalten, die nicht oder nur zeitweise beheizt werden sollten, z. B. durch TV mit Zeitsteuerung
- Optimierung der Regelung durch Aufstellung von Aufheizplänen und Betrieb mit bedarfsgerechter Leistung

Werden einzelne Räume überheizt, während andere kalt bleiben, führt dies zu einem deutlich höheren Energiebedarf. Um dies auszuschließen, ist grundsätzlich ein hydraulischer Abgleich (Kap. 7.12) vorzunehmen. Hierzu sind z. B. in kleinen Heizungsnetzen ohne Strangregler überschlägig

1. die einzelnen Raumflächen auszumessen,
2. die Heizlast der Räume mit Näherungswerten für den Gebäudezustand zu berechnen,
3. die Heizsystemtemperaturen (Vor-/Rücklauf) zu bestimmen und
4. der Wassermassenstrom durch die Heizkörper und die Voreinstellwerte der TV (z. B. mit TB oder Ventilschieber der Hersteller) zu ermitteln.

Beispiel

Für einen Raum mit 18 m² in einem Gebäude mit ca. 62 W/m² ergibt sich z. B. eine Heizlast von

$$\dot{Q}_H = \dot{q}_{Hmax} \cdot A = 62\ \text{W/m}^2 \cdot 18\ \text{m}^2 = 1\,120\ \text{W}$$

Bei einer Temperaturspreizung von 15 K ist für den Wärmetransport ein Wassermassenstrom von

$$\dot{m} = \frac{\dot{Q}_H}{c \cdot \Delta T} = \frac{1\,120\ \text{W}}{1{,}163\ \text{Wh/(kg} \cdot \text{K)} \cdot 15\ \text{K}} = 64\ \text{kg/h}$$

notwendig. Als Voreinstellwert ergibt sich z. B. mittels Ventilschieber für das TV V-exact mit 2 K Regeldifferenz von Heimeier eine Voreinstellung von 4, bei einem TV RA-N von Danfoss ein Einstellwert von 4,7. Hierbei wird ein Förderdruck von 10 kPa unterstellt.

Es wäre zu überprüfen, ob die Umwälzpumpe die passende Größe hat und richtig eingestellt ist. Falls die Pumpe überdimensioniert sein sollte, wäre diese durch eine kleinere, drehzahlgeregelte Pumpe zu ersetzen. Wenn möglich, sollte bei Zweirohrheizungen eine automatische Kennlinienanpassung gewählt werden (Abb. 4, S. 317).

14.8 Gebäudeleittechnik

! Unter *Gebäudeleittechnik* versteht man das zentrale Anzeigen und Melden von Betriebszuständen sowie das Bedienen von betriebstechnischen Anlagen in Gebäuden.

Beim Auto gehören automatische Innenbeleuchtung, Zentralverriegelung, Alarmanlage usw. schon lange zum Standard. Es gilt als ziemlich sicher, dass auch dem „*intelligenten Haus*" die Zukunft gehört. Um es zu realisieren, wird das Ziel verfolgt, bestimmte Vorgänge zentral zu kontrollieren und zu bedienen. Damit lassen sich Sicherheit, Wirtschaftlichkeit und Komfort verbessern.

So ergeben sich z. B. folgende Möglichkeiten:

- Beleuchtungssteuerung mit Anwesenheitsmeldern in Fluren
- Regelung der Raumheizung und -lüftung
- zentralen Abfrage und Überwachung von Beleuchtung, Steckdosen, Rollladen, Heizung, Kühlung und Lüftung über das Internet (Abb. 2)
- Meldung von Störungen an den Kundendienst
- zentralen Erfassung der Verbrauchsdaten

Informationen (z. B. von Bewegungsmeldern, Fensterkontakten usw.) sind die Voraussetzung für vernünftiges Handeln.

In Abb. 3 ist eine herkömmliche Installation dem weltweit standardisierten Bussystem KNX gegenübergestellt. Für herkömmliche Installationen werden die Verbraucher einzeln an eine elektrische Energieleitung (230 V/400 V) angeschlossen und über Schalter in Betrieb genommen. Sind hierbei Steuerungen, Regelungen oder Überwachung vorhanden, so ist deren Wirkung auf den jeweiligen Verbraucher bezogen. Eine andere Zuordnung erfordert eine Veränderung der Verdrahtung.

Ein *KNX-System* (Abk. für Konnex) besteht hingegen aus einer Energieleitung und einer Busleitung. Alle KNX-Geräte sind dabei über die Busleitung miteinander verbunden, über die z. B. die Schaltbefehle übertragen werden. Eine Änderung der Schaltbefehle erfordert keine geänderte Verdrahtung.

Ein KNX-System enthält Sensoren (S) und Aktoren (K).

- *Sensoren* verarbeiten physikalische Kenngrößen und senden ggf. ein Informationspaket (Telegramm) auf den Bus.
- *Aktoren* erhalten Telegramme und führen die darin enthaltenen Anweisungen aus.

Voraussetzung dafür, dass der richtige Busteilnehmer auf das Telegramm hört, ist eine eindeutige Festlegung von deren Kennzeichnung. Spätestens bei Inbetriebnahme der Anlage wird jedem Busteilnehmer eine feste Adresse zugeordnet.

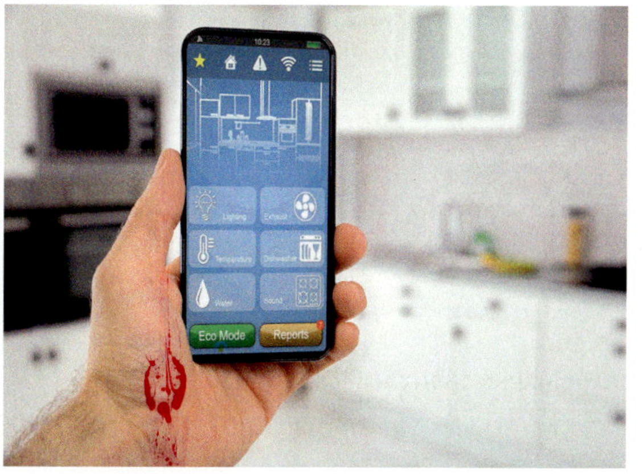

Abb. 2: Abfrage und Überwachung über ein internetfähiges Smartphone

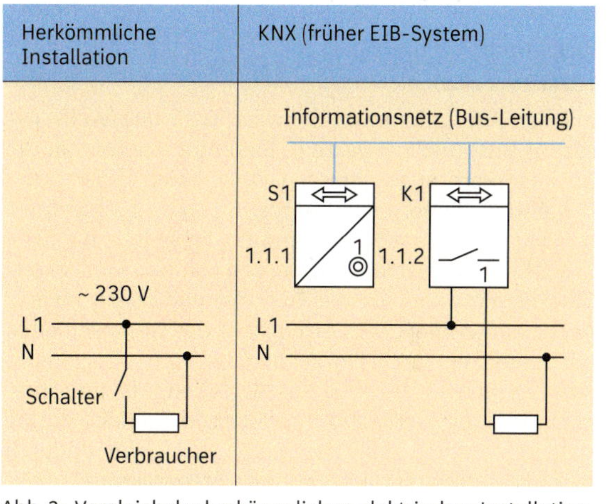

Abb. 3: Vergleich der herkömmlichen elektrischen Installation mit dem KNX-System

Das KNX-System kennt mehrere *Übertragungsmedien* für die Informationen. Im klassischen Fall erfolgt die Übertragung über eine verdrillte Zweidraht-Datenleitung TP (engl. twisted pair). Die Übertragung kann aber auch über Funk erfolgen.

Bei einer KNX TP versorgt die Busleitung alle Busteilnehmer sowohl mit der erforderlichen Betriebsspannung als auch mit Informationen (Abb. 1, S. 672). Die Nennspannung der Busleitung beträgt 24 V. Die Daten (0 und 1) werden vom Sender durch gezielte Spannungsänderungen zwischen den beiden Datenleitungen übermittelt, die von der Nennspannung abweichen. Der Empfänger wertet die empfangene Nachricht anhand dieser Spannungsänderungen aus. Die Aktoren setzen anschließend die darin enthaltenen Anweisungen um.

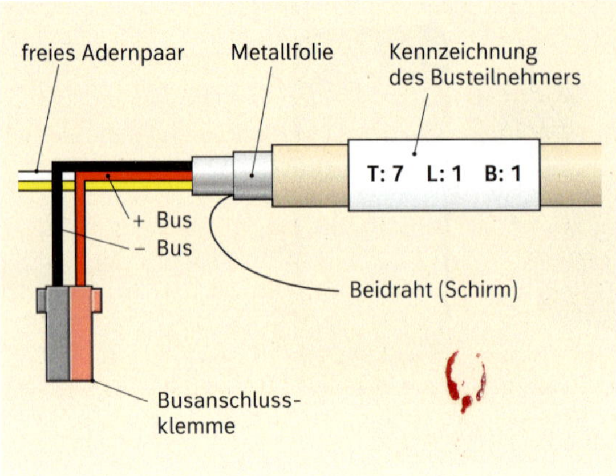

Abb. 1: KNX-Kabel mit Busklemme

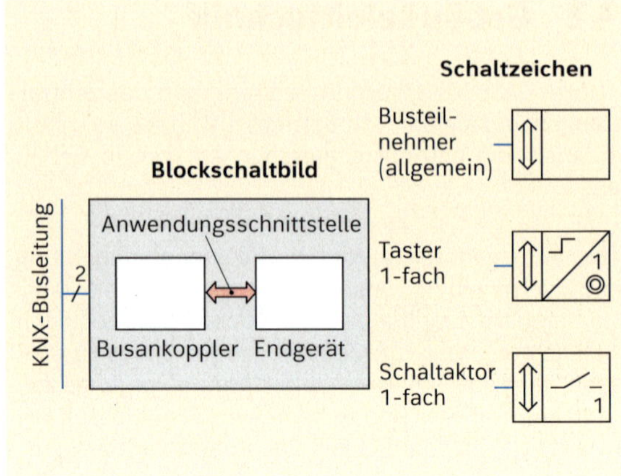

Abb. 2: Blockschaltbild eines Busteilnehmers und Schaltzeichen

Als Leitungstyp für die Installation empfiehlt die KNX Association z. B. eine mittels Metallfolie abgeschirmte Busleitung

YCYM 2 x 2 x 0,8

mit den Aderfarben Rot, Schwarz, Gelb und Weiß. Die rote (+ Bus) und schwarze (– Bus) Ader werden an die Busklemmen angeschlossen. Die freien Adern der Busleitung dienen als Reserve. Bei den *Busklemmen* handelt es sich um Steckklemmen, an welche die KNX-Teilnehmer angeschlossen werden können. Eine solche Steckklemme kann jeweils zwei rote und zwei schwarze Adern aufnehmen. Dies ermöglicht das Durchschleifen der Adern, wodurch ein Teilnehmer vom Bus genommen werden kann, ohne die Busleitung zu unterbrechen. Die Kommunikation der übrigen Teilnehmer, die parallel in einer Linie geschaltet sind, wird dadurch nicht beeinträchtigt. Ein zentrales Steuergerät ist nicht erforderlich, weil die Intelligenz auf alle Teilnehmer des Systems verteilt ist. Nahe an jeder Busklemme sollte, wie Abb. 1 zeigt, die Kennzeichnung des angeschlossenen Teilnehmers vermerkt sein (z. B. Teilnehmer 7, Linie 1, Bereich 1).

Was die *Leitungsführung* betrifft, so darf diese linien-, stern- oder baumförmig sein. Ringleitungen sind **nicht** erlaubt. Wenn die Anzahl der KNX-Teilnehmer nicht größer als 64 ist, dann reichen im Prinzip eine Linie und ein Bereich aus. Um jedoch besser erkennen zu können, welche Teilnehmer miteinander kommunizieren, sollten Gruppen bzw. Bereiche gebildet werden.

Zu 230-V-Leitungen sollte ein Mindestabstand von 10 mm eingehalten werden, um eine störungsfreie Signalübertragung zu gewährleisten.

Alle Standard-Busteilnehmer bestehen aus einem *Busankoppler* und einem Endgerät. Der Busankoppler, in dem sich ein Mikrocomputer befindet, stellt die Verbindung zur Busleitung her (Abb. 2). Er sendet und empfängt Daten und speichert das Anwendungsprogramm sowie weitere Anwendungsdaten.

Ferner kommuniziert der Busankoppler mit dem Endgerät, das sowohl Anwendungsmodul (Sensor oder Aktor) als auch eine steckbare Anwendungsschnittstelle (user interface) sein kann.

Das *Anwendungsprogramm* kann auf zwei Arten erzeugt und an den Controller übertragen werden. Bei wenigen Busteilnehmern kann dies mit einem Handgerät geschehen. Bei mehreren Teilnehmern empfiehlt es sich aber, die Konfigurierung mit einem PC vorzunehmen. Hierzu bedarf es der Programmiersoftware ETS (Engineering Tool Software). Diese Software erlaubt neben der Projektierung und Inbetriebnahme auch die Diagnose und Fehlersuche.

Bei der Inbetriebnahme werden vom PC alle notwendigen Informationen der Reihe nach an die Busankoppler gesendet. Die darin befindlichen Mikrocomputer speichern die für sie relevanten Programmteile und andere wichtige Daten sowie die eigene physikalische Adresse. Die physikalische Adresse ist über eine Taste am Busankoppler zu bestätigen.

Aufgaben

1. Welche Ziele werden bei der Realisierung des intelligenten Hauses verfolgt?
2. Welcher Unterschied besteht zwischen einer herkömmlichen elektrischen Installation und einem KNX-System?
3. Wozu dienen Sensoren und Aktoren?
4. Welche Farben haben die Adern, die an die Busanschlussklemme angeschlossen werden?
5. Warum muss jeder Busteilnehmer eine eigene physikalische Adresse erhalten?
6. Wodurch ist es möglich, einen Teilnehmer vom Bus zu nehmen, ohne die Busleitung unterbrechen zu müssen?
7. Worauf ist bei der Leitungsführung zu achten?
8. Woraus besteht ein Busteilnehmer?
9. Beschreiben Sie, welchen Vorteil es haben könnte, die Busteilnehmer unterschiedlichen Bereichen zuzuordnen.

14.9 Einzelraumtemperaturregelung von Fußbodenheizungen

Unter einer Einzelraumtemperaturregelung versteht man die Temperaturregelung einzelner Räume oder Bereiche eines Gebäudes. Damit können die Raumtemperaturen individuell und unabhängig voneinander geregelt werden.

Bei einer Warmwasserheizungsanlage mit Heizkörpern und Fußbodenheizung ist ein separater *Mischerkreis* für die Räume mit Fußbodenheizung sinnvoll. Dieser ermöglicht es, die Vorlauftemperatur für die Fußbodenheizung getrennt zu regeln, um die Effizienz zu maximieren und den Komfort zu optimieren. Die Vorlauftemperatur von Fußbodenheizungen ist in der Regel niedriger als die von Heizkörpern und variiert zwischen 25 °C und 40 °C. Um diese niedrigere Vorlauftemperatur zu erreichen, wird oft ein separater Mischerkreis (dynamischer Heizkreis) installiert, der die Temperatur des Heizwassers anpasst. Diese Temperatur gilt für alle über den Mischerkreis angeschlossenen Fußbodenheizkreise.

! Das Gebäudeenergiegesetz (GEG) fordert eine raumweise Temperaturregelung auch für Fußbodenheizungen in Wohnungen. Davon ausgenommen sind Fußbodenheizungen in Räumen mit weniger als 6 m² Nutzfläche.

Da Wasser stets den Weg des geringsten Widerstandes nimmt, wurde der DIN EN 1264-4 ein Unterabschnitt zum *hydraulischen Abgleich* hinzugefügt. Demnach muss sichergestellt werden, dass alle Heizmittelströme nicht größer als die Auslegungs-Heizmittelströme sind. Jedem Raum soll nur die Energie zukommen, die er benötigt.

Automatischer hydraulischer Abgleich

Das in Abb. 3 dargestellte Wärmeverteilsystem sorgt ohne manuellen hydraulischen Abgleich für eine ausgewogene Wärmeverteilung. Dazu werden Raum-, Vorlauf- und Rücklauftemperaturen gemessen. Die Basiseinheit erfasst die Daten der Sensoren, kommuniziert mit den Raumthermostaten und steuert die Aktoren. Liegen in Fußbodenheizkreisen Wärmeanforderungen vor, öffnet das zugehörige Ventil. Bei geringer Differenztemperatur zwischen Vor- und Rücklauf hat das Heizwasser wenig Wärme abgegeben. Die Regelung vergleicht die Differenztemperaturen und schließt den Heizkreis mit der höchsten Rücklauftemperatur. Dadurch steigt der Volumenstrom in den anderen Kreisen und die Differenztemperatur steigt insgesamt. Schrittweise werden weitere Kreise mit hoher Rücklauftemperatur geschlossen, bis alle Kreise annähernd die gleiche Differenztemperatur haben. Danach öffnen sich wieder alle Heizkreise, für die eine Wärmeanforderung vorliegt und der Prozess des schrittweisen Schließens wiederholt sich erneut.

Auch von der Planung abweichende Ausführungen, wie geänderte Estrichhöhen oder Verlegeabstände, können automatisch berücksichtigt werden. Das Regelmodul erkennt geöffnete Fenster, veränderte Sonneneinstrahlung oder geänderte Bodenbeläge und sorgt dafür, dass jedem Raum nur so viel Energie zugeführt wird, wie zum Erreichen der gewünschten Raumtemperatur notwendig ist. Ein *hydraulischer Kurzschluss*, der zu einer ungewollten Erhöhung der Rücklauftemperatur führt und damit den Wirkungsgrad mindert, ist ausgeschlossen. Intelligente Regelsysteme basieren zusätzlich auf einem Informationsverbund der Raumdaten. Das Regelsystem weiß, wann ein Raum welche Temperatur haben soll, kennt die raumweisen Heizzeiten und kann so den Heizvorgang nutzergerecht durchführen. Dank dieser Informationen ist die Regelung auch in der Lage, Energie, die ein Raum gerade nicht benötigt, einem anderen Raum zur Verfügung zu stellen. Dadurch lassen sich auch die Aufheizzeiten verkürzen.

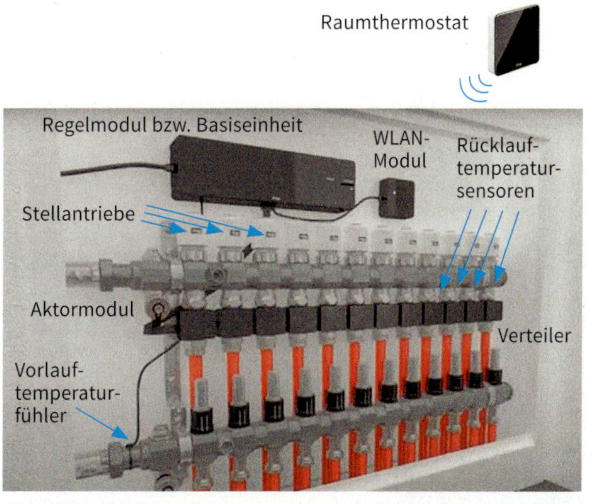

Abb. 3: Funk-Einzelraumtemperaturregelung

Signalübertragung

Die Sensoren und Aktoren sind steckerfertig und werden über ein Bus- bzw. Anschlusskabel mit der Basiseinheit verbunden. Die Aktormodule sind keine reinen Aktoren. Sie übertragen zum einen die jeweilige Rücklauftemperatur an die Basiseinheit und zum anderen die Regelsignale an den jeweiligen Stellantrieb. Dazu sind alle Aktormodule mit den Rücklauftemperatursensoren und untereinander sowie mit den Stellantrieben zu verbinden.

Die Basiseinheit kann auch mit einem WLAN-Modul verbunden werden. Die Raumthermostate, an welche auch ein *Fensterkontakt* angeschlossen werden kann, senden ihre Daten z. B. über eine Funkverbindung an die Basiseinheit (Abb. 3). Dadurch kann hierfür das Verlegen von Kabeln entfallen.

Inbetriebnahme

Für die Inbetriebnahme sind mehrere Voraussetzungen zu schaffen. Dazu sind z. B.

- alle Durchflussmengenmesser am Heizkreisverteiler zu öffnen,
- die Stromversorgung für die Basiseinheit und die Raumthermostate (Batterien) vorzubereiten,

- das WLAN-Modul mit der Basiseinheit zu verbinden,
- ein WLAN-fähiges Endgerät zu nutzen.

Danach können entsprechend den Herstellerunterlagen die Raumthermostate an der Basiseinheit angemeldet, das WLAN-Modul in Betrieb genommen und die Bedienungssoftware gestartet werden.

Bedienung und Visualisierung

Über eine WLAN- oder Internetverbindung ist die Programmbedienung mit Smartphone, Tablet oder Laptop von überall her möglich. Die Inbetriebnahme kann über ein Anwendungsprogramm erfolgen. Dabei müssen zunächst Räume benannt und die Sensoren, Aktoren und Raumthermostate den Räumen zugeordnet werden. Anschließend lassen sich darüber die Raumtemperaturen einstellen, Räume priorisieren und individuelle Nutzungsprofile auswählen (Abb. 1).

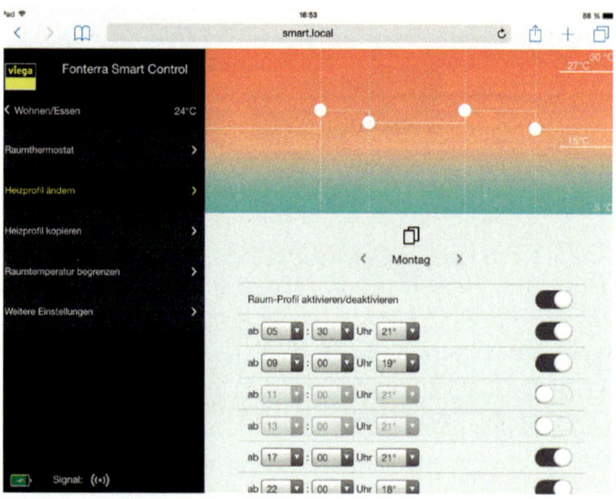

Abb. 1: Programmbedienung am Tablet

Regelung der Fußboden-Heizkreise

Die Raumthermostate kommunizieren mit der Basiseinheit auf einer bestimmten Frequenz. Vor der Montage jedes Raumthermostats ist zu prüfen, ob vom geplanten Installationsort aus eine Funkverbindung hergestellt werden kann. Reicht die Signalstärke nicht aus, muss der Einbauort näher an die Basiseinheit verlegt oder ein Funkverstärker zwischen den beiden Geräten installiert werden. Im Betrieb erfasst der Raumthermostat (Abb. 3, S. 673) die Raumtemperatur (Istwert) und vergleicht diese mit dem eingegebenen Sollwert. Liegt eine Abweichung vor, so wird diese Information an die Basiseinheit übermittelt. In der Basiseinheit ist die Regelelektronik untergebracht. Von dieser werden die empfangenen Signale entsprechend der Programmierung in Stellgrößen umwandelt. Damit die Stellgrößen an die richtigen Stellantriebe weitergeleitet werden können, müssen die Raumthermostate den Stellantrieben paarweise zugeordnet werden. Je nach Hersteller kann dies über Codes, Tasten oder eine App erfolgen. Die Stellantriebe sind hier im Rücklauf eingebaut (Abb. 2). Sie können entsprechend der Signale die Stellung der Ventile bzw. die Wärmezufuhr zu den Räumen verändern.

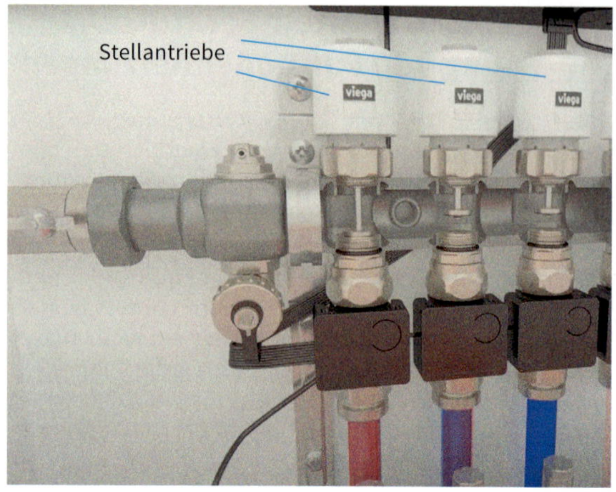

Abb. 2: Stellantriebe und Ventilstellung

Der in Abb. 3 dargestellte Stellantrieb ist mit einem Ausdehnungssystem und einem Heizelement ausgerüstet. Der Stellantrieb wird zumeist mit 230 V bzw. 24 V Wechselstrom betrieben. Im Prinzip arbeitet er als Zweipunktregler, der je nach Raumthermostatsignal auf oder zu fährt. Das Ventil ist im stromlosen Zustand geschlossen.

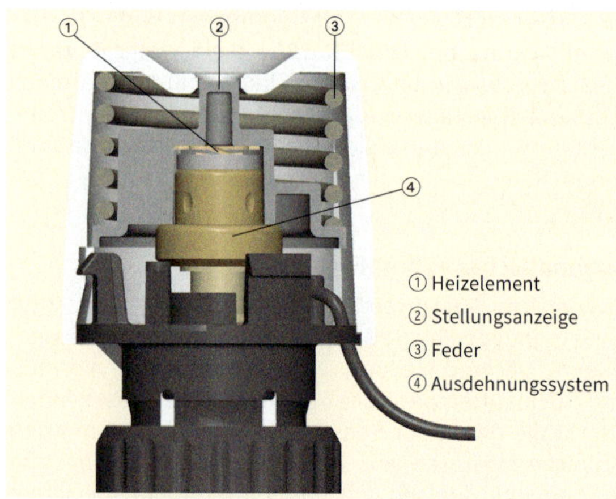

Abb. 3: Stellantrieb mit Ausdehnungssystem

Stetigregelung

Bei genauerer Betrachtung erzeugt zwar die Regelelektronik ein Zweipunktsignal, die Ansteuerung der Ventile im Verteiler erfolgt aber über ein Heizelement und ein Ausdehnungssystem. Dadurch erfolgt die Ansteuerung der Ventile stetig (Abb. 4).

Das Stellsignal ist entweder 0 V oder 230 V bzw. 24 V. Liegt Spannung an, so heizt der PTC-Widerstand die Füllung im Metallbalg mit einer zeitlichen Verzögerung von etwa einer Minute auf. Durch die Aufheizung dehnt sich die Füllung aus und betätigt langsam den Stößel, sodass sich das Ventil öffnet. Liegt keine Spannung an, so kühlt die Füllung im Metallbalg wieder langsam ab. Da-

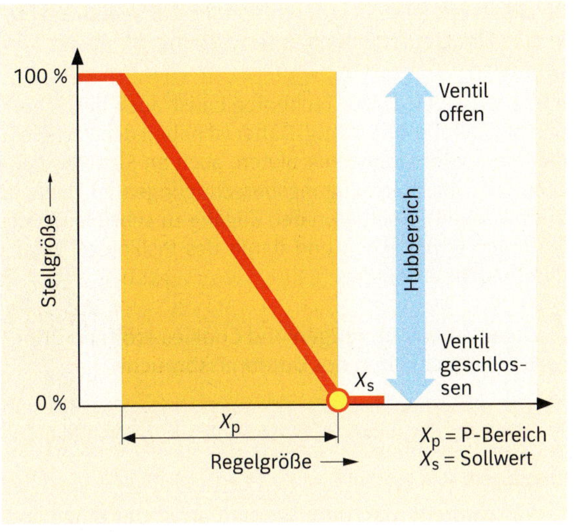

Abb. 4: Kennlinie der Stetigregelung

mit entspricht dieses Regelverhalten in etwa einer stetigen Proportionalregelung. Die Regelung ist damit in der Lage, bedarfsorientiert die Wärmezufuhr zwischen 0 % und 100 % anzupassen.

Die *Vorteile* dieser Einzelraumtemperaturregelung sind:

- individuelle und voneinander unabhängige Regelung der Temperaturen einzelner Räume
- automatischer hydraulischer Abgleich
- flexible Positionierung der Raumthermostate
- einfache Installation auch bei Nachrüstung
- Einstellung von Raumtemperaturabsenkung
- Ferienabsenkung
- Programmbedienung von überall her
- Einsatzmöglichkeit zur Raumkühlung

Aufgaben

1. Was versteht man unter einer Einzelraumtemperaturregelung?
2. Welche Räume sind gemäß GEG bei einer Fußbodenheizung von einer Einzelraumtemperaturregelung ausgenommen?
3. Was kann bei Fußbodenheizungen getan werden, damit auch kleinere Räume nur so viel Heizwasser erhalten, wie sie benötigen?
4. Wie ist ein automatischer hydraulischer Abgleich möglich?
5. Beschreiben Sie das Zusammenspiel der einzelnen Komponenten bei der Regelung von Fußbodenheizkreisen.
6. Wie kann mit dem Stellantrieb trotz eines Zweipunkt-Eingangssignals eine stetige Regelung erreicht werden?

14.10 Smart Home

! Unter Smart Home („Intelligentes Haus") versteht man die Verknüpfung von Anlagen und Geräten sowohl untereinander als auch über eine zentrale Steuerung und das Internet. Die Umgebungsbedingungen und viele Benutzungsanforderungen werden automatisch ermittelt und die Geräte und Abläufe entsprechend gesteuert. Dies steigert den Wohnkomfort, erhöht die Sicherheit (Einbruchschutz sowie Schutz vor Wasser- und Brandschäden) und kann Energie einsparen.

Viele Kundinnen und Kunden haben heute hohe Erwartungen an die Vernetzung in ihrem Zuhause. Sie möchten z. B. die Einstellung ihrer Heizung oder Lüftung bequem von der Couch oder von unterwegs überwachen und auf Wunsch auch ändern können. Die Einzelraumtemperaturregelung per Smartphone wird langsam zum Standard. Hierfür gibt es zahlreiche Systeme. Bei einigen lassen sich die Thermostate auch per Sprachsteuerung bedienen. Wichtiger erscheint jedoch, dass nicht nur die Wärmeverbraucher, sondern auch die Wärmeerzeuger, die Wärmespeicher, die Pumpen, Mischer usw. in die Vernetzung einbezogen werden.

Die Datenübertragung zwischen den einzelnen Geräten kann durch Funk oder Kabelsysteme erfolgen. Funksysteme sind einfach auch in bestehenden Gebäuden zu installieren und können verschiedene Geräte flexibel miteinander verbinden. Als Funkstandards werden beispielsweise WLAN oder Zigbee verwendet.

Kabelsysteme haben folgende *Vorteile*:

- Die Datenübertragung ist weniger störanfällig als bei Funksystemen.
- Es müssen keine Batterien gewechselt werden wie bei Funkaktoren.
- Bei dezentraler Verteilung der Intelligenz fällt bei einem Defekt nur die betroffene Komponente aus. Alle anderen Teilnehmer funktionieren im System weiter.

Kabelsysteme haben allerdings den *Nachteil*, dass jeder Teilnehmer an eine Busleitung angeschlossen werden muss. Dies verursacht hohe Kosten.

Die Bussysteme in der SHK-Branche sind daher zumeist Mischsysteme aus Kabel und Funk. Auch ist zumeist eine zentrale Steuereinheit (Smart Home Controller) erforderlich. Die Basis bilden meistens eine App und die zentrale Steuereinheit, welche die Verbindung der einzelnen Busteilnehmer herstellt.

Eine Voraussetzung für die Verknüpfung von verschiedenen Geräten ist eine Schnittstelle, damit alle Systeme die gleiche „Sprache" sprechen und miteinander kommunizieren können. Hier unterscheiden sich offene und geschlossene Systeme. *Geschlossene Systeme* sind Insellösungen, beispielsweise nur für Geräte eines Herstellers oder für bestimme Anwendungsbereiche. Dies ermöglicht eine relativ einfache Einrichtung und einen komfortablen und sicheren Betrieb. Geräte anderer Hersteller lassen sich aber oft nicht integrieren. *Offene Systeme* können die Geräte verschiedener Hersteller durch definierte Schnittstellen miteinander verbinden. Durch die Vielfalt der Hersteller, Geräte und Systeme ist die Kommunikation aber nicht immer optimal. Es hat sich bisher noch kein Standard durchgesetzt. Ansätze sind beispielsweise KNX, CAN, EEBus, Wibutler oder Matter.

Ein typisches Anwendungsbeispiel für Smart Home ist die Klimaregelung in Wohnräumen. Die installierten Geräte zur Messung und Regelung des Raumklimas können sowohl untereinander (Raumthermostat mit Heizkörperthermostat, Tür-Fensterkontakt mit Heizkörperthermostat) als auch mit der zentralen Steuerung über Smartphone-App kommunizieren. Alternativ zur App ist die Steuerung auch über einen Controller, über Sprachbefehle oder automatisch über Szenarien möglich. Die Raumtemperatur und die Beleuchtung können automatisch an die Anforderungen der Anwender/-innen angepasst werden, abhängig von der Tageszeit und dem Wochentag. Im Winter wird die Heizung vorübergehend heruntergeregelt, wenn die Tür oder das Fenster geöffnet ist. Im Sommer sorgt die Rollladensteuerung dafür, dass der Raum bei starker Sonneneinstrahlung nicht überhitzt. Durch die Luftqualitätsmessung werden Benutzer/-innen unter anderem über die Feuchtigkeit und den CO_2-Gehalt der Luft im Raum informiert. Zusätzlich kann die Anwesenheit der Benutzer/-innen im Haus über das Smartphone automatisch ermittelt und entsprechend berücksichtigt werden. Zur Steuerung des Raumklimas lassen sich auch die Daten von Wettervorhersagen benutzen. Durch eine weitere Verknüpfung mit der Wärmeerzeugungsanlage kann die Raumklimaregelung an die Verfügbarkeit erneuerbarer Energien angepasst werden.

Wenn die Wärmeerzeugungsanlage in die Vernetzung einbezogen ist, besteht die Möglichkeit, Fachhandwerkerinnen und -handwerkern Zugang zu den Daten der Anlage zu gewähren. In diesem Fall werden alle für die Serviceeinsätze notwendigen Informationen an den/die Fachhandwerker/-in weitergeleitet. Diese/-r kann dann bereits online

- eine detaillierte Fehlerdiagnose durchführen,
- eine Einschätzung möglicher Ursachen und Lösungen vornehmen,
- die Reparaturzeit einschätzen und
- evtl. erforderliche Ersatzteile bestellen.

Des Weiteren lässt sich durch den/die Fachhandwerker/-in eine Fernsteuerung und -überwachung der Anlage vornehmen.

Im Zeitalter vernetzter Technologien ist auch der Schutz persönlicher Daten wichtig. Daher ist neben den Vorteilen, die Smart-Home-Systeme bieten, auch an Sicherheitslücken wie unsichere Zugangsberechtigungen zu denken. Diese können Unbefugten den Zugang zu sensiblen Informationen ermöglichen und damit das Risiko des Datenmissbrauchs erhöhen.

! Zugangsberechtigungen und Cookies eröffnen Unbefugten Möglichkeiten des Datenmissbrauchs.

Aufgaben

1. Was versteht man unter dem Internet der Dinge und unter einem Smart Home?
2. Welche Vor- und Nachteile haben dezentrale Kabelsysteme bei der Vernetzung von Anlagen und Geräten?
3. Sie bekommen den Auftrag für die Installation einer Heizungsanlage nach Abb. 1, 2 und 3. In Ihrem Angebot bieten Sie auch die Einbindung und Einstellung der Komponenten der Heizungsregelung sowie die smarte Bedienung der Heizungsanlage über Smartphone bzw. Tablet an.

   Lösen Sie hierzu die folgenden Aufgaben:

   a) Die Regelung der Anlage basiert auf Fühlerdaten. Welche Fühler sind im Hydraulikschema abgebildet, wie werden diese bezeichnet und auf welche Regler werden sie aufgelegt?

   b) Welche Aufgabe hat das Bauteil VSM und wie wird es genannt?

   c) Welche Leitungsart empfehlen Sie für die Busleitung?

   d) Welche Klemmen sind für den Netzanschluss vorgesehen, welche Leitung kann hierfür verwendet werden und wie sind die einzelnen Adern anzuschließen?

   e) An welchen Klemmen sind welche Pumpen anzuschließen?

   f) Sie sollen den Smart-Home-Controller anschließen und in Betrieb nehmen. Welche Komponenten sind hierfür notwendig und wie ist bei der Inbetriebnahme vorzugehen?

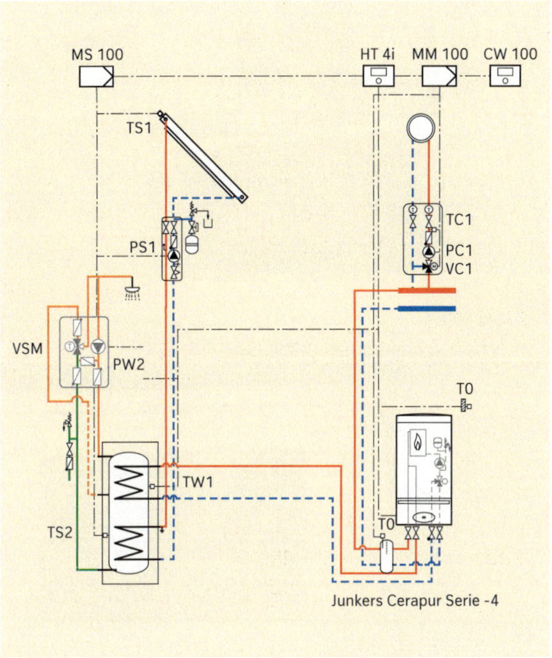

Abb. 1: Hydraulikschema einer Heizungsanlage

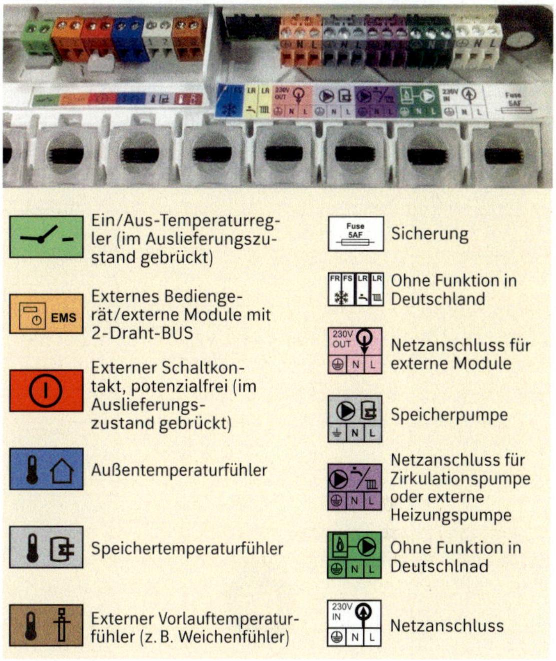

Abb. 2: Anschlussmöglichkeiten an der Junkers Cerapur

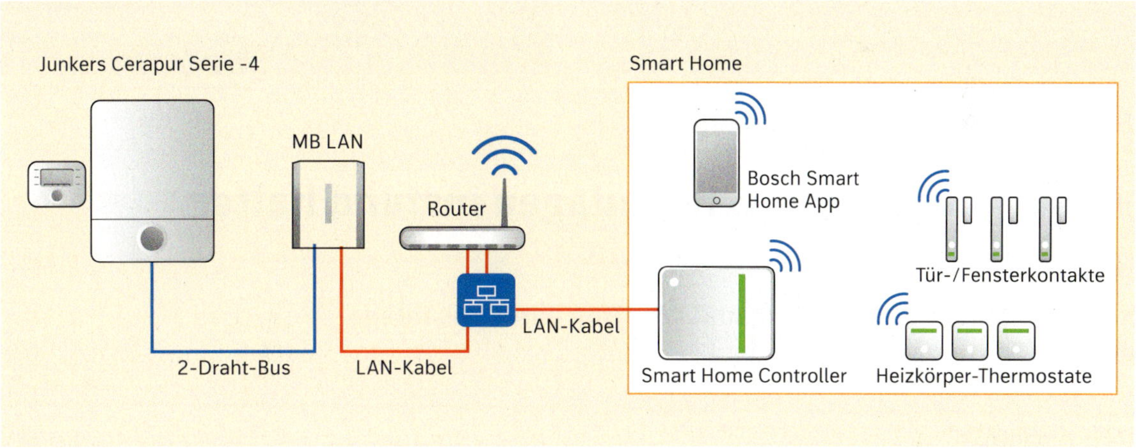

Abb. 3: Smart Home Einbindung

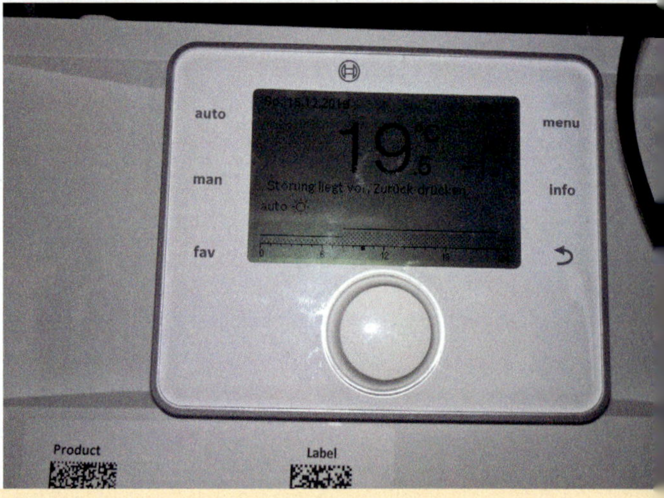

Lernfeld 15

Versorgungstechnische Anlagen instand halten

Überprüfung und Wartung einer Gasanlage und der Warmwasserversorgung

Kundenauftrag

Für ein Reihenhaus gemäß den Basisunterlagen (S. 696 ff.) sollen auf Wunsch des Kunden die haustechnischen Anlagenteile im Bereich Sanitär-, Heizungs- und Lüftungstechnik überprüft und gewartet werden. Der Kunde hat vor allem an die Überprüfung der Gasanlage mit dem Gasherd und der Gastherme gedacht. Ein Zeitungsartikel über eine Gasexplosion mit schwerwiegenden Folgen hat ihn daran erinnert, dass auch in seinem Wohnhaus eine Gasanlage installiert ist.

Der Kunde ist auch nicht mehr mit der Funktion der Warmwasserversorgung zufrieden. Das Wasser tritt nur mit geringem Druck an den Entnahmestellen aus.

Information und Orientierung

Zur Vorbereitung der Wartungsarbeiten soll in der Kundenkartei des Betriebes nachgesehen werden, ob der Kunde bereits Leistungen des Betriebes in Anspruch genommen hat. Dabei könnte er festgestellt werden, welche Anlagenteile und Apparate beim Neubau des Hauses eingebaut wurden. Dies würde die Vorbereitung auf die anstehenden Wartungsarbeiten erleichtern. Es könnten dann typische Verschleißteile, z. B. Dichtungen, Siebe, Filtereinsätze usw., und auch spezielle Werkzeuge bereits zum ersten Termin mitgenommen werden.

Planung und Durchführung

Für die Planung und Durchführung der Wartungsarbeiten sind folgende Aufgaben zu erfüllen:

- Sämtliche notwendigen Wartungsarbeiten an der Gastherme, z. B. Wärmetauscherreinigung (Abb. 1), sind an einem vorhandenen Gerät durchzuführen oder nach Herstellerunterlagen zu beschreiben.
- Die Verschleißteile einer Gastherme im Bereich der Zünd- und Überwachungseinrichtungen (Abb. 2) sind nach den Herstellerunterlagen zu prüfen und bei Bedarf auszuwechseln.
- Die zum Brenner zählenden Dichtungen sind auf mechanische Beschädigung bzw. Aushärtung zu prüfen und ggf. auszuwechseln.
- Die gas- und wasserseitige Dichtheitsprüfung (Abb. 1, S. 680) ist nach dem Zusammenbau der gereinigten Komponenten durchzuführen.
- Das Druckausdehnungsgefäß ist sachgemäß zu überprüfen (Abb. 2, S. 680).
- Bei der Wiederinbetriebnahme ist eine Abgasmessung (Abb. 4, S. 680) durchzuführen. Die gemessenen Werte sind mit den Angaben in den jeweiligen Unterlagen zu vergleichen. Abweichungen bei den CO_2- und CO-Werten müssen über die Brennereinstellung korrigiert werden.
- Die Einstellwerte am Regler sollten dokumentiert, über die Monitoranzeige (Abb. 5, S. 680) des Gerätes geprüft und wenn erforderlich optimiert werden.
- Die sicherheitstechnischen Einrichtungen der vorhandenen Gasanlage und der Gasgeräte sind dem Kunden zu erklären.
- Der Kunde soll über die Vorteile und die Bedingungen eines Wartungsvertrages informiert werden.
- Es sind mögliche Ursachen des geringen Auslaufdruckes der Trinkwasseranlage zu beschreiben. Zu den jeweiligen Störungen sind Vorschläge zu deren unmittelbarer und auch dauerhafter Abhilfe aufzuzeigen.

Abb. 1: Reinigung des Wärmetauschers

Abb. 2: Ionisationselektrode und Zündelektroden

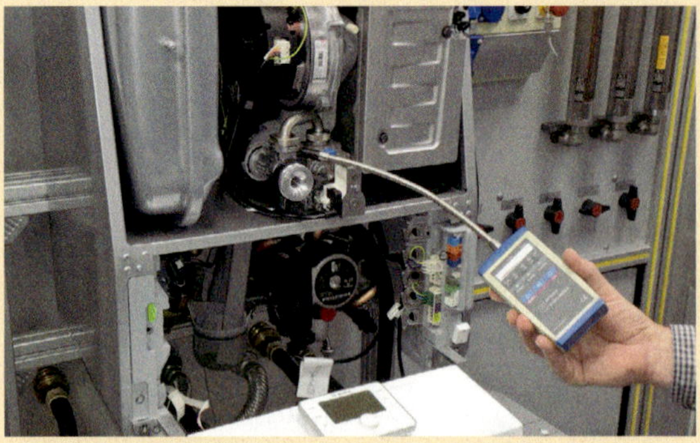

Abb. 1: Gasdichtheitsprüfung mit Gasdetektor

Abb. 2: Prüfung des Druckausdehnungsgefäßes

Abb. 3: Messung des Ionisationsstromes

Abb. 4: Abgasmessung bzw. Einstellung von CO_2-Min.

Abb. 5: Monitoranzeige am Gerät

Bewertung

Die sach- und normgerechte Planung und die praktische Ausführung der anstehenden Wartungsarbeiten sind zu bewerten. Im Einzelnen sind dies:

- die Ausführung und Protokollierung der Wartungsarbeiten an einer Gastherme in der Praxis oder die Planung der Arbeiten mit Bildern und Arbeitsbeschreibungen. Dabei sollen Bedienungs- bzw. Wartungsanleitungen von Herstellerfirmen herangezogen werden.
- die Ausführung der wasser- und gasseitigen Dichtheitsmessung
- die Inbetriebnahme einer Gastherme sowie die Überprüfung und Protokollierung der Ergebnisse der Abgasmessung
- die Überprüfung der Regelung und die Korrektur der Fehleinstellungen
- das Informationsgespräch in Form eines Rollenspiels mit dem Kunden über die sicherheitstechnischen Einrichtungen der Gasanlage oder die Erklärungen zum Wartungsvertrag
- die Berücksichtigung des Kundenhinweises auf Funktionsmängel bei der Wasserversorgung

Präsentation

Die Ergebnisse der Planung bzw. der Arbeiten sind in Form von Bildern, Protokollen und Darstellungen der notwendigen Arbeiten als Konzept aufzuzeigen. Die Wichtigkeit von Wartungs- und Inspektionsarbeiten ist in allen Aspekten darzustellen. Dabei soll auf die Betriebssicherheit, die Funktionsfähigkeit, die möglichen Kosteneinsparungen im Betrieb usw. eingegangen werden.

15 Versorgungstechnische Anlagen instand halten

15.1 Grundlagen

15.1.1 Instandhaltung

Die Anschaffungskosten für die Systeme der Gebäudetechnik, z. B. für Heizungs- und Trinkwasseranlagen, sind relativ hoch. Die Besitzer/-innen erwartet deshalb eine lange Lebenszeit und einen störungsfreien Betrieb sowie einen hohen Nutzen über den gesamten Lebenszyklus der technischen Objekte. Leider lassen sich Störungen und Ausfälle, z. B. Ausfall des Brenners im Wärmeerzeuger, nicht gänzlich vermeiden. Durch eine geplante Instandhaltung wird dem entgegengewirkt. Einen funktionsfähigen Zustand der technischen Objekte durch geeignete Maßnahmen zu bewahren oder ggf. wiederherzustellen ist die Aufgabe der Instandhaltung.

Zur Instandhaltung zählt man nach DIN 31 051 die Bereiche Wartung, Inspektion, Instandsetzung und Verbesserung. Die Einzelmaßnahmen wie auch mögliche Strategien der Instandhaltung sind in LF4 beschrieben.

Wartungskosten

Ein Grund, die Wartung von versorgungstechnischen Anlagen zu vernachlässigen, liegt in der vermeintlichen Einsparung von Wartungskosten.

Die bei einer Wartung durchzuführenden Maßnahmen hängen von dem zu wartenden Anlagenteil ab. Je nach Einsatzbedingungen unterliegen diese Anlagenteile unterschiedlichen Beanspruchungen.

Deshalb gibt es von Herstellern oder Verbänden, z. B. VDMA oder ZVSHK, geeignete Vorlagen für Wartungsverträge mit Beiblättern zur Überprüfung und Wartung der üblichen Sanitär-, Heizungs- und Klimaanlagen.

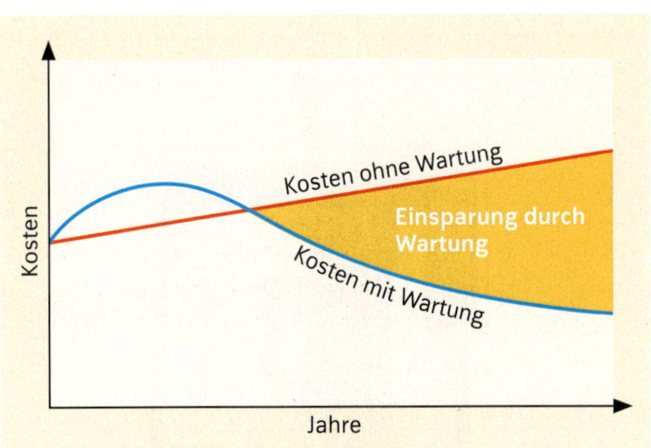

Abb. 6: Tendenzmäßige Kostenentwicklung mit und ohne Wartung

Wie Abb. 6 zeigt, liegen in den ersten Jahren die Kosten mit einer umfangreichen Wartung zwar höher als die ohne Wartung. Mit zunehmenden Jahren reduzieren sich jedoch die Kosten.

Als Anhaltswert für die jährlichen Wartungskosten für versorgungstechnische Anlagen können 2 – 5 % der Investitionskosten angenommen werden.

Rechtliche Grundlagen

Damit die Instandhaltung verpflichtend geregelt ist, gehen Gesetze und Regelwerke auf die einzelnen Pflichten von Anlagenbetreibenden ein.

1. Aus dem bürgerlichen Gesetzbuch (§ 535 BGB) ergibt sich die Pflicht von Vermietenden, die Mietsache in einem zum vertragsgemäßen Gebrauch geeigneten Zustand zu erhalten.
2. Das Gebäudeenergiegesetz (GEG) sagt unter § 59 (Sachgerechte Bedienung) und § 60 (Wartung und Instandhaltung) aus: Anlagen und Einrichtungen der Heizungs-, Kühl- oder Raumlufttechnik oder der Warmwasserversorgung sind sachgerecht zu bedienen, zu warten und instand zu halten. Für die Wartung und Instandhaltung ist Fachkunde erforderlich. Fachkundig ist, wer die zur Wartung und Instandhaltung notwendigen Fachkenntnisse und Fertigkeiten besitzt.

Die notwendigen Instandhaltungsmaßnahmen und die dabei einzuhaltenden Zeitabstände sind z. B. folgenden Regelwerken sowie den Herstellerunterlagen zu entnehmen:

- Heizungsanlagen in KÜO und BImSchV
- Gas- und Abgasanlagen in den TRGI
- Flüssiggasanlagen in den TRF
- Ölanlagen in den TRÖl
- Lüftungs- und Klimaanlagen in DIN 1946-6, VDI 6022 und VDMA-Blatt 24186 Teil 1
- Trinkwasseranlagen in DIN EN 806-5
- Entwässerungsanlagen in DIN 1986-30 und DIN EN 12056-5

Zur *Dokumentation* der Instandhaltung ist ein Protokoll zu führen. Es dient zur Bescheinigung der durchgeführten Maßnahmen. Dem Auftraggeber bzw. der Auftraggeberin gibt es die Sicherheit, dass die Arbeiten zur Instandhaltung ordnungsgemäß durchgeführt wurden. Da solche Protokolle auch von der Auftraggeberin bzw. dem Auftraggeber zu unterschreiben sind, sollte diese/-r vorab informiert werden, wann die Maßnahmen erfolgen. Im Streitfall sind ordentlich geführte Protokolle ein gutes Beweismittel für die vorschriftsmäßige und vollständige Ausführung der Maßnahmen zur Instandhaltung.

15.2 Instandhaltung von Wärmeerzeugern

Heizungsanlagen und Automobile haben eine gemeinsame Eigenschaft: Beide arbeiten mit speziellen, hoch entwickelten Verbrennungsmaschinen. Jedes Auto braucht immer wieder eine Inspektion und Wartung durch eine Fachperson. Auch ein Wärmeerzeuger sollte regelmäßig gründlich überprüft werden. Ein Heizkessel bringt es im Jahr durchaus auf 1.600 Betriebsstunden. Dies ist vergleichbar mit einer Autofahrstrecke von ca. 80.000 km.

Der Umfang der Wartungsarbeiten wird im Wesentlichen von der Art und Größe der Wärmeerzeugungsanlage bestimmt. Eine Checkliste ist sinnvoll, um die durchzuführenden Arbeiten systematisch zu erfassen. Der VDMA (Verband Deutscher Maschinen- und Anlagenbau e. V.) hat in der Richtlinie 24186 Teil 2 ein Leistungsprogramm für die Wartung von heiztechnischen Anlagen erstellt (Tab. 1, S. 684 f.). Darin sind u. a. für Wärmeerzeuger und Feuerungsanlagen (Öl- und Gasbrenner) detaillierte Arbeitsschritte für die Wartung aufgeführt. Auch die besonderen Vorschriften der Hersteller zur Instandhaltung sind zu beachten. Exemplarisch ist im Folgenden die Wartung eines wandhängenden Gas-Brennwertgerätes sowie eines Ölbrenners beschrieben.

Für die praktische Durchführung reichen zumeist die folgenden *Werkzeuge* aus:

- übliches Handwerkszeug (Schraubendreher, Schraubenschlüssel, Drahtbürste, Hammer, Zangen)
- Taschenlampe und Handlampe
- Vielfachmessgerät
- Eimer mit Literskala und Putzlappen
- Wasserschlauch mit verschiedenen Schlauchtüllen
- Lecksuchgerät für Gasleitung
- Druckmessgerät (U-Rohrmanometer, Digitalmanometer (Abb. 1))
- MAG-Gefäßfüller mit Adapter und Manometer,
- Abgasanalysegerät
- Kesselbürste

15.2.1 Wartung eines wandhängenden Gas-Brennwertgerätes

An einem Brennwertgerät (Abb. 3a) ist eine Reinigung des Wärmeüberträgers periodisch erforderlich, obwohl Verunreinigungen durch das Kondensat von den Wärmetauscherflächen abgespült werden.

Durch extreme Betriebsbedingungen entstehen aber hin und wieder Korrosionsprodukte, die sich nicht abspülen lassen. Der Wärmeblock muss nicht bei jeder Wartung gereinigt werden. Über die Art der Überprüfung geben die Unterlagen der Hersteller Auskunft.

Abb. 1: Digitalmanometer

Ist eine Reinigung des Wärmeblocks erforderlich, werden der Reinigungsdeckel, die Strömungshaube (Abb. 3b) die Elektroden und der Kondensatsiphon demontiert. Anschließend wird der Wärmeblock mit einer speziellen Bürste von oben nach unten gereinigt. Sind die Ablagerungen aus der Kondensatwanne entfernt, werden die Reste mit Wasser ausgespült. Damit dabei kein Wasser auf den Fußboden fließt, ist es sinnvoll, einen Eimer unter das Gerät zu stellen.

Nachdem Gebläse, Brenner und Mischrohr gereinigt sind, wird das Gerät wieder zusammengebaut. Die Dichtungen der Reinigungsöffnung und der Strömungshaube müssen dabei erneuert werden. Anschließend werden der Gasanschlussruhedruck und Gasanschlussfließdruck gemessen.

Mit der Kontrollmessung des Abgasverlustes und der CO-Messung mittels Abgasanalysegerät (Abb. 2) sowie der Bestimmung des CO_2-Gehaltes in der Verbrennungsluft wird die Arbeit am Wärmeerzeuger beendet. Sollten die gemessenen Werte von den Vorgaben der BImSchV abweichen, muss nachjustiert werden.

Abb. 2: Kontrollmessung mit dem Abgasmessgerät

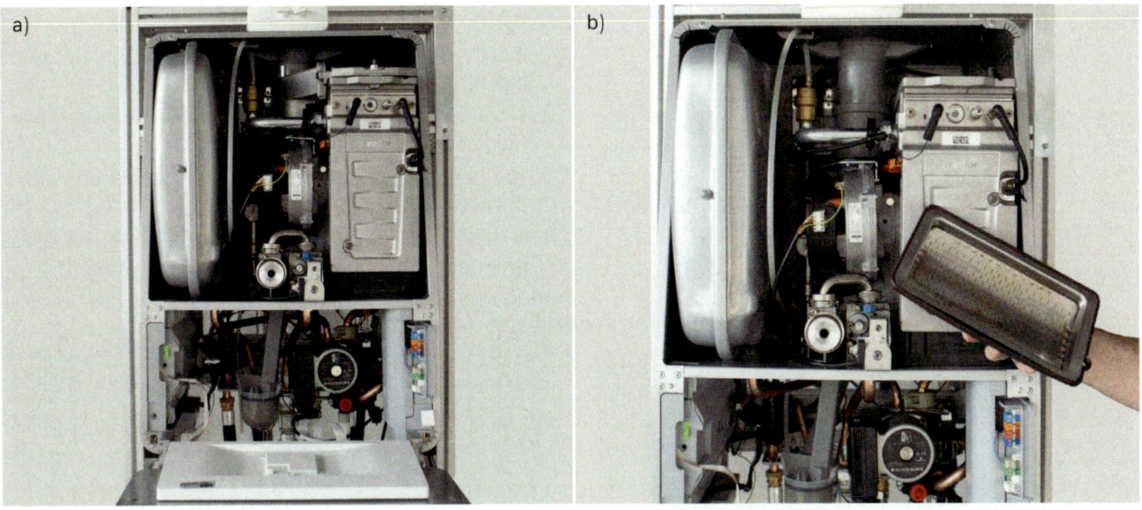

Abb. 3: Brennwertgerät: a) Ansicht b) zur Reinigung demontiert

Eine Einstellung der Gasmenge über den Düsendruck ist bei Geräten mit Gas-Luft-Verhältnisregelung nicht möglich.

Weitere Wartungsschritte sind:

Reinigung des Abgasrohres, weil das Gerät auch durch ein verschmutztes Abgassystem auf Störung gehen kann. Dies gilt auch für die Strömungssicherung und Abgasüberwachung (AGÜ) bei raumluftabhängigen Geräten.

Bei Wandgeräten wird die Kesselbekleidung innen und außen gereinigt. Das ist besonders wichtig bei raumluftabhängigen Geräten, die in Küchen oder Bädern betrieben werden.

Alle elektrischen Verbindungen sollten einer Sichtprüfung unterzogen werden. Eventuell sind die Klemmverbindungen nachzuziehen.

Die Dichtheit an allen Gas- und Wasser führenden Bauteilen muss ebenfalls geprüft werden. Undichtheiten müssen beseitigt werden.

Auch die Dichtheit der Abgaswege ist zu prüfen. Bei raumluftabhängigen Geräten mit Schornsteinanschluss reicht eine Sichtprüfung, bei der auch der Schornsteinzug gemessen wird. Bei raumluftunabhängigen Geräten wird neben der Sichtprüfung auch der CO_2-Gehalt der Frischluft im Ringspalt einer konzentrischen Luft-Abgasführung gemessen. Bei einem CO_2-Gehalt von mehr als 0,5 % ist davon auszugehen, dass das Abgasrohr undicht ist (Zulassung des Systems beachten). Bei kombinierten Geräten für Heizung und Warmwasser gibt die Messung der Warmwasser-Auslaufmenge und der Auslauftemperatur Auskunft über eine Verkalkung des Wärmeübertragers. Eventuell muss er entkalkt oder ersetzt werden.

Vor Entleerung des Geräts muss die Funktion des Sicherheitsventils geprüft werden. Das Sicherheitsventil kann durch Schmutzablagerungen im Ventilsitz bei der Prüfung undicht werden. Deshalb wird diese Prüfung gerne unterlassen. Der Schaden durch ein nicht funktionierendes Ventil wäre jedoch weit größer als der Aufwand für ein neues Bauteil. Die Überprüfung des Sicherheitsventils ist daher Pflicht.

Die Prüfung des Stickstoffvordrucks im Membran-Druckausdehnungsgefäß (MAG) wird nach Entleerung des Wärmeerzeugers vorgenommen. Liegt der Vordruck unterhalb der statischen Höhe der Anlage, muss das notwendige Gasvolumen mit einem speziellen MAG-Gefäßfüller mit Adapter und Manometer wiederhergestellt werden.

Die Messung des Ionisationsstromes (Überwachungsstrom am Brenner) bei minimaler und maximaler Brennerleistung erlaubt einen schnellen Rückschluss auf einen stabilen Betrieb des Brenners. Liegt der gemessene Wert deutlich unter den Herstellervorgaben, muss eventuell die Elektrode getauscht werden. Auch ist das Kabel auf Beschädigungen zu prüfen und die Güte der Verbrennung zu kontrollieren. Ein Verzicht auf diese Messung ist fahrlässig.

Auch die Heizungsregelung ist zu überprüfen. Hierbei sollte die Kundin bzw. der Kunde nach ihrem/seinem Tages- und Wochenrhythmus gefragt werden, damit die Regelung darauf abgestimmt werden kann.

Bei raumluftabhängigen Geräten ist ferner sicherzustellen, dass die Feuerstätte entsprechend ihres Bedarfes mit Verbrennungsluft versorgt wird (siehe S. 489 ff.). Ein Mangel an Verbrennungsluft muss unbedingt vermieden werden, da dies für die Menschen im Haus eine tödliche Gefahr wäre.

15.2.2 Instandsetzung von Heizölbrennern

Sollten trotz regelmäßig durchgeführter Wartungsarbeiten Betriebsstörungen am Wärmeerzeuger auftreten, muss eine Fehleranalyse durchgeführt werden. Eine Möglichkeit zur Eingrenzung und Behebung von Fehlern zeigen Ablaufdiagramme in den Herstellerunterlagen.

Aufgaben

1. Welche Vorschriften gehen auf die Pflichten eines Anlagenbetreibers bzw. einer Betreiberin ein?
2. Wer ist für die Instandhaltung und Wartung eines Wärmeerzeugers verantwortlich?
3. Wie und warum sind Instandhaltungsmaßnahmen zu dokumentieren?
4. Welche Arbeitsschritte sind für die Wartung eines Gasbrenners mit Gebläse nach Tab. 1 vorzunehmen?

Tab. 1: Wartungsprogramm für Wärmeerzeuger und Feuerungsanlage – Auszug aus VDMA 24 186 Teil 2

Baugruppen-Nr.	Bauelemente-Nr.	Tätigkeiten-Nr.	Tätigkeiten an Baugruppen und -elementen	Ausführung	
				periodisch	bei Bedarf
1			Wärmeerzeuger		
1	1		**Wasserkessel**		
1	1	1	Wärmedämmung auf Beschädigung und Vollständigkeit prüfen	X	
1	1	2	Brennraum und Nachschaltheizflächen auf Verschmutzung, Beschädigung und Korrosion prüfen	X	
1	1	3	Funktionserhaltendes Reinigen		X
1	1	4	Brennraum und Nachschaltheizflächen reinigen	X	
1	1	5	Abgasseitig auf Verschmutzung, Beschädigung und Korrosion prüfen	X	
1	1	6	Abgasseitig reinigen	X	
1	1	7	Abgasseitig und wasserseitig auf Dichtheit prüfen	X	
1	1	8	Sicherheitsventil prüfen	X	
1	1	9	Füll- und Entleereinrichtung auf Funktion prüfen	X	
1	1	10	Wasserstandsbegrenzer auf Funktion prüfen	X	
1	1	11	Wasserströmungswächter auf Funktion prüfen	X	
1	1	12	Wassermangelsicherung auf Funktion prüfen	X	
1	1	13	Druckbegrenzer (min./max.) auf Funktion prüfen	X	
1	1	14	Abgastemperaturwächter auf Funktion prüfen	X	
1	1	15	Temperatur- und Druckmessgerät auf Beschädigung, Anzeige und Funktion prüfen (Plausibilitätsprüfung)	X	
1	1	16	Temperaturwächter/-begrenzer (Kesselthermostat) auf Funktion prüfen	X	
1	1	17	Sicherheitstemperaturbegrenzer bzw. Temperaturbegrenzer auf Funktion prüfen	X	
1	1	18	Luftdruckwächter prüfen, reinigen und ggf. nachstellen	X	
1	1	19	Thermische Ablaufsicherung auf Funktion prüfen	X	
1	1	20	Wasseranalyse durchführen oder veranlassen (soweit nach Größe oder Bauart erforderlich)	X	
1	1	21	Automatische Nachfülleinrichtung, Abschlammeinrichtung und Rohrtrenner auf Funktion prüfen	X	
1	1	22	Abschlammen		X
1	1	23	Wasser nachfüllen		X
1	1	24	Entlüften	X	
2			Feuerungsanlage		
2	1		**Ölbrenner**		
2	1	1	Äußerlich auf Beschädigung und Verschmutzung prüfen	X	
2	1	2	Funktionserhaltendes Reinigen		X
2	1	3	Feuerungswärmeleistung prüfen	X	
2	1	4	Feuerungswärmeleistung einstellen		X
2	1	5	Brennermotor auf Funktion prüfen	X	
2	1	6	Lager auf Geräusch prüfen	X	
2	1	7	Lager mit Nachschmiereinrichtung fetten		X
2	1	8	Pumpenkupplung auf Abnutzung prüfen	X	
2	1	9	Laufrad auf Verschmutzung und Beschädigung prüfen	X	
2	1	10	Laufrad reinigen		X
2	1	11	Ölpumpe auf Funktion prüfen, Unterdruck auf Saugseite messen	X	
2	1	12	Filter der Ölpumpe auf Beschädigung und Verschmutzung prüfen	X	
2	1	13	Filter der Ölpumpe reinigen		X
2	1	14	Ölleitung und Schläuche auf Dichtheit prüfen (Sichtprüfung)	X	
2	1	15	Düse und deren Filter auf Beschädigung und Verschmutzung prüfen	X	
2	1	16	Düse und Filter auswechseln	X	
2	1	17	Mischeinrichtung auf Verschmutzung und Beschädigung prüfen	X	
2	1	18	Mischeinrichtung reinigen	X	
2	1	19	Flammenfühler reinigen	X	
2	1	20	Flammenfühler auf Funktion prüfen	X	
2	1	21	Flammenfühler auswechseln		X
2	1	22	Steuergerät auf Funktion prüfen	X	
2	1	23	Zündelektroden reinigen und einstellen	X	
2	1	24	Zündelektroden auswechseln		X
2	1	25	Zündeinrichtung auf Funktion prüfen	X	
2	1	26	Lufteinstellvorrichtung reinigen	X	

Tab. 1: Wartungsprogramm für Wärmeerzeuger und Feuerungsanlage – Auszug aus VDMA 24 186 Teil 2 (Fortsetzung)

Baugruppen-Nr.	Bauelemente-Nr.	Tätigkeiten-Nr.	Tätigkeiten an Baugruppen und -elementen	Ausführung periodisch	Ausführung bei Bedarf
2	1	27	Lufteinstellvorrichtung auf Funktion prüfen	X	
2	1	28	Lufteinstellvorrichtung nachstellen		X
2	1	29	Luftabschlussklappe auf Funktion prüfen	X	
2	1	30	Lager der Luftabschlussklappe schmieren		X
2	1	31	Lambdasonde auf Funktion prüfen	X	
2	1	32	Lambdasonde auswechseln		X
2	1	33	Magnetventile auf Funktion prüfen	X	
2	1	34	Probelauf	X	
2	1	35	Düsendruck und Öldurchsatz ermitteln	X	
2	1	36	Äußerlich reinigen	X	
2	1	37	Abgasanalyse durchführen	X	
2	1	38	Abgasverlust ermitteln	X	
2	1	39	Feuerungswärmeleistung bzw. Wärmebelastung ermitteln	X	
2	1	40	Messprotokoll erstellen	X	
2	2		**Gasbrenner mit Gebläse**		
2	2	1	Äußerlich auf Verschmutzung und Beschädigung prüfen	X	
2	2	2	Funktionserhaltendes Reinigen		X
2	2	3	Feuerungswärmeleistung prüfen	X	
2	2	4	Feuerungswärmeleistung einstellen		X
2	2	5	Brennermotor auf Funktion prüfen	X	
2	2	6	Lager auf Geräusch prüfen	X	
2	2	7	Lager mit Nachschmiereinrichtung fetten		X
2	2	8	Laufrad auf Verschmutzung und Beschädigung prüfen	X	
2	2	9	Laufrad reinigen		X
2	2	10	Mischeinrichtung auf Verschmutzung und Beschädigung prüfen	X	
2	2	11	Mischeinrichtung reinigen	X	
2	2	12	Flammenfühler reinigen	X	
2	2	13	Flammenfühler auf Funktion prüfen	X	
2	2	14	Flammenfühler auswechseln		X
2	2	15	Steuergerät auf Funktion prüfen	X	
2	2	16	Zündelektroden reinigen	X	
2	2	17	Zündelektroden einstellen	X	
2	2	18	Zündelektroden auswechseln		X
2	2	19	Zündeinrichtung auf Funktion prüfen	X	
2	2	20	Lufteinstellvorrichtung auf Funktion prüfen	X	
2	2	21	Lufteinstellvorrichtung reinigen		X
2	2	22	Lufteinstellvorrichtung nachstellen		X
2	2	23	Luftmangelsicherung auf Funktion prüfen	X	
2	2	24	Luftabschlussklappen auf Funktion prüfen	X	
2	2	25	Lager der Luftabschlussklappen schmieren		X
2	2	26	Gasmangelsicherung auf Funktion prüfen	X	
2	2	27	Lambdasonde auf Funktion prüfen	X	
2	2	28	Lambdasonde auswechseln		X
2	2	29	Gasmanometer auf richtige Anzeige prüfen	X	
2	2	30	Absperreinrichtungen auf Funktion und Dichtheit prüfen	X	
2	2	31	Gasfiltermatten überprüfen	X	
2	2	32	Gasfiltermatten auswechseln		X
2	2	33	Gasdruckregler auf Funktion prüfen	X	
2	2	34	Magnetventile auf Funktion prüfen	X	
2	2	35	Dichtheitskontrollgerät und -wächter auf Funktion prüfen	X	
2	2	36	Gasarmaturengruppe äußerlich auf Dichtheit prüfen	X	
2	2	37	Probelauf	X	
2	2	38	Anschlussdruck (Gasfließdruck), Gasdurchsatz und Feuerungswärmeleistung ermitteln	X	
2	2	39	Abgasanalyse druchführen	X	
2	2	40	Äußerlich reinigen	X	
2	2	41	Abgasverlust ermitteln	X	
2	2	42	Messprotokoll erstellen	X	
2	3		**Gasbrenner ohne Gebläse**		
2	3	1	Äußerlich auf Verschmutzung und Beschädigung prüfen	X	
2	3	2	Funktionserhaltendes Reinigen		X
2	3	3	Strömungssicherung auf Funktion prüfen	X	
2	3	4	Abgasüberwachung auf Funktion prüfen	X	
2	3	5	Abgasklappe auf Funktion prüfen	X	
2	3	6	Zündelektrode reinigen	X	
2	3	7	Zündelektrode einstellen	X	
2	3	8	Zündelektroden auswechseln		X
2	3	9	Zündeinrichtung auf Funktion prüfen	X	
2	3	10	Flammenfühler auf Funktion prüfen	X	
2	3	11	Flammenfühler auswechseln		X
2	3	12	Absperreinrichtung auf Funktion und Dichtheit prüfen	X	
2	3	13	Gasdruckregler auf Funktion prüfen	X	
2	3	14	Gasarmaturengruppe äußerlich auf Dichtheit prüfen	X	
2	3	15	Brennerrohre bzw. -düsen reinigen	X	
2	3	16	Zündflammensieb am Lufteintritt reinigen	X	
2	3	17	Zündflammendüse auswechseln	X	
2	3	18	Anschlussdruck (Gasfließdruck), Gasdurchsatz und Feuerungswärmeleistung ermitteln	X	
2	3	19	Abgasanalyse durchführen	X	
2	3	20	Abgasverlust ermitteln	X	
2	3	21	Messprotokoll erstellen	X	

15.2.3 Wartung von thermischen Solaranlagen

Da fast alle Komponenten einer thermischen Solaranlage (Kap. 9.14) Einfluss auf deren Wirkungsgrad haben, sind diese gemäß § 59 GEG regelmäßig zu warten und instand zu halten. Um größere Energieverluste zu vermeiden, empfiehlt sich eine jährliche Wartung. Diese muss von einer fachkundigen Person durchgeführt werden.

Die bei der Wartung durchzuführenden Maßnahmen können sich etwas unterscheiden. Sie hängen davon ab,

- ob es sich um eine geschlossene oder offene Anlage handelt,
- ob die Anlage auch zur Heizungsunterstützung dient oder nur zur Trinkwassererwärmung.

Wenn es zur Instandhaltung keinen speziellen Wartungsplan gibt, dann ist von der fachkundigen Person ein eigener Plan zu erstellen.

Durchführung der Wartung

Für alle thermischen Solaranlagen gilt, dass sie für die Wartung und Reinigung zunächst außer Betrieb zu nehmen sind. Anschließend erfolgt die Reinigung der Kollektoren und deren Sichtprüfung auf Dichtheit, Beschlag und Wassertropfen. Dabei sind auch die Dichtstellen, die Wärmedämmung der Rohrleitungen, die Dachdurchführung und die Dacheindeckung sowie die Halterung der Kollektoren einer Sichtprüfung zu unterziehen.

! Da sich die Sonneneinstrahlung nicht abschalten lässt, dürfen weitere Arbeiten an der Solaranlage nur außerhalb der Zeiten solarer Einstrahlung oder bei abgedeckten Kollektoren durchgeführt werden. Ansonsten besteht die **Gefahr der Verbrühung**.

Nach der evtl. notwendigen Abdeckung der Kollektoren sind der Kollektor- und der Speichertemperaturfühler auf korrekten Sitz zu überprüfen.

! Der Speichertemperaturfühler sollte an der Stelle angeordnet sein, an welcher der Kollektor den Speicher belädt.

Sitzt der Fühler darunter, läuft die Solarkreispumpe unnötig lange und schaltet kaum ab. Sitzt der Fühler zu hoch, wird das Volumen des Speichers nicht effektiv ausgenutzt. Ferner sind die am Regler angezeigten Temperaturmesswerte auf Plausibilität zu überprüfen und mögliche Fehler ggf. zu beheben. Auch bedarf es einer Sichtprüfung der elektrischen Anschlüsse an Speicher- und Kollektorfühler, Differenztemperaturregler und Solarkreispumpe.

Anschließend ist eine Probe der Wärmeträgerflüssigkeit (Solarflüssigkeit) zu nehmen, um diese z. B. mittels pH-Wert-Indikatorpapier auf Eignung bezüglich Korrosionsschutz zu überprüfen.

! Bei einem pH-Wert < 8 oder > 10 besteht erhöhte Korrosionsgefahr.

In einem solchen Fall sollte die Wärmeträgerflüssigkeit ausgetauscht und umweltgerecht entsorgt werden.

Anschließend ist die Frostschutztemperatur der Wärmeträgerflüssigkeit mit einem Tester zu überprüfen, der sich für das Frostschutzmittel eignet, z. B. mit einem Refraktometer (Abb. 1) oder Glycomaten.

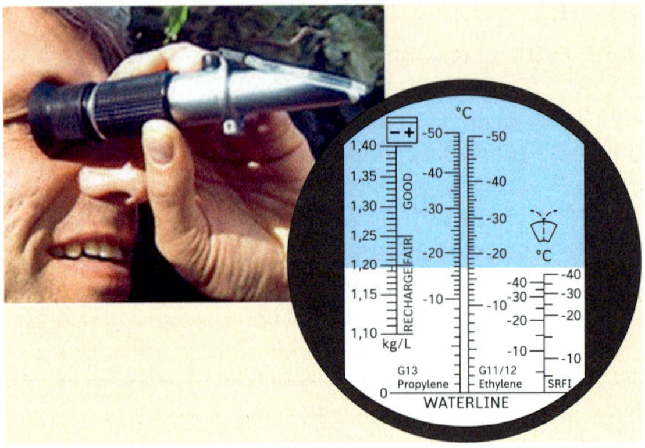

Abb.1: Messung mit dem Refraktometer

Zur Messung wird ein Tropfen der zu prüfenden Flüssigkeit auf das Prisma gegeben. Anschließend wird die transparente Deckklappe geschlossen und durch das Refraktometer gegen das Licht geschaut. Auf der Skala für das verwendete Frostschutzmittel lässt sich dann die Frostschutztemperatur ablesen.

Bei geschlossenen Anlagen sind das Sicherheitsventil im Kollektorkreis mit Überlaufgefäß und das Solar-Ausdehnungsgefäß auf Funktion und Vordruck zu überprüfen. Bei Bedarf ist Wärmeträgerflüssigkeit nachzufüllen und die Anlage ggf. zu entlüften.

Bei offenen Anlagen mit automatischer Entleerung sind die Rohrleitungen auf Gefälle zu überprüfen. Nach der Wiederinbetriebnahme der Solaranlage und ggf. Entfernung der Abdeckung auf den Kollektoren ist die Schaltfunktion der Solarregelung sowie die Funktion der Solarkreispumpe zu überprüfen. Dabei sollte man sich davon überzeugen, dass der Rückflussverhinderer entriegelt ist und die Temperatur nach dem thermischen Regelventil max. 60 °C beträgt (Schutz vor Verbrühung). Anschließend ist die Durchflussmenge z. B. unter dem Abgleichhahn am Taco-Setter im Kollektorkreis zu prüfen. Bei offenen Anlagen ist ggf. der Wärmetauscher zu entlüften. Danach sind am Regler die Sollwerte der Warmwasser- und Nachheiztemperatur zu prüfen. Bei Anlagen zur Heizungsunterstützung sind ferner die Einstellung der Heizkurve und die bedarfsgerechte Kesselnachheizung zu überprüfen. Zum Abschluss sind die Betriebsstunden und der Solarertrag zu kontrollieren und das Protokoll zwecks Dokumentation zu erstellen. Bei schwerwiegenden sicherheitstechnischen Mängeln ist die Anlage sofort außer Betrieb zu nehmen.

15.3 Übergabe und Instandhaltung von Trinkwasseranlagen

Grundsätzlich sind Trinkwasseranlagen so zu betreiben, dass es nicht zu Störungen kommt und die Güte des Trinkwassers erhalten bleibt.

Betreibende sind bereits bei der *Inbetriebnahme* in die Bedienung der Anlage einzuweisen (TB). Nach der Übergabe der Trinkwasseranlage sind regelmäßige *Inspektionen und Wartungen* durchzuführen (TB).

Sollte es zu einer Minderung der Trinkwasserqualität oder gar zur gesundheitlichen Beeinträchtigungen von Nutzenden kommen, droht den Betreibenden der Anlage bei Fahrlässigkeit eine Strafe. Nach den Festlegungen haftet nämlich der/die Schadensverursacher/-in für Personen- und Sachschäden (Tab. 2).

Für die Instandhaltung der Trinkwasseranlage sind die Betreibenden verantwortlich. Da diese mit den notwendigen Maßnahmen nicht vertraut sind, ist der Abschluss eines *Wartungsvertrages* mit dem Installationsunternehmen anzuraten. Von ihm erhalten die Betreibenden dann einen entsprechenden *Tätigkeitsnachweis*.

Was zur *Instandhaltung* von Trinkwasseranlagen getan werden muss, ist in der DIN EN 806-5 festgelegt (Tab. 1).

15.3.1 Hauptabsperrarmatur

Eine systematische Inspektion oder Wartung beginnt üblicherweise bereits an der Hauptabsperrarmatur.

Diese sollte voll geöffnet sein und zur Erhaltung der Funktionsfähigkeit betätigt werden.

15.3.2 Wasserzähler

Für den Hauswasserzähler ist üblicherweise das Wasserversorgungsunternehmen zuständig. Sofern private Kalt- und Warmwasserzähler zusätzlich eingebaut wurden, sind für diese die Betreibenden verantwortlich. Wasserzähler sollten monatlich inspiziert werden.

Werden Wasserzähler zur Verbrauchsermittlung verwendet, so sind Kaltwasserzähler nach 6 Jahren und Warmwasserzähler nach 5 Jahren zu eichen bzw. durch das Installationsunternehmen auszuwechseln.

Tab. 2: Auflistung maßgeblicher Gesetze und Verordnungen

Gesetz/Verordnung	Stichwortartiger Inhalt
§ 536 BGB	Verkehrssicherungspflicht der vermieteten Sache
§ 823 BGB	Schadensersatzpflicht bei vorsätzlicher oder fahrlässiger Verletzung des Rechtes einer/eines anderen
§ 8(3) TrinkwV u. §§ 12(1), 15(1) AVBWasserV	Betreiber/-in ist verantwortlich, Kundenanlage, Verpflichtung des Kunden/der Kundin
§ 24(1) TrinkwV	Straftaten und Ordnungswidrigkeiten
§ 75(2), (4) IfSG	Rahmen für Strafmaß
sowie Werkvertragsrecht VOB Teil B und C § 11 Wohngebäude-Versicherungsbedingungen VGB DIN EN 806-5	

15.3.3 Rückflussverhinderer

Ein Rückflussverhinderer (RV) muss einmal im Jahr auf seine Funktionsfähigkeit überprüft werden. Hierfür ist die in Fließrichtung vor dem RV angeordnete Absperrarmatur zu schließen (Abb. 1, S. 688). Danach wird die Prüföffnung am RV aufgeschraubt. Hierbei darf an der Prüföffnung nur so viel Wasser ausfließen, wie sich zwischen Absperrarmatur und RV befindet. In gleicher Weise sind auch alle weiteren RV im Haus zu prüfen.

Tab. 1: Inspektions- und Wartungsintervalle nach DIN EN 806-5 (TB)

Anlagenteil, Apparat	Inspektion[1]			Wartung[1]			Anlagenteil, Apparat	Inspektion[1]			Wartung[1]		
	m	j	D	m	j	D		m	j	D	m	j	D
Freier Auslauf (AA)	6		□ x				Filter, rückspülbar	6		□ x			
Rohrunterbrecher (DB)		1	□ x				Filter, nicht rückspülbar	6		□ x			
Rohrtrenner (GB)	6		□ x		1	x	Dosiergerät	2		□ x	6		x
durchflussgesteuert							Enthärtungsanlage	2		□ x	6[2]		x
Rohrtrenner (GA)	6		□ x		1	x	Trinkwassererwärmer	2		x		1	x
nicht durchflussgesteuert													
Rückflussverhinderer (HA)		1	□ x				Löschwasserversorgung	1		□ x			
Rohrbelüfter (DA)		1	□ x				Brandschutzeinrichtungen	6		□ x			
Sicherheitsventil	6		□ x				Rohrleitungen		1	x			
Druckminderer		1	□ x				Kaltwasserzähler	1		□		6	x
Druckerhöhungsanlage	6		x		1	x	Warmwasserzähler	1		□		5	x

[1] m = monatlich, j = jährlich, Zahlenangaben bedeuten Zeitintervalle, z. B. m = 6: alle 6 Monate,
D = Durchführung, □: Betreiber/-in, x: Installationsunternehmen, Hersteller, Wasserversorgungsunternehmen

[2] Bei Gemeinschaftsanlagen

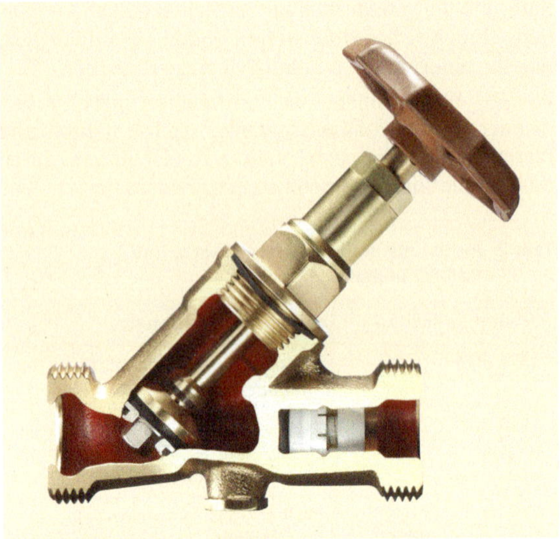

Abb. 1: Absperrarmatur mit Rückflussverhinderer

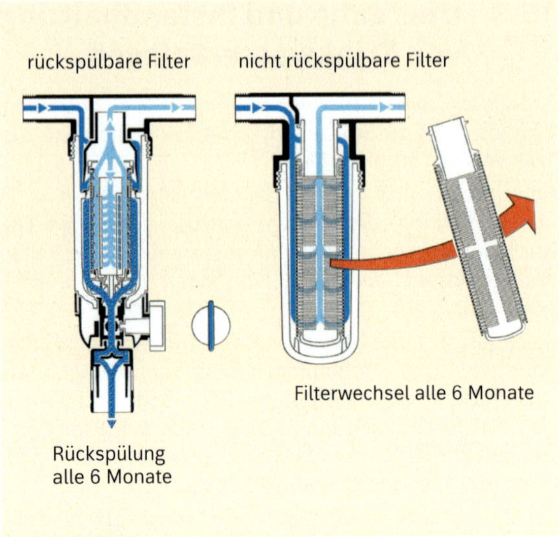

Abb. 2: Instandhaltungsmaßnahmen am Filter

15.3.4 Rohrtrenner

Ist als Sicherungseinrichtung hinter dem Wasserzähler ein Rohrtrenner eingebaut, so ist dieser ebenfalls zu inspizieren. Dabei wird je nach Typ unterschieden. Die Inspektionsarbeiten sind nach den jeweiligen Betriebsanleitungen durchzuführen.

15.3.5 Anlagen zur Trinkwasserbehandlung

Im Bereich des Hausanschlusses können Anlagen zur Trinkwasserbehandlung wie Filter, Dosiergerät, Enthärtungsanlage oder Anlagen zur physikalischen Wasserbehandlung installiert sein.

Filter

Bei Wasserfiltern (Abb. 2) wird schnell erkennbar, ob eine regelmäßige Wartung vorgenommen wird. Ihr Filtereinsatz sollte alle sechs Monate einer optischen Kontrolle unterzogen werden.

Bei *rückspülbaren Filtern* sollte dann auch eine Wartung vorgenommen werden. Dies kann beim Einbau einer Rückspülautomatik auch selbsttätig geschehen.

Bei *nicht rückspülbaren Filtern* ist der Filtereinsatz alle sechs Monate zu wechseln und zu entsorgen. Zugesetzte Filter ergeben hohe Druckverluste und können durch die Anhäufung von Schmutzteilchen zu Keimbildung und daher zu einer Gefährdung des Trinkwassers führen.

Dosiergerät

Bei einem *Dosiergerät* ist alle sechs Monate eine Inspektion fällig. Diese beinhaltet eine Sichtkontrolle und die Überprüfung des Dosierbehälters. Die Inspektion kann von einer/einem eingewiesenen Betreibenden vorgenommen werden. Für die Wartung muss eine Fachperson beauftragt werden.

Enthärtungsanlagen

Bei einer Enthärtungsanlage ist der Salzverbrauch und der Vorrat an Regeneriersalz regelmäßig, spätestens jedoch alle zwei Monate zu überwachen. Dabei ist auch

- die Rohwasserhärte, d.h. die Wasserhärte vor der Enthärtungsanlage,
- die Weichwasserhärte, d.h. die Wasserhärte nach dem Verlassen des Ionenaustauschers im Betriebszustand und
- die Verschnittwasserhärte, d.h. die Wasserhärte nach der Verschneide- bzw. Mischarmatur,

zu messen und zu kontrollieren.

Nach dem Nachfüllen von Regeneriersalz ist auf hygienische Sorgfalt zu achten, damit keine Verunreinigungen ins Wasser gelangen.

So ist z.B. darauf zu achten, dass

- die Salzpackungen in trockenen und sauberen Räumen gelagert werden,
- diese Verpackungen vor dem Umfüllen in den Salzlösebehälter gereinigt werden,
- Anbruchpackungen vermieden werden,
- der Salzlösebehälter nicht überfüllt wird,
- der Salzlösebehälter nach dem Abfüllen wieder sorgfältig verschlossen wird.

Die Wartung einer Enthärtungsanlage muss von einer Fachperson vorgenommen werden. Sie ist jährlich, bei Gemeinschaftsanlagen halbjährlich, nach Anleitung des Herstellers vorzunehmen. Verschleißteile müssen dabei ausgetauscht werden.

Des Weiteren werden Programmeinstellungen überprüft, die Verschnittwasserhärte neu justiert und der

Wasserzähler abgelesen. Die Ergebnisse sind als Tätigkeitsnachweis in das vom Hersteller mitgelieferte Betriebshandbuch einzutragen.

Physikalische Trinkwasserbehandlung

Bei diesen alternativen Wasserbehandlungsgeräten strömt Trinkwasser durch ein elektromagnetisches Feld. Bedingt durch das einfache Grundprinzip sind diese Geräte in der Regel ziemlich wartungsfreundlich. Es gibt aber auch Bauformen mit beweglichen Teilen. Grundsätzlich ist auch bei solchen Geräten die Inspektion und Wartung nach der Anleitung des Herstellers vorzunehmen.

15.3.6 Druckminderer

Direkt hinter dem Filter ist der gegen Verunreinigungen sehr empfindliche Druckminderer angeordnet (→ LF5). Druckminderer sind einmal jährlich von den Betreibenden oder vom Installationsunternehmen zu inspizieren. Dabei ist der eingestellte Ausgangsdruck am Manometer ohne Durchfluss und bei großem Durchfluss zu überprüfen. Je nach örtlichen Betriebsbedingungen, spätestens jedoch alle drei Jahre, müssen Druckminderer von einem Installationsunternehmen gewartet werden.

15.3.7 Sicherungseinrichtungen

Eine umfassende Wartung der Trinkwasserinstallation umfasst alle Sicherungseinrichtungen zum Schutz gegen Rückfließen (→ LF5). Neben den bereits beschriebenen Rückflussverhinderern und Rohrtrennern gehören hierzu auch der freie Auslauf, der Rohrunterbrecher und der Rohrbelüfter. Auch deren ordnungsgemäße Funktion muss in regelmäßigen Zeitabständen überprüft werden, weil auch von ihnen eine Beeinträchtigung der Trinkwasserqualität ausgehen kann.

Beim *ungehinderten freien Auslauf* ist einmal jährlich zu überprüfen, ob die Einbauvorschriften noch eingehalten werden. Im Wesentlichen geht es darum, ob der Auslauf noch einen ausreichenden Sicherheitsabstand zum höchstmöglichen Wasserspiegel hat.

Bei *Rohrunterbrechern* ist im gleichen Zeitabstand durch eine Sichtkontrolle nachzuweisen, dass an den Belüftungsöffnungen bei Wasserdurchfluss kein Wasser austritt.

Rohrbelüfter müssen alle fünf Jahre einmal überprüft werden. Sie sollen bei Unterdruck nachweislich öffnen und die Anlage belüften, damit das Rücksaugen von Wasser schon bei einem kleinen Höhenunterschied verhindert wird.

Die Funktion von *Belüftern der Bauart C* (Rohrbelüfter für Schlauchanschlüsse) überprüft man, indem man an den Belüfter, sofern noch nicht vorhanden, einen etwa einen Meter langen Schlauch anschließt, ihn über den Rohrbelüfter anhebt und langsam mit Wasser füllt. Anschließend ist die Absperrarmatur zu schließen, das Schlauchende z. B. mit dem Daumen zu versperren und der Schlauch zu senken (Abb. 3).

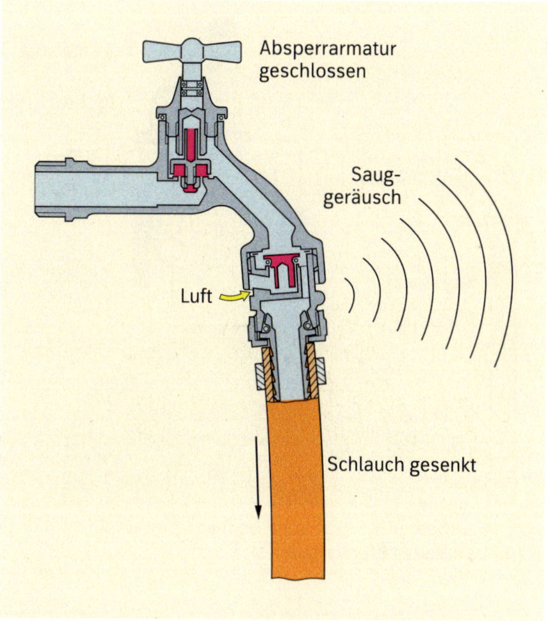

Abb. 3: Funktionsprüfung am Belüfter der Bauform C

Das im Schlauch befindliche Wasser muss nach dem Öffnen des Schlauchendes ausfließen und am Belüfter muss währenddessen ein Sauggeräusch hörbar sein.

15.3.8 Trinkwassererwärmer

Auch warmes Trinkwasser ist ein Lebensmittel. Folglich sind auch an Anlagen zur Trinkwassererwärmung besondere Anforderungen hinsichtlich der Einhaltung der Wasserqualität zu stellen. Die Maßnahmen an den unterschiedlichen Trinkwassererwärmern müssen einmal jährlich von einer/einem Fachkundigen nach den Vorschriften des Herstellers vorgenommen werden.

Eingestellte Temperaturen

Bei der Inspektion des Trinkwassererwärmers sind zunächst die eingestellten Temperaturen zu überprüfen und mit den tatsächlichen Temperaturen zu vergleichen. Dabei ist zu berücksichtigen, dass die Anlage aus hygienischen Gründen (Legionellen) so betrieben werden sollte, dass an keiner Stelle im zirkulierenden Warmwassersystem eine Temperatur von 55 °C dauerhaft unterschritten wird (DVGW-Arbeitsblatt W551).

Sicherheitsventil

Im Anschluss daran ist das Sicherheitsventil zu überprüfen, mit dem alle geschlossenen Trinkwassererwärmer abgesichert sein müssen (Abb. 1, S. 690). Es sollte alle sechs Monate einer Funktionskontrolle unterzogen werden, die auch von den Betreibenden durchgeführt werden kann. Hierbei ist kurzzeitig die Anlüftvorrichtung des Sicherheitsventils zu betätigen und zu beobachten, ob das Ventil anschließend wieder schließt.

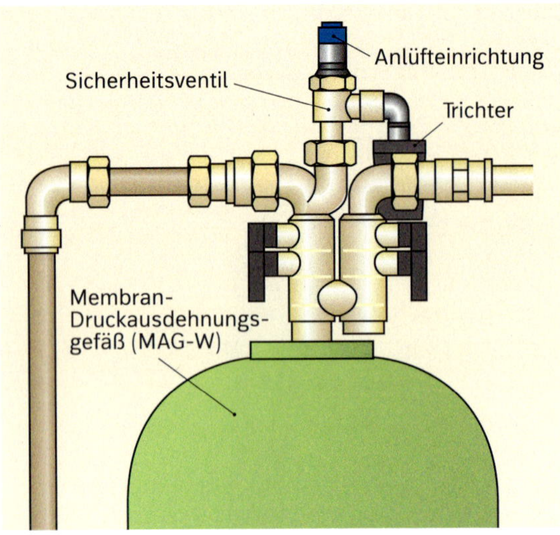

Abb. 1: Sicherheitsgruppe vor einem geschlossenen Trinkwassererwärmer

Das hierbei austretende Wasser muss über den Trichter oder die Abblaseleitung vollständig ablaufen.

Bei Sicherheitsventilen, die ohne Membran-Druckausdehnungsgefäß (MAG-W) vor Trinkwassererwärmern eingebaut sind, ist zu beobachten, ob beim Aufheizen Wasser aus der Abblaseleitung austritt. Tritt hierbei kein Wasser aus oder liegt dauernder Wasseraustritt vor, sitzt das Ventil entweder fest oder es liegt ein Fremdkörper auf den Dichtungsstellen. In diesen Fällen besteht Wartungsbedarf.

Membran-Druckausdehnungsgefäß

Ist ein Membran- Druckausdehnungsgefäß (MAG-W) eingebaut, so muss auch dieses einmal jährlich gewartet werden (Abb. 1).

Die Wartung muss nach DIN 4807-5 vorgenommen werden und ist entsprechend zu dokumentieren. Damit die Wartung möglich ist, muss eine gegen unbeabsichtigtes Schließen gesicherte Armatur mit Entleerungsmöglichkeit sowie ein Druckminderer mit Manometer eingebaut sein.

Bei der Wartung geht es darum, den gasseitigen Vordruck p_0 im entleerten MAG-W zu überprüfen bzw. wieder so einzustellen, dass er 0,2 – 0,5 bar unter dem Einstellbereich des Druckminderer liegt. Dann bildet sich bei Inbetriebnahme eine Wasservorlage im Gefäß aus, die eine verschleißarme Betriebsweise gewährleistet.

Wärmetauscher

Bei der Wartung von Durchlaufwasser- oder Kombiheizern muss auch eine Reinigung und Entkalkung der Wärmetauscherflächen vorgenommen werden. Hierzu ist der Wärmetauscher zu entleeren und zumeist auch auszubauen. Dieses muss erstmals spätestens zwei Jahre nach der Inbetriebnahme erfolgen. Anschließend richtet sich die Maßnahme nach den jeweiligen Betriebsbedingungen und der Wasserbeschaffenheit.

Sollen zur Reinigung und Entkalkung Reinigungs- oder steinlösende Mittel verwendet werden, so ist darauf zu achten, dass sie die Gesundheit nicht schädigen. Daher dürfen hierfür nur Mittel verwendet werden, deren Eignung durch den Gerätehersteller bestätigt ist. Sind in den Wartungsunterlagen keine Angaben zu finden, können handelsübliche Kalklöser verwendet werden. Die Mittel müssen nach dem Lebensmittel- und Bedarfsgegenständegesetz für die Anwendung geeignet sein.

Speicher-Trinkwassererwärmer

Bei Speichern aus emailliertem Stahl mit Magnesiumanode soll erstmals zwei Jahre nach der Inbetriebnahme eine Entfernung der Ablagerungen durch Anodenschlamm vorgenommen werden, anschließend nach Bedarf. Hierfür ist der Speicher zu entleeren. Über die Besichtigungs- und Reinigungsöffnung lassen sich die Ablagerungen entfernen. Des Weiteren soll am Speicher der einwandfreie Sitz der Wärmedämmung und je nach Art des Speichers auch noch die Funktionskontrolle, z. B. der Opferanode, der Ladepumpe, des Temperaturreglers, erfolgen und die Einstellung der thermischen Desinfektion durchgeführt werden.

Aufgaben

1. Wer ist für die Instandhaltung einer Trinkwasseranlage verantwortlich?
2. In welcher Norm ist festgelegt, was zur Instandhaltung von Trinkwasseranlagen getan werden muss?
3. Wofür könnte der Tätigkeitsnachweis nützlich sein, den die Betreibenden nach Durchführung der Wartungsarbeiten vom Installationsunternehmer erhalten?
4. In welchen zeitlichen Abständen sind a) Wasserzähler, b) Rückflussverhinderer, c)Filter, d) Druckminderer, e) Trinkwassererwärmer und f) Sicherheitsventile zu überprüfen? Wer ist jeweils für die Durchführung zuständig?
5. Beschreiben Sie, wie die Funktion eines Rückflussverhinderers überprüft wird.
6. Welche Probleme können auftreten, wenn die Wartung beim Filter nicht oder nicht oft genug vorgenommen wird?
7. Was ist bei der Inspektion des Druckminderers zu tun?
8. Beschreiben Sie, wie die Funktion von Rohrbelüftern überprüft werden kann.
9. Nennen Sie die Bauteile, die sich Anlagenmechaniker/-innen bei der Wartung eines Trinkwassererwärmers vornehmen müssen.
10. Worauf muss bei der Einstellung der Temperaturen am Trinkwassererwärmer geachtet werden?
11. Beschreiben Sie, wie die Funktionskontrolle am Sicherheitsventil vorgenommen wird.
12. Worum geht es bei der Wartung des MAG-W?

15.4 Übergabe und Instandhaltung von Entwässerungsanlagen

Entwässerungsanlagen sind grundsätzlich so zu betreiben, dass es nicht zu Störungen beim Abfluss oder gar zum Rückstau des Abwassers kommen kann. Störungen, z. B. Verstopfungen, können die Anlage sehr schnell außer Betrieb setzen und das zum Teil stark verunreinigte Abwasser kann aus der Anlage austreten.

Bei Ausfall der Entwässerungseinrichtungen können erhebliche Beeinträchtigungen oder Schäden auftreten:

- Bei der Benutzung der Toilette kann es zu unangenehmen Situationen kommen.
- Bei Rückstau und Austritt des Abwassers kommt es zu intensiven Geruchsbelästigungen.
- Bei Überschwemmungen durch austretendes Abwasser tritt nicht nur ein Wasserschaden auf, es ist zugleich mit einer hohen Verschmutzung der benetzten Gegenstände zu rechnen.
- Austretendes Abwasser stellt eine erhebliche gesundheitliche Gefährdung für Menschen und Tiere dar, wenn diese mit den Schadstoffen des Abwassers in Kontakt kommen.

Bei Störungen im Abwassersystem müssen daher in der Regel baldmöglichst Notdienstmaßnahmen (Abb. 2) eingeleitet werden.

Abb. 2: Elektro-Rohrreinigung mit Spirale

15.4.1 Gefahren bei Arbeiten an Entwässerungsanlagen

Bei Wartungs- und Instandsetzungsarbeiten an Entwässerungsanlagen kann man leicht mit Krankheitserregern, d. h. Bakterien und Viren, in Berührung kommen. Wird diese Gefährdung nicht berücksichtigt, besteht die Gefahr einer Magen-Darm-Infektion durch Kolibakterien, Salmonellen oder einer Ansteckung mit Hepatitis A. Daher muss man sich vor ansteckenden Krankheiten schützen. Die Krankheitserreger können u. A. durch Schmierinfektion über den Mund aufgenommen werden. Dies kann beim Rauchen oder beim Essen geschehen, wenn jemand mit Abwasser in Berührung kam und sich danach nicht gründlich die Hände gewaschen hat.

! Die Biostoffverordnung schreibt beim Umgang mit Abwässern **Schutzausrüstung** vor:

- wasserdichte, stabile Handschuhe
- Gummistiefel
- Schutzoveralls (Einmalanzüge) und Schutzbrille

Die Ausrüstung allein genügt nicht. Daher gelten wichtige **Sicherheitshinweise**:

- Vor dem Essen oder Rauchen Hände gründlich mit Seife waschen und/oder desinfizieren.
- Schutzausrüstung für sich gesondert aufbewahren.

Des Weiteren ist bei Arbeiten in Schächten, Abscheidern, Grundstückskläranlagen und Sammelgruben mit dem Auftreten explosionsfähiger Gemische, gesundheitsschädlicher und betäubender Gase zu rechnen. Es darf daher nur sachkundiges Personal Arbeiten an Entwässerungsanlagen durchführen. Die einschlägigen Unfallverhütungsvorschriften sowie die allgemein anerkannten sicherheitstechnischen und arbeitsmedizinischen Regeln sind zu beachten.

15.4.2 Inspektion und Wartung von sanitärtechnischen Anlagen in Gebäuden und auf Grundstücken

Im VDMA-Einheitsblatt 24186-Teil 6 stehen allmeine Hinweise, die zur Erhaltung des einwandfreien Betriebes von Entwässerungsanlagen beitragen. Nachstehend werden Inspektions- und Wartungshinweise von einigen wesentlichen Entwässerungsgegenständen aufgeführt.

Rohrleitungen und Zubehör

Rohrleitungen und Zubehör sind periodisch zu prüfen auf:

- äußere Beschädigung, Korrosion und ordnungsgemäße Befestigung
- feste Ablagerungen im Rohr über den Kontrollschacht oder die Reinigungsöffnung
- Dichtheit (Sichtprüfung)

Die DIN 1986-30 „Instandhaltung von Entwässerungsanlagen für Gebäude und Grundstücke“ schreibt z. B. die Prüfung von Grundleitungen vor, in denen verschmutztes Abwasser abgeleitet wird. Der geforderte Dichtheitsnachweis kann durch eine optische Inspektion (z. B. Kabelfernsehanlage) oder durch Prüfung auf Wasserdichtheit erfolgen. Die Prüfungen dienen dem vorbeugenden Boden- und Gewässerschutz.

Abläufe

Abläufe sind periodisch zu prüfen auf:

- Beschädigung und äußere Korrosion
- Verschmutzung
- Dichtheit (Sichtprüfung)
- ausreichenden Wasserstand

Die funktionserhaltende Reinigung des Ablaufes sollte nach Bedarf erfolgen.

Rückstauverschlüsse

Die *Inspektion* von Rückstauverschlüssen (Abb. 1) soll monatlich von den Betreibenden durch Sichtprüfung und durch Betätigung des Notverschlusses erfolgen.

Die *Wartung* ist zweimal jährlich durch eine/-n Fachkundige/-n auszuführen. Dabei sind im Allgemeinen folgende Arbeiten zu erledigen:

- Funktionsprüfung mit Rückstausimulierung und Kontrolle der Absperrorgane, speziell der Dichtflächen und Dichtungen
  Der Prüfdruck bei der Rückstausimulierung mittels eines Standrohres ist mit 10 mbar bei Rückstauverschlüssen für fäkalienfreies und mit 100 mbar bei fäkalienhaltigem Abwasser durchzuführen.
  Während der Prüfdauer von 10 Minuten ist ein maximales Leckwasservolumen von 0,5 dm^3 zulässig.
- Entfernung von Schmutz und Ablagerungen aus dem Gehäuse und den Klappen
- Prüfung der beweglichen Absperrorgane auf Leichtgängigkeit, bei Bedarf nachfetten

Über die Durchführung der Wartung ist bei Rückstauverschlüssen für fäkalienhaltiges Schmutzwasser ein *Protokoll* anzufertigen.

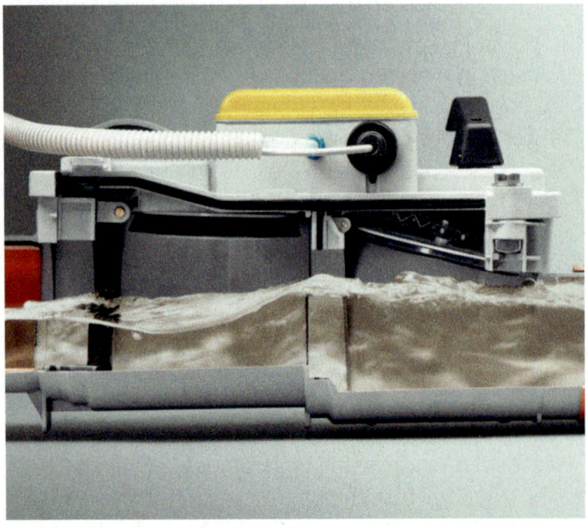

Abb. 1: Rückstauverschluss für fäkalienhaltiges Abwasser

Abwasserhebeanlagen

Abwasserhebeanlagen (Abb. 2) sind so zu unterhalten, dass sie betriebssicher sind und Gefahren oder unzumutbare Belästigungen nicht entstehen. Hersteller von Hebeanlagen sind verpflichtet, eine Bedienungs- und Wartungsanleitung mitzuliefern, die grundlegende Hinweise für Installation, Betrieb und Wartung enthält. Nach DIN EN 12 056-4, Abschnitt 8 (Inspektion und Wartung) sollen Hebeanlagen von den Betreibenden einmal monatlich durch Beobachtung von mindestens zwei Schaltzyklen auf Betriebsfähigkeit und Dichtheit inspiziert werden.

Die *Wartung* soll durch eine/-n Fachkundige/-n (Fachfirma) in folgenden Zeitabständen durchgeführt werden:

- nach drei Monaten in gewerblichen Betrieben
- nach 6 Monaten in Mehrfamilienhäusern
- nach 1 Jahr in Einfamilienhäusern

Bei der Wartung sind im Allgemeinen folgende Arbeiten auszuführen:

- Prüfung aller Verbindungsstellen auf Dichtheit
- Betätigung der Schieber, prüfen auf leichten Gang und Dichtheit, ggf. einfetten und nachstellen
- Öffnen und Reinigen des Rückflussverhinderers und Kontrolle von Sitz und Klappe
- Reinigung der Entwässerungspumpe und der unmittelbar angeschlossenen Leitung, Prüfung des Laufrades und der Lagerung
- Innenreinigung des Behälters nur bei Bedarf
- Prüfung der elektrischen Anschlüsse auf Funktion

Nach Beendigung der Wartungsarbeiten ist die Anlage nach Durchführung eines Probelaufes wieder in Betrieb zu nehmen. Über die Wartung ist ein Protokoll anzufertigen mit Angabe der durchgeführten Arbeiten und der wesentlichen Anlagedaten.

Anlagenmechanikerinnen und -mechanikern wird dringend empfohlen, den Betreibenden nach erfolgter Übergabe einen Wartungsvertrag anzubieten.

Abb. 2: Installationsbeispiel einer Hebeanlage

Aufgaben

1. Weshalb sind Betriebsstörungen von Entwässerungsanlagen, z. B. Störungen im Abfluss oder Rückstau des Abwassers, für die Betreibenden besonders unangenehm?
2. Nennen Sie die Beeinträchtigungen und Schäden, die bei einem Ausfall der Entwässerungseinrichtung auftreten können.
3. Mit welchen Geräten kann eine verlegte Abwasserleitung durchgeräumt werden?
4. Welchen gesundheitlichen Gefahren sind Anlagenmechaniker/-innen bei Wartungs- und Instandsetzungsarbeiten an Entwässerungsanlagen ausgesetzt?
5. Welche Schutzausrüstungen schreibt die Biostoffverordnung beim Umgang mit Abwässern vor?
6. Nennen Sie Sicherheitshinweise, die neben dem Einsatz der Schutzausrüstung noch unbedingt einzuhalten sind.
7. Nennen Sie die Gefahren, die beim Arbeiten in Schächten, Abscheidern, Grundstückskläranlagen und Sammelgruben zusätzlich auftreten können.
8. Beschreiben Sie die Prüfungen, die an Abwasserleitungen mit Zubehör periodisch durchgeführt werden müssen.
9. Die DIN 1986-30 (Instandhaltung von Entwässerungsanlagen für Gebäude und Grundstücke) schreibt eine besondere Prüfung von Grundleitungen vor, durch die Abwasser abgeleitet wird. Beschreiben Sie, warum gerade bei Grundleitungen eine besondere Sorgfalt gefordert ist.
10. Ein Rückstauverschluss in einem Einfamilienhaus ist sorgfältig zu kontrollieren.
    a) Welche Inspektions- bzw. Wartungsintervalle sind bei Rückstauverschlüssen vorgeschrieben?
    b) Wer darf die entsprechenden Überprüfungen vornehmen?
    c) Welche Arbeiten sind bei der Wartung eines Rückstauverschlusses durchzuführen?
11. Beschreiben Sie, wie die Wartungsarbeiten bei Rückstauverschlüssen für fäkalienhaltiges Schmutzwasser zu dokumentieren sind.
12. In welchen Zeitabständen soll die Wartung einer Abwasserhebeanlage durch eine fachkundige Person erfolgen?
13. Listen Sie die Wartungsarbeiten auf, die an einer Abwasserhebeanlage auszuführen sind.
14. Welche Maßnahmen sollten Anlagenmechaniker/-innen den Betreibenden empfehlen, um einen störungsfreien Betrieb der Abwasserhebeanlage auf Dauer zu gewährleisten?

15.5 Abnahme, Übergabe und Instandhaltung von raumlufttechnischen Anlagen

Der einwandfreie Betrieb einer raumlufttechnischen Anlage wird neben der fachgerechten Planung auch von der Art der Inbetriebnahme und Übergabe bestimmt. Darüber hinaus sind die Maßnahmen zur Instandhaltung der Anlage von besonderer Bedeutung für eine ökonomische Arbeitsweise.

15.5.1 Abnahme

Nach der Fertigstellung einer raumlufttechnischen Anlage ist eine Abnahme durchzuführen. Sie umfasst in der Regel die Vollständigkeits- und Funktionsprüfung.

Bei der *Vollständigkeitsprüfung* wird verglichen, ob die gelieferten Anlagenteile mit dem vereinbarten Auftragsumfang übereinstimmen. Weiterhin muss überprüft werden, dass die RLT-Anlage unter Einhaltung der technischen und behördlichen Sicherheitsvorschriften errichtet wurde und das kein Verstoß gegen die Regeln der Technik vorliegt.

Bei der *Funktionsprüfung* wird während eines mehrstündigen Probebetriebes die vertragsmäßig vereinbarte Funktionsfähigkeit der Anlage nachgewiesen. Die Durchführung der Prüfung erstreckt sich u. a. auf:

- alle Einbauten der RLT-Anlage, z. B. Filter, Ventilatoren, Be- und Entfeuchter, Luftklappen
- die Wärme- und Kälteversorgung der Wärmetauscher
- sämtliche Sicherheitseinrichtungen
- die Wirksamkeit der Luftdurchlässe, evt. mit Messung der Luftgeschwindigkeit
- die Steuerungs- und Regelungsanlagen
- die Absperrorgane gegen Feuer und Rauch

Im Zusammenhang mit der Erstinbetriebnahme der Anlage ist zu beachten, dass vor dem ersten Einschalten der Ventilatoren alle mit dem Luftstrom in Berührung kommenden Teile gründlich zu reinigen sind. Dazu zählen auch Kammerzentralen und Gerätegehäuse. Diese Reinigung erfolgt durch Aussaugen und ggf. Wischdesinfektion.

Ferner schreibt die VDI 6022 u. a. vor, dass Lüftungsgeräte nicht ohne Luftfilter in Betrieb genommen werden dürfen. Auch ist darauf zu achten, dass die Luftfilter korrekt eingesetzt sind. Bei höheren hygienischen Anforderungen ist eine Messung der Keimkonzentration in der Zuluft vorzunehmen. Nach Inbetriebnahme, Einregulierung und technischer Abnahmeprüfung erfolgt die Übergabe in die Verantwortung der Betreibenden.

15.5.2 Übergabe

Die Installationsfirma muss dazu ein Inbetriebnahme- und Einweisungsprotokoll – auch Übergabe- oder Abnahmeprotokoll genannt – vorbereiten (Abb. 1, S. 694).

Inbetriebnahme- und Einweisungsprotokoll
für nachstehende raumlufttechnische Anlage

Bauvorhaben:

Auftraggeber/-in:	Auftragnehmer/-in:
vertreten durch:	vertreten durch:

Es wurden folgende Anlagenteile in Anwesenheit der oben erwähnten Personen in Betrieb genommen:
(Nichtzutreffendes streichen)

1. Außen- und Fortluftdurchlässe	8. Luftleitungen
	9. Schalldämpfer
2. Kammerzentralen	10. Kühlturm
3. Luftfilter	11. Entfeuchter
4. Luftbefeuchter	12. Endgeräte
5. Wärmetauscher	13. Kühldecke
6. Ventilator	14. Brandschutzklappen
7. Wärmerückgewinnung	15. ...

Bemerkungen Auftraggeber/-in:

Bemerkungen Auftragnehmer/-in:

Die Einweisung für den Betrieb der Anlage ist erfolgt, die erforderlichen Betriebsunterlagen wurden gemäß nachfolgender Aufstellung ausgehändigt:

1. Protokolle der technischen Abnahmeprüfung
2. Bedienungsanleitung
3. Herstellerunterlagen
4. Wartungs- und Inspektionsplan
5. Bestandszeichnungen

Ort:	Datum:
Auftraggeber/-in:	Auftragnehmer/-in:

Abb. 1: Musterprotokoll

Die Betreibenden sind durch den Anlagenhersteller in die Bedienung der raumlufttechnischen Anlage einzuweisen und mit der Betriebsweise vertraut zu machen. Dazu gehört auch, dass sie über die Funktion und Wartung der vorhandenen Bauteile der Anlage ausführlich unterrichtet werden. Inbetriebnahme, Einweisung, Übergabe und Abnahme sind in dem vorbereiteten Protokoll (Abb. 1) festzuhalten und durch Unterschrift von Auftraggeber/-in (Betreiber/-in) und Auftragnehmer/-in (Anlagenhersteller) zu bestätigen.

Gleichzeitig ist den Betreibenden der Abschluss eines Wartungsvertrages anzubieten, damit ein störungsfreier Betrieb der Anlage gewährleistet ist.

Den Betreibenden sind auszuhändigen:

- die Protokolle der technischen Abnahme
- die Bedienungsanleitung der Anlage
- ein Wartungs- und Inspektionsplan
- die Herstellerunterlagen der eingebauten Anlagenteilen einschließlich deren Bedienungs- und Instandhaltungshinweisen
- die Bestandszeichnungen der Anlage

15.5.3 Instandhaltung

Auch in Verbindung mit RLT-Anlagen kann die Instandhaltung in drei Bereiche unterteilt werden. Hierzu zählen :

- *Wartung* der kompleten RLT-Anlage mit allen luft- und regelungstechnischen Komponenten
- *Inspektion* der Anlage mit den erforderlichen Messungen und Funktionsprüfungen
- *Instandsetzung* erneuerungsbedürftiger Bauteile

Wartung

In ungewarteten RLT-Anlagen können sich Staub, Bakterien, Pilze und andere Schadstoffe ansammeln und über den transportierten Luftstrom in die Raumluft gelangen (Abb. 2). Hier werden sie von den Raumnutzenden über die Atemwege aufgenommen, worin eine sehr hohe Gesundheitsgefährdung für große Personengruppen besteht. Der regelmäßigen und umfassenden Wartung von RLT-Anlagen kommt durch den gesundheitlichen Aspekt ein höher Stellenwert zu. Darüber hinaus verschlechtert sich bei ungewarteten Anlagen die Energiebilanz, da z. B. Schmutzablagerungen in den Luftleitungen zu einer Querschnittsreduzierung führen, wodurch der Energiebedarf der Ventilatoren steigt. Leider ist das Wartungsbewußtsein bei Betreibenden von Lüftungs- und Klimaanlagen gering.

Vielfach herrscht Unkenntnis über mögliche hygienische und wirtschaftliche Nachteile.

Führt der Betrieb einer nicht gewarteten RLT-Anlage z. B. zu gesundheitlichen Beeinträchtigungen bei den Nutzenden, so kann es zu einem strafrechtlichen Verfahren gegen die Betreibenden kommen.

! „Nicht-Wartung“ gilt als fahrlässige Körperverletzung.

Wesentliche Vorteile einer regelmäßigen Wartung sind:

- Die Leistung und Funktion der RLT-Anlage wird sichergestellt.
- Ein störungsfreier Betrieb und ein optimales Raumklima können weitestgehend garantiert werden.
- Die Lebensdauer der RLT-Anlage wird verlängert.
- Hygienische Nachteile, z. B. erhöhter Staubgehalt durch unzulässig stark verschmutzte Filter, und gesundheitliche Risiken werden vermieden.
- Es wird eine energiesparende Betriebsweise gewährleistet, z. B. führen verschmutzte Wärmetauscher zu einer Verschlechterung des Wirkungsgrades.
- Die Akzeptanz der Klimatechnik bei den Nutzenden wird verbessert, da viele Vorurteile gegenüber klimatisierten Räumen aus einem fehlerhaften Anlagenbetrieb resultieren, welcher letztlich durch eine ausreichende Wartung vermeidbar ist.

Welche lufttechnischen Einrichtungen zu warten sind, zeigt die Übersicht nach VDMA-Blatt 24186-1 (Tab. 1).

Der Umfang der Wartungsarbeiten wird von der Art und der Größe der RLT-Anlage bestimmt. Es ist zweckmäßig, die durchzuführenden Tätigkeiten in Checklisten zu erfassen. Eine derartige Aufstelllung enthält die VDMA 24186-1.

Abb. 2: Verschmutzter Zuluftkanal

Tab. 1: Übersicht über die zu wartenden lufttechnischen Einrichtungen

1	**Luftfördereinrichtung**	**5**	**Bauelemente des Luftverteilungssystems**
1.1	Ventilatoren	5.1	Wetterschutzgitter
2	**Wärmeaustauscher**	5.2	Gitter und Verteiler
2.1	Lufterwärmer (Luft/Flüssigkeit)	5.3	Brandschutzklappen
2.2	Elektro-Lufterwärmer	5.4	Jalousieklappen
2.3	Luftkühler (Luft/Flüssigkeit)	5.5	Luftkanäle und Kammern
2.4	Verdampfer (Luft/Kältemittel)	5.6	Misch- und Entspannungskästen
2.5	Rotationswärmeaustauscher	5.7	Absperr- und Abgleichelemente
2.6	Kreuzstrom-Wärmeaustauscher	5.8	Induktionsgeräte und vergleichbare Nachbehandlungsgeräte
3	**Luftfilter**	**6**	**Schaltschrank, Regelanlage, Leittechnik, Druckluftstation** (Leistungsprogramm siehe VDMA 24 186 T. 4)
3.1	Rollbandfilter	**7**	**Antriebselemente**
3.2	Trockenschichtfilter	7.1	Elektromotoren
3.3	Elektrofilter	7.2	Riementriebe
3.4	Sorptionsfilter	7.3	Antriebskupplungen
3.5	Schwebstofffilter	7.4	Kettentriebe
4	**Luftbefeuchter**	7.5	Getriebe
4.1	Luftbefeuchter (Medium: Wasser)	**8**	**Rohrnetz**
4.2	Tropfenabscheider/ Gleichrichter	8.1	Pumpen
4.3	Luftbefeuchter (Medium: Dampf) mit eigenem Dampferzeuger	8.2	Absperr-, Abgleich- und Regelarmaturen
4.4	Luftbefeuchter (Medium: Dampf) ohne eigenen Dampferzeuger	8.3	Schmutzfänger
4.5	Dampferzeuger	8.4	Rohrleitungen und Ausdehnungsgefäße

Eine oft vernachlässigte Wartungsmaßnahme ist die Reinigung der Luftleitungen, weil sie als schwierig zu realisieren gilt. Dabei steht heute eine Vielzahl von Reinigungsmethoden zur Verfügung.

Am effektivsten erweist sich der Einsatz von Reinigungsrobotern. Mit ihnen können bis zu 80 m lange Luftleitungen gereinigt werden. Ein drehbarer Schwenkkopf ermöglicht selbst die Überprüfung von Abzweigleitungen. Zur Durchführung des Reinigungsvorganges wird der entsprechende Leitungsabschnitt mit zwei Absperrballons verschlossen. Ein fahrbarer Reinigungsroboter entfernt die Ablagerungen z. B. mit rotierenden Bürsten oder mit Trockeneis. Der gelöste Schmutz wird mittels Unterdruck abgesaugt und in einem Filter gesammelt. Mithilfe einer Kamera lässt sich der Reinigungszustand überprüfen. Nach der Reinigung kann bei Bedarf eine Desinfektion oder eine Oberflächenbehandlung der inneren Leitungswandung erfolgen, z. B. das Aufbringen einer Versiegelung.

Wartungsarbeiten an RLT-Anlagen dürfen nur Fachleute ausführen, die über entsprechende Kenntnisse auf diesem Gebiet verfügen. Sie müssen zusätzlich eine Hygieneschulung (Kategorie B nach VDI 6022) absolviert haben. Wartungsnachweise sind dem Auftraggeber bzw. der Auftraggeberin auszuhändigen. Sie dienen zusammen mit Reparaturnachweisen der Beurteilung der Anlage.

Inspektion

Neben der Ermittlung des technischen Ist-Zustandes der RLT-Anlage, z. B. Grad des Verschleißes von rotierenden Bauteilen, ist der Inspektion des Hygienezustandes besondere Beachtung zu schenken. Eine solche Hygieneinspektion umfasst für eine RLT-Anlage zur Versorgung von Büro- und Versammlungsräumen laut VDI 6022 u. a. folgende Maßnahmen:

- Messung der Lufttemperatur, Luftfeuchte und Luftgeschwindigkeit an repräsentativen Stellen in der RLT-Anlage sowie in den Räumen
- Begehung der RLT-Zentrale sowie der von ihr versorgten Räume unter Hinzuziehung des zuständigen Betriebs- oder Amtsarztes bzw. -ärztin
- Überprüfung des hygienischen Zustandes der Anlage einschließlich der Durchführung von Abklatschproben an Filtern, Befeuchtern und Wärmetauschern
- Kontrolle des Gesamtkeimgehaltes an Legionellen
- schriftliche Mitteilung des Untersuchungsergebnisses sowie der Empfehlung von Instandhaltungsmaßnahmen an die Betreibenden

Die Hygieneinspektion von RLT-Anlagen darf nur von geschultem Fachpersonal (Schulung der Kategorie A) durchgeführt werden und sollte in Verbindung mit der Anlagenwartung und Reinigung erfolgen.

Aufgaben

1. Welche Tätigkeiten sind bei der Abnahme einer RLT-Anlage durchzuführen?
2. Warum besitzt die Wartung im Bereich der Raumlufttechnik eine besondere Stellung?
3. Nennen Sie Vorteile einer regelmäßigen Wartung von RLT-Anlagen.
4. Beschreiben Sie die Reinigung von Luftleitungen mittels Reinigungsrobotern.

▶ Basisunterlagen für Kundenaufträge

„Bremer Haus“

Abb. 1: Ansicht von der Straßenseite

Abb. 2: Ansicht von der Gartenseite

Abb. 3: Reihenhäuser in der Ausführung „CO_2-Niedrighaus“

Basisunterlagen

Als Basis für die Projekte dieses Buches dient eine Variante des „Bremer Hauses", welches von der Bremischen Bau- und Siedlungsgesellschaft m. b. H. (BREBAU) mehrfach realisiert wurde (Abb. 1 bis 3). Hinter der zweigeschossigen Straßenfassade verbergen sich auf der Gartenseite drei Vollgeschosse. Zudem ist als vierte Ebene noch der Ausbau eines Spitzbodens möglich.

- **Energieträger**
  In diesem Niedrigenergiehaus wird als Energieträger Erdgas eingesetzt. Um das CO_2-Einsparpotenzial weitestgehend auszunutzen, stehen ein Gasherd und ein gasbetriebener Wäschetrockner bereit.
- **Heizung**
  Die Gaskesselanlage mit Warmwasserspeicher ist im Dachgeschoss angeordnet. Die Beheizung der einzelnen Räume erfolgt über Plattenheizkörper mit Thermostatventil. Für die zentrale Regelung ist eine außentemperaturgeführte Vorlauftemperaturregelung mit Raumtemperaturaufschaltung installiert.
- **Wasserversorgung**
  Küche, Bad und WC sind mit Warm- und Kaltwasseranschlüssen ausgestattet. Ein Waschmaschinenanschluss im Bad ist vorhanden. Zur Gartenbewässerung befindet sich auf der Terrasse eine Außenzapfstelle. Die Spülmaschine in der Küche wird mit Warmwasser gespeist. Über eine Zirkulationsleitung wird an allen WW-Zapfstellen warmes Wasser bedarfsgerecht bereitgestellt.
- **Entwässerung**
  Die Entwässerung für Gebäude und Grundstück erfolgt im Trennsystem (Abb. 4). Als Hauptader für die Schmutzwasserableitung im Gebäude dient eine Fallleitung mit Entlüftung über das Dach, an die alle Entwässerungsgegenstände angeschlossen sind. Die Schmutzwasserfallleitung wird mit allen Steigleitungen durch einen gemeinsamen Installationsschacht geführt (siehe nachfolgende Seiten).

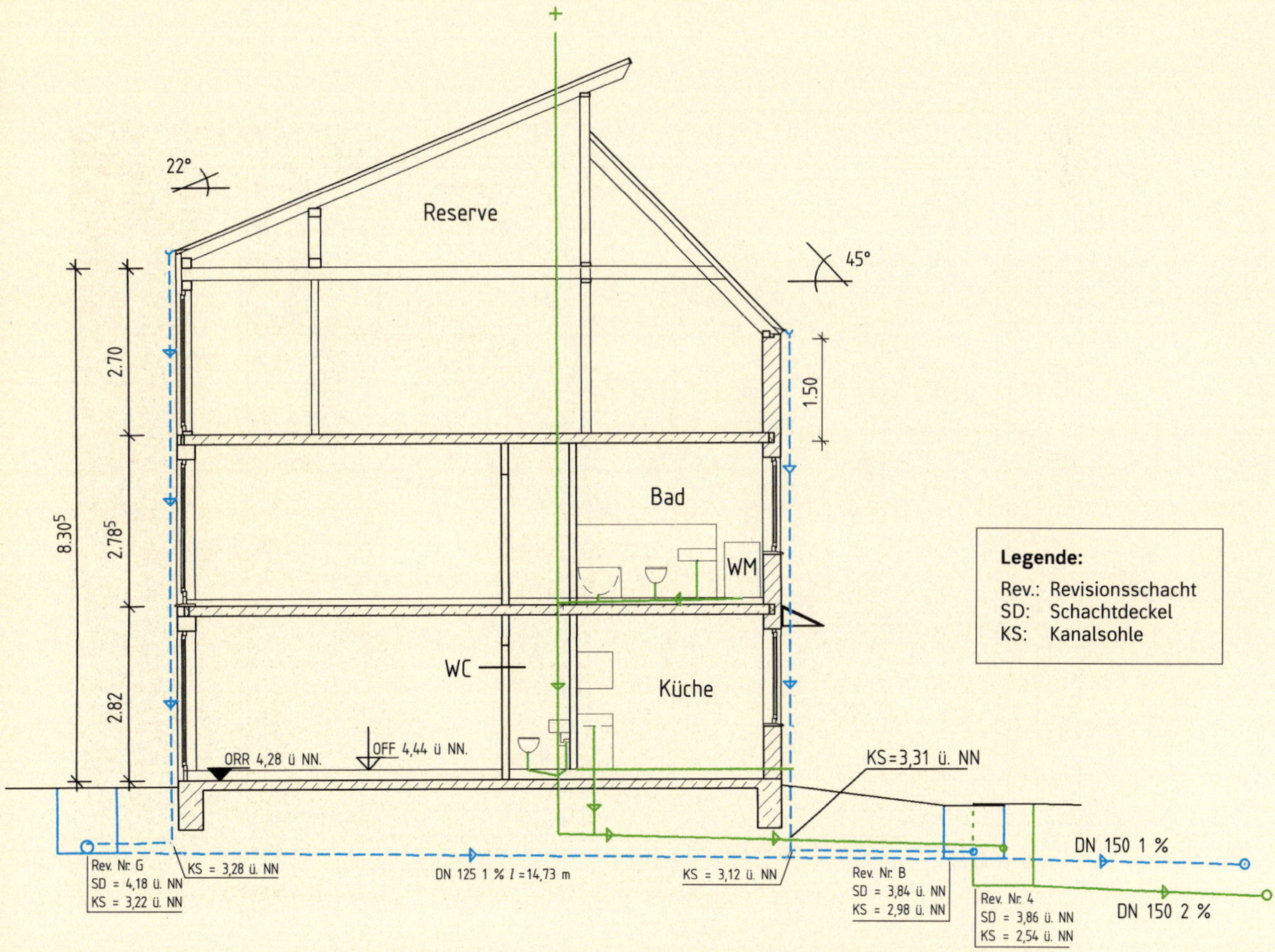

Abb. 4: Schnitt mit Entwässerung für Niederschlags- und Schmutzwasser (ca. M 1 : 100)

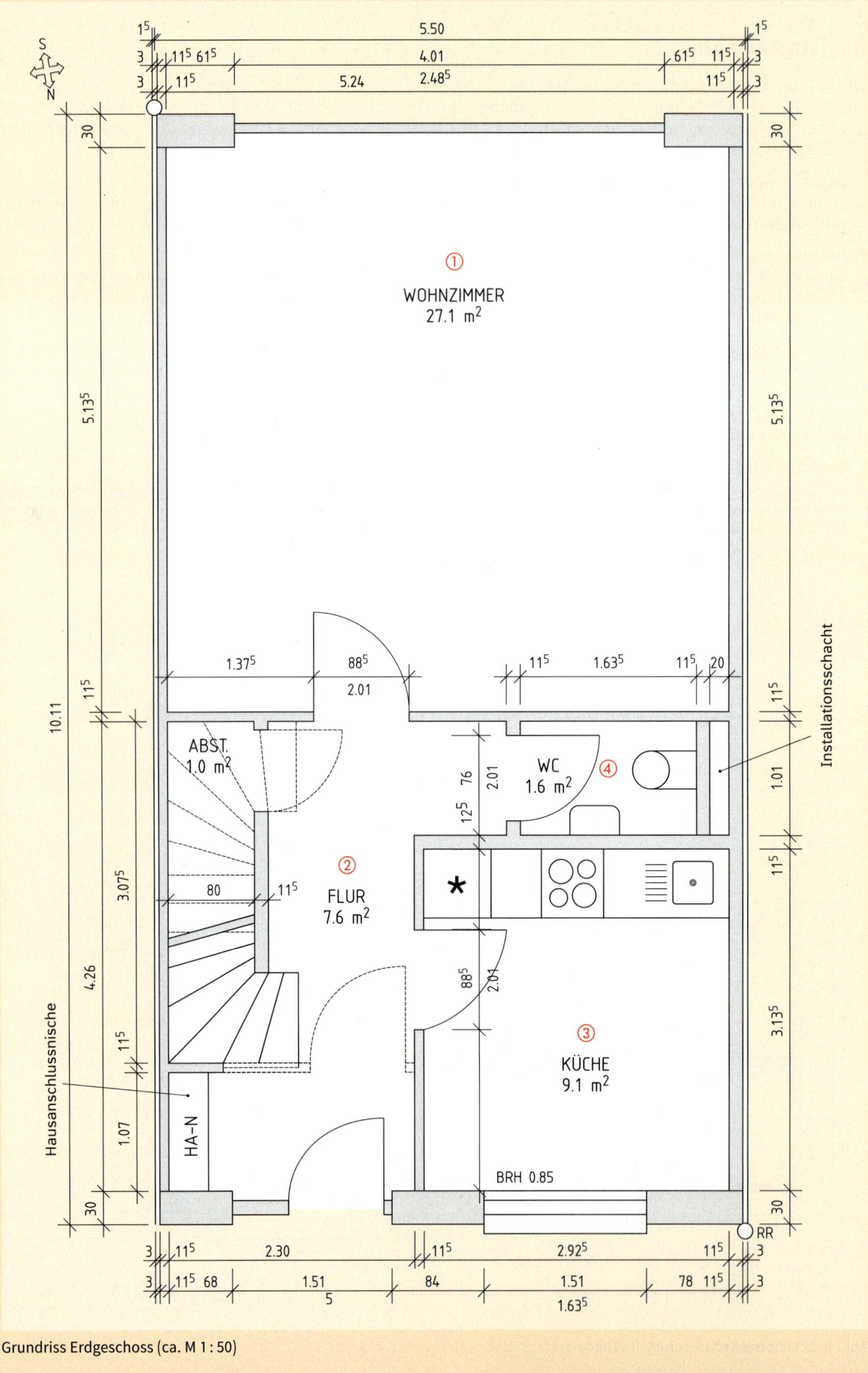

Grundriss Erdgeschoss (ca. M 1 : 50)

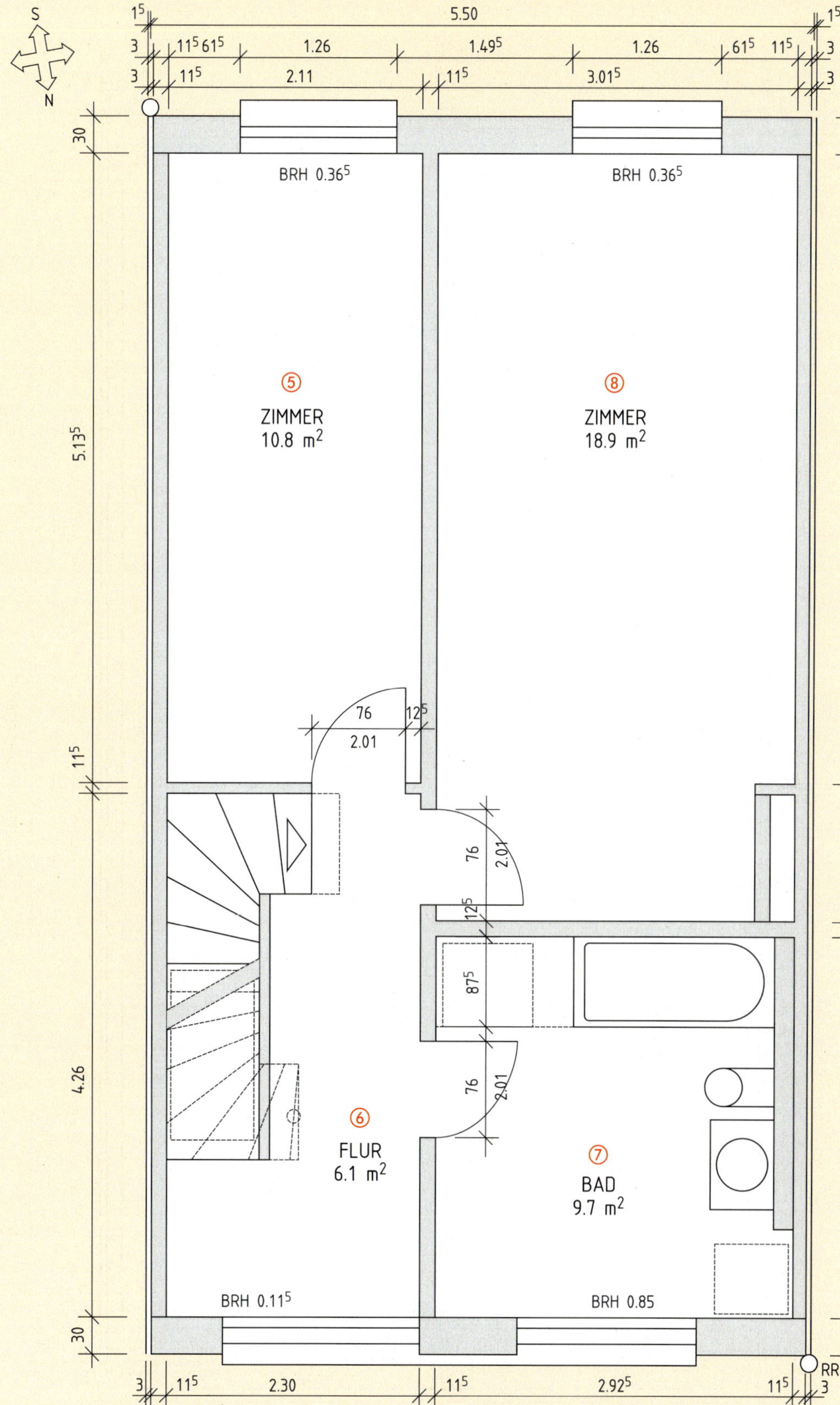

Grundriss 1. Obergeschoss (ca. M 1 : 50)

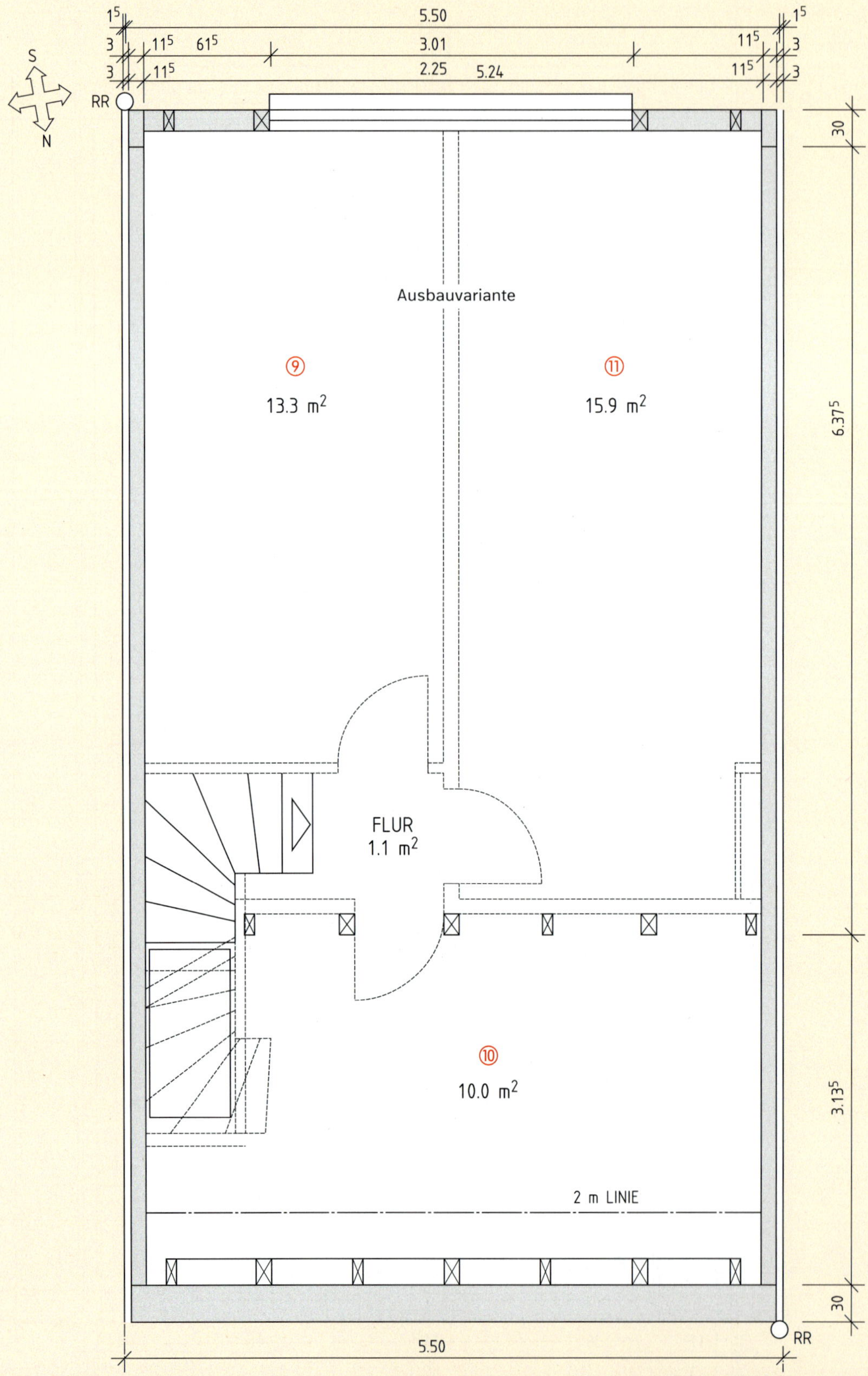

Grundriss 2. Obergeschoss (ca. M 1 : 50)

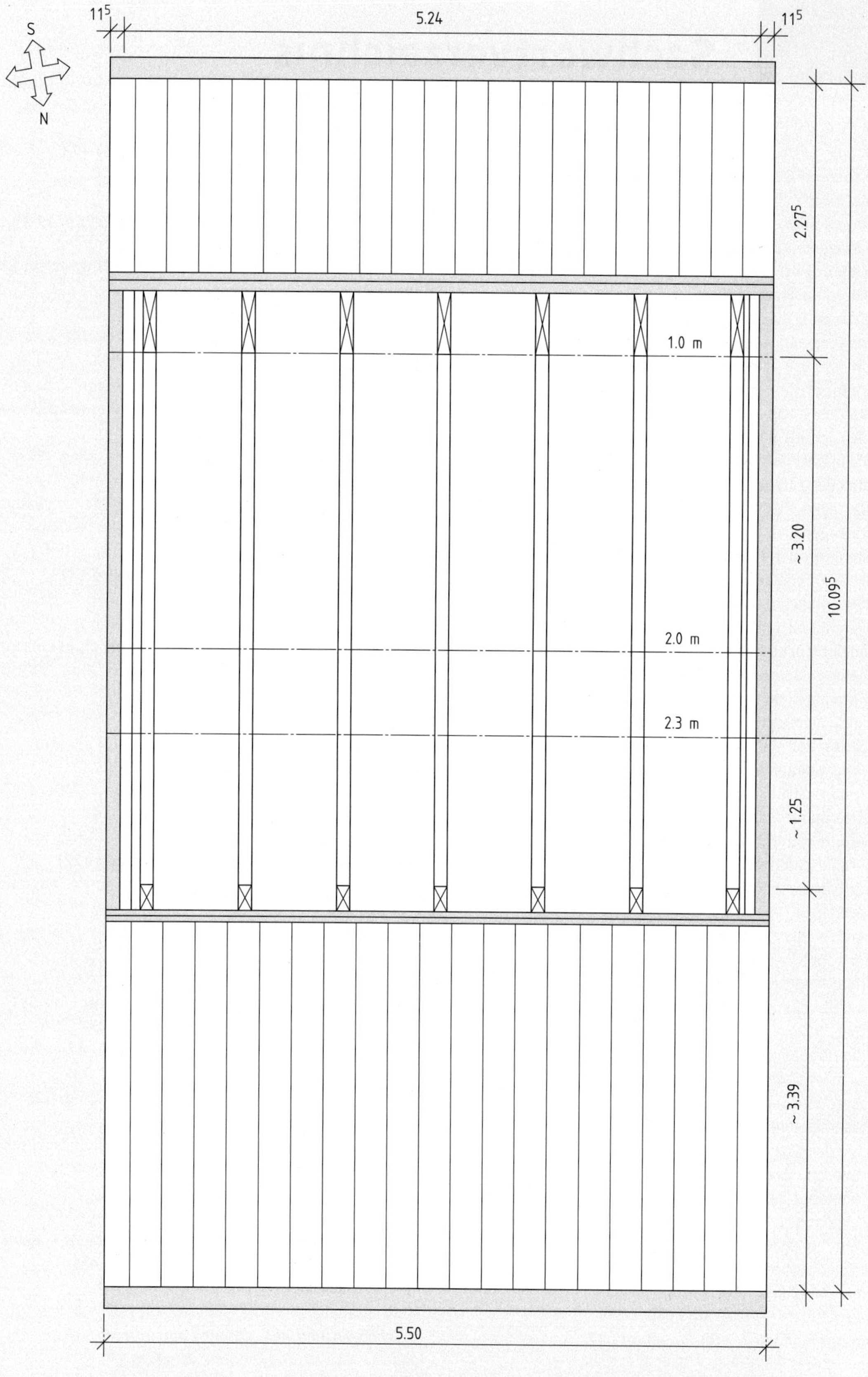

Grundriss Spitzboden (ca. M 1 : 50)

Sachwortverzeichnis

L

O

P

Q

S

T

Z

Bildquellenverzeichnis

|Aalberts integrated piping systems GmbH, Essen: 222.4, 463.3, 463.4, 463.5, 463.6. |ACO Passavant GmbH, Philippsthal: ACO Haustechnik 273.2. |Adolf Würth GmbH & Co. KG, Künzelsau-Gaisbach: www.wuerth.de 131.5. |Alamy Stock Photo (RMB), Abingdon/Oxfordshire: Kinek00 26.2; Viennaslide 612.3. |Allmess GmbH, Oldenburg: 219.1, 219.2, 219.3, 329.4. |ARI-Armaturen Albert Richter GmbH & Co. KG, Schloß Holte-Stukenbrock: 325.4. |Autorenteam: bearbeitet von deckermedia GbR, Rostock 3.1, 3.2, 18.1, 19.1, 20.1, 24.1, 25.5, 27.3, 28.5, 29.1, 29.2, 30.1, 30.2, 34.1, 35.1, 36.1, 36.2, 37.1, 37.2, 48.1, 48.2, 57.1, 59.1, 61.3, 63.1, 63.3, 63.4, 63.5, 65.1, 65.2, 66.1, 66.2, 67.1, 68.1, 69.2, 70.1, 72.2, 73.1, 73.3, 73.4, 75.1, 81.1, 81.2, 81.3, 81.4, 82.1, 83.1, 84.1, 85.2, 85.3, 86.1, 86.2, 86.3, 87.2, 88.1, 90.3, 94.1, 94.2, 97.1, 98.1, 99.1, 99.2, 101.1, 103.1, 106.1, 107.1, 108.1, 108.2, 111.1, 112.1, 113.1, 114.1, 114.2, 114.3, 115.1, 115.2, 116.1, 116.2, 116.3, 116.4, 116.5, 121.1, 122.1, 122.2, 124.1, 124.2, 125.1, 126.1, 127.1, 127.2, 128.2, 129.1, 129.4, 130.1, 130.2, 132.1, 132.2, 132.3, 133.4, 136.3, 136.4, 137.1, 137.2, 138.1, 139.1, 139.2, 140.1, 142.1, 142.2, 142.3, 143.1, 143.2, 144.2, 145.1, 145.3, 146.1, 146.2, 147.1, 147.3, 148.1, 149.3, 150.1, 150.2, 150.3, 151.4, 151.5, 152.1, 152.2, 152.3, 152.4, 152.5, 152.6, 152.7, 153.2, 153.3, 154.1, 154.2, 154.3, 155.1, 155.2, 156.1, 159.1, 159.2, 163.1, 163.2, 166.1, 166.2, 168.1, 168.3, 169.1, 170.1, 172.1, 172.2, 172.3, 173.1, 173.3, 173.4, 173.5, 173.6, 174.1, 174.2, 175.1, 176.1, 177.1, 177.2, 178.2, 179.1, 179.2, 179.3, 179.4, 180.1, 181.2, 182.2, 182.3, 183.1, 183.2, 184.1, 184.3, 184.4, 185.1, 188.2, 191.1, 192.1, 193.1, 193.2, 194.2, 194.3, 194.4, 195.1, 195.2, 195.3, 195.4, 197.1, 197.2, 197.3, 198.3, 198.4, 199.1, 200.1, 200.2, 200.3, 200.4, 200.5, 200.6, 201.1, 201.2, 201.3, 201.4, 201.5, 202.1, 202.2, 202.3, 203.1, 203.2, 203.3, 203.4, 204.2, 205.1, 205.2, 206.1, 206.2, 206.3, 207.1, 208.1, 208.2, 208.3, 208.4, 209.1, 209.2, 209.3, 210.1, 210.2, 212.1, 212.2, 213.1, 213.2, 213.3, 214.1, 214.2, 214.3, 214.4, 215.1, 215.2, 215.3, 216.3, 219.4, 220.1, 220.2, 220.3, 220.4, 221.1, 223.1, 223.2, 223.4, 223.5, 224.1, 224.2, 225.5, 226.1, 226.2, 226.3, 226.4, 227.1, 227.2, 228.1, 228.2, 229.1, 229.2, 229.3, 229.4, 230.1, 230.2, 231.1, 231.2, 231.3, 232.1, 232.2, 232.3, 232.5, 233.1, 233.2, 233.4, 234.1, 235.1, 237.1, 237.2, 238.1, 238.2, 238.3, 238.5, 238.6, 239.1, 239.2, 239.3, 239.4, 239.5, 240.1, 240.2, 240.3, 241.1, 241.2, 241.3, 242.1, 242.2, 243.1, 243.2, 243.3, 243.4, 244.3, 244.6, 244.7, 244.8, 245.1, 245.3, 245.4, 245.5, 245.6, 245.7, 246.1, 246.2, 246.3, 246.4, 246.5, 246.7, 247.2, 247.3, 247.4, 247.5, 249.2, 250.1, 251.1, 253.1, 254.1, 254.2, 255.1, 255.2, 256.1, 256.2, 256.3, 257.1, 257.2, 257.3, 257.4, 257.5, 258.1, 258.2, 258.3, 258.4, 258.5, 259.1, 259.2, 259.3, 259.4, 259.5, 259.6, 259.7, 260.1, 260.2, 260.3, 261.1, 261.2, 261.3, 261.4, 261.5, 262.1, 262.2, 262.3, 262.4, 262.5, 262.6, 263.1, 263.2, 263.5, 264.1, 264.2, 264.3, 264.4, 265.1, 265.2, 265.3, 266.1, 266.2, 266.3, 267.1, 267.2, 267.3, 268.1, 268.2, 268.3, 269.1, 269.2, 269.3, 270.1, 270.2, 271.1, 271.2, 271.3, 272.1, 272.2, 272.3, 273.1, 273.3, 274.1, 274.2, 274.3, 275.1, 276.1, 276.3, 276.5, 276.6, 276.7, 277.1, 277.2, 277.3, 278.1, 278.2, 279.1, 279.2, 279.3, 280.1, 281.1, 281.2, 281.3, 281.6, 282.1, 282.2, 283.1, 283.2, 284.2, 284.3, 284.4, 285.1, 285.2, 285.3, 287.1, 287.2, 288.1, 289.1, 290.1, 290.2, 290.3, 290.4, 290.5, 291.1, 291.2, 291.3, 292.1, 292.2, 292.3, 293.2, 296.1, 297.1, 298.1, 300.1, 308.2, 310.2, 310.4, 311.1, 313.1, 313.2, 313.3, 313.4, 314.1, 314.2, 315.1, 315.2, 316.1, 316.2, 317.1, 319.1, 320.1, 321.1, 321.2, 322.1, 322.2, 322.3, 323.1, 323.2, 324.1, 325.2, 331.1, 334.1, 335.1, 336.2, 337.1, 340.1, 340.2, 340.3, 340.4, 340.5, 341.1, 341.2, 341.3, 342.2, 342.3, 349.1, 354.2, 354.3, 356.1, 357.1, 362.2, 362.3, 363.1, 363.2, 363.3, 364.1, 364.2, 365.3, 366.1, 368.3, 369.1, 369.2, 370.1, 370.2, 370.3, 370.4, 371.1, 372.1, 373.1, 373.2, 373.3, 379.3, 380.1, 381.1, 382.1, 382.2, 384.1, 384.2, 385.1, 388.1, 388.2, 388.3, 389.1, 390.3, 391.3, 393.1, 394.2, 399.1, 399.5, 400.1, 400.4, 401.1, 402.3, 403.1, 404.1, 405.1, 405.4, 405.5, 407.1, 408.1, 408.2, 409.1, 409.2, 409.3, 409.4, 409.5, 409.6, 409.7, 409.8, 411.1, 413.1, 414.1, 414.2, 415.1, 415.2, 415.3, 416.1, 416.3, 417.2, 419.1, 420.2, 420.3, 420.4, 420.5, 422.1, 423.1, 423.2, 423.3, 424.1, 425.1, 425.2, 425.3, 426.1, 427.1, 428.1, 429.1, 429.2, 429.3, 430.1, 434.3, 435.1, 437.2, 440.1, 441.1, 441.2, 442.1, 442.2, 443.1, 446.1, 446.2, 447.1, 448.1, 449.1, 451.1, 451.2, 451.3, 452.1, 452.2, 452.3, 453.2, 455.1, 456.1, 456.2, 457.1, 457.2, 457.3, 458.1, 459.1, 463.2, 464.1, 465.1, 466.1, 466.2, 466.4, 467.1, 469.1, 481.2, 487.2, 487.5, 488.1, 489.1, 494.1, 494.2, 496.1, 503.1, 504.2, 505.1, 507.2, 509.1, 509.3, 512.2, 513.1, 515.2, 519.3, 520.2, 522.1, 522.2, 522.3, 523.1, 523.2, 524.1, 524.2, 524.5, 525.2, 528.1, 529.1, 529.2, 529.3, 529.4, 530.1, 530.2, 530.3, 530.5, 530.6, 530.7, 538.1, 539.1, 540.1, 541.1, 542.1, 542.2, 544.1, 544.2, 550.1, 555.2, 566.2, 574.1, 574.2, 575.2, 575.3, 583.1, 587.1, 587.2, 590.1, 591.1, 591.2, 593.1, 593.2, 611.1, 621.2, 622.1, 622.2, 622.3, 622.4, 622.5, 622.6, 622.7, 622.8, 622.9, 622.10, 622.11, 622.12, 622.13, 622.14, 622.15, 622.16, 626.1, 628.1, 628.2, 628.3, 629.1, 632.1, 639.1, 641.2, 641.3, 642.2, 642.3, 642.4, 642.5, 644.1, 644.2, 644.3, 644.4, 645.1, 645.2, 645.3, 646.2, 646.6, 646.7, 647.1, 647.2, 647.3, 648.2, 648.3, 648.4, 648.5, 648.6, 649.1, 649.2, 649.4, 651.2, 651.3, 652.1, 652.2, 652.3, 653.2, 653.3, 654.2, 656.3, 656.4, 657.1, 657.2, 657.3, 657.4, 657.5, 657.6, 657.7, 661.1, 661.2, 663.2, 667.3, 670.2, 671.2, 672.1, 672.2, 675.1, 677.1, 677.3, 677.4, 681.1, 687.1, 687.2, 687.3, 688.2, 689.1, 689.2, 689.3, 697.1, 698.1, 699.1, 700.1, 701.1; bearbeitet von Di Gaspare, Michele (Bild und Technik Agentur für technische Grafik und Visualisierung), Bergheim 56.3, 63.2, 73.2, 91.1, 119.2, 136.1, 136.2, 137.3, 140.2, 149.1, 157.1, 164.1, 165.1, 189.2, 194.1, 204.1, 217.1, 220.5, 249.1, 298.2, 299.1, 299.2, 307.3, 308.5, 309.1, 310.3, 317.3, 321.3, 331.3, 332.1, 334.2, 339.1, 359.2, 359.4, 361.1, 361.2, 361.3, 361.4, 361.5, 361.6, 361.7, 361.8, 361.9, 361.10, 361.11, 361.12, 361.13, 362.1, 394.1, 432.1, 436.1, 436.2, 436.3, 436.4, 437.1, 441.3, 445.1, 453.1, 458.2, 475.2, 475.3, 531.1, 537.1, 543.1, 546.1, 546.2, 547.1, 551.1, 551.2, 554.2, 556.1, 556.2, 557.1,

557.2, 558.1, 559.1, 560.1, 562.1, 582.1, 592.5, 601.2, 617.4, 621.1, 622.17, 642.1, 660.1, 686.2; bearbeitet von Future Mindset 2050 GmbH, Gehrden 25.2, 95.4, 119.1, 123.1, 128.3, 129.3, 186.2, 188.1, 218.1, 218.3, 221.2, 223.3, 235.3, 245.2, 281.4, 289.2, 289.3, 289.4, 325.3, 326.2, 328.1, 329.1, 329.2, 344.2, 345.3, 350.1, 355.4, 375.1, 377.6, 391.1, 401.2, 405.3, 420.1, 440.2, 460.3, 463.1, 510.1, 510.2, 524.3, 524.4, 530.4, 533.1, 540.2, 575.1, 611.2, 618.5, 637.2, 646.1, 646.3, 646.4, 646.5, 649.3, 655.2, 690.1; bearbeitet von Valentinelli, Mario, Rostock 17.1, 19.2, 19.3, 19.4, 19.5, 31.1, 31.2, 32.2, 32.3, 37.3, 37.4, 38.1, 38.2, 38.3, 39.1, 39.2, 40.3, 40.4, 41.1, 41.2, 41.3, 41.4, 41.5, 42.2, 42.3, 43.1, 44.1, 45.1, 45.2, 45.3, 45.4, 46.1, 46.2, 46.3, 47.1, 49.1, 49.2, 50.1, 51.1, 51.2, 52.2, 53.1, 53.2, 53.3, 54.1, 54.2, 55.1, 55.2, 55.3, 56.1, 56.2, 56.4, 58.1, 58.2, 59.2, 59.3, 60.1, 61.1, 62.1, 62.2, 69.1, 71.1, 72.1, 74.1, 76.1, 77.1, 77.2, 77.3, 78.1, 78.2, 79.1, 79.2, 80.1, 80.2, 84.2, 84.3, 85.1, 86.4, 87.1, 96.1, 98.2, 100.1, 110.1, 110.2, 110.3, 110.4, 123.2, 128.1, 128.4, 131.1, 131.2, 131.3, 133.1, 133.3, 134.1, 134.2, 135.1, 135.2, 135.3, 149.2, 160.1, 160.2, 162.1, 166.3, 167.1, 167.2, 167.3, 168.2, 178.1, 302.1, 303.1, 304.1, 304.2, 304.3, 305.1, 305.2, 305.3, 306.1, 308.1, 312.1, 312.2, 318.1, 318.2, 319.2, 326.1, 326.3, 327.2, 327.3, 327.4, 327.5, 329.3, 331.2, 332.2, 333.1, 333.2, 333.3, 336.1, 337.2, 342.1, 343.1, 343.3, 344.1, 345.1, 346.1, 346.2, 346.4, 348.1, 350.2, 350.4, 351.1, 351.2, 353.1, 353.2, 354.1, 355.1, 355.3, 358.1, 365.1, 365.2, 366.2, 366.3, 367.1, 367.2, 367.4, 367.5, 368.1, 368.2, 398.1, 402.1, 404.3, 406.1, 416.2, 417.1, 418.1, 418.2, 421.1, 426.2, 431.1, 432.2, 433.1, 433.2, 434.1, 434.2, 454.1, 461.1, 461.2, 471.1, 472.1, 473.1, 474.1, 477.1, 478.1, 479.1, 480.1, 480.2, 481.1, 482.2, 483.1, 483.2, 483.3, 483.4, 483.5, 484.1, 484.2, 486.1, 487.3, 487.4, 491.1, 500.1, 501.1, 502.1, 504.1, 506.1, 506.2, 509.2, 511.1, 515.1, 516.1, 517.1, 518.1, 519.1, 520.1, 521.1, 521.2, 523.3, 526.1, 527.1, 527.2, 528.2, 548.1, 563.1, 563.2, 563.3, 564.1, 565.2, 566.3, 567.1, 568.1, 569.1, 569.2, 569.3, 571.1, 572.2, 572.3, 576.1, 577.1, 578.1, 579.1, 583.2, 585.1, 585.2, 585.3, 586.1, 586.2, 586.3, 588.1, 588.2, 592.1, 592.6, 594.5, 597.4, 597.6, 598.3, 598.4, 599.1, 600.2, 600.3, 602.1, 602.3, 603.1, 603.2, 603.3, 603.4, 603.5, 604.1, 604.2, 604.3, 604.4, 605.1, 605.2, 605.3, 605.4, 606.1, 606.2, 607.1, 607.2, 608.1, 608.2, 609.1, 609.2, 609.4, 610.1, 610.2, 610.3, 612.1, 612.2, 613.1, 614.1, 614.2, 617.1, 620.1, 620.2, 620.3, 623.1, 623.3, 625.1, 626.2, 629.2, 631.1, 632.2, 633.1, 633.4, 634.1, 634.2, 635.1, 636.2, 637.1, 637.3, 641.1, 653.1, 654.1, 655.1, 656.1, 656.2, 656.5, 657.8, 658.1, 658.2, 659.1, 662.1, 663.1, 663.3, 664.1, 664.2, 664.3, 665.1, 665.2, 666.1, 666.2, 666.3, 667.1, 667.2, 667.4, 667.5, 668.1, 668.2, 669.1, 669.2, 669.3, 670.1. |Bäck, Hans-Joachim, Gießen: 33.1, 532.1, 532.2, 536.1. |Böllhoff Gruppe, Bielefeld: 133.2. |Borgen, Christian, Frankfurt am Main: 185.2. |Bosch Thermotechnik GmbH, Wetzlar: Foto: Bosch; Thermotechnik GmbH-Bosch Junkers Deutschland (www.bosch-einfach-heizen.de) 678.1; Foto: Bosch; Thermotechnik GmbH–Bosch Junkers Deutschland (www.bosch-einfach-heizen.de) 677.2, 682.2, 683.1, 683.2. |BREBAU GmbH, Bremen: 696.1, 696.2, 696.3. |BRUNATA-METRONA-Gruppe, Hamburg: 330.1. |Buderus Deutschland, Wetzlar: Bosch Thermotechnik GmbH 482.1. |Bundesverband der Deutschen Gießerei-Industrie, Düsseldorf: Soschinski, Darius 32.1. |Bundesverband der Deutschen Heizungsindustrie (BDH), Köln: 364.3. |Busch, Bernd, Mönchengladbach: 26.1, 26.4, 81.5, 83.2, 83.3, 83.4, 83.5, 83.6, 89.3, 89.4, 92.1, 93.1, 93.2, 93.4, 94.3, 95.1, 95.2, 95.3, 138.2, 141.4, 141.5. |Castolin Eutectic, Kriftel: www.castolin.com 153.1. |Condair GmbH, Garching: 602.2. |Danfoss GmbH, Offenbach/Main: 345.2, 352.1. |DEUTSCHE ROCKWOOL GmbH & Co. KG, Gladbeck: 324.2. |Deutscher Email Verband (DEV) e.V., Hagen: 189.3. |Deutsches Kupferinstitut Berufsverband e.V., Düsseldorf: 145.2. |DOYMA GmbH & Co, Oyten: 458.3. |Dräger MSI GmbH, Hagen: 470.1. |Druwe & Polastri, Cremlingen/Weddel: 40.2, 42.1, 52.1, 75.2, 77.4, 77.5, 77.6, 77.7, 77.8. |Düker GmbH, Karlstadt/Main: 25.3, 25.4, 286.1, 286.2, 286.8, 286.9. |Duravit AG, Hornberg: 407.5, 407.6. |DUSCHOLUX Sanitärprodukte GmbH, Schriesheim: 235.2, 236.1, 236.2, 387.2, 389.2. |EBRO ARMATUREN, Hagen: 325.5, 325.6. |ELCO GmbH, Mörfelden-Walldorf: 479.2. |ELSÄSSER Filtertechnik GmbH, Nufringen: 594.2. |Filter GmbH Preussel Langenfeld, Langenfeld: 594.1. |FläktGroup, Herne: 599.2, 600.1. |fotolia.com, New York: Günther, Gabi 44.2. |Fulfilter GmbH, Budapest: 594.3. |Geberit, Pfullendorf: 139.4, 158.2, 380.2, 386.1, 404.2, 633.3. |Georg Fischer GmbH, Albershausen: 157.2, 158.1. |GESTRA AG, Bremen: 325.1. |GEWISS Deutschland GmbH, Merenberg: 173.2. |Gießereigesellschaft mbH Böhmfeld & Co., Geseke: 25.1. |GOK Regler- und Armaturen Gesellschaft mbH & Co. KG, Marktbreit: 503.2. |Grichtmaier, G., München: 184.2. |GROHE Deutschland Vertriebs GmbH, Porta Westfalica: 395.1, 395.2, 395.3, 395.4, 395.5, 396.1, 396.2, 396.3, 396.4, 396.5, 397.2, 397.3, 398.2, 398.3, 398.4, 407.2, 407.3, 407.4. |GRÖMO GmbH & Co. KG, Marktoberdorf: 276.4. |Grünbeck Wasseraufbereitung GmbH, Höchstädt a. d. Donau: 101.3, 225.2, 225.3, 225.4. |Grundfos GmbH, Erkrath: 317.2. |Gustav Hensel GmbH & Co. KG, Lennestadt: 648.1. |Hansa Armaturen GmbH, Stuttgart: 189.1. |Hansgrohe SE, Schiltach: 391.2, 399.2, 399.3. |Hauff-Technik GmbH & Co. KG, Hermaringen: 216.2. |Hebold bad.design, Leipzig: 377.4, 377.5, 377.7, 378.1, 378.2, 378.3. |Helios Ventilatoren GmbH + Co KG, Villingen-Schwenningen: (Werksbild) 609.3. |Henkel AG & Co. KGaA, Düsseldorf: 143.3. |Hilti AG, Kaufering: 92.2, 92.3, 92.4, 92.5, 93.3, 93.5, 95.5, 293.1. |HOESCH Design GmbH, Kreuzau: 390.1, 390.2. |Hoval GmbH, Aschheim: 624.1. |HygroMatik GmbH, Henstedt-Ulzburg: 601.1. |Ihre Badplaner, Markdorf: Karsten Winkler 379.1, 379.2. |IMI Hydronic Engineering Deutschland GmbH, Erwitte: 350.5, 351.3, 674.3; Marke IMI Heimeier 327.1; Marke: IMI Heimeier 346.3, 346.5, 349.2, 349.3. |InoxAir, Gelsenkirchen: 595.1. |iStockphoto.com, Calgary: KangeStudio 28.4. |KALORIMETA GmbH, Hamburg: 219.5. |Kampmann GmbH & Co. KG, Lingen: 338.2, 597.7, 597.8, 615.2. |KASTO Maschinenbau GmbH & Co. KG, Achern-Gamshurst: 40.1. |Kelvion Holding GmbH, Bochum: 310.1. |Kemper, Olpe: 211.1, 232.4, 233.3, 688.1. |Kermi GmbH, Plattling: 343.2. |Kienzler Textile Ventilation GmbH, Günzach: 598.1. |Kludi GmbH & Co. KG, Menden: 374.1. |Knorr & Richter GmbH, Kahl am Main: 377.1, 377.2, 377.3. |Kolektor Insulation GmbH, Fellbach/Stuttgart: 247.1, 386.2. |Kutzner + Weber GmbH, Maisach: 486.2, 487.1. |KWC Aquarotter, Ludwigsfelde: 397.1. |L-ES STEMAR Gruppe Luftwäscher Ersatzteile und Service, Radolfzell: 601.4. |Lindab GmbH, Bargteheide: 596.1, 596.2, 597.1, 597.3. |Lorowerk K.H. Vahlbrauch GmbH, Bad Gandersheim: 278.3. |LTG AKTIENGE-

SELLSCHAFT, Stuttgart: 615.1. |Marley Deutschland GmbH, Wunstorf: 248.1. |mauritius images GmbH, Mittenwald: age fotostock/ ParasM 14.2; Frank, Roland T. 64.1; Hubatka, Jiri 14.4; Westrich, Josh 14.1. |mauritius images GmbH (RF), Mittenwald: Pixtal/CD021018 14.3. |Meier Tobler Lüftungshygiene AG, Bern: 695.1. |MEPA - Pauli und Menden GmbH, Rheinbreitenbach: 387.1. |Messer SE & Co. KGaA, Bad Soden am Taunus: 151.1, 151.2, 151.3. |MEWATEC ® - Der Dusch-WC Spezialist, Berlin: 402.2. |MTU Onsite Energy, Friedrichshafen: Rolls Royce Solutions GmbH 570.1. |nelcartoons.de, Erfurt: 211.2. |Neoperl GmbH, Müllheim: 400.2, 400.3. |Orbitalum Tools GmbH, Singen: 147.2. |Oventrop GmbH & Co. KG, Olsberg: 222.1, 222.2, 525.1, 655.3; Durchflussregler „Hydromat QTR“ 351.4; Strangregulierventil „Hycocon VTZ“ 350.3. |Panasonic, Hamburg: Panasonic Marketing Europe GmbH 618.1, 618.2, 618.3, 618.4. |PantherMedia GmbH (panthermedia.net), München: Chub, Oleksandr 90.1; Hamhalter, Jiri 281.5; Popov, Andriy 671.1. |Patzel, Otmar, Bremen: 16.1, 60.2, 130.3, 148.2, 468.1, 554.1, 643.1, 643.2, 650.3, 678.2, 678.3, 679.1, 679.2, 680.1, 680.2, 680.3, 680.4, 680.5, 686.1. |PEWO Energietechnik GmbH, Elsterheide: 308.3, 308.4. |Pollin Electronic GmbH, Pförring: 27.2. |Polymer Service GmbH Merseburg (PSM), Merseburg: Polymer Service GmbH Merseburg (PSM), Merseburg / Grellmann, W., Bierögel, C., Reincke, K. (Hrsg.): Wiki „Lexikon Kunststoffprüfung und Diagnostik“ 2021, Version 11, http://wiki.polymerservice-merseburg.de 182.1. |poresta systems GmbH, Bad Wildungen: 392.1. |REMS GmbH & Co KG, Waiblingen: 88.2. |Resideo, Mosbach: 176.3, 225.1, 347.1, 347.2, 347.3, 653.4. |Rheinzink GmbH & Co. KG, Datteln: 27.1, 276.2. |Robert Bosch Power Tools GmbH, Leinfelden-Echterdingen: 90.2, 644.5. |Roth Werke GmbH, Dautphetal-Buchenau: 294.1. |ROTHENBERGER Werkzeuge GmbH, Kelkheim: 61.2, 88.3, 89.1, 89.2, 238.4, 691.1. |Rox Klimatechnik GmbH, Weitefeld: www.rox-online.de 598.2. |SAINT-GOBAIN PAM BUILDING Deutschland GmbH, Köln: 286.3, 286.4, 286.5, 286.6, 286.7. |SANHA GmbH & Co. KG, Essen: 25.6, 25.7, 25.8. |Sanitärtechnik Eisenberg GmbH (SANIT), Eisenberg: 263.3, 263.4. |Schmitz-Metallographie GmbH, Herzogenrath: 186.1. |Science Photo Library, München: DR TONY BRAIN & DAVID PARKER 198.2; Sorrentino, Pasquale 566.1. |SENERTEC Kraft-Wärme-Energiesysteme GmbH, Schweinfurt: 572.1. |Shutterstock.com, New York: Artazum 412.3; brizmaker 620.4; domnitsky 131.4; High Simple 186.3; Mabeline72 175.2; Nyholm, Robert 412.1; PRILL 131.6, 131.7; siro46 412.2; Tobias1900 198.1. |Siemens AG, München: 643.3. |Sinusverteiler GmbH, Wettringen: 328.2. |Solarbayer GmbH, Pollenfeld-Preith: 518.2. |Stefan Necker, Wellnessplaner & Baddesigner, Gmund: 376.1, 376.2. |stock.adobe.com, Dublin: alhim 601.3; AVD 28.1; barbara buderath 519.2; Bartussek, Ingo 535.1; Becker, Torsten 619.1; Dutko, Liudmila 28.2; fefufoto 307.1; Friedberg 44.3; klyaksun 405.2; Kosev, Aleksandar 595.3; Kudrin, Ruslan 650.1; Lo Presti, Dario 196.1; lucadp 338.1; Lutsenko, Cyril 650.2; marek_usz 595.2; monticellllo 580.1; Natakorn 616.1; Okea Titel, Titel; Raths, Alexander Titel, 638.1; rdnzl 28.3; tlvfotostudio 307.2; Varvashche, Viktoriia 181.1; vladdeep 597.5. |STRAUB Werke AG, Wangs: 137.4. |Strulik GmbH, Hünfelden: 635.2. |STULZ GmbH, Hamburg: STULZ Klimatechnik 617.2, 617.3. |Swegon Germany GmbH, Garching: 580.2, 580.3. |TECE GmbH, Emsdetten: 141.1, 141.2, 141.3, 466.3. |tesa SE, Norderstedt: 144.1. |Testo SE & Co. KGaA, Titisee-Neustadt: 512.1, 514.1. |Trox GmbH, Neukirchen-Vluyn: 597.2, 599.3, 599.4. |Umberta Andrea Simonis, Simonis ServiceKultur®, Augsburg: 102.1, 102.2, 102.3, 102.4. |Unternehmensgruppe fischer, Waldachtal: 129.2. |Uponor GmbH, Haßfurt: 355.2, 359.1, 359.3, 360.1, 360.2. |VAG GmbH, Mannheim: 216.1. |Vaillant GmbH, Remscheid: 101.2. |Viega GmbH & Co. KG, Attendorn: 118.1, 139.3, 176.2, 190.1, 217.2, 222.3, 244.1, 244.2, 244.4, 244.5, 246.6, 320.3, 399.6, 444.1, 459.2, 460.1, 460.2, 673.1, 673.2, 674.1, 674.2, 692.1, 692.2. |Viessmann Climate Solutions: 475.1, 508.1, 555.1, 555.3, 567.2. |Viessmann Industrie GmbH, Allendorf (Eder): 507.1. |Villeroy & Boch AG, Mettlach: 393.2, 393.3, 393.4, 393.5, 393.6, 399.4. |WAGO GmbH & Co. KG, Minden: Alle Rechte bei WAGO 651.1. |Wetzel Technologies Europe GmbH, Abtsteinach: 594.4. |Wieland-Werke AG, Ulm: 26.3, 320.2. |Wildeboer Bauteile GmbH, Weener: 633.2, 636.1. |WILO SE, Dortmund: 284.1, 316.3, 367.3, 664.4. |Wöhler Technik GmbH, Bad Wünnenberg: 682.1. |WOLF Anlagen-Technik GmbH & Co. KG, Geisenfeld: 599.5. |Zehnder Group Deutschland GmbH, Lahr: 335.2, 335.3, 565.1, 615.3, 623.2, 624.2. |ZENNER International GmbH & Co. KG, Saarbrücken: 218.2. |ZIEHL-ABEGG SE, Künzelsau: 592.2, 592.3, 592.4.